J. Durst
J. W. Rohen

Chirurgische Operationslehre in einem Band

Mit topographischer Anatomie

Chirurgische Operationslehre

in einem Band

Mit topographischer Anatomie

Herausgegeben von

Jürgen Durst, Lübeck

Johannes W. Rohen, Erlangen

Mit Beiträgen von

H. Arnold, Lübeck
R. Bähr, Karlsruhe
W. Blanke, Stade
J. Durst, Lübeck
S. Eren, Aachen
D. Erl, Lübeck
J. Feneis, Lübeck
A. Flach, Tübingen
M. Frey, Zürich
H. Geisbe, Reutlingen
F. Gschnitzer, Innsbruck
H.-J. Herschlein, Stuttgart
R. Hettich, Aachen
U. Holz, Stuttgart
A. Huzly, Gerlingen
E. M. Kiffner, Lübeck
H. Kirchner, Lübeck
B. Mack, Lübeck
O. Pribilla, Lübeck
J. W. Rohen, Erlangen
M. Rothmund, Marburg
F. W. Schildberg, München
H. Schmelzeisen, Lahr
R. Schmelzle, Hamburg
P. Schweizer, Tübingen
F. W. Thielemann, Stuttgart
E. Thies, Hanau
A. Valesky, Hanau
D. Völter, Pforzheim
E. Voigt, Lübeck
P. K. Wagner, Marburg

Mit 1095 Abbildungen in 2336 Einzeldarstellungen und 53 Tabellen

Schattauer Stuttgart – New York 1991

Wir danken den Firmen Auto-Suture und Ethicon für die Überlassung von Abbildungsunterlagen

Die Deutsche Bibliothek – CIP-Einheitsaufnahme

Chirurgische Operationslehre : in einem Band ; mit topographischer Anatomie / hrsg. von Jürgen Durst ; Johannes W. Rohen.
Mit Beitr. von H. Arnold ... – Stuttgart New York : Schattauer, 1991
ISBN 3-7945-1199-9
NE: Durst, Jürgen [Hrsg.]; Arnold, Hans

In diesem Buch sind die Stichwörter, die zugleich eingetragene Warenzeichen sind, als solche nicht besonders kenntlich gemacht. Es kann also aus der Bezeichnung der Ware mit dem für diese eingetragenen Warenzeichen nicht geschlossen werden, daß die Bezeichnung ein freier Warenname ist. Die Markennamen wurden nur beispielhaft aufgeführt.

Hinsichtlich der in diesem Buch angegebenen Dosierungen von Medikamenten usw. wurde die größtmögliche Sorgfalt beachtet. Gleichwohl werden die Leser aufgefordert, die entsprechenden Prospekte der Hersteller zur Kontrolle heranzuziehen.

Printed in Germany

Satz: Mitterweger Werksatz GmbH, Am Ochsenhorn 14, D-6831 Plankstadt, Germany

Layout: Werbegraphisches Atelier Bernd Burkart, Zabergäustraße 102, D-7000 Stuttgart 40, Germany

Druck und Einband: Mayr Miesbach, Druckerei und Verlag GmbH, Am Windfeld 15, D-8160 Miesbach, Germany

ISBN 3-7945-1199-9

Herrn Prof. Dr. Leo Koslowski
emeritierter Ordinarius für Chirurgie
und ehemaliger Direktor
der Chirurgischen Universitätsklinik Tübingen
zum 70. Geburtstag in Dankbarkeit gewidmet
J. Durst

Vorwort

Unbestritten ist die Herausgabe einer Chirurgischen Operationslehre in einem Band in der heutigen Zeit ein Wagnis besonderer Art. Vor allem scheint dem die gewaltige Wissensvermehrung des gesamten Fachgebietes innerhalb der letzten Jahrzehnte entgegenzustehen, mit der sich die bewährten Vorgänger wie der »Kleinschmidt« oder »Littmann« noch nicht auseinanderzusetzen hatten. Immer aufwendigere und besondere Kenntnisse voraussetzende Operationsverfahren führten in der Vergangenheit zwangsläufig zu einer Spezialisierung, nosologisch und pathogenetisch allerdings nicht immer voll inhaltlich nachvollziehbar, so daß dieser Prozeß einer noch immer fließenden Eigendynamik unterliegt. Das Für und Wider wird daher nach wie vor kontrovers diskutiert. Bestrebungen, sog. verlorenes Terrain wieder zurückzuholen, mögen dann sinnvoll sein, wenn die Behandlungsindikationen beherrscht werden, ein ungleich schwierigeres Problem als das vielfach überschätzte, bei normaler Begabung jedoch ohne weiteres erlernbare, präparativ technische Vorgehen.

Es war keinesfalls unsere Absicht, mit diesem Band den chirurgischen Generalisten alter Art wieder auferstehen zu lassen, noch Strukturentwicklungen in unserem Fach in die eine oder andere Richtung zu lenken. Vielmehr ging es uns darum, Hilfestellung den Operateuren zu leisten, die nicht an Universitätskliniken oder Schwerpunktkrankenhäusern tätig sind und daher auf sich selbst gestellt mit allen Problemen des chirurgischen Alltags zumindest im Rahmen der Notfallversorgung aber auch oft darüber hinaus fertig werden müssen.

Durch die Gewinnung von auf ihrem Fachgebiet besonders ausgewiesenen Kollegen, für deren Mitarbeit wir besonders zu Dank verpflichtet sind, gelang es, eine das gesamte operative Spektrum umfassende Operationslehre fertigzustellen, die auch für den noch in der Ausbildung befindlichen Assistenten als Entscheidungshilfe gedacht ist. Gemeinsam waren die Verfasser zudem bemüht, die Risiken und Gefahren bei Überschreitung der fachspezifischen Kompetenz deutlich zu machen, wobei gerade dieser Punkt auch in Zukunft, wie wir meinen, bei den oft fließenden Übergängen zwischen dem einen und dem anderen Teilgebiet weiter zunehmend an Bedeutung gewinnen wird.

Die Herausgabe einer Chirurgischen Operationslehre in einem Band bedeutet zwangsläufig Verzicht auf eine alle Fragen und Techniken einbeziehende Abhandlung und notwendigerweise eine erhebliche Beschränkung auf das absolut Wichtige. Das gilt uneingeschränkt auch für die jedem Organabschnitt vorangestellte Topographische Anatomie. Eine vollständige Darstellung im Sinne einer »Chirurgischen Anatomie« hätte den Rahmen dieser Operationslehre gesprengt. Die anatomischen Kapitel, besonders die über die Extremitäten, stellen vielmehr nur Übersichten dar, die es dem Leser ermöglichen sollen, sich die wichtigsten anatomischen Tatsachen, deren Kenntnis für die operativen Eingriffe von Bedeutung sind, nochmals kurz ins Gedächtnis zurückrufen zu können. Im allgemeinen bezieht sich der operative Eingriff ja immer nur auf eine begrenzte Region, die jedoch ebensowenig klinisch wie topographisch-anatomisch isoliert betrachtet werden darf, sondern stets unter Einbeziehung auch der benachbarten Regionen. Für die Vertiefung des Wissens und die Beantwortung von Detailfragen muß deshalb auf die klassische anatomische Literatur gleichermaßen verwiesen werden, wie auf evtl. mehrbändige Operationslehren, Handbücher respektive Monographien.

Initiiert wurde dieses Buch von Herrn Prof. Dr. Dr. h.c. P. Matis, dem langjährigen wissenschaftlichen Leiter des Verlages, der den Werdegang stets stimulierend mit großer Anteilnahme begleitete. Ihm gilt unser besonderer Dank und ebenso dem Geschäftsführer des F.K. Schattauer Verlages, Herrn D. Bergemann, dem Lektor, Herrn K. Pracht, sowie allen anderen Mitarbeitern, die bei der Herstellung tätig wurden.

Wiederum stand uns für die Ausführung der Abbildungen in Herrn H. Tschörner ein außergewöhnlich erfahrener Zeichner zur Verfügung, dem es dank seiner bewundernswerten Begabung gelang, den oft nur skizzenhaft vorgegebenen Bildausschnitten eine lebendige Ausdruckskraft zu vermitteln. Durch die inzwischen jahrelange Zusammenarbeit fühlen wir uns ihm in besonderer Dankbarkeit verbunden. Unser Dank gilt auch unseren Sekretärinnen, Frau Gabriele Stroncik und Frau Barbara Wahl, die immer wieder mit unermüdlichem Fleiß die Manuskripte und Korrekturen geschrieben haben.

Lübeck/Erlangen, im März 1991

J. Durst
J. W. Rohen

Autorenverzeichnis

Prof. Dr. H. Arnold,
Direktor der Klinik und Poliklinik für Neurochirurgie der Medizinischen Universität,
Ratzeburger Allee 160, 2400 Lübeck

Prof. Dr. R. Bähr,
Direktor der Chirurgischen Klinik des Städtischen Klinikums,
Moltkestr. 14, 7500 Karlsruhe

Dr. W. Blanke,
Oberarzt der unfallchirurgischen Abteilung, Krankenhaus Stade,
Bremerförderstr. 111, 2160 Stade

Prof. Dr. J. Durst,
Direktor der Chirurgischen Klinik, Städtisches Krankenhaus Süd,
Kronsforder Allee 71–73, 2400 Lübeck

Dr. S. Eren,
Oberarzt an der Klinik für Verbrennungs- und Plastische Wiederherstellungschirurgie der RWTH Aachen,
Pauwelsstraße, 5100 Aachen

Dr. D. Erl,
Oberarzt an der Chirurgischen Kinik, Leiter der Abteilung für Gefäßchirurgie, Städtisches Krankenhaus Süd,
Kronsforder Allee 71–73, 2400 Lübeck

Dr. J. Feneis,
Oberarzt an der Chirurgischen Klinik des Städtischen Krankenhauses Süd,
Kronsforder Allee 71–73, 2400 Lübeck

Prof. Dr. A. Flach,
ehem. Direktor der Abteilung Kinderchirurgie der Chirurgischen Klinik der Universität,
Haußerstr. 39, 7400 Tübingen

Prof. Dr. M. Frey,
Leitender Arzt an der Klinik für Hand-, Plastische und Wiederherstellungschirurgie, Department Chirurgie, Universitätsspital,
Rämistr. 100, CH-8091 Zürich

Prof. Dr. H. Geisbe,
Direktor der Chirurgischen Klinik des Kreiskrankenhauses,
Steinenbergstr. 31, 7410 Reutlingen

Prof. Dr. F. Gschnitzer,
Vorstand der I. Universitätsklinik für Chirurgie,
Anichstr. 35, A-6020 Innsbruck

Prof. Dr. H.-J. Herschlein,
Ärztlicher Direktor des Marienhospitals Stuttgart,
Böheimstr. 37, 7000 Stuttgart 1

Prof. Dr. R. Hettich,
Direktor der Klinik für Verbrennungs- und Plastische Wiederherstellungschirurgie der RWTH Aachen,
Pauwelsstraße, 5100 Aachen

Prof. Dr. U. Holz,
Leiter der Abteilung für Unfall- und Wiederherstellungschirurgie, Katharinenhospital,
Kriegsbergstr. 60, 7000 Stuttgart 1

Prof. Dr. A. Huzly,
ehem. Direktor der Thoraxchirurgischen Klinik Schillerhöhe, Stuttgart,
Fritz-von-Grävenitz-Str. 39, 7016 Gerlingen

Prof. Dr. E. M. Kiffner,
Oberarzt an der Klinik für Chirurgie der Medizinischen Universität,
Ratzeburger Allee 160, 2400 Lübeck

Prof. Dr. H. Kirchner,
Direktor des Instituts für Immunologie und Transfusionsmedizin der Medizinischen Universität,
Ratzeburger Allee 160, 2400 Lübeck

B. Mack,
Institut für Immunologie und Transfusionsmedizin der Medizinischen Universität,
Ratzeburger Allee 160, 2400 Lübeck

Prof. Dr. Dr. h. c. O. Pribilla,
ehem. Direktor des Instituts für Rechtsmedizin der Medizinischen Universität,
Kahlhorststr. 31–35, 2400 Lübeck

Prof. Dr. Dr. J. W. Rohen,
Vorstand des Anatomischen Instituts der Universität Erlangen–Nürnberg,
Krankenhausstr. 9, 8520 Erlangen

Prof. Dr. M. Rothmund,
Zentrum für Operative Medizin I, Leiter der Klinik für Allgemeinchirurgie,
Baldingerstraße, 3550 Marburg

Prof. Dr. F. W. Schildberg,
Direktor der Chirurgischen Klinik und Poliklinik der Universität, Klinikum Großhadern,
Marchioninistr. 15, 8000 München 70

Priv.-Doz. Dr. H. Schmelzeisen,
Leitender Arzt der Klinik für Unfall- und Wiederherstellungschirurgie des Kreiskrankenhauses,
Klostenstr. 19, 7630 Lahr

Prof. Dr. Dr. R. Schmelzle,
Direktor der Mund-, Kiefer-, Gesichtschirurgie (Nordwestdeutsche Kieferklinik) am Universitätskrankenhaus Hamburg-Eppendorf,
Martinistr. 52, 2000 Hamburg 20

Prof. Dr. P. Schweizer,
Ärztlicher Direktor der Abteilung Kinderchirurgie mit Poliklinik, Universitätsklinikum Auf dem Schnarrenberg,
Hoppe-Seyler-Str. 3, 7400 Tübingen

Priv.-Doz. Dr. F. W. Thielemann,
Oberarzt an der Abteilung für Unfall- und Wiederherstellungschirurgie, Katharinenhospital,
Kriegsbergstr. 60, 7000 Stuttgart 1

Priv.-Doz. Dr. E. Thies,
Oberarzt an der Chirurgischen Klinik des Stadtkrankenhauses Hanau,
Leimenstr. 20, 6450 Hanau

Prof. Dr. A. Valesky,
Direktor der Chirurgischen Klinik des Stadtkrankenhauses Hanau,
Leimenstr. 20, 6450 Hanau

Prof. Dr. D. Völter,
Chefarzt der Klinik für Urologie, Krankenhaus St. Trudpert,
Wolfsbergallee 50, 7530 Pforzheim

Prof. Dr. E. Voigt,
Leiter der Abteilung für Anästhesie und Intensivmedizin, Städtisches
Krankenhaus Süd,
Kronsforder Allee 71–73, 2400 Lübeck

Prof. Dr. P. K. Wagner,
Zentrum für Operative Medizin I, 1. Oberarzt der Klinik für Allgemein-
chirurgie,
Baldingerstraße, 3550 Marburg

Inhaltsverzeichnis

Allgemeiner Teil

Spezieller Teil

Allgemeiner Teil

1

Arztrecht für den Chirurgen

O. Pribilla

Rechtsprechung und Rechtslehre zeigen in den letzten Jahren ein erhöhtes Interesse für grundsätzliche Fragen der Ausübung des ärztlichen Berufes. Dabei greifen gerade für den operativ tätigen Arzt die Grundsatzurteile des Bundesgerichtshofes und des Bundesverfassungsgerichtes weit in die Grundlagen der Ausübung des ärztlichen Berufes ein. Für die praktische Tätigkeit in den operativen Fächern ist es daher erforderlich, sich mit dieser neuen Entwicklung vertraut zu machen. Daneben steht, daß der ungeheure technische Fortschritt der Chirurgie und dessen breite Publizität in den Massenkommunikationsmitteln eine veränderte Haltung des Patienten gegenüber seinem Leiden mit sich gebracht hat. Aus einer hohen Erwartungs- und Anspruchshaltung des Patienten resultiert nicht selten, daß bei subjektiv nicht befriedigendem Behandlungserfolg gegen den Arzt strafrechtliche und zivilrechtliche Haftungsansprüche erhoben werden.

Aus der Fülle der juristischen Probleme der Berufsausübung des Chirurgen seien im Nachstehenden die wichtigsten in ihren Grundzügen dargestellt. Es sind dies einmal das Operationsrecht, damit verbunden die Probleme der Aufklärung und der Einwilligung, der Verweigerung eines Eingriffs, die Haftung des Chirurgen und die völlig veränderte Rechtslage hinsichtlich der ärztlichen Aufzeichnungen (Krankenpapiere).

Operationsrecht

Rechtslehre und Rechtsprechung halten trotz vielfacher akademischer Diskussionen bis heute daran fest, daß es sich bei jedem ärztlichen Eingriff am Patienten tatbestandsmäßig um eine **Körperverletzung** im Sinne der entsprechenden strafrechtlichen Voraussetzungen (§ 223, 223a, 224, 226, 230 StGB) handelt, Nach Artikel 2, Abs. 2, Grundgesetz, hat jeder das Recht auf Leben und körperliche Unversehrtheit. In dieses Recht kann nur aufgrund gesetzlicher Bestimmungen eingegriffen werden. Dabei ist es nach der Rechtsdogmatik unerheblich, ob die Intention oder Motivation des Heileingriffes dem Nutzen und dem Individualinteresse des Patienten gilt, also die Körperverletzung im Interesse des Patienten zu seiner Heilung vorgenommen wird. Dabei gilt nicht nur die Operation selbst, sondern auch schon der diagnostische Eingriff wie z.B. eine Venenpunktion zur Blutentnahme, aber auch eine Bestrahlung, die Gabe von Medikamenten, die Narkose und sonstige Eingriffe am Patienten als Eingriff in seine körperliche Unversehrtheit. Das Argument, daß eine Körperverletzung, wenn sie zur Behandlung von Leiden vorgenommen wird, nicht Körperverletzung sein könne, läßt sich insbesondere auf dem Gebiet der plastischen Chirurgie (kosmetische Eingriffe), aber auch bei Eingriffen, die nicht dem Individualinteresse oder der Gesundheit des Betroffenen dienen, wie z.B. die Blutspende etc., widerlegen.

Um nicht eine rechtswidrige Körperverletzung zu begehen, bedarf es somit eines besonderen Rechtfertigungsgrundes, d.h. – in Übereinstimmung mit dem Grundgesetz – einer entsprechenden gesetzlichen Bestimmung. Grundlage hierfür ist der § 226a des StGB. Er lautet: »Wer eine Körperverletzung mit Einwilligung des Verletzten vornimmt, handelt nur dann rechtswidrig, wenn die Tat trotz der Einwilligung gegen die guten Sitten verstößt.« Aus der zweimaligen Erwähnung der Einwilligung läßt sich entnehmen, ein wie hoher Stellenwert dem Selbstbestimmungsrecht des Patienten hierbei zugebilligt wird.

Eine juristisch ausreichende Einwilligung liegt nur dann vor, wenn der Patient auch in der Lage ist, eine entsprechende Willenserklärung abzugeben. Außerdem muß er über das informiert sein, was mit ihm geschehen soll. Hieraus ergibt sich das Prinzip **»keine Operation ohne Einwilligung, keine Einwilligung ohne Aufklärung«**.

Einschränkungen der Möglichkeit einer Einwilligungserklärung ergeben sich in verschiedener Hinsicht. Beim Bewußtlosen, der zur Behandlung in die Klinik gebracht wird, entfällt naturgemäß die Willensfähigkeit. Hier tritt aber die Hilfeleistungspflicht aus den Bestimmungen des § 323c StGB ein, da in jedem dieser Fälle das Vorliegen eines Notfalles angenommen wird. Die Versorgung des Patienten erfolgt dann aus der Annahme der stillschweigenden Einwilligung im Sinne der Geschäftsführung ohne Auftrag im wohlverstandenen Interesse des Bewußtlosen. Art und Umfang der Versorgung sollten sich aber auf das erforderliche Maß der Wiederherstellung der Vitalfunktionen und das Notwendige erstrecken.

Auch das **Kind** bis zum Alter von 14 Jahren ist in seiner Fähigkeit, eine rechtswirksame Einwilligung zu erklären, gehindert. In diesem Falle muß die Einwilligung seitens der Sorgeberechtigten, in aller Regel also der Eltern, erfolgen. Schwieriger wird die Frage der Rechtswirksamkeit der Einwilligung bei den Heranwachsenden zwischen 14 und 18 Jahren. Hier ist nach der Rechtsprechung darauf abzustellen, ob der betreffende Patient nach seiner geistig-sittlichen Entwicklung imstande ist, die Tragweite des an ihm vorzunehmenden Eingriffes zu ermessen. Dies kann durchaus zu Konfliktsituationen führen, wie es z.B. die Problematik der Einwilligung einer 16jährigen zur Vornahme eines Schwangerschaftsabbruches zeigt. Bei sehr weitreichenden, etwa verstümmelnden Eingriffen sollte nach Möglichkeit auch hier mit Zustimmung des Heranwachsenden, wenn dies möglich ist, ein Gespräch mit den Sorgeberechtigten gesucht werden. Bei Vorliegen der entsprechenden verstandesmäßigen und Persönlichkeitsreifung kann aber durchaus der Heranwachsende rechtsgültig in einen Eingriff einwilligen. Zu beachten bleibt aber, daß für diese Wertung letztlich dann der Arzt im Konfliktfalle die Beweislast hat.

Sowohl bei Eingriffen am Kind als auch an Heranwachsenden sollte unabhängig von der Einwilligungsfrage aus allgemeinärztlichen Gründen stets auch mit dem Patienten selbst, soweit es nach seinem Verständnis möglich ist, das diagnostische und therapeutische Vorgehen erörtert werden, um Angst und Erwartungsspannung abzubauen.

Bei **entmündigten Personen**, wie hochgradig Schwachsinnigen, Geisteskranken, aber auch aus Gründen einer Zerebralsklerose oder senilen Demenz entmündigten Personen, muß in aller Regel die Einwilligung vom Vormund erteilt werden. Dabei gilt auch hier, daß nach dem Grad der Verständigungsmöglichkeit auch der Entmündigte selbst, soweit es geht, über das, was an ihm vorgenommen werden soll, informiert wird.

Beim **bewußtseinsklaren Erwachsenen** (über 18 Jahren) tritt hinsichtlich der Einwilligung die Voraussetzung des vollen Selbstbestimmungsrechts in den Vordergrund. Durch die Rechtsprechung auf diesem Gebiet ist der alte Satz: »Salus aegroti suprema lex« umgewandelt worden in »voluntas aegroti suprema lex«.

Bei bewußtseinsklaren Erwachsenen kann selbstverständlich auch nicht eine entsprechende Erklärung der Angehörigen etc. die Einwilligung durch ihn selbst ersetzen. Dies ist auch trotz mancher anderslautender Formulierungen in entsprechenden Empfehlungen von Krankenhausträgern nur sehr begrenzt beim Bewußtlosen möglich. Ein Gespräch mit den Angehörigen kann hier nur dazu dienen, den mutmaßlichen Willen des Patienten zu erfragen. Eine rechtsverbindliche Einwilligungserklärung können für den Bewußtlosen Angehörige aber niemals abgeben.

Die **Einwilligung des Patienten** ist nur dann rechtswirksam, wenn der Betreffende weiß, worum es geht, d.h., daß er aufgeklärt werden muß, bevor er eine entsprechende Willenserklärung abgibt. Gerade diese Aufklärungsprämisse zum Wegfall der Rechtswidrigkeit bei Körperverletzung zeigt in der Rechtsprechung den Unterschied der rein normativen Denkweise des Juristen und der mehr therapeutischen des Arztes. Die Urteile der Bundesgerichte der letzten Jahre zeigen, daß das Selbstbestimmungsrecht des Patienten höher eingeordnet wird als etwa die Schonung des Patienten vor unvermittelter Konfrontation mit der für ihn oft bitteren Wahrheit, etwa bei einer infausten Prognose o.ä.

Da für die ordnungsgemäße und juristisch einwandfreie Aufklärung der Arzt die volle Beweislast trägt (s. Abschn. »Haftpflicht«) haben sich aus der Rechtsprechung gewisse Grundsätze hierzu entwickelt. So sehr diese manchmal für den Arzt uneinfühlbar sein mögen, so müssen sie doch in der täglichen Praxis beachtet werden. Art und Weise der Aufklärung müssen dabei zum Schutze des Arztes vor späteren oft unberechtigten Ansprüchen des Patienten gewissen Anforderungen, auch formaler Art, entsprechen. Genügte es früher in einem Gespräch zwischen dem Arzt und dem Patienten, die wesentlichen Grundzüge dessen, was durchgeführt werden sollte, zu erläutern, so wird man heute um eine schriftliche Fixierung der Aufklärung, z.B. durch ein entsprechendes Formular, nicht herumkommen.

Aus der Rechtsprechung haben sich folgende Aufklärungserfordernisse entwickelt: aufgeklärt werden muß über Grund, Art, Ausmaß, Risiko und Folgen des Eingriffes.

Die **Aufklärung über den Grund** ergibt sich einmal schon aus dem Arzt-Patienten-Vertrag, zum anderen aber auch aus allgemeinen ärztlichen Motiven. In aller Regel, wie z.B. bei einer Fraktur o.ä., ist die Aufklärung über die Diagnose oder den Grund des therapeutischen Vorgehens im allgemeinen unproblematisch. Schwierig wird dies aber schon bei der Mitteilung hinsichtlich einer onkologischen Erkrankung mit ungünstiger Prognose. Aber auch hier hat die neuere Rechtsprechung zum Einsichtsrecht des Patienten in die Krankenpapiere das therapeutische Privileg bedauerlicherweise sehr stark eingeschränkt (s. Abschn. »Ärztliche Aufzeichnungen«).

Die **Aufklärung über die Art des Eingriffes** ergibt sich u.a. aus der Entwicklung des ärztlichen Haftpflichtrechtes. Der Patient soll danach bei Darlegung der verschiedenen möglichen Verfahren zur Behandlung des konkreten Leidens den Freiraum der eigenen Entscheidung behalten.

Besonders wichtig ist die **Aufklärung über den Umfang** des Eingriffes. Hierzu liegen zahlreiche Urteile vor, die herausstellen, daß insbesondere nicht ohne Einwilligung des Patienten etwa ein weitergehender Eingriff durchgeführt werden darf. So ist es z.B. nicht zulässig, wenn nur die Übernähung eines Ulkus mit dem Patienten besprochen war, etwa intra operationem den Eingriff zu erweitern und eine totale Magenresektion vorzunehmen, wenn dies vorher mit dem Patienten nicht erörtert war. Hierzu hat ein Urteil der jüngsten Zeit darauf hingewiesen, daß gegebenenfalls der Operateur einen Eingriff abbrechen muß, wenn dies ohne Gefährdung des Patienten möglich ist, um die Einwilligung in den umfangreicheren Eingriff zu erlangen.

Beispiel: Bei einer hochgradigen Beeinflussung der Beweglichkeit des Zeigefingers bei einer Dupuytrenschen Kontraktur hatte der Chirurg eine Inzision der Sehnenplatte mit dem Patienten vorher besprochen. Intra operationem stellte sich heraus, daß der Finger amputiert werden mußte. Auf Geheiß des Chirurgen gab die Anästhesieschwester dem Patienten Sauerstoff, so daß dieser kurz aus seiner Narkose erwachte. Der Chirurg fragte, ob der Patient mit der Entfernung des Zeigefingers einverstanden sei und setzte die Operation in Narkose fort. Bei dem sich daraus entwickelnden Rechtsstreit wurde die unter diesen Umständen gegebene Einwilligung des Patienten als nicht rechtswirksam angesehen. Zweckmäßigerweise sollte sich also das Aufklärungsgespräch und die angeschlossene Dokumentation auch darauf erstrecken, daß die Operation ihrem Umfang nach erweitert werden kann, wenn in situ eine Erweiterung des Eingriffes im wohlverstandenen Interesse des Patienten erforderlich werde. Selbstverständlich bedeutet diese Konsequenz der Rechtsprechung nicht, daß im Falle einer unerwartet eintretenden intraoperativen Komplikation wie einer Blutung etc., bei vitaler Indikation oder einer höhergradigen Gefährdung des Patienten durch Abbruch des Eingriffs nicht dieser erweitert werden kann.

Besonders streng sind nach der Rechtsprechung die Anforderungen an die **Risikoaufklärung**. Während man sich früher mit gewissen allgemeinen Risiken, die operationstypisch waren, begnügen konnte oder gar auf Prozentsätze von Zwischenfällen abhob, reicht dies nicht mehr aus. Vielmehr ist neben die Aufklärung über das »typische

Operationsrisiko« das Verlangen getreten, auch über seltene, entlegene Komplikationen aufklären zu müssen. In einem dieser Urteile wurde darauf abgehoben, daß auch bei einer Komplikationsdichte von weniger als 1:2000 dieses Risiko aufgeklärt werden muß. Im großen und ganzen wird man aber darauf zu achten haben, was der »verständige Patient« über den Eingriff schon weiß. So ist es im allgemeinen nicht erforderlich, darauf hinzuweisen, daß bei jeder Operation eine Infektionsmöglichkeit besteht o.ä. Es ist aber weitgehend zu individualisieren, wie folgendes Beispiel zeigt:

Bei einer Sängerin wird man vor einer Kropfoperation mit der Risikoaufklärung z.B. hinsichtlich einer eventuellen Rekurrensparese mit entsprechender Beeinträchtigung der Stimmfunktion sehr viel weitergehen müssen als bei jemand, der beruflich nicht auf seine Stimmfunktion so stark angewiesen ist. Das gleiche gilt hinsichtlich der Aufklärung über ein Thrombose- oder Embolierisiko, wenn etwa in der Vorgeschichte zahlreiche Venenthrombosen etc. bekannt sind o.ä.

Hinsichtlich der **Folgen des Eingriffes** muß der Patient über entstehende Leistungseinschränkungen etc. in vollem Umfange informiert sein, um die rechtswirksame Einwilligung geben zu können. Dies gilt nicht nur für verstümmelnde Operationen, Amputationen o.ä. Aus dem Patienten-Arzt-Vertrag als Dienstvertrag höherer Art läßt sich andererseits ableiten, daß selbstverständlich niemals eine Erfolgsgarantie gegeben werden kann, der Arzt hiernach lediglich nach bestem Können den beruflichen Standard seines Fachgebietes, nicht aber einen Erfolg im Sinne eines Werkvertrages garantieren kann.

Auch aus allgemeinärztlichen Gründen ist hinsichtlich einer besseren Rehabilitationsmöglichkeit eine derartige Folgenaufklärung sinnvoll und erforderlich, wie unter vielen Beispielen die notwendige Anlage eines Anus praeter o.ä. unschwer erkennen läßt. Es sind ja häufig gerade die aus der Sicht des Patienten unerwarteten Folgen eines operativen Eingriffes, die zum Konfliktfall führen.

Die Schwierigkeit hinsichtlich der Aufklärungsproblematik liegt darin, daß die aus der Haftpflichtrechtsprechung entwickelten Kasuistiken im individuellen Fall wohl ihre Berechtigung haben, durch die letztinstanzlichen Entscheidungen des BGH aber zu generalisierten Leitsätzen geführt haben.

Hinsichtlich der **Beweiskraft der Aufklärungsunterlagen** ist festzustellen, daß man sich hier zwischen den teilweise recht extremen Anforderungen der Rechtsprechung und der Verunsicherung oder gar Verängstigung des Patienten bewegt. Man wird bedauerlicherweise heute ohne eine schriftliche Fixierung des Aufklärungsgespräches bis in die Einzelheiten nach den oben genannten Grundsätzen nicht mehr herumkommen können. Bei besonders schwierigen Patienten ist von juristischer Seite sogar der Vorschlag der Festlegung mittels Tonband gemacht worden, was nach Meinung des Verfassers jedoch auch Probleme hinsichtlich der Beweiswürdigung mit sich bringen könnte. Die Entwicklung hat dazu geführt, daß der Berufsverband deutscher Chirurgen für eine große Zahl von operativen Eingriffen Merkblätter entwickelt hat, die dem Patienten ausgehändigt werden können. Bei nichtdringlichem Eingriff hat sich an verschiedenen Kliniken dieses Vorgehen bewährt. Der Patient erhält derartige Faltblätter oder Broschüren* frühzeitig ausgehändigt und kann sie in aller Ruhe durchsehen. Das Aufklärungsgespräch und die schriftliche Fixierung kann sich dann darauf beschränken, ob der Patient noch weitergehende Fragen hat, die möglichst ebenfalls dokumentiert werden sollten. Dieses Prinzip der Stufenaufklärung nach Weissauer hat sich durchaus bewährt. Letztlich muß sich aber jeder chirurgisch tätige Arzt darüber im klaren sein, daß heute an die Aufklärung und die Dokumentation der rechtswirksamen Einwilligung des Patienten sehr hohe Anforderungen gestellt werden und er sich deshalb zu seinem eigenen Schutz der Dokumentation des Aufklärungsgesprächs in verstärktem Maße widmen sollte.

Es sei nicht unerwähnt, daß, je dringlicher der Eingriff bei einem akuten Fall ist, um so weniger umfangreich und ausführlich die Aufklärung durchgeführt zu werden braucht. Aber auch hier sollte, soweit der Patient bei Bewußtsein ist, in wenigen Worten das Wesentliche erörtert werden und dies auch eine Niederschrift in den Krankenpapieren finden.

Verweigerung des Eingriffes

Hat trotz weitgehender nach den oben genannten Grundsätzen erfolgter Aufklärung der bewußtseinsklare Patient den Eingriff verweigert, so ist dies nach heutiger Rechtsauffassung zu respektieren. Den Patienten-Arzt-Vertrag, der ein Dienstvertrag höherer Art – analog § 611 BGB – ist, kann der Arzt dann aber aus wichtigem Grund jederzeit kündigen. Das heißt, wenn der Patient trotz aller eindringlicher Erörterungen und Vorstellungen des Arztes die Operation verweigert und der Arzt nicht konservativ behandeln will, so kann er dem Patienten dies erläutern und an den Hausarzt oder an ein anderes Krankenhaus, in dem er entsprechend betreut werden kann, verweisen. Prinzipiell darf aber auch in einer solchen Situation der Patient nicht unversorgt gelassen werden, d.h. er muß die Möglichkeit haben, eine seiner eigenen Vorstellung entsprechende Betreuung zu finden. Im Rahmen der Sozialversicherung ist das Recht des Patienten, eine Operation zu verweigern, eingeschränkt. Eine Duldungspflicht besteht aber nur insoweit, wie der Eingriff zumutbar ist. Das heißt, daß er nur dann nicht verweigert werden kann, wenn er zur Wiederherstellung der Arbeitsfähigkeit oder wesentlicher Besserung führt und nicht mit hohem Risiko verbunden ist.

Verweigern Sorgeberechtigte, also z.B. Eltern eines Kindes, den erforderlichen, vitalindizierten lebensretten-

* Zum Beispiel die im Perimed-Verlag erschienenen.

den Eingriff, so kann hier über § 1666 BGB durch das Vormundschaftsgericht für den konkreten Fall der Operationseinwilligung das Sorgerecht entzogen werden.

Dies ist ein nicht seltener Fall bei Verweigerung einer vitalindizierten Bluttransfusion bei Kindern z.B. der Zeugen Jehovas. Hier ersetzt der entsprechende Beschluß des zuständigen Amtsrichters die Einwilligung der Eltern. Dieses Gebiet ist aus ethischen Gründen nicht unumstritten, wenn es sich um die Verweigerung einer notwendigen Bluttransfusion durch erwachsene Personen aus religiösen Gründen handelt. Hier lassen sich folgende Grundsätze anwenden (Munkel u. Pribilla), die auch dem Schutz des Arztes dienen: Die Aufklärung muß sich besonders auf die nachteiligen Folgen erstrecken, wenn kein Blut transfundiert werden kann. Sie sollte auch die Konfliktlage des Arztes umfassen. Man sollte von dem Patienten folgendes Formular unterschreiben lassen:

»Ich verweigere die Gabe von Blut oder Blutbestandteilen aus religiöser Überzeugung. Über die schwerwiegenden Folgen, die sich daraus für mich während oder nach der Operation ergeben können, wurde ich ausführlich aufgeklärt. Ich bitte, meine religiöse Freiheit zu respektieren, gleichwohl ich das ärztliche Gewissen, das der Wiederherstellung meiner Gesundheit verpflichtet ist, achte. Die möglichen Gefahren nehme ich bewußt in Kauf und bitte, die Operation trotz des erhöhten Risikos durchzuführen.«

Abgelehnt werden sollte ein Eingriff beim Transfusionsverweigerer dann, wenn der Patient sich im Gespräch mit dem Arzt kompromißlos und uneinsichtig verhalten hat und darüber hinaus feststeht, daß die vorgesehene Operation ohne Gabe von Blut undurchführbar ist.

Grundsätzlich kann auch unter Beachtung der ärztlichen Berufsethik immer dann eine Ablehnung in Betracht kommen, wenn der Eingriff wenig indiziert und eine Transfusion durchaus wahrscheinlich ist. Ist die Operation unbedingt indiziert, sollte sie, um eine Benachteiligung des Patienten durch seine religiöse Einstellung zu vermeiden, möglichst durchgeführt werden, wenn der Patient sich mit den oben genannten Bedingungen einverstanden erklärt hat.

Beim bewußtlosen Patienten, der vorher die Bluttransfusion verweigert hatte, darf, falls hierzu Zeit genug bleibt, der Arzt das Vormundschaftsgericht anrufen zum Zweck einer Pflegerbestellung. Hier gilt der Grundsatz der Verhältnismäßigkeit, d.h. mit einer kleinen Maßnahme (Transfusion) wird verhältnismäßig großer Schaden abgewandt. Grundvoraussetzung ist aber, daß der Patient nicht die Operation selbst, sondern lediglich die Transfusion abgelehnt hat. Die Wertigkeit der Auskünfte von Angehörigen und vom Patienten vorher abgefaßter Schriftstücke ist juristisch umstritten, weil keiner weiß, wie der Kranke sich unter dem Eindruck seiner lebensbedrohlichen Situation entscheiden würde. Selbst ein sogenanntes Patiententestament, von einem Transfusionsverweigerer abgefaßt mit der Maßgabe, im Falle eintretender Bewußtlosigkeit auf die Gabe von Blut zu verzichten, ändert nichts an der Unzumutbarkeit solcher Forderungen an den Arzt auch in einer Notfallsituation. Bisher liegt auch noch keine höchstrichterliche Entscheidung hinsichtlich des ärztlichen Konfliktes zwischen den Anforderungen des § 323 c StGB (Hilfspflicht bei eingetretenem Notfall) und der Verweigerung einer Bluttransfusion vor. Die analoge Rechtsprechung des Bundesgerichtshofes zur Behandlung des Suizidenten lassen die Tendenz erkennen, daß jedenfalls dann, wenn der ohne ärztlichen Eingriff den sicheren Tod preisgegebene Suizident schon bewußtlos ist, sich der behandelnde Arzt nicht alleine nach dessen vor Eintritt der Bewußtlosigkeit erklärten Willen richten darf, sondern in eigener Verantwortung eine Entscheidung über die Vornahme oder die Nichtvornahme auch des nur möglicherweise erfolgreichen Eingriffes zu treffen hat.

Hinsichtlich der Intensität und des Umfangs der Aufklärung muß diese besonders umfangreich sein bei Neulandoperationen, da nach den allgemeinen Richtlinien von Helsinki und Tokio stets ein vertretbares Verhältnis zwischen Risiko und Nutzen für den Patienten bestehen muß, was hier jedoch nicht vertieft werden kann.

Neben der Einwilligungsprämisse ist die zweite Voraussetzung, daß die Tat nicht gegen die guten Sitten verstößt. Dabei stellt der Ausdruck »gute Sitten« einen unbestimmten Rechtsbegriff dar, der in ständigem Wandel begriffen ist. Ein Verstoß gegen die guten Sitten könnte etwa bei einem plastischen Eingriff zum Verändern des Gesichtes bei einem Straftäter, aber auch schon bei einer Mammareduktion bei einer Pubertätsfettsucht o.ä. vorliegen, worauf hier im einzelnen wegen der geringeren Bedeutung nicht weiter eingegangen zu werden braucht.

Haftung des Chirurgen

Die Anforderungen an die ärztliche Sorgfaltspflicht sind nach der Tendenz der bundesgerichtlichen Rechtsprechung erheblich gestiegen. Zur Zeit werden in Deutschland jährlich zwischen 6000 und 7000 Arzthaftpflichtfälle anhängig. Darunter werden zunächst etwa 20% mit einer Strafanzeige gegen den Arzt eingeleitet. Dies ist darin begründet, daß mit einem strafrechtlichen Ermittlungsverfahren der Patient kostenlos an die notwendigen Gutachten etc. herankommt und der Ausgang des Strafverfahrens im Falle einer Verurteilung eine einfachere Durchsetzung der zivilrechtlichen Haftungsansprüche ermöglicht. Aus den Grundsatzurteilen des BGH hat sich immer mehr eine »typisierte Kasuistik« entwickelt, die dann gerade auch für die operative Tätigkeit des Chirurgen allgemein verbindlich wird.

Im Vordergrund der Arzthaftpflicht steht im allgemeinen die gesetzliche Haftung, d.h. die Haftung aus unerlaubter Handlung im Sinne des BGB § 823 ff. Dieser definiert, daß jemand, der das Leben, den Körper, die Gesundheit, die Freiheit, das Eigentum, ein sonstiges Recht eines anderen widerrechtlich verletzt, diesem zum Ersatz des daraus entstandenen Schadens verpflichtet ist. Für den Chirurgen und seine Mitarbeiter kommt in erster Linie die fahrlässige Verletzung des Körpers oder der Gesundheit in Frage. Es wird dabei geprüft, ob der Arzt bei seinem Handeln oder Unterlassen fahrlässig gehandelt und die vorauszusetzende ärztliche Sorgfalt, d.h. den beruflichen Standard seiner speziellen Disziplin außer acht gelassen hat.

Neben dieser gesetzlichen Haftung steht die Haftung aus Vertrag, also dem Behandlungsvertrag (Analogie zu § 611 BGB – »Dienstvertrag höherer Art«). Der Patient hat im Unterschied zu dem üblichen Dienstvertrag jedoch kein Weisungsrecht gegenüber dem »Dienstnehmer« Arzt. Außerdem schließt der genannte Patienten-Arzt-Vertrag keine Erfolgsgarantie ein. Der Chirurg stellt vielmehr nach bestem Wissen und Gewissen sein Können und seine Erfahrungen nach der lex artis zur Wiederherstellung der Gesundheit bzw. bei der Behandlung des Patienten zur Verfügung.

Die zuletzt genannte Haftung aus Vertrag ist von erhöhter Bedeutung im Rahmen der Haftung des Arztes für das von ihm eingesetzte Hilfspersonal. Bemerkenswert ist, daß die Haftung aus Vertrag auch im Rahmen des Krankenhausbetriebes in vollem Umfange gilt. Dabei ist noch viel zu wenig bekannt, daß im Falle der heutigen üblichen Regelversorgung die Haftung z.B. für mangelhafte apparative Ausrüstung, Einschränkungen der Labor- oder Röntgenmöglichkeiten während der Nachtzeit, Personalmangel o.ä. auf den Organisationsherren, d.h. auf den Krankenhausträger, übergeht. Bei der Regelversorgung kann der Arzt als »Erfüllungsgehilfe« dann von der zivilrechtlichen Haftung freigestellt sein, wenn er nicht selbst grob fahrlässig gehandelt und den Krankenhausträger auf die bestehenden Organisationsmängel hingewiesen hat. Der BGH hat bestätigt, daß dem Kassenpatienten im Haftpflichtrecht die gleichen Ansprüche zustehen wie dem Privatpatienten.

Dies ergibt sich u.a. auch aus § 368d, IV. RVO. Dabei hat die Rechtsprechung auch den medizinisch weisungsfreien Chefarzt einer organisatorisch nicht selbständigen Klinik hinsichtlich der Haftpflicht oder von ihm begangener Behandlungsfehler als verfassungsmäßig berufenen Vertreter der das Krankenhaus tragenden Körperschaft inzwischen anerkannt. Im Vordergrund der Haftung des Chirurgen steht sowohl im strafrechtlichen als auch im zivilrechtlichen Bereich die Verpflichtung zur Sorgfalt. Der Arzt muß nach bestem Können alles tun, was nach den Regeln der ärztlichen Wissenschaft und Kunst zur Heilung des Kranken und zur Schadensabwendung für den Patienten getan werden muß. Wenn die geforderte Sorgfalt schuldhaft außer acht gelassen wird, entsteht eine Schadensersatzpflicht. Der Chirurg haftet für Fehler wegen sogenannter positiver Vertragsverletzung, z.B. bei fahrlässiger Körperverletzung auf Schadensersatz und bei Haftung aus Delikt auch auf Schmerzensgeld.

Strafrechtlich wird jeder einzelne Mitwirkende hinsichtlich seiner eigenen Haftungsbeteiligung herangezogen.

Bei einer strafrechtlichen Haftung müssen Schuld und Kausalität mit an Sicherheit grenzender Wahrscheinlichkeit nachgewiesen werden. Im Zivilverfahren kommt man mit Wahrscheinlichkeiten oder aber häufig mit dem sogenannten Beweis des ersten Anscheins aus. Strafrechtlich ist die Fahrlässigkeit dann schon gegeben, wenn der betreffende Arzt die Sorgfalt, zu der er nach den Umständen, nach seinen persönlichen Kenntnissen und Fähigkeiten verpflichtet und imstande war, außer acht gesetzt hat. Im Zivilrecht wird dagegen gemäß § 276 Abs. 1 BGB auf die »im Verkehr erforderliche Sorgfalt«, also auf ein mehr abstraktes Kriterium abgehoben.

Die strafrechtliche Fahrlässigkeit kennt keine gemeinsame Verantwortlichkeit, etwa auch für den mitbeteiligten Assistenzarzt, die Hilfskräfte, die Schwestern, MTA o.a. Es wird nach einem Zwischenfall, der einen Schaden oder den Tod eines Patienten bewirkt hat, vielmehr jeder einzelne Beteiligte hinsichtlich der strafrechtlichen Haftung herangezogen. Bei der zivilrechtlichen Haftung auf Schadensersatz muß derjenige, der den Mitarbeiter beauftragt und ihm Teile seines Behandelns überlassen hat, dagegen voll einstehen. Die Krankenschwester, MTA etc. wird dann als Erfüllungsgehilfe für den Arzt im Rahmen dessen eigener vertraglicher Verpflichtung angesehen. Dies gewinnt zunehmend an Bedeutung, wenn der Behandlungsvertrag mit dem Organisationsherren, also mit dem Krankenhaus bei allgemeinärztlicher Versorgung, als dem dann haftungsrechtlich eintretenden Vertragspartner geschlossen wird. Bei der Haftung im ärztlichen Team haftet jeder einzelne sowohl zivil- als auch strafrechtlich jeweils aus den besonderen Fachkompetenzen seines Spezialgebietes.

Das auch in der Rechtsprechung am weitesten ausgeformte Beispiel ist hier die 1964 erfolgte Abgrenzung der Haftungskompetenz zwischen den Fachgebieten der Chirurgie und der Anästhesie, dem sich auch der BGH in seinen neuen Urteilen angeschlossen hat. (Vereinbarung zwischen den Berufsverbänden der Anästhesisten und Chirurgen.)

Bei der Haftung für Heilhilfspersonen, aber auch für etwa mitbehandelnde, nichtärztliche Therapeuten, ergeben sich teilweise unterschiedliche Haftungsgrundlagen. Generell gilt »mit dem Grad der Gefährlichkeit eines Eingriffes oder mit dem Risiko eines angewandten Verfahrens steigt auch das Maß der erforderlichen Sorgfalt«. So hat auch Laufs ausdrücklich betont, »Eingriffe und Anwendungen, die spezifisch ärztliches oder fachärztliches Können voraussetzen, gehören nicht in die Hand von Hilfspersonen«. Die Rechtsprechung läßt erkennen – dies gilt insbesondere auch für das schwierige Problem des Überlassens intravenöser Spritzen an Krankenschwestern –, daß der delegierende Arzt bei der Auswahl sich wohl auf Zeugnisse verlassen darf. Er muß sich aber im Zuge des Zusammenwirkens ein Bild von der Sachkunde und der Zuverlässigkeit des Mitarbeiters machen. Anspruchsvollere Tätigkeiten – dies gilt auch für die Bedienung technischer Geräte – verlangen eingehende Instruktionen und Direktiven. Dabei muß der Beauftragende sich persönlich überzeugen, daß der Eingriff bzw. die Bedienung des Gerätes, aber auch die sachgerechte Durchführung des Verfahrens etc. beherrscht wird. Unberührt von dieser Auswahl-, Überprüfungs-, Kontroll- und

Weiterbildungsverpflichtung des Chirurgen für seine Mitarbeiter bleibt die sogenannte Übernahmehaftung des Betroffenen selbst. Dieser darf keine Verfahren oder Therapien übernehmen, denen er nicht gewachsen ist oder deren Anwendung er noch nicht selbständig vorgenommen hat. Dies bedeutet auch, daß in den chirurgischen Fächern – wenn in der Weiterbildung zum Facharzt stehende Assistenten operieren – während des gesamten Operationsprogramms stets ein Facharzt im Krankenhaus anwesend oder erreichbar sein muß. Dies muß auch durch den Organisationsherren (d.h. den Krankenhausträger) durch entsprechende personelle Ausstattung sichergestellt sein.

Die Haftung des Betreibers eines Krankenhauses hat erhöhte Bedeutung auch für die Haftung für die dort eingesetzten Geräte, für deren regelmäßige Wartung und die technische Einsatzbereitschaft in vollem Umfange der Organisationsherr haftpflichtig ist. Für die Bedienung durch den Chirurgen oder seine Hilfskräfte gilt aber, daß dem Arzt Kontroll- oder Überwachungspflichten zufallen, d.h. er sollte genau festlegen, **wer, was, wann** und **wie** ausführt.

Die Tendenz, bei sogenannten ärztlichen Behandlungsfehlern dem Patienten die Beweislast zu erleichtern, hat dazu geführt, daß sehr häufig der Vorwurf mangelnder Aufklärung des Patienten in den Vordergrund geschoben wird. Hierüber sind im vorhergehenden Abschnitt schon Ausführungen gemacht worden. Besonders weit geht dazu ein neueres Urteil des Oberlandesgerichtes Köln (1981), das befand, daß der in Weiterbildung befindliche Arzt, der eine Operation zum ersten Mal selbständig vornimmt, dies dem Patienten im Rahmen der Aufklärung sagen müsse.

Es handelte sich um eine Lymphdrüsenexstirpation am Hals in einer HNO-Klinik. Der operierende Arzt fragte den Vertreter des zuständigen Oberarztes, wo eine Injektion zu setzen und wo der Schnitt zu führen sei. Er löste den oberflächlich liegenden Lymphknoten stumpf heraus. Es kam zu einer neurogenen Schädigung des Musculus trapezius rechts infolge Verletzung des Nervus accessorius, so daß die Patientin ihren früheren Beruf als Kassiererin nicht mehr ausüben kann. Das Urteil kam zu dem Schluß, daß die Einwilligung der Patientin rechtlich unwirksam war, weil sie nicht darüber aufgeklärt wurde, daß der die Operation vornehmende Arzt eine solche vorher noch niemals und eine etwa vergleichbare Operation erst ein- oder zweimal selbst ausgeführt hatte. Es hafteten in diesem Fall sowohl der Operateur als auch das beklagte Land. Nach diesem Urteil habe der Operateur auch einen groben Behandlungsfehler dadurch begangen, weil er als Assistenzarzt in der Weiterbildung die Operation nur dann ausführen durfte, wenn er sicher war, daß der weiterbildende Arzt sein Tun lückenlos überwachte. Es sei unerläßlich gewesen, daß ein chirurgisch erfahrener Facharzt das Vorgehen des unerfahrenen Operateurs, insbesondere Schnittführung und -tiefe, genau überwachte und gegebenenfalls vor und während der Ausführung korrigierend eingreifen konnte. Dieses Urteil zeigt die ständig gestiegene Anforderung an die Überwachungs- und Kontrollpflicht.

Diese Überwachungshaftung bedeutet, daß von Zeit zu Zeit Stichproben hinsichtlich der Arbeitsweise der nachgeordneten Ärzte durchgeführt werden sollten. Dazu gehört auch, daß bei laufendem Routineoperationsprogramm jederzeit den jüngeren, Nichtfachärzten, ein erfahrener Facharzt auf Anforderung zur Verfügung steht. Dies bedeutet ferner, daß der Chefarzt bzw. sein Vertreter, der ohnehin nach der Berufsordnung Facharzt sein muß, während des gesamten Operationsprogramms im Hause anwesend sein muß.

Den nachgeordneten Arzt trifft andererseits die sogenannte »Übernahmehaftung«. Er muß in jedem Einzelfall prüfen, ob er aufgrund seiner eigenen Sachkompetenz der übertragenen Aufgabe gewachsen ist. Im Krankenhausbetrieb gilt nach einem Urteil des BGH von 1974, »daß sich das Maß der erforderlichen ärztlichen Sorgfalt nach der Größe der von dem Patienten abzuwendenden Gefahren bestimmt«. Daraus resultiert u.a. auch die Pflicht zur Überweisung bzw. Hinzuziehung eines Fachkollegen bei Grenzen des eigenen Könnens.

Dieses Prinzip ist von erhöhter Bedeutung bei der Haftung für die medizinischen Hilfskräfte. Wenn auch in aller Regel der Organisationsherr die Operationsschwester, die Krankenschwester, Pfleger etc. einstellt, so hat derjenige Arzt, dem sie zugeordnet werden, sich in der Zusammenarbeit stets von den Möglichkeiten und Grenzen der fachlichen Kompetenz der medizinischen Hilfskräfte zu überzeugen. Tut er dies nicht, so entsteht bei einem Zwischenfall eine eigene Einstandspflicht. Gerade auch neuere Urteile des BGH haben z.B. das Problem der Haftung hinsichtlich der Frage der Überlassung von Injektionen an Krankenschwestern oder Krankenpfleger weiter vertieft. Dabei neigt der BGH offensichtlich zu der Auffassung, daß eine Haftung des Krankenhausträgers bereits deshalb besteht, weil die Verabreichung von intramuskulären Injektionen z.B. durch Krankenpflegehelferinnen im Sinne des § 14a Krankenpflegegesetz (Schwesternhelferinnen) wegen der Gefahr des Eintritts schwerwiegender Schäden bei fehlerhafter Ausführung grundsätzlich unzulässig ist. Auch zahlreiche juristische Stellungnahmen (Hahn u.a.) kommen zu dem Ergebnis, daß der Chirurg, wenn er intramuskuläre Injektionen Krankenpflegehelferinnen überlassen will, sich besonders sorgfältig vergewissern muß, ob die für die Durchführung von Injektionen erforderliche besondere Qualifikationen tatsächlich gegeben ist. Die Vornahme **intravenöser Injektionen** darf den Pflegehelferinnen wegen besonderer Gefährlichkeit **nicht** überlassen werden.

1980 hat der BGH erkennen lassen, daß auch ein Fehler einer intravenös injizierenden **Schwester** dem Arzt in seiner Haftpflicht zugerechnet wird.

Beispiel: Ein Urologe überläßt bei Einleitung einer Kurznarkose die Injektion einer examinierten Krankenschwester. Diese wählt eine Vene an der Radialseite des linken Handgelenkes, traf aber einen Ast der Arteria radialis superficialis. Die Schmerzäußerungen der Patientin führten zur Unterbrechung der Injektion. Die Schwester spritzte aber auf Weisung des Arztes weiter. Es entwickelte sich eine Nekrose von zwei Fingern mit nachfolgender Amputation. Der Arzt mußte in vollem Umfange auch für die Hilfskraft eintreten.

Die Brisanz des Themas läßt sich daran erkennen, daß ca. 80 % des Krankenpflegepersonals schon neben intramuskulären Einspritzungen auch intravenöse Injektionen vornehmen. Andererseits läßt sich aus Statistiken der ärztlichen Gutachter- und Schlichtungsstellen und den Veröffentlichungen der Arzthaftpflichtversicherer erkennen, daß Spritzenschäden überproportional vertreten sind (unter 4375 Schadensfälle der Jahre 1969–1977 gibt z.B. eine Versicherung Injektionsschäden mit 22 % an).

Rein haftungsrechtlich ändert an diesen strengen Anforderungen der Rechtsprechung auch nicht der Erwerb des sogenannten Spritzenscheins, der ja nur die technische Beherrschung des Punktierens, des Spritzens und des Infundierens bestätigt. Infolgedessen hat die Arbeitsgemeinschaft deutscher Schwesternverbände und des Deutschen Berufsverbandes für Krankenpflege mit Recht betont, daß Injektionen, Infusionen und Transfusionen sowie Blutentnahmen in erster Linie in den Verantwortungsbereich des Arztes gehören. Es kann nach der geschilderten Entwicklung der Arzthaftpflichtrechtsprechung nur empfohlen werden, daß, wenn überhaupt Schwestern differenzierte Mittel intravenös spritzen, stets ein Arzt in der Form erreichbar sein muß, daß er beim etwaigen Zwischenfall sofort eingreifen kann.

Krankenpflegehelfer und -helferinnen sollten von der gesamten intravenösen Arzneimittelapplikation ausgeschlossen werden, da hier nach der neueren Rechtsprechung das Haftpflichtrisiko nicht mehr getragen werden kann. Für den Chirurgen ergibt sich hieraus auch die Verpflichtung, den Organisationsträger immer wieder auf die verschärften Ansprüche der Haftpflichtrechtsprechung hinzuweisen, wenn nicht genügend qualifizierte ärztliche Mitarbeiter für die Tätigkeit zur Verfügung stehen. Der Organisationsherr kann zwar dem Erfüllungsgehilfen die zivilrechtliche Haftung von der Hand halten, die strafrechtliche Haftung bleibt aber uneingeschränkt beim Arzt oder seiner Hilfskraft.

Auf Organisationsmängel muß der aufsichtführende Chirurg jedoch hinweisen und im Extremfall bei Nichtabstellung der Organisationsmängel seine Tätigkeit einschränken, um nicht durch die Übernahme einer Tätigkeit ohne die entsprechenden sachlichen und personellen Hilfsmittel in ein untragbares Haftungsrisiko verstrickt zu werden. Dies gilt insbesondere auch im Hinblick auf die zunehmend komplizierter werdende Technisierung vieler medizinischer Arbeitsgebiete.

Hinsichtlich der **Haftung des Chirurgen für die Geräte** ist durch die Änderung des Gesetzes über technische Arbeitsmittel insofern ein Wandel eingetreten, daß nur mit einem Qualitätssiegel versehene medizinisch-technische Geräte, die durch eine freiwillige Kontrolle der Hersteller geprüft sind, im medizinischen Bereich verwendet werden dürfen. Für Herstellungsmängel, Konstruktionsfehler oder nach einer Reparatur zustandegekommene grobe technische Mängel haftet der Produzent oder aber die Reparaturfirma. Der Chirurg haftet nach der Rechtsprechung aber dann, wenn er bei Prüfung vor Einsatz der Geräte den Mangel hätte erkennen und damit den Schaden oder den Tod beim Patienten hätte vermeiden können. Es entstehen also für den Arzt nach der BGH-Rechtsprechung auch hier Aufsichts- und Kontrollpflichten. Je komplizierter und risikoträchtiger ein Gerät, um so höher sind die juristischen Anforderungen an die Kontrollpflichten des Benutzers.

Insbesondere bei Einführung neuer Verfahren und Geräte muß vor Einsatz eine genaue Einarbeitung erfolgen und dem Chirurgen die grundsätzliche Funktionsweise bekannt sein. Für die Bedienung durch Hilfskräfte gelten wiederum die schon erwähnten Kontroll- und Überwachungspflichten. Dazu gehört auch auf der Seite des Organisationsherren (Krankenhausträger), daß die regelmäßige Wartung und die technische Einsatzbereitschaft von diesem durch Wartungsverträge o.ä. sichergestellt wird.

Das nachstehende Schema (Abb. 1-1) erläutert die unterschiedlichen Haftungszuständigkeiten in straf- und zivilrechtlicher Hinsicht. Es läßt erkennen, daß bei Beachtung der dargelegten Grundsätze, insbesondere der Kontroll- und Überwachungspflichten bei der Anleitung und Führung der Mitarbeiter und beim Einsatz technischer Geräte, sich das Haftungsrisiko für den Chirurgen auf ein erträgliches Maß zurückführen läßt, wenn jeweils nach der vorhandenen Sachkompetenz die geforderte Sorgfalt beachtet wird.

Zum Schluß dieses Abschnittes sei darauf eingegangen, wie sich der Chirurg verhalten sollte, wenn ein Zwischenfall passiert bzw. er vom Patienten – sei es berechtigt oder unberechtigt – für einen Behandlungsfehler haftbar gemacht wird:

1. Ist es zu einem Zwischenfall gekommen, sollten sämtliche Beweismittel sofort sichergestellt werden. Dazu gehören die verwendeten Spritzen, Medikamente und Geräte, lückenlose Krankengeschichten, die möglichst schriftliche Fixierung der Aufklärung, Festlegung der technischen Einzelheiten der Operation (ausführlicher Operationsbericht) sowie Fixierung des zeitlichen Ablaufs vor und nach dem Zwischenfall.
2. Bei einem Todesfall, der nicht aus der Grundkrankheit oder aus dem Operationsrisiko erklärbar unerwartet eingetreten ist, sollte unter allen Umständen eine gerichtliche Obduktion veranlaßt werden. Sie dient als amtliche Beweissicherung und ihre Ergebnisse können bei späteren Verfahren durch nichts als Beweismittel ersetzt werden. Sie deckt sehr häufig auf, daß unvorhersehbare Faktoren zum Exitus geführt hatten.
3. Gespräche mit dem Patienten oder dessen Angehörigen nach einem Mißerfolg sollten stets nur vom zuständigen Arzt selbst geführt werden. Erfahrungsgemäß entstehen zahlreiche unnötige Auseinandersetzungen zwischen Patient und Arzt durch abgelehnte, unzureichende, unsachgemäße, teilweise auch ungeschickte Auskünfte von Ärzten, Pflegepersonal oder anderen Hilfskräften.

4. Dem Patienten oder im Todesfall seinen Angehörigen sollte der Zusammenhang mitgeteilt werden. Im Interesse aller Beteiligten dürfen dabei aber weder mündliche noch schriftliche Schuldeingeständnisse abgegeben werden. Derartige Gespräche sollten nach Möglichkeit im Beisein eines Zeugen geführt und ihr wesentlicher Inhalt unmittelbar nachher schriftlich skizziert werden. Sie verlangen, ebenso wie Aufklärungsgespräche vor Operationen, insbesondere bei risikoreichen Eingriffen, nicht nur Geduld und Zeit, sondern ein hohes Maß von ärztlichem Einfühlungsvermögen. Der Haftpflichtversicherung muß dabei ein ausführlicher rückhaltloser Bericht bei möglichst frühzeitiger Meldung über alle Einzelheiten erstattet werden, damit diese ihrer Prüfungspflicht, ob die Haftpflichtansprüche anerkannt werden und eine außergerichtliche Klärung versucht werden soll etc., nachkommen kann (Reichenbach).

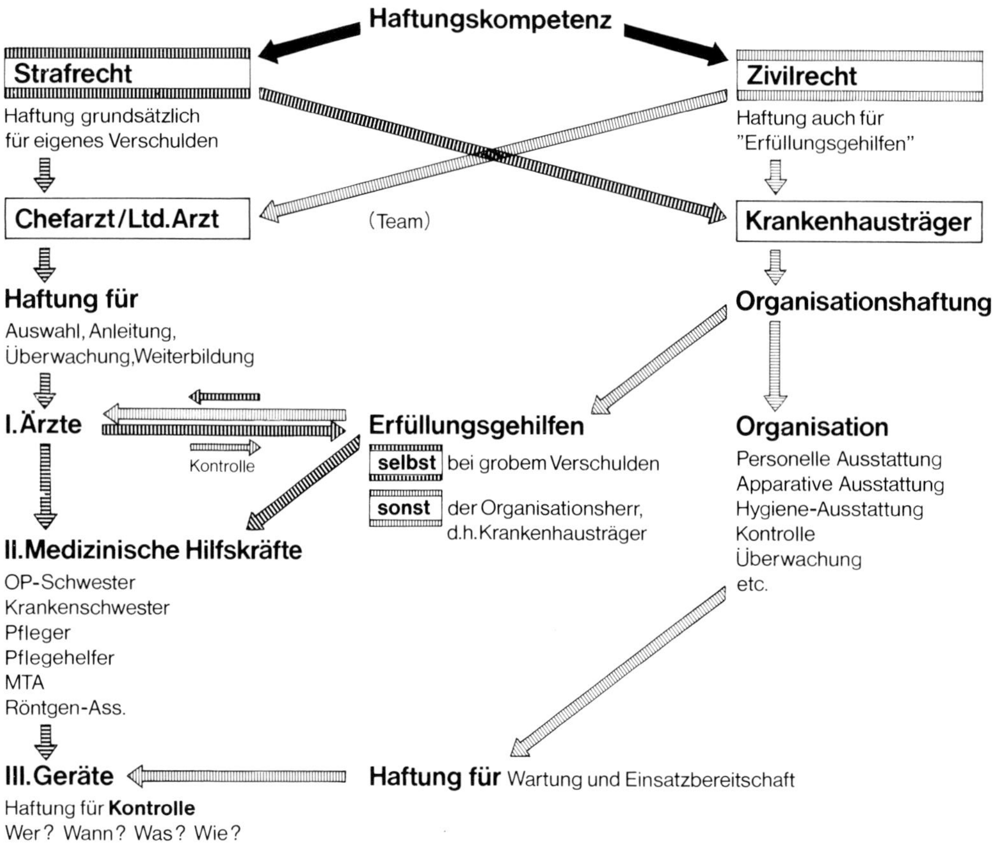

Abb. 1-1. Haftungskompetenz. (Nach Pribilla, O.: Abgrenzung und Zuständigkeiten für die Haftung des Chirurgen.)

Ärztliche Aufzeichnungen

Bis zum Jahre 1977 war es unbestritten, daß die Krankenpapiere (ärztliche Aufzeichnungen), zu deren Führung der Chirurg auch aufgrund der Berufsordnung verpflichtet ist, ihrer Rechtsnatur nach persönliche Aufzeichnungen des Arztes sind. Die Rechtsprechung der letzten Jahre hat hier einen grundlegenden Wandel herbeigeführt. Die einschlägigen obergerichtlichen oder bundesgerichtlichen Urteile haben herausgestellt, daß Krankenunterlagen vorwiegend im Interesse des Patienten geführt werden müssen und nach Meinung einzelner Urteile sogar Urkundencharakter im Sinne des § 810 BGB haben können. Aus der Tendenz des Bundesgerichtshofes, im Falle eines sogenannten Behandlungsfehlers dem Patienten die Beweislast zu erleichtern, hat die Rechtsprechung auch den Grundsatz entwickelt, daß der Patient heute das jederzeitige Einsichtsrecht in die Dokumentation des Arztes hat. Es wird dabei eine sorgfältige Dokumentation verlangt. Hieraus wird das Recht des Patienten auf lückenlose Aufklärung über das schriftlich Niedergelegte abgeleitet, damit der Patient seine eigene Krankengeschichte voll erkennen und daraus selbst Folgerungen ziehen kann. Alle ärztlichen Bemühungen, das therapeutische Privileg (d.h. den Schutz des Patienten vor der unmittelbaren Konfrontation mit der Wahrheit) zu erhalten und der Hinweis, daß gegebenenfalls Rechte Dritter und die persönlichen differentialdiagnostischen Erwägungen des Arztes bei einem jederzeitigen Einsichtsrecht des Patienten gefährdet seien, waren bisher wenig erfolgreich. Es heißt vielmehr in einem dieser Urteile, »die Rechtsordnung ist, von Ausnahmefällen abgesehen, nicht berufen, den mündigen Bürger, hier dem Patienten, vor sich selbst zu schützen. Die Fürsorgepflicht des Arztes findet im

Regelfall dort ihre Grenze, wo sie die Selbstbestimmung des Patienten beeinträchtigt«. Es wird in einem Urteil des Bundesverfassungsgerichtes (1979) das absolute Einsichtsrecht in die Krankenpapiere auch aus dem Grundgesetz hergeleitet im Sinne des absoluten Selbstbestimmungsrechtes des Patienten. In dem zugrundeliegenden Fall war bei einer Tumoroperation im Operationsbericht die zustandegekommene Nervverletzung nicht aufgezeichnet worden. Es wurde deswegen die Beweislast auf den Arzt umgekehrt, um die »Waffengleichheit« im Prozeß zwischen Patient und Arzt zu gewährleisten. Drei der beteiligten Bundesrichter haben in ihrer abweichenden Meinung das absolute Selbstbestimmungsrecht des Patienten – abgeleitet vom Grundgesetz – als Freiheitsschutz im Bereich der leibseelischen Integrität erklärt und über den speziellen Gesundheitsschutz gestellt.

Nach einem Kammergerichtsurteil Berlin 1981 ist dieses jederzeitige Einsichtsrecht sogar für den psychiatrischen Patienten bejaht worden. In der lesenswerten Begründung läßt sich ein völliger Wandel der juristischen Auffassung der Patienten-Arzt-Beziehung erkennen. Es heißt u.a., daß das Einsichtsrecht des Patienten sich aus dem keiner Darlegung bedürfenden Interesse jedes Patienten an sich selbst ergibt. Er habe sich dem Arzt mit seinem Fachwissen gleichsam ausgeliefert und wolle weiter nichts als die über ihn gewonnenen Kenntnisse erfahren, die aufzuzeichnen und mitzuteilen der Vertragspartner ohnehin verpflichtet sei.

Ebenso wie der Patient die Behandlung trotz Hinweises auf die Folgen einer Nichtbehandlung ablehnen dürfe, also die Freiheit habe, sich insoweit selbst zu schädigen, müsse ihm auch die Freiheit und das Recht zustehen, sich durch Kenntnisnahme von der Wahrheit zu schädigen, wenn er das will. Dabei müsse der Patient allerdings wissen und erfahren, daß der Begriff der Wahrheit auch in der modernen Medizin mit allen ihren Hilfsmitteln ein relativer Begriff ist und daß der menschliche Organismus mitunter auch unerwartet rätselhaft und auch vom Arzt nicht vorhersehbar reagieren könne.

Die seinerzeit erfolgten ärztlichen Hinweise auf die Notwendigkeit des Persönlichkeitsschutzes des Arztes und des sogenannten therapeutischen Privilegs sind in diesem Urteil völlig zurückgewiesen worden. Nach zwei neuen Urteilen des BGH 1982 ist generell das Einsichtsrecht in die ärztlichen Aufzeichnungen für den Patienten bestätigt worden, soweit sie Aufzeichnungen über objektive physische Befunde und Berichte über Behandlungsmaßnahmen (Medikation, Operation etc.) betreffen. Für den psychiatrischen Bereich und Ausnahmefälle für nicht wertneutrale Eintragungen wurden gewisse Einschränkungen aus dem Prinzip des therapeutischen Privilegs dem pflichtgemäßen Ermessen des Arztes zugebilligt. Derartige Eintragungen dürfen bei Einsichtnahme oder Fotokopie der Krankengeschichte erkennbar abgedeckt werden.

Nach dieser Entwicklung der Rechtsprechung werden also an die Qualität der ärztlichen Aufzeichnungen hohe Anforderungen gestellt. Es wird verlangt, daß diese alle technischen Einzelheiten, Laborleistungen, aber auch ausführliche Operationsberichte etc. enthalten, so daß sie jederzeit auch als Beweismittel im Konfliktfalle, d.h. im Haftpflichtprozeß dienen können. Die Schwierigkeit liegt aber darin, daß bei derartigen Fällen für alles das, was nicht verzeichnet ist, der Arzt die volle Beweislast zugewiesen bekommt. Man wird daher gut daran tun, dafür Sorge zu tragen, daß alle objektiv erhobenen Befunde einschließlich der Laborbefunde, Narkoseprotokolle, Arztberichte, die Indiaktionsstellung, auch bei nicht ungefährlichen diagnostischen Eingriffen, lückenlos dokumentiert werden. Größte Zurückhaltung sollte der Arzt üben bei Eintragung von Angaben, bei denen Rechte Dritter betroffen werden, aber auch hinsichtlich eigener differentialdiagnostischer Erwägungen, vorläufigen Diagnosen mit ihren Irrtumsmöglichkeiten, prognostischen Überlegungen mit all ihren Unsicherheiten etc.

Die von der Rechtsprechung entwickelte weitgehende Dokumentationsverpflichtung stellt eine zusätzliche Arbeitsbelastung für den Arzt dar, da sie gerade im operativen Routinebetrieb selbst bei kleineren Eingriffen einen hohen Aufwand erfordert. Aus der genannten Entwicklung der Rechtsprechung hat sich auch ergeben, daß auf Verlangen des Patienten, soweit sein Einsichtsrecht besteht, der Arzt Fotokopien der Krankenpapiere anfertigen muß, wenn dies verlangt wird. Dafür hat aber der Patient die Kosten zu übernehmen.

Die genannte Entwicklung hinsichtlich der Rechtsnatur der ärztlichen Aufzeichnungen wird zwangsläufig dazu führen, daß vermehrt von formularartig vorgefertigten Krankenblättern und Befunderhebungsbögen Gebrauch gemacht wird. Dabei sollte aber neben den Eintragungen aller technischen und Laborbefunde etc. eine fortlaufende Dokumentation des objektiven und subjektiven klinischen Befindens des Patienten nicht fehlen. Daß andererseits die ärztlichen Aufzeichnungen der Schweigeverpflichtung gemäß § 203 StGB und auch dem Beschlagnahmeverbot (mit Ausnahme, wenn der Arzt selbst Beschuldigter in einem Strafverfahren ist) unterliegen, bleibt vom Einsichtsrecht des Patienten natürlich unberührt.

Schlußbetrachtung

Durch die Wandlung der soziologischen und der rechtlichen Auffassung von der Patienten-Arzt-Beziehung in Öffentlichkeit und Rechtsprechung ist gerade der operativ tätige Arzt in das Spannungsfeld zwischen juristischem Normdenken und ärztlicher Auffassung gestellt. Aus der teilweise übersteigerten Erwartungshaltung des modernen Patienten und der Publizität der durch den technischen Fortschritt der Anästhesiologie, der operativ-chirurgischen Technik und der Intensivmedizin möglich gewordenen oft extremen Eingriffe ist auch das Risiko für den Chirurgen angestiegen. Die Anforderungen an seine Sorgfaltspflicht werden dabei durch die Rechtsprechung um so schärfer herausgestellt, je mehr risikoträchtige Eingriffe und früher kaum mögliche Operationen im Grenzbereich der Zumutbarkeit für den Patienten, bei hohem Alter des Patienten oder schließlich bei Neulandoperationen zur quasi Routine werden. Dabei bewegt sich der Chirurg oft auf einem schmalen Grat zwischen dem technisch Machbaren und der Problematik, ob im Einzelfall ein derartiges radikales Vorgehen dem Patienten noch zumutbar oder auch ethisch erlaubt erscheint. Auf vielen Gebieten ist in diesem Bereich die normative Anforderung der juristischen Problembewältigung hinter den chirurgisch-operativen Entwicklungen oder auch den Möglichkeiten der Intensivmedizin zurückgeblieben. Während z.B. das Arzneimittelgesetz für die Forschung am Menschen einen klaren gesetzlichen Rahmen abgesteckt hat, fehlt ein solcher noch für das zunehmend wichtiger werdende Gebiet sogenannter Neulandoperationen in der Chirurgie. Hier wird man nur auf die ethischen Grundsätze der Deklarationen von Helsinki und Tokio zurückgreifen können. Diese enthalten außer den allgemeinen Grundsätzen folgende Elemente:

Risiko-Nutzen-Abwägung, die Einwilligung nach Aufklärung, das Recht der Person auf Wahrung ihrer Unversehrtheit und die Möglichkeit, den Versuch jederzeit abzubrechen, die Einschränkung der Versuche an Kindern und psychisch Kranken oder abhängigen Personen (Strafgefangenen) etc. Sie sind damit ethische Mindestvoraussetzung für die medizinische Forschung in Verbindung mit neuen Operationsverfahren und auch für das nichttherapeutische biomedizinische Experiment am Menschen.

Die Bewältigung der operativ-chirurgischen Grenzsituationen, insbesondere auch die Prüfung, ob im konkreten Falle, etwa bei infauster Prognose oder hohem Alter des Patienten, überhaupt chirurgisch eingegriffen werden soll, bleibt ungeachtet aller vorgegebenen Normen letztlich die Gewissensentscheidung des Chirurgen. Diese kann ihm niemand abnehmen. Bei Neulandoperationen und Forschung am Patienten bedeutet die Einschaltung einer Ethik-Kommission zwar eine Hilfe, entbindet aber den Chirurgen nicht von seiner persönlichen Einstandspflicht für die getroffene Entscheidung. Die Grundsätze aus Rechtslehre und Rechtsprechung können gerade in der ärztlichen Grenzsituation nur Rahmenbedingungen setzen, aber niemals die persönlich verantwortliche Entscheidung des Arztes vorwegnehmen. Es kommt vielmehr allein auf die sittliche Haltung, die Auffassung von der Würde des Menschen – die nicht allein im Natürlichen verwurzelt ist – und die klare Entscheidung des geschulten Arztgewissens an, um nicht der Gefahr des Inhumanen und der Manipulierbarkeit des Menschen in derartigen Grenzsituationen zu erliegen.

2

Grundlagen der Schockbehandlung und Korrektur perioperativer Stoffwechselstörungen

2.1
Reanimation

E. Voigt

Akute Atem- und Kreislaufstillstände können im operativen Bereich als Folge von Medikamentenwirkungen (z.B. Atemdepression durch Sedativa und Analgetika, Herzrhythmusstörungen durch Lokalanästhetika in Kombination mit Suprarenin oder bei vorbestehenden Herzerkrankungen) jederzeit eintreten. Durch schnelles und gezieltes Eingreifen können diese akut lebensbedrohlichen Störungen rechtzeitig behoben werden, bevor eine zerebrale Ischämie das Schicksal des Patienten besiegelt. Voraussetzungen sind Grundlagen der kardiopulmonalen Reanimation, wie sie in den Richtlinien der American Heart-Association, die in diesem Sinne als Standard bezeichnet werden können, verankert sind. Die einzelnen Schritte in diesen Richtlinien folgen dem Schema ABCDE, wie sie Safar 1968 vorgeschlagen hat, wobei der jeweils nächstfolgende Schritt auf den vorhergehenden Schritten aufbaut.

A – Atemwege

Voraussetzung für eine erfolgreiche Reanimation von Atmung und Kreislauf ist die sofortige Öffnung der verlegten Atemwege. Bei fehlendem Muskeltonus verlegt die Zunge und/oder die Epiglottis den Kehlkopfeingang. Ein negativer Druck in den Atemwegen bei einem Inspirationsversuch kann zusätzlich im Sinne eines Ventilmechanismus den Kehlkopfeingang verschließen. Zur schnellen Öffnung der Atemwege wird der Kopf im Atlantookzipitalgelenk rekliniert (Abb. 2.1-1) und das Kinn mit 2 Fingern bis zur Zahnokklusion angehoben. Der zweite, zu empfehlende Handgriff besteht darin, bei rekliniertem Kopf die Mandibula mit beiden Händen vom Angulus her anzuheben. Evtl. vorhandene Fremdkörper sind nach Öffnen des Mundes (Methode der gekreuzten Finger) auszuräumen. Bei derart sichergestellter Öffnung der Atemwege ist zu beurteilen, ob eine Spontanatmung vorhanden ist!

1. Bewegt sich der Thorax?
2. Entweicht Luft aus dem Thorax?
3. Ist ein Luftstrom an der Mund- und Nasenöffnung zu fühlen?

Diese Beurteilung der Situation sollte nur 3–5 Sek. in Anspruch nehmen.

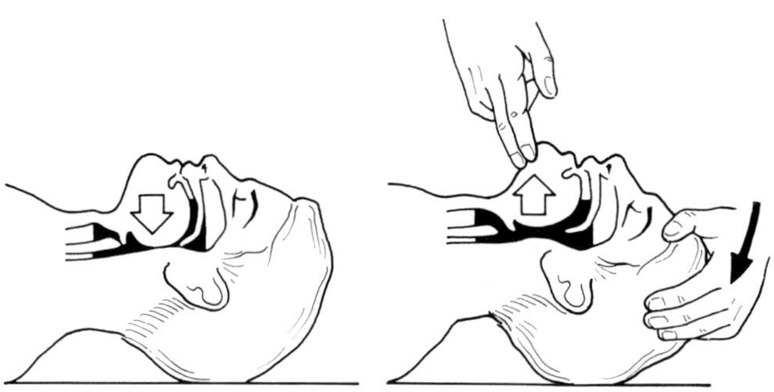

Abb. 2.1-1. Freimachen der Atemwege durch Überstreckung des Kopfes und Anheben des Unterkiefers.

B – Beatmung

Wird ein Sistieren der Spontanatmung festgestellt, hat unverzüglich eine Atemspende zu erfolgen, die ohne Hilfsmittel als Mund-zu-Mund-Beatmung, Mund-zu-Nase-Beatmung, Mund-zu-Tracheostoma-Beatmung oder wie in der Klinik bei direkt verfügbaren Hilfsmitteln als Maskenbeatmung durchgeführt wird.

- Bei der Maskenbeatmung sollte, wenn möglich, mit einem Sauerstoff-Flow von 4–6 l/Min. über einen entsprechenden Anschluß beatmet werden. Zur Maskenbeatmung wird der Kopf im Atlantookzipitalgelenk überstreckt (Abb. 2.1-2). Mit einer Hand wird dabei die Maske aufgesetzt, wobei Klein-, Ring- und Mittelfinger den Mandibularast umfassen und nach vorne oben ziehen. Der Daumen umfaßt dabei die Maske von kranial und preßt sie gemeinsam mit dem Zeigefinger über Mund und Nasenöffnung. Mit der anderen Hand wird der Ambu-Beutel bedient. Wenn so keine ausreichende Maskenbeatmung erreicht werden kann, empfiehlt sich zusätzlich die Einfügung eines Guedel-Tubus, wobei hier auf die Wahl der richtigen Größe besonderes Augenmerk zu richten ist (Abb. 2.1-3).

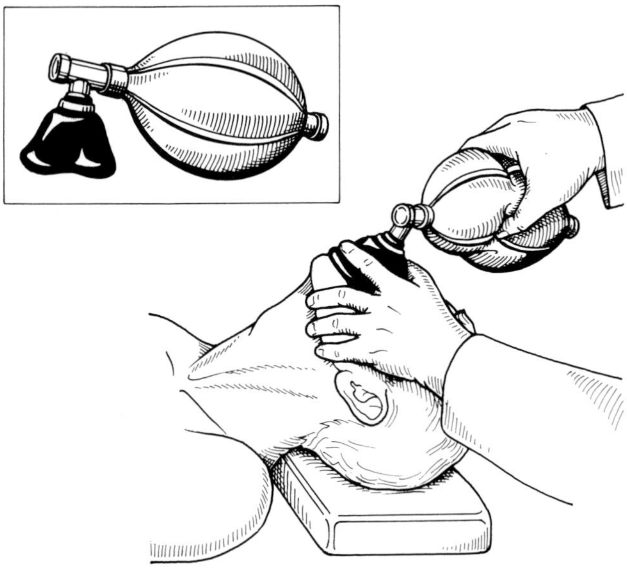

Abb. 2.1-2. Handgriff zur sicheren Applikation der Maske.

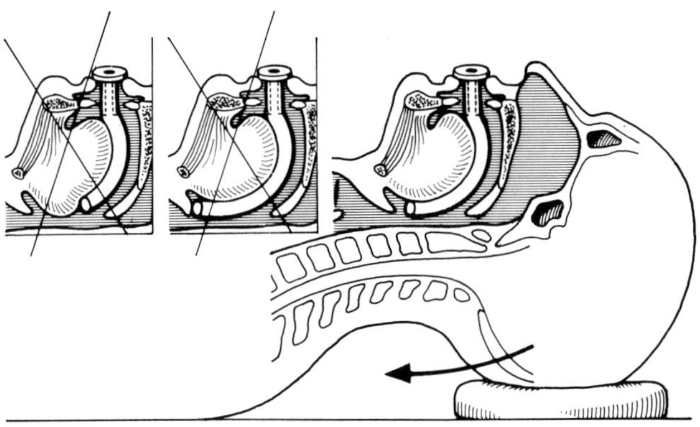

Abb. 2.1-3. Richtige Größe und Lage des Guedel-Tubus (rechts). Zu kurzer (links) oder zu langer (Mitte) Tubus führen zu einem Verschluß des Kehlkopfeinganges.

- Die initialen zwei Atemzüge mit einem Volumen von 800–1200 ml für einen normalen Erwachsenen werden in einer Zeit von 1–1½ Sek. pro Atemzug appliziert, wobei eine gute Thoraxexpansion erreicht und die Möglichkeit einer Magenüberdehnung eingeschränkt wird. Größere Atemzugvolumina bzw. höhere inspiratorische Flußraten können zu einem intraösophagealen Druckanstieg führen mit Überschreiten des ösophagealen Öffnungsdruckes und damit zur Luftinsufflation in den Magen mit nachfolgender möglicher Regurgitation und Aspiration.

Eine endotracheale Intubation, in der Regel auf orotrachealem Wege mit einem Magill-Tubus ist die optimale Form, jederzeit offene Luftwege zu garantieren, eine Aspiration von regurgitiertem Mageninhalt zu verhindern sowie gezieltes bronchiales Absaugen zu ermöglichen. Beim tief bewußtlosen Patienten ohne muskuläre Abwehrreaktion dürfte in dieser Situation die Intubation unter normalen Umständen keine Schwierigkeiten bereiten. Voraussetzung ist allerdings zunächst eine optimale Lagerung, d.h. der Kopf muß mindestens 10 cm aus der Horizontalen angehoben werden (Abb. 2.1-4), um zunächst einen Achsenausgleich zwischen Kehlkopfachse und Rachenachse herbeizuführen.

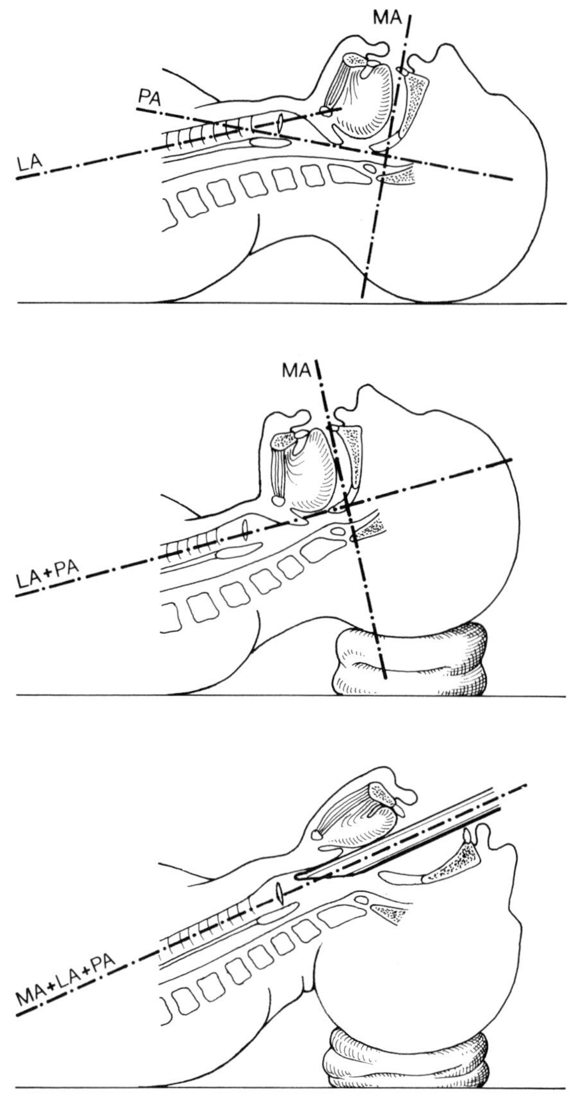

a)
b)
c)

Abb. 2.1-4.
a) Verlauf von Larynx- (LR), Mund- (MA) und Pharynxachse (PA).
b) Ausgleich des Winkels zwischen Larynx- und Pharynxachse durch »Intubationskissen«.
c) Reklination im Atlantookzipitalgelenk zum Achsenausgleich von Mund- und Larynx-Pharynx-Achse.

Als nächster Schritt erfolgt eine Reklination im Atlantookzipitalgelenk (Abb. 2.1-4), um die Mundachse der Larynx-Pharynx-Achse anzugleichen. Nach Einführung des Laryngoskopes (beim Laryngoskop mit geradem Spatel vom Typ Foregger wird dabei die Epiglottis mit der Spitze aufgeladen, beim gekrümmten Laryngoskop nach Macintosh befindet sich die Laryngoskopspitze in der epiglottischen Falte) muß der Mundboden mit dem Laryngoskopspatel in Pfeilrichtung (Abb. 2.1-5) angehoben werden, bis der Kehlkopfeingang sichtbar wird und der Tubus zwischen den Stimmbändern (Abb. 2.1-5 d) in die Trachea vorgeschoben werden kann. Nach Blockierung der Tubusmanschette (nur so viel Luft, daß bei der positiven Überdruckinflation keine Luft an der Manschette vorbei entweichen kann) wird auf übliche Art mit einem Stethoskop die seitengleiche Belüftung kontrolliert, und es kann nun im Rahmen der weiteren Reanimation manuell mit einem Atembeutel über diesen Tubus beatmet werden.

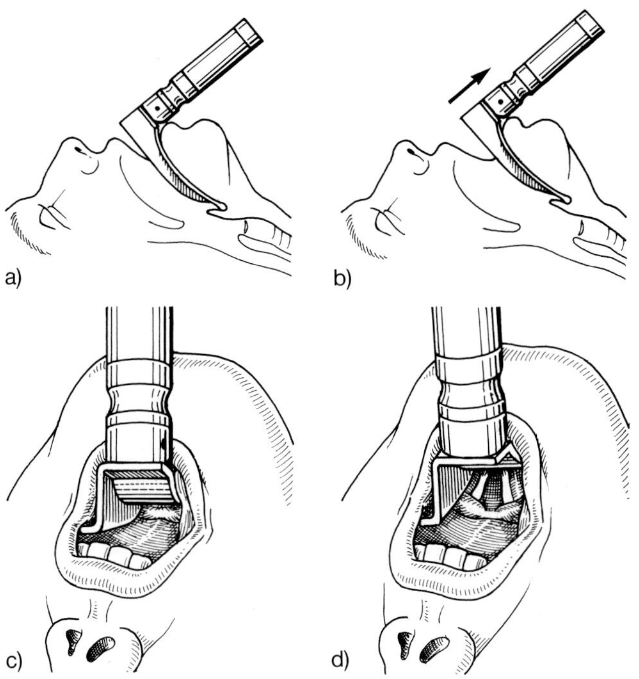

Abb. 2.1-5. Nach Einführen des Macintosh-Spatels bis zur epiglottischen Falte (a u. c) wird der Mundboden in Pfeilrichtung angehoben (b), bis der Kehlkopfeingang sichtbar ist (d).

C – Circulation

Als nächster Schritt erfolgt die Beurteilung der Kreislaufsituation. Ein Herz- und Kreislaufstillstand wird durch Pulslosigkeit der großen Arterien (A. carotis, A. femoralis) diagnostiziert. Diese Prüfung sollte nicht länger als 5–10 Sek. in Anspruch nehmen. Wenn noch ein Puls vorhanden ist, aber die Atmung sistiert, wird mit einer Frequenz von 12 pro Min. (alle 5 Sek. eine Beatmung) nach den initialen zwei Atemzügen weiter beatmet.

Wenn kein Puls palpabel ist, ist davon auszugehen, daß ein Herz- und Kreislaufstillstand vorliegt und es wird unverzüglich nach den initialen zwei Beatmungen mit der externen Thoraxkompression begonnen. Mittels dieser Thoraxkompressionen wird die Zirkulation des Herzens, der Lungen, des Gehirns sowie anderer Organe durch den generalisierten intrathorakalen Druckanstieg und/oder die Herzkompression aufrechterhalten. Das die Lungen durchfließende Blut wird bei suffizienter Beatmung so weit mit Sauerstoff aufgesättigt, daß eine ausreichende Sauerstoffversorgung lebenswichtiger Organe sichergestellt wird. Während der exakt durchgeführten extrathorakalen Herzmassage können systolische Blutdrücke von über 100 mmHg (Abb. 2.1-6) bei normalerweise allerdings niedrigem diastolischen Druck erreicht werden. Der mittlere Druck in der A. carotis dürfte dabei in vielen Fällen 40 mmHg nicht überschreiten. Daher ist jede Erhöhung des Kopfes über die Herzebene hinaus zu vermeiden und der zu Reanimierende auf einer harten Unterlage für die Thoraxkompression flach zu lagern. Anheben der Beine (s. Abb. 2.3-1) vergrößert durch Autotransfusion den zentral venösen Druck und damit das rückfließende Blutvolumen zum Herzen.

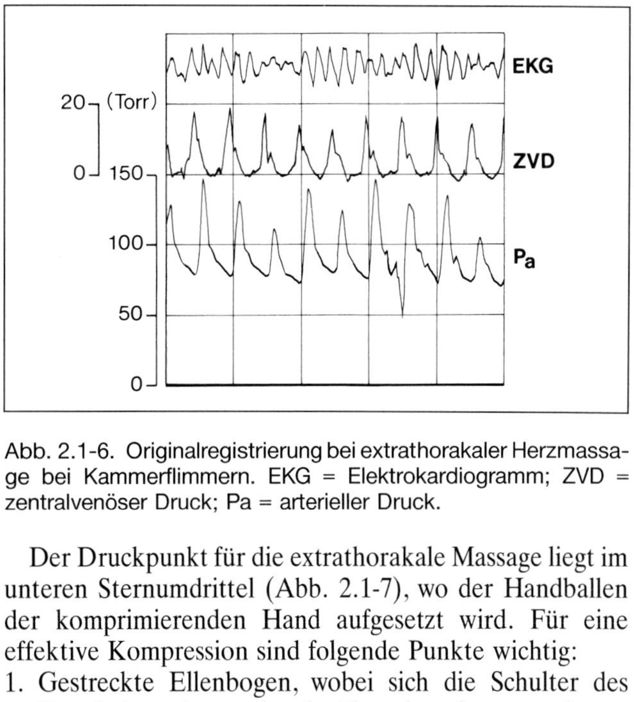

Abb. 2.1-6. Originalregistrierung bei extrathorakaler Herzmassage bei Kammerflimmern. EKG = Elektrokardiogramm; ZVD = zentralvenöser Druck; Pa = arterieller Druck.

Der Druckpunkt für die extrathorakale Massage liegt im unteren Sternumdrittel (Abb. 2.1-7), wo der Handballen der komprimierenden Hand aufgesetzt wird. Für eine effektive Kompression sind folgende Punkte wichtig:

1. Gestreckte Ellenbogen, wobei sich die Schulter des Reanimierenden senkrecht über dem Sternum des zu Reanimierenden befindet und die Kompressionskraft senkrecht einwirkt (Abb. 2.1-7).
2. Das Sternum muß bei jeder Kompression etwa 4–5 cm der Wirbelsäule genähert werden.
3. Nach jeder Kompression muß eine vollständige Entlastung des Thorax stattfinden, wobei die Hände nicht vom Thorax entfernt werden. Die Entlastungsphase soll gleichlang wie die Kompressionsphase sein.

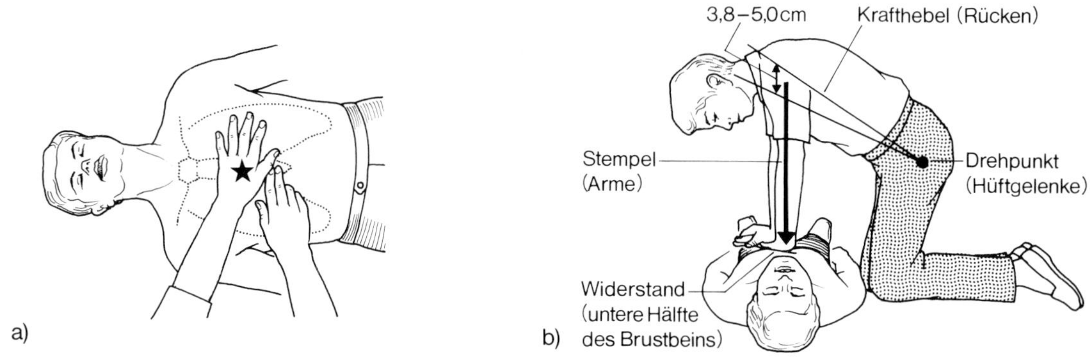

Abb. 2.1-7. Lokalisation des Druckpunktes (a) und Körperhaltung (b) während der extrathorakalen Herzmassage.

Grundlage für dieses von Kouwenhoven 1960 vorgeschlagene Verfahren der extrathorakalen Herzmassage stellt die **kardiale Pumptheorie** (Rabbs, 1980) dar, die besagt, daß durch die direkte Kompression des Herzens zwischen dem Brustbein und der Wirbelsäule der Druck in den Ventrikeln ansteigt und nach Schluß der Herzklappen (Mitral- und Trikuspidalklappe) das Blut in die A. pulmonalis und in die Aorta ausgeworfen wird. In jüngster Zeit (Niemann, 1979; Rudikoff, 1980) wird dem **thorakalen Pumpmechanismus** eine weitergehende Bedeutung zugemessen. Entsprechend dieser Theorie wird durch die externe Thoraxkompression der intrathorakale Druck gesteigert und wirkt somit auf alle intrathorakalen Gefäße. Dieser transthorakale arteriovenöse Druckgradient bewirkt dabei einen entsprechenden Blutfluß. Weitergehende Ansätze, wie die simultane Thoraxkompression und -ventilation, die abdominelle Kompression mit synchronisierter Ventilation, der Einsatz von Antischockhosen, interponierte abdominale Kompression sowie eine kontinuierliche abdominelle Kompression bedürfen noch weiterer Abklärungen, bevor sie als allgemein gültig angesehen werden können.

Daraus ergibt sich die Empfehlung, daß die extrathorakale Kompressionsrate mit einem Minimum von 80 Kompressionen pro Min., wenn möglich 100 Kompressionen pro Min., durchgeführt werden soll. Diese Empfehlung trägt beiden Theorien Rechnung. Für diese, gegenüber den bisherigen Empfehlungen geltende Erhöhung der Herzfrequenz sprechen zwei Argumente:

1. Wenn die Herzpumptheorie als Erklärungshypothese herangezogen wird, bedeutet jede Frequenzsteigerung eine Verbesserung der Blutzirkulation.
2. Für den thorakalen Pumpmechanismus ist dagegen eine erhöhte Kompressionskraft mit 50 % der Zykluszeit erforderlich, um eine ausreichende Zirkulation zu bewirken. Diese Kompressionsverhältnisse sind allerdings bei einer niedrigen Frequenz schlecht zu bewerkstelligen, so daß auch hier durch eine Frequenzanhebung ein optimales Verhältnis zwischen Kompression und Relaxation resultiert.

Bei der Einhelfer-Methode wird nach den initialen zwei langsamen Beatmungen die extrathorakale Herzmassage mit einer Frequenz von 80–100 pro Min. 15mal durchgeführt. Danach erfolgen weitere zwei Beatmungen und wiederum 15 Herzkompressionen. Nach 4 solcher Zyklen (15/2) wird der Karotispuls (5 Sek.) evaluiert. Bei fehlendem Karotispuls Fortsetzung der Maßnahmen im gleichen Rhythmus. Ist ein Karotispuls zu fühlen, Beurteilung der Spontanatmung (3–5 Sek.) und bei fehlender Spontanatmung Fortsetzung der Beatmung mit 12 Beatmungen pro Min. Muß bei fehlendem Puls und fehlender Beatmung die Reanimation fortgesetzt werden, ist der Erfolg alle paar Minuten zu kontrollieren, wobei die Reanimationsmaßnahmen nicht länger als 7 Sek. unterbrochen werden dürfen.

Bei der Zweihelfer-Methode übernimmt eine Person die Beatmung und die Kreislaufkontrolle (Karotispuls). Von der zweiten Person wird die extrathorakale Massage mit einer Frequenz von 80–100 pro Min. durchgeführt. Das Verhältnis von Kompression zu Ventilation soll 5:1 betragen mit einer Pause für die Ventilation von etwa 1–1½ Sek. Nach jeder 5. Kompression ist eine kurze Pause einzulegen, während der die Beatmung (1–1½ Sek.) durchgeführt. Eine Beatmung in den Kompressionszyklus hinein birgt aufgrund der Druckerhöhung die Gefahr einer Luftinsufflation in den Magen. Beim intubierten Patienten kann diese Beatmungspause kürzer gehalten werden bzw. kann fortfallen, da durch die Intubation die Aspirationsgefahr weitgehend gebannt ist.

D – Medikamentöse Therapie

Die zuvor genannten primären Basismaßnahmen der Reanimation sind ohne Hilfsmittel letztlich von jedem Laien nach entsprechender Ausbildung durchführbar. Im weiteren Verlauf einer Reanimation schließt sich die medikamentöse und die elektrische Therapie schrittweise an. Voraussetzung für eine medikamentöse Therapie ist ein sicherer venöser Zugang. Erste Wahl sind dabei die Venen des Unterarmes, da bei deren Kanülierung die Reanimationsmaßnahmen von Beatmung und extrathorakaler Massage nicht unterbrochen werden müssen. Es ist allerdings zu bedenken, daß so injizierte Medikamente während der Reanimation eine gewisse Zeit brauchen (1–2 Min.), trotz effektiver Herz-Thorax-Massage den zentralen Wirkungsort, d.h. das Herz zu erreichen. Günstiger sind zentral venöse Zugänge, wobei beim intubierten Patienten der Zugang über die V. jugularis interna von einem in der Technik Geübten vorzuziehen ist und die Reanimationsmaßnahmen nicht unterbrochen werden müssen. Eine andere Alternative stellt der Zugang über die V. femoralis mittels eines Katheters dar. Ist auf diese Weise in vertretbarer Zeit kein solcher venöser Zugang zu sichern, können die initial notwendig werdenden Medikamente (Epinephrin, Lidocain, Atropin) endotracheal über den Tubus mit ausreichend schnellem Wirkungseintritt appliziert werden. Eine intrakardiale Injektion von Suprarenin (Epinephrin-Hydrochlorid) ist nur dann indiziert, wenn weder ein venöser Zugang zu schaffen noch eine Intubation möglich ist.

Das Medikament der ersten Wahl ist neben 100% Sauerstoff das Suprarenin (Epinephrin-Hydrochlorid) mit seiner alphaadrenergen Rezeptorenstimulation, wodurch die zentrale Durchblutung (Herz und Zentralnervensystem) während der Ventilation und der Thoraxkompression verbessert wird. Die empfohlene Dosierung beträgt 0,5–1 mg Suprarenin i.v. alle 5 Min. während der Reanimationsmaßnahmen. Arterenol (Nor-Epinephrin) mit seiner Alpha- und Betarezeptoren-stimulierenden Wirkung ist initial nur in den Fällen indiziert, bei denen es sich primär um schwere Hypotensionen mit niedrigem peripheren Gefäßwiderstand handelt. Dosiert wird über eine intravenöse Infusion (4 mg Nor-Epinephrin auf 500 ml 5%ige Glukose entsprechend 8 μg/ml) nach Wirkung.

Bei ausreichender Beatmung ist in der initialen Phase der Einsatz von Natriumbikarbonat zurückhaltend zu betrachten. Für eine blinde Pufferung werden 1 mEq pro kg Körpergewicht für die ersten 10 Min. der Reanimation appliziert. Danach die Hälfte der Dosis alle 10 Min. Wenn irgendmöglich, sollte sich die Bikarbonattherapie an dem blutgasanalytischen Befund des Säure-Basen-Status orientieren.

Weitere Medikamente zur kardialen Rhythmusstabilisierung wie auch die Elektrotherapie sind erst nach Diagnose durch ein EKG einzusetzen.

Medikamente der ersten Wahl sind für tachykarde Rhythmusstörungen das Xylocain und für bradykarde Rhythmusstörungen das Atropin.

Die initiale Dosis von Xylocain beträgt 1 mg pro kg Körpergewicht als Bolus. Läßt sich hiermit der Rhythmus nicht stabilisieren, können weitere 0,5 mg pro kg KG als Bolus alle 8–10 Min. oder als kontinuierliche Infusion bis zu einer Gesamtmenge von 3 mg pro kg KG verabreicht werden.

Bei bradykarden Rhythmusstörungen (im wesentlichen AV-Blockierungen) oder bei Asystolien wird Atropin mit einer Dosierung von 1 mg i.v. appliziert. Bei Bradykardien kann Atropin alle 5 Min. in einer Dosierung von 0,5 mg wiederholt werden bis zu einer Gesamtdosis von 2 mg.

Alle weiteren Medikamente wie Procainamid, betaadrenerge Rezeptorenblocker, Dopamin, Dobutamin, Amrinon, Kalzium, Digitalis, Nitroglyzerin, Natriumnitroprussid gehören in die Phase nach der initialen Reanimation und werden deshalb hier nicht näher besprochen.

E – Elektrische Therapie

Tachykarde Herzrhythmusstörungen (Kammerflimmern, ventrikuläre Tachykardie) und bradykarde Rhythmusstörungen (ventrikuläre Asystolie und hochgradige Leitungsblöcke) sind der elektrischen Therapie zugänglich, und zwar die tachykarden Störungen der Defibrillation bzw. Kardioversion, die bradykarden Störungen der Schrittmachertherapie.

Beim Kammerflimmern verbessert eine frühzeitige Defibrillation die kardialen Wiederbelebungsaussichten. Möglichst nach EKG-Diagnose wird eine initiale Defibrillation mit etwa 200 Joules durchgeführt. Kann mit einer ersten Defibrillation das Kammerflimmern nicht durchbrochen werden, wird die Elektrodefibrillation mit 200–300 Joules wiederholt. Tritt immer noch kein Erfolg ein, ist die Leistung bis auf maximal 360 Joules zu erhöhen. Ist ein passagerer Defibrillationserfolg zu erzielen und ist eine erneute Defibrillation erforderlich, dann wird mit der Energiestärke der letzten erfolgreichen Defibrillation die Defibrillation wiederholt. Für die Kardioversion (synchrone Elektrodefibrillation) bei ventrikulären und supraventrikulären Tachykardien ist weniger Energie erforderlich.

Im allgemeinen wird eine initiale Energie von 50 Joules zum Erfolg führen. Im anderen Falle ist die Energie auf 75–100 Joules zu steigern.

Für eine elektrische Defibrillation des Herzens im Gegensatz zur QRS-gesteuerten Kardioversion muß zunächst der Defibrillator auf nichtsynchron geschaltet werden. Nach Einschalten des Defibrillators müssen die gewünschte Energiemenge eingestellt und der Kondensator geladen werden. Diese Ladung ist von Gerätetyp zu Gerätetyp unterschiedlich, entweder automatisch bei Wahl der zu fordernden Energieleistung oder erst mit dem Auslösen des Defibrillationsvorganges.

Zur Defibrillation werden die großflächigen Elektroden, wohl versehen mit Kontaktpaste, mit festem Kontakt auf den Thorax aufgesetzt, und zwar die negative Elektrode über dem rechten Thorax unterhalb der rechten Clavicula, die positive Elektrode unterhalb und links von der Brustwarze (Abb. 2.1-8). Elektroden fest andrücken, wobei der Patient nicht berührt werden sollte, und Auslösung des Defibrillationsvorganges.

Für die Elektrostimulation des Herzens stehen externe transvenöse Schrittmachersonden, externe nicht invasive Schrittmachersysteme mit großen thorakalen Elektroden sowie Ösophagusstimulationselektroden zur Verfügung. Allerdings wird in den meisten Situationen eines asystolischen Herzstillstandes eine elektrische Stimulation erfolglos bleiben.

Die erfolgreiche Behandlung eines Herzstillstandes steht in direkter Korrelation mit der Schnelligkeit und der Effektivität, mit der die Herzfunktion wiederhergestellt werden kann. An diese kritische Phase schließt sich die Stabilisierungsphase an mit Sicherstellung einer effektiven Atmung (spontan oder kontrolliert), die Aufrechterhaltung eines stabilen kardialen Rhythmus und eine effektive Zirkulation unter Einbeziehung der elektrischen und medikamentösen Therapie, die Aufrechterhaltung einer kontinuierlichen EKG-Überwachung sowie ein sicherer intravenöser Zugang.

Diese Reanimationsmaßnahmen müssen solange fortgesetzt werden, bis eindeutig Erfolg oder Mißerfolg feststehen. Wenn keine kardiovaskulären Reaktionen auf medikamentöse und elektrische Therapie mehr erfolgen, ist davon auszugehen, daß keine Herz-Kreislauf-Funktion wieder hergestellt werden kann, die eine Perfusion des Gehirns gewährleistet.

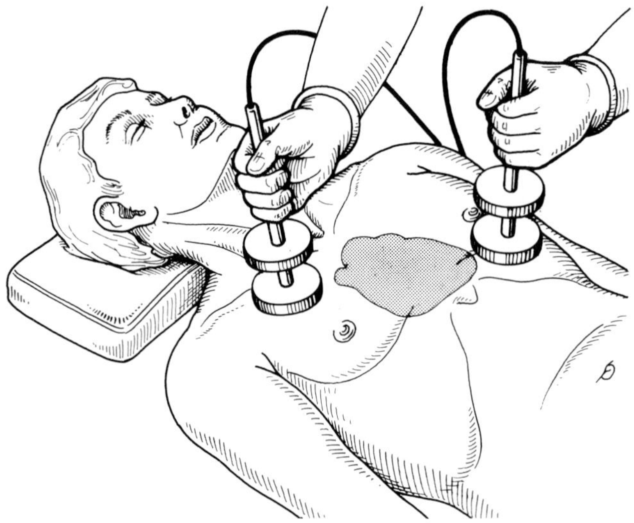

Abb. 2.1-8. Lage der Elektroden für die elektrische Defibrillation des Herzens.

2.2
Venöse und zentralvenöse Zugänge

E. Voigt

Indikation und Wahl für einen venösen Zugang im operativen Bereich, in der Notfall- oder Intensivmedizin richten sich nach den speziellen Erfordernissen:

1. Rascher Volumenersatz bei Volumenmangel (Volumenmangelschock).
2. Kreislaufkontrolle (zentralvenöser Druck).
3. Applikation vasoaktiver Medikamente.
4. Parenterale Ernährung.

Entsprechend diesen Erfordernissen ist ein unterschiedliches Vorgehen indiziert.

Bei einem Volumenmangel oder einer massiven Blutung muß ein rascher Volumenersatz stattfinden. Hierbei sollte der Grundsatz gelten, mit den größtmöglichen Kanülen entsprechende venöse Zugänge zu schaffen, über die ein rascher Volumenersatz erfolgen kann. Primär ist es empfehlenswert, dieses über periphere Zugänge zu erreichen. Üblicherweise werden hierzu Verweilkanülen aus Kunststoff (z.B. Vasofix-Braunüle) verwendet.

Die Durchflußgeschwindigkeit ist dabei einmal von der Dicke der Kanüle und zum anderen von der Viskosität der Lösung abhängig. Bei einer 0,9 %igen NaCl-Lösung und einem Infusionsdruck von 0,4 bar resultieren etwa folgende Durchflußgeschwindigkeiten:

1. VASOFIX 1,2 mm Durchmesser: ca. 200 ml/Min.
2. VASOFIX 1,4 mm Durchmesser: ca. 300 ml/Min.
3. VASOFIX 2,0 mm Durchmesser: ca. 450 ml/Min.

Wenn noch größere Volumenverschiebungen pro Zeiteinheit erforderlich werden sollten und zusätzliche Venenzugänge nicht möglich sind, dann kann eine mittels Seldinger-Technik in ein zentrales Gefäß eingeführte Katheterschleuse kurzfristig benutzt werden (Abb. 2.2-1).

Hierbei muß allerdings steril mit Handschuhen und entsprechenden Abdecktüchern gearbeitet werden. Zunächst wird mit einer dünnen, scharf geschliffenen Stahlkanüle das Gefäß mit einer aufgesetzten, kochsalzgefüllten Spritze (Cave: Luftembolie bei zentralen Gefäßen) punktiert und anschließend durch diese Kanüle ein dünner Führungsmandrin intravasal vorgeschoben. Die Punktions-

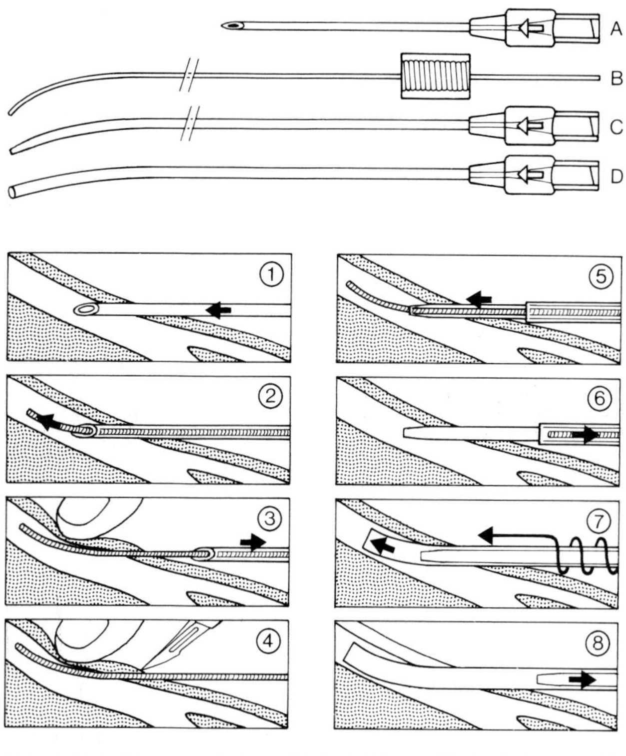

Abb. 2.2-1. Venenpunktion mittels Seldinger-Technik. Das Gefäß wird mit einer dünnen Stahlkanüle (A) punktiert ① und durch diese Kanäle die Einführungsspirale (B) intravasal vorgeschoben ②. Nach Zurückziehen der Stahlkanüle ③ und kleiner Inzision ④ wird der Gefäßdilatator (C) mit aufgesetzter Einführungsschleuse (D) in das Gefäßlumen vorgeschoben ⑤. Nach Zurückziehen der Führungsspirale ⑥ wird die Einführungsschleuse über den Gefäßdilatator ⑦ unter drehenden Bewegungen in das Gefäß eingeführt. Nach Zurückziehen des Gefäßdilatators ⑧ kann über diese Schleuse ein Katheter vorgeschoben oder direkt infundiert werden.

kanüle wird daraufhin über den Führungsmandrin zurückgezogen. Nach einer kleinen Inzision um den Führungsmandrin herum wird nun über denselben der konisch geformte Kunststoffkatheter unter Drehung stumpf durch das Gewebe in das Gefäßlumen vorgeschoben. Nach Entfernung des Mandrins kann die Infusion angeschlossen werden.

Die Entscheidung für eine bestimmte Technik und die Wahl der Vene richten sich nach Anwendungsdauer und Infusionsgeschwindigkeit. Generell sollte zunächst den peripheren Venen der Vorzug gegeben werden, da somit die Option offenbleibt, nach eventueller peripherer Thrombosierung auf proximal gelegene Venen zurückzugreifen.

Auf jeden Fall sollte vermieden werden, eine Punktion im Bereich der Gelenke durchzuführen, da durch die Bewegung die Kanülenspitze die Venenwand penetrieren kann.

Handrückenvenen, Arcus venosus dorsalis pedis, V. temporalis superficialis und V. frontalis (beim Säugling) eignen sich für eine relativ kurzfristige Infusionstherapie.

Unterarmvenen sind für eine längere Infusionstherapie geeignet. Im Bereich der Ellenbeuge sollte die V. cephalica wegen der erforderlichen Streckhaltung und die V. mediana cubiti wegen der topographischen Nähe zur A. brachialis nicht punktiert werden (Abb. 2.2-2–6).

Die V. jugularis externa ist für kurzfristige Infusionen besonders bei adipösen Patienten geeignet. Durch die Verspannung ihrer Tunica adventitia an Muskeln und Faszien sowie das Fehlen von Venenklappen unterliegt sie den intrathorakalen Druckschwankungen während der Respiration sowie dem hydrostatischen Druck, d.h. dem zentralvenösen Druck. Je niedriger dieser Druck ist, desto größer ist die Gefahr einer Luftembolie über ein offenes Punktionssystem. Es empfiehlt sich daher, die Punktion unter Oberkörpertieflagerung durchzuführen, wobei gleichzeitig durch den hydrostatischen Druck die Venen besser gefüllt werden. Die liegende Kanüle ist mit einem Dreiwegehahn zu verschließen, so daß auch beim Wechseln von Infusionsleitungen die Kanüle absolut verschlossen werden kann.

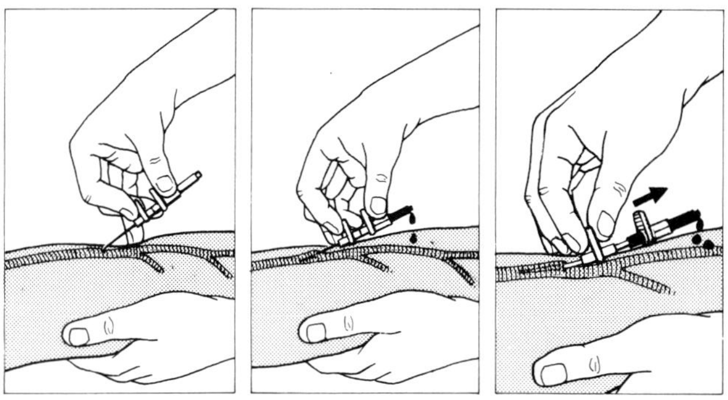

Abb. 2.2-2. Technik der Gefäßpunktion (direkte Punktion).
a) Das Gefäß wird auf direktem Wege im stumpfen Winkel anpunktiert.
b) Aus der Kanüle fließendes Blut dient als Indikator für den Punktionserfolg.
c) Im spitzen Winkel wird die Kanüle vorsichtig in Gefäßrichtung vorgeschoben, wobei gleichzeitiges Zurückziehen des Stahlmandrins mittels Daumen und Zeigefinger der punktierenden Hand erfolgt. Der Stahlmandrin sollte nur so weit zurückgezogen werden, daß seine Spitze nicht mehr die Kunststoffkanülenspitze überragt, gleichzeitig aber noch als innere Schienung für die Kunststoffverweilkanüle dient.

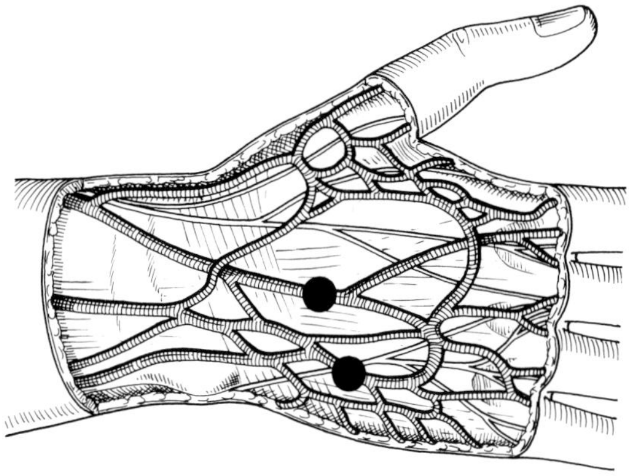

Abb. 2.2-3. Punktionsstellen am Rete venosum dorsale manus.

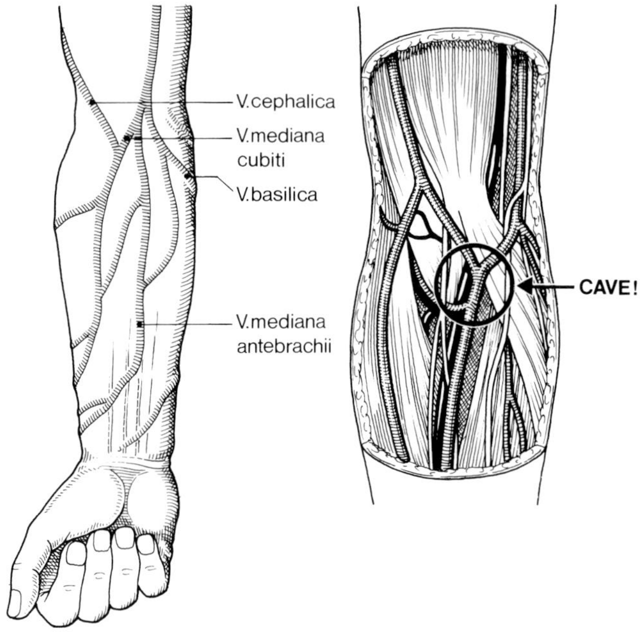

Abb. 2.2-4. Venenverlauf am Unterarm. Cave: Bei der Punktion der V. mediana cubiti wegen möglicher arterieller und nervaler Verletzungen.

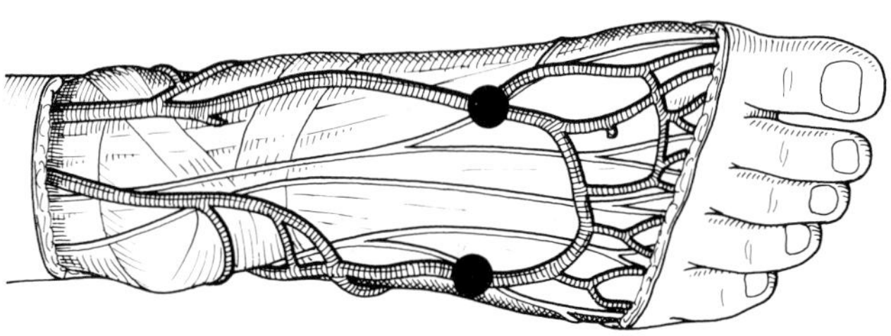

Abb. 2.2-5. Bevorzugte Punktionsstellen an den oberflächlichen Venen des Fußrückens.

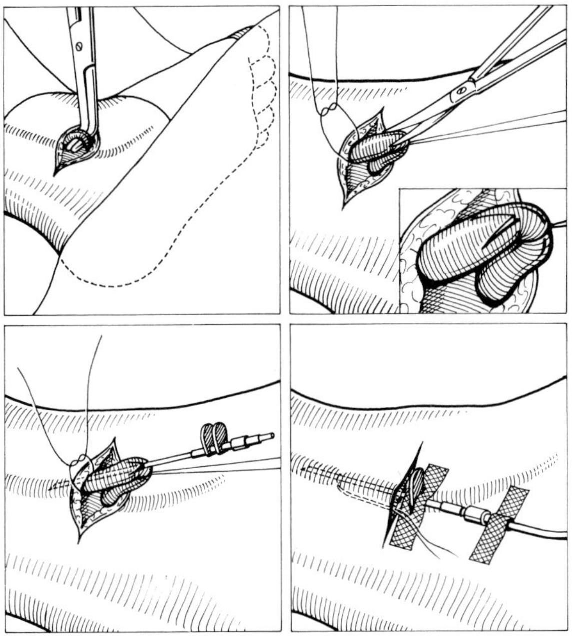

Abb. 2.2-6. Venae sectio im Bereich der V. saphena magna.

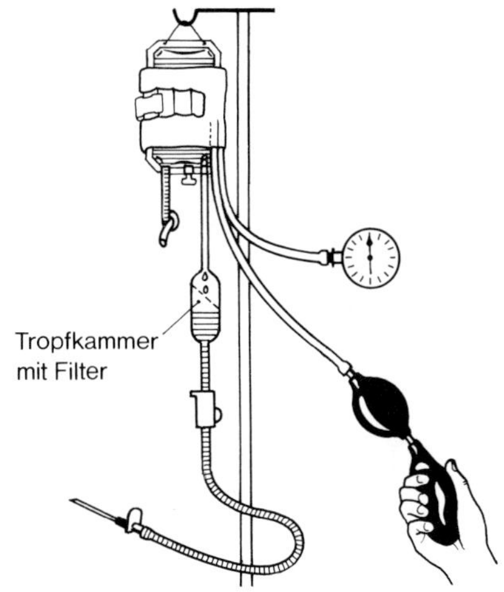

Abb. 2.2-7. Druckinfusion mittels einer Druckmanschette bei Infusionsbehältern aus verformbarem Plastikmaterial.

Druckinfusionen

Für einen raschen Volumenersatz ist unter Umständen die reine Schwerkraftinfusion nicht ausreichend, so daß mit Überdruck infundiert werden muß. Wegen der Gefahr einer Luftembolie dürfen Überdruckinfusionen nur unter strengsten Sicherheitsmaßnahmen durchgeführt werden.

Infusionslösungen in Glasflaschen sollen deshalb, wenn irgend möglich, von einer Druckinfusion ausgeschlossen werden. Eine Druckbelüftung, wenn sie doch einmal erforderlich werden sollte, darf dann nur mit einem Steigrohr und einem Schnellentlastungsventil verwendet werden. Für eine Druckinfusion besser geeignet sind Infusionsbehälter aus Plastikmaterial, die durch einen von außen ansetzenden Druck komprimiert werden können. Diese Druckerzeugung erfolgt mit aufblasbaren Druckmanschetten, die um das Infusionsbehältnis (Plastikflasche oder -beutel) gelegt werden (Abb. 2.2-7). Bei luftfreien flüssigkeitsgefüllten Infusionsbehältnissen kann durch die Kompression die Flüssigkeit aus dem Behältnis exprimiert werden, ohne daß eine Luftemboliegefahr besteht. Diese Gefahr ist allerdings nur dann gebannt, wenn diese Infusionsbehältnisse absolut luftfrei sind. Infusionssysteme mit einem Belüftungsfilter können in diesen Fällen auch gefährlich werden, wenn sie nicht a priori verschlossen werden. Über diese Belüftungsfilter dringt Luft in das Infusionsbehältnis ein und kann dann ebenfalls, wie in einem Glasbehältnis, bei weiterhin von außen wirkendem Druck am Ende der Infusion zu einer Luftembolie führen. Es ist streng darauf zu achten, daß bei einer Druckinfusion auf keinen Fall eine Belüftung des Infusionsbehältnisses eintritt.

Zentralvenöse Zugänge

Die Punktion zentraler Venen hat sich in der Notfall-, Schock- und Intensivtherapie trotz möglicher Komplikationen bewährt. Für einen raschen Volumenersatz ist dabei einem dicklumigen kurzen Kunststoffkatheter (große Verweilkanüle oder Kathetereinführungsschleuse) der Vorzug zu geben. In anderen Fällen empfiehlt sich das Vorschieben eines zentralvenösen Katheters zur Kreislaufkontrolle (Messung des zentralvenösen Druckes s. Abb. 2.2-8) sowie zur Applikation kontinuierlich zu applizierender Medikamente oder auch zur künstlichen parenteralen Ernährung. Unter speziellen Situationen sind hierfür auch mehrlumige Katheter sinnvoll und indiziert.

Mögliche Zugangswege zum zentralen Venensystem sind:

1. V. jugularis externa.
2. V. jugularis interna.
3. V. subclavia.
4. V. femoralis.

Punktion der V. jugularis externa

Zur Punktion wird der Kopf kontralateral gedreht und überstreckt, wodurch in den meisten Fällen der Venenverlauf sich deutlich darstellt. Zur Verbesserung der Venenfüllung, besonders bei hypovolämischen Zuständen, ist es zu empfehlen, den Oberkörper um etwa 30° zu senken. Wird über diese Vene versucht, einen zentralvenösen Katheter einzuführen, kann es unter Umständen Schwierigkeiten bereiten, den Katheter unter dem Schlüsselbein weiter vorzuschieben (Abb. 2.2-9), so daß sich diese Vene eher für eine kurzfristige Infusion eignet.

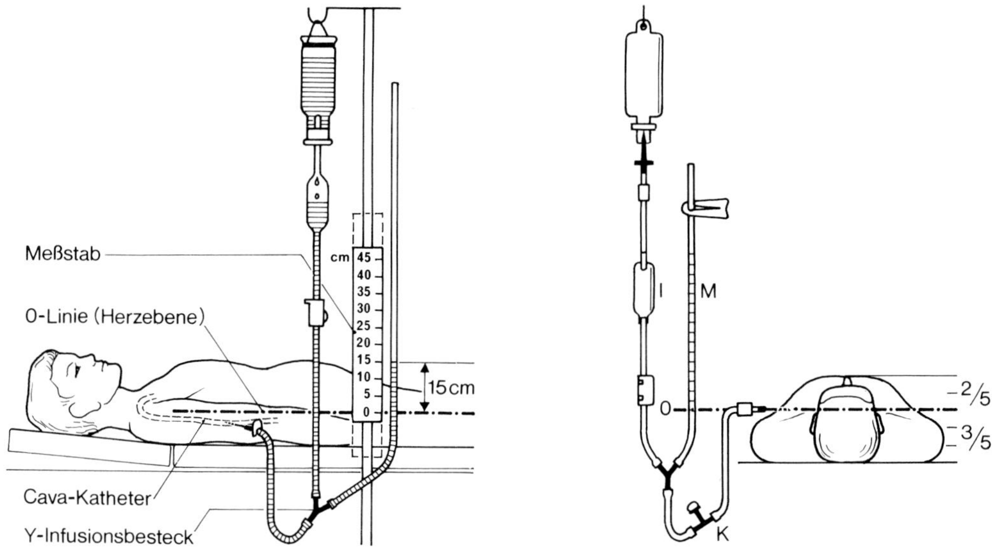

Abb. 2.2-8. Meßanordnung zur Messung des zentralvenösen Druckes über einen zentralvenösen Katheter. Der Nullpunkt des Systems liegt in Vorhofhöhe, welcher mit einer speziellen Schublehre eingestellt wird.

Punktion der V. jugularis interna

Vorzuziehen ist die Punktion der rechten V. jugularis interna, da topographisch-anatomisch der untere Bulbus rechts wesentlich größer als links ausgeprägt ist und die Vene direkt in die obere Hohlvene einmündet. Der Bulbus der V. jugularis interna liegt zwischen den beiden Ursprungsköpfen des M. sternocleidomastoideus. Bei einer kontralateralen Überstreckung des Kopfes und eventueller Tieflagerung des Oberkörpers kann hier ohne Stauung punktiert werden. Der Punktionsort liegt unterhalb der V. jugularis externa. Hier wird punktiert und die Kanüle lateral der zu palpierenden A. carotis durch den Muskelbauch des M. sternocleidomastoideus vorgeschoben, und zwar in Richtung des medialen Randes des klavikulären Muskelansatzes. Der Neigungswinkel der Punktionskanüle beträgt etwa 35–45° in Richtung Sternoklavikulargelenk. In etwa 3,5–4,5 cm Tiefe wird dann die Vene exakt im Bulbus punktiert (Abb. 2.2-10).

Bei allen zentralvenösen Punktionen ist immer daran zu denken, daß in dem klappenlosen zentralen Venensystem ein negativer Druck auftreten und bei offenem Punktionssystem eine Luftembolie resultieren kann.

Welches Punktionssystem auch immer verwendet wird, es muß daran gedacht werden, daß bei scharf geschliffenen Stahlkanülen der eingeführte Venenkatheter bei liegender Stahlkanüle zur Korrektur nicht zurückgezogen werden darf, da hierbei sonst eine mögliche Läsion bzw. ein Abscheren des Katheters erfolgen kann.

Aus diesem Grunde sind Systeme mit Kunststoffkanülen zu bevorzugen, bei denen diese Komplikation nicht auftreten kann.

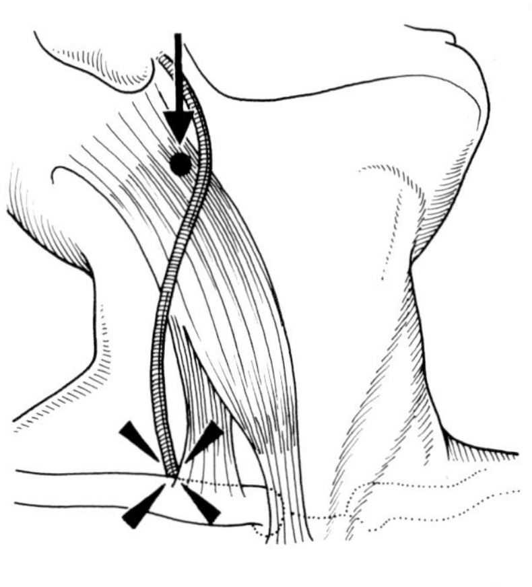

Abb. 2.2-9. Punktion der V. jugularis externa. Das Vorschieben eines Katheters kann häufig im Bereich des Schlüsselbeines Schwierigkeiten bereiten.

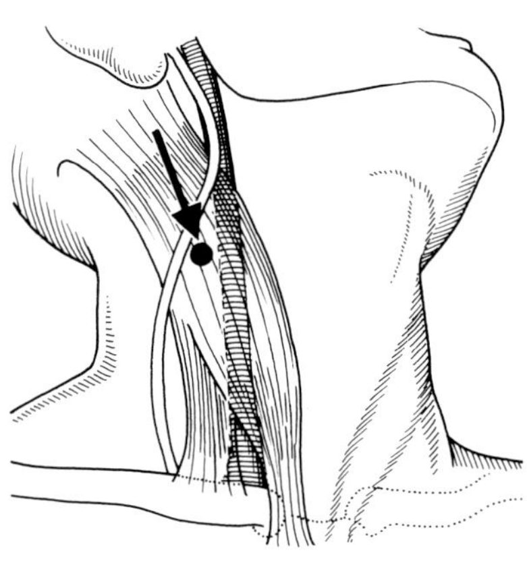

Abb. 2.2-10. Punktion der V. jugularis interna.

Punktion der V. subclavia

Zur Punktion der V. subclavia werden im wesentlichen vier Techniken angegeben, die von den einzelnen Autoren zusätzlich noch geringfügig modifiziert werden. Die Zugänge sind:

1. Supraklavikulärer Zugang nach Yoffa.
2. Infraklavikuklärer Zugang nach Aubaniac.
3. Punktion des Angulus venosus.
4. Direktpunktion der V. brachiocephalica.

Bei der Punktion der V. brachiocephalica ist die topographische Nachbarschaft zur A. carotis communis, der Lungenspitze und der kreuzenden A. subclavia zu beachten. Wegen der möglichen Komplikationen sollte daher der Zugangsweg nach Aubaniac oder Yoffa bevorzugt werden. Bei der supraklavikulären Punktion nach Yoffa ist ebenfalls daran zu denken, daß die Nadelspitze von oben gegen die Pleurakuppel gerichtet wird und es somit leicht zu einer Verletzung der Pleura kommen kann. Die Pleura liegt nur etwa 5 mm unterhalb der V. subclavia in Punktionsrichtung.

Vom Autor wird daher der infraklavikuläre Zugang nach Aubaniac am Übergang des medialen zum mittleren Drittel der Clavikula bevorzugt, wobei die Kanüle unter Knochenkontakt zur Clavikula auf der Senkrechten zur Verbindung vom Acromion zur mittleren Axillarfalte (Abb. 2.2-11) vorgeschoben wird.

Nach Blutaspiration kann nun der Katheter zentral vorgeschoben werden, wobei darauf zu achten ist, daß keine Luftembolie eintritt. Eine anschließende röntgenologische Kontrolle ist unbedingt erforderlich, um

1. eine Fehllage des Katheters auszuschließen und
2. eine eventuelle Pleurapunktion mit nachfolgendem Pneumothorax nicht zu übersehen.

Aus anatomischen Gründen sollte ein Subklaviakatheter möglichst nur von der rechten Seite vorgeschoben werden, und es ist wegen der Pneumothoraxgefahr dringend davon abzuraten, in gleicher Sitzung einen Punktionsversuch auf der linken Seite durchzuführen.

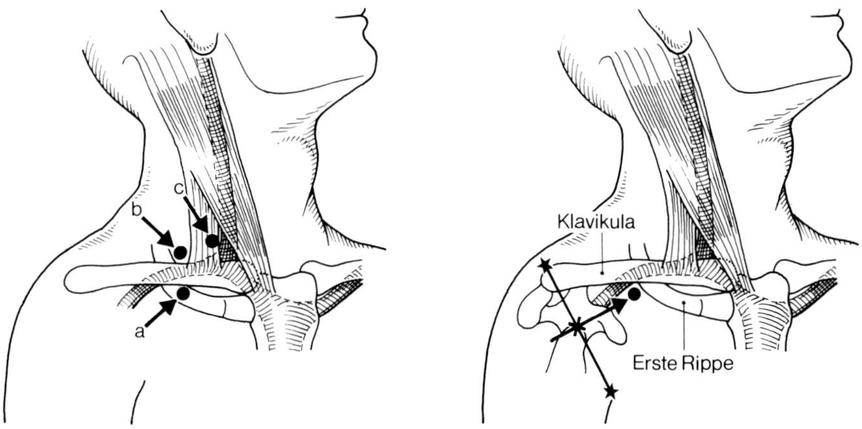

Abb. 2.2-11. Prädilektionsstellen zur Punktion der V. jugularis dext. (a = infraklavikulärer Zugang nach Aubaniac, b = supraklavikulärer Zugang nach Yoffa, c = Punktion des Angulus venosus) sowie Stichrichtung zur Punktion der V. subclavia dext. vom infraklavikulären Zugang aus.

2.3
Pathogenese und Therapie des Schocks

E. Voigt

Die pathophysiologische Definition des Syndroms »Schock« ist die akute qualitative und quantitative Verminderung der nutritiven Durchblutung lebenswichtiger Organe mit nachfolgender hypoxisch-metabolischer Zellfunktionsstörung.

Pathogenese

Eine einheitliche kausale Pathogenese des Syndroms Schock läßt sich nicht definieren, wohl aber der Ort, an dem die Störung manifest wird, nämlich die periphere Zirkulation. Als global auslösende Mechanismen für diese periphere Mikrozirkulationsstörung gelten:

- Hypovolämie.
- Kardiale Insuffizienz.
- Versagen des peripheren Gefäßtonus.

Auf diesen drei Grundstörungen aufbauend ergibt sich die Definition nach der Ursache:

- Hypovolämischer Schock.
- Kardiogener Schock.
- Neurogener, anaphylaktischer oder septischer Schock.

Ausgenommen vom septischen Schock beginnen alle anderen Formen mit einer primären Störung der Makrozirkulation, einem Mißverhältnis zwischen Kreislaufkapazität und Strömungsvolumen. Beim septischen Schock (Endotoxinschock) beginnt die Störung in der Mikrozirkulation, wobei die Makrozirkulation zunächst noch kompensiert ist (normaler Blutdruck, erhöhtes Herzzeitvolumen), nämlich mit der hyperdynamen Schockform, welche in der zweiten Phase in die dekompensierte Form übergeht.

Hämodynamik

Bei sinkendem arteriellen Perfusionsdruck (Volumenmangel, sinkende Auswurfleistung des Herzens) versucht der Organismus durch Gegenregulation, eine durch die Pressorrezeptoren vermittelte Aktivierung des sympathikoadrenergen Systems, einen ausreichenden Perfusionsdruck, weniger eine ausreichende Perfusion, zu restituieren. Diese Katecholaminausschüttung (Blutspiegel um das 30- bis 50fache erhöht) führt im Gefäßbereich zu einer vorwiegenden Alpharezeptorenstimulation durch Arterenol und am Herzen und Stoffwechsel zu einer überwiegenden Betarezeptorenstimulation durch Adrenalin.

Blutverluste bis zu 10 % können auf diese Weise kompensiert werden, da durch die Vasokonstriktion vor allem der kapazitiven Gefäße der venöse Rückstrom mit einem ausreichenden rechtsventrikulären Füllungsdruck (preload) gesichert wird. Mit der gleichzeitigen positiv inotropen und chronotropen Wirkung am Herzen wird ein ausreichendes Herzzeitvolumen bereitgestellt, um den Perfusionsdruck und die nutritive Durchblutung zu garantieren.

An dieser Stelle sei daran erinnert, daß nur 15 % des Blutvolumens auf der arteriellen Seite des Kreislaufs, dagegen 85 % in den venösen Kapazitätsgefäßen verteilt sind.

Gehen mehr als 10 % des Blutvolumens verloren, dann reicht die Vasokonstriktion im kapazitiven Gefäßbett nicht mehr aus. Bei dem nun verminderten venösen Rückstrom und damit Abnahme des Füllungsdruckes vermindert sich die Auswurfleistung des Herzens, d.h. das Herzzeitvolumen nimmt ab, und der systemische Perfusionsdruck fällt. Konsekutiv tritt dann eine vermehrte Vasokonstriktion im arteriellen System ein, hauptsächlich in den mit Alpharezeptoren versehenen Gefäßgebieten von Haut, Splanchnikus und Niere. Durch die Ausschaltung relativ großer Gefäßgebiete von einer ausreichenden Durchblutung wird dem Organismus die Restblutmenge für die Durchblutung lebenswichtiger Organe (Herz und Gehirn) bereitgestellt. Diese Phase des Schockgeschehens wird als Zentralisation bezeichnet. In dieser Phase wird zwar den zentralen Organen eine ausreichende Blutmenge zur Verfügung gestellt, wobei gleichzeitig aber in den peripheren Organen die nutritive Perfusion eingeschränkt wird. Diese periphere ischämische Anoxie führt bei Fortbestehen über die anaerobe Glykolyse zu Azidose und Gewebsschädigung.

Bei sonst gesundem Organismus mit ausreichender kardialer Leistungsbreite und normaler interstitieller Hydratation kann diese schwere Störung überlebt werden, wenn die auslösende Ursache beseitigt wird (z.B. Blutstillung bei Blutung). Der grundlegende Mechanismus ist dabei im Starlingschen Gesetz zu sehen. Durch die Vasokonstriktion sowohl prä- als auch postkapillärer Gefäßabschnitte tritt eine Strömungsverlangsamung (Verlängerung der Kontaktzeit) bei erniedrigtem Druck ein. Der intravasale onkotische Druck wird größer als der intravasale hydrostatische Druck, als dessen Folge Wasser aus dem extravasalen Raum nach intravasal einströmt und zur langsamen Wiederauffüllung des Kreislaufvolumens führt. Vorbestehende Hypalbuminämie sowie Dehydratation erschweren diesen Mechanismus.

Tritt keine Spontanheilung ein oder ist die Therapie insuffizient, dann gehen diese Stadien der Kompensation und Zentralisation bei anhaltender Vasokonstriktion in das Stadium der Dekompensation über. Dieses wird eingeleitet durch die Hypoxidose mit anaerober Glykolyse. Die einsetzende Azidose bedingt eine verminderte Ansprechbarkeit der Gefäßmuskulatur auf Katecholamine, in deren Gefolge es zunächst zu einem Tonusverlust präkapillärer Sphinkteren kommt, wobei der Tonus der postkapillären Sphinkteren aufgrund der höheren Resistenz noch erhalten bleibt. Die initial ausgelöste »Einstrombehinderung« geht in die »Ausstrombehinderung« über, die zu einem »kapillären Blutpooling« führt. Durch dieses Geschehen wird der Makrozirkulation das dringend benötigte Volumen entzogen, Perfusionsdruck und Herzzeitvolumen fallen ab. Der hydrostatische Druck wird im Kapillargebiet nun größer als der onkotische Druck, so daß Wasser und Albumin ins Interstitium verlagert werden. Die daraus resultierende Viskositätszunahme bei vermindertem Perfusionsdruck ist mit eine der Ursachen für die sich nun entwickelnde Stase in der peripheren Zirkulation.

Diese beschriebenen hämodynamischen Veränderungen in der Makro- und Mikrozirkulation werden schon frühzeitig begleitet von Störungen in der Rheologie und Hämostase. Bei abnehmender Strömungsgeschwindigkeit erfolgt eine generalisierte Viskositätssteigerung mit nachfolgender Stase, hervorgerufen durch Flexibilitätsverlust und Aggregation von Erythrozyten und Thrombozyten, besonders gravierend im septischen Schock. Die endotoxinempfindlichen Thrombozyten fallen schon frühzeitig ab. Unabhängig von der direkten Wirkung werden sie, wie auch der Faktor VII, durch endotoxinbedingte Gefäßwandläsionen aktiviert. Über die Faktor-XII-Aktivierung wird die Umwandlung von Präkallikrein in Kallikrein katalysiert, was wiederum zur Aktivierung von Faktor VII und dem exogenen Gerinnungssystem führt. Gleichzeitig werden aus den Granulozyten neutrale Proteasen freigesetzt mit der daraus resultierenden proteolytischen Spaltung von Faktoren des Gerinnungs- und Komplementsystems.

Organveränderungen im Schock

Funktionsstörungen durch eine veränderte Hämodynamik im Schock haben bei einzelnen Organen trotz verschiedenartiger Ätiologie einige grundsätzliche Merkmale gemeinsam, nämlich die Endothelnekrose mit nachfolgender Mikrothrombosierung und Permeabilitätssteigerung, gefolgt vom interstitiellen Ödem und Gefäßobstruktion. Die Toleranz einzelner Organe gegenüber einer Minderperfusion ist unterschiedlich, wobei Lunge, Niere und Leber im Vordergrund stehen.

Lunge

Hier sollte unterschieden werden zwischen der Lunge im Schock (Gasaustauschstörung infolge des verminderten Perfusionsvolumens) und der Schocklunge (organische Veränderungen infolge des Kapillarschadens).

In beiden Fällen ist die Perfusion vermindert. Klinisch einfach meßbare Parameter einer Funktionseinschränkung sind ein verminderter arterieller pO_2 und eine vergrößerte alveoloarterielle Sauerstoffdifferenz ($A\text{-}a\text{-}DO_2$). Der arterielle pCO_2 ist in der Anfangsphase noch normal oder erniedrigt (Hyperventilation) und wird erst im weiteren Verlauf der alveolokapillären Schädigung ansteigen (Globalinsuffizienz). Ursachen dieser Hypoxämien im Schock sind in erster Linie hohe arteriovenöse Kurzschlußdurchblutungen (Qs/Qt nimmt zu) und Störungen im Ventilations-Perfusions-Verhältnis (VA/Q).

Bei längerdauernder Mikrozirkulationsstörung der Lunge, die neben der verminderten Perfusion auch durch andere Noxen ausgelöst werden kann, z.B. durch Sauerstoffintoxikation, durch Verbrauchskoagulopathien, nach einem kardiopulmonalen Bypass, nach schweren Traumen, Aspiration und Virusinfekten, kann sich unter dem Bild einer zunehmenden Ateminsuffizienz das Vollbild einer Schocklunge ausbilden.

Unter diesem Gesichtspunkt ist auch daran zu erinnern, daß nach Transfusionen, besonders nach Massivtransfusionen, Mikrothrombosierungen der terminalen Lungenstrombahn zu beobachten sind. Diese Mikrothrombosierungen enthalten in unterschiedlichem Ausmaß:

- Fibrinthromben, besonders bei Low-flow-Zuständen.
- Fibrinkugeln, besonders bei Azidität.
- Lipidhaltige Fibrinthromben.
- Lipidhaltige Thrombozytenaggregate.
- Erythrozytenaggregate mit Lipidanteilen.
- Reine Lipidtropfen.
- Granulozytenthromben.

In unterschiedlichem Ausmaß werden diese Mikrozirkulationsstörungen zu einer Funktionsstörung der Lunge führen. Nach Schädigung des Kapillarendothels wird vermehrt intravasale Flüssigkeit in das Interstitium abfiltriert und kann in diesen Bereichen bei Überschreitung der Transportkapazität des drainierenden Lymphsystems zu einem interstitiellen Lungenödem führen. Mit Dickenzunahme der Diffusionsstrecken wird nachfolgend eine Ernährungsstörung des Alveolarepithels eingeleitet mit Untergang der Alveolarzellen und der Pneumozyten Typ II mit Surfactant-Synthesestörung.

Bei dieser Funktionsstörung des Kapillar- wie auch des Alveolarendothels wird der Weg bereitet für die Exsudation in den Alveolarraum mit nachfolgender Bildung hyaliner Membranen. Dieser Zustand mit erheblicher Beeinträchtigung der Gasaustauschfunktion der Lunge wird als akutes Atemnotsyndrom des Erwachsenen (ARDS = adult respiratory distress syndrome) bezeichnet.

Bei rechtzeitig eingeleiteter Therapie (ausreichende Volumensubstitution und Oxygenierung) wird das Schicksal das Patienten davon abhängen, ob eine frühzeitige Balance zwischen Endothelzerstörung und Endothelregeneration herbeigeführt werden kann. Da die Lunge ein hohes Maß an Regenerationsfähigkeit vor allem im Kapillarbereich besitzt, kann bei gezielter Therapie eine Restitutio ad integrum stattfinden. Länger fortbestehende Störungen im Bereich der Mikrozirkulation können aber auch andererseits aufgrund der notwendig werdenden Therapie (hohe inspiratorische Sauerstoffkonzentrationen, hohe Beatmungsdrücke) zu einer Proliferationsphase führen, die sich im wesentlichen im interstitiellen Bereich vollzieht und letztlich, wenn der Patient überlebt, zu einer Lungenfibrose mit dementsprechender Gasaustauschstörung führt.

Niere

Mit einer Verminderung des Herzminutenvolumens und sinkendem arteriellen Perfusionsdruck tritt eine überproportionale Drosselung der Nierendurchblutung ein, bei der es zusätzlich noch zu einer intrarenalen Umverteilung mit exzessiver Verminderung der Rindendurchblutung kommt. Gleichzeitig wird reaktiv vermehrt Renin aus den juxtaglomerulären Zellen freigesetzt. Der verminderte Perfusionsdruck bei gleichzeitiger afferenter Vasokonstriktion im Bereich der Nieren führt zu einer Abnahme des effektiven Filtrationsdruckes und damit des Glomerulumfiltrates.

Die Folge ist eine Oligurie bis Anurie, eine metabolische Azidose, Hyperkaliämie und Retention harnpflichtiger Substanzen. Hält die Blutdrucksenkung lange genug an, dann resultieren metabolische Schäden der Tubuluszellen, d.h. eine akute tubuläre Nekrose oder Rindennekrose, und diese Niere im Schock geht ähnlich wie die Lunge im Schock in die Schockniere über. Diese Nierenveränderungen sind in der Mehrzahl der Fälle reversibel, wenn es gelingt, durch entsprechende Dialysetherapie den Zeitraum bis zur Restitution zu überbrücken. Auch hier gilt, so schnell wie möglich Makro- und Mikrozirkulation zu normalisieren, wobei als Präventivmaßnahmen eine niedrig dosierte Dopaminapplikation, alkalinisierende Therapie sowie diuresefördernde Maßnahmen zum Einsatz kommen können.

Intestinum

Das Stromgebiet des Truncus coeliacus und der Mesenterialarterien beansprucht etwa 30 % des Herzzeitvolumens. Tritt eine Verminderung des Herzzeitvolumens infolge eines Schocks ein, dann wird gerade in diesem Bereich mit starker Innervation adrenerger vasokonstriktorisch wirksamer Alpharezeptoren die Durchblutung erheblich gedrosselt unter Zunahme des Gefäßwiderstandes.

Eine länger dauernde Einschränkung der Durchblutung kann gerade hier durch Schädigung der Mukosazellen einerseits zu akuten Streßläsionen, andererseits zu einem Zusammenbruch der Darm-Mucin-Schranke führen und das Eindringen vasoaktiver Toxine begünstigen.

Im fortgeschrittenen Schockzustand droht die Gefahr, daß erhebliche Flüssigkeitstranssudationen in das Darmlumen eintreten und somit die Symptomatik der Makro- und Mikrozirkulationsstörung weiterhin verschlechtert wird.

Leber

Unter der vermehrten Katecholaminausschüttung im Schock und der damit verbundenen Vasokonstriktion resultiert einmal eine Widerstandserhöhung im Pfortaderkreislauf und zum anderen auch im hepatoarteriellen System. Die Entgiftungsfunktion der Leber ist damit beeinträchtigt. Morphologische Schäden wie Mikrothromben in den Sinusoiden und Zentralvenen, perizentrale Parenchymnekrosen und hydropische Schwellungen werden allerdings erst bei länger anhaltenden schweren Schockzuständen beobachtet.

Therapie

Ziel einer jeglichen Schockbehandlung muß sein:
1. Auslösende Ursachen ausschalten bzw. abschwächen.
2. Makro- und Mikrozirkulation wieder herstellen.
3. Sauerstoffversorgung des Organismus sicherstellen.
4. Bei Unfällen Transportfähigkeit herstellen.

Entsprechend den unterschiedlichen Ursachen eines Schockzustandes (Volumenmangelschock, kardiogener Schock, anaphylaktischer Schock) ist das therapeutische Procedere verschieden. Im hämorrhagischen Schock besteht die Grundprämisse in der Ausschaltung der Blutungsquelle, im endotoxininduzierten Schock die Ausschaltung der Toxinquelle.

Initial kann über die Autotransfusion, d.h. Tieflagerung des Oberkörpers um 30° bzw. Anheben der Beine der venöse Rückfluß verbessert und das zentrale Blutvolumen erhöht werden.

Nach Schaffung eines möglichst großvolumigen peripheren venösen Zuganges (ein zentralvenöser Katheter ist für eine rasche Volumensubstitution ungeeignet) wird die zügige Volumensubstitution begonnen.

Um eine ausreichende Sauerstoffversorgung in der Restzirkulation sicherzustellen, ist eine Applikation von Sauerstoff zur bestmöglichen Oxygenierung erforderlich; beim bewußtseinsklaren Patienten über Nasensonde oder Maske (6 l/Min.); beim bewußtlosen Patienten am besten Intubation und Beatmung mit 100 % Sauerstoff.

An Laboruntersuchungen empfehlen sich in der Klinik Blutgruppe und Rh-Faktor zur Beschaffung notwendiger Blutkonserven, Hb, Hk, Elektrolyte im Serum, Blutgasanalyse zur Beurteilung des Ausmaßes einer eventuell bestehenden metabolischen Azidose. Nach Legen eines Blasenkatheters kann so mit einfachen Mitteln die Nierenfunktion kontrolliert werden.

Eine laufende Protokollierung von Blutdruck, Pulsfrequenz, Atemfrequenz, Temperatur, Laborwerten, Medikamenten und Infusionsmengen ist absolut erforderlich.

Die laufende Kontrolle des zentralvenösen Druckes (ZVD) bietet die Möglichkeit, sich über den Füllungszustand des venösen Kapazitätssystems zu informieren. Der zentralvenöse Druck wird zum entscheidenden Kriterium über Ausmaß und Geschwindigkeit einer Volumensubstitution (Abb. 2.3-1).

Volumenersatz

Abgesehen vom kardiogenen Schock steht bei allen anderen Formen ein Volumenmangel im Vordergrund, den es gilt gezielt zu therapieren bzw. durch rechtzeitige Volumensubstitution der Ausbildung einer Schocksymptomatik zu begegnen.

Für den Volumenersatz eignen sich:
1. Kristalloide Lösungen.
2. Künstliche Kolloide.
3. Blut- und Plasmaderivate.

Es besteht meines Erachtens primär nicht so sehr die Frage, welcher Volumenersatz herangezogen wird, sondern die Menge und Geschwindigkeit, mit der er durchgeführt wird.

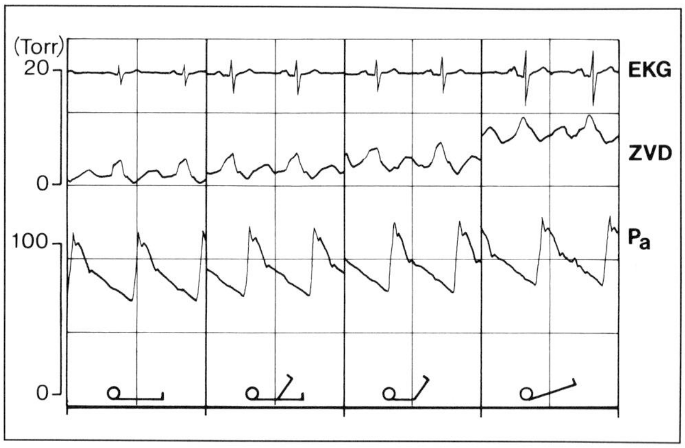

Abb. 2.3-1. Auswirkung der Lagerung auf den arteriellen Druck (Pa) sowie den zentralvenösen Druck (ZVD).

Kristalloide Lösungen

Bei einem Volumenersatz mit kristalloiden Lösungen (Ringer-Laktat, 0,9 % NaCl-Lösung) wird die drei- bis fünffache Menge gegenüber kolloidalen Lösungen benötigt, um eine hämodynamische Stabilisierung zu erreichen, da die intravasale Verweilzeit kurz ist und sich schnell ein Äquilibrium mit dem interstitiellen Raum einstellt. Gleichzeitig bedeutet es aber auch, daß der kolloidosmotische Druck gesenkt wird. Bei erheblicher Verminderung des kolloidosmotischen Druckes kann es somit zu Ödemen kommen, bei denen die »wet lung« oder »fluid lung« mit der begleitenden Gasaustauschstörung gegen diese alleinige Therapieform angeführt wird.

Entsprechend der Starlingschen Gleichung sind neben dem intravasalen kolloidosmotischen Druck der intrakapilläre Perfusionsdruck, der interstitielle Druck und der interstitielle kolloidosmotische Druck am transkapillären Flüssigkeitsaustausch beteiligt.

Bei ausreichender Lymphdrainage, hohem interstitiellen Druck und geringem interstitiellen osmotischen Druck muß eine Absenkung des intravasalen kolloidosmotischen Druckes nicht notwendigerweise zu einem interstitiellen Lungenödem führen. Tritt allerdings noch ein Kapillarwandschaden hinzu, wie bei einer Sepsis, dann kann über die Permeabilitätsstörung frühzeitig ein interstitielles Lungenödem ausgelöst werden.

Künstliche Kolloide

Das ideale kolloidale Volumenersatzmittel sollte folgende Eigenschaften besitzen:

1. Gleicher kolloidosmotischer Druck wie das Plasma.
2. Ausreichendes Wasserbindungsvermögen.
3. Viskosität dem Plasma entsprechend.
4. Nierengängigkeit des Gesamtmoleküls oder seiner Spaltprodukte.
5. Ausreichend lange intravasale Verweildauer.
6. Keine toxischen, allergischen oder anaphylaktischen Reaktionen.

Die in diesem Zusammenhang wichtigen Eigenschaften verschiedener kolloidaler Volumenersatzmittel sind in der Tab. 2.3-1 aufgelistet.

Tab. 2.3-1. Eigenschaften verschiedener kolloidaler Volumenersatzlösungen.

	Konzentration (%)	Gewichtsmittel (MG)	Wasserbindung (ml/g)	Klinische Volumenwirkung (Std.)	Nebenreaktionen (%)
Dextran 60	6	60 000	25,6	6–8	0,032
Dextran 40	10	40 000	29,6	3–4	
Succinylierte Polypeptide	3	35 000	42,8	3	
Oxypolypeptide	5,5	30 000	41,7	3	0,115
Isocyanat-vernetzte Polypeptide	3,5	35 000	50,0	3	
Hydroxyäthylstärke 450	6	450 000	10–14	6–8	
Hydroxyäthylstärke 200	10	200 000	14	6	0,085
Hydroxyäthylstärke 40	6	40 000	18	6	

Hyperonkotische Lösungen haben einen plasmaexpandierenden Effekt und entziehen dem Interstitium zusätzlich Wasser. Kleine Moleküle werden rasch renal eliminiert, während große Moleküle zunächst im retikuloendothelialen System gespeichert werden. Anaphylaktoide Reaktionen können bei allen körperfremden kolloidalen Volumenersatzmitteln mit unterschiedlicher Inzidenz (0,05–0,1 %) auftreten. Eine Verminderung schwerer anaphylaktoider Reaktionen (Schweregrad III und IV) läßt sich durch Hapten-Dextran als Vorausgabe vor Dextranapplikation erreichen, wobei aber schwerste Reaktionen nicht mit Sicherheit ausgeschlossen werden können.

Unverträglichkeitsreaktionen auf Gelatine (Histaminfreisetzung aus Mastzellen) können durch Histaminrezeptorantagonisten (H1- und H2-Blocker) vermindert werden.

Auch bei Hydroxyäthylstärke (HÄS) sind schwere Reaktionen beschrieben worden, allerdings mit geringerer Inzidenz als bei den übrigen Lösungen.

Da alle künstlichen Kolloide über die Niere ausgeschieden werden, ergibt sich ein diuresefördernder Effekt, welcher beim Dextran 40 allerdings zu einer fünffachen Zunahme der Harnviskosität führt, eventuell ein Nierenversagen nach sich ziehend.

Dextran umhüllt die Thrombozyten und Endothelzellen im Sinne eines »Coating effects« mit Herabsetzung der Thrombozytenfunktion. Gleichzeitig wird die plasmatische Gerinnung durch Präzipitation des Faktors VIII beeinträchtigt. Hydroxyäthylstärke führt zu ähnlichen hämostaseologischen Veränderungen, während bei Gelatinepräparaten die plasmatische Gerinnung, abgesehen von einer Hämodilution, nicht beeinflußt wird.

Albumin und Frischplasma

Albuminlösungen (Tab. 2.3-2) stellen eine ideale kolloidosmotische Substitution dar, scheiden aber aufgrund ihres Preises als primäre Therapieform aus. Ist mit einer erheblichen Hämodilution zu rechnen, wird auch ein Einsatz plasmatischer Gerinnungsfaktoren erforderlich in Form von hydrophilisiertem oder frisch gefrorenem Plasma.

Tab. 2.3-2. Klassifizierung gebräuchlicher Eiweißlösungen.

	Proteinkonz. (%)	Albumingehalt (%)	Wasserbindung (ml/g)	Halbwertszeit (d)	Nebenreaktion (%)
Humanalbumin	5/20	95			
Plasmaproteinlösung (PPL)	3,8–4	85	13,0	19	0,003–0,014
Serumkonserve	5	65			

Erythrozyten

Unterhalb einer Hämoglobinkonzentration von 10 g% wird auch der Ersatz von Erythrozyten erforderlich, um die Sauerstofftransportkapazität des Blutes aufrechtzuerhalten. Bei eingeschränkter kardialer Leistungsbreite kann allerdings eine Substitution schon früher notwendig werden.

In der Klinik hat sich ein Schema zur Hämotherapie nach Maß bewährt (Tab. 2.3-3), welches den jeweiligen Bedürfnissen angepaßt werden kann und muß. Bei geringen Blutverlusten bis zu 10 % des Blutvolumens ist ein Ersatz mit kristalloiden Lösungen ausreichend. Bei bis zu 20 % Blutverlust sind zusätzlich künstliche Kolloide erforderlich (Höchstdosierung beachten!), die ab einem Blutverlust von 30 % (Interventionsschwelle: 10 g% Hb-Konzentration) mit Erythrozytenkonzentraten kombiniert werden. Mit zunehmendem Blutverlust werden dann eine Eiweißsubstitution, Gerinnungsfaktoren (ab 65–70 % Verlust) sowie Thrombozytensubstitution erforderlich.

Tab. 2.3-3. Stufenkonzept einer Hämotherapie nach Maß.

Körpereigenes Blutvolumen	Blutverlust von	Mangel an	Ersatz durch
	10 % (500 ml)		① Elektrolytlösung
	20 % (1000 ml)	Volumen	② Künstliche Kolloide + ①
		Erythrozyten	③ Erythrozytenkonzentrat + ① + ②
	40 % (2000 ml)		
		+ Eiweiß	④ PPL/Humanalbumin + ① + ② + ③
	60 % (3000 ml)		
		+ Gerinnungsfakt.	⑤ Fresh frozen plasma (FFP) + ① + ② + ③
	80 % (4000 ml)		
		+ Thrombozyten	⑥ Frischblut + ① + ② + (③ + ④)
	100 % (5000 ml)		

Alle nicht sterilisierbaren Blutfraktionen (Erythrozyten, Fresh Frozen Plasma (FFP), Thrombozyten) sind mit dem Risiko einer Hepatitis und/oder HIV-Infektion behaftet. Nach den Angaben von Sugg (1987) ist mit einer Hepatitisinzidenz von 1:100 (etwa 20000/Jahr in der Bundesrepublik) und einer HIV-Infektion von 1:500000, entsprechend 6 Konserven/Jahr in der jetzigen Situation zu rechnen.

Unter diesen Gesichtspunkten gewinnt die autologe Bluttransfusion zunehmend an Bedeutung. Schätzungen gehen bei einem ausgewählten Krankengut bis zu einer Einsparung von 60 % an Fremdblut. Diese Einsparungen lassen sich allerdings nur mit einem mehrstufigen Konzept, erheblichem organisatorischen, technischen und finanziellen Aufwand bewerkstelligen.

Dieses Konzept umfaßt:

1. Isovolämische akute präoperative Hämodilution mit Gewinnung von autologem Warmblut.
2. Maschinelle intraoperative Autotransfusion mit Gewinnung gewaschener Erythrozyten.
3. Eigenplasmapherese mit Gewinnung von autologem Fresh frozen plasma (FFP).
4. Eigenblutspende mit eventuell tiefgeforenen Erythrozyten und Fresh frozen plasma.

Die Punkte 3 und 4 sind an transfusionsmedizinische Zentren mit der entsprechenden Erfahrung und der technischen Einrichtung gebunden und erfordern eine längere präoperative genaue Planung bzw. einen feststehenden Operationstermin, welcher sich an der Lagerungsdauer der Erythrozyten orientiert. Tiefgefrorene Erythrozyten lassen hierbei einen längeren Zeitraum zu, aber das Verfahren ist noch zu aufwendig, um einen allgemeinen Eingang in die Versorgung zu finden.

Die präoperative isovolämische akute Hämodilution stellt ein Verfahren dar, bei der neben der Gewinnung autologer Blutkonserven durch Verbesserung der rheologischen Eigenschaften die periphere Sauerstoffutilisation günstig beeinflußt wird (Messmer, 1975). Voraussetzung ist dabei die Konstanthaltung des zirkulierenden Blutvolumens und eine ausreichende myokardiale Leistungsbreite, um das erforderliche höhere Herzzeitvolumen zu garantieren.

Bei der Narkoseeinleitung wird in Abhängigkeit von der Ausgangs-Hb-Konzentration Warmblut in einen mit Stabilisatorlösung vorgefüllten Eigenblutbeutel (CPDA-1) abgenommen und gleichzeitig das abgenommene Volumen durch kolloidale Volumenersatzmittel (z.B. Gelatinelösung) unter strenger Kreislaufkontrolle ersetzt. Die Dilutionsgrenze liegt für die Hb-Konzentration bei etwa 10 g% und für die plasmatischen Gerinnungsfaktoren bei etwa 35 %. Die Retransfusion sollte möglichst erst nach abgeschlossenem intraoperativen Blutverlust, und zwar in umgekehrter Reihenfolge der abgenommenen Blutbeutel erfolgen.

Eine weitere Optimierung stellt die intraoperative maschinelle Autotransfusion dar, mit welcher gewaschene Erythrozyten aus dem Operationsgebiet gewonnen werden können (Abb. 2.3-2).

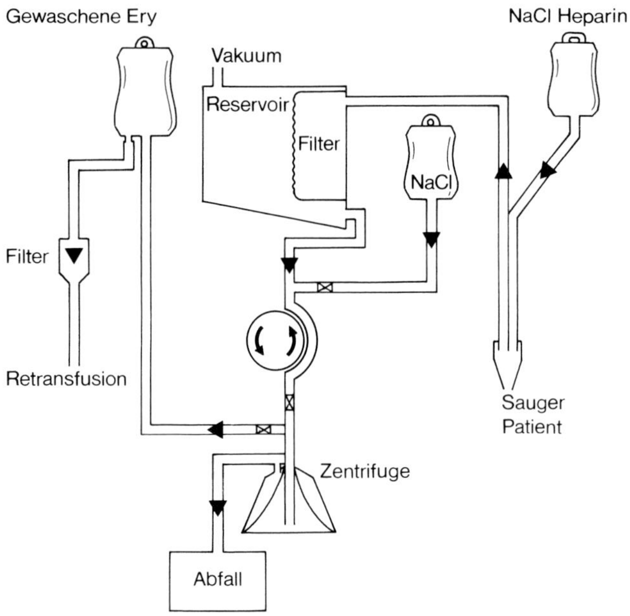

Abb. 2.3-2. Maschinelle Autotransfusion.

Durch die Retransfusion dieser gewaschenen Erythrozyten kann das Abfallen der Hb-Konzentration unter eine kritische Grenze von 10 g% verzögert werden. Kontraindikationen und damit Verwendungseinschränkungen bestehen bei infiziertem und tumorzellkontaminiertem Material.

Diese gewaschenen Erythrozyten besitzen im Gegensatz zu homologen gelagerten Erythrozyten eine normale osmotische Resistenz, normale 2,3-Diphosphoglyceratspiegel und einen normalen $pO_{2,50}$.

Das im Operationsgebiet anfallende Blut wird mit einem doppellumigen Absaugsystem, wobei gleichzeitig ein 0,9%iges NaCl-Heparin-Gemisch (30000 E Heparin auf 1000 ml 0,9% NaCl) zugefügt wird, in ein Reservoir mit einem 140-μ-Filter gesaugt. Zum Waschvorgang wird aus diesem Reservoir das Blut in die mit 4800 U/Min. laufende Lathan-Zentrifugenglocke überführt, wobei die Erythrozyten an der Zentrifugenwand sedimentiert und das hämolytische Plasma zusammen mit der Antikoagulantienlösung in den Abfallbeutel überführt werden.

Nach Füllung der Zentrifugenglocke bis zum oberen Rand wird mit einer 0,9%igen NaCl-Lösung das Erythrozytensediment gewaschen und anschließend in den Retransfusionsbeutel gepumpt. Von hier aus können die Erythrozyten über ein Mikrofilter retransfundiert werden.

Die Einsatzbereitschaft der Maschine ist bei geschultem Personal innerhalb einiger Minuten gegeben.

Medikamentöse Therapie

Vasokonstriktorisch wirksame Medikamente

Wenn ein okkulter Volumenmangel mit Sicherheit ausgeschlossen werden kann, und der Kreislauf sich unter der vollzogenen Volumensubstitution nicht erholt, dann müssen eventuell vasokonstriktorisch wirkende Medikamente eingesetzt werden (Abb. 2.3-3 u. Tab. 2.3-4). In den meisten Schockzuständen wird schon eine maximale endogene Katecholaminausschüttung mit peripherer Vasokonstriktion vorliegen. Eine zusätzliche Applikation von z.B. Noradrenalin führt zu weiterer Durchblutungseinschränkung auch lebenswichtiger Organe und daher sollten diese Medikamente mit äußerster Vorsicht und Zurückhaltung eingesetzt werden. Eine für die Schocktherapie günstige Substanz stellt das Dopamin dar, da es sowohl eine alphaadrenerge, d.h. vasokonstriktorische Wirkung an Haut und Muskulatur besitzt als auch eine betastimulierende Wirkung am Herzen sowie zusätzlich eine gefäßdilatierende Wirkung an der Niere und im Splanchnikusgebiet hat.

Bei einem primär kardiogenen Schock, also infolge einer verminderten Auswurfleistung des Herzens, ist auch das Dobutamin mit seiner positiv inotropen Wirkung indiziert.

In einer Dosierung von 0,1–1,5 mg/Min. führt Dopamin in der Regel zu einer Anhebung des mittleren Aortendrukkes, Erhöhung des Herzminutenvolumens und zur Verbesserung der Urinausscheidung. In höherer Dosierung tritt dann allerdings auch eine Vasokonstriktion im Bereich der Niere und des Splanchnikusgebietes ein.

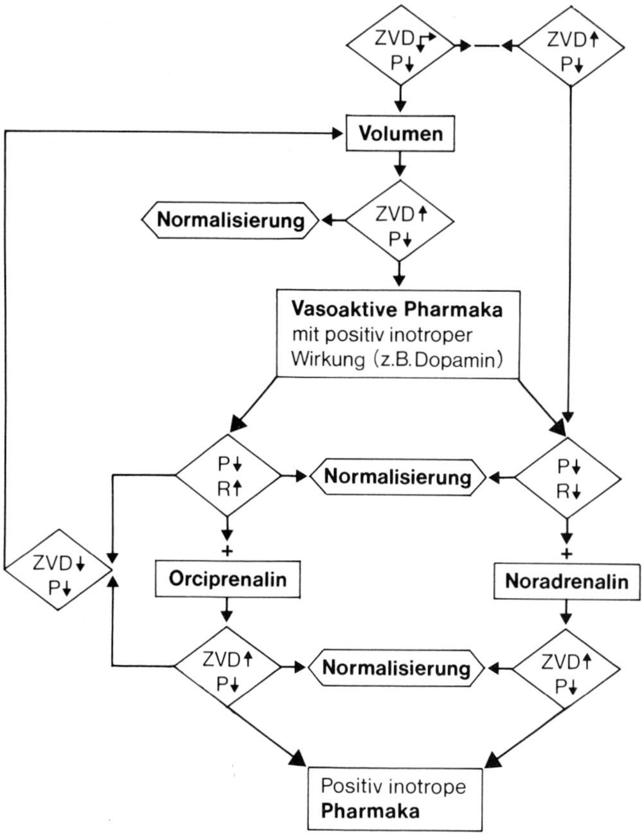

Abb. 2.3-3. Stufenschema zur Schocktherapie.

Tab. 2.3-4. Zusammenstellung einiger gängiger Sympathomimetika mit stimulierender Wirkung am Herzen sowie positiv inotrope Substanzen.

Sympathomimetika mit stimulierender Wirkung am Herzen		Positiv inotrope Substanzen
Vasokonstriktoren	Vasodilatatoren	
Noradrenalin	Isoproterenol	Herzglykoside
Adrenalin	Orciprenalin	Glukagon
Dopamin		
Dobutamin		

Vasodilatatorisch wirkende Medikamente

Da in den meisten Schockzuständen durch die vermehrte endogene Katecholaminausschüttung schon eine maximale Vasokonstriktion vorliegt, kann es sinnvoll werden, nach entsprechender Volumensubstitution das periphere Gefäßbett wieder zu eröffnen, um einer weiteren Gewebsischämie vorzubeugen. Hierzu eignen sich betaadrenerge Pharmaka wie Isoprenalin und Orciprenalin, die neben einer gefäßerweiterden Wirkung in der Peripherie zugleich eine positiv inotrope Wirkung am Herzen mit Erhöhung des Herzminutenvolumens haben (Tab. 2.3-5).

Der Einsatz peripher dilatatorischer Medikamente im protrahierten Schockzustand erfordert ein umfangreiches Kreislaufmonitoring unter Einschluß eines Pulmonalis-Einschwemmkatheters zur Messung des pulmonal-arteriellen Druckes, des pulmonalen Verschlußdruckes, des Herzzeitvolumens sowie zur Berechnung der pulmonalen und systemischen Gefäßwiderstände.

Mit den Kenntnissen über »preload« und »afterload« läßt sich dann eine optimale medikamentöse, vasoaktive Therapie entsprechend den jeweiligen Bedürfnissen durchführen.

Tab. 2.3-5. Wirkung und Dosierung von Sympathomimetika.

	Wirkung der Sympathomimetika auf die adrenergen Rezeptoren				Dosisbereich	Initialdosis
	β_1	β_2	α	Dopaminrezeptoren		
Adrenalin	+++	++	++	∅	10 – 30 μg/Min,	10–30 μg/Min.
Noradrenalin	+	∅	+++	∅	10 – 100 μg/Min,	10 μg/Min.
Isoproterenol	+++	+++	∅	∅	2 – 10 μg/Min,	2–10 μg/Min.
Orciprenalin	+++	+++	∅	∅	0,5– 1,0 μg/Min,	0,25 μg/Min.
Dopamin	++	∅	++	+	200 –1200 μg/Min,	200 μg/Min.
Dobutamin	+++	+	+	∅	200 –1000 μg/Min,	200 μg/Min.

2.4
Flüssigkeits- und Elektrolythaushalt

E. Voigt

Bilanzierung

Die Aufrechterhaltung oder Wiederherstellung der Homöostase, des »milieu interieur« nach Claude Bernard, in bezug auf den Flüssigkeitshaushalt, den Elektrolytbestand und die Elektrolytkonzentrationen, das Säure-Basen-Gleichgewicht sowie den Ernährungszustand setzt eine exakte Bilanzierung voraus, um die durch Trauma oder Operation induzierten Störungen bestmöglich auszugleichen, d.h. eine Rückführung des Ist-Wertes auf den Soll-Wert ohne überschießende regulatorische Schwankungen zu vollziehen.

Diese Bilanzierung ist erst vollzogen, wenn Gehalt und Verteilung von Wasser und Elektrolyten im extrazellulären und intrazellulären Raum den physiologischen Bedingungen entsprechen.

Genaue Kenntnisse der physiologischen und pathophysiologischen Verteilungsräume, des Gehaltes sowie Konzentration der einzelnen Bestandteile sind Voraussetzungen, um solch eine Bilanzierung den jeweiligen Erfordernissen anzupassen.

Demnach sind Informationen erforderlich über:
- Normalbedarf (Basisbedarf).
- Pathophysiologie des Grundleidens (adaptierter Basisbedarf).
- Bilanz einer vorausgegangenen Periode (Ersatzbedarf).
- Aktuellen Zustand des Wasser-Elektrolyt- sowie Säure-Basen-Haushaltes (Korrekturbedarf).

Aus deren Summation läßt sich der jeweilige Gesamtbedarf herleiten (Abb. 2.4-1).

Grundzüge der Bilanzierung

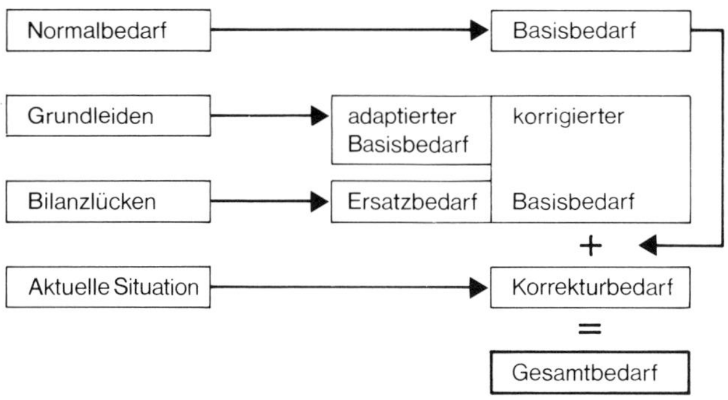

Abb. 2.4-1. Einzelkomponenten der Bilanzierung, deren Summation den Gesamtbedarf ausmacht.

Wasserbilanz

Der anteilmäßig größte Bestandteil des Organismus ist das Wasser, notwendig für Stoffwechsel, Transportvorgänge und Temperaturregulation, welches unter normalen Bedingungen durch Regulationsvorgänge außerordentlich konstant gehalten wird. Der Gesamtanteil des Körperwassers (etwa 50–70 % des Körpergewichtes) ist individuell verschieden in Abhängigkeit von Geschlecht, Alter und Anteil des Depotfettes (Wassergehalt des Fettes etwa 30 %, übrige Gewebe etwa 70 % der Masse), wobei der prozentuale Wassergehalt der »fettfreien Körpermasse« nahezu konstant 72–73 % beträgt. Dieses Gesamtkörperwasser verteilt sich auf die verschiedenen Räume unter normalen Bedingungen etwa folgendermaßen (Abb. 2.4-2):

Ein Gleichgewicht in der Wasserbilanz resultiert nur dann, wenn die zugeführten Mengen den Verlustmengen entsprechen (Abb. 2.4-3).

Alle meßbaren Volumenverschiebungen (z.B. Urin, Drainageflüssigkeiten) können in die Bilanz als exakte Größe eingehen, wohingegen andere Volumina nur geschätzt werden können.

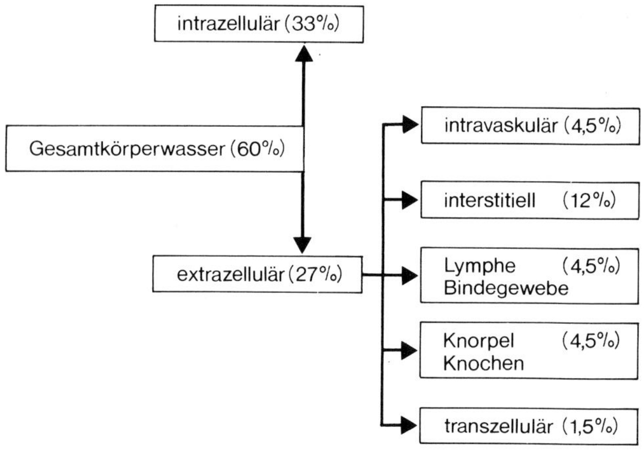

Abb. 2.4-2. Wasserverteilung im Organismus in % der Körpermasse.

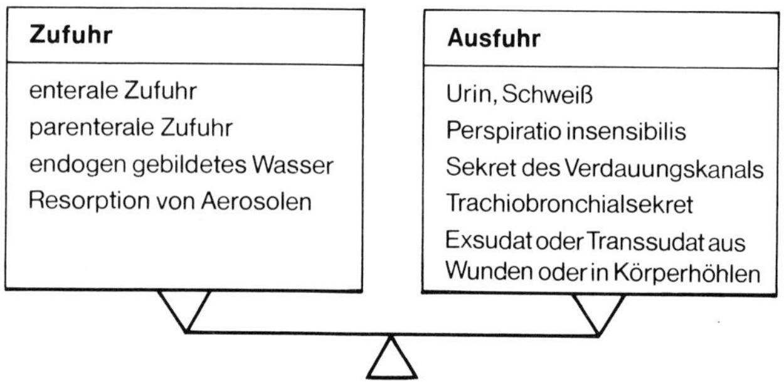

Abb. 2.4-3. Im Bilanzgleichgewicht müssen sich Zufuhr und Ausfuhr entsprechen.

Nicht direkt meßbare Bilanzgewinne

Endogen gebildetes Stoffwechselwasser, Oxydationswasser

Die im Intermediärstoffwechsel durch Verbrennung von Kohlenhydraten, Eiweißen und Fett entstehende Wassermenge kann beim normalgewichtigen Erwachsenen mit etwa 200–300 ml/24 Std. bzw. 2,4–3,6 ml/kJ angesetzt werden.

Bei erheblicher Katabolie kommt zu diesem Oxydationswasser noch die Menge des intrazellulären Wassers hinzu, welches vom Extrazellularraum aufgenommen wird. Diese Menge kann bei schweren Traumen und Infektionen bis zu 1000 ml/24 Std. betragen.

Wasser aus Inhalationsaerosolen und Atemluftanfeuchtung

Beim künstlich beatmeten Patienten können mit alveolargängigen Aerosolen und hoher Feuchtigkeit der Inspirationsluft (z.B. Kaskadevernebler) Wassermengen in der Größenordnung von 300–500 ml/24 Std. zugeführt werden.

Nicht direkt meßbare Bilanzverluste

Perspiratio insensibilis

Die für die Wärmeregulation physiologisch verdampfte Wassermenge ist eng mit dem Energieumsatz korreliert, und zwar in der Größenordnung von 10–10,5 ml/kJ.

Pulmonale perspiratio

Die mit der Expirationsluft ausgeschiedene Wassermenge beträgt normalerweise etwa 400 ml/24 Std.

Unter pathologischen Bedingungen können diese Verluste bei einer Temperaturerhöhung erheblich ansteigen.

Perspiratio sensibilis et insensibilis (ml/24 Std.)

Bei über 37,5° ca. 1000 ml + 2 ml/kg/1° Temperaturerhöhung.
- Bei Bettruhe, Fieber, leichtem Schwitzen: ca. 1500 ml.
- Bei Bettruhe, Fieber, starkem Schwitzen: ca. 2000–3000 ml.

Elektrolytbilanz

Die Verteilung der Elektrolyte auf die verschiedenen Kompartimente des Organismus ist unterschiedlich und läßt sich am besten aus entsprechenden Ionogrammen entnehmen (Abb. 2.4-4). Der Extrazellularraum wird im wesentlichen von Natrium, Chlorid und Bikarbonat beherrscht, wohingegen im Intrazellularraum Kalium, Magnesium und anorganische Phosphorverbindungen vorherrschen.

Konzentrationsdifferenzen an Membranen gleichen sich per diffusionem aus, wenn keine Diffusionshindernisse bestehen. Diese Konzentrationsdifferenzen an Membranen sind die Grundlage für die Membranpotentiale und müssen durch aktive Stoffwechselprozesse laufend aufrechterhalten werden (Kalium-Natrium-Pumpe). Dieses Nebeneinander von passiven und aktiven Vorgängen muß durch Regelvorgänge zu einem dynamischen Gleichgewicht führen. Die vier wichtigsten Regelgrößen, die sich gegenseitig beeinflussen, sind:
- Wasserstoffionenkonzentration: Isohydrie.
- Elektrolytkonzentration: Isotonie.
- Elektrolytzusammensetzung: Isoionie.
- Extrazellulärvolumen: Isovolämie.

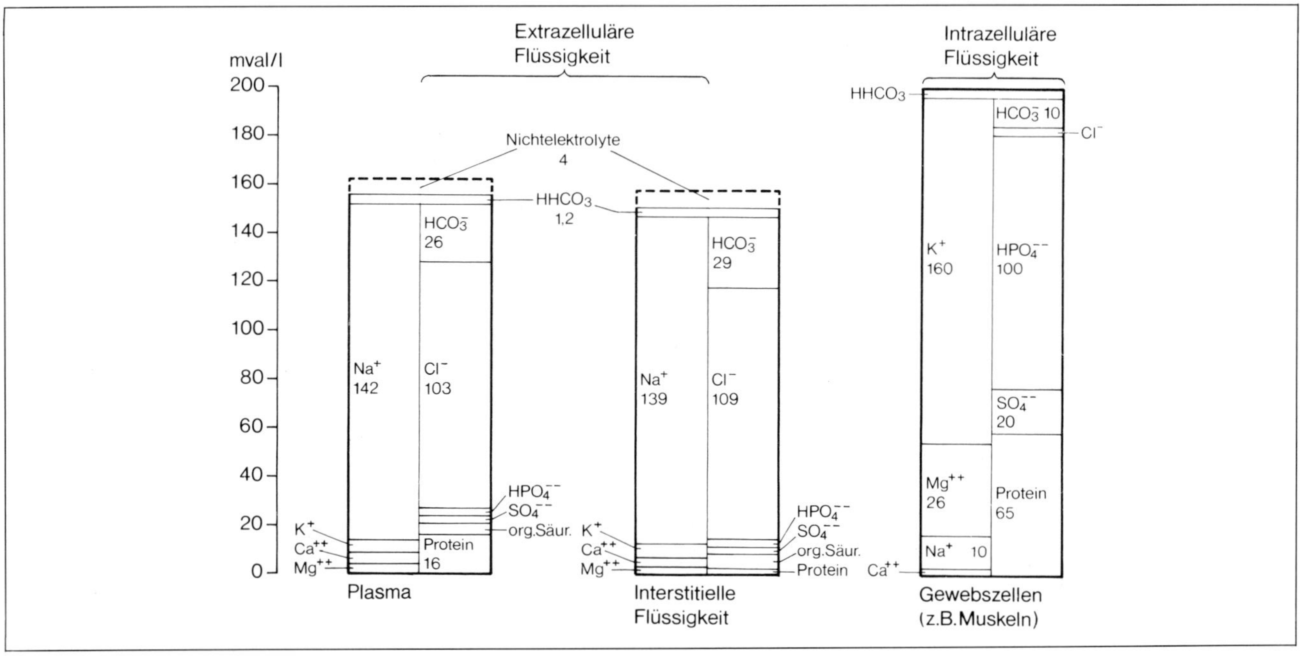

Abb. 2.4-4. Ionogramm. Angaben in mval/l.

Natriumbilanz

Mittlere Natriumkonzentration im Plasma: 142 (132–152) mmol/l.

Neben seiner wesentlichen Funktion beim Aufbau von Membranpotentialen ist das Natrium der Hauptregulator für die Osmolalität des Extrazellularraumes und somit eng gekoppelt an den Wasserbestand des Organismus. Eine Zunahme der Natriumkonzentration im extrazellulären Raum führt zu einer Erhöhung der Osmolalität und damit zur Zunahme des extrazellulären Raumes auf Kosten des intrazellulären Raumes. Für eine Verminderung des Natriumbestandes gilt dementsprechend das Umgekehrte (s. Störungen des Wasser- und Elektrolythaushaltes). Der mittlere Tagesbedarf liegt bei 60–100 mmol/Tag.

Kaliumbilanz

Vom Gesamtbestand des Kaliums (weiblich 50 mmol/kg, männlich 38 mmol/kg) befinden sich 98 % intrazellulär und 2 % extrazellulär.

Plasmakonzentration: 4,4 (3,5–5,59) mmol/l.

Neben seiner Beteiligung am Eiweiß- und Zuckerstoffwechsel ist das Kalium wesentlich mit an der Ausbildung von Membranpotentialen (Natrium-Kalium-abhängige Membran-ATPase) und somit an der neuromuskulären Erregbarkeit beteiligt. Es besteht eine enge Beziehung zum Säure-Basen-Haushalt mit einem Plasma-Kalium-Anstieg bei Azidämie und einem Abfall bei Alkaliämie, d.h. bei einer normalen Plasma-Kalium-Konzentration von 4,5 mmol/l kann bei einer Azidose schon ein intrazellulärer Kaliummangel vorherrschen.

Transmineralisationen (Verlust von intrazellulärem Kalium in den Extrazellularraum) können auftreten bei:
- Hypoxie.
- Katabolie.
- Diabetes mellitus.
- Nekrosen.

Eine intrazelluläre Kaliumzunahme, verbunden mit einem energieliefernden Prozeß, findet sich bei:
- Verbesserter Glukoseutilisation unter Insulin.
- Verbesserter Proteinsynthese.
- Reparationsvorgängen nach Operation und Trauma.

Der Einfluß der Niere als Regulationsorgan für den Gesamtkaliumbestand des Organismus ist wesentlich geringer als für die Natriumbilanz. Bei ausreichender Nierenfunktion können Kaliumüberschüsse gut eliminiert werden, während bei Kaliummangelzuständen anfangs nur eine geringe Kompensation möglich ist. Anurie bzw. Oligurie führen zu einem Anstieg der Plasma-Kalium-Konzentration.

Kalziumbilanz

Neben seiner Aufgabe als Baustein des Knochens ist Kalzium für die elektromechanische Koppelung kontraktiler Elemente sowie in der Blutgerinnung erforderlich. 99 % des Kalziums liegen gebunden in den Knochen und Zähnen vor.

Plasmakonzentration: 2,4 (2,25–2,75) mmol/l, davon
45 % ionisiert und diffusibel,
45 % eiweißgebunden,
10 % komplex an organische Säuren gebunden.

Chloridbilanz

Chlorid ist der mengenmäßig bedeutendste Anionenanteil im Plasma und ist eng mit dem Säure-Basen-Gleichgewicht (hypochlorämische Alkalose) sowie der Nierenfunktion (Phosphatzyklus) verknüpft.

Plasmakonzentration: 103 (97–108) mmol/l.

Phosphatbilanz

Phosphat liegt als organisches (Phosphoproteine) und anorganisches Phosphat vor. Seine drei Hauptfunktionen bestehen in:
- Bildung von Hydroxylapatit im Knochen.
- Bildung energiereicher Phosphate im Stoffwechsel (ATP, Kreatinphosphat).
- Pufferwirkung im Säure-Basen-Gleichgewicht und Säureausscheidung in der Niere (Hydrogenphosphat).

Regelung

Zentrale Regulationsvorgänge beeinflussen die Osmoregulation, eng verbunden mit der Volumenregulation und dem Durstgefühl. Hormonell daran beteiligt ist das Vasopressin (Wasserregulation) sowie das Renin-Angiotensin-Aldosteron-System (Elektrolytregulation). Das Renin-Angiotensin-System ist der wichtigste Stimulator der Aldosteronsekretion. Eine vermehrte Reninfreisetzung führt über eine Angiotensin-II-Synthese zur Stimulation der Aldosteronproduktion bei all den klinischen Zuständen, die mit einer Hypovolämie, Hyponatriämie und Hypotonie einhergehen.

Störungen

Störungen des Wasser- und Elektrolytgleichgewichtes, entweder durch äußere Ursachen und/oder Versagen der körpereigenen Regulationsmechanismen, können den Wasserbestand und/oder die Osmolarität betreffen. Dementsprechend lassen sich 6 Störungen klassifizieren, die Hyperhydratation (Wasserüberschuß) und Hypohydratation (Wassermangel) in jeweils hypertoner, isotoner und hypotoner Form (Tab. 2.4-1).

Tab. 2.4-1. Die sechs Grundstörungen des Wasser- und Elektrolythaushaltes.

		Hb	Hkt	Na^+
Hypotone Dehydratation:	Natriummangel mit Überschuß an freiem Wasser	↑↑	↑↑	↓↓
Hypertone Dehydratation:	Defizit an freiem Wasser mit Hypovolämie	↑↑	↑	↑
Isotone Dehydratation:	Flüssigkeitsmangel Blutmangel	↑↑ →↓↓	↑↑ →↓↓	→ →
Isotone Hyperhydratation:	Extralzellulärer Volumen- oder Na^+-Überschuß	↓↓	↓↓	→
Hypotone Hyperhydratation:	Überschuß an freiem Wasser mit Hypervolämie	↓↓	↓	↓
Hypertone Hyperhydratation:	Natriumüberschuß und Defizit an freiem Wasser	↓↓	↓↓↓	↑↑

Therapie

Hypertone Dehydratation (Durstexsikkose)

Ursache ist ein verminderter Wasserbestand durch eingeschränkte Aufnahme oder durch vermehrte Verluste durch Schwitzen, Polyurie bei Nierenerkrankungen, Diabetes mellitus oder insipidus. Plasmanatriumkonzentration und Osmolalität sind erhöht.

Die Therapie besteht in der Zuführung von freiem Wasser in Form von isotonen Zuckerlösungen. Die benötigte Menge kann nach der Formel geschätzt werden:

$(\text{Plasma-Na}^+ \text{ (mmol/l)} - 142 \text{ (mmol/l)})/142 \text{ (mmol/l)} \times \text{kgKG} \times 0{,}2 = \text{elektrolytfreie Lösung in l}$.

Isotone Dehydratation

Die isotone Dehydratation resultiert aus isotonen Verlusten an Wasser und Elektrolyten durch Erbrechen, Fisteln, Ileus, Durchfälle, stark sezernierende Wunden sowie durch Verbrennungen. Die Plasmaosmolalität ist normal, Hämoglobinkonzentration und Hämatokrit sind erhöht. Infolge auch des intravasalen Volumenmangels kann eine Kreislaufzentralisation bestehen.

Die Therapie besteht in der Infusion von 1–2 l/m^2 isotoner Elektrolytlösung über 24 Std. Neben den Laborparametern und dem Säure-Basen-Gleichgewicht dient die Urinausscheidung als Kontrolle einer ausreichenden Therapie.

Hypotone Dehydratation

Bei der hypotonen Dehydratation herrscht ein Mangel an Wasser und gelösten Bestandteilen vor mit einem Abfall der Plasmaosmolalität bei Nierenerkrankungen, bei osmotischer Diurese, Morbus Addison und natriumarmer Kost. Ersatz von Körperflüssigkeiten durch elektrolytfreies Wasser bei starkem Schwitzen oder bei Magenspülungen kann ebenfalls zu einer hypotonen Dehydratation führen.

Eine Hyponatriämie bei einer normalen Plasmaosmolalität benötigt zunächst zur Therapie kein Natrium. Liegt allerdings ein Natriummangel vor, wird zunächst die Hälfte des extrazellulären Raumes zur Berechnung des vorliegenden Natriumdefizites herangezogen:

142 (mmol/l) – akt. Plasma-Na^+ (mmol/l) × kg KG × 0,1 = mmol Na^+-Defizit.

Hypertone Hyperhydratation

Die hypertone Hyperhydratation ist gekennzeichnet durch einen Überschuß an Wasser und gelösten Stoffen mit einem Anstieg der Plasmaosmolalität durch enterale und parenterale Zufuhr salzreicher Lösungen. In der postoperativen und posttraumatischen Phase kann eine Streßsituation mit erhöhter Vasopressin- und Aldosteronaktivität wirksam werden. Die Plasmaosmolalität und die Plasmanatriumkonzentration sind erhöht.

Zur Therapie ist eine strenge Restriktion der Salzzufuhr erforderlich, unterstützt durch Diurese oder eine Hämofiltration zur Akuttherapie.

Isotone Hyperhydratation

Hierbei herrscht ein Überschuß an Wasser und gelösten Stoffen bei normaler Plasmaosmolalität, hauptsächlich im extrazellulären Raum. Beobachtet werden diese Störungen bei Ödemkrankheiten sowie in der postoperativen und posttraumatischen Phase.

Die Therapie besteht in der Einschränkung der Wasser- und Natriumzufuhr. Ödeme können durch Diuretika ausgeschwemmt werden.

Hypotone Hyperhydratation

Es besteht ein Wasserüberschuß mit verminderter Plasmaosmolalität durch vermehrte Zufuhr freien Wassers, z.B. postoperativ oder posttraumatisch. Vorübergehende neurologische Störungen bessern sich nach Natriumsubstitution bei gleichzeitiger Diuresesteigerung.

2.5 Säure-Basen-Haushalt

E. Voigt

Die Voraussetzung für einen geordneten Ablauf aller Lebensvorgänge ist ein konstantes inneres Milieu. Änderungen der H^+-Konzentration beeinflussen die Eigenschaften der Proteine. Die Folge sind Veränderungen der Zellstrukturen, der Zellpermeabilität sowie der Enzymaktivität. Die Konzentration der freien H^+-Ionen bzw. die relative Alkalinität ist daher die Regelgröße, welche der Organismus durch entsprechende Regulationsvorgänge konstant zu halten versucht.

Verschiebungen im Säure-Basen-Gleichgewicht gehen immer aus Gründen der Elektroneutralität sowie des konstanten Massenverhältnisses mit entsprechenden Verschiebungen im Ionogramm einher (s. Abb. 2.4-4).

Akut auftretende Verschiebungen im Säure-Basen-Gleichgewicht kann der Organismus durch entsprechende Puffersysteme kurzfristig partiell kompensieren. Neben dieser akuten Pufferung dienen dann die Regelmechanismen Lunge und Niere zur weiteren Rückführung auf den Normwert, wobei die Lunge über die alveoläre Ventilation den arteriellen pCO_2-Wert beeinflußt, und die Niere zur Elimination von H^+-Ionen und Bildung von Bikarbonat dient.

Die zur Aufrechterhaltung des Säure-Basen-Gleichgewichtes im Organismus wirkenden Puffersysteme umfassen im Plasma das Bikarbonat, die Plasmaproteine und die anorganischen Phosphate, und in den Erythrozyten das Hämoglobin, organische und anorganische Phosphate sowie das Bikarbonat.

Die so beschriebenen Puffer verteilen sich etwa folgendermaßen:

Hämoglobin und Oxyhämoglobin	35 %
Plasmabikarbonat	35 %
Bikarbonat in den Erythrozyten	18 %
Plasmaproteine	7 %
Organisches Phosphat	3 %
Anorganisches Phosphat	2 %

Um das Säure-Basen-Gleichgewicht genau beschreiben zu können, Abweichungen zu erkennen und entsprechende therapeutische Konsequenzen ziehen zu können, müssen seine einzelnen Parameter bestimmt bzw. berechnet werden.

Normalwerte

$$\text{pH-Wert} = -\log[H^+]$$

Die H^+-Ionenkonzentration dient als Maß für eine normale, saure oder alkalische Reaktion in Abhängigkeit von der Temperatur. Zur Vereinfachung wird die $[H^+]$-Konzentration (nmol/l) als negativer, dekadischer Logarithmus, nämlich als pH-Wert angegeben.

Normalwert: pH = 7,4 (7,35–7,45).

Aktuelles Bikarbonat

Das aktuelle Bikarbonat bezeichnet den zum Zeitpunkt der Bestimmung vorhandenen aktuellen Bikarbonatgehalt im Plasma in Abhängigkeit vom pCO_2, pH und Temperatur (gegenseitige Abhängigkeit über Henderson-Hasselbalchsche Gleichung).

Normalwert: Abhängigkeit vom pH-Wert (7,35–7,45) und pCO_2 (35–42 mmHg).

Standardbikarbonat

Das Standardbikarbonat ist die Bikarbonatkonzentration, welche das Blut bei einem pCO_2 von 40 mmHg, einer Temperatur von 37 °C (310 K) und voller O_2-Sättigung haben müßte. Diese Größe dient der Quantifizierung eines metabolischen Effektes.

Normalwert: 24 (20–28) mmol/l.

Summe der Pufferbasen (BB)

BB = »buffer base« = Summe der Pufferbasen. Neben dem Bikarbonat ist in diesem Ausdruck die Summe des gesamten Nichtbikarbonat-Puffersystems mitenthalten. Wegen der großen Hämoglobinmenge, welche in diese Summe als Puffer miteingeht (35 %), ist die »buffer base« stark von der Hämoglobinkonzentration abhängig.

Normalwert: 48 mmol/l.

Basenabweichung (BE)

BE = »Base excess« = Basenabweichung der Pufferbasen (Summe von Bikarbonat- und Nichtbikarbonat-Puffersystem) vom Normalwert, bezogen auf Standardbedingungen (pH = 7,4; pCO_2 = 40 mmHg; Temperatur = 37 °C (310 K)).

Standardbedingungen beinhalten immer eine volle Sauerstoffsättigung des Hämoglobins, da das Hämoglobin in Abhängigkeit von der Sauerstoffsättigung als mehr oder minder starker $[H^+]$-Akzeptor fungiert.

Normalwert: +/− 3 mmol/l.

Gemessen werden üblicherweise nur pH und pCO_2. Die übrigen Kenngrößen werden aus diesen Werten entsprechend der Henderson-Hasselbalchschen Gleichung mit entsprechenden Korrekturen berechnet. Für die Darstellung in Nomogrammen sind verschiedene Formen möglich, wobei im folgenden das Davenportsche Nomogramm zugrundegelegt wird.

Wird eine Plasmalösung mit verschiedenen CO_2-Partialdrücken äquilibriert, dann stellt sich entsprechend der Henderson-Hasselbalchschen Beziehung ein Gleichgewicht zwischen den drei Komponenten ein. Die Linie, welche die Abhängigkeit des pH und des HCO_3- vom pCO_2 darstellt, ist die Bikarbonat-Pufferlinie (Abb. 2.5-1).

Da im Blutplasma aber noch andere Puffersysteme mitbeteiligt sind, von denen ja das Hämoglobin am stärksten ins Gewicht fällt, ist die Steigung dieser Bikarbonat-Pufferlinie von der Hämoglobinkonzentration abhängig.

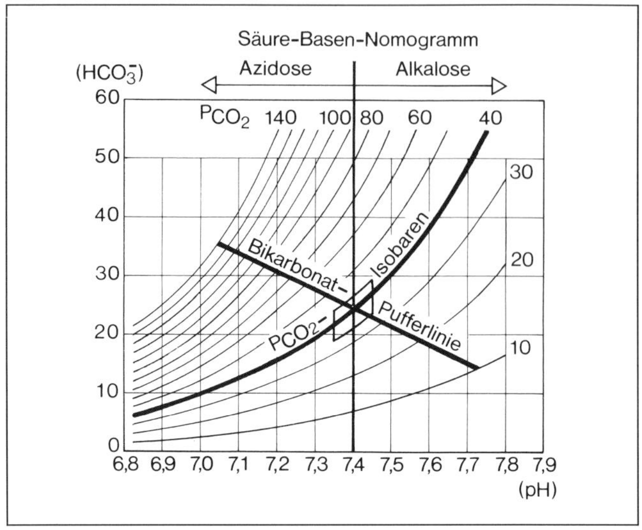

Abb. 2.5-1. Darstellung der Henderson-Hasselbalchschen Gleichung im Davenportschen Nomogramm.

Störungen im Säure-Basen-Gleichgewicht

Abweichungen im Säure-Basen-Gleichgewicht, die durch eine isolierte Veränderung des pCO_2 zustandekommen, also ihre Ursache in einer Konzentrationsänderung des CO_2 haben, verursacht durch eine nicht angepaßte Ventilation (Hypo- oder Hyperventilation), werden als respiratorische Störungen bezeichnet. Die Abweichungen verlaufen immer in Richtung der Bikarbonat-Pufferlinie.

Bleibt dagegen durch eine entsprechende ventilatorische Regulation der pCO_2 konstant, dann markieren sich die Abweichungen auf den pCO_2-Isobaren.

Diese Abweichungen werden, da sie nicht durch die Atmung hervorgerufen werden, als metabolische Veränderungen bezeichnet. In der Praxis werden diese reinen Formen einer Abweichung allerdings selten gefunden, da der Organismus stets bestrebt ist, sich anbahnende Abweichungen durch Kompensation abzufangen. In den meisten Fällen wird deshalb eine kombinierte Störung vorliegen, die teilweise kompensiert wird, entweder durch Regulationsvorgänge des Organismus oder durch therapeutisches Eingreifen.

Somit lassen sich in diesem Nomogramm die aufgetretenen Störungen leicht klassifizieren und der einzuschlagende Weg zur Kompensation der vorliegenden Störung darstellen.

Alle Abweichungen, die mit einem pH < 7,4 einhergehen, also eine erhöhte H^+-Konzentration haben, werden als saure Reaktion oder Azidose bezeichnet.

Alle Abweichungen, die mit einem pH > 7,4 einhergehen, also eine verminderte H^+-Konzentration haben, werden als alkalische Reaktion oder Alkalose bezeichnet (Tab. 2.5-1).

Tab. 2.5-1. Die vier Hauptstörungen des Säure-Basen-Gleichgewichtes bezüglich des pH und pCO_2.

	pH	pCO_2 (mmHg)
1. Normal	7,4	40
2. Respiratorische Alkalose	>7,4	<40
3. Respiratorische Azidose	<7,4	>40
4. Metabolische Alkalose	>7,4	40
5. Metabolische Azidose	<7,4	40

Je nach Ursache dieser Abweichung, entweder durch eine isolierte Abweichung des pCO_2 oder der H^+-Konzentration, liegt eine respiratorische oder metabolische Grundstörung vor. Basierend auf den beiden Komponenten respiratorisch oder metabolisch lassen sich vier Grundstörungen klassifizieren (Abb. 2.5-2 ⓐ), deren reine Formen unter klinischen Bedingungen nur selten anzutreffen sind, da mit dem Beginn einer Abweichung gleichzeitig Kompensationsvorgänge eingeleitet werden, um die Abweichung auf den Normwert zurückzuführen. Diese Gegenregulation wird im wesentlichen von den beiden Regulationsorganen Lunge und Niere übernommen.

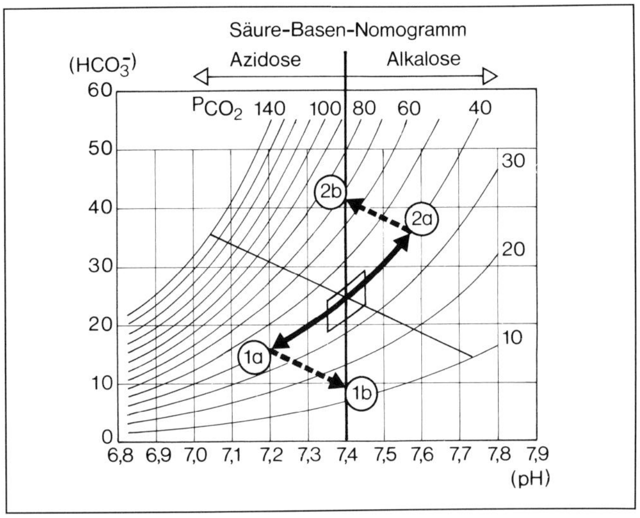

Abb. 2.5-2. (1a) = metabolische Azidose mit Richtung (1b) der respiratorischen Kompensation. (2a) = metabolische Alkalose mit Richtung (1a) der respiratorischen Kompensation.

Kompensationen

Respiratorische Kompensation

Das im Blutplasma gelöste CO_2 steht mit dem alveolären CO_2 im Diffusionsgleichgewicht und läßt sich über eine verstärkte oder verminderte alveoläre Ventilation beeinflussen. Die Steuerung dieser Regulation wird vom Atemzentrum übernommen. Auf diese Weise können große Mengen an CO_2 aus dem Organismus eliminiert werden. So kann eine metabolisch bedingte Störung durch die Atmung kompensiert werden. In diesem Falle sprechen wir von einer respiratorischen Kompensation einer metabolischen Störung.

Die reine metabolische Azidose (Abb. 2.5-2 (1a)) kann durch Hyperventilation mit Abatmung von CO_2 in Richtung pH: 7,4 kompensiert werden, wobei der pH-Wert annähernd normal wird, es aber gleichzeitig zu einem Verlust an Bikarbonat kommt.

Die respiratorische Kompensation einer metabolischen Alkalose (Abb. 2.5-2 (2a)) kann durch Hypoventilation mit Anstieg des pCO_2 in Richtung pH: 7,4 erreicht werden, wobei in diesem Falle das Bikarbonat ansteigen muß.

Alle metabolischen Störungen, die in Richtung der pCO_2-Isobaren verlaufen (Abb. 2.5-1), können demnach über die Lunge kompensiert werden, entweder spontan oder mittels künstlicher Beatmung.

Eine respiratorische Kompensation einer metabolischen Alkalose kann allerdings mit Schwierigkeiten verbunden sein, wenn bei einer gleichzeitig vorliegenden Hypoxie die erforderliche Hypoventilation durch hypoxischen Atemantrieb nicht erreicht werden kann.

Metabolische Kompensation

Gegenüber der respiratorischen Kompensation durch die Lunge erfolgt die metabolische Kompensation durch die Niere wesentlich langsamer. Die Niere reguliert den pH-Wert des Plasmas über die Reabsorption bzw. Neubildung von Bikarbonat in Verbindung mit einem H^+-Na^+-Austausch und der Ammoniakbildung.

Die metabolische Kompensation einer respiratorischen Alkalose erfolgt über eine vermehrte Ausscheidung des Bikarbonats parallel zu den pCO_2-Isobaren in Richtung pH: 7,4 (Abb. 2.5-3 (4a)). Für diese metabolischen Kompensationen einer respiratorischen Störung stehen der Niere drei Reaktionsmechanismen zur Verfügung:

1. Ammoniumchloridzyklus:
   H^+-Ionen werden als Ammoniumchlorid (NH_4Cl) ausgeschieden.
2. Phosphatzyklus:
   H^+-Ionen werden als saures Natriumphosphat (NaH_2PO_4) ausgeschieden.
3. Bikarbonat-Wasser-Zyklus:
   H^+-Ionen werden als Wasser unter Gewinn eines $NaHCO_3$ ausgeschieden.

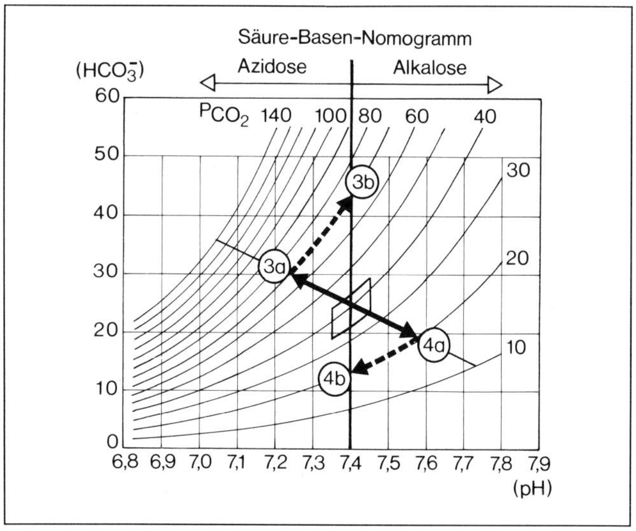

Abb. 2.5-3. 3a = respiratorische Azidose mit Richtung 3b der metabolischen Kompensation. 4a = respiratorische Alkalose mit Richtung 4b der metabolischen Kompensation.

Therapie von Störungen im Säure-Basen-Gleichgewicht

Respiratorische Störungen oder respiratorische Kompensationen metabolischer Abweichungen sind über die alveolare Ventilation zu beeinflussen.

Lassen sich die respiratorischen Abweichungen nicht durch Anpassung der Ventilation, entweder durch atemstimulierende Medikamente bzw. künstliche Beatmung beheben, dann müssen, wie auch im Falle metabolischer Störungen, die nicht über die Atmung kompensiert werden können, Puffersubstanzen zur Normalisierung eingesetzt werden.

Diese in der Klinik beobachteten Abweichungen im Säure-Basen-Gleichgewicht sind meist die Folge einer Grunderkrankung, entweder primär durch eine Schädigung der Regelorgane Lunge und Niere oder diese Regelorgane werden in ihrer Kapazität überfordert.

Es ist daher nicht sinnvoll, nur die Abweichung zu beseitigen, sondern es muß auch die Ursache dieser Störung therapeutisch angegangen werden.

Zur Normalisierung einer metabolischen Azidose muß der pH-Wert gepuffert bzw. müssen vermehrt H^+-Ionen ausgeschieden werden. Zur Pufferung einer metabolischen Azidose stehen für die klinische Anwendung zwei Substanzen zur Verfügung:

1. Natriumbikarbonat.
2. THAM (Trihydroxymethylaminomethan).

Zwei Besonderheiten in bezug auf die Pufferung mit diesen beiden Substanzen sind zu berücksichtigen!

Pufferung mit Natriumbikarbonat

Bei der Pufferung mit Natriumbikarbonat werden durch den Puffervorgang äquimolare Mengen an CO_2 freigesetzt, welche durch eine entsprechende alveoläre Ventilation abgeatmet werden müssen. Weiterhin ist zu bedenken, daß mit dem Natriumbikarbonat auch äquivalente Mengen an Na^+-Ionen zugeführt werden. (Cave bei Hypernatriämien, Eklampsie, Herzinsuffizienz, Ödemen.)

Pufferung mit THAM

Falls gegen die Zufuhr einer größeren Menge von Na^+-Ionen Kontraindikationen bestehen, kann zur Pufferung einer Azidose, respiratorisch oder metabolisch, das THAM eingesetzt werden.

Da diese Substanz als schwache Base vorliegt, nimmt sie aus der extrazellulären Flüssigkeit Protonen auf, wobei gleichzeitig ohne Mitwirkung der Lunge Kohlensäure eliminiert und Bikarbonat gewonnen wird:

$R\text{-}NH_2 + H_2CO_3 \rightleftharpoons R\text{-}NH_{3+} + HCO_{3-}$.

Durch die bei der Pufferung von H^+-Ionen gleichzeitig eintretende Verminderung des pCO_2 kann eventuell eine Atemdepression ausgelöst werden, die dann zu einer entsprechenden künstlichen Beatmung zwingt.

In seiner Eigenschaft als schwache Base liegt THAM nur etwa zu 30 % in dissoziierter Form und damit pufferwirksam vor und ist somit an eine ausreichende Nierenfunktion zur Elimination der gebundenen Protonen angewiesen. Bei eingeschränkter Nierenfunktion besteht demnach eine Kontraindikation.

Für die Berechnung der notwendigen Puffermenge ist der BE (base excess) der Berechnungsparameter. Dieser BE bezeichnet die Menge in mmol/l, um die der aktuelle Pufferbestand vom Normalpufferbestand von 48 mmol/l abweicht.

Zur Berechnung dient die durch Mellemgaard und Astrup aufgestellte Formel:

Basendefizit = − BE × 0,3 × kg KG.

Mit dem Faktor 0,3 wird etwas mehr als das Basendefizit des extrazellulären Raumes berechnet. Es empfiehlt sich daher, bei einer notwendigen Pufferung zunächst nur 2/3 der berechneten Menge zu verabfolgen und die Wirkung zu kontrollieren, um dann mit einer erneuten Rechnung eine Feinkorrektur durchzuführen.

Da THAM in einer 0,3molaren blutisotonen Form vorliegt, vereinfacht sich hier die Berechnung auf

ml THAM (0,3 molar) = − BE × kg KG.

Für die Therapie einer metabolischen Alkalose sind die Elektrolyte mit in die Überlegung einzubeziehen.

Die schwersten Formen metabolischer Alkalosen entstehen z.B. durch den Verlust großer Mengen an Magensaft (Subtraktionsalkalosen). Es gehen dem Organismus neben den H^+-Ionen auch große Mengen an Cl^--Ionen verloren.

Andererseits wird auch ein primärer Kaliummangel eine metabolische Alkalose induzieren, da für 3 K^+, welche aus der Zelle austreten, 2 Na^+ und 1 H^+ in die Zelle gelangen, so daß bei einer extrazellulären Alkalose eine intrazelluläre Azidose besteht.

Zur Behandlung einer metabolischen Alkalose ist daher folgerichtig neben dem Ausgleich der H^+-Ionenkonzentration gleichzeitig eine Cl^-- und K^+-Substitution erforderlich. Wenn keine sichere Hypokaliämie vorliegt, kann die metabolische Alkalose durch L-Arginin-Hydrochlorid-Infusion therapiert werden. Hierbei wird pro Mol Arginin ein Mol HCl zugeführt. Das Arginin selbst gelangt in den Aminosäurepool, während durch die verbleibende Salzsäure das Pufferanion HCO_3^- zu Wasser und zu CO_2 wird unter Gewinn eines Cl^-.

Massivere Additionsalkalosen können mit Salzsäure behandelt werden (z.B. 100 ml 0,1 molare HCl auf 900 ml 5%ige Glukoselösung):

ml Lösung = BE × 3 × kg KG.

2.6
Pathogenese und Therapie von Stoffwechselstörungen in der prä-, peri- und postoperativen Phase

E. Voigt

Die prä-, peri- und postoperative Erkennung und Behandlung von Mängeln im Ernährungszustand in Kombination mit einer adaptierten Flüssigkeits- und Elektrolyttherapie haben dazu geführt, die Toleranz gegenüber Operationen wesentlich zu verbessern. Präoperative Nahrungskarenz sowie aggressive Operationsvorbereitungen (orthograde Darmspülungen) können erhebliche Imbalanzen im Energie-, Elektrolyt- und Wasserhaushalt hinterlassen, die präoperativ durch Substitution idealerweise ausgeglichen werden sollten.

Eine 16stündige präoperative Nahrungskarenz kann nach Halmagyi zu einem durchschnittlichen Energieverbrauch von 5800 kJ führen mit einem Defizit an Eiweiß von 41 g und 103 g Kohlenhydraten. Das Wasserdefizit kann 1500 ml bei einem gleichzeitigen Verlust von 66 mval Na^+ und 22 mval K^+ erreichen. Die daraus resultierende Verminderung des zirkulierenden Blutvolumens beläuft sich auf etwa 3,3 ml/kg KG bei gleichzeitiger Hämokonzentration.

Jedes Trauma oder jede Operation lösen im Organismus biologische Abwehrvorgänge aus, deren Reaktionsablauf sich trotz unterschiedlicher Auslösungsmechanismen und klinischer Besonderheiten in zwei Hauptphasen klassifizieren läßt:

1. Postaggressionssyndrom mit einer sympathikotonen, ergotropen und katabol akzentuierten Phase.
2. Anabole Phase mit Parasympathikotonie, Trophotropie und Anabolie.

Wasser- und Elektrolythaushalt

Durch die vermehrte Ausschüttung von Aldosteron wird die Natriumrückresorption im distalen Nephron stimuliert. Die Folge ist eine Natriumretention mit konsekutiver Wasserretention und Ödembildung bei Oligurie, wobei gleichzeitig vermehrte Kaliumverluste eintreten. Transmineralisation, Fett- und Eiweißabbau sind an dieser Imbalance mitbeteiligt (Abb. 2.6-1).

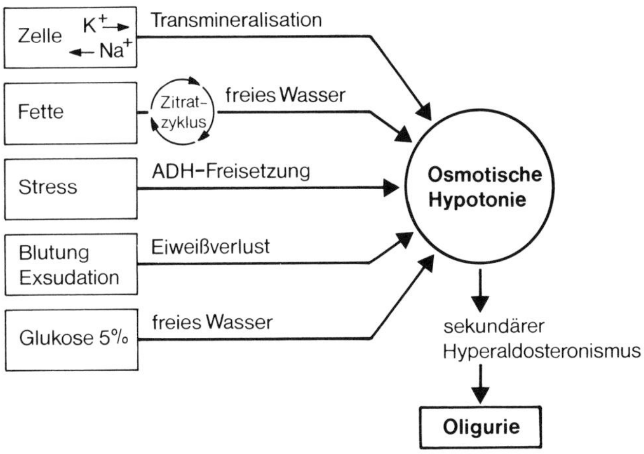

Abb. 2.6-1. Pathomechanismen des postoperativen bzw. posttraumatischen sekundären Aldosteronismus.

Postaggressionssyndrom

Diese Phase ist gekennzeichnet durch eine sympathikotone Reaktionslage mit einer über den Hypothalamus kontrollierten Aktivitätssteigerung nachgeordneter hormoneller Systeme mit einer erhöhten Freisetzung von adrenokortikotropem, Wachstums- und antidiuretischem Hormon.

Eiweißstoffwechsel

Bei erhöhtem Katabolismus im Postaggressionsstoffwechsel herrscht eine Steigerung des Protein- und Aminosäureabbaus vor, gekennzeichnet durch eine vermehrte Azoturie. Ursache ist die durch vermehrte Katecholaminfreisetzung induzierte Unterdrückung der Insulinsekretion bei gleichzeitigem Anstieg des Glukagons. Zur Energiebereitstellung wird die Glukoneogenese aus Aminosäuren aktiviert bei gleichzeitiger Energiegewinnung aus der Beta-Oxidation der Fettsäuren. Die Reduktion des Proteinbestandes (Struktur- und Funktionsproteine) ist individuell sehr unterschiedlich, generell aber mit der Schwere der Aggression korreliert. Mit steigendem Schweregrad des Traumas muß sich die bilanzierende Proteinzufuhr an den zunehmenden Bedarf adaptieren:

- Nichttraumatisierte Patienten: 60 g/Tag.
- Mittelschwer traumatisierte Patienten: 90 g/Tag.
- Schwer traumatisierte Patienten: 145 g/Tag.

Kohlenhydratstoffwechsel

Glukose ist für den Organismus die primäre Energiequelle für den Zellstoffwechsel, für das Nervensystem, Blutzellen und Nierenmark fast ausschließlich. Die Regulation des Kohlenhydratstoffwechsels unterliegt dem hormonellen Einfluß der Katecholamine, des Insulins und Glukagons in enger Wechselbeziehung zum Fettstoffwechsel. In der Postaggressionsphase steigt unter der veränderten hormonellen Situation die Glukosekonzentration im Plasma an – ohne exogene Zufuhr allerdings selten über 10–15 mmol/l.

Neben dieser Verwertungsstörung erfolgt eine vermehrte Glukosebereitstellung durch Insulinantagonisten (Katecholamine, Glukagon, HGH) mit Glukoneogenese aus Nichtkohlenhydraten (Aminosäuren, Laktat) und Glykogenolyse (Leber- und Muskelglykogen).

Fettstoffwechsel

Unter dem hormonalen Einfluß resultiert in der Postaggressionsphase eine Steigerung der Lipolyse mit Erhöhung der Plasmakonzentration an freien Fettsäuren. Durch die vermehrte Fettverbrennung steigen die Ketonkörper an.

Anabole Phase

Ab 4. bis 5. Tag der Postaggressionsphase setzen die reparativen Vorgänge ein, um die im Postaggressionsstoffwechsel verbrauchten Energie- und Materialreserven wieder aufzufüllen. Die negativen Stickstoff- und Kaliumbilanzen erfahren eine Umkehrung.

Substitutionstherapie

Für die Energiesubstrate Fett und Kohlenhydrate hat der Organismus die Möglichkeit, Reserven zu bilden, wohingegen es ihm nicht möglich ist, im Notfall auf entsprechende Proteinreserven zurückzugreifen, sondern auf den Bestand an Struktur- und Funktionsproteinen angewiesen ist. In diesem Zusammenhang ist es wichtig, daß die Halbwertszeit der Proteine die Reihenfolge des katabolen Abbaus bestimmt; hiervon sind vorrangig die Enzym- und Strukturproteine der Leber und Darmmukosa mit einer Halbwertszeit von 6–14 Std. betroffen. Daraus wird ersichtlich, daß eine längere präoperative Nahrungskarenz infolge diagnostischer Maßnahmen zu einem erheblichen Proteinverlust führen kann, den es gilt auch schon in der präoperativen Phase auszugleichen.

Ist eine enterale Substitution – wobei die Selektions- und Steuerfunktion des Darmes erhalten bleibt – aus zwingenden Gründen nicht möglich, muß eine parenterale Substitutionstherapie erfolgen. Diese erfaßt einerseits den Basisbedarf an Wasser und Elektrolyten, zusätzlich den postoperativen bzw. posttraumatischen korrigierten Basisbedarf, der dann ergänzt werden muß durch die Basisernährung, und in zweiter Stufe durch die bedarfsadaptierte Ernährung (s.a. Tab. 2.6-1).

Tab. 2.6-1. Normalbereich, Mittelwerte und Tagesbedarf an Elektrolyten.

	Normalbereich Serum mmol/l	Mittelwert Serum mmol/l	Tagesbedarf mmol/l
Na^+	135 –152	142	60–100
K^+	3,5– 5,5	4,4	20– 70
Ca^{++} (gesamt)	4,1– 5,8	5,0	20
Phosphat	0,9– 1,5	1,2	20– 30
Cl^-	97 –110	103	35–100

Parenteral

Basisbedarf

Wasser: 30–40 ml/kg KG/Tag
Na^+: 100 mmol/Tag
K^+: 70–80 mmol/Tag

Korrigierter Basisbedarf
Wasser: 40 ml/kg KG/Tag
Na^+: etwa 300 mmol/Tag
K^+: etwa 60 mmol/Tag

Basisernährung
Wasser und Elektrolyte
Aminosäuren: 1 g/kg KG/Tag
Kohlenhydrate: 150 g/Tag

Korrigierte bedarfsadaptierte Ernährung

Wasser und Elektrolyte
Aminosäuren: <1 g/kg KG/Tag
Kohlenhydrate: < 5 g/kg KG/Tag
Fette (bei hohem Energiebedarf außer Postaggressionssyndrom): 2 g/kg KG/Tag
kJ:AS = 105:1.

Unter Umständen kann eine Substitution von Nicht-Glukose-Kohlenhydraten sinnvoll erscheinen. Bei herabgesetzter Insulinwirksamkeit und damit verbundener Verminderung der Glukoseutilisation können sie von der Leber insulinunabhängig in den hepatischen Glukosestoffwechsel eingeschleust werden und können offensichtlich anstelle von Aminosäuren in die Glukoneogenese einmünden.

Obwohl diese Zuckeraustauschstoffe in den hepatischen Glukosestoffwechsel einmünden, tragen sie im Vergleich zu Glukose nur zu einer geringen Erhöhung der Blutglukosekonzentration aufgrund der protrahierten Umsetzung bei.

Bei Einhaltung der Dosierungsrichtlinien, die deutlich unter den maximalen Umsatzkapazitäten liegen, sind Nebenwirkungen wie Laktatazidose, Oxalose, vermehrte Harnsäureproduktion sowie Abnahme der energetischen Phosphate in der Leber kaum zu erwarten (Tab. 2.6-2).

Tab. 2.6-2. Dosierungen in der künstlichen parenteralen Ernährung.

	Maximale Infusionsgeschwindigkeit	Maximale Dosierung
Glukose	0,75 g/kg KG/Std.	7 g/kg KG/Tag
Fruktose*	0,25 g/kg KG/Std.	3 g/kg KG/Tag
Sorbit*	0,25 g/kg KG/Std.	3 g/kg KG/Tag
Xylit	0,125 g/kg KG/Std.	3 g/kg KG/Tag
Fett	0,15 g/kg KG/Std.	2 g/kg KG/Tag
Aminosäuren	0,02–0,03 gN/kg KG/Std.	0,8–2 g/kg KG/Tag

* Anmerkung: Z. Zt. erfolgt Überprüfung durch das BGA, ob diese Substanzen weiterhin in der parenteralen Ernährung verwendet werden dürfen.

Für Kombinationslösungen gilt die maximale Infusionsgeschwindigkeit der Einzelkomponenten. Diese Kombinationslösungen haben sich bewährt, da bei äquikalorischer Zufuhr die Blutglukosekonzentrationen weniger stark ansteigen als bei alleiniger Glukosezufuhr.

Ist mit der Kohlenhydratzufuhr eine ausreichende Kaloriensubstitution nicht zu erreichen, kann die Applikation von Fettemulsionen erwogen werden. Diese Fettemulsionen auf der Basis von Sojabohnenöl sind besser verträglich als die Emulsionen aus Baumwollsaatölen. Sie zeichnen sich durch geringe osmotische Belastung aus und können periphervenös appliziert werden. Ihre Applikation ist in der frühen Postaggressionsphase kontraindiziert, solange es unter ihrer Anwendung noch zu einem Anstieg der Triglyzerid- und/oder Glukosekonzentration im Serum kommt.

Aminosäuren
Die im Postaggressionsstoffwechsel beobachteten Veränderungen betreffen hauptsächlich die verzweigtkettigen Aminosäuren (Valin, Leucin, Isoleucin), die schwefelhaltigen Aminosäuren (Methionin, Cystein), die aromatische Aminosäure (Phenylalanin) und die glukoplastischen Aminosäuren (Alanin und Glutamin). Ob ein erhöhter Anteil von verzweigtkettigen Aminosäuren in der postoperativen bzw. posttraumatischen Phase erhebliche Vorteile bringt, bleibt weiter zu diskutieren, zumal eindeutige positive Effekte für dieses Procedere nicht vorliegen. Wesentlich wichtiger ist die ausreichende Substitution bis zu einer Obergrenze von 2 g/kg KG/Tag sowie die gleichzeitig ausreichende Energiesubstitution von 500–800 kJ/g Stickstoff, um eine optimale Verwertung der Aminosäuren zur Proteinsynthese zu gewährleisten.

Enteral

Für die enterale künstliche Ernährung über eine Magen-/Duodenalsonde oder intraoperativ implantierte Jejunalsonde stehen industriell gefertigte Diäten zur Verfügung, die entsprechend den Bedürfnissen eingesetzt werden können.

Formuladiäten

Formuladiäten sind standardisierte, nährstoffdefinierte Diäten (NDD). Sie können durch Einzelkomponenten (Proteine, Kohlenhydrate, mittelkettige Triglyzeride, Mineralien, Vitamine) den jeweiligen Bedürfnissen angepaßt werden und werden dann auch als bilanziert oder bedarfsadaptiert bezeichnet. Nachteilig ist gelegentlich eine nicht ausgewogene Mischung der Nährstoffe, hohe Osmolalität und Laktosegehalt, niedriger Natrium- und hoher Kalziumanteil.

Zusammensetzung und Charakteristika

Protein:	Milchproteine, Eiklar, Sojaprotein, Cystein.
Kohlenhydrate:	Oligosaccharide, Glukopolysaccharide, Di- und Monosaccharide, Saccharose.
Fett:	MCT, Sonnenblumenöl, Sojaöl, essentielle Fettsäuren.
Nährstoffgehalt/Beutel:	Etwa 1200–1600 kJ.
Protein:KH:Fett:	Etwa 15:20:35.
Osmolarität:	Etwa 250–800 mosmol/l.

Elementardiäten

Elementardiäten sind chemisch definierte Diäten (CDD), bestehend aus elementaren Nahrungsbaustoffen, die ohne Verdauungsleistung resorbiert werden können, und zwar vorwiegend in den oberen Abschnitten des Verdauungskanals. Di- und Oligopeptide scheinen dabei schneller resorbiert zu werden als Aminosäuren und führen zu einer geringeren Steigerung der Osmolalität. Nachteilig ist bei oraler Anwendung häufig der schlechte Geschmack der Aminosäuren, der auch durch Geschmacksstoffe selten kompensiert werden kann.

Zusammensetzung und Charakteristika

Proteinbausteine:	Kristalline Aminosäuren.
Kohlenhydrate:	Oligosaccharide, Glukose, Maltose.
Fett:	MCT, Sonnenblumenöl, Saffloröl, essentielle Fettsäuren, Maiskeimöl.
Nährstoffgehalt/ Beutel:	Etwa 1200–1600 kJ.
Protein : KH : Fett:	Etwa 8 : 85 : 7.
Osmolarität:	Etwa 500–860 mosmol/l.

Peptiddiäten

Peptiddiäten sind neuere Entwicklungen, in denen der Peptidanteil als Peptide vorliegt, im wesentlichen als Di- und kurzkettige Oligopeptide (2–6 AS), die teilweise besser resorbiert werden als freie Aminosäuren und aufgrund der niedrigen Osmolalität zu besserer Verträglichkeit führen. Sie kombinieren demnach Eigenschaften der Elementardiäten mit den nährstoffdefinierten Formuladiäten.

Zusammensetzung und Charakteristika

Protein:	Oligopeptide aus Lactalbumin, AS.
Kohlenhydrate:	Maltodextrin, Oligo- und Polysaccharide aus Maisstärke.
Fett:	Sonnenblumenöl, MCT.
Nährstoffgehalt/ Beutel:	Etwa 1400–1500 kJ.
Protein : KH : Fett:	Etwa 17 : 72 : 11.
Osmolarität:	Etwa 400–450 mosmol/l.

Resorptionsfähigkeit des Darmes

Bei Lage der Sondenspitze im Duodenum oder oberen Jejunum wird die Sondennahrung in die unmittelbar resorbierenden Darmabschnitte appliziert. Je tiefer sie liegt, desto weniger resorbierende Oberfläche steht zur Verfügung. Vorteile können mehrlumige Sonden bieten, um speziell in der frühen postoperativen Phase die negative Rückwirkung einer Magendistension auf die Dünndarmresorption durch gleichzeitige Entlastung zu vermindern.

Über Duodenalsonden können 80 ml/Std., über Jejunalsonden 50 ml/Std. verabreicht werden. Es empfiehlt sich, Nahrungsmenge und Konzentration im Verlauf einiger Tage bis zur vollen Dosierung zu steigern, bis die volle Resorptionsfähigkeit des Darmes wieder erreicht ist.

Nebenwirkungen

Diese gegenüber einer parenteralen künstlichen Ernährung günstigere Form ist allerdings auch mit Nebenwirkungen behaftet, die durch entsprechende Adaptation an Volumen, Konzentration und Applikationsgeschwindigkeit in den meisten Fällen beherrscht werden können.

Komplikationen

Mögliche Komplikationen, die unter einer enteralen Sondenernährung auftreten können, sind:

Aspiration:
Sondenspitze im Magen, Regurgitation entlang der Sondenschiene. Abhilfe schafft eine Korrektur der Sondenlage (jenseits des Pylorus) und Absaugen des gestauten Magens.

Dumping-Syndrom:
Zu hohe Substratkonzentration, zu tief liegende Sonde. Sondenlage korrigieren, Substratkonzentration herabsetzen.

Tube-Feeding-Syndrom (Dehydration):
Zu wenig Wasser im Verhältnis zu den harnpflichtigen Stoffwechselprodukten. Es muß entsprechend den Bilanzierungsgrundsätzen genügend Wasser zugeführt werden.

2.7 Transfusionsmedizin

B. Mack und H. Kirchner

Die Transfusionsmedizin hat sich aus den kleinen Anfängen der bloßen Blutbeschaffungseinrichtung zu einem interdisziplinärem Fachgebiet entwickelt mit einer Schlüsselstellung sowohl in der Diagnostik als auch in der Therapie. Es ist offensichtlich, daß viele Erfolge der modernen Chirurgie und Unfallversorgung, sowie der Organtransplantation und der modernen Hämatologie bzw. Onkologie erst auf der Basis der Transfusionsmedizin möglich wurden.

Verfügbarkeit von Blut

Die begrenzte Verfügbarkeit von Blut stellt einen Blutspendedienst grundsätzlich vor Versorgungsprobleme. Da die einzelnen Blutgruppen in der Spenderpopulation unterschiedlich häufig sind, ein Bluttransfusionsdienst jedoch Blut aller Blutgruppen in ausreichendem Maße bereithalten muß, sind Maßnahmen notwendig, um immer größere Zahlen von Menschen zum Blutspenden zu motivieren, um gegebenenfalls Engpässe zu vermeiden. Bei einem eventuellen Notfallbedarf muß schnell und effizient gehandelt werden. Voraussetzung hierfür ist neben einer bewährten Organisationsstruktur und einer funktionierenden Datenverarbeitung vor allem die Sicherstellung der Einsatzbereitschaft rund um die Uhr. Entstehen Engpässe in der Blutversorgung, ist die Zusammenarbeit mit anderen Blutspendediensten von größter Wichtigkeit. Nur so kann eine optimale Blutversorgung gewährleistet werden.

Durch eine unkomplizierte Abwicklung im Spendeablauf sollte es möglich gemacht werden, den Spender zum regelmäßigen Spenden zu motivieren.

Anläßlich einer Blutspende erfolgt die Beurteilung des Spenders auf seine Spendetauglichkeit. Hierbei wird im Rahmen einer ärztlichen Untersuchung die Anamnese erhoben, wobei die Schwerpunkte der Befragung auf Organ-, Infektions-, Suchtkrankheiten sowie Medikamenteneinnahmen ausgerichtet sind. Durch seine anschließende Unterschrift unter die gemachten Angaben übernimmt der Spender die rechtliche Verantwortung für die Richtigkeit seiner Angaben. Blutgruppenbestimmungen, hämatologische, immunhämatologische, gewebsimmunologische, mikrobiologische, infektionsserologische und klinisch-chemische Laboruntersuchungen werden im Rahmen des Spenderscreenings durchgeführt. Für diese Untersuchungen und für die Bluttransfusion wurden Richtlinien von der Bundesärztekammer und dem Bundesgesundheitsamt erstellt, um die Verantwortungsbereiche abzugrenzen und Gesetze und Verordnungen auf nationaler und europäischer Ebene zu berücksichtigen.

Blutgruppen und Verträglichkeitsteste

1901 entdeckte Landsteiner die Blutgruppen A, B und 0, zwei seiner Schüler beschrieben ein Jahr später die Blutgruppe AB. Diese Blutgruppen sind bereits bei der Geburt vorhanden, die vollständige Ausbildung der Antigene erfolgt jedoch erst in den ersten zwei Lebensjahren. Die Häufigkeit der AB0-Blutgruppen ist bei den verschiedenen Rassen und Bevölkerungsgruppen unterschiedlich. Für die Bundesrepublik Deutschland gelten im Durchschnitt etwa die folgenden Werte: A = 44 %, B = 11 %, 0 = 40 % und AB = 5 %.

Die vier AB0-Blutgruppen werden durch das Fehlen oder das Vorhandensein der Antigene A und B auf den Erythrozyten definiert. Diese Antigene sind allerdings nicht auf die Erythrozyten beschränkt, sondern sind auch Bestandteile der meisten anderen Körperzellen, insbesondere der Leukozyten und Thrombozyten. Der Nachweis der Erythrozyteneigenschaften erfolgt mit antikörperhaltigen Testseren. Diese sind staatlich geprüft und enthalten eine Mindestaktivität und Mindeststärke, die gegen eine bestimmte Erythrozyteneigenschaft gerichtet ist. Bei der Bestimmung einer Blutgruppe zeigt die Agglutination des zu untersuchenden Blutes mit den Testseren an, welche Eigenschaften diese Zellen besitzen.

Zur Bestimmung der AB0-Blutgruppen gehört nicht nur die Ermittlung der antigenen Eigenschaften auf den Erythrozyten, sondern auch der Nachweis der für die verschiedenen AB0-Blutgruppen charakteristischen sog. **regulären Antikörper** im Serum (Serumgegenprobe). Die Alloagglutinine (Anti-A und/oder -B) im Serum eines Menschen richten sich gegen die fehlenden A- und/oder B-Antigene (Landsteiner-Regel). Diese Alloantikörper entwickeln sich erst während der ersten Lebensjahre wahrscheinlich durch eine Immunisierung gegen A- und/oder B-Substanz in der Wand bestimmter Darmbakterien. Daher ist eine Serumgegenprobe bei AB0-Blutgruppenbestimmungen im Säuglingsalter nicht sinnvoll. Bei chronischen Erkrankungen und im fortgeschrittenen Lebensalter verlieren die Alloagglutinine an Intensität, ohne jedoch vollständig zu verschwinden.

Im Gegensatz zu den erwähnten Antikörpern Anti-A und Anti-B werden alle übrigen Blutgruppenantikörper als **irreguläre Antikörper** bezeichnet. Sie entstehen durch Immunisierung gegen Fremdantigene zum Beispiel durch Schwangerschaften oder nach Bluttransfusionen. Dabei können die gebildeten Antikörper, je nach Spezifität, die Überlebenszeit der Erythrozyten verkürzen und zu einer Hämolyse führen.

Bei den irregulären Antikörpern unterscheiden wir zwei Hauptgruppen: die sog. »Kälteantikörper«, die bei 4 °C am besten reagieren und die »Wärmeantikörper«, die ein Temperaturoptimum bei 37 °C haben und meist nur mit speziellen Techniken nachweisbar sind. Vor allem die letzteren gilt es bei dem **Antikörpersuchtest** zu erfassen und gegebenenfalls genauer durch die Antikörperdifferenzierung zu bestimmen.

Durch diesen Test werden irreguläre Antikörper erfaßt, die sowohl inkomplette als auch komplette Antikörper sein können. Komplette Antikörper führen zu einer sichtbaren Agglutination der Erythrozyten in physiologischer Kochsalzlösung während inkomplette Antikörper nur mit speziellen Techniken (z.B. indirekter Coombs-Test) nachweisbar sind. Die für die Antikörpersuche verwendeten Testerythrozyten werden so ausgewählt, daß sie möglichst alle wichtigen Blutgruppenantigene in homozygoter Form enthalten. Durch die Anwendung verschiedener Techniken (NaCl-, Enzym-Ansatz, indirekter Coombs-Test) werden klinisch wichtige Antikörper nicht übersehen, sofern die entsprechenden Antigene in der Testerythrozytenreihe vorhanden sind.

Die Auffindung des menschlichen **Rhesus-Systems** gelang Levine und Stetson (Anti-D) und Landsteiner mit Wiener (D) in den 40er Jahren. Die Entdeckung der weiteren wichtigen Antigene C, c, E, e erfolgte in kurzen Zeitabständen, und bis heute sind 37 weitere Antigene beschrieben worden.

Um die Komplexität des Rhesus-Systems und seiner Vererbung zu verstehen, stellte Fisher ein genetisches Modell auf, in welchem er folgende Regeln postuliert:

- Am Rh-Genort existieren drei eng benachbarte Subloci:
  C/c, E/e, D/d.
- C/c und E/e produzieren die antithetischen Merkmale C, c, E, e, welche durch die entsprechenden Antikörper bestimmt werden können.
- Neben D existiert am D/d-Locus ein offensichtlich stummes Allel d. Ein Vorliegen von d wird angenommen, wenn D nicht nachweisbar ist. D^u ist eine abgeschwächte Sonderform des D.

Durch diese enge genetische Kopplung werden die Eigenschaften jeweils gemeinsam vererbt, wobei ein Kopplungsungleichgewicht vorliegt, d.h. z.B. das d in der Mehrzahl mit c und e vererbt wird.

Rhesusantikörper werden in den meisten Fällen durch Schwangerschaften oder Erythrozytentransfusionen stimuliert. Die wichtigsten Antigene sind C, c, D, d, E, e, C^w und D^u. Diese besitzen eine abnehmende Immunogenität in der Reihenfolge D, c, E, e, C und C^w. C^w ist eine Variante des C.

Die Rhesuseigenschaften werden mit inkompletten Antiseren bei 37 °C bestimmt, da hier das Reaktionsoptimum liegt. Die Inkubationszeit beträgt 20–30 Min. und ist damit im Vergleich zur AB0-Blutgruppenbestimmung wesentlich länger.

Im Gegensatz zur AB0-Inkompatibilität führen Antikörper des Rh-Systems nicht zur sofortigen intravasalen Hämolyse. Bedingt durch eine extravasale Erythrozytenzerstörung wird die hämolytische Transfusionsreaktion bei einer Rhesusinkompatibilität meist erst nach 2–4 Std. klinisch manifest, wobei dann oft schon größere Blutmengen übertragen worden sind. Trotz der gegenwärtig eingeführten Rh-Prophylaxe bei Schwangeren bleibt Anti-D der klinisch häufigste irreguläre Antikörper.

Die **Kreuzprobe** stellt eine wichtige serologische Prüfung vor der Transfusion eines Erythrozytenkonzentrates dar. Ihr Ziel ist eine optimale Erfassung aller Antikörper, welche eine hämolytische Transfusionsreaktion auslösen könnten.

Das Prinzip der Methode besteht darin, einerseits das Empfängerserum auf die Abwesenheit von Antikörpern gegen die vorgesehenen Spendererythrozyten (Major-Probe) und andererseits das Spenderplasma auf das Fehlen von Antikörpern gegen die Empfängererythrozyten (Minor-Probe) zu prüfen.

Infektionsserologie

Von den mit Blut oder Blutderivaten übertragbaren Erregern sind derzeit von Bedeutung: Hepatitis-B-Virus (HBV), Hepatitis-C-Virus (HCV), Human-Immunodefiency-Virus (HIV), Treponema pallidum und Cytomegalie-Virus (CMV).

Jede Blutkonserve muß auf das HB_sAg und auf Antikörper gegen Treponema pallidum untersucht werden. Von der Blutspende auszuschließen sind Personen, die an Lues erkrankt sind oder waren. Für eine Dauer von fünf Jahren sind Personen zurückzustellen, die an einer Hepatitis, auch unklarer Genese, erkrankt waren.

Die Hepatitis-C (früher Non-A-Non-B-Hepatitis) ist die häufigste mit Blut übertragbare Erkrankung. Die Entdekkung des Hepatitis-C-Virus, dem Haupterreger der Posttransfusionshepatitis, ermöglichte es, einen ELISA zu entwickeln, der Anti-HCV-Antikörper gegen ein nichtstrukturelles, rekombinantes Virusantigen (C 100-3) nachweist. Die Antikörperprävalenz bei Blutspendern in der BRD (alt) beträgt derzeit 0,4 % und in Europa 0,2–1,3 %. Mit der Einführung des Anti-HCV-Tests, der vermutlich vom Gesetzgeber vorgeschrieben werden wird, kann eine erhebliche Senkung der Hepatitis-C-Inzidenz nach Bluttransfusionen erzielt werden, die bisher nach der Transfusion von Anti-HCV-positiven Blutprodukten noch 17 % beträgt.

Die heutigen Tests eines jeden Blutspenderpräparates auf Anti-HIV-1 oder -HIV-2 mit einer Sensitivität von weit über 99 % ermöglichen es, einen HIV-1- oder -2-positiven Spender zu ermitteln und von der Spende auszuschließen. Von der Erfassung ausgeschlossen bleibt jedoch die Zeit von der Ansteckung – und damit möglicherweise der Infektiösität – bis zum Auftreten von meßbaren Antikörpern im Serum (diagnostisches Fenster). Im Regelfall beträgt die Zeit zwischen Exposition und Serokonversion acht Wochen. Das gegenwärtige Risiko einer HIV-Infektion durch ein getestetes Blutpräparat liegt in der BRD bei 1:1 Million bei einer Antikörperprävalenz unter den Blutspendern von 1:100000 und ist damit zur Zeit noch extrem selten.

Cytomegalievirusinfektionen kommen, abhängig vom sozialen Status der Bevölkerung, weltweit in unterschiedlicher Häufigkeit vor. Die weltweite Häufigkeit der CMV-Seropositivität in einer zufällig ausgewählten Blutspenderpopulation liegt zwischen 40 und 90 %.

Bei bestimmten Indikationen sollten CMV-negative Blutpräparate transfundiert werden. Um dieses gewährleisten zu können, wird jede Blutkonserve auf CMV-Antikörper untersucht.

Ein neues Verfahren ist der Direktnachweis von CMV-Immediate-Early-Antigen in Blutleukozyten, das frühzeitig eine CMV-Infektion anzeigt. Bisher gestaltete sich dieses sehr schwierig, da zum Beginn einer CMV-Infektion extrem wenig Leukozyten Virusantigen enthalten (z.B. 1 von 100000). Diese neue Methode findet Anwendung bei der Untersuchung immunsupprimierter und organtransplantierter Patienten.

Blutpräparate und ihr Einsatz in der Therapie

Es ist heute allgemein anerkannt, daß eine Therapie mit Vollblut obsolet ist. Das gespendete Blut wird nach der Spende aufgetrennt in die drei Komponenten Erythrozytensediment, Frischplasma und Thrombozyteneinfachkonzentrat. Eine Lagerung erfolgt dann bei dem für jede Konserve zutreffenden Temperaturoptimum, d.h. für das Erythrozytenkonzentrat bei 2–6 °C, für das Frischplasma bei ca. −30 °C und das Thrombozytenkonzentrat bei +18–22 °C.

Erythrozytenkonzentrate und ihre Indikation

Das Erythrozytenkonzentrat ist trotz der Lagerung in speziellen Kunststoffbeuteln mit pyrogenfreien Antikoagulantien und Stabilisatorlösungen nur eine begrenzte Zeit haltbar (4–7 Wochen). Das Herstellungs- und das Verfallsdatum befinden sich auf der Konserve. Nach der Ausgabe an die Station sollte die Kühlkette nicht unterbrochen werden, d.h. wird das Erythrozytenkonzentrat nicht sofort transfundiert, muß es bei 4–6 °C gelagert werden.

Die einzige Indikation für die Gabe von Erythrozytenkonzentraten ist die Anhebung der Sauerstofftransportkapazität auf einen klinisch akzeptablen Wert. Maßgebend hierbei ist ausschließlich der klinische Zustand des Patienten. Sicherlich ist der Bedarf an Erythrozytenkonzentraten bei einer chronischen Anämie anders einzuschätzen als bei einer akut auftretenden Anämie. Es gibt Empfehlungen dahingehend, daß bei einem bettlägerigen Patienten Hämoglobinkonzentrationen von 6 g/100 ml und bei ambulanten Patienten 8 g/100 ml die Indikation für eine Transfusion von Erythrozyten darstellen.

Gefrorenes Human-Frischplasma (GFP) und seine Indikation

Das Frischplasma wird durch die Auftrennung der Vollblutkonserve in das Erythrozytenkonzentrat, Thrombozytenkonzentrat und Frischplasma gewonnen. Sein Volumen beträgt ca. 200–300 ml, und es sollte innerhalb von 6 Std. nach der Blutentnahme eingefroren werden. Die Lagerungsdauer darf ein Jahr nicht überschreiten. Nach dem Auftauen bei 37 °C muß das GFP innerhalb von 30 Min. transfundiert werden. Auf AB0-Blutgruppenkompatibilität ist zu achten.

Trotz der begrenzten Vorräte und der transfusionsbedingten Risiken hat in den letzten zehn Jahren der Verbrauch von frischgefrorenem Plasma erheblich zugenommen. Eine Erklärung für diese Zunahme wird durch den Ersatz von Vollblut durch die Kombination von Erythrozytenkonzentrat und GFP gesehen.

Als gesicherte Indikationen für Frischplasmen sind heute folgende Krankheitsbilder zu sehen:

- Faktor-V- und Faktor-XI-Mangel.
  Da diese beiden Gerinnungsfaktoren nicht als Gerinnungskonzentrate erhältlich sind, ist das GFP zur Substitutionsbehandlung bei blutenden Patienten mit diesem Mangel die einzige Therapiemöglichkeit.
- Massivblutungen mit Koagulopathie.
  Nach Ausschluß oder Behandlung einer Thrombozytopenie oder -pathie ist bei einer generalisierten Blutung und nachgewiesener Koagulopathie der Einsatz von GFP gerechtfertigt.
- Leberparenchymerkrankungen.
  Besteht bei einem Patienten eine Leberparenchymerkrankung sind bei einer nicht zu stillenden Blutung mit gleichzeitiger Koagulopathie GFP indiziert.
- Disseminierte intravasale Gerinnung (DIC).
  Zusätzlich zur AT-III-Gabe können die anderen erniedrigten Gerinnungsfaktoren durch GFP substituiert werden.
- Thrombotisch-thrombozytopenische Purpura.
  Als Ergänzung zu anderen Therapiemaßnahmen, wie z.B. mit hochdosierten Immunglobulinen, können GFP gegeben werden.

Zu den üblichen, aber nicht gesicherten Indikationen gehören:

- Ausgleich eines Volumenmangels.
- Bei Massivtransfusionen.
  (Hier sollte die Gabe von GFP ca. ab dem vierten Erythrozytenkonzentrat erfolgen.)
- Verdünnungskoagulopathien.
  Plasmaaustausch, extrakorporaler Kreislauf und Austauschtransfusionen bei Neugeborenen werden als Ursache für eine Verdünnungskoagulopathie angesehen.

Nochmals sei darauf hingewiesen, daß keine weiteren Indikationen angezeigt sind in denen der Patient in unnötiger Weise mit der Gabe von Plasmen belastet wird. Für viele Patienten gibt es andere Therapiemöglichkeiten mit weitaus geringeren Nebenwirkungen, wie z.B. Plasmaersatzlösungen oder Faktorenkonzentrate bei Hämostasestörungen.

Thrombozytenkonzentrate und ihre Indikation

Alle thrombozytär bedingten Blutungsleiden, deren Ursache eine Bildungsstörung, Immunthrombozytopenie (z.B. Morbus Werlhof), akuter Blutverlust oder erhöhter Verbrauch sein können, sind Indikationen für eine Thrombozytentransfusion.

In den meisten Fällen erfolgt eine Substitution mit gepoolten Einfachthrombozytenkonzentraten, d.h. aus fünf bis sechs Vollblutkonserven werden durch entsprechende Aufbereitung die Thrombozyten gewonnen und in einer Einheit dem Patienten transfundiert. Die andere Möglichkeit besteht in der Transfusion eines Thrombozytenhochkonzentrates, welches mittels Thrombozytapherese am Zellseparator gewonnen wird. Das Verfahren ist sehr aufwendig und kostenintensiv, daher sollte es bestimmten Indikationen streng vorbehalten bleiben.

Sonderkonserven

Das **gewaschene Erythrozytenkonzentrat** wird dadurch, daß physiologische Kochsalzlösung zu einem Erythrozytenkonzentrat zugegeben wird und anschließend eine Abtrennung des Überstandes nach erneuter Zentrifugation erfolgt, gewonnen. Dieser Vorgang wird zweimal und öfter wiederholt. Da während der mehrfachen Waschvorgänge in der Regel keine absolut sterilen Bedingungen gegeben sind, ist diese Konserve nur für maximal 8 Std. lagerungsfähig.

Gewaschene Erythrozytenkonzentrate sind bei Plasmaunverträglichkeit, bei selektivem IgA-Mangel und bei hochgradiger Hyperkaliämie indiziert.

Leukozytenarme Erythrozytenkonzentrate werden über einen speziellen Filter transfundiert, welcher die Leukozyten zurückhält. Die Konserve sollte frisch sein, da die Leukozyten- und Thrombozytenzerfallsprodukte durch die Filterfasern nicht zurückgehalten werden. Bei Anforderungen von leukozytenarmen Erythrozytenkonserven werden in der Regel die Filter auf die Stationen mitgegeben und direkt am Patientenbett an die Konserve angeschlossen.

Leukozytenarme Erythrozytenkonzentrate sind bei den Patienten indiziert, die einer chronischen Erythrozytensubstitution bedürfen, bei hämatologisch-onkologischen Patienten, bei Niereninsuffizienz, bei wiederholten Transfusionszwischenfällen und bei Knochenmarktransplantationen.

Bei bestimmten Patientengruppen, z.B. seronegative Schwangere, hochgradig immunsupprimierte Patienten, Knochenmark- und Organtransplantatempfängern, sollten **CMV-negative Blutpräparate** transfundiert werden.

Das Risiko einer CMV-Übertragung durch seropositives Blut kann weiterhin durch die Anwendung von Leukozytenfiltern drastisch reduziert werden, da das Cytomegalievirus in diesen Zellen persistiert und somit aus den Konserven herausgefiltert wird.

Die sehr zeit- und kostenintensive Herstellung von **Human-Leukozyte-Antigen-(HLA-)typisierten Thrombozytenhochkonzentraten** sollte speziellen Problempatienten vorbehalten bleiben. Die Transfusion ist dann angezeigt, wenn HLA- und/oder Thrombozytenantikörper vorliegen.

Die **Bestrahlung von Blutpräparaten** erfolgt zur Vermeidung einer Graft-versus-Host-Reaktion (GVHD), welche eine Folge der Ansiedlung immunkompetenter Lymphozyten des Spenders im immunsupprimierten Empfänger ist. Durch die Bestrahlung aller Blutkomponenten, die Lymphozyten enthalten, kann eine GVHD verhindert werden. Es wird eine Dosis von 30–50 Gy empfohlen, da hierdurch die Teilungsfähigkeit der Lymphozyten einer Blutkonserve eingeschränkt wird, während die Erythrozyten, Thrombozyten und Granulozyten in ihrer Funktion nicht beeinträchtigt werden.

Risiken der Bluttransfusion

Bevor im nachfolgenden Text auf die Transfusionsreaktionen und -zwischenfälle eingegangen wird, erscheint es zweckmäßig, den verantwortlichen Arzt daran zu erinnern, daß die Indikation einer Transfusion in einem vertretbaren Verhältnis zu dem zu erwartenden Nutzen stehen muß. Ferner sollte sich jeder Arzt darüber im klaren sein, daß seine Anforderung von Blutpräparaten der Verordnung eines rezeptpflichtigen Arzneimittels entspricht.

Die Transfusion von Blutkonserven birgt ähnliche Gefahren in sich wie die Organtransplantation und trotz sorgfältiger Blutgruppenbestimmungen und Verträglichkeitsprüfungen können durch Bluttransfusionen lebensbedrohliche Komplikationen auftreten.

Die Bluttransfusion ist eine ärztliche Aufgabe und von größter Bedeutung ist die Durchführung des Bedside-Tests, weil hier die letzte Möglichkeit besteht, den Patienten von Schäden aufgrund einer Verwechslung zu bewahren.

Der Bedside-Test ist eine Identitätskontrolle der AB0-Blutgruppeneigenschaften von Spender- und Empfängererythrozyten unmittelbar vor der Bluttransfusion (»am Bett«) mit hochaktiven Anti-A- und Anti-B-Testseren. Er stellt keinen Ersatz für die Kreuzprobe dar.

Leider sind Verwechslungen auch heute noch die häufigste Ursache für tödliche Transfusionszwischenfälle, obwohl mehrfache Kontrollen im Labor, bei der Ausgabe und am Patientenbett dieses verhindern sollte. Vor der Transfusion hat sich der transfundierende Arzt daher am Patienten persönlich davon zu überzeugen, daß die Blutgruppe der Konserve mit der Blutgruppe des Patienten verträglich ist und die Konservennummern und Personalien auf dem Befundbericht übereinstimmen. Weiterhin sollte zu Beginn der Transfusion eine kleine Menge zügig transfundiert und nach anschließender Geschwindigkeitsregulierung der Patient noch für etwa 10 Min. sorgfältig überwacht werden. Ein möglicher Schaden durch eine Transfusionsreaktion könnte somit sofort erkannt und auf ein Minimum reduziert werden. Jede Transfusion, die nicht auf einer vitalen Indikation beruht, muß bei auffälligen Symptomen seitens des Empfängers unverzüglich abgebrochen werden.

Transfusionsreaktionen

Transfusionsreaktionen im Zusammenhang mit der Gabe von Blutderivaten sind z.B. Reaktionen durch Antikörper im HLA-System oder allergische Reaktionen gegen Proteinbestandteile des Plasmas. Sie können auftreten, wenn plasma-, leuko- oder thrombozytenhaltige Konserven transfundiert wurden. Klinisch besteht dann eine febrile nichthämolytische Transfusionsreaktion mit Fieber, Schüttelfrost, Juckreiz und selten mit Blutdruckabfall und Atemnot hervorgerufen durch einen Bronchospasmus.

Transfusionszwischenfall

Der Transfusionszwischenfall läßt sich in zwei Kategorien einteilen, wobei die Auswirkungen sich darin unterscheiden, daß es bei dem einen Zwischenfall zur akuten Hämolyse kommt, während im anderen Fall eine nichthämolytische Transfusionsreaktion eintritt.

Bei dem hämolytischen Transfusionszwischenfall bewirkt die an der Erythrozytenoberfläche ablaufende Antigen-Antikörper-Reaktion die Freisetzung von Histaminen und histaminähnlichen Substanzen, die heute als eigentliche Ursache der Symptome angesehen werden. Diese Art von Zwischenfällen sind bei sachgerechter Durchführung der Kreuzprobe immer vermeidbar und basieren auf Verwechslungen im Labor oder auf der Station.

Bei den nichthämolytischen Reaktionen kommt es selten zu schweren Zwischenfällen, ihre Genese ist jedoch vielfältiger. Als Ursache werden z.B. Alloantikörper gegen transfundierte Leukozyten und Thrombozyten angenommen. Weiterhin sei die Gefahr einer bakteriell verunreinigten Konserve genannt, die jedoch seit Einführung der Plastikbehälter, die bereits mit pyrogenfreien Antikoagulantien und Konservierungslösungen geliefert werden, extrem selten geworden ist (ca. 1:1 Million).

Die Behandlung von Transfusionszwischenfällen richtet sich nach dem jeweiligen klinischem Bild, allen gemeinsam ist jedoch, daß die Transfusion bei ersten Unverträglichkeitserscheinungen abgebrochen wird. Der bestehende venöse Zugang muß erhalten bleiben. Der hämolytische Zwischenfall ist initial schwer von den oben genannten Transfusionsreaktionen zu unterscheiden. Seine Ursache sind die antierythrozytären Antikörper (z.B. AB0-Unverträglichkeit). Allgemeinsymptome mit Mikrozirkulationsstörungen in allen Organen können zur Schocksymptomatik mit Blutdruckabfall, Tachykardie, blasse, kalte Akren, evtl. Übelkeit und Erbrechen, Schmerzen in der Lendengegend, hinter dem Sternum, Verbrauchskoagulopathie und akutem Nierenversagen führen.

Bei dem Abbruch einer Transfusion wegen einer klinischen Symptomatik darf die Transfusion auch mit neuen Blutkonserven nicht ohne Abklärung des Zwischenfalls fortgeführt werden. Klärt der Arzt nicht die Ursache ab, begeht er einen Kunstfehler. Auch bei Notfallindikationen muß mindestens die AB0-Verträglichkeit und das Fehlen intravasaler Hämolyseparameter überprüft werden. Besondere Vorsicht und eine intensive Überwachung während der Transfusion bedürfen narkotisierte und bewußtlose Patienten. Hier können Hämoglobin oder Bilirubin im Urin als erste Anzeichen einer Transfusionsreaktion auffallen.

Allgemein werden zum Umgang mit Konserven und zur Transfusion folgende Empfehlungen gegeben:
- Prüfung der Daten von Empfänger und Konserven mit den Angaben auf dem Kreuzprobenschein.
- AB0-Identitätstest (Bedside-Test) ausführen.
- Ausschluß von Injektionen oder Infusionen zusammen mit der Transfusion (außer physiologischer Kochsalzlösung).
- Sachgemäßes Transfusionsbesteck benutzen.
- Sachgerechte Lagerung der Konserven bis zur Transfusion, keine Unterbrechung der Kühlkette.
- Nach der Transfusion Konserve mit Restblut 24 Std. im Kühlschrank aufheben.

Besteht der Verdacht auf eine Transfusionsreaktion, empfiehlt sich folgende Vorgehensweise:
- Sofortige Abnahme von posttransfusionellem Blut:
  a) 10 ml Nativblut und 5 ml EDTA-Blut für die blutgruppenserologische Abklärung und Haptoglobinbestimmung.
  b) EDTA-Blut (Blutbild einschließlich Thrombozyten) und Citratblut für die Gerinnungsuntersuchung.
  c) Nativblut für die Bestimmung von LDH, Bilirubin, freiem Hämoglobin im Serum, evtl. Elektrolyte.

Sind immunologisch vermittelte Reaktionen Ursache des Transfusionszwischenfalls gewesen, so erfordert dieses für zukünftige Transfusionen in den meisten Fällen speziell hergestellte Blutpräparate. Bei den Anforderungen sollte dieses bedacht werden, da ihre Herstellung zeitaufwendig sein kann.

Eigenblutspende

Grundsätzlich gibt es heute drei Formen der Rücktransfusion von Eigenblut:

Intraoperative Rückgabe von Blut

Bei diesem Verfahren wird intraoperativ mittels eines Cell-savers das Blut aus dem Operationsgebiet abgesaugt, antikoaguliert und filtriert. Die Erythrozyten werden durch Zentrifugation separiert, in physiologischer Kochsalzlösung aufgeschwemmt und retransfundiert. Das Plasma wird bei diesem Verfahren verworfen.

Hämodilution

Unmittelbar vor der Operation wird dem Patienten Blut entnommen, um die rheologischen Eigenschaften des Blutes und damit die nutritive Gewebeperfusion während der Narkose zu verbessern. Durch dieses Vorgehen wird das Risiko postoperativer thrombembolischer Komplikationen reduziert. Der Blutverlust wird durch Blutersatzmittel ausgeglichen. Kommt es zu einem hohen Blutverlust während der Operation wird das Blut dem Patienten retransfundiert, wodurch auch die Gabe von Fremdblutkonserven eingespart wird.

Rücktransfusion von präoperativ entnommenem und konserviertem Blut

Während die Techniken der intraoperativen Rücktransfusion und der Hämodilution in das Aufgabengebiet der Anästhesisten und Chirurgen fallen, ist die präoperative Entnahme und Bereitstellung von Eigenblut eine Aufgabe des Transfusionsmediziners.

Um Eigenblut von einem Spender gewinnen zu können, müssen einige Kriterien erfüllt werden. Durchführbar ist eine Eigenblutspende vor einem Elektiveingriff mit sicher feststehendem Operationstermin. Für den Eingriff sollten in der Regel nicht mehr als zwei bis fünf Konserven benötigt werden, der Hämoglobinausgangswert vor jeder Spende sollte nicht unter 110 g/l liegen.

Als Kontraindikationen gelten Erkrankungen des Herz-Kreislauf-Systems, Hämostasesystems, Tumoren, septische Prozesse sowie akute Infektionen. Im Einzelfall kann der für die Eigenblutentnahme verantwortliche Arzt natürlich von den genannten Voraussetzungen abweichen und auf ausdrücklichen Wunsch des Patienten eine Eigenblutspende durchführen.

Ist ein intra- oder postoperativer Blutbedarf unwahrscheinlich, sollte auf eine Eigenblutentnahme verzichtet werden, da es angesichts des besonderen Aufwandes nicht vertretbar erscheint, Eigenblut ohne klare Indikationen zu entnehmen. Dabei ist auch die oft geäußerte Angst der Patienten vor einer Übertragung von HIV durch Transfusionen bei dem gegenwärtigen Risiko von 1:1 Million bei einer Antikörperprävalenz unter den Blutspendern von 1:100 000 nicht gerechtfertigt.

Perspektiven

»Type and screen«

Gegenwärtig werden für operative Eingriffe routinemäßig von den Anästhesisten und Chirurgen eine bestimmte Anzahl von Konserven in der Blutbank bestellt. Vor der Konservenausgabe erfolgt eine Verträglichkeitsprüfung (Kreuzprobe) der gewünschten Konserven mit dem Empfängerserum. Die Problematik dabei ist, daß von einer weitaus größeren Anzahl von Konserven Kreuzproben durchgeführt werden, als letztlich zur Transfusion gelangen. Dadurch entstehen erhebliche Kosten und Arbeit.

Eine erfolgversprechende Maßnahme zur Reduktion dieser unnötig durchgeführten Kreuzproben ist das sogenannte »type and screen«-Verfahren, das insbesondere in Schweden und Amerika mit großem Erfolg praktiziert wird. Die Besonderheit dieses Vorgehens besteht darin, die Bestimmung der Blutgruppe und die Suche nach irregulären Antikörpern bereits bei der Klinikaufnahme jedes Patienten durchzuführen und bei Auffälligkeiten ein differenzierteres Vorgehen einzuleiten. Somit würden zum frühestmöglichen Zeitpunkt alle in transfusionsmedizinischer Hinsicht problematischen Patienten erkannt, insbesondere solche, die Antikörper gegen Blutgruppenantigene besitzen (etwa 1% aller Patienten).

Nach den Erfahrungen, die in den USA gemacht wurden, sind dann bei über 99,9% aller anderen Patienten keine Probleme zu erwarten. Unter diesen Umständen müßte dann bei mittleren und kleineren Eingriffen kein Blut mehr vorgekreuzt werden. Im Bedarfsfall genügt dann die Eilanforderung zur rechtzeitigen Versorgung des Patienten. Die Verträglichkeitsprobe wird angesetzt und das Blut kann bereits vor dem Ende der Kreuzprobe an den anfordernden Arzt ausgegeben werden. Dieses Vorgehen kann nicht bei den Operationen praktiziert werden, bei denen mit schweren Blutungen zu rechnen ist.

Diese neue Form der Kreuzprobenanforderung erfordert eine koordinierte Zusammenarbeit zwischen Chirurgen, Anästhesisten und Transfusionsmedizinern und führt zu einer immensen Kostenersparnis.

Thrombozytenkonzentrate aus dem Buffy-coat

Um den hohen materiellen und personellen Aufwand bei der Herstellung eines Thrombozytenhochkonzentrates am Zellseparator zu vermindern, wurde von der Arbeitsgruppe um Högmann in Uppsala, Schweden, eine Methode entwickelt, die es ermöglicht, bei geringeren Kosten die Herstellung von Thrombozytenkonzentraten aus dem sog. Buffycoat zu ermöglichen. Buffy-coat fällt bei der Herstellung von Erythrozytenkonzentraten an und wird normalerweise verworfen. Zur Herstellung von einem Thrombozytenkonzentrat müssen vier Buffy-coats zusammengeführt werden, die dann anschließend in einer additiven Lösung aufgeschwemmt werden und somit fünf Tage haltbar sind. Ein weiterer Vorteil dieser Methode ist, daß sie zellschonend ist, wodurch der Anteil der funktionstüchtigen Thrombozyten erhöht wird.

Synthetisches Blut

Bei der Suche nach einer sauerstofftransportierenden Blutersatzlösung bieten die polymerisierten Hämoglobine bisher die erfolgversprechendste Perspektive. Bisher gelangen diese Verbindungen jedoch nur tierexperimentell zur Anwendung, da noch eine Reihe offener Fragen bezüglich Antigenität, Beeinträchtigung der Nierenfunktion oder der Hämostase geklärt werden müssen.

3

Chirurgische Infektionen

J. Durst

Unspezifische Infektionen

Unter dem Sammelbegriff »Chirurgische Infektionen« werden eine Reihe von lokal entzündlichen Krankheitsbildern zusammengefaßt, bei denen in erster Linie die operative Behandlung und weniger die antibakterielle Chemotherapie im Vordergrund steht. Leitsymptome sind Rubur, Tumor, Calor, Dolor und Functio laesa.

Die Keimbesiedlung kann durch Kontamination, aber auch endogen, d.h. septisch metastatisch, erfolgen. Das klinische Bild entwickelt sich in Abhängigkeit von der Pathogenität oder Virulenz der Erreger, der Inkubationszeit, der Abwehrlage des Kranken und nicht zuletzt von der Beschaffenheit des Gewebes. Die Grundzüge der operativen Therapie bestehen daher vordringlich in der Entlastung der Eiteransammlung nach dem Grundsatz »ubi pus, ibi evacua« in Narkose und niemals in Lokalanästhesie, allenfalls in einer weit entfernt gespritzten Leitungsanästhesie, durch eine großzügige In- oder Exzision mit Drainage und Ruhigstellung, sofern das von der Lokalisation her möglich ist. Absolut kontraindiziert ist die Anlage einer Blutleere. Kosmetische Gesichtspunkte haben zunächst einen sekundären Stellenwert. Gelegentlich gewünschte Narbenkorrekturen können im entzündungsfreien Intervall nach etwa 2 Monaten vorgenommen werden. Eine perorale oder parenterale Behandlung mit Antibiotika ist nur ausnahmsweise erforderlich, die lokale Anwendung in Form von Pudern oder Salben dagegen schädlich. Kühlende Verbände sind sehr geeignet, die »peritumoröse Entzündung« einzudämmen und lindern das schmerzhafte Spannungsgefühl.

In den meisten Fällen hat man es mit **pyogenen Infektionen** zu tun, die vor allem durch die sog. »banalen Eitererreger« hervorgerufen werden. Schon aus der Beschaffenheit des Sekretes kann der Erfahrene Rückschlüsse auf die dominierende Erregerart ziehen, ohne daß deshalb auf einen Abstrich mit Testung der Empfindlichkeit verzichtet werden darf. Rahmig-gelblicher und geruchloser Eiter spricht für eine Staphylokokkeninfektion; gelb-grauer, dünnflüssiger Eiter für Streptokokken; blau-grüner, süßlich riechender Eiter für Pseudomonas und bräunlicher Eiter mit fäkulentem Geruch für eine Kolimischinfektion mit Fäulniserregern.

Die **putride** oder **jauchige Infektion** führt in Abhängigkeit vom Organbefall und der Ursache zu einem unterschiedlich klinischen Bild. Führend ist die gangränöse Entzündung, die im Weichteilmantel die Gasphlegmone hervorrufen kann. Die notfallmäßige Entlastung und antimikrobielle Therapie mit gegen Aerobier und Anaerobier wirksamen Antibiotika muß sofort erfolgen. Genauso wie beim echten Gasbrand dient der später eintreffende bakteriologische Befund nur der Sicherung der Diagnose.

Die Behandlung von chirurgischen Infektionen der Körperhöhlen und Organe sowie des Stütz- und Bewegungssystems werden dort besprochen.

Furunkel

Die Follikulitis wird solange konservativ mit einem kühlenden Verband behandelt, bis der Eiterpfropf sich vorwölbt und exstirpiert werden kann. Gesichtsfurunkel werden konservativ durch Sprech- und Kauverbot und antibiotisch, evtl. auch durch Röntgenbestrahlung therapiert.

Karbunkel

Prädisponierend ist der Diabetes mellitus, Prädilektionsstelle das Genick oder Gesäß. Es handelt sich stets um eine konfluierende Entzündung einer Follikulitis. Die Eröffnung erfolgt entweder durch einen kreuzförmigen Schnitt oder zirkuläre Exzision bis auf die Faszie mit dem elektrischen Messer (s. Abb. 3-1).

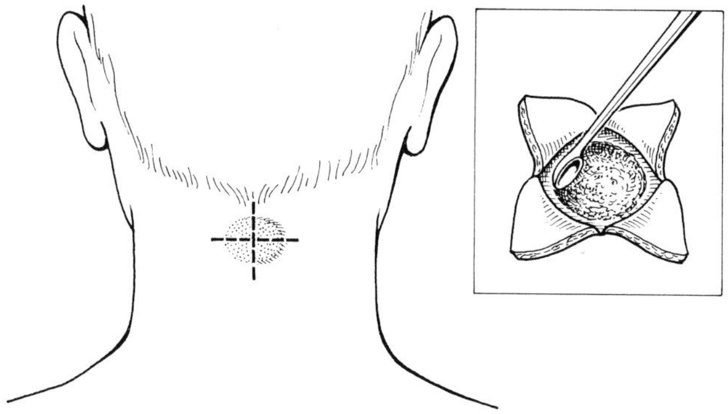

Abb. 3-1. Schnittführung zur Eröffnung eines Nackenkarbunkels.

Abszeß

Die durch eine Membran kapselartig eingeschlossene Eiteransammlung wird durch eine Inzision so weit eröffnet, daß eine ungehinderte Entleerung erfolgen kann (s. Abb. 3-2–5).

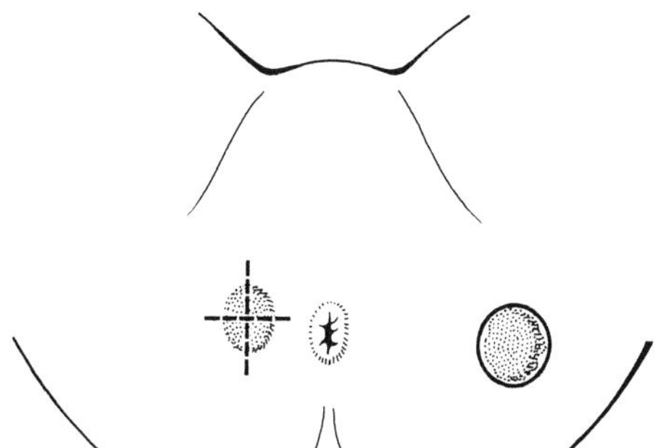

Abb. 3-2. Perianale Abszesse können durch eine kreuzförmige Inzision oder durch eine zirkuläre Exzision der Haut eröffnet werden, wobei die zurückbleibende Höhle durch eine Tamponade offengehalten werden muß, die schrittweise entfernt wird, um einen vorzeitigen Wundschluß mit Sekretstau in der Tiefe zu verhindern.

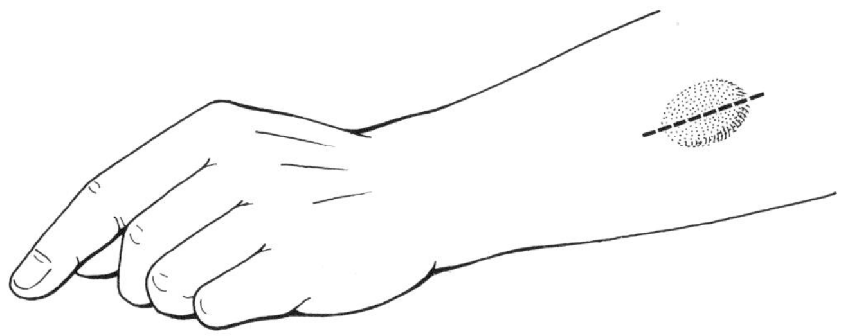

Abb. 3-3. Spaltung eines Abszesses am Unterarm durch langstreckige, gerade Inzision.

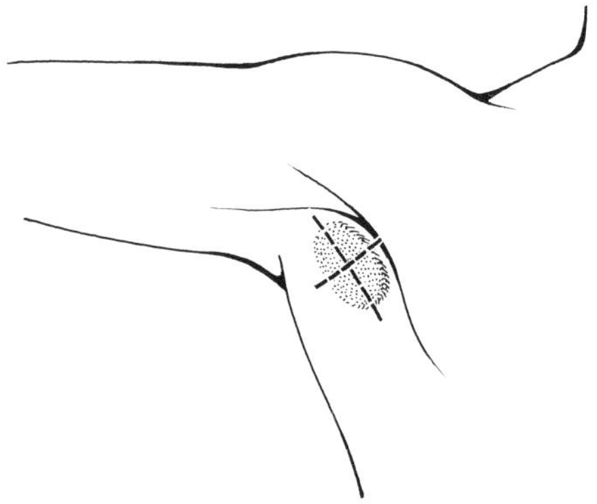

Abb. 3-4. Eröffnung eines Schweißdrüsenabszesses durch einen kreuzförmigen Schnitt.

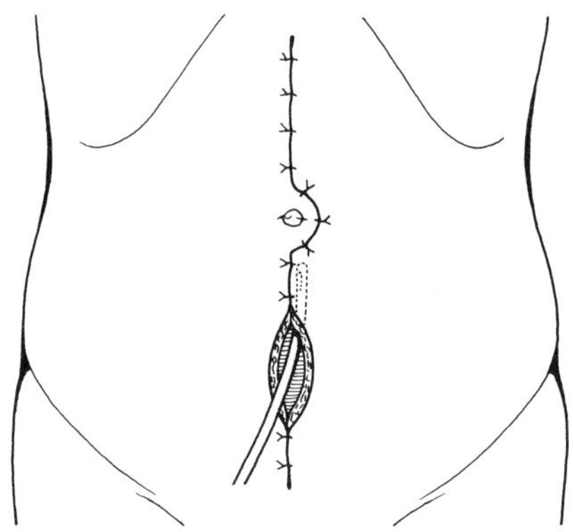

Abb. 3-5. Breite Eröffnung eines Bauchdeckenabszesses mit Einlage einer Drainage.

Nur bei sehr Adipösen oder weit in die Tiefe reichenden Abszessen ist deshalb die Einlage einer Drainage erforderlich. In besonderen Fällen muß der vorzeitige Verschluß der Wundränder durch eine schrittweise zu ziehende Jodoformgaze-Tamponade verhindert werden. Handelt es sich um ein verzweigtes Fistelsystem, ist die Spaltung der mit einer Tuschelösung markierten Gänge Voraussetzung für eine ungestörte Ausheilung. Der meist durch Staphylokokken hervorgerufene und oft rezidivierende **Schweißdrüsenabszeß** wird nur im fortgeschrittenen Stadium breit eröffnet. Sofern noch möglich, ist ein Behandlungsversuch durch konventionelle Bestrahlung immer gerechtfertigt, mit der u.a. eine Verödung der Schweißdrüsen angestrebt wird. Eine Antibiotikatherapie (z.B. Flucloxacillin, 3 × 1 g/Tag per os, oder bei einer Penicillinallergie Fusidinsäure, 3 × 500 mg/Tag per os) ist oft nicht zu umgehen.

Phlegmone

Eine operative Behandlung ist nur bei einer eitrigen Einschmelzung erforderlich. Ausnahme davon ist das Panaritium (s. dort). Ganz im Vordergrund steht die Immobilisation des Kranken, und bei entsprechender Lokalisation die Ruhigstellung durch Schienenverbände in Verbindung mit einer systemischen Antibiotikagabe (z.B. Penicillin G, 3 × 5 Mega IE/Tag i.v., oder Cefazolin, 3 × 2 g/Tag i.v.). In verschleppten Fällen, und wenn der Rückgang der Entzündung nicht innerhalb von 24 Std. nach Therapiebeginn eintritt, muß durch Punktion des Ödems Flüssigkeit für die bakteriologische Untersuchung und Resistenzbestimmung gewonnen werden.

Lymphangitis, Lymphadenitis, eitrige Phlebitis und Arteriitis

Begleitend zu einer lokal eitrigen Entzündung findet man oft eine Lymphangitis. In diesen Fällen ist ergänzend zu der chirurgischen Sanierung eine antimikrobielle Behandlung z.B. mit Penicillin V, 3 × 1,2 Mega IE/Tag per os, oder Erythromycin, 4 × 500 mg/Tag per os, oder Clindamycin, 3 × 300 mg/Tag per os, erforderlich. Nur sehr selten kommt es zu einer eitrigen Einschmelzung von Lymphknoten bei sonst gesunden Patienten, so daß an das Vorliegen einer Stoffwechsel- oder Tumorerkrankung ebenso wie an eine HIV-Infektion gedacht werden muß.

Eitrige Entzündungen der Gefäße sind noch seltener zu beobachten und dann in erster Linie an oberflächlichen Venen als Folge einer Punktion oder Implantation von Kathetern. Ausnahmsweise können auch Bakterienzellemboli die Ursache sein. Die gefährlichste Komplikation ist die Entwicklung von metastatischen Abszessen in parenchymatösen Organen und die aszendierende Thrombose, so daß eventuell implantierte Venenkatheter sofort entfernt und zur bakteriologischen Untersuchung eingeschickt werden müssen. Bis das Antibiogramm vorliegt, ist die blinde Antibiotikatherapie z.B. mit Flucloxacillin, 4 × 2 g/Tag, + Fusidinsäure, 4 × 0,5 g/Tag, sofort einzuleiten und je nach lokalem Befund die abszedierende Entzündung zu entlasten.

Erysipel (Wundrose)

Die flammende Rötung mit scharfer Abgrenzung zum gesunden Gewebe ist so charakteristisch, daß die Diagnose leicht zu stellen ist. Rezidive sind häufig. Unbehandelt entsteht das Erysipelas bullosum oder gangraenescens, gelegentlich das E. migrans. Im zuletzt genannten Fall ist wie bei der rezidivierenden Form eine Langzeitprophylaxe mit Bencathin-Penicillin, 1,2 Mega i.m./Monat, indiziert. Sonst besteht die Therapie der Wahl in der Penicillingabe per os, 3 × 1,2 Mega IE/Tag, oder i.v., 3 × 5 Mega IE/Tag, bei schweren Erkrankungen.

Erysipeloid (Schweinerotlauf)

Charakterisiert durch eine weinrote bis bläulich-rote Verfärbung im Bereich der Verletzungsstelle mit schmerzhafter Schwellneigung der benachbarten Gelenke, besteht die Behandlung in einer Ruhigstellung und Antibiotikatherapie wie beim Erysipel. Rotlaufserum muß nur bei der septischen Verlaufsform gegeben werden.

Spezifische Infektionen

Milzbrand

Die Infektion ist in Deutschland extrem selten geworden. Den Hautmilzbrand erkennt man an einer schnell größer werdenden, juckenden, zuerst rötlichen, später blauschwarzen Pustel, die unter keinen Umständen mechanisch alteriert oder gar indiziert werden darf. Die Behandlung besteht in der Ruhigstellung und Applikation von Penicillin G, 3–5 × 10 Mega IE/Tag i.v. Bei einem Befall von Lunge oder Darm soll die Letalität zwischen 50 und 80 % liegen.

Tuberkulose

Bei der Manifestation der Erkrankung in den Halslymphknoten, in einem Schleimbeutel oder den Sehnenscheiden fehlen alle sonst typischen Zeichen für eine akute Entzündung oder Abszedierung (sog. kalter Abszeß). Die Entfernung soll en bloc vorgenommen werden, wobei die Verlegung des Patienten in eine Klinik mit entsprechender Erfahrung dringend anzuraten ist.

Aktinomykose

Die extraintestinale oder extrapulmonale Hauptmanifestation betrifft wie bei der Tuberkulose den zervikalen Bereich. Die Actinomycesdrusen sind im Eiter nachweisbar. In der Regel handelt es sich um eine fistelnde Entzündung mit brettharten, knotigen Infiltraten. Die chirurgische Therapie besteht in der Abszeßeröffnung und/oder Fistelresektion in Kombination mit einer Penicillin-Langzeittherapie, zunächst i.v. dann per os.

Anaerobe Infektionen

Gasbrand

Voraussetzung für die Entstehung der dramatisch verlaufenden Infektion durch die ubiquitär vorkommenden Clostridien sind absolut anaerobe Wundverhältnisse. Die Abgrenzung von putriden Infektionen ist gelegentlich sehr schwierig. Der echte Gasbrand ist durch einen plötzlichen Beginn mit schwersten Allgemeinsymptomen (heftige Schmerzen, Schock, akutes Nierenversagen, hämolytischer Ikterus, Fieber) charakterisiert. Aus der Wunde entleert sich süßlich-faulig riechendes, hämorrhagisches Sekret, wobei sich ein knisterndes Ödem schnell und flächenhaft ausbreitet, das röntgenologisch an einer Fiederung der Muskulatur zu erkennen ist. Unbehandelt sterben die Patienten innerhalb weniger Tage an der Intoxikation. Die Therapie der Wahl besteht in der weiträumigen Eröffnung der Wunde, Entfernung der zundrig wirkenden Muskulatur und, falls die nekrotisierende Entzündung weit fortgeschritten ist, in der notfallmäßigen Amputation ohne Wundverschluß. Begleitend muß die hyperbare Oxygenierung durchgeführt werden, die lebensrettend sein kann und Amputationen gelegentlich verhindern hilft. Niemals darf die bakteriologische Bestätigung abgewartet werden! Andererseits ist der Clostridiennachweis nicht gleichbedeutend mit einer Erkrankung. Eine antimikrobielle Behandlung (z.B. Penicillin G, 4 × 10 Mega IE/Tag i.v.) verhindert allenfalls eine Ausbreitung der bakteriellen Superinfektion.

Tetanus

Obwohl die als Eintrittspforte für das Clostridium tetani dienenden Gelegenheitswunden oft längst abgeheilt sind (Inkubationszeit 3 bis 60 Tage), muß die radikale Ausschneidung ohne primären Wundverschluß durchgeführt werden. Unter Umständen gelingt es dadurch, noch vorhandene Clostridien zu entfernen. Wegen der guten Empfindlichkeit gegenüber Penicillin G ist eine hochdosierte Behandlung einzuleiten. Die obligat anaeroben Erreger geben ein Neurotoxin ab, das das charakteristische Krankheitsbild auslöst.

Die Neutralisation des noch nicht gebundenen Toxins muß durch die Applikation von 1000 IE Tetanus-Hyperimmunglobulin im Dauertropf versucht werden. Zusätzlich ist eine Schnellimmunisierung mit 5maliger Toxoidinjektion innerhalb von zwei Tagen erforderlich, bei sich entwickelnden Krampfanfällen die kontrollierte Beatmung.

Eine kausale Therapie gibt es nicht, jedoch eine absolut zuverlässige Prophylaxe. Sie besteht zum Zeitpunkt der Wahl in einer 3maligen Toxoidinjektion im Abstand von 2 bis 4 Wochen und einem Jahr nach der ersten Applikation. Im Verletzungsfall genügt dann eine Auffrischungsimpfung. Nicht Immunisierte erhalten zusätzlich 250 IE Tetanus-Hyperimmunglobulin.

Spezieller Teil

4
Chirurgie der Haut

R. Hettich und **S. Eren**

Auf der Basis einer möglichst atraumatischen Operationstechnik und einer Schnittführung in den anatomisch vorgegebenen Hautspaltlinien sowie einer subtilen Orientierung an der Anatomie des Gefäß- und Nervensystems an der Körperoberfläche befaßt sich die Plastische Chirurgie mit der Wiederherstellung angeborener Form- und Funktionsdefekte, der Rekonstruktion ausgedehnter Gewebsdefekte sowie mit kosmetischen und Konturproblemen der Körperoberfläche. Zur Anastomosierung feinster peripherer Gefäße und Nerven werden mikrochirurgische Techniken eingesetzt, die die Replantation von Fingern mit Anschluß der Nerven und Gefäße oder den freien Gewebstransfer von Haut, Subkutis, Muskel und Knochen mit einem entsprechenden Gefäß und möglicherweise nervalen Anschluß im Transplantationsgebiet ermöglichen. Darüber hinaus spielen die klassischen Verfahren der freien Haut-, Knorpel-, Faszien- oder Nerventransplantation auch heute noch eine weit größere Rolle als alloplastische Implantate wie Kollagen, Silicon, Nylon oder Polyurethanmembranen und ähnliche Kunststoffe.

Jeder chirurgische Eingriff, gleich welchem Teilgebiet er zuzuordnen ist, beginnt mit der Inzision der Haut und endet meist mit einer Haut- oder Schleimhautnaht. Nur zu oft mißt der Patient die Qualität der Operation an diesen äußeren sichtbaren Zeichen chirurgischen Könnens. Für den Chirurgen ermöglicht der Narbenverlauf oft die Differenzierung zwischen einem korrekt vorbereiteten geplanten Eingriff und einer chirurgischen Improvisation im Sinne der Notfallchirurgie. Die falsch oder unter Spannung verlaufende Hautnaht kann aber nicht nur Ursache einer häßlichen Narbe, sondern auch Ausgangspunkt eines operativen Mißerfolges sein; sie ist darüber hinaus immer die limitierende Leitstruktur für nachfolgende Inzisionen, denn sie bildet eine Barriere für die Kontinuität der Durchblutung durch den subdermalen Gefäßplexus.

Nahtdehiszenz und Wundrandnekrose sind nur zu oft Eintrittspforte einer Infektion, die das Ergebnis einer sonst technisch korrekt ausgeführten Operation in Frage stellen können.

Auch die sog. Stichkanalinfektion ist viel häufiger durch ein aus einer zu großen Spannung resultierenden Ischämie als durch die Dicke des Stichkanals und die Art des Nahtmaterials bedingt. Die Grundprinzipien der Plastischen Chirurgie sind deshalb in der Beachtung der Asepsis, der Hautspaltlinien, der anatomiegerechten Durchblutung und der Spannung im Nahtbereich zu sehen.

Erst in zweiter Linie sind auch die atraumatische Behandlung der Wundränder, das atraumatische Nahtmaterial und die Wahl der Stichkanäle von Bedeutung.

Der chirurgische Zugang schafft nicht nur sichtbare kosmetisch beeinträchtigende Narben und unter Umständen funktionelle Einschränkungen, sondern auch eine langfristige Umstellung der intra- und subdermalen Mikrozirkulation, die unter Umständen für nachfolgende operative Eingriffe von Bedeutung sein können; dabei ist auch die Durchtrennung sensibler Hautnerven als Ursache für nachfolgende Parästhesien und Hyperästhesien zu bedenken.

Hautdesinfektion

Die Hautdesinfektion ist wie bei allen chirurgischen Eingriffen eine Grundvoraussetzung für die komplikationslose Primärheilung. Im wesentlichen werden für die Desinfektion der Haut die in der Allgemeinchirurgie üblichen Desinfektionsmittel auch für die Plastische Chirurgie verwendet. Es ist dabei gefärbten Lösungsmitteln deshalb der Vorzug zu geben, weil nur dadurch rein optisch die Vollständigkeit der präoperativen Hautdesinfektion kontrollierbar wird.

Für den Bereich der Augen und der Schleimhäute sind jedoch alkoholhaltige und quecksilberhaltige Desinfektionsmittel zu vermeiden. Jodhaltige Desinfektionsmittel können trotz der zu erwartenden Jodresorption im Bereich der Schleimhäute durchaus angewandt werden.

Als häufigster Vertreter der quecksilberhaltigen, alkoholischen Lösungen ist die Merfentinktur, für quecksilberhaltige, wäßrige Lösungen das Hydromerfen, für jodhaltige, wäßrige Lösungen sind die Jodpolyvinyl-Pyrrolidon-(JPVP-Lösungen) zu nennen. Im Bereich des Gesichtes und der Hände werden auch heute noch ungefärbte Lösungen wie Cephirol und Cetaphlon verwendet, auch wenn ihre antiseptische Wirkung gegenüber den JPVP-Präparaten geringer einzuschätzen ist.

Die offiziell zur Hautdesinfektion zugelassenen Antiseptika werden regelmäßig in einer aktuellen Liste von der Deutschen Gesellschaft für Mikrobiologie zusammengestellt.

In der Plastischen Chirurgie sollte jedoch die Hautdesinfektion und die Abdeckung immer auch unter dem Gesichtspunkt vorgenommen werden, daß erstens die Inspektion intraoperativ eine Beurteilung der Symmetrie ermöglicht, d.h. daß auch die kontralaterale Seite des Operationsgebietes desinfiziert und von Abdecktüchern freigehalten wird und zweitens sollte die Hautdesinfektion nicht nur in dem primär zur Operation vorgesehenen Gebiet, sondern in einer weiten Umgebung um dieses Areal herum durchgeführt werden, um so mögliche Entlastungsinzisionen bzw. während der Operation notwendige zusätzliche Inzisionen ohne weitere Probleme bezüglich der Asepsis durchführen zu können. Drittens muß die Färbung des Hautdesinfizienz einer prä- oder intraoperativen Anzeichnung für die gewählte Schnittführung gerecht werden und soll die präoperativ bestehenden Narben und sichtbaren Hautveränderungen nicht verdecken.

Anästhesie

Die Haut ist im Regelfalle ein gut sensibel versorgtes Organ. Die Inzision oder die Naht von Wundrändern erfolgt deshalb immer unter irgendeiner Form der Anästhesie.

Die Allgemeinnarkose kann in den verschiedenen Belangen mit der Durchführung und Zielsetzung plastisch-chirurgischer operativer Maßnahmen interferieren. Es ist deshalb außerordentlich wichtig, daß sich Chirurg und Anästhesist exakt über die Zielsetzung, Dauer und Hintergründe des operativen Vorgehens absprechen. So können sehr blutreiche Eingriffe z.B. durch blutdrucksenkende Maßnahmen bei der Narkose außerordentlich günstig beeinflußt werden. Andererseits muß der Anästhesist über die Verwendung von lokal vasokonstriktorisch wirkenden Medikamenten unterrichtet werden, da sie nicht nur per se eine Blutdrucksteigerung oder Herzrhythmusstörungen auslösen, sondern z.B. in Kombination mit einer Hallothannarkose auch bei niedrigster Dosierung schwere Komplikationen verursachen können.

Andererseits ist es z.B. für viele Eingriffe im Bereich des Gesichtes (Lidplastik, Facelift etc.) von ganz außerordentlicher Bedeutung, daß die Patienten in der Aufwachphase nicht massiv husten und pressen, um durch den hieraus resultierenden vermehrten Blutanstrom nicht unnötige Hämatome zu provozieren; dies kann bei entsprechender Information des Anästhesisten in der Ausleitungsphase sehr gut vermieden werden, wenn hierüber eine klare Absprache und die nötige Information bestehen.

Die lokoregionale Anästhesie ist gegenüber der Allgemeinnarkose als Domäne der Anästhesie eine klassische Domäne des Chirurgen. Auch hierbei ist die enge Kooperation mit der Anästhesie äußerst wünschenswert. Dies gilt nicht nur im Falle des Mißerfolges oder einer zu kurzen Wirkungszeit der Lokalanästhesie und der daraus resultierenden Notwendigkeit zur Fortsetzung mittels anderer, meist anästhesiologisch zu steuernder Maßnahmen. Auch im Falle einer unerwarteten Herz-Kreislauf-Reaktion oder bei einem Atemstillstand ist das rasche Eingreifen eines Anästhesisten immer außerordentlich hilfreich, so daß er anwesend sein soll.

Die lokoregionalen Anästhesieformen sind:

1. Lokale Infiltrationsanästhesie.
2. Regionale Leitungsanästhesie (Nervenblockade).
3. Intravenöse Anästhesie.
4. Oberflächenanästhesie.

Technik der Lokalanästhesie

Es ist unmöglich, objektive Kriterien für die Anwendung der Lokalanästhesieverfahren zu nennen. Neben dem nicht nüchternen Patienten bilden unter anderem Kranke mit bronchopulmonalen Störungen, mit Stoffwechselkrankheiten (Diabetes mellitus), Patienten, bei denen die Verabreichung von Muskelrelaxantien mit Risiken verbunden ist (Myasthenia gravis, Pseudocholinesterasemangel, angeborene Muskelerkrankungen), sowie Patienten mit Deformationen im Kieferbereich und sehr viele Patienten aus dem Problemkreis der Plastischen Chirurgie Indikationen für die Anwendung lokaler Anästhesiemethoden unter Einbeziehung der zentralen Nervenblockaden. Organisatorische Schwierigkeiten bei der Zusammenarbeit mit der Anästhesie bzw. deren Personalknappheit sollten hierbei nicht als Indikation genannt werden.

Die Bedeutung regionaler Anästhesieformen wird heute durch die Einführung von Verweilkathetern (z.B. PDA-Kathetern) unterstrichen. Dabei kann außer der vollständigen intraoperativen auch eine langzeitige postoperative Analgesie und unter Umständen eine Optimierung der Durchblutung des Operationsgebietes bewerkstelligt werden.

Wie bei den allgemeinen Anästhesieverfahren ist auch für die lokoregionale Anästhesie die präoperative Untersuchung, die Prämedikation und eine sorgfältige prä- und intraoperative Infusionstherapie bei fortlaufender Kreislaufkontrolle, ebenso wie die Bereitstellung aller Reanimationsmedikamente und -geräte unabdingbar zu fordern.

Nicht nur im Hinblick auf die möglichen Komplikationen, auch im Hinblick auf die Technik der Lokalanästhesie, ihre Wirkungsart und Wirkungsdauer, sind eine Reihe von Kenntnissen über Wirkungsweise und Nebenwirkungen verschiedener Lokalanästhetika erforderlich, die hier kurz dargestellt werden sollen.

Lokalanästhetika wirken auf alle Zellen, besitzen jedoch eine besondere Affinität zu den Nervenaxonen. Die anästhetische Potenz eines Lokalanästhetikums ist durch seine Lipidlöslichkeit, die Wirkungsdauer wahrscheinlich durch die Proteinbindung beeinflußt.

Man unterscheidet grundsätzlich zwei verschiedene Formen von Lokalanästhetika, die entweder durch eine Ätherbindung in der intermediären Kette oder durch eine Amidbindung charakterisiert sind. Die beiden Gruppen unterscheiden sich durch den verschiedenartigen Abbau und durch ihre Wirkintensität, nicht durch ihren Wirkmechanismus.

Lokalanästhetika mit raschem Wirkungseintritt sind z.B. Lidocain, Mepivacain, Prilocain und Ethidocain (pK_a-Wert 7,6–7,8). Lokalanästhetika mit langsamem Wirkungsbeginn haben einen pK_a-Wert von 8,1–8,6. Alle Lokalanästhetika führen also mehr oder weniger rasch zu einer Blockade der Depolarisation der Nervenmembran durch Freisetzung von Kalziumionen, die den Einstrom von Natrium durch die Membran verhindert. Diese Wirkung betrifft immer sensible, vegetative und motorische Fasern in allerdings unterschiedlicher Intensität, entsprechend der beschriebenen Reihenfolge, was durch die verschieden dicke Myelinscheide bedingt sein dürfte.

Typische Nebenwirkungen sind folgende Erscheinungen: Alle Lokalanästhetika mit Ausnahme von Kokain bewirken eine periphere Vasodilatation durch lokale Beeinflussung der glatten Gefäßmuskulatur. Die Vasokonstriktion durch Kokain entsteht indirekt über einen vermehrten Anfall von Noradrenalin mangels Bindungskapazität. Die Vasodilatation beschleunigt auch die Resorption der Substanz, d.h. sie verkürzt und reduziert die lokale Wirksamkeit. Durch Zusatz eines Vasokonstriktors werden deshalb nicht nur Wirkungsdauer und Intensität verbessert, sondern systemische Nebenwirkungen durch langsame Resorption eingeschränkt und die lokale Hyperämie und Blutungstendenz reduziert.

Zusatz von Vasokonstriktoren

Unter dem o.g. Aspekt werden jetzt Epinephrin (1:200000, insgesamt nicht mehr als 0,25 mg pro 24 Std.) und Ornipressin (POR 8) in einer Dosierung von 1 IE auf 10 ml Ringer-Lösung verdünnt eingesetzt.

Epinephrin gilt als die wirksamere, aber toxischere Substanz. In der Zahnheilkunde und HNO wird die Konzentration des Epinephrins unter Umständen bis 1:40000 angehoben. Die typischen Nebenwirkungen bei Überdosierung von Vasokonstriktoren sind Hypertonie, Arrhythmie und unter Umständen Kammerflimmern.

In Abhängigkeit vom Lokalanästhetikum und der Applikationsart kann der Zusatz von Vasokonstriktoren bezüglich der Wirkungsdauer und Intensität weit effektiver sein als die Erhöhung der Konzentration des Lokalanästhetikums selbst. Im Bereich der Endarterien (Finger, Zehen, Penis) und bei intravenöser Injektion dürfen vasokonstriktorische Zusätze nicht verwendet werden!

Infiltrationsanästhesie

Mit der Infiltrationsanästhesie werden die sensorischen Nervenendigungen entweder intrakutan oder subkutan ausgeschaltet. Blockiert werden dabei die in der Haut gelegenen Schmerzrezeptoren. Die intrakutane Injektion, die in Form einer Quaddel gesetzt wird, bildet in der Regel die Vorbereitungsmaßnahme für eine andere regionale Anästhesietechnik mit meist dickeren Kanülen. Die perkutane Infiltration erfolgt durch Injektion des Lokalanästhetikums in das Unterhautgewebe. Die Schmerzausschaltung hängt wie oben erwähnt vom gewählten Anästhetikum, der Konzentration, der Lösung und der Verwendung von Vasokonstriktoren ab. Im Bereich funktioneller Endarterien darf **kein Vasokonstriktor** verwendet werden.

Zur Lokalanästhesie eignen sich alle genannten Lokalanästhetika. Die Unterschiede in der Wirkungsdauer sind in Tab. 4-1 dargestellt.

Leitungsanästhesie

Typische für den Chirurgen gebräuchliche Verfahren der Leitungsanästhesie sind:

a) Axilläre Plexusanästhesie.
b) Supraklavikuläre Plexusanästhesie.
c) Oberstsche Leitungsanästhesie.
d) Peridural- oder Spinalanästhesie.

Die am häufigsten vom Chirurgen eingesetzte Methode der Oberstschen Leitungsanästhesie ist in halbschematischer Form in Abb. 4-1 dargestellt. Es werden Mengen von 1–2 ml einer 1%-Procain- oder -Tetracainlösung pro Injektion infiltriert, der Einstich erfolgt von der Streckseite aus. Es sollten im wesentlichen 2 Depots im Bereich der dorsalen und volaren Gefäß-Nerven-Bündel erfolgen. Durch Anwendung eines Gummizügels an der Fingerbasis kann eine Blutsperre die Übersicht im Operationsgebiet verbessern und die Wirkung der Leitungsanästhesie wesentlich verlängern.

Tab. 4-1. Konzentration, Maximaldosierung und Wirkdauer der gebräuchlichsten Lokalanästhetika.

Substanz	Gebräuchliche Konzentration (%)	Maximale Dosierung (mg/kg KG)	Wirkdauer (Min.)	
			ohne Epinephrin	mit Epinephrin
Procain	0,5–2,0	7	15– 30	30– 60
Tetracain	1,0	1–2	30–120	60–240
Lidocain	0,5–2	3–5	30–120	60–240
Mepivacain	0,5–2	4–7	30–120	60–240
Prilocain	0,5–2,0	6–8	30–120	60–240
Carticain	1,0	5–7	30–120	60–240

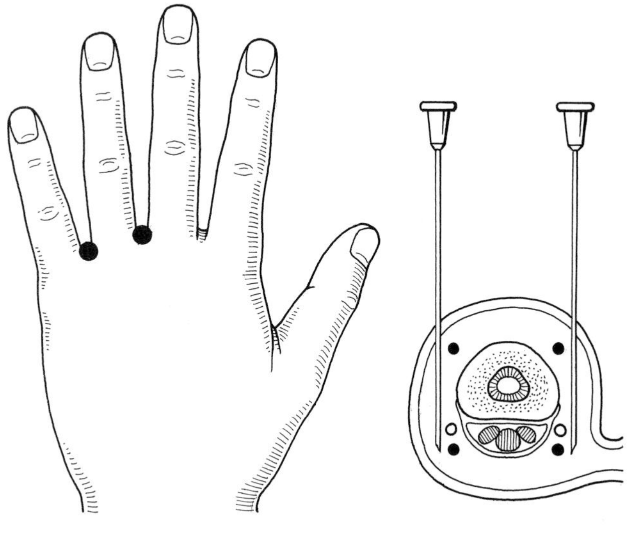

Abb. 4-1. Anästhesie der Finger nach Oberst.

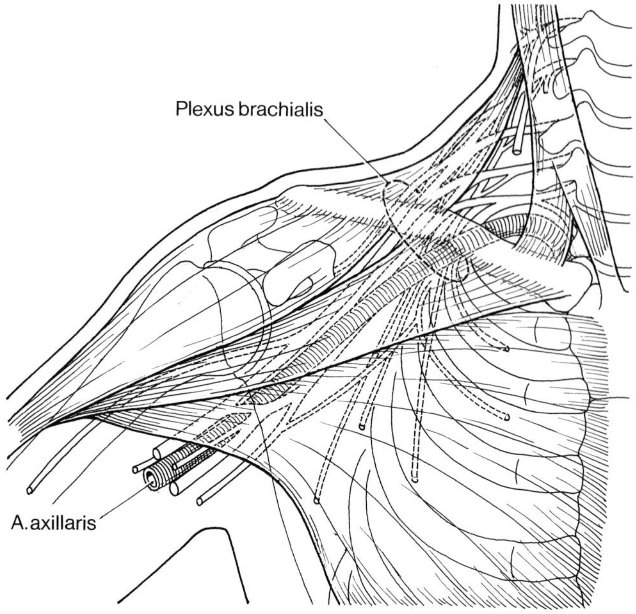

Abb. 4-2. Topographie des Plexus brachialis.

Axillärer Plexus (Plexus-brachialis-Blockade)

Bei der axillären Plexusanästhesie werden die Rami ventrales der Spinalnerven von C_5–C_8 und Th_1 von der Axilla aus in der unmittelbaren Nachbarschaft der A. axillaris anästhesiert. Die Äste treten zwischen den Tubercula der Querfortsätze in den Raum zwischen M. scalenus anterior und medius ein. Dieser geschlossene Faszienraum reicht von den Querfortsätzen bis in das obere Drittel des Oberarms. Die 3 Primärstränge konvergieren und legen sich gebündelt dorsolateral an die A. subclavia an, mit der sie die 1. Rippe überkreuzen. Unter dem M. pectoralis werden der N. axillaris und der N. thoracodorsalis abgegeben. Bei Abduktion des Oberarmes in 90° liegt der N. radialis hinter und kranial der A. axillaris. Der N. ulnaris liegt dorsal und kaudal der A. axillaris. Direkt auf der Arterie findet man den N. medianus. Das axilläre Verfahren ist wesentlich leichter als der supraklavikuläre Zugang, der eine weiter proximal gelegene Anästhesie ermöglicht (Abb. 4-2).

Die Vielzahl möglicher isolierter Nervenblockaden an der oberen und unteren Extremität entsprechen dem peripheren Verlauf der Nn. radialis, medianus und ulnaris (Abb. 4-3) bzw. peronaeus, tibialis und suralis (Abb. 4-4). Konzentration und Dosierung s. Tab. 4-2.

Zentrale Nervenblockaden wie Spinal- und Periduralanästhesie sowie deren Sonderformen, die Kaudalanästhesie sind Verfahren, die heute vorwiegend vom Anästhesisten durchgeführt werden, auf die deshalb hier nicht näher eingegangen werden soll.

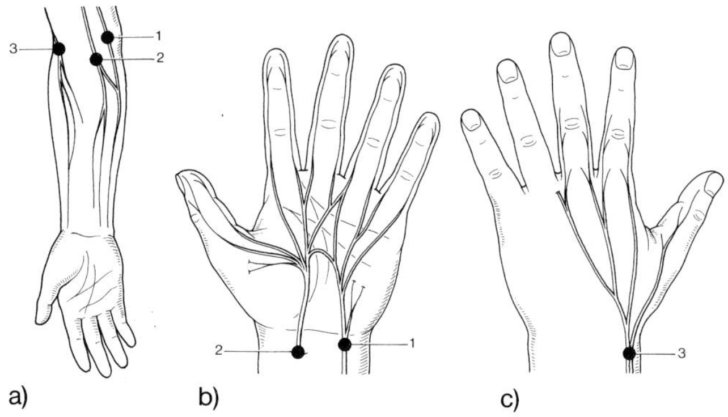

Abb. 4-3.a–c) Blockade der Hauptnerven des Unterarms und des Handgelenkes (1 = N. ulnaris; 2 = N. medianus; 3 = N. radialis).

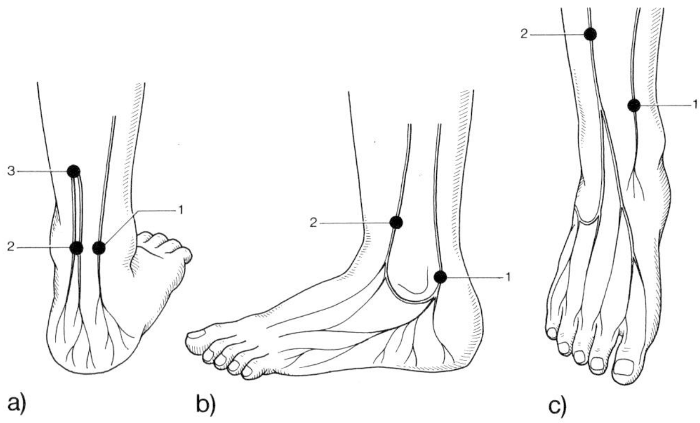

Abb. 4-4.a) Blockade des N. tibialis post. (2 u. 3) und des N. suralis (1) im Bereich der Achillessehne.
b) Blockade des N. peronaeus superf. und seiner Äste (2) sowie des N. suralis (1) im Bereich des äußeren Knöchels.
c) Blockade des N. peronaeus superf. (2) und des N. saphenus ant. (1) oberhalb des oberen Sprunggelenks.

Tab. 4-2. Konzentration und Wirkdauer von Lokalanästhetika bei peripherer Nervenblockade.

	Übliche Konzentration	Wirkdauer (Min.)	
		ohne Epinephrin	mit Epinephrin
Procain	2 %	15– 30	30– 60
Lidocain, Mepivacain	1 %	60–120	120– 60
Dupivacain, Etidocain	0,25–0,5 %	180–360	240–480

Intravenöse Anästhesie

Durch Injektion eines Lokalanästhetikums in die Vene einer durch Blutleere verschlossenen Extremität wird ein Anästhetikum im Ausbreitungsbereich der distal der Okklusion gelegenen Gefäßbahnen injiziert. Die Lösung wird adrenalinfrei gewählt. Theoretisch kann jedes Lokalanästhetikum für die intravenöse Infiltrationsanästhesie bis zur Maximaldosis verwendet werden. Da im Falle des Öffnens der Blutleere ein rasches Anfluten zu erwarten ist, soll bevorzugt ein Lokalanästhetikum mit geringer Toxizität eingesetzt werden, wie z.B. Mepivacain. Die Verwendung großer Volumina einer stark verdünnten Lösung bieten hier die besten Voraussetzungen. Man braucht für einen Arm etwa 30–40 ml einer 0,5 %igen Mepivacainlösung, für ein Bein etwa 50–100 ml einer 0,25 %igen Lösung. Die Blutleere sollte zwei Stunden nicht überschreiten. Das Verfahren wird besonders im Bereich des Unterarmes auch heute noch hin und wieder angewandt.

Oberflächenanästhesie bzw. Bruchspaltanästhesie

Hier ist zwischen der Oberflächenanästhesie von Schleimhäuten oder des Augapfels mit Lösungen, Aerosolen, Cremes oder Suppositorien mit den typischen Lokalanästhetika und der diffusen Ausbreitung bei der Injektion in ein Bruchspalthämatom oder lokalen Vereisung der Haut zu unterscheiden.

Die Bruchspaltanästhesie, z.B. mit 1 % Xylocain, ist z.B. für die Reposition einer Radiusfraktur ein sehr sicheres und brauchbares Verfahren!

Für die Lokalanästhesie von Konjunktiva, Kornea, Mundschleimhaut, Nase, Pharynx, Ösophagus, Larynx, Trachea, Urethra und Anus werden vor allem folgende Präparate und Dosierungen empfohlen:

Tetracain 1 %, 2 %; max. Dosis 1–2 mg/kg KG
(Pantocain)
Lidocain 2 %, 4 %; max. Dosis 3–5 mg/kg KG
(Xylocain)
Mepivacain 2 %; max. Dosis 2–6 mg/kg KG
(Meaverin, Scandicain)
Prilocain 4 %; max. Dosis 3–5 mg/kg KG
(Xylonest)

Die Vereisung mit Chlordiaethyl (Chloralhydrat) ist eine mögliche Alternative zur Eröffnung kleiner Abszesse bei Eingriffen, die eine Allgemeinnarkose nicht rechtfertigen oder bei denen die Allgemeinnarkose kontraindiziert ist. Das Verfahren eignet sich nur für eine kurze, einmalige Stichinzision, weitere chirurgische Manipulationen können wegen der sehr kurzen Wirkungszeit nicht durchgeführt werden.

Schnittführungen

Die Schnittführung ist der wichtigste Faktor für die Erzielung einer möglichst unauffälligen, elastischen Narbe. Es gibt drei wesentliche Prinzipien für die Wahl der Inzision.

1. Der Schnitt sollte nicht parallel zur Muskelzugrichtung gelegt werden. Er orientiert sich dementsprechend an den sog. Hautspaltlinien und erfolgt quer zur Muskelzugrichtung! (Abb. 4-5 u. 6)
2. Die Narbe sollte nicht unter Spannung stehen, sie muß beweglich bleiben.
3. Bestimmte anatomische Regionen sind grundsätzlich ungünstig für die chirurgische Inzision, z.B. obere Quadranten der Mamma, Sternum, Schulter!

Quer zur Muskelzugrichtung verlaufende Hautschnitte bewirken weniger Narbenbildung, da die Haut sich entsprechend der Muskelbewegungen ausdehnen und kontrahieren kann. Parallel zum Muskelzug verlaufende Inzisionen verursachen unschöne und evtl. funktionell störende Kontrakturen, weil es immer mehr oder weniger stark zu Schrumpfungen des neugebildeten Bindegewebes kommt. Um die Narbe zu verstärken und den Defektverschluß zu stabilisieren, reagiert der Organismus mit verstärkter Kollagenbildung, was zu einer dicken, roten und unter Umständen juckenden, hypertrophen Narbe führen kann. Narbenhypertrophie und Keloide sind aber nicht nur durch die Anatomie der Schnittführung, sondern auch durch individuelle Prädisposition bedingt!

Die optimalen Schnittlinien stimmen meist mit den Hautfaltenlinien überein, weil diese durch den Muskelzug entstehen. Diese Falten sind bei älteren Patienten immer gut zu erkernnen. Hautlinien können aber auch bei jüngeren Patienten leicht dargestellt werden, wenn man die darunterliegenden Muskeln anspannen läßt oder die Haut zwischen den Fingern in verschiedenen Achsen komprimiert und so die Bildung von echten Falten beobachten kann. Grundsätzlich stellt aber die Kenntnis der anatomischen Strukturen die Basis für eine optimale Schnittführung dar.

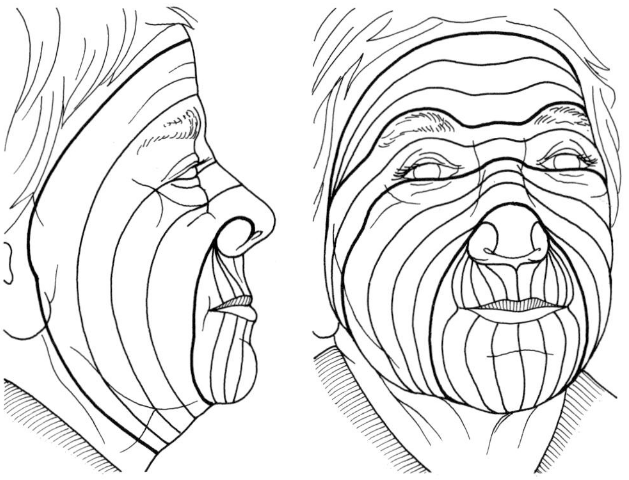

Abb. 4-5. Die Hautspaltlinien im Gesicht.

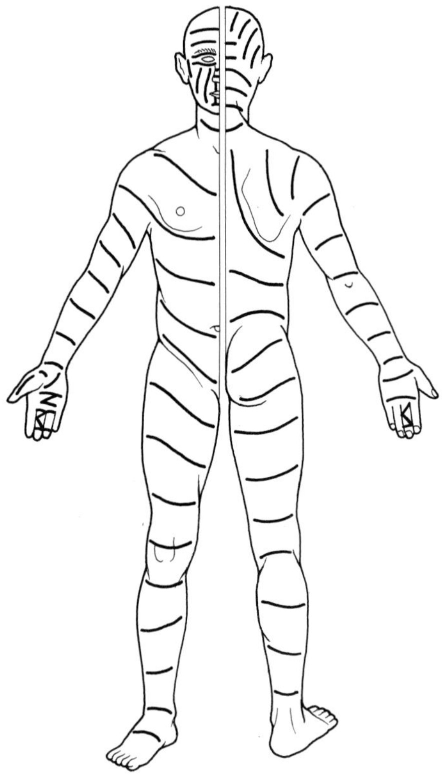

Abb. 4-6. Die Hautspaltlinien an Stamm und Extremitäten.

In gewissen anatomischen Bereichen, wie an Kanten oder Rändern (Augenlid, Helixrand, Nasenflügel etc.) sind keilförmige Schnitte ohne bestimmte Richtung möglich. Diese werden als Treppenschnitte gelegt, um eine knotige Verziehung und Verkürzung durch Narbenbildung zu verhindern.

Da eine Narbe in ihrer Länge schrumpft und eine ausgereifte Narbe wenig beweglich ist, sollen die Inzisionen an den Beugeseiten der Finger die Beugefalte nicht überqueren. Deshalb werden die Schnitte im Bereich der Gelenke so angelegt, daß die Kontinuität der Beugefalten niemals von der Narbe bzw. dem Schnitt durchtrennt wird. Hier können Z-förmige oder zickzackförmige Schnittführungen gewählt werden (s.a. Kap. 10.5, Grundzüge der Handchirurgie).

Im Körper gibt es einige Gebiete, in denen die beschriebenen Regeln im Sinne von Hautspaltlinien nicht befolgt werden können, da keine typischen Hautspaltlinienverläufe bestehen. Solche Bezirke sind Brustbein, Finger- und Zehenstreckseiten, Kopfhaut, Augenbrauen, Brustwarzenhof, Genitale und Ohren. Im Bereich des Brustbeines bilden Schnittführungen entlang der sagittalen Körperachse meist noch die besten Narben, obwohl der Muskelzug sowohl quer als auch in Längsrichtung verläuft. An den Finger- und Zehenstreckseiten werden Narben, solange keine Gelenke überquert werden, immer gut verheilen, auch wenn sie parallel zum Sehnenzug verlaufen. Im Bereich der Kopfhaut und der Augenbrauen ist der Muskelzugeinfluß minimal. Bei der Schnittführung in diesen behaarten Regionen muß man nur darauf achten, daß die Haarwurzeln nicht tangiert oder verletzt werden, d.h. die Haut wird schräg, entsprechend dem Haarwurzelverlauf inzidiert. Der Brustwarzenhof, das Genitale und die Ohren haben eine sehr dünne Dermis, so daß hier deshalb eine allgemein gute Narbenbildung zu erwarten ist. Typische Problemregionen sind insbesondere das Gebiet des Manubrium sterni sowie das gesamte Sternum und die Schulterregion, wo prädisponierte Regionen für Keloidbildungen bestehen. Unter Keloiden versteht man proliferative Narbenwucherungen, die sich in das in der Inzision benachbarte Hautareal ausdehnen und nach außen als derbe stark gerötete, meist juckende Wulstbildung imponieren. Wahrscheinlich liegen dieser sehr therapieresistenten, regionalen »Tumorbildung« Prolinstoffwechselstörungen zugrunde. Die Neigung zur Keloidbildung ist zwar individuelll, sie wird aber durch die lokale Prädisposition und durch eine traumatisierende Operationstechnik erheblich gesteigert. Unter diesem Gesichtspunkt ist die chirurgische Korrektur von Keloiden äußerst problematisch. Sie hat unter extrem atraumatischen Bedingungen zu erfolgen, Entlastungsschnitte sind verboten, die Nahttechnik erfolgt intrakutan, die Wundränder dürfen nur völlig spannungsfrei adaptiert werden und größere Defekte sind ggf. besser durch freie Hauttransplantate als durch Verschiebelappenplastiken zu verschließen. Die Nachbehandlung sollte durch Kompressionsverbände und bei ausgeprägten Fällen mittels einer Oberflächenröntgenbestrahlung erfolgen. Die Bestrahlung hat aber zahlreiche Kontraindikationen. Sie sollte trotz ihrer sehr oberflächlichen Wirkung nicht kritiklos an jugendlichen Patienten und niemals im Bereich der Brustdrüse erfolgen.

Wundschluß in der Plastischen Chirurgie

Der Wundschluß kann grundsätzlich durch verschiedene Verfahren vorgenommen werden. Dabei konkurrieren derzeit drei Standardverfahren:
1. Verschiedene Nahtverfahren.
2. Klammern.
3. Gewebeklebung.

Resorbierbares und nichtresorbierbares Nahtmaterial

Hier sind alle versenkten, monofilen und polyfilen resorbierbaren Nähte zu erwähnen, die heute im wesentlichen durch Polyglykolsäurepolymere in Form der Handelspräparate Dexone®, Vicryl® und Bondek® als polyfile Vertreter sowie Poly-p-Dioxanon (PDS) und Catgut im Handel angeboten werden. PDS wird wesentlich langsamer resorbiert als die polyfilen o.g. Polyglykolsäurefäden. Catgut ist schon nach wenigen Tagen aufgelöst und durch eine sehr starke Quellung gekennzeichnet, die es erforderlich macht, den Faden mit einem Überstand von mindestens 3 mm abzuschneiden. Für die Haltbarkeit der Knoten gilt es grundsätzlich, längere Enden beim Abschneiden zu belassen, wenn das Nahtmaterial stark quillt. Die Anzahl der Knoten ist umgekehrt proportional zur Dicke des Nahtmaterials zu wählen. Grundsätzlich sollte immer der dünnstmögliche Faden zum Einsatz kommen.

Die nicht resorbierbaren Hautnähte sind meist monofil oder in diesem Sinne beschichtete polyfile Fäden. Sie werden an der Haut intrakutan (Abb. 4-7) fortlaufend gestochen und an ihren Enden verklebt oder verknotet. Einzelknopfnähte (Abb. 4-7) werden in der Plastischen Chirurgie der Oberhaut nur noch selten verwendet, auch nicht als Rückstichnähte (Abb. 4-7), die ja zumindest auf einer Seite der Narbe ebenfalls zu sichtbaren Stichkanalnarben führen. Alle nicht resorbierbaren Hautnähte müssen entfernt werden. Dies kann in der Regel nach ca. 10–12 Tagen geschehen. Im Bereich des Gesichtes kann die Entfernung der Hautnähte schon nach 4–5 Tagen erfolgen.

Wichtig ist, daß sowohl durch die versenkten resorbierbaren Nähte, die innerhalb von 3–6 Monaten (PDS 8–10 Monate) resorbiert werden, als auch durch die intrakutanen Hautnähte die Adaptation der Wundränder möglichst korrekt erfolgt, wobei keine Spannung auftreten soll. Für die Entfernung langer fortlaufender Intrakutannähte können Ausziehhilfen (Abb. 4-7) angelegt werden, die ggf. bei der Entfernung dieser Nähte sehr hilfreich sind. Man legt quasi eine Einzelknopfnaht in der Mitte des fortlaufenden Fadens und faßt nur den Faden ohne die Wundränder zu durchstechen (cave: beim Fadenentfernen solche Einzelnähte nicht abschneiden).

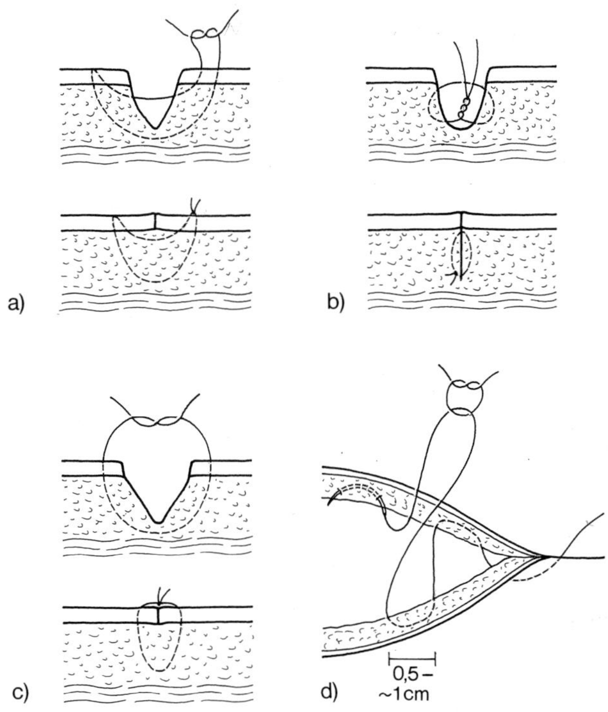

Abb. 4-7. Verschiedene Nahtverfahren in der Plastischen Chirurgie.
a) Rückstichnaht einseitig versenkt.
b) Normale Einzelknopf-Hautnaht.
c) Versenkte resorbierbare Einzelknopfnaht.
d) Fortlaufende Intrakutannaht mit freien Enden und Pflasterfixierung (Einzelnaht als Ausziehhilfe).

Klammern

Zum Hautverschluß mit Klammern dienen korrosionssichere hochveredelte Metalle, deren Spitzen die Hautoberfläche nicht perforieren sollen. Hier wird grundsätzlich zwischen wiederverwendbaren elastischen Klammern (Typ Kölner Sparklammer) und den sog. »Tackerklammern« unterschieden, die nicht manuell, sondern mit einem speziellen Gerät gesetzt und entfernt werden müssen.

Wichtig ist, daß diese Klammern keine Stichkanäle hinterlassen. – Sie führen deshalb nur in Verbindung mit einer gut angelegten subkutanen Naht zu entsprechend guten kosmetischen Ergebnissen.

Gewebeklebung

Die Klebung von Wundrändern kann auch durch Klammerpflaster erfolgen. Dies kann nach einer vollständigen Durchtrennung aller Hautschichten im allgemeinen alleine nicht zu einer ausreichenden, kosmetisch befriedigenden Wundheilung führen, sie wird deshalb in der Regel nur in

Kombination mit einer fortlaufenden Intrakutannahttechnik zur Fixierung der Fadenenden und der Wundränder gleichermaßen eingesetzt.

Die Klebung durch Gewebekleber (humane Fibrinkleber) dient im wesentlichen zwei verschiedenen Problemlösungen:

1. Hämostase bei großflächiger diffuser Blutung.
2. Fixierung bei zeitlicher oder anatomischer Problematik.

Eine primäre Wundrandadaptation im Sinne einer kosmetischen Narbe wird damit nicht erzielt.

Der Histoacrylkleber, der als erster medizinischer Klebstoff propagiert wurde, ist wegen seiner Gewebetoxizität heute fast gänzlich verlassen worden.

Humane Fibrinkleber, die je nach Bedarf mit mehr oder weniger Plasminzusatz in situ aus Fibrinogen aktiviert werden, stellen heute die Basis für die verschiedensten Indikationen zu einer atoxischen und sehr physiologischen Gewebeklebung dar. Trotz der Beimengung von fibrinolysehemmenden Substanzen ist aber ihre Haltbarkeit ebenso wie die Festigkeit der Verklebung sehr limitiert.

Primäre Wundversorgung

Grundsätzlich gilt auch in der Plastischen Chirurgie das Prinzip der Friedrichschen Wundexzision mit einem möglichst primären Wundschluß frischer Verletzungen innerhalb der ersten sechs bis acht Stunden. Die Exzision wird vor allem im Gesicht und im Bereich der Hand, wo es besonders auf einen spannungsfreien Wundschluß ankommt, sehr sparsam vorgenommen. Dabei ist außer der Entfernung schlecht durchbluteter und verschmutzter Wundrandbereiche, besonders im Gesicht, die Begradigung der Schnittränder bei tangentialer Hautdurchtrennung wichtig. Die Naht hat eine Spannungszunahme nach der zu erwartenden Ödembildung an den Wundrändern während der frühen postoperativen Phase zu berücksichtigen, d.h. sie ist locker anzulegen. Ein im Einzelfall erforderlicher leichter Zug bei der primären Adaptation darf niemals durch die Hautnaht aufgefangen werden. Nach einem primären Defektverschluß kommt es normalerweise zur sogenannten Dog-ear-Bildung, die durch eine Resektion von Vierecken im Wundwinkel ausgeglichen werden kann (Abb. 4-8).

Verboten ist die primäre Naht bei allen Schuß- und Bißverletzungen sowie bei Stichverletzungen, insbesondere bei Metzgern. Hier erfolgt nach den Prinzipien der septischen Chirurgie die Exzision mit anschließender Drainage der Wunde bei offener Behandlung.

Ausnahme ist die Bißverletzung im Gesicht, wo wir heute nach sehr ausgedehnter Wundreinigung und Desinfektion mit JPVP unter Antibiotikaschutz eine lockere primäre Wundrandadaptation anstreben. Dabei werden ausnahmsweise Einzelnähte und in der Regel freie Laschen verwendet. Eine weitergehende Wundrandexzision ergibt sich bei Weichteilverletzungen über dem Olecranon oder der Patella, wenn eine Bursa eröffnet ist. In solchen Fällen hat sich an die Wundrandexzision die Bursektomie anzuschließen, bevor ein primärer Wundschluß erfolgen kann. Die Wundhöhle soll dann mit einer Saugdrainage versehen werden.

Exogene Pigmentierungen im Sinne von Einlagerungen in der Haut durch Asche, Asphalt, Pulverschmauch etc. müssen vor allem im Bereich des Gesichtes immer bei der primären Versorgung entfernt werden. Dazu kann 1promillige Oxizyanatlösung in Verbindung mit mechanischen Reinigungsbemühungen unter Umständen mit Druckspülung (Aqua-Jet) sehr hilfreich sein.

Der sog. sekundäre Wundschluß, wie er früher für alle veralteten Wunden (d.h. mehr als 8 Stunden nach dem Unfall) propagiert wurde, ist heute einem verzögerten primären Vorgehen gewichen, wie dies für die Bißverletzungen des Gesichtes beschrieben wurde. Nach Reinigung und Desinfektion sowie einer ausgedehnten Wundrandexzision wird ohne Verwendung resorbierbarer, versenkter Nähte eine lockere Wundrandadaptation mit weit entfernten Einzelnähten angesetrebt. Dabei sind feine Laschen (Easyflow oder Handschuhgummilaschen) zu verwenden, die eine Drainage der Wunde ermöglichen. Die Einzelnähte können dabei jederzeit punktuell entfernt werden, wenn es zu einer Infektion kommen sollte. – Entlang der liegenden Laschen kann mit Antiseptika gespült werden. Diese Spülungen über eine Knopfkanüle dürfen niemals unter Druckanwendungen erfolgen.

Antibiotika verhindern nicht das Infektionsrisiko einer unter Spannung vernähten oder zu spät versorgten infizierten Wunde. Trotzdem ist eine antibiotische Therapie, nicht aber eine Prophylaxe, bei primär infizierten Wunden gerechtfertigt. Als solche gelten Metzger-, Biß- und Schußverletzungen, die immer offen und durch Ruhigstellung und Hochlagerung zu behandeln sind.

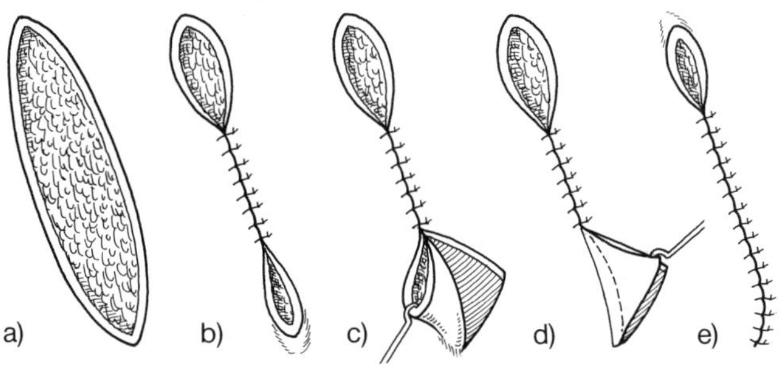

Abb. 4-8.a-e) Resektion eines überstehenden Hautlappens bei primärem Defektverschluß.

Hypertrophe Narben

Als hypertrophe Narben werden die Narben bezeichnet, die derb und prominent oft entstellend oder funktionsbeeinträchtigend, aber im Gegensatz zum Keloid klinisch ohne Beschwerden und ohne infiltratives Wachstum entstehen. Hypertrophe Narben können sich spontan insbesondere unter konsequenter Kompressionstherapie zurückbilden. Sie blassen normalerweise nach 1 bis 1½ Jahren ab und können dann ggf. ohne ausgeprägte Rezidivneigung chirurgisch korrigiert werden.

Die Indikation zur Korrektur hypertropher Narben ergibt sich aus kosmetischen und funktionellen Gründen. Kosmetisch störende hypertrophe Narben können in vielen Fällen durch langfristige Kompressionsverbände ohne operative Korrektur sehr günstig beeinflußt und gebessert werden. Funktionell störende hypertrophe Narben können durch Z-Plastiken und Exzisionen mit oder ohne Vordehnung des umgebenden gesunden Gewebes mittels Expander oder durch Exzision der Narbe und Versorgung des resultierenden Defektes mittels eines Vollhaut- oder dicken Spalthauttransplantates korrigiert werden. Bei strangförmigen Kontrakturen, die durch hypertrophe Narben bedingt sind, ist die Exzision des Narbenstranges mit einer Z-Plastik zu verbinden. Eine Z-Plastik soll jedoch nur im Bereich der nicht narbig veränderten Haut vorgenommen werden, da anderenfalls durch Spitzennekrosen erneut Narbenkontrakturen und hypertrophe Narben auftreten.

Eine Narbenrevision soll grundsätzlich im Stadium der »weißen Narbe«, d.h. frühestens 9 Monate nach der vorausgegangenen Operation, durchgeführt werden. Echte Keloide können durch rein chirurgische Korrekturen nicht verbessert werden, sie stellen nur in ganz besonderen Fällen eine Operationsindikation dar. Die Operation ist dann immer mit einer Bestrahlung und/oder Kompressionsverbänden, evtl. auch mit lokaler Kortisongabe zu kombinieren.

Lokale Lappenplastiken

Lokale Lappenplastiken sind immer mit zusätzlichen Schnittführungen im Bereich des Hautdefektes verbunden, d.h. es wird Haut aus der Umgebung des Defektes mobilisiert und in den Defekt eingeschwenkt, wobei die Spannung meist in einer quer zur Verschlußrichtung resultierenden Achse möglichst gleichmäßig zweidimensional verteilt wird. Die Schnittführung bei den lokalen Lappenplastiken wird meist ausschließlich nach geometrischen Prinzipien vorgenommen. Sie erfolgt also weitgehend ohne Berücksichtigung der Hautspaltlinien und des spezifischen Gefäßverlaufes der Hautgefäße.

Z-Plastik

Die Z-Plastik ist eine Verlängerungsverschiebung in einer Längsachse auf Kosten der Querachse. Dabei wird die Effizienz mit zunehmendem Winkel größer. Die Winkel variieren zwischen 30 und 60°, wobei die Entspannung in der Längsachse mit zunehmendem Winkel größer wird. Die Gefahr einer Lappenspitzennekrose nimmt demgegenüber bei sehr spitzem Winkel zu (Abb. 4-9 u. 10).

Die Z-Plastik dient außer der Korrektur eines schmalen, in einer bestimmten Richtung angelegten Narbenstranges prophylaktisch auch der Anpassung eines ursprünglich falsch angelegten Hautschnittes an die Hautspannungslinien. Das Verfahren kann als Mehrfachschnittführung über größere Strecken angewandt werden (Abb. 4-11).

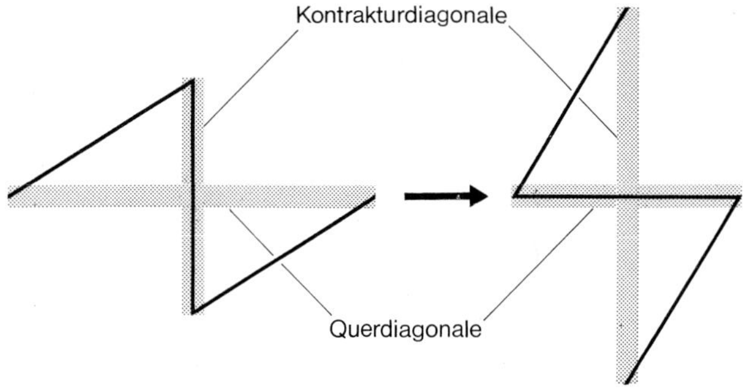

Abb. 4-9. Konstruktion der Z-Plastik.
a) Verlängerung der Kontrakturdiagonalen und gleichzeitige Verkürzung der Querdiagnonalen.

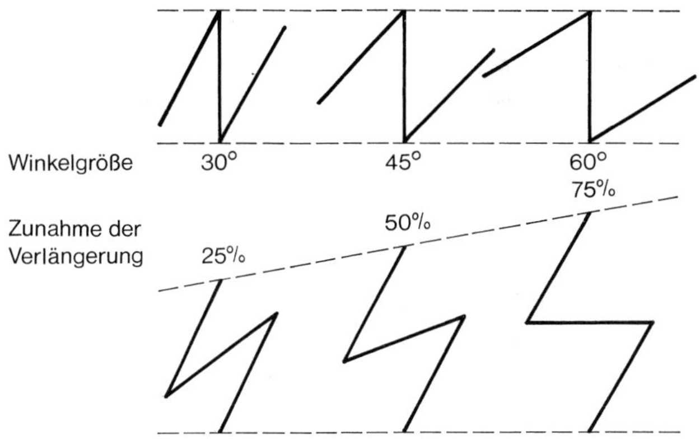

b) Prozentuale Längenzunahme infolge der Benutzung unterschiedlicher Winkelgrößen.

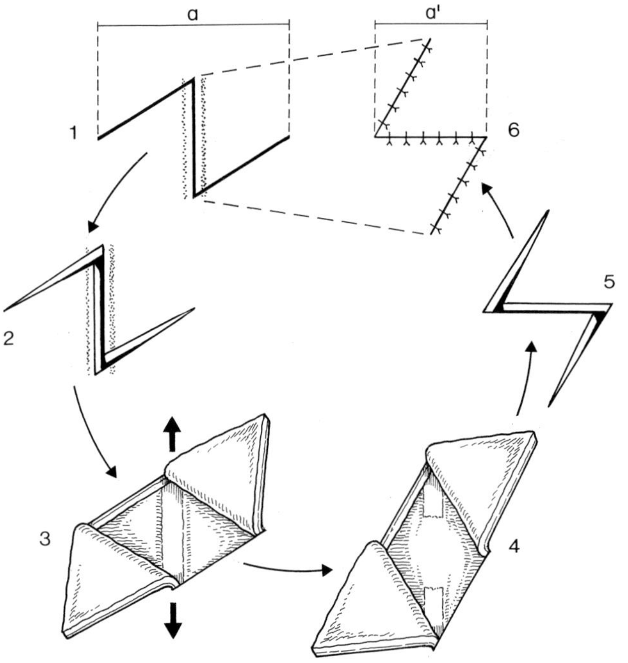

Abb. 4-10. Die einzelnen Phasen bei der Z-Plastik.

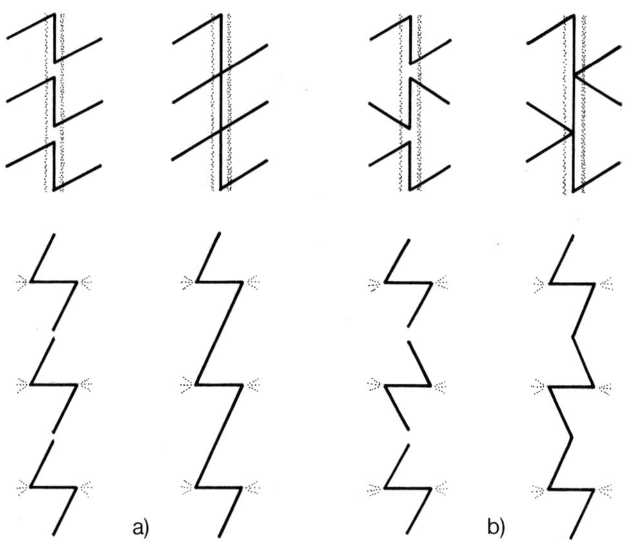

Abb. 4-11. Entwicklung der fortlaufenden multiplen Z-Plastik-Typen mit parallelen (a) und schrägen (b) Schenkeln.

V-Y-Plastik

Die V-Y-Plastik kann im Sinne einer Insellappenplastik oder im Sinne eines breitbasig aufsitzenden V-förmigen Verschiebelappenplastik geplant werden. Immer wird dabei ein V-förmiges, dreieckiges Gewebsareal umschnitten und der entstehende Defekt V-förmig verschlossen, so daß der dreieckige Lappen entweder inselförmig in den Defekt verlagert oder so weit verschoben wird, daß die an der Basis bestehende Spannung ausgeglichen wird. Typischerweise wird dieser Lappen zur Bildung eines sensiblen Defektersatzes an der Fingerkuppe oder als myokutaner Insellappen zur Deckung präsakraler Defekte nach Mobilisierung des M. glutaeus maximus mit der darüberliegenden Haut verwendet. In beiden Fällen bleibt die Ernährung der zu verschiebenden Hautinsel durch Gefäße gesichert, die aus dem unter der Haut liegenden Weichteilgewebe für die Aufrechterhaltung der Durchblutung sorgen. Im Falle des Fingerkuppenersatzes kann so auch die Sensibilität erhalten bleiben. Der Verschluß erfolgt immer im Sinne eines Y (Abb. 4-12).

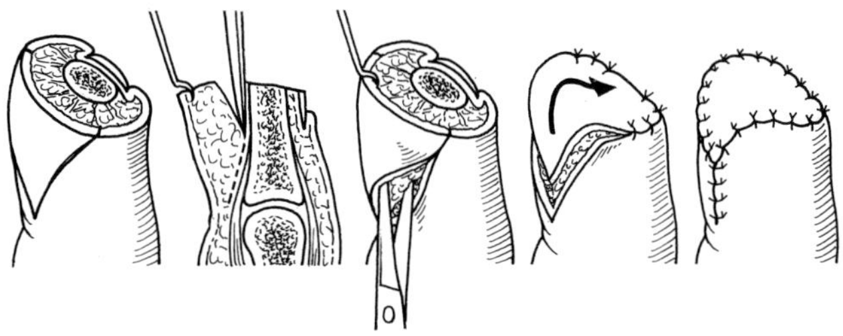

Abb. 4-12. V-Y-Lappen-Methode bei Amputation der Fingerspitze.

W-Plastik

Die W-Plastik dient der Anpassung einer gegen die Hautspaltlinien verschobenen Narbe an die Hautspaltlinien. Sie führt nicht zu einer Verlängerung und wird daher meist bei Narbenkorrekturen im Gesicht angewandt (s. Abb. 4-13).

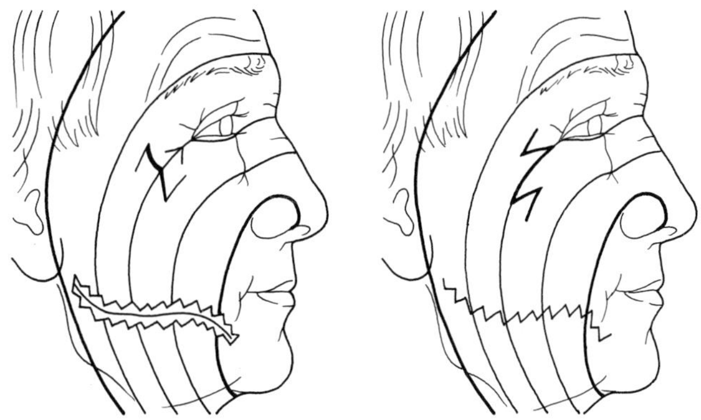

Abb. 4-13. W-Plastik als Anpassung an die Hautspaltlinien des Gesichtes.

Verschiebe- und Verschiebeschwenklappen

Verschiebe- und Verschiebeschwenklappen dienen zur Deckung eines Hautdefektes durch Verschiebung des benachbarten Hautareals, wobei durch besondere Schnittführung und Unterminierung der umgebenden Haut und des Subkutangewebes eine Mobilisierung verschiedener geometrischer Figuren in Richtung auf den Defekt erreicht werden soll. Bei der Rotation von Lappen dieser Art entstehen sogenannte »dog ears«, die entweder durch die Exzision eines **»Burrowschen Dreiecks«** ausgeglichen werden können oder aber durch Elastizität weitgehend spontan verschwinden. Faustregel für die Planung solcher Verschiebelappen ist ein Verhältnis der Länge zur Breite von 2:1, welches jedoch entsprechend der regional unterschiedlichen Durchblutung und dem Gefäßverlauf etwas variabel ist. Man spricht bei einem durch definierte Gefäße versorgten Lappen, der durch eine bekannte »Achsenarterie« versorgt wird, von einem »Axial pattern flap« (er kann über das Verhältnis 1:2 hinausgehen). Bei einem nicht definiert gefäßversorgten Lappen spricht man von einem »random pattern flap«, der im allgemeinen niemals über das Verhältnis 1:2 hinausgehen und im günstigsten Falle ein Basis-Längen-Verhältnis von 1:1 aufweisen sollte. Der Verschiebeschwenklappen und Rotationslappen sind Nahlappenplastiken, die es immer nach anatomischen und geometrischen Grundsätzen zu planen gilt. Eine typische geometrische Figur, die sich für viele Defektdeckungen anbietet, ist die sog. Du-Fourmantel-Plastik. Oft lassen sich Schwenklappen aber auch ohne besondere geometrische Kenntnisse planen. Wichtig ist dabei, daß die Vermessung vom Rotationspunkt aus erfolgt (Abb. 4-14, »Du-Fourmantel«, und Abb. 4-15, »McGregor-Rechtecklappen«). Bei der Du-Fourmantel-Plastik ist der Verschluß eines Sekundärdefektes nicht einzuplanen. Bei einem rechteckigen Rotationslappen, wie er in der Abb. 4-16 dargestellt ist, muß die Versorgung des Sekundärdefektes eingeplant werden. Große halbkreisförmige Rotationslappen, (Abb. 4-15), wie sie sich für die Deckung der Galeadefekte besonders eignen, können mit oder ohne Rückschnitt durchgeführt werden. Die Sekundärdefekte lassen sich hier meist verhindern; der »Rückschnitt« bedeutet immer eine Verschlechterung der Durchblutung im Bereich der »letzten Wiesen«.

Das Prinzip der Schwenkung läßt sich wie folgt darstellen: Jeder Schwenklappen dreht sich in seiner Hauptbewegung um eine Achse, die es bei der Planung zu definieren gilt. Nur durch eine genaue Vermessung der Rotationsachse lassen sich unerwartete und ungünstige Spannungen verhindern. Im Zweifelsfall sollte man ein Modell des geplanten Lappens anfertigen und dieses zunächst einmal um die gedachte Achse rotieren.

Insellappen (Abb. 4-16) dagegen sind Hautlappen, die nicht von ihrer Unterlage getrennt werden und deren Ernährung ausschließlich durch ein Gefäßbündel aus der Unterlage gewährleistet wird. Solche Insellappen können entweder auf der darunter liegenden Muskulatur (typische Vertreter der M.-latissimus-dorsi-Lappen) oder bei genauer Kenntnis der Gefäßversorgung ausschließlich an den Gefäßen selbst transportiert werden. Möglicherweise wird dabei der Hebedefekt, der in einer schrägen oder rechtwinkligen Achse zum zu verschließenden Defekt liegt, primär vernäht. Bei größeren Defekten wird der Hebedefekt mit Spalthaut oder Vollhaut gedeckt (s. Abschn. »Freie Lappentransplantation mit mikrosvaskulärem Anschluß«).

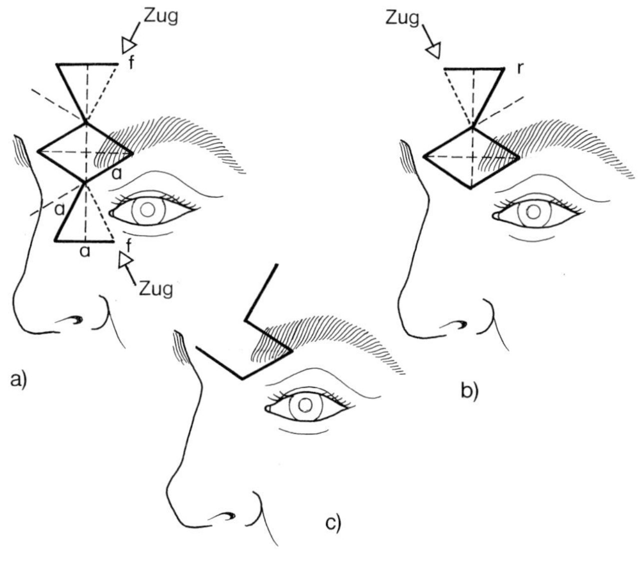

Abb. 4-14.a–c) Du-Fourmental-Lappen.

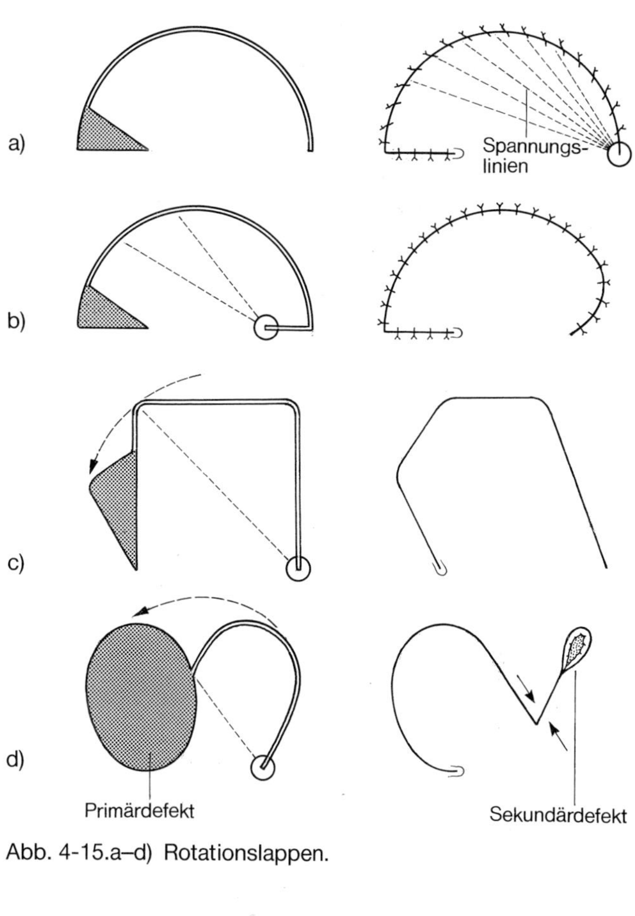

Abb. 4-15.a–d) Rotationslappen.

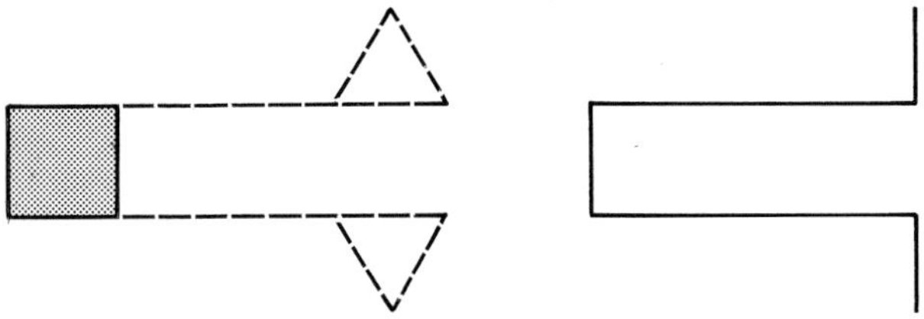

e) »McGregor-Rechtecklappen«.

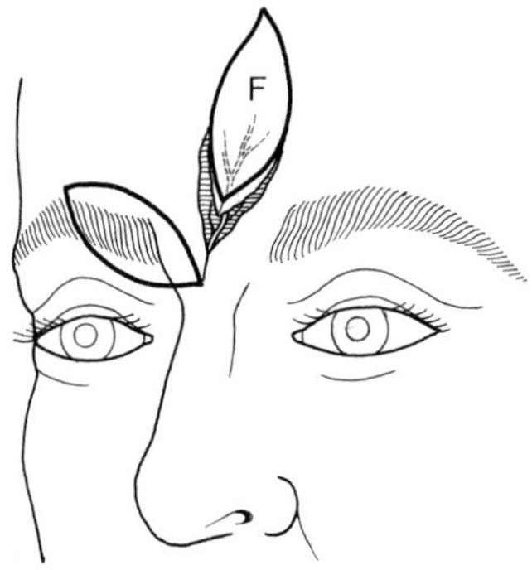

Abb. 4-16. Insellappen.

Rundstiellappen

Dieser früher häufig verwendete Wanderlappen wird heute nur noch selten gebildet, da fast immer dem freien einzeitigen mikrovaskulären Lappentransfer der Vorzug gegeben wird, wenn nicht spezielle regionale Lappen zur Deckung zur Verfügung stehen, die ja ebenfalls zur Zeit des Rundstiellappens weitgehend unbekannt waren. Ein Rundstiellappen wird z.B. aus dem Leistenlappen über den Unterarm zum Hals- oder Kopfbereich transferiert. Dabei können Haut und subkutanes Fettgewebe aus der Leisten- oder Rumpfregion mit einer relativ geringen Einbuße an Volumen und Fläche über einen Zeitraum von mehreren Wochen an praktisch jede beliebige Körperregion gebracht werden, wobei auch mehrere Zwischenstationen möglich sind, die jedoch immer einen gewissen Gewebsverlust bedingen. Das Vorgehen bei dieser Art von Gewebsbeschaffung besteht in der Bildung eines beidseitig gestielten Lappens aus Haut und subkutanem Fettgewebe durch parallel angelegte Inzision im Entnahmebereich. Der Hebedefekt wird nach Unterminierung der Subkutis primär verschlossen (Abb. 4-17). Der Lappen wird in sich als Rundstiellappen ebenfalls in seiner Längsachse verschlossen. Nach zwei bis drei Wochen kann bei ausreichender Blutzirkulation ein Schenkel des Lappens durchtrennt werden. Er wird dann entweder direkt im Bereich des Defektes fixiert oder über den Arm schrittweise zum Ort des Defektes transportiert, wobei jede neue Durchtrennung eine Wartezeit von etwa 3 Wochen bedingt. Nach Einheilung eines Lappenendes im Defektbereich wird der zweite Schenkel ebenfalls durchtrennt und zum Defekt gebracht, nach dessen Einheilung können diese Lappen dann erneut am Ort des Geschehens ausgebreitet werden. Es sollte niemals ein Rundstiellappen deshalb geplant werden, weil die entsprechenden plastisch-chirurgischen Alternativen nicht bekannt oder geläufig sind. Er stellt allenfalls noch eine Ultima ratio dar und hat ansonsten eine eher geschichtliche Bedeutung.

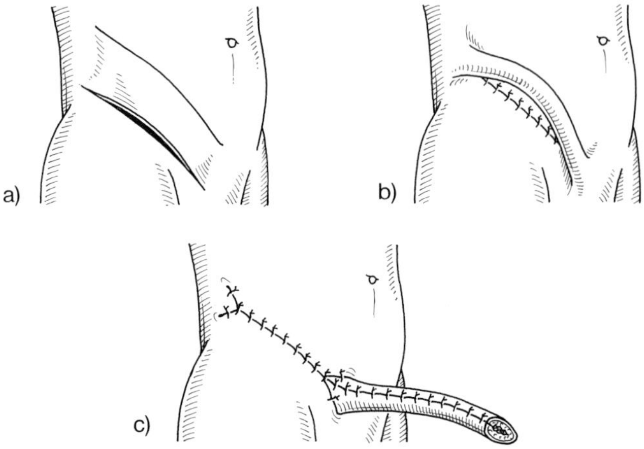

Abb. 4-17.a–c) Rundstiellappen-Vorbereitung und -»Wanderung«.

Myokutane Lappen

Beim myokutanen Lappen erhalten Haut und subkutanes Fettgewebe ihre Blutzufuhr aus der den jeweiligen Muskel versorgenden Arterie, der venöse Abfluß erfolgt über die entsprechende zentrale Vene. Unter Erhaltung des Gefäßbündels wird der Muskel unter Umständen mit der bedekkenden Subkutis und der darüber liegenden Haut transponiert, wobei ggf. auch intakte umgebende Hautareale unterminiert werden können. Die Entnahmestelle wird meist direkt oder mit Spalthaut verschlossen. Diese Lappen ermöglichen die Deckung relativ großer Defekte in Abhängigkeit zu der verwendeten Muskulatur. Typische Vertreter sind der M.-latissimus-dorsi-Lappen, der glutäale Insellappen, der M.-sternocleidomastoideus-Lappen zur Versorgung von Defekten im Gesichtsbereich sowie der M.-pectoralis-Lappen, der M.-gastrocnemius-Lappen und der myokutane M.-gracilis-Lappen, der bei Tumorresektion im Urogenitalbereich oft gute Dienste leistet.

Gekreuzte Lappen (Cross flaps)

Bei Extremitätendefekten wurden früher sehr häufig sog. Cross-leg-Lappen oder Cross-finger-flaps durchgeführt. Es sind gestielte Lappen von der kontralateralen Seite. Das Verfahren entspricht im wesentlichen dem Rundstielwanderlappen. Das Vorgehen ist mehrzeitig für einen Randompattern-flap, welches immer viele Wochen in Anspruch nimmt, da die Gefäßeinsprossung im Defektbereich Grundvoraussetzung für das Einheilen solcher Lappen ist. Die Extremitäten sind innerhalb dieses Zeitraumes von ca. 3 Wochen mit Gips oder Fixateur in einer oft unbequemen und letztlich schmerzhaften Position ruhigzustellen. Die Entnahmestellen des Lappens hinterlassen meist kosmetisch und funktionell unbefriedigende Defekte. Diese Lappenplastiken sind deshalb heute ebenfalls zugunsten der freien mikrovaskulären Lappen und der lokoregionalen Muskellappen weitgehend verlassen worden. Man kann damit den Hebedefekt gezielt wählen und verhindert die Entstehung entsprechender Problemdefekte an der gerade bei diesen Patienten meist besonders wichtigen kontralateralen, gesunden Extremität.

Eine besondere Art dieser Fern-Wanderlappen ist der Leistenlappen, der bei flächenhaften Weichteildefekten der Hand oft gute Dienste leistet. Dabei können ein axial gestielter, dünner, bis 20 × 10 cm großer Hautlappen aus der Leistenregion direkt auf die Hand gebracht und die Gefäße nach ca. 3 Wochen durchtrennt werden.

Freie Lappentransplantation mit mikrovaskulärem Anschluß

Durch die Anwendung mikrochirurgischer Techniken in der Plastischen Chirurgie ist es heute möglich, Haut, Subkutis, Muskelfaszie oder Knochen ebenso wie Dünndarm oder Peritoneum in praktisch jeder Form frei an den Ort eines Defektes zu transponieren. Dabei werden eine Arterie und mindestens eine Vene im Empfängerbereich dargestellt und ggf. Nerven und Sehnen entsprechend der zu rekonstruierenden Funktion an die ortsständigen Strukturen ebenso angeschlossen wie Arterie und Vene. Einer der häufig gebrauchten freien Myokutanlappen ist der oben bereits erwähnte Latissimus-dorsi-Lappen (Abb. 4-18), der als Muskel- oder Muskelhautlappen an der V. und A. thoracodorsalis sehr gut transponiert werden kann. Da es sich um einen myokutanen Lappen mit einem motorischen Nerven handelt, ist der nervale Anschluß nur für die Wiederherstellung motorischer Funktionen sinnvoll! Die kombinierte Entnahme von Weichteilen und Knochen ist sowohl am Beckenkamm als auch durch Verwendung einer Rippe oder der Fibula, aber auch durch Verwendung von Teilen der Scapula und des Radius, hier in Verbindung mit dem freien Radialislappen, möglich. Freie mikrovaskuläre Lappen sind immer dann indiziert, wenn im Defekt keine Voraussetzungen für eine freie Hauttransplantation gegeben sind, d.h. wenn Knochen, Sehnen, Nerven und größere Körperhöhlen freiliegen oder wenn es gilt, Körperkonturen wiederherzustellen. Die Technik des freien mikrovaskulären Lappentransfers erfordert eine spezifisch plastisch-chirurgische Ausbildung, die nicht im Rahmen eines mikrochirurgischen Trainingskurses zu erwerben ist. Die Durchführung solcher plastisch-chirurgischen Operationen muß deshalb den spezialisierten Vertretern des Teilgebietes vorbehalten bleiben.

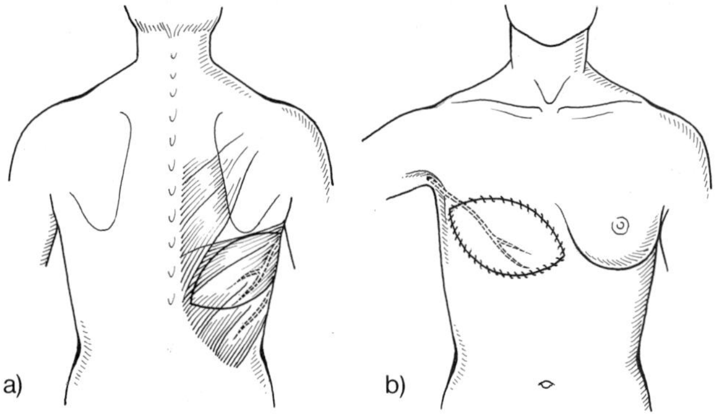

Abb. 4-18.a u. b) Latissimus-dorsi-Lappen.

Hauttumoren

Benigne wie maligne Hautveränderungen haben im chirurgischen Krankengut des letzten Jahrzehnts deutlich zugenommen. Dies mag auch an einer verbesserten Aufklärung der Patienten und einer daraus resultierenden Selbstbeobachtung liegen, die dazu führt, daß immer mehr diagnostische Maßnahmen vom Chirurgen gefordert werden. Die sog. PE zur Sicherung der dermatologisch-klinischen Diagnose ist deshalb eine chirurgische Aufgabe, weil die Probeexzision im Sinne einer Teilentfernung aus dem Tumor in sehr vielen Fällen nicht vertreten werden kann. Dies gilt sowohl für viele benigne Tumoren (z.B. Hämangiome, Lymphome, Atherome u.ä.). Eine Stanzbiopsie oder Teilentnahme erscheint aber im Falle der Malignität besonders problematisch; dies gilt insbesondere für die Melanome. Auch für die chirurgisch-diagnostischen Maßnahmen bei Hauttumoren ist also eine gewisse Kenntnis der Systematik der Hauttumoren aus chirurgischer Sicht erforderlich.

Eine grobe chirurgische Unterteilung ergibt sich aus der Gliederung in benigne, semimaligne und maligne Tumoren.

Benigne Hauttumoren sind definiert durch ein rein lokales Wachstum ohne Destruktion der umgebenden Gewebe. Sie wachsen allenfalls verdrängend. Hierzu gehören im weitesten Sinne auch die pseudotumorösen Hautveränderungen, die durch Retention, Fremdkörperreaktionen oder durch entzündliche Reaktionen der Haut und Hautanhangsgebilde bedingt sind. So z.B. auch das Atherom als Ausdruck einer Talgretention oder die verschiedenen Formen der virusbedingten Warzen und Condylomata accuminata oder dermale Ablagerungen wie Xanthelasmen und Gichttophi.

Semimaligne Tumoren bilden einen fließenden Übergang zur Definition der malignen Tumoren und unterscheiden sich von diesen in erster Linie durch das Fehlen einer Metastasierung. Sie sind aber dadurch ausgezeichnet, daß sie lokal destruierend und evtl. infiltrierend wachsen. Typische Vertreter dieser Gruppe sind das Basaliom oder das Dermatofibrosarcoma protuberans, eine fibromatöse Veränderung mit sehr hoher lokaler Progredienz und Rezidivneigung. Zwischen diesem extrem rezidivfreudigen Tumor und dem absolut benignen Fibroma pendulans sind aber ganz verschiedene Übergangsformen von Fibromen zu nennen, die sehr unterschiedliche lokale Wachstumsformen aufweisen, wie z.B. die juvenile progressive Fibromatose, die ebenfalls mit einem hohen Sicherheitsabstand zu resezieren ist.

Aus chirurgischer Sicht sind gerade diese sog. semimalignen Hauttumoren von besonderer Wichtigkeit, da für diese Gruppe der große Sicherheitsabstand ganz besonders wichtig ist.

Die **malignen Hauttumoren** sind dadurch charakterisiert, daß sie entweder als primäre Hauttumoren infiltrierend und **metastasierend** wachsen oder als Hautmetastasen eines andernorts lokalisierten Malignoms auftreten. Ihre Metastasierung kann lokoregional lymphogen, generalisiert hämatogen oder aber über die zentralen Lymphbahnen erfolgen.

Das Wissen um diese Möglichkeiten muß schon in die Überlegungen zur chirurgischen bzw. histologischen Diagnostik einbezogen werden. Dies beginnt bei der Wahl des Anästhesieverfahrens, welches bei einem klinischen Verdacht auf ein Melanom nicht mit einer lokalen Infiltration verbunden sein sollte. Hier wird die Leitungsanästhesie oder eine Allgemeinnarkose gewählt.

Noch wichtiger sind diese Überlegungen bei der Planung der Schnittführung. Dabei ist das Vorgehen ebenso auf die Technik des Defektverschlusses wie auf die histologische Untersuchungstechnik abzustimmen.

Als **Präkanzerosen** sind Hautveränderungen zu werten ohne die typischen Zeichen des malignen Wachstums im histologischen Präparat, aber auch ohne die klinischen Zeichen des infiltrativen Wachstums wie bei malignen und semimalignen Hauttumoren. Typisches Beispiel ist die Leukoplakie, die auf eine spätere mögliche Entartung hinweist. Sie ist ebenso ohne nennenswerten Sicherheitsabstand zu entfernen, wie z.B. die Melanosis circumscripta praeblastomatosa Dubreuilh. Hier wird allerdings im allgemeinen ein Sicherheitsabstand von 3–5 mm eingehalten.

Dagegen ist beim Carcinoma in situ wie z.B. dem Melanoma in situ (Lentigo maligna) bereits ein Sicherheitsabstand von 8–10 mm erforderlich.

Histologische Aufarbeitung des Biopsiematerials

Die globale histologische Diagnostik ist zwar die zentrale Frage bei der chirurgischen Gewinnung von Biopsiematerial, aber mindestens ebenso wichtig für die weitere Op.-Planung ist auch die Kenntnis des anatomischen Bezuges zwischen der Lokalisation des histologischen Befundes im PE-Material und der Positionierung des PE-Materials in der gesunden Umgebung. Eine sehr exakt dokumentierte Kommunikation zwischen Chirurgen und Pathologen ist daher ebenso dringend geboten wie die Kenntnis der Situation des regionalen Lymphabflusses, der evtl. präoperativ durch eine Lymphszintigraphie zu beurteilen ist. Für die Auswertung der histologischen Befunde ist deshalb die Markierung des Präparates oberstes Gebot. Sie erfolgt durch Fadenmarkierung bei 12 Uhr (kranialer Punkt). Nur so kann der Pathologe die Lokalisation einer möglichen Tumorinfiltration in der Umgebung der PE im Sinne der Zahlen des Uhrzifferblattes beschreiben. Es ist auch wichtig zu wissen, daß z.B. beim Basaliom die Randinfiltration eines Exzisates nicht im Schnellschnitt definiert werden kann. Bis zum Vorliegen der Befunde sollte der Entnahmedefekt deshalb nicht durch Verschiebeschwenklappen so verändert werden, daß später eine Zuordnung möglicherweise nicht radikal exzidierter Randpartien unmöglich wird. Hier ist im Zweifelsfall eine passagere Deckung für drei bis fünf Tage anzustreben. Dazu können autogene, allogene oder xenogene Transplantate verwendet werden.

Auch bei der Melanomdiagnostik ist zu berücksichtigen, daß die Bestimmung der Eindringtiefe und der Tumorlevel nach Minh und Clark wichtige Konsequenzen für die weitere Therapie haben. Wir glauben heute, daß Patienten mit einer Eindringtiefe von mehr als 0,75 mm und weniger als 1,5 mm durch eine Dissektion der regionalen Lymphbahnen profitieren. Eine Eindringtiefe unter 0,75 mm und deutlich über 1,5 mm wird im Falle eines Low- und Medium-Risk-Melanomes von uns nicht routinemäßig lymphonodektomiert. Auch hier ist also der primäre Verschluß durch VSP (Verschiebeschwenklappenplastik) nicht vor Abschluß der histologischen Untersuchung sinnvoll. Die histologische Diagnostik und fraktionierte Aufarbeitung des Präparates gibt Auskunft über den Sicherheitsabstand vom Tumorrand. Davon hängt aber auch die Frage der Lymphknotendissektion ab. Wir führen trotz der Möglichkeit einer Schnellschnittdiagnostik beim Melanom bis zum Vorliegen der endgültigen Diagnostik eine passagere Dekkung mit Spalthaut (evtl. Fremdhaut) durch. In diesem Zusammenhang muß der Chirurg auch wissen, daß es sogar erfahrenen Pathologen nicht immer sicher möglich ist, ein Melanom von anderen morphologisch sehr ähnlichen Pigmenttumoren im Schnellschnitt zu differenzieren. Die Konsequenz eines falsch positiven Schnellschnittbefundes ist aber bei sofortiger chirurgischer Weichteilbehandlung meist sehr weitgehend und kann beim zweizeitigen Vorgehen verhindert werden.

Operative Technik

Oberster Grundsatz bei der Gewinnung von Biopsiematerial aus allen Hauttumoren ist die totale Exzision des suspekten Hautareals. Dies hat entsprechend der Tumorgröße auf verschiedene Weise zu erfolgen.

Bei sehr kleinen Tumoren kann durch Mobilisierung der Wundränder ein primärer Verschluß erfolgen und gegebenenfalls problemlos entsprechend dem histologischen Befund nachexzidiert werden. Die Exzision erfolgt wetzsteinförmig parallel zu den Hautspaltlinien.

Bei größeren Tumoren, die durch VSP gedeckt werden könnten, ist in vielen Fällen das Vorliegen der endgültigen Histologie abzuwarten. Je nach Größe der Nachexzision müssen völlig unterschiedliche Lappen geplant werden. Verschiedene Alternativen können aber durch eine primäre Verschiebeschwenklappenplastik zunichte gemacht werden. Ein weiterer Nachteil ist in dem bei der VSP völlig verschobenen Wundrändern zu sehen, die der Aufteilung des Präparates im Sinne eines Uhrzifferblattes nicht mehr zuzuordnen sind, wenn nachexzidiert werden muß. Die passagere Deckung erfolgt am besten mit Fremdhaut oder einer Hautersatzmembran (wie Epigard oder Cutinova). Durch dieses zweizeitige Vorgehen bleiben dem Chirurgen alle weiteren Möglichkeiten bei sicherer Zuordnung der histologischen Befunde offen.

Bei großflächigen Hauttumoren (wie z.B. Rumpfhautbasaliome, Tierfellnaevi etc.) kann die Absicherung der Diagnose zwar ohne weiteres durch eine zentrale Hautbiopsie (Stanzbiopsie oder klassische PE) erfolgen. Es muß hier also nicht in allen Fällen eine primäre Totalexzision gefordert werden. Die PE sollte in solchen Fällen aber so klein gewählt werden, daß ein spannungsfreier primärer Verschluß resultiert. Auch bei benignen flächenhaften Hauttumoren verläuft die Wundheilung nicht ohne weiteres problemlos.

Der Verschluß großflächiger Exzisionsdefekte kann durch freie Transplantate oder große myokutane bzw. axial gestielte Lappen erfolgen. Je nach der Tiefe der Exzision eignet sich der resultierende Defekt nicht für die Aufnahme freier Hauttransplantate, so daß diese Möglichkeit in solchen Fällen nicht erzwungen werden sollte. Es ist aber vor allem bei den infiltrativ wachsenden semimalignen Hauttumoren zu beachten, daß nicht nur durch das histologische Ergebnis des exzidierten Gewebes unter dem Aspekt der Radikalität der Exzision nach den Seiten und in die Tiefe, sondern auch durch ein später tatsächlich auftretendes Rezidiv eine Nachexzision erforderlich werden kann. Dies ist fast immer unter dem Spalthauttransplantat besser zu erkennen und meist damit auch leichter zu versorgen als mit der begrenzten Mobilität eines meist nicht sehr lockeren, dicken Verschiebelappens.

Das freie Spalthauttransplantat erscheint also auch im Hinblick auf die modernen Möglichkeiten der sekundären Wiederherstellung solcher Narbenflächen mittels Gewebeexpander bei der Versorgung großflächiger Hauttumoren vorrangig indiziert. Es bleibt aber ein provisorisches Verfahren! Im Hinblick auf die unabdingbare Forderung nach Radikalität und optimaler Wiederherstellung muß die Versorgung der großflächigen Hauttumoren eine Domäne der Plastischen Chirurgie bleiben. Nicht nur im Falle eines für die freie Transplantation ungeeigneten Wundgrundes müssen alle, auch die freien, Lappentechniken angeboten werden können.

Eine weitere Möglichkeit zur Deckung großflächiger Tumordefekte nach initialer Spalthautversorgung ist in der Expandervordehnung der umgebenden Haut zu sehen. Im Gegensatz zu seiner theoretisch scheinbaren Anspruchslosigkeit stellt auch die Expanderrekonstruktion nach einer Spalthautdeckung ein technisch außerordentlich anspruchsvolles Verfahren dar, das erfahrenen plastischen Chirurgen vorbehalten bleiben sollte. – Die Behandlung von Hauttumoren ist heute eine weit größere ärztliche Herausforderung als noch vor 20 Jahren. Und das nicht nur wegen der technisch größeren Anforderungen! Die weit schwierigere Forderung besteht in der Notwendigkeit einer engen Kooperation zwischen Dermatologen, Pathologen und zwei verschiedenen chirurgischen Disziplinen, deren Zusammenwirken derzeit leider nicht immer reibungslos möglich ist.

Sicherheitsabstand bei semimalignen und malignen Hauttumoren

Eine typische Eigenschaft verschiedener Hauttumoren besteht im »subklinischen Wachstum« der Randbereiche. Das heißt der Randbereich semimaligner wie maligner Hauttumoren hat die Tendenz, mit nicht erkennbaren Tumorausläufern über den sichtbaren Rand hinauszuwachsen. Die Invasion dieser Ausläufer reicht, auch beim gleichen Tumortyp, von Millimeterbruchteilen bis zu Zentimeterlänge. Die Resektionslinie ist also jeweils individuell auf die Ausbreitungsform der Tumorart und die spezielle Wachstumsweise abzustellen.

Basaliom

(Tab. 4-3)

Beim Basaliom variiert die Ausbreitung mikroskopisch feiner subkutaner Ausläufer besonders stark und ist dabei sehr von den Bindegewebsstrukturen im Bereich der Unterlage abhängig. Das Narbenbasaliom neigt ganz besonders stark zum subepithelialen Wachstum, ebenso jede Art von Basaliomrezidiv. Das trifft aber auch grundsätzlich für alle Basaliome im Kopf- und Stirnbereich zu.

Die **soliden** und **adenoid zystisch** wachsenden Basaliome sind durch Inspektion und Palpation relativ gut zu erfassen; ein Sicherheitsabstand von 3–5 mm ist hier deshalb meist ausreichend. Die eher oberflächlich wachsenden Basaliome mit unscharfem Rand, die einen verstrichenen Übergang zur gesunden Umgebung zeigen, der einen Saum von nicht über 3 mm Breite aufweist, können mit einem Sicherheitsabstand von 1 cm meist erfolgreich exzidiert werden.

In allen Fällen des Einwachsens von Basaliomen in hautnahe, andersartige Bindegewebe, wie Knorpel, Tarsus, Muskel, Knochen oder Nervenscheiden sowie Narben, ist die Definition eines Sicherheitsabstandes nicht ohne histologische Stufenschnitte möglich. Hierzu wurden spezielle Techniken von Mohs, Drepper und Breuninger beschrieben, die sich besonders beim sklerodermiformen Basaliom bewährt haben. Schwieriger wird die Tumorrandkontrolle beim **fibrosierend** wachsenden Basaliom. Dieses hat sehr schlanke, nur mikroskopisch erfaßbare subepitheliale Ausläufer und zeigt dabei oft eine Diskontinuität dieser »Füßchen«.

Das sog. **Basalioma terebrans** stellt die höchsten Anforderungen bezüglich der Beurteilung des Sicherheitsabstandes, da es ganz stark in vertikaler Richtung wächst. Im Gesicht, wo Basaliome wegen ihrer Photosensibilität am häufigsten vorkommen, dringt dieses »Ulcus terebrans« oft tief in den Gesichtsschädel ein und muß deshalb radikal en bloc exzidiert und in zahlreichen rasterförmigen Randschnitten aufgearbeitet werden. Selbst ein großer Sicherheitsabstand von mehr als 1 cm gibt hier keine Sicherheitsgarantie.

Tab. 4-3. Formen des Basalioms (nach Steigleder, 1986).

Formen	Differentialdiagnose
Oberflächliche Form (oft multipel, Arsengaben)	Psoriasis, Morbus Bowen, Morbus Paget, superfiziell spreitendes Melanom
Klein- und großknotige Form	Andere Tumoren und Granulome
Sonderform: pigmentiertes Basaliom	Melanom, Angiom, Histiozytom
Ulcus rodens (ulzerierend) Ulcus terebrans (schnell ulzerierend und penetrierend)	Ulcus cruris, Gumma, systemische Mykosen, vegetierende Pyodermie, Tuberculosis cutis luposa
Vernarbende Form	Narben anderer Genese
Sklerodermieartige Form	Umschriebene Sklerodermie (s. Kuhn, 1989)
Nävobasaliome kombiniert mit Mißbildungen	Talgdrüsenhypertrophie, Trichoepitheliome u.a. benigne epitheliale Tumoren

Plattenepithelkarzinom

Bei kleineren Tumoren reicht hier in der Regel ein seitlicher Abstand von 1 cm, der möglichst auch nach der Tiefe einzuhalten ist. Eine routinemäßige Lymphonodektomie ist nicht erforderlich, im Falle tastbarer vergrößerter Lymphknoten sollte die Lymphknotendissektion jedoch vorgenommen werden. Bei einem Tumordurchmesser von über 1 cm an der Lippe wird von verschiedenen Autoren die prophylaktische Neck dissection empfohlen.

Spinaliom

Das sogenannte Spinaliom gehört zum Formenkreis der Plattenepithelkarzinome. Auch wenn von verschiedenen Autoren von einer Transformierung des Basalzellkarzinoms geredet wird, so muß doch heute davon ausgegangen werden, wobei diese beiden Tumorformen insbesondere bezüglich ihrer Metastasierungstendenz zu unterscheiden sind. – Ob eine Umwandlung des Basalioms zur metastasierenden Form des sog. Spinalioms möglich ist oder ob die beiden Tumorformen lediglich auf der Basis einer identischen Noxe im Bereich von strahlengeschädigten Hautarealen oder chronischen Ulzerationen, bei immunsupprimierten, nierentransplantierten Patienten oder auf der instabilen Narbe entstehen, ist nach wie vor umstritten. Das Spinaliom (Carcinoma spinocellulare oder Stachelzellkarzinom) ist jedoch prinzipiell in die Gruppe der Plattenepithelkarzinome einzuordnen und entspricht damit im angelsächsischen Sprachgebrauch ebenfalls der Definition des Squamos cell carcinoma und ist dementsprechend chirurgisch wie alle Plattenepithelkarzinome zu behandeln.

Malignes Melanom

Dieser Tumor zeigt ein primär diskontinuierliches Wachstum und bildet so häufig Satellitenmetastasen. Hierbei könnte es sich um eine Induktion der umgebenden Melanozyten oder um eine spontane Migration von malignen Melanozyten handeln. Diese Tendenz nimmt mit der Eindringtiefe (nach Breslow) zu. Der Sicherheitsabstand bei der lokalen Resektion ist deshalb proportional zur Eindringtiefe zu definieren:

Beim Melanoma in situ (Lentigo maligna)	8–10 mm
beim pT_1 – Level II – Eindringtiefe $< 0{,}75$ mm	1 cm
beim pT_2 – Level III – Eindringtiefe 0,75–1,5 mm	3 cm
beim pT_3 und pT_4 – Level IV und V – Eindringtiefe $> 1{,}5$ mm	5 cm

Die Probeexzision sollte also immer mit einem Sicherheitsabstand von mindestens 0,8 cm vorgenommen werden, wenn tatsächlich der klinische Verdacht auf ein Melanom besteht. Eine Lymphknotenausräumung führen wir bei Breslow 0,75–1,5 mm durch. Die Präparation erfolgt zentripedal zum Lymphabfluß. Der Hautschnitt soll mit dem Skalpell, die weitere Präparation mit der Elektrokaustik erfolgen; sie geht immer bis zur Faszie, im Gesicht bis zur mimischen Muskulatur.

Sarkome

Sie sind grundsätzlich zu differenzieren in:
1. Sarkome der Dermis und Subdermis (primäre Hautsarkome).
2. Sarkome, die in die Haut metastasieren oder infiltrieren (sekundäre Hautsarkome).

Die Sarkome machen insgesamt weniger als 1% aller Hauttumoren aus und gehören deshalb zu den seltenen und statistisch schlecht belegten Hauttumoren.

Das **Fibrosarkom** der Haut ist eine maligne, also metastasierende Tumorbildung. Sie kann im Gegensatz zum **Dermatofibrosarcoma protuberans**, welches nicht metastasiert und deshalb als semimaligne angesehen wird, wie das Plattenepithelkarzinom zum Basaliom in Relation gesehen werden.

Die Fibrosarkome metastasieren bevorzugt hämatogen in die Lungen und haben beim Jugendlichen eine wahrscheinlich bessere Prognose als bei älteren Patienten. Besonders die exulzerierenden Formen sind schwer vom Karzinom zu unterscheiden.

Malignes fibröses Histiozytom

Es unterteilt sich in einen zellreichen tiefwachsenden Typ mit schlechterer Prognose und eine myxoide klinisch und bezüglich der Metastasierung eher günstigere Form. Zusammenfassend neigen die malignen und semimalignen Formen dieser Fibrosarkome zu einer starken Invasion und Destruktion der Umgebung und in sehr hohem Maße zum Rezidiv. Ein sehr großer Sicherheitsabstand ist daher ohne genaue Bezugsgröße zu fordern. Vielleicht kann die Tumorgröße auch hier als wichtigste Richtlinie für die relative Größe des Sicherheitsabstandes gelten, wobei etwa die siebenfache Fläche des Tumors als Sicherheitsrandfläche exzidiert werden sollte.

Verbrennungen

Erste Hilfe

Die Kaltwasserbehandlung ist als wichtigste Erste-Hilfe-Maßnahme innerhalb der ersten 10–15 Min. nach der Verbrennung zu nennen. Sie verbessert nicht nur entscheidend die Prognose, sondern wirkt auch in hohem Maße schmerzstillend. Die ärztliche Erstversorgung unterstützt diesen lokalen Effekt durch systemische, analgetische Maßnahmen, die aber bei großflächigen Verbrennungen niemals oral erfolgen sollen. Eine adäquate Erste Hilfe mit kaltem Leitungswasser (18–20 °C), wiederholt in mehreren, etwa einminütigen Duschperioden, verbessert nicht nur die Prognose, sondern verhindert auch das sogenannte »Nachbrennen« im Gewebe. Als »Nachbrennen« wird die noch bis zu fast einer Stunde dauernde Energiespeicherung in dem gut wärmeisolierenden Hautorgan bezeichnet. Dies führt im Zusammenhang mit einer fortschreitenden intravasalen Gerinnung in der geschädigten Haut zu einer langsam fortschreitenden Gewebsschädigung. Die Kaltwasserbehandlung verhindert so das nach Beendigung der primären Einwirkung einer thermischen Noxe fortschreitende Absterben tieferliegender Hautzellschichten. Es ist darauf zu achten, daß es nicht durch Kaltwasseranwendung über mehr als 1–3 Min. zu einer Unterkühlung der Patienten und einer dadurch bedingten Verstärkung des Schocks kommt. Dies gilt insbesondere, wenn die Kaltwasseranwendung direkt auf brennende Kleider erfolgt, die dann als feuchter, kalter Umschlag wirken. Es kann insbesondere bei Kleinkindern sehr rasch zu einer extremen Unterkühlung mit Verstärkung des verbrennungsbedingten Schockmechanismus durch einen Kälteschock kommen. Die Kleider sind deshalb nach dem Ablöschen rasch zu entfernen; die Kaltwasserbehandlung kann dann immer wieder für etwa eine Minute wiederholt werden. Möglichst zuerst die adäquate Infusionsbehandlung einleiten! Die Patienten sind ansonsten durch eine Abdeckung mit wärmereflektierenden Metallfolien, sowie durch Raum- und Infusionstemperatur und mit allen verfügbaren Mitteln zu erwärmen.

Grundlagen der chirurgischen Behandlung

In Abhängigkeit von Temperatur und Einwirkungsdauer kann durch thermische Energie das sehr gut wärmeisolierende Organ Haut in den verschiedenen Schichten sehr unterschiedlich geschädigt werden. In extremen Fällen kommt es auch zur Zerstörung des Unterhautfettgewebes, von Sehnen und Muskulatur, sowie tieferliegenden Geweben und Organen (Abb. 4-19).

Die verschiedenen Hautschichten sind aber nicht nur wegen ihrer Bedeutung für die Regeneration der verbrannten Haut, sondern auch im Zusammenhang mit der Entnahme von Haut als Deckungsmaterial von großer Bedeutung. Die Differenzierung der Verbrennungsgrade nach ihrer Tiefe ist deshalb in bezug auf die Abheilung der Verbrennungswunde ebenso bedeutungsvoll, wie die Schichtdicke der entnommenen Transplantate für die Reepithelisierung des Hebedefektes.

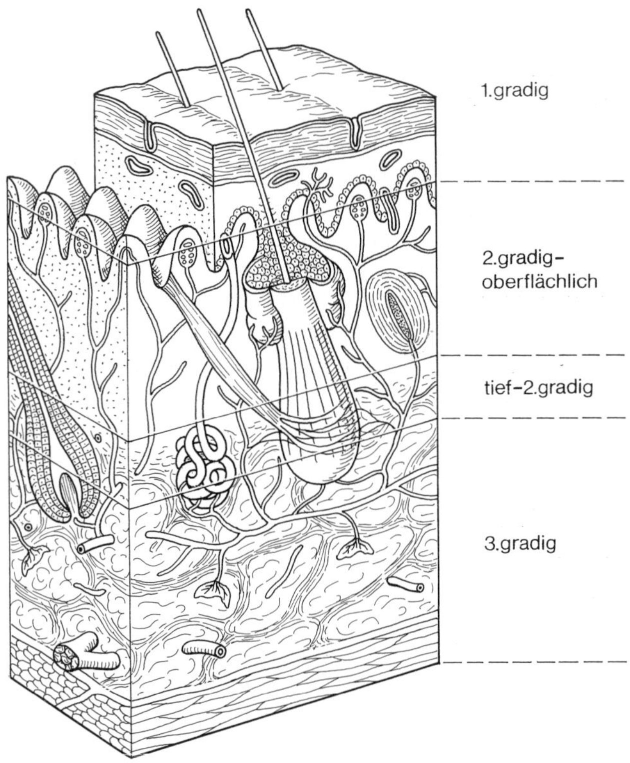

Abb. 4-19. Verbrennungsgrade nach ihrer Tiefe entsprechend der anatomischen Struktur der Haut.

Verbrennungsgrade

- Verbrennungen 1. Grades **(oberflächliche Irritation/Sonnenbrand):**
  Die thermische Schädigung betrifft nur die Epidermis. Es kommt zu einer schmerzhaften Rötung mit oberflächlicher Ödembildung, nicht zu typischen Blasenbildungen, die Abheilung erfolgt immer spontan und ohne Narbenbildung.
- Verbrennungen 2. Grades **(Teilnekrose der Haut):**
  Die Schädigung bezieht sich immer auf Epidermis und Corium, man unterscheidet
  2a: Oberflächliche zweitgradige Verbrennungen, die nicht zu einer Zerstörung der tiefen Coriumschichten führen, alle Hautanhangsgebilde bleiben erhalten; die Reepithelisierung erfolgt ohne Sekundärschädigung spontan und weitgehend ohne Narbenbildung innerhalb von 2 bis spätestens 3 Wochen. Diese oberflächlich zweitgradigen Verbrennungen zeigen meist eine typische Blasenbildung, sind hyperämisch gerötet und haben eine meist feuchte Oberfläche mit rascher Wiederherstellung der Kapillardurchblutung nach Glasspatelkompression. Die Sensibilität ist eher gesteigert als abgeschwächt.
  2b: Tiefe zweitgradige Verbrennungen, bei denen lediglich tiefliegende Teile des Coriums und der Hautanhangsgebilde erhalten bleiben. Die Reepithelisierung erfolgt sehr verzögert und immer mit erheblicher Narbenbildung, sie dauert länger als 3 Wochen und ist fast immer durch Infektionen kompliziert. Im Erstbefund ist eine sichere Differenzierung zu 2a-Verbrennungen meist nicht möglich. Die Wiederherstellung der Kapillardurchblutung nach Glasspateldruck erfolgt aber eher verlangsamt und sie kann oft nicht gänzlich weggedrückt werden. Die verbrannte Hautoberfläche ist eher trocken und die Sensibilität reduziert.
- Verbrennungen 3. Grades **(Totalnekrose der gesamten Haut):**
  Corium und alle Hautanhangsgebilde sind zerstört. Solche Verbrennungen können primär oder durch Sekundärfolgen auch zur Zerstörung des Subkutangewebes und tieferer Schichten führen. – Sie sind meist blaß, braun oder dunkelrot, führen nicht zu einer typischen Blasenbildung. Der Glasspateldruck führt nicht zu einer Entleerung des Kapillarblutes mit typischem Abblassen. – Die Verbrennungsfläche wirkt trocken und zeigt eine stark eingeschränkte Sensibilität.

Die Definition des 4. Verbrennungsgrades zur Kennzeichnung der Zerstörung von unter der Haut und Subkutis liegenden Geweben ist heute nicht mehr allgemein üblich.

Verbrennungskrankheit

Die thermische Schädigung größerer Hautareale führt zu Funktionsstörungen in fast allen Organen und Organsystemen, zur sog. Verbrennungskrankheit. Die Ursachen der Verbrennungskrankheit liegen sowohl in einer schweren generalisierten Permeabilitätsstörung als auch in den Störungen der Homöostase. Die immer nachfolgende Infektion, die von der großen Wundoberfläche ausgeht, und die toxischen Wirkungen der zerfallenen Gewebe und Endotoxine stellen bei einer stets eingeschränkten Immunreaktion eine vitale Bedrohung dar.

Es ist oberstes Ziel der chirurgischen Behandlung, so früh wie möglich die nekrotischen, nicht regenerationsfähigen Gewebsschichten möglichst vollständig zu entfernen und den Hautdefekt zu decken. Die Nekrosen können nicht durch Verbandwechsel entfernt werden, es ist aber manchmal notwendig, schützende Verbände bis zur Demarkation der nekrotischen Schichten oder zur Wiederherstellung der Operabilität des Patienten anzulegen. Eine konservative Therapie mittels lokaler Verbandbehandlung bis zur völligen spontanen Reepithelisierung ist nur bei oberflächlich zweitgradigen und erstgradigen Verbrennungen sinnvoll. Grundsätzlich ist die chirurgische Exzision der tiefen zweit- und drittgradigen Verbrennung zum frühestmöglichen Zeitpunkt anzustreben. Die daraus resultierenden Defekte müssen mit Hauttransplantaten gedeckt werden. Die Frühexzision verbessert die Überlebenschance des Brandverletzten ebenso wie die Möglichkeit der Wiederherstellung seiner Gelenksfunktionen und seiner äußeren Integrität. Nur erstgradige und oberflächliche zweitgradige (2a) Verbrennungen heilen spontan ohne Narbenbildung ab, wenn sie nicht sekundär durch Infektion oder durch Fortschreiten der Nekrosentiefe bei der verbrennungsspezifischen Mikrothrombosierung in eine tiefere Form der Verbrennungsgrade übergehen.

Therapie der tiefen zweit- und drittgradigen Verbrennung

Ist die Haut mit ihren Hautanhangsgebilden weitgehend oder vollständig zerstört, so kann nicht mit einer spontanen Reepithelisierung und einer akzeptablen Narbenbildung gerechnet werden. Der Organismus versucht dann durch Kontraktur und Epithelaussprossung vom Rand her die Defekte zu verkleinern. Dies führt immer zu einer »schrumpfenden, hypertrophen Narbenbildung«, d.h. es kommt zur **Narbenkontraktur.**

Die Hautersatzoperationen stellen bei tiefen und großflächigen Verbrennungen das Grundprinzip der Behandlung dar – nur die chirurgische Behandlung ist eine kausale Therapie dieser thermischen Verletzungen.

Die konservative Therapie (Verbandwechsel, enzymatisches Wunddebridement, antiseptische und antibiotische Therapie, sowie alle Maßnahmen der Intensivtherapie) ist bei dieser Art tiefer Verbrennungen eine rein symptomatische Behandlung und dient vorrangig der Vorbereitung der Patienten und ihrer Verbrennungsdefekte zur Transplantation als der einzigen Kausaltherapie. In vielen Fällen ist eine konservative Therapie auch dann gerechtfertigt, wenn zunächst eine sichere Differenzierung zwischen oberflächlichen und tiefreichenden Verbrennungen nicht möglich erscheint – nach spätestens drei Wochen sind oberflächliche Verbrennungen aber immer spontan reepithelisiert, so daß spätestens dann die sekundäre operative Therapie einzuleiten ist.

Der Verschluß der Verbrennungsdefekte durch Hauttransplantate ist die einzige Chance zur Wiederherstellung aseptischer Verhältnisse, und damit wichtigste Voraussetzung für die Minimierung der Narben- und Kontrakturbildung. Die wichtigste Voraussetzung für die Beurteilung der Prognose einer Verbrennung ist die Verbrennungsfläche, sie gibt auch die weitaus wichtigste Information für den Flüssigkeitsbedarf zur Initialtherapie. Neben der verbrannten Körperoberfläche (KOF) sind für die Prognose aber auch das Alter und mögliche Begleitverletzungen bzw. -erkrankungen, ebenso wie die Tiefe der thermischen Gewebeschädigung entscheidend.

Berechnung der verbrannten Körperoberfläche

Man bedient sich z.B. der Formel nach Wallace, die von einer sog. »Neuner-Regel« ausgeht. Als zusätzliche Hilfe bei der Flächenberechnung mit dieser relativ groben Faustregel dient die Handfläche, die immer etwa 1% der Körperoberfläche (KOF) darstellt. Für eine genauere Dokumentation der Verbrennungsfläche, die vor allem bei Kindern sehr erheblich von der Neuner-Regel abweicht, werden z.B. von den Berufsgenossenschaften spezifische Dokumentationsbögen und Tabellen bereitgestellt, mit deren Hilfe die Flächenberechnung sehr korrekt möglich ist (Tab. 4-4).

Infusionsbehandlung

Die Flächenberechnung ist nicht nur für die Prognose, sondern auch für die Berechnung der Flüssigkeitssubstitution in der Initialphase von entscheidender Bedeutung.

Die Beurteilung des Schweregrades der Verbrennung, d.h. der Tiefe der Gewebsschädigung, geht **nicht** in die Berechnung des initialen Flüssigkeitsverlustes ein.

Erfahrungsgemäß ist zwar bei den zweitgradigen Verbrennungen mit partieller Hautnekrose die Flüssigkeitsverschiebung und der damit verbundene intravasale Flüssigkeitsverlust, d.h. die resultierende Hypovolämie und Schocksymptomatik am stärksten ausgeprägt, trotzdem läßt sich aber sowohl für zweit- wie auch für drittgradige Verbrennungen allein auf der Basis der korrekten Flächenberechnung die initiale Infusionstherapie sehr gut steuern.

Der Flüssigkeitsersatz orientiert sich bis zum Vorliegen der wichtigsten Laborparameter unabhängig von den groben Rechenschemata immer vorrangig an Blutdruck und Diurese.

Erwachsene benötigen eine intravenöse Flüssigkeitssubstitution bei Verbrennungen von über 15%, Kinder und ältere Patienten schon bei einer Ausdehnung von mehr als 10% der KOF. Der Zugang für die Infusionstherapie sollte bei großflächigen Verbrennungen möglichst zentral erfolgen. Eine orale Flüssigkeitssubstitution sollte nur im Notfall mit speziellen Salzlösungen (Haldane-Lösung / 30 g NaCl, 15 g $NaHCO_3$ pro Liter) oder mit einer einfachen Kochsalzlösung (1 Eßlöffel Kochsalz auf 1 Liter Wasser) erfolgen. Eine orale Flüssigkeitsgabe ist aber immer nur dann zu rechtfertigen, wenn eine Infusionsbehandlung während der ersten Stunden nach dem Ereignis sicher nicht durchgeführt werden kann. Spätestens jedoch nach einer Stunde ist durch die einsetzende Darmatonie auf jede orale Flüssigkeitssubstitution zu verzichten, da keine nennenswerte Resorption mehr erfolgt.

Gleichzeitig mit dem Beginn der Infusionstherapie erfolgt die analgetische und sedierende Behandlung. Gerade die zweitgradigen Verbrennungen sind besonders schmerzhaft. Eine durch sedative Maßnahmen unterstützte, kombinierte Schmerztherapie ist hier zu bevorzugen. So ist z.B. die Kombination von Valium und Fortral oder anderen Morphinderivaten hilfreich. In vielen Fällen ausgedehnter Verbrennungen ist die Kombination eines zentral wirkenden Analgetikums aus der Reihe der Morphine mit einem peripher wirksamen Schmerzmittel (z.B. Novalgin) sinnvoll. In extremen Fällen kann auch ein lytischer Cocktail verwendet werden.

Tab. 4-4. Dokumentationsbogen der Berufsgenossenschaft zur Feststellung der verbrannten Körperoberflächen.

1° = grün*)
2° = blau*)
3° = rot*)
*) in Skizze eintragen

....
Unterschrift des D-Arztes

Name: .... Vorname: .... Alter: ....

Verbrennung	1 bis 4 Jahre	5 bis 9 Jahre	10 bis 14 Jahre	15 Jahre	Erwachsene	1°*)	2°*)	3°*)
Kopf	17	13	11	9	7			
Hals	2	2	2	2	2			
Rumpf (vorn)	13	13	13	13	13			
Rumpf (hinten)	13	13	13	13	13			
R. Gesäßhälfte	2½	2½	2½	2½	2½			
L. Gesäßhälfte	2½	2½	2½	2½	2½			
Genitalien	1	1	1	1	1			
R. Oberarm	4	4	4	4	4			
L. Oberarm	4	4	4	4	4			
R. Unterarm	3	3	3	3	3			
L. Unterarm	3	3	3	3	3			
R. Hand	2½	2½	2½	2½	2½			
L. Hand	2½	2½	2½	2½	2½			
R. Oberschenkel	6½	8	8½	9	9½			
L. Oberschenkel	6½	8	8½	9	9½			
R. Unterschenkel	5	5½	6	6½	7			
L. Unterschenkel	5	5½	6	6½	7			
R. Fuß	3½	3½	3½	3½	3½			
L. Fuß	3½	3½	3½	3½	3½			
Summe:								
Gesamtverbrennung:								

Der Verbrennungsschock, der zwar im Sinne einer neurogenen Reaktion verstärkt wird, ist aber ähnlich dem traumatischen Schock ein hypovolämisches Geschehen, wenn auch ohne Flüssigkeitsverlust nach außen. Die Therapie sollte in den ersten 24 Std. ausschließlich mit Ringer-Lactat-Lösung, bzw. einer rein kristalloiden Elektrolytlösung erfolgen; erst am zweiten Tag oder bei extremem Eiweißverlust mit Werten unter 3,5 g pro 100 ml sollen und müssen auch vorzeitig kolloidale Lösungen gegeben werden.

Die erforderliche Flüssigkeitsmenge wird unter Berücksichtigung der am Patienten gemessenen Parameter wie Diurese, Blutdruck, zentraler Venendruck und Plasmavolumen (Tabb. 4-5 u. 6), sowie Hämoglobin, Hämatokrit und Elektrolytverschiebungen berechnet. In den ersten Stunden bis zum Vorliegen der entsprechenden Laborparameter muß jedoch der Bedarf schematisch geschätzt werden. Diese Schätzung erfolgt auf der Basis der berechneten Verbrennungsfläche mit Formeln nach Evans, Baxter, Ahnefeld, oder nach der Brooke-Army-Hospital-Formel, die heute durch zahlreiche geringfügige Variationen verändert wurden.

Tab. 4-5. Parameter bei der Beobachtung Schwerverbrannter.

Laboruntersuchungen	In den ersten drei Tagen	In den ersten drei Wochen
Serum, Urin, Elektrolyte	stündlich	2–6stündlich
Hämatokrit, Hämoglobin, Erythrozyten, Leukozyten, Thrombozyten	2stündlich	alle 6–8 Std.
Kreatinin	8stündlich	nach Bedarf
Blutgasanalyse	1–3stündlich	nach Bedarf
Blut-(Plasma-)Volumen	24stündlich	nach Bedarf
Blutzucker	1–3stündlich	im weiteren nach Bedarf
Leberfunktionsproben	bei Aufnahme	im weiteren nach Bedarf
N-Gleichgewicht		wöchentlich
Gerinnungsstatus + AT III	6stündlich	
Bakteriologische Untersuchungen (von der Verbrennungsfläche)	tgl. Wunden, Trachealsekret, Nasen-Rachen-Raum	
CRP	bei Aufnahme	

Tab. 4-6. Monitoring.

Untersuchungen	In den ersten drei Tagen	In den ersten drei Wochen
Urinvolumen	fortlaufend, stündlich	
Thoraxröntgenaufnahme	bei Aufnahme,	im weiteren nach Bedarf
Zentraler Venendruck	fortlaufend	nach Bedarf
Blutdruck	fortlaufend	nach Bedarf
Temperatur	fortlaufend	nach Gewohnheit
Herztätigkeit (EKG oder Puls)	fortlaufend (Monitor)	nach Bedarf
Körpergewicht (Bettwaage)	2–3stündlich	nach Bedarf
Pulmonaliskatheter bei V.-a.-Sepsis bzw. unklarem RR-Abfall		Messung alle 6 Std. zur gezielten Katecholamintherapie

Alle Autoren stimmen aber weitgehend darin überein, daß während der ersten 24 Std. ein Bedarf von etwa 4 × kg Körpergewicht × % verbrannter KOF in ml angenommen werden muß. Davon muß mindestens die Hälfte in den ersten 8 Std., die zweite Hälfte in den darauffolgenden 16 Std. verabreicht werden. Diese gegenüber älteren Berechnungsschemata etwas höhere Flüssigkeitsmenge wird dem bei reiner Elektrolytlösung vermehrten Volumenbedarf in den ersten 24 Std. gerecht. Entscheidend ist aber letztlich immer der individuelle tatsächliche Bedarf, der vor allem aus Diurese und arteriellem bzw. venösem Blutdruck zu ersehen ist. Hämatokrit und Hämoglobinwerte und die in Tab. 4-5 dargestellten Parameter können in den ersten zwei bis drei Tagen zwar wichtige Hinweise geben, sollen aber nicht vollständig normalisiert werden. Die Harnproduktion soll minimal 50 ml pro Stunde, darüber hinaus aber nicht mehr als 10 % des infundierten Volumens betragen. Die Infusionstherapie bedeutet nicht nur wegen der erforderlichen großen Volumina oft ein technisches Problem. Die zur Venenpunktion am häufigsten benutzten Gebiete sind auch sehr oft verbrannt. Man kann in der Frühphase, d.h. während der ersten Stunden, aber auch eine Punktion durch verbranntes Gebiet vertreten. Die ohnehin wöchentlich zu wechselnden Zugänge sollten dann später, nach Auftreten der Infektion, durch gesunde Haut gestochen werden. Verwendet werden folgende Venenpunktionsstellen in der genannten Reihung: V. subclavia, V. jugularis, Unterarm, Ellenbeuge, V. femoralis, (Unterschenkel). Die Venenpunktion im Bereich der Knöchel ist wegen der sehr hohen thrombotischen Komplikationsrate nicht als Dauerzugang zu verwenden. Zweckmäßigerweise werden von Anfang an zentralliegende Katheter zur Messung des zentralen Venendrucks und zur Infusion hochosmolarer Lösungen gleichermaßen verwendet.

Ebenso wichtig wie die zentralvenösen Zugänge ist ein arterieller Katheter zur fortlaufenden Blutdruckmessung und der **suprapubische Urinkatheter**, der zur Kontrolle der Stundenurinvolumina, wie zur fortlaufenden Kontrolle der Retentionswerte der Osmolalität und einer differenzierten Bestimmung der Elektrolytausscheidung im Urin unentbehrlich ist und der heute im Regelfall den transurethralen Blasenkatheter ersetzen sollte.

Infektionsprophylaxe

Auch wenn durch das Verbrennungstrauma mit hohen Temperaturen oberflächliche Mikroorganismen weitgehend vernichtet werden können, so befindet sich doch in den Hautanhangsgebilden, ebenso wie im Bereich des Nasen-Rachen-Raumes und der Anogenitalregion immer eine physiologische Mikroflora. Die Vermehrung solcher körpereigener Bakterien oder Pilze findet im Bereich der Verbrennungsnekrosen optimale Voraussetzungen. Aus den Hautanhangsgebilden und aus der Umgebung der Wunde gelangen solche Keime in das nekrotische Gewebe, sie können dort einen pathogenen Charakter erlangen. Die Hauptgefahr bei dieser Keimbesiedlung geht aber von therapieresistenten Hospitalkeimen aus (Hospitalismus).

In die durch Mikrothrombosierung aus dem Kreislauf ausgeschalteten nekrotischen Hautteile gelangen weder die systemisch verabreichten Antibiotika, noch die von außen verabreichten antiseptischen Substanzen. Es bestehen optimale Voraussetzungen zur Keimvermehrung bis zur chirurgischen Nekrektomie. **Antibiotika wirken in der Nachbarschaft des nekrobiotischen Gewebes, in der primär nicht geschädigten Lunge oder in der sich sekundär infizierenden Blase, sie verhindern aber niemals die Infektion des nekrotischen, verbrannten Gewebes** und die daraus resultierende Sepsis. Da bei Aufnahme des Patienten die Empfindlichkeit der Krankheitserreger gegenüber den einzelnen Antibiotika noch nicht bekannt ist, empfiehlt es sich, sofort Wundabstriche zu gewinnen, die aus dem Nasen-Rachen-Raum, der Analregion und von der verbrannten Hautoberfläche entnommen werden. Von ihrem Ergebnis und den entsprechenden Resistenzbestimmungen ist die später evtl. notwendig werdende antibiotische Therapie abhängig zu machen. Eine Antibiotikaprophylaxe wird nur bei primär beatmeten Patienten im Hinblick auf die Lunge durchgeführt.

Die Tetanusprophylaxe ist auch bei Verbrennungen unabdingbar notwendig.

Pflege von Verbrennungspatienten

Die Lagerung zur Pflege von Schwerbrandverletzten, sowie die spezifischen intensivmedizinischen Maßnahmen weichen von denen bei der Pflege allgemeinchirurgischer Patienten erheblich ab. Der Wasser- und Energieverlust wächst schon während der ersten Stunden auf den 10–50fachen Normalwert an. Die lokalen Maßnahmen können diesen Verlust nur geringfügig reduzieren. Dies gilt auch für die heute wieder zunehmend propagierte Gerbungsbehandlung, die eine trockene infektresistente Oberfläche schafft und den Eiweißverlust nach außen verhindert oder stark einschränkt. Auch durch einen trockenen Gerbungsschorf findet eine weit über die Norm hinausgehende Wasserverdunstung statt, die immer mit einem entsprechenden Energieverlust einhergeht. Diese Wasserverdampfung kann durch entsprechende Klimatisierung des Krankenzimmers günstig beeinflußt werden.

Optimale Raumtemperatur 30–32 °C, optimale Raumfeuchtigkeit 30–40 % relative Luftfeuchtigkeit.

Die Infektion der Verbrennungswunde kann schon nach wenigen Stunden beginnen, sie ist aber immer spätestens nach 4–5 Tagen zu erwarten. Schutz vor dieser Infektion bietet nur die chirurgische Exzision der Nekrose und die Deckung dieser chirurgischen Defekte mit Haut oder Hautäquivalenten. An lokalen antiseptischen Maßnahmen sind insbesondere der Einsatz von J-PVP-Präparaten (Jod-Polyvinylpyrrolidon) mit oder ohne zusätzliche Gerbung durch Tannin und/oder Silbernitrat, ebenso wie die konsequente Anwendung von Silbersulfadiazin oder Silbernitratlösungen zu erwähnen. Prophylaktisch ist vor allem die Übertragung spezifischer Keime durch das Personal zu verhindern. Strikte Sterilität (Isolation des Patienten, Handschuhe, Mundschutz, separate Kittel im Krankenzimmer, sterile Unterlagen usw.) ist deshalb unabdingbare Voraussetzung bei der Pflege Brandverletzter. Im Vordergrund steht aber immer noch die konsequente Reinigung und Desinfektion der Hände!

Die rasch anzustrebende Wiederaufnahme der oralen Flüssigkeitszufuhr und Ernährung birgt auch die Gefahr der Keimkontamination durch Nahrungsmittel in sich, besondere hygienische Maßnahmen und Hilfestellung bei der Nahrungsaufnahme sind deshalb wichtig.

Zahlreiche Laborkontrollen sind zur Berechnung der Flüssigkeits- und Energiezufuhr notwendig. Die Überwachung erfolgt mit dem heute üblichen Monitoring der Intensiveinheit (Tab. 4-5 u. 6).

Wahl der Lokalbehandlung

Bei der Erstbehandlung muß der Chirurg nicht sofort entscheiden, welche Lokalbehandlung angezeigt ist und welche chirurgischen Konsequenzen zu erwarten sind. In der Bundesrepublik Deutschland (alt) sind inzwischen spezielle Verbrennungseinheiten in genügender Zahl eingerichtet worden, um für jeden Patienten eine optimale Therapie sicherstellen zu können. Die Wahl der Lokalbehandlung ist in vielen Fällen eine für die gesamte weitere Therapie verbindliche Entscheidung, man sollte deshalb dem verantwortlichen Verbrennungszentrum nicht vorgreifen. Die zur Überweisung dorthin vorgesehenen Patienten sollten grundsätzlich mit J-PVP-Gaze versorgt, steril abgedeckt und dann möglichst umgehend in das Zentrum verlegt werden. Auch bei kleinflächigen Verbrennungen im Bereich des Gesichtes, der Hände, der Hals- und Axillaregion, sowie der Anogenitalregion, ist eine Verlegung in ein Zentrum immer angezeigt, da hier die größere Erfahrung und die besseren technischen Möglichkeiten oft entscheidende Vorteile bringen. Grundsätzlich sollten alle Verbrennungen mit Verdacht auf ein Inhalationstrauma oder mit einer Verbrennungsfläche von mehr als 10 % der KOF beim Säugling und >20 % beim Erwachsenen heute einem Verbrennungszentrum zugeführt werden. Die Vermittlung über eine Zentrale Leitstelle in Hamburg (Tel. 040/44 19 54 24) ist sichergestellt.

Die Schwierigkeiten bei der Beurteilung der Tiefe einer Verbrennung wurden bereits besprochen, und es ist deshalb immer besser, eine zweitgradige Verbrennung in ein Zentrum zu überweisen, von dem aus der Patient bald ins Heimatkrankenhaus zurückverlegt werden kann, als eine infizierte, tiefe zweit- oder drittgradige Verbrennung erst nach 3 Wochen zu verlegen, weil dann oft eine optimale Behandlung nicht mehr möglich ist. Bei den in der allgemeinchirurgischen Abteilung oder im Rahmen der allgemeinchirurgischen Ambulanz behandelten kleinen Verbrennungen ist vor allem die regelmäßige Verbandkontrolle und die kritische Beurteilung der lokalen Wundverhältnisse von großer Bedeutung. Es ist wichtig zu beachten, daß die üblichen antiseptischen Präparate zur Lokalbehandlung, wie Silbersulfadiazin und J-PVP nur eine sehr oberflächliche Wirkung entfalten und eine bakterizide oder bakteriostatische Wirkung in der Tiefe der Nekrose niemals erwartet werden kann. Die antiseptische Lokalbehandlung ist deshalb nur im Zusammenhang mit einem konsequenten chirurgischen Debridement sinnvoll. In der Spätphase, d.h. nach der dritten bis vierten Woche, ist die Infektion im Bereich der verbleibenden Granulationsflächen oft mit diesen lokalen Antiseptika nicht mehr zu beherrschen. Hier ist eine unter Umständen kombinierte lokale und systemische Antibiotikatherapie, die immer nur kurzfristig durchgeführt werden sollte, d.h. während der Dauer bis zu drei Tagen, unter Umständen sinnvoll. Zur Konsolidierung der überschießenden schlaffen Granulationen, auch als Vorbereitung zur Operation, ist hier die hypertone Kochsalzlösung als Ergänzung zur antibiotischen und antiseptischen Behandlung zu erwähnen.

Ganz entscheidend ist gerade bei der Wahl der Lokalbehandlung die persönliche Erfahrung des Verbrennungschirurgen. Es ist grundsätzlich viel besser, diese Entscheidung dem damit Erfahrenen zu überlassen, als eigenmächtig einen falschen Weg einzuschlagen, der schon nach kurzer Zeit die guten Chancen einer modernen Verbrennungsbehandlung zunichte macht. Es kann nicht genügend betont werden, daß der Erfolg der Verbrennungsbehandlung fast ausschließlich von der Initialbehandlung der ersten Tage abhängt und daß jede Fehlentscheidung in dieser Frühphase unabsehbare, oft desolate Folgen für den Patienten mit sich bringt. Die sofortige Einweisung in ein Verbrennungszentrum unter Berücksichtigung streng aseptischer Kriterien ist deshalb oberste Devise bei der frischen Verbrennung. Für den Allgemeinchirurgen ist die Kenntnis der modernen Methoden in der Nachbehandlung der Transplantate und in der ambulanten Nachbehandlung von weit größerer Bedeutung.

Wundreinigung

Bei der Erstversorgung der Verbrennungswunde ist diese mit Bürsten zu reinigen und von abschilfernden Epithelresten möglichst vollständig zu befreien. Die haartragenden Körperpartien werden rasiert, bzw. geschoren. Ziel der Lokalbehandlung ist zunächst eine unblutige mechanische Reinigung der Oberfläche, die Entfernung der abgestorbenen Epithelreste und eine möglichst effiziente Desinfektion, bzw. antiseptische Behandlung mit Langzeitwirkung bei minimaler Resorption toxischer, bzw. immunsuppressiver Komponenten aus solchen Antiseptika.

Die mechanische Reinigung der Verbrennungswunde ist sehr schmerzhaft. Sie kann auch bei drittgradigen Verbrennungen trotz der hier postulierten Zerstörung der sensiblen Nerven nur in Narkose durchgeführt werden. Bei kleineren Verbrennungswunden kann die Leitungs- oder Lokalanästhesie hilfreich sein.

Bei großflächigen Verbrennungen sind die Brandblasen vollständig zu entfernen. Bei sehr kleinen Verbrennungen 2. Grades und intakten Blasen sollten diese 4–6 Tage belassen werden. Sie sind dann aber ebenfalls vollständig zu entfernen. Da sich Verbrennungsblasen oft erst nach Stunden ausbilden, werden auch die zweitgradigen Verbrennungsflächen zunächst prophylaktisch mit J-PVP-Gaze abgedeckt.

Eine besondere Form der Infektionsprophylaxe ist die Gerbungsbehandlung, die immer zu einer trockenen Wundoberfläche führt und damit vor allem den Eiweiß-, aber auch den Wasserverlust einschränkt.

Alternativen der Lokalbehandlung

Erst nach einer vollständigen Wundreinigung kann der Verbrennungsgrad vorläufig abgeschätzt und dementsprechend die Lokalbehandlung gewählt werden. Grundsätzlich ist zwischen der offenen Behandlung, der halbgeschlossenen und geschlossenen Wundbehandlung mit Verbänden zu unterscheiden.

Alle drittgradigen Verbrennungen werden, wenn irgend möglich, primär exzidiert, d.h. bis zum dritten Tag operativ versorgt.

Unter **verzögerter primärer Exzision** verstehen wir die Nekrektomie zwischen der 2. und 3. Woche, dabei steht »primär« für aseptische Wundverhältnisse. Die verzögerte primäre Exzision erfolgt bei uns meist an einem trockenen artifiziellen Gerbungsschorf, der sich über zweitgradigen Verbrennungen nach deren Spontanheilung zwischen der 2. und 3. Woche vom Rand her völlig abhebt. Auch im Bereich der drittgradigen Defekte sorgt dieser Schorf bei guter Pflege innerhalb dieses Zeitraumes für sterile Verhältnisse. Deutlich erkennbare drittgradige Verbrennungsnekrosen sollten aber immer primär, d.h. möglichst innerhalb der ersten 3 Tage, spätestens aber in der ersten Woche exzidiert werden. Die später noch im einzelnen zu beschreibende Gerbung ist also ganz vorwiegend eine Therapie der Verbrennung zweiten Grades und hilft vor allem bei der Differenzierung zwischen 2a- und 2b-Verbrennungen, da die oberflächlichen (2a) immer spätestens nach 3 Wochen im Sinne einer Restitutio ad integrum geheilt sein müssen.

Escharotomie

Da es im verbrannten Gewebe immer zu einer exzessiven Ödembildung kommt, muß bei zirkulären Verbrennungen unter Umständen mit einer Kompression der kleinen Gefäße und einem Sistieren der Mikrozirkulation in der Endstrombahn gerechnet werden. In fast allen Fällen kann durch extreme Hochlagerung solcher Extremitäten eine kompressionsbedingte Minderperfusion verhindert werden. Nur in einigen wenigen Fällen muß bei nachweisbarem Sistieren der Kapillarperfusion z.B. im Bereich des Nagelbettes oder bei einer schweren mechanischen Behinderung der Atmung, das Einschneiden der Haut quer zur Hauptspannung erfolgen. Diese Inzision im Sinne der Escharotomie bedeutet immer eine Eintrittspforte für Keime in tieferliegende Schichten und macht z.B. den wesentlichsten Effekt der Gerbungsbehandlung weitgehend zunichte, da von dort aus sehr früh die Infektion unter dem umliegenden Schorf beginnt und sich ausbreitet. Sehr wichtig sind aber frühe operative Maßnahmen zur Spaltung von Haut und Faszie beim Compartementsyndrom, wie es in typischer Weise nach Stromverletzungen, insbesondere Hochspannungsverbrennungen, zu erwarten ist. Im eigenen Patientengut mußten Escharotomien nur in 0,6 % normaler Verbrennungs- und Verbrühungsfälle vorgenommen werden, wenn eine konsequente Hochlagerung von Anfang an gewährleistet war. Im Einzelfall sollte vor allem bei drittgradigen Verbrennungen, wenn die Notwendigkeit einer Escharotomie besteht, statt dessen immer eine Nekrektomie oder Teilnekrektomie in Erwägung gezogen werden. Die Nekrektomie führt immer zu einer besseren Entspannung und die nachfolgende Deckung mit Eigenhaut zeigt in dieser frühen Phase immer die besten Ergebnisse. Bei der Wahl der für die Nekrektomie in Frage kommenden Areale sollten die zur arteriellen und venösen Punktion bevorzugten Areale im Vordergrund stehen, da dann nach Einheilung der Transplantate unter wesentlich günstigeren Bedingungen Katheter gelegt werden können.

Die primäre Exzision und Naht nach isolierten drittgradigen Verbrennungen ist grundsätzlich nicht zu empfehlen, da es immer durch das nachfolgende Ödem zu einer unliebsamen Spannung der Nähte kommt. Es sollte also nach der Exzision entweder offen weiterbehandelt oder bevorzugt primär transplantiert werden.

Grundlagen der konservativen Behandlungsmaßnahmen bei Verbrennungen

Die konservative Therapie von Verbrennungen ist heute nur im Zusammenhang mit erst- und zweitgradigen Verbrennungen zu diskutieren. Bei allen drittgradigen Verbrennungen ist die konservative Therapie lediglich als Vor- oder Nachbehandlung zur chirurgischen Therapie anzusehen.

Offene Wundbehandlung

Die offene Behandlung ist im wesentlichen eine trockene Behandlung mit oder ohne zusätzliche Anwendung von Antiseptika, wie z.B. J-PVP-Lösung. Die Verbrennungswunde soll dabei einsehbar, trocken und geruchlos bleiben. Es ist sicherzustellen, daß sich unter dem oberflächlich trockenen Schorf nicht doch Wundsekret und Eiter verbergen. Die offene Behandlung von zirkulären Verbrennungen des Rumpfes ist heute durch die Luftbettbehandlung wesentlich erleichtert. Der insensible Flüssigkeitsverlust ist dabei größer als bei okklusiver Behandlung und die Patienten sind oft schlecht zu mobilisieren, was andere Probleme verursacht. Verlegung, auch der Transport zum OP sind ohne Verband sehr problematisch. Bei den gerbenden Verfahren bewährt sich diese offene Behandlung besonders nach oberflächlicher Verbrennung sehr gut. Hier sind lediglich die Einrisse über den Gelenken mit J-PVP zu behandeln und anschließend mit dem Föhn zu trocknen. Eine regelmäßige Kontrolle des Schorfs ist wegen der gegebenen Möglichkeit einer Eiterverhaltung unter dem Schorf außerordentlich wichtig.

Schorfbildende Verfahren

Ohne Anspruch auf Vollständigkeit der Aufzählung für verschorfende Methoden seien hier zunächst die J-PVP-Lösungen, das Badiona-Gel und die 2%ige Silbernitratlösung genannt, die in letzter Zeit in Boston wiederentdeckt wurde (Burke).

Die Grobsche Gerbung ist eine kombinierte Dreifachgerbung, die nur innerhalb der ersten 20 Std. nach der Verbrennung angewandt werden sollte. Sie ist nicht geeignet für die Behandlung des Gesichtes und der Hände, die ja grundsätzlich chirurgisch zu versorgen sind. – Bei diesem Verfahren wird nach Abschluß der Wundreinigung die Verbrennungswunde nacheinander mit einer J-PVP-Lösung, einer 5%igen Tannin- und einer 10%igen Silbernitratlösung bestrichen. Vor jedem neuen Behandlungsschritt wird die Wundfläche exakt mit Föhn und sterilen Kompressen getrocknet. Nach Abschluß dieser Dreiphasengerbung wird die gesamte Verbrennungswunde von einem derben, schwarzen Schorf bedeckt, der zunächst eine weitere Beurteilung der Verbrennungswunden durch Inspektion erschwert. Er verhindert aber auch das Eindringen von Mikroorganismen in die verbleibenden Verbrennungsnekrosen, den Verlust von Eiweiß, und er reduziert die Wasserverdunstung, d.h. die damit verbundenen Energieverluste. Die gegerbten Verbrennungsflächen sind weitgehend schmerzfrei, d.h. eine zusätzliche Applikation von J-PVP-Lösung im Randbereich oder über den Gelenken, wo der Schorf zuerst einreißt und eine Infektionsgefahr besteht, wird auch von Kindern ohne Schmerzen toleriert. Durch diese zusätzliche Anwendung von J-PVP, und unter der Voraussetzung einer Lagerung der verbrannten gegerbten Regionen im SSI-Luftbett, kann eine Infektion während der Spontanheilung der zweitgradig verbrannten Areale, d.h. für etwa 12–16 Tage weitgehend verhindert werden. Der Schorf löst sich in dieser Zeit schrittweise von der spontan reepithelisierenden zweitgradigen Wundfläche. Die Definition der zu exzidierenden Areale ergibt sich nach etwa 3 Wochen durch die Demarkierung tiefer gegenüber oberflächlichen Verbrennungen. Das Operationsgebiet wird dadurch bei unterschiedlich tiefen Verbrennungen immer wesentlich kleiner, als es bei der ersten Inspektion erscheint.

Nach einer Escharotomie ist die Grobsche Gerbung ihrer Hauptvorteile beraubt, da durch die Inzisionen eine bakterielle Kontamination der in ihrer Umgebung befindlichen Nekrosen unter dem Schorf rasch fortschreitet und septische Komplikationen erschwert zu erkennen sind. Extreme Hochlagerung der Extremitäten ist deshalb oberstes Gebot. Die Escharotomie wird, falls erforderlich, hier von uns immer im Sinne einer Escharektomie vorgenommen.

Die Grobsche Gerbung in ihrer Originalform wird heute wegen der immer wieder zu beobachtenden schweren Intoxikationen durch Resorption von Quecksilber aus Mercurochrom nicht mehr im ursprünglichen Grobschen Sinne durchgeführt. Statt Mercurochrom verwenden wir J-PVP. Die ebenfalls mögliche Resorption von Jod macht bei schilddrüsengesunden Patienten nur in extremen Ausnahmefällen eine Stoffwechselentgleisung im Sinne einer Hypo- oder Hyperthyreose. Eine exzessive Jodresorption kann nach neueren Erkenntnissen (Ninnemann) zu einer unerwünschten Immunsuppression führen, solche Werte werden aber bei Anwendung von J-PVP-Lösungen nach der Gerbung nicht erreicht, da durch den Schorf die Jodresorption stark reduziert ist.

Wegen der sehr effizienten Infektionsprophylaxe und der extremen Erleichterung der Pflege von derart behandelten Patienten ist dieses Verfahren auch bei kleinflächigen Verbrennungen am Stamm, insbesondere bei Kindern, vorzuziehen, die bei einem Verbandwechsel wegen der geringen Schmerztoleranz besondere Schwierigkeiten in der Pflege erwarten lassen.

Halboffene Behandlung mit bakteriziden Salben

Die verschiedenartigen Verbände werden heute mit J-PVP-Gaze oder mit J-PVP-Lösung getränkten Mullschichten angefertigt, ohne daß ein deckender Verband verwendet wird. Sulfamylonlösungen sind dabei ebenfalls wieder im Gebrauch, wohingegen die Verwendung von Sulfamylon-Azetat-Salbe (Napaltan®) als Carboanhydrasehemmer kritisch gesehen wird. Lokale Antibiotika werden nur in der Spätbehandlung und sehr gezielt und kurzfristig eingesetzt. Die Wunde wird mehrmals täglich mit der gewählten desinfizierenden Lösung behandelt, die nekrotischen Teile werden regelmäßig entfernt. Bei Gebrauch von Gentamicin und anderen Antibiotika in der lokalen Behandlung muß die Resistenz der Bakterien häufig bestimmt werden,

Sulfamylon führt manchmal zu allergischen Hautreaktionen.

Die halboffene Behandlungsmethode verdient besondere Erwähnung, weil sie von zunächst feuchten Verhältnissen auf die trockene, offene Behandlung hinzielt. Die grobmaschige Gaze, die heute zu solchen Verbänden verwendet wird, behindert den Abfluß des Wundsekrets nicht, und ermöglicht eine Inspektion durch die Gaze hindurch. Dieses Verfahren hat sich besonders bei der Behandlung der Hebedefekte nach Spalthautentnahme bewährt.

Verbände

Manchmal ist es zweckmäßig, die geschlossene Wundbehandlung unter Verwendung von Verbänden durchzuführen. Der Vorteil der geschlossenen Behandlung liegt darin, daß vor allem auch Stellen versorgt werden können, auf denen der Patient liegt oder sitzt, bzw. seine Kleidung trägt. Er kann damit oft besser mobilisiert werden, was für die Rehabilitation von großer Bedeutung ist. Ein Nachteil der Verbände ist die damit verbundene Schmerzhaftigkeit. Unabhängig davon empfiehlt es sich, die Verwandwechsel ausschließlich in Abhängigkeit von der verwendeten antiseptischen Substanz und deren Wirkungsdauer durchzuführen. Heute werden J-PVP-Salben und Silbersulfadiazin Salbe (Flammazine®) bevorzugt, wobei jeweils mindestens zweimal täglich zu verbinden ist.

Enzymatische Substanzen zur Beschleunigung der Nekrolyse sind wegen des immer aggressiven chirurgischen Vorgehens heute von untergeordneter Bedeutung.

Wundabdeckung mit biologischem Material

Auch wenn die menschliche Haut heute zweifellos das beste Verfahren zur passageren Deckung darstellt, so sind doch auch xenogene und synthetische Präparate in Gebrauch. Die Einrichtung einer zentralen Hautbank in Holland hat allerdings die Notwendigkeit zur Verwendung anderer Präparate auch in Deutschland drastisch eingeschränkt.

Unter einem Fremdhauttransplantat entstehen aus heute noch nicht ganz geklärten Gründen meist keimfreie Wundverhältnisse. Die intakt gebliebenen Hautinseln fallen damit nicht der Infektion zum Opfer. Unter dem biologischen Verband erfolgt dann meist rasch die Abheilung von zweitgradigen Verbrennungen oder es bildet sich nach der Exzision von Nekrosen ein zum Transplantatieren außerordentlich geeignetes Gewebe ohne überschießende Granulationen. Ein Problem der Fremdhauttransplantation ist heute die Schwierigkeit des Ausschlusses einer HIV-Übertragung mit den üblichen HIV-Tests. Die Verarbeitung ist außerordentlich einfach:

Nach Wundreinigung deckt man die Verbrennungsfläche mit allo-/xenogener Spalthaut und fixiert sie mit einem trockenen Deckverband. Der gesamte Verband wird alle 4–5 Tage gewechselt. Die am Wundgrund haftende Haut darf nicht länger als 8–10 Tage belassen werden, da die Spontanabstoßung von Eiterung begleitet ist. Der Wechsel erfolgt ohne Narkose. Die Übertragung von AIDS ist bei Verwendung vitaler menschlicher Donorhaut trotz HIV-Test wegen der kurzfristig möglichen, falsch negativen Testergebnisse (s.a. Kap. 2.7) möglich. Durch die Verwendung von glyzerinkonservierten Transplantaten wird die Übertragung von HIV praktisch ausgeschlossen.

Operative Behandlung der Verbrennungen

Abschleifen der Nekrosen

Lorthioir führte als Erster, bevorzugt bei Kindern, das Abschleifen (Dermabrasio) von Verbrennungsdefekten ein. Dabei wird sowohl aus diagnostischen, als auch aus therapeutischen Gründen die nekrotische Hautschicht mit einer Schleifscheibe entfernt. Dieses Vorgehen hat sich insbesondere für die Beurteilung der Verbrennungstiefe im Gesicht zur Definition des möglichst frühen Op.-Zeitpunktes bewährt. Man kann die Diagnose der zweit- und drittgradigen Verbrennungen durch das Auftreten von punktförmigen Blutungen aus der tiefen Dermis im Zweifelsfall sicherstellen. Für die Entscheidung zur primären Exzision spielt aber auch die Lokalisation eine Rolle. Die Tiefe der Verbrennung oder Verbrühung kann oft wegen des bereits erwähnten »Nachbrennens« mit Mikrothrombosierung und Ödembildung erst nach mehreren Tagen endgültig eingeschätzt werden.

Vitalfarbstoffe, Isotope und Thermographie

Sie erfüllten nicht die in sie gesetzten Erwartungen. Klinisch kann man sich auch heute noch ebenso gut auf die physikalischen Untersuchungsmethoden, wie Glasspateltest und Sensibilitätsprüfung stützen. Eine definitive Beurteilung ist nur durch die histologische Aufarbeitung von Exzisionsmaterial möglich. Die intraoperativ sichtbare multilokuläre Kapillarblutung ist aber immer ein sicheres Zeichen für vitales Gewebe.

Klinische Diagnostik

Die Farbe des Blasengrundes, bzw. der Verbrennungswunde selbst gibt oft schon sehr gute Hinweise. Verkohlungen und braun-graue Verfärbungen sind sichere Hinweise für drittgradige Verbrennungen. Blässe und braun-rote Verfärbung sind trügerische Zeichen, wohingegen die hellrote wegdrückbare Farbe immer Ausdruck einer funktionierenden Kapillardurchblutung vitalen Gewebes darstellt. Eine dunkelrote Oberfläche, die sich nicht wegdrücken läßt, weist dagegen ebenso wie die rein weiße Farbe eher auf eine tiefe Verbrennung hin. Der blasse weißliche Wundgrund kann aber auch passager durch ein Ödem bedingt sein. Verliert die Haut ihre weiche Konsistenz, so ist dies ein ungünstiges Zeichen einer Koagulationsnekrose, bei der meist das Wasser aus der Haut verdunstet ist. Eine feuchte Oberfläche ist im Zweifelsfall prognostisch günstiger als die trockene lederartige Oberfläche.

Einzelne punktförmige Blutungen, die nach der Wundreinigung auf der verbrannten Oberfläche zu sehen sind, sind nicht in jedem Fall Zeichen einer ausreichenden lokalen Blutversorgung, da sie auch Folge der Stase in den zarten Geweben sein können. Die Blutung spricht aber zunächst gegen eine weitere aggressive chirurgische Therapie. Ein intensiver Schmerz zeigt auf alle Fälle, daß die Blutversorgung des tiefen Coriums zum Zeitpunkt der Untersuchung erhalten ist. Dies spricht für einen Verbrennungsgrad 2a oder 2b, also noch nicht in jedem Falle gegen eine Operation. Die Operation sollte aber in diesen Fällen immer als tangentiale Exzision vorgenommen werden.

Vor der Wundreinigung, d.h. dem Bürsten und Abtragen der Blasen, sollte niemals zur Operationsindikation Stellung genommen werden. Auch die Wiederherstellung normaler Kreislaufverhältnisse ist eine wichtige Voraussetzung für die Beurteilung der Hautdurchblutung. Deshalb ist es immer schwierig, kurz nach der Verletzung die thermische Schädigung der Haut zu beurteilen. Die Indikation zur Operation sollte deshalb im Regelfall erst nach 24 Std. gestellt werden.

Primäre Exzision und Transplantation

Die Operation von Verbrennungswunden kann nach eigenen Vorstellungen in primäre, verzögert primäre und sekundäre Operationen eingeteilt werden. Das ideale Verfahren ist die primäre Exzision der nekrotischen Gewebe bei sofortigem Ersatz mit Eigenhaut innerhalb von 3–4 Tagen.

Primäroperationen
(in den ersten 3 Tagen)

Primäroperationen sind Operationen unter nicht infizierten Bedingungen im Sinne einer Per-primam-Heilung.

1. **Totalexzision** umschriebener, sicher drittgradig verbrannter Areale bis zu 30–40 % der KOF.
   Deckung:
   a) Sofortige Deckung durch Eigenhaut.
   b) Deckung nach zwei- bis fünftägiger Vorbehandlung durch passagere Abdeckung mit Fremdhaut, Hautersatzpräparaten oder antiseptischen Verbänden, bzw. feuchten Kochsalzkompressen.
2. **Teilexzision** bei sehr großflächigen (mehr als 40 % der KOF) oder nicht sicher definierbaren tiefen Verbrennungen.

Auch hier werden in der Regel bis zu ca. 30–40 % der KOF in einer Sitzung exzidiert. Weitere Flächen werden entweder einer späteren Reintervention oder der Spontanheilung überlassen, sofern es sich um zweitgradige Verbrennungen handelt.

Eine primäre Teilexzision kann im Sinne der Escharotomie erzwungen werden, wenn bei zirkulären Verbrennungen der Extremitäten oder des Thorax die Durchblutung oder die Atmung mechanisch bedroht erscheint. Die Exzision ist hier der Escharotomie deshalb vorzuziehen, weil nur so die Infektion der tiefen Inzisionen verhindert wird und häufig weitgehend sterile Zugänge für spätere Katheter geschaffen werden können.

Die Deckung erfolgt wie unter 1a) oder 1b).

Verzögerte Primäroperationen
(nach 3–20 Tagen)

Bei Verbrennungen, deren Tiefe zunächst nicht als drittgradig eingeschätzt wurde oder die im Rahmen der Erstversorgung wegen einer großen allgemeinen Belastung (Blutverlust etc.) nicht vollständig exzidiert wurden und die zum Zeitpunkt der Infektion klinisch keine Zeichen einer Wundinfektion zeigen (z.B. nach Gerbung und bei fixiertem Schorf über 3 Wochen).

Sekundäroperationen
(nach dem 3. Tag)

Sekundäroperationen sind Operationen bei bereits klinisch bestehender Infektion im Sinne der Per-secundam-Heilung.

Sekundäroperationen mit sofortiger Deckung: Hierbei müssen 1. die Blutstillung und 2. die radikale Exzision aller geschädigten Gewebsschichten mit bakterieller Kontamination sichergestellt sein. Nur dann haben die Transplantate Aussicht auf eine befriedigende Einheilung. Das gilt in erster Linie bei der Exzision bis auf die Faszie.

Sekundäroperationen mit verzögerter Deckung: Die verzögerte Deckung ist immer dann vorzuziehen, wenn die Nekrektomie hierbei im Sinne der tangentialen Exzision erfolgt. Man versucht daher möglichst viele Reste von tiefem Corium oder das bezüglich der Bakterieninvasion schwer zu beurteilende Fettgewebe zu erhalten. Es bleiben deshalb meist zu viele Keime zurück, die das Angehen der Transplantate verhindern. Andererseits führen die im entzündlich veränderten Gewebe vermehrten Nachblutungen bei sofortiger Deckung ebenfalls oft zum Verlust von Transplantaten. Nach ca. 3 Tagen kann im Rahmen eines »second look« wieder ohne große Gefahr der Unterblutung von Transplantaten und mit der Möglichkeit einer nochmaligen Nachexzision unter weit besseren Bedingungen die kostbare Eigenhaut entnommen und aufgebracht werden.

Sekundäroperationen am Granulationsgewebe: Sind entweder die früheren Transplantationsversuche gescheitert oder hat es für eine solche Transplantation Hinderungsgründe gegeben, so entsteht nach mechanischer oder spontaner enzymatischer Wundreinigung das viel diskutierte Granulationsgewebe. Es stellt für die Aufnahme von Transplantationen im Regelfall gute Bedingungen dar, wird aber deshalb grundsätzlich in der Verbrennungschirurgie heute **nicht** gerne gesehen, weil es die Hauptursache der Verbrennungskontrakturen zu sein scheint. Die sog. Myofibroblasten sind kontraktile Elemente im Granulationsgewebe, die durch Zug und Annäherung der Wundränder zum Wundschluß beizutragen versuchen und damit die Kontraktur bedingen. Das Granulationsgewebe wird also grundsätzlich im Sinne der tangentialen Exzision bis auf eine hauchdünne Basis abgetragen. Wegen der trotz Epinephrinbehandlung und ähnlichen hämostyptischen Maßnahmen meist sehr diffusen Blutungen ist dabei bevorzugt ein perforiertes Transplantat zu wählen (z.B. Meshgraft 1:1,5 bis 1:3).

Indikation und Kontraindikation der operativen Behandlung

Die Primärexzision ist bei allen Verbrennungen mit vollständiger Zerstörung aller Hautschichten die Methode der Wahl. Absolute Kontraindikation sind der therapieresistente Schockzustand des Verletzten und das Fehlen der personellen und technischen Voraussetzungen zur Operation z.B. Blutkonserven, Fresh frozen Plasma oder Deckungsmaterial in ausreichender Menge.

Die Beurteilung der Tiefe der Exzision und eine adäquate Blutstillung erfordern große chirurgische Erfahrung. Nur eine korrekt durchgeführte Primärexzision läßt in den ersten 3 Tagen tatsächlich die besten Ergebnisse erwarten. Die Operationsdauer und Belastung des Patienten kann bedeutend verkürzt werden, wenn zwei Operationsteams gebildet werden. Der Blutverlust kann durch die tiefe Exzision bis auf die Faszie gegenüber der tangentialen Exzision deutlich eingeschränkt werden. Bei tangentialer Exzision an den Extremitäten ist dies durch Blutleere während der Exzision ebenfalls zu erreichen. Bei entsprechender Erfahrung ist auch in Blutleere die Vitalität des Gewebes gut zu differenzieren!

Operationstechnik

Bei großflächig eindeutig drittgradigen Verbrennungen erfolgt die Exzision mit dem Skalpell oder mit der Thermokaustik, am besten bis auf die Faszie. Man kann aber bei gut erhaltenem Fettgewebe auch auf das vitale Fettgewebe freie Spalthaut mit guter Aussicht auf Erfolg transplantieren.

Der Hautdefekt kann in Ermangelung von Eigenhaut oder bei ungünstigem Wundgrund aber auch mit Verbänden, die mit antiseptischen Lösungen oder Ringer-Lactat-Lösung durchtränkt sind, oder – wo sie zur Verfügung stehen – mit synthetischen Präparaten (Epigard usw.) gedeckt werden. Freie, autogene Transplantate sollen nicht verwendet werden, wenn Sehnen oder Nerven frei in der Wunde liegen; hier sollten nach Möglichkeit Verschiebelappen oder freie Lappen verwendet werden.

Sofern vitales Gewebe freigelegt wird, bildet sich innerhalb von ca. 3 Tagen eine dünne Granulationsschicht mit guter Blutversorgung, die für die Aufnahme von Transplantaten gut geeignet ist und die dann keiner weiteren Vorbereitung mehr bedarf.

Konservative Therapie und Vorbereitung zur Operation

Auch wenn bei der initial rein kristalloiden Infusionstherapie der Gesamteiweißspiegel bis auf 4,0 g/% abfällt, so sollte zum Zeitpunkt der Operation nach Möglichkeit ein Bluteiweißspiegel von ca. 6,0 g/100 ml und ein Blutbild von 3,5 Millionen Erythrozyten/mm^3 bzw. der entsprechende Hämoglobin- und Hämatokritwert erreicht werden. Ebenso sollten Elektrolyte und das Gesamtplasmavolumen mit den Gerinnungsparametern im Normbereich sein. Die postoperativ angestrebte Lagerung mit Schienen oder im Luftbett ist bereits präoperativ zu erproben. Zur Senkung der lokalen Keimzahl wird der Patient präoperativ häufig mit J-PVP-Lösung abgewaschen und die entsprechende Verbandstechnik intensiviert. Wichtig ist dabei das Bewußtsein, daß zwar die oberflächlichste Keimpopulation, nicht aber die gefährliche Invasion der Mikroorganismen in der Nekrose durch die Verbandwechsel gebessert oder beseitigt werden können. Eine langfristige präoperative antibiotische Behandlung kann hier ebensowenig eingreifen. Der unmittelbare präoperative Beginn einer Antibiotikatherapie, die für ca. 3 Tage postoperativ fortzusetzen ist, kann aber die Invasion von Keimen und deren Auswirkungen auf den Gesamtorganismus günstig beeinflußen, sofern eine entsprechende Resistenz ausgeschlossen ist.

Lagerung und Vorbereitung des Patienten auf dem Operationstisch

Normalerweise wird der Patient nach Abnahme aller Verbände auf dem beheizten Operationstisch in Rückenlage zunächst vollständig abgewaschen, zum Halten und Fixieren der Extremitäten und der Finger sind Extensionen außerordentlich hilfreich. Die zu versorgenden Extremitäten werden mit entsprechenden Esmarchschen Kompressionsbinden versehen, um ggf. in Blutleere operieren zu können. Nach Eröffnung der Blutleere muß zunächst mindestens für 5–10 Min. in extremer Hochlagerung komprimiert werden, wobei Epinephrin oder POR-8-Kompressen verwendet werden; erst dann darf mit der Blutstillung begonnen werden.

Das Umlagern des Patienten in Bauchlage nach einem großen Eingriff und entsprechenden Blutverlusten ist immer außerordentlich problematisch.

Man beginnt die Operation stets mit der Nekrektomie, erst dann wendet man sich der Hautentnahme zu, die aber bei der Lagerung schon bedacht werden sollte. Die nicht in das Operationsgeschehen einbezogenen Areale sind mit wärmereflektierenden Folien abzudecken, der Patient muß auf einer Wärmematte bei einer extrem hohen Raumtemperatur von ca. 32 °C gelagert werden.

Entnahme und Vorbereitung des Transplantates

Auch für die Sekundärdeckung verwendet man bevorzugt Thiersch-Transplantate, das sind die aus Epidermis und Corium bestehenden, ca. ⅔(0,2–0,3 mm) dicken Spalthauttransplantate. Die besten Entnahmestellen sind die Oberschenkel und der behaarte Kopf. Das Mißverhältnis zwischen dem meist kleinen Entnahme- und einem großen Empfängergebiet lösen wir mit folgenden alternativen Verfahren:

Zur dauerhaften Deckung:

1. Gemeshte autogene Spalthaut 1:1,5 bis 1:3.
2. Gemeshte autogene Spalthaut 1:6 bis 1:9 mit Überschichtung mittels 1:1,5 gemeshter Fremdhaut.
3. Mischhauttransplantate mit Fremd- und Eigenhaut nach chinesischem Muster.

Zur passageren Deckung:

1. Vitale Allotransplantate (Fremdhaut) gemesht oder ungemesht.
2. Avitale Fremdhaut z.B. glyzerinkonserviert.
3. Schweinehaut, meist kryokonserviert.
4. Synthetische Hautersatzpräparate z.B. aus Kollagen oder Polyurethan etc.
5. Allogene (oder autogene) Epithelsheets in vitro kultiviert.

Die für die Anfertigung von Mesh-Transplantaten angebotenen Geräte schneiden die Thiersch-Transplantate so ein, daß eine Verbreiterung der Hautstreifen im Verhältnis 1:1,5 bis maximal 1:9 resultiert. Die dadurch zu erzielenden Flächenvergrößerungen sind durch die Einbuße der Streifen an Länge immer geringer als die angegebene Relation der Streifenbreite und entsprechen beim Verhältnis von 1:1,5 in Wirklichkeit etwa 1:1,2 und beim Verhältnis 1:9 in Wirklichkeit 1:5. Vollhauttransplantate werden im Rahmen der Primäroperationen nicht verwendet. Sie sollten ausschließlich der rekonstruktiven Spättherapie vorbehalten bleiben.

Besteht ein krasses Mißverhältnis zwischen den möglichen Entnahmeflächen der Eigenhaut und den Verbrennungsdefekten (bei sehr ausgedehnten Verbrennungen), so besteht die Möglichkeit der sog. Mischtransplantation. Es werden dabei entweder weit ausgedehnte Eigenhaut Mesh-Transplantate (über 1:3) und wenig gemeshte Fremdhauttransplantate (unter 1:3) übereinandergeschichtet oder man verwendet ein in China entwickeltes Transplantationsverfahren, bei dem Fremdhaut mit kleinen Eigenhautinseln versehen als Mosaik auf die Defekte aufgebracht wird (Abb. 4-20). Diese Transplantationstechnik verhindert in fast allen Fällen die generalisierte Abstoßung der Allotransplantatanteile. Dabei wird die Epidermis der Fremdhauttransplantate rasch abgestoßen. Es kommt dann aber zum Auswachsen von Autoepidermis über die Allocoriumanteile. Diese »Sandwichtransplantate« werden dann üblicherweise nicht mehr generalisiert abgestoßen. Die bindegewebigen Anteile des Allocoriums haben eine so geringe Antigenität, daß die Bausteine dieser dermalen Textur schrittweise durch eigene Zellen abgebaut und ersetzt werden, ohne daß dadurch die eigentliche Coriumtextur verloren geht. Ein entscheidender Vorteil dieser Mischtransplantate besteht darin, daß elastische Fasern in dem so transplantierten Corium erhalten bleiben, die in eigenen Nachuntersuchungen noch nach über 4 Jahren nachweisbar waren. Die Reepithelisierung bei dieser »Sandwichtechnik« erfolgt also von den Rändern der Autoepidermisanteile der Mischtransplantate, die bei der China-Technik einen Inseldurchmesser von etwa 5 mm bei einem Abstand von 20 mm aufweisen sollten. Das Heilungsprinzip entspricht dem Prinzip der Mowlem-Jackson-Mischplastik, bzw. der Mischplastik nach Schindarskij, bei der das Verhältnis von Fremd- und Eigenhaut allerdings wesentlich ungünstiger war, d.h. es wurde Eigenhaut im Verhältnis 1:1 mit Fremdhaut in etwa Briefmarkengröße verwendet. Der beim chinesischen Verfahren wesentlich größere Fremdhautanteil macht die Deckung größerer Flächen möglich und bedingt bei einem Abstand von 15 mm zwischen den Rändern der Eigenhautinseln, der gut überwachsen werden kann, einen Flächenzuwachs von etwa 1:36. Die Anfertigung solcher Transplantate ist extrem zeitaufwendig, sie kann aber heute maschinell mit einem computergesteuerten Stanzwerkzeug während der Nekrektomie vorgenommen werden (Firma Aesculap).

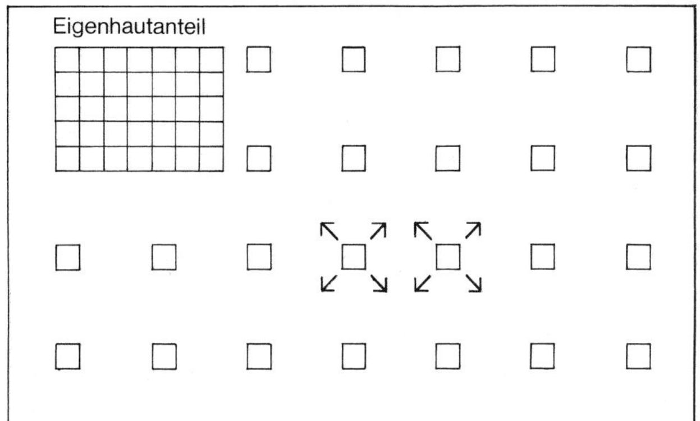

Abb. 4-20. Schematische Darstellung eines Mischhauttransplantates.

Das korrekte Einbringen der Eigenhautinseln stellt eine wesentliche Voraussetzung für die Einheilung und ein befriedigendes funktionelles und ästhetisches Ergebnis dar. Bei nicht sorgfältiger Aufbereitung der Eigenhautinseln und bei der zweischichtigen Mesh-Methode »kriecht« das Epithel von den eingerollten Rändern unter das Transplantat und hebt dieses unter Umständen vom Wundgrund ab. – Gewünscht ist das möglichst lückenlose Auswachsen der Autoepidermis über das umgebende Allocorium, welches nach ca. 2–3 Wochen von der Alloepidermis befreit ist.

Man sollte – vor allem, wenn die Blutstillung nicht sicher gewährleistet ist – entweder eine Fixierung und zusätzliche Blutstillung durch transkutane Nähte oder durch Fibrinklebung anstreben. Wesentlich sicherer, insbesondere wenn anschließend Verbände verwendet werden, ist das Klammern der Ränder bei zusätzlicher Verwendung von transkutanen Nähten. Diese bedingen außer der Blutstillung auch eine gute Verankerung der Transplantate. Nach Zoltan werden diese Nähte durch das Transplantat und den Wundgrund im Sinne einer Umstechungsnaht geführt. Das Klammern der Wundränder führt ebenso wie die Naht zu einer guten Fixierung der Transplantate, nicht aber zu einer Verbesserung der Blutstillung.

Reverdin-Läppchen werden heute zur Deckung von Verbrennungsdefekten nicht mehr verwendet; die Ergebnisse sind kosmetisch und funktionell schlecht, das Verfahren ist zu zeitraubend. Statt dessen wird im Bereich der nicht gut eingeheilten Mischhauttransplantate mit entsprechenden Eigenhautinseln aus autogener Spalthaut nachtransplantiert oder, wenn nicht genügend Eigenhaut verfügbar ist, können nach ca. 3 Wochen auch in vitro gezüchtete Keratinozyten-»sheets« als autogener Epidermisersatz transplantiert werden.

Besonderheiten in der Nachbehandlung der Transplantate

Die Transplantate werden von uns immer mit einer J-PVP-haltigen Gaze verbunden und am Rand mit Staplerklemmen fixiert. Darüber werden zirkuläre, adaptierende Verbände gewickelt. Die Transplantate werden spätestens am 4. Tag vorsichtig inspiziert, wobei nicht in allen Fällen die J-PVP-Gaze vollständig entfernt werden muß (Vorsicht, die Transplantate sind außerordentlich vulnerabel!). Danach werden die Transplantate entweder offen weiterbehandelt, oder falls neuerlich verbunden werden muß, spätestens jeden zweiten Tag inspiziert und desinfiziert. Bei Fieber oder Durchtränkung des Verbandes mit Wundsekret wird immer sofort verbunden.

Die Hebedefekte werden ebenfalls am 4. Tag vorsichtig inspiziert, wobei immer die haftenden Gazeschichten belassen werden. Hier wird mit Luft getrocknet und die abhebenden Ränder mit der Schere gekürzt. Weitere Manipulationen im Bereich der Hebedefekte sind grundsätzlich zu unterlassen.

Kombinationsverletzungen

Besondere Aufmerksamkeit ist hier der Kombination von Verbrennungen und Frakturen zu widmen. Die Frakturen sind bei gleichzeitig vorliegenden Verbrennungen immer mit einem Fixateur externe ruhigzustellen, so daß die Lokalbehandlung der Verbrennungen im Sinne des oben beschriebenen vorgenommen werden kann, Gips und Osteosynthese sind kontraindiziert. Die Nekrektomie im Bereich der Fraktur sollte ebenso vordringlich – wie die Nekrektomie an den Händen und im Gesicht – immer in den ersten 3 Tagen unter aseptischen Bedingungen im Sinne der Primärexzision erfolgen.

Bei extrem ausgedehnten Verbrennungen mit Trümmerfrakturen und drittgradigen Verbrennungen der Extremitäten sollte rechtzeitig die Überlegung zur Amputation erfolgen, da hierdurch unter Umständen das Überleben gesichert werden kann, wohingegen der Erhalt solcher Extremitäten meist funktionell sehr unbefriedigende Ergebnisse bringt.

Keloid- und Kontrakturprophylaxe nach Abheilung von Verbrennungen

Frisches Epithel ist allen mechanischen Einwirkungen gegenüber wenig widerstandsfähig. Bei Druck, besonders aber nach Einwirkung tangentialer Scherkräfte bilden sich oft Blasen durch Abhebung der dünnen, wenig verzahnten Epidermis, die neuerlich zu Defekten und Infektionen führen können. Besonders problematisch sind dabei die spontanverheilten tief zweitgradigen Verbrennungen, deren Epithelbedeckung oft der funktionellen Belastung des täglichen Lebens auch nach Monaten noch nicht gewachsen ist. Ein besonderes Problem stellt die Einblutung durch rupturierte Kapillaren im venösen Anteil der neugebildeten Gefäßnetze der Transplantate dar. Solche blaulividen flächenhaften Einblutungen zeigen sich vor allem im Bereich der unteren Extremitäten nach Mobilisierung der Patienten aus der Horizontalen heraus. Dadurch kann es zum Sekundärverlust gut eingeheilter Transplantate kommen. Es ist deshalb dringend anzuraten, noch vier bis sechs Wochen nach dem Einheilen von Transplantaten an der unteren Extremität vor dem Aufrichten der Patienten Kompressionsverbände anzubringen, die zunächst über Fettgaze und Schaumgummilagen vorsichtig gewickelt werden müssen, um die tangentiale Abscherung zu verhindern.

Später werden im Bereich aller tiefen zweitgradigen und drittgradigen Verbrennungen nach der Transplantation und bei längerfristig spontanheilenden zweitgradigen Verbrennungen spezielle Kompressionsverbände angemessen, die Narbenhypertrophie und Kontraktur in Verbindung mit speziellen Schienen verhindern können, wenn sie fachgerecht und individuell angefertigt werden. Ein großer Vorteil der operativen Behandlung von Verbrennungen liegt darin, daß die Transplantate eine meist gute Hautqualität erhalten. Die gute Elastizität dieser Transplantate darf nicht darüber hinwegtäuschen, daß grundsätzlich alle, nicht nur die spontangeheilten Flächen, einer intensiven krankengymnastischen Nachbehandlung während mehrerer Wochen bedürfen, um Kontrakturen zu verhindern. Die Narben sind ebenso wie die gut eingeheilten Spalthauttransplantate wegen der fehlenden Talgdrüsen fettarm und bedürfen einer schonenden Behandlung mit einer geeigneten Creme (wir verwenden selbst Ph 5 Eucerin-Creme oder Bepanthen in sehr dünner Schicht). Bei spontan geheilten Verbrennungsflächen, ebenso wie im Bereich von Meshtransplantaten kann es schon im Rahmen der krankengymnastischen Mobilisierung und Kontrakturprophylaxe zu sog. Spannungsblasen kommen, ohne daß die Haut direkt mechanisch belastet wird. Diese Blasen werden nicht mit Salbe oder Creme behandelt und nicht verletzt. Bleiben sie unversehrt, so reepithelisiert sich ihr Untergrund spontan, die Blase bildet den besten Schutz gegen die Gefahr einer Superinfektion.

Die Narben verursachen oft über Monate und Jahre einen starken Juckreiz, unter Umständen besteht eine Hyperhydrose auch im Bereich der spontan geheilten zweitgradigen Verbrennungen. Hier können antiphlogistische Mittel und Eisenanwendungen, unter Umständen auch eine Kurzwellentherapie, hilfreich sein.

Jede Art einer Narbenkorrektur im Bereich hypertropher Narben sollte frühestens nach Ablauf des 1. Unfallfolgejahres erfolgen, da die noch nicht abgeschlossene Narbendynamik das Ergebnis der Korrektur gefährdet. Eine Ausnahme bilden Narben, die zu Kontrakturen führen, die letztlich arthrogen fixiert werden können, oder das Ektropium, welches immer die Gefahr der Austrocknung der Hornhaut beinhaltet und damit irreversible Schäden mit sich bringen kann. Bei solchen Komplikationen wählt man den kleinstmöglichen Eingriff. Ist man wegen einer Lidverbrennung oder einer Kontraktur am Hals gezwungen in einem frühen Stadium zu operieren, so deckt man den Hautdefekt nach Exzision oder Inzision der Narbe möglichst mit Vollhaut. Z-Plastiken sind nur in Ausnahmefällen hilfreich, d.h. wenn dazu gesunde Haut aus der Umgebung Verwendung findet.

Schienen und Lagerung

Die typische Verbrennungskontraktur ist eine Beugekontraktur, da der Patient immer durch eine reflektorische Beugung der Schmerzhaftigkeit der Wunde auszuweichen versucht. Es entsteht eine »Beugeschonstellung«. Nur im Bereich der Hand, wo die Verbrennungen typischerweise streckseitig ausgebildet sind, kommt es in den Grundgelenken zu einer Überstreckungskontraktur, wohingegen PIP- und DIP-Gelenke ebenfalls zur Beugekontraktur neigen. Daraus resultiert die sog. Krallenstellung als Folge der Verbrennungskontrakturen an der Hand. Unter dem Aspekt dieser Beugeschonstellung wird der Verbrennungspatient immer in gestreckter Gelenkposition gelagert. Dies erfolgt entweder mit entsprechenden Bett-, Arm- oder Beinschienen oder ggf. mit speziell angefertigten Kunststoffschienen, die insbesondere im Bereich der Hand immer der zu erwartenden Fehlstellung entgegenwirken sollen. Die Schultergelenke werden dabei möglichst in 90° Abduktionsstellung gelagert. Bei Verbrennungen der ventralseitigen Halsweichteile wird der Patient ohne Kissen flach oder in leicht hyperextendierter Stellung im Bett gelagert. Durch das Anheben des Oberkörpers im Hüftgelenk in eine halbsitzende Position wird die Reklination z.B. durch eine Nackenrolle leichter toleriert. Die Ruhigstellung der Hand besteht in einer Beugestellung der Fingergrundgelenke bei gestreckten Interphalangealgelenken. Der sog. Faustverband darf nach Verbrennungen der Hände nicht angewandt werden. Die ruhigstellenden Verbände und Schienen allein sind vor allem für die Kontrakturbildung der Hände nicht ausreichend. Die Lagerung muß immer durch regelmäßige krankengymnastische aktive Übungsbehandlung ergänzt werden.

Physiotherapie

Unmittelbar nach Abklingen des Verbrennungsödems, d.h. etwa am 3. postkombustionellen Tag und spätestens nach dem 6. postoperativen Tag, wird mit der krankengymnastischen Übungsbehandlung begonnen. Wesentlichstes Ziel dieser Physiotherapie ist die Verhinderung arthrogener Kontrakturen, die durch operative Maßnahmen meist nur unbefriedigend beseitigt werden können. Im Gesicht wird unter Spiegelkontrolle mit der mimischen Muskulatur den Kontrakturen entgegenwirkt. Atemgymnastik und Übungen der Beine zur Thromboseprophylaxe sind wichtige ergänzende Maßnahmen der krankengymnastischen Behandlungen, ebenso das Mobilisieren im Sinne von Gehübungen und Atemübungen im Sitzen.

Elektroverbrennungen

Bei den sog. Elektroverbrennungen ist zunächst wesentlich zwischen den echten Kontaktverbrennungen mit Stromdurchfluß, bzw. Ein- und Austrittsmarke und den sog. Lichtbogenverbrennungen zu unterscheiden, wie sie bei Hochspannungsverletzungen häufig auch ohne direkten Kontakt bzw. Stromdurchfluß zustande kommen. – Als Folge des durch das Gewebe fließenden Stroms entwickelt sich Joulesche Wärme, die in Anhängigkeit von der Amperezahl zu Herzrhythmusstörungen und neurologischen Veränderungen und in Abhängigkeit von der Voltzahl zu schwersten Verbrennungen im Bereich aller Gewebe führt, durch die der Strom fließt. Man unterscheidet Hochspannungsverletzungen bei >1000 Volt gegenüber Niederspannungsverletzungen mit <1000 Volt. Hochspannungsverbrennungen können ohne direkten Kontakt zum Leiter durch Lichbogen zustande kommen. Dadurch finden sich oft keine eigentlichen Strommarken und es kommt unter Umständen zusätzlich zur Entzündung der Leitung und dadurch bedingten weiteren Verbrennungen. Der wesentlichste Unterschied dieser beiden Verbrennungsformen liegt in der meist eher oberflächlichen typischen Verbrennung beim Lichtbogen und den immer weitestgehend unsichtbaren tiefen Verbrennungsnekrosen beim direkten Stromdurchfluß durch den Körper, der meist oberflächlich nur kleine Ein- und Austrittsmarken erkennen läßt. Dabei fließt der Strom immer durch die am besten leitenden Schichten, wobei die stark wasserhaltige Muskulatur meist bevorzugt geschädigt wird. Der Anfall nekrotischen Materials ist bei den Stromkontaktverbrennungen stets unverhältnismäßig größer als bei reinen Oberflächenverbrennungen, da meist breite Muskelstraßen beteiligt sind. Bei elektrothermischen Verletzungen entstehen im geschädigten Gewebe toxische Produkte und Myoglobin. Die Gewebsnekrose hat grundsätzlich eine fortschreitende Tendenz und die Gefahr des Compartementsyndroms ist außerordentlich groß. Die Flüssigkeitstherapie ist bei der Stromverbrennung weit schwieriger als bei den Oberflächenverbrennungen, da der Bedarf eher größer, die verfügbaren Informationen für die Berechnung aber immer weit geringer sind. Es ist also auch hier auf eine rasche und adäquate Flüssigkeitssubstituition ebenso zu achten, wie auf neurologische Ausfälle und mögliche Frakturen, die durch eine spontane Muskelkontraktion bedingt sein können (typischerweise Wirbelkörperkompressionsfrakturen).

Operatives Vorgehen bei elektrischen Verbrennungen

Da es sich bei typischen Stromverbrennungen um oberflächlich kleine, sicher drittgradige Strommarken handelt, ist die primäre Exzision des oberflächlichen nekrotischen Gewebes meist leicht möglich. Die verbrannte Hautfläche wird dabei im Gesunden mindestens bis auf die Faszie exzidiert. Die Defekte können aber oft nicht mit freien Hauttransplantaten versorgt werden, da meist in der Tiefe nekrotisches Gewebe belassen werden muß. Unter Umständen muß durch eine Schnellschnittdiagnose die Vitalität des Wundgrundes vor dessen Verschluß geprüft werden. Die klinische intraoperative Beurteilung der betroffenen Muskulatur ist äußerst schwierig und wird meist erst im Rahmen eines »Second look« möglich. Dies gilt um so mehr für freiliegende Sehnen und Nerven. Im Zweifelsfall ist der Verschluß mit einer Lappenplastik gegenüber dem freien Hauttransplantat zu bevorzugen. Das Eindringen der Infektion kann aber bis zum »Second look« für 2 bis 3 Tage ohne weiteres auch mit einem Spalthauttransplantat (Fremdhaut) verhindert werden. Bei einer großflächigen Nekrektomie mit ausgedehnten Muskeldefekten erfolgt der Hautersatz im Zweifelsfall zunächst mit Allotransplantaten. Auch hier kann nach drei bis vier Tagen weit besser beurteilt werden, ob das oft bei der Operation gut blutende, verbleibende Muskelgewebe nekrobiotisch wird, oder ob es für die definitive Aufnahme eines freien Eigenhauttransplantates geeignet ist.

Bei der Deckung eines Exzisionsdefektes nach Stromverletzung ist grundsätzlich der Lappenplastik mit Primärnaht gesunder, gut durchbluteter Hautränder gegenüber dem freien Hauttransplantat der Vorzug zu geben. Oberstes Ziel ist die rasche Abdeckung aller möglichen Eintrittspforten zur Verhinderung einer lokalen Wundinfektion und die möglichst radikale Entfernung aller nekrotischen Muskelanteile, die bei der zu befürchtenden Intoxikation im Sinne eines Crushsyndroms im Vordergrund stehen. Elektrisch geschädigte Sehnen, Nerven und Knochen können bei Aufrechterhaltung aseptischer Verhältnisse relativ lange erhalten und sekundär rekonstruiert werden. Ein entscheidender Unterschied besteht hier zwischen dem bindegewebig präformierten Knochen der Schädelkalotte und den Röhrenknochen. Zahlreiche Hinweise sprechen dafür, daß elektrische Schäden im Bereich der Schädelkalotte nicht wie beim Röhrenknochen eine absolute Indikation zur Sequesterektomie darstellen. Durch eine rasche Abdekkung solcher Knochennekrosen mit vitalen Verschiebelappen wird in vielen Fällen eine Revitalisierung erzielt.

Freie Lappen sollten wegen der Problematik bei der initialen Beurteilung der Ausdehnung des Stromschadens nur als Ultima ratio als primäres Rekonstruktionsverfahren diskutiert werden; im Zweifelsfall sind Muff- oder Cross-Lappen die sinnvollere Alternative zum regionalen Verschiebeschwenklappen.

Im Interesse einer frühzeitigen Rehabilitation und wegen der oft unterschätzten vitalen Gefährdung durch ausgedehnte Stromnekrosen muß aber bei ausgedehnten Muskelnekrosen und bei entsprechenden Gefäßverschlüssen (Angiographie ist wichtigstes diagnostisches Hilfsmittel) die Indikation zur Amputation weitgehend wertloser Extremitäten möglichst früh gestellt werden. Die Höhe der Amputation kann man präoperativ durch Inspektion der Gliedmaße allein nicht mit Sicherheit festlegen, da, wie bereits erwähnt, die Muskelnekrosen immer auch proximal von der Hautnekrose zu suchen sind. Die Operation beginnt deshalb mit einem Längsschnitt über die Gliedmaße und einer exakten Untersuchung der Muskulatur in den einzelnen Compartements. Von mehreren Autoren wird die Fluoreszenz als intraoperative Diagnosehilfe verwendet. Färbemethoden haben sich jedoch ebensowenig bewährt, wie bei der Beurteilung der Tiefe von Hautverbrennungen an der KOF. Die »Second look«-Operation hat sich gegenüber der offenen Amputation allgemein durchgesetzt. Am Unterschenkel beurteilt man die Höhe der Amputation nach der Vitalität des M. gastrocnemius. Wegen der spezifischen Blutversorgung kann dort nämlich der M. tibialis anterior separat geschädigt sein (sog. Tibialis-anterior-Syndrom), die übrigen Muskeln bleiben in diesem Falle aber intakt und eine Amputation ist dann nicht gerechtfertigt!

Erfrierungen

Eine andere Form eines thermischen Traumas ist die Erfrierung. Ihre Symptome sind ähnlich wie die der Verbrennung, die Gewebsregenerationsfähigkeit ist jedoch weit besser, erfolgt allerdings langsamer als nach einer zweitgradigen Verbrennung. Die Tiefe und der Grad der Schädigung sind anfänglich nur sehr schwer zu beurteilen, da die Zellschädigung meist inkomplett beginnt und je nach Art der Therapie und dem Grad der Hypothermie erst nach Wochen zum definitiven Zelluntergang oder zur Zellregeneration führt. Temperatur, Farbe, Mikrozirkulation und Sensibilitätsstörungen sind keine sicheren Kriterien für die Beurteilung des Erfrierungsgrades. Die Entstehung von Blasen weist aber wie bei der Verbrennung auf tiefer reichende Schäden hin. Die Operationsindikation ergibt sich aus dieser Erkenntnis grundsätzlich nur in der Spätphase, d.h. wenn es nach Wochen zu einer vollständigen Demarkierung der avitalen Schichten in Form einer lederartigen Schorfbildung gekommen ist.

Therapie der Erfrierung

Wesentlichstes Ziel der Behandlung ist die Wiederherstellung der Mikrozirkulation mit langsamer Erwärmung des Gewebes und die Verhinderung der Infektion.

Auch hier werden zunächst die erfrorenen Körperpartien mit der Bürste gereinigt (Betaisodonaseife). Dabei wird handwarme Kochsalzlösung verwendet. Blasen bleiben möglichst erhalten. Die Haut wird nach vorsichtigem Trocknen mit aseptischen Kompressen mit antiseptischer Gaze abgedeckt. Keine Puder- oder Farbstoffe wie Mercurochrom usw. verwenden, da hierdurch die Inspektion behindert wird. Bevorzugt wird bei uns das Besprühen mit J-PVP-Lösung, deren Farbeffekt sich ggf. mit Kochsalzlösung leicht abwaschen läßt. Die betroffenen Körperregionen werden auf sterilen Unterlagen luftig und trocken gelagert (Braunsche oder Krappsche Schienen).

In der Frühphase nach einer Erfrierung erfolgt die Erwärmung sehr langsam und kontinuierlich, ggf. ist zunächst die Stammtemperatur auf Werte über 36 °C anzuheben. Von der Anwendung von Wärmestrahlern ist wegen der peripheren Sensibilitätsstörungen zu warnen. Besser ist ein temperaturgeregeltes warmes Bad. Die Kerntemperatur sollte nicht um mehr als 1 °C pro Minute angehoben werden, da sonst die Gefahr des sog. Erwärmungsschocks besteht.

Außer der obligatorischen Tetanusschutzimpfung oder Auffrischimpfung empfiehlt sich, eine Panthesin-Hydergin-Infusion mit 20000 iE Heparin über 24 Std. in Verbindung mit dem aus Blutdruck und Diurese zu bestimmenden Gesamtvolumen zu geben, wobei wie bei der Verbrennung zunächst rein kristalloide Lösungen bevorzugt werden sollen, da diese besser über die Niere ausgeschieden werden und die Gefahr einer Überinfusion reduzieren. Die Anwendung von Hydroxiäthylstärke als einmalige Gabe zur Verbesserung der Rheologie kann empfohlen werden.

Die weitere Lokalbehandlung erfolgt offen. Blasen werden grundsätzlich nur dann abgetragen wenn sich deutliche Zeichen einer Infektion ergeben, ansonsten sollen sie eintrocknen. Die Behandlung ist äußerst zeitaufwendig und die Nekrektomie darf grundsätzlich nur nach vollständiger trockener Demarkierung erfolgen, da die Wiederherstellung absolut avital erscheinender Gewebsareale nach Erfrierungen die Regel darstellt. Eine aktive krankengymnastische Übungsbehandlung unter zusätzlicher Anwendung von Kurzwellen oder Infrarottherapie erfolgt in Analogie zur Verbrennungsbehandlung. Die früher propagierte Sympathektomie hat keine verbesserten Ergebnisse nach Erfrierungen gezeigt und ist heute verlassen worden.

Hauttransplantation nach Erfrierungen

Sehr häufig kann nach der Exzision von Erfrierungsnekrosen primär ein dickes Spalthauttransplantat zur Einheilung gebracht werden, dabei sind 1:1,5 gemeshte Transplantate zu bevorzugen. Bei tiefreichenden Defekten ist der gefäßgestielte Lappen zu empfehlen. Die Trophik der verletzten Gebiete ist schlecht, daher muß dem axial gestielten Lappen immer der Vorrang gegeben werden. An der Hand kann bei tiefreichenden Gewebsdefekten der Unterarmlappen außerordentlich hilfreich sein, dabei ist wegen der retrograden Durchblutung am distal gestielten Radialislappen die Durchgängigkeit der A. ulnaris sicherzustellen. Da die Durchblutung der Haut in der Umgebung des Defektes meist reduziert ist, muß der Lappen immer etwas größer geplant werden, als es dem demarkierten Defekt entspricht.

Die Amputation nach Erfrierungen ist eine Spätmaßnahme, man überläßt im wesentlichen bei trockenen, nicht infizierten Verhältnissen die erfrorene Extremität der Spontandemarkation. Nur bei fortschreitender Phlegmone und Sepsis oder beim Nierenversagen, muß zwangsläufig, dann aber deutlich im Gesunden amputiert werden. Das Verfahren der Wahl ist hier die offene Amputation, wobei ohne Rücksicht auf die Länge der verbleibenden Haut, des Muskels oder Knochenstumpfes immer wenige Zentimeter proximal von der sichtbaren Grenze der Gewebsschädigung amputiert wird.

Spätfolgen

Außer dem streng begrenzten Gewebsverlust nach Erfrierungen spielen lokale trophische Störungen in der Nachbehandlung eine bedeutende Rolle. Gefäßspasmen und fehlende Anpassungsfähigkeit an Außentemperaturschwankungen, speziell an niedrige Außentemperaturen sind ein typisches Zeichen für den Zustand nach Erfrierung. In solchen Fällen trophischer Störungen hat sich wiederholt die Sympathektomie als hilfreiche operative Maßnahme erwiesen. Sie ist präoperativ durch die Novocain-Blockade zu testen.

Chemische Verletzungen der Haut

Ist das auf die Haut einwirkende chemische Agens primär nicht bekannt, so ist das oberste Ziel der Erstbehandlung allein die Konzentrationssenkung auf der Körperoberfläche. Entscheidendes Ziel ist deshalb die Verdünnung, bzw. das Abspülen mit Wasser oder einer neutralen Pufferlösung, falls es sich um unbekannte Säuren oder Laugen handelt. Bei einer Reihe chemischer Substanzen, die heute in der Industrie üblicherweise eingesetzt werden, sind spezielle Antidots auch zur lokalen Anwendung beschrieben und entsprechende Nachschlagewerke sollen in der Notfallaufnahme einer chirurgischen Ambulanz bereitgelegt werden.

Die operative Behandlung der Hautnekrosen verläuft im wesentlichen wie bei Verbrennungen und Verbrühungen. Es gibt aber eine Reihe von Unterschieden, die hier kurz genannt werden sollen: Laugenverätzungen sind Kolliquationsnekrosen bei denen die Grenze zwischen gesundem und krankem Gewebe nur sehr schwer sichtbar zu machen ist. Bei Verätzungen mit konzentrierten Laugen ist im Zweifelsfall die Exzision bis zur Faszie zu bevorzugen, sie hat wegen des ungünstigen Verlaufes der Kolliquationsnekrosen den Vorteil, daß durch eine frühzeitige radikale Exzision einer weiteren Ausbreitung in Muskulatur, Sehnen und Gelenkkapseln hinein vorgebeugt werden kann.

Säuren und Laugen

Die Säureverätzung ist eine Koagulationsnekrose deren Exzision weniger dringend erscheint. Die Nekrose ist im allgemeinen gegen die tieferen Schichten scharf abgegrenzt, die Spontanabstoßung des Schorfes geschieht oft ohne Eiterung und operative Intervention. Sie nimmt aber meist mehrere Wochen in Anspruch.

Säure- wie Laugenverätzungen sind meist inselförmig über größere Flächen verteilt, so daß die einzelnen Exzisionen chirurgisch problemlos durchgeführt werden können, wobei immer eine stundenlange Spülung unter fließendem Wasser vorausgehen sollte. Alle nicht zu exzidierenden Laugenverätzungen müssen mit kurzen Pausen mindestens 24 Std. wenn möglich 5–6 Tage lang regelmäßig gespült werden, wobei körperwarmes Wasser zu verwenden ist.

Wasserunlösliche Substanzen

Handelt es sich um wasserunlösliche ätzende Substanzen, so soll ein großmolekulares Lösungsmittel wie Polyäthylenglykol 400 (Lutrol) gegenüber Alkohol oder anderen Lösungsmitteln bevorzugt werden, da die Resorption solcher großmolekularer Stoffe prozentual geringer anzusetzen ist, als die durch Alkohol gelockerte Lipoidbarriere solcher Substanzen, deren Resorption durch die Haut mit den üblichen Lösungsmitteln eher vermehrt wird.

Sehr unangenehme Verätzungen entstehen durch das langfristige Einwirken von flüssigem Zement. Hier kann durch eine frühe tangentiale Exzision und freie Transplantation mit Spalthaut einem sehr langfristigen und meist unerfreulichen Verlauf vorgegriffen werden.

Auch Dieselöl kann nach längerer Einwirkung auf die Haut Veränderungen verursachen die dem Bild einer oberflächlichen oder zweitgradigen Verbrennung gleichen. Die rein konservative offene Behandlung führt hier aber stets zu einer Restitutio ad integrum. Bitumen verursacht infolge der niedrigen Zubereitungstemperatur und seiner raschen Abkühlung meist keine tiefen Nekrosen der Haut, die Substanz selbst ist nicht toxisch. Das Abtragen erfolgt am narkotisierten Patienten mittels Bürste und Kochsalzlösung. Was mit dieser Methode nicht zu entfernen ist, soll auf der Haut belassen werden bis sich unter der schwarzen Borke eine Spontanreepithelisierung einstellt und der Teerfleck abfällt.

Fluorsäureverbindungen müssen rasch und intensiv mit Wasser abgespült werden, dazu kann 3 %iges Calcium-Glukuronat in Umschlägen verwendet werden. Weitere lokale Maßnahmen sind die Infiltration mit Calcium-Glukonat in Verbindung mit Glukokortikoid in einer Procain-Lösung. Dabei wird Hyaluronidase in 2 %iger Procain-Lösung zur Auflösung des Calcium-Gluconat und Glukokortikoid verwendet (10 ml Kinetin®). Man kann auch fertige Lösungen benutzen, wie z.B. Lido-Hyal-B. Diese Lösung wird zur Infiltrierung der Haut im Handel als Fertigpräparat angeboten. Die Behandlung wird ergänzt durch eine großflächige Infiltration des umgebenden Gewebes mit einer 4 %igen Procain-Lösung mit 3 %iger Calcium-Glukonat-Lösung im Verhältnis 1:1. Die Gabe eines Antibiotikums wird ebenfalls als ergänzende Maßnahme empfohlen. Bei Fortbestehen der Schmerzhaftigkeit kann sie wiederholt werden, wobei ausschließlich Hyaluronidase-Procain-Lösung mit Glukokortikoiden verwendet werden soll.

Bei Phosphorverletzungen kann Kupfersulfat als Medium zur Neutralisation verwendet werden. Kupfersulfat selbst hat aber ebenfalls eine gewebsschädigende Wirkung. Es soll deshalb nur direkt auf die geschädigte Hautpartie nach Abdeckung der Umgebung mit Desitin-Salbe angewandt werden. Anschließend muß eine kräftige Spülung mit Natriumhydrogenkarbonat erfolgen.

Graphit, wie es auch heute in Tintenstiften noch verwendet wird, hat keine systemische toxische Wirkung, wenn es in die Haut eindringt. Es führt aber zu einer blauen Verfärbung des Coriums und ist deshalb zu exzidieren. Der Defekt kann im allgemeinen durch eine primäre Naht verschlossen werden.

Magnesium kann ebenfalls in die Haut eindringen und verursacht vorübergehend Hypästhesien oder Parästhesien. Eine Magnesiumimplantation wird zur Therapie von Hämangiomen, bzw. dem Naevus flammeus verwendet und führt dort zur Verödung der umliegenden Gefäßstrukturen ohne toxische Spätfolgen zu verursachen. Die Exzision eingedrungenen Magnesiums in die Haut ist deshalb nicht zwangsläufig erforderlich, sie sollte aber bei größeren Mengen (über 10 g) immer in Erwägung gezogen werden.

Schädigung durch Strahlen

Im Bereich von Strahlendefekten, insbesondere nach energiereicher Tumorbestrahlung, kann die Rekonstruktion nicht mit freien Hauttransplantaten erfolgen. Die Vorbereitung solcher Defekte für die Transplantation schafft üblicherweise deshalb erhebliche Schwierigkeiten, weil jede granulationsfördernde Maßnahme zu einer weiteren Verschlechterung des Untergrundes führt. Das Ersatzverfahren der Wahl bei Strahlendefekten ist deshalb die Lappenplastik, die nach einer primären Exzision des Bestrahlungsdefektes, ggf. unter Mitnahme der strahlengeschädigten Knochen und andere Gewebe durchgeführt wird. Grundsätzlich soll man von den in Frage kommenden Möglichkeiten die sicherste Operationsmethode wählen. Defekte auf alten Bestrahlungsfeldern können auch tumorbedingt sein, deshalb immer zunächst die Histologie klären!

Im Regelfall kann nach einer korrekten modernen Strahlentherapie im betroffenen Hautareal durchaus eine Spalthauttransplantation durchgeführt werden; so kann z.B. nach Strahlenschaden der Areola-Mamillen-Region die Mamille durch freie Transplantation wiederhergestellt werden. Die Komplikationsrate ist in diesen Fällen allerdings höher als normal. In Frage kommen kann ferner die gestielte Transposition eines entsprechend präparierten Anteiles des großen Netzes zur Brustwand (s. Kap. 7, Brustdrüse) zur Vorbereitung des Wundgrundes.

Bei desolaten inkurablen Fällen kann auch der Versuch eines freien Hauttransplantates in einem durch Bestrahlung bedingten Defekt gerechtfertigt sein, wenn eine Lappenplastik ausscheidet. Die Vorbereitung des Wundgrundes mit Oxoferin® oder Actihaemyl® kann hier zum Einheilen und zu vorübergehenden Erfolgen beitragen. Die Indikation ist in solchen Fällen immer mit einem erfahrenen Plastischen Chirurgen abzusprechen!

5

Kopf und Wirbelsäule

Topographische Anatomie

J. W. Rohen

Die folgende Darstellung beschränkt sich im wesentlichen auf die chirurgisch wichtigen Tatsachen der topographischen Anatomie des Kopfes. Die regionale Gliederung geht aus Abb. 5A-1 hervor.

Neurocranium

Schädeldach und Kopfschwarte

Die Haut des Schädeldaches weist eine Reihe von Besonderheiten auf, die klinisch von großer Bedeutung sind. Zum einen ist sie mit der Galea aponeurotica, der flächenhaften Sehne der mimischen Muskulatur (M. occipitofrontalis und M. temporoparietalis), durch straffe Bindegewebszüge so fest verbunden, daß sie sich bei der Kontraktion der mimischen Muskulatur mitbewegt und gegen das darunterliegende Periost des Schädeldaches (Pericranium) verschiebt. Hämatome breiten sich daher innerhalb der Kopfschwarte nur schwer, dagegen in dem Raum zwischen Galea und Pericranium ungehindert aus. Zum zweiten ist die Kopfschwarte außerordentlich gut mit Gefäßen versorgt und auch reich innerviert. Daher pflegen Hautverletzungen immer stark zu bluten. Eine weitere Besonderheit stellen die zahlreichen Anastomosen zwischen äußeren und inneren Schädelvenen dar. Die Venen der Kopfschwarte, die meist keine Klappen aufweisen, besitzen durch die Emissarien mit den Sinus durae matris sowie mit den Diploevenen direkte bzw. indirekte Verbindungen, so daß Infektionen von der Kopfschwarte leicht in das Schädelinnere vordringen können. Die Gefäße und Nerven erreichen die Kopfschwarte von vier Punkten aus (Abb. 5A-2):

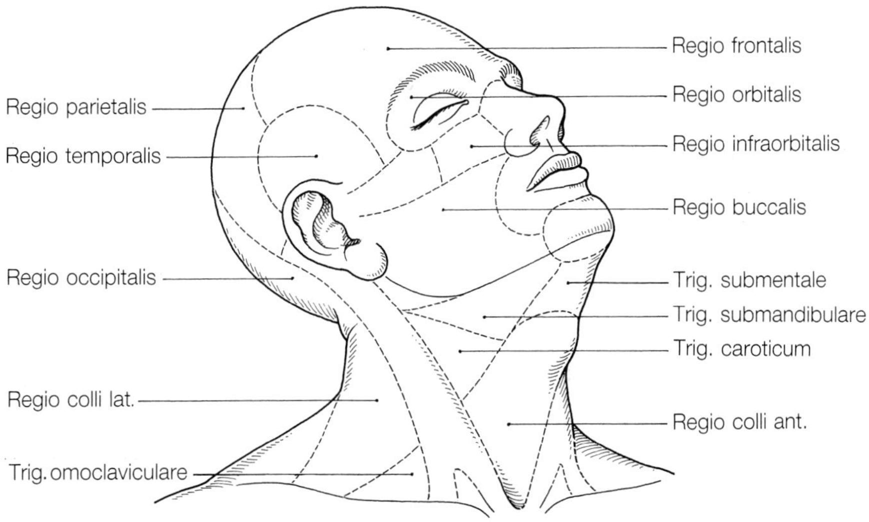

Abb. 5A-1. Übersicht über die wichtigsten Regionen im Bereich von Kopf und Hals (nach Feneis).

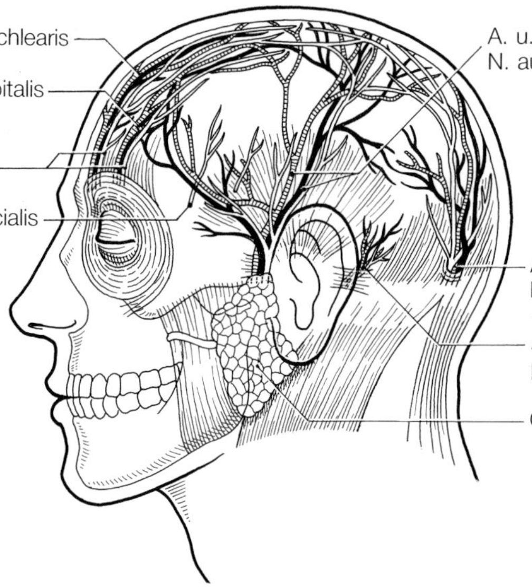

Abb. 5A-2. Gefäße und Nerven der Kopfschwarte (nach Rohen, J. W.: Topographische Anatomie, 8. Aufl., 1987). Die Leitungsbahnen dringen von 4 Punkten aus in die Kopfschwarte ein und vernetzen sich oberhalb der Galea aponeurotica.

1. Vom oberen Orbitarand aus gelangen medial die A. und V. supratrochlearis sowie etwas weiter lateral die A. und V. supraorbitalis in die Stirnregion. Diese Arterien sind Endäste der A. ophthalmica und gehören zum Versorgungsgebiet der A. carotis int. Die Venen fließen zur V. ophthalmica sup. ab. Die begleitenden Nerven (R. med. und lat. des N. supraorbitalis) sind Endäste des N. frontalis, der aus dem 1. Trigeminusast hervorgeht.
2. Aus der Tiefe der Fossa infratemporalis zieht unmittelbar vor dem äußeren Gehörgang ein kräftiges Gefäß-Nerven-Bündel senkrecht nach oben, das am Oberrand der Parotis oberflächlich wird und auf dem M. temporoparietalis liegt. Es besteht aus dem N. auriculotemporalis sowie der A. und V. temporalis superf. Die Arterie teilt sich meist in Höhe der Ohrmuschel in einen schräg nach vorne ziehenden Ast (R. frontalis) und einen senkrecht aufsteigenden Ast (R. parietalis). Die Äste werden von entsprechenden Venen und Nerven begleitet.
3. Hinter dem Ohr treten die A. und V. auricularis post. und der N. auricularis post. (ein Ast des N. facialis) für die mimische Muskulatur dieser Region (M. auricularis sup. und post., Venter occipitalis des M. occipitofrontalis) an die Oberfläche.
4. In der Hinterhauptsregion durchbohrt der N. occipitalis major, der dorsale Ast des 2. zervikalen Spinalnerven, den sehnigen Ursprung des M. trapezius und zieht oberflächlich bis zur Scheitelregion. Er wird von der A. und V. occipitalis begleitet. Die A. occipitalis stammt aus der A. carotis ext. und verläuft unterhalb des M. sternocleidomastoideus dicht am Knochen entlang nach dorsal. Die V. occipitalis fließt nach unten in die V. jugularis ext. ab.

Schichtengliederung des Schädeldaches und Hirnhäute

Die Epidermis des Schädeldaches ist durch zahlreiche kollagene Faserbündel des subkutanen Bindegewebes fest mit der Galea aponeurotica verbunden. Darunter befindet sich lockermaschiges, flüssigkeitsreiches Bindegewebe, das die Kopfschwarte gegen das Periost (Pericranium) abgrenzt (Abb. 5A-3). Die Calvaria besteht aus drei Schichten (Lamina ext., Diploe und Lamina int.). Die Diploe enthält Knochenmark und ist reich durchblutet. Die Diploevenen durchbrechen im frontalen Bereich meist die Lamina ext., um mit den Venen der Stirn- und Schläfenregion zu anastomosieren. Die Diploevenen der okzipitalen und lateralen Schädelbereiche durchbrechen jedoch die Lamina int. und münden in die Sinus durae matris ein. Die Lamina int. wird auch Lamina vitrea genannt. Sie splittert bei umschriebenen Gewalteinwirkungen meist stärker als die Lamina ext. An der Innenseite des knöchernen Schädeldaches fehlt ein eigenes Periost, vielmehr übernimmt hier die Dura die periostalen Funktionen, oder anders ausgedrückt, Dura und Periost sind zu einer einzigen festen Lamelle miteinander verschmolzen. In die Dura, die sich beim Erwachsenen leicht vom Knochen ablösen läßt und nur an den Nähten fester haftet, sind die Sinus durae matris eingefügt (Abb. 5A-3). Die venösen Blutleiter sind keine echten Venen mit Media, Adventitia usw., sondern stellen lediglich endothelausgekleidete Hohlräume im Bereich der Duraduplikaturen dar (Falx cerebri, Tentorium) oder liegen an den Ansatzzonen der Dura am Schädelknochen. Bei Verletzungen können die Sinus daher klaffen und eine Emboliegefahr hervorrufen. Die Arachnoidea ragt mit blumenkohlartigen Granulationen in die Sinus hinein (sog. Pacchionische Granulationen). Diese Gebilde werden funktionell als Überlaufventile angesehen und für den

Abfluß des Liquor cerebrospinalis ext. verantwortlich gemacht. Die Sinus nehmen auch die Hirnvenen auf, die den Subarachnoidalraum durchqueren und ebenfalls Liquor zu den Sinus abführen (Abb. 5A-4). Die Hirnvenen verlaufen im allgemeinen nicht mit den Hirnarterien parallel, sondern orientieren sich am Verlauf der Sinus durae matris. Sie liegen anfangs in der Pia mater und ziehen dann direkt durch die Arachnoidea hindurch zu den Sinus, z.B. zum Sinus sagittalis sup., Sinus transversus und Sinus sigmoideus (Abb. 5A-4).

Auf die Dura folgen nach innen die Arachnoidea, der Subarachnoidalraum, der stellenweise zu den Zisternen erweitert ist und die Pia mater. Die Hirnarterien liegen in der Pia, die Meningeagefäße jedoch zwischen Dura und Schädelknochen, d.h. im Epiduralraum.

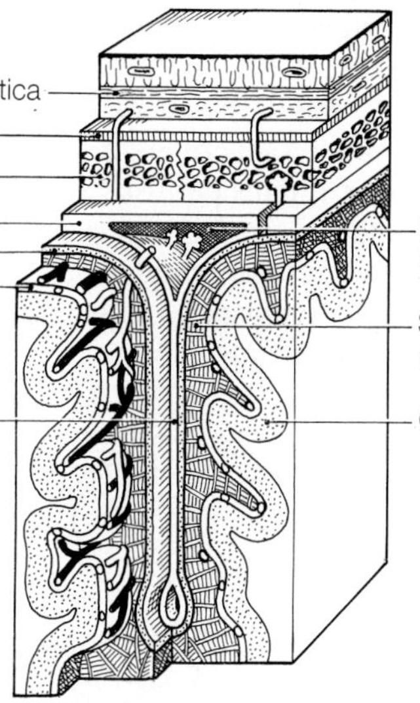

Abb. 5A-3. Schichtengliederung des Schädeldaches und der Hirnhäute (mod. nach Schumacher). In den Sinus sagittalis sup. und die Diploe ragen Pacchionische Granulationen hinein.

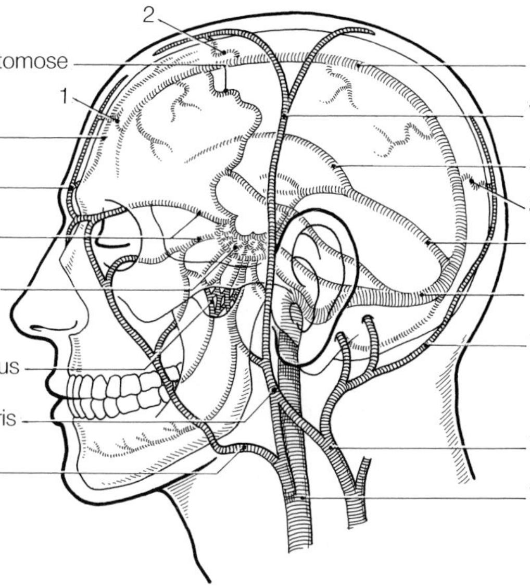

Abb. 5A-4. Venensystem des Kopfes (nach Clara). Äußere und innere Schädelvenen stehen über die Emissarvenen (1–3), die Diploevenen, die Venen der Schädelbasis (Sinus cavernosus) und die Orbitavenen miteinander in Verbindung.

Meningeagefäße

Innerhalb des Cavum epidurale verlaufen häufig in eigenen Knochenrinnen drei Gruppen von Meningeagefäßen von der Schädelbasis aufwärts und versorgen die Dura und den Schädelknochen. Das größte und vielleicht wichtigste Gefäß dieser Gruppe ist die **A. meningea media**, die in der Regel von zwei Venen begleitet wird. Sie zweigt von der A. maxillaris ab und tritt durch das Foramen spinosum in den Schädelinnenraum ein, wo sie sich meist 1,5–2 cm oberhalb des Foramens in einen vorderen und einen hinteren Ast aufteilt (Abb. 5A-5). Der vordere Ast (R. frontalis) folgt dem kleinen Keilbeinflügel und zieht im wesentlichen senkrecht nach oben. Der hintere Ast (R. parietalis) wendet sich mehr horizontal nach hinten, wo er in einer Knochenrinne der Schläfenbeinschuppe (und des Scheitelbeins) etwa in Höhe des Temporallappens verläuft. Als Faustregel zur Lage der A. meningea media kann folgende Hilfe dienen: Denkt man sich das äußere Ohr einmal um sich selbst nach oben verlagert, so projiziert sich der frontale Ast vor, der parietale Ast hinter dieses gedachte Ohr. Häufig existiert eine Anastomose der A. meningea media mit der A. lacrimalis aus der A. ophthalmica. Diese betritt durch die Fissura orbitalis sup. die Augenhöhle (A. meningolacrimalis bzw. Ramus anastomoticus cum a. lacrimale) und stellt eine der Anastomosen zwischen dem Versorgungsgebiet der A. carotis ext.

und int. dar. In seltenen Fällen entspringt die A. meningea media auch direkt aus der A. ophthalmica. Gleich nach dem Durchtritt der A. meningea media durch das Foramen spinosum gehen zwei kleinere Äste nach rückwärts zum Felsenbein ab. Der Ramus petrosus verläuft im wesentlichen im Knochenkanal des N. petrosus major und anastomosiert mit der A. stylomastoidea, die den N. facialis begleitet. Die A. tympanica sup. erreicht mit dem N. petrosus minor die Paukenhöhle.

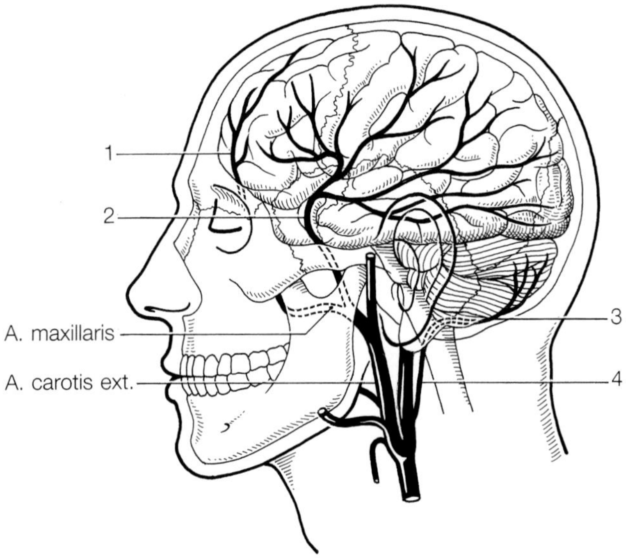

Abb. 5A-5. Schema zur Topographie der Meningeagefäße. 1 = A. meningea ant., 2 = A. meningea media mit R. frontalis und R. parietalis; 3 = A. meningea post., 4 = A. pharyngea ascendens.

Die **A. meningea ant.** stammt aus der A. ophthalmica und zweigt aus der A. ethmoidalis ant. ab, wo die A. ethmoidalis ant. ein kurzes Stück auf der Lamina cribrosa verläuft. Während die A. ethmoidalis ant. dann durch die Lamina cribrosa von oben in die Nasenhöhle eintritt, zieht die A. meningea ant. dann neben der Crista galli senkrecht zum Stirnbein nach oben und anastomosiert mit dem vorderen Ast der A. meningea media.

Die **A. meningea post.** gehört wiederum zum Versorgungsgebiet der A. carotis ext. Sie zweigt aus der A. pharyngea ascendens ab und betritt die hintere Schädelgrube meist durch das Foramen jugulare. Sie kann auch durch das Foramen magnum in den Schädel gelangen. Im Okzipitalbereich finden sich häufig zusätzlich noch kleinere Meningeagefäße (Rami meningeae), die von der A. occipitalis abzweigen und den Schädelinnenraum durch das Emissarium mastoideum oder Emissarium condylare betreten. Die hintere Meningeaarterie anastomosiert mit dem parietalen Ast der A. meningea media.

Eine Sonderstellung nimmt die Region des **Ganglion trigeminale** auf der Vorderfläche der Felsenbeinpyramide ein, wo die Dura eine aus zwei Blättern bestehende Tasche ausbildet, in deren Bereich sich der Subarachnoidalraum zisternenartig erweitert (Cisterna trigemini). Diese Region wird von einer eigenen Meningeaarterie versorgt, die noch vor Eintritt der A. meningea media in den Schädel von dieser abzweigt und das Gassersche Ganglion meist durch das Foramen ovale erreicht (Ramus meningeus accessorius).

Die **sensible Innervation der Dura** geht hauptsächlich von den meningealen Ästen des N. trigeminus aus. Der kräftigste Duraast des Trigeminus ist der Ramus meningeus recurrens, der vom N. mandibularis stammt und rückläufig mit der A. meningea media zusammen durch das Foramen spinosum in die Schädelhöhle eintritt. Er breitet sich mit der Arterie in deren Versorgungsgebiet aus. Das Tentorium wird dagegen von einem duralen Ast des N. ophthalmicus ($N.V_1$), die Dura der vorderen und seitlichen Schädelregion (Ausbreitungsgebiet des Ramus frontalis der A. meningea media) von einem Ast des N. maxillaris versorgt (Ramus meningeus medius), der kurz vor dem Durchtritt des Nerven durch das Foramen rotundum abzweigt. Im Bereich der hinteren Schädelgrube, d.h. im infratentoriellen Raum, beteiligen sich auch Äste des N. vagus an der sensiblen Versorgung der Dura.

Leptomeninx und Hirngefäße

Die Pia mater dringt in die Hirnfurchen ein, während die Arachnoidea diese überquert und weitgehend an der Dura haftet. Dadurch entstehen an Stellen, an denen die Hirnoberfläche von der Schädelwand weiter abrückt, Erweiterungen des Subarachnoidalraumes, die Zisternen (Cisterna cerebellomedullaris, Cisterna interpeduncularis, Cisterna basalis usw.). Die Hirngefäße liegen in der Pia, verlaufen aber stellenweise auch im Subarachnoidalraum, so daß sie von Liquor umspült werden, was das Auftreten von Subarachnoidalblutungen verständlich macht.

Die Gefäßversorgung des Gehirns stammt aus zwei Quellen, nämlich aus der A. carotis int. und der A. vertebralis (Abb. 5A-6 u. 7). Die Hirnabschnitte des infratentoriellen Raumes werden von der A. basilaris, die Hirnteile des Hemisphärenraumes dagegen von der A. cerebri media und ant., d.h. von Ästen der A. carotis interna, versorgt. Beide Gefäßsysteme anastomosieren an der Schädelbasis im Circulus arteriosus (Willisi) miteinander (Abb. 5A-7).

Die **A. carotis int.** betritt nach Passage des Canalis caroticus in der Felsenbeinpyramide zunächst den Sinus cavernosus von basolateral. Sie liegt vertikal aufsteigend zunächst dem Trigeminusganglion dicht an (Ganglionabschnitt). Dann macht sie innerhalb des Sinus eine S-förmige Schleife, deren erster Bogen (nach kranial konvexe Krümmungen) am Keilbeinkörper (Kavernosusabschnitt) und deren zweiter Bogen (nach kaudal konvexe Krümmung) dann direkt unterhalb des Chiasma opticum am Processus clinoideus ant. zu liegen kommt (Karotisknie) (Abb. 5A-7c). Dann durchbohrt die A. carotis int. die Dura und wendet sich nach rückwärts, wo sie sich innerhalb des Subarachnoidalraumes etwa 1,5–2 cm lateral von der Sella in ihre beiden Endäste, die A. cerebri ant. und med., aufteilt (sog. Karotisgabel). Vorher hat sie direkt unterhalb des N. opticus die A. ophthalmica abgegeben, die mit dem Sehnerven zusammen in die Orbita zieht.

Die **A. cerebri media** erreicht durch die Cisterna cerebri lat. rasch die Sylvische Furche, wo sie oberhalb der Insel stark geschlängelt parallel zum Sulcus lateralis schräg nach hinten oben verläuft und sich meist in zwei Hauptäste aufspaltet, die die angrenzenden Bereiche des Frontal-, Parietal- und Temporalhirns versorgen (Abb. 5A-6). Zum Versorgungsgebiet der A. cerebri media gehören nicht nur die beiden Sprachzentren (Broca und Wernicke) und die Hörzentren in der oberen Temporalwindung, sondern auch die motorischen und sensorischen Rindenfelder in der Umgebung des Sulcus centralis. Da diese Arterien funktionelle Endarterien darstellen, führen Unterbrechungen der Blutversorgung zu schwerwiegenden Ausfallserscheinungen.

Die **A. cerebri ant.** wendet sich nach medial und zieht in der Fissura longitudinalis cerebri dicht über dem Balken bogenförmig nach hinten (Abb. 5A-7a). Sie versorgt die medialen Abschnitte des Frontal- und Parietalhirns bis zur Fissura parietooccipitalis und eine daumenbreite Zone an der Außenfläche der Großhirnhemisphäre. Den Hinterhauptslappen und die Sehzentren versorgt sie jedoch nicht. Diese werden von der A. cerebri post. versorgt. Die beiden Aa. cerebri ant. anastomosieren unmittelbar vor der Lamina terminalis durch die A. communicans ant., die aber meist relativ dünn ist.

Die **A. basilaris**, die in der Cisterna pontis unmittelbar auf dem Clivus verläuft, teilt sich in Höhe des Mittelhirns in die beiden Aa. cerebri post. auf, die beiderseits durch die A. communicans post. mit der A. carotis int. anastomosieren (Circulus arteriosus cerebri) (Abb. 5A-6).

Die **A. cerebri post.** zieht entlang des Tentoriumrandes nach rückwärts zum Okzipitallappen, wobei sie in der Regel oberhalb des Tentoriums verläuft. Sie versorgt von hier aus den Hinterhauptslappen und die Unterseite des Temporallappens, also auch die Area striata mit den Sehzentren. Auch die zum limbischen System gehörende Hippokampusformation und das Tegmentum des Mittelhirns gehören zum Versorgungsgebiet der A. cerebri post.

Die **A. vertebralis** steigt in dem von den Querfortsätzen der Halswirbelsäule gebildeten Kanal auf (Abb. 5A-7c), biegt in der Schädelbasis scharf nach hinten und medial um und verläuft dann auf dem hinteren Atlasbogen bis zur Membrana atlantooccipitalis post., die sie durchbohrt. Auf diese Weise erreicht sie von lateral hinten den Schädelinnenraum, wo sie sich dann unterhalb der Brücke auf dem Clivus unterhalb der Cisterna basalis mit der gleichnamigen Arterie der anderen Seite zur A. basilaris vereinigt. Von ihr gehen die Kleinhirnarterien, die Rami pontis und die A. labyrinthi für das Innenohr ab.

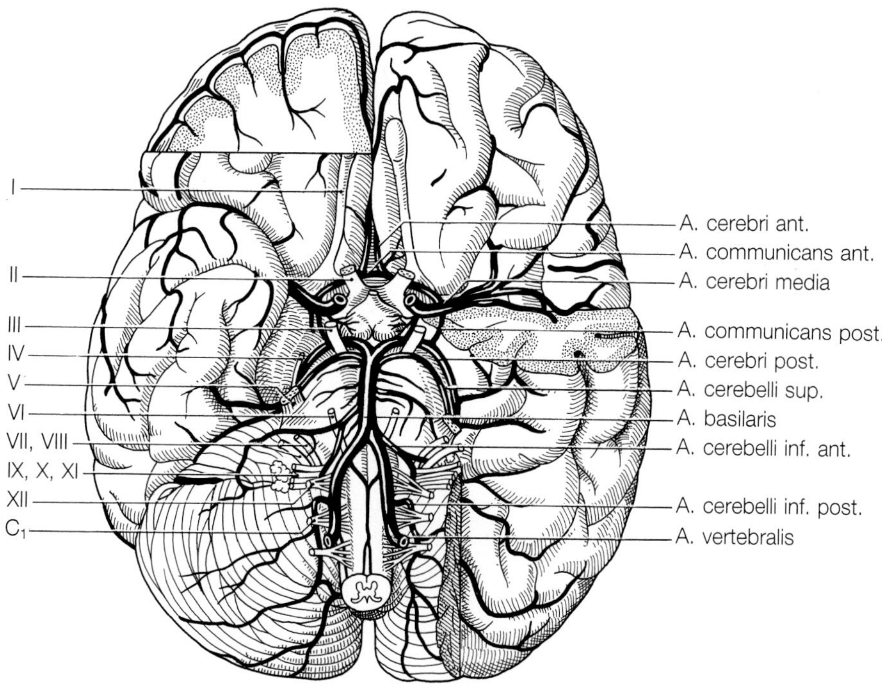

Abb. 5A-6. Gefäßversorgung des Gehirns in der Ansicht von unten. Schema des Circulus arteriosus Willisii.

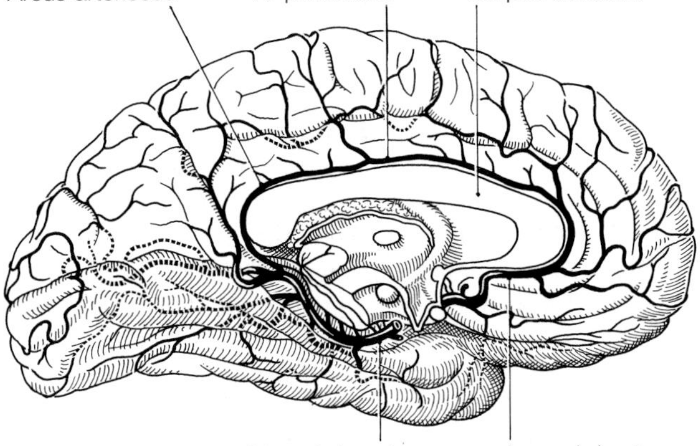

Abb. 5A-7.a) Gefäßversorgung des Gehirns. Linke Hirnhälfte von medial. Mittelhirn durchtrennt.

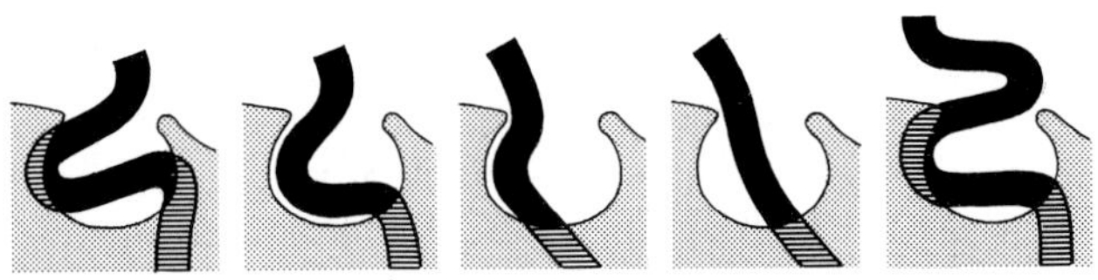

Abb. 5A-7.b) Formvariationen des Karotissiphons. Verlauf der A. carotis int. in Höhe der Sella turcica (nach Krayenbühl u. Yasargil).

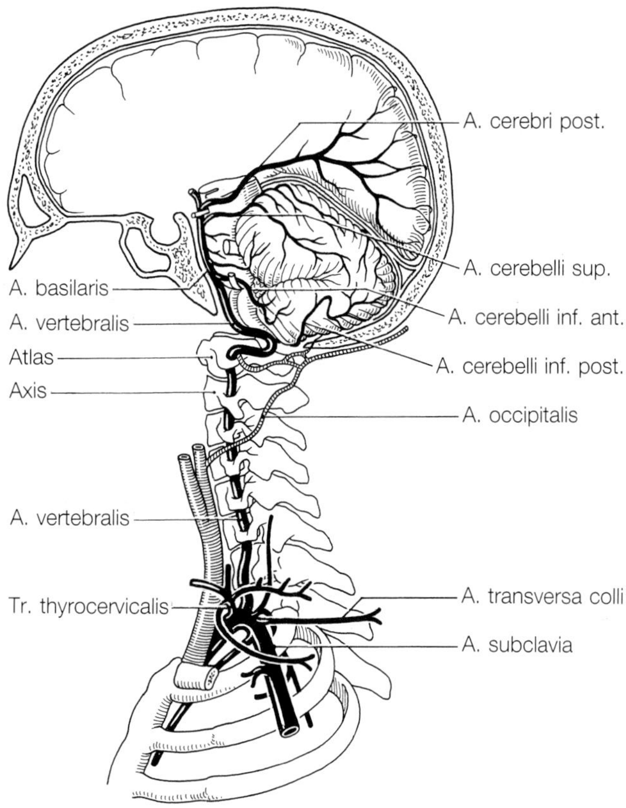

Abb. 5A-7.c) Verlauf der A. vertebralis innerhalb der Halswirbelsäule und der Schädelhöhle.

Hirnventrikel

Die beiden Seitenventrikel der Großhirnhemisphären sind U-förmig gekrümmt, wobei der temporale Schenkel (Cornu inf.) etwas nach lateral auslädt (Neigungsebene etwa 60°). Der Mittelabschnitt (Pars centralis oder Cella media) ist etwas abgeplattet und beherbergt innen unten den Plexus choroideus, der vorne bis zum Foramen interventriculare reicht. Cornu ant. und post. enthalten keine Adergeflechte (Abb. 5A-8). Im Unterhorn (Cornu inf.) des Temporallappens liegt der Plexus choroideus im Gegensatz zum Mittelabschnitt der Seitenventrikel medial oben. Das Vorderhorn überragt die Sutura coronalis um mehrere Zentimeter. Es liegt etwa 2,5–3 cm lateral von der Medianebene. In der Seitenansicht projiziert sich die Pars centralis etwa auf die Sutura squamosa des Schläfenbeins.

Die Seitenventrikel stehen durch die Foramina interventricularia (Monroi) mit dem III. Ventrikel in Verbindung, der im Bereich des Zwischenhirns lokalisiert ist und zum Chiasma opticum, zur Neurohypophyse und zur Epiphyse gleichnamige Recessus ausbildet. Der Liquor fließt vom III. Ventrikel über den Aqaeductus cerebri zum IV. Ventrikel und von dort über die Apertura lateralis (Luschkae) und die Apertura mediana (Magendi) in die Cisterna basalis bzw. in die Cisterna cerebellomedullaris ab. Der Plexus choroideus befindet sich nur im Dach des III. Ventrikels und im hinteren Bereich des IV. Ventrikels.

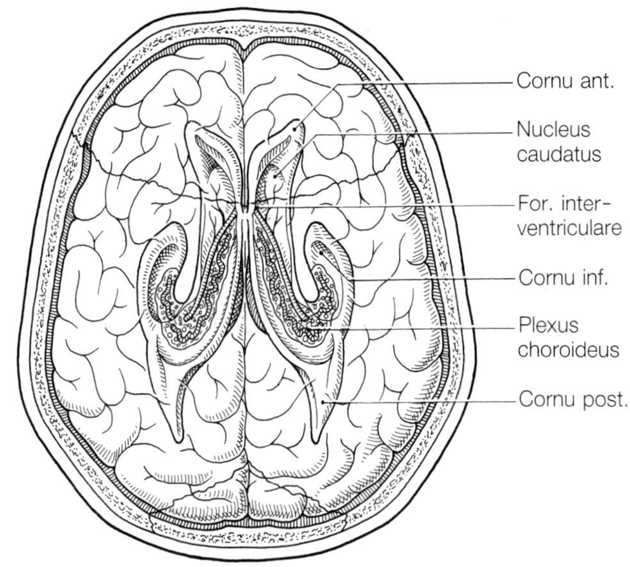

Abb. 5A-8. Seitenventrikel von oben gesehen.

Schädelbasis

Die Schädelbasis stellt eine Rahmenkonstruktion dar, wobei die dünneren Knochenabschnitte jeweils im Zentrum der drei Schädelgruben liegen und die Randzonen verstärkt sind. Längsbrüche bevorzugen daher die Lamina cribrosa, das Orbitadach und die Reihe der Foramina im Bereich der mittleren Schädelgrube. Querbrüche liegen häufig in Höhe des Foramen lacerum und der dünnen Sella turcica.

An der Schädelbasis sind zwei Regionen klinisch von besonderer Bedeutung: die Hypophysenregion und der Kleinhirnbrückenwinkel. Da die Schädelbasis an der Grenze zwischen Schädelinnenraum und Hals- bzw. Gesichtsschädel liegt, müssen alle Leitungsbahnen diese Regionen passieren (Abb. 5A-9). Die vordere Schädelgrube (Fossa cranii ant.) enthält die Zugänge zur Nasenhöhle (Lamina cribrosa) und zur Orbita (Canalis opticus), die mittlere (Fossa cranii media) die Zugänge zur Fossa pterygopalatina und zum Gesichtsschädel (For. rotundum, For. ovale, For. spinosum) sowie zur Orbita (Fissura orbitalis sup.); die hintere Schädelgrube schließlich die Zugänge zum Innenohr (Meatus acusticus int.), zur Halsregion (For. jugulare, Canalis hypoglossi) und zum Wirbelkanal (For. magnum). Einzelheiten s. Tab. 5A-1.

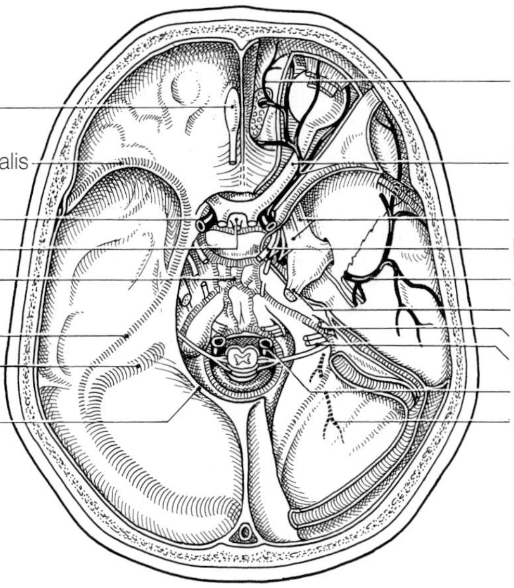

Abb. 5A-9. Schädelbasis mit Gefäßen und Nerven. Ansicht von oben. Links ist die Dura erhalten, rechts entfernt (aus Rohen, J. W.: Topographische Anatomie, 8. Aufl., 1987).

Hypophysenregion und Sinus cavernosus

Die Hypophyse (etwa 8 × 10 mm groß) ist in der Sella turcica untergebracht. Die Form der Sella variiert stark, so daß Rückschlüsse von der Größe der Sella auf die Größe der Hypophyse nur sehr bedingt möglich sind. Gegen den Schädelinnenraum wird die Sella durch das Diaphragma sellae, einer Duralamelle, die nur das Infundibulum hindurchtreten läßt, abgeschlossen. Die Sella wird lateral vom Sinus cavernosus und hinten (Dorsum sellae) vom Sinus intercavernosus umgeben (Abb. 5A-9). Im Dach des Sinus cavernosus verlaufen zwei Augenmuskelnerven (N. III, N. IV) und der N. ophthalmicus (N. V_1). Der N. abducens zieht mehr durch die Mitte des Sinus cavernosus hindurch. Er tritt schon am Clivus durch die Dura hindurch, so daß er von den drei Augenmuskelnerven den längsten extraduralen Verlauf hat. Zentral im Sulcus centralis liegt die A. carotis int., die hier eine S-förmige Schleife ausbildet (Karotissiphon). Das Chiasma opticum liegt unmittelbar vor dem Hypophysenstiel (Infundibulum) auf dem Diaphragma sellae und geht nach hinten in die beiden Tractus optici über.

An den Sinus cavernosus schließt sich seitlich die Trigeminustasche (Cavum Meckeli) mit der Cisterna trigemini und dem Ganglion trigeminale an, aus dem noch im Bereich der Schädelbasis die drei großen Äste des Trigeminus hervorgehen. Die Dura umschließt den Anfangsteil der drei Trigeminusäste mit zipfelförmigen Fortsätzen und setzt sich schließlich in die Perineuralscheiden dieser Nerven fort, so daß der Liquor ähnlich wie beim Sehnerven auch über diese Nervenscheiden peripherwärts abfließen kann.

Tab. 5A-1. Übersicht über die Kanäle und Löcher der Schädelbasis mit den zugehörigen Leitungsbahnen (vgl. Abb. 5A-9).

Kanäle	Wege zur/zum	Durchtretende Gebilde
Fossa cranii anterior		
Foramen caecum	blind	Durazapfen der Falx cerebri.
Lamina cribrosa	Nasenhöhle	Nn. olfactorii, A., V. und N. ethmoidalis ant.
Fossa cranii media		
Canalis opticus	Orbita	N. opticus A. ophthalmica
Fissura orbitalis sup.	Orbita	N. oculomotorius (N. III) N. abducens (N. VI) N. trochlearis (N. IV) V. ophthalmica sup. N. ophthalmicus (N. V_1)
Foramen rotundum	Fossa pterygopalatina	N. maxillaris (N. V_2)
Foramen ovale	Fossa infratemporalis	N. mandibularis (N. V_3) Plexus venosus foraminis ovalis A. meningea accessoria
Foramen spinosum	Fossa infratemporalis	A. meningea media R. meningeus (recurrens) des N. mandibularis (N. V_3)
Canalis caroticus	Gehirn	A. carotis int. (mit begleitendem Venenplexus)
Foramen lacerum	verschlossen durch Fibrocartilago basalis	N. petrosus major N. petrosus minor
Fossa cranii posterior		
Porus und Meatus acusticus int.	Innenohr	N. facialis (N. VII) N. intermedius N. vestibulocochlearis (N. VIII) A. und V. labyrinthi
Apertura ext. aquaeductus vestibuli	Labyrinthorgan	Aquaeductus vestibuli
Foramen jugulare	Spatium retro- und parapharyngeum	N. glossopharyngeus (N. IX) N. vagus (N. X) N. accessorius (N. XI) V. jugularis int. A. meningea post. der A. pharyngea ascendens
Canalis hypoglossi		N. hypoglossus (N. XII)
Foramen magnum	Cavum cranii	Medulla oblongata N. accessorius (N. XI) (aufsteigender Teil) N. cervicalis I Aa. vertebrales (aufsteigend) Aa. spinales ant. und post. (absteigend) Plexus venosus vertebralis int.

Kleinhirnbrückenwinkel

Die Region zwischen Kleinhirn, Pons, Pyramide und Pedunculi cerebellares, in der sich die Cisterna pontocerebellaris befindet, hat durch das Auftreten operabler Geschwülste (z.B. Akustikusneurinome) besondere klinische Bedeutung erlangt. In dieser Region befinden sich die intrakraniellen Abschnitte des VII. bis XII. Hirnnerven, vor allem die Nerven der Vagusgruppe (N. IX, X und XI) sowie die A. vertebralis (Abb. 5A-9). Die Hirnnerven (N. IX bis XI) durchqueren die Kleinhirnbrückenwinkelzisterne und verlassen den Schädelinnenraum durch den vorderen Teil des For. jugulare. Der N. hypoglossus (N. XII) verläßt etwas mehr basal die Schädelregion durch den Canalis hypoglossi. Der spinale Anteil des N. accessorius (N. XI) verläuft aufsteigend hinter der A. vertebralis durch das For. magnum und schließt sich dann mit dem aus der Medulla kommenden myenzephalen Anteil zum N. accessorius zusammen, der den infratentoriellen Raum durch das For. jugulare verläßt. Den hinteren Abschnitt des For. jugulare passiert der Sinus sigmoideus, der hier zur V. jugularis int. wird. Der Sinus setzt sich jedoch nicht geradlinig in die Jugularvene fort, sondern mündet nach einer kurzen, lateral gelegenen Lumeneinengung spiralig exzentrisch in eine bulbusartige Erweiterung ein (Bulbus sup. venae jugularis int.), wodurch vermutlich eine Wirbelströmung zustande kommt, die den venösen Abfluß aus dem Schädel fördert (venöser Strudelkopf). Weiter rostral in der Kleinhirnbrückenwinkelzisterne ziehen die Nerven der Fazialisgruppe (N. VII, VIII und XIII) zum Meatus und Porus acusticus int. Sie werden von den Vasa labyrinthi begleitet. Der den Pedunculus cerebellaris medii seitlich durchsetzende N. trigeminus zieht in fast sagittaler Richtung nach vorn, um unter dem Ansatz des Tentoriums hindurch zur Vorderfläche der Felsenbeinpyramide zu gelangen. Er gehört in weiterem Sinne auch noch zur Kleinhirnbrückenwinkelregion.

Gesichtsteil des Kopfes

Oberflächliche Gesichtsregion (Regio facialis superf.)

In der seitlichen Gesichtsregion lassen sich drei Zonen unterscheiden (Abb. 5A-10):

1. Der vordere Gesichtsbereich, der die Gesichtsöffnung mit der zugehörigen mimischen Muskulatur umfaßt.
2. Die Wangenregion, die bis zum M. masseter reicht.
3. Die Regio parotidomasseterica, die hinter dem aufsteigenden Unterkieferast in die tiefe Gesichtsregion übergeht.

Der **N. facialis** tritt durch das For. stylomastoideum aus der Schädelbasis aus und dringt von hinten-unten bogenförmig in die Parotisloge ein, wo er den Plexus parotideus bildet. Am Vorderrand der Parotis treten die Fazialisäste dann an die Oberfläche und verlaufen radiär ausstrahlend ziemlich oberflächlich bis zum vorderen Gesichtsbereich, wo sie **von unten** an die mimischen Muskeln herantreten. Der Ramus colli zieht vom Unterrand der Parotis zum Hals, wo er mit dem N. transversus colli aus dem Plexus cervicalis anastomosiert und das Platysma innerviert. Der etwa 1 cm unterhalb des Jochbogens verlaufende Ductus parotideus wird in der Regel von den Rami buccales des N. facialis sowie von der A. transversa faciei, die vor dem äußeren Gehörgang von der A. temporalis superf. abzweigt, begleitet. Er durchbohrt den M. buccinator in Höhe des 2. oberen Molaren. Kleinere akzessorische Drüsenläppchen können dem Ausführungsgang angelagert sein.

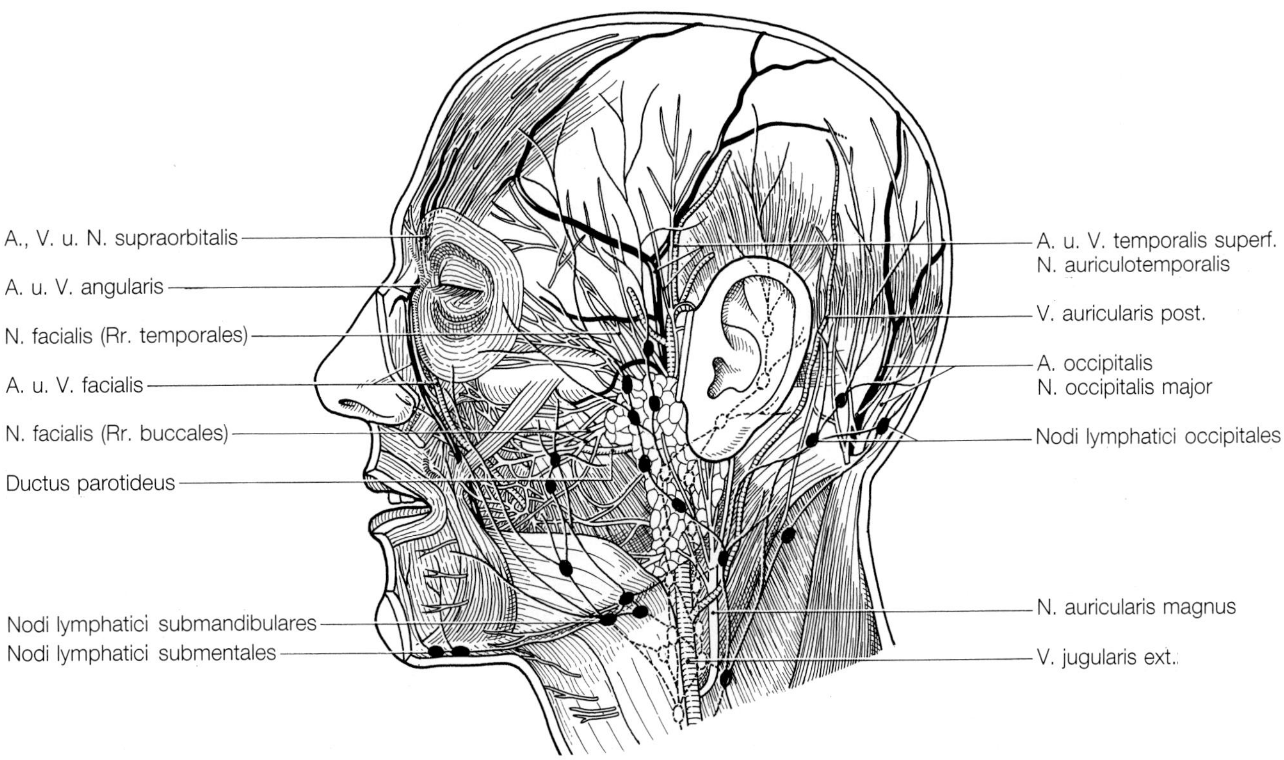

Abb. 5A-10. Topographie der oberflächlichen Gesichts- und Nackenregionen mit ihren Lymphabflußwegen.

In der Zwischenzone zwischen vorderem und hinterem Gesichtsbereich verlaufen vor allem die **A.** und **V. facialis.** Die A. facialis, ein Ast der A. carotis ext., kommt aus dem Trigonum submandibulare, wo sie häufig stark geschlängelt durch die Gl. submandibularis hindurchzieht. Sie zieht dann am Unterkieferrand vor dem M. masseter weiterhin geschlängelt bis zum Augenwinkel, wo sie als **A. angularis** mit Ästen der A. ophthalmica anastomosiert, aufwärts. Ihre Äste treten, ähnlich wie die Fazialisäste, immer von unten an die mimischen Muskeln heran. Die **V. facialis** liegt in der Regel weiter dorsal und fließt unter dem Kieferwinkel in die V. retromandibularis und weiter zur V. jugularis int. ab. Die V. retromandibularis wie auch die V. facialis drainieren das Blut aus dem ausgedehnten Plexus pterygoideus, der in der Tiefe hinter dem Unterkiefer zwischen dem M. pterygoideus medialis und lateralis sowie dem Ansatzgebiet des M. temporalis lokalisiert ist und mit dem Venengeflecht der Schädelbasis durch die Löcher der mittleren Schädelgrube mit dem Sinus cavernosus Verbindungen hat (Infektionspforte zum Schädelinnenraum) (Abb. 5A-4). Da die V. facialis über die V. angularis mit der V. ophthalmica anastomosiert, können Infektionen aus dem Lippen-Nasen-Bereich über die Orbita ebenfalls den Schädelinnenraum erreichen (Abb. 5A-4 u. 11).

Im vorderen Gesichtsbereich liegen die Endäste des **N. trigeminus**, die an den drei sog. Druckpunkten von unten her durch die mimische Muskulatur hindurch zur Haut ziehen (Abb. 5A-12). Zur Stirnregion verlaufen die Äste des N. supraorbitalis (N. V_1), die am oberen Orbitarand tastbar sind. Zur Oberkieferregion, Oberlippe und Nase verlaufen die Endäste des N. infraorbitalis und N. zygomaticus; zur Unterkieferregion die Endäste des N. mandibularis d.h. vorne der N. mentalis (in Höhe des 2. Prämolar) und vor dem äußeren Gehörgang senkrecht aufsteigend der N. auriculotemporalis (Abb. 5A-12). Die Schleimhaut der Wangenregion und der Zähne wird größtenteils vom N. buccalis versorgt, der aus der Tiefe der Fossa infratemporalis kommt, wo er vom N. mandibularis abzweigt. Er ist meist in der mittleren Zone der Gesichtsregion in den Wangenfettpfropf eingebettet, wo er in Höhe des Massetervorderrandes lokalisiert ist (Abb. 5A-13).

Der M. masseter erhält seine Versorgung aus der Tiefe der Fossa infratemporalis durch die Incisura mandibulae (A. und V. masseterica, N. massetericus). Unmittelbar vor dem äußeren Gehörgang ziehen der N. auriculotemporalis (N. V_3) und die Vasa temporalia superf. nach oben. Sie versorgen auch den äußeren Gehörgang und das Trommelfell.

In und auf der Parotis befinden sich meist einige Lymphknoten, in die die Lymphe von den lateralen Abschnitten der Augenlider, von der Ohrmuschel und dem äußeren Gehörgang, der Schläfenregion und der Parotis selbst abfließt. Die Lymphe aus den Parotislymphknoten fließt hauptsächlich zu den tiefen Halslymphknoten ab (Nodi lymph. cervicales prof.). Die Lymphgefäße der vorderen Gesichtsregion, deren Lymphe aus Nase, Mundhöhle, Zähne und Zunge stammt, verlaufen schräg nach hinten zu den Nodi lymph. submandibulares, die der vorderen Gesichtsbereiche (Lippen, Frontzähne, Zungenspitze usw.) zu den Nodi lymph. submentales (Abb. 5A-10).

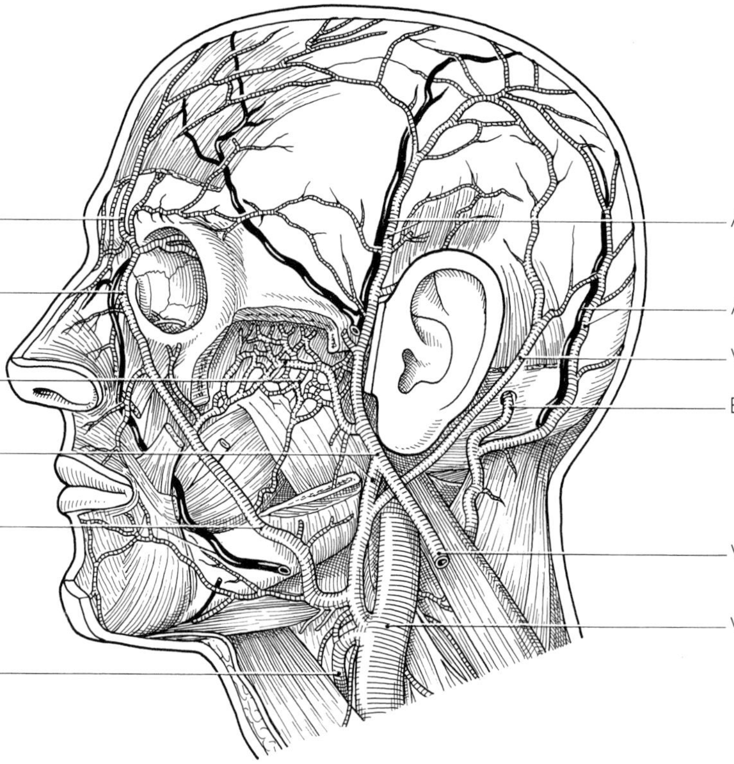

Abb. 5A-11. Topographie der tiefen Gesichtsregion. Darstellung der Venenabflüsse. Mandibula und Jochbogen wurden teilweise entfernt.

Abb. 5A-12. Innervationsfelder von Kopf und Hals mit den zugehörigen Nerven.

N. V_1	= N. supraorbitalis (R. med. und lat.) N. nasalis ext.
N. V_2	= N. infraorbitalis R. zygomaticofacialis R. zygomaticoorbitalis
N. V_3	= N. mentalis N. auriculotemporalis
C_2	= N. occipitalis major
Punctum nervosum	= N. auricularis magnus, N. occipitalis minor, N. transversus colli, Nn. supraclaviculares

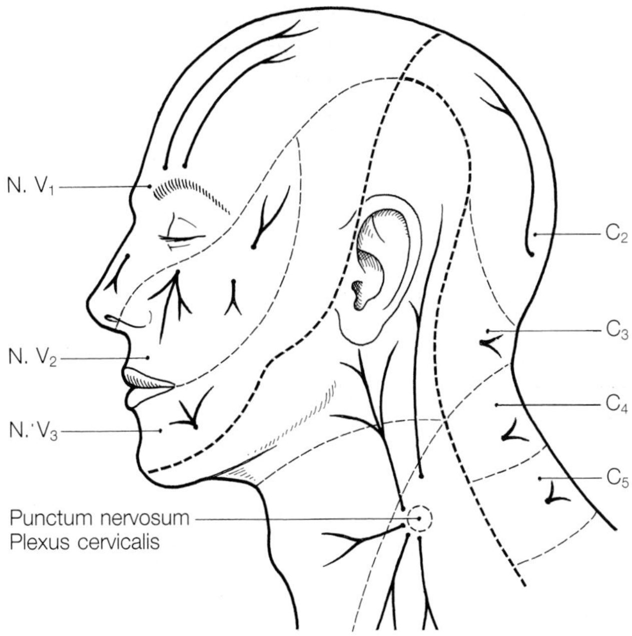

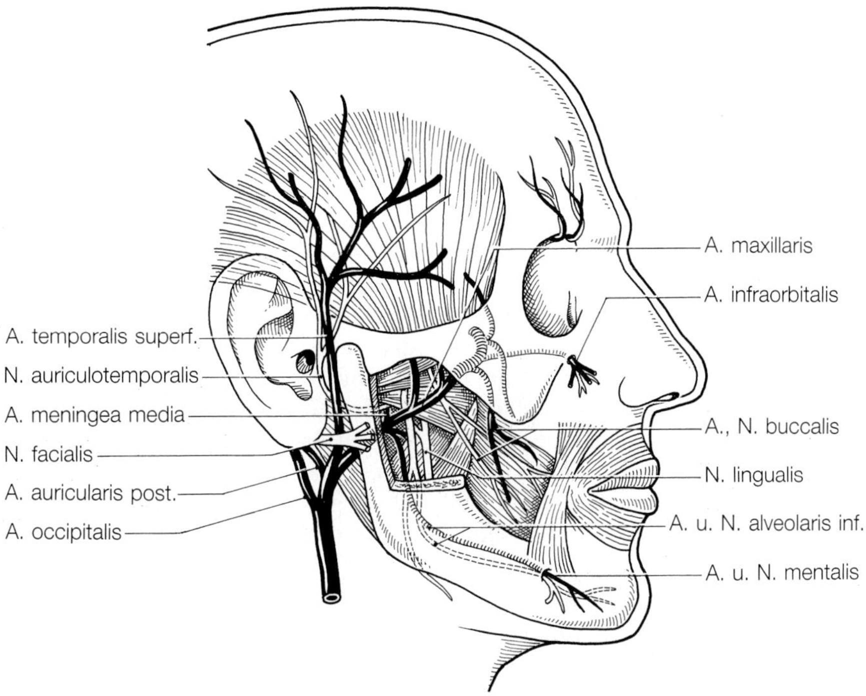

Abb. 5A-13. Arterien der tiefen Gesichtsregion. Verlauf der A. maxillaris (modif. nach Corning).

Tiefe Gesichtsregion (Regio faciei profunda)

Die tiefe Gesichtsregion befindet sich hinter der Mandibula und umfaßt den Raum, der zwischen Pharynx, Wirbelsäule und Mandibula liegt (Abb. 5A-13). Er wird durch die vom Processus stylohyoideus ausgehenden Muskeln (M. stylohyoideus, M. styloglossus und M. stylopharyngeus) in eine mediale und laterale Abteilung aufgegliedert (Abb. 5A-14). Die tiefe Gesichtsregion wird fast vollständig von der tiefen Portion der Parotis und den Kaumuskeln (M. pterygoideus med. und lat., Ansatz des M. temporalis) ausgefüllt und horizontal von der A. carotis ext. durchquert. Die Zweige des 3. Trigeminusastes laufen bogenförmig von der Schädelbasis (For. ovale) kommend durch die zwischen M. pterygoideus lat. und med. vorhandene, dreiseitige Lücke hindurch zum Unterkiefer (N. alveolaris inf.) und zur Zunge (N. lingualis). Der N. buccalis durchsetzt meist etwas weiter kranial den M. pterygoideus lat.

Der N. lingualis nimmt von hinten noch die aus dem Mittelohr kommende Chorda tympani auf, die parasymphatische (sekretorische) Fasern zum Ganglion submandibulare bringt, aber auch Geschmacksfasern aus den vorderen zwei Dritteln der Zunge enthält.

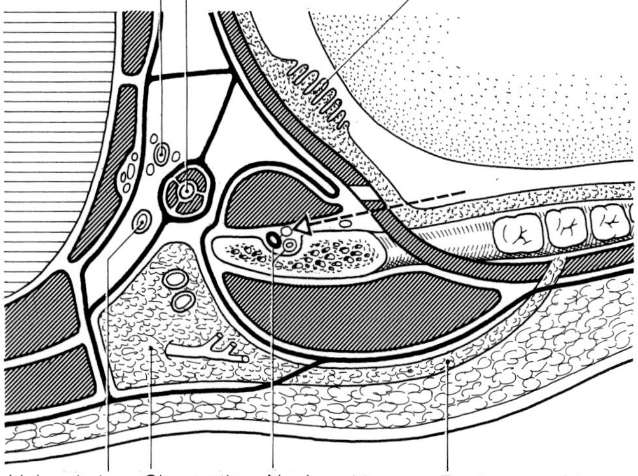

Abb. 5A-14. Aufbau der Parotisloge. Schema eines Horizontalschnittes. Pfeil = Zugang zum N. alveolaris inf. von der Mundhöhle aus (nach Corning). In der Parotis liegen der N. facialis (Plexus parotideus), die A. carotis ext. und die V. retromandibularis.

Die **A. carotis ext.** läuft medial am hinteren Bauch des M. digastricus und am M. stylohyoideus vorbei parallel zum aufsteigenden Unterkieferast etwa bis zur Mitte des Unterkieferastes, wo sie sich in die A. temporalis superf. und in die A. maxillaris aufteilt. Die **A. maxillaris** biegt dann horizontal zwischen Lig. sphenomandibulare und Collum mandibulae zur tiefen Gesichtsregion ab. Sie benützt in der Regel den Spalt zwischen den beiden Mm. pterygoidei, um auf die Außenfläche des M. pterygoideus lat. und weiter vorne dann in die Fossa pterygopalatina zu kommen (Abb. 5A-13). Die Lage der Arterie variiert jedoch sehr stark. Sie ist durch Bandzüge am Collum mandibulae fixiert, so daß sie bei den Kaubewegungen nicht komprimiert oder abgeklemmt werden kann. Die A. maxillaris versorgt zuerst das Kiefergelenk (A. auricularis prof.) und das Mittelohr (A. temporalis ant.), dann den Unterkiefer (A. alveolaris inf.) und die Dura mater (A. meningea media) und schließlich die in dieser Region gelegenen Kaumuskeln mit senkrecht abgehenden, gleichnamigen Ästen. Die Endäste erreichen von der Flügelgaumengrube aus die hintere Nasenhöhle (A. sphenopalatina), den Gaumen (A. palatina descendens), den Oberkiefer (Aa. alveolares sup. post.) und die Orbita (A. infraorbitalis).

Die Leitungsbahnen für den Unterkiefer (A., V. und N. alveolaris inf.) erreichen den Canalis mandibulae durch das For. mandibulae, das etwa in der Mitte des aufsteigenden Unterkieferastes liegt und durch eine kleine Knochenlamelle (Lingula) teilweise überdeckt wird.

Im tiefer gelegenen **Spatium parapharyngeum** sind die zum Hals-, Pharynx- und Mundboden verlaufenden Hirnnerven (N. vagus, N. glossopharyngeus, N. hypoglossus) sowie die das Gehirn versorgende A. carotis int. untergebracht (Abb. 5A-14). Die aus dem Bulbus sup. hervorgehende V. jugularis int. liegt mehr lateral (Abb. 5A-14). Der retromandibuläre Parotislappen reicht weit in die tiefe Gesichtsregion herein, meist bis an die vom Processus stylohyoideus ausgehenden Muskelbündel. Da die Parotis außen von einer derben Kapsel umgeben ist (Fascia parotideomasseterica), können entzündliche Prozesse der Drüse nach innen weitergeleitet und wegen der Drucksteigerung in der Parotisloge sehr schmerzhaft werden.

Wirbelsäule

Die Wirbelsäule weist in jedem ihrer Hauptabschnitte Besonderheiten auf. Im Halsbereich sind die Wirbelkörper seitlich durch schaufelförmig aufgewölbte Knochenleisten (Processus uncinati) untereinander so verzahnt, daß die Bandscheiben kaum einen Bewegungsspielraum haben. Im Erwachsenenalter bilden sich jedoch in der oberen Halswirbelsäule fast immer horizontale Einrisse oder Spalten innerhalb der Bandscheiben, die mit den Processus uncinati Verbindungen eingehen (Unkovertebralspalten). Die Zwischenwirbelscheiben sind dann häufig vollständig halbiert, so daß ein gelenkartiger Spaltraum entsteht, in den der Nucleus pulposus eindringen kann. Pulposushernien werden jedoch meist nur in den unteren Halssegmenten beobachtet. Die dachziegelartig schräg übereinanderliegenden Gelenkfortsätze der Halswirbelsäule (HWS) erlauben ein ausgiebiges Bewegungsspiel in allen drei Dimensionen des Raumes. Die Wirbelgelenke der HWS werden in der Regel durch keilförmige faserknorpelige Disci articulares unterteilt, wodurch die Inkongruenz der Gelenkflächen ausgeglichen und die Beweglichkeit erhöht wird.

In der Brustwirbelsäule (BWS) ist durch die Anlagerung der Rippen und die Form der Gelenkfortsätze die Beweglichkeit geringer, wenn auch durch die Summation von Einzelbewegungen letztendlich doch ein erstaunlicher Bewegungsspielraum entsteht. In der Lendenwirbelsäule sind die Gelenkfortsätze in der Sagittalen so ineinandergesteckt, daß Rotationsbewegungen praktisch ausgeschlossen sind. Die Wirbelkörper der Lendenwirbelsäule sind groß, bohnenförmig und durch breite Disci intervertebrales voneinander getrennt. Pulposushernien sind im Lendenbereich am häufigsten. Die S-förmige Krümmung der Wirbelsäule wird durch einen kräftigen Bandapparat gewährleistet, wobei die zwischen den Wirbelbögen verlaufenden, elastischen Ligamenta flava die Hauptrolle spielen. Das vordere Längsband (Lig. longitudinale ant.) spannt sich von Wirbelkörper zu Wirbelkörper, das hintere (Lig. longitudinale post.) verbindet dagegen vornehmlich die Bandscheiben miteinander.

Im **kraniovertebralen Übergangsbereich**, wo durch die sechs Gelenke zwischen Hinterhauptsbein, Axis und Atlas eine ausgiebige und fein abstufbare Beweglichkeit zustande kommt, verstärkt und differenziert sich dieser Bandapparat. Das Lig. transversum atlantis hält den Dens axis am vorderen Atlasbogen fest. Die Ligg. alaria befestigen den Dens zusammen mit dem darüber liegenden Lig. cruciforme am Hinterhauptsknochen. Die Membrana tectoria ist die Verlängerung des Lig. longitudinale post. der HWS, die den gesamten Bandapparat der kraniovertebralen Gelenke dorsal abdeckt und sichert (Abb. 5A-15).

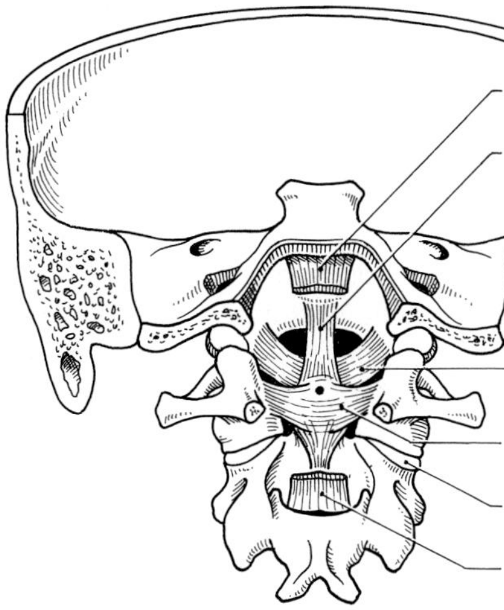

Abb. 5A-15.a) Bandapparat der kraniovertebralen Gelenke. Hinterer Atlasbogen und hinterer Teil der Schädelbasis wurden entfernt. Schwarzer Punkt = Spitze des Dens axis.

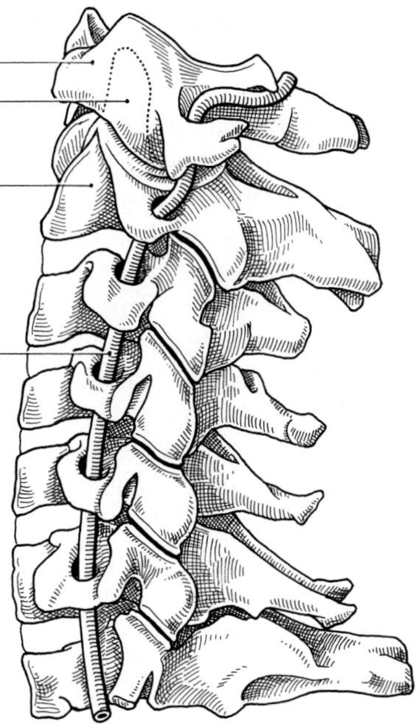

Abb. 5A-15.b) Halswirbelsäule eines Erwachsenen, von lateral gesehen (Verlauf der A. vertebralis) (nach Töndury). 1 = Atlas; 2 = Axis.

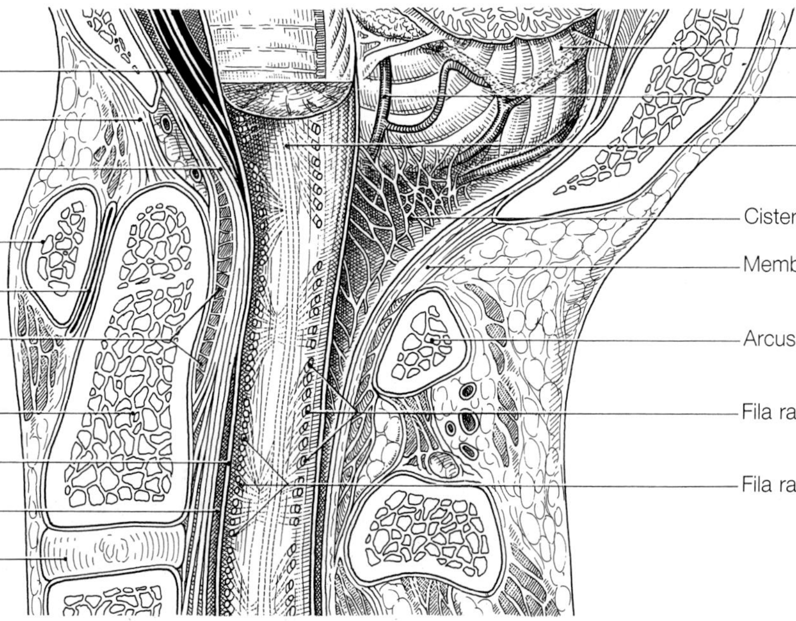

Abb. 5A-15.c) Topographie der kraniozervikalen Übergangsregion, dargestellt am Mediansagittalschnitt. Rückenmark und Medulla oblongata wurden nicht median durchschnitten, sondern mit der Pia mater als Ganzes dargestellt (nach v. Lanz und Wachsmuth).

Wirbelkanal und Rückenmark

Der durch die Bänder, Wirbelbögen und Wirbelkörper abgegrenzte Raum (Canalis vertebralis) ist nicht einheitlich. Er ist im Halsbereich am größten (meist queroval), im Brustbereich zylindrisch und im Lendenbereich mehr dreiseitig pyramidenförmig gestaltet. Beim Erwachsenen wird der gesamte lumbale Teil des Wirbelkanals nur noch von den Wurzelfäden der lumbalen und sakralen Spinalnerven, die innerhalb des Durasackes verlaufen, ausgefüllt. Die zugehörigen Rückenmarksegmente liegen in Höhe des 10. und 11. Brustwirbelkörpers (Abb. 5A-16), während die Brustsegmente des Rückenmarkes den Wirbelkanal im Bereich zwischen dem 1. und 9. Brustwirbelkörper einnehmen (Abb. 5A-16). Die Wurzelfäden (Fila radicularia) werden daher nach kaudal immer länger, wodurch das Bild der Cauda equina entsteht (Abb. 5A-16). Charakteristischerweise bleiben aber die Spinalganglien mit Ausnahme der Sakralsegmente in den jeweiligen For. intervertebralia liegen, so daß der Abstand zwischen Rückenmark und Ganglien kaudalwärts immer länger wird. Der Wirbelkanal ist kaudal im Bereich des Os sacrum offen (Hiatus canalis sacralis) und wird hier nur durch Bänder verschlossen. Im Gegensatz zum Schädelinnenraum hat jedoch der Wirbelkanal eine periostale Auskleidung, so daß Dura und Periost voneinander getrennt sind. Die Dura bildet um das Rükkenmark und die Wurzelfäden herum einen geschlossenen Durasack, der vom Periost durch einen mit Fett und Bindegewebe gefüllten, epiduralen Raum (Cavum epidurale) getrennt ist. Im Epiduralraum befindet sich ein ausgedehntes Venennetz (Plexus venosus vertebralis int.). Dieses Geflecht leitet das Blut über die Forr. intervertebralia zu den Lumbal- und Interkostalvenen ab, d.h. daß das venöse Blut des Epiduralraumes letztlich zum Azygossystem abfließt.

Innerhalb des Durasackes, der sich taschenartig zu den Forr. intervertebralia ausdehnt und dort noch die Spinalganglien umschließt (Abb. 5A-17), befindet sich im Subarachnoidalraum der Liquor cerebrospinalis. Die Pia überzieht das Rückenmark selbst, bildet aber seitlich noch Duplikaturen aus, die als Ligamentum denticulatum bezeichnet werden. Die arterielle Versorgung des Rückenmarkes übernimmt vorne die unpaare A. spinalis ant., die im Sulcus ventralis verläuft. Hinten verlaufen beiderseits der Wurzeleintrittszone die beiden Aa. spinales post., die den dorsalen Bereich des Rückenmarkes versorgen.

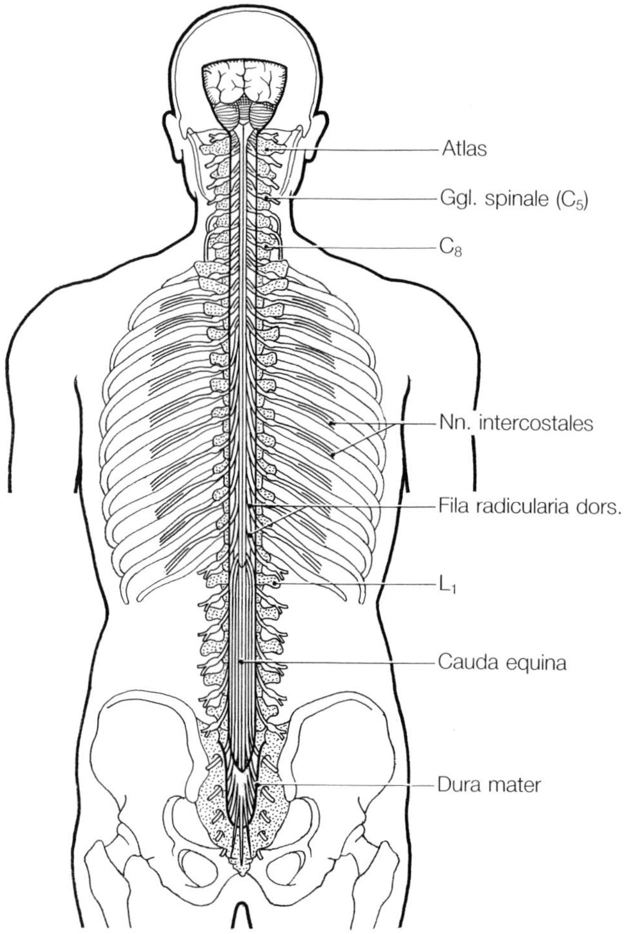

Abb. 5A-16.a) Topographische Lage des Rückenmarkes im Wirbelkanal (eröffnet), von dorsal gesehen (aus Rohen, J. W.: Topographische Anatomie, 8. Aufl., 1987).

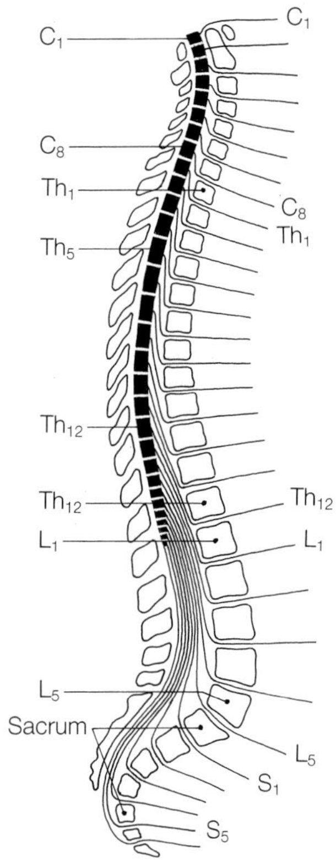

Abb. 5A-16.b) Lagebeziehungen der Rückenmarkssegmente und Spinalnervenwurzeln zu den Wirbeln.

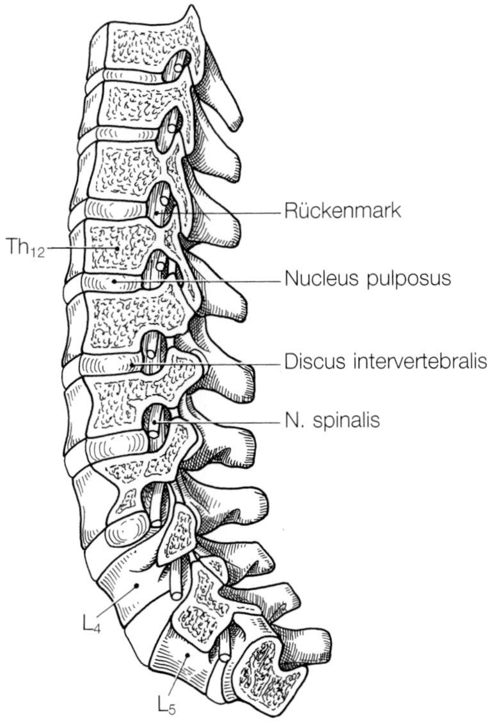

Abb. 5A-16.c) Untere Brust- und Lendenwirbelsäule, von lateral gesehen. Darstellung der Forr. intervertebralia mit den Spinalnerven (nach Töndury).

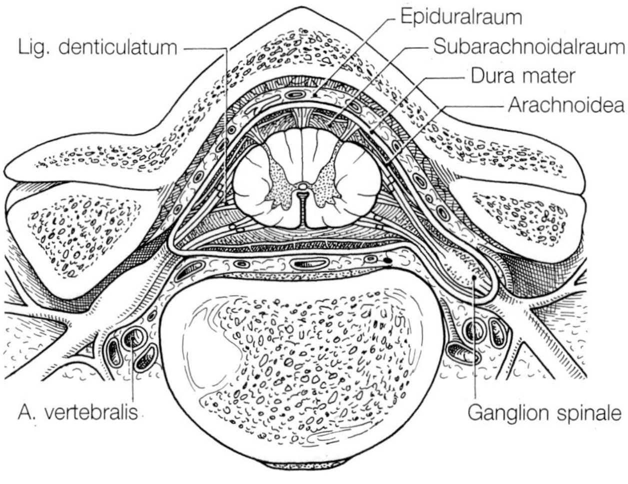

Abb. 5A-17. Querschnitt durch den Wirbelkanal mit Rückenmark und Rückenmarkshäuten.

Gefäßversorgung von Rückenmark und Wirbelsäule

Die Gefäßversorgung von Rückenmark und Wirbelsäule geht von den **Rami spinales** aus, die im Halsbereich von der A. vertebralis, im Brustbereich von den Aa. intercostales post. und im Lendenbereich von den Lumbalarterien abzweigen und durch die Forr. intervertebralia in den Wirbelkanal eindringen (Abb. 5A-18). Dort teilen sie sich in einen vorderen und hinteren Wurzelast (Ramus radicularis ant. und post.), der zusammen mit den Fila radicularia zum Rückenmark verläuft. Vorher gehen noch die Äste zur Wirbelsäule und zur Rückenmuskulatur ab. Beim Erwachsenen haben sich am Rückenmark meist drei unterschiedliche arterielle Gefäßterritorien herausgebildet (Hals-, Brust- und Lumbosakralterritorium), deren Gefäße untereinander anastomisieren, aber auch beträchtliche Variationen in der Verteilung aufweisen können. Das stärkste Wurzelgefäß ist die A. radicularis magna (Adamkiewicz), die in Höhe von Th_{12} in den Wirbelkanal eintritt und das Lenden- und Sakralterritorium versorgt (Abb. 5A-18).

Die Spongiosa der Wirbelkörper ist reich vaskularisiert und enthält blutbildendes, rotes Knochenmark. Die im Alter häufig zu beobachtende Ankylosierung der Wirbelsäule beruht vorwiegend auf Exostosenbildung an den Rändern der Wirbelkörper sowie auf einer Verknöcherung des Bandapparates. Der Längsdurchmesser der Wirbelkörper wird daher im Alter schmäler und die Beweglichkeit geringer.

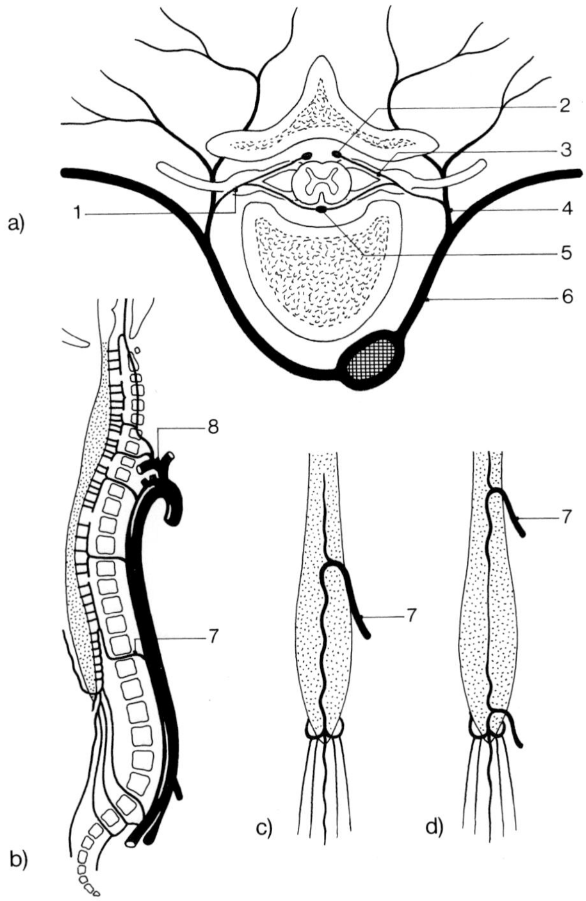

Abb. 5A-18.a-d) Arterielle Versorgung des Rückenmarks (nach Rauber-Kopsch: Anatomie des Menschen, Bd. IV, 1988).
a) Rückenmarksarterien. Ansicht von kranial. 1 = R. spinalis; 2 = A. spinalis post; 3 = R. radicularis post; 4 = R. dorsalis; 5 = A. spinalis ant.; 6 = A. intercostalis post.
b) Arterielle Territorien des Rückenmarks. Das stärkste Wurzelgefäß ist die A. radicularis magna (Adamkiewicz) (7). 8 = A. subclavia dextra.
c u. d) Variationen in der Ausbildung der A. radicularis magna.

5.1 Neurotraumatologie

H. Arnold

Einfache Kopfverletzungen

Kopfverletzungen ohne Hirntrauma können meist ambulant behandelt werden. Dagegen sollte jeder Patient, der ein, wenn auch nur leichtes, Hirntrauma erlitten hat, wenigstens zur Beobachtung stationär aufgenommen werden. Wunden im Bereich des behaarten Kopfes werden nach Rasur der Umgebung exzidiert und einschichtig genäht. Dadurch wird auch die Blutung aus der Kopfschwarte gestillt. Eine Wunddrainage ist nur bei ausgedehnteren Wunden mit erheblicher Gewebszerreißung erforderlich.

Bei **Skalpierungsverletzungen** ist eine komplette Rasur erforderlich. Ist die skalpierte Haut noch breit gestielt, kann sie nach Wundexzision mit der umgebenden Kopfschwarte wieder vereinigt werden. Mehrere Wunddrainagen sind aber unumgänglich. Ist ein Kopfschwartenanteil völlig abgerissen oder hängt er nur noch an einem dünnen Stiel, so bestehen Chancen auf Anheilung, wenn das Perikranium noch an der Kalotte haften geblieben und weitgehend unversehrt ist.

Kleinere Substanzdefekte der Kopfschwarte, unter denen die Kalotte – oder auch die Dura – freiliegt, können durch Rotationslappen der Kopfschwarte ausgeglichen werden. Ist bei größerem Kopfschwartendefekt das Perikranium erhalten, so ist die Deckung mit einem Spalthautlappen von der Haut des Bauches oder Oberschenkels meist erfolgreich. Der Spalthautlappen sollte mehrfach inzidiert und mittels eines Schaumstoffverbandes an das Perikranium angedrückt werden, damit sich nicht unter ihm ein Serom bilden kann. Fehlt auch das Perikranium, so muß wenn möglich ein Kopfschwartenlappen auf den perikraniumfreien Bereich verschoben und ein Spalthautlappen auf das dadurch freigelegte Perikranium aufgebracht werden. Besteht diese Möglichkeit nicht, weil der Kopfschwarten- und Perikraniumdefekt zu groß ist, so kann die plastische Deckung entweder nicht primär oder durch einen Plastischen Chirurgen in der Weise erfolgen, daß ein freies Hauttransplantat mit Gefäßstiel nach Anastomosierung mit den temporalen Gefäßen den Kopfschwartendefekt schließt. Als Alternative bietet sich an, die freiliegende Tabula externa mit einer Fräse weitgehend abzutragen, die Granulationsbildung aus der Spongiosa abzuwarten und sodann den Defekt mit Spalthautlappen sekundär zu decken.

Gesichtswunden werden nicht oder bei erheblicher Gewebszertrümmerung nur sparsam exzidiert. Die Hautnaht erfolgt am besten intrakutan mit einem feinen monofilen Faden. Große Gesichtswunden mit Hautdefekten sollten möglichst vom Plastischen Chirurgen oder vom Kiefer- und Gesichtschirurgen versorgt werden.

Schürfwunden und Brandverletzungen des Gesichts werden nicht verbunden. Nach einer Wundnaht genügt ein verbandersetzender Kunststoffspray.

Schädel-Hirn-Verletzungen

Einteilung

Alle Versuche einer Einteilung der Schädel-Hirn-Verletzungen sind wegen der Komplexität der Befunde und Verläufe unbefriedigend geblieben. Für deskriptiv-informative und prognostische Zwecke erscheint die Benutzung einer Coma-Scale (s.u.) sowie die Beschreibung des neurologischen und computertomographischen Befundes am sinnvollsten. Die alte neurologische Einteilung nach Commotio, Contusio und Compressio cerebri ist von den Neurochirurgen größtenteils verlassen worden, da sie sich als zu eng und der Dynamik des Verlaufes nach Schädel-Hirn-Verletzung nicht adäquat erwiesen hat.

Am gebräuchlichsten ist im deutschen Sprachraum die von Tönnis (1953) vorgeschlagene Einteilung in 3 Schweregrade, die sich nach dem posttraumatischen Verlauf richtet. Ein 4. Schweregrad wurde später von Loew und Herrmann (1966) hinzugefügt. Danach ergibt sich folgende Unterteilung:

1. Leichtes, gedecktes Schädel-Hirn-Trauma (Grad I): Die Bewußtlosigkeit dauerte kürzer als 5 Min., Schockzeichen und Atemstörungen können vorübergehend vorgelegen haben. Kopfschmerzen und Erbrechen sind übliche Begleitsymptome. Retro- und anterograde Amnesie sind zu eruieren. Alle Erscheinungen bilden sich binnen 5 Tagen vollständig zurück (Grad I entspricht in etwa dem alten Begriff der Commotio cerebri).
2. Mittelschweres gedecktes Schädel-Hirn-Trauma (Grad II): Die posttraumatische Bewußtlosigkeit dauert mehr als 5 und weniger als 30 Min. In der Regel liegt eine substantielle Hirnschädigung vor, die sich innerhalb von 30 Tagen funktionell völlig zurückbilden kann oder in dieser Zeit ein Endstadium mit geringen verbleibenden Störungen erreicht.
3. Schweres, gedecktes Schädel-Hirn-Trauma (Grad III): Die Bewußtlosigkeit dauert länger als 30 Min. Eine substantielle Hirnschädigung mit bleibenden Defekten und Funktionsstörungen ist immer vorhanden.
4. Schwerste Schädel-Hirn-Verletzungen (Grad IV): Der Patient verbleibt in einem sehr schweren neurologischen Defektzustand (apallisches Syndrom und ähnliche schwerste Störungen), der ihn auf Dauer pflegeabhängig und zur Kontaktaufnahme unfähig macht.
   Mittelhirnschäden sowie ausgedehnte Schäden der zerebralen Marklager oder der Hirnschenkel führen zu einem Zustandsbild, das unter der Bezeichnung »Apallisches Syndrom« bekannt ist: Der wache Patient nimmt trotz geöffneter Augen nichts wahr, er reagiert weder auf Ansprache noch auf optische oder taktile Reize. Primitivreflexe wie Schlucken, Saugen oder Greifen sind erhalten. Dieser Symptomenkomplex kann als Durchgangsstadium im Verlauf der Rückbildung eines Mittelhirnsyndroms zeitlich begrenzt auftreten, kann aber auch bei entsprechend ausgedehnten substantiellen Hirnschäden als Dauerzustand bestehen bleiben. Im allgemeinen gilt, daß bei Patienten über 25 Jahre, bei denen ein apallisches Syndrom über Wochen bestanden hat, mit einer Rückbildung nicht mehr gerechnet werden kann.

Mittelschwere und schwere Schädel-Hirn-Verletzungen bedürfen selbstverständlich stationärer Behandlung. Aber auch jedes leichte Schädel-Hirn-Trauma soll über 24 Std. stationär beobachtet werden, da sich nach primär leichten Verletzungen, nach denen der Patient zunächst bewußtseinsklar und neurologisch unauffällig erscheint, ebenfalls lebensbedrohliche intrakranielle Komplikationen, das sind in erster Linie posttraumatische intrakranielle Hämatome, entwickeln können, die nur bei sorgfältiger Überwachung rechtzeitig erkannt und therapiert werden können.

Ein hoher Anteil der Schädel-Hirn-Verletzungen ereignet sich unter Alkoholeinfluß. Die Feststellung eines »Foetor alcoholicus« verleitet dazu, Bewußtseinsstörungen allein auf die Alkoholwirkung zu beziehen und den Patienten lediglich »ausnüchtern« zu lassen. Wegen der Verschleierung neurologischer Störungen durch Alkoholintoxikation ist bei der Überwachung alkoholisierter Hirntraumatiker jedoch sogar besondere Sorgfalt geboten.

Wo neurochirurgische Behandlungseinheiten innerhalb von wenig mehr als 30 Min. zu erreichen sind, sollte die operative Versorgung immer vom Neurochirurgen vorgenommen werden. Muß mit langen Transportzeiten gerechnet werden, so kommt der Allgemeinchirurg jedoch nicht umhin, gelegentlich eine Trepanation und Hämatomentfernung selbst durchführen zu müssen. Da Neurochirurgische Kliniken fast überall in ausreichender Nähe sind, werden im folgenden die Operationsmethoden nur in knapper Form abgehandelt, während die Therapie Hirnverletzter, die keiner Operation bedürfen, größeren Raum einnimmt.

Schwere Schädel-Hirn-Verletzungen

Die **Prognose** schwerer Schädel-Hirn-Verletzungen hängt davon ab, ob einer drohenden Mittelhirneinklemmung im Tentoriumschlitz vorgebeugt oder ihre Entwicklung in einem Stadium aufgehalten und rückgängig gemacht werden kann, in welchem die durch sie verursachten Störungen noch reversibel sind. Nur selten wird der Hirnstamm schon im Moment der Gewalteinwirkung primär geschädigt.

Die klinisch-neurologischen Parameter Hirnverletzter sollten bereits am Unfallort aufgezeichnet und um so häufiger überprüft werden, je bedrohlicher der Primärbefund ist. Um aus einer Befundänderung auf eine Verschlechterung oder Verbesserung der Gesamtsituation des Patienten schließen zu können, hat sich eine Schematisierung der Befunderhebung bewährt. Von den verschiedenen Schemata hat die Glasgow-Coma-Scale (Tab. 5.1-1) die größte Verbreitung gefunden, obgleich andere Schemata, wie z.B. das von Gerstenbrand, ihr in der Aussagekraft wenigstens ebenbürtig sind. Ziel der dringlichen Diagnostik muß der Ausschluß einer raumfordernden intrakraniellen Blutung sein.

Neurologische Symptome: Am Unfallort müssen Atmung und Kreislauf stabilisiert werden, d.h. ggf. Intubation und Beatmung, Volumenersatz, Stillung äußerer Blutungen. Die Intubation ist Pflicht, sobald die Schutzreflexe (Husten- und Schluckreflex, Lidrandreflex, Reaktion auf Trigeminusreize) abgeschwächt oder erloschen sind, da im Falle von Erbrechen die Aspiration von Erbrochenem droht. Bei gut erhaltenen Schutzreflexen kann der Patient in stabiler Seitenlage transportiert werden.

Der **traumatische Schock** bedingt anfangs oft eine Hirnfunktionsstörung, die eine schwerere substanzielle Hirnschädigung vortäuscht. Diese Symptomatik bildet sich bei adäquater Schocktherapie rasch zurück, kann aber bei protrahiertem Schock auch manifest werden. Neben der

Beurteilung der Bewußtseinslage (bewußtseinsklar, bewußtseinsgetrübt oder bewußtlos) und der Prüfung der Reaktion auf Schmerzreize (gezielte Abwehr, ungezielte Abwehr, Beugereaktion, Streckreaktion, keine Reaktion) ist die Prüfung der Augensymptomatik von eminenter Bedeutung. Eine posttraumatisch auftretende **Okulomotoriusparese** weist auf eine Tentoriumschlitzeinklemmung hin. Sie kann sich anfangs in einer Abweichung des Bulbus nach außen unten nebst Pupillenverengung (Reizung der parasympathischen Fasern) oder Mydriasis mit träger oder fehlender Lichtreaktion (Ausfall der parasympathischen Fasern) manifestieren. Bei **Mydriasis** ist zwischen Okulomotorius- und Optikusschädigung zu unterscheiden; eine intakte konsensuelle Pupillenreaktion auf Licht schließt eine Lähmung des 3. Hirnnerven aus und beweist eine Optikusläsion.

Tab. 5.1-1. Glasgow-Coma-Scale (nach Jennett und Teasdale).

Augenöffnen	
spontan	4
auf Anruf	3
auf Schmerz	2
nicht	1
Verbale Antwort	
orientiert	5
desorientierte Unterhaltung	4
Wortsalat	3
unverständliche Laute	2
keine	1
Motorische Antwort	
befolgt Aufforderungen	6
gezielte Bewegungen	5
adäquate Fluchtreaktion	4
tonische Beugereaktion	3
Strecksynergismen	2
keine	1

Cave: Wegen der Wichtigkeit der **Pupillensymptomatik** ist die Verwendung eines Mydriatikums zur Untersuchung des Augenhintergrundes in der Akutphase nach Hirntrauma streng kontraindiziert.

Während des Ablaufes einer Mittelhirneinklemmung im Tentoriumschlitz divergieren die Bulbi anfangs. Meist wird zuerst nur eine Pupille mydriatisch, ihre Lichtreaktion fällt aus. Mit fortschreitender Einklemmung folgt die Pupille der anderen Seite, und die Bulbi gehen in Mittelstellung. Die Augensymptomatik ist in der Regel zunächst von einer sich kontralateral zur mydriatischen Pupille ausprägenden Hemiparese begleitet, die sodann in eine Tetraparese übergeht. Auf Schmerzreize lassen sich Beugesynergismen der Arme und Streckreaktionen der Beine mit Einwärtsdrehen auslösen; beim fortgeschrittenen Mittelhirnsyndrom werden auch die Arme gestreckt und einwärts gedreht.

Bleiben bei sonst deutlicher Mittelhirnsymptomatik die Pupillen eng, so ist an Altersmiosis, Medikamentenwirkung (Glaukom!), Intoxikation oder Ponsblutung zu denken. Auch infratentorielle Hämatome verlaufen ohne Okulomotoriusausfälle, fast immer aber auch ohne »Mittelhirnzeichen«; Tonusminderung, Symptome der allgemeinen intrakraniellen Drucksteigerung, Kreislaufverfall, Ateminsuffizienz dominieren das klinische Bild. Wenn die frontoparietale Rinde oder zugehörige Marklagerstrukturen geschädigt sind, blickt der Verletzte den Herd an (Déviation conjuguée).

Okulomotoriusschädigung und **kontralaterale Hemisymptomatik** sind die **typischen Zeichen einer traumatogenen Raumforderung auf der Seite der weiten Pupille**. In 92 % findet sich bei dieser Befundkonstellation ein **intrakranielles Hämatom**.

Diagnostik: Die Prognose des raumfordernden traumatischen intrakraniellen Hämatoms ist um so schlechter, je rascher sich die Symptomatik entwickelt, je stärker die Hirnkompression ist und je später operativ entlastet wird. Die zuverlässigste Diagnose erhält man durch das Computertomogramm. Entwickelt sich ein Hämatom sehr rasch, so bleibt für diese Untersuchung – das ist jedoch die Ausnahme – keine Zeit mehr; die Trepanation muß auf der Basis des klinischen Befundes indiziert werden. Wo kein Computertomograph zur Verfügung steht, ist die Diagnose echoenzephalographisch oder angiographisch zu stellen. Die Echoenzephalographie sollte aber nur für die Hämatomdiagnostik eingesetzt werden, wo sie routinemäßig angewandt wird. Die Gefahr von Fehldiagnosen ist sonst zu groß.

Drängt die Entwicklung des klinischen Bildes nicht zu raschester Operation, so sollten Röntgenaufnahmen des Schädels in 2 Ebenen und der Halswirbelsäule in 4 Ebenen angefertigt werden. Halswirbelverletzungen sind häufig mit Schädel-Hirn-Verletzungen kombiniert. Die Röntgenaufnahmen des Schädels dienen dem Nachweis oder Ausschluß von Frakturen. Kreuzen Frakturlinien den Verlauf der A. meningea media oder einen ihrer Äste (temporal, temporoparietal) oder der großen Blutleiter, so muß auch bei noch wachen Patienten mit der Entwicklung eines Hämatoms gerechnet werden. Okzipitale Frakturen über dem infratentoriellen Raum sollten Anlaß sein, ein infratentorielles Hämatom, das klinisch oft schwer zu erfassen ist, computertomographisch auszuschließen.

Tiefe und Ausdehnung einer Impressionsfraktur lassen sich aus dem Röntgenbild ablesen, die Operationsindikation kann nach dem einfachen Röntgenbild beurteilt werden. Nach Stoß-, Stich- und Schußverletzungen ist der Nachweis von Splitterpyramiden und Fremdkörpern röntgenologisch und computertomographisch möglich.

Ein Computertomogramm ist immer dann angezeigt, wenn der Verdacht auf eine raumfordernde intrakranielle Blutung besteht oder trotz Stabilisierung der vitalen Parameter eine Verschlechterung der Reaktionslage oder keine Besserung innerhalb von 2 Tagen festzustellen ist. Auf die Angiographie kann überall dort, wo ein Computertomograph vorhanden ist, im allgemeinen verzichtet werden. Sie ist nur erforderlich, wo es um den Nachweis traumatogener Gefäßverschlüsse oder z.B. einer Carotis-Sinus-cavernosus-Fistel geht.

Posttraumatisches Hirnödem

Die Überwachung und Therapie bewußtloser Hirntraumatiker, die keiner operativen Behandlung bedürfen, fällt in den Bereich auch chirurgischer Intensivstationen. Atmung, Kreislauf, Temperatur, Flüssigkeits- und Elektrolytbilanz, Gerinnungsstatus, Serumeiweiß etc. müssen kontrolliert und bei Bedarf rekompensiert bzw. korrigiert werden. Die Kontrolle der Bewußtseinslage und der Pupillenreaktion ist essentiell.

Eine **intrakranielle Druckmessung** mittels epiduraler Drucksonde (s.u.) oder eines Ventrikelkatheters ist zu empfehlen, wenn nach Ausschluß oder Operation einer intrakraniellen Blutung der Patient trotz stabiler Vitalfunktionen bewußtlos bleibt, ein Mittelhirnsyndrom sich trotz adäquater Therapie nicht bessert oder eine Behandlungsform gewählt wird, die die Beurteilung des neurologischen Befundes wesentlich erschwert oder unmöglich macht (z.B. Barbiturattherapie). In letzterem Fall ist man auf die intrakranielle Druckmessung zur Feststellung des zerebralen Perfusionsdruckes (Differenz aus mittlerem arteriellem Druck und intrakraniellem Druck) und die Elektroenzephalographie zur Überwachung der bioelektrischen Hirnaktivität angewiesen.

Die Sicherung einer adäquaten **Sauerstoffversorgung** des Gehirns ist der Kern aller intensivmedizinischen und neurochirurgischen Bemühungen. Das traumatische Hirnödem nimmt zu, wenn die Sauerstoffversorgung unzureichend ist. Verlegung der Atemwege durch Aspiration, schlechter Atemantrieb, eingeschränkter Sauerstofftransport als Folge traumatischen Schocks mit gestörter Mikrozirkulation und Kreislaufzentralisation, Spasmen der präzerebralen Arterien als Reaktion auf die traumatische Subarachnoidalblutung, erhöhter intrakranieller Druck mit der Folge eines zu geringen zerebralen Perfusionsdruckes gefährden den Schädel-Hirn-Verletzten. Maßnahmen, die dem posttraumatischen Hirnödem vorbeugen oder zur Behandlung geeignet sind, sind in Tab. 5.1-2 zusammengefaßt, Tab. 5.1-3 enthält wesentliche Therapiekonzepte zur Vermeidung oder Beseitigung einer Mittelhirneinklemmung.

Tab. 5.1-2. Vorbeugung und Behandlung des posttraumatischen Hirnödems.

1. Kontrollierte Beatmung
2. Schocktherapie (Mikrozirkulation!)
3. Senkung des intrakraniellen Druckes durch
   Hyperventilation,
   ggf. Barbiturate,
   evtl. Osmotherapie
4. Drosselung des Hirnstoffwechsels
   (Barbiturate)
5. Vermeidung von
   Hyperthermie,
   erhöhtem Muskeltonus,
   motorischer Unruhe

(6. Anfallsprophylaxe)

Die traumatogene intrakranielle Drucksteigerung kann in einen Circulus vitiosus einmünden, den es frühzeitig zu durchbrechen gilt (Abb. 5.1-1, modifiziert nach Baethmann 1984). Die sich entwickelnde intrakranielle Raumforderung, sei sie ein extra- oder intrazerebrales Hämatom oder ein fokales Hirnödem im Kontusionsherd, bewirkt über eine intrakranielle Drucksteigerung gleichzeitig eine Behinderung des venösen Abflusses zu den großen Blutleitern; die sog. Brückenvenen werden komprimiert. Blut wird im venösen System aufgestaut. Das zerebrale Blutvolumen nimmt zu. Der zerebrale Blutfluß verlangsamt sich. Der Hirnperfusionsdruck (die Differenz aus mittlerem arteriellem Druck und intrakraniellem Druck) fällt, da die Zunahme des zerebralen Blutvolumens wiederum einen Anstieg des intrakraniellen Druckes auslöst. Unter diesen Bedingungen verschlechtert sich die zerebrale Sauerstoffversorgung, und der pCO_2 steigt. Die präkapillären Blutgefäße reagieren darauf mit Weitstellung (zerebrale Autoregulation: Fähigkeit des Hirns, die Durchblutung trotz wechselnden Perfusionsdruckes konstant zu halten), wodurch das zerebrale Blutvolumen nochmals anwächst. Gleichzeitig verringert sich der Strömungswiderstand im arteriellen Schenkel der zerebralen Gefäßbahn, während die venöse Abflußbehinderung zunimmt. In letzter Konsequenz steuert dieser Prozeß auf einen Zustand hin, in dem der venöse Abfluß blockiert ist und der intrakranielle Druck den arteriellen Mitteldruck egalisiert: Es tritt ein Stillstand der zerebralen Zirkulation ein (s. Abschn. »Hirntod«).

Als Puffer, der bei kleineren raumfordernden, posttraumatischen Prozessen einen spontanen Stillstand des geschilderten Circulus vitiosus mit Kompensation des intrakraniellen Druckes und der zerebralen Blutzirkulation und bei größerer Raumforderung eine zeitlich begrenzte Teilkompensation auf einem höheren Niveau des intrakraniellen Druckes erlaubt, wirkt der Liquor cerebrospinalis. Die Hirndurchblutung bleibt trotz intrakranieller Raumforderung erhalten, solange noch Liquor aus Subarachnoidalraum, Zisternen und Ventrikeln verdrängt werden kann. Liquor tritt um so rascher über die Arachnoidalvilli in die venösen Blutleiter über, je höher der intrakranielle Druck ist. Der Zeitraum bis zur Erschöpfung der liquorhaltigen intrakraniellen Reserveräume muß für therapeutische Maßnahmen (s. Tab. 5.1-2 u. 3) genutzt werden.

Tab. 5.1-3. Vorbeugung oder Behandlung des sekundären traumatischen Mittelhirnsyndroms.

1. Vorbeugung und Behandlung des posttraumatischen Hirnödems
2. Operation intrakranieller raumfordernder Blutungen
3. Evtl. Entlastungstrepanation über Kontusionsherden, ggf. mit Entfernung kontusionierten Hirngewebes

Nach schwerem Schädel-Hirn-Trauma besteht initial häufig ein Schocksyndrom. Der mittlere arterielle Druck kann, falls nicht größere äußere oder innere Blutungen eingetreten sind, normal oder sogar erhöht sein, doch ist die Mikrozirkulation gestört. Dies macht sich klinisch durch einen Anstieg der Körperkerntemperatur bei kühler Haut bemerkbar. Kleine Gefäße können durch Bildung von Thrombozyten- und Erythrozytenaggregaten obturiert und die zugehörigen Gewebsareale aus der Blutzirkulation ausgeschaltet werden. Lokale Gewebsazidosen, die auf diese Weise entstehen, betreffen neben dem Gehirn auch alle anderen parenchymatösen Organe sowie beispielsweise die Schleimhäute des Magen-Darm-Traktes. Störungen des pulmonalen Gasaustausches, gastrointestinale Blutungen und Einschränkung der Nierenfunktion können die Folge sein. Der Übertritt saurer Stoffwechselprodukte aus den hypoxischen Organbereichen in das zirkulierende Blut kann zu einer allgemeinen Azidose führen.

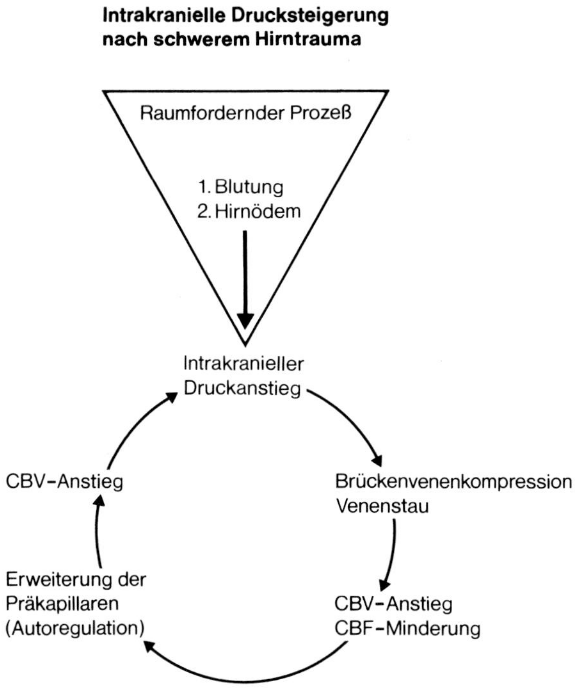

Abb. 5.1-1. Entstehung und Verstärkung des posttraumatischen Hirnödems – ein Circulus vitiosus (modifiziert nach Baethmann, 1984). CBV = cerebral blood volume (zerebrales Blutvolumen); CBF = cerebral blood flow (Hirndurchblutung).

Die frühzeitige Bekämpfung der Mikrozirkulationsstörung ist auch für die Sauerstoffversorgung des Gehirns von größter Wichtigkeit. Medikamentöse Weitstellung des Gefäßsystems und Gabe von Plasmaexpandern sind indiziert. Dem medikamentös bewirkten Blutdruckabfall muß mit großen Infusionsvolumina begegnet werden, Blutverluste sind zu ersetzen. Es sollen normotone Blutdruckwerte angestrebt werden, denn das vasogene Hirnödem wird durch einen arteriellen Hypertonus verstärkt, während bei hypotonen Blutdruckwerten die zerebrale Sauerstoffversorgung leidet.

Die Weitstellung des Gefäßsystems beugt gleichzeitig einer Hyperthermie vor. Auf diese Weise wird auch eine Steigerung des Sauerstoffverbrauchs des Gesamtorganismus vermieden. Ein Anstieg der Körpertemperatur über die Norm um 1 °C ist mit einer Stoffwechselsteigerung um etwa 15 % gleichzusetzen. Eine Kühlung der Körperoberfläche kann nur wirksam werden, wenn die Gefäße weitgestellt sind und die Haut gut durchblutet ist. Während der externen Kühlung sollen weder Gänsehaut noch Kältezittern auftreten. Die Gegenregulation, die sich an diesen Symptomen zeigt, kann durch lytischen Cocktail (Pethidin, Dihydroergotamin, Promethazin) verhindert werden. Der lytische Cocktail ist auch geeignet, im Rahmen des traumatischen Mittelhirnsyndroms auftretende Tonussteigerungen der Muskulatur, spontane Beuge-Streck-Synergismen und Tachypnoe (Maschinenatmung) zu dämpfen. Da in der Akutphase eine kontrollierte Beatmung mit gut steuerbarer Hyperventilation (s.u.) angestrebt wird, ist der Einsatz des Neuroleptikums Fentanyl, das das Atemzentrum lähmt, dem des lytischen Cocktails vorzuziehen, ggf. in Kombination mit Droperidol.

Die Drosselung des Hirnstoffwechsels verbessert das Verhältnis von Sauerstoffangebot zu zerebralem Sauerstoffbedarf. Barbiturate senken den Sauerstoffverbrauch des Gehirns. Die Hirnarterien reagieren auf die Verminderung der oxidativen Prozesse im Hirn mit Vasokonstriktion, solange die Autoregulation intakt ist; die Verminderung des zerebralen Blutvolumens bewirkt eine **Senkung des intrakraniellen Druckes**. Ein Barbiturat mit kurzer Halbwertszeit, z.B. Methohexital-Natrium, dessen Dosierung sich über einen Perfusor gut steuern läßt, ist einem Präparat mit langer Wirkungsdauer vorzuziehen. Wenn man sich für den Einsatz von Barbituraten entscheidet, muß man sich jedoch dessen bewußt sein, daß man sich der Möglichkeit der Verlaufskontrolle mittels neurologischer Befundbeurteilung beraubt, mit einer Verminderung der Auswurfleistung des Herzens rechnen muß und wegen Einschränkung der lysosomalen Reaktionen eine Herabsetzung der körpereigenen Abwehr, die sich beim beatmeten Patienten im wesentlichen in Lungenkomplikationen auswirkt, in Kauf nimmt.

Wie die Barbiturate bewirkt auch die Hyperventilation über Vasokonstriktion eine Abnahme des zerebralen Blutvolumens und damit eine Senkung des intrakraniellen Druckes. Bei der Hyperventilationstherapie Erwachsener sollten $paCO_2$-Werte von 30 mmHg nicht unterschritten werden. Für den pädiatrischen Bereich werden untere Grenzwerte um 25 mmHg empfohlen. Das Minimum des paO_2 soll über 80 mmHg liegen. Für die Langzeitbeatmung ist ein nasotrachealer, relativ flexibler Tubus zu empfehlen. Die Tracheotomie wird erst erforderlich, wenn die Intubation über die 3. oder 4. Woche hinaus beibehalten werden muß.

THAM (Tris-(hydroxy-methyl-)amino-methan; Tris-Puffer) kann bei beatmeten Patienten zusätzlich zwecks Senkung des erhöhten intrakraniellen Druckes eingesetzt werden. THAM passiert Plasmamembranen; so kann es auch die intrazelluläre Azidose beeinflussen. Es wirkt der Vasoparalyse in azidotischen Hirnarealen entgegen, führt also zur Vasokonstriktion. Als Dosierung werden 1 mmol THAM/kg Körpergewicht 3 × tgl. empfohlen. Bei nicht beatmeten Patienten ist THAM wegen seiner atemdepressiven Wirkung kontraindiziert.

Die Osmotherapie ist eine weitere Möglichkeit, den intrakraniellen Druck zu senken. Gebräuchlich sind Glycerol 10 %ig, Mannitol 20 %ig oder Sorbitol 40 %ig. Über die Anhebung des osmotischen Druckes im zirkulierenden Blut wird dem Gewebe, auch dem Hirngewebe, Wasser entzogen. Der dadurch erzielbare intrakranielle Raumgewinn geht aber vorwiegend auf Kosten des nicht geschädigten gut durchbluteten Hirngewebes; indirekt wird auf diese Weise aber die Durchblutung im geschädigten Gewebe und in dessen Umgebung verbessert. Die Wirkung der Osmotherapie ist wegen des Rebound-Effektes zeitlich begrenzt. Durch gleichzeitige Gabe von Humanalbumin oder Plasmaexpandern kann das Rebound-Phänomen abgeschwächt und verzögert werden. Hyperosmolare Lösungen führen über eine verstärkte Diurese zu einem raschen Flüssigkeits- und Elektrolytverlust, der durch entsprechende Infusionen kompensiert werden muß.

Von einer routinemäßigen Anwendung hyperosmolarer Lösungen muß abgeraten werden. Namentlich bei Kindern treten nach Schädel-Hirn-Verletzungen intrakranielle Drucksteigerungen auf, die überwiegend durch eine Zunahme des zerebralen Blutvolumens (Engorgement) bedingt sind. Computertomographisch gibt sich dieser Zustand an einer eindrucksvollen Einengung aller liquorführenden Räume zu erkennen. Nach Kontrastmittelgabe zeigt das Computertomogramm eine gleichmäßige Kontrastanreicherung im gesamten Hirn. Therapeutisch sind Hyperventilation und ggf. Barbiturate zu empfehlen, die Osmotherapie ist aber nicht indiziert.

Ebenso wie hyperosmolare Lösungen haben auch Diuretika nur eine eingeschränkte Indikation in der Therapie des posttraumatischen Hirnödems. Bei hohem Venendruck, Wasser- und Natriumretention wirken sich Gaben von Furosemid segensreich aus. Hypovolämie und Exsikkose müssen aber vermieden werden.

Ob Steroide nach schwerer Schädel-Hirn-Verletzung zur Therapie des Hirnödems beitragen, ist bisher nicht geklärt. Aufgrund der positiven Erfahrung in der Prophylaxe des nach Hirntumoroperationen auftretenden perifokalen Hirnödems wurde Dexamethason in der Vergangenheit von vielen Zentren auch für die Therapie des posttraumatischen Hirnödems empfohlen. Seine Wirksamkeit auf das posttraumatische Ödem ist jedoch trotz umfangreicher klinischer Studien nicht gesichert. Setzt man es ein, muß man zur Vorbeugung von Magenblutungen gleichzeitig Antacida und/oder Antigastrine (Pirencepin) und/oder H_2-Blokker (Cimetidin) applizieren.

Bei Diabetikern sind Steroidgaben wegen der Verstärkung der diabetischen Stoffwechsellage problematisch.

In der Diskussion ist, ob Kalzium-Einstromblocker, z.B. Nimodipin, für die Therapie des schweren Hirntraumas etwas leisten. Erwiesen ist, daß sie die Ischämietoleranz des Hirns verbessern. Sie helfen auch, die Verformbarkeit der Erythrozyten in azidotischen Gewebsarealen zu erhalten, und verbessern somit die Kapillardurchblutung.

Eine adäquate **Ernährung** wirkt sich auf den Verlauf nach Schädel-Hirn-Verletzung positiv aus. Nach schweren Hirntraumen ist der Kalorienbedarf sehr hoch, er kann bis zu 5000 Kalorien täglich betragen. Sie müssen initial zunächst intravenös zugeführt werden. Nach Abklingen der Schocksymptomatik sollte bei ausreichender Peristaltik auch gleichzeitig über eine Magensonde ernährt werden. Solange ein Patient unter Fentanyl steht, weil er beatmungspflichtig ist, muß wegen der medikamentös gebremsten Peristaltik auf eine Sondenernährung verzichtet werden. Ist längerfristig keine Sondenernährung durchführbar, so kann die erforderliche Kalorienzahl nur mittels Gabe von Fettemulsionen erreicht werden. Bei künstlicher Ernährung über Wochen darf eine ausreichende Vitaminzufuhr nicht vergessen werden.

Geschlossene Impressionsfraktur

Geschlossene Impressionsbrüche müssen operiert werden, wenn die Impression Kalottenstärke erreicht oder überschreitet. Unter so stark imprimierten Frakturen ist die Dura häufig zerrissen, nicht selten liegt außerdem eine Kortexläsion vor. Verletzte kortikale Blutgefäße sind im allgemeinen durch das Imprimat zunächst komprimiert, so daß Impressionsfraktur und intrakranielle Blutung selten gleichzeitig auftreten. Die Operation ist meistens nicht dringlich. Zur Freilegung des Imprimates wird ein Haut-Galea-Lappen gebildet. Neben dem Imprimat setzt man ein Bohrloch, von dem aus mit oder ohne Erweiterung des Zuganges das Imprimat herausgehebelt werden kann. Verletzte Kortexgefäße werden durch bipolare Koagulation gestillt. Duraläsionen werden durch Naht geschlossen; Duradefekte deckt man durch freitransplantiertes Perikranium. Um der Entwicklung eines Epiduralhämatoms vorzubeugen, näht man die Dura an den Trepanationsrändern hoch. Der Kalottendefekt wird durch Wiedereinpassen der zuvor herausgehobenen Fragmente oder Einsetzen eines mit zahlreichen Perforationen versehenen Kunststoffimplantates geschlossen. Nach Einlegen einer Drainage wird die Kopfschwarte durchgreifend genäht.

Im Säuglingsalter können Kalottenpartien ohne Kontinuitätstrennung eingedrückt werden (Zelluloidballfraktur, Abb. 5.1-2). Meistens resultieren keine neurologischen Störungen, und die Dura bleibt fast immer intakt. Eine chirurgische Behandlung ist selten nötig; fast immer gleichen sich die Frakturen, dem Wachstumsdruck des Hirns nachgebend, von selbst wieder aus.

Größere Impressionsfrakturen, bei denen auch wegen der Tiefe des Imprimates mit ausgedehnteren Hirnläsionen gerechnet werden muß, sollten möglichst vom Neurochirurgen versorgt werden. Dasselbe gilt für Impressionsfrakturen über den großen Blutleitern, dem Sinus sagittalis superior und dem Sinus transversus. Aus ihnen kann es nach Herausheben des Imprimates massiv bluten.

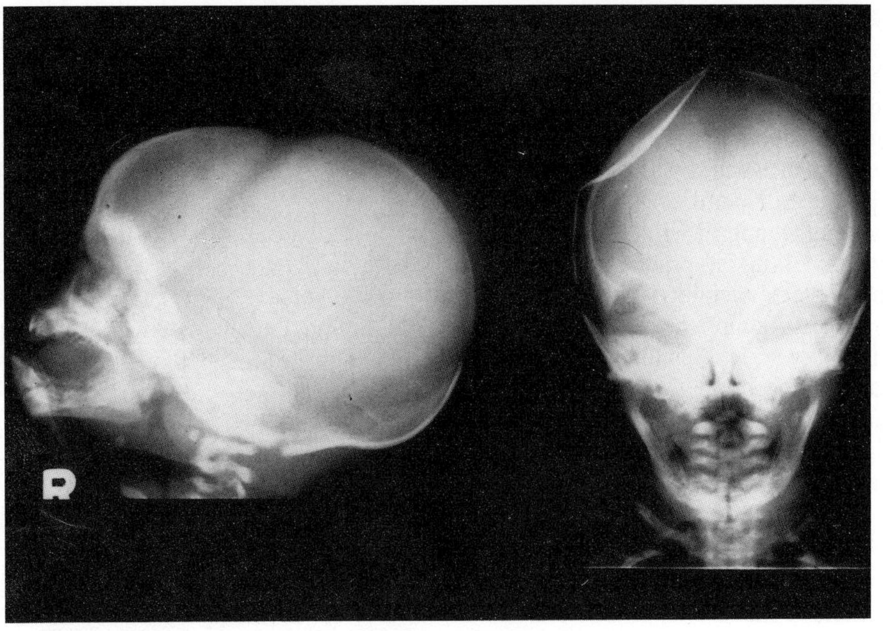

Abb. 5.1-2. Impressionsfraktur bei einem Säugling, sog. Celluloidballfraktur.

Offenes Hirntrauma

Offene Hirnverletzungen sind definitionsgemäß alle Verletzungen, die zu einer Eröffnung des intrakraniellen Raumes führen. Dies bedeutet im Bereich der Konvexität des Schädels die Durchtrennung von Haut, Kalotte und Dura.

Frontobasale und **otobasale Frakturen mit Liquorfistel** zählen zu den offenen Hirntraumen. Sie stellen aber praktisch nie eine absolut dringliche Operationsindikation dar. Otobasale Frakturen bedürfen nur selten der Operation; meist schließen sich die Liquorfisteln nach einigen Tagen von selbst und dauerhaft. Die Meningitisprophylaxe mit Antibiotika ist von zweifelhaftem Wert. Sinnvoll und berechtigt erscheint sie nur, wenn aus der Anamnese eine chronische Otitis bekannt ist.

Frontobasale Frakturen mit Liquorrhoea nasalis müssen fast immer operiert werden. Je nach Sitz und Ausdehnung der Fraktur fällt die operative Behandlung in den Bereich des Otologen oder Neurochirurgen oder muß von beiden gemeinsam vollzogen werden. Bei Mittelgesichtsbeteiligung soll in der Regel die Rekonstruktion von Mittelgesicht und Orbitae durch den Kiefer- und Gesichtschirurgen dem neurochirurgischen oder otologischen Eingriff vorausgehen. Bei umgekehrter Reihenfolge kann durch Reposition von Orbitaanteilen, Nasion und Oberkiefer die zuvor operativ geschlossene Liquorfistel wieder geöffnet werden, so daß eine 3. Operation notwendig wird. Selbst wenn ausgedehnte Stirnbeinpartien zertrümmert sind, ist der neurochirurgische Eingriff fast nie so dringend, daß nicht das Abklingen des posttraumatischen Schocks abgewartet werden könnte (Operation mit aufgeschobener Dringlichkeit).

Offene Kalottenfrakturen sind bis zum Beweis des Gegenteiles als offene Hirnverletzungen zu behandeln. Stationäre Beobachtung ist ratsam, wenn sich unter einer Kopfplatzwunde eine Schädelfraktur ohne Dislokation befindet. Zur Versorgung genügt im allgemeinen die Wundexzision und durchgreifende Naht. Mit der Verletzung von Durageläßen unter der Fraktur und der Entwicklung eines epiduralen Hämatoms muß aber gelegentlich gerechnet werden. Sind im Wundbereich gelegene Kalottenteile zertrümmert und/oder imprimiert, so empfiehlt es sich, die darunter gelegene Dura zu inspizieren. Man setzt ein Bohrloch neben der Fraktur und erweitert von da aus mit Knochenzange und Stanze den Zugang, bis man die Dura im Frakturbereich gut übersehen kann. Ist sie unverletzt, kann man den Eingriff damit beenden und gut erhaltene Kalottenfragmente wieder einfügen. Stärkere Spongiosablutungen werden mit Knochenwachs gestillt. Mußte die Dura über einen großen Bereich freigelegt werden, so sollte sie durch Haltenähte am Knochen oder am Periost fixiert werden, um der Entwicklung eines postoperativen Epiduralhämatoms vorzubeugen. Unbedingt anzuraten ist auch die Einlage einer epiduralen oder subgalealen Saugdrainage. Bei gleichzeitiger Dura- und Hirnrindenverletzung verfährt man wie unter »geschlossene Impressionsfraktur« beschrieben.

War die Knochenwunde nicht sehr verschmutzt, so können zuvor herausgehobene Kalottenfragmente wieder eingepaßt werden. Größere sowie kosmetisch störende kleinere nach Versorgung offener Frakturen zurückbleibende Kalottendefekte werden nach einigen Monaten durch ein Kunststoffimplantat gedeckt.

Schußverletzungen

Durchschüsse durchschlagen den gesamten Hirnschädel und hinterlassen eine Ein- und eine Ausschußöffnung in der Haut. Bei Steckschüssen findet sich eine Einschußöffnung; das Projektil durchschlägt meist das gesamte Hirn und wird von der gegenüberliegenden Kalotte abgebremst. Impressionsschüsse treffen schräg auf die Kalotte auf, die in diesem Bereich zertrümmert und imprimiert werden kann. Das Projektil dringt jedoch nicht in den Schädel ein. Schußverletzungen des Hirns sollten möglichst durch einen Neurochirurgen versorgt werden. Aus forensischen Gründen kann eine genaue Inspektion der Ein- und ggf. Ausschußwunde wichtig sein (Schmauchränder!). Vor dem Transport in eine Spezialklinik ist gelegentlich eine Wundversorgung nötig, besonders bei stärkeren Blutungen aus der Kopfschwarte. Die exzidierten Hautränder sind aus forensischen Gründen aufzubewahren.

Sinngemäß gilt dasselbe für die meist in suizidaler Absicht vollzogenen Verletzungen mit Tiertötungsgeräten. Unsachgemäße Bedienung von Bolzenschußapparaten, die zur Befestigung von Holzleisten an Betondecken oder -wänden eingesetzt werden, führt gelegentlich zu Unfällen mit offener Hirnverletzung.

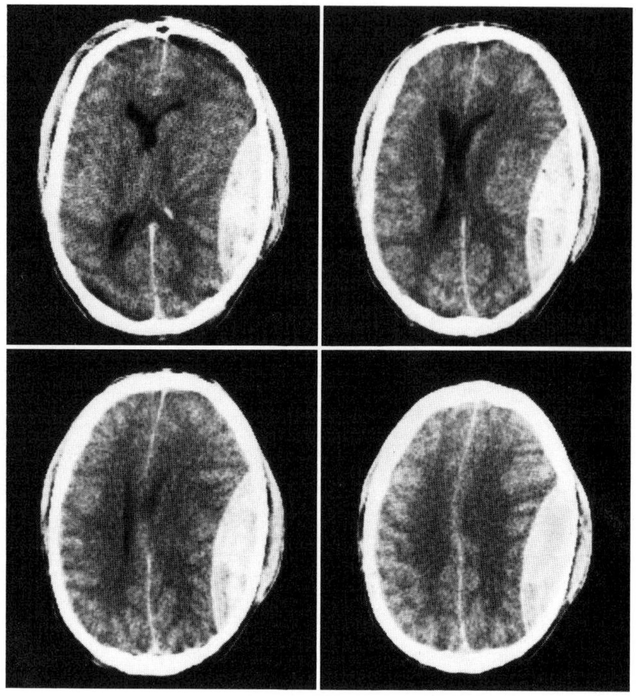

Abb. 5.1-3. Computertomogramm: Epiduralhämatom. Die linsenförmige Hämatomkonfiguration kommt durch Abdrängung der Dura von der Tabula interna der Kalotte zustande.

Traumatische intrakranielle Blutungen

Epiduralhämatom

90 % der Epiduralhämatome liegen temporal (Abb. 5.1-3). Fast regelmäßig finden sich Schläfenbeinbrüche, die den Verlauf der A. meningea media oder eines ihrer Äste kreuzen. Verletzungen dieser Arterie führen zu einer arteriellen Blutung zwischen Kalotte und Dura. Die Geschwindigkeit der Hämatomentwicklung hängt ab vom Kaliber der verletzten Arterie, dem Blutdruck des Patienten und der Festigkeit der Verbindungen zwischen äußerem Durablatt und Tabula interna.

In etwa 1/4 der Epiduralhämatome verursacht der Unfall primär nur ein leichtes Hirntrauma ohne substantielle Läsion; erst die durch das Hämatom bewirkte Massenverschiebung mit Tentoriumschlitzeinklemmung führt sekundär eine Hirnschädigung herbei. Diese Patienten haben in der Regel ein freies Intervall zwischen der kurzdauernden primären und der sekundären Bewußtlosigkeit. Die Mehrzahl der Epiduralhämatome ist jedoch von Anfang an mit Hirnläsionen vergesellschaftet, die sofort eine anhaltende Bewußtlosigkeit auslösen. Freie Intervalle können gelegentlich auch bei akutem Subduralhämatom oder temporalem Kontusionsherd mit allmählich zunehmendem vasogenem Ödem beobachtet werden.

Bei Säuglingen und Kleinkindern kann wegen der Dehnbarkeit des Schädels und der kleinen Gesamtblutmenge der hämorrhagische Schock Leitsymptom eines Epiduralhämatoms sein.

Frontale, okzipitale und parietale Epiduralhämatome haben häufig einen subakuten oder sogar chronischen Verlauf. Entsprechend geringer ist die Gefahr für den Verletzten. Epiduralhämatome der hinteren Schädelgrube gefährden den Patienten besonders, da sie wegen ihrer uncharakteristischen klinischen Symptomatik oft erst spät erkannt werden. Eine Rarität ist das Epiduralhämatom über dem Sinus sagittalis superior, auf das man bei parietalen Frakturen und/oder Berstung der Sagittalnaht achten sollte. Da es keine Halbseitenzeichen hervorruft, besteht die Gefahr der Fehldeutung des posttraumatischen Verlaufes. Akut und perakut verlaufende Epiduralhämatome haben auch heute noch eine hohe Letalität, da die entlastende Operation häufig zu spät kommt.

Der Sitz des Hämatoms ist computertomographisch eindeutig zu bestimmen. Die **operative Entfernung** erfolgt über eine osteoplastische oder eine osteoklastische Trepanation (Abb. 5.1-4). Bei der osteoklastischen Trepanation wird von einem Bohrloch aus der Zugang unter stückweiser Kalottenresektion mit der Knochenzange solange erweitert, bis man einen ausreichenden Überblick hat. Von osteoplastischer Trepanation spricht man, wenn man von einem oder mehreren Bohrlöchern aus einen zusammenhängenden Kalottenanteil mit dem Kraniotom oder der Gigli-Säge aus der Kontinuität der Kalotte heraustrennt und nach Beendigung der Operation wieder einfügt. Handelt es sich um ein akut oder perakut verlaufendes typisches temporales Epiduralhämatom, so verdient der osteoklastische Zugang den Vorzug, weil er schneller ist (Abb. 5.1-4). Man legt einen Schnitt durch Kopfhaut und Temporalmuskel, der etwas oberhalb des Oberrandes des Temporalmuskels beginnt und senkrecht bis auf das Jochbein geführt wird. Muskulatur und Periost werden von der Kalotte gelöst, nach beiden Seiten abgeschoben und mit Wundspreizern zurückgehalten. Von einer Bohrlochtrepanation aus wird der Zugang mit der Knochenzange erweitert. Frühzeitig kann man große Teile des Hämatoms entleeren und das Hirn entlasten. Anschließend wird der Zugang solange erweitert, bis man die Blutungsquelle nach Entfernung des Resthämatoms übersehen und durch Umstechung oder Elektrokoagulation versorgen kann. Eine Saugdrainage wird in den Epiduralraum eingelegt. Die Dura wird an den Trepanationsrändern hochgenäht, um der erneuten Entwicklung eines Epiduralhämatoms vorzubeugen. Der entstandene Kalottendefekt bleibt in der Regel zunächst offen. Er kann ggf. einige Monate später durch ein Kunststoffimplantat gedeckt werden.

Bei weniger bedrohlicher Situation ist die osteoplastische Trepanation vorzuziehen. Man bildet über der Region des Hämatoms einen zur Schädelbasis hin gestielten Hautlappen. Periost und Muskulatur werden entlang des Randes des Hautlappens gespalten und etwas von der Kalotte abgeschoben. Hat man ein Kraniotom zur Verfügung, so genügen 2 Bohrlöcher nahe der Basis des Lappens, von denen aus der herauszuklappende Kalottenanteil mit Ausnahme eines Teiles seiner Basis umschnitten werden kann. Verfügt man nur über eine Gigli-Säge, sind mehrere Bohrlöcher an den Trepanationsrändern erforderlich. Will man den Knochendeckel an einem Muskelstiel belassen, so wird er vom Oberrand der Trepanation her mit Elevatorium und Dissektor angehoben und an der Basis umgebrochen. Man kann Periost und Muskel aber auch vollständig von ihm abschieben und ihn komplett mit Gigli-Säge oder

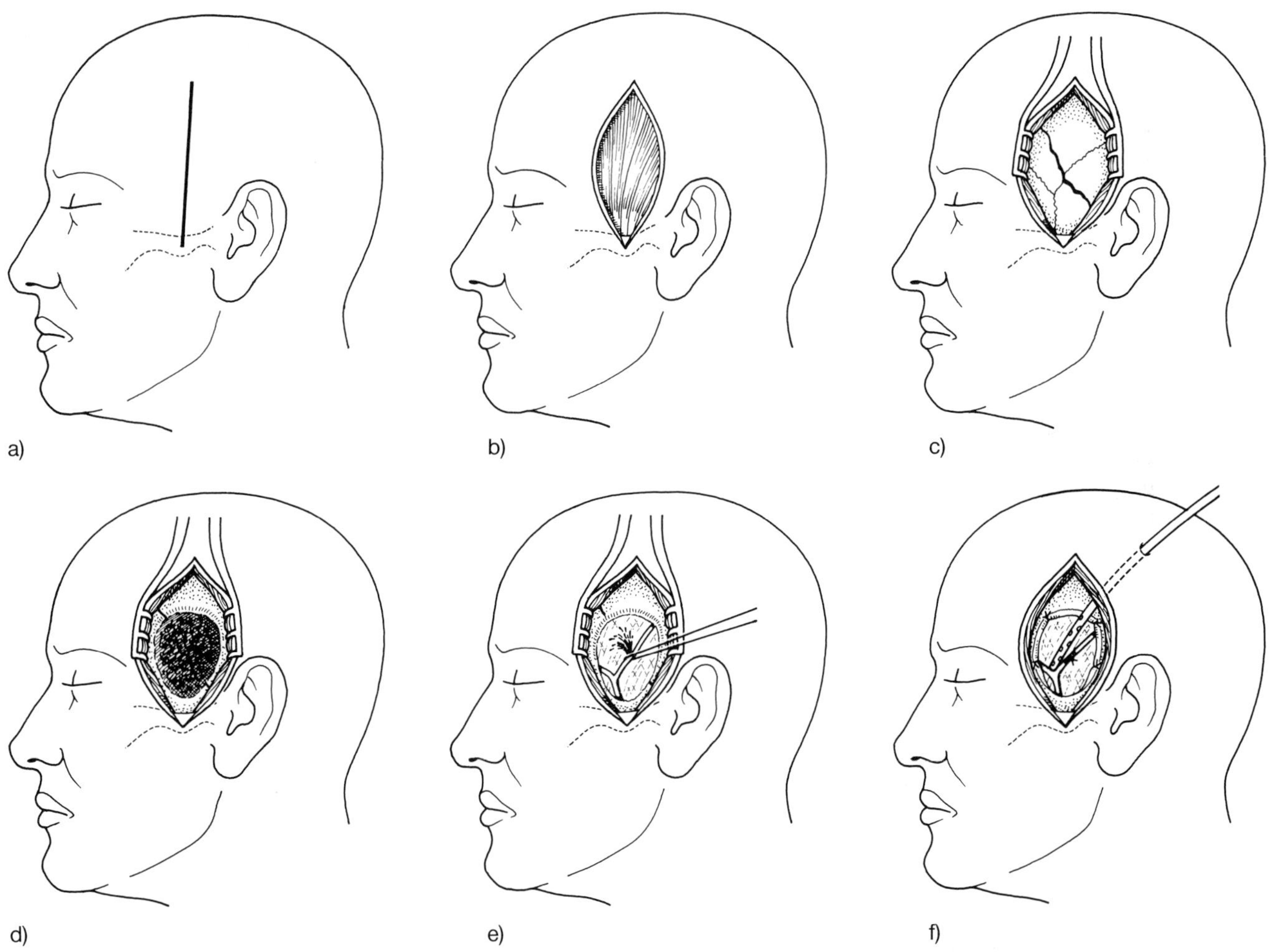

a) b) c) d) e) f)

Abb. 5.1-4. Nottrepanation bei Epiduralhämatom.
a) Schnittführung.
b) Freilegung der Temporalmuskelfaszie.
c) Zustand nach Spaltung des Temporalmuskels und des Perikraniums. Das Os temporale mit der Fraktur liegt frei.
d) Nach Bohrlochtrepanation ist mit der Luerschen Zange eine osteoklastische Trepanation erfolgt. Das Hämatom liegt frei und kann entfernt werden.
e) Die Blutung aus einem Ast der A. meningea media wird mittels bipolarer Koagulation (alternativ: Umstechung) versorgt.
f) Die Dura ist an den Trepanationsrändern, in denen kleine Bohrlöcher angelegt wurden, mit Haltenähten fixiert worden. Einlage einer Saugdrainage. Anschließend erfolgt schichtweiser Wundverschluß.

Kraniotom heraussägen. Nach der Kraniotomie verfährt man sinngemäß wie unter der osteoklastischen Trepanation beschrieben. Gelegentlich muß der Zugang noch osteoklastisch erweitert werden, besonders nach basal. Nur selten ist es nötig, den Stamm der A. meningea media unmittelbar an der Schädelbasis aufzusuchen und das Foramen spinosum, durch welches die Arterie in den intrakraniellen Raum eintritt, zu verstopfen, z.B. mit einem kleinen Wattepfropfen. Ehe man die Dura an den Trepanationsrändern hochnäht, bereitet man die Wiedereinpassung des Knochendekkels vor. Mit einem Spiralbohrer werden 3 bis 4 Bohrlöcher an den Trepanationsrändern und den korrespondierenden Stellen am Rande des Knochendeckels gesetzt. Durch die Löcher an den Trepanationsrändern werden kräftige nicht resorbierbare Nähte geführt. Dieselben Löcher kann man auch zur Fixierung der Durahochnähte benutzen. Nach Einlage eines Drains in den Epiduralraum wird der Knochendeckel zurückgelegt und mittels der vorbereiteten Nähte fixiert. Auf die früher üblichen Drahtnähte sollte wegen der Artefaktbildung im Computertomogramm verzichtet werden. Die Weichteile werden schichtweise vernäht, wobei man die Kopfschwarte mit durchgreifender Naht schließt, die gleichzeitig zur Blutstillung dient.

Akutes Subduralhämatom

Es entsteht aus pialen arteriellen Blutungen an der Oberfläche von Kontusionsherden oder aus Einrissen von großen Venen, die von der Hirnoberfläche durch den Subduralraum zu den großen Sinus ziehen. In dem präformierten Subduralraum breitet sich die Blutung schnell und ungehindert aus und kann binnen kurzer Zeit eine erhebliche Größe erreichen (Abb. 5.1-5). Meist besteht aufgrund primärer Hirnschädigung vom Unfall an tiefe Bewußtlosigkeit. Die Letalität liegt noch immer bei über 60%. Es empfiehlt sich, das Hämatom über eine sehr große Trepanation zu entleeren, wenn die Blutungsquelle nicht nach dem Computertomogramm zu lokalisieren ist; ihre Auffindung kann schwierig sein.

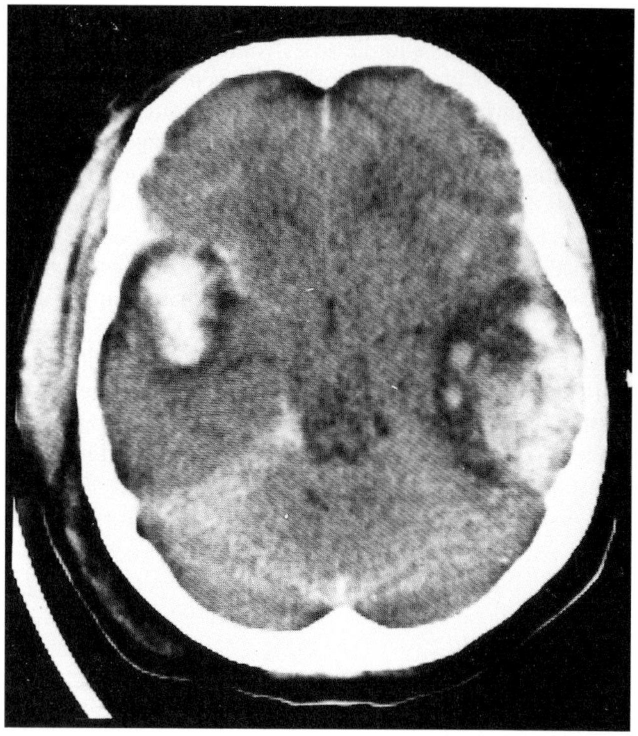

Abb. 5.1-6. Computertomogramm: Doppelseitige intrazerebrale Hämatome am Ort der Gewalteinwirkung und des Contrecoup.

Akutes traumatisches Intrazerebralhämatom, Kontusionsherd

Intrazerebrale Hämatome entstehen in Kontusionsherden sowohl am Ort der Gewalteinwirkung als auch gegenüber (Contre-coup), oft multipel (Abb. 5.1-6). Sie bedürfen nicht immer neurochirurgischer Therapie. Auch die intrazerebralen Hämatome finden sich bevorzugt in der Temporalregion. Falls die Mittelstrukturen durch Hämatom und perifokales Ödem deutlich zur Gegenseite verschoben sind und der Patient bewußtlos ist und die Zeichen einer Mittelhirneinklemmung bietet, so kann die Entleerung eines größeren intrazerebralen Hämatoms nebst Absaugen kontusionierten Hirngewebes sinnvoll sein.

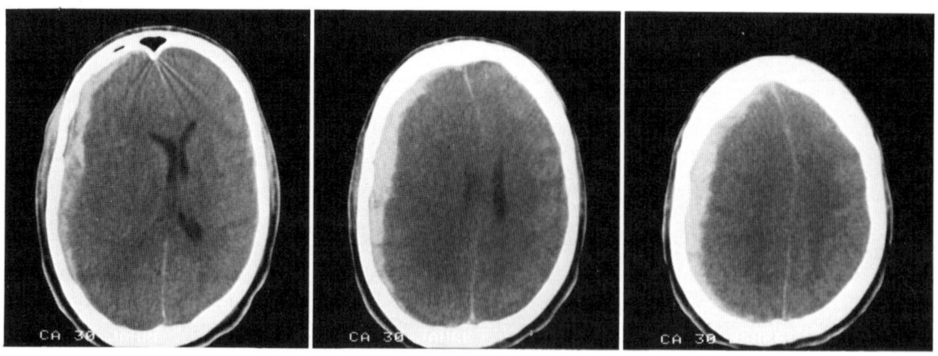

Abb. 5.1-5. Computertomogramm: Akutes Subduralhämatom. Das Hämatom dehnt sich über nahezu die gesamte Großhirnkonvexität aus. Trotz der vergleichsweise geringen Hämatomdicke ergibt sich infolge der großen Flächenausdehnung eine starke Verschiebung der Mittelstrukturen zur Gegenseite.

Gelegentlich wird die temporale Dekompressionskraniotomie zur intrakraniellen Druckentlastung bei raumfordernden Kontusionsherden empfohlen.

Chronisches Subduralhämatom

Vorausgegangen sind meistens nur Bagatelltraumen oder leichte Schädel-Hirn-Traumen. Oft ist die Anamnese auch völlig leer. Äußerst selten entwickeln sich chronische Subduralhämatome als Folge mittelschwerer oder schwerer Schädel-Hirn-Verletzungen. Klinisch macht sich das chronische Subduralhämatom nicht vor 3 Wochen, oft aber erst Monate nach dem Trauma bemerkbar.

Die subdurale Blutansammlung stammt entweder aus kleinen Kontusionsherden oder Veneneinrissen. Das Hämatom wird von der Dura her organisiert und mit einer bindegewebigen Membran umscheidet, die duraseitig wesentlich dicker als hirnseitig ist. In die Neomembran sprossen Gefäße ein, aus denen es wiederholt in den Hämatomsack bluten kann. Infolge Zerfalles der korpuskulären Blutbestandteile steigt der kolloidosmotische Druck im Hämatomsack an. Aus der Umgebung wird Wasser aufgenommen. Das Hämatom vergrößert sich allmählich wie ein langsam wachsender Tumor.

Im Computertomogramm zeigt sich meist ein hypodenser Saum über der Großhirnkonvexität. Auch hirnisodense Hämatome kommen vor, was die Diagnose erschwert. Hat es erst kürzlich in den Hämatomsack eingeblutet, sieht man Erythrozytensedimentierungen in den abhängigen Hämatompartien (Abb. 5.1-7).

Die **Therapie** ist einfach. Meistens genügt eine Bohrlochtrepanation nebst Ausspülung des Hämatomsackes. Eine Drainage wird für einige Tage im Hämatomsack belassen. Man kann auch den Liquorraum intraoperativ von lumbal her auffüllen, um den Hämatomsack zum Kollaps zu bringen. Manchmal sind die Hämatommembranen so rigide, daß sie eine Ausdehnung des Hirns nicht zulassen. In diesen Fällen müssen die Membranen von einer breiten Trepanationsöffnung aus exstirpiert werden.

Traumatische Optikusschädigung

Durch Siebbein- und Orbitafrakturen kann der Fasciculus opticus in seinem intrakanalikulären und prächiasmalen Abschnitt traumatisiert werden. Eine Optikusdekompression bessert eine Amaurose, die unmittelbar mit dem Trauma eingetreten ist, nach allgemeiner Erfahrung nicht. Entwickelt sich jedoch eine Sehverschlechterung innerhalb von Stunden oder Tagen nachträglich, so sollte die Dekompression durch den Neurochirurgen oder Otorhinologen indiziert werden.

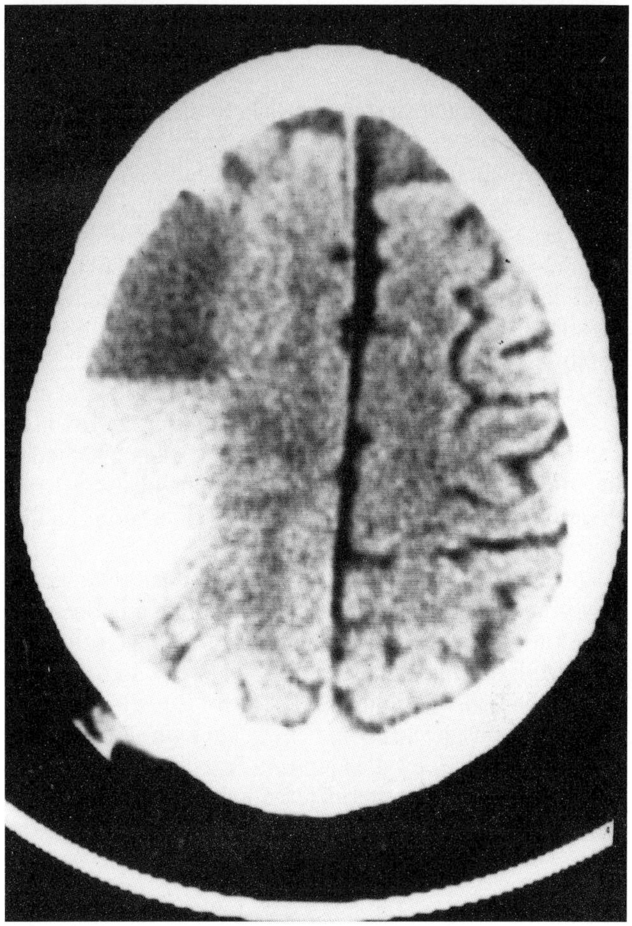

Abb. 5.1-7. Computertomogramm: Chronisches Subduralhämatom mit späterer Einblutung. Es zeigt sich ein Hämatomspiegel im Sinne einer Blutkörperchensenkungsreaktion.

Traumatische Carotis-Sinus-cavernosus-Fistel

Zusammen mit einer Schädelbasisfraktur kann eine Verletzung der Pars cavernosa der A. carotis interna eintreten. Es bildet sich eine arteriovenöse Fistel, wo die A. carotis interna durch den Sinus cavernosus verläuft. Infolgedessen pflanzt sich der arterielle Druck in den Sinus cavernosus und über die V. ophthalmica in die Orbita fort. Auskultatorisch hört man über Schläfenregion und Orbita ein lautes Geräusch. Eindrucksvollstes Symptom ist ein pulsierender Exophthalmus. Der Verschluß der Fistel kann unter Erhaltung des Lumens der A. carotis interna mit Ballonkathetern, deren Ballons im Sinus cavernosus abgelöst werden, erreicht werden. Mißlingt dies, muß die betroffene A. carotis interna in Höhe der Fistel durch einen Ballonkatheter verschlossen werden.

Schädel-Hirn- und Poly-Trauma

Die Operation einer Schädel-Hirn-Verletzung ist sinnlos, wenn aufgrund von Blutungen in andere Körperhöhlen ein therapieresistentes Schocksyndrom besteht. Intraabdominelle und intrathorakale Blutungen sollten je nach Gesamtsituation vor dem intrakraniellen Eingriff oder gleichzeitig mit ihm versorgt werden.

Bei Polytraumatisierten entwickeln sich intrakranielle Hämatome oft erst nach der Versorgung von Milz- oder Leberrupturen und nach oder während der Schockbekämpfung.

An eine Beteiligung der Halswirbelsäule muß bei jeder Schädel-Hirn-Verletzung gedacht werden. Oft überdecken die Zeichen der Hirnverletzung die einer Rückenmarksverletzung. Eine instabile Halswirbelsäule sollte operativ stabilisiert werden, sobald der Allgemeinzustand des Schädel-Hirn-Verletzten es erlaubt. Es empfiehlt sich, auch Extremitätenfrakturen frühzeitig zu stabilisieren. Die Fixation des Schädel-Hirn-Verletzten an Extensionen behindert die Intensivpflege und leistet thromboembolischen Komplikationen, Pneumonien und der Entstehung von Dekubitalulzera Vorschub.

Eine Hauptursache intrakranieller Rezidivblutungen Polytraumatisierter sind Gerinnungsstörungen, die nicht immer mit den üblichen Standarduntersuchungen zu erfassen sind. Extensive Analysen der Hämostasefaktoren sind anzustreben, um Gerinnungsdefekte vor Eintritt von Komplikationen ausgleichen zu können. Dies gilt insbesondere auch für Alkoholiker, die aufgrund eines alkoholtoxischen Leberschadens Hämostasedefekte haben oder den Verlust von Hämostasefaktoren nicht ausreichend ersetzen können.

Messung des intrakraniellen Druckes

Für die Messung des intrakraniellen Druckes sind 2 Methoden gebräuchlich:
1. Ventrikeldruckmessung (Lundberg).
2. Epidurale Druckmessung.

Die **Ventrikeldruckmessung** erfordert das Einbringen eines Katheters in einen Seitenventrikel. Dazu legt man etwa 3 cm paramedian unmittelbar vor der Kranznaht einen Hautschnitt und setzt eine Bohrlochtrepanation. Nach Koagulation wird im Zentrum des Bohrlochs die Dura soweit eröffnet, daß man die Öffnung mit dem zu verwendenden Katheter eben passieren kann. Nach bipolarer Koagulation der Arachnoidea und der Pia mater wird der über einen Mandrin geschobene Ventrikelkatheter durch die nicht dominante Hemisphäre in den Seitenventrikel vorgeschoben (beim Erwachsenen etwa 5,5–6,5 cm). Bei Perforation des Ependyms spürt man einen leichten Widerstand. Gezielt wird in der Frontalebene auf einen Punkt 1 cm vor dem Tragus und in der Sagittalebene auf den inneren Augenwinkel. Der Ventrikelkatheter wird an der Kopfhaut fixiert und mit einem Druckwandler verbunden, dessen Potentiale verstärkt und zur fortlaufenden Registrierung auf einen Schreiber gegeben werden.

Die intraventrikuläre Druckmessung ist in der Neurotraumatologie ungebräuchlich, da es schwierig ist, den oft eingeengten und gelegentlich nicht unerheblich verlagerten Seitenventrikel zu punktieren. Ein weiterer Nachteil ist die Infektionsgefahr bei Erfordernis langdauernder Messung.

Allgemein hat sich die **epidurale Druckmessung** in der Neurotraumatologie durchgesetzt. Druckwandler, die wenig mehr als 3mal so groß sind wie eine Streichholzkuppe, verbunden mit einem flexiblen silikonbeschichteten relativ gleitfähigen Kabel von ca. 2 mm Durchmesser, können an jeder beliebigen Stelle des Schädels zwischen Kalotte und Dura eingebracht werden. Sie eignen sich zur postoperativen Überwachung nach Trepanation wegen intrakranieller Hämatome oder umschriebener raumfordernder Kontusionsherde ebenso wie über eine Bohrlochtrepanation zur Drucküberwachung bei diffusem Hirnödem. Die Insertion der Drucksonde ist nicht aufwendiger als die Einlage eines Drains. Inseriert man den epiduralen Druckaufnehmer über ein Bohrloch, empfiehlt es sich jedoch, die Bohrlochränder entsprechend abzuschrägen. So kann man den Druckaufnehmer am Ende der Messung ohne Wiedereröffnung der Wunde herausziehen, ohne seine Membran zu verletzen.

Alternativ kann epidural mit einem Luftkammersystem gemessen werden. Über ein Bohrloch von 11 mm Durchmesser wird eine luftgefüllte Kapsel, die über einen Schlauch mit einem Druckaufnehmer verbunden ist, epidural implantiert. Dies Verfahren ist weniger störanfällig, hat aber den Nachteil, daß zur Entfernung der Kapsel die Wunde wieder eröffnet werden muß. Die Druckregistrierung erfolgt wie bei der Ventrikeldruckmessung. Es ist nicht sinnvoll, den Druck nur punktuell zu registrieren. Für die Überwachung wesentlich ist die Verlaufsbeobachtung. Eine Druckmessung ohne Möglichkeit der fortlaufenden Registrierung kann nicht empfohlen werden.

Beim genau horizontal gelagerten Erwachsenen liegt die Obergrenze des intrakraniellen Druckes, bezogen auf das Foramen Monroi, bei 15 mmHg. Die Normwerte schwanken zwischen 5 und 10 mmHg. Beim Aufrichten aus der Horizontalen sinkt der intrakranielle Druck ab bis auf Werte um −10 mmHg in aufrechter Haltung (negative Werte können mit der epiduralen Meßmethode im allgemeinen nicht erfaßt werden, sondern nur mit der ventrikulären Messung). Für Säuglinge gelten in Horizontallage Normwerte um 2–5 mmHg, also deutlich niedriger als beim Erwachsenen.

Druckanstiege, die 40 mmHg überschreiten, sind mit einem Maximalprogramm zur Senkung des intrakraniellen Druckes (s. Tab. 5.1-2 u. 3) zu beantworten; nur bei Patienten unter 20 Jahren müssen auch höhere Druckanstiege, wenn sie nur kurz dauern, nicht immer maximal therapiert werden (Gaab, 1980). Bei Säuglingen und Kleinkindern dagegen, deren Hirn zu rascherer und extensiverer Ödembildung neigt, ist eine konsequente engmaschig überwachte Therapie der intrakraniellen Drucksteigerung unbedingt zu empfehlen.

Als prognostisch ungünstig gelten periodische sogenannte Plateau- oder A-Wellen; der Druck steigt innerhalb von 30 Sek. bis 2 Min. auf ein Niveau von mehr als 40 mmHg (bis um 100 mmHg wurden gelegentlich beobachtet), auf dem er über längere Zeit (5–30 Min.) verharrt. Dagegen bedeuten kurzfristige, rasch wieder abfallende Druckerhöhungen, sogenannte B-Wellen, keine Gefahr. Sie können auch bei Patienten, deren intrakranieller Druck keine bedrohlichen Werte erreicht hat, durch Manipulation, wie z.B. Absaugen, Umlagern und Schmerzreize, ausgelöst werden.

Hirntod

Bei der Besprechung des Circulus vitiosus der intrakraniellen Drucksteigerung nach Schädel-Hirn-Trauma war bereits auf die Möglichkeit des zerebralen Kreislaufstillstandes hingewiesen worden. Dieser kann als Folge eines posttraumatischen Hirnödems oder einer hämatombedingten Massenverschiebung mit Erschöpfung der intrakraniellen Reserveräume eintreten. Der zerebrale Kreislaufstillstand bedeutet den irreversiblen Funktionsverlust des Zentralorganes, den Hirntod. Der Hirntod ist gleichbedeutend mit dem Tod des Individuums. Dies ist bedeutsam, weil unter den Bedingungen der heutigen Intensivmedizin (Atmung und Kreislauf werden substituiert) die früheren Todeskriterien - Sistieren des Herzschlages und der Atmung - auch dann nicht eintreten, wenn die Funktion des Zentralorganes endgültig erloschen ist. Unter diesen Bedingungen schlägt das Herz trotz Ausfalls der zentralen Steuerung weiter.

Die Kriterien des Hirntodes sind entsprechend der Stellungnahme des wissenschaftlichen Beirates der Bundesärztekammer (Deutsches Ärzteblatt 79/14: 45–55 (1982)) im folgenden Abschnitt zusammengefaßt.

Kriterien des Hirntodes

I. Voraussetzungen

1. Akute schwere primäre oder sekundäre Hirnschädigung.
   Unter primärer Hirnschädigung werden schwerste Hirnverletzungen, z.B. traumatische oder spontane intrakranielle Blutungen, Hirninfarkte, maligner Hirntumor, akuter Verschlußhydrozephalus verstanden. Als sekundäre Hirnschädigung werden Folgen von Hypoxie, Kreislaufversagen oder protrahiertem Schock bezeichnet.
2. Ausschluß von Intoxikation, neuromuskulärer Blockade, primärer Unterkühlung, Schock, endokrinem oder metabolischem Koma.

II. Symptome

1. Koma.
2. Fehlende Spontanatmung.
3. Lichtstarre, in der Regel mydriatische, areagible Pupillen (es darf kein Mydriatikum verwendet worden sein).
4. Fehlender okulozephaler Reflex.
5. Fehlender Kornealreflex.
6. Fehlende Trigeminus-Schmerzreaktion.
7. Fehlender Pharyngeal-, Trachealreflex.

Spinale Reflexe können erhalten sein oder nach Erlöschen wiederkehren, solange die Lungenfunktion und die Blutzirkulation im Körper aufrechterhalten werden.

III. Ergänzende Untersuchungen

1. EEG: Null-Linie über mindestens 30 Min. (bei Säuglingen und Kindern bis zum 2. Lebensjahr Wiederholung nach 24 Std.).
2. Feststellung des Stillstandes des Hirnkreislaufes.

Sind die unter I und II genannten Kriterien erfüllt, so berechtigen die unter III, 1. oder 2. genannten Befunde zur sofortigen Feststellung des Hirntodes. Andernfalls sollen die nachfolgend genannten Sicherheitsintervalle eingehalten werden.

IV. Zeitdauer der Beobachtung

Nach **primärer** Hirnschädigung 12 Std., bis zum 2. Lebensjahr 24 Std.
Nach **sekundärer** Hirnschädigung 3 Tage.

Die Stellungnahme des wissenschaftlichen Beirates der Bundesärztekammer schließt mit folgendem Satz:

»Nachdem die Kriterien des Hirntodes gemäß II mit III oder IV von 2 Untersuchern vollständig dokumentiert worden sind, ist damit der Tod festgestellt.«

Ergänzend wird die Forderung erhoben, daß von den beiden Untersuchern wenigstens einer über mehrjährige Erfahrung in der Intensivbehandlung von Patienten mit schwerer Hirnschädigung verfügen müsse. Im Fall einer in Aussicht genommenen Organentnahme müssen beide Ärzte unabhängig von einem Transplantationsteam sein.

Verletzungen der Wirbelsäule und des Rückenmarkes

Abhängig von der Kraft der traumatischen Einwirkung können Zerstörungen des Wirbelskelettes, des Bandapparates, der Bandscheiben und Wirbelgelenke mit unterschiedlichen Folgen für die funktionelle Stabilität gegenüber physiologischen Belastungen und für die Weite des Wirbelkanales eintreten. Verletzungen der Hals- und Brustwirbelsäule gefährden das Rückenmark. Neurale Begleitverletzungen sind bei Frakturen vom 2. Lendenwirbel abwärts seltener; die vom Liquor zerebrospinalis umspülten Kaudawurzeln haben, wenn der lumbale Spinalkanal nicht kongenital zu eng angelegt oder sekundär eingeengt ist (Osteophyten an Wirbelgelenken und Wirbelhinterkanten) genügend Platz, um einengenden Wirbelfragmenten unbeschädigt auszuweichen. Sie sind auch gegen Druck resistenter als das Rückenmark selbst. Die oberen beiden Halswirbel sind aufgrund ihrer besonderen anatomischen Struktur und Beanspruchung bei heftigen ungebremsten Kopfbewegungen größerer Verletzungsgefahr ausgesetzt. Besonders verletzungsanfällig sind außerdem die Übergänge von beweglichen zu nahezu starren Wirbelsäulenabschnitten, so die untere Halswirbelsäule und der thorakolumbale Übergang.

Osteoporose, ankylosierende Spondylose und Spondylarthrose, primär chronische Polyarthritis mit Beteiligung der Wirbelgelenke und des Bandapparates und Morbus Bechterew mit stabförmiger Versteifung der normalerweise beweglichen Wirbelsäulenabschnitte disponieren zu stärkeren traumatogenen Läsionen mit Rückenmarkbeteiligung. Der Bechterew-Kranke beispielsweise erleidet, wenn er auf den Rücken fällt, fast regelmäßig eine Halswirbelfraktur, weil das Gewicht des im Sturz beschleunigten Kopfes nicht wie beim Gesunden durch eine elastisch federnde Bewegung abgefangen werden kann.

Schädigungen des Bandapparates ohne Beteiligung des Wirbelskelettes machen etwa die Hälfte aller Wirbelsäulenverletzungen aus. Sie treten besonders häufig infolge von Schleudertraumen auf, die in der Mehrzahl der Verkehrsunfälle die Halswirbelsäule treffen. Seltener sind isolierte traumatische Bandschäden an der Lendenwirbelsäule. Charakteristisch für solche Verletzungen ist eine schmerzhafte Bewegungseinschränkung, die bis zu mehreren Wochen, selten mehreren Monaten andauern kann. Zerreißungen des Bandapparates, der Bandscheibe und der Kapseln der kleinen Wirbelgelenke ohne gleichzeitige Fraktur kommen fast nur an der unteren Halswirbelsäule vor. Sie erlauben Subluxationen oder Luxationen eines oder beider Wirbelgelenke eines Bewegungssegmentes. Das Rückenmark und die in Höhe des Segmentes austretenden Spinalwurzeln müssen nicht zwangsläufig geschädigt sein; eine Läsion – bis hin zum kompletten Querschnittssyndrom – ist jedoch nicht selten. Nach Luxation pflegen sich die zervikalen Gelenkfortsätze zu verhaken (Abb. 5.1-8a u. b). Die verhakte Luxation ist zwar stabil, gefährdet aber sekundär auch das gar nicht selten noch unverletzte Rückenmark: Die Ober-Hinterkante des kaudal des luxierten Wirbels gelegenen Wirbels drückt von vorn auf das darüber gespannte Myelon. Instabilität im verletzten Bewegungssegment birgt wegen der Möglichkeit sekundärer Dislokation die Gefahr einer Rückenmarksschädigung.

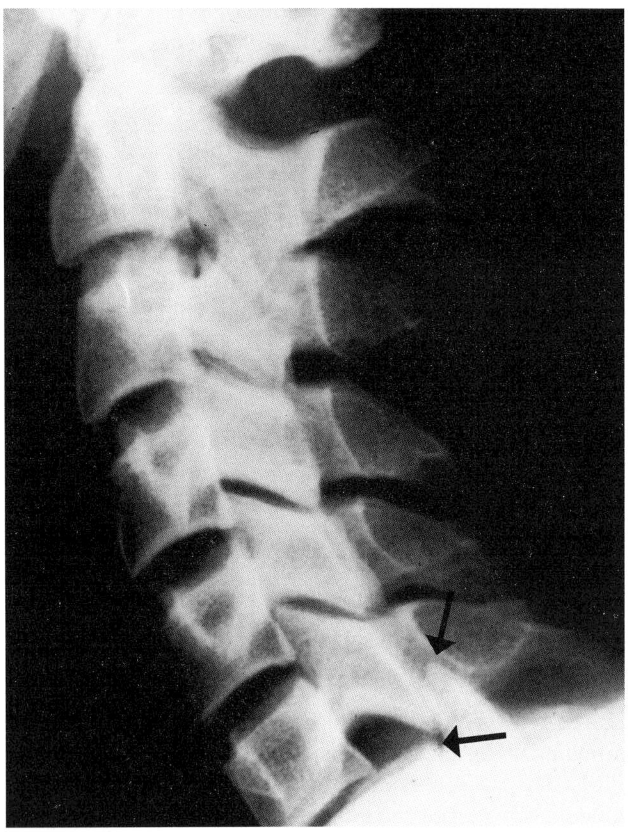

Abb. 5.1-8. a) Seitliche Aufnahme der Halswirbelsäule. Verhakte Luxation zwischen HWK6 und 7 (Bildunterrand!). HWK7 wird von den Schultern überlagert.

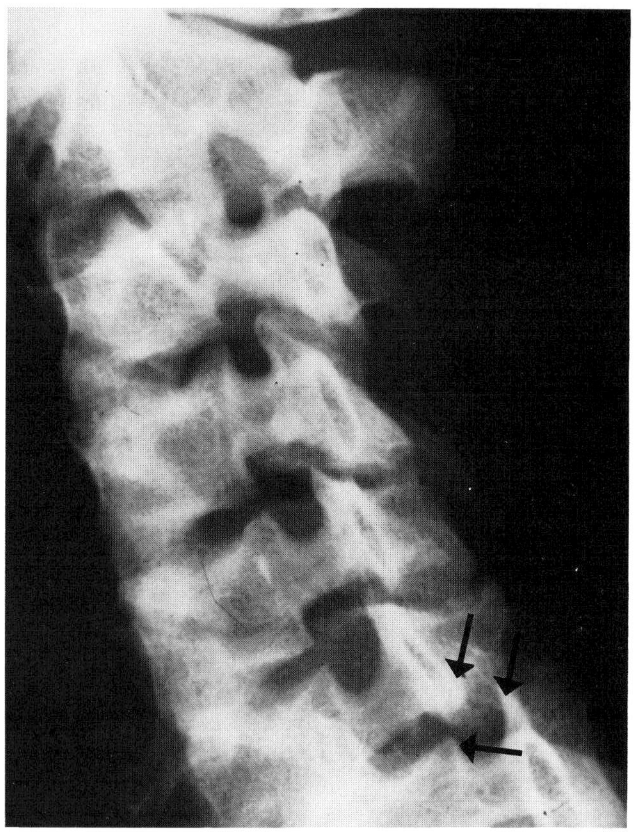

b) Schrägaufnahme: Die Hinter-Oberkante von HWK7 steht im Foramen C7. Die Gelenkfortsätze von HW6 und 7 sind gegeneinander disloziert.

Halswirbelsäule

Halswirbelsäulenverletzungen sind häufig mit Schädel-Hirn-Traumen kombiniert. Bei bewußtlosen Patienten werden sie entsprechend oft übersehen. Jeder 7. polytraumatisierte Patient hat eine Wirbelsäulenverletzung. Man schätzt, daß 25 % der persistierenden neurologischen Schäden aller Wirbelsäulenverletzten während des Transportes in das Krankenhaus und während der Primärversorgung entstehen. Bei entsprechendem Verdacht sollte der Transport des Verletzten so geschehen, daß nicht weitere Dislokationen eintreten können. Für ausreichende transportgerechte Stabilisierung der Brust- und Lendenwirbelsäule bietet sich die Vakuummatratze an.

Liegt eine Halswirbelsäulenverletzung vor, genügt im allgemeinen ein leichter manueller Zug am Kopf in Mittelstellung, um die gewünschte Stabilität während des Transportes in das Krankenhaus zu gewährleisten. Traktion am Kopf mittels Halo oder modifizierter Crutchfield-Zange dient der Stabilisation einer instabilen Halswirbelsäule und sollte während der Therapie anderer evtl. lebensbedrohlicher Verletzungen beibehalten werden. Soll eine Halswirbelluxation durch Traktion reponiert werden, so muß mit Gewichten von 2–5 kg je nach Körpergewicht, Muskelkraft und Verletzungstyp gezogen werden. Trotzdem gelingt die Reposition ohne operativen Eingriff oft nicht. Die Traktionsbehandlung ist beim Morbus Bechterew und bei ankylosierender Spondylose (ältere Patienten!) problematisch, da die Ossifikation des Bandapparates verhindert, daß die Halswirbelsäule sich in Zugrichtung ausrichtet; die Traktion muß der fixierten Fehlstellung der HWS entsprechen. Abknickung der HWS im Frakturbereich führt zu Rückenmarkschäden!

Die Mehrzahl der Wirbelfrakturen und ligamentären Wirbelsäulenschäden kann konservativ behandelt werden. Dies gilt für alle Wirbelverletzungen ohne nennenswerte Dislokation und Situationen, in denen ein Repositionsergebnis befriedigt und in funktionsgerechter Stellung ohne für den Patienten gefährliche Immobilisationsmaßnahmen gehalten werden kann.

Möglichst früh operiert werden sollten irreponible Wirbelluxationen und -luxationsfrakturen, instabile Wirbelsäulenverletzungen, z.B. zervikale Zerreißungen des Bandapparates inklusive der Gelenkkapseln und der Bandscheibe, Wirbelkompressionsfrakturen mit erheblicher keilförmiger Deformierung, die nach Konsolidierung eine dauernde statische Beschwerden auslösende Fehlbelastung erwarten lassen.

Die vorgenannten Indikationen werden heutzutage mit nur geringer Einschränkung auch dann als gültig betrachtet, wenn der Patient durch die Wirbelsäulenverletzung eine vollständige Querschnittslähmung erlitten hat. Die operative Stabilisierung der Wirbelsäule stellt auch für den Querschnittsgelähmten insofern einen Vorteil dar, als er rascher mobilisiert und einer rehabilitativen Behandlung zugeführt werden kann. Definitionsgemäß liegt eine komplette Querschnittslähmung dann vor, wenn Motorik und Sensibilität unterhalb des Schädigungsquerschnittes vollständig ausgefallen sind. Bei der Untersuchung ist darauf zu achten, daß auch die Perianalregion einer Sensibilitätsprüfung unterzogen wird. Hier finden sich gelegentlich noch Sensibilitätsreste, die gleichbedeutend mit einer Chance auf Erholung des Rückenmarkes sind.

Das Legen eines Dauerkatheters beim Querschnittsgelähmten ist kontraindiziert, weil es fast mit Sicherheit eine Urozystitis mit aufsteigender Harnwegsinfektion zur Folge hat. Methode der Wahl ist, den Patienten 3–4mal tgl. unter streng aseptischen Kautelen zu katheterisieren.

Die operative Wirbelbruchbehandlung ist dann dringlich, wenn sich nach dem Unfall neurologische Störungen erst sekundär nach einer Zeitspanne bemerkbar machen oder wenn primär vorhandene inkomplette Lähmungserscheinungen fortschreiten. Eine traumatogene Beengung des Rückenmarkes sollte auch, wenn nur inkomplette Ausfallserscheinungen zu verzeichnen sind, operativ beseitigt werden. Selbstverständlich müssen die sehr seltenen offenen Rückenmarksverletzungen operiert werden.

Laminektomien im zervikalen Bereich sind nur selten erforderlich. Sie werden möglichst vermieden, weil sie zu einer zusätzlichen Destabilisierung führen. Nur wenn erhebliche Zerstörungen im Bereich der Wirbelbögen oder Wirbelgelenke mit Impression von Fragmenten in den Spinalkanal vorliegen, empfiehlt es sich, vor einer evtl. erforderlichen ventralen Wirbelkörperfusion von dorsal freizulegen, zu laminektomieren und das Rückenmark bedrohende Fragmente zu entfernen. Sind die Wirbelbögen jedoch intakt, kann darauf verzichtet werden.

Frakturen des Dens axis sind häufig nicht primär mit einer hohen Halsmarkschädigung vergesellschaftet. Sie neigen jedoch, wenn sie nicht ganz basal liegen und in das Corpus axis hineinreichen, zur Pseudarthrosenbildung. Die resultierende atlantoaxiale Instabilität gefährdet den Patienten permanent. Die Ruhigstellung und Abstützung des Kopfes im Halo-Fixateur beugt lebensgefährlichen Komplikationen vor, vermag aber die Pseudarthrosenbildung nicht zuverlässig zu verhindern. Funktionell am befriedigendsten ist die Verschraubung des Dens axis. Die Schraube (oder 2 Schrauben) wird über die Vorder-Unterkante des Corpus axis in den Dens vorgetrieben, der mittels der Schraube an den Axiskörper herangezogen wird (Abb. 5.1-9). Die ebenfalls geübte Fusion des hinteren Atlasbogens mit dem Bogen des 2. Halswirbels hat den Nachteil, daß die Rotation zwischen Atlas und Axis aufgehoben wird.

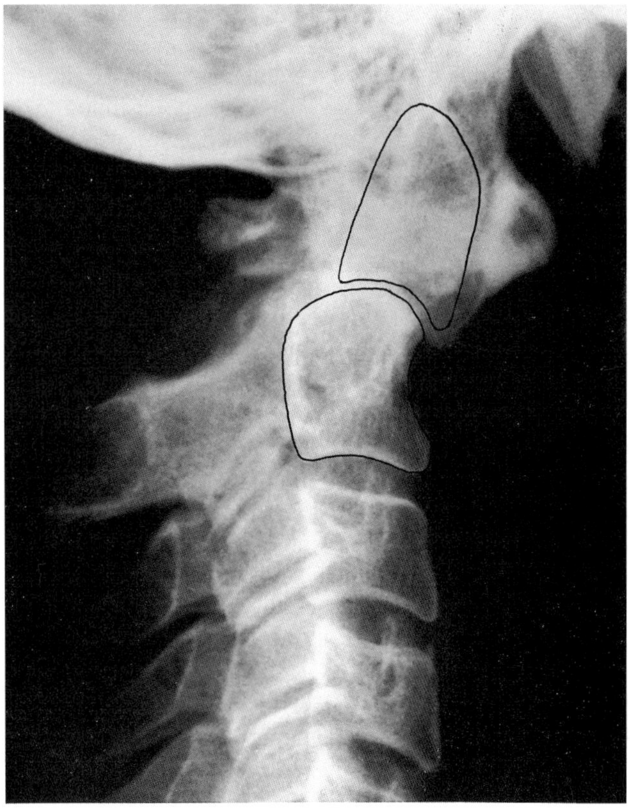

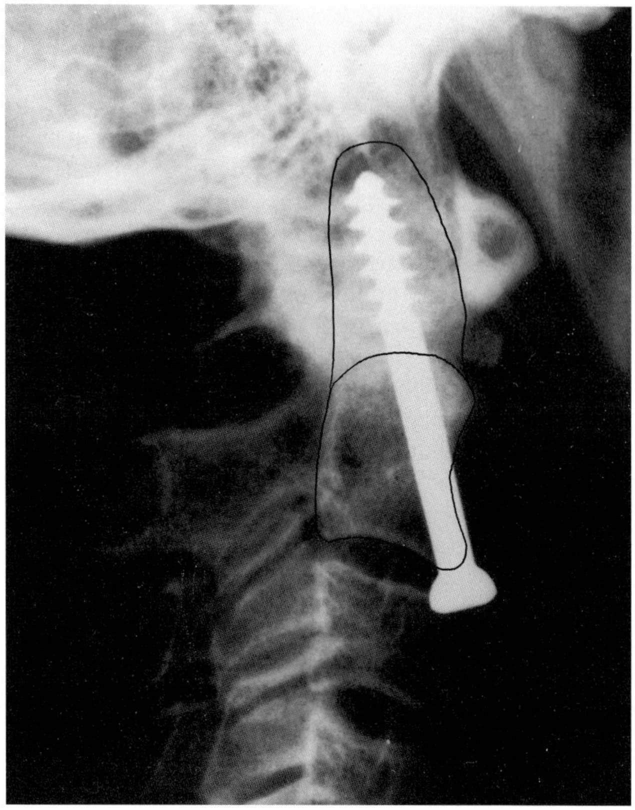

Abb. 5.1-9. Veraltete Densfraktur.
a) Verschiebung des Dens axis nach vorn.
b) Zustand nach Verschraubung des reponierten Dens axis.

Frakturen des vorderen und hinteren Atlasbogens (Jefferson-Fraktur) führen dazu, daß die Massae laterales auseinanderweichen. Fehlstellungen im Atlantookzipitalgelenk und im Atlantoaxialgelenk sind die Folge. Die Behandlung ist konservativ. Es empfiehlt sich das Anlegen eines Halo-Fixateurs (Abb. 5.1-10). Trotz ausreichend langer Ruhigstellung (10–12 Wochen) wird häufig nur eine bindegewebige Verfestigung der auseinandergewichenen Bogenfragmente erreicht.

Die doppelseitige Bogenwurzelfraktur des Atlas (Hangman-Fraktur) läßt das Rückenmark in der Regel unbeschädigt. Das Flexionstrauma, das zu diesem Verletzungstyp führt, bewirkt eine Erweiterung des knöchernen Spinalkanales in Höhe des Axis. Das Ligamentum interspinale und die Ligamenta flava zwischen Halswirbel 2 und 3 bleiben erhalten. Der seines dorsalen Haltes beraubte Axiskörper gleitet meistens über den 3. Halswirbel etwas nach vorn. Die Fraktur kann konservativ mittels Zervikalstütze oder Halo-Fixateur behandelt werden, doch ist auch eine Verschraubung von dorsal durch die Bogenwurzeln bis in die vordere Kortikalis des Corpus axis möglich. Dadurch werden eine anatomische Frakturstellung und sofortige Stabilität erreicht.

Verhakte Halswirbelluxationen lassen sich, wenn sie frisch sind, nicht selten durch Extension am Kopf (Halo, modifizierte Crutchfield-Zange) zur Reposition bringen. Beim Anlegen der Crutchfield-Zange ist darauf zu achten, daß der zu erwartende Zug den Kopf in Mittelstellung hält,

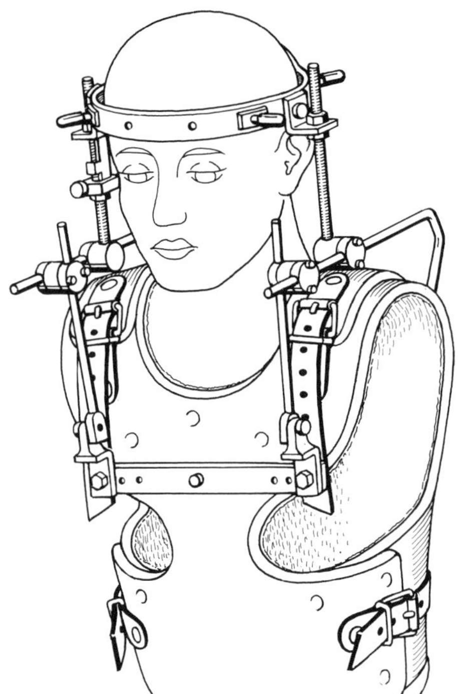

Abb. 5.1-10. Halo-Fixateur zur Ruhigstellung der Halswirbelsäule.

d.h. nicht stärker flektiert oder deflektiert. Für die erforderliche Bohrung in die Tabula externa (gekröpfter Bohransatz!) eignet sich das Os temporale nicht; es ist zu dünn. Perforationen der Tabula interna müssen vermieden werden. Am stabilsten ist die Kalotte am Oberrand des Temporalmuskels (Abb. 5.1-11). Hier muß auch am wenigsten damit gerechnet werden, daß die Zange später einmal ausreißt. Die Extension am Halo ist vorzuziehen, weil die Fixation am Kopf an 4 Punkten angreift und durch Variation der Zugrichtung ohne Schwierigkeiten immer ideale Extensionsverhältnisse geschaffen werden können.

Die traumatische Zerreißung der ligamentären Verbindungen bringt es häufig mit sich, daß nach der Reposition im ehemals luxierten Bewegungssegment eine erhebliche Instabilität und Hypermobilität verbleiben. Vielfach wird deshalb die primäre operative Stabilisierung vorgezogen.

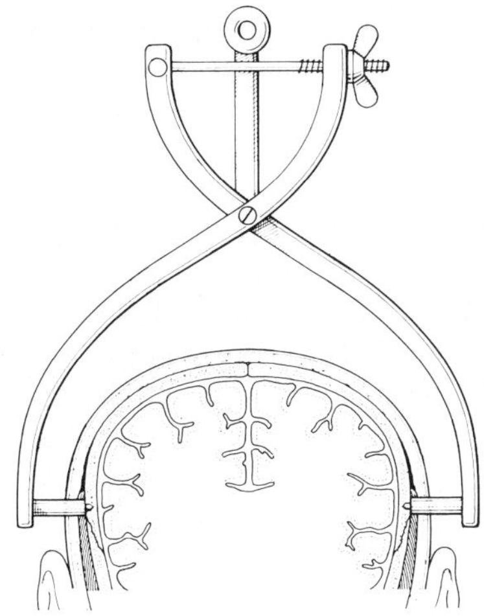

Abb. 5.1-11. Anlegen einer Crutchfield-Zange zur Extension der Halswirbelsäule.

Operationstechnik

Von einem vor dem M. sternocleidomastoideus geführten Schnitt aus dringt man nach Durchtrennung des Platysma, unter Abdrängen des Gefäß-Nerven-Bündels nach lateral sowie der Trachea und des Ösophagus nach kontralateral, auf die Vorderfläche der Halswirbelsäule vor. Nach Spaltung der prävertebralen Faszie werden die medialen Ansätze der Mm. longi colli in der Nachbarschaft des betroffenen Bewegungssegmentes koaguliert, abgetrennt und die Muskeln nach lateral abgeschoben. Sie werden durch einen selbsthaltenden Sperrer mit asymmetrischen Branchen auseinandergehalten (Abb. 5.1-12a). Das vordere Längsband wird zwischen den beiden Wirbeln, die gegeneinander luxiert oder subluxiert waren (oder noch luxiert sind), eingeschnitten. Danach wird der Nucleus pulposus aus der traumatisierten Bandscheibe ausgeräumt. Ist die Reposition der ein- oder doppelseitigen Luxation auf konservative Weise nicht gelungen, kann anschließend, wenn es sich nicht um eine veraltete Luxation handelt, in der Regel die Reposition durch Zug am Kopf sowie Einsatz eines Hebels, der auf die Hinter-Oberkante des unteren und die Vorder-Unterkante des oberen Wirbels drückt, oder einer Spreizzange erfolgen (Abb. 5.1-12b). Ist die Reposition gelungen, wird ein Interbodysperrer eingesetzt, der den Intervertebralraum etwas aufspreizt, so daß man ihn unter Sicht mit der Stirnlampe, evtl. auch der Lupenbrille, soweit ausräumen kann, daß Grund- und Deckplatten der begrenzenden Wirbel angefrischt werden können, beispielsweise mit einer Fräse. Aus dem Beckenkamm wird anschließend ein schmaler Knochendübel entnommen, der in den Intervertebralraum eingebracht wird und nach Entfernen des Interbodysperrers im allgemeinen fest sitzt. Trotzdem ist wegen der stattgehabten Schädigung des gesamten Bandapparates zu empfehlen, die beiden Halswirbel über eine Schlitzlochplatte miteinander zu verbinden. Die Lochplatte wird mit je 2 Schrauben in den beiden Wirbeln verankert. Die Schraubenspitzen fassen die Kortikalis der Wirbelkörper auf der dem Spinalkanal zugewandten Seite (Abb.

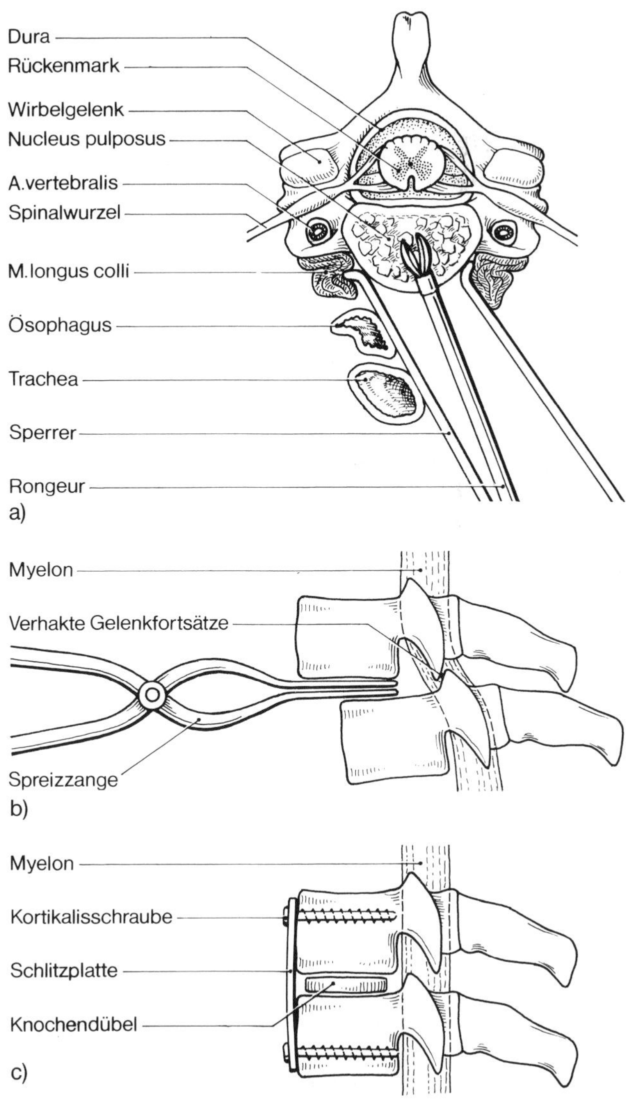

Abb. 5.1-12. Operation wegen verhakter Luxation.
a) Ausräumung des Nucleus pulposus.
b) Reposition mit der Spreizzange.
c) Fusion mit Plattenstabilisierung.

5.1-12c). Dies setzt eine intraoperative Röntgenkontrolle mittels Bildverstärker voraus.

Kompressionsfrakturen im Halswirbelsäulenbereich können auf ähnliche Weise von vorn her aufgerichtet und stabilisiert werden. Ist ein Wirbelkörper sehr zerstört, ersetzt man ihn durch einen größeren Beckenkamm- oder Fibulaspan.

Veraltete Luxationen – sie befinden sich meist in Höhe des 6. und 7. Halswirbels oder des 7. Hals- und 1. Brustwirbels, weil diese Partien auf der seitlichen Röntgenaufnahme häufig durch die Schultern überdeckt sind – lassen sich auf die beschriebene Weise meistens nicht mehr reponieren. Entweder muß man in einem ersten Schritt zunächst von dorsal die Gelenkfortsätze resezieren und anschließend von ventral die gegeneinander dislozierten Wirbel voneinander lösen, um sie zu reponieren oder man muß primär von ventral in die beiden betroffenen Wirbel eingehen und die Ober-Hinterkante des unteren Wirbels breit resezieren, um den Spinalkanal von vorn her zu erweitern und das Myelon vom Druck der Wirbelkörperkante zu befreien. Der Wirbelkörperdefekt wird anschließend durch einen Beckenkammspan ersetzt.

Komplikationen der geschilderten Verfahren sind Rekurrensparesen, die um so häufiger auftreten, je weiter kaudal man an der Halswirbelsäule operieren muß. Sie entstehen durch Überdehnung des Nerven und sind meist passager. Ösophagusverletzungen können durch vorsichtiges und sorgfältiges Einsetzen des selbsthaltenden Sperrers vermieden werden. Wichtig ist zu beachten, daß für Halswirbelsäulenoperationen vom ventralen Zugang her bei der Intubation ein Tubus verwendet wird, dessen Lumen nicht durch die unvermeidliche seitliche Kompression der Trachea eingeengt werden kann.

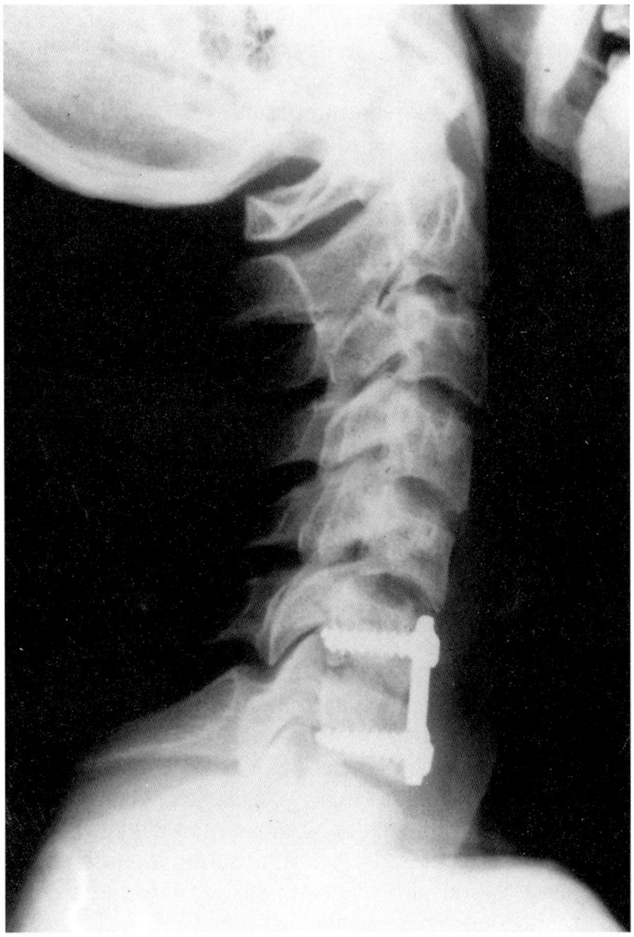

d) Postoperative Röntgenkontrolle.

Brust- und Lendenwirbelsäule

Die früher an Brust- und Lendenwirbelsäule nach traumatogener Einengung des Wirbelkanales oft geübte »Entlastungslaminektomie« ist als alleinige Maßnahme nicht vertretbar. Sie kann notwendig sein, sollte aber immer mit Reposition und Stabilisation kombiniert werden, falls es sich nicht ausnahmsweise um eine alleinige Verletzung des Wirbelbogens mit Impression eines Bogenfragmentes in den Wirbelkanal handelt. Die häufigsten Verletzungen der Brust- und Lendenwirbelsäule, meist am thorakolumbalen Übergang, sind Wirbelkompressionsbrüche mit Bogenwurzelbeteiligung; der Wirbelkanal wird von vorn durch Fragmente der Wirbelkörperhinterwand eingeengt. Fast immer ist der Bandapparat bei diesem Verletzungstyp so weit erhalten, daß es gelingt, durch Zug an den beiden Nachbarwirbeln eine Aufrichtung des deformierten Wirbels mit Aufweitung des Wirbelkanales zu erreichen. Der erforderliche Zug an den Wirbeln, die dem traumatisierten Wirbel benachbart sind, geschieht am elegantesten nach dem Prinzip des Fixateur interne (Abb. 5.1-13a–c). 5 mm dicke Schrauben (Schanz-Schrauben) werden unter Bildwandlerkontrolle durch die Bogenwurzeln der beiden Wirbel, die dem frakturierten Wirbel benachbart sind, vorgetrieben. Sie werden über Winkelbacken an je einem Gewindestab rechts und links miteinander verbunden. Dieser dient zunächst als Hypomochlion für das folgende Repositionsmanöver, bei dem über den Hebel, den die Schanz-Schrauben bieten, die Distraktion des komprimierten Wirbels erreicht wird. Ist die gewünschte Stellung erzielt, so werden die Schanz-Schrauben fest mit der Gewindestange verbunden. Die Erfahrung zeigt, daß die Schrauben in den Bogenwurzeln zuverlässig halten. Der dorsal überstehende Schraubenanteil wird nahe der Gewindestange abgetrennt. Je nach Erfordernis kann eine Laminektomie des traumatisierten Wirbels erfolgen oder unterbleiben (Abb. 5.1-13d–f).

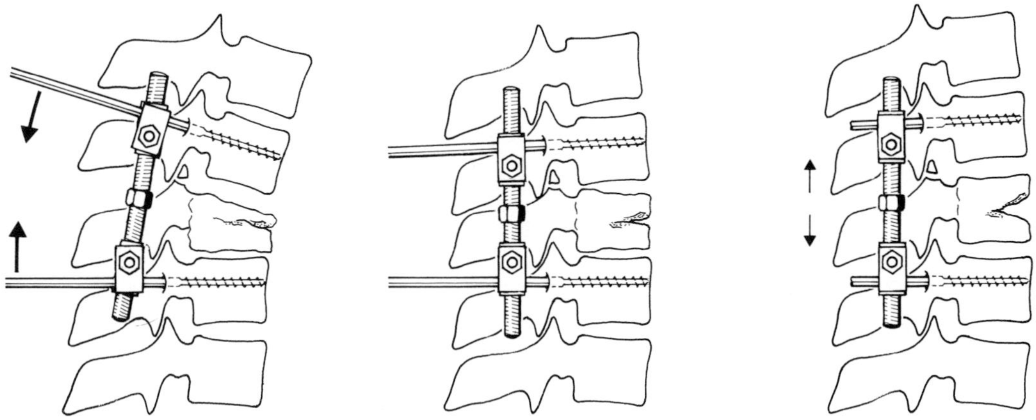

a) b) c)

Abb. 5.1-13. a–c) Schematische Zeichnung: Aufrichtung und Stabilisierung einer Kompressionsfraktur mittels Fixateur interne.

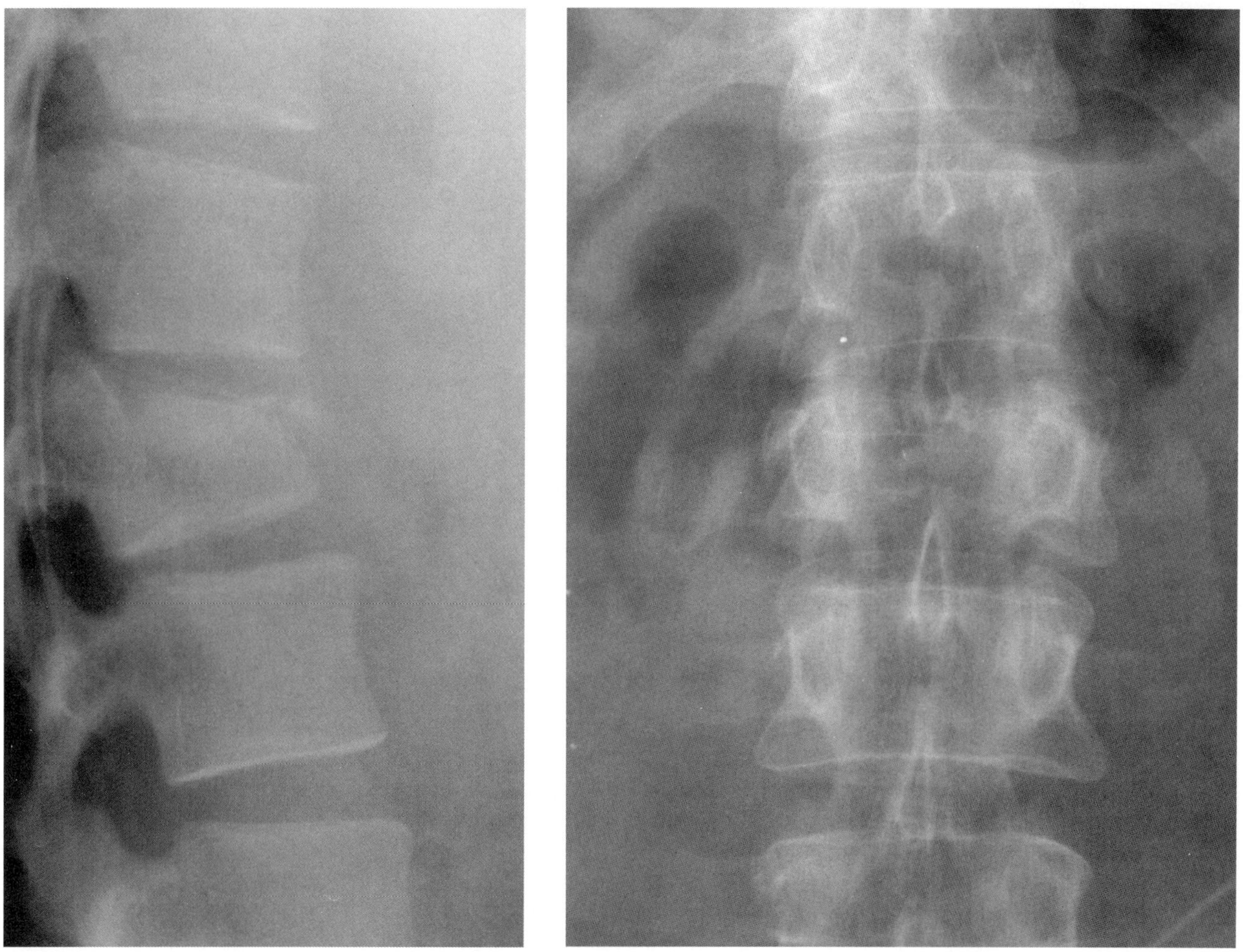

d) Kompressionsfraktur des 1. Lendenwirbels.

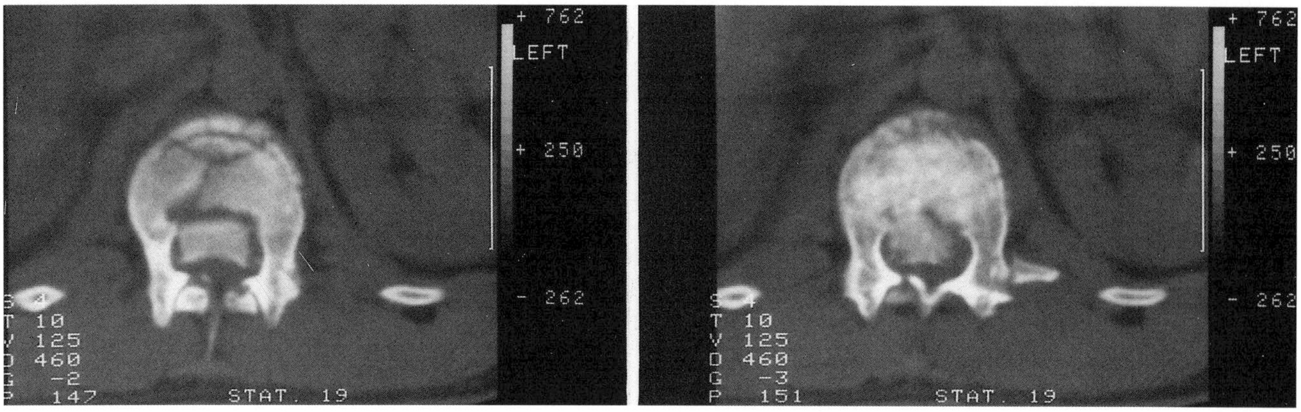

e) Computertomogramm: Einengung des Wirbelkanales durch Fragmente der Wirbelkörperhinterwand.

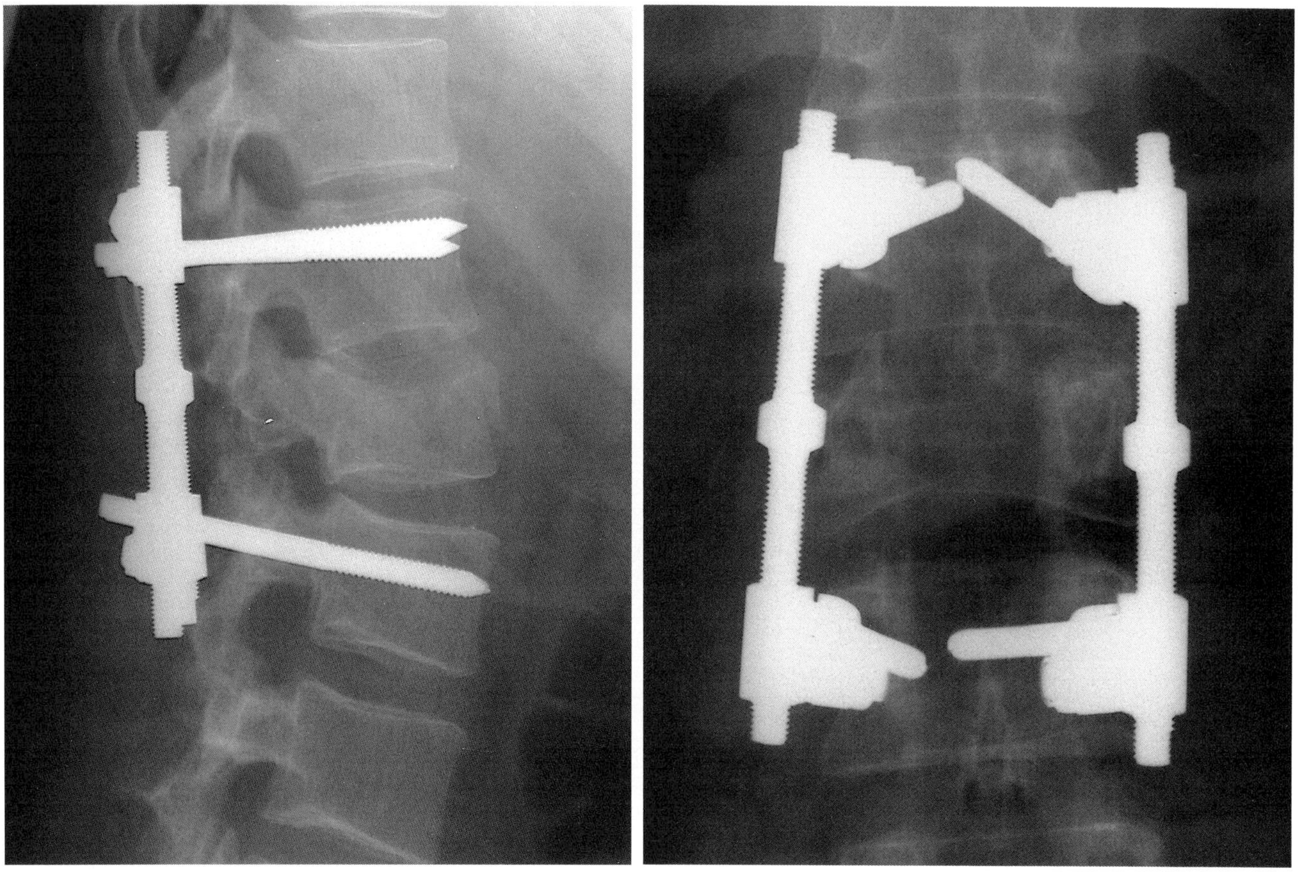

f) Zustand nach Laminektomie und Aufrichtung des Wirbels mittels Fixateur interne.

Operationstechnik

Bauchlage. Lagerung auf der Wilson-Bank, bei vorhandener Paraplegie auf Kissen. Medianschnitt, beginnend gut 2 Dornfortsätze über dem traumatisierten Wirbel und endend knapp 2 Dornfortsätze unter dem traumatisierten Wirbel. Ablösen der Muskulatur von den Dornfortsätzen und Wirbelbögen. Freilegen der kleinen Wirbelgelenke des traumatisierten Wirbels und der beiden Nachbarwirbel. Einsetzen selbsthaltender Wundsperrer. Die Schanz-Schrauben sollen wie folgt eingebracht werden: An der Brustwirbelsäule geht man unmittelbar neben dem Gelenk am mediodorsalen Rand des Querfortsatzansatzes in einem Winkel von 10–15° nach medial ein. Der Querfortsatz wird partiell reseziert, da er sonst die Implantation der Gewindestange nebst Winkelbacken behindert. Beim Bohren ist es ratsam, sich mittels Bildverstärker zu vergewissern, daß man sich in der Ebene der Bogenwurzeln und der Wirbelkörper hält. Am Lendenwirbel stellt die Mitte des Querfortsatzes unmittelbar lateral des kranialen Gelenkfortsatzes den optimalen Schraubeneintrittspunkt dar. Hier sollen die Schrauben zur Medianebene etwa 15–20° konvergieren. Die Schraubenspitzen müssen nicht die kontralaterale Kortikalis erreichen, die Bogenwurzeln bieten ihnen genügend Halt.

Ersatzweise können an Stelle des Fixateur interne auch Lochplatten, die mit der Biegezange entsprechend vorgeformt wurden, Verwendung finden. Bei diesem Verfahren genügt es aber nicht, die beiden Nachbarwirbel des frakturierten Wirbels zu verschrauben, sondern man benötigt oben und unten je 1 Segment mehr, um Stabilität zu erzielen. Die Reposition des komprimierten Wirbels wird über eine während der Verschraubung erzielbare Lordosierung und Distraktion erreicht.

Ein mit einer der genannten Methoden stabilisierter Wirbelsäulenabschnitt ist sofort wieder belastbar. Unterstützend kann ein 3-Punkt-Korsett verordnet werden.

Nicht traumatogene neurochirurgische Notfälle

Diese Zusammenstellung beabsichtigt lediglich eine knappe Übersicht über nicht traumatogene Notfallsituationen, die dringlicher neurochirurgischer Intervention bedürfen. Operative Techniken werden nur dargestellt, soweit sie zur Abwendung akuter Lebensgefahr vor dem Transport in eine neurochirurgische Klinik nötig sein können.

Intrazerebrale Massenblutung

Die hypertonische Massenblutung tritt meist jenseits des 50. Lebensjahres im Stammganglienbereich (Capsula externa, Capsula interna, Hirnschenkel, Thalamus) auf, seltener auch in Brücke oder Kleinhirn. Im Gegensatz zum ischämischen Infarkt führt sie fast immer primär zu Bewußtseinsverlust. Die operative Entlastung von Capsula-externa-Blutungen, in der nicht dominanten Hemisphäre auch von Blutungen in die vordere Capsula interna, kann lebensrettend und auch hinsichtlich der erzielbaren Überlebensqualität sinnvoll sein.

Massenblutungen in das Marklager des Großhirns kommen in allen Lebensaltern vor und stammen meist aus Angiomen oder Aneurysmen oder entstehen infolge von Gerinnungsdefekten. Hat die Blutung zur Bewußtlosigkeit geführt, sollten die Patienten einer neurochirurgischen Therapie zugeführt werden. Bei nicht bewußtlosen Patienten muß je nach Größe und Sitz der Blutung und Grad der Massenverschiebung über die Operationsindikation entschieden werden.

Dekompensierter Verschlußhydrozephalus

In der Vorgeschichte finden sich oft lediglich Hirndrucksymptome (Kopfschmerzen, morgendliches Erbrechen, evtl. Sehstörungen). Das zerebrale Computertomogramm zeigt eine deutliche Ventrikelerweiterung, ggf. (bei Aquäduktverschluß) nur im supratentoriellen Bereich. Ist der Patient schon komatös, empfiehlt sich, falls zur nächsten neurochirurgischen Klinik ein längerer Transport erforderlich ist, als lebensrettender Noteingriff die Insertion einer externen Ventrikeldrainage (Technik s. Abschn. »Messung des intrakraniellen Druckes«).

Subarachnoidalblutung

Die Diagnose ergibt sich aus dem plötzlichen Erkrankungsbeginn mit heftigen Kopf- und Nackenschmerzen und Erbrechen, evtl. kurzzeitiger initialer, seltener anhaltender tiefer Bewußtlosigkeit, und der typischen intrazisternalen und subarachnoidalen Blutverteilung, die im Computertomogramm sichtbar wird. Bei typischem computertomographischem Befund ist die Lumbalpunktion für die Diagnose nicht erforderlich, bei bewußtlosen Patienten sollte sie wegen Gefahr der Tonsilleneinklemmung unterbleiben.

Ursache der Subarachnoidalblutung ist fast immer eine Aneurysmaruptur. Frühzeitige Operation ist heute die Therapie der Wahl.

Intrakranielle Abszesse

Epi- und subdurale Empyeme sowie temporale, frontale und Kleinhirnabszesse treten überwiegend als Komplikation von Empyemen des pneumatischen Systems der Pyramiden oder der paranasalen Sinus auf. Sie erfordern ebenso wie hämatogene Hirnabszesse dann dringliche neurochirurgische Therapie, wenn beim Patienten bereits eine Bewußtseinseintrübung vorliegt.

Akuter Visusverlust

Bei akuter Einbuße des Sehvermögens ist immer auch an einen Hypophysentumor mit Tumoreinblutung zu denken. Die Diagnose kann aus der Vorgeschichte, die oft Hinweise auf endokrine Störungen enthält, und dem Computertomogramm gestellt werden. Nur rasche Entlastung des

Chiasmas durch Operation des Tumors über den transnasalen Zugang bietet die Chance, die definitive Erblindung abzuwenden.

Querschnittssyndrome, Wurzelsyndrome

Querschnittssyndrome ohne Trauma entstehen aus unterschiedlichster Ursache: z.B. Myelitis, Ischämie, Wirbelmetastasen, Spinaltumoren, Epiduralabszeß, Bandscheibenvorfall. Die zur Kompression des Myelons führenden Ursachen können und müssen operativ beseitigt werden. Die Operation kann aber nur Aussicht auf Erfolg haben, solange die Querschnittslähmung noch nicht komplett ist.

Ein Bandscheibenvorfall, der zu einem Kaudasyndrom geführt hat, sollte binnen 6 Std. operiert sein, damit nicht Blasenstörungen bestehen bleiben. Komplette mono- oder biradikuläre Wurzelausfälle infolge Bandscheibenvorfalles stellen ebenfalls eine relativ dringliche Indikation dar; die Operation sollte möglichst binnen 24 Std. erfolgt sein.

Nervenverletzungen

Wenn irgend möglich, sollten Nervenverletzungen durch einen Arzt für Hand-, Neuro- oder Plastische Chirurgie versorgt werden. Liegt eine Schnittverletzung mit glatter Nervdurchtrennung vor, so wird eine spannungsfreie primäre Nervennaht im Zuge der Versorgung der gesamten Wunde angestrebt; es muß lediglich die elastische Retraktion der auseinandergewichenen Nervenstümpfe überwunden werden. Das gelingt durch Naht in Entlastungsstellung der benachbarten Gelenke. Handelt es sich um Nervzerreißungen mit intra- und perineuralen Hämatomen und Traumatisierung des Nerven über eine längere Strecke, so ist die primäre Naht nicht empfehlenswert. Die Nervenstümpfe können durch einen farbigen, nicht resorbierbaren Faden markiert werden. Die benachbarten Weichteil- und ggf. Knochen- und Gefäßverletzungen werden versorgt. Die sekundäre Nervennaht erfolgt einige Wochen später, bei Bedarf mit ausgedehnter Neurolyse, Nervenverlagerung und/oder Interposition eines autologen Nerventransplantates. Bei iatrogenen Nervenverletzungen, z.B. als Komplikation der operativen Frakturbehandlung, verfährt man analog. Armplexusläsionen gehören in die Hand des Spezialisten. Eine dringliche Operationsindikation besteht nur bei offenen Verletzungen.

Chronische Schmerzen, Schmerzkrankheit

Vorbemerkung: Schmerzreize werden durch markarme, schnell leitende A-delta-Fasern und langsamer leitende C-Fasern peripherer Nerven über die Hinterwurzeln in das Rückenmark eingespeist. Über eine Interneuronenkette im Hinterhorn des Myelons, in der das Schmerzsignal, überwiegend im Sinne der Hemmung, moduliert wird, erfolgt die Umschaltung auf den kontralateralen Vorder-Seitenstrang, den Tractus spinothalamicus Edinger. Dieser hat einen schnell leitenden Anteil, der über den Thalamus zum postzentralen Kortex führt und eine stechende, gut lokalisierbare Schmerzempfindung vermittelt, und einen langsam leitenden Anteil, der im medialen Thalamus endet und ein dumpfes topisch unpräzises quälendes Schmerzerlebnis auslöst.

Die Intensität der zentralen Schmerzwahrnehmung hängt unter anderem von der Konzentration der Endorphine ab, morphinähnlicher Abbauprodukte des Hypophysenhormons Beta-Lipotropin. Sie sind in Hirn- und Rückenmarkstrukturen, die der Schmerzperzeption dienen, besonders reichlich vorhanden. Sie greifen an denselben Rezeptoren an wie die Opiate. Bei körperlicher Anstrengung, z.B. sportlicher Betätigung, steigt der Endorphinspiegel, die Schmerzempfindlichkeit sinkt.

Chronische Krankheiten oder Nervenschäden können von chronischen Schmerzen begleitet werden, die sich zum beherrschenden Teil des Leidens, zur Schmerzkrankheit, auswachsen können. Steter Schmerz zerstört die Persönlichkeit des Patienten und beschränkt seine Fähigkeit, zu handeln und mit seinen Mitmenschen in Gemeinschaft zu leben.

Pharmakotherapeutische Maßnahmen

Peripher angreifende analgetisch-antiphlogistisch wirkende Pharmaka reichen meistens auch in Kombination mit Psychopharmaka und/oder Hypnotika für die Behandlung der Schmerzkrankheit (z.B. des Karzinomschmerzes) nicht aus. Opiate sollten, außer im Finalstadium, nicht längerfristig in Dosen gegeben werden, die die Handlungsfähigkeit des Patienten deutlich einschränken. Mit wesentlich geringeren Opiatmengen kommt man aus, wenn man die Applikationsform über einen epiduralen Verweilkatheter wählt, der, falls er gut funktioniert, auch mit einer implantierbaren Pumpe mit perkutan auffüllbarem Reservoir ergänzt werden kann. Die epidural eingebrachten Opiate treten in den Liquorraum über, wo sie sich wegen der Turbulenzen im Liquorstrom rasch verteilen. – Die Schmerztherapie über den Epiduralkatheter hat einen sehr großen Teil der früher verbreiteten neurochirurgischen Schmerzausschaltungen bei Malignompatienten überflüssig gemacht.

Neurochirurgische Maßnahmen zur Schmerztherapie

Gelegentlich funktioniert der Epiduralkatheter nicht. In Kombination mit einer implantierbaren Opiatpumpe kommt dann bei Schmerzen maligner Ursache eine intrathekale (oder – über eine Bohrlochtrepanation – intraventrikuläre) Katheterinsertion in Betracht; der Opiatbedarf ist geringer als bei epiduraler Applikation.

Alternativ kommen für Becken-Bein-Schmerzen die offene hochthorakale mikrochirurgische Durchtrennung des kontralateralen Vorderseitenstranges (Chordotomie) oder für Thorax- und Schulter-Arm-Schmerzen die perkutane Chordotomie in Höhe des Foramens zwischen 1. und 2. Halswirbel in Frage. Malignomschmerzen, die lediglich umschriebene Abschnitte des Rumpfes betreffen, können mittels intrathekaler Hinterwurzeldurchschneidung (Radikotomie nach Förster) oder Hinterwurzelteildurchschneidung (Rhizidiotomie) beseitigt werden.

In der Therapie perianaler Malignomschmerzen ist die Injektion von 5 %igem Phenolwasser in den Hiatus sacralis oder 5 %igem Phenolglycerin intrathekal chancenreich. Bei Kokzygodynie empfiehlt sich dieses Vorgehen jedoch ebenso wenig wie die Steißbeinresektion. Infiltrationen mit Lokalanästhetika, auch in den Hiatus sacralis, und Sympathikusblockaden bieten bessere Aussichten.

Chronische Schmerzen benigner Ursache (Phantom- und Stumpfschmerzen, Kausalgien, Zosterneuralgien) lassen sich durch Elektrostimulation des Rückenmarkes über epidurale oder subdurale Verweilelektroden günstig beeinflussen, auf Dauer aber leider nur zu etwa einem Drittel.

Die Indikation zu Neurotomien ist sehr zurückhaltend zu stellen. Wo sie notwendig erscheinen, z.B. bei der Resektion von Stumpfneuromen, ist der CO_2-Laser unbedingt vorzuziehen, da er Rezidivneurome in einem höheren Prozentsatz vermeidet. Genaue Zahlenangaben liegen dazu zur Zeit noch nicht vor.

Schmerzen, die im Zusammenhang mit inkompletten spastischen Querschnittslähmungen auftreten, bessern sich oder verschwinden nach longitudinaler Myelotomie.

Chronische Lumbalgien, besonders nach Bandscheibenoperationen, beruhen oft auf einer Fehlbelastung der kleinen Wirbelgelenke. Die perkutane Denervierung der Wirbelgelenkfacetten (Thermoläsion des Ramus dorsalis) ist geeignet, die Lumbalgien zu beseitigen.

Gesichtsneuralgien (Trigeminusneuralgie, Glossopharyngikusneuralgie) können heutzutage auf verschiedene Weise durch funktionserhaltende neurochirurgische Eingriffe beseitigt werden: Neurovaskuläre Dekompression der parapontinen Trigeminuswurzel, Glycerolinjektion in die Trigeminuszisterne, kontrollierte Thermoläsion des Ganglion Gasseri. Destruktive Eingriffe sind nur noch ausnahmsweise gerechtfertigt.

5.2
Kieferchirurgische Notfallversorgung

R. Schmelzle

Chirurgische Notfallversorgungen werden auf dem Gebiet der Mund-Kiefer-Gesichts-Chirurgie besonders nötig bei:
- Blutungen.
- Verletzungen der Weichteile, Knochen und Zähne.
- Luxationen der Kiefergelenke.
- Infektionen.
- Aspiration und Verschlucken von Gegenständen.
- Schmerzzuständen.

Sicherlich erfordert in vielen Fällen die definitive Versorgung spezielle fachärztliche Kenntnisse der Mund-Kiefer-Gesichts-Chirurgie, doch sind die häufig schon primär notwendigen Maßnahmen – besonders im Rahmen der Notfallversorgung – auch für jeden chirurgisch versierten Kollegen durchführbar.

Blutungen

Zu Blutungen kann es im Verlauf oder im Anschluß an chirurgische Eingriffe, durch Verletzungen, Tumoren und septische Erkrankungen kommen. Im Bereich des Zahnfleisches treten spontane Blutungen bedrohlicher Art mitunter bei hämorrhagischen Diathesen auf.

Die Blutungen erfordern eine differenzierte Anwendung geeigneter therapeutischer Methoden aus dem breiten Spektrum chirurgischer und medikamentöser Möglichkeiten der Blutstillung und des Volumenersatzes.

Gefäßblutungen

Arterielle Blutungen

Offene und gedeckte arterielle Blutungen in der gefäßreichen Mund-Kiefer-Gesichts-Region finden im Bereich der Aa. incisival, infraorbitales, faciales, labiales, linguales, maxillares, temporales statt. Die sichtbaren Blutungen sind meist hellrot und pulsierend. Schwellung, Schmerzen, Spannungsgefühl, Atem- und Schluckstörung sind wichtige Frühsymptome starker Blutungen in das Gewebe. Die Entblutungsgefahr ist besonders bei Mehrfachverletzungen von Arterien groß. Das Nachlassen der Blutung kann Folge einer Selbsttamponade der Gefäße oder Ausdruck einer guten Gerinnung sein, aber auch Folge eines gefährlichen Absinkens des Blutdrucks.

Die Überwachung des Patienten und in der Regel ein gezieltes Aufsuchen, Abklemmen oder Abbinden der Gefäße ist nötig. Kleine Gefäße können koaguliert werden. Stehen Instrumente zur Blutstillung nicht nur Verfügung, werden komprimierende Verbände, Tamponaden oder die digitale Kompression nötig. Blutungen aus kleinen Knochendefekten können auch durch Anwendung von Knochenwachs oder Kollagenvlies – ggf. in Verbindung mit Fibrinkleber – behandelt werden. Im Falle einer starken Blutung aus dem Kiefer nach Zahnextraktion bei Hämangiomen gilt eigentlich als beste Notmaßnahme die Zahnreplantation. Da diese meist jedoch nicht möglich sein wird, sind lokale Maßnahmen wie digitale Kompression, Implantation von Kollagenvlies sowie Nähte anzuwenden.

Venöse Blutungen

Offene und gedeckte venöse Blutungen können besonders gefährdend aus dem retromaxillären Gefäßplexus nach Frakturen und operativen Eingriffen eintreten. Sie sind nicht pulsierend und meist dunkelrot. Des weiteren sind Blutungen aus funktionell venösen Hämangiomen der Weichteile und auch des Knochens zu erwähnen. Im wesentlichen gelten die oben erwähnten Richtlinien der Blutstillung bei arteriellen Blutungen, allerdings sind Freilegungen der Gefäße in der Regel nicht nötig.

Parenchymblutung

Diese diffuse Blutungsform ist klinisch von der venösen Blutung oft schwer zu unterscheiden. Am häufigsten sind im Mundbereich Nachblutungen nach Zahnentfernung oder operativen dentoalveolären Eingriffen. Auch bei hämorrhagischen Diathesen findet man klinisch fast immer die parenchymatöse Blutung. Ausgedehnte Hämatome nach Leitungs- und Infiltrationsanästhesie im Zuge zahnärztlicher Eingriffe sind nicht selten lebensbedrohlich durch Verlegung der Atemwege, nach direkter Einblutung in die Umgebung des Kehlkopfeinganges. Erschwerend wirkt sich das die Blutung begleitende Ödem aus. Neben den plasmatisch bedingten (Hämophilie A und B, Hypo-/Afibrinogenämie), vaskulären (M. Osler, Purpura rheumatica, Purpura senilis, Skorbut, toxisch bedingte Purpura) und thrombozytären hämorrhagischen Diathesen (Thrombozytopenie, Thrombopathie) sind die Blutungsneigungen bei Gabe von Antikoagulantien erwähnenswert sowie Blutungen bei Leberparenchymschädigungen.

Die Therapie parenchymatöser Blutungen erfolgt ebenfalls differenziert. Intraoperativen Blutungen begegnen wir z.B. durch vorübergehende Kompression und lokale Anwendung von Privin oder Otriven. Ferner wird lokal Kollagenvlies oder Sorbacel verwendet, ggf. unter zusätzlicher Anwendung von Fibrinkleber. Nähte und Verbände sowie speicheldichte Verbandplatten sind bei hartnäckigen Blutungen aus dem Bereich des Alveolarfortsatzes sinnvoll. Durch sachgemäße Lokalbehandlung (Kollagenvlies, Sorbacel, Fibrinkleber, intra- und extraorale Verbände) ist auch bei hämorrhagischen Diathesen die Substitutionstherapie meist vermeidbar. Bei starker Schwellung geben wir Prednisolon 1–2 g i.v. als Bolus.

Verletzungen

(Abb. 5.2-1–3)

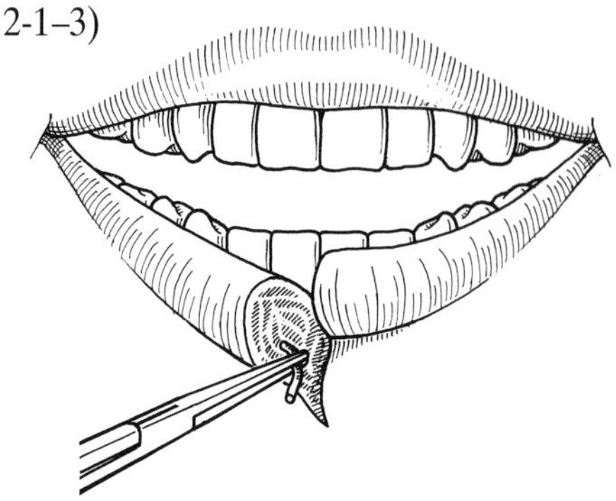

Abb. 5.2-1. Nach Durchtrennung der Unterlippe liegen die Gefäßstümpfe meist etwas zurückgezogen. Lateral der Schnittfläche der Arterienstümpfe werden nach digitaler Kompression der Unterlippe die Gefäßstümpfe mit Gefäßklammern gefaßt und dann unterbunden bzw. umstochen.

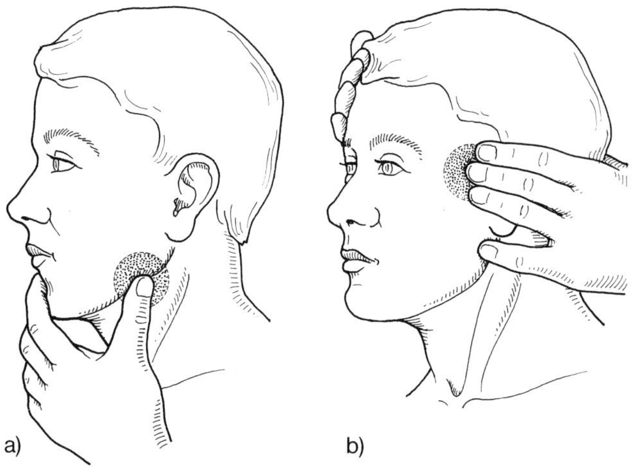

Abb. 5.2-2.a) Kompression der A. facialis durch Druck mit dem Daumen gegen die Unterkante des Unterkiefers am Vorderrand des M. masseter.
b) Kompression der A. temporalis durch Druck gegen das Schläfenbein bzw. den M. temporalis.

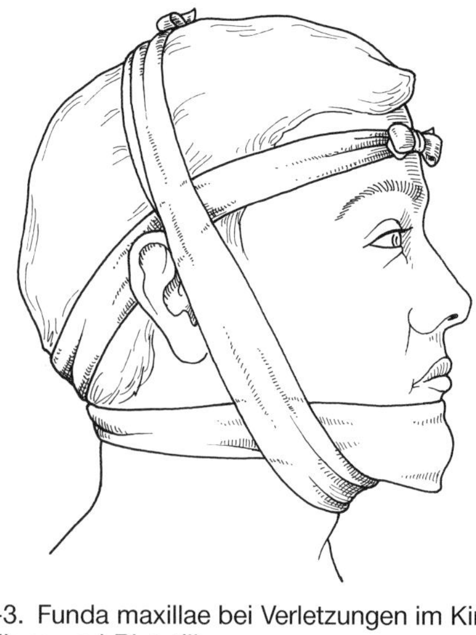

Abb. 5.2-3. Funda maxillae bei Verletzungen im Kinnbereich zur Ruhigstellung und Blutstillung.

Den Verletzungen der Mund-Kiefer-Gesichts-Region kommt große Bedeutung zu, die sich besonders aus den aktuellen und bleibenden funktionellen und kosmetischen Störungen ergibt. Vitale Gefährdungen sind bei Schwellung, Blutung und Instabilität von Zunge und Unterkiefer gegeben, wenn Atem- und Schluckstörungen auftreten.

Verletzungen der Weichteile

Die Mundhöhlenwandungen, die Zunge, die Gingiva, die Gesichtshaut, Nerven, Fett, Drüsen, Muskeln und Gefäße können durch Unfälle und bei operativen Eingriffen verletzt werden. Die Desinfektion und ggf. antibiotische Abdeckung sowie Tetanusprophylaxe sind Grundmaßnahmen. Wundausscheidungen sind nur ganz ausnahmsweise erlaubt. Schlecht durchblutete Gewebeabschnitte bedürfen auch unter Notfallbedingungen besonderer Beachtung und sollen möglichst nicht oder nur sparsam exzidiert werden.

Nahttechniken bei Wunden im Gesichtsbereich, Verletzungen der Lider

Quetschung, Schürfung, perforierende und nichtperforierende Schnitte, Zerreißungen und Defekte sowie Verätzung und Verbrennung werden notfallmäßig durch Auflegen steriler, in physiologischer Kochsalzlösung befeuchteter Kompressen behandelt. Chirurgische Sofortmaßnahmen dienen der Blutstillung und Ruhigstellung bis zur definitiven meist mikrochirurgischen Versorgung. Wichtig ist die frühzeitige Entfernung von Fremdkörpern und die Diagnostik möglicher Verletzungen des Bulbus und der Orbitawände.

Lippenverletzungen
(Abb. 5.2-1)

Häufig sind Durchtrennungen der Muskulatur und der Lippengefäße. Breites Klaffen der Wundränder durch die Kontraktion der Muskelstümpfe und starke Blutungen können die Folge sein. Die Lippenstümpfe werden mit Daumen und Zeigefinger möglichst unter Zuhilfenahme einer Kompresse gefaßt und digital komprimiert, die Gefäßstümpfe mit Klemmen gefaßt und unterbunden – ggf. auch koaguliert. Die definitive Wundversorgung hat besonders die subtile Muskelnaht und die Rekonstruktion der Rot-Weiß-Grenze der Lippen zum Ziel. Ein kompletter Abriß von Teilen der Lippe und Wange erfordern – soweit möglich – deren Replantation durch mikrochirurgische Reanastomosierung der Gefäße. Bis zur Versorgung werden die Wundränder mit sterilen, in Kochsalz befeuchteten Kompressen abgedeckt.

Verletzungen der Wange

Häufigste Ursachen von Verletzungen der Wange sind Schnittverletzungen durch Glas, Karosserieblech, Messer, Trennscheiben oder perforierende Fremdkörper. Oberflächliche, tiefreichende und perforierende Verletzungen der Wange, die mit und ohne Substanzverlust einhergehen, werden vor der definitiven Versorgung wie auch die Lippenverletzungen gründlich gesäubert und desinfiziert. Notfallmäßig werden Verletzungen steril abgedeckt und – wenn möglich – durch lokale Adaptation der Wundränder mit Blutstillung versorgt. Die definitive Versorgung erfordert spezielle Kenntnisse, was verständlich wird, wenn man zum Beispiel an die Naht einer verletzten Parotiskapsel, die Versorgung von Nerven der Gesichtsregion sowie an den durchtrennten Parotisausführungsgang denkt.

Nervenverletzungen sollten heute von einem auf diesem Gebiet erfahrenen Operateur versorgt werden. Nervnaht und Neurolyse als wichtigste Operationsverfahren lassen sich unter dem Mikroskop besser durchführen als bei Lupenvergrößerung oder gar mit dem bloßen Auge. Grundsätzlich ist bei Verletzungen des N. facialis und N. trigeminus die Frühversorgung anzustreben. Ist aus bestimmten Gründen die sekundäre Nervnaht nicht zu umgehen, können freiliegende, gut sichtbare Stümpfe durchtrennter Nerven durch Fäden markiert werden.

Verletzungen der Zunge und des Mundbodens

Traumen durch rotierende Instrumente, chirurgische Hebel sowie Geschosse oder andere perforierende Gegenstände sind häufig. Die Verletzungen betreffen Schleimhäute, Muskulatur, Nerven (N. lingualis und N. hypoglossus), Gefäße (besonders Venen des Mundbodens und A. lingualis) sowie die Speicheldrüsenausführungsgänge. Gefäßstümpfe sind zu umstechen oder zu koagulieren. Bei Verletzungen der Drüsenausführungsgänge werden diese über einem Katheter durch Naht vereinigt oder das proximale Ende wird in den Mundboden zur Herstellung eines neuen Ostiums genäht. Eine medikamentöse antiödematöse Therapie und ggf. die Anwendung einer Saugdrainage und Antibiotika sind zu empfehlen.

Zahnfleischblutung und Zahnfleischverletzung

Verletzungen des Zahnfleisches sind zwar nicht tiefreichend, aber besonders bedrohlich, wenn Blutungen bei Patienten mit Gerinnungsstörungen auftreten. Gefäßblutungen werden bei Zerreißungen, besonders bei Pfählungsverletzungen des harten Gaumens beobachtet. Größere Verletzungen werden immer genäht. Kleine Läsionen sind nur versorgungsbedürftig, wenn Blutungen auftreten. Die Abdeckung mit Verbandplatten, manuelle Kompression oder die Verwendung von Aufbißtupfern sind bewährte Methoden zur Blutstillung. Die Anwendung von 1,5 %igem H_2O_2, Privin, Peripac, Kollagenvlies und Fibrinkleber sind die wichtigsten lokalen Maßnahmen bei Gingivablutungen (s. Abschn. »Verletzungen der Weichteile«).

Verletzungen des Gaumens

Pfählungsverletzungen des Gaumens durch Gegenstände, die in den Mund eingeführt wurden, aber auch Perforationen durch von außen eindringende Gegenstände (z.B. Geschosse) führen zu tiefen Verletzungen bei oft sehr kleiner Oberflächenläsion.

Die gründliche Revision und Naht der frischen Verletzung sowie Drainage der alten infizierten Wunde sind notwendig.

Luftemphysem

Aufgrund einer verletzungsbedingten unnormalen Verbindung zwischen oberen Luftwegen und Weichteilen des Mundbodens und des Gesichtes kann Luft bis in das Unterhautzellgewebe vordringen. Therapeutisch empfehlenswert und in der Regel genügend ist die Anwendung von Antibiotika zur Prophylaxe einer Infektion.

Verletzungen der Knochen und Zähne
(Abb. 5.2-4)

Frakturen des Ober- und Unterkiefers sowie der Zähne sind aufgrund der klinischen Erscheinungen und der Röntgenuntersuchungen zu sichern. Die klinischen Symptome zeigen die Dislokation der Fragmente an – häufig verbunden mit Okklusionsstörungen, abnormer Beweglichkeit der Fragmente, Fixation in falscher Position, Blutung, Schmerzen, Schwellung, Sensibilitätsstörung, Krepitation – und bei Jochbein-Orbitaboden-Frakturen häufig die Dislokation des Augapfels und Doppelbildern.

Die meisten Frakturen erfordern eine subtile definitive Versorgung. Zu den Notmaßnahmen gehören die vorsichtige Reposition, Blutstillung, Schmerzbekämpfung und ggf. Ruhigstellung durch einfache intraorale Drahtligaturen oder durch äußere Verbände. Bei starker Verlegung der Fragmente mit Atemerschwernis und Blutungen nach innen ist die Intubation angezeigt.

Die sachgemäße Versorgung von Zahnfrakturen oder die Replantation luxierter Zähne ist so früh wie möglich durchzuführen. Das beste Transportmedium für luxierte Zähne wäre Speichel, aber auch physiologische Kochsalzlösung, Ringer-Lösung oder Serum sind empfehlenswert. Eine antibiotische Abdeckung hat der Tatsache Rechnung zu tragen, daß an von der Mundhöhle und dem Zahnfleisch ausgehenden Infektionen häufig Anaerobier beteiligt sind.

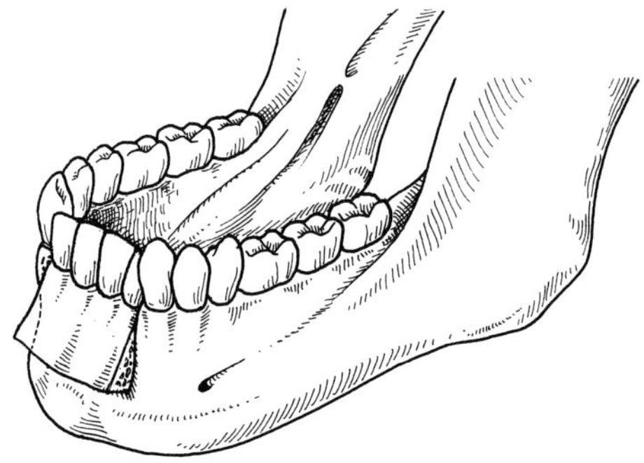

Abb. 5.2-4.a) Die dislozierte Alveolarfortsatzfraktur im bezahnten Unterkieferfrontbereich wird nach manueller Reposition ruhiggestellt.

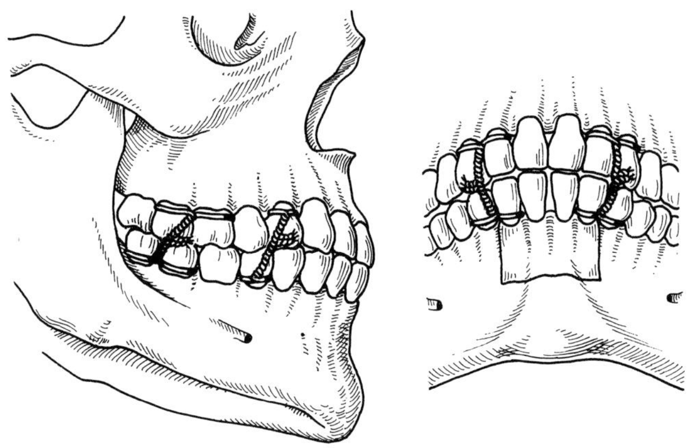

b) Ernst'sche Ligatur und Achterligatur sind provisorische Maßnahmen der intermaxillären Ruhigstellung bei Kieferfrakturen.

Nasenbeinbrüche

Frakturen der Nase gehen mit und ohne Luxation des Nasenseptums einher. Sie sind gedeckt oder nach innen und außen offen.

Blutungen sind besonders stark ausgeprägt, wenn Muskeleinrisse vorliegen, Gefäßzerreißungen eingetreten sind oder Gerinnungsstörungen bestehen. Notfallmaßnahmen bestehen in äußeren Verbänden, Nasentamponaden oder Anwendung der käuflichen aufblasbaren Ballonkatheterähnlichen-Systeme. Hinlänglich bekannt ist die sog. Bellocq-Tamponade, welche den Blutabfluß nach pharyngeal verhindern soll. In manchen Fällen kann das luxierte Septum durch einfache manuelle Maßnahmen reponiert werden, meist ist die instrumentelle operative Reposition nötig.

Luxationen der Kiefergelenke
(Abb. 5.2-5 u. 6)

Ein überdehnter Bandapparat, Instabilitäten im Kiefergelenkbereich, anatomische Veränderungen mit abgeflachtem Tuberculum articulare sind prädisponierende Ursachen der Kiefergelenkluxation. Ausgelöst wird diese durch Kaubewegungen und besonders beim Öffnen des Mundes. Es kommt – häufig verbunden mit Schmerzen – zum Symptom der Kiefersperre, mit federnder Fixation des Unterkiefers beim Öffnen des Mundes und dann leerer Gelenkpfanne. Bei einseitiger Luxation kommt es zur Seitenabweichung des Unterkiefers zur gesunden Seite hin.

Die Reposition des Gelenkkopfes erfolgt bimanuell. Der Untersucher steht vor oder hinter dem Patienten und drückt den Unterkiefer gegen den Widerstand der Unterkieferadduktoren nach kaudal vorne und führt dann den Gelenkkopf um das Tuberculum articulare herum nach dorsal. Dabei befinden sich die Daumen im Bereich der Molarenregion des Unterkiefers, während die übrigen Finger den Unterkiefer von außen umfassen.

Die Reposition kann unter zusätzlicher Anwendung einer Lokalanästhesie erfolgen. Bei krampfartig kontrahierter Muskulatur ist die Valium-Sedierung günstig. In schweren Fällen wird die Einrenkung in Narkose vorgenommen. Die Ruhigstellung des Kiefers über einige Tage schließt sich an.

Dislokationen des Discus articularis nach vorne können ebenfalls beim Essen oder bei maximaler Mundöffnung auftreten. Dabei wird der Discus aus dem Gelenkspalt heraus nach anterior verlagert, ohne daß er die Möglichkeit besitzt, in den Gelenkspalt zurückzuwandern. Dislokationen nach vorne können in den ersten Stunden, manchmal auch noch nach einigen Tagen, manuell reponiert werden. Bei Kontraktion der Kaumuskulatur ist die Sedierung mit Valium angezeigt. Während bei der Gelenkluxation eine Mundsperre bei maximaler Mundöffnung führendes klinisches Symptom ist, wird die Mundöffnung bei der Dislokation eingeschränkt.

Infektionen

Unspezifische Infektionen der Weichteile und Knochen gehören zu den häufigsten Erkrankungen im Mund-, Kiefer- und Gesichtsbereich. Meist dentogen, entstehen sie im Bereich der Wurzelspitze oder im Bereich des Zahnhalteapparates von Ober- und Unterkiefer. Die Erreger benutzen als Eintrittspforte den marktoten Zahn, den Zahnhalteapparat gelockerter oder im Durchtritt befindlicher Zähne sowie Läsionen der Schleimhaut und Haut. Die chronischen und akuten Erscheinungsbilder der Infektion werden durch die Art der Keime sowie die lokalen und allgemeinen Reaktionen des Körpers hervorgerufen. Zwar sind seit Einführung der Chemotherapie schwere Infektionsverläufe seltener geworden, doch kommen auch heute noch lebensbedrohliche Logenabszesse und Phlegmonen vor.

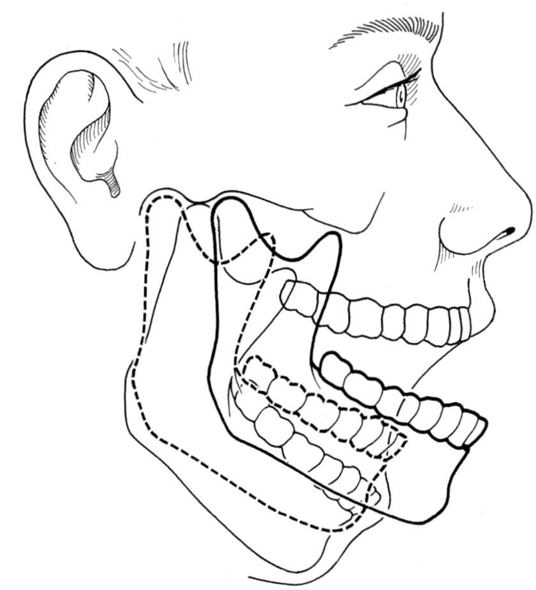

Abb. 5.2-5.a) Reposition des luxierten Kiefergelenkes in einzelnen Phasen.
—— = luxierter Kieferkopf vor dem Tuberculum articulare;
—— = Capitulum steht auf dem Tuberculum;
. . . . . . = Gelenkkopf in der Pfanne.

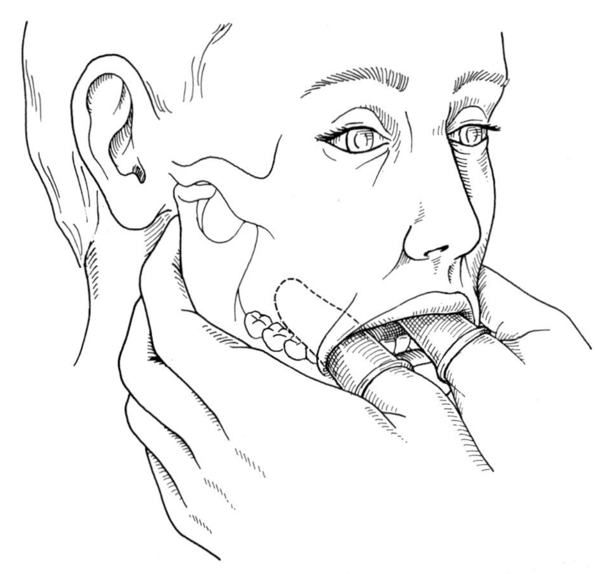

b) Bimanuelle Reposition bei Kiefergelenkluxation nach vorne. Die Daumen liegen seitlich auf den Zahnreihen, das Daumenendglied in der Region des inneren Kieferwinkels. Nun wird der Unterkiefer durch Druck gegen den inneren Kieferwinkel nach kaudal bewegt. Dadurch kann das Gelenkköpfchen aus seiner Position vor dem Tuberculum in die Gelenkpfanne zurückgeführt werden.

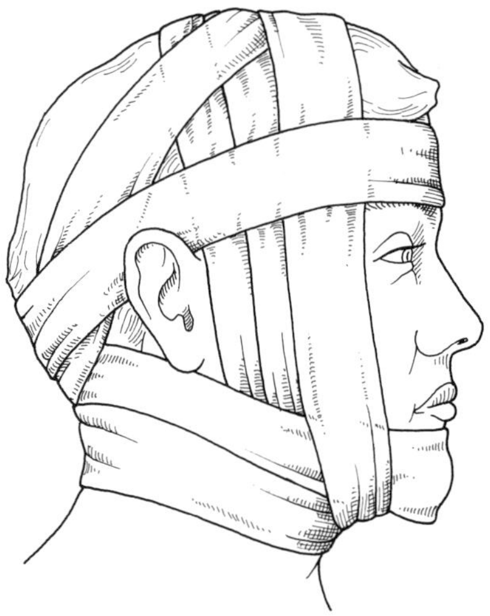

Abb. 5.2-6. Capistrum simplex zur Ruhigstellung des Unterkiefers, z.B. nach Luxation oder bei Frakturen oder nach extraoraler Abszeßeröffnung.

Ödem und Infiltrat

Das entzündliche Ödem besteht im wesentlichen aus Flüssigkeitsansammlungen im Gewebe, wobei das initiale vom kollateralen Ödem zu unterscheiden ist. Das initiale Ödem ist Begleitsymptom jeder akuten infektiösen Entzündung, das kollaterale dagegen Begleitsymptom schwerer, teils lang andauernder oder nicht erfolgreich behandelter eitriger Entzündungen. Sie sind besonders gefährlich, wenn sie zu Atemhindernissen führen durch Schwellung des Mundbodens, des Zungengrundes, des Recessus piriformis, der Epiglottis oder Glottisregion selbst.

Das Infiltrat stellt die hyperämische Weichteilreaktion dar, in welcher sich entzündliches Exsudat und Entzündungszellen befinden. Während das entzündliche Ödem keiner chirurgischen Therapie zugeführt wird, können Infiltrate frühzeitig inzidiert werden. Antiödematöse Therapeutika sind nur bei Behinderungen der Atmung indiziert. Abzugrenzen ist die allergische Schwellung.

Abszesse

(Abb. 5.2-7)

Abszesse sind besonders bei Ausbreitungen in die Logen des Gesichtsschädels und des Halses bedrohlich. Para-, peri- und submandibuläre Lokalisation, Ausbreitung in das Spatium pterygomandibulare nach parapharyngeal, retropharyngeal oder retromandibulär oder im Bereich des Mundbodens und der Zunge können schon aufgrund ihrer lokalen Ausdehnung und der begleitenden Ödeme zum lebensbedrohlichen Problem werden.

Die chirurgische Therapie der meisten Logenabszesse erfolgt über eine submandibuläre Inzision. Der Schnitt liegt etwa 2 Querfinger kaudal vom Unterkieferrand und hat eine Länge von 3–4 cm. Haut, Subkutis und Platysma werden schichtweise durchtrennt, dann werden die Halsfaszie eröffnet und der Unterkieferrand aufgesucht. Von dort geht man mit der Kornzange stumpf in Richtung Abszeßregion an der Innenseite oder Außenseite des Unterkiefers entlang vor. Zu beachten sind der Verlauf des N. facialis, lingualis, alveolaris inferior und auch die Endäste der A. carotis und die großen Venen. Besonders gefürchtet sind Blutungen aus dem retromaxillären Raum. Spülungen der Abszeßhöhlen mit Betaisadona und Drainagen schließen sich der Abszeßentlastung an. Bei starker Schwellung ist es sinnvoll, den zur Narkose verwendeten, meist nasal liegenden Tubus bis zum Abschwellen und Abklingen der akuten Symptomatik zu belassen.

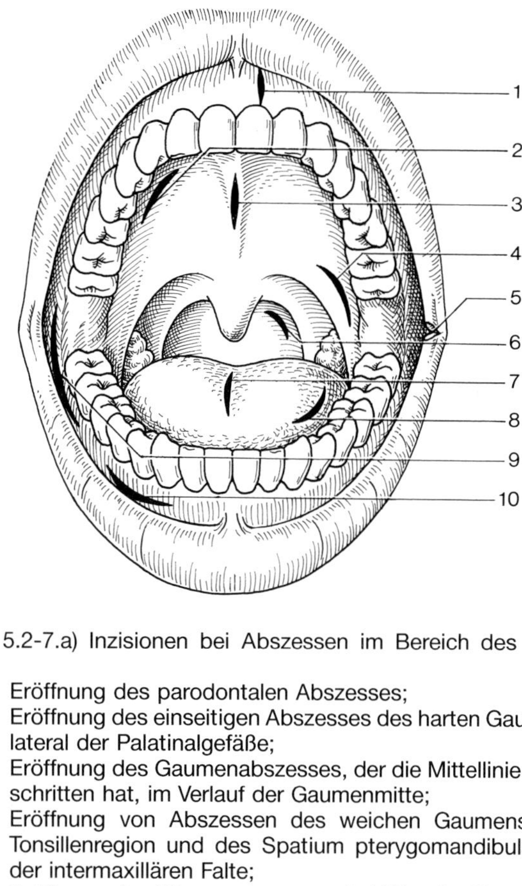

Abb. 5.2-7.a) Inzisionen bei Abszessen im Bereich des Mundes.

1 = Eröffnung des parodontalen Abszesses;
2 = Eröffnung des einseitigen Abszesses des harten Gaumens lateral der Palatinalgefäße;
3 = Eröffnung des Gaumenabszesses, der die Mittellinie überschritten hat, im Verlauf der Gaumenmitte;
4 = Eröffnung von Abszessen des weichen Gaumens, der Tonsillenregion und des Spatium pterygomandibulare in der intermaxillären Falte;
5 = Eröffnung des Wangenabszesses in Höhe der Kauebene;
6 = Eröffnung des retropharyngealen Abszesses;
7 = Eröffnung des oberflächlichen und tiefen Abszesses der Zungenmitte;
8 = Eröffnung des Zungenrandabszesses;
9 = Eröffnung des perikoronaren und im Spatium massetericomandibulare gelegenen Abszesses;
10 = Eröffnung des subperiostal und submukös vestibulär gelegenen Abszesses.

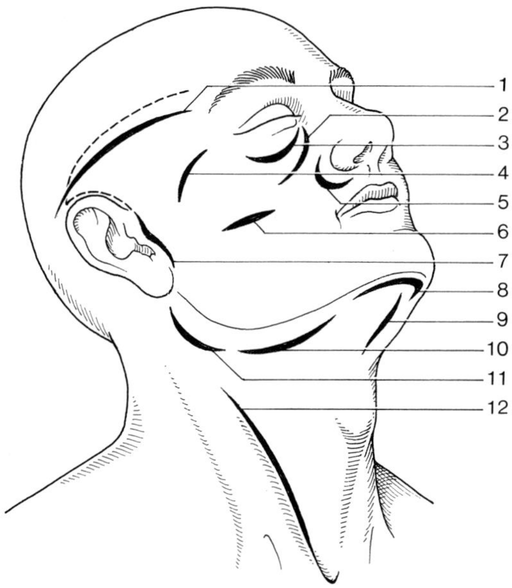

b) Äußere Inzisionen bei Abszessen der Mund-Kiefer-Gesichts-Region.

1 = Breite Eröffnung temporal gelegener Abszesse (gestrichelt = Eröffnung von Phlegomen);
2 = Eröffnung paranasal und in der Fossa canina gelegener Abszesse;
3 = Eröffnung orbitaler Abszesse und Phlegmonen;
4–6 = Eröffnung der subkutan gelegenen Abszesse der Schläfe, Oberlippe und Wange;
7 = Eröffnung von Abszessen der Parotisregion;
8 = Eröffnung der Abszesse im Spatium submandibulare;
9 = Eröffnung des Zungengrundabszesses;
10 = submandibuläre Eröffnung des submandibulären, paramandibulären, perimandibulären, pterygomandibulären, masseterikomandibulären und parapharyngealen Abszesses;
11 = kieferwinkelnahe Eröffnung retromandibulär gelegener Abszesse;
12 = Eröffnung von Abszessen und Phlegmonen im Bereich des M. sternocleidomastoideus und der Halsgefäßscheide.

Phlegmonen

Phlegmonen sind aufgrund ihrer massiven Eiteransammlung, ihrer schrankenlosen Ausbreitung und der raschen Entwicklung ihrer Akutsymptomatik im allgemeinen noch lebensbedrohlicher als Abszesse. Die Phlegmone ist serös, eitrig und nekrotisierend. Schon im Anfangsstadium ist die schlagartig beginnende Phlegmone palpatorisch bretthart, die Haut ist häufig hochrot. Bei erheblich reduziertem Allgemeinzustand ist die Körpertemperatur stark erhöht.

Die chirurgische Therapie hat unmittelbar nach Diagnosestellung zu erfolgen. Meist sind tiefreichende, ausgedehnte oder Mehrfachinzisionen notwendig, die je nach Ausbreitung von Kieferwinkel bis Kieferwinkel, teils unter Einschluß der Halsgefäßscheide reichen. Nekrosen werden exzidiert. Mehrere Drainagen werden eingelegt und ein Capistrum-Verband angelegt.

Empyeme

Eiteransammlungen in natürlichen Körperhöhlen, wie z.B. der Kieferhöhle, führen zu ausgeprägten Krankheitssymptomen, wenn ausreichende Abflußmöglichkeiten fehlen. Empyeme im Bereich der Kieferhöhle gehen meist von marktoten beherdeten Zähnen aus. Neben einer hochroten Schwellung der Wangen sind besonders die Lidödeme eindrucksvoll.

Entlastungen können über eine Trepanation der seitlichen Nasenwand im Bereich des unteren Nasenganges erfolgen sowie über das Vestibulum des Oberkiefers mit Perforation der fazialen Kieferhöhlenwand.

Thrombophlebitis bei Infektionen im Kiefer- und Gesichtsbereich

In seltenen Fällen führen eitrige Infektionen zur Thrombophlebitis. Besonders pyogene Infektionen der Oberlippe und der Fossa canina können über eine Entzündung der V. angularis zur Sinus-cavernosus-Thrombose und zur Thrombophlebitis der V. jugularis führen.

Wichtig sind eine frühzeitige chirurgische Behandlung der eitrigen Entzündung und breite antimikrobielle Chemotherapie sowie ggf. Ligatur der betroffenen Venen.

Fremdkörperaspiration oder Verschlucken von Fremdkörpern

Frei in der Mundhöhle befindliche Gegenstände werden häufig aspiriert oder verschluckt. Zum Teil handelt es sich um zahnärztliche Behandlungsinstrumente zur Wurzelkanalaufbereitung oder um Zahn- bzw. Prothesenteile sowie Knochensplitter. Akute Erstickungssymptome können vorkommen, sind aber nicht obligat. Noch Wochen nach der Aspiration kann es zu Lungenabszessen oder Atelektasen kommen. Verschluckte Fremdkörper werden in der Regel über den natürlichen Weg ausgeschieden; nur in Ausnahmefällen kommt es zu Ösophagusperforationen (s. Kap. 9.4).

Schmerzzustände

(Abb. 5.2-8 u. 9)

Am häufigsten sind Notfallbehandlungen bei der Trigeminusneuralgie erforderlich. Die früher mehr propagierten chirurgischen Maßnahmen wie Exhairese oder Durchtrennung der Nerven werden nur noch selten und nach ausgiebiger Diagnostik und verschiedenen konservativen Therapieversuchen durchgeführt. Notfallmäßig gilt es als empfehlenswert, den Trigger-Punkt oder den betroffenen Nerven durch ein Lokalanästhetikum auszuschalten.

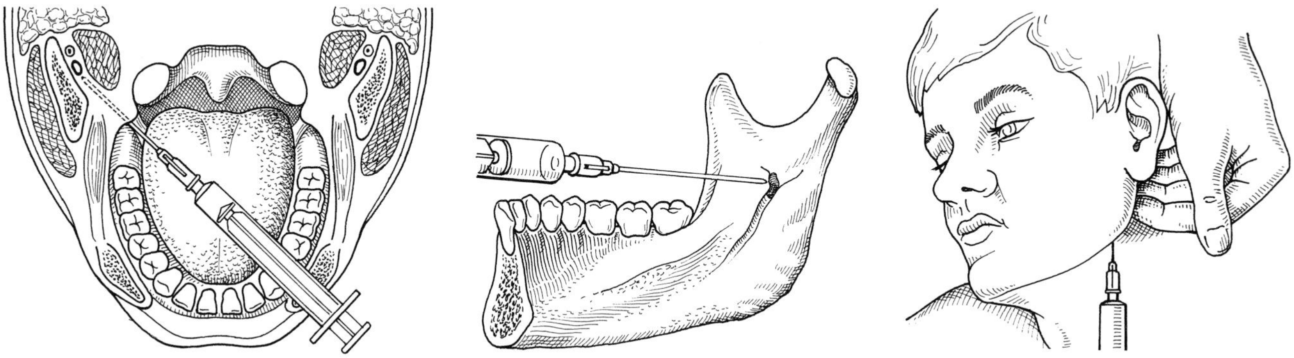

Abb. 5.2-8.a u. b) Leitungsanästhesie am Foramen mandibulae zur Schmerzausschaltung des Unterkiefers und des Mundbodens (N. alveolaris inferior und N. lingualis). Das transorale Vorgehen ist nur bei ausreichender Mundöffnung möglich.
c) Bei Kieferklemme wird die extraorale Leitungsanästhesie des N. mandibularis und seiner Äste notwendig.

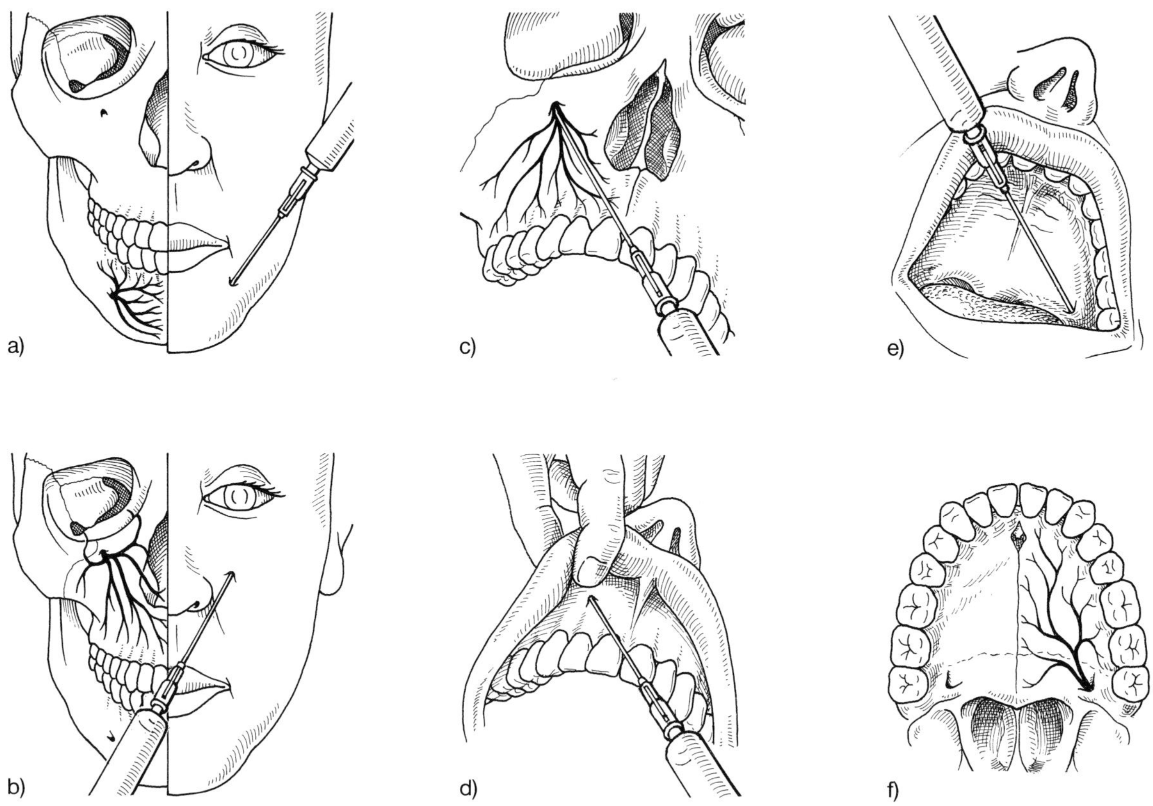

Abb. 5.2-9. Schematische Darstellungen der Leitungsanästhesie an verschiedenen Nervenaustrittspunkten im Bereich des N. trigeminus (V_2 und V_3). Diese Punkte sind besonders wichtig bei chirurgischen Eingriffen im Ausbreitungsgebiet dieser Nerven, aber auch bei verschiedenen Schmerzzuständen.
a) Extraorale Leitungsanästhesie am Foramen mentale.
b) Extraorale Leitungsanästhesie am Foramen infraorbitale.
c) Ausbreitungsgebiet des N. infraorbitalis.
d) Punktionsstelle im Bereich des oberen Vestibulums zur Ausschaltung des N. Infraorbitalis.
e u. f) Leitungsanästhesie des N. palatinus major. Das Ausbreitungsgebiet erstreckt sich etwa über eine Hartgaumenhälfte und Anteile des weichen Gaumens. Nach vorne reicht es bis in das Versorgungsgebiet des N. incisivus.

6

Hals

Topographische Anatomie

J. W. Rohen und **P. K. Wagner**

Die regionale Gliederung des Halses wird weitgehend durch die Muskulatur bestimmt. Der schräg verlaufende M. sternocleidomastoideus gliedert vorne die dreiseitige, vordere Halsregion (Regio colli ant.) von dem hinten bis zum M. trapezius reichenden, lateralen Halsdreieck (Regio colli lat.) ab. Durch den bogenförmig verlaufenden M. omohyoideus und den hinteren Bauch des M. digastricus läßt sich vorne noch das Karotisdreieck (Trig. caroticum) abgrenzen. Das Trig. submandibulare liegt zwischen den beiden Bäuchen des M. digastricus, dem Zungenbein und der Mandibula (Abb. 6A-1).

Mittlere Halsregion

Der Eingeweidestrang des Halses, der aus Kehlkopf, Trachea, Schilddrüse und oberem Ösophagus besteht und der, parallel dazu verlaufend, beiderseits vom Gefäß-Nerven-Strang des Halses (V. jugularis int., A. carotis communis und N. vagus) flankiert wird, liegt in der Mitte der vorderen Halsregion und wird bis auf eine schmale Mittelzone von der infrahyalen Muskulatur (M. sternohyoideus, M. sternothyroideus und M. thyrohyoideus) bedeckt

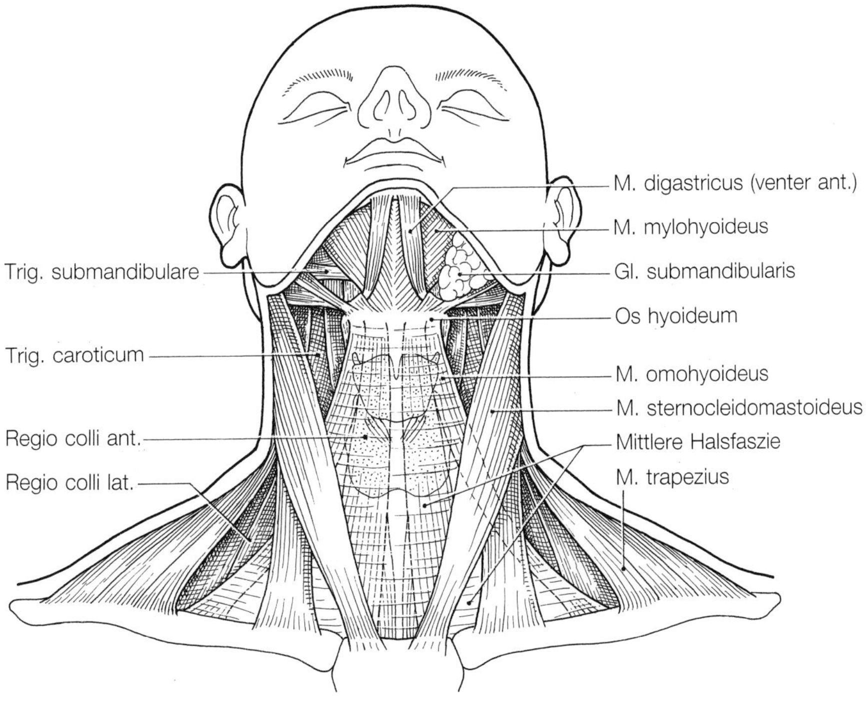

Abb. 6A-1. Übersicht über die topographische Gliederung des Halses sowie die supra- und infrahyale Muskulatur.

(Abb. 6A-1). Oben schließt sich der obere Bauch des M. omohyoideus an diese Muskelgruppe an. Der Eingeweidestrang entfernt sich kaudalwärts zunehmend von der Hautoberfläche. Unterhalb des Kehlkopfes ist die Trachea nur 1,5–2 cm, oberhalb des Sternums dagegen 4–5 cm von der Hautoberfläche entfernt (Abb. 6A-2). Dies wirkt sich auch auf die Gliederung der Faszienräume aus.

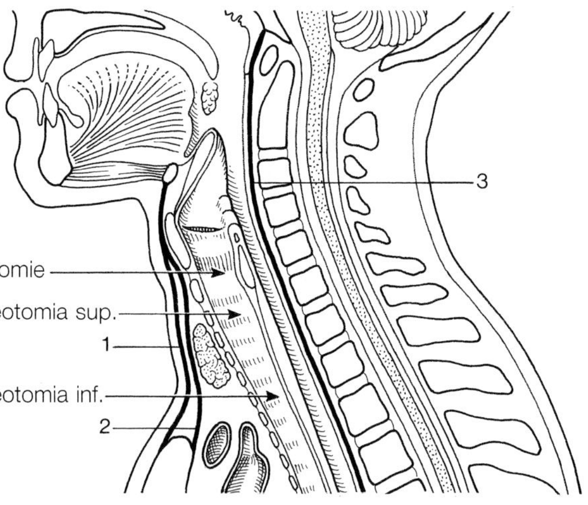

Abb. 6A-2. Zugangswege zur Trachea und Lokalisation der Halsfaszien (schwarz hervorgehoben). Fascia cervicalis: 1 = Lamina superfic., 2 = Lamina praetrachealis; 3 = Lamina praevertebralis.

Halsfaszien

Die Mm. sternocleidomastoidei vorne und Mm. trapezii werden von der kräftigen **oberflächlichen Halsfaszie** (Lamina superf. fasciae cervicalis) eingescheidet (Abb. 6A-3). Im Gegensatz zum Rumpf ist aber im vorderen Halsbereich noch innerhalb der relativ fettarmen Subkutis eine Hautmuskelplatte (Platysma) vorhanden, die kranial in die mimische Muskulatur übergeht, kaudal über das Schlüsselbein hinweg in die Haut der Brustregion einstrahlt. Das Platysma ermöglicht eine »Nachspannung« der Körperfaszie bei den Kopfbewegungen, so daß sich die mimische Muskulatur unabhängig von den Rumpf- und Kopfbewegungen bei der Mimik frei entfalten kann. In der Mitte weichen die beiden Platysmaplatten kaudalwärts zunehmend auseinander, so daß die oberflächliche Halsfaszie hier bis an die Subkutis reicht. Die oberflächlichen Halsvenen (V. jugularis ext., V. jugularis ant.) liegen in der Regel epifaszial, d.h. zwischen Platysma und oberflächlicher Halsfaszie.

Die **mittlere Halsfaszie** umschließt die vier infrahyalen Muskeln und endet am lateralen Rand des M. omohyoideus. Dadurch entsteht ein dreiseitiges Zelt zwischen Clavicula und Zungenbein, das die obere Thoraxapertur vorne abschließt (Abb. 6A-1). Da die Zwischensehne des M. omohyoideus mit der Bindegewebsscheide des Gefäß-Nerven-Bündels fest verbunden ist, kann der M. omohyoideus das Lumen der V. jugularis int. offenhalten, insbesondere, wenn durch die Kontraktion der Halsmuskulatur die Gefahr einer Abklemmung gegeben ist. Andererseits erhöht sich durch diese Konstruktion aber auch das Risiko einer Luftaspiration bei Venenverletzungen.

Die **tiefe** oder **prävertebrale Halsfaszie** liegt hinter dem Eingeweidestrang und überzieht im wesentlichen die vor der Wirbelsäule gelegene, tiefe Halsmuskulatur (M. longus colli, M. longus capitis) sowie die Mm. scaleni (Lamina praevertebralis fasciae cervicalis). Der Truncus sympathicus des Halses ist meist in die tiefe Halsfaszie eingelagert oder legt sich ihr eng an (Abb. 6A-3).

Die oberflächliche und mittlere Halsfaszie sind in der Medianebene miteinander verwachsen, lateral jedoch weitgehend getrennt. Nach kaudal entfernen sich die beiden Faszienblätter zunehmend, wodurch das Spatium suprasternale entsteht, in dem außer Fettgewebe vor allem der Arcus venosus juguli, die bogenförmige Verbindung der rechten und linken V. jugularis ant., lokalisiert ist (Abb. 6A-3). Der hinter der infrahyalen Muskulatur gelegene Bindegewebsraum vergrößert sich kaudalwärts zunehmend, da der Eingeweidestrang von der Halsoberfläche zurückweicht. Er

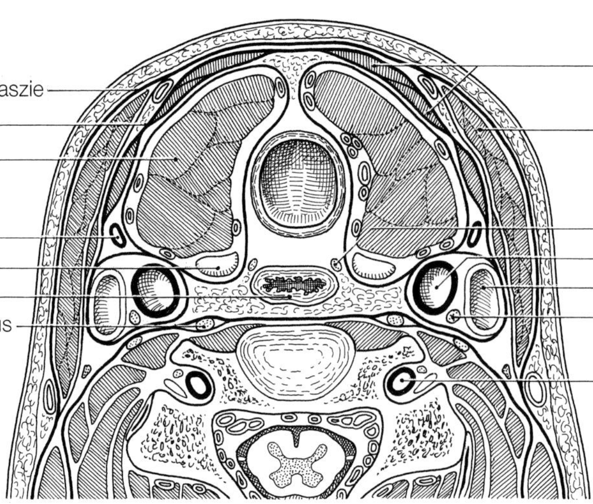

Abb. 6A-3. Querschnitt durch den Hals, etwa in Höhe des 6. Halswirbels.

geht unten kontinuierlich in das obere bzw. mittlere Mediastinum über (Abb. 6A-2). Zervikale entzündliche Prozesse können daher ins Mediastinum absteigen, Luft- und Blutansammlungen vom Mediastinum in den Hals aufsteigen. Das hinter der Trachea gelegene Bindegewebe, das auch den Ösophagus beherbergt, geht kaudalwärts in das retromediastinale Bindegewebe über. Es setzt sich kranial in den retro- und parapharyngealen Raum fort.

Halseingeweide

Die Halseingeweide (Zungenbein, Kehlkopf, Schilddrüse, Trachea und oberer Ösophagus) sind für das Gebiet des Halses bestimmend. Die Incisura thyroidea springt, besonders beim Mann, deutlich vor (Prominentia laryngea). Sie kann als Orientierungspunkt dienen.

Der **Kehlkopf**, dessen Mitte sich etwa auf den 5. Halswirbel projiziert, steht beim Mann normalerweise eine halbe Wirbelhöhe tiefer als bei der Frau. Er macht im Laufe des Lebens einen Descensus durch, der eine ganze Wirbelhöhe betragen kann. Der Kehlkopf wird durch die Muskelschlingen der oberen und unteren Zungenbeinmuskulatur, durch die zwischen Zungenbein und Schildknorpel ausgespannte Membrana thyrohyoidea und die elastische Spannung der Trachea in seiner Lage gehalten. Die Beweglichkeit der Halseingeweide innerhalb des bindegewebigen und Faszienapparates ist dennoch erstaunlich groß. Der kraniokaudale Bewegungsspielraum des Kehlkopfes beträgt etwa 4–5 cm. Die Membrana thyrohyoidea wird vom R. internus des N. laryngeus sup., einem Vagusast, durchbohrt. Er ist rein sensorisch und versorgt die oberen Bereiche der Kehlkopfschleimhaut etwa bis zur Stimmritze. Der R. externus bleibt außen und verläuft schräg abwärts zum M. cricothyroideus, den er innerviert. Mit dem R. int. zieht auch die A. laryngea sup. durch die Membrana thyrohyoidea ins Innere des Kehlkopfs. Die gleichnamige Vene drainiert das Blut zur V. thyroidea sup. und weiter zur V. jugularis int. Der Kehlkopf ist durch das Lig. cricothyroideum (früher Lig. conicum) fest mit dem Krikoidknorpel verbunden. Das Ligament projiziert sich dorsal auf den infraglottischen Raum innerhalb des Kehlkopfes (Abb. 6A-2).

Die innere Kehlkopfmuskulatur wird vom **N. laryngeus recurrens** innerviert, der von kaudal an den Kehlkopf herantritt (Abb. 6A-4). Er biegt links um den Aortenbogen, rechts um die A. subclavia herum und läuft dann in der Rinne zwischen Ösophagus und Trachea kranialwärts. Da der Ösophagus in Höhe des Ösophagusmundes an der Hinterfläche des Krikoidknorpels fixiert ist und die Fortsetzung des Pharynx darstellt, muß der N. laryngeus recurrens den unteren Schlundschnürer durchbohren, um in das Innere des Kehlkopfes zu gelangen. Er versorgt die untere Kehlkopfschleimhaut bis zur Stimmritze und alle Kehlkopfmuskeln mit Ausnahme des M. cricothyroideus. Der Nerv kreuzt am unteren Schilddrüsenknorpel die A. thyroidea inf., die er meist dorsal, aber auch ventral passieren kann. Im Bereich der Kreuzungsstelle liegt das Ganglion cervicale medium des Halssympathikus, der häufig auch eine Schlinge um die A. thyroidea inf. herum bildet (Ansa thyroidea). Hinter der Schilddrüse verläuft der N. laryngeus recurrens hinter der Capsula fibrosa, die ihn von den Epithelkörperchen trennt (Abb. 6A-3).

Die **Schilddrüse** liegt mit ihrem Isthmusteil vor dem 3. und 4. Trachealknorpel, so daß die beiden oberen Trachealknorpel von vorne zugänglich sind, wenn nicht – was häufig der Fall ist – ein Lobus pyramidalis ausgebildet ist, der sich kranialwärts durch einen Ductus thyroglossus oft bis zum Zungengrund erstreckt. Die Schilddrüse besitzt zwei Kapseln, die den ausgedehnten Plexus venosus (Kocherscher Venenplexus) und die Äste der Schilddrüsenarterien sowie dorsal an den Schilddrüsenpolen auch die

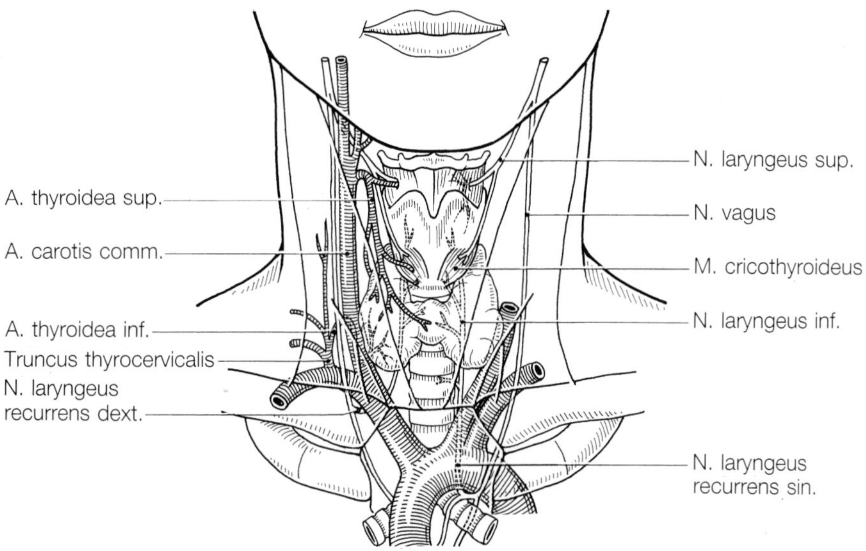

Abb. 6A-4. Topographische Anatomie der Halseingeweide. Innervation des Kehlkopfes und Gefäßversorgung der Schilddrüse.

Epithelkörperchen einschließen (Abb. 6A-5 u. 6). Die Capsula interna repräsentiert die eigentliche Organkapsel. Sie ist relativ zart und spiegelnd. Die Capsula externa oder fibrosa ist derb und teilweise, insbesondere an den Gefäßstielen, mit dem umgebenden Bindegewebe verwachsen. Durch die äußere Kapsel ist die Schilddrüse an der Trachea fixiert, so daß sie beim Schluckakt mitbewegt wird. Die Schilddrüse ist außerordentlich gut vaskularisiert. Zum oberen Schilddrüsenpol zieht die A. thyroidea sup., die im Trigonum caroticum von der A. carotis ext. abzweigt und die oberen und vorderen Abschnitte des Organs versorgt. Von unten kommt die A. thyroidea inf., die aus dem Truncus thyrocervicalis hervorgeht und ziemlich versteckt hinter dem Gefäß-Nerven-Strang liegt (Abb. 6A-4). Sie ist in der Regel stark geschlängelt, verläuft zwischen A. carotis communis und A. vertebralis in Höhe von C_6 (de Quervainscher Punkt) nach medial unten, wobei sie den N. laryngeus recurrens und den Truncus sympathicus kreuzt (Abb. 6A-5). Die A. thyroidea inf. versorgt hauptsächlich den hinteren unteren Bereich der Schilddrüse (Abb. 6A-6). In seltenen Fällen (8–10 %) existiert noch eine unpaare fünfte Schilddrüsenarterie, die meist aus dem Aortenbogen oder dem Truncus thyrocervicalis hervorgeht, medial verläuft und vor allem den Isthmus und die mittleren Organbezirke versorgt.

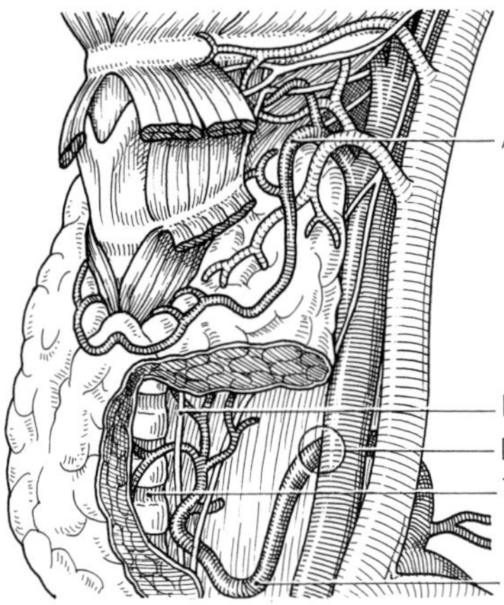

Abb. 6A-5. Topographie der Schilddrüse von lateral-vorne gesehen. Ein Teil der Schilddrüse wurde entfernt, um die A. thyroidea inf. zu zeigen.

Epithelkörperchen (Gll. parathyroideae): An der Hinterfläche der vier Schilddrüsenpole befinden sich die Nebenschilddrüsen (Größe etwa 3 × 6 × 2 mm). Ihre Herkunft aus der 3. und 4. Schlundtasche erklärt die häufigen Lagevariationen. In etwa 80 % der Fälle sind vier, in 6 % 3 oder 5 Nebenschilddrüsen vorhanden. In seltenen Fällen kommen auch nur 2 oder sogar 6 und mehr Drüsen vor. Die Epithelkörperchen liegen innerhalb der Capsula fibrosa der Schilddrüse, der N. laryngeus recurrens verläuft außerhalb von ihr (Abb. 6A-3 u. 4). Das obere Drüsenpaar liegt meist kranial von der A. thyroidea inf. und dorsal vom N. laryngeus recurrens, das untere Drüsenpaar kaudal von der Arterie und ventral vom Nerven (Abb. 6A-6). Etwa 80 % aller Nebenschilddrüsen sind im Umkreis von 2 cm um die Kreuzungsstelle der A. thyroidea inf. mit dem N. laryngeus recurrens lokalisiert. Dystop verlagerte obere Epithelkörperchen finden sich hauptsächlich im hinteren Mediastinum, dystope untere wegen der gemeinsamen Entstehung mit der Thymusanlage im vorderen Mediastinum.

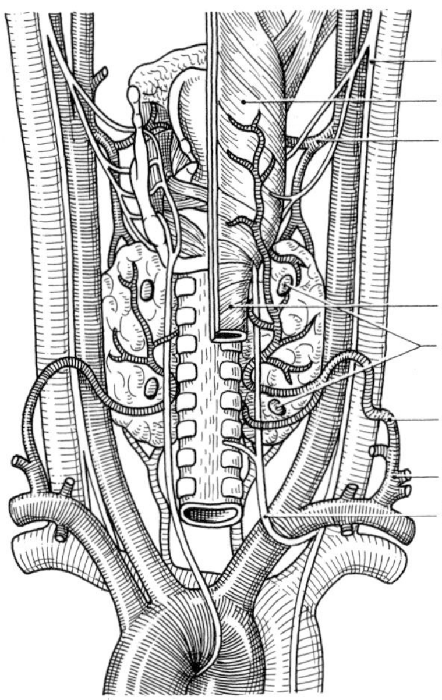

Abb. 6A-6. Topographie der Schilddrüse, von dorsal gesehen. Man beachte den unterschiedlichen Verlauf des N. laryngeus recurrens rechts und links.

Gefäß-Nerven-Strang des Halses und Lymphabflüsse

Der **Gefäß-Nerven-Strang** des Halses, der die A. carotis communis, V. jugularis int. und den N. vagus enthält, wird von einer eigenen Bindegewebsscheide umhüllt, die mit der Zwischensehne des M. omohyoideus verwachsen ist (Abb. 6A-1). Er konstituiert sich in dieser Form erst unterhalb des Trigonum caroticum, wo die Teilungsstelle der A. carotis communis in die A. carotis ext. und int. lokalisiert ist. A. carotis int., V. jugularis int. und N. vagus schließen sich jedoch schon unterhalb der Schädelbasis im parapharyngealen Raum zusammen. Im Halsbereich liegt der Gefäß-Nerven-Strang oben **vor**, unten jedoch mehr **hinter** dem M. sternocleidomastoideus. In Höhe von Kehlkopf und Schilddrüse wird der Strang breitflächig vom M. sternocleidomastoideus überlagert. Hier tritt der N. vagus zwischen den Gefäßen hindurch nach vorne und verläuft dann lateral vorne auf der A. carotis communis nach kaudal, wobei er Äste zum Herzplexus (Abb. 6A-7) abgibt. Die V. jugularis int. liegt in der Regel ventrolateral von der Arterie, nimmt in Höhe des Oberrandes des Kehlkopfes die V. thyroidea sup., weiter unten die V. thyroidea media sowie die V. vertebralis und im linken Venenwinkel den Ductus thoracicus auf. In den rechten Venenwinkel mündet der Ductus lymphaticus dexter ein.

Lymphabflüsse: Am Hals gruppieren sich die regionalen Lymphknoten (Nodi lymphatici cervicales profundi) in der Hauptsache um die V. jugularis int. herum. Man unterscheidet meist drei Lymphknotengruppen, die eine mediale und laterale Kette bilden und weitgehend vom M. sternocleidomastoideus überdeckt werden (Abb. 6A-8). Im Bereich des Trigonum caroticum häufen sich die Lymphknoten zu einem größeren Komplex an (Nodus lymph. jugulodigastricus), der am Vorderrand des M. sternocleidomastoideus zu tasten ist. Diese Gruppe nimmt die Lymphgefäße aus dem oberen Pharynx, der hinteren Nasenhöhle, den Tonsillen und der Parotis auf. Die vorgeschalteten Lymphknotengruppen sind die Nodi lymph. para- und retropharyngei um den Pharynx herum, die Nodi lymph. submandibulares am Kieferwinkel und die tiefen Parotislymphknoten (Abb. 6A-8). Die Lymphe des Mundbodens, der Zunge, der Lippen und Zähne sammelt sich in den Nodi lymph. submentales und submandibulares und fließt dann ebenfalls zu den tiefen Halslymphknoten ab. Die laterale Kette der tiefen Halslymphknoten konzentriert sich im unteren Bereich des lateralen Halsdreiecks ebenfalls zu einem Lymphknotenkomplex (Nodus lymph. juguloomohyoideus), der am Hinterrand des M. sternocleidomastoideus oberhalb der Clavicula tastbar ist. Diese Knotengruppe erhält auch Zuflüsse von den oberflächlichen zervikalen (Nodi lymph. cervicales superf.) und den okzipitalen Lymphgefäßen. Diese Gefäße liegen meist in der Nachbarschaft des N. accessorius, der auf dem M. levator scapulae schräg nach hinten durch das laterale Halsdreieck zum M. trapezius verläuft, und der tiefen Halsvenen (V. cervicalis prof., V. transversa colli). Die Lymphe der Halseingeweide (Kehlkopf, Schilddrüse, Trachea, oberer Ösophagus) fließt hauptsächlich in die mediale Lymphknotengruppe ab, die neben der V. jugularis int. unter dem M. sternocleidomastoideus lokalisiert ist. Mediale und laterale Lymphknotengruppen bilden nach kaudal einen gemeinsamen Lymphgefäßstrang (Truncus jugularis), der auf der rechten Seite den aus dem Arm kommenden Truncus subclavius und den aus dem Nackengebiet stammenden Truncus cervicalis aufnimmt und dann in den Venenwinkel einmündet. Auf der linken Seite vereinigt sich der Truncus jugularis mit dem Ductus thoracicus, der meist auch die anderen Lymphstämme aufnimmt (Abb. 6A-8). Insgesamt kommt durch diese

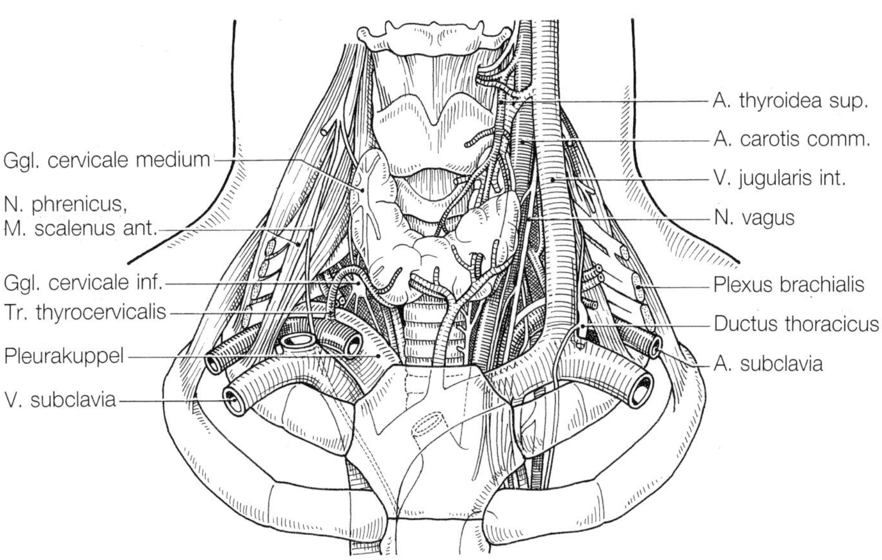

Abb. 6A-7. Topographische Verhältnisse des Halses in Beziehung zur oberen Thoraxapertur (Pleurakuppel) und zum Arm (Skalenuslücken).

Anordnung ähnlich wie am Kopf eine sektorenartige Gliederung der Lymphstraßen zustande. Die mehr vorne gelegenen Regionen (Lippen, Frontzähne, Zungenspitze) haben bevorzugt Lymphabflußstraßen zu den kaudalen tiefen Halslymphknoten, während die weiter hinten gelegenen Regionen (Tonsillen, Pharynx, Molaren) mehr zu den kranialen tiefen Lymphknoten des Halses drainiert werden. Im Bereich des lateralen Halsdreiecks ist die Lage des N. accessorius besonders zu beachten. Er verläuft meist im oberen hinteren Abschnitt des Karotisdreiecks unter dem M. sternocleidomastoideus schräg nach hinten durch das laterale Halsdreieck zum M. trapezius, wobei er nicht selten von Lymphgefäßen und Lymphknoten begleitet wird (Abb. 6A-8).

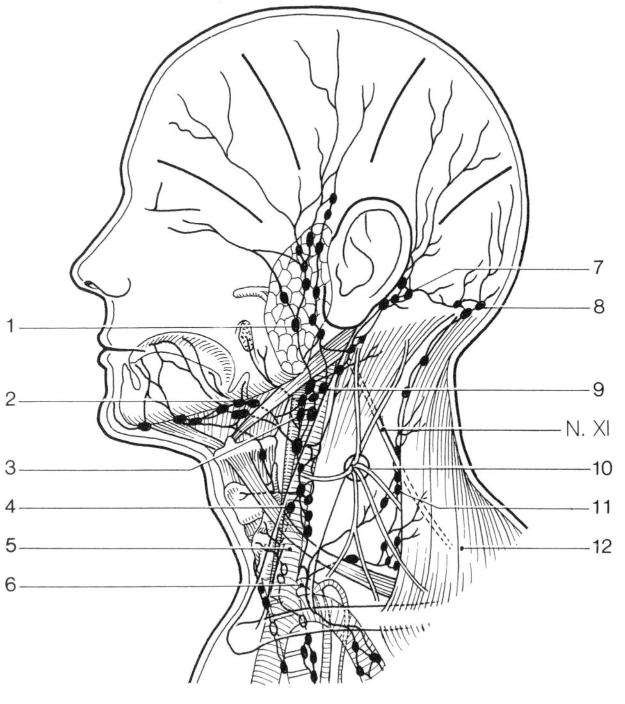

Abb. 6A-8. Lymphabflüsse und regionäre Lymphknoten von Kopf und Hals (aus Rohen, J. W.: Topographische Anatomie, 8. Aufl., 1987). 1 = Nodi lymphatici parotidei; 2 = Nodi lymphatici submandibulares; 3 = Nodus lymphaticus jugulodigastricus; 4 = Nodus lymphaticus juguloomohyoideus; 5 = V. jugularis int.; 6 = Ductus thoracicus; 7 = Nodi lymphatici retroauriculares; 8 = Nodi lymphatici occipitales; 9 = Nodi lymphatici cervicales prof. sup.; 10 = Erbscher Punkt; 11 = Nodi lymphatici cervicales superf.; 12 = M. trapezius.

Skalenuslücken

Der Gefäß-Nerven-Strang des Halses steht durch die Skalenuslücken mit den Armgefäßen in Verbindung. Die vordere Skalenuslücke liegt vor dem M. scalenus ant. und beherbergt die V. subclavia, die hintere liegt zwischen M. scalenus ant. und medius. Sie dient dem Plexus brachialis und der A. subclavia als Durchtrittsstelle zur Achselhöhle und damit zum Arm (Abb. 6A-7). Die V. subclavia ist in Höhe der 1. Rippe durch den M. subclavius, die mittlere Halsfaszie und die Ligamenta der Pleurakuppel konstruktiv so verspannt, daß sie bei den Armbewegungen nicht abgeklemmt wird. Die feste Bindegewebsfixation der rechten V. subclavia an der 1. Rippe stabilisiert auch die Lage der rechten V. brachiocephalica, die neben dem Sternum zwischen der 1. und 2. Rippe punktiert werden kann. Die A. subclavia gibt vor ihrem Durchtritt durch die hintere Skalenuslücke ihre wichtigsten Äste zum Hals ab, vor allem den Truncus thyrocervicalis, die A. vertebralis, die A. thoracica int. und den Truncus costocervicalis. Innerhalb der Skalenuslücke gibt sie meist keine Äste ab, anschließend jedoch häufig eine quer durch den Plexus brachialis hindurchziehende Arterie zur Schulterregion (A. transversa cervicis bzw. A. scapularis descendens).

In 1–2 % der Fälle kommen in dieser Region **Halsrippen** vor, die knorpelig oder bandartig mit der 1. Rippe verbunden sein können. Die enge Nachbarschaft zu den Nervengeflechten und Gefäßen dieser Region ruft bei etwa 10 % der Fälle klinische Symptome hervor.

Hinter dem Gefäß-Nerven-Strang und zeltartig überdacht von den Skalenusmuskeln wölbt sich die **Pleurakuppel** weit über die Clavicula hinaus nach oben vor (Abb. 6A-7). Die Fascia endothoracica ist hier membranös verstärkt und am Bogen der 1. Rippe verspannt. Flächenhafte Bandzüge, die von der tiefen Halsfaszie und der 1. Rippe ausgehen (Lig. pleurocostale und pleuropulmonale) strahlen außerdem von dorsal in die Pleurakuppel ein und tragen wesentlich zur Fixation bei. Die A. und V. subclavia lagern sich der Pleurakuppel direkt an, so daß hier Impressionen entstehen. Auch die A. thoracica int., der N. phrenicus und die A. vertebralis haben topographische Beziehungen zur Pleurakuppel.

Laterales Halsdreieck (Regio colli lat.)

Diese Region wird vom M. sternocleidomastoideus, M. trapezius und der Clavicula begrenzt (Abb. 6A-9). Oberflächlich wird sie von der derben, oberflächlichen Halsfaszie überspannt, auf der die oberflächlichen Halsvenen (V. jugularis ext.) und das Platysma liegen. In der Mitte des Hinterrandes des M. sternocleidomastoideus durchbrechen die Hautnerven des Plexus cervicalis, meist an der gleichen Stelle, die Faszie und strahlen von diesem Punkt (Erbscher Punkt) fächerartig zum Hals, zur Schulter und Brustwand sowie zum Kopf aus (N. transversus colli, N. auricularis magnus, N. occipitalis minor und die Nn. supraclaviculares). Der N. transversus colli anastomosiert mit dem Ramus colli des N. facialis. Die Nn. supraclaviculares durchbrechen die oberflächliche Halsfaszie meist erst weiter kaudal in Höhe des M. omohyoideus. Unter der Faszie befindet sich ein relativ tiefer, mit Fettgewebe erfüllter Raum, in dem oben auf dem M. levator scapulae der N. accessorius und weiter unten der N. dorsalis scapulae sowie die Muskeläste des Plexus cervicalis und brachialis verlaufen. Medial unten befinden sich die Skalenuslücken. Lateral vom M. omohyoideus treten die Äste des Truncus thyrocervicalis hervor, die zur Schulter verlaufen (A. transversa cervicis, A. suprascapularis). Der N. phrenicus (aus C_4) liegt zusammen mit der A. cervicalis ascendens auf dem M. scalenus ant., versteckt unter dem M. sternocleidomastoideus und der mittleren Halsfaszie.

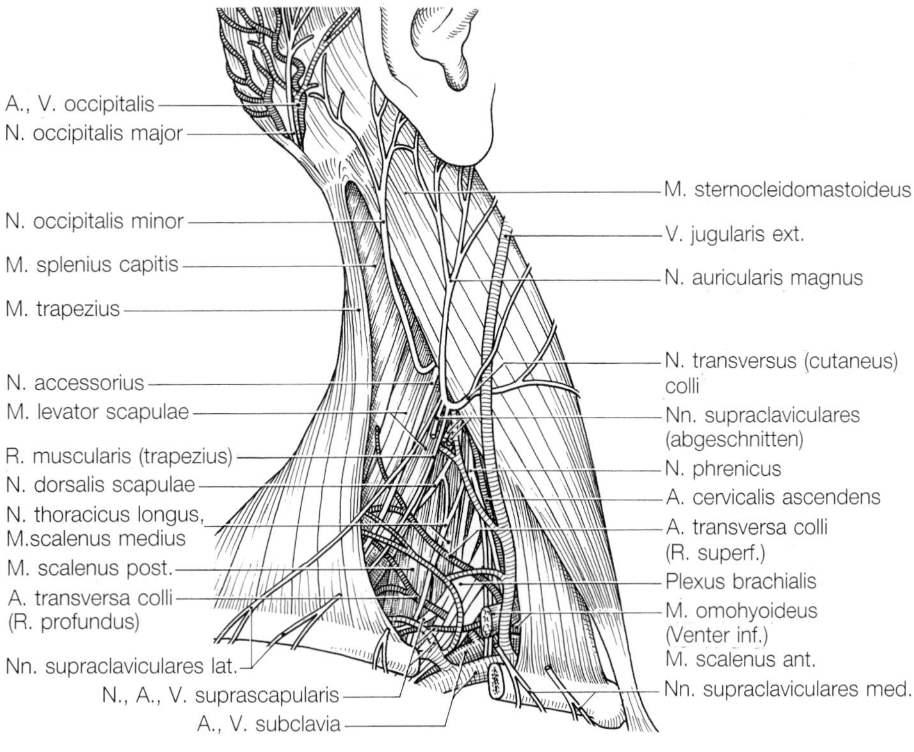

Abb. 6A-9. Topographie des lateralen Halsdreiecks (Regio colli lat.). Die Clavicula wurde teilweise entfernt, um die hintere Skalenuslücke mit Plexus brachialis und A. subclavia zu zeigen.

Karotisdreieck (Trigonum caroticum)

Als Karotisdreieck wird der dreiseitige Bezirk zwischen M. omohyoideus, M. sternocleidomastoideus und M. digastricus bezeichnet, in dem die Teilungsstelle der A. carotis communis in die A. carotis ext. und int. liegt (Abb. 6A-10). Die A. carotis int. lagert sich in der Regel etwas dorsolateral der A. carotis ext. an, kann aber in dieser Lage sehr variieren. Sie hat am Hals keine Äste, so daß sie von der A. carotis int., die sich sogleich in mehrere Äste aufzweigt, leicht zu unterscheiden ist. Der Fächer der Externusäste besteht vorne aus der A. thyroidea sup., der A. lingualis und facialis, seitlich aus der kleinen, auf dem N. hypoglossus reitenden A. sternocleidomastoidea und hinten aus der zum Hinterhaupt ziehenden A. occipitalis. Der Hauptstrang der A. carotis ext. setzt sich nach kranial fort hinter die Mandibula, wo er sich in seine beiden Endäste, die A. maxillaris und A. temporalis superf., aufzweigt. Der Arterienfächer wird lateral vom Arcus des N. hypoglossus überkreuzt, von dem die obere Wurzel der Ansa cervicalis (Radix sup. ansae cervicalis) ausgeht. Die Ansa enthält die motorischen Äste für die infrahyale Muskulatur, liegt auf der V. jugularis int. und nimmt kaudal noch Äste aus dem Plexus cervicalis (C_3–C_4) auf. Der Arterienfächer wird unterkreuzt vom N. laryngeus sup., der schon relativ früh unterhalb der Schädelbasis vom N. vagus abzweigt und den Kehlkopf versorgt.

An der medialen Seite der Karotisgabelung liegt das **Glomus caroticum**, ein Paraganglion, das für die Atmungs- und Blutdruckregulation von Bedeutung ist. Es erhält seine autonome Innervation vom N. vagus und vom Truncus sympathicus des Halses. Die von den Barorezeptoren kommenden sensorischen Nervenfasern verlaufen im N. hypoglossus (sog. Karotissinusnerv) zur Medulla oblongata, wo die regulativen Zentren lokalisiert sind. Im hinteren oberen Bereich des Karotisdreiecks lagert sich noch die V. jugularis int. an den Arterienfächer an, bleibt aber immer lateral. Die A. facialis gelangt aus dem Karotisdreieck medial von M. digastricus von unten in das Trigonum submandibulare, wo sie – meist stark geschlängelt – durch die Gl. submandibularis hindurch zum Kieferrand zieht. Hier liegt sie vor dem M. masseter auf der Mandibula so oberflächlich, daß sich an dieser Stelle der Puls tasten läßt.

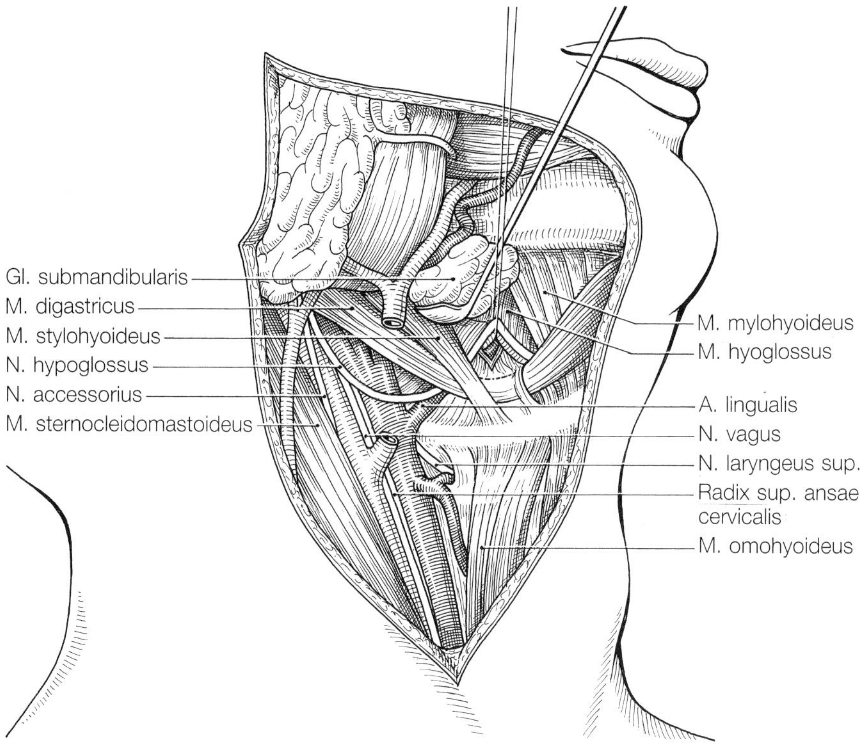

Abb. 6A-10. Topographie vom Trig. caroticum und Trig. submandibulare, rechts. Der M. hyoglossus wurde gefenstert, um die darunter verlaufende A. lingualis zu zeigen.

6.1
Eingriffe am Hals

P. K. Wagner und **M. Rothmund**

Schnittführung am Hals

Die Spaltlinien der Haut verlaufen am Hals in querer Richtung. Hautschnitte sollten möglichst parallel zu diesen Spaltlinien erfolgen, d.h. quer zur Längsachse des Körpers. Hierdurch lassen sich weitgehend unauffällige Operationsnarben erzielen. Da der Hals meist unbekleidet ist, müssen hier – ähnlich wie im Gesicht – kosmetische Gesichtspunkte besonders berücksichtigt werden. Dennoch sollte die Länge des Hautschnittes dem Operationsziel angemessen sein und ein übersichtliches Operieren ermöglichen. Ein entsprechend langer Schnitt schließt ein günstiges kosmetisches Ergebnis keinesfalls aus.

Auch die Haltung des Skalpells beim Hautschnitt ist für das spätere Aussehen der Narbe von Bedeutung. Die Haut sollte streng senkrecht zur Oberfläche inzidiert werden, so lassen sich die Schnittränder am exaktesten wieder aneinanderlegen. Zu beachten ist ferner, daß nach dem Hautschnitt das Platysma nicht von der Kutis abpräpariert wird. Eine Trennung beider Strukturen kann zu Störungen der Hautdurchblutung und somit zu Nekrosen führen.

Zur spannungsfreien Adaptation der Hautränder sollte immer eine Naht des Platysma mit umgebendem subkutanen Fettgewebe erfolgen. Hierzu wird dünnes (3 × 0 oder 4 × 0), hydrolytisch spaltbares Nahtmaterial verwendet (Dexon,Vicryl). Die Wundränder der Epidermis lassen sich durch eine exakte Nahttechnik meist ideal adaptieren. Besonders günstige kosmetische Ergebnisse bringen die fortlaufende Intrakutannaht oder intrakutane Rückstich-Einzelknopfnähte nach Allgöwer mit einem dünnen (4 × 0) monofilen Kunststoffaden und atraumatischer Nadel. Dieses Nahtmaterial sollte am 4. oder 5. postoperativen Tag gezogen werden. Die Hautnaht kann jedoch auch mit dünnem resorbierbarem Nahtmaterial in Einzelknopftechnik erfolgen. Dabei werden die Knoten in der Subcutis versenkt, ein postoperatives Entfernen des Nahtmaterials entfällt.

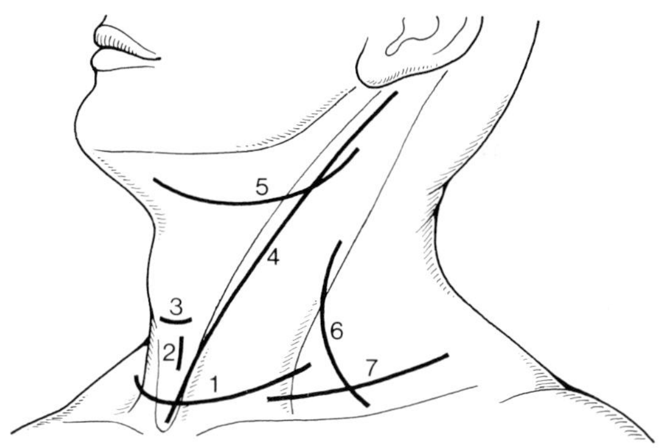

Abb. 6.1-1. Typische Schnittführungen am Hals.

Die häufigsten Schnittführungen am Hals werden in Abb. 6.1-1 dargestellt. Der Kochersche Kragenschnitt (Nr. 1) gilt als Standardzugang zur Schilddrüse und zu den Nebenschilddrüsen. Er wird bei rekliniertem Kopf zwei Querfinger kranial des Oberrandes des Manubrium sterni angelegt. Eine kürzere Schnittführung in derselben Höhe zwischen den Vorderrändern der Mm. sternocleidomastoidei dient als Zugang zur Mediastinoskopie oder Tracheotomie. Alternativ kann zur Tracheotomie auch ein Medianschnitt zwischen Kehlkopfunterrand und Fossa jugularis zur Anwendung kommen (Nr. 2). Dic Koniotomie erfolgt über einen quer verlaufenden Schnitt über dem Lig. cricothyroideum (conicum) (Nr. 3). Der Gefäß-Nerven-Strang wird über einen Längsschnitt am Vorderrand des M. sternocleidomastoideus freigelegt. Er kann kranial bis zum Proc. mastoideus und kaudal bis zur Fossa jugularis verlängert werden (Nr. 4). Die Strukturen des Trigonum submandibulare werden von einem quer verlaufenden Schnitt, etwa 1 cm unterhalb des Unterrandes der Mandibula erreicht (Nr. 5). Als Zugang zur Regio colli lateralis dient ein Schnitt am Hinterrand des M. sternocleidomastoideus (Nr. 6) oder parallel zum Oberrand der Clavicula (Nr. 7).

Kongenitale Anomalien

Mediane Halszysten und -fisteln

Entwicklung, Definition

Mediane Halszysten und -fisteln entwickeln sich aus Rudimenten des Ductus thyroglossus. Dieser epithelisierte Gang entsteht in der frühen Embryonalzeit durch die Verlagerung der Schilddrüsenanlage von der Mundbucht aus der Gegend des späteren Foramen caecum zum Hals hin. Er bildet sich meist frühzeitig zurück. Epithelreste können jedoch an jeder Stelle seines Verlaufes zur Ausbildung von Zysten führen. Sie liegen meist in der Nähe des Zungenbeines und enden über einen bindegewebigen Fortsatz überwiegend am Zungenbeinkörper. Sie können diesen aber auch durchziehen und sich bis zum Zungengrund fortsetzen. Eine mediane Halsfistel bildet sich nach Ruptur oder Infektion einer Zyste aus.

Diagnose

Die Zyste liegt als rundliche Vorwölbung in der Medianlinie, meist unterhalb des Zungenbeins und ist hier als prall-elastische Resistenz palpabel. Sonographisch findet sich eine echofreie Raumforderung. Die mediane Halsfistel näßt über eine häufig borkig belegte Öffnung in der Mittellinie, sie neigt zu Entzündungen und kann hierbei einen Abszeß vortäuschen.

Beide Krankheitsbilder sind noch nicht bei der Geburt, sondern erst im frühen Kindesalter zu diagnostizieren. Präoperativ sollte eine Röntgenuntersuchung mit wässrigem Kontrastmittel durchgeführt werden, um die Ausdehnung der Fistel bzw. Zyste zu überprüfen und eine evtl. vorhandene Verbindung zum Foramen caecum nachzuweisen.

Operation

Die operative Behandlung erfolgt normalerweise im zweiten bis dritten Lebensjahr. Bei rekliniertem Kopf wird die Haut durch einen nach unten leicht bogenförmigen, quer verlaufenden Schnitt in Höhe der Zyste bzw. Fistelöffnung inzidiert. Nach Durchtrennung von Subkutis, Platysma und vorderer Halsfaszie wird das Gebilde mit seinen Ausläufern bis zum Zungenbein verfolgt und exstirpiert (Abb. 6.1-2). Der Fistelverlauf kann intraoperativ durch eine Injektion von Methylenblau übersichtlich dargestellt werden. Zur Vermeidung von Rezidiven muß der Zungenbeinkörper in einer Länge von etwa 1 cm mitreseziert werden. Finden sich jetzt kranial des Zungenbeines noch strangförmige Reste des Ductus thyroglossus, so werden diese in ganzer Ausdehnung, ggf. bis zum Foramen caecum, exstirpiert. Nach Einlegen einer Redon-Drainage erfolgt die Naht von Platysma und Haut.

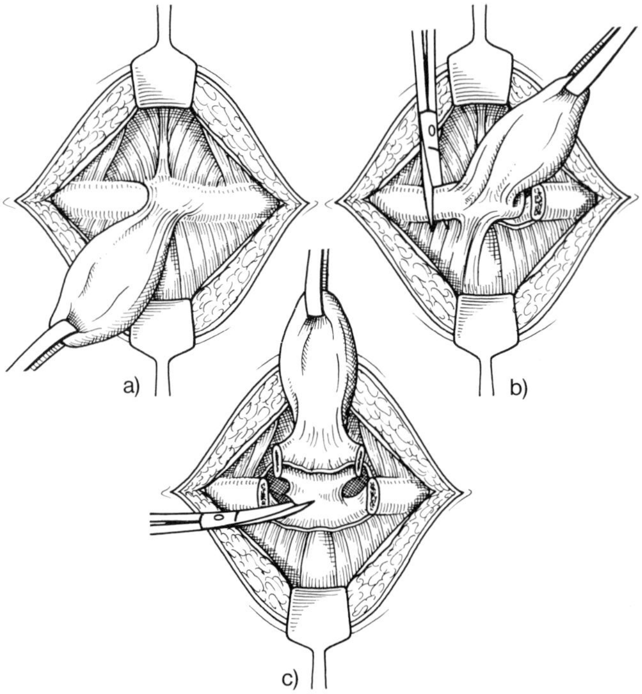

Abb. 6.1-2. Operation einer medialen Halszyste.
a) Freipräparation der Zyste bis zum Zungenbein.
b) Durchtrennung des Zungenbeins beidseits der Mitte.
c) Exstirpation der Zyste mit dem mittleren Zungenbeinteil.

Laterale (branchiogene) Halszysten und -fisteln

Entwicklung, Definition

Laterale Halszysten und -fisteln entstehen nach unvollständiger Rückbildung der Kiemenbögen. Komplette Fisteln stellen eine Verbindung zwischen Rachenraum und Halsoberfläche dar, inkomplette innere bzw. äußere enden blind in den Halsweichteilen. Die äußere Fistelöffnung findet sich immer am Vorderrand des M. sternocleidomastoideus, die innere im Tonsillenbett (2. Kiemenfurche) oder im Recessus piriformis (3. Kiemenfurche).

Epithelisierte Überbleibsel der Kiemenbögen ohne Verbindung zur inneren oder äußeren Körperoberfläche führen zur Zystenbildung.

Diagnose

Fisteln oder Zysten kommen meist unilateral und isoliert vor, selten sind sie beidseitig oder miteinander kombiniert. Obwohl angeboren, fallen sie meist erst im frühen Kindesalter oder später auf. Die typische Lokalisation am Vorderrand des M. sternocleidomastoideus gestattet die Diagnose. Eine äußere Fistel weist über eine meist punktförmige Öffnung eine wechselnd starke Sekretion auf, sie neigt zu Infekten und Abszedierungen. Eine Fistelfüllung erfaßt nur selten das gesamte Gangsystem. Differentialdiagnostisch kommt bei der Zyste eine hämatologische Systemerkrankung mit Halslymphknotenvergrößerung oder eine Lymphadenitis infrage, letztere vor allem bei einer Zysteninfektion. Zur weiteren Abklärung empfiehlt sich hier die Sonographie, wobei sich die Zyste als echofreie Raumforderung darstellt.

Operation

Nach Injektion von Methylenblau in die äußere Fistelöffnung erfolgt bei rekliniertem und zur Gegenseite gedrehtem Kopf die ovaläre Umschneidung der äußeren Fistelöffnung und die Präparation des Gangsystems bis etwa in Höhe des Zungenbeins entlang des M. sternocleidomastoideus und lateral der großen Gefäße. Von einem zweiten, bogenförmigen Schnitt unterhalb des Unterkieferwinkels wird die Fistel in ihrem weiteren Verlauf zwischen den Ästen der Karotisgabel und über dem N. hypoglossus in Richtung auf die Tonsille oder den Recessus piriformis dargestellt und exstirpiert (Abb. 6.1-3). Die Abtragungsstelle an der seitlichen Rachenwand wird umstochen. Nach Einlegen einer dünnen Redon-Drainage erfolgt die Naht von Platysma und Haut.

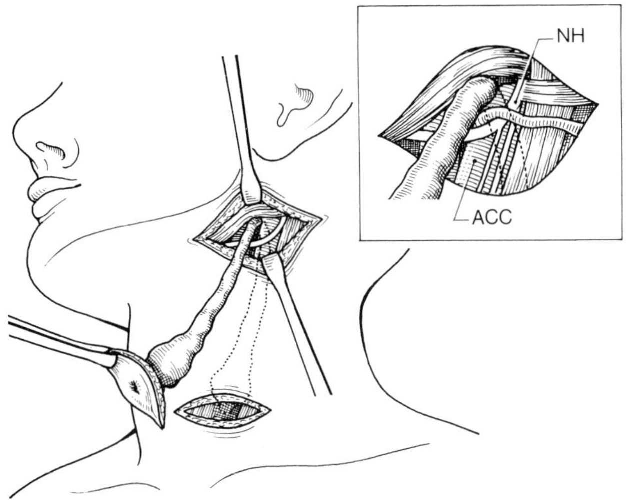

Abb. 6.1-3. Operation einer lateralen Halsfistel. Die laterale Halsfistel wird umschnitten, von einem unter dem Kieferwinkel angelegten Schnitt aus durchgezogen und hinter der Carotisgabel weiter präpariert. NH = N. hypoglossus; ACC = A. carotis communis.

Eine laterale Halszyste läßt sich nach querer Inzision der Haut, Druchtrennen von Platysma und oberflächlicher Faszie meist leicht aus den Halsweichteilen ausschälen. Evtl. vorhandene Fistelgänge müssen mit entfernt werden. Eitrig infizierte Zysten werden zunächst durch eine Stichinzision versorgt und nach Abklingen der Entzündung in zweiter Sitzung exstirpiert.

Zystisches Lymphangiom

Entwicklung, Definition

Kavernöse, meist polyzystische Lymphangiome (sog. zystische Hygrome) kommen fast ausschließlich am Hals vor. Sie entstehen aus abgesprengten Anteilen der primitiven Anlage des Lymphgefäßsystems. Aufgrund einer möglichen Verbindung zu Blutgefäßen können sie gelegentlich auch mit Blut gefüllt sein.

Diagnose

Diese prall-elastischen Tumoren unterschiedlicher Größe entwickeln sich in den lateralen Halspartien, vornehmlich im lateralen Halsdreieck. Sie fallen meist in den ersten Wochen nach der Geburt auf, können bei monströser Größe jedoch bereits ein Geburtshindernis darstellen. Aufgrund ihres infiltrativen Wachstums in den tiefen Bindegewebsschichten reichen sie manchmal nach kranial bis zum Mundboden oder nach kaudal bis ins Mediastinum oder in die Axilla. Große Lymphangiome führen zu einer Zwangshaltung des Halses sowie zu Kompression und Verlagerung von Trachea und Ösophagus mit Dyspnoe, Stridor und Dysphagie. Sie müssen differentialdiagnostisch von lateralen Halszysten, kavernösen Hämangiomen und selten auch von benignen oder malignen Tumoren des Halses abgegrenzt werden. Die Hygromausdehnung sollte präoperativ in jedem Fall sonographisch überprüft werden, da sie bei alleiniger Palpation meist zu klein beurteilt wird.

Therapie

Die Therapie ist immer operativ, sie sollte wegen der zunehmenden Infiltration der Halsweichteile möglichst bald nach Diagnosestellung erfolgen. Eine Punktion zur kurzfristigen Entlastung des Hohlraumsystems ist nur bei vitaler Indikation, z.B. bei Erstickungsanfällen gerechtfertigt.

Die Schnittführung variiert in Abhängigkeit von der Lokalisation bzw. Größe des Hygroms. Nach Ablösen von Haut und Platysma wird der Tumor mit einer Klemme gefaßt und zirkulär freipräpariert. Dieser Vorgang kann wegen des infiltrativen Wachstums zwischen der Halsmuskulatur, den Nerven und Gefäßen schwierig und langwierig sein. Manchmal muß der M. sternocleidomastoideus zur besseren Übersicht quer durchtrennt werden. Der Tumor sollte komplett exstirpiert werden, um Rezidive zu vermeiden. Mißlingt dies beim Ersteingriff, so müssen die Reste in einer Reoperation entfernt werden. Überflüssige Hautareale werden reseziert.

Halsverletzungen

Verletzungen der Halsweichteile durch äußere Gewalteinwirkung sind selten. Dies ist einerseits dadurch bedingt, daß der Hals nur einen geringen Teil der gesamten Körperoberfläche ausmacht, andererseits dadurch, daß unwillkürliche Reflexbewegungen wie Beugen des Kopfes und Hochziehen der Schultern diese Region besonders schützen.

Penetrierende Stich- und Schußwunden kommen häufiger vor als stumpfe Gewalteinwirkungen durch Stoß oder Schlag. Die Letalitätsrate der Halsverletzungen liegt zwischen 2 und 10%, häufigste Todesursache sind dabei Gefäßverletzungen.

Vor der Versorgung müssen Zeitpunkt und Hergang des Unfalls, ggf. auch die Art der Waffe erfragt werden, ferner Beschwerden wie Husten, Hämatemesis, Hämoptysen sowie Atem- und Schluckstörungen. Bei der klinischen Untersuchung ist auf Heiserkeit, Luftemphysem, Störungen von Sensibilität und Motorik sowie auf Hämatombildung, evtl. mit Verstreichung der Halskonturen zu achten.

Äußere Wunden werden sorgfältig bis zum Wundgrund revidiert. Die Versorgung oberflächlicher unkomplizierter Wunden ist einfach und unterscheidet sich nicht von der Wundversorgung in anderen Körperregionen. Liegt dagegen eine Mitverletzung tiefer gelegener Strukturen vor, so erfolgt der Eingriff in Allgemeinnarkose. Besteht der Verdacht auf eine Läsion von Kehlkopf, Trachea oder zervikalem Ösophagus, sollte präoperativ eine Endoskopie vorgenommen werden. Bei Verdacht auf Frakturen der Halswirbelsäule ist eine radiologische Untersuchung indiziert.

Zusätzliche Verletzungen anderer Körperregionen werden in Abhängigkeit ihrer vitalen Bedrohung des Patienten vor oder nach den Halsweichteilen versorgt. Schwere Blutungen aus den Halsgefäßen oder eine Trachearuptur haben hierbei absolute Priorität.

Verletzungen der großen Arterien und Venen

Arterielle und venöse Gefäßverletzungen können zu einem großen, lebensbedrohlichen Blutverlust nach außen führen. Die Diagnose wird durch Inspektion gestellt. Erste Maßnahme bis zur endgültigen Versorgung ist die Kompression von außen gegen die Halswirbelsäule bei gleichzeitiger Volumensubstitution.

Bei stumpfen Halstraumen bilden sich Hämatome als Hinweis auf eine Gefäßverletzung aus. Sie können in Abhängigkeit von ihrer Größe durch Kompression und Verlagerung der Trachea zu einer Ateminsuffizienz führen und stellen dann eine Operationsindikation dar. Dieser Eingriff wird in jedem Fall im Operationssaal in Allgemeinnarkose vorgenommen. Kleinere Hämatome, die sich unter stationärer Beobachtung nicht vergrößern, stellen bei fehlender Verdrängung von Halsorganen zunächst keine Operationsindikation dar, hier ist ein abwartendes Verhalten gerechtfertigt.

Arterienverletzungen

Bei einer Verletzung der Karotiden erfolgt der Zugang über einen Hautschnitt am Vorderrand des M. sternocleidomastoideus. Das Gefäß wird beidseits der blutenden Läsion freigelegt und ausgeklemmt. Kleinere Verletzungen werden durch direkte Gefäßnaht behandelt, evtl. Gefäßwanddefekte durch einen autologen Vena-saphena-magna-Patch gedeckt. Bei noch größeren Defekten kann die Implantation einer Gefäßprothese erforderlich sein. Bei größeren Defekten und zu erwartender längerer Ausklemmzeit der A. carotis, sollte zur Prophylaxe einer ischämischen Hirnschädigung ein intraluminaler Shunt eingelegt werden, zusätzlich sollte eine systemische Heparinisierung mit 5000 E Heparin i.v. stattfinden. Eine Ligatur der A. carotis communis oder interna darf bei fehlender neurologischer Symptomatik nur vorgenommen werden, wenn eine Rekonstruktion unmöglich ist. Die Ligatur dieser Gefäße führt bei etwa 70% der Patienten zu einer kontralateralen Hemiparese und bei 30–40% zum Tode.

Bestehen zum Zeitpunkt der Versorgung bereits irreversible neurologische Ausfälle, so ist hier die Ligatur der Rekonstruktion vorzuziehen. Die Wiederherstellung der Strombahn könnte zu einer Massenblutung in bereits infarzierte Hirnareale führen und die neurologische Situation noch verschlechtern.

Blutungen aus kleineren Halsarterien oder aus der A. carotis externa werden durch Ligaturen beidseits der Verletzungsstelle versorgt. Die A. carotis externa wird hierzu im Trigonum caroticum aufgesucht. Der Hautlängsschnitt beginnt unter dem Processus mastoideus und verläuft entlang des Vorderrandes des M. sternocleidomastoideus bis zur Höhe des unteren Schildknorpelrandes. Man kann jedoch auch eine quere Inzision benutzen. Die in die V. jugularis interna mündende V. facialis kreuzt das Operationsfeld, sie wird zwischen zwei Ligaturen durchtrennt. Anschließend wird die Karotisgabel aufgesucht. Der mediale Gefäßstamm ist die A. carotis externa, sie läßt sich an den abgehenden Seitenästen von der A. carotis interna unterscheiden.

Venenverletzungen

Den Verletzungen der großen Halsvenen kommt nicht nur wegen der Verblutungsgefahr, sondern auch wegen der drohenden Luftembolie eine besondere Bedeutung zu. Zur Verhinderung einer Luftembolie kann das Gefäß zentral der blutenden Läsion bis zum Ende der Versorgung komprimiert werden. Tangentiale Verletzungen der V. jugularis interna werden mit fortlaufender Gefäßnaht versorgt, evtl.

nach Setzen einer Satinsky-Klemme. Gelingt dies nicht, so kann die V. jugularis interna, wie auch alle übrigen Halsvenen, ohne Schaden ligiert werden.

Nervenverletzungen

Die Halsnerven können durch stumpfe oder scharfe Gewalteinwirkung sowie intraoperativ verletzt werden. Die neurologische Symptomatik ist typisch: Horner-Syndrom bei Verletzungen des Halssympathikus, Heiserkeit bei Rekurrensparese, sensible und motorische Ausfälle am Arm bei einer Läsion des Plexus brachialis, Lähmung des M. trapezius bei Verletzung des N. accessorius und meist, aber nicht obligat, eine halbseitige Zwerchfellähmung bei einer Parese des N. phrenicus.

Bei der Durchtrennung großer Nervenstämme, vor allem des Plexus brachialis, sollte eine Nervennaht vorgenommen werden. Dieser zeitaufwendige Eingriff kann bei Leichtverletzten sofort erfolgen, bei Polytraumatisierten ist eine spätere Versorgung vorzuziehen. Um das Auffinden der Nervenenden in dieser späteren Operation zu erleichtern, sollte man sie bei der primären Wundversorgung mit einem nicht resorbierbaren Faden markieren. Häufig muß der Defekt durch ein Nerveninterponat überbrückt werden. Plexusausrisse aus dem Rückenmark sind operativ nicht behandelbar.

Intraoperative Verletzungen des N. vagus oder des N. hypoglossus sind selten. Sie sollten möglichst durch primäre Naht versorgt werden. Eine Durchtrennung des Ramus descendens des N. hypoglossus (Radix sup. ansae cervicalis) führt zu keinen besonderen Ausfallerscheinungen, eine Nervennaht ist hier nicht indiziert.

Verletzungen von Kehlkopf und Trachea

Nach stumpfen Verletzungen von Kehlkopf und Trachea können Schleimhautödeme oder submuköse Hämatome rasch an Größe zunehmen und somit zu Erstickungszuständen führen. Mäßiggradige Ödeme oder Hämatome der Schleimhaut sind durch konservative Maßnahmen gut zu beeinflussen, Erstickungszustände erfordern eine sofortige Intubation.

Eine Luxation oder Fraktur der Kehlkopfknorpel kann mittels tracheoskopischer Untersuchung diagnostiziert und instrumentell reponiert werden. Ist die anatomische Struktur des Kehlkopfes zerstört, so droht dem Verletzten in erster Linie die Gefahr des Erstickens. Hier ist die dringlichste Aufgabe die Freihaltung der Atemwege. Dies läßt sich am schnellsten durch Intubation der Trachea erreichen. Anschließend wird eine Tracheotomie durchgeführt (s. S. 192). Die weitere Versorgung der Kehlkopfverletzung erfolgt HNO-ärztlich.

Trachealverletzungen im Halsgebiet werden durch einen Kocherschen Kragenschnitt freigelegt. Kleinere Defekte zwischen den Trachealknorpelspangen können mit feinen atraumatischen Einzelknopfnähten aus resorbierbarem Nahtmaterial versorgt werden. Die Nadel wird dabei perichondral, d.h. über und unter den beiden die Verletzung begrenzenden Knorpelspangen geführt. So kann ein luftdichter Wundverschluß erreicht werden.

Schwieriger gestaltet sich die Verletzung mehrerer Knorpelspangen. Mit feinen atraumatischen, resorbierbaren Einzelknopfnähten, die ebenfalls perichondral gelegt werden, wird die ursprüngliche Form der Trachea rekonstruiert. Das Knorpelgewebe selbst wird nicht durchstochen. Nicht mehr durchblutete Teile der Trachea müssen reseziert werden. Bei ausgedehnten zirkulären Defekten kann eine Resektion mit anschließender End-zu-End-Anastomose notwendig werden. Hierzu muß die Trachea ausreichend nach kranial und kaudal mobilisiert werden. Bei größeren rekonstruktiven Eingriffen ist zum Schutz der Nahtreihe die Anlage eines Tracheostoma im gesunden Abschnitt der Luftröhre indiziert.

Der Abriß der Trachea in Höhe der oberen Thoraxapertur stellt eine besonders schwere Form der Trachealverletzungen dar. Das untere Ende disloziert dabei in das Mediastinum. In dieser Notfallsituation ist es sehr schwierig oder gar unmöglich, einen Tubus transoral in den dislozierten Trachealabschnitt einzubringen, um die Lunge zu beatmen. Über einen Kocherschen Kragenschnitt muß die Trachea unverzüglich freigelegt und unter Sicht intubiert werden. Anschließend erfolgt die Rekonstruktion der Luftröhre.

Verletzungen des zervikalen Ösophagus

Aufgrund seiner geschützten Lage wird der zervikale Ösophagus nur selten verletzt. Mögliche Ursachen sind Stich- oder Schußverletzungen, ein verschluckter Fremdkörper oder eine Wandläsion anläßlich einer Endoskopie. Die Versorgung dieser Verletzung ist in Kap. 9.4 beschrieben.

Verletzungen des Ductus thoracicus

Der Ductus thoracicus verläuft oberflächlicher als Trachea und Ösophagus, Verletzungen sind daher häufiger. Auch Operationen im lateralen Halsdreieck, vorwiegend die Exstirpation von Halslymphknoten, kann zu einer Läsion führen. Die Wand des Ductus thoracicus ist hauchdünn und farblos. Intraoperative Verletzungen werden daher meist nur dadurch bemerkt, daß sich auf dem Wundgrund wasserklare (bei nüchternem Patienten) Flüssigkeit ansammelt. Wird die Verletzung intraoperativ nicht bemerkt und somit auch nicht versorgt, so ist das Nässen der Wunde ein deutlicher Hinweis auf eine Läsion des Lymphganges. Liegt eine Redon-Drainage, so entleert sich beim oral ernährten Patienten milchig-trübe Flüssigkeit.

Eine Verletzung des Ductus thoracicus kann den Verlust von mehreren Litern Lymphe pro Tag zur Folge haben, was parenteral nur schwer zu substituieren ist. Nimmt die Sekretion innerhalb weniger Tage nicht ab, so ist die Indikation zur Reoperation gegeben (s. a. S. 241).

Wird bei einer primären Wundversorgung oder bei einem anderen operativen Eingriff im lateralen Halsdreieck das Ausströmen von Lymphe beobachtet, so sucht man im Winkel zwischen V. jugularis interna und V. subclavia den zentralen und peripheren Stumpf des Ductus thoracicus auf und versorgt beide mittels einer Durchstichligatur (Abb. 6.1-4). Dies hat keinerlei nachteilige Folgen und gelingt in den meisten Fällen.

Gelingt die Umstechung jedoch nicht, so kann aus einem Halsmuskel ein gestielter Lappen gebildet und dieser mit einigen Nähten auf die Öffnung des Lymphganges gesteppt werden. Hierdurch wird der Lymphweg sicher versperrt. Um die Austrittstelle der Lymphe besser sichtbar zu machen, kann intraoperativ eine Fettlösung über eine Magensonde appliziert werden. Hierbei färbt sich die Lymphe milchig.

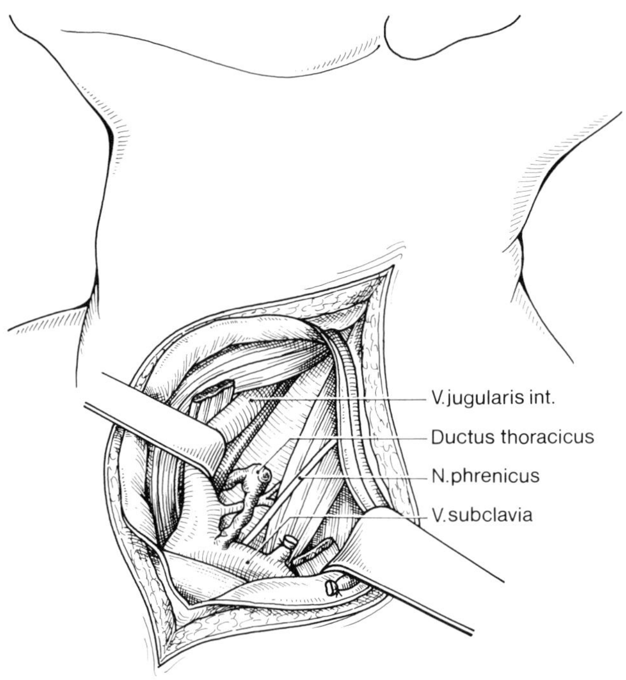

Abb. 6.1-4. Freilegung des Ductus thoracicus im lateralen Halsdreieck links.

Verletzungen der Pleurakuppel

Die Skalenusgruppe bildet über der oberen Thoraxapertur ein kegelförmiges Gebilde, das durch die Lamina praetrachealis zeltförmig bedeckt ist. Die ins Zeltinnere hineinragende Pleura parietalis bildet die Pleurakuppel. Ein in das laterale Halsdreieck eindringender scharfer Gegenstand oder ein operativer Eingriff in dieser Region können zu einer Verletzung der Pleurakuppel führen. Durch Einströmen von Luft entsteht ein Pneumothorax, der sich klinisch als Dyspnoe äußert. Infolge einer zusätzlichen Lungenverletzung kann sich auch ein Spannungspneumothorax entwickeln.

Vor der Versorgung einer offenen Verletzung im lateralen Halsdreieck oder nach einer hier durchgeführten Operation sollte bei Verdacht auf einen Pneumothorax eine Röntgenthoraxaufnahme angefertigt werden. Bestätigt sich der Verdacht, so wird im zweiten Interkostalraum medioklavikulär eine dünne Thoraxsaugdrainage eingelegt und für mehrere Tage belassen.

Luftembolie

Eine seltene, aber gefürchtete Komplikation einer Halsoperation ist die Luftembolie. Sie wird wegen des Unterdrucks im Thorax bei spontan atmendem Patienten gelegentlich bei Halsoperationen beobachtet, die in Lokalanästhesie durchgeführt werden. Diese Komplikation läßt sich am sichersten durch eine Intubationsnarkose vermeiden. Symptome für eine Luftembolie sind plötzliches Unwohlsein, Herzrhythmusstörungen und ein schlürfendes Geräusch der angesaugten Luft im Operationsgebiet.

Die eröffnete Vene muß sofort komprimiert werden. Läßt sich das Leck nicht identifizieren, so wird die Wunde fest austamponiert. Falls der Eingriff in sitzender Position durchgeführt wurde, sollte der Patient sofort flach gelagert oder in Kopftieflage gebracht werden. Bei massiver Luftembolie kann die eingetretene Luft über einen rasch eingelegten Pulmonaliskatheter abgesaugt werden. Die Punktion des rechten Ventrikels zum Absaugen der Luft ist wegen der möglichen Wandverletzung am schlagenden Herzen problematisch und wird allgemein nicht empfohlen.

Schilddrüsenerkrankungen

Schilddrüsenoperationen sind die häufigsten endokrinchirurgischen Eingriffe. Ihre Anfänge lassen sich bis in das Jahr 1752 zurückverfolgen, als Heister die erste Strumaresektion vornahm. Eine größere Verbreitung erfuhr die Schilddrüsenchirurgie jedoch erst im letzten Jahrhundert. Hier wurde sie in Europa vor allem von Miculicz, Billroth, von Eiselsberg und Kocher, in den Vereinigten Staaten von Mayo, Halsted und Lahey fortentwickelt. Kocher standardisierte die Operationstechnik, die sich bis heute nur unwesentlich geändert hat.

Aufklärung des Patienten

Die präoperative Aufklärung sollte allgemein alle operationstypischen Risiken beinhalten, die mit einer Wahrscheinlichkeit von 1 % und mehr auftreten können. Bei Schilddrüsenoperationen gehören hierzu Wundheilungsstörung, Nachblutung, Rekurrensläsion und evtl. auch der postoperative Hypoparathyreoidismus. Auf die mögliche Notwendigkeit einer lebenslangen Substitutionstherapie mit Schilddrüsenhormonen oder Jodidsalzen zur Prophylaxe einer Rezidivstruma ist hinzuweisen. Besteht Malignitätsverdacht, so ist das Einverständnis zur Thyreoidektomie und evtl. Neck-dissection einzuholen.

Vor Nebenschilddrüsenoperationen sollte ebenfalls auf diese Komplikationsmöglichkeiten hingewiesen werden, des weiteren auf die Tatsache, daß der Hyperparathyreoidismus persistieren oder rezidivieren kann. Die Frequenz dieser Komplikationen wird in dem Unterkapitel „Postoperative Komplikationen" beim primären und sekundären Hyperparathyreoidismus beschrieben.

Präoperative Diagnostik

Im Rahmen der präoperativen Diagnostik sind folgende schilddrüsenspezifischen Untersuchungen durchzuführen:
- Anamnese:
  Dauer, langsame oder schnelle Größenzunahme, subjektive Beschwerden, familiäre Belastung.
- Lokaler Palpationsbefund:
  Schilddrüsengröße, diffuse oder knotige Veränderungen, Konsistenz, tastbare Halslymphknoten.
- Schilddrüsenfunktion:
  T 3, T 4, TSH, evtl. TRH-Test.
- Morphologie:
  Szintigramm (Speicherverhalten: kalt, heiß, autonom, dystop extrathyreoidal).
  Sonogramm (echoarm, echonormal, echoreich).
  Punktionszytologie (Gruppe I–V nach Papanicolaou).
- Zusatzuntersuchungen:
  Thorax in zwei Ebenen (restrosternaler, intrathorakaler Strumaanteil, Metastasen).
  Ösophagus-Breischluck und Trachea-Zielaufnahme (Verlagerung, Einengung).
  Laryngoskopie (Stimmbandfunktion).
- Spezielle Untersuchungen:
  Calcitonin, CEA und Thyreoglobulin (TG) nur bei Verdacht auf ein Schilddrüsenmalignom.

Einteilung

Die Erkrankungen der Schilddrüse werden auf Vorschlag der Sektion Schilddrüse der Deutschen Gesellschaft für Endokrinologie klassifiziert in:
- Hypothyreosen.
- Hyperthyreosen.
- Euthyreote Strumen.
- Schilddrüsenentzündungen und seltene Schilddrüsenerkrankungen.
- Maligne Tumoren.
- Endokrine Ophthalmopathie.

Diese 6 Gruppen werden weiter unterteilt, je nachdem ob eine Struma, d.h. eine Vergrößerung der Schilddrüse vorliegt oder nicht. Vergrößerungen der Schilddrüse werden nach Angabe der Weltgesundheitsorganisation in folgende 4 Stadien eingeteilt:

Stadium 0: Szintigraphische, jedoch nicht sicht- oder tastbare Vergrößerung.
Stadium I: Tastbare, nur bei Dorsalflexion des Kopfes sichtbare Vergrößerung.
Stadium II: Tastbare, auch bei normaler Kopfhaltung sichtbare Vergrößerung.
Stadium III: Sehr große, mit Verlagerung der Halsorgane einhergehende Struma, evtl. mit retrosternalem Anteil.

Behandlungsmöglichkeiten

Zur Behandlung von Schilddrüsenerkrankungen stehen 3 Wege mit unterschiedlicher Indikation zur Verfügung:
- Medikamentöse Behandlung mit Schilddrüsenhormonen oder Thyreostatika.
- Operative Behandlung durch Enukleation, subtotale Resektion, Hemithyreoidektomie oder Thyreoidektomie.
- Strahlentherapie durch Radiojod oder perkutane Telekobaltbestrahlung.

In Abhängigkeit von der jeweiligen Schilddrüsenerkrankung wird folgendes therapeutische Vorgehen empfohlen:

Hypothyreose

Das Krankheitsbild wird in angeborene Formen (Schilddrüsenaplasie, Stoffwechseldefekt) und erworbene Hypothyreosen unterschiedlicher Genese unterteilt. Die Therapie besteht im allgemeinen in einer lebenslangen Schilddrüsenhormonsubstitution, eine Indikation zur Operation ist bei Malignomverdacht, Komplikationen einer Entzündung oder mechanischer Beeinträchtigung infolge Schilddrüsenvergrößerung gegeben.

Hyperthyreose

Es werden 4 Hyperthyreoseformen mit unterschiedlichen Therapieansätzen unterschieden:
- Dekompensiertes autonomes Adenom.
- Hyperthyreote Struma diffusa oder multinodosa.
- M. Basedow.
- Iatrogene jodinduzierte Hyperthyreose.

Die Initialbehandlung der beiden erstgenannten Formen besteht in der Gabe von Thyreostatika, ein Dauererfolg ist hiermit jedoch nicht zu erwarten.

Kleine autonome **Adenome** (Durchmesser bis 3 cm) und kleine **Strumen** mit mäßiggradiger disseminierter Überfunktion können mit Radiojod behandelt werden, die Schilddrüsengröße bleibt dabei jedoch unverändert. Von der Radiojodtherapie auszuschließen sind Patienten vor dem 45. Lebensjahr. Operationsindikationen sind autonome Adenome mit einem Durchmesser über 3 cm, hyperthyreote diffuse oder multinodöse Strumen der Größe II bis III, sowie Patienten, bei denen aufgrund ihres Alters eine Kontraindikation zur Radiojodtherapie vorliegt. Vorteil der Operation ist nicht nur die rasche Normalisierung der Schilddrüsenfunktion, sondern auch die Beseitigung knotiger Veränderungen einschließlich evtl. mechanischer oder kosmetischer Beeinträchtigungen.

Bei hyperthyreoten Rezidivstrumen wird die Operationsindikation allgemein zurückhaltender gestellt. Eine Kompression der Halsorgane gilt als Operationsindikation, ansonsten wird die Radiojodtherapie wegen der geringen Komplikationsrate bevorzugt.

Als Operationsverfahren wird beim solitären autonomen Adenom die Enukleation empfohlen, manchmal ist jedoch eine sparsame Lappenresektion unter Einschluß des Knotens erforderlich. Bei multinodöser Struma empfiehlt sich eine ausreichende beidseitige Resektion.

Das Krankheitsbild des **M. Basedow** ist definiert als Autoimmunerkrankung mit oder ohne Ophthalmopathie bzw. Schilddrüsenantikörpern und Struma diffusa oder nodosa. Die Therapie ist bei leichten Verlaufsformen und kleinen Strumen zunächst medikamentös, da das Krankheitsbild zur spontanen Remission neigt. Bei kleiner Struma und älteren Patienten (> 45. Lebensjahr) kann auch eine Radiojodtherapie vorgenommen werden. Eine Operationsindikation ist gegeben bei jüngeren Patienten, fehlende Begleiterkrankungen, größere Struma, vor allem wenn zusätzlich kalte Knoten oder eine mechanische Beeinträchtigung der Halsorgane vorliegen. Ziel dieses Eingriffs ist die zuverlässige Funktionsminderung ohne Resthyperthyreose. Hierzu muß eine ausgedehnte subtotale Resektion unter Belassung von 2 jeweils 3–5 g schweren Lappenresten vorgenommen werden.

Bei diesen Hyperthyreoseformen ist präoperativ eine angemessene medikamentöse Vorbehandlung obligat, um laborchemisch und klinisch eine Euthyreose zu erzielen. Dies gelingt mit Betarezeptorenblockern und Thyreostatika, die nach Erreichen einer Euthyreose in der Dosis reduziert und bis zur Operation ggf. in Kombination mit Schilddrüsenhormonen appliziert werden. Eine Normalisierung des Schilddrüsenstoffwechsels läßt sich auch durch Plummerung (Lugolsche Lösung, Endojodin) erreichen. Nachteilig hierbei ist, daß infolge dieser Jodvorbehandlung postoperative Funktionsprüfungen der Schilddrüse oder bei Vorliegen eines nicht erwarteten Malignoms die Suche nach evtl. jodspeichernden Metastasen und eine Radiojodtherapie für Monate unmöglich sind. Vorteilhaft bei der Plummerung ist die Abnahme der Schilddrüsendurchblutung, wodurch intraoperative Blutungen weniger stark auftreten sollen und leichter kontrollierbar sind.

Die **jodinduzierte Hyperthyreose** (jodhaltige Kontrastmittel, Desinfizientien, Medikamente) weist häufig eine Therapieresistenz gegenüber diesen konservativen Maßnahmen auf. Thyreostatika drosseln die Hormonproduktion nicht ausreichend und zu kurzfristig, Lithium hemmt die Hormonfreisetzung in zu geringem Ausmaß, eine Plasmapherese entfernt nur die zirkulierenden Schilddrüsenhormone und beeinflußt den intrathyreoidalen Jodpool nicht, Radiojod wird nur ungenügend in der Schilddrüse gespeichert. Prinzipiell sollte vor einer Operation auch hier eine adäquate konservative Therapie unter routinemäßiger Einbeziehung von Betarezeptorenblockern erfolgen. Führt dies nicht zu einem befriedigenden Erfolg, d.h. zu einer schnellen Normalisierung der Schilddrüsenfunktion und Abwendung der vitalen Gefährdung, so muß – unter kritischer Abwägung aller Risiken – eine Schilddrüsenresektion als »Frühoperation« erfolgen. Erste Erfahrungen mit diesem Vorgehen brachten günstige Ergebnisse.

Besteht bei einem Risiko zur jodinduzierten Hyperthyreose gleichzeitig die zwingende Indikation zur Jodapplikation, so sollte eine Prophylaxe mit Thionamiden und (oder) Perchlorat unmittelbar vor und 2–3 Wochen nach der Gabe rasch eliminierbarer Jodträger erfolgen. Nach Applikation gallegängiger Kontrastmittel ist die Prophylaxe zu verlängern. Besteht eine absehbare, nicht unmittelbare Indikation zur Jodapplikation, so sollte zunächst die Sanierung der Schilddrüse durchgeführt werden.

Euthyreote Struma

Auch bei der euthyreoten (sog. blanden) Struma unterscheidet man verschiedene Formen mit unterschiedlichen Behandlungskonzepten. Die **Struma diffusa** ohne mechanische Komplikationen, vor allem in der Pubertät oder Schwangerschaft, ist eine Domäne der Hormontherapie. Operationsindikation sind mechanische Komplikationen (Trachea- bzw. Ösophagusverlagerung oder -stenose, Einflußstauung der Halsvenen), retrosternales oder intrathorakales Strumawachstum oder Verdacht auf Malignität. Rasches Knotenwachstum, derbe Konsistenz, vergrößerte Halslymphknoten und Heiserkeit sind klinische Hinweise für ein Schilddrüsenkarzinom. Kalte Knoten sind sehr häufige Schilddrüsenveränderungen, sie finden sich in etwa 60 % aller Strumen und stellen per se zunächst keine Operationsindikation dar. **Euthyreote**, nicht malignomverdächtige **Strumen I.–II. Grades** werden zunächst medikamentös mit Schilddrüsenhormonen behandelt. Führt dies zu keiner Verkleinerung, so kann hieraus eine Operationsindikation abgeleitet werden. Solitäre kalte Knoten sollten auf jeden Fall punktionszytologisch abgeklärt werden. Etwa 1–4 % aller szintigraphisch kalten Knoten sind maligne. Stellt sich dieser Knoten im Ultraschall echoarm dar, so erhöht sich die Malignitätswahrscheinlichkeit auf 17 %. Hier ist in jedem Fall eine Feinnadelpunktion indiziert. Zytologische Befunde der Gruppen III bis V nach Papanicolaou sind grundsätzlich als tumorverdächtig zu klassifizieren und müssen einer operativen Therapie zugeführt werden. Ein weiterer Grund für eine Operation kann eine kosmetische Beeinträchtigung sein.

Bei **euthyreoten Rezidivstrumen** wird die Operationsindikation enger gestellt, da die Komplikationsrate deutlich über der von Ersteingriffen liegt. Gründe für einen Reeingriff sind neben einem möglichen Malignitätsverdacht mechanische Verdrängungen im Halsgebiet, insbesondere eine Trachealstenose.

Das Ausmaß der Resektion einer blanden Struma orientiert sich am jeweiligen Befund. In der Regel wird eine beidseitige subtotale Strumaresektion ausgeführt. Hierbei wird das nodöse Gewebe entfernt, auf die Belassung von möglichst viel normalem Schilddrüsenparenchym, d.h. 15–25 g beiderseits, ist jedoch zu achten, sofern es der intraoperative Befund zuläßt. **Solitäre Schilddrüsenzysten** können häufig enukleiert werden. Findet sich ein **follikuläres Adenom** als Ursache des kalten Knotens, so ist die Hemithyreoidektomie der Enukleation oder subtotalen Resektion vorzuziehen, da die intraoperative Schnellschnittdiagnostik häufig nicht mit ausreichender Sicherheit ein hochdifferenziertes Karzinom abgrenzen kann. Ergibt die postoperative Aufarbeitung des Resektats im Gegensatz zum intraoperativen Schnellschnittbefund ein **Karzinom**, so ist nach Hemithyreoidektomie dann nicht mehr die komplikationsreichere Exstirpation des belassenen, ehemals tumortragenden Lappenrestes, sondern nur noch die Hemithyreoidektomie des zweiten Schilddrüsenlappens in nicht voroperiertem Gebiet bei geringem Risiko erforderlich.

Thyreoiditis

Die Entzündungen der Schilddrüse stellen eine heterogene Krankheitsgruppe dar. Folgende Formen werden unterschieden:

a) Akute Thyreoiditis, meist bakteriell bedingt:
Die Behandlung besteht in der Gabe von Antibiotika und Schilddrüsenhormonen. Bei Abszedierung ist eine großzügige Abszeßinzision und Drainage erforderlich.

b) Subakute Thyreoiditis (Riesenzell-Thyreoiditis de Quervain):
Die Diagnose wird punktionszytologisch gestellt. Anschließend erfolgt die Gabe von Antiphlogistika und Schilddrüsenhormonen, evtl. auch von Cortison. Nur bei unsicherer Zytologie, d.h. nicht auszuschließendem Malignitätsverdacht, ist eine subtotale Resektion gerechtfertigt.

c) Chronische Thyreoiditis:
Die Erkrankung tritt auf als Hashimoto-Thyreoiditis (Autoimmunthyreoiditis, Thyreoiditis lymphomatosa) oder als Struma fibrosa (fibrös-invasive Thyreoiditis Riedel, sog. »Eisenharte Riedel-Struma«). Beide Formen werden zunächst mit Schilddrüsenhormonen behandelt. Malignitätsverdacht oder eine mechanische Beeinträchtigung der Halsorgane stellen eine Indikation zu einer subtotalen Resektion dar.

Maligne Tumoren

Die malignen Schilddrüsentumoren werden nach Vorschlag der Weltgesundheitsorganisation in die in Tab. 6.1-1 aufgeführten histologischen Formen unterteilt.

In Abhängigkeit von der Größe des Primärtumors und seiner Beziehung zur Schilddrüsenkapsel werden okkulte (T1), intrathyreoidale (T2/T3) und extrathyreoidale Karzinome (T4) unterschieden. Die Metastasierung kann lymphogen, hämatogen oder lokal infiltrierend sein (TNM-Klassifizierung, Tab. 6.1-2).

90 % aller Malignome entfallen auf die epithelialen Tumoren, bevorzugt auf die papillären Karzinome. Papilläre und medulläre Karzinome metastasieren bevorzugt lymphogen, follikuläre frühzeitig hämatogen, undifferenzierte lymphogen, hämatogen und lokal infiltrierend.

Tab. 6.1-1. WHO-Klassifikation der malignen Schilddrüsentumoren.

I.	Epitheliale Tumoren
	1. Follikuläres Karzinom
	2. Papilläres Karzinom
	3. Plattenepithelkarzinom
	4. Undifferenziertes Karzinom
	a) Spindelzelltyp
	b) Riesenzelltyp
	c) Kleinzelliger Typ
	5. Medulläres Karzinom (C-Zell-Karzinom)
II.	Nicht epitheliale Tumoren
	1. Fibrosarkom
	2. Andere
III.	Sonstige Tumoren
	1. Karzinosarkom
	2. Malignes Hämangioendotheliom
	3. Malignes Lymphom
	4. Teratome
IV.	Metastasen extrathyreoidaler Malignome
V.	Unklassifizierbare Tumoren

Tab. 6.1-2. Stadieneinteilung der Schilddrüsenmalignome nach TNM-System.

T (Primärtumor)

- T 0 Kein Anhalt für Primärtumor
- T 1 Tumor 1 cm oder weniger in größter Ausdehnung, begrenzt auf Schilddrüse (okkultes Karzinom)
- T 2 Tumor mehr als 1 cm, aber nicht mehr als 4 cm in größter Ausdehnung, begrenzt auf Schilddrüse
- T 3 Tumor mehr als 4 cm in größter Ausdehnung, begrenzt auf Schilddrüse
- T 4 Tumor jeder Größe mit Ausbreitung jenseits der Schilddrüse

Anmerkung: Jede T-Kategorie kann weiter unterteilt werden in:
- a) Solitärer Tumor
- b) Multifokaler Tumor (der größte Tumor ist für die Klassifikation bestimmend)

N (Regionäre Lymphknoten)

- N X Regionäre Lymphknoten können nicht beurteilt werden
- N 0 Kein Anhalt für regionäre Lymphknotenmetastasen
- N 1 Regionäre Lymphknotenmetastasen
  - N1a Metastasen in ipsilateralen Halslymphknoten
  - N1b Metastasen in bilateralen, in der Mittellinie gelegenen oder kontralateralen Halslymphknoten oder in mediastinalen Lymphknoten

M (Fernmetastasen)

- M 0 Nicht nachweisbar
- M 1 Nachweisbar

Differenzierte Karzinome

Bei allen differenzierten, d.h. papillären oder follikulären Karzinomen ist die Thyreoidektomie das Operationsverfahren der Wahl, unabhängig von Tumorstadium oder Fernmetastasen. Durch Thyreoidektomie werden hier einerseits häufig vorkommende Mikrometastasen im kontralateralen Schilddrüsenlappen (Frequenz: 30 %) mitentfernt, andererseits eine postoperative Radiojodtherapie ermöglicht. Fester Bestandteil jeder Thyreoidektomie ist die Revision der Halslymphknoten. Bei makroskopischem Tumorbefall ist eine modifizierte oder konservative Neckdissektion anzuschließen. Eine prophylaktische Entfernung der Halslymphknoten ist nicht erforderlich. 2–3 Wochen nach Thyreoidektomie schließt sich ein Ganzkörperszinitigramm mit Jod 131 an. Bis dahin muß auf die Gabe von Schilddrüsenhormonen, jodhaltigen Pharmaka oder Kontrastmittel verzichtet werden. Zeigen sich speichernde Schilddrüsengewebsreste oder Metastasen, so schließen sich eine oder mehrere Radiojodtherapien in dreimonatigen Abständen bis zur endgültigen Ausschaltung des Schilddrüsengewebes an. Eine zusätzliche perkutane Telekobaltbestrahlung bleibt den Patienten vorbehalten, bei denen nach Operation und wiederholter Radiojodtherapie der Verdacht auf einen Residualtumor besteht. In jedem Fall ist eine lebenslange Nachbehandlung mit Schilddrüsenhormonen indiziert (0,2–0,25 mg tgl.).

Dieses Vorgehen kann bei okkulten Karzinomen (Durchmesser bis 1 cm) modifiziert werden. Findet sich bei der histologischen Aufarbeitung des Schilddrüsenpräparates nach subtotaler Thyreoidektomie als Zufallsbefund ein differenziertes Karzinom mit einem Durchmesser von bis 1 cm, so ist – unabhängig vom Alter des Patienten – eine Reoperation nicht erforderlich. Eine weitere Ausnahme von der totalen Thyreoidektomie stellen unter 40 Jahre alte Patienten mit einem kleinen papillären Karzinom dar (Durchmesser bis 1 cm), hier ist eine Hemithyreoidektomie ausreichend radikal.

Die Prognose der differenzierten Schilddrüsenkarzinome ist besonders bei jüngeren Patienten günstig, dies gilt auch bei lokoregionärer Lymphknotenmetastasierung. Die 5-Jahres-Überlebensrate beträgt etwa 90 %, bei T-1-Tumoren sogar 99 %.

Medulläres Karzinom

Das medulläre Schilddrüsenkarzinom (C-Zellkarzinom) kommt sporadisch oder familiär vor. Letztere Form tritt im Rahmen eines MEN-II-(Sipple-)Syndroms auf und ist dann mit einem ein- oder doppelseitigen Phäochromozytom, manchmal auch mit einem primären Hyperparathyreoidismus kombiniert. Die Adrenalektomie muß hier vor der Schilddrüsen- bzw. Nebenschilddrüsenoperation erfolgen. Das medulläre Schilddrüsenkarzinom stellt an die Operation besondere Ansprüche. Die totale Thyreoidektomie muß komplett ohne Belassung von Schilddrüsenresten durchgeführt werden, in jedem Fall ist eine ausgedehnte bilaterale Lymphknotendissektion bis in das vordere Mediastinum und in die lateralen Halsdreiecke durchzuführen. Der Effekt der Operation ist durch postoperative Calcitoninbestimmungen zu kontrollieren. Nur nach wirklich radikaler Operation liegt der Calcitoninspiegel unter der Nachweisgrenze. Der Tumor wächst langsam und ist auch wiederholten palliativen Tumorreduktionen zugänglich. Eine Radiojodtherapie wird nicht durchgeführt, da dieser Tumor kein Jod speichert. Auch eine perkutane Telekobaltbestrahlung beeinflußt das Tumorwachstum nicht.

Obligatorisch ist dagegen die postoperative Schilddrüsenhormonsubstitution. Die 10-Jahres-Überlebenszeit beträgt etwa 50 %.

Undifferenzierte Karzinome

Bei undifferenzierten Karzinomen ist eine totale Thyreoidektomie und bei Lymphknotenbefall die zusätzliche Neck-dissection ebenfalls das Verfahren der Wahl. Fast immer liegt jedoch ein ausgedehntes invasives Tumorwachstum in die Halsweichteile vor, hier bleibt – bei vertretbarem Operationsrisiko – lediglich die möglichst ausgedehnte Tumorreduktion, häufig nur noch die Biopsie zur histologischen Sicherung. Heroische Eingriffe, z.B. eine ausgedehnte Trachearesektion oder Laryngektomie sind wegen des unvertretbar hohen Risikos und der schlechten Prognose bei Tumorausbruch nicht indiziert. Die Überlebensaussicht beträgt bei palliativer Resektion weniger als 1 Jahr. Andererseits ist ein therapeutischer Nihilismus fehl am Platze. Falls ein undifferenziertes Karzinom Jod speichert, ist postoperativ zunächst eine Radiojodtherapie indiziert. Der Wert einer externen Telekobaltbestrahlung ist umstritten. Zur Prophylaxe einer Hypothyreose erfolgt eine Substitutionstherapie mit Schilddrüsenhormonen (0,1 mg tgl.). Die Chemotherapie befindet sich – wie bei allen Schilddrüsenmalignomen – noch im Versuchsstadium, eine generelle Empfehlung kann hier nicht gegeben werden. Die Prognose der undifferenzierten Karzinome ist schlecht. Nur 20 % der Patienten überleben bei vermeintlich kurativer Resektion 3 Jahre, weniger als 10 % 5 Jahre.

Operationstechnik

Lagerung: Schilddrüsenoperationen werden in Rückenlage durchgeführt. Oberkörper und Beine sind angehoben, der Kopf rekliniert und in einem ringförmigen Polster gelagert (Abb. 6.1-5).

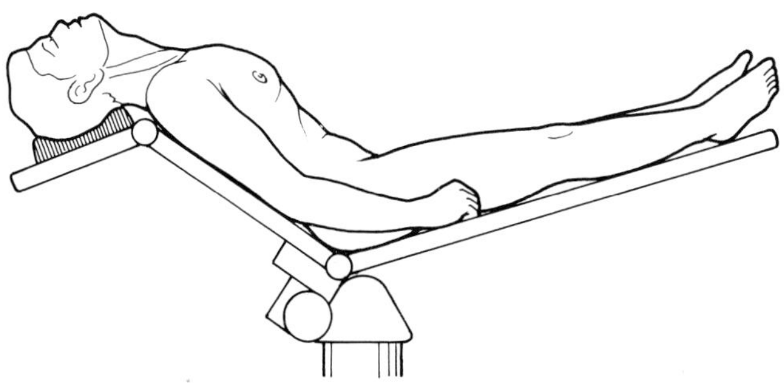

Abb. 6.1-5. Lagerung des Patienten zur Strumaoperation.

Narkose: Verfahren der Wahl ist die Intubationsnarkose. Im Vergleich zu einer Lokalanästhesie minimiert sich hierbei das Risiko einer Luftembolie, bei Tracheomalazie verhindert der liegende Endotrachealtubus einen intraoperativen Kollaps der Luftröhre. Diese Narkoseform wird zudem durch den Patienten angenehmer und psychisch weniger belastend empfunden. Schilddrüsenoperationen in örtlicher Betäubung gehören heute der Vergangenheit an. Sie bieten im Vergleich zur Intubationsnarkose keine Vorteile, auch die Schädigung des N. laryngeus recurrens tritt trotz intraoperativ erhaltener Fähigkeit zur Phonation nicht seltener auf als bei einer Operation in Allgemeinnarkose.

Abdeckung: Die Abdeckung des Operationsfeldes erfolgt von der Kinnspitze entlang des Unterkieferrandes über den dorsalen Rand des M. sternocleidomastoideus sowie das laterale Halsdreieck auf den Brustkorb und etwa handbreit der Fossa jugularis quer über die Thoraxvorderwand (Abb. 6.1-6). Stofftücher geben im Halsgebiet – auch bei Verwendung einer Inzisionsfolie – immer wieder Lücken zur unsterilen Unterlage frei. Durch komplettes Abkleben des Tuchrandes an der Haut des Operationsgebietes mit breiten Klebestreifen läßt sich dies verhindern. Besonders günstig sind hier Einmalabdeckungen mit eingearbeitetem Klebestreifen.

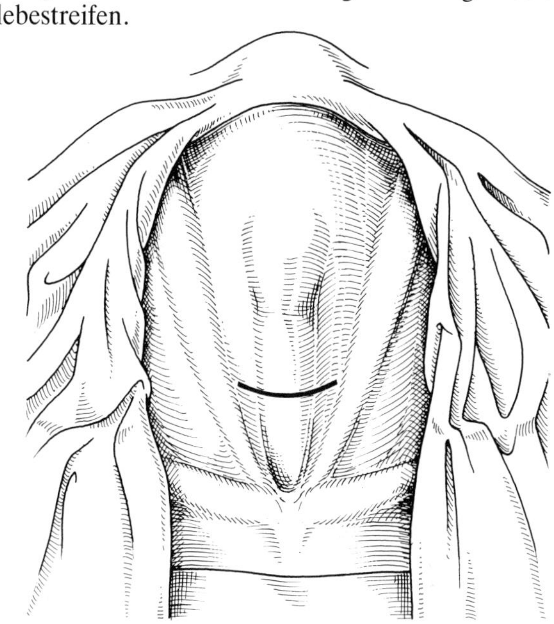

Abb. 6.1-6. Strumaresektion, Abdeckung des Operationsgebietes, Kocherscher Kragenschnitt ist markiert.

Hautschnitt, Zugang zur Schilddrüse

Standardzugang ist der Kochersche Kragenschnitt. Da die Haut der unteren Halsabschnitte durch die Auslagerung eines Armes häufig verzogen wird, empfiehlt es sich, diesen Schnitt am Vorabend der Operation mit einem Filzstift zu markieren, dessen Farbe durch die Hautdesinfektion nicht abwischbar ist. Bei asymetrischer Strumabildung und somit stärkerer Vorwölbung einer Halsseite muß der Hautschnitt auf dieser Seite mehr ansteigend geführt werden, um sich nach der Resektion in ein gleichmäßiges Niveau zu senken.

Der Hautschnitt wird bogenförmig zwischen beiden Mm. sternocleidomastoidei gelegt, zwei Querfinger über der Fossa jugularis, entlang einer Spaltlinie der Haut oder einer evtl. vorhandenen Hautfalte. Eine zu hohe Schnittführung erschwert postoperativ die Verdeckung der Narbe, eine zu tiefe disponiert zur Keloidbildung. Die Schnittlänge richtet sich nach der Ausdehnung und Größe der Struma, zu kleine Inzisionen erschweren die Übersicht. Bei der Bemessung der Schnittlänge ist zu bedenken, daß die seitlichen Ausläufer der Narbe später nahezu unsichtbar verheilen.

Haut, Subkutis und Platysma werden in einem Zuge bis auf die oberflächliche Halsfaszie durchtrennt, kleine Blutungen mit Elektrokauter gestillt. Anschließend erfolgt die teils stumpfe, teils scharfe Abpräparation des Haut-Platysma-Lappens von der oberflächlichen Halsfaszie, nach kranial bis in Höhe des oberen Schildknorpelrandes, nach kaudal bis zum Manubrium sterni. Der kraniale Hautlappen wird hierzu in der Mitte mit zwei Museux-Klemmen gefaßt und hieran vom Operateur mit dem ersten und zweiten Finger der linken Hand von der Unterlage abgehoben. Der dritte bis fünfte Finger der linken Hand des Operateurs liegt dabei palpierend außen auf der Haut (Abb. 6.1-7). Hierdurch können Verletzungen der Haut von unten her vermieden werden. Eine routinemäßige Durchtrennung und Unterbindung der Vv. jugulares externae oder der oberflächlichen Halsfaszie ist nicht erforderlich.

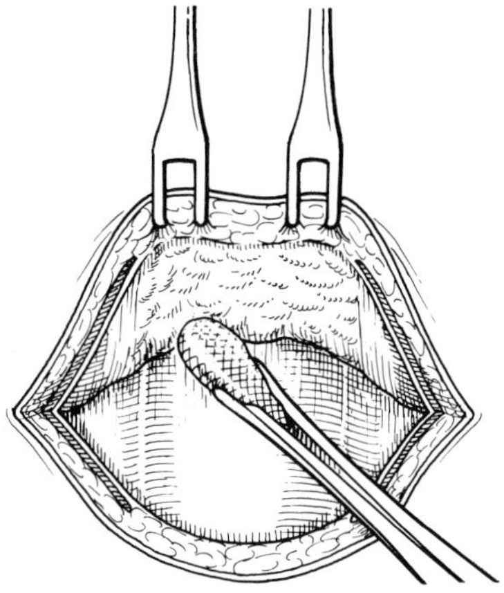

Abb. 6.1-7. Präparation des Haut-Platysma-Lappens mit Präpariertupfer.

Nun erfolgt die Längsspaltung der oberflächlichen und mittleren Halsfaszie in der muskelfreien Linea alba colli zwischen Ringknorpel und Manubrium sterni mit einer Präparierschere (Abb. 6.1-8). Hierbei wird die spiegelnde Organkapsel der Schilddrüse im Isthmusbereich sichtbar. Das Erreichen dieser Organkapsel ist für die weitere Präparation von besonderer Bedeutung, da bereits im Isthmusbereich die »richtige« Schicht, d.h. der Spaltraum zwischen mittlerer Halsfaszie und der eigentlichen Organkapsel der Schilddrüse gefunden werden muß.

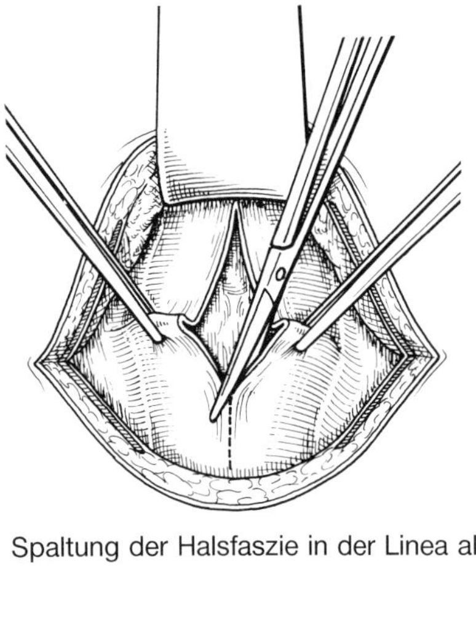

Abb. 6.1-8. Spaltung der Halsfaszie in der Linea alba colli.

Anschließend wird die Vorderfläche der Schilddrüse freigelegt. Hierzu wird ein Rouxscher Haken unter die mittlere Halsfaszie gesetzt und diese mitsamt der darüberbefindlichen geraden Halsmuskulatur und oberflächlicher Halsfaszie zur Seite gezogen. Zur besseren Übersicht wird ein zweiter Rouxscher Haken im kranialen Wundpol subfaszial eingesetzt und hiermit auch der Haut-Platysma-Lappen nach oben weggehalten. Das traumatisierende Hochnähen des Haut-Platysma-Lappens an Abdecktücher oder das Fassen desselben mit Klemmen, die mit Faden und Gegengewicht über dem Narkosebügel aufgehängt werden, entfällt hierdurch. Die Vorderfläche der Struma läßt sich so stumpf, unter weitgehender Schonung der Schilddrüsengefäße, digital oder mit einem Präpariertupfer darstellen.

Auf eine Durchtrennung der infrahyoidalen Halsmuskulatur kann fast immer verzichtet werden. Bei besonders großen Strumen oder Reeingriffen kann dieser Schritt die Übersicht jedoch erleichtern. Hierbei werden zunächst die in der oberflächlichen Halsfaszie längsverlaufenden Vv. jugulares externae zwischen Ligaturen durchtrennt, anschließend die Muskulatur mitsamt der mittleren Halsfaszie quer in der Linie des Hautschnittes, d.h. etwa in Höhe des Schilddrüsenisthmus' (Abb. 6.1-9). Der M. sternocleidomastoideus kann dabei immer geschont werden.

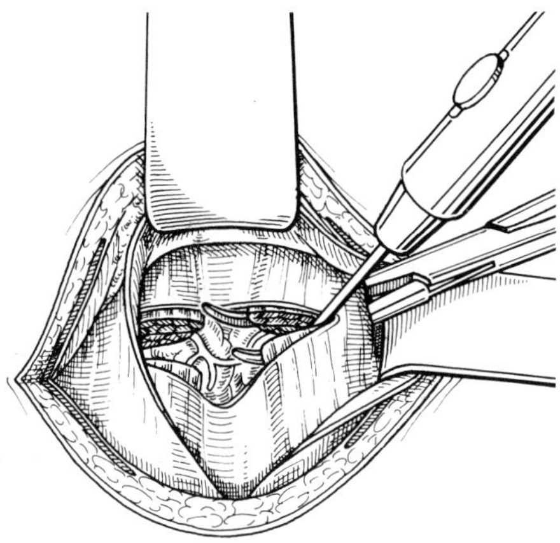

Abb. 6.1-9. Querdurchtrennung der kurzen geraden Halsmuskulatur über einer gespreizten Klemme.

Ist die Vorderfläche freigelegt, so palpiert der Operateur die komplette Schilddrüse, orientiert sich dabei über ihre Form, Größe und Struktur und legt jetzt anhand des Palpationsbefundes sowie der präoperativen Untersuchungsergebnisse das Operationsverfahren fest.

Subtotale Strumaresektion

Bei der beidseitigen subtotalen Strumaresektion entwickeln wir zunächst den linken Schilddrüsenlappen. Zwei Rouxsche Haken werden eingesetzt, einer nach lateral, der andere nach kranial unter die Halsmuskulatur, fast im rechten Winkel zueinander. Durch Zug an diesen Haken wird die Vorderfläche der Schilddrüse freigehalten. Als weiterer Schritt erfolgt jetzt die Luxation der Schilddrüse aus ihrem Bett. Hierzu wird zunächst der seitliche Rand der Schilddrüse und der Rückfläche digital mit gebogener Klemme oder Tupfer freipräpariert. Sperrende Kocher-Venen durchtrennt man zwischen Ligaturen. Der Schilddrüsenlappen läßt sich mit zunehmender Freilegung immer leichter über einer trockenen Kompresse nach medial ziehen. Auf den besonderen Vorteil der »richtigen« Schicht für ein übersichtliches und blutungsarmes Präparieren sei nochmals hingewiesen.

Bei großen Strumen kann das Anlegen von Haltefäden hilfreich sein. Sie werden tief in den später zu resezierenden Strumateil gesetzt, über einem Tupfer geknotet und mit einer Klemme gefaßt (Abb. 6.1-10). An diesen Haltefäden kann die Struma hin- und herbewegt werden. Der besondere Vorteil besteht darin, daß ein manchmal sehr weit kranial sitzender, oberer oder ein weit retrosternal gelegener, unterer Pol aus der Tiefe herausgezogen werden kann. Die Halsmuskulatur kräftig zur Seite ziehend, umfaßt man die Struma und hebt sie unter weiterer Präparation langsam aus ihrem Bett.

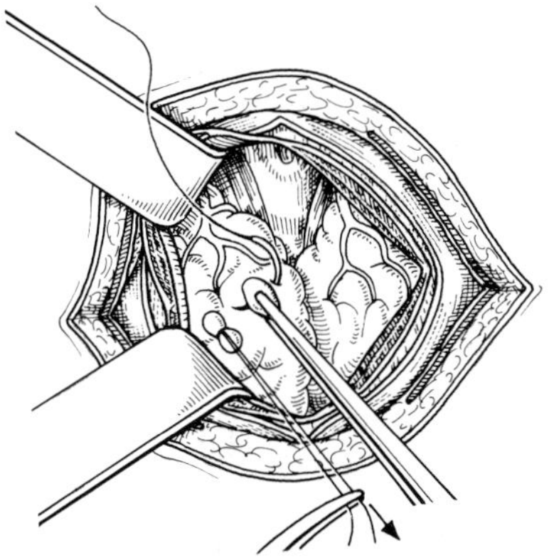

Abb. 6.1-10. Anlegen von Haltefäden bei großer Struma vor der Mobilisation des oberen Schilddrüsenpols.

Als nächster Schritt sollte jetzt zunächst der N. laryngeus recurrens dargestellt werden. Die Rate an postoperativen Paresen läßt sich hierdurch um ein mehrfaches verringern (Tab. 6.1-3). Der Nerv läßt sich leicht kaudal der A. thyroidea inferior, unmittelbar neben Trachea bzw. Ösophagus darstellen. Er kann dort zunächst als kräftiger Strang – wie eine Geigensaite – getastet werden. Unter vorsichtigem Spreizen des umgebenden lockeren Bindegewebes mit einer gebogenen Klemme, wird er auf einer kurzen Strecke als weißlicher Strang sicher identifiziert, aber nicht angezügelt (Abb. 6.1-11). Es ist weniger riskant, ihn vorsichtig aufzusuchen, als ihn nicht zu beachten.

Tab. 6.1-3. Häufigkeit von postoperativen Rekurrensparesen nach Schilddrüsenresektion (nach Tschantz, 1977).

Darstellungsmethode	Rate an Rekurrensparesen
Nichtaufsuchen	3,3 %
Palpation	1,6 %
Freilegung	0,4 %

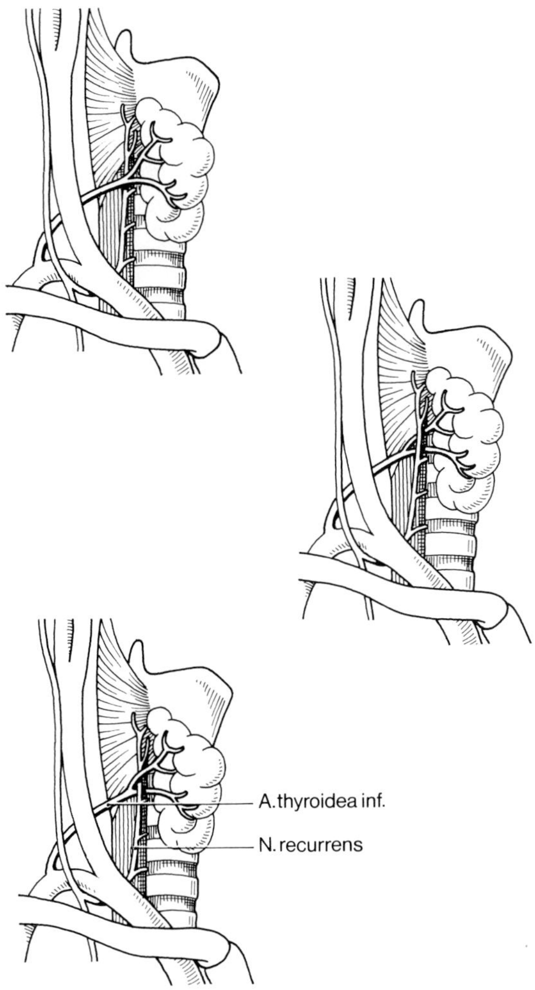

Abb. 6.1-11. Variationsmöglichkeiten in der Lagebeziehung zwischen N. laryngeus recurrens und A. thyreoidea inferior (nach v. Lanz u. Wachsmuth).

Die routinemäßige Darstellung der Nebenschilddrüsen wird kontrovers beurteilt. Falls eine ausgedehnte Resektion erforderlich ist, sollte man darauf jedoch nicht verzichten und versuchen, mindestens zwei Epithelkörperchen zu identifizieren.

In einem weiteren Schritt wird die A. thyroidea inferior ligiert. Dies dient vor allem der Prophylaxe einer postoperativen Nachblutung aus dem Schilddrüsenrest, spätere Strumarezidive lassen sich hierdurch wahrscheinlich nicht vermeiden. Die Ligatur sollte wegen des kreuzenden N. laryngeus recurrens nicht unmittelbar neben der Schilddrüse, sondern weiter entfernt an der Kreuzungsstelle der A. thyroidea inferior mit der A. carotis communis (de Quervainscher Punkt) geschehen. Der Stamm der A. thyroidea inferior ist häufig anhand einer kräftigen Pulsation palpabel. Vor der Ligatur muß die Arterie auf einer kurzen Strecke komplett aus dem umgebenden Bindegewebe gelöst werden, um ein Mitfassen des N. laryngeus recurrens sicher zu vermeiden. Zur Unterbindung wird der freipräparierte Gefäßabschnitt über einer gebogenen Klemme ausgespannt (Abb. 6.1-12).

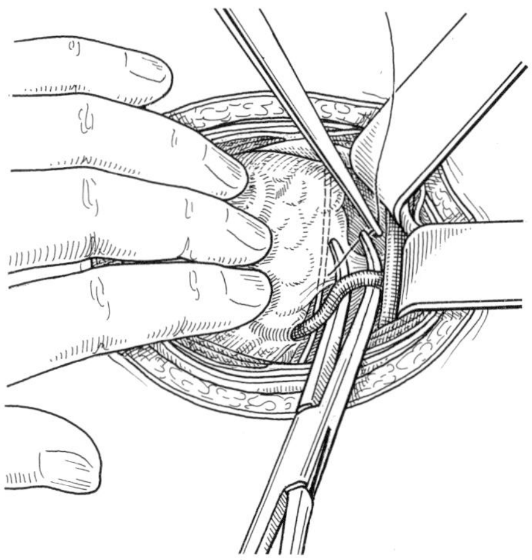

Abb. 6.1-12. Ligatur der A. thyroidea inferior am de Quervainschen Punkt über einer gespreizten Klemme.

Nun erfolgt die Mobilisierung des oberen Schilddrüsenpols. Durch Abschieben der geraden Halsmuskulatur wird das Gefäßbündel sichtbar. Derbe Bindegewebszüge zwischen Kehlkopf und Schilddrüse werden durchtrennt, danach läßt sich der obere Schilddrüsenpol nach kaudal ziehen. Die Gefäße müssen sorgfältig dargestellt werden (Abb. 6.1-13). Bei Massenligaturen und ungenügender Präparation des Gefäßbündels kann der Ramus externus des N. laryngeus superior durchtrennt oder eingeknotet werden (Abb. 6.1-14). Dieser Nervenast begleitet die A. thyroidea superior bis unmittelbar an den oberen Schilddrüsenpol. Um den Nerven zu schonen, werden die Gefäße möglichst nahe an der Schilddrüsenkapsel durchtrennt, die peripheren Gefäßstümpfe einfach und die zentralen immer doppelt ligiert.

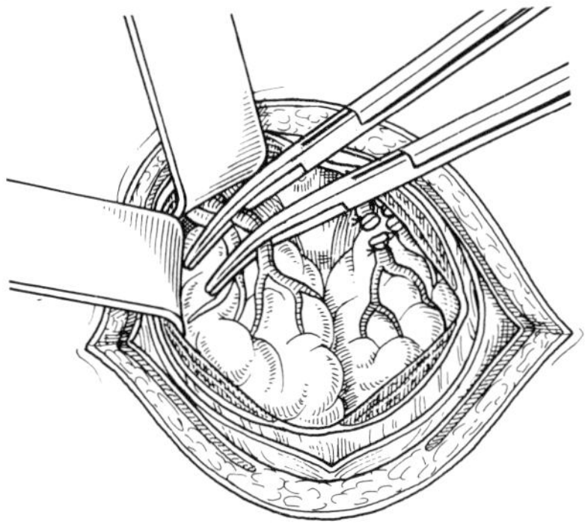

Abb. 6.1-13. Durchtrennung und doppelte Ligatur der oberen Polgefäße schilddrüsenkapselnah.

Anschließend wird der untere Schilddrüsenpol nach Kapselnaht, Durchtrennung und Ligatur sperrender Kocher-Venen und einer evtl. vorhandenen A. thyroidea ima mobilisiert. Auch große retrosternale Strumaanteile lassen sich fast immer digital vom Hals her mobilisieren, eine Sternotomie ist fast nie erforderlich (Abb. 6.1-15).

Zur Förderung der lokalen Blutstillung wird jetzt ein feuchter Gazestreifen in die linke Schilddrüsenloge eingelegt, anschließend erfolgt die Freipräparation des rechten Schilddrüsenlappens in gleicher Weise.

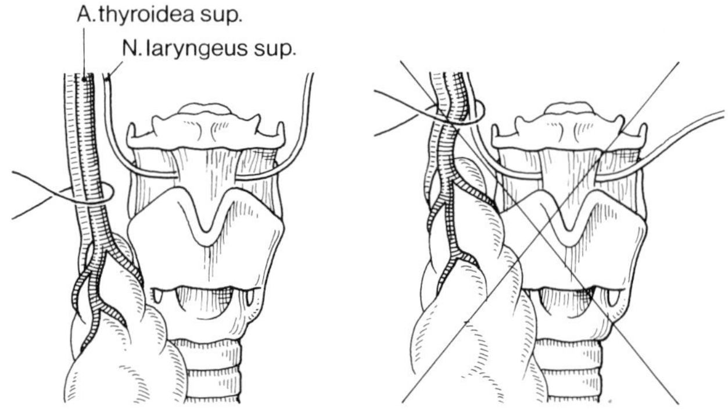

Abb. 6.1-14. Schonung des N. laryngeus superior bei der Versorgung der oberen Polgefäße.

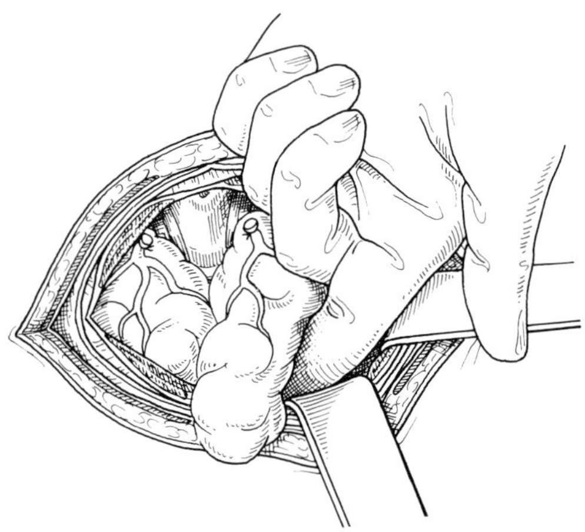

Abb. 6.1-15. Luxation des unteren Schilddrüsenpols mit dem Zeigefinger.

Nun wird der Isthmus mit einer gebogenen Klemme unter spreizenden Bewegungen von der Trachealvorderwand gelöst. Um hierbei eine Verletzung der Luftröhre zu vermeiden, darf die Spitze der Klemme unter der Präparation nie zur Trachea hin gerichtet werden. Danach wird der Isthmus mit zwei Klemmen gefaßt, von der Trachealvorderwand abgehoben, mit einer Schere zwischen beiden Klemmen durchtrennt und zur Prophylaxe einer intraoperativen Blutung aus den Schnitträndern mit einem kräftigen Faden ligiert (Abb. 6.1-16). Beide Isthmushälften werden jetzt nach lateral von der Trachea abpräpariert, bis die Vorderfläche des oberen Trachealabschnittes komplett freiliegt.

Es folgt die Präparation des häufig vorhandenen Lobus pyramidalis, der nach Unterbindung von oft kräftigen Ästen der A. thyroidea superior in toto entfernt wird.

Die Schilddrüsenresektion erfolgt in der Regel nach Freilegung beider Schilddrüsenlappen. Bei sehr großen Strumen kann es günstiger sein, zunächst einen Lappen zu resezieren, um für die Präparation des zweiten Schilddrüsenlappens eine bessere Übersicht zu gewinnen. Das Ausmaß der Resektion muß sich an dem jeweiligen Befund orientieren. Die früher eher einheitlich ausgeführte subtotale Resektion unter Belassung eines »daumenendgliedgroßen« Schilddrüsenrestes hat mittlerweile einem individuellen Vorgehen Platz gemacht. Nodöses Strumagewebe wird komplett entfernt und makroskopisch normal aussehendes weitgehend belassen.

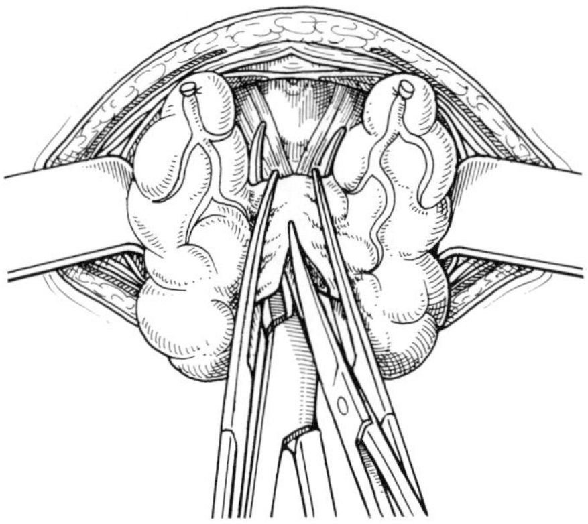

Abb. 6.1-16. Durchtrennung des Schilddrüsenisthmus über einer gespreizten Klemme.

Der Resektionsrand wird am oberen und unteren Schilddrüsenpol medial und lateral durch Setzen von insgesamt 4 Klemmen in das Schilddrüsenparenchym markiert. Der Operateur faßt mit der linken Hand den Strumalappen und reseziert diesen keilförmig von medial nach lateral mit einem Skalpell (Abb. 6.1-17). Die Dicke der belassenen Parenchymschicht sollte mindestens 5 mm betragen. Die dorsale Schilddrüsenkapsel wird möglichst belassen, um die hier befindlichen Nebenschilddrüsen nicht unbeabsichtigt mitzuentfernen. Manchmal reichen die knotigen Schilddrüsenveränderungen sehr weit nach dorsal, z.T. bis an die Schilddrüsenkapsel. Hier ist eine stumpfe Auslösung der Knoten mit einer gebogenen Klemme einer scharfen Präparation vorzuziehen, um den benachbart laufenden N. recurrens zu schonen. Stärker blutende Gefäßstümpfe in der Resektionsfläche werden mit Klemmen gefaßt und ligiert. Das Schilddrüsenresektat sollte grundsätzlich intraoperativ mit einem Skalpell lamelliert werden. Finden sich hierbei tumorverdächtige Areale, so ist eine intraoperative Schnellschnittdiagnostik vorzunehmen.

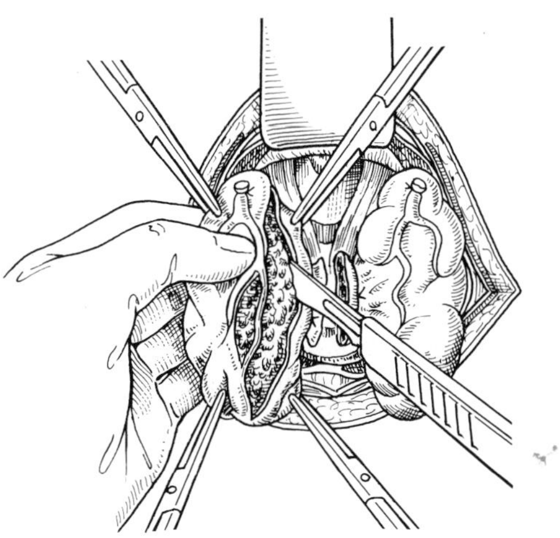

Abb. 6.1-17. Keilförmige Resektion von medial nach lateral. Resektionsgrenze mit 4 Klemmen markiert.

Es folgt die Kapselnaht, um eine definitive Blutstillung aus dem Schilddrüsenrest zu erzielen. Hierbei werden die Resektionsränder (Kapsel und schmaler Parenchymsaum) sauber gefaßt und durch Einzelknopfnähte oder fortlaufende Naht adaptiert (Abb. 6.1-18). Man verwendet synthetisch hergestellte resorbierbare Fäden aus Polyglykolsäure der Stärke 3 × 0. Bei der Kapselnaht ist sorgfältig darauf zu achten, daß keine umgebenden Strukturen, insbesondere der N. recurrens, mitgefaßt werden und daß sich im belassenen Schilddrüsenrest keine Taschen bilden. Evtl. Blutungen zwischen den Nähten werden durch Umstechung versorgt. Anschließend wird das ehemalige Schilddrüsenbett unter kurzfristiger Überdruckbeatmung auf Bluttrokkenheit überprüft. Hierdurch lassen sich Blutungen aus kleinen Venen provozieren, die bisher nicht unterbunden waren oder deren Ligaturfaden sich zwischenzeitlich wieder gelöst hat. Diese Venen können, falls sie nicht versorgt werden, Ausgangspunkt für eine postoperative Nachblutung sein.

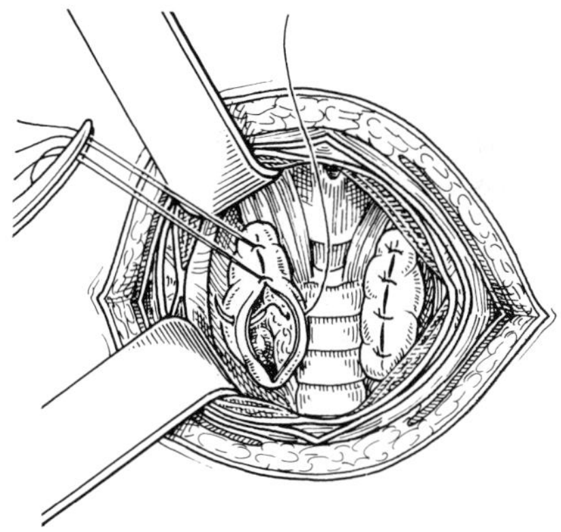

Abb. 6.1-18. Blutstillende Kapselnaht am Schilddrüsenrest.

Finden sich im Operationsgebiet keine Blutungen mehr, so wird in jede Schilddrüsenloge eine 10er Redon-Drainage eingelegt und in der Mitte des Hautschnittes nach außen geleitet. Die Reklination des Kopfes wird aufgehoben und der Hautplatysmalappen mit einem Rouxschen Haken von der Mitte des oberen Wundpols epifaszial nach kranial gehalten. Es folgt die Einzelknopfnaht der Blätter der Halsfaszie in der Linea alba colli mit resorbierbarem Nahtmaterial der Stärke 3 × 0. Hautplatysmalappen und Vorderseite der oberflächlichen Halsfaszie werden anschließend auf evtl. Blutungsquellen überprüft. Übersehene Blutungen können postoperativ zu ausgedehnten subcutanen Hämatomen führen. Die nun folgende Platysmanaht wird in Einzelknopftechnik mit resorbierbarem Material der Stärke 3 vorgenommen, die Hautnaht mit einem nicht resorbierbaren Faden (5 × 0) fortlaufend oder intrakutan durch Einzelknopfnähte mit resorbierbarem Material (4 × 0). Bei letzterer Nahttechnik ist die Stichrichtung umgekehrt, so daß die Knoten in die Subkutis zu liegen kommen, diese Fäden werden postoperativ nicht entfernt. Beide Redon-Drainagen werden durch Naht an der Haut fixiert und in Abhängigkeit von der Wundsekretion nach 24–48 Std. gezogen.

Enukleation

Dieser Eingriff wird nur bei sehr exakt abgrenzbaren enkapsulierten benignen Veränderungen wie autonomen Adenomen, isolierten, regressiv veränderten Knoten oder Zysten vorgenommen. Weitere Voraussetzung ist eine normale Restschilddrüse.

Beide Lappen werden zunächst – wie oben angegeben – so weit freigelegt, daß eine exakte Palpation und Orientierung über die gesamte Drüse möglich ist. Manchmal finden sich dabei weitere, von der präoperativen Diagnostik nicht bekannte Veränderungen, die eine Erweiterung des Eingriffes bis zur subtotalen Resektion erfordern. Der zu enukleierende Knoten liegt meist in der Tiefe des Schilddrüsenlappens, allseits von normalem Parenchym umgeben. Seltener ragt ein Teil frei aus einem Lappen heraus. Vor der Enukleation wird der knotentragende Bezirk ausreichend mobilisiert. Auf die Darstellung der oberen Polgefäße und der A. thyroidea inferior kann man meist verzichten. Eine Präparation des N. laryngeus recurrens ist nicht erforderlich, wenn solitäre, ventral gelegene Schilddrüsenknoten enukleiert oder durch sparsame Resektion entfernt werden.

Liegt der Knoten oberflächlich und ist nicht vollständig von Schilddrüsenparenchym überzogen, so wird er mit einer Pinzette gefaßt und durch eine gebogene Klemme mitsamt seiner Kapsel ausgeschält. Größere eröffnete Gefäße versorgt man mit Durchstichligaturen. Anschließend erfolgt eine blutstillende Kapselnaht.

Ist der Knoten allseits von normalem Parenchym umgeben, so wird die Schilddrüsenkapsel ventral mit Elektrokauter oder Skalpell inzidiert. In diesem Bereich verlaufende Gefäße werden zuvor mit Durchstichligaturen versorgt. Nach Spaltung der Kapsel faßt der Operateur den Schilddrüsenlappen mit der linken Hand, drängt den Knoten durch Fingerdruck von dorsal nach ventral und schält ihn mit einer gebogenen Klemme aus seinem Bett, das anschließend durch Kapselnaht verschlossen wird (Abb. 6.1-19). Bei großem Knoten ist eine subtotale Resektion vorzuziehen. Auf die Notwendigkeit der Lamellierung und anschließenden makroskopischen Beurteilung des enukleierten Knotens sei hingewiesen. Bei Malignomverdacht muß eine intraoperative Schnellschnittdiagnostik erfolgen. Diese hat erfahrungsgemäß begrenzte Aussagesicherheit im Vergleich zur postoperativen histologischen Untersuchung am Formalin-fixierten Material. Läßt sich ein Malignitätsverdacht im Schnellschnitt nicht **sicher** ausschließen oder findet sich ein follikuläres Adenom, so wird heute allgemein die Hemithyreoidektomie empfohlen. Sie ist mit weitaus geringerem Risiko durchführbar als eine Reintervention an gleicher Stelle bei postoperativ gestellter Malignomdiagnose.

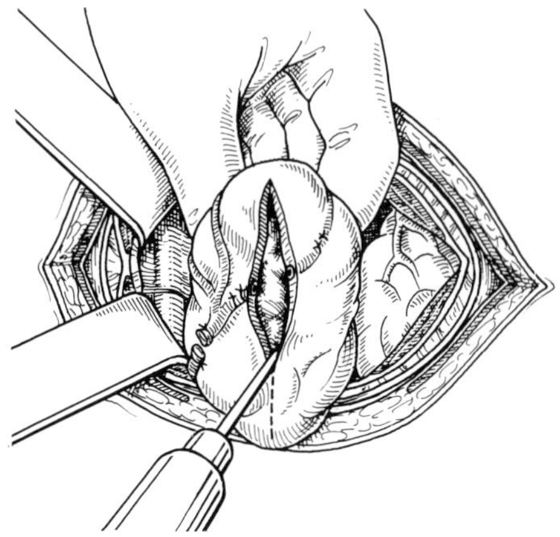

Abb. 6.1-19. Enukleation eines Knotens nach Inzision der Schilddrüsenkapsel und Durchstichligaturen der umgebenden Gefäße.

Operation der Rezidivstruma

Die Operation einer Rezidivstruma ist häufig durch ausgedehnte Verwachsungen erschwert. Hierdurch erhöht sich das Komplikationsrisiko. Die Operationsindikation sollte daher eng gestellt werden.

Die Narbe des ehemaligen Kocherschen Kragenschnitts kann meist als Hautschnitt dienen. Breite, kosmetisch unvorteilhafte Narben werden exzidiert. Liegt die Narbe sehr tief, sollte an normaler Stelle ein neuer Hautschnitt erfolgen.

Häufiger als beim Ersteingriff ist man gezwungen, die gerade Halsmuskulatur zu durchtrennen, um eine bessere Übersicht zu gewinnen. Die weitere Freilegung erfolgt exakt extrakapsulär auf der Schilddrüsenoberfläche. Die Organkapsel hat, bedingt durch Verwachsungen, ihr ursprünglich schimmerndes Aussehen meist verloren. Der N. recurrens wird nach der Luxation des Schilddrüsenlappens prinzipiell dargestellt. Ist die A. thyroidea inferior noch durchgängig, so wird sie am de Quervainschen Punkt aufgesucht, hier kurzstreckig freipräpariert und über einer gebogenen Klemme ligiert. Anschließend wird der obere Pol nach Durchtrennung und doppelter Ligatur der Gefäße luxiert, danach der untere Pol. Der zweite Schilddrüsenlappen sollte nur angegangen werden, wenn sich hier ebenfalls ausgedehnte, mechanisch wirksame oder malignomverdächtige Veränderungen finden. Ist er nur leicht vergrößert, so kann meist auf eine Resektion verzichtet werden. Ein noch vorhandener Schilddrüsenisthmus wird komplett entfernt, ebenfalls vorgefundene Reste des Lobus pyramidalis, die ihrerseits Ausgang eines Rezidivs sein können. Die Resektion erfolgt nach Festlegung ihres Ausmaßes keilförmig, anschließend die Kapselnaht.

In sehr seltenen Fällen ist aufgrund schwerster Verwachsungen die oben beschriebene extrakapsuläre Präparation und Resektion nicht möglich. Hier kann eine intrakapsuläre Resektion (Morcellement, Exkochleation) erfolgen. Der Vorteil dieses Verfahrens ist die geringere Gefährdung des

N. laryngeus recurrens, nachteilig sind schlechtere Übersicht und stärkere intraoperative Blutungen aus dem Schilddrüsenparenchym. Das Strumarezidiv wird hierzu ventral freigelegt, die Kapsel in diesem Bereich inzidiert und das Parenchym mit einem scharfen Löffel oder einer Präparierschere intrakapsulär reseziert. Eine Verletzung der hinteren Schilddrüsenkapsel ist dabei zu vermeiden. Stärkere Blutungen aus der Resektionshöhle lassen sich manchmal nur nach Ligatur der A. thyroidea inferior oder der oberen Polgefäße kontrollieren. Tiefe Durchstichligaturen von Gefäßstümpfen im Schilddrüsenrest sollten wegen der möglichen Verletzung des N. laryngeus recurrens unterbleiben. Nach Blutungskontrolle erfolgt die Kapselnaht.

Thyreoidektomie

Die totale Thyreoidektomie ist die chirurgische Standardtherapie aller Schilddrüsenmalignome. Nur in seltenen Fällen wird hiervon abgegangen:

a) Beim kleinen solitären intrathyreoidal gelegenen papillären Karzinom (Durchmesser bis max. 1 cm, keine Lymphknotenmetastasen) ist eine Hemithyreoidektomie ausreichend.
b) Beim okkulten papillären Karzinom (Durchmesser bis 1 cm, keine Lymphknotenmetastasen), das als Zufallsbefund im Resektat nach subtotaler Thyreoidektomie gefunden wird, ist – unabhängig vom Alter des Patienten – eine Nachoperation nicht erforderlich.
c) Beim undifferenzierten, weit in die Halsweichteile ausgebrochenen Karzinom wird wegen des hohen Operationsrisikos und der schlechten Prognose auf eine Thyreoidektomie verzichtet und statt dessen eine Tumorreduktion oder lediglich eine Probeexzision vorgenommen.

Die Operation beginnt auf der Seite des tumortragenden Schilddrüsenlappens. Standardzugang ist der Kochersche Kragenschnitt. Auf eine Durchtrennung der geraden Halsmuskulatur kann im allgemeinen verzichtet werden, sie ist bei sehr großer Struma oder bei einer Neck-dissection zur besseren Übersicht jedoch hilfreich.

Nach Luxation des Schilddrüsenlappens erfolgt prinzipiell zunächst die Darstellung des N. laryngeus recurrens bis zu seiner Eintrittstelle in den Kehlkopf, also langstreckiger als es bei der subtotalen Resektion normalerweise erforderlich ist. Anschließend werden die A. thyroidea inferior und die Nebenschilddrüsen aufgesucht. Bei normaler Lage findet sich das obere Epithelkörperchen kranial der A. thyroidea inferior und dorsal des N. laryngeus recurrens, das untere kaudal der Arterie und ventral des Nerven an der Rückfläche der Schilddrüse zwischen der dünnen Schilddrüsenkapsel und der kräftigeren Capsula fibrosa. Die Nebenschilddrüsen werden sorgfältig von der Schilddrüsenkapsel abpräpariert, ihr feiner Gefäßstiel aus Ästen der A. thyroidea inferior ist dabei zu schonen. Die A. thyroidea inferior wird, um einen postoperativ ischämisch bedingten Untergang der Epithelkörperchen zu vermeiden, anders als bei der subtotalen Schilddrüsenresektion nicht präliminär am de Quervainschen Punkt unterbunden. Vielmehr werden die in die Schilddrüse ziehenden Äste der Arterie einzeln dargestellt und kapselnah zwischen Ligaturen durchtrennt, unter Schonung der zu den Nebenschilddrüsen ziehenden Äste. Da der N. laryngeus recurrens zwischen diesen Arterienästen verlaufen kann, muß er in diesem Bereich exakt identifiziert werden (Abb. 6.1-11, S. 179). Anschließend durchtrennt und ligiert man die oberen Polgefäße, danach den Schilddrüsenisthmus. Unter leichtem Zug am Präparat über einer trockenen Kompresse und ständiger Sichtkontrolle des N. laryngeus recurrens erfolgt die restliche Abpräparation von der bindegewebigen Fixierung an der Trachea (Berrysches Band) mit einer gebogenen Klemme oder einem Präpariertupfer. Das Vorgehen auf der Gegenseite ist identisch. Zu einer tatsächlich vollständigen Drüsenresektion gehört auch die komplette Entfernung des Lobus pyramidalis.

Die exstirpierte Schilddrüse wird sorgfältig inspiziert, um evtl. anhaftende Nebenschilddrüsen zu entnehmen und diese nicht in toto, sondern halbiert in den M. sternocleidomastoideus zu implantieren. Entsprechend behandelt man vom Gefäßstiel isolierte Epithelkörperchen.

Bei kapselüberschreitendem Tumorwachstum in die Halsmuskulatur sollte bei differenzierten Karzinomen eine zusätzliche Muskelresektion erfolgen. Läßt sich der Tumor komplett entfernen, so ist bei einer einseitigen Infiltration des N. laryngeus recurrens und guter Prognose des Tumorleidens eine vorsätzliche Mitresektion des Nerven zugunsten einer sicheren Radikalität indiziert. Ein Tumoreinbruch in die großen Halsgefäße, in Ösophagus, Trachea oder Kehlkopf, ist vor allem bei differenzierten Karzinomen selten. Sind mehrere dieser Organe betroffen, beschränkt man sich auf eine ausgedehnte Tumorreduktion, bei isoliertem Befall eines der genannten Organe muß intraoperativ anhand des Lokalbefunds und des individuellen Operationsrisikos entschieden werden. Die Indikation zu einer Erweiterung des Eingriffes wird allgemein zurückhaltend gestellt. Ausgenommen davon ist neben dem oben erwähnten Tumoreinbruch in die Halsmuskulatur die Infiltration der V. jugularis interna, die ohne Nachteile für den Patienten komplett entfernt werden kann.

Die beidseitige systematische Revision der Halslymphknoten ist fester Bestandteil der Thyreoidektomie. Die unmittelbare Umgebung der Schilddrüse, der Gefäß-Nerven-Strang, das laterale Halsdreieck und die inframandibuläre Region werden zunächst mit dem palpierenden Finger nach vergrößerten Lymphknoten abgesucht. Tastbare Lymphknoten werden entfernt und intraoperativ durch einen Schnellschnitt histologisch begutachtet. Bei fehlender Metastasierung ist eine Neck-dissection nicht erforderlich. Finden sich jedoch Tumorabsiedlungen, so wird eine modifiziert radikale Neck-dissection durchgeführt. Diese ist meist nur auf einer Halsseite erforderlich.

Neck-dissection

Der Kochersche Kragenschnitt wird entlang des Vorderrandes des M. sternocleidomastoideus nach kranial verlängert. Zur besseren Übersicht empfiehlt sich eine Querdurchtrennung der geraden Halsmuskulatur und des Venter superior des M. omohyoideus, der M. sternocleidomastoideus bleibt intakt. Die das Gefäß-Nerven-Bündel umhüllende Faszie wird zusammen mit dem umgebenden Fett- und Bindegewebe abpräpariert und entfernt. Der in der oberen Spitze des Trigonum caroticum, lateral der V. jugularis interna verlaufende N. accessorius ist zu beachten. Die V. jugularis interna wird nach kranial bis zur Schädelbasis, nach kaudal bis zum Venenwinkel freigelegt. Sie kann reseziert und mitsamt der anhängenden Lymphknotenkette en bloc entfernt oder auch belassen werden. Eine sichere und komplette Exstirpation der tiefen Halslymphknoten entlang der Vene ist jedoch nur bei einer Resektion der V. jugularis interna möglich, die Indikation zur Resektion sollte daher im Hinblick auf die Radikalität großzügig gestellt werden.

Die submandibuläre Lymphknotenkette wird vom Kieferwinkel aus nach medial verfolgt und unter Schonung des N. hypoglossus und der Glandula submandibularis exstirpiert. Zur Dissektion des Trigonum colli laterale kann eine Verlängerung des Hautschnittes nach kaudal sowie eine Querdurchtrennung des M. sternocleidomastoideus erforderlich werden, um eine ausreichende Übersicht zu gewinnen. Meist genügt es jedoch, den Muskel von der Unterlage abzuheben und ihn kräftig nach lateral zu ziehen. Hilfreich ist hier die Relaxierung des Patienten. Der das laterale Halsdreieck von oben medial nach unten lateral kreuzende N. accessorius und der im linksseitigen Venenwinkel mündende Ductus thoracicus ist zu beachten.

Die früher meist routinemäßig geübte klassische, radikale Neck-dissection mit Entfernung des M. sternocleidomastoideus bei metastasierendem Schilddrüsenkarzinom ist nur bei einer ausgedehnten Tumorinfiltration des Muskels und prinzipiell günstiger Therapieaussicht gerechtfertigt.

Intra- und postoperative Zwischenfälle

Luftembolie

Die gravierendste, aber wohl auch seltenste intraoperative Komplikation ist die Luftembolie. Prophylaxe, Diagnostik und Therapie sind auf S. 172 beschrieben.

Intraoperative Blutungen

Starke intraoperative Blutungen können sowohl die Arterien wie auch die Venen betreffen. Nach Eröffnung der V. jugularis interna sollte eine Gefäßnaht versucht werden, das Gefäß kann jedoch prinzipiell – wie jede andere Halsvene – ohne Nachteil für den Patienten ligiert werden. Blutungen aus der A. carotis communis oder interna erfordern eine exakte gefäßchirurgische Versorgung unter Erhaltung der Durchgängigkeit des Lumens, alle anderen Halsarterien können nach Eröffnung ebenfalls ligiert werden. Durch überstarken Zug am oberen Schilddrüsenpol kann die A. thyroidea superior abreißen. Der Gefäßstumpf retrahiert sich meist sofort und läßt sich nur noch schwer auffinden. Unübersichtliche Durchstichligaturen in den Halsweichteilen sollten wegen möglicher Nervenverletzungen unterbleiben. Es empfiehlt sich in dieser Situation, den oberen Wundwinkel zunächst auszutamponieren und den gleichseitigen Schilddrüsenlappen zu resezieren, um dann unter besseren Bedingungen den Arterienstumpf aufzusuchen. Gelingt dies nicht, so muß die A. thyroidea superior von einem bogenförmigen Schnitt über dem Trigonum caroticum dargestellt und an ihrem Abgang aus der A. carotis externa ligiert werden.

Ösophagus-, Trachea- und Pleuraverletzungen

Ösophagus- und Trachealverletzungen anläßlich von Schilddrüsenoperationen sind Raritäten. Ein Ösophagusleck wird doppelreihig, eine kleine Trachealläsion einreihig übernäht. Bei hochstehender Pleurakuppe oder großer retrosternaler Struma kann die Pleura parietalis einreißen, sie wird anschließend übernäht. Das Einlegen einer Thoraxsaugdrainage ist nicht zwangsläufig, sondern nur bei postoperativ nachweisbar breitem Pneumothorax erforderlich.

Tracheomalazie

Besteht präoperativ eine hochgradige Trachealstenose, so kann diese mit einer Tracheomalazie kombiniert sein. Die Stabilität der Trachealwand sollte hier nach der Strumaresektion und vor dem Verschluß des Operationsgebietes nach vorübergehendem Zurückziehen des Endotrachealtubus überprüft werden. Zeigt sich eine Tracheomalazie, so empfiehlt es sich, im malazischen Bezirk auf beiden Seiten der Trachea zwei bis drei Nähte zu legen und diese so am M. sternocleidomastoideus zu fixieren, daß ein möglichst normal weites Tracheallumen resultiert. Die Nähte können ggf. auch nach außen durch die Haut gelegt und dort über Tupfern geknotet werden (Abb. 6.1-20). Läßt sich hierbei keine Stabilität der Luftröhre erreichen, muß tracheotomiert werden.

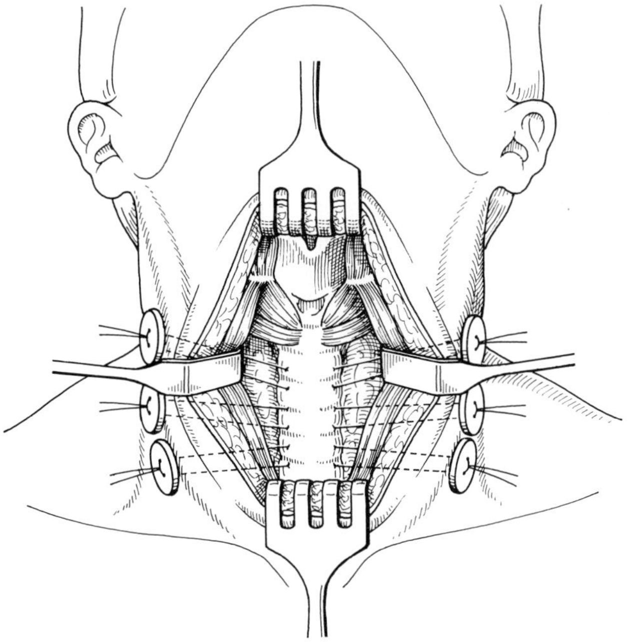

Abb. 6.1-20. Tracheopexie bei Tracheomalazie.

Rekurrensläsionen

Eine einseitige Rekurrensparese äußert sich meist als Heiserkeit, manchmal ist die Stimme jedoch kaum verändert und nur leicht ermüdbar. Eine beidseitige Lähmung führt zu inspiratorischem Stridor, hochgradiger Atemnot und Erstickungsgefahr. Rekurrensparesen sind bei etwa der Hälfte der Patienten innerhalb von Wochen bis Monaten reversibel.

Die Nervenläsion wird meist durch Zug bei der Luxation der Schilddrüse verursacht, hier ist der anschließende Funktionsverlust in der Regel reversibel. Nach Einbinden des Nerven in eine Ligatur erholt sich seine Funktion nur, wenn dies frühzeitig bemerkt und die Ligatur entfernt wird. Selten entsteht die Parese infolge einer Kontinuitätsdurchtrennung. Die mikrochirurgische Nervennaht hat nur wenig Aussicht auf Wiederherstellung der Stimmbandbeweglichkeit, da es kaum gelingt, die zueinander passenden Faserbündel zu adaptieren. Eine beidseitige Rekurrensparese erfordert eine Tracheotomie, möglichst unmittelbar im Anschluß an die Schilddrüsenoperation. Es empfiehlt sich, dabei das Operationsgebiet nach einer möglichen Rekurrensligatur abzusuchen. Eine Laterofixation der Stimmbänder wird frühestens nach 6 Monaten durchgeführt, da sich die Nervenfunktion erholen kann. Die Zahlenangaben über die Häufigkeit von Rekurrensparesen variieren in Abhängigkeit vom jeweiligen Operationsverfahren und von der Tatsache, ob der Nerv tatsächlich dargestellt wurde. Nach einer Enukleation ist eine permanente Pareserate von deutlich unter 1 % zu erwarten, nach subtotaler Resektion als Ersteingriff und Präparation des Nerven von etwa 0,4 %, nach subtotaler Resektion und Nichtbeachten von 3,3 %, verschiedentlich auch bis zu 6 %. Bei einer Thyreoidektomie erhöht sich die Wahrscheinlichkeit auf 2–5 %, bei intrakapsulärer Resektion einer Rezidivstruma auf 6–8 % und bei extrakapsulärer Resektion sogar auf 10–20 %.

Läsionen des N. laryngeus superior

Klinisch äußert sich eine Schädigung des N. laryngeus superior in einem Verlust des Stimmvolumens und einer leichten Absenkung der Tonlage. Die Frequenz dieser Läsion ist bisher zahlenmäßig nicht erfaßt worden.

Hypoparathyreoidismus

Der postoperative Hypoparathyreoidismus ist, ähnlich wie die Rekurrensparese, häufig nur passager. Die Frequenz bleibender Nebenschilddrüsenschädigungen liegt bei beidseits resezierenden Eingriffen zwischen 0,2–0,4 %, bei Thyreoidektomie oder Reeingriffen zwischen 1–3 %. Als Therapie kommt – je nach Verlauf – eine passagere oder lebenslange Medikation mit Kalzium und/oder Vitamin-D-Präparaten infrage.

Nachblutung

Mit Nachblutungen muß man in 1–5 % der Fälle rechnen. Gefährdet sind vor allem Patienten mit ehemals hyperthyreoter Stoffwechsellage. Häufig kommt es zu einer rasch zunehmenden Trachealkompression, die innerhalb kurzer Zeit zu Erstickungszuständen und einer vitalen Bedrohung des Patienten führt. Meist findet sich zusätzlich eine deutliche Vorwölbung der Halsweichteile. Schilddrüsenoperierte sollten postoperativ hinsichtlich dieser Symptome überwacht werden. Bei Verdacht auf eine Nachblutung ist eine sofortige Revision des Operationsgebietes in Intubationsnarkose erforderlich.

Wundheilungsstörungen

Operativ behandlungsbedürftige Wundheilungsstörungen sind seltener als in anderen Körperregionen. Ihre Frequenz liegt um 1 %. Abszedierungen erfordern eine Revision mit Abszeßausräumung und Drainage.

Rezidivstruma

Die Wahrscheinlichkeit eines Strumarezidivs liegt zwischen 10 und 40 %. Das Auftreten ist abhängig von der jeweiligen Grunderkrankung, dem Ausmaß der Resektion und der Nachbehandlung. Durch eine postoperative Substitution mit Schilddrüsenhormonen oder Jodidsalzen kann das Risiko deutlich minimiert werden.

Nach subtotaler Schilddrüsenresektion beidseits wird am 1. bis 3. postoperativen Tag mit der Hormongabe begonnen, die tägliche Dosis beträgt zwischen 75 und 125 µg T4. Ein Jahr postoperativ erfolgt ein Auslaßversuch und 8 Wochen später die Bestimmung von T3, T4 und TSH. Sind diese Werte normal, so kann bei jährlichen Kontrollen zunächst auf eine weitere Medikation verzichtet werden. Sind die Schilddrüsenhormonkonzentrationen im Plasma erniedrigt und TSH gleichzeitig erhöht, wird die Medikation wieder aufgenommen und nach einem weiteren Jahr kontrolliert.

Nach Enukleation oder sparsamer Resektion eines Schilddrüsenlappens erfolgt zunächst eine Substitution mit Jodidsalzen (0,2 mg tgl.). Finden sich die o.g. Laborparameter bei der ersten Kontrolle nach 3 bis 6 Monaten im pathologischen Bereich, so wird eine Hormontherapie eingeleitet und nach weiteren 12 Monaten kontrolliert.

Letalität

Das Letalitätsrisiko liegt bei der subtotalen Strumaresektion bei etwa 0,2%, bei großen retrosternalen Strumen alter und polymorbider Patienten dagegen um 3%. Diese Zahlen belegen die Notwendigkeit, die Operationsindikation rechtzeitig zu stellen.

Hyperparathyreoidismus (HPT)

Der Hyperparathyreoidismus (HPT) kommt wesentlich seltener vor als die Erkrankungen der Schilddrüse, die Inzidenz beträgt etwa 30 pro 100000 Einwohner. Das Krankheitsbild nimmt dennoch im endokrin-chirurgischen Patientengut die 2. Stelle ein. Die Geschichte der operativen Behandlung ist vergleichsweise jung. 1925 führte Mandl die erste erfolgreiche Parathyreoidektomie beim primären Hyperparathyreoidismus durch, Stanbury operierte als erster im Jahre 1960 einen Patienten wegen eines sekundären Hyperparathyreoidismus.

Primärer HPT

Die idiopathische Form der Nebenschilddrüsenüberfunktion wird als primärer HPT bezeichnet. Er tritt überwiegend im 5. und 6. Lebensjahrzehnt auf, bei Frauen zwei- bis dreimal häufiger als bei Männern.

Das Krankheitsbild kann sich an verschiedenen Organsystemen manifestieren und so zu einer vielfältigen klinischen Symptomatik führen (Tab. 6.1-4). Die unterschiedlichen Beschwerden können einzeln oder in den verschiedensten Kombinationen vorkommen und andere Erkrankungen vortäuschen. Aufgrund der zunehmenden Verbreitung von Laborautomaten und der somit häufigen routinemäßigen Erfassung der Serum-Kalzium-Konzentrationen werden immer mehr symptomarme oder asymptomatische Verlaufsformen erkannt. Die Sicherung der Diagnose stützt sich somit weniger auf die klinische Symptomatik als vielmehr auf pathologische Laborbefunde. Eine Hyperkalzämie sowie eine Erhöhung von Parathormon im Serum besitzen die höchste diagnostische Wertigkeit. Andere Laborparameter sind weniger aussagekräftig, da sie seltener in pathologischen Bereichen liegen (Tab. 6.1-5).

Tab. 6.1-4. Organmanifestationen und Beschwerden beim primären HPT.

Betroffenes Organ	Morphologische Veränderung	Beschwerden
Skelett	Demineralisation, subperiostale Resorptionsakro-osteolysen, Zysten	Knochenschmerzen
Niere	Nephrolithiasis, Nephrokalzinose	Polyurie, Polydipsie
Intestinum, Magen, Duodenum Pankreas	Peptisches Ulcus Pankreatitis	Übelkeit, Erbrechen Obstipation (infolge Hyperkalzämie)
ZNS	–	Müdigkeit, Kopfschmerzen, Antriebsverarmung, Depression
Muskulatur	–	Adynamie

Tab. 6.1-5. Pathologische Laborparameter beim pHPT.

Parameter	Normalbereich	Pathologisch	Wertigkeit
PTH i.S.	laborspezifisch	erhöht	***
Kalzium i.S.	2,25– 2,6 mmol/l 4,5 – 5,2 mval/l 9 –10,4 mg%	erhöht	***
Phosphor i.S.	2,5–4,7 mg% 0,8–1,5 mmol/l	erniedrigt	**
AP i.S.	50–180 U/l	erhöht	*
Kalzium i.U.	100–300 mg/24 Std.	erhöht	*
Cl/P-Quotient (mval/mg%)	bis 35	erhöht	*

Lokalisationsdiagnostik

Zur präoperativen Lokalisationsdiagnostik vergrößerter Nebenschilddrüsen wurden Ultraschall, Computertomographie, Thallium-Technetium-Subtraktionsszintigraphie, selektive Arteriographie, selektive Halsvenenkatheterisierung mit Parathormonbestimmung oder Kernspintomographie eingesetzt. Die bisherige Erfahrung mit diesen Untersuchungsmethoden läßt eine abschließende Beurteilung zu: die Wertigkeit der einzelnen Verfahren ist unterschiedlich hoch, aber keinesfalls groß genug, um den Eingriff an einer bestimmten Stelle im Hals oder im Mediastinum gezielt durchführen und gleichzeitig auf die Darstellung der übrigen Nebenschilddrüsen verzichten zu können. Vor allem größere Tumoren, die auch intraoperativ leicht zu finden sind, werden richtig lokalisiert. Auf eine präoperative Lokalisationsdiagnostik kann daher vor allem vor Ersteingriffen verzichtet werden, eine selektive Arterien- oder Venenkatheterisierung sollte wegen der damit verbundenen Risiken ganz unterbleiben.

Nach wie vor stellt eine anatomiegerechte Präparation die zuverläßigste Lokalisationsdiagnostik dar. Hierzu sind besondere Kenntnisse in der chirurgischen Anatomie und der operativen Behandlung des HPT erforderlich. Nur bei entsprechender Erfahrung lassen sich akzeptable Operationsergebnisse erzielen (Tab. 6.1-6). Doppman empfiehlt daher als wichtigste lokalisationsdiagnostische Maßnahme die Suche nach einem in der Nebenschilddrüsenchirurgie erfahrenen Operateur.

Tab. 6.1-6. Operationsergbnisse (%) bei primärem HPT in Skandinavien (Jonhannson, 1986).

Ergebnis	Endokrin-chirurg. Abteilungen	Andere Kliniken	Kliniken mit <10 HPT-Op. pro Jahr
Normalkalziämie	90	76	70
Hypokalziämie	4	18	14
Hyperkalziämie	6	6	15

Intraoperative Befunde

Der primäre HPT wird bei etwa 80 % der Patienten durch ein solitäres Adenom, bei ca. 15 % durch eine 4-Drüsen-Hyperplasie und bei jeweils 1–2 % durch ein Doppeladenom oder ein Nebenschilddrüsenkarzinom verursacht. Die jeweilige Diagnose muß intraoperativ anhand des makroskopischen und histologischen Befundes im Schnellschnitt gestellt werden, sie bestimmt das Ausmaß der Resektion und damit auch das Ergebnis der Operation.

Ein solitäres Adenom liegt nach makroskopischen Kriterien vor, wenn eine Nebenschilddrüse deutlich vergrößert und die übrigen normal groß sind. Histologisch ist das Adenom von einer Kapsel umgeben, der ein schmaler Randsaum von normalem oder atrophischem Nebenschilddrüsengewebe eingelagert ist. Wird dieser Randsaum im Schnellschnitt nicht erfaßt, so kann histologisch nur die Diagnose einer Hyperplasie gestellt werden. Zum Beweis, daß es sich bei der vergrößerten Nebenschilddrüse doch um ein Adenom handelt, muß hier zusätzlich eine normal große Nebenschilddrüse biopsiert werden. Weist diese in der Fettfärbung intrazelluläre Fettvakuolen als funktionelles Zeichen der Suppression auf, so handelt es sich bei der vergrößerten Nebenschilddrüse um ein Adenom.

Bei einer Hyperplasie sind mindestens zwei Nebenschilddrüsen vergrößert. Meist liegt eine asymmetrische 4-Drüsen-Hyperplasie vor, d.h. die Nebenschilddrüsen sind nicht in demselben Ausmaß vergrößert. Histologisch findet sich hyperplastisches Gewebe. Ein Randsaum oder ein in den Nebenschilddrüsen enkapsulierter Knoten fehlen, intrazelluläre Fettvakuolen sich nicht nachweisbar.

Bei den seltenen Doppeladenomen sind zwei Nebenschilddrüsen vergrößert, die beiden anderen normal groß. Histologisch erfüllen die Adenome die o.g. Kriterien. Durch Biopsie muß außerdem das Vorhandensein mindestens eines normalen, funktionell supprimierten Epithelkörperchens gesichert sein.

Besonders schwierig ist die Diagnose eines Nebenschilddrüsenkarzinoms intraoperativ zu stellen. Derbe Konsistenz, dicke Kapsel, Adhäsionen mit der Umgebung und grau-weiße Schnittfläche sind makroskopisch verdächtig, ein infiltratives Wachstum in die umgebenden Weichteile oder Lymphknotenmetastasen sind selten, aber beweisend. Mitosen und Gefäßeinbrüche stellen inkonstante, aber sichere histologische Kriterien für ein Karzinom dar. Kernatypien sind – wie bei anderen endokrinen Tumoren – dagegen kein Beweis für Malignität.

Operationsindikationen

Der primäre HPT wird bislang ausschließlich operativ behandelt, wirkungsvolle konservative Alternativen sind nicht bekannt. Das Stellen der Diagnose bedeutet für den Großteil der Patienten auch eine Operationsindikation. Diese liegt unzweifelhaft bei allen symptomatischen Verläufen vor. Beim asymptomatischen primären HPT sollte die Operationsindikation großzügig gestellt werden, da viele Patienten nach Diagnosestellung Organkomplikationen entwickeln, die durch einen rechtzeitig vorgenommenen Eingriff zu verhindern sind. Entsprechendes gilt auch für Patienten jenseits des 65. Lebensjahres (»Alters-HPT«). Dieses Krankheitsbild stellt insofern einen speziellen Aspekt dar, da hier weniger die bekannten Folgeerkrankungen an Skelett, Niere und Abdomen im Vordergrund stehen als vielmehr neuromuskuläre Beschwerden infolge Hyperkalzämie, manchmal in geringer Ausprägung und dann von den natürlichen Zeichen des Alterns kaum abgrenzbar. Gerade ältere Patienten können postoperativ eine deutliche Steigerung ihrer geistigen und körperlichen Leistungsfähigkeit erlangen. Beim selten vorkommenden normokalzämischen HPT rechtfertigen lediglich symptomatische Verlaufsformen eine Operation.

Präoperative Maßnahmen

Patienten mit einer mäßiggradigen Hyperkalzämie bis etwa 3 mmol/l können nach Ausgleich der häufig vorliegenden Volumen- und Elektrolytverluste operiert werden. Höhere Kalziumkonzentrationen sollten wegen der zu befürchtenden Herzrhythmusstörungen unter diese Schwelle gesenkt werden. Hierzu ist eine forcierte Diurese mit kalziumfreien Infusionslösungen und Furosemid meist ausreichend. Calcitonin ist dabei nur wenig wirksam. Auf die Gabe von Mithramycin sollte wegen der möglichen toxischen Nebenwirkungen verzichtet werden. Die Anwendung von Digitalisglykosiden ist bei Hyperkalzämie kontraindiziert. Eine parathyreotoxische Krise erfordert zunächst eine intensivmedizinische Behandlung zur Senkung des Serumkalzium und zum Ausgleich des Säure-Basen-Haushalts. Erst nach entsprechender Vorbereitung und Abklingen der akuten Symptomatik sollte hier operiert werden, Notfalleingriffe weisen eine sehr hohe Letalitätsrate auf.

Operationstechnik

Lagerung, Narkose, Abdeckung und Zugang entsprechen dem Vorgehen bei Schilddrüsenoperationen (S. 177). Auf eine Durchtrennung der geraden Halsmuskulatur kann im allgemeinen verzichtet werden. Es ist gleichgültig, welche Halsseite zuerst exploriert wird, da es keine Seitenbevorzugung der Epithelkörperchentumoren gibt.

Die Schilddrüse wird vor allem in ihrem dorsalen Abschnitt, wo die Nebenschilddrüsen normalerweise liegen, weiter als bei einer Schilddrüsenresektion in der Regel erforderlich, freipräpariert und dann luxiert. Grundvoraussetzung hierbei ist ein langsames und blutarmes Operieren. Eine blutige Durchtränkung des umgebenden Bindegewebes erschwert das Auffinden der Nebenschilddrüsen außerordentlich. Zunächst werden der N. laryngeus recurrens und die A. thyreoidea inferior als anatomische Leitstrukturen zum Auffinden der Epithelkörperchen dargestellt. In einem Durchmesser von 2 cm um die Kreuzungsstelle beider Gebilde finden sich etwa 80 % aller Nebenschilddrüsen. Prinzipiell ist bei Ersteingriffen die Darstellung aller 4 Nebenschilddrüsen anzustreben, nur so kann die jeweilige Ursache des primären HPT (Adenom, Hyperplasie, Karzinom) mit größtmöglicher Sicherheit definiert werden (Abb. 6.1-21).

Wegen der geringeren Lagevariabilität beginnt man mit der Darstellung der oberen Nebenschilddrüse, kranial des N. laryngeus recurrens und dorsal der A. thyroidea inferior. Der Schilddrüsenlappen wird über einer ausgezogenen trockenen Kompresse nach vorne und medial gezogen, das lockere gefäßarme Bindegewebe zwischen dorsaler Schilddrüse, Gefäß-Nerven-Scheide, Ösophagus und lateraler Trachealwand mit einer gebogenen Klemme gespreizt. Findet sich die obere Nebenschilddrüse nicht an normaler Stelle, so umfaßt die weitere Suche zunächst die Spitze des oberen Schilddrüsenpols und den Sulcus ösophagotrachealis. Kann hierbei kein Epithelkörperchen gefunden werden, sollte vor einer weiteren Ausdehnung der Suche zunächst die untere Nebenschilddrüse dargestellt werden, kaudal des N. laryngeus recurrens und ventral der A. thyroidea inferior am dorsalen Bereich der Schilddrüsenkapsel bis zu dem unteren Schilddrüsenpol. Findet sich hier keine Nebenschilddrüse, erfolgt die Exploration des prä- und paratrachealen Bindegewebes in der Fossa jugularis bis zum Thymusoberrand (Ligamentum thyrothymicum).

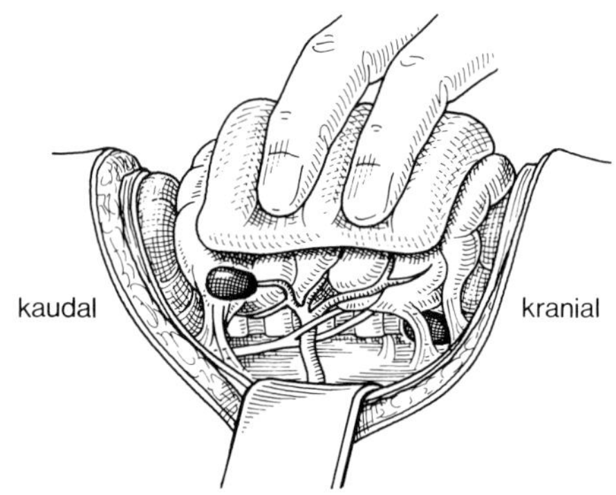

Abb. 6.1-21. Normale Lage der Epithelkörperchen in bezug auf die A. thyroidea inferior und den N. laryngeus recurrens. Die untere Nebenschilddrüse liegt kaudal der Arterie und ventral des Nerven, die obere kranial der Arterie und dorsal des Nerven.

Wurden bei der Präparation drei Nebenschilddrüsen gefunden, von denen eine sicher als Adenom und die beiden anderen als normale Epithelkörperchen klassifizierbar sind, kann auf die im folgenden beschriebene ausgedehnte Suche nach der vierten Nebenschilddrüse verzichtet werden, da sie mit großer Wahrscheinlichkeit ebenfalls normal ist. Liegt dagegen eine Hyperplasie vor, muß die Suche fortgesetzt werden.

Wird eine obere Nebenschilddrüse vermißt, so erstreckt sich die weitere Suche auf den Spaltraum zwischen Trachea und Ösophagus, hinter den Ösophagus bis auf die Halswirbelsäule und die eröffnete Gefäß-Nerven-Scheide (Abb. 6.1-22). Nach kranial sollten die Halsweichteile bis zum Kieferwinkel präpariert werden, eine Durchtrennung der oberen Polgefäße der Schilddrüse erleichtert die Übersicht. Als weiteres erfolgt die Exploration des hinteren oberen Mediastinums, vornehmlich im prävertebralen und paraösophagealen Raum, so weit wie möglich von zervikal.

Wurde eine untere Nebenschilddrüse nicht im Halsbereich gefunden, so ist sie im vorderen Mediastinum zu suchen (Abb. 6.1-22) Dieses wird bis zu den großen Gefäßen zunächst digital exploriert. Zusätzlich sollte das Fettbindegewebe entlang des N. recurrens präpariert werden. Ist die Suche immer noch ergebnislos, erfolgt als weiterer Schritt die zervikale Thymektomie auf der Seite des fehlenden Nebenschilddrüsentumors. Hierzu wird das Lig. thyrothymicum mit einer gebogenen Klemme gefaßt und der Thymus unter leichtem kontinuierlichem Zug mit seiner Kapsel stumpf aus dem Mediastinum disseziert. Es ist vorteilhaft, immer neue Klemmen am tiefsten sichtbaren Punkt des Gewebes zu setzen, um ein Abreißen und somit eine inkomplette Thymektomie zu vermeiden (Abb. 6.1-23). Fehlt auch jetzt noch ein Nebenschilddrüsentumor, so ist eine ausgedehnte subtotale Schilddrüsenresektion auf der jeweiligen Halsseite durchzuführen, da Nebenschilddrüsen in seltenen Fällen intrathyreoidal liegen können. Auf eine Sternotomie zur Exploration des Mediastinums wird im Ersteingriff verzichtet.

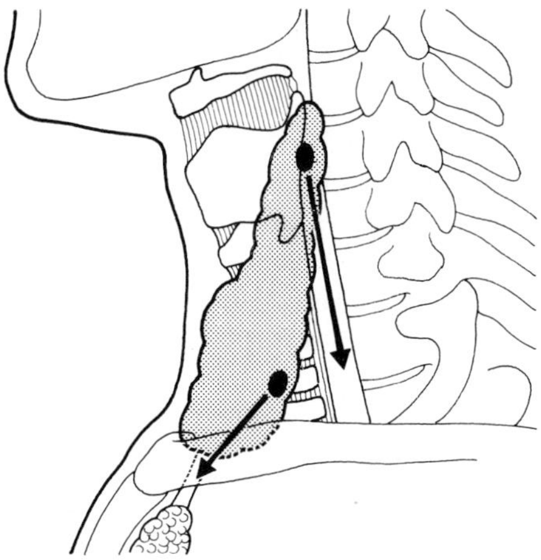

Abb. 6.1-22. Typische Dislokation der oberen Nebenschilddrüse in das hintere und der unteren in das vordere Mediastinum.

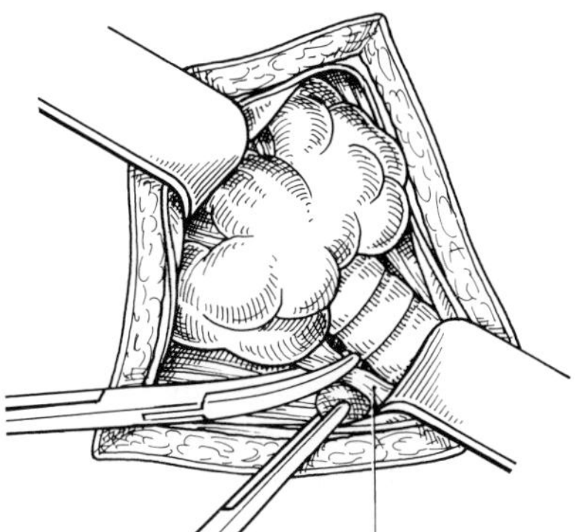

Abb. 6.1-23. Zervikale Thymektomie.
a) Fassen des Ligamentum thyrothymicum mit einer gebogenen Klemme.

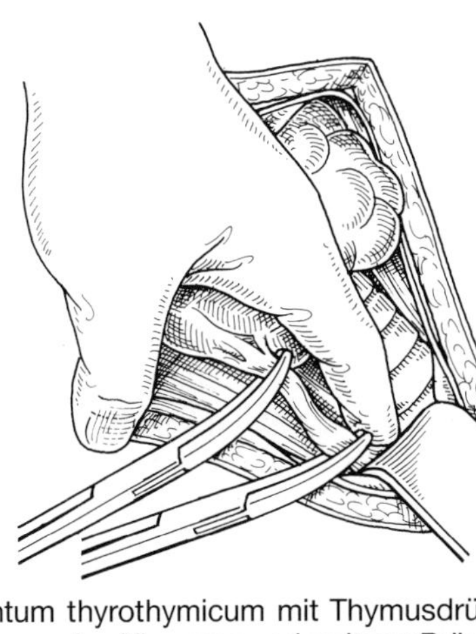

b) Ligamentum thyrothymicum mit Thymusdrüse werden unter leichtem Zug an den Klemmen und weiterer Präparation, auch mit dem Zeigefinger, nach kranial gezogen.

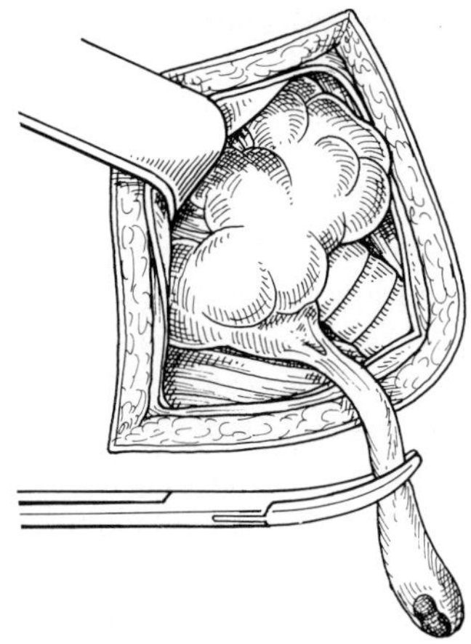

c) Die Thymusdrüse mitsamt einer eingebetteten Nebenschilddrüse ist komplett von zervikal aus dem Mediastinum extrahiert.

Liegt ein solitäres Adenom als Ursache des primären HPT vor, so wird dieses nach Durchtrennung und Ligatur des zuführenden Gefäßstiels exstirpiert. Auf die vorherige Notwendigkeit der Darstellung des N. laryngeus recurrens sei nochmals hingewiesen. Der Nerv kann sich über dem Nebenschilddrüsentumor ausspannen oder sehr kapselnah verlaufen. Ist die Diagnose Adenom anhand der o.g. histologischen Kriterien nicht sicher zu stellen, muß ein makroskopisch normales Epithelkörperchen zur Schnellschnittdiagnostik biopsiert werden. Hierzu legt man einen dünnen atraumatischen Faden durch den dem Gefäßpol abgewandten Teil und reseziert unter Zug an dem Faden den entsprechenden Pol (Abb. 6.1-24).

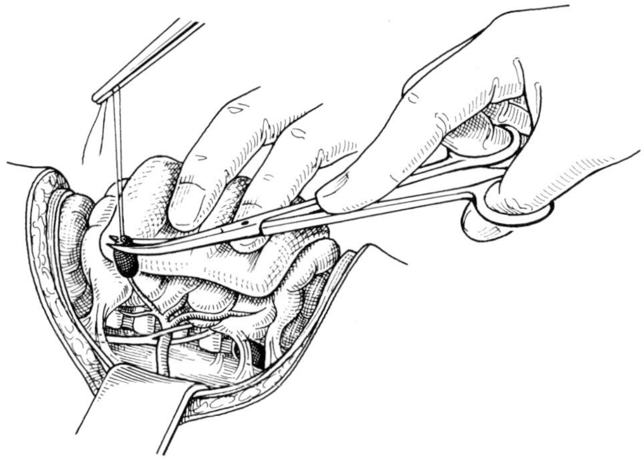

Abb. 6.1-24. Biopsie aus einer normalen Nebenschilddrüse unter Schonung des Gefäßstiels.

Bei einer primären 4-Drüsen-Hyperplasie kann eine subtotale Parathyreoidektomie ($3^1/_2$-Resektion) oder eine totale Parathyreoidektomie mit Autotransplantation von frischem Gewebe in die Unterarmbeugemuskulatur vorgenommen werden. Bei der $3^1/_2$-Resektion sollte der zu belassene Rest etwa der Größe einer normalen Nebenschilddrüse ($5 \times 3 \times 1$ mm) entsprechen. Die übrigen Nebenschilddrüsen dürfen erst nach Bildung eines gut vaskularisierten Restes entfernt werden. Bestehen Zweifel an der Durchblutung des Epithelkörperchenrestes, so ist das Vorgehen an einer anderen Nebenschilddrüse zu wiederholen.

Bei der totalen Parathyreoidektomie werden alle 4 Nebenschilddrüsen am Hals exstirpiert und bis zum Verschluß des Operationsgebietes in physiologischer Kochsalzlösung bei +4 °C aufbewahrt. Eine Nebenschilddrüse wird anschließend in 1–2 mm^3 große Würfel geschnitten, von denen 20 in getrennte Taschen der Unterarmbeugemuskulatur des nicht dominanten Armes implantiert werden. Hierzu werden die Muskelfasern mit einer kleinen gebogenen Klemme gespreizt. In die so entstandene Muskeltasche wird jeweils 1 Gewebestückchen implantiert, anschließend erfolgt der Verschluß der Muskeltasche durch einen Metallclip oder nicht resorbierbares Nahtmaterial (Abb. 6.1-25).

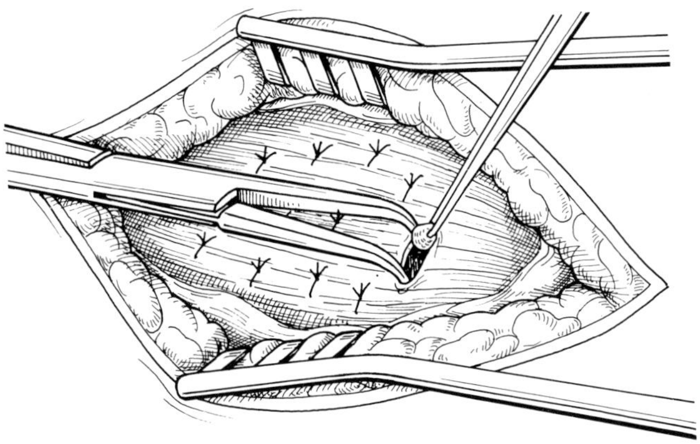

Abb. 6.1-25. Autotransplantation von Nebenschilddrüsengewebe in die Unterarmbeugemuskulatur.

Finden sich Doppeladenome als Ursache des primären HPT, so werden beide Tumoren exstirpiert und eine normale Drüse zur Diagnosesicherung biopsiert. Beim Nebenschilddrüsenkarzinom ist ein radikales lokalchirurgisches Vorgehen indiziert, da der Tumor weder auf Bestrahlung noch auf Zytostatika anspricht. Ein Tumoreinbruch in die umgebenden Weichteile erfordert eine En-bloc-Resektion mit Hemithyreoidektomie. Bei Lymphknotenmetastasen ist eine Neck-dissection erforderlich.

Postoperative Komplikationen

Wundheilungsstörungen und Nachblutungen sind selten, ihre Frequenz liegt etwa bei 1–2 %. Die Häufigkeit von permanenten Rekurrensparesen wird zwischen 0,5–10 % angegeben. Bei sicherer Darstellung des Nerven ist bei Ersteingriffen eine Rate von etwa 1 % zu erwarten.

Die Nebenschilddrüsenüberfunktion kann unmittelbar postoperativ persistieren oder nach vorübergehender Normalisierung rezidivieren. Ursachen sind belassene Nebenschilddrüsentumoren oder eine Hyperplasie des belassenen Restes nach 3½-Resektion. Symptomatische Verläufe erfordern einen Reeingriff, der wegen seiner vielfältigen Problematik an einem Zentrum mit besonderer Erfahrung in der Nebenschilddrüsenchirurgie vorgenommen werden sollte.

Postoperativ kann ein passagerer oder persistierender Hypoparathyreoidismus auftreten. Die passagere Form ist meist Ausdruck einer Rekalzifizierung des Skeletts und hierdurch bedingtem vermehrtem Kalziumbedarf; sie erfordert eine vorübergehende Kalzium- und evtl. auch Vitamin-D-Medikation, die in Abhängigkeit vom Serumkalzium innerhalb der ersten Wochen oder Monate schrittweise reduziert und schließlich beendet werden kann. Liegt 4–6 Monate postoperativ immer noch eine stark substitutionsbedürftige Hypokalzämie vor, so kann von einem permanenten Hypoparathyreoidismus ausgegangen werden. Ursache ist eine zu ausgedehnte Resektion oder das Fehlen von funktionsfähigem Nebenschilddrüsengewebe bei untergegangenem Epithelkörperchenrest oder Nichtanwachsen des Autotransplantates. Üblicherweise erfolgt hier eine Dauermedikation mit Kalzium- und Vitamin-D-Wirkstoffen. Alternativ kann das Krankheitsbild mit gutem Erfolg durch Replantation von autologem kältekonserviertem Nebenschilddrüsengewebe behandelt werden. Da diese Komplikation im Rahmen von Ersteingriffen vor allem bei der operativen Behandlung einer 4-Drüsen-Hyperplasie auftritt, sollte hier regelmäßig ein Teil des entfernten Nebenschilddrüsengewebes für eine evtl. später notwendige Replantation kältekonserviert werden.

Sekundärer HPT

Der sekundäre HPT ist die Folge einer chronischen Übersekretion von Parathormon bei langdauernder Hypokalzämie, er wird fast immer durch eine chronische Niereninsuffizienz ausgelöst. Makroskopisch liegt eine unterschiedlich ausgeprägte Vergrößerung aller 4 Nebenschilddrüsen vor, histologisch eine 4-Drüsen-Hyperplasie. Die hyperkalzämische Form des sekundären HPT wird auch als tertiärer HPT bezeichnet. Typisch für die klinische Symptomatik sind chronische, wenig differenzierbare »rheumatische« Schmerzen am Bewegungsapparat, verursacht durch eine renale Osteopathie, selten Spontanfrakturen oder schmerzhafte Weichteilverkalkungen. In Zusammenhang mit der chronischen Niereninsuffizienz besteht häufig ein quälender Juckreiz. Die Symptomatik kann bei Hyperkalzämie von den allgemeinen hierfür typischen neuromuskulären Beschwerden ergänzt werden.

Zur Diagnostik, der Beurteilung des vorliegenden Schweregrades und der zu wählenden Therapieform s. Tab. 6.1-7. Die Höhe des Parathormonwertes besitzt nicht die Wertigkeit wie beim primären HPT, da die in den üblichen Radioimmunoassays erfaßten Hormonbruchstücke nierengängig und bei jeder chronischen Niereninsuffizienz unabhängig vom Ausmaß der Nebenschilddrüsenüberfunktion ohnehin erhöht sind.

Tab. 6.1-7. Stadieneinteilung des sekundären HPT (Rothmund, 1986).

Stadium	I	II	III
Serumkalzium (mmol/l)	< 2,6	< 2,6	> 2,6
Alkal. Phosphatase (U/l)	< 300	> 300	normal oder erhöht
Röntgenbefund Finger	normal	subperiostale Resorptionen	normal oder subperiostale Resorptionen
Op.-Indikation	nein	relativ, abhängig von Beschwerden und Ausmaß der renalen Osteopathie	absolut

Therapie

Die Behandlung der überwiegenden Anzahl der Patienten ist konservativ und besteht in phosphatarmer Diät, oraler Gabe von Phosphatbindern, Kalzium- und Vitamin-D-Wirkstoffen. Nur für etwa 5 % aller chronisch niereninsuffizierten Patienten stellt sich nach den in Tab. 6.1-7 aufgezeigten Kriterien eine Operationsindikation.

Operationstechnik

Operationsverfahren der Wahl ist die oben beschriebene totale Parathyreoidektomie und Autotransplantation von frischem Gewebe in die Unterarmbeugemuskulatur, alternativ kommt eine subtotale Parathyreoidektomie ($3^1/_2$-Resektion) infrage. Routinemäßig sollte zusätzlich eine zervikale Thymektomie erfolgen, um eine evtl. vorhandene überzählige Drüse im Thymus mitzuentfernen, die Ursache für ein späteres Rezidiv sein kann. Besonderer Vorteil des erstgenannten Verfahrens ist nach bisherigen Erfahrungen die etwas häufigere postoperative Normalisierung des Kalziumstoffwechsels (ca. 90 % der Patienten), ferner können vom Autotransplantat ausgehende Rezidive durch partielle Exzision des Nebenschilddrüsengewebes in Lokalanästhesie behandelt werden. Rezidive, die von einem Epithelkörperchenrest am Hals ausgehen, erfordern dagegen eine erneute Exploration.

Nachbehandlung

Bis zur ausreichenden Funktionsaufnahme des Autotransplantats oder des verbliebenen Epithelkörperchenrestes im Halsgebiet ist eine Medikation mit Kalzium- und Vitamin-D-Wirkstoffen erforderlich. Diese kann meist innerhalb des ersten halben Jahres beendet werden. Ist danach noch eine hochdosierte Substitutionstherapie erforderlich, sollte autologes kältekonserviertes Parathyreoideagewebe replantiert werden.

Postoperative Komplikationen

Art und Frequenz der postoperativen Komplikationen entsprechen im wesentlichen denen beim primären HPT. Persistierende oder rezidivierende Über- bzw. Unterfunktionszustände des verbliebenen Nebenschilddrüsengewebes treten, wie bei der primären 4-Drüsen-Hyperplasie, bei etwa 10 % der Patienten auf.

Koniotomie, Tracheotomie

Definitionen

Unter Koniotomie versteht man die notfallmäßige Inzision des Lig. cricothyroideum (»Nottracheotomie«). Anatomisch handelt es sich dabei um eine Kehlkopfoperation, die sinngemäß jedoch zu den Tracheotomien gerechnet wird.

Tracheotomie (Luftröhrenschnitt) bedeutet die Eröffnung der Trachea vom Hals aus als Elektiveingriff. Die hierbei in der Luftröhre angelegte Öffnung heißt Tracheostoma.

Koniotomie

Indikationen

Die Koniotomie ist nur bei sonst nicht beherrschbaren akuten Erstickungszuständen – meist außerhalb des Krankenhauses – gerechtfertigt, wenn eine translaryngeale Intubation unmöglich ist und zugleich die zeitaufwendigere Tracheotomie zur Beatmung nicht mehr abgewartet werden kann. Diese Notfallsituation kann gegeben sein bei:

a) Mechanischer Verlegung der oberen Luftwege nach Fremdkörperaspiration, wenn diese nicht umgehend extrahierbar sind.
b) Verletzungen des Kehlkopfes mit unüberwindlichen Intubationsschwierigkeiten.
c) Akuten Schwellungszuständen von Pharynx oder Larynx, z.B. bei akuten Entzündungen, allergischem Ödem, Verbrennungen, Verätzungen, Inhalation heißer Dämpfe oder toxischer Gase, wenn eine Mund-zu-Mund-Beatmung nicht ausreicht oder eine sofortige Intubation nicht vorgenommen werden kann.

Operationsverfahren

Die oberen Luftwege werden im Bereich des Lig. cricothyroideum (conicum), d.h. an der oberflächlichsten und somit am leichtesten zugänglichen Stelle quer eröffnet. Das Band spannt sich zwischen Schild- und Ringknorpel aus, es ist ventral von der dünnen Schicht äußerer Kehlkopfmuskulatur und dorsal von der Schleimhaut des Conus elasticus bedeckt.

Der Kopf wird nach Unterpolsterung der Schultern rekliniert. Hierdurch stellt sich die Grube über dem Lig. cricothyroideum dar, das mit einem 1–1,5 cm langen quer verlaufenden Schnitt eröffnet wird (Abb. 6.1-26). Steht kein Skalpell zur Verfügung, so kann auch irgend ein anderes Messer verwendet werden. Die Koniotomieöffnung läßt sich stumpf mit dem Finger vergrößern. Hierdurch kann eine artifizielle Eröffnung der beiderseits der Medianlinie verlaufenden Aa. cricoideae und der weiter lateral gelegenen Schilddrüsengefäße weitgehend vermieden werden. Bei rekliniertem Kopf klafft die Wunde, die Atmung ist frei. Falls vorhanden, kann die Öffnung durch einen Tubus oder einen dünnen Gummischlauch armiert werden. Der Zeitaufwand zur Koniotomie ist, der Notfallsituation entsprechend, wesentlich geringer als der zu einer Tracheotomie.

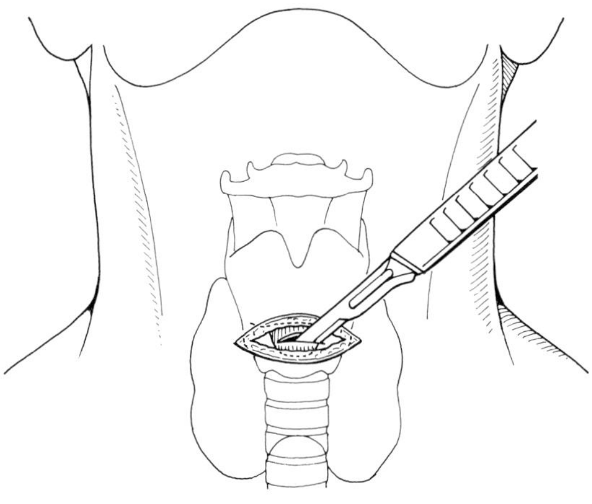

Abb. 6.1-26. Koniotomie.

Noch einfacher, schneller und sicherer läßt sich der Eingriff mit einem eigens hierfür konstruierten dicken, gebogenen Trokar mit entsprechender Kanüle durchführen, sofern dieses zur Verfügung steht.

Wegen der Gefahr von Narbenstenosen und Druckschäden an den unmittelbar benachbarten Stimmbändern und Kehlkopfknorpeln darf die Koniotomieöffnung keinesfalls länger als einen Tag belassen werden. Sie ist so rasch wie möglich anatomiegerecht zu verschließen und ggf. durch ein Tracheostoma zu ersetzen.

Tracheotomie

Indikationen

a) Die **Langzeitbeatmung** stellt derzeit die häufigste Indikation zur Tracheotomie dar. Während früher meist schon am 2.–3. Tag einer Respiratortherapie tracheotomiert wurde, hat sich das Zeitintervall bis zur Tracheotomie bei Verwendung moderner Kunststofftuben mittlerweile auf bis zu 2 Wochen verlängert, sofern dann eine Extubation noch nicht möglich ist. Der Eingriff sollte jedoch früh erfolgen, falls bereits bei Krankheitsbeginn eine Intubation über Wochen oder Monate absehbar ist.

b) Die **direkte Bronchialtoilette** zum Absaugen von Sekret und zur Instillation von Mukolytika und anderen Medikamenten kann bei schwerkranken und somnolenten Patienten eine weitere Indikation zur Tracheotomie sein, vor allem, wenn ein längere Zeit liegender translaryngealer Tubus entfernt werden muß, der Patient sein Bronchialsekret aus eigener Kraft noch nicht abhusten kann und in kurzen Intervallen immer wieder abgesaugt werden muß. Prophylaktische Gründe sprechen hier, wie bei der Langzeitbeatmung, für die Umstellung der translaryngealen Intubation auf eine Tracheotomie: Ein längere Zeit im Kehlkopf verweilender Tubus kann zu schwer oder nicht korrigierbaren Druckschäden an den Larynxknorpeln, Stimmbändern oder den Arytenoidgelenken mit bleibenden Stimmschäden führen. Demgegenüber sind Trachealwandschäden in Höhe des Tracheostoma praktisch nie von einer bleibenden Stimmstörung begleitet und in der Regel leichter korrigierbar. Längere Zeit transnasal liegende Tuben führen zu Druckulzera der Nasen- und Rachenschleimhaut mit möglichen Blutungen, zur Verlegung der Ausführungsgänge der Nasennebenhöhlen, gefolgt von Sinusitiden und erschweren desweiteren die Mund- und Rachenpflege.

c) **Weitere Indikationen** sind operative Eingriffe im Rachen- und Halsbereich sowie partielle Resektionen der Mundhöhlenorgane oder des Kehlkopfes, schwere Unfallfolgen dieses Gebietes, beidseitige Stimmbandlähmungen, eine operativ nicht korrigierbare Tracheomalazie oder eine nicht resektable Tumorinfiltration der Trachea, z.B. beim undifferenzierten Schilddrüsenkarzinom.

Kontraindikationen

Aneurysmen der Aorta ascendens, des Aortenbogens und der großen supraaortischen Äste stellen Kontraindikationen zur Tracheotomie dar. Durch Druck der Trachealkanüle können Rupturen dieser Aneurysmen mit tödlichen Arrosionsblutungen provoziert werden.

Operationsverfahren

Die Tracheotomie sollte immer unter optimalen Bedingungen, d.h. nicht im Bett und in Lokalanästhesie, sondern im Operationssaal am intubierten Patienten durchgeführt werden. Je nach Zugang unterscheidet man die:

a) Tracheotomia superior oberhalb des Schilddrüsenisthmus am 1. und 2. Trachealring,
b) Tracheotomia media in Höhe des Isthmus am 3. und 4. Trachealring,
c) Tracheotomia inferior am 5. und 6. Trachealring, d.h. unterhalb des Isthmus der Schilddrüse.

Jede dieser Tracheotomieformen bietet Vor- und Nachteile. Begleitverletzungen des Ringknorpels und die Durchtrennung der ersten Trachealspange bei der oberen Tracheotomie können zu subglottischen Stenosen und Phonationsstörungen führen. Nach unterem Luftröhrenschnitt sind druckbedingte Komplikationen durch die eingelegte Kanüle an den großen supraaortalen Gefäßen mit massiven Blutungen sowie Trachealstenosen bekannt. Wir bevorzugen wegen der geringeren Komplikationsgefahr die Tracheotomia media, bei der in seltenen Fällen der Schilddrüsenisthmus mitreseziert werden muß, vor allem wenn gleichzeitig eine Struma vorliegt.

Die Lagerung entspricht der von Schilddrüsenoperationen (S. 177). In Intubationsnarkose wird bei rekliniertem Kopf ein 4–5 cm langer, quer verlaufender Hautschnitt 2 Querfinger oberhalb des Jugulum angelegt. Dieser ergibt bei der Wundheilung kosmetisch günstigere Ergebnisse als eine vertikale Schnittführung. Nach Durchtrennung von Subkutis und Platysma stellt sich die prätracheale Faszie dar, die ebenfalls quer gespalten wird. Anschließend erfolgt die Präparation der Tracheavorderwand. Die infrahyoidale Muskulatur wird mit 2 Langenbeck-Haken auseinandergedrängt und der Schilddrüsenisthmus mit einem Lidhaken kranialwärts gezogen. Gibt er den 3. und 4. Trachealring nicht frei, so wird der Isthmus reseziert und der Absetzungsrand an beiden Schilddrüsenlappen umstochen.

Zur Eröffnung der Trachea sind verschiedene Techniken bekannt (ovaläre Exzision, kreuzförmige Inzision, Türflügelschnitt). Allen Zugängen ist gemeinsam, daß sie sich über jeweils 2 Knorpelspangen erstrecken. Nachteilig bei der ovalären Exzision eines dem Trachealkanülenlumen entsprechenden Fensters oder bei der kreuzförmigen Inzision ist die Begünstigung von späteren Trachealstenosen. Wir bevorzugen den Türflügelschnitt mit kaudaler Basis. Hierzu wird der 3. Trachealknorpelring beidseits der Medianlinie mit jeweils einem nicht resorbierbaren Faden der Stärke 3 × 0 umstochen (Haltefaden), die Nadel wird zunächst an den Fäden belassen. Durch Zug an beiden Haltefäden spannt sich das elastische Zwischenknorpelband (Lig. anulare) zwischen dem 2. und 3. Trachealring. Es wird über die ganze Breite der Trachealvorderwand mit einem Skalpell inzidiert, anschließend durchtrennt man den 3. und 4. Knorpelring mit dem dazwischenliegenden Lig. anulare beidseits an der seitlichen Luftröhrenwand mit einer Schere. Die Basis des so entstandenen Türflügels, das Lig. anulare zwischen dem 4. und 5. Knorpelring, bleibt intakt (Abb. 6.1-27). Bei der Inzision der Trachea ist darauf zu achten, daß der Cuff des translaryngeal liegenden Tubus nicht verletzt wird, da sonst eine rasche Umintubation erforderlich wird. Liegt der Cuff – gefährdet – im Operationsgebiet, so sollte der Patient vor der Tracheotomie tiefer intubiert werden. Der intakt gebliebene Cuff bietet den Vorteil, daß der Eingriff unter guten Sichtverhältnissen beendet werden kann und nicht eine frühzeitig eingelegte Trachealkanüle die Übersicht erschwert. Dies ist besonders wichtig, wenn ein epithelialisiertes Tracheostoma angelegt wird. Aufgrund der niedrigen Komplikationsrate und der leichten Pflege sollte routinemäßig die Anlage eines epithelialisierten Tracheostoma angestrebt werden.

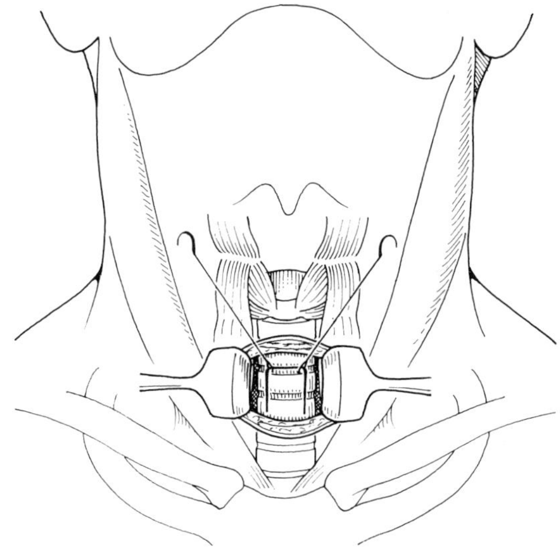

Abb. 6.1-27. Tracheotomia media in Höhe der 3. und 4. Knorpelspange, die »türflügelartig« inzidiert wird. Zwei Haltefäden an den beiden kranialen Ecken des Tracheawandlappens.

Hierzu wird die Haut um den Kocherschen Kragenschnitt so weit mobilisiert, daß sie allseits spannungsfrei an den Rand der Trachealöffnung adaptiert werden kann. Zunächst wird der »Türflügel« mit der Haut im kaudalen Wundbereich vernäht (Abb. 6.1-28), dann wird die zuvor mobilisierte Haut mit Einzelknopfnähten (nicht resorbierbar, 3 × 0) an der Trachea fixiert. Der translaryngeal liegende Tubus wird jetzt vom Anästhesisten entblockt und zurückgezogen. Der Operateur führt dann den vorbereiteten Trachealtubus durch das Tracheostoma ein und blockt den Cuff. Nach Verbinden des Wundgebietes mit einer sterilen Kompresse wird der Tubus mit einem um den Hals locker geschlungenen Bändchen sicher fixiert.

Die Anlage eines epithelialisierten Tracheostoma bietet den Vorteil, daß infolge des Schutzes der paratrachealen Weichteile Wundinfekte oder möglicherweise tödliche Arrosionsblutungen der großen Halsgefäße äußerst selten sind. Es sollte daher grundsätzlich versucht werden, das Tracheostoma zu epithelialisieren. Gelingt dies wegen ungünstiger anatomischer Verhältnisse (kurzer, dicker Hals und tiefliegende Trachea) nicht, so sollte die Haut um das Tracheostoma locker adaptiert werden.

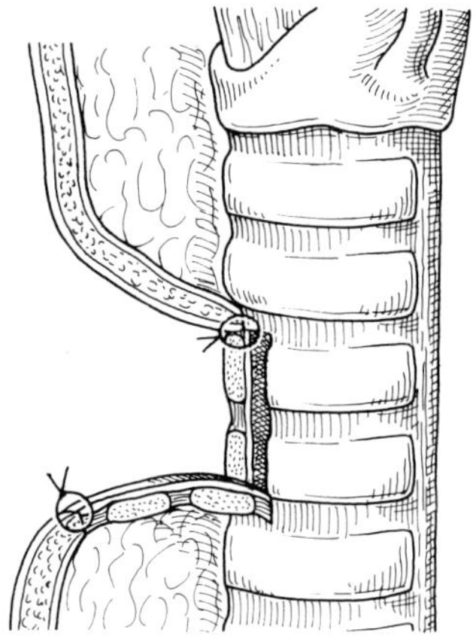

Abb. 6.1-28. Tracheotomia media nach Naht des Tracheawandlappens an die Haut.

Kanülenwahl

Eine Vielzahl von Trachealkanülen aus unterschiedlichen Materialien und verschiedenen Formen ist im Handel. In Abhängigkeit von der Indikation zur Tracheotomie, der evtl. möglichen Spontanatmung des Patienten und der Dauer des schon bestehenden Stomas werden unterschiedliche Kanülentypen gewählt. Zu beachten ist, daß diese in ihrem Durchmesser dem Lumen der Trachea bzw. des Stomas angepaßt sind, sie dürfen nicht zu kurz (Luxationsneigung) oder zu lang sein (Sitz auf der Carina). Kunststoffkanülen mit eingearbeiteter Blockermanschette und international genormtem Konnektor zum Anschluß an ein Beatmungsgerät werden bei Respiratortherapie gewählt. Ist eine künstliche Beatmung nicht mehr erforderlich, können doppelläufige dünnwandige Silberkanülen verwendet werden, wobei die Innenkanüle zur Reinigung leicht austauschbar ist, während die Außenkanüle in situ belassen wird. Es stehen auch entsprechende Kunststoffkanülen ohne Cuff zur Verfügung, die nicht so starr sind wie die Metallkanülen und sich besser der Umgebung anpassen. Sprechkanülen mit einem Ventil und einem Sieb oder Loch im Schaft ermöglichen bei Inspiration die Zufuhr von Luft in die Lunge, bei der Exspiration verschließt sich das Ventil, die Luft entweicht durch den Kehlkopf, die Sprechfunktion ist wieder hergestellt. Diese sollten bei nicht beatmeten Patienten frühestens eine Woche nach Anlage des Tracheostomas und abgeschlossener Wundheilung eingesetzt werden. Bei früherer Einlage ist die Gefahr der Dislokation gegeben und unter Umständen ein Hautemphysem möglich. Sprechkanülen sind bei höhergradiger Stenose oberhalb der Kanüle mit Behinderung der Exspiration nicht anwendbar.

Nachbehandlung

In den ersten postoperativen Tagen müssen alle tracheotomierten Patienten intensiv überwacht werden, bis sie sich an die geänderten Atem- und Expektorationsverhältnisse gewöhnt haben. Aufgrund der mangelnden Befeuchtung und Erwärmung der Inspirationsluft durch Ausschaltung des Nasen-Rachen-Raumes kann es zur Austrocknung der Trachealschleimhaut mit schweren deszendierenden Infekten kommen. Mittels Inhalationstherapie und Ultraschallvernebler, die auch in den Inspirationsschenkel des Beatmungsgerätes eingeschaltet werden können, werden diese Probleme weitgehend gelöst. Weniger günstig ist die sog. »künstliche Nase« wegen des erhöhten Atemwiderstandes, der erschwerten Reinigung und der Gefahr der Verstopfung durch Sekret bei plötzlichem Abhusten. Durch häufiges Absaugen von Schleim mit entsprechenden Kunststoffkathetern unter aseptischen Bedingungen kann der Verstopfung der Kanüle oder der Sekretverhaltung im Bronchialraum entgegengewirkt werden. Ferner ist darauf zu achten, daß die Kanüle immer korrekt befestigt ist, damit sie bei einem Hustenstoß nicht luxiert. Das Kanülenbändchen darf weder zu lose noch zu straff am Hals fixiert sein. Vom 4. bis 5. postoperativen Tag an sollte die Kanüle täglich gewechselt und gereinigt werden.

Komplikationen

Die Komplikationsrate liegt zwischen 10 und 15 %, hierbei etwa 3 % mit letalem Ausgang. Bekannt ist – neben Wundheilungsstörungen – ein Weichteilemphysem, meist bei zu englumiger Kanüle, zu großem Tracheostoma oder zu dichtem Hautverschluß. Intratracheale Blutungen werden durch Druckulzera am distalen Kanülenende bei falschem Sitz verursacht. Extratracheale venöse Blutungen stammen meist aus Isthmusgefäßen der Schilddrüse. Arrosionsblutungen durch narbige Verziehung der supraaortalen Äste in Richtung Kanüle sind selten, sie enden meist tödlich. Blutungskomplikationen erfordern eine umgehende chirurgische Behandlung, ihre Frequenz kann durch Anlage eines epithelialisierten Tracheostomas reduziert werden. Als Spätkomplikationen stehen Trachealstenosen im Vordergrund. Sie werden im wesentlichen verursacht durch ein zu eng oder zu weit angelegtes Tracheostoma oder eine zu lang an derselben Stelle liegende und zu stark aufblasbare Blockermanschette. Die ösophagotracheale Fistel ist eine weitere Komplikation. Sie kann über Druckulzerationen, aber auch infolge von unvorsichtigem Kanülenwechsel entstehen. Größere Fisteln erfordern eine operative Revision (Fistelverschluß und Interposition eines gestielten Halsmuskel- oder Pleuralappens).

Dekanülement

Das Tracheostoma sollte nicht länger offengehalten werden als es die Grunderkrankung erfordert. Um sicher zu sein, daß nach der Entfernung der Kanüle eine freie Atmung möglich ist, kann für ein oder zwei Tage eine Lochkanüle mit einer verschlossenen äußeren Öffnung angelegt werden, die eine freie Atmung über die Trachea ermöglicht.

Nach Entfernung dieser »Entwöhnungskanüle« werden die Wundränder mit einem Klammerpflaster adaptiert, das Stoma verschließt sich innerhalb weniger Tage meist spontan. Störende Granulationen werden exzidiert, mit einem scharfen Löffel abgetragen oder mit einem Argentumstift geätzt. Entstellende Narben können frühestens nach 4 bis 6 Monaten korrigiert werden.

Wurde ein epithelialisiertes Tracheostoma angelegt, ist in der Regel ein Zweiteingriff erforderlich. Hierbei wird der hochgeschlagene Lappen der Tracheavorderwand von der Haut gelöst und anatomiegerecht mit der Trachealöffnung unter Verwendung von resorbierbarem Material vernäht. Die am Tracheostoma fixierte Haut wird allseits gelöst und locker adaptiert. Bei dieser Technik sind spätere Trachealstenosen äußerst selten.

Tumoren

Benigne Tumoren

Zystisches Lymphangiom

Das zystische Lymphangiom zählt zu den kongenitalen Anomalien und stellt gleichzeitig einen benignen Tumor dar (S. 169ff.).

Hämangiom

Auch das Hämangiom ist ein angeborener benigner Tumor. Es kann plan im Hautniveau wachsen (Haemangioma simplex, planotuberöses Hämangiom) oder in mehr grobhöckriger Form (kavernöses Hämangiom) auftreten. Im ersten Lebensjahr ist häufig eine Wachstumstendenz zu beobachten, die fast immer von einer spontanen Verkleinerung bis zur vollständigen Rückbildung innerhalb von Jahren gefolgt wird. Deswegen ist zunächst ein abwartendes Verhalten indiziert. Hämangiome mit rascher Wachstumstendenz, insbesondere kavernöse Tumoren mit einem Durchmesser von mehr als 1 cm bei Diagnosestellung sollten nach den Regeln der plastischen Chirurgie exzidiert werden.

Teratom

Das Halsteratom ist ein sehr seltener, ebenfalls angeborener Tumor. Er kann wegen seiner Größe bereits ein Geburtshindernis mit grotesker Deformierung des Halses darstellen. Diese Kinder werden häufig tot geboren oder sterben kurz nach der Geburt. Wegen der Gefahr der Trachealkompression, vor allem durch größere Teratome, sollte die Operation sehr frühzeitig, d.h. in den ersten Lebenstagen erfolgen. Als Zugang dient ein Querschnitt über dem Tumor. Die Teratomkapsel wird dargestellt, entlang dieser Kapsel erfolgt die Freipräparation bis zur kompletten Auslösung des Tumors von den Halsweichteilen.

Lipom

Dieser Tumor tritt vorwiegend im Erwachsenenalter auf. Er ist bei einem Teil der Patienten in der Subkutis als gut abgrenzbare, bindegewebig enkapsulierte, weiche Geschwulst lokalisiert, die sich in Lokalanästhesie unproblematisch in toto exzidieren läßt. Ein Lipom kann aber auch subfaszial wachsen, es ist dann schlechter abgrenzbar, in der Regel nicht enkapsuliert und breitet sich dann nach allen Seiten zwischen die Nachbarorgane aus. Dies gilt vor allem für die unter der Fascia nuchae wachsenden Nackenlipome mit ihren Ausläufern in die Faszienspalträume und zwischen die Muskulatur. Eine Sonderform stellt der Madelungsche Fetthals (Lipomatosis nuchae) dar, wobei das Fettgewebe am Nacken kissen- und kragenartig bis in die ventralen Halspartien sowie in die Muskulatur des Schultergürtels wuchert und diese völlig deformiert.

Die Operation eines Nackenlipoms kann bei ausgedehntem Wachstum schwierig sein. Sie wird immer in Allgemeinnarkose und Bauchlage durchgeführt. Nach Unterpolsterung des Thorax wird das Operationsgebiet großzügig von der rasierten Haut des Hinterkopfes über die Schultern bis zu den oberen Rückenpartien abgedeckt. Der Hautschnitt erfolgt quer über der stärksten Vorwölbung der Geschwulst. Nach Durchtrennung der Fascia nuchae erfolgt die schrittweise Freipräparation der Fettgewebsmasse. Grundregel ist die radikale Ausräumung, verbliebenes Fettgewebe wuchert weiter und führt zu einem Rezidiv. Überschüssige Haut wird exzidiert. In die Wundhöhle legt man ein oder zwei Redon-Drainagen, die über gesonderte Öffnungen ausgeleitet werden.

Fibrom

Dieser Tumor kommt am Hals selten vor. Er weist eine derbe Konsistenz auf, wächst langsam und ist gut abgrenzbar. Die Operation besteht in der Exstirpation, die bei dem meist oberflächlichen Wachstum in Lokalanästhesie möglich ist.

Neurinom

Neurinome können vom vegetativen oder peripheren Nervensystem ausgehen. Vor allem die zentral an den spinalen Nervenwurzeln lokalisierten Tumoren setzen sich manchmal in das Innere des Wirbelkanals fort und weisen hier einen intraduralen Fortsatz bis zu den Austrittsstellen des betreffenden Nerven aus dem Rückenmark auf. Es handelt sich um derbe, gut abgrenzbare, druckschmerzhafte Knoten seitlich an der Halswirbelsäule mit neuralgiformen Schmerzen der zugehörigen Nervenwurzel. Ihre Exstirpation kann von sensiblen und motorischen Ausfällen gefolgt sein. Wächst der Tumor in den Wirbelkanal, so darf man sich nicht auf die Resektion des äußeren Anteiles beschränken. Nach Laminektomie (Neurochirurg) wird der zentrale Tumorteil freigelegt und exzidiert.

Maligne Tumoren

Primäre Malignome des Halses sind, abgesehen von den Schilddrüsentumoren, äußerst selten (z.B. branchiogenes Karzinom oder Karzinom in Resten des Ductus thyroglossus).

Meist handelt es sich um Lymphknotenmetastasen, häufig bei zunächst unbekanntem Primärtumor oder um die Manifestation einer Systemerkrankung des lymphatischen Apparates bei M. Hodgkin bzw. einem malignen Non-Hodgkin-Lymphom. Lymphatische Systemerkrankungen befallen bei über der Hälfte der Patienten zunächst die Halslymphknoten.

Prinzipiell wird jeder tumorverdächtige Halslymphknoten histologisch abgeklärt. Als komplikationsarme Methode bietet sich zunächst die Feinnadelpunktion an. Beim geringsten Zweifel an der zytologischen Diagnose ist die diagnostische Lymphknotenexzision angezeigt.

Halslymphknotenexzision

Der Eingriff kann bei gut tastbaren, zur Unterlage sicher abgrenzbaren Lymphknoten in Lokalanästhesie durchgeführt werden. Setzt sich der Tumor dagegen in die Tiefe fort, so wird in Allgemeinnarkose operiert, da der Lymphknoten möglichst vollständig exstirpiert und nicht nur keilförmig biopsiert werden sollte. Lymphknoten in der Umgebung der großen Gefäße sollten routinemäßig in Allgemeinnarkose exstirpiert werden.

Der Hautschnitt über dem Lymphknoten ist groß genug anzulegen, damit ein übersichtliches Operieren möglich ist. Die häufigste Komplikation bei einer Lymphknotenexzision im lateralen Halsdreieck ist die Verletzung des N. accessorius (N. XI). Der Nerv tritt am Hinterrand des M. sternocleidomastoideus etwas kranial der Mitte in das laterale Halsdreieck ein und zieht über den M. levator scapulae schräg nach unten zum M. trapezius, den er innerviert. Die Durchtrennung des Nerven führt jedoch nicht obligat zu einer kompletten Lähmung des M. trapezius, da dieser zusätzlich aus Fasern des Plexus cervicalis innerviert wird.

Präskalene Lymphknotenexzision (Daniels)

Vergrößerte präskalene Lymphknoten im unteren Teil des lateralen Halsdreiecks, d.h. im Trigonum omoclaviculare, werden nach der von Daniels 1949 angegebenen Methode exstirpiert. Die Lymphknotengruppe dieses Dreiecks wird fast immer durchflossen, bevor sich die Lymphe aus dem Ductus thoracicus oder dem Ductus lymphaticus dexter in das Venensystem ergießt. Malignome des Abdomens, insbesondere Magenkarzinome, können somit in die präskalene Lymphknotengruppe metastasieren (Virchowsche Drüse) und weisen darauf hin, daß der Primärtumor nicht mehr kurativ behandelt werden kann.

Der Eingriff wird meist in Allgemeinnarkose durchgeführt. Die Schulter der betreffenden Seite wird unterpolstert, der Kopf zur Gegenseite gebeugt. Zwei Querfinger über der Clavicula wird, am Hinterrand des M. sternocleidomastoideus beginnend, ein 5–7 cm langer quer verlaufender Hautschnitt angelegt. Nach Durchtrennung des Platysma und der oberflächlichen Halsfaszie liegt die V. jugularis externa frei, die zwischen Ligaturen durchtrennt wird. Der laterale Rand des M. sternocleidomastoideus wird eingekerbt, die V. jugularis interna mit einem Langenbeck-Haken nach medial gehalten. Nun präpariert man das die Lymphknoten enthaltende Fettbindegewebe vorsichtig von der Unterlage, d.h. vom M. scalenus anterior ab. Die Präparation erstreckt sich nach medial bis zur V. jugularis interna, nach kaudal bis zur V. subclavia und nach lateral und kranial bis zum M. omohyoideus. Der auf dem M. scalenus anterior verlaufende N. phrenicus ist zu schonen. Links ist auf den Ductus thoracicus, rechts auf den Ductus lymphaticus dexter zu achten. Im Präparat finden sich meist 5 Lymphknoten. Nach Einlegen einer Redon-Drainage erfolgt die Naht von Platysma und Haut.

Entzündliche Erkrankungen

Die entzündlichen Erkrankungen der Halsweichteile haben durch die moderne Antibiotikatherapie, allein oder in Kombination mit einem chirurgischen Eingriff, viel an ihrer früheren Bedeutung verloren. Dies manifestiert sich nicht nur in der zahlenmäßigen Abnahme, sondern auch im abgeschwächten Krankheitsverlauf und der besseren Prognose.

Karbunkel

Karbunkel entwickeln sich überwiegend im Nacken, teilweise auf dem Boden einer diabetischen Stoffwechsellage. Die Therapie ist obligat chirurgisch und besteht in einer ovalären Exzision des entzündeten Gewebes. Ein kreuzförmiger Schnitt ist wegen der häufigen Nekrosen im Bereich der Hautzipfel und der entstellenden Narbenbildung weniger geeignet.

Unspezifische Lymphadenitis, Halsphlegmone und -abszeß

Diese tiefen Infektionen entstehen meist im Gefolge von bakteriellen Infekten des Nasen-Rachen-Raumes oder des Mittelohres. Der Abfluß bakteriell kontaminierter Lymphe in das tiefe Lymphsystem des Halses kann dort zu einer Lymphangitis oder Lymphadenitis führen. Die Ausbreitung von Phlegmonen oder Abszessen wird durch das anatomisch vorgegebene Logensystem der Halsfaszien bestimmt. Sie können sich so in den präformierten Spatien zwischen Schädelbasis und Jugulum ungehindert ausbreiten und auf direktem Weg ins Mediastinum einbrechen.

Die unspezifische eitrige Lymphadenitis ist gekennzeichnet durch druckschmerzhafte, vergrößerte Lymphknoten und Fieber. Die initiale Therapie besteht in einer antibiotischen Behandlung. Ist eine Fluktuation palpabel, so erfolgt eine ausreichend große Inzision. Von einer kompletten Exstirpation der unspezifisch entzündeten Lymphknoten ist wegen der möglichen Verletzung von Nachbarorganen in dem entzündeten Gebiet abzuraten.

Entwickelt sich eine Halsphlegmone oder ein Abszeß, so ist wegen einer drohenden Mediastinitis neben einer Antibiotikatherapie in jedem Fall die Operation angezeigt. Klinische Symptome sind Halsschmerzen, Fieber, Schluckbehinderung, steife Kopfhaltung und evtl. eine Kieferspere. Beide Krankheitsbilder haben ihren Ursprung häufig in Zahnwurzeleiterungen oder Entzündungen der Rachenmandeln. Als Zugang dient in der Regel ein Längsschnitt am Vorderrand des M. sternocleidomastoideus. Von hier aus lassen sich – je nach Befund – Phlegmonen und Abszesse im Bereich der Gefäß-Nerven-Scheide, des Paraösophagealraumes oder des Spatium praevertebrale unter weiterer Präparation ausreichend breit eröffnen und drainieren. Retropharyngealabszesse werden von der Mundhöhle aus inzidiert.

Halslymphknotentuberkulose

Die Halslymphknotentuberkulose wird heute nur noch selten beobachtet. Sie ist meist als Befall der regionären Lymphknoten im Rahmen eines Primärkomplexes zu deuten, wobei sich der Primärherd im Mund-Rachen-Bereich oder im Kehlkopf findet. Seltener ist eine hämatogene Streuung, z.B. bei Lungentuberkulose, als Ursache anzusehen.

Initial wird eine tuberkulostatische Therapie durchgeführt. Eine Indikation zur Operation besteht bei einem tuberkulösen (»kalten«) Abszeß oder einer fehlenden Besserungstendenz der spezifischen Lymphadenitis unter konservativer Behandlung.

Die Operation besteht in der Entfernung der befallenen Lymphknoten in Allgemeinnarkose unter perioperativer tuberkulostatischer Therapie, die für 4–6 Monate fortzuführen ist. Auch beim »kalten« Abszeß ist die Lymphknotenexstirpation angezeigt. Eine alleinige Abszeßeröffnung führt fast obligat zur Ausbildung einer Lymphfistel. Ist die Haut in den entzündlichen Prozeß einbezogen, so wird das skrofulöse Areal exzidiert.

Thoracic-outlet-Syndrom

Dieses neurovaskuläre Kompressionssyndrom an der oberen Thoraxapertur beinhaltet diejenigen Krankheitsbilder, deren Leitsymptome auf eine Kompression des Plexus brachialis und/oder der A. und V. subclavia (s. Kap. 11.1) zurückzuführen sind. Die Kompression dieser Gebilde kann verursacht werden durch

- Einengung der Skalenuslücke durch eine Halsrippe (Halsrippensyndrom).
- Hypertrophie des M. scalenus anterior (Skalenus-anterior-Syndrom).
- Enge im Costo-clavicular-Spalt zwischen Clavicula und erster Rippe (Costo-clavicular-Syndrom).
- Einengung des Winkels zwischen dem Processus coracoideus und dem Ursprung des M. pectoralis minor (Hyperabduktionssyndrom, Abb. 6.1-29).

Symptome

Je nach Art und Ausmaß der Kompression ist mit neurologischen Ausfällen sowie arteriellen und venösen Durchblutungsstörungen zu rechnen.

Die neurologischen Störungen äußern sich als motorische und sensible Ausfälle mit Muskelatrophien, arterielle Durchblutungsstörungen als Kältegefühl, leichte, teilweise schmerzhafte Ermüdbarkeit der Extremitäten, lokale Thrombosen oder Embolien bis zur Hand, manchmal auf dem Boden einer Aneurysmabildung. Zeichen einer venösen Rückflußstörung sind eine bläuliche Verfärbung und Schwellung des Armes.

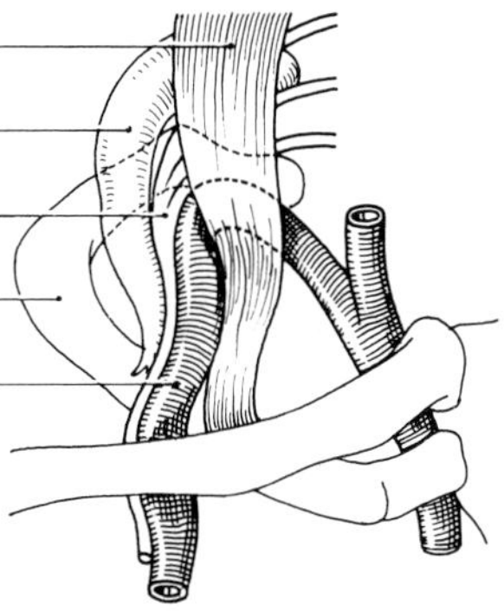

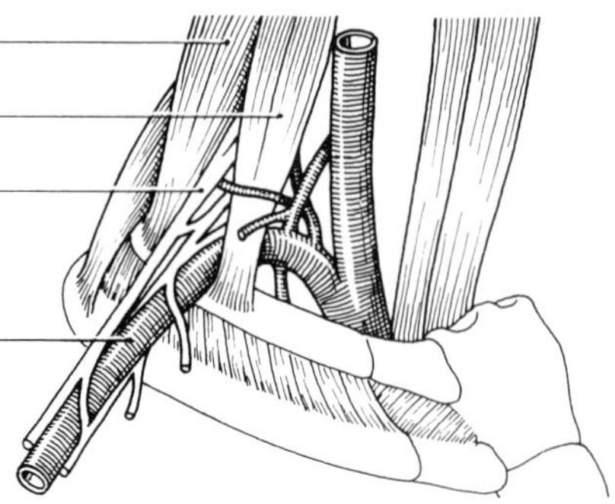

Abb. 6.1-29. Anatomie des Thoracic-outlet-Syndroms.
a) Halsrippensyndrom: Kompression der A. subclavia und des Plexus brachialis, die über einer Halsrippe reiten und durch den M. scalenus anterior gegen diese komprimiert werden.

b) Scalenus-anterior-Syndrom: Kompression von A. subclavia und Plexus brachialis zwischen M. scalenus anterior und medius bei Hypertrophie dieser Muskeln.

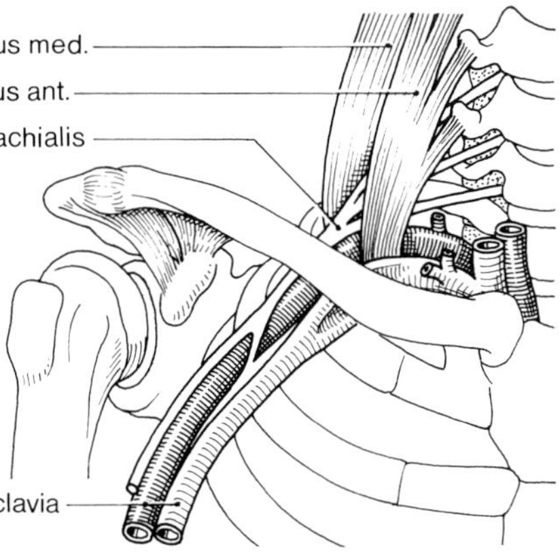

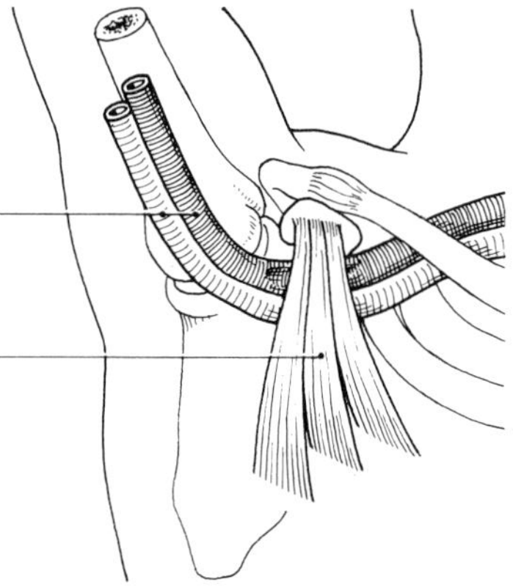

c) Costo-clavicular-Syndrom: Kompression des Gefäß-Nerven-Stranges zwischen Clavicula und 1. Rippe, z.B. bei Hypotonie der Schultergürtelmuskulatur.

d) Hyperabduktionssyndrom: Kompression des Gefäß-Nerven-Stranges unter der Sehne des M. pectoralis minor bei Hyperabduktion des Armes.

Diagnose

Das Vorhandensein einer Halsrippe wird radiologisch nachgewiesen. Arterielle Durchblutungsstörungen lassen sich durch den Adson-Test objektivieren: der Radialispuls wird am hängenden Arm getastet. Nun dreht und rekliniert der Patient den Kopf stark auf die symptomatische Seite, hierdurch spannt sich der M. scalenus anterior an und komprimiert die A. subclavia, der Radialispuls wird schwächer oder verschwindet. Beim Hyperabduktionssyndrom ist ein entsprechender Befund durch Hyperabduktion des Armes zu erzielen. Arterielle und venöse Durchblutungsstörungen sind in jedem Falle angiographisch zu objektivieren (Adson-Test und Hyperabduktion während der Angiographie), zusätzlich wird ein neurologischer Status erhoben.

Therapie

Bei leichten Beschwerden erfolgt zunächst eine krankengymnastische Behandlung zur Stärkung des Tonus von Hals- und Schultermuskulatur. Eine Operationsindikation besteht bei Patienten mit stärkeren Beschwerden, insbesondere nach vorheriger erfolgloser konservativer Therapie. Als chirurgische Maßnahme zur Beseitigung der Kompression kommt die Entfernung einer Halsrippe oder der 1. Rippe infrage. Die alleinige Durchtrennung des M. scalenus anterior ist mit einer hohen Rate von Fehlergebnissen belastet und daher weitgehend verlassen worden.

Resektion der 1. Rippe

Die 1. Rippe kann von einem ventralen, dorsalen oder transaxillären Zugang freigelegt werden. Nachteilig bei dem ventralen, supra- oder infraklavikulären Zugang ist die ungenügende Exposition der 1. Rippe, die – ohne Gefahr für den Plexus brachialis – nur ungenügend weit nach dorsal reseziert werden kann. Demgegenüber kann bei einem dorsalen Zugang die 1. Rippe zwar übersichtlich dargestellt werden, nachteilig ist jedoch die quere Durchtrennung eines Großteiles der Schultermuskulatur. Der transaxilläre Zugang wird heute allgemein bevorzugt. Hierbei läßt sich die 1. Rippe nahezu vollständig freilegen, Gefäße und Plexus brachialis werden ausreichend dekomprimiert, zusätzliche Muskulatur muß nicht durchtrennt werden, das kosmetische Ergebnis ist günstig.

In Seitenlagerung wird der Arm der erkrankten Seite in 90° Abduktion an einem Zügel aufgehängt. Nach bogenförmiger Inzision der Haut über der 3. Rippe präpariert man den Vorderrand des M. latissimus dorsi und den Hinterrand des M. pectoralis major. Nach Erreichen der Thoraxwand wird das axilläre Fettgewebe mit den Lymphknoten schrittweise von der Thoraxwand abgehoben, bis man die 1. Rippe erreicht. Ventral stellt sich die V. subclavia dar, in der Mitte der Axilla die A. subclavia mit dem Plexus brachialis. Zunächst wird der Ansatz des M. scalenus posterior von der 2. und der M. scalenus medius von der 1. Rippe gelöst, anschließend die Subklaviussehne vom Manubrium sterni. Als nächster Schritt erfolgt die Durchtrennung des M. scalenus anterior, nachdem das Gefäß-Nerven-Bündel so weit präpariert wurde, daß es mit Stieltupfern zur Seite gehalten werden kann (Abb. 6.1-30). Nun durchtrennt man die Muskulatur des 1. Interkostalraumes bis auf die Pleura. Die Inzision reicht nach vorne bis ans Sternum, nach dorsal bis an den Processus transversus. Nach stumpfem Lösen der Pleura von der 1. Rippe erfolgt die Rippenresektion mit einer gewinkelten Rippenschere. Scharfe oder spitze Kanten an den Resektionsrändern trägt man ab, um einer späteren Verletzung des Gefäß-Nerven-Stranges vorzubeugen. Nach Einlegen einer Redon-Drainage erfolgt die Hautnaht.

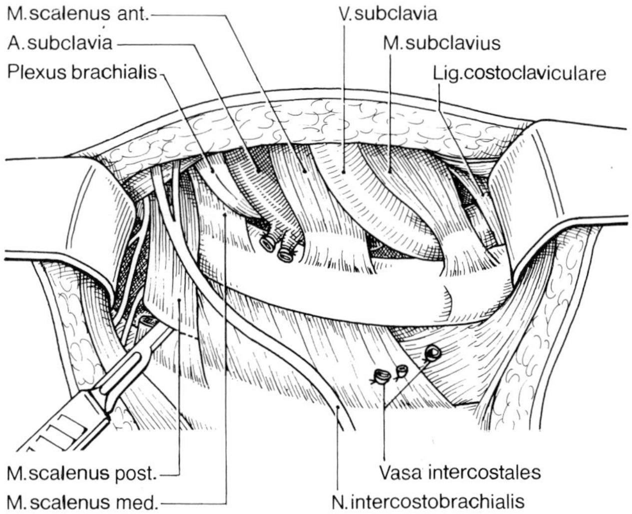

Abb. 6.1-30. Resektion der 1. Rippe von einem transaxillären Zugang.

Resektion einer Halsrippe

Liegt eine Halsrippe vor, so wird diese erst nach ventraler und dorsaler Durchtrennung der 1. Rippe – wie oben beschrieben – freigelegt. Durch Zugang der 1. Rippe ist die Halsrippe nun besser zugänglich. Diese wird mit einem schmalen Raspartorium bis zum Processus transversus des 7. Halswirbelkörpers freipräpariert. Dabei ist auf die untere Wurzel des Plexus brachialis zu achten, die über der Halsrippe reitet. Nach Durchtrennung in den Gelenkflächen mit dem 7. Halswirbelkörper mittels einer gebogenen Knochenschere, kann sie zusammen mit der 1. Rippe entfernt werden.

6.2 Kontinuitätsresektion der Trachea

A. Valesky

Die zirkuläre Resektion stenosierter oder tumorös veränderter Trachealabschnitte und Überbrückung des dabei entstehenden Defektes durch End-zu-End-Anastomose stellt ein therapeutisches Konzept dar, dessen Möglichkeiten schon im vergangenen Jahrhundert erkannt wurden.

Wegen der bereits nach Resektion kurzer Trachealabschnitte auftretenden erhöhten Zugbelastungen des Gewebes und dem im Zusammenhang damit befürchteten Auftreten von Nahtinsuffizienzen und/oder Stenosen wurden primäre Anastomosen jedoch lange Zeit nur bis zu einer Resektionsstrecke von 2–3 cm durchgeführt. Längere Defekte der Trachea wurden in Einzelfällen mit biologischem oder alloplastischem Material überbrückt, jedoch konnte sich dieses Vorgehen wegen der bereits im Tierversuch beobachteten hohen Komplikationsrate klinisch nicht durchsetzen. Da die prothetische Defektüberbrückung für eine breite klinische Anwendung schon aufgrund der Ergebnisse der Tierexperimente nicht in Frage kam, lag der Schwerpunkt der Behandlung lange Zeit bei konservativen und plastisch rekonstruktiven Behandlungsverfahren.

Die konservativen Methoden, wie Dilatation, endoskopisch operative Erweiterungen haben jedoch oft nur einen vorübergehenden Erfolg und sind bei Tumoren von palliativem Charakter. Die plastisch rekonstruktiven Operationen mit gestielten und durch auto- oder alloplastisches Material verstärkten Hautlappen hatten infolge des mehrzeitigen Vorgehens einen langwierigen Behandlungsverlauf. Auch waren diese Maßnahmen im Bereich der intrathorakalen Trachea nicht einsetzbar, da sie die Kontunität insbesondere bei längeren Defekten nicht über eine einzige Operation wiederherstellten.

Daher wurde in den letzten 20 Jahren die Resektion der Trachea mit Defektüberbrückung durch primäre End-zu-End-Vereinigung bevorzugt, vor allem auch deshalb, weil durch bestimmte Maßnahmen, wie Mobilisation der Vorder- und Hinterwand der Trachea, Lungenhilusdissektion, Kehlkopfmobilisation nach Montgomery, die Spannung an der Anastomose nach Resektion längerer Trachealabschnitte reduziert werden konnte. Auch die Erkenntnis, daß eine erhöhte Anastomosenspannung nicht zwangsläufig wie im Bereich anderer chirurgischer Anastomosen zu einer Dehiszenz und Wundheilungsstörung, sondern im Gegenteil zu einer Intensivierung des Kollagenstoffwechsels mit gesteigerter Wundfestigkeit führt, haben dazu beigetragen, daß sich die Kontinuitätsresektion der Trachea bis zu etwa 60 % ihrer Gesamtlänge im klinischen Alltag durchgesetzt hat.

Unter kritischer Würdigung der in der Literatur mitgeteilten sowie eigener experimenteller und klinischer Ergebnisse, können für die operative Therapie von Trachealerkrankungen folgende Vorgehensweisen empfohlen werden:

1. Die Resektion benigner und maligner Trachealstenosen und Überbrückung der Defekte durch End-zu-End-Anastomose bis zu einer Länge von 6–8 cm stellt eine klinisch bereits bewährte Behandlungsform dar.
2. Die plastisch rekonstruktiven Maßnahmen führen als alternative Therapie bei richtiger Indikation und Technik besonders bei Ringknorpelstenosen, zu guten Ergebnissen, sind aber durch das oft erforderliche mehrzeitige Vorgehen belastet und werden daher von den Resektionsverfahren zunehmend verdrängt.
3. Das Problem des prothetischen Trachealersatzes ist bis heute nicht gelöst.
4. Bei zu langen Resektionsstrecken oder/und funktionellen Kontraindikationen stellt in einzelnen Fällen die Dilatation mit innerer Schienung durch Kunststoffrohre die einzige Therapiemöglichkeit dar.

Zugangswege

Der operative Zugang wird der Lokalisation der Läsion individuell angepaßt. Bei benigner, auf das zervikale Segment beschränkter Verengung genügt in der Regel die kollare Inzision in Form eines Kocherschen Kragenschnittes.

Bei ausgedehnten Befunden der mittleren und unteren Trachea bietet eine zusätzliche obere Sternotomie eine Übersicht bis zur Bifurkation. Der Standardzugang bei Veränderungen der distalen Trachea und Trachealbifurkation, insbesondere bei Tumoren, ist die rechtsseitige Thorakotomie im 3. oder 4. ICR.

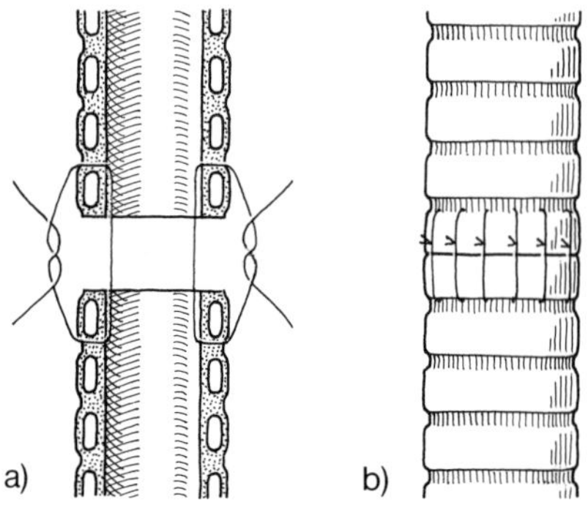

Abb. 6.2-1. a u. b) Schematische Zeichnung zur perikartilaginären, transmukösen Fadenführung bei Naht von Trachealanastomosen.

Operationstechnik

Die Mobilisierung noch in situ verbleibender Trachealabschnitte soll sich auf die Vorder- und Hinterwand der Trachea beschränken. Eine zirkuläre Mobilisierung birgt die Gefahr einer Minderdurchblutung mit nachfolgender Wandnekrose in sich, da die seitlich in die Trachea einstrahlenden netzartigen Arterien mit Ästen aus der A. thyroidea inferior, A. subclavia, A. thoracica interna, A. intercostalis suprema sowie den Bronchialarterien hierbei durchtrennt werden.

Bei einwandfreier Durchblutung der Trachealstümpfe ist allgemein mit guten Früh- und Spätergebnissen zu rechnen.

Zur Vermeidung einer Rekurrensparese ist bei benignen Stenosen die Präparation dicht an der Trachea durchzuführen und auf die Darstellung der Stimmnerven in dem meist verschwielten Gebiet zu verzichten. Maligne Prozesse hingegen fordern aus Radikalitätsgründen ein größeres Resektionsausmaß. Hierbei kann eine Rekurrensparese nur durch eine exakte Darstellung des Nervenverlaufes vermieden werden.

Akut entzündliche Stenosen (z.B. nach Intubation) müssen bronchoskopisch durch Dilatation und Abtragung von Granulomen vorbehandelt werden, bis die akute Entzündung abgeklungen ist. Nur nach narbiger »Ausreifung« einer Stenose kann eine Kontinuitätsresektion der Trachea erfolgreich sein.

Die Anastomosennaht der Trachealstümpfe erfolgt am besten in Einzelnahttechnik und perikartilaginärer Fadenführung mit auflösbarem Material der Stärke 3–4× 0 (Abb. 6.2-1).

Intraoperative Oxygenierung

(Abb. 6.2-2)

Voraussetzung für einen Erfolg operativer Eingriffe an der Trachea oder Bifurkation ist die sichere Oxygenierung des Patienten.

Auf die Möglichkeit einer Beatmung durch ein über das Operationsfeld in den distalen Tracheal- und Hauptbronchusstumpf eingebrachten Tubus wurde schon sehr früh hingewiesen.

Bei diesem, auch heute noch allgemein bevorzugten Verfahren werden Trachea oder Hauptbronchus distal der Stenose eröffnet und zur Oxygenierung und Narkotisierung des Patienten während der Resektion und Naht der Anastomosenhinterwand mit einem sterilen Tubus über das Operationsfeld intubiert. Zur Naht der Vorderwand wird der Tubus aus dem Operationsfeld entfernt und der zu Beginn der Narkose oral eingebrachte Tubus unter digitaler Führung des Operateurs distal der Anastomose plaziert. Nach Verschluß der Vorderwand erfolgt die Rückführung des Tubus in seine ursprüngliche Lage.

Auch eine Beatmung mit erhöhtem Druck über einen dünnen Katheter, der durch den oralen Tubus über die Stenose in das distale Tracheobronchialsystem eingeführt wird, ist für mehrere Stunden möglich. Diese sog. Injektionsbeatmung erleichtert einerseits das chirurgische Vorgehen durch den Wegfall des voluminösen Endotrachealtubus, andererseits stellen, abgesehen vom PCO_2-Anstieg, die über das Operationsfeld während Resektion und Anastomosennaht entweichenden Narkosegase eine Gefährdung des Operationsteams und somit einen erheblichen Nachteil dieser Technik dar.

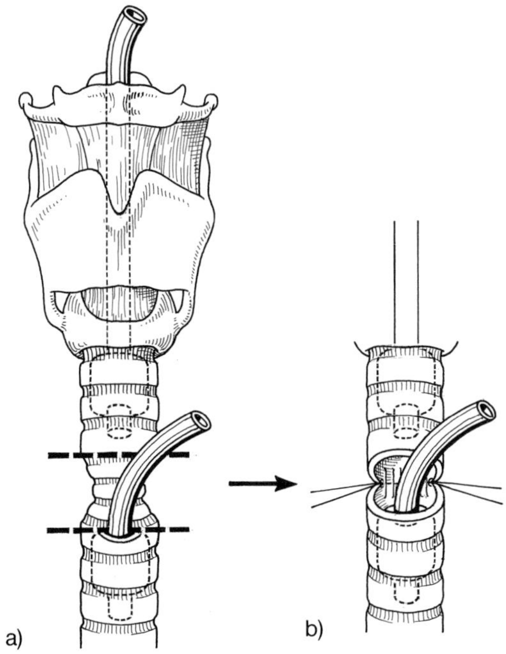

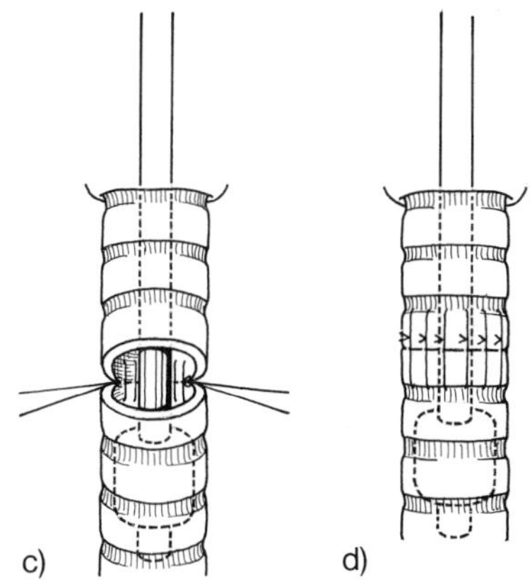

a) Trachea distal der Stenose durchtrennt und über Op.-Feld intubiert.
b) Stenose reseziert und Hinterwand der Trachealanastomose genäht.
c) Oral eingebrachter Tubus distal der Anastomose plaziert.
d) Anastomose fertiggestellt.

Abb. 6.2-2. Intraoperative Oxygenierung.

Maßnahmen zur Minderung der Anastomosenspannung nach Trachearesektion

1. Beugung des Kopfes mit zervikomediastinaler Mobilisation

Bei dieser Maßnahme wird die Trachea an der Vorder- und Rückseite bis zur Bifurkation unter Erhalt der seitlich in die Trachea einstrahlenden Strukturen mobilisiert.

Hierdurch können 50 % der Gesamtlänge der Trachea reseziert und durch eine terminoterminale Anastomose bei klinisch vertretbarer Spannung an der Anastomose überbrückt werden.

2. Die suprahyoidale Kehlkopfmobilisation nach Montgomery

(Abb. 6.2-3)

Bei diesem Vorgehen wird die Ventralfläche des Zungenbeins freipräpariert. Die am kranialen Rand des Zungenbeinkörpers ansetzenden Muskeln (M. mylohyoideus, M. geniohyoideus, M. genioglossus) werden gelöst und der Zungenbeinkörper beidseits, medial der kleinen Zungenbeinhörner durchtrennt. Durch diese Maßnahme senkt sich der Kehlkopf um ungefähr 2 cm und ermöglicht die Erweiterung der Resektionsstrecke um weitere 10 %.

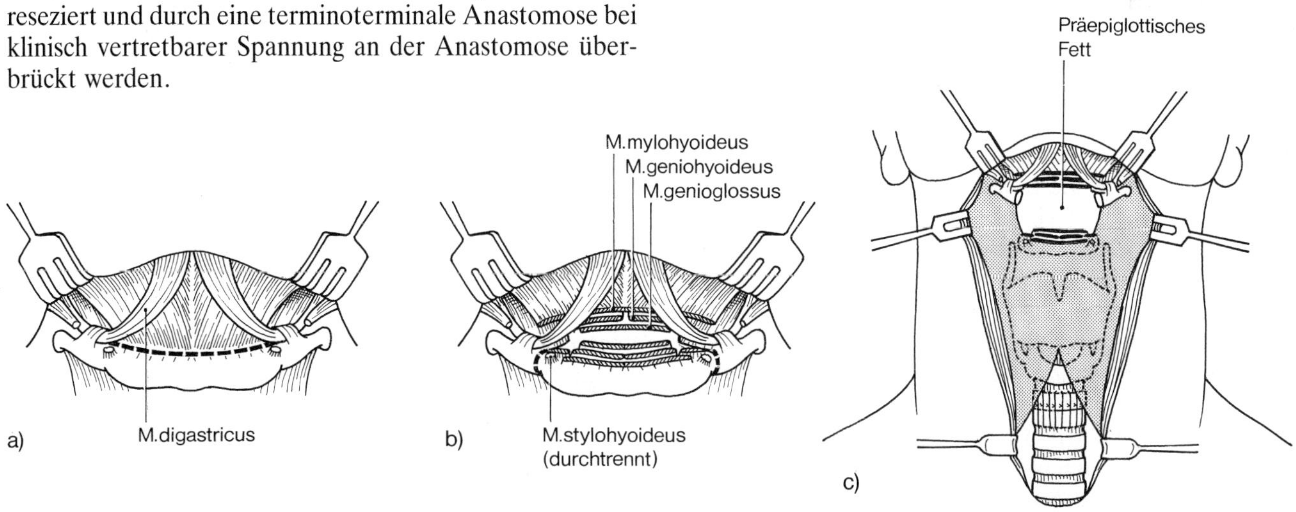

Abb. 6.2-3. Suprahyoidale Kehlkopfmobilisation nach Montgomery.
a) Zungenbein mit zugehöriger Muskulatur von ventral dargestellt. Schnittführung zur Abtrennung der suprahyoidalen Muskulatur eingezeichnet.
b) Am Oberrand des Zugenbeinkörpers ansetzende Muskulatur durchtrennt. Absetzungsebene des Zungenbeinkörpers medial der kleinen Zungenbeinhörner eingezeichnet.
c) Zungenbeinkörper beiderseits der kleinen Zungenbeinhörner durchtrennt und suprahyoidale Muskulatur abgelöst; dadurch Tiefertreten des Kehlkopfes und Entlastung der Trachealanastomose. Kehlkopfregion (Raster) dabei nicht freipräpariert.

3. Umpflanzung des Hauptbronchus in den Bronchus intermedius

Durch den tieferen Ansatz des linken Hauptbronchus kann die neue Bifurkation unter dem Aortenbogen weiter nach kranial gezogen werden. Diese Methode ist allerdings nur bei rekonstruktiven Eingriffen an der Trachealbifurkation angezeigt.

4. Mobilisation des Lungenhilus und Durchtrennung des Ligamentum pulmonale

Diese Form der Entlastung sollte nur bei intrathorakalen Eingriffen durchgeführt werden, da der Effekt, wie klinische und experimentelle Untersuchungen zeigen konnten, im Vergleich zu den Mobilisationsmaßnahmen 1 und 2 sehr gering ist.

Alternative Behandlungsverfahren zur Kontinuitätsresektion

Konservative Maßnahmen

Eine Erweiterung von benignen Trachealstenosen ist durch Einführung dilatierender Instrumente über den Larynx oder das Tracheostoma möglich. Meist sind wiederholte Behandlungen erforderlich.

Die Rezidivrate ist hoch und Dauerheilungen sind selten. Auch der Einsatz des Lasers hat hier nicht zu einem guten Spätergebnis geführt.

Gute Erfolge werden bei benignen Stenosen nach Dilatation und Einführung eines Platzhalters angegeben.

Endoskopische Abtragungen von Granulationen und Tumoren wurden mehrfach beschrieben. Diese Maßnahmen mindern zwar die Gefahr einer Atemwegsverlegung, sind aber durch das Risiko einer Blutung belastet.

Bei malignen Tumoren ist die Behandlung durch endoskopische Maßnahmen rein palliativ. Trotz Einzelerfolgen bei langsam wachsenden Neoplasien mit Überlebensraten bis zu 10 Jahren sollten diese Maßnahmen nur bei funktioneller Kontraindikation oder lokaler Inoperabilität zur Anwendung kommen.

Bei akut entzündlichen Stenosen stellt die Dilatationsbehandlung mit Abtragung von Granulomen bis zum Abklingen der Entzündungserscheinung eine wertvolle ergänzende therapeutische Maßnahme dar, die erst die Voraussetzungen für eine Resektion im entzündungsarmen Gewebe schafft.

Plastisch rekonstruktive Methoden

Die plastisch rekonstruktiven Methoden haben sich zeitlich parallel zur Defektüberbrückung durch terminoterminale Anastomosen weiterentwickelt. Ziel dieser Maßnahmen ist die Wiederherstellung des Trachealllumens unter größtmöglichem Erhalt der Trachealwand. Dies gelingt bei Narbenstenosen sowie bei gutartigen Tumoren der Trachea, wenn die Trachealwand nur teilweise befallen ist. Die klassische rekonstruktive Maßnahme bei einer Narbenstenose ist die sog. offene Rinnenbehandlung.

Hierbei werden der stenosierte Trachealabschnitt in Längsrichtung eröffnet und die Trachealränder jeweils mit der Haut fixiert.

Epitheldefekte, die nach Abtragen von störenden oder/und prominenten Granulationen entstehen, können durch freie Haut- oder Schleimhauttransplantate gedeckt werden.

Wenn dieses Halbrohr einen ausreichenden Durchmesser hat, kann es sekundär durch lokal gestielte Hautlappen oder direkt durch Naht verschlossen und so zum endgültigen Trachealrohr geformt werden.

Während früher eine ausreichende Weite des Tracheallumens oft nur durch monatelange Dilatationsbehandlung geschaffen wurde, kann heute durch geeignete plastische Maßnahmen bereits beim Ersteingriff eine definitive Erweiterung und bei kleinen Defekten ein sofortiger Verschluß durchgeführt werden. Hier können lokal gestielte Gewebeteile oder freie autoplastische Transplantate, wie Ohrknorpel, Nasenscheidewand, Rippen und Schildknorpel eingesetzt werden; auch Periostlappen nach subperiostaler Rippenresektion, sowie Perikardlappen haben sich bewährt.

In neuerer Zeit werden derart plastisch konstruierte Trachealrohre postoperativ für 2 bis 3 Monate in vielen Fällen noch mit einer Kunststoff-Endoprothese gestützt. Die damit erreichten günstigen Ergebnisse sind nicht zuletzt auf die Anwendung von Endoprothesen aus neuartigem gewebefreundlichem Material zurückzuführen.

Ein Nachteil dieser Rekonstruktionsmethoden mit sofortiger Deckung ist die Beschränkung auf kurzstreckige Stenosen.

Ausgedehnte Trachealdefekte können meist nur mehrzeitig mit größeren Schwenklappen überbrückt werden. Auch hier werden teilweise auto- und/oder alloplastisches Material sowie Endoprothesen zur Stabilisierung eingesetzt.

Stenosen im subglottischen Bereich mit Ringknorpelbeteiligung stellen den Operateur vor besondere Probleme. In diesen Fällen sind plastische rekonstruktive Maßnahmen die Methode der Wahl. Hierbei werden innere Narbenringe reseziert und der dabei entstehende Defekt durch Schleimhaut oder Hauttransplantate gedeckt, der Ringknorpel gespalten und mit Knorpel von Nasenseptum oder Kunststoff erweitert (Abb. 6.2-4).

Bis zur Konsolidierung der Gerüststruktur in der gewünschten Lage ist dann noch eine zusätzliche innere Schienung mit Kunststoffrohren aus Portex oder Silastic für 6 bis 8 Wochen erforderlich. Allerdings sind diese Verfahren nur schlecht oder gar nicht anwendbar, wenn die Stabilität des Ringknorpels wegen entzündlicher oder degenerativer Veränderungen des Ringstützgewebes stark vermindert oder vollständig aufgehoben ist.

In diesem Fall hat sich in jüngster Zeit die Ringknorpelresektion mit zirkulärer Trachealresektion und direkter Anastomose von Trachea und Schildknorpel als bessere Behandlungsmaßnahme bewährt. Hauptgefahr der Resektionsmethode ist allerdings die Verletzung der Stimmnerven, die bei von ventral-kranial nach dorsal-kaudal verlaufender Resektionslinie unter Belassung eines kleinen Ringknorpelrestes vermieden werden kann (Abb. 6.2-5).

Trachealersatz

Trotz der allgemein schlechten experimentellen Ergebnisse in größeren Serien wurden eine Reihe guter klinischer Resultate nach unterschiedlichem Materialeinsatz beschrieben.

Vor allem von amerikanischen Operateuren wurden formstabile Kunststoffprothesen aus Silastic eingesetzt. Hauptgefahr ist die Arrosionsblutung aus dem Truncus brachiocephalicus oder aus der A. pulmonalis sowie die Infektion. Die klinischen Erfahrungen der letzten Jahre sind eher ungünstig, da prothetisches Material in einem potentiell infizierten Gebiet, wie der Trachea, besonders schwer einheilt.

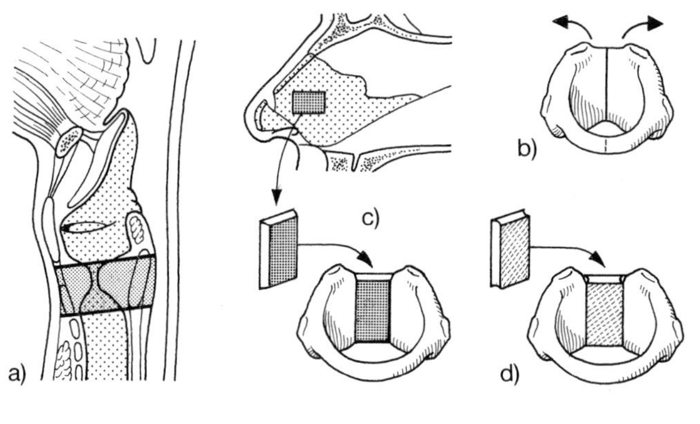

Abb. 6.2.-4. Subglottische Stenose mit Ringknorpelbeteiligung (modifiziert nach Naumann).
a) Stenosebereich.
b) Laminotomie nach Rheti.
c) Erweiterung mit autologem Schleimhautknorpeltransplantat aus der Nasenscheidewand.
d) Erweiterung mit Sperre aus Kunststoff.

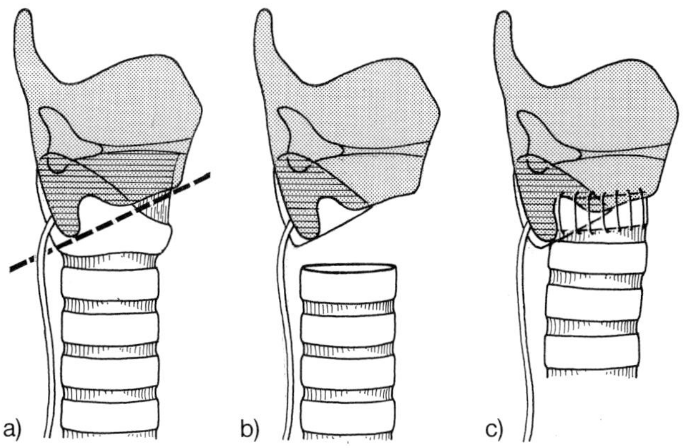

Abb. 6.2-5. Subtotale Ringknorpelresektion bei subglottischen Stenosen (modifiziert nach Pearson).
a) Resektionslinie von ventral-kranial nach kaudal-dorsal.
b) Durchtrennung entsprechend (a) unter Belassung eines dorsalen Ringknorpelrestes zur sicheren Schonung des N. recurrens.
c) Anastomose zwischen Schildknorpel, Ringknorpelresten und Trachea.

7

Brustdrüse

Topographische Anatomie von Brustdrüse und Achselhöhle

J. W. Rohen

Die Brustdrüse (Gl. mammaria) entwickelt sich bei beiden Geschlechtern in der Subkutis der Brustwand im Bereich der 3. bis 6. Rippe. Sie kommt jedoch nur bei der Frau zur vollen Entfaltung. Die topographischen Verhältnisse der Mamma sind bei männlichen und weiblichen Organismen sonst im wesentlichen die gleichen.

Der Drüsenkörper, der aus 15 bis 20 verzweigten, tubuloalveolären Einzeldrüsen besteht und deren Ausführungsgänge (Ductus und Sinus lactiferi) auf der Spitze der Brustwarze ausmünden, liegt dem M. pectoralis major breitflächig auf.

Der **M. pectoralis major** überspannt fast die gesamte vordere Brustwand und bildet auch die Vorderwand der Achselhöhle. Er entspringt vom medialen Drittel der Clavicula (Pars clavicularis), vom Sternum (Pars sternocostalis) und vom vorderen Blatt der Rektusscheide (Pars abdominalis). Seine Fasern konvergieren zum Ansatzfeld des Humerus (Crista tuberculi majoris), wodurch eine Sehnenüberkreuzung entsteht (Abb. 7A-1).

Der **M. pectoralis minor** ist bedeutend kleiner und vom M. pectoralis major durch ein lockermaschiges Bindegewebe getrennt. Er entspringt am Brustkorb in Höhe der 2. bis 5. Rippe und zieht zum Rabenschnabelfortsatz der Scapula, wobei er die Achselhöhle und die großen Leitungsbahnen des Armes überkreuzt, so daß sich die topographische Gliederung der Achselhöhle am Verlauf des M. pectoralis minor orientiert.

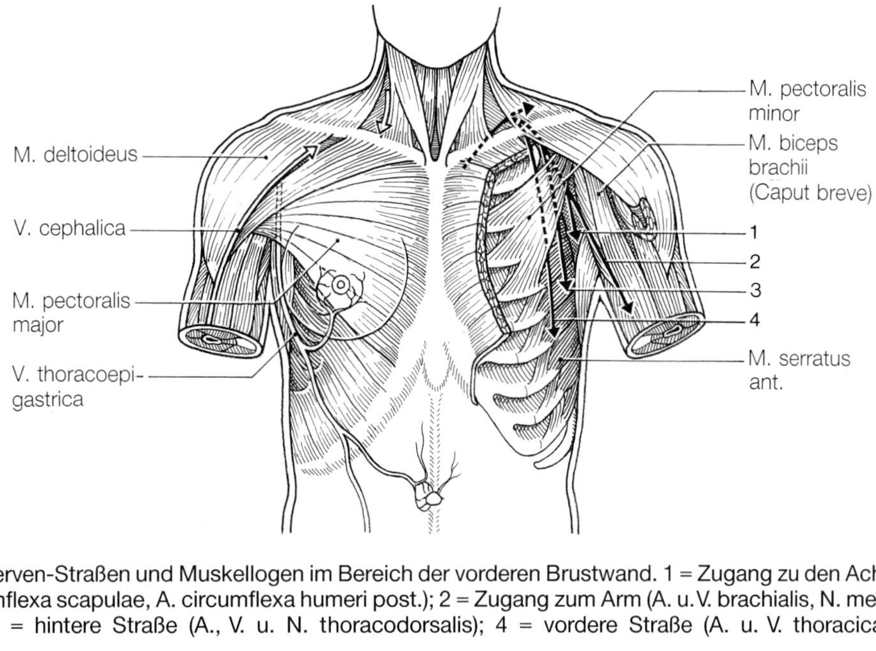

Abb. 7A-1. Gefäß-Nerven-Straßen und Muskellogen im Bereich der vorderen Brustwand. 1 = Zugang zu den Achselmuskellücken (N. axillaris, A. u.V. circumflexa scapulae, A. circumflexa humeri post.); 2 = Zugang zum Arm (A. u.V. brachialis, N. medianus, N. ulnaris, N. musculocutaneus); 3 = hintere Straße (A., V. u. N. thoracodorsalis); 4 = vordere Straße (A. u. V. thoracica lat., N. thoracicus longus).

Brustdrüse (Gl. mammaria)

Die Brustdrüse lagert sich im wesentlichen dem M. pectoralis major auf, schiebt sich aber häufig lateral über den Muskelrand hinaus in Richtung Achselhöhle vor. Sie ist gegenüber der Fascia pectoralis verschieblich. Es bestehen zwar einige Bindegewebsstränge (Retinacula oder Ligg. suspensoria mammariae), die vor der Pektoralisfaszie in die Drüse einstrahlen, aber insgesamt stellen diese nur eine lockere Fixation dar. Normalerweise bleibt die Brustdrüse gegenüber der Unterlage und der Epidermis frei verschieblich. Bei der jugendlichen Frau liegt die Brustwarze in Höhe des 4. Interkostalraumes, etwa 2 cm lateral von der Knorpel-Knochen-Grenze der 4. und 5. Rippe. Nach der Laktationsperiode senkt sich jedoch die Brust infolge einer Überdehnung der bindegewebigen Strukturen, so daß die Lage der Areola für die Topographie nicht mehr herangezogen werden kann.

An der **Gefäßversorgung** der Brustdrüse beteiligen sich alle in der Nachbarschaft liegenden Gefäße (Abb. 7A-2). Aus der senkrecht neben dem Sternum abwärts ziehenden A. thoracica int. und aus den vorderen Abschnitten der Aa. intercostales des 2. bis 5. Interkostalraumes zweigen Rr. perforantes ab, die die medialen und oberen Abschnitte des Drüsenkörpers versorgen (Rr. mammarii mediales). Die lateralen und unteren Abschnitte der Drüse werden arteriell hauptsächlich von Ästen der A. thoracica lateralis und von solchen der Rr. cutanei laterales der Interkostalarterien des 2. bis 6. Interkostalraumes versorgt (Rr. mammariae lat.). Zusätzlich beteiligen sich oft noch kleine Äste der A. thoracoacromialis und der A. thoracodorsalis an der Versorgung der Brustdrüse.

Die subkutanen Venen bilden im Bereich des Warzenhofes einen ringförmigen Venenplexus (Plexus venosus areolaris). Die Venen des Drüsenkörpers werden nach medial zur V. thoracica int. (und weiter zur V. subclavia), nach lateral zur V. thoracica lat. bzw. V. thoracoepigastrica (und weiter zur V. axillaris) und schließlich über die Interkostalvenen zum Azygossystem drainiert.

Die **Lymphabflußwege** der Mamma sind wegen der Ausbildung von Tumormetastasen klinisch von besonderer Bedeutung. Man unterscheidet im wesentlichen drei Lymphstraßen, nämlich die axilläre, die interpektorale und die parasternale Abflußbahn (Abb. 7A-3). Die Lymphgefäße bilden im Bereich der Drüse ein oberflächliches subkutanes und ein tiefes Netz, die ausgiebig miteinander anastomosieren. Als Hauptabflußbahn kann der axilläre Lymphweg angesehen werden. Die ersten Lymphknoten liegen am Unterrand des M. pectoralis minor (und den oberen Serratuszacken) (Nodi lymphatici axillares pectorales, Sorgiusscher Lymphknoten). Von hier geht der Lymphweg tiefer in die Achselhöhle zu einer zweiten Lymphknotengruppe (Nodi lymphatici axillares centrales). Die Lymphwege vereinigen sich dann oberhalb des M. pectoralis minor mit denen, die vom Arm kommen und bilden um die V. axillaris herum eine größere, infraklavikulär gelegene Lymphknotengruppe (N. lymphatici axillares apicales), die schließlich Verbindungen mit den tiefen, supraklavikulär lokalisierten Lymphknoten des Halses hat (Abb. 7A-3).

Die tiefen Achselhöhlenlymphknoten scheiden vielfach die quer durch die Achselhöhle verlaufenden Nn. intercostobrachiales (Abb. 7A-4) so ein, daß Metastasen von Mammatumoren Hypersensibilitätserscheinungen am Arm hervorrufen können.

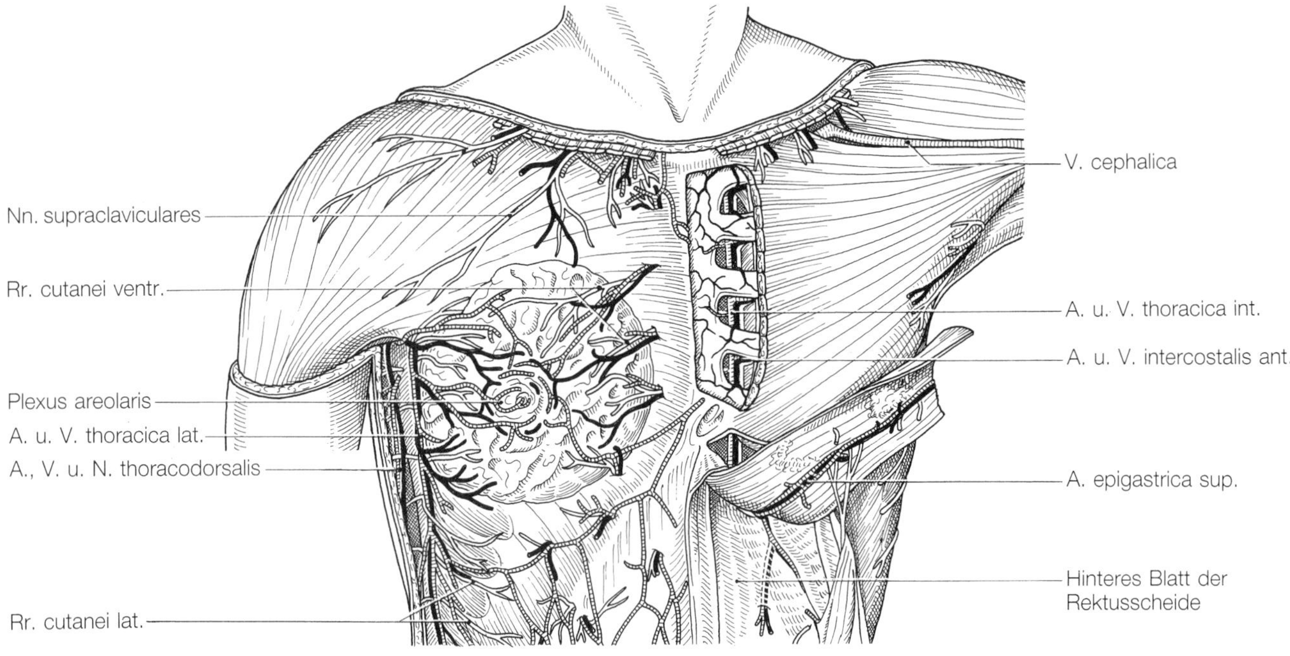

Abb. 7A-2. Leitungsbahnen der vorderen Brustwand. Gefäße und Nerven der Mamma.

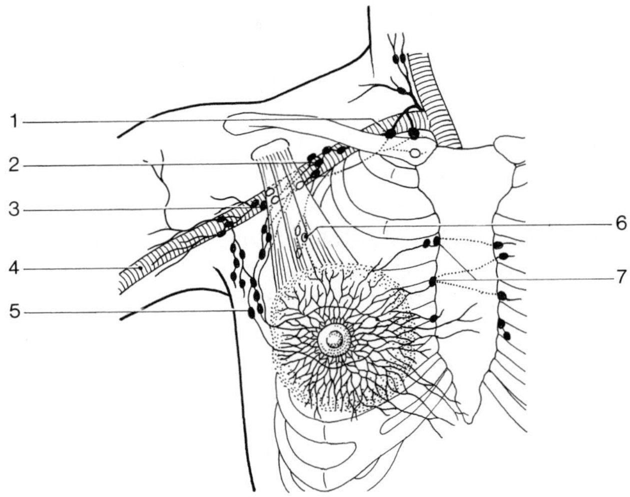

Abb. 7A-3.a) Regionäre Lymphknotengruppen der Milchdrüse. 1 = Supraklavikuläre Lymphknoten; 2 = infraklavikuläre Lymphknoten (N. l. axillares apicales); 3 = axilläre Lymphknoten (N. l. axillares centrales); 4 = V. brachialis; 5 = Sorgiussche Lymphknoten (N. l. axillares pectorales); 6 = interpektorale Abflußbahn; 7 = parasternale Lymphknoten.

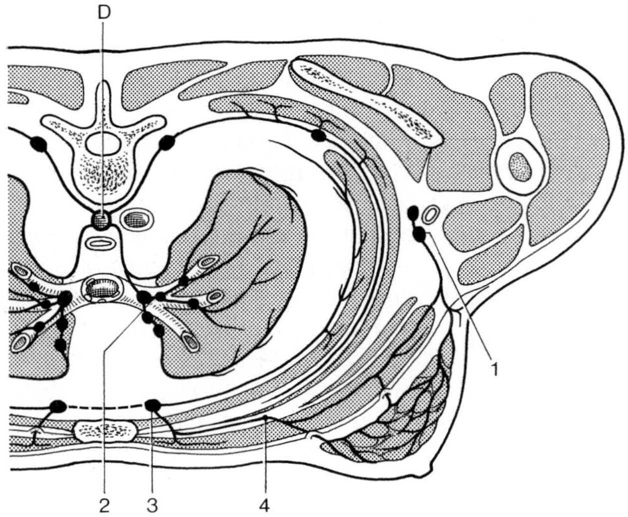

Abb. 7A-3.b) Lymphabflüsse aus der Mamma – Horizontalschnitt (schematisch). D = Ductus thoracicus; 1 = axilläre Lymphknoten; 2 = bronchopulmonale Lymphknoten; 3 = parasternale Lymphknoten; 4 = interpektorale Abflußbahn.

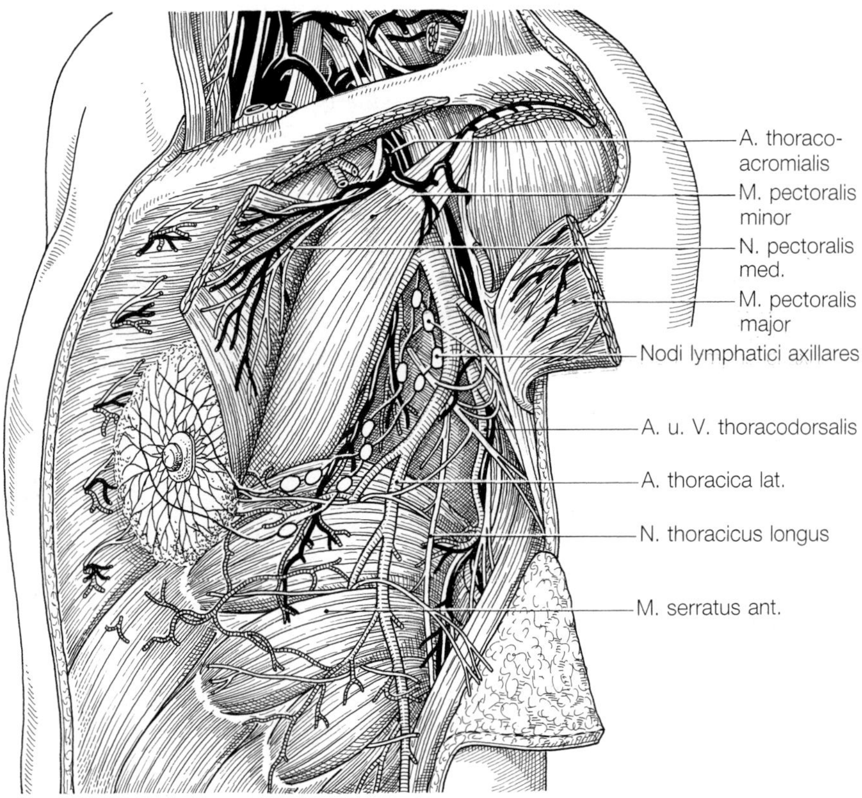

Abb. 7A-4. Topographie der Achselregion und der seitlichen Brustwand. Die axillären Lymphabflußwege der Mamma sind erkennbar.

Ein weiterer Lymphabflußweg für die Mamma erfolgt nach medial (parasternaler Lymphweg oder Mammarialymphstrang). Hier sind im Gegensatz zur axillären Lymphbahn meist nur wenige Lymphknoten zwischengeschaltet. Die parasternalen Lymphgefäße liegen neben dem Sternum meist in Begleitung der V. thoracica int. Sie münden in die Nodi lymph. supraclaviculares oder direkt rechts in den Truncus jugularis bzw. links in den Ductus thoracicus ein. Die parasternalen Lymphgefäße anastomosieren auch nach innen mit den interkostalen und mediastinalen Lymphgefäßen. Hieraus erklären sich die sog. inneren Metastasen im Bereich der Bronchien oder des Mediastinums. Verbindungen über die Mittellinie hinweg zur Gegenseite sind nach neueren Untersuchungen in der Regel nicht vorhanden.

Die dritte Abflußbahn für die Lymphe aus der Milchdrüse ist die interpektorale Abflußbahn. Diese Lymphgefäße verlaufen meist im Bindegewebe zwischen dem M. pectoralis major und minor (Rottersche Lymphknotengruppe). Diese Lymphgefäße erreichen die Nodi lymph. axillares apicales unterhalb der Fascia clavipectoralis am oberen Rand des M. pectoralis minor, von wo aus sie die infra- und supraklavikulären Lymphknotengruppen erreichen können (Abb. 7A-3).

Achselhöhle

Die Achselhöhle (Fossa axillaris) stellt einen pyramidenförmigen, weitgehend mit Fett ausgefüllten, durch Bindegewebssepten mehrfach gekammerten Raum dar, der vorne durch die vordere Achselfalte mit dem M. pectoralis minor und major, und hinten durch die hintere Achselfalte mit dem M. latissimus dorsi begrenzt wird (Abb. 7A-4 u. 5). Die mediale Wand der Achselhöhle wird von der seitlichen Brustwand (M. serratus ant.), die laterale vom M. coracobrachialis und M. biceps brachii sowie dem Humerus gebildet. Der Gefäß-Nerven-Strang, der sich aus der A. und V. axillaris und der Pars infraclavicularis des Plexus brachialis zusammensetzt, tritt durch die beiden Skalenuslücken von oben in die Achselhöhle ein und verläuft durch eine eigene Bindegewebsscheide vom Achselhöhlengewebe getrennt senkrecht abwärts zum Arm (Abb. 7A-4). Die Vene liegt immer isoliert mehr ventral und medial, während die Äste des Plexus brachialis sich um die Arterie herumgruppieren und zu drei Faszikeln anordnen, aus denen dann die Armnerven hervorgehen. Leitmuskel des Gefäß-Nerven-Stranges ist der M. coracobrachialis, der sich dem Strang seitlich vorne anlagert. Der N. thoracodorsalis (aus C_6 bis C_8) ist ein Ast des Fasciculus post. und zieht frei durch das Bindegewebe der Achselhöhle zwischen den oberflächlichen Lymphknoten hindurch. Er ist bei einer Ausräumung der Axilla besonders gefährdet. Er wird von der A. thoracodorsalis begleitet, die meist am Vorderrand des M. latissimus abwärts zieht (Abb. 7A-4).

Der N. thoracicus longus (C_5 bis C_7) und die A. thoracica lat. liegen weiter vorne und verlaufen unter dem M. pectoralis minor auf dem M. serratus ant. an der Brustwand entlang distalwärts. Der Nerv liegt zusammen mit den Vasa thoracica lat. in der Regel geschützt unter der Faszie des M. serratus ant., so daß sie bei Operationen leicht geschont werden können. Frei durch das Achselhöhlengewebe verlaufen dagegen der N. intercostobrachialis, der aus dem 2. und 3. Interkostalnerven stammt und sich mit dem N. cutaneus brachii med. verbindet (Abb. 7A-4). In seiner Nachbarschaft liegen fast immer Lymphknoten der superfiziellen oder mittleren axillären Lymphknotengruppe.

Zwischen dem M. pectoralis major und minor liegt anfangs lockeres Bindegewebe, das sich aber kranialwärts zunehmend verdichtet und schließlich in die Fascia clavipectoralis übergeht. Hier finden sich außer den interpektoralen Lymphabflußwegen der Mamma auch die Rr. pectorales der A. thoracoacromialis und die Nn. pectorales des Plexus brachialis für die Innervation der beiden Brustmuskeln. Die Fascia clavipectoralis unterfüttert die Mohrenheimsche Grube (Trigonum deltoideopectorale), die der V. cephalica und den Vasa thoracoacromialia zum Durchtritt dienen. Die mit den Brust- und Bauchwandvenen in Verbindung stehende V. thoracoepigastrica zieht schräg an der lateralen Brustwand auf dem M. serratus ant. nach oben und mündet in der Regel innerhalb der Achselhöhle in die V. axillaris ein (Abb. 7A-4).

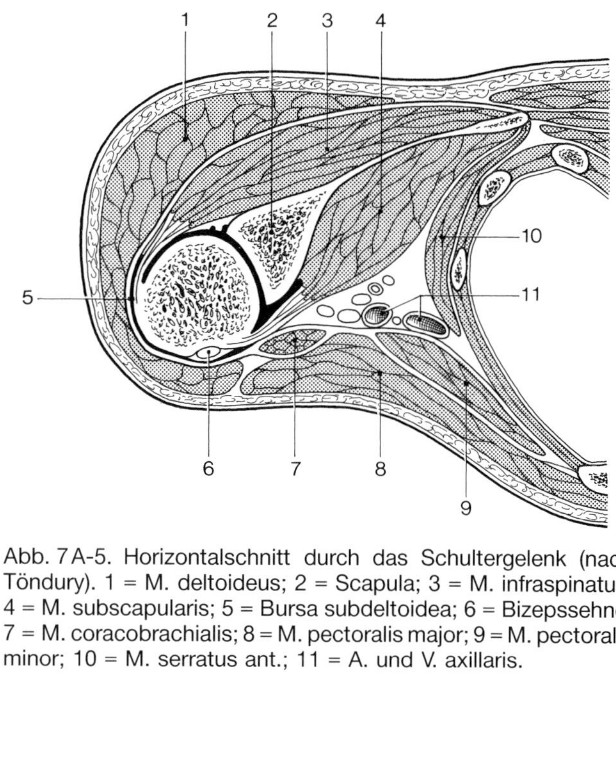

Abb. 7A-5. Horizontalschnitt durch das Schultergelenk (nach Töndury). 1 = M. deltoideus; 2 = Scapula; 3 = M. infraspinatus; 4 = M. subscapularis; 5 = Bursa subdeltoidea; 6 = Bizepssehne; 7 = M. coracobrachialis; 8 = M. pectoralis major; 9 = M. pectoralis minor; 10 = M. serratus ant.; 11 = A. und V. axillaris.

Operative Behandlung der Brustdrüsenerkrankungen

J. Durst

Präoperative Maßnahmen und Diagnostik

Vor jedem Eingriff muß eine subtile klinische Untersuchung beider Drüsenkörper einschließlich der Lymphabflußwege durchgeführt werden. Sie besteht aus der Inspektion und bimanuellen Palpation, wobei die Patientin in liegender und stehender Position untersucht werden soll. Erst daran schließt sich die fallbezogene apparative Diagnostik an.

Absonderungen aus der Mamille außerhalb von Laktation und Schwangerschaft in Form der Galaktorrhö und Pseudolaktation (nipple discharge) machen die Durchführung einer Sekretzytologie erforderlich. Sie ergibt, nach einer Literaturübersicht von Boquoi, in 2,5% der Fälle atypische Zellen und unter Berücksichtigung von 13659 Frauen in 2,7% (Mittelwert) ein Karzinom. Gleichzeitig erfolgt bei der Provokation des Sekretflusses im Zuge der Palpation die Lokalisation des betroffenen Quadranten. Die Punktionszytologie, die am Ende aller üblichen diagnostischen Verfahren steht, hat in den Händen Erfahrener eine hohe Treffsicherheit, so daß unter dieser Voraussetzung sehr oft operative Eingriffe vermieden werden können. Die Rate der falsch positiven Befunde wurde von Zajicek und Kreuzer mit 0,4%, die der falsch negativen mit 2–5% angegeben. Im Falle einer solitären Zyste kann durch Luftinsufflation die Wandung röntgenologisch beurteilt werden und auch hier fallweise die Exstirpation unterbleiben.

Die Mammographie gehört zu den obligaten Untersuchungsverfahren. Ihre Treffsicherheit liegt nach Lutterbeck (1500 Brustkrebsfälle) bei Frauen von über 60 Jahren um 90%, im Alter von 30–44 Jahren jedoch nur bei 50%!

Die Thermographie hat dagegen keine Bedeutung mehr, um so mehr jedoch die Sonographie, die wiederum in den Händen Erfahrener zu einer wesentlichen Bereicherung des diagnostischen Programms wurde. Selten ist demgegenüber eine Indikation für eine Galaktographie gegeben, da in aller Regel der erkrankte Quadrant der Brustdrüse durch Palpation meist zuverlässig ermittelt werden kann (Abb. 7-1).

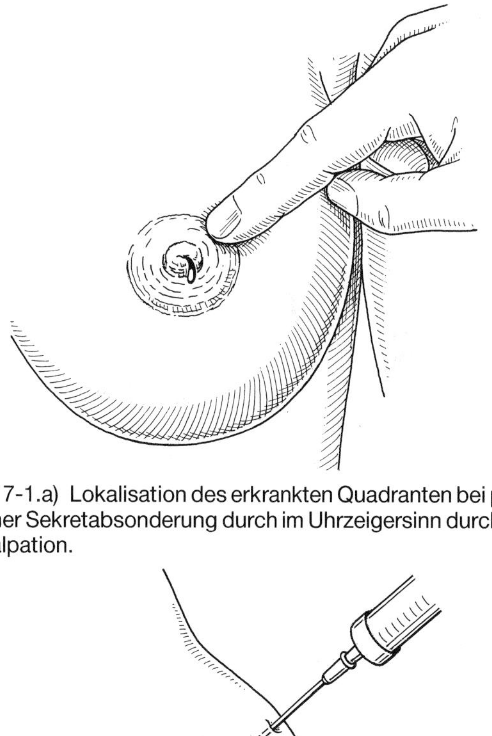

Abb. 7-1.a) Lokalisation des erkrankten Quadranten bei pathologischer Sekretabsonderung durch im Uhrzeigersinn durchgeführte Palpation.

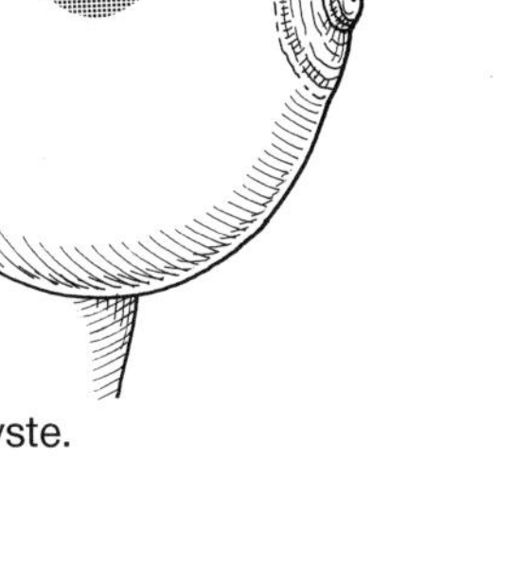

b) Punktion einer Zyste.

Lagerung und Schnittführungen an der Brustdrüse

Abgesehen von aufwendigen plastisch-chirurgischen Maßnahmen ist die Rückenlage mit leicht angehobener Schulter der erkrankten Seite die Standardlage. Der gleichseitige Arm wird entweder auf einer mit dem Operationstisch verbundenen Schiene in leichter Abduktionsstellung fixiert oder auf einem Beistelltisch gelagert. Alternativ möglich ist die Fixation des Unterarms in einer am Narkosebügel befestigten Schiene, wie es Patey angegeben hat. Die Rasur der Achselhaare kann am Vortag, besser unmittelbar präoperativ vorgenommen werden. Die Abdeckung nach Desinfektion des Operationsgebietes soll so erfolgen, daß die Brust und Axilla zugänglich sind.

Im Falle eines sehr kleinen, schlecht zu palpierenden Tumors kann die Markierung durch eine dünne Nadel unmittelbar vor Einleitung der Narkose sehr hilfreich sein, da bei einer voluminösen Brust und nach der o.g. Lagerungstechnik eine erhebliche Positionsänderung des Knotens eintreten kann.

Alle Inzisionen aus diagnostischen Gründen folgen den Linien nach Kraissl, die auch für einen großen Teil der über eine Probeexzision (PE) hinausgehenden Eingriffe Zugangswege der Wahl sind (Abb. 7-2). Radiäre Schnitte kommen nur ausnahmsweise in Betracht. Die Eröffnung der Axilla erfolgt über eine parallel zum M. pectoralis major verlaufende Inzision, die im übrigen so erweitert werden kann, daß Lymphknotendissektionen übersichtlich möglich sind. Keinesfalls darf ein Hautschnitt in die Axilla hineingeführt werden oder sie kreuzen.

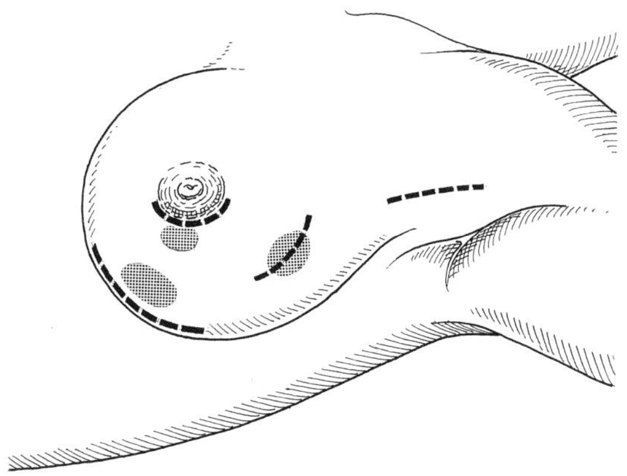

Abb. 7-2. Schnittführungen an der Brustdrüse.

Eingriffe bei benignen Brustdrüsentumoren, der Mastopathie und Präkanzerosen

Sämtliche Eingriffe an der Brustdrüse sind unter Schnellschnittbedingungen in Allgemeinanästhesie durchzuführen. Das betrifft nicht zuletzt auch sehr kleine, gut abgrenzbare, klinisch unverdächtige, verschiebliche Tumoren, selbst wenn die Punktionszytologie keinen Hinweis für Malignität ergeben hatte. Die schriftliche Einwilligung für eine dem Tumorstadium (pT) angepaßte weiterführende Operation ist deshalb auch in diesen Fällen immer einzuholen. Die operative Entfernung der vergleichsweise seltenen gutartigen Neubildungen wird vorzugsweise von einer periareolären Inzision aus vorgenommen und nur bei einer sehr peripheren Lokalisation von einem in die Spaltlinien gelegten Schnitt (Abb. 7-2).

Die Präparation erfolgt bei gut tastbaren derben Tumoren zwischen Subkutan- und Drüsengewebe mit der Schere, bis die Neubildung erreicht ist und im Sinne einer Enukleationsresektion entfernt werden kann (Abb. 7-3.a u. b).

Für die einzuschlagende chirurgische Therapie hat die morphologische Beurteilung proliferierender Prozesse eine fundamentale Bedeutung. Die von Prechtel erarbeiteten Befunde bestätigten sich auch unter Berücksichtigung neuerer Nomenklaturen für das Stadium III (atypische Epithelproliferationen) weitgehend, jedoch wurden inzwischen ergänzende Differenzierungen (Bässler, Simpson et al.), teilweise unter Einbeziehung familiärer Brustkrebsbelastungen (Page) vorgenommen. So wird das Karzinomrisiko für die atypische duktale und lobuläre Hyperplasie mit 3,3- bzw. 3,6fach höher als normal bei fehlender familiärer Belastung eingeschätzt, dagegen mit 7,6- bzw. 9,4fach bei einer familiären Brustkrebshäufung. Auffallend ist ferner, daß bei prämenopausalen Frauen mit einem Mammakarzinom 2,6- bis 9,5mal häufiger Epitheliosen auftreten (Simpson et al.). Nicht zu den Präkanzerosen zählt das intraduktale Papillom, das klinisch durch eine seröse oder blutige Mamillensekretion in Erscheinung tritt. Die Galaktographie kann in diesen Fällen diagnostisch hilfreich sein. Das Auftreten von Mikrokalzifikationen ist bei einer Mastopathie und hier besonders bei der sklerosierenden Adenose zu beobachten, aber auch in 30–50% aller Mammakarzinome, so daß grundsätzlich die histologische Klärung durch eine PE erfolgen muß.

Sämtliche zum Formenkreis der Mastopathie gehörenden Veränderungen können doppelseitig, jedoch vielfach in einer unterschiedlichen Graduierung auftreten. In den meisten Fällen wird eine engmaschige Überwachung der kontralateralen Brust ausreichen. Im Falle einer schweren proliferativen Veränderung und zusätzlichen Risikofaktoren kann die doppelseitige Biopsie, fallweise sogar die radikale subkutane Mastektomie indiziert sein. Das betrifft in erster Linie das nicht invasive intraduktale Karzinom (DCIS) und das Carcinoma lobulare in situ (CLIS). Die

Schwierigkeiten, die einerseits der Pathologe bei der Beurteilung proliferativer Veränderungen im Schnellschnitt haben kann und andererseits die Probleme, die sich für den Operateur bei der Biopsie einer nicht abgrenzbaren Veränderung (Abb. 7-4 a u. b) stets ergeben, verlangen in diesen Situationen ein besonders sorgfältiges Vorgehen. Dazu gehört z.B. die präoperative Markierung des suspekten Bezirkes mit einer Farbstofflösung unter mammographischer Kontrolle, die sofort angeschlossene Exzision mit Fadenmarkierung und erneute Mammographie des Gewebestückes, bevor das Präparat zur histologischen Beurteilung und Hormonrezeptorenbestimmung abgegeben wird. Ohne Nachteil für die Patientin, selbst wenn es sich schlußendlich um ein infiltrierendes Karzinom handeln sollte, ist es gelegentlich vernünftiger die endgültige Aufarbeitung abzuwarten und nach 2–3 Tagen die definitive, stadiengerechte Radikaloperation anzuschließen, als etwa prophylaktisch eine Quadrantenresektion oder sogar subkutane Mastektomie vorzunehmen.

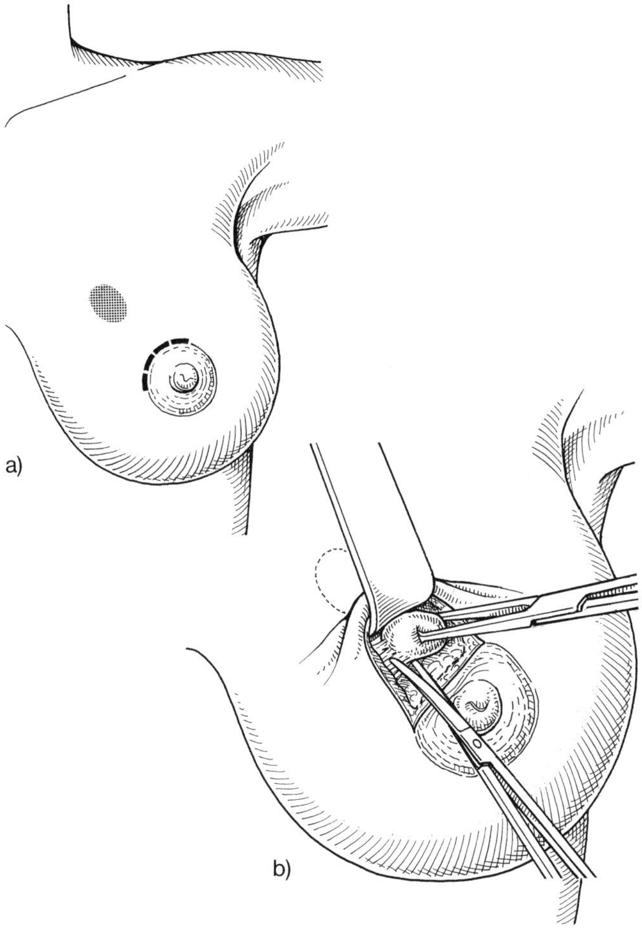

Abb. 7-3. Exzision eines Fibroadenoms.
a) Nach periareolärer Inzision wird in Richtung auf den gut tastbaren Tumor das Subkutangewebe durchtrennt,
b) ein Roux-Haken eingesetzt und die schrittweise Auslösung teils scharf, teils stumpf durchgeführt. Das präparative Vorgehen wird wesentlich erleichtert, wenn man den Tumor mit einer Klemme faßt und sich entgegenzieht. Nach punktueller Blutstillung und Einlage einer Redon-Drainage wird die Inzision durch atraumatische Naht verschlossen.

Probeexzision, Lokalexzision

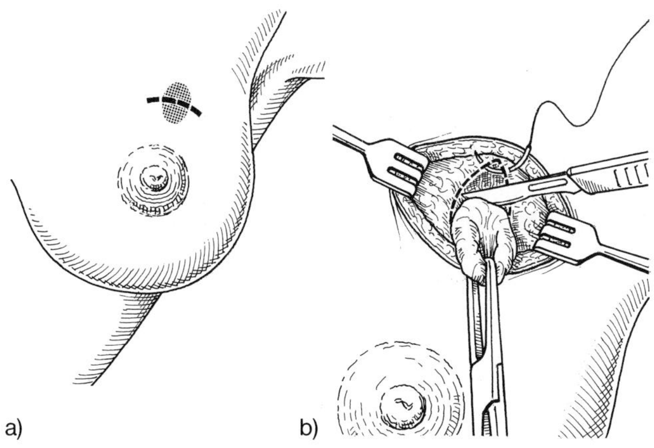

Abb. 7-4. Exzision einer palpatorischen nicht abgrenzbaren Veränderung.
a) Bogenförmige Inzision im Verlauf der Spaltlinien bei einem weit von der Mamille entfernt liegenden, unscharf begrenzten Bezirk.
b) Schrittweise ovaläre Exzision mit sofortiger gleichzeitig blutstillender Naht des Drüsenparenchyms.

Die Schnittführung der Wahl ist die periareoläre Inzision. Bei einem weit peripher liegenden Tumor ist das nicht immer möglich. In diesem Fall soll von einem direkt über dem Tumor liegenden Schnitt vorgegangen werden, da es bei einer weitstreckigen subkutanen Tunnelierung zu einer erheblichen postoperativen Hämatomentwicklung kommen kann und außerdem die Gefahr besteht, daß die Neubildung wegen der dann zwangsläufig unübersichtlichen Verhältnisse nicht vollständig im Gesunden entfernt wird.

Bei einem »zweifelsfrei« benignen Tumor und sehr hartem Drüsengewebe, wie man das üblicherweise bei jüngeren Frauen antrifft, empfiehlt es sich, die Exzision mit einem wenige Millimeter umfassenden Sicherheitsabstand und die Nähte mit einer Periostnadel durchzuführen. Das Vorgehen wird erheblich vereinfacht, wenn man schrittweise ovalär den Bezirk umschneidet und sofort die Naht legt und knüpft, so daß einerseits die Blutstillung mit der Rekonstruktion des Drüsenkörpers übersichtlich möglich ist und andererseits das Gewebe entgegengezogen werden kann. Dabei ist aber darauf zu achten, daß durch die Drüsenparenchymnähte eine erhebliche Verziehung auch der äußeren Form der Brust mit nachfolgend schlechtem kosmetischen Ergebnis eintreten kann. In einer solchen Situation muß die zuvor gelegte Naht entfernt bzw. korrigiert werden.

Die sogenannte Mamma-PE, ohne die eine Radikaloperation, ausgenommen bei exulzerierenden Tumoren, nicht durchgeführt werden darf, erfolgt beim Karzinomverdacht mit einem Sicherheitsabstand von ca. 1 cm. (Niemals in Lokalanästhesie!) Zu beachten ist dabei ferner, daß bei einer Exzision mit Diathermie eine Verfälschung der Hormonrezeptorenwerte durch die auftretende Hitzeeinwirkung eintreten kann. Bei einem von der Dignität her unklaren Befund sollte man deshalb besser die PE mit dem Skalpell durchführen.

Wichtig ist auch, daß der gewählte Hautschnitt eine kosmetisch günstige Erweiterung im Falle einer brusterhaltenden Operation zuläßt, im Falle einer notwendig werdenden eingeschränkten Radikaloperation die dann erforderlich werdende ovaläre Umschneidung des gesamten Drüsenkörpers nicht stört.

Die atraumatische Hautnaht ist für alle brusterhaltenden Operationen obligat und sollte bei kleinen Inzisionen intrakutan erfolgen.

Lobus- oder Duktusexzision

Beide Eingriffe sind selten indiziert. Im Falle der Lobusexstirpation (Abb. 7-5) wird der sezernierende Milchgang intraoperativ mit einer Farbstofflösung durch die Mamille angefärbt und dann mit dem dazugehörigen Drüsenparenchym keilförmig ausgeschnitten. Nach punktueller Blutstillung schließt sich unter Beobachtung des eintretenden kosmetischen Ergebnisses die Naht des Drüsenparenchyms mit Dexon-Einzelknopfnähten und Einlage einer Redon-Drainage an.

Ist der erkrankte Bezirk auf den retromamillären Abschnitt begrenzt, führt man die Exstirpation des Ductus nach Urban durch (Abb. 7-6). Zugangsweg ist in diesen Fällen die periareoläre Inzision. Dann wird der unter der Mamille liegende Drüsenabschnitt mit dem Skalpell abgelöst und kegelförmig zur Tiefe hin ausgeschnitten, wobei die Spitze des Kegels in Richtung Brustwand weist. Der entstandene Defekt muß mit einem subareolären Aufbau durch Mobilisation und Transposition umgebenden Drüsengewebes aufgefüllt werden. Andernfalls wäre das kostische Ergebnis schlecht.

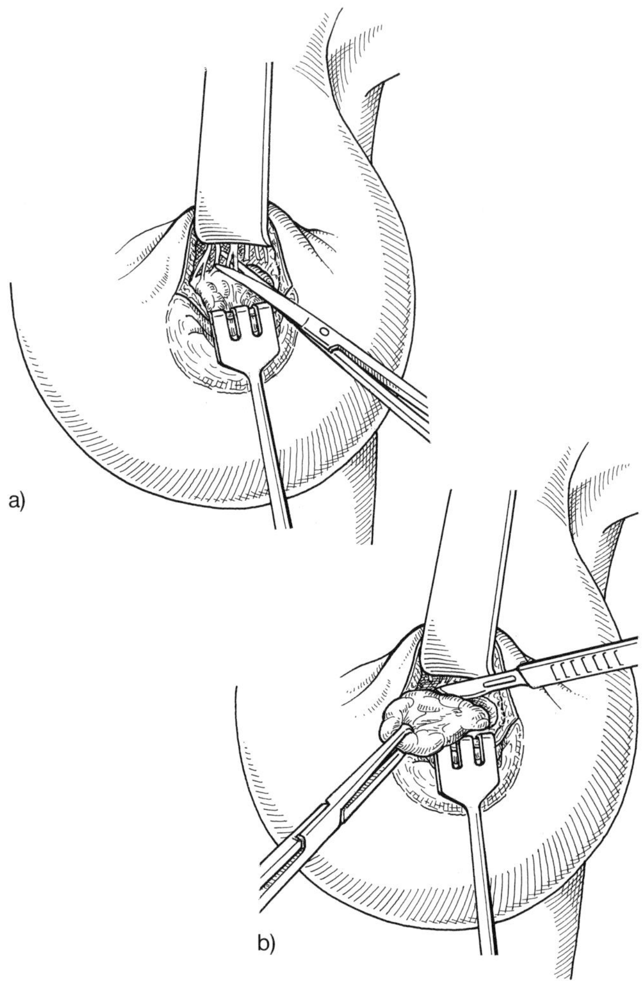

Abb. 7-6. Retromamilläre Duktusexstirpation.
a u. b) Nach periareolärer Inzision wird der retromamilläre Abschnitt unter Zurücklassung einer schmalen Gewebescheibe zur Erhaltung der Durchblutung der Mamille kegelförmig ausgeschnitten.

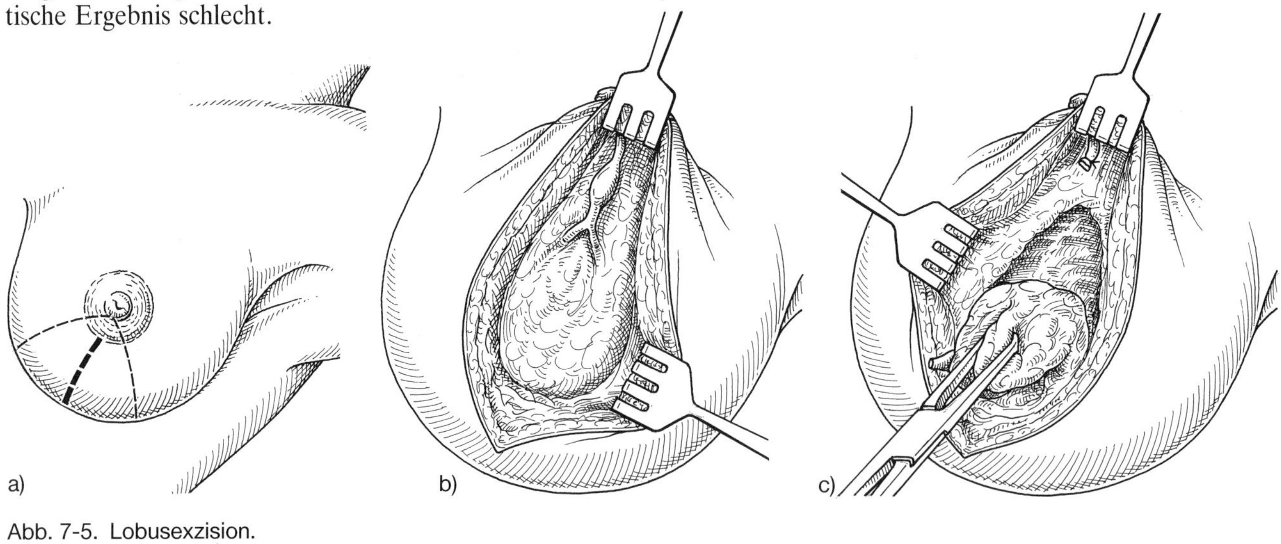

Abb. 7-5. Lobusexzision.
a) Radiäre Inzision. Der zu entfernende Quadrant ist gestrichelt markiert.
b) Freilegung des erkrankten Milchgangs und dazugehörigen Drüsenparenchyms.
c) Wetzsteinförmige Exzision des Quadranten nach mamillennaher Unterbindung des Milchgangs.

Subkutane Mastektomie

Die Indikation auch für diesen Eingriff ist vergleichsweise selten gegeben (z.B. proliferierende Mastopathie Typ III nach Prechtel, multifokales CLIS), die präparativ technische Durchführung im Hinblick auf die notwendige Radikalität oft schwierig. Standardzugang ist die Inzision nach Bardenheuer, wobei gelegentlich ein Hilfsschnitt im Bereich des lateralen Drüsenausläufers unumgänglich ist. Das zweite Ziel des Eingriffes besteht im Wiederaufbau der Brust. Wenn das von der Patientin nicht gewünscht wird und/oder wegen eines möglicherweise sehr hohen Lebensalters keine Indikation besteht, sollte von vornherein auf die Ablatio simplex ausgewichen werden.

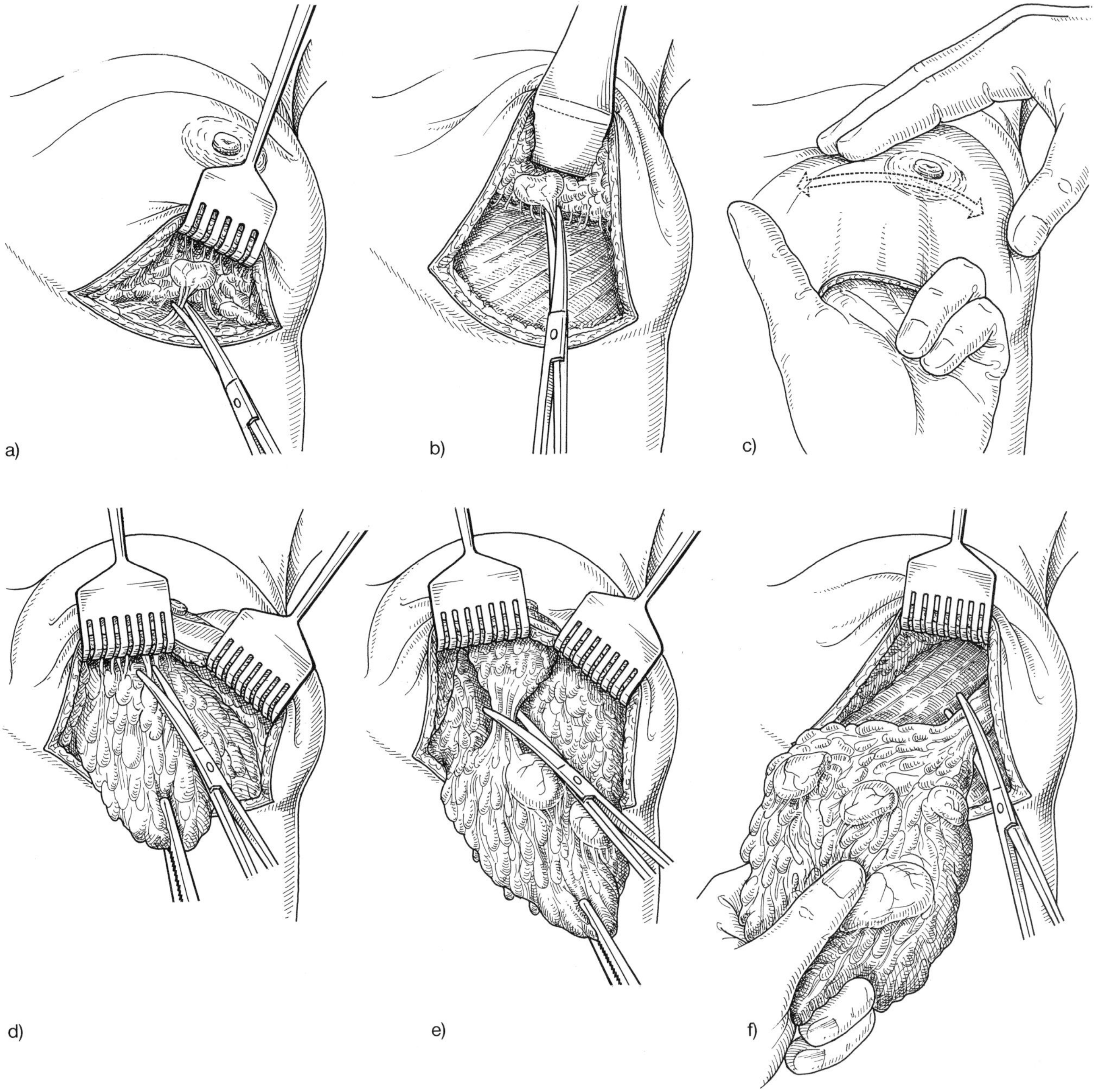

Abb. 7-7. Subkutane Mastektomie.
a–c) Von einem submammären, etwa 1 cm oberhalb der Umschlagsfalte liegenden Bogenschnitt nach Bardenheuer erfolgt zunächst die teils scharfe, teils stumpfe Ablösung des Drüsenkörpers von der Pektoralisfaszie.
d–f) Scharfe Ablösung des Drüsenkörpers vom Subkutangewebe mit Ablösung der Mamille und kompletter Resektion des lateralen Drüsenausläufers. Unabhängig vom weiteren Vorgehen (z.B. Augmentationsplastik) muß eine besonders sorgfältige Blutstillung durchgeführt werden. Die Einlage von zwei dicken Redon-Saugdrainagen ist dringend zu empfehlen. Die Hautnaht erfolgt atraumatisch, für 2–3 Tage wird ein Kompressionsverband mit breiten elastischen Binden angelegt.

Im Falle einer geplanten Augmentationsplastik entscheiden sich die meisten Operateure für ein zweizeitiges Vorgehen. Der auf diesem Gebiet nicht Erfahrene sollte deshalb diese Patientinnen von vornherein an eine Abteilung für Plastische Chirurgie oder einen auf diesem Gebiet erfahrenen Operateur überweisen.

Die subkutane Mastektomie wird von einem bogenförmigen, etwa 1 cm oberhalb der Umschlagsfalte in die Brustdrüse gelegten Inzision aus durchgeführt. Nach Möglichkeit soll das Ende des Schnittes weder medial noch lateral sichtbar werden. Die Herauslösung des Drüsenkörpers erfolgt überwiegend mit dem Skalpell bzw. der Präparierschere. Mit besonderer Sorgfalt ist die Präparation im retromamillären Abschnitt vorzunehmen, da es nicht nur sehr leicht zu einer Perforation der Haut kommen kann sondern auch zu einer Mamillennekrose. Letztere kann nur dann verhindert werden, wenn ein scheibenförmiger Rest von Drüsengewebe, in dem die subareolären Gefäße verlaufen, erhalten bleibt.

Insgesamt gelingt die vollständige Entfernung des Drüsenparenchyms trotz sorgfältiger Präparation nur in 90–95% der Fälle (Strömbeck). Die Pektoralisfaszie bleibt bei diesem Eingriff erhalten.

Nach sorgfältiger Blutstillung und der Einlage von zwei kräftigen Redon-Saugdrainagen wird der Wundverschluß mit atraumatischen Hautnähten durchgeführt.

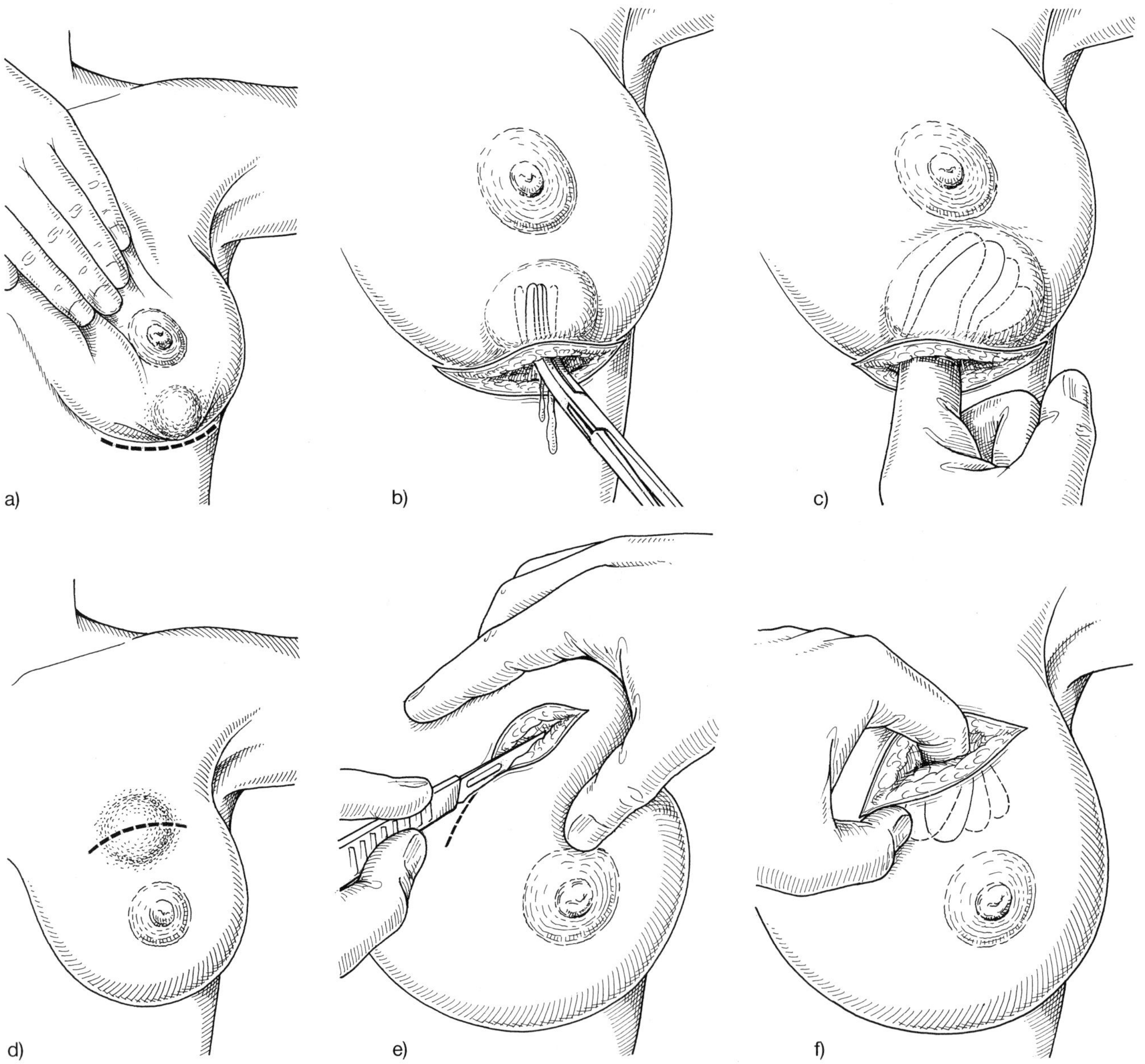

Abb. 7-8. Ausräumung von Brustdrüsenabszessen.
a–c) Bei einem im unteren Quadranten gelegenen Abszeß erfolgt die Entlastung über einen submammären Schnitt. Nach instrumenteller Eröffnung kann die Abszeßhöhle auch digital ausgeräumt werden. Eine Austastung ist immer erforderlich.
d–f) Alternatives Vorgehen bei einem Abszeß im oberen Quadranten nach in die Spaltlinien gelegter Inzision.

Eingriffe bei abszedierenden Entzündungen

In diesem Stadium der Mastitis ist ein Rückgang der Entzündung durch Antibiotika nicht mehr zu erreichen (Käser, Iklé u. Hirsch), so daß die notfallmäßige Entlastung indiziert ist. Wenn es von der Abszeßlokalisation her möglich ist, sollte die Eröffnung über den Zugang nach Bardenheuer (Abb. 7-8 a–c) gewählt werden. Andernfalls kommen zirkuläre aber auch radiäre Inzisionen in Frage (Abb. 7-8 d–f). Die Einlage einer situationsgerechten weichen Gummirohrdrainage, nicht Lasche, ist erforderlich.

Eingriffe bei bösartigen Neubildungen

Die Radikaloperation des Mammakarzinoms läßt sich zuverlässig bis auf Galen und Leonidas von Alexandrien zurückführen, jedoch wurde der primäre Wundschluß erst ab dem 17. bis 18. Jahrhundert empfohlen. Bereits Ende des 16. Jahrhunderts begann man vereinzelt mit der Lymphknotenexstirpation aus der Axilla (z.B. Hildanus), die Mitte des 18. Jahrhunderts systematisch von Petit vorgenommen wurde. Zur gleichen Zeit begann die Erweiterung des Eingriffs (Diefenbach, Halsted, Kocher, Küttner) mit der Defektdeckung an der Thoraxwand durch einen Thiersch-Lappen. Mit diesem Vorgehen erreichte z.B. Schloffer (1930) eine Rückfallrate im Operationsgebiet (Brustwand und Axilla) von nur 8% und das ohne eine adjuvante Therapie. Einige benutzten ebenfalls vor der Jahrhundertwende die kontralaterale Brust zum Wundverschluß (sog. Zyklopenmamma). Zur Grundlage der gesamten Brustkrebsbehandlung wurden die Untersuchungen von Heidenhain (1899), der die Wegnahme der Pektoralisfaszie und bei einer erkennbaren Tumorinfiltration auch Teile der Brustmuskeln forderte. Die Bedeutung der Lymphabflußwege wurde bald erkannt (Stiles, 1892; Großmann, 1896; Gerota, 1897; Rotter, 1899; Oelsner, 1901) und ihre Entfernung in die operative Behandlung mit aufgenommen. Die superradikalen Operationsverfahren (Dahl-Iversen, Urban, Sauerbruch u.a.) wurden wieder aufgegeben. Festgehalten wurde jedoch in Deutschland, und unter heutiger Sicht unverständlich lange, an der sog. klassischen Radikaloperation nach Rotter (1889) und Halsted (1894).

Vor dem Hintergrund der heute unverändert kontrovers geführten Diskussion über das fallweise auszuwählende operative Vorgehen, ist die 1895 von Rotter vor der Berliner Medizinischen Gesellschaft gemachte Aussage nach wie vor ohne Einschränkung gültig. Zusammengefaßt lautete sie: Die Operationsmethode kann bestenfalls die Rückkehr des Karzinoms im Operationsfeld verhindern, nicht aber die Manifestation von Fernmetastasen, die zum Zeitpunkt der Operation längst angelegt sind.

Offensichtlich abhängig von ethnologischen und anderen, zur Zeit nicht schlüssig zu beweisenden Faktoren, ist die Inzidenzrate des Mammakarzinoms weltweit unterschiedlich hoch. Nach den deutschen Krebsregistern ist mit einer Erkrankungsrate zwischen 68,6 (Baden-Württemberg) und 100/100000 Einwohner (Saarland) zu rechnen. Das entspricht einer jährlichen Inzidenz von ca. 30000 Fällen, so daß etwa 7,5% aller Frauen an Brustkrebs erkranken. Ähnlich wie die Häufigkeit zunimmt, steigt zur Zeit die Mortalitätsrate. Sie betrug in der Bundesrepublik im Jahre 1984 40,9/100000 Einwohner. Damit steht das Mammakarzinom an der Spitze aller Krebstodesursachen der Frauen. Eine Vielzahl von Faktoren, die die Entstehung begünstigen, sind entweder gesichert (z.B. frühe Menarche, späte Menopause, Kinderlosigkeit) oder haben ein gewisses Maß an Wahrscheinlichkeit erlangt (z.B. RNA-Viren (Bittner, Spiegelmann und Schlom), Hormone, Laktation, genetische Faktoren).

Die sich insgesamt daraus ableitende ungewöhnliche epidemiologische Bedeutung dieses Tumors sowie die absolute Notwendigkeit einer interdisziplinären Therapie, verlangt vom Operateur eine weit über sein Fachgebiet hinausgehende Kenntnis der Behandlungsmöglichkeiten. Die Abkehr von der kurativ außerordentlich erfolgreichen klassischen Radikaloperation nach Rotter und Halsted und der Ersatz durch stadienbezogene, eingeschränkt radikale Operationsverfahren einschließlich adjuvanter Behandlungsmethoden, wurde durch eine Reihe von pathologisch-anatomischen und kontrollierten klinischen Studien möglich, ohne daß dadurch die Prognose verschlechtert wird.

Dabei ist die international übliche Klassifikation der Tumoren nach pT, pN, M in Verbindung mit der Hormonrezeptorenbestimmung, aber auch der Tumorsitz entscheidend für die chirurgische und postoperative Verfahrenswahl.

Der Verlauf der Erkrankung wird u.a. von biologischen Faktoren, dem Alter (Menopausenstatus), der Immunkompetenz (»host-defense«-Mechanismus), der Virulenz der Neoplasie und natürlich vom Zeitpunkt des Therapiebeginns bestimmt. Als absolut relevante und morphologisch faßbare Kriterien erwiesen sich der histologische Typ und Malignitätsgrad der Geschwulst sowie die Anzahl der metastatisch befallenen Lymphknoten. Ohne ihre Kenntnis ist eine stadienbezogene Chirurgie des Mammakarzinoms ebensowenig möglich wie die sich daran anschließende konservative onkologische Behandlung.

Nach Valagussa et al. und Fisher et al. beträgt die 10-Jahres-Überlebensrate 75%, wenn beim Ersteingriff keine Lymphknotenmetastasen vorliegen, andernfalls nur 25%. Im Zuge der NSABP-Studie (National Surgical Adjuvante Breast and Bowel Projekt) kamen Fisher et al. 1983 zu dem Ergebnis, daß die Lebenserwartung auch altersabhängig mit der Gesamtzahl der positiven Lymphknoten korreliert. Danach überlebten 5 Jahre symptomfrei 60,1% bei 1 bis 3 Lymphknotenmetastasen (52,7% < 49;

63,8% > 50 Jahre), 41,9% bei 4 bis 6 positiven Lymphknoten (41,8% < 49; 41,6% > 50 Jahre), 27,7% bei 7 bis 12 positiven Lymphknoten (21,4% < 49; 30,5% > 50 Jahre). Die 5-Jahres-Überlebensrate insgesamt lag in der Gruppe 1 bei 73,0%, in der Gruppe 2 bei 54,1% und in der Gruppe 3 bei 50,5%. Zu ähnlichen Befunden kamen Bonadonna et al. 1985 und Martin et al. 1986. Die sprunghafte Verschlechterung der Prognose ab 4 positiven Lymphknoten muß deshalb bei der Auswahl der adjuvanten Therapieverfahren berücksichtigt werden. Außerdem läßt sich daraus die zwingende Notwendigkeit des axillären Stagings durch die gesonderte Entnahme von wenigstens 8 besser 10 Lymphknoten ableiten. Ferner stellten Mc. Divitt et al. (1986) fest, daß die 20-Jahres-Überlebensrate davon abhängt, ob die kaudale (38%), mediale (31%) oder apikale Gruppe (11%) der axillären Lymphknoten befallen ist.

Neoplasien in einer Größe von weniger als 0,5 cm, die nicht besonders glücklich als »minimal cancer« bezeichnet werden, kommen extrem selten mit Lymphknotenmetastasen vor, so daß die 10-Jahres-Überlebensrate dann über 90% liegt. Zwischen 0,5 und 1 cm Tumordurchmesser ist mit 17% nodal positiven Fällen zu rechnen (Possinger, Fisher). Das erklärt, warum Frauen mit dem prognostisch günstigen Stadium pT 1, pN 0, M X eine 10-Jahres-Überlebensrate von 70–80% haben. Frühere Untersuchungen von Cuttler, Haagensen, Stewart, Hayward und Bulbrook hatten bereits gezeigt, daß die Tumorgröße nicht nur mit dem Nachweis tastbarer Lymphknoten korreliert sondern auch mit dem nodal positiven Befund. Die Ergebnisse wurden durch Martin et al., Fisher et al., Natural History Data Base 1984 (zit. n. Senn) bestätigt. Das reziproke Verhältnis zwischen Tumorgröße und Prognose zeigt die Gesamtüberlebensrate von 91,6% bei kleiner als 1 cm großen Karzinomen und von nur 59,6% bei einem Tumordurchmesser von 5 cm oder größer (Martin et al.).

Unter Berücksichtigung der Einteilung der malignen Tumoren nach der WHO (1981), sind in der Tab. 7-1 Häufigkeit und Überlebensraten dargestellt, wie sie von Millis bei Kubli et al. 1983 wiedergegeben wurden. Maßgeblich wird die Prognose ferner von den Zellkerncharakteristika und der Ausbreitungstendenz beeinflußt. Bloom und Richardson führten schon 1957 die histologische Typisierung (Grading) ein, die 1968 von der WHO (Scarff und Torloni) übernommen wurde.

Nach Millis, Kister et al., Rosen et al. und durch die Multivarianzanalyse der Ludwig-Studiengruppe von 1986 (n 1537, p. <0,001; Davis et al.) wurde deutlich, daß Tumornekrosen, Gefäß- und Lymphbahneinbrüche, Mitosehäufigkeit und geringe Differenzierung maßgeblich die Tumorgeneralisation und 5-Jahres-Überlebensrate beeinflussen. Letztere beträgt für den Malignitätsgrad G I 86%, G II 70% und G III 57% nach kurrativer Resektion.

Einige der Neubildungen sind durch ihre Wuchsformen vor allem im Schnellschnitt von einer Präkanzerose schwer abgrenzbar, andere durch den Malignitätsgrad auffällig, so daß für die einzuschlagende operative Behandlung erhebliche Schwierigkeiten entstehen können. Von den nicht invasiven malignen epithelialen Neubildungen betrifft das die duktalen In-situ-Karzinome (DCIS) und das Carcinoma lobulare in situ (CLIS).

Erstere kommen in 10,0–31,9% bilateral vor (Stegner). In ca. 40% der Fälle ist von einem invasiven Wachstum auszugehen, wenn der Tumor größer als 2,5 cm ist (Lageos et al., Bässler), das unter 2,5 cm selten nachweisbar ist (Andersen et al.). Mit Lymphknotenmetastasen ist in 1–4% der Fälle zu rechnen (Warneke, Bahnsen et al.).

Das CLIS bleibt bei etwa 2/3 der Frauen klinisch stumm und hat keinen Einfluß auf die Lebenserwartung. Etwa 25–35% erkranken innerhalb von 5–24 Jahren an einem invasiven Karzinom. Nach Bässler kommt das CLIS (syn. LCIS) in 30% der Fälle bilateral vor.

Von den invasiven Neoplasien hat das inflammatorische Karzinom durch die explosionsartige und vor allem flächenhafte Ausdehnung die schlechteste Prognose. In den meisten Fällen kann der Tumor nur noch einer Strahlentherapie unterzogen werden. Hier, wie beim Paget-Karzinom, besteht die Verwechslungsgefahr mit einer ekzematösen Veränderung, wobei in 38,5% der Fälle eines Morbus Paget ein nicht invasives Karzinom vorliegt (Bässler).

Tab. 7-1. Histologische Klassifikation der malignen epithelialen Brustdrüsentumoren (WHO, 1981), Häufigkeit und Überlebensraten modifiziert nach Millis (1983) und Schubert (1988).

	Häufigkeit in % aller Karzinome	Überlebensraten in %	
		5 Jahre	10 Jahre
1. Nichtinvasive Tumoren			
a) Intraduktales Karzinom (DCIS)	3–6	> 98[1]	95[1]
b) Carcinoma lobulare in situ (CLIS)	3–7		
2. Invasive Tumoren			
a) Invasives duktales Karzinom	65–75	54[2]	38[2]
b) Invasives duktales Karzinom mit dominierend intraduktaler Komponente	10–15	(?)	(?)
c) Invasives lobuläres Karzinom	10–15	50[2]	32[2]
d) Muzinöses Karzinom	1–2	73[2]	59[2]
e) Medulläres Karzinom	3–7	63[2]	50[2]
f) Papilläres Karzinom	1–2	83[2]	63[2]
g) Tubuläres Karzinom	1	(?)	(?)
h) Adenoid zystisches Karzinom	1	(?)	(?)
i) Sekretorisches (juveniles) Karzinom	0–1	(?)	(?)
j) Apokrines Karzinom	0–4	(?)	(?)
k) Karzinome mit Metaplasie	< 1	(?)	(?)
l) Andere	< 1	(?)	(?)
3. Morbus Paget der Mamille	1–3	(?)	(?)

[1] Nach Wanebo et al. (1974).
[2] Nach Mc. Divitt et al. (1986).

Eine weitere Sonderform stellt das Zystosarkoma phylloides malignum dar, das selten lymphogen metastasiert und zur Todesursache wird. Die unter Umständen davon schwierig abzugrenzende benigne Wuchsform geht mit einer lokalen Rezidivrate von 20–30% einher, da die Resektion im Gesunden nicht immer gelingt.

Neben weiteren, mit dem Pathologen im Einzelfall zu besprechenden morphologischen Kriterien, ist das Risiko multizentrisch und bilateral vorkommender Präkanzerosen und Karzinome in das operative Behandlungskonzept mit einzubeziehen. Mit einer Multizentrizität ist beim DCIS zwischen 32–41% (Tulusan et al.), mit einem bilateralen Auftreten von 10% und einem retromamillären Befall von 15–17% zu rechnen. Mikroinvasive Karzinome wurden bilateral in 33% der Fälle gefunden, wobei die Abgrenzung von Metastasen, die allerdings klinisch selten beobachtet werden, auch autoptisch schwierig sein kann (Andersen et al.).

Ergebnisse kontrollierter chirurgischer Studien und Verfahrenswahl

Brusterhaltende Operationen beim Mammakarzinom durch eine erweiterte Tumorektomie mit und ohne (Cleveland Klinik) konventioneller Röntgenbestrahlung wurden schon in den 50er Jahren in Amerika und Skandinavien durchgeführt (Mustakallio, Hagensen et al., Engelstad, Kaae u. Johansen, Mc Whirter, Rissanen). Die Ergebnisse wurden später vor allem von Atkins et al., Amalrik, Tierquin u. Wise bestätigt.

Auch die Lokalrezidivrate differierte nicht (Sarrazin et al.). Sowohl in der von Veronesi 1981, als auch in der von Fisher 1985 (NSABP) publizierten, prospektiv, randomisiert durchgeführten Studie konnte zwischen radikaler Mastektomie einerseits und Quadrantenresektion mit Axilladissektion und Nachbestrahlung der belassenen Brust andererseits kein Unterschied im Hinblick auf die 5- und 10-Jahres-Überlebensraten festgestellt werden.

Die NSABP-Studie ergab ferner, daß im Gegensatz zu der vorherrschenden Auffassung, eine 5jährige Beobachtungszeit völlig ausreichende prognostische Schlüsse zuläßt. Für die nodal negativen Frauen wurde eine 5-/10-Jahres-Überlebensrate von ~ 75% bzw. ~ 59%, für die nodal positiven von ~ 58–62% bzw. ~ 38–39% ermittelt.

Entsprechend günstiger ist die 5-Jahres-Überlebensrate für die Frauen im klinischen Stadium T 1, N 0, M X (Veronesi). Nachdem aber 40% dieser Patientinnen pN positiv waren, kamen Fisher et al. zu dem Schluß, daß ein axilläres Staging sinnvoll ist aber ebensowenig wie die postoperative Bestrahlung einen Einfluß auf die Fernmetastasierung noch die Prognose hat. In einer zweiten, ebenfalls 1985 von Fisher et al. publizierten, kontrollierten und randomisierten Studie, in die operable Karzinome der Stadien I und II (TNM) bis zu einer Tumorgröße von maximal 4 cm aufgenommen und bei der alle nodal positiven Fälle zusätzlich mit einer adjuvanten Chemotherapie (L-PAM (Melphalan) + 5-Fluorouracil) behandelt worden waren, ergab das in der Tab. 7-2 näher aufgeschlüsselte Ergebnis.

Der eindeutige Nutzen einer adjuvanten Strahlentherapie bei der Segmentresektion, im Hinblick auf das lokale Rezidiv bzw. Zweitkarzinom, mit nur 7,7%, gegenüber den nicht bestrahlten Fällen mit 27,9%, wurde ebenso deutlich, wie die Tumorfreiheit von 97,9% der nodal positiven Frauen, die 5 Jahre überlebten, gegenüber 63,8% der nicht bestrahlten Gruppe, obwohl beide eine Chemotherapie erhielten.

Unter nochmaligem Hinweis auf die zuvor dargestellten Ergebnisse kontrollierter und randomisierter Studien, aber auch unter Einbeziehung der seit Jahrzehnten im Schrifttum nachlesbaren klinischen Erfahrungsberichte an teilweise mehreren 1000 Fällen aus einer Klinik, lassen sich für den gegenwärtigen Stand der Brustkrebschirurgie folgende Schlüsse ziehen.

Tab. 7-2. Vergleich zwischen totaler Mastektomie (TM), Segmentmastektomie (SM) und Segmentmastektomie mit Nachbestrahlung (SM + RTX) in bezug auf den axillären Lymphknotenstatus nach Fisher et al.

	Negativer Lymphknotenstatus			Positiver Lymphknotenstatus		
	TM N = 362	SM N = 390	SM + RTX N = 396	TM N = 224	SM N = 242	SM + RTX N = 229
Krankheitsfreies Überleben	71,9 ± 3,5	68,1 ± 3,5 (0,7)	81,4 ± 2,9 (0,1)	57,9 ± 5,3	54,8 ± 5,7 (0,4)	57,5 ± 5,4 (0,6)
Fernmetastasenfreies Überleben	81,3 ± 3,0	72,8 ± 3,4 (0,2)	85,3 ± 2,6 (0,12)	58,6 ± 5,6	63,8 ± 5,7 (0,2)	61,3 ± 5,4 (1,0)
Gesamtüberleben	81,7 ± 3,9	90,7 ± 2,4 (0,05)	91,6 ± 2,1 (0,09)	66,4 ± 5,3	73,8 ± 5,3 (0,3)	75,2 ± 4,5 (0,4)

In Klammern p-Werte zwischen TM und SM bzw. SM + RTX.

1. Das Mammakarzinom metastasiert frühzeitig hämatogen und lymphogen. Eine Barrierenfunktion der Lymphknoten ist nicht zu beweisen. Eine lokoregionale Metastasierung ist bereits ein Hinweis für eine Tumorgeneralisation, deren Manifestation von immunologischen und anderen nicht exakt bekannten Faktoren abhängt.
2. Radikaloperationen haben allenfalls einen Einfluß auf die Rate der Rückfallgeschwülste im Operationsgebiet und damit nur begrenzt auf den schicksalhaften Ablauf der Erkrankung, der in erster Linie vom Tumorstadium (nodal positiv oder negativ) zum Zeitpunkt des Therapiebeginns bestimmt wird. Seit der Einführung der Megavolttechnik gibt es deshalb für die klassische Radikaloperation nach Rotter und Halsted keine Indikation mehr. Das Verfahren der Wahl besteht in einer stadienbezogenen Chirurgie des Mammakarzinoms.
3. Die Hormonrezeptorenbestimmung für Östrogen und Progesteron ist mit jedem Eingriff zu verbinden, um beim Auftreten von Metastasen eine ablative oder additive hormonelle Therapie durchführen zu können.
4. Brusterhaltende Operationen sind ohne Nachteil im Stadium T 1 N 0, nach Fisher et al., aber auch bis zu einer Tumorgröße von 4 cm möglich, sofern das Karzinom weiträumig im Gesunden ausgeschnitten werden kann, nicht im medialen Drüsenabschnitt liegt und die Patientin mit einer Nachbestrahlung einverstanden ist. Verfahren der Wahl ist die partielle Mastektomie. Bei ungünstigem Tumorsitz oder großen Tumoren ist die lokal kurative Behandlung nur durch die eingeschränkte Radikaloperation möglich (Abb. 7-11–14).
   Die Lymphknotendissektion in der Axilla ist bei jeder kurativen Resektion grundsätzlich erforderlich, um eine Therapieplanung für eine adjuvante Behandlung vornehmen zu können.
5. Duktale In-situ-Karzinome (DCIS) werden wegen der Multizentrizität und dem häufigen bilateralen Vorkommen entweder durch eine subkutane Mastektomie (Abb. 7-7) beidseits oder nur einseitig behandelt. Je nach Alter der Patientin kommt hier die Augmentation nach Implantation eines Platzhalters in Frage. Alternativ möglich kann ein brusterhaltendes Vorgehen mit Nachbestrahlung sein.
   Im Falle des LCIS kann eine Lumpektomie ausreichend sein. Die Dissektion der Axilla ist auch hier stets erforderlich.
6. Im Stadium IV ist die Ablatio simplex ohne Axilladissektion indiziert, gelegentlich mit einer zusätzlichen Defektdeckung, sofern nicht nach PE auf die alleinige Strahlentherapie ausgewichen werden muß. Partielle Resektionen im Bereich der Pektoralismuskulatur sind nur im Falle einer Tumorinfiltration sinnvoll.
7. Maligne Lymphome werden im Sinne einer Lumpektomie entfernt.
8. Das inflammatorische Mammakarzinom ist nach Sicherung der Diagnose nicht primär chirurgisch sondern strahlentherapeutisch zu behandeln.
9. Im Gegensatz zu der Auffassung von Harder et al. ist meines Erachtens eine brusterhaltende Operation mit Axilladissektion, Nachbestrahlung und fallweise adjuvanter Chemotherapie (prämenopausale Frauen) nach den vorliegenden Studien auch für die nodal positiven Patientinnen absolut sinnvoll, sofern die Tumorgröße einen derartigen Eingriff zuläßt, da der schicksalhafte Ablauf durch die Operation nicht mehr beeinflußt werden kann.

Operationsverfahren

Erweiterte Exzision

(Abb. 7-9)
(Syn.: Tylektomie, Lumpektomie, partielle Mastektomie)

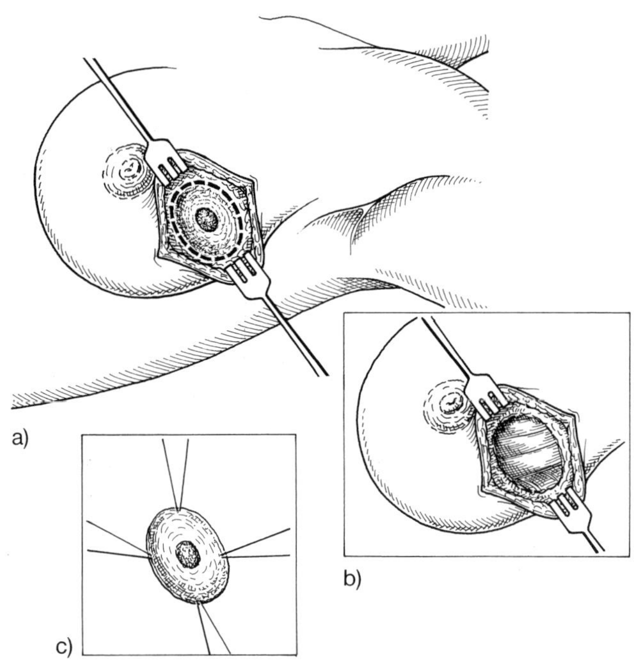

Abb. 7-9. Tylektomie.
a–c) Radikale Parenchymresektion bei einem kleinen Karzinom mit einem Sicherheitsabstand von 2 cm unter Mitnahme der Pektoralisfaszie und Markierung des Exzisates durch verschiedenfarbige oder mit Knoten versehene Fäden zur Bestimmung des Sicherheitsabstandes.

Die Ausschneidung der pathologischen Veränderung wird bei diesem Eingriff mit einem Sicherheitsabstand von ca. 2 cm vorgenommen. Wenn mit diesem Vorgehen die definitive kurative Resektion eines kleinen Karzinoms geplant ist, dann muß dem Pathologen durch die Markierung mit Fäden an 4 Punkten bezogen auf einen Kreisdurchmesser die Resektionsgrenze nach kranial und kaudal sowie lateral und medial genau angegeben werden, um eine exakte mikroskopische Bestimmung des erzielten Sicherheitsabstandes festlegen zu können. Je nach der Position des

Tumors, d.h. des Abstandes zur Thoraxwand schließt sich die Exzision der darunterliegenden Pektoralisfaszie an.

Bei diesen Eingriffen ist eine exakte Blutstillung unbedingt erforderlich, da es andernfalls zu einer den Heilverlauf erheblich störenden Hämatomentwicklung kommt. Am besten gelingt das durch die Adaptation des Brustdrüsenparenchyms – wie zuvor beschrieben – wobei wiederum sorgfältig auf das resultierende kosmetische Ergebnis geachtet werden muß. Die Einlage einer großkalibrigen Redon-Drainage ist obligat.

Quadrantenresektion

(Abb. 7-10)

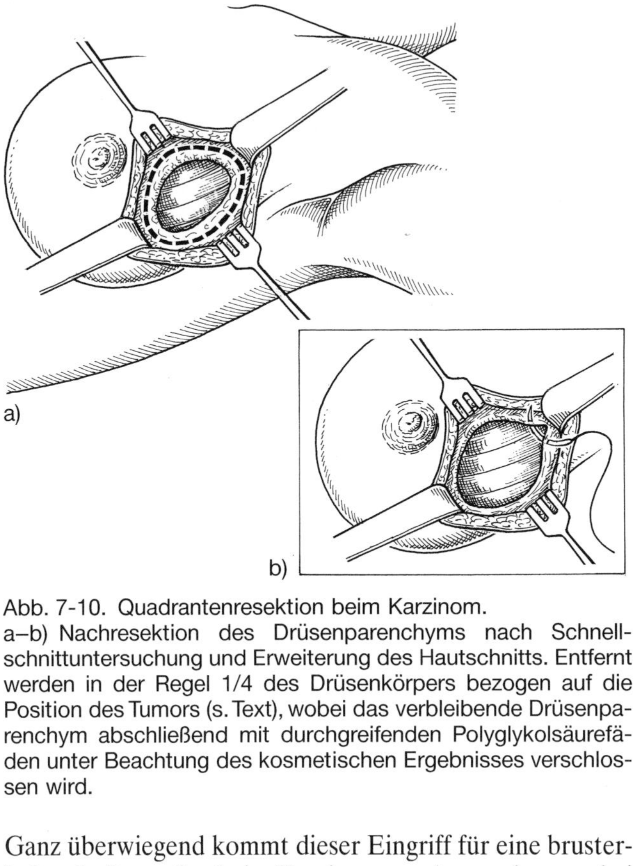

Abb. 7-10. Quadrantenresektion beim Karzinom.
a–b) Nachresektion des Drüsenparenchyms nach Schnellschnittuntersuchung und Erweiterung des Hautschnitts. Entfernt werden in der Regel 1/4 des Drüsenkörpers bezogen auf die Position des Tumors (s. Text), wobei das verbleibende Drüsenparenchym abschließend mit durchgreifenden Polyglykolsäurefäden unter Beachtung des kosmetischen Ergebnisses verschlossen wird.

Ganz überwiegend kommt dieser Eingriff für eine brusterhaltende Operation beim Karzinom zur Anwendung, wobei der Begriff nicht mit der sonst gebräuchlichen topographischen Bezeichnung bezogen auf die Brustdrüse gleichzusetzen ist sondern die Entfernung eines Viertels des Drüsenkörpers beinhaltet, in dem die Neubildung lokalisiert ist. Radiäre Hautschnitte sollten auch hier unbedingt vermieden und dafür bogenförmige, in die Spaltlinien der Mamma gelegte Inzisionen gewählt werden. Abhängig vom Brustdrüsenvolumen kann zusätzlich die Mobilisation der Hautränder über eine Distanz von gut 2 cm vorgenommen werden. Die sich anschließende segmentale Resektion wird durch die Anlage von durchgreifenden Haltefäden oder Museux-Zangen, mit deren Hilfe man sich das Gewebe entgegenzieht, wesentlich erleichtert. Durch die weiträumige Ausschneidung im Gesunden kann die Resektion mit Diathermie erfolgen. Die Pektoralisfaszie wird dabei mit entfernt. Eine Rekonstruktion der Konfiguration der Brust mit einem guten kosmetischen Ergebnis ist nach diesen Eingriffen nicht immer möglich. Sie sollte jedoch stets versucht werden.

Eingeschränkte Radikaloperation

(Syn.: Totale Mastektomie mit Axilladissektion, Operation nach Patey und Dyson)

Diese Operationsmethode wurde u.a. auch von uns (Durst et al., 1974; Koslowski u. Durst, 1976) als die Therapie der Wahl für den überwiegenden Teil der Mammakarzinome angegeben. Der präparative Ablauf entspricht nicht dem Verfahren nach Patey (Abb. 7-14b), da der M. pectoralis minor erhalten bleibt.

Nach der Probeexzision und dem zweifelsfrei das Vorliegen eines Karzinoms bestätigenden Schnellschnitt wird die Brustdrüse nach Stewart (Abb. 7-11a) und nur bei lateralem Tumorsitz nach Deaver (Abb. 7-11b) wetzsteinförmig umschnitten. Die weitere Auslösung erfolgt am besten mit der Diathermienadel, wobei man sich die Brust entgegenzieht und alle größeren Gefäße zunächst mit Klemmen faßt. Die Pektoralisfaszie wird grundsätzlich mitentfernt, entweder gemeinsam mit dem Drüsenkörper oder später. Besteht eine Tumorinfiltration in die Pektoralismuskulatur, wird der Bezirk im Gesunden elektrisch ausgeschnitten. Nach abgeschlossener punktueller Blutstillung wird die Resektionsfläche mit einem heißen Tuch bedeckt und der laterale Rand des M. pectoralis major dargestellt.

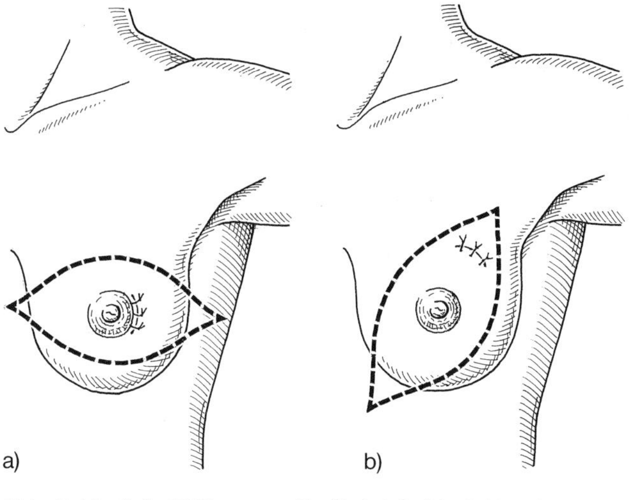

Abb. 7-11. Schnittführungen für die totale Mastektomie,
a) nach Stewart,
b) nach Deaver.

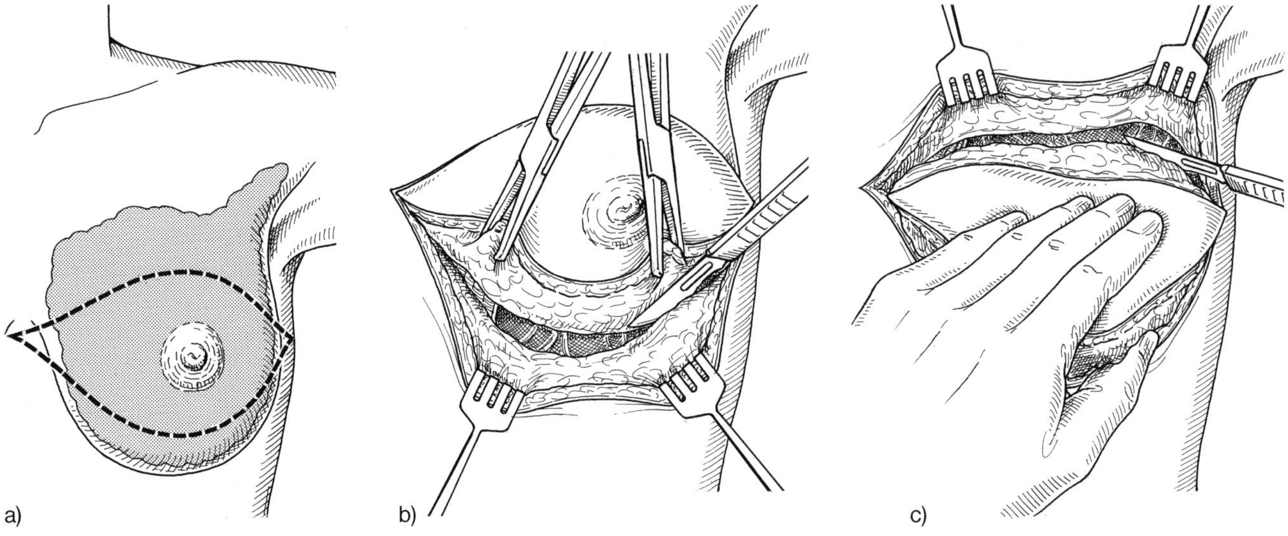

a) b) c)

Abb. 7-12. Eingeschränkte Radikaloperation. Der Eingriff darf nur nach im Schnellschnitt bestätigtem Karzinom durchgeführt werden.
a–c) Bei entsprechendem primären Tumorsitz erfolgt die wetzsteinförmige Umschneidung der Brustdrüse nach Stewart. Einige größere Venen und Arterien werden mit Klemmen gefaßt und durchtrennt. Abtragung der gesamten Brustdrüse mit anhängender Pektoralisfaszie. Anschließend erfolgt die Ligaturversorgung der angeklemmten Gefäßstümpfe mit zusätzlicher punktueller Koagulation noch restierender Blutungen.

Axilladissektion

Im Gegensatz zu der bis noch vor wenigen Jahren vorherrschenden Meinung wird die Ausräumung der Lymphknotenstationen im Bereich der Axilla nicht so radikal wie möglich durchgeführt sondern in erster Linie, um ein exaktes pathologisch-anatomisches Staging vornehmen zu können.

Das zweite Ziel des Eingriffs besteht in der Verhinderung eines frühzeitigen axillären Rezidivs und einer loco regionalen Metastasierung. Unverändert handelt es sich also um den anspruchvollsten Teilschritt bei der kurativen Mammakarzinomoperation, der mit großer Sorgfalt durchgeführt werden und für den man sich vor allem auch Zeit lassen muß. Die von manchen Operateuren vorgenommene punktuelle axilläre Probeexzision wird daher den heute geltenden onkologischen Therapiekonzepten nicht gerecht.

Von der anatomischen Position her lassen sich die axillären Lymphknoten drei Etagen (Level) zuordnen (Abb. 7-13):

Level I entspricht dem axillären Fettkörper, der unterhalb der V. axillaris beginnt, lateral vom M. latissimus dorsi, dorsal vom M. subscapularis und medial vom Rand des M. pectoralis minor begrenzt wird (Sorgiussche Gruppe).

Level II entspricht den am Unterrand der V. axillaris und hinter dem M. pectoralis minor liegenden Lymphknoten.

Level III bezieht die Lymphknoten ein, die klavikulanahe und medial vom M. pectoralis minor ebenfalls im Verlauf der V. axillaris positioniert sind.

Die zuletzt genannte Gruppe bleibt bei dem heute üblichen Vorgehen unberührt.

Eine entsprechende Markierung der von der anatomischen Position I und II entnommenen Lymphknoten sowie ihre gesonderte Aufbewahrung zur histologischen Untersuchung ist deshalb ebenso zu verlangen wie das Sammeln von wenigstens 10 Lymphknoten durch den Operateur zur gesonderten histologischen Beurteilung.

Vom präparativen Ablauf her hat es sich bewährt, nach Spaltung der Fascia axillaris zunächst die V. axillaris in ihrem Verlauf darzustellen. Sie ist die obere Begrenzung für die sich anschließende Exstirpation des axillären Fettkörpers. Die kranial der V. axillaris verlaufende deltoideopectorale Armlymphdrainage muß unter allen Umständen erhalten bleiben. Andernfalls ist mit einem Armlymphödem zu rechnen, das bei der klassischen Radikaloperation in 50% der Fälle auftrat und in Kombination mit einer Nachbestrahlung bei 20–30% der Frauen zu einer monströsen Schwellung des Armes bis hin zur vollständigen Gebrauchsunfähigkeit führte (Durst). Je nach der Ausprägung des axillären Fettkörpers empfiehlt es sich, zunächst den N. thoracicus longus und N. thoracodorsalis darzustellen und anzuschlingen. Beide Nerven sollen nicht aus falsch verstandenen Radikalitätsgründen mitentfernt werden. Wenn möglich, sollten auch nicht die Nn. intercostobrachiales reseziert werden, um oft sehr unangenehme Hyperästhesien am Oberarm zu vermeiden.

Die präparativen Teilschritte sind in den Abb. 7-14 a–e dargestellt. Um die Lymphknotenstation Level II entfernen zu können, muß der M. pectoralis minor mit einem Roux-Haken angehoben werden. Für eine Resektion dieses Muskels entsprechend dem Vorschlag von Patey sehen wir keinen Grund, sofern nicht bei einem fortgeschrittenen Karzinom eine tumoröse Infiltration erkennbar ist.

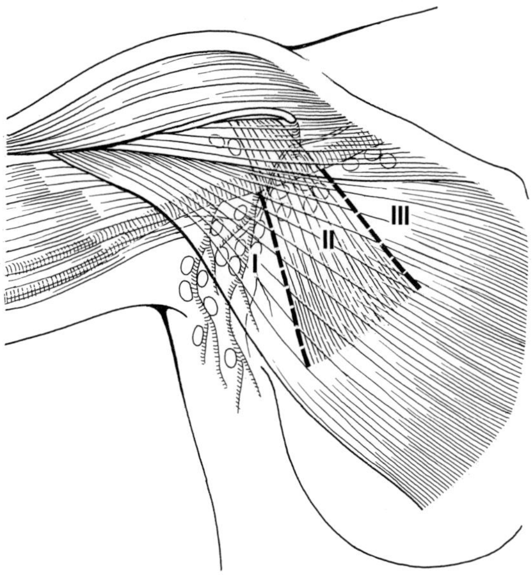

Abb. 7-13. Lymphknotenetagen in der Axilla (s. Text).

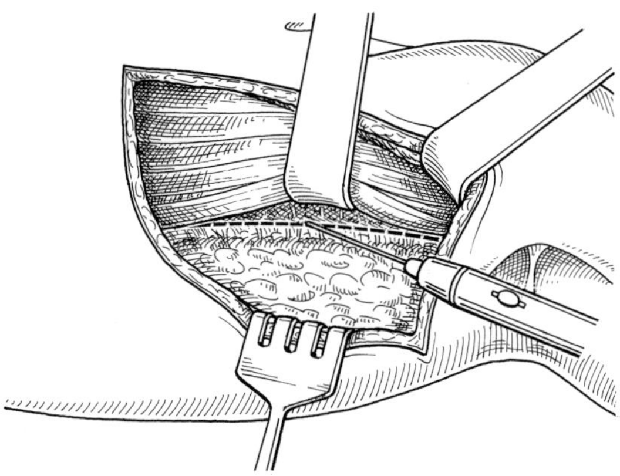

Abb. 7-14. Axilladissektion.
a) Am Unterrand des M. pectoralis major, der mit einem Roux-Haken angehoben wird, erfolgt die Längsinzision des dem M. serratus aufliegenden Fettbindegewebes, mit Exstirpation des interpektoralen Lymphstranges (Rotter).

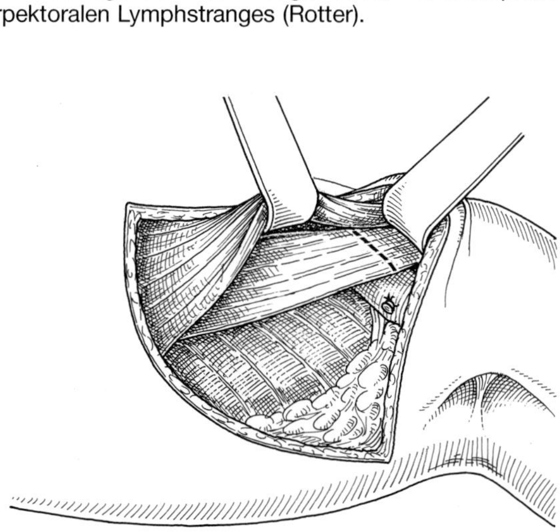

b) Nur bei der Befolgung des Originalverfahrens nach Patey wird der M. pectoralis minor ursprungnahe durchtrennt.

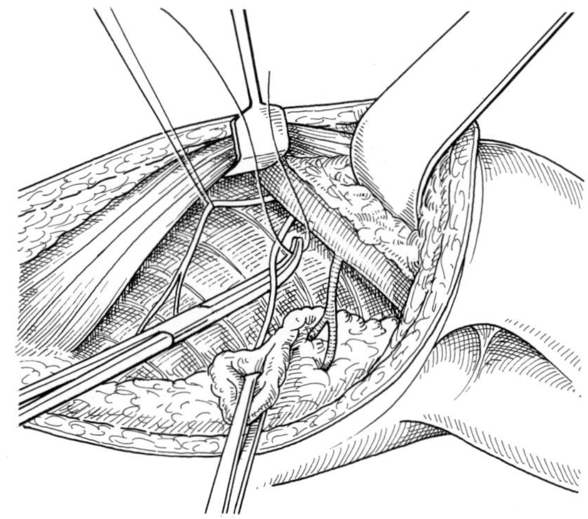

c) Separierung und Anschlingung des N. thoracicus longus und thoracodorsalis mit anschließender Ausräumung des axillären Fettkörpers bis hin zur V. axillaris. Separierung von wenigstens 10 Lymphknoten aus dem präparierten Fettkörper mit Angabe des Levels und gesonderter Abgabe zur histologischen Untersuchung.

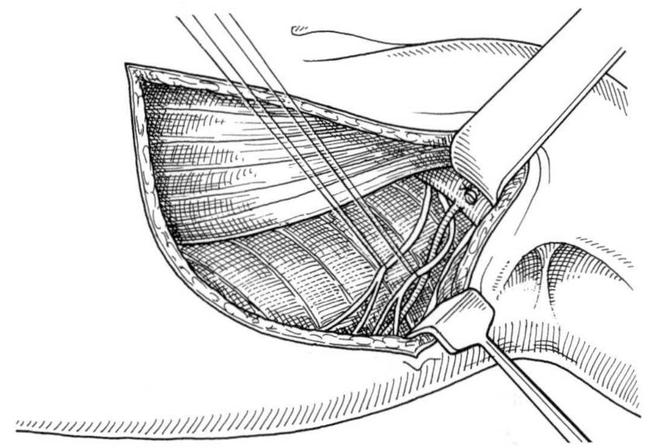

d) Situs nach abgeschlossener Axilladissektion.

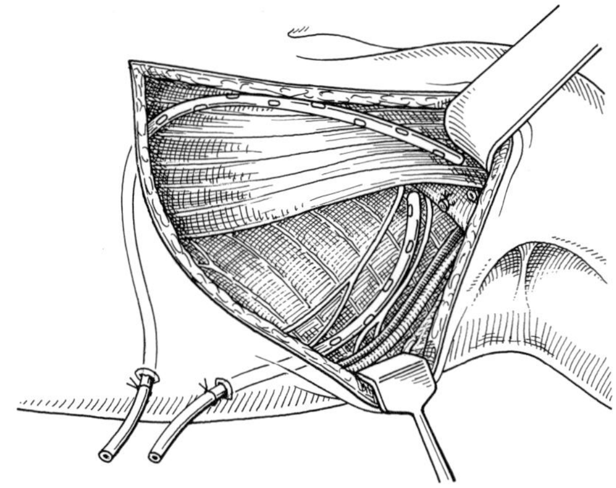

e) Nach Plazierung von wenigstens zwei dicken Redon-Saugdrainagen erfolgt der primäre Wundschluß mit Anlage eines Kompressionsverbandes unter Verwendung von breiten elastischen Binden, die am 2. bis 3. postoperativen Tag entfernt werden können.

Adjuvante Behandlungen nach kurativer Karzinomresektion

Die Verfahrenswahl und Kombination wird unterschiedlich gehandhabt. Sie ist in jedem Fall innerhalb eines onkologischen Arbeitskreises abzustimmen und durch Behandlungsprotokolle zu dokumentieren.

Unübertroffen in ihrer Wirksamkeit ist die Strahlentherapie und derzeit obligat für Karzinome mit präoperativer Lokalisation im medialen Brustdrüsenabschnitt sowie für alle brusterhaltenden Eingriffe auch nach lokal kurativer Resektion sehr kleiner Tumoren (T 0, N 0, M X).

Ferner hat sich der Eindruck bestätigt, daß etwa 20% der prämenopausalen Patientinnen von der adjuvanten Chemotherapie profitieren (consensus meeting USA, 1986), mit der spätestens nach Eingang des definitiven histologischen Befundberichtes begonnen werden soll.

Palliative Operationen

Palliative Operationen sind indiziert im Stadium IV (jedes T, jedes N, M 1) und bei einem Primärtumor pT4 a–c).

Die **Ablatio simplex** (Abb. 7-15) ist hier ohne Axilladissektion die Therapie der Wahl, wobei man auf die Schnellschnittuntersuchung nur beim exulzerierten Tumor verzichten darf. Oft ist der primäre Wundschluß nicht mehr möglich. Der Defektverschluß mit einem Hautlappen nach Thiersch gelingt jedoch nur zuverlässig bei erhaltener Muskulatur. In den meisten Fällen muß man deshalb auf ein anderes Verfahren ausweichen. Mögliche Hautverschiebelappen oder ein myokutaner Lappen sind u. E. in diesen Fällen nicht indiziert. Wir verwenden deshalb seit nunmehr über 20 Jahren das Omentum majus und führen einen Teil als gestieltes Implantat durch einen Hauttunnel zur Thoraxwand herauf (Abb. 7-16 u. 17). Im Vergleich zu den anderen plastisch-chirurgischen Techniken ist diese Methode technisch einfach durchführbar und mit einem wesentlich kürzeren Hospitalaufenthalt verbunden. Außerdem gefährdet sie die Kranken im Stadium der Tumorgeneralisation nicht noch zusätzlich und hat wenige, dann leicht zu beherrschende lokale Komplikationen. Die Omentum-majus-Plastik eignet sich nach unserer Erfahrung ebenso zur Behandlung von Radionekrosen der Rippen mit und ohne Pleuraempyem.

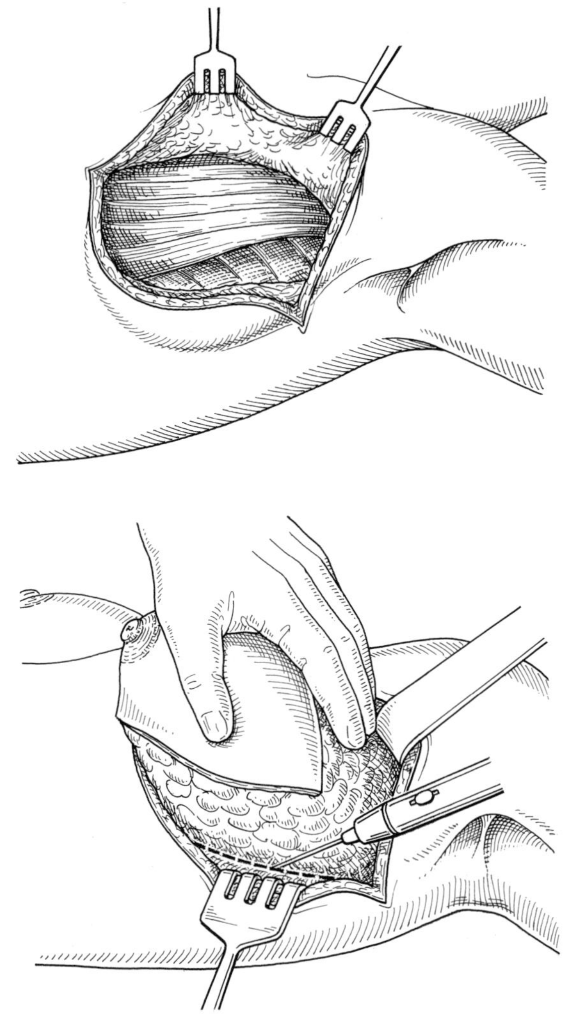

Abb. 7-15. Ablatio simplex.
a–b) Die Resektion der Brustdrüse wird in der Regel über die Schnittführung nach Stewart unter Mitnahme der Pektoralisfaszie durchgeführt. Eine Axilladissektion entfällt aus onkologischen Gründen.

Lokalrezidive

Etwa 80% der Thoraxwandrezidive treten innerhalb der ersten drei Jahre nach Radikaloperation auf, die viel selteneren Axillarezidive erfahrungsgemäß im 3. bis 4. postoperativen Jahr. Die operative Entfernung ist immer anzustreben, sofern das mit unkomplizierten Methoden möglich ist. Bei kleinen Tumorrezidiven, die von uns auch noch 21 Jahre nach Primäroperation beobachtet wurden, genügt die Exzision im Gesunden mit Nachbestrahlung. Häufiger dagegen muß auf ein plastisch-chirurgisches Verfahren ausgewichen werden (s. S. 227). Die Verwechslungsgefahr mit lentikulären Hautmetastasen ist nicht gering. In den meisten Fällen besteht gleichzeitig eine Tumorgeneralisation. Inoperable Rezidive können oft mit gutem Erfolg bestrahlt werden (Heilmann).

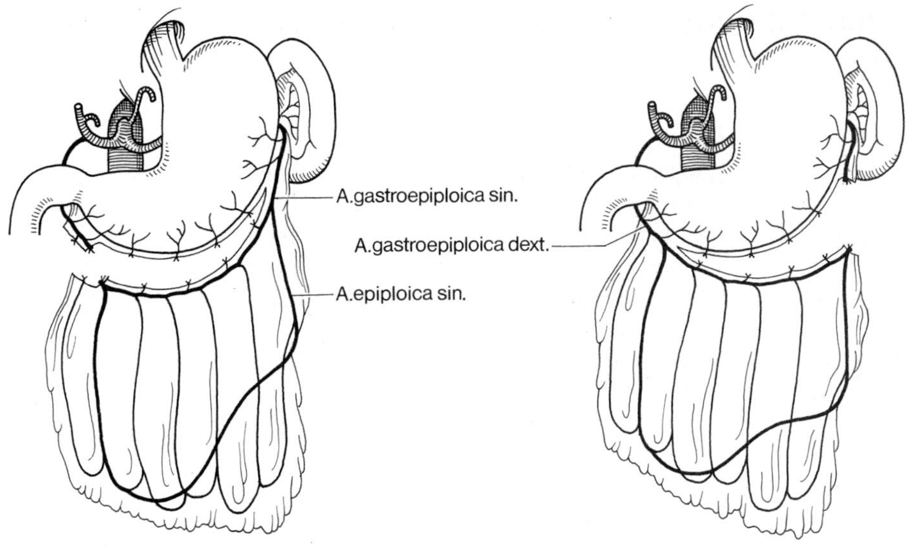

Abb. 7-16. Gefäßversorung des großen Netzes.
a–b) Die Transposition kann je nach Größe des Omentum majus, der individuell betehenden Hauptstammgefäßversorgung und der Position des zu deckenden Defektes entweder unter Erhaltung der A. gastroepiploica sinistra oder dextra erfolgen. Alternativ möglich sind situationsabhängig auch Halbierungen des großen Netzes, wobei dann die Hauptstammgefäße peripher nicht durchtrennt werden dürfen.

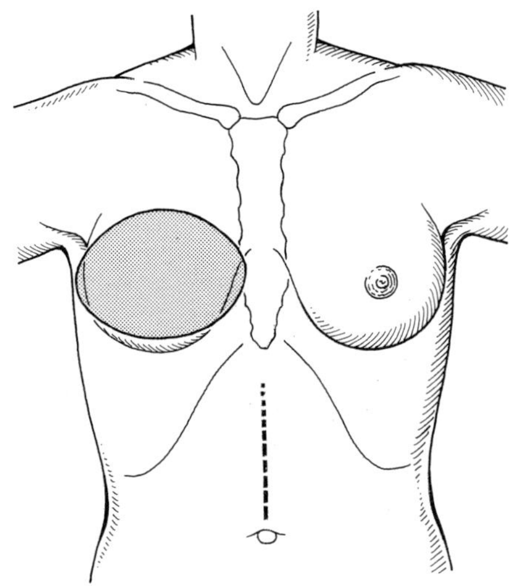

Abb. 7-17. Deckung eines Thoraxwanddefektes mit dem Omentum majus.
a) Nach der Laparotomie und Überprüfung der Verwendbarkeit des großen Netzes wird der Thoraxwanddefekt respektive die tumorinfiltrierte Brustdrüse weiträumig umschnitten.

b) Herrichtung des Wundgrundes zur Aufnahme des entsprechend präparierten großen Netzes, das

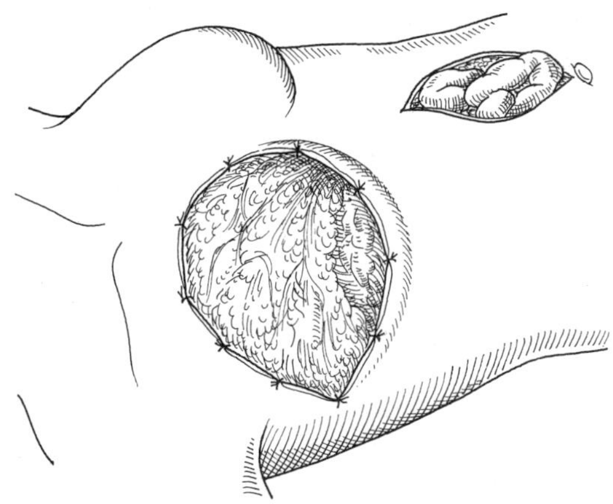

c) durch einen Hauttunnel in den Defekt hereingedreht und ausgebreitet wird. Verschluß der Laparotomie in Schichten nach nochmaliger Überprüfung der ausreichenden Vaskularisierung des Transponates, das abschließend mit einigen astraumatischen Polyglykolsäurefäden an den Hauträndern fixiert wird.

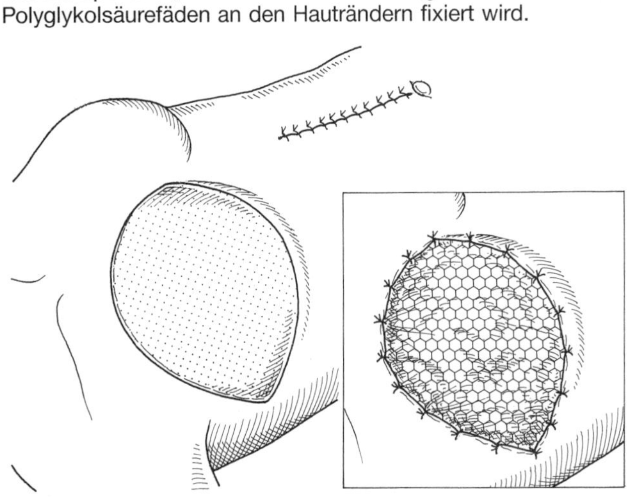

d–e) Temporäre Bedeckung des Omentum majus mit Epigard für ca. 2–3 Tage vor Meshgraft-Transplantation.

Operative Behandlung von Fernmetastasen

Von Einzelbeobachtungen abgesehen muß bei der Therapieplanung stets von einer multiplen Beherdung ausgegangen werden. Deshalb kommt die Entfernung von Metastasen aus Organen kaum jemals in Frage. Bei prämenopausal positiven Hormonrezeptoren ist die bilaterale Ovarektomie indiziert. Der Eingriff ist wenig belastend, so daß es u. E. keine Indikation für die Radiomenolyse gibt. Die Hypophysektomie oder bilaterale Adrenalektomie wurde zumindest in Deutschland aufgegeben. Das Hauptindikationsgebiet für die operative Behandlung von Metastasen besteht in erster Linie an den tragenden Abschnitten des Skeletts in Form von Verbundosteosynthesen (s. dort), gelegentlich aber auch an den oberen Extremitäten bei pathologischen Frakturen. Die erneute Hormonrezeptorenbestimmung für Östrogen und Progesteron ist nach Möglichkeit mit jedem Eingriff zu verbinden, da ein Wechsel in der Ansprechbarkeit auftreten kann. In der überwiegenden Mehrzahl aller Fälle ist eine begleitende Polychemotherapie und/oder Bestrahlung erforderlich.

Mammakarzinom des Mannes

Die Inzidenzrate wird mit etwa 1% bezogen auf alle Mammakarzinome angegeben oder 0,38–1,5% aller bösartigen Neubildungen des Mannes. Der ungünstige zentrale Tumorsitz und da etwa 30% zum Zeitpunkt des Behandlungsbeginns bereits dem Stadium III oder IV angehören, erklärt in erster Linie die im Vergleich zur Frau schlechtere Prognose mit einer 5- und 10-Jahres-Überlebensrate von 62,7 bzw. 31,9% (Vanderbilt et al.). Die Therapie der Wahl ist die eingeschränkte Radikaloperation (s. S. 223) mit adjuvanter Strahlentherapie. Da das Karzinom sehr schnell in den großen Brustmuskel infiltriert, muß fallweise eine partielle Resektion ergänzend durchgeführt werden und unter Umständen zusätzlich eine plastisch-chirurgische Hautdefektdeckung. Im Stadium M 1 kann sowohl eine Polychemotherapie als auch eine Antiöstrogenbehandlung mit Tamoxifen in Frage kommen.

8

Thorax

Topographische Anatomie der Brustwand und der Brustorgane

J. W. Rohen

Der Brustraum, der vorne und lateral von der Brustwand und unten vom Zwerchfell begrenzt wird, füllt nur etwa 2/3 des Thoraxvolumens aus. Das untere Drittel des Thoraxraumes nehmen die Oberbauchorgane, vor allem Leber, Magen, Milz und die oberen Abschnitte der Nieren ein, so daß diese Organe topographische Beziehungen zu den Brustorganen (Pleura, Lungen und Herz) erhalten. Der Brustraum beherbergt die Lungen, Herz und Mediastinalorgane (Aorta, Oesophagus, Trachea und Leitungsbahnen) und wird bis auf das in der Mitte liegende **Mediastinum** von einer Serosa (Pleura) ausgekleidet.

Man unterscheidet heute ein oberes Mediastinum (Mediastinum superius) oberhalb des Herzens, das im wesentlichen die Thymusreste und die großen Gefäße, z.B. Arcus aortae, Vv. brachiocephalicae usw. enthält und in die Halsregionen übergeht, sowie ein unteres Mediastinum (Mediastinum inferius), das wiederum in ein vorderes, mittleres und hinteres Mediastinum unterteilt wird (Mediastinum anterius, medium und posterius) (Abb. 8 A-1 u. Tab. 8 A-1). Im mittleren Mediastinum ist in der Hauptsache das Herz, im hinteren Mediastinum sind die großen Leitungsbahnen (Aorta thoracica, Ductus thoracicus,

Tab. 8 A-1. Gliederung und Inhalt des Mediastinalraumes.

Mediastinum superius	Raum oberhalb des Herzens zwischen Manubrium sterni und Brustwirbelsäule (Th_4) Inhalt: Arcus aortae mit Ästen, Vv. brachiocephalicae, V. cava sup., Thymus, Trachea, Ösophagus, Ductus thoracicus, Nn. vagi, Nn. phrenici
Mediastinum inferius	
Mediastinum anterius	Zwischen Sternum und Perikard Inhalt: Äste der Vasa thoracica int.; Lymphgefäße, retrosternale Lymphknoten
Mediastinum medium	Herzraum Inhalt: Herz und Perikard, Tr. pulmonalis mit Aa. und Vv. pulmonales, Nn. phrenici mit Vasa pericardiacophrenica
Mediastinum posterius	Zwischen Herz und Brustwirbelsäule Inhalt: Ösophagus, Nn. vagi, Aorta thoracia mit Ästen (z.B. Aa. intercostales, Aa. bronchiales), Ductus thoracicus, V. azygos und hemiazygos, Trunci sympathici mit Nn. splanchnici

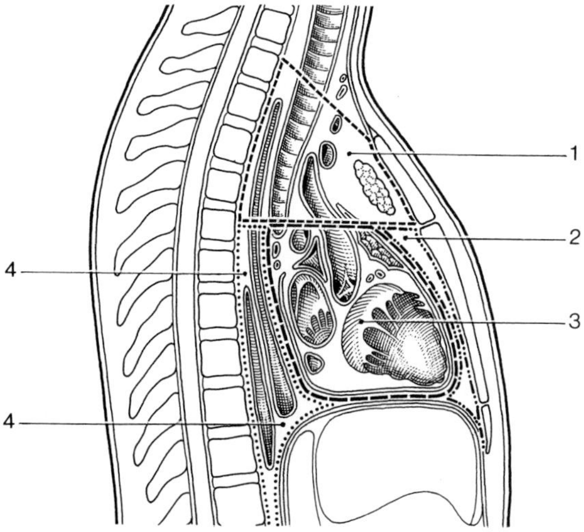

Abb. 8 A-1. Regionale Gliederung des Mediastinalraumes. 1 = Mediastinum sup.; 2 = Mediastinum ant.; 3 = Mediastinum medium (Herz); 4 = Mediastinum post.

Azygosvenensystem, Truncus sympathicus und Nn. vagi) sowie auch der Oesophagus untergebracht. Die Grenze zwischen mittlerem und hinterem Mediastinum bildet eine Frontalebene durch die Bifurcatio tracheae. Diese Bifurkation projiziert sich vorne etwa auf den Angulus sterni, hinten auf den 4. Brustwirbel. Das vordere Mediastinum dehnt sich links unten etwas über den Sternalrand hin aus, da der Pleurasack zwischen der 4. und 6. Rippe nach lateral zurückweicht. Hier ist der rechte Ventrikel von vorne direkt zugänglich (Trigonum pericardiacum) (Abb. 8A-2). Auch hinter dem Manubrium sterni verschieben sich die Pleuragrenzen zunehmend nach lateral, so daß hier ein dreiseitiges, pleurafreies Feld entsteht, in dem der Thymus oder die Thymusreste liegen (Trigonum thymicum).

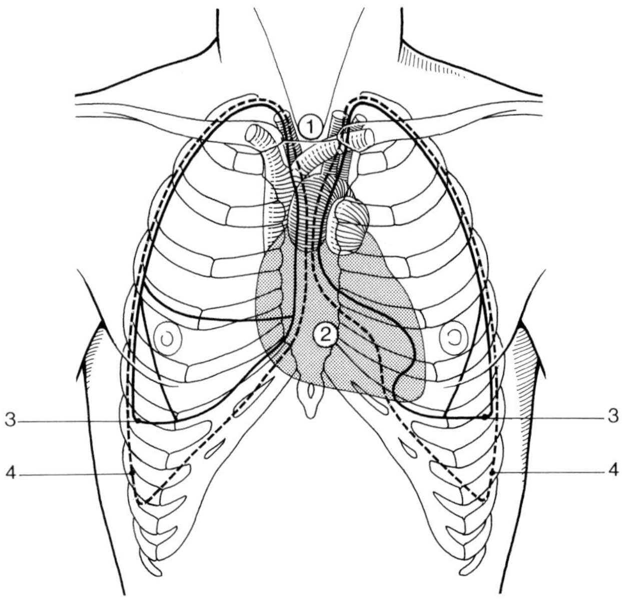

Abb. 8A-2. Projektion der Brustorgane auf die Brustwand. 1 = Trigonum thymicum; 2 = Trigonum pericardiacum; 3 = Lungengrenzen; 4 = Pleuragrenzen.

Brustwand

An der Brustwand lassen sich drei gut voneinander trennbare Schichten unterscheiden:

1. Die oberflächliche Schicht, die die Haut und das subkutane Fettgewebe umfaßt und in der die Hautnerven sowie die subkutanen Gefäße verlaufen.
2. Die mittlere Schicht, die im wesentlichen aus der Brust- und Schultermuskulatur besteht (M. pectoralis major und minor, M. serratus anterior).
3. Die tiefe Schicht, die die Thoraxwand mit Rippen, Sternum, Interkostalmuskeln und den zugehörigen Leitungsbahnen umfaßt.

In der **oberflächlichen Schicht** verlaufen die kutanen Nerven für die Dermatome der Haut in regelmäßiger segmentaler Anordnung (Abb. 8A-3). Die Rr. cutanei ant. der Interkostalnerven durchbrechen die oberflächliche Muskelfaszie etwa 1 cm neben dem Sternum, die Rr. cutanei lat. in der vorderen Axillarlinie zwischen den Zacken des M. serratus ant. (Abb. 8A-3).

Im oberen Bereich der Brustwand stoßen die Segmente C_4 bzw. C_5 und Th_1 unmittelbar aneinander, was sich aus der entwicklungsgeschichtlichen Verlagerung der unteren zervikalen Segmente auf Unterarm und Hand erklärt. Die Haut der unteren Hals- und Schulterbereiche bis handbreit unterhalb von der Clavicula wird sensibel von Ästen des Plexus cervicalis versorgt, die fächerartig vom Erbschen Punkt ausstrahlen (Nn. supraclaviculares med., intermedii und lat.).

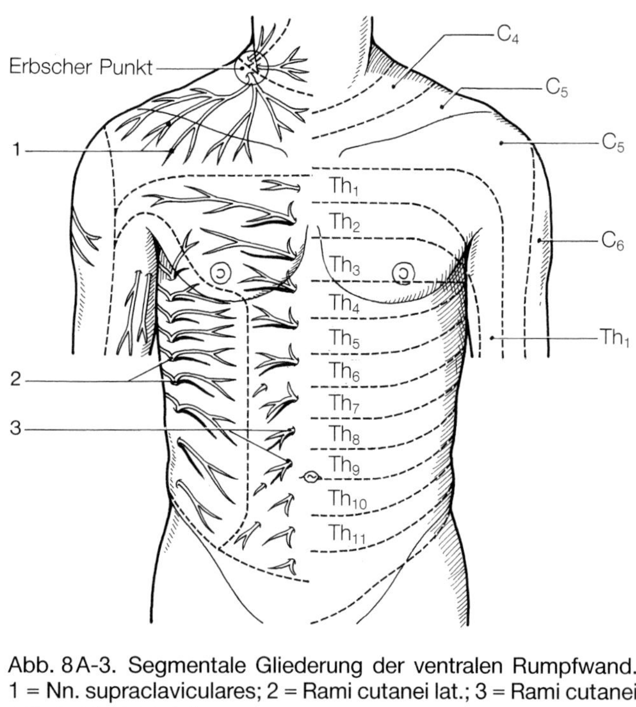

Abb. 8A-3. Segmentale Gliederung der ventralen Rumpfwand. 1 = Nn. supraclaviculares; 2 = Rami cutanei lat.; 3 = Rami cutanei ant. der Interkostalnerven.

Die Hautnerven der Brustwand werden von meist gleichnamigen Arterien, Venen und Lymphgefäßen begleitet (Abb. 8 A-4). Die Arterien stammen aus den Aa. intercostales posteriores und der A. thoracica interna; die Venen fließen zum Azygossystem ab (Abb. 8 A-5). In der vorderen Axillarlinie treten die Rr. cutanei laterales der hinteren Interkostalarterien zwischen den Zacken des M. serratus anterior an die Haut heran (Abb. 8 A-3). Vorne ziehen kleine perforierende Äste der A. thoracica interna in den ersten 6 Interkostalräumen jeweils etwa 1–1,5 cm neben dem Sternum in die Subcutis hinein (Abb. 8 A-4 u. 6). In der infraklavikulären Region beteiligen sich Äste der A. thoracoacromialis, in der Mammaregion Äste der A. thoracica lateralis und der A. thoracodorsalis an der Versorgung der Haut.

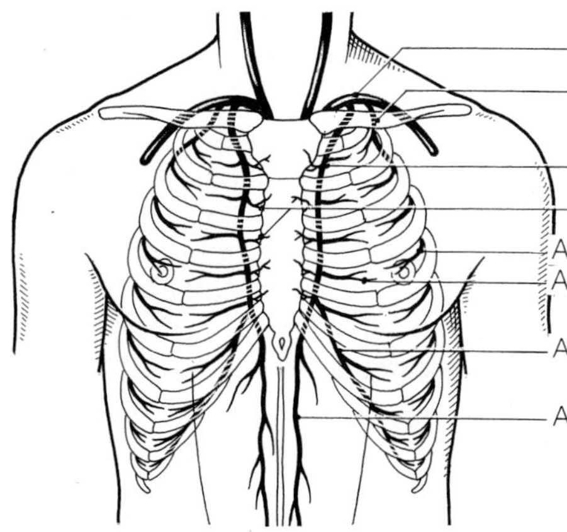

Abb. 8 A-4. Arterien der vorderen Brustwand (nach Rohen, J. W.: Topographische Anatomie, 8. Aufl., 1987).

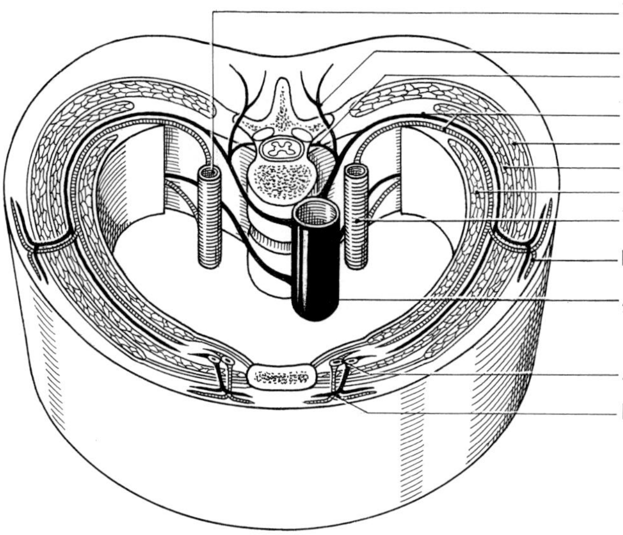

Abb. 8 A-5. Gefäßversorgung der Rumpfwand (schematisch). 1 = M. intercostalis ext.; 2 = M. intercostalis int.; 3 = M. intercostalis intimus.

Die **mittlere Schicht** der Brustwand wird hauptsächlich von den großen, flächenhaften Muskeln des Schultergürtels (M. pectoralis major und minor, M. serratus ant.) gebildet. Der M. pectoralis major wird von einer derben Faszie **(Fascia pectoralis)** überzogen, die sich auch an der Begrenzung der Achselhöhle beteiligt. Zwischen dem M. pectoralis major und minor liegt die kräftige **Fascia clavipectoralis**, die die Mohrenheimsche Grube (Trigonum deltoideopectorale) unterfüttert und die V. cephalica auf ihrem Weg zur V. subclavia konstruktiv in das Fasziensystem der Brustmuskulatur so einbaut, daß die Vene bei ihrem Durchtritt mechanisch fixiert und bei den Armbewegungen nicht abgeklemmt werden kann (Abb. 8 A-6). Die laterale Brustwand wird vom M. serratus ant. bedeckt, dessen zipfelförmige Ursprünge mit dem M. obliquus ext. abdominis verzahnt sind. Die großen Leitungsbahnen erreichen den Arm durch die Skalenuslücken und treten von oben her **unter** dem Ansatz des M. pectoralis minor in die Achselhöhle ein (Abb. 8 A-6). An der lateralen Brustwand lassen sich zwei größere Gefäß-Nerven-Straßen unterscheiden:

1. Die vordere Gefäß-Nerven-Straße enthält die A. und V. thoracica lat. sowie den N. thoracicus longus, der aber auch häufig isoliert verläuft.
2. Die hintere Gefäß-Nerven-Straße beherbergt die A. und V. thoracodorsalis sowie den N. thoracodorsalis aus dem Plexus brachialis (Abb. 8 A-6).

Ohne Beziehung zu diesen beiden Gefäß-Nerven-Bündeln zieht die V. thoracoepigastrica schräg an der lateralen Brustwand nach aufwärts zur V. subclavia. Sie sammelt das Venenblut von der Brustwand, der Mamma, der Umbilikalregion und der vorderen Bauchwand und vergrößert sich häufig bei Pfortaderstauungen.

Die **tiefe Schicht** der Brustwand wird vom Thorax mit seinen Muskeln und Leitungsbahnen gebildet. Die innere, teilweise etwas festere Bindegewebslamelle wird als **Fascia endothoracica** bezeichnet, obwohl es sich eigentlich nicht um eine Faszie, sondern mehr um das subpleurale Bindegewebe handelt, das mit der Pleura parietalis fest verwachsen ist. Sie läßt sich ohne Schwierigkeiten zusammen mit der parietalen Pleura stumpf von der Thoraxwand ablösen.

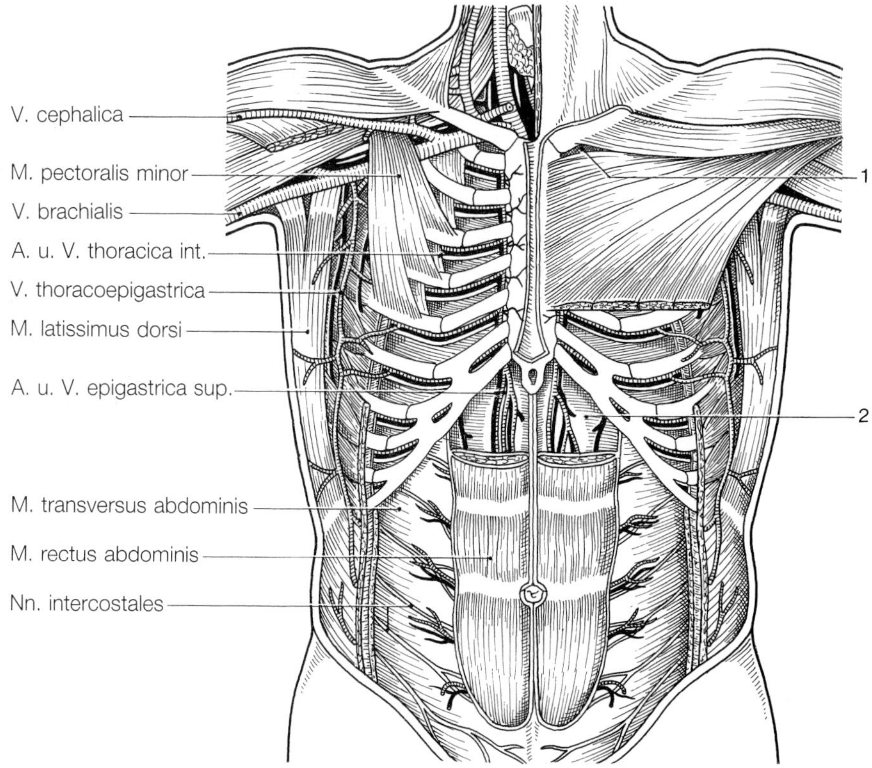

Abb. 8A-6. Topographische Anatomie der ventralen und lateralen Rumpfwand. 1 = Trigonum deltoideopectorale; 2 = hinteres Blatt der Rektusscheide.

Rippen und Interkostalmuskulatur werden außer von der Fascia thoracica ext. überzogen, die einen Teil der allgemeinen Körperfaszie darstellt und kaudal in die Fascia abdominalis superf. übergeht. Die **Mm. intercostales** füllen die Zwischenrippenräume vollständig aus. Der M. intercostalis ext. erreicht jedoch vorne das Sternum nicht, umgekehrt reicht der M. intercostalis int. vorne zwar bis zum Sternum, erstreckt sich aber hinten nur bis zu den Rippenwinkeln. Die Mm. intercostales intimi liegen ganz innen und grenzen die Leitungsbahnen ab, die im Sulcus costae verlaufen und aus der A. und V. intercostalis post. sowie aus dem N. intercostalis bestehen (Abb. 8A-7). In der Regel verlaufen die Venen am weitesten kranial, weiter kaudal schließen sich die Arterien und Nerven an. Die hinteren Interkostalgefäße anastomosieren vorne mit den Aa. und Vv. intercostales ant., die von den Vasa thoracica int. abzweigen (Abb. 8A-5 u. 6). Durch diese Anastomosen kommt ein Kollateralkreislauf über die Brustwand zustande, der bei der Aortenisthmusstenose klinisch eine Rolle spielen kann. Die Aa. intercostales post. spalten sich in der Axillarlinie meist in zwei Äste auf, wovon der eine am Unterrand, der andere am Oberrand der Rippen verläuft. Daher finden sich vorne in der Regel sowohl am Oberrand als auch am Unterrand der Rippen Gefäße, während hinten nur am Unterrand der Rippen, vom Sulcus costae geschützt, die interkostalen Leitungsbahnen verlaufen (Abb. 8A-7).

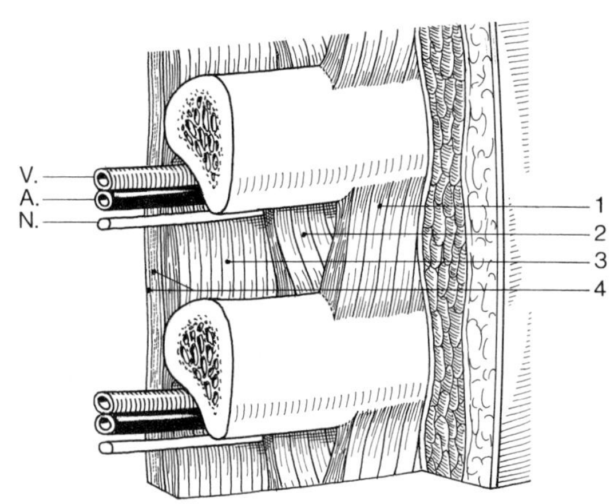

Abb. 8A-7. Lokalisation von V. und A. intercostalis post. (V. u. A.) und N. intercostalis (N.) im Sulcus costae zwischen M. intercostalis int. u. intimus. 1 = M. intercostalis ext.; 2 = M. intercostalis int.; 3 = M. intercostalis intimus; 4 = Pleura parietalis und Fascia endothoracica.

Die **A. thoracica int.** entspringt von der A. subclavia kurz vor deren Durchtritt durch die hintere Skalenuslücke, verläuft dann hinter der V. subclavia zur oberen Thoraxapertur und zum oberen Mediastinum, wobei sie häufig dem N. phrenicus, dem sich die A. pericardiacophrenica anschließt, eng benachbart ist. Die A. thoracica interna zieht etwa 1 cm neben dem Sternum senkrecht nach abwärts, wobei sie zunächst innerhalb der Fascia endothoracica vom 3. Interkostalraum jedoch zwischen dem M. transversus thoracis und der Thoraxwand verläuft. Am Rippenbogen teilt sie sich in die A. musculophrenica und die **A. epigastrica sup.** auf. Die A. musculophrenica folgt dem Arcus costalis und versorgt mit ihren Ästen (Aa. intercostales ant.) die unteren Interkostalräume des Thorax (Abb. 8 A-4 u. 5). Diese Äste anastomosieren mit den Aa. intercostales post. aus der Aorta. Die A. epigastrica sup. gelangt durch einen Zwerchfellschlitz vor den M. transversus abdominis in das hintere Blatt der Rektusscheide, wo sie mit der A. epigastrica inf. anastomosiert. Der Zwerchfelldurchtritt liegt etwa 1,5 cm neben dem Proc. xiphoideus und wird vom M. rectus abdominis bedeckt (Abb. 8 A-6).

Von den Bauchmuskeln greift nur der M. obliquus ext. abdominis auf die Außenfläche des Thorax über. Der M. obliquus int. abdominis folgt dem Rippenbogen und der M. transversus verzahnt sich an der Innenseite der Thoraxwand mit dem Zwerchfell. Die **Interkostalnerven** verlassen etwa vom 6. thorakalen Segment an die Interkostalräume, kreuzen den Rippenbogen und dringen in die Bindegewebsschicht zwischen dem M. transversus und M. obliquus int. abdominis der Bauchwand ein. Da die unteren Interkostalnerven (Th_6–Th_{12}) die Bauchmuskulatur innervieren, können Läsionen der Thoraxwand im Bereich dieser Segmente motorische Ausfälle der Bauchmuskeln zur Folge haben (Abb. 8 A-3).

Brustorgane

Das mittlere Mediastinum wird weitgehend vom **Herzen** eingenommen, das beim Menschen stark nach links verlagert ist, so daß 2/3 der Herzmasse links von der Medianebene und der Herzspitzenstoß im 5. ICR lokalisiert ist (Abb. 8 A-8). Die linke Grenzlinie verläuft vom Ansatz der 2. Rippe bis zum 5. ICR und wird vom Aortenbogen, vom Truncus pulmonalis, dem linken Herzohr und dem linken Ventrikelrand gebildet. Die rechte Grenzlinie zieht parasternal senkrecht abwärts und wird nur von der V. cava sup. und dem rechten Vorhof gebildet (Abb. 8 A-8). Die Vorderfläche des Herzens besteht weitgehend aus dem rechten Ventrikel und dem rechten Vorhof. Linker Ventrikel und linker Vorhof nehmen nur schmale Abschnitte an der Vorderfläche ein. An der Herzbasis liegen die **Vv. brachiocephalicae**, die sich etwas rechts vom Manubrium sterni zur V. cava sup. vereinigen, am weitesten ventral. Sie werden vorne nur vom Thymus bzw. beim Erwachsenen nur vom retrosternalen Fettkörper überlagert. Median mündet in die linke V. brachiocephalica die unpaare V. thyroidea inf. (früher ima) ein, die in etwa 10 % der Fälle von einer A. thyroidea ima begleitet wird. Die Vv. brachiocephalicae entstehen beiderseits durch den Zusammenfluß der V. jugularis interna und der V. subclavia (Angulus venosus). Die V. subclavia lagert sich der 1. Rippe vor dem Ansatz des M. scalenus ant. (vordere Skalenuslücke) eng an, unterkreuzt die Clavicula und tritt von kranial in die Achselhöhle ein. In dem Spalt zwischen der 1. Rippe und der Clavicula, wo man die Vene auch punktieren kann, wird sie durch den M. subclavius verspannt. Unterhalb der Clavicula mündet die **V. cephalica** ein, die den dreiseitigen Spalt zwischen M. deltoideus und M. pectoralis major (Trigonum deltoideo-

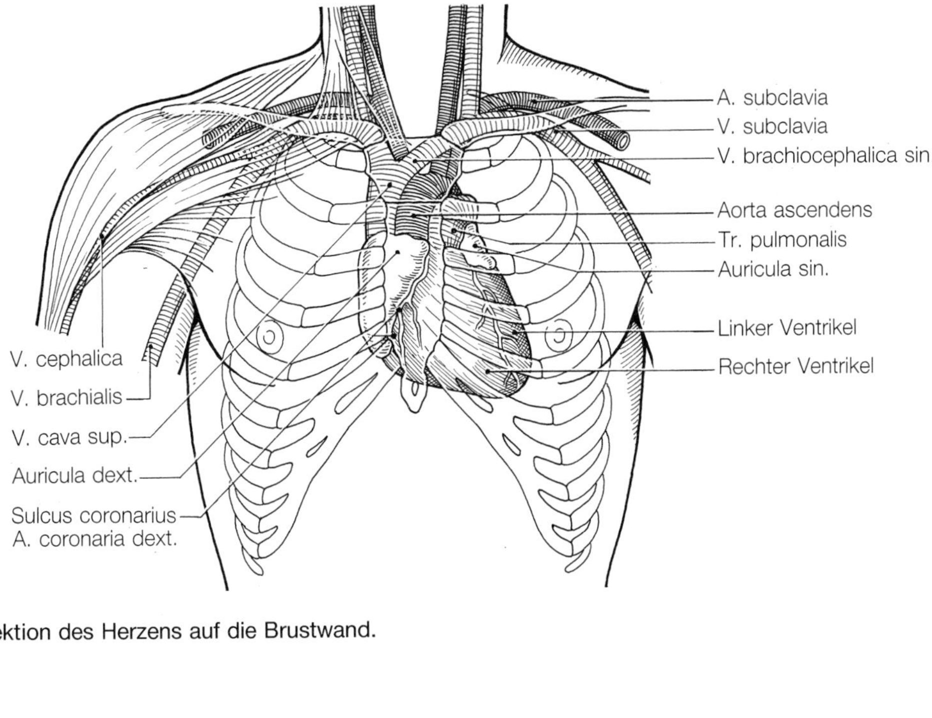

Abb. 8 A-8. Projektion des Herzens auf die Brustwand.

pectorale) benützt, um in die Tiefe vorzudringen, wobei sie die derbe Fascia clavipectoralis zwischen M. pectoralis major und minor durchbohren muß (Abb. 8 A-6 u. 8).

Im mittleren Mediastinum verlaufen nahe am Herzen vorbei zwischen Perikard und mediastinaler Pleura die **Nn. phrenici** mit ihren Begleitgefäßen (A. und V. pericardiacophrenica) vom Hals zum Zwerchfell. Am Hals liegen sie auf dem M. scalenus ant. meist neben der A. cervicalis ascendens lateral von den **Nn. vagi**. Der rechte N. phrenicus überkreuzt die A. subclavia dextra, zieht hinter der A. thoracica int. über die Pleurakuppel dicht an der V. cava sup. entlang **vor** der Lungenwurzel abwärts zum Zwerchfell, das er vorne lateral neben dem Durchtritt der V. cava inf. erreicht. Der linke N. phrenicus ist etwas länger, da er dem linken Herzrand folgt. Insgesamt liegt er etwas oberflächlicher als der rechte N. phrenicus. Beide Nn. phrenici geben Äste zum Perikard und zur Pleura ab. Unterhalb der Pleura diaphragmatica teilen sich die Endäste dann im Zwerchfell auf, das von ihnen motorisch innerviert wird. Äste des rechten N. phrenicus ziehen durch das Foramen venae cavae inf. zum Peritoneum der Oberbauchregion, Zweige des linken N. phrenicus gelangen durch den Hiatus oesophageus des Zwerchfells in den Bauchraum und beteiligen sich hier ebenfalls an der sensiblen Versorgung der Serosa (Abb. 8 A-9).

Die **A. pericardiacophrenica** liegt dem N. phrenicus eng an und teilt mit ihm die gleichen Versorgungsgebiete. Sie zweigt medial von der Pleurakuppel von der A. thoracica int. ab und endet im Zwerchfell (Abb. 8 A-9).

Die Aorta bildet hinter dem Sternum einen sagittal gestellten spiraligen Bogen (Arcus aortae). Die drei, hier entspringenden großen Gefäßstämme (Truncus brachiocephalicus, A. carotis communis sin., A. subclavia sin.) liegen daher eher hintereinander als nebeneinander. Die Aorta ascendens steigt hinter dem Truncus pulmonalis zunächst gegen den Ansatz der 2. Rippe nach rechts-oben auf, wendet sich aber dann steil nach links-hinten. Der Arcus aortae projiziert sich etwa auf den Angulus sterni am Ansatz der 2. Rippe und überquert den linken Hauptbronchus, bevor er in Höhe des 4. Brustwirbels in die Aorta descendens übergeht. Aortenaneurysmen können daher Bronchus und Wirbelkörperläsionen hervorrufen.

Die **Nn. vagi** ziehen im Gegensatz zu den Nn. phrenici **hinter** den Lungenwurzeln nach kaudal, bevor sie in den Plexus oesophageus übergehen. Der linke N. vagus überkreuzt den Arcus aortae, wobei er den N. laryngeus recurrens entläßt, der sich um den kaudalen Rand des Lig. arteriosum (Botalli) herumschlingt und dann in der Rinne zwischen Trachea und Oesophagus aufwärts zum Kehlkopf zieht (Abb. 8 A-9). Der linke Vagus bildet den Truncus vagalis ant. und damit hauptsächlich die vorderen Anteile des ösophagealen Plexus, die durch das Zwerchfell hindurch sich in den Plexus gastricus ventralis fortsetzen. Der rechte Vagus überkreuzt die A. subclavia dextra, wo der N. laryngeus recurrens nach rückwärts zur ösophageotrachealen Rinne abzweigt. Er zieht dann steil abwärts zwischen V. azygos und Hinterwand des rechten Hauptbronchus zum Oesophagus, wo er vor allem die hinteren Anteile des Plexus oesophageus ausbildet, so daß er im Foramen

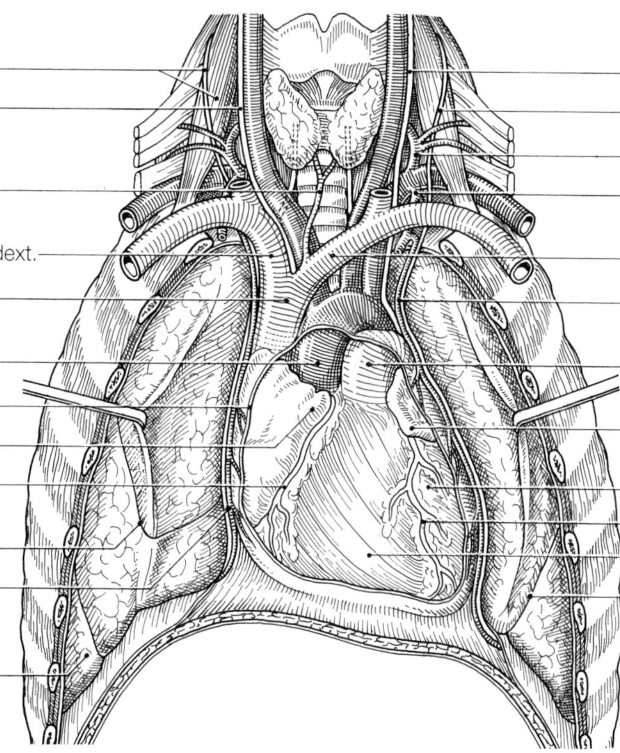

Abb. 8 A-9. Topographie der Brustorgane – von ventral gesehen. Perikard eröffnet, Lungen zur Seite gezogen.

oesophageum im Hiatus oesophageus mehr dorsal zu liegen kommt und damit hauptsächlich in den Plexus coeliacus übergeht.

Das **Perikard** ist mit dem Centrum tendineum des Zwerchfells verwachsen, läßt sich aber von der mediastinalen Pleura leicht lösen. Der Herzbeutel umschließt nicht nur das Herz selbst, sondern auch die großen Gefäße der Herzbasis (Abb. 8 A-10). Der Umschlagsrand des Perikards (Übergang in das Epikard) reicht kranial bis zum Arcus aortae und zum Lig. arteriosum, d.h. Aorta ascendens und Truncus pulmonalis liegen weitgehend innerhalb des Herzbeutels. Dorsal sind die Einmündungsabschnitte der beiden Vv. cavae sowie die Lungenvenen in variabler Ausdehnung vom Perikard umgeben (Abb. 8 A-11). Der vordere untere Abschnitt der V. cava sup. liegt regelmäßig innerhalb des Herzbeutels. Die Pulmonalvenen vereinigen sich rechts ebenso wie links in der Regel zu je zwei größeren Stämmen, die mit einem wechselnd langen, vom Perikard überzogenen Stiel in den linken Vorhof einmünden. Diese intraperikardiale Lage der dünnwandigen Pulmonalvenen erklärt das Zustandekommen von Einflußstauungen z.B. bei Perikardergüssen oder Herzbeuteltamponade. An den Umschlagsfalten vom Perikard in das Epikard entstehen zahlreiche Nischen und Buchten (Recessus), die entsprechend der Variabilität der Gefäßstiele unterschiedlich gestaltet sind. Hinter der Einmündung der V. cava sup. bildet sich der Recessus postcavalis, im Einmündungsgebiet der Lungenvenen der Sinus obliquus pericardii, zwischen den Gefäßen der Porta arteriosa (Aorta und Truncus pulmonalis) und der Porta venosa (Vv. pulmonales, Vv. cavae) bildet sich der Sinus transversus pericardii (Abb. 8 A-10).

Die **Lungen** füllen den Thoraxraum oberhalb des Zwerchfells bis auf das Mediastinum vollständig aus. Die Oberlappen-Mittellappen-Grenze folgt rechts etwa der 4. Rippe, die Mittellappen-Unterlappen-Grenze der 6. Rippe. Die Oberlappen-Unterlappen-Grenze erreicht links in der Regel ebenfalls vorn die 6. Rippe. Jedoch stehen Lungen- und Pleuragrenzen rechts meist etwas tiefer als links (Abb. 8 A-2). Beim Eindringen größerer, exogener Gefäße ins Lungenparenchym können zusätzliche Lungenlappen entstehen wie z.B. der Lobus cardiacus, der an der herznahen Fläche der rechten Lunge in Höhe der unteren Hohlvene auftreten kann oder der Lobus venae azygos, der sich durch eine atypisch verlaufende Azygosvene herausbildet.

Die **Lungenwurzel** zeigt meist eine typische Topographie der ein- und austretenden Gebilde. Rechts liegt der Oberlappenbronchus meist kranial von der A. pulmonalis (eparterielle Lage). Die A. pulmonalis zweigt sich in der Regel schon im Hilusgebiet in zwei starke Äste auf, die mit ihren weiteren Verzweigungen den Lappen- und Segmentbronchien folgen. Demgegenüber verlaufen die Lungenvenen mehr allein ohne engere topographische Beziehungen zum Bronchialsystem. Die V. pulmonalis sup. liegt am weitesten ventral, so daß sie bei der Präparation des Lungenstieles von vorne zuerst angetroffen wird. Die V. pulmonalis inf. ist von ventral schwerer erreichbar, da sie weiter dorsal und unten am Lig. pulmonale lokalisiert ist (Abb. 8 A-12).

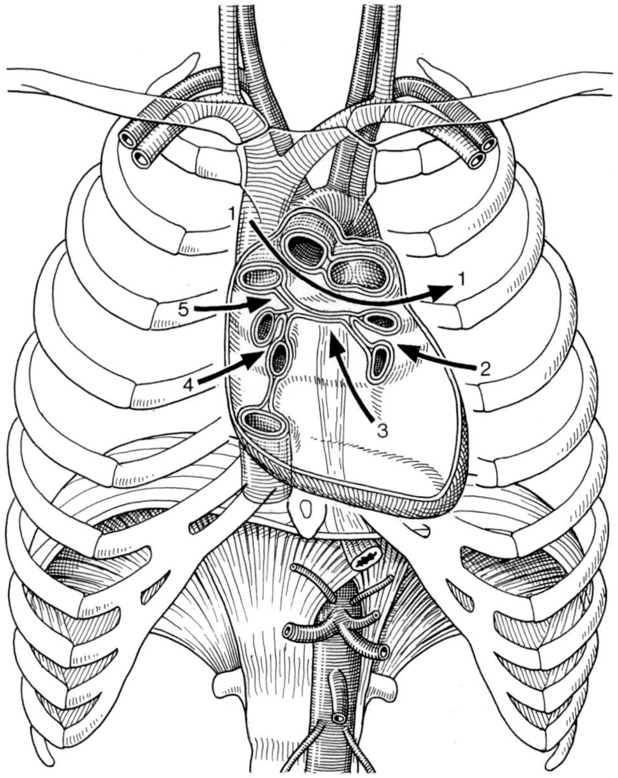

Abb. 8 A-10. Topographie des Herzbeutels mit den wichtigsten Recessus und Sinus pericardii (nach Rohen). 1 = Sinus transversus pericardii; 2 = Recessus pulmonalis sin.; 3 = Sinus obliquus pericardii; 4 = Recessus pulmonalis dext.; 5 = Recessus postcavalis.

Beim linken Lungenstiel befindet sich die A. pulmonalis sin. am weitesten kranial, etwas kaudal davon schließt sich der linke Hauptbronchus an (hyparterielle Lage). Weiter kaudal folgen dann die Vv. pulmonales. Ähnlich wie auf der rechten Seite liegt auch links die V. pulmonalis sup. am oberflächlichsten, nur daß sie hier vor und etwas unterhalb des Bronchus zu liegen kommt. Die V. pulmonalis inf. befindet sich auch wiederum relativ weit hinten-unten am oberen Rand des Lig. pulmonale, so daß sie direkt unter dem ins Lungengewebe eintretenden Bronchus zu liegen kommt.

Bei der Präparation des **linken Lungenhilus** von der Fissura obliqua aus stößt man zuerst nach Entfernung der Pleura pulmonalis auf die A. pulmonalis sin. und deren Äste (Abb. 8 A-12). Der Stamm der linken A. pulmonalis reitet dorsal auf dem Bronchus und gelangt bogenförmig auf dessen laterale Seite, wo er sich in vier Äste, die mit den zugehörigen Bronchien zu den Oberlappen- und Unterlappensegmenten ziehen, aufteilt (Abb. 8 A-12). Von der Fissura obliqua aus sind von den Ästen der V. pulmonalis nur kleine Seitenzweige darstellbar, da die Venen relativ weit medial und unten lokalisiert sind. Beachtenswert ist besonders die enge topographische Nachbarschaft zur Aorta thoracica, aus der hier u.a. die Bronchial- und Oesophagusarterien hervorgehen.

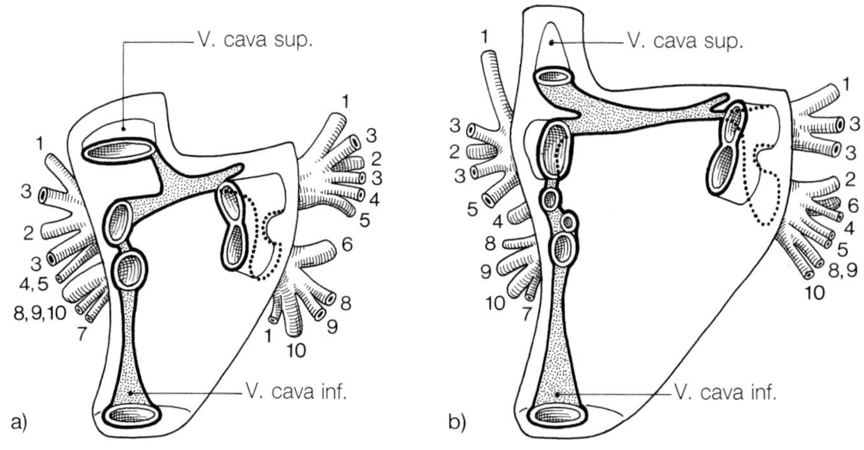

Abb. 8A-11.a u. b) Variationen der Vv. pulmonales hinsichtlich ihrer Einmündung in den linken Vorhof (nach Töndury). Die Zahlen bezeichnen die segmentale Herkunft der Äste der Lungenvenen.

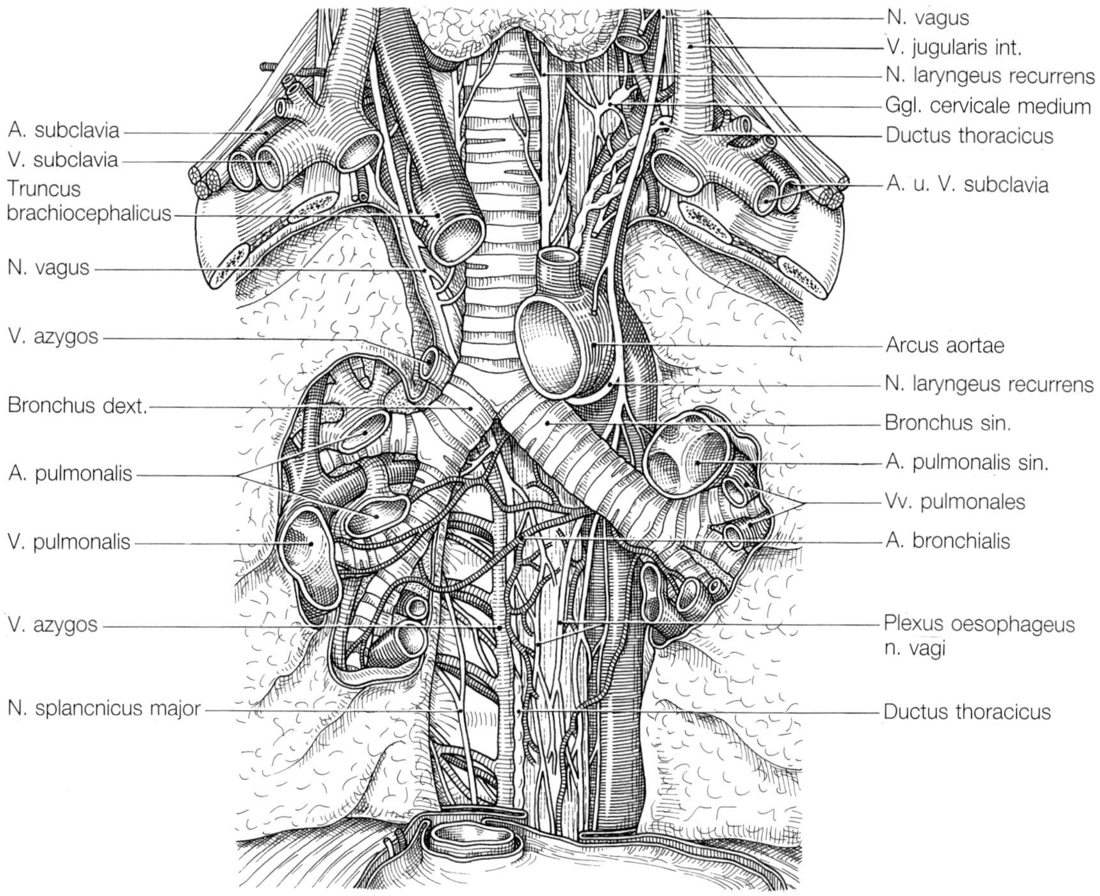

Abb. 8A-12. Topographie des hinteren Mediastinums – von vorne gesehen. Herz mit Perikard entfernt.

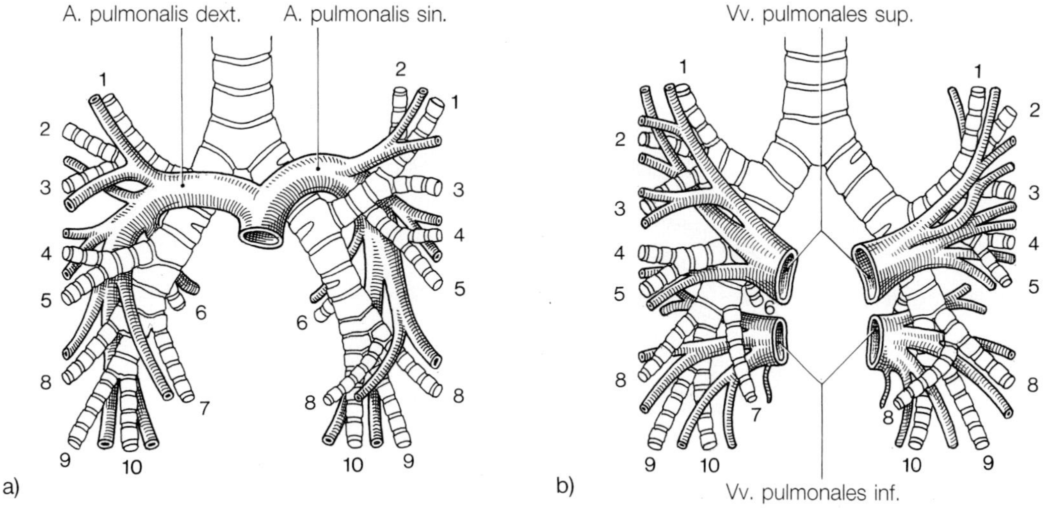

Abb. 8A-13.a u. b) Lagebeziehungen der Lungenarterien und -venen zum Bronchialbaum (nach Kubik). Die Zahlen beziehen sich auf die Lungensegmente.
a) Äste des Truncus pulmonalis.
b) Lungenvenen und ihre Äste.

Rechts wird die Topographie des **Lungenhilus** durch die Existenz des Mittellappens kompliziert (Abb. 8 A-12 u. 13). Klappt man den Mittellappen nach vorn und präpariert den Hilus von lateral, so stößt man wiederum zuerst auf die Äste der A. pulmonalis, die lateral vom Bronchus verlaufen. Die Äste zum Mittellappen verlaufen kranial vom Bronchus in enger Nachbarschaft zur V. pulmonalis sup., die hier einen dorsalen Ast des Oberlappens aufnimmt. Die Äste der A. pulmonalis zum Oberlappen zweigen noch innerhalb des Mediastinums von der A. pulmonalis dextr. ab und ziehen entweder dorsal, ventral oder medial vom Bronchus in die Lunge hinein.

Mit den Bronchien verlaufen auch die Vasa privata der Lunge, die Aa. und Vv. bronchiales und die Lymphgefäße. Die Bronchialarterien entspringen meist direkt aus der Aorta thoracica oder aus den benachbarten Interkostalarterien. Mit den Lungenarterien dringen auch die aus dem Vagus stammenden parasympathischen Nerven in die Lunge ein (Abb. 8A-12). Die sympathische Innervation stammt aus dem Halsgrenzstrang, dessen Rr. cardiaci durch das obere Mediastinum zum Lungenhilus gelangen. Die Lymphabflüsse aus der Lunge erfolgen über die bronchopulmonalen, bronchotrachealen und trachealen Lymphknoten in die Trunci bronchomediastinales, die auch die Lymphe aus den parasternalen Lymphknoten aufnehmen. Der linke Truncus bronchomediastinalis mündet in den Ductus thoracicus, während sich der rechte Truncus bronchomediastinalis am häufigsten mit dem Truncus jugularis oder dem Truncus subclavius verbindet. In seltenen Fällen findet sich auch ein Ductus thoracicus dexter.

Das **hintere Mediastinum** enthält vor allem den Oesophagus, der unterhalb der Lungenwurzel von den beiden Nn. vagi umgeben ist (Trunci vagales), die Aorta thoracica, die sich vom 6. Brustwirbelkörper an zunehmend hinter den Oesophagus schiebt, sowie das Azygossystem und die Trunci sympathici mit den Nn. splanchnici (Abb. 8A-14).

Die Vv. hemiazygos und azygos sind die Fortsetzungen der Vv. lumbales ascendentes, die durch einen Spalt im medialen Schenkel der Pars lumbalis des Zwerchfells in die Brusträume ziehen. Die Azygos- und Hemiazygosvenen nehmen in segmentaler Folge die hinteren Interkostalvenen sowie die Bronchial- und Oesophagusvenen auf. Sie liegen unterhalb der Lungenwurzeln den Brustwirbelkörpern eng an. Die V. hemiazygos, die in Höhe des 7.–9. Brustwirbelkörpers die V. hemiazygos accessoria aufnimmt, überquert etwa vor dem 8. Brustwirbel die Wirbelsäule und vereinigt sich mit der V. azygos, die kranialwärts zieht und in die V. cava sup. einmündet. Die V. azygos entfernt sich in Höhe des 4. Brustwirbelkörpers von der Wirbelsäule, zieht bogenförmig in sagittaler Richtung nach vorne, um die obere Hohlvene zu erreichen (Abb. 8A-14b). Dabei reitet sie auf dem rechten Hauptbronchus und kreuzt den rechten N. vagus, der hinter dem Hauptbronchus nach hinten-unten zieht, um den Oesophagus zu erreichen (Abb. 8A-14a).

Der Ductus thoracicus verläuft bis zum 3. und 4. Brustwirbelkörper unmittelbar vor der Wirbelsäule und hinter der Aorta nach oben, wendet sich dann aber nach links und endet im linken Venenwinkel in der V. subclavia. Der Truncus sympathicus, der von den hinteren Interkostalgefäßen unterkreuzt wird, liegt mehr neben der Wirbelsäule, etwa in Höhe der Rippenköpfchen. Kaudal von der 6. Rippe beginnen die Wurzeln des N. splanchnicus major, kaudal von der 8. Rippe des N. splanchnicus minor. Beide Nerven durchsetzen das Zwerchfell und enden im Plexus solaris. Die Sympathikusäste zum Herzen stammen hauptsächlich aus dem Halsgrenzstrang, aber auch aus den oberen Brustsegmenten. Die für Herz und Lunge bestimmten Äste des Vagus zweigen dagegen erst im oberen Mediastinum ab (Abb. 8A-14a).

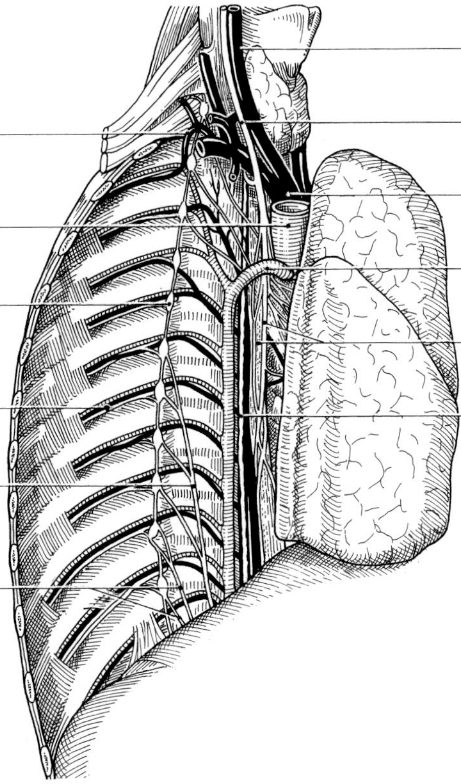

Abb. 8A-14.a) Topographie des hinteren Mediastinums. Die Lunge wurde nach vorne geklappt und die Pleura parietalis entfernt.

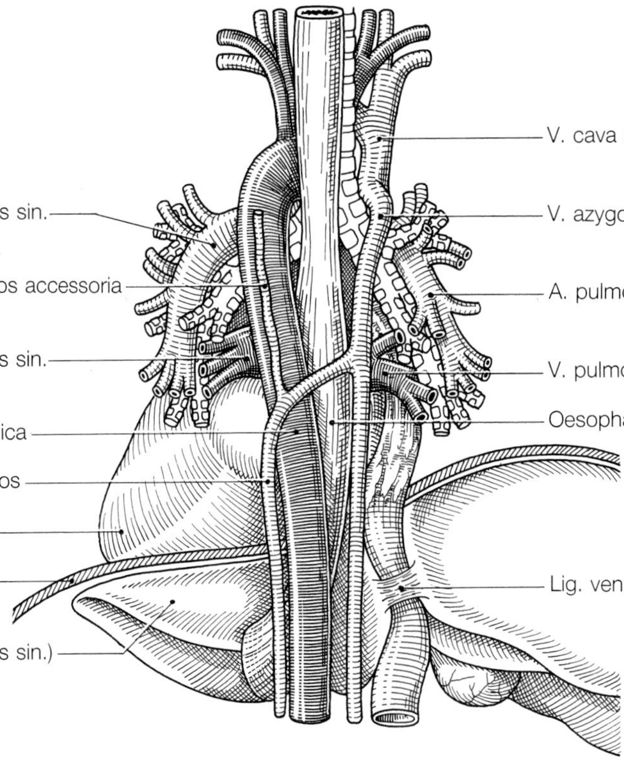

Abb. 8A-14.b) Topographie des hinteren Mediastinums – von dorsal gesehen.

8.1
Thoraxchirurgie

A. Huzly

Von vielen Chirurgen der vorangegangenen Generation wurde die Ausgrenzung der Lungenchirurgie und ihre Verselbständigung im Teilgebiet Thoraxchirurgie nachhaltig beklagt. Bei der auch gegenwärtig noch anhaltenden, kontrovers geführten Diskussion darf einerseits nicht übersehen werden, daß die Grundlagen von unseren, das gesamte Fachgebiet der Chirurgie vertretenden Vorgängern gelegt wurden, andererseits aber schon vor mehr als 30 Jahren Spezialkliniken entstanden, die sich damals ganz überwiegend der Tuberkulosechirurgie annahmen und eine Erfahrung erlangten, die sie prädestinierte, sich der nun ganz im Vordergrund stehenden operativen Behandlung des Bronchialkarzinoms zuzuwenden. Die damit zwangsläufige Umverteilung des Krankengutes an besonders ausgewiesene Abteilungen trug folgerichtig zu einer weiteren Spezialisierung bei. Ein Hinweis dafür mag u.a. sein, daß innerhalb der Thoraxchirurgie eine Unterteilung in »allgemeine Thoraxchirurgie« (General Thoracic Surgery) und in kardiovaskuläre Chirurgie als spezielle Chirurgie erfolgte. Der schlüssige Übergang zwischen Indikationsstellung und operativem Eingriff setzt für Eingriffe an der Lunge und am Mediastinum wegen der organtypischen Besonderheiten ein spezielles Wissen ebenso voraus wie die Anwesenheit eines mit besonderen Kenntnissen ausgestatteten Anästhesisten. Manche Eingriffe machen z.B. die Intubation mit einem Doppellumentubus zur seitengetrennten Beatmung erforderlich, dessen Plazierung dem Ungeübten oft gar nicht oder nur schwerlich gelingt. So sind z.B. übermäßige Blähungen der Lunge peroperativ nicht nur störend sondern auch schädlich, da ein interstitielles Emphysem provoziert wird, was als Barotrauma anzusehen ist. Zu berücksichtigen ist ferner, daß die Lunge außerordentlich flüssigkeitsempfindlich ist und eine Überwässerung durch eine zu reichliche oder zu schnelle Infusion bzw. Transfusion ein frühpostoperatives, dann gelegentlich sogar tödliches, interstitielles und alveoläres Lungenödem hervorrufen kann. Für planbare Eingriffe ist aus meiner Sicht eine einschlägige Erfahrung in der Bronchoskopie zu verlangen, auf deren Bedeutung in den folgenden Abschnitten immer wieder hingewiesen wird. Andererseits gibt es unaufschiebbare Notfalleingriffe, die die Verlegung eines Kranken nicht mehr zulassen, so daß unter Umständen eine fachspezifische Beratung durch einen besonders erfahrenen Kollegen sehr hilfreich sein kann.

Diagnostik

Die klinische Untersuchung (Palpation, Inspektion, Auskultation, weniger die Perkussion) gehört sowohl zur präoperativen Diagnostik als auch zum postoperativen Verlauf.

Jeder Thoraxoperierte muß ein- bis mehrmals täglich auskultiert werden. Ein Giemen und Rasseln oder Fehlen des Atemgeräusches sind zu notieren und die Ursachen umgehend festzustellen. Allein die Intubationsnarkose, aber auch die Manipulation an der Lunge haben schon rein mechanisch einen Einfluß auf die respiratorische Leistung.

Eine diesbezügliche Einschränkung macht die umgehende Sekretentfernung (Bronchialtoilette) erforderlich. Wichtiger Hinweis für ein sich entwickelndes Lungenödem ist ein dichtes grobblasiges Rasseln.

Die klinische Untersuchung wird durch Röntgenübersichtsaufnahmen im anterior-posterioren und seitlichen Strahlengang unterstützt, wobei die Aufnahmen kontrastreich sein sollen. Überbelichtete Bilder können einen Pneumothorax verschleiern, der bei maximaler Expiration am besten zu erkennen ist. Schrägbilder in Boxer- und Fechterstellung sind topographisch sehr instruktiv. Tomographien sollten in 2 Ebenen frontal und sagittal durchgeführt werden. Vor allem die Lumineszenztomographie in einer schrägen Ebene von 45° links ergibt eine anatomisch korrekte Darstellung der linksseitigen paraaortalen Region. Die Computertomographie (transversale Ebene) und

Kernspintomographie (koronale und sagittale Ebenen) sind besonders für die mediastinale und paramediastinale Region aufschlußreich.

Die Kontrastmitteldarstellung des Ösophagus (mindestens in 2 Ebenen) gehört zu jedem klärungsbedürftigen Mediastinalbefund und zu jedem Bronchialtumor dazu, da dadurch Impressionen durch Bifurkationslymphknoten sichtbar werden, die in vielen Fällen bereits zuverlässiger Hinweis auf die Inoperabilität sind.

Von den Gefäßen sind fallweise wichtig die Darstellung der Aa. pulmonales, der Aa. bronchiales, des Aortenbogens und der oberen Hohlvene. Vor allem letztere sollte bei großen vorderen oberen Mediastinaltumoren mit und ohne Einflußstauung angiographiert werden. In der Regel sind die genannten Gefäße mit Ausnahme der Bronchialarterien ausreichend über eine intravenöse DSA darstellbar, so daß Katheterangiographien nur selten indiziert sind. Wichtig ist ferner, daß die Standardaufnahmen der Lunge nicht älter als 24 Std. sind, da sich röntgenmorphologisch nachgewiesene Substrate innerhalb weniger Tage vollständig verändern können.

Für die unmittelbare postoperative Phase ist das Vorhandensein eines transportablen Röntgengerätes obligat, wobei die Befundung stets unter Einbeziehung des Operateurs und Intensivmediziners zu erfolgen hat. Weiterer wichtiger Bestandteil der Diagnostik, aber auch in therapeutischer Hinsicht ist die Bronchoskopie. Alle Thoraxchirurgen, die sich mit pleuropulmonalen Eingriffen auseinandersetzen, sind ständig selbst bronchoskopisch tätig. Fehlt die Übung, dann überlasse man das einem erfahrenen Kollegen. Wichtig ist in diesem Zusammenhang, daß man möglichst keinen Eingriff an der Lunge vornimmt, ohne daß der Patient kurz vorher noch einmal bronchoskopiert wurde.

In besonderen Situationen kann zusätzlich eine Bronchographie indiziert sein, die auch das CT nicht immer vollständig ersetzt. Abgesehen von der zytologischen und histologischen Untersuchung ist in vielen Fällen die Bakteriologie des Bronchialsekretes (ohne Verunreinigung durch die Rachen- oder Nasenflora) für die Auswahl der Antibiotika von Bedeutung.

Vielfach unterschätzt wird ferner die sehr oft notwendige, endoskopisch durchgeführte Bronchialtoilette in der postoperativen Phase.

Die Thorakoskopie ist bei Pleuraergüssen jeder Art und beim Spontanpneumothorax indiziert. In manchen Kliniken wird sie vom Internisten bzw. Pulmologen, in anderen vom Chirurgen durchgeführt. Es gibt dafür ein spezielles Instrumentarium mit Optiken und Zangen. Verwendet werden können auch das Mediastinoskop, die starre Bronchoskopieoptik, das flexible Fiberbronchoskop und notfalls auch das Arthroskop. Die Untersuchung läßt sich sowohl in Lokalanästhesie als auch nach Intubation mit einem Doppellumentubus durchführen. Auch hier sollte man sich auf einen Erfahrenen verlassen und seltene Versuche lieber unterlassen.

Wichtiger Bestandteil der genannten diagnostischen Maßnahmen ist ferner die Lungenpunktion. Sie ist sicherer unter röntgenologischer Kontrolle durchführbar. Von den verschiedenen Spezialkanülen ist die Travenol-Nadel Trucut und die Angiokath am einfachsten zu handhaben.

Die Spreiznadel von Hausser ist nur bei soliden Geweben und nicht bei interstitiellen Befunden zu empfehlen. Es handelt sich um sehr spezielle Eingriffe, die eine besondere Erfahrung verlangen. Blutungen und Luftembolien sind zwar selten, können aber dann bedrohlich werden.

Pleurapunktion und -drainage

Zur Lokalisation der Flüssigkeits- oder Luftansammlung können neben der üblichen Standardröntgenaufnahme des Thorax Schrägaufnahmen in Boxer- und Fechterstellung zeigen, wo sich die lufthaltige Lunge respektive Flüssigkeit befindet.

Auch beim flachliegenden Patienten kann man durch Überkreuzen der Beine und Zug am horizontal gestreckten Arm in Verbindung mit einer Drehung des Kranken um 35–45° zuverlässige Bilder erhalten, wobei die Platte dann unter dem Patienten liegen muß.

Die klinische Untersuchung ist im Fall einer massiven Dämpfung wenig hilfreich, um so mehr dagegen die Sonographie, die zudem eine gleichsam unter Sicht durchgeführte Punktion möglich macht.

Sowohl bei der Pleurapunktion wie bei der Anlage einer Thoraxdrainage besteht beim Zugang von kaudal stets die Gefahr der Verletzung von Zwerchfell oder Leber bzw. Milz, was gar nicht so selten zunächst zu einer nicht erkennbaren Blutung führen kann.

Vor allem der weniger Geübte sollte deshalb eine Thoraxdrainage besser von ventral im dritten bis vierten ICR legen.

Die üblichen Stellen für die Pleurapunktion, aber auch für die Drainage liegen lateral-basal, ferner dorsal-basal, ferner bei Luftansammlungen ventral im zweiten bis vierten ICR und ggf. auch dorsal-kranial. Letztere Punktionsstelle ist besonders für die Anlage einer doppelten Drainage günstig. Bei gekammerten Ergüssen bietet sich die Punktion unter Durchleuchtung bzw. sonographischer Kontrolle an.

Gelegentlich sind auch vom Radiologen angebrachte Markierungen sehr hilfreich.

Die technische Durchführung geschieht etwa wie folgt: Wenn der Patient sitzen kann, sollte er sich auf einen umgedrehten Stuhl setzen und beide Schultern nach lateral abfallen lassen. Etwa 3 Querfinger lateral vom Dornfortsatz erfolgt die Punktion, wobei die Nadel steiler aufgerichtet werden muß, wenn ein Rundrücken besteht.

Nach vollständiger Desinfektion der Haut und der Fixation eines mit Klebestreifen besetzten Abdeckmaterials wird eine Hautquaddel mit einem 0,5 %igen Lokalanästhetikum mit einer sehr dünnen Nadel gesetzt, die dann gegen eine längere, etwas stärkere Nadel ausgetauscht wird. Auf diese Weise gelingt die zuverlässige Infiltration der Muskulatur und evtl. auch des Periostschlauches, wobei eine ausreichende Anästhesie unmittelbar nach der Injektion eintritt. Man kann auch 1%ige Lokalanästhetika verwenden. In jedem Fall sollte man für die Pleurapunktion eines der heute industriell vorgefertigten sterilen Sets verwenden, wobei der 3-Wege-Hahn das Auftreten eines Pneus zuverlässig verhindern hilft. Die eingeführte Punktionsnadel muß in allen Richtungen leicht beweglich sein. Sie wird zur Leitschiene für eine evtl. erforderliche Drainage, z.B. im Falle der Aspiration von Blut oder Eiter, aber auch dann, wenn zunächst die Ortung eines schwierig zu lokalisierenden gekammerten Ergusses notwendig war.

Auch Thoraxdrainagen werden heute üblicherweise industriell vorgefertigt mit einem Trokar geliefert und stehen in den verschiedensten Größen zur Verfügung. Die technische Handhabung ist einfacher als mit den früher üblichen wieder verwendbaren metallischen Instrumenten und birgt bei richtiger Anwendung nicht mehr die Gefahr der Verletzung der Lunge in sich.

Die Einführung erfolgt über einen etwa 1 cm langen Hautschnitt, wobei das darunterliegende Gewebe mit einer Schere oder einer Klemme etwas gespreizt werden soll, insbesondere, wenn Drainagerohre mit einer Charrière-Größe von über 26 verwendet werden müssen.

Es hat sich bewährt, die Haut und das Subkutangewebe beim Einführen des mit einem Trokar versehenen Silicon-Schlauches etwas kulissenartig so zu verschieben, daß die Pleura nicht direkt orthograd und korrespondierend mit dem Hautschnitt durchstoßen wird. Zusätzlich stützt man den Ellbogen am Körper des Patienten ab, um den Trokarstoß abzufedern, denn der ausgeübte Druck muß mit dem Durchdringen des Interkostalraumes und der meist etwas verdickten Pleura sofort gebremst werden. Dann schiebt man den Drainageschlauch weiter vor und zieht den Trokar zurück.

Sobald die gewünschte Lage des Drainrohres erreicht ist, wird letzteres mit einem kräftigen Hautfaden armiert. Unter Notfallbedingungen hat sich die Verwendung des Argyle-Stiletts (»Thorax-Trokar-Katheter Argyle«, Abb. 8.1-1) sehr bewährt, wobei man den Zeigefinger zur Austastung des geplanten Stichkanals und zum Schutz der darunterliegenden Lunge zuhilfe nehmen kann. Die anzuschließenden Drainagesysteme werden auf S. 248 beschrieben. Im Falle der Drainage eines Spontan- und/oder Spannungspneumothorax ist unter Notfallbedingungen der Anschluß an ein Heimlich-Ventil mit Verbindung zu einer Auffangflasche die einfachste Maßnahme.

Für die erfolgreiche Ausheilung des zu drainierenden Prozesses ist die Auswahl der Kaliber der Drains, deren Stärke in Charrière oder als French angegeben werden, von kausaler Bedeutung.

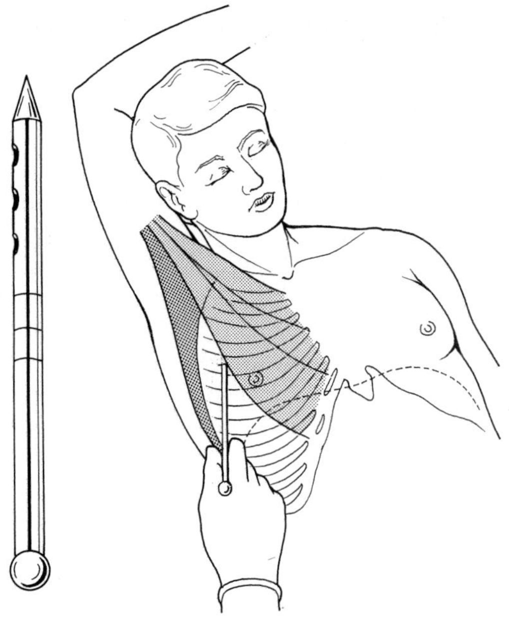

Abb. 8.1-1. Pleuradrainage. Verwendung des Argyle-Trokar-Katheters. Kleiner Hautschnitt mit einem Stichskalpell. Bei unklaren Verhältnissen Spreizung der Interkostalmuskulatur mit einer Präparierklemme. Nachfahren mit dem linken Zeigefinger. Bei freiem Raum Einführung des Katheters mit der rechten Hand. Sonst zweihändige Einführung mit Abstützung der Ellenbogen am Körper des Patienten.

Für wäßrige Sekrete reichen Charrière-Größen von 14 bis 16 aus, für Eiter, Blut und Chylus sollten größere Kaliber Anwendung finden. Charrière-Größen von 28 bis 32 werden besser in Narkose eingeführt.

Die häufigsten Fehler werden sowohl bei der Punktion wie bei der Drainage der Pleura dadurch gemacht, daß entweder zu tief oder zu weit medial eingegangen wird. Wichtig ist, daß bei der Verwendung einer Kanüle diese in allen Richtungen leicht bewegbar sein muß und die Punktion bzw. Drainage nicht am Unterrand einer Rippe erfolgt. Fühlt man bei einer basalen Punktion einen elastischen, gummiähnlichen Widerstand muß man die Manipulation sofort abbrechen, weil man dann mit Sicherheit am Zwerchfell angekommen ist.

Treten nach einer Punktion oder der Anlage einer Thoraxdrainage Schockzeichen auf, ist in der Regel die operative Revision, d.h. Laparotomie oder Thorakotomie wegen einer Begleitverletzung unumgänglich. Das gilt auch für Patienten, bei denen eine korrekt gelegte Thoraxdrainage volumenwirksam Blut fördert. Nicht auf einmal entlastet werden mehr als 1000 ml umfassende seröse Ergüsse, weil es sehr rasch zu einem akuten Lungenödem aus hydrostatischen Gründen kommen kann (Entfaltungsödem).

Zugangswege und Lagerung

Der Zugang zur knöchernen Brustwand, dem Pleuraraum, Lungenbereich, Mediastinum und Zwerchfell ist auf mehreren Wegen möglich.

Grundsätzlich ist nicht ein bestimmter Weg besser als der andere, sondern immer fallweise abhängig zu machen von der Erreichbarkeit des Zielorgans. Zu bedenken ist, daß sich bei mehrstündigen Eingriffen alle seitlichen und schrägen Lagerungen des Kranken sehr nachteilig auf die Lungendurchblutung auswirken.

Druckwirkungen und -schäden an Nerven und Gefäßen der Extremitäten müssen durch Polster, Schaumgummimatten oder weiche elastische Luftkissen verhindert werden. Unbedingt zu vermeiden sind Überstreckungen und starke Beugungen.

Ein großes Luftkissen im Rücken bzw. der seitlichen Brustwand führt zur besseren Lordosierung oder Exposition. Die Kopf-Hals-Partie darf in Seitenlage nicht abwärts geknickt sein und in Rückenlage nicht abnorm herunterhängen.

Es ist Aufgabe des Operateurs, die Lagerung gemeinsam mit dem Anästhesisten zu überwachen, wobei es gelegentlich sehr hilfreich ist, den Hautschnitt nach dem Abwaschen des Operationsgebietes zu markieren.

Posterolaterale Thorakotomie

Die posterolaterale Thorakotomie ist der Standardzugang, über den man eine sehr gute Übersichtlichkeit erreicht und fast alle Eingriffe durchführen kann, insbesondere an der Lunge, am Ösophagus und an der Pleura (Abb. 8.1-2 u. 3).

Schlecht erreichbar dagegen ist die obere thorakale Trachea sowie sehr große vordere untere (para- oder perikardiale) Mediastinaltumoren.

Nachteilig ist die notwendige Durchtrennung breiter Muskelschichten, so daß sowohl die Eröffnung wie der Verschluß der Brusthöhle verlängert wird und gelegentlich unschöne Wülste entstehen.

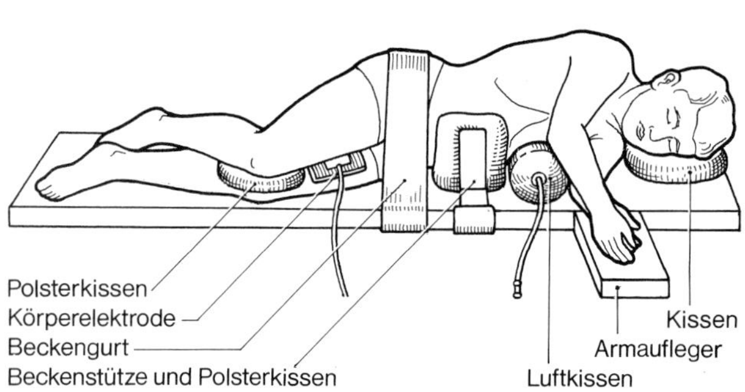

Abb. 8.1-2. Lagerung (I). Linke Seitenlage für rechtsseitige posterolaterale Thorakotomie. Blick von ventral. An den oberen und unteren Extremitäten können lagerungsbedingte neurologische Schäden auftreten (N. ulnaris, N. peroneus).

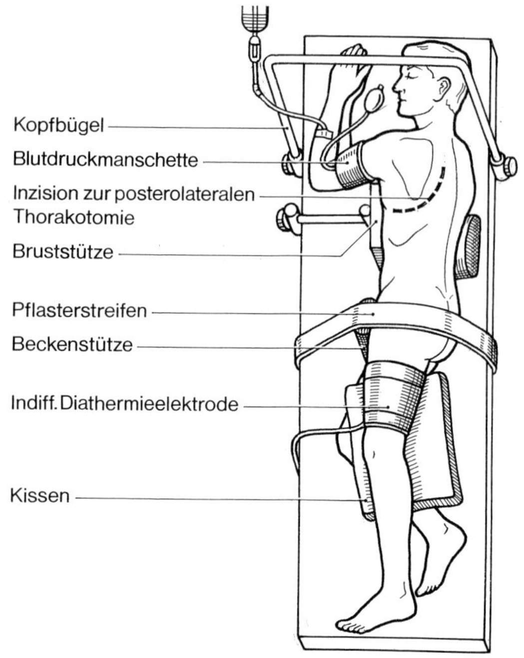

Abb. 8.1-3. Lagerung (II). Rechte Seitenlage für linksseitige posterolaterale Thorakotomie. Blick von oben. Die Verwendung einer Armschiene, wie in Abb. 8.1-2, ist vorzuziehen.

Vorteilhaft ist, daß der Schnitt notfalls von paravertebral bis parasternal ausgedehnt werden kann. Nur ausnahmsweise kann eine Unterteilung des Eingriffs in einen dorsalen und ventralen Akt mit Lagewechsel nötig werden, wenn z.B. zusätzlich ausgedehntere Eingriffe am Perikard notwendig werden, eine Empyemsackentfernung mit Dekortikation oder die Resektion von Pleurakuppeltumoren auch vom Typ Pancoast mit Rippendestruktionen.

In einer neueren amerikanischen Darstellung wurde als Standardzugang eine begrenzte laterale Thorakotomie (lateral limited thoracotomy incision, Mitchel 1990) empfohlen. Dabei wird der M. latissimus dorsi erhalten und mit einem runden Haken nach medial gezogen. Der M. serratus ant. wird im Faserverlauf gespalten und die Interkostalmuskulatur ohne Rippenresektion durchtrennt. Zum Offenhalten der Thorakotomie sind dann zwei Sperrer notwendig.

Anterolaterale Thorakotomie

Die anterolaterale Thorakotomie eignet sich für die parietale Pleurektomie beim Pleuratumor, zur Beseitigung eines Spontanpneumothorax und einer Blasenlunge. Auch das Zwerchfell ist rechts wie links gut erreichbar (Abb. 8.1-4).

Günstig ist diese Schnittführung ferner für die Herzmassage sowie für eine simultane doppelseitige Thorakotomie, wobei man den Patienten dann zwischendurch drehen kann. Der Patient sollte etwa in einem Winkel von 35°

schräg gelagert werden, unterstützt durch ein Rückenkissen. Die Schnittführung kann leicht bogenförmig oder schräg, evtl. sogar gerade sein. Der zu durchtrennende Muskelmantel ist gering ausgeprägt, wobei man zum sternalen Ausläufer hin auf den M. pectoralis major trifft. Bei Frauen ist es wichtig, den Schnitt vorher einzuzeichnen, um kosmetische Nachteile an der Brustdrüse zu vermeiden. Letztere muß bei einer Makromastie mit Heftpflasterzügel nach kranial angehoben und fixiert werden, um den richtigen Rippenzwischenraum für die Thorakotomie benutzen zu können.

Die anterolaterale Thorakotomie erlaubt auch, wie das bei einem Mediastinalemphysem und unklarer Gegenseite notwendig sein kann, den retrosternalen Zugang in die kontralaterale Pleurahöhle sowohl mit der Hand wie zur Anlage einer Pleuradrainage.

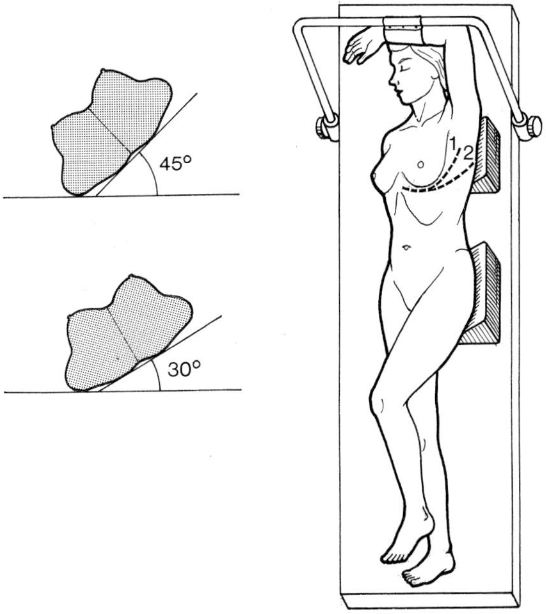

Abb. 8.1-4. Lagerung (III). Schräglage für anterolaterale (2) und axillare (1) Thorakotomie. Manche Operateure machen einen fast senkrechten hoch-axillaren Schnitt. Bei kleineren Zugängen sind zwei Thoraxsperrer in rechtwinkliger Versetzung angezeigt. Der Neigungswinkel beträgt 30–45°. Das überkreuzende Knie soll unterpolstert werden.

Mediane longitudinale Sternotomie

(Abb. 8.1-8)

Die mediane longitudinale Sternotomie ist der Standardzugang zu den im vorderen Mediastinum gelegenen Tumoren, zur distalen Trachea, zur simultanen doppelseitigen Thorakotomie wegen Lungenmetastasen und gelegentlich auch für die Blasenlunge mit Spontanpneumothorax. Besonders bei einer Metastasenoperation ist die Verwendung eines Doppellumentubus erforderlich, da die zu operierende Seite geblockt werden muß. Die longitudinale Sternotomie ist ferner Zugang der Wahl für herzchirurgische Eingriffe unter Verwendung der Herz-Lungen-Maschine, für die Entfernung weit nach intrathorakal verlagerter Strumen sowie für die Interposition des Magens oder Kolons bei Ösophagusersatzoperationen.

Die Spaltung des Sternums kann in ganzer Länge erfolgen oder wie z.B. bei Strumen nur im oberen Abschnitt und zudem kann nach querer Spaltung einer Sternumhälfte der Schnitt in eine anterolaterale Thorakotomie erweitert werden.

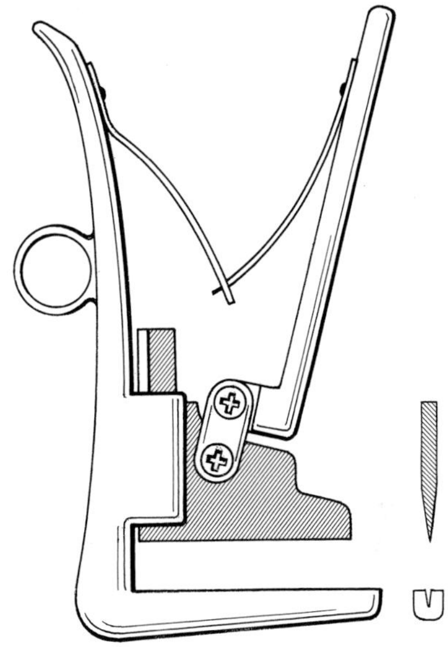

Abb. 8.1-5. Sternumschere nach Shoemaker. Sie schneidet nach dem Prinzip der Guillotine. Man kann damit das Sternum quer und längs durchtrennen. Sie reicht nicht bei einem dicken Manubrium.

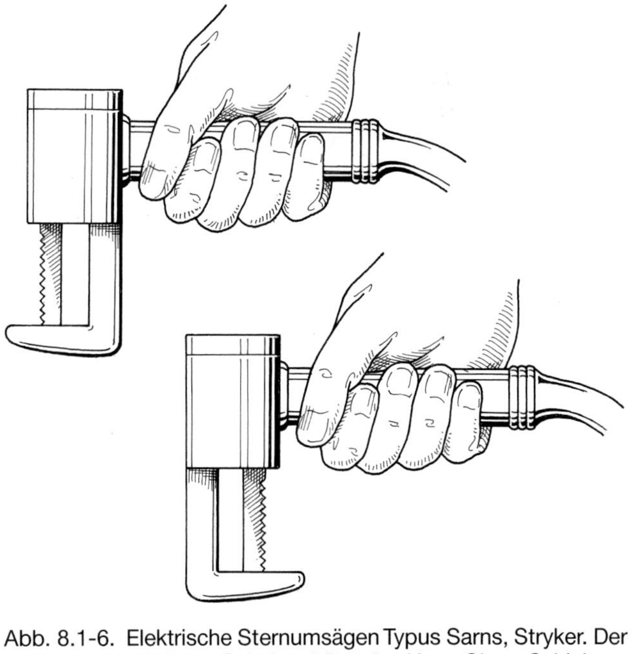

Abb. 8.1-6. Elektrische Sternumsägen Typus Sarns, Stryker. Der unten vorgeschobene Schuh schützt das Herz. Oben: Schiebende Schnittführung von kaudal nach kranial. Unten: Ziehende Schnittführung von kranial nach kaudal. Die Betätigung erfolgt durch Fußschalter. Der Block von Sägeblatt und Schuh kann gewendet werden. Der Operateur steht rechts.

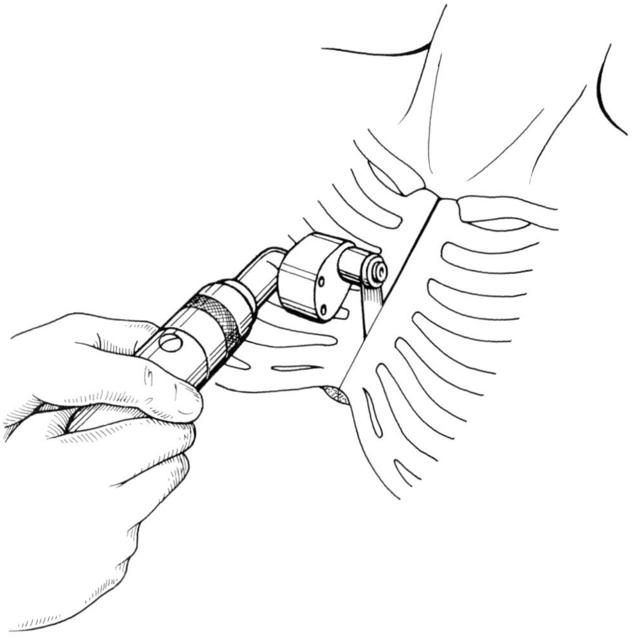

Abb. 8.1-7. Oszillierende Säge. Sie hat keinen schützenden Schuh; es muß daher ein breiter Spatel oder Löffel unterlegt werden. Das beilförmige Sägeblatt kann in Richtung des Griffes oder senkrecht dazu angeordnet sein.

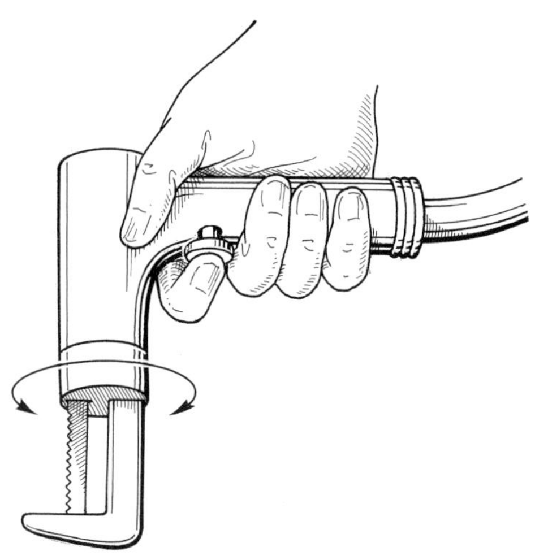

Abb. 8.1-8. Sternum-Druckluftmotorsäge Typ Hall. Das Sägeblatt kann ebenfalls gewendet werden. Die Betätigung erfolgt über einen Fingerdruckknopf.

Transversale Sternotomie

Die transversale Sternotomie war anfänglich der Zugang zum Herzen, ist dann lange Zeit in Vergessenheit geraten und wird neuerdings bei Lungen- bzw. Herz-Lungen-Transplantationen, aber auch bei unklaren doppelseitigen Befunden nach einem Trauma (Schuß- oder Stichverletzung) wieder empfohlen. Die Sicht ist ausgezeichnet, jedoch wird die obere Thoraxapertur bei diesem Zugang gedrosselt, so daß sich dieser Weg nicht für zervikothorakale Strumen eignet.

Auf die Erweiterungsmöglichkeit der anterolateralen Thorakotomie durch eine quere Sternotomie wurde bereits hingewiesen.

Thorakoabdominaler Zugang

Notfalleingriffe im Abdominalbereich und hier insbesondere an der Leber nach Unfallverletzungen können die simultane Eröffnung von Bauch- und Brusthöhle mit Spaltung des Zwerchfells unumgänglich machen. Nach Möglichkeit sollte man jedoch die Durchtrennung des Rippenbogens vermeiden und z.B. im Falle von Ösophagusresektionen mit posteromediastinalem Organersatz von zwei gesonderten, den Rippenbogen nicht kreuzenden Inzisionen aus vorgehen (s. »Eingriffe an der Speiseröhre«).

Eröffnung und Verschluß der Brusthöhle

Laterale Thorakotomien

Die Verwendung einer Inzisionsfolie hat sich sehr bewährt, sie wird als erstes auf den Schnittbereich aufgebracht, darüber folgt die Abdeckung. Die Masse der zu durchtrennenden Muskulatur ist je nach Art des Zuganges unterschiedlich stark ausgeprägt, am größten beim posterolateralen Zugang. Das erklärt auch, warum trotz optimaler Übersicht manche Operateure den anterolateralen oder anterioren Weg bevorzugen. Der M. latissimus dorsi läßt sich gut tunnelieren und stumpf weit nach medial zurückziehen. Bei seiner Inzision empfiehlt es sich, den Muskel von medial her mit zwei V-förmig gespreizten Fingern anzuspannen (Abb. 8.1-9 u. 10). Um Blutverluste zu vermeiden, sollte man die Durchtrennung der Thoraxwandmuskulatur grundsätzlich unter Zuhilfenahme der Diathermie vornehmen. Der M. serratus ant. wird nahe an den Rippen durchtrennt. Der nächste Schritt besteht in der

Durchtrennung des Rippengitters. Bei sehr engen Interkostalräumen ist es zweckmäßig, ein langes Stück einer Rippe zu resezieren (Abb. 8.1-11). Dabei wird das Periost von paravertebral bis zur vorderen Axillarlinie in Rippenmitte mit dem Diathermiemesser gespalten und anschließend mit einem Raspatorium nach kranial und kaudal und dann von der Innenfläche der Rippe abgeschoben.

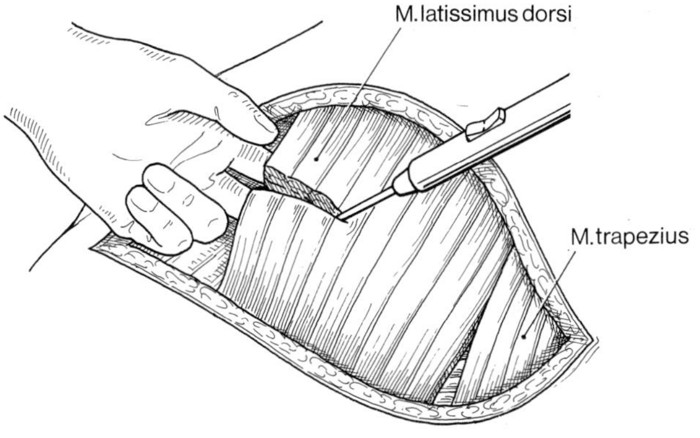

Abb. 8.1-9. Der M. latissimus dorsi wird mit zwei Fingern unterfahren, angehoben und mit dem Diathermiemesser eingeschnitten oder durchtrennt.

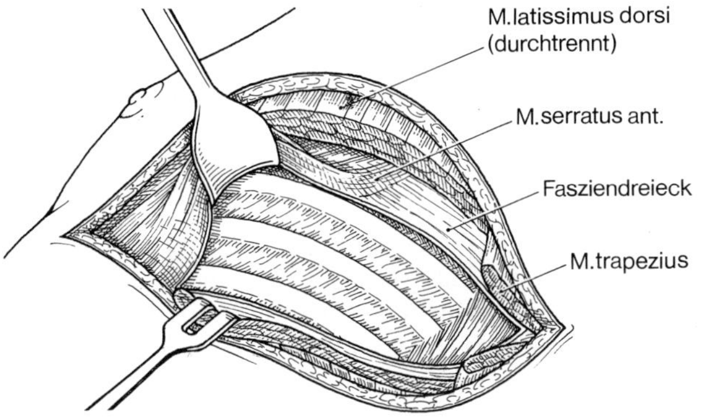

Abb. 8.1-10. a) Die Mm. latissimus und trapezius sind durchtrennt, der M. serratus anterior wird mit einem Rundhaken angehoben und nach ventral gezogen.

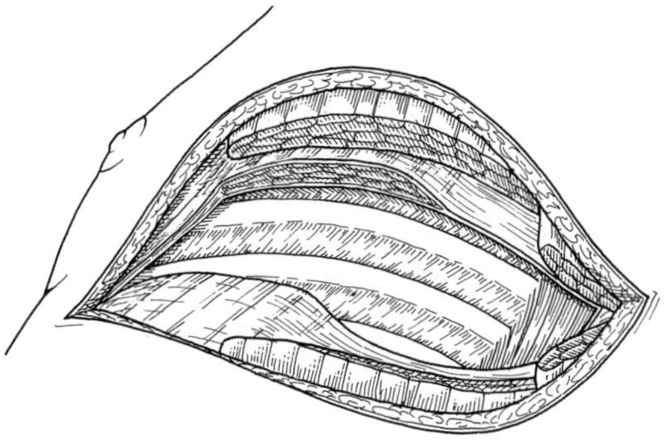

b) Rippen und Interkostalraum sind im geplanten Eingangsbereich freigelegt.

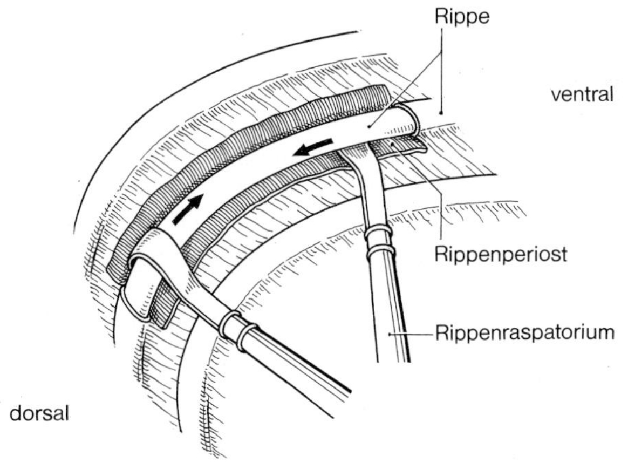

Abb. 8.1-11. Rippenresektion. Das Periost wurde mit dem Diathermiemesser durchtrennt und mit Raspatorien allseits von der Rippe abgelöst. Soll die Rippe nicht reseziert sondern nur paravertebral durchtrennt werden, so wird das Periost am oberen Rand der Rippe durchtrennt und nur die Innenfläche abgelöst.

Die mediale Rippendurchtrennung erfolgt dicht neben dem Querfortsatz. Das innere Periostblatt wird mit einem Skalpell der Länge nach inzidiert, wobei man dann in die extrapleurale Bindegewebsschicht und dann auf die Pleura parietalis kommt. Nach deren Durchtrennung ist bei freiem Pleuraspalt die Pleurahöhle eröffnet, im Falle einer Verklebung muß die Ablösung extrapleural erfolgen (s. S. 262f.).

Bei normal weiten Interkostalräumen kann ohne Rippenresektion vorgegangen werden (Abb. 8.1-12). Der Interkostalmuskel wird nahe dem oberen Rand der Unterrippe durchtrennt oder mit dem Raspatorium zügig vom Rippenrand nach medial abgeschoben. Anschließend wird der Rippensperrer nach Gaubatz eingesetzt und gespreizt. Zur besseren Übersicht kann man entweder die Rippe paravertebral ohne Resektion durchtrennen oder mit einem schaufelförmigen Raspatorium das Kostovertebralgelenk sprengen. Reicht der jetzt gewonnene Zugang nicht aus, kann ein zweiter Thoraxsperrer (z.B. Finochietto), der quer zum Interkostalraum eingesetzt wird, die Übersicht erheblich verbessern. Andererseits ist es auch möglich bei sehr engen und starren Verhältnissen zwei Rippen paravertebral zu durchtrennen.

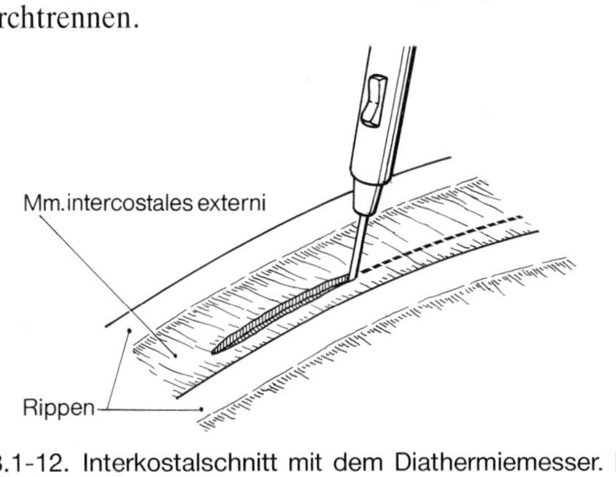

Abb. 8.1-12. Interkostalschnitt mit dem Diathermiemesser. Die Durchtrennung des Interkostalmuskels kann in der Mitte des Muskels oder ebenfalls am Oberrand der Rippe erfolgen. Im letzteren Fall hat man einen kräftigen Muskelwulst für den Verschluß.

Bei diesen Manipulationen kann es besonders paravertebral zur Verletzung der Interkostalarterie kommen. Sicherer als die Verschorfung ist die Umstechung des Gefäßes oder der Verschluß durch einen Clip. Im Falle einer Fraktur einer oder beider Rippen müssen scharfe Spitzen mit dem Luer abgetragen werden, da sie die Lunge anspießen können.

Evtl. muß zusätzlich eine Weichteildeckung dieses Bezirkes vorgenommen werden.

Der Verschluß der Thorakotomie erfolgt schichtgerecht, wie bei allen anderen Körperhöhlen auch, wobei auf eine anatomisch-korrekte Wiederherstellung der durchtrennten Strukturen zu achten ist.

Der Eingriff darf nicht ohne nochmalige sorgfältige Blutstillung und Kontrolle wichtiger Unterbindungen und Nähte beendet werden.

Bei vielen Eingriffen genügt die Einlage einer Thoraxdrainage, gelegentlich sind jedoch zwei Drainagen von einer Charrière-Größe 24 bis 28 aus Silicon besser (Abb. 8.1-13).

Die Austrittsstellen liegen in einem unteren Interkostalraum in der vorderen oder hinteren Axillarlinie, wobei die Spitzen der verwandten Schläuche bis etwa in Höhe der Clavicula zu führen sind und die Drainagen bis in Zwerchfellhöhe zusätzlich mit weiteren Öffnungen versehen werden müssen. An der Haut erfolgt die Fixation mit einer kräftigen Naht und einer Schlaufe von etwa 4–5 cm Länge. Zusätzlich empfiehlt sich die Anlage eines Pflasterzügelverbandes, der vor allem bei der Umlagerung des Kranken vor einem Herausreißen des Drains schützt.

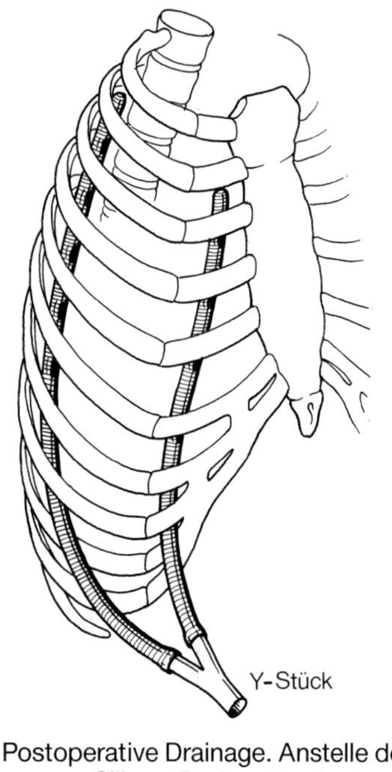

Abb. 8.1-13. Postoperative Drainage. Anstelle der teueren Argyle-Drains kann man Silicon-Drains durch einen kleinen Hautschnitt mit einer Kornzange oder einer Stilettzange einführen. Da man unter Sicht arbeitet, sollte eine Verletzungsgefahr der Lunge entfallen. Die Drains sollen mehrfach gefenstert werden, um aus allen Regionen abzuleiten.

Unter bestimmten Bedingungen (z.B. lateral offenes Mediastinum, feuchtes Zwerchfell, offene diaphragmale Lungenfläche) kann man zusätzliche Drainagen von einer Charrière-Größe 14–20 einlegen. Gleiches gilt für vorgesehene interstitielle Bestrahlungen mit Iridium, mit denen etwa 10–14 Tage postoperativ begonnen werden kann. Bei einer transmediastinalen Eröffnung der Pleurahöhle der Gegenseite (z.B. doppelseitiger, meist traumatischer Pneumothorax, schweres Mediastinalemphysem) können auch großkalibrige Drains retrosternal in die Gegenseite eingeführt werden. Je zwei Drainagen werden mit einem Y-Zwischenstück an einen Saugschlauch gekoppelt, wobei der anzuwendende Sog etwa 15–20 cm Wassersäule betragen sollte. Es ist wichtig, darauf zu achten, daß die Drains beim im Bett liegenden Patienten den richtigen Fallwinkel haben und keine Schlaufe bilden.

Im Gegensatz zu den früher üblichen Bülau-Flaschen werden heute ausnahmslos industriell vorgefertigte geschlossene Flaschensysteme verwandt. Sowohl die Drainagen wie die Sammelbehälter müssen ständig auf ihre Funktionstüchtigkeit hin überprüft werden. Verstopfende Koagel können ausmassiert werden.

Die Entfernung der Drainage erfolgt im allgemeinen nach Beendigung der Luft- bzw. Flüssigkeitsverluste zwischen dem 3. bis 8. postoperativen Tag. Dabei wird das Schlauchsystem abgeklemmt und nach Desinfektion der Haut rasch entfernt. Entweder wird dann die Drainageaustrittsöffnung mit einem während des Eingriffs zirkulär angelegten Hautfaden verschlossen oder es wird ein Tupfer auf die Öffnung gebracht und mit einigen Pflasterstreifen fest fixiert. Auch eine Klammerung mit 2 Klammern ist gut durchführbar.

War die Thorakotomie ohne Rippenresektion möglich, legt man im Abstand von etwa 4 cm perikostale Nähte (Polyglykolsäure oder Polyglactin) (Abb. 8.1-14). Die Fäden werden dicht am Rand der oberen Rippe geführt, während man am unteren Rippenrand einen Abstand von etwa 3 mm einhalten sollte, da hier die Interkostalgefäße im Sulcus verlaufen und durch die Nadel leicht verletzt werden können. Diese Fäden werden ebenso wie die Nähte der Interkostalmuskulatur angeklemmt, wobei nach einer Ablösung des Periostes des Oberrandes der unteren Rippe letztere mit in die Naht einbezogen werden muß. Sobald alle Nähte gelegt sind, werden die Rippenaproximatoren eingesetzt und der Rippenzwischenraum auf die gewünschte Breite verkleinert. Erst jetzt lassen sich alle Nähte spannungsfrei knüpfen. Nur im ventralen sternumnahen Abschnitt kann der Verschluß des Interkostalraums schwierig sein, so daß hier gelegentlich eine Deckung mit einem Muskelstreifen oder Vicrylnetz oder ähnlichem unumgänglich ist.

Beim Thoraxverschluß nach Rippenresektion werden das verbliebene innere Periostblatt und die interkostale Muskulatur von oben und unten gemeinsam gefaßt und die Fäden zunächst angeklemmt, bis bei einer erheblich klaffenden Lücke die benachbarten Rippen mit Einzinkerhaken oder einem Aproximator so weit zusammengezogen sind, daß ohne wesentliche Spannung geknotet werden kann.

Die durchtrennte Muskulatur muß schichtgerecht und sorgfältig adaptiert durch resorbierbares Nahtmaterial vereinigt werden, da es andernfalls zu sehr häßlichen Wülsten kommen kann.

Gelegentlich ist die Durchführung einer die Muskelfaszie gesondert fassenden fortlaufenden Raffnaht zu empfehlen, was im übrigen auch an der Muskulatur möglich ist.

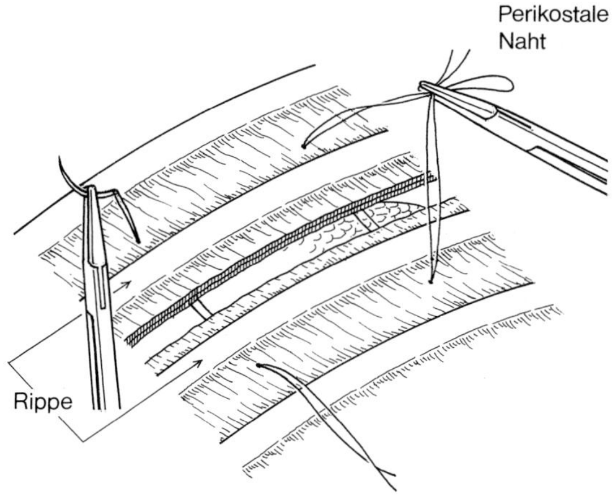

Abb. 8.1-14. Thoraxverschluß. Perikostale Nähte im Abstand von 3–4 cm. Dazwischen legt man interkostale Nähte mit kleinerem Abstand. Hat man den ganzen Muskelbauch zur Verfügung, so führt man die Naht um die untere Rippe herum (zirkumkostal).

Sternotomien

Lagerung: Rückenlage, Kissen oder Sandsack oder Luftbeutel unter die Schultern, um das Sternum etwas hochzuheben (Abb. 8.1-15).

Die Schnittführung für die Sternotomie ist nur bei der Trichterbrust quer- und sinusförmig, sonst senkrecht vom Jugulum bis in den oberen Abschnitt der Linea alba hinein. Das Periost spaltet man mit dem Diathermiemesser, wobei dann im Jugulum das querverlaufende Lig. interclaviculare durchtrennt werden muß. Anschließend wird das Xiphoid ausgelöst und mit der digitalen Tunnelierung des retrosternalen Abschnittes, die auch mit einem Stieltupfer ergänzt werden kann, begonnen. Dann wird das Sternum in der Mittellinie partiell oder in ganzer Länge entweder mit der oszillierenden Säge oder mit der Motor-Blattsäge durchtrennt, wobei ein Schlitten oder Schuh Begleitverletzungen zuverlässig verhindern hilft.

Im Falle der Benutzung einer oszillierenden Säge sollte man deshalb die bereits durchtrennten Sternumabschnitte mit Einzinkerhaken kräftig anheben. Mit dem dann eingesetzten Sternumspreizer gewinnt man eine ausgezeichnete Übersicht.

Sowohl bei der transversalen Sternotomie als auch bei der doppelseitigen Thorakotomie wird der Hautschnitt bogenförmig beidseits unterhalb der Mammae mit Scheitelpunkt über dem Sternum geführt. Beachtet werden muß hier die zu durchtrennende A. thoracica interna, die mit Clips oder Unterbindungen zu versorgen ist.

Bei der retrosternalen Tunnelierung muß auf die subtile Freilegung der Hinterwand, wie schon betont, besonders geachtet werden, da durch Entzündungen, Verklebungen durch einen Tumor oder vorangegangene Eingriffe der Herzbeutel fest herangezogen sein kann. Um tödliche Herzverletzungen zu vermeiden, müssen deshalb brüske Manipulationen unter allen Umständen unterbleiben. Auch die V. brachiocephalica kann bei einem unachtsamen Vorgehen leicht verletzt werden, ebenso wie der aufsteigende Teil des Aortenbogens bei starker Ektasie oder bei einem Aneurysma.

Nach Beendigung des Eingriffs wird das Mediastinum mit ein oder zwei Drainagen Charrière 18–22 versorgt, die über gesonderte Stichinzisionen von kaudal nach kranial eingeführt werden.

Im Falle der longitudinalen Sternotomie erfolgt die Annäherung beider Hälften durch peri- oder zirkumsternale Nähte mit Draht oder kräftigen PDS-Kordeln. Der Markraum wird bilateral mit Knochenwachs bestrichen. Dann setzt man je einen kräftigen Einzinker am Rand des Sternums ein und läßt vom jeweils gegenüberstehenden Assistenten die Hälften paßgerecht einander nähern, so daß dann entweder das verwandte resorbierbare Nahtmaterial zuverlässig geknotet werden oder die Drahtnähte unter Spannung verdrillt werden können. Die Anlage der Drahtnähte muß unter guten Sichtbedingungen erfolgen, um Begleitverletzungen zu vermeiden, wobei man sich vorteilhafterweise vom Assistenten einen Löffel oder ein breites metallisches Instrument unter den retrosternalen Abschnitt legen lassen sollte.

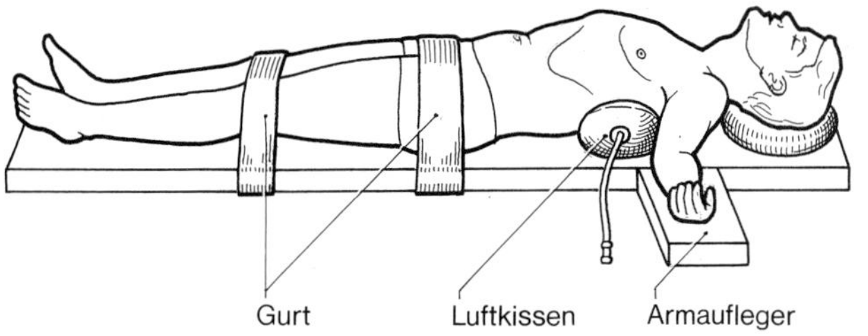

Abb. 8.1-15. Lagerung zur Sternotomie. Bei transversaler Sternotomie sollen beide Arme T-förmig gespreizt sein. Ein Luftkissen unter dem Rücken hebt das Sternum hoch; im Fall einer Trichterbrustoperation ist dies aber zu unterlassen.

Im Falle einer transversalen Sternotomie werden beide Sternumteile mit einer U-förmigen Drahtnaht vereinigt. Der Faden wird doppelt armiert 1 cm oberhalb der Schnittfläche quer von außen nach innen und dann in der unteren Sternumhälfte von innen nach außen gestochen und anschließend unter Spannung verdrillt.

Eine Entfernung der Drahtnähte ist nicht erforderlich, sofern es nicht zu einer Infektion oder Fraktur kommt. Das wäre nach vier Monaten ohne Gefahr für die Stabilität möglich. Eine Sternumosteomyelitis ist nur selten definitiv ausheilbar. Je nach Befund kann eine Saug-Spül-Drainagenbehandlung notwendig werden. Eine Reosteosynthese sollte erst dann erfolgen, wenn der Infekt abgeklungen ist. Kommt es zum Auftreten einer Pseudarthrose muß die Anfrischung durch bilaterale Osteotomie mit der oszillierenden Säge durchgeführt werden, bis wieder ein gut durchbluteter Markraum erkennbar ist.

Für die Stabilisierung hat sich im Falle der longitudinalen Sternotomie dann ein metallisches Sternumband als hilfreich erwiesen, bei einer queren Sternotomie die Plattenosteosynthese.

Bei sämtlichen Infekten nach Eingriffen im Mediastinum besteht die Gefahr der Entstehung eines Mediastinalabszesses, der eine Reintervention zwingend erforderlich macht.

Eingriffe an der Brustwand

Veränderungen der Brustwand (Sternum, Rippen und Weichteilgewebe) können – angeboren oder erworben – einen Einfluß sowohl auf die Funktion der im Mediastinum liegenden Organe als auch auf das äußere Erscheinungsbild haben. In Frage kommen dabei Fehlbildungen, Entzündungen (Tuberkulose, Aktinomykose, Radionekrose); Tumoren, primäre und sekundäre muskulokutane Weichteilschäden und Thoraxtraumen. Fast alle Veränderungen sind heute Dank Anästhesie, Intensivmedizin und der Fortentwicklung von Operationstechniken einschließlich der Verwendung alloplastischer Materialien operabel geworden.

1. Fehlbildungen

Auch Fehlbildungen können sowohl die Haut, die Muskulatur und das Skelett betreffen, wobei Rippen und Sternum eine vorrangige Bedeutung haben. Nach einer Klassifikation von von der Oelsnitz (1981) unterscheidet man am Sternum folgende Formen:

- **Dysplasie**
  Aplasie (partiell, total)
  Hypoplasie
  Prämature Dysplasie (Synostose, Induration)
- **Spaltbildung**
  Manubrium
  Ganzes Sternum (oberer, unterer, kompletter Spalt)
- **Deformierungen**
  Manubrium
  Ganzes Sternum (Trichterbrust, Kielbrust, Mischformen, Xiphoid)

Isolierte Auskrempelungen des Rippenbogens sind selten und meist mit einer Trichterbrust kombiniert.

Spaltbildungen kommen selten vor. Ein kompletter Spalt oder eine Aplasie des Sternums führt zu einer Ektopie des Herzens, deren Behandlung in spezielle Abteilungen gehört. Die Deformierungen in Form einer Trichter- oder Kielbrust und verwandte spiegelbildliche Veränderungen sind gut operabel. Die Ätiologie ist unbekannt, doch ist zumindest bei der Trichterbrust ein abnormes Knorpelwachstum erkennbar. Am deutlichsten wird das in der Pubertät bei großen Wachstumssprüngen. Tierversuche und biochemische Analysen (Geisbe) haben gezeigt, daß ein kataboler Stoffwechsel der Knorpelsubstanz zu regressiven Veränderungen führt, welche gegenüber der Norm um viele Jahre früher auftreten. So beginnt die Asbestfaserbildung mit 2 statt mit 13 Jahren, die Fasermarkraumbildung mit 14 statt mit 17 Jahren.

Im Tierversuch entsteht bei jungen Kaninchen bei scheibchenweiser Kürzung der Rippenknorpel in wenigen Tagen eine Trichterbrust (Geisbe).

Trichterbrust
(Pectus excavatum; Funnel chest)

Symptomatik und Diagnose

Bis heute gehen die Ansichten auseinander, ob es spezifische Symptome gibt. Für die Trichterbrust (zumindest für Grad III) werden rezidivierende respiratorische Infekte, eine Herabsetzung der Leistungsfähigkeit und evtl. unbeeinflußbare Tachykardien angegeben. Sicher ist, daß eine Störung der Lungenfunktion nicht vorliegt. EKG-Veränderungen wurden bewiesen (Leutschaft) und in Stadien eingeteilt, welche mit Typ und Grad der Trichterbrust nicht verbindlich korrespondieren:

Stadium I = Normaltyp
Stadium II = Mitteltyp, Steiltyp, Negatives T in $V_{1,2}$
Stadium III = Steiltyp bis Rechtstyp, Negatives T in $V_{2,3}$
Stadium IV = Rechtstyp, überdrehter Linkstyp, Negatives T in V_{1-5}
Inkompletter Rechtsschenkelblock
Tachykardie und Bradykardie

Eine röntgenologische Linksverschiebung des Herzens ist ohne Symptome und ohne Bedeutung. Sie geht oft postoperativ nicht zurück. Immerhin bedingt eine mittel- bis hochgradige Trichterbrust eine erhebliche Einengung des unteren Mediastinums, möglicherweise auch eine mediastinale Drucksteigerung. Bei einer Kielbrust fehlen diese Veränderungen, so daß auch keine Symptome zu erwarten sind.

Die **Diagnose** wird zunächst rein optisch gestellt. Damit wird auch ein Vergleich von Behandlungsergebnissen schwierig. Die Ausmessung des Trichterinhaltes mit Wasser in Rückenlage wurde aufgegeben. Der Beckenzirkel zeigt den sternovertebralen Abstand. Der Trichterbrustindex ist das Verhältnis des Durchmessers des Thoraxausganges zu jenem des unbeteiligten Thoraxeinganges. Ein seitliches Röntgenbild im Inspirium und Exspirium sowie das transversale Computertomogramm sind wichtige diagnostische Parameter (Abb. 8.1-16). Damit sind auch Schrägstellungen, Torsionen, Neigungen des Sternums am besten bildlich darzustellen. Auch empfiehlt sich eine photographische Dokumentation aus wechselnder Blickrichtung. Bei der Trichterbrust befindet sich der tiefste Punkt der Eindellung im unteren Sternumdrittel. Obere Trichter sind extrem selten. Die Kielbrust hingegen betrifft vorwiegend das obere und mittlere Drittel. Der Schwere nach sind die Formen in Grade (I = leicht, II = mittel, III = schwer) einteilbar. Die Trichterbrust kann symmetrisch oder asymmetrisch und dabei das Sternum noch in sich verdreht sein (Rotation). Bei der Kompression des Thorax ist zu prüfen, ob bereits eine Versteifung oder Verkalkung der Rippenknorpel vorliegt. Die Kielbrust ist dagegen immer starr.

Differentialdiagnostisch ist die »Pseudotrichterbrust« (Abb. 8.1-17a) (Hümmer, 1981), welche nur äußerlich einer Trichterbrust gleicht, abzugrenzen. Dazu gehören:

a) Sternokraniale Protrusion: eine winklige Vorwölbung (Abb. 8.1-17b) des Angulus Ludovici, die vom Knochen ausgeht.
b) Schlechte Haltung bei Flachbrust.
c) Polland-Syndrom: Aplasie des M. pectoralis und der vorderen Rippen.
d) Parasternale Protrusion (einseitig) (s.a. Abb. 8.1-17c).
e) Infrasternale Protrusion (aufgekrempelte Rippenbogen).

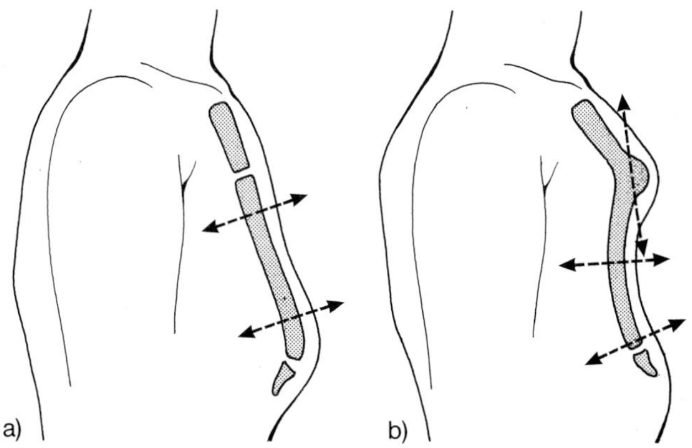

Abb. 8.1-17. a u. b) Kiel- oder Hühnerbrust (a) und Pseudotrichterbrust (b). Die übliche Kielbrust ist kranial, die Trichterbrust kaudal.
b) Sternokraniale, knochenbedingt Protrusion. Zusätzlich besteht ein doppelter Trichter in Form eines abnormen Angulus Ludovici und ein leicht konkaves Corpus sterni. Das Xiphoid ist in (a) einwärts, in (b) auswärts gebogen. Die Durchtrennungslinien sind angegeben.

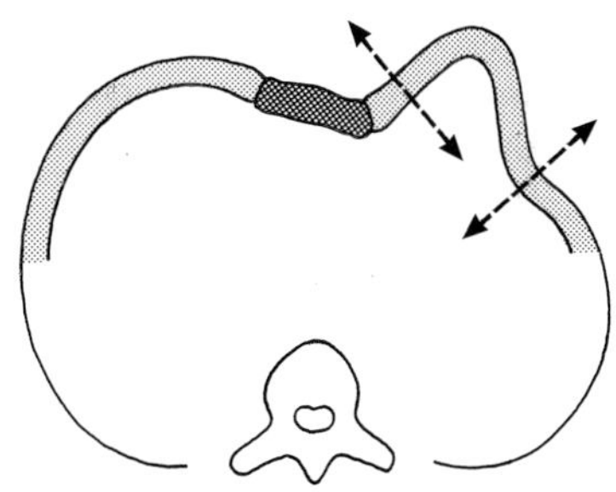

Abb. 8.1-17. c) Asymmetrische Kielbrust, in Wirklichkeit parasternale Protrusion durch abnormes Knorpelwachstum. Rotation des Sternums um seine Längsachse. Angabe der Knorpelresektion. Die Rotation des Sternums sollte aufgehoben werden.

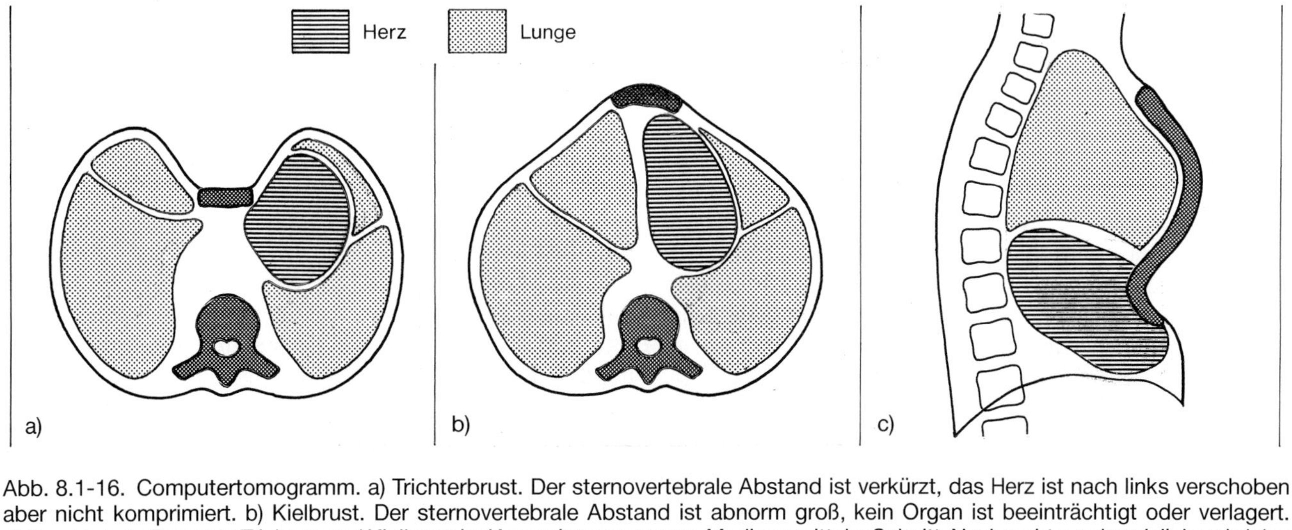

Abb. 8.1-16. Computertomogramm. a) Trichterbrust. Der sternovertebrale Abstand ist verkürzt, das Herz ist nach links verschoben aber nicht komprimiert. b) Kielbrust. Der sternovertebrale Abstand ist abnorm groß, kein Organ ist beeinträchtigt oder verlagert. c) Kombinierte Form von Trichter- und Kielbrust im Kernspintomogramm. Mediansagittaler Schnitt. Nach rechts und nach links wird das Herz von der Lunge überlagert.

Indikation zur Operation

Hier gehen die Meinungen weit auseinander. Sicher spielt der psychologische Faktor (Kind und Eltern) die wichtigste Rolle. Das ist dann zu akzeptieren, wenn sich ein Kind mit nacktem Oberkörper im öffentlichen Bad und beim Sport gehänselt fühlt und ein deutlich erkennbarer Leidensdruck entsteht. Leichte Veränderungen sollten jedoch nicht operiert werden. Das beste Operationsalter ist ebenfalls strittig. Bei frühkindlichen Formen soll man schon vor Schulbeginn operieren. Dabei wird das Alter von 3–6 Jahren als optimal angesehen. Sicher ist, daß es Spontanbesserungen und auch ein vollständiges Verschwinden bei Säuglingen und Kleinkindern gibt, jedoch nicht mehr nach dem 6. Jahr. Hauptmanifestation ist das Kindesalter bis zur Pubertät und jugendliche Erwachsene. Bei letzteren ist der Eingriff größer und die Korrektur schwieriger. Eine andere Indikationsstellung beim Kind lautet: 1. Instabiler Thorax bei Asthma bronchiale; 2. Druck des Trichters auf den rechten Ventrikel ohne Linksverlagerung des Herzens; 3. Entwicklungsstörungen beim Kleinkind infolge erheblicher Deformierungen. Da Rezidive nach einer Operation im Alter von 8–12 Jahren am häufigsten und am größten sind, sollte man in dieser Wachstumsphase entweder nicht operieren oder das Implantat viele Jahre liegen lassen.

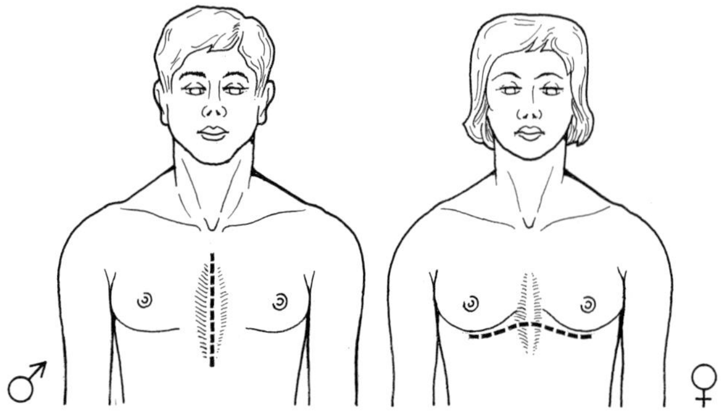

Abb. 8.1-18. Schnittführung bei Korrektur einer Trichterbrust. Bei männlichen Patienten meist senkrechter Hautschnitt (a), bei weiblichen Patienten bogenförmig submammär (b). Der Scheitel des Bogenschnittes soll am tiefsten Punkt des Trichters oder kranialwärts liegen. Man muß die Rippenknorpel III oder II erreichen.

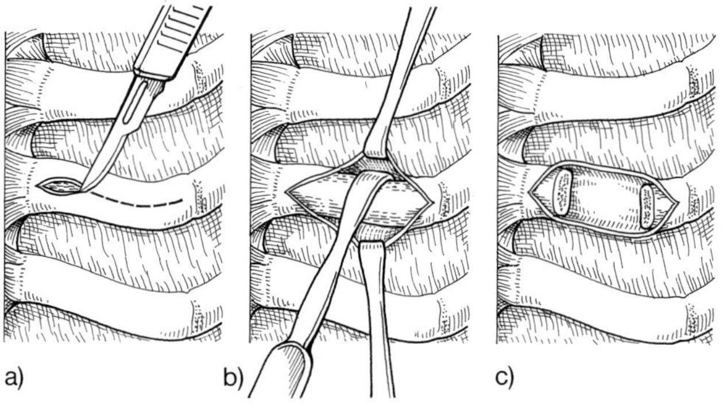

Abb. 8.1-19. Subperichondrale Rippenresektion. Diese ist das Grundprinzip aller Trichterbrustoperationsmethoden, unabhängig davon ob man einen Keil, eine schmale Scheibe oder den ganzen Knorpel entfernt. Durchtrennung des Perichondriums mit Skalpell oder Diathermie (a). Ausschälung des Rippenknorpels mittels Raspatorien (b). Resektion des Knorpelstückes (c). Will man das Sternum ganz aus dem Verband lösen, so wird das innere Blatt des Perichondriums parasternal ebenfalls durchtrennt.

Operationsmethoden

(Abb. 8.1-18-24)

Es gibt ca. 30–40 Operationsmethoden einschließlich Modifikationen. Ein grundsätzlicher Unterschied zwischen den Verfahren besteht darin, daß entweder keinerlei mechanische Abstützung durch Implantate erfolgt oder letztere grundsätzlich eingesetzt werden. Die meisten Modifikationen finden sich deshalb auch bei der Wahl und Art der Implantation der sog. »Stützhilfen«. Hegemann (1967) verglich bei 214 Patienten 3 verschiedene Operationsmethoden und entschied sich dann für das Verfahren nach Sulamaa. In Deutschland verfügt Willital mit mehr als 1200 operierten und nachuntersuchten Patienten mit Abstand über die größte Erfahrung.

Aus kosmetischen Gründen wählt man als Zugang bei weiblichen Patienten am besten einen bogenförmigen Querschnitt der unterhalb der Mamillen verläuft, bei männlichen auch einen senkrechten Schnitt wie zur longitudinalen Sternotomie (Abb. 8.1-18 u. 19). Anschließend erfolgt grundsätzlich die weite Abpräparation der Haut, bis der gesamte Trichter mit seinen höchsten Punkten freiliegt.

Verfahren nach Ravitch und Hecker

(Abb. 8.1-20-21)

Das Prinzip der Operation besteht darin, daß eine Abstützung des mobilisierten Sternums an den eigenen Rippenknorpeln erfolgt, die je nach Ausdehnung des Trichters um 1–2 cm reseziert werden müssen. Die Fixation wird mit Drahtnähten durchgeführt.

Wichtig ist auch bei dieser Operationstechnik, daß die Pektoralis- und Rektusmuskulatur bei ausgedehnten Trichtern und Auskrempelungen der unteren Apertur abgelöst wird. Mit dem Hohlmeißel wird zudem eine Knochenlamelle aus der Lamina externa des Sternums entnommen, während die Lamina interna bei der Aufrichtung des Brustbeins in Höhe der Osteotomie frakturiert werden muß. Zum Schluß der Rekonstruktion wird die Pektoralismuskulatur soweit wie möglich über dem Brustbein durch Nähte einander genähert (Abb. 8.1-21).

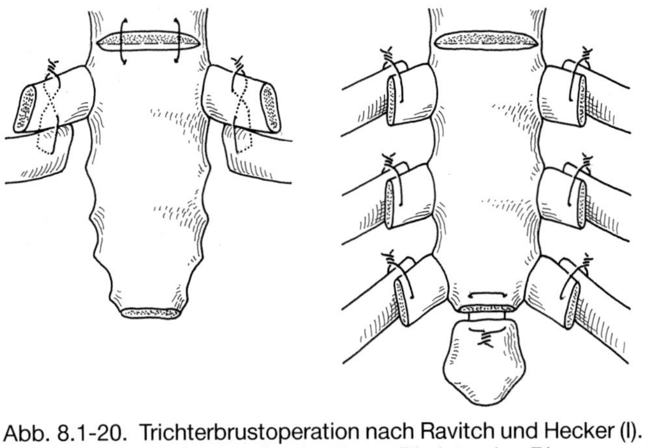

Abb. 8.1-20. Trichterbrustoperation nach Ravitch und Hecker (I). Die Knorpelresektion beträgt 1 – 2 cm. Die lateralen Rippenpartien werden unterhalb oder hinter den parasternalen Stümpfen gelagert und durch eine Drahtnaht fixiert. Die keilförmige Osteotomie im Sternum wird mit zwei Seiden- oder Drahtnähten adaptiert. Bei Ravitch (a) wird der Rippenknorpel II schräg durchtrennt und bildet die einzige Auflagefläche, bei Hecker (b) bleiben alle Knorpelstümpfe lang. Andere Autoren schieben ein Marlex-Netz unter das Sternum. Das Xiphoid wird reseziert oder nach Abtrennung mit einer U-Naht an den oberen Rektusbauch herangezogen.

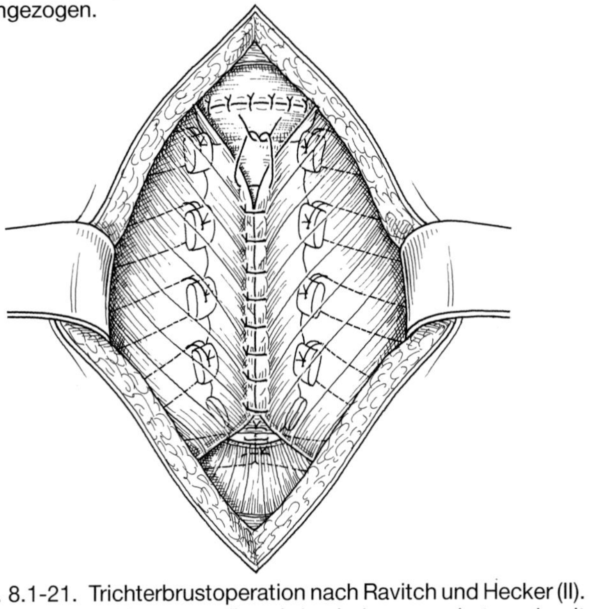

Abb. 8.1-21. Trichterbrustoperation nach Ravitch und Hecker (II). Der abgelöste M. pectoralis wird wieder reponiert und mit resorbierbaren Nähten fixiert.

Verfahren nach Brunner, Geisbe, Dick und Flach
(Abb. 8.1-22)

Im Gegensatz zu der zuvor beschriebenen Technik erfolgt hier eine T-förmige Sternotomie. Dabei wird zunächst das Xiphoid reseziert, dann die longitudinale Sternotomie mit der oszillierenden Säge durchgeführt und anschließend die quere Sternotomie am Oberrand des Trichters. Wiederum erfolgt an der Konvexität des Trichters die Resektion von gut 2 cm breiten Knorpelstücken unter Erhaltung des Periostschlauchs. Dann werden die beiden Sternumhälften mit der oszillierenden Säge dachfirstartig angeschrägt, wobei schließlich die Anhebung des Trichters durch die Fixation der Rippen und des Sternums mit 2 kräftigen Kirschner-Drähten erfolgt. Letztere werden mit dem Motorbohrer von der einen zur anderen Thoraxseite so geführt, daß es zur Auffädelung der korrespondierenden Rippen- und Sternumanteile kommt. Die Kirschner-Drähte müssen daher in die jeweilige Rippe meist perkutan vor der keilförmigen Osteotomie eingebracht und auf der Gegenseite entsprechend ausgeleitet werden.

Der links und rechts überstehende Kirschner-Draht wird dann bis auf 3–4 cm gekürzt, umgebogen und unter der Haut versenkt. Durch eine bimanuelle seitliche Kompression erfolgt die endgültige Formung des Thorax.

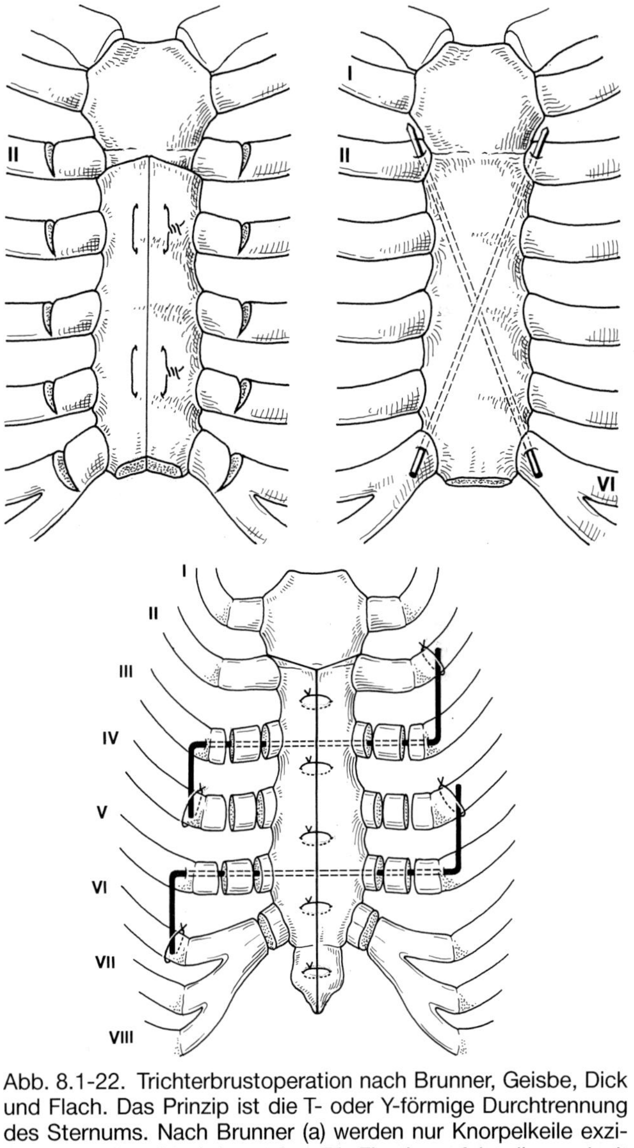

Abb. 8.1-22. Trichterbrustoperation nach Brunner, Geisbe, Dick und Flach. Das Prinzip ist die T- oder Y-förmige Durchtrennung des Sternums. Nach Brunner (a) werden nur Knorpelkeile exzidiert. Das Xiphoid wird reseziert. Die Fixation erfolgt diagonal mit zwei Kirschner-Drähten (b). Nach Geisbe werden vom Knorpel Segmente von jeweils 1–2 cm Breite entfernt und zwei Kirschner-Drähte von lateral her durch den freien Rippenstumpf, den medialen Knorpelstumpf quer durch das Sternum zur Gegenseite herausgeleitet. Beide Enden des Drahtes werden winkelig nach kranial bzw. kaudal umgebogen (»Z-Form«) und mit je einer perikostalen Naht fixiert (c).

Verfahren nach Sulamaa, Hegemann und Willital

Da es sich um das in Deutschland sicherlich am häufigsten durchgeführte Verfahren handelt, werden die Einzelschritte ausführlich in Abb. 8.1-23 u. 24 dargestellt.

Auslösung, Knorpelresektion, quere Osteotomie wie üblich. Sobald die Mobilisierung erfolgt ist, kann man ein Nabelschnurbändchen um das untere Sternum herumführen und damit das Sternum kräftig hochheben. Spannen sich untere Periostschläuche hindernd an, so kann man sie durchtrennen. Das Prinzip der Unterstützung ist ein V2A-Stahlspatel, welcher in verschiedener Länge vorrätig sein muß und präoperativ ausgemessen werden sollte: Er muß etwa von Mamille zu Mamille reichen. Diesen Spatel schiebt man entweder unter das mit einem Skalpell tunnelierte vordere Periost, oder durch die Spongiosa (Kanal mit Skalpell bohren), oder dorsal vom Sternum. Im letzteren Fall hebe man das Sternum am Band steil hoch, bohre mit einer Overholt-Klemme einen Kanal retrosternal von links nach rechts, fädle einen starken Faden durch ein äußeres Loch des Spatels, führe beide Fadenenden retrosternal nach rechts und ziehe kräftig durch. Beide Spatelenden werden auf die Rippen gelagert und mit einer Flachzange noch rippenwärts angebogen. Je zwei resorbierbare kräftige Fäden (Vicryl oder PDS) um den Spatel, durch die Muskulatur, ausnahmsweise um die Rippen. Soweit möglich Adaptation der Muskel. Willital vereinigt alle zugehörigen Knorpelstümpfe mit einer Längs-Knopfnaht.

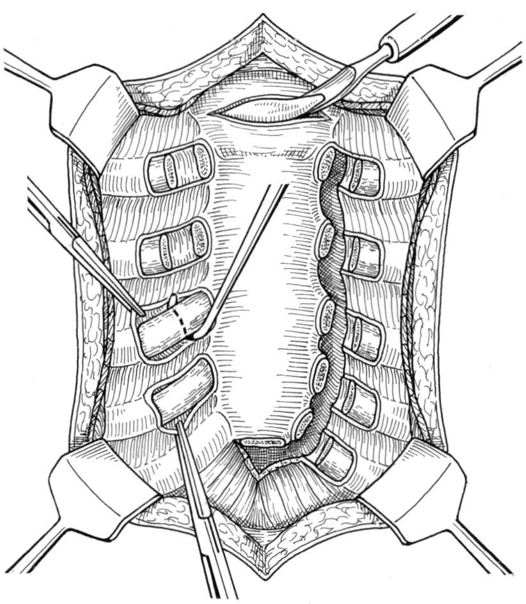

Abb. 8.1-23. Trichterbrustoperation nach Sulamaa, Hegemann, Willital (I).
a) Das Xiphoid ist reseziert oder mit der Schere ausgelöst und mit einer Tuchklemme oder Mikulicz-Klemme hochgezogen und der Retrosternalraum mit Finger und Stieltupfer freigemacht. Die Rippenknorpel werden gefenstert. Keilförmige Osteotomie am Angulus Ludovici.

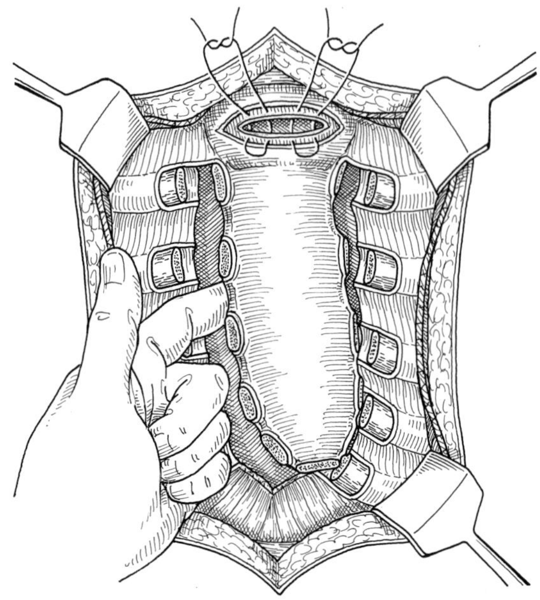

b) Das befreite Sternum wird mit dem Finger oder der Tuchklemme hochgezogen und ein Nabelschnurbändchen mittels einer Overholt-Klemme von links nach rechts zum Hochheben durchgezogen.

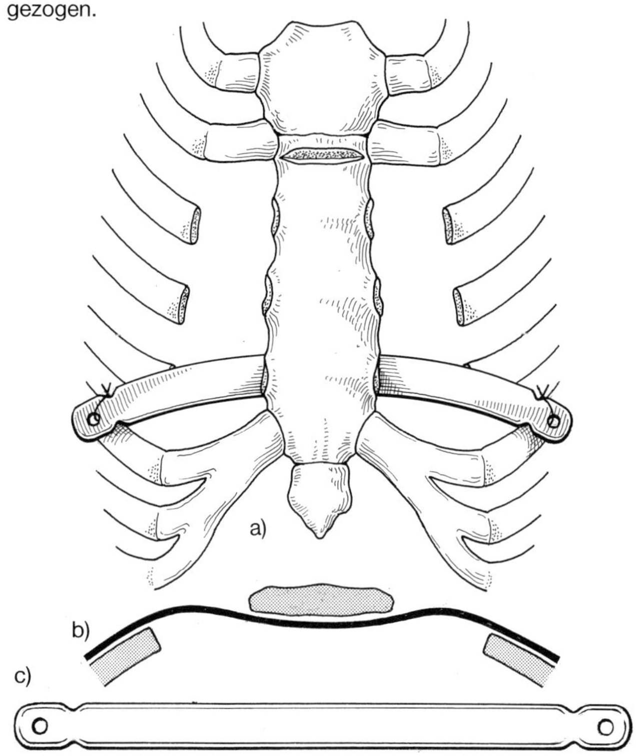

Abb. 8.1-24. Trichterbrustoperation nach Sulamaa, Hegemann, Willital (II).
a) Ein V2A-Stahlspatel (»Strut«) wird hinter dem Sternum von links nach rechts durchgezogen. Ein kräftiger Faden wird durch die rechtsseitige Öse des Spatels geführt, gedoppelt und mit einer von rechts nach links geführten Overholt-Klemme nach rechts gezogen. Das Periost bzw. Perichondrium am Rande des Sternums muß rechts und links geschlitzt werden. Der Spatel wird auf die Rippen aufgelagert und mit einer Flachzange angebogen (b). Ein resorbierbarer Faden soll durch die Kerbe des Spatels und perikostal oder durch den Muskel geführt werden, gelegentlich durch das Loch (a u. c). Der Spatel soll lieber zu lang als zu kurz sein.

Kosmetische Methoden

Die Anwendung von Silastik oder Silikon-Schaum ist bei Kindern und Jugendlichen nicht angezeigt. Auch bei Erwachsenen ist sie nur vertretbar, wenn anatomische, funktionelle oder psychische Gründe gegen eine Standardoperation sprechen. Die Methoden sind aber keineswegs ganz abzulehnen, da die Operationsindikationen für die Trichterbrust umstritten sind. Mehrfach zitiert wird eine Äußerung von Gellis im Yearbook of Pediatrics 1971: »Wir haben uns bemüht die Patienten mit Trichterbrust von den Händen von Chirurgen abzuhalten. Die fehlende Übereinkunft, zu welcher Zeit die Operation geplant werden soll, verwirrt uns und überzeugt uns, daß die Chirurgen nicht wissen was sie tun.«

Komplikationen und Ergebnisse

Der Hautverschluß kann bei tiefen Trichterbrüsten schwierig sein, da der Thoraxumfang nach Hebung größer geworden ist. Trotz Blähung der Lunge beim Verschluß kann ein- oder beidseitig ein Pneumothorax vorhanden sein. Eine sofortige postoperative Röntgenaufnahme ist deshalb obligat. Jeder Pneumothorax muß drainiert werden, wobei ein Dauersog besser ist als eine einfache Bülau-Drainage.

Metallimplantate können brechen und/oder zur Osteomyelitis führen. In jedem Fall müssen sie wieder entfernt werden. Frühere Ansichten, daß bei einem Kirschner-Draht 4 Wochen, bei einem Spatel 3–6 Monate ausreichend wären, sind nicht zutreffend. Als Mittelwert gelten 3–5 Jahre, jedoch abhängig vom Lebensalter. Beim Erwachsenen kann die Metallentfernung in der Regel nach 1 Jahr vorgenommen werden.

Allgemein wird ein sehr gutes Resultat in 65 %, ein mäßiges in 30 %, ein schlechtes in 5 % zu erwarten sein. Dabei heißt »mäßig« merklich besser als der Ausgangsbefund. In 10 % kommt es zu Rezidiven, wobei der Hauptteil dieser Patienten im Wachstumsalter (8–12 oder 16 Jahre) operiert worden war.

Die Rezidivoperation ist umständlicher. Robicsek reseziert das Corpus sterni und ersetzt es durch Marlex. Janec spaltet das Sternum und schiebt einen 10–14 cm langen Tibiaspan ein. Die meisten bleiben bei ihrer Methode.

Kielbrust
(Pectus carinatum; Pigeon breast)

Die Kielbrust ist seltener als die Trichterbrust (etwa im Verhältnis 10:1). Robicsek (mit der wohl größten Erfahrung) unterscheidet:

- **Typ I = Kielbrust**
  Meist unteres und mittleres Drittel
  Symmetrisch wie ein Schiffskiel
- **Typ II = Kropftaubenbrust (Pouter pigeon)**
  Nur Manubrium und Knorpel I, II, III
- **Typ III = Asymmetrische laterale Hühnerbrust**
  Rotation des Sternums um die Längsachse

Im Gegensatz zur Trichterbrust fehlen funktionelle Zeichen und Verschiebungen von Organen. Um so größer kann aber die psychische Beeinträchtigung sein.

Der Typ II ist leicht zu operieren, Typ III dagegen sehr schwierig und oft nur inkomplett. Die meisten angeführten Methoden sind in Kombination anwendbar (Abb. 8.1-25 u. 26); wobei sich das Verfahren nach Rehbein bewährt hat (Abb. 8.1-26). Ein Absinken ist nicht zu befürchten.

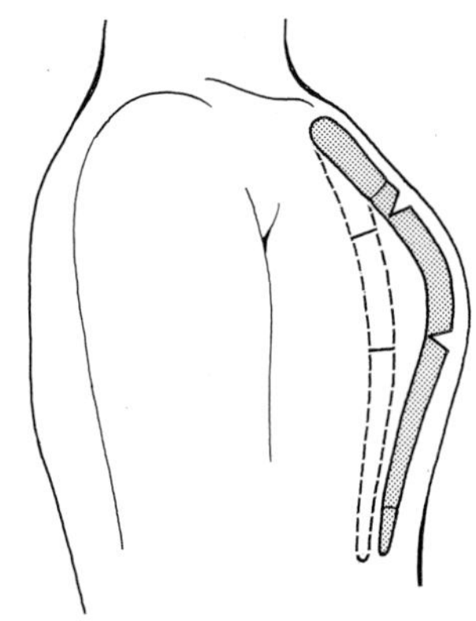

Abb. 8.1-25. Operation einer Hühnerbrust (Typ II, Kropftaubenbrust). Zwei keilförmige Osteotomien und Resektion der Knorpel (I), II, III reichen. Das Segment ist in sich noch gekrümmt und erfordert wahrscheinlich noch einen dritten Keil. (Solche Krümmungen lassen sich im allgemeinen durch eine mediane Durchtrennung des Sternumanteils beheben.)

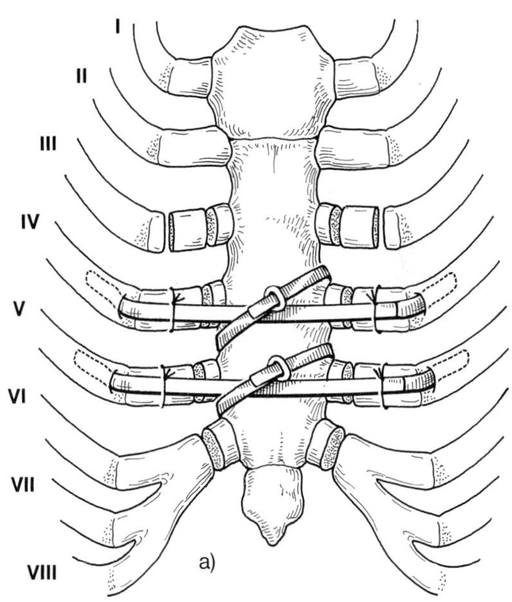

Abb. 8.1-26. a u. b) Operation einer Kielbrust oder einer Trichterbrust nach Rehbein. Die Methode wurde ursprünglich für die Trichterbrust erdacht. Auch der Rippenbogen wird mit dem Luer durchtrennt. An jedem Knorpel erfolgt eine doppelte Resektion. Bei überlangem Knorpel muß man aber größere Strecken resezieren. Die Doppelspatel liegen prästernal und sitzen mit dem kurzen Arm im Markraum der Rippe. Das Stahlband geht gürtelähnlich um Sternum und Spatel (a). Die Spatel oder Schienen (b) werden nach drei Jahren operativ entfernt.

Verfahren nach Rehbein und von der Oelsnitz

Als Zugang ist ein großer Längsschnitt erforderlich, vom Manubrium bis 2 Querfinger oberhalb vom Bauchnabel. Die Knorpelresektion erfolgt mit Perichondrium, mit der Hohlmeißelzange nach Luer rechts und links parasternal, nur je ein Biß (also wenige Millimeter) von Rippe II oder III bis X, dann ebenso jeweils an der Knochen-Knorpel-Grenze. Dadurch erfolgt die Durchtrennung der Anteile des Rippenbogens fast in Nabelhöhe. Nun erfolgt die obere quere Osteotomie und Abtrennung des Xiphoid. Die Stützung erfolgt prästernal mit Doppelspatel und Stahlband (sternal tape). Der Markbereich der Rippen IV,V u.VI wird 1–2 cm lateral von der Durchtrennung durch einen kleinen Kreuzschnitt deperiostiert und anschließend mit der kleinen Hohlmeißelzange nach Still eröffnet. Der schmale gebogene Spatelteil wird hier eingeführt. Für jedes Rippenpaar ein Spatel- oder Schienenpaar. Schmale Bänder werden um Spatel und parasternalen Rippenstumpf, ein breiteres Band um Sternum und das obere Spatelpaar, je ein weiteres Band kaudallateral um die letzte Schiene am Rippenbogen gelegt und kräftig zugezogen. Untere tieflaterale, sowie evtl. höhere Knorpeldurchtrennungen bleiben frei. Klaffen die Stümpfe weit auseinander, so kann man sie mit einer nichtresorbierbaren Naht aneinanderziehen.

2. Tumoren und Entzündungen

Bei beiden Krankheitsgruppen kann eine partielle oder komplette Resektion der Brustwand erforderlich sein. Gleiches gilt für das Sternum. »Komplett« bedeutet alle Schichten (Haut, Muskulatur und Bindegewebe, Rippe, Pleura) – »partiell« heißt, daß Teile davon erhalten bleiben. Ist der zu erwartende Hautdefekt groß, so sollte die Deckung (evtl. mittels muskulokutaner Lappen) durch einen plastischen Chirurgen oder mit dem Omentum majus (s. S. 227) erfolgen.

Indikationen zur Operation

1. **Spezifische Entzündung.** Tuberkulose trotz Chemotherapie; Aktinomykose bei nicht ausreichendem Ansprechen auf vielmonatige hochdosierte Penicillinbehandlung; Osteomyelitis von Rippe oder Sternum ohne Abheilung durch Antibiotika (z.B. septischer Abszeß bei Kolisepsis ohne nachweisbare Eintrittspforte).
2. **Radionekrosen** der anterolateralen Rippenteile meist viele Jahre nach Bestrahlung und Operation eines Mammakarzinoms. Infolge der spindeligen und kugeligen Weichteilschwellung wird meist fälschlich ein Tumorrezidiv der Brustwand angenommen.
3. **Primäre und sekundäre Tumoren der Brustwand.** Entsprechend dem Aufbau der Brustwand kommen als Ausgangspunkt in Frage: Rippenknochen, Rippenknorpel, Muskulatur und Bindegewebe, Haut.
   a) Benigne Tumoren
   - Hämangiome der Brustwand: Sie können eine riesige Ausdehnung haben und sollten immer mit dem plastischen Chirurgen operiert werden. Morphologisch werden sie zu den benignen mesenchymalen Tumoren gerechnet. Sie sind entweder kapillar oder kavernös oder ein Angioma arteriale racemosum. Besonders beim Kind und Jugendlichen können sie plötzlich stark wachsen, insbesondere wenn sie nicht kutan sondern subkutan liegen. Einblutungen können zu Verbrauchskoagulopathien führen (Kasabach-Merritt-Syndrom).
   - Fibrome.
   - Tietze-Syndrom: Gewöhnlich handelt es sich um eine schmerzhafte Auftreibung des zweiten Rippenknorpels parasternal. Die Resektion des Knorpels mit Perichondrium und – bei sehr weiten Interkostalräumen – die Deckung der Lücke mit Dura oder Teflon oder Marlex oder Gore-Tex ist dann angezeigt, wenn der Prozeß konservativ nicht ausheilt. Histologisch finden sich Spaltbildungen im Knorpel. Ursächlich werden Mikrotraumen angenommen aber auch eine rheumatoide Erkrankung.

   b) Semimaligne Tumoren
   - Das Desmoid (progressive oder aggressive Fibromatose) ist eigentlich kein Tumor. Es infiltriert lokal mit lokoregionärer Progression und rezidiviert häufig. Auch hier wird ein Trauma angenommen. Die Exzision muß weit im Gesunden erfolgen.

   c) Maligne Tumoren
   - Primäre: Sarkome (Chondrosarkom, Rhabdomyosarkom, malignes fibröses Histiozytom).
   - Sekundäre: Per continuitatem beim Pancoast-Tumor der Lunge, beim Pleura-Mesotheliom. Hämatogen in Rippen und Weichteilen (von Parenchymtumoren, Skelettumoren, Hypernephrom).

Vom knöchernen Thorax können Rippen und Sternum betroffen sein.

Operationsmethoden

Isolierte Rippenresektionen sollten immer mit Periost erfolgen. Die Eröffnung des Thorax soll einige Zentimeter ventral und dorsal von der Rippenauftreibung vorgenommen werden. Müssen mehrere Rippen reseziert werden, sollte die Resektionslücke mit Weichteilen oder mit einer Kunststoffmembran gedeckt werden. Andernfalls kann es zu einer Lungenhernie kommen. Ferner kann seröse Flüssigkeit aus dem Thorax in alle Schichten bis zur Haut vordringen. Ihre Punktion nützt nichts, solange die Brustwandlücke nicht geschlossen wird.

Die Sternumresektion sollte nach Möglichkeit partiell erfolgen. Zurückbleibende Defekte können mit Marlex-Netz (heavy Marlex), evtl. unterstützt durch ein bis zwei querliegende Spatel vom Typ Blades verschlossen werden.

Die breite Brustwandresektion mit plastischer Deckung ist technisch sehr aufwendig und sollte nur in Spezialkliniken durchgeführt werden (Abb. 8.1-27).

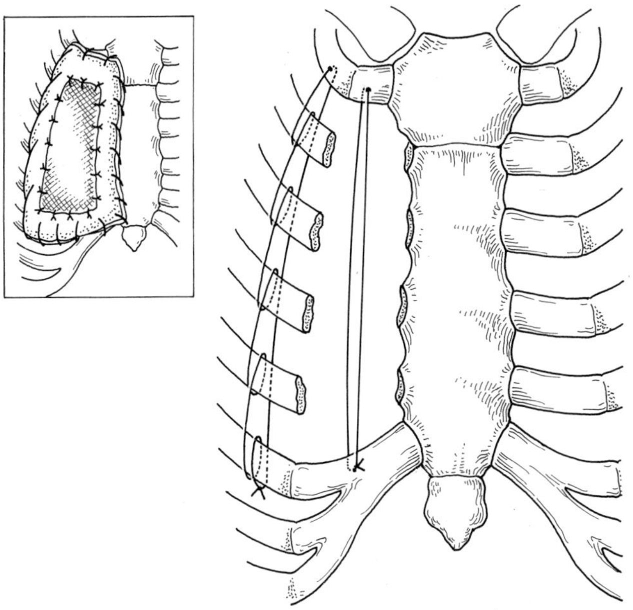

Abb. 8.1-27. Breite Brustwandresektion mit plastischer Deckung. Große Defekte nach Resektion von Tumoren oder Radionekrosen erfordern je nach Lokalisation eine Deckung. Dorsal paravertebral reichen Muskulatur und Scapula aus. Bei Beteiligung der Haut subkutan oder ganzschichtig muß die Operation zusammen mit einem plastischen Chirurgen erfolgen. Ventral und lateral muß eine stabile Deckung durchgeführt werden. Eine perikostale Raffnaht verhindert die Spreizung der Rippen. Teflon oder Goretex wird straff angenäht. Darauf wird etwas kleiner ein Marlex-Netz aufgesteppt. Redon-Drainage zwischen Plastik und Haut. Großlumige Thoraxdrainage durch einen intakten Hautbezirk.

Thorakoplastik

Die Bezeichnung stammt aus der Zeit der Tuberkulosechirurgie, als man den Brustkorb der retrahierten Lunge anmodelliert hat, um dadurch die Abheilung von Kavernen zu bewirken. Nach dem starken Rückgang der Tuberkulose in den industrialisierten Ländern sollte man in Ermangelung einer hinreichenden Erfahrung im Umgang mit solchen Patienten derartig sporadische Fälle umgehend in eine spezielle Fachklinik schicken. Nur der Chirurg, der in Entwicklungsgebieten tätig wird, muß die Thorakoplastik wie auch die Kavernostomie und Fensterung der Thoraxwand zur Behandlung der Tuberkulose und anderen, unter Umständen spezifischen Eiterungen beherrschen und zwar ganz entsprechend den eingeschränkten regionalen, sozialen und hygienischen Gegebenheiten. Gerade die offene Kavernenbehandlung, wie sie von Monaldi und später Kleesattel in der Bundesrepublik in der unmittelbaren Nachkriegszeit in großem Stil durchgeführt wurde, ist vor allem wegen des wenig belastenden und vergleichsweise auch einfach durchzuführenden chirurgischen Eingriffs die Methode der Wahl, wenn eine Lungenresektion bei chronisch unterernährten Patienten zu riskant ist.

Die Thorakoplastik ist aber auch eine Methode, die sich vorzüglich zur Behandlung von Empyemhöhlen mit und ohne Lungenresektion anbietet. Eine enzymatische (Varidase, Streptokinase, Alphachymotrypsin) und antibiotische Vorbehandlung mit Säuberung ist wie bei der offenen Empyembehandlung durchzuführen.

Eitrige Beläge werden mit in Kornzangen armierten Tupfern abgerieben und evtl. schon bestehende offene Wundränder im Gesunden exzidiert. Sofern noch keine Thorakotomie vorangegangen ist, erfolgt der Zugang über einen leicht gebogenen Angelhakenschnitt, der von der Spina scapulae ausgehend handbreit paravertebral und bogenförmig um die Spitze der Skapula bis zur hinteren Axillarlinie reicht (Abb. 8.1-28 u. 29).

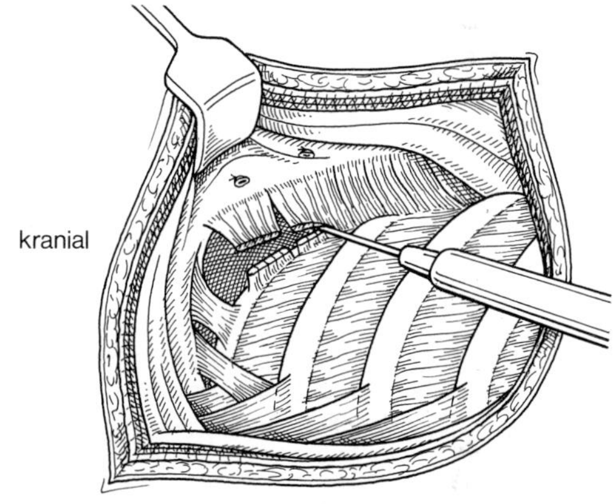

a)

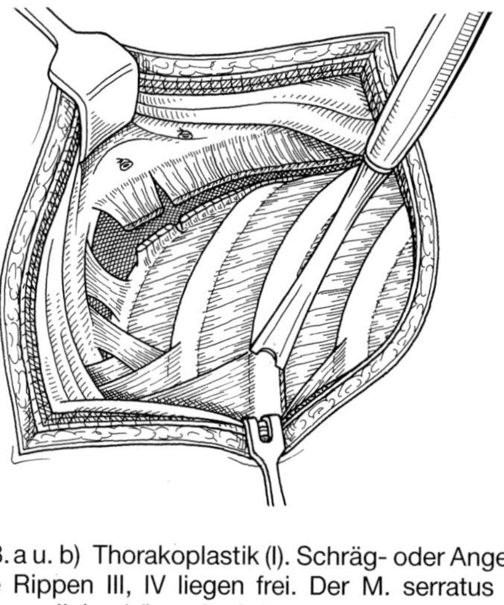

b)

Abb. 8.1-28. a u. b) Thorakoplastik (I). Schräg- oder Angelhakenschnitt. Die Rippen III, IV liegen frei. Der M. serratus lateralis verdeckt Rippe II (und I) und wird mit Diathermiemesser oder durch stumpfe Aufsplitterung durchtrennt (a). Rippe III (IV) und II werden mit einem Raspatorium deperiostiert, paravertebral das Kostotransversalgelenk mit dem Raspatorium gesprengt und die Rippen zunächst dorsal, dann ventral durchtrennt (b).

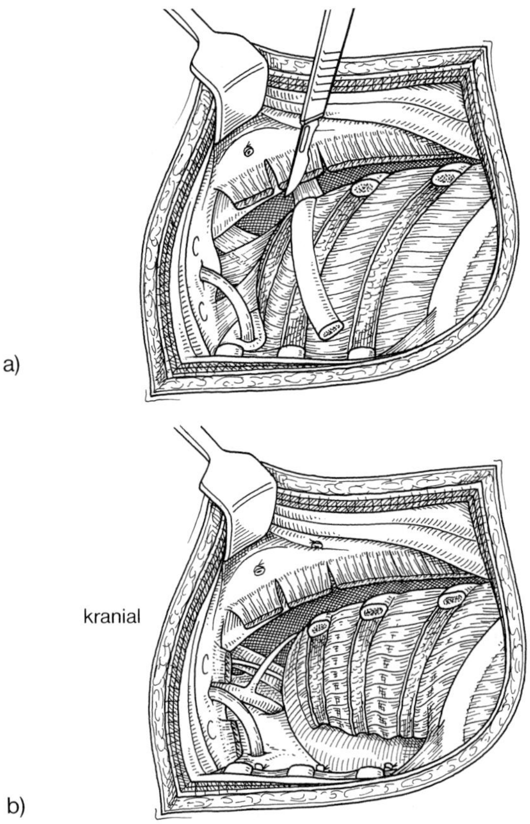

Abb. 8.1-29. Thorakoplastik (II). Resektion der ersten Rippe. Zunächst wird das Periost der Unterfläche, dann das der Oberfläche vorsichtig abgeschoben. Beachtung der V. und A. subclavia und des Plexus brachialis (a). Durchtrennung medial, dann kippt man die Rippe nach kaudal (mit einer Rippenfaßzange und Raspatorium nach Sauerbruch) und durchtrennt ventral den Knorpel. Arterie, Vene und Plexus liegen frei (b). Eine extrapleurale Apikolyse kann angeschlossen werden, wobei man auf A. mammaria interna und V. brachiocephalica achten muß.

Die Rippen werden in der bei der Thoraxeröffnung angegebenen Weise reseziert, medial bis zum Querfortsatz, lateral-ventral bis zur hinteren bzw. mittleren Axillarlinie. Die Interkostalnerven I–VI werden durchtrennt; tiefere führen zu einer Parese der Oberbauchmuskulatur, wodurch der entsprechende Oberbauchteil im Stehen sowie beim Husten und Pressen vorfällt. Die erste Rippe wird durch starkes Abheben der Scapula mit einem langen breiten Langenbeck-Haken dargestellt, ihr Rand mit dem Finger abgetastet und das Periost und der Muskelansatz mit einem Raspatorium von medial nach lateral abgeschoben. Dann wird die Unterfläche der ersten Rippe mit einem flachen Raspatorium (am besten jenes nach Kleesattel oder nach Mayer oder einem schaufelförmigen) vom Periost befreit. Gleiches erfolgt mit dem Oberrand der Rippe, wobei man mit dem Zeigefinger der freien Hand die großen Gefäße schützt. Der Rippenhals wird medial nun mit einer Rippenschere nach Sauerbruch (speziell für die erste Rippe) durchtrennt und die Rippe mit dem Raspatorium nach Sauerbruch kaudalwärts heruntergezogen, um die Ansätze der Mm. scaleni abzutrennen. Nun kann die Rippe auch ventral mit einer Rippenschere nach Brunner durchtrennt werden. Die Interkostalmuskeln mit dem inneren Periostblatt sinken ein, sind aber zunächst so weich, daß die Brustwand bei tiefer Atmung und im Hustenstoß flattert. Deshalb muß für mindestens 2 bis 4 Wochen ein straffer Verband angelegt werden; ein kleines nierenförmiges Kissen oder Schaumgummi kann die Axilla unterstützen. Eine Drainage genügt für 48 Std.

Bei kleinen starren Empyemtaschen kann man die Interkostalmuskeln von der Schwarte abtrennen und in die Schwarte ein größeres Fenster einschneiden. Die Muskeln ziehen dann darüber (Methode nach Schede). Zur Verödung besonders von apikalen Pleurataschen, aber auch zur simultanen Raumverkleinerung nach oberer Lobektomie kann man auch die Methode von Björk anwenden (»osteoplastische Dachplastik«), wobei die Rippen nur paravertebral deperiostiert und durchtrennt werden. Das Ausmaß der Länge der zu entfernenden Rippenteile ist genau umgekehrt zur Standardthorakoplastik. Standardmäßig wird die Rippe von der ersten nach abwärts immer weniger gekürzt, die erste ganz und dann nach kaudal immer weniger. Bei der Methode nach Björk kann die erste Rippe ganz erhalten bleiben oder fallweise medial am Rippenhals nur einen Querfinger breit gekürzt werden. Die zweite wird dann zwei Querfinger breit, die dritte drei Querfinger breit usw. reseziert. Die Oberlappenspitze wird aus der Thoraxkuppel abgelöst. Das ganze Schild wird dann zwei bis drei Interkostalraumbreiten nach kaudal gezogen und in dieser Position mit kräftigen PGS- oder PDS-Nähten an die unteren stehengebliebenen Rippen und an der paravertebralen Muskulatur fixiert. Björk durchbohrte die Rippensegmente und hat sie jeweils mit einer Naht an die untere stehende Rippe fixiert. Der Vorteil dieser Methode besteht darin, daß sofort eine stabile Brustwand vorhanden ist.

Die Durchführung des Eingriffs verlangt im apikalen Abschnitt eine besondere Behutsamkeit, um eine Verletzung der A. und V. subclavia zu vermeiden (Abb. 8.1-29). Wenn es hier zu einer kräftigen Blutung kommt, muß man das Gefäß zunächst manuell an die Rippen oder Rippenstümpfe andrücken und dann von zentral her freilegen. Im Falle der A. oder V. subclavia gelingt das nur zuverlässig durch eine Osteotomie der Clavicula, besser noch durch eine Sternotomie. Die Rekonstruktion ist dann nach den in der Gefäßchirurgie üblichen Regeln vorzunehmen. Zu beachten ist ferner, daß durch Druck am Köpfchen der 1. Rippe das Ganglion cervicothoracicum (stellatum) in Mitleidenschaft gezogen werden kann, so daß es zu einem Horner-Syndrom kommt, von dem sich allerdings ein Teil der Fälle spontan zurückbildet.

3. Thoraxverletzungen

Vorangestellt seien zwei Begriffe:

1. **Instabile Brustwand** (engl. Flail chest, franz. volet) mit paradoxer Bewegung bei Atmung und Pressen. Der Begriff der Pendelluft wird heute abgelehnt. Die ungünstige Einwirkung erfolgt durch die Schäden im darunterliegenden Lungenparenchym.
2. **»Feuchte Lunge«, »Schocklunge«, ARDS** (adult respiratory distress syndrome): Das klinische Gesamtbild heißt ARDS. Die »feuchte Lunge« ist das alveoläre und interstitielle Ödem, welches als dichtes Rasseln hörbar wird. Die »Schocklunge« ist das anatomische Substrat (Mikrothromben, Mikroatelektase, Blut und eiweißreiches Ödem in den Alveolen, Ödem im Interstitium, Übergang in Fibrosierung).

Zur Vermeidung und Behandlung wird bei einem pO_2 unter 60 mmHg und einem pCO_2 über 50 mmHg sowie einem intrapulmonalen Shunt von über 25 % (meßbar mit Pulmonaliskatheter) die Intubation und Beatmung empfohlen. Über letztere gehen zumindest bei der instabilen Brustwand die Meinungen auseinander. Mit der Beatmung wird eine »innere Stabilisierung« erreicht. Statt Normaldruck und PEEP empfiehlt man CPAP (constant positive airway pressure) in Verbindung mit IMV (intermittent mandatory ventilation). Die Schäden der Druckbeatmung mit steigender Resistenz hatten doch häufig zur »stiff lung«, der steif aufgeblasenen, nicht mehr elastischen Lunge und zum iatrogenen Barotrauma geführt (interstitielles Emphysem mit den Bildern Pneumothorax oder Luftleck, Mediastinalemphysem und Hautemphysem).

Andere wieder raten zur operativen Stabilisierung des Brustkorbes. Wahrscheinlich muß man fallweise auswählen. Jedenfalls wird von Trinkle USA (1981) von der automatischen Intubation und Maschinenbeatmung jedes Patienten abgeraten. Zweifellos hat diese Beatmung aber viele Patienten gerettet. Mit Recht wird jedoch auf die Schäden, auch an der Trachea, hingewiesen. Die Intubationsstenosen sind nicht nur technisch bedingt, sondern hängen mit der situationsbezogenen lokalen Durchblutung zusammen. Den Ernst der Lage erkennt man, wenn man weiß, daß diese Patienten auch heute noch eine Mortalität von 22–50 % haben.

Zu den Voruntersuchungen gehört auf jeden Fall – auch bei Notoperationen – eine Bronchoskopie. Wenn irgendmöglich vor der Intubation, mit starrem oder flexiblen Bronchoskop. Frakturen, Fissuren, Rupturen, Blutungen sind so lokalisierbar. Am besten ist eine optische Intubation mit einem Tubus ab 7,5 mm oder größer und eingefahrenem Fiberskop. Bei einem großen Mediastinalemphysem ist die Computertomographie zu empfehlen, bei Verdacht auf eine Gefäßverletzung die digitale Subtraktionsangiographie (DSA). Soweit schnell durchführbar, ist bei der Anästhesie außer bei einer Trachealverletzung ein Doppellumentubus wünschenswert; nicht der rigide Carlens-Tubus, dessen steifer Sporn verletzen kann, sondern ein weicher Silicon-Tubus. Besitzt man ein Jet-Gerät, so halte man es einsatzbereit, um es transthorakal einsetzen zu können. Andernfalls reicht zur Not die kontinuierliche O_2-Insufflation über einen kleinen Katheter. Eine Überblähung der Lunge kann den Operateur entscheidend behindern. Steife Lungen sind nicht mehr operabel. Hier ist die Jet-Ventilation die letzte Möglichkeit.

Je schwerer die Thoraxverletzung ist, um so wichtiger ist die Kenntnis der anderen Organschäden.

Die Lagerung ist im Akutfall (Notthorakotomie) die schräge Rückenlage bei 35° Drehung für eine anterolaterale Thorakotomie. Beim Hämatothorax oder bei Spätoperationen dagegen die posterolaterale Standardthorakotomie.

Der Zeitpunkt der Operation wird von der Symptomatik bestimmt:

a) Notoperation: Große Blutungen, großer Luftverlust, Asphyxie zwingen zur sofortigen Operation. Lagerung, Abdeckung, Hautschnitt dürfen nur wenige Minuten dauern (Sterilität soweit es geht. Warten ist tödlich).
b) Frühoperation (dringliche Operation): Innerhalb von 24–36 Std. Der akute Zustand ist beherrscht. Blut- und Luftverlust halten unvermindert an oder haben zugenommen oder sind wieder aufgetreten.
c) Spätoperation: Geplanter Eingriff bei stabilisierten Verhältnissen.

Rippen- und Sternumbrüche

Eine solitäre Rippenfraktur wird zwar nicht primär operiert, jedoch kann es bei einem Bruch der ersten Rippe zu schwerwiegenden Begleitverletzungen kommen (z.B. A. subclavia), so daß dann in Verbindung mit der Gefäßrekonstruktion eine operative Revision unbedingt erfolgen muß.

Multiple Rippenbrüche ein- und doppelseitig mit flatternder Brustwand können entweder durch eine Langzeitbeatmung über 3–4 Wochen oder durch eine operative Brustwandstabilisierung behandelt werden (Abb. 8.1-30). In Frage kommen das Aufsetzen von Agraffen Typ Judet oder Labitzke oder eine Plattenosteosynthese, wobei man die wichtigsten Rippen schient, ferner Spatel (»struts«), wie bei der Trichterbrustoperation Typ Sulamaa-Blades, die über mehrere Rippen quer hinweggeführt und mit Draht oder z.B. Maxon fixiert werden. Ferner besteht die Möglichkeit, kräftige Kirschner-Drähte hinter den Rippen vertikal von oben nach unten einzubringen, die sich auf den stabilen Bezirken abstützen und an ihren Enden lediglich mit Haken armiert werden müssen.

Sternumfrakturen werden, wenn überhaupt (paradoxe Atmung), mit Platten stabilisiert, notfalls auch durch eine Extension.

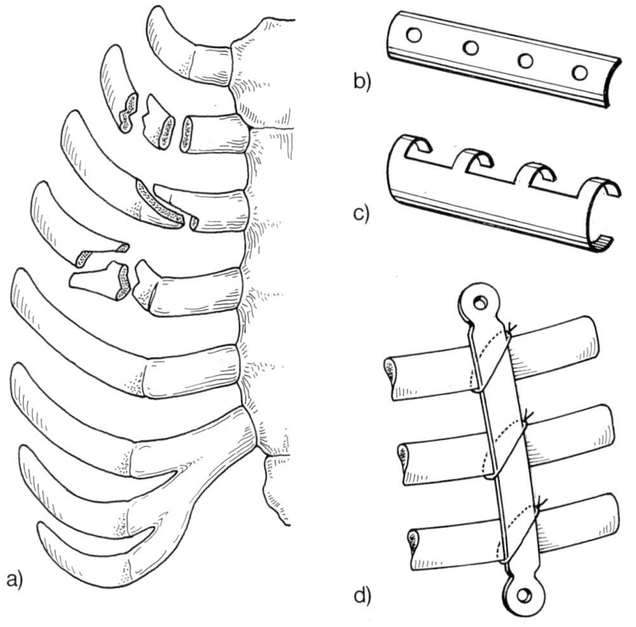

Abb. 8.1-30. a-d) Multiple Rippenfrakturen (a). Adjustierbare Fragmente können mit AO Platten (b) oder Judet-Agraffen (c) zu einer stabilen Einheit vereint werden. Multiple Frakturen im lateralen Bereich mit größeren Fragmenten können an einen quer oder schräg übergreifenden Spatel (Typ Adkins-Blades wie bei Trichterbrust) (d) fixiert werden. Dessen spätere Entfernung ist einfacher.

Fehlortige Luft und Luftlecks

Die Drucksteigerung im Thorax infolge des Glottisschlusses und der Kompression von außen führt zum interstitiellen Emphysem der Lunge. Berstung der Lungenoberfläche, Anspießung durch Rippenfragmente oder Pleuradefekte durch Schuß oder Stich führen zum Pneumothorax. Die einfache oder doppelte Drainage mit Bülau-Flasche ist die Therapie der Wahl, fallweise in Kombination mit einem Dauersog. Ist der Pneumothorax so nicht zu beheben oder gibt es immer wieder neue Taschen, muß operativ vorgegangen werden. Von einer antero- oder posterolateralen Thorakotomie können Lungenrißstellen meist übernäht werden. Bei großen Zerreißungen ist die Resektion eines Lappens oder von Segmenten erforderlich, gelegentlich unter Zuhilfenahme des TA 55 oder die Klebung mit Fibrin. Die Ausbreitung der alveolären Luft im Interstitium der Lunge, in den peribronchialen und perivasalen Schichten (insbesondere entlang der Lungenvenen) läßt das Mediastinalemphysem entstehen. Vom Mediastinum über die obere Thoraxappertur, aber auch durch Fraktur- und Drainagestellen der Brustwand gelangt Luft in die Subkutis und bildet das Hautemphysem, welches aufwärts bis in die Augenlider und abwärts bis ins Skrotum und die Oberschenkel gelangen kann. Ganz selten entsteht auch ein Pneumoperikard. Letzteres kann auch durch gastrointestinale Perforation spontan und postoperativ auftreten. (Auf die gleiche Weise kann bei einer Verletzung der Trachea und großer Bronchien – weniger vom Ösophagus – Luft in diese Schichten gelangen.)

Mediastinalemphysem

Das Ausmaß des Hautemphysems ist mehr eindrucksvoll als bedeutend. Ein Mediastinalemphysem kann durch Einhüllung der V. cava sup., Aufblähung des suprakardialen Mediastinums eine Drucksteigerung im Mediastinum bedingen. Intubation und Beatmung können den Zustand verschlimmern. Die Druckentlastung erfolgt am besten über eine anterolaterale Thorakotomie rechts. Das blasig schwabbelnde Mediastinum wird retrosternal durch Spaltung der Pleura eröffnet. Das luftdurchsetzte Fettgewebe wird digital aufgespalten, wobei man entlang der großen Gefäße bis in den Halsbindegewebsraum vordringt. Alle Lufttaschen werden eröffnet. Dann geht man digital oder mit einer Präparierklemme links-retrosternal durch die vordere Mediastinalpleura und eröffnet den linksseitigen Pleuraraum, unabhängig davon, ob dort ein Pneumothorax sichtbar war. Drei bis vier große Drains werden von rechts unten in den rechts- und linksseitigen Hemithorax eingeführt. Ist ein Pneumoperikard bekannt oder sichtbar, so wird das Perikard retrosternal in Breite eines Fünfmarkstücks gefenstert. (Das Pneumoperikard ist auskultatorisch am Schaben feststellbar; es kann Kompressionsphänomene wie eine Herzbeuteltamponade machen.)

Ohne Thorakotomie kann ein Mediastinalemphysem auch durch eine kollare Mediastinotomie angegangen werden (s. S. 269). Dieses Vorgehen empfiehlt sich zunächst, wenn kein Pneumothorax vorhanden und die mediastinale Druckentlastung dringend ist. Ein gefenstertes Drain wird eingelegt, die Wunde offengelassen und nur mit einem Gazeschleier bedeckt (am Rand ankleben). Die Schichten verkleben sehr schnell, so daß dieser Eingriff nur hilft, wenn die Luft nicht nachströmt.

Alle diese Luftlecksymptome sind mit und ohne interstitiellem Emphysen auch durch Verletzungen von Trachea und/oder großen Bronchien (und weniger auch Ösophagus) auslösbar.

Verletzungen von Trachea und großen Bronchien

Thorakale Trachea, Haupt- und Lappenbronchien verhalten sich hinsichtlich des auslösenden Mechanismus anders als die zervikale Trachea.

Die zervikale Trachea ist von außen zugänglich. Trümmerfrakturen und Zerreißungen von Kehlkopf und zervikaler Trachea werden selten überlebt. Spätestens einige Stunden nach dem Unfall kommt die schnell zunehmende Kurzatmigkeit. Intubation und Tracheotomie gelingen nicht. Die Präparation bei der Tracheotomie zeigt dann den Abriß der Trachea, wobei beide Enden nach oben und nach unten retrahiert sind oder nur durch die erhaltene Schleimhaut gehalten werden. Die Anastomose End zu End sollte möglichst mit PDS 000 oder 0000 erfolgen. Häufiger als diese Verletzung sind Knorpelfrakturen und Einrisse der Hinterwand oder des knorpligen Wandanteiles. Rupturen der intrathorakalen Trachea und großen Bronchien zeigen ein Mediastinalemphysem. Beim extramediastinalen Defekt tritt auch ein Pneumothorax auf, eher rechts als links, da der rechtsseitige Hauptbronchus kürzer ist.

Die Trachea kann durch Knorpelfrakturen, Einrisse der Hinterwand, Einrisse der Knorpelwand oder Frakturen der Bifurkation geschädigt sein. Eine Diagnose ist nur bronchoskopisch zu stellen. Bei der Intubation muß man vorsichtig distalwärts möglichst in einen Hauptbronchus gelangen. Die operative Freilegung erfolgt durch eine hohe posterolaterale Thorakotomie oder von einer anteroskapulären Thorakotomie, wenn man den Hautschnitt oberhalb der Mammile weit axillar bis zur Scapula führt. Die Naht ist meist einfach. Ähnliche Verletzungen können iatrogen bei schwieriger Intubation geschehen. Man hat Blut im Tubus und mit der Beatmung entsteht sofort ein Emphysem am Hals und im Mediastinum. Die richtige Umintubation sollte möglichst optisch mit Fiberskop erfolgen oder man zieht einen kleinkalibrigen Trachealtubus über eine Bronchoskopie- oder Zystoskopieoptik.

Haupt- (und Lappen-) Bronchien können nur bei einer plötzlichen Drucksteigerung und komprimierbarem elastischen Thorax ein- oder abreißen. Es betrifft daher Kinder oder Jugendliche und nur ausnahmsweise Erwachsene bis etwa 35–40 Jahre. Bei älteren Patienten entstehen Rippen- und Sternumfrakturen. Ein kompletter Abriß führt zu Pneumothorax und Atelektase, ein imkompletter Abriß durch Einrollung der Ränder zu einer Bronchusstenose. Überleben die Patienten, so entstehen poststenotische Bronchiektasen. Nur ganz selten bleiben die distalen Bronchien hinter einer solchen Stenose normalkalibrig. An Verletzungsarten finden sich Frakturen des Knorpels, Einrisse der membranösen oder knorpeligen Wand oder inkomplette Abrisse, wenn ein Zusammenhalt noch an einer Stelle besteht. Bei einem kompletten Abriß rücken beide Stümpfe einige Zentimeter auseinander und verschließen sich nach etwa 6 Std. Bei einer Operation soll man den Hauptbronchus der Gegenseite intubieren, was bei nicht allzu großen Patienten oft mit dem längeren nasotrachealen Tubus gelingt. Hat man nur die Trachea intubiert, so muß man eilig die Thorakotomie beginnen und vorübergehend mit der Fingerspitze den Defekt abdecken und dann versuchen, den Tubus in den gegenseitigen Bronchus zu schieben. Die Naht erfolgt mit PDS (s. S. 202 u. 293).

Bei Lappenbronchien ist manchmal eine Lobektomie nicht zu umgehen, insbesondere wenn der Lappen eingerissen und durch ein intrapulmonales Hämatom derb ist. Segmentbronchien können reimplantiert oder verschlossen werden, wobei das Lungensegment verbleiben kann, denn es entfaltet sich durch kollaterale Ventilation.

In sehr seltenen Fällen ist auch der Hauptast der A. pulmonalis eingerissen. Diese Fälle sind durch einen großen Hämatopneumothorax gekennzeichnet. Hier muß der Hilus von dorsal mit einer zusammengerollten großen Kompresse komprimiert, das Perikard 1 cm ventral vom N. phrenicus eröffnet und eine Klemme an der A. pulmonalis intraperikardial angelegt werden. Es zeigt sich dann, ob man den Defekt nähen kann oder statt einer Bronchusanastomose eine Pneumonektomie durchführen muß. Die meisten Patienten mit derartigen Verletzungen sterben jedoch spätestens auf dem Transport.

Persistierender Hämatothorax

Fördert die Drainage 100 ml Blut/Std. oder mehr, oder zeigt ein Röntgenbild eine Totalverschattung evtl. mit Mediastinalverschiebung, sollte man umgehend operieren.

Bei schlechtem Zustand erfolgt die Thorakotomie wieder anterolateral. Als Blutungsquelle kommen große intrapulmonale Gefäße, der Stamm der A. pulmonalis im Hilus, große extrakardiale Gefäße (V. cava sup., Truncus brachiocephalicus, Aorta) und Brustwandgefäße (interkostal, Mammaria) in Frage. Während ein Mitarbeiter den Hämatothorax absaugt, stopft der Operateur schnell den Thorax mit großen Tüchern aus und versucht die Blutungsquelle darzustellen.

Besteht gleichzeitig eine Blutung in den Bronchus, kann die Beatmung Schwierigkeiten machen, da durch die Lagerung ein Überlaufen mit Aspiration oder besser mit Einpressung durch die Beatmung erfolgt.

Ist die Blutungsquelle greifbar, so lassen sich Klemmen oder Drosseln setzen und es bleiben einige Minuten zum Überlegen, ob und wie man weiter operieren kann. Die Gelegenheit eine Herz-Lungen-Maschine anzuschließen, dürfte in den seltensten Fällen gegeben sein.

Ein reiner nicht bedrohlicher und mit Drainage behandelter Hämatothorax kann als Restzustand eine erhebliche Pleuraschwarte zurücklassen. Eine Szintigraphie (Perfusion und Ventilation) zeigt die Einschränkung an; oft besser als das Röntgenbild. Dann kann in der Spätphase eine Dekortikation angezeigt sein (s. S. 262–264).

Verletzung des Ductus thoracicus

Die Verletzung des Ductus thoracicus ist im Rahmen eines Thoraxtraumas selten. Wenn es nicht innerhalb von 8–10 Tagen zum Sistieren der Sekretion kommt, ist die operative Behandlung erforderlich (s. S. 267). Sehr zum Unterschied vom tumorbedingten Chylothorax führt die Unterbindung des Ductus thoracicus hier zur Heilung.

Postoperative Nachbehandlung

Zur Verhütung und Beseitigung von Atelektasen ist ein häufiges endobronchiales Absaugen erforderlich, nicht blind, sondern mit dem Fiberskop. Die modernen kleinen Kaliber von 3,8 und 4,2 mm mit großem Absaugekanal sind gut einführbar, um unter Sicht absaugen und den Zustand des Bronchialsystems beurteilen zu können.

Besonders zwischen dem 3. und 5. Tag nach einer Lungenkontusion kommt es gehäuft zu einer »späten«

peripheren Bronchusverstopfung durch wurmförmige Koagel. Auch hier ist die Bronchoskopie mit Lavage oder besser die Katheterspülung verschiedener Segmentbronchien dringend indiziert.

Besonders wichtig ist deshalb eine engmaschige klinische, gasanalytische und radiologische Überwachung.

Eingriffe an der Pleura

Erkrankungen der Pleura zeichnen sich durch eine Ergußbildung und Schmerzen aus. Die selten gewordene Tuberkulose aber auch Tumoren können dabei in 10 % ohne oder mit nur einmaliger Ergußbildung einhergehen. Vom morphologischen bzw. histologischen Substrat her handelt es sich bei den entzündlichen Erkrankungen entweder um ein bakterielles oder virales Empyem, eine akute fibrinösnekrotische Pleuritis meist ohne Keimnachweis, um eine Tuberkulose, Aktinomykose und sehr selten um eine Aspergillose. Selten führen benigne Tumoren (Fibrom, Lipom) zu einer pleuralen Reaktion. Bei den in Frage kommenden malignen Neubildungen kann es sich um ein Mesotheliom handeln, um ein malignes fibröses Histiozytom und selten um ortsständig gewachsene Sarkome oder Plattenepithelkarzinome. Häufiger dagegen sind für den Erguß verantwortlich Metastasen eines Hypernephroms, eine Pleurakarzinose nach kurativer Behandlung eines Bronchial- oder Mammakarzinoms und wiederum selten besteht als Grundleiden ein Karzinom des Intestinaltraktes bzw. des Uterus oder der Ovarien. Bei allen malignen Erkrankungen, die mit einer rezidivierenden Ergußbildung einhergehen, muß man die flüssigkeitsproduzierende Phase von der Schwarte unterscheiden (Abb. 8.1-31), wo der Pleuraspalt verödet und die pathologisch veränderte Pleuraschicht hyalin oder tumorös verändert ist. Die Exsudation ist die Leistung der parietalen Pleura und hier vorwiegend der kostalen. Die parietale Pleurektomie ist dann in Erwägung zu ziehen, wenn eine Pleurodese durch Instillation von Sklerosierungsmitteln, Tetracyclinen, Fibrin oder Talk erfolglos blieb. Nachteil derartiger Behandlungen ist, daß bei ihrem Versagen zahlreiche inkomplette Adhäsionen entstehen, die im Falle einer dann doch notwendig werdenden operativen Behandlung vollständig gelöst werden müssen.

Ein weiterer Eingriff an der Pleura ist die Dekortikation (Abb. 8.1-31 u. 32). Zu unterscheiden ist zwischen einer reinen Entrindung und einer solchen bei gleichzeitig bestehendem Empyem.

Im ersten Fall ist der Pleuraspalt komplett verödet und die Pleura parietalis einschließlich Schwarte hängt mit der Pleura visceralis direkt zusammen. Ursache ist meist eine Pleuritis nach Pneumonie, Erkrankungen, bei denen ein Empyem ohne Resthöhle bestand, ein Folgezustand nach Thoraxoperation oder ein inkomplett entlasteter Hämatothorax. Die sich dabei entwickelnden fibrinösen Beläge auf der Pleura visceralis führen mit zunehmender Schichtdicke zu einer Fesselung der Lunge und hindern sie an ihrer Entfaltung, während die Pleuraschwarten oder -schwielen die Rippen zusammen und nach innen nachziehen. Üblicherweise ist dann der Brustkorb eingesunken und das Zwerchfell meist hochgezogen. Der Zweck der Operation besteht deshalb sowohl in der Mobilisierung der Lunge als auch des Zwerchfells und der Brustwand. Obwohl nach einer Dekortikation u.U. beträchtliche Luftundichtigkeiten zurückbleiben, dehnt sich die entrindete Lunge meist vollständig aus, wobei allerdings eine mehrwöchige Drainage erforderlich sein kann. Die Behandlung muß zudem durch eine gekonnte aktive Atemgymnastik und auch Bewegungstherapie unterstützt werden. Der Gesundungseffekt ist zwar klinisch eindeutig, jedoch bleibt die objektivierbare Lungenfunktion relativ lange, manchmal sogar dauernd reduziert. Die Versuche, durch eine Frühdekortikation zu einem besseren Spätergebnis zu kommen, lassen sich noch nicht eindeutig beantworten oder werden zumindest kontrovers diskutiert.

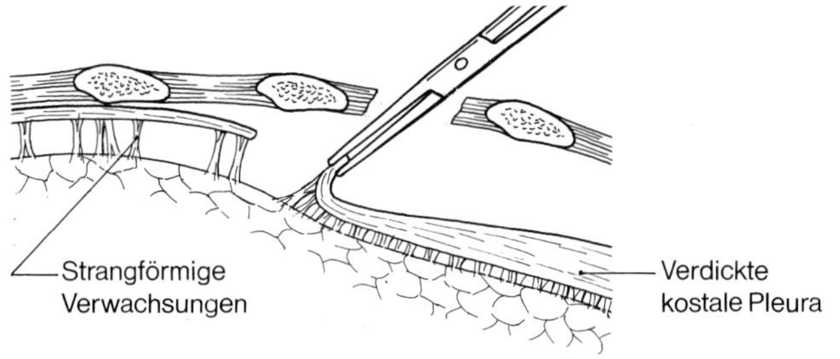

Abb. 8.1-31. Intra- und extrapleurale Ablösung der Lunge. Der Pleuraspalt kann locker (linke Bildhälfte) oder fest verklebt sein (rechte Bildhälfte). Im ersteren Fall kann man die lockeren strangförmigen Adhäsionen mit der Schere durchtrennen, Blutpunkte verschorfen; die Lösung ist intrapleural. Im zweiten Fall ist der Pleuraspalt aufgehoben; die verdickte Pleura parietalis wird mit der Lunge extrapleural abgelöst und dann erst von der Lunge getrennt. Das ist parietale Pleurektomie und viszerale Dekortikation. Die exsudative Phase der Pleuritis ist in die schwartige (hyalin-fibröse) Phase übergegangen.

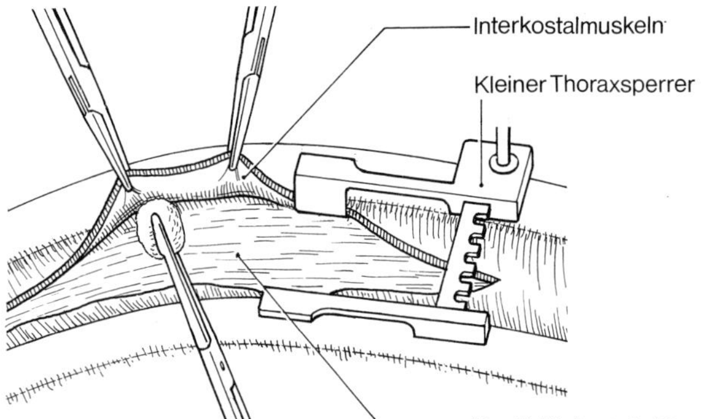

Abb. 8.1-32. Extrapleurale Ablösung (I). Statt eines kleinen Sperrers nach Finochietto kann man den Gaubatzschen Rippensperrer nehmen, wie er ursprünglich für die Pneumolysenoperation angegeben wurde. Erst bei ausreichender Ablösung der derben Pleura kann man weiter spreizen.

Im Gegensatz zu den zuvor beschriebenen Krankheitsursachen muß bei der Dekortikation eines Empyems die möglichst geschlossene Entfernung des Empyemsackes gemeinsam mit der parietalen Pleurektomie und viszeralen Dekortikation durchgeführt werden (s.d.).

Parietale Pleurektomie

Das Prinzip besteht in der extrapleuralen Ablösung (Abb. 8.1-33 u. 34). Hauptindikationen sind rezidivierende seröse oder serös-hämorrhagische Pleuraergüsse durch Entzündung oder durch Metastasen.

Der präparative Ablauf beginnt über einen Zugang mit Resektion einer Rippe, wobei dann das innere Periostblatt vorsichtig inzidiert und dicht darunter in das lockere subpleurale Bindegewebe eingegangen wird. Mit einem feinen Präpariertupfer, dann mit größeren Stieltupfern und schließlich mit dem parallel zur Brustwand vorgeschobenen Finger wird die Pleura parietalis und die Lunge abgeschoben bis zum mediastinalen Umschlagspunkt. Die Resektion der Pleura gelingt selten in einem zusammenhängenden Block und muß vielfach in Einzelschritten mit großer Sorgfalt durchgeführt werden. Dabei ist vor allem auf die zahlreichen Blutungen aus der Brustwand zu achten, die sich durch heiße oder kalte Tamponaden mit Kompressen – persönlich haben wir dazu Kochsalzlösung von Kühlschranktemperatur oder gar steriles Eiswasser verwendet – meist zuverlässig stillen lassen. Andernfalls muß man die punktuelle Koagulation mit der Diathermie durchführen. Üblicherweise geht die Ablösung der Pleura leicht. Sobald aber die Entzündung durch die subpleurale Schicht das Periost oder die Fascia endothoracica erreicht hat, haftet die Pleura fester, so daß es zusätzlich zum Abriß oder Einriß von kleinen Gefäßen kommen kann, die, um größere intraoperative oder postoperative Nachblutungen zu vermeiden, minutiös versorgt werden müssen.

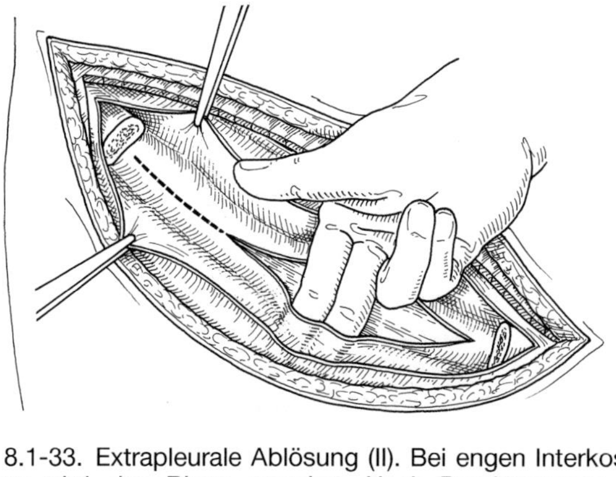

Abb. 8.1-33. Extrapleurale Ablösung (II). Bei engen Interkostalräumen wird eine Rippe reseziert. Nach Durchtrennung des inneren Periostblattes kommt man in die extrapleurale Schicht. Man präpariert mit zwei Fingern mittels deren rhythmischer Beugung und Streckung womit man die Lunge abschiebt.

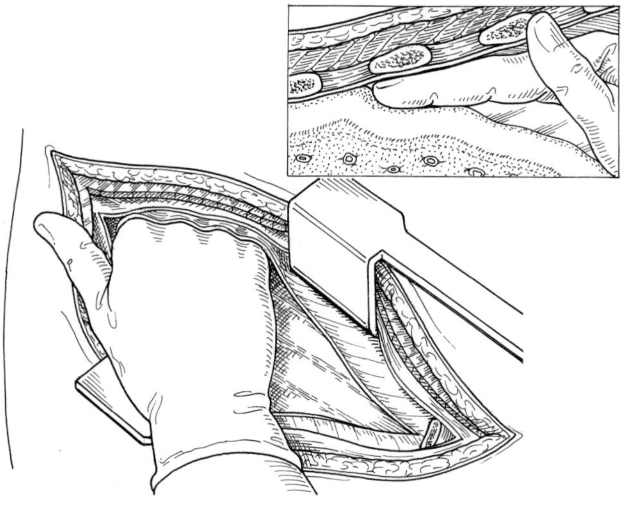

Abb. 8.1-34. Extrapleurale Ablösung (III). Nach der digitalen folgt die manuelle Ablösung, ergänzt durch Stieltupfer. Am Mediastinum muß man ein blindes Aufreißen des Fettkörpers vermeiden, da man große Gefäße (A. u. V. subclavia, Truncus brachiocephalicus, V. cava sup.) und den N. phrenicus verletzen kann.

Viszerale Dekortikation

Dieser Eingriff ist ausgesprochen heikel und schwierig und sollte möglichst nur in Spezialkliniken durchgeführt werden. Der fibrinös-bindegewebige Pannus (»peel«), der die Lunge bedeckt, sitzt anfänglich nur der Pleura visceralis auf. Dann läßt sich diese Haut wie eine Apfelsinenschale mit flachen Klemmen fassen und abziehen. Die darunterliegende Lunge zeigt zunächst eine graubläuliche, luftarme oder luftleere Rindenschicht. Mit dem Abziehen der Bindegewebshaut hebt sich die befreite Lungenzone mit der Beatmung und wird blaß-grau-rosa. Nach 3–6 Wochen, manchmal früher und unklar warum, geht die Entzündung in das subpleurale Gewebe der Pleura visceralis und von dort in das Interstitium der Lunge über. Eine Erklärung könnte darin liegen, daß die subpleurale Schicht der Pleura visceralis dünner und spärlicher ist als jene der Pleura parietalis. Diese Haut ist dann verankert und ihre Ablösung gelingt nicht oder nur in kleinen Inseln, die sich durch die Beatmung sofort als kleine Hügel zeigen. Bei der Präparation wird die Pleura visceralis leicht und an vielen Stellen verletzt. Die Folge ist, daß die Lunge bläst. Unter allen Umständen muß man tiefere und längere Einrisse vermeiden, indem man nach Möglichkeit immer tangential an der Oberfläche dekortiziert. Die Operation ist langwierig, schwierig und muß mit sehr viel Geduld ohne hastige Bewegungen ausgeführt werden. Man suche sich möglichst lockere Zonen zum Beginn. Die günstigsten Regionen dazu sind die Umschlagsfalten retrosternal und im Hilusbereich. Die vorsichtig mit dem Skalpell eingeschnittene Haut wird mit einer anatomischen Pinzette, dann mit einer Overholt-Klemme gefaßt, angehoben, so daß die sich dann anspannenden feinen Fäden mit der Schere durchtrennt werden können. Mit einem Präpariertupfer schiebt man in scheuernden Rechts-links-Bewegungen die Lunge zusätzlich ab. Geht das gut, so kann man kurze Strecken mit dem umgebogenen Zeigefinger ablösen. Bei jedem Lungeneinriß stoppt man und setzt die Präparation an einer anderen Stelle fort. Das Zwerchfell wird bis zum Sinus befreit, wobei zumindest die lateralen Lungenpartien rundherum vom Zwerchfell abgelöst sein sollen. Am Schluß kann eine vielfach blasende, relativ kleine, rundliche Lunge zurückbleiben, wobei eine Parenchymnaht nur bei Bronchialöffnungen nützt, nicht aber bei alveolären Undichtigkeiten. Hilfreich dagegen kann das Aufsprühen von Fibrinkleber allerdings nur für kleine Zonen sein, da es andernfalls zur Bildung einer neuen breitflächigen Haut käme. Schwierig ist es, wenn zum Abschluß des Eingriffs die kleine kugelige Lunge den Thoraxraum nicht vollständig ausfüllt. Meist zeigt sich das erst in vollständiger Ausdehnung nach einigen Tagen. Intraoperativ ist jedoch unter allen Umständen ein Entfaltungsversuch mit hohem Druck und großem Volumen zu vermeiden. Ist die Diskrepanz zwischen Lunge und Größe der Thoraxhöhle auffallend, so ist bei festsitzender Lungenbasis eine Verkleinerung des Raumes durch eine obere Spitzenplastik oder die Anfertigung eines Pleurazeltes aus erhaltener Pleura oder einem Kunststoffnetz notwendig, bei hoch in der Luft stehender Lungenbasis aber eine Transposition des Zwerchfells durch Ausschälung und Wiedernaht zwei Interkostalräume höher.

Bei allen Dekortikationen muß überlegt werden, ob der zu erwartende funktionelle Gewinn den großen und schwierigen Eingriff überhaupt rechtfertigt. Das ist präoperativ in etwa durch eine Ganzkörperplethysmographie, Lungenszintigraphie ventrodorsal und dorsoventral, Bronchographie und evtl. durch eine Pulmonalisangiographie abzuschätzen. Nur mindestens 40 %ige präoperative Einschränkungen (Toomes et al.) versprechen eine respiratorische Verbesserung.

Die Pleurektomie und Dekortikation sind die »feuchtesten« pleuropulmonalen Operationen. Ganz verhindern läßt sich ein oft beträchtlicher Blutverlust nicht. Der Einsatz von Fibrinkleber und Kollagenpräparaten ist deshalb absolut indiziert. Wichtig ist eine sorgfältige postoperative Überwachung der Gerinnungsparameter. Rethorakotomien wegen Nachblutungen sind in 1–6 % der Fälle erforderlich, wobei es dann mehr um die Ausräumung großer Koagel geht, als daß die Möglichkeit bestünde, eine dafür verantwortliche punktuelle Blutungsquelle versorgen zu können.

Bei der Auslösung der im apikalen Bereich oft sehr kräftig ausgebildeten Pleuraschwarte und der dann fallweise notwendigen Verschorfung mit Diathermie im kostovertebralen Winkel kann vorübergehend oder dauerhaft das Ganglion stellatum geschädigt werden, so daß ein Horner-Syndrom entsteht. Eine weitere Komplikation kann sich in der Entwicklung eines sekundären Chylothorax bemerkbar machen, der unter Berücksichtigung der Vielzahl und Weite der Lymphgefäße in beiden Pleurablättern allerdings überraschend selten auftritt. Meist liegt die Ursache eher in einer Eröffnung von Lymphgefäßen rechts paravertebral und nahe der V. brachiocephalica, links unter und über dem Aortenbogen und nahe der V. subclavia.

Pleuraempyem

Auf die Möglichkeit der operativen Behandlung durch eine Dekortikation, bei der die parietale Pleurektomie zusammen mit der viszeralen Schwarte in möglichst intaktem Zustand durchgeführt wird, wurde bereits auf S. 263 hingewiesen. Ein weiteres Verfahren besteht in der Fensterung der Brustwand (Abb. 8.1-35). Dieser Eingriff ist vor allem bei Patienten indiziert, die sich in einem schlechten Gesamtzustand befinden und unter einem chronischen Empyem leiden. Die Entlastung kann dann meist über eine offene Drainage erfolgen, weil die Lunge mit der Umgebung an der Brustwand fixiert ist. Bei kleinen Höhlen genügt ein Drainrohr. Der Hautschnitt kann türflügelähnlich oder I-förmig angelegt werden. Üblicherweise reseziert man aus zwei Rippen je 4–5 cm lange Teilstücke und zusätzlich das Interkostalbündel nach Ligaturversorgung. Anschließend folgt die ovaläre Exzision der Pleura parietalis mit Einrollung der Hautränder und Fixation am Pleurafenster durch Einzelknopfnähte. Dann wird eine Tamponade mit langen dicken Streifen eingebracht oder der Zugang durch eine Mikulicz-Rolle offengehalten. Letztere stellt man sich selbst her, indem man um ein dickes Drainrohr einen langen Streifen wickelt, so daß zusätzlich eine Entlüftung beim Hustenstoß gesichert ist und andererseits es nicht vorzeitig zum Wundschluß kommen kann. Dieses Vorgehen entspricht im übrigen der u.a. auch von Kleesattel angegebenen Methode zur offenen Kavernenbehandlung. Die Wunde soll dann mit einem dicken Verband abgedeckt werden, weil es zu einer erheblichen Sekretion kommt. Trotzdem soll man den ersten Verbandswechsel möglichst 6–8 Tage aufschieben, dann aber weiter täglich fortsetzen. Der Erstbeschreiber dieses Vorgehens beim Pleuraempyem war Eloesser (1932); in der angloamerikanischen Literatur wird diese Methode auch heute noch für besondere Fälle empfohlen.

Während die Pleurektomie mit Dekortikation beim Empyem eine Letalität um 10 % hat, liegt sie bei der Fensterung zwischen 0–1 %. Man kann nach Abheilung der Grunderkrankung das Fenster permanent offen lassen, wenn der Allgemeinzustand einen nochmaligen Eingriff verbietet, andernfalls schließt man es durch eine Muskelplastik. Hertzog (1957) benutzte diese Technik bei Empyemen mit Bronchusfistel nach Pneumonektomie erfolgreich.

Besteht zusätzlich eine gefesselte und sich nicht mehr ausdehnende Lunge, muß auf eine intrapleurale Empyemausräumung mit extraperiostaler Ablösung ausgewichen werden (Abb. 8.1-36 u. 37). Dieser Eingriff ist mit einer nicht unerheblichen Belastung des Patienten verbunden, so daß eine sorgfältige Risikoabwägung erforderlich ist. Die Operation besteht aus zwei großen Teilabschnitten. Zunächst wird die Empyemhöhle durch einen Schnitt eröffnet und die viszerale Dekortikation oder Säuberung durch Kurettage mit einem scharfen Löffel oder feuchten Tupfern durchgeführt. In gleicher Weise geht man dann an der parietalen Schwarte und den evtl. auch dort befindlichen Belägen vor. Nach Einlage einer intrapleuralen Drainage und Verschluß des Pleuraschnittes bzw. des Schwartensackes schließt sich dann die extraperiostale Ablösung der parietalen Wand an, wobei das Periost mit Raspatorium und Doyen, wie bei einer Rippenresektion, allerdings ohne deren Durchtrennung, abgeschoben wird. Dieser Raum wird nicht drainiert. Die Obliteration der Empyemhöhle erfolgt zunächst durch die intrapleurale Drainage und die heruntersinkende parietale Schwarte in Verbindung mit dem dort entstehenden Hämatom. Sobald letzteres resorbiert ist, einschließlich der verbliebenen Restluft, wird die Lunge langsam an die Brustwand herangezogen. Es ist wichtig, darauf zu achten, daß die Ablösung von den Rippen nach ventral und nach dorsal über den Lungenrand weiter nach medial geführt wird. Eine neuere Modifikation dieser Methode aus dem Jahre 1990, die als Behandlung eines langwierigen Empyems in einer Sitzung gedacht war, zeigt, daß ein allen Fällen Rechnung tragendes Verfahren noch nicht existiert. Bei diesem Eingriff wird das Empyem mit einem 10 cm langen Schnitt eröffnet, kurettiert und mit etwa 2–5 Liter einer sterilen Kochsalzlösung gespült und nicht dekortiziert. Dann erst wird die parietale Schwarte abgelöst, allerdings ohne sie zu zerschneiden. Die Eingangslücke wird wieder vernäht und der intra- und extrapleurale Raum gesondert drainiert. Sowohl die Rippen als auch die Periostschläuche bleiben bei diesem Vorgehen intakt. Beide Methoden haben das Ziel, bei nicht dehnbarer Lunge den Pleuraraum zu obliterieren, ohne eine Thorakoplastik durchführen zu müssen. Bei der Präparation entstehende Bronchusfisteln lassen sich kaum jemals zuverlässig durch Naht verschließen. Eine weitere Möglichkeit besteht in der Durchführung einer Omentum-majus- oder Muskelplastik. Dafür geeignet sind umschriebene eiternde thorakale Hohlräume, wie man sie nach Durchbruch eines Abszesses in die Pleurahöhle beobachten kann. Beide Verfahren führen auch bei bestehenden Bronchusfisteln jeglicher Art – mit und ohne umschriebene Rippenresektion – zur Ausheilung. Die Transposition des Omentum majus (s. a. Kap. 7, Brustdrüse) erfolgt nach entsprechender Präparation des großen Netzes durch einen subkutanen Kanal über einen Rippenbogen nach kranial mit anschließender Implantation über eine in die Höhle eingelegte Drainage. Letztere wird an eine Redon-Saugflasche angeschlossen und nach etwa 2–3 Tagen entfernt. Dorsal gelegene Höhlen lassen sich dagegen besser mit einer Muskelplastik verschließen, wobei man den M. erector trunci, den M. trapezius oder Teile des M. serratus ant., ausnahmsweise auch Teile des M. pectoralis major verwendet. Dabei handelt es sich nicht um einen myokutanen Lappen, wie in der plastischen Chirurgie verwendet.

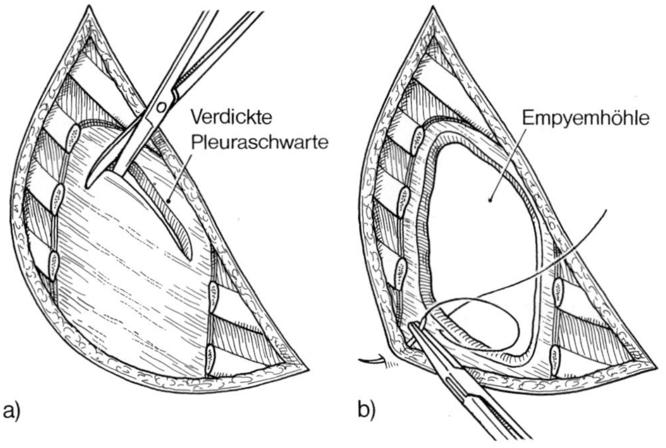

Abb. 8.1-35. Fensterung (Fenestration) der Brustwand. Der Hautschnitt ist besser türflügel- oder I-förmig, da man vier Seiten einrollen kann. Umschriebene Resektion von meist zwei Rippen einschließlich Interkostalbündel. Die Höhle wird anpunktiert, mit Stichinzision eröffnet und ein rechteckiges Fenster herausgeschnitten. Haut und Rand der Höhlenwand werden mit kräftigen Knopfnähten aneinander gezogen.

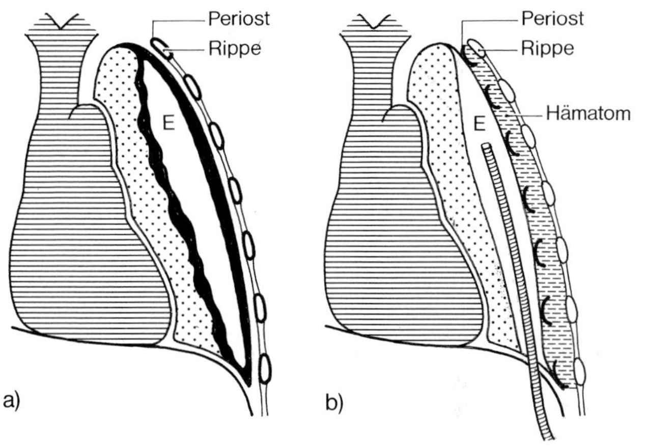

Abb. 8.1-36. a u. b) Erste modifizierte Empyembehandlung bei kleiner Lunge. Freilegung des Brustkorbes wie üblich. Eröffnung der Höhe durch Schnitt in der parietalen Schwarte, zunächst ohne Ablösung (a). Curettage und enzymatische Säuberung der Höhle, Drainage mit einem Drain. Dann Verschluß des Eingangs in der parietalen Schwarte. Durchtrennung des oberen und unteren Randes des Periosts an den einzelnen Rippen. Extraperiostale Ablösung der parietalen Schwarte, weit nach ventral und dorsal. Keine Drainage (b).

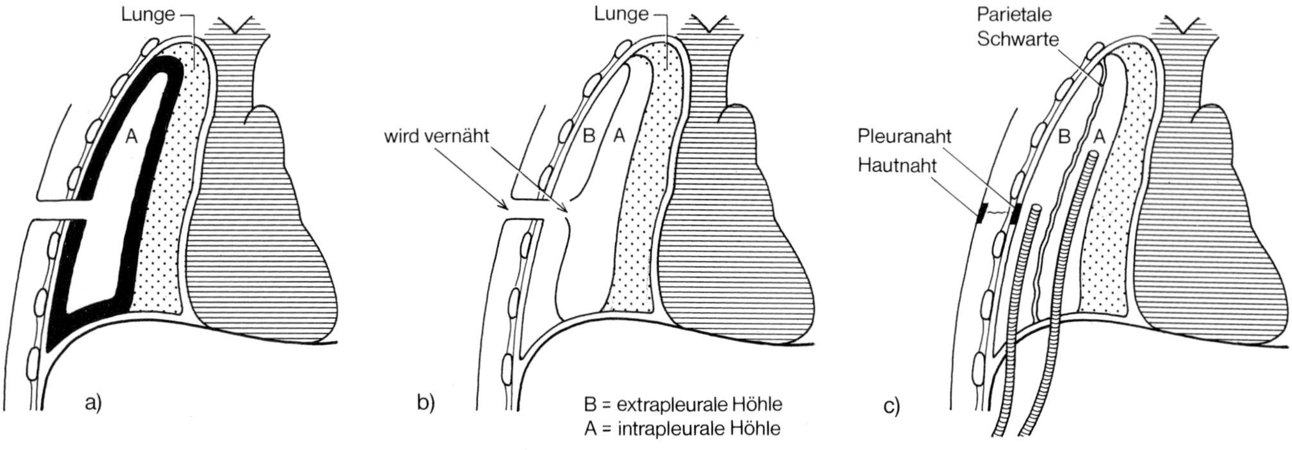

Abb. 8.1-37. Zweite modifizierte Empyembehandlung bei kleiner Lunge. Zunächst wird die Höhle eröffnet, kurettiert und gespült (a). Damit wird die Wand verdünnt. Nun wird die parietale Schwarte extrapleural abgelöst (b). Beide Räume werden gesondert drainiert und der jeweilige Eingang durch Naht verschlossen (c).

Pleuratumoren

Die differentialdiagnostische Beurteilung durch transkutane Biopsie oder Operation gewonnener Tumorbestandteile aus dem Pleuraraum kann sehr schwierig sein, auch im Hinblick auf das Vorliegen eines Mesothelioms (Abb. 8.1-38). Es gibt Fälle, bei denen beim sog. desmoplastischen Mesotheliom selbst nach totaler Pleurektomie die Fehldiagnose einer Pleurafibrose gestellt wird. Leitsymptom der primären und sekundären (metastatischen) Pleuratumoren ist ein meist nachlaufender seröser oder hämorrhagischer Erguß. Über die einzuschlagende Therapie gehen die Meinungen weit auseinander. Sicher ist, daß die zur Zeit im Handel befindlichen Zytostatika unwirksam sind und ebenso die Radiotherapie. Zur Linderung der für die Patienten oft bedrohliche Ausmaße annehmende Beschwerdesymptomatik kann bei dehnungsfähiger Lunge – sie muß sich nach einer Pleurapunktion wieder voll entfalten – eine Verödung versucht werden, jedoch höchstens über einen Zeitraum von 3–4 Wochen. Die Minimaltherapie besteht in der Einlage einer Drainage, über die Tetracycline oder Fibrin oder Talk instilliert werden kann, sofern man das nicht thorakoskopisch durchführt. Nach den mitgeteilten Erfahrungen soll das erzielte Ergebnis in 70 % der Fälle ausreichend sein. Ein weiteres Verfahren zur Behandlung eines rezidivierenden Pleuraergusses bei Karzinose und/oder Mesotheliom besteht in der Anlage eines pleuroperitonealen Shunts.

Gute Ergebnisse sind durch eine parietale Pleurektomie zu erzielen. Daran wird nach wie vor viel zu wenig bei den vergleichsweise häufig vorkommenden metastatischen Absiedlungen in die Pleura nach primär kurativer Behandlung eines Mammakarzinoms gedacht.

Eine primär radikale (RO) operative Behandlung eines Mesothelioms ist nur selten möglich und ein dann u. U. sehr großer Eingriff, da außer der Pleura parietalis auch der Lungenflügel, Teile des Perikards und Teile oder das ganze Zwerchfell betroffen sind und entfernt werden müssen. Bei einer größeren Zahl von Patienten kann man durch eine palliative parietale Pleurektomie (mit und ohne Teile von Zwerchfell und Perikard) mit der Behebung der Pleuraex-

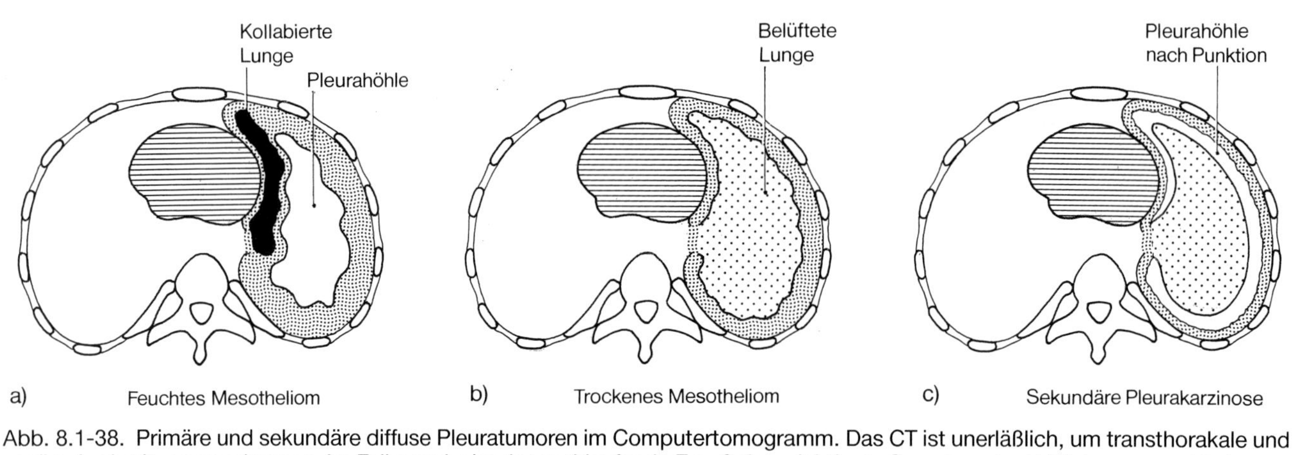

Abb. 8.1-38. Primäre und sekundäre diffuse Pleuratumoren im Computertomogramm. Das CT ist unerläßlich, um transthorakale und ossäre Ausbreitung zu erkennen. Im Fall a und c ist der nachlaufende Erguß das wichtigste Symptom. Im Fall b kann sowohl ein sog. trockenes Mesotheliom, als auch eine sekundäre Karzinose vorliegen. Die Abgrenzung der Aorta muß beachtet werden.

sudation auch den Tumorverlauf für wenige Jahre günstig beeinflussen. Eine zytostatische Behandlung ist nur in ausgewählten Fällen adjuvant angezeigt, da sie infolge der Platinpräparate sehr eingreifend ist. Noch mehr gilt das für die externe Radiotherapie. Wenn eine Radiotherapie in Erwägung gezogen wird, dann empfiehlt sich die interstitielle Bestrahlung nach dem Prinzip des Afterloading über intraoperativ eingelegte dünne Drainagen für die Iridiumsonde oder durch Spickung größerer Konglomerate mit Radiojod-Seeds.

Operative Ausräumung entzündlicher Pleuraerkrankungen oder Schwartenbildungen nach Blutungen

Im Gegensatz zu den im vorangehenden Teil beschriebenen Erkrankungen können perakute fibrinöse Pleuritiden, wie sie gelegentlich im Rahmen einer Virusgrippe zu beobachten sind, zu Pleuraexsudaten führen, die wegen der schnell einsetzenden Gerinnung weder vollständig abpunktiert noch drainiert werden können. Röntgenologisch finden sich dann große Verschattungen, evtl. sogar in Verbindung mit einer Mediastinalverschiebung. Schichtbilder lassen ein eigenartig wurmstichiges Bild, das durch zahlreiche kleinste Aufhellungen in der dichten Verschattungsmasse hervorgerufen wird, erkennen. In diesen Fällen ist dann die Thorakotomie mit Ausräumung der Fibrinmassen in Kombination mit einer lokalen enzymatischen Behandlung indiziert. Dabei wird die Lunge mit Stieltupfern, die zuvor in einem Gemisch aus Cortison, Gentamicin und Alphachymotrypsin getränkt wurden, regelrecht abgeschrubbt, jedoch die Pleura parietalis in der Regel nicht entfernt. Nur in Ausnahmesituationen kann das erforderlich sein. Die Entlastung des Pleuraraums erfolgt für einige Tage über zwei Drainagen mit kräftigem Sog (etwa 20 cm Wassersäule). Die thorakoskopische Absaugung kleiner geronnener Exsudatansammlungen kann versucht werden, ist jedoch wegen der fibrinösen Adhäsionen selten vollständig möglich.

Eine erhebliche Kompression der Lunge kann sowohl durch eine spontane Blutung in die Pleurahöhle (Mesotheliom) entstehen als auch nach Unfallverletzungen. Wegen der oft schon wenige Stunden nach dem Ereignis zu beobachtenden Mediastinalverschiebung ist die Entlastung dringlich und durch die Koagelbildung selten ausschließlich über eine Drainage möglich. In diesen Fällen führt man eine breite antero- oder posterolaterale Thorakotomie durch und stopft den Pleuraraum mit großen Tüchern aus, um die Blutungsquelle sichtbar machen zu können.

Bei einem traumatisch entstandenen Hämatothorax sollte unter allen Umständen die Autotransfusion eingesetzt werden. Zum Zeitpunkt der operativen Revision läßt sich die durch einen Unfall induzierte Blutungsquelle meist nicht mehr nachweisen, so daß nach vollständiger Entlastung und einigem Zuwarten der Eingriff mit der Einlage von zwei dicken Drainagerohren beendet wird. Vorsorglich sollte man jedoch an der meist gut erkennbaren Rippenfraktur die Interkostalgefäße in beiden Richtungen durch Umstechungsligaturen versorgen. Handelt es sich dagegen um einen tumorbedingten Hämatothorax, muß die lokale Blutstillung versucht werden, je nach Befund durch eine Tumorektomie, was jedoch nur in den seltensten Fällen möglich ist.

Die operative Behandlung eines Chylothorax sollte nach Möglichkeit nur in einer Spezialklinik erfolgen, weil dessen Beseitigung gute anatomische Kenntnisse in der Thoraxchirurgie verlangt. Ohne ein vorangegangenes Trauma ist die Ursache oft erst am offenen Brustkorb feststellbar. Meist liegt schon eine Drainage, die nicht ausreichend fördert, so daß es durch die Gerinnung der milchigen Massen zu einer kontinuierlich zunehmenden Mediastinalverschiebung kommt. Standardzugang ist die Thorakotomie von rechts, denn hier findet man den Ductus im Recessus mediastinovertebralis zwischen Ösophagus und V. azygos. Um diese Region sichtbar zu machen, muß man das Zwerchfell tief herunterdrücken und die Pleura mediastinalis dicht am Zwerchfellpfeiler inzidieren. Hilfreich für die Darstellung des oft schwierig zu findenden Ductus thoracicus ist es, wenn man etwa 4–6 Std. präoperativ 200 ml Sahne trinken läßt, weil dann durch den Austritt einer »weißen Paste« die Fistel oder der Defekt sichtbar wird. Da eine Rekonstruktion unmöglich ist, muß der Ductus zwischen Ligaturen durchtrennt werden (Methode Lampson).

Eingriffe im Mediastinum

Die topographische Anatomie des Mediastinums und der sich darin befindenden Organe wurde bereits beschrieben (s. »Topographische Anatomie der Brustwand und der Brustorgane«). Das lockere Hüllgewebe erlaubt die diffuse Ausbreitung von Entzündungen. Die knöcherne und membranöse Begrenzung verhindert dagegen lange Zeit einen Durchbruch nach außen bzw. in die benachbarten Körperhöhlen, so daß es relativ schnell zu einer lebensbedrohlichen Drucksteigerung bei Volumenzunahme durch Neubildungen, Flüssigkeit oder Luft kommen kann, bis hin zur extraperikardialen Herztamponade. Eine Versteifung des intramediastinalen Fett- und Bindegewebes, wie man das bei einer Mediastinalfibrose erkennen kann, führt in Abhängigkeit der Ausdehnung zu vergleichbaren Verdrängungserscheinungen bzw. Einschnürungen von wandschwachen Venen, dem Ösophagus und auch des Vorhofs.

Präoperative Diagnostik

Augenfälligstes Symptom einer intramediastinalen Raumforderung im fortgeschritteneren Stadium ist das Auftreten einer ausgeprägten Venenzeichnung an der Brustwand, geschwollene, nicht mehr vollständig auslaufende Halsvenen sowie eine oft erkennbare Umfangszunahme des Halses, gelegentlich sogar auch der Oberarme. Röntgenologisch ist neben der Übersichtsaufnahme und der Standardtomographie (möglichst mit Lumineszenzfolie) vor allem die Computertomographie mit und ohne Kontrastmittel wichtig. Die Kontrastmitteldarstellung des Ösophagus in 2 Ebenen ist für alle Mediastinalbefunde aber auch bei bronchopulmonalen Tumoren obligat. Neben der immer erforderlichen Bronchoskopie und Ösophagoskopie, sofern es sich nicht um eine Struma handelt, kommt der Mediastinoskopie eine große Bedeutung zu. Einen weiteren wichtigen Beitrag zur Abgrenzung eines möglicherweise schon wandüberschreitenden malignen Prozesses liefert die via Ösophagus durchgeführte Doppler-Untersuchung. Abgerundet werden kann das diagnostische Programm zudem durch eine gezielte oder CT-gesteuerte Punktionszytologie bei von außen erreichbaren ventralen Befunden.

Zugangswege

Die kollare Mediastinotomie, über einen Kragenschnitt nach Kocher von etwa 6–8 cm Länge, erlaubt nach Freilegung des Jugulums die stumpfe, mit dem Finger oder einer Präparierklemme durchgeführte retrosternale Tunnelierung zur Entlastung eines Mediastinalemphysems oder vorderer oberer Mediastinalabszesse. Die anterolaterale Thorakotomie kommt für die Entfernung von Tumoren und Zysten im vorderen unteren und mittleren Mediastinum in Frage, die posterolaterale Thorakotomie für paravertebrale neurogene Tumoren und paraösophageale Mediastinaltumoren, während die mediane longitudinale Sternotomie der Standardzugang ist für alle im vorderen oberen und unteren Mediastinum gelegenen Tumoren. Ausnahmsweise kann ferner eine quere (transversale) Sternotomie bei riesigen vorderen Mediastinaltumoren indiziert sein, häufiger die Kombination eines Kragenschnittes nach Kocher mit longitudinaler Sternotomie bei zervikomediastinaler Struma und selten einmal muß eine longitudinale Sternotomie mit einer anterioren Thorakotomie kombiniert werden.

Nur eine subtile und fallweise auch interdisziplinär durchgeführte präoperative Diagnostik kann den Operateur vor u.U. schwerwiegenden intraoperativen Fehlern bzw. Komplikationen bewahren, wobei letztere allein durch einen falschen Zugangsweg entstehen können. Besonders wichtig ist die Unterscheidung, ob die Erkrankung ventral liegt (z.B. Dermoide, Teratome, Thymome bzw. Thymushyperplasien, Schilddrüse, Nebenschilddrüsenadenom) oder dorsal (Neurinom, Neurofibrom, Neurofibrosarkom, Ganglioneurom, Ganglioblastom, Symphatikoblastom, Meningealzyste).

Bei Neurinomen und Meningealzysten muß immer an eine Verbindung zum Spinalkanal durch ein Foramen intervertebrale gedacht werden, da Zwerchsackbefunde vorliegen können. Im ersten Fall können verbleibende, in den Spinalkanal zurückrutschende Tumoranteile zur Lähmung führen, im zweiten Fall führt die Verletzung und das Auslaufen der Meningealzyste zu einem bedrohlichen Liquorverlust.

Mediastinoskopie

Mit dieser Untersuchung (Abb. 8.1-39 u. 40) kann die paratracheale Region aber nicht etwa das gesamte Mediastinum inspiziert werden. Typische Indikationen sind das Staging bei einem Bronchialkarzinom, die Sarkoidose und ausnahmsweise auch maligne Lymphknotenerkrankungen. Kontraindiziert ist die Mediastinoskopie bei einer oberen Einflußstauung mit großem Venenkonvolut sowie großen soliden Raumforderungen, die ein Vorschieben des Instrumentes von vornherein unmöglich machen. Voraussetzung für die korrekte Durchführung ist die Intubation mit einem Spiraltubus nach Woodbridge, der im linken Mundwinkel des in Rückenlage befindlichen Patienten positioniert sein soll. Unter die Schultern wird ein schmales Kissen gelegt und der Kopf leicht abgesenkt.

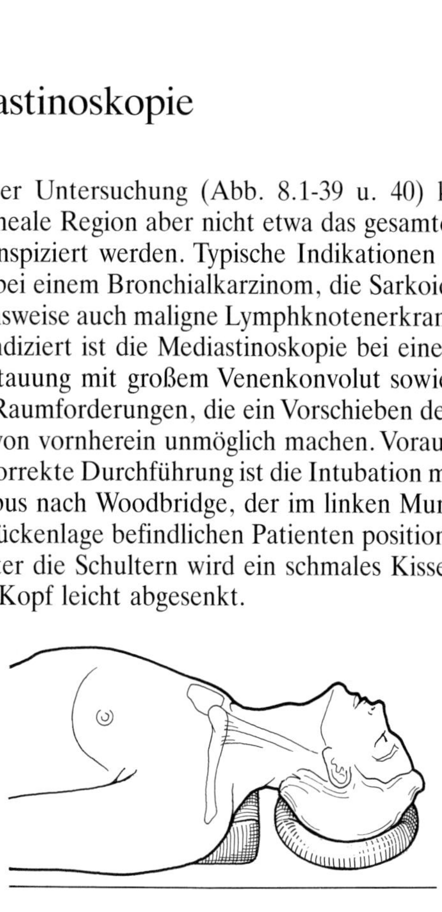

Abb. 8.1-39. Mediastinoskopie (I). Lagerung. Ein Woodbridge-Tubus liegt im linken Mundwinkel. Mediastinoskope kurz und lang, Saugstab mit seitlicher Öffnung, Spritze mit langer dünner Nadel, Biopsiezangen mit einarmigem Hebel, isoliertes Saugrohr und isolierte Zange zur Koagulation. Verdunkelbarer Raum.

Von einem etwa 3–4 cm langen Hautschnitt aus und etwa 1–2 QF oberhalb des Jugulums werden das Subkutangewebe, Platysma und die oberflächliche Halsfaszie durchtrennt. Nach Darstellung der geraden Halsmuskulatur spaltet man in der Mittellinie die mittlere Halsfaszie und stellt die Trachea dar, die im allgemeinen gut getastet werden kann. Wenn ein breiter Schilddrüsenisthmus erkennbar wird, empfiehlt sich dessen partielle Resektion, wie auch die Ligaturversorgung von u.U. bei der Manipulation gefährdeter Venen. Zwischen der mittleren Halsfaszie und der Trachealwand geht man dann mit einem Finger ein und schiebt das hier noch vorhandene Gewebe in Richtung Thorax ab. Ist man in der richtigen Schicht, so gelingt dieser präparative Teilschritt leicht. Ist das nicht der Fall, muß man sich die Trachea noch einmal darstellen, um schwer kontrollierbare Blutungen zu vermeiden.

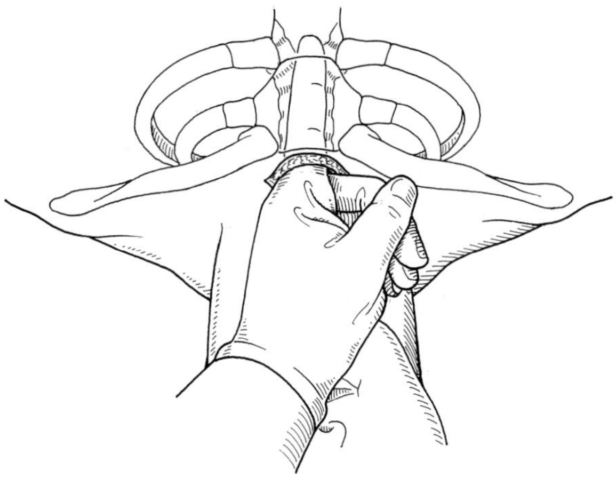

Abb. 8.1-40. Mediastinoskopie (II). Digitale Präparation. Dann erst wird das Mediastinoskop eingesetzt.

Fortbestehende Sickerblutungen müssen zuverlässig gestillt werden, da nur bei einwandfreien Sichtverhältnissen die Lymphknoten dargestellt werden können. Im weiteren Fortgang wird zunächst das kurze, dann das lange Mediastinoskop eingesetzt – immer mit Blickrichtung auf die Trachealknorpel. In Höhe des Manubriums sieht und tastet man einen fingerdicken pulsierenden queren Strang, der dem Truncus brachiocephalicus entspricht und unterfahren wird. Ventral und lateral der Trachea finden sich dann Lymphknoten, deren Position bei der Gewebeentnahme genau notiert werden muß, weil für das Staging beim Bronchialkarzinom die Lokalisation der befallenen Lymphknoten entscheidend ist. In der Mittellinie erreicht man durch behutsames Schieben und Saugen den Bifurkationswinkel, der gut durch das Fehlen der Trachealzeichnung erkennbar ist. Rechts lateral im Blickfeld wird dann eine schwarze oder dunkelblaue bohnengroße Stelle im lockeren Fettgewebe sichtbar, die dem Bogen der V. azygos entspricht. Ventral wird der rechte Hauptbronchus von der rechtsseitigen Pulmonalarterie überkreuzt. Nach links entlang dem Hauptbronchus kommt man bis zum Aortenfenster. Hier darf der N. laryngeus recurrens nicht beschädigt werden. Der Eingriff wird mit einer subtilen Blutstillung beendet, wobei ein temporär eingelegter feuchter Streifen sehr hilfreich ist. Der Wundschluß erfolgt dann in üblicher Weise schichtgerecht mit resorbiertem Nahtmaterial. Die Haut wird durch Naht oder mit Klammern adaptiert. Bei der Mediastinoskopie kann es zu einer Reihe von für diesen Eingriff typischen Komplikationen kommen. Wahrscheinlich durch eine nicht ausreichende Narkosetiefe begünstigt kann z.B. die Manipulation auf der Trachea durch Vagusreiz zu Bradykardie und Herzstillstand führen (s. Kap. 2). Um schwer kontrollierbare, gelegentlich sogar bedrohliche Blutungen zu vermeiden, soll noch einmal auf die Notwendigkeit hingewiesen werden, daß unklare Strukturen vor einer Biopsie mit der langen Nadel anpunktiert werden müssen. Große Blutungen können aus der V. azygos, dem Truncus brachiocephalicus sowie dem Aortenbogen stammen, meist ist es jedoch der Truncus. Gelingt die digitale Kompression des blutenden Gefäßes nicht, müssen das Mediastinum mit Streifen zur Kompression vollgestopft und umgehend eine longitudinale mediane Sternotomie durchgeführt werden. Die dann entweder am Aortenbogen oder an der Wurzel des Truncus brachiocephalicus sichtbar werdende Blutungsquelle wird mit Gefäßklemme ausgeklemmt und die Verletzungsstelle durch fortlaufende Naht verschlossen. Handelt es sich um eine Läsion der A. pulmonalis, die beim Herausziehen von fest anhaftenden Lymphknoten eingerissen wurde, muß das Gefäß intraperikardial dargestellt und dann die Naht der Rupturstelle vorgenommen werden.

Seltener als Gefäßverletzungen sind Ösophagusverletzungen. Sie können zervikal oder thorakal in Höhe der Bifurkation durch Biopsie entstehen. Oft bleiben sie zunächst unentdeckt. In diesen Fällen tritt dann nach einigen Stunden Fieber auf, meist in Verbindung mit einem knisternden Hautemphysem supraklavikulär. Die für eine Ösophagusverletzung üblichen diagnostischen Maßnahmen, wie die Durchführung einer fallweise notwendigen operativen Versorgung, werden dort besprochen. Wichtigstes Ziel ist die Verhinderung einer innerhalb weniger Stunden auch ohne Nahrungszufuhr eintretenden eitrigen Mediastinitis bzw. eines Mediastinalabszesses. Die primäre Naht ist suffizient nur unmittelbar nach dem Ereignis möglich, nicht jedoch, wenn bereits ein lokal abszedierender Prozeß beginnt. Nur wenige Millimeter umfassende schlitzförmige Öffnungen können gelegentlich ohne Thorakotomie erfolgreich ausbehandelt werden. Voraussetzung ist die Überwachung des Patienten auf einer Intensivstation, die Durchführung einer ausschließlich parenteralen Ernährung und/oder intestinal, wenn die Plazierung einer Ernährungssonde bis über das Treitzsche Band hinaus gelingt. Die Fütterung über eine nur im Magen liegende Sonde kann vor allem bei älteren Patienten, die häufig eine inkompetente Kardia bei axialer Hiatushernie haben, durch den Reflux gefährlich werden.

Rekurrensparesen links werden gelegentlich nach Mediastinoskopien beobachtet, die entweder durch den Druck des präparierenden Fingers oder des Mediastinoskops mit dem Saugstab entstehen. Auch ein großes postoperatives Hämatom kann in diesen Fällen als Ursache ausreichen. In 50–75 % der Fälle kommt es in wenigen Wochen zu einer Restitution. Auf jeden Fall muß bei der Feststellung einer Heiserkeit sofort eine Spiegelung des Kehlkopfes erfolgen.

In besonderen Situationen muß man, um mediastinoskopieren zu können, auf eine anteriore oder superiore Mediastinotomie ausweichen. Im ersten Fall wird der Zugang über einen 5–6 cm langen parasternalen Hautschnitt gewählt mit Resektion des 3. Rippenknorpels und Unterbindung und Durchtrennung der A. und V. thoracica interna. Die weitere Präparation sollte vorzugsweise extrapleural erfolgen mit dann anschließender Einführung des

Mediastinoskops. Dabei gelangt man gut an die ventrale Lymphknotengruppe wie auch an vordere Mediastinaltumoren. Indiziert ist dieser Eingriff gelegentlich bei Karzinomen des linken Oberlappens, die bevorzugt in das vordere Mediastinum metastasieren oder zur Ausräumung von hier gelegenen Abszessen. Einige Autoren empfehlen bei einem Oberlappenkarzinom links und negativer Mediastinoskopie, die Wunde offenzulassen und sofort eine anteriore Mediastinotomie anzuschließen. Dadurch können gleichzeitig mit dem linken Zeigefinger von zervikal und mit dem rechten von anterior alle ventralen Lymphome getastet werden. Der Operateur steht dann auf der rechten Seite.

Bei der superioren Mediastinotomie wird ein Längsschnitt entlang des M. sternocleidomastoideus rechts oder links durchgeführt. Anschließend geht man dorsal von der Trachea unter Wegziehung der Gefäße nach lateral auf die mit einem Magenschlauch geschiente Speiseröhre zu. An dieser entlang kann man dann das obere hintere Mediastinum explorieren.

Thymektomie

Bei einer Myasthenia gravis ohne Thymom ist auch computertomographisch kein pathologischer Befund feststellbar. Weiter hilft in diesen Fällen nur die Anlage eines Pneumomediastinums durch Einblasen von ca. 300 ml Luft mit Hilfe eines Pneumothoraxapparates. Da sich die Luft sehr schnell resorbiert, muß man sofort Schrägbilder und Tomogramme in Boxer- und Fechterstellung sowie im Profil (sagittal) anfertigen. Die Verwendung dieses Verfahrens ist überflüssig, wenn die neurologische Diagnostik unstrittig ist. Zugang der Wahl ist die longitudinale totale Sternotomie. Von Rezidivoperationen her ist es bekannt, daß verstreutes Thymusgewebe im ganzen mediastinalen Fettkörper vorkommen kann. Einige Operateure bevorzugen deshalb die bilaterale Spaltung der Pleura mediastinalis mit Darstellung der Nn. phrenici, um ohne die Gefahr von Begleitverletzungen den mediastinalen Fettkörper vollständig entfernen zu können (Abb. 8.1-41).

Nach Spaltung des Sternums wird ein Sperrer eingesetzt und der an seiner hellgrau bis gelben Farbe und durch das etwas festere Gewebe im Falle einer Hyperplasie gut erkennbare Thymuskörper dargestellt. Er hat im allgemeinen die Form eines H, wobei beide Lappen je einen schwanzähnlichen Fortsatz nach kaudal und ebenso nach kranial abgeben. Die oberen Fortsätze gehen in Form eines bleistift- bis federkieldicken Stranges zum jeweiligen unteren Pol der Schilddrüse (Lig. thyrothymicum). Auf beiden Seiten kommen von lateral kleine Äste aus den Aa. thoracica int., die ebenso wie die zur V. brachiocephalica sin. ziehenden Venen versorgt werden müssen. Drainage und Verschluß des Mediastinums erfolgt wie auf S. 249 beschrieben. Bei Einriß der Pleura mediastinalis wird von manchen Operateuren die Naht der Rißstelle empfohlen; da man auf jeden Fall die eröffnete Pleurahöhle drainieren muß, kann man auf die Naht auch verzichten.

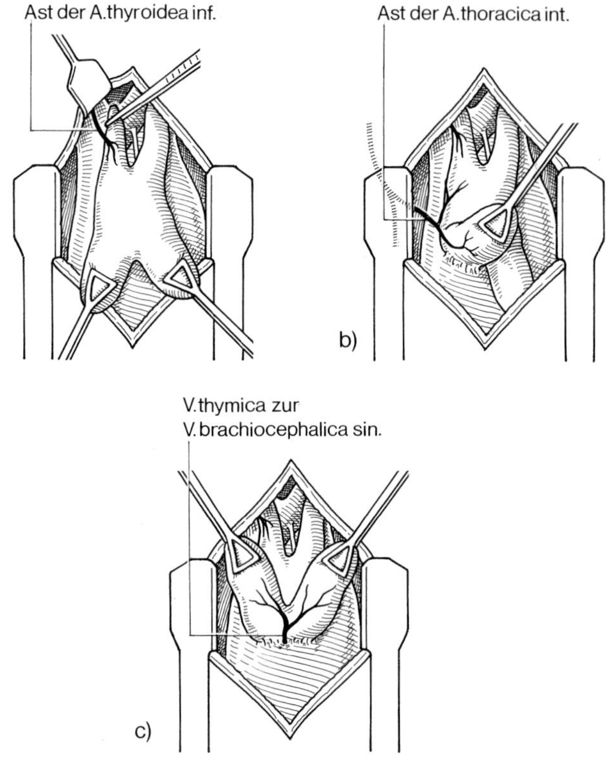

Abb. 8.1-41. a–c) Thymektomie. Mediane Sternotomie. Für die Topographie sind Arterien aus A. thyroidea inf. (a), A. thoracica int. (b) und V. thymica zur V. brachiocephalica links angezeigt (c). Wenn man den ganzen mediastinalen Fettkörper von kaudal nach kranial hochpräpariert, muß man diese Gefäße aufsuchen. Die kranialen Fortsätze sind die »Thymushörner«.

Retrosternale Struma

Wie in Kap. 6.1, Chirurgie der Schilddrüse, bereits beschrieben, wird mit einem Kragenschnitt nach Kocher begonnen, wobei dann je nach vorliegendem Befund primär die Eröffnung des vorderen Mediastinums über eine meist ausreichende subtotale longitudinale Sternotomie durchgeführt oder nach abgeschlossener Präparation der zervikalen Anteile nachgeholt wird.

Vergleichsweise selten kommt eine akzessorische, rein intramediastinal liegende Struma vor. Das präparative Vorgehen entspricht einerseits dem typischen Ablauf bei einer Schilddrüsenresektion, andererseits der Entfernung eines im Mediastinum gelegenen Tumors.

Mediastinaltumoren

Bei den vorderen malignen Mediastinaltumoren wie etwa einem malignen Thymom oder malignen Teratom gelingt in den seltensten Fällen eine komplette d.h. kurative Resektion. Sie sitzen meist breit den großen Gefäßen auf und können dort infiltrieren und penetrieren. Brüske Bewegungen am Tumormassiv können daher tödliche Gefäßrupturen auslösen. Es gilt daher sobald wie möglich das Perikard durch einen breiten Türflügelschnitt zu eröffnen und mit einer Haltenaht aufzuklappen. Infiltration und Lösbarkeit von den intraperikardialen Gefäßen oder deren unlösbare Beteiligung sind dann sofort feststellbar. Tumorknoten im Dach des Perikards sollten auch bei abgebrochenem oder palliativen Eingriff Grund für ein großes Perikardfenster sein, und zwar unabhängig davon, ob schon ein Perikarderguß bestanden hat oder nicht. Vom Tumor ist so viel wie möglich zu resezieren, wobei auf die Blutstillung besonders zu achten ist. Falls vorhanden, kann eine Spickung mit Radiojod-Seeds erfolgen, wobei keine besonderen Schutzmaßnahmen für Operateur und Personal erforderlich sind. Kleine Drains für ein Afterloading mit Iridium sollen nahe an den Befund herangebracht und mit lockeren Situationsnähten fixiert werden. Wichtige Stellen wie etwa Tumorbegrenzungen werden mit Clips markiert.

Beim malignen Teratom ist die präoperative histologische Diagnose (anteriore Mediastinotomie oder Nadelpunktion) wichtig, da man bei laborchemischer Bestätigung von humanem Choriongonadotropin und Alphafetoprotein eine präoperative Chemotherapie mit Cisplatin und Etoposid usw. durchführen muß. Diese Chemotherapie wird nach Plan 14 Tage vor der Operation abgesetzt.

Von den benignen Tumoren seien die neurogenen erwähnt. Von seltenen Ausnahmen abgesehen finden sie sich alle paravertebral im hinteren Mediastinum. Nur soweit sie im CT im kostovertebralen Winkel liegen und auch von der Pleura mediastinalis überzogen sind, sind sie auch als Mediastinaltumoren anzusehen. Gleiches gibt es auch von der Brustwand ausgehend. Sie können erhebliche Größe erreichen und von dorsal her eine Kompressionsstenose eines Hauptbronchus bewirken. Starke entzündliche Verklebungen zur Lunge können bestehen. Linksseitige Tumoren dieser Art überdecken die Aorta oder sitzen auch breit auf. Bei der Präparation muß man daher nachsehen und tasten ob sich ein schmaler freier Spalt zwischen Tumor und Aorta findet. Die arterielle Versorgung erfolgt meist von lateral her aus den Interkostalgefäßen. Ein Zusammenhang mit einem Interkostalnerv oder Sympatikusganglion kann bestehen. Bei der Auslösung kann es schwallartig aus den komprimierten Kapselvenen bluten, aber auch beim Ausriß der aortalen Wurzel einer Interkostalarterie.

Die bronchogenen und gastrogenen paraösophagealen Zysten haben nicht immer einen Stiel zu Ösophagus und/oder Hauptbronchus oder Trachea. Sie sind mit einem zähen Schleim gefüllt und weisen bei gastrogenen Zysten histologisch Magenschleimhaut und auch Ulcera auf. Ihre mediale Wand soll nicht aus dem Ösophagus ausgeschält werden, da sonst nur die Schleimhaut zurückbleibt. Man umschneidet den Ansatz ovalär und rollt ihn mit Nähten ein. Ein Pleuralappen oder ein resorbierbares Netz aus PGS dient der zusätzlichen Defektdeckung, sofern nicht die maschinelle Abtragung analog der Divertikelresektion möglich ist.

Eingriffe an den Lungen

Die jahrelange, oft sehr restriktive Einstellung zu den verschiedenen Formen der Lungenresektion wurde ab 1985 gegenüber fast allen Krankheitsbildern aufgegeben, was bei entsprechender Kenntnis und dank der Perfektionierung von Anästhesie und Intensivmedizin auch vertretbar ist. Indikationen und Kontraindikationen richten sich nach Befund und Patient, wobei in erster Linie die klinische Erfahrung zeigt, wann Eingriffe schon oder noch oder nicht mehr durchführbar sind.

Die Entfernung eines größeren Lungenteils heißt naturgemäß Reduktion der Atemleistung, zumal der unter Umständen verbliebene Abschnitt der operierten Seite eine schmerzbedingte Ventilationseinschränkung erfährt, jedoch ist eine Verbesserung der Gesamtleistung dann zu erwarten, wenn das Restgewebe durch Entfaltung nach Dekompression sich wieder ausdehnen kann. Ein typisches Beispiel dafür ist die Blasenlunge oder große komprimierende pleurale und pulmonale Massen.

An erster Stelle der in Frage kommenden funktionellen Untersuchungen steht die Prüfung der allgemeinen Lungenfunktion durch Messung der Vitalkapazität (VK) und des Atemstoßtestes (FEV_1).

VK zeigt die globale Abschätzung des pulmonalen Funktionszustandes, FEV_1 die Obstruktion und Restriktion der Atemwege an. Hinzu kommen spezielle Untersuchungsmethoden wie die Ganzkörperplethysmographie, Blutgasanalyse in Ruhe und Belastung, Lungenszintigraphie zur Seitendifferenzierung anstelle der früheren Bronchospirometrie.

Nicht übersehen werden darf, daß durch eine gezielte präoperative Behandlung doch noch ein für die Operation vertretbarer Zustand erreicht werden kann. Werte unter 1,5 l im FEV weisen auf ein erhöhtes Risiko hin, während ein Meßergebnis mit 1 l oder weniger eine operative Reduktion der Atemleistung nicht zulassen. Obstruktionen lassen sich z.B. durch Bronchospasmolytika, evtl. in Verbindung mit einer befristeten Antibiotika- und Cortisongabe sowie vor allem durch eine fachgerechte Atemgymnastik erheblich bessern. Fallweise müssen diese Untersuchungen bei einem erkennbar erhöhten kardiopulmonalen Risiko durch eine Pulmonalarteriendruckmessung ergänzt werden.

Die sorgfältige Ausschöpfung aller zur Verfügung stehender objektiv faßbarer Kriterien zur Bewertung der Operabilität ist nicht in jedem Fall erforderlich, schützt jedoch den Operateur in Grenzsituationen vor dann irreparablen Fehlleistungen. Insgesamt müssen die Aussagen über die Lungenfunktion auch dahingehend interpretiert werden, ob eine Reduktion der Lungenfläche geplant ist oder aber ob es sich um einen voraussichtlich funktionsverbessernden Eingriff wie z.B. eine Dekortikation, die Beseitigung einer Trachealstenose oder -dyskinesie handelt. Für die Dekortikation gilt als funktionelle Indikation, daß die VK um mindestens 30 % und die im Szintigramm gemessene Perfusion um mindestens 50 % reduziert ist, wobei die pleural gefesselte Lunge unter der Schwarte intakt und dehnungsfähig sein soll.

Insgesamt soll sich die Bewertung der funktionellen Untersuchungsergebnisse nicht in der Feststellung einer schlechten oder nicht ausreichenden Funktion erschöpfen, sondern angeben, ob oder wie eine Verbesserung erzielbar ist, die dann eine fallbezogene operative Verfahrenswahl zuläßt.

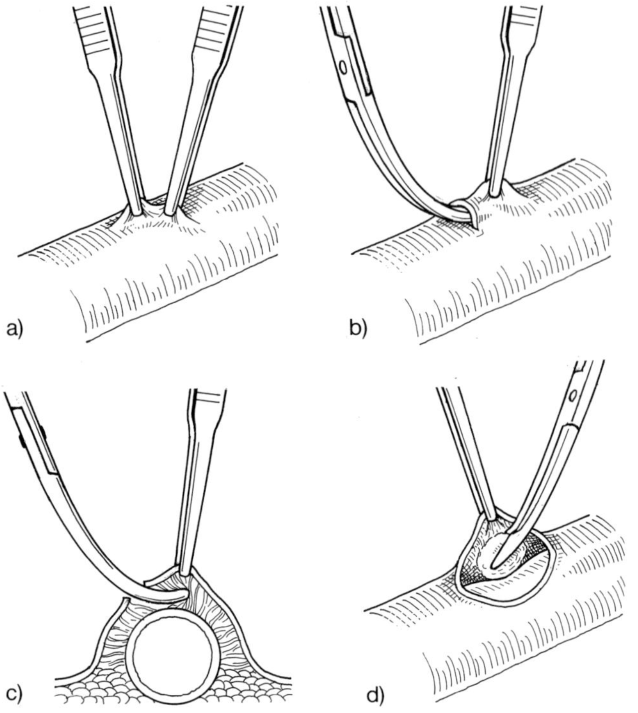

Abb. 8.1-42. Lungenresektion. Gefäßpräparation. Die Adventitia wird mit Pinzette(n) angehoben (a), mit der Präparierschere eingeschnitten (b) und mit Präparierschere oder Overholt-Klemme tunneliert (c). Präparation mit dem Präpariertupfer (d).

Grundlagen der präparativen Technik

Von der Anatomie her ist die Lunge segmental aufgebaut, bestehend aus der bronchovaskulären Einheit mit Bronchus, Bronchial- und Lungenarterie. Die durch einen Sammelstiel und in der Regel durch einen separaten Pleurasack abgegrenzten klinischen Einheiten sind die Lappen, wobei die Spalten oft nicht oder nur unvollständig ausgebildet sind. Die Abgrenzungen müssen dann bei einem Eingriff künstlich gezogen werden. Für die Pneumonektomie ist das Vorhandensein oder Fehlen dieser Spalten ohne Bedeutung. Häufig kombiniert werden Bilobektomien, Lappen- und Keilresektionen, Enukleations- oder Segmentresektionen sowie Resektionen von Segmenten aus verschiedenen Lappen. Maximal möglich ist bei einer doppelseitigen Operation die Pneumonektomie der einen Seite und eine kontralateral durchgeführte Keil- oder Segmentresektion.

Die arterielle und venöse Gefäßversorgung der Lunge ist für jeden Lappen und jedes Segment weitgehend typisch. Die genaue Kenntnis der topographischen Position der verschiedenen anatomischen Strukturen sowie die relativ geringen Variationen müssen bekannt sein. Die Präparation erfolgt mit Pinzette, Präparierschere und Präparierklemme nach Overholt (Abb. 8.1-42). Die Adventitia wird mit einer anatomischen Pinzette angehoben und mit kurzen Scherenschlägen eröffnet. Man versucht dann, in die Adventitiascheide zu kommen, entweder durch Spreizen und Schließen der Overholt-Klemme oder mit der leicht gebogenen stumpfrandigen Schere.

Das Gefäß wird so allmählich unterfahren und von der bronchialen Unterlage abgehoben, wobei der gesamte präparatorische Vorgang sehr behutsam vorgenommen werden muß. Anschließend wird das Gefäß mit einer doppelten Ligatur nach zentral versorgt, die nie knapp am Abgang oder in der Y-Gabel liegen soll, weil dann der Hauptstamm trichterförmig ausgezogen würde, was zu einem Abgleiten der Ligaturen führen kann. Eine Durchstechungsligatur ist nur bei wenigstens bleistiftdicken Gefäßen angezeigt, während Clips bei kleinen Gefäßen anwendbar sind. Zur Unterbindung des Pulmonalarterienstammes verwendet man nichtresorbierbare Fäden (2/0 oder 3/0). Kurze Gefäßstümpfe sollte man besser fortlaufend mit einem monofilen Faden (4/0) vor- und rücklaufend übernähen, was sich im übrigen auch für den Hauptast der Pulmonalarterie im Falle einer Pneumonektomie bewährt hat. Allerdings ist hier auch der Verschluß durch ein Klammernahtgerät mit einem speziellen Gefäßmagazin ohne weiteres möglich.

Die Freilegung des Bronchus erfolgt mit Ausnahme von Mittellappen und Lingula von dorsal. Das meist lockere peribronchiale Gewebe verlockt zur säuberlichen Freipräparation, jedoch sollte gerade das vermieden werden, um keine Störungen der vaskulären, nervalen und lymphatischen Versorgung auszulösen. Es ist wichtig, daß man soviel peribronchiales Gewebe wie möglich am Bronchus in situ beläßt. Am Hauptbronchus kommt man zuerst auf die A. bronchialis. Sie wird bei der Pneumonektomie und als palliative Maßnahme bei einer großen Hämoptoe unterbunden und durchtrennt.

Die Freilegung und Unterfahrung des Bronchus mit der Overholt-Klemme erfolgt nahe der beabsichtigten Durchtrennung, d.h. ostiumnahe.

Nach Anlage einer weichen, nicht quetschenden Hakenklemme schließt sich die Resektion mit dem Skalpell, nicht mit der Schere an, da letztere das Gewebe quetscht, sofern es sich nicht um spezielle Winkelscheren handelt. Die Schnittfläche kann dann mit einem Beta-Isodona-Tupfer bestrichen werden.

Der Bronchusverschluß kann durch Naht von Hand oder maschinell erfolgen, wobei die heute zur Verfügung stehenden Klammernahtgeräte ohne jede Einschränkung zu sehr guten Ergebnissen führen. Im Falle des Verschlusses durch Naht soll der überhängende Stumpf etwa 3–5 mm lang sein, das Stichintervall, sofern es sich nicht um kleine Bronchien handelt, die einfach unterbunden werden können, sollte 2–3 mm betragen. Als Nahtmaterial wird üblicherweise Polyglykolsäure benutzt. Auch beim Hauptbronchus wird vergleichbar vorgegangen, wobei der verbleibende Stumpf möglichst kurz sein sollte. Die Resektion wird knapp am Tracheobronchialwinkel sowie eine Knorpelspange unterhalb der Carina durchgeführt und die mebranöse Hinterwand etwas länger gelassen, weil letztere sich nach der Durchtrennung retrahiert. Unter allen Umständen vermeiden sollte man, in die Trachealwand oder Bifurkationskarina hineinzuschneiden, da die dann gelegten Nähte zu einer Stenose führen und zudem unter einer viel zu starken Spannung stehen.

Das Für und Wider der zusätzlichen Bronchusstumpfdekkung durch einen Pleuralappen, Muskelgewebe oder einem Durahütchen wird unverändert kontrovers diskutiert.

Bei malignen Tumoren ist die radikale Lymphadenektomie in das Mediastinum hinein Therapie der Wahl und sollte nicht ohne wichtigen Grund unterlassen werden.

Präparatorische Schwierigkeiten oder besser gesagt nahttechnische Probleme können bei keilförmigen Lungenresektionen auftreten, wenn die Pleura visceralis z.B. bei atrophischem emphysematischem Gewebe leicht zerreißlich ist. Grundsätzlich sollte man deshalb nur atraumatische Fäden verwenden, die z.B. auch bei Anspießungen der Lungen nach Unfallverletzungen am besten als quere U-Nähte gelegt oder fortlaufend geführt werden. Alternativ in Frage kommt hier stets die Anwendung eines Staplers. Wenn sich Luftfisteln nicht vollständig vermeiden lassen, deren Nachweis am besten durch das Auffüllen des Thorax mit physiologischer Kochsalzlösung gelingt, dann kann ausnahmsweise die zusätzliche Abdichtung mit Fibrinkleber notwendig werden oder die Verwendung von Durastreifen bzw. Goretex soft tissue membrane durch das dann bilateral die Fäden geführt werden. Eine Technik, die im übrigen vergleichbar bei einer Herzstichverletzung (s.d.) Anwendung findet. Nicht geeignet ist nach eigenen Erfahrungen Teflon, da sich darauf gerne Pilze absiedeln, die später Anlaß für hartnäckige Eiterungen sein können.

Unübersichtliche anatomische Verhältnisse oder ein ungünstiger Tumorsitz mit daraus resultierender schwieriger Gefäßpräparation kann es notwendig machen, daß man, um andernfalls schwierig kontrollierbare Blutungen drosseln zu können, den Stamm der Pulmonalarterie vorsorglich anschlingt. Auf der rechten Seite findet man die A. pulmonalis nach Abschieben der oberen Hohlvene, wobei dann wie in der kardiovaskulären Chirurgie eine Drossel angelegt wird. Links findet man die A. pulmonalis am oberen Rand des Hauptbronchus.

Spontanpneumothorax

Der idiopathische oder selbständige Spontanpneumothorax gehört zu den häufigsten akuten benignen Lungenerkrankungen. Er ist innerhalb von dreißig Jahren um ein Vielfaches häufiger geworden.

Anatomisch handelt es sich um eine Oberflächenerkrankung von Lunge und Pleura visceralis. Kleine Bläschen (»Pneumatisationskammer« nach Masshoff und Höfer aus unseren Operationspräparaten von Stuttgart) zum Teil mit aufgesplitteter Pleura visceralis, zum Teil mit fibrinösen Neubildungen und ventilartigen Bronchusmündungen, sind meist in der Spitze des Oberlappens zu finden. Die wichtigste Untersuchung ist die Röntgenaufnahme im Expirium.

Bei einer Ersterkrankung sollte zunächst eine Drainage und der Versuch einer Sklerosierung (Pleurodese) mit Instillation von Tetrazyklin oder Fibrinkleber gemacht werden.

Am besten ist wohl die Insufflation von Talk über einen Trokar oder ein Thorakoskop. Auch die rein endoskopische Bläschenabtragung und Sklerosierung wird empfohlen. Etwa ein Drittel dieser Fälle rezidivieren und sollen dann operativ versorgt werden.

Die Thorakotomie erfolgt am besten von anterolateral. Kleine Blasen von Hirsekorn-, Erbsen- bis Kirschgröße finden sich hauptsächlich in der Spitze des Oberlappens, weniger in der Spitze des Unterlappens, selten an der mediastinalen oder diaphragmalen Lungenfläche. In 10–20 % findet man keine Bläschen, aber plumprandige teigige Lungenpartien. Therapie der Wahl ist die Keilexzision von blasigen Gebieten und ihrer direkten Umgebung (Abb. 8.1-43).

Auch blasenlose teigige Zonen werden durch eine Keilexzision nach Anlage von Klemmen oder unter Zuhilfenahme eines Staplers entfernt.

Bei erkennbaren Luftundichtigkeiten können die Ränder mit Fibrinkleber besprüht werden. Hinzukommen sollte eine handbreite parietale Pleurektomie über der Thoraxkuppel, wobei die Pleura costalis im Mittel- und Untergeschoß mit einer sterilen Handbürste frottiert werden kann.

In seltenen Fällen besteht ein doppelseitiger Pneumothorax, wobei dann eine simultane bilaterale Operation transsternal oder anterolateral möglich ist. Manche Patienten bekommen den Pneumothorax auf der Gegenseite erst nach Monaten oder Jahren.

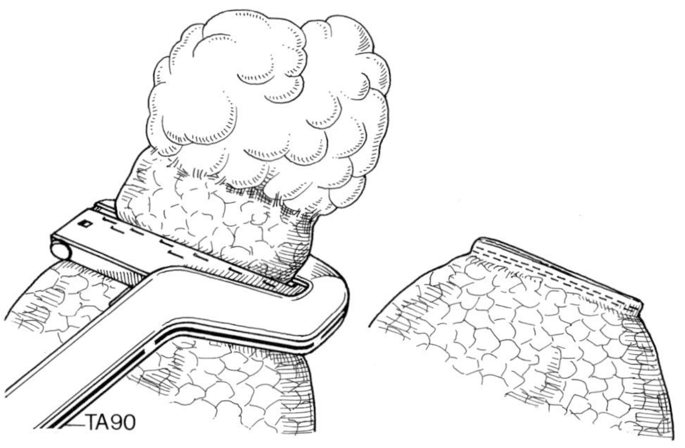

Abb. 8.1-43. a u. b) Spontanpneumothorax. Keilexzision blasiger Zonen mit dem Stapler. Häufiger sind nur hirsekorn- bis kirschgroße Bläschen oder nur ein stumpfer Lappenrand zu sehen.

Rasumofsky (USA) hat in den 60iger Jahren bei simultaner doppelseitiger Thorakotomie anläßtlich eines einseitigen Pneumothorax in 24 von 25 Fällen doppelseitige blasige Zonen gesehen.

Der beschriebene idiopathische Spontanpneumothorax darf nicht mit einem Perforationspneumothorax verwechselt werden, wie er durch Perforation eines Lungenabszesses oder einer tuberkulösen Kaverne bzw. durch Stich- oder Schußverletzungen entstehen kann. In dem zuletzt genannten Fall ist die Behandlung gleich. Bei den seltenen, meist basalen Rezidiven nach Operation, die in einer Häufigkeit von 1–3 % vorkommen, kann man nochmals drainieren oder umschrieben rethorakotomieren und entweder eine basale parietale Pleurektomie durchführen oder eine Bürstung der kostalen Pleura in Verbindung mit einer Bestäubung mit sterilem asbestfreiem Talkpuder.

Nach eigener Erfahrung kam es bei über 400 operierten Patienten dreimal zu großen Nachblutungen, die eine operative Ausräumung erforderlich machten. Kleinere Hämatomansammlungen oder fibrinbedingte Verschattungen resorbieren sich unter Kurzwellenbestrahlung, die man von 3 auf 20 Min. täglich steigern soll, zuverlässig.

Blasenlunge (Spannungsblasen, Spannungszysten)

Große Blasen der Lunge werden durch Degeneration des elastischen Gerüstes mit Frakturierung von elastischen Fasern und Ventilwirkung von kleinen Bronchien hervorgerufen. Vor allem der zuletzt genannte Mechanismus führt bei Drucksteigerung (Pressen oder Husten) zu einer ballonartigen Auftreibung.

Es handelt sich nicht um ein Emphysem im üblichen Sinne, d.h. also nicht um ein substantielles Emphysem. Meist ist es eine umschriebene ein- oder beidseitige Erkrankung der Lunge. Die Blasen bewirken einen intrathorakalen Überdruck, wodurch die restliche Lunge in ihrer Entfaltung erheblich behindert und die großen Venen sowie die muskelschwachen Vorhöfe komprimiert und vor allem in der Diastole eingeschränkt werden. Um ein außerordentlich schwierig zu behandelndes Krankheitsbild handelt es sich, wenn sich die Lunge als Ganzes zu einem großen Emphysemkissen umgewandelt hat. Letzteres soll nach Untersuchungen verschiedener Autoren mit einem Alpha-Antitrypsinmangel (Proteaseninhibitormangel) zusammenhängen, wobei es zu einer Zerstörung der elastischen Strukturen und Atrophie von Pleura und Subpleura kommt.

Bei der Auskultation ist das Atemgeräusch sehr leise oder fehlt. Röntgenologisch steht das Zwerchfell auffallend tief. Die Computertomographie zeigt die strukturlosen Zonen sowie die Verlagerung der Gefäße. Die Lungenszintigraphie ergibt eine rudimentäre Perfusion. Weitere wichtige Untersuchungsverfahren bestehen in der Bronchoskopie, evtl. Bronchographie sowie pulmonalen Angiographie.

Eine operative Druckentlastung kann dringlich werden, wobei alle Altersgruppen betroffen sein können. Andersartige Überblähungen wie das sog. kongenitale lobäre Emphysem und die adenomatoidzystische Malformation können erst bei der Operation differenziert werden.

Die Thorakotomie erfolgt anterolateral oder transsternal. Mit Ausnahme der beschriebenen zystischen Malformation im Säuglings- oder Kleinkindesalter soll man möglichst nicht Lappen oder gar den ganzen Flügel resezieren, sondern nur die großen Blasen. Sind sie gestielt, lassen sie sich durch Naht oder Unterbindung des Stiels abtragen, meist gehen sie jedoch breitbasig aus dem Lappen hervor.

In etwa 10 % der Fälle soll innerhalb des Blasenbodens oder dicht darunter ein Adenokarzinom entstehen. Deshalb muß man die Blase über ihrem Scheitel spalten und genau inspizieren. Findet sich kein tumorverdächtiges Gewebe, rafft man die Blasenbasis durch breite Klemmen oder näht sie abgangsnah mit einem langen Stapler ab. Wenn die Pleura atrophisch ist, kommt es aus den Stichkanälen zu Luftfisteln, die sich primär nicht schließen, so daß man entweder von beiden Seiten einen Streifen Pleura oder Dura oder Goretex auf die mit einer breiten Klemme zusammengedrückten Lungenränder mit queren Matratzennähten aufnähen muß.

Die Indikation zur Operation dieser Erkrankung besteht, wenn Röntgenaufnahmen in zwei Ebenen zeigen, daß wenigstens ein Drittel eines Lungenflügels betroffen ist. Vor allem junge Patienten können einen derartigen Zustand lange Zeit sehr gut kompensieren, was sich aber dann schnell ändern kann, wenn etwa auf der Gegenseite eine Pneumonie auftritt.

Bei doppelseitigen Blasen kann der Eingriff simultan oder getrennt mit einem Intervall von einigen Wochen und Monaten vorgenommen werden. Kontraindiziert ist die Abtragung einer oder mehrerer Blasen, wenn eine insgesamt kleine Lunge vorliegt und das Zwerchfell hochsteht. Diese Lunge darf man nicht weiter verkleinern, insbesondere, wenn anzunehmen ist, daß die respiratorische Beeinträchtigung oder Insuffizienz nicht oder nicht nur auf die

Blasen zurückzuführen ist. Besonders bei Kleinkindern können ähnliche Bilder nach Lungenabszessen besonders bei Staphylokokkenpneumonie auftreten. Die Operationsindikation bleibt dann bestehen, doch muß in diesen Fällen gewöhnlich eine Lobektomie vorgenommen werden.

Postoperativ kann es zu erheblichen Komplikationen kommen, vor allen Dingen aber zu einem langen Luftverlust durch Nahtundichtigkeit, die dann eine mehrwöchige Drainage erforderlich macht.

Eine strikte Bettruhe ist in diesen Fällen kontraindiziert, stattdessen sollen die Patienten mit einem gut transportablen Drainagesystem bewegt werden. Bei sich nicht schließenden Luftfisteln kann eine parietale Pleurektomie unumgänglich werden.

Echinokokkose

Der Hundebandwurm führt ungleich seltener als in der Leber zur Bildung von solitären oder multiplen rundlichen flüssigkeitsgefüllten Lungenzysten. Sie können bis Kopfgröße erreichen. Die rein medikamentöse Behandlung mit Mebendazol oder ähnlichem reicht nicht aus und ist höchstens als postoperatives Adjuvans indiziert. Diagnostische Lungenpunktionen (perkutan oder transbronchial) sollen bei ausgesprochenem Verdacht unbedingt vermieden werden, da ein schwerer anaphylaktischer Schock auftreten kann. Die präoperative bronchoskopische Untersuchung ist immer indiziert, um einen evtl. bestehenden Einbruch in das Bronchialsystem festzustellen. Gelegentlich aber können Echinokokkusblasen in das Bronchialsystem spontan perforieren oder penetrieren, so daß es zu einer Kontamination auch der gesunden Lunge mit dem Zysteninhalt kommen kann.

Um intraoperativ eine derartige Aussaat zu vermeiden, sollte die Intubation mit einem Doppellumentubus erfolgen.

Wenn trotz aller vorsorglichen Maßnahmen intraoperativ doch eine Perforation der Blasen in das Bronchialsystem eintritt, muß der Thorax notfallmäßig durch Klemmen oder einige kräftige Fäden verschlossen und der Patient zur Spülung des Bronchialsystems unter Sicht in Rückenlage gebracht werden. Als Spülflüssigkeit bietet sich physiologische Kochsalzlösung mit Zusatz von Acetylzystein an. Empfehlenswert ist zusätzlich die Applikation von etwa 100 mg Cortison i.v. und im Falle der Ruptur einer Zyste in die Pleurahöhle während des Eingriffs sollten letztere mit wenigstens 4–5 l einer physiologischen Kochsalzlösung ausgespült und alle Membran- und Blasenfetzen entfernt werden.

Um die genannte intraoperative Komplikation und nicht zuletzt die Kontamination der Thorakotomiewunde zu vermeiden, muß nach Eröffnung der Pleurahöhle eine vollständige Abdeckung der nicht befallenen Lungenabschnitte und des Brustraumes erfolgen. An der Stelle, an der die Zyste nahe der Oberfläche liegt, ist die Pleura gelb-weißlich porzellanartig verfärbt. Am Rande dieser Verfärbung beginnt man dann mit einer vorsichtigen Abschiebung und Durchtrennung der Pleura visceralis. Auf diese Weise kann man die Perizyste eröffnen und mit einer Klemme vorsichtig spreizen. Dadurch wölbt sich die Blase etwas heraus. Anschließend läßt man die Lunge kurzfristig blähen, wodurch die Zyste oft herausgedrückt wird und in eine bereitgehaltene Nierenschale rutscht (Abb. 8.1-44). Ist dagegen die Spannung und Größe der Echinokokkusblase groß, so ist es besser, mit einer 10-ml-Spritze und langer dünner Nadel drei- bis zehnprozentiges Formalin oder zehnprozentige Kochsalzlösung zu instillieren. Nach etwa 10 Min. läßt sich der Zysteninhalt gefahrlos abpunktieren, absaugen und ausräumen. Die Perizyste muß auf Buchten und Tochterblasen inspiziert werden. Manchmal kann man die Perizyste vorsichtig in Teilen mit Pinzette und Präparierschere ablösen. Dabei ist auf anliegende Gefäße besonders zu achten. Nach Beendigung des Eingriffs wird die Höhle mit einem Formalin-Tupfer abgerieben und evtl. entstandene Bronchialöffnungen mit feiner Nadel umstochen. Die zurückbleibende oft sehr tiefe Höhlenwandung ist zu belassen, da sich unter einem Dauersog der Boden bald in Normalhöhe anhebt. Bestand präoperativ eine größere Hämoptoe, soll man den Lappen resezieren, da später tödliche Blutungen auftreten können.

Manche Patienten müssen mehrmals thorakotomiert werden, so daß man auch deshalb größere Lungenresektionen vermeiden soll und auch keine ausgedehntere Pleurektomie durchführt..

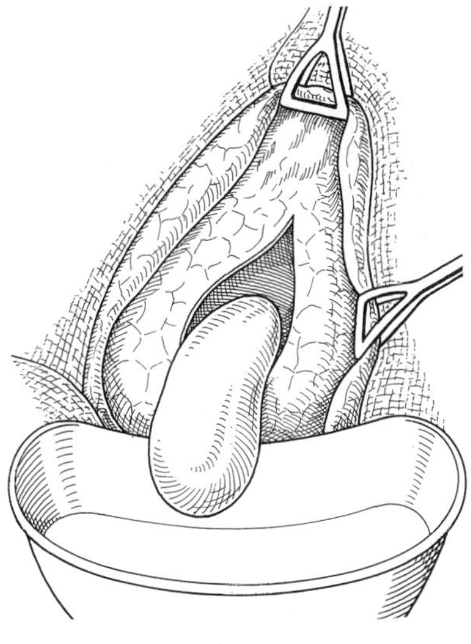

Abb. 8.1-44. Echinococcus. Zystektomie. Die Umgebung ist gut abgedeckt, die Perizyste vorsichtig schrittweise inzidiert. Die Zyste wird geboren. Die Höhle wird abgesucht nach Tochterblasen und blasenden Bronchusfisteln. Verätzung mit Formalin oder Silbernitrat 25 %ig. Die Ränder werden übernäht, die Mulde bleibt offen.

Bronchialkarzinom

Das Bronchialkarzinom wurde zu einer Hauptindikation in der Lungenchirurgie. Auch hier wurde die sehr restriktive Einstellung zur operativen Behandlung durch die inzwischen vorliegenden onkologischen Erkenntnisse, die Modifikationen der chirurgischen Technik, vor allem aber durch die bereits erwähnten großen Fortschritte in der Anästhesie und Intensivmedizin überwunden. Ob das Bronchialkarzinom und verwandte Befunde nur in einer Spezialklinik oder doch auch in einem Allgemeinkrankenhaus mit und ohne Spezialabteilung operiert werden sollen, wird unverändert diskutiert. In jedem Fall ist, wie bei allen anderen malignen Tumoren auch, eine stadiengerechte Chirurgie zu fordern.

Wesentliche Voraussetzung im Hinblick auf die Indikation und Verfahrenswahl sind gute bronchoskopische Kenntnisse des Operateurs, die sich nicht auf sporadische Erfahrungen stützen dürfen. Im Krankengut einer Allgemeinchirurgie macht das Bronchialkarzinom nur etwa 20–25 % der operativ zu behandelnden Thoraxerkrankung aus, in einer Spezialklinik dagegen 50–80 %. Zum Krankheitsbild selbst gibt es eine Reihe von sehr guten Monographien, deren Lektüre dringend empfohlen werden muß und auf die hier ebensowenig wie auf die TNM-Klassifikation näher eingegangen werden kann.

Unterschiedlich bewertet, aber empfohlen für Patienten mit einem sehr hohen Risiko, wird die keilförmige Exzision eines Karzinoms bei lungenrandnaher Lage und kleinem Tumor. Zu berücksichtigen bleibt bei diesem Vorgehen, daß ein Grundprinzip der onkologischen Chirurgie, nämlich die möglichst weiträumige Resektion auch des lymphatischen Abflußgebietes unterbleibt.

Ein besonderes Problem stellen nicht nur in diesem Zusammenhang die lokalen Rezidive dar, die in der Regel durch unsaubere Randzonen nach Resektion zurückblieben (s.a. R-Klassifikation: RO = Kein Resttumor, R1 = Mikroskopisch nachgewiesener Resttumor, R2 = Makroskopisch erkennbarer Resttumor). Die Häufigkeit eines Lokalrezidivs nach Keilexzision wurde von Jensik mit 10 % und von Martini mit 19 % angegeben. Die Berechtigung des beschriebenen operativen Vorgehens wurde vor allem von Jensik, der innerhalb von 25 Jahren rund 450 Patienten auf diese Weise operiert hatte, immer wieder betont, aber auch von Denck und von v. Windheim, wobei die Keilexzision in etwa einer Segmentresektion entspricht.

Die Lobektomie ist der Standardeingriff für Tumoren der Klassifikation T1N0; T1N1; T1N2; T2N1, die Pneumonektomie dagegen für T2N2- und T3N1-Fälle.

In etwa 6–10 % der Fälle muß der Eingriff wegen unerwarteter anatomischer Hindernisse abgebrochen werden, wobei nach dem heutigen Verständnis dann besser nicht von einer Probethorakotomie gesprochen werden sollte, die in früheren Jahrzehnten in Ermangelung einer umfassenden apparativen Diagnostik häufig vorgenommen werden mußte.

Die postoperative Letatlität betrug in den vergangenen 10 Jahren für die Keil- und Segmentresektion 0–1,5 %, für die Lobektomie 2–3 %, für die Pneumonektomie 5–6 %, für die intraperikardiale Pneumonektomie 12–20 % und für eine erweiterte Operation 10–12 %.

Sie hängt maßgeblich vom Lebensalter des Kranken ab und liegt im Falle der Pneumonektomie unter 65 Jahren bei max. 6 %, über 70 Jahren bei ca. 12 %.

Die 5-Jahres-Überlebensrate, abhängig von der Histologie, dem TNM-Stadium und Alter des Patienten, wird im Mittel für das Stadium I mit 46–66 % angegeben, für das Stadium II mit 34–38 % und für das Stadium III mit 12–17 %.

In ausgewählten Fällen können sog. parenchymsparende Operationen indiziert sein. Darunter versteht man eine Manschettenresektion und Anastomose am Bronchus und/oder der Trachea, gelegentlich auch an der Pulmonalarterie. Soweit es sich um den Befall der distalen Trachea oder Bifurkation handelt, wird dadurch ein zunächst aus anatomischen Gründen inoperabler Befund entfernbar und soweit es sich um den Tumorbefall von Haupt- und Lappenbronchen handelt, kann dadurch eine Pneumonektomie vermieden werden.

Wenn peripher gelegene Karzinome frühzeitig durch Lymphbahnkontakt in die Thoraxkuppel einbrechen, spricht man von Pancoast-Tumoren, klinisch oft erkennbar an einem Horner-Syndrom. Sofern nicht bereits eine Infiltration in die A. oder V. subclavia bzw. in den Plexus brachialis eingetreten ist, kann die Resektion in Verbindung mit einer Teilresektion der Brustwand versucht werden. Zugang der Wahl ist in diesen Fällen ein hoher posterolateraler Schnitt. Besteht bereits ein Kontakt zu einem Wirbelkörper, ist der Tumor in der Regel inoperabel und nur ausnahmsweise noch entfernbar.

Üblicherweise wird vor der operativen Behandlung eines Pancoast-Tumors die Vorbestrahlung mit 35 gy verlangt. Zusätzlich sollten für eine adjuvante interstitielle Iridiumbestrahlung Drainagen eingelegt werden.

Die Chemotherapie eines Bronchialkarzinoms kann adjuvant oder bereits präoperativ erfolgen. Sie ist auch bei nichtkleinzelligen Bronchialkarzinomen nicht grundsätzlich abzulehnen. Ebenso kann umgekehrt auch bei diesen Tumoren die Resektion adjuvant geplant werden. Grundsätzlich führt die Chemotherapie nicht zu einer Verbesserung der Überlebensraten, sondern allenfalls zu einer Verbesserung der Lebensqualität.

Die operative Behandlung des kleinzelligen Lungenkarzinoms darf nicht grundsätzlich abgelehnt werden, sondern sollte, wie auch die Behandlung aller anderen malignen Tumoren, in einem onkologischen Arbeitskreis erschöpfend und vor allem fallbezogen diskutiert werden. Das gilt mit einer gewissen Einschränkung auch für das Stadium IV beim nichtkleinzelligen Tumor.

So können palliative Operationen bei jungen Patienten (<45 Jahre) durchaus geeignet sein, den Leidensdruck lindern zu helfen.

Lungenmetastasen

Nach primär kurativer Behandlung von kolorektalen oder Nierenzellkarzinomen kommt es immer wieder auch zu solitären Metastasen in der Lunge, die dann bei Fehlen eines örtlichen Rezidivs eine gute Indikation für die operative Behandlung sind. In diesen Fällen ist die Keilresektion, selten die anatomisch korrekte Segmentresektion und nur ausnahmsweise die Lobektomie, in speziellen Fällen sogar die Pneumonektomie indiziert. Auch bilateral vorkommende Metastasen werden gelegentlich operativ entfernt, jedoch kann das generell nicht empfohlen werden, da weitere vorhandene Tumorbesiedelungen zu erwarten und nur noch nicht sichtbar sind. Gleiches gilt für die Entfernung von andersartigen Metastasen.

Formen der Lungenresektionen

Die Beschreibung der Standardoperationsverfahren beginnt mit dem kleinsten Eingriff. Da eine Erweiterung des ursprünglich geplanten Vorgehens durch den dann intraoperativ vorliegenden Befund jederzeit möglich sein kann, ist es wichtig, daß sich der Operateur genau über die fallweise in Frage kommenden größeren Eingriffe an der Lunge der gleichen Seite genau informiert.

Enukleationsresektionen

Es handelt sich nur scheinbar um die einfachste Form einer Lungenresektion. Abgesehen von der hier möglichen Anwendung eines Lasers, der frei oder unter Wasser eingesetzt werden kann, können Ausschälungen auch kryochirurgisch erfolgen. In der späten postoperativen Phase eintretende Nachblutungen haben jedoch den Wert dieser letzteren Methode eingeschränkt. Alle derartigen Versuche hatten das Ziel, eine Einrollung des verbleibenden Lungengewebes zu vermeiden, um damit das Restparenchym nicht überflüssigerweise von der Atmung auszuschalten.

Eine gute Indikation für die Enukleationsresektion sind benigne Rundherdtumoren, wie z.B. das Chondrom, das als maulbeerartige Masse tastbar ist, gereinigte Abszeßhöhlen, die Echinokokkose mit Perizyste, Metastasen und das Tuberkulom, d.h. also Erkrankungen, die ausschälbar sind. Mit der Lasertechnik lassen sich auch tiefliegende Befunde entfernen und nicht nur randständig gelegene.

Die Lunge wird rechts und links vom Herd mit weichen Klemmen gefaßt. Über dem Befund werden Pleura und Parenchym vorsichtig mit dem Skalpell oder der Schere gespalten. Gelegentlich ziehen kleine Gefäße mantelförmig um den Tumor herum, die mit einer feinen Klemme oder Pinzette verschorft werden müssen.

Die alleinige Ausschälung mit der Diathermienadel ist dagegen weniger sicher. Auch müssen kleine Bronchien gesondert unterbunden werden. Da die Ausspannung des Lungenparenchyms über dem Tumor die Gefäße zunächst komprimiert, besteht die Möglichkeit, daß es beim Nachlassen des Zuges zu einer Blutung aus den eröffneten Gefäßen kommt. Nicht selten ist dann eine Raffnaht notwendig, die dann zwangsläufig zu einer unerwünschten Einrollung der offenen Fläche führt. Das ist vor allem bei Enukleation multipler kleiner Lungenmetastasen der Fall, so daß in diesen Fällen die Segment- oder Lappenresektion zur Vermeidung postoperativer Ventilationsstörungen vorzuziehen ist.

Keilresektionen

Es handelt sich um die häufigste nicht axiale Lungengewebsentfernung, die aus zwei wichtigen Indikationen heraus durchgeführt wird. Diagnostisch als »offene Lungenbiopsie« bei bronchologisch bzw. röntgenologisch oder bakteriologisch nicht klärbaren, umschriebenen und diffusen Lungenbefunden, wie z.B. bei feinherdigen, streifig-interstitiellen, feinblasigen oder strukturlosen, überhellen morphologischen Substraten. Es handelt sich dabei meist um Erkrankungen des Parenchyms und Interstitiums (Verdacht auf Fibrose, Alveolitis), um tuberkulöse Veränderungen, Erkrankungen der Lymph- und Blutgefäße (z.B. Lymphektasie, u.U. mikroskopisch kleine arteriovenöse Aneurysmen, Erkrankungen der Pulmonalarterien bei pulmonaler Hypertonie und solche der Venen bei »veno-occlusive-disease«), die Bronchiolitis und Bronchiolitis obliterans. Wegen der Einfachheit der Durchführung wird diese Biopsie häufig an der Lingula durchgeführt, jedoch ist es ratsam, den röntgenologisch auffälligsten Bezirk zu biopsieren, da sonst falsch negative Ergebnisse möglich sind.

Therapeutisch kommt die Keilresektion beim idiopathischen Spontanpneumothorax in Frage, als Metastasenoperation solitär oder multipel sowohl uni- oder bilateral, beim unklaren kortikalen Rundherd, geplant beim peripheren Primärtumor mit eingeschränkter Lungenfunktion und/oder hohem Alter sowie bei den meisten Spannungsblasen (Luftzysten alveolären Ursprungs).

Die histologische Schnellschnittuntersuchung ist bei einem unklaren Rundherd immer erforderlich, um davon dann das weitere operative Vorgehen abhängig machen zu können. Die Resektion kann unter Zuhilfenahme von Klemmen, besser mit linearen Staplern, durchgeführt werden. In jedem Fall ist dicht proximal vom geplanten Schnittrand je eine Haltenaht anzulegen. Die Absetzung muß sicher im gesunden Lungengewebe erfolgen (Abb. 8.1-45 u. 46). Bei großen Keilen (atypische Segmentresektion oder atypische Lobektomie) muß die Klammerrichtung parallel zu den tastbaren Bronchien verlaufen, da man andernfalls mit den axialen Gebilden (Bronchus, Arterie) kollidieren kann.

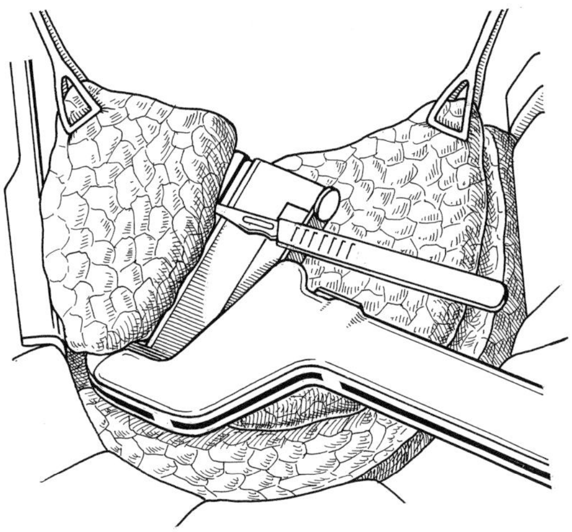

a)

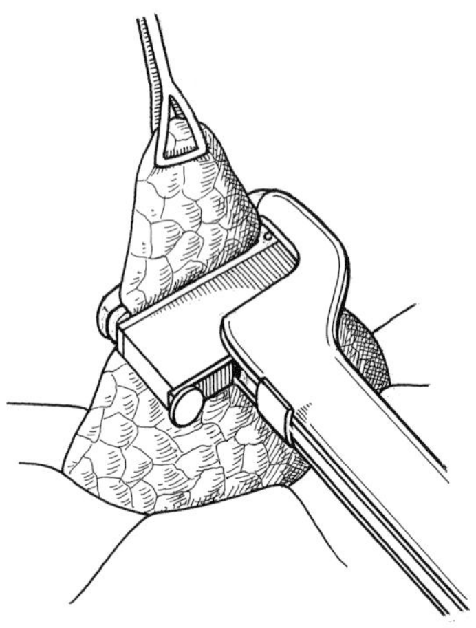

b)

Abb. 8.1-45. a u. b) Keilresektion mit dem linearen Stapler. Die Stapler TA gibt es in den Größen 30, 55 und 90 (mm Schnittfläche). Die Magazine sind durch Farben gekennzeichnet: Magazin »grün« (für Bronchus mit TA 30 Lobektomie, TA 55 Pneumonektomie), einzelne Klammer 4 mm breit und 4,8 mm tief; Magazin »blau« (für Parenchym TA 30, 55, 90, aber auch kleinere Bronchien), einzelne Klammer 4 mm breit und 3,5 mm tief; Magazin »weiß« (für A. pulmonalis und Vv. pulmonales TA 30 V), einzelne Klammer 3 mm breit und 2,5 mm tief. Nur kleine Ecken oder tangential herausgehobene kleine Lungenherde an einer Breitfläche werden mit TA 30 (a), der Großteil mit TA 55 abgesetzt (b). Der Messerschnitt bleibt dicht am Stapler. Die Klammern waren bisher aus Tantal, sind jetzt aus Titanium.

Eine zusätzliche zweite Nahtreihe von Hand zur Sicherung der maschinellen Resektionslinie ist nicht sinnvoll und bei der Verwendung eines Resektions- bzw. Anastomosen-Klammernaht-Instrumentes nicht erforderlich. Gelegentlich läßt sich die Verwendung von zwei Staplern nicht umgehen, wobei dann beide winkelförmig angesetzt werden müssen. Am zentralen Endpunkt der Klammernahtreihe ist dann eine quere U-Naht erforderlich.

Die diagnostische wie therapeutische Keilresektion wird üblicherweise über einen anterolateralen Zugang durchgeführt. Meist ist eine kleine Thorakotomie ausreichend. Im Falle einer simultanen doppelseitigen Metastasenoperation bietet sich die longitudinale transsternale Thorakotomie an.

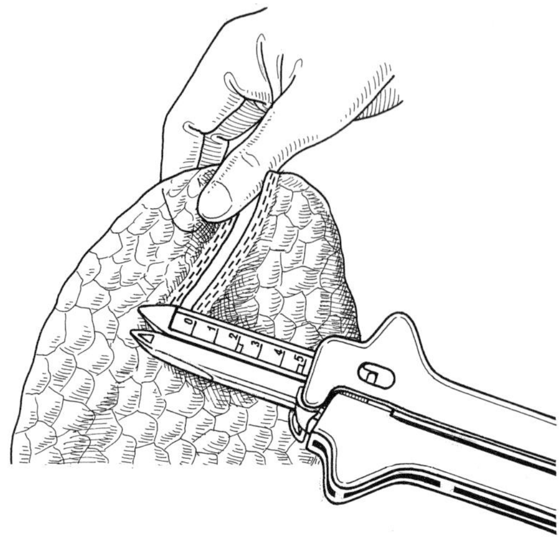

a)

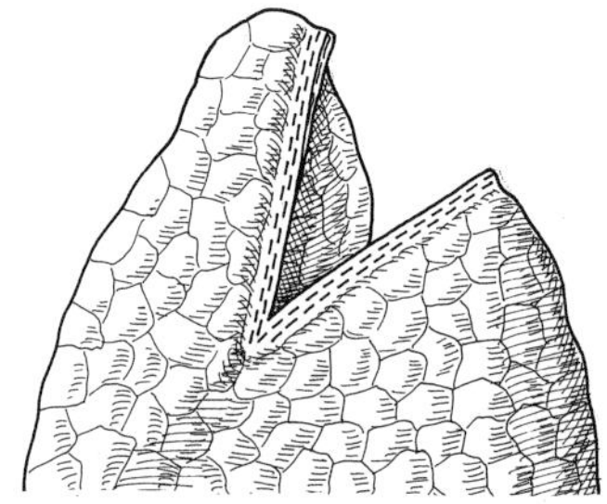

b)

Abb. 8.1-46. a u. b) Keilresektion mit dem GIA-Stapler oder Cutter. Diagnostische Keile, dünnere Parenchymbrücken zwischen den Lappen können sehr gut mit dem GIA-Stapler abgetrennt werden. Zwischen zwei Doppelnahtreihen mit versetzten Klammern durchtrennt ein Schlittenmesser das Gewebe. Die Größen sind 55 und 75 (mm Schnittfläche). Es gibt Magazine für »normal« (15) und »dickeres Gewebe« (20). Beide Instrumente gibt es auch in Einmalausführung für bis zu 4 Schüssen (ein Original- und drei Ersatzmagazine).

Segmentresektionen

Typische Indikationen sind Bronchiektasen, benigne Tumoren (Lipom, Fibrom, Papillom), maligne oder semimaligne Tumoren (Karzinoid), selten Metastasen oder Spannungsblasen, Gefäßerkrankungen (a.-v. Fistel, Angiome), traumatische Rupturen und Blutungen, eine lokalisierbare große Hämoptoe durch arteriobronchiale oder arterioarterielle Fisteln sowie Tuberkulose oder Lungenabszesse.

Während für die Enukleations- oder Keilexzision die Art des Zuganges für den Eingriff ohne Bedeutung ist, trifft das für Segement-, Lob- oder Pneumonektomie nicht mehr zu. Beim posterolateralen Weg erreicht man ohne Schwierigkeiten von dorsal den Bronchus und von ventral die Gefäße. Der anterolaterale ist schon weniger übersichtlich und beim anterioren und transsternalen Zugang findet man die wichtigen Leitstrukturen in der Reihenfolge Vene – Arterie – Bronchus hintereinander vor.

Die Segmentresektion erfordert präzise topographisch-anatomische Kenntnisse, so daß deshalb entsprechende Sichttafeln verwandt werden sollen.

Die präoperativ durchgeführte Bronchographie gibt die genaue Lokalisation an. Standardaufnahmen des Thorax reichen ebensowenig aus wie ein CT, weil die meisten Bronchien schräg zur Horizontalen und Vertikalen verlaufen. Segmentresektionen sollte man nach Intubation mit einem Doppellumentubus durchführen, und wenn das nicht möglich ist, darf unter keinen Umständen der zu präparierende Lungenabschnitt prall gebläht sein, weil dann das segmentorientierte Vorgehen unmöglich gemacht wird. Sobald aber die Arterie und der Bronchus durchtrennt (Abb. 8.1-47) und zuverlässig verschlossen sind, sollen die Bronchusblockade geöffnet und der Restlappen wieder belüftet werden.

Im einzelnen hat sich für uns folgendes Vorgehen bewährt: Der periphere Bronchusstumpf wird mit einer Klemme gefaßt und nach peripher umgeschlagen, wobei man den zu resezierenden Lungenteil und die umgeschlagene Bronchusklemme in die linke Hand nimmt und dann an der Klemme etwas zieht.

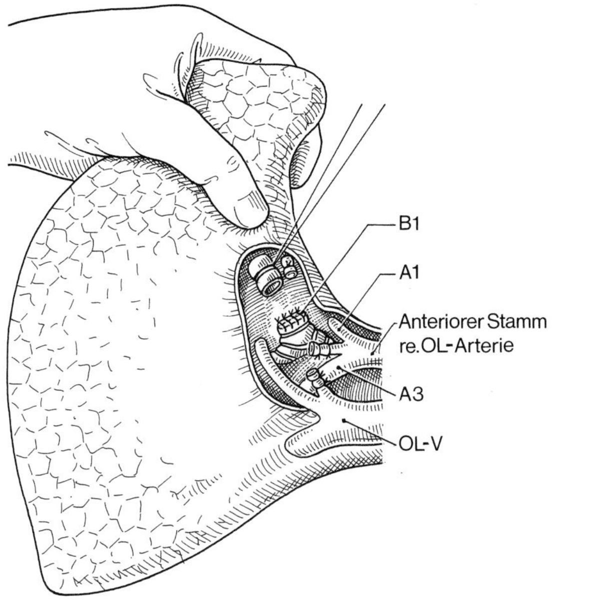

a)

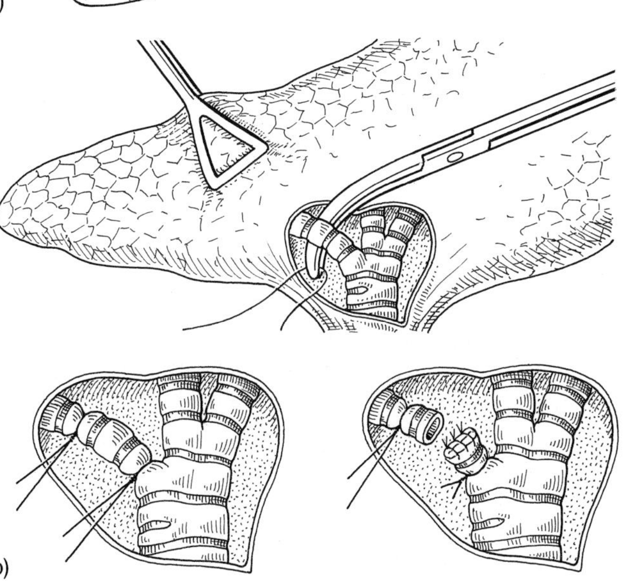

b)

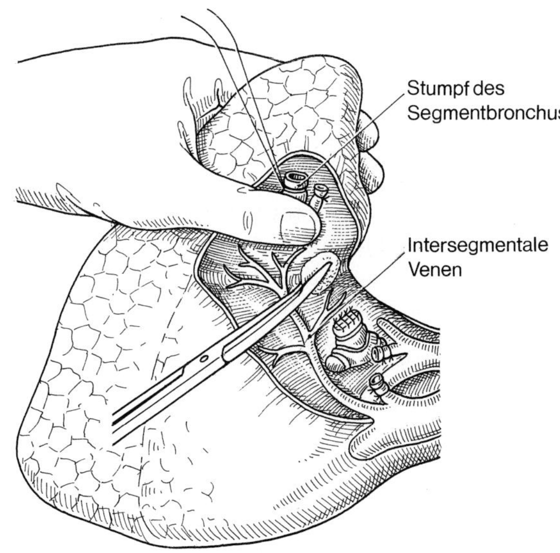

c)

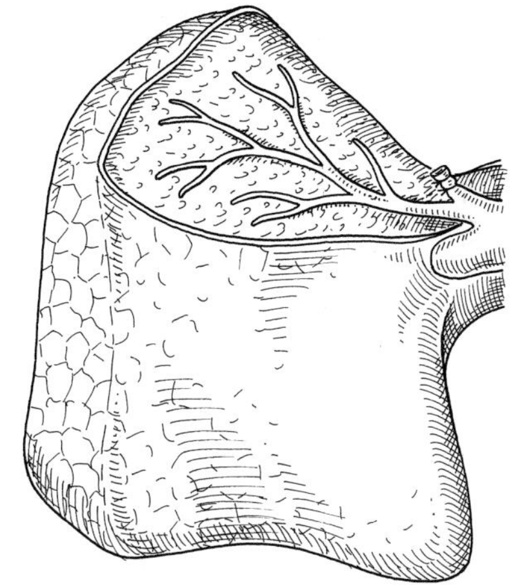

d)

Abb. 8.1-47. a–d) Segmentresektion. Prinzip und rechter Oberlappen. Versorgung der Arterie (meist ohne Vene). Darstellung des Bronchus, Naht oder einfache Unterbindung, selten Stapler (a u. b). Der periphere Bronchusstumpf (hier am Faden) wird besser mit einer Péan-Klemme gefaßt, diese hochgeschlagen und unter den Daumen genommen (c). Mit der rechten Hand wird mit einer kleinen feuchten Kompresse (statt Klemme mit Tupfer) distalwärts geschoben (c). In der segmentalen Ebene soll das Netz der Intersegmentalvene sichtbar werden (d).

Mit einer feuchten Kompresse schiebt man im offenen Lungengewebe die mit der linken Hand etwas angespannt gehaltene Klemme samt distalem Bronchus immer weiter ab. Dabei spannen sich kleine Venenäste an, die schrittweise versorgt werden müssen.

Die Pleura pulmonalis wird immer wieder rechts und links mit einer Schere kurz eingeschnitten. Durch die Belüftung der Nachbarschaft vermeidet man ihre Verletzung. Deshalb wird die Segmentresektion grundsätzlich nicht bei vollständiger Luftleere durchgeführt. Die intersegmentalen Venen bleiben auf der Oberfläche des verbleibenden Lungensegmentes als Netzwerk sichtbar. Läßt sich eine Sickerblutung und/oder Undichtigkeit nicht vollständig beseitigen, muß die gesamte Fläche mit einer fortlaufenden Raffnaht zugezogen werden, obwohl das den Lungenrand plump macht und den Restlappen erheblich verkleinern kann. Der Segmentbronchus wird überwiegend durch einfache Unterbindung und nur ausnahmsweise mit dem Stapler verschlossen. Das beschriebene präparativtechnische Vorgehen gilt für alle Segmentresektionen (Abb. 8.1-47). Es hat sich auch gezeigt, daß die Ausschaltung einer Arterie allgemein besser vertragen wird als die einer Vene, nach deren Unterbindung es zu einer intraalveolären Blutung und später auch zu Hämoptysen kommen kann.

Auch atypische Segmentresektionen, die im wesentlichen der segmentalen Keilexzision entsprechen, sind möglich, wobei die Keilspitze in Richtung auf den Segmenbronchus zeigt. In diesen Fällen wird das Parenchym meist mit dem Stapler durchtrennt und dann erst der axial gelegene Bronchus versorgt.

Dieses Vorgehen ist besonders bei den Segmenten OL1, ML4 und 5, UL8 und 10 zu empfehlen.

Sowohl im Hinblick auf die Erkrankungshäufigkeit wie der Möglichkeit der operativen Entfernung unterscheiden sich die Lungensegmente nicht unwesentlich.

Einige, wie z.B. S3 oder S7 rechts, sind wegen ihrer Lage schwierig anzugehen, andere sind häufiger erkrankt, wie die im rechten OL (S1 + 2), im rechten UL einerseits S6, andererseits S7 bis 10, im linken OL S1–3 und S4 + 5 und im linken UL S6 und S8–10.

In den basalen UL werden die einzelnen Segmente kaum für sich reseziert, sondern eher die ganze basale Gruppe. Letzteres hängt damit zusammen, daß das isolierte apikale Segment sich wie ein kleiner Unterlappen verhält. Bestimmte Restsegmente wie S3 re. können nach Entfernung von S1 + 2 fast den Raum eines normalen Oberlappens einnehmen.

Rechter Oberlappen
(Abb. 8.1-47a u. c u. 48a–d)

Die **Segmente 1 und 2** werden von dorsal und kranial, hingegen Segment 3 von ventral dargestellt. Unterhalb des Bogens der V. azygos wird die Pleura mediastinalis gespalten und der Hauptbronchus aufgesucht. Von diesem ausgehend tastet man in Richtung der Wurzel des Lappens den Oberlappenbronchus, B1 und B2. B1 ist dabei spitzenwärts gerichtet. Der Lappen wird nach dorsal umgeschlagen und seitlich von der V. cava sup., Pleura und Adventitia der Gefäße gespalten. Man gelangt auf den Oberrand der Oberlappenvene. Von ihr geht V1 ab. Nach deren Unterbindung und Durchtrennung kommt man auf die Pars intermedia der A. pulmonalis und die von ihr abgehende große Oberlappenarterie mit den Ästen A1 und A3 (in etwa 10% findet sich etwa 2 cm kaudalwärts eine zweite A3). Ein kleiner Ast zu S2 ist in der Aufteilung von A1 gelegen. Wir haben ihn immer durchtrennt, da die Hauptversorgung von S2 aszendierend aus der Nähe von A6 kommt. Nach Versorgung der Gefäße wird der Lappen wieder nach ventral umgeschlagen und von dorsal her der Bronchus B1 mit einer Präparierklemme unterfahren, unterbunden und durchtrennt. Die Ausschälung des Präparates erfolgt wie einleitend angegeben. Beim Zug am Präparat achte man auf die aszendierende A2, um sie nicht auszureißen. Bei Resektion von Segment 2 oder 1 + 2 denke man daran, daß nach Durchtrennung der beiden Arterien und Bronchien die Vene 2 weiter ventral und medial auf der A. pulmonalis liegt.

Für **Segment 3** erfolgt die Darstellung von Vene und Arterie von ventral, wobei V1 unterfahren und mit einem Faden hochgehoben werden muß, da A3 darunter liegt. Der Bronchus B3 wird vom Interlobärspalt aus dargestellt, er ist der unterste nach ventral gerichtete Ast des Oberlappenbronchus. Schwieriger wird es, wenn S3 mit dem Mittellappen, oder S2 mit der Unterlappenspitze S6 durch Parenchymbrücken verbunden ist. Solche Brücken sind meist mit dem Stapler TA55, seltener auch mit dem GIA oder breiten Klemmen Typ Glover zu durchtrennen. Der GIA-Stapler hat dabei den Vorteil, daß er nach beiden Seiten klammert (s. Abb. 8.1-46).

Manchmal müssen benachbarte Segmente verschiedener Lappen entfernt werden (S2 + S6, S3 + S4).

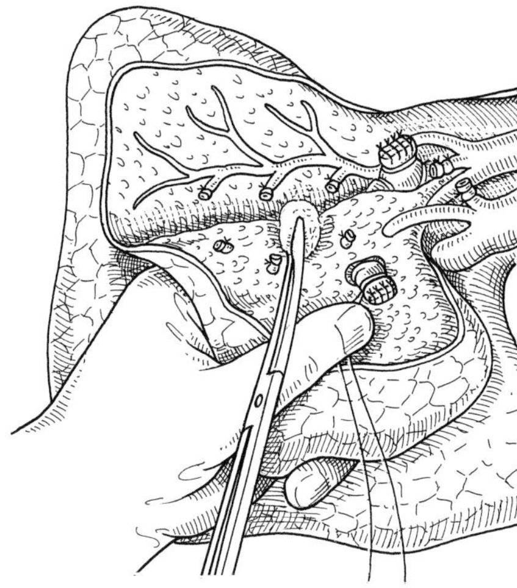

Abb. 8.1-48. a) Segmentresektionen im rechten Oberlappen. Für S1 wird das Segment nach ventral umgeschlagen, die dorsale Fläche präpariert und kleinere Venenäste unterbunden oder verschorft.

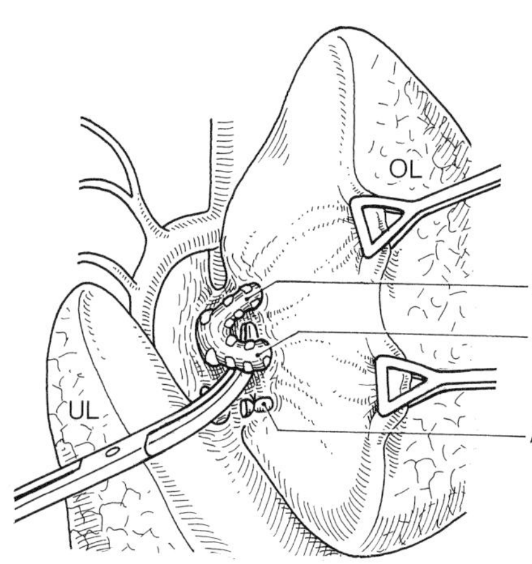

b) Für S1 und 2 werden B1 und B2 von dorsal freigelegt, unterbunden und durchtrennt.

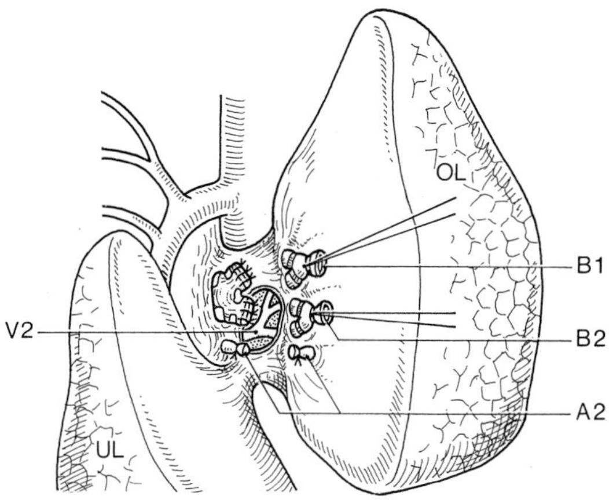

c) Am unteren Rand von B2 liegt A2, welche ebenfalls versorgt wurde. V2 als Intersegmentalvene wird sichtbar.

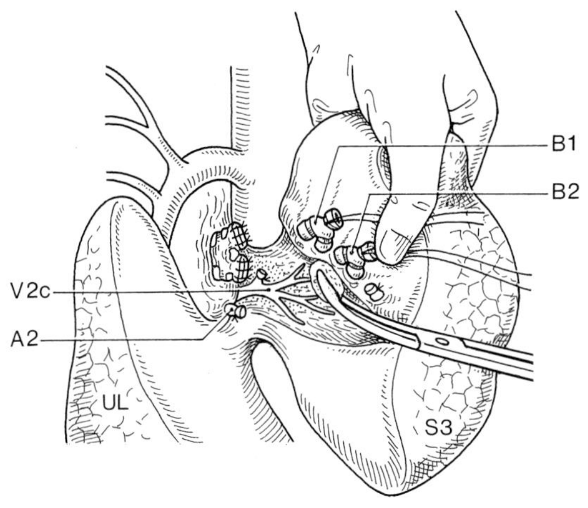

d) Ihr entlang werden die Segmente 1 und 2 von S3 abgeschoben.

Rechter Mittellappen

Die isolierte Resektion der einzelnen Mittellappensegmente ist selten indiziert, eher die Kombination mit dem Oberlappen oder dessen S3. Als erstes wird von ventral die ML-Vene freigelegt und mit einem Zügel angehoben. Darunter, d.h. dahinter, liegt die Wurzel des ML-Bronchus und lateral von diesem die Arterie. Diese Arterie ist besser vom großen Lappenspalt aus zu finden, wenn man zwischen ML und UL eingeht. Die Arterie geht gegenüber von A6 ab. Recht oft finden sich zwei Arterien übereinander (s. Abb. 8.1-51 und 52).

Rechter Unterlappen

Die wichtige Unterteilung des Lappens ist in »Spitze« (Segment 6) und »Basis« (Segment 7–10). Die Basis wird als zusammenhängender Block betrachtet, während die einzelnen Segmente geringere Bedeutung haben. Die Präparation der Arterien erfolgt bei freiem Lappenspalt von dort aus. Bei verklebtem oder fehlendem Lappenspalt (breite Parenchymbrücken oder Blocklappen) muß man alles von dorsal präparieren. Man beginnt daher grundsätzlich mit der Durchtrennung des Lig. pulmonale in Portionen zwischen Unterbindungen oder Clips oder Verschorfungen vom Zwerchfell aus. Auch wenn nur das Spitzensegment S6 reseziert wird, muß sich der Lappenrest nach dorsal-kranial verschieben können, was durch das Ligament verhindert würde (s. Abb. 8.1-51).

Spitzensegment S6. Als erstes wird die Vene freigelegt und die Äste V6 bzw. V7–10 angeschlungen. Dann wird von dorsal her entlang des Bronchus intermedius oder vom Lappenspalt aus die A6 aufgesucht und unterfahren. Manchmal geht von ihr ein kleiner Ast, welchen man erhalten sollte, steil nach kranial zum OL. Sobald die Arterie durchtrennt ist, gelangt man auf die Wurzel von B6 und an dessen kaudalen Rand wieder auf V6, welche ja schon angeschlungen ist. Nach Durchtrennung und Versorgung des Bronchus folgt die Ausschälung wie anfangs angegeben. Bleibt die Resektionsfläche sehr feucht und bläst stark, muß man die Pleuraränder der basalen Gruppe zusammenziehen. Das dorsale Oberlappensegment kippt mützenartig darüber. Die Gefahr eines Resthohlraumes ist größer, wenn gleichzeitig vom OL auch S2 oder S1 + 2 (wie früher häufig bei Tuberkulose) entfernt wurde.

Basale Segmentgruppe (»Pyramide basale«). Die Venenfreilegung erfolgt wie vorher. Angeschlungen wird die basale Gruppe, selten die einzelnen Venen getrennt. Die A6 wird angehoben, wobei sich die Adventitia der basalen Gruppe anspannt. Vorsicht bei Unterfahrung der Arterie, da A7 sehr hoch medial abgehen kann. Mehrfach muß man den Lappen umschlagen und mal von dorsal, dann von medial präparieren. Nach zentral läßt sich nur eine Ligatur legen; deshalb unterbindet man zusätzlich die einzelnen basalen Äste doppelt und kann so dazwischen durchtrennen. Manchmal reicht der Abstand nur für eine Durchstechung. Es folgt der basale Bronchus.

Zwar soll der Stumpf kurz sein, doch kann eine zu nahe an den Carinae von B6 und MLB gelegte Naht beide Ostien wulstig einengen.

Linker Oberlappen

Obwohl die anatomische Einheit der Lunge das Segment und die klinische Einheit der Lappen ist, ist die Lappung sekundär durch die Pleura bedingt. Fehlende oder übertriebene Lappung beeinträchtigt die Funktion nicht. Der »Lappen« hat einen eigenen Pleuraüberzug. Es ist daher unverständlich, warum in der Lungenchirurgie vom »linken

Oberlappen + Lingula« gesprochen wird, obwohl zum Unterschied vom rechtsseitigen Mittellappen der Lingulabronchus mit Ausnahme der seltenen Trifurkation immer vom Oberlappenbronchus abgeht.

Von den 5 Segmenten des Lappens werden die Gruppen S1–3 (»culmen«, »pyramide apicale«) und S4 + 5 (Lingula) getrennt bewertet und reseziert (Abb. 8.1-49) .

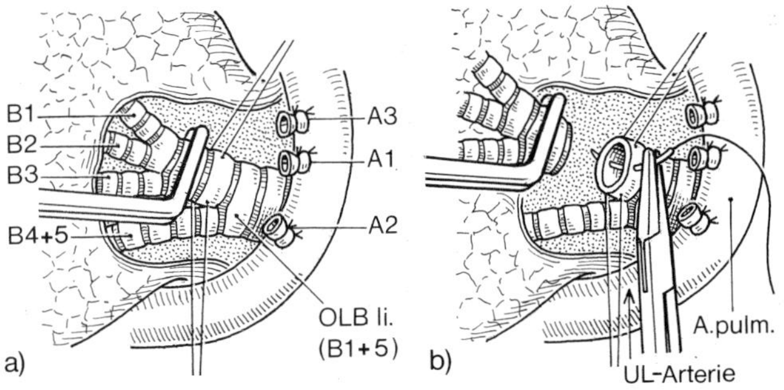

Abb. 8.1-49. a u. b) Segmentresektion im linken Oberlappen. Die Arterien sind versorgt, die ventral liegende Vene nicht gezeichnet. Die A. pulmonalis liegt auf dem Hauptbronchus und überquert den Abgang des OLB. Lingulaarterie und der die UL-Arterie überdeckende UL sind ebenfalls nicht gezeichnet. Der Bronchus 1–3 ist abgeklemmt, dann abgetrennt, die Bronchusnaht erfolgt mit Knopfnähten oder Stapler vor der Durchtrennung.

Segmentresektion S1 und 2 und S1–3. Wie auch beim rechtsseitigen OL gilt, daß Arterie und Bronchus von dorsal, die Vene am besten von ventral dargestellt wird. Bei Segmentresektionen am linken OL soll man auf jeden Fall die Präparation mit der Freilegung der A. pulmonalis beginnen. Von dorsal und kranial wird die Pleura über dem Hilus gespalten, wobei man von der Furche zwischen Hauptbronchus und Arterie ausgeht. Die A. pulmonalis wird angeschlungen und mit einer Muffe gesichert. Als erstes geht der Arterienstamm A1–3 von der A. pulmonalis in die Oberlappenspitze. Mit Overholt-Klemme und Präpariertupfer wird das Gefäß möglichst bis in die Wurzel des Lappens hinein freigelegt. Oft kreuzt die Vene V1 von ventral die Wurzel diese Arterie. Man kann zunächst diesen Venenast ventral unterfahren. Dann folgt die A2 für das dorsale Segment. Gegenüber und tiefer kaudal von der Arterie 6 geht die Lingulaarterie nach ventral ab. Die Venen sind ventral mehr kaudal gelegen. Zwischen Pulmonalarterie und OL-Vene stößt man auf den Hauptbronchus. Manchmal ist keine Lingulaarterie an üblicher Stelle zu finden. Sie geht dann medial-ventral als unterster Ast der A. pulmonalis ab. Durchtrennt man den Bronchus ohne Freilegung der Lingulaarterie, so erreicht man gewöhnlich nur den Stamm B1 + 2. Zieht man die OL-Spitze hoch, so richtet sich der Stamm B1–3 senkrecht auf, während die Lingulaarterie horizontal nach ventral zieht. Wenn der Bronchusstamm 1,5–2 cm lang ist, läßt er sich mit dem Stapler verschließen. Bei kurzem Bronchus kommt man hingegen in die Segmentaufteilung und erhält einen künstlich breiten Stumpf. Die Ausschälung erfolgt wie früher angegeben. Auf der verbleibenden Lingulafläche müssen wieder die Äste der Intersegmentalvene sichtbar sein. Nach Entfaltung soll man die seitliche Kante der Lingula mit 1–2 feinen Situationsnähten am lateralen Rand der oberen Hälfte des UL fixieren. Eine steil hochgeschlagene Lingula kann geknickt und torquiert werden.

Lingularesektion. Der Stamm der Pulmonalarterie muß dazu nicht unterhalb des Aortenbogens freigelegt werden. Vom Interlobärspalt aus in Höhe von A6 nach ventral kommt man auf 1–2 relativ kräftige Gefäße. Es sind die Arterien 4 und 5. Fehlen diese, so präpariere und durchtrenne man den Lingulabronchus. Medial vom Bronchusstumpf stößt man dann auf die von kranial kommende variable Arterie. Ist der Spalt entzündlich – schwielig verklebt oder fehlt, so empfiehlt es sich, die Lingulavene nahe am Perikard freizulegen und zu versorgen. Darunter bzw. dahinter stößt man dann auf den Bronchus und lateral davon auf die Arterie. Die Ausschälung des Doppelsegmentes geht leicht bei Zug an der Klemme des distalen Stumpfes. Die verbleibenden S1–3 füllen den Raum meist sehr gut aus. Nur selten wird die Lingula isoliert reseziert, häufiger mit dem ganzen UL oder der basalen Segmentgruppe wegen Bronchiektasen.

Linker Unterlappen

Dieser Lappen hat üblicherweise kein mediobasales (kardiales) Segment. Als Variation findet sich manchmal ein vergleichbarer Bronchus bei der Bronchoskopie. Die Aufteilung in Spitze und basale Pyramide gleicht jener auf der rechten Seite. Für beide Segmentgruppen wird das Lig. pulmonale in Portionen unterbunden und durchtrennt. Der Lappenspalt ist häufig nicht komplett, insbesondere der Übergang von der Oberlappenbasis zur Unterlappenspitze. Die Abtrennung erfolgt zwischen Klemmen oder mit einem Stapler oder durch freie vorsichtige Spreizung und Spaltung des Parenchyms. Als erstes wird die Lappenvene von dorsal freigelegt und die Äste angeschlungen (s. Abb. 8.1-57-59).

Spitzensegment. Vom Lappenspalt aus kommt man über kleine Lymphknoten an die UL-Arterie. Etwa in Höhe der Lingulaarterie geht nach dorsal A6 ab. Sie teilt sich manchmal in 3 Äste, so daß nachgesehen werden soll, ob ein Ast zum OL zieht. Gleich unter der Arterie kommt man auf die B6. Nun wird von dorsal die V6 versorgt. Jetzt läßt sich der Segmentbronchus 6 umgreifen, durchtrennen und verschließen. Die Ausschälung des Segmentes erfolgt durch Klemmenzug am peripheren Bronchusstumpf. In seltenen Fällen gibt es dicht untereinander zwei B6. Meist handelt es sich um die proximale Transposition eines Astes.

Basale Segmentgruppe. Zunächst wird der Lappen nach ventral geschlagen und dorsal die Vene freigelegt. Vom Lappenspalt aus wird in Hilushöhe die Arterie aufgesucht. Nach ventral ziehen Lingula- und Dorsalarterie, nach dorsal A6. Dicht kaudal davon findet sich der basale Arterienstamm, welcher auf und dicht vor dem Bronchus liegt. Die Arterie teilt sich schnell in 2–3 Äste auf, welche alle gesondert versorgt werden müssen. Am unteren Rand der Vene findet sich konstant ein Lymphknoten. An der Vene ist vor Unterbindung und Durchtrennung nachzusehen, ob nicht etwa ein Venenast von der Lingula in die UL-Vene mündet.

Ähnliches findet sich auf der rechten Seite vom ML kommend. Dort kann manchmal der gesamte Venenabfluß in den UL gehen. In beiden Fällen hätte eine Ausschaltung der Vene erhebliche Folgen in Form einer hämorrhagischen Infarzierung. Bei schwieriger Präparation und verklebtem Lappenspalt kann man den Bronchus auch nach Durchtrennung der Vene von dorsal aufsuchen. Der Bronchusverschluß kann mit dem Stapler erfolgen. Die Ausschälung aus dem Spitzensegment erfolgt durch Zug am peripheren Bronchusstumpf.

Lobektomien

Unabhängig von der Art der Erkrankung handelt es sich bei der Lobektomie um die häufigste Form der Lungenresektion. Die Zugangswege folgen den eingangs des Kapitels beschriebenen Richtlinien. Die meisten Eingriffe lassen sich über eine antero- oder posterolaterale Thorakotomie durchführen.

Häufig ist die Lunge teilweise oder ganz mit der Brustwand verklebt und der Pleuraspalt aufgehoben. Nur strangförmige Adhäsionen und Fäden dürfen intrapleural scharf durchtrennt werden, während bei einer breiten Verklebung eine extrapleurale Ablösung zweckmäßiger ist, um die Gefahr einer Begleitverletzung so gering wie nur möglich zu halten. Dabei ist besonders in der Thoraxkuppel auf die A. und V. subclavia zu achten, wobei vor allem die Arterie in den Thorax hineingezogen sein kann. Bei der extrapleuralen Ablösung des re. Oberlappens vom Mediastinum ist besonders auf den Verlauf der V. cava sowie der V. azygos zu achten, beim linken OL auf den Aortenbogen, den N. laryngeus recurrens sowie die A. subclavia, beim linken UL auf die Aorta, auf der der Lappen breit und fest aufsitzen kann.

Die Lymphknotendissektion gehört sowohl beim Tumor wie bei entzündlichen Befunden (Tuberkulose) schon aus Gründen der Klassifikation zum Standard.

Die intra- und extrapulmonalen hilär und mediastinal gelegenen Lymphome lassen sich sowohl bei der Lob- wie Pneumonektomie in gleicher Weise entfernen. Hilfreich für die Präparation ist in diesen Fällen die Verwendung von Clips. Vor allem bei der Manschettenlobektomie (s.d.) ist infolge der Durchtrennung der Bronchialachse ein breites Aufklappen der Bifurkationsregion möglich, so daß sehr übersichtliche Präparationsmöglichkeiten für die Lymphknotendissektion entstehen.

Nach Abschluß des Eingriffs ist eine Wasserprobe auf Nahtdichtigkeit unter simultaner Erhöhung des Beatmungsdruckes bei Lappen- und Hauptbronchien wichtiger als bei den in den Lungenstumpf zurücksinkenden Segmentbronchien. Je nach Befund kann dann die Versorgung durch eine zusätzliche Naht erfolgen, ferner durch Fibrinkleber oder Muskelperiostlappen. Bei der Entfaltung des verbleibenden Lappens ist auf eine Torsion bzw. Knickbildung zu achten, die besonders beim ML auftreten kann. Bleiben letztere bestehen, kann es zur hämorrhagischen Infarzierung kommen, die eine Rethorakotomie mit Nachresektion unumgänglich macht. Erkennbar wird dieser Befund röntgenologisch durch Verschattungen meist großer Lappenabschnitte, Fieber, Husten, Kurzatmigkeit und deutlich schlechter werdenden Blutgasanalysen innerhalb von 12–36 Std. postoperativ.

Wiederholt wurde die Empfehlung ausgesprochen, bei Tumorresektionen zuerst die Vene zu unterbinden. Ist aber die Präparationsdauer langwierig, so kann es zu einer sehr unangenehmen Blutstauung im betroffenen Lappen kommen, da die funktionelle Drosselung der Arterienzufuhr nicht augenblicklich wirksam ist.

Es ist deshalb besser, wenn man die Regel weiterhin befolgt, die Arterie vor der Vene zu ligieren.

Oberlappenresektion rechts

Auf dieser Seite liegt der Bronchus dorsal und die Vene ventral. Bei einem postero- und anterolateralen Zugang schlägt man den Lappen nach ventral und inzidiert die Pleura mediastinalis unterhalb des Bogens der V. azygos (Abb. 8.1-50).Man gelangt an die Hinterwand des Bronchus mit Bronchialarterie und N. vagus. Letzterer wird angeschlungen. Dann durchtrennt man die zum OL ziehenden Äste. Bei einer unzureichenden Narkosetiefe kann eine Bradykardie eintreten, die durch eine intranervale Infiltration mit einem Lokalanästhetikum sofort behoben werden kann. Der OL-Bronchus wird an seinem Abgang dargestellt, wobei sich konstant im Winkel zwischen OLB und dem Bronchus intermedius ein Lymphknoten befindet.

Würde man hier weiter in die Tiefe präparieren, so käme man auf die aszendierende Dorsalarterie A2. Bei starker Eiterung, wie etwa bei einem großen Lungenabszeß, einer Aspergillose etc., kann man das ganze Vorgehen vom Bronchus ausgehend fortsetzen. Letzterer wird rundherum freigelegt, wobei man ventral auf die dem Bronchus aufliegende Arterie (A1 und hiluswärts anteriorem Stamm) stößt. Die Durchtrennung des Bronchus erfolgt vorsichtig von dorsal her, anschließend die der ventral liegenden Arterie und dann der Vene nach Nahtverschluß. Beim üblichen Vorgehen durchtrennt man den Bronchus aber jetzt noch nicht, sondern schlägt den Lappen nach dorsal um und sucht vom Perikard ausgehend den meist flachen Stamm der OL-Vene auf. Letztere wird angeschlungen und lappenwärts bis in die Segmentaufteilung präpariert. Dicht dahinterliegend findet sich ein festeres 1–2 cm breites Gewebe, das Lig. hilare, welches mit der Pinzette angehoben und in Portionen unter Zuhilfenahme des Overholts durchtrennt wird. Anschließend liegt die A. pulmonalis im Blickfeld, während der anteriore OL-Arterienstamm oder eine isolierte apikale Arterie noch innerhalb des Mediastinums liegen.

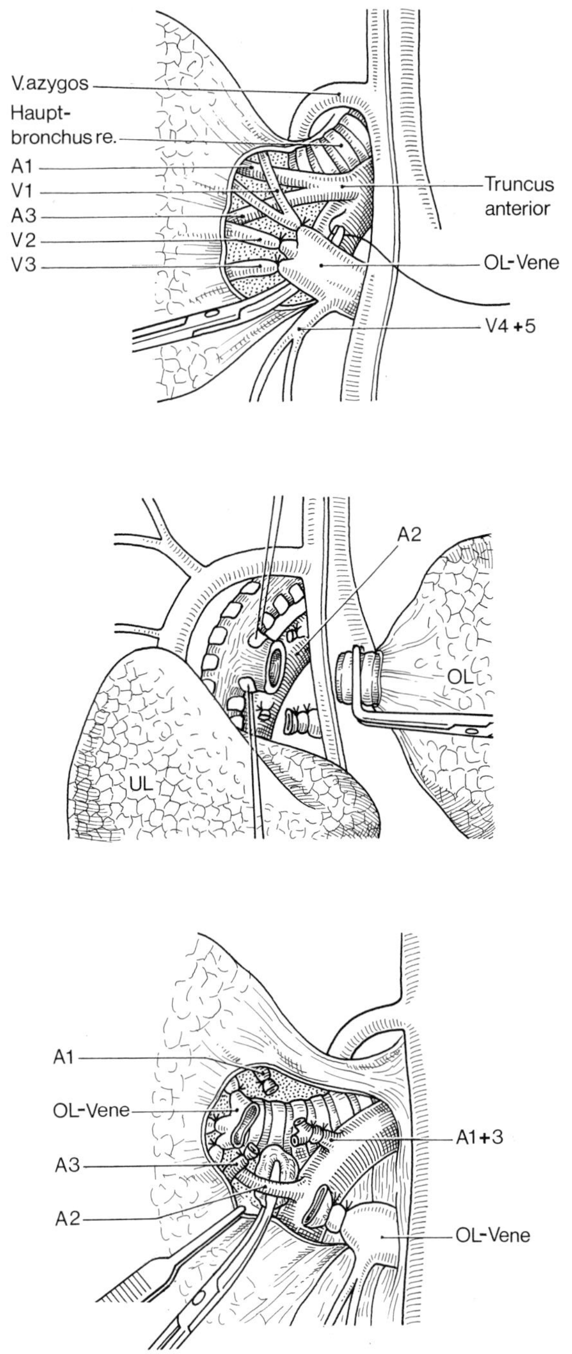

Abb. 8.1-50. a–c) Lobektomie des rechten Oberlappens. Die Vene wird von ventral, die Arterie von ventral-kranial, der Bronchus von dorsal und dorsal-kranial dargestellt. Hinter der Vene finden sich das Lig. hilare und dahinter die A. pulmonalis mit dem anterioren Arterienstamm (Truncus, a). Nach Durchtrennung von Arterie und Vene findet man die Dorsalarterie A 2 (»aszendierend«, b). Der Bronchus wird von dorsal unterfahren und mit Stapler oder Skalpell verschlossen bzw. durchtrennt (c).

Ist das Gewebe hier nicht locker und die Gefäßschicht leicht darzustellen, so unterfahre man die A. pulmonalis hinter oder dicht lateral von der V. cava mit einem Overholt und/oder dem Zeigefinger und schlinge sie zur Sicherung mit einer Tourniquet-Drossel an. Auf diese Weise kann eine präparatorisch ausgelöste größere Blutung vermieden oder zuverlässig beherrscht werden. Schwielig verbackene oder verkalkte Lymphknoten muß man mit einer leicht gebogenen Präparierschere flach und tangential zur Bronchuswand ablösen, gelegentlich auch durch die verbleibenden Reste hindurch weiter präparieren. Nur wenige Millimeter, manchmal auch bis zu 1–2 cm distal davon geht an der lateralen Wand der A. pulmonalis eine zusätzliche A 3 ab und noch 1 cm tiefer davon die A 2, deren Darstellung gelegentlich vom Bronchus aus vorgenommen werden muß. Von den Segmentvenen zieht die Vene (V 2) flach über die Pars intermedia der A. pulmonalis hinweg in die Tiefe des Lappens. Bei ihrer Abhebung kann man die A. pulmonalis verletzen. Auch muß man berücksichtigen, daß selbst bei geglückter Unterbindung und Durchtrennung infolge des mehrfachen Hin- und Herschlagens des Lappens die periphere Unterbindung von V 2 abrutschen kann. Die dann nach abgeschlossener Präparation mögliche Durchtrennung des Bronchus und seine Versorgung gelingt bei guter Freilegung am einfachsten mit einem Stapler (z.B. TA 30). Die Schnittlinie sollte man mit einer Desinfektionslösung bestreichen. Im Falle der manuellen Naht bleibt man dicht am Ostium. Es ist von Vorteil, wenn man den distalen Bronchusstumpf zum Präparat hin mit einer schmalen kräftigen Klemme verschließen kann. Nach dessen Durchtrennung kann man dann eine kräftige Durchstechungsligatur anbringen. Die Parenchymbrücken werden – wie schon früher angegeben – durchtrennt. Besonders zu achten ist im Falle der Ablösung von ventralen perikardialen Adhäsionen auf den N. phrenicus.

Die Deckung des Bronchusstumpfes wurde eingangs des Kapitels ausführlich beschrieben und wird unterschiedlich gehandhabt.

Mittellappenresektion rechts

Am besten geeignet ist der anterolaterale Zugang (Abb. 8.1-51–53). Der Mittellappen wird nur selten allein reseziert, da Tumoren wie Entzündungen oft sehr weit nach zentralwärts reichen, so daß Ostium und Carina nicht weit genug im Gesunden versorgt werden können. Deshalb wird er oft zum Ober- oder Unterlappen zugeschlagen und als Bilobektomie entfernt (s.d.).

Der kleine Lappenspalt ist oft inkomplett oder fehlt vollständig. Vom großen Lappenspalt aus wird die Gefäßscheide der A. pulmonalis eröffnet. Ist die Schicht in Höhe der gegenüber abgehenden A. 6 und ML-Arterie 4 u. 5 verklebt, so präpariert man von den basalen UL-Arterien aus. Die ML-Arterie liegt auf dem MLB und dazwischen findet sich konstant ein Lymphknoten, häufig etwa 1 cm weiter oberhalb davon noch eine zweite ML-Arterie. Die

ML-Vene liegt ventral-kaudal vom Bronchus und kann entweder nach seiner Durchtrennung oder von ventral her präpariert werden. In seltenen Fällen mündet die ML-Vene in die UL-Vene. Man darf nicht vergessen, daß OL- und ML-Vene gemeinsam die V. pulmonalis superior bilden und nicht versehentlich der gesamte Venenstamm bei einer Oberlappen- oder Mittellappenresektion unterbunden wird. Bei alten Entzündungsprozessen, wie etwa der Tuberkulose und/oder Lymphknotenkalk, kann die Darstellung einer separierbaren Schicht völlig unmöglich sein. Auch kann bei der Präparation eine erhebliche Blutung auftreten, so daß man deshalb besser zentral die A. pulmonalis anschlingt und mit einer Tourniquet-Drossel vorsorglich versorgt. Der MLB kann mit einem Stapler oder ebenso durch eine Naht von Hand verschlossen werden.

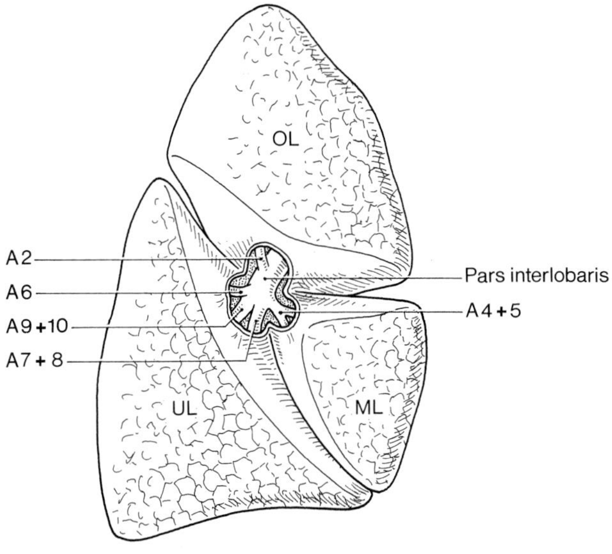

Abb. 8.1-51. Rechter Unter- und Mittellappen. Situs der Arterien.

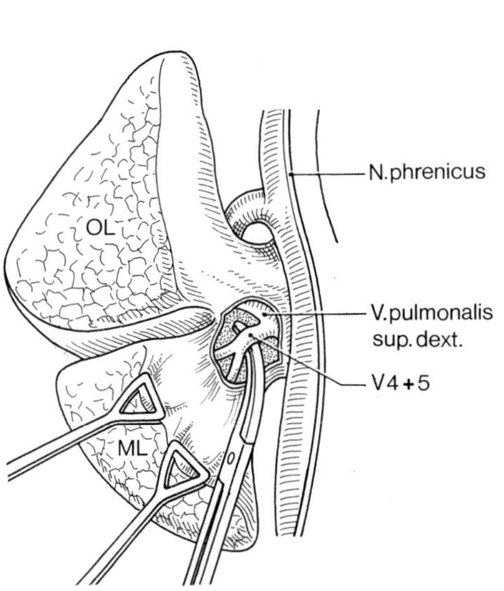

Abb. 8.1-52. Rechter Mittellappen (I). Freilegung der Vene von der Einmündung in die obere Lungenvene bis in die Segmentaufteilung.

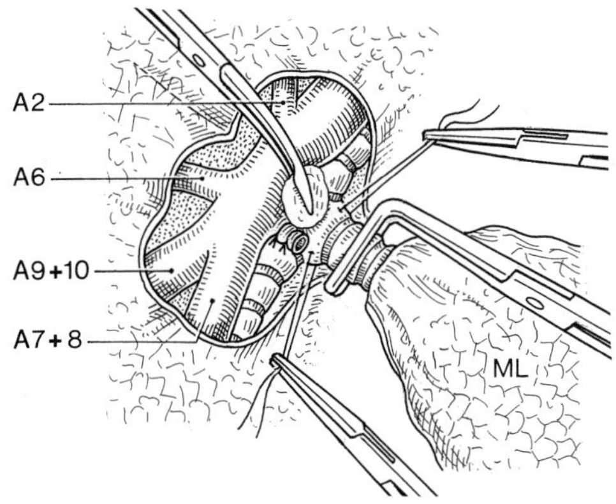

Abb. 8.1-53. Rechter Mittellappen (II). Die Arterie ist durchtrennt. Kranialwärts etwa am oberen Rand des Bronchus findet sich oft eine zweite Arterie. Der MLB kann mit Stapler oder manueller Naht versorgt werden.

Unterlappenresektion rechts

Zugang der Wahl ist die postero- oder anterolaterale Thorakotomie (Abb. 8.1-51, 52 u. 55). Bei starken Verklebungen, etwa bei einem Empyem, pulmonalen Eiterungen oder tumorbedingter starker Vaskularisation muß man medial-dorsal direkt an der Wirbelsäule den vorsorglich mit einem kräftigen Magenschlauch geschienten Ösophagus tasten können. Die Unterfläche des Lappens muß vom Zwerchfell abhebbar sein. Im Herz-Zwerchfell-Winkel stößt man dann auf das Lig. pulmonale und durchtrennt es in Portionen. Anschließend wird die Ablösbarkeit vom ML und UL überprüft. Die UL-Vene stellt man vom Zwerchfell aus dar und unterfährt sie zentral, d.h. beim Abgang aus dem Perikard. Lappenwärts werden die Segmentstämme isoliert und im weiteren Fortgang die Arterie vom Lappenspalt aus dargestellt. Die A6 wird als erste unterbunden, wobei man vorher den UL mit einer axillar angesetzten Lungenklemme etwas anheben muß, ohne daran fest zu ziehen, da dabei die A2 ausreißen kann. Zwischen der A4 und der ML-Arterie (A4 + 5) liegt der basale Stamm der UL-Arterie. Letztere wird doppelt unterbunden und mit einer Durchstechungsligatur versorgt. Der Bronchus muß bei einem hohen Abgang von B6 (dann besteht kein einheitlicher Stamm eines ULB) getrennt für apikal und basal versorgt werden. Dabei ist wieder auf die ML-Carina zu achten, da beim Verschluß das ML-Ostium nicht eingeengt werden darf. Bei einem tiefen Abgang von B6 erfolgt die gemeinsame Durchtrennung knapp oberhalb dieses Segmentbronchus.

Auf einige mögliche Besonderheiten ist zusätzlich zu achten. So muß man z.B. bei der Durchtrennung des Lig. pulmonale durch Betastung feststellen, ob es dichter und fleischiger ist als üblich und/oder stricknadeldicke oder größere Gefäße enthält, die dann akzessorischen Abgängen aus der Aorta entsprechen würden und gesondert unterbunden werden müssen.

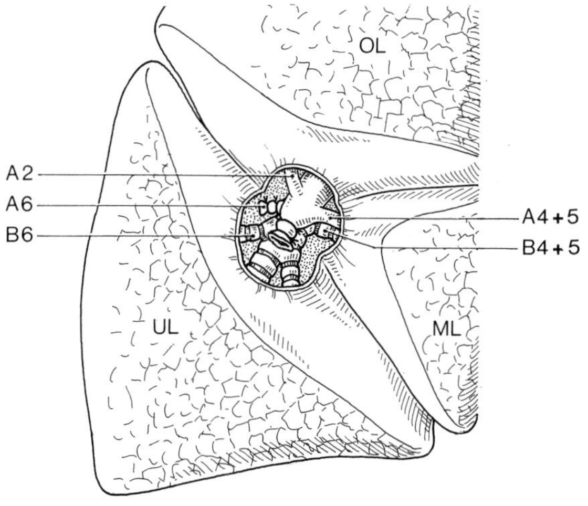

Abb. 8.1-54. Rechter Unterlappen (I). Ansicht von lateral. A6 und der basale Arterienstamm sind durchtrennt. Früher Abgang von B6; deshalb muß man manchmal B6 und die basale Gruppe getrennt versorgen.

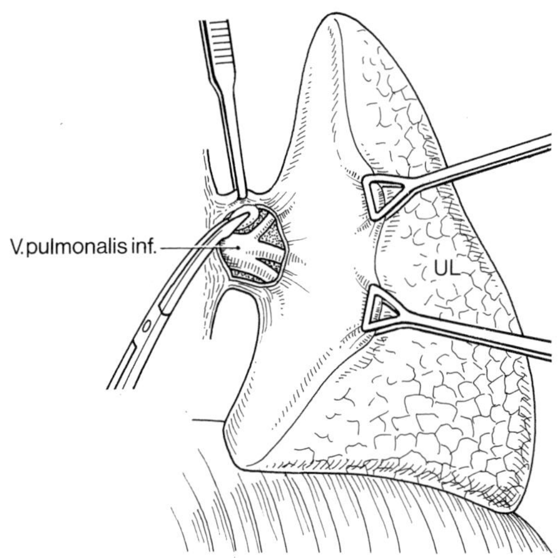

a)

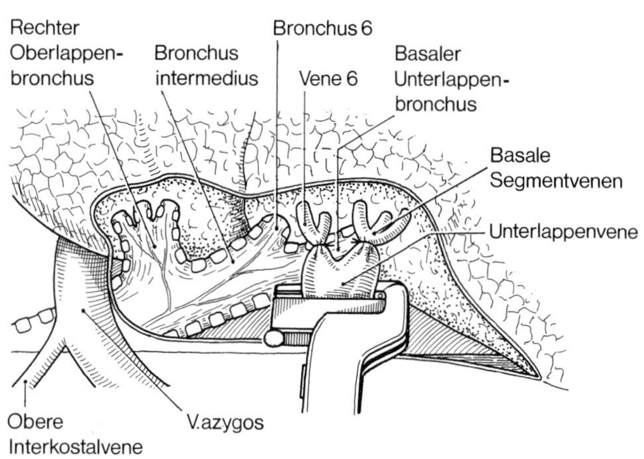

b)

Abb. 8.1-55. a u. b) Rechter Unterlappen (II). Die Vene wird von dorsal dargestellt, das Lig. pulmonale war in Portionen unterbunden bzw. verschorft und durchtrennt worden (a). Wahlweise kann die Vene zentral mit dem Stapler (TA 30 V, Gefäßmagazin) verschlossen werden (b).

Weiterhin können strangförmige Adhäsionen des Unterlappens mit dem Zwerchfell durch atypische Gefäßverläufe hervorgerufen werden, die von medial über den Ösophagus oder von kaudal aus dem subphrenischen Raum kommen. In Frage kommen solche aberrierende aortale Arterien allein oder in Kombination mit einer Lungenmißbildung wie z.B. bei einer intra- und extralobären Lungensequestration. Ihre Verkennung kann zu schweren, u.U. sogar tödlichen intraoperativen Blutungen führen, da die abgerissenen Gefäßstümpfe sofort in das Mediastium bzw. Abdomen zurückgleiten.

Infolge der Dreilappigkeit des rechtsseitigen Lungenflügels (bei Situs inversus umgekehrt) sind Doppellappenresektionen möglich, wie z.B. die obere Bilobektomie (OL + ML) oder die untere Bilobektomie (ML + UL). Die Notwendigkeit zur oberen Bilobektomie wird in der Regel durch Parenchymbefunde verursacht. Wichtig ist, daß der jeweilige Lappenbronchus an seiner Abtragungsstelle makro- und mikroskopisch intakt ist. Wenn ausgedehntere entzündliche oder neoplastische Veränderungen vorliegen (z.B. Tuberkulose, Aktinomykose, multilokuläre Abszesse, Adenomatose, d.h. ein Alveolarzellkarzinom oder Bronchiektasen), muß die Resektion erweitert werden. Die Technik entspricht dem Vorgehen bei der Lobektomie.

Die Notwendigkeit, eine untere Bilobektomie durchzuführen, ist selten durch parenchymatöse Veränderungen indiziert, sondern viel häufiger durch Veränderungen am Bronchus. Ursache dafür sind zentrale endo- und peribronchiale Tumoren mit Beteiligung von ML-Carina oder -Ostium, Veränderungen entsprechender Art an der Carina und Ostium B6 oder am UL-Ostium bzw. Bronchiektasen. Die einzelnen Venen werden standardmäßig versorgt. Bei der Arterie soll die Pars intermedia der A. pulmonalis unterbunden werden. Gelingt das nicht wie üblich vom Lappenspalt aus, legt man die UL-Vene und die A. pulmonalis im Hilusbereich frei und kann dann dicht unterhalb der UL-Vene die Arterie nach Lezius unterfahren und unterbinden.

Manchmal gelingt die Präparation nur bis dicht unterhalb des ULB, so daß man dann die aszendierende A2 mitunterbinden muß. Nach Möglichkeit sollte man das aber vermeiden. Der Bronchus intermedius wird unterhalb der OL-Carina durchtrennt, die dabei wiederum nicht nahtbedingt eingeengt werden darf. Auch ist auf den Verlauf des N. phrenicus zu achten, der auf der V. cava liegend dargestellt werden muß bzw. bei der Mittellappen- oder Unterlappenresektion am Perikard bis hinunter zum Zwerchfell.

Die sog. parenchymsparenden Resektionen gehören definitionsgemäß eigentlich zur Lobektomie, und zwar unter der Bezeichnung »Manschettenlobektomie«. Sie werden später abgehandelt.

Oberlappenresektion links

Zugangsweg ist die postero- oder anterolaterale Thorakotomie (Abb. 8.1-56, 68 u. 69). Falls Eingriffe an beiden Oberlappen erforderlich sind, geht man am besten transsternal vor. Die mediastinale Pleura wird bogenförmig unter der Konkavität des Aortenbogens inzidiert. Dem Aortenbogen anliegend findet sich dann der N. vagus, von welchem in Höhe des Lig. arteriosum Botalli der N. laryngeus recurrens abgeht. Im Falle starker Verklebungen und einer extrapleuralen Ablösung muß man auf den Verlauf dieses Nervens besonders achten. Die A. pulmonalis liegt in der Konkavität des Aortenbogens dem Hauptbronchus auf. Das Gefäß wird freigelegt und probatorisch mit einer Tourniquet-Drossel angeschlungen. Die Zahl der Segmentarterien variiert stark zwischen minimal 3 und maximal 6–8. Der erste Ast ist der kräftige Stamm A1 + 3. Danach folgen im Abstand von je 0,5–1 cm meist zwei Arterien, eine davon ist die A2. Dann schließt sich eine 2–3 cm lange abgangslose Strecke an, bis schließlich die Lingulaarterie A4 + 5 erkennbar wird. Vom Lappenspalt aus kann man nur die A4 + 5 und die A2 darstellen. Eine dünne lange Vene (V1) zieht schräg-ventral über den Stamm der A1 + 3. Sind die OL-Basis und UL-Spitze verklebt oder nicht trennbar, so muß man prüfen, ob man die Lunge vom lateralen Rand des Pulmonalisstammes abheben kann. Gelingt dies, so kann man mit dem Overholt einen Faden durchführen und anschließend eine Klemme bzw. den Stapler nachschieben. Zieht man beide Lappen leicht auseinander, läßt sich gelegentlich das Parenchym mit einer Präparierschere spalten, wobei dann die Vene ventral liegt, die zentral am Stamm und peripher in den Gruppen V1–3 und V4 + 5 doppelt unterbunden und durchtrennt werden muß.

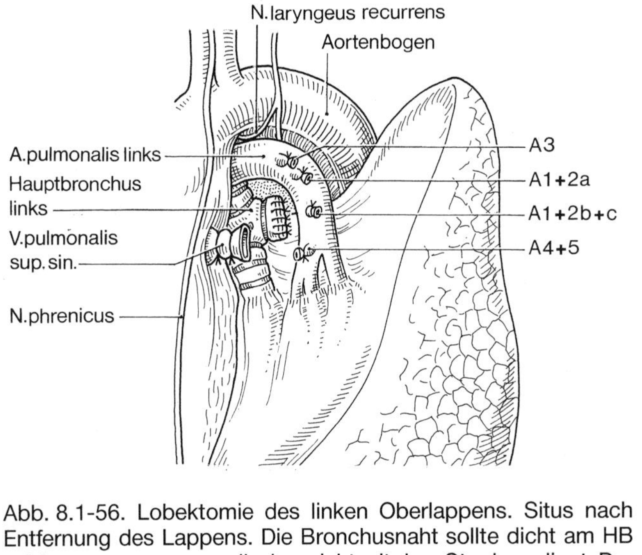

Abb. 8.1-56. Lobektomie des linken Oberlappens. Situs nach Entfernung des Lappens. Die Bronchusnaht sollte dicht am HB erfolgen, was nur manuell, aber nicht mit dem Stapler gelingt. Der vorherige Gefäßsitus ist in Abb. 8.1-68 u. 69 ersichtlich.

Der Bronchus läßt sich abgangsnahe am besten darstellen, wenn die Pulmonalarterie mitangeschlungen und nach dorsal weggezogen wird. Der Bronchusverschluß erfolgt, wie schon zuvor beschrieben, entweder mit einem Stapler oder von Hand. Ist der Stamm des OLB kurz, so liegt die Durchtrennungsebene schon in den Segmentwurzeln, was einen ungünstigen breiten Stumpf hinterlassen würde. In diesen Fällen ist es besser, die beiden Segmentgruppen getrennt zu versorgen. Auf die Variabilität der Lingulaarterie wurde schon bei der Segmentresektion hingewiesen. Gelingt die Freilegung eines Gefäßes abgangsnahe nicht, so kann man auch die A. pulmonalis in diesem Bereich mit einer Satinsky-Klemme ausklemmen und die betreffende Arterie von der Wand ovalär ausschneiden und die Arteriotomie mit einer fortlaufenden atraumatischen Naht (5/0 oder 6/0) verschließen.

Unterlappenresektion links

Der am besten geeignete Zugang ist der von posterolateral (Abb. 8.1-57–59). Das Lig. pulmonale wird schrittweise unter Zuhilfenahme von Dissektionsligaturen durchtrennt und dann die Arterie im Lappenspalt gegenüber der Lingulaarterie dargestellt. Zu beachten ist, daß die A 6 aus dem Hauptstamm abgeht und dann die basale Arterie folgt. Die Vene wird von dorsal freigelegt, wobei der zentrale Stumpf lang genug sein muß, damit die Ligatur nicht abrutscht. Der Bronchus liegt unter A 6 und wird erst nach Durchtrennung der Arterie sichtbar. Je nach dem Abgang von B 6 müssen ein oder zwei Bronchusdurchtrennungen und Nähte mit dem Stapler oder von Hand erfolgen.

Auch bei dieser Resektion ist auf die schon erwähnte Lungensequestration und aberrierende aortale Gefäße zu achten, die am häufigsten im und am linken Unterlappen beobachtet wurde.

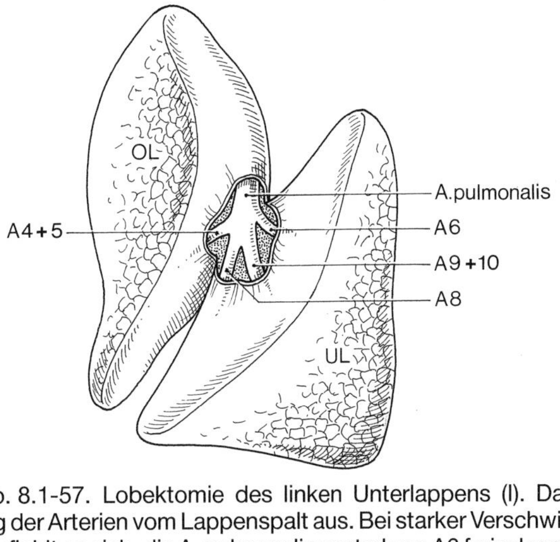

Abb. 8.1-57. Lobektomie des linken Unterlappens (I). Darstellung der Arterien vom Lappenspalt aus. Bei starker Verschwielung empfiehlt es sich, die A. pulmonalis zentral von A6 freizulegen und mit Faden oder Satinsky-Klemme zu sichern.

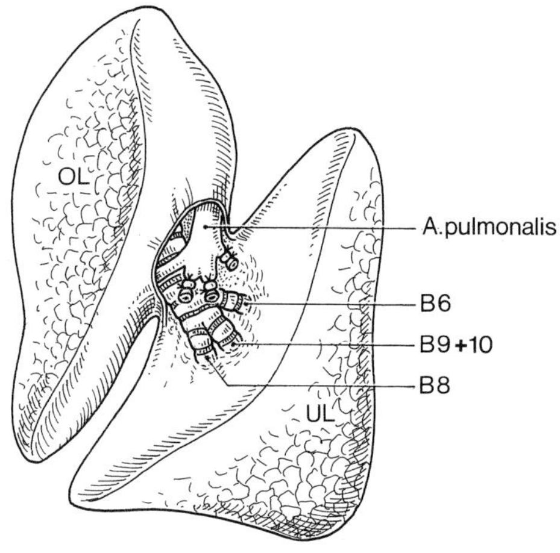

Abb. 8.1-58. Lobektomie des linken Unterlappens (II). Die Arterien sind durchtrennt, die Bronchien im Wurzelbereich freigelegt. Die kleinen Bronchialarterien finden sich medial und dorsal.

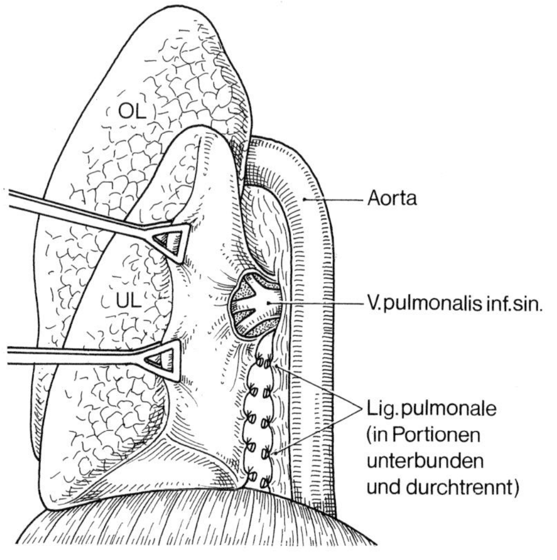

Abb. 8.1-59. Lobektomie des linken Unterlappens (III). Darstellung der Vene von dorsal. Das Lig. pulmonale ist in Portionen unterbunden und durchtrennt. Bei kurzem Stamm und verschwielten peripheren Strecken kann man den Venenverschluß auch mit dem Stapler machen (vergleichbar Abb. 8.1-55 b).

Wenn eine totale oder mehrfache Verklebung mit Obliteration des Pleuraspaltes besteht, kann, gleichgültig, um welche Lappenresektion es sich handelt, die Entfernung nur gemeinsam mit der Pleura parietalis, d.h. also durch ein extrapleurales Vorgehen (Pleurolobektomie) oder extrapleurale Lobektomie gelingen.

Pneumonektomien

Zugang der Wahl ist die antero- oder posterolaterale Thorakotomie. Wenn mit großen ventralen Tumoren zu rechnen ist, empfiehlt sich der anterolaterale Weg, andernfalls der posterolaterale. Die Intubation mit Blockerkathetern oder optisch mit einem langen Bronchuskatheter ist dann indiziert, wenn eine Eiterung besteht und/oder mit einer schwierigen und langwierigen Präparation zu rechnen ist. Die standardmäßige Gefäßversorgung erfolgt extraperikardial. Bei hilusnahem Sitz des Befundes oder nicht präparierbaren Gefäßen muß jedoch von intraperikardial vorgegangen werden. Der normale Weg ist die intrapleurale Darstellung, die nur dann aufgegeben wird, wenn ausgedehnte Adhäsionen eine Ablösung der Lunge unmöglich machen. Die Mitnahme der Pleura parietalis entspricht dann im Ergebnis einer Pleuropneumonektomie. Dieses Vorgehen verursacht häufig große Blutverluste und birgt ein größeres Risiko einer postoperativen Nachblutung in sich. Alle Eingriffe, die mit der Entfernung zusätzlicher Strukturen einhergehen, werden als »Erweiterte« bezeichnet. Dazu gehören auch Gefäßmanschettenresektionen bei Lobektomie oder Pneumonektomie. Insgesamt gehören dazu: Brustwand, Perikard, Zwerchfell, V. cava sup. und Mediastinalstrukturen. Bei zentralem Tumorsitz und Sitz am Perikard kann erst die intraperikardiale Inspektion und Palpation Aufschluß über die lokale Operabilität geben. Bei dieser digitalen Manipulation innerhalb des Perikards kommt es häufig zu Arrhythmien und ausgeprägten Bradykardien, die gelegentlich dadurch vermieden werden können, wenn man durch einen kleinen Schlitz im Perikard etwa 10 ml eines 1 %igen Novocain instilliert und einige Minuten abwartet.

Pneumonektomie rechts

Parallel zum Azygosbogen wird die Pleura mediastinalis inzidiert, der Hauptbronchus von dorsal freigelegt, der Bifurkationswinkel ausgetastet und ebenso das obere Mediastinum zwischen Trachea und V. cava (Abb. 8.1-60–64). Der N. vagus verläuft laterodorsal an der Trachea und wird am Tracheobronchialwinkel angeschlungen, ebenso die A. bronchialis. Auf diese Weise gelingt eine zuverlässige Exploration auch an der Speiseröhre, die fallweise mit einem Magenschlauch vom Anästhesisten geschient werden muß, z.B. wenn Lymphknotenpakete abgelöst werden müssen. Im weiteren Fortgang wird die Oberlappenspitze heruntergezogen, der Lungenflügel insgesamt nach dorsal umgeklappt und das Perikard sowie die Gegend der oberen Lungenvene freigelegt. Zwischen der Vene und dem Hauptbronchus liegt die A. pulmonalis. Sie ist vom straffen Lig. hilare (Septum hilare intervasale) eingehüllt, welches schrittweise gespalten wird. Bei der Freilegung des oberen Pulmonalisrandes ist zu beachten, daß die apikale Arterie oder der Truncus anterior noch im Mediastinum abgehen können. Die Unterfahrung und Unterbindung soll deshalb medial davon erfolgen. Gelegentlich muß man die OL-Vene unterbinden und durchtrennen, um an die Pulmonalarterie heranzukommen (Abb. 8.1-65). Die Unterfahrung des Gefäßes gelingt bei lockerem Gewebe auch mit dem Zeigefinger, meist ist jedoch eine stark gebogene Klemme erforderlich, die man von kaudal nach kranial durchschiebt und dabei darauf achtet, daß die Klemme immer in Kontakt mit der Bronchuswand bleibt. Die V. cava wird mit einem Präpariertupfer oder kleinen Langenbeck-

Haken nach medial gezogen, so daß der Faden zentral von der Aufteilung der A. pulmonalis liegt. Er wird erst geknüpft, wenn die Resektabilität gesichert ist. Beim Knoten muß gleichmäßig an beiden Fadenenden gezogen werden, da bei einer Pulmonalsklerose die Gefäßwand leicht »angesägt« werden kann.

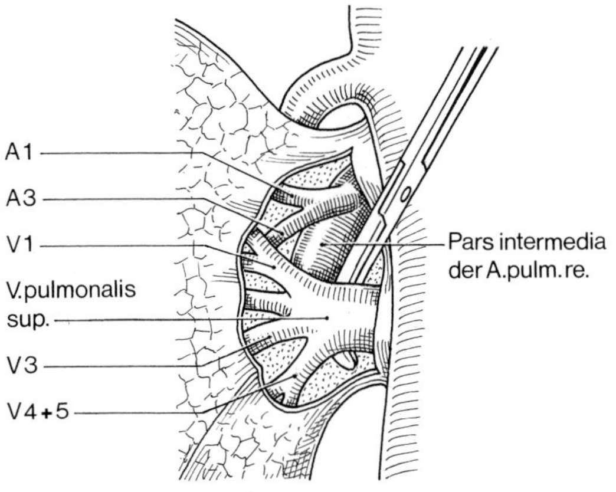

Abb. 8.1-60. Pneumonektomie rechts extraperikardial (I, Standard). Die Pleura über dem Hilus wird gespalten und die Gefäße freigelegt. Die obere Lungenvene (OL + ML) wird unterfahren. Hinter der Vene liegt eine straffe Membran (Lig. hilare), welche mit Pinzette und Overholt-Klemme aufgesplittert wird, um die A. pulmonalis (Pars intermedia) freizulegen.

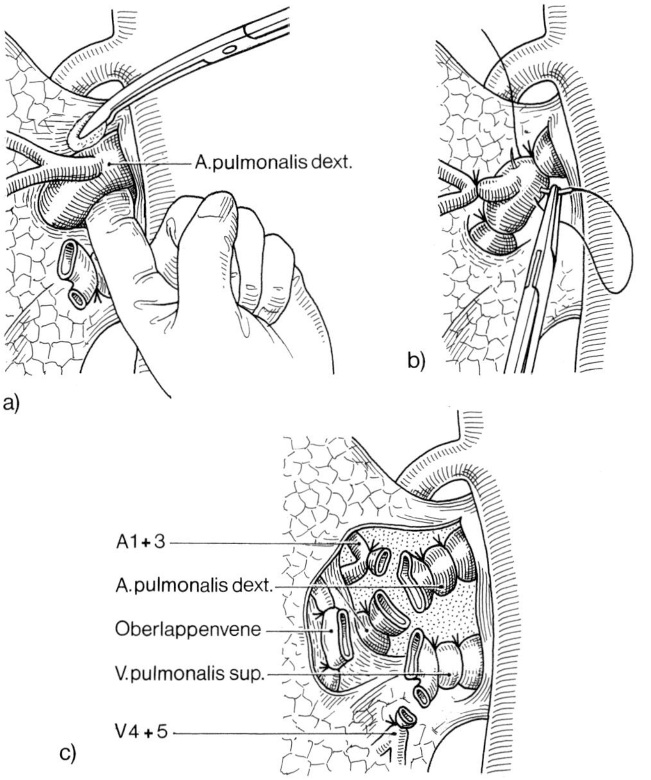

Abb. 8.1-61. a–c) Pneumonektomie rechts extraperikardial (II). Die A. pulmonalis wird digital und mit einem Präpariertupfer unterfahren und ein starker Faden durchgezogen. Der Faden soll zentral von der OL-Arterie liegen (a). Nach Unterbindung erfolgt Sicherung mit einer Durchstechung (b). Manchmal ist es nötig, die Vene vor der Arterie zu unterbinden und zu durchtrennen. Alle Gefäße sind nun versorgt (c).

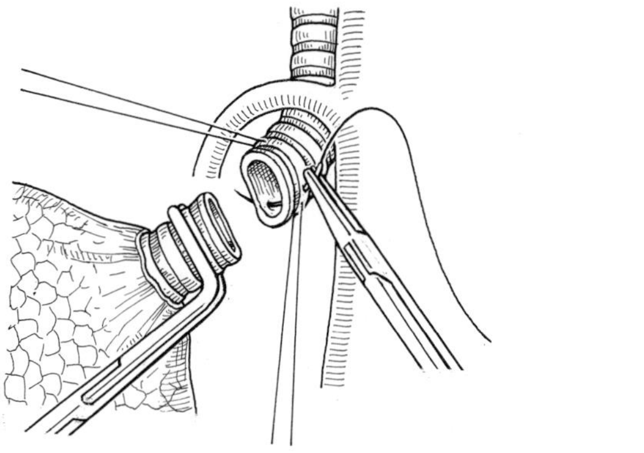

Abb. 8.1-62. Pneumonektomie rechts extraperikardial (III). Der Hauptbronchus war von dorsal, kranial und medial freigelegt worden. Er wird mit dem Skalpell durchtrennt, jodiert (Betaisadona) und verschlossen (PDS, 000–0000). (Der Stumpf muß in Wirklichkeit kurz sein, nahe der Carina und nahe oder am Tracheobronchialwinkel.)

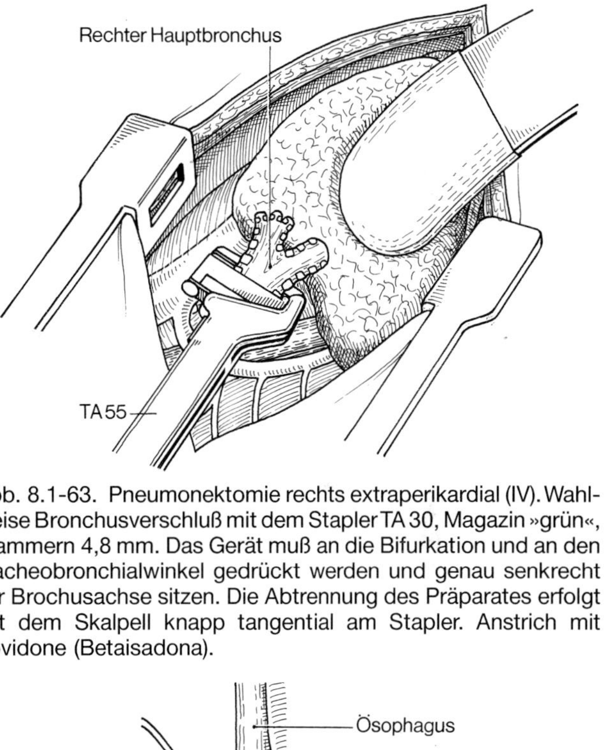

Abb. 8.1-63. Pneumonektomie rechts extraperikardial (IV). Wahlweise Bronchusverschluß mit dem Stapler TA 30, Magazin »grün«, Klammern 4,8 mm. Das Gerät muß an die Bifurkation und an den Tracheobronchialwinkel gedrückt werden und genau senkrecht zur Brochusachse sitzen. Die Abtrennung des Präparates erfolgt mit dem Skalpell knapp tangential am Stapler. Anstrich mit Povidone (Betaisadona).

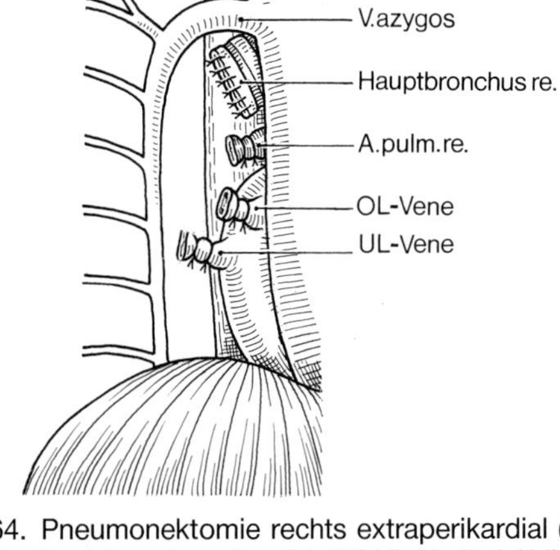

Abb. 8.1-64. Pneumonektomie rechts extraperikardial (V). Endzustand. Der Bronchusstumpf muß in Wirklichkeit viel kürzer oder »null« sein.

Sicherer ist, insbesondere bei einer vorgeschädigten Gefäßwand, die Durchtrennung nach Anlage einer Satinsky-Klemme und der Verschluß des offenstehenden Stumpfes mit einer fortlaufenden Gefäßnaht. Der periphere Stumpf sollte vorher z.B. mit einer Umstechungsligatur verschlossen worden sein. Distal wird die OL- und ML-Vene am Lappenrand unterbunden und dann durchtrennt. Entsprechend geht man bei der UL-Vene vor, sobald ihre Darstellung nach Ablösung des Lig. pulmonale übersichtlich gelungen ist. Der nun allseits freiliegende Hauptbronchus wird nahe der Bifurkation am Tracheobronchialwinkel maschinell oder nach Anlage von Klemmen abgesetzt und dann entsprechend durch Naht verschlossen.

Es kann durchaus Situationen geben, wo es sich nach Feststellung der Resektabilität empfiehlt, die Präparation am Bronchus zu beginnen. Im übrigen können auch zuverlässige Verschlüsse der Hauptstammgefäße mit Staplern (Gefäßmagazin!) vorgenommen werden.

Einige anatomische Besonderheiten können den weniger erfahrenen Operateur überraschen. Dazu gehört z.B. der Abgang eines Bronchus aus der Trachea, der im Falle der Pneumonektomie lediglich gesondert verschlossen und durchtrennt werden muß. Möglich ist aber auch ein Lobus venae azygos, der anatomisch keine Einheit ist und sich schon bei der Eröffnung des Thorax dadurch anzeigt, daß die Oberlappenspitze nach einer endobronchialen Blockade nicht herunterfällt und man den Lappen auch nicht nach lateral umkippen kann. Auch vermißt man dann den Azygosbogen, bis man das dünne Segel des Mesoazygos mit dem beweglichen Gefäß entdeckt hat. Die V. azygos kann nach Bedarf unterbunden und durchtrennt werden, sofern nicht eine Blockade der oberen Hohlvene besteht.

Die intraperikardiale Gefäßversorgung kann besonders bei zentralen, auf das Perikard übergreifenden Tumoren nötig werden, um den Eingriff kurativ beenden zu können. Dabei muß man explorativ feststellen, ob lediglich die extraperikardiale Gefäßstrecke nicht oder nicht sicher präparierbar ist, das Perikard und die intraperikardiale Gefäßstrecke normal sind oder ob der Tumor am Gefäßaustritt extra- oder evtl. intraperikardial aufsitzt. Wichtig ist ferner, ob eine ausreichend zentrale freie Strecke vorhanden ist und ob das Perikard bereits tumorös infiltriert ist.

Im ersten Fall reicht eine vorübergehende Schlitzung des Perikards aus, die postoperativ mit einzelnen Nähten verschlossen wird. Im zweiten Fall müssen u.U. – sofern überhaupt noch Aussicht auf eine Resektion im Gesunden besteht – Teile des Perikards entfernt werden.

Im Falle einer notwendig werdenden **intraperikardialen** Gefäßdarstellung geht man wie folgt vor (Abb. 8.1-65 u. 66):

Der Perikardschlitz wird mit Haltefäden quer auseinandergezogen, wobei man zunächst bei der digitalen Austastung von kaudal und kranial nicht um die obere und untere Vene herumkommt. Erst nach Inzision der Hinterwand des Perikards kann man beide Venen anschlingen. Im Falle der Lobektomie ist dann der entsprechend indizierte Verschluß durch den gelegten Faden sofort möglich.

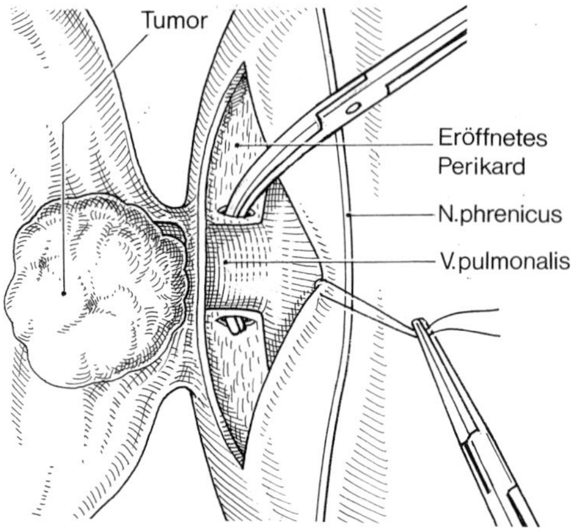

Abb. 8.1-65. Intraperikardiale Pneumonektomie rechts. (I, idealisierte Skizze). Das Perikard wird dorsal vom N. phrenicus gespalten. Die obere Vene ist meist ganz oder fast ganz unterfahrbar. Die untere Vene muß durch Spaltung der Hinterwand des Perikards von der V. cava kaud. getrennt werden. Dann kann man beide Venen oder den gemeinsamen Lungenvenensack umfahren und die Stämme unterbinden oder den Venensack mit breiter Klemme oder Stapler TA 55 verschließen. Die V. cava sup. wird nach medial gezogen, die Hinterwand des Perikards über der fühlbaren fingerdicken A. pulmonalis aufgesplittert, das Gefäß unterfahren und mit Faden oder Stapler verschlossen.

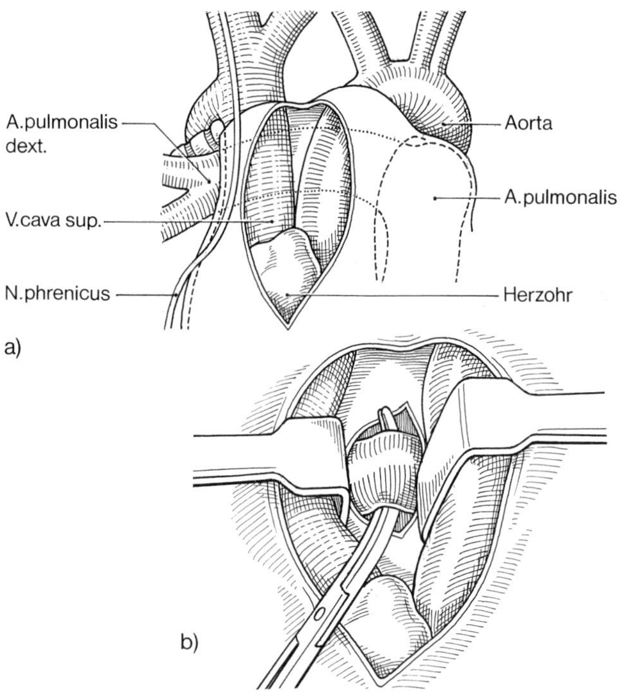

Abb. 8.1-66. a u. b) Intraperikardiale Pneumonektomie rechts (II). Gelingt die Versorgung der A. pulmonalis auf der Weise wie Abb. 8.1-65 nicht, so kann als letzte Möglichkeit deren Darstellung im aortokavalen Zwischenraum erfolgen. Die V. cava sup. wird mit einem Rundhaken nach lateral, die Aorta ascendens in gleicher Weise nach medial gezogen. Am oberen und unteren Rand des Wulstes der A. pulmonalis wird das Peri-(Epi-)kard gespalten, das Gefäß freigelegt und unterfahren. Verschluß mit Ligatur oder Stapler. Je dicker die Arterie ist, um so eher Naht über der Klemme oder Stapler statt Unterbindung. a) Situs vor Spreizung der Gefäße, b) nach Spreizung und Präparation. Der transsternale Verschluß einer Bronchusfistel nach Abbruzzini-Bogush erfolgt in gleicher Weise.

Bei einer Pneumonektomie kann man dagegen eine breite Satinsky-Klemme zentral von der Mündungsstelle der Venen auf den Vorhof aufsetzen. Die peripheren Unterbindungen schließen sich dann intra- oder extraperikardial an. Nach Anlage von Haltefäden wird der zentrale Gefäßverschluß entweder mit einem Stapler oder durch eine fortlaufende atraumatische Gefäßnaht durchgeführt, die zusätzlich bei ausreichend breitem Rand noch durch separate Ligaturen gesichert werden kann. Wenn genügend Platz besteht, ist es einfacher, zunächst die Pulmonalarterien zu versorgen. Dazu wird die intraperikardiale Strecke der V. cava sup. mit einem stumpfen Haken nach medial gezogen und das Perikard über der meist finger- bis daumendicken Arterie gespalten. Auf diese Weise kann sie stumpf und scharf vom rechten Hauptbronchus abpräpariert, mit der Overholt-Klemme unterfahren und ligiert werden. Die Ligatur sollte so weit wie möglich zentral liegen. Auch hier ist die Versorgung mit einem Stapler möglich. Wenn die Gefäßfreilegung auch auf diese Weise nicht zuverlässig gelingt, bleibt noch der Weg über den aortokavalen Zwischenraum. Dabei wird die V. cava mit stumpfen Haken nach lateral und die Aorta nach medial gezogen (Abb. 8.1-66). Die anschließende Freilegung der A. pulmonalis erfolgt wie zuvor beschrieben. Auf diese Weise gelangt man bis in die Teilungsstelle des Truncus pulmonalis. Es ist die zentralste Ligaturmöglichkeit. Bei einer palliativen Resektion muß man gelegentlich an den aus dem Perikard austretenden Venenstümpfen derbe Tumorbürzel stehen lassen, die als Sicherung der Ligatur dienen.

Es gibt Situationen, wo ein offengelassenes Perikard zur Hernierung mit Inkarzeration des Vorhofs bzw. Ventrikel führen kann. Diese Komplikationsmöglichkeit entfällt bei einem breit offenen Herzbeutel und bei erhaltener Lunge, wie im Falle der Panzerherzoperation.

Wenn der N. phrenicus in den Tumor einbezogen ist, muß man ihn u.U. samt Perikard resezieren. Die dann postoperativ gut erkennbare Zwerchfellrelaxation kann wegen der Schaukelbewegung bei forcierter Atmung zu einem sehr schlechten Spätergebnis führen, so daß es sich hier gelegentlich empfiehlt, sofort eine Zwerchfellraffung vorzunehmen. Den Perikarddefekt kann man mit einem Mersilene-Netz abdecken, wobei eine zu straffe Naht zu einer letalen Drosselung in der Diastole führen kann. Wird die Defektüberbrückung zu weiträumig durchgeführt, kann eine Herzluxation eintreten, die im Röntgenbild durch eine steil aufgerichtete Herzspitze erkennbar wird und klinisch an einem Blutdruck- und Sauerstoffsättigungsabfall mit Tachykardie. Selbstverständlich ist in diesen Fällen die sofortige Rethorakotomie erforderlich. Besser als das früher von uns zur Defektdeckung benutzte Mersilene-Netz ist das heute zur Verfügung stehende resorbierbare Material aus Polyglykolsäure.

Pneumonektomie links

Der Zugang wird üblicherweise von posterolateral gewählt (Abb. 8.1-67–72).

Nach Eröffnung des Thorax durchtrennt man als erstes die Pleura mediastinalis unterhalb des Aortenbogens und stellt dann den N. vagus dar, den man sicherheitshalber anschlingen sollte. In Höhe des Lig. arteriosum (Botalli) biegt der N. laryngeus recurrens nach medial um und zieht kranialwärts. Hier liegen wichtige Lymphknoten, die im Rahmen des notwendigen Staging von prognostischer Bedeutung sind und deshalb entfernt werden sollen.

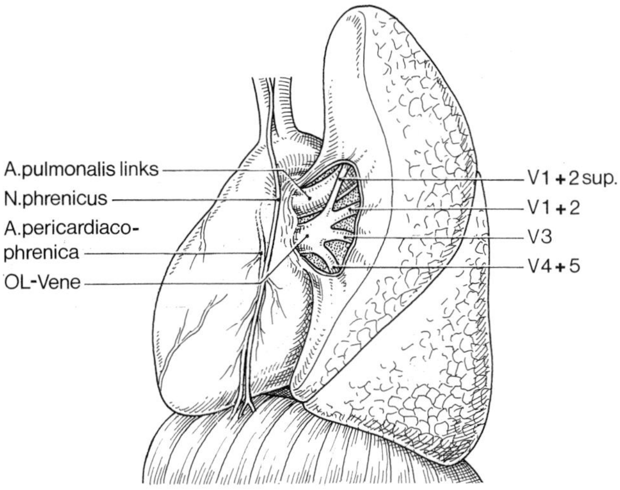

Abb. 8.1-67. Pneumonektomie links extraperikardial (I, Standard). Blick von ventral. Die Pleura über dem Hilus ist entfernt. Situs des Stammes der A. pulmonalis und der Oberlappenvene mit Segmentästen. Das Lig. arteriosum Botalli liegt weiter medial und ist noch verdeckt.

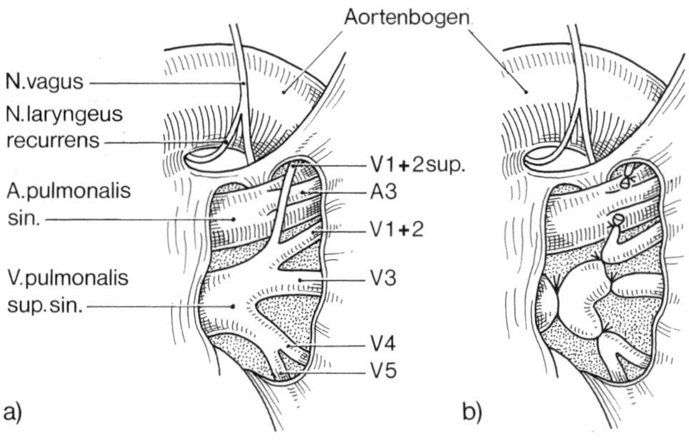

Abb. 8.1-68. Pneumonektomie links extraperikardial (II). Gefäßsitus von ventral. N. vagus mit Abgang des N. laryngeus recurrens. Die A. pulmonalis wird distal von der aufsteigenden V1 überquert. Zwischen Arterie und Oberlappenvene ist Platz. Die Präparation beginnt dorsal und kranial, wobei man zentral einen Sicherungsfaden herumlegen kann und die Arterien A1 und A3 vorfindet. Vermeidung eines starken Zuges und Abkippens der OL-Spitze. Die Vene wird rein von ventral freigelegt. Der N. laryngeus recurrens soll möglichst geschont werden. a) Situs. b) Unterbindung der segmentalen Venen, V1 ist durchtrennt. Die A. pulmonalis wird distal vom Lig. arteriosum Botalli durchtrennt.

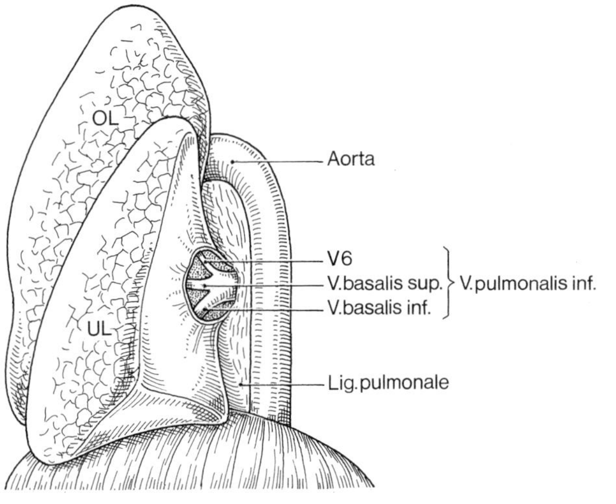

Abb. 8.1-69. Pneumonektomie links extraperikardial (III). Darstellung der UL-Vene von dorsal. Das Lig. pulmonale wurde zwischen Unterbindungen durchtrennt.

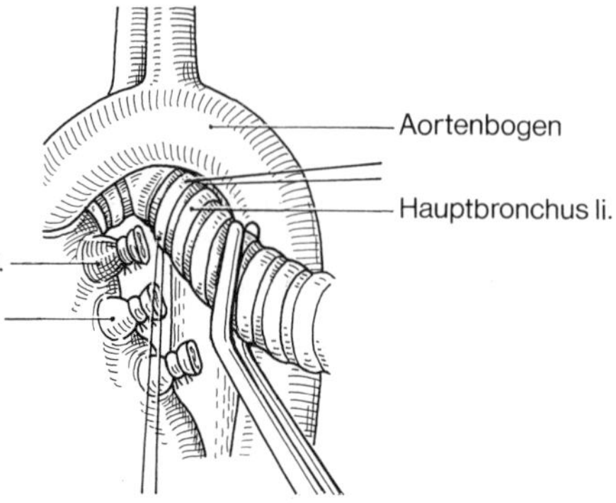

Abb. 8.1-71. Pneumonektomie links extraperikardial (V). Darstellung des linken Hauptbronchus unterhalb des Aortenbogens. Bifurkationslymphknoten sind ausgeräumt. Mittels einer distal am Hauptbronchus angesetzten stabilen aber weichen Bronchusklemme wird der Bronchus in das Aortenfenster hereingezogen. Das zentrale Ansetzen eines Staplers kann infolge des Aortenbogens schwierig oder unmöglich sein. Mit TA 30 (Magazin 4,8 mm) geht es am ehesten beim Einsetzen von medial nach lateral. An der Hinterwand des HB waren vor der Abklemmung die Äste der A. bronchialis unterbunden und durchtrennt worden.

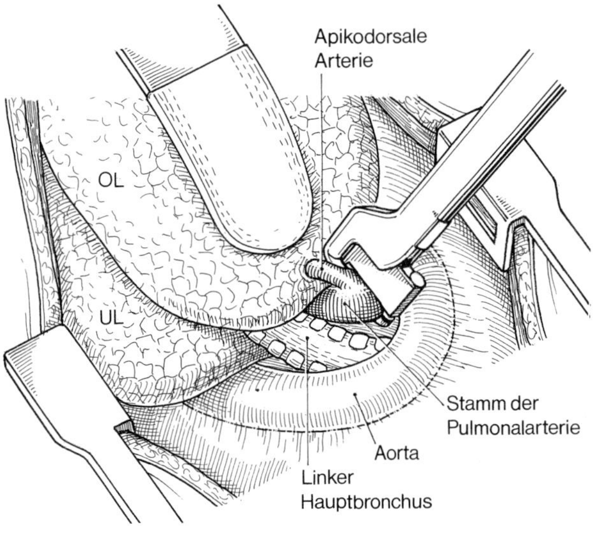

Abb. 8.1-70. Pneumonektomie links extraperikardial (IV). Wahlweise Gefäßversorgung mit dem Stapler (Gefäßmagazin). Neben der A. pulmonalis können OL- und UL-Vene sowie der Bronchus in gleicher Weise verschlossen werden.

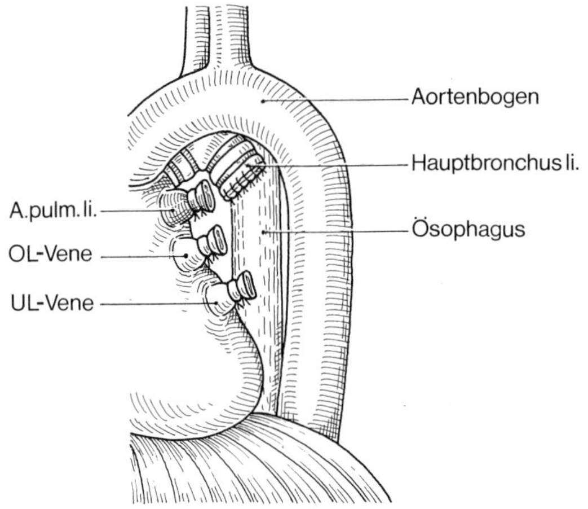

Abb. 8.1-72. Pneumonektomie links extraperikardial (VI). Der Bronchusstumpf muß in Wirklichkeit wieder kürzer, ganz nahe an der Carina sein.

Weil die Resektion des N. laryngeus recurrens gelegentlich durch seine Einbeziehung in den Tumor bzw. seiner Ausläufer nicht zu umgehen ist, muß der Patient präoperativ über die Möglichkeit einer dauerhaften Heiserkeit aufgeklärt werden. Eine absolute Kontraindikation für die Pneumonektomie sind paratracheale Lymphknotenmetastasen, jedoch nicht solche im Bereich des Lig. Botalli. Die A. pulmonalis wird von dorsal und oben freigelegt und unterfahren, anschließend die OL-Vene und dann die UL-Vene, letztere jedoch erst nach Durchtrennung des Lig. pulmonale. Die linksseitige Pulmonalarterie ist so lang, daß ihre Versorgung üblicherweise keine Schwierigkeiten bereitet und die zentrale Ligatur knapp neben dem Lig. Botalli erfolgen kann. Letzteres wird von manchen Operateuren grundsätzlich durchtrennt, was wir nur bei einer intraperikardialen Ligatur für erforderlich halten. Die Venen werden nach peripher in der Reihenfolge der Segmente unterbunden und entsprechend die Bronchialarterien, ohne daß dabei ein stärkerer Zug an der Lunge ausgeübt werden darf. Nicht selten kann der Hauptbronchus als erstes abgesetzt werden, wie beschrieben entweder mit dem Stapler oder durch Naht von Hand.

Im Falle einer **intraperikardial** notwendig werdenden Absetzung der Gefäße ist darauf zu achten, daß man die meist dazu benutzte Satinsky-Klemme dicht an den medialen Rand des Lig. Botalli setzt, so daß einerseits eine fortlaufende Naht über der Klemme möglich wird, andererseits eine Einengung der A. pulmonalis rechts vermieden wird (Abb. 8.1-73 u. 74). Der Perikardverschluß wird wie bei der Pneumonektomie rechts vorgenommen.

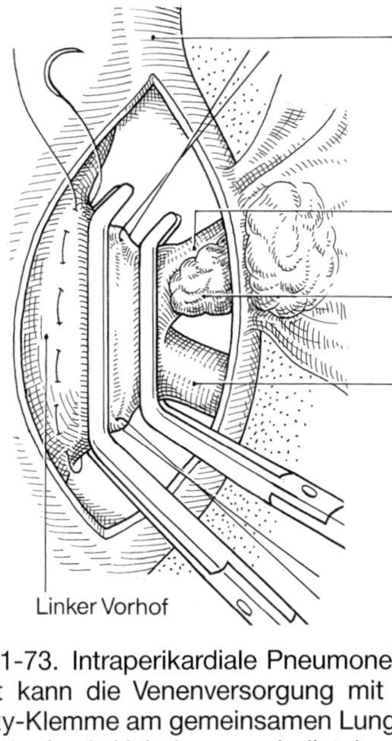

Abb. 8.1-73. Intraperikardiale Pneumonektomie links (I). Tumorbedingt kann die Venenversorgung mit Stapler oder kräftiger Satinsky-Klemme am gemeinsamen Lungenvenensack erfolgen. Eine fortlaufende Naht kann auch distal von der Klemme erfolgen. Eine proximal gesetzte Tabaksbeutelnaht ist diskutabel, wenn es sich um einen breiten Venensack handelt. Die A. pulmonalis ist wie auf der rechten Seite als querer Wulst tastbar, das Epikard wird am oberen und unteren Rand gespalten und die Arterie von unten – lateral nach oben – medial unterfahren.

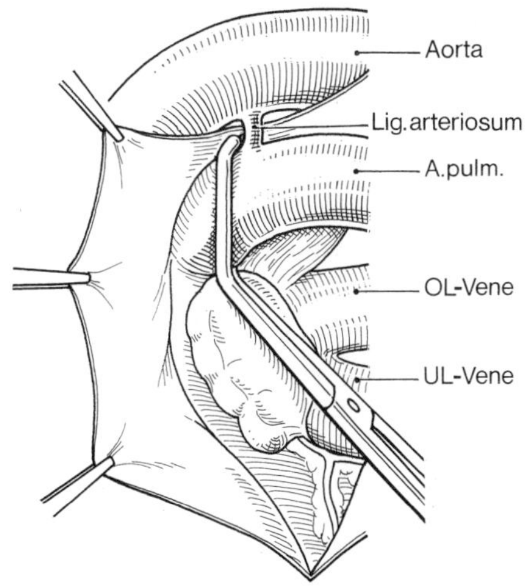

Abb. 8.1-74. Intraperikardiale Pneumonektomie links (II). Darstellung der A. pulmonalis. Die Abklemmung erfolgt medial vom Lig. arteriosum. Dieses wird von manchen Operateuren durchtrennt; ohne Durchtrennung befürchtet man eine durch Zug bedingte Stenosierung der kontralateralen rechtsseitigen Arterie, was aber vom Autor nie erlebt wurde. Auf den N. recurrens ist ganz besonders zu achten.

Parenchymsparende Operationen

Unter diesem Begriff werden die Manschettenresektionen (Sleeve-Resektion) und bronchoplastische Operationen zusammengefaßt. In einem kleinen Prozentsatz der Erkrankungsfälle ist die Operation nur möglich, wenn am verbleibenden Bronchialsystem zugleich rekonstruktive Maßnahmen vorgenommen werden. Einige Patienten werden dadurch erst in den Zustand der Operabilität versetzt. Wichtig ist, daß die Intubationsnarkose über einen Doppellumentubus erfolgt.

Eine der parenchymsparenden Operationen ist die Bronchotomie, bei der meist die membranöse Hinterwand eines Haupt- oder Lappenbronchus inzidiert wird und sich dadurch z.B. gestielte benigne Tumoren oder eingeklemmte Fremdkörper entfernen lassen. Falls die Intubation mit einem Doppellumentubus nicht möglich war, kann man sich hier durch eine lokale intraoperative Tamponade weiterhelfen. Die Bronchusnaht wird mit 3/0 oder 4/0 atraumatischen Fäden (PDS) durchgeführt und nur ausnahmsweise mit nicht resorbierbarem atraumatischen Material. Ferner sind Lappenplastiken möglich, wenn infolge der Wandinfiltration eine normale Absetzung zur Lob- oder Pneumonektomie nicht möglich ist. In diesen Fällen klappt man die gesunde kontralaterale Wand – also medial oder lateral –, die allerdings ausreichend erhalten geblieben sein muß, in den Defekt nach der Resektion hinein und fixiert sie mit Einzelknopfnähten.

Ein weiteres Verfahren besteht in der Bifurkationsresektion mit bronchotrachealer Anastomose. Die Methode kommt dann zur Anwendung, wenn die Bifurkation oder ein Tracheobronchialwinkel noch mitbetroffen ist, so daß bei der Pneumonektomie die distale Trachea mit Bifurkation und Wurzelstück des Hauptbronchus der gesunden Seite mitreseziert werden müssen.

Bei einer rechtsseitigen Resektion wird der linke Hauptbronchus zentral nach Setzen einer medialen und evtl. lateralen Haltenaht durchtrennt, so daß dann ein zweiter kleinerer Trachealtubus vom Typ Woodbridge durch das Operationsfeld nach links eingeführt werden kann. Anschließend wird die distale Trachea in einer Länge von 1–2 cm von der Bifurkation an durchtrennt und das Präparat entfernt. Da die Trachea durch den nach Resektion resultierenden Lumensprung zu weit ist, wird rechtsrandig ein schmales Dreieck reseziert und durch anschließende Naht im Sinne einer Trachealplastik die Kongruenz wiederhergestellt. Anschließend entfernt man den transthorakal gelegten Tubus und führt den Trachealtubus in den linken Hauptbronchus ein. Die Nahtfolge mit PDS beginnt links lateral, dann dorsal und wird ventral abgeschlossen. Erst nachdem sämtliche Nähte gelegt sind, werden sie geknüpft. Eine zusätzliche Sicherung kann durch Fibrinkleber, evtl. durch einen Muskel-Periost-Lappen oder einen Perikardstreifen erfolgen. Nicht alle Operateure führen die Sicherung der Naht der nun vorliegenden bronchotrachealen Anastomose in der beschriebenen Form durch.

Die eigentliche parenchymsparende Operation ist per definitionem die Manschettenresektion (Abb. 8.1-75–78), durch deren präparativ technische Beherrschung eine Pneumonektomie verhindert werden kann. So wird z.B. bei einer Oberlappenresektion (jeweils mit einer Manschette des Hauptbronchus) rechts der Bronchus intermedius, links der Unterlappenbronchus mit dem Rest des Hauptbronchus anastomosiert. Bei UL-Resektion links oder einer unteren Bilobektomie rechts muß man dagegen den OLB (unter Schonung der Gefäße) am Abgang vom Hauptbronchus abtrennen, umdrehen und rückläufig in den Hauptbronchus einnähen. Für die Durchführung dieser bronchobronchialen Anastomosen ist die Beatmung mit einem Doppellumentubus unabdingbare Voraussetzung. Wie bei allen anderen organüberschreitenden Tumorresektionen ist auch hier eine Manschettenresektion der großen Gefäße im Falle ihrer Infiltration möglich, sofern der Operateur für die dabei auftretenden spezifischen Probleme die notwendigen Erfahrungen mitbringt. Zu berücksichtigen ist dann allerdings zusätzlich, daß die Anastomosen durch Interposition eines Perikard- oder Pleurastreifens bzw. einer Kunststoffmembran zuverlässig getrennt werden. Nachuntersuchungen einschließlich Szintigraphie haben gezeigt, daß die Spätergebnisse nach derart radikalen Eingriffen auch funktionell gut sind.

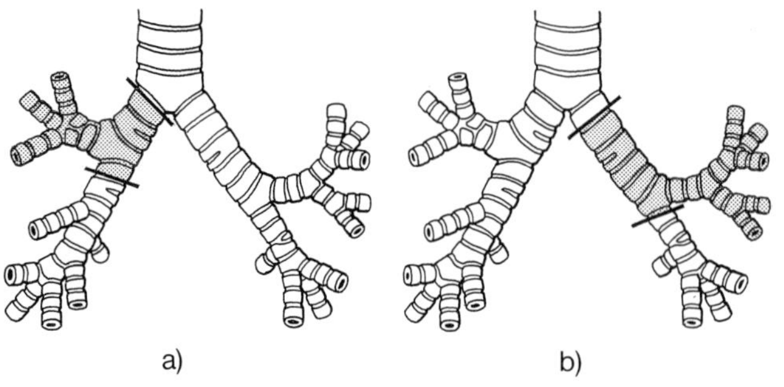

Abb. 8.1-75. a u. b) Parenchymsparende Operationen. Manschettenresektion (»Sleeve-resection«) (I). Manschettenlobektomien a) rechts, b) links. Es sind bronchobronchiale End-zu-End-Anastomosen, um bei intaktem Nachbarlappen eine Pneumonektomie zu vermeiden. Hingegen ermöglicht eine Bifurkationsresektion mit bronchotrachealer Anastomose erst eine Pneumonektomie; diese Operation ist nicht mehr parenchymsparend sondern überhaupt resektionsermöglichend.

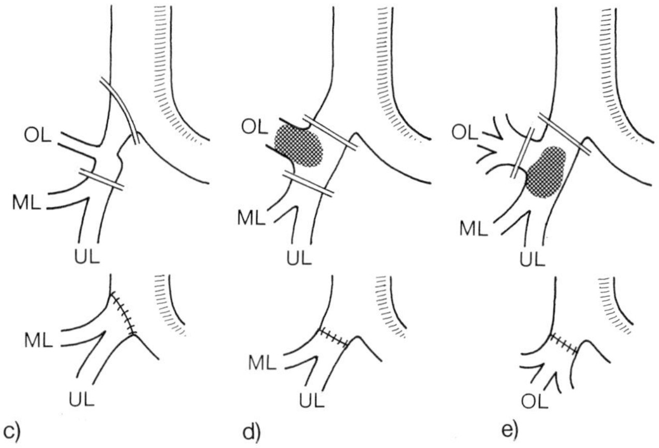

Abb. 8.1-75. c) Anastomose zur Rekanalisation: Indikation sind narbige murale Stenosen durch Tuberkulose oder Trauma. Voraussetzung ist eine Bronchographie zum Ausschluß von Bronchiektasen.

d) Anastomose zur Umgehung: Die Stenose sitzt im OLB und reicht in den HB hinein. Durch eine Manschettenresektion werden die Stenose umgangen und der UL erhalten.

e) Anastomose zur Umdrehung: Sie dient der Erhaltung des OL bei Resektion des UL und des HB. Der distal vom Ostium abgetrennte OLB wird unter Umdrehung seiner Verlaufsrichtung an die Bifurkation genäht. Die Operation ist links leichter als rechts durchführbar.

In allen Fällen müssen die Gefäße sorgfältig beachtet und erhalten werden.

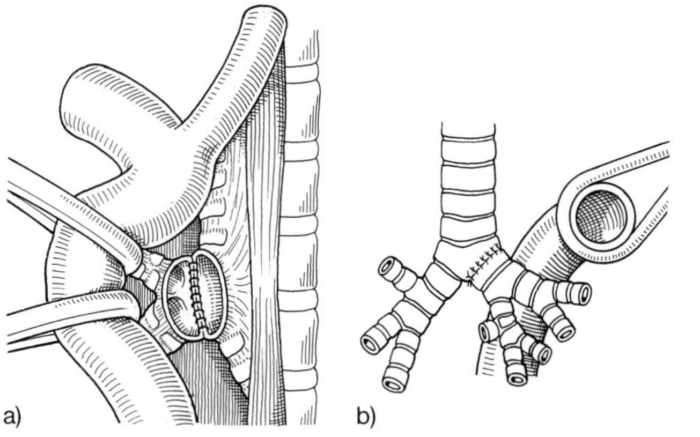

Abb. 8.1-76. Parenchymsparende Operationen. Manschettenresektion (»Sleeve-resection«) (II). Links retroaortische Anastomose nach Björk bei äußerst kurzem Stumpf des linken Hauptbronchus. Die mobilisierte Aorta (ein oder zwei Interkostalarterienpaare müssen unterbunden und durchtrennt werden) wird angeseilt.

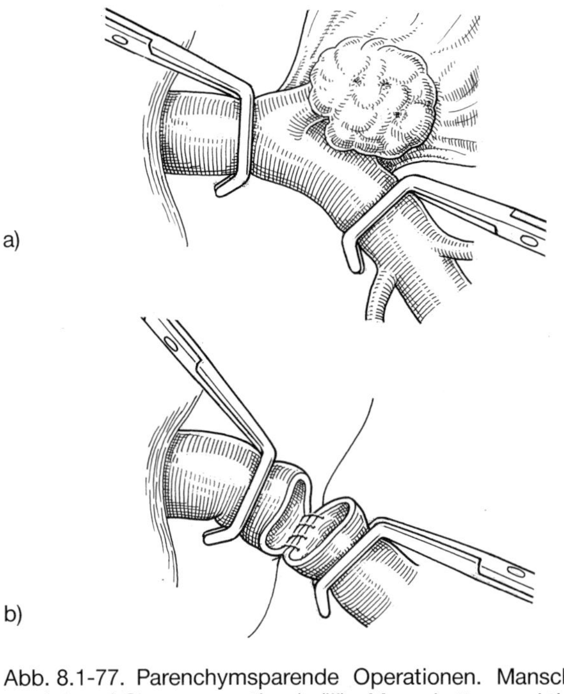

Abb. 8.1-77. Parenchymsparende Operationen. Manschettenresektion (»Sleeve-resection«) (III). Manschettenresektion der Pulmonalarterie mit Gefäßanastomose in Ergänzung zu einer Manschettenresektion des Bronchus. Sie ist links leichter als rechts durchführbar. Das Gefäß folgt nach dem Bronchus.

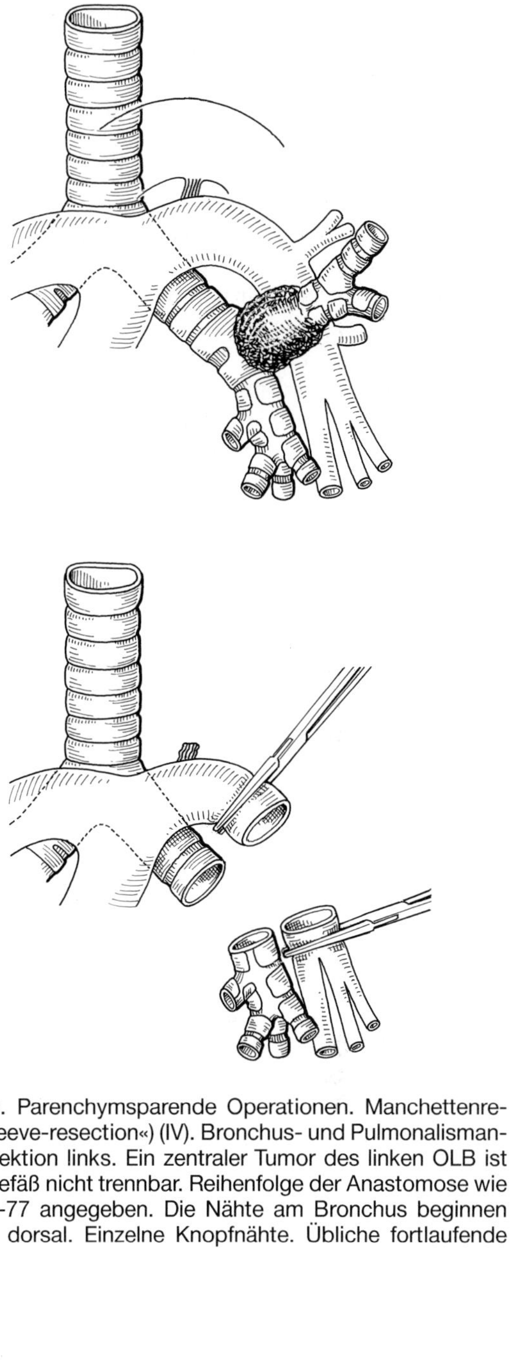

Abb. 8.1-78. Parenchymsparende Operationen. Manchettenresektion (»Sleeve-resection«) (IV). Bronchus- und Pulmonalismanschettenresektion links. Ein zentraler Tumor des linken OLB ist lokal vom Gefäß nicht trennbar. Reihenfolge der Anastomose wie in Abb. 8.1-77 angegeben. Die Nähte am Bronchus beginnen medial und dorsal. Einzelne Knopfnähte. Übliche fortlaufende Gefäßnaht.

Intraoperative Komplikationen

Bei der intra- und extrapleuralen Ablösung von Adhäsionen kann es aus der Brustwand erheblich bluten. In diesen Fällen hilft oft die Verschorfung mit der Diathermiekugel weiter, fallweise auch Umstechungsligaturen in Verbindung mit hämostyptischem Material. Je nach dem zu beobachtenden Volumenverlust sollte die Blutstillung nach Möglichkeit vor der eigentlichen Präparation an der Lunge zuverlässig abgeschlossen werden.

Blutungen aus einem Lungengefäß, wie sie bei Verschwielungen der Adventitia auftreten können, stillt man zunächst durch digitale Kompressionen und dann nach Freilegung des Gefäßes durch Anlegen einer Klemme und Unterbindung oder im Falle eines größeren Gefäßes durch Darstellung des zentralen Gefäßabschnittes mit anschließender Anlage einer weichen Overholt-Klemme. Auch kann die intra- oder extraperikardiale Freilegung notwendig sein. Am zuverlässigsten gelingt die Naht mit atraumatischen Fäden 5/0 oder 6/0, wenn die Perforationsstelle durch tangentiale Anlage einer Satinsky-Klemme ausgeklemmt werden kann. Grundsätzlich soll ein spritzendes Gefäß nicht blind mit einer Klemme gefaßt werden, da der Riß dadurch in der Regel vergrößert wird. Je nach dem Ausmaß des eingetretenen akzidentellen Schadens muß nach Beseitigung der Blutungsursache und Ausräumung verbliebener Koagel entschieden werden, ob man dann evtl. aus technischen Gründen mehr resezieren muß als vorgesehen oder aber eine rekonstruktive Maßnahme unumgänglich ist. Gelegentlich kommt es bereits während des Eingriffs zum Abrutschen von nicht zuverlässig geknüpften Ligaturen. Um dem vorzubeugen, sollte man es sich zur Angewohnheit machen, größere Gefäßstümpfe prinzipiell durch Durchstechungsligaturen zu versorgen.

Blutungen aus dem Lungenparenchym entstehen meist durch abgerissene Seitenäste. Es blutet daher aus dem offenen Parenchym, sehr zum Unterschied von intraparenchymatösen, d.h. intrapulmonalen Blutungen, wo der Lungenteil schnell bläulich und prall wird, wie man das gelegentlich nach einem Trauma oder bei einer intrapulmonalen Berstung findet. Punktuelle Koagulationen unter Zuhilfenahme feiner Gefäßklemmen sind ebenso möglich wie die Durchführung von Umstechungsligaturen mit atraumatischen Fäden.

Schwierigkeiten bereitet gelegentlich die Versorgung von undicht bleibendem Lungenparenchym als Folge von präparatorischen Einrissen oder an Lappen- und Segmenträndern nach Durchtrennung von Gewebsbrücken. Sichtbare kleine Bronchien unterbindet man über einer feinen Klemme, während bei breiteren Flächen die Pleuraränder mit queren U-Nähten zusammengezogen werden müssen. Nachteilig ist hier, daß dann die Restlunge erheblich verkleinert und plumprandig wird. Wichtig vor dem Abschluß der Thorakotomie ist, daß die Lunge voll entfaltet, d.h. unter PEEP beatmet wird. Nur dann sind evtl. noch offenstehende Querschnitte von kleinen Bronchien zu erkennen. Alveoläre Undichtigkeiten schließen sich postoperativ bei einer voll entfalteten Lunge spontan. In jenem Fall dürfen die Drainagen, wie schon früher betont, erst dann gezogen werden, wenn jeder Luftverlust aufgehört hat. Auf die Überprüfung ihrer Durchgängigkeit ist daher besonders zu achten.

Postoperative Komplikationen

Eine der möglichen und zugleich schwerwiegendsten Komplikationen ist die **Nachblutung**, die in der Regel innerhalb der ersten 24 Std. auftritt und meist schon innerhalb der ersten 2–3 Std. erkennbar wird. Die Indikation zur Rethorakotomie ist bei einer kontinuierlich fördernden Thoraxdrainage möglichst schnell zu stellen, wobei das Autotransfusionsgerät bei einer nicht malignen Grunderkrankung eingesetzt werden soll.

Die Ursache kann selbst bei guter Übersichtlichkeit oft nur nach langem Suchen erkennbar werden. Gar nicht so selten handelt es sich um abgerutschte Ligaturen, oft begünstigt durch eine sklerotische Gefäßwand, bei der die Fäden unter Umständen das gesamte Gefäß durchgeschnitten haben. Wichtig ist, daß man das große Hämatom so schnell wie möglich ausräumt und die Pleurahöhle mit Tüchern ausstopft, bis nach der unter leichtem Druck ausgeübten manuellen Kompression stabile Kreislaufverhältnissen eingetreten sind und ausreichend venöse Zugänge zur Volumensubstitution zur Verfügung stehen. Auch wird die Blutungsquelle gelegentlich erst dann sichtbar, wenn sich der Blutdruck zu stabilisieren beginnt.

Eine Sekretüberschwemmung der Bronchien mit Atelektase kann Folge der Beatmung, jeder Art von intrathorakaler Manipulation oder bronchialer Hypersekretion (Hyperkrinie oder Dyskrinie) sein, aber ebenso hervorgerufen werden, wenn der Patient nicht genügend abhustet und ein Sekretstau eintritt.

Rezidivierende Sekretverstopfungen werden bronchial durch eine Störung der mukoziliaren Clearance (Hypokinetic-ciliar-Syndrome), alveolär durch eine Beeinträchtigung des Surfactant ausgelöst. Die präventive Bronchialspülung mit Acetylcystein durch den Tubus am Schluß der Operation kann dieses weitgehend verhindern. In jedem Fall ist bei einer röntgenologisch nachgewiesenen Atelektase und/oder einem klinisch erkennbaren Rasseln umgehend die Bronchoskopie mit Spülung und evtl. Instillation von Surfactant indiziert. Diese Maßnahme kann ohne die Gabe von Sedativa mit einem Minimum an Lokalanästhesie im Bett erfolgen. Die wiederholte tägliche oder unter Umständen sogar halbtägige Bronchoskopie hat wegen der damit verbundenen mechanischen Irritation auch ihre Nachteile, so daß deshalb in seltenen Fällen eine Tracheotomie in Erwägung zu ziehen ist. Kollabierte Lungenabschnitte können – abgesehen von einer passiven Entfaltung durch Beatmung in Narkose – durch Sauerstoffinsufflation über den Instrumentierkanal des Endoskops belüftet werden, was natürlich unter Röntgensicht sicherer ist. Der Kopf des Bronchoskops soll dabei den sondierten Bronchus nicht hermetisch verstopfen, da dadurch leicht Druckschäden (Barotrauma) entstehen.

Eine weitere wichtige und außerordentlich schwerwiegende Komplikation ist die **Bronchusstumpffistel**. Bei allen Nahtmethoden kann in einem Prozentsatz von 0,5–2 % eine partielle oder totale Nahtdehiszenz auftreten. Sie ist um so gefährlicher, je größer der Bronchus ist. Hinweis darauf sind unklare Temperaturanstiege, Reizhusten und evtl. größere Mengen eines serös-altblutigen Auswurfes.

Nach einer Lobektomie oder Pneumonektomie muß man umgehend die Pleurahöhle wieder drainieren, damit kein Spannungspneumothorax entsteht. Im Anschluß daran sollte die Bronchoskopie erfolgen, wobei gelegentlich durch das Auftragen von Histoacryl- oder Fibrinkleber die Fistel verschlossen werden kann.

Große Bronchusstumpffisteln erfordern in der Regel die Reoperation. Auch nach einer Pneumonektomie kann eine axilläre Fensterung und offene Tamponade erfolgreich sein. In manchen Fällen gelingt der Fistelverschluß auch vom Thorax her durch die Verätzung mit 25 %igem Silbernitrat, evtl. ergänzt durch Fibrinkleber. Später ist dann meist eine Thorakoplastik notwendig.

In Österreich wird der endoskopische Verschluß mit Spongostan-Fibrin-Knochen-Konglomerat empfohlen. Die zuverlässige Ausbehandlung einer Bronchusstumpffistel ist so kompliziert, daß man den Patienten tunlichst in eine Spezialklinik bzw. -abteilung verlegt. Folge der Bronchusstumpfinsuffizienz ist üblicherweise die Entstehung einer Empyemhöhle. Ihre mechanisch-enzymatische Säuberung kann versucht werden. Zuverlässiger ist die Rippenresektion (Deckplastik) in Verbindung mit einem extrathorakal hochgezogen Omentum-majus-Lappen. Sofern das große Netz nicht mehr zur Verfügung steht, kann der Verschluß auch mit einem gestielten Muskellappen von dorsal her versucht werden.

Unkompliziert ist in der Regel dagegen der Verlauf einer peripheren Bronchusfistel bzw. Parenchymfistel, wobei die Ausheilung durch eine langfristige Drainage eigentlich immer erzielt werden kann.

Ein **sekundäres Empyem** steht in etwa 30 % der Fälle im Zusammenhang mit einer Bronchus- bzw. Lungenparenchymfistel, kann aber auch nach Lobektomie oder Pneumonektomie ohne Fistel auftreten.

Die Sofortmaßnahme besteht in der Einlage einer Pleuradrainage. Gelegentlich reicht jedoch eine Drainage nicht aus, so daß eine partielle Rippenresektion notwendig wird mit anschließender offener Behandlung (s. Abschn. »Pleura«). Fallweise kommt auch die Einlage eines Saug-Spül-Drainagesystems mit ebenfalls dicken Schläuchen in Frage.

In ausgewählten Fällen kann ein transsternaler Verschluß einer Bronchusfistel nach Abbruzzini-Bogush indiziert sein.

Manschettenresektionen haben – abgesehen von den möglichen, nach Lungenresektionen auftretenden Komplikationen – spezielle Spätfolgen, welche sowohl den Bronchus als auch ggf. die Pulmonalarterie betreffen können. Von seiten des Bronchus ist es die granulationsbedingte narbige Stenose. Sie ist durch die Verwendung der modernen resorbierbaren Nahtmaterialien fast ganz verschwunden. Wenn Bronchuskomplikationen auftreten, so erfolgt das zwischen der 3. und 6. Woche. Wichtig ist, daß frühzeitig mit bronchoskopischen Kontrolluntersuchungen begonnen wird und evtl. auftretende Granulationen dann sofort abgetragen werden können, ebenso wie in das Lumen hineinragende Fäden. Zweifellos ist die seltene Anastomosendehiszenz die schwerste Komplikation, die glücklicherweise meist nur partiell auftritt und bei gut entfalteter Restlunge nur bronchoskopisch kontrolliert und ggf. durch Aspiration gesäubert und mit Fibrinkleber behandelt werden muß.

Besonders gefährlich sind Mikroabszesse, die um die Bronchusnähte herum entstehen und Anlaß für eine tödliche Arrosionsblutung über eine arteriobronchiale Fistel sein können, im übrigen auch ohne, daß gleichzeitig eine Gefäßanastomose durchgeführt wurde. Wichtiges Prodromalsymptom ist ein persistierender Reizhusten mit kleinen Hämoptysen. Nur sehr selten gelingt es, noch rechtzeitig die rettende Pneumonektomie durchzuführen. Im Falle von Manschettenresektionen an der A. pulmonalis ist die Frühblutung sicherlich eine besondere Rarität, ohne daß die Möglichkeit einer rechtzeitigen Blutstillung gegeben ist, während Spätkomplikationen durch Stenosierungen bzw. thrombotischen Verschluß wie bei allen anderen Gefäßoperationen auch eintreten können.

Rethorakotomien wegen Tumorrezidiv

Verlaufsbeurteilungen aus der Tumornachsorge-Sprechstunde haben gezeigt, daß homolateral und kontralateral Rezidive bzw. Zweiterkrankungen auftreten können. Reinterventionen wegen eines kontralateralen Befundes setzen allerdings eine ausreichende Funktion voraus, wobei eine früher durchgemachte Lobektomie rechts oft auch eine Lobektomie links zuläßt. Unproblematisch durchführbar sind in der Regel atypische bzw. Segmentresektionen, nicht möglich ist im allgemeinen eine Lobektomie nach vorangegangener Pneumonektomie.

Das präparativ technische Vorgehen ist wegen eines lokalen Rezidivs oder neuer Herdbildungen im allgemeinen schwierig und nur dann etwas leichter, wenn bei der ersten Operation die Pleura parietalis weitgehend erhalten blieb. Vor allem gelingt in diesen Fällen eine stumpfe Präparation am Bronchus und den Gefäßen nicht mehr. Deshalb und weil schwerwiegende intraoperative Komplikationen auftreten können, sollten derartige Eingriffe nur in einer Spezialklinik durchgeführt werden.

8.2
Eingriffe am Herzbeutel und am Herzen

F. Gschnitzer

Punktion und Drainage des Herzbeutels

Indikationen

Diagnostische Punktion zur Klärung der Genese eines Herzbeutelergusses. **Therapeutische Punktion** (und evtl. anschließende Drainage) bei größeren Herzbeutelergüssen entzündlicher oder neoplastischer Genese sowie nach Strahlentherapie des oberen Mediastinums; die therapeutische Indikation ergibt sich akut bei Symptomatik der chronischen Herzbeuteltamponade durch Erguß oder Blutung.

Technik

Beim freien Erguß im Herzbeutel, der durch Ultraschalluntersuchung auch beim Akutpatienten leicht und sicher festgestellt werden kann, empfiehlt sich die Punktion vom epigastrischen Winkel aus. Hierbei wird der Herzbeutel an seinem tiefsten Punkt unter Umgehung der Pleurahöhle erreicht.

Die Punktion sollte unter Operationsbedingungen, also auf dem Operationstisch vorgenommen werden (Abb. 8.2-1). Der Patient liegt gestreckt auf dem Rücken, der Tisch ist etwa 25° gekippt, so daß der Kopf hoch, die Beine tief liegen. Diese Lagerung erleichtert gegenüber der halbsitzenden Lagerung die Manipulation und ist auch dem Patienten mit Herzbeuteltamponadesymptomatik zumutbar. Die Punktion kann, wenn nicht eine operative Drainage, Perikardresektion oder ein anderer Eingriff angeschlossen werden soll, in Lokalanästhesie erfolgen.

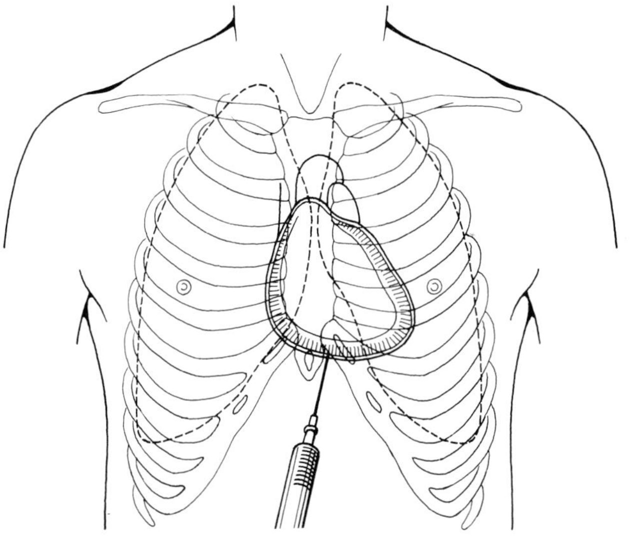

Abb. 8.2-1. Punktionsstelle für die Perikardpunktion vom Epigastrium aus.

Der Zugang erfolgt im linken kostoxiphoidalen Winkel. Nach Infiltration der Subkutis mit einem ½- oder 1%igen Lokalanästhetikum wird eine nicht zu dünne, etwa 10 cm lange Kanüle (sie sollte für eine allfällige Katheterdrainage für einen weichen Führungsdraht durchgängig sein; am besten eignet sich ein Punktionsset für den Subklaviazugang), die auf eine 10-cm³-Spritze aufgesetzt ist, senkrecht präxiphoidal durch Haut und Subkutis eingestochen. Nach Erreichen des Niveaus des hinteren Rektusscheidenblattes wird die Spritze soweit abgesenkt, daß die Nadel fast brustbeinparallel steht (Abb. 8.2-2). Unter Vorschieben der Nadel wird das Zwerchfell, das als Widerstand spürbar ist, durchstoßen. Die Nadel dringt mit einem fühlbaren Ruck in die Herzbeutelhöhle ein. Nun kann Flüssigkeit aspiriert werden. Bei weiterem Vorschieben der Nadel kommt die Nadelspitze mit der Wand der rechten Herzkammer in Kontakt, was als pulssynchrones Reiben fühlbar wird.

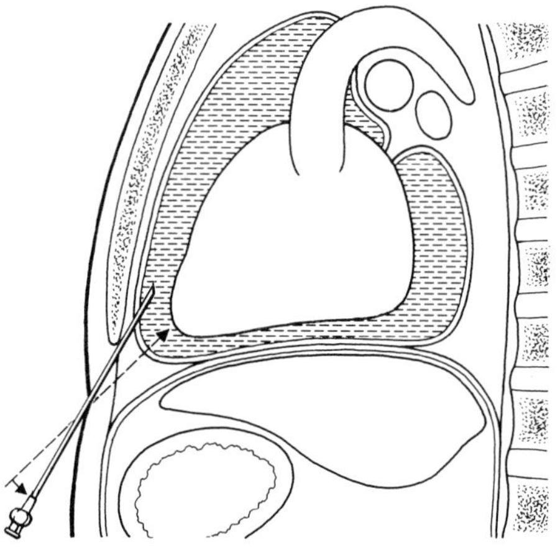

Abb. 8.2-2. Nadelführung bei der Perikardpunktion.

Liegt eine Tamponadesymptomatik vor, so kann durch die liegende Nadel nach Abnehmen der Spritze ein weicher Stahlführungsdraht in den Herzbeutel eingeführt und mittels eines Dilatationssets ein dünner Plastikkatheter in den Herzbeutel eingelegt werden (Abb. 8.2-3).

Die Differentialdiagnose zwischen reinem Blut und blutigem Erguß kann klinisch einfach dadurch erfolgen, daß man aspirierten Spritzeninhalt auf eine Gazekompresse spritzt. Reines Blut (das auch aus dem Herzbeutel stammen kann!) wird koagulieren, Blut auch eines stark hämorrhagischen Ergusses ist im allgemeinen hämolysiert, lackartig gefärbt und gerinnt nicht.

Die unbeabsichtigte Punktion der rechten Herzkammer hat im allgemeinen keine gefährlichen Auswirkungen, eine größere Nachblutung ist nicht zu befürchten. Wenn die rechte Herzkammerlichtung erreicht wurde (Aspiration von dunklem Blut!), so wird die Nadel zurückgezogen und der Patient sollte in den nächsten Stunden intensivmedizinisch überwacht werden.

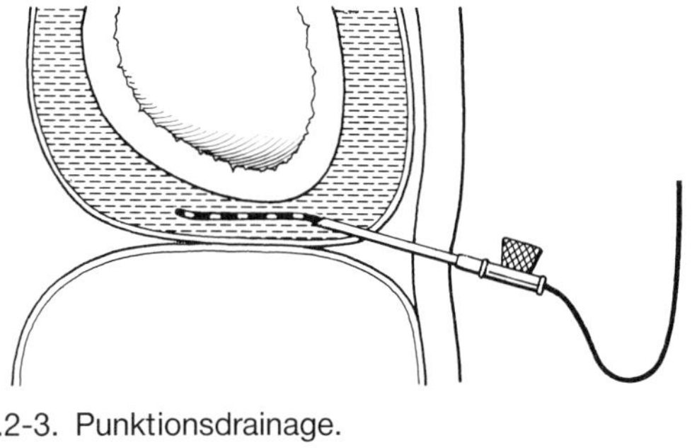

Abb. 8.2-3. Punktionsdrainage.

Akute Herzbeuteltamponade

Die **Symptomatik** ist durch die Trias: venöse Einflußstauung, beschleunigter fadenförmiger Puls, erniedrigter arterieller Druck gekennzeichnet. Die Patienten sind schwerst dyspnoisch. Das verminderte Herzminutenvolumen kann nur durch akute Entlastung des Herzbeutels erhöht werden. Die Diagnose stützt sich auf die Symptome des schweren Schockzustandes bei venöser Einflußstauung und die Ultraschalluntersuchung, durch die der Herzbeutelerguß eindeutig nachgewiesen werden kann. Demgegenüber tritt die Aussagekraft des Thoraxröntgen weit in den Hintergrund.

Ursache der akuten Tamponade ist entweder ein penetrierendes oder perforierendes Trauma, ein die Brustregion betreffendes stumpfes Trauma (Herzberstung), in seltenen (und zumeist hoffnungslosen) Fällen die Herzruptur auf dem Boden eines Infarktes oder Aneurysmas, Blutungen aus Herzverletzungen durch Katheter oder Schrittmacherelektroden und die Infusionstamponade bei Perforation eines Cava-superior-Katheters in den Herzbeutel. Auch chronische Ergüsse können zur akuten Tamponade führen.

Therapie

Nach Sicherung der Diagnose durch das klinische Bild und wenn möglich durch die sofortige Ultraschalluntersuchung wird entweder notfallmäßig thorakotomiert oder zunächst durch Herzbeutelpunktion akut entlastet: schon wenige Milliliter Entlastung können eine eindrucksvolle klinische Besserung (RR-Anstieg, Abnahme der Dyspnoe) bewirken. Die primäre Punktionsentlastung hat den Vorteil, den Patienten in verbesserter Kreislaufsituation anästhesieren und lagern zu können. Im Zustand der akuten Herzbeuteltamponade wirkt sich die Intubation und Überdruckbeatmung wegen der pulmonalarteriellen Widerstandserhöhung zusätzlich schockverstärkend aus.

Als Zugangsweg für die Thorakotomie eignet sich besonders die mediane Sternotomie. Sie kann ohne nennenswerten Blutverlust (Cave: gestaute Venen im Jugulum) rasch mit Säge oder Lebschem Meißel oder aber einer starken Schere vorgenommen werden. Nach Einlegen des Sternumspreizers und Abschieben der Pleurablätter wird der Herzbeutel rasch median gespalten. Blut und/oder Flüssigkeit entleeren sich hierauf unter Druck aus dem Herzbeutel, und schlagartig bessert sich die Kreislaufsituation.

Die weitere Vorgangsweise ist von der Natur der zugrundeliegenden Läsion abhängig. Das Absaugen des restlichen Blutes (oder des Ergusses) sollte tunlichst unter Vermeidung von Herzkompression oder Herzluxation erfolgen, da das durch die bestehende Hypoxie geschädigte Myokard besonders flimmerbereit ist.

Vorgehen bei Herzverletzungen

Es entspricht technisch dem weiter unten geschilderten bei Herzverletzungen ohne Tamponade.

Vorgehen bei Tamponade durch chronischen Erguß

Um einem Rezidiv der Tamponade vorzubeugen, sollten die vorne liegenden Anteile des Herzbeutels reseziert werden. Dazu werden die Pleuraumschlagsfalten rechts und links stumpf nach hinten abgeschoben, hierauf der Herzbeutel in Höhe des Cavatrichters oben und knapp oberhalb des Zwerchfells türflügelartig inzidiert, wobei auf den N. phrenicus, der rechts knapp vor dem Lungenvenentrichter, links aber etwas weiter vorne verläuft, geachtet werden muß. Die perikardialen Flügel werden hierauf reseziert. Auf eine exakte Blutstillung der perikardialen Exzisionsränder ist zu achten. Die Perikardhöhle wird durch ein Latex- oder Silikondrain für 24–48 Std. drainiert; ein Drain wird substernal eingebracht. Beide Drains werden durch gesonderte paramediane Inzisionen im oberen Epigastrium ausgeleitet. Der Verschluß der Sternotomie erfolgt nach exakter Periostblutstillung durch Elektrokoagulation durch 4 bis 6 Sternumdrähte. Subkutannaht und Hautnaht (oder Klammerung) vervollständigen den Eingriff. Wenn während der Operation eine Pleuraverletzung erfolgte, so muß eine Bülau-Drainage eingelegt werden.

Perikardfensterung

Bei chronischen Ergüssen, wie sie heute besonders nach Strahlentherapie maligner Erkrankungen des oberen Mediastinums beobachtet werden, kann eine Perikardfensterung durch Gewährleistung der Ergußdrainage in die Pleurahöhle, ins Mediastinum oder das präperitoneale Fettgewebe die rezidivierenden subakuten Tamponadesymptome beseitigen. Als Zugangswege bieten sich die mediane Sternotomie, die anterolaterale interkostale Thorakotomie links im 5. Interkostalraum und der epigastrische Zugang an. Das Perikardfenster sollte eine Größe von etwa 4 × 4 cm haben; dies ist beim epigastrischen Zugang kaum erreichbar. Geht man durch Sternotomie ein, so empfiehlt sich, die oben beschriebene ausgedehntere Perikardresektion vorzunehmen.

Durch eine Schnittführung etwa entsprechend der Submammärfalte links in einer Länge von 10–15 cm wird am oberen Rand der 6. Rippe die Pleurahöhle eröffnet. Nach Einsetzen eines kleinen Thoraxspreizers wird die linke Lunge mit einem schmalen Spatel zur Seite abgedrängt. Vor dem linken N. phrenicus wird der Herzbeutel inzidiert und ein etwa 4 × 4 cm großes Stück über der Vorderwand des linken Ventrikels exzidiert. Bülau-Drainage, 2 Perikostalnähte aus resorbierbarem Material und zweischichtiger Weichteilverschluß beenden die Operation.

Es muß betont werden, daß ein solcher Eingriff auch älteren Menschen und Patienten in stark reduziertem Zustand zugemutet werden kann.

Die epigastrische Perikardfensterung (Voßschulte) wird entweder von einem nach unten konkaven Hautschnitt, der in Höhe des Xiphoids beiderseits im Abstand von etwa 2 cm dem Rippenbogen folgt, oder von einem medianen Schnitt im oberen Epigastrium aus vorgenommen.

Das Xiphoid wird mit einer groben Hakenklemme gefaßt und exstirpiert. Beim Querschnitt werden die beiden Blätter der Rektusscheide medial gekerbt und die Rektusmuskeln mit Fensterhaken zur Seite gehalten. Bei sehr adipösen Patienten müssen auch die Rektusmuskeln eingekerbt werden.

Beim Medianschnitt wird die Linea alba auf eine Strecke von etwa 10 cm von oben her gespalten, wobei das Peritoneum nicht eröffnet werden soll. Durch stumpfes Vorgehen mit Präpariertupfern nach oben wird der ventrale Ansatz des Zwerchfells median freigelegt und dann inzidiert. Durch Fassen des fibrösen Zwerchfellinzisionsrandes mit einer Hakenklemme kann ein etwa 2 × 2 cm großes Fenster aus dem fibrösen Zwerchfellanteil und dem anhaftenden basalen Perikard geschnitten werden. Eine Drainage, die durch die Wunde ausgeleitet wird, sollte nur bei Tamponadesymptomen für 1 bis 2 Tage eingelegt werden. Die Wunde wird schichtweise locker verschlossen.

Eingriffe bei Herzverletzungen

Die Versorgung einer Herzverletzung durch Stich, Schuß, Thoraxpfählung oder stumpfe Gewalt muß im allgemeinen rasch erfolgen, weil das in den Herzbeutel austretende Blut dadurch, daß es nicht ausreichend durch eine Herzbeutelläsion austreten kann, eine Herzbeuteltamponade hervorruft. Abhängig von der Art der Verletzung, ihrer Lokalisation und Größe, kann es auch Stunden und sogar Tage dauern, bis Tamponadesymptome auftreten. Allerdings läuft diese Entwicklung im Regelfall innerhalb sehr viel kürzerer Zeit ab. Besonders bei stumpfen Traumen kann die »sekundäre« Ruptur verzögert innerhalb von 1–2 Std. auftreten.

Verletzungen des muskelstarken linken Ventrikels können sich vor Auftreten einer Tamponade spontan verschließen; Verletzungen des rechten Ventrikels sind wegen seiner durch das Sternum geschützten Lage eher selten. Vorhofverletzungen bluten aufgrund der dünnen Wand (und der dadurch klaffenden, offenbleibenden Wunde) trotz des geringen Innendruckes besonders stark, und gleiches gilt für die Verletzungen intraperikardialer großer Gefäße. Die Entwicklung einer Herzbeuteltamponade geht innerhalb ganz kurzer Zeit vor sich. Der Verletzte kann innerhalb weniger Minuten aus einem Zustand relativer Symptomlosigkeit in einen schwersten Schock verfallen. Die operative Versorgung muß daher so rasch als möglich erfolgen. Der

Versuch, den Patienten in eine herzchirurgische Abteilung zu verlegen, könnte für die Mehrzahl der Herzverletzten durch Verzögerung der meist technisch einfachen Operation tödlich sein. Die Technik der operativen Versorgung einer Herzverletzung muß von jedem erfahrenen Krankenhauschirurgen beherrscht werden.

Die Freilegung des Herzens erfolgt am zweckmäßigsten durch totale mediane Sterno- und Perikardiotomie. Nur bei sicherer Annahme einer Verletzung des linken Ventrikels (Stich oder Pfählung von links vorne) kann eine interkostale Thorakotomie links im 5. ICR gewählt werden. Bei Pfählungsverletzungen darf der pfählende Gegenstand nicht entfernt werden, bevor das Herz freigelegt ist. Sofort bei Eröffnung des Herzbeutels entleert sich mehr oder weniger reichlich auch geronnenes Blut. Aus der Blutfarbe kann auf die Verletzungslokalisation (dunkles Blut – rechte Herzhälfte; hellrotes Blut – linke Herzhälfte) geschlossen werden. Blut aus Herzkammern und großen Arterien entleert sich stoßweise herzschlagsynchron. Blutungen aus den Vorkammern und dem intraperikardialen Teil der Hohlvenen sind herzschlagunabhängig kontinuierlich und auch bei relativ kleiner Öffnung unerwartet heftig.

Die Ortung der Blutungsquelle ist die vordringliche Aufgabe. Sie erfolgt nach möglichst schonendem Absaugen des intraperikardialen Blutes durch Inspektion der freiliegenden Herzabschnitte, und wenn die Blutungsquelle dort nicht auffindbar ist, durch Inspektion der Herzbasis und Hinterwand nach Luxation. Wenn die Blutungsquelle geortet ist, kann sie am Ventrikel, der Aorta und den Hohlvenen durch Fingerkompression, an den Vorhöfen und der Pulmonalis durch Ausklemmen mittels einer Gefäßklemme meist beherrscht werden. Es muß aber darauf geachtet werden, daß der die Wunde tamponierende Finger die Herzfüllung und Entleerung nicht behindert.

Kleinere Verletzungen der Vorhöfe im von vorne zugänglichen Bereich sind durch Naht nach Ausklemmen (Abb. 8.2-4), Naht über dem eingeführten und damit tamponierenden Finger – dabei werden U-Nähte mit nicht zu kleiner Nadel und relativ weit gestochen vorgelegt und vom Assistenten während des Zurückziehens des Fingers sukzessive geknüpft (Abb. 8.2-5) – oder durch einfache Ligatur bei Herzohrverletzungen sicher und endgültig zu stillen. Größere Vorhofverletzungen oder Verletzungen der intraperikardialen Aorta sind so kaum zu versorgen; nach Fingertamponade wartet man zu, bis sich (nach Flüssigkeits- und Blutzufuhr) der Kreislauf des Patienten erholt hat. Hierauf werden durch Setzen gerader Gefäßklemmen beide Hohlvenen abgeklemmt (sog. »Inflow occlusion«) (Abb. 8.2-6). Am nun leerschlagenden Herzen ist die Versorgung einer zunächst nicht versorgbar scheinenden Verletzung der Vorhöfe und der großen Gefäße mit fortlaufender nichtresorbierbarer und nicht zu dünner Naht leicht möglich. Die Naht soll zügig, aber sauber erfolgen. Man hat 2–4 Min. Zeit zur Verfügung. Die Entlüftung erfolgt durch Eingießen von Kochsalzlösung in den Herzbeutel und Blähung der Lungen durch den Anästhesisten. Nach Knüpfen der Naht werden die Cavaklemmen abgenommen. Der Kreislauf erholt sich im allgemeinen spontan, im Falle einer schwachen Herzaktion oder Kammerflimmerns wird das Herz massiert bis die Herzaktionen kräftig genug sind oder durch Defibrillation wieder eine ausreichende Herzaktion eingesetzt hat. Die möglicherweise noch etwas blutende Herzwunde wird mit feuchter Gaze, einem Wattefleck o. ä. unter geringem Druck bedeckt. Der Vorgang der Inflow occlusion kann im Bedarfsfall nach kurzer Erholungszeit wiederholt werden.

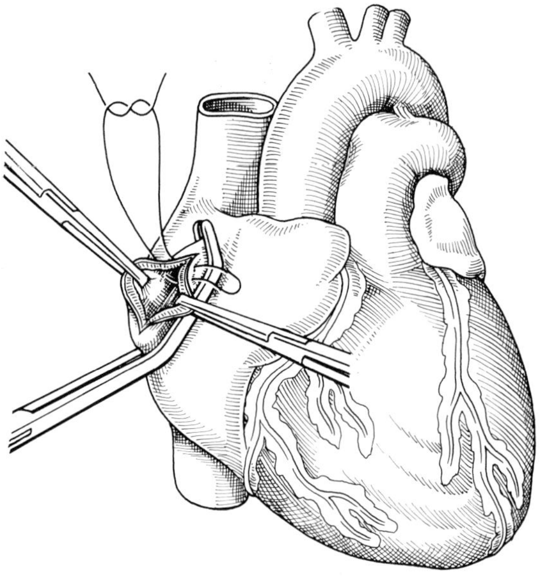

Abb. 8.2-4. Naht einer Vorhofwunde nach Ausklemmung der Verletzung.

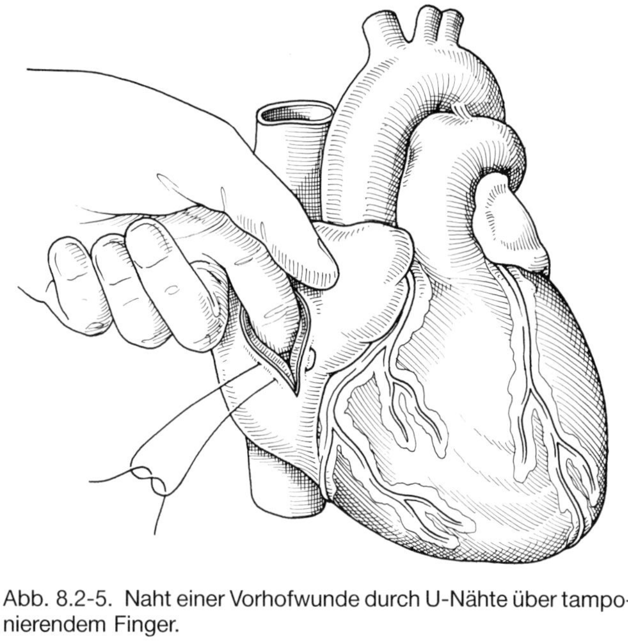

Abb. 8.2-5. Naht einer Vorhofwunde durch U-Nähte über tamponierendem Finger.

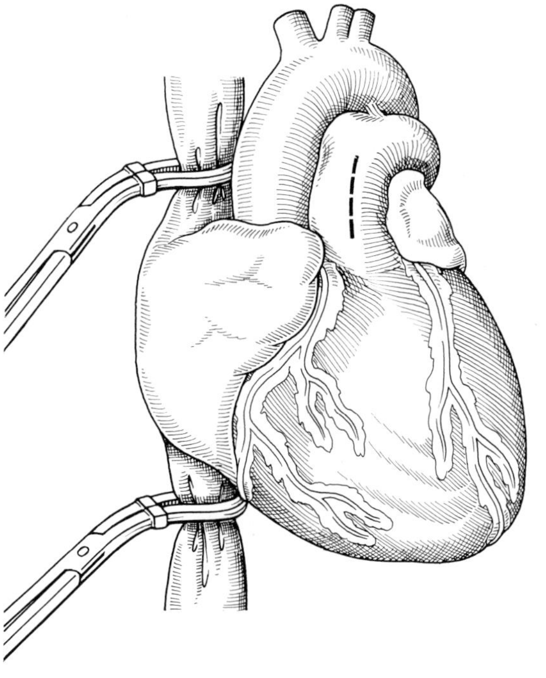

Abb. 8.2-6. Sog. »Inflow occlusion«. Strichlierte Linie: Inzision der Pulmonalarterie bei Embolektomie.

Blutungen aus Ventrikelverletzungen, insbesondere solchen durch spitze Gegenstände (Stich) oder Geschosse mit niedriger Geschwindigkeit, bluten zum Zeitpunkt der Operation meist nur mehr wenig und sind durch Koagel und Kontraktion der Muskulatur weitgehend verschlossen. Ventrikelwunden werden durch mit Teflon-Widerlager armierte U-Nähte, die fast die gesamte Ventrikeldicke fassen, versorgt (Abb. 8.2-7). Wenn die Wunde noch stärker blutet, wird die vorbereitete Naht (mit großer Nadel, Fadenstärke 0 bis 1) unter dem tamponierenden Finger gestochen und vorgelegt (Abb. 8.2-8c). Meist sind 2 bis 3 solche Nähte erforderlich. Die Ventrikelmuskulatur ist brüchig, der Faden kann deshalb bei Zug oder zu stark angezogenem Knoten trotz der Teflon-Blöckchen durchschneiden. Das Knoten der Nähte hat so zu erfolgen, daß die Wundränder unter leichtem Druck gerade adaptiert werden, wobei die Herzbewegungen diesen Vorgang für den Ungeübten zusätzlich erschweren. Nahe eines Wundrandes verlaufende größere Kranzgefäßäste werden unterstochen (Abb. 8.2-8a u. b). Bei Durchtrennung zentraler Anteile der Kranzarterien sollte nach der Versorgung der Ventrikelwunde und Ligatur der Kranzgefäßstümpfe eine Rekonstruktion durch aortokoronaren Bypass möglichst rasch erfolgen, wozu der Patient umgehend mit provisorisch verschlossenem Thorax und unter Beibehaltung der Anästhesie in eine herzchirurgische Abteilung verlegt werden muß. Herzspitzennahe Verletzungen der Kranzgefäßäste werden durch zarte Umstechung definitiv versorgt.

Sollte nach Knüpfen der Nähte die Blutung nicht vollkommen stehen, so ist unter leichter Kompression mit einem Gazetupfer einige Minuten abzuwarten; im allgemeinen ist die Wunde dann trocken, fallweise wird eine zusätzliche (dünnere und weniger tief gestochene) Naht erforderlich.

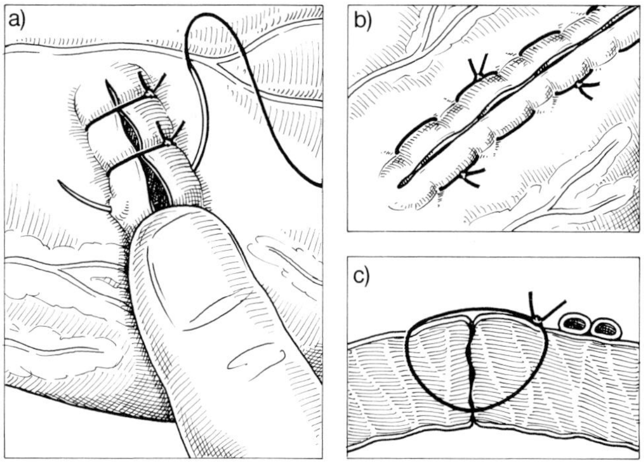

Abb. 8.2-7. a) Nahtverschluß einer Ventrikelwunde mit durchgreifenden Einzelnähten.
b) Nahtverschluß durch U-Nähte.
c) Nahtführung durch das Ventrikelmyokard.

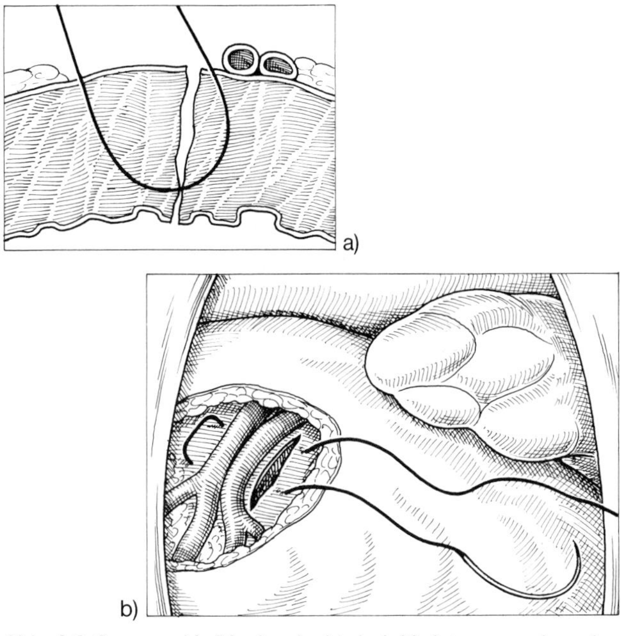

Abb. 8.2-8. a u. b) Myokardnaht bei Verletzung nahe einer größeren Koronararterie: Unterstechung des Koronargefäßes an der Wundseite.

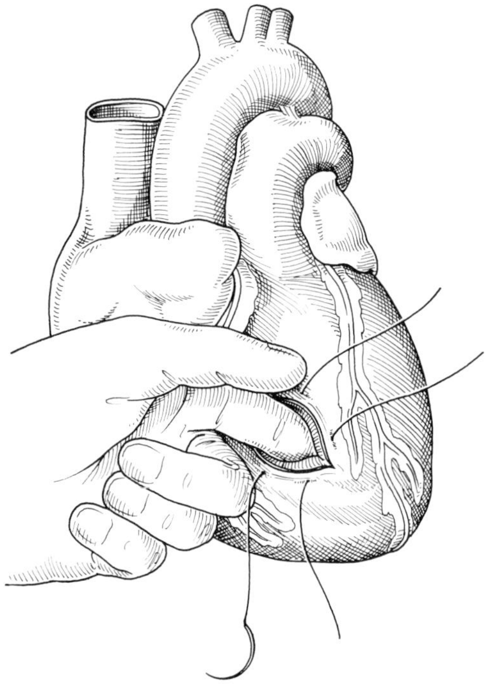

c) Naht einer Ventrikelwunde mit Unterstechung des tamponierenden Fingers.

Liegt die Ventrikelwunde an einer schlecht zugänglichen Stelle, deren Versorgung eine Herzluxation erforderlich macht, so muß bedacht werden, daß eine Luxation des Herzens nur für kurze Zeit toleriert wird. Die Versorgung der Wunde muß dann in mehreren Schritten vorgenommen werden, wobei das Herz nach Legen jeder einzelnen Naht für kurze Zeit in den Herzbeutel reponiert wird. Tritt während der Luxation Kammerflimmern auf, so ist die richtige Reihenfolge der durchzuführenden Maßnahmen folgende:

1. Der Operateur tamponiert mit dem Finger die Blutungsquelle, das Herz liegt in normaler Position im Herzbeutel.
2. Der erste Assistent beginnt ohne Verzögerung mit der Herzmassage.
3. In Massagepausen von wenigen Sekunden Dauer wird die Herzwunde schrittweise vernäht.
4. Erst danach beschäftigt man sich mit dem Wiederingangsetzen der Herztätigkeit (Massage, Defibrillation).

Immer muß bei Stich- oder Schußverletzungen auch die Herzhinterseite auf eine Austrittstelle des verletzenden Gegenstandes inspiziert werden. Die Versorgung der Wunden der Herzkammerhinterwand erfolgt in gleicher Technik, ist aber nur am luxierten Herz möglich und damit technisch schwieriger. Auch hierbei kann im Einzelfall eine Bluteinflußokklusion das Vorgehen wesentlich erleichtern, weil auch bei dabei einsetzendem Kammerflimmern keine Ventrikelüberdehnung erfolgt.

Eine Versorgung ausgedehnter Myokarddefekte, wie sie nach Verletzungen mit Hochgeschwindigkeitsprojektilen auftreten, gelingt im allgemeinen nicht. Verletzungen von Herzklappen oder der Herzscheidewand erfordern mit im Einzelfall verschiedener Dringlichkeit eine kardiochirurgische Korrektur, die nach primärer Blutstillung durch Versorgung der äußerlichen Herzwunde die Verlegung des Patienten in ein entsprechend eingerichtetes Zentrum notwendig macht.

Nach Beendigung der Versorgung der Herzwunden wird der Herzbeutel gespült, in üblicher Weise drainiert und **locker** (keinesfalls fortlaufend dicht!) verschlossen. Der Verschluß der Thorakotomie erfolgt in üblicher Weise.

Herzschrittmacher

Schrittmachersysteme für die permanente Stimulation stehen heute für die Behandlung verschiedener Formen von Herzrhythmusstörungen zur Verfügung. Die Indikation zur Herzschrittmacherbehandlung, die vorwiegend bei intermittierend auftretenden oder permanent bestehenden bradykarden Rhythmusstörungen gestellt wird, wurde durch die technische Entwicklung der modernen Herzschrittmacher auch auf die Behandlung tachykarder Formen erweitert. Diese sind und sollen herzchirurgischen Zentren vorbehalten sein. Hingegen ist die Implantation von Herzschrittmachern zur Behandlung bradykarder Rhythmusstörungen ein Routineeingriff geworden, der in jeder größeren chirurgischen Abteilung durchgeführt werden muß.

Implantation

Die Implantation eines Herzschrittmachersystems erfolgt in einem »sauberen« Operationssaal, der mit EKG-Überwachungsanlage und Röntgenbildwandler ausgerüstet sein muß, in Lokalanästhesie, evtl. mit Adrenalinzusatz.

Die Durchführung der Operation in Lokalanästhesie hat gegenüber der Anwendung einer Allgemeinanästhesie den Vorteil, daß schwere intraoperative Rhythmusstörungen im Sinne einer Kammertachykardie oder eines Kammerflimmerns praktisch nicht beobachtet werden. Trotzdem sollte ein Defibrillator für externe Defibrillation bereitstehen.

Für die Elektrodeneinführung ist der optimale Zugang die V. subclavia dextra; von links her ist die Elektrodenverankerung im rechten Ventrikel zumeist schwieriger. Die linke Seite wird nur gewählt, wenn der rechtsseitige Zugang sich verbietet (Subklaviathrombose, infizierte Schrittmacherloge rechts, Zustand nach Klavikulafraktur) oder der Patient die Implantation links wünscht (z. B. Jäger).

Auch die V. cephalica eignet sich durchaus als Zugang, jedoch in der Regel nur dann, wenn nur eine Elektrode implantiert werden soll (Abb. 8.2-9).

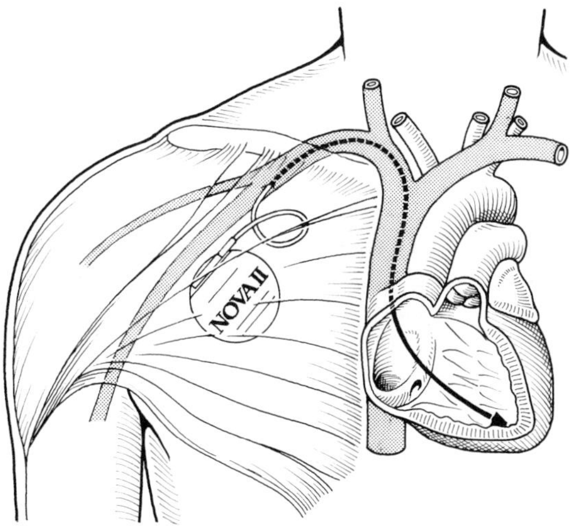

Abb. 8.2-9. Schrittmacherimplantation über die V. cephalica bzw. unter die Faszie des M. pectoralis major.

Der Patient befindet sich in Rückenlage. Der Arm der Operationsseite wird rumpfparallel so fixiert, daß die Schulter möglichst nach kaudal gezogen wird, wodurch die Subklaviapunktion erleichtert wird. Der andere Arm wird ausgelegt. Eine i.v. Tropfinfusion ermöglicht im – extrem seltenen – Komplikationsfall rasche intravenöse Medikamentenapplikation; EKG-Dauerüberwachung während der Operation ist erforderlich.

Hautschnitt etwa 5–6 cm lang 1 Querfinger unterhalb und parallel des mittleren Klavikuladrittels. Nach Kippen des Operationstisches in Kopftieflage (nicht erforderlich bei Venenstauung!) Eingehen mit der Nadel des Punktionssets infraklavikulär in Richtung medial-oben gegen den obersten Anteil der Trachea (Abb. 8.2-10). Unter Aspiration an der aufgesetzten Spritze wird nach 2–6 cm die V. subclavia zwischen Clavicula und 1. Rippe erreicht. Nach Abnehmen der Spritze wird der Führungsdraht meist ohne Schwierigkeit durch die Nadel in den rechten Vorhof geschoben. Sollte beim Einführen ein elastischer Widerstand fühlbar werden, so muß man sich mit dem Bildwandler über die Lage der Spitze des Drahtes informieren. Wenn die Nadelspitze richtig im Venenlumen liegt, kann die Drahteinführung in die obere Hohlvene durch Anheben des Nadelendes unter Bildwandlerkontrolle erleichtert werden.

Bei Patienten mit nach substernal reichender Struma kann dies Geduld erfordern.

Liegt der Führungsdraht mit seiner Spitze im rechten Vorhof (Röntgendurchleuchtungskontrolle), so wird die Nadel entfernt. Das Dilatationsset wird im vorderen Drittel leicht gebogen und über den Führungsdraht unter leichtem Druck in die obere Hohlvene vorgeschoben (Abb. 8.2-11). Die Vorkrümmung erleichtert dieses Manöver.

Dann wird (immer noch in Kopftieflage) der Mandrin des Dilatationssets entfernt; der Führungsdraht bleibt dann in situ, wenn eine zweite Elektrode (bei Vorhofkammersystemen) eingeführt werden soll. Die vorbereitete Elektrode wird nun durch die liegende Hülle des Dilatationssets in den rechten Vorhof eingeführt.

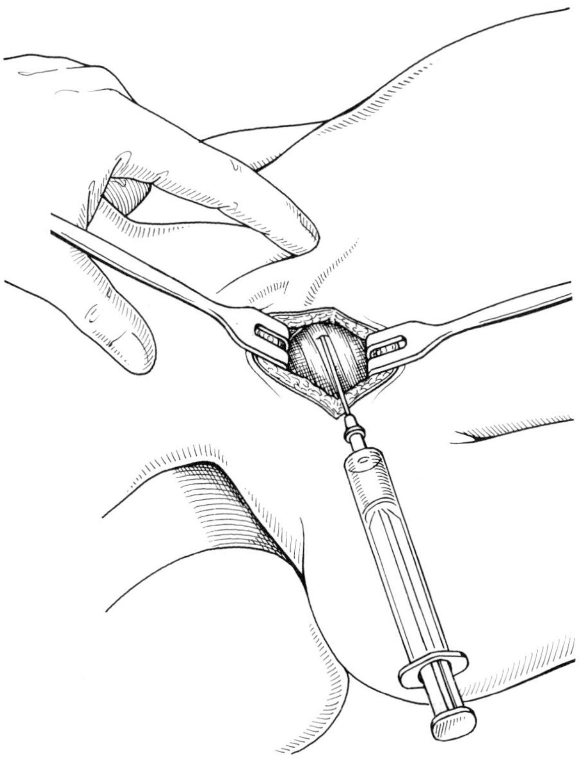

Abb. 8.2-10. Punktion der V. subclavia für die Elektrodeneinführung.

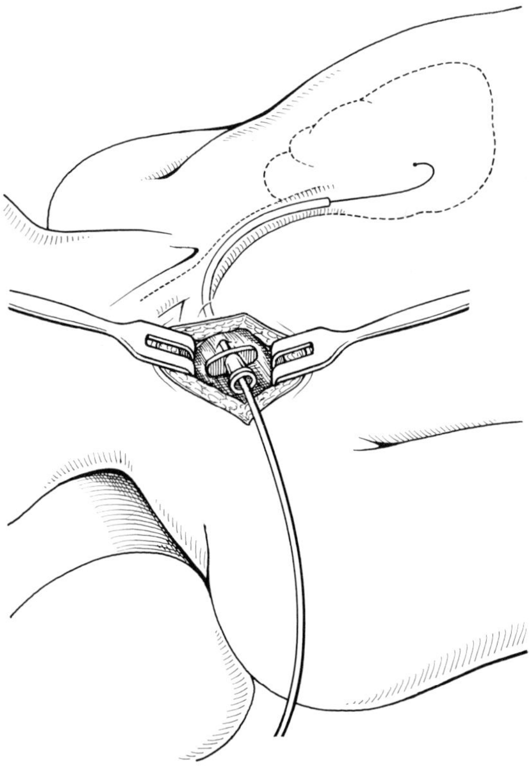

Abb. 8.2-11. In die V. cava superior vorgeschobenes Dilatationsset.

Bei Verwendung dünner Elektroden gelingt auch die Einführung einer evtl. erforderlichen 2. Elektrode durch die Dilatationshülse; gelingt dies nicht, so kann nach Entfernung der Hülse durch Auseinanderziehen der beiden Flügel über den noch liegenden Führungsdraht ein 2. Dilatationsset eingebracht werden. Nach Einführen einer oder bei Bedarf beider Elektroden in den rechten Vorhof werden Führungsdraht und Dilatationshülse entfernt; dabei muß darauf geachtet werden, daß die Elektrode(n) nicht unbeabsichtigt mit herausgezogen wird (werden).

Nun kann die Kippung des Operationstisches wieder aufgehoben werden, da keine Gefahr einer Luftembolie mehr besteht.

Unter Röntgenbildwandlerkontrolle wird die ventrikuläre Elektrode in den rechten Ventrikel eingeführt. Zur Erleichterung dieses Manövers kann es zweckmäßig sein, den Drahtmandrin etwa 5 cm vor der Spitze etwas zu biegen.

Bei radiologisch guter Elektrodenlage im Spitzenbereich des rechten Ventrikels (Elektrodenspitze herzspitzennahe 2–5 cm links vom linken Wirbelsäulenrand) bewegt sich die Elektrodenspitze nur wenig herzsynchron, im rechten Vorhof sollte die Elektrode einen leichten Bogen vom rechten Vorhofrand in den rechten Ventrikel beschreiben. Nach Zurückziehen des Mandrins wird die elektrische Messung vorgenommen. Dazu wird das Ansatzstück der Intrakardialelektrode an den negativen Pol des externen Prüfgerätes, das vom Anästhesisten bedient wird, angeschlossen; der positive Pol wird subkutan im Hautschnittbereich angeklemmt. Bei bipolaren Elektroden sollte immer der spitzenwärts liegende Elektrodenkopf negativ sein.

Die Reizschwelle sollte unter 1 Volt liegen (Optimalwert 0,3 bis 0,7), der Widerstand 500 Ohm nicht übersteigen. Bei durch die Manipulation tachykarder Kammerfrequenz muß durch höher eingestellte Schrittmacherfrequenz zunächst der Eigenrhythmus überfahren werden. Entsprechen die gemessenen Werte nicht, so wird die Elektrode zurückgezogen und neu plaziert.

Die Fixierung der Elektrode in der gewünschten Lage erfolgt durch Nahtligatur mit resorbierbarem Nahtmaterial Stärke 0 oder 00 mit Hilfe der am herausragenden Teil der Elektrode verschiebbaren Fixationsmanschette (Abb. 8.2-12). Diese wird unter Halten der Elektrodenlage an die Punktionsstelle vorgeschoben und dort an der Muskulatur fixiert. Nach Anziehen des ersten Knotens muß der Mandrin vollständig entfernt werden.

Wird zusätzlich eine Vorhofelektrode eingebracht (sie liegt bereits im rechten Vorhof), so erfolgt deren Plazierung nach Möglichkeit im rechten Herzohr. Als Vorhofelektroden eignen sich besonders sog. J-Elektroden. Die Elektrode wird mit dem beiliegenden geraden Mandrin gestreckt in den Vorhof eingebracht; durch Zurückziehen des Mandrins stellt sich die Spitze der Elektrode J-artig auf und kann ohne Schwierigkeit unter Bildwandlerkontrolle in das Herzohr gebracht werden. Die Messung der Reizschwelle erfolgt in gleicher Weise wie oben beschrieben, die Reizschwelle liegt aber gegenüber der Ventrikelelektrode etwas höher (1,0 bis 1,5 Volt). Radiologisch erkennt man eine günstige Position daran, daß das J im oberen Vorhofbereich nach links weist.

Für die Verwendung an anderer Stelle der Vorhofwand eignen sich Schraubelektroden, deren Spitze durch mehrmaliges Drehen am Konnektor korkenzieherartig in die Vorhofwand der gewünschten Stelle eingebracht wird.

Fixation der Elektrode in gleicher Weise wie oben beschrieben. Die Konnektoren (Vorhofsonde als »Atrial« markiert) werden am Schrittmacher zumeist durch Schraubenkontakt fixiert. Der überstehende Teil der Elektrode(n) wird in Schlingen gelegt und unter dem Schrittmacher in die durch teils stumpfe, teils scharfe Präparation geschaffene präpektorale Schrittmacherloge eingebracht.

Naht der Subkutis; Hautnaht. Vor Ende der Operation überzeugt man sich durch Röntgenkontrolle, daß die Elektrodenlage radiologisch korrekt ist. Eine Thoraxübersichtsaufnahme nach Ende der Operation dient dem Ausschluß (oder Nachweis!) eines bei der Venenpunktion gesetzten Pneumothorax.

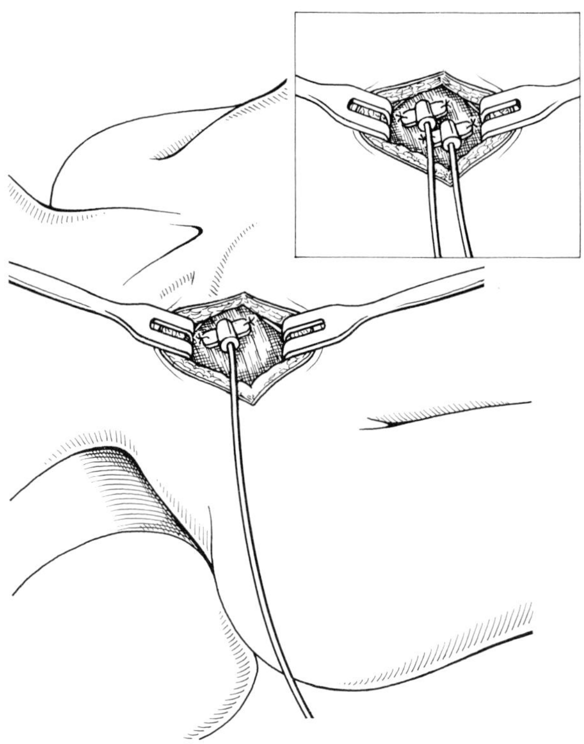

Abb. 8.2-12. Elektrodenfixation an der Venenpunktionsstelle.

Komplikationen der Schrittmacherbehandlung

Pneumothorax

Im Zuge der Punktion der V. subclavia kann durch Pleura- und Lungenanstich ein Pneumothorax auftreten. Ein postoperativ festgestellter Mantelpneu wird beobachtet (radiologische Kontrolle), bei Zunahme punktiert. Eine Drainage ist nur im Falle eines Spannungspneumothorax angezeigt.

Elektrodendislokation in der Frühphase

Sie macht sich durch Ausfall der Schrittmacherfunktion bemerkbar. Bei radiologisch einwandfreier Lage kann bei programmierbaren Schrittmachern durch Steigerung der Impulshöhe und Impulsdauer die Schrittmacherfunktion wiederhergestellt werden. Bei auch radiologisch nachgewiesener Dislokation ist die operative Elektrodenlagenkorrektur angezeigt. Sie erfolgt unter Bedingungen der Erstoperation. Nach Entnahme des Schrittmachers aus der Loge wird die Elektrodenfixierungsschraube gelöst, die Elektrode vom Schrittmacher getrennt und nach Lösen der Elektrodenfixierungsnaht ein Mandrin eingeführt. Weiterer Vorgang wie bei der Erstoperation.

Herzperforation

Elektrodenperforationen im Zuge der Elektrodenplazierung sind extrem selten. Durch Vorschieben der Elektrode sieht man, daß sich ihre Spitze im Herzbeutel ungehindert verschieben läßt. Die Elektrode wird dann einfach in den Vorhof zurückgezogen, wobei der federnde Widerstand bei der Kammerwandpassage fühlbar ist, und neu plaziert. Der Patient wird postoperativ überwacht (auch Ultraschalluntersuchung!), Komplikationen im Sinne einer Herzbeuteltamponade sind aber kaum zu befürchten.

Spätperforation: Ausfall der Schrittmacherfunktion. Radiologisch läßt sich die Elektrodenspitze bei drehender Durchleuchtung aus dem Herzschatten herausprojizieren. Die Elektrode wird zurückgezogen und neu plaziert. Wenn dies nicht mehr möglich ist, wird die Elektrode entfernt und eine neue implantiert. Überwachung des Patienten über 24 Std. ist angezeigt.

Wundinfekt

Er tritt im allgemeinen durch Schwellung und Rötung der Schrittmacherloge in Erscheinung, in fortgeschrittenen Fällen durch Eiterung im Narbenbereich mit Exulzeration. Von Versuchen einer konservativen Behandlung ist abzuraten.

Wenn der Patient schrittmacherabhängig ist, wird die Schrittmacherloge breit eröffnet, die Elektrode vom Schrittmacher getrennt und an einen externen Schrittmacher angeschlossen. Der Schrittmacher wird gereinigt und resterilisiert. Am folgenden Tag wird eine neue Elektrode über die V. subclavia der anderen Seite positioniert und der Schrittmacher dort implantiert. Nach Wundverschluß und Verband wird die alte Elektrode aus dem Herzen entfernt. Die septische Wunde wird nur locker über einem Laschendrain verschlossen oder es werden Septopal-Ketten mit einer Redon-Überlaufdrainage eingelegt. Allgemeine antibiotische Therapie (nach Abstrichresultat) für einige Tage.

Ulkus über dem Schrittmacher

Besonders bei sehr mageren Patienten können sich durch Schrumpfung der Schrittmacherlogenkapsel Druckulzera bilden. Da solche Schrittmachersysteme immer als infiziert zu betrachten sind, sollte wie unter 4. vorgegangen werden.

Muskelzucken

Bei unipolaren Elektroden fungiert das Schrittmachergehäuse als indifferenter Pol. Muskelfasern des Pektoralis, die bei der Logenpräparation fälschlicherweise in der deckenden Weichteilschicht belassen werden, zucken dann im Schrittmacherrhythmus. Die Korrektur im Sinne der einwandfrei subkutanen Schrittmacherloge behebt das lästige Problem.

Zuckungen können auch durch unbemerkte Isolationsdefekte der Elektrode verursacht sein. Dann ist ein Elektrodenaustausch erforderlich.

Zwerchfellzucken

Schrittmachersynchrones Zwerchfellzucken kann bei schlecht liegenden Vorhofelektroden, aber auch bei Ventrikelelektroden durch Mitreizung des N. phrenicus auftreten. Läßt es sich nicht durch Umprogrammieren (Herabsetzung von Impulshöhe und Impulsdauer) beheben, so muß die Elektrodenlage korrigiert werden.

Schrittmachererschöpfung

Durch Batterieerschöpfung bedingter Schrittmacherausfall erfordert eine Austauschoperation. Sie wird unter den Bedingungen der Erstoperation vorgenommen. Die Hautinzision erfolgt über dem Schrittmacher, nicht in der alten Narbe, da hier die Elektrodenverletzungsgefahr größer ist. Nach Eröffnen der Loge wird der Schrittmacher entnommen und die Elektrode soweit freipräpariert, daß sie vom Schrittmacher getrennt werden kann. Die Reizschwelle sollte nicht über 2 bis 2,5 Volt liegen; in diesem Fall kann die Elektrode weiter verwendet werden. Bei höherer Reizschwelle wird eine neue Elektrode eingebracht. Übrige Vorgangsweise wie bei der Erstoperation.

Chirurgische Therapie der lebensbedrohlichen pulmonalen Embolie (Trendelenburgsche Operation)

Die Indikation zur Operation sollte nur nach Sicherung der Diagnose durch Pulmonalisangiographie gestellt werden, weil die klinischen Symptome irreführend sein können und die unter fälschlicher Annahme indizierte Operation dem schwerkranken Patienten nicht nur nicht hilft, sondern ihn schwerstens gefährdet. Andererseits kann das sich rasch entwickelnde Bild eines schweren Schockzustandes so dringlich sein, daß eine Verlegung an eine herzchirurgische Abteilung nicht mehr möglich ist. Nur in diesem Falle ist die Trendelenburgsche Operation als Versuch der Lebensrettung zu verantworten.

Operationstechnik

In Intubationsanästhesie erfolgt die mediane Sternotomie (oszillierende Sternumsäge, aber auch im Notfall Meißel oder Knochenschere). Ohne Zeit mit Blutstillung zu verlieren, wird der Herzbeutel ausgiebig median eröffnet. Ein Sternumspreizer wird eingesetzt. Obere und untere Hohlvene werden intraperikardial mit geraden Gefäßklemmen abgeklemmt; nur wenn der Allgemeinzustand des Patienten es erlaubt, kann die Unterfahrung und Anschlingung dieser Strukturen erfolgen und die Abklemmung dadurch erleichtert werden. Bei der massiven Verstopfung des pulmonalen Gefäßbettes, die der schweren Pulmonalembolie zugrunde liegt, bleibt das rechte Herz trotz »Inflow occlusion« dilatiert und blutgefüllt – ein Leerschlagenlassen sollte nicht abgewartet werden. In diesem Zustand der Inflow occlusion wird die Pulmonalarterie in ihrem Stamm an der Vorderwand 2–3 cm längs inzidiert, wobei der Schnitt mit dem Skalpell peripher beginnt und etwa 1 cm oberhalb des Klappenrings endet. Unter Druck entleert sich dunkles Blut aus der Pulmonalarterie. Wenn vom angiographischen Bild die Lokalisation des Embolus bekannt ist, wird durch Einführen des Saugers in diese Region versucht, den Embolus möglichst als ganzes Stück anzusaugen und durch Zurückziehen des Saugers aus der Pulmonalis zu extrahieren. Fallweise kann eine Kornzange oder aber ein über den Embolus vorgeschobener Fogarty-Katheter, dessen Ballon vor dem Extrahieren gebläht wird, hilfreich sein. Durch massives Blähen der Lungen durch den Anästhesisten wird das Absaugen von (schubweise erfolgten) Emboli erleichtert. Nach Beendigung der Embolektomie werden die beiden Pulmonalisinzisionsränder mit je einer zarten Klemme gefaßt. Durch Abnehmen der oberen Cavaklemme erfolgt die Blutfüllung des rechten Herzens; gleichzeitig wird durch den Anästhesisten massiv transfundiert und durch Blähen der Lunge die Luft aus dem pulmonalen Gefäßbett gegen die Arteriotomie ausgepreßt. Nun wird die Arteriotomie mittels Satinsky-Klemme verschlossen. Jetzt erfolgt auch die Freigabe der unteren Hohlvene. Vom Beginn der Inflow occlusion bis zu diesem Zeitpunkt dürfen nicht mehr als 4 Min. verstreichen; daher ist genaue Zeitmessung und Protokollierung durch den Anästhesisten erforderlich. Wenn keine spontane Kammertätigkeit oder eine zunächst nur unzureichende Herztätigkeit einsetzt, wird sofort mit der Herzmassage begonnen, gleichzeitig gibt der Anästhesist Natriumbikarbonat, evtl. Adrenalin und Kalziumchlorid intravenös.

Wenn Kammerflimmern auftritt, sollte erst nach Bikarbonatzufuhr und zwischenzeitlicher Herzmassage die Defibrillation erfolgen. Erst nach Wiedereinsetzen einer ausreichenden Herztätigkeit wird die Arteriotomie durch fortlaufende 4/0 Naht verschlossen; eine nach Abnahme der Klemme noch bestehende geringe Blutung steht im allgemeinen nach kurzzeitiger Watteauflage spontan, ggf. wird die Blutungsstelle durch zusätzliche Naht versorgt.

In dieser Phase der Operation ist der Ausgleich des intraoperativen Blutverlustes bedeutungsvoll. Lockerer Verschluß des Herzbeutels über ein in die Herzbeutelbasis eingelegtes Drain, Substernaldrain. Nach Blutstillung (besonders hinterer Periostrand am Sternum) erfolgen der Drahtverschluß des Sternums und der zweireihige Weichteilverschluß.

Bei schubweise verlaufender Thromboembolie kann im Anschluß an die Embolektomie die Implantation eines Cavaschirmes indiziert sein.

9

Bauchchirurgie

9.1 Allgemeine operationstechnische Prinzipien

J. Durst

Nahttechniken

Über die Nahttechniken gehen die Meinungen oft auseinander, sehr viel weniger über die Fadenstärken und das Material (Tab. 9.1-1). Zur Verfügung stehen Fäden, Klammern und Klebemittel. Alle Produkte sollen gewebeverträglich und reißfest über einen bestimmten Zeitraum sein und die Wundheilung so wenig wie möglich stören.

Die Reißfestigkeit, Haltbarkeit und Gewebeverträglichkeit bestimmen in erster Linie das Anwendungsgebiet und speziell dafür ist der jeweils »ideale« Faden auszuwählen. Die höchste und dauerhafteste Reißfestigkeit haben z.B. Drahtfäden und nicht resorbierbare Polyester (z.B. Dacron), weniger ausgeprägt auch Zwirn oder Seide. In der Reihenfolge Stahl, Polyglykolsäure, Polypropylen, Polyester, Polyamid, Seide, Zwirn, Catgut, Chromcatgut nimmt die Gewebeverträglichkeit ab. Die heftige Fremdkörperreaktion von chromiertem Catgut beginnt schon nach wenigen Tagen und begünstigt die Entstehung von abszedierenden Entzündungen. Eine weitere wichtige Rolle im Hinblick auf die Verwendungsmöglichkeit spielt die Oberflächenbeschaffenheit (monofil, pseudomonofil, geflochten), die gleichzeitig Einfluß auf die Gleitfähigkeit im Gewebe und Knotentechnik hat. Zu beachten ist ferner die Quellfähigkeit (Catgut) und Dochtwirkung (z.B. Zwirn). Die industriell vorgefertigte Nadel-Faden-Kombination resorbierbarer und nicht resorbierbarer synthetischer Produkte ermöglicht eine weitgehend atraumatische Nahttechnik und ist daher grundsätzlich zu bevorzugen.

Tab. 9.1-1. Anwendungsmöglichkeiten verschiedener Nahtmaterialien.

Anwendungsgebiet	Empfehlenswert	Seltene oder relative Indikation
Haut	Polyamid	Draht, Polypropylen, Klammern, Klebstoffe
Subkutangewebe	Redon-Drainage	Catgut plain
Faszie	Polyglykolsäure, Polyglactin, Polydioxanon	Draht (monofil und geflochten), Polyamid
Gefäße	Polypropylen	Polyester
Ligaturen subkutan	Catgut plain	—
intraabdominell	Zwirn, Polyglykolsäure, Polyamid, Polyglactin	Metallklammern
Intestinaltrakt Albert-Naht	Catgut plain, Polyglykolsäure, Polyglactin	
Lembert-Naht	Polyglykolsäure, Seide, Polyamid, Polyglactin	
Maschinelle Naht	Metallklammern	Polysorbklammern
Gallenwege, Pankreas	Polyglykolsäure	Polyglactin
Leber, Milz	Chromcatgut, Catgut plain, Polyglykolsäure, Polyglactin	Kollagen
Septische Chirurgie, M. Crohn, Colitis ulcerosa	Polyglykolsäure, Polyglactin	TA nur mit Polysorbklammern, Catgut plain, Polydioxanon

Haut

Eine möglichst »stufenlose«, genaue Adaptation der Hautränder ist nicht nur eine wesentliche Voraussetzung für einen ungestörten Wundheilungsverlauf, sondern gleichermaßen wichtig für das kosmetische Spätergebnis. Die Standardnaht für die meisten Laparotomien bei älteren Patienten ist die überwendliche Einzelknopfnaht (Abb. 9.1-1). Ein- und Ausstichpunkt soll je nach dem Bauchdekkenzustand zwischen 0,5–1 cm entfernt vom Wundrand liegen. Eine bessere Adaptation erreicht man mit der Rückstichnaht nach Donati (Abb. 9.1-2a u. b) oder nach Allgöwer (Abb. 9.1-2c u. d). Intrakutane Nähte (Abb. 9.1-1b) oder Wundklebungen (Abb. 9.1-3) sind nur für aseptische Eingriffe zu empfehlen. Auch mit den Hautklammern (Abb. 9.1-4) lassen sich vielfach bessere kosmetische Ergebnisse erzielen als mit Einzelknopfnähten, sofern nicht atraumatische Nadel-Faden-Kombinationen gewählt werden, die in der Abdominalchirurgie ein eingeschränktes Indikationsgebiet haben. Die atraumatische Naht hat nur einen adaptierenden Effekt, so daß meist subkutane Nähte zusätzlich erforderlich sind, ebenso wie Steri-Strip-Streifen. Die überwendliche fortlaufende Hautnaht ist nicht zu empfehlen.

Im Falle zu erwartender oder bereits eingetretener Wundheilungsstörungen treten kosmetische Überlegungen in den Hintergrund. Vorrang hat dann die Beherrschung des Infektes und Stabilisierung der nahtbruchgefährdeten Schichten (Abb. 9.1-5 u. 6).

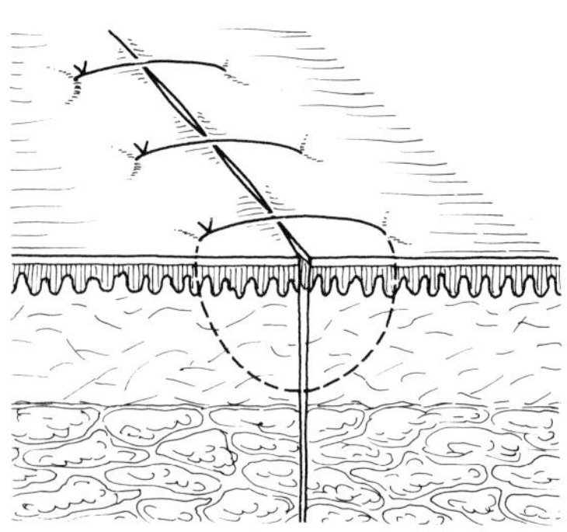

Abb. 9.1-1. a) Überwendlich geführte Einzelknopfnaht an der Haut

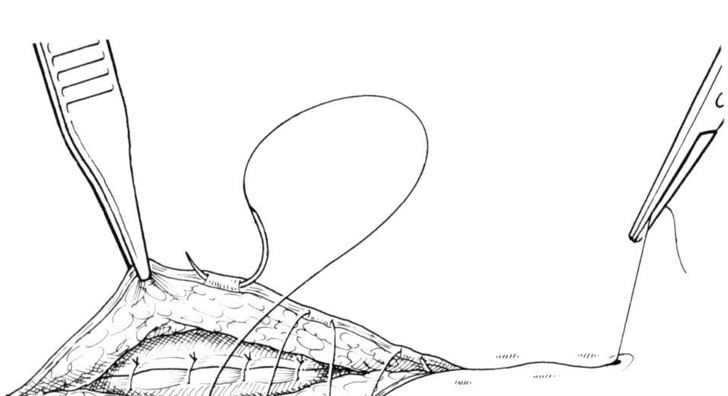

b) Intrakutane Naht.

a)

b)

c)

d)

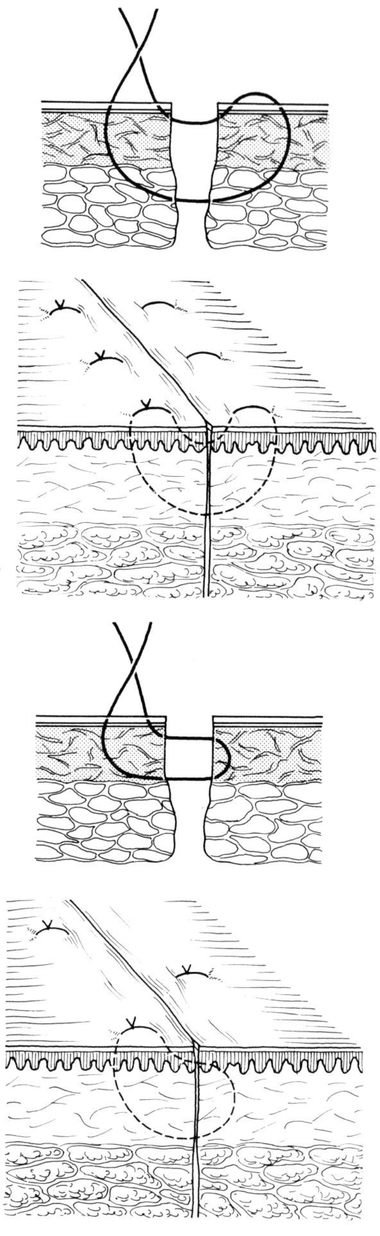

Abb. 9.1-2. a u. b) Rückstichnaht nach Donati. c u. d) Rückstichnaht nach Allgöwer.

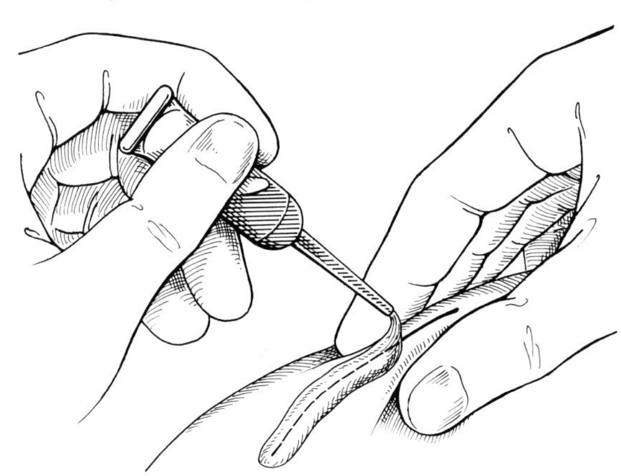

Abb. 9.1-3. Wundrandadaptation mit Histoacryl-Kleber.

Abb. 9.1-4. a) Wundverschluß mit wiederverwendbaren Klammern (sog. Kölner-Sparklammern).

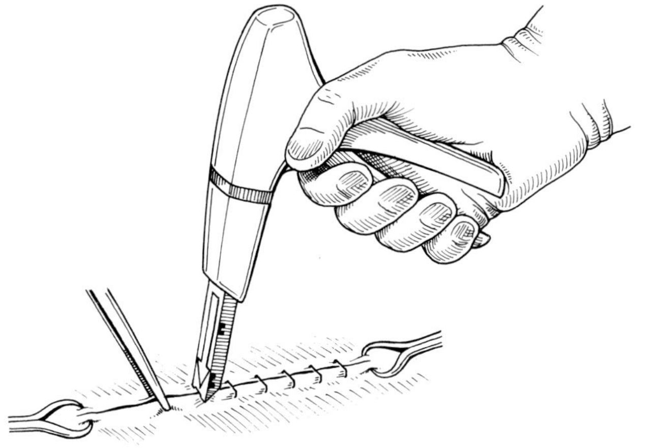

b) Wundverschluß mit Klammernahtgerät.

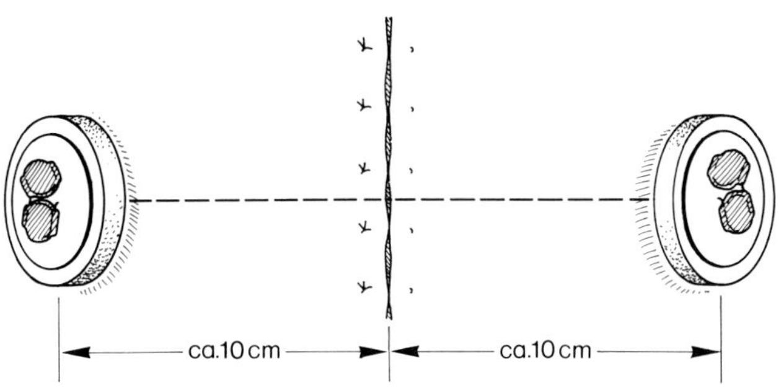

a)

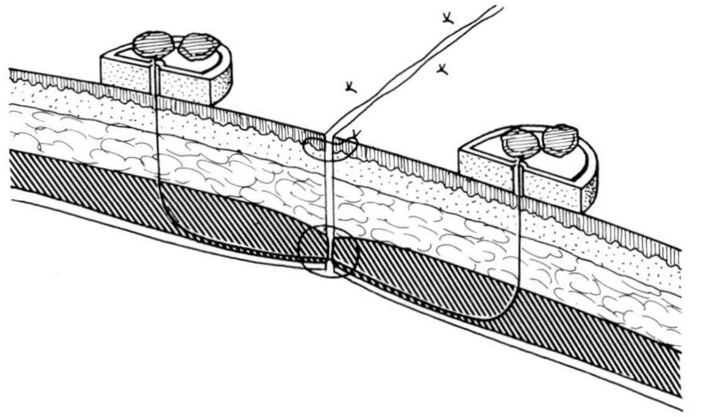

b)

Abb. 9.1-5. a u. b) Drahtentlastungsnaht zur Sicherung einer rupturgefährdeten Laparotomiewunde mit exakt extraabdomineller Fadenführung.

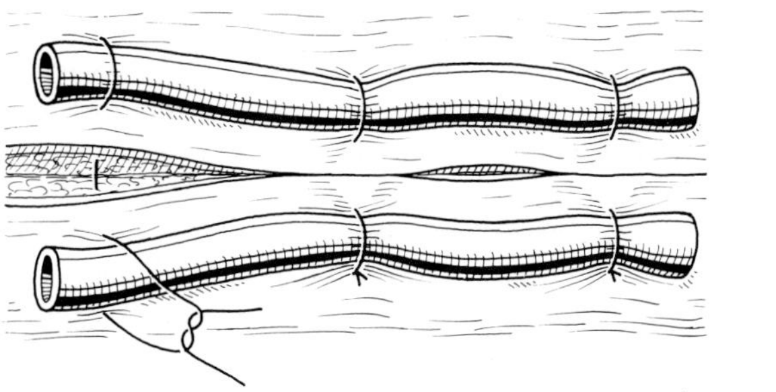

a)

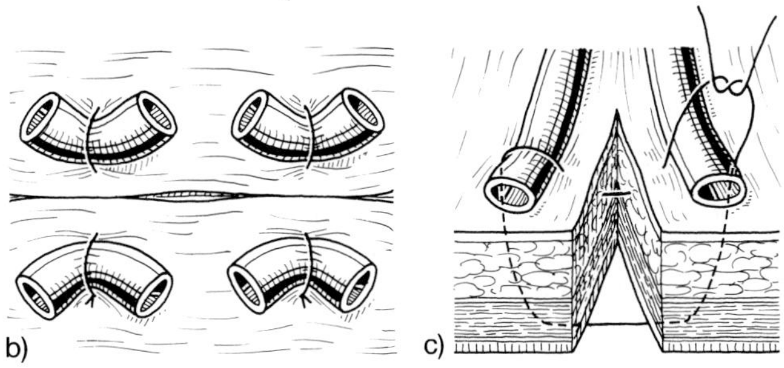

b) c)

Abb. 9.1-6. a–c) Adaptierender Wundverschluß unter Zuhilfenahme von entlastenden Gummirohrdrainagen bei Wundheilungsstörungen mit Fadenführung nach Donati (c).

Subkutangewebe, Faszie, Peritoneum

Die Naht des Fettgewebes erfolgt als Einzelknopfnaht mit Catgut. Sie ist bei geringer Schichtdicke entbehrlich und führt gelegentlich zu einer ungenügenden Ableitung des Wundsekretes über die Redon-Saugdrainage durch eine nahtbedingte Taschenbildung.

Fasziennähte werden nur von wenigen Chirurgen fortlaufend mit PGS genäht. Die Gefahr einer kompletten Wundruptur ist bei einer lokalen Infektion nicht gering. Auch die »Naht« mit resorbierbaren Klammern ist möglich aber unverhältnismäßig teuer.

Sofern ausreichend Peritoneum zur Verfügung steht, sollte es auch gesondert verschlossen werden. Die Einzelknopf- aber auch die fortlaufende Naht mit Catgut ist möglich.

Intestinaltrakt

Von der Anzahl der erfaßten Gewebeschichten her ist zwischen einer ein-, zwei- oder dreischichtigen Naht zu unterscheiden, die wiederum ein- oder zweireihig durchgeführt werden kann, je nachdem um wieviele Nahtfolgen es sich handelt (Abb. 9.1-7–10).

Die Nahttechnik am Intestinaltrakt wird je nach Schule unterschiedlich durchgeführt (Abb. 9.1-7–12), gelegentlich auch fortlaufend. Am bekanntesten ist die Allschichtennaht nach Albert, die bei der inneren Nahtreihe zur Anwendung kommt. Wird letztere mit einer seromuskulären Naht (Lembert) kombiniert, handelt es sich um eine zweireihige Naht, die von Czerny 1877 in dieser Form erstmals angegeben wurde und am Magen-Darm-Kanal am meisten benutzt wird. Eine ausführliche Übersicht findet sich bei Schloffer.

Die Streitfrage, ob einreihig oder mehrreihig am Intestinaltrakt genäht werden soll, wird immer wieder Anlaß zu wissenschaftlichen Auseinandersetzungen sein. Die einreihige, weder invertierende noch evertierende Anastomosennaht »auf Stoß« (Abb. 9.1-12), hat durch die schichtgerechte Adaptation den großen Vorteil, daß es weniger zu einer Stenosierung und nach den experimentellen Untersuchungen auch schneller zum Wiederanschluß der Gefäße kommt. Für die richtige Durchführung sind übersichtliche anatomische Verhältnisse erforderlich. Die Ergänzung dieser Naht durch eine seromuskuläre Lembert-Naht würde das zugrundeliegende Prinzip in Frage stellen.

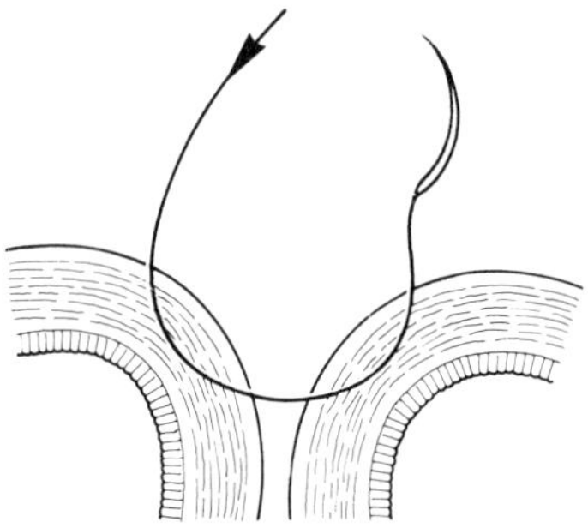

Abb. 9.1-7. Seromuskuläre Einzelknopfnaht nach Lembert.

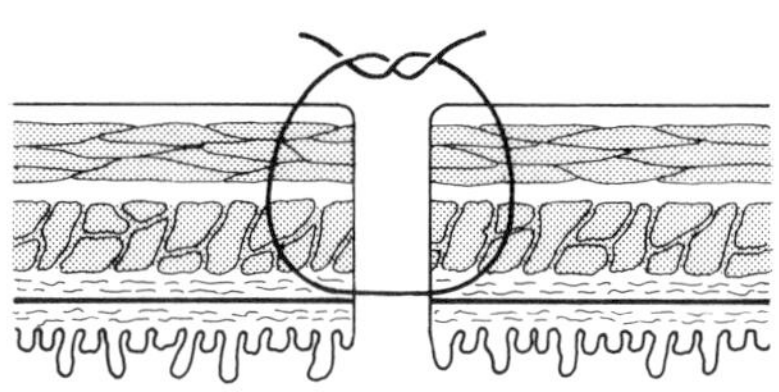

Abb. 9.1-8. Schematische Darstellung verschiedener Nahttechniken am Intestinaltrakt.
a) Einreihige seromuskuläre Naht Stoß auf Stoß nach Czerny.

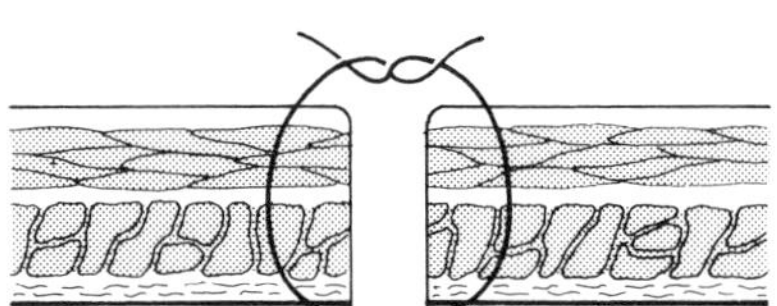

b) Modifizierte mehrschichtige Naht Stoß auf Stoß.

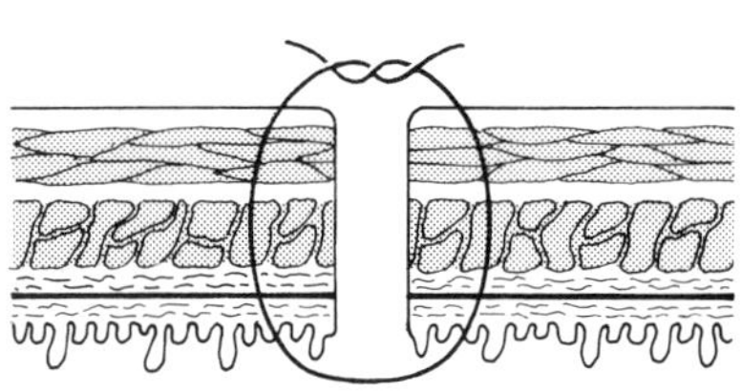

c) Einreihige Allschichten-Einzelknopfnaht (außen-innen, innen-außen) nach Albert.

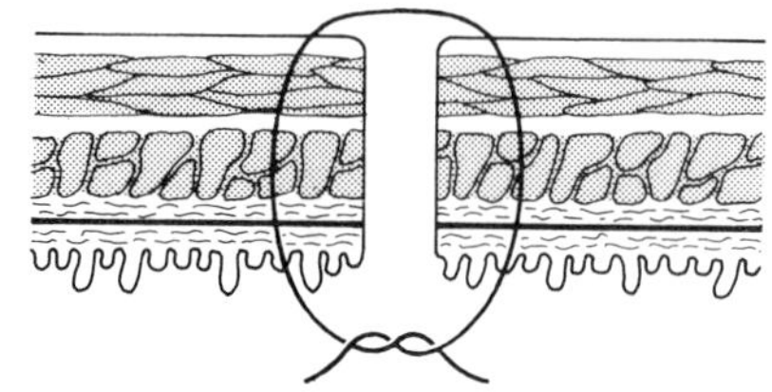

d) Einreihige Allschichten-Einzelknopfnaht (innen-außen, außen-innen) nach v. Mikulicz.

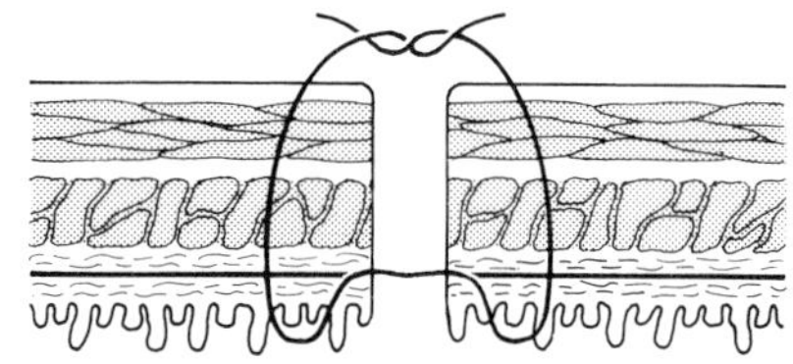

e) Einreihige Naht Stoß auf Stoß (allschichtig, außen-innen, innen-außen, mit Rückstich durch die Mukosa) nach Gambee.

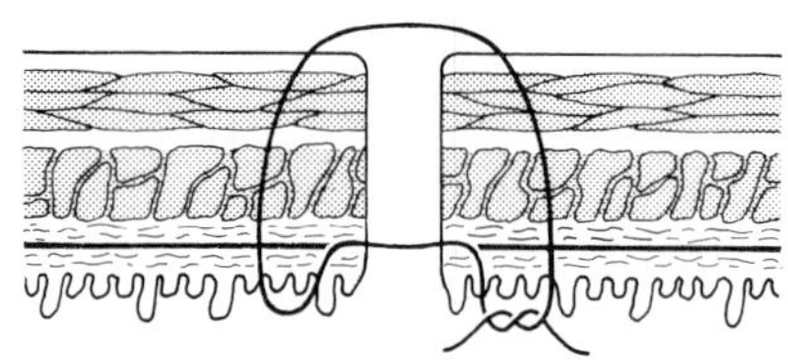

f) Einreihige Naht Stoß auf Stoß für die Hinterwand (allschichtig, innen-außen, außen-innen, mit Rückstich durch die Mukosa) nach Allgöwer.

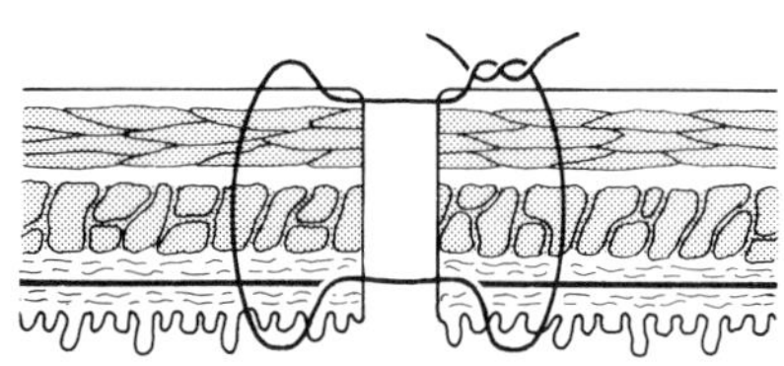

g) Einreihige Naht Stoß auf Stoß (mehrschichtig, außen-innen, innen-außen, mit Rückstich durch die Serosa und Muskularis) nach Herzog.

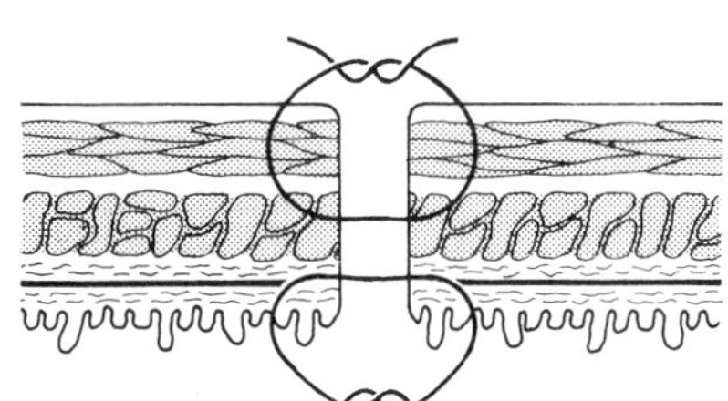

h) Modifizierte zweireihige Naht nach Wölfler.

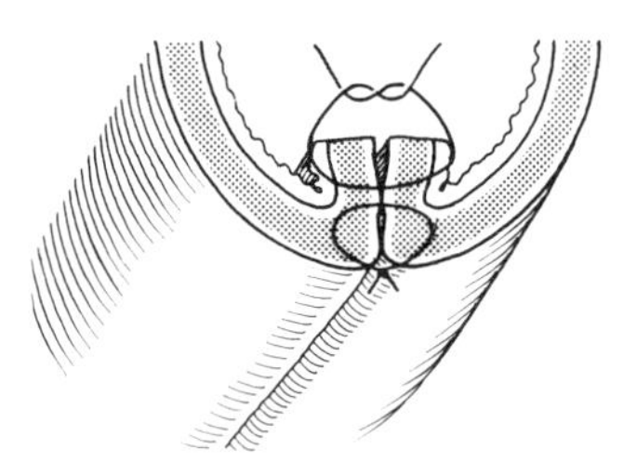

Abb. 9.1-9. Zweireihige invertierende Nahttechnik nach Wölfler.
a) Allschichtige Hinterwand-Einzelknopfnaht nach fertiggestellter seromuskulärer Einzelknopfnaht.

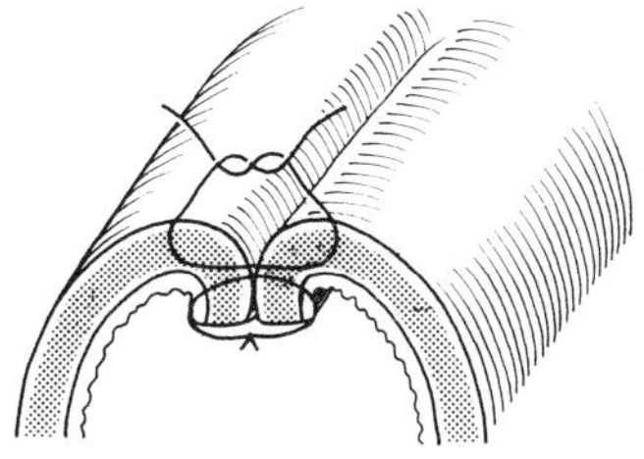

b) Seromuskuläre Einzelknopfnaht der Vorderwand nach zirkulär fertiggestellter invertierender Allschichtennaht.

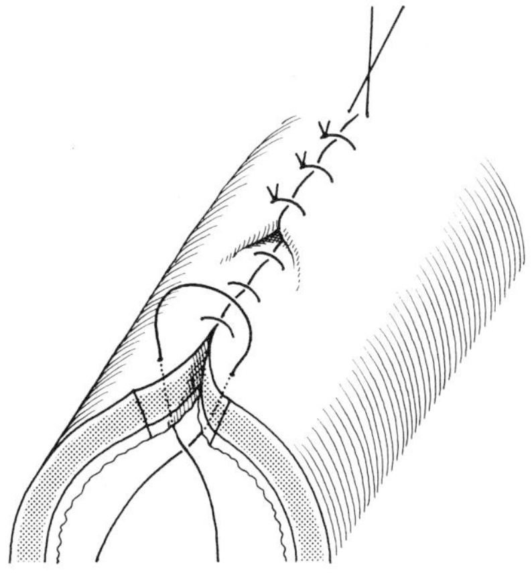

c) Fadenführung bei der Allschichtennaht »innen-außen – außen-innen«.

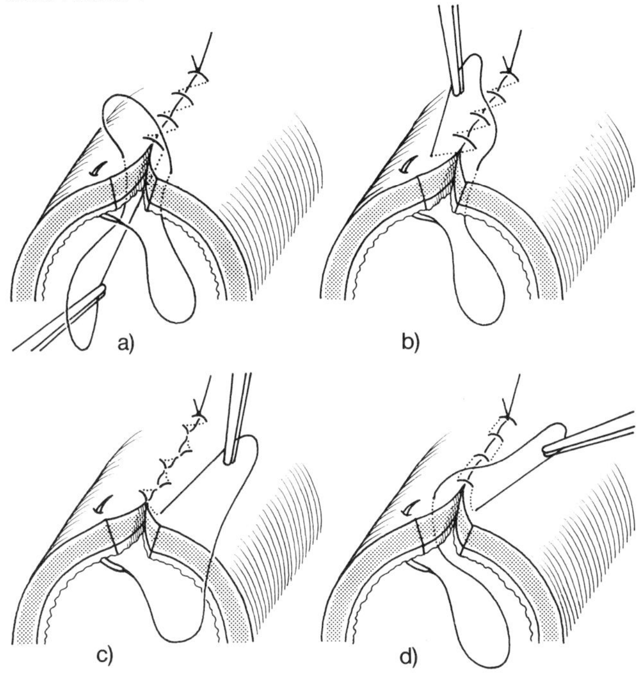

Abb. 9.1-10. Fortlaufende Allschichtennähte.
a) Technik nach Mikulicz (»außen-innen – innen-außen«). Dabei wird der lumenwärts gestochene Faden axial angespannt gehalten.
b) Nahttechnik nach Kürschner (»außen-innen – innen-außen«), wobei der Faden quer zur Schnittrichtung angespannt gehalten wird.
c) Nahttechnik nach Schmieden (»innen-außen – außen-innen«). Fadenzug wie zuvor.
d) Nahttechnik nach Pribram (»außen-innen – gleichseitig – innen-außen«) als U-Naht. Angezogen wird stets der nach außen gestochene Faden der U-Naht.

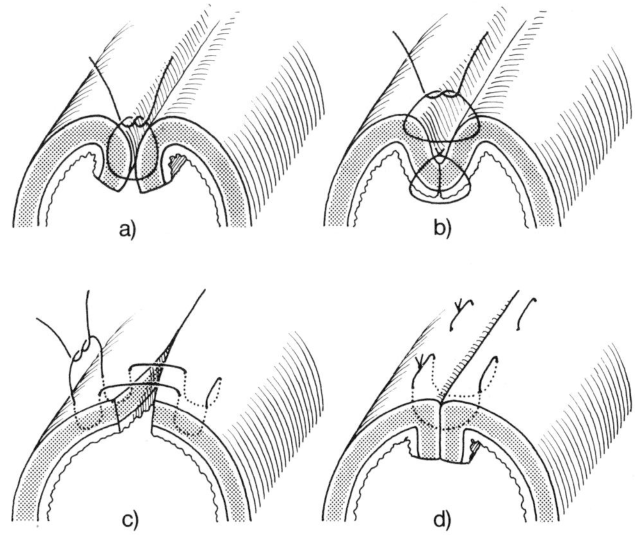

Abb. 9.1-11. Nahttechniken.
a) Seromuskuläre einstülpende Naht nach Lembert.
b) Nahttechnik nach Czerny in Kombination der Allschichtennaht (»außen-innen – innen-außen«) nach Albert und der seromuskulären invertierenden Einzelknopfnaht nach Lembert.
c) Nahttechnik nach Halsted mit Fadenführung und
d) in geknüpftem Zustand (stark einstülpend).

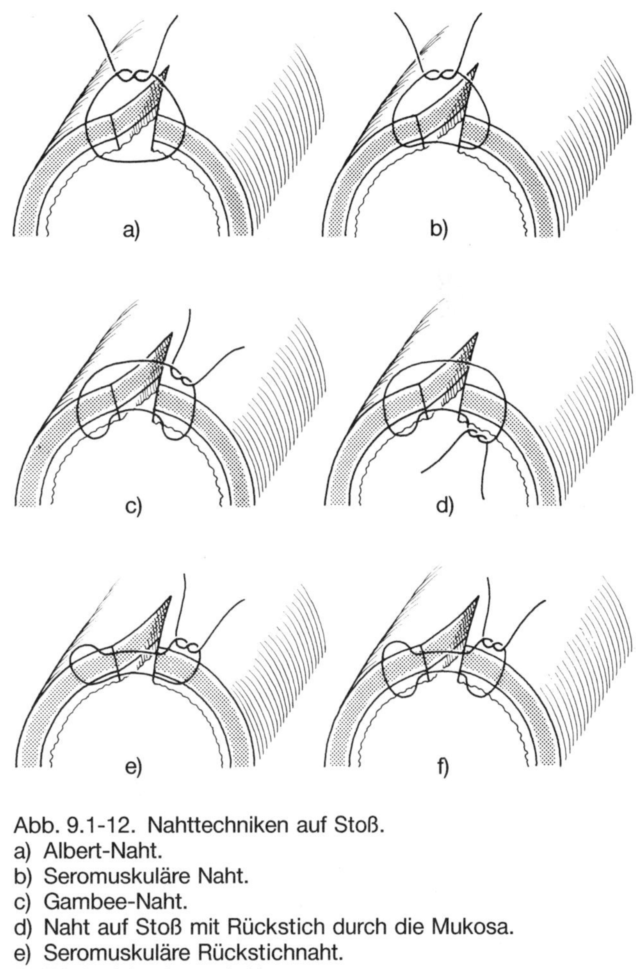

Abb. 9.1-12. Nahttechniken auf Stoß.
a) Albert-Naht.
b) Seromuskuläre Naht.
c) Gambee-Naht.
d) Naht auf Stoß mit Rückstich durch die Mukosa.
e) Seromuskuläre Rückstichnaht.
f) Rückstichnaht nach Herzog.

Durchführung von Anastomosen

Anastomosen dürfen grundsätzlich nicht erzwungen werden. Sie sollen spannungsfrei an gut durchbluteten Rändern erfolgen, ohne daß dabei das Lumen unnötig eingeengt wird. Im Hinblick auf die spätere Passage sind nach Kontinuitätsresektionen am Dünn- oder Dickdarm End-zu-End-Anastomosen jeder anderen Technik überlegen. Besonderes Augenmerk ist dabei auf die am Mesenterialansatz einstrahlenden kleinen Gefäße zu richten, die nicht beschädigt werden dürfen. Sofern es nicht sofort zur Nahtinsuffizienz kommt, können sich dadurch, wie auch bei einer falschen Skelettierungstechnik, ischämiebedingte Spätstenosen selbst am Dünndarm entwickeln.

Das Resektionsausmaß ist u. a. am Dünndarm von der fallweise zu erwartenden Malassimilation, am Kolon besonders von der arteriellen Perfusion abhängig zu machen. Die Skelettierung beginnt mit der Festlegung der Resektionsgrenzen durch die Anlage weicher Darmklemmen, Zügel oder Haltefäden. Sie wird bei benignen Erkrankungen darmwandnahe vorgenommen (Abb. 9.1-13), sofern nicht langstreckige Resektionen notwendig sind. In dem zuletzt genannten Fall sollte man am Dünn- und Dickdarm die Stammgefäße als erste durchtrennen, die sich im durchscheinenden Licht meist gut erkennen lassen. Gelegentlich kann das Dünndarmmesenterium auch maschinell durchtrennt werden. Handelt es sich um ein Karzinom, ist das Resektionsausmaß nicht nur größer zu wählen, sondern es muß zunächst die intraluminäre Tumorzellaussaat durch proximal und distal angelegte Tourniquet-Ligaturen verhindert werden (s. Kap. 9.6). Anschließend erfolgt, ohne den Tumor nach Möglichkeit zu berühren (»no touch«-Technik nach Turnbull), die Unterbindung der Stammgefäße. Sofern es die lokalen Verhältnisse erlauben, sollte man die außerhalb des eigentlichen Operationsgebietes liegenden Abschnitte mit heißen Bauchtüchern abstopfen. Bei der Skelettierung ist darauf zu achten, daß die Präparation am Mesenterialansatz 5–7 mm hinter der Resektionslinie endet. Andernfalls ist mit einer Ernährungsstörung der Anastomose zu rechnen, die auch dann eintreten kann, wenn die Durchtrennung der Mesenterialgefäße zu stark in konkaver Richtung erfolgt. Um hier stets übersichtliche Verhältnisse zu schaffen, sollten die Mesenterialblätter entsprechend der geplanten Resektionslinie vorher mit dem Skalpell oberflächlich inzidiert werden. Schwierig kann u. U. die Wiederherstellung der Passage bei stark inkongruenten Darmlumen sein. Hilfreich ist dann die interpolierende Naht (s. S. 320).

Die Anlage von Haltefäden am Darm ist abhängig vom Ziel des Eingriffes. Bei einer queren Durchtrennung erfolgt sie seromuskulär beidseits in der Mitte des Kreisdurchmessers, so daß der Mesenterialansatz seitengleich 45° entfernt ist. Im Falle einer laterolateralen Anastomose begrenzen die Haltefäden nicht ganz die antimesenterialen Inzisionslinien. Sie werden seromuskulär an beiden Anastomosenschenkeln geführt und am besten sofort geknotet. Soll das

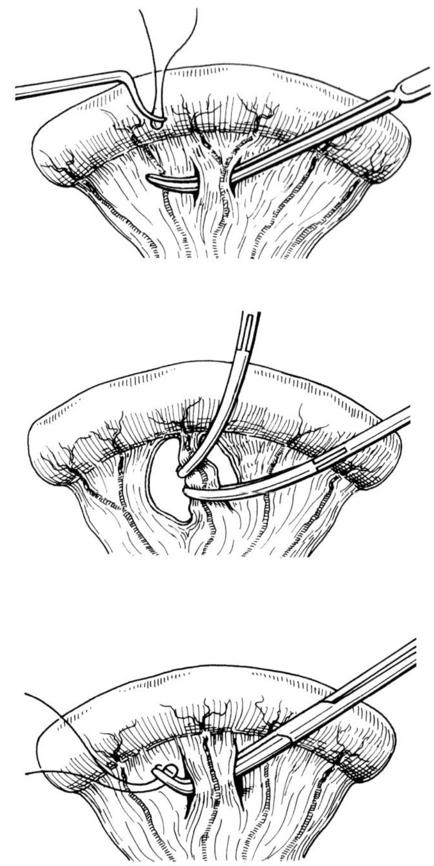

a)

b)

c)

Abb. 9.1-13. a–c) Mögliche Skelettierungstechniken. Bei benignen Prozessen kann die Dissektion des Dünndarmmesenteriums darnwandnahe vorgenommen werden, sofern nicht langstreckige Konvolute reseziert werden müssen.

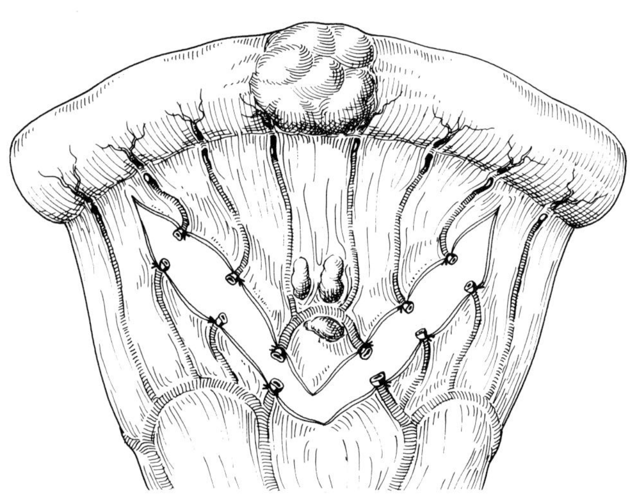

d) Im Falle eines malignen Prozesses muß der Sicherheitsabstand so weit wie möglich nach distal ausgedehnt werden – in der Regel weit über die hier schematisch gezeigten Resektionsgrenzen hinaus.

Darmlumen nach der Längsinzision wieder verschlossen werden, liegen die Haltefäden exakt in der Mitte der Inzisionslinie und ca. 45° vom Mesenterialansatz entfernt, da der Verschluß ja meist in querer Richtung erfolgt (Abb. 9.1-14 u. 15).

Die Wiederherstellung der Kontinuität am Intestinaltrakt erfolgt von organeigenen Besonderheiten abgesehen überwiegend zweireihig nach Czerny (Abb. 9.1-16–19). Für die Allschichtennaht bevorzugen manche die fortlaufende Nahttechnik, die sich bei der laterolateralen Anastomose großvolumiger Darmabschnitte anbietet. Bei richtiger Durchführung ist die Gefahr der Nachblutung vergleichsweise gering und ebenso die einer nahtbedingten Stenose.

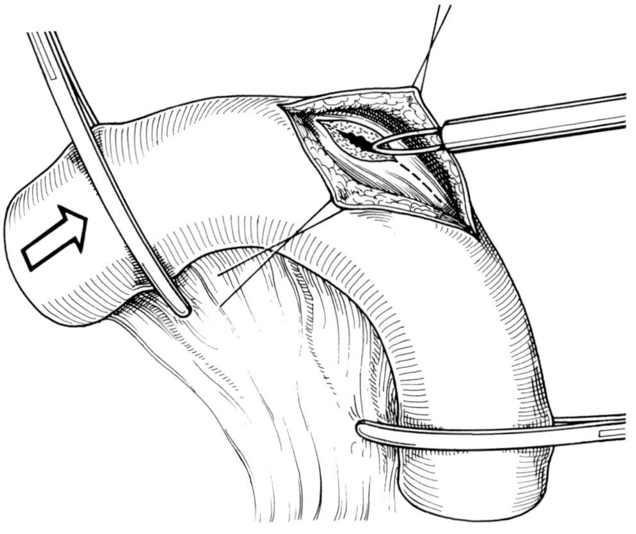

Abb. 9.1-14. Vor der Eröffnung des Dünndarms werden ober- und unterhalb der geplanten Inzisionen weiche Klemmen angelegt. Die Schnittführung erfolgt in Längsrichtung antimesenterial nach Anlage von Haltefäden, die später zu Eckpunkten des in querer Richtung durchzuführenden Verschlusses werden.

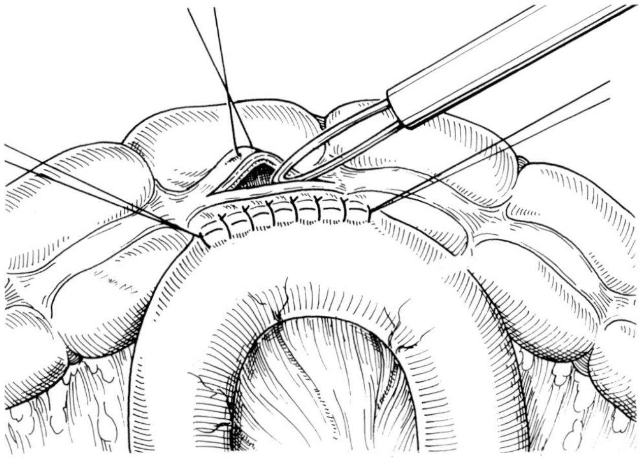

Abb. 9.1-15. Laterolaterale Ileokolostomie als Bypass bei inkurabler Situation. Die Eröffnung von Dünn- und Dickdarm erfolgt erst nach Durchführung der seromuskulären Einzelknopfnaht der Hinterwand, am besten unter Ausklemmung der zu- und abführenden Darmschlingen.

Um eine Kontamination der Bauchhöhle zu vermeiden, ist die sog. geschlossene Nahttechnik der offenen vorzuziehen. Sie wird entweder unter Zuhilfenahme der Klemmen nach Nakayama, spezieller gewinkelter Klemmen oder in der Technik nach Dick mit harten Bronchusklemmen durchgeführt (Abb. 9.1-21).

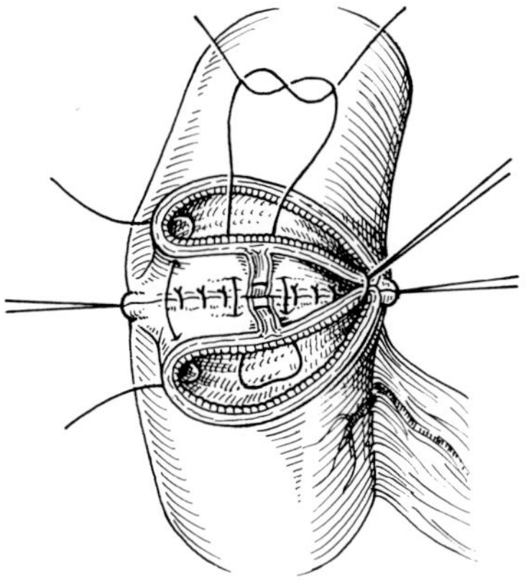

Abb. 9.1-16. Allschichtennaht nach Halsted zur Sicherung eines serosafreien Bezirkes nach fertiger seromuskulärer Einzelknopf-Hinterwandnaht.

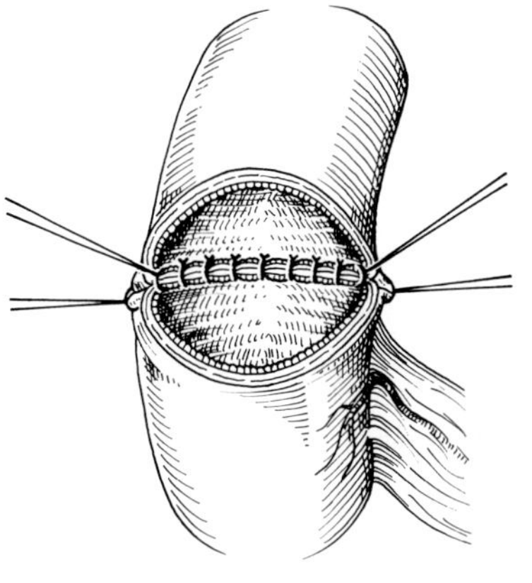

Abb. 9.1-17. Fertige, invertierende, allschichtige Hinterwand-Einzelknopfnaht.

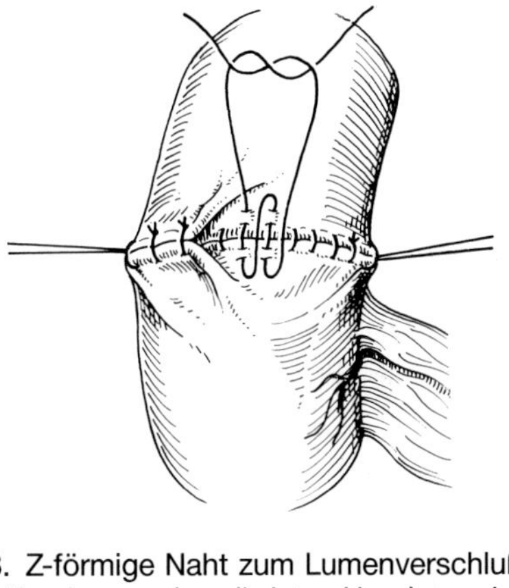

Abb. 9.1-18. Z-förmige Naht zum Lumenverschluß einer sich in der Mitte treffenden, von jeweils lateral beginnenden, invertierenden Allschichtennaht.

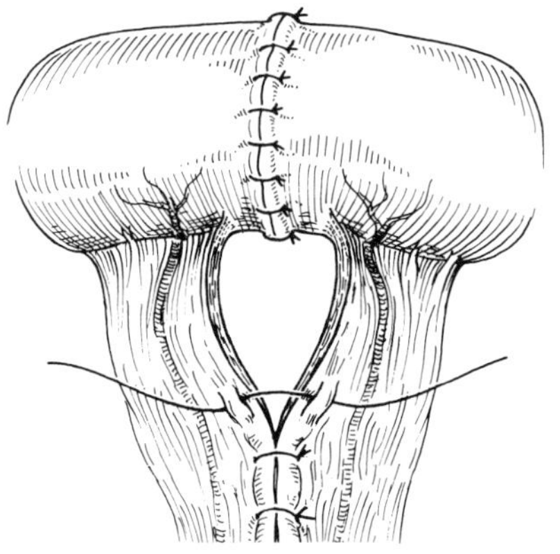

Abb. 9.1-19. Beim Verschluß des Mesenterialschlitzes muß die atraumatische Nadel-Faden-Kombination oberflächlich durch das Gewebe geführt werden, da es andernfalls leicht zu einer Gefäßverletzung kommt.

Zweireihige terminoterminale (End-zu-End-)Anastomose

Die zur Anastomosierung vorgesehenen Lumina werden einander so weit genähert, daß nach Anlage von Haltenähten an den Ecken zunächst die hintere seromuskuläre Nahtreihe gelegt werden kann. Der Abstand zwischen den einzelnen Fäden soll etwa 3–4 mm betragen, wobei die Serosa ca. 2–3 mm vom Darmende entfernt gestochen wird. Um die Übersichtlichkeit zu erhalten, läßt man die Fäden zunächst lang und knotet sie erst nach Fertigstellung der gesamten Nahtreihe. In der Mitte der Hinterwand, wo die Serosa durch die hier einstrahlenden Mesenterialgefäße fehlt, kann die U-Naht nach Halsted (Abb. 9.1-16) fallweise von Vorteil sein, u. U. später sogar auch bei der Allschichtennaht an gleicher Stelle.

Im allgemeinen genügen 6–8 Serosa-Einzelknopfnähte. Für die sich dann anschließende Allschichten-Einzelknopfnaht kann unverändert das sehr preiswerte Catgut benutzt werden, jedoch wird von den meisten ein atraumatischer Polyglykolsäurefaden verwendet. Diese Naht geht dann in die invertierende, d. h. von innen nach außen und außen nach innen gestochene Allschichten-Vorderwand-Einzelknopfnaht über, die wir in der Technik nach Wölfler (Abb. 9.1-20) nähen (s. a. Abb. 9.1-21). Nach Fertigstellung schließt sich die seromuskuläre Vorderwand-Einzelknopfnaht an, nachdem Handschuhe, Instrumente und Tücher gewechselt wurden.

a)

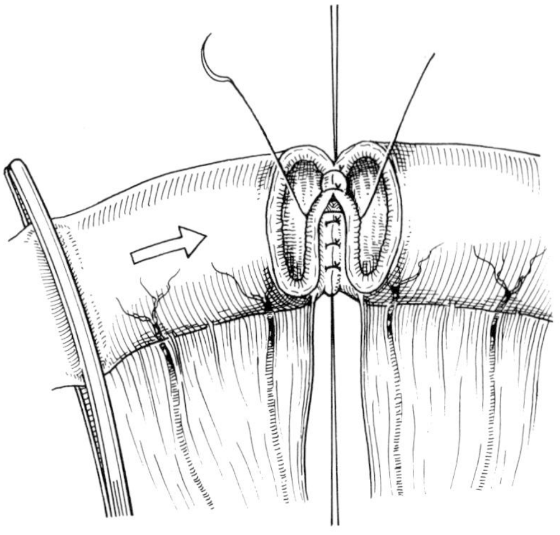

b)

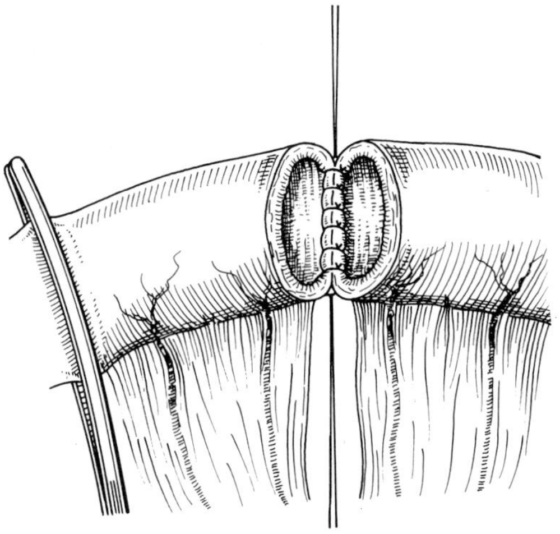

Abb. 9.1-20. Durchführung einer zweireihigen invertierenden End-zu-End-Anastomose nach Wölfler.
a u. b) Nach Fertigstellung der seromuskulären Einzelknopfnahtreihe schließt sich die allschichtig gestochene Nahtreihe der Hinterwand an.

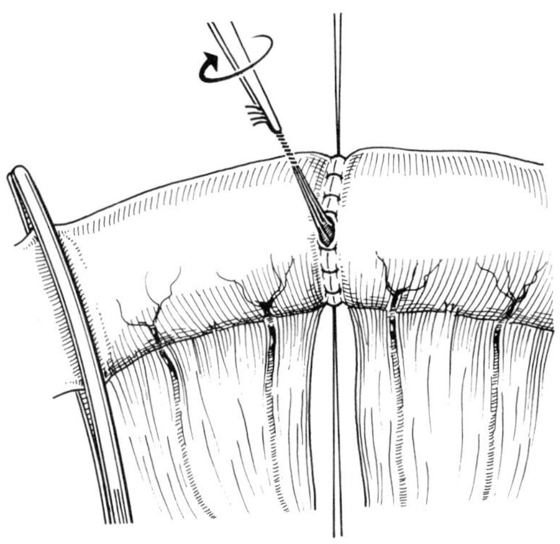

c) Abschluß der invertierend gestochenen allschichtigen, sich in der Mitte treffenden Vorderwandnahtreihe mit Versenkung der beiden letzten langgelassenen Fäden im Lumen.

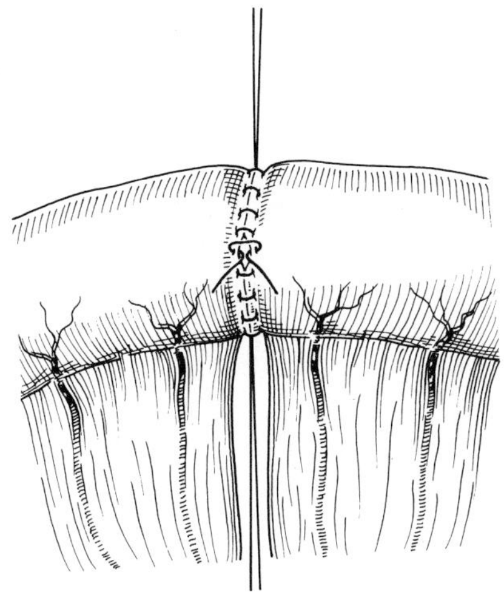

d) Die verbliebene kleine Öffnung wird durch eine invertierende Einzelknopfnaht verschlossen.

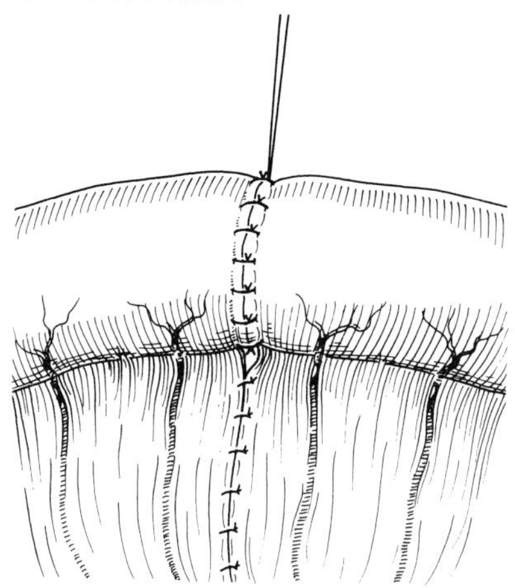

e) Fertige seromuskuläre Einzelknopfnaht der Vorderwand und Verschluß des Mesenterialschlitzes.

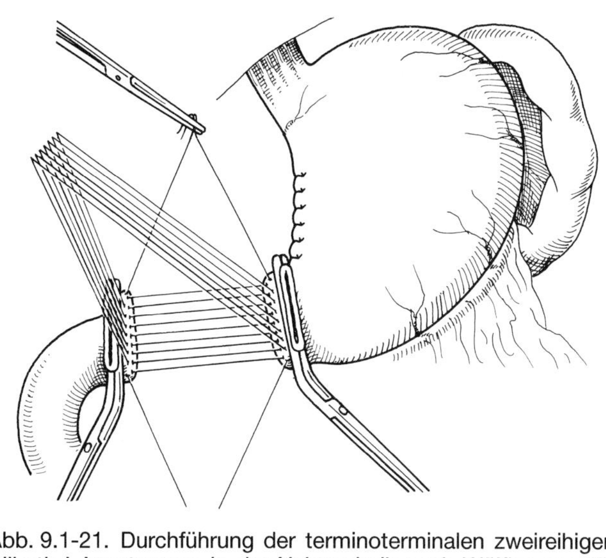

Abb. 9.1-21. Durchführung der terminoterminalen zweireihigen Billroth-I-Anastomose in der Nahttechnik nach Wölfler; modifiziert nach Dick.

a) Nach Anlage der Bronchusklemmen erfolgt die seromuskuläre Einzelknopfnaht der Hinterwand, wobei die Fäden zunächst lang gelassen, mit Klemmen gefaßt und letztere auf einer Overholt-Klemme aufgefädelt werden.

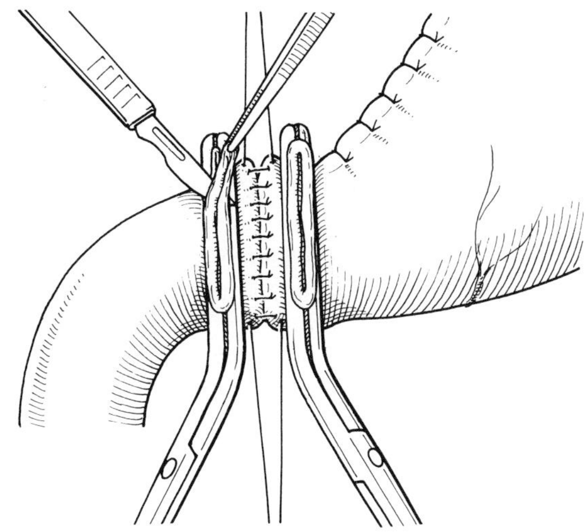

b) Nach Knüpfen der Fäden werden die noch überstehenden Schleimhautreste mit dem Paquelin oder Skalpell abgetragen.

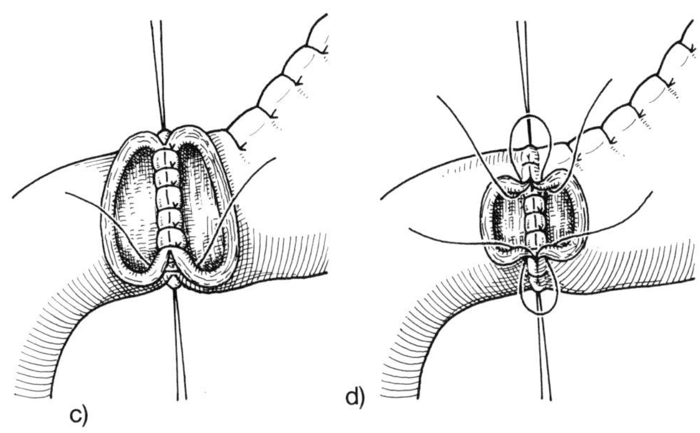

c) Nach Abnahme der Bronchusklemmen wird die allschichtige invertierende Hinterwand-Einzelknopfnahtreihe gelegt, wobei die Quetschränder knapp unterstochen werden müssen.

d) Daran schließt sich die invertierende Allschichten-Einzelknopfnaht der Vorderwand an

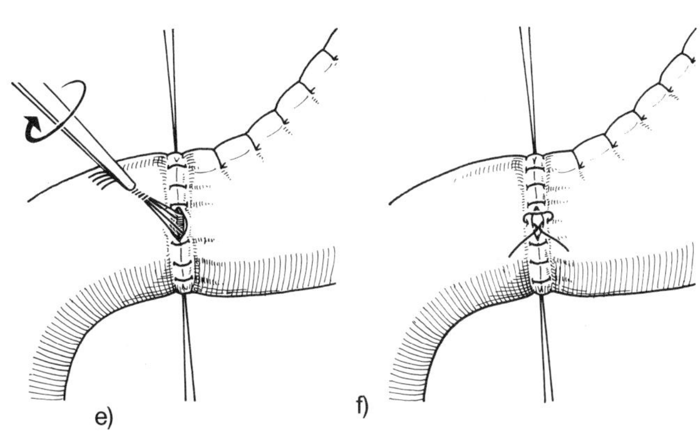

e) mit Versenkung der sich in der Mitte treffenden beiden Fäden, die zuvor verdrillt werden.

f) Die verbleibende kleine Öffnung wird durch einen invertierend gestochenen Faden verschlossen, mit nachfolgender seromuskulärer Einzelknopfnaht der gesamten Vorderwand nach Handschuh- und Instrumentenwechsel.

Erheblich inkongruente Lumina werden durch das in der Abb. 9.1-22 angegebene Vorgehen vereinigt.

Zweireihige Anastomosen können auch in einer veränderten Reihenfolge genäht werden. Diese Notwendigkeit ergibt sich aus anatomischen Gründen gelegentlich am tiefen Rektum und am Ösophagus, weil nach dem Knüpfen der Lembert-Nähte die Allschichtennaht nicht mehr zuverlässig gelingt. In solchen Fällen beginnt man mit der Allschichten-Hinterwandnaht. Nach Fertigstellung werden die Fäden der Reihe nach geknüpft. Anschließend folgt die zweireihige Naht der Vorderwand. Durch vorsichtiges Drehen der Anastomose können dann die seromuskulären Nähte von links und rechts nachgeholt werden.

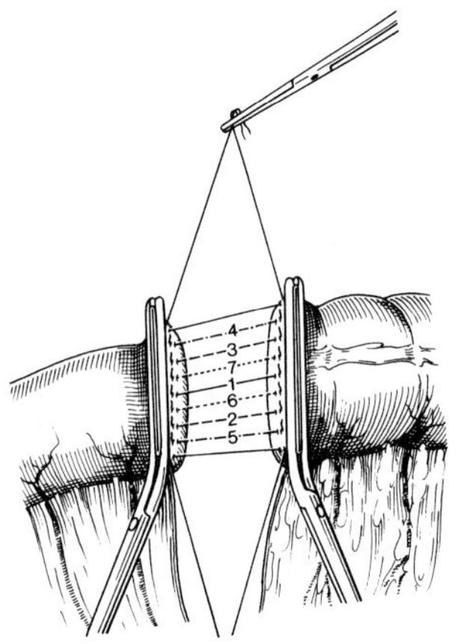

Abb. 9.1-22. Interpolierende Nahttechnik nach Dick zwischen Bronchusklemmen bei inkongruenten Lumina.
a) Die Zahlen geben die Reihenfolge der Fadenführung an.

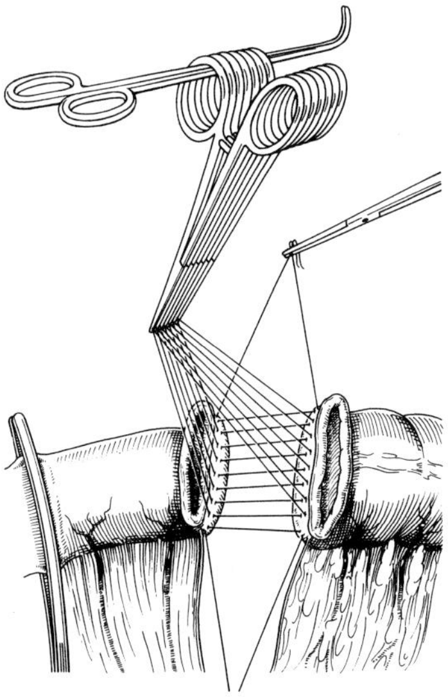

b) Die mit Klemmen gefaßten Fäden werden in der richtigen Reihenfolge auf einer Oberholt-Klemme gesammelt und nach Abnahme der Darmklemmen dem Operateur zum Knüpfen angereicht.

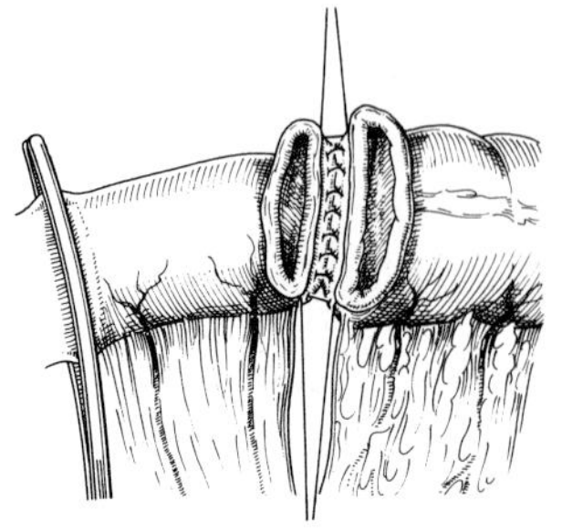

c) Fertige seromuskuläre Hinterwandnahtreihe.

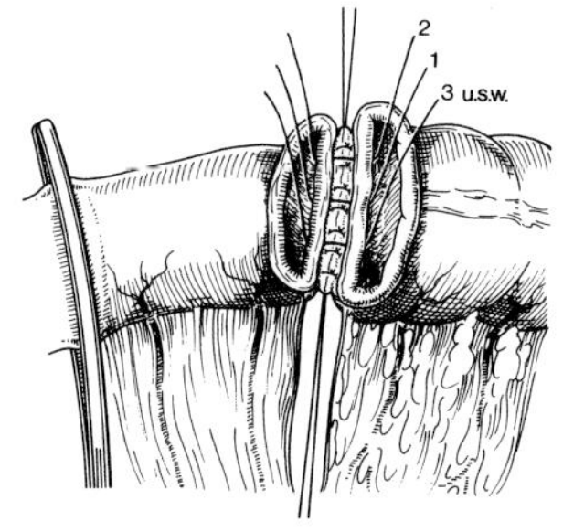

d) Bei deutlich inkongruenten Lumina geht man auch bei der Allschichten-Einzelknopfnaht in gleicher Weise wie in (a) gezeigt interpolierend vor und knüpft die Fäden zunächst nicht, sondern erst, wenn

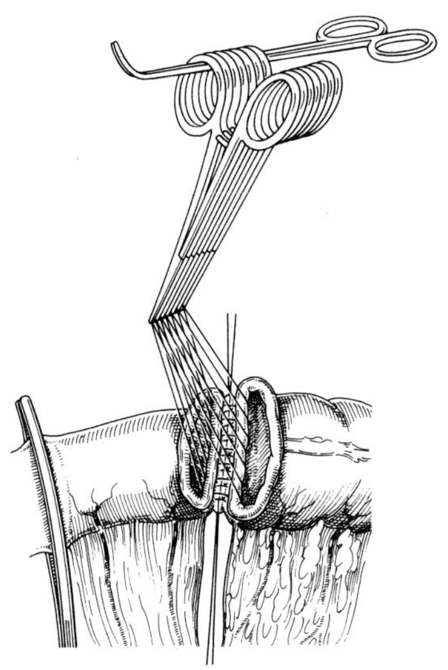

e) alle Nähte gelegt sind.
Die Inkongruenz im Bereich der Vorderwand wird dadurch ausgeglichen, indem weniger von der schmaleren und mehr von der breiteren Seite gefaßt wird, wobei es sich als besonders vorteilhaft erweist, daß jeweils von beiden Ecken beginnend der Lumenverschluß invertierend durchgeführt wird. Die seromuskuläre Einzelknopfnaht schließt sich dann anschließend in üblicher Weise an.

Anastomosierung durch Naht »auf Stoß«

Die von den Kritikern der invertierenden zweireihigen Nahttechnik immer wieder bemängelte zu starke Einkrempelung des Anastomosenringes mit gelegentlich zu beobachtender Stenosierung führte zu Versuchen, diesen Nachteil durch eine schichtgerechte Adaptation zu verhindern (Abb. 9.1-23). Aufbauend auf den Ergebnissen von Gambee erfuhr diese Methode eine breite Anwendung vor allem durch Allgöwer und in einer Modifikation durch Herzog. Auf die Vorteile wurde bereits hingewiesen. Um diese einreihige Naht zuverlässig durchführen zu können, müssen sich die zu vereinigenden Darmabschnitte vollkommen spannungsfrei nähern lassen, ohne daß eine Ergänzung durch seromuskuläre Einzelknopfnähte notwendig wird. Auch am Ösophagus wurde die Naht »auf Stoß« mit gutem Erfolg eingesetzt (Borst u.a.).

Wegen der gelegentlich nicht unerheblichen technischen Schwierigkeiten, durch nicht immer gegebene anatomische Voraussetzungen, wird die invertierende zweireihige Nahtfolge in allerdings unterschiedlicher Technik bzw. die maschinelle Anastomosierung von den meisten bevorzugt.

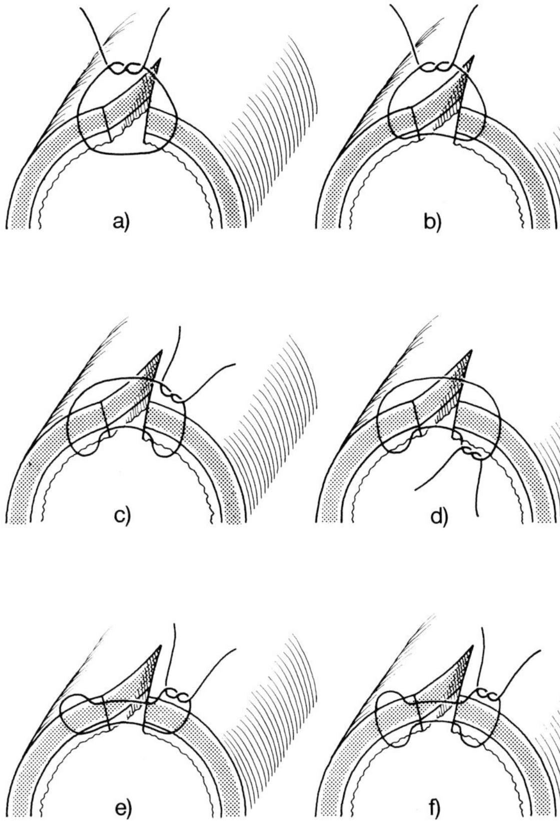

Abb. 9.1-23. Nahttechnik auf Stoß.
a) Albert-Naht.
b) Seromuskuläre Naht.
c) Gambee-Naht.
d) Naht auf Stoß mit Rückstich durch die Mukosa.
e) Seromuskuläre Rückstichnaht.
f) Rückstichnaht nach Herzog.

Terminolaterale (End-zu-Seit-) und laterolaterale (Seit-zu-Seit-)Anastomosen

Terminolaterale Anastomosen sind Bestandteil der Roux-Y-Technik und haben u.a. ein Hauptanwendungsgebiet in der Gallenwegschirurgie. Am Intestinaltrakt werden die zuführende Schlinge, der Magenrest oder der Ösophagus End zu Seit mit dem Scheitelpunkt der abführenden entweder zweireihig von Hand oder maschinell anastomosiert (Abb. 9.1-24 u. 26-31).

Laterolaterale Anastomosen mit blind verschlossenen aneinandergelegten Darmstümpfen sollte man von Hand nicht mehr nähen, da es leicht zur Blindsackbildung kommen kann. Diese Gefahr besteht nicht, wenn maschinell anastomosiert wird, da sich bei richtiger Technik die Darmstümpfe später aufrichten und damit funktionell eine End-zu-End-Anastomose resultiert (Abb. 9.1-32).

Mit nach oral und aboral offenen Darmlumina hat die laterolaterale Anastomose jedoch nach wie vor eine klare Indikation, wie z.B. bei der antekolischen Gastroenterostomie ohne Magenresektion, als Fußpunktanastomose (Abb. 9.1-31) und ferner als palliative Umgehungsanastomose (z.B. Ileotransversostomie).

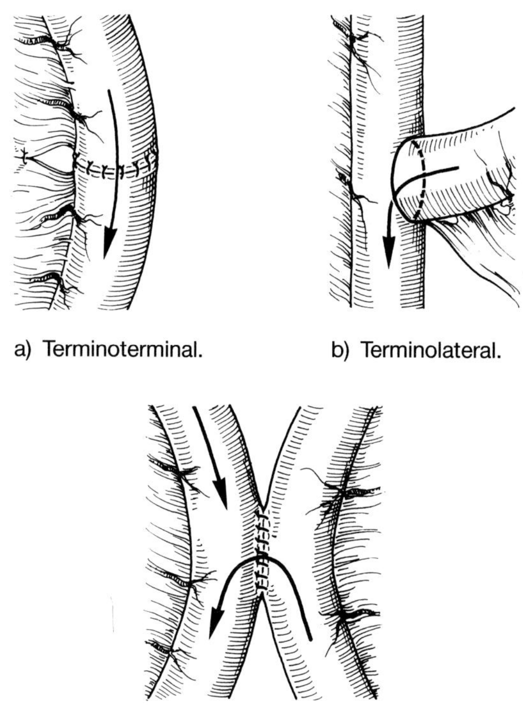

Abb. 9.1-24. Übliche Anastomosenformen am Dünndarm.

Maschinelle Nahttechniken

Am Magen-Darm-Trakt sind maschinelle Nahttechniken in vielerlei Hinsicht vorteilhafter als die Nähte von Hand. Unerreicht im Hinblick auf seine Zuverlässigkeit ist auch heute noch der im Jahre 1924 von dem Ungarn Petz konstruierte Nähapparat (Abb. 9.1-25). Demgegenüber setzen die modernen Nähapparate die Klammern stets mit gleichem Druck ein, ermöglichen einen zuverlässigen Blindverschluß am Magen-Darm-Trakt und erlauben die Anfertigung eines normierten Anastomosenquerschnittes.

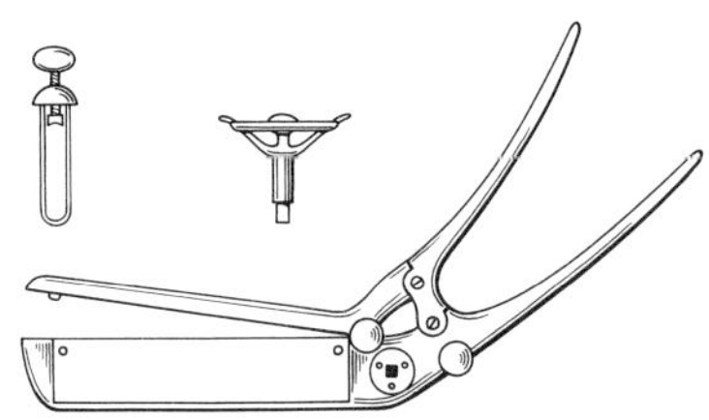

Abb. 9.1-25. Nähapparat nach Petz.

Allgemein unterschieden wird zwischen linearen Resektions- und Anastomosen- sowie zirkulären Klammernahtinstrumenten. Eine entscheidende Verbesserung der maschinellen zirkulären Klammernahttechnik trat durch die Entwicklung der amerikanischen Nähapparate ein. Der Entero-enteric-anastomosis-Stapler (EEA) oder Proximate-intraluminal-Stapler (ILS) erlaubt invertierende zweireihige Klammernähte mit industriell vorgefertigten Magazinen verschiedener Größen, wobei durch die erfolgte Weiterentwicklung in Form des CEEA die Fertigung von Ösophagusanastomosen außerordentlich erleichtert wurde.

Zur Fertigung der maschinellen Naht sind Vorbereitungen am Intestinaltrakt erforderlich, die fall- und organbezogen sehr variabel sind. Die Weitung der Lumina mit Bougies auf die gewünschte Magazingröße muß mit großer Behutsamkeit erfolgen, darf nicht erzwungen werden und kann gelegentlich durch die i.v. Applikation von Buscopan oder Glukagon erheblich erleichtert werden. Nach unserer Erfahrung ist die Bougierung in den meisten Fällen überflüssig, gelegentlich sogar schädlich. Außerdem hat man oft keine Mühe, die Bougieweite um eine Magazingröße zu überspringen. Um die invertierende End-zu-End-Anastomose maschinell durchführen zu können, ist entweder ein blind verschlossenes Darmende nach Klammernaht mit einem linearen Stapler erforderlich oder es müssen mittels spezieller Klammerzangen zirkuläre Nähte mit der industriell vorgefertigten Nadel-Faden-Kombination gelegt werden. Fallweise kommt man nicht umhin, die Tabaksbeutelnaht auch von Hand mit einem atraumatischen monofilen Polyesterfaden durchzuführen.

Zirkuläre Stapleranastomosen sind ebenso vorteilhaft auch End zu Seit (Ösophagojejunostomie) oder Seit zu End (Gastroduodenostomie) oder z.B. als Jejunojejunostomie (Roux-Y) durchführbar. Immer muß nach Fertigstellung dieser Anastomosen die Vollständigkeit beider Geweberinge nach Entfernung aus dem Maschinenkopf überprüft werden, wobei wir bei risikoreichen Nahtverbindungen Methylenblau-gefärbte Flüssigkeit über einen eingeführten Schlauch unter leichtem Druck spritzen lassen.

Die maschinelle Nahttechnik findet zunehmend Verbreitung, wobei sich die Produkte der verschiedenen Hersteller nur geringfügig unterscheiden (s.a. Abb. 9.1-26–34). Die Vorteile liegen in der Sicherheit für den Kranken und nicht zuletzt in der oft beachtlichen Verkürzung der Operationsdauer.

Dringend muß jedoch davor gewarnt werden, Nähapparate dort einzusetzen, wo der Operateur die Naht von Hand nicht absolut zuverlässig beherrscht.

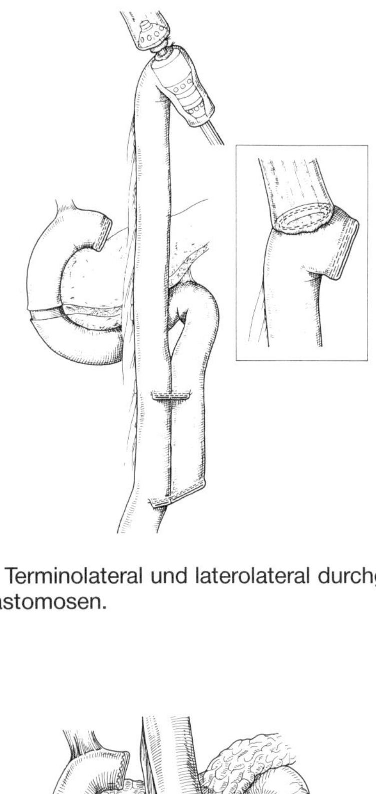

Abb. 9.1-26. Terminolateral und laterolateral durchgeführte maschinelle Anastomosen.

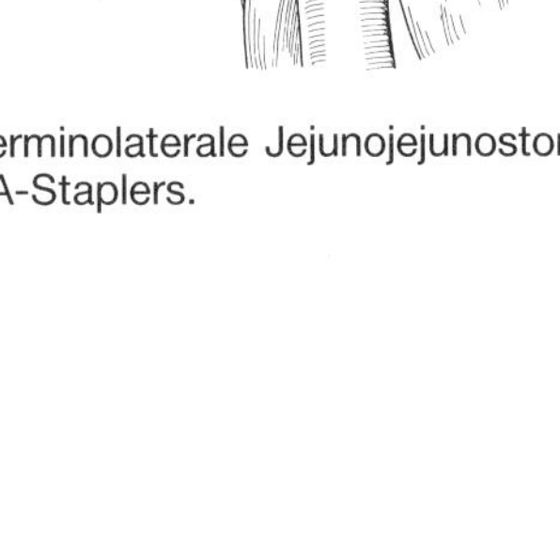

Abb. 9.1-27. Terminolaterale Jejunojejunostomie unter Verwendung eines EEA-Staplers.

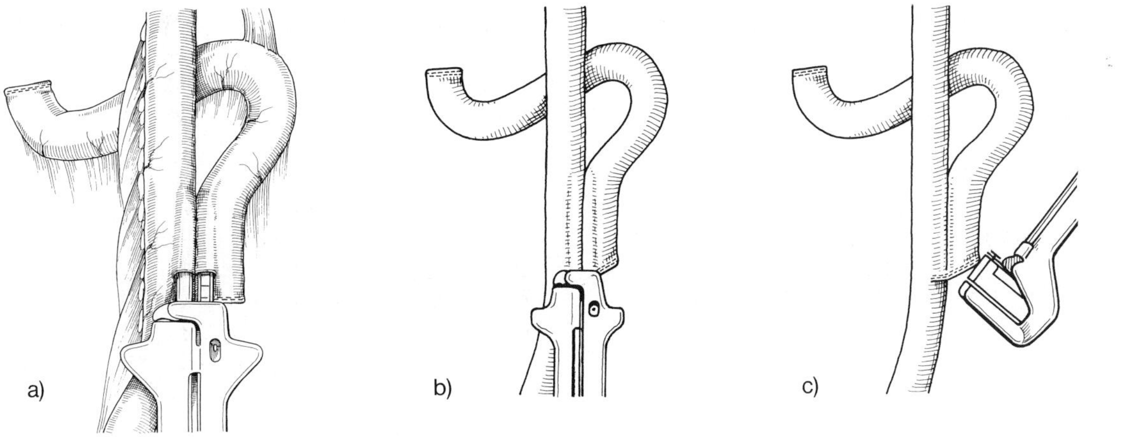

Abb. 9.1-28. a u. b) Isoperistaltische laterolaterale Jejunojejunostomie (Roux-Y) in maschineller Technik mit dem GIA. c) Verschluß der Inzisionen mit dem TA 55.

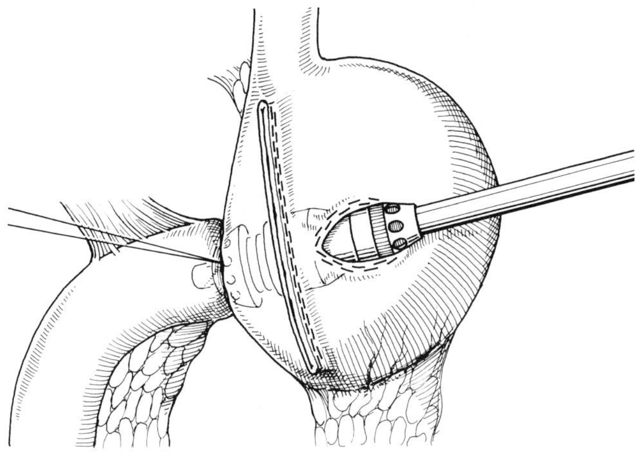

Abb. 9.1-29. Lateroterminale Gastroduodenostomie nach Billroth I mit dem EEA-Stapler, der in diesem Fall nach abgeschlossener Magenresektion von einer gesonderten Inzision aus eingebracht wird.

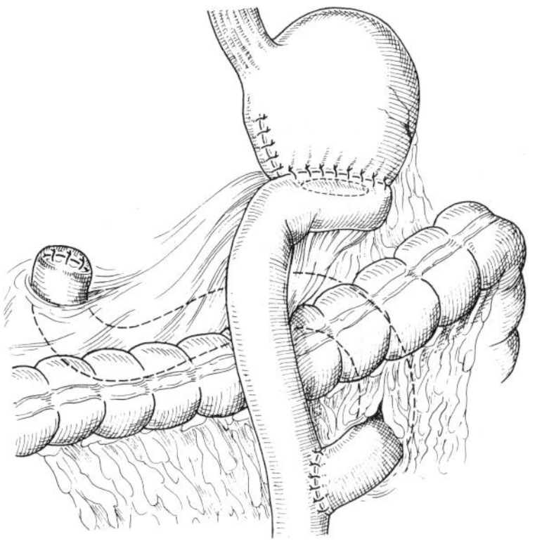

Abb. 9.1-30. Antekolische terminolaterale Gastrojejunostomie nach Roux-Y.

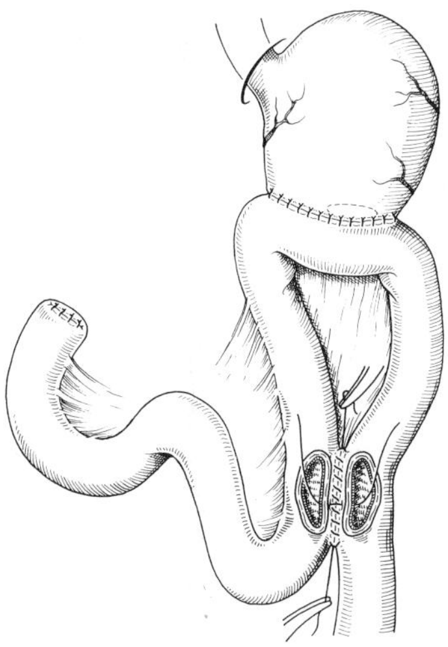

Abb. 9.1-31. 2/3-Resektion des Magens nach Billroth II mit anisoperistaltisch angelegter GE und laterolateraler Jejunojejunostomie nach Braun. Die seromuskuläre Naht kann bei der Fußpunktanastomose ohne Nachteil fortlaufend geführt werden, die Allschichtennaht besser durch Einzelknopfnaht.

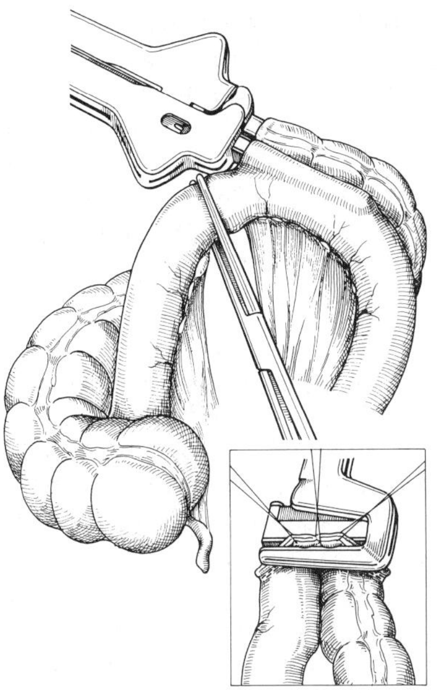

Abb. 9.1-32. Wiederherstellung der Passage durch eine laterolaterale Ileotransversostomie mit dem GIA und Hemikolektomie rechts. Verschluß der offenen Darmenden mit dem TA 55. In dieser Technik verhält sich diese Anastomose später funktionell wie eine End-zu-End-Anastomose.

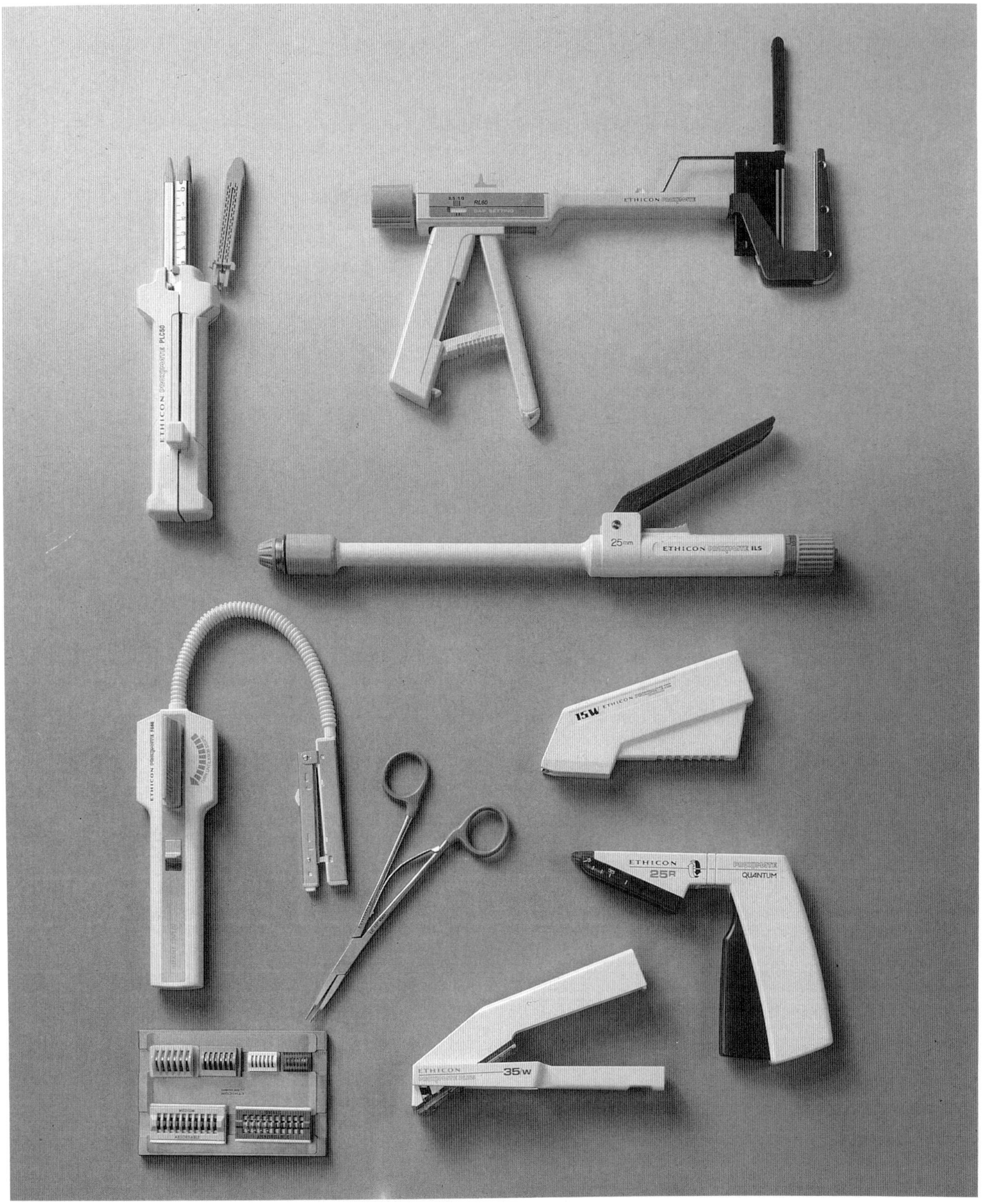

Abb. 9.1-33. Klammernahtinstrumente der Firma Ethicon. Mit freundlicher Genehmigung der Firma Ethicon GmbH & Co. KG, Robert-Koch-Str. 1, D-2000 Norderstedt.

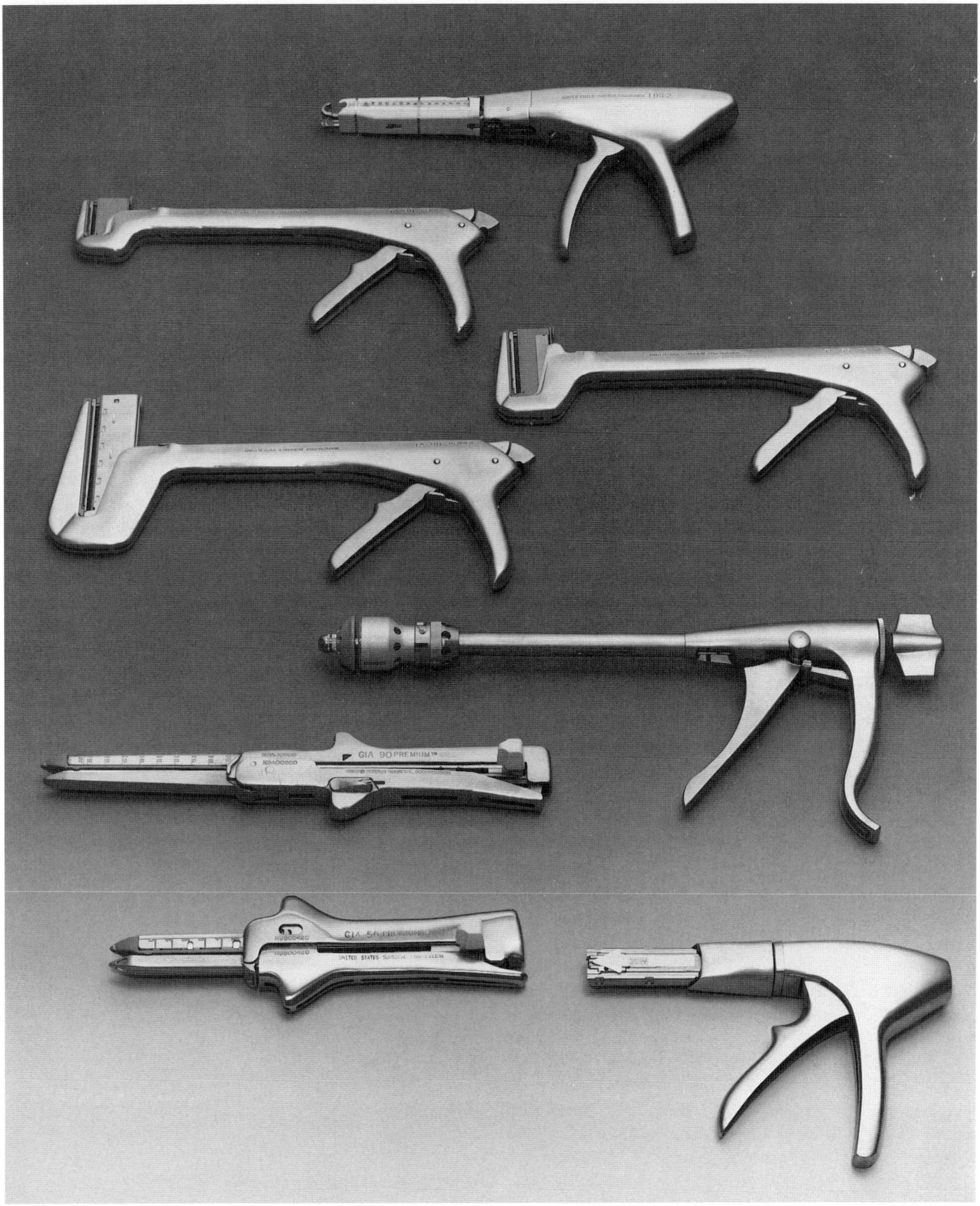

Abb. 9.1-34. Klammernahtinstrumente der Firma Auto-Suture. Mit freundlicher Genehmigung der Firma Auto-Suture, Tempelsweg 26, D-4154 Tönisvorst.
a) Stahlinstrumente.

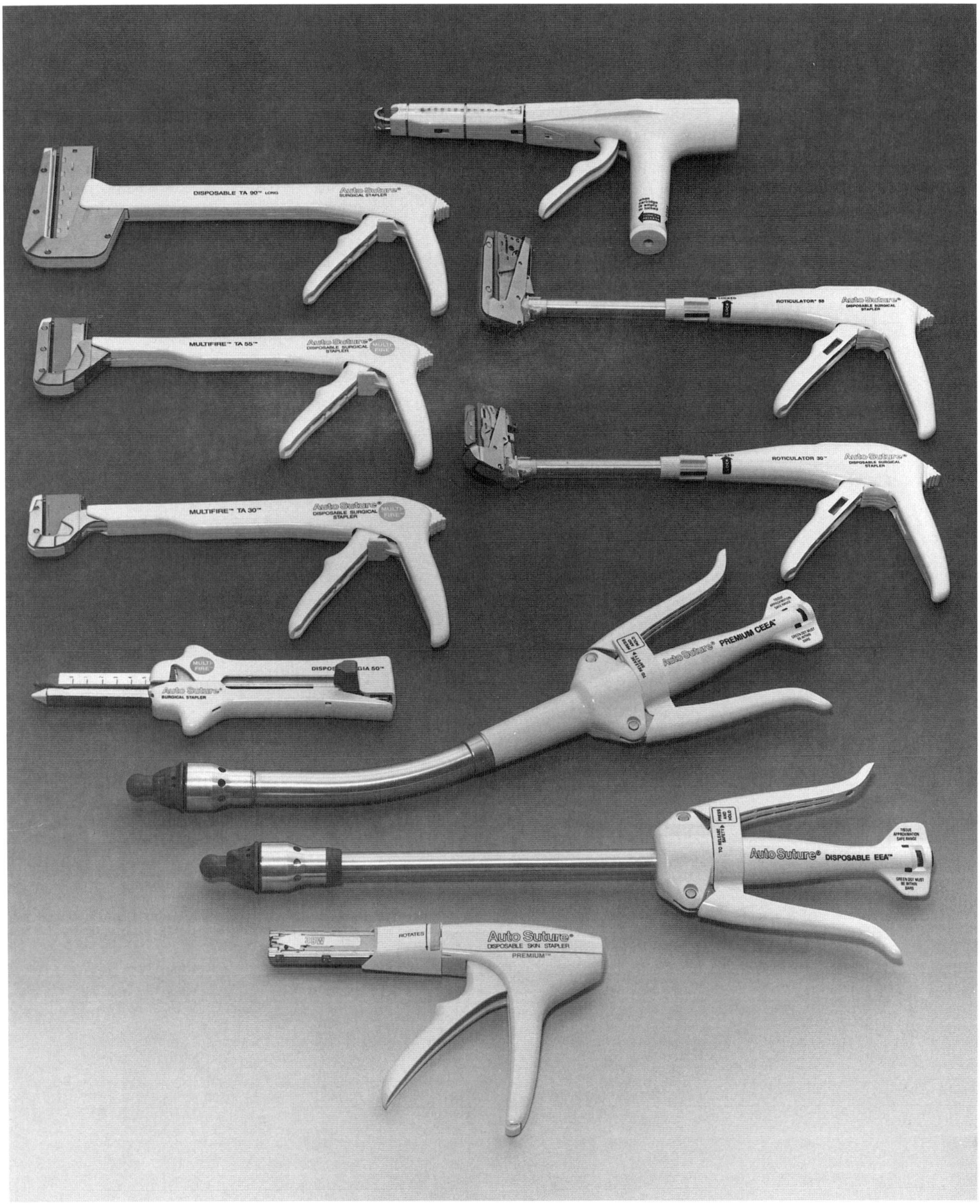

Abb. 9.1-34.
b) Einmalinstrumente.

Eröffnung und Verschluß der Bauchhöhle

Der zügige Ablauf eines Eingriffs hängt in vielen Fällen von der Lagerung des Kranken ab. Bestimmte Positionen können unabdingbar sein, auch wenn dadurch risikoärmere Anästhesieverfahren ausscheiden. Man muß es sich deshalb zur Regel machen, die Lagerung mit dem Anästhesisten abzusprechen und sie gemeinsam zu überwachen. Wenn die Belastbarkeit des Kranken die ideale Lage nicht zuläßt, werden Kompromisse auch von seiten des Operateurs unumgänglich. Er haftet in jedem Fall für Lagerungsschäden, sofern sie nicht an dem für die Narkose ausgelagerten Arm entstehen. Wenn der Patient bereits vollständig steril abgedeckt ist, sind Korrekturen gefährlich.

Besonderes Augenmerk ist auf die Unterpolsterung von druckgefährdeten Stellen zu richten, die lockere Fixation des linken oder rechten Armes am Narkosebügel, die evtl. notwendige Anbringung von gepolsterten Stützen an der Seite des Operationstisches, der Bein- oder Beckenhalterungen sowie der Gurte. Die Diathermieelektrode ist breitflächig anliegend anzubringen und vor Feuchtigkeit zu schützen. Die Angaben der jeweiligen Hersteller sind hier besonders zu beachten.

Für die Eröffnung der Bauchhöhle wurden nicht nur fachspezifische, sondern vor allem der jeweiligen Organerkrankung Rechnung tragende Schnittführungen entwickelt (Abb. 9.1-35–41). Sie folgen in erster Linie anatomischen Gegebenheiten, der zu erwartenden Wundheilung, berücksichtigen das Risiko eines späteren Narbenbruches und soweit wie möglich auch kosmetische Gesichtspunkte. Die anatomische Struktur der Bauchwand (s. S. 349) läßt erkennen, daß quere und schräge Inzisionen in jeder Hinsicht die geringsten Folgekomplikationen erwarten lassen. Auch sind die Narben früher belastbar und bereiten in der unmittelbaren postoperativen Phase weniger Beschwerden. Abhängig von der Schnittführung ist die oft notwendige anatomiegerechte Erweiterungsmöglichkeit, die z. B. für den Wechselschnitt (s. S. 563) kaum gegeben ist. Oft wird auch nicht daran gedacht, daß sich die Haut kulissenartig verschieben läßt. Dadurch kann man die Inzision in den Verlauf der Spaltlinien legen und anschließend die tieferen Schichten trotzdem anatomiegerecht durchtrennen (z. B. Pararektalschnitt bei der Appendektomie (s. S. 562), Kocherscher Kragenschnitt), ohne daß die Übersichtlichkeit leidet.

Transrektalschnitte und langstreckige paramediane Inzisionen sind unvorteilhaft. Auch der Rippenbogenrandschnitt rechts wie links ist mit dem Nachteil der segmentalen Schädigung der Innervation der Bauchmuskulatur behaftet. Er hat aber den Vorteil, daß man ihn bogenförmig zur Gegenseite erweitern kann und Narbenhernien kaum auftreten. Kosmetisch u. U. wesentlich störender, aber funktionell anatomisch besser, ist die schräge Oberbauchlaparotomie, die sich vor allem für Gallenwegseingriffe anbietet und jederzeit nach links, auch um den Nabel nach distal, erweitert werden kann (sog. Kostoumbilikalschnitt). Die mediane Laparotomie geht am häufigsten mit lokalen Früh- und Spätkomplikationen einher. Für viele Eingriffe ist diese Inzision aber der Zugang der Wahl, besonders wegen der unproblematischen Erweiterungsmöglichkeit.

Vor der Beendigung der Laparotomie muß die Vollständigkeit der Tücher, Streifen einschließlich der Metallringe und Instrumente von der instrumentierenden Schwester bestätigt werden. Zudem ist der Operateur verpflichtet das Abdomen noch einmal auszutasten. Offene, nicht armierte und markierte Streifen oder Tupfer dürfen nicht verwendet werden.

Die Standardtechnik des Bauchdeckenverschlusses besteht im schichtweisen Wundverschluß mit resorbierbaren Fäden, ausgenommen an der Haut. Für den ungestörten Wundheilungsverlauf ist u. a. vor allem die anatomiegerechte Adaptation der durchtrennten Schichten wichtig.

Je nach dem Alter, der Gesamtkonstitution und der muskulären Beschaffenheit des Patienten tritt die volle Belastbarkeit der Bauchwand in Abhängigkeit von einer ungestörten postoperativen Phase zwischen 4–12 Wochen ein.

Das »Offenlassen« der Bauchhöhle durch die Einlage einer oder mehrerer Drainagen ist nur dann sinnvoll, wenn damit eine intraabdominelle Flüssigkeitsansammlung verhindert werden kann, Abszeßhöhlen wirksam entlastet werden oder drohende Anastomoseninsuffizienzen evtl. Anschluß an den sich bildenden körpereigenen Drainagekanal finden können. Das setzt nicht nur eine richtige Plazierung voraus, sondern auch eine fallbezogene Auswahl der zur Verfügung stehenden Materialien. Besonders bewährt haben sich Penrose-, Silikon- und Gummirohrdrainagen. Ihre Ausleitung darf grundsätzlich nicht durch die Laparotomiewunde erfolgen, sondern weit ab über eine gesonderte Inzision und zwar auf dem kürzesten Weg. Sofern möglich ist die längste Strecke retroperitoneal über einen mit der Kornzange tunnelierten Weg zu wählen, der sich besonders bei tiefen Rektumanastomosen links oder rechts iliakal anbietet. Ebenfalls bewährt hat sich z. B. im Oberbauch die Ummantelung des Drainrohrs mit Anteilen des großen Netzes. Sog. Zieldrainagen, die in der Nähe von Anastomosen oder in einer Abszeßhöhle liegen, sollen nicht mehr als zwei ovaläre Fenster aufweisen. Um Dislokationen zu vermeiden, empfiehlt sich gelegentlich die Fixation mit einer Catgutnaht. Gleichzeitig wird damit möglichen Drucknekrosen am Darm oder der Anastomose selbst vorgebeugt (Abb. 9.1-42).

Komplikationen, wie z. B. der Ileus und die Arrosionsblutung, indizieren einen sparsamen und genau überlegten Umgang. Drainagen sind zwecklos bei der diffusen Peritonitis und überflüssig bei vielen Intestinaltraktsanastomosen. Sie sind u. E. kontraindiziert beim Aszites. Andererseits ist ihre Unterlassung nach der Cholezystektomie, dem Duodenalstumpfverschluß oder tiefen Rektumanastomosen kaum zu rechtfertigen. Wichtig ist die frühzeitige, schrittweise Entfernung, sobald der Sekretfluß sistiert.

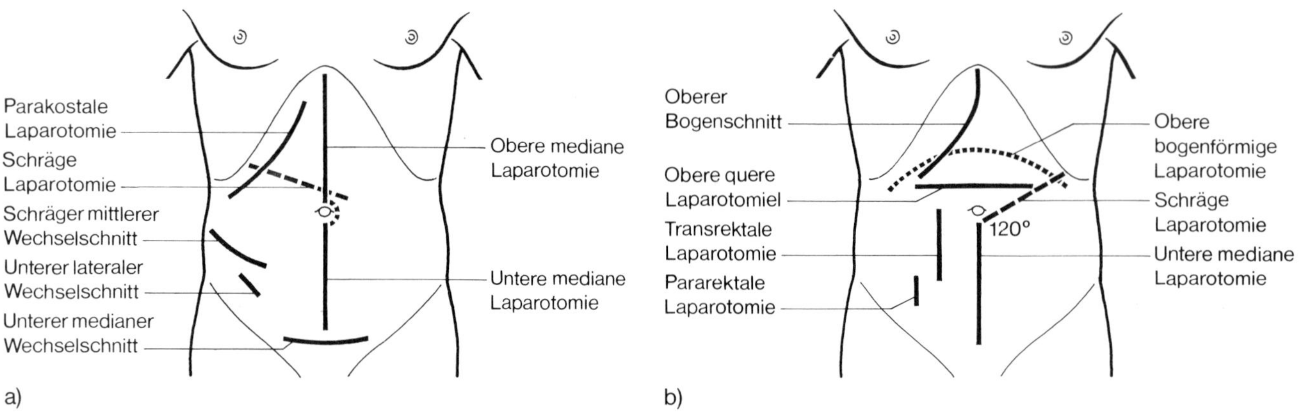

Abb. 9.1-35. a u. b) Abdominalchirurgische Standardinzisionen.

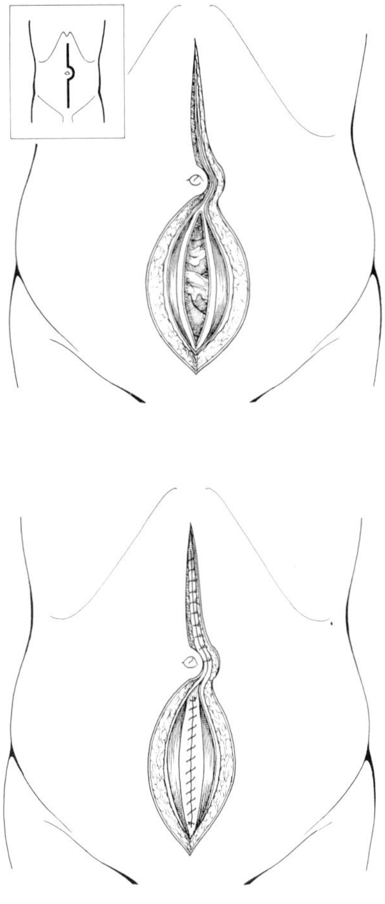

Abb. 9.1-36. a u. b) Mediane Laparotomie. Der Zugang eignet sich für Ober- und Unterbaucheingriffe und kann bedarfsgerecht links um den Nabel nach proximal oder distal erweitert werden. Oberhalb des Nabels erfolgt die Inzision im Verlauf der Linea alba, unterhalb des Nabels ist eine Eröffnung der Rektusscheidenblätter unvermeidlich. Entsprechend schichtgerecht ist der Wundverschluß durchzuführen.

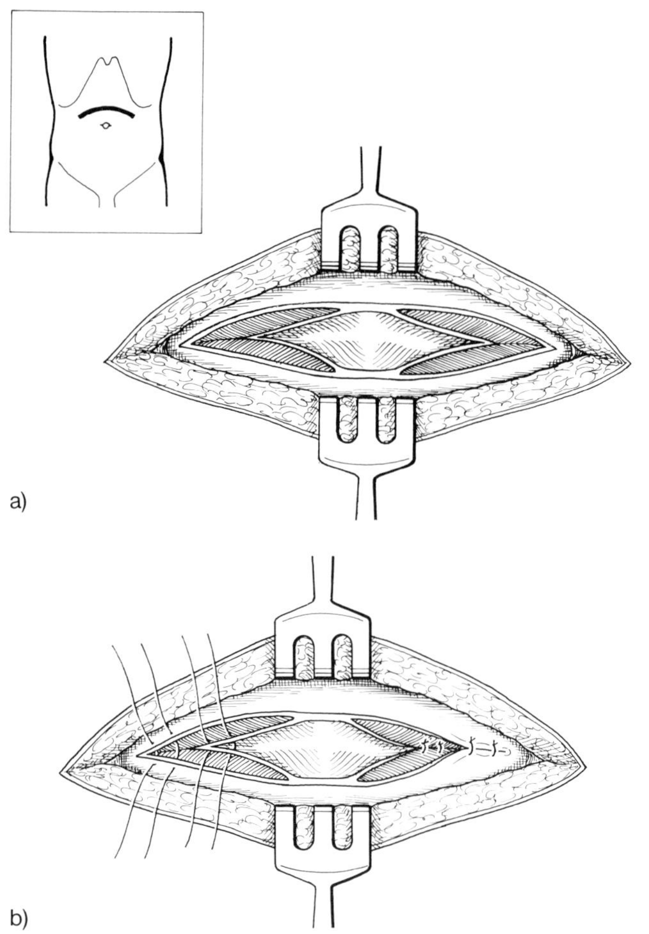

Abb. 9.1-37. a u. b) Eröffnung und Verschluß einer queren Oberbauchlaparotomie.

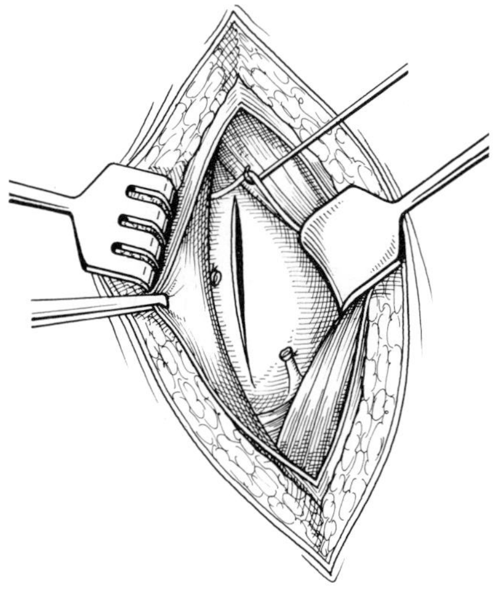

Abb. 9.1-38. Paramediane Laparotomie. Die epigastrischen Gefäße müssen bei langstreckigen Inzisionen durchtrennt werden, nach Möglichkeit unter Schonung im Blickfeld liegender Nerven. Hintere Rektusscheide und Peritoneum werden gemeinsam inzidiert.

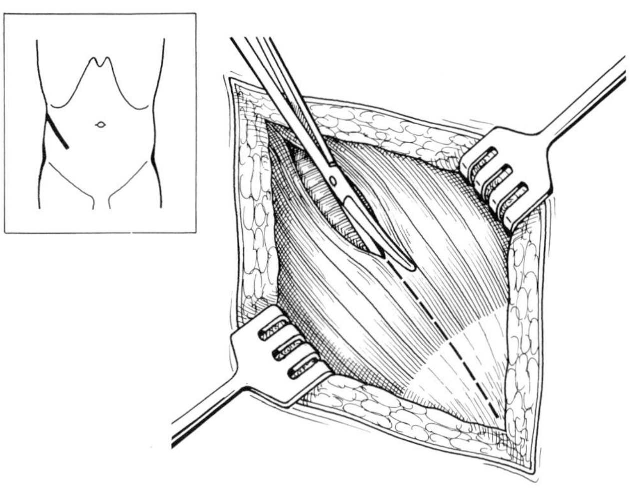

Abb. 9.1-39. Mittlerer lateraler Wechselschnitt. Der Zugang eignet sich besonders zur lumbalen Sympathektomie. Zur übersichtlichen Darstellung muß der Patient in der Flanke aufgeklappt und in Schräglage gebracht werden.

a) Die Inzision der Haut beginnt etwa in Höhe der 11. Rippe und endet vor dem M. rectus. Im Verlauf des Hautschnittes wird der M. obliquus externus in Faserrichtung gespalten, und

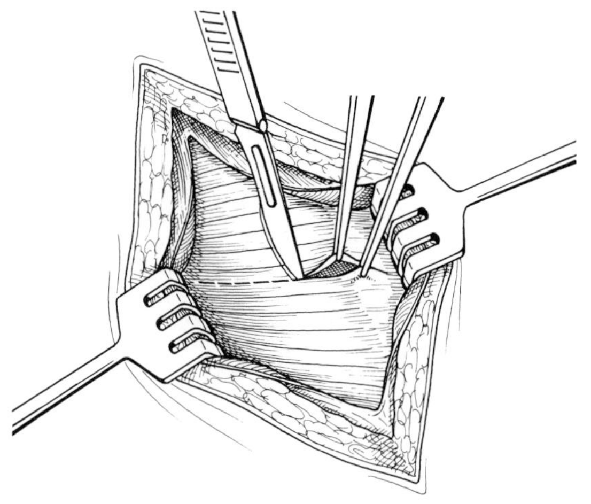

b)

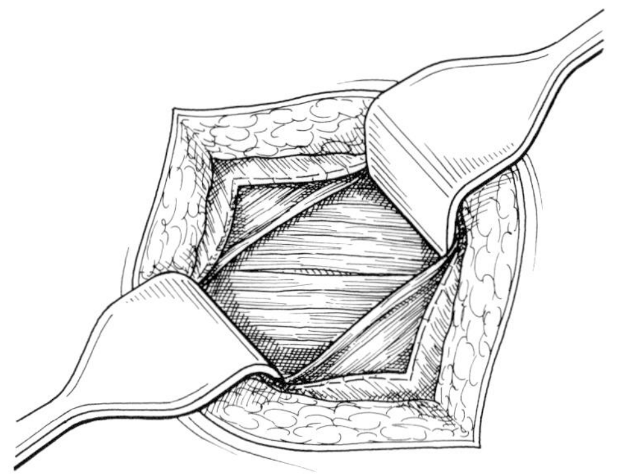

c)

b u. c) anschließend werden quer zur bisherigen Schnittführung der M. obliquus internus und M. transversus gespalten. Die Muskulatur wird entweder mit stumpfen Rechenhaken oder Bauchdeckenhaken zur Seite gehalten.

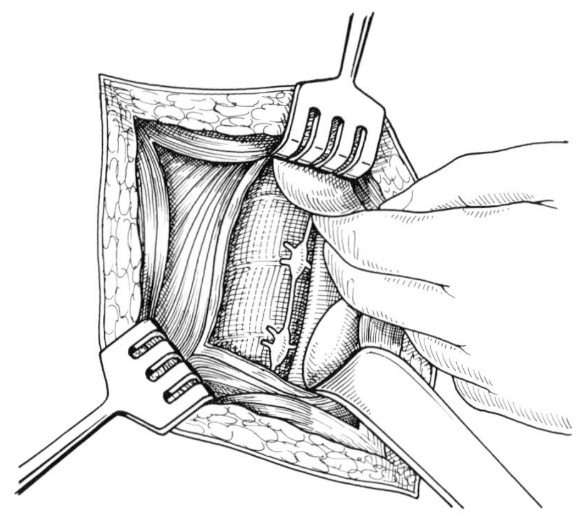

d) Danach löst man das Peritoneum von der Fascia transversalis und in der Tiefe von der hinteren Bauchwand ab, so daß der Ureter am nach medial gehaltenen Peritonealsack liegenbleibt. Medial des M. psoas und der Wirbelsäule straff anliegend wird dann in der Tiefe der lumbale Grenzstrang sichtbar.

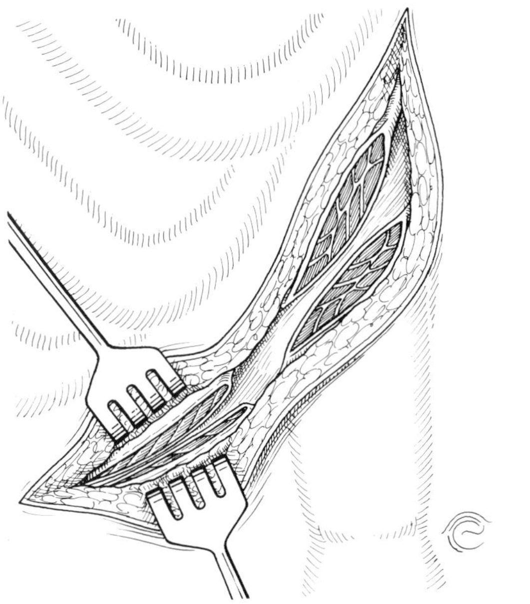

Abb. 9.1-40. Rippenbogenrandschnitt rechts mit Durchtrennung des M. rectus im oberen Wundwinkel und M. obliquus externus im unteren Wundwinkel.

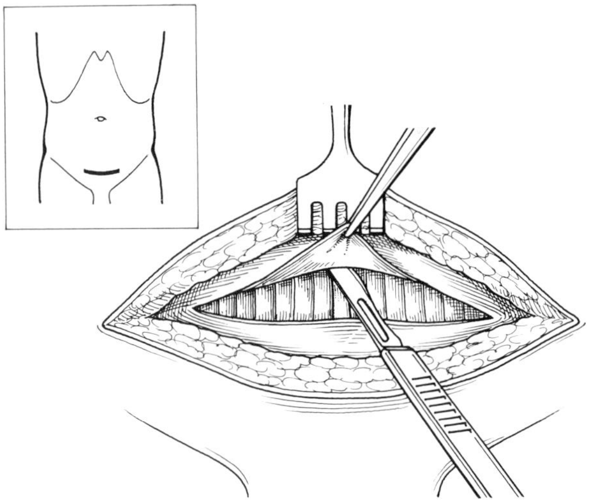

Abb. 9.1-41. a) Pfannenstiel-Schnitt. Die quer inzidierte Aponeurose wird nach oben und unten teils stumpf, teils scharf abgelöst.

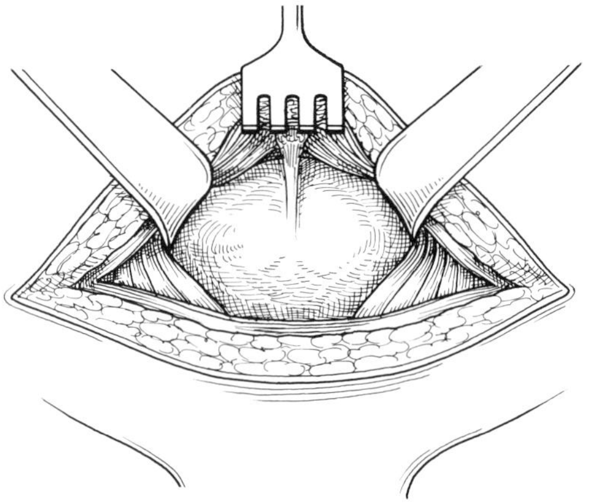

b) Die Rektusmuskulatur wird mit Roux-Haken auseinandergehalten und dann das Peritoneum inzidiert.

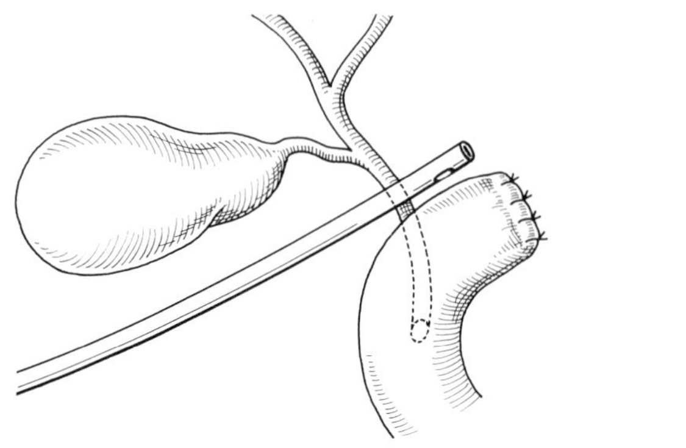

Abb. 9.1-42. Richtige Lage einer Zieldrainage mit gehörigem Abstand zur Nahtreihe, so daß ein direkter Kontakt nicht möglich ist. Eine zusätzliche Fixierung der Drainage durch einen Catgutfaden am Schlauchende schützt vor einer Dislokation.

Thorakolaparotomie

Die Notwendigkeit zur Eröffnung der Brust- und Bauchhöhle durch einen Schnitt kann sich bei Operationen an der Leber ergeben. Um den N. phrenicus nicht zu gefährden, muß das Zwerchfell etwa 2–3 cm vom Rippenbogen entfernt, bogenförmig gespalten werden. Die Durchtrennung des Rippenbogens ist für den Patienten in der postoperativen Phase von Nachteil, da erhebliche Beschwerden auftreten können. Besser als die Nahtvereinigung ist deshalb die Resektion eines etwa 2 cm langen Stückes wie bei der Trichterbrustoperation, um die sich einstellende schmerzhafte Krepitation zu vermeiden.

Besteht die Notwendigkeit einer abdominothorakalen Operation, ist die Eröffnung der Körperhöhlen von zwei gesonderten Inzisionen aus zu wählen, nach Möglichkeit ohne umlagern zu müssen. Dabei wird der Patient mit dem Thorax in eine schräge Linksseitenlage gebracht, so daß eine posterolaterale Thorakotomie noch möglich ist, während Bauch und Becken entgegengesetzt mehr in Richtung Rückenlage gewendet werden. Durch eine entsprechende Abstützung des Körpers und Fixation mit Gurten kann dann der Operationstisch während des Eingriffs je nach Bedarf seitlich nach rechts (Laparotomie) oder links (Thorakotomie) gekippt werden. Auf diese Weise kann nicht nur die Operabilität schneller überprüft werden, sondern der gesamte Eingriff wird dadurch zeitlich erheblich verkürzt. Da nicht jeder Patient so gelagert werden kann, bleibt oft keine andere Wahl, als die Laparotomie möglichst vollständig zum Abschluß zu bringen.

Für bestimmte Ösophagusersatzoperationen ist die lange mediane Inzision vom Hals bis unter den Nabel mit longitudinaler Sternotomie und medianer Laparotomie der Zugang der Wahl. Allerdings beginnt man auch hier mit der explorativen Laparotomie. Die verschiedenen Zugangswege sind in Abb. 9.1-35 sowie im Kap. 8.1, Thoraxchirurgie, dargestellt.

9.2 Akutes Abdomen, Abdominalverletzungen, Peritonitis, Abszesse, Ileus

J. Durst

Akutes Abdomen

Der Begriff »Akutes Abdomen« wird im deutschen Sprachraum erst seit wenigen Jahrzehnten verwendet. Selbst in der auch für den heutigen Wissensstand noch grundlegenden Arbeit von M. Kirschner über die Peritonitis findet sich diese Umschreibung nicht, obwohl schon lange kein Zweifel mehr daran bestand, daß der tödliche Ausgang bestimmter Krankheitsbilder – wenn überhaupt – nur durch eine notfallmäßige Laparotomie verhindert werden kann. Gemeinsam ist ihnen zunächst eine stürmisch ablaufende abdominelle Symptomatik, so daß sich unter Zeitdruck immer die gleiche Frage stellt: »Besteht der berechtigte Verdacht auf das Vorliegen einer akuten Baucherkrankung, die ein sofortiges chirurgisches Eingreifen verlangt oder nicht?« (Dick). Nach heutiger Auffassung gehört dazu auch die massive Intestinaltraktsblutung, obwohl sie in der Regel ohne die klassische Symptomatik abläuft, deren Leitsymptome (Schmerz, Bauchdeckenspannung, akute Störung der Peristaltik) von Dick 1952 herausgestellt wurden.

Die Beschreibung eines klinischen Zustandes als »akutes Abdomen« weist zunächst nur auf die Dringlichkeit der Einleitung lebenserhaltender Maßnahmen hin. Sie bleibt so lange ein Eingeständnis an die diagnostische Unzulänglichkeit, bis die Ursache erkannt ist. Die gleichsam zwangsläufige Assoziation, ein akutes Abdomen stets notfallmäßig laparotomieren zu müssen, ist im Hinblick auf das breite Spektrum der in Frage kommenden Ursachen jedoch falsch.

In Anlehnung an Dick hat sich daher auch interdisziplinär folgende Definition bewährt: Das akute Abdomen ist eine durch Zeitnot diktierte vorläufige Bezeichnung für eine Gruppe von Krankheiten, die mit Schmerzen, Bauchdeckenspannung, Störungen der Darmperistaltik und/oder einer massiven Intestinaltraktsblutung einhergehen können, bis zu deren sicheren ätiologischen Klärung.

Die in Frage kommenden Ursachen eines akuten Abdomens lassen sich in folgende Hauptgruppen unterteilen:

1. Erkrankungen die zu einem Peritonismus oder einer Peritonitis führen.
2. Rupturen von Organen oder Gefäßen.
3. Akute intraabdominelle Durchblutungsstörungen.
4. Ileus.
5. Stumpfe oder perforierende Bauchtraumen.
6. Akute retroperitoneale und intrathorakale Erkrankungen.

Leitsymptome sind:

1. Schmerz (Spontan-Druckschmerz).
2. Bauchdeckenspannung.
3. Akute Störung der Peristaltik.
4. Massive Intestinaltraktsblutung.

Die klassische Trias (Schmerz, Bauchdeckenspannung, akute Störung der Peristaltik) wechselt in ihrer Reihenfolge wie auch in der Intensität je nach der Ursache der Erkrankung. Bei einem akuten Viszeralgefäßverschluß dominiert zunächst der Schmerz, gefolgt von einer Störung der Peristaltik und überlappend stellt sich die Bauchdeckenspannung ein. Auch die akute Pankreatitis beginnt mit schlagartig einsetzenden Schmerzen, aber fast gleichzeitig entwickelt sich eine eher prall-elastische Abwehrspannung – im Gegensatz zur Ulkusperforation mit meist bretthartem Bauch – und zeitlich abgesetzt entsteht dann der paralytische Ileus.

Andererseits entwickelt sich aus einem unbehandelten mechanischen Ileus eine Durchwanderungsperitonitis und im Zuge einer Peritonitis ein paralytischer Ileus. Die Übergänge sind fließend, aber geradezu eintönig (bezogen auf die Vielzahl der in Frage kommenden Erkrankungen). Auf sie sowohl anamnestisch wie auch bei der klinischen Untersuchung exakt zu achten ist für den erstbehandelnden Arzt und den Kliniker von absolut vorrangiger Bedeutung. Sehr oft gelingt es schon auf diese Weise die ein akutes Abdomen nur vortäuschenden Erkrankungen (Herzinfarkt, Nieren- oder Ureterkolik, Basalpleuritis, Angina abdominalis, Pseudoperitonitis diabetica, Gastritis, Vaskulitis, Porphyrie, bakterielle Darminfektionen, akute Stauungsleber etc.) zu erkennen oder wenigstens zu vermuten.

Die Sorge vor einer »irrtümlichen«, den weiteren Verlauf möglicherweise sogar nachteilig beeinflussenden Laparotomie ist zwar verständlich, jedoch darf sie unter keinen Umständen zu einem stundenlangen Streben nach Präzision in der Diagnostik führen, wenn die klassische klinische Symptomatik eines akuten Abdomens besteht.

Von wenigen Ausnahmen abgesehen, bleibt dem Operateur meist genügend Zeit, um seine Entscheidung eindeutig begründen zu können, wobei der Entschluß, die Beobachtungszeit zu verlängern, sicherlich mit zu den schwierigsten Entscheidungen überhaupt gehört.

Das diagnostische Notfallprogramm umfaßt die in Tab. 9.2-1 dargestellten Parameter, die bei einem entsprechenden Verdacht erweitert werden können. Einen herausragenden Stellenwert hat die Sonographie erlangt, ferner die Peritoneallavage, vorrangig beim stumpfen Bauchtrauma. Die Technik ist in Abb. 9.2-1–3 dargestellt. Infundiert werden beim Erwachsenen grundsätzlich 1000 ml einer isotonen Elektrolytlösung (beim Kind ca. 500 ml), die man durch Kippen des Patienten gleichmäßig im Bauch sich verteilen lassen sollte, bevor man durch das Herunterhalten der Infusionsflasche den Rückstrom einleitet und die diagnostische Beurteilung mit der Betrachtung des Infusionsschlauches beginnt (Abb. 9.2-4).

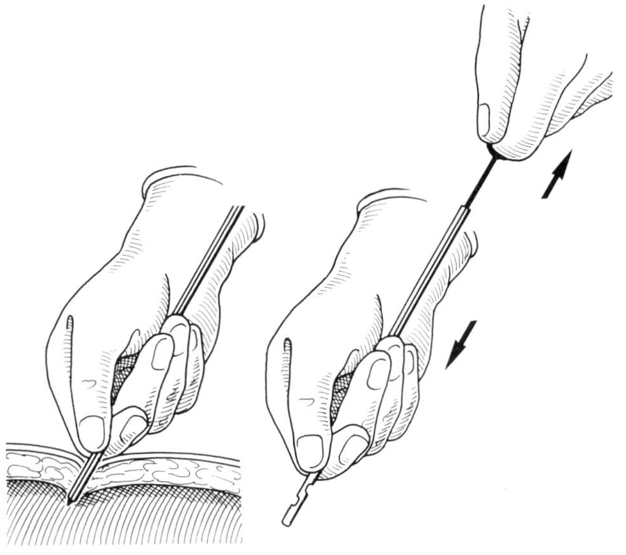

Abb. 9.2-1. Punktion des Abdomens mit einem Stilett-Katheter zur Durchführung der Peritoneallavage. Die der Bauchdecke anliegende Hand schützt vor einem zu tiefen Eindringen der Punktionsnadel, während mit der anderen Hand ein kontinuierlicher Druck zur Überwindung des Widerstandes im Bereich der Linea alba ausgeübt wird. Sobald die Stilettspitze die freie Bauchhöhle erreicht hat, wird der Spülkatheter vorgeschoben und das Instrument zurückgezogen.

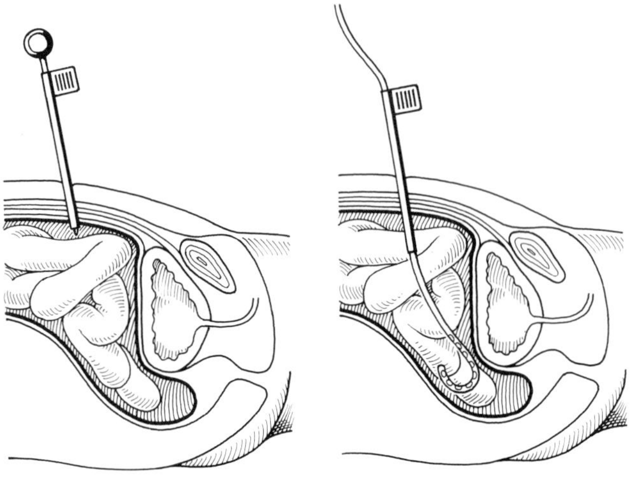

Abb. 9.2-2. Einführung eines perforierten Kunststoffschlauches unter Zuhilfenahme eines fertigen Setsystems. Nach Entfernung des Trokars wird der Absaugschlauch so weit wie möglich in Richtung Douglasschem Raum vorgeschoben.

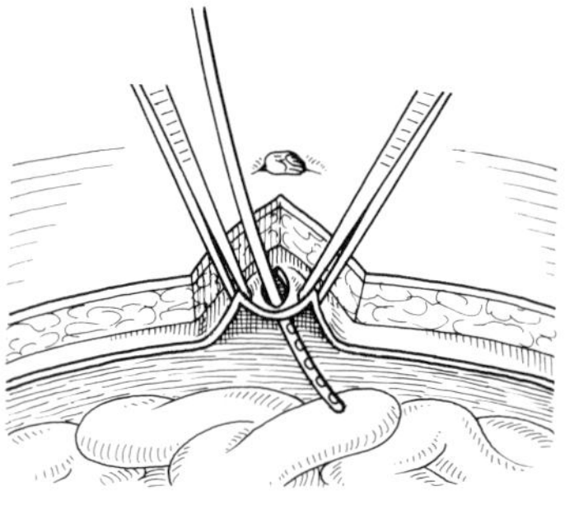

Abb. 9.2-3. Implantation eines Katheters zur Diagnostik oder Spülbehandlung der Bauchhöhle nach Inzision der Linea alba in Infiltrationsanästhesie.

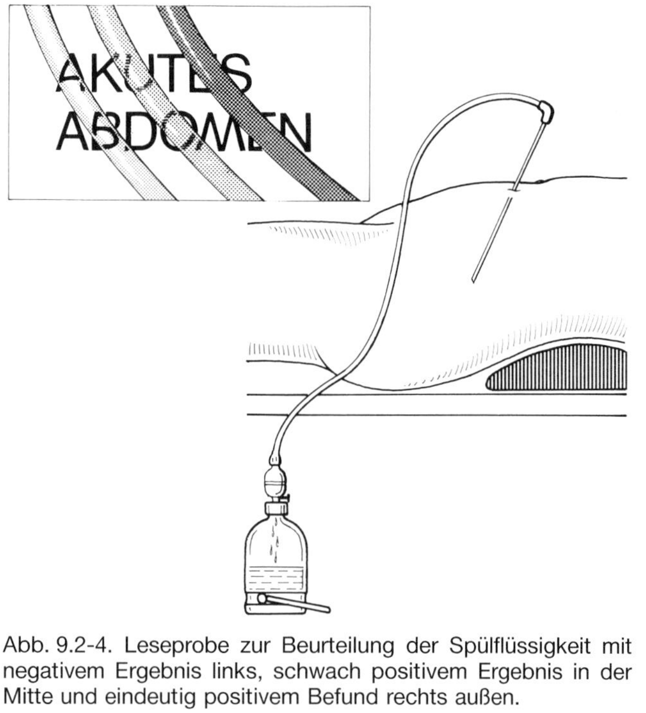

Abb. 9.2-4. Leseprobe zur Beurteilung der Spülflüssigkeit mit negativem Ergebnis links, schwach positivem Ergebnis in der Mitte und eindeutig positivem Befund rechts außen.

Tab. 9.2-1. Notfalluntersuchungsprogramm bei akutem Abdomen.

	Basis	Erweiterung
Klinik	Anamnese, Inspektion, Palpation, Perkussion, Auskultation, rektale Untersuchung, Körpertemperatur (rektal und axillär)	Magenschlauch, Blasenkatheter
Labor	Blutbild, Na^+, K^+, Kreatinin, Alpha-Amylase, Glukose, Quick, Urin, Urinsediment	SGOT, SGPT, AP, LDH, CPK, Gerinnungsstatus, Blutgasanalyse, Ca^{++}, Bilirubin, CK-MB
Herz und Kreislauf	Puls, RR, EKG	ZVD, arterieller Druck, Pulmonalisdruck
Röntgen	Abdomen im Stehen, notfalls in Linksseitenlage, Thorax a.p., Sonographie	Thorax in 2 Ebenen, Gastrografin-Einlauf, selektive Angiographie, Rö.-Ösophagus-Magen mit Gastrografin, i.v. Pyelographie
Invasive Diagnostik		Peritoneallavage, Laparoskopie, diagnostische Punktion, Endoskopie

In Zweifelsfällen ist die mikroskopische Beurteilung anzuschließen.

Schwierig ist die Entscheidung für oder gegen eine Laparotomie dann, wenn retroperitoneale Hämatome vorliegen, wie z.B. bei einer nachgewiesenen Beckenfraktur.

Die Laparoskopie empfiehlt sich besonders für die Abgrenzung gynäkologischer Prozesse, so daß wir sie auch nach der dafür angegebenen Technik in Narkose mit Fernsehkette durchführen.

Zugangswege

Bei einer nicht lokalisierbaren Abdominalerkrankung ist die mediane Laparotomie der beste Zugang, da der Schnitt situationsbezogen nach proximal und distal verlängert werden kann. In Frage kommt auch die quere Laparotomie, die im Hinblick auf die Wundheilung selten zu Komplikationen führt. Trans- oder pararektale Schnittführungen sind ungeeignet. Nur bei übersichtlichen Verhältnissen kann die Erkennung und Versorgung der Erkrankung zuverlässig erfolgen. Kosmetische Überlegungen haben deshalb beim akuten Abdomen eine völlig sekundäre Bedeutung.

Stumpfes Bauchtrauma

Das stumpfe Bauchtrauma ist selten eine solitäre Verletzung, sondern ganz überwiegend kombiniert mit Frakturen und/oder Schädel-Hirn-Traumen. Die Angaben über die Häufigkeit schwanken und hängen nicht zuletzt vom Standort der Klinik (Ballungszentren, Autobahnnähe etc.) ab. Eckert et al. geben 1–5% an, Peiper u. Peitsch zitieren 2–4% aus Sammelstatistiken und fanden im eigenen Krankengut das stumpfe Bauchtrauma in 53% der Fälle als Kombinationsverletzung mit einer Letalität von 14,9%. Letztere stieg auf 25,8% an, wenn wegen der Schwere des Polytraumas die intraabdominelle Verletzung erst nach 12 Std. erkannt worden war.

Von den ein akutes Abdomen auslösenden Organverletzungen steht die Milzruptur an der Spitze, gefolgt von der Leberruptur, Mesenterialeinrissen, Dick- und Dünndarmrupturen, Blasen-, Harnröhrenverletzungen und retroperitonealen Hämatomen. Selten sind Pankreas-, Duodenal- und Zwerchfellrupturen, wobei letztere oft erst nach Jahren erkannt, gelegentlich sogar intraoperativ übersehen werden. In einem hohen Anteil handelt es sich dabei um intraabdominelle Mehrfachverletzungen. Peiper fand bei 217 operierten Patienten 297 verletzte Organe. Für die operative Versorgung (s. entspr. Kap.) ist das jedoch ein weitaus geringeres Problem als die Koordination der »Spezialisten«.

Von wenigen Ausnahmen abgesehen, haben abdominelle Verletzungen wegen der Gefahr des irreversiblen Volumenmangelschocks immer Priorität. Dem hat sich besonders die Versorgung von Extremitätenfrakturen unterzuordnen, die im Zuge der aufgeschobenen Dringlichkeit einige Tage später erfolgen kann. Sehr oft aber werden z.B. der Kiefer- und Abdominalchirurg gleichzeitig tätig und fallweise wird natürlich auch die periphere Fraktur stabilisiert werden müssen. Grundsätzlich darf bei der Erstversorgung eines vital gefährdeten Patienten nichts geschehen, was aufschiebbar ist!

Perfektionisten neigen dazu, diese Grundregel zu übersehen.

Die Diagnostik beinhaltet die klinische und apparative Gesamteinschätzung des Verletzten und hängt in der Ausdehnung ab von der Unaufschiebbarkeit des Notfalleingriffs.

Neben der obligaten subtilen klinischen Untersuchung haben sich beim stumpfen Bauchtrauma vor allem die Sonographie und Peritoneallavage bewährt. Die weiter in Frage kommenden diagnostischen Maßnahmen orientieren sich an den erkennbaren Verletzungszeichen, begleitet von einem parallel ablaufenden Monitoring einschließlich der Bestimmung des ZVD oder der Pulmonalisdruckmessung,

Blutgasanalyse und Kontrolle der Ausscheidung. Begleitend dazu müssen die üblichen klinisch-chemischen Kenngrößen ermittelt werden.

Orientierende Röntgenaufnahmen (Thorax, Becken) sind begleitend auf der Intensivstation durchzuführen und auf die Extremitäten und Wirbelsäule ergänzend auszudehnen, notfalls auch im Operationssaal einschließlich der Angiographie verletzter Extremitäten.

Sämtliche diagnostische Maßnahmen sind dann kurzfristig aufzuschieben, wenn sich der Verdacht auf eine intraabdominelle Blutung erhärtet. In allen weniger dringlichen Situationen wird man durch eine umfassende klinische und apparative Überwachung auf ein sich entwickelndes akutes Abdomen achten und tunlichst eine Verschleierung durch aufschiebbare Eingriffe vermeiden.

Für das stumpfe Bauchtrauma gilt, wie für das akute Abdomen anderer Ätiologie, eine explorative Laparotomie lieber einmal mehr als nur einmal zu wenig durchzuführen, zumal die darauf zurückzuführende Letalität sicher unter 1% liegt.

Technik der Exploration

Im Falle eines Volumenmangelschocks muß vor der Eröffnung des Peritoneums das Autotransfusionsgerät betriebsbereit sein. So rasch wie möglich entfernt man die sichtbehindernden Koagel, stopft die freiwerdenden Räume mit heißen Tüchern ab und revidiert als erstes die parenchymatösen Oberbauchorgane. Dabei ist die Verwendung eines Rochard-Hakens sehr hilfreich. Milz- oder Leberverletzungen werden sofort versorgt, wobei es zur Stabilisierung der Kreislaufverhältnisse wichtig ist, zunächst die temporäre Blutstillung durch Kompression mit heißen Tüchern zu versuchen.

Nach der Blutstillung schließt sich die subtile Exploration von den Zwerchfellen bis in die Beckenetage an. Die inspizierten Regionen werden mit heißen Tüchern abgestopft, um zu verhindern, daß freie Blutreste zurücklaufen und um der Auskühlung des Kranken entgegenzuwirken. Besondere Sorgfalt gilt der Inspektion der Bursa omentalis, dem Lig. hepatoduodenale sowie dem Duodenalknie und der Bauchspeicheldrüse.

Finden sich retroperitoneale Hämatome, muß das Gebiet freigelegt und die parenchymatöse Organ- bzw. Gefäßverletzung ausgeschlossen werden. Für retroperitoneale Hämatome in der Beckenetage gilt das nur mit Einschränkung. Sie sind meist Folge von Frakturen, die nach Inzision des Peritoneums massiv anfangen zu bluten, ohne daß die Chance einer punktuellen Blutstillung besteht.

In Ausnahmesituationen (Beckentrümmerbrüche mit zerrissenem Peritoneum parietale und disseminierter intravasaler Gerinnungsstörung) bleibt daher gelegentlich keine andere Wahl, als die Kreuzbeinhöhle mit heißen Tüchern auszutamponieren und letztere notfalls nach 24–48 Std. wieder per Laparotomie zu entfernen. Anders zu bewerten sind die Hämatome, wenn präoperativ die Leistenpulse abgeschwächt oder gar nicht mehr zu tasten waren. In diesen Fällen müssen die Aorta und die Iliakalgefäßregion revidiert werden. Schließlich ist der gesamte Dünndarm, die Kolongirlande, das dazugehörige Mesenterium, sowie das Rektum bis zur Umschlagsfalte Schritt für Schritt abzusuchen. Je nach der Ausdehnung der Verletzung kommt entweder die Übernähung oder partielle Resektion in Frage, die in ihrem technischen Ablauf genauso durchzuführen ist wie bei einem elektiven Eingriff.

Stark gequetschte oder geschädigte Darmabschnitte werden oft zuverlässiger durch eine planmäßige Resektion als durch einen Erhaltungsversuch behandelt. Die häufig anzutreffenden Einblutungen in das Mesenterium können zu schwer zu beurteilenden Durchblutungsstörungen auch am Dünndarm führen, so daß auch dann gelegentlich Kontinuitätsresektionen unumgänglich sind. Mit besonderer Sorgfalt ist ferner bei der Revision der Mesenterialblätter vorzugehen, die bei einem Einriß von beiden Seiten zuverlässig mit atraumatischen Nähten verschlossen werden müssen. Im Einzelfall ist ferner zu prüfen, ob die Sicherung der Naht am Dickdarm nicht durch einen Anus praeter geschützt werden muß.

Verletzungen des Magens finden sich durch ein stumpfes Bauchtrauma sehr selten, dagegen eher Rupturen des Duodenums im infrapapillären Abschnitt. Die Letalität dieser Verletzung ist hoch, da sie oft erst nach 24–48 Std. erkannt wird. Findet man anläßlich der Laparotomie gallige, schaumige Flüssigkeit in der Bauchhöhle, so ist das Duodenum oder der obere Teil des Jejunums verletzt. Handelt es sich um eine Ruptur der mit Serosa bedeckten Vorderwand, wird sie mit einer zweireihigen queren Naht verschlossen. Ist der retroperitoneale Abschnitt eingerissen, wird eine Naht nicht halten. Zuverlässiger ist es, wenn man den abführenden Schenkel blind verschließt und den infrapapillären Duodenalabschnitt mit dem Jejunum nach Roux-Y anastomosiert. Zusätzlich empfiehlt sich die Durchführung einer Magenresektion nach Billroth II mit antekolischer GE, wenn die Verletzung nicht sofort erkannt wurde und bereits eine lokale, manchmal sogar generalisierte Peritonitis besteht.

Nach Abschluß der explorativen Laparotomie dürfen keine Zweifel an einer übersehenen Verletzung mehr bestehen.

Perforierendes Bauchtrauma

Indikatorische Probleme im Hinblick auf eine notfallmäßig durchzuführende Laparotomie ergeben sich vor allem bei Stichverletzungen, weil unmittelbar nach dem Ereignis zunächst jede abdominelle Symptomatik fehlen kann, obwohl eine versorgungspflichtige Organverletzung vorliegt. Zuverlässig ausschließen kann das zunächst weder die

Ultraschalluntersuchung noch eine diagnostische Peritonealspülung, die jedoch unbestritten eine hohe Treffsicherheit hat.

Literaturzusammenstellungen zeigen, daß es sich bei den zur Behandlung kommenden Stichwunden in bis zu 80% der Fälle um nur die Bauchdecken betreffende Verletzungen handelt (zit. n. Klaue). Die sich darin verbergende Dunkelziffer primär nicht erkannter intraabdomineller Schädigungen verlangt deshalb die stationäre Beobachtung dieser Patienten, die engmaschig kontrolliert werden müssen. Die Gefahr, daß es erst Stunden nach der Verletzung zum Austritt von Darminhalt bei kleinen schlitzförmigen Lumeneröffnungen kommt, ist nicht gering und ebensowenig die verzögerte Entstehung eines Peritonismus durch Sickerblutung aus einem Mesenterialeinriß bzw. einer Parenchymwunde.

Demgegenüber ist ein abwartendes Verhalten bei Schußverletzungen nicht zu vertreten. Sofern es die Schwere der Verletzung zuläßt, muß die Lokalisation des Projektils präoperativ durch Röntgenaufnahmen in 2 Ebenen bzw. Computertomographie erfolgen und zusätzlich peroperativ die Einsatzmöglichkeit des Bildwandlers durch die Verwendung eines dafür geeigneten Operationstisches gewährleistet sein. Trotzdem kann auch nach eigener Erfahrung die Entfernung auf erhebliche Schwierigkeiten stoßen, wobei die Gefahr von zusätzlichen Begleitverletzungen nicht gering ist.

Im Falle einer Pfählungsverletzung ist es wichtig, daß der Fremdkörper erst intraoperativ entfernt wird. Das gleiche gilt auch für ein noch in situ befindliches Messer. Nur dadurch können mit einer viel größeren Sicherheit die Eindringtiefe und die Organschäden beurteilt werden. Vielfach gelingt es auch nur durch die schrittweise Entfernung unter Sicht, eine sonst tödliche Massenblutung zu verhindern. In gleicher Weise ist bei transanal oder perforierend in den Damm eingedrungenen Fremdkörpern vorzugehen. Die Rekonstruktion des Kontinenzorgans muß durch adaptierende Nähte der noch vorhandenen Muskelportionen sofort vorgenommen werden. Die Anlage einer blockierenden Kolostomie am Querdarm ist bei derartigen Verletzungen, auch wenn die Rektumwand intakt ist, obligat. Blasenverletzungen müssen sofort durch Naht verschlossen und die Urinableitung sowohl über einen Spülkatheter (Harnröhre) als auch suprapubisch sichergestellt werden. Harnröhrenverletzungen sind zu schienen (s. Kap. 9.8.3), wobei man sich die abgerissenen Enden von transvesikal und über die Harnröhre von außen darstellt und dann adaptierend näht.

Geht die Pfählungsverletzung über den Beckenboden hinaus oder ist die Eindringtiefe nicht zuverlässig abschätzbar, muß die Laparotomie simultan erfolgen. Die durch die Hämatomentwicklung oft unübersichtlichen Verhältnisse in der Beckenetage können die Beurteilung der Durchblutungsverhältnisse und Wandbeschaffenheit des Rektums erheblich erschweren und eine zuverlässige Versorgung einer evtl. eingetretenen Ruptur unmöglich machen. In diesen Fällen kommt je nach Situation eine Inkontinenzresektion in Frage oder nach Übernähung die Anlage eines Querkolonkunstafters, der für eine evtl. später notwendig werdende Rekonstruktion günstiger ist als eine Sigmoidostomie. Im Hinblick auf die Schwere dieser Verletzung und der ohne ein sofortiges Eingreifen nicht zu beherrschenden Blutung ist die an sich wünschenswerte Darstellung der ableitenden Harnwege bzw. des Dickdarms (Gastrografin®) nicht möglich. Sofern es der Allgemeinzustand erlaubt, sollte darauf jedoch nicht verzichtet werden.

Die Exploration der Bauchhöhle sowie die Versorgung der vorgefundenen Verletzungen entspricht dem bereits geschilderten Vorgehen, im Falle einer bereits bestehenden Peritonitis (s. d.) ergänzt um die dafür erforderlichen Maßnahmen.

Instrumentelle Verletzungen

Über die Häufigkeit von chirurgisch zu versorgenden Ösophagus- und Magenverletzungen, die im Rahmen einer Untersuchung oder Behandlung entstanden sind, werden in der Literatur unterschiedliche Angaben gemacht. Nicht jede Ösophagusperforation, v.a. nicht im zervikalen Abschnitt, muß operiert werden. Die Ursache der Grunderkrankung, die Wandbeschaffenheit und Größe des Defektes sind zu berücksichtigen sowie das Risiko einer diffusen Mediastinitis. Letztere wird bei einer 12–24 Std. zurückliegenden Läsion immer unwahrscheinlicher. Eine absolute Nahrungs- und Flüssigkeitskarenz in Verbindung mit einer breit abdeckenden Antibiotikatherapie und hochkalorischen Ernährung ist obligat. Zusätzlich ist eine Dauerabsaugung des Magens erforderlich. Eine schleichend über eine Penetration (z. B. nach Fremdkörperextraktion) eingetretene Perforation kann gelegentlich erfolgreich über eine Pleuradrainage ausbehandelt werden, evtl. in Kombination mit einer Spül-Saug-Drainage und Dünndarmernährungssonde. Bei der konservativen Behandlung einer Ösophagusperforation muß man Geduld haben und zuwarten können. Eine Ersatzoperation durch Organinterposition wird in diesen Fällen kaum einmal erforderlich sein.

Eindeutige Magenperforationen werden notfallmäßig operiert, nicht jedoch der bloße Nachweis von freier Luft nach Endoskopie, wenn kein akutes Abdomen besteht und Gastrografin nicht austritt.

Zur Kolon- und Rektumperforationen kommt es gelegentlich nach Biopsien oder/und totalen Polypektomien. Die Notfallaparotomie mit Übernähung kann in günstigen Fällen ausreichend sein, nach unserer Erfahrung jedoch nicht, wenn bereits eine kotige Peritonitis besteht oder größere Wanddefekte vorliegen. Hier muß nach der zweireihigen Übernähung ein doppelläufiger Anus praeter angelegt werden. Extraperitoneale Rektumperforationen sollte man nicht freilegen sondern es mit einem Anus praeter transversarius bewenden lassen, der ohne weitere

Maßnahmen in der Regel nach 8 bis 12 Wochen wieder verschlossen werden kann. Eine Beckenbodenphlegmone haben wir bei den so behandelten Patienten noch nie erlebt und waren ebensowenig gezwungen, lokale Revisionen oder Rekonstruktionen vorzunehmen.

Peritonitis

Bei der Peritonitis handelt es sich um eine lokale oder diffuse bakteriell eitrige Entzündung, die primär abakteriell (Magenperforation) beginnen kann, kaum noch hämatogen entsteht (Pneumokokkenperitonitis), sondern sich entweder nach einer Organperforation, durch einen Nahtbruch (postoperativ) oder eine Durchwanderung (Ileus) entwickelt und vergleichbar mit der Autolyse- oder Verbrennungskrankheit (Koslowski) in eine Peritonitiskrankheit einmündet.

Sie ist klinisch durch einen septischen Schock mit Störung der Mikrozirkulation, Azidose, Gasaustauschstörung (Dystelektasen, pneumonische Infiltrate, interstitielles Ödem), Oligo-/Anurie, Stoffwechselstörung, Tachykardie, Blutdruckabfall und Verbrauchskoagulopathie (DIC nach Lasch) charakterisiert. Typisch für den septischen Schock ist die Endotoxineinschwemmung.

Fast regelmäßig handelt es sich um Mischinfektionen von Anaerobiern, Enterobakterien und Bakterioides. Dabei haben besonders die Hospitalkeime auf Intensivstationen eine zusätzliche, für den Ausgang der Behandlung sehr oft entscheidende Bedeutung. Die Summe der genannten Einzelfaktoren münden in einen von Kern als Circulus vitiosus beschriebenen, sich selbst induzierenden pathogenetischen Prozeß ein, der in vielen Fällen zu einem schrittweisen Zusammenbruch aller vitalen Funktionen führt (Abb. 9.2-5).

Über 80% aller diffusen Peritonitiden entstehen primär bakteriell durch Ruptur eines Hohlorgans oder eine Durchwanderung. Auch die postoperative Peritonitis kann lokal oder diffus auftreten, entweder durch Nahtbruch aber auch durch Kontamination der Bauchhöhle während der Operation. Risikopatienten, z. B. mit einer dekompensierten Leberzirrhose, Tumorleiden, Stoffwechselerkrankung, hohem Lebensalter, Übergewicht etc. sind hier besonders gefährdet.

Eine Sonderstellung nimmt die chronische Peritonitis ein. Sie ist meist Folgezustand einer ausgeheilten bakteriellen Infektion, wobei dann ausgedehnte fibrinöse bis netzartige Verklebungen in der gesamten Bauchhöhle mit einem zu einem Konglomerattumor verbackenen Dünndarm zu finden sind. Gelegentlich wird die chronische Peritonitis aber auch durch nicht ausheilende Entzündungen bei einer Ileitis terminalis oder Colitis granulomatosa Crohn und auch durch aktinische Schäden unterhalten.

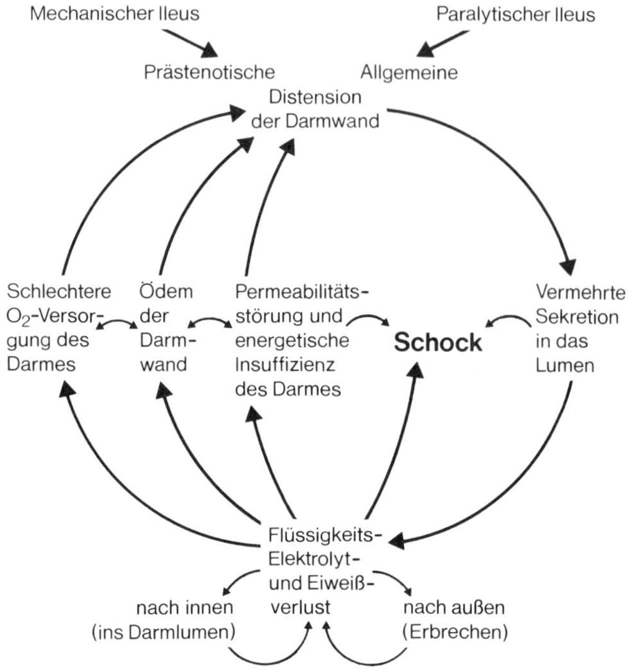

Abb. 9.2-5. a) Circulus vitiosus bei der Peritonitis nach E. Kern. Flüssigkeits-, Elektrolyt- und Eiweißverluste führen zum Volumenmangelschock.

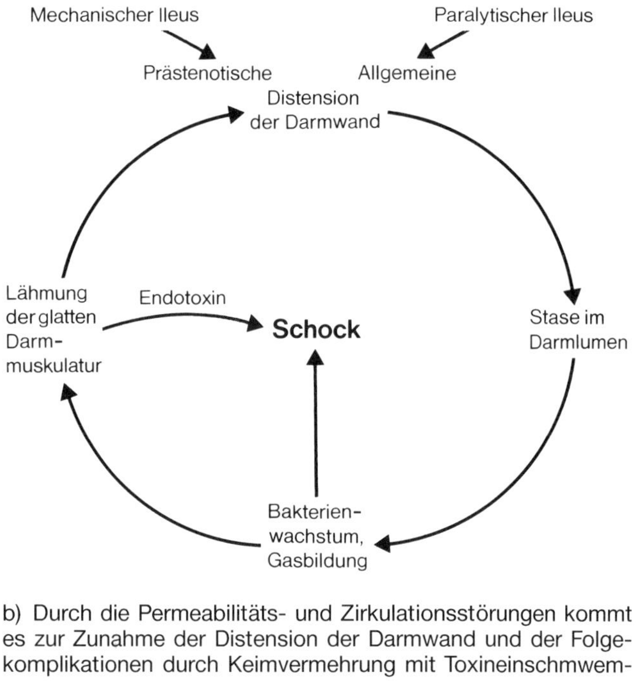

b) Durch die Permeabilitäts- und Zirkulationsstörungen kommt es zur Zunahme der Distension der Darmwand und der Folgekomplikationen durch Keimvermehrung mit Toxineinschmwemmung.

Die differentialdiagnostische Bewertung und folgerichtige Zuordnung der Symptome zu einer bestimmten Ursache kann im Fall einer Peritonitis außerordentlich schwierig sein. Gerade für sehr alte Patienten trifft das zu, so daß dann weder die lokale noch diffuse Peritonitis rechtzeitig erkannt wird. Ein fehlendes typisches akutes Abdomen, ja sogar ein recht weicher nicht besonders druckempfindlicher

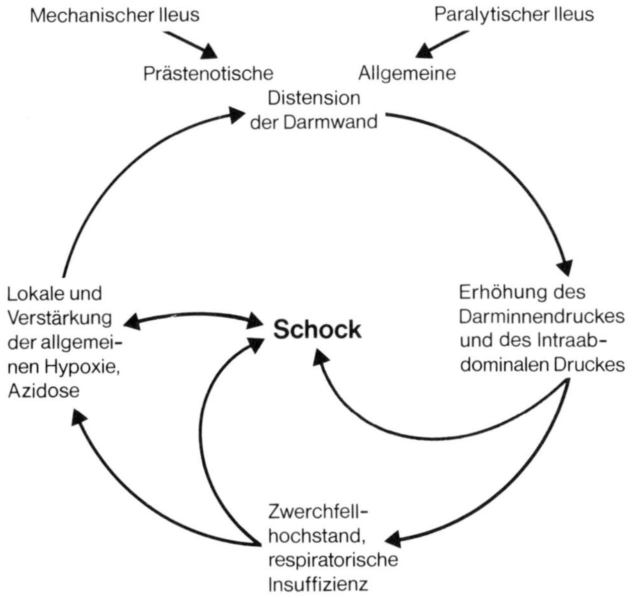

c) Die fortschreitende Darmüberdehnung führt zum Zwerchfellhochstand, zur respiratorischen Insuffizienz sowie rascher Zunahme der metabolischen Komplikationen bis hin zum

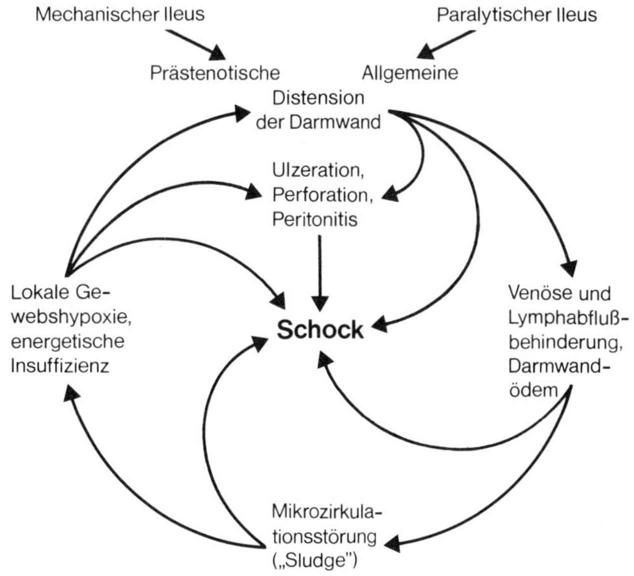

d) Vollbild der Peritonitiskrankheit, die unbehandelt durch weitere Sekundärkomplikationen in einen irreversiblen septisch-toxischen Schock übergeht.
Nach Berger, H.-G., Kern, E. (Hrsg.): Akutes Abdomen. Thieme, Stuttgart, New York 1987.

Bauch schließt deshalb eine operationspflichtige Erkrankung nicht grundsätzlich aus. Hohlorganperforationen führen zum akuten Abdomen und sind deshalb leichter zu erkennen, als eine sich schleichend entwickelnde diffuse Peritonitis. Das betrifft vor allem die gallige Bauchfellentzündung, die relativ lange abakteriell bleibt. Auch die Nahtinsuffizienz entwickelt sich meist nicht abrupt. Die klinische Befunderhebung und Beobachtung sind deshalb auch hier am wichtigsten. Sie werden durch klinisch-chemische und bildgebende Verfahren ebenso unterstützt (Tab. 9.2-2), wie durch ein intensivmedizinisches Monitoring.

Tab. 9.2-2. Symptomatik und Diagnostik der bakteriellen Peritonitis.

	Klinik	Laborbefunde	Bildgebende Verfahren
Diffuse bakterielle Peritonitis nach Perforation eines Hohlorgans oder bei Durchwanderung	Symptomatik des akuten Abdomens (s. d.), Fieber, schlechter AZ, Dehydratation, Oligo-/Anurie, RR-Abfall, Tachykardie, Hyperventilation, niedriger ZVD, warme Peripherie, paralytischer Ileus	Leukozytose, Kreatininanstieg bei vermindertem Kalium, metabolische Azidose, pO_2-Abfall, Gerinnungsstörungen	Sonographie, Abdomenübersicht in Linksseitenlage
Postoperative bakterielle Peritonitis			
a) Nahtinsuffizienz »früh«	Abrupte Verschlechterung des AZ mit allen Zeichen des akuten Abdomens	Diffuse Peritonitis	Sonographie, perorale Gabe von Methylenblau oder Gastrografin
b) Nahtinsuffizienz »spät«	Schleichende Verschlechterung des AZ, Meterorismus, Oberbauchatonie, gelegentlich Durchfall, meist aber paralytischer Ileus. Zunehmende Sekretion aus der Zieldrainage; Tachykardie, Kurzluftigkeit, Erbrechen, Fieber, Hypovolämie, Oligurie. Diffuse Druckempfindlichkeit	Leukozytose, Elektrolytverteilungsstörung. Metabolische Azidose, Kreatininanstieg	Sonographie, perorale Gabe von Methylenblau oder Gastrografin evtl. Gastrografin K. E., Thorax a. p. (Pleuraerguß, basale Pneumonie)

Im Regelfall sind der Schmerz, die akute Störung der Peristaltik und die Bauchdeckenspannung Leitsymptome. Ein weiterer wesentlicher Hinweis ist die Hypovolämie bei warmer Peripherie, die Oligo-/Anurie, das meist gerötete Gesicht bei erniedrigtem systolischen und diastolischen Blutdruck, die Tachykardie mit respiratorischer Insuffizienz und im Spätstadium die zunehmende Somnolenz. Während die durch Nahtinsuffizienz entstehende bakterielle Peritonitis unmittelbar postoperativ kaum diagnostische Schwierigkeiten bereitet, ist das bei der Abgrenzung einer sich entwickelnden diffusen Entzündung von einer länger anhaltenden postoperativen Atonie um so mehr der Fall.

Therapie

Die Grundzüge wurden bereits von M. Kirschner 1926 beschrieben, aber teilweise schon vor seiner Zeit entwickelt. Die nach Möglichkeit radikale chirurgische Sanierung der Ursache ist unbestritten die vordringlichste Aufgabe, begleitet von einer konsequenten intensivmedizinischen Therapie des septischen Schocks und seiner Folgekomplikation (s. Kap. 2.3). Je nach der bakteriologischen Resistenz hat sich die systemische Antibiotikagabe in Form der neuen Cephalosporine in Kombination mit Metronidalzol- oder/und einem Aminoglykosid bewährt, ebenso die Gabe von Aminoglykosiden zusammen mit Clindamycin. Wacha u. Interwies fanden allerdings keinen Unterschied zu den älteren Cephalosporinen und Penicillinen, überraschenderweise auch nicht zu der Kombination Streptomycin und anderen Antibiotika wie Sulfonamide und Bacitracin. Nicht bewährt hat sich die intraperitoneale Anwendung. Ausdehnung und Ursache der eitrigen Peritonitis sind nicht nur entscheidend für die Wahl des operativen Vorgehens am verursachenden Organ, sondern auch für die Indikation zur Spülbehandlung, dem primären Bauchdeckenverschluß oder Offenlassen der Bauchhöhle, sowie der Plazierung von Drainagen. Die verschiedenen Verfahren haben inzwischen ihre Zuverlässigkeit unter Beweis gestellt.

Programmierte Peritoneallavage nach Kern

Dieses Vorgehen setzt wie auch bei den anderen provisorischen Bauchdeckenverschlüssen voraus, daß der Erstoperateur die Notwendigkeit erkennt, den infektiös-toxischen Prozeß nicht anders mit Aussicht auf Erfolg behandeln zu können, ferner die Überwindung einer fast als physiologisch zu bezeichnenden »Hemmschwelle« planmäßig in kurzfristigen Abständen Revisionslaparotomien an einem vital gefährdeten Patienten vornehmen zu müssen. Wichtig ist zudem eine umfassende Aufklärung der Angehörigen, die nur allzu leicht auf den Gedanken kommen können, daß etwas Grundlegendes falsch gemacht wurde.

Das Prinzip der Behandlung besteht in der planmäßigen täglichen oder zweitäglichen Revisionslaparotomie mit sorgfältiger Revision der gesamten Bauchhöhle und der Auswaschung mit physiologischer Kochsalzlösung, bis letztere fast wasserklar bleibt. Besonderes Augenmerk ist dabei auf die komplette Entfernung der sich stets bildenden fetzigen Membranen und Fibrinbeläge zu richten, wobei die Bauchhöhle nach der in den Abb. 9.2-6 u. 7 dargestellten Technik ohne Einlage von Drainagen verschlossen wird.

Diese Behandlung muß so lange fortgesetzt werden, bis keine Eiteransammlungen mehr nachweisbar sind, wobei vor allem Schlingenabszesse nicht übersehen werden dürfen.

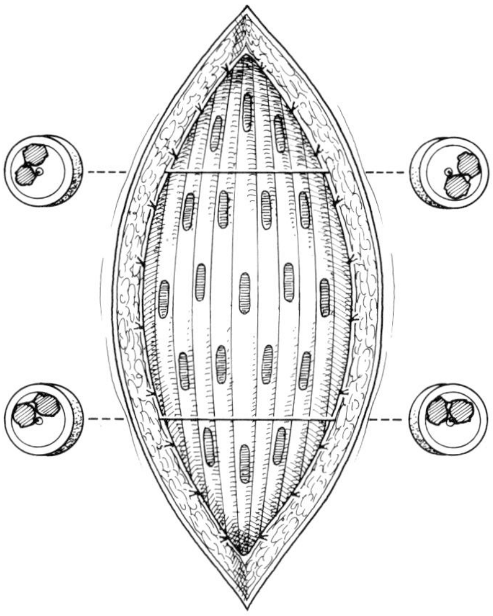

a)

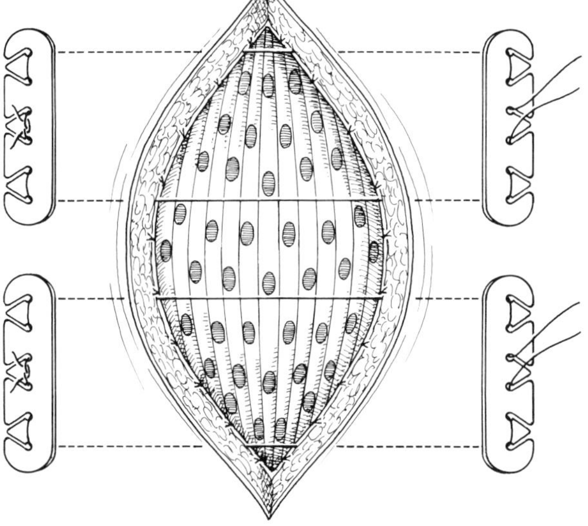

b)

Abb. 9.2-6. a u. b) Temporärer Bauchdeckenverschluß unter Benutzung einer Silastic-Folie mit Ablauföffnungen sowie Drahtentlastungsnähten mit unterschiedlicher lateraler Fixierung.

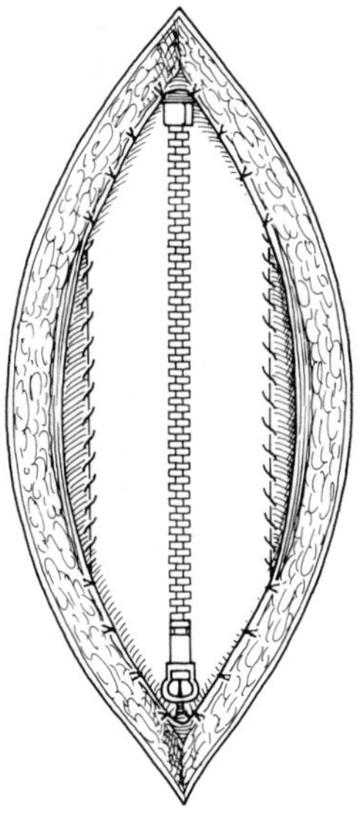

Abb. 9.2-7. Provisorischer Bauchdeckenverschluß mit einem industriell vorgefertigten Reißverschlußsystem.

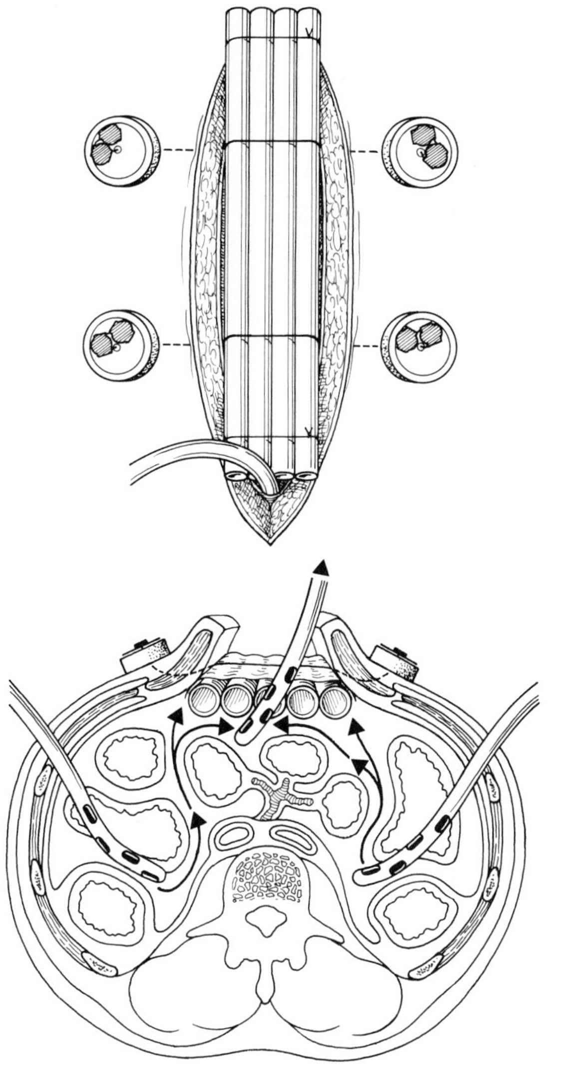

a)

b)

Abb. 9.2-8. a u. b) Temporärer Bauchdeckenverschluß unter Zuhilfenahme von palisadenförmig angeordneten Gummirohrdrainagen, Implantation von Spülkathetern und Stabilisierung der Bauchwand durch Drahtentlastungsnähte.

Offene dorsoventrale Spülbehandlung nach R. Pichlmayr

Im Gegensatz zu der zuvor beschriebenen Methode wird hier, nach der in der Abb. 9.2-8 dargestellten Technik, die Bauchhöhle kontinuierlich mit im Durchschnitt 20 l/24 Std. angewärmter physiologischer NaCl-Lösung gespült. Der provisorische Bauchdeckenverschluß erfolgt über palisadenartig angeordnete Gummirohrdrainagen (Abb. 9.2-8) unter Zuhilfenahme von Drahtentlastungsnähten. Je nach Erstbefund können auch Revisionslaparotomien erforderlich werden. Der definitive Verschluß der Bauchhöhle kann in der Regel nach 8 Tagen erfolgen. Ganz allgemein haftet den kontinuierlich durchgeführten Spülungen der Nachteil an, daß die sich oft schon nach 24–48 Std. ausbildenden Verklebungen Anlaß für Flüssigkeitsretentionen sein können und dadurch nur noch umschriebene Bezirke von der Spülflüssigkeit erreicht werden. Besonders sorgfältig muß auf eine exakt bilanzierte Flüssigkeitszu- und -ausfuhr geachtet werden, wobei die sonographische Verlaufskontrolle sehr hilfreich ist.

Geschlossene Spülbehandlung nach Beger

Dauerspüldrainagenbehandlungen sind aber auch mit gutem Erfolg nach einem primären Bauchdeckenverschluß möglich, wenn die verwandten Spülkatheter richtig plaziert und großvolumig gewählt wurden. Am besten bewährt haben sich Silikondrainagen, die industriell vorgefertigt in unterschiedlichen Ausführungen zur Verfügung stehen (z. B. Tenckhoff-Katheter). Wie bei der Saug-Spül-Drainagenbehandlung der Osteomyelitis kommt es wahrscheinlich nicht so sehr auf die chemischen Zusätze der Spülflüssigkeit an als auf die richtige Lage der zu- und abführenden Schläuche und die Bilanzierung.

Beger empfiehlt die Plazierung von zwei bis vier Kathetern (Abb. 9.2-9). Als Basislösung wird entweder Ringer-Laktat oder physiologische Kochsalzlösung eingesetzt. Bewährt haben sich zudem hyperosmolare Lösungen mit einem Gesamtvolumen von bis zu 24 l/24 Std. über einige Tage, durch die es zu einer Elimination von Endotoxinen und toxischen Eiweißspaltprodukten, entsprechend der zuvor beschriebenen Technik kommt. Durch den zusätzlichen Dialyseeffekt wird bei beiden Verfahren das Risiko des akuten Nierenversagens reduziert. Hinzu kommt nicht nur eine rein mechanische Keimausschwemmung, sondern vor allem Verdünnung.

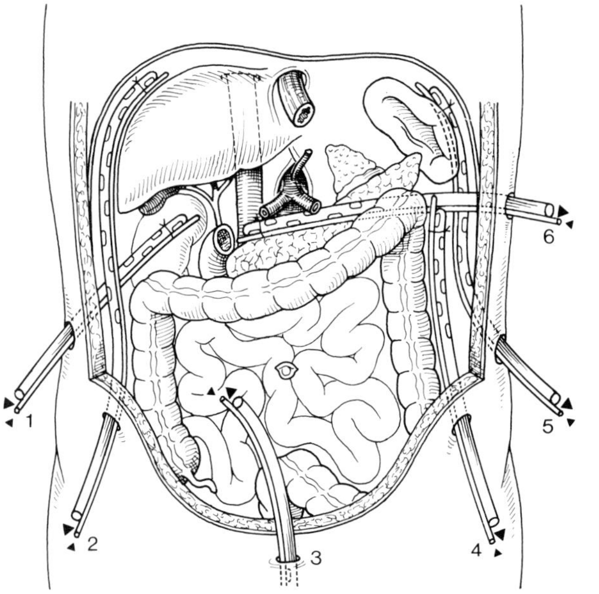

Abb. 9.2-9. Plazierung von intraabdominellen Saug-Spül-Drainagen. 1. Subhepatisch, 2. subphrenisch, 3. Unterbauch, 4. entlang des Colon descendens, 5. subphrenisch, 6. parapankrean.

Intraabdominelle Abszesse

Ihre Entstehung hängt in erster Linie von der Krankheitsursache ab und kann eine typische Begleiterscheinung sein (z. B. verschleppte Appendizitis oder Cholezystitis), wobei vor allem das Peritoneum und die Nachbarorgane, sowie das in Richtung der Entzündung gleichsam hinwandernde Omentum majus die Abszeßmembran bilden.

Entsprechend den anatomischen Recessus und präformierten peritonealen Umschlagsfalten bilden sich die Abszesse vor allem subphrenisch, subhepatisch, im Douglasschen Raum, perityphlitisch und retrozäkal sowie zwischen den Darmschlingen. Abszesse in Leber oder Milz entstehen hämatogen metastatisch.

Die immer notwendige, breit abdeckende, systemische antibiotische Therapie erreicht zwar nie den Abszeßinhalt, schützt jedoch vor einer Sepsis und verhindert in der Regel die Entstehung von metastatisch-pyämischen Abszessen.

Intraabdominelle Abszesse können unter sonographischer Kontrolle punktiert und über eine dünne Drainage wirksam entlastet werden. Rothmund erreichte auf diese Weise in 63% der Fälle eine vollständige Ausheilung. Die früher vielfach vertretene Auffassung, daß durch die Punktion infektiöses Material verschleppt wird, kann auch nach den Untersuchungen anderer Autoren und eigener Erfahrungen nicht mehr aufrechterhalten werden. Bei großen Abszeßhöhlen können perkutan zwei Drainagen gelegt werden, so daß eine Spülbehandlung möglich wird. Diese »konservative« chirurgische Methode darf jedoch nicht übertrieben werden. Keinesfalls verliert deshalb die alte Regel: »ubi pus, ibi evacua« – auch für die Behandlung der intraabdominellen Abszesse – ihre Gültigkeit.

Abgesehen von den Schlingenabszessen kommt der primäre Zugang für die Sanierung eines Abszesses nicht in Frage, da alles vermieden werden muß, was die Entstehung einer generalisierten Peritonitis begünstigt. Die Sanierung von metastatischen oder retroperitonealen Abszessen wird in den entsprechenden Organkapiteln besprochen.

Intraabdominelle Abszesse sollten nach Möglichkeit extraperitoneal angegangen werden. Muß der primäre Zugang wieder gewählt werden, sind die membranartigen Verklebungen zur freien Bauchhöhle unbedingt zu erhalten. Evtl. vorhandene Fistelgänge lassen sich vollständig nur nach Tuschemarkierung entfernen. Bei schwierig zu lokalisierenden Eiteransammlungen ist die Sonographie auch intraoperativ einzusetzen.

Douglas-Abszeß

Vor der Punktion muß die Harnblase katheterisiert werden. Die Eröffnung erfolgt entweder über die Vagina oder das Rektum (Abb. 9.2-10), wobei man auf der liegenden Nadel und vor allem vor der vollständigen Entleerung der Höhle ein stumpfes Instrument vorschiebt, mit dem man dann die Perforationsstelle etwas spreizt. Wichtig ist die Einlage einer Gummirohrdrainage für 2–3 Tage.

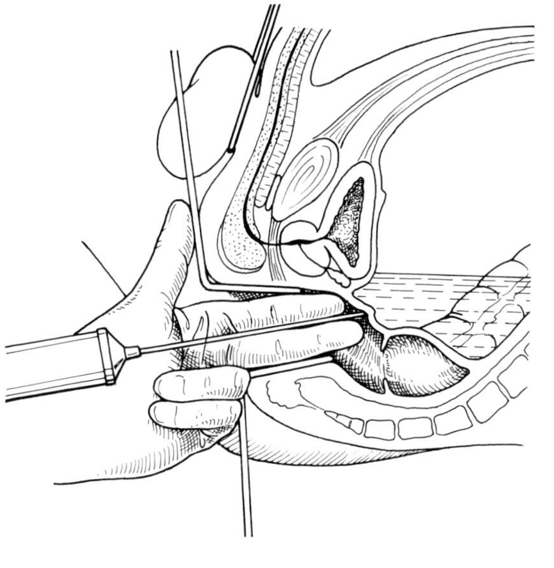

Abb. 9.2-10. a) Punktion eins Douglas-Abszesses.

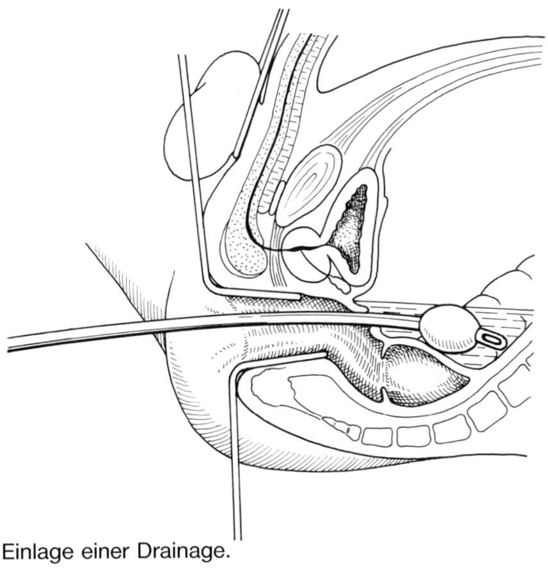

b) Einlage einer Drainage.

Subhepatischer und subphrenischer Abszeß

Die Entlastung dieser meist großen Eiteransammlungen geschieht am besten über einen Rippenbogenrandschnitt, sofern nicht nach sonographischer Lokalisation der Zugang von dorsal vorzuziehen ist (Abb. 9.2-11 u. 12). Ausnahmsweise kann dann die partielle Resektion der 12. Rippe erforderlich sein. Unter fortlaufender sonographischer Ortung der Flüssigkeitsansammlung wird zunächst punktiert und dann entweder mit dem Finger oder einem stumpfen Instrument die Abszeßmembran eröffnet und eine kräftige Drainage eingelegt. Sehr oft wird die Entlastung erleichtert, wenn präoperativ unter sonographischer Kontrolle bereits eine Drainage eingelegt werden konnte, an der man sich dann gut orientieren kann.

Muß man dagegen über einen parakostalen Schnitt von ventral vorgehen, was für den meist gekammerten anterior-superior gelegenen subphrenischen Abszeß notwendig ist, legt man den Rippenbogen und den Leberrand frei, ohne jedoch die Verklebungen zur freien Bauchhöhle zu eröffnen. Dann schafft man sich mit dem Finger zwischen den gut tastbaren Rippen und der Leber einen Weg in Richtung Zwerchfell, bis man den Abszeß erreicht hat (Abb. 9.2-13), oder – bei sehr dorsaler Lage – unter Zuhilfenahme einer Kornzange. Schließlich kann man meist die Hand einführen und die rückwärtige Fläche der Leber umfahren. Die Drainage erfolgt, wie in Abb. 9.2-14 dargestellt, in jedem Fall auch nach laterodorsal. Genauso wichtig ist diese Entlastung am tiefsten Punkt für den von vorn aufgesuchten subhepatischen Abszeß. Dann erfolgt die Gegeninzision am besten über der gut tastbaren Kornzange, mit der man sich die laterale Bauchwand, hart an der Leberunterfläche entlang (cave Kolonverletzung!), entgegendrücken kann. Bei den links gelegenen subphrenischen Abszessen muß man ähnlich vorgehen. Auch hier können akzidentelle Perforationen an der Kolonflexur vorkommen. Die sonographische Hilfestellung bietet sich deshalb ebenfalls an. Gefährdet ist ferner die Milz, sofern sie nicht weit nach medial abgedrängt ist. Befindet sich der Abszeß vor der Milz, geht man am besten von einer parakostalen Inzision aus vor, bei einer dorsokaudalen Lage von lateral, nachdem der Patient in Nierenlagerung gebracht ist.

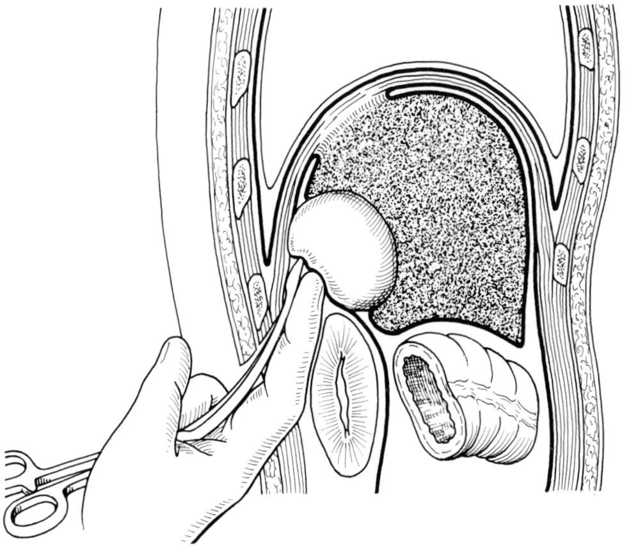

Abb. 9.2-11. Entlastung eines subphrenischen Abszesses von dorsal.

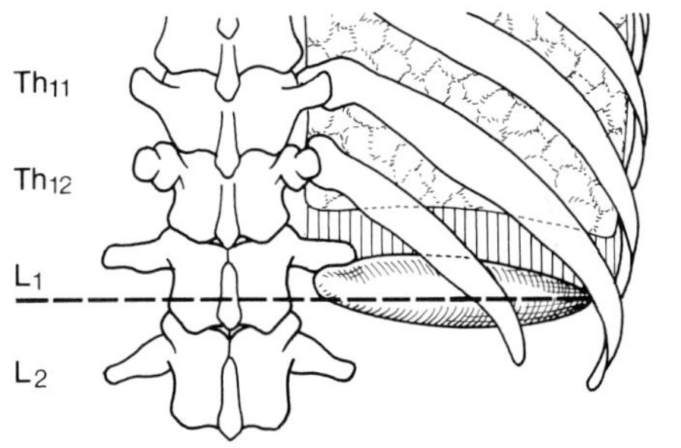

Abb. 9.2-12. Zugang zu einem subphrenischen Abszeß in Bauchlage des Patienten in Höhe des 1. LWK nach Einzeichnung einer Hilfslinie in streng horizontaler Ebene und sonographischer Kontrolle.

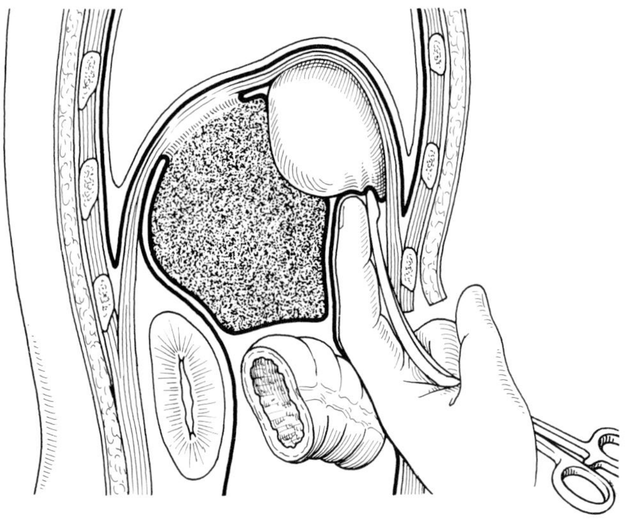

Abb. 9.2-13. Entlastung eines subphrenischen Abszesses nach extraperitonealer Freilegung von ventral entlang des Rippenbogens nach stumpfer Abdrängung des Peritoneums.

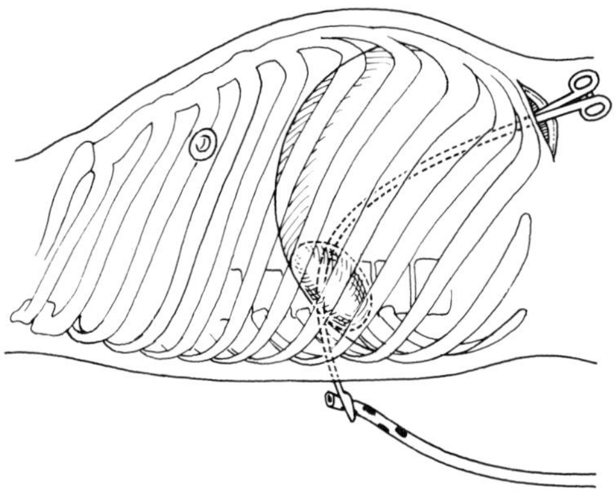

Abb. 9.2-14. Drainage eines subphrenischen, dorsal liegenden Abszesses.

Ileus

Unabhängig von den Ursachen und der Symptomatik wird mit dem Begriff Ileus ein Krankheitsbild beschrieben, das durch eine Passagebehinderung des Magen-Darm-Inhaltes charakterisiert ist und in den Zustand der Ileuskrankheit übergehen kann. Letztere ist durch eine schwere Volumen- und Elektrolytverteilungsstörung charakterisiert, einschließlich einer Peritonitis, die entweder sekundär auf dem Boden einer Durchwanderung entsteht oder primär durch Perforation den Darmverschluß ausgelöst hat.

Vom Funktionszustand des Darmes her ist zwischen dem mechanischen (ca. 80%) und einem paralytischen Ileus zu unterscheiden, wobei letzterer primär (z. B. Urämie, Peritonitis, Gefäßverschluß etc.) und sekundär (sog. totgelaufener mechanischer Ileus) entstehen kann. Der paralytische und spastische Darmverschluß (Prophyrie, Bleiintoxikation) kann auch unter dem Begriff dynamischer oder funktioneller Ileus zusammengefaßt werden. Ein wechselnder Zustand zwischen mechanischen und funktionellem Ileus wird als gemischer Ileus (z. B. Durchwanderungsperitonitis) bezeichnet (s. Tab. 9.2-3).

Vergleichbar mit der Peritonitiskrankheit und anderen Autolysekrankheiten steht auch beim Darmverschluß der Schock im Mittelpunkt der pathogenetischen Faktoren (s. Abb. 9.2-5). Leitsymptome des Darmverschlusses sind Stuhl- und Windverhaltung. Erbrechen von gallig-fäkulenten Massen. Meteorismus und Leibschmerzen, die sich in unterschiedlicher Reihenfolge und Akuität einstellen (s. a. Tab. 9.2-4).

Entsprechend dem Vorgehen bei einem akuten Abdomen (s. d.) ist auch beim Ileus die Anamnese und subtile klinische Untersuchung der wichtigste Teil der differentialdiagnostischen Bemühungen. Sie werden zunächst durch groborientierende Laboruntersuchungen im Rahmen des Notfallprogramms (Hb, HK, Leuko, Na^+, K^+, Kreatinin, Urin, Urinsediment, Amylase, Blutzucker, Blutgasanalyse, Quickwert) ergänzt und je nach Ergebnis bzw. Verdacht oder Zustand des Patienten erweitert.

Endoskopien oder Kontrastmitteluntersuchungen mit Barium (Ausnahme Invaginationsileus im Kleinkindesalter) sind wegen der Ruptur- oder Perforationsgefahr absolut kontraindiziert. Gefährlich ist ferner die orale Gastrografin-Gabe beim kompletten mechanischen Ileus, da es durch die Peristaltiksteigerung ebenfalls zur Perforation der Darmwand kommen kann.

Dagegen hat der Gastrografin-Einlauf einen hohen diagnostischen Wert. Die Sonographie, eine Abdomenübersichtsaufnahme im Stehen oder in Linksseitenlage, bei einem entsprechenden Verdacht die selektive Angiographie sowie die CT-Untersuchung runden das diagnostische Vorgehen ab.

Paralytischer Ileus

Eine Reihe von internistischen Erkrankungen wird symptomatisch von einer Darmlähmung begleitet, die ebenso konservativ zu behandeln ist wie eine metabolische, postoperative Funktionsstörung. Die Korrektur der dysäquilibrierten Regelkreise macht eine intensivmedizinische Überwachung und Therapie (s. Kap. 2) erforderlich, wobei die Gefährlichkeit des Ileus in dem oft schwierig zu analysierenden Krankheitsbild und seiner tatsächlichen Ursachen liegt. Die exzessive Volumenverteilungsstörung mit begleitender Intoxikation und Bakterieämie muß deshalb synchron zu der klinischen und laborchemischen Diagnostik zunächst symptomatisch behandelt werden, bis ein operationspflichtiges akutes Abdomen ausgeschlossen ist. Gelegentlich stellt sich letzteres erst nach einigen Stunden heraus, d.h. nach der Stabilisierung des Kreislaufs, dem Ausgleich der Elektrolytverschiebung sowie des Säure-Basen-Haushaltes.

Tab. 9.2-3. Einteilung und häufige Ursachen des Darmverschlusses.

Mechanischer Ileus	Strangulation	Briden, Volvulus, Malrotation Hernien, Invagination
	Obturation	Tumor, Ingesta, Fremdkörper, Stenosen, Septen, Entzündungen, Gallenstein
(Mechanischer und dynamischer Ileus)	Gemischter Ileus	Platzbauch, beginnende Spätinsuffizienz, Durchwanderungsperitonitis postoperativer Ileus
Dynamischer oder frühfunktioneller Ileus	Spastisch	Porphyrie Bleiintoxikation
	Paralytisch	Peritonitis, metabolisch, reflektorisch Blutung, Pneumonie

Tab. 9.2-4. Differentialdiagnose von Leitsymptomen beim Ileus (mod. n. Dick, Kern u. Bruch).

	Schmerz	Erbrechen	Peristaltik	Meterorismus	Abwehrspannung
Strangulation	Plötzlich Dauerschmerz	Sofort, später nachlassend	Gesteigert, später fehlend	Zunehmend	Gelegentlich, exakt lokalisierbar, oft seitenbetont
Obturation/Kompression					
a) Duodenum	Auffallend gering	Sofort, quantitativ (gallig!)	Normal	Fehlt	Gelegentlich im Epigastrium
b) Mittlerer u. tiefer Dünndarm	Kolikartig	Spät (fäkulent!)	Gesteigert, Kullern, Gurren, Durchspritzgeräusche, gelegentlich sichtbar, metallisches Klingen	Zunehmend ausgeprägt	Diffus oder seitenbetont
c) Dickdarm	Relativ spät, dann gelegentlich krampfartig	Sehr spät (fäkulent!)	Gesteigert, Kullern, Gurren, Durchspritzgeräusche, metallisches Klingen	Stark ausgeprägt	Diffus oder gut lokalisierbar, gelegentlich re. Unterbauch bei Stenose im li. Kolon
Paralyse	Fehlt	Spät	Fehlt, Plätschern künstlich auslösbar	Wechselnd ausgeprägt	Fehlt

Bei den dafür in Frage kommenden Ursachen kann es sich vor allem um eine sich entwickelnde oder schon manifeste Peritonitis handeln, um eine Darmparalyse nach einem nicht erkannten mechanischen Ileus oder um eine reflektorische Ruhigstellung bei einem retroperitonealen Prozeß. Darauf hinweisende Leitsymptome sind der Meteorismus bei fehlender Peristaltik, ein ausgeprägt umschrieben oder diffus schmerzhaftes Abdomen in Ruhe und bei Palpation sowie ein hypovolämischer oder septischer Schock mit akutem Nierenversagen.

Nicht zuletzt bereitet die differentialdiagnostische Abgrenzung intraabdomineller Komplikationen nach Laparotomien von einer anhaltenden Atonie Schwierigkeiten, die dann fließend in einen paralytischen Ileus übergeht. Entscheidende Hinweise liefern weniger die sich erst später verändernden Laborparameter, sondern in erster Linie die viel wichtigeren klinischen Prodromalsymptome. Dazu gehört die Oberbauchatonie mit Singultus und Brechreiz, Fieber, Tachykardie und eine zunehmende, gelegentlich ängstliche Adynamie.

Das Legen einer nasogastralen Verweilsonde ist bei jeder Atonie und jedem Ileus eine obligatorische Maßnahme. Sie ergänzt die diagnostischen Maßnahmen und führt vor allem zu der dringend erforderlichen Druckentlastung im Oberbauch. Vielfach handelt es sich um die Addition multipler pathogenetischer Faktoren, die in einem Teil der Fälle für sich allein oder gemeinsam zu einer gestörten Heilung und Infektion in Form der lokal abszedierenden Entzündung oder diffusen Peritonitis führen und damit den postoperativen paralytischen Ileus auslösen. Trotz größter Gewissenhaftigkeit gelingt es oft nicht, den schicksalhaften Ablauf durch eine umfassende Prävention oder Therapie kurativ zu unterbrechen. Auch hier gilt es, wie beim akuten Abdomen oder der Peritonitis dargestellt, die intensivmedizinischen Maßnahmen durch ein aktives chirurgisches Vorgehen in den Fällen zu unterstützen, wo der berechtigte Verdacht auf eine intraabdominelle Komplikation besteht.

Unbestritten wird der überwiegende Teil einer persistierenden Oberbauchatonie durch die Entlastung über eine Magensonde konservativ ausbehandelt werden können, jedoch haben auch nur dann purgierende Maßnahmen den gewünschten Erfolg, ebenso wie die Applikation von sog. Ileuströpfen mit Prostigmin, Bepanthen oder Caerulein erst pharmakologisch wirksam werden, wenn die Ursachen des paralytischen Ileus einschließlich der metabolischen Veränderungen beseitigt sind.

Mechanischer Ileus

Dünndarmileus

Leitsymptome des hohen Verschlusses sind ein schmerzarmes galliges Erbrechen (z. B. arteriomesenterialer Duodenalverschluß) bei noch meist vorhandenen Stuhlentleerungen, weichem und eindrückbarem Bauch. Röntgenologisch fehlen Dünndarmspiegel, jedoch sind sehr oft abnorme Flüssigkeitsansammlungen im Magen und Duodenum sichtbar. Leitsymptome des tiefer gelegenen Verschlusses sind krampfartige Schmerzen, stehende Dünndarmschlingen mit einer kräftigen Stenoseperistaltik in Verbindung mit einer zunehmenden Abwehrspannung, gelegentlich bis hin zu sichtbaren Darmsteifungen.

Die Indikation zur operativen Behandlung eines mechanischen Ileus ist leicht und ohne Verzögerung zu stellen. Schwieriger ist das beim gemischten und insbesondere beim postoperativen Ileus, sofern nicht eindeutige Ursachen erkennbar werden.

Die Beseitigung des Hindernisses mit oder ohne Resektion eines oder mehrerer Segmente, die Dekompression des Ileusdarmes durch peroperative Absaugung mit weichen Ileussaugern und Wiederherstellung der Passage durch End-zu-End-Anastomose, ist die Standardtherapie. Sie kann bei einem Verwachsungsbauch sehr schwierig sein und muß mit der Lösung sämtlicher Adhäsionen und penibler Versorgung entstandener Serosaeinrisse beendet werden. Da die Laparotomie bei einem Ileus zu unvermuteten Problemen führen kann, sollte sie zumindest in Gegenwart eines erfahrenen Operateurs durchgeführt werden. Der gelegentlich monströs dilatierte Dünndarm muß, sofern es die örtlichen Verhältnisse zulassen, vorsichtig vor die Bauchhöhle gebracht und so rasch wie möglich dekomprimiert werden, entweder durch eine innere Absaugung oder aber z. B. durch eine Punktion mit angeschlossenem Sauger, da es andernfalls zu multiplen breitklaffenden Serosaeinrissen kommen kann. Letztere sind grundsätzlich mit atraumatischen Polyglykolsäurefäden zu übernähen. In günstigen Fällen wird man schnell den Strang oder die Abknikkung durch Revision des Hungerdarms in oraler Richtung feststellen und durchtrennen können, so daß evtl. die Eröffnung des Darmes unterbleiben kann. Gelegentlich gelingt auch die Absaugung der aufgestauten Dünndarmschlingen durch ein vorsichtiges Ausstreichen des Darmes nach oral über die liegende Magensonde. Besonders schwierig sind die Verhältnisse bei einer diffusen Peritonitis oder einem rezidivierenden, durch multiple Verwachsungen entstandenen Dünndarmileus. Die gesamte Revision ist, auch wenn sie noch so zeitraubend ist, vom Treitzschen Band bis zum Zäkalpol hin durchzuführen, wobei man gelegentlich sogar gezwungen sein kann, nicht nur multiple segmentale Resektionen vorzunehmen, sondern ganze Konvolute entfernen muß, um die Passage dauerhaft sicherzustellen. Ist davon das terminale Ileum betroffen, sind Resorptionsstörungen für Vitamin B_{12} die Folge.

Mit einer weiteren Komplikation nach ausgedehnter Ileumresektion ist in Form einer chologenen Diarrhö zu rechnen, die dann medikamentös (Quantalan) behandelt werden muß. Die unteren Dünndarmabschnitte können adaptierend die Funktion der oberen übernehmen, jedoch gilt das nicht im umgekehrten Sinn. Deshalb darf die Resektion nur die wirklich kranken oder gefährdet erscheinenden Abschnitte umfassen und keinesfalls großzügig vorgenommen werden. So erholen sich z. B. zunächst durchblutungsgestörte Dünndarmabschnitte nach Dekompression oft erstaunlich rasch.

Ergänzend kommen spezielle Operationsverfahren in Frage, die zur Vorbeugung eines Rezidivs oder anderer Komplikationen gelegentlich unerläßlich sind, sofern nicht erst durch ihre Anwendung die eigentliche kausale Therapie erfolgt.

Innere Schienung des Darmes nach Reifferscheid

Mit Hilfe des Anästhesisten wird eine Miller-Abbot-Sonde nasogastral eingeführt und nach leichter Füllung des Ballons über den Pylorus manipuliert. Gelegentlich muß man das Duodenum nach Kocher mobilisieren, um die Sonde in das Jejunum vorschieben zu können. Danach gelingt es meist leicht, den Ballon bis in den Zäkalpol zu leiten. Es gibt allerdings anatomische Gegebenheiten, die die Duodenalpassage unmöglich machen. In diesen Fällen hat sich das retrograde Vorschieben einer Sonde in den Magen von einer Jejunotomie, knapp unterhalb des Treitzschen Bandes, bewährt. Hier kann dann nach Gastrotomie die Miller-Abbot-Sonde fixiert und nach distal nachgezogen werden. Gelingt das zuerst genannte Vorgehen, erübrigt sich sehr oft eine Enterotomie zur Absaugung. Die retrograde Dünndarmschienung über den Zäkalpol oder die ausgeleitete Appendix führen wir nicht durch.

Mesenterialplikatur nach Childs, Darmplikatur nach Noble

Die Technik nach Childs (Abb. 9.2-15a) ist zeitlich sehr viel schneller durchführbar als die Darmplikatur nach Noble (Abb. 9.2-15b), dabei ebenso effektiv und nicht mit dem Nachteil der am Peritonitisdarm schlecht haltenden Knopfnähte verbunden. Beide Methoden finden in erster Linie Anwendung beim rezidivierenden Bridenileus.

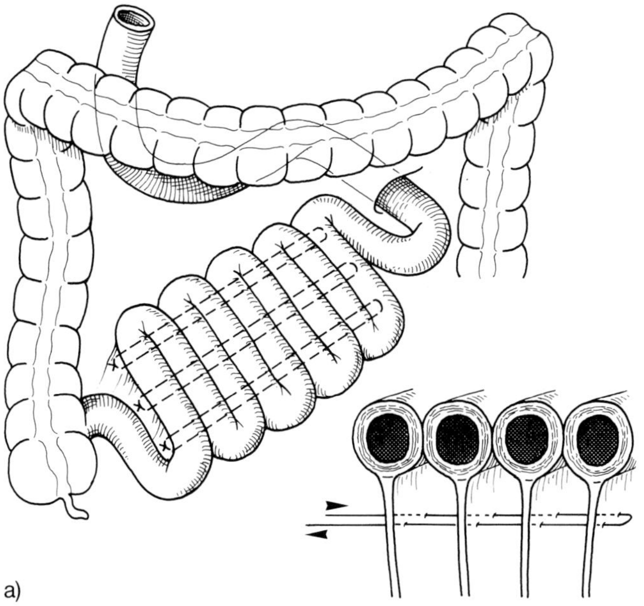

a)

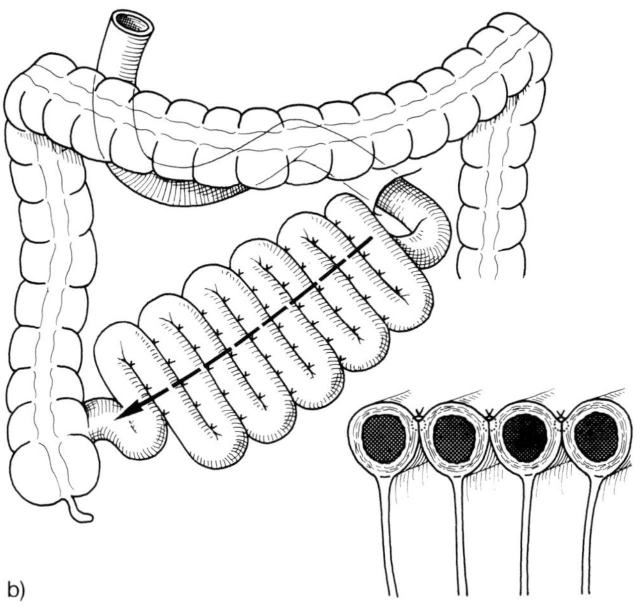

b)

Abb. 9.2-15. a) Dünndarmplikatur nach Childs im Verlauf der Mesenterialachse durch drei U-Nähte. Die Fäden legt man mit einer geraden Nadel etwa 2 QF unterhalb des Mesenterialansatzes im durchscheinenden Licht, um Gefäßverletzungen zu vermeiden. Alle Fäden werden dann gemeinsam angezogen und nicht zu fest geknotet.
b) Dünndarmplikatur nach Noble. Die Faltung der Schlingen und Fixation mit seromuskulären Einzelknopfnähten muß im Verlauf der Mesenterialachse erfolgen.

Doppelläufige Ileostomie

Die Anlage eines Anus praeter am Dünndarm ist bei einer verschleppten diffus eitrigen Peritonitis zu erwägen, wenn die innere Schienung des Darmes nach Reifferscheid nicht durchführbar ist. Die Indikation für dieses Vorgehen wird jedoch immer seltener gestellt. Für die Behandlung eines mechanischen Ileus am linken Kolon oder Rektum ist die doppelläufige Ileostomie keine Alternative zum Anus praeter am Querdarm, allerdings weniger aus operationstechnischen Gründen, sondern wegen der u. U. erheblichen Flüssigkeitsverluste, die die Beseitigung der präexistenten Volumenverteilungsstörung nur noch zusätzlich komplizieren. Außerdem wird durch die stets zu beobachtende Malabsorption nach Anlage eines Anus praeter am Dünndarm die Rekonvaleszenz des Kranken vor dem eigentlichen kurativen Eingriff u. U. erheblich beeinträchtigt.

Palliative Ileotransversostomie

Die Anlage einer Umgehungsanastomose kann nur für völlig inkurable Fälle empfohlen werden.

Dickdarmileus

Leitsymptome sind in der Regel längere Zeit zurückreichende, sich kontinuierlich steigernde Stuhlentleerungsstörungen mit krampfartigen Schmerzen, Völlegefühl, Meteorismus und Stenoseperistaltik. Bei obturierenden Prozessen an Kolon und Rektum findet sich sehr oft ein Zäkumdehnungsschmerz, so daß – namentlich bei älteren Menschen – die Gefahr der Verwechselung mit einer Appendizitis besteht. Durch den Kotrückstau findet man Dick- und Dünndarmspiegel. Vorgetäuscht werden kann die Operationsindikation durch eine Ausmauerung des Rektums mit Stuhl und darüberliegenden Skyballa, die in Spinalanästhesie ausgeräumt werden müssen. Die rektale Untersuchung, spätestens der notfallmäßig durchzuführende Gastrografin-Einlauf macht die Ursache deutlich.

Im Gegensatz zu der Auffassung anderer führen wir Kontinuitätsresektionen am linken Kolon und Rektum während eines Ileus nicht durch, auch nicht unter dem Schutz einer temporären Kolostomie. Dafür gibt es eine Reihe wichtiger Gründe. Sie betreffen in erster Linie die besondere Angioarchitektur und Wandbeschaffenheit des Dick- und Mastdarms, aber auch die zum Darmverschluß führenden Erkrankungen, so daß bei der Festlegung des therapeutischen Konzeptes zwar unterschiedliche aber letztendlich doch gleich wichtige Probleme zu lösen sind, um die Prognose nicht durch die eine oder andere Maßnahme ungünstig zu beeinflussen. So besteht einerseits die zwingende Notwendigkeit der Wiederherstellung der

Stuhlentleerung, andererseits die Beseitigung des Schocks und weiterer pathogenetischer Faktoren, die in ihrer Summation das Vollbild der mit einer hohen Letalität belasteten Ileuskrankheit ausmachen. Dabei darf die Grunderkrankung nicht unberücksichtigt bleiben. Unter Abwägung aller Risiken und Prognose relevanter Faktoren stellt sich damit zwangsläufig die Frage nach dem günstigsten Zeitpunkt ihrer kurativen Beseitigung, die nach unserem Verständnis nicht im Stadium des manifesten Ileus gegeben ist. Zu welchem Vorgehen auch immer der Operateur sich dann intraoperativ entscheidet, wird seiner persönlichen Erfahrung oder seinem Ermessen überlassen bleiben müssen. Unberührt davon bleiben aber einige morphologische und nosologische Gegebenheiten, deren Mißachtung für den Kranken ohne jeden Zweifel letale Folgen haben können:

1. In vielen Fällen bestehen bereits sämtliche Symptome der Ileuskrankheit und lokal, bei einer abszedierenden Divertikulitis, ausgedehnte eitrige, den Krankheitsherd abdeckende Beläge und Verklebungen. Der Patient befindet sich wegen des meist hohen Lebensalters zusätzlich in einem schlechten Allgemeinzustand und außerdem hat der Dickdarmileus eine verhältnismäßig lange Entwicklungszeit bis zur Operation hinter sich. Dadurch ist der prästenotische Abschnitt massiv dilatiert, schlecht durchblutet und somit besonders vulnerabel, so daß jede Naht unsicher ist.
2. Die Erholungsphase der Darmwand ist ungleich länger als am gut durchbluteten Dünndarm, so daß viel häufiger Abszesse an der Naht mit nachfolgender Insuffizienz entstehen.
3. Die Gefahr der postoperativen Peritonitis besteht schon allein durch die Eröffnung des Kolons aber auch die einer retroperitonealen Abszedierung, da dieser Raum immer an irgendeiner Stelle eröffnet werden muß.
4. In 70–80% der Fälle handelt es sich um einen Ileus durch ein Karzinom, dessen kurative Resektion sich im Stadium des Darmverschlusses verbietet.

Unbestritten gibt es sehr erfahrene Operateure, die eine komplikationsarme postoperative Statistik nach einzeitigen Kontinenzresektionen im Ileus am linken Kolon vorlegen können. Trotz gelegentlich erfolgter gegenteiliger Interpretationen kann aber die Letalität insgesamt durch ein mehrzeitiges Vorgehen nach Schloffer am zuverläßigsten gesenkt werden. Daran hat auch die Verbesserung der perioperativen Maßnahmen wenig geändert. Nachuntersuchungen haben zudem gezeigt, daß die Ausschaltung einer abszedierenden Divertikulitis im Ileus durch eine Kolostomie die Prognose im Vergleich zu anderen Operationsverfahren (z. B. Diskontinuitätsresektionen) keinesfalls verschlechtert.

Bei einem Ileus am linken Kolon und Rektum sollten deshalb die operativen Maßnahmen auf das absolut Notwendige beschränkt werden und wie in vergleichbaren Notfallsituationen auch nach Möglichkeit schnell und unkompliziert durchführbar sein. Deshalb erscheint es nur konsequent, zunächst den vital gefährlichen Zustand durch eine blockierende Kolostomie abzuwenden und den eigentlichen kurativen Eingriff zum Zeitpunkt der Wahl nachzuholen.

Die Operationsmethoden werden in Kap. 9.6, Dickdarm und Mastdarm, ausführlich beschrieben. Gelegentlich muß vor der Anlage der Kolostomie der Dickdarm über eine Kanüle abgesaugt werden, wobei die Punktionsstelle in den Anus-praeter-Bereich zu legen ist. Die definitive Eröffnung erfolgt etwa 8 Std. später, die komplette Durchtrennung der Darmschenkel nach 7–8 Tagen. Eine Perforationsöffnung am auf diese Weise ausgeschalteten Darm ist zu übernähen und ebenso wie eine abszedierende Divertikulitis zu drainieren. Die doppelläufige Kolostomie am Sigma sollte man nur dann anlegen, wenn eine Kontinuitätsresektion nicht mehr möglich ist. Bei der Diskontinuitätsresektion wird der erkrankte Abschnitt reseziert und zu- und abführender Kolonschenkel gesondert ausgeleitet. Diese Operationsmethode hat zur Behandlung der Divertikulitis in den vergangenen Jahren zunehmend mehr Anhänger gefunden.

Die Hartmannsche Resektion ist im Ileus nur dann zu empfehlen, wenn eine kurative Karzinomresektion auch später nicht mehr möglich ist. Die Anlage einer Zäkalröhrenfistel nach Stelzner kommt für die Behandlung eines Dickdarmileus nicht in Frage, da es nur zu einer völlig unzureichenden Entlastung kommt. Dagegen ist die Zäkalfistel die Operationsmethode der Wahl bei einer konservativ nicht zu beseitigenden intestinalen Pseudoobstruktion.

Ileusursachen, die den rechten Kolonabschnitt und das Querkolon betreffen, werden üblicherweise durch eine einzeitige Kontinuitätsresektion mit Wiederherstellung der Passage durch Ileokolostomie End zu End behandelt. Fallweise ausgenommen davon bleiben Karzinome in der linken Flexur.

Ileusformen mit einer besonderen Symptomatik

Strangulationsileus

Kein anderer mechanischer Ileus hat einen so dramatischen Beginn und Verlauf. Wegen der gleichzeitig eintretenden Abklemmung der Gefäße kommt es sehr viel schneller als sonst zur Perforation. Im Vordergrund steht kurz nach dem Ereignis mehr das Bild eines klassischen akuten Abdomens als die Ileuskrankheit, weil der Ischämieschmerz dominiert. Häufig äußere, selten innere Hernien und noch seltener Torsionen sind die Ursache, so daß die Diagnose meist schnell gestellt wird; bei geschlossenen Bruchpforten spätestens intraoperativ, da dann die Notfall-Laparotomie zwingend indiziert ist.

Ileus durch Viszeralgefäßverschluß

(S. Kap. 11.1, Arterien.)

Ileus durch Invagination

(S. Kap. 10.3, Eingriffe im Wachstumsalter.)

Postoperativer Ileus

Die Abgrenzung von einer noch physiologischen Atonie, einem sich entwickelnden paralytischen Ileus, z. B. durch eine langsam entstehende Nahtinsuffizienz, und einem Bridenileus bereitet selbst dem Erfahrenen Schwierigkeiten. Gar nicht so selten handelt es sich um einen gemischten Ileus. Häufigste Ursache ist die unterlassene Entlastung des Oberbauches durch eine Magensonde, gelegentlich auch der Harnblase, z. B. nach ausgedehnter Dünn- oder Dickdarmresektionen, primär entzündlichen Erkrankungen oder Eingriffen wegen eines Ileus. Der überblähte Oberbauch, ein hartnäckiger Singultus, Brechreiz, hochgedrängte Zwerchfelle sowie der klinische Gesamteindruck von einem sich nicht planmäßig erholenden Patienten unterstreicht die Komplikation, die manchmal schon fast vorhersehbar ist. Meteorismus und fehlende Peristaltik gleichermaßen sind Leitsymptome für die Atonie und bis zu einem gewissen Grad auch für den frühen postoperativen mechanischen Ileus. Unter der Voraussetzung, daß eine Revisionslaparotomie noch nicht indiziert ist, besteht die Möglichkeit eines konservativen Behandlungsversuchs.

Das Verfahren der Wahl ist in solchen Situationen die innere Schienung des Darmes über eine Eudel-Sonde (Abb. 9.2-16a).

Die Bemühungen sind allerdings zwecklos, wenn die Peristaltik fehlt, die den mit Quecksilber gefüllten Beutel vorantreiben muß.

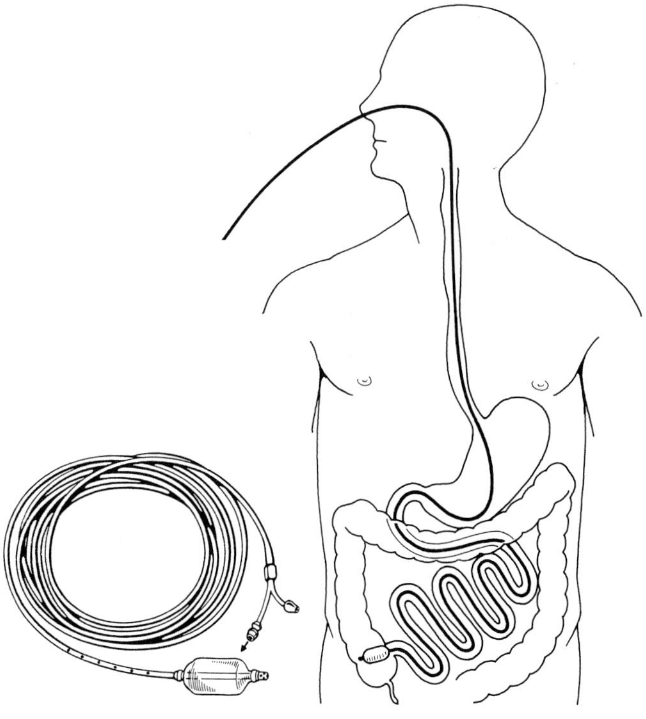

Abb. 9.2-16. Innere Schienung des Darmes.
a) Die Eudel-Sonde wird ohne Operation nasogastral gelegt, nachdem der mit Quecksilber gefüllte Ballon angeschraubt ist. Die Auffädelung des Dünndarms tritt allerdings nur bei noch erhaltener Peristaltik ein.

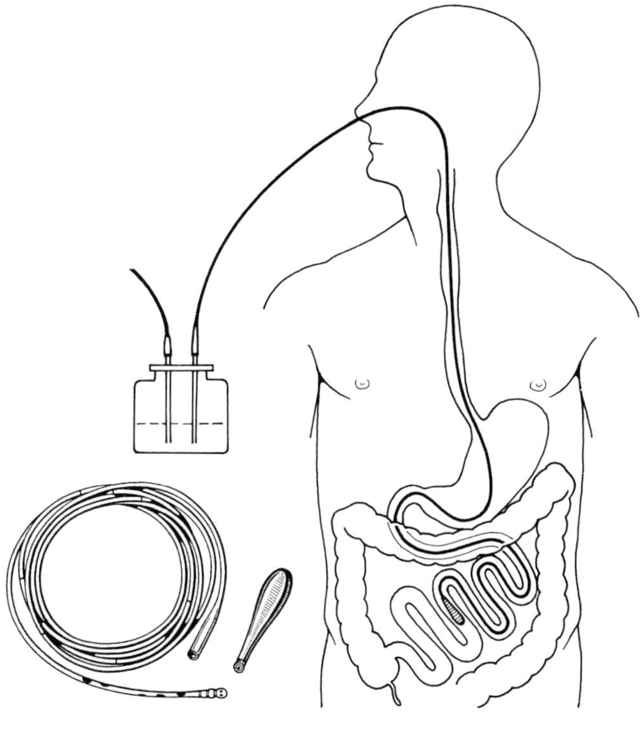

b) Die Miller-Abbot-Sonde wird intraoperativ gelegt, wobei der leicht aufgeblasene Ballon bis in den Zäkalpol vorgeschoben wird. Die Sonde erfüllt den Begriff der inneren Schienung, wie ihn Reifferscheid geprägt hat. Wichtig ist die Ableitung der Schläuche unter Wasser (Heber-Drainage).

Durch die Ableitung der Sonde unter Wasser kommt es nach dem Prinzip der Heberdrainage zu einer Dekompression des Dünndarms und kompletten Auffädelung. Dieser Vorgang muß anfangs in mehrstündigen Abständen röntgenologisch beobachtet und durch die Gabe von Gastrografin unterstützt werden. Der Kontrastmittelnachweis im Dickdarm, sowie die sich einstellenden Stuhlentleerungen bei rückläufigem Meteorismus, dokumentieren den Erfolg. Andernfalls muß der Versuch abgebrochen und laparotomiert werden. Die Entfernung der Sonde kann im allgemeinen nach 8 Tagen erfolgen. Sehr viel schlechter geeignet ist u. E. die Miller-Abbot-Sonde (Abb. 9.2-16b), die wir in der konservativen Behandlung des mechanischen Ileus nicht einsetzen. Auch ohne innere Schienung hat sich die Gastrografin-Passage in derartigen Fällen sehr bewährt. Wahrscheinlich häufiger als angenommen führen schlecht plazierte oder sekundär dislozierte Zieldrainagen zu Abknikkungen von Darmschlingen, so daß ihre vorzeitige Entfernung fallweise zu überlegen ist.

Die Indikation zur Plazierung der Miller-Abbot-Sonde stellen wir in Übereinstimmung mit Reifferscheid großzügig und nach Möglichkeit bei allen Fällen mit einer ausgedehnten Darmdistension, im Gegensatz zu Kern, der dieses Verfahren zugunsten der Methode nach Childs verlassen hat. Die Rate der Ileusspätrezidive nach dem einen wie dem anderen Verfahren wird mit ca. 4% angegeben.

9.3
Bauchwand und Leistenregion

Topographische Anatomie

J. W. Rohen

Die Bauchwand besteht aus mehreren Schichten, die sich in 3 Gruppen gliedern lassen: 1. Haut und subkutanes Bindegewebe; 2. muskuloaponeurotische Schicht; 3. Peritoneum und subperitoneales Gewebe. Die **muskuloaponeurotische Schicht** besteht wiederum aus den 3 seitlichen Bauchmuskeln mit ihren Aponeurosen (M. obliquus ext. et int. abdominis, M. transversus abdominis) und dem Rektussystem mit der Rektusscheide (Vagina m. recti) sowie der Linea alba als der medianen Verspannungsstruktur zwischen der rechten und linken Bauchwandhälfte. Die Aponeurosen der schrägen Bauchmuskeln gehen unterhalb des Nabels gemeinsam in das vordere Blatt der Rektusscheide über, während das hintere Blatt der Rektusscheide kaudalwärts ausläuft. Die Linea arcuata (besser Zona arcuata, denn es handelt sich nicht um eine scharfbegrenzte Linie) ist damit Ausdruck dieses Konstruktionsprinzips. Die Muskelbündel der beiden schrägen Bauchmuskeln verlängern sich medianwärts in gleichgerichtete Sehnenfaserzüge ihrer Aponeurosen, die sich in der Linea alba kreuzen. Dabei gehen die Faserzüge des M. obliquus ext. über die Rektusscheide und die Linea alba in die des M. obliquus int. der Gegenseite über. Die Winkel der dadurch gebildeten Kreuzungssysteme werden kaudalwärts zunehmend größer (Abb. 9.3A-1).

Dieses Konstruktionsprinzip macht deutlich, daß eine Durchtrennung der Muskulatur bzw. der Aponeurosen quer zu ihrer Faser- oder Zugrichtung die Entstehung von Hernien begünstigen kann, während z. B. die Eröffnung der Bauchhöhle parallel zum jeweiligen Muskelfaserverlauf physiologischerweise ein geringeres Hernienrisiko aufweist. Davon ausgenommen ist die quere Durchtrennung der Mm. recti abdominis zwischen den Intersectiones tendineae. Die 3 bis 5 Zwischensehnen des M. rectus abdominis sind vorn mit der Rektusscheide verwachsen, hinten dagegen nicht. Abszesse oder Hämatome können sich daher dorsal ungehindert ausbreiten, während sie vorn auf das zugehörige Muskelsegment beschränkt bleiben.

Die schräg kreuzenden Fasersysteme der Rektusscheide weichen im Nabel auseinander und gruppieren sich zu ringartigen Faserzügen um (Anulus umbilicalis). Die Fascia transversalis ist hier verstärkt und wird zur Fascia umbilicalis, einer aponeurotischen Faserplatte. Da die Subkutis im Bereich des Nabels fehlt, ist die Haut eingezogen. Bei den Nabelhernien (Herniae umbilicales), die angeboren oder erworben sein können, weitet sich der Nabelring so stark aus, daß Bauchhöhleninhalt austreten kann. Nabelschnurbrüche (Herniae funiculi umbilicalis) sind selten und entwickeln sich durch eine unvollständige Reposition der Baucheingeweide während der Fetalzeit. Im Gegensatz zu den Nabelschnurbrüchen entstehen die Nabelbrüche meist oberhalb des Nabels.

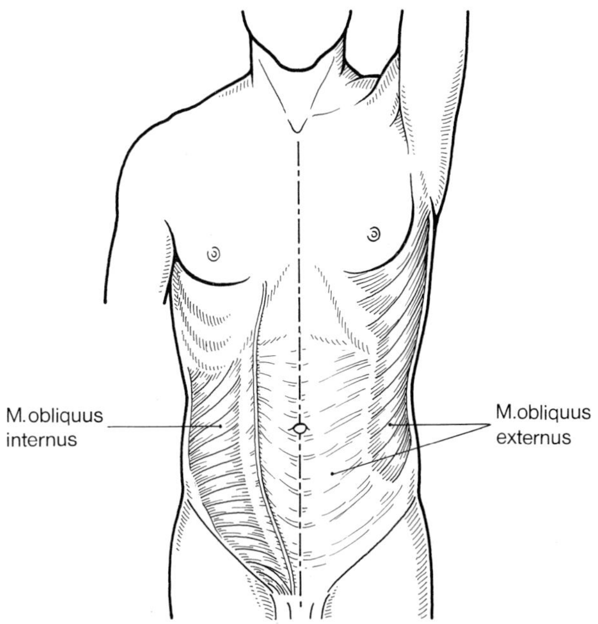

Abb. 9.3A-1. Anatomischer Aufbau der vorderen Bauchwand. a) Beziehung der schrägen Bauchmuskeln zur Rektruscheide.

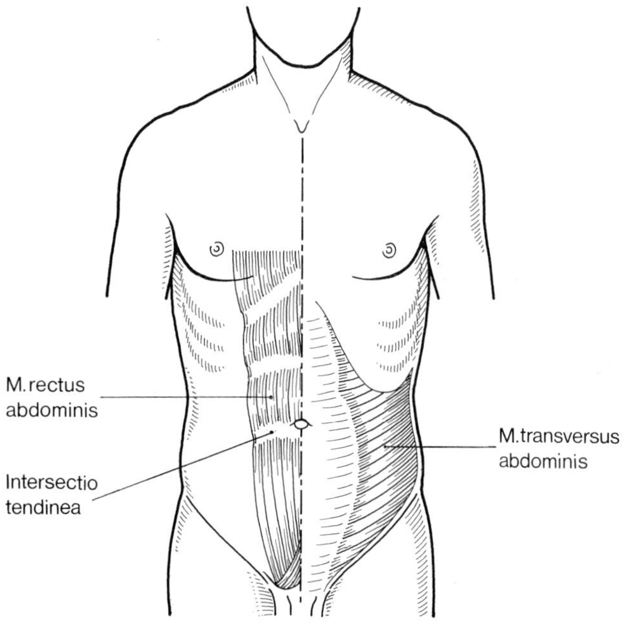

b) Tiefe Schicht der Bauchmuskulatur und M. rectus abdominis.

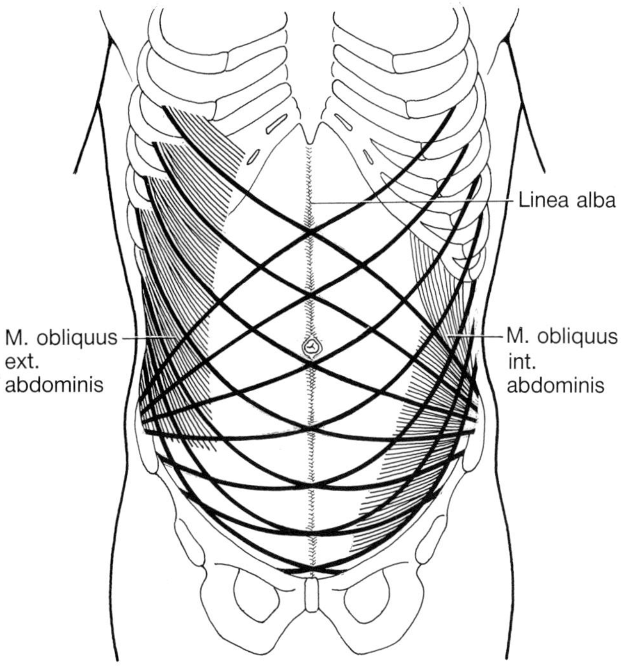

c) Konstruktiver Bau der Bauchwand (nach v. Lanz).

Eine schwache Stelle in der Konstruktion der Bauchwand befindet sich auch dort, wo der quere seitliche Bauchmuskel (M. transversus abdominis) in seine Aponeurose übergeht, um das hintere Blatt der Rektusscheide mit zu bilden, d. h. im Bereich der Linea semilunaris (Hernia Spigheli). Diese halbmondförmig gebogene Linie kennzeichnet eine Faserzone geringerer Festigkeit.

Die Rektusdiastase stellt keinen Bruch im eigentlichen Sinne dar, da weder ein Bruchsack noch eine Bruchpforte gebildet werden. Kommt es dagegen zu regelrechten Brüchen, so spricht man von Herniae epigastricae.

Gefäß- und Nervenversorgung der Bauchwand: Die Leitungsbahnen der vorderen Rumpfwand zeigen noch die von der Entwicklung herrührende, streng segmentale Anordnung. Die Interkostalnerven, die die ventralen Äste der Spinalnerven darstellen, verlaufen zusammen mit den Interkostalarterien jeweils am Unterrand der Rippen nach vorn, und zwar in den Spaltraum zwischen dem M. intercostalis internus und dem M. intercostalis intimus. Im Brustbereich treten die lateralen Hautäste von Th_2–Th_6 zwischen den Zacken des M. serratus ant. an die Oberfläche, wobei sie sich in der Subkutis jeweils in einen vorderen und hinteren Ast aufteilen (Abb. 9.3A-2). Die entsprechenden Hautäste von Th_7–Th_9 sowie des N. subcostalis (Th_{12}) durchbohren seitlich die Bauchmuskulatur und ziehen dann zu den Hautarealen der zugehörigen Dermatome. Die vorderen Äste der Interkostalnerven folgen im Brustbereich den Rippen und treten erst daumenbreit neben dem Sternum an die Oberfläche. Innerhalb der Bauchwand ziehen die Interkostalnerven in der Schicht zwischen dem M. transversus und M. obliquus int. nach vorn und liegen dann im Bereich der hinteren Rektusscheide, von wo aus sie den M. rectus perforieren, um die jeweiligen Hautsegmente zu erreichen (Abb. 9.3A-2). Dieses Segmentmuster wird kaudal und im Bereich der Leistenregion durch drei Äste des Plexus lumbalis ergänzt, nämlich durch den N. iliohypogastricus (Th_{12}, L_1), den N. ilioinguinalis (L_1) und den N. genitofemoralis (L_1–L_2). Der N. iliohypogastricus zieht hinter dem Nierenlager entlang schräg nach vorne zur Bauchwand (handbreit oberhalb des Leistenbandes). Der N. ilioinguinalis erreicht zusammen mit dem Samenstrang den Hodensack, während der N. genitofemoralis einerseits durch den äußeren Leistenkanal zum Genitale zieht (motorische Versorgung des M. cremaster und der Tunica dartos) (R. genitalis), andererseits mit einem zweiten Ast (R. femoralis) aber auch unterhalb des Leistenbandes die Haut des Oberschenkels und der Leistenregion erreicht. Ausstrahlende Schmerzen in die Leistenregion – etwa bei Nierentumoren – erklären sich aus dem Verlauf dieser Nerven.

Die **Arterien der Bauchwand** stammen in der Hauptsache aus 2 Quellen. Die A. epigastrica sup. ist ein Ast der A. thoracica int., die aus der A. subclavia stammt und daumenbreit neben dem Sternum abwärts zieht. Die A. epigastrica sup. verläuft in der hinteren Rektusscheide, wo sie mit der von unten kommenden A. epigastrica inf. (einem Ast der A. iliaca ext.) anastomosiert. Oberflächlich verläuft die A. epigastrica superficialis, die unterhalb des Leistenbandes aus der A. femoralis entspringt.

Die Interkostalarterien (Aa. intercostales post.) begleiten die gleichnamigen Nerven und anastomosieren handbreit neben dem Sternum mit entsprechenden Ästen der A. thoracica int. (Aa. intercostales ant.). Auch im Bereich der Bauchwand existieren segmentale Arterien, die die Interkostalnerven begleiten und aus den Lumbalarterien bzw. den hinteren Interkostalarterien hervorgehen. Auch sie anastomosieren mit den entsprechenden Ästen der A. epigastrica inf. Kaudal zieht oberhalb des Leistenbandes

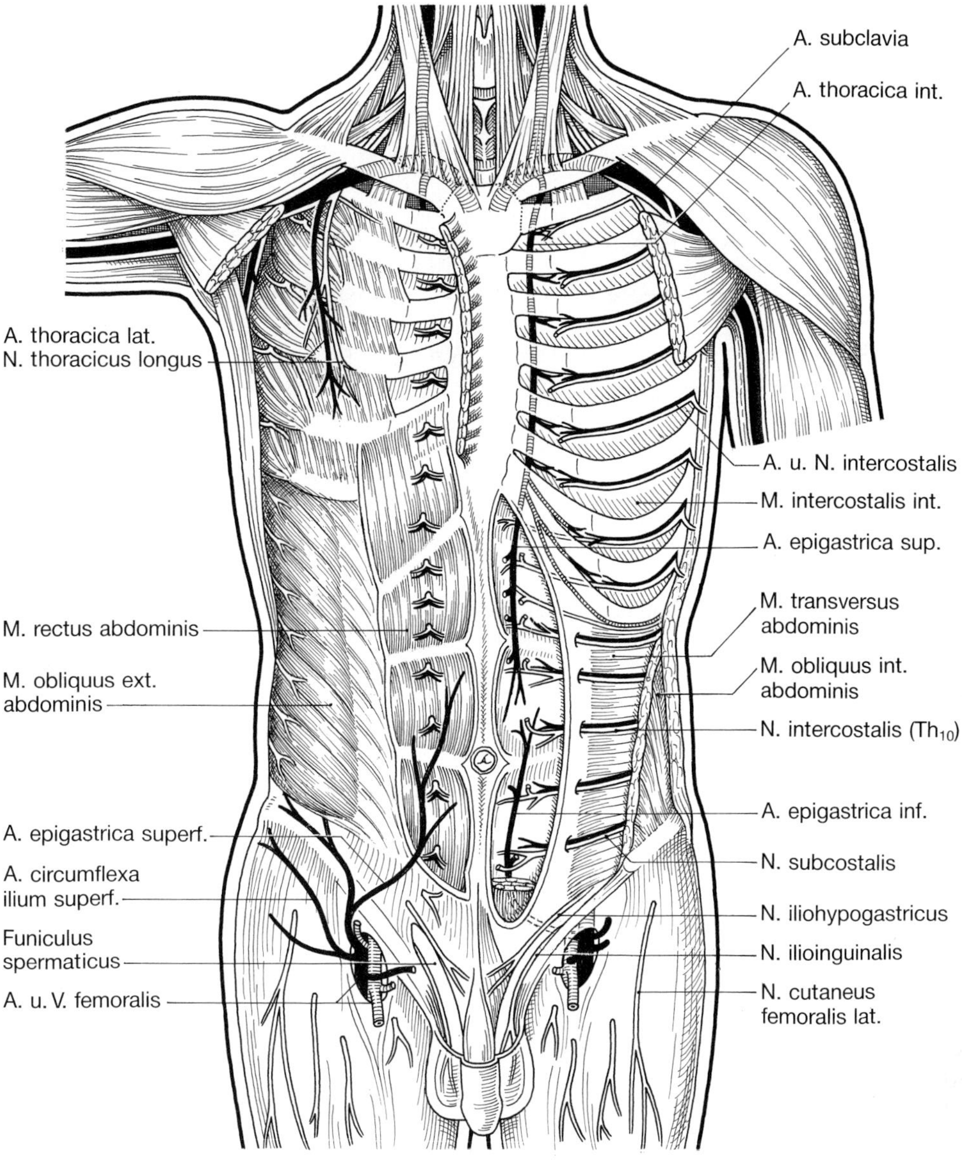

Abb. 9.3A-2. Gefäß- und Nervenversorgung von Brust- und Bauchwand. Man beachte die segmentale Anordnung der Leitungsbahnen.

entlang des Beckenkammes noch die A. circumflexa ilium prof., die meist aus der A. femoralis hervorgeht, während unterhalb des Leistenbandes die A. circumflexa ilium superf. lateralwärts verläuft (Abb. 9.3A-2).

Die Venen der Bauchwand werden im Zusammenhang mit dem Pfortaderkreislauf besprochen (s. S. 470).

Regio inguinalis: Der 4–6 cm lange Leistenkanal beginnt am Anulus inguinalis prof. in der Fossa inguinalis lat. (Abb. 9.3A-3 u. 4). Er liegt lateral von der Plica umbilicalis lat., in der die Vasa epigastrica inf. verlaufen. Er durchsetzt schräg von hinten-oben-lateral nach vorn-unten-medial die Schichten der Bauchwand und endet am Anulus inguinalis superficialis (Abb. 9.3A-2 u. 3). Der äußere Leistenring befindet sich in Höhe der Fossa inguinalis med., die zwischen den Plicae umbilicales lat. et med. als grübchenförmige Peritonealvertiefung vorhanden ist (Abb. 9.3A-3).

Die Fasern des M. obliquus ext. haben keine Beziehung zum Leistenkanal, da sie bereits in Höhe der sog. Muskelecke in die sehnige Aponeurose übergehen. Am äußeren Leistenring spaltet sich aber die Aponeurose dieses Muskels in zwei Schenkel (Crus mediale et laterale), die durch die Fibrae intercrurales zusammengehalten werden (Abb. 9.3A-4). Die Muskelbündel des M. obliquus int. sowie des M. transversus erreichen zwar den Leistenkanal, bedecken aber in der Regel nur das laterale Drittel des Samenstranges. Der M. transversus bleibt dabei immer ablösbar und verläuft mehr am oberen Rand des Kanals, indem er diesen bogenförmig umgreift. Der M. obliquus int. ist für den Chirurgen besonders wichtig, da er der einzige Muskel ist, der den Leistenkanal von vorn muskulös überdeckt.

Das **Leistenband** (Lig. inguinale (Pouparti)) ist eigentlich kein abgrenzbares Gebilde. Es entsteht vielmehr durch die Verflechtung verschiedener Fasersysteme, wie z.B. der

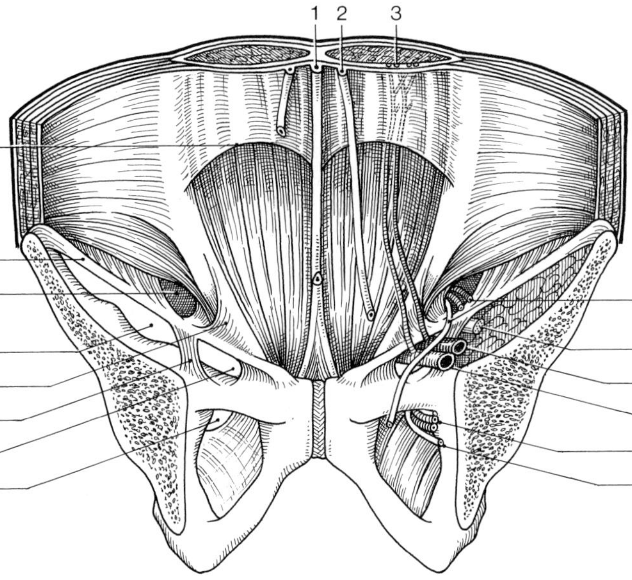

Abb. 9.3A-3. Strukturverhältnisse der Bauchwand und Bruchpforten in der Ansicht von hinten. 1 = Chorda urachi (Plica umbilicalis mediana); 2 = Chorda arteriae umbilicalis (Plica umbilicalis medialis); 3 = A. und V. epigastrica inf. (Plica umbilicalis lat.).

Aponeurose des M. obliquus ext. abdominis und der Fascia lata. Die Fasern der Externusaponeurose biegen in Höhe des Leistenbandes nach innen um und bilden bogenförmige Faserzüge, die man als Lig. reflexum bezeichnet. Dadurch entsteht eine taschenartige Vertiefung für den Samenstrang (Abb. 9.3A-2). Da diese Faserbündel dorsalwärts auslaufen, ist die Hinterwand des Leistenkanals dünn und besteht schließlich nur noch aus der Fascia transversalis. Medial wird der innere Leistenring durch das Lig. interfoveolare, das häufig auch Muskelfasern enthält (M. interfoveolaris), begrenzt. Über dem Lig. interfoveolare verlaufen die Vasa epigastrica inf. und werfen dadurch an der hinteren Bauchwand die Plica umbilicalis lateralis auf. Der innere Leistenring (Anulus inguinalis prof.) wird daher medial vom Lig. interfoveolare sowie der Plica umbilicalis lat. und kaudal vom Leistenband begrenzt. Medial schließt sich die Fossa inguinalis med. an, die sich außen auf den äußeren Leistenring projiziert. Hier ist in der Regel die Fascia transversalis verstärkt und bildet senkrecht vom Leistenband aufwärtsziehende Faserzüge (Falx inguinalis). Da jedoch in diesem Bereich keine Muskelfasern mehr vorhanden sind (sog. muskelfreies Leistenfeld) und die Bauchwand hier nur in individuell variabler Weise von bandartigen Faszienverstärkungen (Falx inguinalis, Lig. interfoveolare) oder aberrierenden Muskelbündeln (M. interfoveolaris) gedeckt wird, liegt an dieser Stelle ein Locus minoris resistentiae vor (Abb. 9.3A-3). Die aberrierenden Muskelfasern werden vom N. ilioinguinalis versorgt, der etwa 2–3 cm von der Spina iliaca ant. sup. entfernt den M. obliquus int. durchbricht, unter der Externusaponeurose nach vorne und dann mit dem Samenstrang zusammen durch den äußeren Leistenring zieht. Bei der operativen Behandlung der Leistenhernien wird daher peinlichst auf die Erhaltung des N. ilioinguinalis wie auch des N. iliohypogastricus geachtet, da eine Läsion dieser Nerven eine zusätzliche Schwächung der muskulösen Abdichtung der inguinalen Bauchwand mit sich bringt. Im Gegensatz dazu ist die Bauchwand im Bereich der Fossa supravesicalis sehr fest. Hier befestigt sich der M. rectus zusammen mit dem M. pyramidalis am Schambein. Medial steigt das Lig. umbilicale medianum, das den Rest der Allantois (Chorda urachi) enthält, zum Nabel auf (Abb. 9.3A-3).

Der **Leistenkanal der Frau** zeigt im Prinzip denselben anatomischen Aufbau wie der des Mannes. Statt des Samenstranges zieht das Lig. teres uteri als Fortsetzung des Lig. ovarii proprium durch den Kanal bis in die großen Labien. Im Leistenkanal verläuft meist der N. ilioinguinalis (L_1) sowie der R. genitalis des N. genitofemoralis (L_2).

Beim **Mann** enthält der **Leistenkanal** außer dem Ductus deferens mit der begleitenden A. ductus deferentis (aus der A. vesicalis inf.) vor allem die A. testicularis (aus der Bauchaorta), die V. testicularis (als Fortsetzung des Plexus pampiniformis), den N. ilioinguinalis (L_1) und den R. genitalis des N. genitofemoralis aus dem Plexus lumbalis, den M. cremaster, der im wesentlichen aus dem M. obliquus int. hervorgeht und von der A. cremasterica (aus der A. epigastrica inf.) versorgt wird, sowie Reste des Peritoneums (Vestigium processus vaginalis), die aus der Embryonalzeit stammen und mit der Tunica vaginalis des Hodens in Verbindung stehen. Der Proc. vaginalis ist jedoch beim Erwachsenen meist vollständig rückgebildet. Hoden mit Nebenhoden und Tunica vaginalis werden von der derben Fascia spermatica int. umhüllt, die aus der Fascia transversalis der Bauchwand hervorgeht und dem M. cremaster als Ansatz dient. Die Skrotalhaut zeichnet sich durch das Fehlen einer fetthaltigen Subkutis sowie den Besitz einer glattmuskulären Schicht (Tunica dartos) aus, so daß die Haut beim Kremasterreflex gerafft werden kann.

Der Leistenkanal ist eine häufige Bruchpforte. Klinisch können 2 Hauptformen von **Leistenhernien** (Herniae ingu-

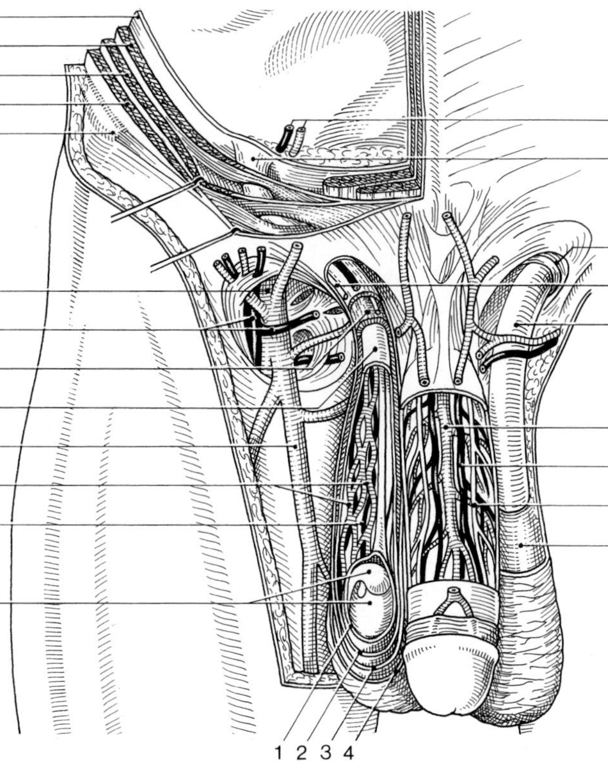

Abb. 9.3A-4. Topographie von Leistenkanal, Hodenhüllen und Hiatus saphenus. 1 = Tunica vaginalis testis; 2 = Fascia spermatica int.; 3 = Fascia cremasterica (Cooper); 4 = Fascia spermatica ext., Tunica dartos, Epidermis.

inales) unterschieden werden. Die direkten Hernien durchbrechen die Bauchwand medial von den epigastrischen Gefäßen der Plica umbilicalis lat.; die indirekten benützen den Leistenkanal als Bruchpforte und beginnen lateral von den epigastrischen Gefäßen. Die lateralen Hernien können angeboren oder erworben sein, die medialen sind immer erworben. Rund 80% aller Leistenhernien sind laterale, 20% mediale Brüche. Bei den angeborenen Hernien bleibt der Processus vaginalis offen (Abb. 9.3A-5). Der Bruchsack erweitert dann die Tunica vaginalis testis. Bei den erworbenen lateralen Leistenbrüchen bleiben Proc.-vaginalis-Reste und Tunica vaginalis unverändert. Der Bruchsack liegt dann außerhalb von Peri- und Epiorchium (Abb. 9.3A-5). Die direkten Hernien durchsetzen die Bauchwand in senkrechter Richtung (Abb. 9.3A-5a), die indirekten Hernien dagegen meist schräg. Beide kommen an der gleichen Stelle, nämlich am äußeren Leistenring, zum Vorschein; doch bleiben die direkten Hernien häufiger an der Wurzel des Hodensackes liegen und sind kleiner.

Die **Schenkelhernien** dringen im Gegensatz zu den Leistenhernien **unterhalb** des Leistenbandes in die Nachbarregion vor. Das Leistenband ist durch den Arcus iliopectineus breitflächig mit der Beckenwand verbunden. Dadurch werden zwei Öffnungen abgegrenzt: die Lacuna musculorum und die Lacuna vasorum (Abb. 9.3A-6). Durch die Lacuna musculorum verläuft der M. iliopsoas, der N. femoralis und der N. cutaneus femoris lat.; durch die Lacuna vasorum zieht lateral die A. femoralis, medial die V. femoralis, der R. femoralis des N. genitofemoralis und ganz medial ein Lymphgefäßstrang. Häufig finden sich hier auch Lymphknoten (Lacuna lymphatica).

Die **Femoralhernien** bevorzugen meist die Lacuna vasorum. Sie können dann durch den Hiatus saphenus an die Oberfläche treten, wobei der halbmondförmige Faszienstreifen des Hiatus (Margo falciformis) zu einer Inkarzeration des Bruches Veranlassung geben kann. Senkungsabszesse, die etwa von der Lendenwirbelsäule ausgehen, wandern unter der Psoasfaszie kaudalwärts. Sie können durch die Lacuna musculorum in das Trigonum femorale eintreten und schließlich ebenso durch den Hiatus saphenus bis an die Oberfläche vordringen. Hernien und Abszesse machen auf diese Weise aus dem pyramidenförmigen Bindegewebsraum des Trigonum femorale einen 3–4 cm langen Schenkelkanal (Canalis femoralis), der dann von der Lacuna vasorum (Anulus femoralis) bis zum Hiatus saphenus reicht (Abb. 9.3A-7). Normalerweise existiert kein abgrenzbarer Kanal dieser Art, da die Lacuna vasorum durch eine dünne, allerdings unvollständige Bindegewebsmembran (Septum femorale) gegen die Bauchhöhle abgeschlossen ist. Die Auflockerung des Beckenbindegewebes während der Gravidität schwächt die Resistenz dieser Bindegewebsstrukturen, weshalb Femoralhernien bei Frauen 4mal so häufig vorkommen wie bei Männern.

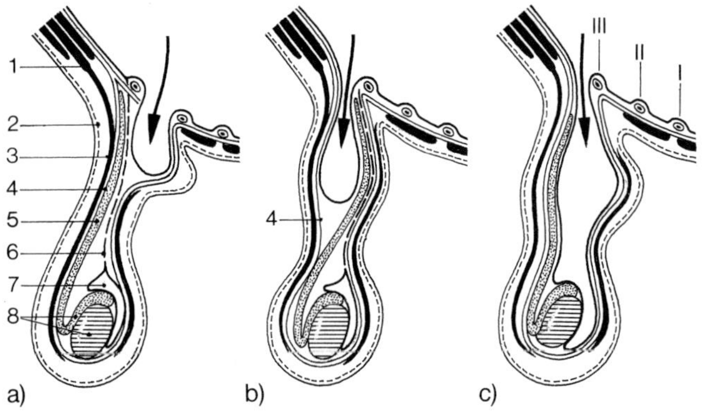

Abb. 9.3A-5. Möglichkeiten für die Entwicklung von Leistenbrüchen.
a) Direkte Leistenhernie (medial).
b) Indirekte, erworbene Leistenhernie (lateral).
c) Indirekte, angeborene Leistenhernie (lateral).
Pfeile = Bruchpforten mit Peritoneum. I = Plica umbilicalis mediana; II = Plica umbilicalis medialis; III = Plica umbilicalis lateralis. 1 = M. obliquus int. abdominis; 2 = Scrotum mit Tunica dartos; 3 = M. cremaster, Fascia cremasterica; 4 = Fascia spermatica int.; 5 = Ductus deferens; 6 = Proc. vaginalis; 7 = Tunica vaginalis testis; 8 = Hoden und Nebenhoden.

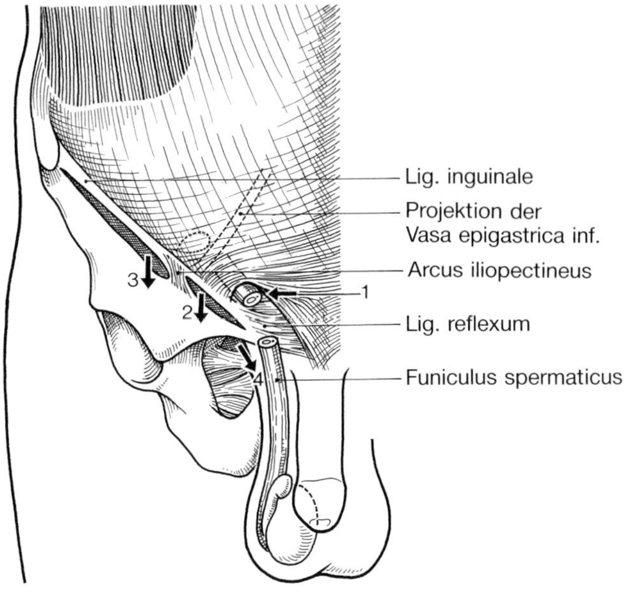

Abb. 9.3A-6. Bruchpforten der Leisten- und Schenkelregion. 1 = Canalis inguinalis (Anulus inguinalis superf.); 2 = Lacuna vasorum; 3 = Lacuna musculorum; 4 = Canalis obturatorius.

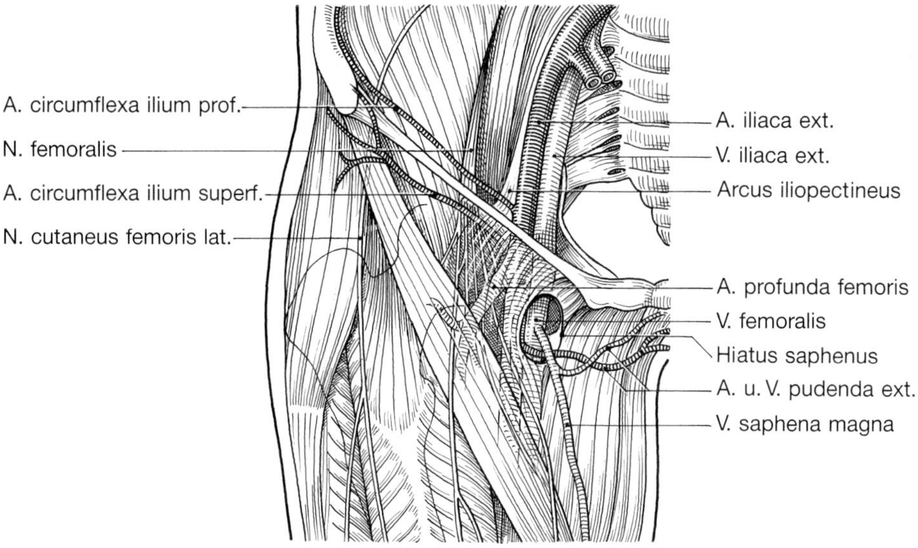

Abb. 9.3A-7. Regio femoris anterior. Man beachte die Lage des Hiatus saphenus im Verhältnis zu den regionalen Gefäßen und Nerven.

Regio femoralis: Das ventrale Gefäßbündel des Beines betritt – von einer eigenen Gefäßscheide umgeben – die Regio femoralis durch die Lacuna vasorum (Abb. 9.3A-7). Wenige Zentimeter distal vom Leistenband zweigt die A. prof. femoris nach hinten ab, die sich rasch in die beiden Aa. circumflexae femoris lat. et med. aufteilt. Am Gefäßbündel können 3 Strecken unterschieden werden: 1. vom Lig. inguinale zum medialen Sartoriusrand, 2. die Strecke unter dem Sartorius und 3. die Strecke im Adduktorenkanal, über den die Gefäße die Kniekehle erreichen. Die Aa. circumflexae anastomosieren mit den Schenkel- und Beckengefäßen.

Die A. femoralis liegt distal vom Leistenband zunächst sehr oberflächlich (etwa in der Mitte zwischen Spina iliaca ant. sup. und Tuberculum pubicum). Sie kann hier zu diagnostischen oder therapeutischen Zwecken punktiert werden. Durch Druck gegen den knöchernen Beckenrand kann die Arterie auch an dieser Stelle abgeklemmt werden (Blutstillung in Notfallsituationen). Die V. femoralis liegt der Arterie medial eng an. Der N. femoralis liegt dagegen lateral von der A. femoralis und wird von ihr durch den Arcus iliopectineus getrennt. Der N. femoralis projiziert sich etwa auf die Grenze des mittleren und lateralen Drittels der Distanz zwischen Spina iliaca ant. sup. and Tuberculum pubicum. Er wird von der Fascia iliaca und Fascia lata bedeckt und ist in die Rinne des M. iliopsoas eingelagert. Daher wird er häufig bei Muskelprozessen dieser Region in Mitleidenschaft gezogen. Der N. cutaneus femoris lat. zieht soweit lateral durch die Lacuna musculorum, daß er – etwa bei starker Lordose der Lendenwirbelsäule – vom angespannten Leistenband eingeklemmt werden und ausstrahlende Schmerzen im Oberschenkelbereich verursachen kann.

Die **Herniae obturatoriae** sind relativ selten. Da sich der Bruchsack durch den engen Canalis obturatorius hindurchzwängen muß, kann der N. obturatorius gegen den knöchernen Schambeinast gepreßt werden. Es resultieren Schmerzen, die bis an die Innenseite des Oberschenkels ausstrahlen. Der Bruch dringt in fortgeschrittenen Fällen in die Bindegewebstasche der Adduktoren ein und liegt dann unterhalb des M. pectineus. Im Canalis obturatorius verlaufen auch die Vasa obturatoria.

Die A. obturatoria entspringt in der Regel aus der A. iliaca int. und gibt vor ihrem Eintritt in den Canalis obturatorius einen R. pubicus ab, der mit der A. epigastrica inf. anastomosiert. Die A. obturatoria kann jedoch auch aus der A. iliaca ext. oder der A. epigastrica inf. entspringen und dann an der medialen Seite der Lacuna vasorum entlangziehen. Die operative Behandlung der Femoralhernien kann durch Gefäßanomalien dieser Art kompliziert werden, wobei in früheren Zeiten tödliche Blutungen beobachtet worden sind (sog. Corona mortis).

Chirurgie der Brüche

J. Durst

In Modifikation der klassischen Definition von Aulus Cornelius Celsius (30 v. Chr.–50 n. Chr.) bezeichnet man als Bruch nicht nur die Protrusion von Eingeweiden durch eine angeborene oder erworbene Öffnung einer normalen Körperhöhle (zit. n. Littmann), sondern auch das vorübergehende Hervortreten eines beliebigen Körperhöhleninhaltes, mit einer dann atypischen anatomischen Lage und Beziehung zu den natürlichen Körperhöhlenhüllen. Fehlt ein Bruchsack, so handelt es sich um eine Protrusion.

Innere wie äußere Hernien haben einen charakteristischen anatomischen Aufbau, bestehend aus Bruchhüllen, Bruchsack, Bruchsackinhalt und Bruchpforte.

Für die Entstehung von Hernien, sofern es sich nicht um eine operations- oder unfallbedingte Folge handelt, kommen eine Vielzahl von Faktoren in Frage, mit einer individuell oft unterschiedlichen Gewichtung. Brüche können angeboren oder erworben sein. Sie entstehen stets an präformierten Schwachstellen (z. B. Linea alba) und hier besonders häufig im Verlauf des Durchtritts von Gefäßen, Intestinum und Nerven (z. B. Leistenkanal, Hiatus oesophageus).

Neben konstitutionellen Merkmalen spielen vor allem das Lebensalter und Ernährungsgewohnheiten die entscheidende pathogenetische Rolle, so daß schließlich die anatomischen Stützpfeiler dem zunehmenden Bauchrauminnendruck nachgeben. Übergewichtigkeit, eine hartnäckige Obstipation, chronische Emphysembronchitis, Gravidität und Prostatahypertrophie begünstigen die Entstehung von Hernien eindeutig. Die häufig zu beobachtende temporäre Inkompetenz der Kardia im letzten Trimenom einer Schwangerschaft, vor allem aber die Zunahme der Inzidenz von Hiatus- und Leistenhernien im höheren Lebensalter, unterstreicht die Bedeutung der genannten Ursachen, ebenso wie der »Bruchzufall« (Synonym »symptomatische Hernie«), der bei 1–2% aller Patienten mit einem kolorektalen Karzinom ½–1 Jahr vorher in Unkenntnis der eigentlichen Ursache operiert wird.

Andererseits kann auch eine schwere Dystrophie Anlaß sein, eine auf Anlage beruhende Bruchentwicklung zeitlich vorzuverlegen. Durch das verständliche Kausalitätsbedürfnis des Kranken wird die Entstehung eines Bruches sehr oft auf einen Unfall zurückgeführt. Eine Anerkennung ist jedoch nur möglich, wenn es zur Gewebszerreißung mit Hämatomentwicklung kam, so daß in der Regel in unmittelbarer zeitlicher Folge eine operative Behandlung notwendig wurde.

Nahtmaterial

Die schonende Behandlung des Gewebes, einschließlich einer subtilen, punktuellen Blutstillung, sowie die Verwendung von resorbierbarem Nahtmaterial (PDS, PGS), ist eine der wichtigsten Voraussetzungen für einen ungestörten Verlauf. Nur bei besonderen Indikationen kommen andere Materialien in Frage.

Das Risiko einer Nachblutung, besonders bei älteren Menschen, wird oft unterschätzt, sowohl im Bereich der Leiste als auch an der Bauchwand und besonders bei großen Freilegungen. Die großzügige Verwendung von dicken Redon-Drainagen ist daher wichtig. Dagegen sind großvolumige, sog. Zieldrainagen, ebenso kontraindiziert wie Laschen oder ähnliches.

Der Hautverschluß kann nach Leistenbruchoperation sehr preiswert und mit hervorragendem kosmetischen Ergebnis mit »Kölner Sparklammern« erfolgen, an der Bauchwand – je nach individueller Situation – auch mit Klammernahtgeräten, in der Regel aber durch Naht von Hand.

Bruchoperationen in Lokalanästhesie

Diese Notwendigkeit ergibt sich heute nur noch bei sehr alten Menschen, denen eine Vollnarkose nicht zugemutet werden kann und eine Spinal- oder Periduralanästhesie nicht möglich ist. Mit Ausnahme der Leistenregion sind dem Verfahren bei großen Brüchen vor allem durch die toxischen Nebenwirkungen des Anästhetikums Grenzen gesetzt, die für 1%ige Lösungen bereits ab 30–40 ml beginnen! Da Folgeinjektionen erforderlich werden können, ist die 0,5%ige Lösung, die nach unserer Erfahrung stets ausreicht, zu bevorzugen. Am Beispiel der Leistenbruchoperation wird in den Abb. 9.3-1a–c die Injektionstechnik dargestellt.

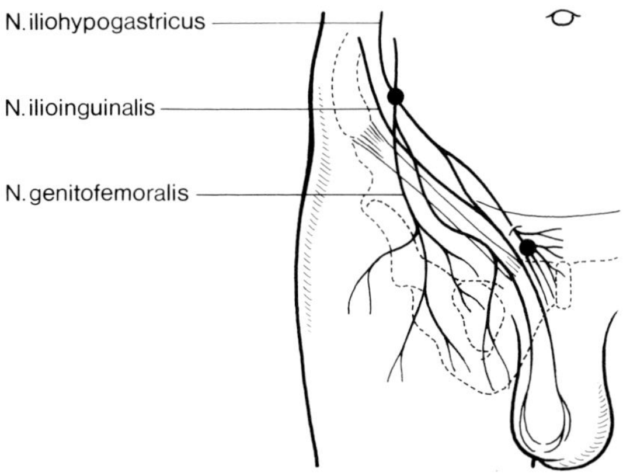

Abb. 9.3-1. Leistenbruchoperation in Lokalanästhesie.
a) Um eine vollständige Analgesie zu bekommen, müssen der N. ilioinguinalis, iliohypogastricus sowie der R. genitalis des N. genitofemoralis blockiert werden. Letzterer wird gemeinsam mit den perivaskulären Nerven des Sympathikus durch Einspritzung eines Depots am Anulus inguinalis profundus erfaßt.

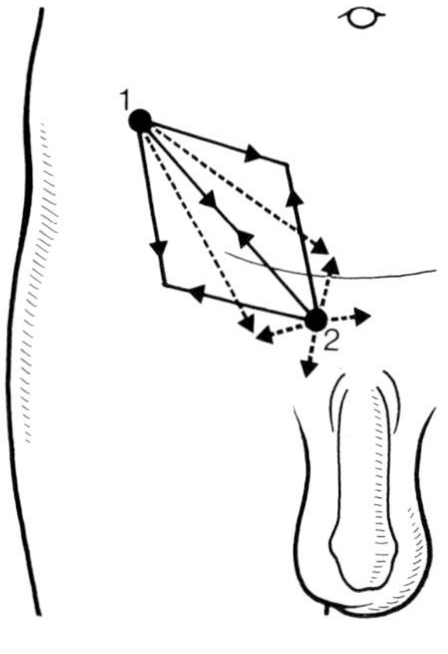

b) Anschließend erfolgt die fächerförmige Infiltration in Form der Crista-iliaca-Blockade (1), dann die Anästhesie des inneren Leistenrings (2) mit Umspritzung des Pecten ossis pubis sowie der geplanten Schnittführung.

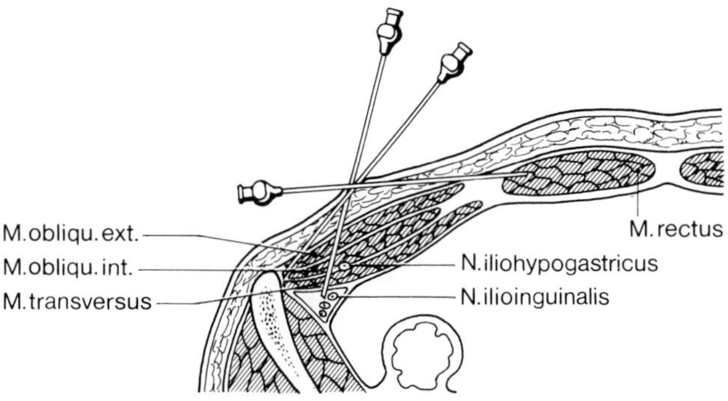

c) Die Lage der Nadeln im Querschnitt.

Versorgung des Bruchsacks und des Bruchsackinhaltes bei äußeren Brüchen

Sofern nicht überschüssige Hautanteile und/oder Narbenfelder mit exzidiert werden müssen, erfolgt die Freilegung unter Wahrung der begrenzenden Strukturen, die schichtweise beiseitegehalten und zur besseren Orientierung fallweise mit Haltefäden versehen werden. Nach teils stumpfer, teils scharfer Lösung von Adhäsionen und subtiler Blutstillung wird der Bruchsack, je nach der vorgefundenen Situation, am Fundus eröffnet und mit Kocher-Klemmen gefaßt (Abb. 9.3-2). Die weitere Inzision in Richtung Bruchpforte erfolgt dann unter Sicht mit gleichzeitiger Reposition des Inhaltes. Restliche am Bruchsack noch haftende Strukturen lassen sich vor allem bei der Leistenhernie sehr schonend mit einer feuchten Kompresse abschieben. Innerhalb des Bruchsackes bestehende Adhäsionen werden nach Ligaturen durchtrennt.

Handelt es sich um eine Inkarzeration, muß so schnell wie möglich die Einschnürung behoben werden. Deshalb beginnt man hier mit der Freilegung des Bruchsackhalses, wobei die anliegende Muskulatur mit einem stumpfen Haken weggezogen und die Spaltung mit dem Skalpell millimeterweise erfolgt, bis eine gespreizte Pinzette oder ein Finger in den Bruchring eingelegt werden kann (Abb. 9.3-3).

Sobald die nötige Weite erreicht ist, läßt sich der inkarzerierte Abschnitt leicht herausziehen. Er darf nicht ohne Revision in die Bauchhöhle zurückgleiten! Wenn das geschieht muß der betroffene Darmabschnitt notfalls durch eine Herniolaparotomie aufgesucht werden. An der Bauchwand bedeutet das lediglich die Verlängerung der Laparotomiewunde, im Bereich des Leistenkanals aber eine gesonderte paramediane oder mediane Inzision. Über die Schädigung einer eingeklemmten Darmschlinge gibt nur ihre Erholungsfähigkeit Auskunft. Die Beurteilung kann sehr schwierig sein. Hier wartet man nach Befeuchtung mit heißer Kochsalzlösung etwa 10 Min. und sieht dann, ob die

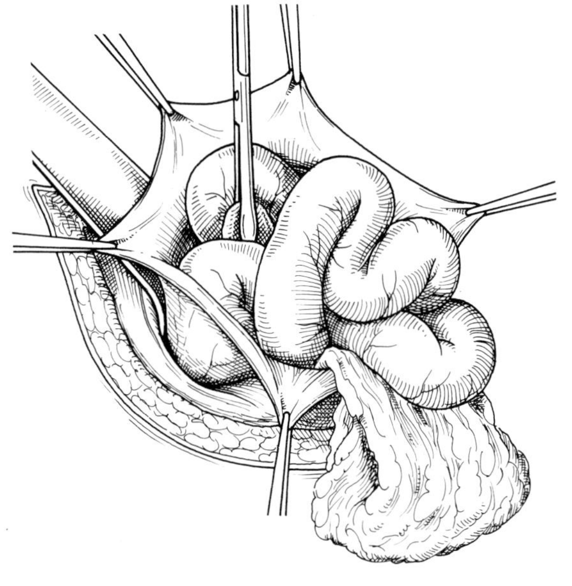

Abb. 9.3-2. Die Reposition prolabierter Darmschlingen muß ebenso wie der Bruchlückenverschluß in vollständiger Relaxation mit großer Behutsamkeit erfolgen, um Begleitverletzungen zu vermeiden. Schädigungen der Serosa können durch nachfolgende Adhäsionen leicht Anlaß für einen Ileus sein. Lassen sich die Darmschlingen nicht schonend zurückdrängen, und ist die Bauchdecke stark geschrumpft, darf die Reposition nicht erzwungen werden. In diesen Fällen ist eine partielle Darmresektion unumgänglich.

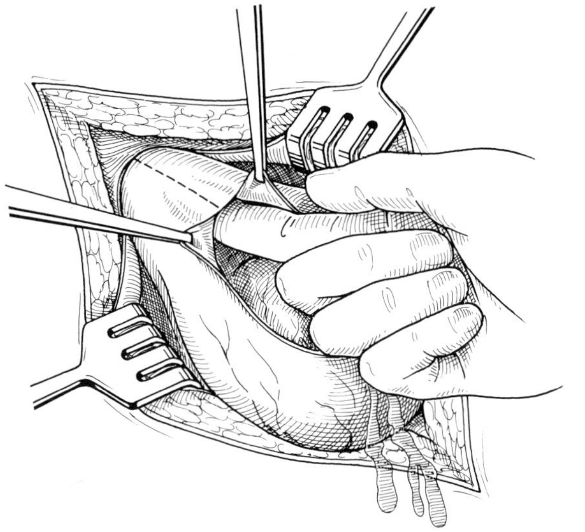

Abb. 9.3-3. Schrittweise Eröffnung eines mit Flüssigkeit gefüllten Bruchsackes bei inkarzerierter Hernie. Besser als ein Instrument schützt der eingelegte Finger vor einer Verletzung der gestauten und durchblutungsgestörten Darmschlinge.

düsterrote oder zyanotische Verfärbung deutlich zurückgeht. Wichtig ist ferner das Vorhandensein pulsierender Mesenterialgefäße und der Rückgang der venösen Stauung, ferner eine erkennbar über den Schnürring hinweglaufende Peristaltik. War das Bruchwasser bereits putride und/oder erholt sich der Darm nicht, muß die Kontinuitätsresektion, evtl. nach Hinzuziehung eines erfahrenen Operateurs, vorgenommen werden. Sie kann ausnahmsweise dann entfallen, wenn nur ein kleiner antimesenterialer Abschnitt inkarzeriert war oder nur ein etwa 2–3 mm breiter, meist völlig blaß erscheinender zirkulärer Schnürring vorliegt, der ebenfalls durch seromuskuläre Einzelknopfnähte zuverlässig übernäht werden kann.

Einklemmungen anderer Organe, wie z.B. Gallenblase, Appendix oder Meckelsches Divertikel sollte man durch Resektion behandeln. Im Falle der Harnblase genügt im allgemeinen die Übernähung mit anschließender Einlage eines Zystofixkatheters.

Inkarzerierte Ovarien resezieren wir postmenopausal im Zweifelsfall immer, prämenopausal dagegen nicht. Die Versorgung des Bruchsackes kann auf verschiedene Weise erfolgen und hängt im wesentlichen von der Art und Lokalisation der Hernie, sowie der Weite des Bruchsackhalses ab.

Im Bereich der Leiste bereitet der **Gleitbruch** dem Anfänger die meisten Schwierigkeiten, aber auch der unverhofft angetroffene offene Processus vaginalis peritonei (s. S. 374). Abweichend von anderen Operateuren verlagern wir den Bruchsackstumpf grundsätzlich unter Benutzung der lang gelassenen Fäden mit einer Durchstechungsnaht unter die Internusmuskulatur, die abschließend locker geknüpft wird.

In besonderen Fällen kann die Orchidektomie und Resektion des gesamten Kremasterrohres beim sehr alten Patienten und langjährig bestehender großer Hernie bzw. Rezidiv indiziert sein, da auf diese Weise ein wesentlich zuverlässiger Verschluß der Hinterwand des Leistenkanals möglich ist. Auf die separate Ligatur der Samenstranggefäße in Höhe des inneren Leistenringes ist besonders zu achten.

Epigastrische Hernie

Vorläufer einer epigastrischen Hernie ist in fast allen Fällen ein präperitoneales Lipom, das bei der klinischen Untersuchung nicht immer zuverlässig von einem echten Bruch unterschieden werden kann und meist etwas oberhalb des Nabels in Erscheinung tritt. Direkt über der Linea alba lokalisiert, löst die »Hernie« oft erhebliche, bei der Anspannung der geraden Bauchmuskeln sich verstärkende Schmerzen aus.

Nach Ausschluß intraabdomineller organischer Erkrankungen erfolgt die operative Versorgung nach dem in Abb. 9.3-4a u. b angegebenen Vorgehen.

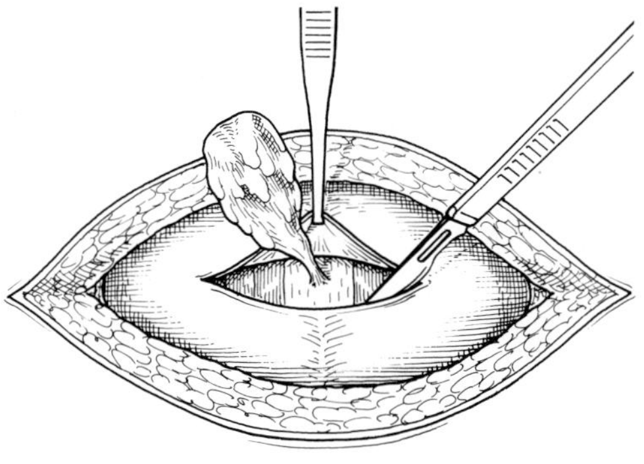

a)

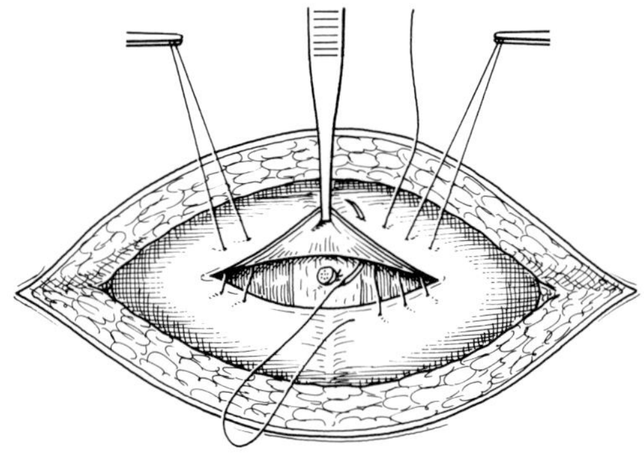

b)

Abb. 9.3-4. Freilegung (a) und Resektion eines präperitonealen Lipoms durch quere Umschneidung mit Bruchlückenverschluß (b). Das Vorgehen ist analog anwendbar bei einer epigastrischen Hernie.

Faszienraffung durch Versenkung der Linea alba

Nach Längsinzision erfolgt die Freilegung des linken und rechten vorderen Rektusscheidenblattes, das dann, etwa 0,5 cm vom medialen Rand entfernt, beidseits inzidiert und fortlaufend miteinander vernäht wird (Abb. 9.3-5a).

Durch die anschließende Vereinigung der lateralen Inzisionsränder der Rektusscheide werden die Muskelbäuche einander dicht genähert und die im ersten Schritt genähte Linea alba versenkt und noch einmal verstärkt.

Alternativ möglich ist der Verschluß der Rektusdiastase durch partielle Aponeurektomie (Abb. 9.3-5b) oder die Fasziendoppelung durch U-Nähte in Längsrichtung. Mit dieser Methode, fallweise auch in Kombination mit einer partiellen Aponeurektomie und Resektion überschüssiger Hautfettlappen, erreicht man einen sehr stabilen Verschluß (Abb. 9.3-5c).

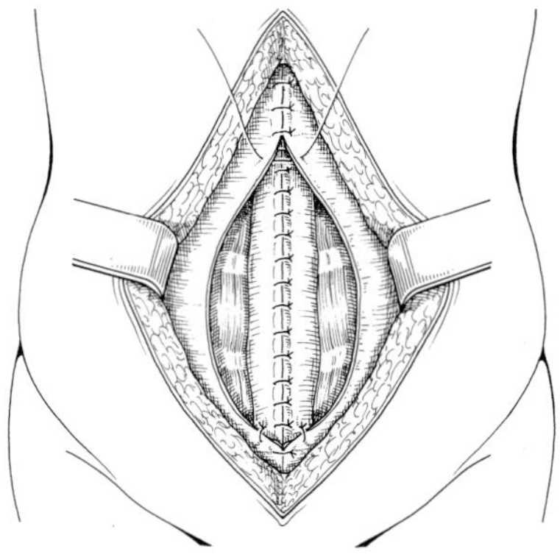

Abb. 9.3-5. a) Beseitigung einer Rektusdiastase ohne Eröffnung der Bauchhöhle durch Versenkung der Linea alba bei einer weniger ausgeprägten Diastase. Nach Längsinzision wird die Rektusscheide beidseits in einem Abstand von etwa 0,5 cm inzidiert und mit der Gegenseite vernäht, so daß es zur dorsalen Verlagerung der Linea alba kommt. Darüber werden die vorderen Blätter der Rektusscheide mit Einzelknopfnähten adaptiert, wobei es zu einer Annäherung der geraden Bauchmuskeln kommt, die in der Regel nicht zusätzlich durch Naht vereinigt werden müssen.

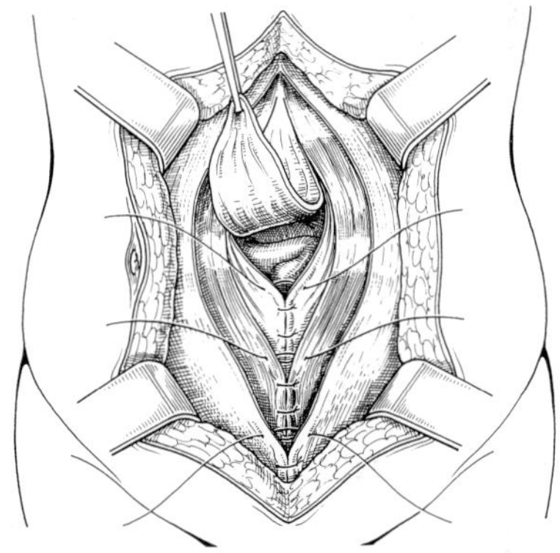

b) Beseitigung einer großen Rektusdiastase mit Eröffnung des Bauches und Resektion der überdehnten Mittelaponeurose. Zusätzlich wird das vordere Rektusscheidenblatt beidseits in einer Breite von etwa 0,5 – 1 cm exzidiert.

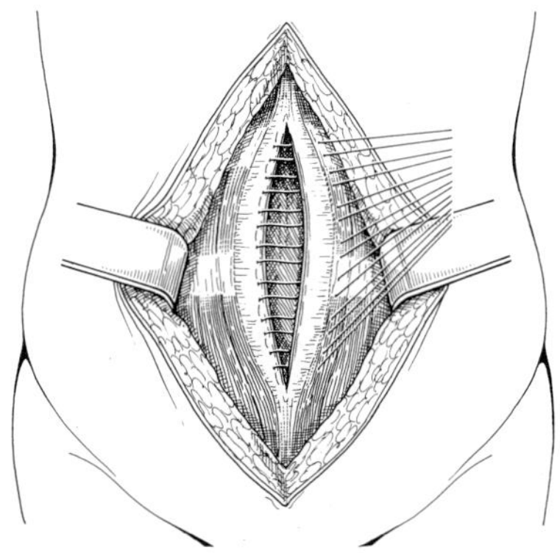

c) Eine weitere Möglichkeit besteht ebenfalls nach Eröffnung des Peritoneums in der Fasziendoppelung in Längsrichtung durch U-Nähte analog dem Vorgehen nach Mayo.

Nabelbruch

Das operative Vorgehen bei einem Nabelbruch hängt in erster Linie von der Größe ab. Bei einem sehr großen Bruch im Erwachsenenalter wird der Nabel mit der überschüssigen Haut entfernt (Abb. 9.3-6au.b), sonst aber nach Möglichkeit erhalten.

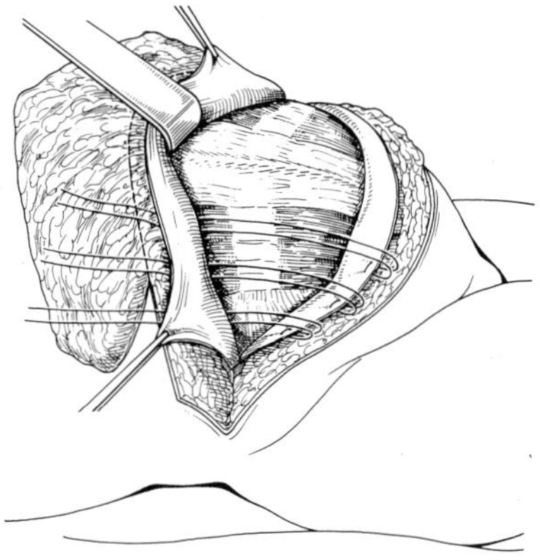

Abb. 9.3-6. a) Resektion einer Bauchfellschürze mit Doppelung der Aponeurose durch U-Nähte.

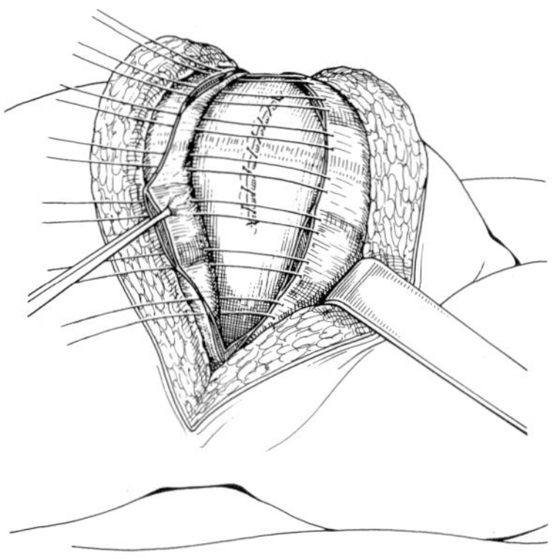

b) Erweiterung des Verfahrens bei überschüssigen Bauchdeckenanteilen und großem Nabelbruch durch zusätzliche Omphalektomie.

Operation nach Drachter

Bei dieser Methode wird der Nabel links in Längsrichtung umschnitten und die Beseitigung des Bruches, wie in der Abb. 9.3-7au.b) dargestellt, vorgenommen.

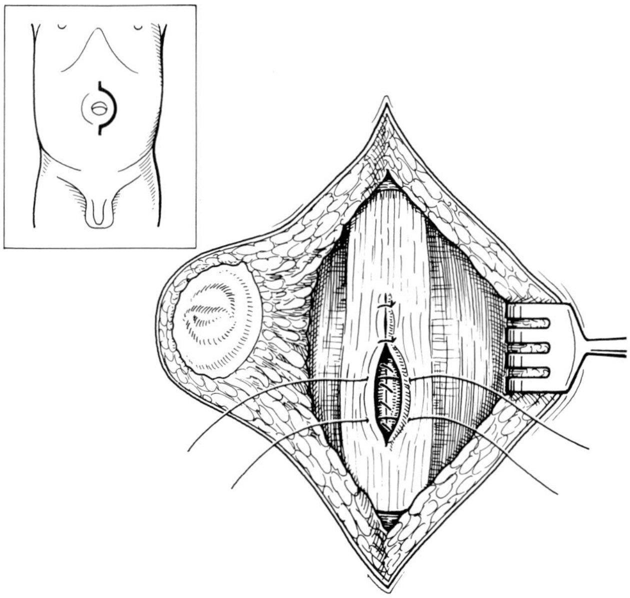

Abb. 9.3-7. Operation eines Nabelbruchs nach Drachter.
a) Nach paraumbilikaler Inzision wird der Bruchsack allseits freigelegt, nach Eröffnung und Reposition des Inhaltes reseziert und in Längsrichtung oder quer durch Einzelknopfnähte oder fortlaufend verschlossen. Naht der Linea alba mit Dexoneinzelknopfnähten.

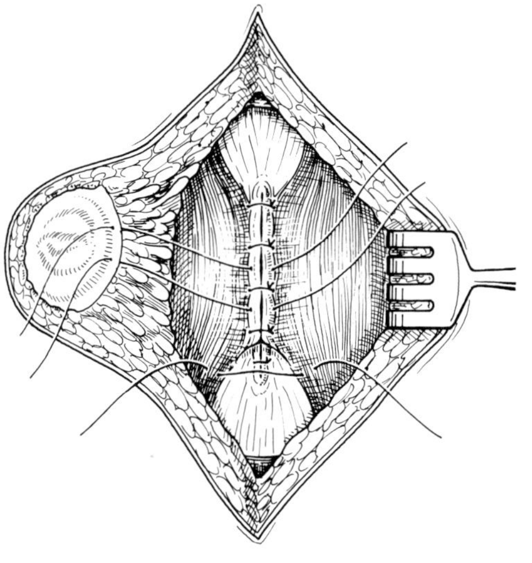

b) Mit einer zweiten Nahtreihe werden die Rektusscheidenblätter durch Mitfassen der Muskulatur einander genähert und dadurch die Linea alba versenkt. Zum Schluß wird der Nabel durch ein oder zwei Einzelknopfnähte in richtiger Position fixiert.

Operation nach Mayo

Sie ist die Methode der Wahl bei großen Brüchen mit und ohne Entfernung des Nabels, und eignet sich gleichfalls zur Beseitigung von Narbenbrüchen im Verlauf der Linea alba. Die Hautinzision ist von der Größe des Bruches und einer evtl. notwendigen kutanen Omphalektomie abhängig zu machen. In diesem Fall empfiehlt sich die quere, wetzsteinförmige Umschneidung. Große Nabel- und Narbenbrüche sind häufig gekammert, so daß die im Bruchsack adhärenten Darmabschnitte schrittweise abgelöst und Netzanteile gelegentlich partiell reseziert werden müssen. Oft handelt es sich um Brucheinklemmungen, gelegentlich sogar innerhalb eines Bruchsackes (mehrkammeriger Bruch).

Die elastische Inkarzeration wird durch die Relaxation meist soweit beseitigt, daß die Inzision des Bruchringes leicht gelingt. In jedem Fall empfiehlt sich die Spaltung des Schnürringes unter Zuhilfenahme einer Kocher-Sonde oder man führt die Einkerbung über dem Finger durch, bis die Erweiterung ohne Gefahr von Nebenverletzungen möglich ist. Präparatorische Schwierigkeiten lassen sich ferner reduzieren, wenn man entfernt vom Bruchring die Bauchhöhle eröffnet und retrograd den Hernieninhalt freilegt oder nach wetzsteinförmiger Umschneidung den Bruchsack basisnahe eröffnet, mit Klemmen armiert und die Spaltung nach peripher wieder über dem Finger, einem Instrument oder Zügel vornimmt (Abb. 9.3-8a–e). Nach situationsgerechter Versorgung des Bruchsackinhaltes schließt sich die in den Abbildungen dargestellte Fasziendoppelung nach Mayo (1894) an (Abb. 9.3-9a u. b), die dem einfachen schichtgerechten Bauchdeckenverschluß in Längsrichtung grundsätzlich vorzuziehen ist.

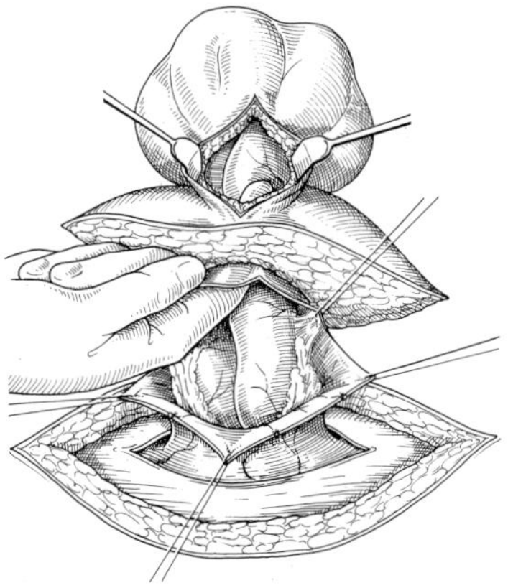

Abb. 9.3-8. Operation eines großen Nabelbruches mit Omphalektomie.
a) Man beginnt den Eingriff mit einer wetzsteinförmigen Umschneidung in querer Richtung und löst den nabeltragenden Hautfettlappen samt Hernie aus dem Unterhautgewebe aus, inzidiert dann basisnahe den Bruchsack, der mit Haltefäden versehen wird und versucht, den Bruchsackinhalt schonend herauszulösen. Bei der meist engen Bruchlücke gelingt das selten ohne Inzision des Schnürringes, wobei zum Schutz der darunterliegenden Darmschlingen ein Instrument (besser ein Finger) eingelegt wird.

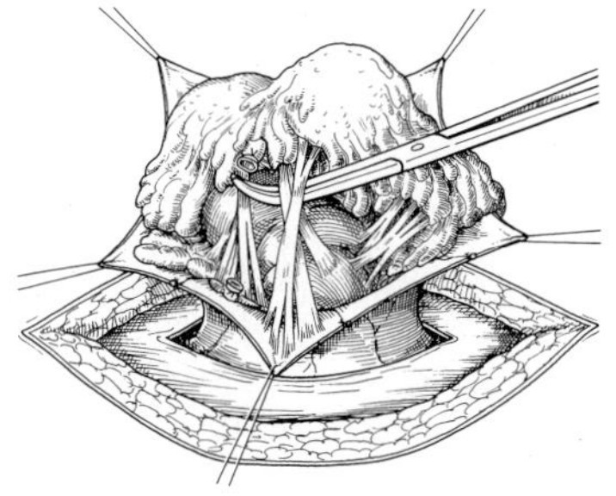

b) Zusätzlich bestehende Adhäsionen einschließlich fallweise vorhandener Anteile des großen Netzes werden schrittweise nach Dissektionsligaturen durchtrennt, bis die Darmschlingen frei beweglich sind.

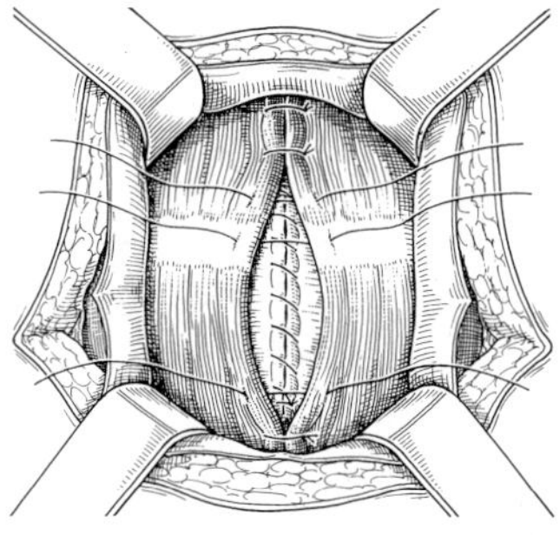

c) Nach Nachresektion des Bruchsacks erfolgt dessen Verschluß entweder fortlaufend oder durch Einzelknopfnähte in Längsrichtung oder quer. Für den Verschluß der Bruchlücke stehen verschiedene Verfahren zur Verfügung, deren Anwendung in erster Linie von der Größe der Hernie, aber auch von der Stabilität des Gewebes abhängig zu machen ist. In Frage kommt die Naht des hinteren Rektusscheidenblattes fortlaufend oder durch Einzelknopfnähte in Längsrichtung oder quer.

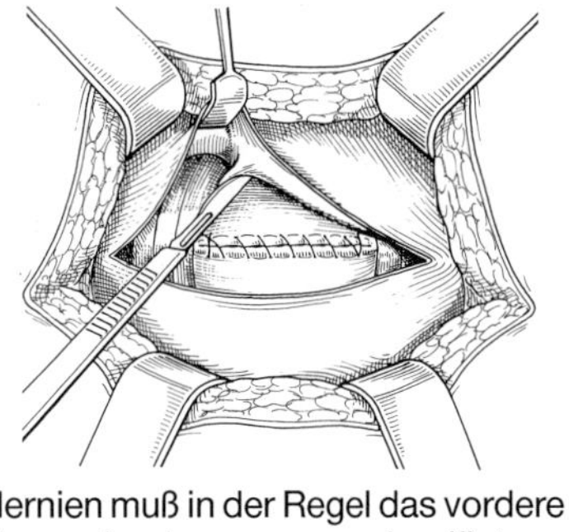

d) Bei großen Hernien muß in der Regel das vordere Rektusscheidenblatt scharf von der Aponeurose abgelöst werden, um die geraden Bauchmuskeln soweit freilegen zu können, daß ihre Nahtvereinigung durch Einzelknopfnähte gelingt.

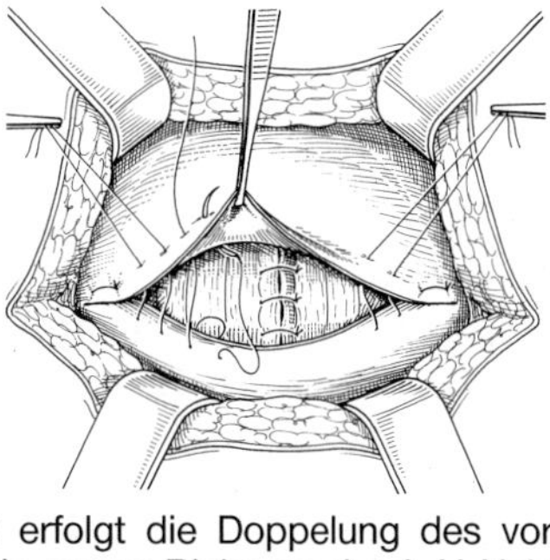

e) Abschließend erfolgt die Doppelung des vorderen Rektusscheidenblattes in querer Richtung durch U-Naht, die zunächst der Reihe nach gelegt und unter gleichmäßiger Anspannung geknüpft werden.

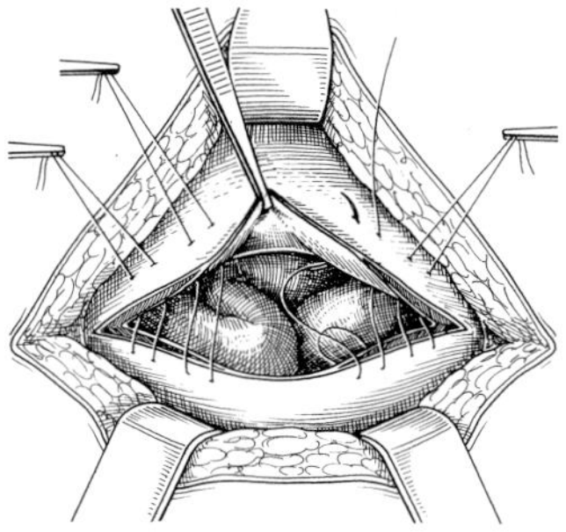

Abb. 9.3-9. a) Verschluß einer Nabel- oder Narbenhernie nach Mayo durch Doppelung aller Bauchdeckenschichten mit U-Nähten.

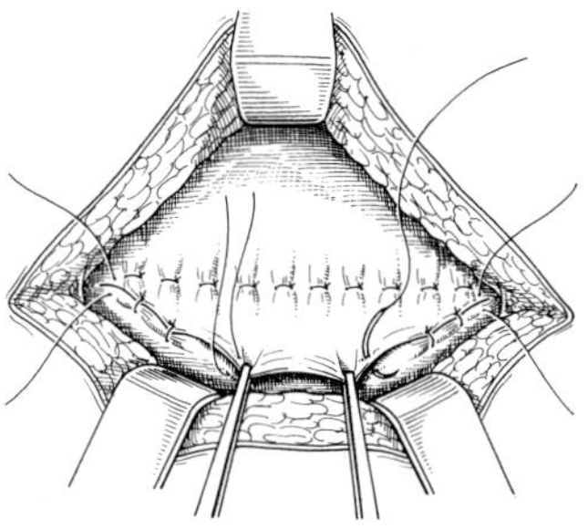

b) Zusätzliche Fixation des überstehenden Gewebeabschnittes mit Einzelknopfnähten.

Leistenbruch

(S. a. Abb. 9.3-10)

Schumpelick errechnete für die Bundesrepublik Deutschland eine jährliche Inzidenzrate von 0,4% operationsbedürftiger Leistenbrüche mit einer Geschlechtsverteilung männlich : weiblich von 4–8:1. Eindeutig häufiger treten die Brüche rechts auf, mit einem wieder viel höheren Anteil an indirekten Hernien. Auf die Besonderheiten im Kindesalter wird auf S. 372 näher eingegangen.

Die Rezidivrate scheint u. a. wesentlich von der Operationsmethode abzuhängen. Nach wie vor wird die Operation nach Bassini sicherlich am häufigsten aber nicht immer unter Einhaltung der Originalmethode durchgeführt. Evtl. ist das einer der Gründe, weshalb das Nachuntersuchungsergebnis von Bassini (6 Jahre postoperativ, mit nur 2,9% Rezidiven) überwiegend nicht mehr erreicht wird.

Die Vergleichbarkeit der Nachuntersuchungsergebnisse ist jedoch aus ersichtlichen Gründen nicht immer gegeben, so daß die prozentualen Abweichungen mit Zurückhaltung zu werten sind. Eine Klinik, die sich auf Hernienoperationen spezialisiert hat (z. B. nach Bassini, Shouldice) muß zwangsläufig zu besseren Ergebnissen kommen, erst recht, wenn der Eingriff nur von wenigen Erfahrenen ausgeführt wird. Weitere wichtige Faktoren für die Bewertung sind der prozentuale Anteil der nachuntersuchten Patienten, die Gesamtzahl der Operierten, das Lebensalter und in welcher Weise eine Originalmethode regelmäßig oder gelegentlich modifiziert wurde (z. B. Bassini-Kirschner; Bassini-Hakkenbruch; Bassini-Girard; Bassini-Halstedt, Fergusson; Lotheissen-McVay).

Decurtins und Buchmann kamen in Abhängigkeit von der Erfahrung des Operateurs im Mittel auf eine Rückfallerkrankungsrate von 5,7% (Technik nach Bassini, gelegentlich nach Bassini-Kirschner), Ungeheuer und Herrmann auf 2,6% (Technik beim indirekten Bruch nach Bassini-Lotheissen und fallweise nach Kirschner, beim direkten Bruch erster Schritt Modifikation nach Lotheissen, zweiter Schritt nach Bassini).

Die bislang größten Fallzahlen mit 26000 und über 34000 Patienten, die offensichtlich stets nach der gleichen Technik operiert wurden, stammen aus der Shouldice-Klinik. Die Nachuntersuchung ergab hier eine Rezidivrate von nur 0,6–1,2% (Glassow, Iles). Die Vielfalt von Verfahren für ein und dasselbe Leiden spricht stets dafür, daß eine absolut sichere Methode nicht existiert. So gilt, stellvertretend für vieles andere in der Chirurgie, der Ausspruch von Wölfler, einem Schüler Billroths unverändert fort:

»Die Geschichte der Radikaloperation des Leistenbruches ist offenbar ein Bild für die Geschichte der meisten unserer therapeutischen Pläne. Seit den ältesten Zeiten verdrängt eine Methode die andere, und die letzte hat bloß den Vorzug, daß von ihr die Gegenwart eine zeitlang glaubt, daß sie dennoch die beste sei.« (Zit. n. H. von Brügge.)

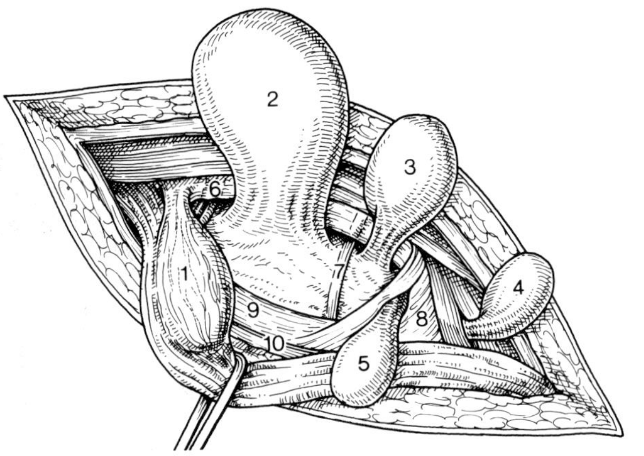

Abb. 9.3-10. Topographisch-anatomische Lagebeziehungen verschiedener Hernien im Leistenbereich. 1 = laterale Hernie; 2 = mediale Hernie; 3 = laterale supravesikale Hernie; 4 = transrektale Hernie; 5 = mediale supravesikale Hernie; 6 = A. und V. epigastrica inf.; 7 = Plica umbilicalis lat.; 8 = Falx inguinalis (Lig. reflexum); 9 = Fascia transversalis; 10 = Lig. inguinale.

Eröffnung des Leistenkanals

Die parainguinale Inzision erfolgt etwa 2 cm oberhalb des Leistenbandes. Wir bemühen uns, analog der Schnittführung beim Kind, den Hautschnitt medial nicht zu steil, sondern mehr horizontal auslaufen zu lassen, da die Haut kulissenartig verschoben werden kann. Läßt man sich die

Wundränder hochhalten, können innerhalb des Fettgewebes die hier verlaufenden Venen, insbesondere die V. epigastrica superficialis, leicht mit Klemmen gefaßt, ligiert und durchtrennt werden. Die Externusaponeurose wird dann sauber dargestellt und vom Anulus inguinalis superficialis aus nach lateral inzidiert oder in umgekehrter Richtung mit dem Skalpell durchtrennt. Zur besseren Orientierung empfiehlt sich die Anlage von Haltefäden am äußeren Leistenring. Anschließend löst man mit dem Stieltupfer die zarten Verklebungen zwischen dem M. cremaster mit dem Leistenband, der Hinterwand des Leistenkanals und dem M. obliquus internus abdominis.

Auf diesem Muskel verläuft der im lateralen Wundwinkel gut zu identifizierende N. iliohypogastricus. Beide werden mit einem Roux-Haken nach kranial gehalten, so daß die Ablösung der Tunica vaginalis auch hier leicht gelingt und das gesamte Kremasterrohr nahe des medialen Wundwinkels mit dem Finger und/oder Overholt unterfahren und angeschlungen werden kann. Insoweit gleichen sich fast alle Operationsverfahren zur Beseitigung einer Leistenhernie, jedoch gibt es Operateure, die das Kremasterrohr zunächst längseröffnen, den Samenstrang mit Gefäßen und N. ilioinguinalis vom Bruchsack separieren und erst dann anschlingen.

Versorgung des Bruchsackes bei der Leistenhernie

Indirekte Hernie

Nach Spaltung der Kremasterfasern, die wir je nach Größe der Hernie nicht unnötig weit ausdehnen, erscheint die Tunica vaginalis communis und wird ebenfalls in Längsrichtung eröffnet.

Anschließend erfolgt die Darstellung des Bruchsacks, der durch seine weiße und meist derbe Wand gut zu identifizieren ist. Unter Respektierung des Samenstranges und der Gefäße werden anhaftende Auflagerungen oder Verklebungen mit einer feinen Präparierschere gelöst, bis der Fundus mit scharfen Klemmen ohne die Gefahr von Nebenverletzungen gefaßt und eröffnet werden kann. Bei Skrotalbrüchen kann man auch in der Mitte beginnen und dann die Entwicklung nach distal durch behutsames Abschieben der Schichten anschließen. Die Präparation geht am leichtesten vonstatten, wenn man in den Bruchsack den Zeigefinger der linken Hand einlegt und die Wand anspannt. Mit einer feuchten Kompresse lassen sich der Samenstrang mit den Gefäßen am schonendsten abschieben, wobei vor allem die Basis exakt freigelegt werden muß. Hervorquellende Darmschlingen lassen sich durch einen Stieltupfer zurückhalten. Bestehende Adhäsionen mit dem Netz werden nach Ligatur durchtrennt. Der Verschluß des Bruchsackhalses kann auf verschiedene Weise erfolgen (Abb. 9.3-11a–d u. 12).

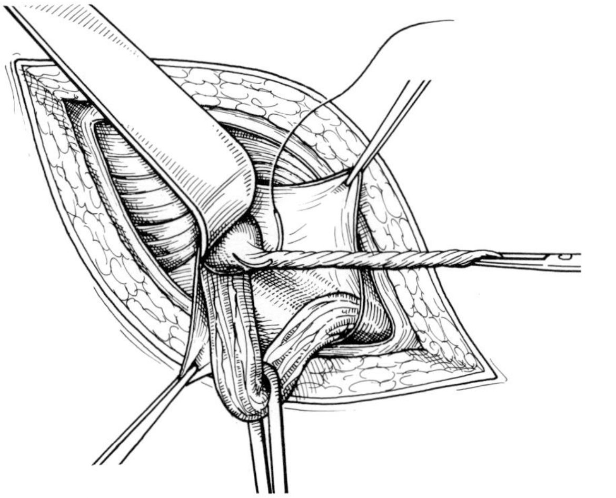

Abb. 9.3-11. Methoden zum Verschluß des Bruchsackstumpfes.

a) Bei schmaler Bruchlücke kann nach Reposition des Bruchinhaltes der Verschluß durch eine Umstechungsligatur nach Torquierung des Stiels erfolgen, wobei die Eröffnung des Bruchsakkes beim Erwachsenen grundsätzlich vorgenommen werden muß.

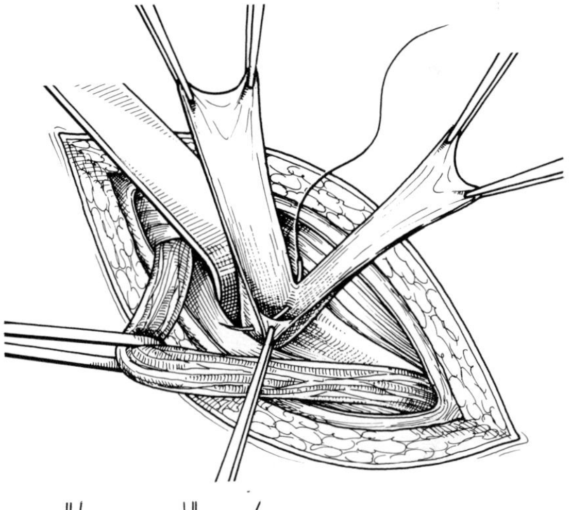

b)

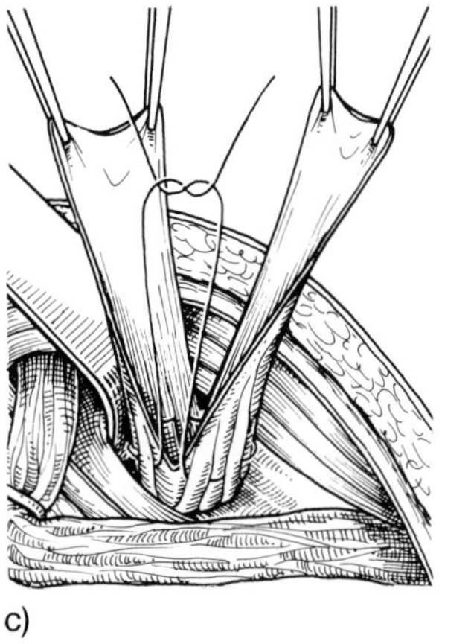

c)

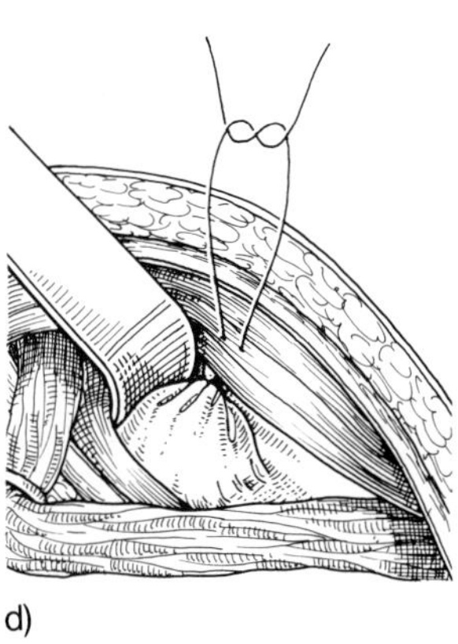

d)

b u. c) Bei weiter Bruchlücke und weniger übersichtlichen Verhältnissen ist die Inzision des Bruchsackes bis in den basisnahen Abschnitt vorzuziehen. Dadurch kann die Umstechungsligatur (b) oder der Verschluß durch eine Tabaksbeutelnaht (c) unter Sicht vorgenommen werden.

d) Die Verlagerung des Bruchsackstumpfes unter die Internusmuskulatur bietet sich in vielen Fällen an.

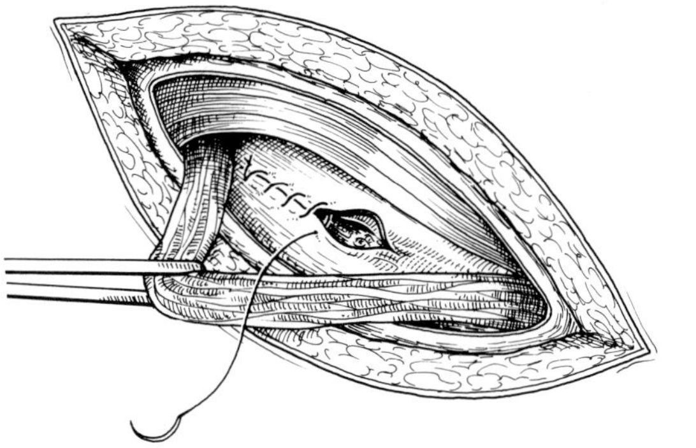

Abb. 9.3-12. Bei einer langstreckigen Bruchsackbasis ist die Anlage einer Tabaksbeutelnaht oft nicht möglich. In diesen Fällen führt man den Verschluß entweder durch eine Einzelknopf- oder fortlaufende Naht durch.

Gleitbruch

Im Falle des direkten Bruches (s. d.) kann es sich um die Harnblase handeln, andernfalls um das Sigma oder selten Colon ascendens mit Appendix, die dann grundsätzlich entfernt wird. Die ventrale Eröffnung des Bruchsackes und partielle Resektion ist in Abb. 9.3-13a–b dargestellt.

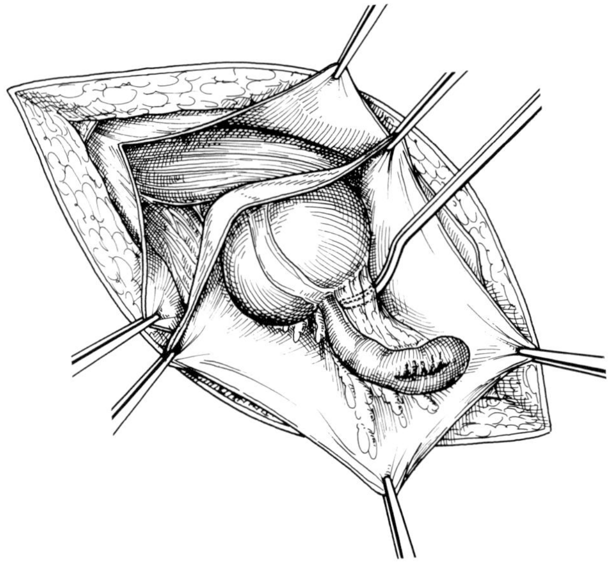

Abb. 9.3-13. Fehlgedeutete Inkarzeration einer Hernie bei akut phlegmonöser Appendizitis in Verbindung mit einer Gleithernie.
a) Ein Teil des Bruchsacks wird von Wandabschnitten des Colon ascendens und des Zäkums gebildet, die bei der Präparation nicht verletzt werden dürfen.

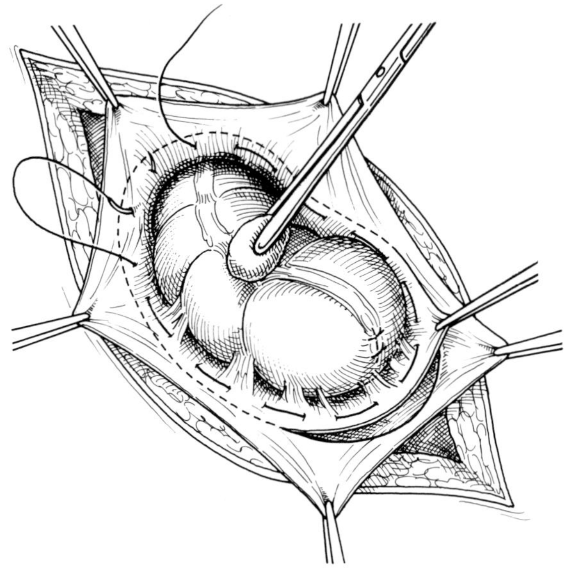

b) Der Verschluß des Bruchsacks nach Appendektomie, Reposition aller beteiligten Organe und sorgfältiger Überprüfung der Durchblutungsverhältnisse erfolgt entweder durch Tabaksbeutelnaht und anschließender Resektion der überschüssigen freien Anteile oder durch Einzelknopfnähte.

Direkte Hernie

Nach der Freilegung und Anzügelung des Kremasterrohres ist die medial von den epigastrischen Gefäßen hervortretende Hernie entweder gut sichtbar oder die Lückenbildung tastbar. Je nach Größe wird die Fascia transversalis längs oder ovalär exzidiert. Nach Möglichkeit vermeiden wir die Eröffnung des Bruchsackes, da es leicht zur Verletzung der adhärenten Harnblase kommen kann, sondern reponieren die Hernie mit einem Stieltupfer und führen den Verschluß, wie in Abb. 9.3-14 dargestellt, durch, sofern nicht die Operation nach Shouldice (S. 369) vorgesehen ist.

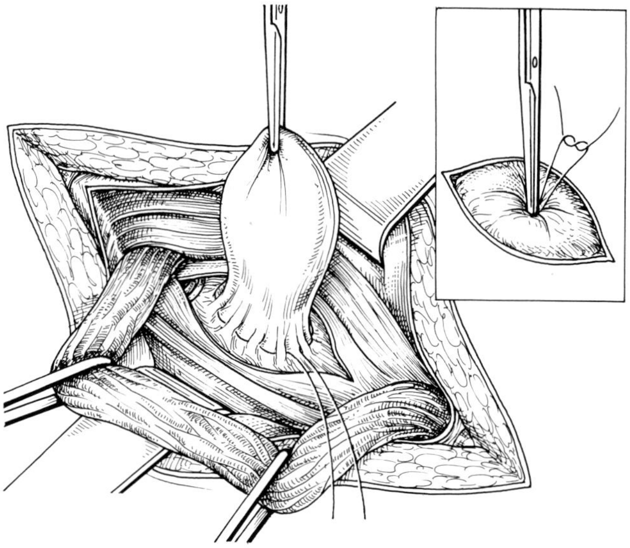

Abb. 9.3-14. Verschluß des Bruchsackes ohne Eröffnung bei einer direkten Hernie.

Methoden zum Bruchpfortenverschluß

Bruchpfortenverschluß nach Bassini

Nach der Separierung und definitiven Versorgung des Bruchsackes wird die evtl. noch unvollständige Darstellung der Aponeurose des M. obliquus internus abdominis im medialen Abschnitt bis zum Rektusscheidenrand vervollständigt.

Verschiedene Autoren waren und sind der Auffassung, daß Bassini den M. cremaster reseziert und die Fascia transversalis grundsätzlich längs inzidiert hat. Folgt man seinen Ausführungen (Arch. Klin. Chir. 40: 429–476 (1890)), einschließlich der im Anhang befindlichen Abbildungen, so geht daraus weder das eine noch das andere hervor. Vielmehr wird von ihm ganz unmißverständlich ausgeführt, daß er 2 Teile vereinigt, nämlich die »dreifache Schicht« (M. obliquus internus, M. transversus, Fascia verticalis) mit dem Leistenband, und zwar über eine Distanz von 5–7 cm, einschließlich der Verlagerung des Samenstranges um 1 cm nach lateral (Abb. 9.3-15a–k u. 16). Anschließend wird der Samenstrang in sein altes Bett zurückgelegt und die Aponeurose des M. obliquus externus genäht mit Rekonstruktion des Anulus inguinalis superficialis.

Bei dieser Nahttechnik wird die um den Funikulus mit Kremaster zügelförmig herumlaufende Transversalisschlinge (Henlesche Schlinge) mitgefaßt. Sie liegt oberhalb des Hesselbachschen Dreiecks, dessen Begrenzung lateral vom Lig. interfoveolare (Gefäßscheide für die epigastrischen Gefäße) gebildet wird, kranial vom Rand des M. transversus, medial von den sehnigen Ausläufern der Rektusscheide und dem Lig. falciforme und kaudal vom Leistenband. Die Stabilisierung der Hinterwand des Leistenkanals wird dadurch und durch das Mitfassen der Fascia transversalis von medial nach lateral zuverlässig erreicht, wobei die zunächst lang gelassenen Fäden in der gleichen Reihenfolge geknüpft werden. Schlußendlich muß der innere Bruchring für eine Kleinfingerkuppe eben eingängig sein.

Das Originalverfahren wurde mehrfach (z. B. Billroth, 1899) modifiziert, u. a. durch die vollständige Resektion des M. cremaster, sowie durch die Spaltung der Fascia transversalis.

In jedem Fall ist es ratsam, während der Anlage der Fasziennähte im Leistenkanal den exakten Verlauf der V. und A. iliaca externa zu ertasten.

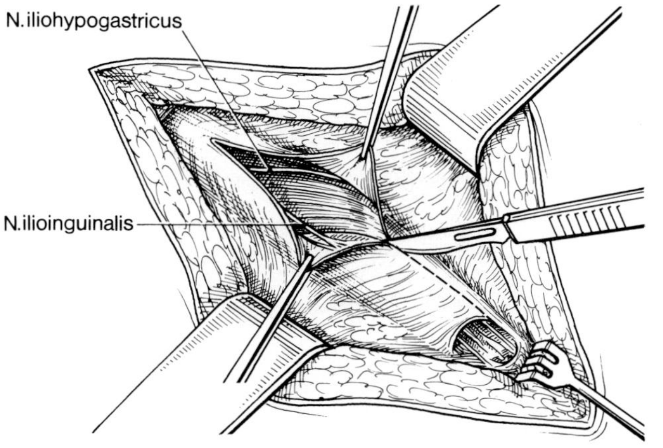

Abb. 9.3-15. Leistenbruchoperation nach Bassini.
a) Nach parainguinaler Inzision wird die Externusaponeurose gespalten und in Höhe des Anulus inguinalis superficialis mit Haltefäden versehen. Im oberen Wundwinkel wird im Faserverlauf des M. obliquus internus der N. iliohypogastricus sichtbar und im Verlauf des Kremasterrohres der N. ilioinguinalis.

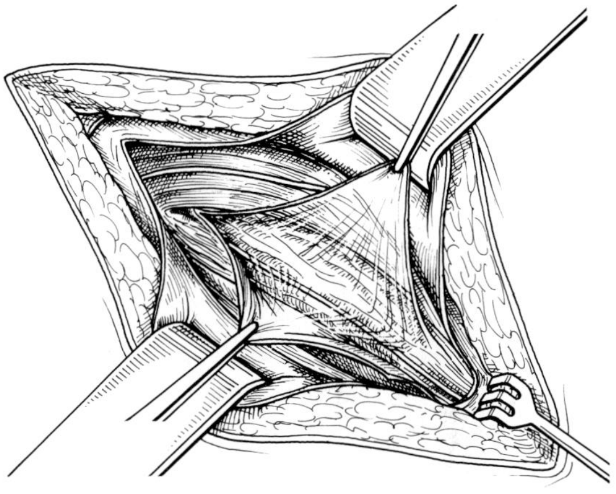

b) Längsspaltung der Kremastermuskulatur, die von einigen Operateuren reseziert wird und

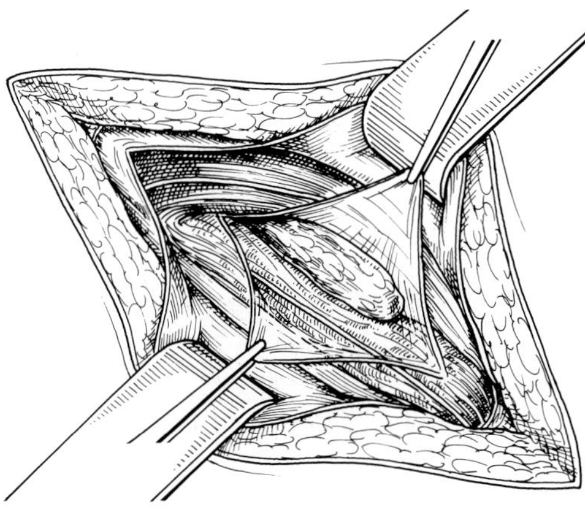

c) Freilegung des Bruchsacks,

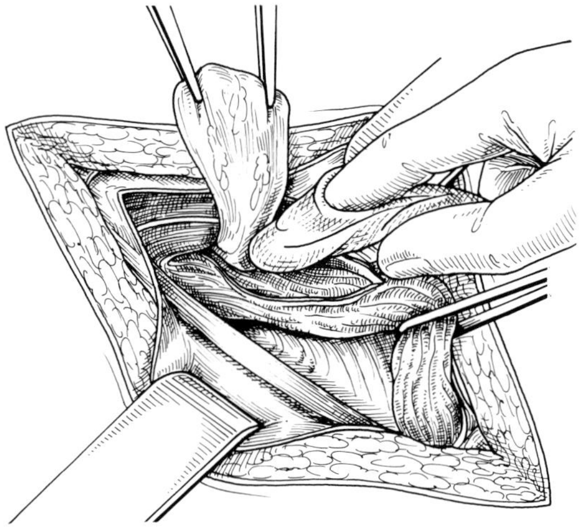

d) der nach Unterfahrung und Anschlingung des Kremasterrohres teils stumpf, teils scharf in Richtung Anulus inguinalis präperitonealis ausgelöst wird, nachdem der Samenstrang mit Anhangsgebilden dargestellt ist. Im allgemeinen legen wir vor der Darstellung des Bruchsackes die Leistenkanalhinterwand vollständig frei, einschließlich des Lig. inguinale, und schlingen das Kremasterrohr vor der Längsspaltung der Muskulatur an.

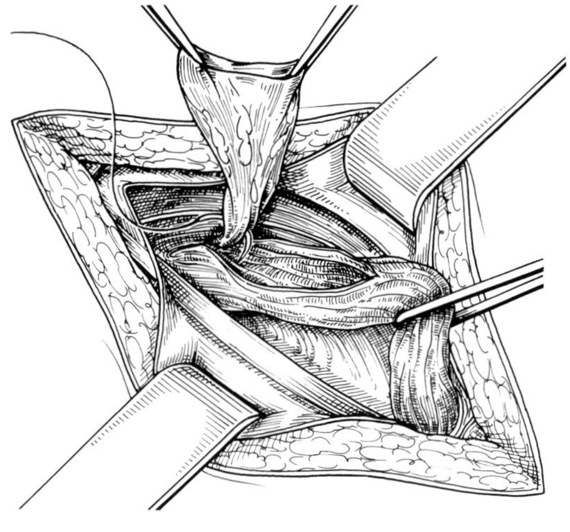

e)

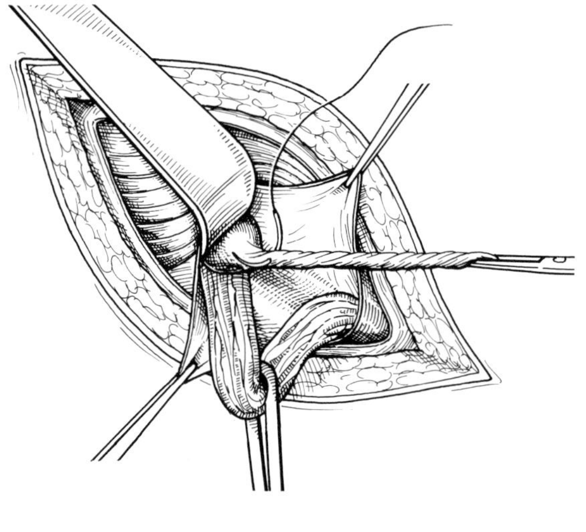

f)

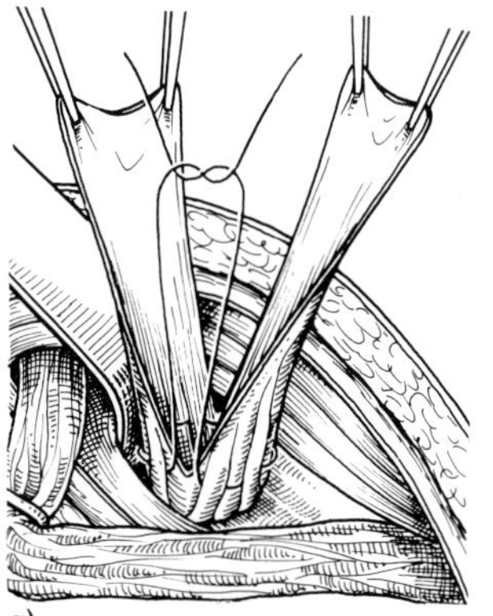

g)

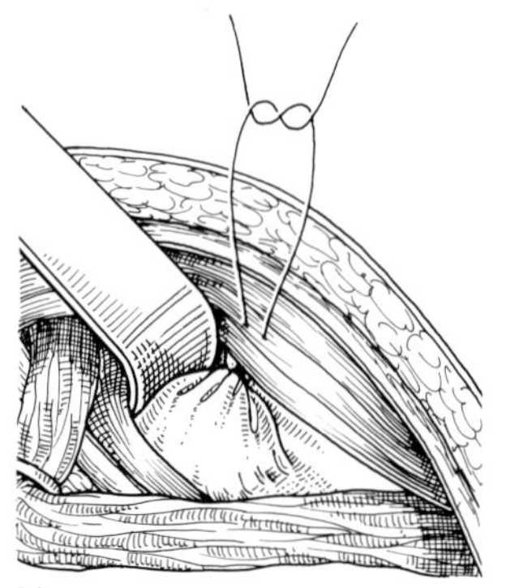

h)

e–g) Nach Eröffnung des Bruchsackes und Reposition des Inhaltes folgt der Verschluß des Stumpfes, nach einer der gezeigten Techniken,

h) der dann nach Resektion der überstehenden Brucksackwand unter die Internusmuskulatur verlagert wird.

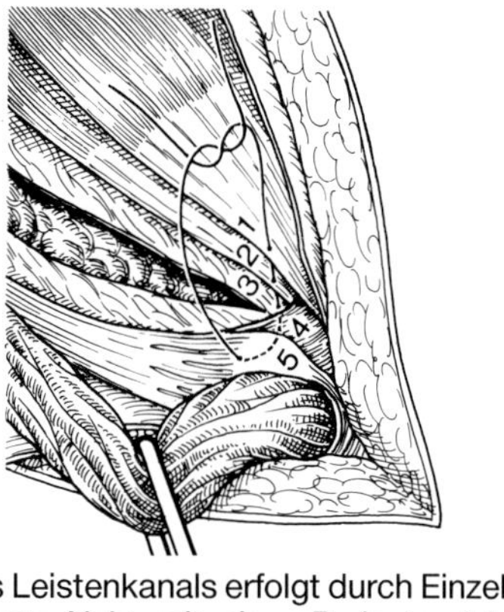

i) Der Verschluß des Leistenkanals erfolgt durch Einzelknopfnähte, wobei die unterste Naht mit einer Periostnadel durch die Verschmelzungsorgane des M. obliquus internus (1) und transversus (2), die Ränder der Fascia transversalis (3) und kaudal durch das Lig. reflexum (4) mit Tuberculum pubicum (5) geführt wird. Alle übrigen Nähte fassen kranial alle drei Schichten, d.h. den M. obliquus internus, den M. transversus abdominis und die Fascia transversalis, kaudal den unteren Abschnitt des Leistenbandes.

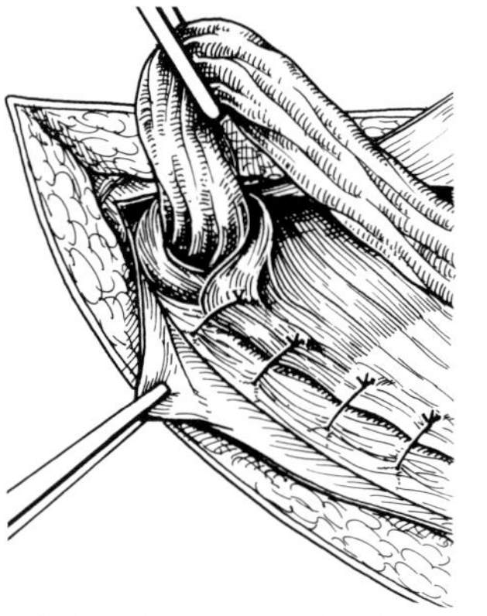

j) Die Nahtreihe wird von medial nach lateral gelegt, wobei die letzte Naht den bogenförmigen Rand der Transversusaponeurose mitfassen soll, so daß es zu einer Lateralverlagerung des Austritts des Kremasterrohres kommt. Bei den letzten Nähten sollten die großen Gefäße stets getastet werden. Ferner ist eine Einbeziehung des N. iliohypogastricus in die Naht zu vermeiden. Die Fäden werden dann in der Reihe, wie sie gelegt wurden, geknüpft. Daran schließt sich die Naht des Kremasterrohres unter sorgfältiger Beachtung des Verlaufs des Samenstranges und der ihn begleitenden Gefäße an und

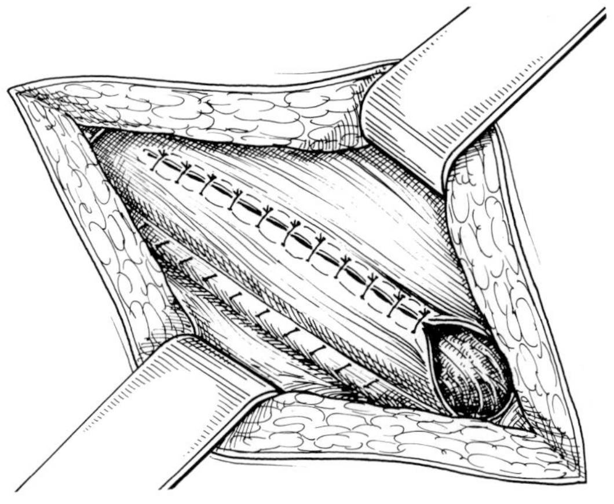

k) abschließend die Einzelknopfnaht der Externusaponeurose mit Wiederherstellung des Anulus inguinalis superficialis.

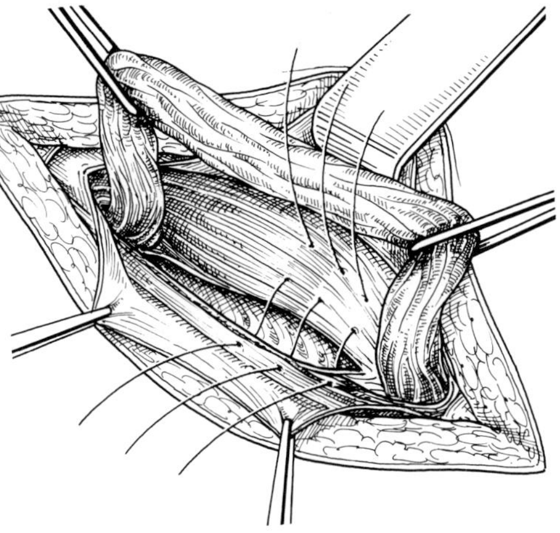

Abb. 9.3-16. Falsche Fadenführung bei der Bassini-Naht. Im oberen Wundabschnitt wurde mit der ersten, medial beginnenden Naht nur die Sehnenplatte des M. obliquus internus gefaßt und nicht die darunterliegende Aponeurose des M. transversus sowie die Fascia transversalis und das Lig. reflexum. Auch die beiden nachfolgenden Nähte fassen nur die Aponeurose bzw. den M. obliquus internus und sparen die beiden darunterliegenden Schichten (M. transversus und Fascia transversalis) aus. Durch die hier gezeigte Nichteinhaltung der Originalvorschrift Bassinis sei noch einmal auf eine der möglichen Rezidivursachen hingewiesen.

Bruchpfortenverschluß nach Lotheissen

Der Eingriff ist technisch schwieriger und wird von uns bei großen direkten Hernien, Rezidiven und seltener bei indirekten Brüchen mit kaum nahtfähiger Fascia transversalis bzw. brüchig gewordenem Leistenband durchgeführt. In den USA wurde die Operation von McVay modifiziert, der bei der letzten lateralen Naht die Gefäßscheide statt des Cooperschen Ligaments mitfaßt. In fast allen Fällen ist zusätzlich eine entlastende Inzision an der Rektusscheide erforderlich, da die Spannung nach Fertigstellung des Nahtverschlusses erheblich sein kann (Abb. 9.3-17a–d u. 18a–b).

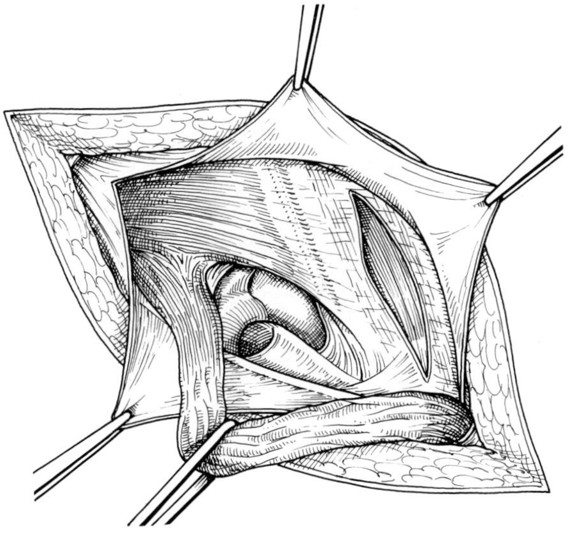

Abb. 9.3-17. Radikaloperation nach Lotheissen (syn. Coopersche Ligamentoperation). Zugang und Versorgung des Bruchsacks entsprechen dem üblichen Vorgehen.

a) Bevor aber die Stabilisierung des Leistenkanals vorgenommen werden kann, muß die Fascia transversalis gespalten und das dem Lig. pubicum superius anhaftende Peritoneum abgeschoben werden. Entlang des nun gut tastbaren Schambeins wird ein derber Bindegewebsstrang sichtbar, der etwa im mittleren Drittel des Pecten ossis pubis ansetzt

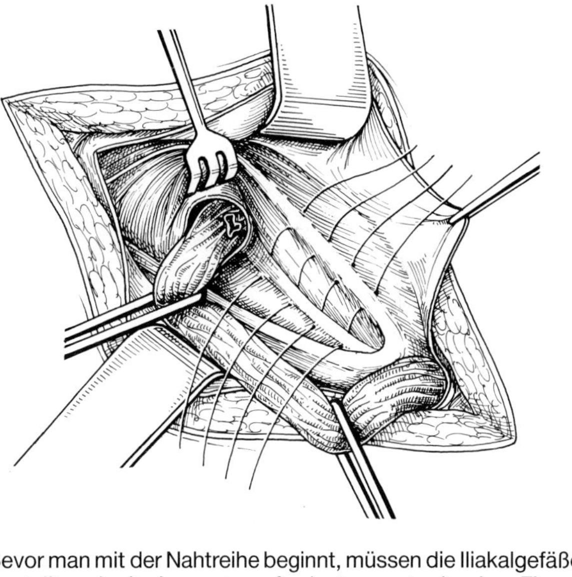

b) Bevor man mit der Nahtreihe beginnt, müssen die Iliakalgefäße dargestellt und mit einem stumpfen Instrument oder dem Finger nach lateral abgedrängt werden. Auch ist ein Entlastungsschnitt an der Rektusscheiden in den meisten Fällen unerläßlich, um einen spannungsarmen Nahtverschluß durchführen zu können. Die Stabilisierung der Hinterwand des Leistenkanals erfolgt durch Einzelknopfnähte, die wiederum durch die dreifache Schicht (M. obliquus internus, M. transversus abdominis, Fascia transversalis) und das Lig. pubicum superius (Lig. Cooperi) geführt

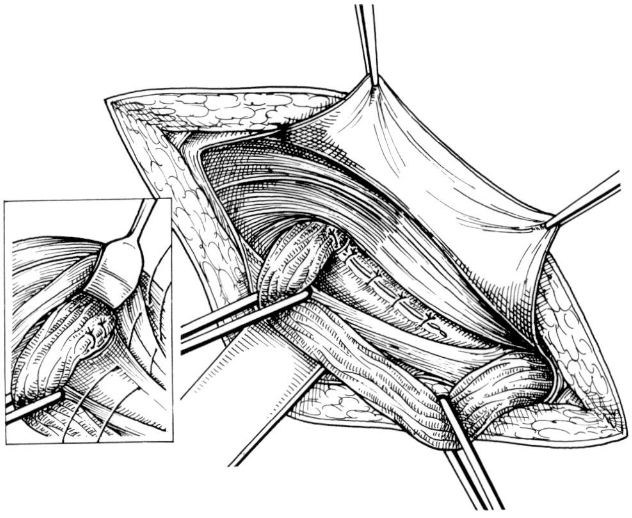

c) und dann der Reihe nach geknüpft werden. Zusätzlich ist der innere Leistenring unter Mitfassen der Transversuszügel zu raffen. McVay und Anson haben das Verfahren dahingehend modifiziert, indem zusätzlich zum Transversuszügel die Gefäßscheide in die letzte laterale Naht mitaufgenommen wird.

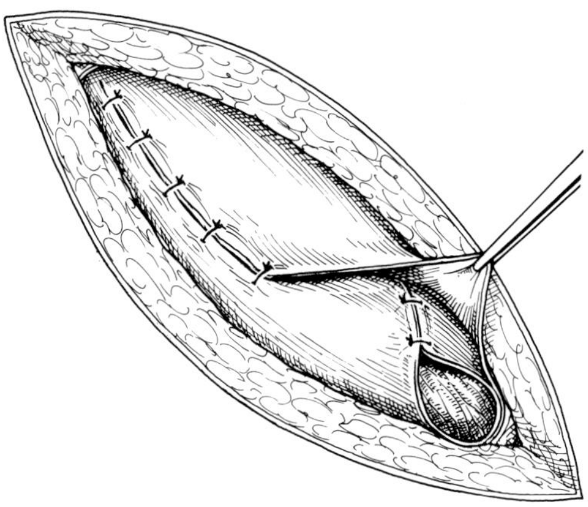

d) Im Originalverfahren wird das Lig. inguinale nicht in die Nahtfolge miteinbezogen. Wir bevorzugen jedoch die Kombination des Vorgehens nach Lotheissen-Bassini. Der Verschluß der Externusaponeurose kann sowohl durch Einzelknopfnähte als auch durch eine Doppelung erfolgen.

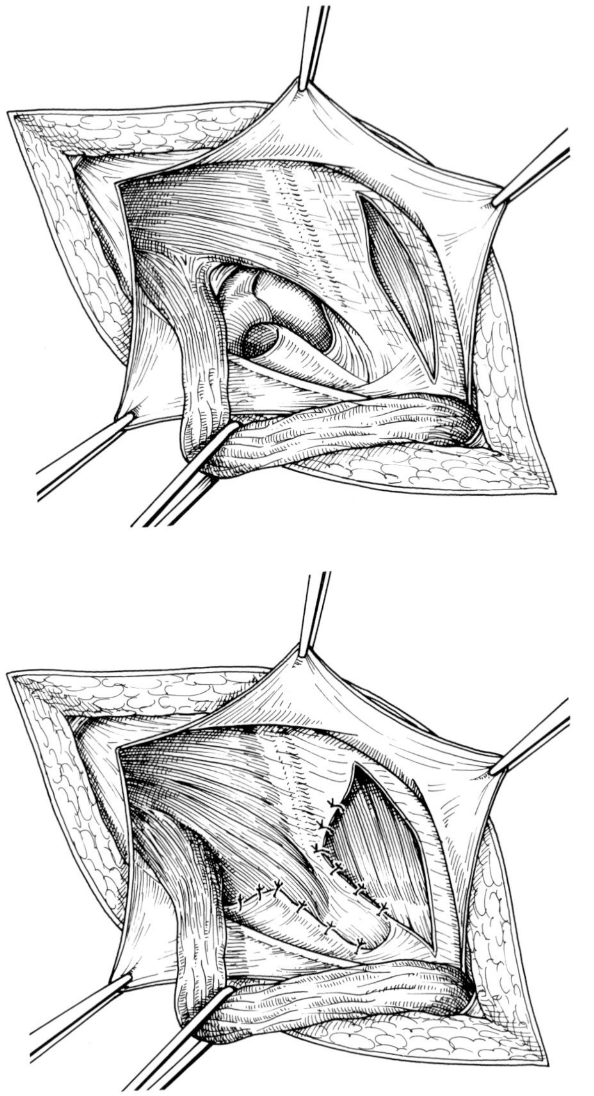

a)

b)

Abb. 9.3-18. a u. b) Leistenbruchoperation nach McVay-Anson. Nach Resektion des Bruchsackes und Versorgung des Stumpfes wird eine Entlastungsinzision an der Rektusscheide gelegt (a) und dann die Nahtvereinigung aller Bauchwandschichten bestehend aus M. obliquus internus, transversus und Fascia transversalis mit dem Lig. Cooperi (Lig. pubicum superius) durchgeführt. Die Methode entspricht im Prinzip dem Vorgehen nach Lotheissen, wobei McVay im lateralen Leistenkanalabschnitt die letzte Naht durch den medialen Anteil der Gefäßscheide führt und in die Naht zusätzlich in ganzer Länge den unteren Abschnitt des Lig. inguinale mitaufnimmt (b).

Bruchpfortenverschluß nach Bassini und Kirschner

Die Methode wurde von M. Kirschner 1918 angegeben und soll durch die subkutane und rückläufige Verlagerung des Samenstrangs mit Anhangsgebilden (Abb. 9.3-19 a–b) auch die indirekten Hernienrezidive verhindern helfen. Die Rekonstruktion der Leistenkanalhinterwand erfolgt nach Bassini. Zusätzlich ist eine Doppelung der Externusaponeurose möglich in Modifikation der Angaben von Hackenbruch (1908) (Abb. 9.3-17 d).

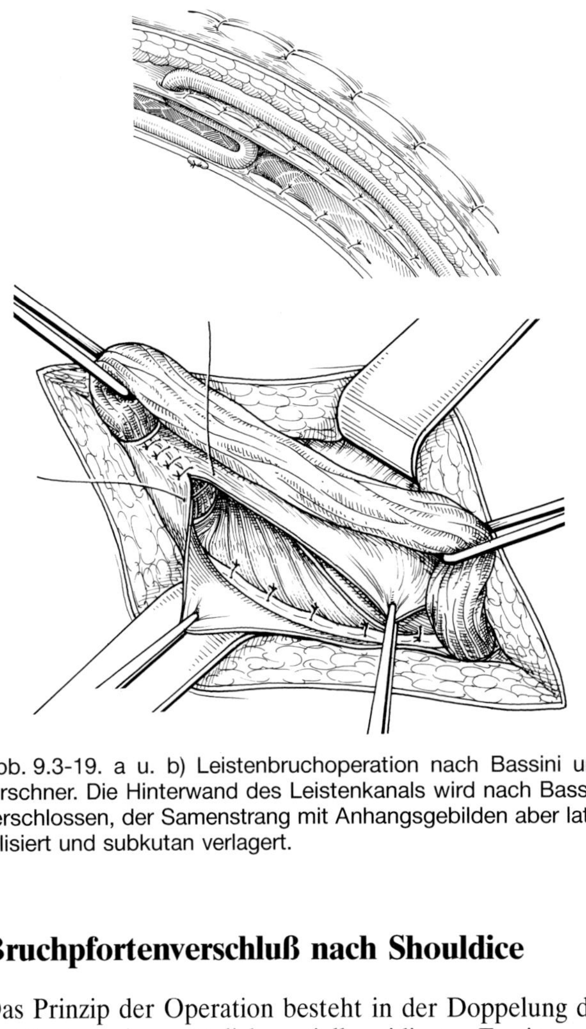

Abb. 9.3-19. a u. b) Leistenbruchoperation nach Bassini und Kirschner. Die Hinterwand des Leistenkanals wird nach Bassini verschlossen, der Samenstrang mit Anhangsgebilden aber lateralisiert und subkutan verlagert.

Bruchpfortenverschluß nach Shouldice

Das Prinzip der Operation besteht in der Doppelung der inzidierten oder zusätzlich partiell exzidierten Fascia transversalis, ferner in der Fixation des M. transversus am unteren Rand des Leistenbandes und darüber, in einer weiteren Schicht, des M. obliquus internus ebenfalls am Lig. inguinale. Der M. cremaster wird reseziert. Die Nähte werden fortlaufend mit dünnem monofilem Draht (Shouldice) oder PDS durchgeführt (Abb. 9.3-20 a–h).

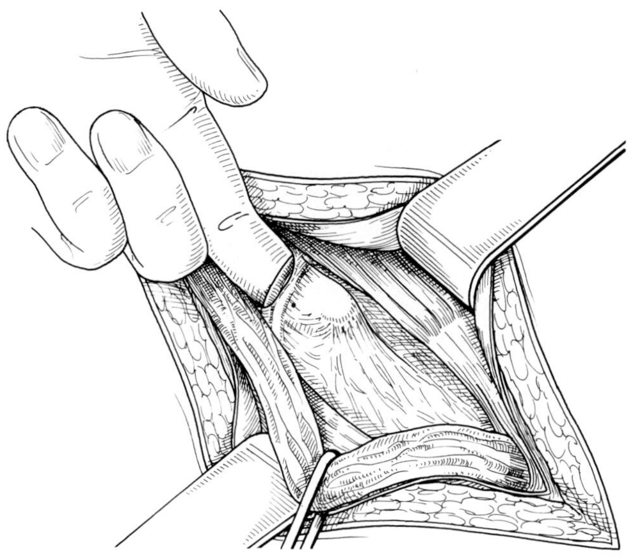

Abb. 9.3-20. Leistenbruchoperation nach Shouldice.
a) Prüfung der Stabilität der Fascia transversalis durch digitale Austastung nach Intubation des Anulus inguinalis profundus.

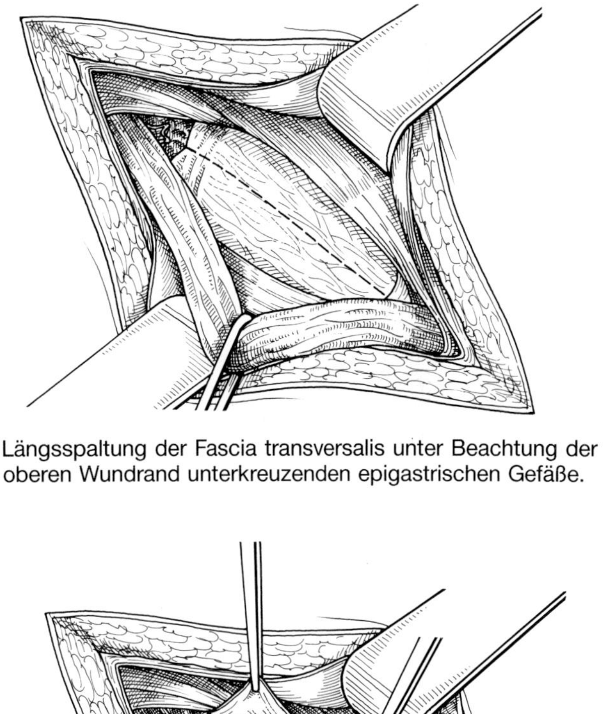

b) Längsspaltung der Fascia transversalis unter Beachtung der im oberen Wundrand unterkreuzenden epigastrischen Gefäße.

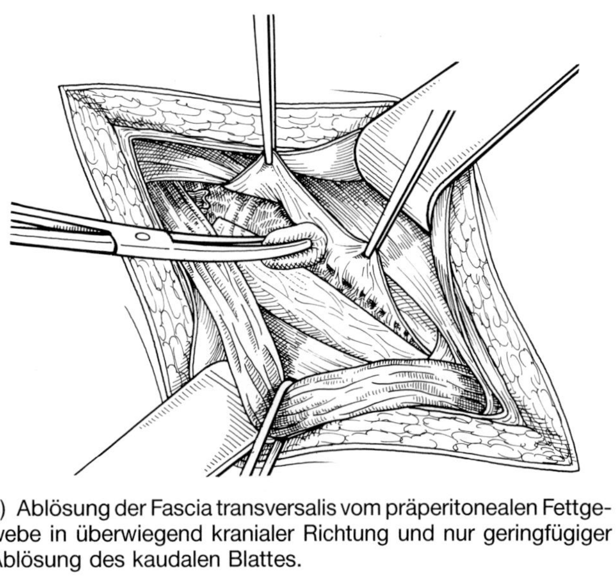

c) Ablösung der Fascia transversalis vom präperitonealen Fettgewebe in überwiegend kranialer Richtung und nur geringfügiger Ablösung des kaudalen Blattes.

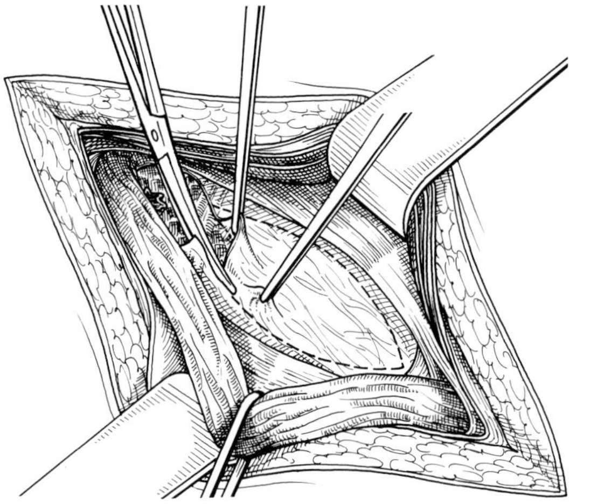

d) Bei großen direkten Brüchen wird die Fascia transversalis ovalär exzidiert.

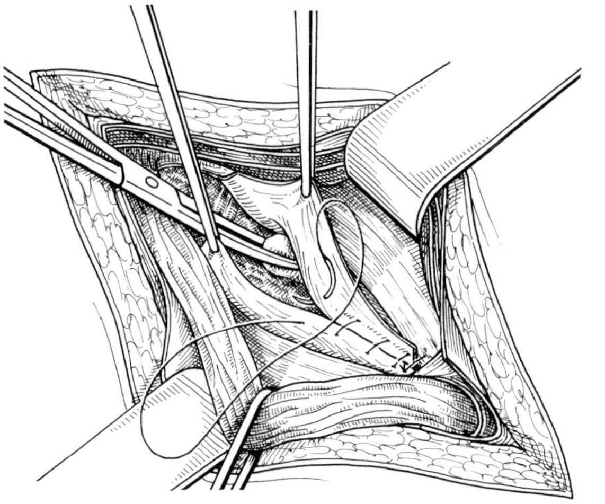

e) Mit der Doppelung der Fascia transversalis wird im medialen Wundwinkel begonnen, wobei der Faden durch das Schambeinperiost geführt wird.

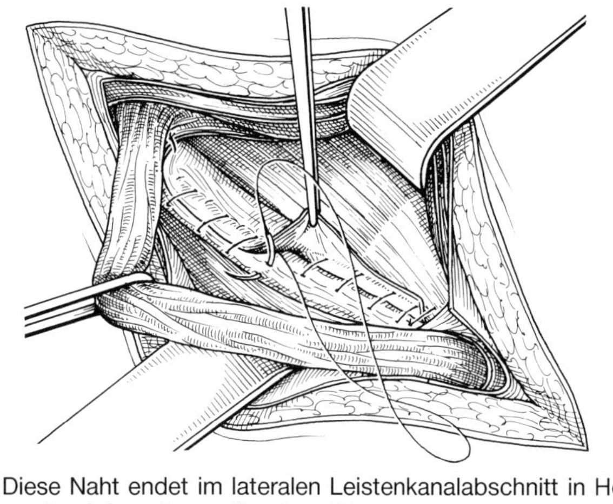

f) Diese Naht endet im lateralen Leistenkanalabschnitt in Höhe der mitgefaßten bogenförmigen Transversusaponeurose unter Einbeziehung des Kremasterstumpfes und wird dann fortlaufend zum inneren Leistenring zurückgeführt, wobei die kraniale Faszie die kaudale bedeckt. Abschließend wird der durch das Lig. reflexum ausgestochene Faden durch eine Rückstichnaht zum Beginn der ersten Nahtreihe zurückgeführt und hier mit dem langgelassenen Faden verknotet.

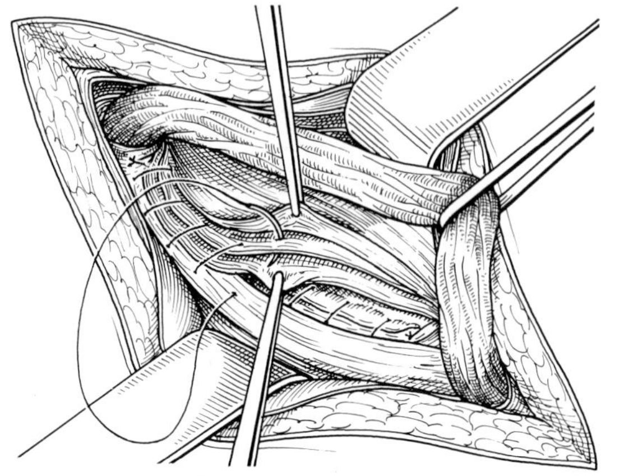

g) Anschließend wird wiederum in fortlaufender Nahttechnik von lateral beginnend der Unterrand des M. obliquus internus sowie der M. transversus mit dem Lig. inguinale vernäht.

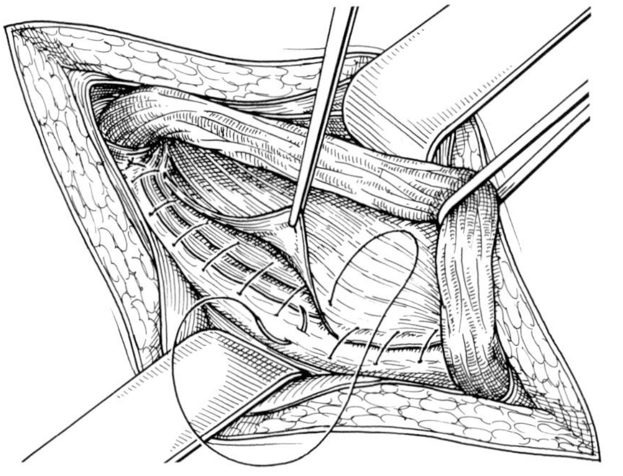

h) Abschließende fortlaufende Naht mit dem gleichnamigen Faden vom Leistenband durch den M. obliquus internus nach lateral, der hier mit dem langgelassenen der ersten Muskelnaht geknüpft wird. Der Verschluß der Externusaponeurose mit Wiederherstellung des Anulus inguinalis superficialis folgt in üblicher Technik entweder fortlaufend oder durch Einzelknopfnähte.

Versorgung des Kremasterrohres und Naht der Externusaponeurose

Sofern der M. cremaster nur in Längsrichtung inzidiert wurde, verschließt man den Muskelschlauch gemeinsam mit der Tunica vaginalis communis mit feinen, locker adaptierenden Catguteinzelknopfnähten, so daß der Samenstrang mit den Gefäßen wieder allseits ummantelt ist.

Die Naht der Externusaponeurose erfolgt in der Regel über dem Samenstrang mit resorbierbaren PGS-Einzelknopfnähten und Rekonstruktion des äußeren Leistenringes.

Leistenbruchoperation bei der Frau

Direkte und indirekte Brüche werden in der gleichen Weise wie beim Mann versorgt, wobei lediglich die Resektion des Bruchsackes bei der indirekten Hernie anders durchgeführt wird (Abb. 9.3-21a u.b). Eine gleichzeitig vorhandene Hydrozele (Nucksche Zyste) wird reseziert.

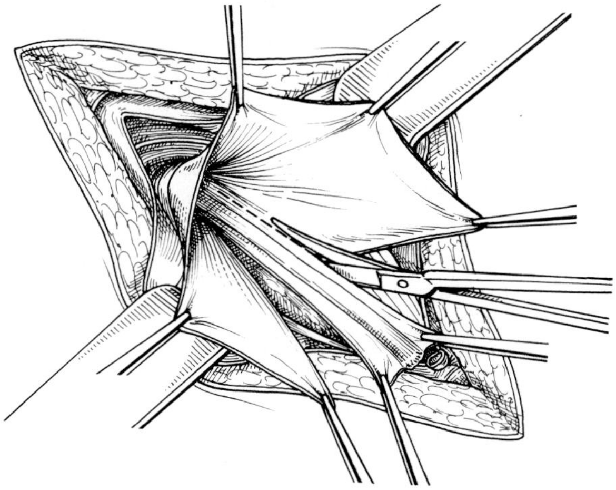

Abb. 9.3-21. Leistenbruchoperation bei der Frau.
a) Läßt sich der Bruchsack nicht vom Lig. teres uteri ablösen, wird letzteres durch parallele Inzision ausgeschnitten.

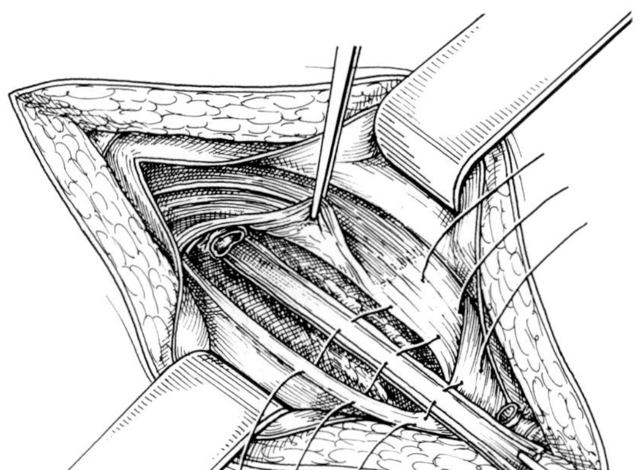

b) Nach Resektion und Versorgung des Bruchsackes wird das Lig. rotundum in die Bassini-Naht miteinbezogen, wobei eine Kürzung des runden Bandes meist erforderlich ist.

Schenkelbruch

Unter Berücksichtigung aller Hernien soll nach Schumpelick die Inzidenzrate für Männer bei 2,4% und für Frauen bei 3,4% liegen mit einer Rezidivrate um 6%. Der Schenkelbruch tritt in ca. 60% der Fälle rechts auf und gelangt in einem hohen Anteil erst nach der Inkarzeration zur Behandlung. Die Verwechslung mit einem Lymphom kommt immer wieder vor.

Die Bruchentwicklung erfolgt durch die Lamina cribrosa und in der Regel medial der V. und A. femoralis, selten unter- oder oberhalb davon (Abb. 9.3-22). Diese anatomische Schwachstelle wird von weiteren Gefäßen zum Durchtritt benutzt, wobei vor allem der Ramus pubicus, eine Anastomose zwischen der A. obturatoria, die aus der A. iliaca interna abgeht, und der A. epigastrica inferior, die von der A. iliaca externa kommt, beachtet werden muß. Je nach Kaliber und vor allem, wenn im Falle einer Anomalie die A. obturatoria aus der A. epigastrica inferior entspringt (ca. 10%), führt die Verletzung des Ramus pubicus zu einer massiven Blutung (Corona mortis).

Für die operative Behandlung der Hernia femoralis stehen drei Zugangswege zur Verfügung, wobei das inguinale oder inguinokrurale Verfahren ganz allgemein bevorzugt wird.

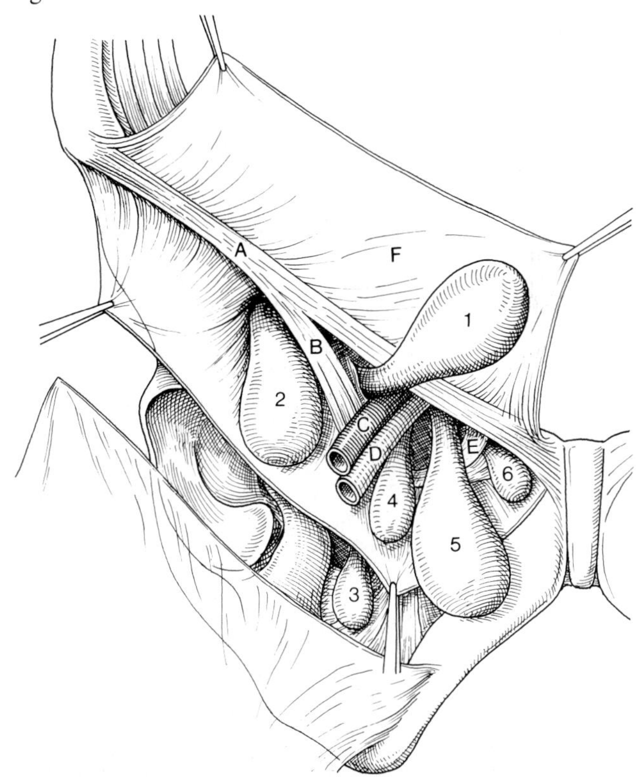

Abb. 9.3-22. Bruchentwicklungen kaudal des Leistenbandes. A = Lig. inguinale; B = Lig. iliopectineum; C = A. femoralis; D = V. femoralis; E = Lig. lacunare (Gimbernati); F = durchtrennte und nach oben geschlagene Fascia lata; 1 = Hernia femoralis prävascularis; 2 = Hernia femoralis lateralis; 3 = Hernia obturatoria; 4 = Hernia femoralis retrovascularis; 5 = Hernia femoralis loco typico; 6 = Hernia Gimbernati.

Nach parainguinaler Inzision wird zunächst wie bei der Operation nach Bassini vorgegangen, bis die Fascia transversalis parallel zum Leistenband inzidiert und der präperitoneale Raum eröffnet ist. Anschließend werden die großen Gefäße identifiziert und hier besonders die V. iliaca externa. Medial davon ist dann der Bruchsackhals zu erkennen. Durch leichten Druck auf den Bruchsack im Bereich der Fossa ovalis gelingt es meist, die Hernie nach inguinal zu entwickeln. Die weitere Versorgung entspricht dem üblichen situationsbezogenen Vorgehen.

In Ausnahmefällen kann die Entwicklung des Bruches unter dem Leistenband hindurch aus anatomischen Gründen mißlingen. Dann empfiehlt es sich, die Haut mit Subkutis nach distal zu mobilisieren, so daß der nun freiliegende Bruchsack besser manipulierbar wird (Abb. 9.3-23a–d). Reicht auch das nicht aus, sollte der Bruchsackhals längsinzidiert und der Bruchsackinhalt vorsichtig herausgezogen werden, bis die vollständige Reposition möglich wird. Ein Hilfsschnitt über der Fossa ovalis ist in der Regel überflüssig.

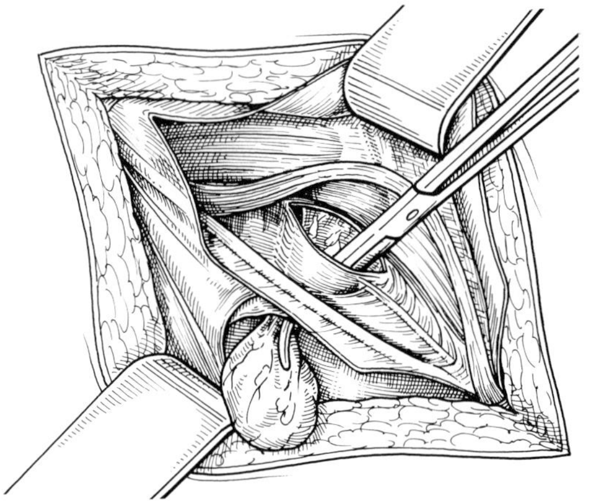

Abb. 9.3-23. Operation einer Schenkelhernie von inguinal und krural.
a) Entwicklung der Schenkelhernie nach inguinal nach Inzision der Fascia transversalis.

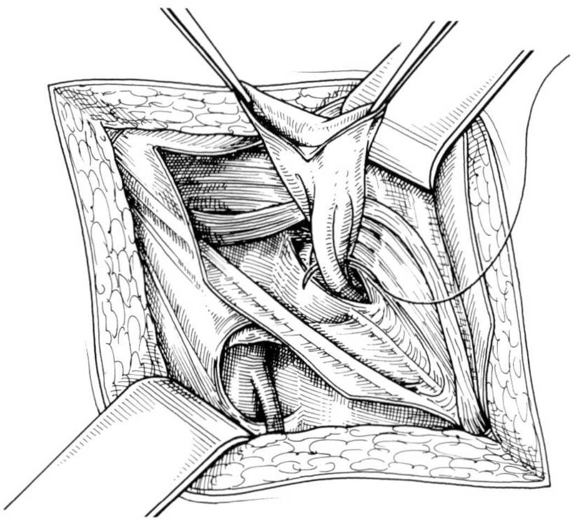

b) Eröffnung des Bruchsackes, Reposition des Inhaltes und Versorgung des Bruchsackstumpfes durch Durchstechungsligatur.

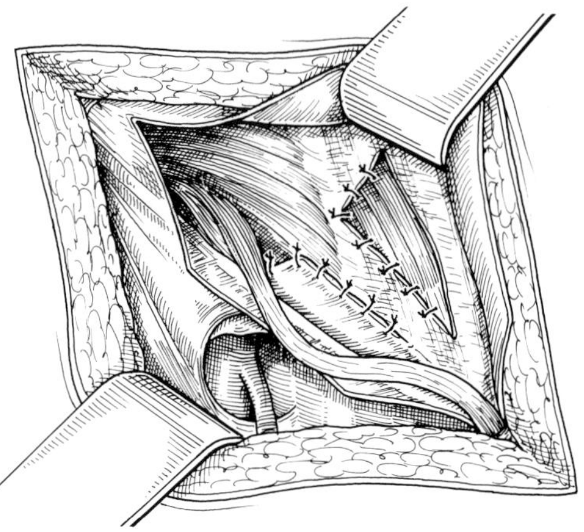

c) Verschluß der Leistenkanalhinterwand nach McVay oder nach Lotheissen (Abb. 9.3-17 u. 18) unter Aussparung des Lig. teres.

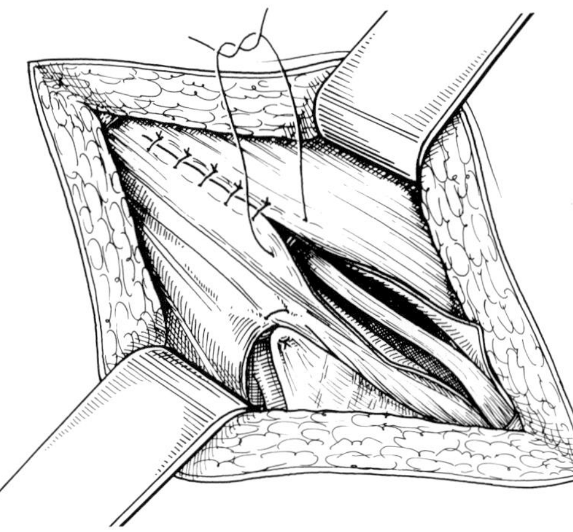

d) Über dem Lig. teres wird abschließend die Externusaponeurose durch Einzelknopfnähte verschlossen.

Leistenbruchoperationen im Kindesalter

A. Flach

Der »angeborene« Leistenbruch als persistierender offener Processus vaginalis peritonei hat als Folge mangelhafter Obliteration verschiedene Manifestationen, die bei der operativen Beseitigung berücksichtigt werden müssen.

Der Leistenbruch wird bei ca. 1% der Säuglinge klinisch relevant. Ca. 55% der operierten Hernien finden sich rechts, 31% links, 14% beidseits. Durch Herniographien konnte festgestellt werden, daß in ca. 45% eine beidseitige Hernie besteht, ca. 37% rechtsseitig, 17% linksseitig. Klinisch relevant wird in ca. 10% der operierten Kinder eine Hernie auch auf der kontralateralen Seite. Nach Rowe und Clatworthy treten ca. 60% der offenen Processus vaginalis in den ersten zwei Lebensjahren, weitere 20% in den späteren Jahren klinisch in Erscheinung. 20% kommen nie zur Geltung.

Die Forderungen nach einer Revision der kontralateralen Seite bei einer Herniotomie muß deshalb wohl überlegt sein und schließt zudem das in allen Statistiken bestehende 1%ige (0,1–2,9%) Risiko einer postoperativen Hodenatrophie mit ein.

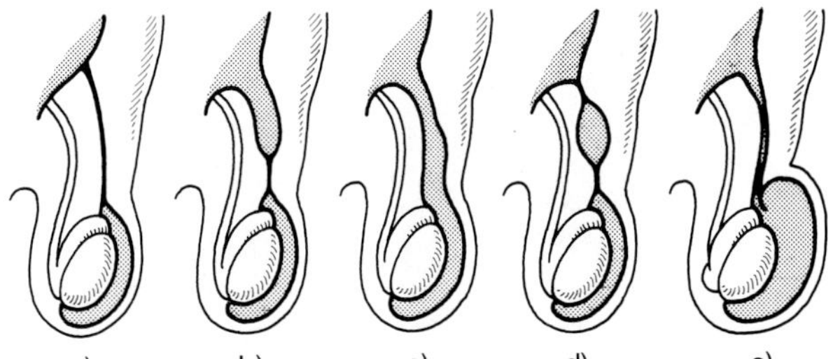

Abb. 9.3-24. a) Normale Obliteration des Processus vaginalis.
b) Partielle Obliteration des Processus vaginalis – laterale Leistenhernie.
c) Offener Processus vaginalis.
d) Hydrocele funiculi.
e) Kommunizierende Hydrocele testis.

Spezielle perioperative Gesichtspunkte

Da die meisten Inkarzerationen im Säuglingsalter eintreten, wird die Operation der Hernie bald nach Diagnosestellung angeraten.

Differentialdiagnostische Erwägungen zwischen Lymphadenitis z. B. auch nach Tuberkuloseimpfung, Torsion eines Leistenhodens, »plötzlich« aufgetretener Hydrocele funiculi sollten nicht zur »diagnostischen oder therapeutischen« Punktion der Hydrocele verführen. Wenn auch selten, so doch immer wieder zu beobachten, finden sich auch bei positiver Diaphanoskopie Dünn- und Dickdarm sowie Blasenanteile im Bruchsack.

Die Reposition einer Inkarzeration kann versucht werden. Sie sollte auf jeden Fall zart und bei gleichzeitigem manuellem Druck auf die Kuppe und die seitlichen Anteile durchgeführt werden. Hilfreich kann sein, wenn dabei gleichzeitig das Kind an beiden Beinen hochgehalten wird. Natürlich ist es sehr nützlich, zu versuchen, das Kind zu beruhigen, z. B. durch ein Beruhigungszäpfchen oder durch ein warmes Bad.

Die heutigen Narkose- und Operationsmethoden rechtfertigen aber keine langen »Übungen« mehr. Sie belasten das Kind und setzen möglicherweise zusätzliche Schädigungen der inkarzerierten Organabschnitte. Bei erfolgreichen Repositionen ist zudem keine Kontrolle über den eingeklemmten Darmabschnitt möglich. Jede Reposition sollte Anlaß für eine wenigstens 1 Tag lange klinische Kontrolle sein. Das bei den Mädchen meist eingeklemmte Ovar läßt sich nur äußerst selten reponieren. Hier sollten jegliche Versuche unterlassen werden.

Nicht selten treten Spontanrepositionen bei der Fahrt ins Krankenhaus ein. Man sollte den Eltern eindringlich einschärfen, dem Kind nichts – etwa zur Beruhigung oder wegen »der Notwendigkeit der Flüssigkeitszufuhr« etc. – zu trinken zu geben. Die dadurch entstehenden medizinischen und nicht zuletzt juristischen Probleme bei der Narkoseeinleitung dürften Hinweis genug sein.

Bruchbänder oder die verschiedenen Verbandsanordnungen – immer wieder empfohlen – sind nicht in der Lage, das Heraustreten des Bruchinhaltes zu verhindern, täuschen Sicherheit vor und sind zudem unhygienisch.

Das Kind und besonders der Säugling haben Anrecht auf einen warmen Operationssaal! Geheizten Operationstischen bzw. Wärmeflaschen, vor allem wenn sie nicht routinemäßig benutzt werden, sollte man mit einem gewissen Mißtrauen entgegentreten. Wärmespitzen an den Hauptauflagepunkten, auf nicht selten durch herabgelaufenes Desinfektionsmittel durchtränkte Moltonunterlagen usw., können schon ohne Wärmeanwendung zu lokalen Verbrennungen führen. Man achte deshalb auch auf eine trockene Unterlage!

Lagerung: Das Kind soll so gelagert werden, daß das Operationsfeld den höchsten Punkt darstellt. Die Beine werden mit Heftpflaster, die an der Längsseite der Extremität angeklebt werden, oder weichen Bindenschlingen etc. fixiert.

In den Statistiken der verschiedenen **Leistenbruchoperationsmethoden** waren einheitlich um 1% (0–3,9%) Rezidive und 0,1–2,9% Hodenatrophien angegeben worden. Deshalb sind »Plastiken und Pfeilernähte« offensichtlich unnötig. Wichtig ist dagegen die hohe Abtragung des Bruchsackes. Unsere Rezidive betrafen vor allem Früh- und Neugeborene. Wegbereiter der Rezidive ist hier sicher auch die erhebliche Zerreißlichkeit des Peritonealsackes.

Leistenbruchoperation beim Knaben

(Abb. 9.3-24–26)

Die von der Erwachsenenchirurgie her übliche Schnittführung parallel zur Leistenbeuge, führt zu häßlichen Narben. Besser ist die Schnittführung in der queren Bauchfalte. Von hieraus ist der gesamte Inguinalbereich und vor allem die Bruchsackabtragungsstelle durch Verziehen der Hautwunde gut zu versorgen. Die meist sehr kräftige Subkutanfaszie spaltet man parallel zum Leistenband, ebenso die Externusfaszie im Faserverlauf. Wegen des kurzen Inguinalkanales wird dies bei Säuglingen gerne unterlassen. Dadurch geht allerdings leicht die Übersichtlichkeit, besonders bei der hohen Abtragung des Bruchsackes, verloren. Die Anheftung der beiden Faszien mit einer Moskitoklemme, besser mit einem Faden, erleichtert die spätere Naht. Eine Maßnahme die besonders bei Neugeborenen und Säuglingen hilfreich ist.

Es empfiehlt sich besonders bei Inkarzerationen, den Bruchsack sofort zu eröffnen. Hierbei ist jedoch Vorsicht anzuraten, um Darmverletzungen zu vermeiden. Auch die

Blasenwand als Bruchinhalt kann gerade beim Neugeborenen sehr dünn sein. Ein etwas forscher Operateur hat an einem Tag dabei zwei Blasen eröffnet!

Nicht selten rutscht der Bruchinhalt durch die Erschlaffung in der Narkose spontan in den Bauchraum zurück. Beim leisesten Zweifel sollte man sich von der Unversehrtheit des Darmes vergewissern. Nach Spontanrepositionen, besonders nach längeren Inkarzerationen oder vergeblichen Repositionsversuchen – manchmal schon an der malträtierten Haut zu vermuten – sollte man lieber den zurückgeschlüpften Darm in die Wunde hervorziehen und auf Schnürfurchen, Durchblutungsstörungen etc. kontrollieren.

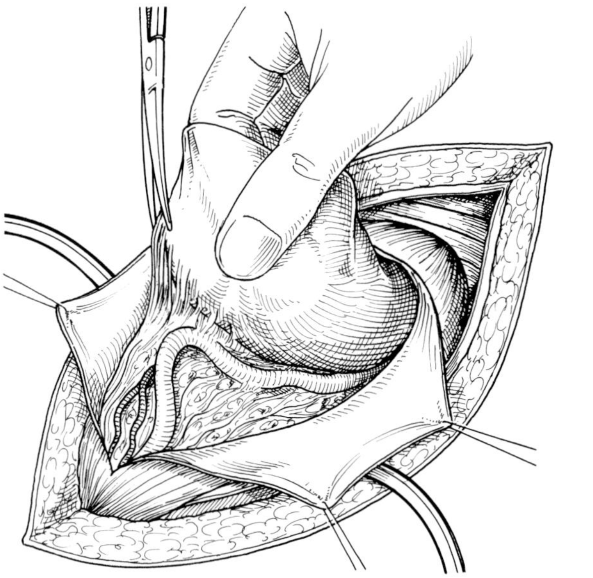

Abb. 9.3-25. Der eröffnete Bruchsack wird angeklemmt oder mit zwei Fingern gefaßt. Die Lösung der Samenstranggebilde vom Bruchsack sollte möglichst weit am »Ende des Bruchsackes« beginnen, um unnötige Blutungen zu vermeiden.

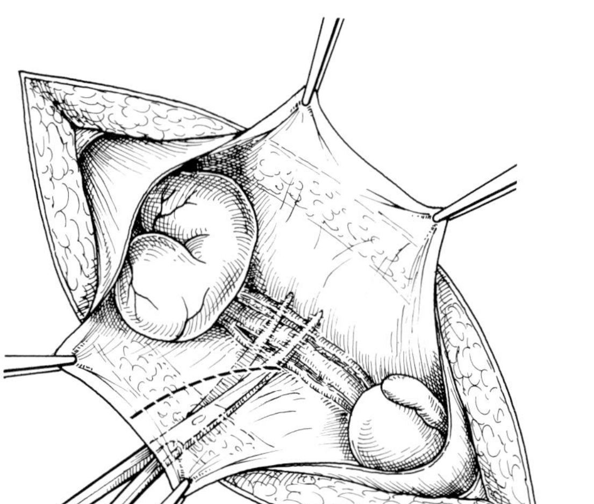

Abb. 9.3-26. a) Beim offenen Processus vaginalis empfiehlt es sich, stumpf zwischen Peritonealsack und den Samenstranggebilden vorzudringen.

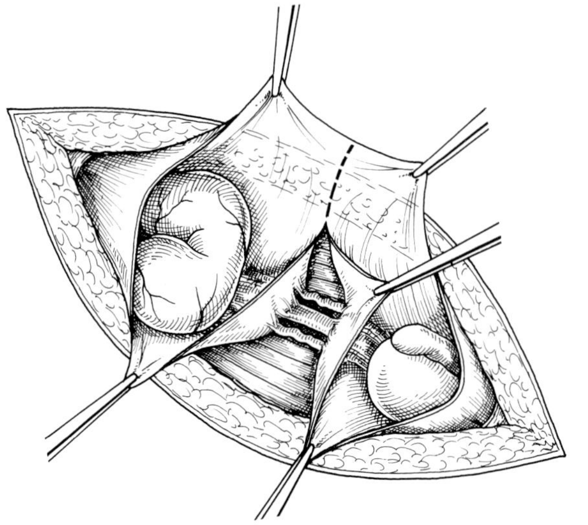

b) Erst nachdem gesichert ist, daß keinerlei Adhärenzen mehr am Bruchsack sind, wird der Bruchsack auf der liegenden Schere mit dem Skalpell durchtrennt.

Zur Isolierung des Bruchsackes wird die Kremastermuskulatur stumpf auseinandergedrängt. Der Bruchsack ist an seiner perlmutartigen Farbe – bei älteren Kindern besser – zu erkennen. Der Bruchsack oder der offene Processus vaginalis peritonei und die Samenstranggebilde können sehr fest miteinander adhärent sein, so daß die Isolierung schwierig sein kann und deshalb penibel durchgeführt werden sollte. Man erleichtert sich das Vorgehen, indem man den Bruchsack sofort quer eröffnet – nicht an der Kuppe, sondern etwas körpernah möglichst am größten Durchmesser. Die Bruchsackkuppe kann dann wie ein Fingerling gehalten werden. Ein feuchter, ausgeschlagener Tupfer kann dabei hilfreich sein. Moskitoklemmen etc. reißen leicht aus. Der offene Peritonealkegel muß besonders an der Basis auf adhärente Gebilde kontrolliert werden. Beim Mädchen findet sich fast regelmäßig die Tube. Blasenanteile – ganz selten auch ein Ureter – müssen von dem zarten Funiculus spermaticus identifiziert und geschont werden. Bei Fertilisationsoperationen zeigt sich, daß der Ductus deferens bei Hernienoperationen anscheinend doch häufiger primär lädiert oder gar durchtrennt wird, als angenommen. Bruchsack und Samenstranggebilde lassen sich leichter voneinander trennen, wenn sie am hochgehaltenen Bruchsack seitlich ausgespannt werden. Man beginne immer am distalen Bruchsackabschnitt. Die Bindegewebsfasern lassen sich so leicht bis zur Kuppe hin verfolgen. Sie sollten dort – manchmal scharf – durchtrennt werden und können dann nach proximal von der Bruchsackwand isoliert werden. Das »Abschieben« mit dem noch dazu trockenen Tupfer an der Basis beginnend, führt leicht zu Verletzungen kleiner und kleinster Gefäße. Hämatombildungen können durch »Sandsäcke«, komplizierte Kompressionsverbände und auch Redon-Drainagen nicht völlig verhindert werden. Narbenbildungen und sekundärer Hodenhochstand sind programmiert. Ebenso sollte das »Aufdrehen« des Bruchsackes womöglich ohne Eröffnung und ohne sichere Kontrolle unterbleiben.

Der Bruchsack muß sorgfältig besonders an der Basis freipräpariert werden. Vorsicht ist geboten an der Teilungsstelle von Ductus deferens und den Vasa spermatica. Die hier entstehenden Einrisse der hinteren Peritonealwand sind besonders beim Neugeborenen schwer zu nähen. Beim Frühgeborenen kann es zum Problem werden. Nicht umsonst gehören fast alle unsere Rezidive in diese Altersgruppe!

Beim offenen Processus vaginalis durchtrenne man die Vorderwand am größten Durchmesser quer. Sie kann danach mit einem feuchten Tupfer gut gehalten werden. An der Hinterwand werden dann schrittweise die Samenstranggebilde abpräpariert. In den so entstehenden Spalt wird eine Präparierschere eingeführt und die Hinterwand auf dem Scherenblatt durchtrennt. Der Peritonealkegel kann nun wie jeder Bruchsack abpräpariert werden.

Nur bei großen Bruchpforten ist manchmal eine Pfeilernaht angezeigt.

An der peritonealen Umschlagsfalte wird dann die Basis des Bruchsackes mit Vicryl® etc. umstochen. Dabei werden leicht wegen zarter Adhäsionen die Gefäße – die Vasa spermatica in oder an die Umstechungsnaht herangezogen. Dies kann die Ursache einer postoperativen Hodenatrophie sein!

Nützlich ist vielleicht die Fixierung des Bruchsackstumpfes in Form einer Durchstechungsnaht in den M. internus.

Die Hydrocele funiculi spermatici sollte ebenfalls abgetragen werden. Praktisch ist jede Hydrocele – manchmal nicht nachweisbar – durch einen dünnen Kanal mit dem Peritoneum verbunden. Meist – oder fast immer – findet sich ein kleiner proximaler Bruchsack, der freipräpariert und abgetragen werden muß.

Den distalen Anteil des offenen Processus vaginalis sollte man nicht abzutragen versuchen, jedoch – soweit es ohne Probleme möglich ist – bis zum Hoden kürzen. Es empfiehlt sich, die dem Hoden abgekehrte Hydrozelenwand weit zu inzidieren. Der auch in der Literatur vorgeschlagenen Durchstechungsligatur des distalen Anteils ist zu widerraten. Ziel des Vorgehens muß es sein, die Verklebung der Hydrozelenwand zu ermöglichen, beim Verschluß treten nach eigenen Erfahrungen leicht Hydrozelenrezidive auf. Vom Vorgehen nach Winkelmann wird allgemein abgeraten. Es soll zu Hodenwachstumsstörungen führen. Ebenso gibt es die Vorstellung, daß die Naht der Kremastermuskulatur Ursache für die narbigen Hodenhochstände sei. Bei großen Hernienbruchpforten scheint es aber ratsam zu sein, die Durchtrittsstellen für die Fermoralhernien zu inspizieren und evtl. zu verkleinern. Ein großer Prozentsatz (ca. 30–50%) der wenigen Femoralhernien im Kindesalter ist schon am Leistenbruch voroperiert worden.

Die Externusfaszie und die subkutane Faszie sollte man mit dünnstem resorbierbarem Nahtmaterial nähen. Die Intrakutannaht – versenkt oder fortlaufend, ausziehbar oder versenkt – beschließt die Operation. Vielfach wird die Haut auch geklebt.

Zum Abschluß der Operation vergewissere man sich, daß der Hoden am tiefsten Punkt des Skrotums liegt bzw. durch Zug am Hoden dorthin gebracht werden kann.

Beim leisesten Zweifel sollte man auch bei den Kindern ein sog. »Miniredon« einlegen. Die Ausleitung muß dabei allerdings möglichst weit nach kranial verlegt werden.

In ca. 1% der Leistenbruchoperationen im Kindes- bzw. Säuglingsalter ist ein sekundärer Hodenhochstand festzustellen. Ob er und wie er zu vermeiden ist, muß Spekulation bleiben. Immerhin scheint der sekundäre Hodenhochstand doch öfters als gemeinhin angenommen wird, auch ohne Leistenbruchoperation beobachtbar zu sein.

Besonderheiten beim Mädchen

(Abb. 9.3-27)

Beim Leistenbruch des Mädchens muß besonders auf die Lage der Tube geachtet werden. An der Basis des Bruchsackes findet man sehr häufig Anteile der Tube. Man eröffne deshalb den Bruchsack gerade auch bei den Mädchen immer. Das »Eindrehen« des freipräparierten Bruchsackes kann leicht zu unbemerkten Tubenverletzungen führen!

Es empfiehlt sich also, den Bruchsack immer zu eröffnen, freizupräparieren und ihn soweit zu resezieren, daß beim Verschluß des Bruchsackes die Tube geschützt ist und gleichzeitig das Lig. teres uteri mitgefaßt werden kann. Bei dieser Naht wird das Lig. inguinale bzw. der M. obliquus internus abdominis mitgefaßt. Der M. obliquus externus abdominis und das Lig. inguinale werden gemeinsam genäht, so daß der Leistenkanal sicher verschlossen ist.

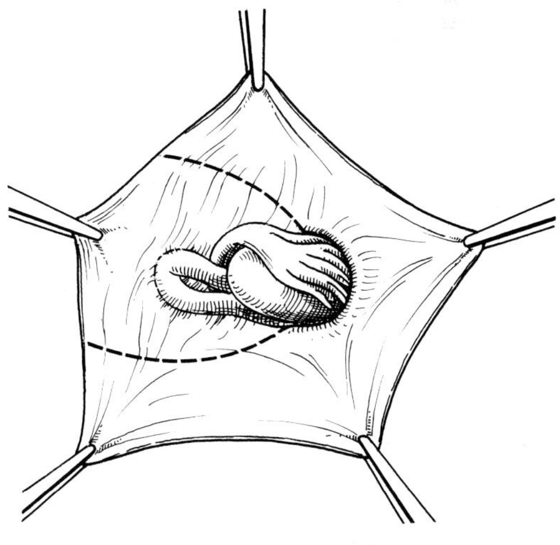

Abb. 9.3-27. Beim Leistenbruch des Mädchens muß sorgfältig darauf geachtet werden, die fast regelmäßig vorkommende Tube zu schonen.

Phimose

Die Ansichten über die Verengung der Vorhaut und deren Behandlung differieren erheblich. Abgesehen von der rituellen Beschneidung, die primär wohl aus hygienischen Gesichtspunkten begründet ist, sind die Vorstellungen, zu welchem Zeitpunkt die Vorhaut über die Eichel zurückgezogen werden kann, widersprüchlich. Unbeeinflußt und ohne vorhergegangene Entzündungen kann sich die Vorhaut noch bis zur Pubertät erweitern.

Entzündungen und vorzeitige Manipulationen, besonders durch »besorgte« Eltern führen zu radiären Einrissen der Schleimhaut und damit zu narbigen Phimosen. Noch heute scheinen sich einige Kämpfe – besonders beim Baden – abzuspielen. Sie führen fast unweigerlich, auch wegen Schwierigkeiten beim Wasserlassen, zur absoluten Operationsindikation bei einem nicht selten verstörten Kind. Bei den relativen Indikationen – hier aber besonders – sollte mit den Erziehungsberechtigten, ebenso wie bei der absoluten, über das mögliche und/oder erwünschte Ausmaß der Vorhautkorrektur gesprochen werden.

Die meisten der über 100 vorgeschlagenen Operationsmethoden erstreben die Beseitigung der Enge mit Erhalt des Präputiums an. Letztendlich scheinen sie aber alle aufgegeben worden zu sein. Uns hat sich die ovaläre sich überkreuzende sparsame Resektion der Präputialblätter bewährt – wenn nicht die totale Zirkumzision gewünscht wird. Es muß sorgfältig darauf geachtet werden, daß die Naht im Bereich der Glans zu liegen kommt. Narben distal der Glansspitze neigen besonders zu Rezidiven.

Operationsverfahren

(Abb. 9.3-28)

Nach Dehnung der Vorhaut wird die Präputialspitze mit zwei feinen Klemmen gefaßt und ausgespannt. Wir ziehen die Inzision des äußeren Präputialblattes mit dem Skalpell der sonst üblichen mit der Schere vor. Die zarten Gefäße zwischen den Blättern können leichter erkannt und unterbunden werden. Die Inzision muß in Abhängigkeit der gewünschten zu verbleibenden Vorhautlänge gelegt werden. Je mehr Vorhaut erhalten bleiben soll, um so weiter distal die Inzision und um so schräger muß die Inzision sein. Die Schnittebene soll auf das Frenulum deuten. Das äußere Blatt wird zurückgezogen, das innere Blatt ebenfalls in Richtung Frenulum längs gespalten. Die Lösung der Verklebung sowie die Entfernung des Smegmas lassen sich so ohne unnötige Überdehnung der Blätter schonender erreichen. Nochmalige sorgfältige Desinfektion. Bei der Längsspaltung kalkuliere man mit ein, daß die Schnittebene des inneren Blattes entgegengesetzt der des äußeren liegen muß. Es kann also ein gewisser Anteil des inneren Blattes im Bereich des Frenulums verbleiben. Der Winkel der sich überkreuzenden Schnittebene sollte nicht zu steil werden, da sonst eine wellenförmige Vorhaut resultieren kann.

Die Frenulumplastik führen wir in Form der queren Inzision und Längsnaht durch. Manchmal stört hierbei die arterielle Blutung. Je nach Ausdehnung der Resektion kann mit der Naht des Frenulums gleich das äußere Blatt in Form etwa einer U-Naht mitgefaßt werden. Das innere Blatt sollte aber soweit reseziert werden, daß die Naht der beiden Blätter mit Sicherheit auf der Glans und nicht vor der Glans zu liegen kommt. Wenn man Vicryl® o. ä., was wir in den letzten Jahren wegen der feineren Fäden gegenüber dem eher quellenden Catgut bevorzugt haben, verwendet, vergesse man nicht darauf hinzuweisen, daß die Auflösung der Fäden länger dauern kann! Verband in Form eines »Adaptik®« oder fetthaltigen Streifens mit leichtem zirkulären Kompressionsverband.

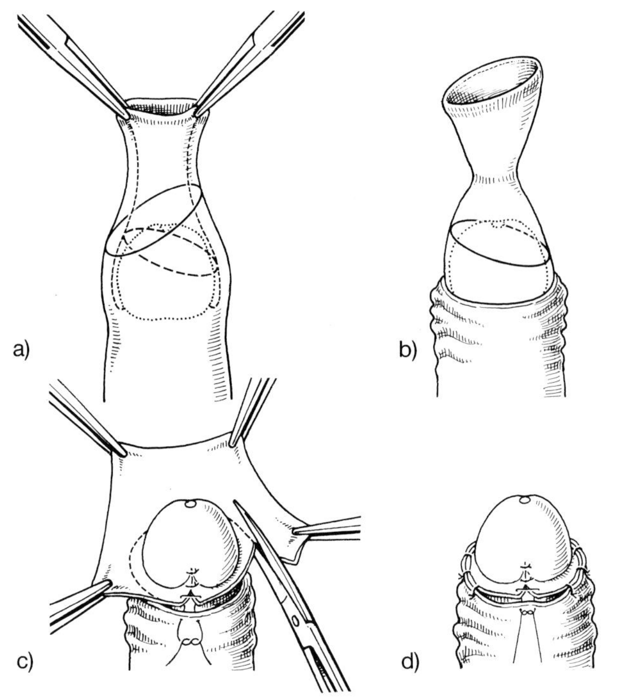

Abb. 9.3-28. a) Schema der sich überkreuzenden Schnittführung bei der ovalären Zirkumzision. Die Schnittebene am äußeren Präputialblatt sollte ihren tiefsten Punkt in Richtung Frenulum haben. Die Höhe hängt vom Ausmaß der zu erhaltenden Vorhaut ab. Je mehr Vorhaut, um so höher und steiler die Schnittebene!

b) Das äußere Blatt ist durchtrennt. Bei sparsamer Resektion wird die Penishaut zurückgeschoben. Dadurch kann gleichzeitig die Weite der Vorhaut geprüft werden. Sorgfältige Blutstillung, Längsschnitt des äußeren Blattes in Verlängerung des Frenulums. Der höchste Punkt der Schnittebene des inneren Blattes kann so festgelegt werden und evtl. durch eine Naht mit dem äußeren Blatt fixiert werden.

c) Das Frenulum ist quer durchtrennt und längs vernäht, wobei – bei totaler Zirkumzision – das äußere Vorhautblatt mitgefaßt werden kann. Das innere Blatt wird reseziert. Man achte auf die Schnittebene: Der »höchste« Punkt der Schnittebene des inneren Blattes ist im Frenulumbereich.

d) Die Resektion der beiden Präputialblätter ist erfolgt. Bei nicht vollkommener Zirkumzision geschieht die Resektion immer auf Kosten des inneren Blattes. Die Naht muß auf der Eichel liegen.

Narbenbrüche

J. Durst

Narbenbrüche entstehen bevorzugt nach medianen Oberbauchlaparotomien und Transrektalschnitten. Neben ungünstigen Schnittführungen spielen Wundheilungsstörungen, Körpergewicht, Lebensalter, konsumierende Allgemeinerkrankungen, Stoffwechselstörungen, sowie eine zunehmende intraabdominelle Drucksteigerung die entscheidende Rolle. Der zuverlässige Verschluß kann außerordentlich schwierig sein. Die Zahl der Rezidive ist groß. Sie wird nicht selten vom Patienten selbst verursacht (Gewichtszunahme).

Zur Defektdeckung sollte man auf alloplastisches Material, wegen der infektbedingten Komplikationen, nach Möglichkeit nicht ausweichen. Auch Kutistransplantate neigen oft noch nach Jahren zu Komplikationen. Von den alloplastischen Materialien stehen Stahl- und Kunststoffnetze zur Verfügung. Letztere sind auch aus resorbierbarem Material erhältlich, neuerdings auch in Form von Kissen (Abb. 9.3-29). Netze aus Stahl oder nicht resorbierbarem Kunststoff müssen wegen lokaler Komplikationen oft noch nach Jahren wieder entfernt werden, während resorbierbare Produkte nur einen kurzfristigen Defektverschluß ermöglichen, der jedoch in Ausnahmesituationen unumgänglich sein kann.

Die temporäre Verwendung von Drahtentlastungsnähten hat sich in vielen Fällen bewährt, ebenso die Verordnung einer Leibbinde mit und ohne Pelottenverstärkung für einige Monate.

Vor jeder Narbenbruchoperation muß eine intraabdominelle Rezidiv- oder Zweiterkrankung ausgeschlossen werden. Wurde die Entstehung durch eine abszedierende Entzündung ausgelöst, sollten wenigsten über einige Monate reizlose Narbenverhältnisse bestanden haben. Bei Übergewichtigen ist die Gewichtsreduktion in nicht dringlichen Fällen zu verlangen, notfalls auch unter ärztlicher Kontrolle im Krankenhaus.

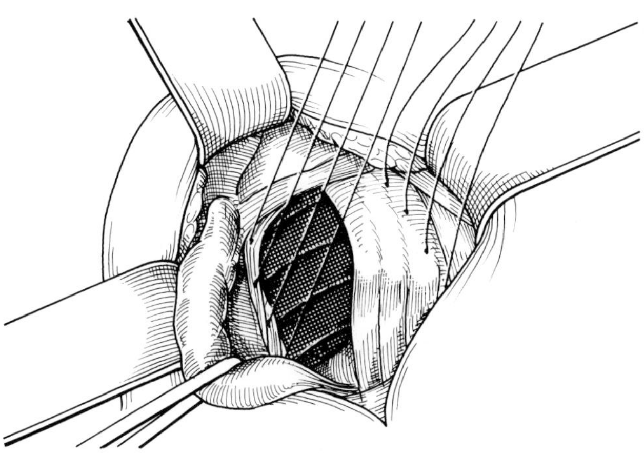

Abb. 9.3-29. Stabilisierung der Leistenkanalhinterwand durch ein Vicryl®-Kissen.

Operationsverfahren

a)

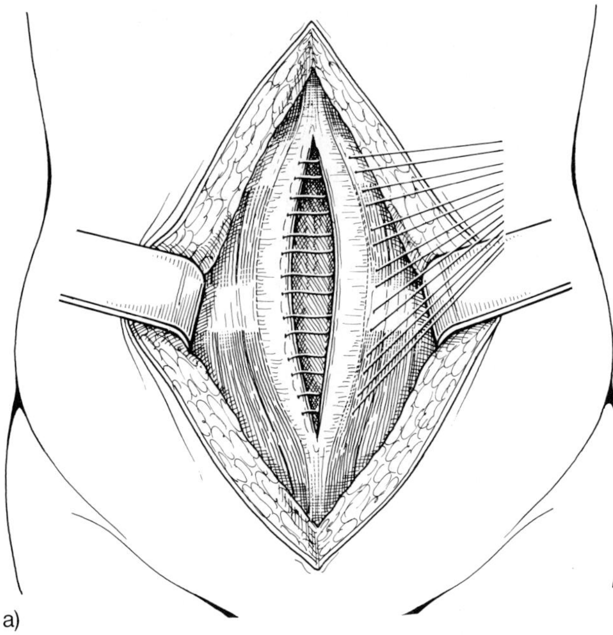

b)

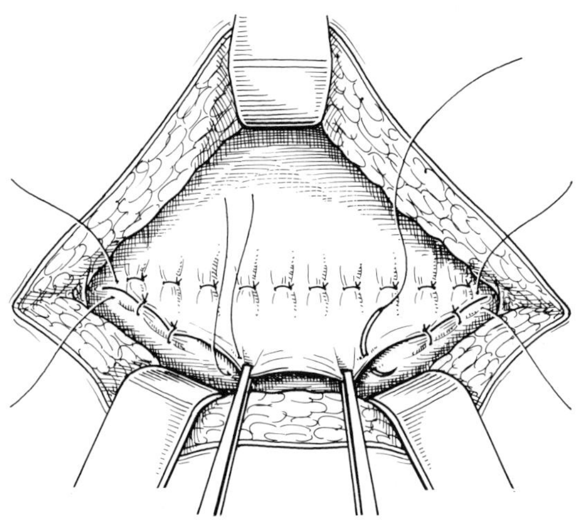

Abb. 9.3-30. a u. b) Fasziendopplung nach Mayo bei einem Narbenbruch nach medianer Laparotomie.

Narbenbrüche im Verlauf der Linea alba können am zuverläßigsten durch die Hernioplastik nach Mayo (Abb. 9.3-30a und b) versorgt werden. Nach queren Laparotomien empfiehlt sich ebenfalls die Fasziendoppelung mit U-Nähten. Als Nahtmaterial kommen Polyglykolsäure (PGS), Polyglactin oder Polydioxanon (PDS) und ausnahmsweise geflochtener Draht in Frage. Kaum eine andere Hernienoperation verlangt so viel Einfallsreichtum und situationsbezogene Anpassungsfähigkeit, einschließlich der Kenntnis der Grundlagen der plastischen Chirurgie (s. dort). Weit klaffende Bruchränder können gelegentlich nicht durch eine Naht, geschweige denn durch Fasziendoppelung vereinigt werden. Entweder kommt hier die ein- oder beidseitige Durchtrennung des M. obliquus externus über dem Rippenbogen in Frage, im Unterbauch die Abmeißelung des Beckenkammes nach Brügge oder die Einnähung eines Kutistransplantates nach Rehn oder Koriumlappens nach Stengel, wenn die zuvor genannten entlastenden Eingriffe nicht ausreichen. Wichtig ist es zudem, den fehlenden peritonealen Bezirk durch das in den Defekt hereingedrehte und/oder gestielte große Netz abzudichten. Es besteht ferner die Möglichkeit Fascia lata zur Sicherung eines schwach erscheinenden Hernienverschlusses nach den Angaben von M. Kirschner frei zu transplantieren (Abb. 9.3-31).

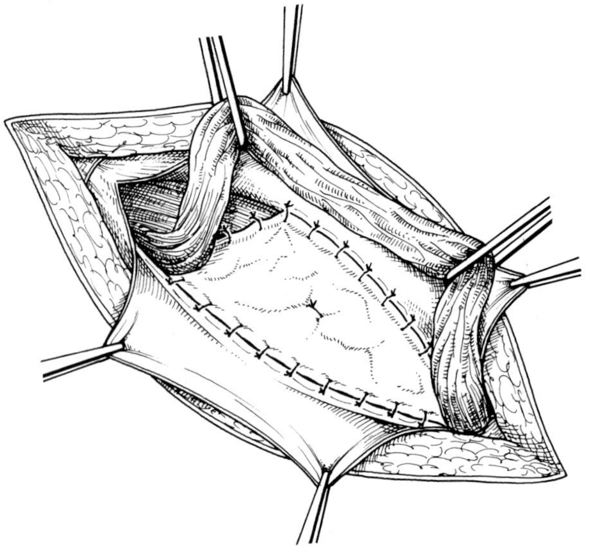

Abb. 9.3-31. Zusätzliche Stabilisierung der Leistenkanalhinterwand durch Einnähen eines Transplantates.

Eine weitere Methode, auch zum Verschluß umfangreicher Bauchwandbrüche, wurde von Dick u. Henning 1963 angegeben. Nach üblicher Freilegung des narbigen Bruchringes werden die Verschlußnähte als Matratzen-U-Nähte, abwechselnd von rechts und von links, gelegt, aber zunächst noch nicht geknüpft. Die Fäden werden mit Klemmen gefaßt, so daß es dann beim gegenläufigen Zug in Fadenrichtung zu einer Annäherung der Bruchränder kommt. Anschließend werden die Fäden unter gleichmäßig anhaltendem Zug der anderen Schritt für Schritt geknüpft (Abb. 9.3-32) (»Klöppelnaht«).

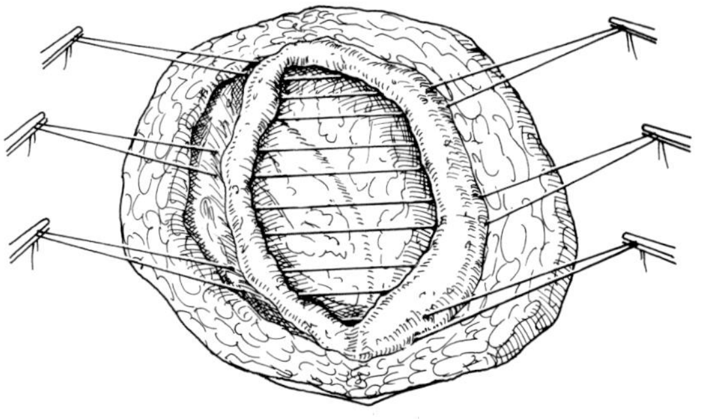

Abb. 9.3-32. Verschluß eines Bauchwandbruches durch gegenläufige Matratzen-U-Naht nach Dick und Henning.
a) Durchführung der U-Nähte.

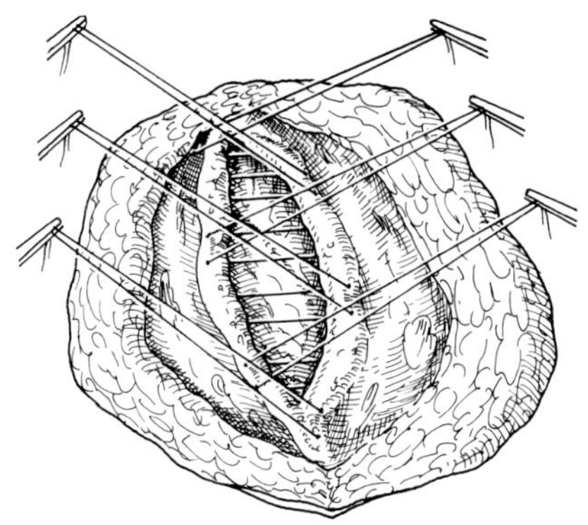

b) Durch gleichzeitigen Zug an den Klöppelnähten kommt es zur Annäherung der Bruchsackränder. Die Fäden werden dann der Reihe nach geknüpft.

9.4

Zwerchfell, Speiseröhre, Magen und Milz

Topographische Anatomie

J. W. Rohen

Zwerchfell

Das Zwerchfell ist eine doppelt gewölbte Muskelplatte, an der man aufgrund der Ansatzverhältnisse eine Pars lumbalis, Pars sternalis und Pars costalis unterscheiden kann. Die lumbale Portion überspannt die Wirbelkörper und die dicht anliegende Aorta (Hiatus aorticus). Sie reicht mit zwei lang ausgezogenen Zipfeln (Crus dextrum und Crus sinistrum) bis zum 3. bzw. 4. Lendenwirbelkörper herunter (Abb. 9.4A-1). Sie bildet zum Querfortsatz des 1. Ledenwirbels sowie zur 12. Rippe je einen größeren Sehnenbogen, der lateral den M. quadratus lumborum (sog. Quadratusarkade, Lig arcuatum lat.) und medial den M. psoas major (Psoasarkade, Lig. arcuatum med.) überspannt. Oberhalb der Quadratusarkade befindet sich häufig ein schmales, muskelfreies Dreieck (Bochdaleckscheș Dreieck, Trig. lumbocostale), das einen Prädilektionsort für Zwerchfellhernien darstellt. Die sternale Portion des Zwerchfells entspringt vom unteren Ende des Sternums und ist beiderseits durch eine Bindegewebsspalte (Trig. sternocostale), durch die die Vasa epigastrica sup. hindurchtreten (Larreysche bzw. Morgagnische Spalte), von der kostalen Portion getrennt (Abb. 9.4A-1). Die Durchtrittstelle für die V. cava inf. sowie den N. phrenicus dext. liegt im Bereich des Centrum tendineum (For. venae cavae inf.), diejenige für den Ösophagus und die Trunci vagales (Hiatus oesophageus) etwas weiter dorsal im Bereich der Pars lumbalis. Die vordere Portion des Crus dextrum läuft hinter dem Pankreas entlang bis zur Flexura duodenojejunalis und bildet hier das Treitzsche Band. Ein Teil des Crus sinistrum umgreift wie ein Bügel den hinteren Ösophagusabschnitt

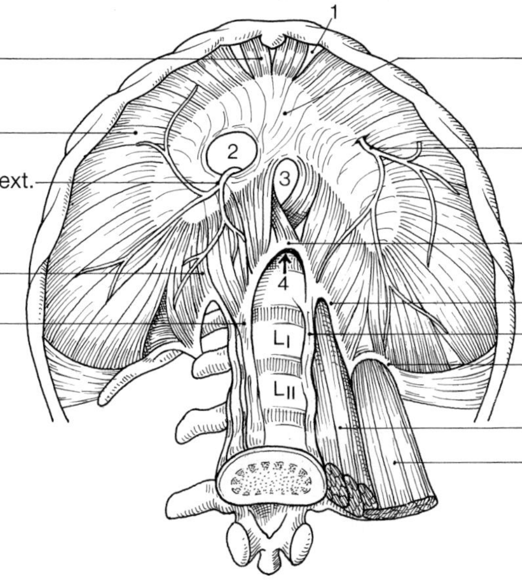

Abb. 9.4A-1. Zwerchfell in der Ansicht von unten. Zwerchfellöffnungen: 1 = Trigonum sternocostale (Vasa epigastrica sup.); 2 = For. venae cavae inf. (V. cava inf., N. phrenicus dext.); 3 = Hiatus oesophageus (Oesophagus, Trunci vagales ant. et post.); 4 = Hiatus aorticus (Aorta, Ductus thoracicus).

und vereinigt sich mit dem Crus dextrum (Lig. arcuatum medianum). Fehlt diese Verschmelzung oder wird sie bei einer großen Hernie aufgebraucht, entsteht ein Hiatus communis für Ösophagus und Aorta. Der Ductus thoracicus verläuft hinter der Aorta, etwa in der Medianebene vor den Wirbelkörpern. Er geht aus der Cisterna chyli hervor, die meist unmittelbar hinter der Aorta im Aortenschlitz gelegen ist. Der Ductus thoracicus zieht dann vom Hiatus aorticus aus zum hinteren Mediastinum und kranialwärts zur oberen Thoraxapertur, wo er dann im linken Venenwinkel zwischen V. subclavia sin. und V. jugularis int. endet.

Die **Innervation** des Zwerchfells stammt aus dem Plexus cervicalis, dessen N. phrenicus (C_4 u. C_5) auf dem M. scalenus ant. abwärts durch das mittlere Mediastinum – rechts zum For. venae cava inf. und links um die Herzspitze herum zur Zwerchfellkuppe – verläuft. Sog. Nebenphrenizi können aus tieferen Segmenten des Plexus brachialis (C_6–C_8), aber auch aus höheren Segmenten des Plexus cervicalis (C_2 u. C_3) kommen und sich dem Hauptnervenstamm anschließen. Zusätzliche Innervationsquellen dieser Art können Komplikationen bei einer Phrenikotomie oder Phrenikusexhairese verursachen.

Speiseröhre

Am Ösophagus unterscheidet man einen Halsteil (Pars cervicalis), einen im hinteren Mediastinum gelegenen, chirurgisch schwer zugänglichen Brustteil (Pars thoracalis) und einen unter dem Zwerchfell gelegenen, kurzen, abdominalen Abschnitt (Pars abdominalis). Der Ösophagus verläuft vom Unterrand des Krikoidknorpels (etwa in Höhe von C_6, erste Enge), hinter der Trachea an der Bifurcatio tracheae und dem Aortenbogen vorbei (etwa in Höhe von Th_4, zweite Enge), dann hinter dem linken Vorhof kaudalwärts zum Hiatus oesophageus des Zwerchfells, wobei er sich zunehmend von der Wirbelsäule entfernt und schließlich vor der Aortas descendens zu liegen kommt. Der Zwerchfelldurchtritt liegt etwa in Höhe Th_9 (dritte Enge). Anschließend beginnt der abdominale Abschnitt des Ösophagus, der eine variable Länge aufweist (3–5 cm), vom Peritoneum bedeckt ist und bogenförmig in die Kardia übergeht (Abb. 9.4A-2). Die erste Enge ist etwa 15 cm, die zweite (Aortenenge) 24 cm und die dritte Enge rund 40 cm von der Zahnreihe entfernt (Gesamtlänge des Ösophagus 25 cm).

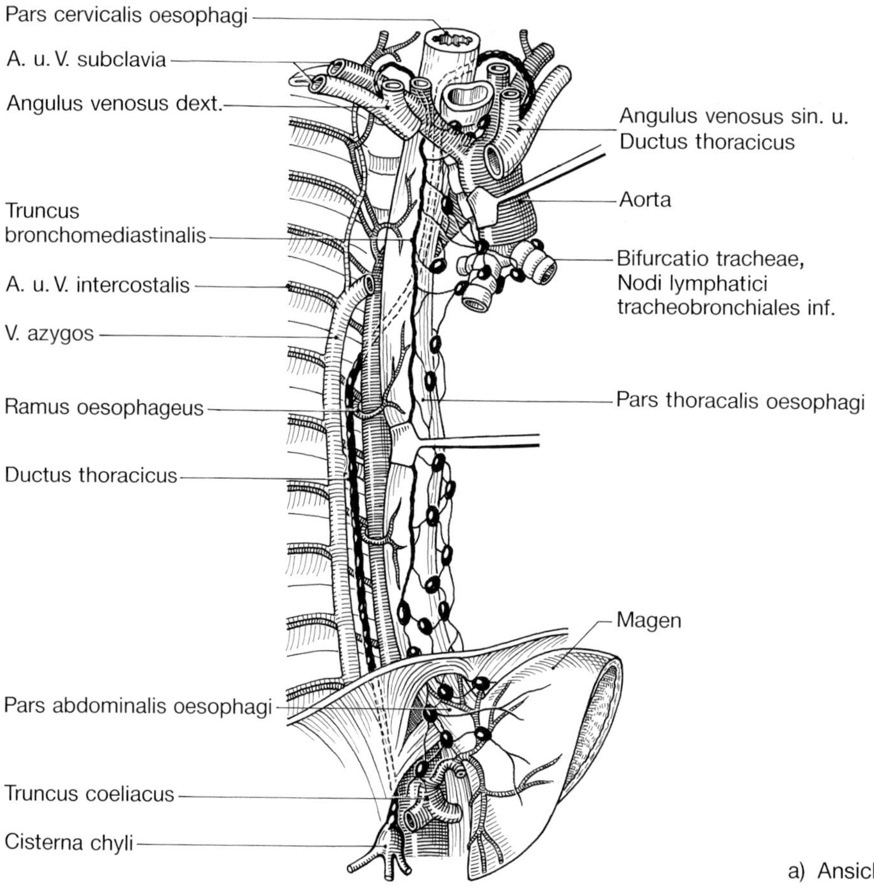

a) Ansicht von links-vorne.

Abb. 9.4A-2. Lage des Ösophagus im Verhältnis zu den benachbarten Leitungsbahnen. Man beachte die regionale Gefäßversorgung aus den Interkostalarterien bzw. aus der Aorta und die Lymphabflußwege.

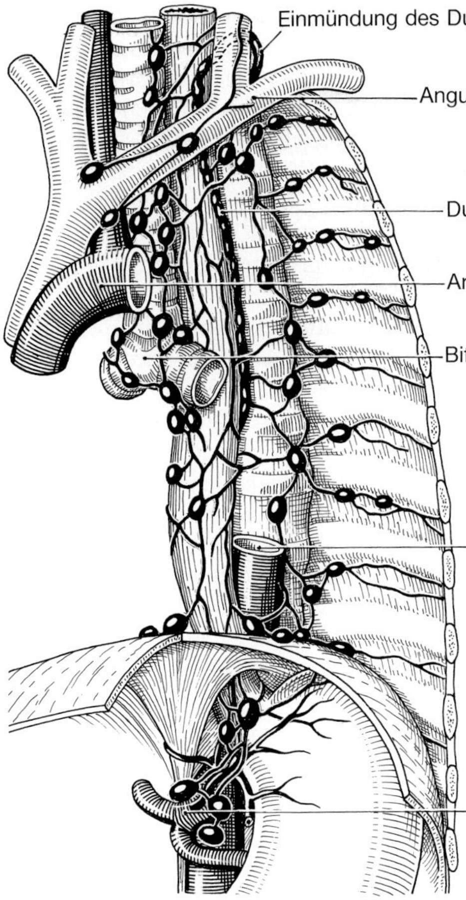

b) Ansicht von rechts-vorne.

Manometrische Messungen ergaben eine etwa 3 cm lange »Hochdruckzone« in Höhe der ersten Enge hinter dem Krikoid (Ösophagusmund), für die hauptsächlich der M. cricopharyngeus verantwortlich gemacht wird (sog. »oberer Ösophagussphinkter«). Durch die Umgruppierung der Muskulatur beim Übergang vom Pharynx in den Ösophagus entsteht häufig eine muskelarme oder muskelfreie Stelle zwischen dem M. crico- oder thyropharyngeus, Muskeln, die zum unteren Schlundschnürer gehören (Laimersches Dreieck). Oberhalb der horizontal verlaufenden Faserbündel des M. cricopharyngeus, d. h. an der pharyngealen Hinterwand, befindet sich die Kiliansche Muskellücke, in deren Bereich sich fast ausnahmslos die Pulsionsdivertikel (Zenker) entwickeln.

Beim Zwerchfelldurchtritt entstehen wiederum besondere Muskelkonstruktionen, die jedoch keinen geschlossenen, anatomisch abgrenzbaren Sphinkter darstellen. Die längsgestellten, sich überkreuzenden Muskelspiralen bilden in diesem Bereich einen spiralig muskulösen Dehnverschluß, der von den Chirurgen als »unterer Ösophagussphinkter« bezeichnet wird, sich über die letzten 3–4 cm des abdominalen Ösophagusabschnittes erstreckt, durch die Zwerchfellschenkel, die Bertellische Membran (Ligamentum oesophageophrenicum) sowie durch die ventrale Verschmelzungszone von viszeralem und parietalem Peritoneum stabilisiert und durch vagale Stimulation geöffnet werden kann. Die ausgedehnten, submukösen Venenplexus, die ein wichtiges Anastomosengebiet zwischen Pfortader- und Kavakreislauf darstellen (Ösophagusvarizen!) unterstützen durch wechselnden Füllungsdruck den Verschlußmechanismus.

Das untere Ende des Ösophagus ist durch zeltartige Faszienzüge im Zwerchfellschlitz verschieblich fixiert. Röntgenologisch beobachtet man hier einen sog. epikardialen Stopp beim Schlucken des Kontrastbreies. Eine Schwächung des konstruktiven Ösophaguseinbaus durch Lockerung der Faszienzüge oder Innervationsveränderungen kann zur Entwicklung von Brüchen (Hiatushernien) führen. Durch die relativ spitzwinklige Einmündung des abdominalen Ösophagusabschnittes in die Kardia entsteht der sog. Hissche Winkel (Incisura cardiaca), der bei Neugeborenen noch sehr viel größer (etwa 85%) ist als beim Erwachsenen (etwa 50–60%) (Abb. 9.4A-3). Durch die zeltartigen Bindegewebsstrukturen des Zwerchfells kann der abdominale Ösophagus im Hiatus oesophageus hin- und hergleiten, wobei sich der Hissche Winkel verändert. Die Fibrae obliquae und die Längsmuskulatur des Magens, die sich besonders an der kleinen Kurvatur verdichten, führen im Zusammenhang mit dem geschilderten konstruktiven Einbau des unteren Ösophagusendes dazu, daß die kleine Kurvatur des Magens besser stabilisiert und lagekonstanter ist als die übrigen Magenabschnitte (»Magenstraße«).

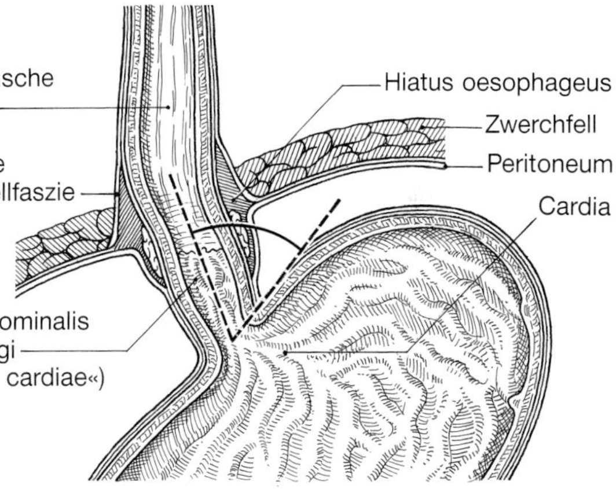

Abb. 9.4A-3. Übergang des Ösophagus in den Magen und konstruktiver Einbau des abdominalen Abschnittes vom Ösophagus in den Zwerchfellschlitz. Gestrichelte Linien = Hisscher Winkel (Incisura cardiaca).

Die **arterielle Versorgung** des Ösophagus stammt aus den benachbarten größeren Gefäßstämmen oder direkt aus Ästen der Aorta thoracica. Die Pars cervicalis enthält in der Regel arterielle Äste aus der A. thyroidea inf. (Truncus thyrocervicalis), die Pars thoracalis direkte Äste aus der Aorta oder aus den benachbarten Interkostalarterien, die Pars abdominalis aus Zweigen der A. gastrica sin. (Truncus coeliacus) oder der A. phrenica inf. (Abb. 9.4A-4). Bei der klinisch besonders wichtigen abdominalen Portion kommen Variationen der arteriellen Versorgung relativ häufig vor. Im Normalfall entspringen die unteren Ösophagusarterien aus einem kräftigen Ast der A. gastrica sin. (Abb. 9.4A-4a). Gelegentlich aber auch direkt aus der Aorta oder dem Truncus coeliacus (Abb. 9.4A-4b) oder aus der A. phrenica inf. **und** der A. gastrica sin. (Abb. 9.4A-4c). Die letzte Variante ist jedoch relativ selten.

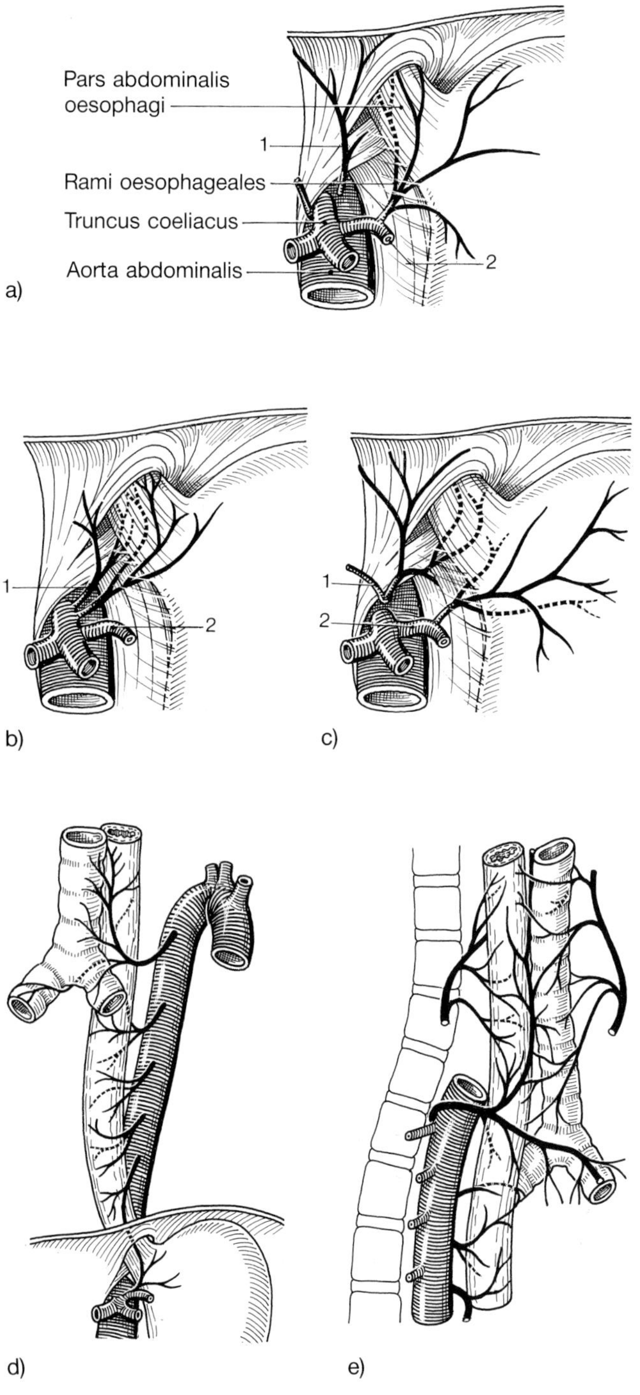

Abb. 9.4A-4. a–e) Variationen der arteriellen Versorgung des Ösophagus. 1 = A. phrenica inf.; 2 = A. gastrica sin.
a–c) Variationen im Bereich des abdominalen Ösophagusabschnittes.

Auch die **Venen des Ösophagus** gehören zu regional verschiedenen Stromgebieten. Im Halsbereich erfolgt der venöse Abfluß überwiegend über die Schilddrüsenvenen, im Brustbereich über die V. azygos bzw. V. hemiazygos zur V. cava sup. und im abdominalen Teil über die V. gastrica sin., V. gastrica dextra oder V. praepylorica (in der alten Nomenklatur als Vv. coronariae ventriculi bezeichnet) zur V. portae. Im unteren Ösophagusabschnitt bestehen damit ausgiebige Anastomosen zum Pfortadersystem (s. a. S. 470).

Die **Innervation des Ösophagus** stammt hauptsächlich aus dem N. vagus. Der zervikale Abschnitt wird von Ästen des N. laryngeus recurrens innerviert, der thorakale Teil von direkten Vagusästen oder Rekurrenszweigen. Unterhalb der Bifurcatio tracheae legen sich die beiden **Nervi vagi** der Ösophaguswand eng an und teilen sich anschließend in mehrere Äste auf, die plexusartig miteinander anastomosieren und so die Trunci vagales bilden. Als Regel gilt, daß der rechte Vagus (als Folge der entwicklungsgeschichtlichen Magendrehung) kaudalwärts zunehmend an die Hinterseite des Ösophagus gelangt, während sich umgekehrt der linke Vagus kaudalwärts mehr und mehr nach vorne verschiebt. Der aus dem rechten Vagus hervorgegangene, dorsale Truncus endet hauptsächlich im Plexus solaris, der ventrale strahlt dagegen größtenteils in den Plexus gastricus ventralis ein.

Die sympathische Versorgung des Ösophagus stammt größtenteils aus dem Ganglion cervicothoracicum sowie Ästen des Truncus sympathicus. Auch aus dem Plexus aorticus thoracicus zweigen sympathische Fasern zum Ösophagus ab.

Lymphgefäße und Lymphabflüsse: Ein dichtes Geflecht von Lymphgefäßen, in die zahlreiche Lymphknoten eingelagert sind, umgibt den Ösophagus, vor allem im thorakalen Abschnitt. Dieses wird sowohl nach kaudal über die Trunci descendentes als auch nach kranial über Zuflüsse zum Ductus thoracicus drainiert. Die Trunci descendentes münden kaudal in den thorakalen Abschnitt des Ductus thoracicus ein. Ausgedehnte Verbindungen bestehen auch mit den bronchopulmonalen und tracheobronchialen Lymphgefäßen bzw. Lymphknoten, die über den Truncus bronchomediastinalis zum **linken** Venenwinkel (Zusammenfluß von V. jugularis int. und V. subclavia) drainiert werden (Abb. 9.4A-2). Eine Metastasierung von Geschwülsten kann daher unabhängig von der Tumorlokalisation sowohl nach kranial als auch nach kaudal oder direkt in die Lunge erfolgen.

Die **zervikale Portion des Ösophagus** beginnt hinter dem Ringknorpel und zieht dann mit dem Eingeweidestrang des Halses, unmittelbar hinter der Trachea ins Mediastinum. Von ventral gesehen, ragt der Ösophagus etwas links über den Trachealrand heraus, so daß er von links-vorne besser zugänglich ist als von rechts-vorne. In der Rinne zwischen Ösophagus und Trachea zieht der N. laryngeus recurrens nach kranial (Abb. 9.4A-5). Dieser kräftige Nerv, der links vom N. vagus erst am Aortenbogen abzweigt, rechts dagegen bereits in Höhe der A. subclavia abgeht, gibt

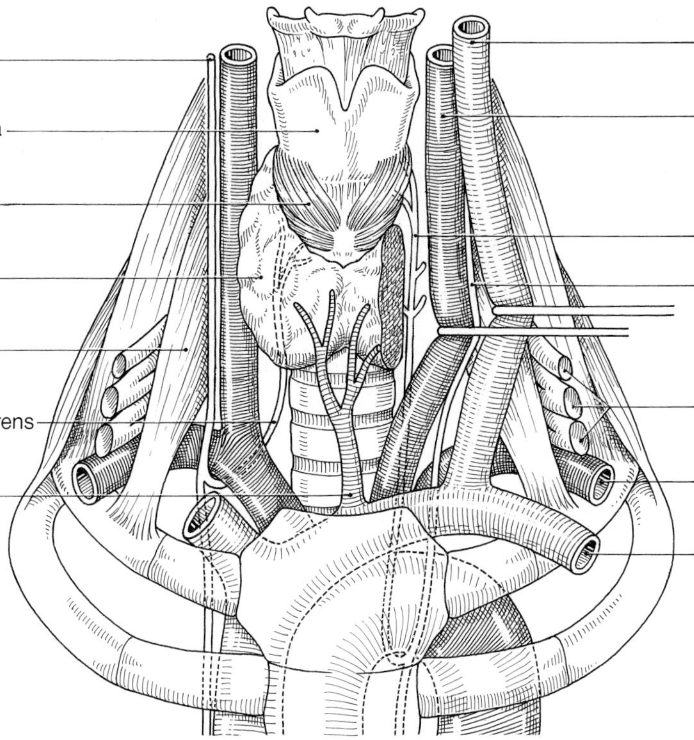

Abb. 9.4A-5. Schema über die Innervation des Kehlkopfes und die Gefäßversorgung der Schilddrüse. Unterschiedlicher Verlauf des N. laryngeus recurrens an der rechten und linken Seite. Man beachte die Lagebeziehungen der Nerven zu den Halseingeweiden.

zahlreiche Äste zur Trachea, zum Plexus oesophageus und vor allem zum Kehlkopf (N. laryngeus inf.) ab, wo er motorisch die gesamte innere Kehlkopfmuskulatur und sensibel die untere Kehlkopfschleimhaut bis etwa zur Stimmritze versorgt. Seitlich an den Eingeweidestrang des Halses lagern sich die großen Gefäße (A. carotis comm., V. jugularis int.) und der N. vagus an, die meist in eine derbe bindegewebige Scheide eingeschlossen sind. Links zieht der Ductus thoracicus bogenförmig zum Angulus venosus sin., der durch den Zusammenschluß der V. jugularis int. und der V. subslavia entsteht. Im rechten Angulus venosus mündet der wesentlich kleinere Ductus lymphaticus dext., der die Lymphe der rechten Kopf-Hals-Hälfte, des rechten Armes und der rechten oberen Thorashälfte abführt; unmittelbar vor der Trachea verläuft die unpaare V. thyroidea inf. zur V. brachiocephalica sin., die hauptsächlich das Blut der unteren-hinteren Schilddrüsenabschnitte drainiert. Der oben weiter dorsal gelegene N. vagus schiebt sich in der unteren Hälfte des Halses zwischen A. carotis comm. und V. jugularis int. mehr und mehr nach vorne, so daß er schließlich rechts **vor** der A. subclavia und links vor dem Arcus aortae zu liegen kommt. Der Plexus brachialis erreicht zusammen mit der A. subclavia durch die **hintere** Skalenuslücke, die V. subclavia durch die **vordere** Skalenuslücke den Arm. Der Truncus sympathicus liegt versteckt in der tiefen Halsfaszie, spaltet aber mehrere Rami cardiaci ab, die auf dem Gefäß-Nerven-Strang abwärts zum Mediastinum ziehen, wo sie sich an der sympathischen Innervation von Herz und Lungen beteiligen. Um die A. subclavia herum entsteht beiderseits ein Anastomosennetz sympathischer Nerven (Ansa subclavia), das mächtige Ganglienkomplexe enthält (Ganglion cervicothoracicum oder Ggl. stellatum). Von hier geht die periphere autonome (sympathische) Innervation des Armes, z. T. auch der Hals- und Brustorgane aus. Der Ösophagus lagert sich dorsal der tiefen Halsfaszie unmittelbar an (Lamina praevertebralis fasciae cervicalis), ist aber gegenüber dieser durch lockeres Bindegewebe abgegrenzt d. h. verschieblich. Seine arterielle Versorgung stammt im Halsbereich hauptsächlich aus Ästen des Truncus thyrocervicalis. Die abführenden Venen gehören zum Azygossystem.

Magen und Bursa omentalis

Der Magen liegt in der Hauptsache unter dem linken Rippenbogen in der Regio hypochondriaca sin. Er lagert sich im epigastrischen Winkel teilweise der Bauchwand direkt an, wird aber normalerweise vom Zwerchfell durch den linken Leberlappen und die Milz abgedrängt. Nur bei starker Füllung berührt der Fundus in größerem Ausmaß die Unterseite des Zwerchfells. Der Hauptteil des Magens liegt links von der Wirbelsäule in Höhe von L_2–L_3, die Pars pylorica jedoch weitgehend rechts im Bereich des 1. Lendenwirbelkörpers. Dadurch erhält der Magen im ganzen eine Hakenform. Der linke Recessus costodiaphragmaticus der Pleura projiziert sich auf den Fundus des Magens. Die große Kurvatur grenzt an das Querkolon, die Hinterwand an die Bursa omentalis. Die Vorderwand des Magens liegt versteckt unter dem Rippenbogen und wird weitgehend vom linken Leberlappen überdeckt. Die Pars pylorica überlagert das Tuber omentale des Pankreas (Abb. 9.4A-6).

Die Kardia – in Höhe von Th_{11}–Th_{12} gelegen – wird nur vorn vom Peritoneum überzogen. Ihr dorsaler Teil grenzt an die Zwerchfellfaszie und ist dort verschieblich fixiert. Die übrigen Teile des Magens liegen intraperitoneal und sind an der kleinen Kurvatur durch das Omentum minus mit der Leber, an der großen Kurvatur durch das Lig. gastrocolicum mit dem Querkolon sowie durch das Lig. gastrolienale mit dem Milzhilus verbunden. Diese mesenterialen Duplikaturen sind nicht nur Haltebänder, sondern auch Leitstrukturen für die Leitungsbahnen (Abb. 9.4A-6 u. 7).

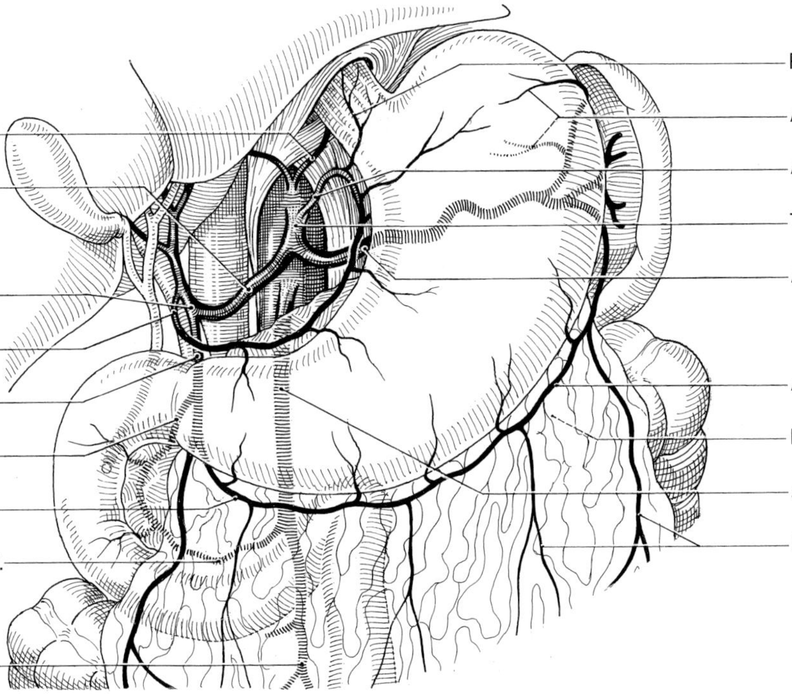

Abb. 9.4A-6. Schematische Darstellung der arteriellen Versorgung von Magen, Duodenum, Leber und Omentum majus.

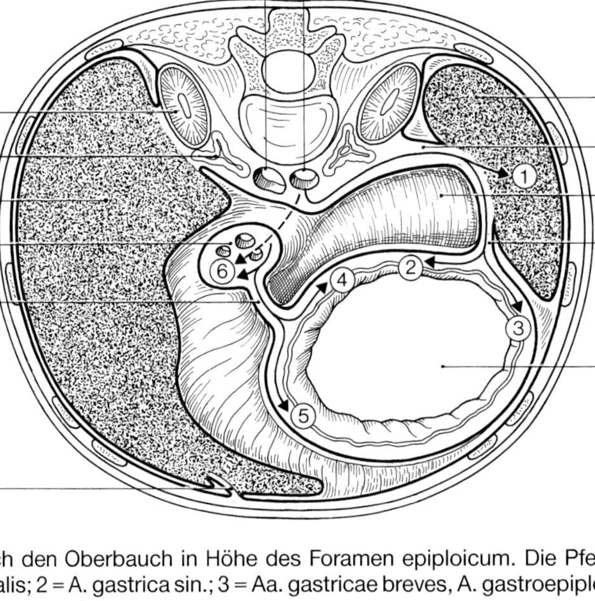

Abb. 9.4A-7. Horizontalschnitt durch den Oberbauch in Höhe des Foramen epiploicum. Die Pfeile deuten die Verlaufsrichtung der versorgenden Arterien an. 1 = A. lienalis; 2 = A. gastrica sin.; 3 = Aa. gastricae breves, A. gastroepiploica sin.; 4 = A. gastrica dext.; 5 = A. gastroepiploica dext.; 6 = A. hepatica propria.

Die **arterielle Versorgung** des Magens stammt hauptsächlich aus dem Truncus coeliacus, der im Hiatus aorticus des Zwerchfells aus der Aorta abdominalis hervorgeht. Die wichtigsten Gefäßstraßen liegen an der kleinen und großen Kurvatur. An der kleinen Kurvatur anastomosieren die A. gastrica sin. (ein selbständiger Ast des Truncus coeliacus) und die A. gastrica dextra, die in 2/3 der Fälle aus der A. hepatica propria, in 1/3 der Fälle jedoch schon aus der A. hepatica comm. entspringt. Im Kardia- und Ösophagusbereich können sich Äste aus der A. phrenica inf. bzw. aus der A. gastrica sin. beteiligen. An der großen Kurvatur anastomosieren die A. gastroepiploica sin. (aus der A. lienalis) und die A. gastroepiploica dext. (aus der A. gastroduodenalis) miteinander. Die A. gastroepiploica sin. verläuft zunächst im Lig. gastrolienale und geht dann in das Lig. gastrocolicum über, das sich kaudalwärts in das Omentum majus fortsetzt. Lange, radiär verlaufende Rami epiploicae ziehen bis zum Omentum majus abwärts (Abb. 9.4A-6). Der Gefäßkranz der kleinen Kurvatur liegt meist in 1,5–2,5 cm Entfernung von der Magenwand und ist nicht immer vollständig ausgebildet. In 1/3 der Fälle fehlt die Anastomose ganz, in etwa 28% der Fälle sind nur dünne Verbindungsäste vorhanden. An der kleinen Kurvatur anastomosieren die A. gastrica dext. und sin. in 16% der Fälle nicht, in 24% der Fälle ist ein doppelter, in 60% ein einfacher Gefäßkranz ausgebildet. Der Gefäßkranz der kleinen Kurvatur liegt im Ansatzbereich des Omentum minus durchschnittlich 1–1,5 cm vom Magen entfernt. Die A. gastrica dext. erreicht die kleine Kurvatur über das Lig. hepatoduodenale, die A. gastrica sin. über das Lig. hepatooesophageum. An der Hinterwand des Magens und im Fundusbereich kommen noch mehrere Äste (Aa. gastricae breves) hinzu, die das reiche Gefäßnetz des Magens kranial und dorsal ergänzen. Sie stammen aus der A. lienalis und erreichen den Fundus über das Lig. phrenicolienale (Abb. 9.4A-6 u. 7).

Die **Venen des Magens** begleiten die gleichnamigen Arterien und fließen hauptsächlich zur Pfortader hin ab. Die am Pylorus gelegene V. praepylorica zeigt häufig die Lage des Sphinkters an (Mayosche Vene). Pfortader- und Kavasystem anastomosieren an der Kardia über die Ösophagusvenen, da diese kranialwärts auch zu den Azygosvenen hin drainiert werden.

Lymphgefäße des Magens (Abb. 9.4A-8): Die Lymphe der Magenschleimhaut sammelt sich in einem submukösen und subserösen Plexus, aus dem die Hauptlymphstämme hervorgehen. Die größeren Lymphgefäße begleiten in der Regel die Venen und verlaufen zusammen mit den zwischengeschalteten, regionären Lymphknoten hauptsächlich an der kleinen und großen Kurvatur. Die Kliniker unterscheiden am Magen im wesentlichen 4 Drainagezonen:

1. Lymphe aus dem Bereich der kleinen Kurvatur sammelt sich in Gefäßen, die mit der V. gastrica sin. zu den zöliakalen Lymphknoten gelangen (Nodd. lymph. coeliaci).
2. Lymphe aus dem Fundusgebiet fließt in der Hauptsache nach dorsal über die lienalen und pankreatikolienalen Lymphknoten in der Nachbarschaft der V. lienalis ab.
3. Lymphgefäße aus dem unteren Bereich der großen Kurvatur münden in die Lymphknotengruppe entlang der V. gastroepiploica dext. und der V. mesenterica sup. und anastomosieren mit den retropylorischen und hepatischen Lymphknoten (Nodi lymph. gastroepiploici dext. et pylorici bzw. Nodi lymph. hepatici).
4. Der kaudale Teil des Antrums und das Pylorusgebiet haben meist noch eine eigene Lymphdrainage über das Lig. hepatoduodenale zu den Lymphknotengruppen der Leberpforte und den Nodi lymph. coeliaci.

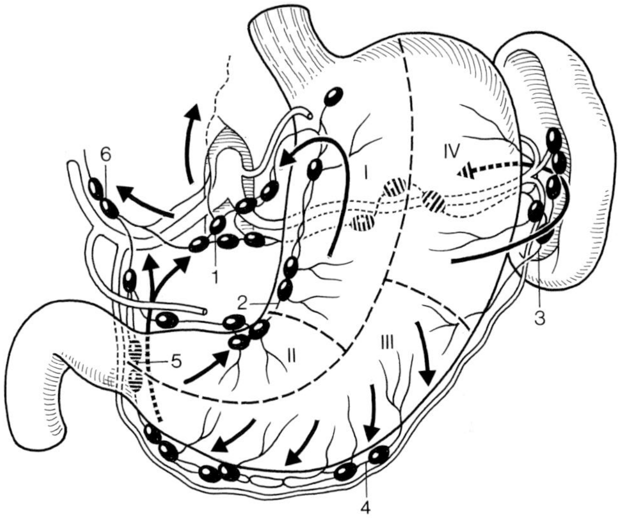

Abb. 9.4A-8. Schema der wichtigsten Lymphgefäßstraßen und regionären Lymphknoten des Magens. Die 4 Hauptabflußzonen (I–IV) und ihre Abflußrichtungen (Pfeile) sind markiert. 1 = Nodi lymphatici coeliaci, Abfluß über die Cisterna chyli durch den Ductus thoracicus; 2 = Nodi lymphatici gastrici dext. et sin.; 3 = Nodi lymphatici gastroepiploici sin.; 4 = Nodi lymphatici gastroepiploici dext.; 5 = Nodi lymphatici pylorici; 6 = Nodi lymphatici hepatici.

Die zöliakalen Lymphstämme enden kranial im Ductus thoracicus oder gehen über die bronchomediastinalen Lymphstränge direkt in den linken bzw. rechten Venenwinkel über. Die retropylorischen Lymphknoten werden von metastasierenden Magenkarzinomen meist zuerst betroffen. Die Metastasen greifen von hier über die Nodd. lymph. hepatici auf den Leberhilus oder auf das Pankreas über. Die enge topographische Nachbarschaft der Pars pylorica mit der Hinterwand der Bursa omentalis begünstigt besonders ein Übergreifen von Metastasen auf das Pankreas. Ein weiterer, allerdings sehr selten beobachteter Metastasenweg geht nach kranial über die paraaortalen und mediastinalen Lymphwege zu den supraklavikulären Lymphknoten (Virchowsche Drüse) oder direkt zu den Trunci bronchomediastinales.

Innervation des Magens: Die postganglionären, sympathischen Fasern für den Magen stammen aus dem Ggl. coeliacum, das seine präganglionären Fasern über die Nn. splanchnici erhält. Die parasympathische Innervation kommt von Ästen der Nn. vagi. Durch die embryonale Rechtsdrehung des Magens geht der linke N. vagus hauptsächlich in den Truncus vagalis ant. über, der nach Durchtritt durch den Ösophagusschlitz des Zwerchfells vornehmlich in die Magenvorderwand ausstrahlt (Plexus gastricus ventr.). Der rechte N. vagus gelangt durch die Magendrehung mehr nach dorsal und bildet den Truncus vagalis post., der im Plexus coeliacus bzw. solaris endet, aber auch Äste zur Magenhinterwand abgibt (Abb. 9.4A-9). Von dieser Regel (Abb. 9.4A-10a) gibt es jedoch zahlreiche Abweichungen, die in Abb. 9.4A-10b u. c) dargestellt sind. Chirurgisch ist diejenige Variation, bei der **nur** der Truncus vagalis ant. differenziert ist (Abb. 9.4A-10c), von besonderer Bedeutung, da eine Vagotomie in solchen Fällen kontraindiziert ist.

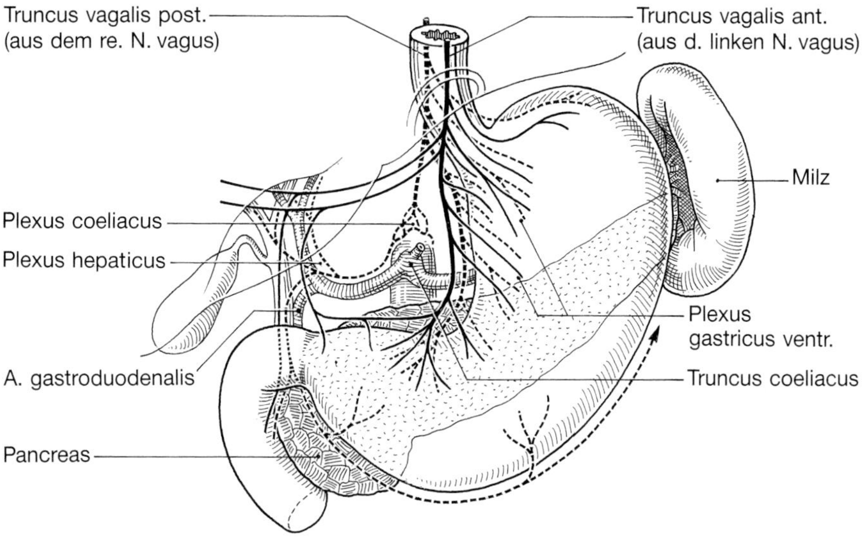

Abb. 9.4A-9. Parasympathische Innervation des Magens. Übergang der Trunci vagales in die Plexus gastrici bzw. den Plexus coeliacus.

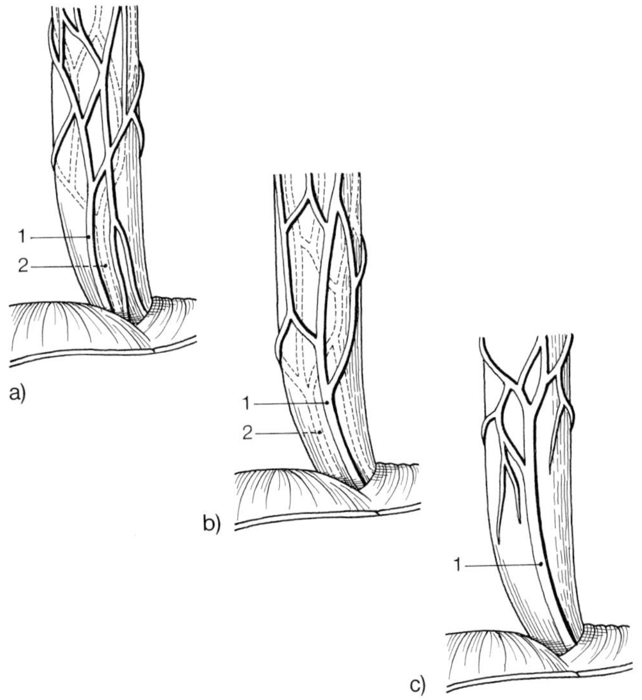

Abb. 9.4A-10. Variationen in der Ausbildung der Trunci vagales am unteren Ösophagusende. Ansicht von vorn. 1 = Truncus vagalis ant.; 2 = Truncus vagalis post.
a) Regelfall.
b) Ausbildung mehrerer hinterer Nervenstränge.
c) Nur der vordere Truncus ist vorhanden.

Bursa omentalis

Hinter dem Magen liegt der sog. Netzbeutel (Bursa omentalis), der einen peritonealen Gleitspalt darstellt und erhebliche Exkursionen der Oberbauchorgane (Leber, Milz und Magen) ermöglicht (Abb. 9.4A-7). Bei penetrierenden entzündlichen Prozessen kann er jedoch leicht verkleben. Der natürliche Zugang zur Bursa omentalis ist das Foramen epiploicum (Winslowi), das rechts von der Wirbelsäule (unter der Leber), etwa in Höhe des 1. Lendenwirbelkörpers lokalisiert ist. Die 2–3 cm große Öffnung wird dorsal von der V. cava inf., kranial von der Leber, insbesondere vom Lobus caudatus, kaudal vom Duodenum (Pars superior) und ventral vom Lig. hepatoduodenale, dem Unterrand des Omentum minus, begrenzt. Das hepatoduodenale Ligament beherbergt die »Trias der Leberpforte«, d.h. die A. hepatica propria, die V. portae und den Ductus choledochus sowie die Lymphgefäße der Leber und die periarteriellen autonomen Nervengeflechte (Plexus hepaticus). Im Lig. hepatoduodenale liegt der Ductus choledochus rechts, die A. hepatica propria links und die V. portae hinter beiden. Das Ligament wird kaudalwärts breiter, so daß sich die Leitungsbahnen kaudal voneinander entfernen. Auch wird der Abstand der Leitungsbahnen von der peritonealen Oberfläche kaudalwärts größer.

Vom Foramen epiploicum gelangt man in das Vestibulum bursae omentalis. Der Hauptraum der Bursa omentalis wird durch eine hauptsächlich von der A. gastrica sin.

aufgeworfene Peritonealfalte (Plica gastropancreatica) in eine Pars superior und inferior gegliedert. Die Pars superior kann durch sekundäre Verklebungen des Magens mit der dorsalen Bauchwand stark eingeengt sein. In die Pars inferior wölbt sich das Pankreas vor (Tuber omentale). Der Recessus inferior stellt eine kaudale Aussackung der Bursa omentalis in das Omentum majus dar, die aber postnatal weitgehend rückgebildet wird. Der Recessus lienalis reicht bis an den Milzhilus heran. Der Recessus superior ist eine kraniale Tasche des Vestibulums, die sich zwischen Area nuda der Leber, Ösophagus und V. cava inf. einschiebt. Operativ kann die Bursa omentalis einmal von oben durch das Omentum minus (Lig. hepatogastricum), 2. von unten durch das Mesocolon transversum und 3. von vorn durch das Lig. gastrocolicum erreicht werden.

Milz

Die vollständig intraperitoneal gelegene Milz (Länge etwa 12 cm, Gewicht 150–180 g) hat die Form einer Kaffeebohne und ist normalerweise nicht tastbar, da sie ganz unter dem linken Rippenbogen versteckt liegt. Die Längsachse der Milz folgt etwa der 10. Rippe, Ober- und Unterrand berühren die 9. bzw. 11. Rippe (Abb. 9.4A-11). Durch das Lig. phrenicolienale wird die Milz an der dorsalen Bauchwand, durch das Lig. gastrolienale an der großen Kurvatur des Magens fixiert (Abb. 9.4A-7). Das Lig. phrenicolienale enthält die Milzgefäße, das Lig. gastrolienale die Aa. gastricae breves sowie die A. gastroepiploica sin., beides Äste der A. lienalis. Beide Bänder, die den Milzhilus umgrenzen, bilden mit diesem zusammen eine taschenförmige Aussackung der Bursa omentalis, den sog. Recessus lienalis. Verlagerungen der Milz werden nach kaudal durch das derbe Lig. phrenicocolicum, das von der linken Kolonflexur zur lateralen Bauchwand zieht und eine sekundäre Verbindung des Omentum majus mit dem Zwerchfell darstellt, gehemmt (sog. Milznische).

Im Lig. gastrolienale finden sich häufig (10–35%) akzessorische Milzanlagen (Nebenmilzen). Sie können auch im Hilusbereich oder retroperitoneal lokalisiert sein.

Die Außenfläche der Milz lagert sich an das Zwerchfell an (Facies diaphragmatica). Die Innenfläche (Facies visceralis) berührt den Fundus des Magens (Facies gastrica), den linken oberen Nierenpol (Facies renalis) und die Kolonflexur (Facies colica). Der hintere untere Komplementärraum der Pleura (Recessus costodiaphragmaticus) und der Rand des linken unteren Lungenlappens schieben sich, durch das Zwerchfell getrennt, über den hinteren oberen Milzpol herüber (Abb. 9.4A-11), so daß bei Rippenfrakturen, Stich- oder Schußverletzungen Pleura, Lunge, Zwerchfell und Milz gleichzeitig geschädigt sein können. Bei Zwerchfellverletzungen kann es auch zum Prolaps der Milz in die Pleurahöhle kommen.

Die **arterielle Versorgung** der Milz kommt aus der A. lienalis, die – meist stark geschlängelt – am Oberrand des Pankreas oder auch im Pankreasgewebe nach lateral verläuft. Die A. lienalis ist eine der drei Hauptäste des Truncus coeliacus (Abb. 9.4A-11). Im Bereich des Milzhilus entstehen meist 2 oder 3 kräftigere Arterien, die sich zum oberen bzw. unteren Milzpol begeben. Die Milzvene verläuft etwas mehr kaudal von der Arterie und vereinigt sich hinter dem Pankreaskörper mit der V. mesenterica inf. zu einer der großen Pfortaderwurzeln. Im Hilusbereich bilden die Gefäße meist einen unterschiedlich langen Gefäßstiel. Zweigt die A. gastroepiploica sin. frühzeitig von der Milzarterie ab, so ist der Stiel lang, andernfalls kurz. In der Regel spaltet sich ein größerer Ast zum hinteren Milzpol ab. Die Aufteilung der A. lienalis in segmentartig gegliederte Äste erfolgt meist schon vor Eintritt in den Hilus.

Die Milz spielt als Blutspeicherorgan beim Menschen kaum eine Rolle. Ihr maximales Fassungsvermögen wird auf 150–200 ml geschätzt.

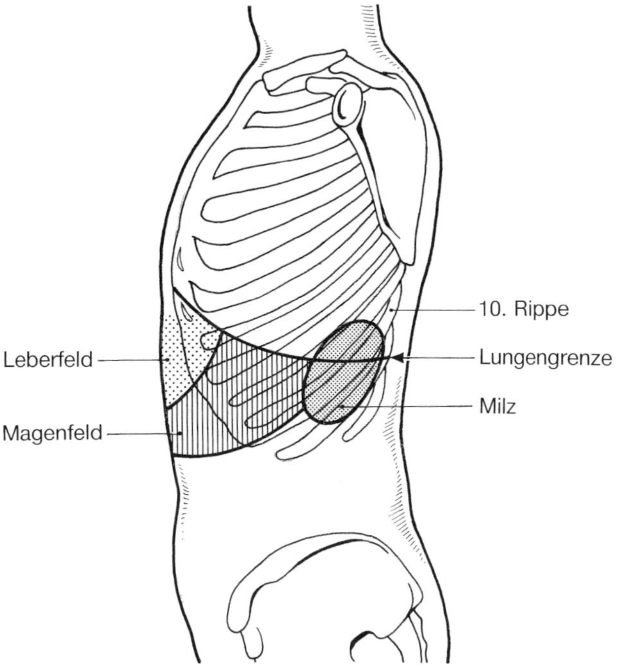

Abb. 9.4A-11. Topographische Lage der Milz in der Ansicht von links-lateral (nach Corning).

Eingriffe am Zwerchfell

J. Durst

Zugangswege

Lange Zeit wurde die Beseitigung von großen Defekten und Hernien von der Mehrzahl der Chirurgen über den thorakalen Zugang bevorzugt (Frey, Allison, Derra, Sauerbruch, Zenker, Gross, Sweet u. a.).

Für die meisten Eingriffe hat sich inzwischen der ausschließlich abdominelle mediane Zugang durchgesetzt und hier in erster Linie für die Hiatushernie. Alternativ kommen der Rippenbogenrandschnitt oder die quere Oberbauchlaparotomie in Frage. Im Falle des thorakalen Vorgehens erfolgt die Inzision im 7.–8. ICR links. Nicht zu empfehlen ist das abdominothorakale Vorgehen mit Spaltung des Rippenbogens durch winkelförmige Verlängerung des Schnittes.

Nahtmaterial, Nahttechnik

Im Gegensatz zu den Eingriffen bei Bauchwandbrüchen sind atraumatische Nadel-Faden-Kombinationen aus Polyamid das Nahtmaterial der Wahl. Nur im infizierten Gebiet sollte auf Maxon® oder PDS ausgewichen werden. Die Fadenführung erfolgt entweder als Matratzen- oder Einzelknopfnaht. Zwerchfelldefekte lassen sich meist durch Raffung zuverlässig verschließen. Nur ausnahmsweise sind Muskelplastiken notwendig. Große Defekte, die nach Ausschneidung tumorös infiltrierter Bezirke zurückbleiben, verschließt man am besten durch alloplastisches Material bzw. lyophilisierte Dura.

Zwerchfellrupturen

Zwerchfellrupturen können überraschend geringe Symptome machen. Sie gehen nicht immer mit einem akuten Abdomen einher, so daß sie gelegentlich übersehen und erst Jahre nach dem Unfall entdeckt werden, entweder auskultatorisch oder durch Röntgenaufnahmen des Thorax bzw. nach Kontrastmittelgabe. Sofern keine Gegenanzeige besteht (z. B. hohes Alter, kardiovaskuläre oder maligne Grunderkrankungen etc.), ist die Indikation zur operativen Behandlung, die am besten transabdominell durchgeführt wird, stets gegeben. Häufig ist die Kombination mit Rippenfrakturen, wobei der dadurch verursachte Hämatothorax die Zwerchfellruptur, evtl. sogar in Verbindung mit einem Prolaps der Milz, überdecken kann. Daran ist immer zu denken, wenn nach einem Trauma eine Thoraxdrainage kontinuierlich Blut fördert. In weniger dringlichen Situationen bestätigen die Sonographie und Computertomographie die klinische Verdachtsdiagnose. Zwerchfellrupturen sind rechts sehr selten, können aber sofort oder später zu einer intrathorakalen Verlagerung der Leber führen. Die sorgfältige Revision des gesamten Zwerchfells ist deshalb bei jeder explorativen Laparotomie nach einem stumpfen Bauchtrauma unbedingt erforderlich.

Transthorakale Operationsverfahren

Der Thorax wird von einem lateralen Zugang im 7.–8. ICR eröffnet. Nach Reposition der prolabierten und auf ihre Unversehrtheit hin überprüften Organe, was durch eine Beckentieflage wesentlich erleichtert wird, faßt man die Ränder der Ruptur mit Klemmen und führt dann den Verschluß durch U-Nähte und Dopplung nach Sauerbruch durch (Abb. 9.4-1), ohne den N. phrenicus zu gefährden.

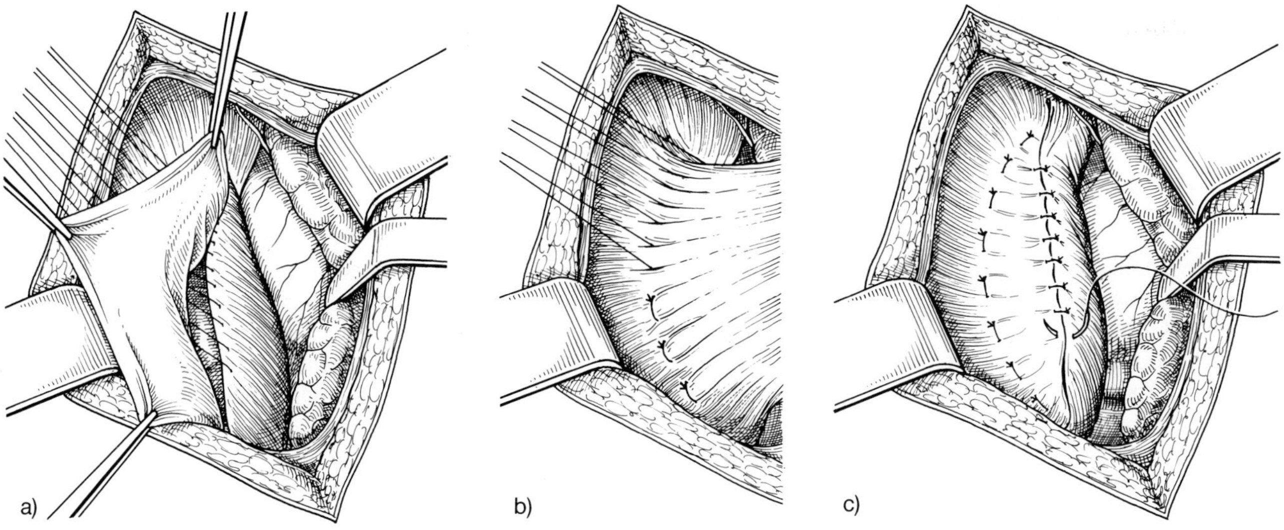

Abb. 9.4-1. Operation einer traumatischen Zwerchfellhernie nach Sauerbruch.
a u. b) Nach Reposition der intrathorakal verlagerten Intestinaltraktsanteile wird das Zwerchfell unter Zuhilfenahme von U-Nähten gedoppelt, die zunächst gelegt (a) und anschließend der Reihe nach geknüpft werden (b), wobei der türflügelartig herübergeschlagene Lappen vom Assistenten angespannt gehalten werden muß.
c) Nach sparsamer Resektion überschüssiger Zwerchfellanteile erfolgt die Sicherung der Bruchlücke durch eine zweite Einzelknopfnahtreihe.

Bei einer Milzruptur ist ein Erhaltungsversuch kaum möglich.

Handelt es sich um einen Ausriß des Zwerchfells aus der Thoraxwand, so ist die Reinsertion breitflächig, d. h. über etwa 2 Interkostalräume hinweg, mit der Interkostalmuskulatur durchzuführen. Eine zusätzliche Sicherung der Zwerchfellnähte durch Kunststoffflicken (s. B. Marlex, Teflon etc.) oder lyophilisierte Dura ist selten erforderlich. Atraumatische, nicht resorbierbare Fäden werden allgemein bevorzugt.

Liegen gleichzeitig multiple Rippenbrüche vor, führt man zweckmäßigerweise die Stabilisierung durch. Der Eingriff wird mit der Einlage einer Thoraxdrainage beendet.

Abdominale Operationsverfahren

Erst wenn die Versorgung der intraabdominalen Verletzungen abgeschlossen ist, einschließlich Reposition der intrathorakal verlagerten Organe, fallweise in Verbindung mit einer Splenektomie, sowie die Ausräumung eines intrapleuralen Hämatoms und Beseitigung von Atelektasen, werden die Nähte zum Hernienverschluß gelegt. Besondere Sorgfalt ist auf die evtl. erforderliche Rekonstruktion des Hiatus oesophageus zu verwenden, wobei zusätzlich eine Fundopexie (Abb. 9.4-2) und Wiederherstellung des Hisschen Winkels erforderlich sein kann. Bei sehr großen und nicht mehr zuverlässig zu verschließenden Rupturen oder Defekten muß evtl. ein Kunststoffflicken eingesetzt werden.

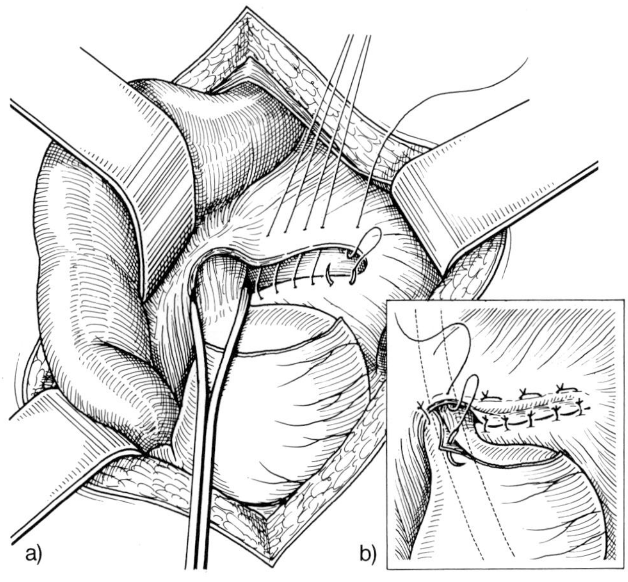

Abb. 9.4-2. Transabdominelle Operation einer Hiatushernie nach Harrington.
a) Nach Ablösung des linken Leberlappens, Eröffnung des Bruchsacks und Reposition der Hernie wird die Speiseröhre unterfahren und angeschlungen und die Zwerchfellücke durch Doppelung des Zwerchfells mit U-Nähten verschlossen, wobei der mit einem dicken Magenschlauch geschiente Ösophagus in der Zwerchfellzwinge nicht eingeschnürt werden darf.
b) Abschließend erfolgt die Fundophrenikopexie.

Zwerchfellhernien

Lumbokostale und parasternale Brüche

Die sich durch das Trigonum lumbocostale (Foramen Bochdalek) entwickelnden Hernien sind oft angeboren und können im Gegensatz zu den parasternalen Brüchen eine so erhebliche Größe, z.B. unmittelbar postnatal erreichen, daß nach Reposition des Bruchsackinhaltes ein primärer Bauchdeckenverschluß nicht gelingt. Parasternale Hernien sind in der Regel klein und bei einer uncharakteristischen Symptomatik oft schwierig zu entdecken. Sie entwickeln sich als sog. Morgagnische Hernie innerhalb der Lücke zwischen der Pars sternalis und Pars costalis, die links als Larreysche Spalte bezeichnet wird.

Beide Bruchformen können von thorakal und abdominal operiert werden. Nach den in der Literatur mitgeteilten Erfahrungen soll der transperitoneale Zugang für beide Fälle günstiger sein.

Nach Freilegung der Hernie erfolgt die vorsichtige Reposition, anschließend die Resektion des ausgekrempelten Bruchsackes und Verschluß der Bruchpforte (Abb. 9.4-3). Im Erwachsenenalter wird die direkte Nahtvereinigung der Schichten wohl immer möglich sein, jedoch muß man bei der Bochdalekschen Hernie sorgfältig auf die Lagebeziehung zum oberen Nierenpol und der Nebenniere achten.

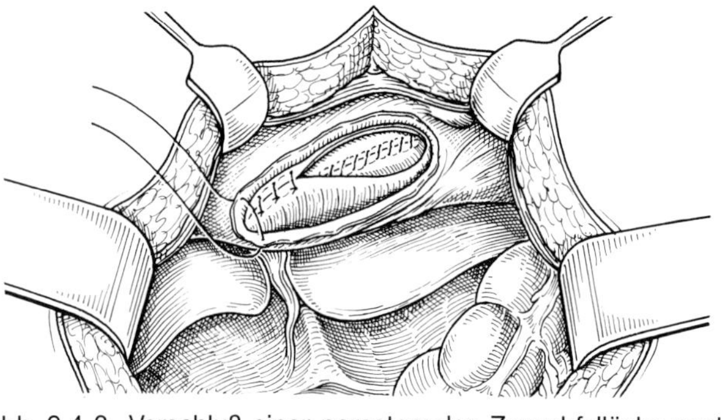

Abb. 9.4-3. Verschluß einer parasternalen Zwerchfellücke nach Reposition der Hernie in zweireihiger Nahttechnik.

Hiatushernien

Die Vielzahl der entwickelten Operationsverfahren weist auf die allen Methoden anhaftende Rezidivhäufigkeit hin und zwar unabhängig vom Hernientyp, ferner auf die den Patienten am meisten belästigende Wiederkehr der Refluxösophagitis und auf spezifische Komplikationen, die auch bei technisch richtiger Durchführung einer Methode auftreten können. Dabei ist der Übergang von einer falschen Verfahrenswahl und Indikationsstellung zur Operation überhaupt fließend. Die Einteilung der Hiatushernien nach Åkerlund (1926) und Sweet (1952) in axiale, paraösophageale und gemischtförmige Brüche wurde, von unwesentlichen Modifikationen abgesehen, zur Grundlage der therapeutischen Konzepte. Sie erfuhren eine richtungweisende Veränderung durch die Erkenntnis, daß die alleinige anatomische Rekonstruktion in den meisten Fällen nicht ausreicht, da Krankheit und Symptome selten durch die bloße Existenz des Bruches hervorgerufen werden, sondern viel häufiger durch die Refluxösophagitis. Daraufhin erfolgte die Einteilung der zur Verfügung stehenden Operationsverfahren in anatomische Rekonstruktionen und Valvuloplastiken (Kümmerle, Grönninger, Rothmund, Rossetti, Blum, Siewert u.a.), wobei erstere als ausschließliche Methode nur für die Hernien in Frage kommen, bei denen der gastroösophageale Reflux nicht zu den Leitsymptomen zählt.

Paraösophageale Hiatushernien

Bei den paraösophagealen Hiatushernien bleibt die Kardia in regelrechter Position, um die sich der Volvulus des Magens vom oberen Abschnitt der großen Kurvatur her zu entwickeln beginnt. Bei einer genügend langen Verschleppungszeit entsteht schließlich, infolge der kontinuierlichen Progredienz der Magentorsion, der sog. Thoraxmagen (Upside-down-stomach). Selten kommt es, außer bei den Mischformen, zu einer therapiebedürftigen Refluxösophagitis. Ganz im Vordergrund steht die Symptomatik der Hernierung mit Magenentleerungsstörungen. Die Indikation zur Operation ist mit der Entdeckung der Hernie gegeben.

Paraösophageale Hernien sollte man nicht ohne wichtigen Grund (z.B. Rezidiv) vom Thorax (Abb. 9.4-4) aus operieren, da ohne eine zusätzliche Inzision des Zwerchfells weder der Volvulus beseitigt noch die Fixation des Magens korrekt durchgeführt werden kann. Üblicherweise wird der Eingriff über eine mediane, evtl. parakostale oder bogenförmige quere Oberbauchlaparotomie durchgeführt. Anschließend erfolgt die Reposition der Hernie, was selten schwierig ist. Der Ösophagus sollte immer mit einem dicken Magenschlauch geschient werden. Der linke Leberlappen wird vom Zwerchfell abgelöst, nach rechts gehalten und der Hiatus oesophageus eingestellt. Nach Spaltung des Bruchsackes in Höhe des Bruchringes auf der linken Seite muß der Ösophagus nur angeschlungen werden, wenn zusätzlich eine Valvuloplastik erforderlich ist. Der intrathorakal liegende Bruchsack obliteriert mit der Zeit und wird nicht entfernt.

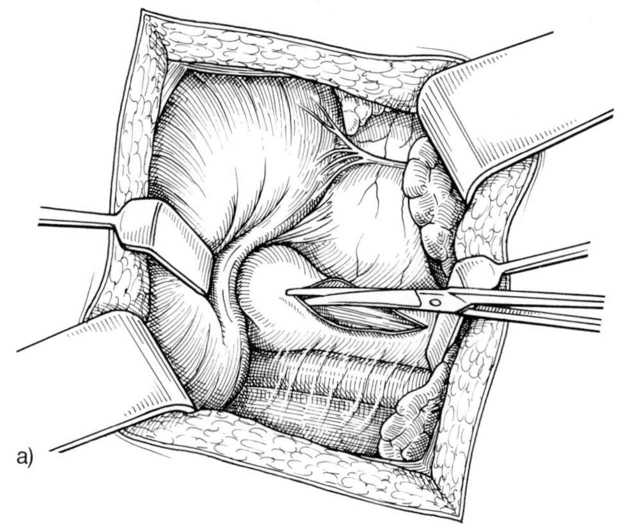

Abb. 9.4-4. Transthorakale Operation einer Hiatushernie nach Allison.
a) Nach Standardthorakotomie links und Ablösung des Lungenlappens wird die Pleura mediastinalis mit Bruchsack in den Hiatus oesophageus hinein gespalten.

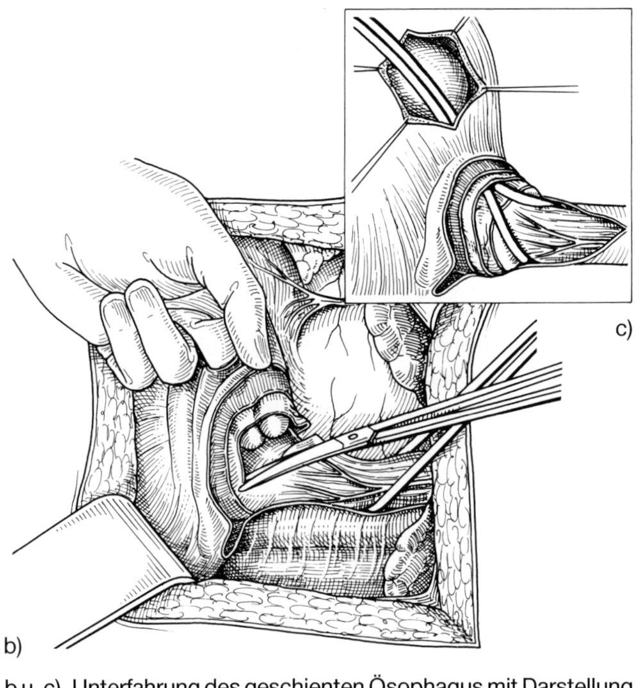

b u. c) Unterfahrung des geschienten Ösophagus mit Darstellung des N. vagus und seiner Äste. Radiäre Spaltung des Zwerchfells oberhalb der Zwerchfellzwinge unter Beachtung des Verlaufs des N. phrenicus. Ventrale und seitliche Mobilisation des ösophagogastralen Überganges (b) mit anschließender Reposition der Hernie nach distal durch behutsamen Zug an dem zuvor gelegten Ösophaguszügel (c).

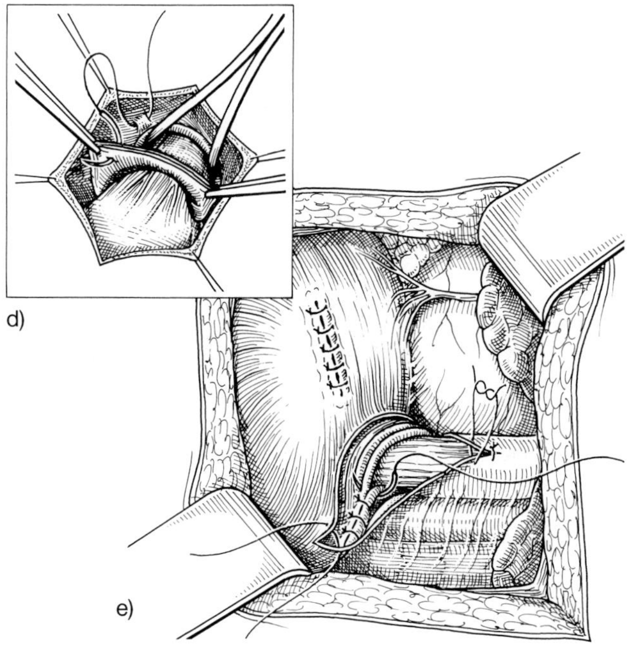

d) Fixation der Bruchsackränder über den transdiaphragmal geschaffenen abdominellen Zugang am ventralen und lateralen Rand der Zwerchfellzwinge.
e) Verschluß der Zwerchfellinzision nach Entfernung des Zügels und Einengung des Hiatus oesophageus durch Raffung der Zwerchfellmuskulatur, die dem Ösophagus nach Fertigstellung nur locker anliegen soll, um eine Stenose zu vermeiden.

Gastropexie nach Nissen

Das Verfahren wurde mehrfach ergänzt bzw. modifiziert, wobei vor allem die Ventrofixation des Magens durch einen gestielten Faszienstreifen aus der Rektusscheide aufgegeben wurde und die Einengung des Hiatus von lateral nach medial hinzukam (Abb. 9.4-5).

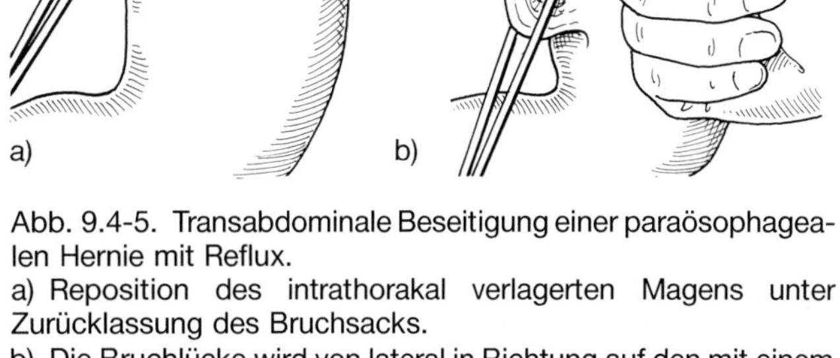

Abb. 9.4-5. Transabdominale Beseitigung einer paraösophagealen Hernie mit Reflux.
a) Reposition des intrathorakal verlagerten Magens unter Zurücklassung des Bruchsacks.
b) Die Bruchlücke wird von lateral in Richtung auf den mit einem dicken Magenschlauch geschienten Ösophagus hin durch kräftige Einzelknopfnähte eingeengt und die Fundoplicatio angeschlossen.

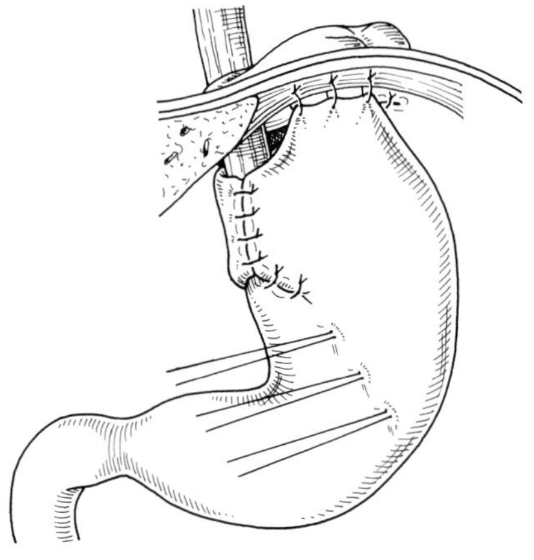

c) Fundophrenikopexie und schließlich Gastropexie an der vorderen Bauchwand im Verlauf der Längsachse der Speiseröhre.

Phrenikofundopexie nach Höhle und Kümmerle

In Modifikation der Technik nach Harrington erfolgt die Naht der Bruchlücke durch Raffung des Hiatus ventral vom Ösophagus, der nicht angeschlungen, jedoch durch Zug am Magen gestreckt werden muß. Die anschließende konvexe Fundopexie beginnt am ösophagogastralen Übergang, so daß zusätzlich eine Semifundoplicatio entsteht. Die Korpopexie entfällt (Abb. 9.4-6).

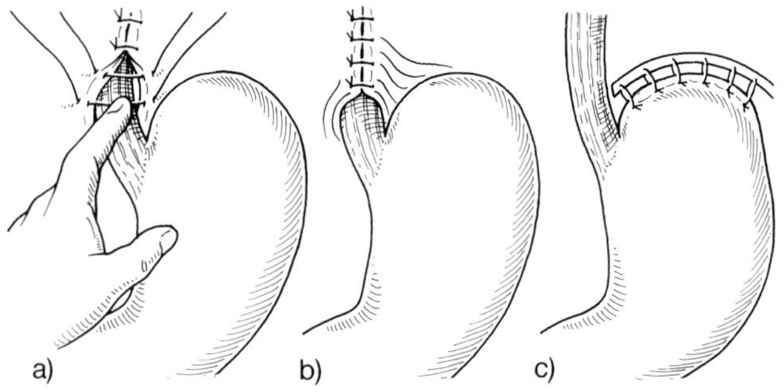

Abb. 9.4-6. Phrenikofundopexie mit vorderer Hiatuseinengung nach Höhle-Kümmerle.
a u. b) Einengung des Hiatus durch Einzelknopfnähte von ventral (a), die vom Oberrand des Hiatusschlitzes in Richtung Kardia geknotet werden (b).
c) Zusätzliche Phrenikofundopexie.

Gemischtförmige Hiatushernie

Neben der meist intrathorakal fixierten axialen Hiatushernie gleitet ein weiterer Magenanteil paraösophageal durch den stark erweiterten Hiatus herauf, so daß zu der Dysphagie und Refluxsymptomatik Einklemmungserscheinungen hinzukommen. Die Indikation zur Operation ist nicht vom Stadium der Refluxösophagitis abhängig, sondern stets wegen der Gefahr der Inkarzeration und/oder Zunahme des Magenvolvulus gegeben.

Sofern nicht wegen einer bereits eingetretenen massiven Ulkusblutung oder Inkarzeration notfallmäßig laparotomiert werden muß, empfiehlt es sich, eine Magensaftanalyse durchzuführen, um die Notwendigkeit einer ergänzenden Vagotomie zu überprüfen.

Die Freilegung der Speiseröhre kann erhebliche Schwierigkeiten bereiten, so daß die temporäre Einlage eines dicken Magenschlauches immer notwendig ist. Bei einer fallweise vorhandenen Stenose muß der Schlauch unter Palpation durch den Operateur über die Enge behutsam hinweggeleitet werden.

Nach einer medianen Oberbauchlaparotomie wird der Hiatus oesophageus eingestellt und je nach Situation der linke Leberlappen abgelöst. Unter leichtem Zug läßt sich ein Teil des Fundus meist reponieren. Anschließend wird der Bruchsack zwerchfellnahe von ventral oder lateral dargestellt und eröffnet, wobei der intubierte Ösophagus als Leitschiene dient. Sobald der linke Zwerchfellpfeiler identifiziert ist, der nur selten inzidiert werden muß, gelangt man über den hernierten Fundusabschnitt hinweg und kann die Dissektion weiter vorantreiben, bis die Reposition vollständig gelungen ist. Der Bruchsack wird nicht entfernt, jedoch der Ösophagus unterfahren und angezügelt. Bei diesem Manöver kommt es durch die Adhäsionen leicht zu einer Ösophagusverletzung, die bei einer Unachtsamkeit an der Hinterwand sogar übersehen werden kann. In schwierigen Situationen empfiehlt es sich deshalb eine Methylenblauprobe über den Ösophagusschlauch durchzuführen und zwar vor der Hernioplastik. Besonders bei verschleppten Fällen findet man gelegentlich ein kallöses Ulkus von mehreren Zentimeter Durchmesser, das penetrierend in das Zwerchfell, evtl. in den Herzbeutel eingebrochen sein kann. Die Auslösung geschieht teils scharf, teils stumpf, wobei man das Perikard offen lassen und für einige Tage gesondert drainieren muß. Diese Ulzera gehen meist von einer hernierten Fundusmanschette oder der Kardiaregion aus, so daß sie exzidiert werden können. Der Lumenverschluß erfolgt zweireihig in üblicher Weise, wobei die Naht unbedingt über einem kräftigen Magenschlauch erfolgen muß, da die Gefahr einer nahtbedingten Stenose am ösophagogastralen Übergang besonders groß ist. Nur ausnahmsweise ist in derartigen Situationen eine obere Magenteilresektion erforderlich, auf die wir nur dann ausweichen, wenn der Substanzverlust am distalen Ösophagus nach Rekonstruktion zu einer pfriemförmigen Stenose führen würde. In beiden Fällen, d.h. gleichgültig ob Ulkusexzision oder Kardiaresektion, sollte eine Fundoplicatio hinzugefügt werden und je nach Säureverhältnissen eine Vagotomie.

Dann wird die Fundoplicatio nicht mit der Fundusvorderwand, sondern ganz überwiegend mit der Hinterwand durchgeführt. Die alleinige anatomische Rekonstruktion des Hiatus ohne Valvuloplastik ist bei einer gemischtförmigen Hiatushernie wegen der stets anzutreffenden Sphinkterinsuffizienz nicht ausreichend.

Axiale Hiatushernie und Refluxösophagitis

Vergleichbar mit der Inzidenzrate der Leistenbrüche nimmt die Nachweisbarkeit einer axialen Hiatushernie im höheren Lebensalter zu, jedoch treten nur in etwa 10% der Fälle therapiebedürftige Symptome auf (Kümmerle, Rossetti u.a.). Durch intraabdominelle Drucksteigerungen begünstigt entwickelt sich der Gleitbruch mit nachlassender Elastizität der anatomischen Stabilisatoren. Kommen entzündliche Prozesse hinzu (z.B. Refluxösophagitis), die auf den Bruchsack übergreifen, entsteht die fixierte Hernie mit sekundärem Brachyösophagus, sehr oft in Kombination mit Ulzerationen. Die Indikation zur operativen Behandlung ist beim sekundären Brachyösophagus meist gegeben, da die Patienten trotz Antacida und H_2-Rezeptorenblocker selten dauerhaft beschwerdefrei werden.

Therapie der Wahl ist dann eine Valvuloplastik.

Manometrische Untersuchungen haben gezeigt, daß im terminalen Ösophagusabschnitt eine ca. 4 cm lange Hochdruckzone, der sog. »untere Ösophagussphinkter« (UOS) in Ruhe besteht, die durch eine Dauerkontraktion der Ösophagusmuskulatur in diesem Abschnitt aufgebaut wird. Von kurzfristigen Unterbrechungen abgesehen wird dadurch der gastroösophageale Reflux verhindert. Dieser Mechanismus wird von anatomischen Stabilisatoren (Zwerchfellschenkel, phrenoösophageale Membran) und weit weniger von der nervalen Innervation unterstützt, wie das u.a. die klinische Empirie nach thorakaler Vagotomie zeigt. Vorausgesetzt, daß das komplexe Zusammenspiel des ösophagogastralen Übergangs nicht durch Fehlanlagen, pharmakologische oder chirurgische Eingriffe gestört oder verhindert wird, entsteht eine klinisch relevante Refluxösophagitis praktisch nur in Verbindung mit einer axialen Hiatushernie. Ausgenommen davon sind u.a. die Schwangerschaft oder eine Magenausgangsstenose u.a. Man spricht dann von einer sekundären Refluxösophagitis. Für den kompetenten Verschluß ist der distale »Ösophagussphinkter«, der nach Blum, Koelz, Sievert u.a. als ein funktionell digestiver Sphinkter zu definieren ist, in erster Linie entscheidend.

Diskutiert wird ferner, daß der schlitzförmige distale Ösophagus, gleichsam druckgesteuert, als »Flatterklappe« funktioniert. Auch dem Hisschen Winkel wird ein Ventilmechanismus zugeschrieben und seine Abflachung als additive Komponente für den Reflux angesehen. Demgegenüber sehen Stelzner und Lierse in der besonderen Textur der inneren Ring- und äußeren Längsmuskulatur, in Verbindung mit den submukösen Venen, die Voraussetzungen für einen sog. »angiomuskulären Dehnverschluß« als gegeben an.

Die Wiederherstellung eines Ventilmechanismus zum Schutz des Ösophagusepithels durch Beseitigung des Refluxes ist vom Stadium der Entzündung abhängig zu machen und weniger von den Beschwerden.

Die operative Beseitigung einer Refluxösophagitis kann durch sehr unterschiedliche Verfahren erreicht werden. Ihre auf Dauer erfolgreiche Anwendung setzt eine vor allem endoskopisch und histologisch betriebene Diagnostik voraus, einschließlich einer subtilen röntgenologischen Untersuchung. Von der Effizienz her steht die Fundoplicatio nach Nissen und Rossetti an erster Stelle. Sie ist deshalb nach wie vor die Methode der Wahl, obwohl auch die anderen Verfahren gute Ergebnisse liefern, teilweise sogar mit deutlich geringeren lokalen Komplikationen. Wenn wegen einer therapierefraktären primären Refluxösophagitis und erheblichen Beschwerden schon im Stadium II operiert wird, kann allerdings die SPV mit Fundopexie ausreichend sein. Eine ausführliche kritische Wertung wurde u.a. von Blum und Sievert vorgenommen.

Eine gute Indikation ist für diejenigen Fälle gegeben, bei denen nach konsequent durchgeführter, mehrmonatiger medikamentöser Behandlung keine Beschwerdefreiheit eintritt (Stadium III), sofern nicht bereits so schwerwiegende lokale Komplikationen vorliegen, daß eine konservative Behandlung keine Aussicht auf Erfolg hat. Das betrifft vor allem die gemischtförmigen Hiatushernien und das Stadium IV einer Refluxösophagitis.

Fundoplicatio nach Nissen, Rossetti

Es handelt sich um die am meisten angewandte und am besten nachuntersuchte Valvuloplastik (Blum u. Sievert, Rossetti). Die Ergebnisse sind gut, wenn die Manschette nicht größer als 3–4 cm, locker um den terminalen Ösophagus herum angelegt und ventral mit 4–5 Nähten vereinigt wird.

Nur der hintere Vagusstamm bleibt außerhalb der Fundoplicatio. Fallweise ist die Fundusmobilisation unter Zuhilfenahme von schrittweisen Dissektionsligaturen notwendig.

Die temporäre Schienung des Ösophagus mit einem dicken Magenschlauch ist u.E. ebenso erforderlich wie die Anzügelung. Das technische Vorgehen in der Modifikation von Rossetti ist in Abb. 9.4-7 dargestellt.

Antirefluxoperation nach Angelchik

Die ringförmige Ummantelung des distalen Ösophagus mit einer Silikongel-gefüllten Prothese soll nach den international gemachten Erfahrungen vergleichbar gute Ergebnisse zur Fundoplicatio liefern. Das Prinzip des Verfahrens besteht in einer Unterstützung des UOS, der sich gegen den Widerstand nur begrenzt öffnen kann. Die Implantation der Prothese ist vergleichsweise einfach (Abb. 9.4-8).

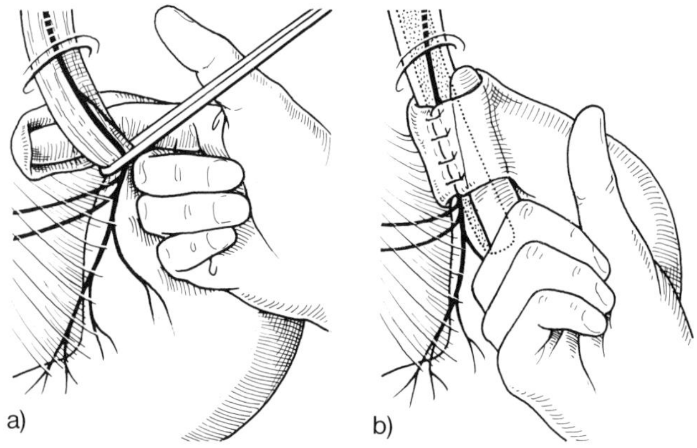

a) b)

Abb. 9.4-7. Fundoplicatio nach Nissen-Rossetti.
a u. b) Die mit einem dicken Magenschlauch geschiente Speiseröhre wird allseits freigelegt, unterfahren und angezügelt. Nach sparsamer Dissektion im Bereich des oberen Fundusabschnittes wird eine Falte der Funduswand hinter dem Ösophagus und vor dem hinteren Vagus um die Speiseröhre herumgeführt (a) und mit 4–5 Einzelknopfnähten an der Vorderwand des Magenfundus fixiert (b). Die Manschette muß sich dem terminalen Ösophagus locker anlegen.

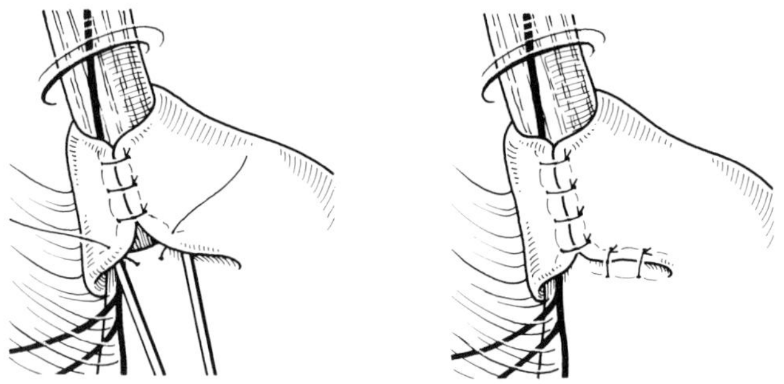

c) d)

c) Die unterste Naht faßt seromuskulär die Kardiavorderwand mit.
d) Ein bis zwei weitere seromuskuläre Einzelknopfnähte unterhalb der Manschette verhindern ein Auskrempeln.

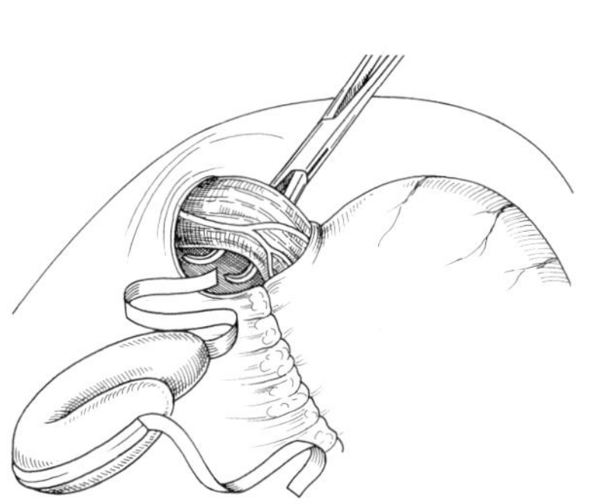

a)

Abb. 9.4-8. Antirefluxoperation nach Angelchik.
a) Nach sparsamer Freilegung des ösophagogastralen Überganges mit Spaltung der Bertellischen Membran wird die Speiseröhre mit dem Finger oder der Overholt-Klemme unterfahren. Der retroösophageale Tunnel soll nicht breiter als die Angelchik-Prothese sein, um einer Dislokation vorzubeugen. Die Prothese wird dann zwischen dem nach dorsal abgedrängten N. vagus und dem Ösophagus durchgezogen.

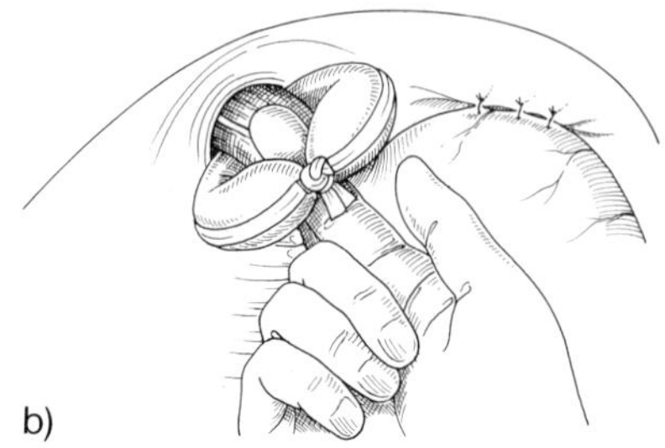

b)

b) Abschließend wird das Bändchen über einem zwischen der Speiseröhre und der Prothese liegenden Finger geknüpft.

Endobrachyösophagus und peptische distale Ösophagusstenose

Definitionsgemäß handelt es sich nach Lortat-Jacob beim **Endobrachyösophagus** um eine »Verkürzung« der Schleimhaut, während der Muskelmantel normal lang ist. Der Begriff findet nur dann Anwendung, wenn eindeutig oberhalb des terminalen Verschlußsegmentes eine zirkuläre Wandauskleidung der Speiseröhre mit Zylinderzellen besteht (Barret-Syndrom). Als Ursache kommt ein unvollständiger Ersatz des Zylinderepithels durch Plattenepithel während der embryonalen Entwicklung in Frage (Typ I), wobei der Übergang ringförmig und stufenlos ist, sowie ein wahrscheinlich refluxbedingter Ersatz zugrundegegangener Schleimhaut durch Zylinderzellen, mit dann unvollständiger zirkulärer Auskleidung (Typ II). Erhaltene Plattenepithelinseln sind erkennbar und eine nach proximal stets asymetrische Begrenzung (Savary et al.). Ein derartiger Befund wird deshalb besonders häufig im Stadium IV der Refluxösophagitis erkennbar, oft in Verbindung mit einem sog. Barret-Ulkus. Ein asymmetrischer Schleimhautübergang an der Z-Linie oder vereinzelte Zylinderzellinseln im Ösophagus sind mit dem Barret-Ösophagus nicht identisch, für den manche Autoren nicht nur den tubulären Ersatz von Zylinderepithelien fordern, sondern das Vorhandensein »echter säuresezernierender Magenschleimhaut« (zit. n. Siewert).

Savary et al. fanden bei 7334 Ösophagoskopien in 117 Fällen einen Endobrachyösophagus mit einer doppelt so hohen Rate beim männlichen Geschlecht. Davon hatten 21 Patienten ein Karzinom, so daß, auch nach der Auswertung von Sammelstatistiken (Rossetti), bei einem Endobrachyösophagus in 9–14% der Fälle mit der Entwicklung eines Karzinoms zu rechnen ist.

Bei der **peptischen distalen Ösophagusstenose** handelt es sich um die Folge einer primären oder sekundären (z. B. Magenausgangsstenose, Zustand nach Magenoperation oder Eingriffen am ösophagogastralen Übergang) Refluxkrankheit oder um die Komplikation bei einem Endobrachyösophagus. Die Abgrenzung von einer Neoplasie kann sehr schwierig sein.

Sofern die Möglichkeit einer konservativen Behandlung mit Antazida und H_2-Rezeptorenblockern noch besteht, sollte sie genutzt werden. Trotz der hohen Rate an malignen Entartungen ist eine prophylaktische Resektion beim Endobrachyösophagus nicht angezeigt. Peptische Stenosen können intraoperativ relativ gefahrlos aufbougiert werden, wobei der Eingriff mit einer Valvuloplastik, fallweise auch mit einer selektiven Vagotomie, verbunden werden muß. Dieses Vorgehen ist auch bei hohen peptischen Stenosen zu empfehlen, die ebenfalls zuverlässig durch ein transabdominales Vorgehen zur Ausheilung gebracht werden können (Kümmerle). Gelegentlich muß die Bougierung postoperativ fortgesetzt werden.

Refluxösophagitis nach Magenresektion

Von den in Frage kommenden Ursachen stehen Ulkusrezidive nach Billroth-I- oder Billroth-II-Resektion und selten narbige Stenosen an erster Stelle. Bleibt die konservative Behandlung erfolglos oder ist sie nicht indiziert, muß zur Beseitigung der sekundären Refluxösophagitis eine Umwandlungsresektion vorgenommen werden. In diesen Fällen ist eine Valvuloplastik nicht indiziert, da der UOS in der Regel kompetent ist. Die wirksamste Antirefluxumwandlungsresektion ist die nach Roux-Y mit antekolischer Gastroenterostomie. Sie ist u. E. vor allem bei einem galligen Reflux und kleinem Restmagen die Therapie der Wahl und einer Umwandlungsresektion in Billroth I mit Jejunuminterposition vorzuziehen.

Eingriffe an der Speiseröhre

J. Durst

Zugangswege

(Abb. 9.4-9–14)

Die Freilegung der kollaren Speiseröhre gelingt am übersichtlichsten von einer Längsinzision medial des Randes des M. sternocleidomastoideus, analog dem Vorgehen für die Eingriffe an der Karotis, wobei man den Schnitt meist hockeyschlägerartig in die Fossa jugularis auslaufen läßt. Nach Mobilisation der entsprechenden Schilddrüsenhälfte, wobei der Zugang von links die Regel ist, wird die A. thyroidea inferior nach Darstellung des N. laryngeus recurrens meist durchtrennt. Die Freilegung des mit einem dicken Magenschlauch geschienten Ösophagus gelingt dann leicht, jedoch sollte letzterer vor der Anschlingung zurückgezogen werden.

Zugang der Wahl für die Pars thoracalis ist die posterolaterale Standardthorakotomie rechts im 5. bis 6., links im 7. bis 8. ICR. Die Resektion einer Rippe ist nicht immer erforderlich. Für die Eingriffe an der terminalen Speiseröhre ist die mediane Oberbauchlaparotomie am geeignetsten, fallweise in Kombination mit der Resektion des Xiphoids und Spaltung der Zwerchfellpfeiler nach Ablösung des linken Leberlappens, wenn ein transmediastinales Vorgehen geplant ist. Nicht bewährt hat sich die Thorakolaparotomie mit Durchtrennung des Rippenbogens, auf die man nur im Notfall ausweichen sollte.

Nahtmaterial, Nahttechnik, Durchführung von Anastomosen

Die Nahttechnik variiert von Klinik zu Klinik. Im Hinblick auf den Schwierigkeitsgrad der gesamten Operation ist es zunächst völlig unerheblich, ob die Anastomose ein- oder zweireihig, mit resorbierbaren Fäden oder maschinell bewerkstelligt wird. Ausschlaggebend vor allem ist die Rate der letal verlaufenden Frühinsuffizienzen. Bei dem heute erreichten Standard muß diese Komplikation eine Ausnahme sein.

Die perfekte Beherrschung der Naht von Hand ist absolute Voraussetzung, bevor man planmäßig Ösophagusresektionen unter Zuhilfenahme der heute allgemein bevorzugten maschinellen Nahttechnik durchführt. Anastomosen mit einem Stapler sind gelegentlich von vornherein nicht möglich, wie z. B. im zervikalen Abschnitt oder müssen nach einem mißglückten Versuch der maschinellen Naht von Hand erfolgen. Sofern es die lokale Situation zuläßt, bemühen wir uns, immer zweireihig wie am Darm zu nähen. Wegen der besseren Übersicht beginnen wir meist mit der Allschichtennaht und lassen bis zur Fertigstellung der Hinterwandnahtreihe die Fäden zunächst lang. Auf diese Weise gelingt es immer, die Schleimhaut des Ösophagus zuverlässig mitzufassen. Nach Abschluß der invertierenden Vorderwandnaht kann man dann durch vorsichtiges Drehen der Anastomose eine überwallende Einzelknopfnaht zumindest im Thorax und Abdomen zirkulär anlegen. Atraumatische Polyglykolsäurefäden werden von fast allen Operateuren vor anderen Nahtmaterialien bevorzugt eingesetzt.

Intrathorakale Ösophagojejunostomien werden überwiegend End zu Seit genäht, da bei dieser Technik die Dünndarmsegmentarterien weniger unter Spannung geraten. Zugang der Wahl ist die Thorakotomie von rechts mit simultaner Laparotomie.

Steht für die Passagerekonstruktion der Magen nicht zur Verfügung und ist die Distanzüberbrückung durch Dünndarminterposition nicht möglich, bevorzugen wir das rechte Hemikolon und bemühen uns dann, das letzte Ileumsegment zu erhalten, sofern der Ramus ileocolicus offen ist, so daß dann End zu End genäht werden kann.

Vergleichbar mit der Gastrektomie konnte die klinisch relevante Nahtinsuffizienzrate durch den Einsatz der zirkulären Klammernahtgeräte unter 10% gesenkt werden. Jede der Anastomosen sollte man durch Instillation von methylenblaugefärbter Lösung überprüfen. Bei Nahtdichtigkeit, ohne daß noch einmal übernäht werden mußte, lassen wir den Patienten ab dem 2. bis 3. postoperativen Tag bis zu 250 ml trinken, nachdem die Anastomose mit Gastrografin auf Nahtdichtigkeit noch einmal überprüft wurde. Anschließend beginnen wir mit dem üblichen Kostaufbau. Die verschiedenen Formen der Anastomosen werden auf den später folgenden Seiten dargestellt.

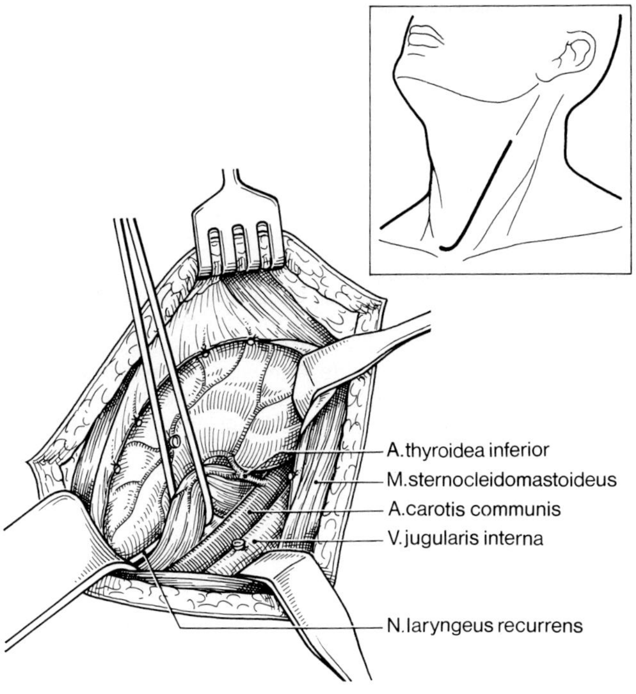

Abb. 9.4-10. Freilegung der zervikalen Speiseröhre von links nach Mobilisation des Schilddrüsenlappens. Die Unterbindung der A. thyroidea inferior ist nicht immer erforderlich, dagegen die Darstellung des N. laryngeus recurrens, bevor der Ösophagus mit einem Haltezügel versehen wird.

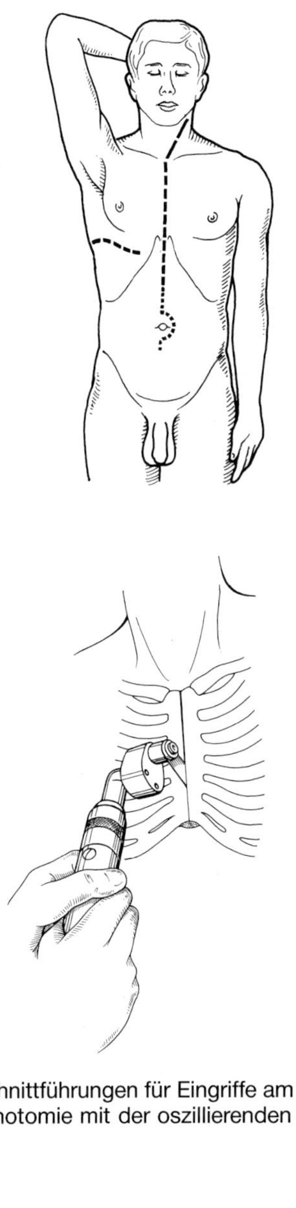

Abb. 9.4-9. Schnittführungen für Eingriffe am Ösophagus. (Longitudinale Sternotomie mit der oszillierenden Säge.)

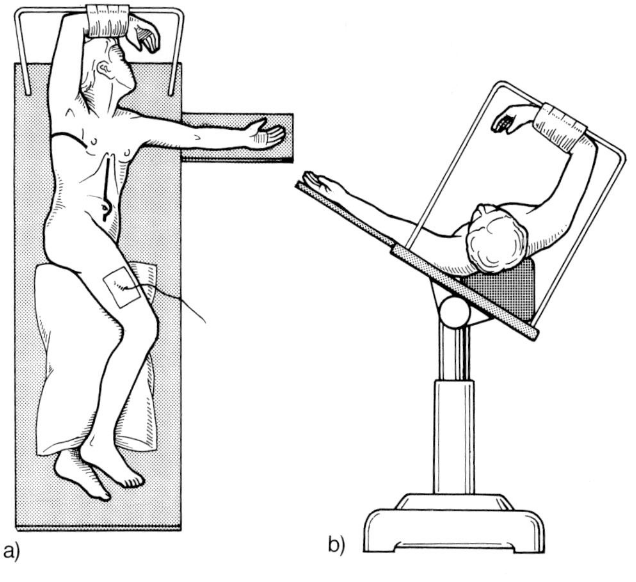

Abb. 9.4-11. a u. b) Links-Seitlagerung des Patienten zur simultanen Eröffnung beider Körperhöhlen ohne die Notwendigkeit, umzulagern.

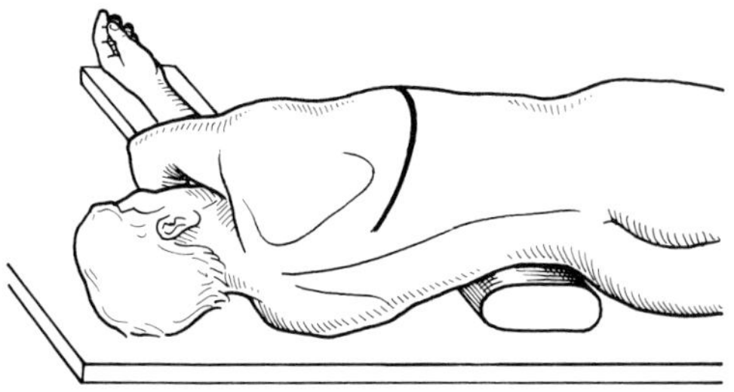

Abb. 9.4-12. Schnittführung für die posterolaterale Thorakotomie bei Seitlagerung des Patienten mit Unterpolsterung der Flanke, die je nach Alter des Patienten um etwa 30–40° aufgeklappt werden soll. Der rechte Arm wird erst nach definitiver Fixation des Patienten auf dem Operationstisch in einer am Narkosebügel angebrachten Armschale gelagert (cave Hyperextension!).

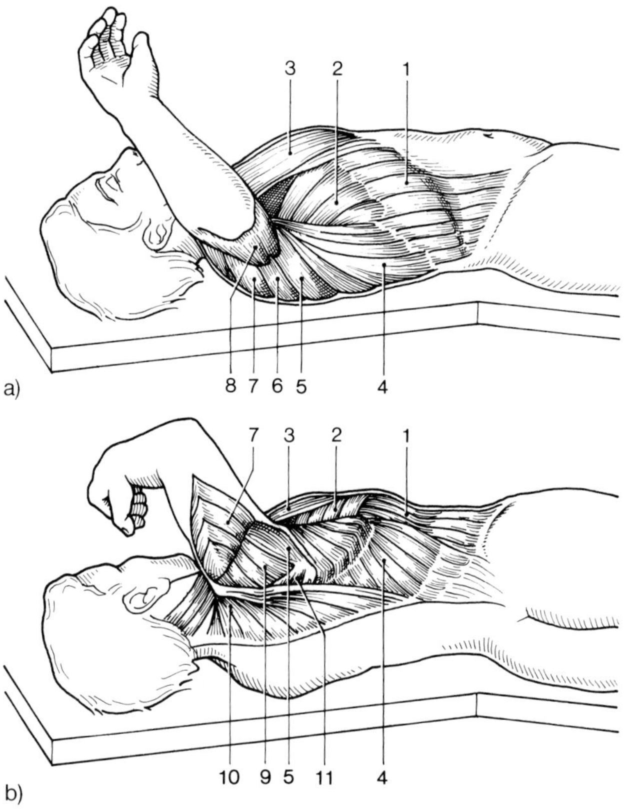

Abb. 9.4-13. a) Schematische Darstellung der Thoraxmuskulatur in Rückenlage.
b) Ansicht der Muskulatur in ca. 45-Grad-Schräglage des Thorax.
1 = M. obliquus externus abdominis; 2 = M. serratus anterior; 3 = M. pectoralis major; 4 = M. latissimus dorsi; 5 = M. teres major; 6 = M. teres minor; 7 = M. deltoideus; 8 = M. triceps; 9 = M. infraspinatus; 10 = M. trapezius; 11 = M. rhomboideus.

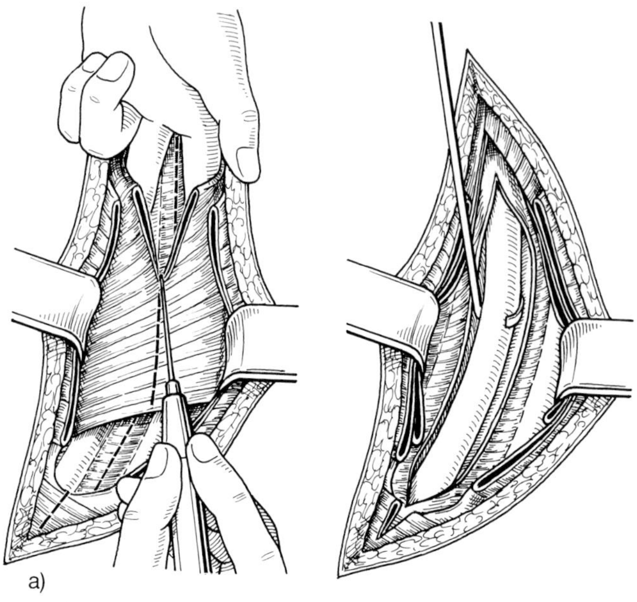

Abb. 9.4-14. Posterolaterale Thorakotomie.
a) Der durchtrennte M. latissimus dorsi wird mit stumpfen Haken zur Seite gehalten, anschließend der M. serratus anterior wiederum elektrisch durchtrennt.

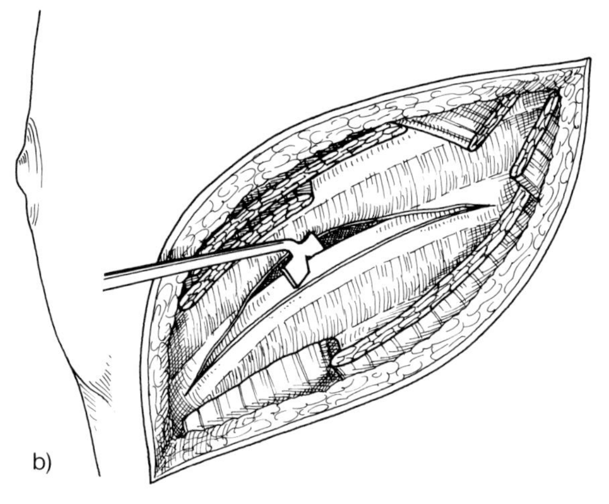

b) Je nach Bedarf wird der M. trapezius im lateralen Wundwinkel eingekerbt und die freigelegte Rippe nach Spaltung des Periostschlauches mit der Diathermienadel ausgelöst und reseziert.

Ösophagusdivertikel

Kollare Divertikelresektion

(Abb. 9.4 – 15)

Die Therapie der Wahl besteht in der Resektion, die nach Möglichkeit unter Zuhilfenahme eines linearen Staplers vorgenommen wird. Die von Girard 1986 angegebene Einstülpung des Divertikels mit Übernähung der Wand kann allenfalls für zufällig entdeckte sehr kleine Divertikel noch empfohlen werden.

Der Kopf des mit einem Woodbridge-Tubus intubierten Patienten wird rekliniert und üblicherweise nach rechts gedreht. Am Vorderrand des M. sternocleidomastoideus verläuft die Inzision wie zur Freilegung der Karotis. Nach Einsetzen von stumpfen Haken wird die Schilddrüse mobilisiert und nach rechts beiseite gehalten, wobei die Auffindung des Ösophagus wesentlich durch die Schienung mit einem Magenschlauch erleichtert wird. Fallweise kann die Unterbindung der A. thyroidea inferior notwendig sein. Dann muß der N. laryngeus recurrens dargestellt werden. Da die Entstehung des juxtasphinkteren Pulsionsdivertikels auf einen erhöhten intraluminären Druck im Bereich des Ösophagussphinkters zurückgeführt wird, ist die Längsinzision der Ösophagusmuskulatur ebenso erforderlich wie die Einkerbung des M. cricopharyngeus, über den regelhafter Weise das aus dem Kilianschen Dreieck heraustretende Divertikel herunterhängt. Die Resektion erfolgt dann nach Anlage von Haltefäden, wobei soviel von der Basis erhalten werden muß, daß eine invertierende einstülpende zweireihige Naht ohne Einengung des Ösophagus möglich ist. Die Abtragung unter Zuhilfenahme des TA 30 ist am Hals aus Platzgründen nicht immer möglich.

Der Eingriff ist mit der Einlage einer dünnkalibrigen Drainage, die gesondert ausgeleitet wird, beendet.

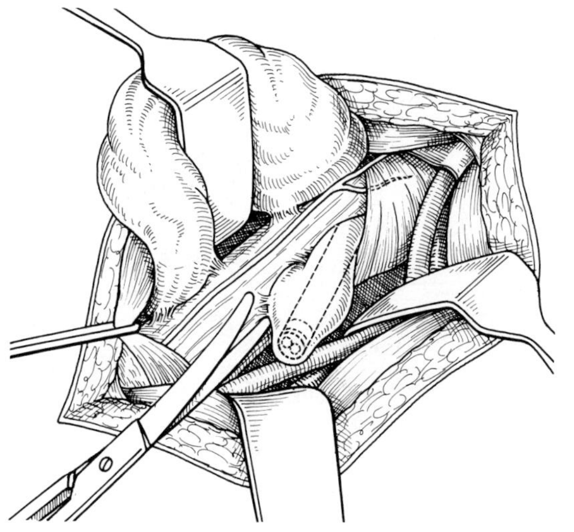

b)

b) Die Freilegung erfolgt über eine laterale Inzision im Verlauf des Vorderrandes des M. sternocleidomastoideus. Nach Mobilisation des linken Schilddrüsenlappens, Darstellung des N. laryngeus recurrens und Durchtrennung der A. thyroidea inferior wird der mit einem dicken Schlauch geschiente Ösophagus mit dem meist dicht anliegenden Divertikel dargestellt. Dessen Auffindung kann schwierig sein, so daß eine endoskopische Darstellung erforderlich werden kann.

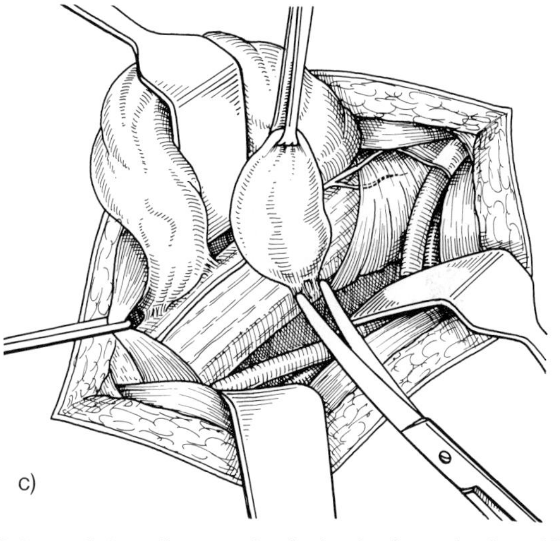

c)

c) Gelegentlich gelingt auch die Intubation mit dem Magenschlauch. Der Divertikelsack wird dann teils stumpf, teils scharf in Richtung Basis freipräpariert. Nach Anlage von Haltefäden ober- und unterhalb des Divertikelmundes wird der Divertikelsack unter Zurücklassung eines etwa 0,5 cm breiten Saumes reseziert und durch eine invertierende Naht (PGS) verschlossen, sofern die Abtragung nicht maschinell erfolgt.

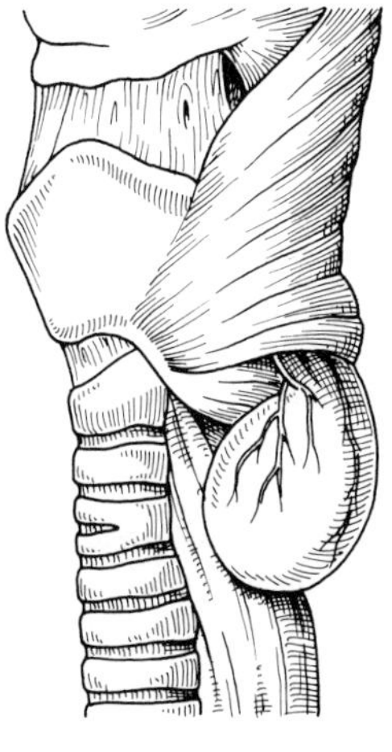

a)

Abb. 9.4-15. a) Resektion eines proximalen Ösophagusdivertikels (Zenkersches Divertikel), das in der Regel links auftritt.

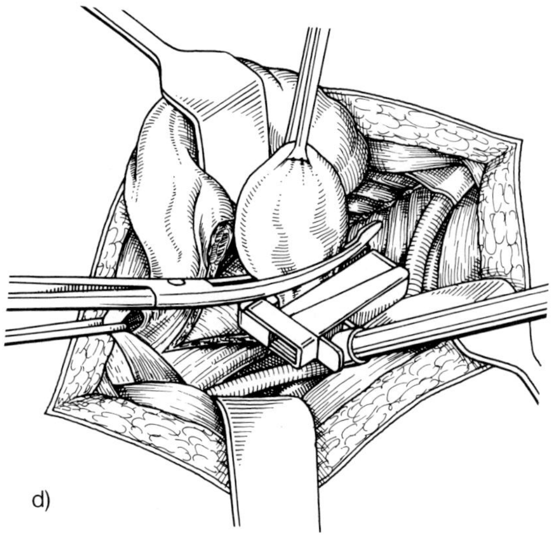

d)

d) Maschinelle Divertikelresektion mit dem Rotikulator oder TA 30.

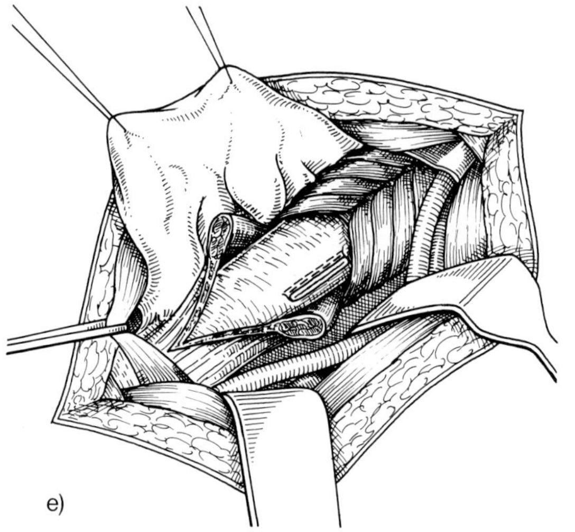

e)

e) Zusätzlich ist immer eine Längsmyotomie nach distal über 4 cm einschließlich der Pars transversa des M. cricopharyngeus, über die das Divertikel gleichsam herunterhängt, erforderlich. Nur auf diese Weise kann der Spasmus des oberen Ösophagussphinkters zuverlässig beseitigt werden.

Thorakale Divertikelresektion

Für die Resektion eines Traktionsdivertikels gibt es kaum eine Indikation, es sei denn, es besteht eine Ösophagotracheale Fistel. Die Abtragung kann entweder bei kleinem Divertikelmund nach einfacher Ligatur und Übernähung der Ösophaguswand erfolgen oder durch zweireihigen Nahtverschluß, im Bereich des betroffenen Bronchus einreihig (s. a. Kap. 8.1).

Handelt es sich um ein Pulsionsdivertikel im mittleren Ösophagusabschnitt, bevorzugen wir die Resektion unter Zuhilfenahme eines linearen Staplers.

Bei den epiphrenalen Grenzdivertikeln ist die Längsinzision der Ösophaguswand zusätzlich erforderlich. Die Durchführung der Divertikelresektion ist in der Abb. 9.4-16 dargestellt.

Standardzugang für den mittleren Speiseröhrenabschnitt ist die posterolaterale Thorakotomie rechts und für die epiphrenisch gelegenen Divertikel der gleichnamige Zugang links in Höhe des 7.–8. ICR. Mit der Einlage einer Thoraxdrainage und schichtweisem Verschluß der Inzision ist der Eingriff beendet, wobei u. E. eine Nahrungskarenz nicht erforderlich ist.

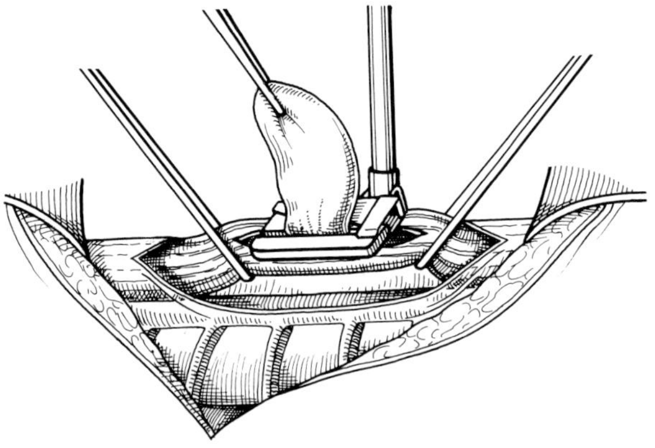

Abb. 9.4-16. Resektion eines epiphrenalen Divertikels mit dem Rotikulator. Der Muskelmantel wird locker adaptierend mit Polyglykolsäurefäden genäht.

Kardiaachalasie oder essentielle Öffnungslähmung

Es handelt sich um eine funktionelle Erkrankung der Speiseröhre, die früher fälschlicherweise als Kardiospasmus bezeichnet wurde.

Die Therapie der Wahl einer essentiellen Öffnungslähmung besteht in der schonenden pneumatischen Dilatation der Stenose, die evtl. zu wiederholen ist. Die von Starck (1903) und Gottstein (1908) entwickelte unblutige, metallische Sprengung eines »Kardiospasmus« wurde aufgegeben.

Transabdominale Kardiomyotomie

Nach medianer Oberbauchlaparotomie wird der ösophagokardiale Übergang freigelegt und die Speiseröhre, nachdem vom Anästhesisten ein Magenschlauch vorgeschoben ist, unterfahren und angeschlungen. Anschließend wird der Magen gestreckt, so daß es zur Mobilisation der terminalen Speiseröhre kommt und unter Schonung des vorderen Vagushauptstammes eine Längsinzision von insgesamt 6 cm angelegt, die den ösophagogastralen Übergang nach distal um gut 2 cm überschreiten soll (Abb. 9.4-17). Der Muskelmantel wird dann behutsam nach links und rechts mit einem Stieltupfer abgeschoben.

Bei einer versehentlich gesetzten Schleimhautläsion muß eine lockere Fundoplicatio angeschlossen werden.

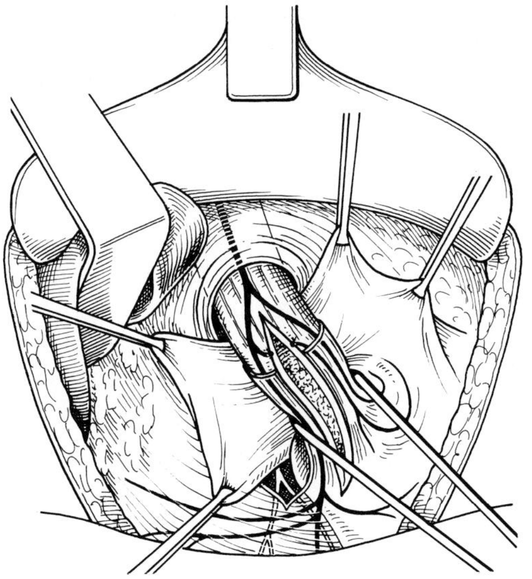

Abb. 9.4-17. Transabdominelle Kardiomyotomie mit Bildung einer Fundoplicatio.

Ösophagusrupturen

(Abb. 9.4-18 u. 19)

Endoskopische Untersuchungen sind bei einer frischen Ruptur absolut kontraindiziert, die Lokalisation der Ruptur durch Gastrografin-Gabe aber außerordentlich wichtig, da die Höhenlokalisation der Läsion entscheidend für die Thorakotomie von links (am häufigsten) oder rechts ist.

Entsprechend erfolgt die Standardthorakotomie posterolateral mit Freilegung und Anschlingung der Speiseröhre in üblicher Weise. Beim Boerhaave-Syndrom ist die Naht auch unmittelbar nach der Ruptur selten sicher, so daß die Anlage einer kollaren Ösophagostomie dann zu empfehlen ist. Fallweise kann jedoch die zusätzliche Abdichtung durch einen Pleuralappen möglich sein. Wichtig ist ferner die ausgiebige Spülung der Thoraxhöhle und gesonderte Drainage des Mediastinums. Im Falle eines rupturierten epiphrenischen Divertikels können die Verhältnisse für einen zuverlässigen Nahtverschluß günstiger sein, da die Basis der Divertikelwand zur Defektdeckung mit herangezogen werden kann. Auch ist u. U. die maschinelle Resektion möglich, die grundsätzlich zu bevorzugen ist (Abb. 9.4-16).

Ösophagusrupturen, die älter als 12–24 Std. sind, können gelegentlich allein durch die Einlage einer Thoraxdrainage ausbehandelt werden. Das gilt vor allem für endoskopische Verletzungen und sekundäre Wandbrüche nach Fremdkörperextraktionen. Das individuelle Vorgehen hängt jedoch in erster Linie von der Größe des Defektes, der Ausdehnung der Mediastinitis und damit dem Krankheitsverlauf ab. Viel gewonnen ist, wenn die Plazierung einer Duodenalsonde gelingt. Andernfalls muß wegen der mehrwöchigen Nahrungskarenz die operative Implantation einer Jejunalsonde erfolgen.

Persistierende Fisteln lassen sich stets konservativ ausbehandeln, sofern nicht distal davon eine Stenose besteht. Ösophagotracheale und häufiger -bronchiale Fisteln lösen einen unerträglichen Leidensdruck aus, so daß ihre Resektion im Falle einer gutartigen Grunderkrankung umgehend erfolgen muß. Nach einer vorangegangenen abszedierenden Entzündung kann die intraoperative Darstellung schwierig sein. Als sehr hilfreich hat sich uns dabei die simultane Ösophagoskopie erwiesen.

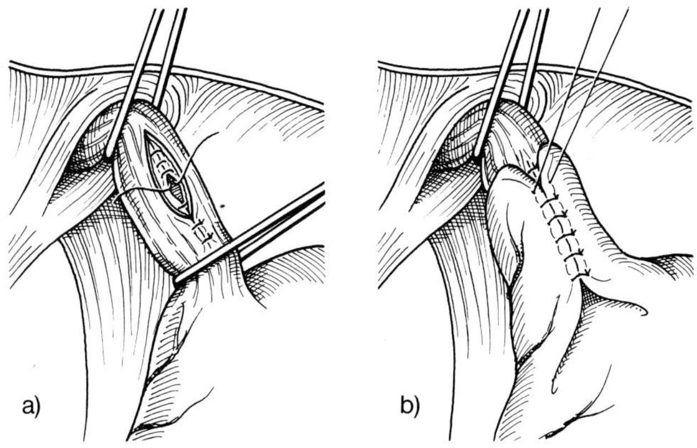

Abb. 9.4-18. Invertierender Nahtverschluß einer Ösophagusperforation (a) mit anschließender Sicherung durch eine Fundusmanschette (b).

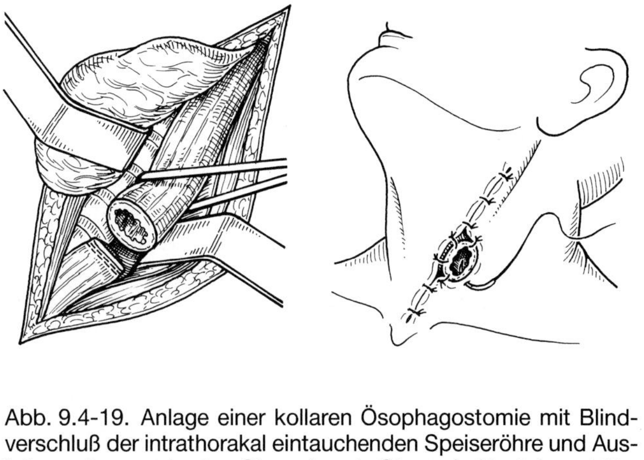

Abb. 9.4-19. Anlage einer kollaren Ösophagostomie mit Blindverschluß der intrathorakal eintauchenden Speiseröhre und Ausleitung des proximalen Stumpfes als Stoma in Hautniveauhöhe mit atraumatischen Polyglykolsäureeinzelfäden.

Ösophagustumoren

Von den seltenen gutartigen Tumoren steht das Leiomyom an der Spitze, gefolgt von Hämangiomen, Fibromen und Lipomen (Husemann), die sich ganz überwiegend intramural entwickeln. Die differentialdiagnostische Abgrenzung von einem Karzinom ist kaum zuverlässig möglich. Daraus ergibt sich in der Regel auch die Indikation zur Operation, sofern nicht bereits die Dysphagie im Vordergrund steht.

Je nach Lokalisation erfolgt die Freilegung über eine posterolaterale Standardthorakotomie. Nach Spaltung der Pleura mediastinalis läßt sich der meist derbe bis harte Tumor gut ertasten und aus der Wand ausschälen (Abb. 9.4-20). Der inzidierte Muskelmantel kann in der Regel fortlaufend mit einem atraumatischen Polyglykolsäurefaden verschlossen werden.

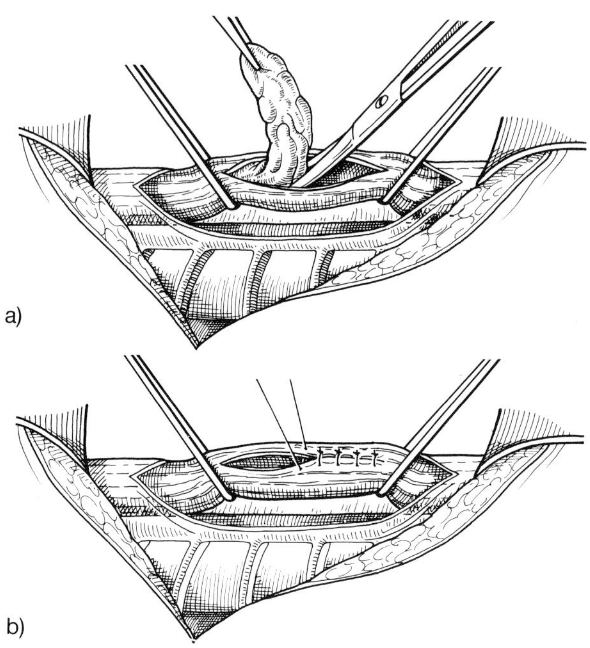

Abb. 9.4-20. Ausschälung eines intramural wachsenden benignen Ösophagustumors (a) mit abschließender Naht des Muskelschlauches mit atraumatischen Polyglykolsäureeinzelknopfnähten (b).

Generell sollten benigne intraluminäre Tumoren möglichst endoskopisch reseziert werden.

Ösophaguskarzinome werden in der Regel zu spät entdeckt, da fast alle Patienten erst dann zur Behandlung kommen, wenn die Dysphagie ein für sie bedrohliches Ausmaß angenommen hat. Zu diesem Zeitpunkt verschließen die Tumoren das Lumen zu mehr als ⅔, so daß in gut 50% der Fälle bereits Metastasen vorliegen. Entsprechend schlecht ist die Prognose.

Der überwiegende Anteil der Malignome breitet sich viel weiter als erkennbar intramural, d.h. submukös aus. Dem ist bei der Festlegung der Resektionsgrenzen besonders Rechnung zu tragen.

Unbehandelt sterben etwa 70% der Patienten im ersten Jahr, wobei die 5-Jahres-Überlebensrate für Plattenepithelkarzinome von Rohloff mit 3,6–7,7% angegeben wird, von anderen unter Einbeziehung aller histologischen Typen nach kurativer Resektion im Mittel mit 10–16% (Husemann, Ulrich, Kunath, Müller).

Unterschiedlich sind auch die Angaben über die Resektabilität. Skinner kam nach einer Umfrage für die USA auf eine Quote von 52%, Siewert für die Bundesrepublik auf 55%. Auch diese Angaben beinhalten eine von Klinik zu Klinik erhebliche Varianz (z.B. Müller et al. 35,2%, eigenes Krankengut 47,2%, Siewert u. Roder 72,8%).

Eine wichtige, die allgemeine Operabilität zentral beeinflussende Frage ergibt sich im Hinblick auf die Wahl des Operationsverfahrens. Ohne jeden Zweifel ist die abdominothorakale Resektion ungleich belastender für den Patienten als die stumpfe Dissektion der Speiseröhre.

Die Kliniksletalität scheint jedoch zunehmend weniger davon berührt zu werden (Müller et al.) und liegt in der Bundesrepublik zwischen 9 und 16%. Nur Rothmund u. Gamstetter konnten innerhalb eines identischen Zeitraumes in einem direkten Vergleich alternativ operierter Ösophaguskarzinome den vorherrschenden Eindruck einer eindeutig niedrigeren Sterberate nach stumpfer Dissektion mit 9,5% gegenüber 30,8% nach transthorakaler Resektion bestätigen. Von der Tendenz her entsprechen dem auch die Ergebnisse von Stelzner sowie Ulrich et al.

Zweckmäßigerweise beginnt man den Eingriff beim Karzinom mit der Laparotomie, bei einer kollaren Tumorlokalisation durch eine gleichzeitige Freilegung am Hals.

Nach Ausschluß einer intraabdominellen Tumoraussaat setzt man die Exploration transmediastinal fort, um ein wandüberschreitendes Tumorwachstum auszuschließen. Dazu muß der linke Leberlappen auf eine kurze Distanz vom Zwerchfell abgelöst, nach rechts weggehalten und die Speiseröhre angeschlungen werden. Danach wird der Hiatus oesophageus eröffnet und mit der behutsamen transmediastinalen Exploration begonnen, wobei durch die Verwendung von langen schmalen Spateln alsbald sehr übersichtliche Verhältnisse hergestellt werden können. In fast allen Fällen läßt sich der Tumor entweder von kollar oder wie eben beschrieben transmediastinal erreichen, so daß nur in besonderen Situationen die Resektabilität über den thorakalen Zugang erklärt werden muß.

Bei der Exploration dürfen so lange keine irreversiblen Veränderungen am Ösophagus geschaffen werden, bis die Entfernbarkeit des tumortragenden Abschnittes ebenso gesichert ist, wie die Verfügbarkeit eines intestinalen Ersatzorgans. Dessen Skelettierung sollte man so lange zurückstellen, bis die Resektabilität des Tumors eindeutig geklärt ist, notfalls nach provisorischem Bauchdeckenverschluß und Umlagerung des Patienten.

Von den in Frage kommenden Interponaten ist der Magen grundsätzlich zu bevorzugen, allerdings nie zu Lasten mangelnder Radikalität. Da vor allem distale Speiseröhrenkrebse bevorzugt in Richtung kleine Kurvatur metastasieren, kann man bei einem durch histologische

Schnellschnittuntersuchungen bestätigten nodal positiven Befund gezwungen sein, die Ösophagusresektion oder -exstirpation mit der totalen Gastrektomie zu kombinieren.

Bezogen auf die Auswahl und die Interpositionsmöglichkeiten eines Ersatzorgans für die Speiseröhre kommen für die kurative und palliative Operation verschiedene Verfahren in Frage.

1. Abdominothorakale Ösophagusresektion mit posteromediastinaler Magen- oder Dünndarm- oder Koloninterposition

Vorbereitungen zur Mageninterposition

(Abb. 9.4-21–23)

Wenn der Magen zur Transposition geeignet ist, durchtrennt man das Lig. gastrocolicum unter Zuhilfenahme von schrittweisen Dissektionsligaturen und läßt sich vom Assistenten die große Kurvatur unter entgegengesetztem Zug am Querdarm anspannen, so daß die A. und V. gastroepiploica dextra stets gut sichtbar sind. Die bleibende Unversehrtheit dieser beiden Gefäße ist der für den ganzen Eingriff limitierende Faktor. Die Präparation muß deshalb auch in einem gehörigen Abstand zum distalen Magenabschnitt erfolgen, um hier nicht die zur V. mesenterica bogenförmig abbiegende V. gastroepiploica dextra zu gefährden. Etwa am Übergang vom mittleren zum oberen Drittel wird dann die Dissektion dichter am Magen mit Durchtrennung der A. gastroepiploica sinistra und der Vasa gastrica brevia fortgeführt bis herauf zur Kardia. Letztere wurde bereits und insbesondere die terminale Speiseröhre im Rahmen der transmediastinalen Exploration so weit freigelegt, daß die jetzt noch erforderliche Skelettierung wenig Zeit in Anspruch nimmt. Je nach dem intraoperativen Staging erhalten wir nach Möglichkeit die Milz. Schließlich wird der Magen nach kranial hochgeschlagen und die A. gastrica sinistra am Stamm aufgesucht und durchtrennt oder man sucht das Gefäß vom Truncus coeliacus her auf.

Separat davon muß die gleichnamige Vene durchtrennt werden. Unter Erhaltung der A. gastrica dextra schließt sich die Dissektion bis zum Pylorus an mit Mobilisation des Duodenums nach Kocher. Im oberen Fundusabschnitt hat sich zu diesem Zeitpunkt eine livide Verfärbung eingestellt, die jedoch kein Anlaß zur Besorgnis ist, da dieser Teil später reseziert wird. Diese Notwendigkeit kann sich auch dann noch ergeben, wenn nach der Thorakotomie inoperable Verhältnisse vorgefunden werden, so daß man dann entweder notgedrungen eine obere Magenteilresektion durchführen oder aber besser auf eine palliative retrosternale Ösophagogastrostomie ausweichen muß. Die terminale Speiseröhre sollte man dann nicht blind verschließen, sondern mit einer ausgeschalteten Jejunumschlinge nach Roux-Y anastomosieren.

Um den Magenhochzug zu erleichtern, wird beim abdominothorakalen Vorgehen der abdominelle Ösophagusabschnitt zunächst nicht durchtrennt. Mit der Erweiterung des Hiatus oesophageus durch Inzision nach links ist dann der wesentliche Teil des abdominellen Eingriffs beendet. Je nachdem wie der Patient gelagert wurde, kippt man den Operationstisch jetzt nach links und führt die posterolaterale Thorakotomie rechts durch oder aber verschließt das Abdomen und lagert um. Empfehlenswert ist die Implantation einer jejunalen Ernährungssonde, obligat die eines Cystofixkatheters und die Drainage des Oberbauches.

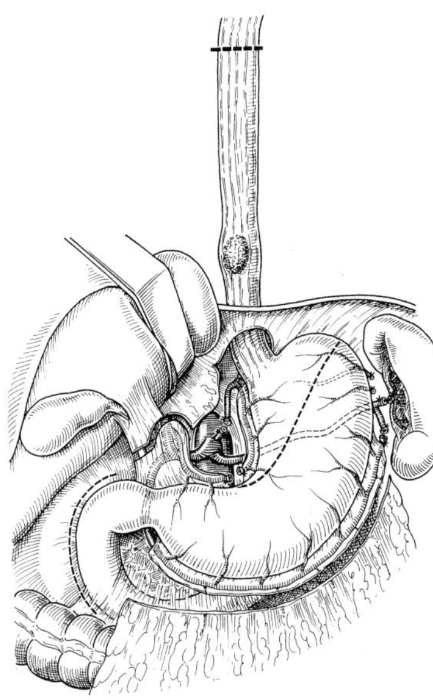

Abb. 9.4-21. Abdominothorakale Ösophagusresektion mit schematischer Darstellung der Skelettierung und erforderlichem Mindestsicherheitsabstand an der Speiseröhre.

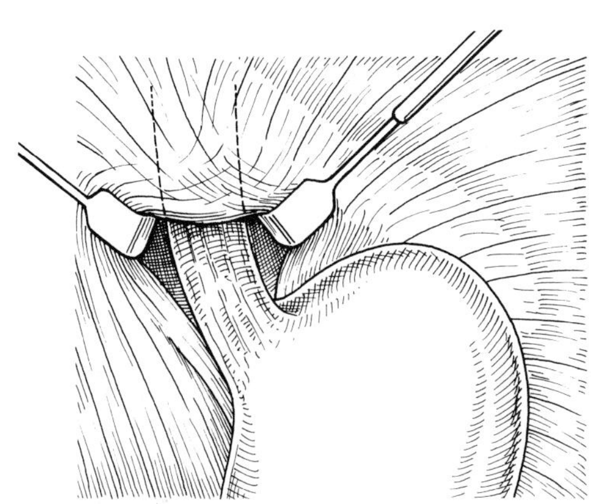

Abb. 9.4-22. Freilegung der mediastinalen Speiseröhre von abdominal nach Ablösung des linken Leberlappens, Eröffnung des Hiatus oesophageus und Einsetzen von langen Spateln.

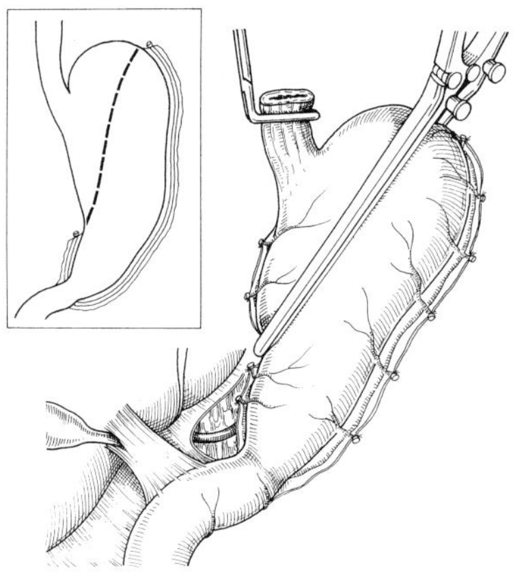

a)

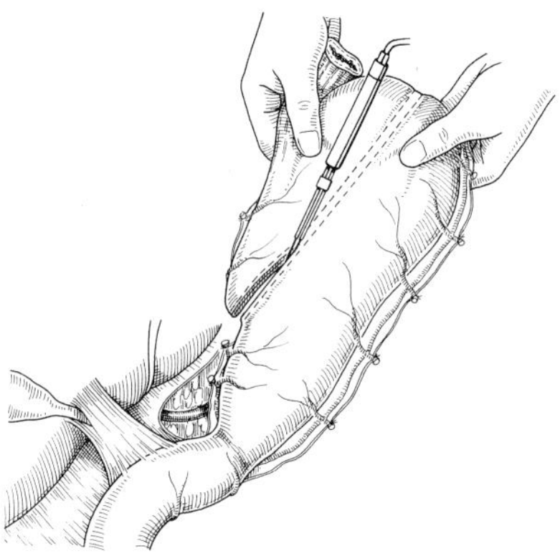

b)

Abb. 9.4-23. Herrichtung des Magens zum Ösophagusersatz. a u. b) Durch die Verwendung des linearen Staplers nach Petz gelingt die erforderliche, vom Fundus zur kleinen Kurvatur verlaufende schräge Resektion vollständig. Wegen der Länge des zu resezierenden Abschnittes sind die Stapler der neuen Generation weniger vorteilhaft. Zusätzlich bietet sich die Verwendung des Paquelin an, mit dem eine effektive Blutstellung erreicht wird.

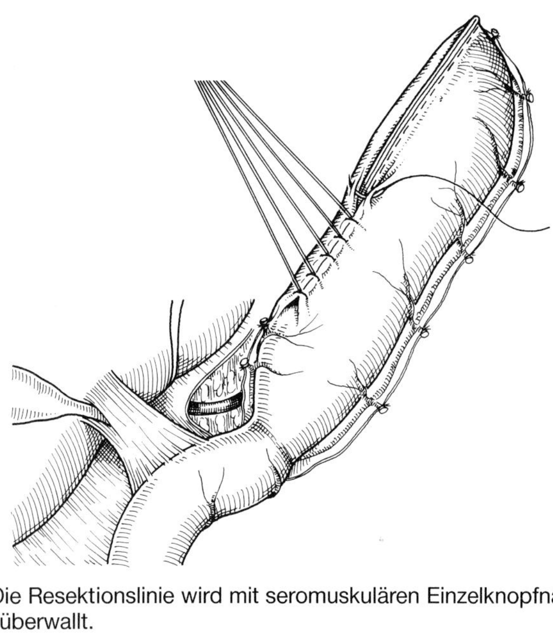

c)

c) Die Resektionslinie wird mit seromuskulären Einzelknopfnähten überwallt.

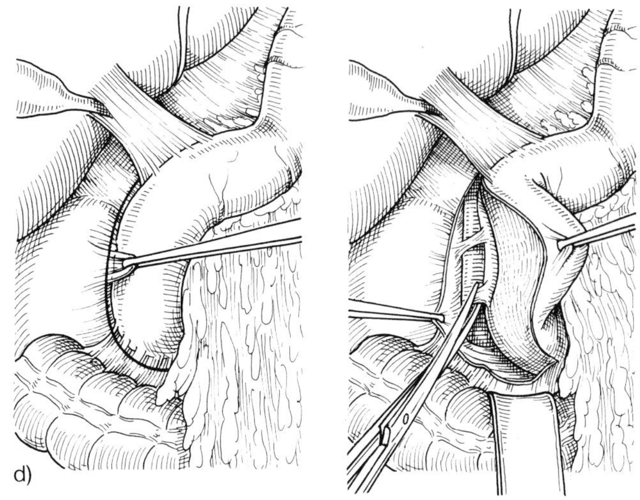

d)

d) Anschließend wird, sofern noch nicht geschehen, die Mobilisation des Duodenums nach Kocher so ausgiebig wie möglich teils stumpf, teils scharf durchgeführt. Danach läßt sich der »schlauchförmig« umgewandelte Magen sowohl posteromediastinal als auch retrosternal zur Ösophagogastrostomie transponieren.

Vorbereitungen zur Dünndarminterposition
(Abb. 9.4-24)

Das Verfahren nach Roux-Y

Nach Durchführung der Gastrektomie (s. dort) und Verschluß des Duodenalstumpfes wird unter dem hochgeschlagenen Querkolon das Jejunum aufgesucht.

Unter Zuhilfenahme der Operationslampe werden im durchscheinenden Licht die Gefäßarkaden sowie die Stammgefäße beurteilt. In der Regel 30–40 cm entfernt vom Treitzschen Band, jedoch stets abhängig vom Gefäßverlauf, werden die Mesenterialblätter im Verlauf der geplanten Resektionslinie bis zu den meist gut sichtbaren Arkaden inzidiert. Die sich anspannenden Gefäße müssen behutsam und mit feinen Fäden schrittweise ligiert und durchtrennt werden, um unkontrollierte Blutungen und Hämatomentwicklungen zu vermeiden, die das ganze Interponat gefährden können. Bei sehr kräftigen Arkaden kann auch die senkrecht verlaufende Hauptarterie bzw. -vene zentral ligiert werden, wodurch das Interponat erheblich an Länge gewinnt. Schließlich wird das Jejunum nach Anlage von Klemmen durchtrennt und zunächst der zuführende Jejunalschenkel mit dem abführenden anastomosiert. Auch hier sind maschinelle Anastomosen möglich. Dann wiederholt man die Prozedur mit dem durchscheinenden Licht am Mesocolon transversum, inzidiert die Blätter über eine Distanz von 3–4 cm in einem gefäßfreien Bezirk und zieht das Jejunum retrokolisch in den Oberbauch. Mit einigen Nähten erfolgt die Fixation an der terminalen Speiseröhre, so daß der Darm vom Thorax aus nachgezogen werden kann. Die auf diese Weise mobilisierte Dünndarmschlinge wird so weit wie möglich distal im Mesokolonschlitz fixiert, ohne daß die Fußpunktanastomose abknickt oder in den Oberbauch gelangt. Mit dem Verschluß der Mesenterialblätter, fallweise auch der Implantation einer Dünndarmernährungssonde, ist der abdominelle Eingriff beendet.

Verfahren analog nach Longmire

Die Präparation entspricht der Ersatzmagenbildung nach Longmire (s. S. 453) und in einigen Teilabschnitten der zuvor geschilderten Technik. Sofern es die Mesenterialgefäße zulassen, sollten wenigstens 40 cm Jejunum aus der Passage genommen und retrokolisch in den Oberbauch geführt werden. Zu- und abführende Jejunumschlingen werden End zu End in üblicher Weise anastomosiert und der Mesenterialschlitz mit Einzelknopfnähten von beiden Seiten verschlossen. Dann näht man die Jejunoduodenostomie und anschließend thorakal die Ösophagojejunostomie End zu Seit oder End zu End. Eine maschinelle Anastomosierung ist möglich. Die auf diese Weise erzielte Erhaltung der Duodenalpassage hat erhebliche Vorteile, allerdings besteht das größere Risiko einer Interponatnekrose durch Torquierung des Mesenterialstiels im Mesokolonschlitz oder seiner Einengung, so daß man besonders sorgfältig vorgehen muß. Die temporäre Einlage einer Verweilsonde ist zu empfehlen, da es durch die gelegentlich über einige Tage fortbestehende Oberbauchatonie zu einer nicht unerheblichen und bei dieser Anastomosenform durch nichts gebremsten Refluxsymptomatik mit der Gefahr der Aspiration kommen kann.

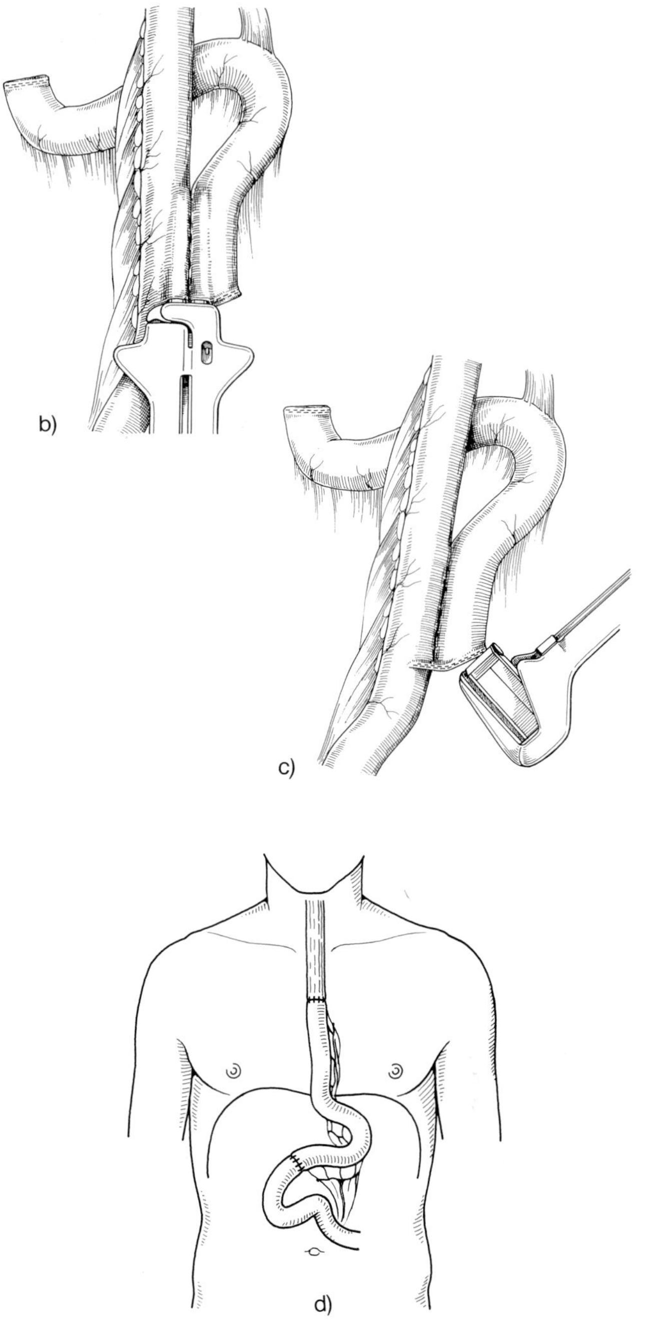

b–d) Wiederherstellung der Passage durch eine isoperistaltische laterolaterale Jejunojejunostomie mit dem GIA in der Technik nach Roux-Y (b u. c), andernfalls durch eine terminoterminale Jejunoduodenostomie (d).

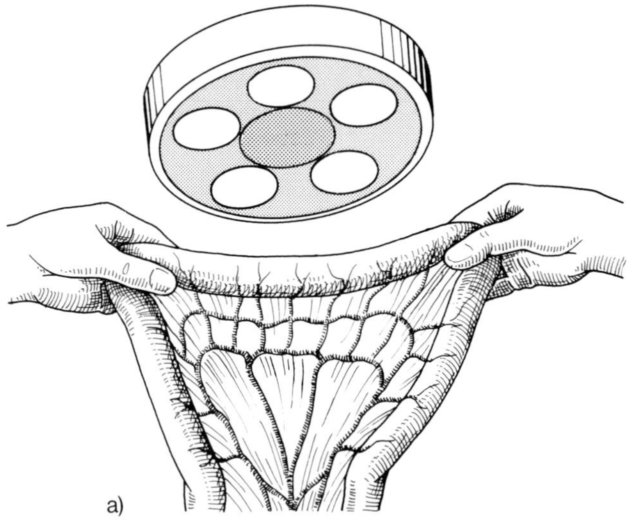

Abb. 9.4-24. a) Auswahl einer geeigneten, etwa 40–45 cm langen Jejunumschlinge im durchscheinenden Licht, die retrokolisch in den Oberbauch geführt und mit einigen Nähten an der terminalen Speiseröhre zum späteren Hochzug in den Thorax fixiert wird.

Vorbereitungen zur Koloninterposition

(Abb. 9.4-25 u. 26)

Wenn der Magen nicht verwendet werden kann, kommt für eine langstreckige Ösophagusersatzoperation nur noch eine Koloninterposition in Frage. Zur Verfügung stehen das rechte Kolon und das Querkolon mit linkem Hemikolon. Bevor man mit der Präparation beginnt, müssen die Durchblutungsverhältnisse eindeutig geklärt worden sein.

Technik der Präparation des Querkolons und linken Hemikolons

Zunächst werden beide Kolonflexuren abgelöst, das große Netz reseziert und dann der Querdarm breitflächig angespannt, so daß man die im Mesocolon transversum verlaufenden Gefäße einschließlich die der linken Kolonflexur erkennen kann, wobei die Diaphanie sehr hilfreich ist. Das Kolon erhält seine Gefäßversorgung sowohl aus der A. mesenterica superior als auch aus der A. mesenterica inferior. Beide sind durch eine Anastomose (Riolansche Arkade) verbunden, die jedoch in etwa 1% der Fälle fehlt.

Die A. mesenterica superior gibt die A. colica media, variabel die A. colica dextra und als weiteres wichtiges Hauptgefäß die A. ileocolica ab. Wenn man sich entschlossen hat, das Querkolon mit linker Kolonflexur isoperistaltisch zu interponieren, muß man die A. colica media unterhalb der Gefäßarkaden durchtrennen, um eine ausreichende Transplantatlänge gewinnen zu können, so daß eine ausreichende Durchblutung allein nur noch von der A. colica sinistra kommt.

Bevor man deshalb die A. colica media durchtrennt, sollte man hier eine weiche Gefäßklemme anlegen, ferner an der geplanten Resektionslinie am Querdarm, um auch die Arkaden zu blockieren, und abwarten, ob die Pulsationen am linken Kolon ausreichend sind. Ist das der Fall, legt man die Resektionsgrenze etwa 10–15 cm unterhalb der linken Kolonflexur fest und führt analog dazu die Präparation über das gesamte Mesokolon transversum hinweg durch. Dabei ist ein gehöriger Sicherheitsabstand zu den Gefäßarkaden wichtig. Nach Ligatur des bogenförmig aufsteigenden Astes der A. colica media durchtrennt man schließlich die Endgefäße am Querdarm an der Stelle der geplanten Resektion, die in der Regel deutlich rechtslateral der Mitte liegen muß. Anschließend empfiehlt es sich, das ausgeschaltete Dickdarmteilstück, dessen Enden wir im übrigen immer maschinell abnähen, um eine Verschmutzung der Bauchhöhle zu vermeiden, vorsichtig in Richtung Hals in isoperistaltischer Richtung auszubreiten, wobei dann alsbald sichtbar wird, ob sowohl die arterielle Perfusion als auch der venöse Rückfluß ungestört bleiben. Die Wiederherstellung der Dickdarmkontinuität erfolgt entweder zweireihig von Hand oder maschinell im Sinne einer Transversodeszendostomie End zu End. Manchmal hat man Schwierigkeiten, die Mesenterialblätter des Kolons wieder zu vereinigen. In diesen Fällen empfiehlt es sich, den Verschluß nicht zu erzwingen sondern eine so weite Öffnung zu lassen, daß es nicht zur Inkarzeration des Dünndarms kommen kann.

Wegen der gelegentlich zu beobachtenden unzureichenden Perfusion des Interponates nach Ligatur der A. colica media bevorzugen einige Operateure die anisoperistaltische Interposition. Besonders Zängl hat auf diese Möglichkeit hingewiesen und sie durch seine umfangreichen angiographischen Untersuchungen gut begründet. In diesem Fall wird die A. colica sinistra darmwandnahe unterhalb der linken Kolonflexur durchtrennt und korrespondierend dazu der Dickdarm. Nach behutsamer Mobilisation des Querdarms und Auslösung aus seinen ligamentären Verbindungen mit Erhaltung des gesamten Mesocolon transversum, das unterhalb der kräftigen Arkaden im durchscheinenden Licht inzidiert werden muß, wird die Resektionsgrenze am rechten Hemikolon am Übergang vom Versorgungsgebiet der A. colica media zur A. ileocolica ebenfalls darmwandnahe festgelegt. Die Passagerekonstruktion am Dickdarm erfolgt wie zuvor beschrieben, wobei man gelegentlich die Anastomose mit dem Sigma durchführen muß. Abschließend wird das Interponat entweder mit dem voroperierten Magen oder mit einer nach Roux-Y ausgeschalteten oberen Jejunumschlinge anastomosiert. Auch dafür bieten sich maschinelle Nahtverbindungen an. Im Falle des nun möglichen definitiven Bauchdeckenverschlusses vor einer geplanten Umlagerung wird der blind verschlossene obere Kolonabschnitt mit der terminalen Speiseröhre locker adaptierend verbunden, der Hiatus oesophageus nach links eingekerbt, so daß der Hochzug in der Thorax ohne die Gefahr einer Torquierung oder Quetschung erfolgen kann.

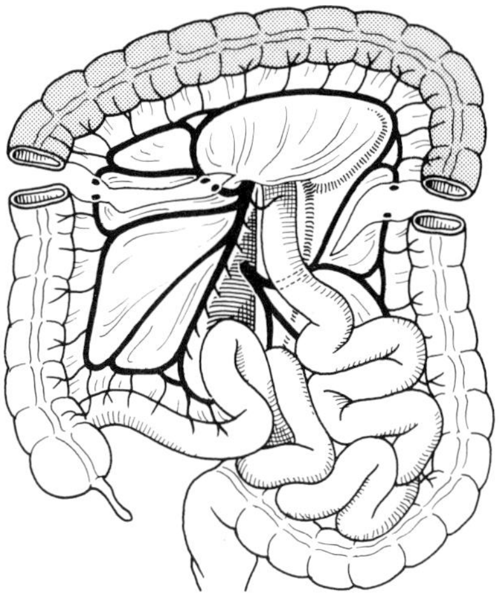

Abb. 9.4-25. Präparation des Querkolons mit Flexuren zur isoperistaltischen Interposition. Die arterielle Perfusion erfolgt über die A. colica sinistra. Voraussetzung ist das Vorhandensein der Riolanschen Arkade.

Technik der Präparation des rechten Kolons

Zur Speiseröhrenersatzoperation bevorzugen wir das rechte Kolon und versuchen in Abhängigkeit von der lokalen Durchblutung am terminalen Ileum die letzten 10 cm zu erhalten und später mit dem Ösophagus zu anastomosieren. Nach Festlegung der Resektionsgrenze am terminalen Ileum mobilisiert man das rechte Kolon über die Flexur bis zum Querdarm unter Zuhilfenahme von Dissektionsligaturen zunächst von lateral, läßt dann das Colon ascendens mit Flexur anheben, spaltet das gefäßarme Kolonmesenterium, sucht die A. ileocolica auf und durchtrennt sie nahe ihres Abganges aus der A. mesenterica superior. Anschließend bemühen wir uns, die letzten zur Ileozäkalregion einstrahlenden Gefäße zu erhalten und durchtrennen das Ileum maschinell.

Dann folgt die planmäßige Appendektomie. Das Colon ascendens wird nun nach kranial hochgeklappt und leicht angespannt gehalten, so daß man die kräftig pulsierende A. colica media gut darstellen kann. Sie muß ebenso wie die mit ihr und ihren Verzweigungen parallel laufenden Venen unbedingt erhalten bleiben, einschließlich der marginalen Kolonrandarkade.

Ist die Durchblutung ausreichend, erfolgt die Resektion am Querdarm maschinell. Bevor man nun die Passage durch Ileotransversostomie End zu End wieder herstellt, muß man sich davon überzeugen, daß die arterielle Versorgung in Höhe der vorgesehenen Anastomose ausreichend ist. Ist das nicht der Fall, dann ist wahrscheinlich die Riolansche Arkade nicht vorhanden oder verschlossen, so daß man die Resektion über die linke Kolonflexur hinaus ausdehnen muß.

Anschließend wird der Retroperitonealraum rechts nach Einlage einer Drainage mit Einzelknopfnähten verschlossen und das Interponat probeweise zum Hals antethorakal heraufgeführt und abgewartet, ob die Versorgung einschließlich des venösen Rückflusses unverändert ungestört ist.

Wie im vorangegangenen Abschnitt bereits beschrieben, kann der abdominelle Teil des Eingriffs nach der Anastomosierung des Interponates mit dem Magen oder Jejunum beendet werden.

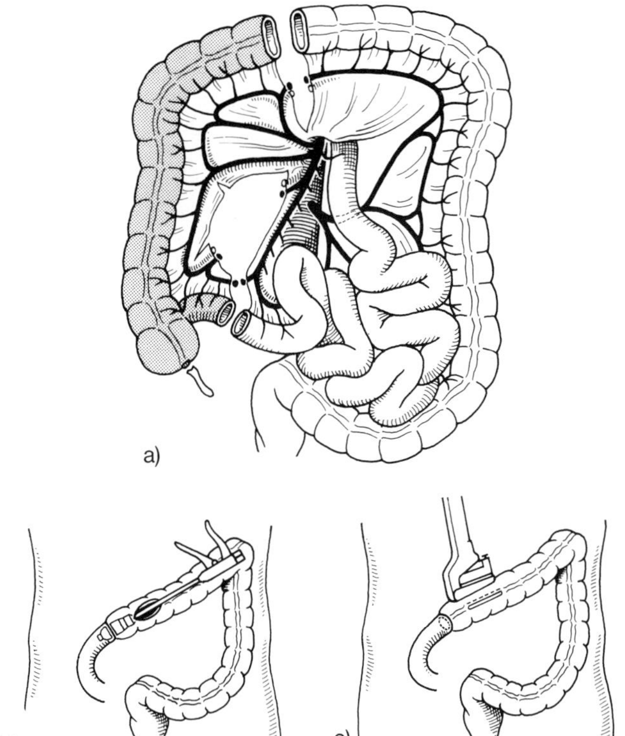

Abb. 9.4-26. a) Herrichtung des rechten Hemikolons mit kurzem, terminalem Ileumrest zum Ösophagusersatz.
b u. c) Transversoileostomie nach Hemikolektomie rechts in maschineller Nahttechnik.

Thorakale Ösophagusresektion und Durchführung der Anastomose

(Abb. 9.4-27–31)

Nach posterolateraler Thorakotomie rechts wird bei gegebener lokaler Operabilität der schon vom Abdomen her stumpf im Hiatus mobilisierte Ösophagus nach Spaltung der Pleura mediastinalis insgesamt freigelegt und angeschlungen. Anschließend oder vorher muß der Lungenunterlappen abgelöst und zur Seite gehalten werden. Um einen ausreichenden Sicherheitsabstand zu gewinnen, ist die Durchtrennung der V. azygos meist erforderlich. Nach Festlegung der proximalen Resektionsgrenze, in der Regel etwa 2–3 cm unterhalb des Speiseröhreneintritts in den Thorax, werden hier Haltefäden angelegt, der Ösophagus mit einer Klemme gefaßt und 1 cm oberhalb davon durchtrennt. Die oberhalb der Klemme überstehende Manschette wird zur histologischen Schnellschnittuntersuchung abgegeben. Bevor das Ergebnis vorliegt, präpariert man den tumortragenden Abschnitt nach distal teils scharf, teils stumpf frei, wobei man den mit der Klemme gefaßten Ösophagus angespannt hält, um die einstrahlenden Arterien zuverlässig versorgen zu können. Mit der Dissektion der Speiseröhre aus dem posteromediastinalen Bett müssen alle erreichbaren Lymphknoten mit entfernt werden. Bei einem Einbruch des Tumors in die Lunge führt man eine Lobektomie in üblicher Weise durch, sofern sonst keine Kontraindikationen gegen eine Erweiterung des Eingriffes bestehen. Ebenso kann eine partielle Resektion des Perikards oder des Zwerchfells notwendig werden. Allerdings würden wir in diesen Fällen nicht mehr die posteromediastinale Passagerekonstruktion durchführen, sondern auf die retrosternale Interposition ausweichen.

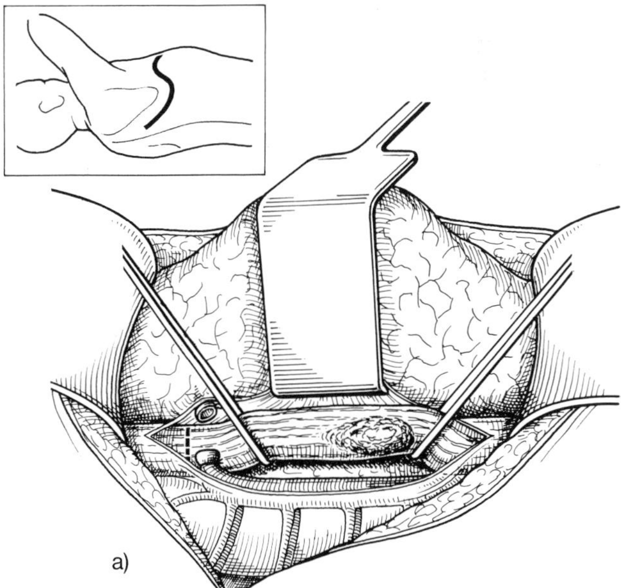

Abb. 9.4-27. a) Transthorakale Ösophagusresektion von rechts. Die Speiseröhre ist ober- und unterhalb des Tumors angeschlungen, die V. azygos ligiert und durchtrennt; bei einem kleinen Karzinom kann der Sicherheitsabstand nach proximal – wie hier angedeutet – ausreichend sein.

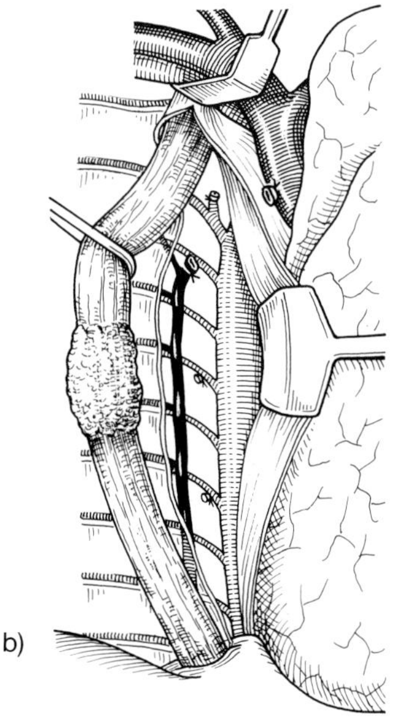

b) In der Regel ist jedoch die Freilegung bis herauf zur Pleurakuppe erforderlich.

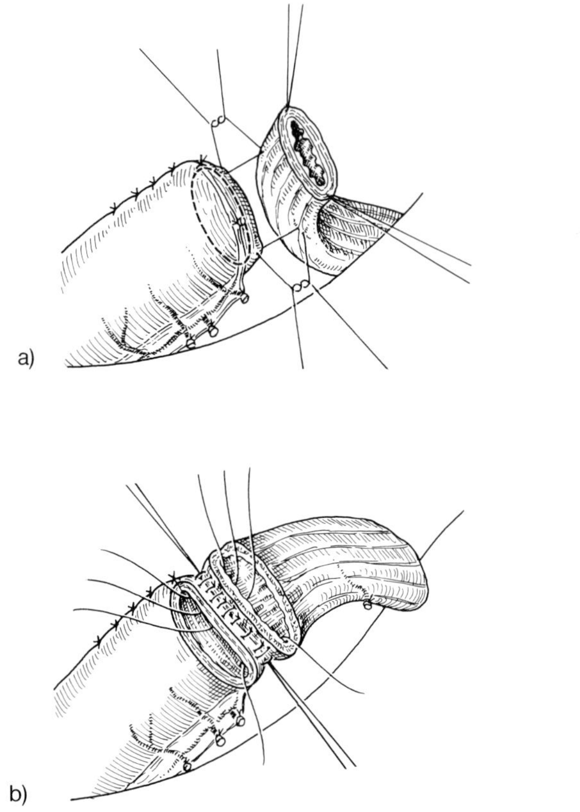

Abb. 9.4-28. a u. b) Terminoterminale zweireihige invertierende Ösophagogastrostomie. Die intrathorakale Anastomosierung läßt sich in der Regel ohne Schwierigkeiten auch zweireihig in der Technik nach Wölfler nähen, da die Platzverhältnisse günstig sind. Vielfach ist sogar die maschinelle Naht mit einem zirkulären Klammernahtgerät möglich. Bei der hier dargestellten Nahttechnik werden im Bereich der Hinterwand – seromuskulär wie bei der allschichtigen Naht – die Fäden zunächst gelegt und dann der Reihe nach geknüpft. Bei der einreihigen Naht ist das nicht erforderlich.

Ösophagogastrostomie

Nach Abschluß der intrathorakalen Tumorresektion zieht man den noch am Ösophagus hängenden Magen vorsichtig in den Thorax herauf, überprüft als wichtigstes die Durchblutung und beseitigt eine evtl. eingetretene Torquierung. Dann führt man, um die Hauptmetastasenstraße des Ösophaguskarzinoms entlang der kleinen Kurvatur sicher entfernen zu können, die Resektion unter Zuhilfenahme des Petzschen Nähapparates bis unter den »Krähenfuß« des N. vagus durch und überwallt die Resektionslinie mit Einzelknopfnähten. Der auf diese Weise schlauchförmig umgebildete Magen läßt sich dann entweder maschinell oder von Hand mit dem Ösophagus anastomosieren, wobei bei der meist vorhandenen Interponatlänge der überstehende Anteil der großen Kurvatur zum Schluß zur Deckung der Vorderwandnaht noch herangezogen werden kann. Die Manschettenbildung hat zudem eine refluxverhütende Wirkung. Nach Prüfung der Nahtdichtigkeit ist der Eingriff nach Einlage von ein oder zwei Thoraxdrainagen beendet. Eine Pyloroplastik führen wir nur dann durch, wenn eine erhebliche narbige Deformierung des postpylorischen Abschnittes besteht, legen jedoch immer eine nasogastrale Verweilsonde ein, da der Magen durch die Denervierung zunächst völlig atonisch ist.

Ösophagojejunostomie

Die mit dem terminalen Ösophagusstumpf locker verbundene Jejunalschlinge wird vorsichtig in die Brusthöhle heraufgezogen, bis es zu einer deutlich erkennbaren Anspannung der Mesenterialgefäße kommt und eine Torquierung ausgeschlossen ist. Die Wiederherstellung der Passage erfolgt aus Distanzgründen meist terminolateral mit Blindverschluß des überstehenden Jejunalschenkels, der gelegentlich als Manschette um die Anastomose herumgeführt werden kann und dadurch nicht nur die Nahtverbindung sichert sondern zudem als Refluxbremse wirkt. Auch bei einem benignen Grundleiden bevorzugen wir diese Anastomosenform, die auch maschinell bewerkstelligt werden kann (Abb. 9.4-31 u. 32).

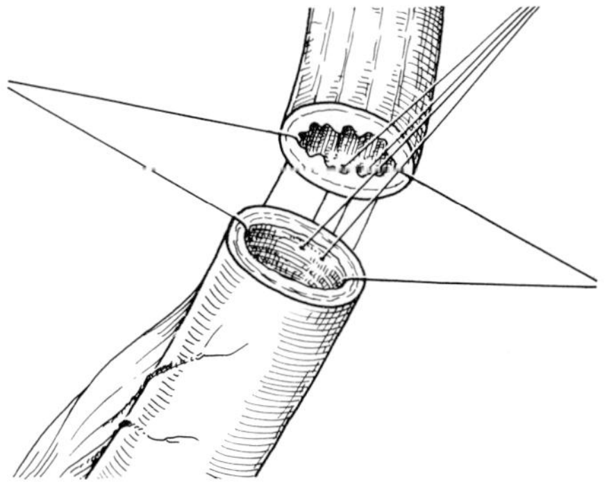

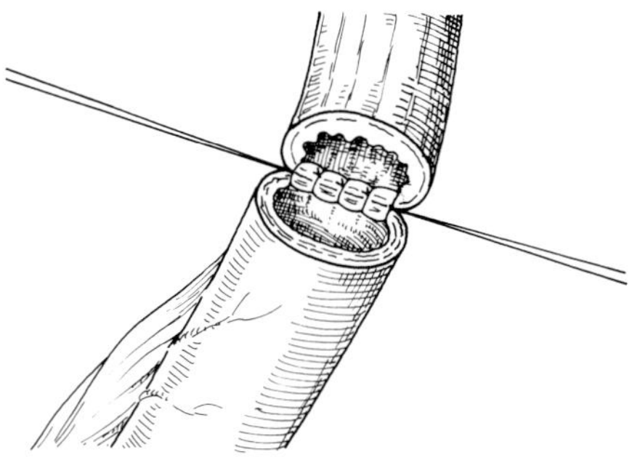

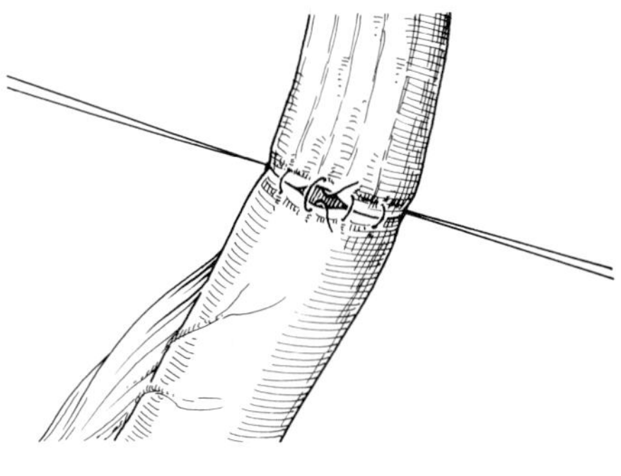

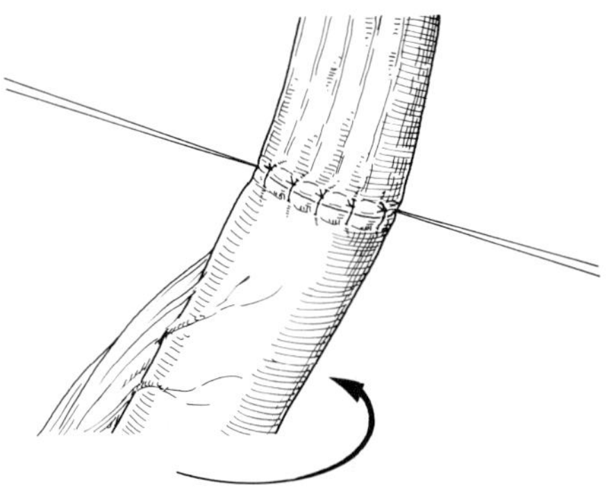

Abb. 9.4-29. a–c) Terminoterminale Ösophagojejunostomie in zweireihiger Nahttechnik nach Wölfler.
d) Die Naht nach Lembert kann an der Hinterwand durch ein vorsichtiges Drehen mit der sonst fertigen Anastomose nachgeholt werden.

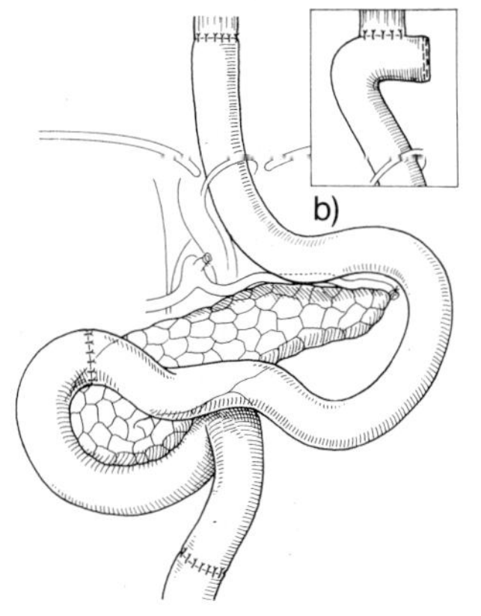

Abb. 9.4-30. Terminoterminale (a) und terminolaterale (b) Ösophagojejunostomie in der Technik nach Longmire.

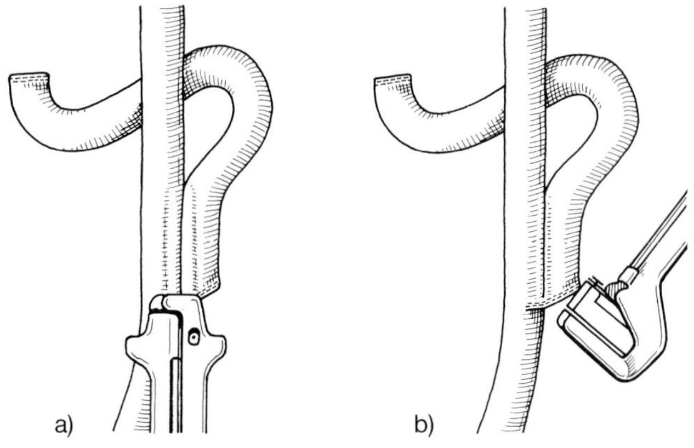

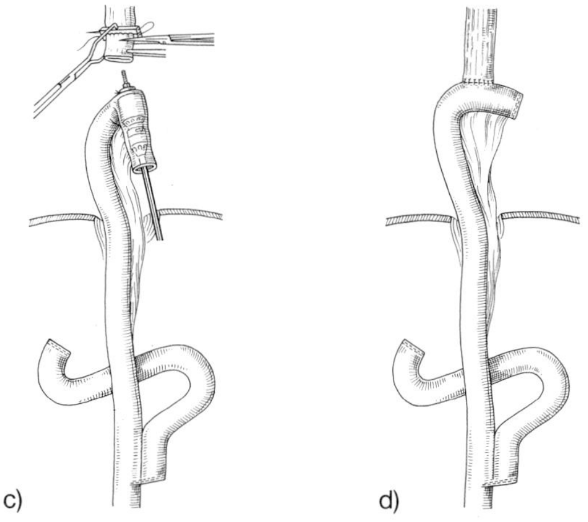

Abb. 9.4-31. a–d) Abdominothorakale Ösophagojejunostomie bei simultanem Vorgehen von abdominal und thorakal. Durch entsprechende Kippung des Tisches kann bei offenem Thorax und Bauch die aus der Passage genommene obere Jejunumschlinge nach Intubation mit dem Stapler durch den Hiatus oesophageus in den Thorax zur Anastomose mit dem Ösophagus geleitet werden. Die Sicherung der maschinellen Naht am Ösophagus durch Einzelknopfnähte ist zu empfehlen.

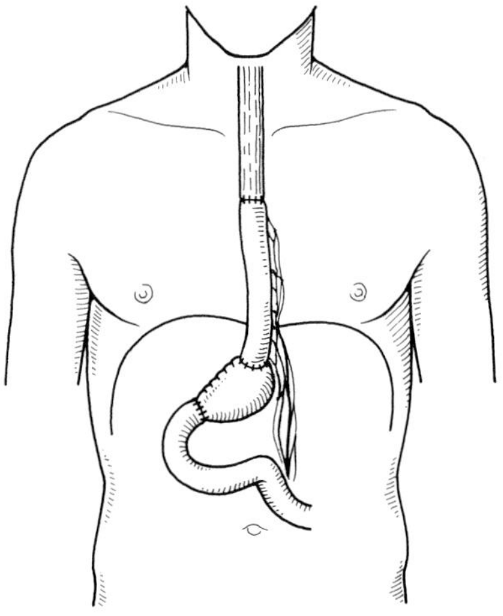

Abb. 9.4-32. Ösophagojejunogastrostomie am voroperierten Magen oder nach oberer Magenteilresektion.

Ösophagokolostomie

Die intrathorakale Verlagerung des Dickdarms muß mit größter Behutsamkeit erfolgen, wobei man sich am besten den Hiatus oesophageus durch kräftige Spatel so weit aufhalten läßt, daß man den Darm schrittweise mit der Hand durch diese Enge leiten kann. Geringfügige Einrisse im Mesokolon mit nachfolgender Blutung oder gar eine Verletzung der arteriellen Gefäßarkaden führt unweigerlich zum Organverlust. Bleibt die Durchblutung ungestört, erfolgt die Ösophagoileokolostomie oder Ösophagokolostomie End zu End. Die Nahtverbindungen im einzelnen sind in Abb. 9.4-33 dargestellt und ebenso mit einem zirkulären Stapler möglich.

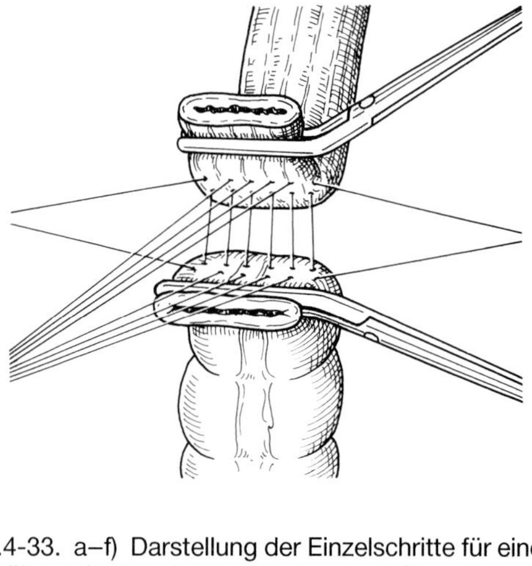

a)

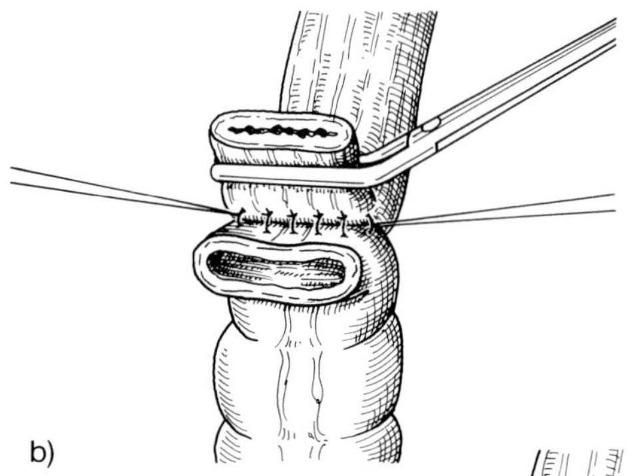

b)

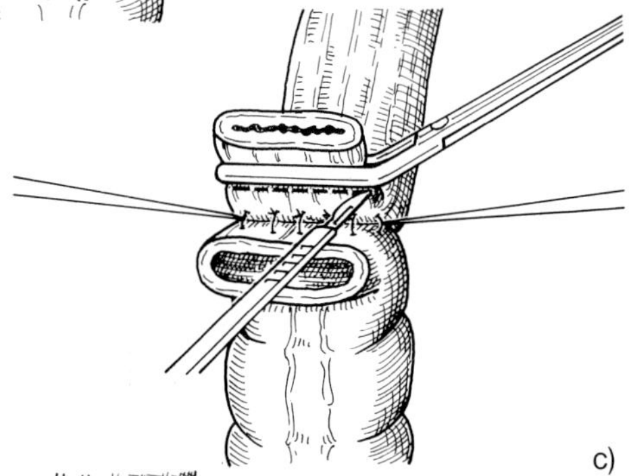

c)

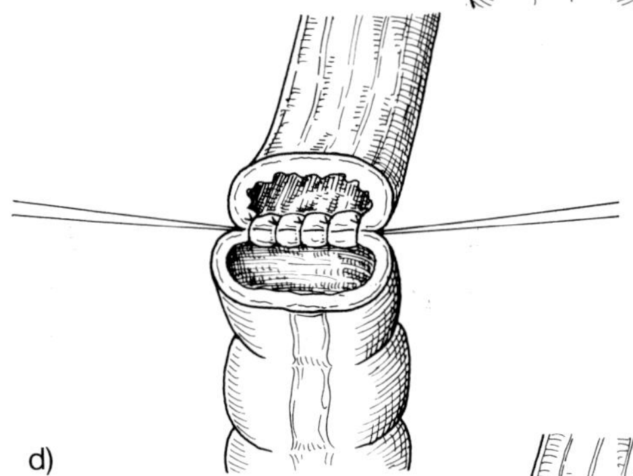

d)

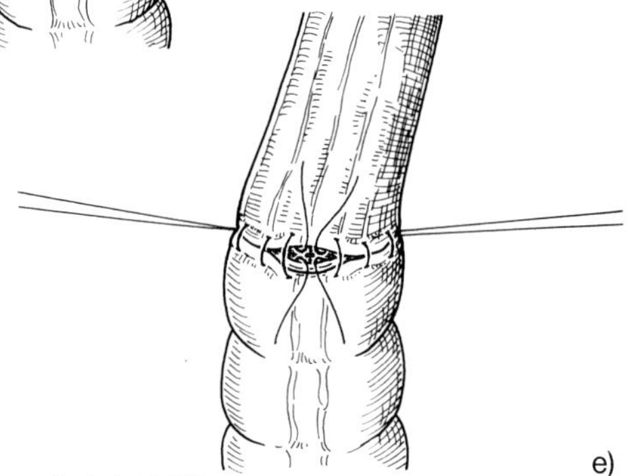

e)

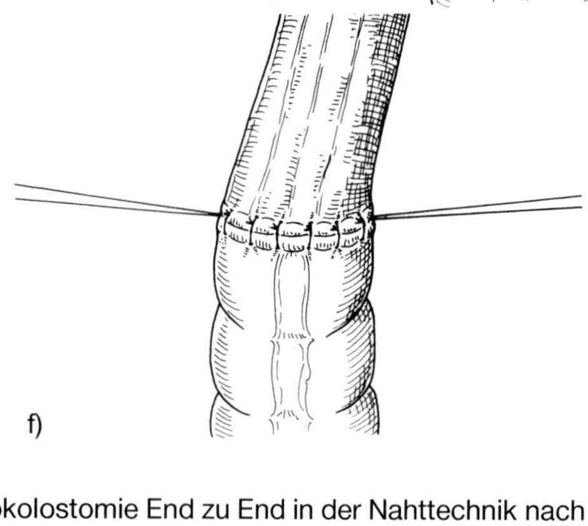

f)

Abb. 9.4-33. a–f) Darstellung der Einzelschritte für eine Ösophagokolostomie End zu End in der Nahttechnik nach Wölfler. Wenn die Speiseröhre mit einer harten Klemme gefaßt wird, muß die Nachresektion unbedingt unterhalb davon erfolgen (c).

2. Stumpfe Dissektion der Speiseröhre mit posteromediastinaler oder retrosternaler Magen- oder Koloninterposition

In den letzten Jahren wurde dieses Verfahren zunehmend in den Vordergrund gerückt und gleichsam neu entdeckt. Die Vorteile gegenüber der abdominothorakalen Resektion bestehen zweifellos in dem wesentlich kürzeren und weniger belastenderen Eingriff, der deshalb nach unserer Erfahrung auch älteren Patienten zugemutet werden kann, die einen 2-Körperhöhleneingriff nicht mehr tolerieren würden und ferner in der kollaren Anastomose, deren Insuffizienz nicht zur tödlichen Komplikation führt, ausgenommen sie entsteht durch eine Interponatnekrose. Von Nachteil ist dagegen die mangelnde Radikalität im Hinblick auf die mediastinale Lymphknotendissektion. Indiziert ist der Eingriff vor allem für die digital von proximal oder distal mobilisierbaren, überwiegend intraluminär und keinesfalls organüberschreitend wachsenden Karzinome. Unabhängig von der Interponatwahl läßt sich der Eingriff in 4 Abschnitte gliedern:

1. Überprüfung der Operabilität entweder von zervikal oder abdominal, je nach Tumorlokalisation.
2. Herrichtung des Interponates.
3. Stumpfe Dissektion der Speiseröhre.
4. Hochzug des Interponates und kollare Anastomose.

Dissektion der Speiseröhre

(Abb. 9.4-34 u. 35)

Zunächst wird der Patient in Rückenlage gebracht, die Schulter durch ein Kissen angehoben und der Kopf nach rechts gedreht und wie zur Strumaoperation so weit wie möglich rekliniert. Anschließend wird die Haut vom Hals bis zur Symphyse desinfiziert und entsprechend abgedeckt. Begonnen wird beim proximalen Ösophaguskarzinom mit der Freilegung am Hals, andernfalls mit der Laparotomie, Exploration der Bauchhöhle und Auswahl des Interponates, aber zunächst ohne Skelettierung. Dann wird der abdominale Teil der Speiseröhre mobilisiert, der linke Leberlappen nach rechtslateral beiseitegehalten und der Hiatus oesophageus eröffnet. Teils stumpf, teils scharf wird die Pleura mediastinalis vorsichtig abgeschoben und der Tumor ertastet. Ist keine organüberschreitende Infiltration erkennbar, setzt man links und rechts schmale lange Spatel ein und läßt den Hiatus kräftig auseinanderhalten, so daß man übersichtliche Verhältnisse gewinnt und gelegentlich sogar den Tumor sieht und gut umfahren kann. Anschließend hebt man die angezügelte Speiseröhre an und mobilisiert mit einem in eine gebogene Kornzange eingespannten Tupfer und/oder dem zweiten und dritten Finger der rechten Hand den dorsalen Abschnitt durch Abschieben der lockeren mediastinalen Hüllfaszien entlang der gleichzeitig zur Orientierung dienenden Aorta. Auf diese Weise merkt man sehr schnell, ob sich der tumortragende Abschnitt aushülsen läßt.

Gelingt die Mobilisation ohne Schwierigkeiten, so ist die stumpfe Dissektion der Speiseröhre mit Sicherheit möglich. Bei einiger Erfahrung hat man sich den erforderlichen Überblick schnell verschafft und sollte sich dann besser der Herrichtung des Interponates zuwenden, um sicher zu sein, den geplanten Ersatz auch durchführen zu können, bevor am Ösophagus irreversible Verhältnisse entstehen. Ist dieser Teil beendet, wendet man sich wieder dem distalen Mediastinum zu und versucht, die Mobilisation so weit wie

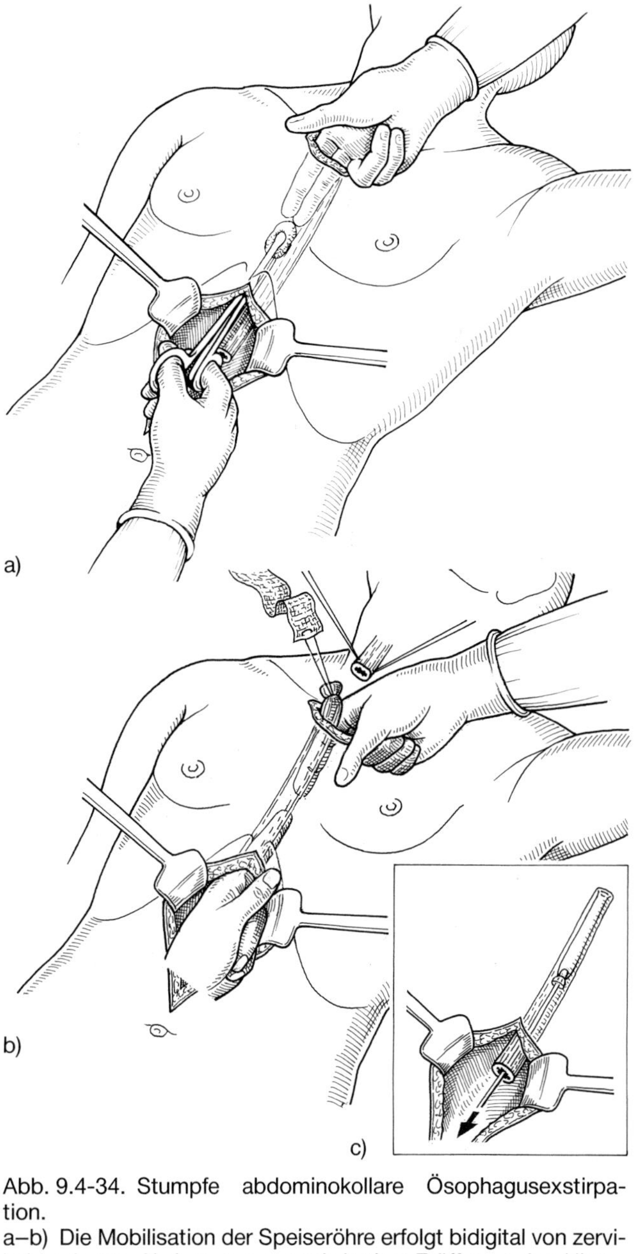

Abb. 9.4-34. Stumpfe abdominokollare Ösophagusexstirpation.
a–b) Die Mobilisation der Speiseröhre erfolgt bidigital von zervikal und vom Abdomen aus nach breiter Eröffnung des Hiatus oesophageus teils stumpf, teils scharf durch zirkuläre Aushülsung, bei der einige Operateure ein Ringstripper-ähnliches Instrument verwenden, was wir wegen der Gefahr der Verletzung der V. azygos nicht mehr benutzen.

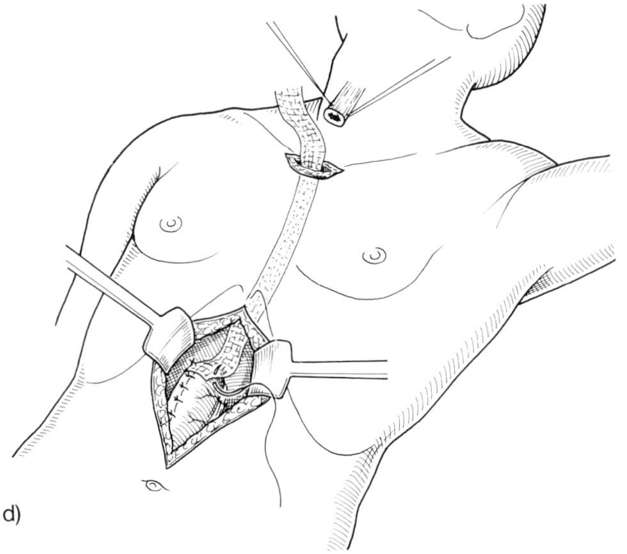
d)

c–d) Bewährt hat sich die Einknotung des zervikalen Speiseröhrenabschnittes über einer Babcock-Sonde und Extraktion nach distal durch Invagination, wobei ein proximal angenähter langer Streifen zum späteren Hochzug bei der posteromediastinalen Interposition in das Abdomen nachgezogen wird.

möglich oralwärts voranzutreiben. Schließlich tamponieren wir den unteren Mediastinalabschnitt mit einem heißen Streifen und legen die zervikale Speiseröhre frei. Dazu benutzen wir den auf S. 397 beschriebenen Zugang, der der Freilegung der Karotis entspricht, mobilisieren fallweise den linken Schilddrüsenlappen und suchen den N. laryngeus recurrens auf.

Der Ösophagus wird mit dem Dissektor umfahren, angezügelt und wieder mit 2 Fingern stumpf so weit wie möglich nach distal mobilisiert. Für die stumpfe Extraktion der thorakalen Speiseröhre wurden verschiedene instrumentelle Hilfsmittel angegeben, die teilweise Ähnlichkeit mit einem Ringstripper haben (Kunath). Wir verwenden sie nicht mehr, nachdem uns einmal dabei die V. azygos eingerissen ist und der Patient auf dem Tisch verblutete, sondern führen, je nachdem, ob wir die Extraktion nach proximal (Karzinom im oberen Drittel) oder nach distal durchführen wollen, die Babcock-Sonde von einer kleinen Inzision aus ein. Beim Karzinom im unteren Drittel dagegen von abdominal nach zervikal, was selbst bei einer hochgradigen Tumorstenose immer gelingt. Oben angekommen leitet man die Sonde aus der inzidierten Speiseröhre aus, setzt den dicksten Sondenknopf auf und fixiert die Speiseröhre unterhalb davon mit zwei kräftigen Fäden und verknotet letztere mit einem langen Streifen. Dann erst durchtrennen wir den Ösophagus, der sich bei der anschließenden Extraktion invaginiert. Im Hiatus erscheint alsbald der nachgezogene Streifen, der gleichzeitig etwas tamponierend wirkt und später zum evtl. posteromediastinalen Hochzug des Interponates genutzt werden kann. Eine wesentliche Blutung tritt im allgemeinen nicht ein. Die invaginierte Speiseröhre wird wieder umgedreht und auf Vollständigkeit überprüft. Dann folgt die auf S. 403 beschriebene Resektion am Magen.

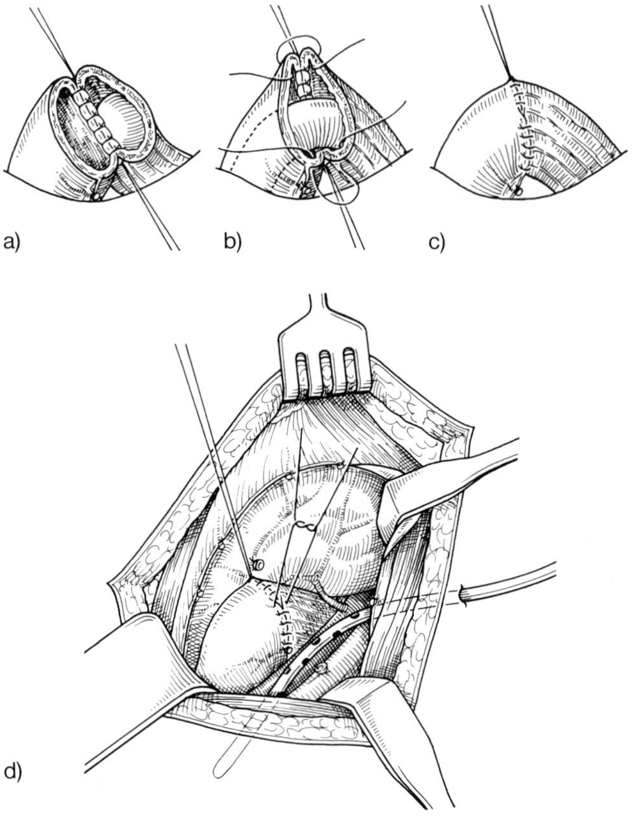
a) b) c)

d)

Abb. 9.4-35. Zervikale terminoterminale invertierende Ösophagogastrostomie.
a–d) In der Regel ist eine zweireihige Naht der Hinterwand aus Platzgründen nicht möglich, so daß dann eine invertierende allschichtige Einzelknopfnaht in Frage kommt. Die Vorderwand kann dagegen wieder invertierend zweireihig durchgeführt werden.

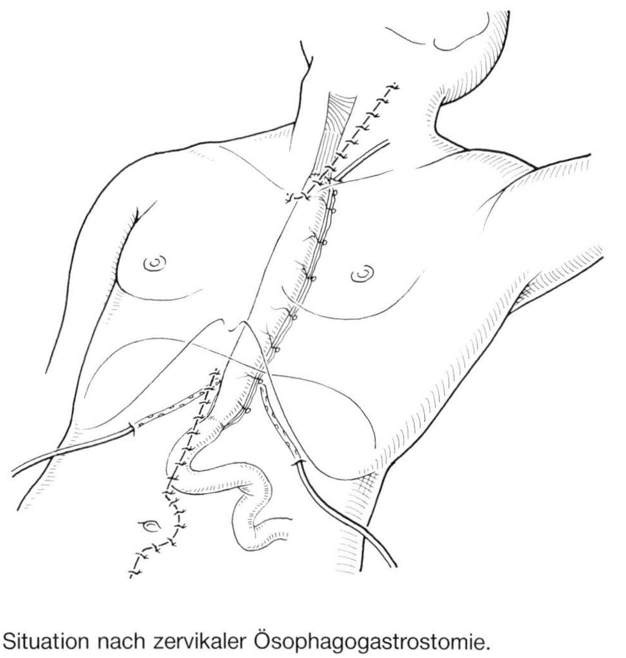
e)

e) Situation nach zervikaler Ösophagogastrostomie.

Posteromediastinale Mageninterposition

Der sich nach Resektion unter Zug schlauchförmig umwandelnde Magen, dessen intakte Durchblutung unablässig im Auge behalten werden muß, wird mit einigen kräftigen Nähten an dem posteromediastinal liegenden Streifen fixiert und unter stetigem Zug in den offen gehaltenen Hiatus eingeführt und behutsam zur kollaren Mediastinotomie heraufgeleitet. Zuvor hat man sich noch einmal über die ausreichende Länge informiert, indem man das Interponat auf den Thorax legt. Am Hals angekommen wird der befestigte Streifen entfernt und die Ösophagogastrostomie ein- oder zweireihig End zu End mit 3/0 Polyglykolsäurefäden genäht. Nach Einlage einer Ziel- oder dicken Redon-Saugdrainage und nasogastralen Verweilsonde folgt der schichtweise Wundverschluß. Zum Schluß wird von abdominal das Mediastinum drainiert.

Die Pyloroplastik führen wir nur bei einem narbig deformierten Bulbus durch. Eine Fixation des Interponates im Hiatus ist nicht erforderlich. Kam es zur Verletzung der Pleura mediastinalis, kann die Einlage einer Thoraxdrainage erforderlich werden, jedoch nicht obligat, da das Interponat sehr rasch zu einem luftdichten Verschluß führt.

Retrosternale Mageninterposition

(Abb. 9.4-36)

Als Indikation für dieses Vorgehen sehen wir in erster Linie onkologische Gesichtspunkte, d.h. eine nachgewiesene oder mit an Sicherheit grenzenden Wahrscheinlichkeit anzunehmende mediastinale Tumoraussaat, die eine Nachbestrahlung des posteromediastinalen Abschnittes erforderlich macht.

Nach medianer Laparotomie resezieren wir in diesen Fällen grundsätzlich das Xiphoid, eröffnen den Retrosternalraum durch eine bogenförmige Inzision und versuchen zunächst stumpf, einen gehörig breiten Tunnel hart hinter dem Sternum zum inzwischen freigelegten Halsabschnitt herzustellen. Meist gelingt das auch ohne große Schwierigkeiten, wobei man achtgeben muß, daß man die V. brachiocephalica sinistra und die V. thyroidea inferior bzw. den Thymus nicht verletzt. Erscheint der Tunnel weit genug zur Aufnahme des Interponates, leiten wir einen langen Streifen hindurch, der am Interponat mit einigen kräftigen Nähten fixiert wird und zum Hochzug des Ersatzorgans dient, dessen Länge vorher durch antethorakale Positionierung auf eine spannungsfreie Anastomose überprüft werden muß.

Läßt sich der Magen nicht leicht transponieren, führen wir die longitudinale Sternotomie mit der oszillierenden Säge durch. Nach Spaltung der Faszie über der Thymusdrüse wird dann zunächst vorsichtig der Mediastinalraum erweitert, ein Sperrer eingesetzt und langsam aufgedreht. Die auf diese Weise erreichbare Übersichtlichkeit ist optimal.

Auch läßt sich die Ösophagogastrostomie sehr übersichtlich nähen, jetzt auch vergleichsweise risikoarm maschinell. Nach Fertigstellung der Anastomose und sorgfältiger Blutstillung wird nach Einlage einer Thoraxdrainage in das vordere Mediastinum das Brustbein mit 3 bis 4 kräftigen Drahtzerklagen verschlossen. Anhaltende Blutungen aus dem Knochen kann man mit Wachs zuverlässig stillen. Sollte die Pleura eröffnet worden sein, empfiehlt es sich immer, den Versuch der Naht zu machen, ggf. in Verbindung mit der Einlage einer lateral gesondert auszuleitenden Drainage, was aber nicht grundsätzlich erforderlich ist. Auch bei dieser Ersatzoperation entlasten wir den Magen über eine nasogastrale Verweilsonde über mehrere Tage ohne Pyloroplastik.

a)
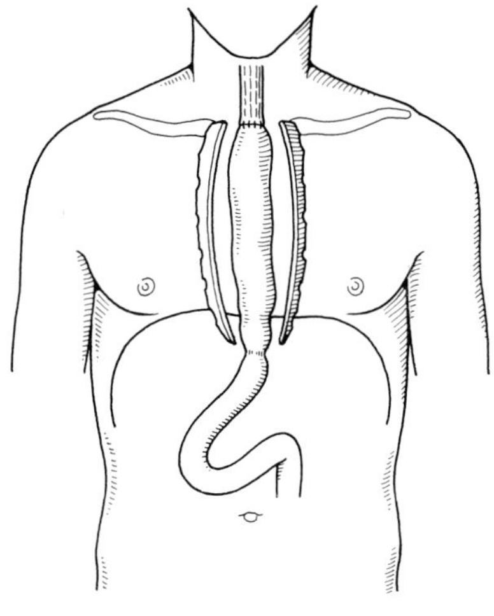

Abb. 9.4-36. a) Retrosternale terminoterminale Ösophagogastrostomie mit Anastomosierung von Hand.

b)
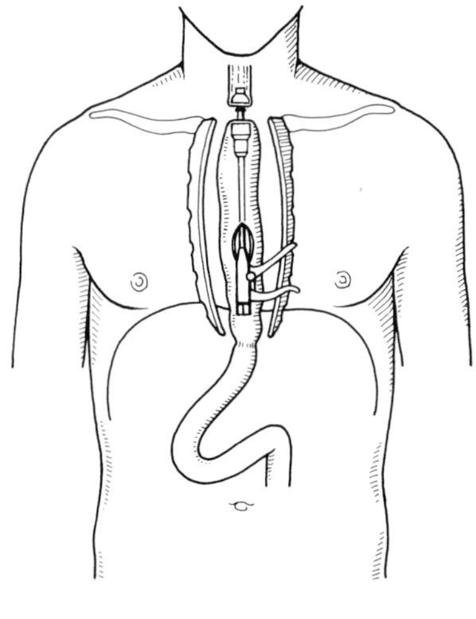

b) Bei dieser Interponatlage ist die Anastomosierung mit einem zirkulären Klammernahtgerät vorteilhafter.
Die Gastrotomie wird abschließend mit einem linearen Stapler verschlossen.

Retrosternale Koloninterposition

(Abb. 9.4-37–39)

Wenn wir gezwungen sind den Speiseröhrenersatz durch Koloninterposition durchzuführen, wählen wir grundsätzlich diesen Weg, der sich für dieses Organ als der zuverlässigste und risikoärmste erwiesen hat. Nicht zuletzt wegen der sehr unbefriedigenden Langzeitergebnisse bei einer abdominothorakalen Koloninterposition, einschließlich der Gefahr einer tödlichen Nahtinsuffizienz, sowie der besonderen Risiken bei der posteromediastinalen Interposition beim Hochzug, führen wir diesen Eingriff selbst dann durch, wenn eine totale Ösophagusresektion nicht erforderlich wäre. Wie zuvor beschrieben wird das Mediastinum durch eine longitudinale Sternotomie eröffnet und die zervikale Speiseröhre zur Resektion freigelegt.

Die Anastomosen können sowohl im zervikalen als auch abdominalen Abschnitt End zu End von Hand genäht werden, bei den hier vorliegenden meist günstigen anatomischen Verhältnissen im Halsbereich sogar oft zweireihig aber ebenso auch maschinell. Das Interponat läßt sich während der gesamten Zeit gut im Hinblick auf die intakte Durchblutung und den venösen Abfluß überblicken. Der Verschluß der Sternotomie wird mit 3–4 Drahtzerklagen nach Einlage einer Drainage in das vordere Mediastinum durchgeführt. Die aborale Anastomose erfolgt entweder am Restmagen End zu Seit oder mit einer nach Roux-Y ausgeschalteten oberen Jejunumschlinge. Auch bei dieser Operation ist die Einlage einer Jejunumernährungssonde zu empfehlen, die als Kaderfistel linkslateral durch die Bauchdecken oder über die Nase ausgeleitet wird.

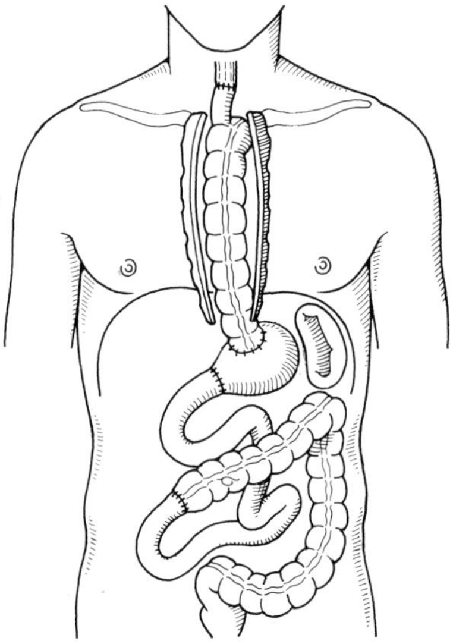

Abb. 9.4-37. Passagerekonstruktion durch retrosternale Interposition des rechten Hemikolons mit kurzem terminalen Ileumsegment nach totaler Ösophagektomie und oberer Magenteilresektion.

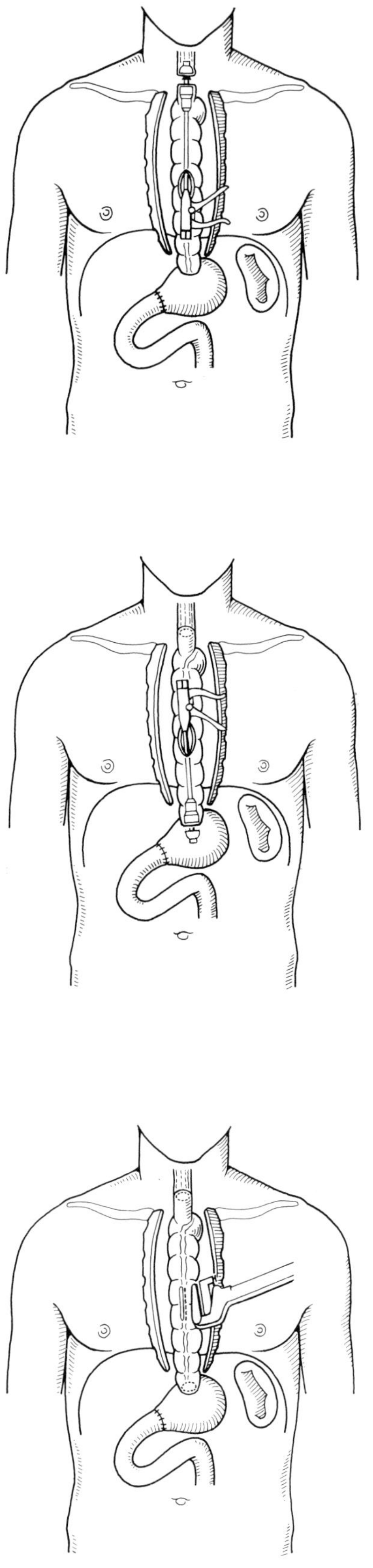

a)

b)

c)

Abb. 9.4-38. a–c) Ersatzoperation durch Koloninterposition mit Wiederherstellung der Passage durch maschinelle Nahttechnik bei voroperiertem Magen.

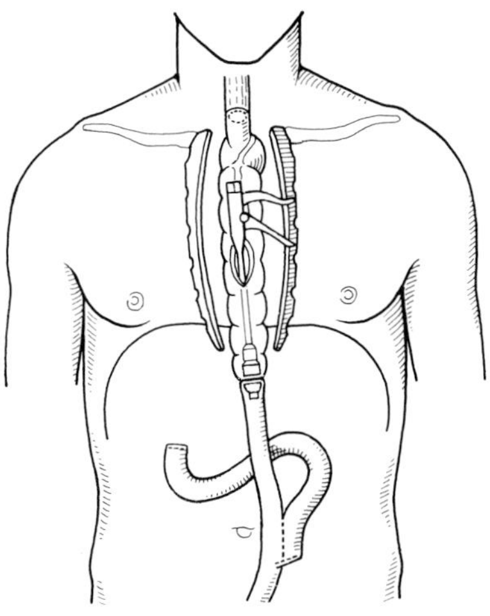

Abb. 9.4-39. Maschinelle Nahttechnik nach totaler Ösophagektomie und Gastrektomie bei retrosternaler Koloninterposition.

3. Bypassoperationen

(Abb. 9.4-40)

Eine Indikation für diese Operationsverfahren sehen wir nur für das inoperable Ösophaguskarzinom mit ösophagotrachealer oder bronchialer Fistel, die sich durch Tubusimplantation nicht abdichten läßt.

In den meisten Fällen, vor allem wenn es nur um die Wiederherstellung der Passage geht, genügt als palliative Maßnahme entweder die endoskopische oder operative Implantation eines Kunststoff- oder ringverstärkten Tubus (Abb. 9.4-41). In dem zuletztgenannten Fall hat es sich bewährt, nach Durchführung einer Gastrotomie eine dünne Sonde mit Führungsmandrin von unten her nach proximal heraufzuschieben, an der dann unter Mitwirkung des Anästhesisten die Prothese heruntergeführt wird.

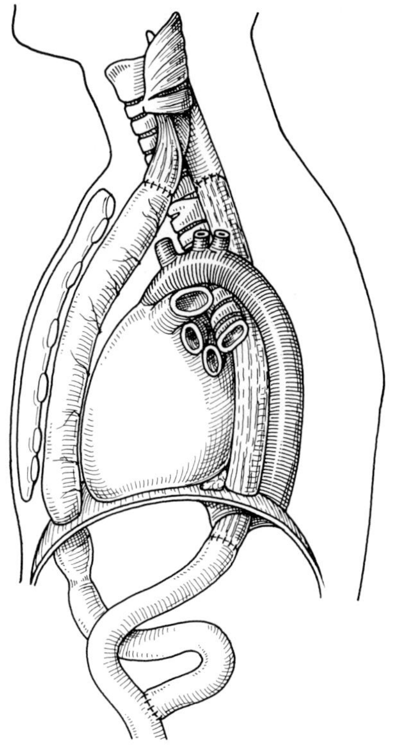

Abb. 9.4-40. Retrosternaler zervikogastraler Magenbypass bei inoperablem Ösophaguskarzinom mit Ausschaltung der Speiseröhre durch proximalen Verschluß und Drainage nach distal in der Technik nach Roux-Y.

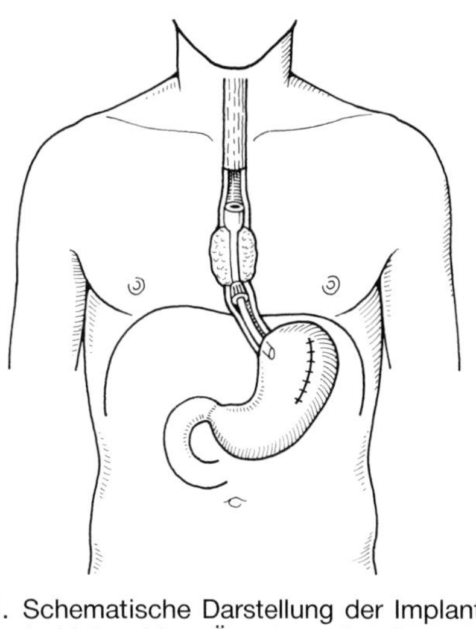

Abb. 9.4-41. Schematische Darstellung der Implantation eines Häring-Tubus bei inkurablem Ösophaguskarzinom.

Eingriffe an Magen und Duodenum

J. Durst

Zugangswege

Der Standardzugang für jeden Eingriff am Magen und Duodenum ist die mediane Oberbauchlaparotomie, die bedarfsgerecht links um den Nabel nach distal und nach proximal unter Resektion des Xiphoids erweitert werden kann.

Diese Möglichkeit entfällt für den Transrektalschnitt, der gelegentlich noch Anwendung findet. Die bogenförmige quere Oberbauchlaparotomie kommt auch in Frage, jedoch ist der Zugang zum ösophagogastralen Übergang sehr oft erschwert.

Bei einer notwendig werdenden Erweiterung des Eingriffs in den Thorax ist die Eröffnung im Falle der Tumorresektion grundsätzlich von rechts im 5. bis 6. ICR posterolateral vorzunehmen, bei benignen Erkrankungen evtl. auch von links im 7. bis 8. ICR.

Allgemeine verfahrenstechnische Prinzipien

Nahtmaterial, Nahttechnik

Sofern nicht maschinell genäht wird, hat sich die ausschließliche Verwendung von atraumatischen Polyglykolsäurefäden am Magen oder Duodenum durchgesetzt und zwar auch für die seromuskuläre Naht. Im Gegensatz zu anderen Kliniken bevorzugen wir die Nahttechnik nach Wölfler und nähen nicht fortlaufend. Wichtig ist bei der zweireihigen Naht, daß der abführende Anastomosenring nicht zu sehr gerafft und dadurch eingeengt wird. Darauf ist besonders bei der Naht nach Kapeller (1898) zu achten (Abb. 9.4-42).

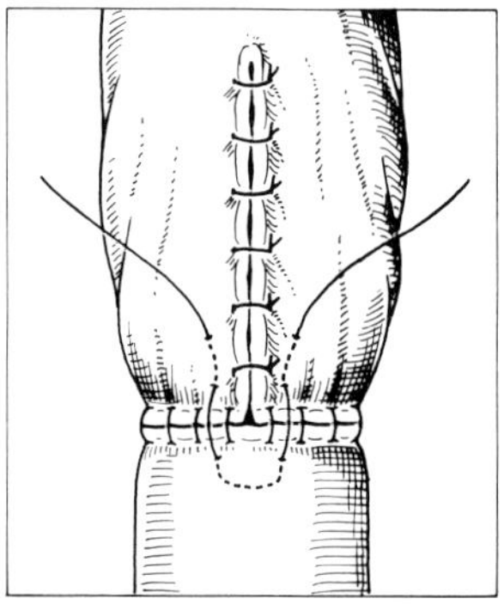

Abb. 9.4-42. U-Naht nach Kapeller (Seitansicht kleine Kurvatur nach B-I-Anastomose).

Gastrotomie, Gastrostomie, Pyloroplastik, Gastroenterostomie

Bei der Gastrotomie erfolgt die Inzision nach Anlage von Haltefäden mit der Diathermienadel, der Verschluß zweireihig oder maschinell (z. B. TA 55), pylorusnahe in querer, sonst, je nach Weite, in Längsrichtung (Abb. 9.4-43).

Eine Indikation für die Gastrostomie nach Witzel (1891) oder Kader (1896) (Abb. 9.4-44 u. 45) ist heute kaum noch gegeben.

Die Pyloroplastik hat in der Ulkuschirurgie unverändert ihren festen Platz. Allerdings wird die Indikation unterschiedlich gesehen. Sie ist bei einer narbigen Deformierung mit Stenosierung des postpylorischen Duodenalabschnittes additiv auch zur SPV ebenso unstrittig erforderlich wie bei der TV, bzw. SGV ohne distale Magenresektion. Die verschiedenen Methoden sind in Abb. 9.4-46–49 dargestellt.

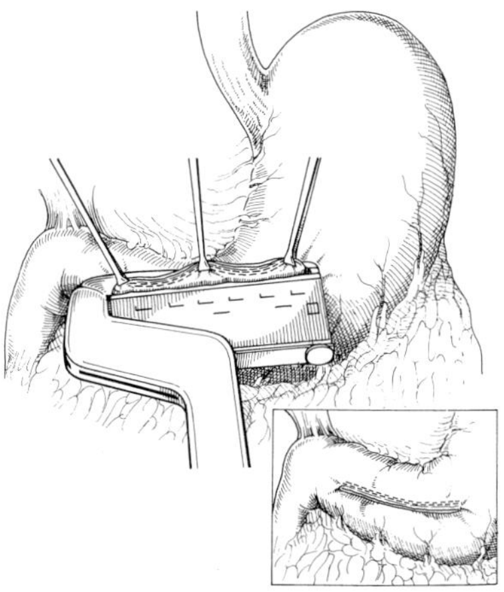

Abb. 9.4-43. Verschluß einer Gastrotomie mit dem TA 90 in Längsrichtung.

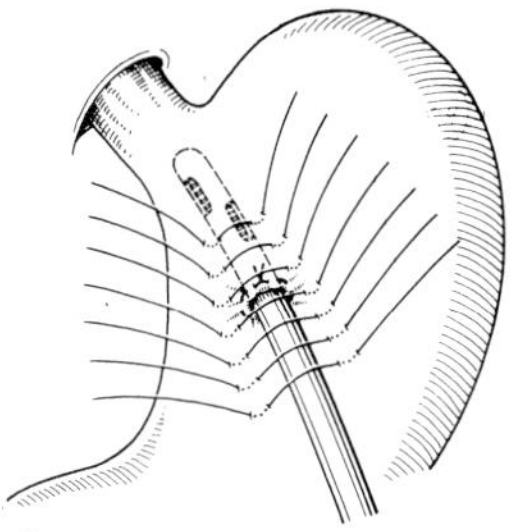

a)

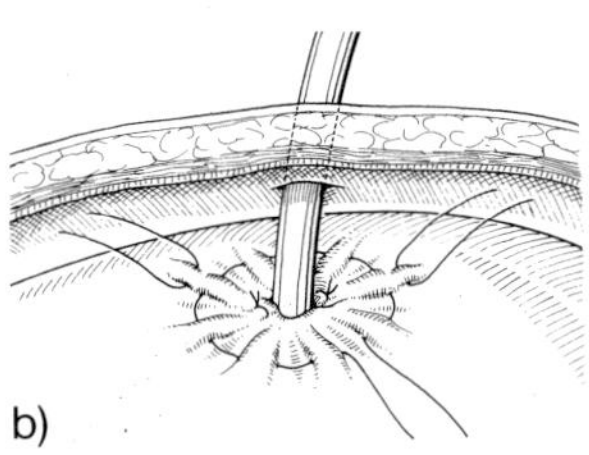

b)

Abb. 9.4-44. Anlage einer Ernährungsfistel am Magen.
a) Nach Witzel.
b) Nach Kader.

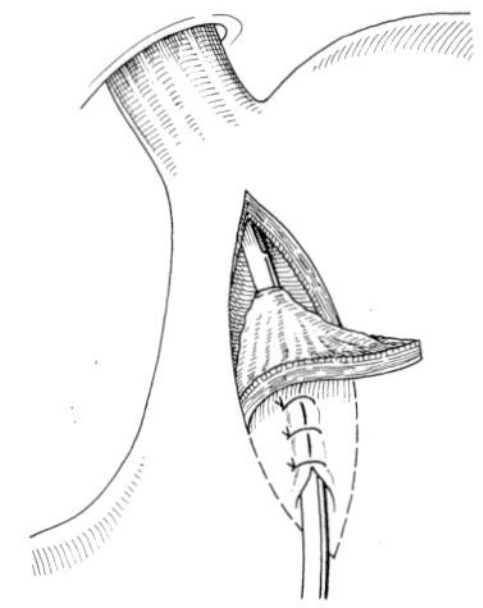

a)

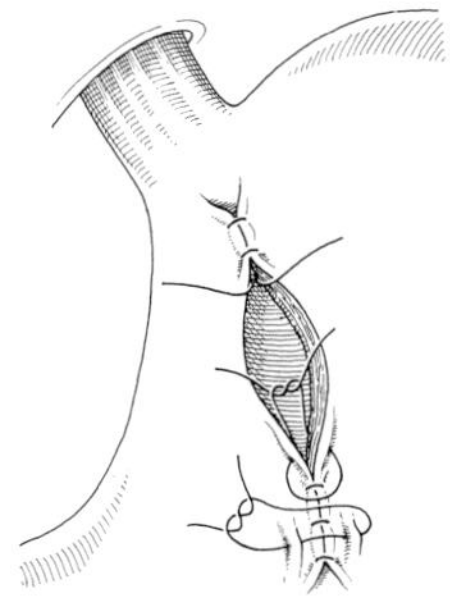

b)

Abb. 9.4-45. a u. b) Resektion einer Ernährungsfistel und Verschluß der Gastrostomie durch zweireihige Naht.

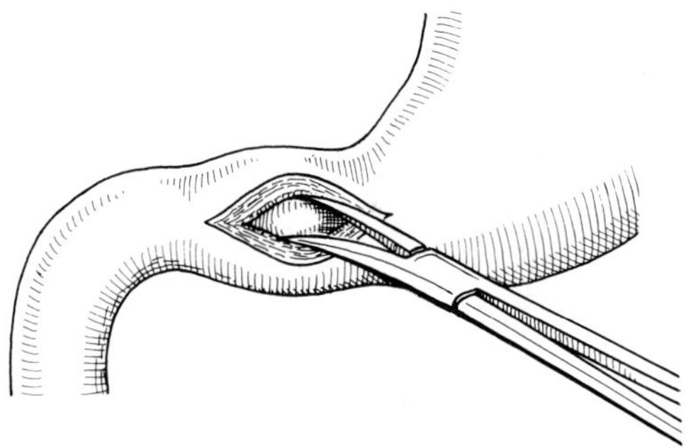

Abb. 9.4-46. Pyloroplastik nach Weber-Ramstedt.

a)

b)

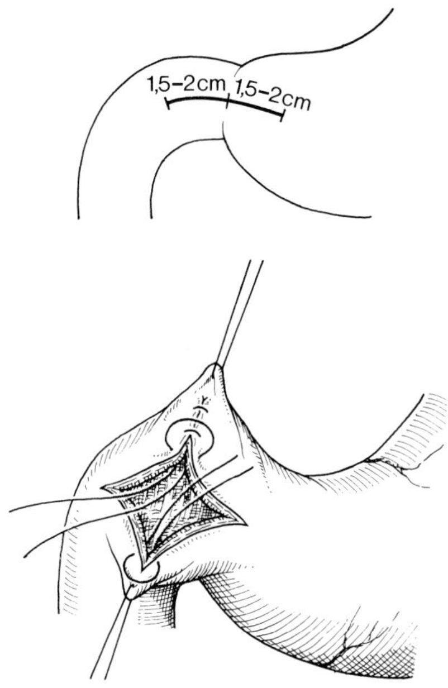

Abb. 9.4-47. Pyloroplastik nach Heinike-Mikulicz.
a) Im allgemeinen genügt bei einem nicht stenosierenden entzündlichen Prozeß die angegebene Länge der Inzision.
b) Der Verschluß erfolgt zweireihig in querer Richtung.

c)

d)

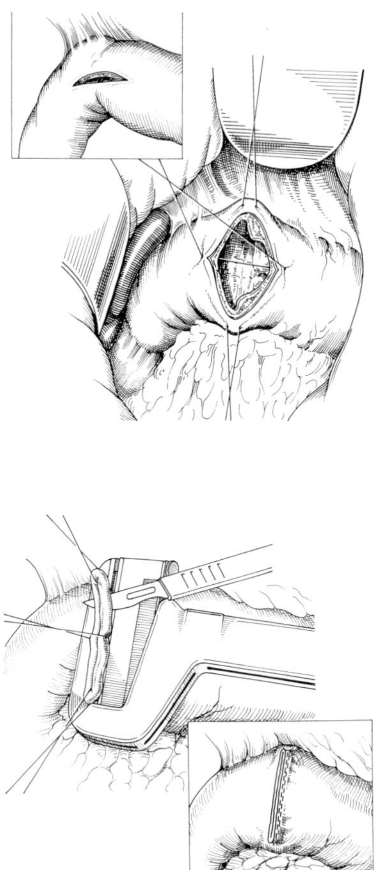

c u. d) Alternativ dazu kann maschinell vorgegangen werden.

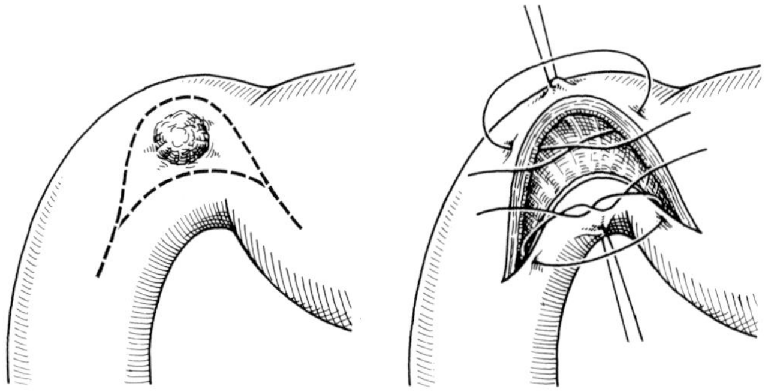

Abb. 9.4-48. Schnittführung und Nahttechnik bei der Ulkusexzision nach Finney.

a)

b)

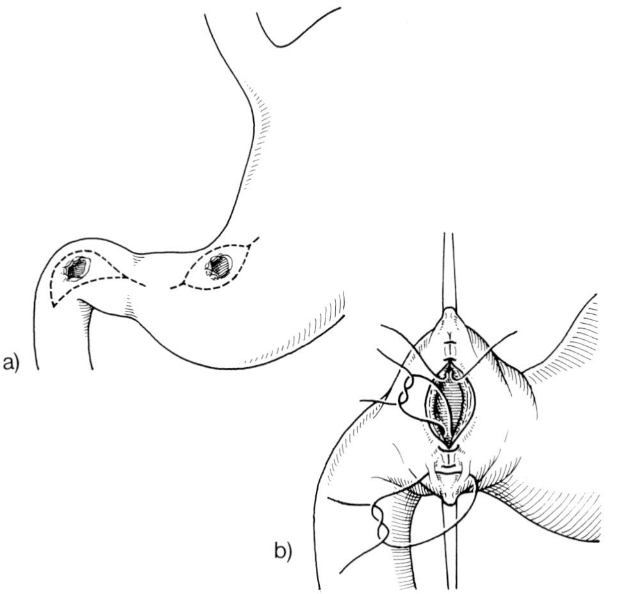

Abb. 9.4-49. Schnittführung zur Exzision des Ulcus ventriculi et duodeni, letzteres in Kombination mit einer Pyloroplastik (a) und Verschluß in querer Richtung durch zweireihige invertierende Nahttechnik (b), die bei einem präpylorischen Ulcus ventriculi identisch vorgenommen wird.

Als ausschließliche Maßnahme ist die Gastroenterostomie die Therapie der Wahl für die Wiederherstellung der Passage bei einem inkurablen Magenkarzinom. Nach wie vor wird die von Wölfler (1881) angegebene Technik in Form der Gastrojejunostomia anterior laterolateralis mit Braunscher Anastomose (Abb. 9.4-50 u. 51) benutzt; ebenso die Gastrojejunostomia laterolateralis nach Roux-Y, die ebenfalls maschinell genäht werden kann (Abb. 9.4-54).

Nach einer Magenresektion wird die Passage entweder durch eine Gastroduodenostomia oralis partialis terminoterminalis wiederhergestellt oder durch Gastrojejunostomia oralis partialis terminolateralis antecolica bzw. retrocolica. Die Anwendung der Methode nach Roux-Y bedarf einer speziellen Indikation. Die geschilderten Verfahren sind in Abb. 9.4-52–55 dargestellt.

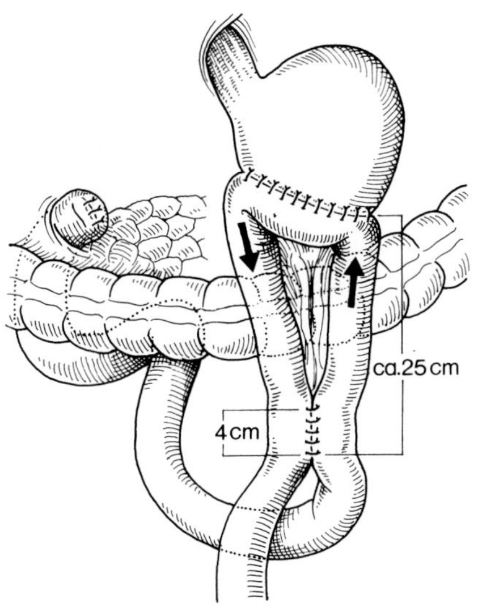

a)

Abb. 9.4-50. Antekolisch nach Billroth II resezierter Magen mit Fußpunktanastomose nach Braun.
a) Isoperistaltisch.

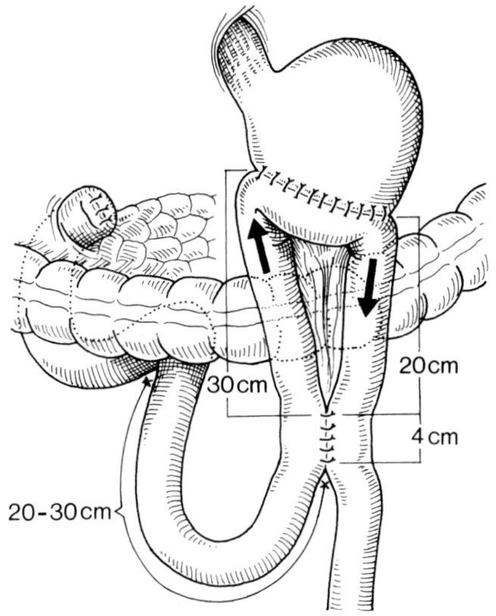

b)

b) Anisoperistaltisch.

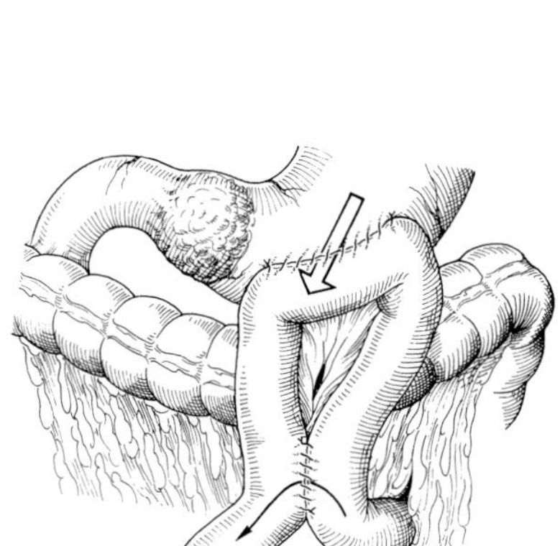

Abb. 9.4-51. Anlage einer antekolischen GE mit Braunscher Anastomose bei inoperablem Antrumkarzinom.

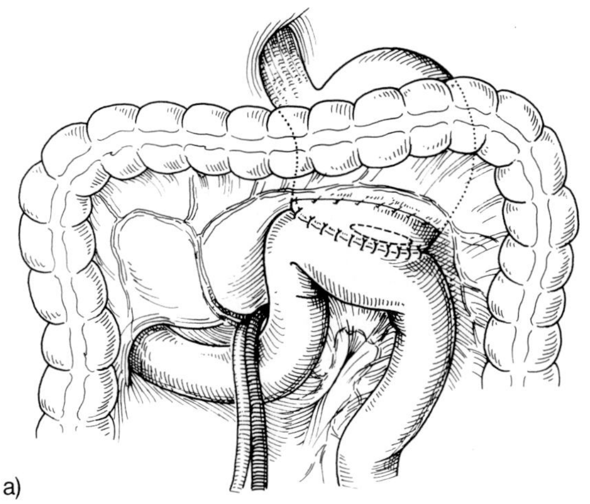

a)

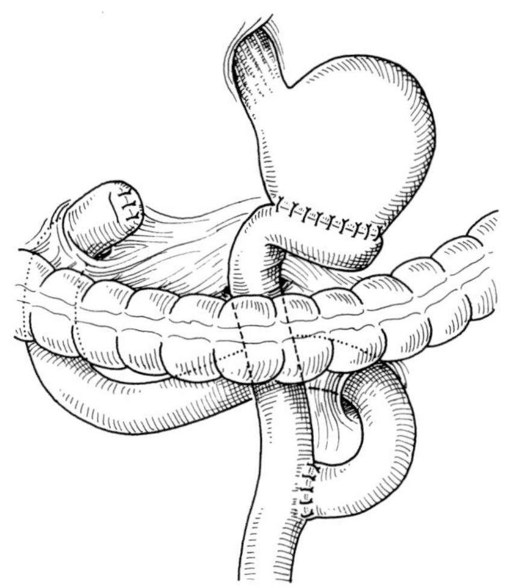

b)

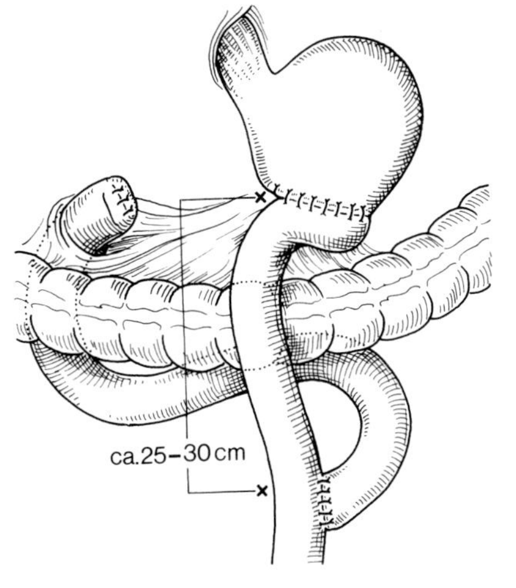

c)

Abb. 9.4-52. Magenresektion nach B II mit retrokolischer GE (a), sowie bei spezieller Indikation in der Technik nach Roux-Y retrokolisch (b) und antekolisch (c).

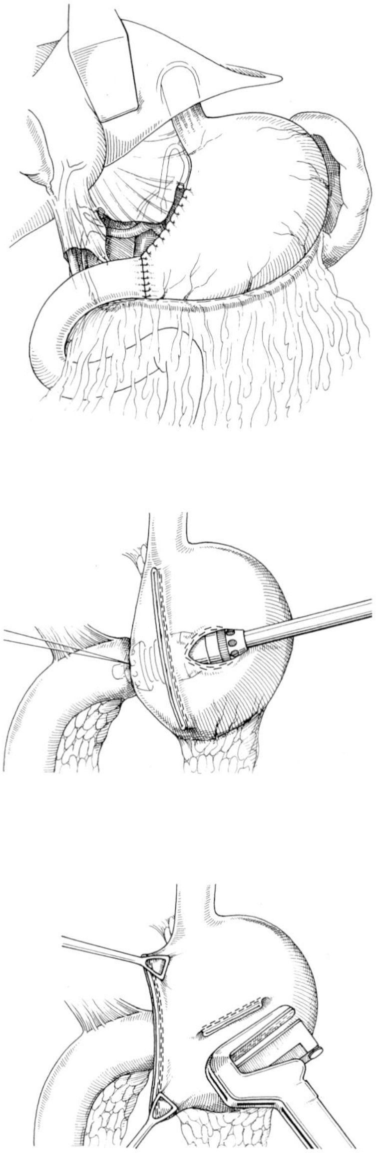

a)

b)

c)

Abb. 9.4-53. Magenresektion nach B I in der Nahttechnik von Hand (a) und maschinell (b u. c).

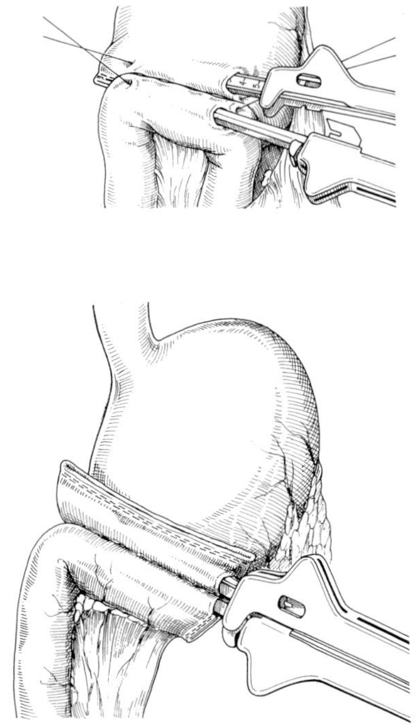

a)

b)

Abb. 9.4-54. Anlage der Anastomose an der Magenvorderwand in anteriorer Position (a) und in posteriorer Position (b).

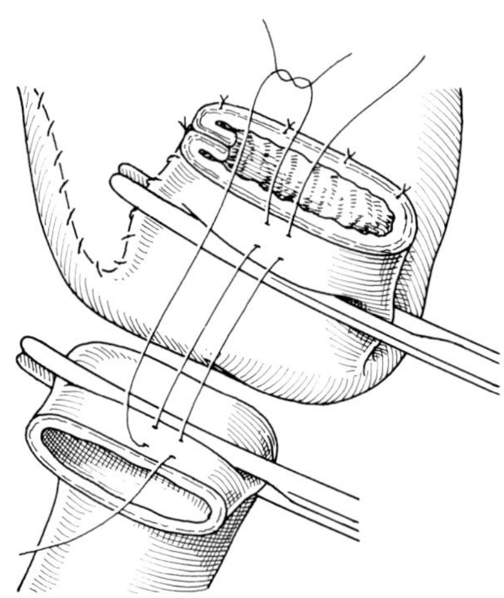

Abb. 9.4-55. Gastroduodenostomia oralis partialis terminoterminalis unter Verwendung von weichen Klemmen.

a) Erster Schritt: seromuskuläre Hinterwand-Einzelknopfnaht nach fallweise erforderlicher punktueller Blutstillung an der Resektionsfläche der Magenvorderwand.

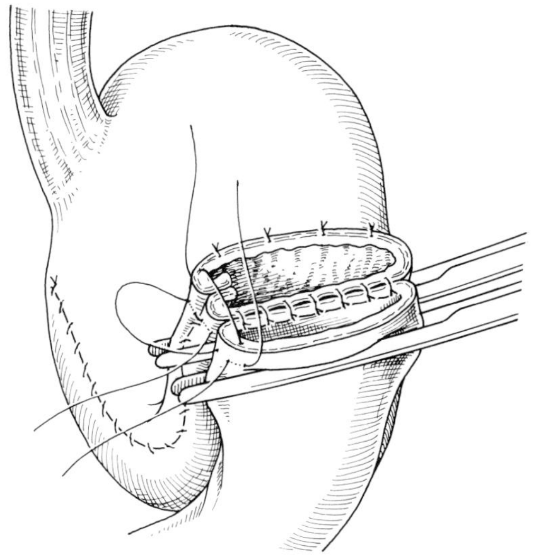

b) Zweiter Schritt: fortlaufende oder Einzelknopf-Schleimhaut-Naht, die gleichfalls invertierend an der Vorderwand vervollständigt wird. Ebenfalls möglich ist die Durchführung einer Allschichten-Einzelknopfnaht an der Hinter- und Vorderwand, wie sie von uns in der Technik nach Wölfler bevorzugt wird. Die seromuskuläre Einzelknopfnaht, wie sie in (a) dargestellt ist, wird in gleicher Technik an der Vorderwand vorgenommen.

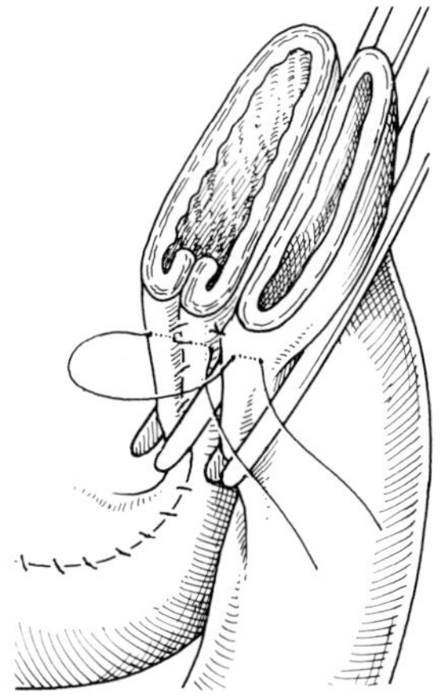

c) Wichtig ist die Sicherung der sog. »Jammerecke« durch eine Dreistichnaht.

Leitlinien zur operativen Behandlung des gastroduodenalen Ulkus

Unter einer konsequent durchgeführten medikamentösen Behandlung heilen Magen- und Duodenalgeschwüre innerhalb weniger Wochen in rund 90% der Fälle ab (Classen et al., Gugler, Becker u. Loweg). Dadurch ging die Zahl der elektiven Eingriffe wegen eines Ulkus drastisch zurück, nicht jedoch die Zahl der wegen einer Ulkuskomplikation notwendig werdenden Operationen.

Heilt ein Ulcus duodeni nach 3monatiger Therapie nicht ab oder handelt es sich um das mehrfache Rezidiv innerhalb weniger Jahre, so ist die Operationsindikation gegeben, wie bei einem innerhalb von 4–6 Wochen nicht abheilenden Magengeschwür.

Das Risiko einer malignen Entartung für das Ulcus ventriculi ist nicht gesichert (Thomas), jedoch haben die chronisch atrophische Gastritis, die intestinale Metaplasie, der M. Ménétrier und der voroperierte Magen ein erhöhtes Krebsrisiko.

Unter Zugrundelegung der Ulkusklassifikation am Magen nach Johnson (Typ I = Ulkus an der kleinen Kurvatur, Typ II = Duodenalulkus mit intra- bzw. präpylorischem Ulkus, Typ III = intrapylorisches Ulkus oder bis 3 cm vom Pylorus entfernt) lautet die Therapieempfehlung für den Typ I: Resektion nach B I, für den Typ II: Resektion oder Vagotomie mit Drainageoperation, für den Typ III: SGV mit sparsamer Antrumresektion oder B I (Tab. 9.4-1).

Danach sind z. B. beim Typ I Ulkusrezidive nach B I in 4–6%, nach B II in 2–3% zu erwarten (Becker). 1984 ermittelte Fischer an 766 nach B II resezierten Patienten 22–30 Jahre postoperativ eine Ulkusrezidivrate von 2,6%. Sie liegt höher wenn Ulcera duodeni nach B I reseziert werden, jedoch nicht, wenn es sich um ein Ulcus ventriculi handelt (zit. n. Sammelstatistiken n. Müller u. Allgöwer, Siewert u. Bauer).

Im Gegensatz dazu scheint sich die Inzidenzrate für Ulkusrezidive nach SPV bei zunehmender Beobachtungszeit immer ungünstiger zu entwickeln. Teichmann und Heberer (1986) ermittelten eine Versagerquote von 19,7% im eigenen Krankengut 10 Jahre nach SPV. Die Basler Multizenterstudie ergab eine Gesamtrezidivrate von 13,9% nach 5 Jahren. Die geringste Rezidivrate wurde ermittelt mit 2–4% nach SGV oder TV und Antrektomie.

Im Hinblick auf die jeweilige Rate der Magenstumpfkarzinome, die vom Nahtlinienkarzinom abzugrenzen sind, soll auch die Art der Magenresektion einen Einfluß haben. Deshalb wird die B-II-Resektion mit retrokolischer GE kaum noch durchgeführt, möglicherweise nicht zurecht.

Das erst 1955 beschriebene **Zollinger-Ellison-Syndrom** wird durch solitäre oder multiple (mehr als 50%) gastrinproduzierende Non-Betazelltumoren hervorgerufen. Etwa die Hälfte der Gastrinome hat zum Zeitpunkt der Entdekkung bereits metastasiert und erfüllt damit die Kriterien eines Karzinoms (McCarthy). Leitsymptom ist eine exzessive Hyperchlorhydrie und Diarrhö. Die Diagnostik erfolgt mit Hilfe des Radioimmunoassay für Gastrin, der Versuch der Lokalisation des Gastrinoms endoskopisch, durch CT und selektive Angiographie des Pankreas. Beweisend ist ein BAO/MAO-Quotient von über 0,6 und ein Serumgastrinspiegel von über 500 pg/ml. Ohne Provokationstest mit Sekretin, Säureanalyse und Gastrinbestimmung besteht die Verwechslungsgefahr u. a. mit einer perniziösen Anämie, dem Hyperparathyreoidismus und einer G-Zell-Hyperplasie im Antrum (Creutzfeldt u. Arnold). Die Diagnose eines Zollinger-Ellison-Syndroms wird oft erst bei hartnäckig

Tab. 9.4-1. Verfahrenswahl in der Ulkuschirurgie (mod. n. Kieninger).

Ulkusart	Operationsverfahren der Wahl	Alternativen in speziellen Situationen
Unkompliziertes Ulkus:		
U. duodeni	SPV	SGV + Antrumresektion $^2/_3$-Res. n. B I oder B II antekolisch*
U. ventriculi	$^2/_3$-Res. n. B I	$^2/_3$-Res. n. B II antekolisch
Kompliziertes Ulkus:		
Perforation:		
U. duodeni	Übernähung	Exzision mit Pyloroplastik + SPV $^2/_3$-Res. n. B I oder B II antekolisch
U. ventriculi	Exzision/Übernähung	$^2/_3$-Res. n. B I Atypische Resektion $^2/_3$-Res. n. B II
Penetration:		
U. duodeni	$^2/_3$-Res. n. B I oder B II antekolisch	SPV + Pyloroplastik
U. ventriculi	$^2/_3$-Res. n. B I	$^2/_3$-Res. n. B II antekolisch
Blutung:		
U. duodeni	$^2/_3$-Res. n. B I oder B II antekolisch	Umstechung + SPV evtl. mit Pyloroplastik
U. ventriculi	$^2/_3$-Res. n. B I	$^2/_3$-Res. n. B II antekolisch Atypische Resektion Exzision
Exulceration simplex Dieulafoy	Umstechung	
Mallory-Weiss-Syndrom	Übernähung	
Stressulkus	Umstechung	$^2/_3$-Res. n. B I oder B II antekolisch Gastrektomie
Zollinger-Ellison-Syndrom	Enukleation des Adenoms + SGV + Pyloroplastik	Enukleation des Adenoms + SGV + $^2/_3$-Res. des Magens Gastrektomie

* Die antekolische $^2/_3$-Resektion des Magens ist durch eine Enteroanastomose nach Braun zu ergänzen.

rezidivierenden Ulcera duodeni nach operativer Behandlung gestellt, wobei die Geschwüre auch im Ösophagus, Magen und Jejunum beobachtet wurden (Becker).

Stabile et al. fanden 80% der Tumoren in einem »anatomischen Dreieck« (Abb. 9.4-56).

Nach Schafmayer, Köhler u. Peiper sollen 60–80% der Gastrinome im Pankreas, 10–25% im Duodenum und 5% in anderen Bauchhöhlenabschnitten vorkommen (Omentum majus, Ovar).

Die Behandlung mit Famotidin oder Omeprazol ist nach Wolfe et al., McArthur et al. und Hentschel der Therapie mit Ranitidin überlegen. Die Nebenwirkungen sind fallweise jedoch erheblich, so daß mit oder ohne präoperativ gelungener Gastrinomlokalisation beim nichtmetastasierendem Tumor die explorative Laparotomie stets angezeigt ist. Da die Gastrinome sehr klein sind und häufig multipel vorkommen, wird nach den Erfahrungen von Richardson et al. und Schafmayer et al., unabhängig von der evtl. gelungenen Enukleationsresektion, die Durchführung einer selektiv-gastrischen Vagotomie grundsätzlich empfohlen. Anschließend muß in den meisten Fällen die Behandlung mit H_2-Rezeptorenblockern je nach den Säureverhältnissen mit Famotidin oder Omeprazol fortgesetzt werden. Nur ausnahmsweise kommen Rechts- oder Linksresektionen am Pankreas in Frage, jedoch nicht die blinde Resektion! Die Indikation für oder gegen eine Gastrektomie wird kontrovers diskutiert und u.a. von Peiper nicht empfohlen. Sie steht jedenfalls am Ende aller konservativ und operativ ausgeschöpften Möglichkeiten.

Für das metastasierende Gastrinom kommen nach dem gegenwärtigen Stand Behandlungen mit Streptozozin und Fluourazil in Frage. In Erprobung befindet sich die Therapie mit Interferon und hormonell mit einem Somatostatin-Analog SMS 201–995 (zit. n. Wolfe et al.), ferner die Resektion aller erreichbaren Tumoren und Metastasen, sowie die Embolisation der Leber.

Die konsequente Behandlung mit H_2-Rezeptorenblockern in Kombination mit Antacida hat ohne jeden Zweifel zu einer drastischen Senkung des Vorkommens operationspflichtiger **Streßulcera** geführt.

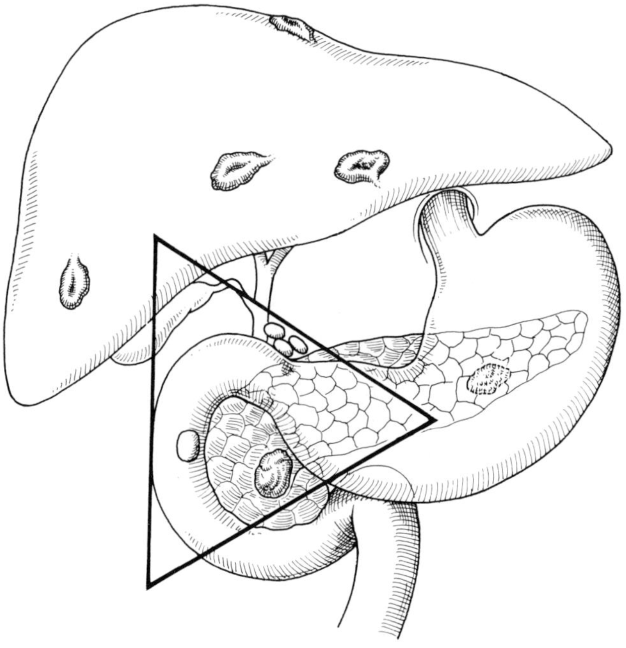

Abb. 9.4-56. Häufige Lokalisation von Gastrinomen im sogenannten anatomischen Dreieck nach Peiper und Creutzfeldt mit bereits eingetretener Metastasierung.

Eine wesentliche Bereicherung der konservativen Therapie trat durch die Einführung der Präparate Somatostatin und Omeprazol ein. Zunehmend an Bedeutung gewinnt die Streßulkusprophylaxe durch die Stimulation der mukoprotektiven Faktoren des Magens durch eine frühzeitige Ernährung über eine nasogastral oder perkutan endoskopisch eingebrachte Sonde.

Punktuelle Verödungen der Blutungsquelle durch Unterspritzung oder Lasertherapie haben sich bei solitären Ulzerationen bewährt, so daß auf die operative Behandlung (Umstechung, Magenresektion, notfalls sogar Gastrektomie) nur noch ausnahmsweise ausgewichen werden muß.

Eingriffe unter notfallmäßiger oder dringlicher Indikation

Die Gesamtletalität einer **gastroduodenalen Blutung** wird im Schrifttum mit 15–30% angegeben, die der über 60jährigen mit durchschnittlich mehr als 50% (Fahrtmann u. Männel). Übereinstimmend konnten alle Untersucher feststellen, daß die Letalität sehr rasch ansteigt, wenn täglich mehr als 4–6 Transfusionen erforderlich waren, bis schließlich doch noch operiert wurde. Die obere Intestinaltraktsblutung sollte deshalb vom Chirurgen, Endoskopiker und Anästhesisten gemeinsam auf der Intensivstation behandelt werden, um den günstigsten Operationszeitpunkt nicht zu verpassen. Dabei ist die klinische Erfahrung, mehr noch der Instinkt des Chirurgen oft wichtiger als diagnostische Hilfsmittel.

Sofort im Anschluß an die Eröffnung der Bauchhöhle muß die Blutung über eine Gastro- oder Duodenostomie durch Umstechung des meist gut sichtbaren Gefäßstumpfes zum Stehen gebracht werden. Erst dann fällt die Entscheidung für oder gegen das eine oder andere Operationsverfahren (Tab. 9.4-1), das nicht nur von der Blutungsursache abhängt, sondern wesentlich vom intraoperativen Befund, den bereits eingetretenen Folgen des Volumenmangelschocks sowie dem Alter und Gesamtzustand des Kranken einschließlich zusätzlicher Risikofaktoren mitbestimmt wird. Weil die Gefahr einer Rezidivblutung nicht gering ist, bleibt für die häufigste Blutungsursache (das Ulcus duodeni) die ⅔-Resektion des Magens die Therapie der Wahl, wie überhaupt die Resektion des peptischen Geschwürs in Verbindung mit der Entfernung der operativ zu beseitigenden ulzerogenen Faktoren Vorrang vor allen übrigen Möglichkeiten haben sollte.

Therapie der Wahl bei einer **Ulkusperforation** ist die Übernähung, da etwa ⅔ der Patienten, die keine Ulkusanamnese haben, nicht noch einmal wegen eines Ulkusleidens operiert werden müssen und ca. 20–30% bei diesem Vorgehen dauerhaft beschwerdefrei bleiben. Die Magenresektion innerhalb der 6-Stunden-Grenze ist daher als primär anzustrebendes Therapiekonzept überholt. Die Letalität liegt unter 2%, wenn die Übernähung wenige Stunden nach der Perforation erfolgte und erreicht 50% nach 18–24 Std. (Becker).

Beim Ulcus ventriculi ist die Exzision anzustreben (Abb. 9.4-57), sofern das Geschwür nicht zu groß ist, damit die vollständige histologische Aufarbeitung zum Ausschluß eines Karzinoms möglich ist. Gelingt die Übernähung nicht, muß nach B I oder B II reseziert oder aber bei einem kardianahen Ulkus die obere Magenteilresektion durchgeführt werden. Zu den dringlichen Operationsindikationen gehört die **Magenausgangsstenose.** Unabhängig von der Ursache ist die Äquilibrierung des Elektrolythaushaltes begleitend zur Diagnostik durchzuführen. Ferner ist die Entlastung des Magens und Spülung wichtig. Ist die Behandlung mit H_2-Rezeptorenblockern ausgeschöpft oder handelt es sich um ein Karzinom, sollte innerhalb von 48 Std. laparotomiert und reseziert werden. Die Anlage einer GE kann nicht nur für das inoperable Karzinom in Frage kommen, sondern auch für den multimorbiden, sehr alten Patienten.

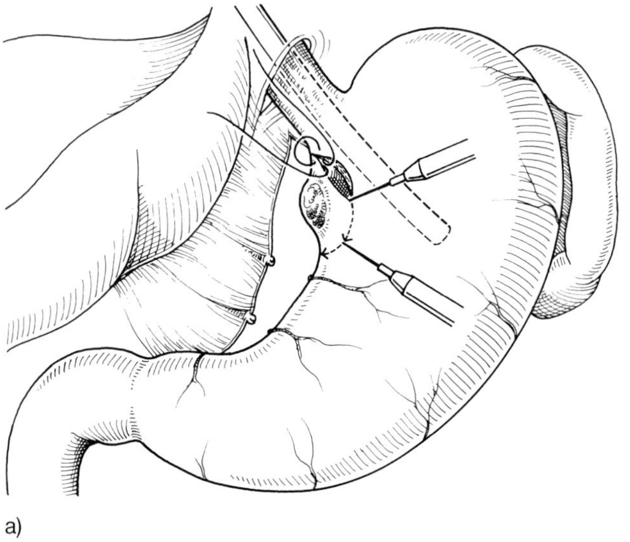

a)

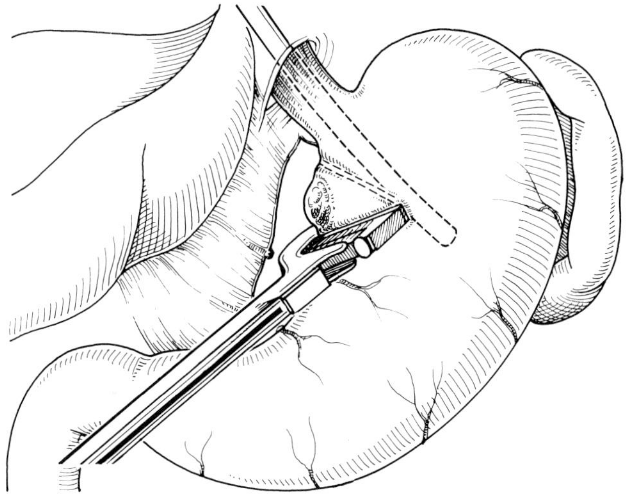

b)

Abb. 9.4-57. a u. b) Ulkusexzision am Magen mit schrittweiser Ausschneidung und sofort durchgeführter invertierender Naht (a) oder in maschineller Technik (b).

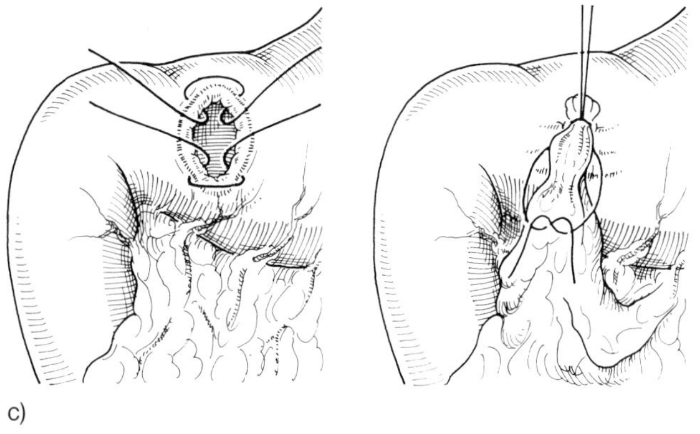

c)

c) Invertierender Nahtverschluß einer Ulkusperforation, der in schwierigen Fällen durch einen Netzzipfel gesichert werden kann.

Vagotomie

Für die Behandlung des unkomplizierten Ulcus duodeni hat sich die SPV ohne Pyloroplastik wegen der niedrigen Letalität weitgehend durchgesetzt.

Die SGV plus Antrektomie ist für das präpylorische Ulcus ventriculi (Typ III nach Johnson) zu empfehlen. Die transabdominelle TV wird kaum noch angewandt, dagegen hat sich die thorakale TV beim Ulkusrezidiv nach B-I-Resektion auch nach eigener Erfahrung sehr bewährt (Kieninger u. Breucha). Die totale Denervierung des Magens führt zu einer Drosselung der Säureproduktion von ca. 70–80% und muß wegen des Ausfalls der Motorik im Antrum immer mit einer Drainageoperation kombiniert werden.

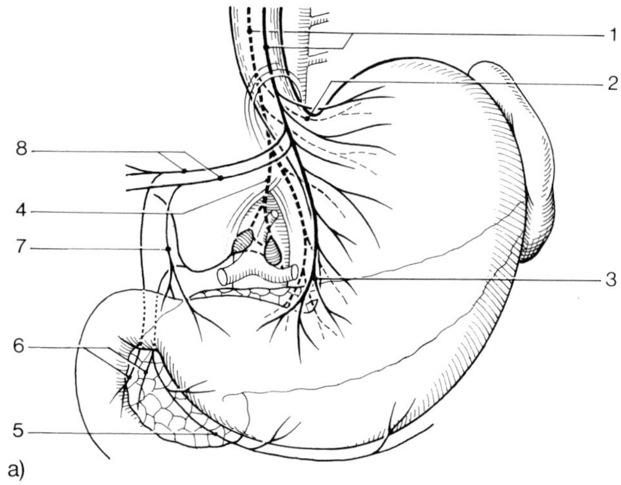

a)

Abb. 9.4-58. Formen der Vagotomie.
a) Topographische Anatomie der vagalen Innervation; 1 = Posteriorer und anteriorer Stamm; 2 = posteriorer gastraler Ast; 3 = Ramus antralis (N. Latarjet); 4 = Ramus coeliacus; 5 = Ramus gastroepiploicus dexter; 6 = pankreane Äste; 7 = Ramus pyloricus; 8 = Rami hepatici.

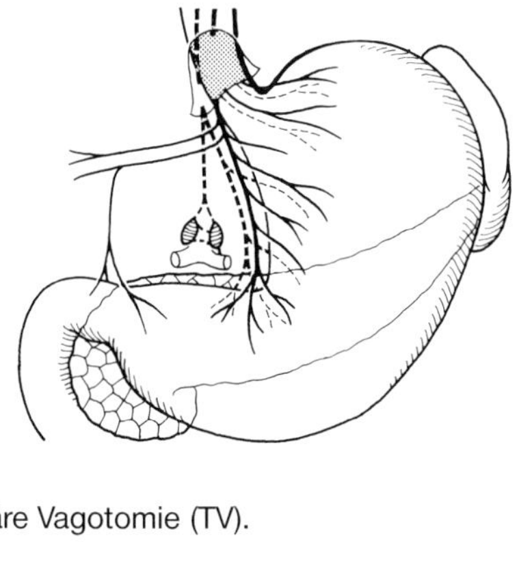

b)

b) Trunkuläre Vagotomie (TV).

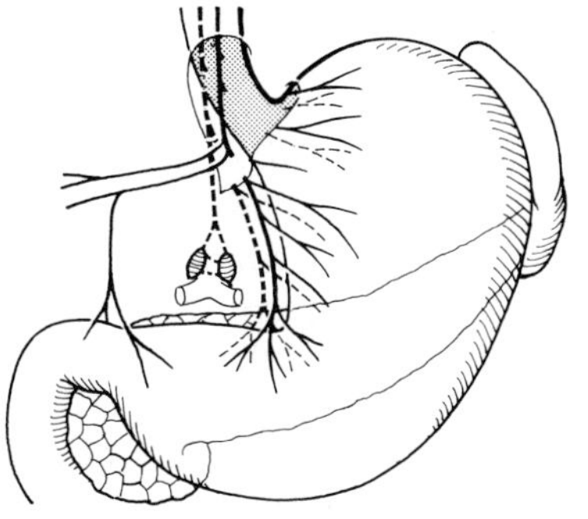

c) Selektiv gastrale Vagotomie (SGV).

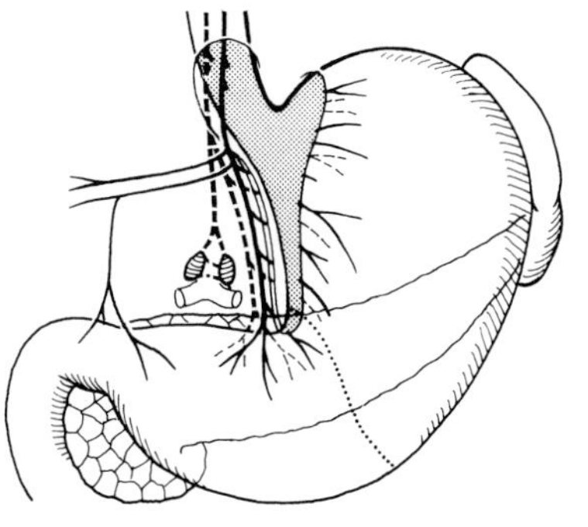

d) Selektiv proximale Vagotomie (SPV).

Abdominale trunkuläre Vagotomie (TV)

Nach Exploration der Bauchhöhle und der speziellen Verhältnisse am Magen wird der ösophagogastrale Übergang dargestellt und die mit einem dicken Magenschlauch geschiente Speiseröhre unterfahren und angezügelt, so daß dann nach Streckung des Magens der vordere und hintere Vagusstamm in der Regel sehr gut getastet und oberhalb der zur Leber abgehenden Äste durchtrennt werden kann (Abb. 9.4-58b). Sofern es sich nicht um einen vorresezierten Magen handelt, muß anschließend die Pyloroplastik angeschlossen werden.

Die oft schon intrathorakal beginnende Teilung der Vagusstämme zwingt in jedem Fall zu einer sorgfältigen Suche nach kleineren Ästen, die gelegentlich intramural verlaufen können. Eine zirkuläre Freilegung der Speiseröhre sollte man deshalb grundsätzlich durchführen und ebenso die Anzügelung der Vagushauptstämme unmittelbar unterhalb des Hiatus oesophageus.

Selektiv gastrale Vagotomie (SGV)

Standardzugang ist die mediane Oberbauchlaparotomie. Das präparative Vorgehen ist in Abb. 9.4-59 dargestellt. Bei dieser Form der Vagotomie kommt es ganz entscheidend darauf an, daß die Vagusstämme getrennt angeschlungen und die terminale Speiseröhre über eine Distanz von gut 6 cm skelettiert wird, da andernfalls einzelne in den Magen einstrahlende Fasern leicht übersehen werden können. Die Durchtrennung der gastralen Vagusäste erfolgt unterhalb des Abgangs der Leberäste. Sofern es sich nicht um einen vorresezierten Magen handelt, muß wie bei der TV eine Pyloroplastik angeschlossen werden (Abb. 9.4-60).

Die SGV kann bei einem Ulkusrezidiv nach klassischer Magenresektion nach BI in Erwägung gezogen werden. Die Hauptindikation besteht jedoch bei einem präpylorischen Ulkus (Typ III nach Johnson), wobei der Eingriff dann mit einer Antrektomie und Wiederherstellung der Passage durch Gastroduodenostomie kombiniert wird.

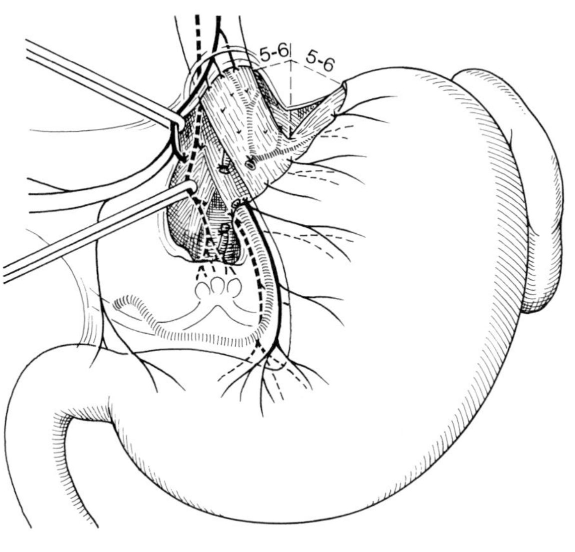

a)

Abb. 9.4-59. Selektiv gastrale Vagotomie.
a) Das präparative Vorgehen im Bereich der terminalen Speiseröhre ist zunächst identisch mit der Vorbereitung zur SPV. Anschließend werden der vordere und hintere Vagusstamm mit Haltezügeln versehen und die zur Leber ziehenden Vagusäste identifiziert. Der Ramus antralis N. vagus wird ebenso wie der aufsteigende Ast der A. gastrica sinistra durchtrennt und die Dissektion zirkulär um den oberen Fundusabschnitt wie um die Speiseröhre fortgesetzt.

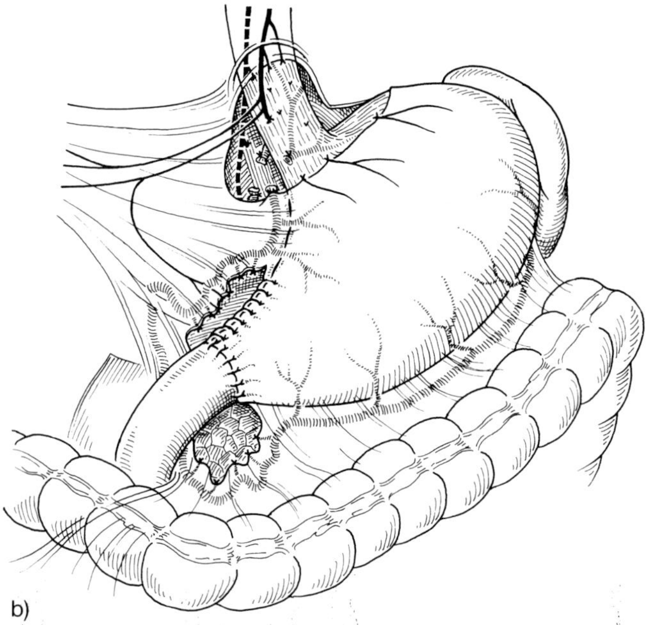

b)

b) Im Anschluß an die SGV folgt die sparsame Antrumresektion mit Wiederherstellung der Passage durch eine Gastroduodenostomie.

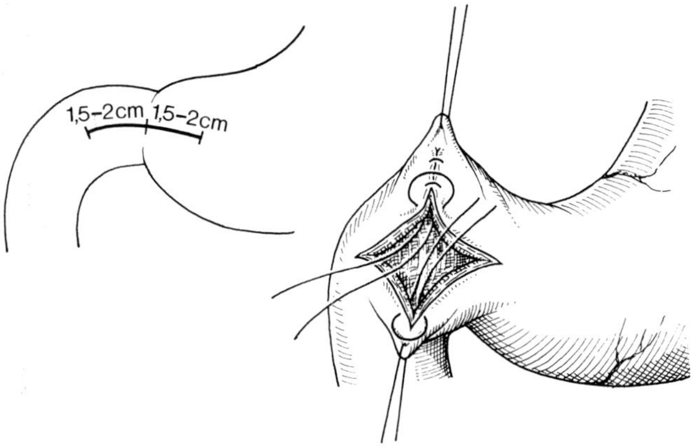

Abb. 9.4-60. Pyloroplastik nach Heinike-Mikulicz.

Selektiv-proximale Vagotomie (SPV)

Standardzugang ist wieder die mediane Oberbauchlaparotomie. Nach gründlicher Exploration der gesamten Bauchhöhle und der speziellen Verhältnisse am Magen muß jetzt noch einmal überprüft werden, ob die SPV aufgrund der bestehenden anatomischen Verhältnisse zuverlässig durchgeführt werden kann.

Die Einzelschritte sind in den Abb. 9.4-61–65 dargestellt. Wichtig ist, daß auch hier die Speiseröhre mit einem dicken Magenschlauch geschient, unterfahren und angeschlungen wird, um die Skelettierung im terminalen Abschnitt über eine Distanz von 6 cm zuverlässig nach Anschlingung der Hauptäste vornehmen zu können. Ferner müssen die hepatopylorischen Äste identifiziert und unterhalb der Angulusfalte der N. Latarjet mit Krähenfuß dargestellt werden. Unter Zuhilfenahme des Dissektors zügelt man dann den R. antralis in Höhe des oberen Astes des Krähenfußes an und markiert damit gleichzeitig den Ausgangspunkt der Skelettierung, die hart an der kleinen Kurvatur in 2–3 Schichten bis über die Kardia hinaus vorgenommen werden muß. Schräg über den ösophagogastralen Übergang zum Fundus hin folgt dann die schrittweise Dissektion, anschließend dorsal, bis sichergestellt ist, daß alle von kranial neben oder über dem Ösophagus in den Magen einstrahlenden Fasern durchtrennt sind. Zum Schluß ist die kleine Kurvatur des Magens, der obere Fundusabschnitt vorn und hinten bis zu den Vasa gastrica brevia vollständig deserosiert, und die Ösophagusmuskulatur, die sorgfältig nach intramural verlaufenden Vagusästen abgesucht werden muß, liegt zirkulär frei. Die Vollständigkeit der SPV sollte anschließend wie auch die intakte Funktion des N. Latarjet mit dem Elektrotest überprüft werden. Abschließend ist eine Reserosierung entlang der kleinen Kurvatur erforderlich.

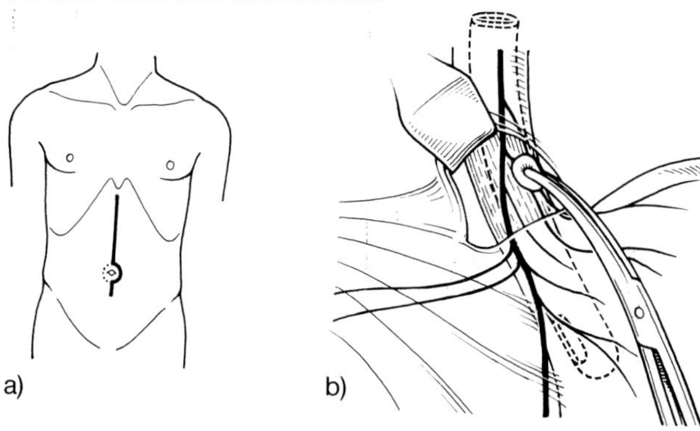

a) b)

Abb. 9.4-61. Selektiv proximale Vagotomie (SPV).
a) Standardzugang ist die mediane Oberbauchlaparotomie, die bedarfsgerecht nach distal links um den Nabel erweitert werden kann.
b) Zur besseren Übersicht soll unter dem Rücken ein aufblasbares Gummirollkissen liegen oder der Patient durch Positionsänderung des Tisches etwas aufgeklappt werden. Nach Längsinzision des lockeren präösophagealen Hüllgewebes wird letzteres überwiegend stumpf bis in den Hiatus von dem mit einem dicken Magenschlauch geschienten Ösophagus abgeschoben und der vordere Hauptstamm des N. vagus dargestellt.

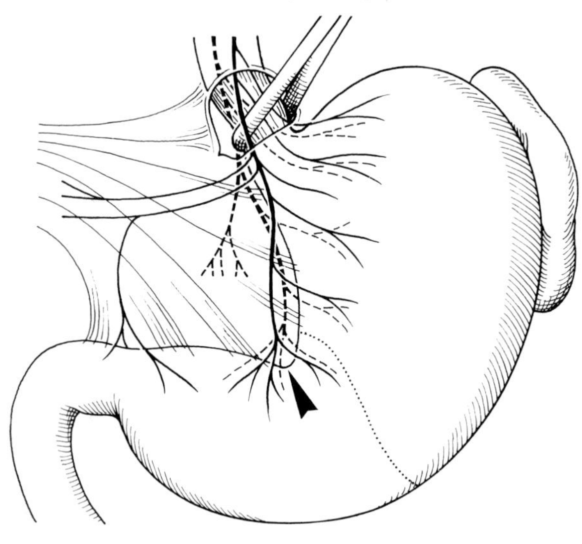

a)

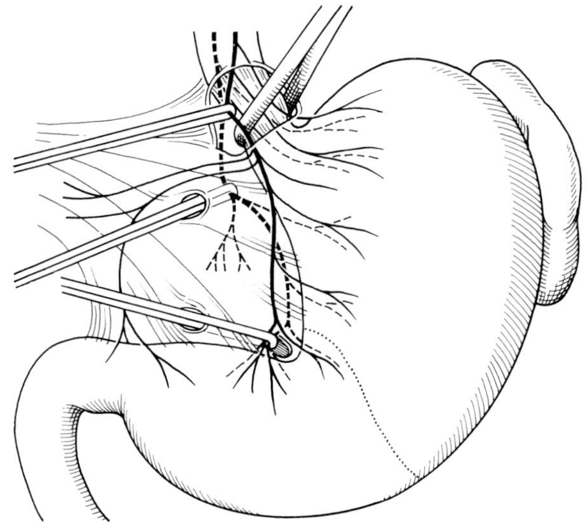

b)

Abb. 9.4-62. a u. b) Nach Eröffnung der retrokardialen Übergangszone wird die Speiseröhre zunächst mit dem Finger unterfahren, dann mit einem gebogenen Instrument und angeschlungen. Unter leichtem Zug spannen sich jetzt sehr deutlich beide Vagushauptstämme an, die in jedem Fall außerhalb des Ösophaguszügels liegen sollen und genauso wie der »Krähenfuß« des N. Latarjet mit dem Overholt unterfahren und mit Zügeln versehen werden müssen.

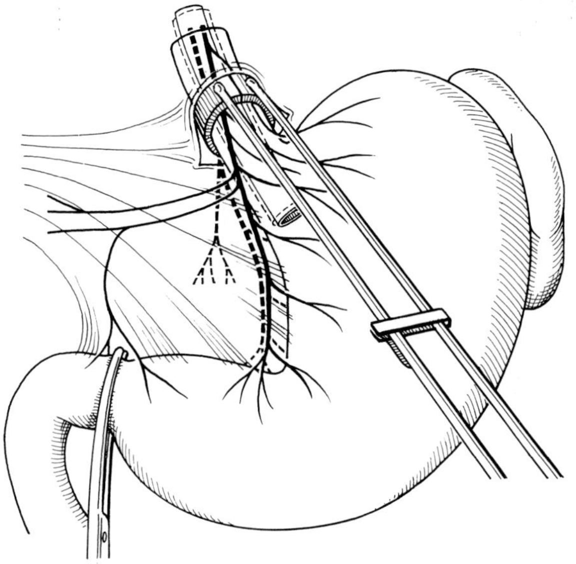

Abb. 9.4-63. Elektrostimulation nach Burge für den ganzen Magen.

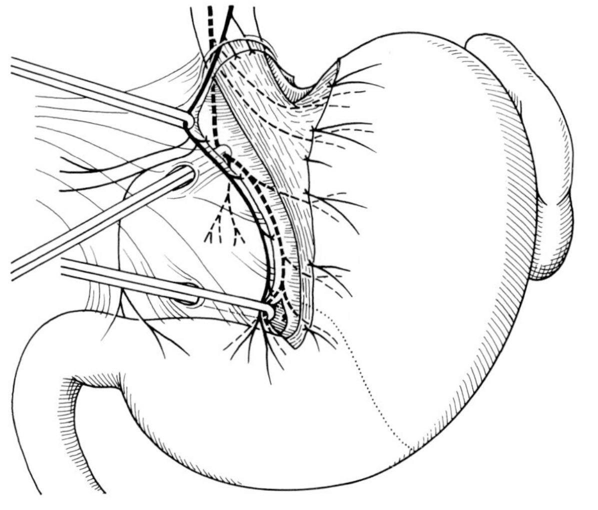

a)

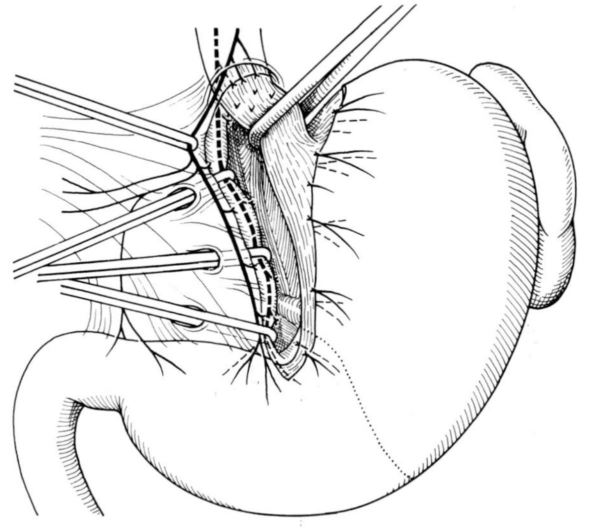

b)

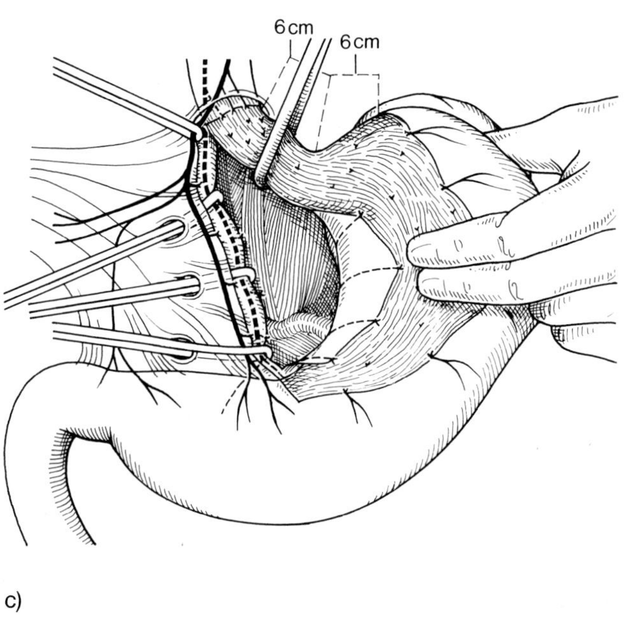

c)

Abb. 9.4-64. a–c) Skelettierung der kleinen Kurvatur am besten von distal nach proximal. Die Präparation muß wegen der unterschiedlichen Gewebestärke und Größe der Gefäße schichtweise erfolgen sowie hart an der Magenwand. Sie wird durch die Anlage weiterer Zügel sehr erleichtert, die der Assistent leicht angespannt hält. Im oberen Abschnitt wird die Vagotomie schräg über den Fundus fortgesetzt, anschließend im dorsalen Bereich, bis sämtliche hier einstrahlenden Fasern durchtrennt sind. Mit besonderer Sorgfalt muß die Dissektion über eine gehörige Länge auch an der terminalen Speiseröhre vorgenommen werden.

a)

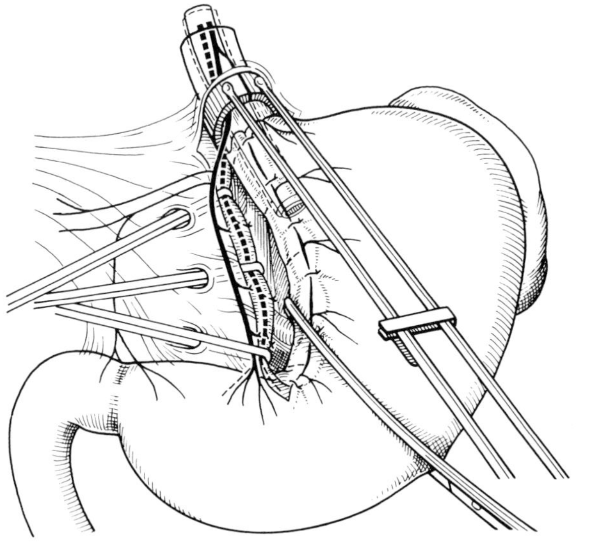

Abb. 9.4-65. a) Überprüfung der Vollständigkeit der Vagotomie mit dem Elektrostimulationstest nach Burge, anschließend der erhaltenen Innervation im Antrum, wobei eine zweite weiche Klemme postpylorisch angesetzt werden muß. Ist der denervierte Magenabschnitt noch stimulierbar, muß nach verbliebenen Vagusfasern gefahndet und die Messung wiederholt werden.

b)

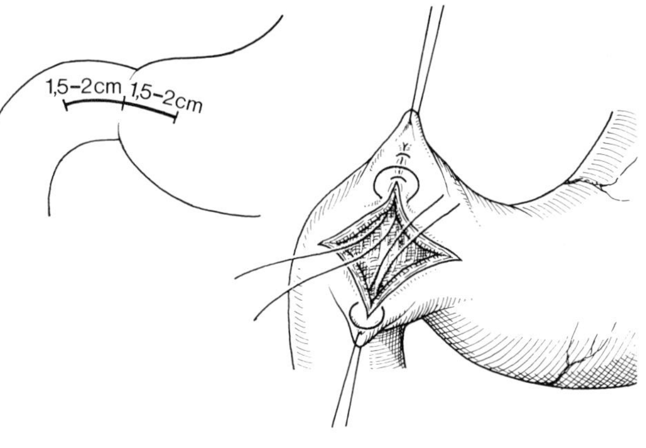

b) Bei fehlender Stimulierbarkeit des Antrums und einwandfreier Meßtechnik wurde sehr wahrscheinlich der Ramus antralis akzidentell geschädigt, so daß im Endergebnis von einer SGV auszugehen ist. In diesem Fall ist die Pyloroplastik anzuschließen.

Thorakale Vagotomie

Das Verfahren sollte am Ende aller bereits ausgeschöpften intraabdominellen Möglichkeiten zur Behandlung des therapierefraktären rezidivierenden Ulkus stehen, vor allem aber nach Ausschluß eines Zollinger-Ellision-Syndroms und der Gewißheit, daß bei einem nach B-II-resezierten Magen im Duodenalstumpf kein Antrumrest mehr zurückgeblieben ist (Histologie!).

Der sich in Rechtsseitenlage befindende Patient wird von links über eine Standardthorakotomie im 7. bis 8. ICR operiert. Nach Ablösung des Lungenunterlappens wird die Pleura mediastinalis über eine Distanz von gut 10 cm inzidiert und der geschiente Ösophagus unterfahren und angezügelt. Häufig trifft man jetzt auf eine hohe Teilung des N. vagus (s. S. 382), so daß sämtliche tast- und sichtbaren Vagusäste über eine Distanz von 8–10 cm reseziert werden müssen. Nach fallweise erforderlicher punktueller Blutstillung wird die Pleura mediastinalis mit locker adaptierenden Einzelknopfnähten wieder verschlossen und der Eingriff nach gesonderter Ausleitung einer Thoraxdrainage und schichtweisem Wundverschluß beendet.

Das präparative Vorgehen ist in Abb. 9.4-66 dargestellt. Hauptindikation ist der mehrfach voroperierte nach BI umgewandelte Magen.

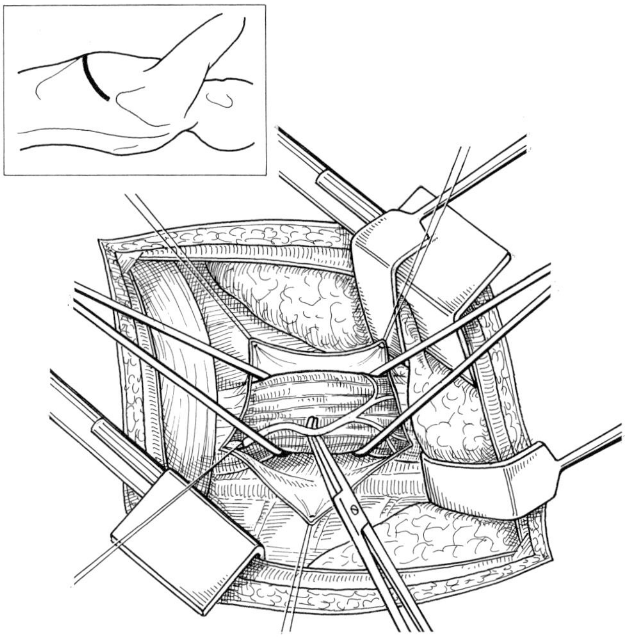

Abb. 9.4-66. Transthorakale trunkuläre Vagotomie. Nach Ablösung des Lungenunterlappens wird die Pleura mediastinalis länggsinzidiert und der inzwischen geschiente Ösophagus unterfahren und angeschlungen. Die gut tast- und sichtbaren Vagusäste werden mit der Overholt-Klemme unterfahren und über eine Distanz von 6–8 cm reseziert. Die Variabilität des Verlaufs der beiden Hauptstämme, insbesondere aber eine oft anzutreffende hohe Teilung in mehrere kleine Äste macht eine sorgfältige, die gesamte Zirkumferenz einnehmende Darstellung erforderlich.

Resektionen am Magen

Die Wiederherstellung der Passage nach BI ist wenn immer möglich und zunächst unabhängig vom Ausmaß der Resektion (1/3, 2/3, 3/4) vorzusehen. Nur die atypischen Resektionen gehen ohne Magen-Dünndarm-Anastomosen einher. Standardzugang ist die mediane Oberbauchlaparotomie, der sich zunächst eine gründliche Exploration der Bauchhöhle, fallweise mit histologischer Schnellschnittuntersuchung anschließt.

Die Naht am Magen-Darm-Trakt wird nicht einheitlich durchgeführt. Es mag Situationen geben, wo die fortlaufende Naht auch am Magen keine Nachteile hat. In jedem Fall aber führt sie zur Raffung des Gewebes und damit zur Lumenverkleidung, was insbesondere am Duodenum leicht passieren kann, und ferner ist sie weniger zuverlässig im Hinblick auf die Blutstillung. Der von vielen betonte Zeitgewinn ist sicher unerheblich. Wenn wir im folgenden Text nur die Einzelknopfnaht und maschinelle Technik beschreiben, geschieht das vor allem deshalb, weil wir diese Nahttechniken für die sichersten halten. Die früher üblichen totalen Gastroenteroanastomosen sind nicht zu empfehlen.

Resektionen beim unkomplizierten Ulkus

Die Skelettierung des Magens (Abb. 9.4-67a–g) beginnt etwa in der Mitte und zwischen der A. gastroepiploica und der Magenwand, um die Durchblutung des großen Netzes nicht zu gefährden, wobei der erste Assistent durch Zug am Querdarm das Lig. gastrocolicum anspannt. Nachdem auf diese Weise die Bursa omentalis eröffnet ist, präpariert man in der Regel nach proximal weiter, durchtrennt die Arkade der A. gastroepiploica sinistra und anschließend evtl. noch ein bis zwei Aa. gastricae breves oder mehr, je nach Größe des Fundus, bis die orale Resektionsgrenze großkurvaturseits eindeutig feststeht. Danach schließt sich die Präparation aboralwärts an, wobei das Lig. gastrocolicum stumpf vom Mesocolon transversum vorsichtig abgeschoben wird und fallweise bestehende Verklebungen an der Magenrückfläche zum Pankreas durchtrennt sind. Die Dissektion erfolgt pylorusnahe hart am Magen, so daß die hinter das Duodenum ziehende A. gastroepiploica dextra einschließlich der zur V. mesenterica superior eintauchende Vene intakt bleibt.

Die Skelettierung der großen Kurvatur kann auch über eine kurze Distanz zwischen der A. gastroepiploica und dem Kolon geführt werden, was den präparativen Vorgang erheblich beschleunigt. Bei der Skelettierung fassen wir die magenwandnahen Gefäßabschnitte mit Kocher-Klemmen. Einerseits werden dadurch Ligaturen eingespart und andererseits kann der Magen auf diese Weise unter leichtem Zug nach oben gehalten werden, so daß die Präparation vereinfacht wird. Im allgemeinen führen wir die Resektion vor der postpylorischen Präparation durch, weil die Verhältnisse am Pankreaskopf dann besser zu explorieren sind. Zu diesem Zweck spaltet man das kleine Netz etwa in Höhe der Angulusfalte, durchtrennt nach Ligaturen das perigastrische Fett- und Lymphgewebe und ligiert doppelt zentral die A. gastrica sinistra an ihrem Scheitelpunkt magenwandnahe. Etwa 3 cm unterhalb des ösophagokardialen Übergangs – kleinkurvaturseits gemessen – wird die Skelettierung beendet und der Magen maschinell reseziert. Sofern man nicht mit dem Stapler anastomosiert, kann der Nähapparat nach Petz jetzt vorteilhaft eingesetzt werden. In diesem Fall schließt sich die Serosierung des kleinkurvaturseitigen Magenanteils an, wobei ein der späteren Anastomosenbreite korrespondierender Abschnitt an der großen Kurvatur mit Kocher-Klemmen gefaßt wird, die man anschließend mit einem Faden verknotet und nach proximal legt. Der distale Magenanteil ist jetzt gut beweglich und kann je nach Bedarf nach lateral, oben oder unten angespannt gehalten werden. Teils stumpf, teils scharf läßt sich nun in unkomplizierten Fällen der dorsale postpylorische Abschnitt freilegen. Großkurvaturseits wird die Skelettierung behutsam und in kleinen Schritten über den Pylorus hinaus um ca. 2 cm vorangetrieben. Dann werden die bindegewebigen Strukturen einschließlich der auf das Lig. hepatoduodenale einstrahlenden Serosaanteile nebst kleinerer Gefäße durchtrennt. An dieser Stelle ist es gerade für den weniger Erfahrenen wichtig, daß er sich die topographische Anatomie der Region genau vor Augen führt, d. h. entlang der Gallenblase das Lig. hepatoduodenale aufsucht, den Ductus choledochus identifiziert, die A. hepatica ertastet und, sofern nicht zeitraubende Manipulationen notwendig sind, auch den Abgang der A. gastroduodenalis darstellt. Dadurch werden nicht nur Nebenverletzungen vermieden, sondern die Sicherheit für komplizierte Fälle oder anspruchsvollere Operationen gewonnen. Nachdem auch kleinkurvaturseits die Dissektion am Antrum abgeschlossen ist, wird entweder das Duodenum nach Möglichkeit maschinell verschlossen oder man legt unmittelbar postpylorisch eine rechtwinkelige Klemme an und durchtrennt hart oberhalb der Klemme das Duodenum zur Vorbereitung der Wiederherstellung der Passage nach BI.

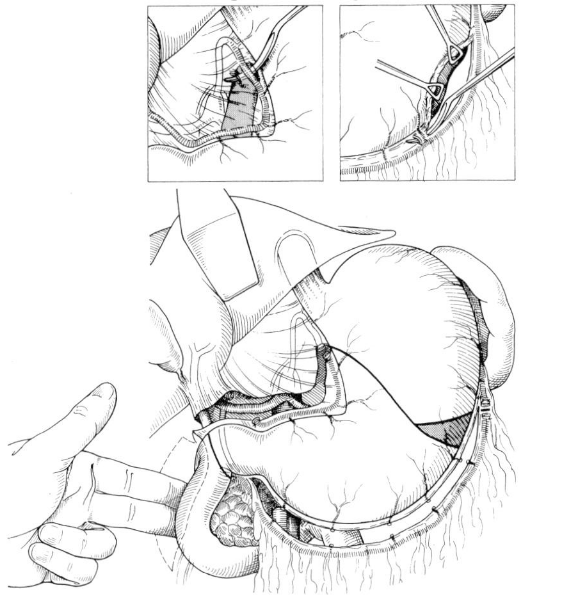

a)

Abb. 9.4-67. Resektionsausmaß bei der klassischen 2/3-Resektion des Magens und Mobilisation des Duodenums nach Kocher.

a) Die Skelettierung im Bereich der großen Kurvatur erfolgt unter Erhaltung der kräftigen Randarkade üblicherweise mit Dechamp und Kocherscher Sonde. An der kleinen Kurvatur wird die A. gastrica sinistra magenwandnahe und etwa 3 cm unterhalb des ösophagokardialen Überganges nach Ligaturen durchtrennt.

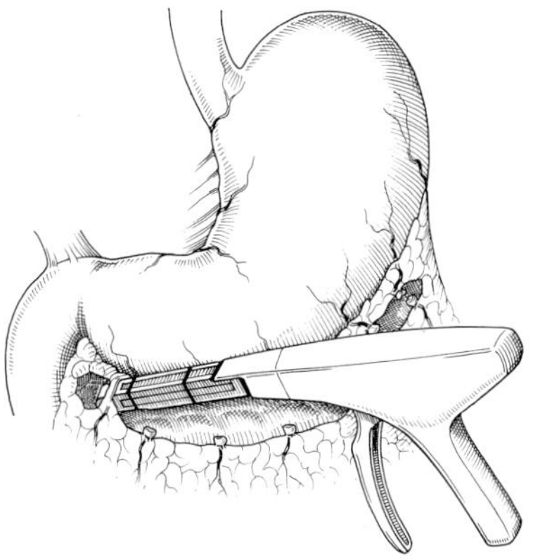

b)

b) Die Skelettierung im Verlauf der großen Kurvatur kann aber auch maschinell, z. B. mit dem LDS, vorgenommen werden.

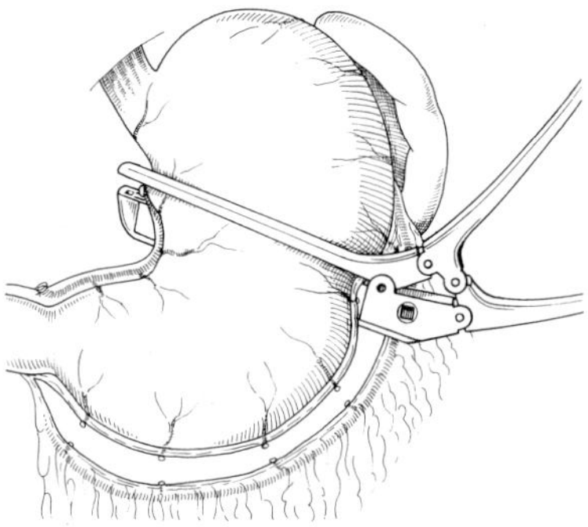

c)

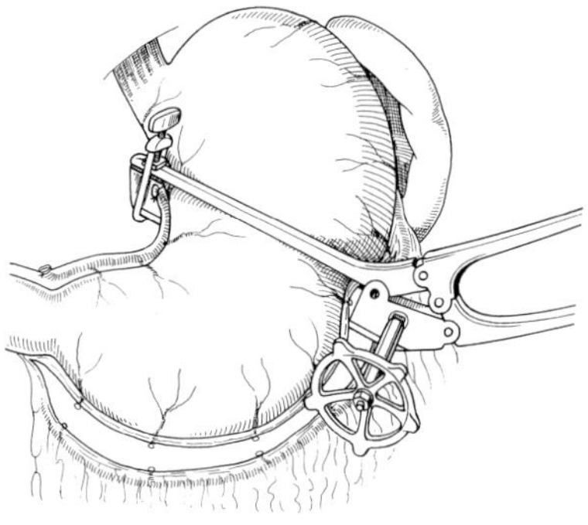

d)

c u. d) Annähernd wirbelsäulenparallele Resektion unter Zuhilfenahme des Nähapparates nach Petz.

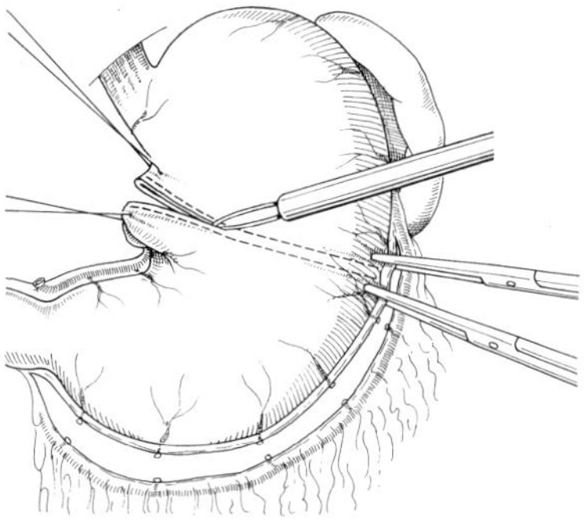

e)

e) Durchtrennung des Magens zwischen der Klammernahtreihe mit dem Paqueline. Anschließend wird der distale Magenabschnitt nach lateral geklappt und angespannt gehalten, so daß die Präparation über den postpylorischen Abschnitt hinaus vorgenommen werden kann. Je nach der dort vorgefundenen Situation bzw. dem Grundleiden wird die Passage entweder nach B I oder B II wieder hergestellt.

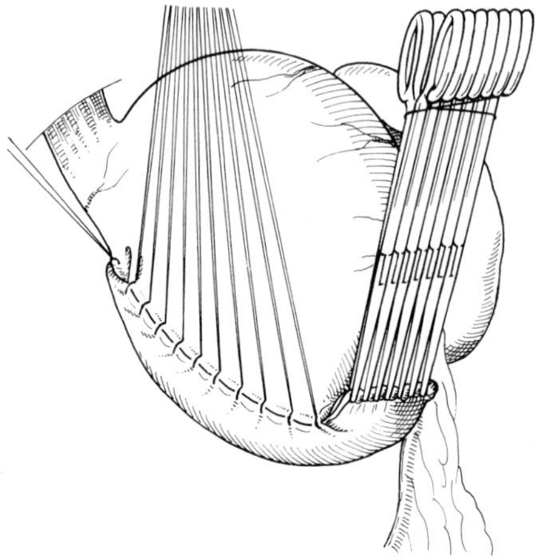

f)

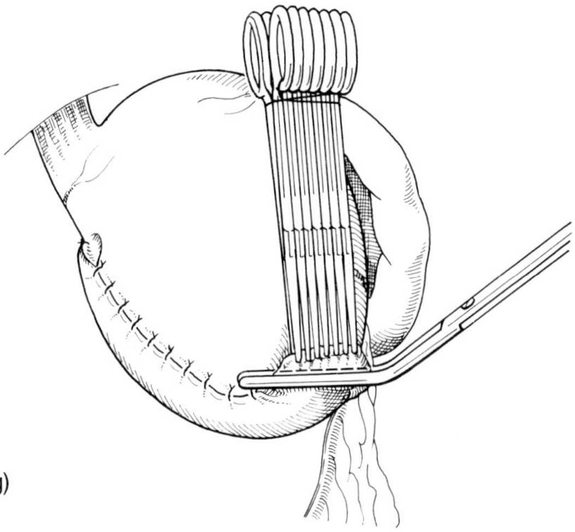

g)

f u. g) In jedem Fall ist die Überwallung des kleinkurvaturseitigen Magenabschnittes mit seromuskulären Einzelknopfnähten erforderlich, wenn die Resektion mit dem Nähapparat nach Petz erfolgte, wobei wir in der Technik nach Dick einen dem späteren Anastomosenquerschnitt entsprechenden Abschnitt an der großen Kurvatur mit Kocher-Klemmen fassen und unterhalb davon eine Quetschklemme ansetzen, über der dann die gesetzte Klammernaht partiell wieder reseziert wird, und zwar unabhängig davon, welche Form der GE angeschlossen wird.

Anastomose nach Billroth I

(Abb. 9.4-68–70)

Die Wiederherstellung der Passage muß spannungsfrei möglich sein. Läßt sich der Restmagen dem Duodenum probeweise nicht leicht nähern, hilft die Mobilisation nach Kocher (Abb. 9.4-69) oft weiter, die man aber nicht grundsätzlich durchführen sollte. Bevor man mit der Naht von Hand beginnt, muß korrespondierend zum Querschnitt des Duodenalstumpfes ein entsprechend breiter Abschnitt großkurvaturseitig am Magen samt des Klammernahtverschlusses reseziert werden. Wir verwenden die Bronchusklemme, um eine glatte Schnittfläche zu bekommen (andere die von Nakayama). In vielen Fällen bietet sich die maschinelle Naht (Abb. 9.4-70) an.

Bei ungünstigen Duodenalhinterwandabschnitten nähen wir die Anastomose offen und die Hinterwand einreihig mit einer Allschichteneinzelknopfnaht.

Ein besonderes Problem bei der B-I-Anastomose ist der Punkt, wo die Nahtreihe von der kleinen Kurvatur kommend auf die Anastomose trifft. Diese auch »Jammerecke« genannte Stelle sichert man durch eine 3-Punkt- oder U-Naht nach Kapeller (Abb. 9.4-68h).

Der Eingriff endet mit der Einlage einer Zieldrainage etwas lateral und oberhalb der Anastomose, wobei das Drainrohr rechtslateral gesondert ausgeleitet wird. Eine Magensonde legen wir nicht.

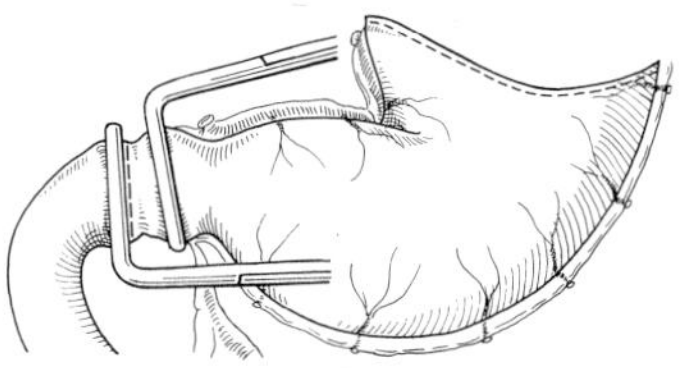

a)

Abb. 9.4-68. Gastroduodenostomia oralis partialis terminoterminalis.

a) Nach abgeschlossener präpylorischer Präparation wird das Duodenum mit einer Klemme gefaßt und ebenso das präpylorische Antrum und dann entlang der gestrichelten Inzisionslinie die Resektion durchgeführt.

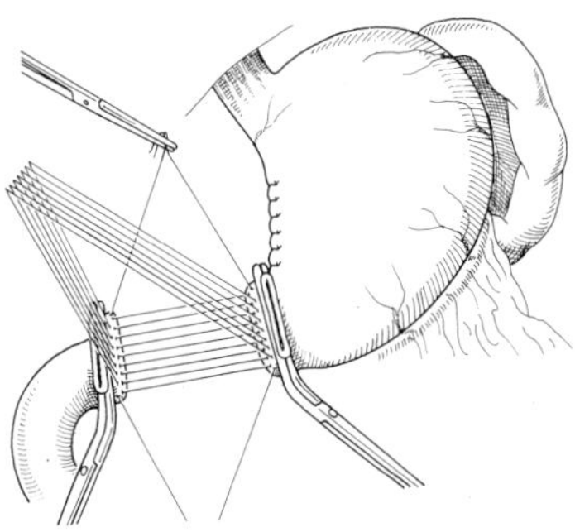

b)

b) Am Beispiel der von uns gewählten Technik hält der Assistent das Duodenum und den Magenrest mit den Bronchusklemmen in korrespondierender Position so weit auseinander, daß die seromuskulären Einzelknopfnähte der Hinterwand vollständig gelegt werden können. Die langgelassenen Fäden werden mit Klemmen gefaßt und auf einer Overholt-Klemme der Reihe nach aufgefädelt und dem Operateur in der richtigen Reihenfolge zum Knüpfen angereicht.

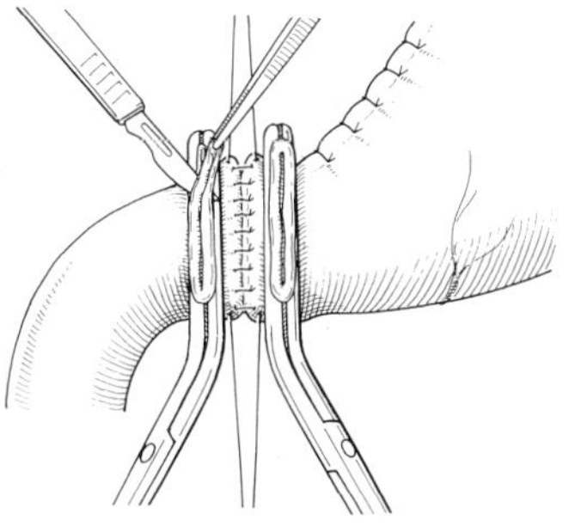

c)

c) Nach fertiggestellter seromuskulärer Einzelknopfnaht werden die noch überstehenden Magen- bzw. Duodenalschleimhautreste mit dem Skalpell oder dem Paquelin abgetragen.

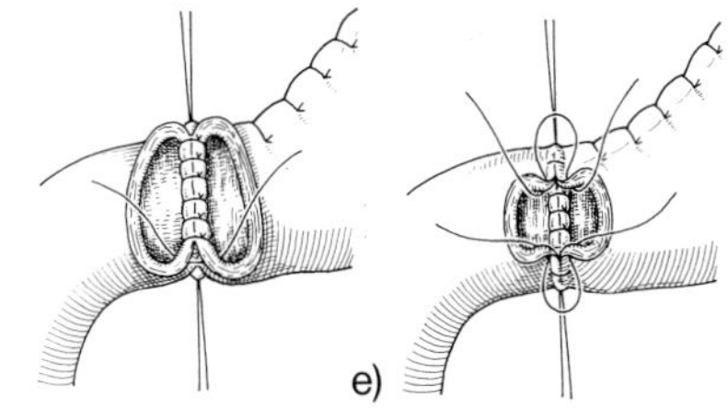

d) e)

d u. e) Abnahme der Klemmen und Durchführung der allschichtigen Einzelknopf-Hinterwandnaht, die in die invertierende, sich von beiden Seiten nähernde allschichtige Naht der Vorderwand übergeht.

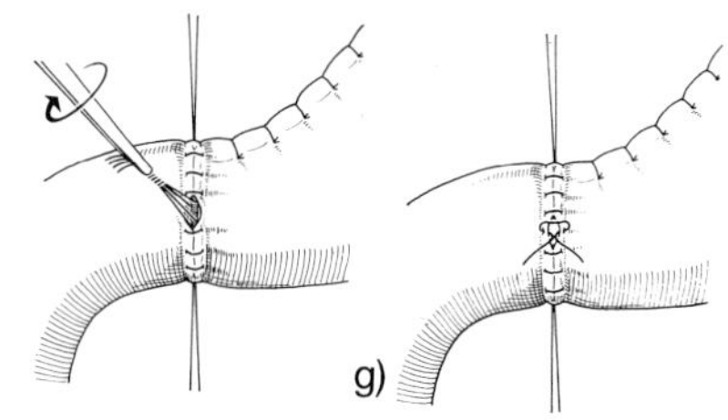

f) g)

f u. g) Nachfolgende Versenkung der letzten Fäden in das Lumen und Verschluß der verbliebenen kleinen Öffnung durch eine invertierende Einzelknopfnaht.

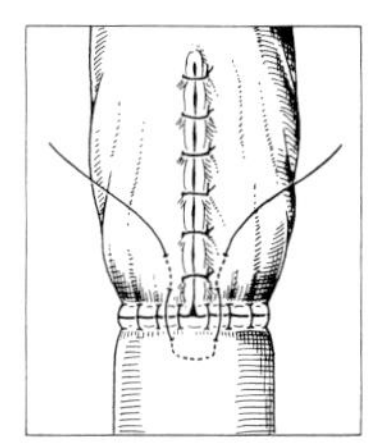

h)

h) Nach Handschuh- und Instrumentenwechsel folgt die abschließende seromuskuläre Einzelknopfnaht im Bereich der Vorderwand und fallweise die Sicherung der »Jammerecke« durch eine 3-Punkt-Naht nach Kapeller.

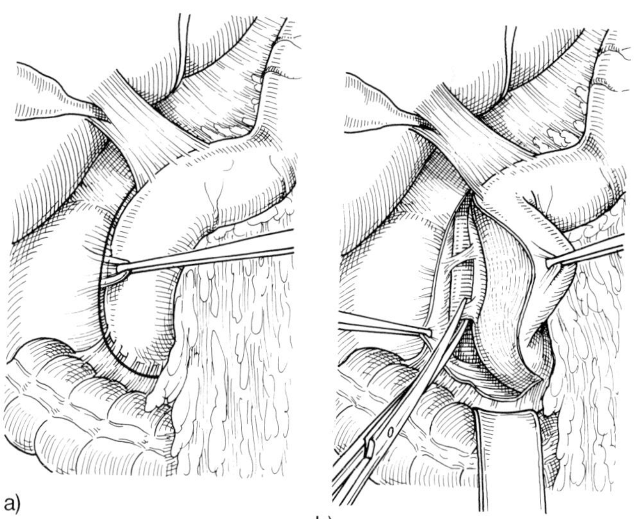

a) b)

Abb. 9.4-69. a u. b) Mobilisation des Duodenums nach Kocher. Läßt sich der Magenstumpf dem Duodenom nicht spannungsfrei nähern oder ist die Skelettierung des postpylorischen Duodenalabschnittes erschwert, wird der Ductus choledochus als wichtige Leitstruktur dargestellt und dann das Peritoneum parietale bogenförmig im Verlauf des Duodenums inzidiert. Daran anschließend folgt die teils stumpfe, teils scharfe Lösung der bindegewebigen Strukturen, bis die V. cava in ihrer vorderen Zirkumferenz sichtbar wird und der Pankreaskopf angehoben werden kann.

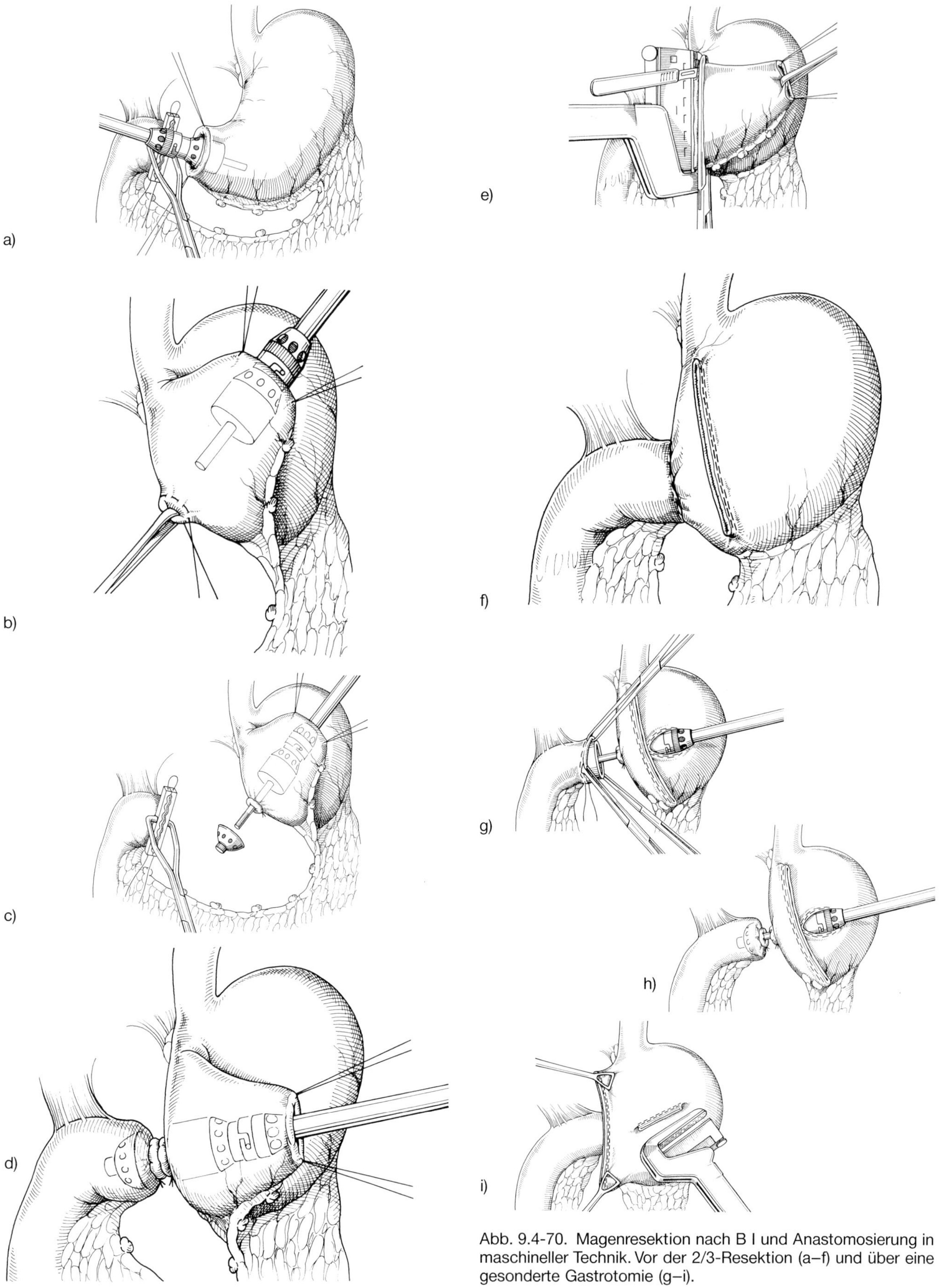

Abb. 9.4-70. Magenresektion nach B I und Anastomosierung in maschineller Technik. Vor der 2/3-Resektion (a–f) und über eine gesonderte Gastrotomie (g–i).

Anastomosen nach Billroth II

1. Gastrojejunostomia oralis partialis terminolateralis antecolica

Die GE kann sowohl iso- als auch anisoperistaltisch angelegt werden. Um einen unphysiologischen jejunogastrischen Reflux zu unterbinden ist die Kombination mit einer Fußpunktanastomose nach Braun dringend zu empfehlen. Die Nahttechnik entspricht dem üblichen Vorgehen. Gleichgültig ob man fortlaufend oder mit Einzelknopfnähten näht, sollte sie zweireihig sein. Die maschinelle Anastomosierung bietet sich hier besonders an (Abb. 9.4-73). Wichtig bei der anisoperistaltischen GE ist ferner, daß man die zuführende Schlinge mit einigen seromuskulären Nähten an der kleinen Kurvatur heraufnäht, wodurch einerseits die Klammernaht am Magen zusätzlich geschützt, andererseits der Winkel zur Entleerung verbessert wird. Die Länge der Dünndarmschenkel sollte etwa 20–30 cm betragen (Abb. 9.4-72a, b u. 73a–e).

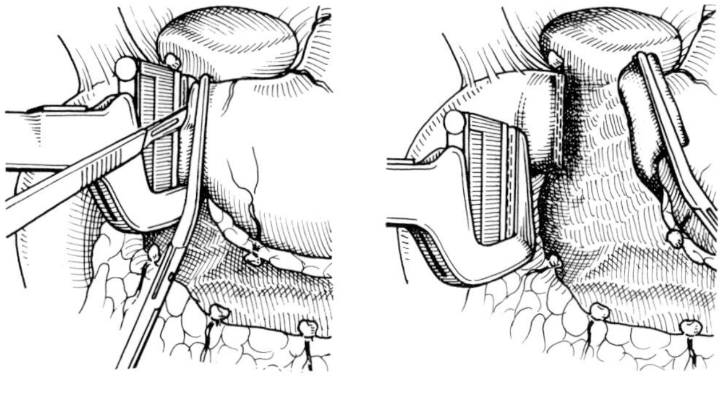

Abb. 9.4-71. Magenresektion nach B II.
a) Nach ausreichender Freilegung des postpylorischen Abschnittes wird der Duodenalstumpf nach Möglichkeit maschinell verschlossen.

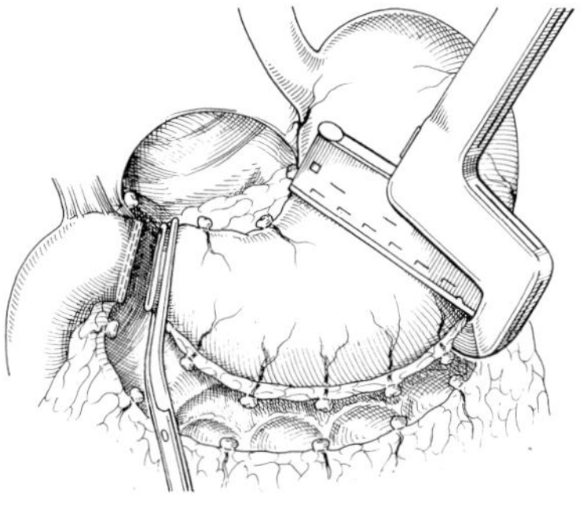

b) Annähernd wirbelsäulenparallele 2/3-Resektion mit dem TA90.

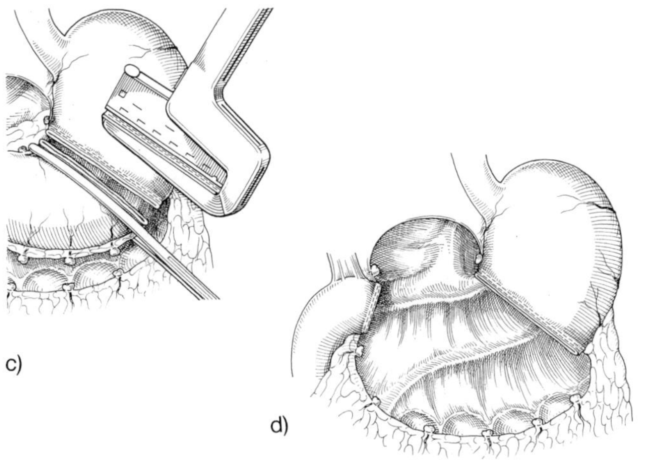

c)

d)

c u. d) Beide Klammernahtreihen bleiben zurück.

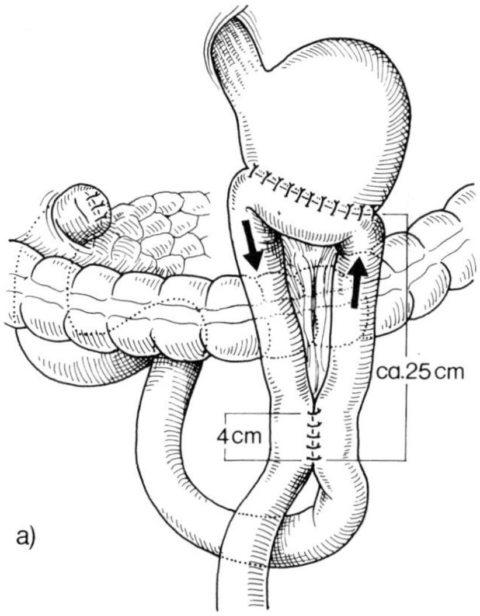

a)

Abb. 9.4-72. Anlage der Gastroenterostomie,
a) isoperistaltisch,

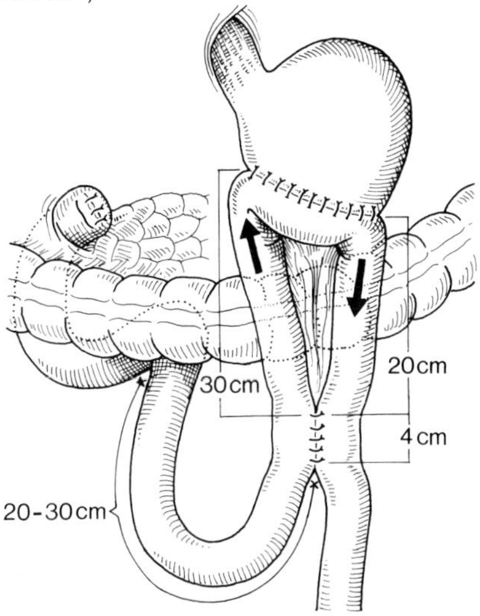

b)

b) anisoperistaltisch.

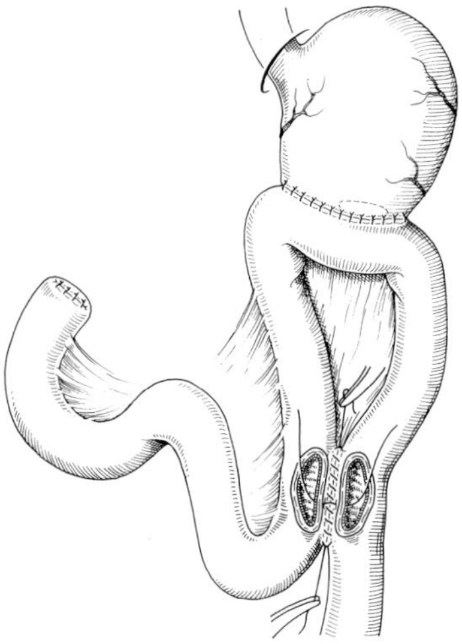

c)

c) Anlage der Fußpunktanastomose über eine Distanz von ca. 3–4 cm in zweireihiger Nahttechnik oder

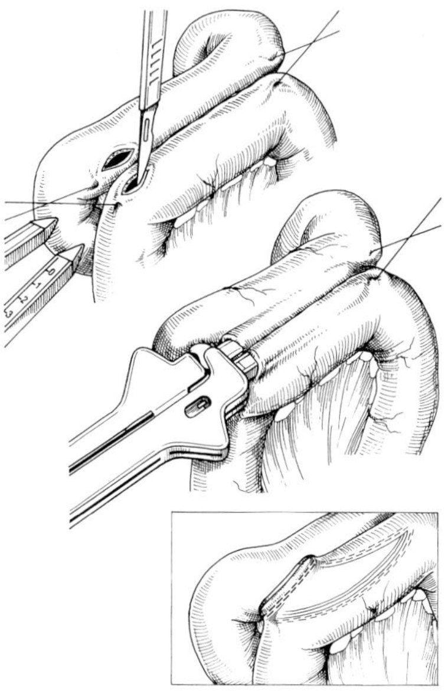

d)

d) maschinell mit dem GIA.

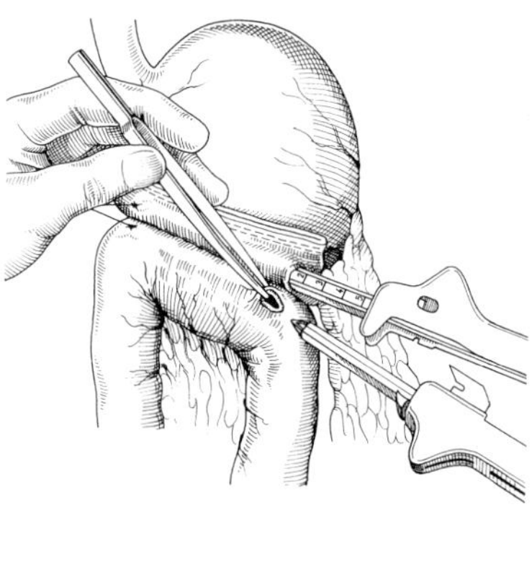

a)

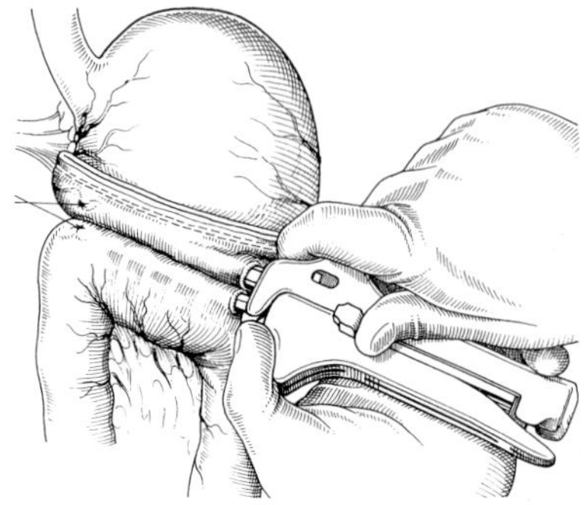

b)

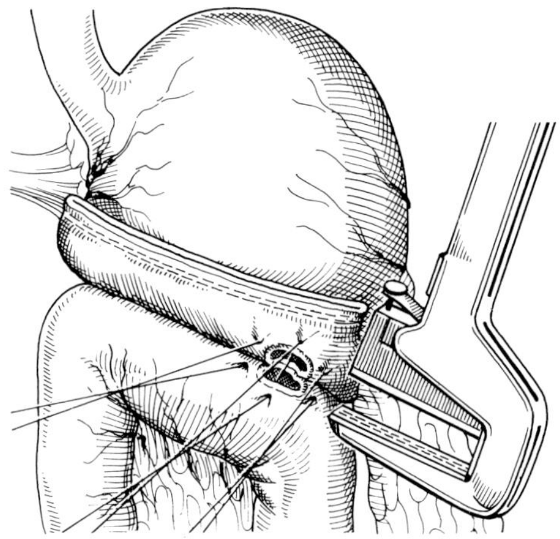

c)

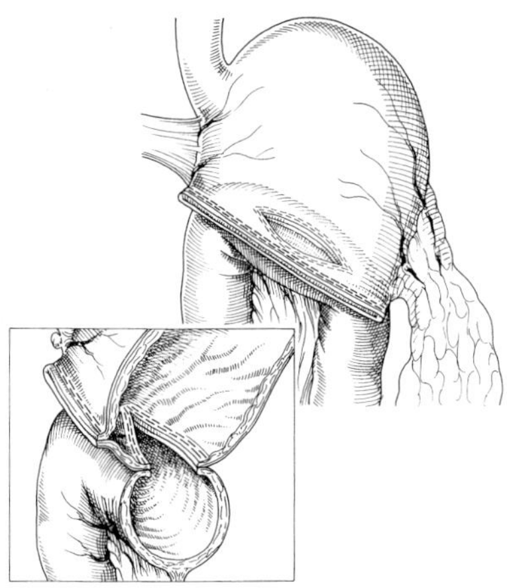

d)

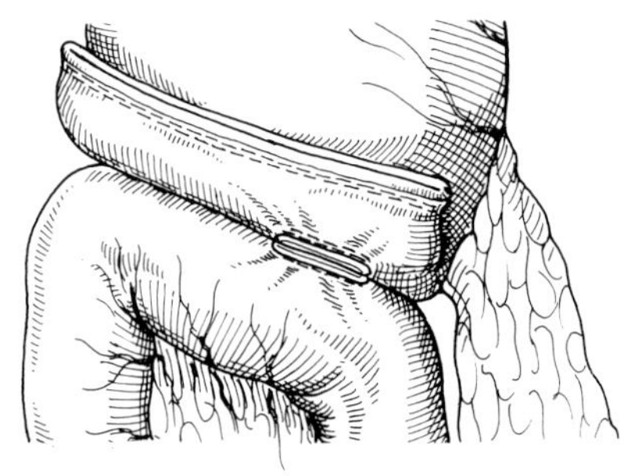

e)

Abb. 9.4-73. a–e) Terminolaterale GE in maschineller Technik.

2. Gastrojejunostomia oralis partialis terminolateralis retrocolica

Bei der Herstellung der Nahtverbindung darf es nicht zur Einengung des zuführenden Jejunumschenkels kommen (Syndrom der zuführenden Schlinge). Die GE wird in der Regel zweireihig von Hand und nur ausnahmsweise maschinell genäht (Abb. 9.4-74).

Die Stelle für die Inzision am Mesokolon wählt man im durchscheinenden Licht in einem gefäßfreien Bezirk. Durch die Öffnung leitet man den Magenstumpf heraus. Die Fixation der Magenhinterwand erfolgt stets vor dem Beginn der Anastomosennaht am unteren Rand des Mesokolonschlitzes, da man danach kaum noch die Fadenführung unter Sicht kontrollieren kann. Der ventrale Rand des Mesokolonschlitzes wird etwa 1–2 cm oberhalb der Anastomose an der Magenwand adaptierend fixiert, so daß die GE zum Schluß insgesamt infrakolisch liegt. Die retrokolische B-II-Anastomose, die früher bevorzugt wurde, wird nur noch selten durchgeführt (s. S. 421). Sie ist vor allem geeignet für alte Patienten, um den Eingriff abzukürzen und kann gelegentlich unumgänglich sein bei extrem adipösen Kranken, wenn trotz Resektion des großen Netzes eine spannungsfreie antekolische GE nicht möglich ist.

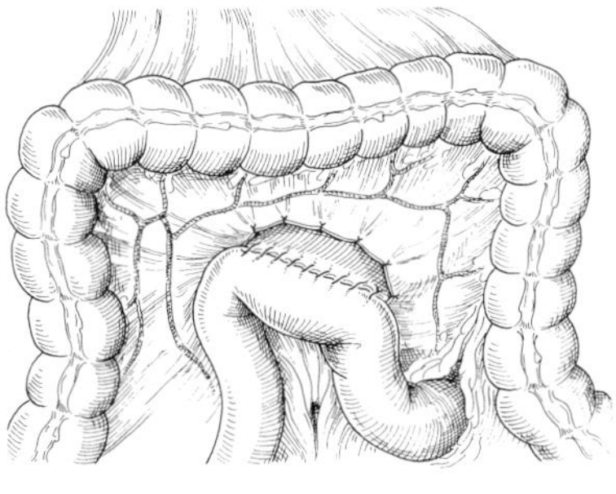

Abb. 9.4-74. Retrokolische GE nach klassischer 2/3-Resektion nach B II.

3. Gastrojejunostomia oralis partialis nach Roux-Y

Die GE nach Roux (1893) ist das Verfahren der Wahl zur Beseitigung eines gastroösophagealen Refluxes nach Valvuloplastik (s. S. 390ff.) in Kombination mit einer Magenresektion. Je länger die Schlinge genäht wird (> 30 cm), um so vollständiger wird ein jejunogastrischer Reflux verhindert. Darauf wird die hohe Rate an Ulkusrezidiven mit 8–15% (Schumpelick, Stachow, Schreiber) zurückgeführt. Hinzu kommt eine oft zu beobachtende Entleerungsverzögerung aus dem Magen, so daß diese Form der GE nur in Ausnahmefällen angewandt werden darf. Die Nahttechnik entspricht dem üblichen Vorgehen, ob von Hand oder maschinell genäht wird (Abb. 9.4-75).

Nach abgeschlossener Magenresektion und Verschluß des Duodenalstumpfes wird eine obere Jejunumschlinge ca. 20–30 cm distal des Treitzschen Bandes aus der Passage genommen und die Skelettierung meist unter Zuhilfenahme des durchscheinenden Lichtes (Abb. 9.4-76) durchgeführt. Der zuführende Jejunumabschnitt wird terminolateral mit der abführenden anastomosiert. Anschließend führt man den zur GE vorgesehenen Darmabschnitt entweder retrokolisch oder antekolisch in den Oberbauch, wobei die Anastomose am Magen terminoterminal oder terminolateral vorgenommen werden kann.

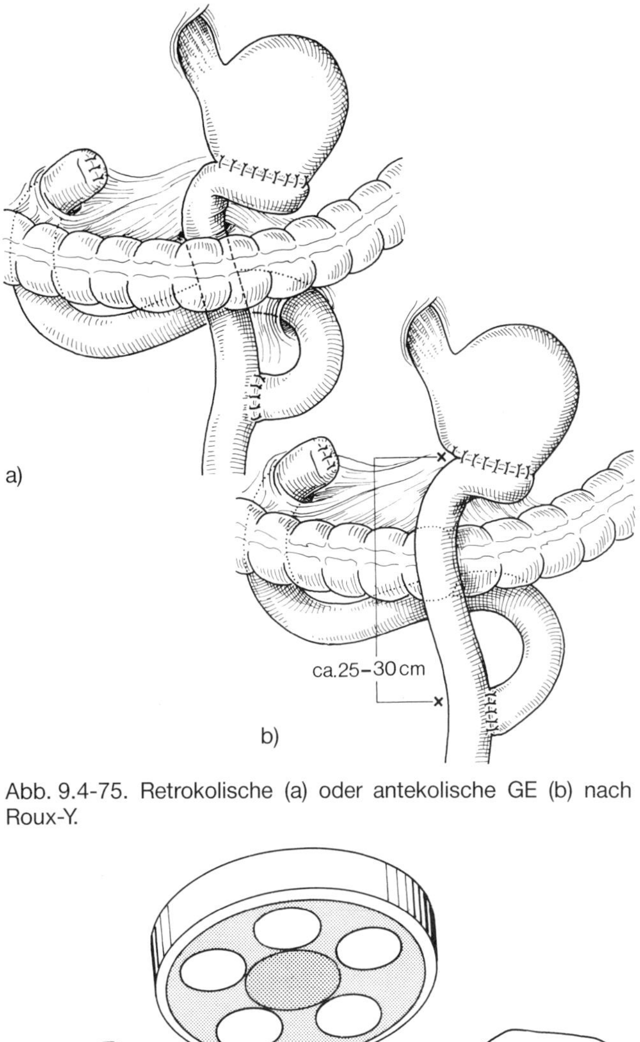

Abb. 9.4-75. Retrokolische (a) oder antekolische GE (b) nach Roux-Y.

Abb. 9.4-76. Auswahl einer oberen Jejunumschlinge im durchscheinenden Licht.

Duodenalstumpfverschluß

Die maschinelle Naht entspricht dem Vorgehen der Wahl (Abb. 9.4-77). Für den Fall, daß die modernen Klammernahtgeräte nicht zur Verfügung stehen oder aus anderen Gründen das Duodenum von Hand verschlossen werden muß, sei auf die Abb. 9.4-78 verwiesen. In solchen Fällen nähen wir zweireihig invertierend und benutzen nicht die Technik nach Moynihan oder den Verschluß durch eine Tabaksbeutelnaht.

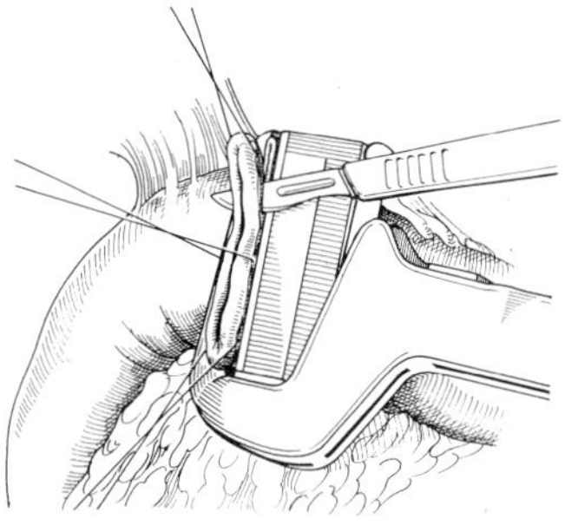

Abb. 9.4-77. Duodenalstumpfverschluß mit dem TA55.

Im Hinblick auf die bereits erwähnte Zunahme der Ulkuskomplikationen ist ein zuverlässiger Duodenalstumpfverschluß nach den zuvor angegebenen Verfahren nicht immer möglich. Es gibt nur wenige vergleichbare Situationen in der gastroenterologischen Chirurgie, wo der Operateur in Ermangelung mobilisations- und nahtfähiger Darmwand so erhebliche Schwierigkeiten bekommen kann. Unverändert geht eine Frühinsuffizienz mit einer hohen Letalität einher. Sehr oft werden die präparativ technischen Probleme durch zunächst nicht resektabel erscheinende penetrierende Ulcera duodeni hervorgerufen, die dem weniger Erfahrenen den Eindruck vermitteln, daß eine B-I-Anastomose nicht in Frage kommt. Sie ist jedoch meist zuverlässiger zu nähen als die verschließende Naht an den teilweise aufgebrauchten Rändern der Duodenalhinterwand. Die Umgehung dieser nahttechnischen Probleme durch eine B-I-Anastomose wurde schon in den 50er Jahren von Dick und anderen Anhängern der Gastroduodenostomie immer wieder propagiert.

In wirklich schwierig zu beurteilenden Situationen, die nicht selten durch erhebliche peritumoröse Begleitreaktionen hervorgerufen werden, kann man den Magen zunächst planmäßig prä- oder postpylorisch absetzen und dann mit dem Finger das Duodenallumen austasten. Auch ist die Mobilisation nach Kocher unbedingt erforderlich. Bevor man sich zu dem einen oder anderen Vorgehen entschließt, kann die Schienung des Ductus choledochus mit einer metallischen Sonde zur Beurteilung des Abstandes der Papille zum Ulkusrand sehr hilfreich sein (Abb. 9.4-78). Durch diese Distanzbeurteilung wird alsbald deutlich, ob eine Anastomosierung nach B I möglich ist oder unter allen Umständen auf einen Duodenalstumpfverschluß ausgewichen werden muß. Ist letzteres unumgänglich, kommt das Verfahren nach Bsteh (Abb. 9.4-79) oder Nissen (Abb. 9.4-81) in Frage. Eine weitere Möglichkeit zur Versorgung eines schlecht verschließbaren Duodenalstumpfes besteht in der Interposition einer oberen Jejunumschlinge nach Roux-Y oder nach der in der Abb. 9.4-80 gezeigten Technik, die man retrokolisch heraufführt und entweder terminoterminal oder terminolateral mit dem Duodenum anastomosiert oder blind verschlossen aufsteppt.

War die Ulkusblutung die Indikation für den Eingriff, ist in jedem Fall die bilaterale Umstechungsligatur der A. gastroduodenalis mit Polyglykolsäurefäden vorzunehmen (Abb. 9.4-81 a).

a)

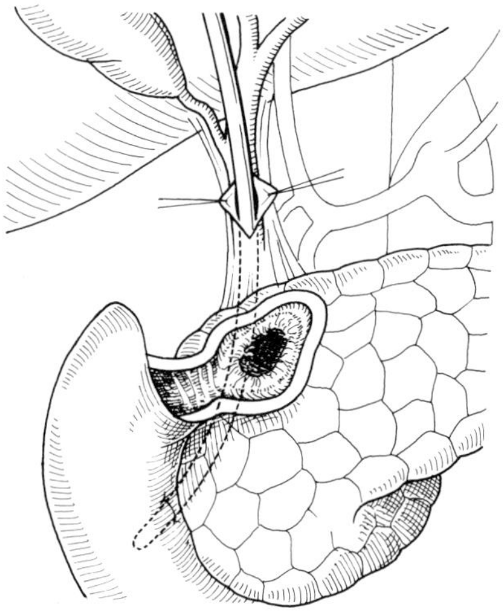

Abb. 9.4-78. Duodenalstumpfverschluß bei penetrierendem Ulcus duodeni und unklarem Gallengangsverlauf.
a) Nach Mobilisation des Duodenums nach Kocher wird der Ductus choledochus mit einer gut tastbaren Sonde geschient und anschließend die Präparation nach distal über den Ulkusgrund hinaus fortgesetzt, so daß der Abstand zur Papille exakt beurteilt werden kann.

b)

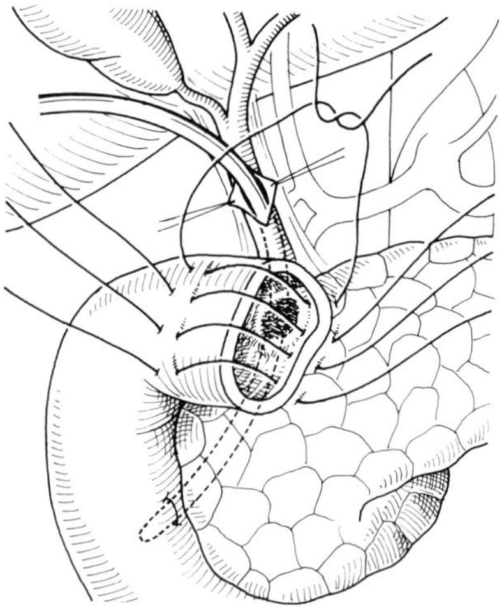

b) Fadenführung bei der 1. Nahtreihe mit Einrollung der Duodenalvorderwand.

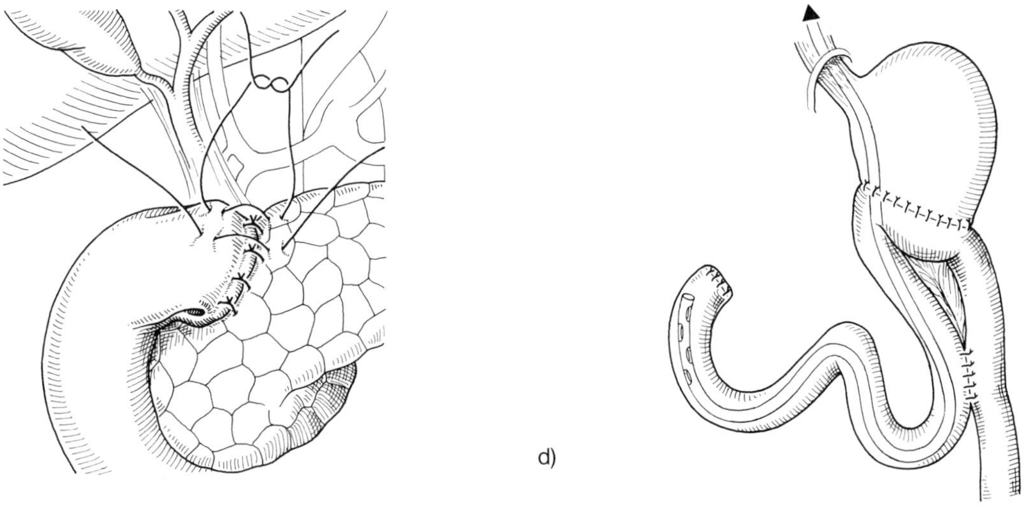

c) d)

c) Abschließende 2. Nahtreihe. d) Entlastung des Duodenums durch eine nasogastrale Verweilsonde bei unsicherem Duodenalstumpfverschluß.

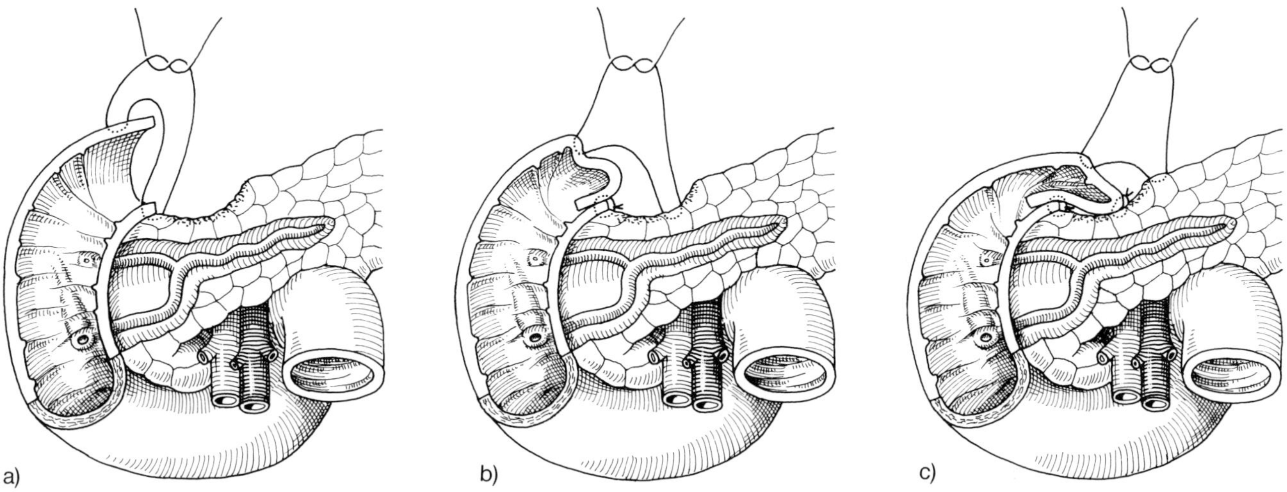

a) b) c)

Abb. 9.4-79. Duodenalstumpfverschluß nach Bsteh. a) Nach Mobilisation des Duodenums nach Kocher faßt die erste Naht den Rand der Duodenalhinterwand und seromuskulär die Vorderwand, so daß sich letztere einrollt. b u. c) Mit der zweiten (b) und dritten (c) Nahtreihe wird der Geschwürsgrund bedeckt.

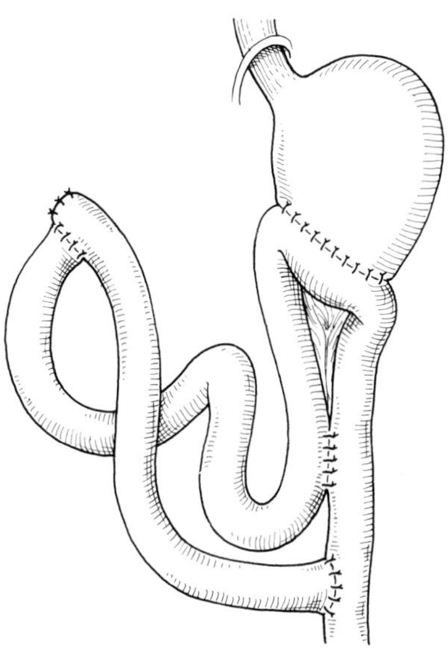

Abb. 9.4-80. Versorgung eines nahtbruchgefährdeten Duodenalstumpfverschlusses oder einer bereits eingetretenen Insuffizienz mit einem gestielten retrokolisch geführten Jejunuminterponat.

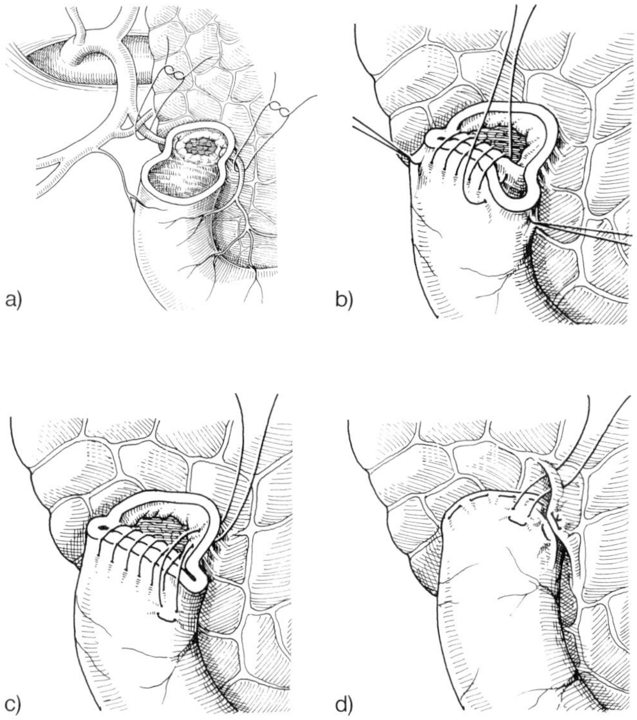

Abb. 9.4-81. Duodenalstumpfverschluß nach Nissen bei nicht resektablem penetrierenden Ulcus duodeni.
a) Die Umstechungsligatur der A. gastroduodenalis innerhalb und außerhalb des Duodenums ist wesentlicher Teilschritt bei allen Eingriffen, bei denen das Ulkus in dieser oder ähnlicher Form belassen bleiben muß.
b) Die erste Nahtreihe vereinigt allschichtig den distalen Ulkusrand mit der Duodenalvorderwand.
c) Die zweite Nahtreihe vereinigt den proximalen Ulkusabschnitt einschließlich Resten der Duodenalwand.
d) Abschließend folgt eine dritte Nahtreihe mit der Pankreaskapsel.
Die Mobilisation des Duodenums nach Kocher ist stets erforderlich. Um eine Überwallung des Ulkuskraters bewerkstelligen zu können, sind in der zweiten und dritten Nahtfolge U-Nähte erforderlich.

Resektion beim penetrierenden Ulcus duodeni

Durch einen meist jahrelangen rezidivierenden Prozeß sind die Verklebungen mit dem Pankreaskopf, vor allem aber auch die narbige Schrumpfung der postpylorischen Region erheblich. Oft sind Abschnitte des Lig. hepatoduodenale mit in den peritumorösen Prozeß einbezogen, gelegentlich sogar in den Ulkuskrater. Bei einem derartigen Befund müssen zunächst die intakten anatomischen Leitstrukturen als Orientierungshilfe herangezogen werden. Am einfachsten gelingt das, wenn man sofort die Mobilisation des Duodenums nach Kocher durchführt (Abb. 9.4-69), zusätzlich ventral über dem Duodenum und seitlich bestehende Verklebungen löst, so daß der obere Duodenalabschnitt zunächst einmal beweglicher und damit auch besser manipulierbar wird. Entlang der Gallenblase läßt sich das Ligament und das Foramen Winslowi immer identifizieren, so daß die Gefahr von schwerwiegenden akzidentellen Verletzungen unwahrscheinlicher wird und auch die Frage der Resektabilität des Ulkus beantwortet werden kann.

Bei sehr ausgedehnten entzündlichen Veränderungen stellen wir nicht nur den Ductus choledochus dar, sondern auch die A. hepatica communis und nach Möglichkeit auch den Abgang der A. gastroduodenalis.

Das präparative Vorgehen im supra- und infraduodenalen postpylorischen Abschnitt wird in den meisten Fällen wesentlich erleichtert, wenn man zunächst die Skelettierung des Magens und Resektion in üblicher Weise durchführt. Dadurch kann der Assistent den distalen Magenstumpf in die jeweils günstige Position bringen, so daß unter leichter Anspannung zumindest ein Teil der Verklebungen stumpf abgelöst werden kann.

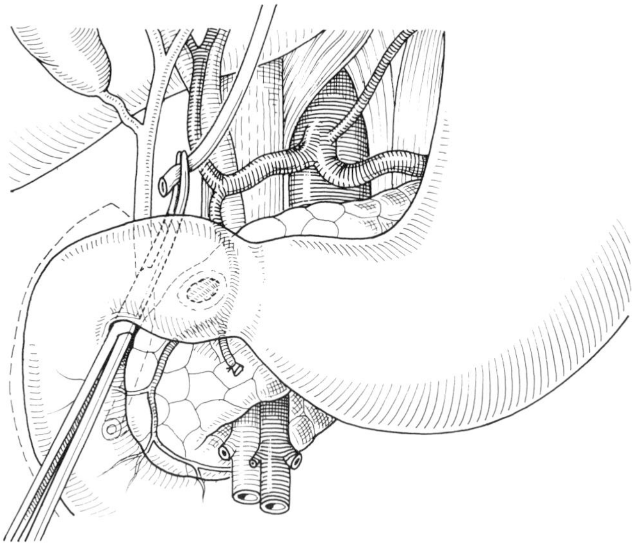

Abb. 9.4-82. Präparation eines penetrierenden Ulcus duodeni von distal nach Strauss.
a) Nach Mobilisation des Duodenums nach Kocher wird unterhalb des Ulkus das Duodenum nach behutsamer Mobilisation unterfahren und angeschlungen.

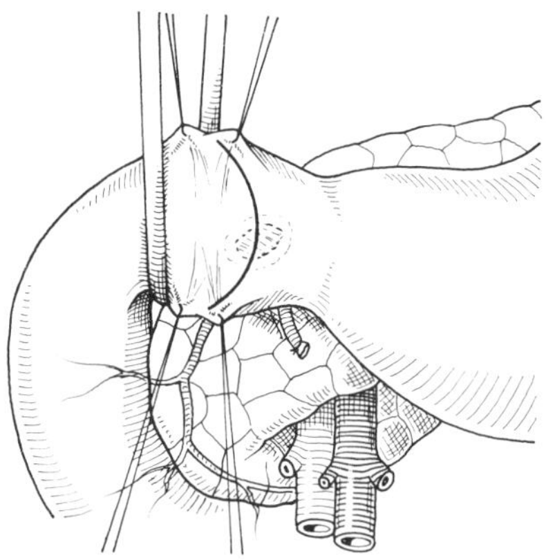

b) Im Falle der offenen Durchtrennung ist die bogenförmige Inzision der Vorderwand zur Materialgewinnung wichtig.

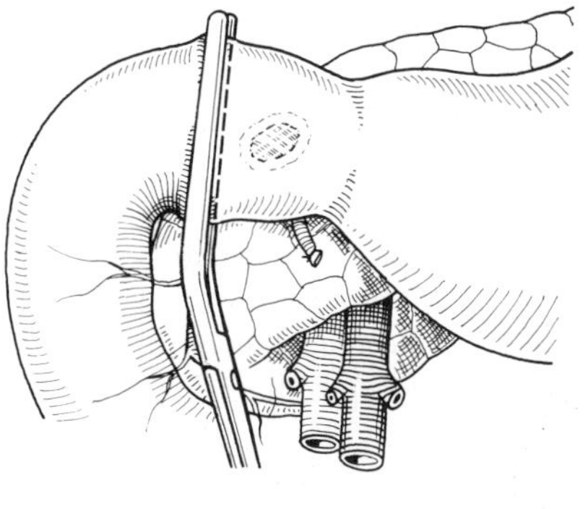

c) In günstigen Situationen gelingt auch die Anlage einer Quetschklemme, über der dann das Duodenum durchtrennt wird.

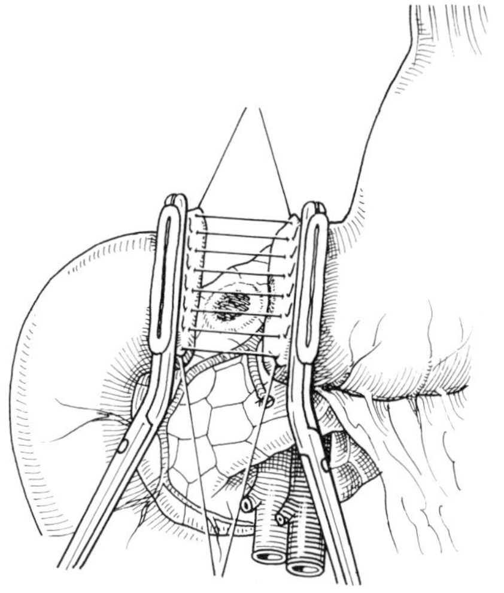

d) Daran anschließend folgt, sofern noch nicht geschehen, die 2/3-Resektion des Magens (s. Text), mit Wiederherstellungen der Passage nach B I, wenn sich Magenstumpf und Duodenum spannungsfrei nähern lassen.

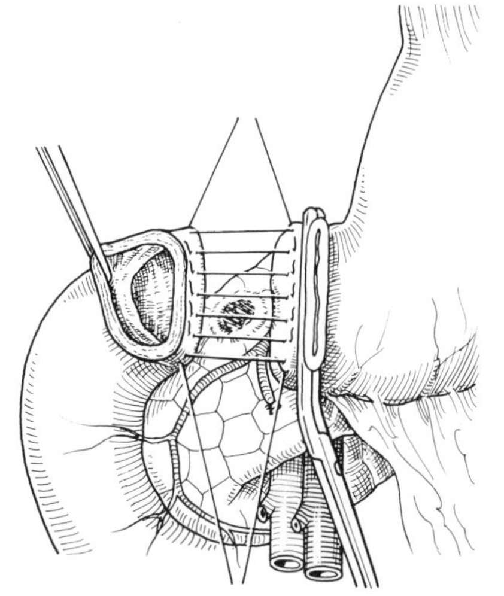

e) Vor dem Knüpfen der seromuskulären Einzelknopfhinterwandnaht muß in der Regel wenigstens eine Klemme abgenommen werden, um die Weite des Duodenallumens zuverlässig beurteilen zu können.

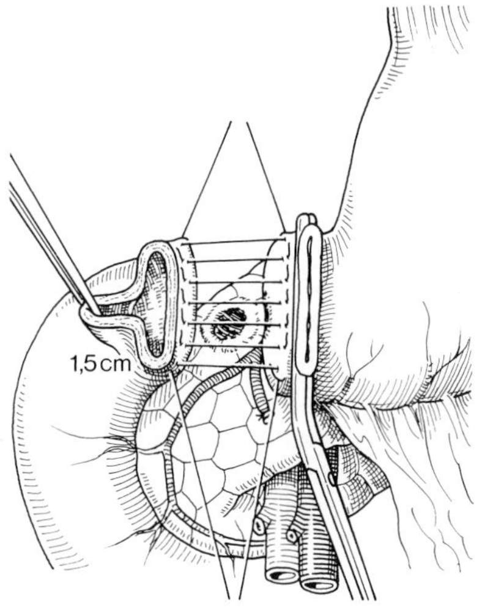

f) Erweist sie sich als nicht ausreichend, inzidiert man die Vorderwand über eine kurze Distanz, führt spätestens jetzt den Verschluß der A. gastroduodenalis ober- und unterhalb des zurückbleibenden Ulkuskraters durch (Abb. 9.4-81a) und vollendet dann die End-zu-End-Anastomose, wie hier gezeigt, zweireihig nach Wölfler/Dick.

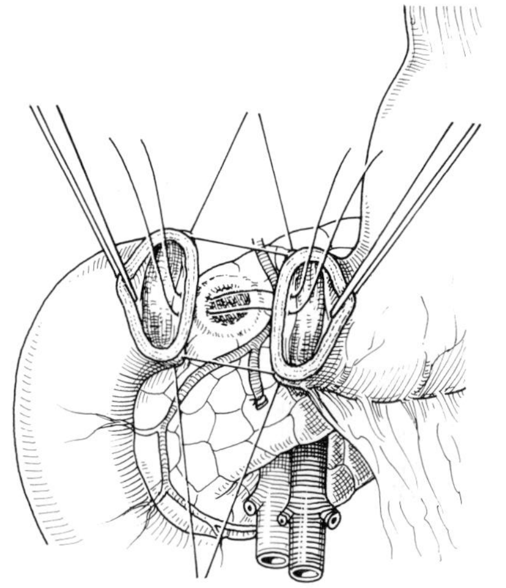

g) Ist die Duodenalhinterwand aufgebraucht und in den Ulkusrand miteinbezogen, näht man die Anastomose offen und an der Hinterwand einreihig, wobei der distale Geschwürsrand in die Naht miteinbezogen wird.

Für die Resektion des ulkustragenden Duodenalabschnittes stehen grundsätzlich zwei technische Möglichkeiten zur Verfügung:

1. Der proximal resezierte Magen wird unter leichter Anspannung nach lateral gehalten und die Präparation bis über den im Pankreaskopf zurückbleibenden Ulkuskrater hinaus fortgesetzt. Letzterer kann, muß aber nicht verschorft werden.
   Eine gelegentlich aus der A. gastroduodenalis auftretende Blutung wird nach digitaler Kompression mit atraumatischen Polyglykolsäurefäden umstochen. Man sollte nicht versuchen, das Gefäß mit Klemmen zu fassen, da letztere nicht halten und zudem die Gefahr der Pankreasparenchymverletzung besteht.

Oft gelingt es, die distal des zurückbleibenden Ulkuskraters wieder intakte Duodenalhinterwand so weit zu mobilisieren, daß ausreichend Material, zumindest für eine zuverlässige Allschichteneinzelknopfnaht, zur Verfügung steht.

2. Bei weniger ausgedehnten entzündlichen Veränderungen ist die Durchtrennung des Duodenums unterhalb des Ulkus durch das Mannöver nach Strauss günstiger (Abb. 9.4-82). Wir haben mit dieser Methode sehr gute Erfahrungen gemacht. Allerdings muß bei großen, weit nach distal reichenden Hinterwandulzera der Verlauf des Choledochus eindeutig identifiziert worden sein. Bleiben Unklarheiten bestehen, führen wir grundsätzlich eine dünne Metallsonde nach Choledochotomie bis über die Papille in das Duodenum vor, deren Verlauf stets gut getastet werden kann. Dann legt man Haltefäden am Ober- und Unterrand des Duodenums an, präpariert mit einer den anatomischen Verhältnissen angepaßten Overholt-Klemme von supra- bzw. infraduodenal behutsam entlang der Hinterwand, bis durch den so geschaffenen Tunnel ein Zügel durchgezogen werden kann. Anschließend wird das Duodenum durchtrennt, der orale Abschnitt mit Allis-Klemmen gefaßt und reseziert. Die Gastroduodenostomie kann bei diesem Vorgehen meistens zweireihig nach der offenen Methode, oft sogar unter Zuhilfenahme von Klemmen geschlossen und in besonders günstig gelagerten Fällen auch maschinell mit dem Stapler genäht werden. Andererseits kann in Ausnahmesituationen der Verschluß des Duodenalstumpfes unumgänglich sein. Es wurde bereits darauf hingewiesen, daß sämtliche dafür in Frage kommenden Verfahren weniger zuverlässig sind als eine nicht erzwungene Magenresektion nach BI.
Der Ulkusgrund bleibt dann zurück und wird durch eine lateral positionierte Drainage gesichert. Besteht zusätzlich oder allein eine narbige Einengung der Duodenalvorderwand, so muß letztere nach Mobilisation des Duodenums nach Kocher im Sinne einer Erweiterungsplastik in Längsrichtung um etwa 1–1,5 cm mit der Diathermienadel inzidiert werden.

Resektion beim penetrierenden Ulcus ventriculi

Die sich um das Ulkus entwickelnde peritumoröse Entzündung, die in erster Linie durch eine ödematöse Schwellung des perigastrischen lymphatischen Gewebes hervorgerufen wird, macht die Herstellung übersichtlicher anatomischer Verhältnisse schwierig. Meist entwickelt sich der Ulkustumor kleinkurvaturseits und bezieht den subkardialen Abschnitt mit ein. Sofern nicht eine atypische Resektion indiziert ist, geht man wie folgt vor:

Nachdem vom Anästhesisten ein Magenschlauch vorgeschoben ist, der zur wichtigen anatomischen Orientierung während des gesamten weiteren präparatorischen Ablaufs am ösophagogastralen Übergang wird und eine nahtbedingte Stenose nach Resektion verhindern hilft, erfolgt die Skelettierung des Magens großkurvaturseits wie zuvor beschrieben, im Verlauf der kleinen Kurvatur jedoch am besten nach der postpylorischen Resektion. Dadurch kann man sich den Magen unter leichtem Zug nach kranial halten lassen und die Dissektion dicht an der kleinen Kurvatur am Antrum in Richtung Korpus durchführen. Eine Eröffnung des Magens im Bereich des Ulkus ist nicht zu vermeiden. Zu beachten ist der Verlauf der A. gastrica sinistra, die nicht versehentlich ursprungsnahe verletzt oder ligiert werden darf. Im allgemeinen liegt die Arterie dem peritumorösen Prozeß nur an und läßt sich wie auch die entzündlichen Verklebungen zur Bauchspeicheldrüse mit dem Präpariertupfer abschieben. Wie in allen anderen nicht einer Standardsituation entsprechenden Verhältnissen, muß man das weitere präparative Vorgehen von den lokalen Verhältnissen abhängig machen und variieren. Sobald der obere Rand des ulzerösen Prozesses erreicht ist, kann die maschinelle Resektion in üblicher Weise erfolgen und in den meisten Fällen eine Wiederherstellung der Passage durch eine Gastroduodenostomie. Der Ulkusgrund wird nicht entfernt. Bei einer Penetration des Ulkus in die Leber ändert sich der präparatorische Ablauf nur unwesentlich. Evtl. eröffnete Gallengänge müssen punktuell umstochen und sicherheitshalber gelegentlich der Ductus hepatocholedochus zur Druckentlastung mit einer Falleitung versehen werden.

Atypische Magenresektionen

Sie kommen in erster Linie für die einer Chemo- oder Strahlentherapie zugänglichen Lymphome, gutartige Tumoren oder Ulzera in Frage, bei denen eine klassische Resektion nicht möglich oder indiziert ist. Ein typisches Beispiel dafür ist die Resektion des kleinkurvaturseitig gelegenen subkardialen Ulkus (Abb. 9.4-83), das entweder maschinell reseziert oder mit der Diathermienadel ausgeschnitten wird.

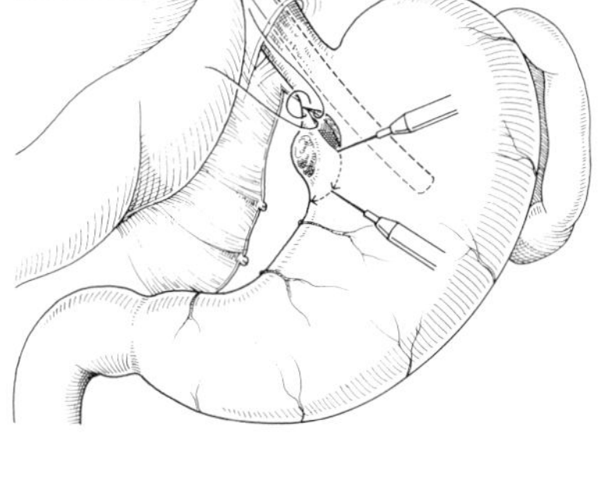

a)

b)

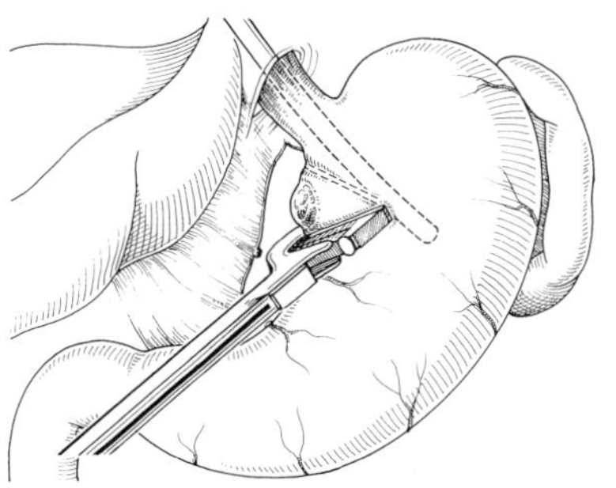

Abb. 9.4-83. a u. b) Ulkusexzision am Magen mit schrittweiser Ausschneidung und sofort durchgeführter invertierender Naht (a) oder in maschineller Technik (b).

Umwandlungsresektionen

Sieht man von der extrem seltenen, in der Literatur aber immer wieder beschriebenen irrtümlichen Anlage einer Gastroileostomie statt -jejunostomie ab, die natürlich sofort beseitigt werden muß, stehen als Hauptkomplikationsmöglichkeiten die Rezidivulzera im Bereich der GE oder im Magenstumpf im Vordergrund, ferner nahtbedingte Stenosen an der Anastomose, Dumpingsyndrome, Syndrome der zu- und abführenden Schlinge, duodenogastrische oder jejunogastrische Refluxerkrankungen, sowie Fistelbildungen zwischen der GE und dem Querkolon. Zu den postoperativen Syndromen zählen ferner ein übersehenes Zollinger-Ellison-Syndrom, der belassene Antrumrest nach Duodenalstumpfverschluß sowie die bis heute nicht zuverlässig geklärte Frage, ob das Stumpfkarzinom häufiger beim retrokolisch anastomosierten BII auftritt oder ebenso häufig bei den anderen Formen der Gastroenterostomien.

Vor den Wiederholungseingriffen ist eine umfassende Durchuntersuchung des Patienten unbedingt zu verlangen, wobei sich die verschiedenen Untersuchungsverfahren nicht konkurrierend, sondern ergänzend gegenüberstehen. Dazu gehört in erster Linie die Endoskopie mit Biopsie und Ausschluß einer Refluxerkrankung, ferner die Kontrastmitteluntersuchung von Speiseröhre und Magen, die Sonographie (Cholezystolithiasis?, Erkrankungen der Bauchspeicheldrüse?) und die Magensaftanalyse, fallweise in Verbindung mit einer mehrfach durchgeführten Gastrinbestimmung. Selbstverständlich gilt dieses Programm nur für die elektiven Eingriffe und Operationen, die man im Sinne einer aufgeschobenen Dringlichkeit vornehmen kann. Die genaue Kenntnis der vorangegangenen Operationsberichte und histologischen Befunde schützt den Kranken ferner vor u.U. schwerwiegenden Indikations- und Verfahrensfehlern.

Wichtige Hinweise liefern die anamnestischen Angaben des Patienten im Hinblick auf eine früher existente oder neu hinzugetretene Refluxsymptomatik, so daß u.U. bestimmte Operationsverfahren von vornherein nicht in Frage kommen.

Sofern es die lokalen Verhältnisse zulassen und von der Indikation her keine Gegenanzeige besteht, ist die Umwandlungsresektion unter Einbeziehung der Duodenalpassage anzustreben. Dieser Weg bietet sich an, wenn der Patient an einer Klinik voroperiert wurde, in der man die B-I-Resektion nur selten oder gar nicht durchführt.

Erzwingen darf man die Umwandlungsresektion nach BI jedoch nicht. Gelegentlich kommt die isoperistaltische Jejunuminterposition nach Henley-Soupault in Frage, ferner eine aus der Passage genommene, retrokolisch hochgeführte 12–15 cm lange isoperistaltische Jejunuminterposition mit Nachresektion des Magenstumpfes. Aber auch hier ist die Ulkusrezidivrate mit 20,6% (Schumpelick) sehr hoch. Die anisoperistaltische Interposition eines 10–12 cm langen Jejunumabschnittes kann dagegen beim konservativ nicht zu beherrschenden Dumpingsyndrom indiziert sein. Mit großer Zurückhaltung ist die Umwandlung nach Roux-Y zu empfehlen, sofern nicht ein jejunogastrischer oder gastroösophagealer Reflux beseitigt werden muß. Nach einer Zusammenstellung von Schumpelick kommt es bei dieser GE in 8–15% der Fälle zu einem Anastomosenulkus. Zur Regel sollte man es sich machen, grundsätzlich den Duodenalstumpf nachzuresezieren, wenn der histologische Befundbericht von der Erstoperation nicht vorliegt, so daß zurückgelassene Antrumschleimhaut nicht ausgeschlossen werden kann. Davon muß man immer ausgehen, wenn eine Ausschaltungsoperation nach Finsterer erfolgt war.

Trotz der verbesserten Kenntnisse im Hinblick auf die pathophysiologischen Vorgänge kann weder der alkalische Reflux noch das Rezidivgeschwür durch das eine oder andere Verfahren absolut zuverlässig verhindert werden. Zu viele individuelle Faktoren spielen einschließlich der intraoperativ vorgefundenen Verhältnisse eine nicht immer korrigierbare Rolle.

Die in Frage kommenden Operationsverfahren einschließlich der zu empfehlenden Indikationen sind in der Tab. 9.4-2 zusammengestellt. Ihre Anwendung verlangt ein hohes Maß an operativer Erfahrung, so daß wir im Hinblick auf den hier vorgegebenen Rahmen bewußt auf die detaillierte Darstellung verzichtet haben.

Magentumoren

Die von der Magenschleimhaut ausgehenden epithelialen Tumoren werden in der Regel endoskopisch entfernt. Ähnlich wie beim Kolon ist bei villösen Polypen von einer höheren Entartungswahrscheinlichkeit auszugehen als bei den adenomatösen und ebenso besteht eine Korrelation zum Querdurchmesser der Basis. Die Malignitätsrate soll bis 1 cm um 3% und bei über 2 cm bei 50% liegen (Shirakabe). Die Angaben in der Literatur sind jedoch nicht einheitlich und differieren erheblich. Für den Chirurgen ist

Tab. 9.4-2. Korrekturoperationen am Magen und Duodenum nach Eingriffen wegen einer Ulkuskrankheit.

Ausgangssituation	Indikation	Verfahren der Wahl	Alternativen in speziellen Situationen
Vagotomie ohne Antrektomie	Ulkusrezidiv	⅔-Res. n. B I	⅔-Res. n. B II antekolisch
⅔-Resektion n. B I Vagotomie mit Antrektomie	Ulkusrezidiv duodenogastrischer Reflux	Umwandlungsresektion in B II antekolisch	Umwandlungsresektion in B I mit Jejuauminterposition + SGV
⅔-Resektion n. B II oder Roux-Y	Ulkusrezidiv	Umwandlungsresektion in B I	Umwandlungsresektion in B II antekolisch in B II antekolisch mit SGV in B I mit Jejunuminterposition + SGV
⅔-Resektion n. B II retrokolisch	Jejunogastrischer Reflux	Enteroanastomose n. Braun	Umwandlungsresektion in B I in B II antekolisch
⅔-Resektion n. B II antekolisch	Jejunogastrischer Reflux	Umwandlungsresektion in B I	Umwandlungsresektion in B II antekolisch mit tiefer Fußpunktanastomose in Roux-Y-antekolisch
⅔-Resektion n. B II	Syndrom der zuführenden Schlinge	Enteroanastomose n. Braun	Umwandlungsresektion in B I in B II antekolisch
	Syndrom der abführenden Schlinge Gastroileostomie Jejunogastrische Invagination Gastrojenunokolische Fistel	Umwandlungsresektion in B I	Umwandlungsresektion in B II antekolisch
Magenresektion	Frühdumping	Umwandlungsresektion B II in B I	Umwandlungsresektion B II in B I mit isoperistaltischer Jejunuminterposition
	Spätdumping	Umwandlungsresektion in B I mit anisoperistaltischer Jejunuminterposition	
Umwandlungsresektion in B I	Mehrfaches Ulkusrezidiv	Transthorakale trunkuläre Vagotomie	Umwandlungsresektion in B II antekolisch
Umwandlungsresektion B II–B II	Mehrfaches Ulkusrezidiv	Umwandlungsresektion in B I mit SGV bei großem Magenrest	Umwandlungsresektion in B II mit SGV + Duodenalstumpfresektion. Transthorakale trunkuläre Vagotomie. Umwandlungsresektion in B I mit Jejunuminterposition + SGV

vor allem die Polyposis ventriculi von Bedeutung, die eine absolute Präkanzerose darstellt. In einem solchen Fall kann deshalb die prophylaktische Gastrektomie indiziert sein.

Selten dagegen sind mesenchymale Tumoren. Sie werden durch Exzision oder eine atypische Resektion und nur ausnahmsweise durch eine Magenteilresektion entfernt (Abb. 9.4-84 u. 85).

Beim **Magenkarzinom** hält die Diskussion um eine »gastrectomie de principe« oder »gastrectomie de necessite« unverändert an (Peiper). Nach wie vor kann es sehr schwierig sein, eine stadiengerechte Chirurgie für den Einzelfall festzulegen, da selbst dem Erfahrenen die tatsächliche Tumorausdehnung intraoperativ verborgen bleibt. Dabei ist es in der Regel weniger der Sicherheitsabstand am Magen selbst als die bereits eingetretene aber makroskopisch nicht zu erkennende Metastasierung in die Lymphabflußwege. So fand Thomas bei der Auswertung von 1417 Resektionspräparaten nur in 28,2% der Fälle keine Lymphknotenmetastasen.

Eine wesentliche Entscheidungshilfe für das Ausmaß der Resektion gibt die makroskopische Klassifikation nach Borrmann (1926), besser noch die sog. »Finnische« Klassifikation nach Lauren (1965), der die mikroskopische Unterscheidung zwischen einem diffusen und intestinalen Typ zugrunde liegt. Danach soll der Sicherheitsabstand am Magen in vivo beim diffusen Typ ca. 8–10 cm betragen, so daß im allgemeinen eine Teilresektion kaum in Frage kommen dürfte. Beim Intestinaltyp dagegen kann ein Sicherheitsabstand von 4–5 cm ausreichend sein.

Weniger hilfreich für die intraoperative Entscheidung ist die TNM-Klassifikation, da sie vollständig erst nach Aufarbeitung des gesamten Präparates feststeht. Man kann allenfalls für die tägliche Routine festhalten, daß Tumoren im Stadium T_3 oder solche, die einen Querdurchmesser von mehr als 4 cm haben, in der Regel nicht mehr kurativ durch eine subtotale Magenresektion behandelt werden können und ebensowenig Karzinome, bei denen bereits makroskopisch Lymphknotenvergrößerungen in den Hauptabflußgebieten zu erkennen sind.

Eine weiterhin wichtige Entscheidungshilfe für oder gegen eine Gastrektomie ist vor allem der Sitz des Tumors. Die früher oft vertretene Auffassung, daß Antrumkarzinome die »Pylorusbarriere« respektieren, wurde inzwischen korrigiert, nachdem durch systematische pathomorphologische Untersuchungen erkennbar wurde, daß ein Weiterwachsen zumindest perigastrisch in Richtung Duodenum erfolgt (Borchard, Thomas), so daß man gerade bei dieser Tumorlokalisation die Erhaltung der Duodenalpassage nicht forcieren darf. Die Resektion des postpylorischen Duodenalabschnittes um wenigstens 2–3 cm mit anschließendem Blindverschluß ist daher für alle pylorusnahen Magenkarzinome zu empfehlen. Aus den gleichen onkologischen Überlegungen heraus führen wir heute – von Ausnahmesituationen abgesehen – keine rein abdominelle Kardiaresektion beim entsprechend lokalisierten Tumor mehr durch, sondern nach Möglichkeit die abdominothorakale Gastrektomie.

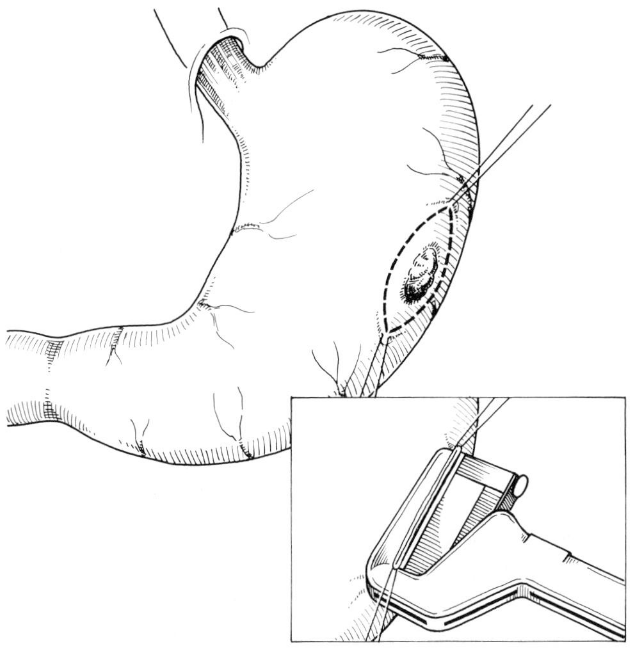

Abb. 9.4-84. Exzision eines kleinen Magenwandtumors durch ovaläre Umschneidung mit anschließendem maschinellen Verschluß der Gastrotomie.

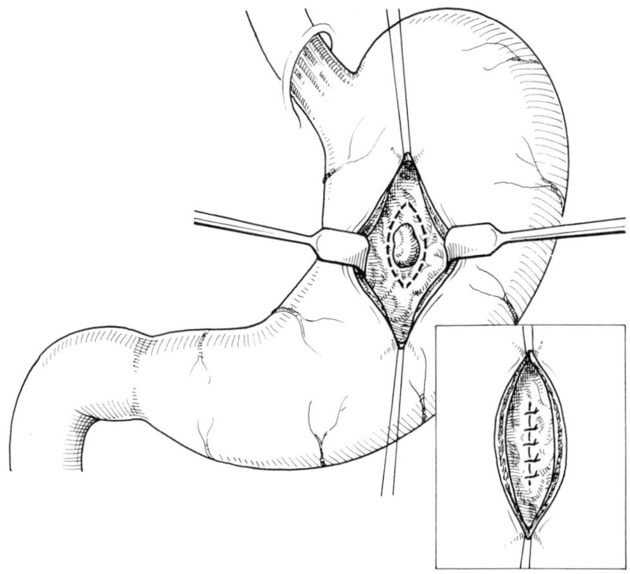

Abb. 9.4-85. Exzision eines Tumors aus der Magenhinterwand nach Gastrotomie. Naht der Hinterwand mit PGS-Einzelknopfnähten. Verschluß der Gastrotomie durch invertierende Einzelknopfnähte oder maschinell.

Im Falle eines Frühkarzinoms würde sich die 5-Jahres-Überlebensrate (ca. 90%) nicht verschlechtern, wenn der Sicherheitsabstand 2–3 cm zur Resektionsgrenze hin beträgt. Eine Verbesserung der Resultate kann wahrscheinlich in den prognostisch von vornherein günstigen Fällen (Intestinalzelltyp, pT_1, pN_0), nach Gall und Hermanek sogar im Stadium I–III (UICC, 1978), erreicht werden, wenn man die kurative Resektion durch eine radikale Lymphadenektomie ergänzt. Dafür sprechen u.a. die zitierten Ergebnisse der Erlanger Klinik aber auch von Longmire sowie japanische Studien. Nachdem aber bei uns im Durchschnitt mehr als die Hälfte aller Magenkarzinompatienten in einem bereits verschleppten Stadium zur Operation kommen und deshalb von vornherein nicht mehr kurativ operabel sind, wird dieses Vorgehen nur noch in wenigen Fällen sinnvoll eingesetzt werden können.

Die primäre Operationsletalität nach Gastrektomie konnte weltweit drastisch gesenkt werden und liegt jetzt ziemlich einheitlich zwischen 10–15%. Trotz der heute zur Verfügung stehenden Magenersatzoperationen ist die Lebensqualität der Kranken insgesamt schlechter als nach Teilresektionen. Zu berücksichtigen ist ferner, daß die 5-Jahres-Überlebensraten kurativ operierter Patienten um 20–30% liegt, was die Entscheidung im Einzelfall für oder gegen eine totale Resektion nicht gerade leichter macht. Diskutiert wird zur Zeit ferner die milzerhaltende Operation auch unter kurativer Zielsetzung. Das jedoch hängt in erster Linie vom Tumorsitz und der in erster Linie zu erwartenden lymphogenen Metastasierung ab.

Eine Sonderstellung im Hinblick auf die Zuordnung entweder zur Speiseröhre oder zum Magen nahm von jeher das Kardiakarzinom ein. Durch die von Siewert und

Mitarbeitern vorgeschlagene neue Klassifikation können folgende Operationsverfahren empfohlen werden:

1. Typ I (Adenokarzinom im Endobrachyösophagus): Ösophagusresektion mit retrosternalem Magenhochzug und kollarer Ösophagogastrostomie.
2. Typ II (von der Kardiaschleimhaut ausgehendes Karzinom):
   Gastrektomie mit Resektion der terminalen Speiseröhre entweder transmediastinal oder abdominothorakal.
3. Typ III (subkardiales Funduskarzinom):
   Gleiches Vorgehen wie bei Typ II.

Auch hier muß das Resektionsausmaß zusätzlich vom Tumortyp (Lauren), der Größe und Ausbreitung individuell abhängig gemacht werden.

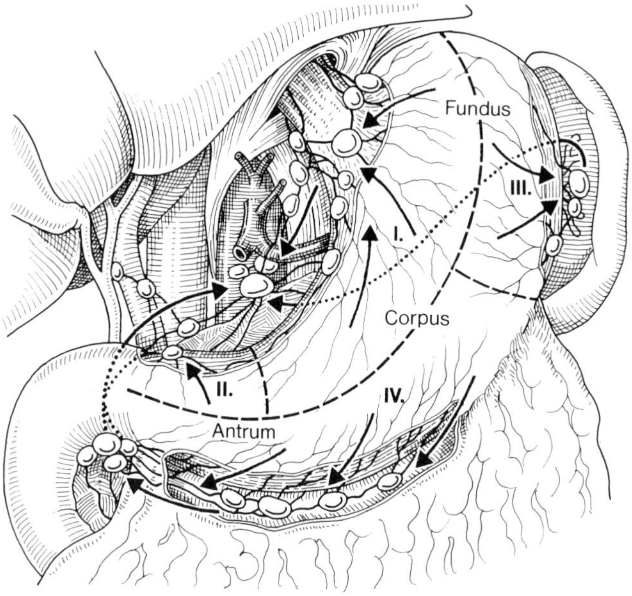

Abb. 9.4-86. Lymphdrainage des Magens, modifiziert nach Coller.

Gastrektomie

Die gründliche Inspektion der gesamten Bauchhöhle von den Zwerchfellkuppen bis in den Douglasschen Raum, nicht nur unter Einbeziehung der Leber, sondern des ganzen Oberbauchpaketes, einschließlich des viszeralen und parietalen Peritoneums, ist obligat. Andernfalls werden zu häufig kleine Metastasen übersehen. Vergrößerte Lymphome sind nach Markierung zur histologischen Schnellschnittuntersuchung abzugeben. Nach ihnen muß nicht nur im Gebiet des Truncus coeliacus, sondern im kleinen und großen Netz entlang der Magenkurvaturen, am Pankreas und im unteren Mediastinum nach Mobilisation der terminalen Speiseröhre gesucht werden (Abb. 9.4-86). Handelt es sich um ein metastasierendes Karzinom, ist die Gastrektomie nicht mehr indiziert. Sind nur vereinzelt tumornahe Lymphknoten befallen, ist in Abhängigkeit vom Alter, Gesamtzustand sowie von der Größe und dem Sitz des Tumors die Ausdehnung des Eingriffs, evtl. bis hin zur erweiterten Gastrektomie, abhängig zu machen.

Während das kleine Netz im Zuge der Magenresektion oder Lymphadenektomie vollständig entfernt wird, trägt man das Omentum majus zu Beginn des Eingriffes ab (Abb. 9.4-87). Es läßt sich vergleichsweise einfach teils stumpf, teils scharf, fallweise auch unter Zuhilfenahme von Dissektionsligaturen vom Querdarm ablösen, so daß der Magen anschließend hochgeklappt und die Hinterwand sowie das Pankreas genau exploriert werden können.

Die Milzerhaltung kann bei der Gastrektomie nur dann empfohlen werden, wenn es sich um ein noch nicht fortgeschrittenes Antrum- oder Frühkarzinom außerhalb der zur Milz gerichteten Metastasenstraße handelt. Die technische Durchführung der Splenektomie wird auf S. 460 ausführlich beschrieben.

Die kritische Einstellung gegenüber einer radikalen Lymphadenektomie wurde durch die von Thomas vorgenommene TNM-Feldstudie, an der 22 Krankenhäuser beteiligt waren, sehr deutlich, denn nur bei 22,2% der Magenkarzinomoperationen war dieser Eingriff durchgeführt worden. Die erforderlichen präparativen Teilschritte sind in Abb. 9.4-88 unter Hinweis auf das Lymphabflußgebiet des Magens dargestellt. Die Lymphadenektomie kann bei adipösen Patienten technisch außerordentlich schwierig und anspruchsvoll sein. Sie sollte jedoch immer versucht werden, wenn es sich um prognostisch günstige Fälle handelt. Es ist vielfach einfacher, die komplette Lymphadenektomie erst nach der Magenentfernung oder hohen Resektion durchzuführen, da man dann die anatomischen Leitgebilde besser darstellen kann. Vom präparativen Ablauf her umfaßt die Dissektion den postpylorischen Duodenalabschnitt einschließlich der parapankreanen kaudalen Region, ferner das Lig. hepatoduodenale, die Pankreasober- und -unterkante und den Truncus coeliacus. Im Rahmen der Lymphknotendissektion ist die Darstellung der A. und V. lienalis so weit wie nur möglich erforderlich, um auch hier eine der in Frage kommenden Metastasenstraßen ausräumen zu können. Die Präparation ist einfacher, wenn man vom oberen Aortenabschnitt kommend auf den Truncus coeliacus zupräpariert, die abgehenden Stammgefäße identifiziert und vor allem die A. hepatica anschlingt. Auch muß man bemüht sein im Verlauf der Dissektion der leberpfortennahen Region alsbald die V. portae sichtbar zu machen, um das Risiko ihrer akzidentellen Verletzung so gering wie nur möglich zu halten. Die entnommenen Lymphknoten müssen einschließlich der paraösophagealen regional zugeordnet gesondert zur histologischen Untersuchung angegeben werden. Die Teilschritte, die für eine Gastrektomie erforderlich sind, werden begleitend zu den Abb. 9.4-88-93 in den Legenden beschrieben.

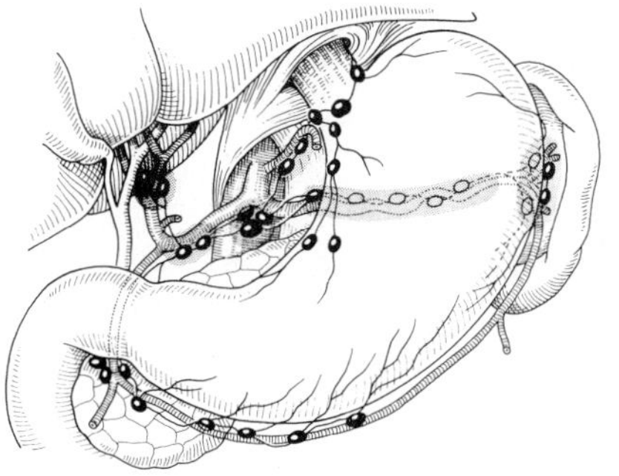

Abb. 9.4-87. Position häufig metastatisch befallener Lymphknoten.

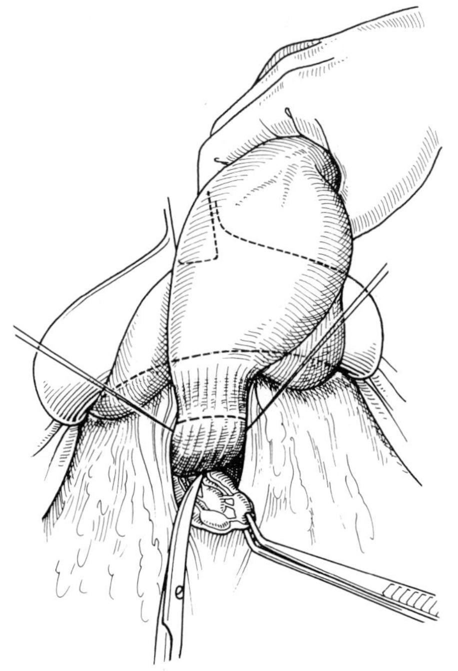

b)

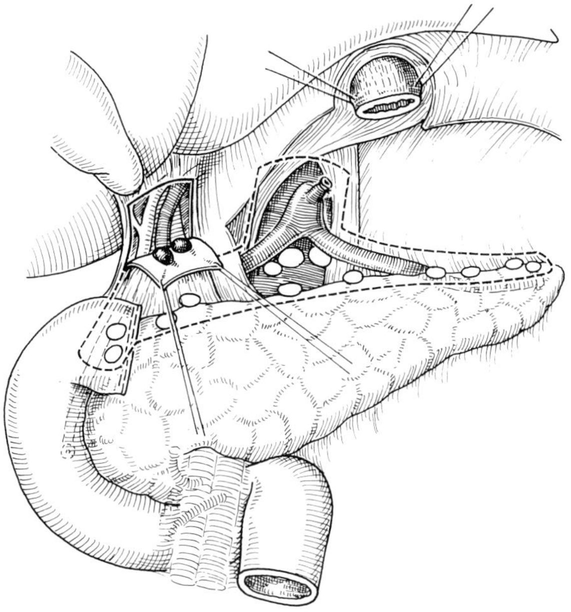

a)

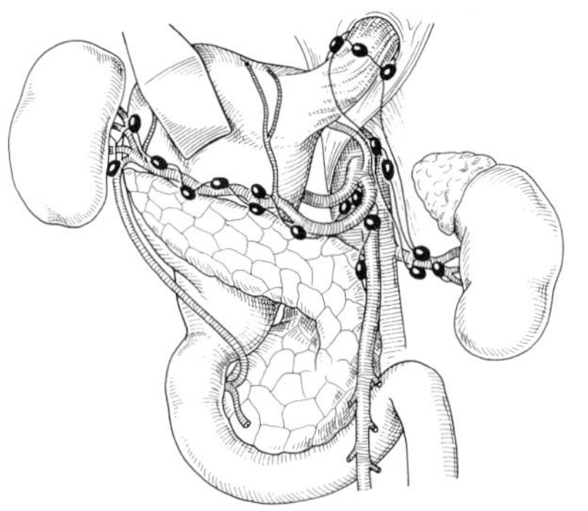

c)

Abb. 9.4-88. Lymphadenektomie.
a–c) Unter kurativer Zielsetzung werden die in Frage kommenden Metastasenstraßen so radikal wie möglich entfernt (a u. b), wobei die Dissektion fallweise entlang der Pankreasoberkante eventuell sogar bis zur Nierenvene hin ausgedehnt werden muß (c).

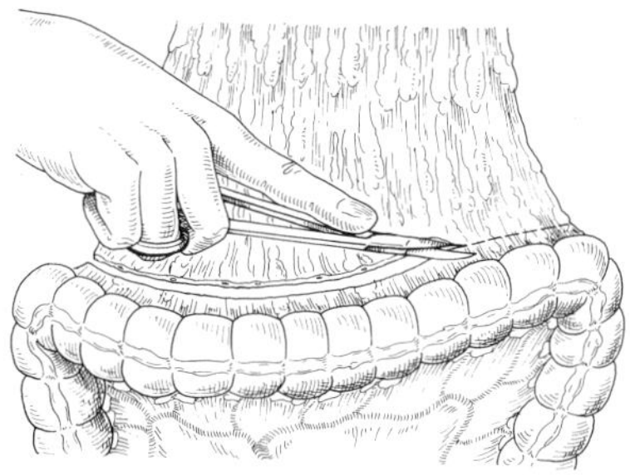

Abb. 9.4-89. Gastrektomie. In Verbindung mit der bereits präoperativ erfolgten histologischen Klassifikation hängt die Verfahrenswahl ab von der Belastbarkeit des Patienten (abdominothorakales Vorgehen möglich ja oder nein, Lymphadenektomie ja oder nein, erweiterte Gastrektomie ja oder nein), dem Tumorsitz sowie der daraus am ehesten zu erwartenden Metastasierungsrichtung (Abb. 9.4-86). Neben der sorgfältigen Überprüfung der lokalen Resektabilität schließen sich Schnellschnittuntersuchungen punktuell entnommener Lymphknoten an sowie die komplette Exploration der gesamten Bauchhöhle einschließlich Beckenetage zum Ausschluß von Fernmetastasen. Der eigentliche Eingriff beginnt dann mit der Entfernung des großen Netzes und gliedert sich in die in den folgenden Abbildungen dargestellten Teilschritte.

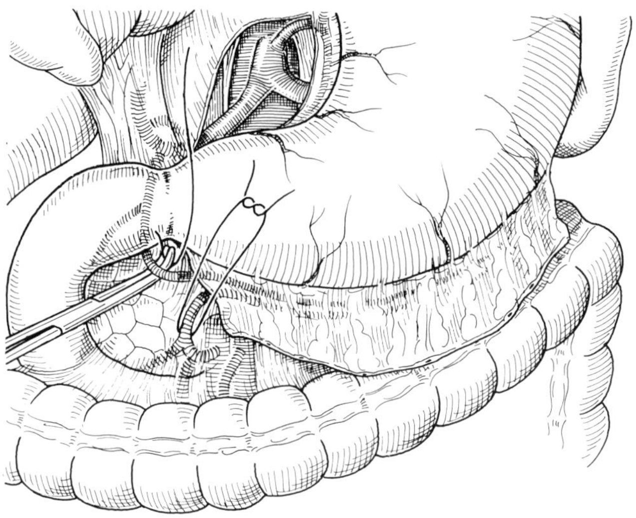

Abb. 9.4-90. Gastrektomie von distal.
a) Nach Ablösung des großen Netzes und Eröffnung der Bursa omentalis werden die A. und V. gastroepiploica dextra nach Ligaturen durchtrennt.

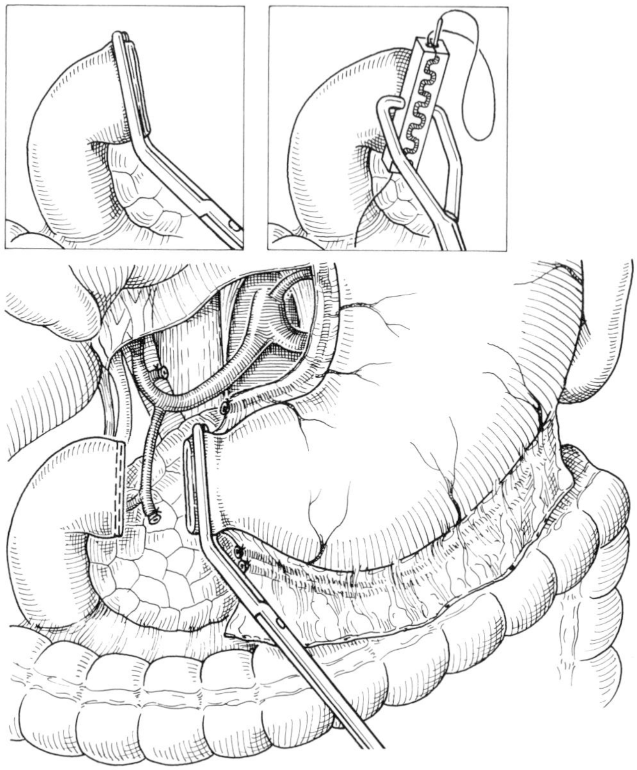

b) Anschließend wird das Duodenum 2–3 cm postpylorisch nach Dissektionsligatur der A. gastrica dextra durchtrennt, entweder nach Anlage von Klemmen, wenn die Interposition nach Longmire geplant ist oder mit einem linearen Stapler.

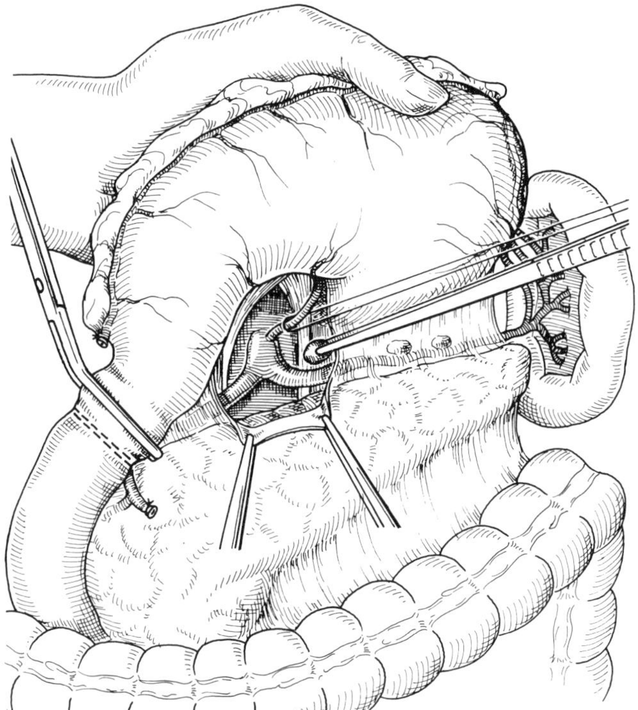

Abb. 9.4-91. Abhängig von den anatomischen Verhältnissen kann die abgangsnahe Ligatur der A. gastrica sinistra auch vor der postpylorischen Resektion des Magens vorgenommen werden, was jedoch selten von Vorteil ist.

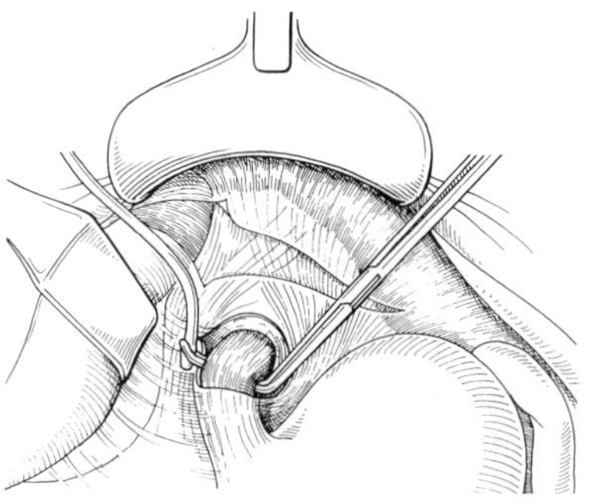

Abb. 9.4-92. Gastrektomie von proximal.
a) Ablösung des linken Leberlappens und Freilegung der geschienten terminalen Speiseröhre, die mit einem Instrument unterfahren und angeschlungen wird.

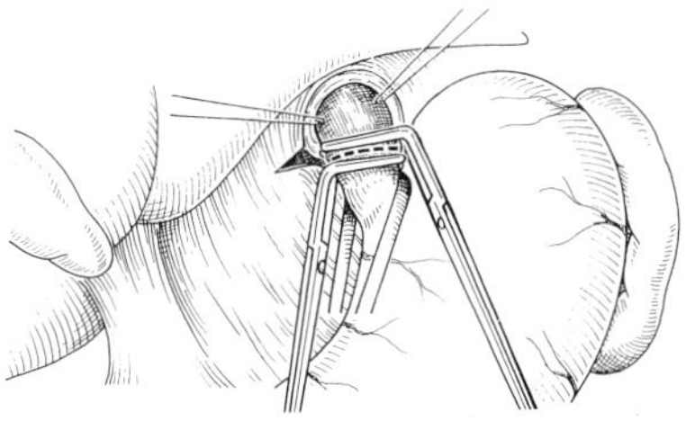

b) Abhängig von dem geplanten weiteren Vorgehen schließt sich die Resektion zwischen Klemmen oder die Vorbereitung zur maschinellen Naht (s. S. 451 f.) an.

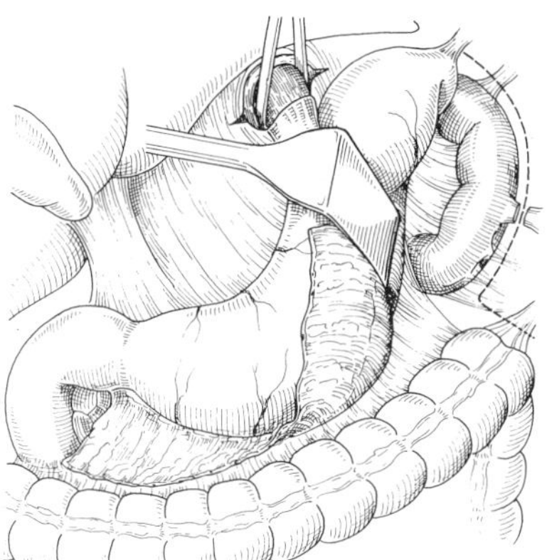

c) Mobilisation der Milz durch Inzision der dorsalen Aufhängebänder entlang der gestrichelten Linie zur planmäßigen Splenektomie.

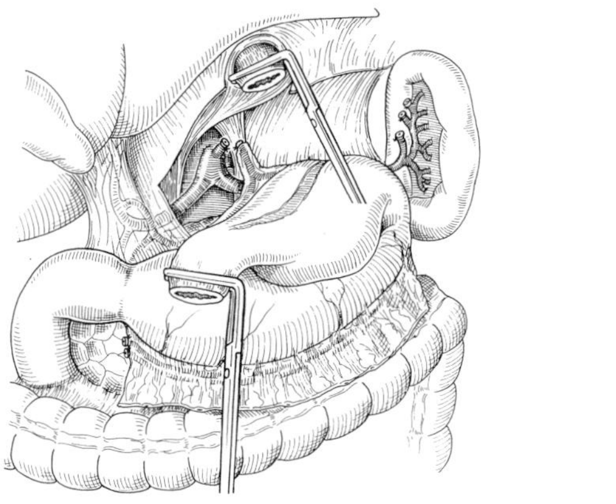

d) Milzerhaltendes Vorgehen nach Dissektion der Vasa gastrica brevia und Durchtrennung des Ösophagus.

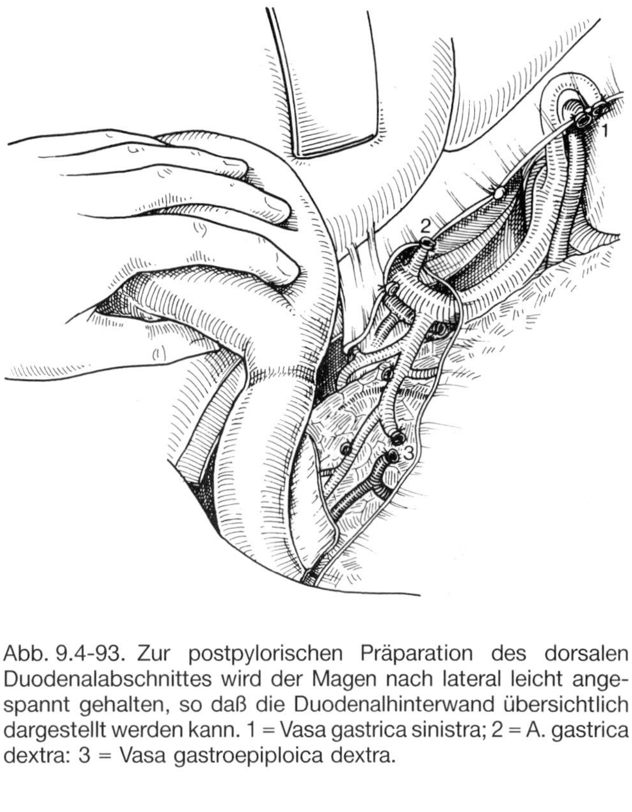

Abb. 9.4-93. Zur postpylorischen Präparation des dorsalen Duodenalabschnittes wird der Magen nach lateral leicht angespannt gehalten, so daß die Duodenalhinterwand übersichtlich dargestellt werden kann. 1 = Vasa gastrica sinistra; 2 = A. gastrica dextra: 3 = Vasa gastroepiploica dextra.

Subtotale Magenresektion

Auch die untere Magenteilresektion, dann als subtotale Gastrektomie auszuführen, kann als kurative Karzinomresektion in Frage kommen, z. B. bei einem kleinen Antrumtumor oder Frühkarzinom.

Der Eingriff läuft in wesentlichen Teilschritten wie bei einer Gastrektomie ab. Es hat sich bewährt die Resektionsgrenze am Fundus frühzeitig festzulegen, aber mit der Ablösung des großen Netzes und der Eröffnung der Bursa omentalis zu beginnen so wie der Mobilisation des Duodenums, das 2–3 cm postpylorisch maschinell verschlossen wird. Die Überwallung des Duodenalstumpfes mit seromuskulären Einzelknopfnähten sollte wenigstens zur punktuellen Blutstillung wie bei den meisten anderen maschinellen Nähten erfolgen. Durch die frühzeitige Durchtrennung der postpylorischen Region ist der distale Magenabschnitt gut beweglich, so daß man den Eingriff mit der Resektion des kleinen Netzes so fern wie möglich vom Magen übersichtlich fortsetzen kann, einschließlich der Durchtrennung der A. gastrica dextra nahe ihres Abganges aus der A. hepatica. Letztere ist im gesamten Verlauf darzustellen, um die Lymphknotendissektion von der Leberpforte unter Einbeziehung des Truncus coeliacus durchführen zu können. Der mit dem anhängenden lymphatischen Gewebe nach kranial heraufgehaltene Magen erlaubt eine saubere Darstellung auch der A. und V. gastrica sinistra, die radikulär ursprungsnahe durchtrennt werden müssen. Kommt es jetzt zu einer Läsion der Vasa gastrica brevia oder ist eine Splenektomie nicht zu umgehen, muß der Fundusrest geopfert und eine totale Gastrektomie durchgeführt werden. Dann setzt man die Präparation in Richtung Kardia an der kleinen Kurvatur des Magens fort, wobei die Resektionsgrenze etwa 1–3 cm darunter liegen soll. Um eine nahtbedingte Stenose zu vermeiden, muß vom Anästhesisten ein dicker Magenschlauch eingeführt werden. Die Resektion am Magen erfolgt nach Anlage von Markierungsfäden maschinell, die Wiederherstellung der Passage durch eine antekolische GE mit Fußpunktanastomose (Abb. 9.4-94a–c).

Tumoreinbrüche in Nachbarorgane (Pankreas, linker Leberlappen, Querkolon, Zwerchfell) sind beim Magenkarzinom nicht selten anzutreffen. Trotz der unbestritten palliativen Maßnahme kann die Teilresektion befallener Organabschnitte indiziert sein. Zum einen, wenn es sich um jüngere Patienten handelt, zum anderen, wenn die Passage am Magen oder Darm bereits blockiert ist oder in absehbarer Zeit blockiert wird. Zum Begriff der **erweiterten Gastrektomie** gehört auch die abdominothorakale Resektion. Nicht zu empfehlen ist nach eigener Erfahrung die Kombination mit einer Pankreatektomie oder Pankreaskopfresektion, da in aller Regel die retropankreane Metastasierung fortgeschritten ist und niemals vollständig beseitigt werden kann. Typische Resektionsverfahren sind in Abb. 9.4-95 u. 96 dargestellt.

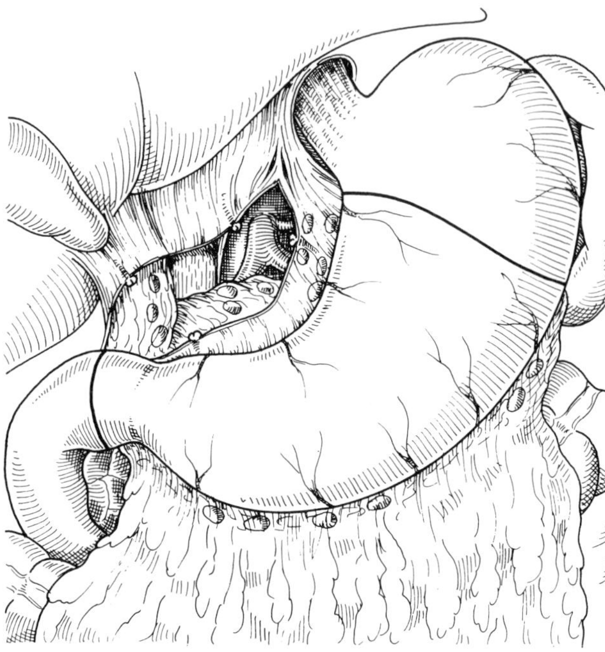

Abb. 9.4-94. a) Resektionsgrenzen für eine subtotale Gastrektomie beim Karzinom mit Lymphadenektomie und Resektion des großen Netzes.

b)

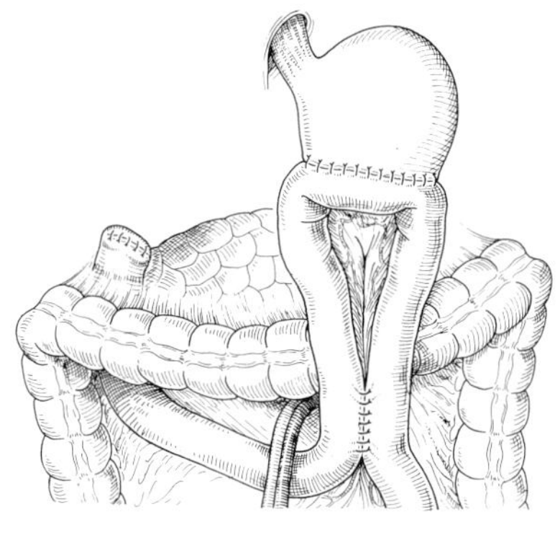

c)

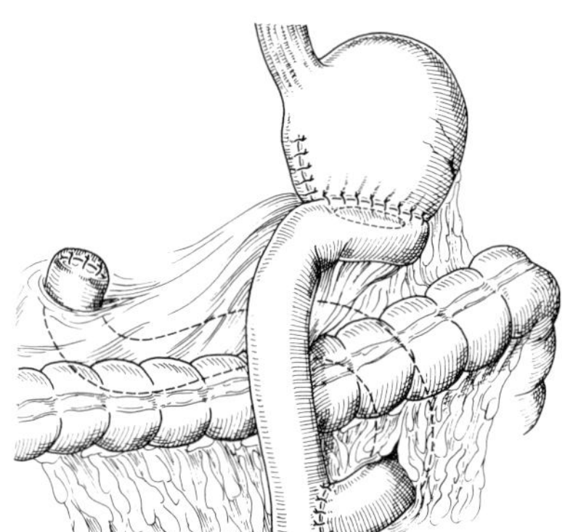

b u. c) Wiederherstellung der Passage durch eine antekolische GE mit Fußpunktanastomose (b) oder ausnahmsweise nach Roux-Y (c).

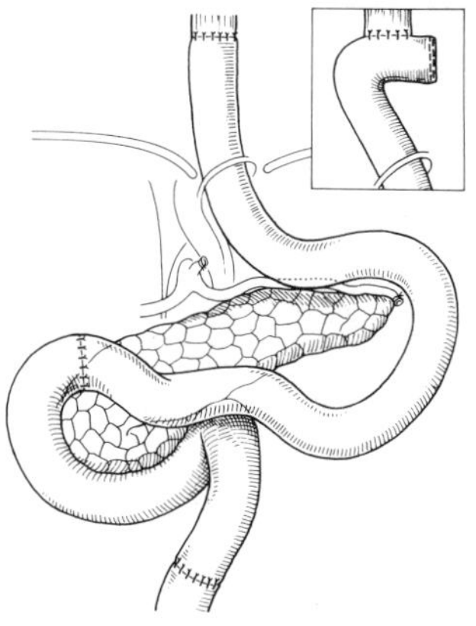

Abb. 9.4-95. Abdominothorakale Gastrektomie. Rekonstruktion der Passage mit einer langen retrokolisch hochgezogenen Jejunumschlinge in der Technik nach Longmire.

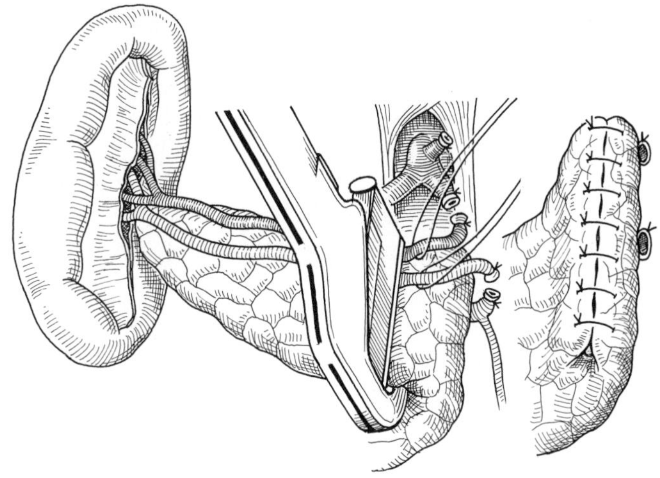

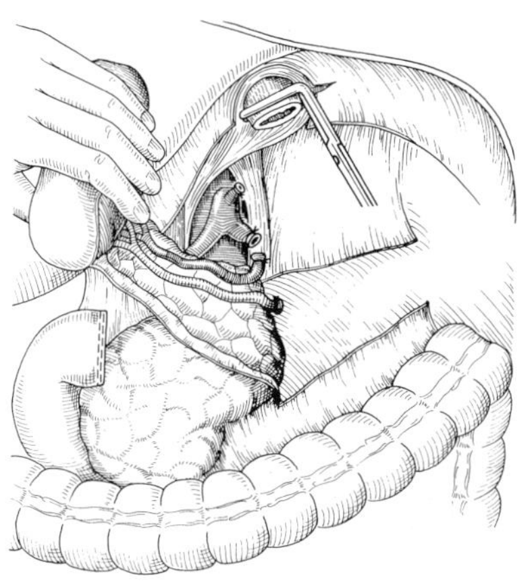

a)

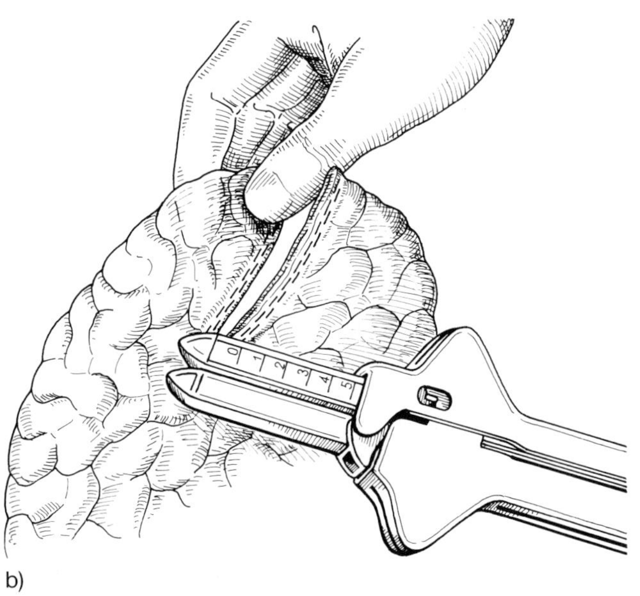

b)

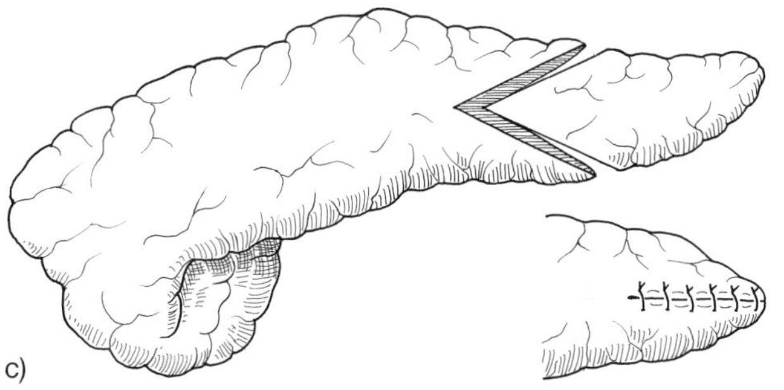

c)

Abb. 9.4-96. a–c) Erweiterte Gastrektomie bei Tumoreinbruch in das Pankreas. Pankreasschwanzresektion und Splenektomie werden in der Regel gemeinsam durchgeführt. Nach separater weit zentraler Unterbindung der Milzgefäße ist gelegentlich die maschinelle Resektion mit einem linearen Stapler möglich, andernfalls wird die fischmaulförmige Resektion vorgenommen mit Verschluß der Pankreasparenchymwunde durch atraumatische PGS-Nähte.

Ersatzmagenbildung

Die Vielzahl der in Frage kommenden Methoden (Abb. 9.4-97), einschließlich der von Klinik zu Klinik variabel gehandhabten Nahttechniken, macht es erforderlich, daß, ohne eine Bewertung vornehmen zu wollen, näher nur auf die am häufigsten verwandten Verfahren eingegangen wird.

Unter Würdigung aller Umstände dürfte es zudem vergleichsweise unerheblich sein, welche Form des Ersatzmagens gewählt wird, da weder das eine noch das andere Verfahren für sich in Anspruch nehmen kann, das Beste zu sein. Bezogen auf den jejunoösophagealen Reflux scheint lediglich festzustehen, daß die Technik nach Roux-Y weniger komplikationsträchtig ist und bezogen auf die Nahttechnik die maschinellen Anastomosen sicherer sind, vor allem mit dem CEEA-Stapler. Keinesfalls zu empfehlen ist die in manchen Fällen technisch machbare Ösophagoduodenostomie.

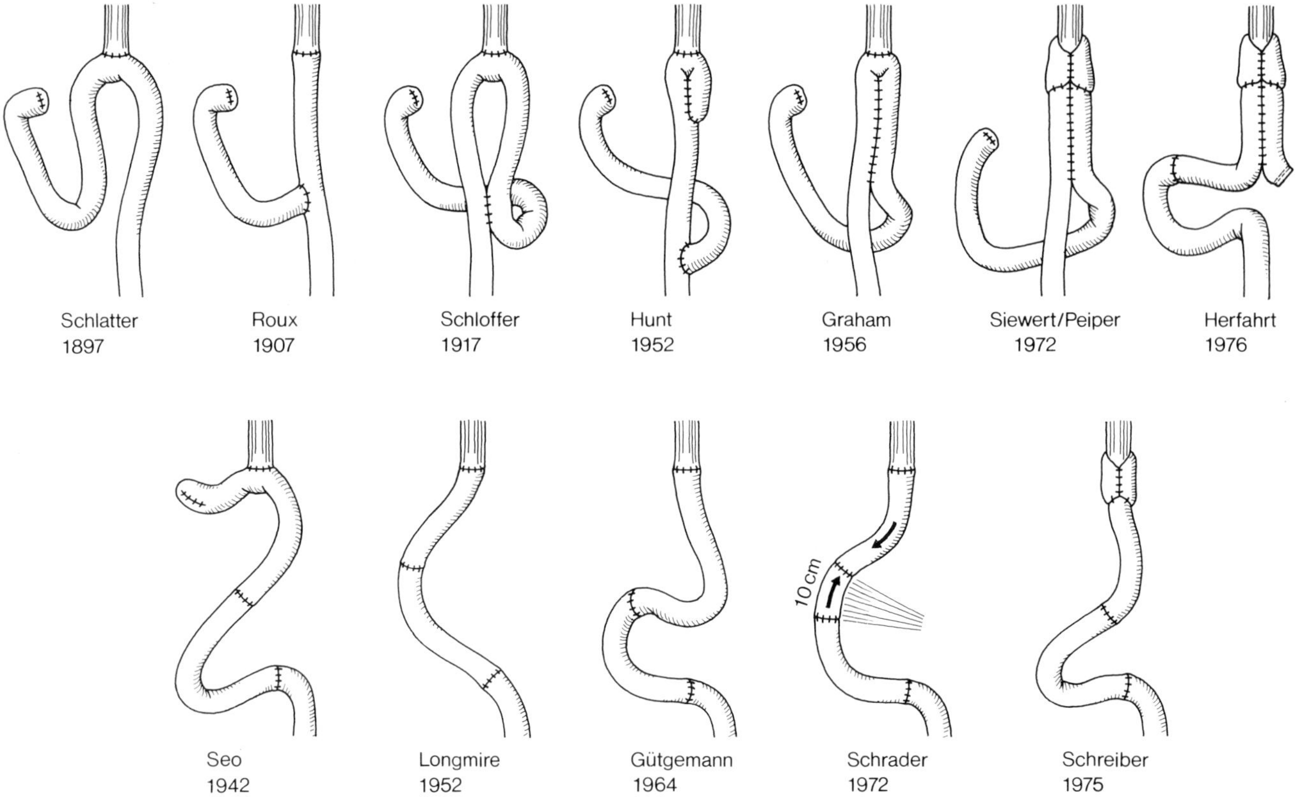

Abb. 9.4-97. Ersatzmagenformen durch Dünndarminterposition.

1. Ösophagojejunostomie nach Roux-Y

Bei diesem Verfahren wird eine obere Jejunumschlinge von ca. 40 cm Länge aus der Passage genommen, durch einen Mesokolonschlitz retrokolisch in den Oberbauch gebracht und mit dem Ösophagus End-zu-Seit anastomosiert. Die End-zu-End-Anastomose ist weniger empfehlenswert. Die Präparation dieser Dünndarmschlinge erfolgt im durchfallenden Licht. Die Anastomosierung in der Roux-Y-Technik ist in den Abb. 9.4-98–101 dargestellt.

Die abführende Jejunumschlinge wird entweder sofort oder zum Schluß des Eingriffs End zu Seit (in der Nahttechnik von Hand) und unterhalb des Mesokolonschlitzes in die retrokolisch hochgezogene Jejunalschlinge eingepflanzt. Wichtig ist, daß die Naht am Ösophagus unter übersichtlichen Verhältnissen durchgeführt wird und bei der Fadenführung sichergestellt ist, daß die Allschichtennaht stets die Ösophagusschleimhaut mitfaßt. Um das zu gewährleisten, führen wir sie als erste durch, verdrehen nach Fertigstellung die Anastomose jeweils nach rechts oder links im oder gegen den Uhrzeigersinn um 90° zur Bewerkstelligung der seromuskulären Einzelknopfnähte. Im Falle der End-zu-End-Anastomose muß darauf geachtet werden, daß nicht versehentlich die letzten einstrahlenden Mesenterialgefäße mitgefaßt werden. Zur Verwendung kommen ganz überwiegend atraumatische Polyglykolsäurefäden der Stärke 3/0. Die fertiggestellte Ösophagusanastomose wird nicht im Hiatus fixiert, dagegen die abführende Schlinge im Mesokolonschlitz ohne sie einzuengen. Von Vorteil ist es, wenn das Jejunuminterponat sich bogenförmig in den linken subphrenischen Raum ausweiten kann, um dadurch eine gewisse Reservoirfunktion zu ermöglichen. Eine antekolische Anastomosierung vermeiden wir nach Möglichkeit. Die Technik der maschinellen Naht ist in den Abb. 9.4-100–101 dargestellt, die im übrigen auch für die distale Jejunojejunostomie in verschiedenen Variationen Seit zu Seit (laterolateral isoperistaltisch) oder End zu Seit in Frage kommt.

Gerade bei der Roux-Y-Technik mit maschineller Naht bietet sich die Ösophagojejunostomie End zu Seit an, wobei man die offengelassene Jejunumschlinge mit dem Stapler intubiert, die antimesenteriale Jejunumwand mit dem Dorn perforiert, dann die Druckplatte aufsetzt, sofern sie nicht bereits vorher im Ösophagus fixiert wurde (s. Abb. 9.4-100e–h) und die Anastomose näht. Der überstehende Jejunumschenkel kann dann leicht maschinell verschlossen und im Sinne einer Manschettenbildung um die Ösophagusanastomose herumgeführt werden, so daß es nicht nur zu einer Sicherung der Naht, sondern auch zu einer Refluxbremse kommt.

Maschinelle Anastomosen am Ösophagus dürfen nur von Operateuren genäht werden, die auch in der Lage sind, jederzeit von Hand eine neue Nahtverbindung durchzuführen. Diese Notwendigkeit kann sich sehr schnell ergeben, wenn die maschinelle Naht erzwungen oder die Bougierung übertrieben wird. Wenn jetzt die maschinelle Naht technisch nicht mehr durchführbar ist, kann es leicht sein, daß man den Eingriff thorakal zu Ende führen muß. In jedem Fall sollte man es sich zur Regel machen, die Dichtigkeit der Anastomose zu überprüfen, indem man vom Anästhesisten unter leichtem Druck eine Farbstofflösung über den vor der Anastomose liegenden Magenschlauch spritzen läßt. Eine Verweilsonde legen wir grundsätzlich nicht, jedoch gelegentlich eine jejunale Ernährungssonde.

Die Roux-Y-Technik hat den großen Vorteil, daß sie sich von allen in Frage kommenden Magenersatzoperationen am schnellsten bewerkstelligen läßt und von der Präparation her auch einfach ist.

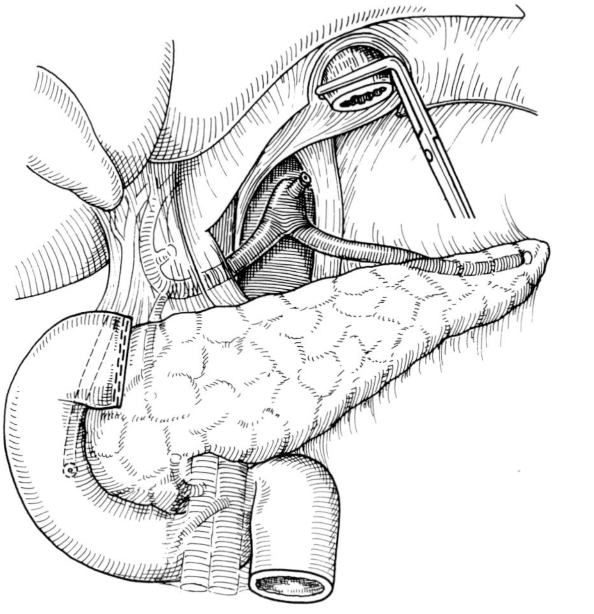

Abb. 9.4-98. a) Situs nach Gastrektomie und Duodenalstumpfverschluß.

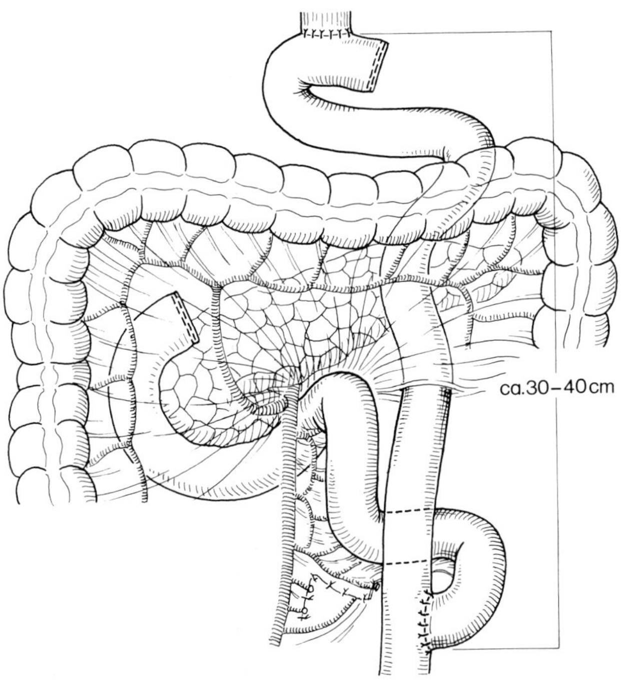

b) Terminolaterale Ösophagojejunostomie nach Roux-Y.

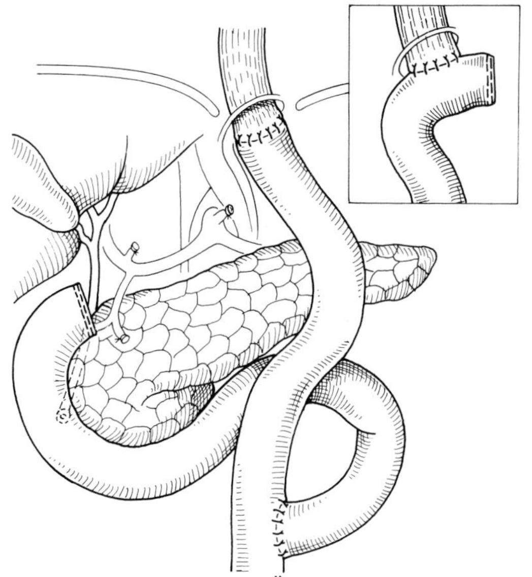

Abb. 9.4-99. Terminoterminale Ösophagojejunostomie nach Roux-Y. Vorteilhafter ist die terminolaterale Ösophagojejunostomie mit maschinellem Blindverschluß der zur Interposition verwandten Jejunumschlinge.

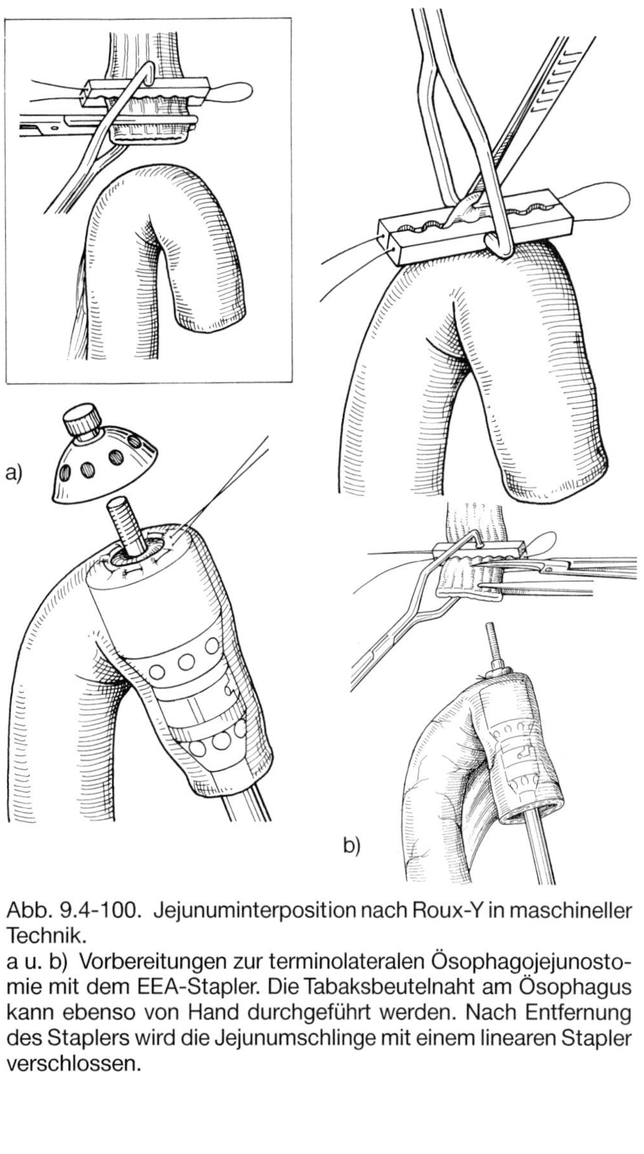

Abb. 9.4-100. Jejunuminterposition nach Roux-Y in maschineller Technik.
a u. b) Vorbereitungen zur terminolateralen Ösophagojejunostomie mit dem EEA-Stapler. Die Tabaksbeutelnaht am Ösophagus kann ebenso von Hand durchgeführt werden. Nach Entfernung des Staplers wird die Jejunumschlinge mit einem linearen Stapler verschlossen.

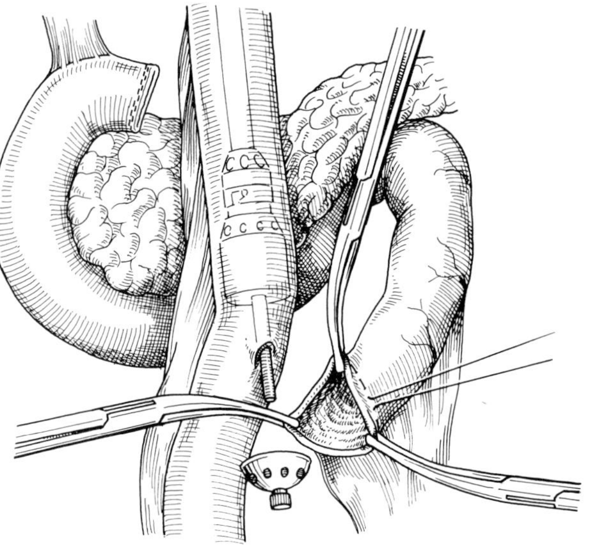

c)

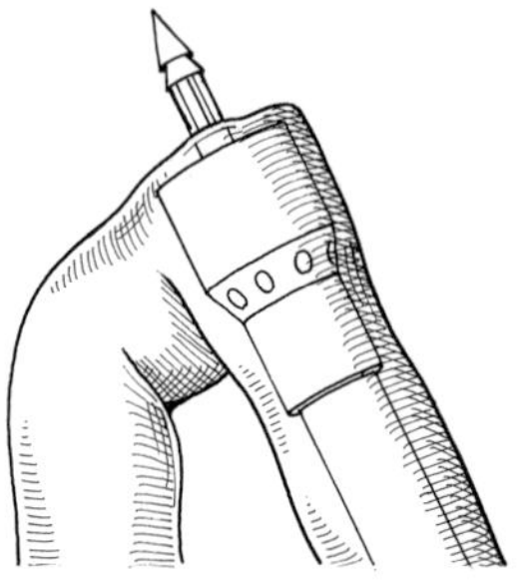

f)

f) Intubation des Dünndarms mit versenkter Trokarspritze, die – nachdem die gewünschte antimesenteriale Position erreicht ist – herausgedreht wird und dabei die Jejunalwand perforiert.

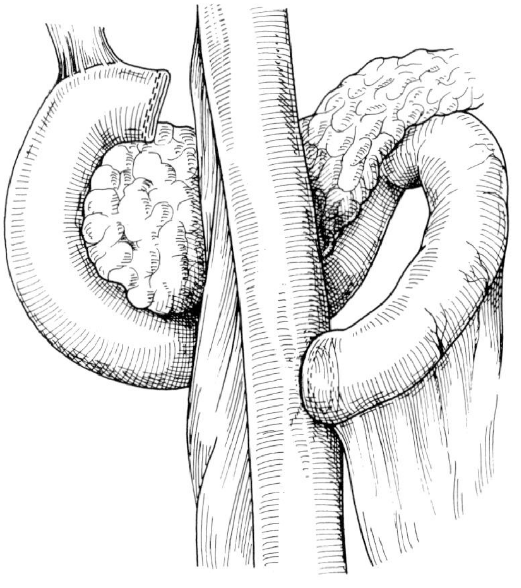

d)

c u. d) Soll die terminolaterale Jejunojejunostomie mit dem EEA-Stapler durchgeführt werden, wird das Jejunum vor der Fertigung der Ösophagusanastomose retrograd intubiert.

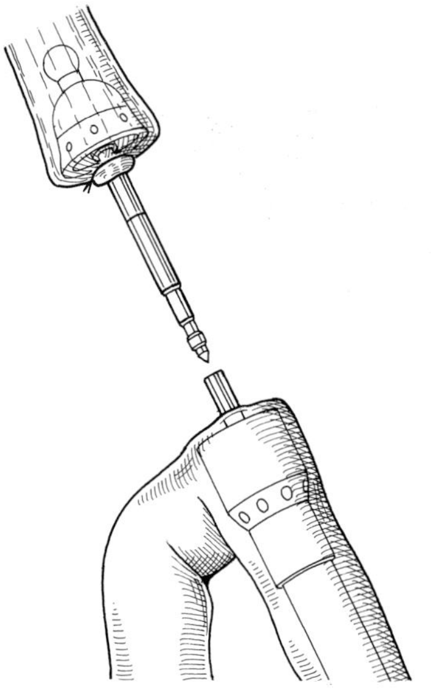

g)

g) Abnahme des Trokars und Herstellung der Verbindung zwischen Zentraldorn und Instrument.

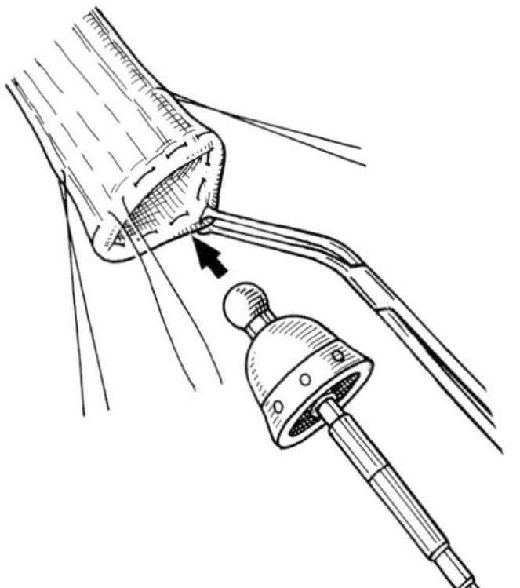

e)

e–h) Terminolaterale Ösophagojejunostomie mit dem CEEA-Stapler.

e) Einführung der Andruckplatte mit dem Zentraldorn in den mit einer Tabaksbeutelnaht versehenen Ösophagus.

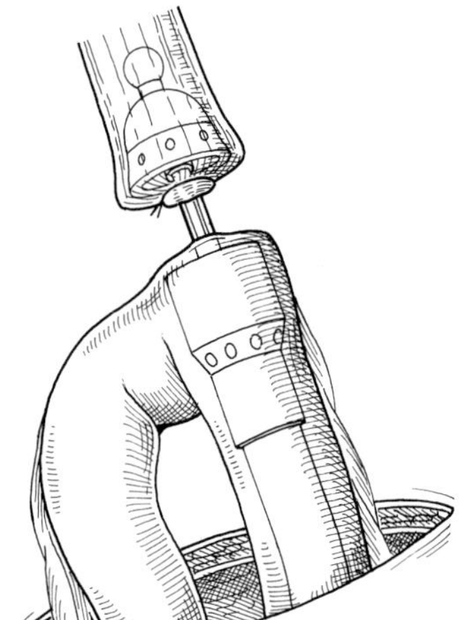

h)

h) Vereinigung der beiden Instrumententeile und Durchführung der Klammernahtanastomose.

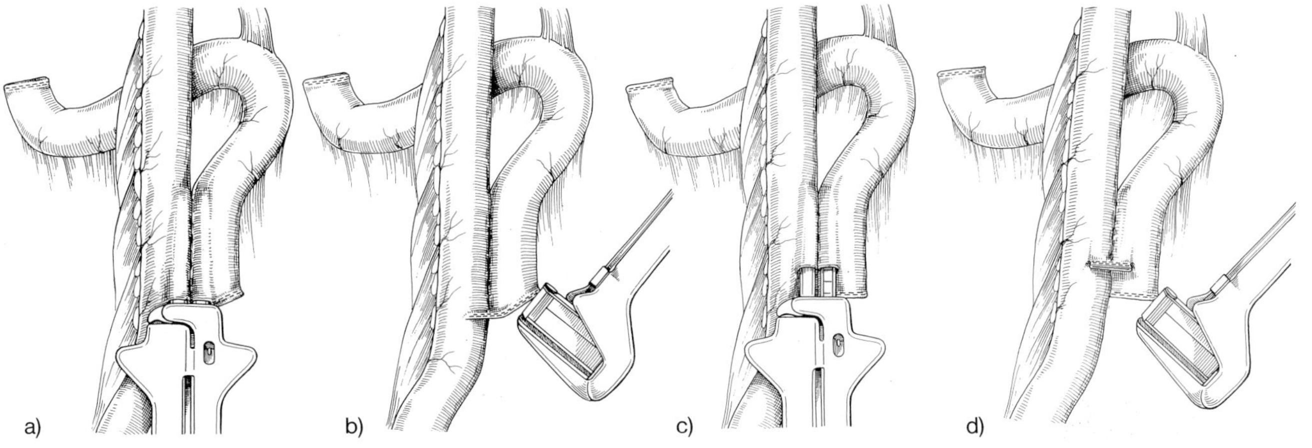

Abb. 9.4-101. a–d) Laterolaterale Jejunojejunostomie bei der Roux-Y-Technik unter Verwendung des GIA und TA 55.

2. Jejunuminterposition nach Longmire

Die ursprünglich 1952 von Longmire angegebene Technik wurde 1964 von Gütgemann modifiziert und wird heute zumindest in Deutschland nur noch nach dieser Technik durchgeführt. Dabei wird eine obere Dünndarmschlinge von mindestens 30 cm Länge, jetzt allerdings vollständig aus der Passage genommen, retrokolisch in den Oberbauch geführt und isoperistaltisch zwischen Ösophagus und Duodenum interponiert. Beide Anastomosen kann man End-zu-End oder terminolateral am Ösophagus von Hand wie maschinell nähen (Abb. 9.4-102–105).

Diese Form der Ersatzmagenbildung hat den großen Vorteil, daß die Duodenalpassage erhalten bleibt und ist deshalb immer dann anzuwenden, wenn nicht die Gefahr der frühzeitigen Rezidivbildung im prä- und postpylorischen Abschnitt besteht, die biologische und onkologische Situation des Patienten somit eine gute Prognose erwarten läßt und die Verhältnisse am Dünndarmmesenterium eine spannungsfreie Interposition erlauben. Die Wiederherstellung der Passage am Jejunum erfolgt in üblicher Weise durch eine End-zu-End-Anastomose.

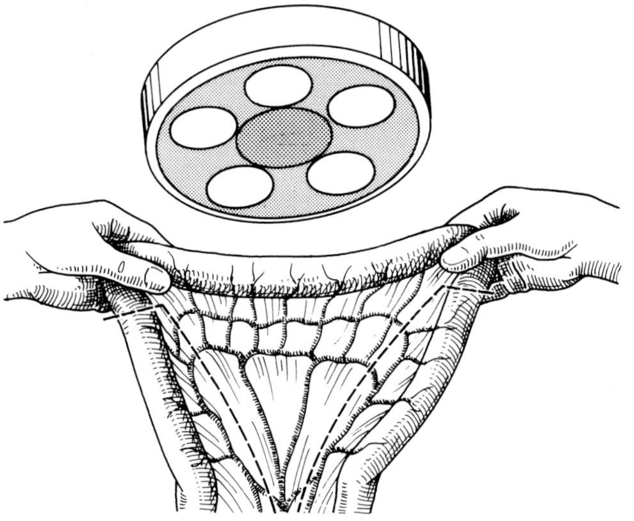

Abb. 9.4-102. Isoperistaltische Jejunuminterposition nach Longmire. Nach Abschluß der Gastrektomie wird im durchscheinenden Licht eine obere Jejunumschlinge ausgewählt und durch Inzision an den Mesenterialblättern die Resektionsgrenze festgelegt. Der orale oder aborale Abschnitt des fertiggestellten Interponates wird markiert, so daß eine Verwechslung nach dem retrokolischen Hochzug nicht eintreten kann. Die Wiederherstellung der Passage am Dünndarm schließt sich an, entweder von Hand oder maschinell.

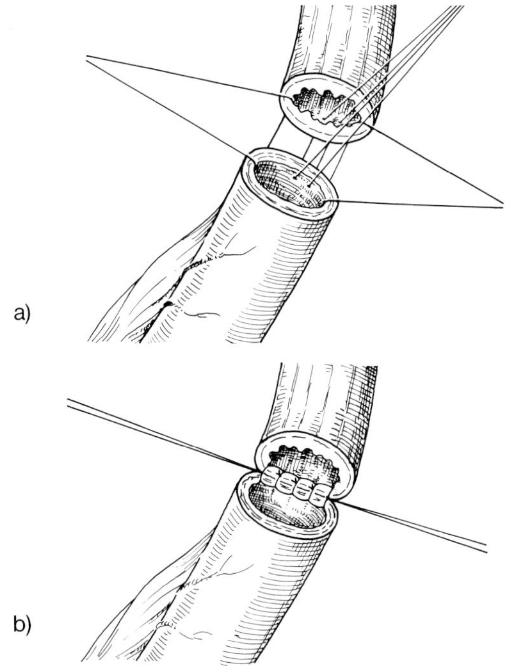

Abb. 9.4-103. Terminoterminale Ösophagojejunostomie.
a u. b) Als erstes führen wir die allschichtig gestochenen Ecknähte durch, vervollständigen dann die komplette Hinterwandnahtreihe bei lang gelassenen Fäden (a), die dann der Reihe nach geknüpft werden (b).

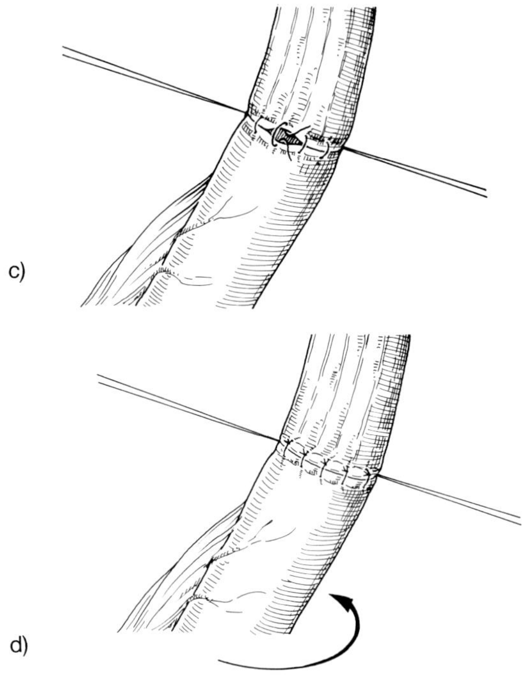

c u. d) Daran anschließend folgt die allschichtig gestochene invertierende Naht der Vorderwand (c), dann die Naht nach Lembert (d) und abschließend wird durch behutsames Drehen der Anastomose von links respektive von rechts die seromuskuläre Hinterwandnahtreihe angeschlossen.

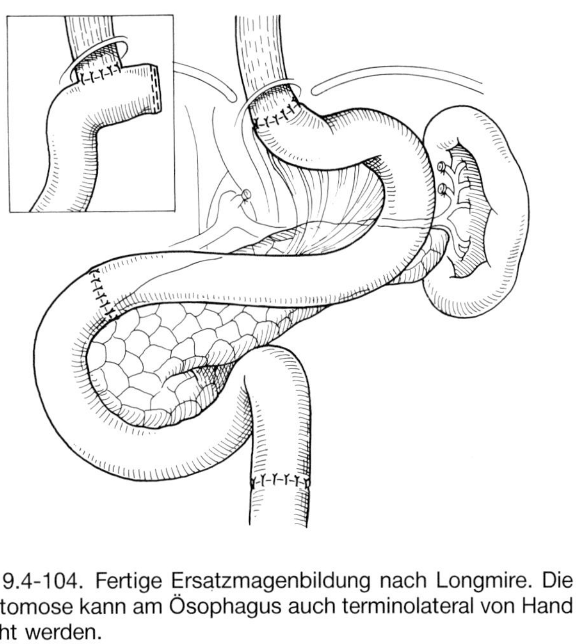

Abb. 9.4-104. Fertige Ersatzmagenbildung nach Longmire. Die Anastomose kann am Ösophagus auch terminolateral von Hand genäht werden.

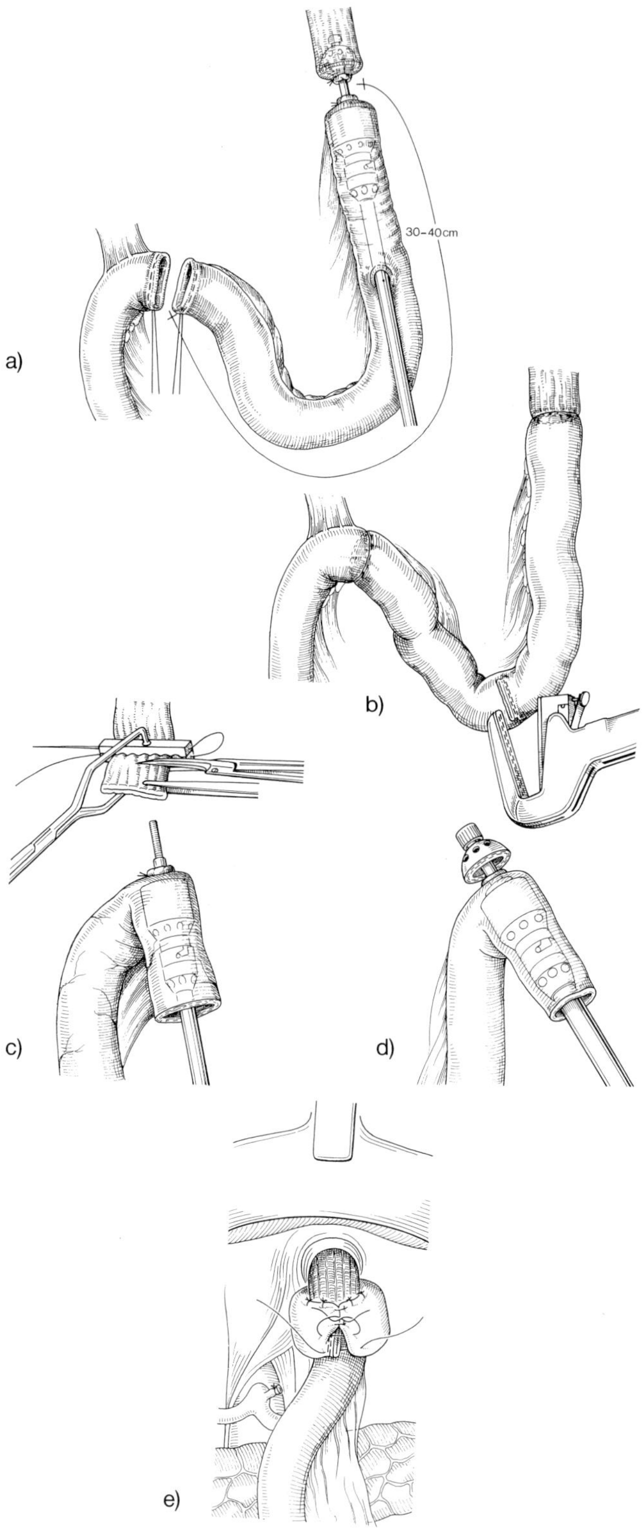

Abb. 9.4-105. Technik der Ersatzmagenbildung nach Longmire mit dem EEA-Stapler und TA 55 terminoterminal (a, b) und terminolateral (c u. d), jedoch wesentlich weniger traumatisierend mit dem CEEA-Stapler. Im Falle der terminolateralen Ösophagojejunostomie wird die Jejunoduodenostomie bei einer maschinellen Naht durch Intubation zuerst genäht. Eine Manschettenbildung an der terminolateralen Ösophagojejunostomie ist möglich, wenn das Interponat wenigstens 40 cm lang ist (e).

Kardiaresektion

(Abb. 9.4-106–111)

Eine abdominothorakale Kardiaresektion beim Karzinom ist als Regeleingriff aus onkologischer Sicht inkonsequent, da der erforderliche Sicherheitsabstand selten eingehalten werden kann (Abb. 9.4-106). Die von Siewert und Mitarbeitern vorgeschlagene Einteilung der Kardiakarzinome, wie sie auf S. 444 beschrieben wurde, ermöglicht eine der Lokalisation und dem Tumorstadium Rechnung tragende Verfahrenswahl:

1. Adenokarzinome in der terminalen Speiseröhre (Typ I) werden wie ein Ösophaguskarzinom operiert, d.h. durch subtotale Speiseröhrenresektion mit schräger Resektion vom Fundus zur kleinen Kurvatur des Magens und Wiederherstellung der Passage durch eine collare Ösophagogastrostomie. Die stumpfe Dissektion der Speiseröhre ist das Verfahren der Wahl. Der Hochzug des Magens erfolgt entweder posteromediastinal oder retrosternal (s. S. 457 u. 459).
2. Echte Kardiakarzinome (Typ II) oder subkardiale Funduskarzinome (Typ III) werden durch eine abdominothorakale Gastrektomie entfernt mit Wiederherstellung der Passage entweder durch eine Jejunum- oder Koloninterposition (s. S. 403ff.). Die radikale Lymphadenektomie im Mediastinum bzw. Oberbauch ist fallweise zu überlegen.

Inkurable Kardiakarzinome werden prinzipiell nicht anders behandelt als die nicht mehr resektablen Ösophaguskarzinome. In Frage kommt die endoskopische Plazierung eines Tubus, die Lasertherapie und die operative Implantation eines Kunststofftubus. Nur ausnahmsweise gelingt die Wiederherstellung der Schluckfähigkeit durch eine Bestrahlung. Umgehungsanastomosen im Sinne eines Bypass sind gegenüber den anderen Verfahren u.E. nicht geeignet die Lebensqualität des Patienten zu verbessern.

In Ausnahmesituationen kann die Kardiaresektion, die dann nach distal weit weniger ausgedehnt werden muß, auch in Frage kommen, wenn es sich um ein großes subkardial gelegenes Ulkus handelt oder um einen in die Zwerchfellpfeiler eingebrochenen ulzerösen Prozeß bei einer fixierten Hiatushernie.

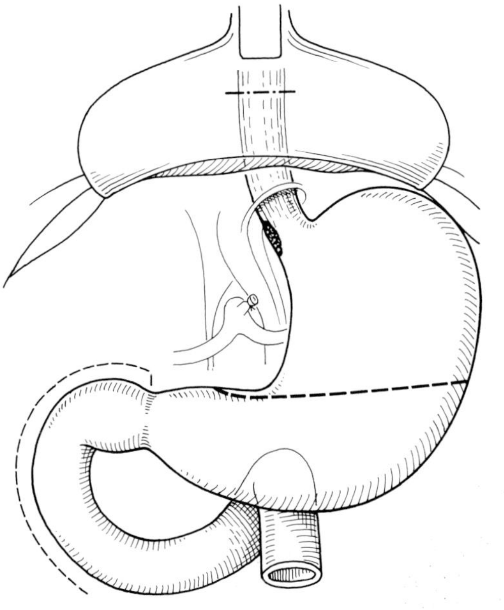

a)

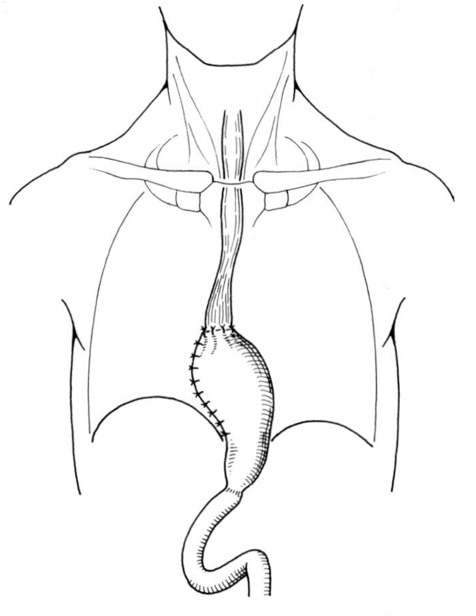

b)

Abb. 9.4-106. a u. b) Abdominothorakale Kardiaresektion mit terminoterminaler oder terminolateraler Ösophagoantrostomie. Der erreichbare Sicherheitsabstand ist beim Karzinom selten ausreichend. Die präparativen Teilschritte sind auf S. 456 dargestellt.

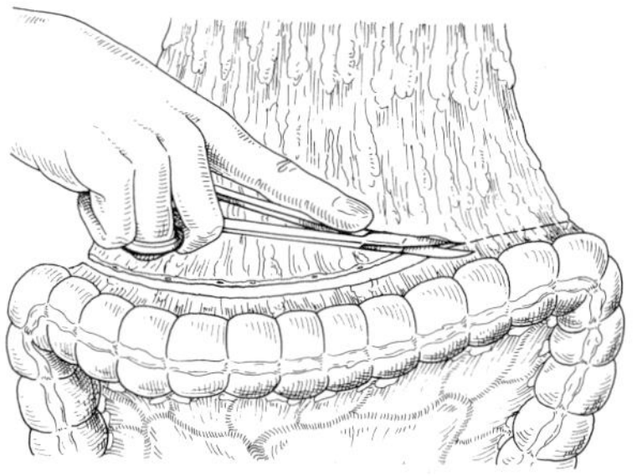

c)

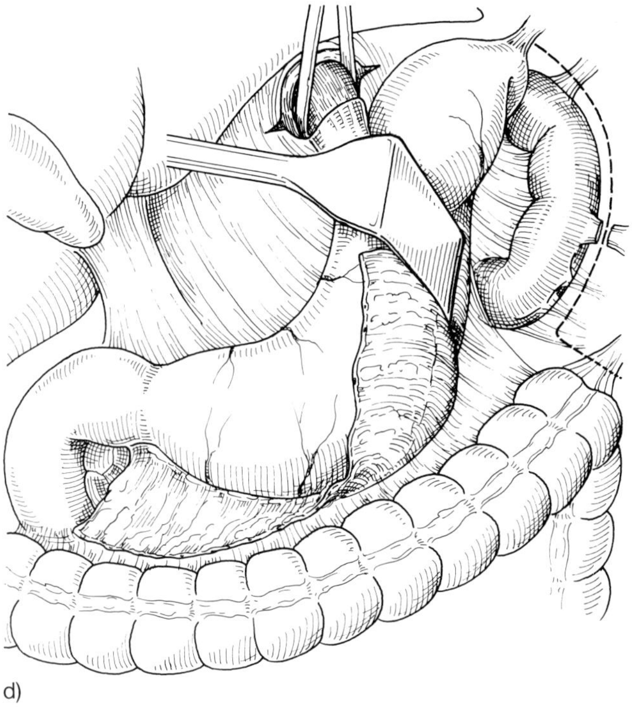

d)

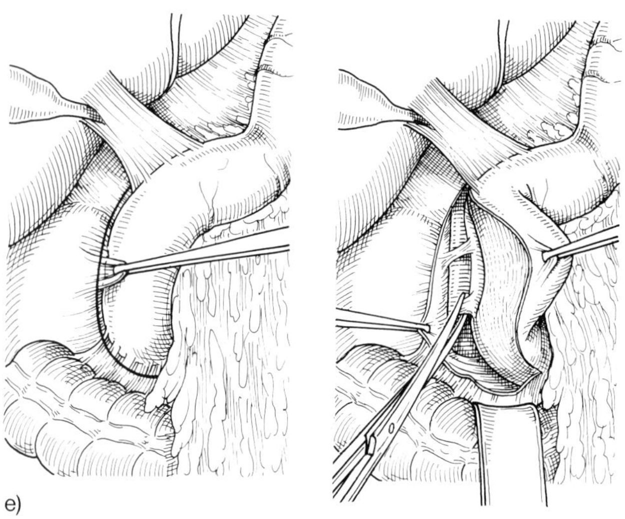

e)

c–e) Nach der Resektion des großen Netzes (c) wird der ösophagogastrale Übergang freigelegt, der Hiatus oesophageus ein- oder beidseits eingekerbt und die Speiseröhre angeschlungen (d). Skelettieren des oberen groß- und kleinkurvaturseitigen Magenabschnitts mit doppelter zentraler Ligatur der A. gastrica sinistra, Lymphadenektomie und Splenektomie.
Mobilisation des Duodenums nach Kocher (e).

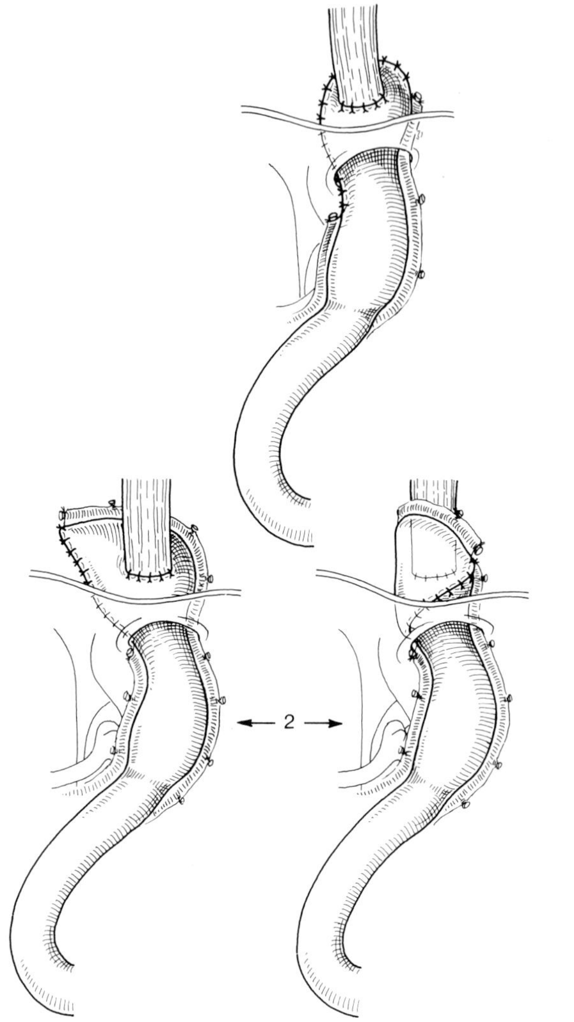

f) Nochmalige Überprüfung des Sicherheitsabstandes am Magen, von dem der Verlauf der schräg durchzuführenden Resektion abhängig zu machen ist. Letztere führen wir erst intrathorakal durch, legen jedoch die Klammernahtreihe intraabdominell. Nach abschließender Überprüfung der Durchblutungsverhältnisse am Antrum wird der abdominelle Teil des Eingriffs vollständig beendet, der Patient in Linksseitenlage gebracht und von rechts im 7.–8. ICR thorakotomiert. Sobald der Lungenunterlappen abgelöst ist, wird die Pleura mediastinalis über dem geschienten Ösophagus bis zur V. azygos gespalten, die Speiseröhre unterfahren und angeschlungen und die loco regionale Lymphadenektomie so radikal wie möglich durchgeführt. Anschließend wird der Hiatus oesophageus mit Spateln so weit aufgehalten, daß der noch am Ösophagus hängende Magen in den Thorax nachgezogen werden kann. Nach Anlage von Haltefäden am Ösophagus schließt sich die Resektion des terminalen Teilstücks mit dem oberen Magenabschnitt an. Die Ösophagoantrostomie kann terminoterminal oder terminolateral vorgenommen werden, wobei eine Manschettenbildung in Ermangelung ausreichender Magenwand selten realisierbar ist.

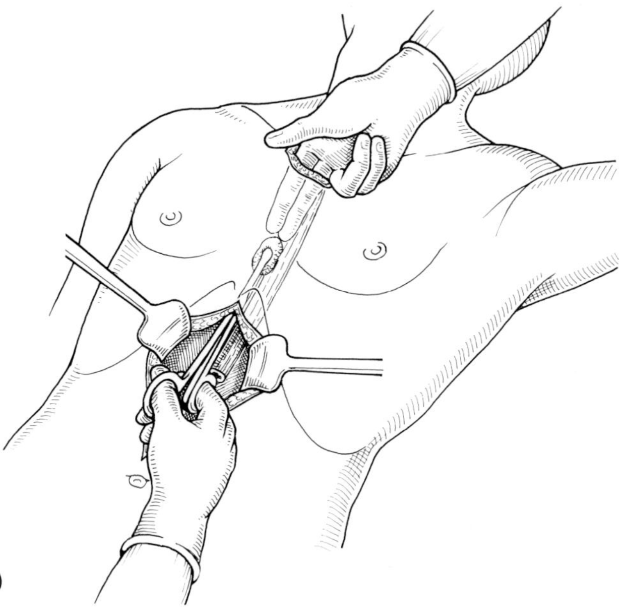

a)

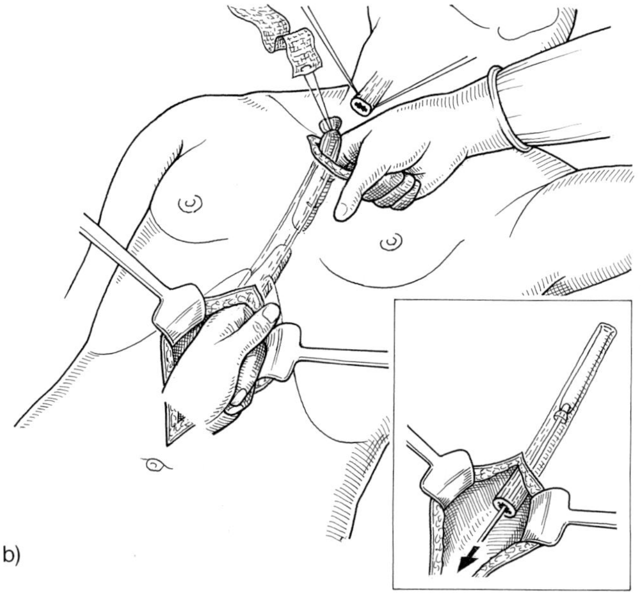

b)

Abb. 9.4-107. Kardiakarzinom Typ I.
a u. b) Ösophagektomie durch stumpfe Dissektion (s. a. Abschn. »Speiseröhre«).

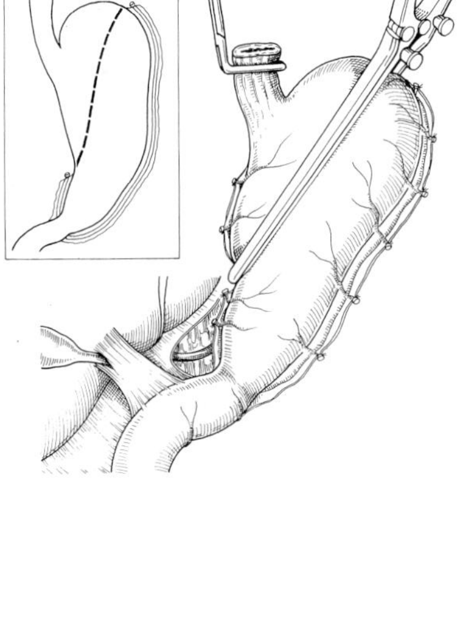

c)

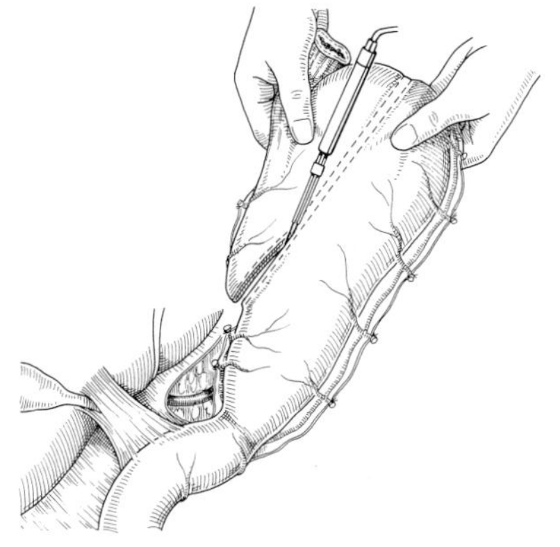

d)

c u. d) Obere schräge Magenteilresektion. Unter Erhaltung der A. gastroepiploica dextra, nach Möglichkeit auch der A. gastrica dextra wird der Magen vollständig mobilisiert und von der Fundusspitze bis in Höhe des Krähenfußes des N. vagus schräg reseziert.

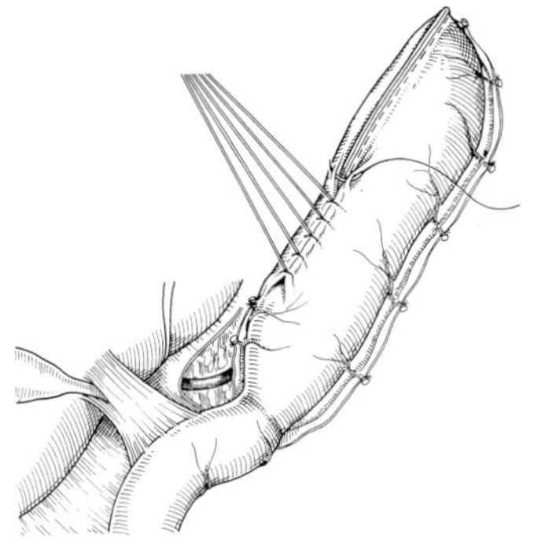

e)

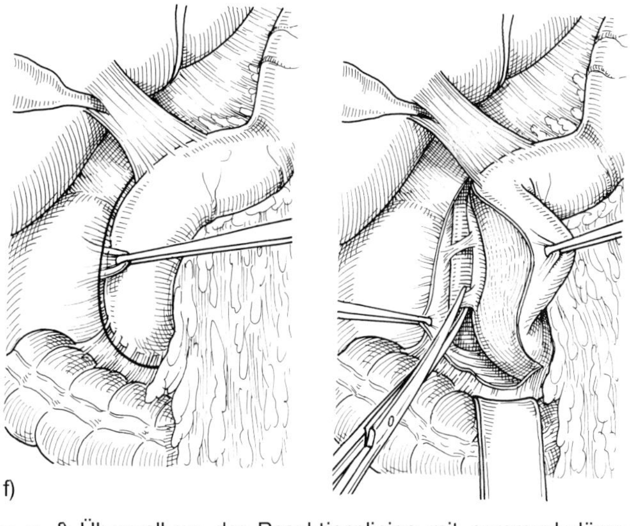

f)

e u. f) Überwallung der Resektionslinien mit seromuskulären Einzelknopfnähten und f) Mobilisation des Duodenums nach Kocher.

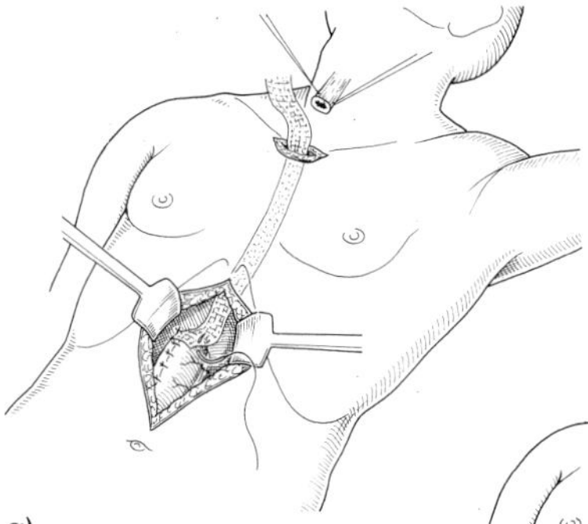

g)

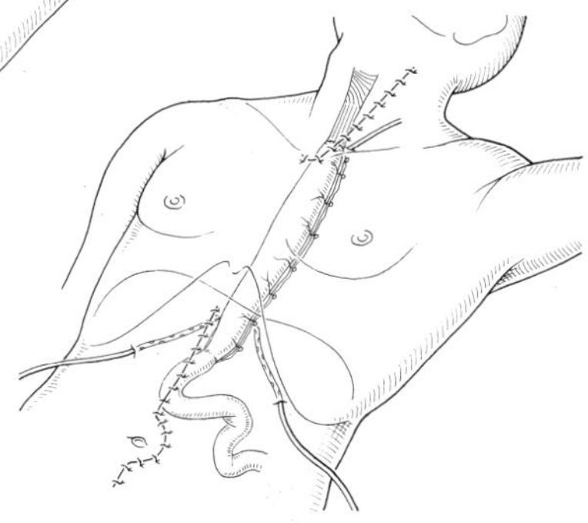

h)

g u. h) Der schlauchförmig umgewandelte Magen wird posteromediastinal plaziert und mit dem kurzen Ösophagusstumpf terminoterminal anastomosiert.

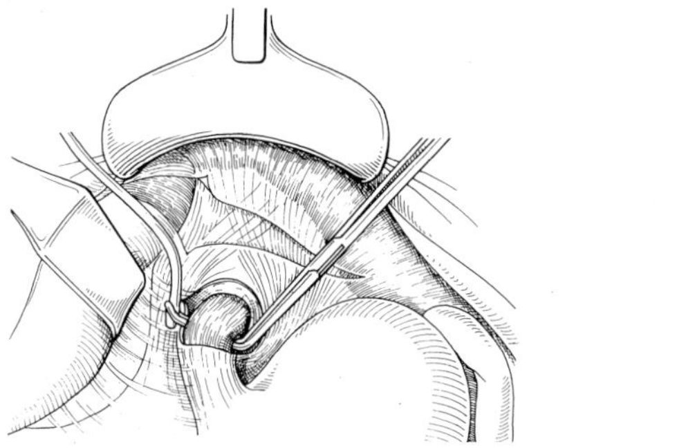

Abb. 9.4-108. Abdominale Kardiaresektion bei einem subkardial gelegenen Ulkus.
a) Ablösung des linken Leberlappens, der mit einem stumpfen Haken beiseite gehalten wird. Spaltung der Bertellischen Membran und Eröffnung des Hiatus oesophageus. Anschlingung der Speiseröhre.

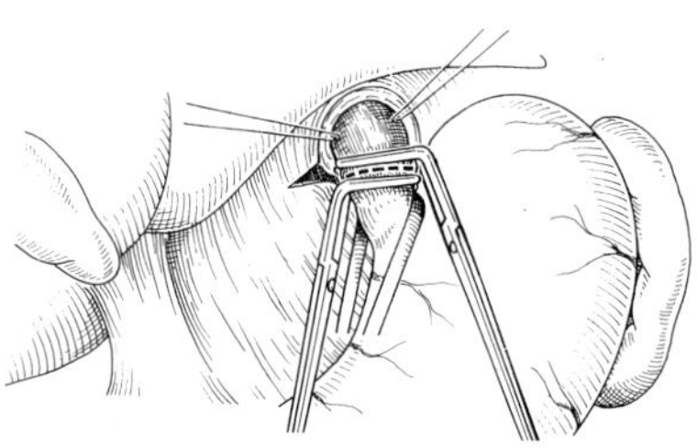

b) Bei einem penetrierenden Ulkus kann die Einkerbung des rechten Zwerchfellpfeilers erforderlich sein. Anlage von Haltefäden und Klemmen an der terminalen Speiseröhre. Zwischen letzteren wird der Ösophagus durchtrennt.
Nach Markierung der Resektionslinie am Magen schließt sich die Dissektion von proximal nach distal unter Erhaltung der Milz über den Fundus hinweg an. Kleinkurvaturseits entsprechend bis 1–2 cm unter den Ulkustumor, wobei die A. gastrica sinistra magenwandnahe ligiert und durchtrennt wird. Resektion des Magens mit einem linearen Stapler.

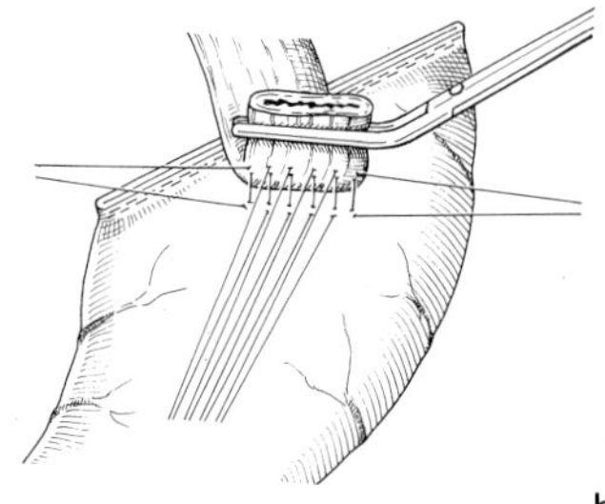

a)

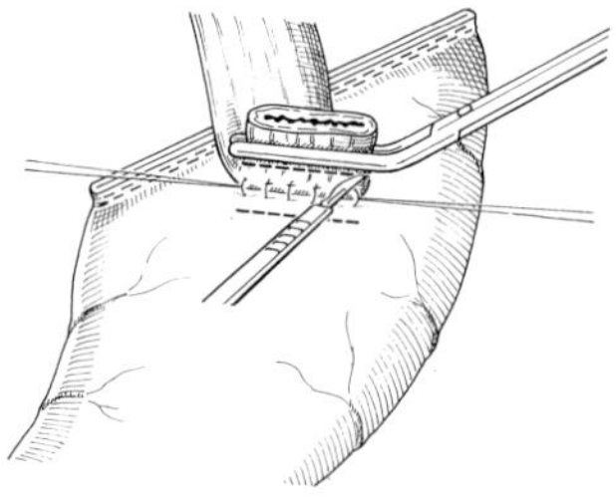

b)

Abb. 9.4-109. Terminolaterale Ösophagoantrostomie nach Kardiaresektion.
a) Anlage der hinteren seromuskulären Einzelknopfnaht.
b) Nachresektion des mit einer Quetschklemme gefaßten terminalen Ösophagusabschnittes.

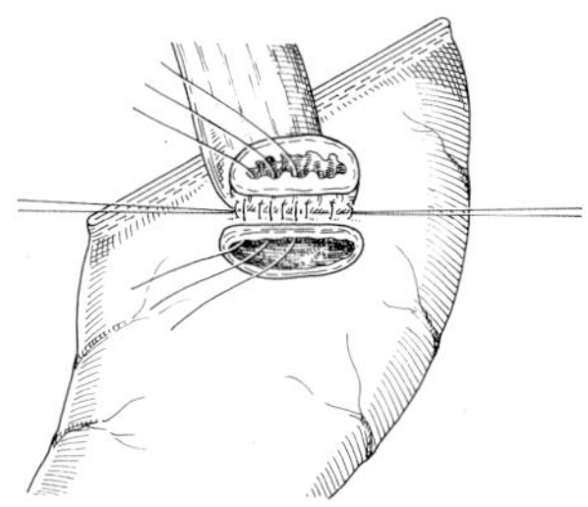

c)

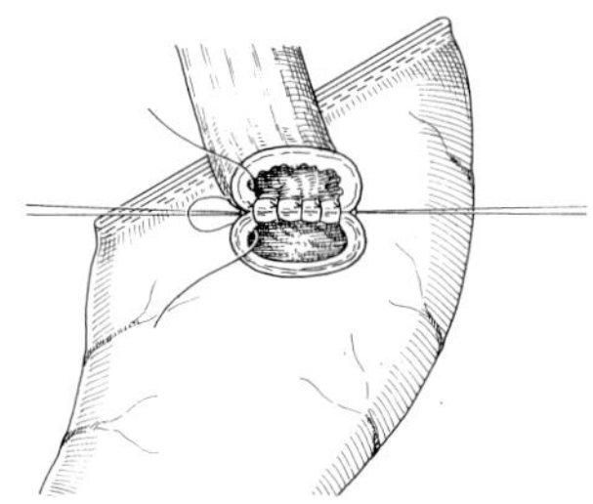

d)

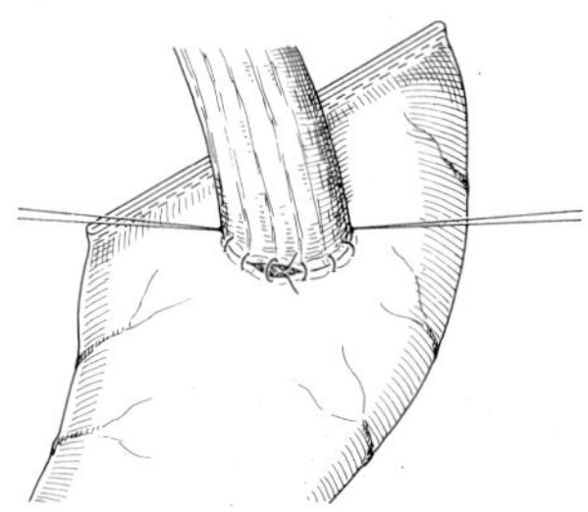

e)

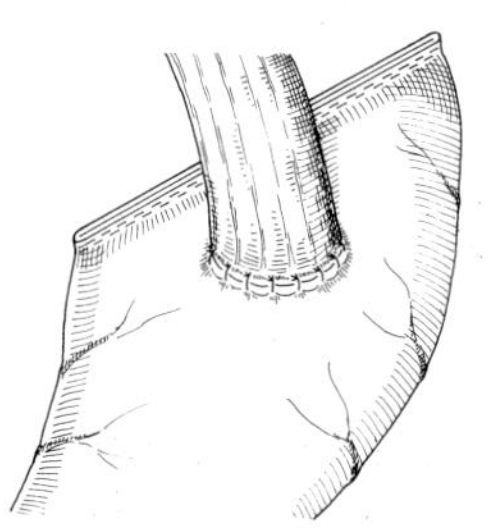

f)

c) Allschichtige invertierende Hinterwandeinzelknopfnaht.
d – f) Nach deren Fertigstellung wird in gleicher Nahttechnik die Vorderwand genäht mit abschließender seromuskulärer Einzelknopfnaht.

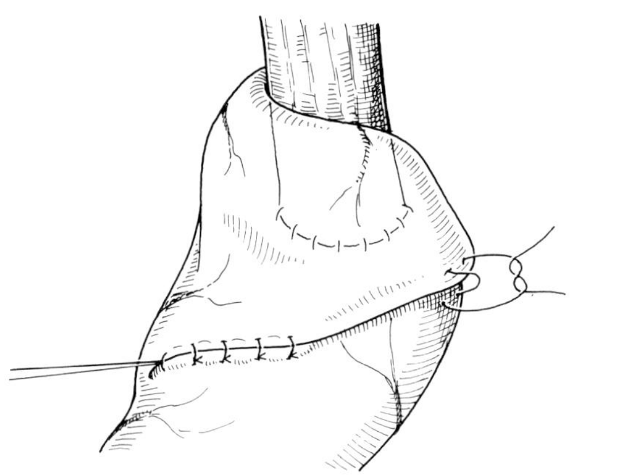

g) Sofern ein ausreichend breiter großkurvaturseitiger Magenabschnitt zur Verfügung steht, wird letzterer dorsal um die terminale Speiseröhre zur Bildung einer Manschette herumgeführt, die einerseits der Sicherung der Anastomose dient, andererseits als Antirefluxmaßnahme wirksam ist.

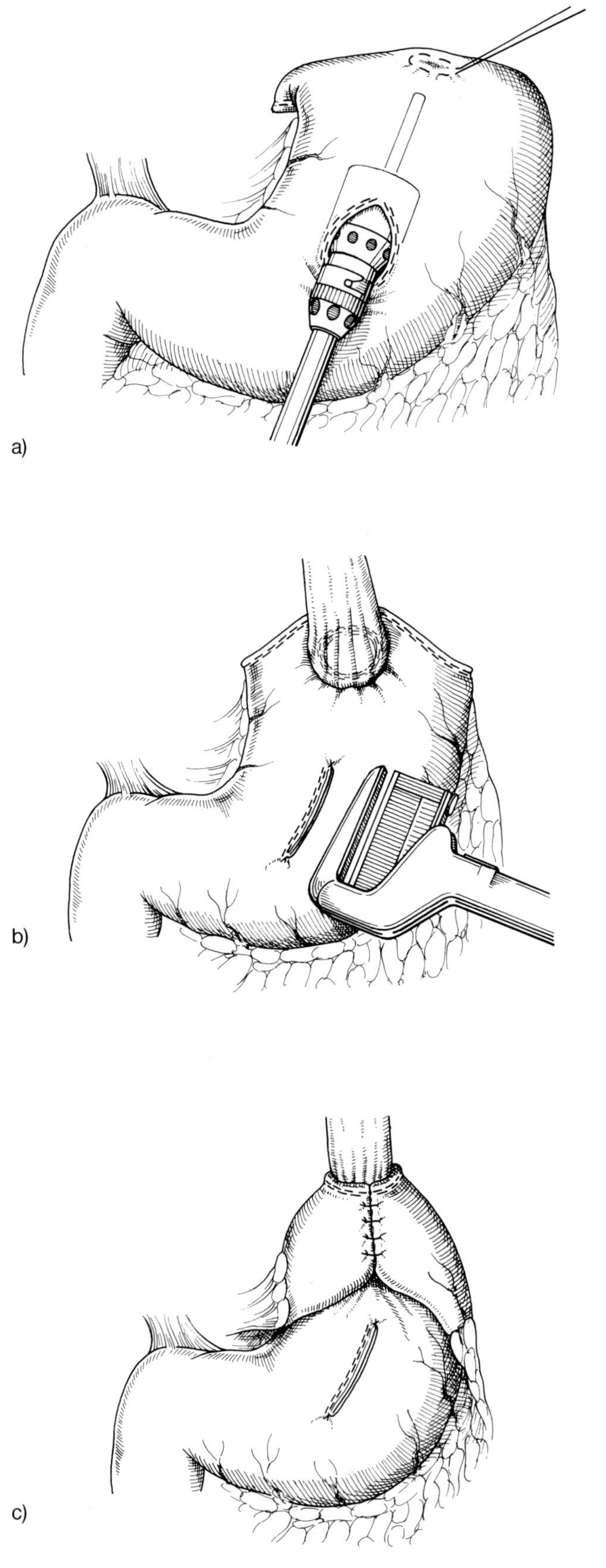

Abb. 9.4-110. a–c) Ösophagoantrostomie mit einem zirkulären Klammernahtgerät und Manschettenbildung.

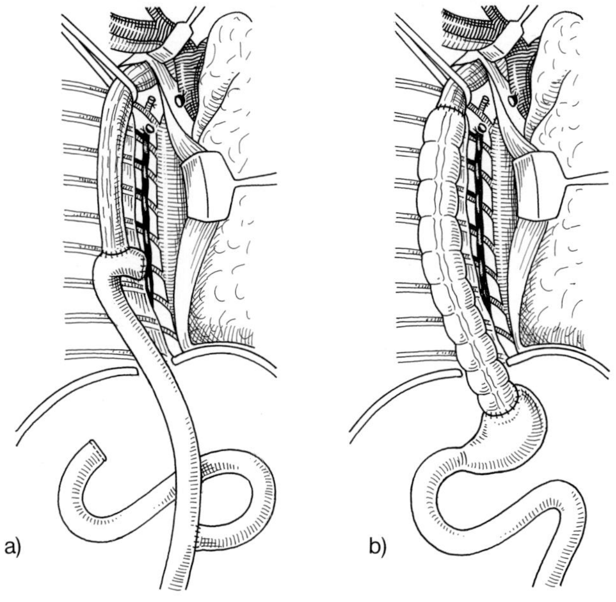

Abb. 9.4-111. Abdominothorakale Ösophagusresektion und mögliche Interponatwahl bei unterschiedlicher Indikation.
a) Ösophagojejunostomie nach abdominothorakaler Gastrektomie.
b) Koloninterposition bei voroperiertem Magen.

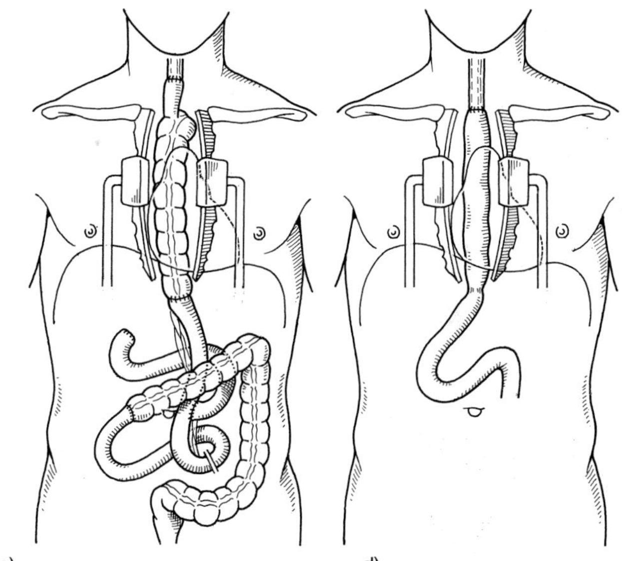

c) Koloninterposition beim Kardiakarzinom Typ II oder III.
d) Mageninterposition beim distalen Ösophagus- oder Kardiakarzinom, Typ I. Präparative Technik s. Abschn. »Speiseröhre«.

Eingriffe an der Milz

J. Durst

Zugangswege

Ein abdominothorakales Vorgehen ist auch bei Riesenmilzen nicht indiziert. Bewährt hat sich vor allem die quere Oberbauchlaparotomie oder parakostale Inzision, notfalls auch der lange Medianschnitt bei tief in das Becken reichender Milz.

Splenektomie

Bei der Kardiaresektion oder Gastrektomie ist die Mobilisation von dorsal üblich, die wir auch bei normal großen Milzen stets bevorzugen (Abb. 9.4-112). Je nach Indikation und anatomischer Situation beginnt man die Freilegung mit der Ablösung der linken Kolonflexur, partiellen Dissektion des Lig. gastrocolicum und der schrittweisen Durchtrennung der Vasa gastrica brevia einschließlich des Lig. gastrolienale. Anschließend inzidiert man die retroperitoneale Umschlagsfalte 1–2 cm vom Milzrand entfernt und hält dabei die Milz unter leichtem Zug nach medial. Der auf diese Weise frei werdende subphrenische Raum wird mit heißen Tüchern abgestopft und die separate doppelte zentrale Ligatur der A. und V. lienalis hilusnah angeschlossen, um eine Pankreasschwanzverletzung zu vermeiden. Fallweise noch vorhandene Vasa gastrica brevia werden abschließend ligiert und durchtrennt. Bei einer hämatologischen Grunderkrankung muß nach Nebenmilzen gesucht werden, die bei anderer Indikation nicht entfernt werden sollen.

Besteht eine portale Hypertension oder handelt es sich um eine sehr große Milz, beginnt man mit der Präparation von medial, um zuerst die gelegentlich außergewöhnlich zahlreichen und kräftigen Gefäße zu ligieren. Sofern keine Kontraindikation besteht, ist das Autotransfusionsgerät betriebsbereit zu halten. Eine ausgiebige und behutsame Freilegung mit weiter Eröffnung der Bursa omentalis (Abb. 9.4-113) ist hier unbedingt angebracht, zu der man sich, wie überhaupt für die gesamte Präparation, auch Zeit lassen sollte. Zu vermeiden ist eine abgangsnahe Ligatur der A. lienalis, da es dann zur Pankreasschwanznekrose kommen kann.

Ist die Dissektion großkurvaturseits abgeschlossen und sind sämtliche mit der Milz in Verbindung stehende Gefäße, die von medial erreicht werden können, durchtrennt, wendet man sich dem unteren Milzpol zu und löst hier ebenfalls die meist kräftigen gefäßführenden Verklebungen ab. Anschließend wälzt man das Organ nach ventral und durchtrennt die dorsalen Aufhängebänder mit der Schere. Die sich jetzt noch darstellenden Gefäßverbindungen lassen sich meist einfach versorgen. Die Entfernung des Organs bereitet dann keine Schwierigkeiten mehr, allenfalls kann noch der Hautschnitt zu klein sein, wie wir das bei einer 5200 g schweren Milz einmal erlebt haben.

Nach jeder Splenektomie muß die große Kurvatur des Magens sorgfältig reserosiert und der Retroperitonealraum so weit wie möglich durch Einzelknopfnähte verschlossen werden. Die Einlage einer Zieldrainage ist obligat.

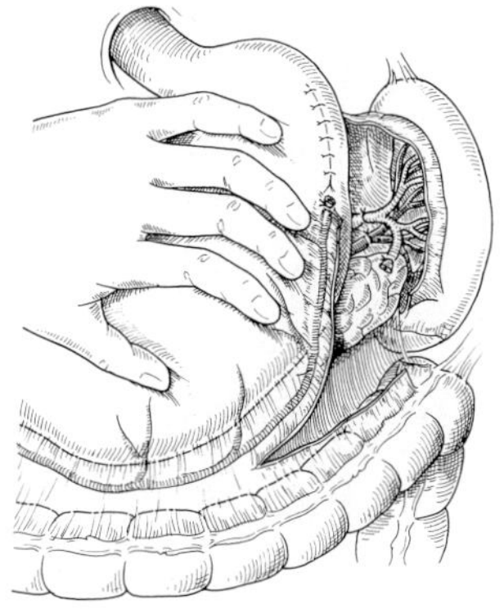

Abb. 9.4-112. Splenektomie von dorsal.
a) Nach Inzision des Lig. gastrocolicum und Durchtrennung des Lig. splenocolicum werden die dorsalen Aufhängebänder durchtrennt.

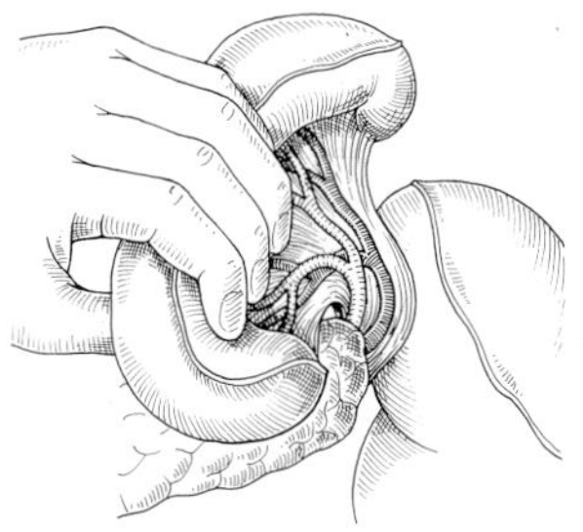

b) Anschließend wird die Milz unter leichtem Zug nach medial gehalten. Hilusnahe Darstellung der A. und V. lienalis, die separat nach zentral in einem gehörigen Abstand zum Pankreasschwanz doppelt ligiert und durchtrennt werden.

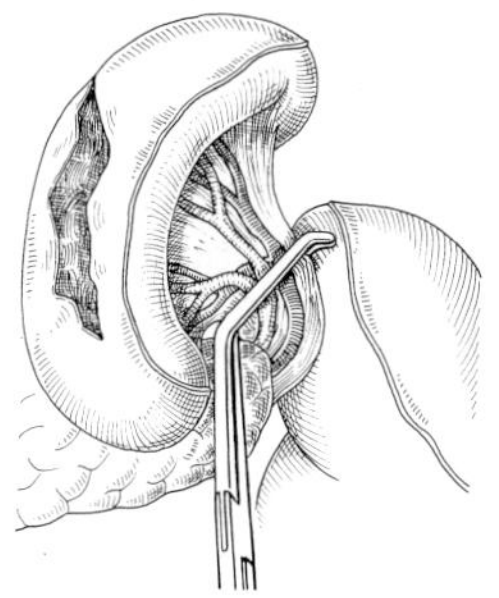

c) Nur im Falle einer Milzruptur sollte von diesem Vorgehen abgewichen und unmittelbar nach Freilegung des Milzhilus eine temporäre Abklemmung mit einer Satinsky-Klemme vorgenommen werden. Das weitere Vorgehen hängt dann davon ab, ob eine milzerhaltende Operation möglich ist oder nicht. Im Falle der Splenektomie müssen, wie zuvor beschrieben, die Arterie und Vene separat durch Ligaturen unterbunden werden.

a)

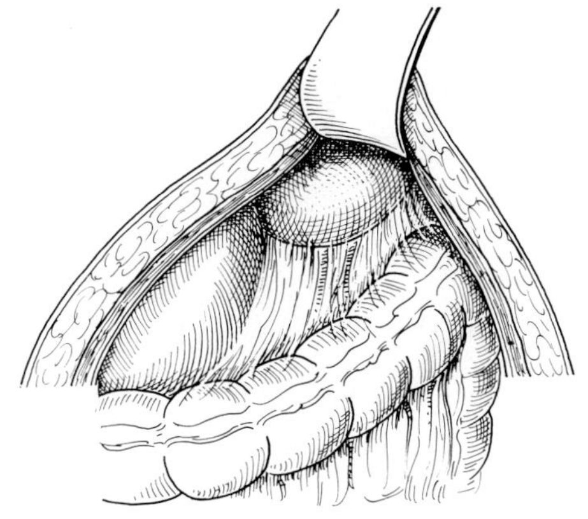

b)

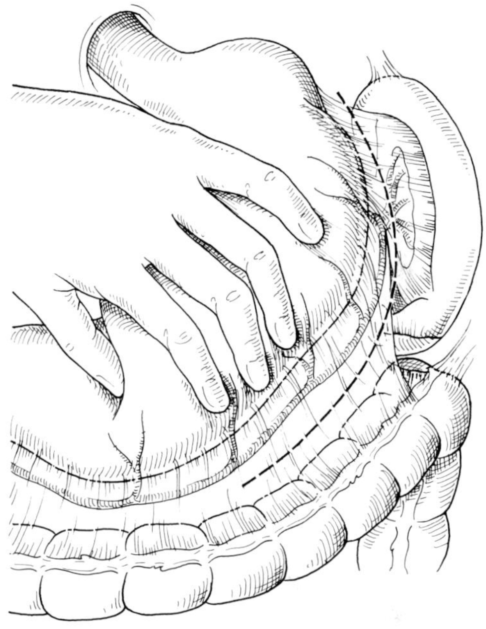

Abb. 9.4-113. Splenektomie von ventral.
a u. b) Die gelegentlich sehr versteckt und weit dorsal liegende Milz wird nach schrittweiser Durchtrennung des Lig. splenocolicum sowie des Lig. gastrocolicum (b) durch schrittweise Dissektionsligaturen der Vasa gastrica brevia bis herauf zur Funduskuppe freigelegt.

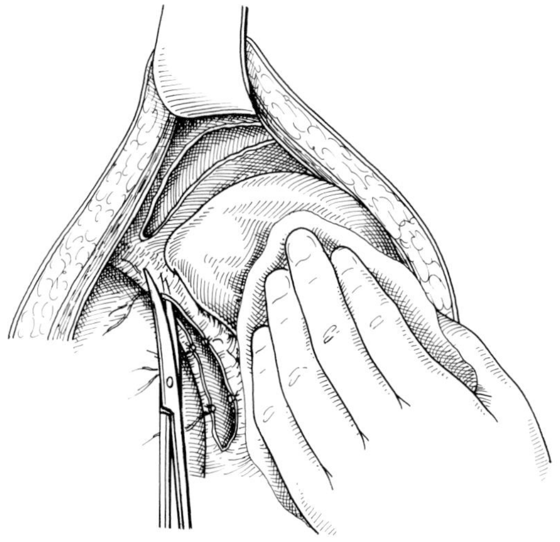

c)

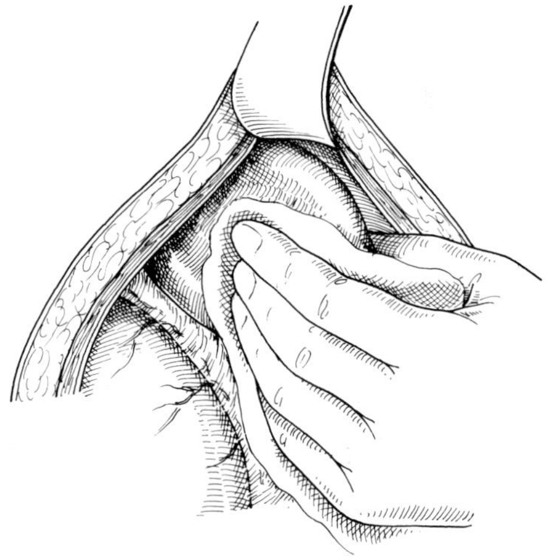

d)

c u. d) Die Milz kann dabei mit einem Tuch bedeckt und etwas nach lateral abgedrängt werden. Zusätzlich bestehende Adhäsionen zum Zwerchfell werden ebenfalls durchtrennt.

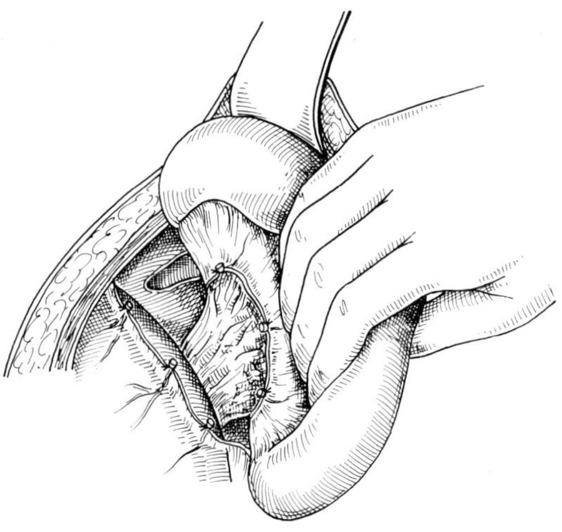

e) Sobald der Hilus übersichtlich dargestellt ist, werden

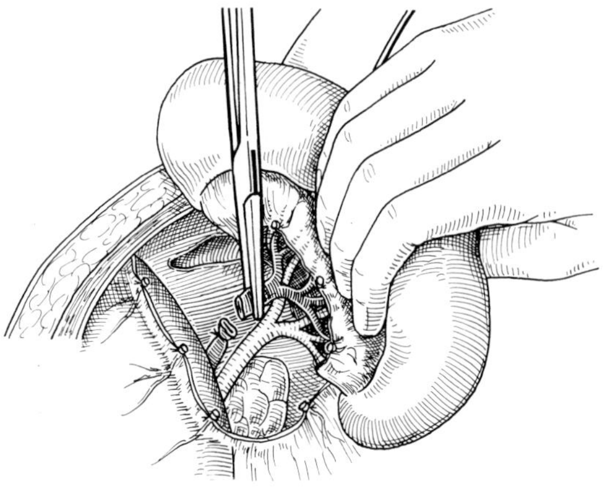

f) die A. und V. lienalis vor ihrer Aufzweigung nach zentral ligiert und durchtrennt.

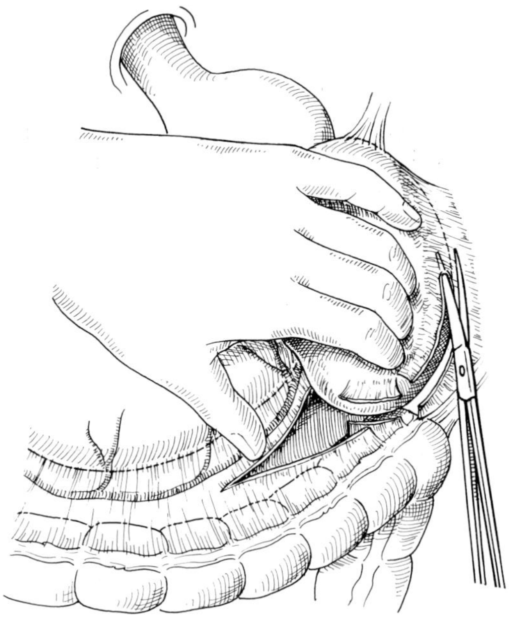

g) Daran anschließend folgt die bogenförmige Inzision des Lig. phrenicolienale und Exstirpation der Milz. Gelegentlich müssen noch unterschiedlich kräftig entwickelte Venen am unteren Milzpol versorgt werden.

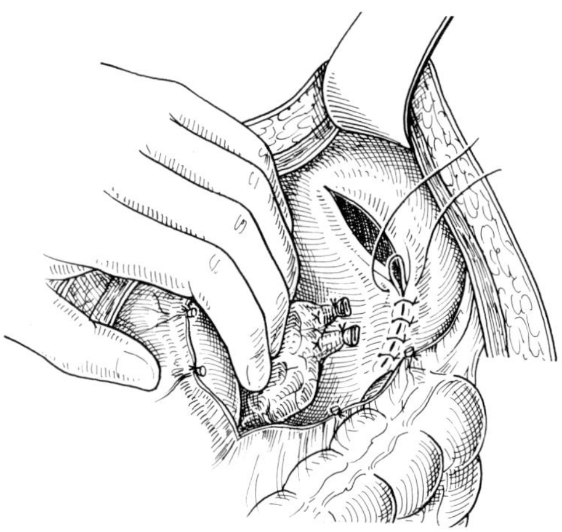

h) Eine große retroperitoneale Wundfläche sollte nach Möglichkeit durch Einzelknopfnähte auch zum Zwecke der Blutstillung so weit wie möglich verschlossen werden.

Milzerhaltende Operationen

Sie wurden in den vergangenen Jahren zunehmend durchgeführt, nachdem klinische Verlaufsbeobachtungen den schon lange bestehenden Verdacht auf eine erhöhte Infektanfälligkeit nach Splenektomie bestätigt hatten.

Mit dem Auftreten einer Postsplenektomiesepsis (OPSI-Syndrom) ist vor allem im Kindesalter zu rechnen, für die Erwachsenen läßt sie sich schwerer beweisen. Als statistisch gesichert darf aber allgemein eine höhere Rate an septischen Erkrankungen im Vergleich zum Normalkollektiv nach Splenektomie angenommen werden.

Milzerhaltende Eingriffe sollen vor allem im Kindesalter aber auch beim Erwachsenen versucht werden. Sie sind kontraindiziert, wenn eine vitale Gefährdung des Patienten (z.B. schweres Polytrauma) besteht und/oder vor allem beim Erwachsenen ungünstige anatomische Verhältnisse vorliegen. Durch die heute zur Verfügung stehenden bildgebenden Verfahren muß nicht mehr jede intrakapsuläre Milzruptur operiert werden.

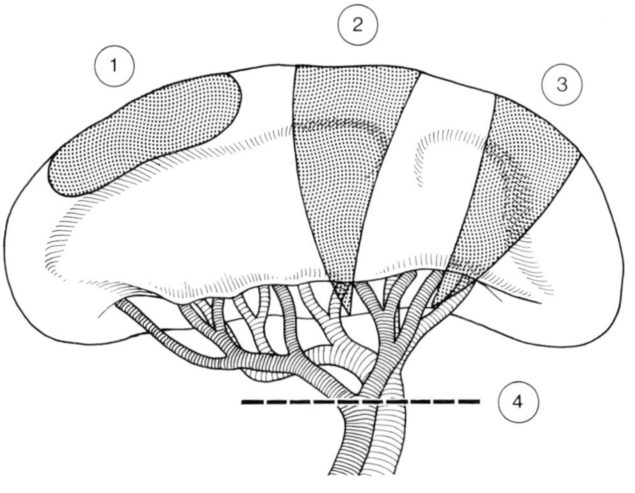

Abb. 9.4-114. Stadieneinteilung der Milzruptur nach Roth, Daum und Benz: ① = Subkapsuläre Hämatomentwicklung; ② = Hilusnahe Ruptur; ③ = Partielle Hilusverletzung; ④ = Hilusabriß.

Operationsverfahren

Um eine milzerhaltende Operation mit Aussicht auf Erfolg durchführen zu können, muß das Organ gut zugänglich sein, so daß man sehr oft den Hautschnitt erweitern muß. Im Falle einer frischen traumatischen Verletzung wird man zunächst unter Einsatz des Autotransfusionsgerätes die Blutungsquelle lokalisieren und je nach Situation den Milzhilus digital abklemmen. Da das oft nicht oder nur durch eine lokale Freilegung gelingt, kann man die verletzte Milz auch mit heißen Tüchern und/oder Streifen behutsam komprimieren. Läßt sich auf diese Weise die Kreislaufsituation stabilisieren, kann man versuchen sich den Kapselriß einstellen zu lassen. Gelingt das nach Ausräumung restlicher Koagel, muß jetzt die Entscheidung für oder gegen die Splenektomie fallen. Hilfreich ist hier die Stadieneinteilung der Milzruptur nach Roth, Daum und Benz (Abb. 9.4-114).

Vor einer blinden instrumentellen Abklemmung des Milzhilus ist dringend zu warnen, da dieses Manöver mit einem unkalkulierbaren Risiko einer Nebenverletzung einhergeht.

Sofern es die Blutung zuläßt, insbesondere aber bei einer planmäßigen Milzresektion, wird man zunächst das Lig. gastrocolicum partiell und die Vasa gastrica brevia einschließlich des Lig. gastrolienale unter Zuhilfenahme von subtil durchgeführten Dissektionsligaturen durchtrennen und dann die A. und V. lienalis oberhalb der Pankreaskante aufsuchen. Beide Gefäße sollten getrennt angezügelt werden, so daß jederzeit Gefäßklemmen angelegt werden können.

Reicht die auf diese Weise erzielte Übersicht nicht aus, muß die Milz teils stumpf, teils scharf mobilisiert werden, wobei man tunlichst, um Kapseleinrisse zu vermeiden, oberhalb der linken Kolonflexur beginnt und fallweise auch letztere vollständig ablöst. Schließlich gelingt es, die Milz mit der linken Hand vorsichtig nach medial zu kippen, so daß schließlich die sich anspannende retroperitoneale Umschlagsfalte etwa 1–2 cm vom Milzrand entfernt durchtrennt werden kann. Um ein Zurückgleiten der Milz zu vermeiden, sollte man den subphrenischen Raum mit Bauchtüchern ausstopfen.

Bei der gesamten Mobilisation müssen brüske Bewegungen unbedingt vermieden werden. Mitentscheidend für das Gelingen der Milzerhaltung ist deshalb auch die Anpassungsfähigkeit des Operateurs an die individuelle Situation, Geduld und Fingerspitzengefühl vorausgesetzt, da es zudem sehr leicht zu einer Nebenverletzung der Nebenniere oder des Pankreasschwanzes kommen kann.

Für die milzerhaltende Operation stehen folgende Verfahren zur Verfügung:

1. Parenchymnähte, Koagulation, Fibrinklebung

(Abb. 9.4-115)

An der Milz muß mit atraumatischem Chromcatgut durchgreifend genäht werden, wobei man in günstig gelagerten Fällen den Kapselriß durch digitale Kompression des betroffenen Abschnittes übersichtlich darstellen kann. Die Fäden zieht man beim Knüpfen locker an, auch wenn das Parenchym fest ist. Oberflächliche Kapseleinrisse können zusätzlich mit einem gestielten Teil des großen Netzes oder Anteilen des Lig. gastrocolicum bedeckt werden. Eine entscheidende Hilfe ist oft die Verschorfung der Wunde mit dem Infrarotkoagulator oder das Besprühen mit Fibrinkleber. Zusätzlich kann eine Schnittfläche nach Resektion, aber auch ein größerer Kapseldefekt, mit Kollagenvlies gesichert werden. Bewährt haben sich ferner Vicrylnetze. Sehr schwierig kann die Versorgung auf der Ventralseite im hilusnahen Abschnitt sein, da hier der Mobilisation durch die Anatomie natürliche Grenzen gesetzt sind.

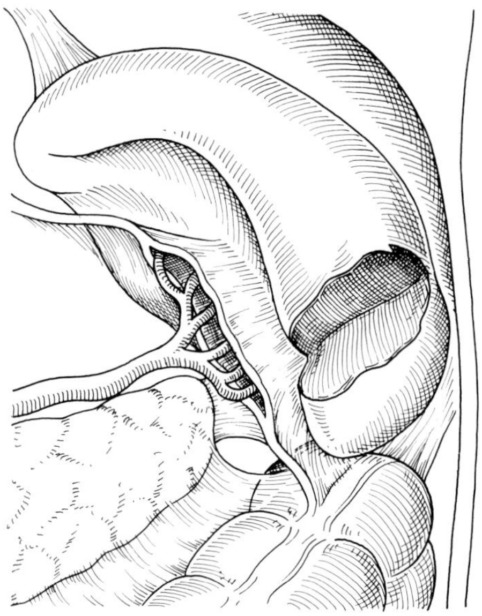

Abb. 9.4-115. Operative Versorgung eines hilusnahen Einrisses.
a) Nach Freilegung des Milzhilus und temporärer Drosselung der Gefäße werden die verbliebenen Hämatomreste beseitigt.

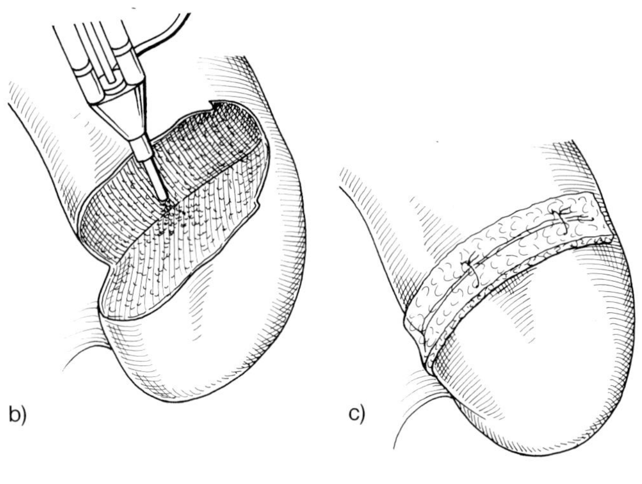

b) Besprühung des Milzparenchyms mit Fibrinkleber und Verschluß der keilförmigen Wunde durch Kompression der Flächen.
c) Bei stark vulnerabler Milzkapsel und durchschneidenden Nähten kann als Widerlager Kollagenflies benutzt werden.

2. Milzresektion

(Abb. 9.4-116)

Sie kann vergleichsweise sehr viel einfacher als die Versorgung einer Kapselverletzung an ungünstiger Stelle sein. Voraussetzung aber ist nach unserer Erfahrung jetzt die temporäre Drosselung der A. und V. lienalis.

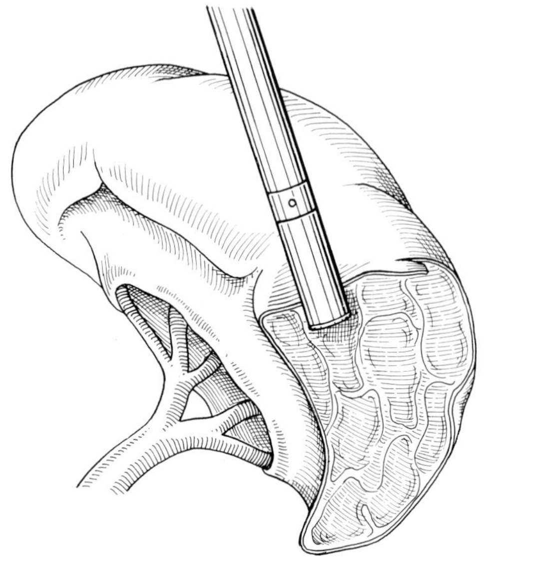

Abb. 9.4-116. Milzerhaltung nach partieller Resektion des unteren Pols.
a) Die Parenchymwunde wird mit dem Infrarotkoagulator verschorft.

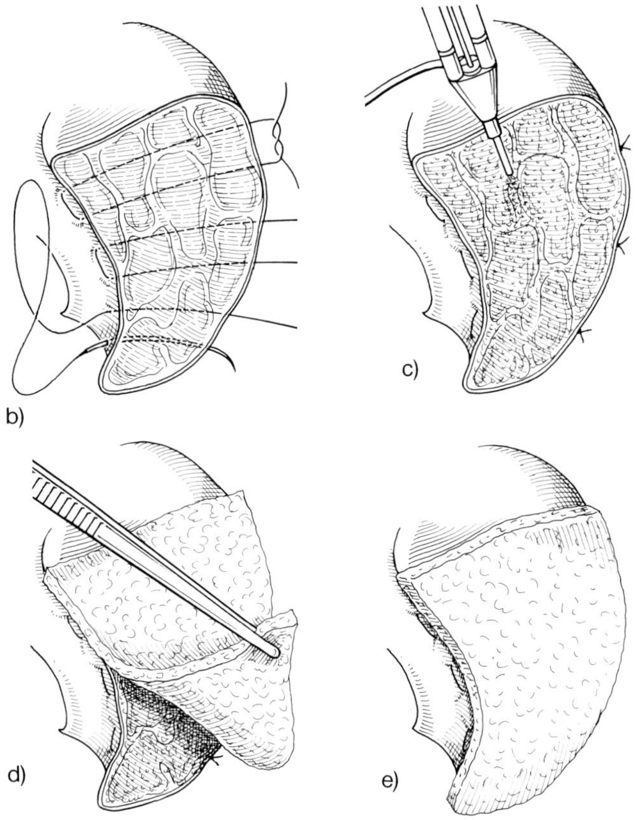

b) Unter anhaltender temporärer Drosselung der A. und V. lienalis werden mehrere U-Nähte durchgehend durch das Parenchym geführt und anschließend geknüpft.
c) Besprühung der Resektionsfläche mit Fibrinkleber.
d u. e) Bedeckung mit Kollagenvlies, dessen überstehende Ränder nach Abhärtung abgeschnitten werden.

3. Autotransplantation

Gelingt die Milzerhaltung nicht, soll beim Erwachsenen die Splenektomie erfolgen. Im Kindesalter steht dagegen noch die Autotransplantation zur Verfügung. Sie ist nicht erforderlich wenn Nebenmilzen vorhanden sind. Ist der Totalverlust der Milz beim Kind nicht zu vermeiden, geht man am zweckmäßigsten wie in Abb. 9.4-117 dargestellt vor.

Dabei wird das Milzgewebe entweder in sehr dünne Scheiben zerschnitten oder durch leichten Druck mit einer Raspel in einen »breiförmigen« Zustand gebracht, jedoch weder homogenisiert noch zu stark gequetscht, da nach den bisherigen Erkenntnissen die Einheilungsrate dann am günstigsten ist, wenn Teile der Milzstruktur erhalten bleiben. Das bedeutet eine Partikelgröße von etwa 60–80 mg. Das auf diese Weise zubereitete Gewebe wird auf einem zugeschnittenen Streifen des großen Netzes ausgebreitet, mit Fibrinkleber besprüht und eingerollt. Dann wird die Netztasche antekolisch in die Milzbucht gebracht und hier mit einigen Nähten fixiert. Es hat sich nicht bewährt, das gesamte Omentum majus zu verwenden und die gebildete Tasche an Ort und Stelle zu belassen, nachdem es zu oft zu Schlingenabszessen und auch zum Bridenileus kam.

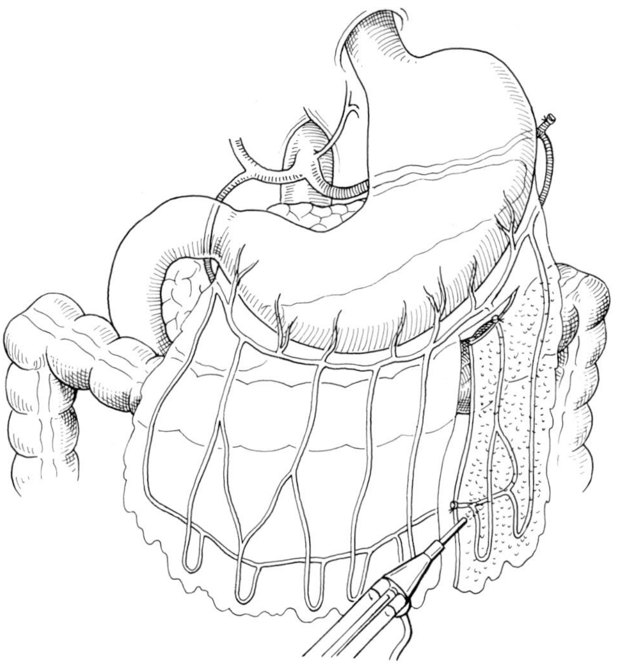

Abb. 9.4-117. Autotransplantation von Milzpartikeln.
a) Auf einem gestielten Anteil des großen Netzes wird das zerkleinerte Milzgewebe ausgestrichen und anschließend mit Fibrinkleber besprüht.

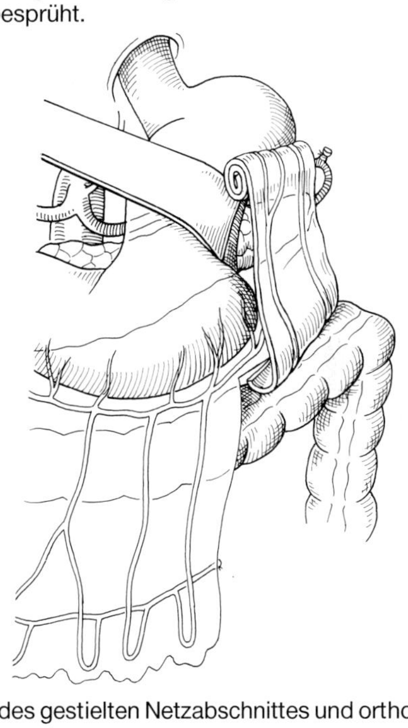

b) Einrollung des gestielten Netzabschnittes und orthotope Positionierung.

4. Milzpunktion

Während dieser Eingriff früher ausschließlich aus diagnostischen Gründen (Splenoportographie) erfolgte, gewann dieses Verfahren zunehmend an Bedeutung in der Behandlung von Abszessen (Rothmund). Die perkutane Punktion unter sonographischer Kontrolle mit Einlage einer Drainage machte – auch nach eigenen Erfahrungen – in einem hohen Prozentsatz die Splenektomie überflüssig.

9.5

Leber, Pfortadersystem, Gallenblase und Gallenwege, Pankreas

Topographische Anatomie

J. W. Rohen

Leber

Die voluminöse **Leber** (Gewicht etwa 1500 g) füllt das rechte Hypochondrium weitgehend aus. Sie schmiegt sich eng an die rechte Zwerchfellkuppel an, die sich bei maximaler Exspiration vorne auf die 4. Rippe, bei maximaler Inspiration auf die Knorpel-Knochen-Grenze der 7. Rippe projiziert. Ein Viertel des Organs liegt links von der Medianebene im epigastrischen Raum oberhalb des Magenfeldes. Der untere Leberrand reicht von der 10. Rippe rechts bis zur 7. Rippe links und bewegt sich – im Gegensatz zur Milz – bei der Atmung senkrecht abwärts. Die Leber lagert sich dem Rippenbogen eng an und kommt daher auch in Höhe des Pleuraraumes zu liegen. Der Recessus costodiaphragmaticus erreicht vorn die 7. und in der mittleren Axillarlinie die 9. Rippe. Im Bereich der 9.–11. Rippe liegt die Leber ventral außerhalb des Pleurafeldes. An der Leberunterseite (Facies visceralis) lagern sich Gallenblase und V. cava inf. tief in das Lebergewebe ein, wodurch eine sagittale Fissur entsteht, die die Leber funktionell und von der inneren Gliederung her in einen rechten und einen linken Leberlappen trennt. Vom linken Lappen werden durch das Lig. falciforme und den entwicklungsgeschichtlichen Rest des Ductus venosus (Arantii), das sog. Lig. venosum, nochmals zwei Lappen abgegrenzt, nämlich der Lobus caudatus (hinten) und der Lobus quadratus (vorn), so daß anatomisch der linke Leberlappen (Lobus sin.) kleiner ist als der rechte (Lobus dexter) (Abb. 9.5A-1). Zusammen mit der Leberpforte ergibt sich dadurch an der Unterseite der Leber die bekannte H-Figur. Die Leberpforte (Porta hepatis) stellt den eigentlichen Hilus des Organs dar, durch den die V. portae und die A. hepatica propria ein- und die Gallengänge austreten. Dabei unterkreuzt in der Regel die rechte Leberarterie den Ductus hepaticus comm.

Die Bauchfellduplikaturen der linken Leberfissur umgreifen die Leberpforte und teilen die Unterfläche des Organs (Facies visceralis) in 2 Regionen auf, rechts das Spatium hepatorenale und links das Spatium hepatogastricum. Die Unterfläche wird vollständig vom Peritoneum überzogen und ist daher gegen die angrenzenden Organe verschieblich (subhepatischer Spaltraum). Sie gleitet links über den Magen, rechts über Duodenum, Kolonflexur und Niere. Die Grenz- und Gleitflächen bilden an der gehärteten Leber entsprechende Impressionen (Abb. 9.5A-1). An der Oberseite der Leber (Facies diaphragmatica) spaltet sich das Lig. falciforme, dessen Unterrand vom Lig. teres hepatis, der obliterierten Nabelvene, gebildet wird, in 2 Blätter auf (Lig. coronarium dext. et sin.), die ein rhombisches, extraperitoneales Feld umgrenzen (Area nuda oder Pars affixa). Hier ist die untere Hohlvene tief in das Lebergewebe eingelassen. Außerdem sind die rechte Nebenniere und der obere Nierenpol innerhalb dieses peritoneumfreien Feldes gelegen. Die Pars affixa liegt nahezu vollständig im Bereich des Centrum tendineum des Zwerchfells und fixiert die Leber in ihrer Lage. Der thorakale Sog und die untere Hohlvene, die an dieser Stelle mehrere Lebervenen aufnimmt, sowie die Appendix fibrosa unterstützen diese recht wirkungsvolle Fixation. Eine »Wanderleber« gibt es daher nicht.

Die Abgrenzung der Pars affixa ist durch die beiden Ligg. coronaria, die nach lateral in die Ligg. triangularia und damit in die Zwerchfellfaszie auslaufen, gegeben. Die peritoneale Umschlagfalte an der Rückfläche der Leber ist meist etwas derber und wird ihrer Lage wegen häufig auch besonders als Lig. hepatorenale und Lig. hepatocavoduodenale gekennzeichnet.

In der Leberpforte haben die Leitungsbahnen eine gesetzmäßige Lage. Am weitesten dorsal ist die Pfortader lokalisiert, nach ventral folgen die A. hepatica mit den adventitiellen, autonomen Nervenplexus, die extrahepatischen Gallenwege und die portalen Lymphgefäße. Die Lebervenen treten nicht in der Leberpforte aus, sondern münden im Bereich der Pars affixa direkt in die untere Hohlvene ein (Abb. 9.5A-2).

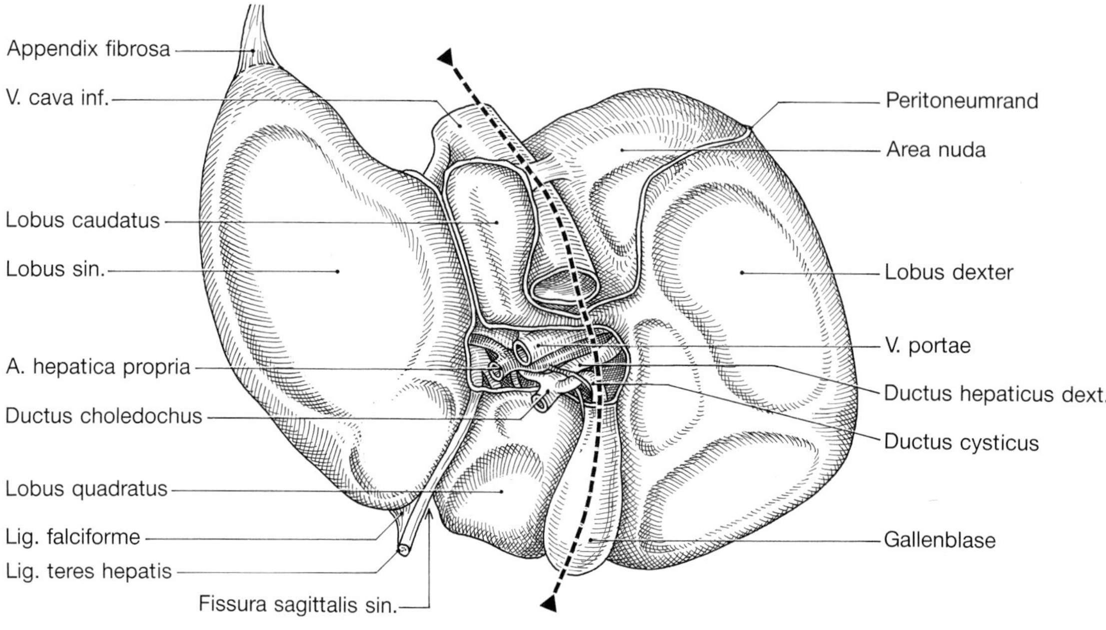

Abb. 9.5A-1. Leber von kaudal gesehen. Man beachte die Lage der Gefäße und Gänge im Bereich der Leberpforte. In der Regel unterkreuzt die rechte Leberarterie den Ductus hepaticus communis. Gestrichelte Linie = funktionelle Grenze zwischen rechtem und linkem Leberlappen.

Segmentgliederung der Leber: Durch eine relativ gesetzmäßige Aufteilung der Lebergefäße, insbesondere der abführenden Lebervenen, entsteht – ähnlich wie in der Lunge – eine **Segmentgliederung** des Leberparenchyms. Dabei verlaufen die Venenstämme, die in die V. cava inf. einmünden, **zwischen** den Segmenten, die Gebilde der sog. Trias hepatis, d.h. die Äste der V. portae und A. hepatica sowie die Gallengänge, im Zentrum der Segmente (Abb. 9.5A-2). Im allgemeinen unterscheidet man 9 Segmente, von denen lediglich die Segmente II und III auf den anatomischen Lobus sin. entfallen. Geht man von der funktionellen Lappengliederung aus, deren Grenze in der durch die Gallenblase und die V. cava inf. bestimmten Ebene liegt und in der die V. hepatica media verläuft, so gehören zum linken Leberlappen die Segmente I, II, III, IV und IX, zum rechten die Segmente V, VI, VII und VIII (Abb. 9.5A-2). Das Segment IX umfaßt in der Hauptsache den Lobus caudatus, der meist direkt durch ein oder zwei Vv. lobi caudati zur unteren Hohlvene hin drainiert wird. Die Grenze zwischen der Segmentgruppe V/VIII und VI/VII bilden die Venenstämme der V. hepatica dextra, die Grenze zwischen II/III und I/IV diejenigen der V. hepatica sin. (Abb. 9.5A-2). Die portalen Segmenthili für die Segmente des linken Leberlappens (I–IV und IX) sind in der Regel dorsokaudal, d.h. sie sind ohne Zerstörung von Leberparenchym chirurgisch direkt von der Unterseite der Leber aus erreichbar. Im rechten Leberlappen gilt dies nur in Einzelfällen für das Segment VI. Die portalen Hili der Segmente V, VII und VIII sind dagegen regelmäßig tief im Parenchym verborgen. Da die portalen Hili der Segmente VI und VII, V und VIII sowie I und IV unmittelbar benachbart sind, kann man sie auch als gemeinsame Eintrittstellen für Doppel- oder Hauptsegmente auffassen, die dann in Subsegmente zu unterteilen wären. Möglicherweise ist die Gliederung in 4 Doppelsegmente von praktischen Gesichtspunkten aus der anatomischen Gliederung in 9 Subsegmente vorzuziehen.

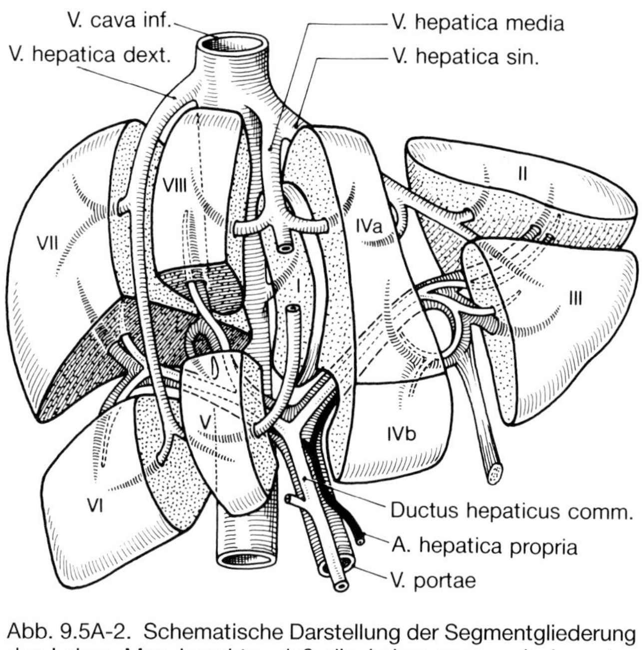

Abb. 9.5A-2. Schematische Darstellung der Segmentgliederung der Leber. Man beachte, daß die Lebervenen zwischen den Segmenten verlaufen.

Die geschilderten 9 Segmente sind in gewisser Hinsicht zirkulatorisch isolierbare Einheiten, die untereinander nur wenig anastomosieren, intrasegmental jedoch zahlreiche Verbindungen besitzen, so daß eine weitere Aufgliederung der Segmente anatomisch nicht möglich erscheint. Da die größeren Venenstämme der Vv. hepaticae Zuflüsse aus den jeweils benachbarten Segmenten erhalten, sind Unterbindungen möglich, da die Drainage von den Nachbarsegmenten mit übernommen werden kann. In der Regel werden die von der V. hepatica media venös drainierten Segmente (I, IV,V,VIII) gleichzeitig auch von den beiden anderen großen Venenstämmen, nämlich der V. hepatica dext. et sin. mit drainiert, so daß eine Unterbindung der V. hepatica media bei Leberresektionen meist problemlos, d. h. ohne venöse Stauungen toleriert wird. Dies gilt jedoch nicht in gleichem Maße für die V. hepatica dext. oder sin., da nur ein Teil der von ihnen versorgten Segmente auch über andere venöse Abflüsse verfügt. Jedoch sind Variationen der Lebervenen relativ häufig. Außer den 3 großen Lebervenen, die auch in Lage und Größe variieren können, existieren meist noch Nebenabflüsse, und zwar ausnahmslos im Bereich der Area nuda der Leber, d. h. der von den Ligg. coronaria umgrenzten Anheftungsstelle der Leber am Zwerchfell. Zu den akzessorischen Lebervenen zählen die Vv. lobi caudati sowie eine oder mehrere Vv. hepaticae dorsales aus dem rechten Leberlappen. Akzessorische Lebervenen aus dem linken Leberlappen sind die Ausnahme.

Die **Arterien der Leber** stammen aus Ästen der A. hepatica propria, die von der A. hepatica comm. und damit vom Truncus coeliacus kommen. Die A. hepatica propria spaltet sich meist noch innerhalb des Lig. hepatoduodenale in eine A. hepatica dext. et sin. auf, wobei sich die linke Leberarterie im Bereich der Leberpforte gleich wieder in 2 Äste für die beiden Segmente des linken Leberlappens aufzweigt (Abb. 9.5A-3). Von diesem Grundschema gibt es auffallend viele Variationen. So kann die A. hepatica aus der A. mesenterica sup. entspringen (Abb. 9.5A-4a). A. hepatica dext. et sin. können auch getrennt aus dem Truncus coeliacus hervorgehen, wobei die A. cystica dann meist aus der rechten Leberarterie entspringt (Abb. 9.5A-4b). Eine seltene Variation ist die, daß die linke A. hepatica aus dem Truncus coeliacus, die rechte dagegen aus der A. mesenterica sup. entspringt (Abb. 9.5A-4c). Die linke Leberarterie kann auch isoliert aus der A. gastrica sin. abzweigen, während die rechte – wie normal – aus der A. hepatica comm. hervorgeht (Abb. 9.5A-4d). Nicht so

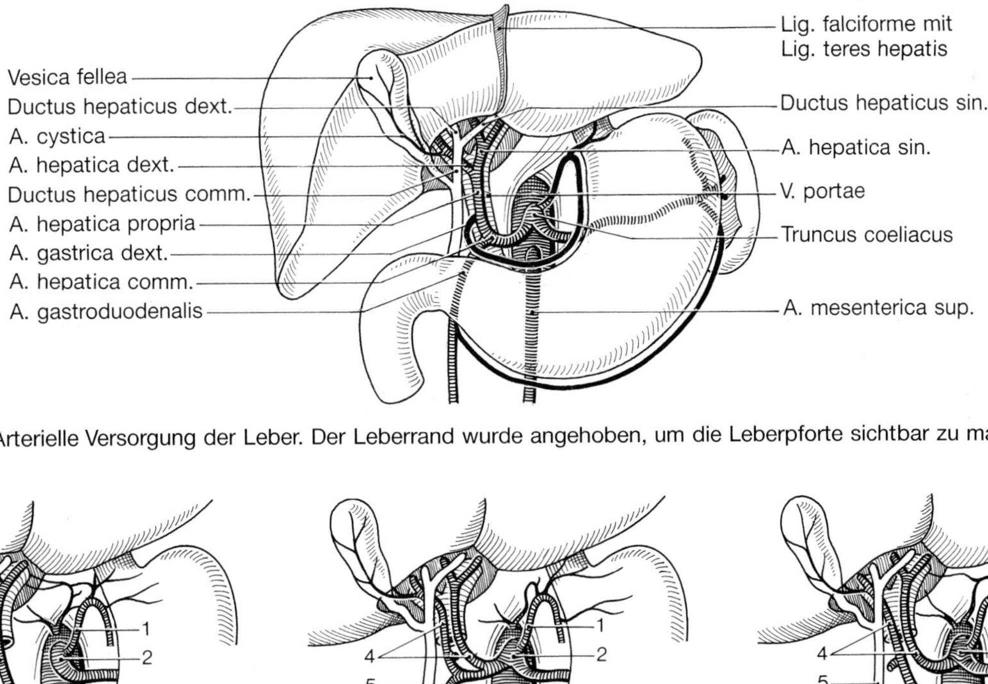

Abb. 9.5A-3. Arterielle Versorgung der Leber. Der Leberrand wurde angehoben, um die Leberpforte sichtbar zu machen.

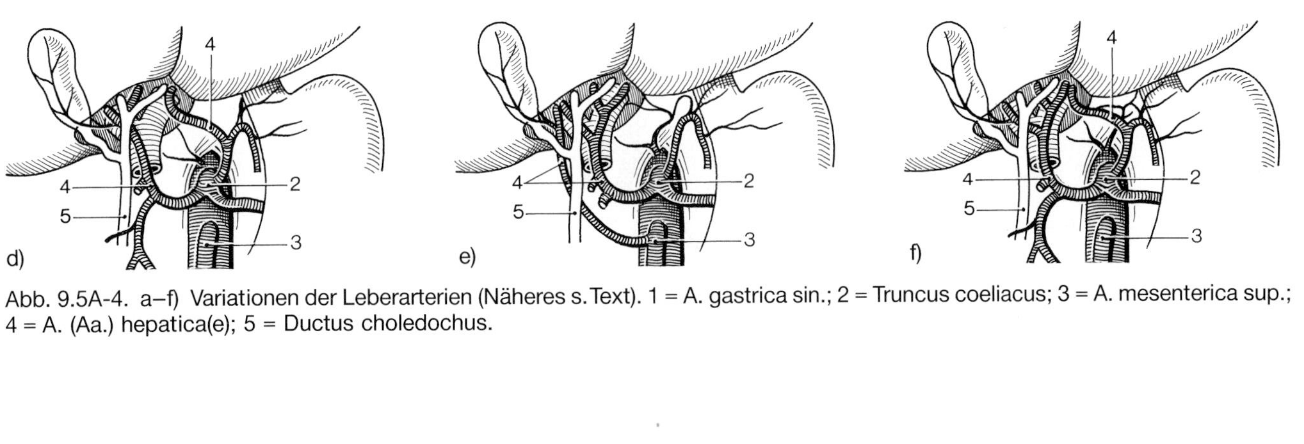

Abb. 9.5A-4. a–f) Variationen der Leberarterien (Näheres s. Text). 1 = A. gastrica sin.; 2 = Truncus coeliacus; 3 = A. mesenterica sup.; 4 = A. (Aa.) hepatica(e); 5 = Ductus choledochus.

selten kommen auch akzessorische Leberarterien vor, die dann entweder als akzessorische rechte oder akzessorische linke Leberarterien in Erscheinung treten. Zusätzliche rechte Leberarterien gehen meist aus der A. mesenterica sup. hervor, zusätzliche linke aus der A. gastrica sin. (Abb. 9.5A-4e u. f).

Die **Lymphgefäße der Leber** sammeln sich in der Hauptsache in der Leberpforte und erreichen über die Nodi lymph. coeliaci et paraaortales die Cisterna chyli und damit den Ductus thoracicus (intrahepatisches, tiefes System). Daneben existiert aber noch ein subseröses, oberflächliches Lymphsystem, das einerseits über die retrosternalen und vorderen mediastinalen Lymphbahnen, andererseits nach dorsal über die juxtakavalen und hinteren mediastinalen Lymphgefäße abfließt.

Pfortadersystem

Die Pfortader (V. portae) sammelt das Blut aus den unpaaren Bauchorganen (Magen, Dünn- und Dickdarm, Leber, Pankreas, Milz usw.). Sie bildet sich durch den Zusammenfluß von 3 größeren Venen, nämlich der oberen und unteren Mesenterialvene (V. mesenterica sup. et inf.) sowie der Milzvene (V. lienalis). Die V. portae tritt von der Unterseite in die Leber ein (Leberpforte) und verzweigt sich innerhalb der Leber wieder in größere, segmental angeordnete Gefäßstämme, die über die Vv. interlobulares die Kapillarnetze des Leberparenchyms speisen. Die Leber besitzt zusätzlich noch eine arterielle Versorgung durch die A. hepatica propria, da das aus dem Darm stammende Pfortaderblut zu sauerstoffarm ist, um das Lebergewebe ausreichend ernähren zu können.

Die Hauptzuflüsse zur Pfortader stammen aus dem Dünn- und Dickdarm, so daß sich die V. mesenterica sup. direkt in die V. portae fortsetzt. Meist nimmt die ebenfalls sehr starke Milzvene, die hinter dem Magen und Pankreas verläuft, noch die V. mesenterica inf. mit dem Blut aus dem Colon descendens, Colon sigmoideum und Rectum auf, bevor sie sich mit der V. mesenterica sup. vereinigt. Häufig mündet aber auch die V. mesenterica inf. unmittelbar in die Pfortader ein (Abb. 9.5A-5).

Die **V. mesenterica sup.** verläuft weitgehend intraperitoneal. Sie nimmt das Venenblut aus dem Jejunum (Vv. jejunales), Ileum (Vv. ileae), dem Caecum (V. ileocolica), dem Wurmfortsatz (V. appendicularis), dem Colon ascendens (V. colica media), aus dem Pankreaskopf und Duodenum (Vv. pancreaticae, Vv. pancreaticoduodenales inf.) sowie aus der an der großen Magenkurvatur verlaufenden V. gastroepiploica dextra auf, überkreuzt den horizontalen Teil des Duodenums und geht dann direkt in die V. portae über (Abb. 9.5A-5 u. 6).

Die **V. mesenterica inf.** verläuft retroperitoneal und sammelt das venöse Blut aus dem Rectum (V. rectalis sup.), dem Colon sigmoideum (Vv. sigmoideae), dem Colon descendens und dem linken Teil des Colon transversum (V. colica sin.). Hier bestehen Anastomosen mit der V. colica sin.

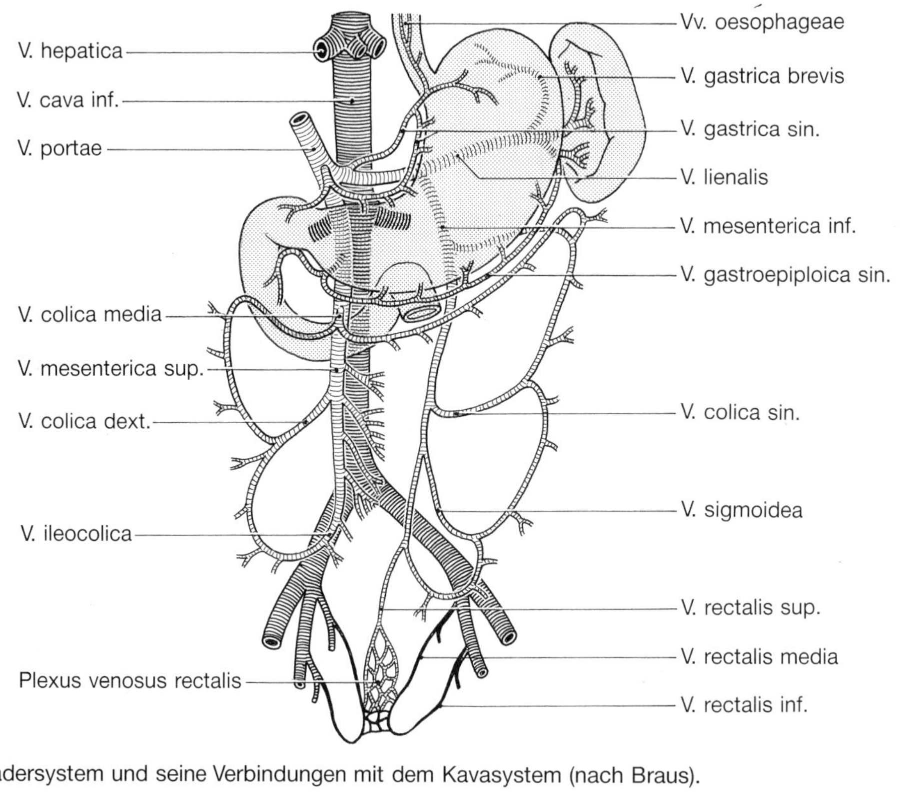

Abb. 9.5A-5. Pfortadersystem und seine Verbindungen mit dem Kavasystem (nach Braus).

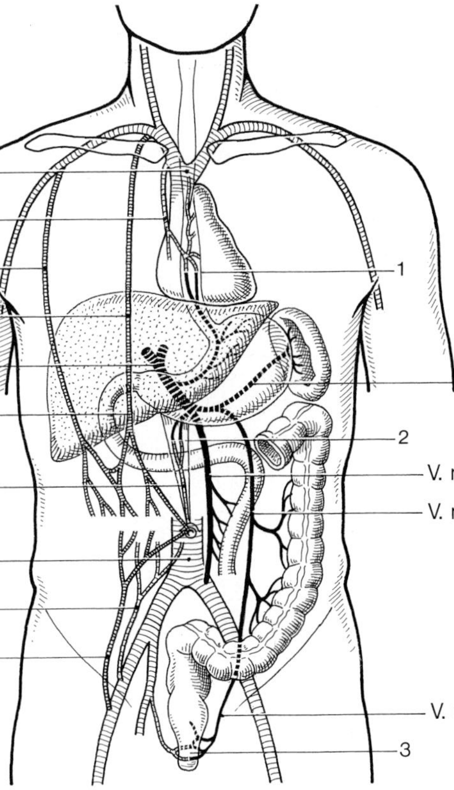

Abb. 9.5A-6. Schematische Darstellung des Pfortadersystems mit den portokavalen Anastomosen: 1 = Ösophagusvenen; 2 = Bauchwandverbindungen (Vv. paraumbilicales); 3 = Rektale Venen (Plexus venosus rectalis).

Die **V. lienalis** verläuft ebenfalls retroperitoneal. Sie erhält venöse Zuflüsse vom Corpus und Fundus des Magens (Vv. gastricae breves, V. gastroepiploica sin.), vom Pylorusabschnitt des Magens (V. pylorica) und aus dem Pankreas (V. pancreatica magna, Vv. pancreaticae dors. et inf.). Die Venen, die an der kleinen Kurvatur des Magens verlaufen (V. praepylorica, V. gastrica sin. et dext.), fließen meist unmittelbar zur Pfortader hin ab.

Da das Pfortadersystem als venöses Wundernetz in den venösen Teil des Kreislaufs (Niederdrucksystem) eingeschaltet ist, kann eine Stauung im Pfortadersystem lebensbedrohliche Zustände zur Folge haben, da das Blut nicht in den allgemeinen Kreislauf zurückfließen kann. Daher sind die an den Grenzen des Pfortadersystems vorhandenen Anastomosen mit dem Kavasystem klinisch von großer Bedeutung. Die hauptsächlichsten **portokavalen Anastomosengebiete** sind in Abb. 9.5A-6 u. 7 schematisch dargestellt.

Abflüsse über die Bauchwandvenen: Das Venennetz der Bauchwand steht in der Nabelregion über die ad- und paraumbilikalen Venen des Lig. falciforme mit der Pfortader in Verbindung, die in der Nachbarschaft der obliterierten Nabelvene erhalten geblieben sind. Vom Nabel gehen kaudalwärts die V. epigastrica inf. und V. epigastrica superfic. zur V. iliaca ext. bzw. V. femoralis und bekommen dadurch Verbindungen mit dem Kavasystem (V. cava inf.). Nach kranial fließt das Venenblut über die V. epigastrica sup. via V. thoracica int. zur V. subclavia und V. cava sup. oder über die V. thoracoepigastrica via V. axillaris zur V. subclavia und so zur V. cava sup. Beim intra- und posthepatischen Block können sich die paraumbilikalen Venen und dadurch die Venen der Bauchwand stark ausweiten (Caput Medusae). Beim prähepatischen Block bleiben die Nabelvenen jedoch unverändert, wenn die Stauung distal, d. h. leberwärts vom Abgang der paraumbilikalen Venen am Lig. falciforme auftritt. Ein Caput Medusae entwickelt sich dann nicht.

Die Venen an der kleinen Kurvatur des Magens (Vv. gastricae sin. et dext., V. praepylorica) stehen einerseits über die Kardiavenen mit den unteren Ösophagusvenen, andererseits über die Vv. gastricae breves mit der Milzvene in Verbindung. Die Ösophagusvenen münden in die Vv. azygos und hemiazygos und auf diesem Wege in die V. cava sup. ein.

Die Anastomosen zur Milzvene können bei isolierten Milzvenenstenosen von Bedeutung sein, da das Milzvenenblut dann über die Vv. gastricae in die Pfortader fließen kann, was ggf. das Blut eines portalen Hochdrucks mit Ösophagusvarizen erzeugt.

Die rektalen Anastomosen kommen über venöse Verbindungen der V. rectalis sup. et media zustande. Die V. rectalis sup. leitet das venöse Blut aus dem Plexus rectalis (haemorrhoidalis) der unteren Rektumabschnitte in die V. mesenterica inf. und damit zur Pfortader, die V. rectalis media et inf. dagegen über die V. iliaca int. zur V. cava inf. ab.

Schließlich existieren noch im Bereich des Retroperitonealraumes portokavale Anastomosen zwischen dem Stromgebiet der V. portae und V. cava inf., vornehmlich

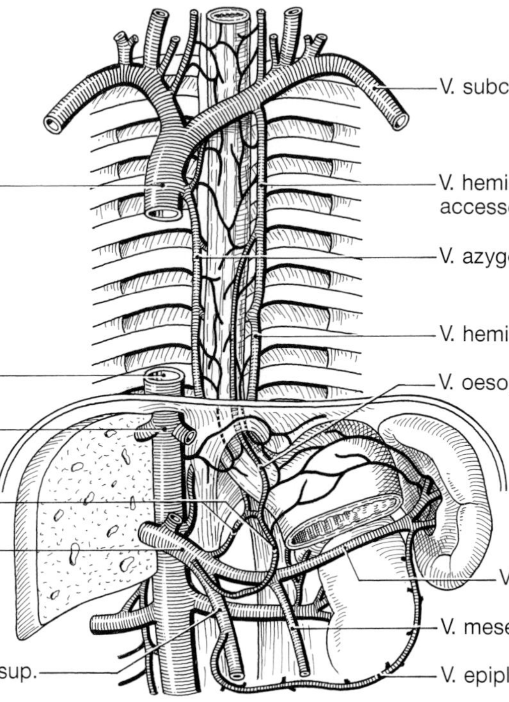

Abb. 9.5A-7. Äste der Pfortader im Oberbauchbereich und deren Anastomosen mit den Ösophagusvenen.

über die Vv. lumbales, renales et suprarenales sowie die Vv. phrenicae inf., die aber klinisch weniger von Bedeutung sind.

Am wichtigsten sind zweifellos die Venenanastomosen im abdominalen Ösophagusbereich, die bei Pfortaderstauungen häufig zu ausgedehnten Venenerweiterungen (Ösophagusvarizen) führen.

Gallenblase und Gallenwege

Die Gallenblase lagert sich von unten der Leber an, und liegt dabei in einer sagittalen Ebene, die – wie oben besprochen (S. 468) – die funktionelle Grenze zwischen dem rechten und linken Leberlappen darstellt. Ihr Fundus überragt den unteren Leberrand um 1–1,5 cm. Diese Stelle liegt etwa da, wo sich der Leberrand mit der Verlängerungslinie der 9. Rippe schneidet. Röntgenologisch projiziert sich der Fundus der Gallenblase nach Kontrastfüllung beim liegenden Patienten etwa auf den oberen Rand des 3. Lendenwirbelkörpers. Collum und Ductus cysticus projizieren sich in der Regel rechts neben den 1. Lendenwirbel bzw. kaudal der 12. Rippe. Der Gallenblasenkörper (Corpus vesicae felleae) ist fester mit dem Lebergewebe verwachsen als Fundus oder Collum. Der Hals der Gallenblase ist häufig sogar durch eine peritoneale Duplikatur, durch die die Gefäße das Organ erreichen, beweglich. In seltenen Fällen ist die Gallenblase durch ein mesoartiges Band ganz intraperitoneal gelegen und isoliert.

Der Ausführungsgang der Gallenblase (Ductus cysticus) vereinigt sich im Bereich der Leberpforte mit dem Ductus hepaticus comm. der Leber, der aus den beiden Ductus hepatici (dext. et sin.) hervorgeht. Ductus hepaticus comm. und Ductus cysticus bilden den Ductus choledochus, der in das Lig. hepatoduodenale eintritt und hinter dem Duodenum entlang zur Papilla duodeni (major) zieht (Abb. 9.5A-8). Die Art der Vereinigung dieser beiden Gänge variiert individuell sehr. Ein langer Ductus cysticus kann parallel neben dem Ductus hepaticus herlaufen oder ihn spiralig umwinden, wobei die Schleife entweder vor oder hinter dem Ductus hepaticus liegen kann (Abb. 9.5A-9). Der Ductus cysticus, der im Innern eine spiralige Falte (Heistersche Klappe) besitzt, kann sich dem Gallengang der Leber anlagern und teilweise auch mit ihm verwachsen (Abb. 9.5A-9). Schließlich kann der Ductus cysticus auch recht lang werden und erst ganz kaudal vom Ductus hepaticus comm. einmünden. Der Ductus choledochus kann also sehr verschieden lang sein. Diese Verhältnisse können ebenso wie die Variationen im Verzweigungsmuster der A. hepatica für die chirurgische Präparation entscheidend sein. Auch bei der Ausbildung der Ductus hepatici gibt es Variationen. Rechter und linker Ductus hepaticus anastomosieren innerhalb der Leber nicht mehr; eine Tatsache, die bei Verletzungen zu berücksichtigen ist. In der Leberpforte kommen dagegen relativ häufig Anastomosen zwischen den extrahepatischen Gallengängen der Leber oder akzessorische Gallengänge vor. Dabei kann der Ductus cysticus mit einem der beiden Ductus hepatici verbunden oder ein zusätzlicher Gallengang vorhanden sein. Der Ductus hepaticus kann auch direkt distal in den Ductus choledochus einmünden und dann relativ lang werden.

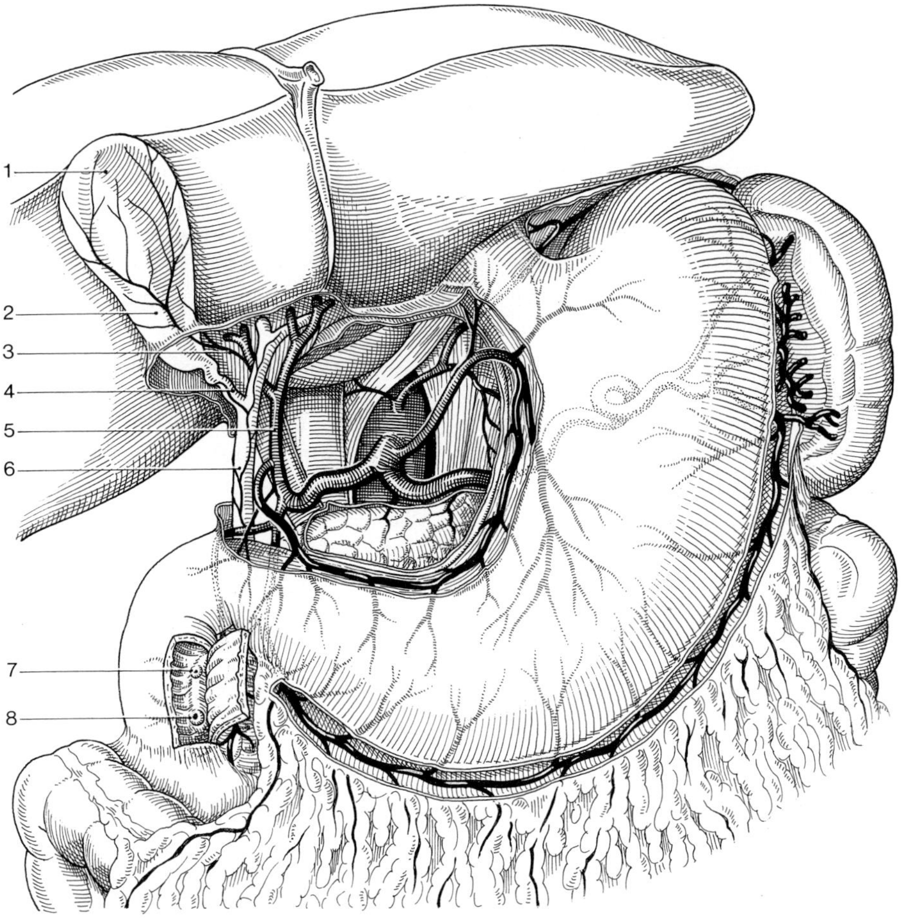

Abb. 9.5A-8. Topographie der Gallenblase und der extrahepatischen Gallenwege. Das Duodenum wurde gefenstert, um die Papilla duodeni zu zeigen. 1 = Fundus vesicae felleae; 2 = Collum vesicae felleae; 3 = A. cystica; 4 = Ductus cysticus; 5 = A. hepatica propria; 6 = Ductus choledochus; 7 = Papilla duodeni minor; 8 = Papilla duodeni major.

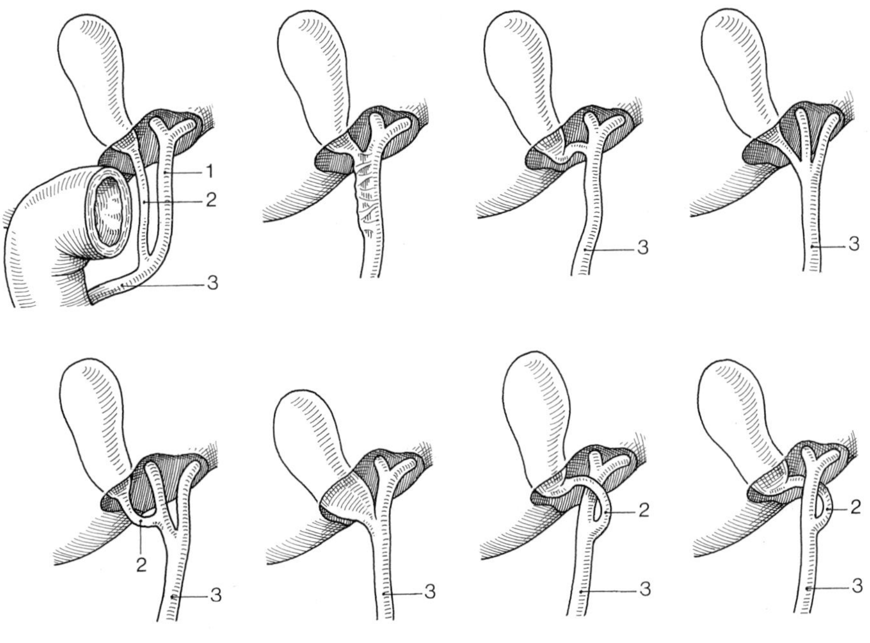

Abb. 9.5A-9. Variationen in der Ausbildung der extrahepatischen Gallenwege, insbesondere des Ductus cysticus. 1 = Ductus hepaticus comm.; 2 = Ductus cysticus; 3 = Ductus choledochus.

Die **arterielle Versorgung** der Gallenblase und Gallenwege stammt aus der A. cystica, die in der Regel aus der A. hepatica propria entspringt (Abb. 9.5A-8). Der Ursprung der A. cystica aus der Leberarterie kann aber stark variieren. Er kann weiter distal (z.B. Abgang von der rechten Leberarterie) oder weiter proximal liegen (Abgang aus der A. hepatica comm., dem Truncus coeliacus oder aus einer evtl. akzessorischen Leberarterie, die dann meist aus der A. mesenterica sup. hervorgeht (Abb. 9.5A-10a–f)). Die zahlreichen Variationen der Leberarterien wirken sich naturgemäß auch auf den Abgang der Gefäße zur Gallenblase und zu den Gallenwegen aus. Nicht selten sind auch 2 Arterien vorhanden, je eine für die Vorder- und Rückseite der Gallenblase (Abb. 9.5A-10g–j). In seltenen Fällen entspringt die A. cystica auch aus der A. gastroduodenalis (Abb. 9.5A-10c u. h).

Der Ductus choledochus wird meist direkt von Ästen der A. hepatica comm. oder propria oder von der A. gastroduodenalis versorgt. Die regional abzweigenden Ästchen stehen nicht ausreichend miteinander in Verbindung, so daß sie bei operativen Eingriffen sorgfältig geschont werden müssen, da ihre Unterbindung narbenartige Stenosen einzelner Gallengangsabschnitte nach sich ziehen kann.

Die **Gallenblasenvenen** fließen einerseits zur Pfortader, andererseits direkt zu den Lebersinusoiden hin ab, was ein Übergreifen von pathologischen Prozessen von der Gallenblase auf die Leber oder umgekehrt begünstigt.

Die **Lymphgefäße** der Gallenblase ziehen zur Leberpforte und deren Lymphknoten (Nodi lymphatici hepatici), die wiederum mit den Lymphknotengruppen am Truncus coeliacus (Nodi lymphatici coeliaci) in Verbindung stehen (Abfluß über die Cisterna chyli und den Ductus thoracicus).

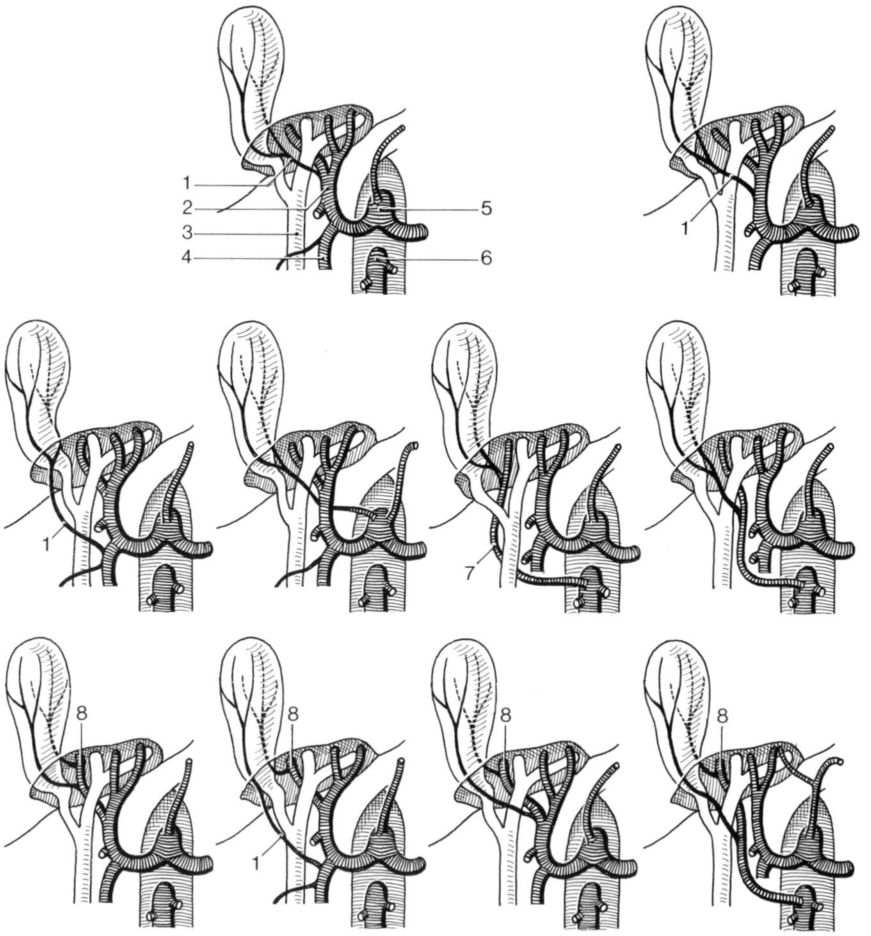

Abb. 9.5A-10. Variationen in der arteriellen Versorgung der Gallenblase. 1 = A. cystica; 2 = A. hepatica propria; 3 = Ductus choledochus; 4 = A. gastroduodenalis; 5 = Truncus coeliacus; 6 = A. mesenterica sup.; 7 = akzessorische Leberarterie; 8 = A. hepatica dextra mit Abgang einer 2. Gallenblasenarterie.

Pankreas und Duodenum

Das 65–80 g schwere, retroperitoneal gelegene **Pankreas** erstreckt sich vom Duodenum (Caput pancreatis) bis zum Milzhilus (Cauda) und ist für den Chirurgen schwer zugänglich (»operationsfeindliches Organ«) (Abb. 9.5A-11). Am Unterrand ist das Organ durch den mesenterialen Gefäßstiel scharf eingeschnitten (Incisura pancreatis). Das Pankreas entsteht aus einer ventralen und einer dorsalen Anlage, die erst sekundär miteinander verschmelzen. Die ventrale Anlage liefert den unteren Teil des Pankreaskopfes und den Endabschnitt des Ausführungsganges (Ductus pancreaticus (Wirsungi)). Die wesentlich umfangreichere dorsale Anlage bildet das übrige Drüsengewebe. Der Endabschnitt ihres Ausführungsganges geht meist zugrunde oder bildet den Ductus pancreaticus accessorius (Santorini), der etwas weiter kranial auf der Papilla duodeni minor ausmündet. Die eigenartige Entwicklungsgeschichte des Organs hat insofern eine klinische Bedeutung, als sie die Existenz dystoper Pankreaskeime, die im Magen, Duodenum, Dünndarm oder Kolon vorkommen können, erklärt (Pancreas aberrans). Aberrierendes Pankreasgewebe kann auch das Duodenum – vor allem die Pars descendens – ringartig umwachsen und bei entsprechender Massenzunahme stenosieren (Pancreas anulare). Der Pankreaskopf ist in der Regel eng mit der Duodenalwand verwachsen.

An der Dorsalseite des Organs gräbt sich die Milzvene in das Drüsengewebe ein. Die V. portae konstituiert sich dorsal hinter dem Pankreaskopf in Höhe der Incisura pancreatis durch den Zusammenfluß von V. lienalis, V. mesenterica sup. et inf. Sie liegt in Verlängerung der oberen Mesenterialvene. Das Pankreas überlagert auch die großen Gefäße des Retroperitonealraumes, vor allem die V. cava inf., Vasa renalia, Aorta abdominalis.

Die **arterielle Versorgung** des Pankreas kommt aus den benachbarten Arterienstämmen, ist also nicht einheitlich. Im Bereich des Pankreaskopfes bilden sich zwei Anastomosenkränze, deren Gefäßstämme kranial vom Truncus coeliacus und kaudal von der A. mesenterica sup. aus mit Blut versorgt werden (Abb. 9.5A-11). Die A. gastroduodenalis (ein Ast der A. hepatica comm.) teilt sich am oberen Rand des Pankreaskopfes in 2, etwa gleich starke Arterien auf, vorne die A. supraduodenalis sup. (früher A. pancreaticoduodenalis sup.) und hinten die A. retroduodenalis. Aus der A. mesenterica sup. entspringen ebenfalls 2 Arterien, die Aa. pancreaticoduodenales inferiores, die dann von unten her die Anastomosenkränze vervollständigen (Abb. 9.5A-11). Die A. retroduodenalis gräbt sich meist tief in das Pankreasgewebe ein und verläuft dort in einem Bindegewebskanal zusammen mit dem Ductus choledochus, so daß Choledochuserkrankungen zu retroduodenalen oder retropankreatischen Blutungen führen können. Der Pankreaskörper erhält seine Hauptblutversorgung aus Ästen der A. lienalis, die von kranial in das Drüsengewebe eindringen. Besonders kräftig ist die A. pancreatica dorsalis, die etwa in Höhe der Aorta liegt, und die A. pancreatica magna, die in der Mitte der A. lienalis abzweigt (Abb. 9.5A-11). Kurz vor

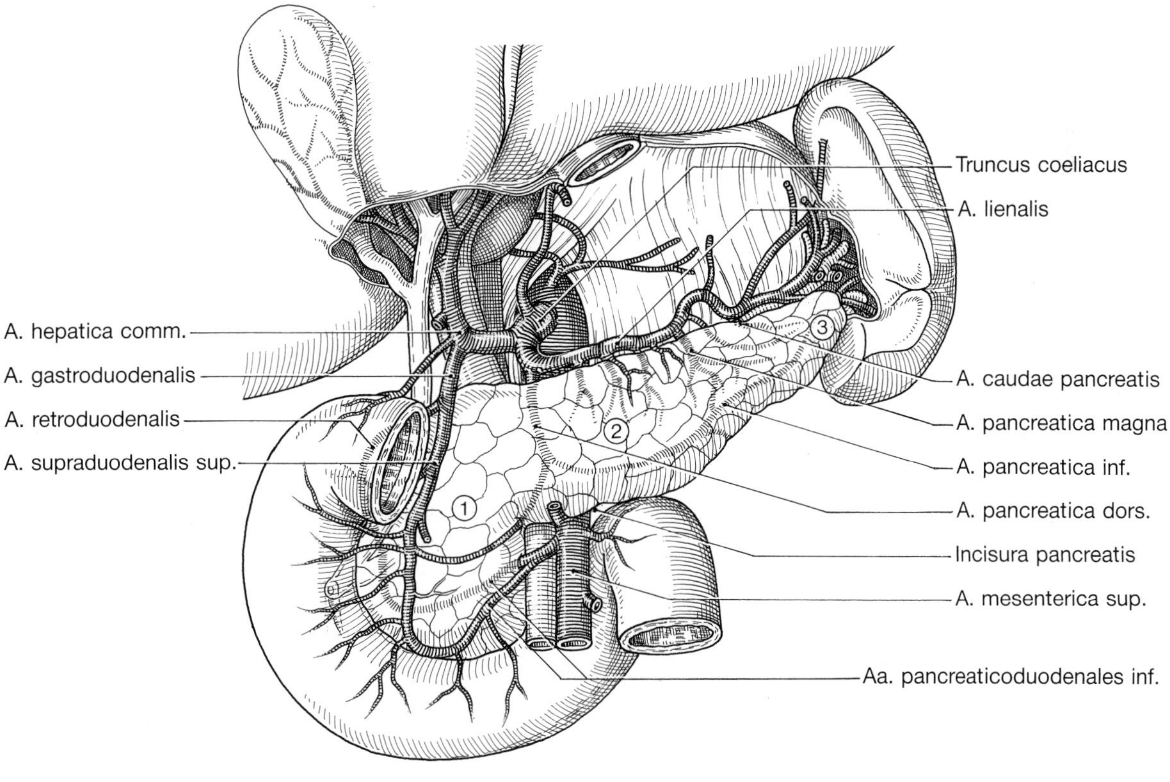

Abb. 9.5A-11. Topographische Lage des Pankreas an der dorsalen Bauchwand. Schematische Darstellung der arteriellen Versorgung des Pankreas. 1 = Caput pancreatis; 2 = Corpus pancreatis; 3 = Cauda pancreatis.

dem Milzhilus zweigen von der A. lienalis noch Rami pancreatici und die A. caudae pancreatis ab, die vor allem den Pankreasschwanz und das hier reichlich vorhandene Inselgewebe versorgen. Im kaudalen Drüsenbereich verläuft parallel zum Drüsenrand noch die A. pancreatica inf., die von Ästen der A. pancreatica dorsalis, der A. pancreatica magna sowie von kleineren Pankreasarterien gespeist wird (Abb. 9.5A-11).

Duodenum: Das etwa 25–30 cm lange, U-förmige Duodenum liegt weitgehend retroperitoneal, und zwar hauptsächlich rechts von der Wirbelsäule in Höhe von L_1–L_3. Man unterscheidet eine (noch intraperitoneale) Pars superior, die sich an den Pylorus anschließt und anfangs etwas erweitert ist (sog. Bulbus duodeni), eine Pars descendens, die sich über den Nierenhilus hinweg um den Pankreaskopf herumlagert, eine quer verlaufende Pars horizontalis (oder auch Pars inferior) und schließlich eine Pars ascendens, die links neben der Wirbelsäule wieder aufsteigt und mit der Flexura duodenojejunalis (Treitzsche Flexur) in das Jejunum übergeht. An den Übergängen dieser Abschnitte entstehen Flexuren, die zugleich den Wechsel von der intra- in die retroperitoneale Lage oder umgekehrt einleiten (Flexura duodeni superior und Flexura duodenojejunalis). Der suprapapilläre Duodenalabschnitt gehört hauptsächlich zum Stromgebiet des Truncus coeliacus, der infrapapilläre zu dem der A. mesenterica sup. (Abb. 9.5A-11). Die arterielle Versorgung stammt weitgehend aus den Ästen der beiden oben geschilderten Gefäßkränze (s. S. 475).

Normalerweise hat das Duodenum eine retrovaskuläre Lage, d.h. der mesenteriale Gefäßstiel, der hinter dem Pankreaskopf hervortritt und die Vasa mesenterica sup. enthält, überkreuzt vorne den horizontalen Duodenalabschnitt, in der Regel in Höhe des 3. Lendenwirbelkörpers. In seltenen Fällen wird auch eine prävaskuläre Lage des unteren Duodenalabschnittes beobachtet, meist im Zusammenhang mit anderen Mißbildungen der Darmentwicklung (z.B. unvollständige Drehung der Nabelschleife oder Mesenterium commune). Solche Anomalien bergen die Gefahr einer Stieldrehung mit Darmverschluß in sich.

Der Hauptausführungsgang des Pankreas (Ductus pancreaticus (Wirsungi)) mündet zusammen mit dem Ductus choledochus auf der Papilla duodeni major (Vateri) kaudal von dem gelegentlich vorhandenen, akzessorischen Ausführungsgang (Ductus pancreaticus accessorius (Santorini)), der die Papilla duodeni minor bildet. Diese Gangmündungen werfen in der Duodenalschleimhaut eine Längsfalte auf (Plica longitudinalis duodeni), die etwa in der Mitte der Pars descendens an der medialen Seite des Duodenum-U liegt. Ductus pancreaticus und Ductus choledochus können auf der Papilla duodeni major getrennt oder auch gemeinsam in einer ampullenförmigen Erweiterung ausmünden (Abb. 9.5A-12). Sie können auch ein gemeinsames Gangstück oder eine ampulläre Erweiterung bilden. In jedem Falle sorgt ein differenziertes Muskelsystem, der sog. Sphincter Oddi, der in der Hauptsache von der Duodenalwand gebildet wird, für die Regelung des Galleneinstromes in das Darmlumen und verhindert den Übertritt von Galle in den Pankreasgang. Im Bereich der Papille sind ausgedehnte submuköse Venengeflechte vorhanden, die die Verschlußmechanismen unterstützen.

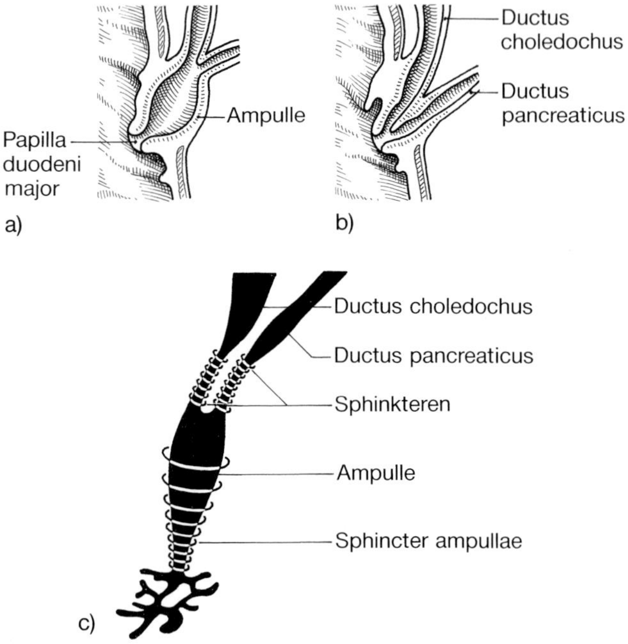

Abb. 9.5A-12. a u. b) Variationen im Mündungsbereich von Ductus choledochus und Ductus pancreaticus auf der Papilla duodeni major.
c) Hohlraumsystem der beiden Gänge mit Sphinktermuskulatur (nach Röntgenaufnahmen gezeichnet) (nach Hellner et al.).

Die Pars descendens wird von der Radix mesocoli transversi überkreuzt und mit einem dreiseitigen Feld (»Pars tecta duodeni«) vom Kolonmesenterium überlagert. Der horizontale Abschnitt des Duodenums ist zwischen dem Gefäßstiel und der Wirbelsäule eingeklemmt. Dorsal liegen Aorta und V. cava inf., ventral die Vasa mesenterica sup. Bei Bauchkontusionen durch stumpfe Gewalt kann das Duodenum an dieser Stelle gequetscht werden und rupturieren. Die retrovaskuläre Lage kann unter Umständen auch eine Strangulation des Duodenums, z.B. bei arteriosklerotischen Veränderungen der Mesenterialgefäße, nach sich ziehen (sog. arteriomesenterialer Darmverschluß). Bei Kindern sind Strangkompressionen in diesem Bereich häufiger auf eine Strangulation durch die Bindegewebszüge der Flexura duodenojejunalis (Treitzsches Band) als auf den Gefäßstrang selbst zurückzuführen.

Die Hauptfixation des Duodenums liegt anatomisch an der duodenojejunalen Flexur, etwa in Höhe von L_2. Der intraperitoneale, obere Abschnitt des Duodenums ist dagegen relativ beweglich. Auch die retroperitonealen Abschnitte sind gegenüber dem lockeren Bindegewebe der dorsalen Bauchwand verschieblich. Kräftige Muskelzüge vom Zwerchfell (M. suspensorius duodeni; Treitz), die sich vom Crus dext. abspalten, gehen hier auf die Duodenalwand über und fixieren mit entsprechenden Bindegewebszügen diese Flexur an der dorsalen Bauchwand (Abb. 9.5A-13). Die Radix mesenterii, an der der übrige Dünndarm hängt, beginnt meist an der medialen Seite der Flexura duodenojejunalis, in 35–40% aber auch kaudallateral von ihr. Lateral von der Flexur bildet das Peritoneum 2 Falten zur dorsalen Bauchwand (Plicae duodenales sup. et inf.), die häufig eine kleine Bauchfelltasche abgrenzen (Recessus duodenalis sup. et inf.). In der Plica duodeni sup. verläuft regelmäßig die V. mesenterica inf. und mündet bald darauf in die V. lienalis und auf diesem Wege in die V. portae ein. Die Recessus können Hernien aufnehmen und einen Ileus hervorrufen (Herniae retroperitoneales, Treitzsche Hernien).

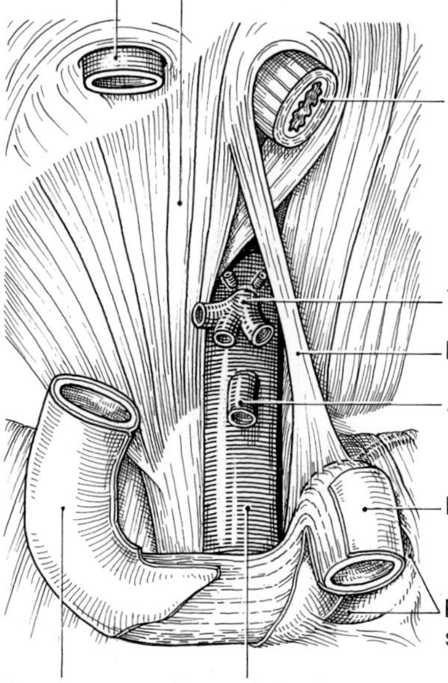

Abb. 9.5A-13. Fixation der Duodenumschlinge an der dorsalen Bauchwand. Aufhängung der Flexura duodenojejunalis durch das Treitzsche Band.

Eingriffe an der Leber

R. Bähr und **J. Durst**

Präoperative Diagnostik und Beurteilung der Operabilität

Bei der weiten Verbreitung, die die Sonographie in den vergangenen Jahren erfahren hat, wird eine Raumforderung in der Leber im allgemeinen zunächst durch diese Untersuchung festgestellt. Abhängig von der Erfahrung des Untersuchers ist eine erste differentialdiagnostische Bewertung und Angabe zur Größe der Raumforderung möglich.

Die Computertomographie ergänzt die Sonographie und verbessert die präoperative Beurteilung, insbesondere durch die intravenöse Injektion eines Kontrastmittels mit der die Lagebeziehung zur Pfortader und unteren Hohlvene dargestellt werden kann.

Sofern Alter, klinischer Allgemeinzustand und die Ergebnisse der nichtinvasiven Untersuchungsverfahren eine Resektabilität des Prozesses möglich erscheinen lassen, muß die Funktionsreserve der Leber bestimmt werden, da zwischen klinischen Symptomen und objektivem Befund eine erhebliche Diskrepanz bestehen kann. Unabhängig von ihrer Ätiologie durchlaufen die meisten chronischen Lebererkrankungen ein Stadium mit minimalen, nicht spezifischen Symptomen und sind maskiert existent, bevor es zu Aszites, Gelbsucht, Ösophagusvarizen, Enzephalopathie und zur Leberdekompensation kommt. Die Bestimmung der Funktionsreserve ist daher ungemein wichtig und nur durch biochemische und quantitative Untersuchungsmethoden möglich. Bei nicht zirrhotischer Leber können ca. 80% des Parenchyms reseziert werden, ohne daß lebensbedrohende Funktionsausfälle entstehen. Das hängt mit der hohen Regenerationsfähigkeit der Leber zusammen, die durch hypertrophische und hyperplastische Vorgänge innerhalb von 6 Monaten zur Bildung von licht- und elektronenmikroskopisch normalem Lebergewebe führt.

Die von Child eingeführte Klassifizierung von Zirrhosekranken zur Shuntoperation wurde in modifizierter Form von Stone auch für die Leberresektion angewandt. Eine weitere Einteilung stammt von Bismuth. Sie wurden entwickelt, weil die früher vertretene Auffassung, daß eine Leberresektion bei Zirrhose grundsätzlich kontraindiziert ist, nicht mehr aufrechterhalten werden kann. Ohne auf die Details näher einzugehen, kann dem Operateur nur geraten werden, eine Leberresektion bei einer Zirrhose nur dann durchzuführen, wenn präoperativ eine umfassende Untersuchung der vorhandenen Restkapazität, unter Einbeziehung auch immunologischer Verfahren, von einem auf diesem Gebiet besonders erfahrenen Hepatologen vorgenommen wurde. Die Angaben von Stone dürfen deshalb nicht ohne weiteres, auf jeden Einzelfall bezogen, so operationstaktisch umgesetzt werden.

Tab. 9.5-1 u. 2 zeigen die klinischen und klinisch-chemischen Parameter sowie die daraus abschätzbare Funktionsreserve der Leber, die noch tolerable Resektionsgröße und die Regenerationsfähigkeit der Restleber.

Tab. 9.5-1. a) Klinische und klinisch-chemische Klassifikation der Leberfunktion nach Stone.

	Typ A	Typ B	Typ C
Funktionseinschränkung	minimal	mittelschwer	schwer
Serum-Bilirubin (mg/dl)	< 2,0	2,0–3,0	> 3,0
Serum-Albumin (g/dl)	> 3,5	3,0–3,5	< 3,0
Aszites	keiner	leicht behandelbar	nicht beeinflußbar
Neurologische Ausfälle	keine	minimal	erheblich
Ernährungszustand	ausgezeichnet	gut	schlecht
Operationsletalität	< 1%	10%	> 50%

Tab. 9.5-1. b) Leberfunktion, Resektion, Regeneration nach Stone.

	Leberfunktion	Mögliche Resektion von Lebergewebe	Leberregeneration
Typ A	keine wesentliche Einschränkung	bis 85% (ohne Vorbehandlung)	normal
Typ B	leichte Einschränkung	bis 20% (Vorbehandlung nötig)	begrenzt
Typ C	schwere Einschränkung	0% (auch nach Vorbehandlung)	keine

Tab. 9.5-2. Erweitertes Schema zur klinischen und klinisch-chemischen Klassifikation der Leberfunktion.

	Typ A	Typ B	Typ C
Enzephalopathie	0	1–2	3–5
Aszites	0	wenig	viel
Bilirubin (mg/dl)	< 2	2–3	> 3
Albumin (g/dl)	> 3,5	2,8–3,5	< 2,8
Quick-Wert	> 70%	40–70%	< 40%
Galaktose-Eliminationstest (mg/kg · Min)	8	5	< 3,5
Aminopyrin-Exhalationstest (% Dosis · kg/mmol CO_2)	0,6–1	0,3–0,5	0,1–0,2
Indocyaningrün-Test (Durchblutung)	Halbwertszeit normal $2^1/_2$–3 Min.	Halbwertszeit eingeschränkt 10 Min.	Halbwertszeit erheblich eingeschränkt bis 20 Min.

Zugangswege

Zur Prüfung der Resektabilität und Darstellung der hilären Strukturen sind nur weiträumige Eröffnungen der Bauchhöhle mit einer bedarfsgerechten Erweiterungsmöglichkeit auch in den Thorax hinein geeignet. Zugang der Wahl ist deshalb in erster Linie die bogenförmige quere Oberbauchlaparotomie, die ebenso wie der Rippenbogenrandschnitt winkelförmig nach intrathorakal erweitert werden kann. Die mediane Oberbauchlaparotomie ist weniger geeignet, auch wenn sie sich in Verbindung mit einer longitudinalen Sternotomie nach kranial verlängern läßt.

Auf ein transdiaphragmales Vorgehen muß man sich von vornherein bei großen Raumforderungen im rechten Leberlappen einstellen und bei Tumoren, die dicht an die Lebervenen heranreichen.

Unabdingbare Voraussetzung vor ausgedehnten oder schwierigen Resektionen ist sowohl die Anschlingung des Lig. hepatoduodenale mit einer Tourniquet-Ligatur, so daß jederzeit eine Drosselung möglich ist, als auch die Mobilisation des linken oder rechten Leberlappens, in seltenen Fällen auch der gesamten Leber. Entsprechend dazu müssen die »Aufhängebänder« durchtrennt werden (Abb. 9.5-1). Unerläßlich ist ferner die Verfolgung der arteriellen Gefäße und der Gallengänge bis in den Leberhilus zum Ausschluß von Anomalien (s. S. 469 u. 474). Auf dieses Vorgehen kann man nur dann verzichten, wenn eine Leberresektion von vornherein nicht in Frage kommt.

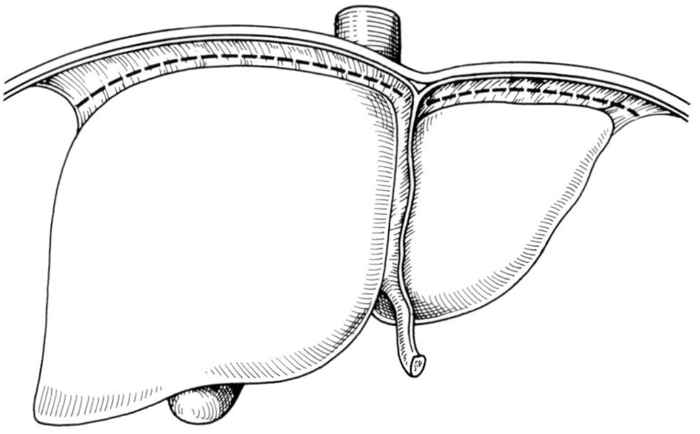

Abb. 9.5-1. Inzisionslinien für die Mobilisation des linken oder rechten Leberlappens. Im Bereich der Facies diaphragmatica spaltet sich das Lig. falciforme in zwei Blätter auf (Lig. coronarium dext. et sin.), die ein rhombisches, extraperitoneales Feld umgrenzen, die sog. Pars affixa. Die Ligg. coronaria laufen lateral in die Ligg. triangularia aus. Auch die hier nicht gezeichnete Umschlagfalte an der Rückfläche der Leber muß bei der Hemihepatektomie rechts oder links bis zur V. cava durchtrennt werden, ebenso wie das Lig. falciforme hepatis mit Lig. teres.

Leberverletzungen

Leberparenchymwunden, ja selbst Lebervenenverletzungen bluten wegen des schweren Volumenmangelschocks zu Beginn der Laparotomie oft nicht oder nur geringfügig und der weniger Erfahrene ahnt nicht, was sich nach Ausräumung der subphrenischen Koagel für eine profuse, zunächst nicht beherrschbare Blutung mit schlagartigem Druckabfall entwickeln kann. Aus eigener Erfahrung können wir deshalb nur raten, jede Manipulation an der Leber, vor allem wenn es die rechte Hälfte und dorsale Abschnitte betrifft, solange zu vermeiden, bis der Anästhesist mehrere venöse Zugänge geschaffen und das Autotransfusionsgerät betriebsbereit angeschlossen hat. Bis zu diesem Zeitpunkt muß mit heißen Tüchern der verletzte Leberabschnitt komprimiert, der Schnitt evtl. bis in den Thorax erweitert und das Lig. hepatoduodenale zur Abklemmung freigelegt werden, die dann nach Absprache mit dem Anästhesisten erfolgt. Anschließend muß man sich bemühen, das gesamte in der Bauchhöhle befindliche Blut zur Autotransfusion zu gewinnen, die massive Volumensubstitution soweit wie möglich mit wäßrigen Lösungen bis zur definitiven Blutstillung durchzuführen und Fresh frozen plasma und Fremdblut erst dann zu geben, wenn man auf andere Weise nicht mehr zurechtkommt, um die in der Regel postoperativ immer notwendigen Transfusionen so gering wie nur möglich zu halten.

Nach Priesching können 5 verschiedene Verletzungsarten vorkommen:

- Schweregrad I: Oberflächliche Kapselrisse oder/und subkapsuläre Hämatome.
- Schweregrad II: Gering blutende Schuß- oder Stichverletzungen ohne erkennbare devitale Leberabschnitte.
- Schweregrad III: Erheblich blutende Zerreißung mit Verletzung von Gefäßen und Gallengängen und meist erkennbaren devitalen Leberabschnitten.
- Schweregrad IV: Ausgedehnte zentrale, tiefreichende Lappenzerreißungen mit Verletzungen im Bereich der zentralen portalen Venen.
- Schweregrad V: Verletzungen der Lebervenen und/oder der V. cava in Verbindung mit tiefen Einrissen des rechten Leberlappens durchgehend bis zum Zwerchfell.

Daraus resultieren zusammengefaßt folgende Versorgungsmöglichkeiten:

1. Am besten ist die Prognose des subkapsulären Hämatoms, wenn keine zusätzliche tiefe Verletzung vorliegt. Die Behandlung besteht in der Eröffnung der Glissonschen Kapsel, der Entleerung des Hämatoms, punktueller Blutstillung und Drainage. Handelt es sich um eine perforierende Schuß- oder Stichverletzung, müssen der Kanal sondiert und ein leicht auffindbarer Fremdkörper vorsichtig entfernt werden.
2. Bei einem transkapsulären Einriß des Parenchyms, hauptsächlich an der Konvexität des rechten Lappens, werden die Koagel und zerquetschten Parenchymanteile im Sinne eines Debridement entfernt und die zurückbleibende Höhle mit einem heißen Streifen 5–10 Min. lang komprimiert, bis die punktuelle Versorgung der zerrissenen Gefäße und Gallengänge möglich ist. Sofern der Operateur über die notwendige Erfahrung verfügt, kann bei ausgedehnten Schädigungen oder einer nicht stillbaren profusen Blutung nach Stabilisierung der Kreislaufverhältnisse auch eine segmentale Resektion erwogen werden. In jedem Fall muß man bei einer unkontrollierten Blutung aus dem Leberparenchym zunächst das Lig. hepatoduodenale durch den Handgriff nach Pringle komprimieren und dann eine weiche Overholt- oder Satinsky-Klemme anlegen. Die Versorgung des zerrissenen Leberparenchyms sollte man nicht durch weiträumige Nähte mit atraumatischen Chromcatgut versuchen, sondern durch punktuelle Umstechungen, Verschorfungen mit dem Saphir-Koagulator, Fibrinkleber und Kollagenvlies. Besonders sorgfältig muß eine restliche gallige Sekretion erkannt und beseitigt werden. Dabei kann die Einlage eines weißen Streifens oder armierter weißer Kompressen für einige Minuten sehr hilfreich sein. In jedem Fall ist bei ausgedehnten Leberzerreißungen der Choledochus zu drainieren, um eine Gallefistel zu verhindern und eine evtl. auftretende Hämobilie durch die Falleitung besser entlasten zu können. Um dem Sekret im Falle von Sekundärblutungen oder -eiterungen einen freien Abfluß zu sichern, ist es ratsam, in die Umgebung der Wunden mehrere Drainagen einzulegen. Die Defektdeckung mit einem gestielten Lappen des großen Netzes hat sich sehr bewährt. Sie ist aber nicht ganz unproblematisch, da, im Gegensatz zu glatten Resektionsflächen, leicht sich mit Blut oder Galle füllende Räume zurückbleiben, in denen dann Abszesse entstehen können.
3. Bei der schwersten Form der Leberverletzung, der zentralen Ruptur, wird die Leber zwischen Sternum und Wirbelsäule eingeklemmt. Die von der straffen Glissonschen Kapsel umschlossene Leber rupturiert aufgrund der plötzlichen Druckerhöhung, ähnlich wie wenn ein aufgeblasener Papiersack gegen die Wand geschlagen wird. Das durch die Berstung des Parenchyms entstandene Hämatom umspült weiträumig die aus dem Verband gerissenen devitalisierten Leberanteile, so daß man, im Hinblick auf die schlechte Gesamtsituation des Verletzten, das Lig. hepatoduodenale kurzfristig abklemmt, die Leber wegen der brüchigen Oberfläche nach Möglichkeit nicht mobilisiert sondern nur das intrahepatische Hämatom einschließlich Nekrosen absaugt und dann die Höhle mit Jodoformgaze oder Bauchtüchern austamponiert. Die von Pichlmayr empfohlene »Kompressionsverpackung« der Leber mit Bauchtüchern ist bei schwierig zu versorgenden Leberverletzungen die Therapie der Wahl und grundsätzlich einer Lappenresektion, blinden Umstechungen oder aufwendigen Freilegungen vorzuziehen. Damit wird nicht nur die notwendige Zeit zur Stabilisierung des Kreislaufs gewonnen, sondern auch die Verlegung des Patienten möglich. Sehr oft hat sich dieses Vorgehen auch als definitive Maßnahme bewährt. Die Entfernung der Tamponaden sollte nach 2–3 Tagen und nur ausnahmsweise später erfolgen.
   In jedem Fall müssen Drainagen subphrenisch und subhepatisch eingelegt und der Gallengang durch eine Falleitung entlastet werden. Die Versorgung einer Lebervenenverletzung ist außerordentlich schwierig und ohne eine Thorakolaparatomie nicht möglich, wobei das technische Vorgehen weitgehend von den anatomischen Verhältnissen bestimmt wird. Gelingt die Anlage einer weichen Overholt-Klemme nicht, die am besten einen Teil der Cava mitfassen sollte, muß die verletzte Vene nach peripher und zentral freigelegt und der Versuch, nötigenfalls auch mit geraden Gefäßklemmen, wiederholt werden, um den Riß fortlaufend mit 4/0 oder 5/0 atraumatischen Fäden zuverlässig versorgen zu können. Der in der Gefäßchirurgie ungeübte Chirurg sollte diesen Versuch besser unterlassen, und nach »Kompressionsverpackung« den Patienten verlegen.
   Ist dagegen die linke Lebervene verletzt, so ist die Hemihepatektomie links (s. S. 485) einfacher und schneller durchführbar als ein Erhaltungsversuch.
   Die vaskuläre Isolation der Leber, z.B. durch einen V.-cava-Shunt, wird nur an wenigen Abteilungen durchgeführt.

Tumoren

Von den insgesamt seltenen gutartigen Neubildungen haben die fokale noduläre Hyperplasie (FNH) und die Adenome ein besonderes klinisches Interesse erlangt. Sie werden durch die bildgebenden Verfahren immer häufiger entdeckt, wobei die differentialdiagnostische Abgrenzung zu einem Karzinom – besonders beim Adenom – nicht immer zuverlässig möglich ist.

Gegen die Notwendigkeit einer Laparotomie spricht der Zufallsbefund bei fehlender Symptomatik und nicht gegebenem Karzinomverdacht. Während bei einem zentralen Tumorsitz die Exstirpation entweder nicht möglich oder mit einem hohen Risiko verbunden ist, lassen sich die peripher gelegenen und gut zugänglichen Tumoren entweder zirkulär ausschneiden oder durch eine Segmentektomie (Abb. 9.5-2 u. 3) vergleichsweise problemlos entfernen.

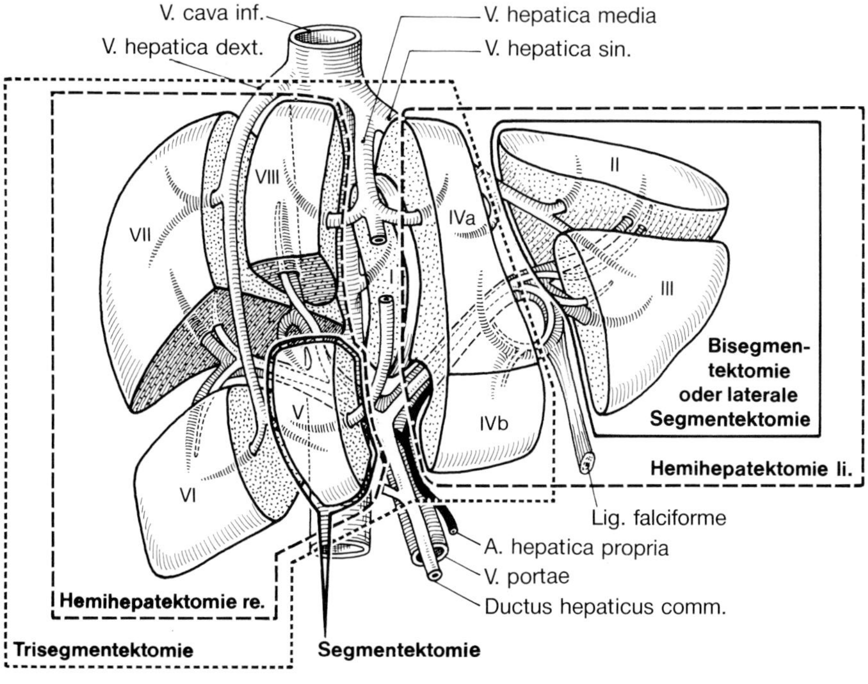

Abb. 9.5-2. Typische, anatomiegerechte Lebersegment- und -lappenresektionen.

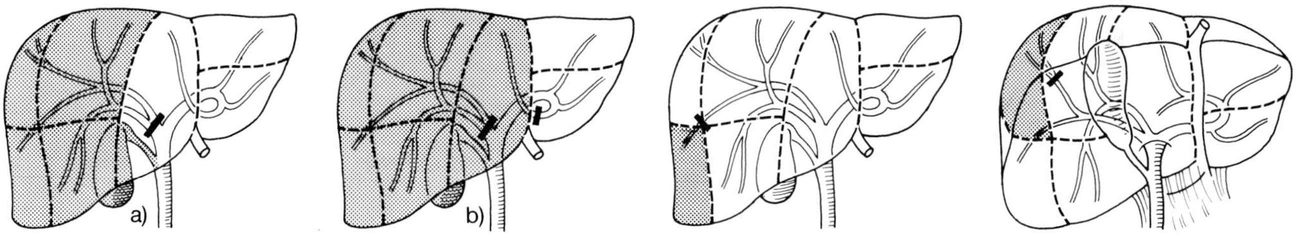

Abb. 9.5-3. Leberresektionen.
a) Hemihepatektomie rechts.
b) Trisegmentektomie oder erweiterte Hemihepatektomie rechts.

e) Segmentektomie VI.

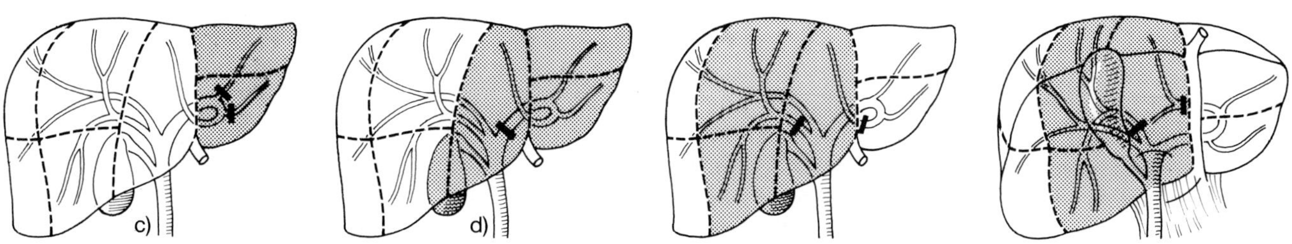

c) Subtotale Leberresektion links oder Bisegmentektomie II u. III.
d) Hemihepatektomie links.

f) Mittellappenresektion oder Segmentektomie IV, V, VIII.

Die Indikation zur operativen Behandlung asymptomatischer Hämangiome im Erwachsenenalter ist ebenso mit Zurückhaltung zu stellen, wie bei den nicht parasitären, wasserklare Flüssigkeit enthaltenden Leberzysten. Erstere lassen sich gelegentlich durch eine Embolisation verkleinern oder zumindest in ihrer Größenzunahme bremsen. Die Resektion wird mehrheitlich ab einem Durchmesser von 4 cm empfohlen. Das Resektionsausmaß hängt von der Größe der »Fehlbildung« ab. Die temporäre Drosselung des Lig. hepatoduodenale wenden wir in diesen Fällen immer an.

Nicht parasitäre Leberzysten, die kombiniert mit Nierenzysten auftreten können, verursachen nur bei einer erheblichen Volumenzunahme durch Verdrängungserscheinungen Beschwerden. Erst dann ist eine operative Entlastung mit Fenestrierung angezeigt.

Hat die Zyste Anschluß an das Gallenwegsystem, muß eine biliodigestive Anastomose angelegt werden. Die Perizystektomie (Abb. 9.5-15) kommt nur bei sehr oberflächlich gelegenen Zysten in Frage.

Die Inzidenzraten für Leberkarzinome weisen geographisch gesehen große Unterschiede auf. In Europa und den USA gehören sie zu den seltenen Neubildungen, mit etwa 1–3% bezogen auf alle Karzinome. Wesentlich höhere Raten mit 25 bis zu 50% finden sich dagegen in Afrika und Südostasien (Trede u. Raute, Gebhardt).

Die einzige Chance einer kurativen Behandlung besteht in der Leberresektion und/oder, je nach der Tumorausdehnung, in der Hepatektomie mit Lebertransplantation (Lauchart u. Pichlmayr).

Die häufigsten malignen Geschwülste der Leber sind Metastasen, deren Resektion vor allem nach lokal kurativer Entfernung eines kolorektalen Karzinoms und örtlicher Rezidivfreiheit zunehmend an Bedeutung gewonnen hat.

Die Nomenklatur der verschiedenen Techniken, die bei Leberresektionen angewandt wird, ist leider nicht einheitlich und teilweise verwirrend.

Die Abb. 9.5-2 u. 3 zeigen das Resektionsausmaß und geben eine gültige Nomenklatur wieder.

Leberresektion ohne Präparation des kranialen und kaudalen Leberhilus

Von japanischen und chinesischen Chirurgen wird diese Methode bevorzugt angewandt, die auch in Deutschland zunehmend Verbreitung gefunden hat. Besonders Esser hat auf die Zeit- und Blutersparnis bei diesem Vorgehen hingewiesen, bei dem das Lig. hepatoduodenale ohne Nachteil, im Falle einer gesunden Leber, für 40–50 Min. mit einem Tourniquet gedrosselt werden kann (Abb. 9.5-4). An der Leberoberfläche wird die Glissonsche Kapsel im Verlauf der geplanten Resektionslinie inzidiert, die nicht genau dem inneren anatomischen Aufbau der Leber folgen muß, sondern sich nur in groben Zügen daran orientiert. Entlang der markierten Linie wird das Gewebe durch Digitoklasie (Finger-fracture-Technik, Abb. 9.5-5) geteilt. Die gut zu ertastenden, die Parenchymbrücke kreuzenden Gefäße und Gallengänge werden dann mit Klemmen gefaßt, durchtrennt und später versorgt. Nach Beendigung der Resektion wird die Schnittfläche mit einem feuchten Tuch bedeckt, leicht komprimiert und die Drosselung des Lig. hepatoduodenale aufgegeben. Kommt es zu einer massiven Nachblutung, kann die Tourniquet-Ligatur zur punktuellen Versorgung kurzfristig erneut angespannt werden. Meistens ist das jedoch nicht erforderlich.

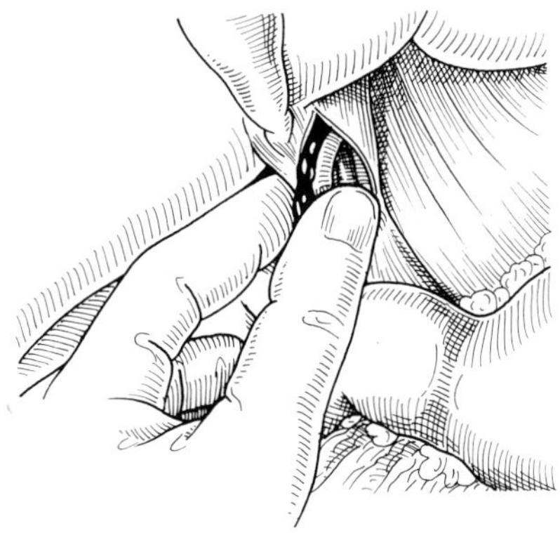

Abb. 9.5-4. Manöver nach Pringle.
a) Bidigitale Kompression des gesamten Ligamentes als erste Maßnahme bei massiver Blutung aus der Leber oder hilusnahen Gefäßen.

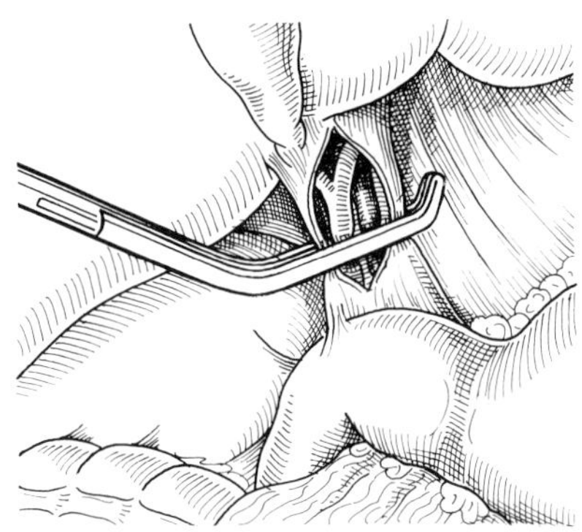

b)

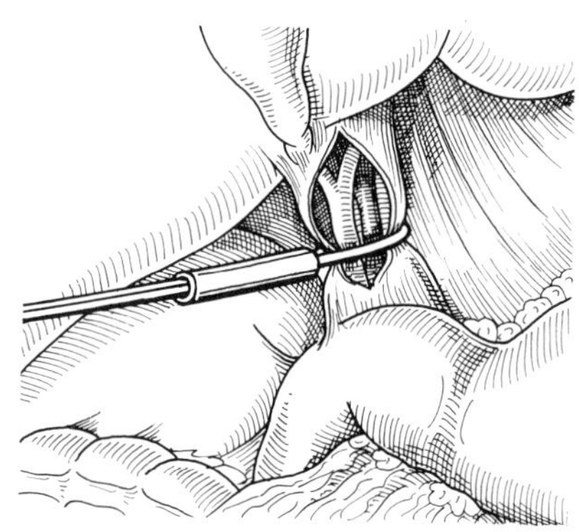

c)

b u. c) Anlage einer Satinsky-Klemme oder Tourniquet-Ligatur mit Drossel nach übersichtlicher Darstellung des Ligamentes.

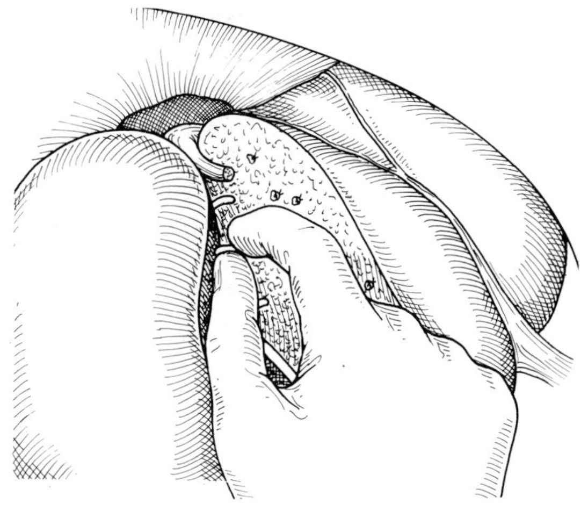

Abb. 9.5-5. Leberresektion durch Digitoklasie mit punktueller Abklemmung der sich anspannenden Gefäße und Gallengänge.

Hiläre anatomiegerechte Resektionstechnik

(Abb. 9.5-6–11)

Hemihepatektomie rechts

Die hiläre Resektion wurde von Lortat-Jakob und Longmire beschrieben. Die für diesen Eingriff unerläßliche schrittweise Darstellung der Leitstrukturen innerhalb des Lig. hepatoduodenale beginnt im allgemeinen mit der Anschlingung der A. hepatica communis, dann der Mobilisation des Duodenums nach Kocher, schließlich der Inzision des ventralen Ligamentabschnitts mit Identifikation des Hauptgallenganges und der A. hepatica propria. Durch Anspannung des Lig. hepatoduodenale und vor allem, nachdem Gewißheit besteht, daß die geplante Resektion technisch machbar ist, bietet es sich an, zunächst den Ductus cysticus und die A. cystica nach Ligaturen zu durchtrennen, anschließend die Teilungsstelle des Hauptgallenganges aufzusuchen und den rechten und linken Gallengang anzuschlingen. Wenn es dabei zu präparatorischen Schwierigkeiten kommt, empfiehlt sich die Anlage einer Choledochotomie und Schienung des Ductus hepaticus dexter et sinister. Ausnahmsweise kann sogar die Spaltung der Glissonschen Kapsel im Leberhilus notwendig sein, um die separate Anschlingung ohne die Gefahr einer Begleitverletzung durchführen zu können. Eine ausreichend weit freigelegte Distanz des rechten bzw. linken Gallenganges ist zudem erforderlich, um durch die notwendige zentrale Ligatur keine Abflußbehinderung auf der Gegenseite zu verursachen. Erschwerend kommen gelegentlich relativ straffe bindegewebige Ummantelungen der unterkreuzenden A. hepatica dextra hinzu, deren Dissektion am besten mit einer Overholt-Klemme erfolgt.

Sobald der rechte Gallengang zentral ligiert und durchtrennt ist, wird die A. hepatica dextra ebenfalls so weit freigelegt, daß ihre Unterbindung abgangsnahe vorgenommen werden kann.

Sind Gallengang und Leberarterie durchtrennt, wird der darunterliegende Pfortaderstamm sichtbar und bis zu seiner hilären Aufzweigung dargestellt. Der rechte Hauptast ist meist sehr kurz. Er muß mit aller Vorsicht präpariert und anschließend so durchtrennt werden, daß es nicht zu einer Einengung mit nachfolgender Thrombosierung des linken

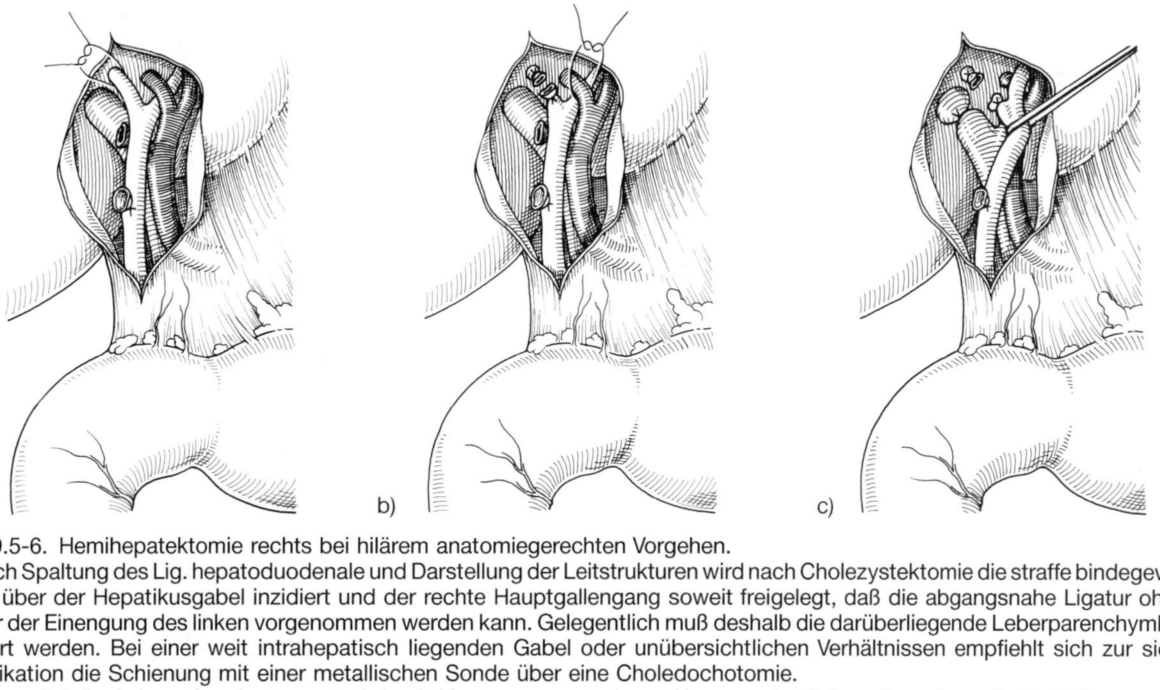

a) b) c)

Abb. 9.5-6. Hemihepatektomie rechts bei hilärem anatomiegerechten Vorgehen.
a) Nach Spaltung des Lig. hepatoduodenale und Darstellung der Leitstrukturen wird nach Cholezystektomie die straffe bindegewebige Platte über der Hepatikusgabel inzidiert und der rechte Hauptgallengang soweit freigelegt, daß die abgangsnahe Ligatur ohne die Gefahr der Einengung des linken vorgenommen werden kann. Gelegentlich muß deshalb die darüberliegende Leberparenchymbrücke inzidiert werden. Bei einer weit intrahepatisch liegenden Gabel oder unübersichtlichen Verhältnissen empfiehlt sich zur sicheren Identifikation die Schienung mit einer metallischen Sonde über eine Choledochotomie.
b) Dann wird die A. hepatica dextra zentral durch Ligatur versorgt, deren Abgang erheblich variieren kann (s. S. 469).
c) Anschließend wird der rechte Hauptast der Pfortader abgesetzt, der sehr kurz und deshalb schwierig zugänglich sein kann.

Astes kommen kann. Der zurückbleibende rechte Gefäßstumpf wird mit einer Durchstechungsligatur zusätzlich gesichert.

Anschließend wendet man sich dem oberen Leberhilus zu, dessen Darstellung anatomie- und krankheitsbedingt nicht immer so übersichtlich gelingt, wie das in Abb. 9.5-7 dargestellt ist, aber auch nicht für alle Resektionen so erfolgen muß. Auch die rechte Lebervene ist gelegentlich sehr kurz und ebenso schwer zugänglich wie die mittlere und linke Lebervene. Fallweise kann es daher unumgänglich sein, sie nach Inzision der darüberliegenden Leberparenchymbrücke darzustellen, um nach peripher und zentral die notwendigen Unterbindungen vornehmen zu können. Der V.-cava-nahe Gefäßstumpf ist durch eine Umstechungsligatur zusätzlich zu sichern.

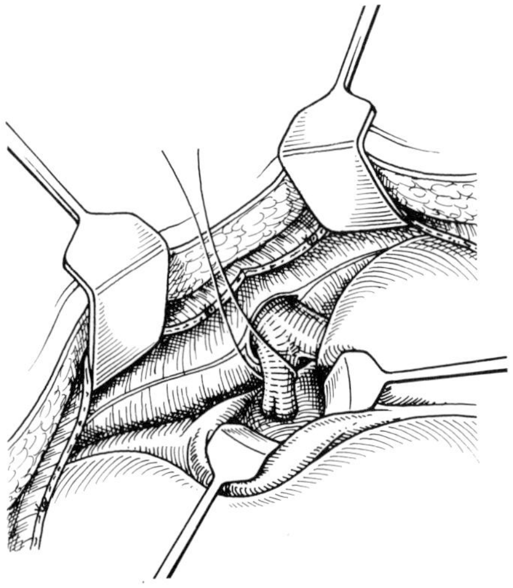

Abb. 9.5-7. Unterbindung der rechten Lebervene nach Spaltung des Lig. coronarium dextrum, Inzision der Pars affixa sowie der peritonealen Umschlagfalte an der Rückfläche der Leber, bis der rechte Lappen ausreichend mobilisiert ist und nach kaudal unter leichter Anspannung gehalten werden kann. Oft ist zusätzlich die intraparenchymatöse Freilegung der rechten Lebervene notwendig, gelegentlich gelingt ihre ausreichende Darstellung erst nach bogenförmiger Inzision des Zwerchfells oberhalb der unteren Hohlvene.

Für die sich nun anschließende Resektion des rechten Leberlappens bieten sich grundsätzlich zwei Möglichkeiten an:

1. Der allseits mobilisierte rechte Leberlappen wird nach links und kaudal geklappt, so daß die nun sichtbar werdenden kurzen in die V. cava einstrahlenden kleinen Gefäße separat nach Ligaturen durchtrennt werden können. Bei diesem Manöver droht durch die Kantung der Leber die Kompression der unteren Hohlvene mit vollständiger Drosselung des venösen Rückflusses. Das beschriebene Vorgehen scheidet deshalb bei einem großen rechten Leberlappen bzw. entsprechend voluminöser Raumforderung aus Sicherheitsgründen aus.
2. Risikoärmer ist stattdessen die von ventral nach dorsal im Verlauf der Cava-Gallenblasen-Linie vorgenommene Resektion, zumal sich bereits an der Leberoberfläche die Minderperfusion des vaskulär isolierten Leberabschnittes durch eine blau-livide Verfärbung deutlich zu erkennen gibt. Entlang dieser Linie wird die Glissonsche Kapsel zunächst mit der Diathermienadel inzidiert und dann das Gewebe durch Digitoklasie zerteilt (Abb. 9.5-9). Die sich anspannenden Gefäße und Gallengänge werden vor ihrer Durchtrennung mit Klemmen gefaßt und nach der Entfernung des rechten Leberlappens punktuell versorgt einschließlich der in die V. cava einmündenden kleinen Lebervenen.

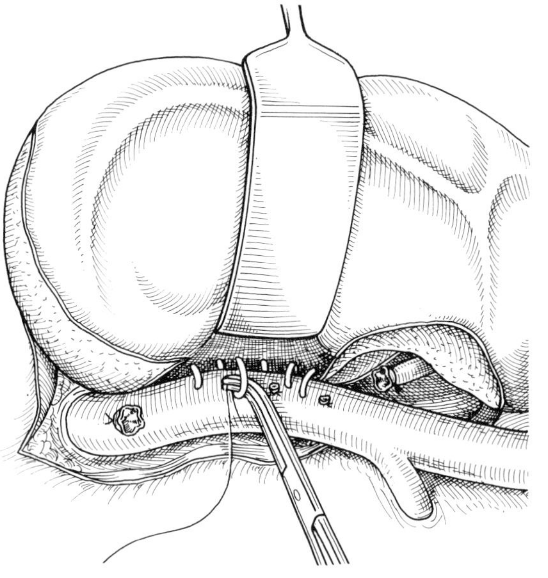

Abb. 9.5-8. Anhebung und behutsame Medialverlagerung des rechten Leberlappens zur Versorgung der kurzen Lebervenen, sofern das Organvolumen diese Mobilisation zuläßt. Eine Kompression der V. cava muß unter allen Umständen vermieden werden.

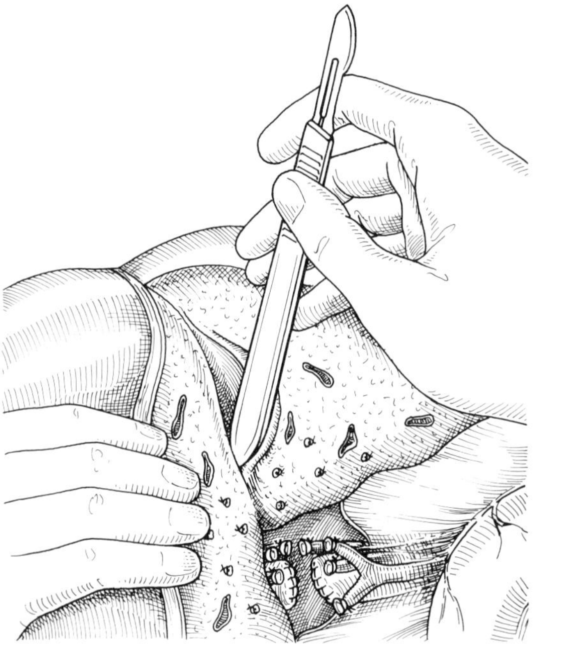

Abb. 9.5-9. Durchtrennung des Leberparenchyms mit dem Skalpellrücken nach abgeschlossener hilärer Dissektion.

Nach abschließender sorgfältiger Blutstillung, für die man sich solange Zeit lassen muß, bis sich die Kreislaufverhältnisse wieder vollständig stabilisiert haben, um das Risiko einer revisionspflichtigen Nachblutung so gering wie nur möglich zu halten, wird die Leberresektionsfläche fallweise zusätzlich mit Fibrinkleber und/oder Kollagenvlies abgesichert, was allerdings nicht immer erforderlich ist. Alternativ kann auch ein gestielter Netzabschnitt aufgesteppt werden.

Weiträumige Umstechungen mit Chromcatgut sind eher schädlich.

Nach Einlage von 1 bis 2 Drainagen, die rechts lateral gesondert ausgeleitet werden, ist der Eingriff beendet, sofern nicht zusätzlich die Inzision des Zwerchfells bzw. der durchtrennte Rippenbogen versorgt werden muß, dann allerdings unter zusätzlicher Einlage einer Thoraxdrainage.

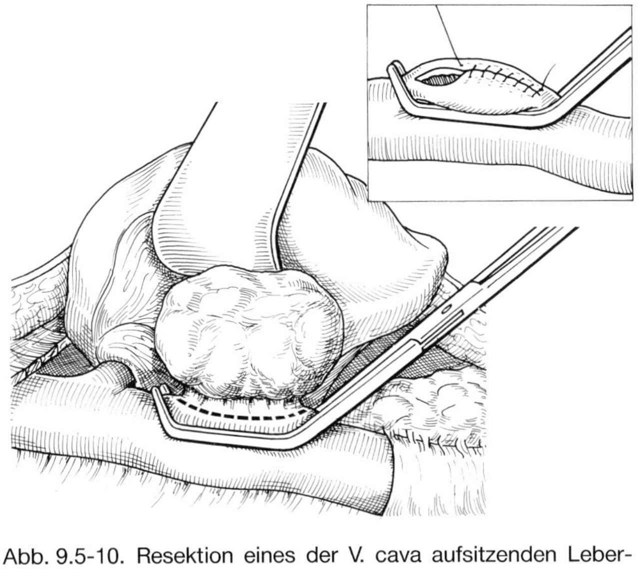

Abb. 9.5-10. Resektion eines der V. cava aufsitzenden Lebertumors durch tangentiale Ausklemmung der unteren Hohlvene mit anschließendem fortlaufenden Nahtverschluß.

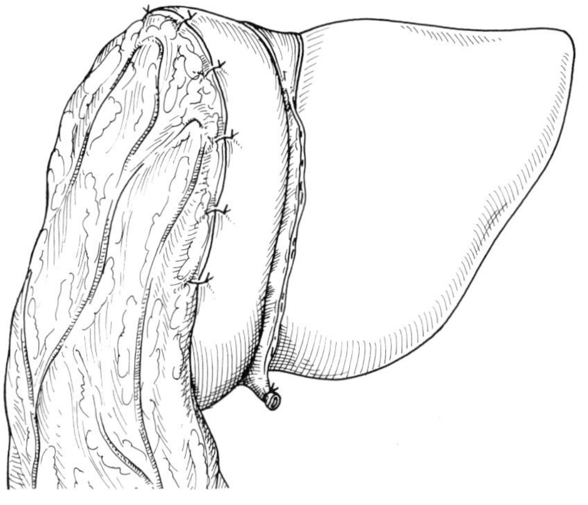

Abb. 9.5-11. Bedeckung der Leberresektionsfläche mit einem gestielt transponierten Teil des großen Netzes.

Je nach Situation kann die temporäre Schienung des Hauptgallenganges zur Druckentlastung und damit Vermeidung einer Gallefistel hilfreich sein.

Die temporäre Drosselung des Lig. hepatoduodenale wird bei der hilären Hemihepatektomie rechts nicht von allen Operateuren angewandt. Um die gelegentlich doch unvermeidbare venöse Blutung so gering wie nur möglich zu halten, führen wir sie jedoch stets durch, allerdings unter Aussparung der A. hepatica sinistra.

Hemihepatektomie links

Die Indikation für die hiläre Hemihepatektomie links ist sehr selten gegeben. In den meisten Fällen genügt die partielle Resektion (Abb. 9.5-2 u. 3).

Die Präparation am Lig. hepatoduodenale ähnelt dem bereits geschilderten Vorgehen zur Hemihepatektomie rechts. Sobald der Ductus hepaticus sinister separiert und nach zentral ligiert ist, erfolgt die Durchtrennung und anschließend in gleicher Weise die der A. hepatica sinistra. Wegen der besseren Zugänglichkeit der linken Leberhälfte ist der Eingriff insgesamt einfacher, jedoch muß man bei der Präparation der linken Lebervene darauf achten, daß sie in etwa 50% der Fälle gemeinsam mit der mittleren in die Hohlvene einmündet. Die separate Unterbindung der V. hepatica sinistra gelingt deshalb sehr oft erst dann, wenn der gemeinsame Venenstamm einige Zentimeter in das Leberparenchym hinein freigelegt ist.

Die Versorgung der Leberparenchymwunde entspricht dem Vorgehen wie bei der Hemihepatektomie rechts.

Die kurzfristige Abklemmung des Lig. hepatoduodenale, evtl. unter Aussparung der A. hepatica dextra, bevorzugen wir während der Resektion auch für die anatomiegerechte Hemihepatektomie links. Ebenso kann die Einlage einer Gallengangsfalleitung von Vorteil sein.

Subtotale Hemihepatektomie links

Im Gegensatz zu der hilären anatomiegerechten Resektion des gesamten linken Leberlappens ist dieser Eingriff einfacher und macht kaum präparatorische Probleme. Nach scharfer Durchtrennung der peritonealen Duplikatur zum Zwerchfell erfolgt die Absetzung je nach Befund zwei Querfinger links lateral des Lig. falciforme, entweder nach Anlage einer Spezialklemme nach Stucke oder auch durch Digitoklasie, wobei man bei dem zuletzt genannten Vorgehen die sich anspannenden Gefäße und Gallengänge mit Klemmen faßt und entweder sofort oder nach Abschluß der Resektion versorgt.

Bei einem sehr dünnen Lappen kann ausnahmsweise die Resektion mit einem linearen Stapler möglich sein. Die temporäre Drosselung des Lig. hepatoduodenale ist im allgemeinen nicht erforderlich. Die zurückbleibende

Leberparenchymwunde kann auch vorteilhaft mit durchgreifenden Chromcatgutnähten weitgehend verschlossen werden (Abb. 9.5-12 u. 13).

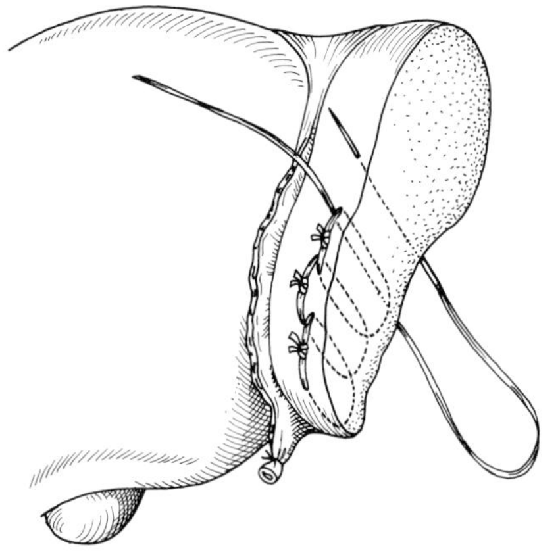

Abb. 9.5-12. Verschluß der Leberparenchymwunde nach atypischer Resektion durch ein Kollagenband oder Chromcatgut nach punktueller Versorgung der Gefäß- und Gallengangsstümpfe durch Ligatur.

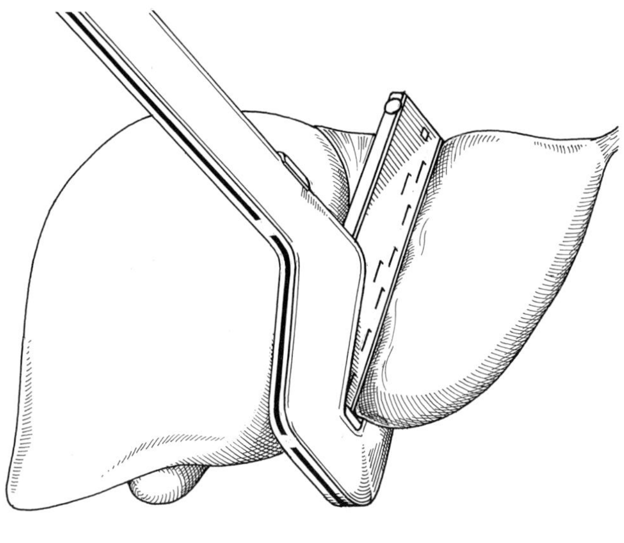

Abb. 9.5-13. Atypische Lebersektion mit dem TA 90.

Enukleations- und keilförmige Resektionen

Die Ausschälung eines Tumors teils scharf, teils stumpf aus dem umgebenden Gewebe ist bei malignen Prozessen wegen des ungenügenden Sicherheitsabstandes nicht zu empfehlen. Die keilförmige Exzision einer leberrandnahen Metastase (Abb. 9.5-14) dient in erster Linie der histologischen Sicherung eines unbekannten Primärtumors. Sie kann jedoch mit einer weiten Ausschneidung im Gesunden auch kurativ ausreichend sein.

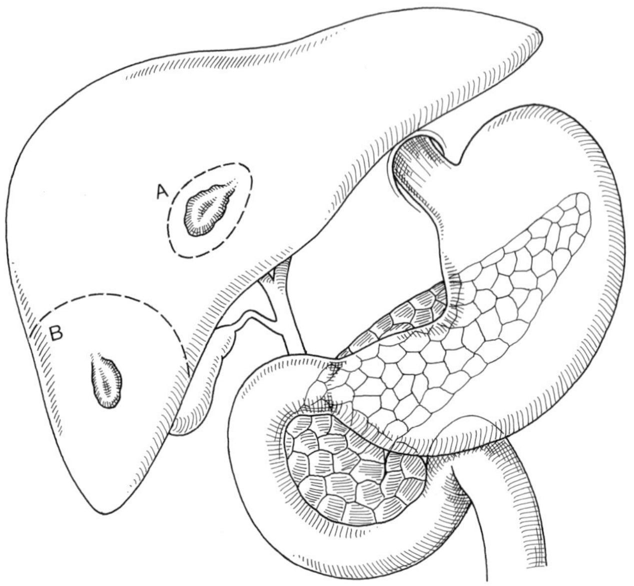

Abb. 9.5-14. A = Ovaläre Exzision einer Lebermetastase zur histologischen Diagnostik. B = Segmentektomie VI zur kurativen Resektion einer solitären Lebermetastase.

Infektionen

Leberechinokokkose

Das chirurgische Vorgehen bei Echinokokkenbefall der Leber weist einige Besonderheiten auf und wird von folgenden Faktoren bestimmt:

1. Lage und Größe des Parasiten in der Leber und damit seiner Beziehung zu hilären und intrahepatischen Strukturen.
2. Infektionsgrad der Parasitenherde.
3. Unterschiedliches klinisch-pathologisches Bild der beiden für den Menschen pathogenen Echinokokkenarten, infiltratives, einem malignen Tumor vergleichbares Wachstum des E. multilocularis (E. m.) mit schlechter Prognose und rein expansives Wachstum des E. granulosus (E. g.) mit guter Prognose.

Operationsverfahren bei Echinococcus granulosus

Zwei Forderungen müssen bei der chirurgischen Therapie der zystischen Echinokokkose erfüllt werden:

1. Die fertile Zyste muß, um ein Rezidiv zu vermeiden, komplett entfernt werden.
2. Der nach der Zystenentfernung entstandene Hohlraum in der Leber muß adäquat versorgt werden.

Die komplette Entfernung der fertilen Zyste kann durch Zystektomie, Perizystektomie, Lobektomie und anatomiegerechte rechts- oder linksseitige Hepatektomie erfolgen. Das gebräuchlichste und ungefährlichste Verfahren ist die **Zystektomie.** An der bestzugänglichen Stelle, dort wo die Zyste die Leberoberfläche überragt oder nur von wenig Leberparenchym bedeckt ist, wird die Zyste punktiert und der Zysteninhalt abgesaugt.

Um ein Verschleppen des Zystenmaterials in die Bauchhöhle zu vermeiden, wird die Umgebung der Punktionsstelle sorgfältig mit Tüchern abgedeckt, die zuvor in hypertoner (20%iger) Kochsalzlösung getränkt wurden. In gleichem Maße wie die Zystenflüssigkeit abgesaugt wird, wird die Zyste mit hypertoner 20%iger Kochsalzlösung aufgefüllt, wobei erst nach einer Einwirkungszeit von 5 Min. ein parasitozider Effekt eintritt. Durch die hypertone Lösung löst sich die Hydatide von der sie umgebenden Perizyste ab und kann, nachdem die Punktionsstelle mit der Diathermienadel erweitert wurde, komplett exstirpiert werden. Auch bei den anderen zuvor genannten Methoden der Parasitenentfernung (Perizystektomie, Lobektomie usw.) wird der Parasit zunächst abgetötet, um die Gefahr der Zystenruptur mit fertilem Inhalt zu vermeiden.

Die Zystektomie (auch Hydatektomie genannt) ist bei jeder Zystengröße und Zystenlage anwendbar. Probleme entstehen bei der Zystektomie in erster Linie bei der Versorgung des zurückbleibenden Hohlraumes. Die Indikation für die Zystektomie sehen wir bei multiplen Zysten in beiden Leberlappen, bei denen keine Hemihepatektomie in Frage kommt, außerdem bei sehr großen einseitigen Zysten, bei denen durch eine anatomiegerechte Leberresektion entweder zu viel gesundes Leberparenchym geopfert werden müßte oder die Verwachsung der Perizyste mit der V. cava oder der Pfortader zu einer lebensbedrohlichen Blutung führen würde.

Bei der **Perizystektomie** wird die Zyste einschließlich der Wirtskapsel exstirpiert (Abb. 9.5-15). Durch die Verletzung adhärenter Gefäße kann es bei großen Zysten zu erheblichen Blutungen aus der Tiefe kommen. Dieses Operationsverfahren ist daher nur bei kleineren an der Leberoberfläche oder an der Leberkante gelegenen Zysten ratsam. In diesen Fällen kann der zurückbleibende Hohlraum durch adaptierende Nähte verschlossen werden.

Eine Indikation zur Segmentresektion oder Lobektomie besteht, wenn größere Zysten peripher gelegen sind und dabei nicht selten die Leber überragen. Dann kann man medial des Parasiten eine Leberklemme anlegen und nach Drosselung des Lig. hepatoduodenale mit der Fingerfracture-technik Parasit und umgebendes Lebergewebe entfernen und die Schnittfläche, wie schon besprochen, versorgen. Auch bei diesem Verfahren ist die Versorgung eines eröffneten Zystenhohlraumes einfach.

Bei sehr großen Zysten, die auf eine Leberhälfte beschränkt sind und nahezu oder vollständig das gesamte Parenchym eingenommen haben, kann in Einzelfällen auch die rechts- oder linksseitige Hepatektomie indiziert sein.

Die Versorgung eines Hohlraumes in der Leber ist nur nach der Ektomie größerer Zysten notwendig. Dabei richten wir uns ausschließlich nach ihrem Infektionsgrad. Im Krankengut der Chirurgischen Univ.-Klinik Tübingen waren z. B. über 80% vereitert. Die Plombierung der Zyste nach geschlossener Absaugung durch eine gestielte Omentumplastik und zusätzlicher Drainage nach außen ist bei infizierten Zysten die Therapie der Wahl. Die Drainage soll nicht in der Tiefe der Höhle, sondern randnah liegen. Eine oft über Monate dauernde eitrige Sekretion aus der Resthöhle ist nicht immer zu vermeiden. Ihre Behandlung kann ambulant durchgeführt werden. Nur in seltenen Fällen ist ein Zweiteingriff notwendig, in dem der Fistelkanal mit einer ausgeschalteten Dünndarmschlinge anastomosiert wird, sofern jetzt nicht die Hemihepatektomie möglich ist.

Bei sterilen Zysten wird nach der Ektomie der Verschluß der Perizyste angestrebt und die Höhle für einige Tage über Redon-Drainagen entlastet.

Die Marsupialisation nach außen ist als definitive Methode nicht zu empfehlen.

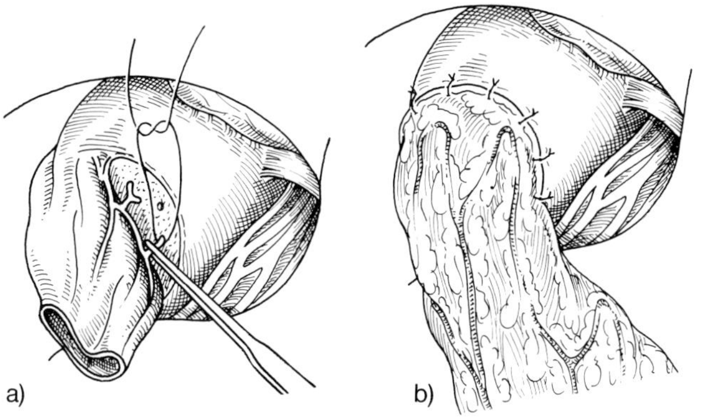

Abb. 9.5-15. Perizystektomie beim Echinococcus granulosus.
a) Die unter leichtem Zug angespannt gehaltene Zystenwand wird teils stumpf, teils scharf aus dem Parenchym ausgeschält mit sofortiger Versorgung der sich anspannenden Gefäße und Gallengänge.
b) Bedeckung der Resektionsfläche mit einem gestielten Netzanteil.

Operationsverfahren bei Echinococcus multilocularis (E.m.)

Das Wachstum des E.m. ist infiltrativ destruierend und damit einem malignen Tumor vergleichbar. Eine Parasitenmembran besteht nicht. Zystektomie und Perizystektomie sind daher nicht anwendbar. Die an einer multilokulären Echinokokkose der Leber erkrankten Patienten leiden und sterben an der von vereiterten Parasitenherden ausgehenden Infektion sowie am Gallengangsverschluß (Dick).

Wenn aufgrund des fortgeschrittenen Stadiums keine totale Ausrottung des Parasiten möglich ist, besteht das Ziel des chirurgischen Eingriffs im Aufschub dieser Komplikationen. Das Vorgehen richtet sich nach der Lokalisation und der Ausdehnung des Befalls. Eine große Zerfallshöhle in der Echinokokkengeschwulst wird mit der Diathermieschlinge eröffnet, der Inhalt abgesaugt und das nekrotische Gewebe mit dem scharfen Löffel entfernt.

Anschließend instilliert man hypertone Kochsalzlösung in die Höhle, um das Parasitengewebe abzutöten. Inwieweit beim E. m. diese Maßnahme tatsächlich parasitozid wirkt, ist nicht bekannt. Die Höhle wird mit einem gestielten Omentum-majus-Netzabschnitt versorgt und zusätzlich nach außen drainiert. Nach dieser Abszeßentleerung erholen sich die Patienten meist rasch. Häufig resultiert allerdings eine Gallefistel.

Nur in Ausnahmefällen gelingt eine radikale Entfernung durch eine anatomiegerechte Hemihepatektomie.

Bei einem Befall der Leberpforte mit Verschlußikterus wurde früher die von Dick und Dortenmann angegebene endlose transhepatische Drainage angewandt (Abb. 9.5-16).

Sie verbindet gestaute intrahepatische Gallengänge mit dem Ductus choledochus und dem Duodenum oder einer nach Roux-Y ausgeschalteten Schlinge. Der Vorteil dieser endlosen Drainage mit dem ständigen Abgang von Parasitenmaterial besteht darin, daß die Drainage jederzeit gespült oder der inkrustierte Schlauch ausgewechselt werden kann und die Galleableitung in den Darm erfolgt. Auf diese Weise wurden Überlebensraten von 10–20 Jahren erreicht.

Sie ist heute kaum noch indiziert, da für diese Indikation eine medikamentöse Alternative in Form des Mebendazols zur Verfügung steht.

Abszesse

Durch die Sonographie und Computertomographie können heute Leberabszesse frühzeitig erkannt und damit so rechtzeitig entlastet werden, daß die früher exemplarisch hohe Letalität drastisch gesenkt werden konnte. Unverändert handelt es sich aber um eine vital bedrohliche Erkrankung, die ein notfallmäßiges Eingreifen erforderlich macht, ebenso wie eine adjuvante antibiotische Behandlung. Von der Lokalisation und Anzahl der Abszesse ist das Vorgehen abhängig zu machen. In günstig gelagerten Fällen gelingt die kurative Behandlung durch eine unter sonographischer Darstellung eingebrachte perkutane Drainage. Ist die Entlastung nicht ausreichend, was klinisch an den fortbestehenden Fieberschüben zu erkennen ist, oder »konservativ« nicht möglich, muß die Drainageoperation unverzüglich angeschlossen werden.

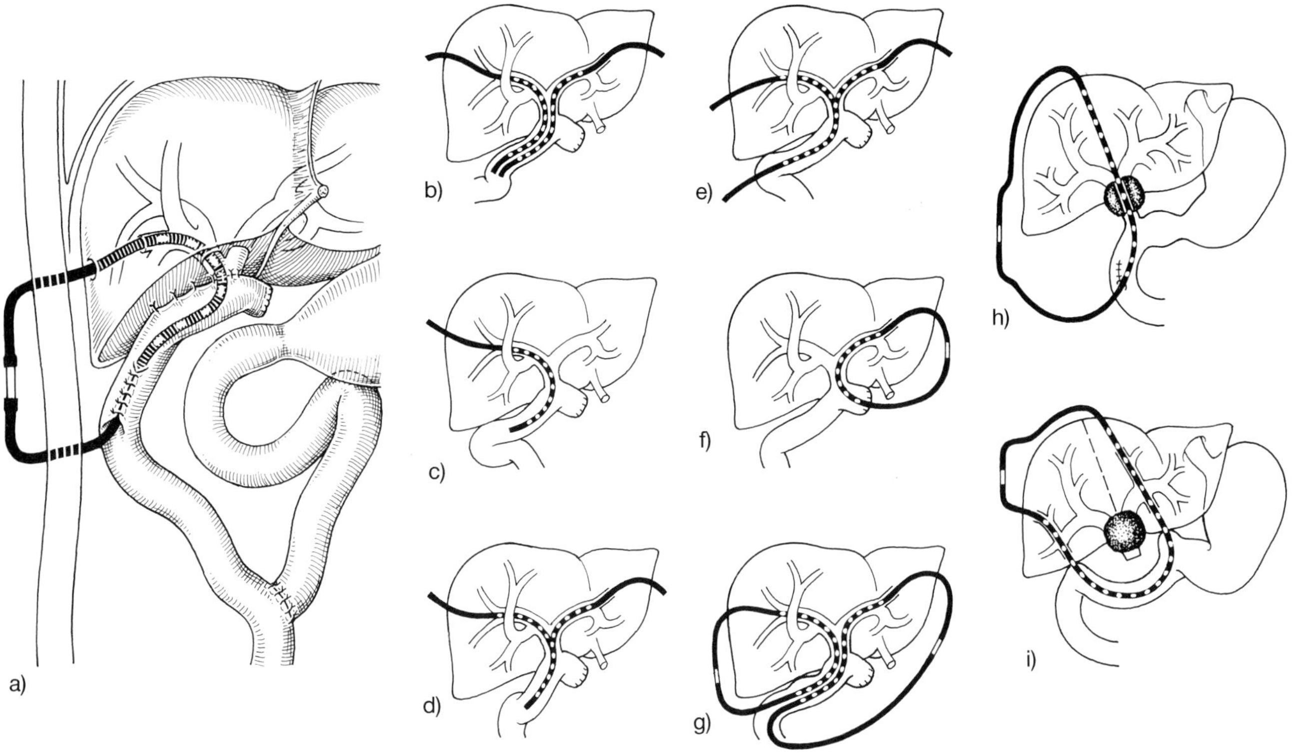

Abb. 9.5-16. Transhepatische Gallengangsdrainagen.
a) Endlosdrainage mit Ausleitung über eine nach Roux-Y zur Hepatikojejunostomie verwandten Jejunumschlinge.
b) Doppelte äußere Drainagen.
c) Einfache äußere Drainage.
d) Transanastomotische Y-Drainage.
e) Transanastomotische Y-Drainage mit Ausleitung der Schenkel durch die Bauchwand nach außen.
f) Transanastomotische Ringdrainage nach Saypol.
g) Doppelte transanastomotische U- oder Endlosdrainage.
h) Transhepatische Endlosdrainage nach Dick bei proximalem Gallengangsverschluß.
i) Transhepatische über den Magen und Duodenum geführte Endlosdrainage nach Dick bei zentralem Gallengangsverschluß.

Eine Sonderstellung nimmt der Amöbenabszeß ein, der auch noch Jahrzehnte nach einem Tropenaufenthalt auftreten kann und zunächst stets medikamentös behandelt wird. Erst wenn die konservative Ausbehandlung nicht gelingt oder die klinische Symptomatik dazu zwingt, ist eine operative Entlastung indiziert.

Nach Möglichkeit ist ein extraperitonealer oder extrapleuraler Zugang zu wählen (Abb. 9.5-17 u. 18). Handelt es sich um mehrere und/oder tiefliegende Abszesse, ist eine transperitoneale Entlastung selten zu umgehen. Unter sonographischer Ortung wird dann der für die Plazierung der Drainage tiefste und kürzeste Weg zur Bauchwand festgelegt, die Höhle nach sorgfältigem Abstopfen der Bauchhöhle punktiert und entlang der noch liegenden Kanüle mit einem stumpfen Instrument der Weg zur Einlage des Drainrohrs gebahnt. Lebersegmentresektionen sind allenfalls links (Segment II und III), wenn dadurch eine kurative Behandlung möglich ist, in Erwägung zu ziehen.

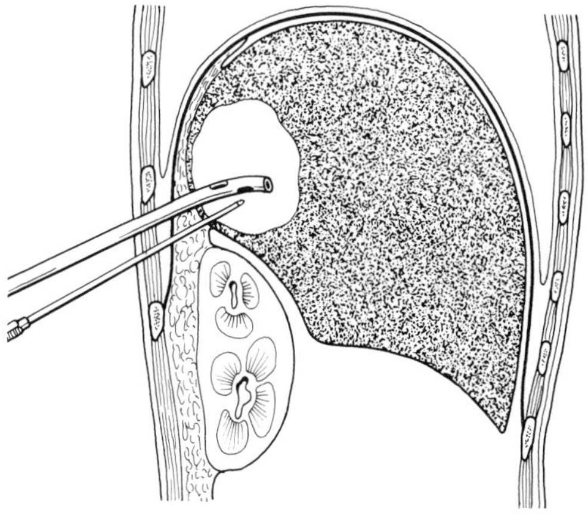

Abb. 9.5-17. Punktion eines Leberabszesses von dorsal. Zwischen der 11. und 12. Rippe wird unter sonographischer Kontrolle der Abszeß zunächst anpunktiert, bevor nach Hautinzision eine Drainage mit Mandrin in die Höhle vorgeschoben wird.

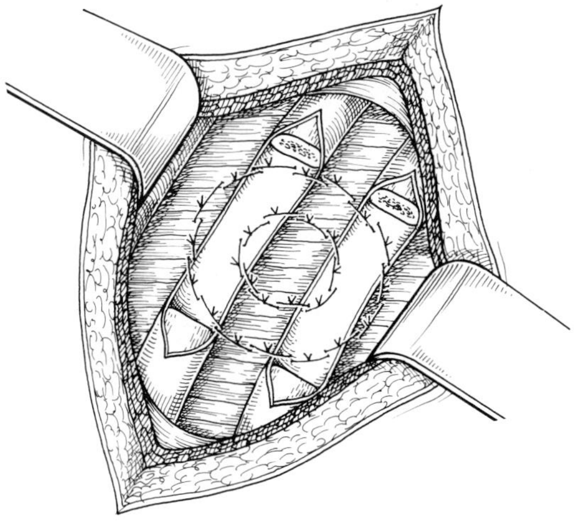

Abb. 9.5-18. Breite Eröffnung des dorsal gelegenen Leberabszesses mit Resektion zweier Rippen über eine kurze Distanz unter Erhaltung des hinteren Periostschlauches sowie Anheftung der Pleura parietalis und diaphragmatica mit Einzelknopfnähten. Der Zugang erfolgt dann durch das Zentrum der inneren kreisförmig angelegten Nahtreihe.

Eingriffe bei der portalen Hypertension

D. Erl

Pathogenese und Diagnostik

Der Druck im System der V. portae beträgt normalerweise 10–20 cm H_2O. Steigt der Druck auf einen Wert von über 25 mmHg, spricht man von portaler Hypertension. Sie kann unterschiedliche Ursachen haben. Je nach Lokalisation des Abflußhindernisses unterscheidet man drei Typen:

1. Prähepatischer Block

Das Abflußhindernis bildet die thrombosierte V. portae. Dieses Krankheitsbild tritt am häufigsten bei Neugeborenen auf. Eine Infektion des Nabels kann über die Nabelvene auf die Pfortader übergreifen. Bei Erwachsenen sind es meist Entzündungen im Beckenbereich, wie Appendizitis, Adnexitis, die zu einem Verschluß der V. portae führen.

Ein hierbei gelegentlich zu beobachtendes Krankheitsbild ist die kavernöse Pfortadertransformation. Im Lig. hepatoduodenale entwickelt sich ein Venenkonvolut, das den blockierenden Pfortaderverschluß zur Leber hin überbrückt und teilweise drainiert. Die kavernöse Pfortadertransformation kann sich speziell bei langsamen Verschlüssen der V. portae aus entzündlichen Prozessen entwickeln. Die übrigen Symptome entsprechen denen der portalen Hypertension.

Bei der segmentalen portalen Hypertension, die meist durch Pankreatitis oder ein Pankreaskarzinom hervorgerufen wird, ist das gesamte Portalsystem intakt, nur die V. lienalis thrombosiert.

2. Intrahepatischer Block

Hierbei sind zwei Untergruppen zu unterscheiden:

a) Präsinusoidaler Block

Hervorgerufen durch granulomatöse Lebererkrankungen oder kongenitale Leberzirrhose, in südlichen Ländern häufiger durch Schistosomiasis.

b) Postsinusoidaler Block

Durch infektiöse (Hepatitis), toxische (Alkohol) oder andere Schädigungen kommt es zur Zerstörung von Leberzellen, an deren Stelle sich Bindegewebe vermehrt und sich eine Leberzirrhose entwickelt. Im fortgeschrittenen Zirrhosestadium entstehen Hindernisse im Portalkreislauf durch Destruktion der Kapillaren in der Leber und Einengung der Gefäßbahn, wodurch sich der periphere Widerstand in den verbliebenen Gefäßen steigert. Zwischen den intrahepatischen Ästen der A. hepatica und V. portae entstehen infolge Destruktion arteriovenöse Fisteln, die den Abfluß des venösen Blutes hemmen, so daß sekundäre Varizen entstehen. Eine seltene Form der postsinusoidalen Blockade entsteht durch Thrombosen der Vv. hepaticae und ihrer intrahepatischen Äste, die bei jungen Frauen nach Einnahme oraler Kontrazeptiva zunehmend beobachtet wird. Das bekannteste Beispiel für einen posthepatischen Block durch Verlegung der Lebervenen ist das Budd-Chiari-Syndrom.

3. Posthepatischer Block

Er entsteht z. B. nach einer konstriktiven Perikarditis durch Thrombose des obersten Abschnittes der V. cava inferior.

Die Differentialdiagnose bereitet im allgemeinen keine Schwierigkeiten. Etwa 90–95% aller portalen Hypertensionen werden durch Leberzirrhose, etwa 5% durch Thrombose der V. portae und 1–2% durch einen posthepatischen Block hervorgerufen. Ungefähr 95% der Patienten mit einem prähepatischen Block sind jünger als 18 Jahre, dagegen sind 95% der Patienten mit einem intrahepatischen Block älter als 25 Jahre (Saegesser). Hinweise gewinnt man ferner aus der Anamnese (Nabelinfektion, Hepatitis, eitrige Entzündungen in der Bauchhöhle) sowie durch die klinische und klinisch-chemische Untersuchung des Patienten, einschließlich der röntgenologischen Diagnostik.

Wegen der Gefahr der Milzblutung bei der direkten Splenoportographie wird heute überwiegend die indirekte Splenoportographie bevorzugt, und zwar in DSA-Technik. Die Messung des Portaldruckes ist in dieser Technik selbstverständlich nicht möglich, sie wird risikoloser intraoperativ unter Sicht durchgeführt.

Nur 50% der Patienten mit einer Leberzirrhose überleben die erste große Blutung unter konservativer Therapie. Ein Jahr nach der ersten Blutung sind 70%, nach 2 Jahren 80% verstorben. Besser ist die Prognose beim prähepatischen Block, hier sind ein Jahr nach der ersten großen Blutung noch 80% der Kranken am Leben.

Die chirurgische Behandlung der portalen Hypertension bezweckt die Verhinderung einer erneuten Blutung oder die auf andere Weise nicht mögliche Beseitigung einer sonst letalen Blutung. Da die Gründe für die Blutung in der portalen Hypertension und der daraus resultierenden Überlastung des Kollateralgefäßsystems zu suchen sind, besteht die Behandlung in einer Drucksenkung und Entlastung der Kollateralen.

Jede andere Operation, z. B. die Beseitigung der Kollateralen stellt nur einen palliativen Eingriff dar, der außerstande ist, einer späteren Rezidivblutung dauerhaft vorzubeugen.

Alle Shuntoperationen, bei denen das Blut des Portalsystems über eine Umgehungsanastomose in das Kavasystem abgeführt wird, gehen gedanklich auf die 1877 von dem russischen Physiologen Eck an einem Hund hergestellte portokavale Anastomose zurück. Die Einführung der portokavalen Shuntoperationen zur Behandlung der portalen Hypertension beim Menschen ist Whipple (1945) sowie Blakemoore und Lord (1945) zu verdanken.

Im allgemeinen kommen folgende Operationen zur Anwendung (ausführliche Beschreibung s. S. 493f u. Abb. 9.5-19a–e):

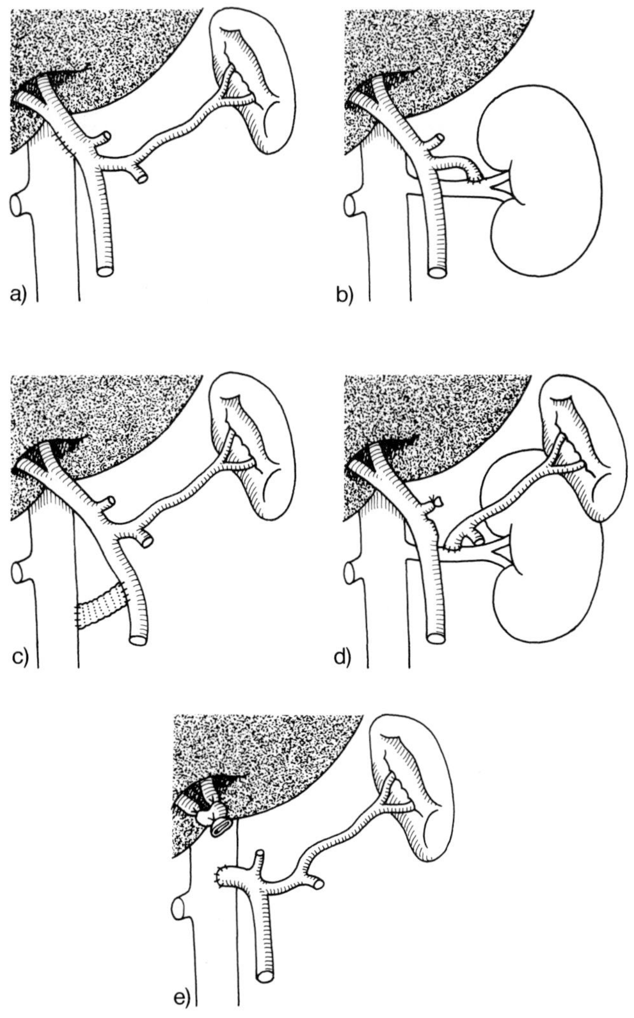

Abb. 9.5-19. Verschiedene Methoden der portosystemischen Anastomosen.
a) Portokavale Seit-zu-Seit-Anastomose.
b) Distale splenorenale Anastomose nach Linton.
c) Mesenterikokavale Anastomose mit H-Shunt nach Drapanas.
d) Zentrale splenorenale Anastomose nach Warren.
e) Portokavale End-zu-Seit-Anastomose.

1. Anastomose zwischen V. portae und V. cava inferior und zwar entweder
   End zu Seit,
   Seit zu Seit oder,
   biterminolateral 2 × End zu Seit.
2. Anastomose zwischen V. mesenterica superior und V. cava inferior.
3. Terminolaterale oder laterolaterale Anastomose zwischen V. lienalis und linksseitiger V. renalis mit oder ohne Entfernung der Milz.

Von den Shuntoperationen wird im allgemeinen die portokavale Anastomose bevorzugt und in all jenen Fällen ausgewählt, in der sie technisch durchführbar ist.

Prognose der portalen Hypertension und Indikation der portosystemischen Anastomose

Die Prognose der Patienten mit einer Leberzirrhose und portalen Hypertension wird durch den weiteren Verlauf des Leberleidens bestimmt. Eine Verbesserung der Überlebenszeit durch Anlage eines Shuntes ist nicht zu erwarten.

Die Indikation zur planmäßigen Shuntoperation ist u. E. bei der rezidivierenden, durch Verödung der Varizen nicht zu beherrschenden Blutung gegeben.

Wir stellen daher die Indikation zur Shuntoperation bei Patienten mit guter Leberfunktion im Sinne der Child-Klassifikation A–B, sowie bei mindestens zwei durchgemachten Ösophagusvarizenblutungen.

Bei allen Patienten mit schlechten Leberfunktionen halten wir den Shunt für kontraindiziert.

Eine Sonderindikation ist der extrahepatische Block, bei dem die ungestörte Leberfunktion die Langzeitprognose deutlich verbessert.

Einen prophylaktischen Shunt halten wir in keinem Fall für indiziert, hier geben wir der endoskopischen Sklerosierungsbehandlung den Vorzug.

Die Prognose für den Patienten und auch für die Operation läßt sich zuverlässig nach den von Child angegebenen Stadien ermitteln (Tab. 9.5-3).

Die Lebensaussichten der Gruppe A sind gut, sie tolerieren auch eine große Operation; die Operationsletalität liegt bei 10%.

Die Kranken der Gruppe C haben eine Lebenserwartung von einigen Monaten; die Operationsletalität ist höher als 50%.

Die Gruppe B nimmt eine Mittelstellung zwischen beiden ein.

Es ist viel darüber diskutiert worden, welche der drei portokavalen Anastomosentypen die beste ist. Die terminolaterale Anastomose ist am leichtesten durchführbar. Ihr Nachteil besteht darin, daß das gesamte Pfortaderblut an der Leber vorbeigeleitet wird und sich damit eine portale Enzephalopathie entwickeln oder verschlimmern kann. Bei ausgeprägter Leberzirrhose kann der postkapilläre, postsinusoidale Block in der Leber so hochgradig sein, daß ein Teil des durch die A. hepatica einströmenden Blutes durch die V. portae rückfließend aus der Leber abströmt. Theoretisch wäre in diesem Fall die laterolaterale oder biterminolaterale portokavale Anastomose vorteilhafter, weil sie die Leber besser entlastet als der terminolaterale Shunt. In Wahrheit entnimmt jedoch die laterolaterale und biterminolaterale Anastomose der Leber arterielles Blut, wodurch es zu einer weiteren Leberzellschädigung kommt.

Diese Beobachtung führte zu der Überlegung die hepatofugale Strömung in eine hepatopetale umzuwandeln, um damit mehr arterielles Blut zu den Leberzellen zu transportieren. Im Tierversuch konnte nachgewiesen werden, daß eine portokavale Anastomose eine ausgeprägte Leberzellverfettung verursacht, die völlig ausbleibt, wenn zusätzlich eine Arterialisation der Leber vorgenommen wird. Die experimentellen Ergebnisse stimmen mit der klinischen Erfahrung überein, daß die Arterialisation der Leber die Ergebnisse der Portalsystemanastomosen eindeutig verbessert und die Ausbildung der postoperativen Enzephalopathie vermindert. Die Arterialisation muß druckadaptiert durchgeführt werden, damit sich im zentralen Stumpf der V. portae kein pathologisch hoher Druck ausbildet. Matzander hat in seinem Krankengut festgestellt, daß die nachteiligen Auswirkungen der portokavalen Anastomosen auf die Morphologie der Leber und ihr Sauerstoffangebot, ihren Stoffwechsel und auf ihre Hämodynamik mit der druckadaptierten Arterialisation weitgehend eingeschränkt werden können. Wenn aus technischen Gründen (Thrombose der V. portae, ausgedehnte Verwachsungen im Leberhilus usw.) die Anlage einer portokavalen Anastomose nicht durchführbar ist oder eine Thrombosierung der portokavalen Anastomose eingetreten ist, kann eine mesenterikokavale Anastomose angelegt werden. Diese ist technisch leichter herzustellen als jede andere Anastomosenart und schafft eine breite Verbindung zwischen Pfortader und V. cava.

Die Anlage einer splenorenalen Anastomose stellt eine weitere Alternative dar. Unter den drei Anastomosentypen ist diese Art die technisch schwierigste. Daneben schafft sie die schmalste Verbindung zwischen dem portalen und kavalen System und ist somit auch anfälliger für Thrombosierungen. Es ist nur dann ratsam eine splenorenale Anastomose anzulegen, wenn mit einer V. lienalis von ausreichendem Kaliber zu rechnen ist oder wenn wegen eines Hypersplenismus ohnehin eine Milzexstirpation durchgeführt werden muß. Um einen gut funktionierenden splenorenalen Shunt anzulegen bedarf es großer Erfahrung.

Tab. 9.5-3. Klassifikation nach Child.

	A	B	C
Serumbilirubin	< 34	–51	> 51 μmol/l
Serumalbumin	> 35	–30	< 30 g/l
Aszites	keiner	therapierbar	therapieresistent
Neurologische Symptome	keine	minimal	schwer
Allgemeinzustand	gut	reduziert	schlecht

Zugangswege

Als Zugangsweg für die meisten portosystemischen Anastomosen empfiehlt sich ein Oberbauchlängs- oder Querschnitt. Bei einer geplanten portokavalen Anastomose ist ein rechtsseitiger Rippenbogenrandschnitt ausreichend, der bei Bedarf in einen Querschnitt erweitert werden kann. Bei splenorenalen Anastomosen bietet auch der linksseitige Rippenbogenrandschnitt ausreichend Übersicht.

Nahtmaterial, Nahttechnik und Prothesenmaterial

Als Nahtmaterial kommen lediglich die in der Gefäßchirurgie üblichen monofilen, nicht resorbierbaren Fäden in Betracht. Die Fadenstärken variieren je nach Stärke der Gefäßwand zwischen 5/0 und 6/0. Die Nahttechnik ist streng atraumatisch, Gefäßwände dürfen nicht durch Druck der Pinzettenbranchen gequetscht werden.

Als Standardmethode der Nahtvarianten kommt für große Gefäßlumina die fortlaufende Naht mit Eversion der Gefäßwand zur Anwendung.

Die Einzelknopfnaht ist indiziert bei End-zu-End-Anastomosen kleiner Gefäßlumina.

Die transluminale Naht ist bei schwierigen Hinterwandnähten, besonders bei Seit-zu-Seit-Anastomosen hilfreich. Sie wird ausführlich im Rahmen der portokavalen Anastomose besprochen.

Werden im venösen Bereich, wie beim Drapanas-Shunt, Kunststoffprothesen benutzt, müssen diese eine hohe Eigenstabilität und Antithrombogenität aufweisen. Zur Zeit werden diese Eigenschaften nur von PTFE-Prothesen erfüllt. Beim mesenterikokavalen Shunt verwenden wir 12 mm ringverstärkte PTFE-Prothesen.

Portokavale Anastomosen

Portokavale End-zu-Seit-Anastomose

Der Patient wird auf dem Rücken gelagert und seine rechte Seite mit einem Kissen um etwa 30° vom Operationstisch angehoben. Als Zugangsweg bietet ein großer rechtsseitiger Rippenbogenrandschnitt eine ausreichende Übersicht. Im Verlauf der Präparation muß man mit besonderer Umsicht vorgehen und darf auch das dünnste Gewebsbündel erst nach Unterbindung durchtrennen. Bereits in der Bauchwand verlaufen erweiterte Kollateralvenen, ebenso ist das Retroperitoneum von dünnwandigen, geschlängelten Venen mit großem Lumen und erweiterten Lymphgefäßen durchzogen.

Die Operation verläuft in drei Schritten. Zunächst wird die V. portae freigelegt und der portale Druck gemessen. Daraufhin Freilegung der V. cava inferior und als letzter Schritt Herstellen der portokavalen Anastomose.

Am rechten freien Rand des Lig. hepatoduodenale verläuft der Ductus choledochus, links von ihm die A. hepatica, zwischen und hinter den beiden Gebilden die V. portae. Die Pulsation der A. hepatica ist deutlich tastbar. Oft ist ein starkes Schwirren fühlbar. Die Arterie erweitert sich wie jede Arterie, die eine arteriovenöse Fistel speist, auf das 2- bis 3fache der Norm. Rechts der V. portae befinden sich im Fettgewebe eingebettete Lymphknoten, die infolge der Lymphstauung durch die Leberzirrhose vergrößert und derb mit der Umgebung und der Vene verwachsen sind. Man spaltet das Peritoneum an der rechten Seite der V. portae dorsal der Lymphknoten (Abb. 9.5-20). Die V. portae verläuft in einer Gefäßscheide, innerhalb dieser wird das Gefäß umfahren. Nach Durchziehen eines dünnen Gummizügels läßt sich das Gefäß bis zur Bifurkation im Hilusbereich präparieren. Nach Spaltung des Bindegewebes zwischen den beiden Ästen wird um jede der Portalvenen ein Faden gelegt. Um einen längeren Abschnitt der Vene zu befreien und ein Abknicken der Anastomose zu verhüten, mobilisiert man – wenn nötig – das Duodenum nach Kocher. Der einmündenden kleinen Venen werden sorgfältig ligiert. In der zirkulär freigelegten V. portae wird der Druck gemessen, der bei einer portalen Hypertension zwischen 25 und 45 mmHg liegt.

Nun wird die Vorderfläche der V. cava inferior auf etwa 10 cm Länge freigelegt. Hierzu wird das Retroperitoneum lateral von Duodenum und Pankreas gespalten. Bei einer Leberzirrhose sind auch im Retroperitoneum kollaterale Venennetze sowie gestaute Lymphbahnen vorhanden, so daß das Fettgewebe schrittweise zwischen Unterbindungen durchtrennt werden muß. Die Vorderfläche der V. cava inferior wird vom unteren Leberrand bis zur Einmündung der V. spermatica bzw. ovarica dextra in ganzer Länge freigelegt.

Mit den zuvor gelegten Fäden werden der rechte und linke Ast der V. portae unterbunden und zusätzlich mit Durchstechungsligaturen versorgt (Abb. 9.5-20). Das darmnahe Ende des freipräparierten Gefäßabschnittes wird mit einer Glover-Klemme quer abgeklemmt und die V. portae unterhalb der Bifurkation mit einer Schere schräg durchtrennt. Der Schrägschnitt hat den Vorteil, daß die Gefäßnaht das Lumen weniger einengt und innerhalb des Gefäßes günstigere Strömungsverhältnisse sowie schwächere Wirbelbildungen entstehen. Den Stumpf der V. portae spült man mit heparinhaltiger Kochsalzlösung. Mit zwei Gefäßpinzetten wird das durchtrennte Ende der V. portae zur freigelegten Oberfläche der V. cava gedreht. Hierdurch läßt sich feststellen, in welcher Lage Knickbildungen vermieden werden können. Die korrespondierende Stelle der V. cava wird mit zwei Gefäßpinzetten angehoben und ein ca. 5 cm langer Abschnitt partiell ausgeklemmt. Daraus exzidiert man ein längsovaläres Wandstück mit einem Durchmesser von ca. 1/2 cm. Zwischen dem Stumpf der V. portae und der hergestellten Öffnung wird nun die terminolaterale Anastomose mit 5/0 oder 6/0 atraumatischen, monofilen Fäden genäht. Zunächst wird eine distale und proximale Ecknaht gestochen und geknüpft. Die Nadel des proximalen Fadens wird zur Innenseite des Pfortaderlumens durchgestochen. Danach läßt sich die Hinterwandnaht vom Gefäßlumen aus sehr übersichtlich herstellen. Nach Fertigstellen der Hinterwandnaht wird der Faden an der distalen Ecke ausgestochen und mit der dort liegenden Ecknaht verknüpft. Der Abstand der Einstiche sollte etwa 2 mm betragen und ca. 1 mm der Venenwände erfassen. Es ist darauf zu achten, daß sich die Rückwände der Venen gut auskrempeln lassen und kein grober Nahtwulst entsteht.

Die fortlaufende Naht der Vorderwand wird mit dem distalen Eckfaden nach proximal hin ausgeführt. Bevor die letzten 1–2 Nähte gelegt werden, nimmt man für einen Augenblick die Klemme von der V. portae, um zu überprüfen, ob das Blut mit ausreichendem Druck ausströmt und die Vene verdreht oder geknickt ist. Ist der Blutstrom ausreichend, legt man die Glover-Klemme wieder an und vollendet die Anastomose. Der Blutstrom wird zunächst in der V. cava, dann in der Pfortader freigegeben. Der Druck in der V. portae sollte jetzt unter 30 cm Wassersäule abgesunken sein.

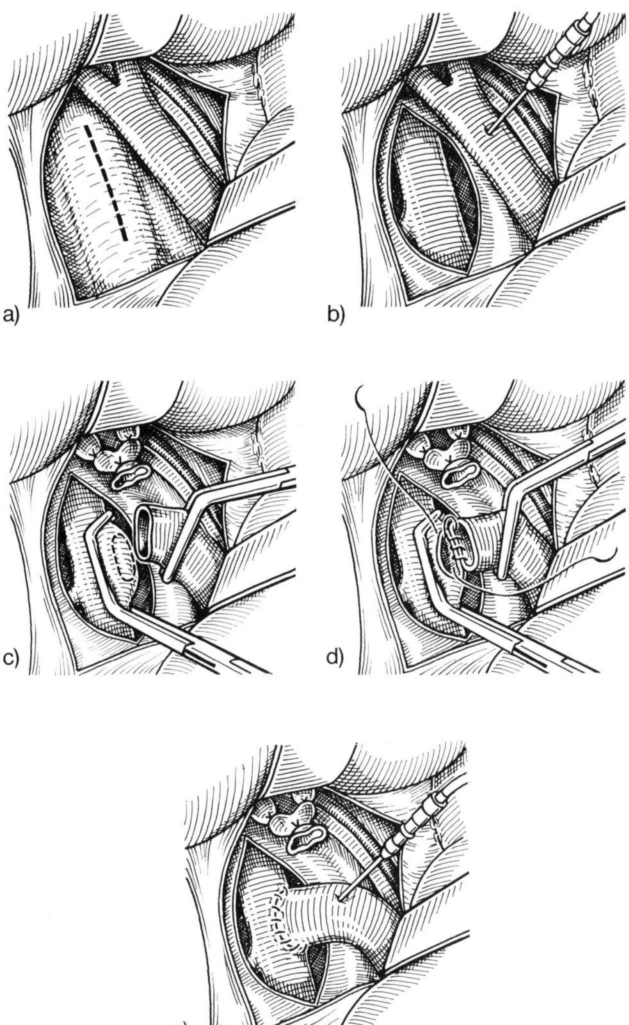

Abb. 9.5-20. Vorbereitung zur terminolateralen portokavalen Anastomose. Präparatorische Teilschritte s. Text.

Zusätzliche Arterialisation der Leber

Vor der Durchtrennung der Pfortader ist in diesem Fall eine exakte Druckmessung erforderlich. Das Gefäß wird punktiert und der portale Druck über ein Elektromanometer ermittelt. Die Pfortader wird mit einer Glover-Klemme verschlossen und der postokklusive Druck ermittelt. Die Druckdifferenz sollte etwa $^{1}/_{4}$ des Pfortaderdruckes betragen, da nur dann eine Arterialisation angezeigt ist.

Da der lebernahe Stumpf der V. portae arterialisiert werden soll, wird das Gefäß am Leberhilus nicht unterbunden, sondern der Stamm zwischen zwei Glover-Klemmen durchtrennt. Mit dem darmnahen Stumpf wird die zuvor beschriebene portokavale Anastomose gebildet. Nach Spaltung des Retroperitoneums über der rechtsseitigen A. iliaca communis wird diese auf einer Strecke von 5 cm freipräpariert und mit einem Gummizügel angeschlungen. Hierbei ist wegen der Verletzungsgefahr der dorsal liegenden V. iliaca besondere Vorsicht geboten. Über einen Längsschnitt am Oberschenkel unterhalb des Leistenbandes sowie an der Medialseite knapp oberhalb des Kniegelenkes wird die V. saphena magna in einer Länge von etwa 30 cm entnommen. Alle einmündenden Seitenäste sind sorgfältig zu ligieren. Die entnommene Vene wird zusätzlich mit Kochsalz gespült und auf Dichtigkeit geprüft. Das distale Ende des Transplantates wird schräg angeschnitten und mit 5/0 Prolene mit dem zentralen Stumpf der Pfortader anastomosiert. Die Vene wird dicht unterhalb der Anastomose mit einer weichen Klemme verschlossen und das Veneninterponat mit einer Kornzange retroperitoneal bis zur A. iliaca communis geführt, die nach distal und proximal temporär abgeklemmt wird. Aus der Vorderwand der Arterie wird ein ca. 1 cm großes Stück ovalär exzidiert und das Venenende mit 6/0 Prolene End zu Seit anastomosiert. Nach Abschluß der Naht wird zunächst die Gefäßklemme an der zentralen Anastomose entfernt und nach Auffüllen des Veneninterponates der Blutstrom in der A. iliaca communis freigegeben.

Matzander hat an den von ihm operierten Patienten nachgewiesen, daß die a.-v. Fistel auch ein Jahr nach der Operation noch offen ist.

Portokavale Seit-zu-Seit-Anastomose

(Abb. 9.5-21)

Die Schnittführung und Präparation von V. portae und V. cava ist die gleiche wie zur terminolateralen Anastomosierung. Die Pfortader muß in diesem Fall jedoch besonders weit mobilisiert werden, um eine spannungsfreie Anastomose zwischen V. cava und V. portae zu gewährleisten. Die Pfortader wird leber- und darmwärts mit Glover-Klemmen verschlossen. Die V. cava wird – wie zuvor beschrieben – partiell mit einer Satinsky-Klemme ausgeklemmt. Die Pfortader läßt sich bei ausreichender Mobilisation nun mit zwei Gefäßpinzetten parallel zur ausgeklemmten V. cava führen. Aus beiden Venen wird an korrespondierender Stelle die Wand auf einer Strecke von 2 cm ovalär exzidiert. Mit 5/0 Prolene wird in der zuvor beschriebenen Anastomosentechnik die Seit-zu-Seit-Anastomosierung durchgeführt.

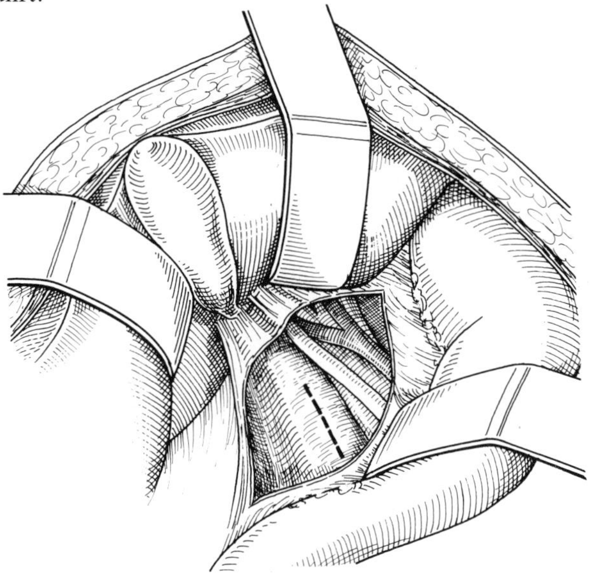

Abb. 9.5-21. Technik der portokavalen Seit-zu-Seit-Anastomose.
a) Aufsicht auf das Lig. hepatoduodenale und die V. cava superior. Die gestrichelte Linie zeigt die vorgesehene Venotomie der V. cava zur Shuntanlage.

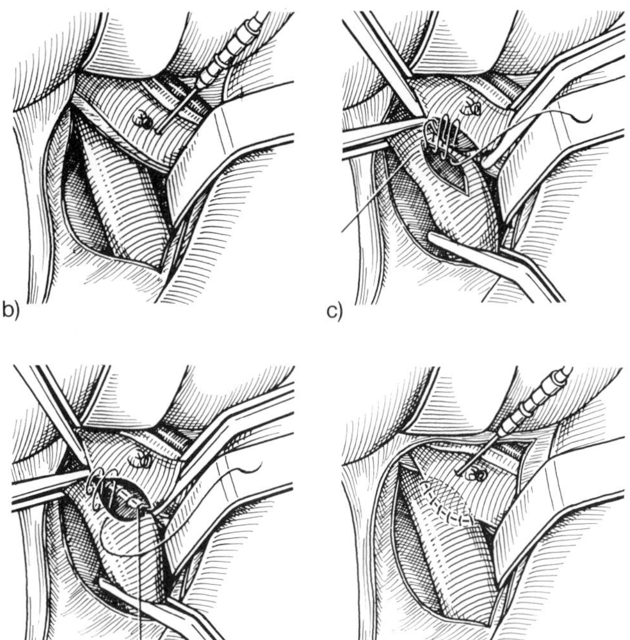

b) Druckmessung in der Pfortader vor Anlage der Anastomose.
c) Nahttechnik der Hinterwand. Nach Einstechen des Eckfadens wird die Nahtreihe vom Lumen aus durchgeführt, der Faden an der Ecke wieder ausgestochen.
d) Die Vorderwand wird fortlaufend zu Ende geführt.
e) Druckmessung in der anastomosierten Pfortader.

Mesenterikokavale Anastomose

Die erste mesenterikokavale Anastomose bildete Bogorasz, der beide Venen durchtrennte und zwischen dem distalen Stumpf der V. mesenterica superior und dem proximalen Stumpf der V. cava inferior eine End-zu-End-Verbindung herstellte. Diese Methode ist mit dem Nachteil verbunden, daß das Blut der V. mesenterica inferior und der V. lienalis nicht zur Anastomose gelangt. Die von Drapanass inaugurierte Methode des sog. H-Shunts vermeidet all diese Nachteile mit dem Vorteil der übersichtlichen anatomischen Verhältnisse und der kurzen Operationszeit. Die Operation gliedert sich in drei Abschnitte:

1. Freilegung der V. mesenterica superior und der V. cava.
2. Korrekte Lagerung des Transplantates infraduodenal.
3. Anlage der Anastomose.

Als Zugangsweg empfiehlt sich besonders die mediane oder quere Oberbauchlaparotomie. Zum Auffinden der V. mesenterica superior wird das Querkolon mit dem großen Netz nach kranial geschlagen und der Dünndarm nach kaudal angespannt. Links neben der, bei adipösen Patienten schwer aufzufindenden V. mesenterica superior findet sich die gut palpable A. mesenterica superior; unmittelbar dorsal der Vene die Pars horizontalis des Duodenums. Die Vene wird kaudal des Duodenums auf einer Strecke von ca. 3–4 cm zirkulär freigelegt und angezügelt. Hier einmündende kleine Venenäste müssen sorgfältig zwischen Ligaturen durchtrennt werden.

Zur Darstellung der V. cava inferior wird das rechte Hemikolon mobilisiert, nach medial und kaudal verlagert und das Retroperitoneum vom unteren Duodenalknie an inzidiert (Abb. 9.5-22).

Die untere Hohlvene wird an ihrer Vorderseite auf eine Strecke von ca. 8 cm freigelegt. Auch hier ist eine zirkuläre Freilegung wegen der von dorsal einmündenden Venen gefährlich und unnötig. Es ist genau darauf zu achten, daß die mesenteriale und kavale Anschlußstelle parallel zueinander liegen. Hierfür erweist es sich gelegentlich als notwendig, die V. mesenterica bis zu den einstrahlenden intestinalen Venen freizulegen.

Vor Beginn der Anastomosennähte wird von der V. mesenterica superior aus ein retromesenterialer Tunnel in Richtung auf die V. cava mit Hilfe einer Kornzange gebildet. Hierbei ist auf ein kaudal weit durchhängendes unteres Duodenalknie zu achten, ebenso sind Verletzungen von kleinen Mesenterialvenen zu vermeiden, die zu unangenehmen Hämatomen führen können.

Als Gefäßprothese für den H-Shunt bietet sich eine 10–12 mm messende PTFE-Prothese an. Die erste Anastomose wird an der V. mesenterica superior angelegt. Hierzu ist die Vene mit zwei Gefäßklemmen vollständig zu verschließen. Nach ovalärer Exzision der zur V. cava zeigenden Seitenwand wird die Prothese mit 6/0 Prolene implantiert. Wie bei der portokavalen Anastomose beschrieben, wird die Naht der Hinterwand intraluminär angelegt. Nach Fertigstellen der zirkulären Nahtreihen wird zunächst die distale Klemme der V. mesenterica geöffnet und Koagel über die Prothese ausgespült. Sodann kann die zentrale Klemme entfernt und die Prothese unmittelbar an der Anastomose mit einer Glover-Klemme verschlossen werden.

Dann wird das Transplantat durch den Tunnel zur V. cava durchgezogen.

Die zentrale Zirkumferenz der V. cava wird mit zwei Gefäßpinzetten angehoben und mit einer Satinsky-Klemme ausgeklemmt. Hierbei ist nochmals genau darauf zu achten, daß die Anschlußstellen parallel liegen. Die End-zu-Seit-Anastomose der Prothese mit der V. cava inferior wird ebenfalls mit 5 bis 6-0 Prolene fortlaufend genäht.

Bevor die Glover-Klemme an der Gefäßprothese abgenommen wird, kann man die Prothese unmittelbar an der mesenterialen Anschlußstelle punktieren und die dünne Nadel in das Lumen der V. mesenterica einführen. Mit einem Elektromanometer läßt sich der Ausgangsdruck im Portalvenensystem feststellen. Nach Öffnen der Glover-Klemme kann die erreichte Drucksenkung ermittelt werden. Der Eingriff wird durch exakte Naht des Retroperitoneums beendet.

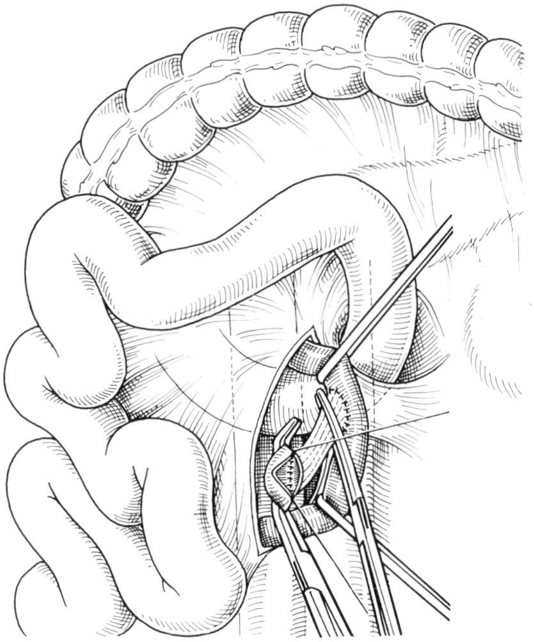

Abb. 9.5-22. Der mesenterikokavale H-Shunt. Die V. mesenterica superior ist oberhalb des Duodenums freigelegt und mit der Prothese Seit zu End anastomosiert. Die Wand der V. cava wird tangential ausgeklemmt, die Nahtreihe der Hinterwand ist vom Lumen aus durchgeführt worden.

Splenorenale Anastomosen

Terminolaterale splenorenale Anastomose (Linton)

Als Zugangsweg hat sich ein ausgedehnter linksseitiger Rippenbogenrandschnitt oder ein Oberbauchquerschnitt bewährt. Zuerst wird der Milzhilus freipräpariert. Bei der portalen Hypertension ist dieses Vorgehen durch die meist bestehende Splenomegalie sowie zahllose erweiterte Venen im Bereich des Hilus und der retroperitonealen Adhäsionen erschwert. Nach schrittweisem Skelettieren der Vasa gastrica brevia, wobei unbedingt eine Verletzung der Milzkapsel mit Blutung und unübersichtlichem Operationssitus zu vermeiden ist, liegt der Milzhilus frei. Das Lig. phrenicocolicum sowie die linke Kolonflexur sollten nicht abgelöst werden, da die hochdrängenden Dünndarmschlingen die Übersicht erschweren. Die erweiterte V. lienalis findet sich am Oberrand des Pankreasschwanzes, etwas kranial hiervon die A. lienalis. Nachdem beide Gefäße vorsichtig mit einer Klemme unterfahren und mit einem Zügel gesichert sind, befreit man die Milz aus den Verklebungen mit dem hinteren parietalen Peritoneum. Die V. lienalis sollte möglichst hilusnah unterbunden werden. Die Arterie wird nach doppelter zentraler Ligatur durchtrennt. Nach Anlegen einer Glover-Klemme an die V. lienalis wird auch sie durchtrennt und die Milz entfernt. Durch vorsichtiges Anheben des peripheren Endes der Milzvene an der Ligatur wird sie vorsichtig auf einer Strecke von ca. 6 cm freipräpariert. Die vom Pankreas einstrahlenden kleinsten Venenästchen müssen einzeln sorgfältig ligiert werden. Einrisse in der Venenwand werden mit 6-0 Prolene vernäht.

Nach vorsichtigem Anheben des Pankreasschwanzes wird das hintere parietale Peritoneum über der linken Nierenvene inzidiert und das Gefäß auf einer Strecke von ca. 5 cm freigelegt. Zur besseren Darstellung der Nierenvene ist häufig die Durchtrennung der V. spermatica bzw. ovarica zwischen Ligaturen erforderlich.

Die proximale Hälfte der V. renalis wird mit einer schmalen Satinsky-Klemme so ausgeschaltet, daß der Blutrückstrom der Niere erhalten bleibt. Aus dem kranialen Rand der Vene wird ovalär ein Stück Wand von etwa 4 mm Durchmesser exzidiert. Zwischen dem Ende der V. lienalis und der Seite der V. renalis kann nun die Anastomose mit fortlaufender Vorder- und Hinterwandnaht (Prolene 6-0) hergestellt werden. Vor der völligen Fertigstellung der Anastomose wird die Gefäßklemme an der V. lienalis geöffnet, um hier entstandene Thromben auszuspülen.

Sollte bei der Präparation an der Milzvene eine größere Verletzung aufgetreten sein, darf die Naht zu keiner Einengung des Lumens führen. Ist das der Fall, muß ein portokavaler oder Drapanass-Shunt angelegt werden.

Zentrale terminolaterale splenorenale Anastomose (Warren)

Den übersichtlichsten Zugang bietet wieder eine quere Oberbauchlaparotomie. Nach Hochschlagen des Querkolons wird links neben der Flexura duodenojejunalis das Retroperitoneum am Ansatz des Mesocolon transversum quer gespalten. Hier läßt sich die ca. fingerdicke Nierenvene aufsuchen, auf eine Länge von ca. 5 cm isolieren und anzügeln. Im Retroperitoneum wird nun die Unterkante des Pankreaskorpus freipräpariert und mit einem stumpfen Haken hochgezogen. Die Milzvene muß bis zur Einmündung in die V. mesenterica superior freipräpariert werden, anschließend wird sie dicht vor dem Zusammenfluß abgeklemmt und nach zentral mit einer Umstechungsligatur verschlossen. Die linke Nierenvene wird an der kranialen Kante mit einer Satinsky-Klemme tangential ausgeklemmt. Nach ovalärer Exzision der Nierenvenenwand wird die Milzvene terminolateral mit 6-0 Prolene anastomosiert (Abb. 9.5-23a–c). Vor dem Fertigstellen der Anastomose wird die Gefäßklemme der Nierenvene kurzfristig geöffnet, um ein Ausspülen der Thromben zu ermöglichen. Nach Prüfen der Dichtigkeit der Gefäßanastomose wird das Retroperitoneum mit 3-0 Vicryl vernäht.

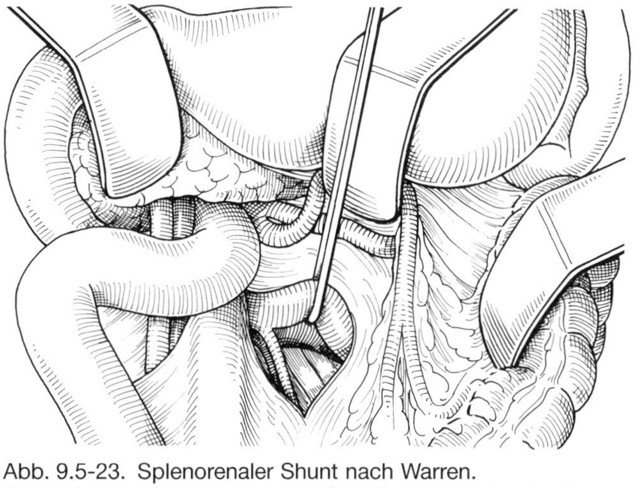

Abb. 9.5-23. Splenorenaler Shunt nach Warren.
a) Das Mesocolon transversum wird mit einem Haken hochgezogen. Die linke Nierenvene und die Milzvene sind angezügelt.

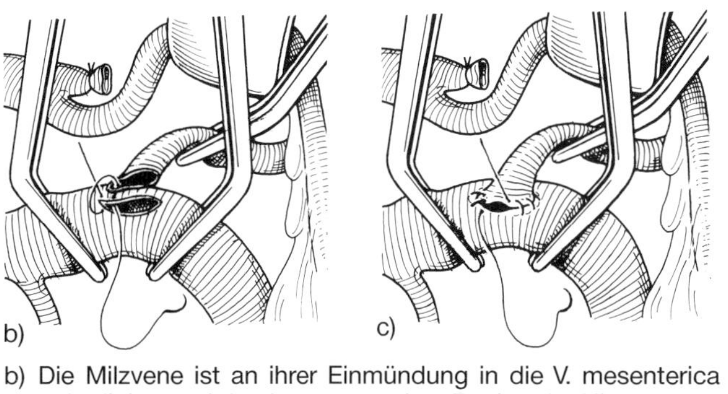

b) Die Milzvene ist an ihrer Einmündung in die V. mesenterica superior ligiert und durchtrennt worden. Beginn der Hinterwandnaht der splenorenalen Anastomose.
c) Die Milzvene ist End zu Seit in die linke Nierenvene implantiert worden.

Noteingriffe bei massiven Ösophagusvarizenblutungen

Bei einem massiv aus Ösophagusvarizen blutenden Patienten wird zunächst über eine Ballontamponade die Blutung durch direkte Kompression der Vene gestillt (Sengstaken). Bei blutenden Fundusvarizen empfiehlt sich das Einlegen einer Ballonsonde nach Linton und Nachlass, die ebenfalls nicht länger als 24–48 Std. belassen werden darf.

Sperroperationen sind nur dann indiziert, wenn die endoskopische Sklerosierung nicht gelingt, oder nicht mehr möglich ist.

Aus den mehr als 100 angegebenen Operationsverfahren werden hier die praktikabelsten beschrieben:

Zirkuläre subkardiale Magendissektion

Hierbei werden sämtliche Gefäßbahnen an der kleinen und großen Kurvatur subkardial unterbunden und zusätzlich durch zirkulär gelegte, alle Wandschichten erfassende Einzelknopfnähte die submukösen Magenplexus unterbrochen.

Diese Technik stößt insbesondere bei adipösen Patienten mit großer Leber und Milz, sowie Aszites auf erhebliche technische Schwierigkeiten.

Transthorakale Ösophagusvarizenligatur

Der transthorakale Zugang erweist sich gegenüber dem abdominellen sehr oft als einfacher und schneller, denn der distale Ösophagusabschnitt kann auch bei einer Hepatosplenomegalie übersichtlich dargestellt werden. Über eine linksseitige Thoraktomie im 8. ICR wird der Ösophagus mobilisiert. Nach Längsinzision der Muscularis propria wird der Submukosazylinder stumpf aus dem Muskelschlauch herausgehoben und unter Belassen der Hinterwand quer durchtrennt. Die subepithelial verlaufenden Varizen werden einzeln umstochen und die Ösophagusvorderwand wieder vernäht.

Maschinelle ösophageale Blutsperre (Kivelitz)

Eine ebenso sichere Unterbrechung der Ösophagusvarizen wie bei dem vorbeschriebenen Eingriff ist mit dem EEA-Klammergerät auf einfachere Weise zu erreichen.

Nach einem abdominellen Zugang zum Magen wird der distale Ösophagus stumpf mobilisiert und angeschlungen. Über eine Gastrotomie im Bereich der Magenvorderwand wird das EEA-Gerät in den Ösophagus vorgeschoben. Der Ösophagus wird mit einem kräftigen Faden zwischen den beiden Kopfhälften des Nahtgerätes eingebunden (Abb. 9.5-24a). Nach Herstellen der Klammernahtreihen sind sämtliche vom Magen in den Ösophagus ziehende Venen unterbrochen (Abb. 9.5-24b). Die Klammernahtreihe wird zusätzlich mit dem Magenfundus gedeckt und die Gastrotomie zweireihig verschlossen. Zusätzlich ist die Dissektion der oft sehr kräftigen parakardial verlaufenden Venen erforderlich.

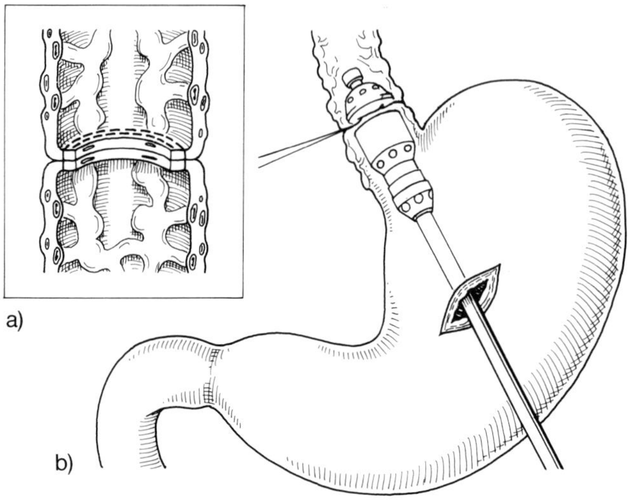

a)

b)

Abb. 9.5-24. Sperroperation nach Kivelitz.
a) Der Kopf des EEA-Gerätes ist über eine Gastrotomie in den distalen Ösophagus eingeführt worden. Mit einem Faden wird der Ösophagus zwischen die beiden Kopfhälften eingeknotet.
b) Ansicht der maschinellen Unterbrechung der submukösen Ösophagusvarizen.

Eingriffe an Gallenblase und Gallenwegen

J. Durst und **R. Bähr**

Prä- und intraoperative diagnostische Verfahren

Innerhalb der radiologischen Diagnostik kam es mit der Weiterentwicklung der modernen bildgebenden Verfahren zu einem Wandel in der Prioritätenwahl. Die Treffsicherheit der Sonographie (US) mit 95–98% zum Nachweis einer Cholezystolithiasis hat die Indikation zur Durchführung einer oralen Cholezystographie wie der i.v. Cholangiographie erheblich eingeschränkt. Mit der endoskopischen retrograden Cholangio- (ERC) und Pankreatikographie (ERP) stehen Verfahren zur Verfügung, die zusätzlich zur histologischen Sicherung und Therapie geeignet sind. Eingeschränkt ist ihre Anwendungsmöglichkeit lediglich bei Magenresektionen nach B II.

Die perkutane transhepatische Drainage (PTC) dient in erster Linie der Vorbereitung zur Resektion eines blockierend wachsenden Malignoms und hat die operative Einlage einer temporären Gallengangsfalleitung bei Verschlußikterus überflüssig gemacht. Die Methode wurde von Carter u. Saypol 1952 eingeführt und gehört inzwischen zum Standardprogramm leistungsfähiger gastroenterologischer und radiologischer Abteilungen.

Die Computertomographie (CT) sollte am Ende aller radiologischen Verfahrensanwendungen und endoskopischen Untersuchungsmöglichkeiten stehen und nur dann angewandt werden, wenn von ihrer Durchführung eine wirklich entscheidende differentialdiagnostische Klärung zu erwarten ist und/oder dadurch eine wichtige intraoperative Entscheidungshilfe gewonnen werden kann. Das betrifft in erster Linie die leberpfortennahen Gallengangskarzinome und intrahepatischen Gallengangserkrankungen (z. B. Caroli-Syndrom).

Auch die sequentielle Choleszintigraphie (Harvey u. Loberg, 1975) ist nur ausnahmsweise indiziert.

Die Notwendigkeit einer routinemäßigen Gastroskopie vor planbaren Gallenwegseingriffen, insbesondere der Cholezystektomie, wird unterschiedlich gesehen. Immerhin fanden Rassek et al. nur in 56% der zur Cholezystektomie anstehenden Patienten gastroskopisch keinen pathologischen Befund, wobei in 11,7% der Fälle der Therapieplan geändert werden mußte.

Mit der von Mirizzi 1932 eingeführten intraoperativen Cholangiographie und der Manometrie durch Caroli (1942) wurde ein wesentlicher Fortschritt in der Gallensteinchirurgie erzielt. Trotz möglicher Fehlinterpretationen ist die routinemäßige Anwendung für den Regelfall grundsätzlich zu empfehlen, die Unterlassung dann vertretbar, wenn unmittelbar präoperativ entweder durch i.v. Cholangiographie oder ERC regelrechte Gallengangsverhältnisse nachgewiesen wurden. Eine weitere Ausnahmesituation kann bei einem Gallenblasenempyem und nicht vorhandener Cholostase gegeben sein. Die Radiomanometrie bzw. Radiomanodebitmetrie (Abb. 9.5-25) beinhaltet die Aufnahme des Gallengangdruckes (sog. Residualdruck mit < 12 cm Kontrastmittel-Wassersäule), ferner den Papillendurchflußdruck (sog. Debitmetrie mit 12–15 cm) und die rötgenologische Darstellung der intra- und extrahepatischen Gallengänge.

Aus klinischen und dokumentarischen Gründen soll während des Kontrastmitteldurchflusses eine Röntgenaufnahme zur Dokumentation der Steinfreiheit der extrahepatischen Gallenwege angefertigt werden. Auch gelingt dadurch der Nachweis bzw. Ausschluß anatomischer Varianten im biliären System zuverlässig.

Eine zusätzliche diagnostische Hilfe besteht in der Durchführung der intraoperativen Sonographie mit einem kleinen Schallkopf, durch die Konkremente sowohl im Verlauf des Ductus hepatocholedochus als auch im Ductus pancreaticus festgestellt werden können und ferner die intraoperative Choledochoskopie, die man vorteilhafterweise mit einem flexiblen Gerät durchführt.

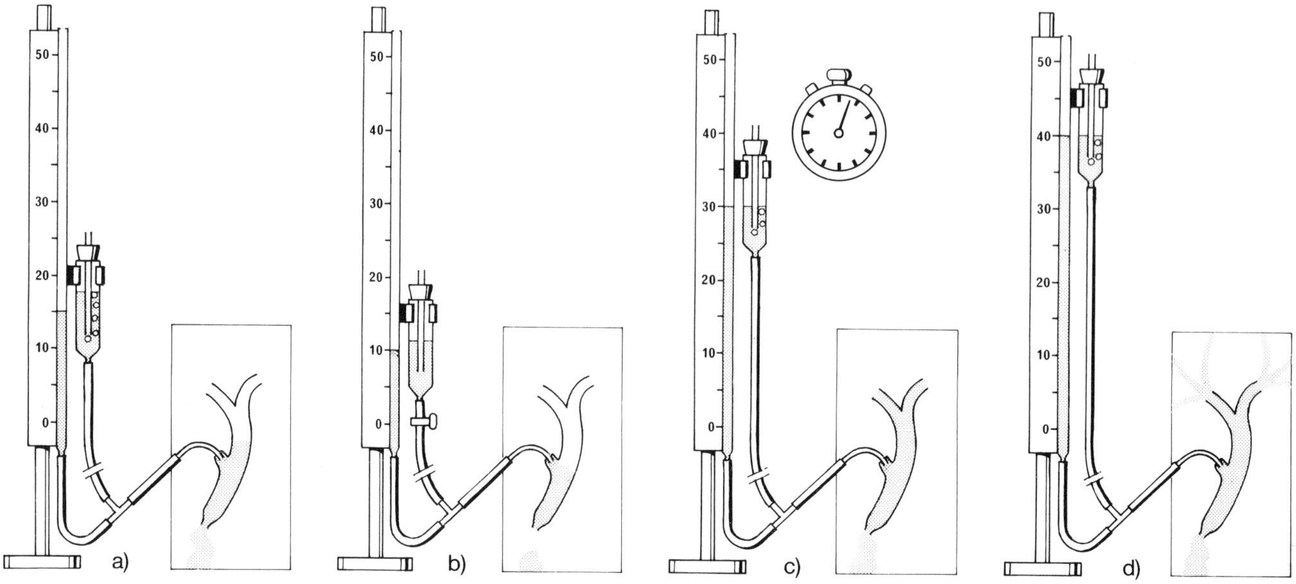

Abb. 9.5-25. Durchführung der Radiomanodebitmetrie.
a) Langsame Auffüllung des Gallenwegsystems bei niedrigen Druckwerten mit Festlegung des Passagedruckes, der am Aufsteigen der Luftblasen gut ablesbar ist.
b) Bestimmung des Residualdruckes durch Abklemmung des vom Kontrastmittelbehälter abgehenden Schlauches.
c) Bestimmung der Durchflußgeschwindigkeit bei höheren Drucken pro Minute (Debitmetrie).
d) Auffüllung des extra- und intrahepatischen Gallenwegsystems mit Kontrastmittel und Anfertigung der Röntgenaufnahme.

Zugangswege

Für die Eingriffe an der Gallenblase und den Gallenwegen wurden eine Vielzahl von Schnittführungen angegeben, von denen der überwiegende Teil nur noch historisches Interesse hat. Allein von Kehr (1913) stammen drei Inzisionen sowie eine Modifikation des Schnittes nach Kausch. Der Bogen- und Wellenschnitt sind die bekanntesten und gleichermaßen mit dem Nachteil der zumindest partiellen Verletzung von Interkostalnerven behaftet. Fälschlicherweise wird der Rippenbogenrandschnitt nach Kocher, der auch von Courvoisier benutzt wurde, oft als Zugang nach Kehr angegeben, jedoch verläuft letzterer immer vom Xiphoid ausgehend ein Stück weit abwärts in der Medianlinie, bevor er nach rechts lateral umbiegt.

Neben der sicherlich am häufigsten benutzten Laparotomie nach Kocher eignet sich für die Eingriffe an den Gallenwegen der Zugang nach Kausch (1900), der etwas lateral am Rippenbogen beginnt, die Interkostalnerven nicht verletzt und zur Mittellinie verläuft, die er etwa 2 Querfinger oberhalb des Nabels kreuzt, so daß fallweise auch eine Erweiterung nach links jederzeit möglich ist. Von Nachteil vielleicht ist, gegenüber dem Rippenbogenrandschnitt, die stärker ins Auge fallende Narbe.

Wenn bereits präoperativ feststeht, daß Simultaneingriffe an der Bauchspeicheldrüse notwendig sind, erreicht man durch eine etwas wellenförmig geführte quere Oberbauchlaparotomie sehr übersichtliche Verhältnisse. Der am häufigsten benutzte Zugang ist in Abb. 9.5-26 dargestellt.

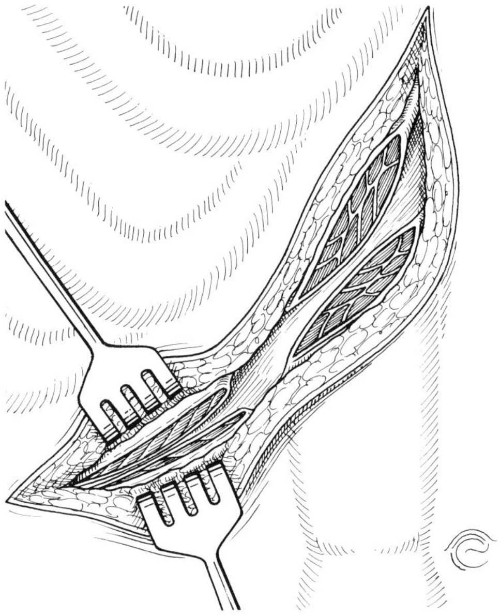

Abb. 9.5-26. Rippenbogenrandschnitt nach Kocher.

Eingriffe bei benignen Erkrankungen

Nicht nur in der Diagnostik, sondern auch in den Behandlungsmöglichkeiten der Gallensteinerkrankungen kam es in den letzten Jahren zu einem Wandel. Am längsten bekannt ist die medikamentöse Steinauflösung mit Chenodesoxycholsäure (CDCA) und Ursodesoxycholsäure (UDCA), die jedoch nur für aus Cholesterin bestehende Konkremente bei in der Passage befindlicher, kontraktionsfähiger Gallenblase in Frage kommt. Die notwendigerweise langwierige Behandlung führt jedoch häufig – Nebenwirkungen und Komplikationen eingeschlossen – zu einem Therapieabbruch durch den Patienten. Die Erfolgsrate wurde mit 13–71% und einer Rezidivrate von 40% angegeben (zit. n. Kümmerle).

In Frage kommt ferner die extrakorporale Stoßwellenlithotripsie (ESL), die sich allerdings noch im Stadium des klinischen Experimentes befindet. Die von Kümmerle gestellte Frage: »Was wird aus dem Steinschutt?« ist wegen der kurzen Beobachtungszeit im Augenblick weder im Hinblick auf die lokalen Komplikationen (Koliken, Pankreatitis) noch Rezidive zuverlässig zu beantworten (Sauerbruch et al., Ell et al.). Auch der Versuch, die direkte Auflösung von Gallensteinen durch Instillation von Äther zu erreichen, hat noch experimentellen Charakter, ganz ähnlich wie die Lasertherapie von Choledochuskonkrementen.

Da in mehr als 90% der Fälle die Gallenblase der Entstehungsort für die Steinbildung ist und in erster Linie auch von ihr die Folgekomplikationen ausgehen, wird bei dem derzeitigen Stand der Lithotripsie und -lyse noch einiges an Entwicklungsarbeit geleistet werden müssen, bis die Indikation zur Cholezystektomie weiter eingeschränkt werden kann.

Gegenwärtig ist deshalb die Operation indiziert, wenn der symptomlose Steinträger zum Steinkranken geworden ist. Allen Überlegungen zur Indikation (Tab. 9.5-4 u. 5) ist die Tatsache zugrunde zu legen, daß die Frühoperation der beste Weg ist, dem Patienten einen langen Leidensweg und sowohl operationsbedingte wie postoperative Komplikationen zu ersparen.

Kontrovers diskutiert wird zur Zeit noch die laparoskopische Cholezystekomie, die in den Händen weniger Erfahrener zunehmend erfolgreicher eingesetzt wird.

Die Durchführung biliodigestiver Anastomosen – mit und ohne innere Schienung – ist bei einem benignen Grundleiden durch die Möglichkeit endoskopisch-chirurgischer Eingriffe selten erforderlich und macht etwa 1–2% aller Gallenwegseingriffe – Karzinome ausgenommen – aus. Das gleiche gilt für die transduodenale Papillotomie.

Von den in Frage kommenden Methoden sind die Cholezystoduodenostomien mit Abstand am ungeeignetsten, da es regelmäßig zu einer Gallengangsinfektion und nach einigen Jahren zu einer sekundär biliären Zirrhose kommt. Demgegenüber hat sich die Cholezystoenterostomie als palliative Maßnahme bei inkurablen periampullären Karzinomen bewährt.

Breiter ist das Indikationsspektrum der Choledochojejunostomie, dann aber am besten nach Ausschaltung einer oberen Jejunumschlinge nach Roux-Y, wie z. B. bei einer postpankreatitischen Röhrenstenose, nicht zu beseitigenden Strikturen oder Stenosen des distalen Gallengangabschnittes einschließlich der Papille, akzidentellen Choledochusverletzungen oder Ligaturen und als Standardverfahren nach Pankreaskopfresektionen oder totalen Pankreatektomien.

Tab. 9.5-4. Notfallmäßige und dringliche Operationsindikationen bei Erkrankungen der Gallenblase und Gallengänge.

Notfallindikationen:
Gallenblasenerkrankungen mit lokaler und generalisierter Peritonitis
Gallenblasenempyem, -gangrän
Biliär induzierte akute Pankreatitis
Gallensteinileus (ohne Sanierung der Gallenwege)
Dringliche Indikationen:
Akute Cholezystitis, Hydrops, beginnendes Empyem
Verschlußikterus
Karzinomverdacht
Biliodigestive Fisteln
Intrahepatische Gallengangsstenosen und cholangioläre Abszesse
Endoskopisch nicht zu beseitigende Abflußhindernisse

Tab. 9.5-5. Absolute Indikationen zur Operation von Gallenblasen- und Gallengangserkrankungen.

Cholezystolithiasis mit Symptomen einschließlich Cholezystitis ohne Konkremente
Ausgeschlossene Gallenblase
Septierte Gallenblase
Stippchengallenblase
Gallenblasen- und Gallengangstumoren
Salmonellen-Dauerausscheider
Mirizzi-Syndrom
Endoskopisch nicht zu beseitigende Abflußhindernisse in den Gallengängen
Caroli-Syndrom
Choledochoduodenostomien
Choledochuszysten

Anastomosen mit dem Ductus hepaticus communis bei nicht malignen Erkrankungen können nach iatrogenen Verletzungen oder als Wiederholungseingriffe bei Stenosierung einer biliodigestiven Anastomose erforderlich sein, selten bei einer Choledochuszyste oder nicht entfernbarer Konkrementausmauerung der tieferen Gangabschnitte.

Eine weitere Indikation ist ein über 15 mm weiter Ductus hepatocholedochus trotz Papillotomie und freier Durchgängigkeit, da sich die Dilatation nicht zurückbildet und Rezidivsteine in über 30% der Fälle zu erwarten sind (Tondelli et al.).

In jedem Fall sind Seit-zu-Seit-Verbindungen zu vermeiden.

Proximale Gallengangsanastomosen mit der Hepatikusgabel oder linkem bzw. rechtem Ductus hepaticus sind bei benignen Erkrankungen ebenfalls selten indiziert. Ihre transhepatische Schienung ist selbst bei weiten Gängen dringend anzuraten, da es hier besonders oft zu Stenosen kommt.

Eingriffe an der Papille dürfen nicht ohne wichtigen Grund vorgenommen werden. Dazu gehört auch die intraoperative Sondierung oder Bougierung nach Bakes. Die Zerstörung des physiologischen Zusammenspiels der Sphinkteren ist oft Anlaß von schwer zu behandelnden Gallengangsinfektionen, wobei vor allem intraoperativ entstandene Schleimhautläsionen auslösende Ursache für eine Papillenstenose sein können.

Die endoskopische Sphinkterotomie zum Zwecke der Entfernung von Choledochuskonkrementen als Methode der Wahl vor einer Cholezystektomie wird inzwischen an verschiedenen Kliniken bevorzugt. Nachteil dieses Vorgehens ist, daß ein u. U. vermeidbarer Schaden an der Papille entsteht, zumal die planmäßige Choledochusrevision und Steinextraktion im Normalfall eine niedrige Morbiditäts- und Letalitätsrate hat.

Besonders schwierig ist die Entscheidung, eine evtl. steingefüllte Gallenblase nach erfolgreicher endoskopischer Gallengangsrevision in situ zu belassen, da mit weiteren Steinkomplikationen zu rechnen ist.

Die von Dresemann et al. vorgestellten Langzeitergebnisse sprechen allerdings dafür, bei über 70jährigen multimorbiden Patienten fallweise so zu verfahren.

Cholezystostomie

Durch die Verbesserung der perioperativen Maßnahmen ist die Notwendigkeit, ausschließlich eine Drainage der Gallenblase in Lokalanästhesie durchführen zu müssen, selten geworden. Handelt es sich aber um Risikopatienten, denen eine Vollnarkose besser nicht zugemutet werden darf und ist die Entlastung der Gallenblase unaufschiebbar, dann ist die Cholezystostomie unverändert die Therapie der Wahl.

Ihre Anwendungsmöglichkeit entfällt bei einer Gallenblasengangrän und selbstverständlich für die Behandlung einer bereits eingetretenen Perforation. Eine gleichzeitig bestehende Choledocholithiasis mit Verschlußikterus oder schwerer eitriger Cholangitis sollte bei diesen Patienten durch eine endoskopische Papillotomie und Einlage einer Gallengangsdrainage behandelt werden.

Die meist gut tastbare Gallenblase wird nach Infiltrationsanästhesie mit einem 0,5%igen Lokalanästhetikum von einem kleinen Rippenbogenrandschnitt aus freigelegt und vor der Punktion mit atraumatischen Polyglykolsäurefäden in das inzidierte Peritoneum zirkulär eingenäht. Anschließend erfolgt durch eine Tabaksbeutelnaht die Punktion mit geschlossener Absaugung des Empyems, dann die Ausräumung der erreichbaren Steine mit anschließender Einlage einer Gummirohrdrainage (Abb. 9.5-27), die durch eine kulissenartige Verschiebung der Bauchdeckenschichten gesondert ausgeleitet wird.

Die Cholezystostomie ist in den seltensten Fällen eine definitive Lösung, jedoch kann ein hoher Anteil der Patienten nach Besserung des Gesamtzustandes, etwa 14 Tage später, planmäßig cholezystektomiert werden. In einem nicht geringen Anteil der Fälle schließt sich das Gallenblasenstoma nach Entfernung der Zieldrainage nicht, so daß es bei dem häufig zu beobachtenden Rückgang der entzündlichen Verklebungen des Ductus cysticus zu Gallefisteln kommt.

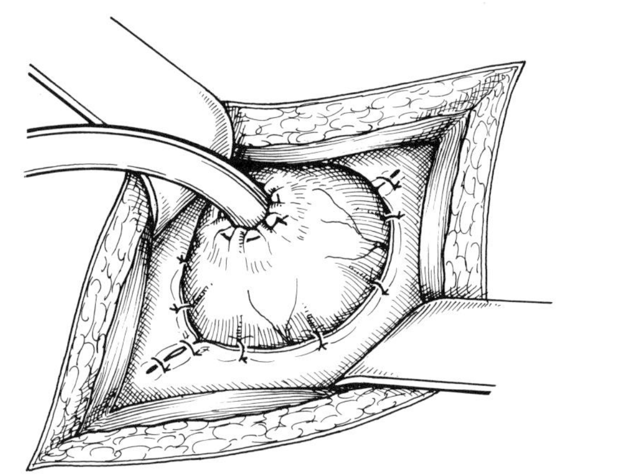

Abb. 9.5-27. Cholezystostomie. Der in Infiltrationsanästhesie ohne weiteres durchführbare Eingriff beginnt mit der Einnähung der Gallenblasenkuppe in das Peritoneum. Anschließend wird eine Tabaksbeutelnaht gelegt und die Gallenblase punktiert. Nach Entlastung erfolgt die Eröffnung bei noch liegender Kanüle und Ausräumung von Konkrementen. Abschließend wird z. B. ein Petzer-Katheter eingelegt und durch eine gesonderte Inzision aus den Bauchdecken ausgeleitet.

Cholezystektomie

Bei einer unkomplizierten Gallenblasenerkrankung ist die Cholezystektomie vergleichsweise einfach durchführbar, sofern man es sich zur Regel macht, den Ductus hepatocholedochus als wichtigste Leitstruktur über eine kurze Distanz darzustellen, um etwaige Varianten im Verlauf der Leberarterien und Gallengänge rechtzeitig erkennen zu können.

Nach Eröffnung des Abdomens führt man zunächst, wie bei jeder anderen Laparotomie auch, die Exploration der Bauchhöhle sorgfältig durch, wobei vor allem eine Beurteilung der Bauchspeicheldrüse, soweit wie möglich auch des Magens und der Leber, obligat ist. Anschließend wird hinter die Gallenblase ein Streifen in Richtung Foramen Winslowii eingelegt, über das Querkolon und Duodenum ein Tuch, so daß man mit den dann eingesetzten Haken übersichtliche Verhältnisse gewinnt und gleichzeitig verhindert, daß bei einer unbeabsichtigten Eröffnung der Gallenblaseninhalt in die freie Bauchhöhle gelangen kann.

Das weitere Vorgehen richtet sich nach dem Lokalbefund, von dem die meisten Operateure die retrograde oder anterograde Cholezystektomie abhängig machen. Erstere kann mit dem Nachteil einer präparatorischen Unsicherheit des weniger Erfahrenen bei ungünstigen anatomischen Verhältnissen oder krankheitsbedingten Verklebungen mit den benachbarten Organen einhergehen. Die Gefahr akzidenteller Verletzungen ist dann größer, als bei der anterograden Cholezystektomie. Auch für Ausbildungskliniken spielt deshalb diese Verfahrenswahl eine nicht unerhebliche Rolle. Die retrograde Cholezystektomie hat den Vorteil, daß die Radiomanometrie an dem noch nicht wesentlich tangierten Ductus choledochus vorgenommen werden kann und dadurch etwas zuverlässigere Werte liefert. Ferner ist die Blutung bei der Gallenblasenausschälung geringer, da sie erst nach der Unterbindung der A. cystica erfolgt. Andererseits kann es gerade hier sehr leicht zu einer Verletzung oder irrtümlichen Ligatur einer atypisch kreuzenden A. hepatica dextra kommen.

Bei einer anterograden Cholezystektomie bewegt man sich deshalb gleichsam auf einem ungefährlicheren Weg, weil nach Ausschälung der Gallenblase und wandnaher Dissektion der einstrahlenden Gebilde die Identifikation des Ductus cysticus wie der A. cystica einfacher ist. Gleichgültig zu welchem Vorgehen man sich entschließt, ist zunächst die Gallenblase nach Anlage einer Tabaksbeutelnaht durch Punktion zu entlasten, wobei ein Teil der gewonnenen Flüssigkeit zur bakteriologischen Untersuchung abgegeben wird (Abb. 9.5-28). Erst dann kann das Organ mit einer Gallenblasenfaßzange, zunächst am Blasenfundus, dann in ihrem ampullären Abschnitt gefaßt und zur weiteren Präparation angespannt gehalten werden.

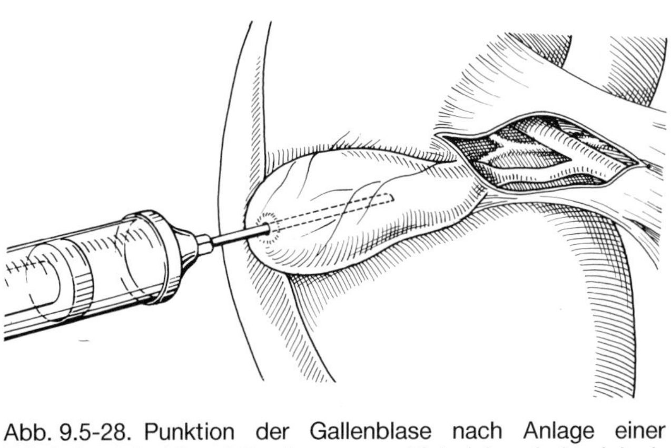

Abb. 9.5-28. Punktion der Gallenblase nach Anlage einer Tabaksbeutelnaht und Gewinnung von Material zur bakteriologischen Untersuchung.

Anterograde Cholezystektomie

Auch bei dieser Technik ist es wichtig, daß man sich nach Möglichkeit das Lig. hepatoduodenale, am besten auch den Ductus choledochus darstellt, was jedoch bei ausgedehnten Entzündungen zunächst auf unüberwindliche bzw. mit einem hohen Risiko belastete präparatorische Schwierigkeiten stoßen kann.

Fallweise bestehende entzündliche Verklebungen mit der rechten Kolonflexur oder dem oberen Duodenalabschnitt lassen sich meist stumpf lösen. Gelegentlich muß die Sonde nach Kocher benutzt werden, wobei die Präparation stets dicht an der Gallenblasenwand zu erfolgen hat bis herunter zum Infundibulum. Dann wird mit dem Skalpell die Serosa beidseits in einem Abstand von etwa 1 cm vom Leberbett inzidiert und die Auslösung teils stumpf, teils scharf nach distal vorangetrieben. Von der Leber her einstrahlende Gefäße ligiert man wandnahe unter Benutzung der Overholt-Klemme. Selbst entzündlich verdickte Serosaabschnitte, wie sie gelegentlich bei einem Mirizzi-Syndrom vorkommen, lassen sich sehr oft mit dem Präpariertupfer behutsam abschieben, so daß man sowohl die A. cystica als auch den Ductus cysticus sauber darstellen kann. Die unterschiedlich kräftig entwickelte Arterie ligiert man mit einem dem Kaliber angepaßten Polyglykolsäurefaden nach zentral, ebenso den peripheren Abschnitt des Ductus cysticus. Sofern die lokalen Verhältnisse es zulassen, schlingt man den Ductus cysticus mit einem Catgutfaden an, eröffnet ventral durch eine kleine Inzision den Gang und bringt die Kanüle zur Radiomanometrie ein, die mit dem vorher gelegten Catgutfaden eingeknotet wird (Abb. 9.5-29 u. 30).

Nach Abschluß der Druckmessung, Durchleuchtung mit dem Bildverstärker und Anfertigung einer Röntgenaufnahme zur Dokumentation wird bei unauffälligen Verhältnissen im Gallenwegsystem die Kanüle nach Durchtrennung des Catgutfadens entfernt, der Zystikusstumpf mit einer Overholt-Klemme gefaßt und so dicht wie möglich am Hauptgallengang mit einem Polyglykolsäurefaden oder durch eine Umstechungsligatur verschlossen. In jedem Fall muß die Versorgung zuverlässig erfolgen, da es andernfalls zu einer Gallefistel mit der Gefahr der Entstehung eines Cholaskos kommen kann.

Über die Notwendigkeit der Versorgung des Gallenblasenbettes durch Adaption der zurückgebliebenen Serosablätter sind die Meinungen geteilt. Wir führen sie nicht durch. Gelegentlich ist eine punktuelle Blutstillung noch erforderlich, die man zweckmäßigerweise mit Hilfe der Diathermie vornimmt.

Sofern noch nicht geschehen, muß die Exploration des Bauchraumes so weit wie möglich insbesondere im Oberbauch durchgeführt werden. In einem bereits präoperativ bestehenden Verdachtsfall oder bei makroskopisch auffälliger Veränderung der Leber sollte eine Punktion zur Gewinnung eines Stanzzylinders nicht unterlassen werden. Der Eingriff wird mit der Einlage einer Zieldrainage, die rechtslateral gesondert ausgeleitet wird, beendet.

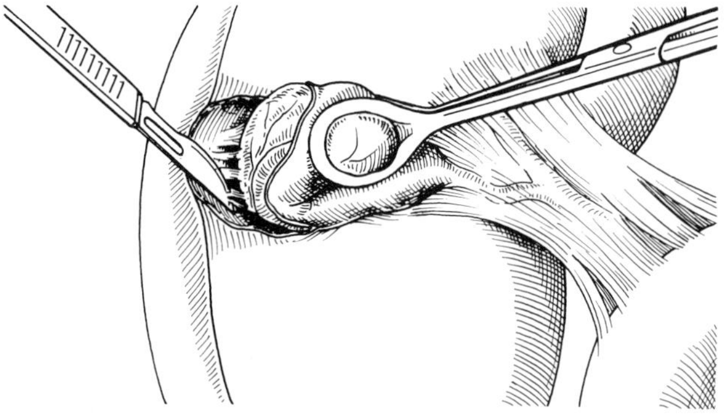

Abb. 9.5-29. Anterograde Cholezystektomie.
a) Die nach Punktion entleerte Gallenblase wird mit einer Faßzange angespannt gehalten und nach Umschneidung des Serosaüberzuges in einer Distanz von etwa 1 cm von der Leber schließt sich die Auslösung in Richtung des Lig. hepatoduodenale an.

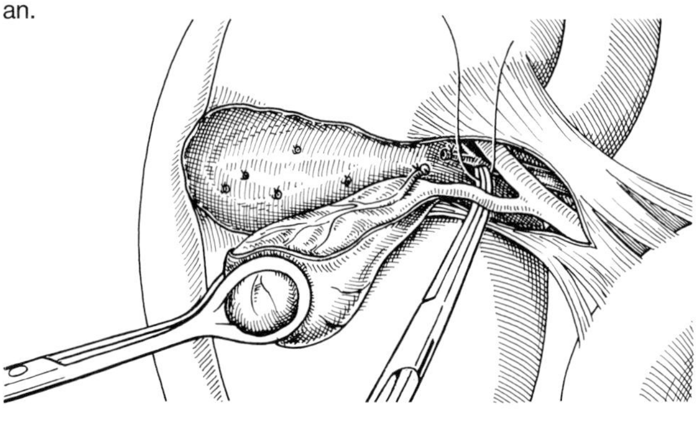

b) Die auf diese Weise zuverlässig mögliche Separierung des Ductus cysticus und der A. cystica trägt wesentlich zur Vermeidung akzidenteller Verletzungen bei. Weiteres Vorgehen s. Text.

Retrograde Cholezystektomie

Eindeutig beurteilbare Verhältnisse im Bereich des Lig. hepatoduodenale vorausgesetzt, wird nach Entlastung der Gallenblase durch Punktion und Anlage von Gallenblasenfaßzangen der Ductus choledochus über eine kurze Distanz freigelegt, was sehr oft allein durch die Präparation mit dem Stieltupfer gelingt, dann der Ductus cysticus identifiziert und so dicht wie möglich an der Gallenblase unterbunden. Nach Abschluß der Radiomanometrie, wie zuvor beschrieben, wird die A. cystica durch Ligatur oder Umstechung nach zentral verschlossen. Es schließt sich die beidseitige Inzision der Serosablätter an, wobei die Gallenblase unter kontinuierlichem Zug meist ohne weitere Unterbindungen entfernt werden kann. Ein gelegentlich vom Gallenblasenbett zum Infundibulum herüberziehender akzessorischer Gallengang muß sorgfältig verschlossen werden.

Die präparatorischen Einzelschritte sind in Abb. 9.5-30 dargestellt.

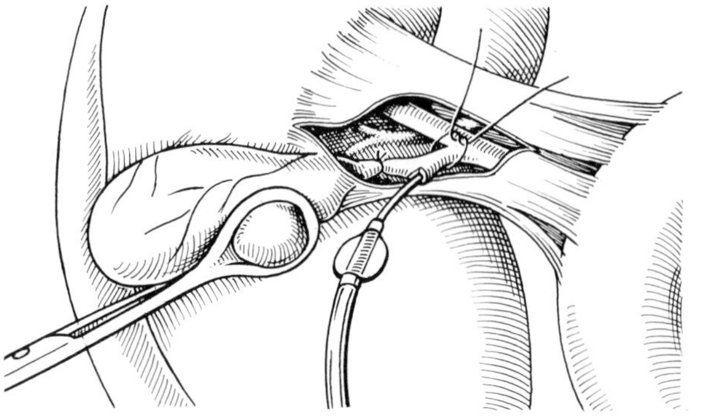

Abb. 9.5-30. Retrograde Cholezystektomie.
a) Die Gallenblase wird mit einer speziellen Faßzange angespannt gehalten, der Ductus cysticus bis an den Ductus choledochus separat dargestellt und zur Radiomanometrie kanüliert.

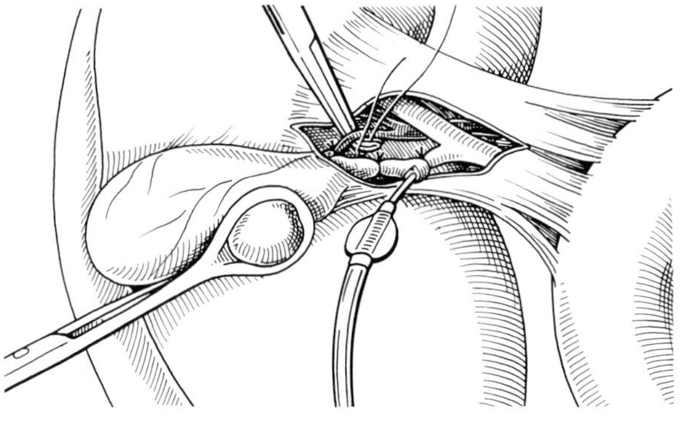

b) Darstellung und Unterbindung der A. cystica.

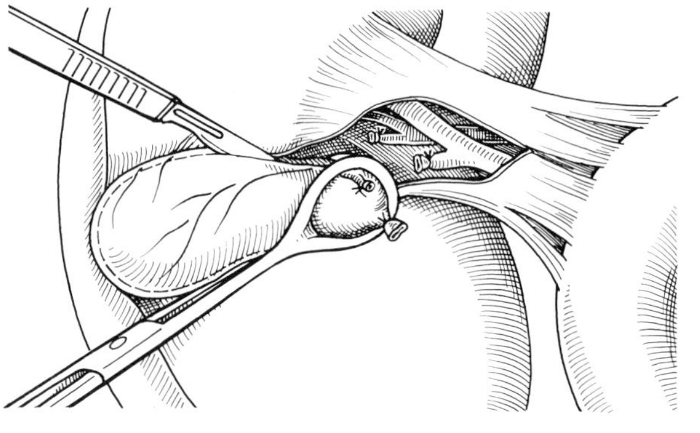

c) Entfernung der Kanüle und Verschluß des Zystikusstumpfes. Retrograde Ausschälung der Gallenblase nach Umschneidung des Serosaüberzuges etwa in einem Abstand von 1 cm von der Leber.

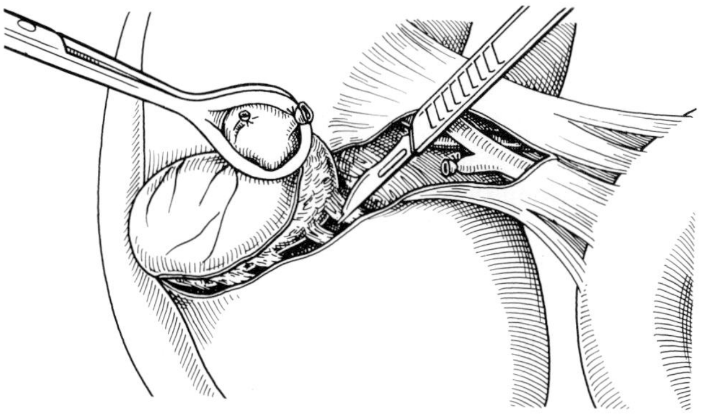

d) Spaltung des meist lockeren, hinter der Gallenblase liegenden Hüllgewebes mit dem Skalpell oder der Diathermienadel. Restierende Blutungen aus dem Gallenblasenbett können in den meisten Fällen zuverlässig verschorft werden. Nach Einlage einer Zieldrainage, die rechts lateral gesondert ausgeleitet wird, und vollständiger Exploration, zumindest des Oberbauches, ist der Eingriff beendet.

Cholezystektomie unter erschwerten Bedingungen

Ausgedehnte Verwachsungen nach chronisch-rezidivierenden Entzündungsschüben mit gelegentlich anzutreffenden Ummantelungen durch Netzanteile und Adhäsionen zum Querkolon und Duodenum können die Freilegung erheblich erschweren, so daß die jetzt unumgängliche anterograde Cholezystektomie (Abb.9.5-31) von einem Erfahrenen übernommen werden sollte. Um eine Eröffnung des Dickdarms bzw. Duodenums zu vermeiden, muß die Präparation schrittweise unter Zuhilfenahme von Dissektionsligaturen so dicht wie möglich an der Gallenblasenwand entlang geführt werden. Kommt es trotzdem zu einer Leckage, verschließt man sie an der Gallenblase sofort, da der Inhalt meist infiziert ist. Eine frühzeitige Absaugung über ein geschlossenes System sollte daher rechtzeitig vorgenommen werden.

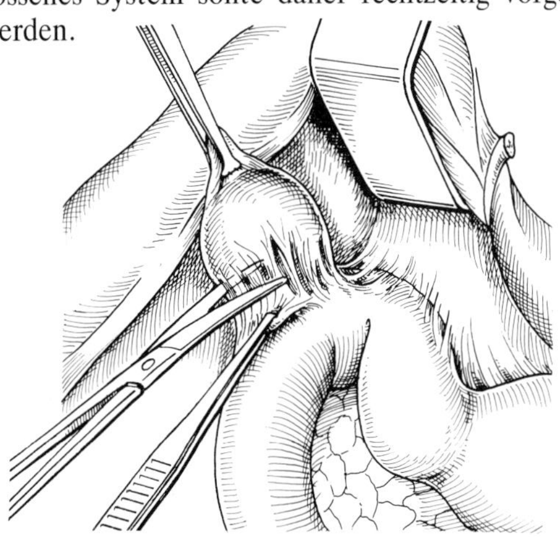

Abb. 9.5-31. Schwierige Cholezystektomie.
a) Die in entzündlich schwielige Verklebungen eingebettete Gallenblase wird am Fundus mit einer Klemme gefaßt und leicht angespannt gehalten. Die Ablösung vom herangezogenen Duodenum, aus Netzanteilen oder vom Querdarm muß schrittweise teils stumpf, teils scharf erfolgen.

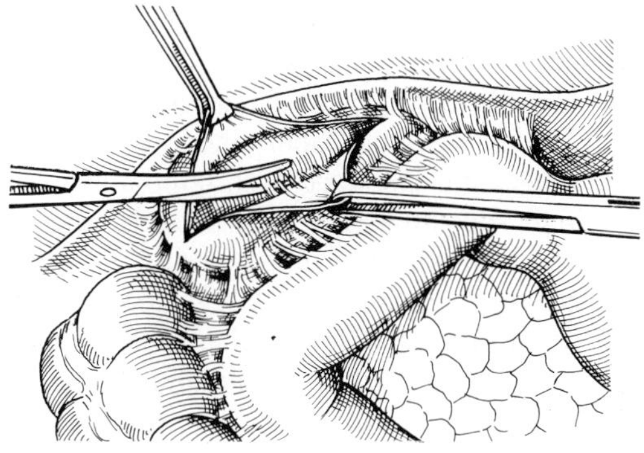

b) Bei der subserösen Ausschälung wird die verdickte Gallenblase einschließlich ihrer Adhäsionen von der Schleimhaut teils scharf, teils stumpf abggelöst.

Besteht bereits eine Fistel zum Duodenum – seltener zum Querkolon – faßt man die Ränder der Darmwand mit Allis-Klemmen und führt den zweireihigen Nahtverschluß erst nach der Cholezystektomie unter dann übersichtlichen Verhältnissen durch.

Mit Schwierigkeiten verbunden ist u. U. auch die Auslösung einer Schrumpfgallenblase bei intrahepatischer Lage. Auch hier ist die anterograde Cholezystektomie der retrograden vorzuziehen. Verletzungen des Leberparenchyms versorgt man am besten zum Schluß des Eingriffes durch Chromcatgutumstechungsligaturen, sofern punktuelle Koagulationen nicht ausreichen. Die gelegentlich nicht vermeidbare Sickerblutung läßt sich am wirksamsten durch einen unter einen Leberhaken gelegten heißen Streifen und leichter Kompression stillen. Oft erübrigt sich dadurch die Umstechung.

Bei besonders ausgeprägten pericholezystischen Verwachsungen kann ausnahmsweise die subseröse Cholezystektomie in Frage kommen, bei der man den abgelösten Serosamantel an den benachbarten Organen beläßt. Eine zuverlässige Blutstillung ist bei dieser präparativen Technik zunächst nicht möglich. Sie gelingt erst mit der Unterbindung der A. cystica.

Ebenso wie bei einem Mirizzi-Syndrom ist die anterograde Cholezystektomie das Verfahren der Wahl beim Verdacht auf einen Konfluenzstein. Dessen Erkennung und Abgrenzung von einem im Ductus cysticus oder Infundibulum eingeklemmten Stein gelingt selbst dem Erfahrenen nicht so ohne weiteres. Die Verletzungsgefahr des distal davon meist geschrumpften Ductus choledochus ist außerordentlich hoch, gelegentlich wird die Läsion erst dann bemerkt, wenn der Hauptgallengang breit eröffnet oder gar irrtümlich durch Verwechselung mit dem Ductus cysticus durchtrennt bzw. ligiert wurde. Die Durchführung einer biliodigestiven Anastomose nach Steinextraktion ist dann nicht mehr zu umgehen. Zur möglichen Schadensbegrenzung ist es daher in derartigen Situationen besser, direkt über dem Stein in Längsrichtung zu inzidieren und die Entfernung vorzunehmen. Nach Absaugung der sich im Schwall entleerenden Galle ist die nun nach proximal und distal mögliche Sondierung keinesfalls ausreichend, um die anatomischen Verhältnisse eindeutig klären zu können, zumal die Gallenblase als Leitschiene u. U. nicht mehr zur Verfügung steht. Hilfreicher ist die Choledochoskopie, noch zuverlässiger die u. E. unbedingt erforderliche intraoperative Cholangiographie, über eine in den Gallengang leberwärts eingelegte Drainage nach temporärem Gallengangsverschluß. Bestätigt sich der Verdacht einer leberpfortennahen Hepatikuseröffnung und sind die Abflußwege nach distal frei, legt man eine T-Drainage ein, die jedoch distal der Inzision ausgeleitet werden muß. Finden sich dagegen noch Reste einer verwendbaren Gallenblasenwand, ist die Durchführung einer Choledochusplastik das Verfahren der Wahl (Abb. 9.5-32).

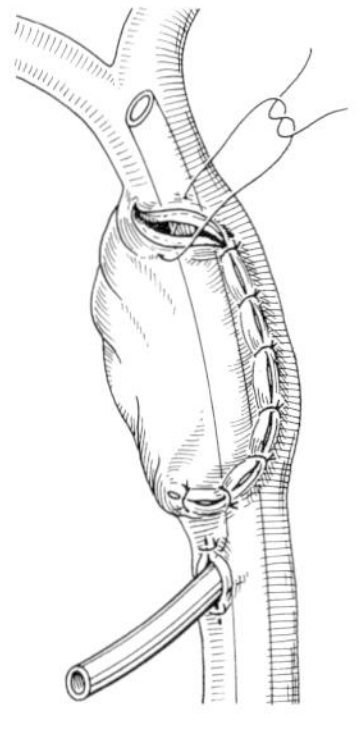

Abb. 9.5-32. Choledochusplastik unter Verwendung eines Teiles des Gallenblaseninfundibulums nach Extraktion eines Konfluenzsteines. Schienung des Ductus choledochus über eine gesondert auszuleitende T-Drainage.

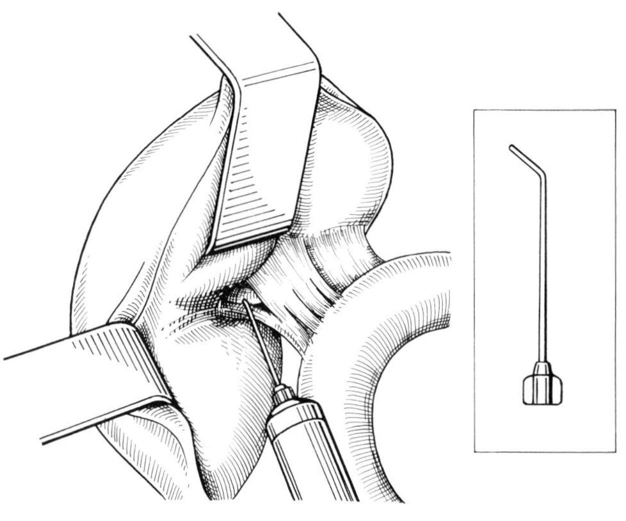

Abb. 9.5-33. Identifikation des Ductus choledochus durch Punktion mit einer abgewinkelten Nadel.

Schwierigkeiten bei der Cholezystektomie, so wie sie zuvor beschrieben wurden, sind sehr oft mit der Unmöglichkeit der Kanülierung des Ductus cysticus verbunden, so daß vor den eigentlichen entscheidenden Schritten keine Cholangiographie auf übliche Weise durchgeführt werden kann. In diesen Fällen – ebenso wie bei Revisionseingriffen nach Gallenblasenentfernung – ist es sehr hilfreich, wenn man den Ductus hepatocholedochus, notfalls auch blind, an irgendeiner Stelle mit einer dünnen, schräg abgewinkelten Kanüle punktiert und das Kontrastmittel unter leichtem Druck von Hand einspritzt. Die Punktionsstelle verschließt man, sofern eine Choledochusrevision nicht erforderlich ist, durch eine atraumatische Naht (Abb. 9.5-33).

Zur Vermeidung lokaler Komplikationen bei schwieligen membranartigen Verklebungen des Gallenblaseninfundibulums mit dem Lig. hepatoduodenale verzichtet man zunächst besser auf eine weitere Freilegung, sondern eröffnet die Gallenblase und führt den Zeigefinger der linken Hand als Orientierungshilfe ein. Dadurch kann selbst bei einem völlig aufgebrauchten Ductus cysticus die Ablösung vom Ligament ohne die Gefahr einer Eröffnung des Ductus choledochus erfolgen. Ist die Sondierung zum Hauptgallengang nicht möglich, entfernt man die distal verbliebenen Gallenblasenreste so weit es eben geht und verschließt die vermutete Mündungsstelle des Ductus cysticus durch atraumatische Polyglykolsäureeinzelknopfnähte.

Die Entfernung eines Gallenblasenempyems bereitet im allgemeinen keine Schwierigkeiten, sofern nicht ein im Infundibulum eingeklemmter Stein und/oder ausgedehnte pericholezystische Verwachsungen bestehen. Die geschlossene Absaugung der Gallenblase ist vor der vollständigen Freilegung besonders wichtig, und um eine Verschleppung von infektiösem Material in die Gallengänge zu vermeiden, sollte die intraoperative Cholangiographie dann nicht durchgeführt werden, wenn mit an Sicherheit grenzender Wahrscheinlichkeit keine Choledocholithiasis vorliegt.

Im Falle einer bereits eingetretenen Gallenblasenperforation mit subhepatischem Abszeß sind die intraoperativen diagnostischen Maßnahmen ebenfalls auf das Allernotwendigste zu beschränken. Die Cholezystektomie ist auch in diesen Fällen die Therapie der Wahl, selten die Durchführung einer Cholezystostomie.

Die Entfernung einer gangränösen Gallenblase bereitet selten verfahrenstechnische Probleme, allenfalls die Darstellung des gelegentlich schwer auffindbaren Zystikusstumpfes. Die Cholezystostomie kommt bei diesem Krankheitsbild als alternative Methode nicht in Frage.

Unabhängig von den zuvor beschriebenen Krankheitsbildern kann der Ductus cysticus, durch Cholangiographie bestätigt, sehr lang sein und sich schraubenförmig dem distalen Ductus choledochus anliegend tief einmünden. Die Resektion darf jedoch nur bis zum Beginn der bindegewebigen Adhäsionen mit dem Hauptgallengang erfolgen. Mit Spätkomplikationen ist dadurch nicht zu rechnen.

Ob nach Eröffnungen des Ductus choledochus die Einlage einer Gallengangsdrainage erforderlich ist, wurde immer wieder kontrovers diskutiert. Da es für die Unterlassung keinen vernünftigen Grund gibt, sondern im Gegenteil viel eher Komplikationen eintreten, halten wir daran fest. Weltweit wird die T-Drainage nach Kehr bevorzugt, ebenso verwendbar sind einläufige, gerade Rohrdrainagen mit seitlichen Öffnungen (Abb. 9.5-34). Polyvinyl oder Silikon eignet sich wegen der Gewebefreundlichkeit und seltener zu beobachtenden Inkrustationen zur Schienung biliodigestiver Anastomosen oder Stenosen besonders über einen längeren Zeitraum.

Die nur zur Druckentlastung und postoperativen Röntgenkontrolle eingelegte Gallengangsfalleitung wird im allgemeinen am 6. bis 7. postoperativen Tag nach Durchleuchtung und Zielaufnahme entfernt.

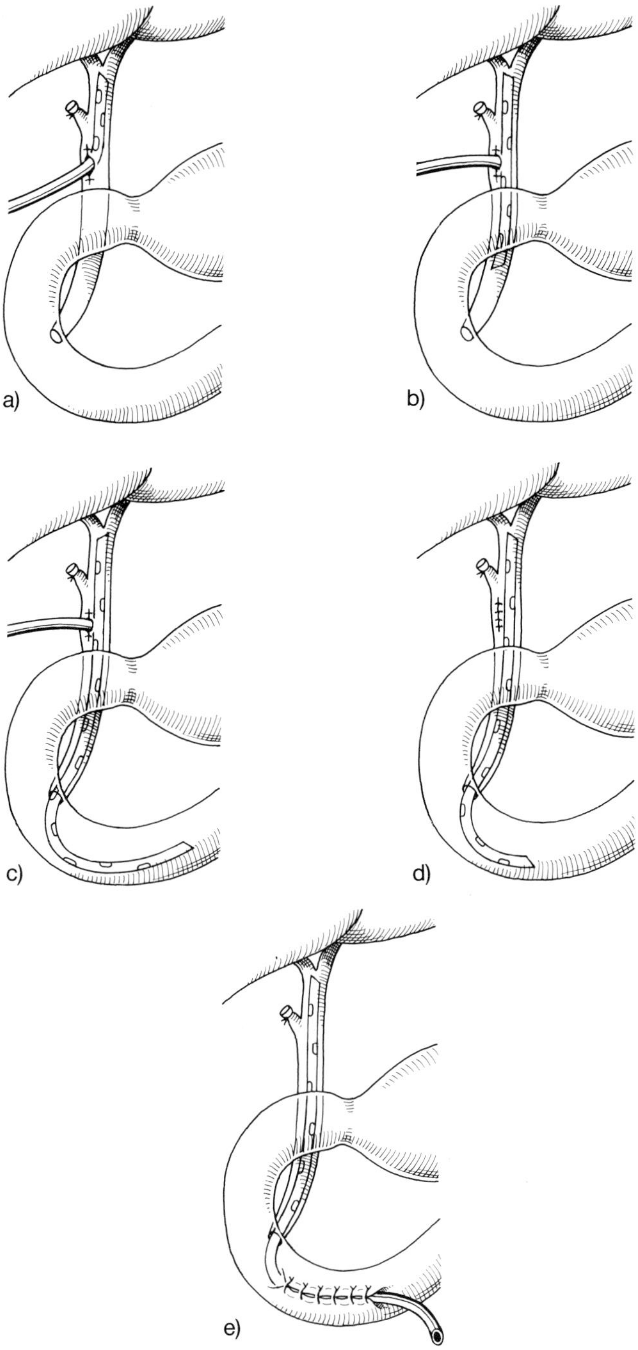

Abb. 9.5-34. Möglichkeiten der extrahepatischen Gallengangsdrainage.
a) Einlage einer leberwärts gerichteten, mehrfach gelochten Polyvinyldrainage.
b) T-Drainage.
c) T-Drainage mit langem distalen Schenkel.
d) Sog. verlorene Drainage.
e) Transduodenale Drainage nach Völcker.

Choledochusrevision

(Abb. 9.5-35–37)

Gallengangsrevisionen sind stets mit dem Risiko einer akzidentellen Verletzung des Choledochus vor allem im papillennahen Abschnitt bei der Sondierung bzw. Intubation der Papille verbunden. Um diese Gefahr so gering wie nur möglich zu halten, ist die Mobilisation des Duodenums nach Kocher mit möglichst weit distaler Freilegung des Gallengangs zwingend erforderlich, um vor allem bei einer Papillensklerose oder dem Versuch der Lösung eines inkarzerierten Steines keinen falschen Weg in das Duodenum zu bahnen. Auch ist die Lokalisation und Ursache des getasteten Hindernisses auf diese Weise besser zu beurteilen, so daß die Verfahrenswahl zu ihrer Beseitigung rechtzeitig angepaßt werden kann. Im Falle eines noch nicht voroperierten Patienten und Fehlen ausgeprägter entzündlicher Veränderungen führt man die Choledochotomie nach der Cholezystektomie und Cholangiomanometrie durch. Die pathologischen und vor allem auch die anatomischen Verhältnisse sind dadurch bekannt, so daß u.a. auch die irrtümliche Eröffnung eines langstreckig parallel verlaufenden Ductus cysticus vermieden werden kann. Die Inzision erfolgt mit einem feinen Skalpell zwischen atraumatischen Haltefäden und wird mit der Pottschen Schere auf eine Distanz von etwa 1 cm erweitert. Vielfach gelingt es jetzt, ein solitäres Konkrement ohne weitere Hilfen aus der Öffnung herauszuschieben, andernfalls nimmt man spezielle Gallensteinfaßzangen und biegsame Steinlöffel zu Hilfe. Ist die Extraktion auf diese Weise nicht möglich, sind die Versuche mit Fogarty-Kathetern zu wiederholen, die sich besonders für die Mobilisation inkarzerierter auch proximal gelegener Steine bewährt haben.

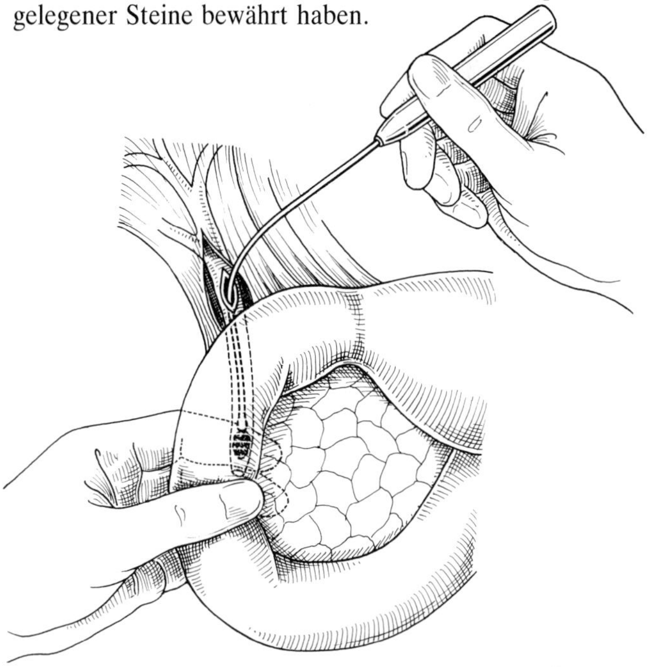

Abb. 9.5-35. Sondierung des Gallengangs über eine Choledochotomie mit simultaner bidigitaler Betastung des nach Kocher mobilisierten Duodenums.

Weiterhin kommt die Anspülung unter leichtem Druck nach Blockierung des Gallenganges mit einer weichen Klemme – ober- oder unterhalb der Choledochotomie – in Frage, um eine intrakanalikuläre Steinverschleppung zu vermeiden. Dadurch lassen sich besonders multiple kleine Konkremente und Steinreste schonend entfernen. Vor Abschluß der Choledochusrevision ist die Austastung mit einer biegsamen Sonde (z.B. nach Bakes) bis über die Papille hinaus, bei multiplen Konkrementen zusätzlich die Cholangiographie oder Choledochoskopie vorzunehmen.

Intrahepatische Gallensteine

Ihre Entstehung ist intrahepatisch möglich und dann meist Folge einer Cholangitis oder mechanischen Abflußbehinderung. Die klassische Symptomatik ist durch die Charcotsche Trias mit Fieber, Ikterus und subkostalen meist rechts lokalisierten Schmerzen charakterisiert. Durch die Sonographie und Computertomographie gelingt die Lokalisation zuverlässig, wobei unter anderem ein Caroli-Syndrom ausgeschlossen werden muß. Dabei handelt es sich um eine kongenitale zystische segmentale Dilatation der intrahepatischen Gallengänge, die Caroli 1958 publizierte. Zu unterscheiden ist eine rein zystische Form von einer davon abzugrenzenden Erkrankung, die mit einer konsekutiven portalen Hypertension und Leberfibrose einhergeht. Die zystischen Erweiterungen kommunizieren untereinander, haben Anschluß an das Gallenwegsystem und sind von Epithel ausgekleidet. Die kongenitale Ektasie der intrahepatischen Gallengänge führt erst dann zu Komplikationen, wenn es zu einer Cholangitis kommt oder wenn enzymgesteuerte biochemische Umbauvorgänge zur intrahepatischen Gallensteinbildung führen, die im übrigen auch durch die lokale Cholostase gefördert wird.

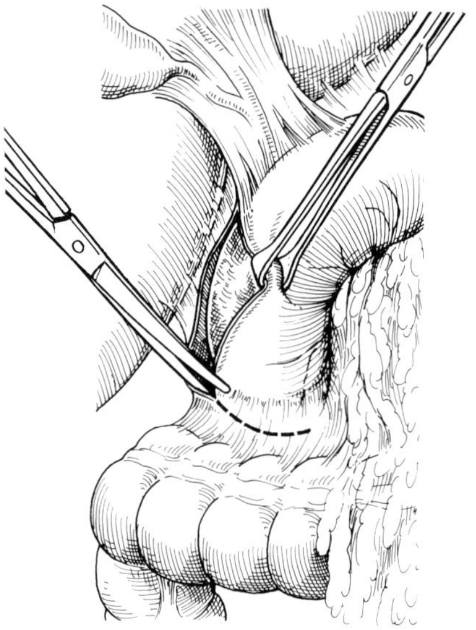

Abb. 9.5-36. a) Mobilisation des Duodenums nach Kocher und

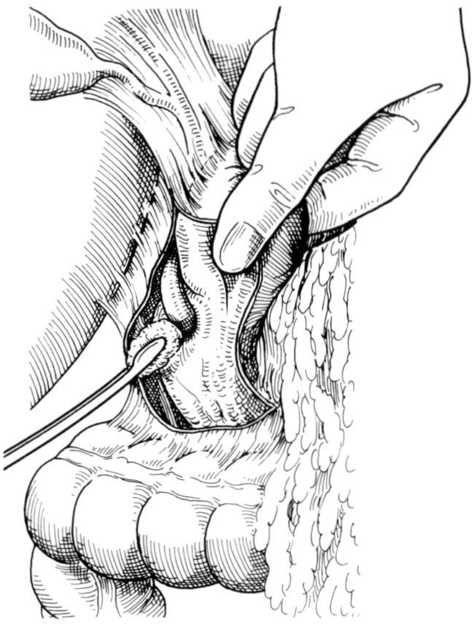

b) Freilegung des distalen Choledochusabschnittes.

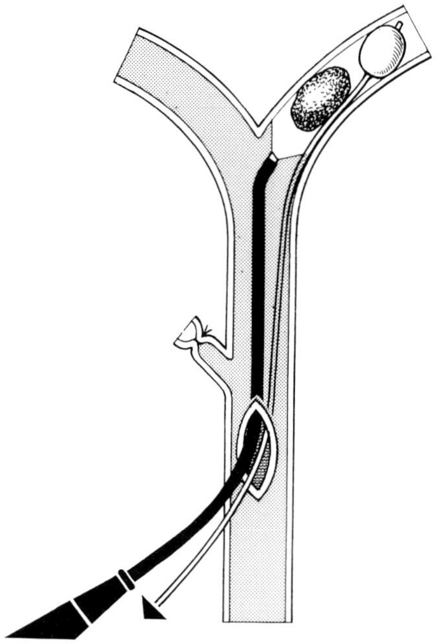

Abb. 9.5-37. a) Extraktion eines intrahepatischen Gallengangkonkrementes mit einem Fogarthy-Katheter unter choledochoskopischer Kontrolle.

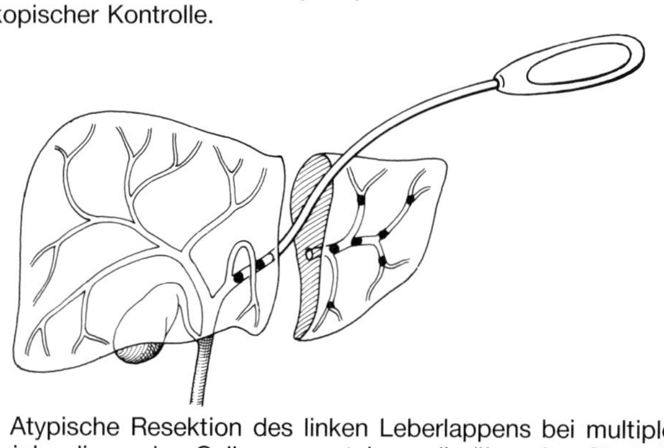

b) Atypische Resektion des linken Leberlappens bei multiplen peripher liegenden Gallengangssteinen, die über eine Choledochusrevision nicht zu entfernen sind. Verbliebene Restkonkremente werden entweder von peripher instrumentell extrahiert oder vom Ductus choledochus aus herausgespült.

Sofern die Beseitigung der Cholangiolithiasis nicht endoskopisch möglich ist, geht man wie bei der Choledochusrevision vor und versucht die Steinextraktion durch Absaugung bzw. instrumentell durchzuführen. Gelingt das nicht oder bleiben Zweifel an der Vollständigkeit der Steinentfernung zurück, kann ausnahmsweise die Koagulum-Choledocholithotomie analog der Behandlung der Nephrolithiasis versucht werden (Glass u. Jesibow). Voraussetzung ist allerdings, daß das dazu erforderliche lyophilisierte Humanfibrinogen virusinaktiviert ist und nicht die Gefahr der Übertragung einer Serumhepatitis oder HIV-Infektion besteht. Entsprechende Präparationen werden als Set angeboten. Das Fibrinogen-Thrombin-Gemisch wird in den Hauptgallengang eingespritzt. Nach etwa 1–3 Min. entsteht ein Gelausguß des Gallengangs, in dem nach Abhärtung vor allem kleine Konkremente eingebunden sind.

Andernfalls bleibt nur die transhepatische Eröffnung des Gallengangs nach soweit wie möglicher metallischer Sondierung zur zielgerichteten Lokalisation (Abb. 9.5-37b).

Bei einem multiplen Steinbefall in Kombination mit einer intrahepatischen Gallengangstenose oder wenn eine segmentale Gallengangsdilatation vorliegt (Caroli), ist die kurative Behandlung nur über eine Segment- oder Lappenresektion möglich. Besteht ein extrahepatisches Galleabflußhindernis, schützt nur dessen Beseitigung vor einem Rezidiv.

Eingriffe an der Papille

Die chirurgische Sphinkterotomie muß nur in Ausnahmefällen vollständig, d. h. unter Einbeziehung beider Muskelabschnitte durchgeführt werden. In der Regel genügt die partielle Spaltung des distalen Abschnittes (Abb. 9.5-38–40). Die Schnittführung erfolgt von ventral bis zur Gangmitte bei 11 bis 12 Uhr. Wichtigstes Hilfsinstrument ist nach unserer Erfahrung der Papillotrakter nach Soler-Roig (syn. Papillotom nach Stücker). Es handelt sich um eine biegsame Sonde, an deren Ende drei verschieden große, mit einer Rinne versehene Metallkonusse aufgeschraubt werden können. Jeder Konus hat einen dünnen Kanal, durch den man einen Faden führt, so daß das Instrument jederzeit nach proximal zurückgezogen werden kann und eine auf die Gallengangsweite bezogene bedarfsgerechte Sphinkterotomie möglich ist. Verwendung finden ferner Hegar-Stifte, Bakes-Sonden und Materialien aus Gummi, deren Einsatz fallbezogen ausgewählt wird. Erst wenn der Metallkonus bzw. die zur Sphinkterotomie verwandte Sonde leicht durch die Papille gleitet, kann man sicher sein, die Stenose beseitigt zu haben. Eine Inspektion der vorsichtig mit Allis-Klemmen auseinandergehaltenen Wundränder sollte man deshalb nach Möglichkeit stets vornehmen.

Auch die Entfernung eines inkarzerierten Papillensteins ist oft ohne eine transduodenale Papillotomie nicht möglich. Die präparatorischen Teilschritte (Abb. 9.5-40 u. 41) bestehen in der Mobilisation des Duodenums nach Kocher – sofern noch nicht geschehen – und Anlage einer Längsduodenotomie in Höhe der Papille. Die auch nur annähernde Ortung kann bei der Variabilität ihrer Lokalisation, großem Pankreaskopf und intraabdomineller Adipositas sehr schwer sein. Dann ist die intraluminäre Schienung des Choledochus anzuwenden, so daß die Sondenspitze wenigstens die zu vermutende topographische Position kenntlich macht (Abb. 9.5-40). Das inzidierte Duodenum wird mit Langenbeck-Haken aufgehalten, während der erste Assistent durch leichten Druck auf die Sonde die Papille dem palpierenden Finger entgegendrückt. Nach Anlage von Haltefäden oder Allis-Klemmen schließt man die Sphinkterotomie zwischen 11 bis 12 Uhr an.

Die Wundrandversorgung nach Sphinkterspaltung hängt in erster Linie von der Länge der Inzision, der Erkrankung sowie der u. U. notwendigen Blutstillung ab. Letztere ist meist überflüssig, wenn man die komplette Spaltung über einem metallischen Instrument mit dem Paquelin vornimmt, oder über nicht leitendem Material mit der Diathermie. Auch die Sphinkterplastik ist dann nicht schwierig, vor allem aber sicher durchführbar. Ihre Indikation wird unterschiedlich bewertet. Zur Vermeidung einer Restenosierung durch Narbenschrumpfung bei präexsistenten Stenosen ist sie zweifellos notwendig, ebenso bei subtotalen oder vollständigen Sphinkterspaltungen bzw. Exzisionen, wie auch bei zusätzlichen Pankreasganginzisionen bei denen das interkanalikuläre Septum mit durchtrennt wird. Die Nahttechnik ist in Abb. 9.5-42 dargestellt.

Auch bei diesen Eingriffen soll auf eine Gallengangsdrainage nicht verzichtet werden.

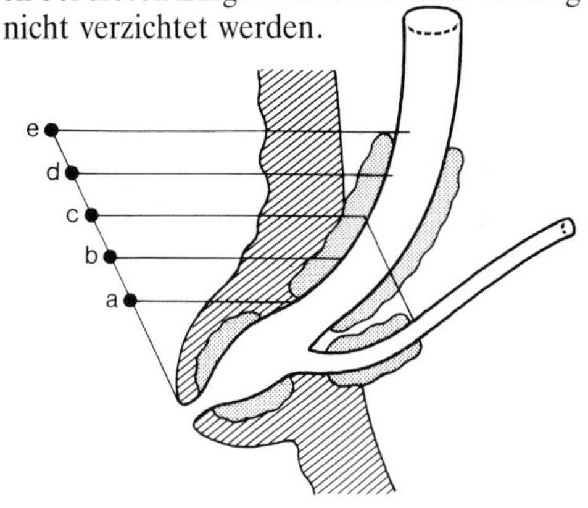

Abb. 9.5-38. Sphinkterotomien. a = Papillotomie; b = partielle Sphinkterotomie; c = Sphinkterotomie mit Spaltung des Septums; d = subtotale Sphinkterotomie; e = vollständige Sphinkterotomie (Choledochoduodenostomia interna).

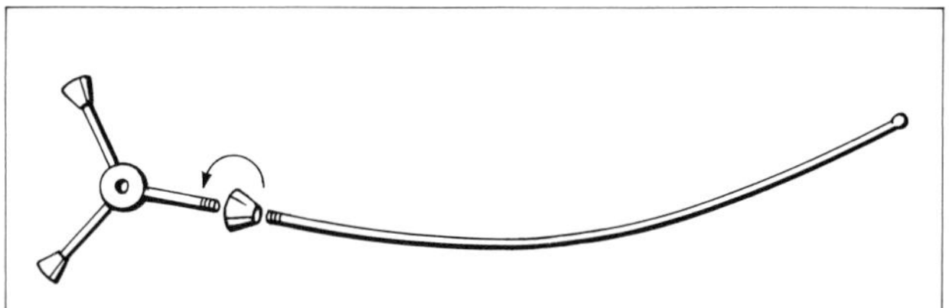

Abb. 9.5-39. Papillotraktor nach Soler-Roig. Die drei verschieden großen Metallkonusse werden korrespondierend zur Weite des Choledochus ausgewählt.

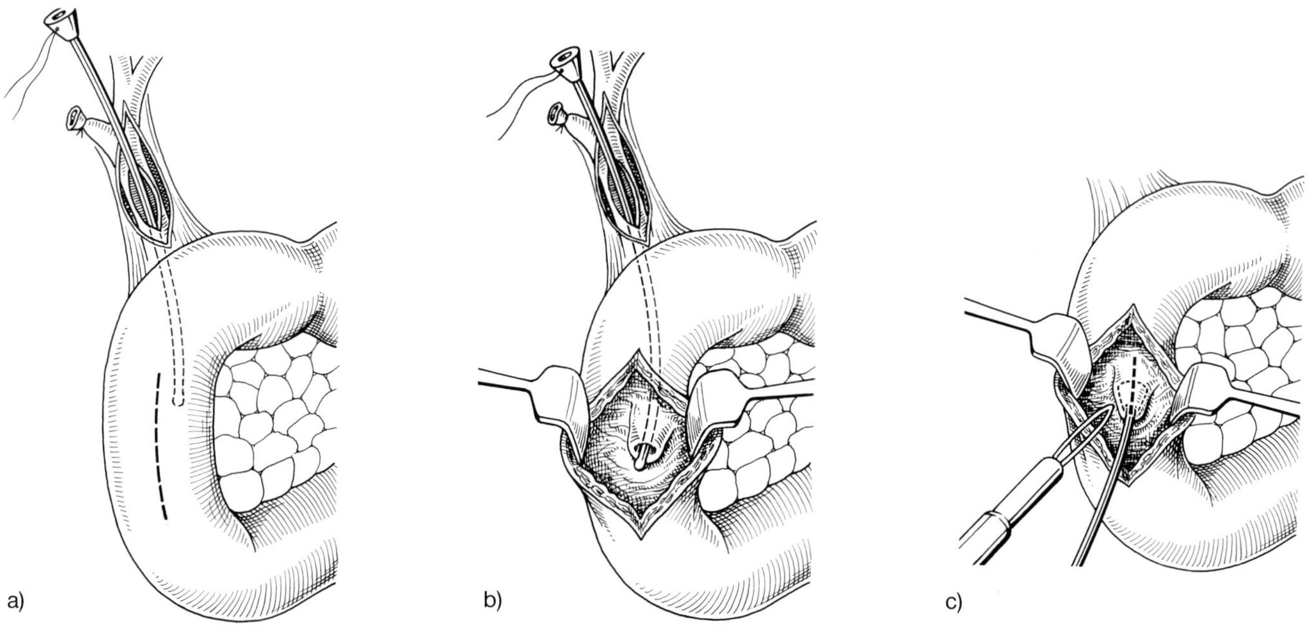

Abb. 9.5-40. Durchführung der transduodenalen Sphinkterotomie mit dem Papillotraktor.
a) Der dem Querschnitt des Choledochus entsprechende Metallkonus ist aufgesetzt und mit einem langen Faden armiert. Sobald die Sondenspitze im Duodenum tastbar ist, schließt sich die Duodenotomie in Längsrichtung an.
b) Einstellung der Papille und Ausleitung der Sonde aus dem Duodenum.
c) Sobald der Konus in der Papille arretiert ist und sich letztere unter leichtem Zug vorwölbt, schließt sich die Papillotomie an, die zur Blutstillung am besten mit dem Paquelin durchgeführt wird.

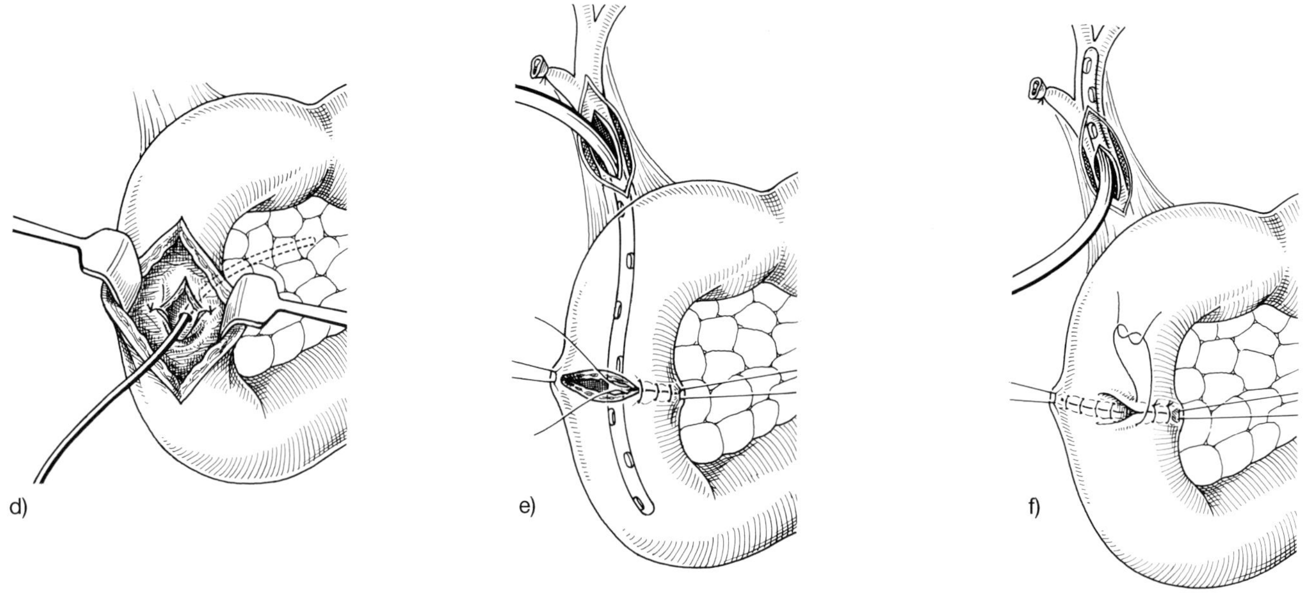

d) Während der Durchführung der Papillenplastik ist es ratsam, den Ductus pancreaticus (Wirsungi) temporär zu schienen.
e) Die Drainage des Gallenganges kann transpapillär erfolgen.
f) Wir bevorzugen jedoch die Einlage einer leberwärts gerichteten, gelochten Polyvinyldrainage. Der Verschluß der Duodenotomie wird in querer Richtung und von uns zweireihig in invertierender Nahttechnik durchgeführt.

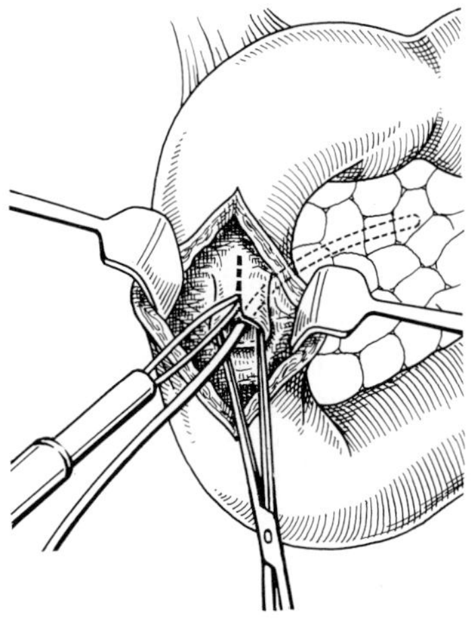

Abb. 9.5-41. Transduodenale Sphinkterotomie über einer leicht gespreizten Klemme mit dem Paquelin und zusätzlicher temporärer Schienung des Pankreasganges.

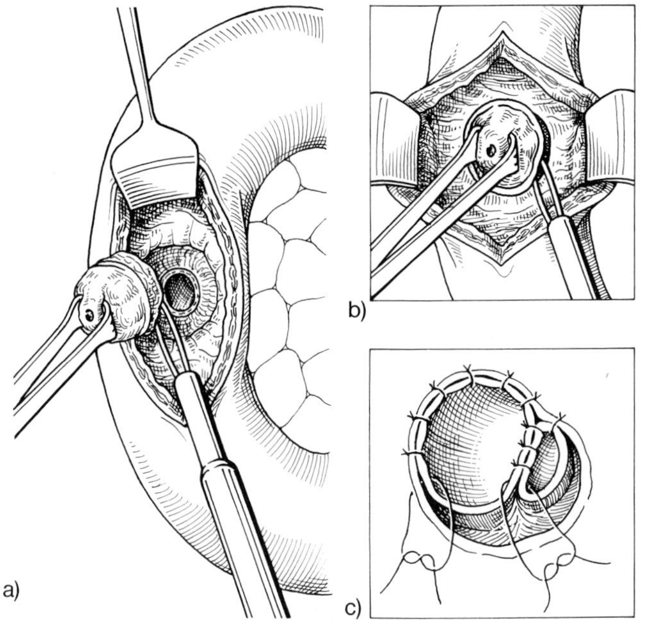

Abb. 9.5-42. Exzision der Papilla duodeni.
a u. b) Die mit einer Allis-Klemme gefaßte Papille wird mit der Diathermienadel oder dem Paquelin zirkulär exzidiert. Gelegentlich muß vorher über eine Choledochotomie zur Lokalisation der Ausführungsgänge eine Sonde vorgeschoben werden.
c) Adaptation des Gallen- und Pankreasganges durch Einzelknopfnähte (4/0-PGS atraumatisch) und Vereinigung beider mit der Duodenalschleimhaut. Die Duodenotomie wird üblicherweise in querer Richtung durch zweireihige invertierende Nahttechnik verschlossen. Eine Schienung des Gallen- oder Pankreasganges ist selten erforderlich.

Biliobiliäre und biliodigestive Anastomosen

Die wichtigsten Indikationen wurden für die benignen Erkrankungen bereits auf S. 501 besprochen. Ausgenommen bleiben die Operationsverfahren zur Behandlung der Gallengangsatresie, die in das Fachgebiet der Kinderchirurgie gehören.

Die direkte Nahtvereinigung (biliobiliäre End-zu-End-Anastomose) eines durchtrennten Gallengangs führt immer zu einer narbigen Schrumpfung. Kurze Distanzverluste nach Resektion eines stenotischen Abschnittes im Verlauf des Ductus choledochus lassen sich zwar durch die Mobilisation des Duodenums nach Kocher ausgleichen, jedoch kann sich der postoperativ entwickelnde Zug begünstigend auf die Entwicklung einer Stenose auswirken. Nur mit Zurückhaltung sind deshalb derartige rekonstruktive Eingriffe zu empfehlen. Zweifellos komplikationsärmer ist die Passagerekonstruktion durch eine biliodigestive Anastomose.

Wichtigste Voraussetzung für die direkte Nahtvereinigung der Gallengangstümpfe ist die intakte Durchblutung, die völlig spannungsfrei mögliche End-zu-End-Verbindung sowie das Fehlen entzündlicher Vorgänge auch in der Nachbarschaft. Die Naht selbst wird am besten mit 4/0 atraumatischen Polyglykolsäurefäden durchgeführt (Abb. 9.5-43–45).

Da auch bei einem dilatierten Gallengang der nachfolgende Schrumpfungsprozeß ganz erheblich ist, darf keinesfalls auf eine Schienung verzichtet werden.

Erfolgte die Schienung über eine T-Drainage, dann darf die Ausleitung, wie in der Abb. 9.5-46 dargestellt, weder durch die Verletzungsstelle noch durch die Anastomosennaht erfolgen.

Terminoterminale Nahtverbindungen scheiden wegen des Lumensprungs zwischen Dünndarm und Gallengang aus, so daß die Passagerekonstruktion zwischen dem Hauptgallengang und einer Darmschlinge grundsätzlich End zu Seit erfolgt, im Falle der intrahepatischen Anastomosen auch laterolateral. Nahtmaterial der Wahl sind atraumatische Polyglykolsäurefäden der Stärke 4 oder 5/0. Sofern es die örtlichen Verhältnisse zulassen, ist die zweireihige Nahttechnik zu bevorzugen.

Auch biliodigestive Anastomosen sollen etwa bis zu einer Lumenweite von 1 cm, allerdings abhängig von der Grunderkrankung, geschient werden – ausgenommen die Cholezysto- und Choledochoduodenostomie – entweder durch ein T-Drain, eine Drainage nach Voelcker oder transhepatisch, dann evtl. sogar ringförmig als Endlosdrainage (Abb. 9.5-62). Cholezystoduodenostomien, -gastro- oder -jejunostomien sind bei benignen Grunderkrankungen ebenso kontraindiziert wie Choledochoduodenostomien. Das Verfahren der Wahl besteht in der Verwendung einer besser retro- als antekolisch isoperistaltisch interponierten oberen Jejunumschlinge nach Roux-Y. Die Verwendung einer doppelläufig hochgezogenen Darmschlinge ist weniger vorteilhaft. Der Mesokolonschlitz ist durch adaptierende Einzelknopfnähte unter Einbeziehung der Dünndarmschlinge zu verschließen. Mit gleicher Sorgfalt ist der freie Dünndarmmesenterialrand anzuheften. Die Jejunojejunostomie wird End zu Seit von Hand oder maschinell genäht (s. Kap. 9.1).

Der Schwierigkeitsgrad der Passagerekonstruktion wird nicht nur von der Erkrankung, mit oder ohne Voroperation, bzw. dem Ausmaß der Verletzung bestimmt, sondern nachhaltig beeinflußt von der Weite des Gallenganges und dem zu anastomosierenden Abschnitt. Die Unterscheidung zwischen **distalen** und **proximalen extrahepatischen Anastomosen** trägt dem u.a. Rechnung.

Nach partieller Resektion des Hauptgallenganges wird eine obere Jejunumschlinge (Roux-Y-Technik) aus der Passage genommen und blind verschlossen isoperistaltisch retrokolisch in den Oberbauch geführt. Besteht die Möglichkeit einer zweireihigen Anastomose, sollte man sie nutzen (Abb. 9.5-47–50). Vor Beendigung der Allschichtenvorderwandnaht ist die Drainage bei einem nicht dilatierten Gallengang zu plazieren. Abschließend wird das Jejunum mit Einzelknopfnähten an die Leberunterfläche angeheftet, wenn die Anastomose dicht unterhalb der Ductus-hepaticus-Gabel angelegt wurde. Einer nahtbedingten Stenose kann durch die Zipfelplastik nach Goetze/Gütgemann vorgebeugt werden (Abb. 9.5-51).

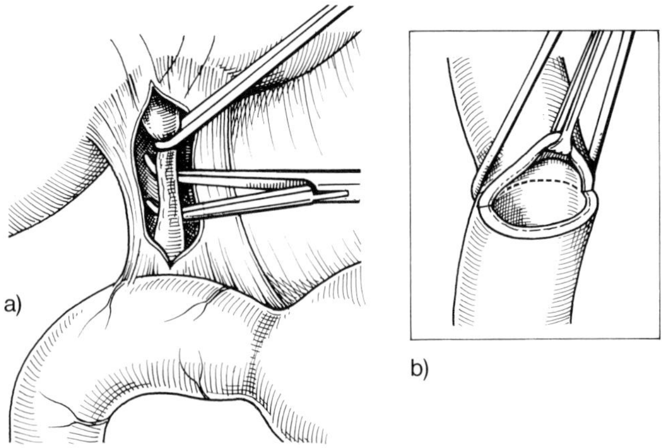

Abb. 9.5-43. a) Freilegung einer segmentalen Choledochusstenose.
b) Nach Ablösung der Hinterwand von der Pfortader wird der Gallengang über dem als Widerlager dienenden Zügel zirkulär durchtrennt.

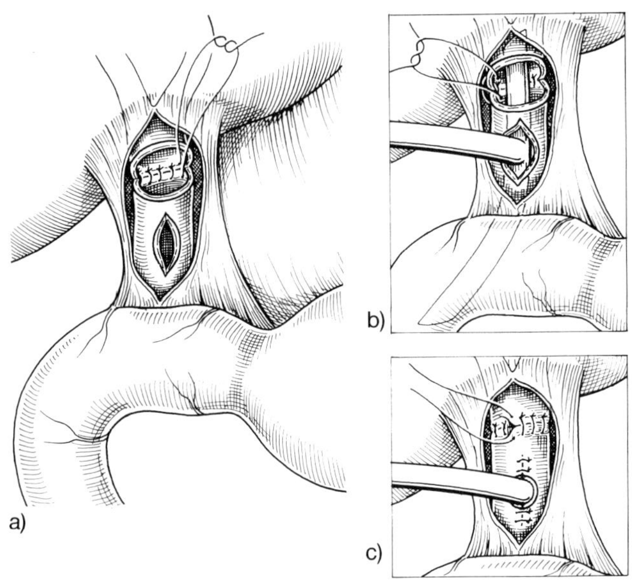

Abb. 9.5-44. Terminoterminale biliobiläre Anastomose in invertierender Nahttechnik mit atraumatischen PGS-Fäden und Schienung durch eine gesondert ausgeleitete T-Drainage.

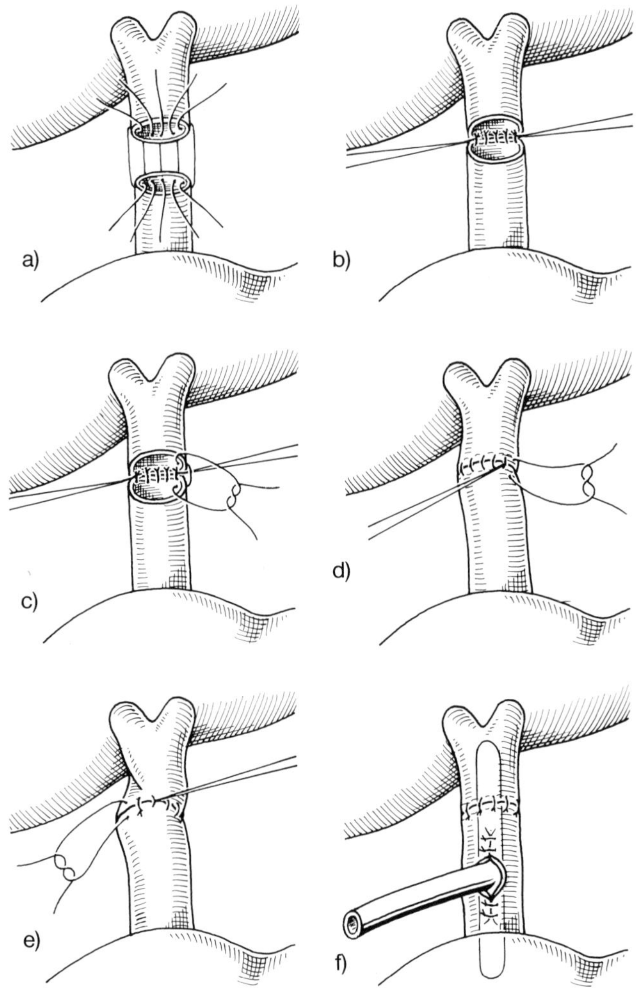

Abb. 9.5-45. Durchführung einer terminoterminalen Gallengangsanastomose mit invertierender Nahttechnik.
a) Nach Anlage der Eckfäden werden die Fäden der allschichtig gestochenen Hinterwandnahtreihe gelegt und dann der Reihe nach (b) geknüpft.
c u. d) Anschließend folgt die allschichtige invertierende Naht der Vorderwand, die noch einmal mit Einzelknopfnähten überwallt wird.
e) Durch behutsames Verdrehen der Anastomose bei langgelassenen Fäden kann auch in den meisten Fällen im Bereich der Hinterwand eine zweite Einzelknopfnahtreihe, die nur die Wandschichten faßt, durchgeführt werden.
f) Schienung der Anastomose durch eine T-Drainage, die gesondert über eine Choledochotomie ausgeleitet wird.

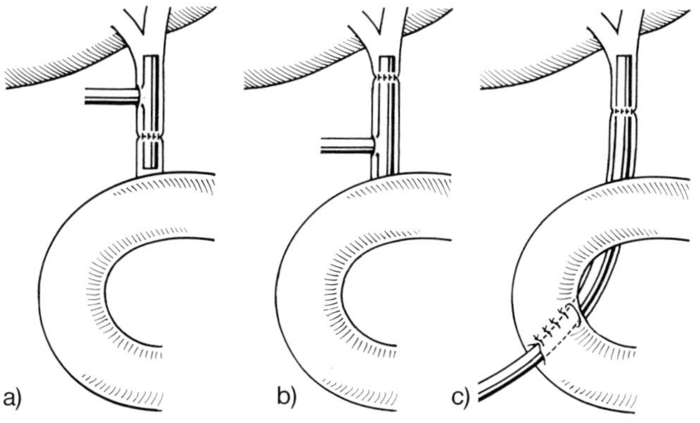

Abb. 9.5-46. Schienung von Gallengangsanastomosen.
a u. b) Bei der Verwendung von T-Drainagen muß das nach außen ableitende Drainrohr durch eine gesonderte Choledochotomie ausgeleitet werden – niemals über die Anastomosennaht.
c) Schienung einer Gallengangsanastomose nach Völcker.

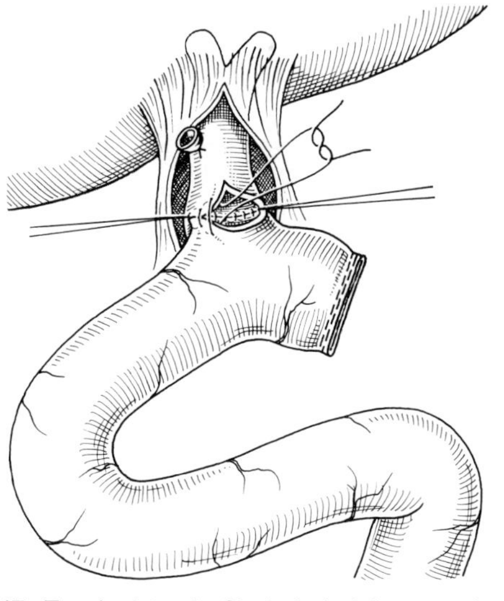

Abb. 9.5-47. Terminolaterale Choledochojejunostomie.

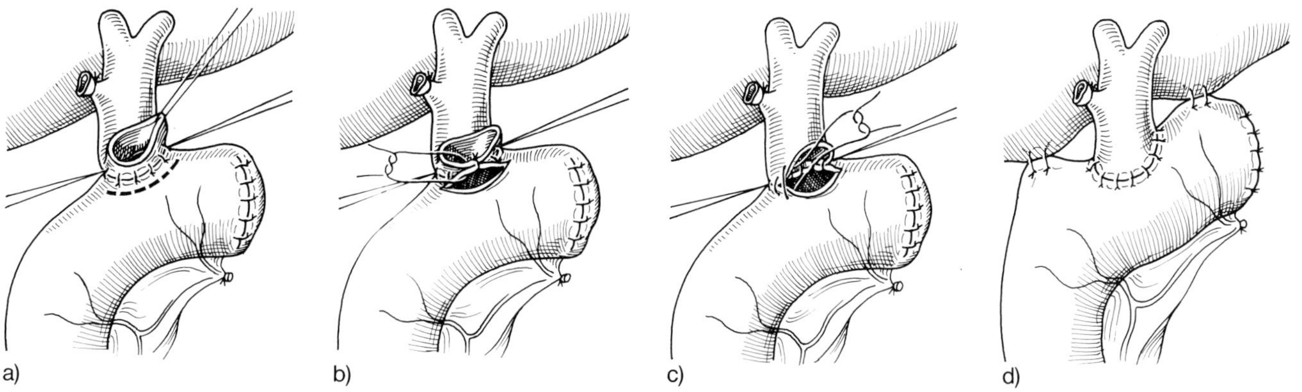

Abb. 9.5-48. Terminolaterale Choledochojejunostomie an einer nach Roux-Y ausgeschalteten oberen Jejunumschlinge, die mit einigen Einzelknopfnähten an der Leberunterfläche angeheftet werden kann.

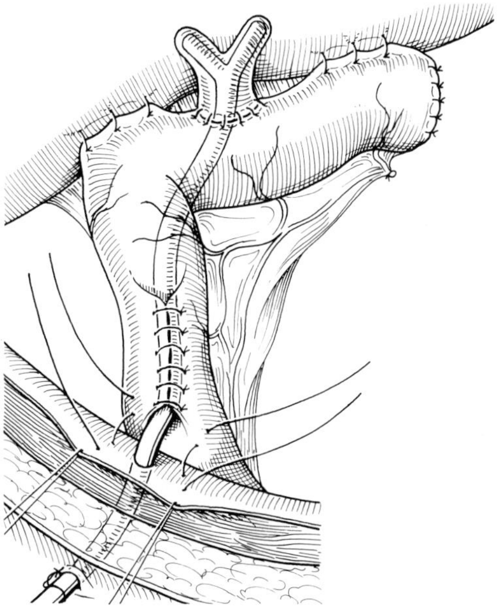

Abb. 9.5-49. Terminolaterale Hepatikojejunostomie an einer nach Roux-Y ausgeschalteten oberen Jejunumschlinge mit transanastomotischer Schienung durch ein Y-Drain, das über einen Witzel-Kanal durch die Bauchdecken nach außen geleitet wird.

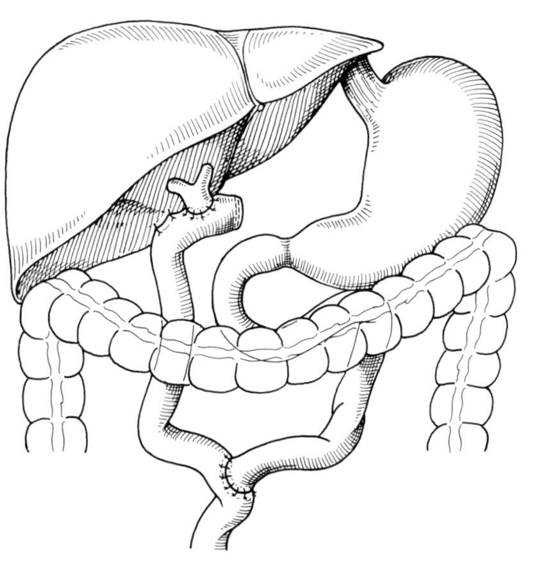

Abb. 9.5-50. Prinzip der retrokolischen Hepatikojejunostomie nach Roux-Y.

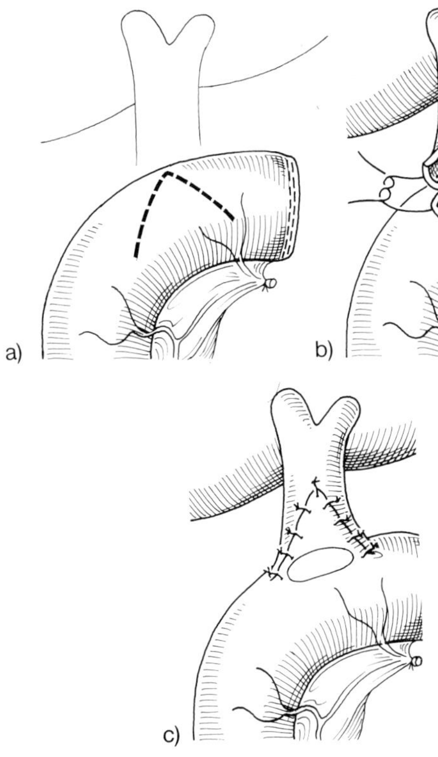

Abb. 9.5-51. Terminolaterale Choledochojejunostomie mit Erweiterung der Anastomose durch die Zipfelplastik nach Goetze-Gütgemann.

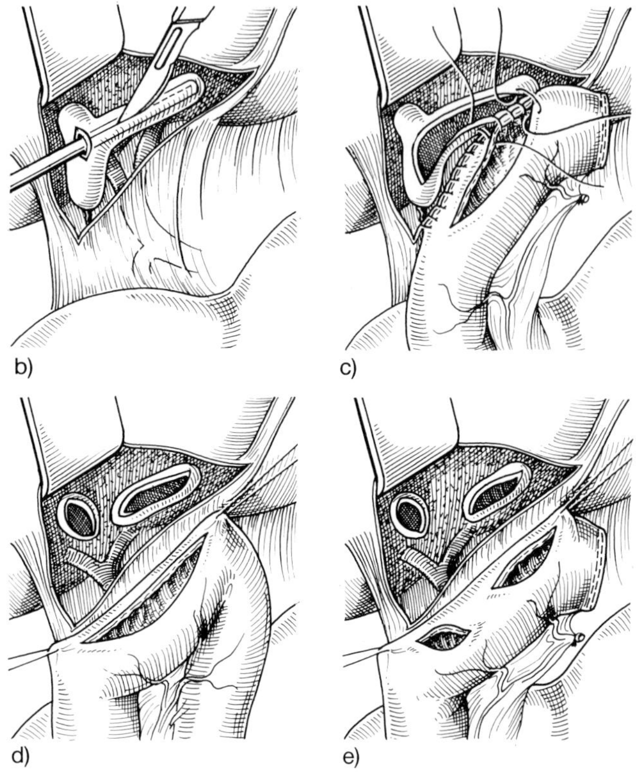

b) Bei einer Stenose unterhalb der Bifurkation wird der aufgestaute linke Gallengang über mehrere Zentimeter freigelegt und über einer metallischen Sonde eröffnet.
c) Die Inzision wird dann bogenförmig über eine kurze Distanz nach distal verlängert. Anschließend folgt die Anastomosierung in zweireihiger invertierender Nahttechnik.
d u. e) Mußte die Bifurkation reseziert werden und liegen beiden Gallengänge dicht beieinander, können sie durch einige Nähte adaptierend genähert (Abb. 9.5-59) und somit gemeinsam zur Anastomose herangezogen werden, andernfalls getrennt.

Narbige, durch Entzündungen oder Verletzungen verursachte Stenosen, häufiger jedoch maligne Erkrankungen machen eine überwiegend oder vollständige intrahepatische Freilegung der Ductus-hepaticus-Gabel oder von Gallengängen zur Wiederherstellung der Wegsamkeit erforderlich. Entsprechend anspruchsvoll ist die dazu erforderliche proximale Anastomosentechnik. Die temporäre, sehr oft langfristige Schienung ist absolute Voraussetzung für einen dauerhaften Erfolg.

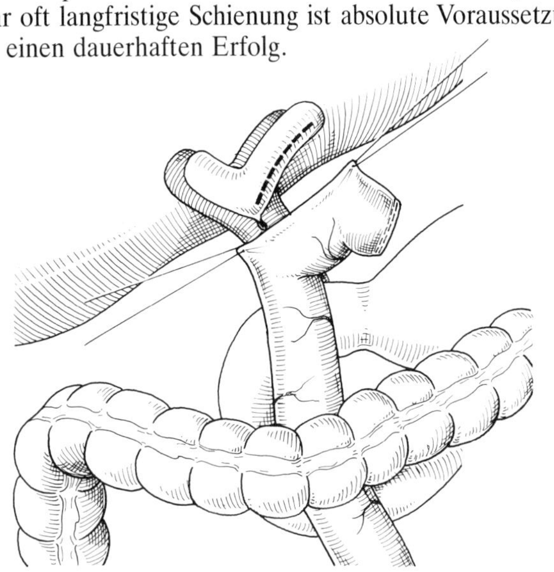

Abb. 9.5-52. Roux-Y-Hepatikojejunostomie nach Couinaud-Hepp.
a) Je nach Situation kann die ausgeschaltete Jejunumschlinge retro- oder antekolisch in den Oberbauch transponiert werden.

Hepatikojejunostomie nach Couinaud-Hepp

Die Anastomose kann bei entsprechender Indikation mit dem Ductus hepaticus sinister laterolateral mit einer Rouxschen Jejunumschlinge (Abb. 9.5-52) durchgeführt werden aber auch unter Einbeziehung des ebenfalls längsinzidierten, dann aber nach Spaltung der Glissonschen Kapsel intrahepatisch freigelegten Ductus hepaticus dexter.

Wir verwenden nach Möglichkeit die invertierende zweireihige an der Hinterwand meist einreihige dann allschichtige Nahttechnik. Zur transhepatischen Einlage der Silikon- oder Polyvinyldrainage(n) führt man eine dünne gebogene Gallensteinfaßzange in den rechten und/oder linken Gallengang ein, durchstößt die Leberoberfläche und zieht den Schlauch nach (Abb. 9.5-53). Wir verwenden lieber eine weniger traumatisierende biegbare metallische Knopfsonde (z. B. Uterussonde), auf die der Schlauch zum Durchzug aufgesteckt und mit einem dünnen Faden festgeknotet wird.

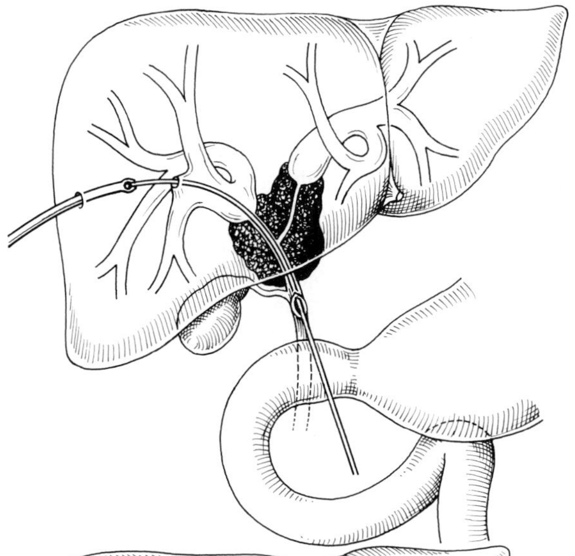
a)

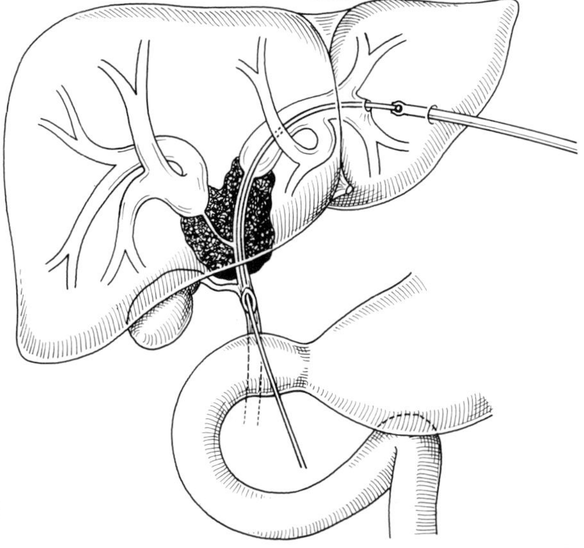
b)

Abb. 9.5-53. Transtumorale seitengetrennte Plazierung von Endlosdrainagen.
a u. b) Nach Eröffnung des Ductus choledochus wird mit einer metallischen Sonde der zentral wachsende Tumor durchstoßen und diese durch das Leberparenchym an der ventralen Fläche ausgeleitet. Auf den Sondenknopf wird ein Kunststoffschlauch geschoben und fest geknotet. Anschließend zieht man ihn nach distal aus der Choledochotomie heraus. Bei dieser Manipulation kommt es in der Regel durch Eröffnung der erheblich dilatierten intrahepatischen Gallenwege zu einer deutlich sichtbaren Entlastung der unter Druck stehenden Flüssigkeit. Im Falle der bilateral getrennt durchgeführten Drainage beider Lappen muß eine nach Roux-Y ausgeschaltete obere Jejunumschlinge zur Aufnahme der distalen Drainageschenkel herangezogen werden, die dann über gesonderte Inzisionen am Darm und Anlage eines Witzel-Kanals vor die Bauchdecke gebracht werden. Genügt nur ein Schlauch zur Entlastung beider Leberhälften, kann die Ableitung über den Choledochus via duodenum und dann über einen Witzel-Kanal nach außen völlig ausreichend sein. Das proximale oder die proximalen Schlauchenden werden von der Leberoberfläche ebenfalls über Stichinzisionen aus der Bauchhöhle herausgeführt. Anschließend bringt man Markierungsfäden an den Austrittsstellen (Leberoberfläche und Darm) an, zieht den ringförmig gelegten Schlauch vor den Körper des Patienten und bringt zwischen ihnen einige ovaläre Fenster an, so daß die intrahepatisch aufgenommene Galle nach Repositionierung der Endlosdrainage im Darm abtropfen kann.

Hepatikojejunostomie nach Rodney-Smith

Dieses Verfahren eignet sich besonders zur Passagerekonstruktion nach vollständiger Resektion der Ductus-hepaticus-Gabel. Es handelt sich um eine nahtlose Anastomose durch Mukosaplastik. Nach Herrichtung einer Roux-Y-Schlinge wird ein seromuskulärer 2,5–3 cm langer antimesenterialer Wandabschnitt ovalär exzidiert. Dann legt man an der intakten Mukosa zwei Tabaksbeutelnähte und inzidiert jeweils in der Mitte die Darmschleimhaut. Durch die Öffnungen werden zwei Silikon- oder Polyvinylschläuche, die zuvor transhepatisch eingebracht worden waren, mit seitlichen Löchern eingeführt und mit den Fäden der Tabaksbeutelnähte eingeknotet (Abb. 9.5-54 u. 55). Anschließend bringt man weitere Perforationen an den Drainagen über eine kurze Distanz an, so daß ihre intrahepatische Lage sicher gewährleistet ist, am besten nach einer Fadenmarkierung an der Leberoberflächenaustrittsstelle. Durch leichten Zug an den durch die Bauchdecken ausgeleiteten Schläuchen lassen sich die Mukosazylinder in den Gallengangstumpf hineinziehen. Zum Schluß wird die Jejunumschlinge an der Leber durch Einzelknopfnähte fixiert und die Drainagen unter leichter Spannung an den Bauchdecken. Die Methode eignet sich auch zur Reanastomosierung eines Gallenganges. Auch diese Drainagen sollen nicht vor Ablauf von drei Monaten nach radiologischer Kontrolle entfernt werden.

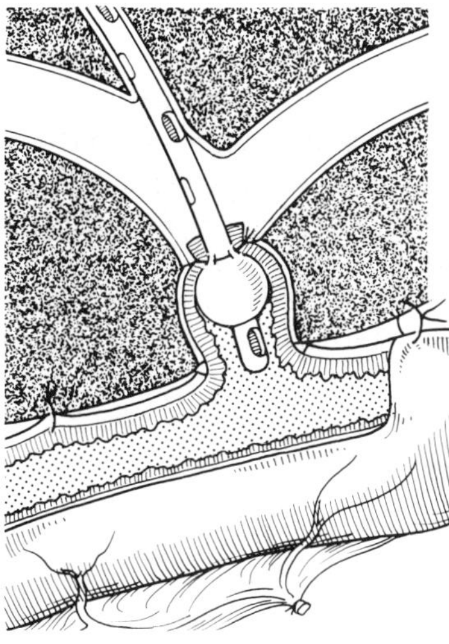

Abb. 9.5-54. Biliodigestive Anastomose durch Mukosaplastik nach Rodney-Smith mit einer nach Roux-Y ausgeschalteten oberen Jejunumschlinge.
Unter Zuhilfenahme des transhepatisch ausgeleiteten, mehrfach gelochten Petzer-Katheters wird ein Mukosazylinder nach Fixierung durch eine Tabaksbeutelnaht in den Gallengang hineingezogen, so daß es zu einer mukomukösen Anastomose kommt.

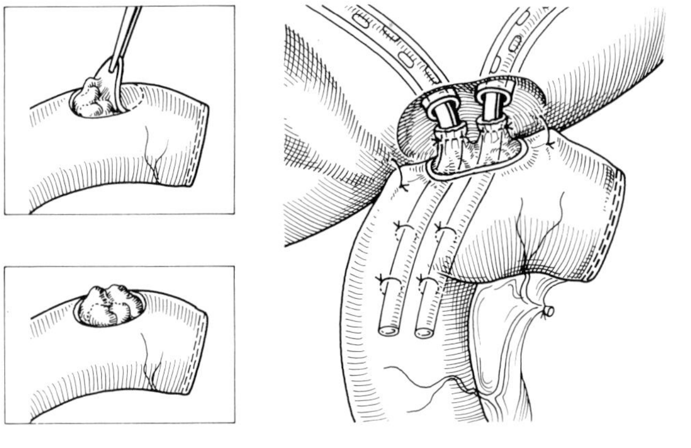

Abb. 9.5-55. Terminolaterale Anastomose zwischen dem rechten und linken Ductus hepaticus mit Mukosaplastik und transhepatisch ausgeleiteten Gallengangsdrainagen.
a u. b) Nach ovalärer Exzision der Jejunalwand über eine Distanz von etwa 2–3 cm werden
c) die zuvor gelegten transhepatischen Gallengangsdrainagen über die separat eröffnete Mukosa in das Jejunum geleitet und hier mit einigen Nähten, die durch die gesamte Darmwand geführt werden, fixiert.

Eingriffe bei malignen Erkrankungen

Das Gallenblasenkarzinom gehört zu den seltenen malignen Tumoren mit einer Inzidenzrate von etwa 1,91% bezogen auf 55170 Gallenblasenoperationen und einer Schwankungsbreite von 0,55–6,5% bezogen auf Autopsien. Die Prädominanz des weiblichen Geschlechtes ist gesichert und ebenso die Koinzidenz zur Cholezystolithiasis, die im Mittel mit 50–70% angegeben wird. Die Metastasierung verläuft in 45% der Fälle regional lymphogen und in 69% kommt es zur Tumorinfiltration in die Leber (Piehler u. Crichlow, Gebhardt, Hess et al.). Ein nicht unerheblicher Anteil wird zufällig im Zuge der Cholezystektomie entdeckt, relativ häufig auch dann erst nach histologischer Aufarbeitung des Präparates und ein weiterer Anteil durch einen sich entwickelnden Verschlußikterus.

Signifikant konnte die Prognose durch eine Erweiterung des Eingriffes (Hemihepatektomie, Lymphadenektomie) nicht verbessert werden. Wegen der venösen Drainage der Gallenblase insbesondere in den Lobus quadratus wird von manchen Operateuren (Jones) die zusätzliche Exzision des Gallenblasenbettes mit einem Sicherheitsabstand von etwa 3–5 cm empfohlen.

Adjuvante Behandlungsverfahren befinden sich im Stadium der klinischen Erprobung.

Die Inzidenzraten für Gallengangskarzinome werden unter Einbeziehung sämtlicher Eingriffe am Gallenwegsystem mit 0,3–1,8% angegeben. Die Angaben über die Resektabilität schwanken zwischen 16–53% (Gebhardt) und sind zwangsläufig um so günstiger je distaler der Tumor gelegen ist. Eine Sonderstellung nimmt das Karzinom der Gallengangsbifurkation ein (Klatskin-Tumor), das relativ langsam und spät infiltrierend wächst. Die kurative Entfernung von Gallengangskarzinomen kann aus anatomischen Gründen und dem selbst nach einer Hemihepatektomie verbleibenden Sicherheitsabstand kaum jemals als ausreichend radikal angesehen werden, so daß im Grunde genommen nur durch eine totale Hepatektomie mit anschließender Lebertransplantation diesem Aspekt Rechnung getragen werden könnte. Mit gebotener Zurückhaltung ist deshalb auch die von Bismuth und Corlette (Abb. 9.5-58) vorgeschlagene Einteilung der proximal gelegenen Gallengangstumoren im Hinblick auf die »kurativ« mögliche Resektabilität zu bewerten.

Operationsverfahren

Standardeingriff im Falle des Gallenblasenkarzinoms ist die Cholezystektomie mit atypischer Leberresektion, so daß ein Sicherheitsabstand von 3–5 cm um das Gallenblasenbett resultiert (Abb. 9.5-56), besser die Segmentektomie V, je nach Position der Gallenblase auch IV. Zusätzlich sollte die Lymphadenektomie vom Hilus bis zum Truncus coeliacus angeschlossen werden (Abb. 9.5-57). Sofern der Allgemeinzustand des Kranken eine Relaparotomie zuläßt, sind die zuvor beschriebenen Eingriffe nachzuholen, wenn die Karzinomdiagnose erst nach histologischer Befundung feststeht. Eine Erweiterung im Sinne der Hemihepatektomie rechts, Mittellappenresektion oder Trisegmentektomie kann in Einzelfällen in Erwägung gezogen werden. Allerdings läßt sich die Prognose, bezogen auf das statistische Mittel, dadurch nicht verbessern.

Bei einem Gallengangskarzinom wird der Eingriff am besten durch eine quere Oberbauchlaparotomie begonnen, die im Bedarfsfall durch einen winkelförmig aufgesetzten Schnitt zur Thorakolaparotomie erweitert werden kann. Der erste Schritt besteht in der lokalen Exploration im Hinblick auf die Resektabilität des Tumors nach Mobilisation des Duodenums nach Kocher, Prüfung einer möglichen lokalen Infiltration in Richtung Pfortader, die deshalb oberhalb des Pankreaskopfes freigelegt und angeschlungen werden muß. Sofern keine Kontraindikationen durch ein tumorüberschreitendes Wachstum oder eine Organmetastasierung nachzuweisen sind, schließt sich die punktuelle Entnahme von vergrößerten Lymphknoten im Leberhilus, Lig. hepatoduodenale und entlang der A. hepatica bis zum Truncus coeliacus an. Im Falle eines positiven histologischen Schnellschnittbefundes scheiden ausgedehnte Resektionen im Regelfall aus. Nur bei jüngeren Patienten wird man u. U. die dann allerdings mit Sicherheit lokal kurativ nicht mehr mögliche Resektion in Ermangelung adjuvanter Behandlungsverfahren durchführen.

Im Falle eines distalen Gallengangskarzinoms entspricht das präparativ technische Vorgehen der Pankreaskopfresektion (s.d.). Im Bereich des Hauptgallenganges muß allerdings die Resektionsgrenze in Höhe der Hepatikusgabel festgelegt werden. Die Cholezystektomie und lokale Lymphadenektomie sind obligat.

Nach der von Bismuth und Corlette vorgenommenen Einteilung (Abb. 9.5-58) ist beim Typ I und II die Resektion des Ductus hepaticus und der Gallengangsbifurkation ohne Leberresektion möglich. Der Ductus choledochus wird weit duodenalwärts nach Ligatur durchtrennt, danach die Gallenblase exstirpiert und die Leberpforte freipräpariert. Um die von Anamolien abgesehen in der Regel unterhalb der Bifurkation liegenden Arterien und Portalvenen nicht zu verletzen, muß die im allgemeinen sehr zeitraubende Präparation besonders behutsam durchgeführt werden. Sobald die Separierung des rechten und linken Hauptgallengangs ausreichend gelungen ist, empfiehlt sich die Anschlingung sowie die zusätzliche Anlage von Haltefäden vor der Resektion. Beide Gänge sind durch den Gallerückstau meist dilatiert, so daß ihre Anastomosierung mit einer nach Roux-Y ausgeschalteten oberen Jejunumschlinge zuverlässig möglich ist (Abb. 9.5-59). Die gesonderte Einpflanzung des rechten und linken Ductus hepaticus kann man in günstigen Fällen dadurch vermeiden, indem man beide Gallengangstümpfe durch locker adaptierende Nähte miteinander verbindet.

Wie bei den benignen Gallenwegserkrankungen beschrieben, ist die zusätzliche innere Schienung wichtig, jedoch grundsätzlich nie über sog. verlorene Drains. Auch die Anastomosierung entspricht dem bereits auf S. 511f. geschilderten Vorgehen.

Beim Typ III nach Bismuth und Corlette kann – wenn überhaupt – eine kurative Resektion nur durch eine zusätzliche Hemihepatektomie der betroffenen Seite gelingen.

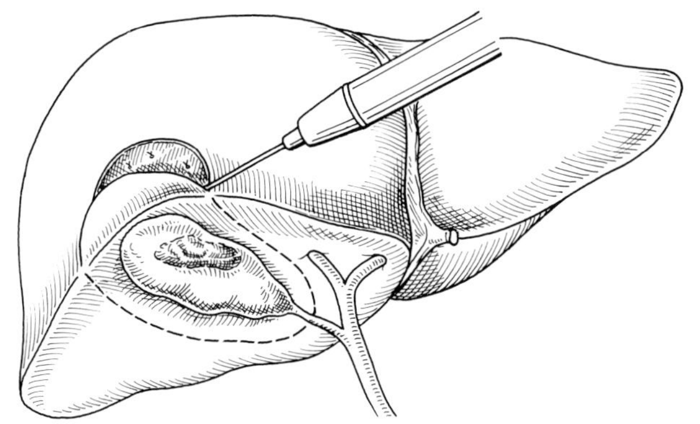

Abb. 9.5-56. Gallenbblasenkarzinom. Cholezystektomie mit Resektion des dem Gallenblasenbett anliegenden Leberabschnittes.

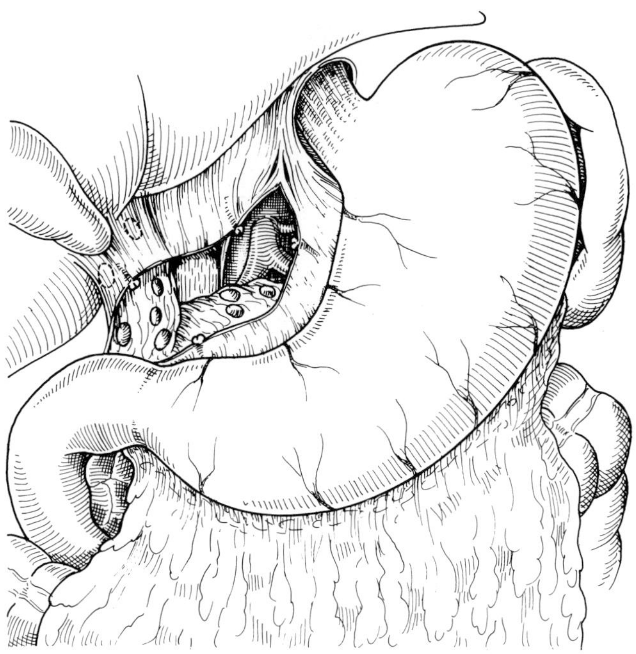

Abb. 9.5-57. Lymphadenektomie beim Gallenblasenkarzinom. Die Ausräumung der Lymphknoten erfolgt vom Leberhilus unter Einbeziehung des Lig. hepatoduodenale entlang der A. hepatica sowie des Truncus coeliacus.

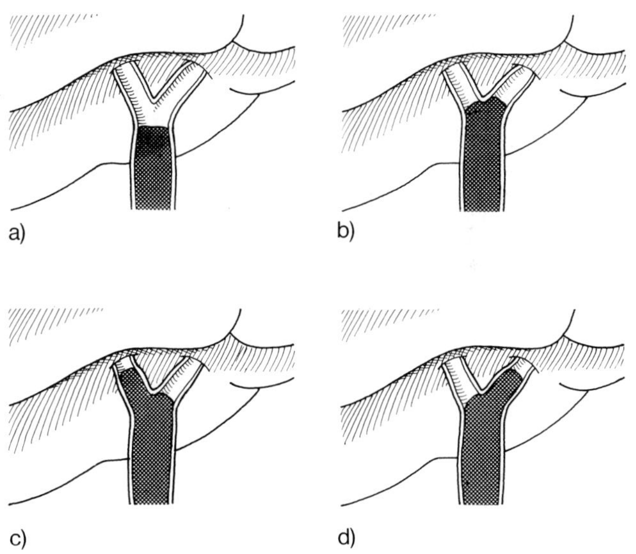

Abb. 9.5-58. Einteilung von Gallengangskarzinomen nach Bismuth und Corlette.
a) Tumorausdehnung bis unterhalb der Bifurkation (Typ I),
b) unter Einbeziehung der Hepatikusgabel (Typ II),
c u. d) mit Infiltration des linken oder rechten Ductus hepaticus (Typ III).

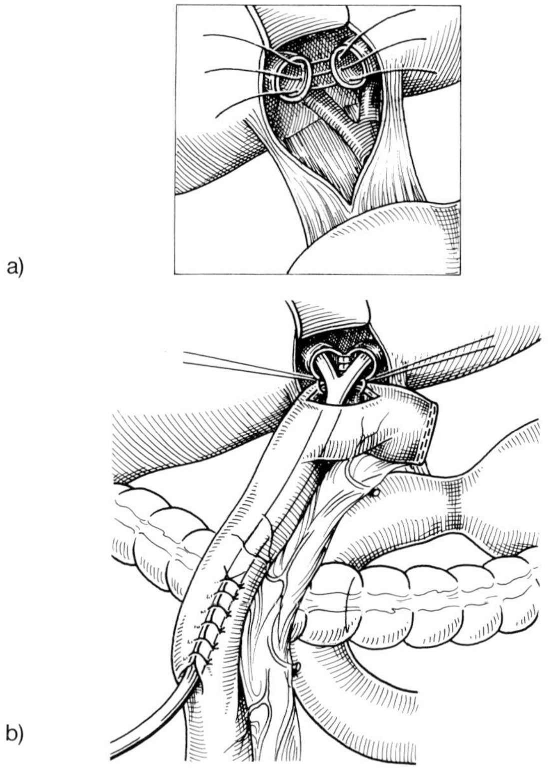

Abb. 9.5-59. Resektion der Gallengangsbifurkation mit Wiederherstellung der Passage durch eine terminolaterale Cholangiojejunostomie nach Roux-Y.
a u. b) Die in diesem Fall dicht beieinander liegenden Gallengänge werden nach Resektion der Bifurkation durch Einzelknopfnähte verbunden. Anschließend folgt die allschichtig gestochene Naht der Hinterwand. Sobald die Fäden geknüpft sind, wird der invertierende Nahtverschluß an der Vorderwand über einer Y-Drainage vervollständigt, die man am besten über einen Witzel-Kanal durch die Haut nach außen leitet. Vorteilhafter sind Endlosdrainagen.

Palliative Eingriffe

Cholezystoduodenostomie

Die Anlage dieser biliodigestiven Fistel kommt bei nachweislich befahrener Gallenblase und papillennahem inoperablen Tumorverschluß in Frage.

Nach Punktion legt man an der Gallenblase und am nach Kocher mobilisiertem Duodenum Haltefäden an und stellt die Wegsamkeit durch eine zweireihige laterolaterale Anastomose her (Abb. 9.5-60). Ausnahmsweise kann auch eine retro- oder antekolisch heraufgeführte obere Jejunumschlinge nach Roux-Y zur Anastomosierung herangezogen werden. Evtl. in der Gallenblase vorhandene Steine müssen entfernt werden.

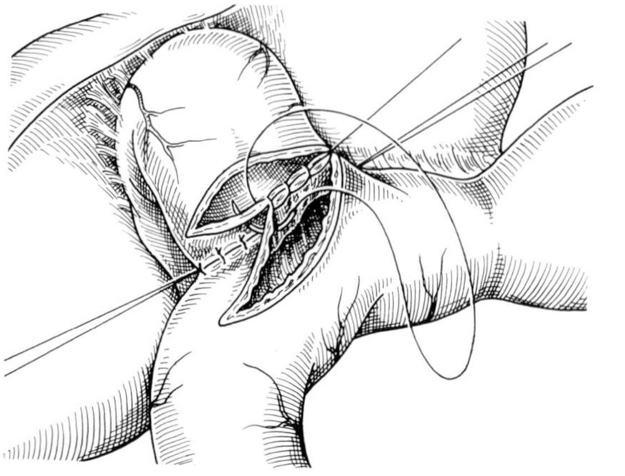

Abb. 9.5-60. Cholezystoduodenostomie in zweireihiger invertierender Nahttechnik bei inkurablem Grundleiden.

Choledochoduodenostomie

Die Indikation für diesen Eingriff ist identisch mit der zuvor beschriebenen Cholezystoduodenostomie. Es handelt sich um die mit Abstand am wenigsten geeignete Maßnahme zur Galleableitung, so daß das Verfahren nur dann angewandt werden soll, wenn entweder die Gallenblase nicht mehr zur Verfügung steht oder nicht mehr befahren ist (Abb. 9.5-61).

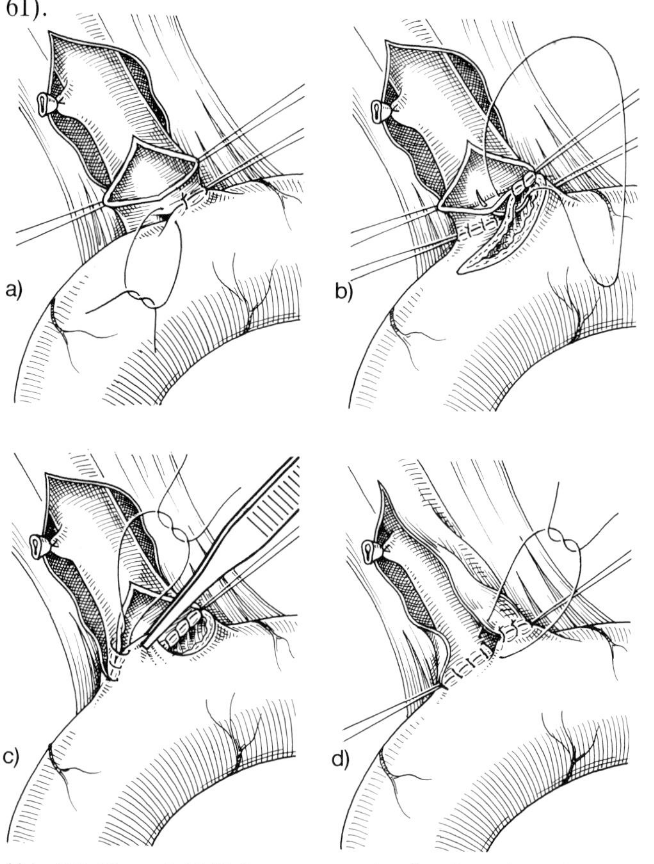

Abb. 9.5-61. a-d) Palliative supraduodenale laterolaterale Choledochoduodenostomie in invertierender zweireihiger Nahttechnik. Der erheblich aufgestaute Gallengang wird 1,5–2 cm lang längsinzidiert und dann in querer Richtung mit dem Duodenum anastomosiert.

Beide Methoden, um das noch einmal zu betonen, sind absolut kontraindiziert bei einem benignen Grundleiden, so daß bei diagnostischen Zweifeln die intraoperative Schnellschnittuntersuchung unbedingt vorgenommen werden muß.

Galleableitung durch Drainagen

Die Indikation zu diesem Vorgehen war in den letzten Jahren stark rückläufig, nachdem nicht nur die endoskopische transpapilläre Schienung häufiger eingesetzt werden konnte, sondern auch die perkutane transhepatische Drainageimplantation über die Bifurkation hinaus in den Händen Erfahrener zunehmend gelingt.

Unter Berücksichtigung des inkurablen Grundleidens und der noch geringen Lebenserwartung darf u. E. nicht zu großzügig von diesen Methoden, einschließlich der intraoperativ eingebrachten Drainagen, Gebrauch gemacht werden. Eine gute Indikation ist zweifellos der für den Patienten sich unerträglich steigernde Juckreiz.

Die verschiedenen Möglichkeiten der operativ implantierbaren Drainagesysteme werden in der folgenden Abbildung (Abb. 9.5-62) noch einmal zusammenfassend dargestellt. Operativ implantierte Galleableitungen nach außen sind als palliative Dauermaßnahme ebenso ungeeignet wie verlorene Drainagen. Sichergestellt werden muß, wegen der regelmäßig eintretenden Verstopfungen mit anschließender Cholangitis, die unproblematische Auswechselbarkeit. Dieses Kriterium erfüllt am besten die für den infiltrierend wachsenden Echinococcus angegebene Endlosdrainage nach Dick und Dortenmann, die, von intraoperativen Komplikationen abgesehen, die zusätzliche Durchführung einer hepatikodigestiven Anastomose meist überflüssig macht (Abb. 9.5-53).

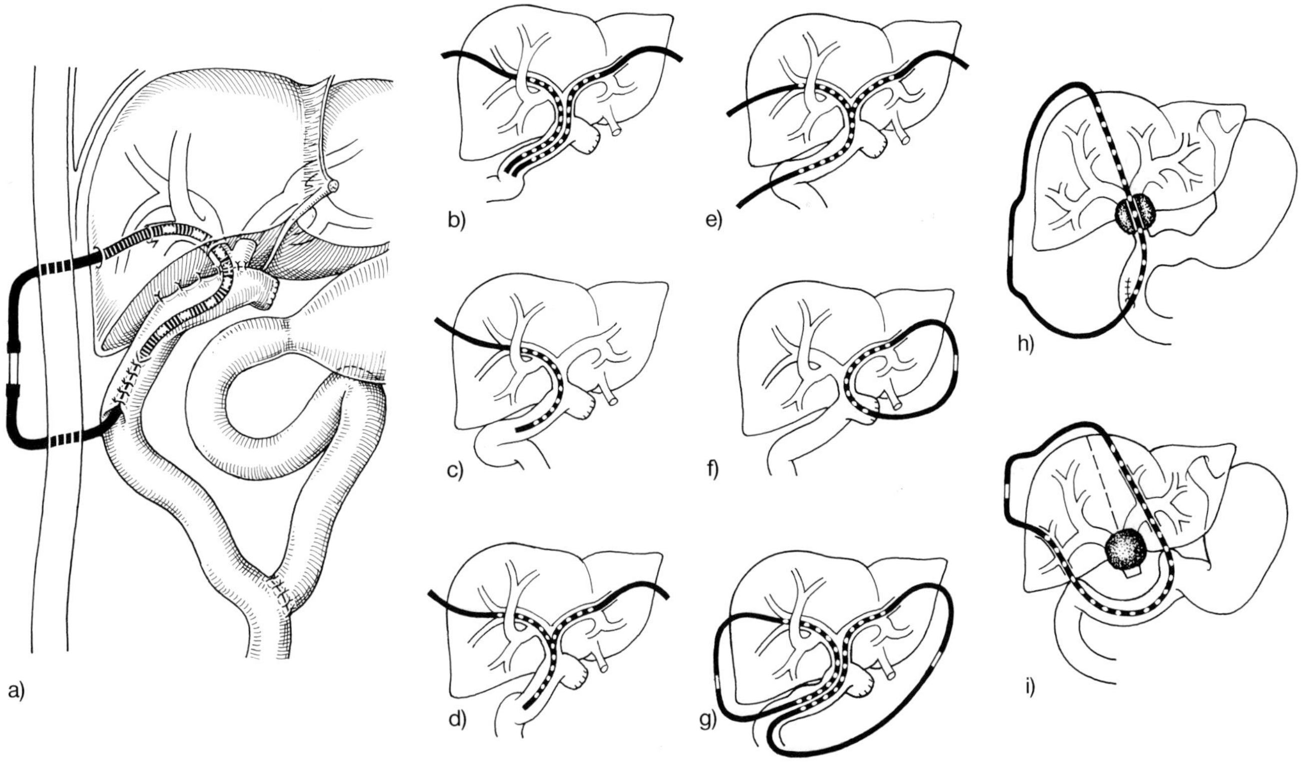

Abb. 9.5-62. Transhepatische Gallengangsdrainagen.
a) Endlosdrainage mit Ausleitung über eine nach Roux-Y zur Hepatikojejunostomie verwandten Jejunumschlinge.
b) Doppelte äußere Drainagen.
c) Einfache äußere Drainage.
d) Transanastomotische Y-Drainage.
e) Transanastomotische Y-Drainage mit Ausleitung der Schenkel durch die Bauchwand nach außen.
f) Transanastomotische Ringdrainage nach Saypol.
g) Doppelte transanastomotische U- oder Endlosdrainage.
h) Transhepatische Endlosdrainage nach Dick bei proximalem Gallengangsverschluß.
i) Transhepatische über den Magen und Duodenum geführte Endlosdrainage nach Dick bei zentralem Gallengangsverschluß.

Eingriffe am Pankreas

J. Durst und **R. Bähr**

Prä- und intraoperative diagnostische Verfahren

Ohne die Bedeutung des klinischen Untersuchungsbefundes und die Zuordnung der klinisch-chemischen Parameter schmälern zu wollen, wurden die Sonographie (auch intraoperativ), Computertomographie und ERCP zu unerläßlichen Hilfen, auf die nicht ohne Grund verzichtet werden darf. Vor allem zur Einschätzung des Schweregrades der akuten Pankreatitis hat die Computertomographie einen ungleich höheren Stellenwert erreicht als die Sonographie, da letztere oft durch die bestehende Darmparalyse nur eine eingeschränkte oder gar keine Bewertung mehr zuläßt.

Innerhalb der ergänzend zur Verfügung stehenden intraoperativen diagnostischen Verfahrenstechniken (Abb. 9.5-63 u. 64) wurden die Sonographie und direkte Pankreatikographie vor allem bei einer chronischen Pankreatitis mit multiplen Stenosen des Ductus Wirsungianus zu einer wichtigen Hilfe.

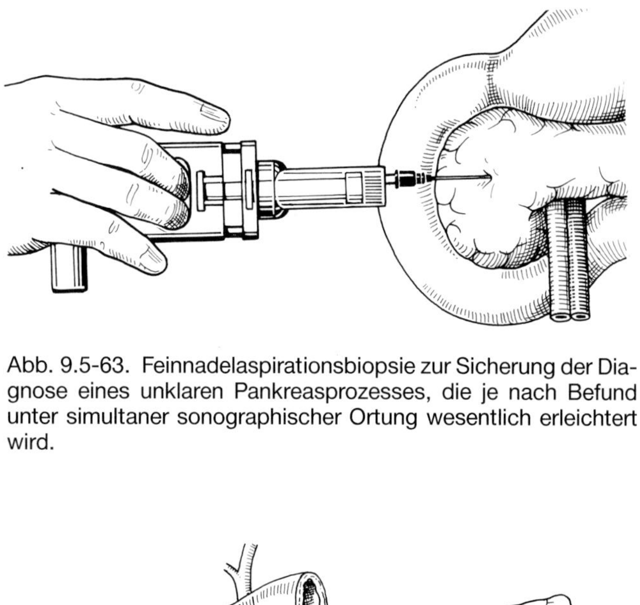

Abb. 9.5-63. Feinnadelaspirationsbiopsie zur Sicherung der Diagnose eines unklaren Pankreasprozesses, die je nach Befund unter simultaner sonographischer Ortung wesentlich erleichtert wird.

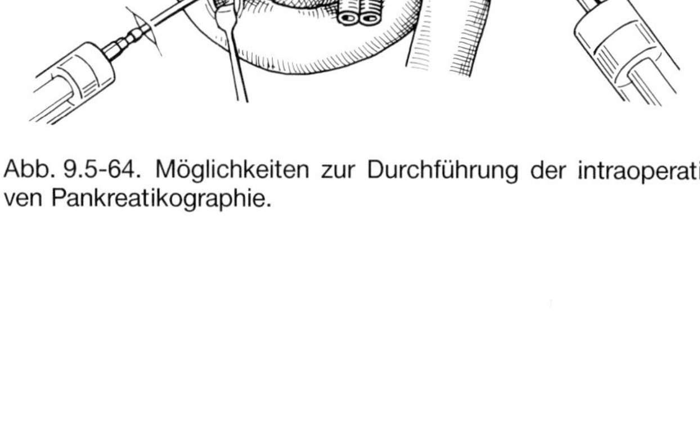

Abb. 9.5-64. Möglichkeiten zur Durchführung der intraoperativen Pankreatikographie.

Zugangswege

Unabhängig von der konstitutionellen Beschaffenheit des Kranken hat sich die quere, bogenförmige Oberbauchlaparotomie für sämtliche operativ zu behandelnden Pankreaserkrankungen am besten bewährt. In Frage kommt ferner die mediane Oberbauchlaparotomie, die jedoch oft nach distal links um den Nabel herum erweitert werden muß, mit den für sie typischen und häufiger auftretenden postoperativen Früh- und Spätkomplikationen. Parakostale Inzisionen sind wegen der mangelnden Explorations- und Zugangsmöglichkeit ebenso ungeeignet wie Transrektalschnitte.

Embryonale Fehlbildungen

(S. Kap. 9.8.1, Kinderchirurgie)

Pankreasverletzungen

Die vergleichsweise seltenen Pankreasverletzungen im Zuge eines stumpfen Bauchtraumas führen entweder zu einer Kontusion, einem Einriß oder einer kompletten Ruptur der Drüse (Abb. 9.5-65).

Bei kleineren Kontusionsherden genügt die ausgiebige Drainage der Bursa omentalis. Handelt es sich um Einrisse der Drüsensubstanz, ist in vielen Fällen die subtile Nahtversorgung mit atraumatischen Polyglykolsäurefäden ausreichend. Gar nicht so selten kommt es im späteren postoperativen Verlauf dann doch noch zur Entwicklung einer Pankreasfistel oder Pankreaspseudozyste.

Bei einer ausgedehnten Ruptur sind die in der Abb. 9.5-66 angegebenen Methoden situationsbezogen anzuwenden.

a)
b)
c)

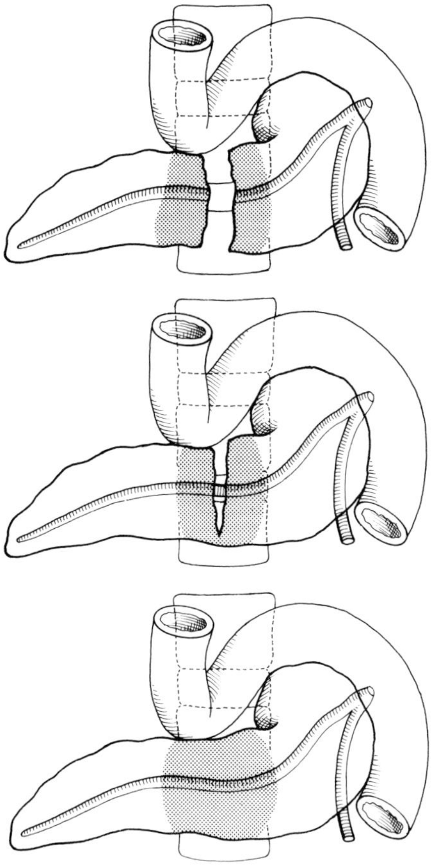

Abb. 9.5-65. Verschiedene Schweregrade einer Pankreasverletzung.
a) Pankreaskontusion.
b) Pankreasparenchymruptur ohne Verletzung des Pankreasganges.
c) Vollständige Pankreasruptur.

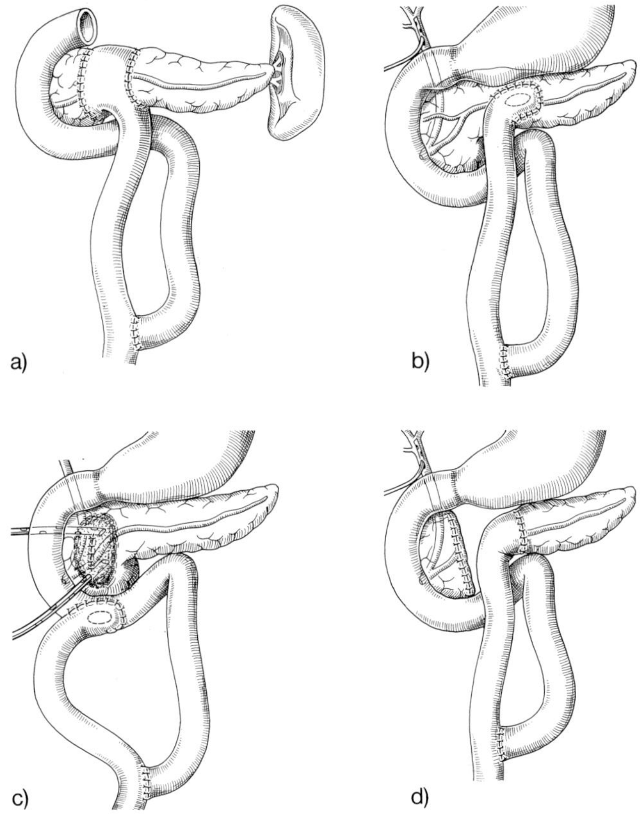

Abb. 9.5-66. a) Interposition einer nach Roux-Y ausgeschalteten oberen Jejunumschlinge bei kompletter Pankreasruptur.
b) Versorgung einer schweren Pankreaskontusion mit Gangeröffnung durch eine nach Roux-Y ausgeschaltete obere Jejunumschlinge mit Einlage einer temporären Gallengangsfalleitung.
c) Versorgung einer schweren Kontusion des Pankreaskopfes mit Ruptur des Duodenalknies. Zusätzlich ist die Einlage einer Gallengangsdrainage erforderlich.
d) Versorgung einer kompletten Pankreasruptur durch Teleskopanastomose mit einer nach Roux-Y ausgeschalteten oberen Jejunumschlinge. Verschluß der Parenchymwunde durch Einzelknopfnähte und Einlage einer Gallengangsfalleitung.

Akute Pankreatitis

Die vergleichsweise hohen Inzidenzraten – in der Bundesrepublik rechnet man mit 1–1,5% aller stationär behandelten Patienten, nach der Kopenhagener Multicenterstudie mit 100000 Erkrankungen/Jahr aller über 20jährigen Einwohner (Kortmann) – haben zu einer intensiven interdisziplinären Auseinandersetzung (Kümmerle et al.) nicht zuletzt unter dem Einfluß der verbesserten bildgebenden Verfahren geführt (Klose et al., Lankisch, Rattner u. Warshaw, Dobroschke et al., Oehler, Beger u. Büchler u.a.).

Zu einer wichtigen Entscheidungshilfe für oder gegen eine operative Behandlung wurde die Mainzer Klassifikation der akuten Pankreatitis (Tab. 9.5-6). Schwierigkeiten bereitet nach wie vor die Festlegung des günstigsten

Tab. 9.5-6. Mainzer Klassifikation der akuten Pankreatitis in Schweregrade nach Kümmerle et al. (aus Kortmann).

Diagnostische Kriterien	Schweregrad I	Schweregrad II	Schweregrad III
Abwehrspannung (diffus > lokalisiert) entzündlicher Konglomerattumor Leukozyten > 12000/µl Blutzucker > 140 mg/dl Calcium < 2,1 mmol/l Kreatinin > 1,4 mg/dl Harnstoff > 60 mg/dl Basendefizit > 2 mmol/l	≤ 2	≥ 4	≥ 6
Sonographie/Computertomographie	überwiegend ödematös	umschriebene Nekrosen	ausgedehnte Nekrosen
Organkomplikationen (Niere, Lunge)	keine	selten	häufig
Verlauf unter konservativer Therapie	rasch reversibel	Übergang in »postakutes Stadium«	potentiell letal

Operationszeitpunktes. Einigkeit besteht zwischen Chirurgen und Gastroenterologen insofern, daß die akute Pankreatitis erst nach Ausschöpfung aller konservativ möglichen Behandlungsverfahren einschließlich des intensivmedizinischen Managements operiert werden soll und wenn morphologisch faßbare Kriterien (CT) in Form von Nekrosen oder Nekrosestraßen nachweisbar sind, d.h. nach Möglichkeit nicht vor Ablauf von 7–8 Tagen nach Krankheitsbeginn. Die früher häufiger durchgeführte Frühoperation wurde somit im Sinne einer aufgeschobenen Dringlichkeit zeitlich versetzt. Ihre Indikation besteht innerhalb der ersten Tage nur dann, wenn es zum Vollbild der nicht beherrschbaren Autolysekrankheit bei einer Totalnekrose des Drüsenparenchyms kommt und die Sequesterektomie mit Linksresektion einschließlich Bursalavage zur Ultimaratiotherapie wird.

Nach Beger entwickeln etwa 40% aller Patienten mit einer nekrotisierenden Pankreatitis eine bakterielle Infektion des Retroperitonealraums, die mit ca. 25–30% bereits eine Woche nach Beginn der Erkrankung nachweisbar ist und in der dritten Krankheitswoche eine Häufigkeit von ca. 60% erreicht. Deshalb sterben Patienten sehr viel seltener an den Folgen eines postpankreatitischen Schocks als durch septische Komplikationen.

Die Reduktion der bakteriellen Superinfektion durch Nekrosektomie und Bursalavage ist deshalb in erster Linie das Ziel der operativen Behandlung im Stadium III einer akuten Pankreatitis.

Allgemein durchgesetzt hat sich der Erfahrungsgrundsatz, die Nekrosektomie am Pankreas so sparsam wie möglich, am besten durch Digitoklasie vorzunehmen, entsprechend der Empfehlung von Kümmerle: »Nicht zuviel, aber auch nicht zuwenig.« Die Unterscheidung zwischen noch vitalem und schon nekrotischem Drüsengewebe kann auch dem Erfahrenen erhebliche Schwierigkeiten bereiten.

Für die Entfernung der Sequester, die an ihrer grauweißlichen schmutzig wirkenden Farbe gut zu erkennen sind, muß man sich Zeit lassen und die Abtragung so vollständig wie möglich vornehmen. Es genügt daher nicht, sich allein auf den intra- und postoperativen Spüleffekt zu verlassen.

Bei einer Totalnekrose der dann vollkommen schwarz erscheinenden Bauchspeicheldrüse können gelegentlich langstreckige Abschnitte herausgehoben werden (Abb. 9.5-67), ohne daß es aus den inzwischen thrombosierten Gefäßen zu einer Blutung kommt.

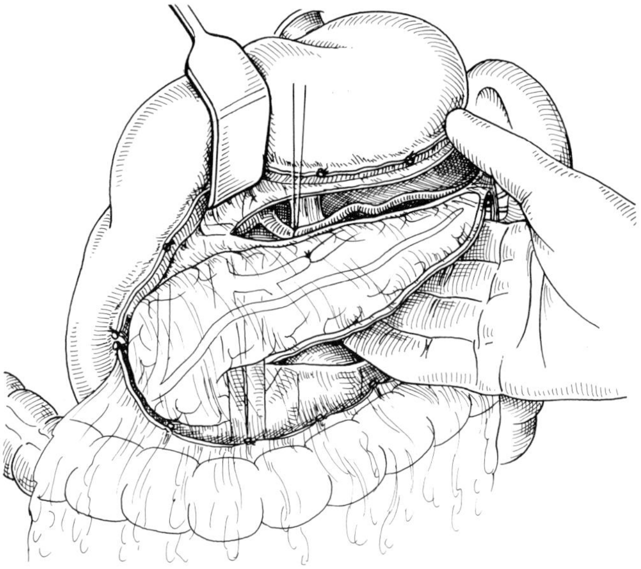

Abb. 9.5-67. Stumpfe Auslösung der Bauchspeicheldrüse mit Milz bei nekrotisierender Pankreatitis mit abgangsnahem Ligaturverschluß der A. und V. lienalis.

Der Eingriff endet mit der situationsgerechten Implantation von speziellen Spülkathetern (Abb. 9.5-68) mit einem gesonderten Zu- und Ablauf in die Bursa bzw. Nekrosehöhle. Die in die Peritonealdialyse gesetzten Erwartungen haben sich nicht erfüllt. Eine Gallengangsfalleitung zur Druckentlastung legen wir nur bei einem Steinleiden ein.

Planmäßige FrühRelaparotomien sind bei ausgedehnten sequestrierenden Entzündungen trotz regelrecht funktionierender Bursalavage oft nicht zu umgehen. Ihre Indikation leitet sich sowohl von dem primär vorgefundenen intraoperativen Befund (ausgedehnte Nekrosehöhlen (Abb. 9.5-69) mit bereits eingetretener bakterieller Infektion) ab als auch von einer nicht eintretenden Besserung des klinischen Gesamtzustandes bzw. einer erneut eintretenden Verschlechterung trotz Ausschöpfung aller intensivmedizinischer Maßnahmen. Wichtige Symptome dafür bestehen in der erneuten Zunahme der Atonie, Druckdolenz des Oberbauchs, dem Höhertreten der Zwerchfelle, Zunahme der respiratorischen Insuffizienz mit schlechter werdenden Blutgasanalysen und Anstieg der harnpflichtigen Substanzen.

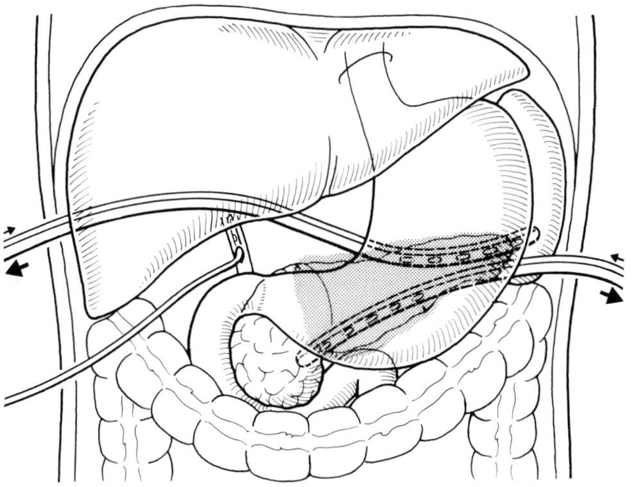

Abb. 9.5-68. Plazierung von Spüldrainagen in die Bursa omentalis nach Nekrosektomie zur Bursalavage.

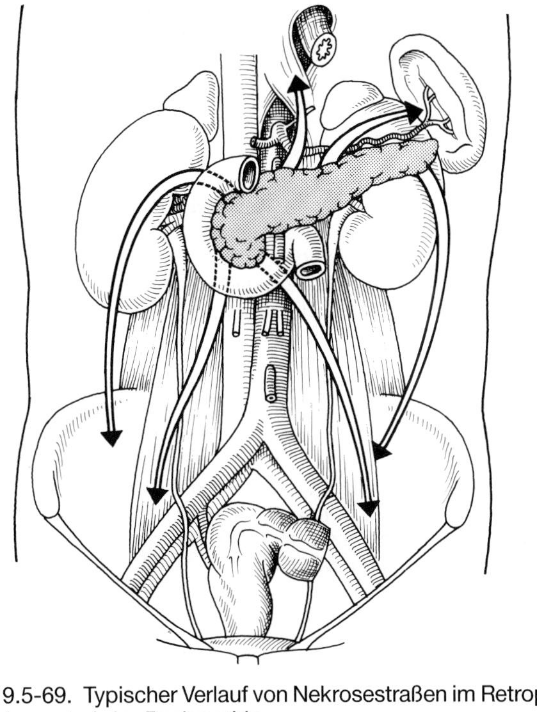

Abb. 9.5-69. Typischer Verlauf von Nekrosestraßen im Retroperitonealraum bei der Pankreatitis.

Die lokale antibiotische Behandlung durch Zugabe zur Spülflüssigkeit hat sich nicht bewährt, die systemische Therapie nach wiederholter Erregertestung (Spülflüssigkeit, Blutkulturen, Trachealabstrich) ist mit besonderer Sorgfalt (Nephrotoxizität) durchzuführen.

Eine Sonderstellung im Rahmen der akuten Pankreatitis nimmt die biliär induzierte Bauchspeicheldrüsenentzündung ein. Nur selten ist mit dem Auftreten einer schweren nekrotisierenden Entzündung zu rechnen. Ganz überwiegend handelt es sich um eine sog. Begleitpankreatitis, die in einem hohen Anteil der Fälle konservativ ausbehandelt werden kann. Die Restitutio ad integrum des Drüsenparenchyms ist die Regel. Temporär in der Papille inkarzerierte Steine gehen sehr oft spontan ab. Im Fall eines sich nicht lösenden inkarzerierten Steins muß allerdings notfallmäßig die endoskopische Papillotomie, wenn das nicht möglich ist, die operative transduodenale Sphinkterotomie mit Einlage einer Gallengangsfalleitung (s. d.) durchgeführt werden.

Chronische Pankreatitis

Von wenigen Ausnahmen abgesehen, wird die Indikation zum operativen Vorgehen vom Internisten gestellt. Aus der Sicht des Chirurgen betrifft das in erster Linie die Folgekomplikationen der Pankreatitis wie persistierende Pseudozysten mit Symptomen bzw. einer Größenzunahme von über 5 cm, die postpankreatitische Röhrenstenose, zystenähnliche Dilatationen des Ductus Wirsungianus mit Symptomen, Kompression im Portalsystem mit nachfolgender Intestinaltraktsblutung, Stenosen am Duodenum oder Querkolon, Fisteln sowie der Karzinomverdacht, während die subtotale oder totale Pankreatektomie wegen schwerster Schmerzzustände niemals ohne Konsultation des Gastroenterologen vorgenommen werden darf. Ein wesentlicher pathogenetischer Faktor für die Induktion bzw. Persistenz der chronischen Pankreatitis ist der Sekretstau durch Abflußbehinderung, der in typischer Weise bei der chronisch-kalzifizierenden Entzündung zu beobachten ist.

Bei der Verfahrenswahl haben grundsätzlich parenchymerhaltende Eingriffe Vorrang, um so gut wie eben möglich, zusätzliche Funktionsausfälle im exkretorischen und inkretorischen Stoffwechsel gering zu halten. Ein weiteres wichtiges Kriterium ist die operationsbedingte Letalität. Sie liegt nach einer Übersicht von Peiper u. Hollender im Mittel für die partielle Duodenopankreatektomie bei 6,3%, für die partielle Linksresektion bei 4,6%, für die Drainageoperation bei 3,5% und für die früher häufiger angewandte totale Pankreatektomie bei 13% (Hess).

Welches der ausgewählten Operationsverfahren angewandt werden kann, entscheidet sich letztendlich erst intraoperativ. In jedem Fall muß deshalb die Bauchspeicheldrüse vollständig dargestellt werden. Dazu ist regelmäßig die Mobilisation des Duodenums nach Kocher erforderlich wie auch die Spaltung des Lig. gastrocolicum in ganzer Länge und Inzision des kleinen Netzes. Organüberschreitende entzündliche bzw. tumoröse Prozesse können durch Einbeziehung unbedingt zu erhaltender Gefäßabschnitte das ursprünglich geplante operative Vorgehen verhindern, so daß deren Darstellung, vor allem für die resezierenden Verfahren, von großer Wichtigkeit ist. Die Palpation des gesamten Pankreas, seine Verschieblichkeit wie die Beurteilung des Füllungszustandes der Venen im Portalsystem geben weitere wichtige Aufschlüsse, bis schließlich unter Einbeziehung der präoperativen Befunde die eindeutige Verfahrenswahl festgelegt werden kann.

Drainageverfahren ohne Resektion

Laterolaterale Pankreatikojejunostomie (Partington-Rochelle)

Voraussetzung für einen auf Dauer erfolgreichen Derivationseingriff ist bei einer chronisch rezidivierenden, meist sklerosierenden Pankreatitis nur bei einer durchgehenden Weite des Ductus Wirsungianus von mindestens 10 mm zu erwarten. Die Ortung des Ganges gelingt bei einem entsprechenden Aufstau leicht durch Palpation. Sie wird durch Punktion bestätigt und anschließend erfolgt eine ausgiebige Längsinzision in Richtung Pankreasschwanz, je nach Ausgangspunkt auch in Richtung Pankreaskopf, am besten mit der Pottschen Schere. Fallweise vorhandene Konkremente werden durch die meist unter Druck stehende Flüssigkeit herausgespült, andernfalls mit feinen Instrumenten entfernt. Bestehen Zweifel im Hinblick auf die Vollständigkeit bzw. Durchgängigkeit, muß die Kontrastmitteluntersuchung angeschlossen werden. Bewährt haben sich zudem bei der Sondierung des Ganges Ureterenkatheter, mit denen man oft mühelos auch durch die Papille in das Duodenum gelangt. Gelegentlich auftretende punktuelle, meist arteriell spritzende Blutungen umsticht man mit atraumatischen Polyglykolsäurefäden, bevor dann die laterolaterale Anastomose mit einer nach Roux-Y ausgeschalteten oberen Jejunumschlinge durchgeführt wird (Abb. 9.5-70).

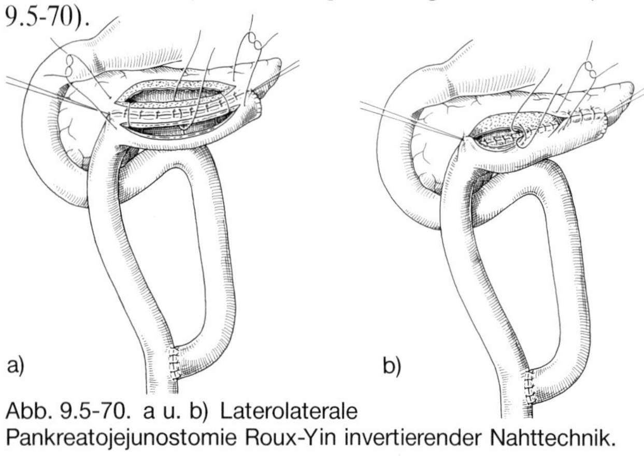

a) b)

Abb. 9.5-70. a u. b) Laterolaterale Pankreatojejunostomie Roux-Yin invertierender Nahttechnik.

Transduodenale Pankreatikoplastik (Mercadier, Lortat-Jacob, Rumpf und Pichlmayr)

(Abb. 9.5-71 u. 72)

Die Indikation für diesen Eingriff betrifft in erster Linie die schwere kalzifizierende Pankreatitis im Kopfabschnitt der Drüse. Gelegentlich muß die Methode in Ergänzung zu einer Drainageoperation durchgeführt werden.

Durch die Sondierung des Ductus Wirsungianus kann die Papille durch die gut erkennbare metallische Sonde, selbst wenn sie sich nicht vollständig bis in das Duodenum vorschieben läßt, getastet werden. Andernfalls sind nach Längsduodenotomie erfolglos bleibende Papillensondierungsversuche abzubrechen und die Sphinkterotomie in üblicher Weise (s. S. 510) vorzuziehen. Danach gelingt es sehr viel einfacher, den Pankreasgang darzustellen, mit einer Sonde zu intubieren und über eine Distanz von 2–3 cm, selten länger, zu spalten (Abb. 9.5-71). Gelegentlich ist vorher die Extraktion der oft erstaunlich fest inkarzerierten bimssteinartigen Konkremente erforderlich. Auch ist eine regelrechte Kürettage des Ganges nicht falsch und zieht keine Komplikationen nach sich. Viel wichtiger ist, daß nach diesen Maßnahmen die Wegsamkeit vollständig frei ist, da es andernfalls mit Sicherheit zu einem Rezidiv kommt.

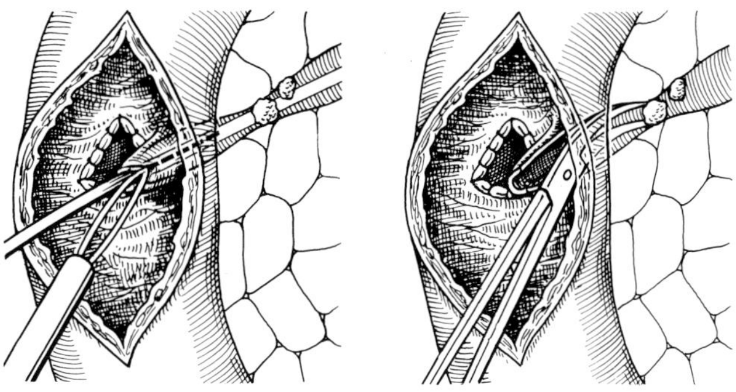

a) b)

Abb. 9.5-71. Transduodenale Pankreatikoplastik (Lortat-Jacob, Rumpf u. Pichlmayr) bei kalzifizierender Kopfpankreatitis.
a) Nach Sphinkterotomie und Papillenplastik wird in den Ductus Wirsungianus eine metallische Sonde eingeführt und darüber mit dem Paquelin oder Skalpell die Ausflußbahn gut 2–3 cm weit gespalten.
b) Sobald die Stenose behoben ist, werden die erreichbaren Steine entweder wie hier gezeigt oder mit dem Dormia-Körbchen entfernt. Die zusätzliche Pankreatikographie ist wichtig, um die Vollständigkeit der Steinextraktion zu dokumentieren und um evtl. weitere bislang nicht bemerkte Stenosen sichtbar zu machen, deren Beseitigung dann meist über eine zusätzliche transparenchymatöse Längsspaltung des dilatierten Pankreasganges mit anschließender Roux-Y-Anastomose nach Partington-Rochelle erfolgen muß.

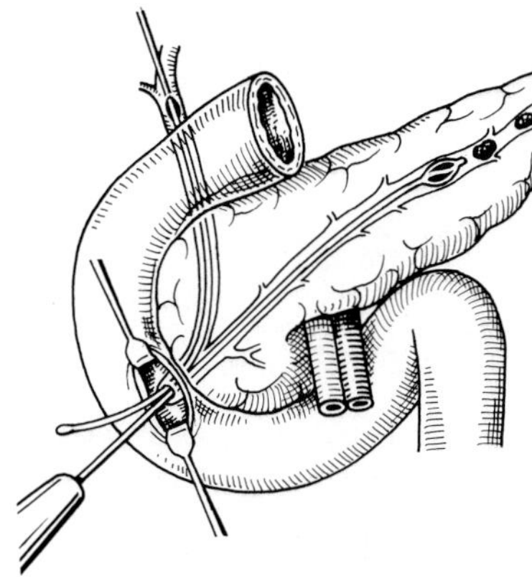

Abb. 9.5-72. Steinextraktion aus dem Pankreasgang mit dem Dormia-Körbchen. Das Ergebnis muß durch Pankreatikographie überprüft werden. Gelingt die Steinextraktion nicht vollständig, wird die transparenchymatöse Pankreatolithotomie angeschlossen und nachfolgend die laterolaterale Anastomose mit einer nach Roux-Y ausgeschalteten Jejunumschlinge.

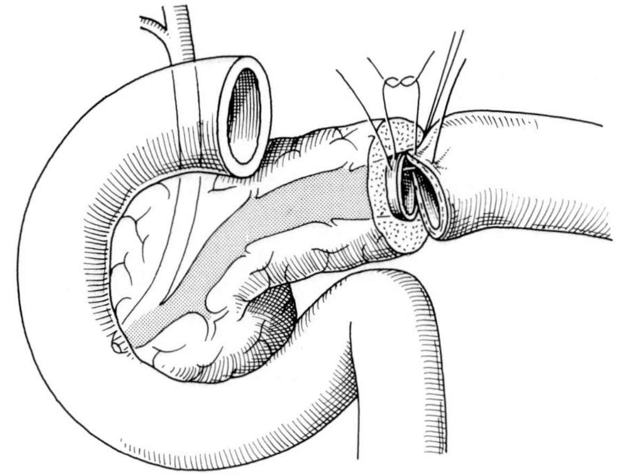

Abb. 9.5-74. Wirsungo-Jejunostomie End zu End nach DuVal. Die Anastomose ist in dieser Form nur bei einem extrem dilatierten Pankreasgang möglich. In einer zweiten seromuskulären Einzelknopfnaht wird die Wand des Jejunums zirkulär mit der Pankreaskante verbunden.

Drainageverfahren mit Resektion (Du Val, Puestow (1) syn. Gillesby, Puestow (2) syn. Mercardier)

Indikationen für dieses Vorgehen sind nicht korrigierbare Abflußbehinderungen im Pankreaskopf und schwerwiegende pathologische Veränderungen im Pankreasschwanz. Die Resektionsgrenze am Drüsenparenchym liegt im allgemeinen 2 Querfinger links lateral der Mesenterialgefäße und entspricht weitgehend dem Vorschlag von Mallet-Guy. Die in Frage kommenden Anastomosen mit einer nach Roux-Y ausgeschalteten Jejunumschlinge sind in den Abb. 9.5-73–76 dargestellt.

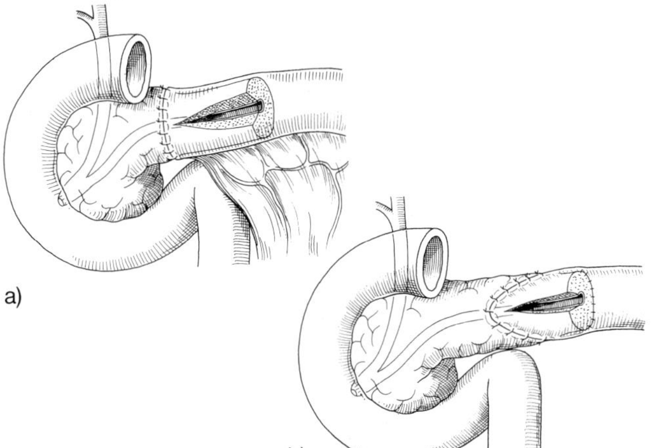

a)

b)

Abb. 9.5-73. Wirsungo-Pankreatojejunostomie.
a) Puestow (1) syn. Puestow-Gillesby.
b) Puestow (2) syn. Mercadier. Bei dieser Technik wird die Vorderwand der Roux-Y-Schlinge zungenförmig zugeschnitten und über den längsgeschlitzten Ductus Wirsungianus aufgesteppt.

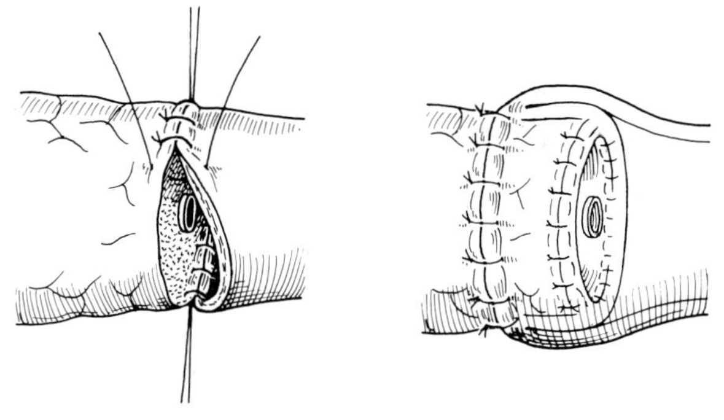

Abb. 9.5-75. Durchführung der Teleskopanastomose.

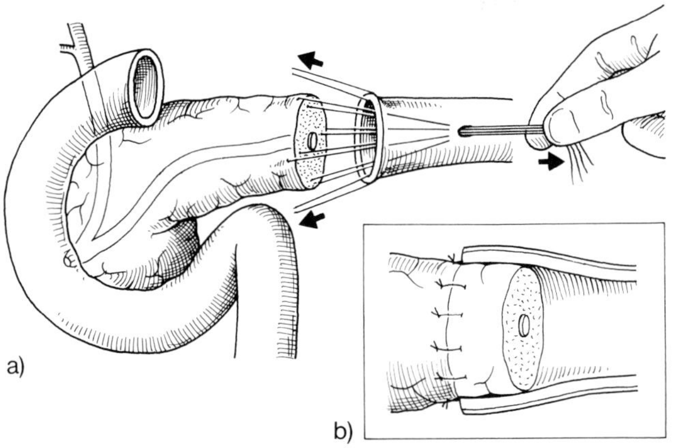

a)

b)

Abb. 9.5-76. Pankreatojejunostomie durch Invaginationsanastomose.

Pankreasresektionen

Linksresektionen (Child, Mallet-Guy)

(Abb. 9.5-77–79)

Indikation für die subtotale linksseitige Pankreatektomie, bei der 80–90% des gesamten Drüsenparenchyms entfernt werden, ist u.a. die Totalnekrose der Bauchspeicheldrüse, eine diffus sklerosierende Pankreatitis und die sehr selten noch operablen Pankreasschwanzkarzinome. Zwangsläufig führt der ausgedehnte Eingriff zu einem insulinpflichtigen Diabetes.

Die simultane Splenektomie ist meist nicht zu umgehen, so daß man nach lokaler Exploration auch mit der Mobilisation der Milz nach Durchtrennung der Vasa gastrica brevia sowie des Lig. gastrocolicum beginnt. Nach abgangsnaher Darstellung wird dann die A. lienalis doppelt zentral ligiert und durchtrennt, während die Milzvene analog, kurz vor ihrem Abgang aus der V. mesenterica, abgesetzt wird. Die retropankreane Auslösung muß behutsam und schrittweise erfolgen, um u.a. eine Begleitverletzung der Nebenniere zu vermeiden. Sobald man bei der Präparation in die Nähe der Pfortader kommt, ist vor allem auf die hier einstrahlenden kleinen Venen zu achten, die punktuell zu ligieren sind. Das Anschlingen der A. hepatica communis ist ebenso erforderlich wie die behutsame Ablösung des Pankreasober- und -unterrandes von der V. portae bzw. V. mesenterica superior mit mündungsnaher Ligatur und Durchtrennung der V. gastrica dextra. Die Absetzung der Bauchspeicheldrüse erfolgt etwa 2 cm vom Duodenalbogen entfernt, der Verschluß der Resektionsfläche durch Vicryl-einzelknopfnähte. Sichergestellt sein muß allerdings bei dieser Technik, die ohne Pankreasanastomose einhergeht, daß der Ductus Wirsungianus im Kopfabschnitt nicht stenosiert ist.

Weniger ausgedehnt ist die Resektion nach Mallet-Guy. Bei diesem Vorgehen kann ebenfalls nur dann auf eine Drainageoperation verzichtet werden, wenn der Pankreasgang frei durchgängig ist. Das präparative Vorgehen entspricht der Resektionstechnik nach Child, wobei die Absetzung der Drüse nach eigener Erfahrung in manchen Fällen ohne Nachteile mit einem linearen Stapler durchgeführt werden kann. Andernfalls sollte man die Schnittführung fischmaulähnlich anlegen, um eine gute Adaptation der Resektionsfläche zu erzielen. Der Pankreasgang ist gesondert durch Ligatur zu verschließen (Abb. 9.5-77). Zu einem insulinpflichtigen Diabetes kommt es selten, sofern nicht bereits eine präexsistente diabetische Stoffwechsellage bestand.

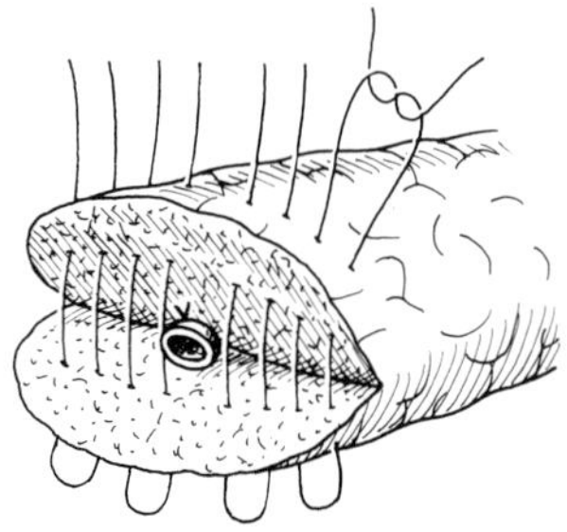

Abb. 9.5-77. Fischmaulförmiger Verschluß des Drüsenparenchyms nach partieller Linksresektion mit gesonderter Ligatur des Ductus Wirsungianus.

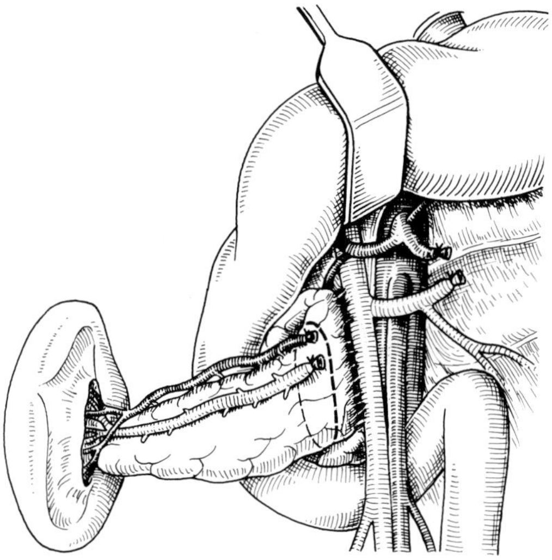

Abb. 9.5-78. Pankreaslinksresektion. Nach Mobilisation der Milz wird letztere mit anhängender Bauchspeicheldrüse unter schrittweisen Dissektionsligaturen mit abgangsnahem Verschluß der A. und V. lienalis aus den retroperitonealen Verbindungen herausgelöst und in der Regel rechtslateral der A. und V. mesenterica superior reseziert.

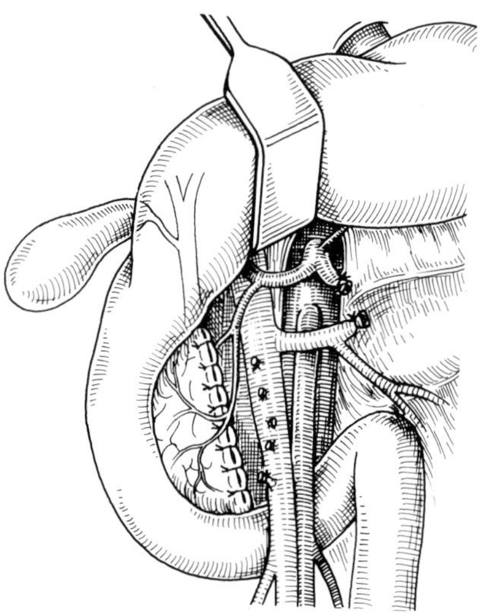

Abb. 9.5-79. Subtotale Pankreatektomie von links unter Erhaltung der A. pancreaticoduodenalis superior.

Rechtsresektionen (Operation nach Whipple)

Die klassische Resektionstechnik besteht aus mehreren Teilschritten, die ausführlich in Abb. 9.5-80–85 dargestellt sind.

Zugangsweg der Wahl ist die bogenförmige quere Oberbauchlaparotomie aber auch die lange mediane Inzision.

Die sorgfältige Exploration des Pankreas und der peripankreanen Region, fallweise in Verbindung mit punktuell entnommenen Lymphknoten zur histologischen Schnellschnittuntersuchung, auch wenn präoperativ kein Hinweis für ein Karzinom bestand, ist die Grundvoraussetzung für einen störungsfreien Ablauf des Eingriffs, der bei einem chronisch entzündlichen Prozeß ungleich anspruchsvoller sein kann als bei einem periampullär wachsenden Karzinom. Die Prüfung der Resektabilität wird von der Reihenfolge her sicherlich unterschiedlich vorgenommen, sie sollte jedoch an einer Klinik nach einem standardisierten Schema erfolgen. Der erste Schritt besteht im allgemeinen in der Überprüfung der Verschieblichkeit des Pankreaskopfes nach Mobilisation des Duodenums nach Kocher. Daran anschließend wird das Treitzsche Band in Höhe des Duodenalknies inzidiert – ein Teilschritt, der vor allem beim Karzinom von großer Wichtigkeit ist – um dann von kaudal die Beweglichkeit der Drüse zu explorieren. Mit der Mobilisation des Duodenums konnte bereits der distale Abschnitt des Hauptgallenganges sichtbar gemacht werden. Im weiteren Fortgang spaltet man das kleine Netz, stellt die A. hepatica communis dar, die mit einem weichen Gummizügel versehen wird und legt behutsam die Pankreasoberkante unter Zuhilfenahme von feinen Dissektionsligaturen frei. Das Lig. gastrocolicum wird schrittweise bis zur Resektionsgrenze des Magens gespalten, so daß die gesamte Drüse inspiziert werden kann. Bevor man die Bauchspeicheldrüse geringfügig linkslateral der A. mesenterica superior mit einem stumpfen Instrument unterfährt und anzügelt – am besten benutzt man dazu eine Overholt-Klemme – löst man den kaudalen Abschnitt des Pankreaskopfes aus seinen fetalen Verklebungen durch dicht am Drüsenparenchym geführte Dissektionsligaturen so weit aus, daß die zuverlässige Unterbindung und Durchtrennung der V. gastrica dextra vorgenommen und damit gleichzeitig die V. mesenterica superior dargestellt werden kann.

Wenn sich jetzt keine Kontraindikationen mehr für eine Pankreasresektion ergeben, schließt sich die $^{2}/_{3}$-Resektion des Magens nach entsprechender Skelettierung in üblicher Weise an. Der distale Magenabschnitt wird nach rechts lateral geklappt und die Bauchspeicheldrüse entlang des gelegten Zügels mit dem Skalpell nach Anlage von Haltefäden am verbleibenden Parenchym durchtrennt. Diesen Vorgang kann man sich gelegentlich dadurch erleichtern, daß man durch den zuvor geschaffenen retropankreanen Tunnel eine Kochersche Sonde einführt. Allfällige Blutungen werden punktuell mit atraumatischen Polyglykolsäurefäden umstochen.

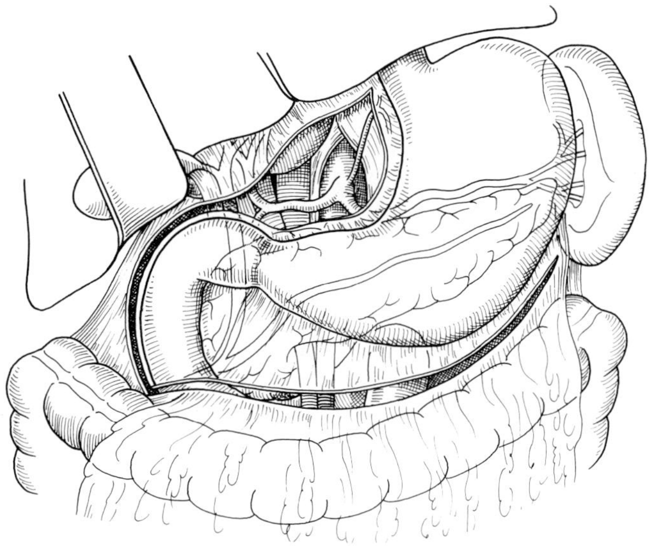

Abb. 9.5-80. Pankreasresektion von rechts.
a) Eröffnung der Bursa omentalis mit Freilegung der Pankreasunter- und -oberkante sowie Darstellung des Truncus coeliacus und des Lig. hepatoduodenale.

b)

c)

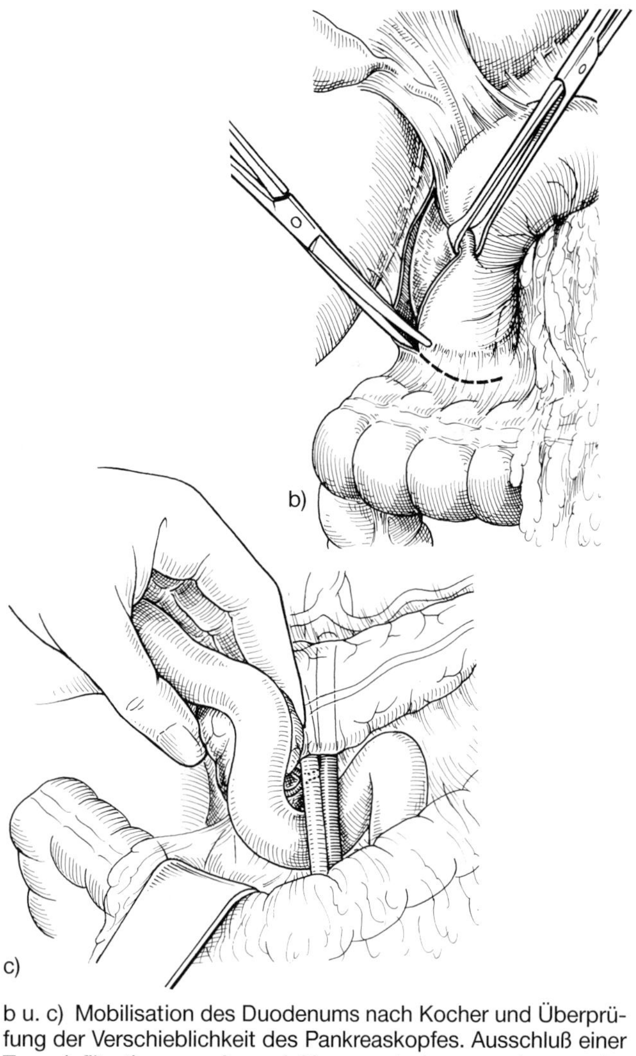

b u. c) Mobilisation des Duodenums nach Kocher und Überprüfung der Verschieblichkeit des Pankreaskopfes. Ausschluß einer Tumorinfiltration zur A. und V. mesenterica superior an der Pankreasunterkante.

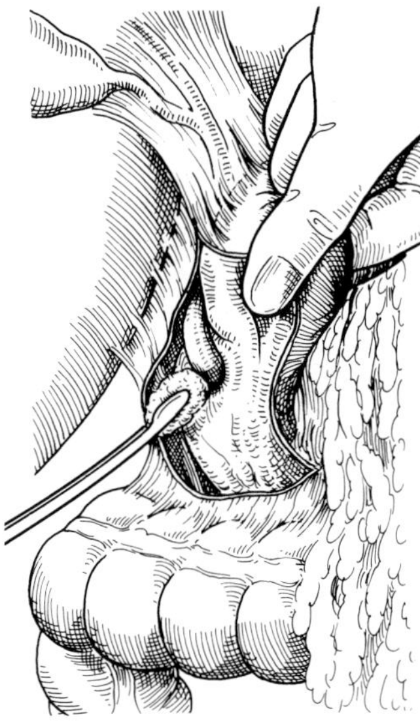

d) Stumpfe Ablösung des Pankreaskopfes von der V. cava mit Freilegung des distalen Choledochusabschnittes. Bei einem chronisch entzündlichen Prozeß im zephalen Drüsenabschnitt gelingt dieser präparative Teilschritt sehr oft erst nach Durchtrennung des Pankreasparenchyms und schrittweiser Ablösung von der Pfortader.

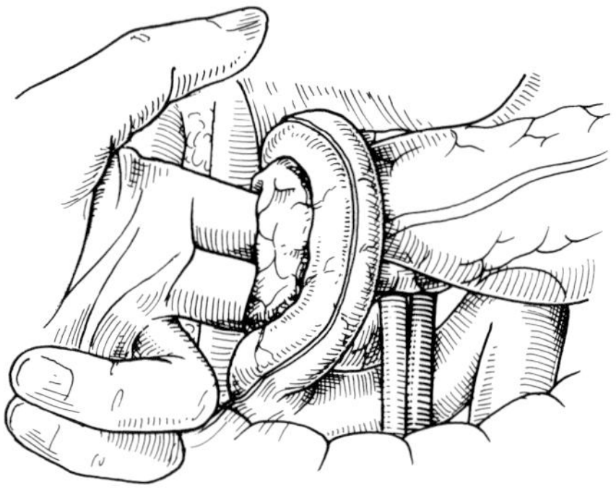

e) Bidigitale Unterfahrung des Pankreaskopfabschnittes und Überprüfung der Mobilität auch des Proc. uncinatus.

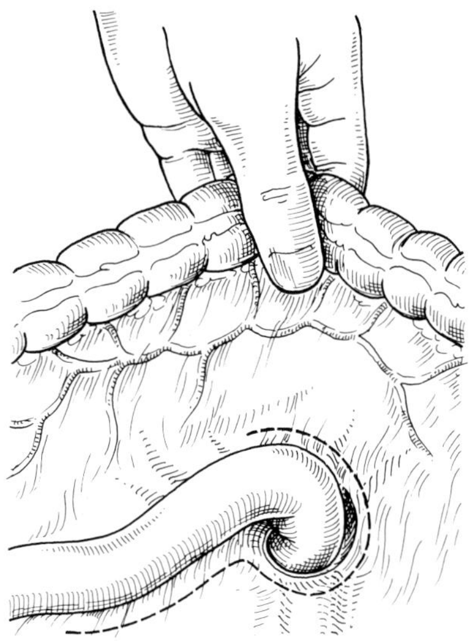

f) Freilegung des duodenojejunalen Überganges durch Inzision des Treitzschen Bandes mit stumpfer Mobilisation der Pars retroduodenalis.

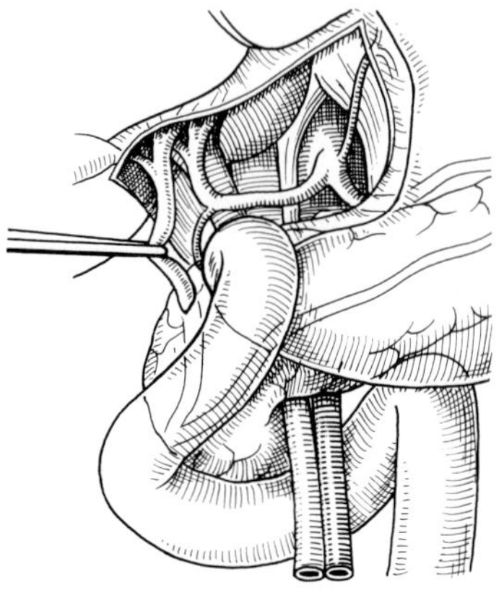

g) Bei erkennbarer Resektabilität wird der Ductus choledochus angeschlungen, die V. portae nach Anzügelung der A. hepatica und Durchtrennung der A. gastroduodenalis freigelegt.

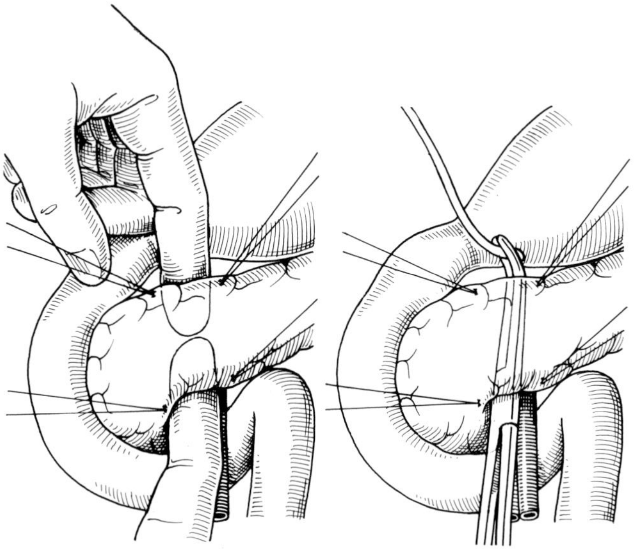

h) Die Tunnelierung der Pankreasrückfläche gelingt selten bidigital (1) ohne die Gefahr einer schwer kontrollierbaren Blutung. Zuverlässiger ist die behutsame Dissektion mit einer Overholt-Klemme nach Anlage von Haltefäden am Pankreas und Durchzug eines Zügels (2). Spätestens jetzt führt man die Resektion des Magens in üblicher Weise durch.

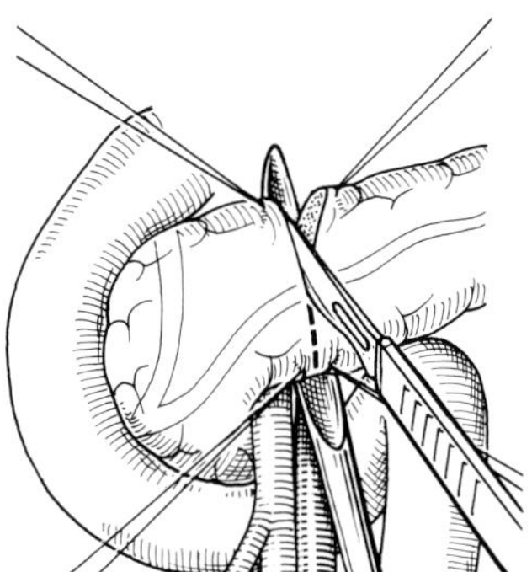

i) Durchtrennung der Bauchspeicheldrüse über dem noch liegenden Zügel oder über einer Kocherschen Rinne.

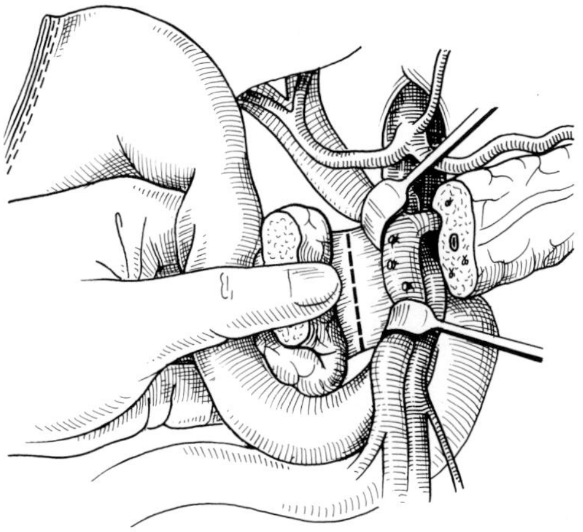

j) Ablösung des Pankreas von der Pfortader bzw. V. mesenterica superior mit punktueller Versorgung der oft zahlreichen kurzen Venen sowie Spaltung der retropankreanen bindegewebigen Brücke.

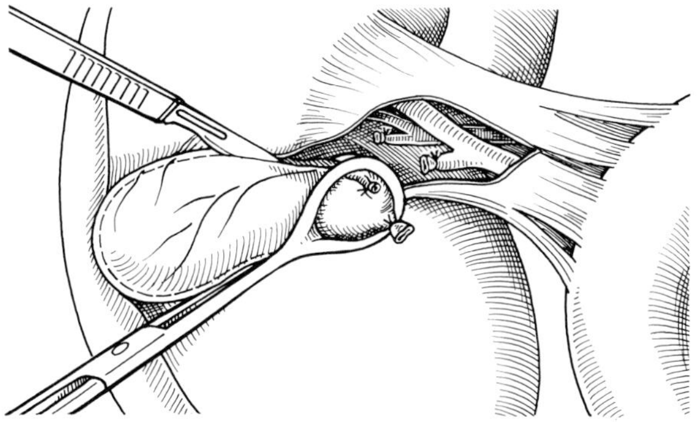

k) Retrograde Cholezystektomie und Durchtrennung des zuvor angeschlungenen Ductus choledochus mit schrittweiser weiterer Auslösung des Pankreaskopfes und Duodenums mit Dissektionsligatur der A. pancreaticoduodenalis inferior einschließlich unterschiedlich variabel vorhandener Venen.

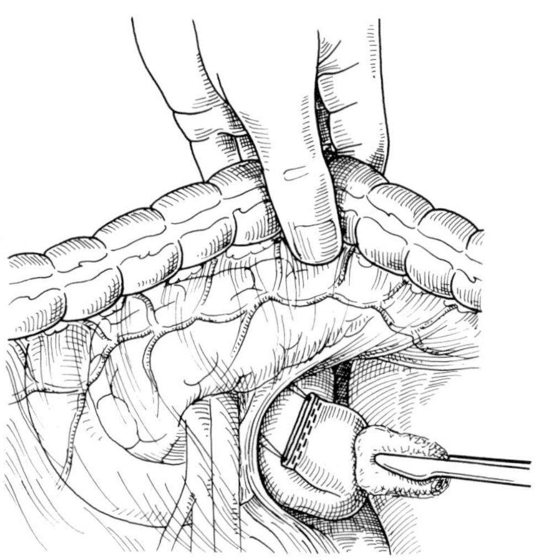

l) Sofern das bereits während der Exploration ausgiebig mobilisierte obere Jejunum nicht in Verbindung mit dem Duodenum in den Oberbauch nachgezogen wird, schließt sich die maschinelle Durchtrennung an. Das blind verschlossene Ende kann dann unter den Mesenterialgefäßen hindurchgeleitet werden.

Das weitere präparatorische Vorgehen sollte man vom Lokalbefund abhängig machen und die Auslösung des Pankreaskopfes mit Duodenum variabel gestalten. In der Regel schließt sich die planmäßige Cholezystektomie und Durchtrennung des angeschlungenen Ductus choledochus an. Damit verbessert sich der Zugang zur Pfortader, die nun in ihrem oberen Abschnitt gut sichtbar ist. Entlang des Oberrandes des Pankreaskopfes werden die hier noch befindlichen kleineren Gefäße schrittweise durchtrennt, ferner die A. gastrica dextra sowie die A. gastroduodenalis nach peripherer und zentraler Ligatur. Der inzwischen mit Haltefäden oder Allis-Klemmen gefaßte Pankreaskopf wird nun unter leichter Anspannung aus seinen retroperitonealen Verbindungen mit der Kocherschen Sonde und Dechamp oder durch Dissektion mit der Overholt-Klemme weiter herausgelöst, wobei eine variable Zahl von kleinen zur V. portae ziehenden Venen durch Ligaturen versorgt werden müssen wie die Aa. pancreaticoduodenales inferiores.

Weiterhin wird die Inzision entlang des Duodenums so weit wie möglich zur Ablösung des Querkolons fortgesetzt, so daß auch der Processus uncinatus angehoben werden kann. Dann folgt die Durchtrennung des Jejunums und nach Vervollständigung der Skelettierung der Durchzug des allseits mobilisierten Duodenums unter den Gefäßen hindurch in den Oberbauch mit anschließender Abgabe des gesamten Resektates zur histologischen Untersuchung. Je nach Situation kann die obere Jejunalschlinge auch vor der Resektion in den Oberbauch nachgezogen werden. Eine Pankreasgangokklusion (Abb. 9.5-81) zum Schutz der Anastomose führen wir nicht durch. Nach nochmaliger sorgfältiger punktueller Blutstillung schließt sich die pankreatodigestive terminoterminale Anastomose an (Abb. 9.5-82), alternativ möglich ist die Pankreatogastrostomie (Abb. 9.5-83) dann die terminolaterale biliodigestive Nahtverbindung mit der gleichnamigen Schlinge (Abb. 9.5-84) und schließlich die Rekonstruktion der Intestinaltraktspassage nach Billroth II mit laterolateraler Fußpunktanastomose nach Braun. Die biliodigestive Anastomose, die bei einem nicht aufgestauten Gallengang einige Aufmerksamkeit verlangt, nähen wir oft einreihig mit 4/0-Polyglykolsäurefäden und schienen sie je nach Kaliberweite durch ein Voelckersches Drain.

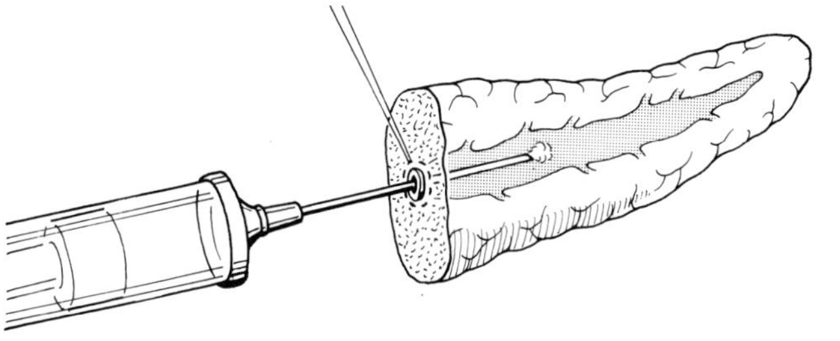

Abb. 9.5-81. Pankreasgangokklusion mit Prolamin. Die Tabaksbeutelnaht wird nach erkennbarer Aushärtung der Substanz und Entfernung der Kanüle geknüpft.

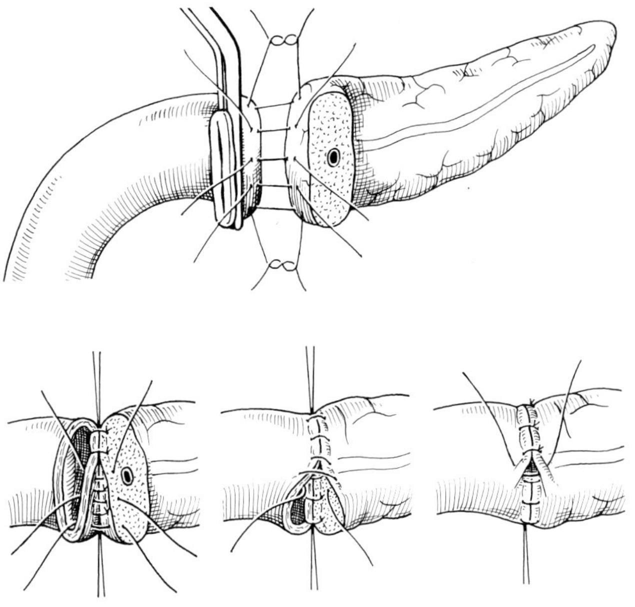

Abb. 9.5-82. Terminoterminale Pankreatojejunostomie in zweireihiger invertierender Nahttechnik.

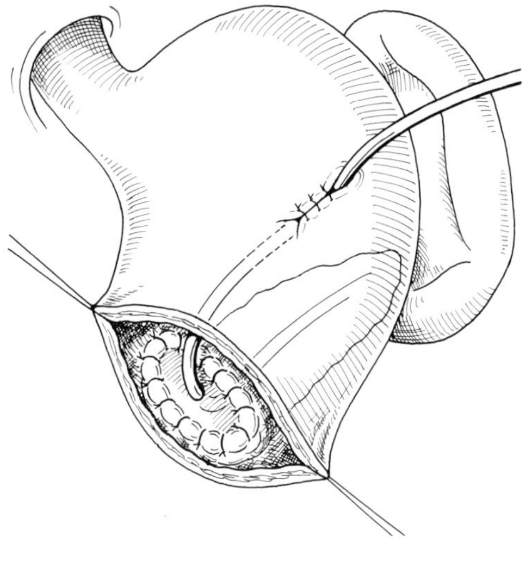

Abb. 9.5-83. Pankreatogastrotomie mit temporärer Schienung des Pankreasganges und Ausleitung der Drainage über einen Witzel-Kanal.

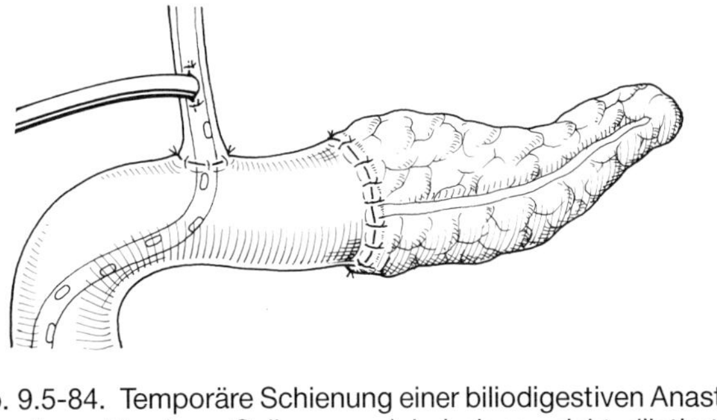

Abb. 9.5-84. Temporäre Schienung einer biliodigestiven Anastomose (s.a. Abschn. »Gallenwege«) bei einem nicht dilatierten Ductus hepatocholedochus durch T-Drainage mit langem distalen Schenkel.

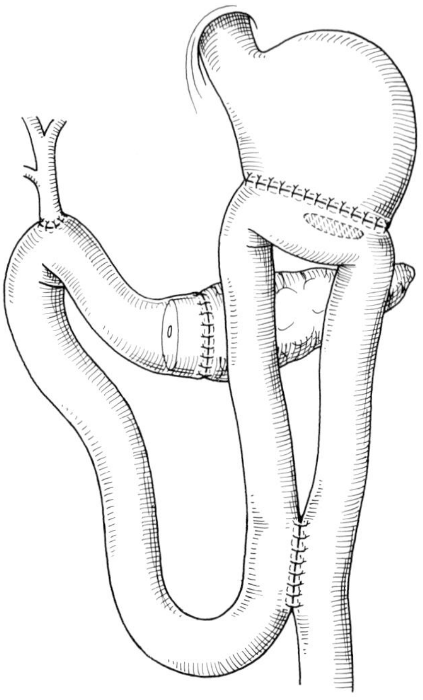

Abb. 9.5-85. Wiederherstellung der Passage nach Pankreaskopfresektion durch eine antekolische GE mit Braunscher Fußpunktanastomose mit Anlage einer terminolateralen biliodigestiven Anastomose und teleskopartiger Einpflanzung des Pankreasrestes in die gleichnamige Jejunumschlinge.

Totale Pankreatektomie

(S. S. 535)

Pankreaspseudozysten

Nach Hollender und Peiper entstehen 50% der Pseudozysten durch einen Unfall, 30% nach einer akuten Pankreatitis und 20% nach einer chronischen Pankreatitis. Rund 50% der nicht mit Epithel ausgekleideten Hohlräume bilden sich innerhalb von 6 Wochen zurück. Selten ist eine dauerhafte Heilung durch Punktion möglich. Bei einer erkennbaren Persistenz (über 5 cm) bzw. Progredienz ist die Indikation zur operativen Behandlung wegen der regelmäßig eintretenden Komplikationen durch Infektion, Ruptur, Verdrängungserscheinungen, Arrosionsblutungen oder Induktion einer portalen Hypertension gegeben.

Die Anlage einer Anastomose zwischen Zyste und Intestinaltrakt ist ein vergleichsweise zu den anderen Pankreasoperationen einfacher Eingriff, sofern nicht eine der zuvor beschriebenen Komplikationen eingetreten ist und die Zystenwand die erforderliche Stabilität für eine sichere Nahtverbindung noch nicht erlangt hat. Das ist im allgemeinen nicht vor Ablauf von 4–6 Wochen nach ihrem Erscheinen der Fall, so daß der Eingriff nach Möglichkeit entsprechend aufgeschoben werden muß. Andernfalls ist die Entlastung der Zyste nur über eine Drainage nach außen möglich (Abb. 9.5-86) u.a. auch perkutan unter sonographischer Kontrolle.

Bei der Infektion der Pseudozyste, mit der in 5–15% aller Fälle zu rechnen ist, entwickelt sich schnell ein bedrohliches Krankheitsbild, so daß notfallmäßig laparotomiert werden muß. Eine innere Derivationsanastomose ist in einer solchen Situation – von seltenen Ausnahmen wie z. B. transduodenal möglicher Entlastung und kleiner Zyste – kontraindiziert. Stattdessen erfolgt die Ableitung des hochinfektiösen Zysteninhaltes durch Einlage einer kräftigen Drainage, die nach Ummantelung mit Teilen des großen Netzes auf dem kürzesten Weg durch die Bauchdecken herausgeleitet wird.

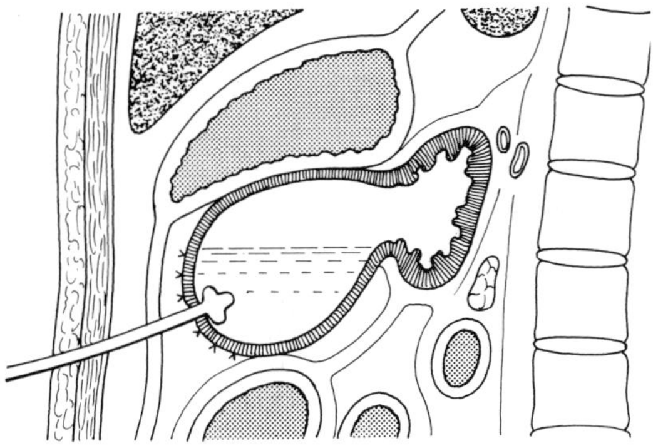

Abb. 9.5-86. Entlastung einer Pankreaspseudozyste nach außen durch einen Petzer-Katheter.

Zystojejunostomie

Ein hoher Anteil der Pankreaspseudozysten entwickelt sich durch das Mesocolon transversum. Deshalb ist die Zystojejunostomie nach Roux-Y der am häufigsten durchgeführte Eingriff (Abb. 9.5-87).

Sobald die Zyste getastet ist, erfolgt ihre Punktion nach Anlage von Haltefäden nach Abstopfung der freien Bauchhöhle. Der unter Druck stehende Inhalt ist meist wasserklar, gelegentlich aber auch ohne Infektion trüb serös und enthält oft nekrotisches Material. Entlang der liegenden Punktionskanüle muß bei noch prall elastischer Konsistenz die Eröffnung am besten durch behutsame Spreizung mit einem stumpfen Instrument erfolgen, bis die Ränder mit Allis-Klemmen zuverlässig gefaßt werden können. Die Gefahr von Begleitverletzungen, wie z.B. die versehentliche Eröffnung einer kräftigen Vene, ist bei dieser Technik sehr gering, wächst aber erheblich bei einer vollständig leergesaugten Zystenhöhle.

Im allgemeinen genügt eine Erweiterung der Öffnung bis auf etwa 2–3 cm. Anschließend wird die Pseudozyste gespült und fallweise noch vorhandene Sequester vorsichtig ausgeräumt. Besteht der Verdacht auf mehrere, u.U. miteinander nicht kommunizierende Pseudozysten, muß unter intraoperativer sonographischer Kontrolle die Lokalisation vorgenommen und die Anastomosierung nach Möglichkeit mit der gleichnamigen, dann entsprechend lang gewählten, ausgeschalteten oberen Jejunumschlinge durchgeführt werden. In Frage kommt auch eine zusätzliche Zystoduodeno- oder Zystogastrostomie, oder bei dicht aneinanderliegenden Zystenwänden, nach Punktion und anschließender Perforation der Scheidewand, eine ausreichend weite innere Verbindung.

Die nach üblicher Technik aus der Passage genommene obere Jejunumschlinge sollte wenigstens 40 cm lang sein. Die Anastomose läßt sich stets zweireihig laterolateral nähen.

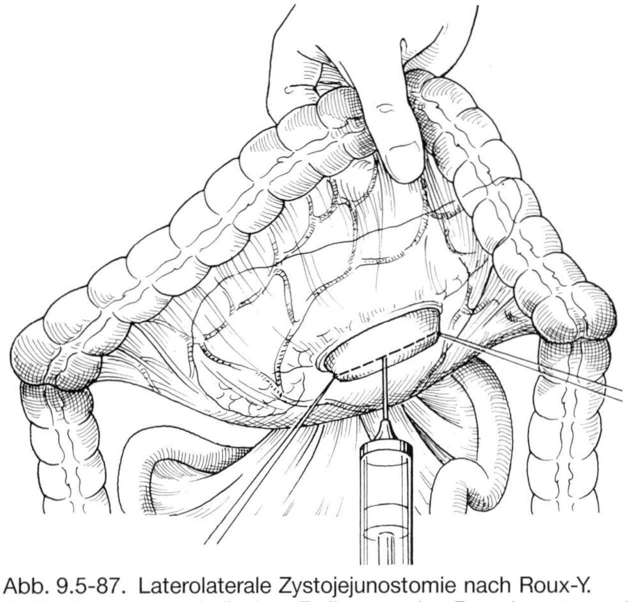

Abb. 9.5-87. Laterolaterale Zystojejunostomie nach Roux-Y.
a) Nach transmesokolischer Freilegung der Pseudozyste und Punktion schließt sich die Inzision über der noch liegenden Kanüle bei nicht vollständig entleerter Zyste an.

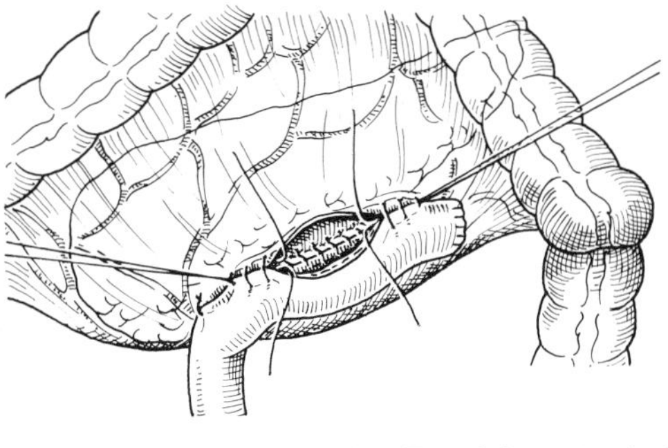

b) Durchführung der laterolateralen Zystojejunostomie in zweireihiger invertierender Nahttechnik.

Zystoduodenostomie

Der Duodenalwand anliegende Pseudozysten lassen sich relativ einfach transduodenal entlasten, sonst durch eine Zystojejunostomie nach Roux-Y und nur ausnahmsweise durch eine Zystogastrostomie.

Wie in Abb. 9.5-88a–c dargestellt, wird das Duodenum über der prall elastischen Resistenz nach Anlage von Haltefäden in Längsrichtung eröffnet, die Hinterwand eingestellt und zunächst durch Punktion nur ein geringer Teil des Zysteninhaltes aspiriert. Entlang der noch liegenden Kanüle schließt sich die Inzision am besten mit der Diathermienadel und sicherem Abstand zur Papille über eine Distanz von ca. 2 cm an. Zur besseren Orientierung faßt man die Inzisionsränder mit Allis-Klemmen und führt nach kompletter Ausräumung des Zysteninhaltes die zirkuläre Einzelknopfnaht mit atraumatischen Polyglykolsäurefäden durch, die gleichzeitig der Blutstillung dient.

Nach Abschluß der Anastomosierung verschließt man das Duodenum in querer Richtung in zweireihiger Nahttechnik.

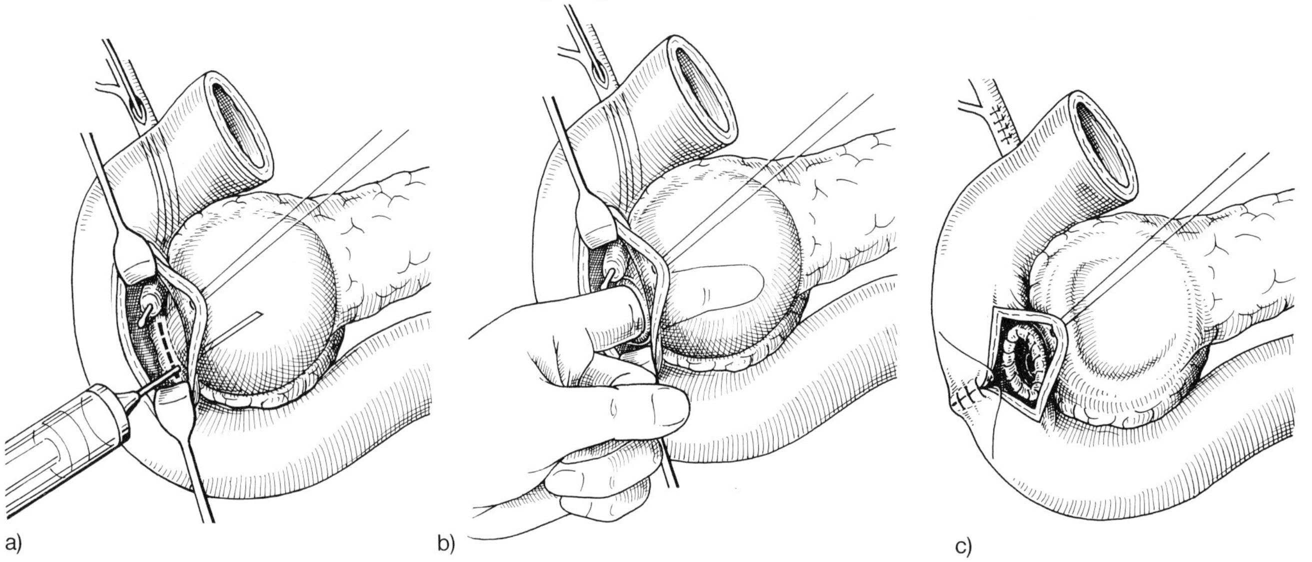

Abb. 9.5-88. Transduodenale Zystoduodenostomie.
a) Nach Anlage von Haltefäden folgt die Duodenotomie in Längsrichtung der gut tastbaren Zyste ohne sie zu entleeren. Die Schienung des Gallenganges mit einer metallischen Sonde ist nur bei nicht einstellbarer Papille erforderlich.
b) Eröffnung der Zyste und Austastung mit Gewinnung von Material zur histologischen Untersuchung.
c) Zirkulär fertiggestellte Anastomose zwischen Zyste und Duodenalhinterwand. Invertierender zweireihiger Nahtverschluß des Duodenums in querer Richtung.

Zystogastrostomie

Die Drainageoperation mit dem Magen hat sich vor allem für sehr große retrogastral zum Zwerchfell hin ansteigende Pseudozysten bewährt und ist in keiner Weise nachteiliger als eine Zystojejunostomie oder -duodenostomie.

Der meist gut durch die gesamte Magenwand hindurch tastbare Tumor bedarf keiner Freilegung. Stattdessen wird die Magenvorderwand nach Anlage von Haltefäden eröffnet, die Zyste transgastral punktiert und vor ihrer Entleerung mit der Diathermienadel entsprechend dem bereits geschilderten Vorgehen eröffnet. Das Stoma sollte gut 3–4 cm groß sein, um eine vollständige Entlastung zu gewährleisten. Die Nahtverbindung zwischen Magenhinter- und Zystenvorderwand wird meist fortlaufend genäht (Abb. 9.5-89).

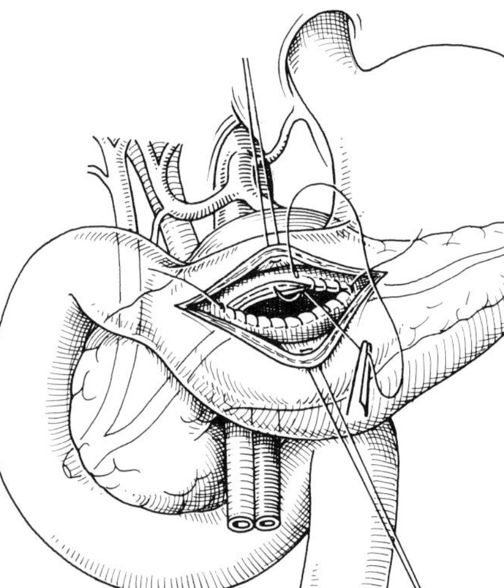

Abb. 9.5-89. Transgastrische Zystogastrostomie, die ohne Nachteil fortlaufend genäht werden kann.

Pankreastumoren

Die Seltenheit endokriner Tumoren der Bauchspeicheldrüse sowie die z. T. notwendige ungewöhnlich aufwendige Diagnostik und gleichfalls sehr schwierige konservative Therapie läßt es ratsam erscheinen, Patienten an Zentren zu überweisen, bei denen derartige Tumoren häufiger gesehen werden.

Im Idealfall lassen sich das oder die Adenome durch Enukleation ausschälen mit nachfolgendem Parenchymverschluß durch atraumatische Polyglykolsäurenähte (Abb. 9.5-90). Bei einem auch im Dünndarm nicht auffindbaren Tumor kann nach einem Vorschlag von Peiper die partielle bis subtotale Linksresektion des Pankreas im Sinne einer »blinden Etappenresektion« zum Erfolg führen. Problematisch bei diesem Vorgehen ist zweifellos, daß die oft nur millimetergroßen Tumoren u. U. der Duodenalwand anliegen, so daß sie selbst bei einer Resektion nach Child nicht entfernt würden.

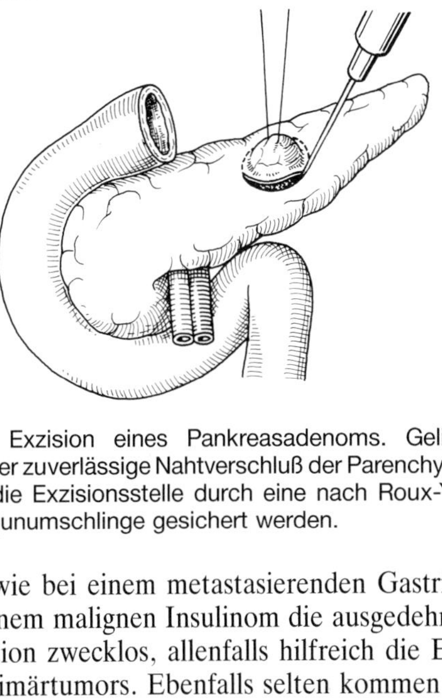

Abb. 9.5-90. Exzision eines Pankreasadenoms. Gelingt anschließend der zuverlässige Nahtverschluß der Parenchymwunde nicht, muß die Exzisionsstelle durch eine nach Roux-Y ausgeschaltete Jejunumschlinge gesichert werden.

Ebenso wie bei einem metastasierenden Gastrinom ist auch bei einem malignen Insulinom die ausgedehnte Pankreasresektion zwecklos, allenfalls hilfreich die Enukleation des Primärtumors. Ebenfalls selten kommen andere, von einem Malignom oft erst nach histologischer Aufarbeitung zu unterscheidende benigne Tumoren vor, wie z. B. das Zystadenom.

Hollender und Peiper vertreten die Auffassung, daß das Pankreaskarzinom in den letzten 40 Jahren global um rund 200% zugenommen hat, wobei sehr wahrscheinlich Daten aus den USA der Berechnung zugrunde liegen. Gall und Zirngibl geben eine jährliche Inzidenzrate von etwa 3,5 Neuerkrankungen/100000 Einwohner/Jahr für beide Geschlechter in der Bundesrepublik an mit einem Altersgipfel im 70. bis 80. Lebensjahr.

Prognoserelevant ist in erster Linie die Tumorlokalisation, die bei einem »günstigen« Sitz sehr früh zu einem Verschlußikterus mit der hinlänglich bekannten Trias nach Courvoisier führt. Die klinische Irrtumswahrscheinlichkeit ist so gering, daß bei einem im Resektat zunächst nicht nachgewiesenen Malignom der Pathologe um eine nochmalige gründliche Untersuchung gebeten werden muß.

Die Abgrenzung der juxtapapillären (syn. periampullären) malignen Tumoren von denen des übrigen Drüsenabschnittes berücksichtigt nicht den histologischen Typ. Klinische und pathologisch anatomische Studien lassen erkennen, daß, bezogen auf alle Pankreaskarzinome, der Tumor nur in etwa 10% noch auf das Organ beschränkt und zum Zeitpunkt der Operation kleiner als 2 cm ist. Entsprechend schlecht ist die globale Resektabilität, die bei 16–18% liegt (Hess, Gebhardt), eine mediane Überlebenszeit von 14 Monaten nach Radikaloperation und eine 5-Jahres-Überlebenswahrscheinlichkeit von weniger als 5%. Untergliedert man die Tumorlokalisation, so ergibt sich im Hinblick auf die Resektabilität eine Wahrscheinlichkeit von ca. 18% für das Kopfkarzinom, 14,5% für die Körper- und Schwanzkarzinome und 70–86% für die periampullär wachsenden Neoplasien (Gebhardt, Sellner und Jelinek). Entsprechend besser sind auch die 5-Jahres-Überlebensraten für die zuletzt genannte Gruppe, speziell für das Papillenkarzinom mit 27 bis 32% (Rückert u. Kümmerle), sofern die Behandlung in der Zephalektomie bestand.

Wichtige zusätzliche Kriterien, die u. U. gegen eine Radikaloperation sprechen, sind
1. organüberschreitendes Wachstum,
2. möglicher Lymphknotenbefall.

Die Infiltration der unteren Magenhälfte, des noch mobilen Duodenalknies oder des Milzhilus schließen die Resektionsmöglichkeit von vornherein nicht aus, u. E. aber – die eine oder andere Ausnahme mag es geben – der Tumoreinbruch in das Mesocolon transversum. Der zusätzliche Befall eines nicht organeigenen Lymphabflußgebietes sowie die in diesen Fällen nicht mehr gegebene Möglichkeit der Ausschneidung im Gesunden durch Einbeziehung der Gekrösewurzel macht diese Form einer erweiterten Pankreasresektion höchst fragwürdig. Das gilt aus onkologischer Sicht an sich auch prinzipiell für die N^+-Fälle.

In Ermangelung adjuvant effizienter Behandlungsverfahren, die peroperative Bestrahlung befindet sich noch im Stadium des klinischen Experiments, wird inzwischen von den meisten Operateuren ein vereinzelt positiver Lymphknotenbefall nicht mehr mit Inoperabilität gleichgesetzt. Gall verzichtet im Regelfall auf ein Lymphknotenstaging mit Schnellschnittuntersuchung und propagiert stattdessen die erweiterte radikale Lymphknotendissektion. Lymphknoten im Bereich der 1. Station (peripankreane Lymphknoten) werden im allgemeinen – weil dem Organ direkt anliegend – mitentfernt, solche der 2. Station (Abb. 9.5-91) (paraaortale, zöliakale, paramesenteriale und Lymphome im Leberhilus) lassen sich selten radikal beseitigen. Die Häufigkeit derartiger, oft unentdeckt bleibender Befunde liegt sehr wahrscheinlich viel höher als vermutet und erklärt die pauschal schlechte Prognose aller Pankreaskarzinome. Bedenkt man ferner, in welchen minimalen Sicherheitsabständen sich »kurative« Tumorresektionen an der Bauchspeicheldrüse bewegen, ist die Frage schon berechtigt, ob es überhaupt sinnvoll ist, nicht periampullär wachsende Pankreaskarzinome zu operieren. Trotz sorgfältiger Überprüfung der Resektabilität erlebt man zudem Situationen, bei denen erst nach der Schaffung irreversibler Verhältnisse nicht entfernbare Tumoranteile auf der Pfortader bzw. V. mesenterica superior erkennbar werden.

Zumindest einer der Autoren (Durst) hat die in diesen Fällen mögliche und wiederholt durchgeführte Teilresektion der Pfortader und Mesenterialvene mit anschließender Überbrückung wieder aufgegeben.

Mangelnder Sicherheitsabstand und Sorge vor einer Insuffizienz der pankreatodigestiven Anastomose waren früher die wesentlichsten Gründe für die totale Pankreatektomie. Eine nicht meßbare Verbesserung der Prognose bei höherer postoperativer Letalität und exemplarischer Zunahme der postoperativen Morbidität führten zu einer grundsätzlichen Bevorzugung parenchymerhaltender Resektionen, deren Indikation und Durchführung im folgenden Abschnitt beschrieben wird.

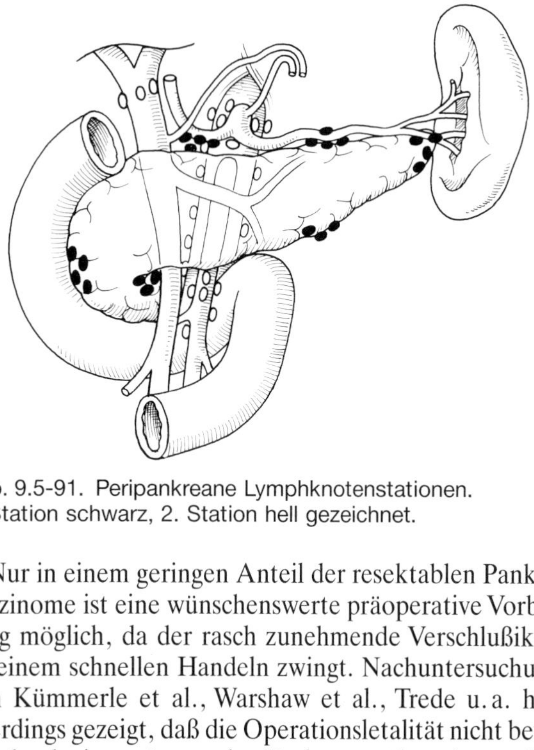

Abb. 9.5-91. Peripankreane Lymphknotenstationen. 1. Station schwarz, 2. Station hell gezeichnet.

Nur in einem geringen Anteil der resektablen Pankreaskarzinome ist eine wünschenswerte präoperative Vorbereitung möglich, da der rasch zunehmende Verschlußikterus zu einem schnellen Handeln zwingt. Nachuntersuchungen von Kümmerle et al., Warshaw et al., Trede u.a. haben allerdings gezeigt, daß die Operationsletalität nicht beweisbar durch eine präoperative Entlastung über eine perkutan transhepatisch eingebrachte Gallengangsfalleitung reduziert werden kann und die dadurch ausgelösten Folgekomplikationen wie Perforationen, Blutungen, Cholangitiden etc. nicht unerheblich sind. Deshalb werden von den meisten Operateuren Bilirubinerhöhungen bis über das 20fache des Normalwertes nicht mehr als Kontraindikationen für einen primär kurativen Eingriff angesehen. Andere Risikofaktoren wie hohes Alter, gravierende kardiovaskuläre und pulmonale Erkrankungen, renale Insuffizienz und schlechter Allgemeinzustand sind daher eher Anlaß für ein zweizeitiges Vorgehen, sofern die genannten Gründe nicht von vornherein Gegenanzeige für eine Pankreasresektion sind. Ist der Entschluß zur Laparotomie gefallen, müssen nach Eröffnung der Bauchhöhle – Zugang der Wahl ist für uns die quere bogenförmige Oberbauchlaparotomie – die stadienbedingten Kontraindikationen für eine Resektion ausgeräumt werden. Die dazu erforderliche Exploration nach Ausschluß intraabdomineller Metastasen entspricht weitgehend dem Vorgehen zur Prüfung der Resektabilität bei der chronischen Pankreatitis (s. S. 527). Grundlage ist die Freilegung der Drüse in ganzer Länge mit Mobilisation des Duodenums nach Kocher, bidigitaler Unterfahrung des Pankreaskopfes und Überprüfung der Beweglichkeit, Freilegung der Pankreasober- und -unterkante mit Anschlingung der A. hepatica, Darstellung der V. mesenterica superior und schließlich des Hauptgallenganges, bevor Resektionen vorgenommen werden. Obligat beim Karzinom ist für uns die punktuelle Exstirpation makroskopisch verdächtiger Lymphknoten zur histologischen Schnellschnittuntersuchung. Ein ausgedehnter chronisch entzündlicher Prozeß erschwert sowohl den Nachweis als auch die Abgrenzung eines Karzinoms durch Palpation erheblich. Bei einem hinreichenden Verdacht (Sonographie, CT, ERCP) ist die blinde Resektion u.E. trotz negativer Zytologie und Schnellschnittuntersuchung ebenso gerechtfertigt wie bei einem schmerzlos entstandenen Ikterus ohne Tumorzeichen in den bildgebenden Verfahren.

Partielle Duodenopankreatektomie

Standardindikation für diesen Eingriff sind die periampullär wachsenden Karzinome. Nach Feststellung ihrer lokalen Operabilität und dem Ausschluß von Organmetastasen entspricht das präparativ technische Vorgehen der auf S. 528 angegebenen Technik. Die Pankreaskopfresektion ist, abgesehen von anatomischen Besonderheiten (z.B. Adipositas), bei diesen Tumoren im allgemeinen nicht schwierig. Um die Entfernung der Lymphknoten der 1. und 2. Station rechts lateral der Wirbelsäule möglichst vollständig vornehmen zu können, muß die rechte Kolonflexur in jedem Fall abgelöst und die Resektion des peripankreanen Gewebes einschließlich des Lig. gastrocolicum so großzügig wie möglich erfolgen. Das gleiche gilt für den retrozephalen Fettkörper, so daß zum Abschluß der Dissektion die V. cava von der rechten Nierenvene bis zur Kreuzungsstelle mit der V. portae von ihrem Hüllgewebe befreit ist. Die Lymphknotendissektion wird zur Zeit nur von wenigen (z.B. Gall) unter Einbeziehung der A. mesenterica superior durchgeführt. Dagegen bietet sich die Lymphadenektomie vom Leberhilus bis herüber zum Truncus coeliacus an und wird gemeinsam mit der Cholezystektomie durchgeführt. Dadurch wird der Eingriff weder schwieriger noch verzögert er sich nennenswert, weil die Separierung der A. hepatica communis und propria auf ganzer Länge sowie die Freilegung des Ductus hepaticus bis kurz vor die Bifurkation unerläßlich ist (Abb. 9.5-92).

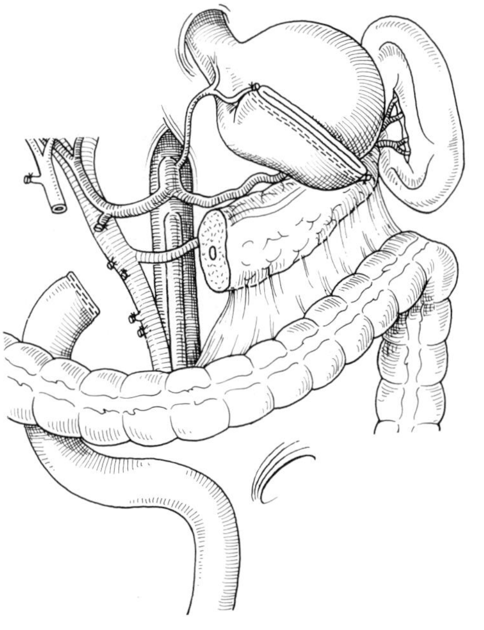

Abb. 9.5-92. Pankreaskopfresektion wegen eines Karzinoms. Situs nach Lymphadenektomie und Entfernung der Reste des zephalen retropankreanen Fettkörpers. Die nach Roux-Y ausgeschaltete obere Jejunumschlinge kann auch durch das Mesocolon transversum hindurch in den Oberbauch geführt werden.

Die Durchtrennung des Pankreas links lateral der V. portae ist nach Resektion des Magens übersichtlicher möglich. Die an der Ober- und Unterkante des zurückbleibenden Drüsenkörpers gelegten Haltefäden dienen gleichzeitig der Blutstillung. Die vollständige Resektion des Processus uncinatus ist obligat und gelingt erst nach Skelettierung des Duodenums und oberen Jejunums, das entweder maschinell abgesetzt oder vor der Durchtrennung in den Oberbauch nachgezogen wird. Die straffen Bindegewebszügel mit darin enthaltenen Gefäßen und kleineren zur V. portae ziehenden Venen werden schrittweise in kleinen Portionen durchtrennt, ebenso die kaudalen Äste der A. pancreaticoduodenalis.

Leitstrukturen für diesen präparativen Teilschritt sind die V. portae und V. und A. mesenterica superior, die mit stumpfen Haken vorsichtig angehoben werden können. Das auf diese Weise en bloc resezierte Präparat kann nun zur histologischen Untersuchung abgegeben werden. Die in Abhängigkeit vom Gerinnungsstatus mehr oder weniger kräftigen venösen Blutungen lassen sich, zumal ein nicht unerheblicher Teil aus dem späteren Resektat stammt, zuverlässig erst nach Entfernung des gesamten Präparates durch punktuelle Umstechung mit atraumatischen Polyglykolsäurefäden versorgen. Ein nicht unerheblicher Teil davon sistiert allein aufgrund der dann eingetretenen Dekompression. In jedem Fall ist es ratsam, die große retroperitoneale Wundfläche einige Minuten lang mit heißen Tüchern zu tamponieren. Dafür muß man sich Zeit lassen, weil dieses Gebiet nach Fertigstellung der pankreato- und biliodigestiven Anastomose schlecht zugänglich ist.

Totale Duodenopankreatektomie

(Abb. 9.5-93 u. 94)

Auf die Nachteile im Hinblick auf die eindeutig höhere postoperative Morbidität und tumorunabhängige Spätletalität gegenüber Drüsenparenchym-erhaltenden Resektionen wurde bereits hingewiesen. Indikation für dieses Vorgehen ist gegenwärtig nach übereinstimmender Auffassung das auf andere Weise nicht mehr kurativ entfernbare Karzinom. Je nach den vorgefundenen intraabdominellen Verhältnissen kann die Pankreatektomie ausschließlich von rechts auch mit Erhaltung der Milz vorgenommen werden. Im allgemeinen aber wird mit der Präparation von links begonnen. Die Absetzung des Magens sollte wiederum so lange aufgeschoben werden, bis die Resektabilität des tumortragenden Abschnitts gesichert ist, bzw. die Auslösung des Pankreas nicht behindert wird. Um Blutverluste zu vermeiden, setzt man die A. und V. lienalis ursprungsnahe so früh wie möglich ab und beginnt mit der Ablösung der linken Kolonflexur, Durchtrennung der dorsalen Aufhängebänder der Milz mit anschließender Dissektion der Vasa gastrica brevia entlang der großen Kurvatur des Magens, so daß die Milz mit dem Pankreasschwanz hochgehoben werden kann und der obere Nierenpol, die Nierenvene sowie die Nebenniere auch durch die damit verbundene Lymphknotendissektion vor Begleitverletzungen geschützt werden.

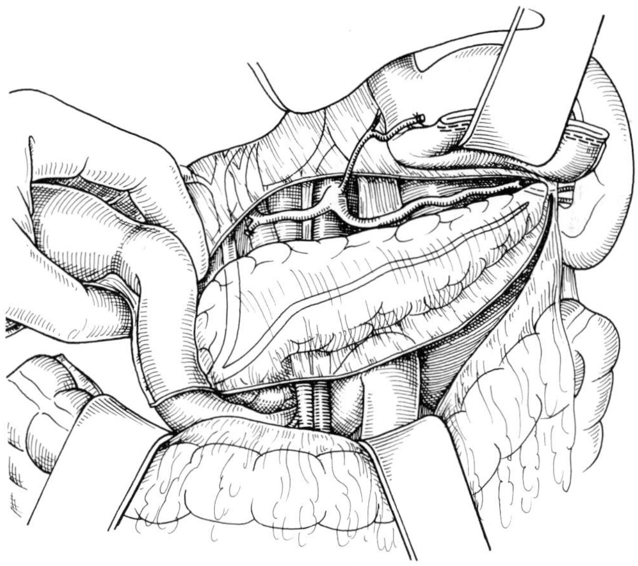

Abb. 9.5-93. Vollständige Freilegung der Bauchspeicheldrüse zur Linksresektion oder totalen Pankreatektomie.

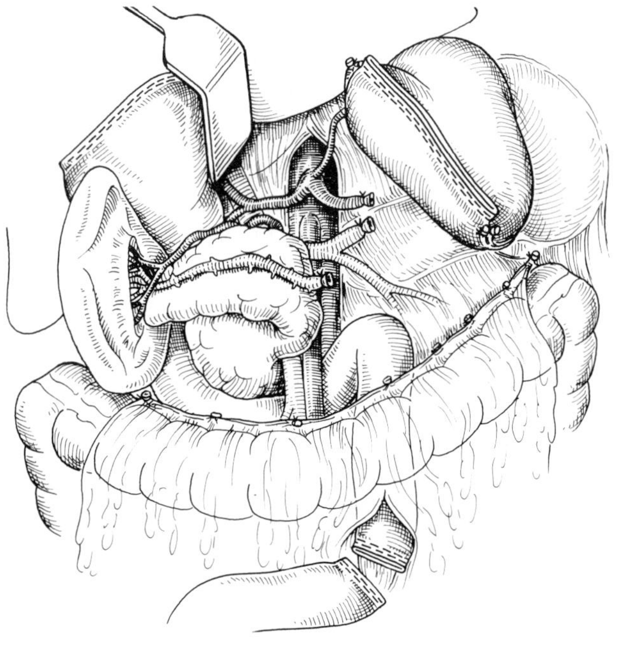

Abb. 9.5-94. Totale Pankreatektomie.
a) Nach sorgfältiger Überprüfung der Operabilität (s. Text) ist die vollständige Exstirpation von links beginnend in der Regel präparatorisch leichter, wobei im ersten Schritt nach Resektion des Magens die Milz aus ihren retroperitonealen fetalen Verbindungen herausgelöst und mit dem Pankreasschwanz nach rechts geklappt wird. Die abgangsnahe Ligatur der A. und V. lienalis führt man so früh wie möglich durch. Damit verbunden wird bei einem Malignom die ausgiebige peripankreane Lymphknotendissektion vor allem im Bereich des Truncus coeliacus, aber auch über die A. hepatica hinweg bis zum Leberhilus sowie an der Pankreasunterkante paraaortal unter Einbeziehung der alsbald sichtbar werdenden A. und V. mesenterica superior. Die Cholezystektomie und schrittweise Auslösung des Pankreaskopfes mit Duodenum entspricht dem Vorgehen bei der Rechtsresektion einschließlich der Durchtrennung des Jejunums unterhalb des Treitzschen Bandes.

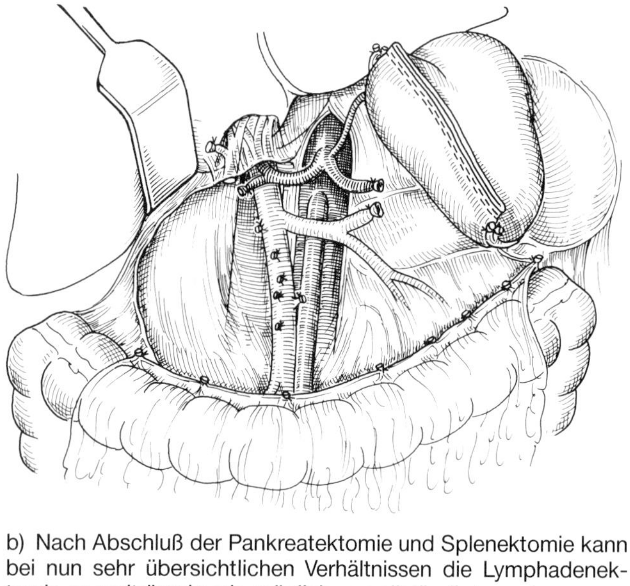

b) Nach Abschluß der Pankreatektomie und Splenektomie kann bei nun sehr übersichtlichen Verhältnissen die Lymphadenektomie so weiträumig wie möglich vervollständigt werden.

Unter leichtem anhaltenden Zug des so mobilisierten Pankreasabschnittes schließt sich die Freilegung der Pfortader, V. und A. mesenterica superior von links an. Oft kann der Magen auch jetzt noch, ohne den präparatorischen Ablauf zu behindern, mit Haken oder Zügeln nach kranial gehalten werden, andernfalls, und vor allem, wenn die Entfernbarkeit des tumortragenden Abschnittes gesichert ist, wird die Resektion angeschlossen mit nachfolgender Freilegung des Pankreaskopfes, Exstirpation der Gallenblase und Durchtrennung des Hauptgallenganges, Skelettierung des oberen Jejunums mit distalem Duodenum und Processus uncinatus. Das blind verschlossene Jejunum kann, wie im übrigen auch bei den Rechtsresektionen durch eine Inzision am Mesocolon transversum zur Durchführung der terminolateralen biliodigestiven Anastomose in den Oberbauch geleitet werden, was im Hinblick auf ein Tumorrezidiv, gerade bei dieser Indikationsstellung, vorteilhaft ist.

Die antekolische Gastroenterostomie schließt mit der gleichen Schlinge und Fußpunktanastomose den Eingriff ab (Abb. 9.5-95).

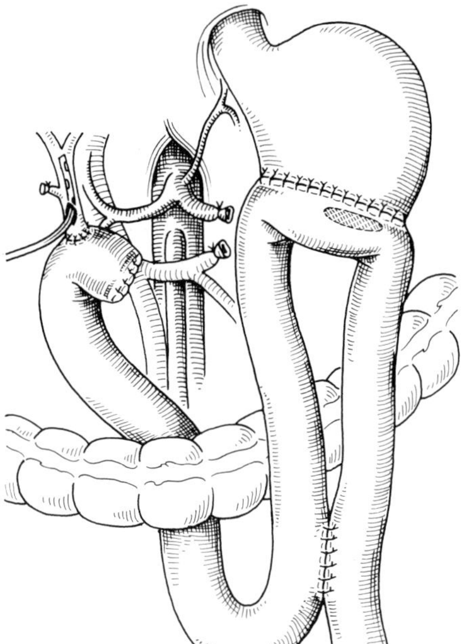

Abb. 9.5-95. Rekonstruktion der Passage am Intestinaltrakt durch eine antekolische GE mit Fußpunktanastomose sowie retrokolischer Interposition der zuführenden Jejunalschlinge für die terminolaterale biliodigestive Anastomose. Die Einlage einer temporären Gallengangsdrainage ist bei einem nicht gestauten Ductus choledochus und nur einreihig möglicher Anastomosennaht zur Druckentlastung zu empfehlen, sofern nicht eine Schienung der Anastomose indiziert ist.

Pankreasresektion von links

Die kurativ mögliche Resektion eines im Pankreasschwanz entstandenen Karzinoms gehört nach wie vor zu den Ausnahmen und ist allenfalls bei einem zufällig entdeckten Tumor vorstellbar. Im Regelfall ist die eingetretene Metastasierung schon makroskopisch gut erkennbar. Dadurch, und wegen des wandüberschreitenden Wachstums des Karzinoms müssen die meisten Eingriffe als Probelaparotomie beendet werden. Bei den wenigen von uns als noch operabel beurteilten Pankreasschwanzkarzinomen bestanden entweder Infiltrationen in die Magenhinterwand oder in die Milz.

Freilegung und Resektion der Bauchspeicheldrüse einschließlich Milz entspricht dem Vorgehen nach Mallet-Guy (s. S. 526) bzw. abschnittsweise dem Vorgehen bei der totalen Pankreatektomie (s. d.). Eine Indikation für eine weit nach rechts gehende Parenchymentfernung, etwa nach Child, könnte sich allenfalls durch den intraoperativen Schnellschnitt ergeben, wobei dann allerdings die totale Pankreatektomie onkologisch sehr wahrscheinlich sinnvoller wäre. Die Anlage einer pankreatodigestiven Anastomose ist bei freier Durchgängigkeit des Pankreasganges nicht erforderlich. Der Parenchymverschluß gelingt am zuverlässigsten durch eine fischmaulförmige Schnittführung (Abb. 9.5-97a) mit gesonderter Ligatur des Pankreasganges, sofern weniger radikal als in der Abb. 9.5-96 dargestellt reseziert wurde, aber auch nach eigener Erfahrung mit einem linearen Stapler. Bestehen dagegen Zeichen einer chronisch entzündlichen Veränderung im zephalen Abschnitt der Bauchspeicheldrüse, ist die teleskopartige pankreatodigestive Anastomose mit einer nach Roux-Y ausgeschalteten, oberen Jejunumschlinge vorzuziehen.

a)

b)

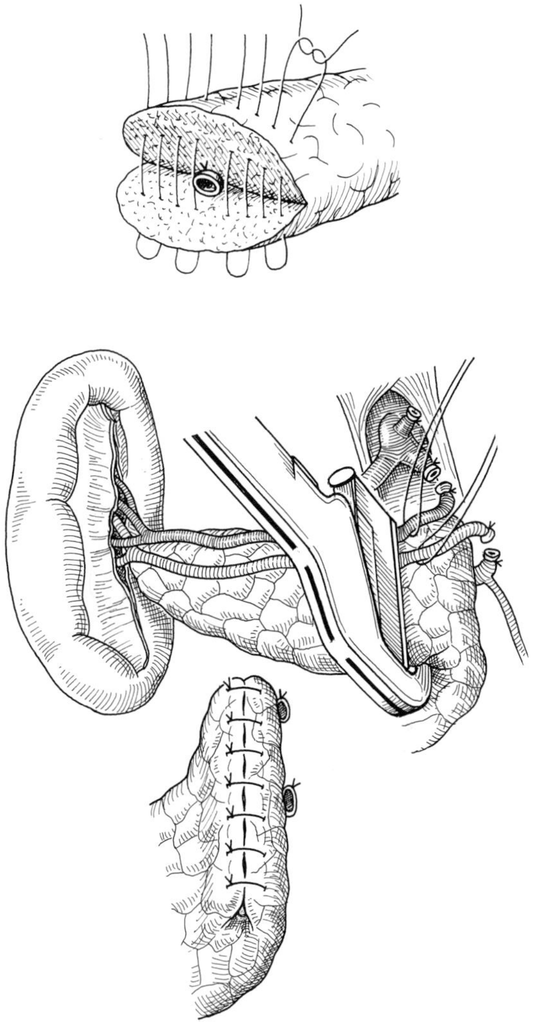

Abb. 9.5-97. a) Fischmaulförmiger Verschluß des Drüsenparenchyms nach partieller Linksresektion mit gesonderter Ligatur des Ductus pancreaticus Wirsungianus.
b) Resektion mit einem linearen Stapler.

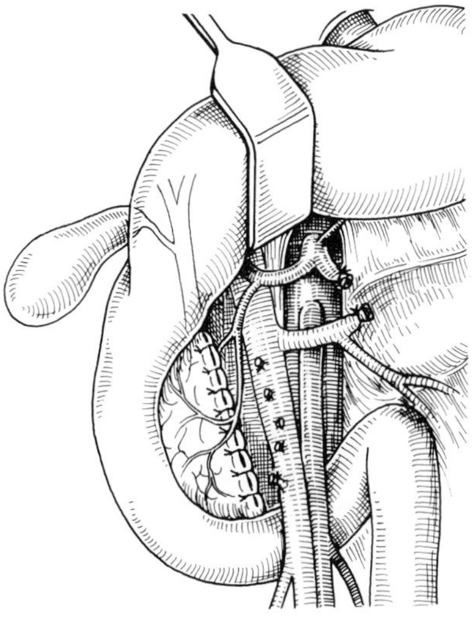

Abb. 9.5-96. Subtotale Pankreatektomie von links unter Erhaltung der A. pancreaticoduodenalis superior.

Palliative Maßnahmen

Die endoskopische Plazierung von Gallengangsdrainagen hat die Notwendigkeit palliativ chirurgischer Eingriffe erheblich eingeschränkt. Auch die perkutan transhepatische Entlastung fand eine zunehmende Verbreitung. Gelingt die »konservative« Ableitung der Galle nicht, kann günstigenfalls eine der auf S. 518 beschriebenen biliodigestiven Anastomosen in Frage kommen, sonst nur die Endlosdrainage nach Dick. Nach eigenen Erfahrungen ist sie allen anderen Techniken durch die Auswechselbarkeit häufig inkrustierenden Schlauches überlegen (Durst).

Die kurative Behandlung des Papillenkarzinoms besteht nicht in der Ektomie, obwohl in diesen vergleichsweise zur Resektion kleinen Eingriff lange Zeit große Hoffnungen gesetzt worden waren.

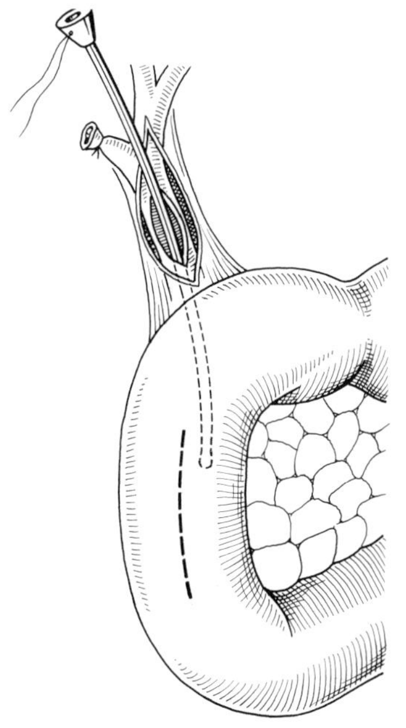

Abb. 9.5-98. Orientierungshilfe zur Lokalisation der Papille mit dem Papillotraktor. Der dem Querschnitt des Choledochus entsprechende Metallkonus ist aufgesetzt und mit einem langen Faden armiert. Sobald die Sondenspitze im Duodenum tastbar ist, wird das Duodenum in Längsrichtung eröffnet und die Sonde behutsam nachgezogen, bis der Konus die Papille vorzuwölben beginnt, die dann z. B. mit einer Allis-Klemme gefaßt werden kann. Entsprechend der vorgesehenen peripapillären Inzision wird die Duodenalwand mit einigen Haltefäden armiert, da die Schleimhautränder nach der Papillektomie zurücksinken und die Rekonstruktion der Hinterwand einschließlich Neueinpflanzung der distalen Gangabschnitte behindern würde.

Indikation für die transduodenale Papillenexzision (Abb. 9.5-98 u. 99) ist in erster Linie das hohe Lebensalter und die damit meist in Verbindung stehenden Kontraindikationen für eine Pankreaskopfresektion. Außerdem kann dieser Eingriff die Implantation einer Gallengangsdrainage entbehrlich machen. Nur vereinzelt gibt es Fallbeobachtungen, bei denen es zur definitiven Heilung kam.

Das präparativ technische Vorgehen entspricht weitgehend der transduodenalen Sphinkter- bzw. Pankreatikoplastik (s. S. 524). Der Zugang kann ohne weiteres von einem Rippenbogenrandschnitt aus erfolgen.

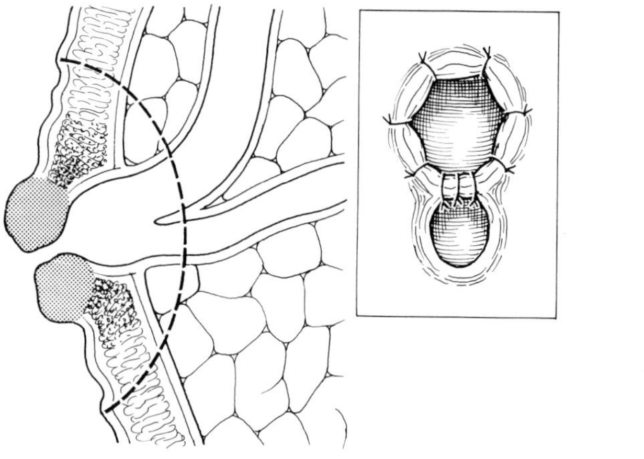

Abb. 9.5-99. Schnittführung bei der radikalen Papillektomie. Adaptation des Gallen- und Pankreasganges durch Einzelknopfnähte (PGS 4/0) und Vereinigung beider mit der Duodenalschleimhaut.

9.6

Dünndarm, Dickdarm und Rektum

Topographische Anatomie

J. W. Rohen

Dünndarm

Der durchschnittlich 4–6 m lange **Dünndarm** im engeren Sinne (Jejunum, Ileum) hängt, beginnend an der Flexura duodenojejunalis, an einer Mesenterialduplikatur, deren Anheftungslinie (Radix mesenterii) schräg von links-oben nach rechts-unten in Richtung Zäkum verläuft (Abb. 9.6A-1). Durch die lange Anheftung der Dünndarmschlingen erhalten letztere eine vergleichsweise große Bewegungsfreiheit.

Jejunum und Ileum lassen sich durch äußere Betrachtung nicht unterscheiden, jedoch erkennt man an der aufgeschnittenen Darmwand die charakteristischen Kerckringschen Falten des Jejunums, die bei der Betastung auch die gelegentlich erkennbare Konsistenzvermehrung gegenüber den Ileumschlingen deutlich machen, während letztere antimesenterial längliche Lymphknotengruppen (Peyersche Haufen) tragen. Das Kolon bildet eine girlandenartige Kette, die das Dünndarmkonvolut umringt und im Bereich des Colon ascendens und descendens sekundär an der dorsalen Bauchwand fixiert ist (Abb. 9.6A-1).

Das Jejunum füllt den linken oberen, das Ileum mehr den rechten unteren Teil der Bauchhöhle aus. Beide werden vom Omentum majus, das an der Taenia omentalis des Querkolons befestigt ist, schürzenartig überdeckt (Abb. 9.6A-2).

Entsprechend der zu leistenden Stoffwechselaufgaben ist der gesamte Dünndarm im Vergleich zum Dickdarm wesentlich besser durchblutet, wobei die Gefäße innerhalb der Bauchfellduplikatur verlaufen (Abb. 9.6A-1). An den

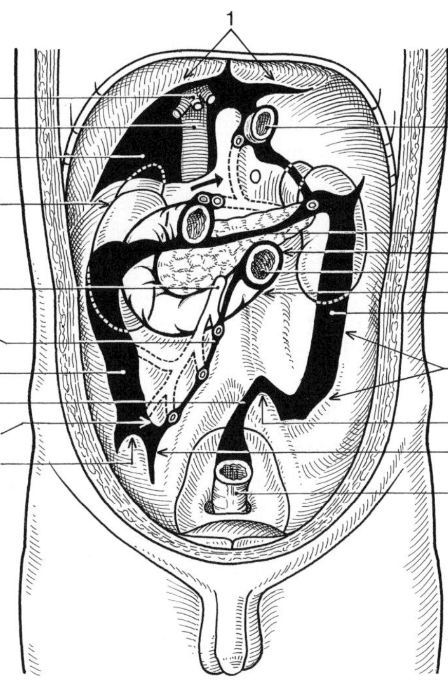

Abb. 9.6A-1. Peritoneumfreie Bezirke an der dorsalen Bauchwand (schwarz) und Lokalisation der wichtigsten Recessus (Hinweise s. Tab. 9.6A-1). Pfeil = Foramen epiploicum (Zugang zur Bursa omentalis).

Grenzen der Verklebungsflächen des Peritoneums mit der dorsalen Bauchwand entstehen während der embryonalen Entwicklung schlußendlich die Anheftungsstellen des Mesenteriums (Radix mesenterii, Radix mesocoli transversi et sigmoidei), in deren Bereich eine Reihe klinisch wichtiger Recessus entstehen (Abb. 9.6A-1).

Die wichtigsten Recessus des Bauchraumes sind nachfolgend in Tab. 9.6A-1 zusammengestellt (die Nummern entsprechen den in Abb. 9.6A-1 angegebenen):

Tab. 9.6A-1. Die wichtigsten Recessus des Bauchraumes.

1. Recessus subphrenici	Peritonealtaschen zwischen Zwerchfell, Leber und Lig. coronarium hepatis
2. Recessus hepatorenalis	Hinterer, an die Niere angrenzender Abschnitt des Spatium subhepaticum
3. Recessus duodenalis	Entsteht durch die am Oberrand der Flexura duodenojejunalis gelegene, nach links gerichtete Plica duodenalis sup. – in der Plica verläuft die V. mesenterica inf. – der Recessus kann zum Bruchsack erweitert werden (Herniae retroperitoneales, Treitz)
4. Recessus duodenalis inf.	Entsteht durch die vom horizontalen Abschnitt des Duodenums nach links gerichtete Plica duodenalis inf.
5. Sulci bzw. Recessus paracolici	Seitlich am Colon descendens gelegen
6. Recessus iliocaecalis sup.	Oberhalb des Ileums in der Nische zum Colon ascendens – vorne begrenzt durch die Plica iliocaecalis vascularis (Inhalt: A. caecalis ant.)
7. Recessus iliocaecalis inf.	Unterhalb des Ileums, im Winkel zwischen Ileum, Appendix und Zäkum – vorne begrenzt durch die Plica iliocaecalis – am Boden verläuft die A. appendicularis
8. Recessus retrocaecalis	Bauchfelltasche neben und hinter dem Zäkum und Colon ascendens
9. Recessus intersigmoideus	Von unten zugängliche Tasche an der Wurzel des Mesocolon sigmoideum – am Boden verläuft der linke Ureter

Die **Radix mesocoli transversi** beginnt an der Flexura coli dext. unter dem rechten Leberlappen, geht über den rechten unteren Nierenpol hinweg, überkreuzt die Pars descendens duodeni, den Pankreaskopf, den Gefäßstiel des Dünndarms (Vasa mesenterica sup.) und zieht dann am unteren Pankreasrand entlang, schräg ansteigend in Richtung Milz über den linken unteren Nierenpol hinweg zur Flexura coli sin. bis zum Lig. phrenicocolicum (Abb. 9.6A-1).

Die **Radix mesenterii** beginnt etwa am 2. Lendenwirbel, in der Regel einige Zentimeter links von der Wirbelsäule an der Flexura duodenojejunalis, läuft dann schräg abwärts auf dem M. psoas major zwischen Aorta und unterer Hohlvene an der A. iliaca comm. entlang, überkreuzt den rechten Ureter und die Vasa spermatica bzw. ovarica und endet im rechten Ileozäkalwinkel. Bleibt die embryonale Verklebung des Peritoneums im Bereich des Colon ascendens unvollständig, so resultiert ein Colon mobile, d.h. ein teilweise intraperitoneal gelegenes Colon ascendens. In solchen Fällen endet die Radix mesenterii am Colon ascendens oberhalb der Valva ileocaecalis. Findet die Verklebung dagegen in größerem Ausmaß statt, so bekommt das ganze Zäkum einschließlich des unteren Ileumabschnittes eine retroperitoneale Lage. Es entsteht ein Caecum fixum. Die Radix mesenterii endet in diesem Falle noch vor der Einmündung des Ileums in den Dickdarm.

Durch eine unvollständige Drehung der Nabelschleife und durch Ausbleiben der sekundären peritonealen Verklebungen von Colon ascendens und Duodenum entsteht das sog. **Mesenterium commune.** Das Duodenum erlangt dadurch nicht selten eine prävaskuläre Lage. Das Colon ascendens bleibt intraperitoneal liegen. Beim Mesenterium commune besteht die Gefahr der Darmknickung und -verschlingung (Volvulus). Aus einer unvollständigen Drehung der Nabelschleife (Malrotation) resultiert häufig auch eine abnorme Lage des Zäkums, das dann relativ weit oben liegen bleibt (Zäkumhochstand). Peritoneale Stränge können dabei einen Duodenalverschluß oder einen sog. hohen Ileus bewirken, was besonders bei Kindern in den ersten Lebenstagen vorkommt; während das Caecum mobile gar nicht so selten ist (4%), kommt ein Mesenterium commune glücklicherweise nur äußerst selten vor.

An der Abgangsstelle des Dotterganges vom Ileum bleibt in 2% der Fälle ein Divertikel erhalten **(Meckelsches Divertikel),** das gelegentlich aberrierendes Magen- und Pankreasgewebe enthält. Die übrigen Dünndarmdivertikel, die sehr selten sind und meist in der Mehrzahl auftreten, sind im Gegensatz zum Meckelschen Divertikel am Mesenterialansatz lokalisiert. Klinisch bleiben sie in der Regel symptomlos.

Arterielle Versorgung. Die Entwicklungsgeschichte des Dickdarms erklärt, warum die Kolongefäße normalerweise keine Anastomosen mit den Gefäßen der dorsalen Bauchwand besitzen. Die **Gefäße** für den Dünn- und Dickdarm bis zur linken Kolonflexur (sog. Cannon-Böhmscher Punkt) sind Äste der Vasa mesenterica sup., distal von diesem Punkt Äste der Vasa mesenterica inf. (Abb. 9.6A-3). Die oberen Mesenterialgefäße laufen intraperitoneal, die unteren retroperitoneal. In der Pankreasinzisur liegt die A. mesenterica sup. links von der Vene. Die Arterienäste kreuzen in der Regel die gleichnamigen Venen vorn. In chirurgisch-technischer Hinsicht lassen sich an der A. mesenterica sup. 3 Abschnitte unterscheiden:

1. Abschnitt: hier zweigen die A. pancreaticoduodenalis inf., die A. colica media und dextra nach rechts sowie einige Aa. pancreaticae und jejunales nach links ab.
2. Abschnitt: hier gehen die A. ileocolica nach rechts und 2–3 Aa. jejunales nach links ab.
3. Abschnitt: Abgang der übrigen Aa. jejunales und der Aa. ilei (Abb. 9.6A-3).

Das Mesocolon transversum enthält die A. colica media, die an der unteren Duodenalflexur aus der A. mesenterica sup. entspringt und ventral das mesenteriale Gefäßbündel sowie die A. pancreaticoduodenalis inf. überkreuzt (Abb. 9.6A-3). Eine irrtümliche Unterbindung der A. colica media (z. B. Verwechslung mit der A. pancreaticoduodenalis inf.) oder eine Thrombose kann zur Transversumnekrose führen. Bei Verfettung des Mesokolons liegt die Arterie im unteren Blatt der peritonealen Duplikatur. Bisweilen finden sich mehrere akzessorische Gefäßstämme im Mesokolon (Aa. colicae mediae accessoriae). In 40% der Fälle sind mehrere (bis zu 4) Aa. appendiculares vorhanden, die entweder aus der A. ileocolica, der A. colica media oder selbständig aus der A. mesenterica inf. entspringen.

Die Darmgefäße bilden in der Regel in einigem Abstand von der Darmwand Gefäßarkaden aus, von denen kleine Arteriolae rectae zur Versorgung des Darms radiär zum Darm abzweigen. Die Zahl der Arkaden und Arteriolen nimmt distal kontinuierlich ab, so daß die Vaskularisation geringer wird. Die Arteriolae rectae sind am Dickdarm kürzer als am Dünndarm. Die Arkadenreihe zwischen den am weitesten nach links ziehenden Ästen der A. colica media und den aufsteigenden Ästen der A. colica sin. bildet die sog. **Riolansche Anastomose.** Sie ist meist sehr dünn. Darunter findet sich aber fast immer (80–90%) eine kräftigere Verbindung zwischen den Endästen der A. colica media und sinistra im Bereich der linken Kolonflexur, die im klinischen Sprachgebrauch meist als »Riolansche Arkade« bezeichnet wird.

Die **Lymphgefäße** des oberen Dünndarms sind zahlreicher als die des Ileums und des Kolons. Die Darmlymphe wird von drei im Mesenterium gelegenen Lymphknotengruppen filtriert. Die erste Gruppe ist in Darmnähe, die zweite in der Mitte des Mesenteriums, die dritte an der Wurzel der Netzstiele lokalisiert. Die Lymphknoten und -gefäße nehmen an Größe zu, je weiter sie von der Darmwand entfernt sind. Die größeren Lymphgefäße sammeln sich schließlich hinter dem Pankreaskopf in je einem Hauptstamm (Truncus intestinalis), der in die Cisterna chyli einmündet.

Dickdarm

Die Kolongirlande (Abb. 9.6A-2 u. 3) wird hauptsächlich durch ihre retroperitoneal gelegenen Abschnitte (Colon ascendens und Colon descendens) in ihrer Lage fixiert. Die intraperitonealen Abschnitte, vor allem Colon transversum und sigmoideum variieren in Form und Lage sehr. Auch das Zäkum zeigt – vor allem entwicklungsgeschichtlich bedingte – Lagevariationen. Das Querkolon hängt frei am Mesocolon transversum, wobei es sich oft weit nach kaudal verschiebt. Die Radix mesocoli transversi beginnt an der Flexura coli dext. unterhalb der Leber, zieht über den rechten Nierenhilus hinweg, überkreuzt die Pars descendens duodeni, den Pankreaskopf, den Gefäßstiel des Dünndarms (Vasa mesenterica sup.), folgt dann dem Pankreasschwanz, um dann – die linke Niere überkreuzend – in die Flexura coli sin. und das Lig. phrenicocolicum (Milznische) überzugehen (Abb. 9.6A-1). Das Mesocolon transversum enthält die A. colica media, die aus der A. mesenterica sup. unmittelbar kaudal vom Pankreas abzweigt und im Bereich der linken Kolonflexur mit den Ästen der A. colica sin. anastomosiert (Abb. 9.6A-1). Appendix und Zäkum werden von der A. ileocolica, das Colon ascendens von der A. colica dext. und das Colon transversum von der A. colica media versorgt. Die A. colica sin. verläuft retroperitoneal und stammt aus der A. mesenterica inf., von der auch die Äste für das Sigmoid (Aa. sigmoideae) und das Rektum (A. rectalis sup.) abgehen (Abb. 9.6A-1).

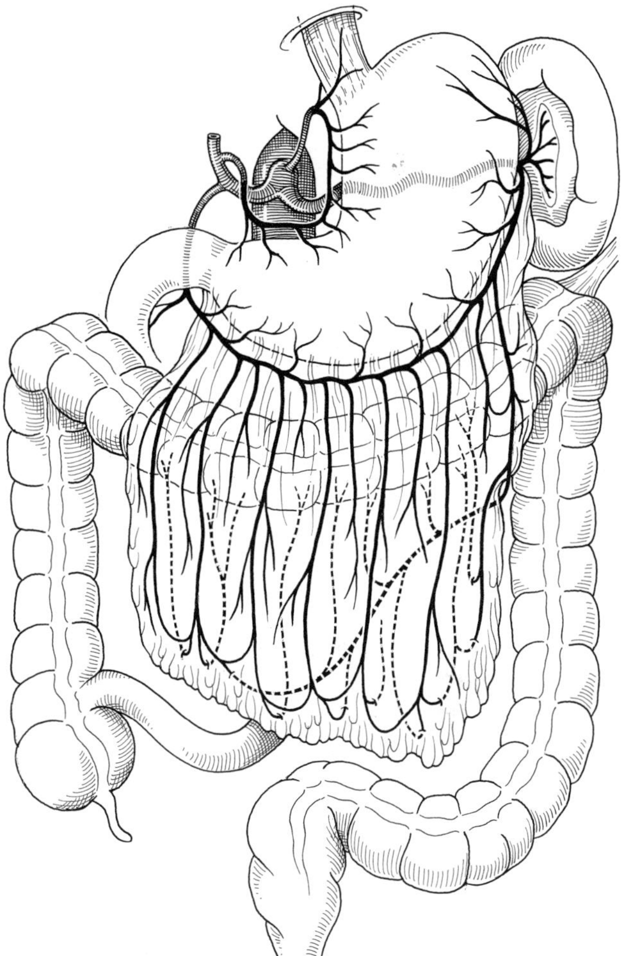

Abb. 9.6A-2. Das große Netz mit Gefäßversorgung aus der A. gastroepiploica dextra et sinistra.

Die **Innervationsgebiete** folgen im wesentlichen den arteriellen Versorgungsbereichen. An der Grenze zwischen dem Versorgungsgebiet von A. colica media et sin., d. h. im Bereich der Übergangszone vom Colon transversum zum Colon descendens treffen sich die Innervationsgebiete des kranial-autonomen Systems, dessen Neurone letztlich ihre Zuflüsse über die Nn. vagi aus den parasympathischen Zentren des Hirnstammes erhalten, mit denen des sakral-autonomen Systems, dessen periphere Geflechte aus den

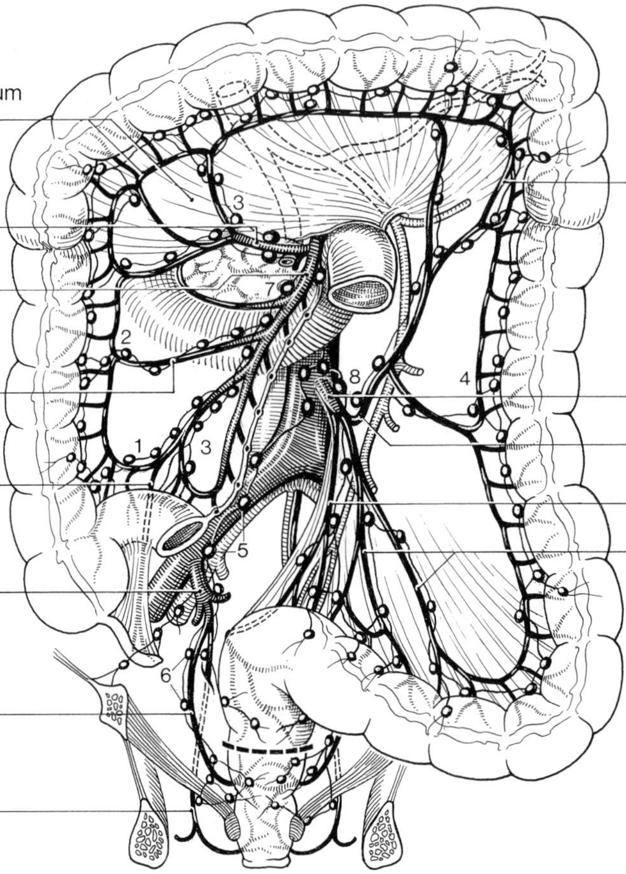

Abb. 9.6A-3. Arterielle Versorgung von Kolon und Rektum. Gestrichelte Linie = Grenze zwischen dem Versorgungsgebiet der A. rectalis sup. und dem der A. rectalis media. Lymphgefäße aus dem Dickdarm. Regionäre Lymphknoten: 1 = Nodi lymph. ileocolici; 2 = Nodi lymph. colici dextri; 3 = Nodi lymph. colici medii; 4 = Nodi lymph. colici sin.; 5 = Nodi lymph. iliaci ext.; 6 = Nodi lymph. iliaci int.; 7 = Nodi lymph. mesenterici sup.; 8 = Nodi lymph. mesenterici inf.

Sakralsegmenten über den Plexus sacralis und Plexus hypogastricus inf. gespeist werden (Grenze: Cannon-Böhmscher Punkt). Die distal dieser Grenzzone gelegenen Kolonabschnitte (Colon descendens, sigmoideum und Rektum) sowie die Harnblase und die Genitalorgane werden parasympathisch vom sakral-autonomen System (S_3–S_5) und sympathisch über die kaudalen Abschnitte des Grenzstranges (L_3–L_5) innerviert. Die Zentren der sympathischen Lumbalsegmente regeln zusammen mit den Zentren der parasympathischen Sakralsegmente alle wichtigen Reflexe der genannten Organe im Bauch- und Beckenraum (Defäkation, Miktion, Genitalreflexe, Uteruskontraktion usw.).

Distal von der Anorektallinie (Pfeile in Abb. 9.6A-8) fehlen die intramuralen Ganglienzellen. Dieser aganglionäre Abschnitt des Analkanals ist daher normalerweise durch eine Dauerkontraktion der inneren Sphinktermuskulatur verschlossen. Reicht die aganglionäre Zone weiter nach proximal, wie etwa beim Megacolon congenitum, entstehen schwerwiegende Defäkationsstörungen, da auch die Mastdarm- und Kolonmuskulatur in einen kontraktilen Dauertonus übergeht.

Die **Lymphgefäße** des Dickdarms folgen im allgemeinen den Gefäßstraßen. Die regionären Lymphknoten von Colon ascendens und descendens sowie vom Zäkum liegen retroperitoneal, für das Colon transversum im Mesocolon jeweils nahe der Darmwand. Diese Lymphknotengruppen werden nach den benachbarten Gefäßstämmen benannt, also z. B. Nodi lymphatici ileocolici, Nodi lymphatici colici dext., sin., medii usw. (Abb. 9.6A-3). Die Sammellymphknoten liegen an der Wurzel der Vasa mesenterica sup. bzw. A. mesenterica inf. (Nodi lymphatici mesenterici sup. et inf.). Die regionären Lymphknoten für Rektum und Analkanal liegen z. T. oberhalb, z. T. unterhalb des Beckenbodens. Die Lymphgefäße aus dem oberhalb des M. levator ani gelegenen Rektumabschnitt ziehen zu den regionären Lymphknoten an der seitlichen Wand des kleinen Beckens, und zwar zu den Nodi lymphatici sacrales, die vor dem Sacrum lokalisiert sind, und zu den Nodi lymphatici iliaci int. in der Nachbarschaft der Vasa iliaci int. Die in der Fossa ischiorectalis untergebrachten Lymphknoten gehören zum unteren Ende des Analkanals und haben Verbindungen mit den Nodi lymph. iliaci int. oberhalb des Beckenbodens. In die Sammellymphknoten in der Nachbarschaft der Vasa iliaci ext. fließen einerseits Lymphgefäße aus den oberen Abschnitten des Rektums (Stromgebiet der Vasa rectalia media), andererseits aber auch aus den superfiziellen inguinalen Lymphknoten (Abb. 9.6A-3).

Appendix vermiformis. Die topographische Lage des Wurmfortsatzes ist weitgehend von der Lage des Zäkums abhängig. Bei Zäkumhochstand findet man die Appendix in Höhe des Duodenums vor dem unteren Nierenpol, beim Zäkumtiefstand im kleinen Becken. Als normal gilt die Lokalisation in der Fossa iliaca dext., absteigend ins kleine Becken (31%). Am häufigsten dagegen ist die retrozäkale Lage im Recessus retrocaecalis (nach Wakeley 65%), die in zwei Formen (medioretrozäkale und lateroretrozäkale Position) auftritt. In seltenen Fällen (2%) gelangt die Appendix kaudal unter das Zäkum (parakolische Lage) oder nach medial in die Nachbarschaft des Ileum (prä- bzw. retroiliakale Lage, 1–2%), was bei Appendizitiden eine ernsthafte Komplikation bedeuten kann. In der zweiten Hälfte der Schwangerschaft verlagert sich der Wurmfortsatz zunehmend nach kranial.

Die normale Länge der Appendix ist 8–9 cm, kann aber gelegentlich auch bis zu 20 cm betragen. Der Wurmfortsatz liegt intraperitoneal und wird von der A. appendicularis aus der A. ileocolica, die hinter dem Ileum entlangläuft und von dorsal in die Mesoappendix eintritt, versorgt. Zur palpatorischen Lagebestimmung des Wurmfortsatzes dienen zwei Punkte: 1. McBurneyscher Punkt, das ist der Halbierungspunkt der Verbindungslinie zwischen Nabel und vorderem Darmbeinstachel (nach klinischen Erfahrungen meist 5 cm von der Spina iliaca ant. sup. entfernt), und 2. der Lanzsche Punkt, das ist der rechte Drittelpunkt der Verbindungslinie beider vorderer Darmbeinstacheln. Der Lanzsche Punkt gibt mehr die Lage des Wurmfortsatzes, der McBurneysche Punkt mehr die des Zäkums an. Für die Appendektomie ist die anatomische Tatsache von Bedeutung, daß die Appendix einen Kolonabschnitt darstellt, der aber im Gegensatz zum Colon ascendens keine Tänien, sondern eine geschlossene Längsmuskulatur besitzt. Beim Verfolgen der Taenia libera des Dickdarms nach kaudal stößt man daher zwangsläufig auf den Wurmfortsatz (Abb. 9.6A-4 u. 5).

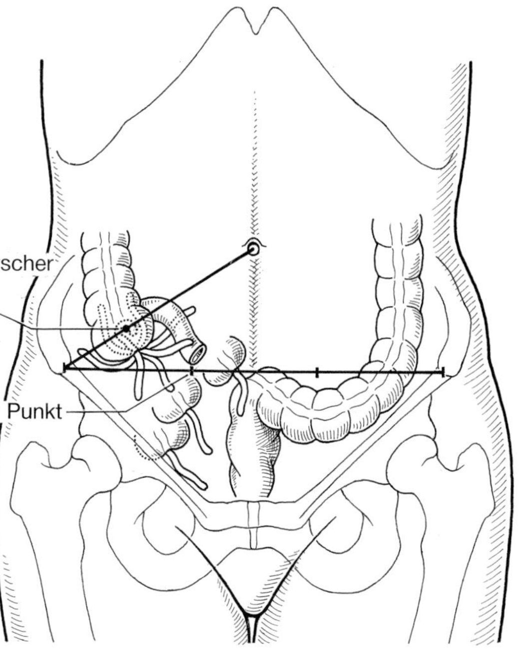

Abb. 9.6A-5. Lagevariationen von Caecum und Appendix vermiformis.

Die Topographie der Gefäße kann praktisch von Wichtigkeit sein. Die A. caecalis ant. aus der A. ileocolica bildet die Plica ileocaecalis ant., wodurch der Recessus ileocaecalis sup. entsteht. Sie versorgt die vordere Wand vom Zäkum. Die A. caecalis post. versorgt die hintere Zäkumwand und gibt die A. appendicularis zum Wurmfortsatz ab. Die Venen fließen über die V. ileocolica zur V. portae ab (daher evtl. Thrombophlebitiden und Leberabszesse nach Appendizitis (sog. Pylephlebitis)).

Die linke Kolonflexur ist lagekonstanter als die rechte. Das Colon descendens zieht von dieser Stelle retroperitoneal am lateralen Nierenrand abwärts und geht in Höhe des

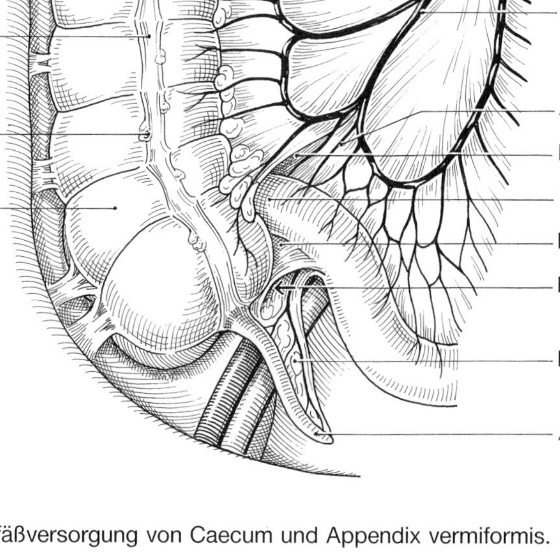

Abb. 9.6A-4. Lage und Gefäßversorgung von Caecum und Appendix vermiformis.

Beckenrandes in das intraperitoneal gelegene Colon sigmoideum über. Das Rektum beginnt kaudal vom 3. Sakralwirbel. Der Anfangsteil des Rektums, der häufig noch eine mesoartige Aufhängung hat, wird vielfach als Rectum mobile bezeichnet und dem kaudal anschließenden Rectum fixum gegenübergestellt. Anatomisch gehört das Rectum mobile zum Sigmoid.

Die **Radix mesosigmoidei** bildet eine V-förmige Ansatzlinie am Übergang des großen in das kleine Becken und überlagert den linken Ureter sowie die Vasa iliaca ext. (Abb. 9.6A-3). Das **Sigmoid** ist also am Mesosigmoid so aufgehängt, daß eine lateral offene Tasche entsteht (Recessus intersigmoideus). Am Boden dieser Tasche findet man den linken Ureter. Die Spitze des Recessus zeigt auf das Promontorium. Größe und Form des Recessus intersigmoideus variieren stark, ebenso wie das auch für das Sigma selbst zutrifft. Von ein- und mehrfachen Schlingenbildungen bis zum Megakolon gibt es alle Übergänge. Dem Megacolon congenitum (Hirschsprungsche Krankheit) liegt eine Agenesie des Auerbachschen Plexus im Rektumgebiet zugrunde. Dadurch kommt die Peristaltik rektal ins Stokken. Im vorgeschalteten Sigmoid entwickelt sich eine Muskelhypertrophie und schließlich eine Dilatation, obwohl dieser Darmabschnitt ursächlich keine pathologischen Veränderungen zeigte. Die geschilderten Veränderungen führen letztlich zu einer extremen Erweiterung und Verlängerung des Sigmoids. Das Sigmoid ist einer der häufigsten Lokalisationsorte für Karzinome. Bei Resektionen müssen die Besonderheiten der Gefäßversorgung und der Lymphwege berücksichtigt werden. Das Mesosigmoid enthält gewöhnlich 2–4 Aa. sigmoideae, die mit den Ästen der A. rectalis sup. nur wenig anastomosieren. Sie bilden noch deutliche Gefäßarkaden, die beim Rektum fehlen. Die Lymphabflüsse erfolgen in der Hauptsache nach kranial zum Truncus intestinalis, der in die Cisterna chyli einmündet. Sigmakarzinome pflegen nach klinischen Erfahrungen nur eine Metastasenstraße entlang dieser Lymphbahnen neben der V. mesenterica inf. zu bilden. Kaudal ins kleine Becken werden sie nur selten verschleppt.

Rektum

Harnblase, Rektum und innere Geschlechtsorgane sind im kleinen Becken untergebracht. Der Beckenboden besteht aus dem Diaphragma pelvis (M. levator ani) und dem Diaphragma urogenitale (M. transversus perinei superf. et prof.). Der M. levator ani entspringt nahe der Beckeneingangsebene von einem Sehnenbogen des M. obturatorius int. und bildet eine trichterförmige Muskelplatte, die dorsal vom Rektum durchbohrt wird (Abb. 9.6A-6). Durch die trichterförmige Gestalt des M. levator ani sowie dadurch, daß das Peritoneum den muskulösen Beckenboden kaudalwärts nicht mehr erreicht, bilden sich drei **Beckenstockwerke,** nämlich 1. das Cavum peritoneale, 2. der subperitoneale Raum (Spatium subserosum pelvis) und 3. außerhalb des muskulösen Beckenbodens das Spatium subcutaneum mit der Fossa ischiorectalis (Abb. 9.6A-6).

Das 12–15 cm lange Rektum durchzieht alle 3 Beckenstockwerke und lagert sich kranial in die Konvexität des Sakrums ein (Flexura sacralis), wo es ventral noch vom Peritoneum bedeckt wird. Im 2. Beckenstockwerk, oberhalb des M. levator ani, knickt das Rektum nach hinten ab (Flexura perinealis), durchsetzt den Beckenboden und bildet den Analkanal (Canalis analis), der meist nur 2–4 cm lang ist. Der dem Sakrum benachbarte Teil ist länger (10–12 cm) und in der Regel erweitert (Ampulla recti). Beim Manne grenzen an die Vorderwand des Rektums Harnblase und Prostata (Abb. 9.6A-7a), bei der Frau Vagina und Cervix uteri an (Abb. 9.6A-7b).

Bei der Frau reicht die Umschlagsfalte des Peritoneums bis zum hinteren Scheidengewölbe kaudalwärts, beim Manne bis zu den Kuppen der Samenbläschen. Die Prostata hat keinen Kontakt mit dem Peritoneum. Die peritoneale Tasche zwischen Rektum und Harnblase beim Mann (Excavatio rectovesicalis) bzw. zwischen Rektum und Vagina sowie Cervix uteri bei der Frau (Excavatio rectouterina oder Douglasscher Raum) projiziert sich dorsal etwa auf die Kohlrauschsche Falte (Plica transversalis recti), die im Innern des Rektums, etwa 6 cm vom Anus entfernt, als eine schräg gestellte Ringfalte durch eine Verstärkung der

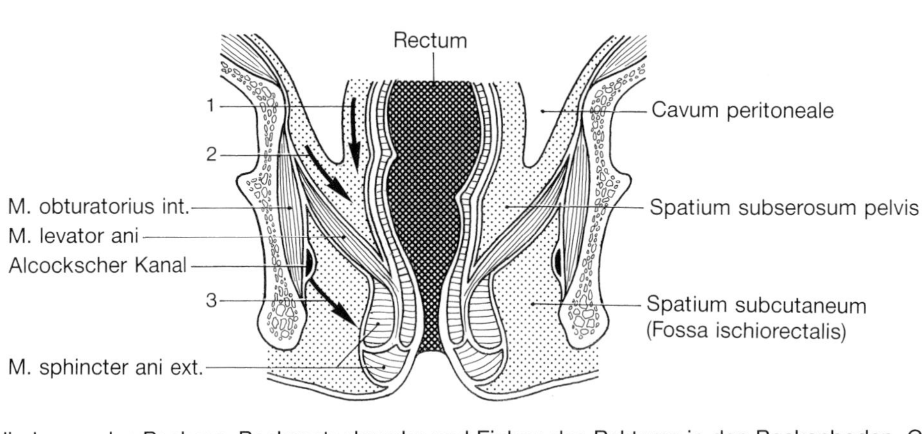

Abb. 9.6A-6. Etagengliederung des Beckens. Beckenstockwerke und Einbau des Rektums in den Beckenboden. Gefäßstraßen für: 1 = Vasa rectalia sup.; 2 = Vasa rectalia media; 3 = Vasa rectalia inf.

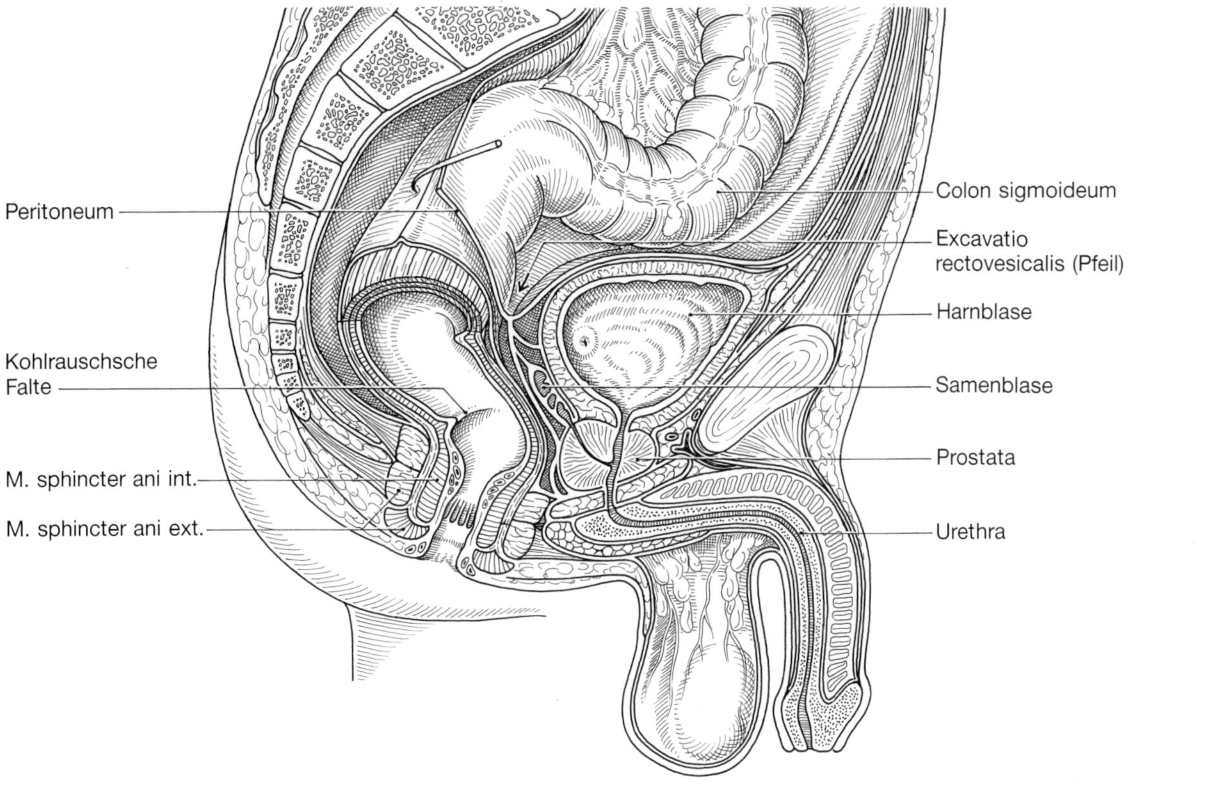

Abb. 9.6A-7. a) Sagittalschnitt durch das männliche Becken. Man beachte den Einbau des Rektums in den Beckenboden.

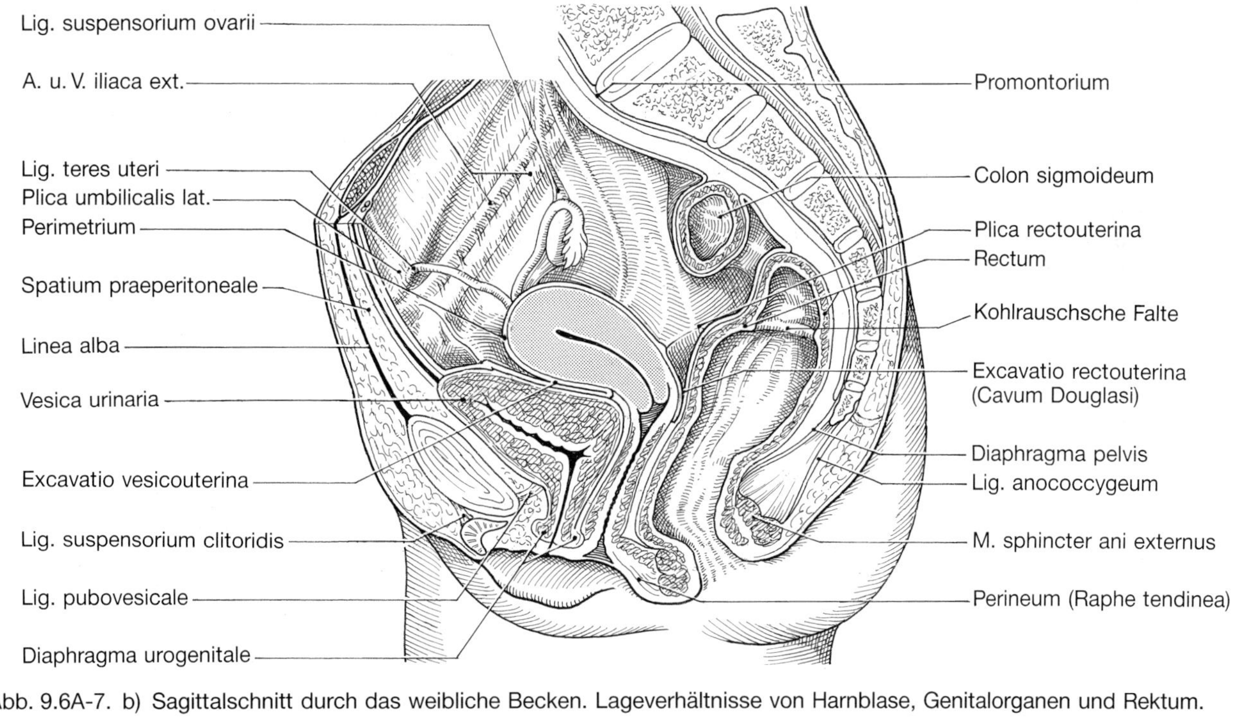

Abb. 9.6A-7. b) Sagittalschnitt durch das weibliche Becken. Lageverhältnisse von Harnblase, Genitalorganen und Rektum.

Ringmuskulatur (M. sphincter ani tertius) aufgeworfen wird. Die Ampulle ist aus ihrer subperitonealen und subserösen Bindegewebsloge leicht ausschälbar, während der kurze Analkanal durch den trichterförmigen M. levator ani straff gespannt und fixiert wird. Der Analkanal enthält längsgestellte Schleimhautfalten (Columnae anales), wodurch kleine taschenförmige Vertiefungen entstehen (Sinus anales). In diesem Bereich liegen auch die venösen Schwellkörperkonvolute (Corpus cavernosum recti), die beim Verschluß der Analöffnung mitwirken. Die Analöffnung wird durch ein kompliziert gebautes Sphinkterorgan verschlossen.

Im Bereich des Rektums schließt sich die aus der Fortsetzung der Tänien stammende Längsmuskulatur wieder zu einer geschlossenen Schicht zusammen. Die Ringmuskulatur verdickt sich in Höhe des Analkanals zum M. sphincter ani int., der aus glatter Muskulatur besteht und daher unwillkürlich ist. Der unwillkürliche glattmuskuläre Sphincter int. wird unterhalb des Beckenbodens aber noch durch einen aus quergestreifter Muskulatur bestehenden M. sphincter ani ext. ergänzt, der aus dem M. levator ani hervorgeht. Dieser Sphinkter kann willkürlich betätigt werden. Die zugehörigen motorischen Nerven gehören zum somatischen Nervensystem. Der willkürliche M. sphincter ext. besteht aus 4 Teilmuskeln (Abb. 9.6A-8). Der subkutane Teilabschnitt ist ein Ringmuskel von etwa 1 cm Dicke, der durch Bindegewebssepten in Lamellen aufgefächert wird und dicht unter der Haut liegt (M. sphincter ani ext. subcutaneus). Der zweite Teilmuskel ist eigentlich kein Ringmuskel, sondern bildet eine Schlinge, die vom Lig. anococcygeum bis zum Damm zieht und die Analöffnung spaltförmig abklemmen kann (M. sphincter ani ext. superf.). Der 3. und 4. Teil des äußeren Sphinkterorgans ist funktionell am wichtigsten. Es sind der M. sphincter ani ext. prof. und der M. puborectalis (Abb. 9.6A-9). Beide Muskeln, zusammen auch als Compressor recti bezeichnet, liegen bereits im Bereich der rötlich erscheinenden Rektalschleimhaut. Sie sind für die Erhaltung der Kontinenz von großer Bedeutung. Als M. puborectalis wird der untere, bis zu einem gewissen Grad isolierbare Teil des Levators bezeichnet. Er umfaßt das Rektum zangenartig und verschließt nicht nur den oberen Teil des Analkanals, sondern zieht ihn auch nach vorne, wobei der Kanal stärker abgeknickt wird. Dadurch entsteht der sog. Anorektalwinkel. Außer durch Tonusverminderung des M. sphincter ani ext. wird der Defäkationsvorgang auch durch die Erschlaffung des M. puborectalis und der damit verbundenen Steilstellung des Rektums (Vergrößerung des Anorektalwinkels) ermöglicht. Der M. sphincter ani int. reicht distal bis zum M. sphincter ext. subcutaneus und sorgt durch seinen Dauertonus für eine Entlastung der Externusfunktion. Der Transport des Darminhaltes und die Entleerung der Faeces setzt ein Zusammenwirken der willkürlichen und unwillkürlichen Verschlußmechanismen voraus. Da das Kolon apolar strukturiert ist, kann der Darminhalt in beiden Richtungen transportiert werden (Pendelperistaltik). Der ampulläre Teil des Rektums ist demgegenüber polar strukturiert. Hier können nur Faserübergänge der Muscularis propria in einer Richtung nachgewiesen werden, so daß der Darminhalt nur analwärts weiterbefördert werden kann. Die Dehnung der Ampullenwandung führt daher stets zu einer konzentrisch analwärts gerichteten Kontraktion der glatten Muskulatur. Der M. sphincter int. wird gleichzeitig durch die von kranial in ihn einstrahlenden Längsfaserbündel geöffnet (»Sphincter-int.-Relaxation«). Das Kontinenzorgan ist jetzt entleerungsbereit. Durch eine willkürlich eingeleitete Erschlaffung des äußeren Sphinktersystems kann dann die Defäkation erfolgen.

Gelangt Darminhalt in die Ampulla recti, verursacht die Dehnung der ampullären Rektumwand eine sofortige Kontraktion des Sphincter ext. sowie eine Anspannung der Puborektalschlinge (anorektaler Reflex). Die quergestreifte, willkürliche Sphinktermuskulatur kann den Analkanal aber nur kurzfristig verschließen, so daß bei jeder erneuten peristaltischen Welle, die Darminhalt in die Ampulle befördert, der äußere Sphinkter erneut kontrahiert werden muß (Wellenbrecherfunktion), bis schließlich der Enddarm wieder vorwiegend durch den Sphincter int. abgedichtet wird. Der aganglionäre, dauernd kontrahierte glatte Sphincter int. wird dabei vom Corpus cavernosum recti und vom M. canalis ani unterstützt (angiomuskulärer Verschlußmechanismus).

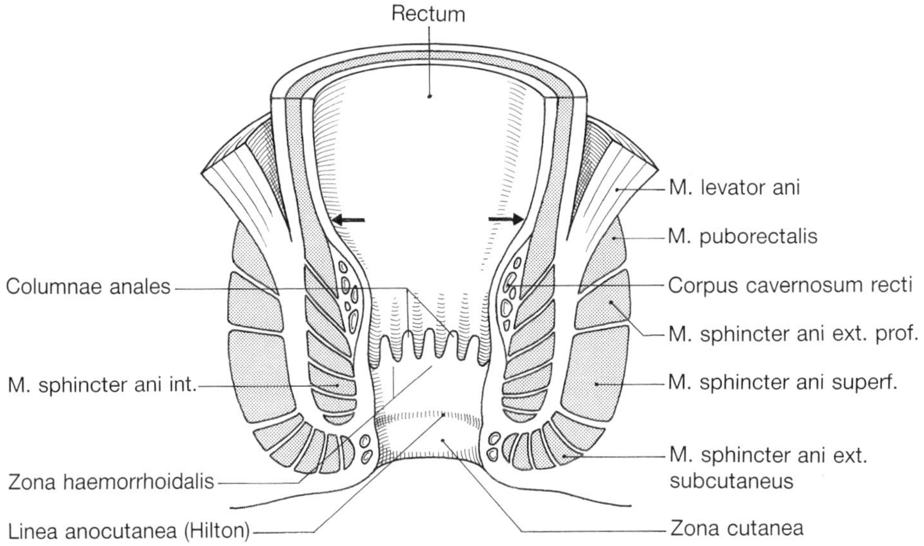

Abb. 9.6A-8. Frontalschnitt durch das Kontinenzorgan des Rektums (nach Hansen). Analwärts von der Anorektallinie (Pfeile) fehlen intramurale Ganglienzellen.

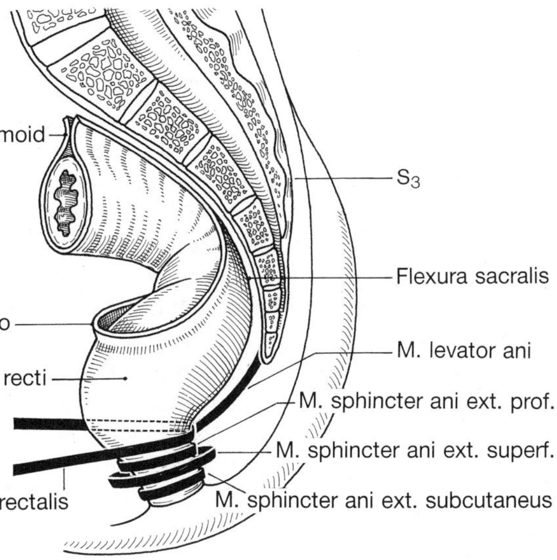

Abb. 9.6A-9. Schematische Darstellung des Sphinkterorgans im Bereich des Analkanals (nach Hansen).

Die **arterielle Versorgung** des Rektums stammt aus drei Quellen (Abb. 9.6A-3 u. 10). Die Ampulle wird in der Hauptsache von der A. rectalis sup. versorgt, die drei Hauptäste bildet, die sich gleichmäßig um das Organ verteilen, so daß bei 3,7 und 11 Uhr (Steinschnittlagerung) jeweils ein Gefäß zu finden ist. Der Analkanal wird im wesentlichen von Ästen der A. iliaca int. versorgt, die oberhalb des M. levator ani von lateral an das Rektum herantreten (A. rectalis media). Das Sphinkterorgan, die Analhaut und die äußeren Abschnitte des Analkanals werden von Ästen der A. pudenda int. (A. rectalis inf.) versorgt, die im Alcockschen Kanal von der A. pudenda int. abzweigen und schräg durch die Fossa ischiorectalis zum Anus ziehen.

Die **Rektalvenen** folgen den Arterien, so daß – wie bei diesen – drei Abflußbereiche unterschieden werden können (V. rectalis sup., media et inf.). Die unpaare V. rectalis sup. fließt zur V. mesenterica inf. und damit zur Pfortader, die beiden anderen fließen zur V. iliaca int. und damit zum Kavasystem (Abb. 9.6A-11).

Lymphgefäße. Vom Rektum fließt die Lymphe in der Hauptsache auf drei Wegen ab: 1. über die präsakralen Lymphknoten zu den lumbalen und retroaortalen Knotengruppen; 2. über die pararektalen und iliakalen oder auch lumbalen Lymphknoten zum Truncus intestinalis; 3. aus der Analregion (hauptsächlich aus der Zona cutanea bis zur Hiltonschen Linie) zu den inguinalen Lymphknoten (Nodi lymphatici inguinales superf.). Auch die Lymphwege orientieren sich damit an den Beckenstockwerken. Kaudalwärts gerichtete Lymphbahnen, etwa von der Ampulle zum Analkanal, scheinen nicht zu existieren.

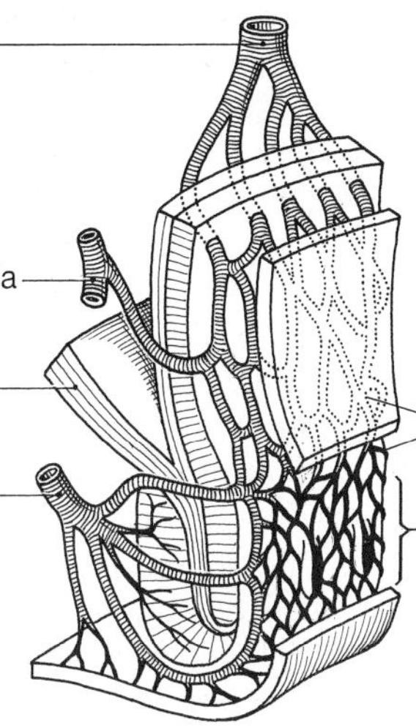

Abb. 9.6A-11. Schema der venösen Abflüsse im Bereich von Analkanal und Rektum (mod. nach Töndury).

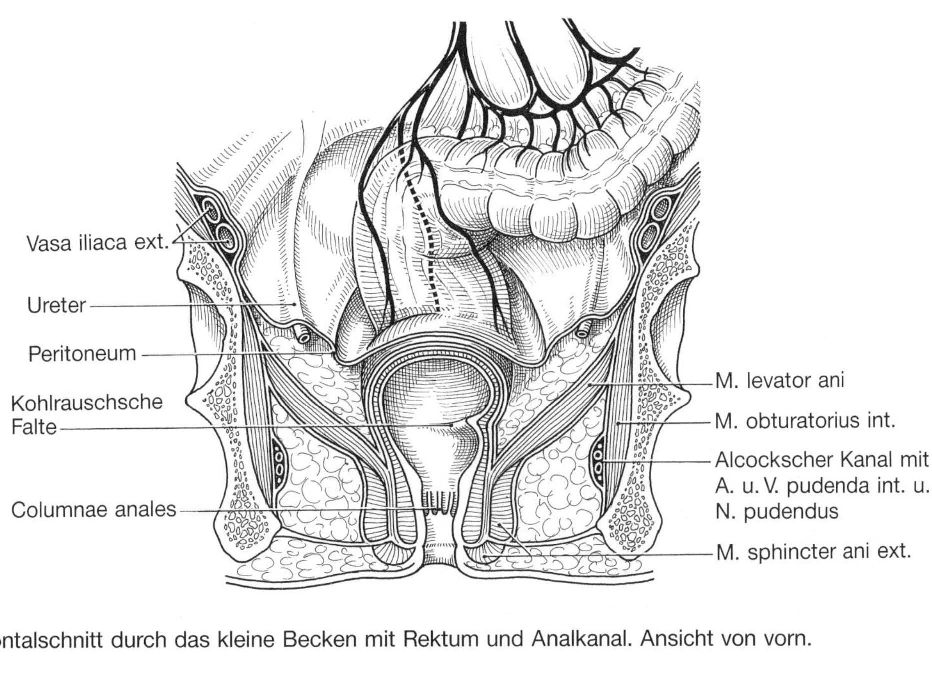

Abb. 9.6A-10. Frontalschnitt durch das kleine Becken mit Rektum und Analkanal. Ansicht von vorn.

Topographie des kleinen Beckens bei der Frau

Bei der Frau lagern sich zwischen Rektum und Harnblase Uterus und proximale Vagina ein, wodurch im kleinen Becken jeweils vor und hinter dem Uterus eine peritoneale Tasche entsteht, vorne die Excavatio vesicouterina, hinten die Excavatio rectouterina (Douglasscher Raum). Der Douglassche Raum wird kranial beiderseits von der Plica rectouterina begrenzt, in der glatte Muskelbündel verlaufen, wodurch der Isthmus uteri, der etwa in Höhe von S_4 liegt, dorsal fixiert wird.

Diese Bandzüge setzen sich ventral in die Ligamenta pubovesicalia und vesicouterina fort, wodurch der Genitalschlauch nach vorne zu eine Halterung erhält. Die laterale Fixation des Uterus erfolgt vor allem durch das Lig. latum und das Parametrium, das ausgedehnte Venengeflechte (Plexus uterinus), autonome Nervengeflechte (Frankhäusersches Ganglion), die Vasa uterina und den Ureter enthält. In Höhe des Beckenbodens verdichtet sich das parametrane Bindegewebe zu kräftigen kollagenfasrigen Bandzügen, die den Uterus an der lateralen Beckenwandung (Lig. cardinale), am Sakrum und Steißbein (Lig. sacrouterinum) sowie vorne an der Symphyse, Urethra und Harnblase (Lig. pubovesicale, Lig. urethrovaginale, Lig. pubouterinum) verankern.

Eine gewisse, wenn auch nicht sehr stabile Fixation erhält der Uterus auch von den strangartigen Gebilden des Tubenwinkels. Von hier aus zieht das Lig. teres uteri nach vorne zur Bauchwand, durch den Leistenkanal hindurch bis in die Labia majora. Nach hinten geht das Lig. ovarii proprium zur Keimdrüse, die ihrerseits, in der Fossa ovarica zwischen den Vasa iliaca ext. et int. gelegen, durch das von oben kommende Lig. suspensorium ovarii gehalten wird (Abb. 9.6A-12).

Die **arterielle Versorgung** des Uterus stammt aus der A. uterina, einem Ast der A. iliaca int. Die A. uterina verläuft im unteren Bereich des Parametriums und erreicht etwa in Höhe des Isthmus die Uteruswand. Hier teilt sich die Arterie. Ein kräftiger Ast verläuft abwärts zur Vagina und zur Cervix uteri (A. vaginalis), ein aufsteigender Ast zieht durch die Mesosalpinx zur Tube (Ramus tubarius) und ein weiterer Ast erreicht im Lig. ovarium proprium nach oben ziehend das Ovar (Ramus ovaricus), wo er mit Ästen der A. ovarica anastomosiert (Ovarialarkade).

Die **Uterusvenen** bilden mit denen der proximalen Vagina den Plexus uterovaginalis, der weitgehend im Parametrium lokalisiert ist. Aus diesen engmaschigen Geflechten geht die A. uterina hervor, die seitlich zur V. iliaca int. abfließt. Kleinere, nur in der Schwangerschaft deutlicher hervortretende Venenverbindungen existieren auch zur Leistenregion über das Lig. teres (Vv. lig. teretis uteri).

Die **Lymphabflüsse** erfolgen hauptsächlich auf 4 Wegen:

1. Aus dem Fundus- und Tubenbereich fließt die Lymphe über das Lig. ovarii proprium zum Hilus der Keimdrüse und weiter über das Lig. suspensorium ovarii zu den Nodi lymphatici lumbales am unteren Nierenpol. Im Lig. suspensorium ovarii sollen ovarielle und uterine Lymphwege getrennt sein.
2. Vom Tubenwinkel und der Uterusvorderwand erreicht die Lymphe über das Lig. teres uteri und den Leistenkanal die Nodi lymphatici inguinales superfic. (horizontaler Trakt).
3. Vom Uteruskörper und von der Zervix fließt die Lymphe nach lateral über das Parametrium (Nodi lymph. parauterini) zu den Nodi lymph. iliaci int., evtl. auch nach dorsal am Rektum vorbei zu den Nodi lymph. sacrales.

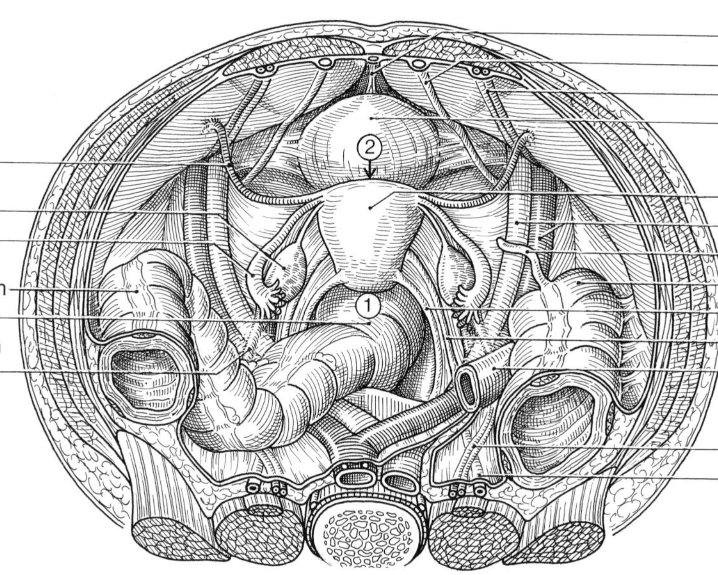

Abb. 9.6A-12. Topographische Anatomie des kleinen Beckens bei der Frau in der Ansicht von oben. 1 = Excavatio rectouterina (Douglasscher Raum); 2 = Excavatio rectovesicalis.

4. Vom Zervikalkanal und proximalen Teil der Vagina erreichen die Lymphgefäße zuerst die Nodi lymph. iliaci int., dann die Nodi lymph. iliaci ext. und auf diesem Wege schließlich die latero- und präaortalen Lymphknotengruppen.

Fast alle organnahen regionalen Lymphknoten des weiblichen Genitalschlauches sind bei pathologischen Vergrößerungen palpabel, z. B. die iliakalen und parametranen Lymphknoten per vaginam, die präsakralen rektal und die inguinalen perkutan. Die regionalen Lymphknoten der kaudalen Abschnitte der Vagina liegen in der Inguinalregion (Nodi lymphatici inguinales superf.).

Eingriffe am Dünndarm

J. Durst

Zugangswege

Auch in Kenntnis einer präoperativ bereits feststehenden Dünndarmerkrankung bleibt der Mittelschnitt der Zugang der Wahl. Gelegentlich ermöglichen quere Laparotomien vor allem bei Kindern eine ebenso gute Übersichtlichkeit. Die Anlage einer Enterostomie erfolgt über einen stets gesondert vorzunehmenden Transrektalschnitt.

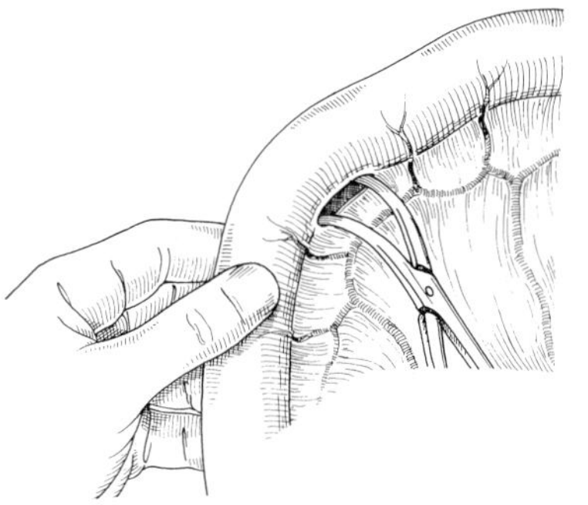

Abb. 9.6-1. Anlage einer doppelläufigen Ileostomie. Das Vorgehen entspricht der Technik nach Maydl (s. S. 560). Die doppelläufige Ileostomie wird von einer gesonderten Inzision aus am vorderen und hinteren Blatt der Rektusscheide über eine Länge von ca. 4 cm mit anschließender stumpfer Weitung des M. rectus angelegt. Wichtig ist, daß die ausgewählte Schlinge mindestens 20 cm von der Valvula Bauhini entfernt ist. Andernfalls würde nach der Resektioin des Anus praeter die Gefahr der ileozäkalen Invagination bestehen.

a) Nach Unterfahrung des Segmentes direkt am Mesenterialansatz mit der Overholt-Klemme zieht man einen Gummischlauch aus stabilem Material nach und führt damit die Schlinge vor die Bauchwand.

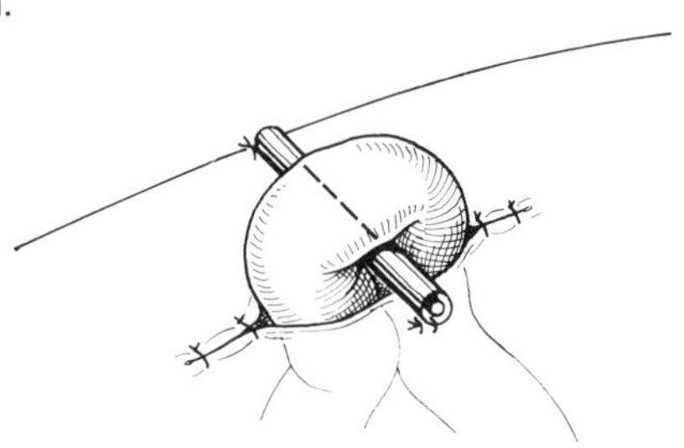

b) Zu- und abführender Schenkel werden mit atraumatischen PGS-Fäden an der Faszie fixiert, die selbst so weit wieder mit Einzelknopfnähten verschlossen werden muß, daß weder einer Hernienbildung Vorschub geleistet wird noch eine Stenose am Darm entsteht. Dann folgt die Hautnaht. Damit der Anus praeter nicht zurücksinkt, führt man in das Gummirohr ein Holzstäbchen (z. B. Watteträger) ein, das die Aufgabe eines Steges übernimmt und näht die Enden des Schlauches an der Haut fest. Darunter hindurch kann um den Darm ein schmaler Jodoform-Gazestreifen geführt werden, der in den ersten Tagen eine abdichtende Funktion hat.

Doppelläufige und endständige Ileostomie

Die Ileostomie wird ca. 20 cm vom Zäkum entfernt angelegt, so daß es nach Wiederherstellung der Passage nicht zur Invagination der Anastomose durch die Valvula Bauhini kommen kann. Soll eine temporäre Entlastung durchgeführt werden, benutzt man die Methode nach Maydl (Abb. 9.6-1), die zur Loop-Ileostomie umgewandelt werden kann (Abb. 9.6-2). Muß jedoch eine Stuhlableitung auf Dauer erfolgen, wie z.B. bei der Proktokolektomie, wird ein prominentes endständiges Stoma angelegt (Abb. 9.6-3 u. 1c).

Die quere Durchtrennung des Darmes bei einer doppelläufigen Ileostomie erfolgt etwa am 7. bis 8. postoperativen Tag, entweder mit der Diathermienadel oder dem Thermokauter, damit die quantitative Entleerung des Darminhaltes gewährleistet ist und ein Überlaufen in den abführenden Schenkel vermieden wird. Um das für den Patienten schmerzlos vornehmen zu können, sollte das am Mesenterialansatz durchgeführte Gummirohr nicht vorher entfernt, sondern angehoben und als Widerlager benutzt werden.

Der Verschluß einer doppelläufigen Ileostomie ist ähnlich einfach wie am Dickdarm durchzuführen, wenn man zur Anlage die Technik nach Maydl benutzt hat (s. S. 560).

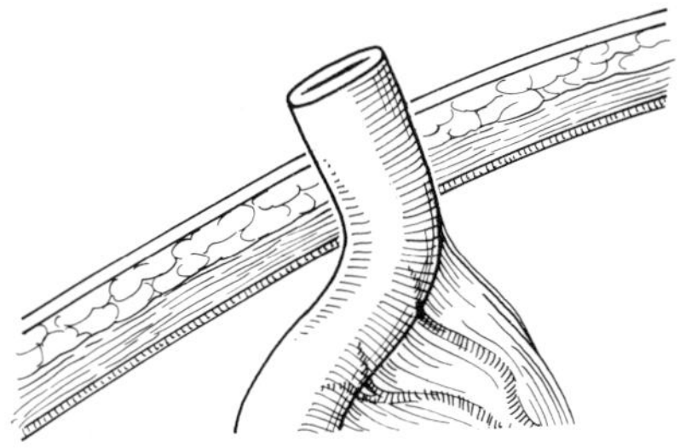

c) Schematische Darstellung eines endständigen prominenten Ileostomas.

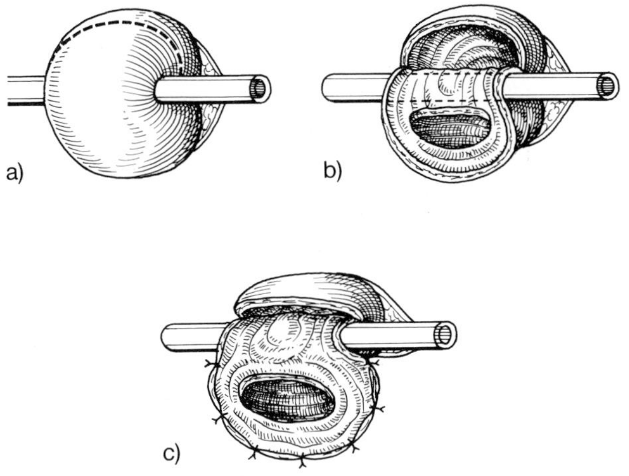

Abb. 9.6-2. Anlage einer doppelläufigen prominenten Ileostomie. Die Eröffnung des Darmlumens über eine Distanz von ca. 1 cm sollte man nicht vor Ablauf von 24 Std. vornehmen.
a) Inzisionslinie am abführenden Dünndarmschenkel.
b u. c) Die Vorderwand wird umgekrempelt und mit Einzelknopfnähten an der Haut fixiert, so daß der zuführende, kaudal liegende Darm sich zu einem prominenten Stoma erhebt, während sich die Öffnung der abführenden Schlinge schlitzförmig verengt (c).

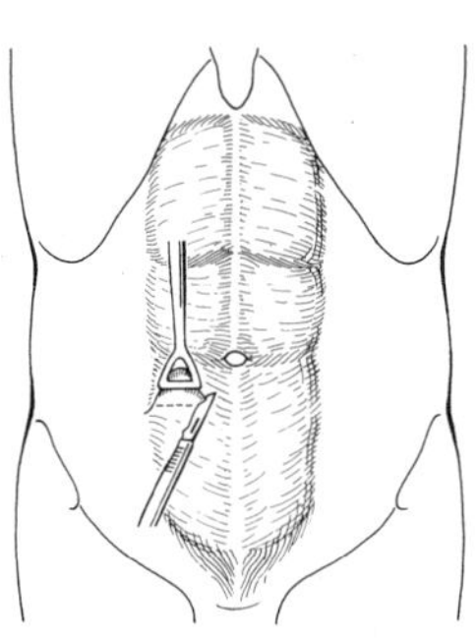

Abb. 9.6-3. Anlage eines endständigen Ileostomas. Unter Berücksichtigung der anatomischen Konfiguration des Bauches, evtl. mit präoperativer Markierung, muß die Anlage so erfolgen, daß genügend Platz für die Befestigung des Anus-praeter-Beutels bleibt.
a) Mit einer Klemme wird die Haut angehoben und kreisförmig in der Größe etwa eines 5-DM-Stückes ausgeschnitten.

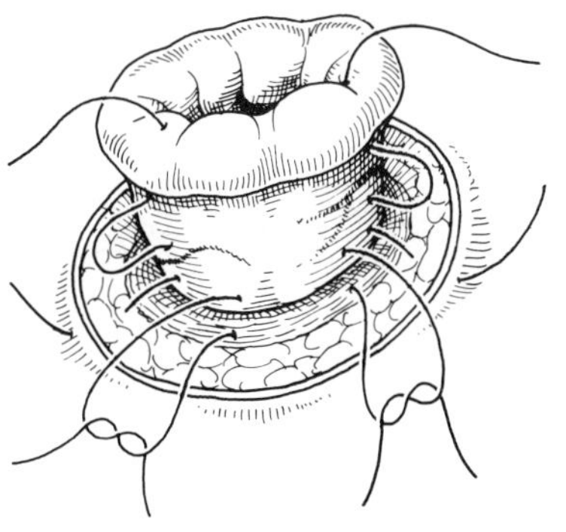

b) Der schornsteinförmig vor die Bauchdecke gebrachte endständige Darmabschnitt (s. Abb. 9.6-1c) soll ca. 3 cm prominent sein und wird zunächst mit Einzelknopfnähten an der Faszie fixiert. Daran anschließend folgt die Umkrempelung der Schleimhaut durch eine Allschichtennaht am Darmlumen mit nachfolgender seromuskulärer Naht knapp oberhalb der Faszie und Ausleitung des Fadens durch das Subkutangewebe und die Haut.

Dünndarmresektionen

(Abb. 9.6-4-11)

Eine ausführliche Beschreibung der Nahttechnik und Anastomosenformen erfolgte bereits zu Beginn des bauchchirurgischen Kapitels. Die invertierende End-zu-End-Anastomose ist die Nahtverbindung der Wahl für alle Kontinuitätsresektionen. Sie wird überwiegend zweireihig genäht. Laterolaterale oder terminolaterale Anastomosen dienen der Passagerekonstruktion nach Resektion anderer intestinaler Organe und können sehr oft vorteilhaft maschinell gefertigt werden. Standardfaden für die Naht von Hand ist die Polyglykolsäurefaden-Nadel-Kombination 3/0 oder 4/0. Die Einzelknopfnaht nach Lembert kann mit Seide erfolgen.

Dünndarmresektionen erfolgen entweder segmental oder über eine längere Distanz. Um die Kontamination der Bauchhöhle mit Stuhl zu vermeiden, ist es ratsam, nach der geschlossenen Methode die Wegsamkeit am Darm wiederherzustellen. Dazu legt man Klemmen an, zwischen denen dann die Resektion durchgeführt wird. Die Anastomose wird meist zweireihig genäht, die Hinterwand bei noch geschlossenen Klemmen, notfalls auch interpolierend (s. S. 567). Bevor sie zur Bewerkstelligung der Allschichtennaht abgenommen werden, sollte man nach sorgfältiger Abdekkung des zu- und abführenden Schenkels weiche Klemmen ober- und unterhalb der zu anastomosierenden Darmstümpfe anlegen, damit es nicht doch noch zum schwallartigen Austritt von Darminhalt kommt. Andere häufig benutzte Anastomosierungstechniken sind in den Abb. 9.6-8–11 dargestellt.

Das operative Vorgehen beim Ileus (s. S. 342) und Mesenterialgefäßverschluß (s. S. 861 ff.) wird an anderer Stelle besprochen.

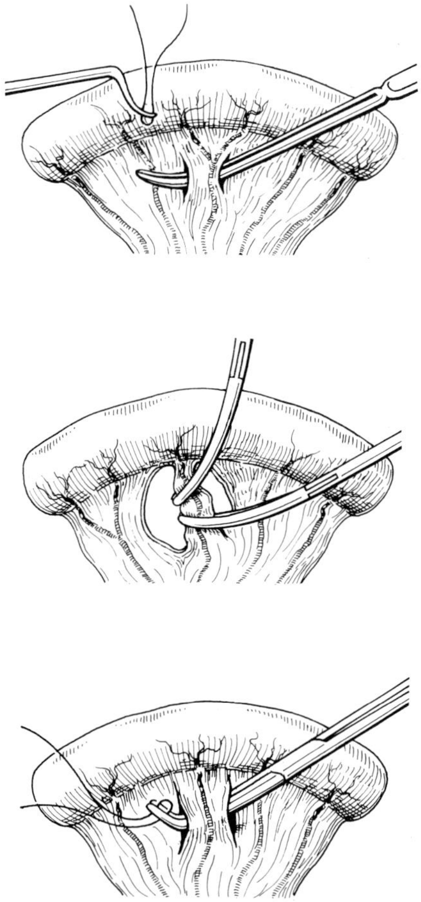

Abb. 9.6-4. Skelettierungstechnik am Dünndarm.
a) Bei segmentalen Resektionen geht man darmwandnahe vor, wobei die Skelettierung mit verschiedenen Instrumenten möglich ist.

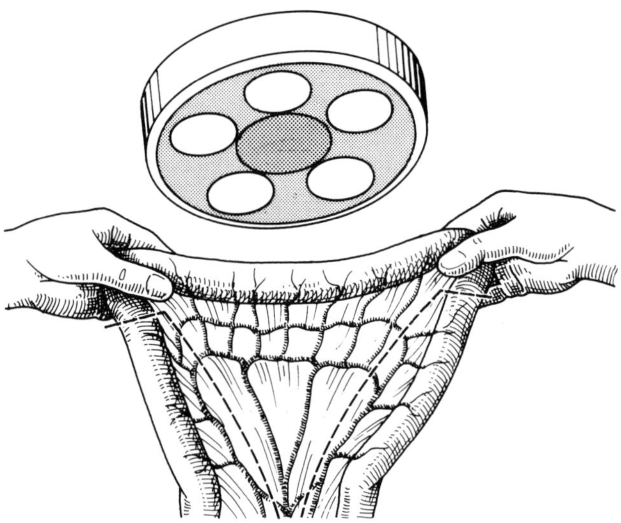

b) Bei langstreckigen Resektionen ist es von Vorteil, wenn man sich die Segmentarterien im durchscheinenden Licht sichtbar macht.

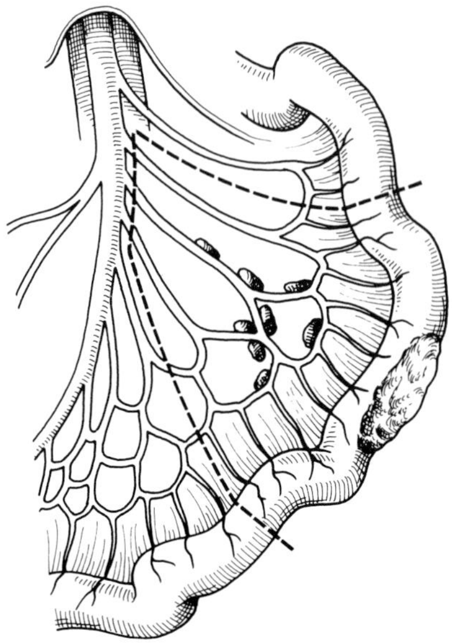

c) Die Segmentarterien müssen bei einem malignen Tumor unmittelbar am Abgang aus der A. mesenterica superior unterbunden werden.

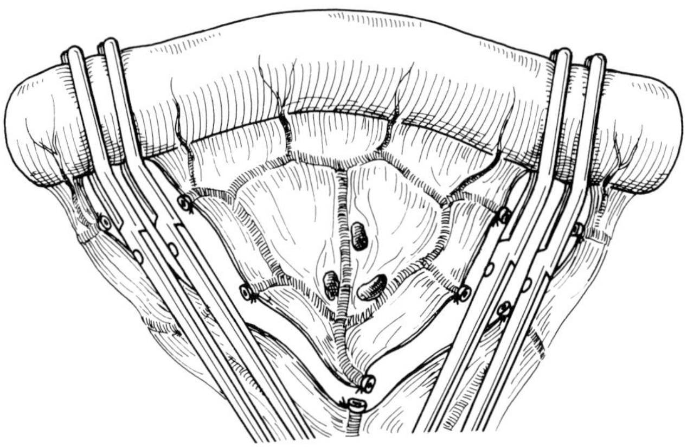

Abb. 9.6-5. Dünndarmkontinuitätsresektion unter Zuhilfenahme von Quetschklemmen.
a) Der nach beiden Seiten ausgestrichene Darmabschnitt wird mit Klemmen gefaßt und geschlossen reseziert.

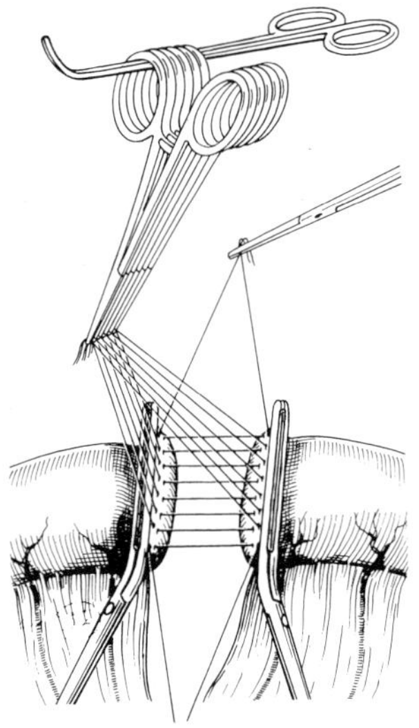

b)

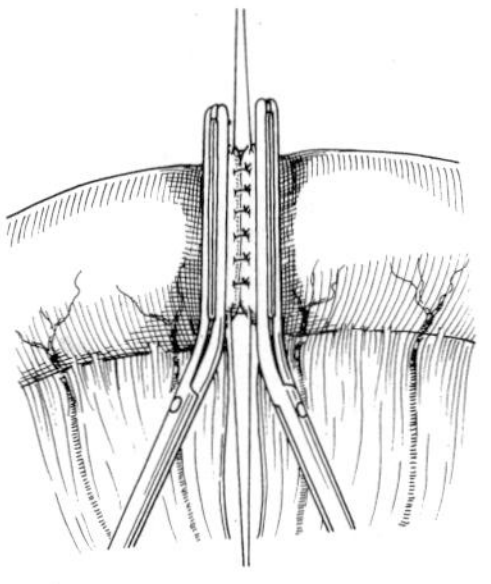

c)

b u. c) Nach Anlage von Ecknähten und Einzelknopfnähten nach Lembert (b) werden die Klemmen planparallel aneinander gehalten und die Fäden geknüpft (c), die Eckfäden jedoch erst nach Abnahme der Quetschklemmen.

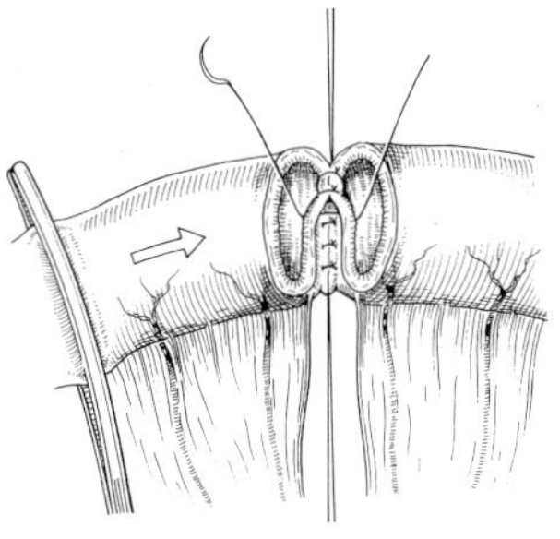

d)

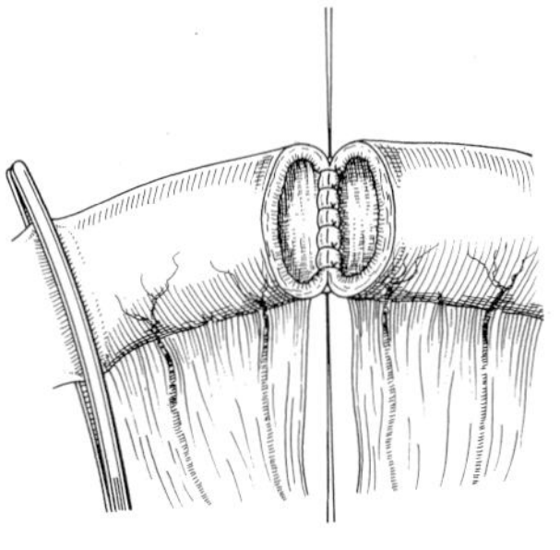

e)

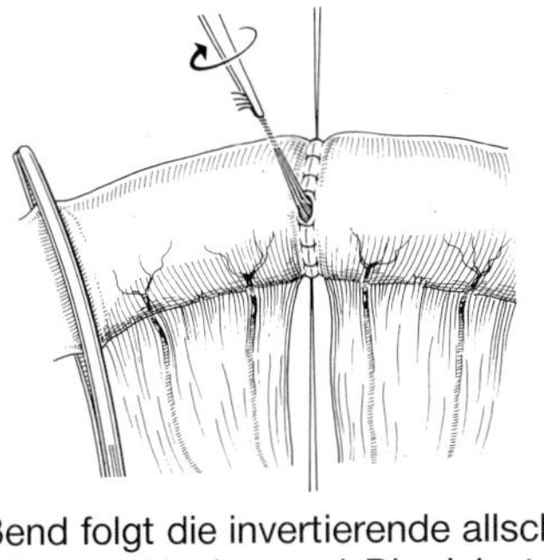

f)

d–f) Anschließend folgt die invertierende allschichtig gestochene Naht der Hinter- und Vorderwand. Die sich etwa in der Mitte der Vorderwand treffenden beiden letzten Fäden werden verdrillt und in das Lumen versenkt (f).

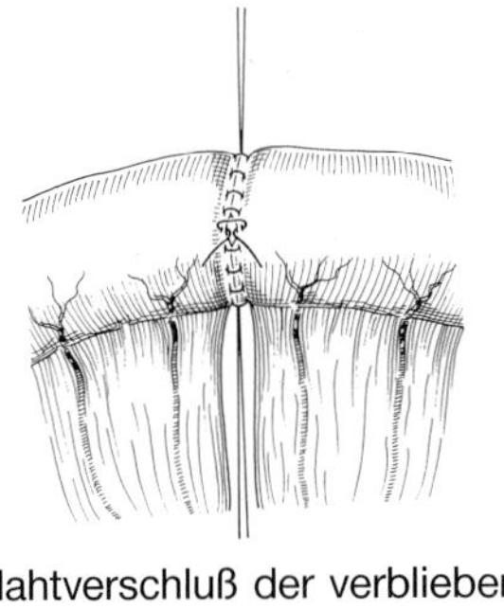

g) Invertierender Nahtverschluß der verbliebenen Restöffnung.

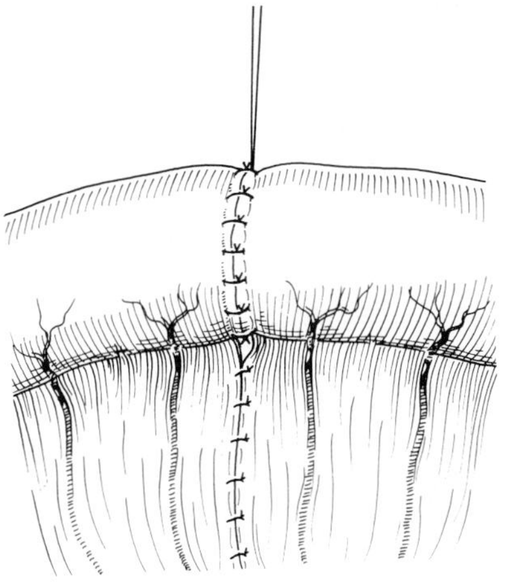

h) Fertigung der seromuskulären Einzelknopfnahtreihe an der Vorderwand mit Verschluß des Mesenterialschlitzes.

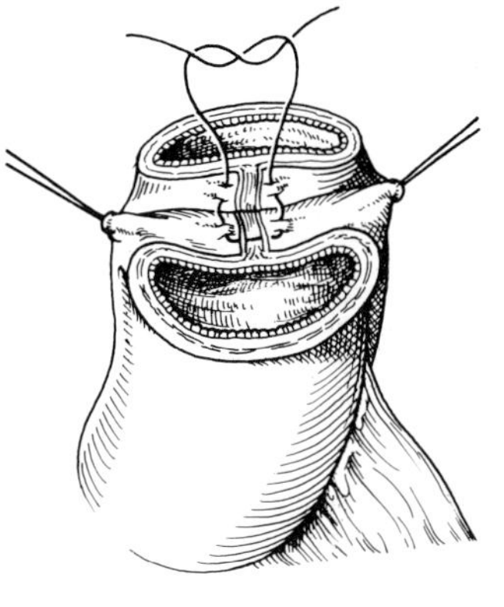

a)

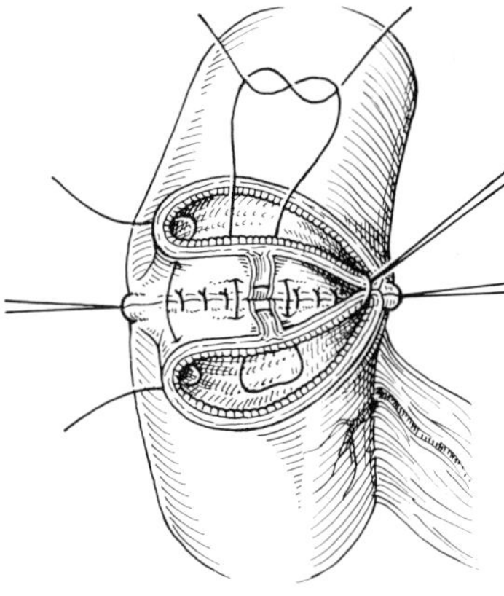

b)

Abb. 9.6-6. a u. b) U-Naht nach Halstedt zur Sicherung deserosierter Bezirke.

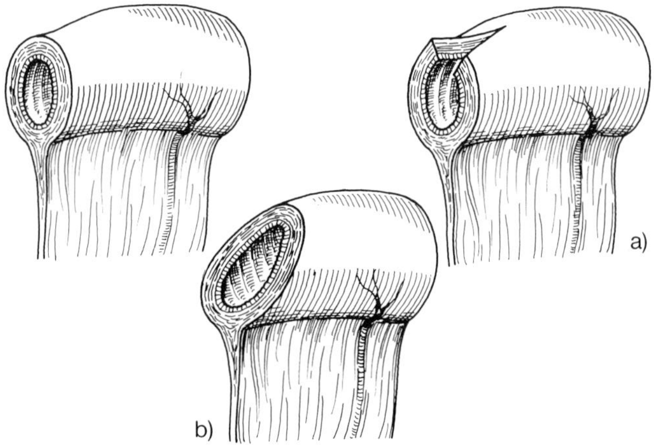

Abb. 9.6-7. Erweiterungsplastiken am Darm bei engem Segment.
a) Durch antimesenteriale Inzision.
b) Durch Anschrägung des Lumens.

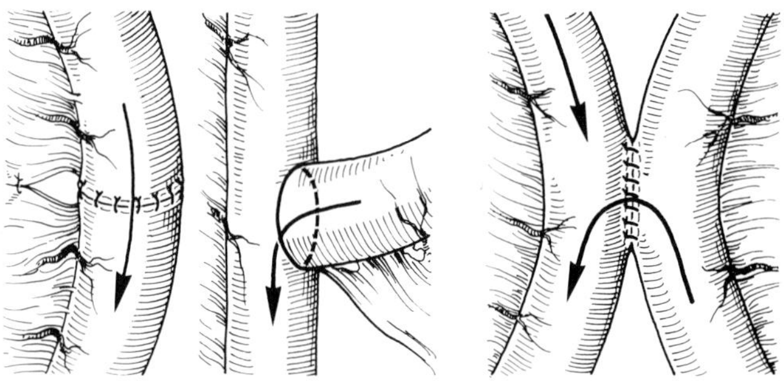

a) b) c)

Abb. 9.6-8. Übliche Anastomosenformen am Dünndarm.
a) Terminoterminal.
b) Terminolateral.
c) Laterolateral.

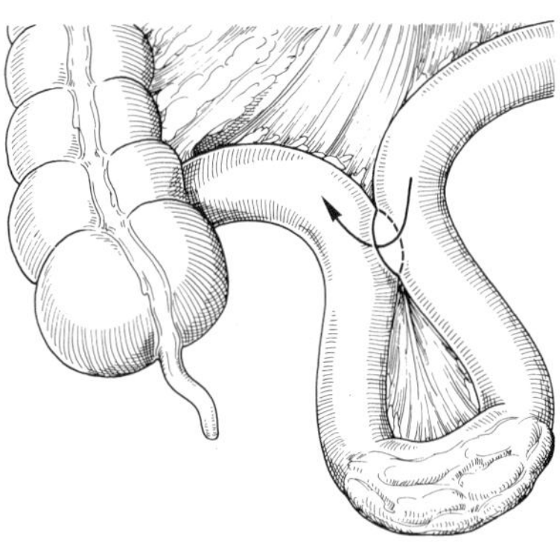

Abb. 9.6-9. Laterolaterale Dünndarmanastomose zur Umgehung einer lokal inoperablen Stenose.

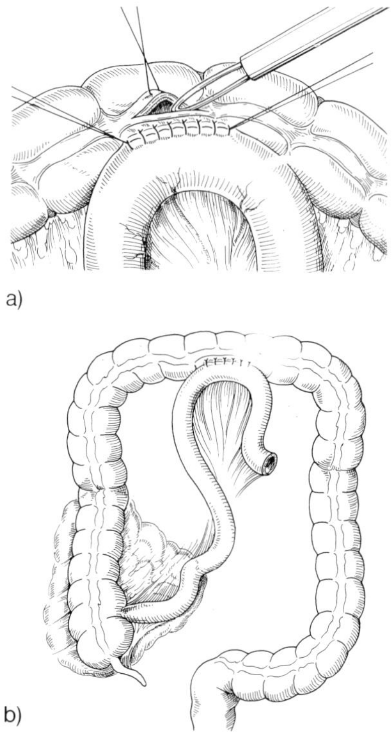

Abb. 9.6-10. a u. b) Fertiggestellte Hinterwandnahtreihe zur Durchführung einer zweireihigen laterolateralen Ileokolostomie (a) bei inoperablen Verhältnissen am rechten Hemikolon (b).

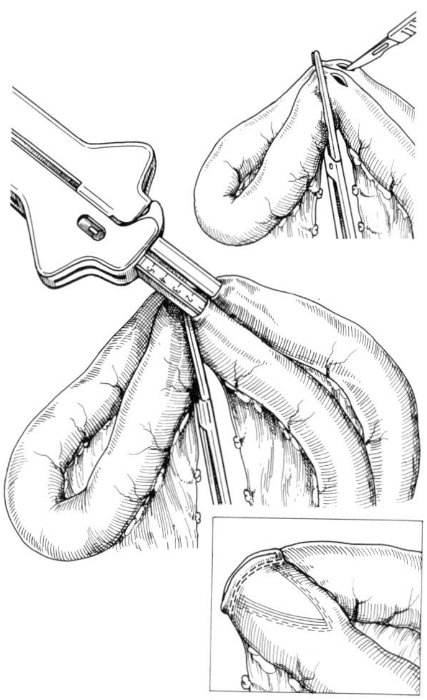

Abb. 9.6-11. Kontinuitätsresektion am Dünndarm in maschineller Technik. Nach Skelettierung einer beliebig langen Dünndarmschlinge wird vor der Darmresektion der GIA-Stapler über zwei Darminzisionen eingeführt und die laterolaterale Anastomose genäht, die sich später wie eine End-zu-End-Anastomose verhält. Nach Entfernung des Nähapparates wird die Darmresektion mit Lumenverschluß dicht an der Anastomose mit dem TA55 durchgeführt. Genauso zuverlässig und wesentlich preiswerter ist die maschinelle Anastomose mit dem PLC möglich, wenn man das Gerät zweimal einsetzt.

Divertikel

Divertikel kommen mit Ausnahme des Meckelschen Divertikels unterhalb des Treitzschen Bandes noch seltener als am Duodenum vor. Meistens werden sie zufällig entdeckt. Fälle einer akuten Divertikulitis wurden mitgeteilt. Die Therapie der Wahl ist dann die Dünndarmsegmentresektion. Solitäre, vor allem aber kleine, am Mesenterialansatz austretende Divertikel, können evtl. einfach durch Einstülpung mit anschließender seromuskulärer Übernähung beseitigt werden. Ob oder ob nicht bei jeder Appendektomie nach einem Meckelschen Divertikel gesucht und letzteres dann abgetragen werden soll, wird unverändert kontrovers diskutiert. Für die Resektion spricht die Gefahr von Komplikationen (ektopisches Gewebe, Divertikulitis, Blutung, Ileus), so daß wir sie immer durchführen (Abb. 9.6-12).

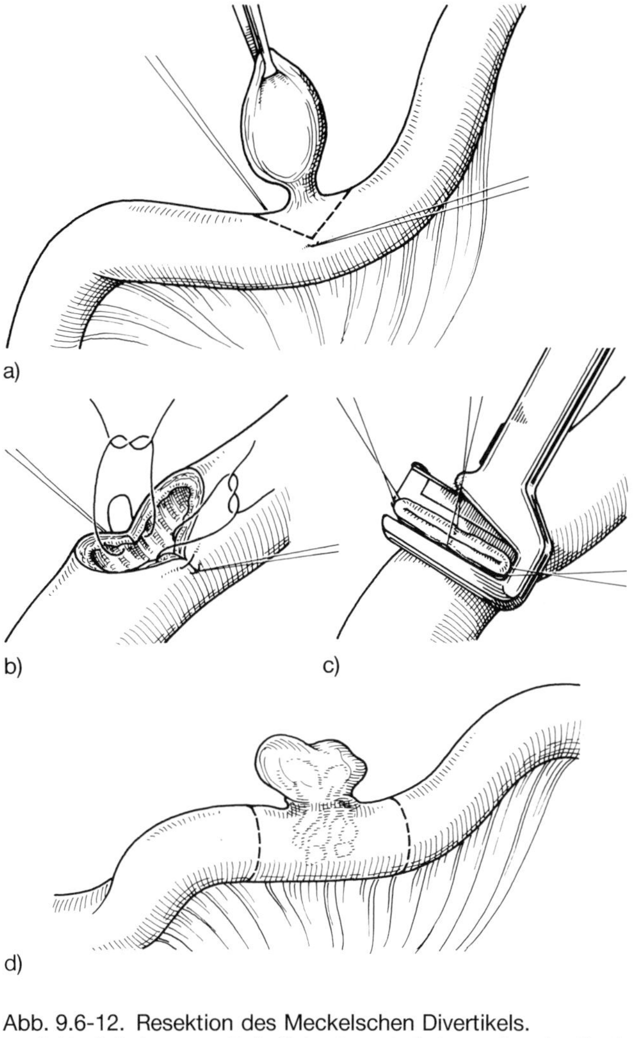

Abb. 9.6-12. Resektion des Meckelschen Divertikels.
a–c) Nach Anlage von Haltefäden kann bei einer schmalen Basis die Exzision (a) und der Nahtverschluß invertierend in querer Richtung (b) oder maschinell (TA 30) vorgenommen werden (c).
d) Bei einem breithalsigen Divertikel ist die segmentale Dünndarmresektion oft nicht zu umgehen.

Tumoren

Nach einer Zusammenstellung von Müller und Geisbe entfallen etwa 3% aller Malignome des Intestinaltraktes auf den Dünndarm, mit einer Bevorzugung des männlichen Geschlechtes. In ca. 50% handelt es sich um Adenokarzinome, gefolgt von Sarkomen und Karzinoiden. Noch seltener kommen gutartige Tumoren vor. Auch sie werden meistens zufällig entdeckt. Gelegentlich sind sie die Ursache eines Ileus. Lymphadenektomien sind nur begrenzt möglich, so daß, je nach Dignität, eine mehr oder weniger ausgedehnte Kontinuitätsresektion die Therapie der Wahl ist (Abb. 9.6-4c).

Eine besondere Bedeutung haben die endokrinen Tumoren des Gastrointestinaltraktes, die sich aus Zellen des entodermalen oder neuroektodermalen Ursprungs (APUD-Zellen) entwickeln und in der Lage sind, Vorstufen von Aminen aufzunehmen, zu dekarboxylieren und die gebildeten Amine zu speichern. Sie werden deshalb unter der Bezeichnung APUDome (Amine Precursor Uptake and Decarboxylation) zusammengefaßt. Die klinische Symptomatik ist durch die exzessiv gesteigerte, völlig autonome Hormonfreisetzung gekennzeichnet. Im einzelnen handelt es sich um das Insulinom, Glukagonom, Gastrinom, Somatostatinom, VIPom und das Karzinoid. Schließlich zählt zu den APUDomen noch die multiple endokrine Adenomatose (MEA), die als Typ I (Wermer-Syndrom) mit Befall von Hypophyse, Nebenschilddrüse und Pankreas oder als Typ II (Sipple-Syndrom) mit Befall von Schilddrüse, Nebenschilddrüse und Nebenniere vorkommen.

Unter den Karzinomen nimmt das Karzinoid eine Sonderstellung ein. Es handelt sich um einen argentophilen Tumor, der vor allem bei einer manifesten Lebermetastasierung durch gesteigerte 5-Hydroxytryptamin-(Serotonin-)Bildung charakteristische »Flush's« auslöst und häufig in der Appendix lokalisiert ist. Bevorzugter Sitz am Dünndarm ist das Ileum.

Ileitis terminalis

Nach übereinstimmender Erfahrung müssen ca. 80% aller M.-Crohn-Patienten eines Tages operiert werden. Auch unter diesem Gesichtspunkt ist der Zeitpunkt gemeinsam mit einem auf diesem Gebiet erfahrenen Gastroenterologen zu bestimmen. Lock u. Mitarb. ermittelten eine Rezidivrate von 20–40%, die mit den Erfahrungen deutscher Kliniken übereinstimmt und eine zunächst grundsätzlich zurückhaltende Einstellung zur chirurgischen Intervention nahelegt. Um das Resektionsausmaß so gering wie nur möglich halten zu können, verkehrt sich andererseits der scheinbare Gewinn durch einen ständigen Aufschub oft in das Gegenteil. In geringer Modifikation einer von Herfarth

u. Heil vorgenommenen Bewertung, kann folgender Indikationskatalog unter Berücksichtigung der Dringlichkeit als Entscheidungshilfe herangezogen werden:

1. **Notfallindikation:**
   Mechanischer Ileus, Darmperforation, Peritonitis.
2. **Dringliche Indikation:**
   Fistelbildungen jeglicher Art innerhalb des Bauchraumes oder von dort nach außen einschließlich retroperitonealer Entwicklungen.
   Chronisch rezidivierender Ileus.
   Septische Komplikationen mit Intoxikationen.
   Fisteln und/oder abszedierende Prozesse mit Befall des Kontinenzorgans.
3. **Relative Indikation:**
   Patienten, die nicht beschwerdefrei werden trotz konsequent durchgeführter konservativer Behandlung.

In nur wenigen Fällen genügt eine segmentale, gelegentlich auch abschnittsweise Dünndarmresektion. In mehr als der Hälfte der Fälle ist eine Hemikolektomie erforderlich, der Rest entfällt entweder auf eine partielle bzw. subtotale Kolonresektion oder totale Proktokolektomie (s. d.), einschließlich der radikalen Entfernung fallweise vorhandener Fisteln. Oft bietet sich dann das große Netz zur Defektdekkung v. a. in der Kreuzbeinhöhle an. Der Sicherheitsabstand wird makroskopisch beurteilt (Goligher) und beträgt im allgemeinen 10 cm. Das gesamte, während des Eingriffs benutzte Nahtmaterial soll resorbierbar sein. Darauf ist auch bei der Verwendung von Staplern zu achten.

Mit Ausnahme des Duodenalbefalls, wo eine Magenresektion nach B II indiziert ist, sind Bypassoperationen ebenso abzulehnen wie terminolaterale Anastomosen.

Eingriffe an Dickdarm und Rektum

H. Geisbe und **J. Durst**

Präoperative Vorbereitung und Lagerung

Voraussetzung für alle diagnostischen Untersuchungen und therapeutischen Wahleingriffe ist eine möglichst perfekte Reinigung und Entleerung des Kolons. Wenn es ausschließlich um die Untersuchung des Mastdarms geht, genügt dessen mechanische Säuberung durch Klysma oder lokal angewendete Laxantien. Mit Ausnahme der Ileussituation ist die orthograde Darmspülung die Methode der Wahl. Dabei trinkt der Patient oder erhält per Duodenalsonde innerhalb weniger Stunden 6–9 Liter einer äquilibrierten Elektrolytlösung (Tab. 9.6-1), die, je nach Zusammensetzung und Osmolalität, die Anwendung auch bei vielen Patienten mit Begleiterkrankungen am Herz- und Kreislaufsystem oder bei der Niereninsuffizienz erlaubt.

Tab. 9.6-1. Zusammensetzung intestinaler Spüllösungen.

Ringer-Lactat:	6,0 g/l NaCl + 0,3 g/l KCl + 0,2 g/l $CaCl_2$ + 0,2 g/l $MgCl_2$. 6 H_2O + 3,1 g/l Na-Lactat
Mannit + Elektrolyte (Lenz et al.):	26,6 g/l Mannit + 76 mmol/l Na^+ + 4 mmol/K^+ + 1 mmol/l Ca^{++} + 72 mmol/l Cl^- + 10 mmol/l $Lactat^-$
Hewittsche Lösung mod. n. Kujat u. Pichlmayr:	5,84 g/l NaCl + 0,37 g/l KCl + 3,70 g/l Na HCO_3

Vor allem der orthograden Darmspülung ist es zu verdanken, daß heute elektive Kontinuitätsresektionen an Kolon und Rektum wesentlich risikoärmer als in der Vergangenheit durchgeführt werden können, so daß die Anlage einer blockierenden Kolostomie zum Schutz der Naht nur noch ausnahmsweise erforderlich ist. Unterstützt durch die Antibiotika-Ultrakurzzeitprophylaxe (z.B. Cephalosporine, Metronidazol etc.) werden während des gesamten Eingriffs bakterizid wirkende Spiegel im Gewebe erreicht, die zu einer drastischen Senkung der früher häufigen Wundinfektionen von 30–50% auf 3–10% führten.

Eine wichtige Voraussetzung für den präparativ technischen Ablauf ist die Lagerung des Kranken (Abb. 9.6-13 u. 14).

Für manche Eingriffe im perinealen Bereich ist die Lagerung nach Götze (Abb. 9.6-14) am günstigsten, jedoch genügt meist die Steinschnitt- oder Seitenlage (Abb. 9.6-15a u. b).

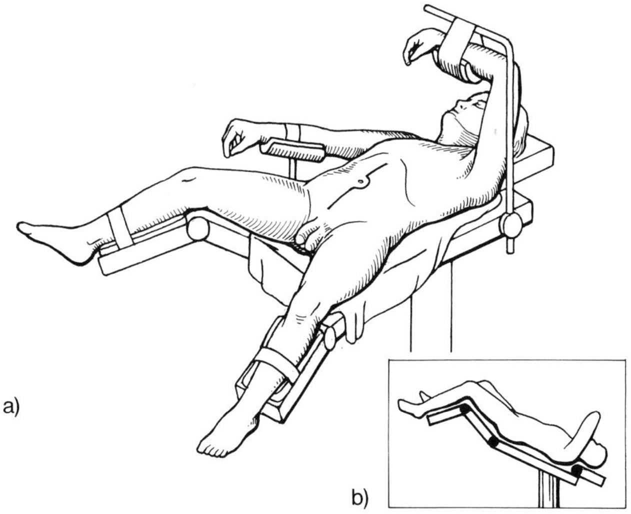

Abb. 9.6-13. a u. b) Trendelenburg-Lagerung für Eingriffe im kleinen Becken, speziell für Rektosigmoidresektionen.

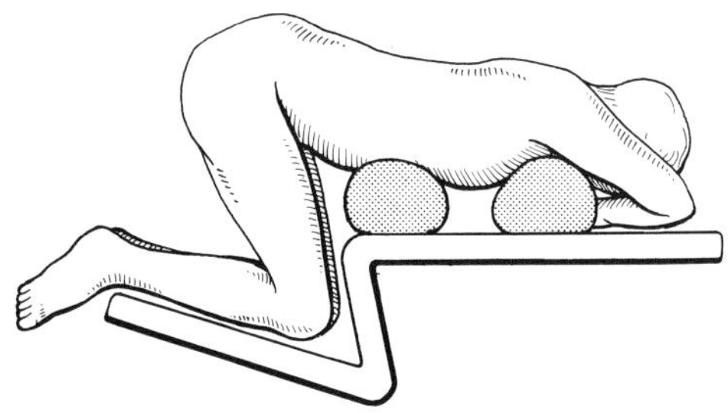

Abb. 9.6-14. Lagerung nach Götze (schematisch) ohne Westhues-Platte für spezielle Eingriffe der anorektalen Region (Rektotomia posterior, Mason-Operation u. a.).

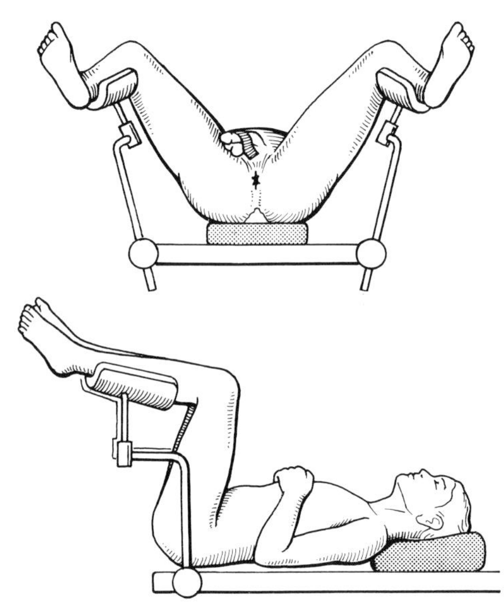

Abb. 9.6-15. a u. b) Sog. »Steinschnittlagerung«, optimal und ausreichend für die meisten perinealen Eingriffe am Mastdarm, Kontinenzorgan und der perianalen Region.

Nahtmaterial und Nahttechnik

Ganz allgemein sind Nähte am Dickdarm oder Mastdarm mit einer ungleich höheren Komplikationsrate belastet als am Dünndarm oder Magen. Dafür verantwortlich sind die durchweg schlechtere arterielle Perfusion, die stets vorhandene bakterielle Besiedlung des Lumens auch bei elektiven, optimal vorbereiteten Eingriffen und am Rektum der fehlende Serosaüberzug.

Ziemlich einheitlich wird von fast allen Operateuren Polyglykolsäure (PGS) oder Polyglactin in der atraumatischen Nadel-Faden-Kombination verwandt, und zwar sowohl für die Allschichten- als auch die seromuskuläre Naht.

Wir bevorzugen nach Möglichkeit die zweireihige Einzelknopfnaht nach Wölfler, sofern wir nicht maschinell nähen. Auch am Kolon oder Rektum sollen Anastomosen grundsätzlich terminoterminal durchgeführt werden, abgesehen von bestimmten Stapler-Techniken bei der Hirschsprungschen Erkrankung. Am tiefen Rektum kann es von Vorteil sein, zuerst die Allschichten-Hinterwandnahtreihe zu legen, danach zu knüpfen und dann durch vorsichtiges Drehen der vollständig fertiggestellten Vorderwandnahtreihe die äußeren Einzelhinterwandnähte von links und rechts nachzuholen. Andernfalls besteht die Gefahr, daß nach dem Knüpfen der Lembert-Nähte die Allschichtennaht nicht mehr zuverlässig gelingt. Auch fortlaufende Nähte in ein- und zweireihiger Nahttechnik finden gelegentlich Anwendung, in keinem Fall aber sind sie sicherer als die Einzelknopfnaht.

Die maschinelle Nahttechnik hat unbestreitbar Vorteile. Sie wird detailliert bei den speziellen Operationsverfahren dargestellt. Absolute Voraussetzung für ihre Anwendung ist aber, daß der Operateur die Naht von Hand zuverlässig beherrscht.

Zugangswege

Ausgenommen die Appendektomie, die entweder von einem pararektalen oder Wechselschnitt aus erfolgt, ferner die kurze transrektale Inzision im linken oder rechten Unterbauch zur Anlage einer Zäkalfistel oder Sigmoidostomie sowie die kurze quere Oberbauchlaparotomie, von der aus der Anus praeter am Querdarm angelegt wird, erfolgen **Kolon-** und/oder **Rektumresektionen** über eine lange mediane, links um den Nabel geführte Laparotomie. Alternativ kommen die kostoumbilikale Inzision links mit Verlängerung nach kaudal oder der paramediane transrektale Zugang in Frage, wenn zusätzlich ein Querkolonkunstafter angelegt werden muß oder wurde. Rechtes und linkes Hemikolon sowie das Colon transversum lassen sich sehr gut von einer queren Oberbauchlaparotomie zugänglich machen. Lange pararektale Schnitte haben eine hohe Narbenbruchrate und sind deshalb grundsätzlich nicht zu empfehlen.

Für die **Rektumexstirpation** genügt in der Regel nach Umlagerung die zirkuläre Umschneidung des Afters, die meist durch eine gerade Inzision in der Rima ani ohne Resektion der Steißbeinspitze ergänzt werden muß.

Beim Zugang nach Mason oder der sakralen Rektumresektion wird der Hautschnitt links am os coccygeum nach kranial vorbeigeführt.

Allgemeine Operationsverfahren

(Abb. 9.6-16-20)

Kolotomie

Darunter versteht man die Eröffnung des Darmlumens und dessen Verschluß nach der endoluminal erforderlichen Manipulation. Je nachdem, wo der Dickdarm eröffnet wird, spricht man von Zäkotomie, Aszendotomie, Transversotomie, Sigmoidotomie.

Der Eingriff ist heute nur noch selten indiziert, gelegentlich zur Entfernung solitärer, lang gestielter und endoskopisch nicht abzutragender Polypen. Beim leeren Darm wird die Kolotomie zwischen Haltefäden offen ausgeführt, bei nicht entleertem (unvorbereitetem Kolon) wird der Darminhalt nach beiden Seiten hin digital ausgestreift. Weiche Darmklemmen sichern, daß das zu kolotomierende Segment leer bleibt.

Die Kolotomie wird zweireihig entsprechend den Grundsätzen der Anastomosen-Nahttechnik verschlossen (Abb. 9.6-16). Bei ausreichend weitem Lumen ist es belanglos, ob die Nahtreihe längs oder quer angelegt wird. Die Inzision wird überwiegend längs angelegt im Verlauf einer Tänie.

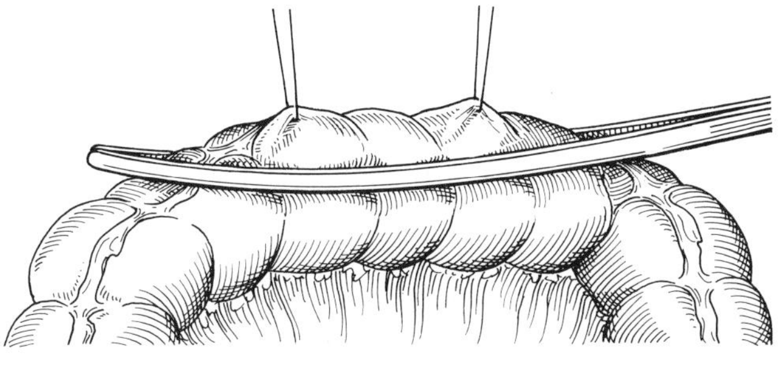

Abb. 9.6-16. a) Vorbereitung zur Kolotomie durch tangentiale Anlage einer weichen Darmklemme und Haltefäden an der Tänie.

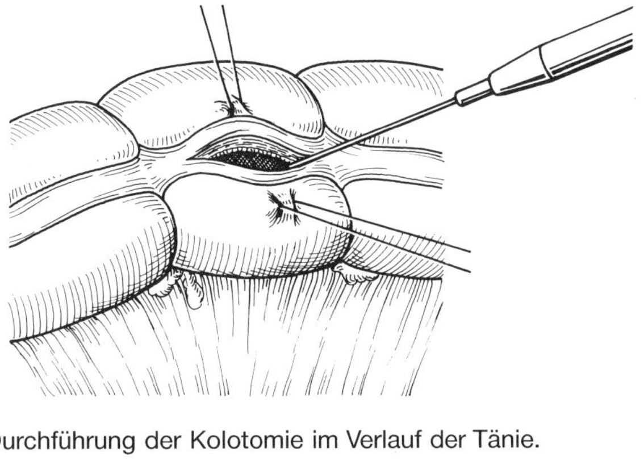

b) Durchführung der Kolotomie im Verlauf der Tänie.

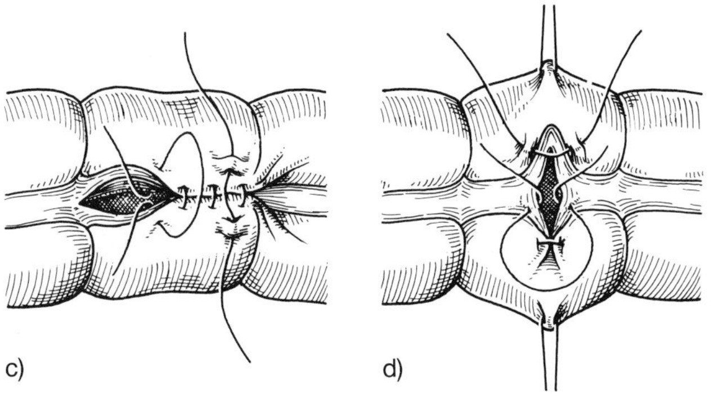

c) d)

c) Zweireihiger Nahtverschluß in Schnittrichtung (Lumeneinengung).
d) Zweireihiger Nahtverschluß in querer Richtung (Lumenerweiterungseffekt).

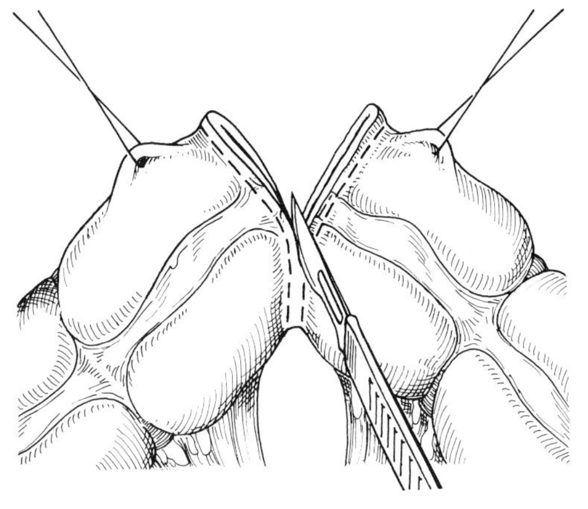

Abb. 9.6-17. Temporärer maschineller Kolonverschluß mit Resektion zwischen der Klammernahtreihe.

Kolostomie bzw. Anus praeter naturalis

Kolostomie im engeren und streng allgemeinchirurgischen Sinne bedeutet Anlage einer Lippenfistel. Sie erfüllt die Funktion eines Überdruckventils, erlaubt also auch die Ingestapassage in die aboral der Fistel gelegenen Dickdarmabschnitte.

Je nach gefisteltem Kolonanteil wird unterschieden zwischen Zäkostomie (Abb. 9.6-18), Transversostomie und Sigmoidostomie.

Die Indikation zur Anlage solcher Lippenfisteln ist heute nur noch selten zu stellen: Beim endoskopisch nicht zu entlastenden pseudoobstruktiven Ileus, um der Wandruptur am Zäkum vorzubeugen, bei segmentaler Dickdarmobstruktion durch Peritonealkarzinose, beim toxischen Megakolon und modifiziert als sog. Stelzner-Fistel alternativ zum passageren Querdarmanus im Zusammenhang mit Linksresektionen am Kolon.

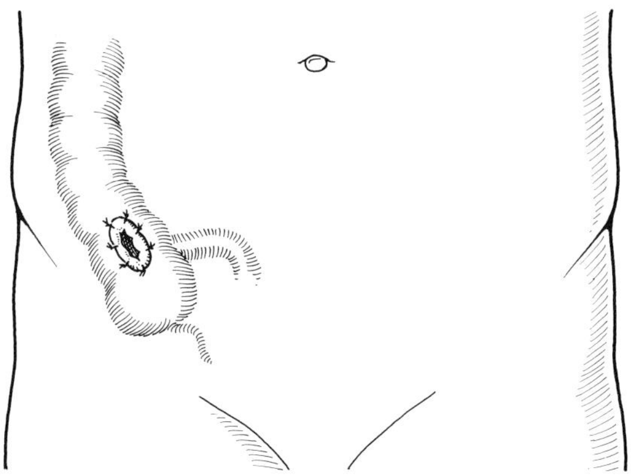

Abb. 9.6-18. Lippenfistel am Zäkum (schematisch).

Endständig wird der Anus praeter nach einer Rektumexstirpation oder Inkontinenzresektion nach Hartmann (s. S. 585) angelegt.

Der doppelläufige Anus praeter ist in der Regel passager geplant (als Noteingriff) beim stenosierenden Karzinom mit Ileus oder zur Entlastung einer insuffizient gewordenen, aboral gelegenen Anastomose bzw. vorsorglich zur Entlastung einer nahtbruchgefährdeten Anastomose am linken Kolon und Rektum. Ein Ileumkunstafter – selten doppelläufig, meist einläufig – ist dann anzulegen, wenn eine Proktokolektomie notwendig ist, z. B. bei der Colitis ulcerosa, der Colitis granulomatosa, beim aganglionären Kolon oder bei der familiären Polyposis coli.

Die Haut wird im Epigastrium zwischen Nabel und Xiphoid auf eine Länge von 8–10 cm quer gespalten. Ebenfalls quer gespalten wird das vordere Blatt der Rektusscheide beidseits der Linea alba. Roux-Haken beiderseits drängen den Bauch des M. rectus nach lateral, hintere Rektusscheide und Peritoneum werden nun frei und ebenfalls quer gespalten. In der Mittellinie trifft man auf die ehemaligen Nabelschnurgefäße, hier empfiehlt sich die Trennung zwischen Ligaturen.

Querdarm und Netzschürze werden nach dieser Laparotomie in der Regel unmittelbar sichtbar und im vorgesehenen Anus-praeter-Bereich vor die Bauchhöhle luxiert. Das große Netz wird auf eine Strecke von etwa 8–10 cm vom Querdarm abgetrennt, danach läßt sich der Darm umfahren, anschlingen und in der Regel auch spannungsfrei vor die Bauchwunde bringen. Eine sog. Reiternaht in der Mittellinie und hinter dem Darm transmesenterial gestochen sichert, daß er auch nach Beendigung der Operation nicht in die Bauchhöhle zurückgleiten kann und trennt gleichzeitig die Durchtrittsöffnung zwischen zu- und abführendem Schenkel in der vorderen Bauchwand.

Das Anus-praeter-Segment wird nun mit wenigen Seroseinzelknopfnähten am parietalen Peritoneum bzw. an der hinteren Rektusscheide fixiert. Eine Reihe von lateral nach medial hin angelegte Einzelnähte adaptiert die Ränder der vorderen Rektusscheide unter Hinterlassung einer genügend weiten Durchtrittsöffnung für den zuführenden Schenkel rechts und für den abführenden Schenkel links der Mittellinie. Die Durchtrittsöffnung für den rechten Schenkel soll weiter sein als am abführenden Schenkel, weil dieser unter Entlastung atrophiert und bei zu weit gelassener Öffnung zum Prolaps neigt.

Die Hautwunde wird von beiden Seiten her ebenfalls von lateral kommend eingeengt, unter Hinterlassung ausreichend weiter Durchtrittsöffnungen für zu- und abführenden Schenkel. Um das Zurückschlüpfen der Darmschlinge sicher zu verhindern, wird außer der Reiternaht ein »Steg« unter die Darmschlinge geschoben, der sich auf die kraniale und kaudale Wundlefze abstützt. Diese Stege sind heute kommerziell in verschiedenen Formen erhältlich und werden als Einmalartikel vertrieben (Abb. 9.6-19). Im Falle einer später noch erforderlichen kurativen Karzinomresektion mit Lymphadenektomie ist es vorteilhafter, den Anus praeter rechts lateral der Mittellinie durch den M. rectus auszuleiten (s. Abb. 9.6-40).

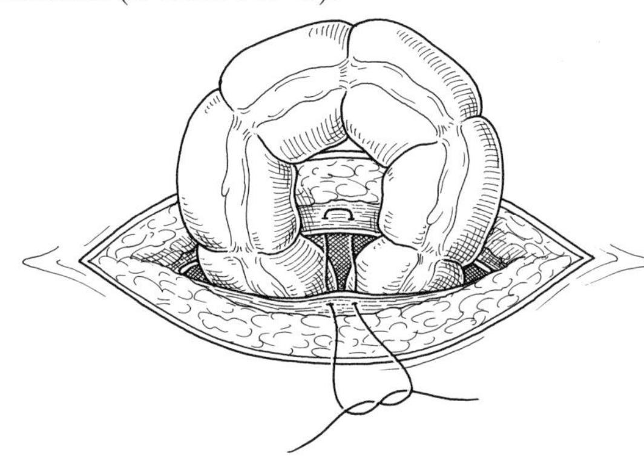

Abb. 9.6-19. a) Doppelläufiger Anus praeter am Kolon im Frontalschnitt. Die Reiternaht faßt die quer inzidierte obere und untere Rektusscheide. Sie wird als U-Naht gelegt (s. Text).

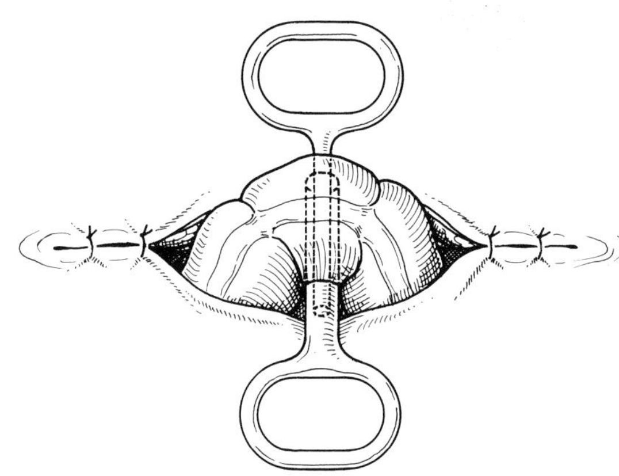

b) Lage des industriell vorgefertigten Stegs mit Steckverschluß.

Von Notsituationen abgesehen, bleibt die Anus-praeter-Schlinge für 6–8 Std. postoperativ verschlossen, so lange, bis luft- und flüssigkeits-, also auch infektsichere Verklebungen zwischen parietalem und viszeralem Peritoneum der explantierten Schlinge entstanden sind. Erst danach wird die Vorderwand der vorgelagerten Darmschlinge inzidiert und nach einer Woche folgt die komplette Durchtrennung über dem Reiter.

Der **doppelläufige Sigmakunstafter** wird entsprechend angelegt, in der Regel wird hier ein Pararektalschnitt bevorzugt. Die Präparation des großen Netzes entfällt. Um Zugspannung am Mesenterium und die Gefahr zu beseitigen, daß die eingenähte Schlinge in die Bauchhöhle zurückschlüpft, müssen die embryonalen Verklebungen des Mesosigma mit der seitlichen hinteren Bauchwand abgelöst werden.

Der doppelläufige Sigmakunstafter ist unvorteilhaft, wenn nachfolgende Eingriffe am aboralen Rektosigmoid notwendig sind.

Der doppelläufige Kunstafter wird heute per Laparotomie verschlossen, indem das kunstaftertragende Segment nach wetzsteinförmiger Umschneidung der Hautumgebung und Auslösung beider Kunstafterostien aus der Bauchwandlücke zirkulär freipräpariert, getrennt und entsprechend einer Segmentresektion knapp reseziert wird. Die beiden so dargestellten Darmquerschnitte werden durch eine End-zu-End-Anastomose wieder vereinigt. Diese Anastomose verbleibt intraperitoneal, die Laparotomiewunde wird primär verschlossen (Abb. 9.6-20).

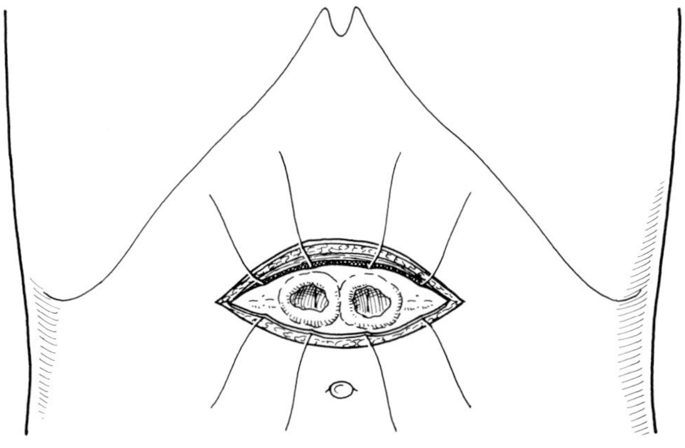

Abb. 9.6-20. Resektion eines doppelläufigen Anus praeter.
a) Wetzsteinförmig umschnittene Ostien.

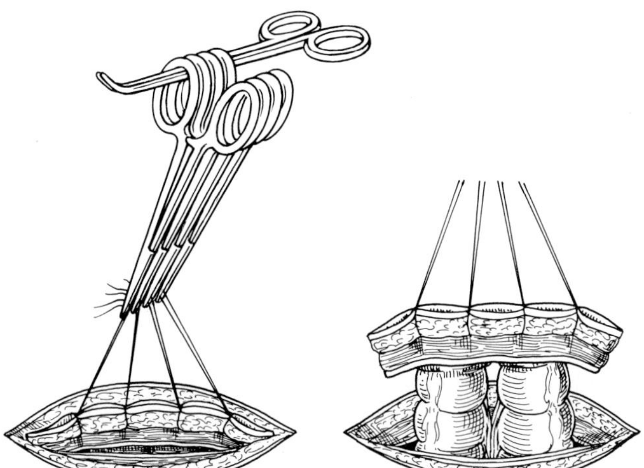

b) c)

b) Provisorische Versenkung der Ostien unter Hautnähten.
c) Auslösung beider Darmschenkel aus der Bauchwand.

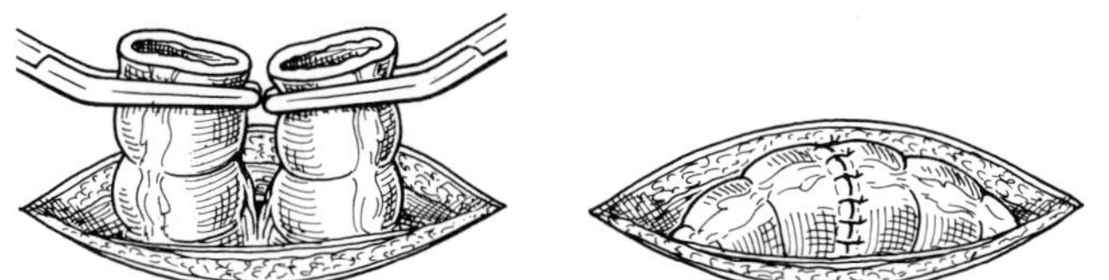

d) e)

d) Anus-praeter-Segment ist über Klemmen reseziert.
e) Passagerekonstruktion durch Transversotransversostomie End zu End.

Um den Eingriff weitgehend aseptisch durchführen zu können, werden die beiden nebeneinander gelegenen Kunstafterostien nach der Hautinzision unter dem darmwandnahen Hautsaum durch Einzelknopfnähte versenkt. Danach wird das Instrumentarium gewechselt und die Operation entsprechend den Regeln einer aseptischen Laparotomie fortgesetzt bis zur offenen Phase der Anastomose. Die Nahtvereinigung erfolgt terminoterminal. Dabei muß gelegentlich ein erheblicher Lumenunterschied ausgeglichen werden.

Spezielle Operationsverfahren

Die genaue Kenntnis der Gefäßversorgung und Lymphdrainage ist absolute Voraussetzung für die kurative Karzinomchirurgie am Dick- und Mastdarm, die Berücksichtigung der speziellen Angioarchitektur (s. Abb. 9.6-21) zugleich limitierend für die Distanzresektionen auch bei benignen Prozessen. Eine diesbezügliche Fehleinschätzung führt sicherlich am häufigsten zum frühen Nahtbruch mit folgenschweren Komplikationen, eine zu ängstliche Skelettierung zum drastischen Anstieg der Lokalrezidive und Verschlechterung der Gesamtprognose. Vor der Festlegung der Resektionsgrenzen muß daher die individuell und altersbedingt variable, arterielle Perfusion, gelegentlich sogar unter temporärer Drosselung einzelner Hauptstammarterien, überprüft werden. Besonders durchblutungsgefährdete Abschnitte bestehen im Versorgungsgebiet des Ramus ileocolicus, an der linken Kolonflexur (sog. Griffiths-Punkt) und am Übergang vom Sigma in das obere Rektumdrittel (Sudeckscher Punkt). Die den gesamten Kolonrahmen begleitende marginale Randarterie, die in seltenen Fällen an der linken Flexur fehlen kann und am Sudeckschen Punkt endet, muß an den zur Anastomosierung vorgesehenen Darmstümpfen pulsierend erkennbar sein. Andernfalls ist die Kolonresektion entsprechend weiter auszudehnen. Eine atypische Gefäßversorgung besteht häufiger am Colon ascendens, so daß die Hemikolektomie auch aus diesen Gründen Wahleingriff – von seltenen Ausnahmen abgesehen – hier lokalisierter benigner Prozesse ist. Die Riolansche Arkade fehlt dagegen nur in etwa 1% der Fälle, so daß Linksresektionen am Kolon im Normalfall bis zum Versorgungsgebiet der A. rectalis superior seltener durchblutungsgefährdet sind. Die zentrale Unterbindung dieses Gefäßes und zwangsläufig die der A. mesenteria inferior macht die Resektion des oberen Rektumdrittels erforderlich, weil die Randarkade am Sudeckschen Punkt endet.

Zusammenfassend ergeben sich daraus und den speziellen nosologischen Gründen die in den folgenden Ausführungen beschriebenen typischen Kontinuitätsresektionen am Kolon und Rektum.

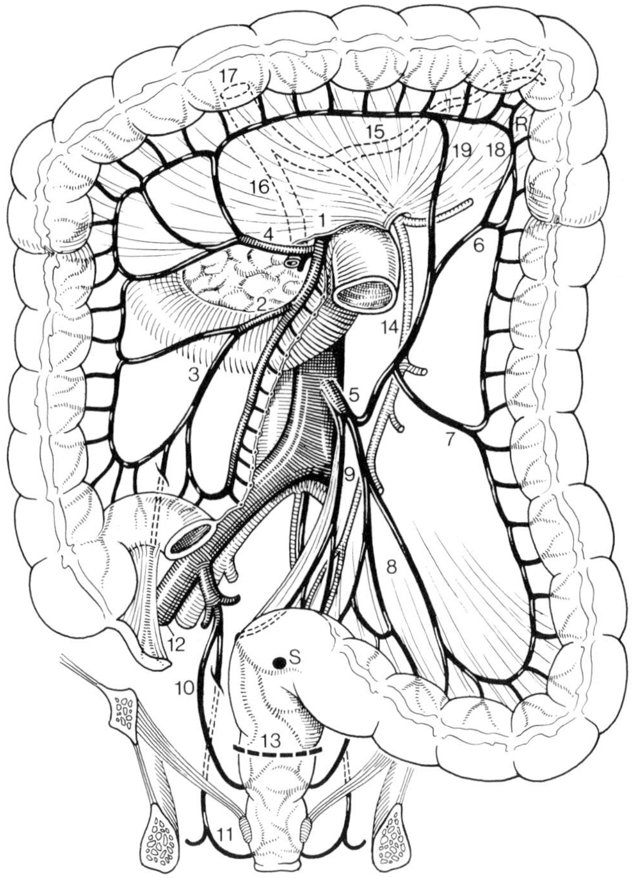

Abb. 9.6-21. Gefäßversorgung an Kolon und Rektum. 1 = A. mesenterica superior; 2 = A. colica dextra; 3 = A. ileocolica mit Ramus ileocolicus; 4 = A. colica media; 5 = A. mesenterica inferior; 6 = A. colica sinistra; 7 = Anastomose der A. colica sinistra mit der Randarkade (Drummond); 8 = Aa. sigmoideae; 9 = A. rectalis superior; 10 = A. rectalis media; 11 = A. rectalis inferior; 12 = A. iliaca communis; 13 = Peritoneale Umschlagsfalte; 14 = V. mesenterica inferior; 15 = V. lienalis; 16 = V. mesenterica superior; 17 = V. portae; 18 = Riolansche Arkade (R); 19 = doppelt angelegter Riolanscher Gefäßbogen; S = Sudeckscher Punkt.

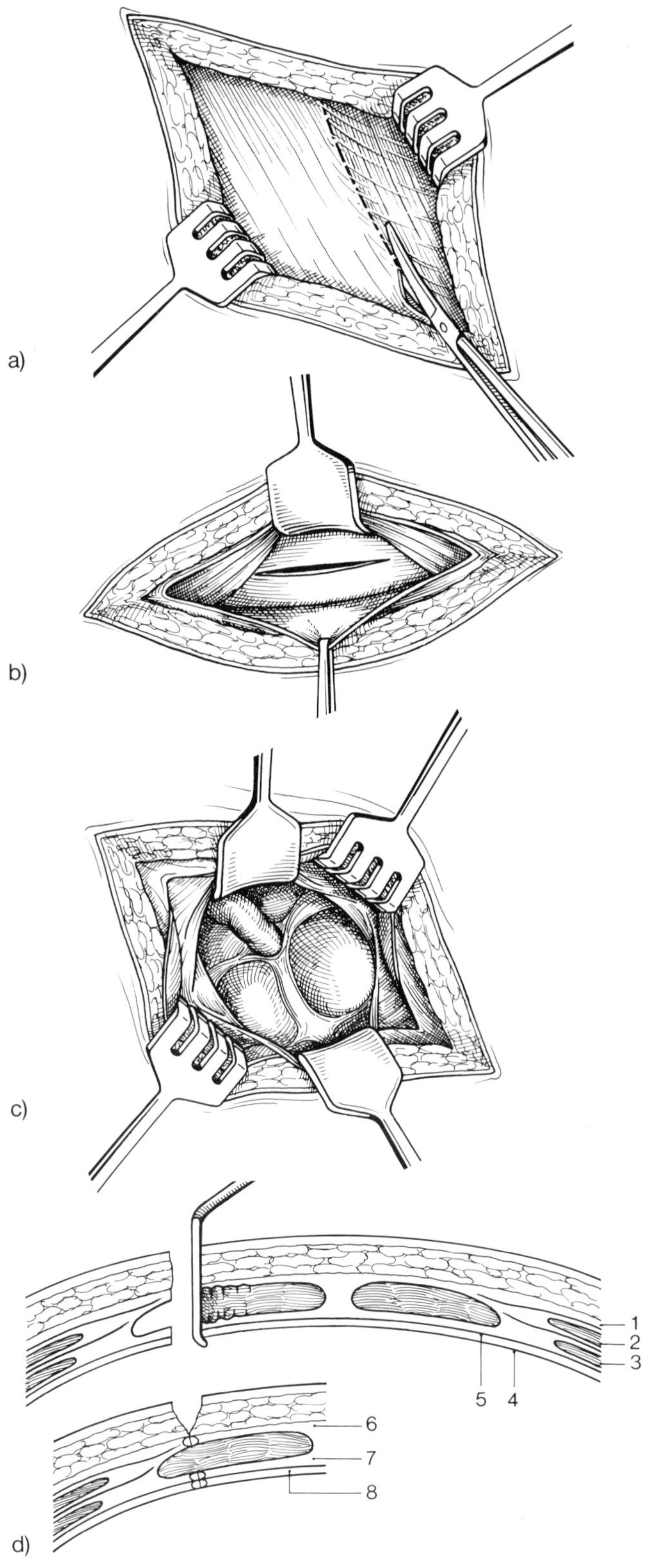

Abb. 9.6-22. a–d) Pararektalschnitt zur Appendektomie mit schichtgerechter Eröffnung und Verschluß. Der M. rectus wird mit einem stumpfen Haken nach Herauslösung aus dem lateralen Abschnitt seiner Scheide nach medial gehalten, in die er später zurückgleitet. 1 = Aponeurose des M. obliquus externus; 2. = M. obliquus interrnus; 3. = M. transversus; 4 = Peritoneum; 5 = Fascia transversalis; 6 = vordere Rektusscheide; 7 = hintere Rektusscheide; 8 = Peritoneum mit Fascia transversalis.

Appendektomie

Standardzugang für die Appendektomie ist entweder die pararektale Inzision oder der sog. Wechselschnitt.

Der pararektale Zugang (Abb. 9.6-22) ist bei unsicherer Diagnose und begründetem Verdacht auf eine schon fortgeschrittene Appendizitis deshalb vorzuziehen, weil er auf einfache Weise erweiterungsfähig ist.

Der lateral angesetzte sog. Wechselschnitt (Abb. 9.6-23) führt durch die schräge Bauchwandmuskulatur, ist schlechter zu erweitern, deshalb im Notfall und unter eingeschränkten Operations- und Anästhesiebedingungen nicht empfehlenswert. Vorteil des Wechselschnitts ist der in der Regel leichter zu behandelnde Bauchwandabszeß und der sehr viel seltener auftretende Narbenbruch.

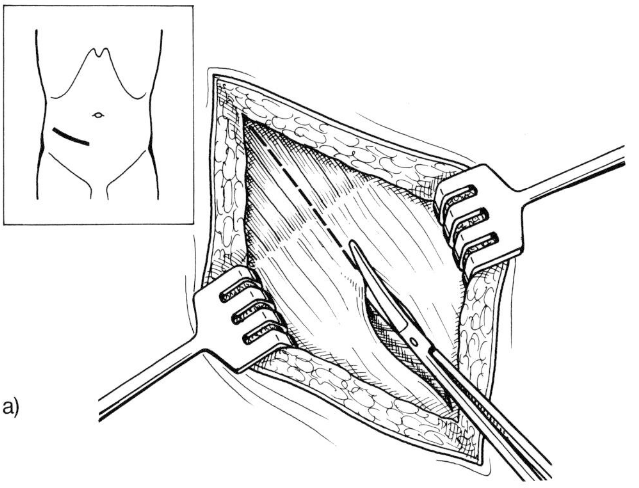

a)

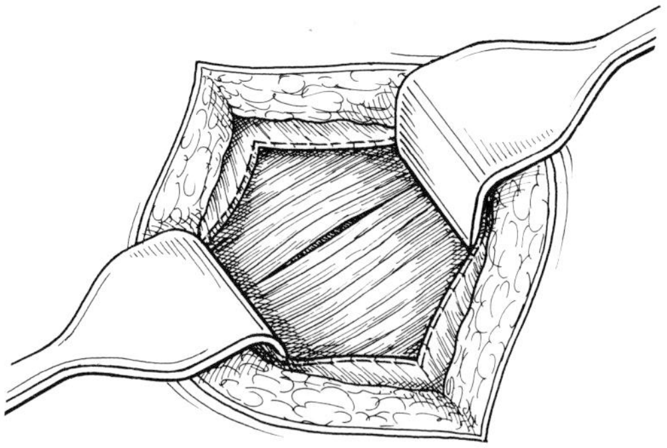

b)

Abb. 9.6-23. Wechselschnitt zur Appendektomie nach Mc Burney. Der Hautschnitt kreuzt die Linie zwischen Nabel und Spina iliaca superior, wobei der überwiegende Teil der Inzision unterhalb dieser Linie liegt. Durch die Möglichkeit, Haut und Unterhautgewebe kulissenartig verschieben zu können, kann man bei schlanken Patienten mit einem kleinen Schnitt beginnen und weitgehend die Spaltlinien respektieren.
a) Nach Inzision der Aponeurose des M. obliquus externus, ggf. auch zusätzlich des im oberen Wundwinkel sichtbaren gleichnamigen Muskels erkennt man den quer zur Schnittrichtung verlaufenden M. obliquus internus (b).

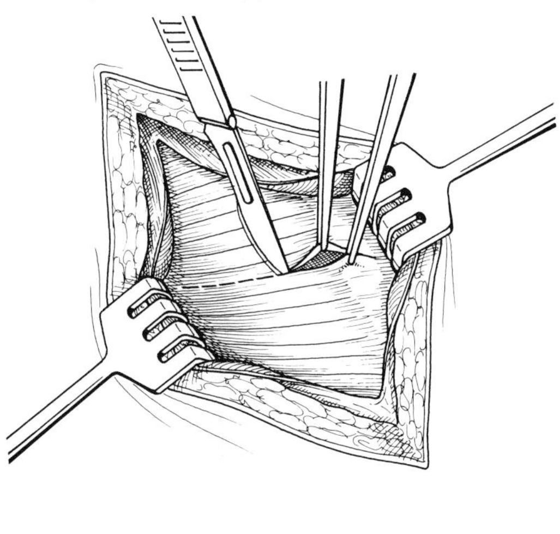

c)

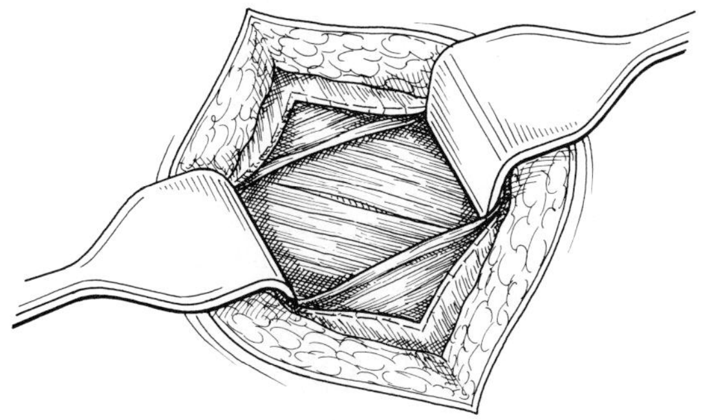

d)

c u. d) Nach Umsetzen der Haken wird der M. obliquus internus im Faserverlauf gespalten und gemeinsam mit dem darunterliegenden M. transversus stumpf auseinandergedrängt.

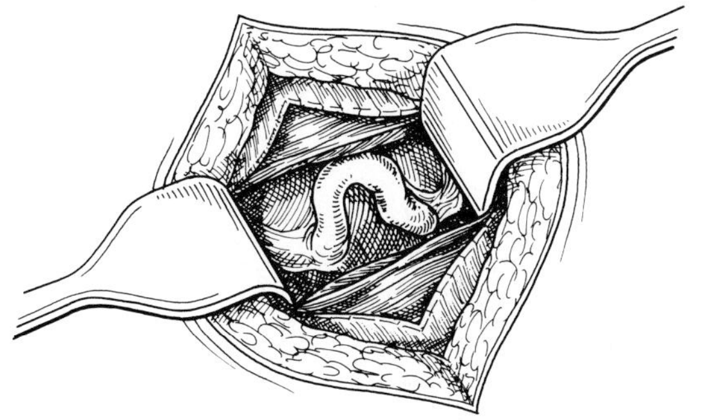

e) Anschließend werden die Fascia transversalis mit Peritoneum angehoben, inzidiert und die stumpfen Haken intraperitoneal eingesetzt. Die Externusaponeurose wird mit Polyglykolsäure-Einzelknopfnähten verschlossen.
Der Wechselschnitt läßt sich nur in querer Richtung über eine kurze Distanz erweitern und ist deshalb unvorteilhaft für die Appendektomie bei Adipösen. Der Verschluß der Bauchhöhle erfolgt durch Einzelknopfnähte, die Peritoneum, Fascia transversalis und evtl. den M. transversus gemeinsam mitfassen. Nur ausnahmsweise sind locker adaptierende Nähte der darüberliegenden Muskelschichten erforderlich.

Nach Eröffnung der Bauchhöhle wird das Zäkum aufgesucht und im Verlauf seiner freien Tänie die Appendix. Wenn es die anatomische Situation erlaubt, sollte man darauf verzichten, das Zäkum mit dem Wurmfortsatz vor die Wunde zu luxieren. Gerade hierbei treten häufig Wandschäden durch Zug oder Druck auf. Das Mesenteriolum wird im Falle einer einfachen Appendizitis spitzennah gefaßt. Von hier aus erfolgt die Skelettierung der Appendix zwischen Ligaturen, bis die Basis zirkulär freipräpariert ist (Abb. 9.6-24a). Die Appendixbasis wird nun mit einer »Tabaksbeutelnaht« umrundet (Abb. 9.6-24b u. c). Erst dann wird sie gequetscht, ligiert und der Wurmfortsatz über einer lumenverschließenden Klemme abgetragen. Der Stumpf wird mit einer anatomischen Pinzette gefaßt, ins Zäkumlumen gestülpt und unter die Tabaksbeutelnaht versenkt (Abb. 9.6-24d). Zur Sicherung wird eine zweite Tabaksbeutel- oder Z-Naht darübergelegt, wobei darauf zu achten ist, daß weder eine zu große Nahtspannung durch einen zu knapp bemessenen Nahtabstand entsteht noch zu viel eingestülpt wird, was bei einer allzu großzügigen Ausdehnung von Tabaksbeutel- und Z-Naht leicht passieren kann (Abb. 9.6-24e).

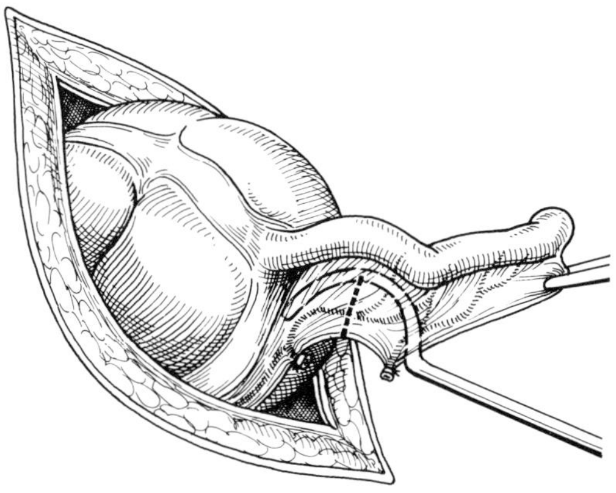

Abb. 9.6-24. Appendektomie.
a) Orthograde Appendektomie, Skelettierung des Wurmfortsatzes.

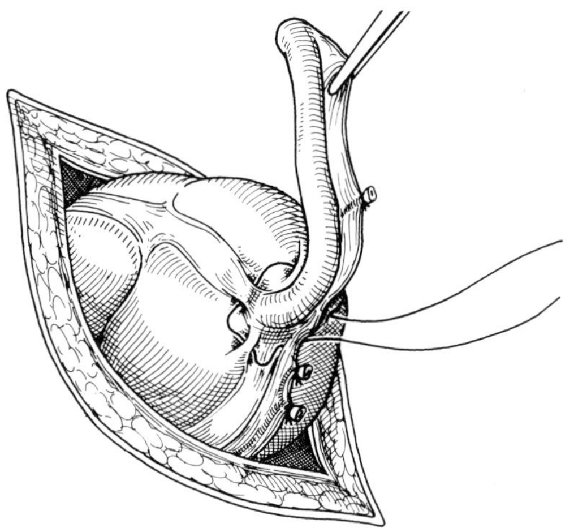

b) Zum Knüpfen bereite »Tabaksbeutelnaht« um die Appendixbasis herum. Der Knoten kommt an den Ansatz des Mesenteriolum.

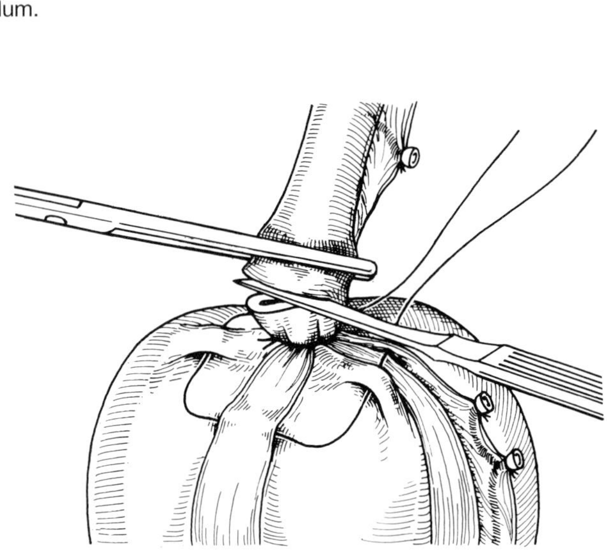

c) Abtragen des basisnah ligierten und vorher gequetschten Wurmfortsatzes.

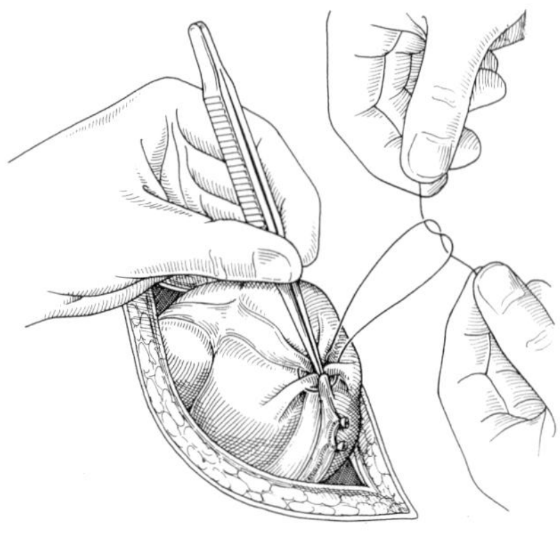

d) Der Appendixstumpf verschwindet unter der geknüpften Tabaksbeutelnaht.

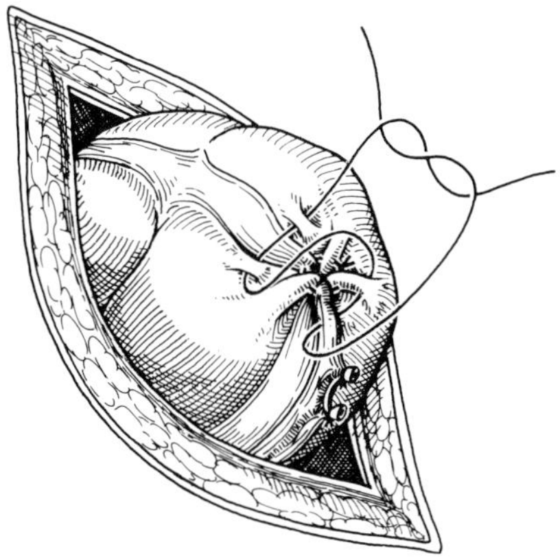

e) Sicherung der Tabaksbeutelnaht durch eine »Z-Naht«.

Die Drainage der Bauchhöhle ist nur bei einer unsicheren Stumpfversorgung oder einem fortgeschrittenen lokal abszedierenden Prozeß erforderlich, die der Bauchdecken durch eine Redon-Drainage dagegen großzügig zu handhaben.

Wenn sich die Verdachtsdiagnose »Appendizitis« während der Laparotomie nicht bestätigt, muß nach alternativen Ursachen gesucht und entsprechend vorgegangen werden. Die Notwendigkeit der Dünndarmrevision bis in eine Höhe von 60–80 cm zum Ausschluß eines Meckelschen Divertikels wird unterschiedlich gesehen. Bei einer fortgeschrittenen lokal abszedierenden Entzündung verzichten wir grundsätzlich darauf. Die Manipulationen am Dünndarm sollen sorgfältig mit zarter Hand ohne Serosaverletzung ausgeführt werden und ohne die revidierten Dünndarmschlingen vor der Bauchhöhle zu sammeln. Wahrscheinlich sind Serosaverletzungen häufigster Anlaß postoperativer Adhäsionen und Darmverschlüsse.

Von dieser »einfachen« Appendektomie ausgehend hat der Chirurg mit den unterschiedlichsten topographischen, aber auch operationstechnischen Schwierigkeiten zu rechnen und ganz allgemein mit Problemen der fortgeschrittenen Appendizitis. Die retrozäkale Lage des Wurmfortsatzes kann es schon sehr schwierig machen, ihn überhaupt zu finden. Wichtigste Orientierungshilfe ist auch hier der

Verlauf der freien Tänie des Zäkums. Sie führt immer zur Basis des Wurmfortsatzes. Dieser kann im Extremfall langgestreckt retrozäkal hinter dem Colon ascendens zwischen unterer Hohlvene und Leber enden und entsprechende Schwierigkeiten beim Versuch der Mobilisation und Entfernung bereiten. Dann muß man unter Umständen auf die sog. retrograde Appendektomie ausweichen, bei der zunächst im notwendigen Umfang der Zäkalpol mobilisiert wird, die Appendixbasis aufgesucht, unterfahren, unterbunden und schließlich durchtrennt wird. Daran schließt sich die Stumpfversorgung unter Tabaksbeutel- und Z-Naht an. Mit Hilfe von Kletterligaturen und unter weiterer Mobilisation des Zäkums manchmal auch des Colon ascendens, gelingt es dann schrittweise, den Wurmfortsatz bis zur Spitze aus seinem Lager herauszupräparieren und zu entfernen (Abb. 9.6-25). Diese Form der erschwerten Appendektomie kann zur chirurgischen Herausforderung werden beim berstungsbedrohten, in ganzer Länge gangränös entzündlich veränderten und entsprechend vulnerablen Wurmfortsatz.

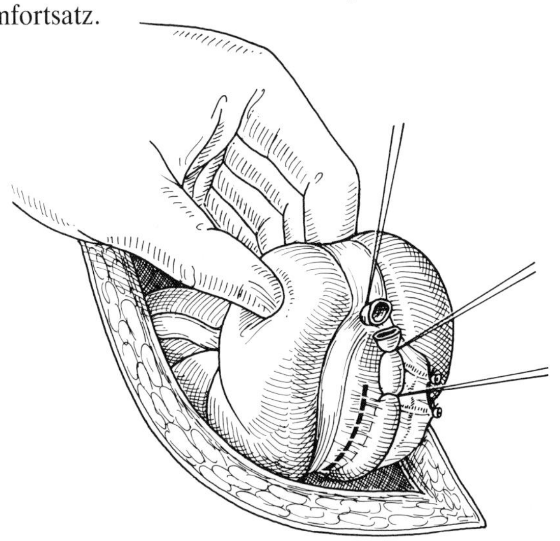

Abb. 9.6-25. Sog. retrograde Appendektomie.
a) Der Stumpf wird vor der Skelettierung der Appendix in typischer Weise versorgt.

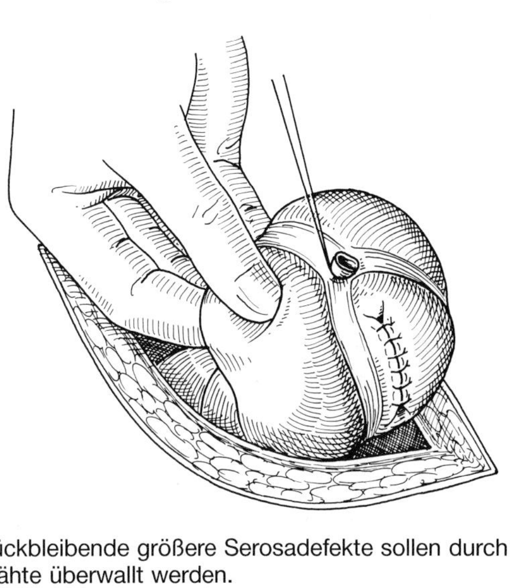

b) Zurückbleibende größere Serosadefekte sollen durch Einzelknopfnähte überwallt werden.

Eine zu spät operierte Appendizitis wird häufig von einer Netzkappe abgedeckt (sog. Glückshaube), sofern nicht inzwischen ein entzündlicher Konglomerattumor entstanden ist, der meist aus dem Zäkum, der umgebenden Bauchwand, den unteren Ileumschlingen, gelegentlich auch dem herübergezogenen Colon sigmoideum besteht. Noch weiter fortgeschritten entsteht aus diesem reaktiven Konglomerattumor der perityphlitische Abszeß, der seinerseits Anschluß an die Bauchhöhle finden kann, mit Ausbildung von interenterischen Abszessen oder am häufigsten einem Douglas-Abszeß. Seltener kommt es zu subphrenischen Abszessen oder einer diffus eitrigen Peritonitis.

Auch in diesen fortgeschrittenen Situationen sollte man die Appendektomie nach Möglichkeit immer durchführen und nur dann darauf verzichten, wenn der Wurmfortsatz innerhalb eines perityphlitischen Abszesses nicht mehr zu identifizieren ist. Wurde letzterer bereits präoperativ diagnostiziert, empfiehlt sich zunächst die retroperitoneale Entlastung und Drainage. Nach Ausheilung kann dann im symptomfreien Stadium die Intervallappendektomie risikolos nachgeholt werden. Auch die konservativ-antibiotische Behandlung des perityphlitischen Abszesses ist zu vertreten, wenn die Diagnose meist vor der Klinikeinweisung über Tage verschleppt wurde und weder allgemeinseptische noch peritonitische Symptome zur Notfall-Laparotomie zwingen.

Ileozäkalresektion

(Abb. 9.6-26)

Die hohe Ligatur der A. ileocolica am Abgang aus der A. mesenterica superior zwingt zur Resektion des Endileums und des Zäkums, in einem nicht geringen Anteil jedoch sogar zur Hemikolektomie, wenn die A. colica dextra nicht angelegt ist oder aber relativ weit peripher aus der A. ileocolica abgeht. Darauf ist bei der Präparation sorgfältig zu achten. Die Resektionsgrenze am Ileum liegt individuell etwas verschieden etwa 15 cm oralwärts der Valvula Bauhini, am rechten Kolon etwa in der Mitte des aufsteigenden Dickdarms oder entsprechend höher, jedenfalls so weit aboral, bis die Ernährung des verbleibenden Stumpfes über die marginale Kolonarterie gesichert ist.

Dieser Eingriff ist nur bei gutartigen Erkrankungen (Ileitis terminalis, postappendizitische Perityphlitis) oder semimalignen (Appendixkarzinoid) indiziert.

Die Operation beginnt mit der Mobilisation des Zäkums und des Endileums von der hinteren Bauchwand durch Inzision des lateralen Peritoneums. Aus Gründen der besseren Übersicht muß das Colon ascendens bis an oder nahezu an die rechte Flexur mobilisiert werden. Im durchscheinenden Licht wird die A. ileocolica identifiziert und nach Möglichkeit unter Erhaltung der A. colica dextra vor zentralen Doppelligaturen durchtrennt. Danach erfolgt die Präparation des Dünn- und Dickdarmgekröses bis an die

Darmwand heran und die Resektion des erkrankten ileozäkalen Darmabschnittes entweder offen oder unter Zuhilfenahme von Klemmen. Sobald die Sicherheit der Anastomose Anlaß zu geringstem Zweifel gibt, sollte man auch bei gutartiger Indikation mehr Dickdarm opfern und anstelle der Ileozäkalresektion die Hemikolektomie durchführen.

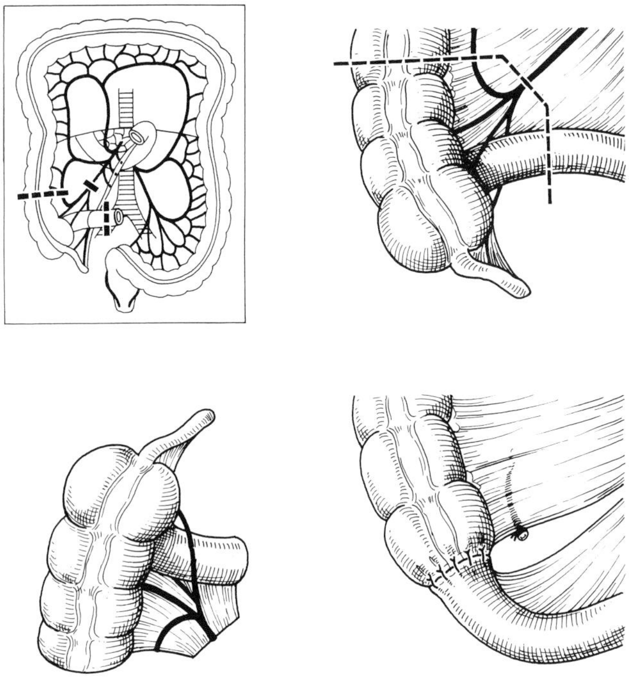

Abb. 9.6-26. Ileozäkalresektion mit Wiederherstellung der Passage durch eine terminoterminale Ileoaszendostomie.

Hemikolektomie rechts

Bei der rechtsseitigen Hemikolektomie werden A. ileocolica und A. colica dextra zentral am Abgang aus der kranialen Mesenterialarterie ligiert. Dementsprechend auszudehnen ist die Resektion. Sie betrifft die letzten ca. 15 cm des Dünndarms, Zäkum mit Appendix, Colon ascendens und rechte Flexur, sowie etwa das rechte Drittel des Querdarms (Abb. 9.6-27).

Der Eingriff beginnt wie bei der Ileozäkalresektion mit der Mobilisation des Zäkums, Endileums und Colon ascendens, indem das laterodorsale Peritoneum gespalten wird. Die mesenterialen Aufhängestrukturen der Flexura coli dextra sind in aller Regel ligaturfrei zu durchtrennen. Das Colon ascendens läßt sich nun zusammen mit dem dazugehörigen Mesokolon vorwiegend stumpf in mediale Richtung abschieben. Die Präparation erfolgt dann in der richtigen Schicht, wenn Pars descendens und horizontalis inferior des Duodenums sowie die unter dem Duodenum hervortretende A. und V. testicularis bzw. ovarica und lateral davon der rechte Ureter an der hinteren Bauchwand verbleiben. Von der rechten Kolonflexur aus erfolgt dann zwischen Doppelligaturen die magenwandnahe Durchtrennung der Pars gastromesocolica des großen Netzes bis zur vorgesehenen Resektionsgrenze am Querdarm im Grenzbereich zwischen dessen rechtem und mittlerem Drittel.

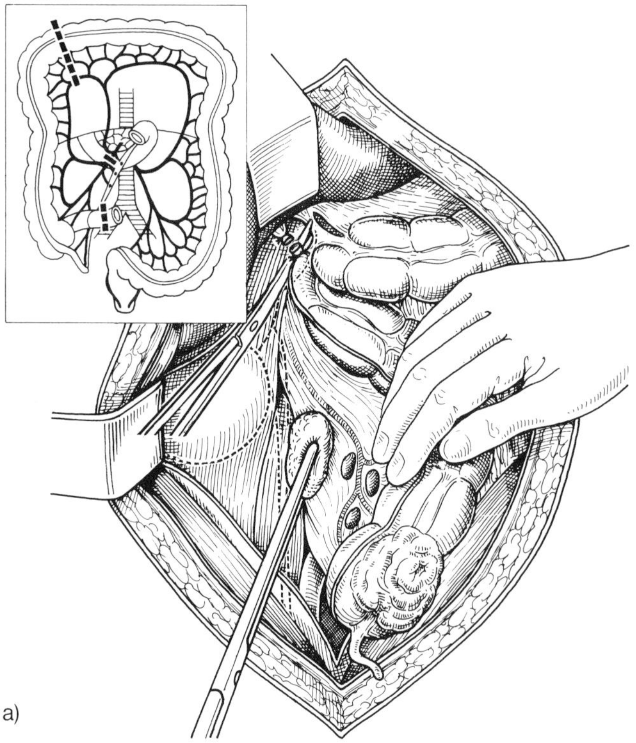

a)

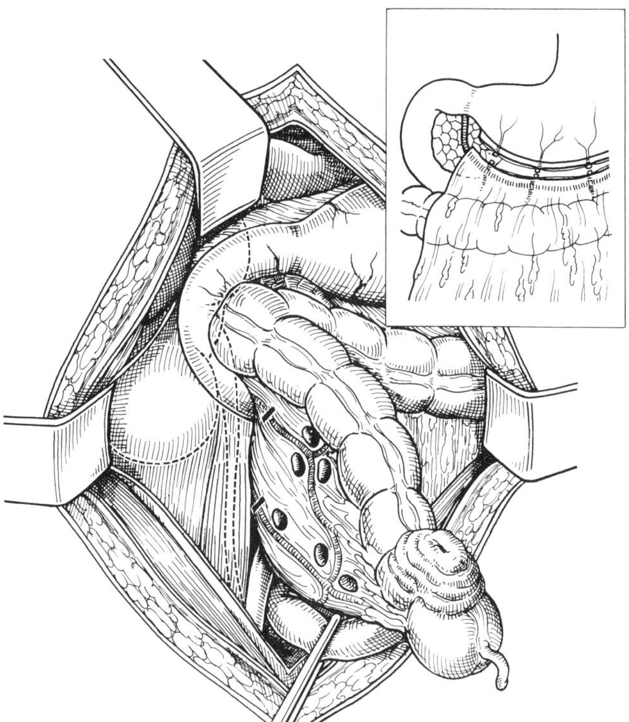

b)

Abb. 9.6-27. Hemikolektomie rechts.
a u. b) Mobilisation des rechten Hemikolons mit hoher Ligatur der A. ileocolica und colica dextra sowie Darstellung des Ureters und Duodenums.

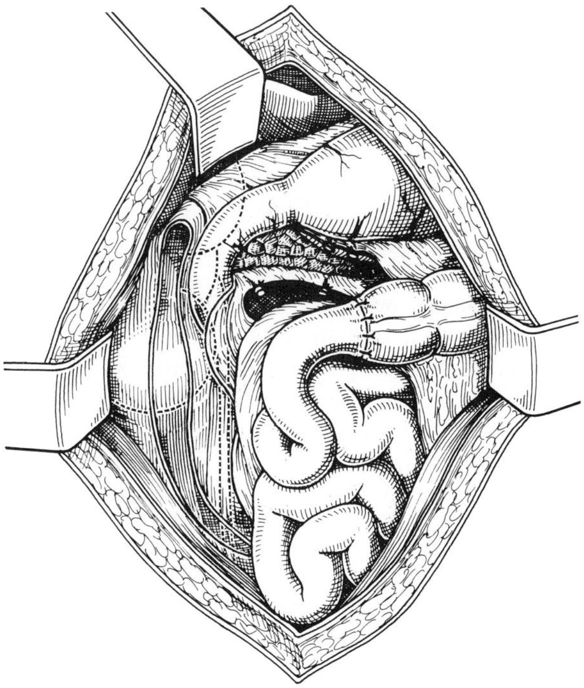

c) Mobilisation des rechten Querdarmabschnittes entlang der großen Magenkurvatur unter Mitnahme der A. gastroepiploica dextra und Wiederherstellung der Passage durch Ileotransversostomie End zu End.

Hier ist die Ernährung des Kolonstumpfes durch den rechten Ast der A. colica media gesichert. Auch die Netzschürze des rechten Querdarmdrittels muß zwischen Ligaturen separiert werden.

Im durchscheinenden Licht des angehobenen und gestrafften Kolonmesenteriums sind nun mühelos auch bei adipösen Patienten die zentralen Stämme der A. colica dextra und A. ileocolica auszumachen und einschließlich der begleitenden Venen und Lymphgefäße zwischen Doppelligaturen zu durchtrennen.

Nach der offenen oder unter Zuhilfenahme von Klemmen geschlossenen Resektion des Hemikolektomiepräparates wird die Passage durch eine Ileotransversostomie rekonstruiert. Auch hier sind häufig erhebliche Lumenkongruenzen auszugleichen (Abb. 9.6-28). Ebenfalls möglich sind maschinelle Resektionen (Abb. 9.6-29). Der Eingriff endet mit dem Verschluß des Mesenterialschlitzes und in geeigneten Fällen auch mit dem Verschluß des breit eröffneten Retroperitoneums. Das Retroperitoneum kann (bei Nahtspannung oder nur unvollständiger Verschlußchance) auch offen gelassen und dann zur Ableitung des Sekrets drainiert werden.

Wenn ein Karzinom an der rechten Kolonflexur zu resezieren ist, empfiehlt es sich aus Radikalitätsgründen, den Eingriff dadurch zu erweitern, daß auch die A. colica media zentral am Abgang aus der A. mesenterica superior durchtrennt wird. Die Resektionsgrenze am Querdarm muß deshalb in die linke Hälfte verlegt werden, die von der A. colica sinistra über die Riolansche Arkade ernährt wird. Die Durchblutungsverhältnisse müssen in jedem Fall gründlich überprüft werden. Sind sie nicht ausreichend, dann ist die Resektion notfalls über die linke Flexur und das Colon descendens hinaus bis zum Sigma auszudehnen.

Die Lymphadenektomie ist bei diesem Eingriff bis an die Pankreasunterkante voranzutreiben, in jedem Fall aber sorgfältig im Abgangsbereich der geopferten Hauptstammgefäße vorzunehmen. Die Lymphadenektomie ist nur dann ausreichend radikal, wenn die V. mesenterica superior von rechts her freigelegt wurde.

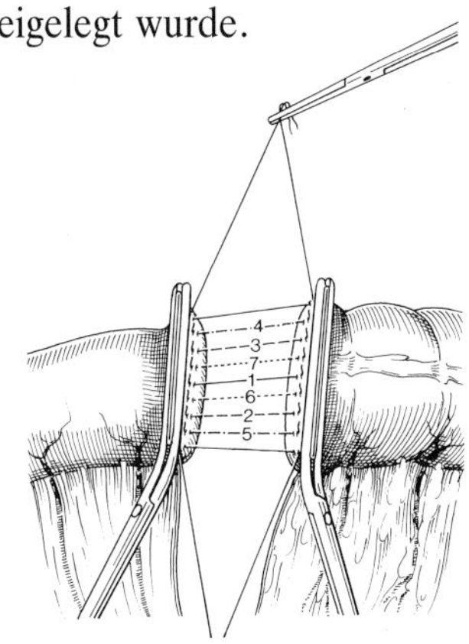

a)

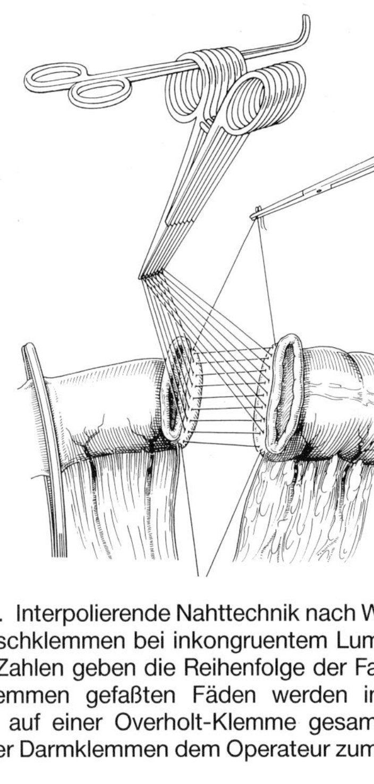

b)

Abb. 9.6-28. Interpolierende Nahttechnik nach Wölfler-Dick zwischen Quetschklemmen bei inkongruentem Lumen.
a u. b) Die Zahlen geben die Reihenfolge der Fadenführung an. Die mit Klemmen gefaßten Fäden werden in der richtigen Reihenfolge auf einer Overholt-Klemme gesammelt und nach Abnahme der Darmklemmen dem Operateur zum Knüpfen angereicht.

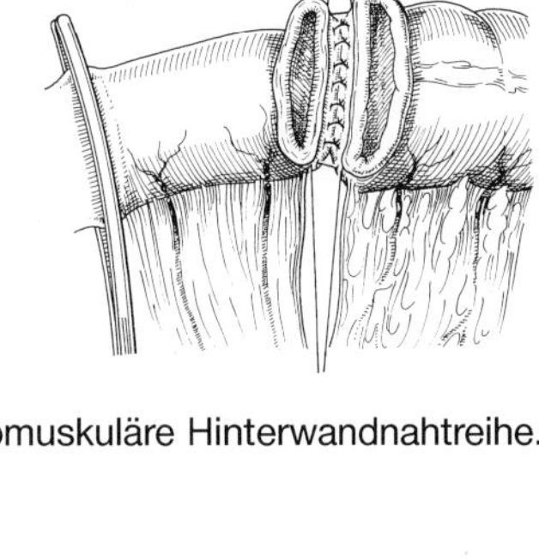

c) Fertige seromuskuläre Hinterwandnahtreihe.

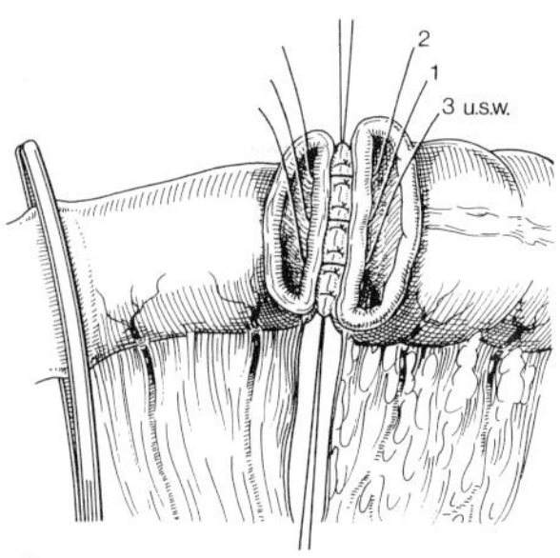

d)

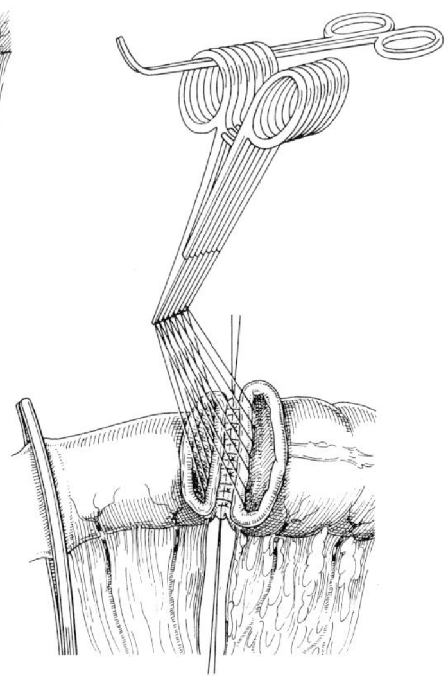

e)

d) Bei deutlich inkongruenten Lumina geht man auch bei der Allschichten-Einzelknopfnaht wie zuvor gezeigt interpolierend vor und knüpft die Fäden zunächst nicht, sondern erst,
e) wenn alle Nähte gelegt sind. Die Inkongruenz im Bereich der Vorderwand wird dadurch ausgeglichen, indem weniger von der schmaleren und mehr von der breiteren Seite gefaßt wird. Die Nahtfolge ist wie bei der Hinterwand zweireihig invertierend.

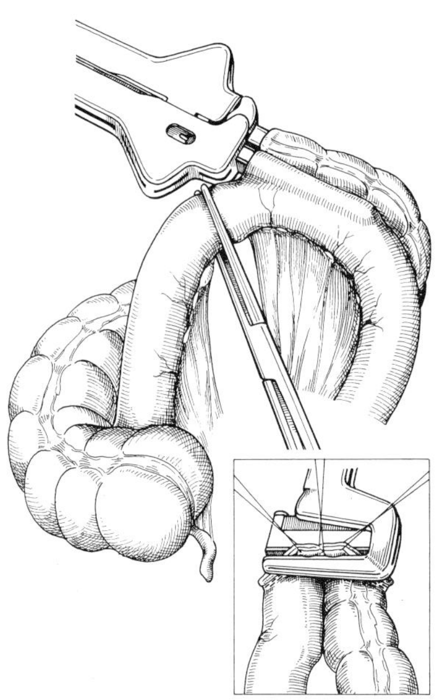

Abb. 9.6-29. Hemikolektomie rechts mit einem Resektions- und Anastomosen-Klammernahtinstrument. Nach vollständiger Skelettierung des zur Resektion vorgesehenen Kolonabschnittes einschließlich des terminalen Ileums wird zunächst die Anastomose laterolateral, z. B. mit dem GIA, durchgeführt und anschließend die Resektion mit simultanem Verschluß der noch offenstehenden Inzisionsöffnungen nach Entfernung des Nähapparates. Später verhält sich diese Anastomose funktionell wie eine End-zu-End-Anastomose.

Resektion des Colon transversum

(Abb. 9.6-30–32)

Dieser Eingriff kommt fast nur für die Behandlung eines Karzinoms in Frage. Die Resektion umfaßt alle von der A. colica media versorgten Abschnitte des Dickdarms einschließlich der anhängenden Netzschürze. Das Lig. gastrocolicum wird üblicherweise unter Opferung der gastroepiploischen Arkade zwischen Ligaturen durchtrennt. Die Resektionsgrenzen sind unmittelbar medial der rechten und linken Kolonflexur festzulegen, die dazu mobilisiert werden müssen. Das ist auf der rechten Seite meist ohne Unterbindungen möglich, links dagegen empfiehlt sich die Durchtrennung zwischen Ligaturen wegen der hier noch kräftiger entwickelten Gefäße. Besonders sorgfältig ist darauf zu achten, daß der untere Milzpol und der Pankreasschwanz nicht in Mitleidenschaft gezogen werden. Die Passagerekonstruktion erfolgt durch eine Transversotransversostomie, wobei der Mesenterialschlitz verschlossen werden muß.

Die Querdarmresektion ist nur bei Tumoren ausreichend radikal, die noch auf die Darmwand beschränkt sind und allenfalls N_1-Metastasen haben.

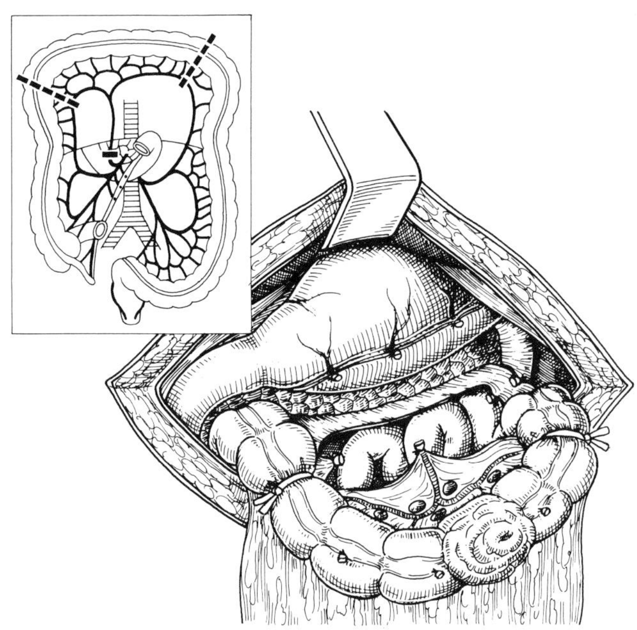

Abb. 9.6-30. Querkolonresektion. Die A. colica media ist am Abgang durchtrennt, das große Netz unter Mitnahme der gastroepiploischen Arkade von der großen Kurvatur des Magens bereits abgelöst.

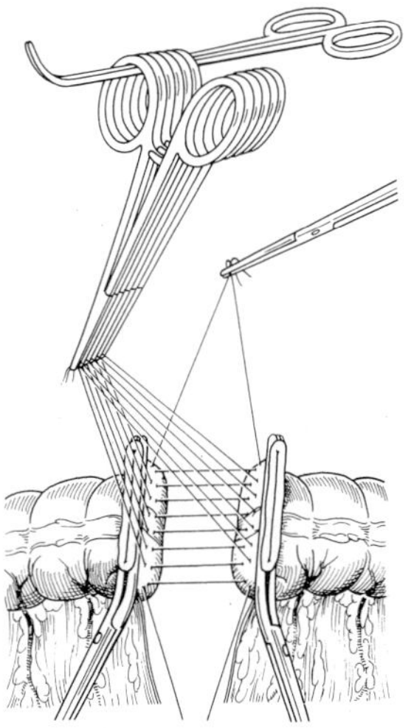

Abb. 9.6-31. Durchführung der terminoterminalen zweireihigen Anastomose am Kolon in der Nahttechnik nach Wölfler, modifiziert nach Dick.
a) Nach Anlage der Bronchusklemmen erfolgt die seromuskuläre Einzelknopfnaht der Hinterwand, wobei die Fäden zunächst langgelassen, mit Klemmen gefaßt und letztere auf einer Overholt-Klemme aufgefädelt werden.

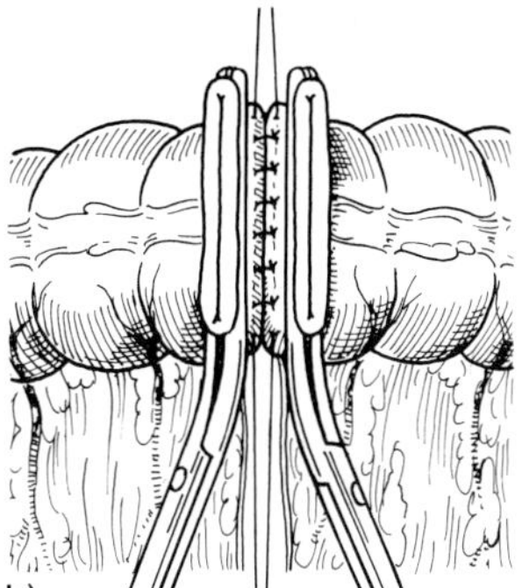

b)

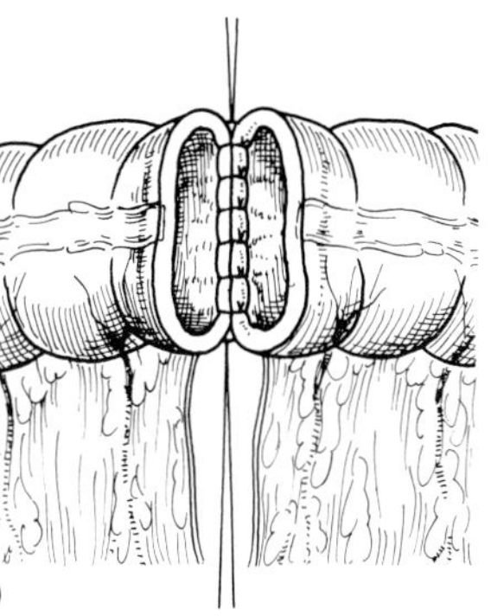

c)

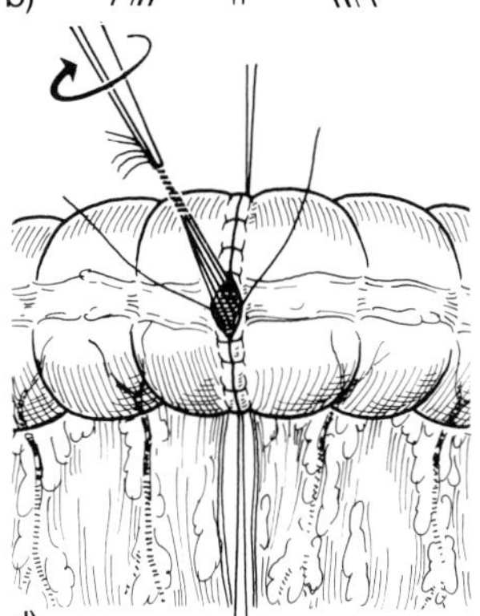

d)

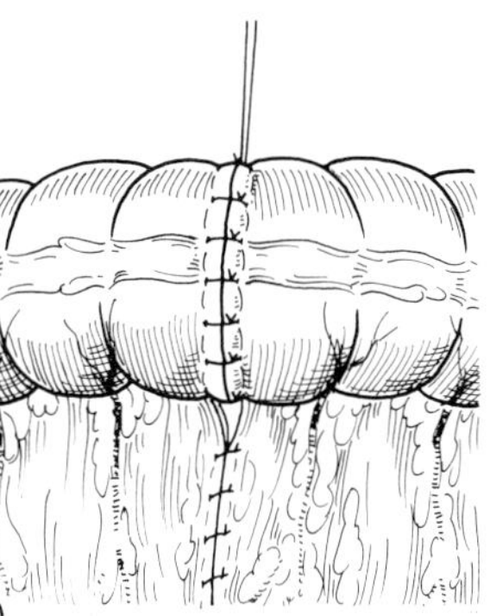

e)

b) Nach Knüpfen der Hinterwandnahtreihe bei dicht aneinandergehaltenen Darmenden werden die noch überstehenden Schleimhautreste abgetragen.
c) Nach Abnahme der Bronchusklemmen wird die allschichtige invertierende Einzelknopf-Hinterwandnahtreihe gelegt, wobei die Quetschränder knapp unterstochen werden müssen.
d) Daran schließt sich die invertierende Allschichten-Einzelknopfnaht der Vorderwand an mit Versenkung der sich in der Mitte treffenden beiden Fäden, die zuvor verdrillt werden. Die verbleibende kleine Öffnung wird durch einen invertierend gestochenen Faden verschlossen.
e) Fertiggestellte terminoterminale Anastomose nach abgeschlossener seromuskulärer Einzelknopfnaht.

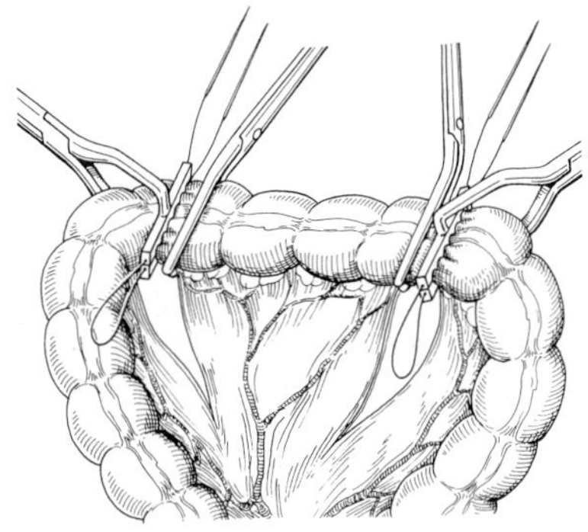

Abb. 9.6-32. Terminoterminale maschinell durchgeführte Anastomose am Kolon.
a) Geschlossene Resektion zwischen Klemmen nach Lage der Tabaksbeutelnähte.

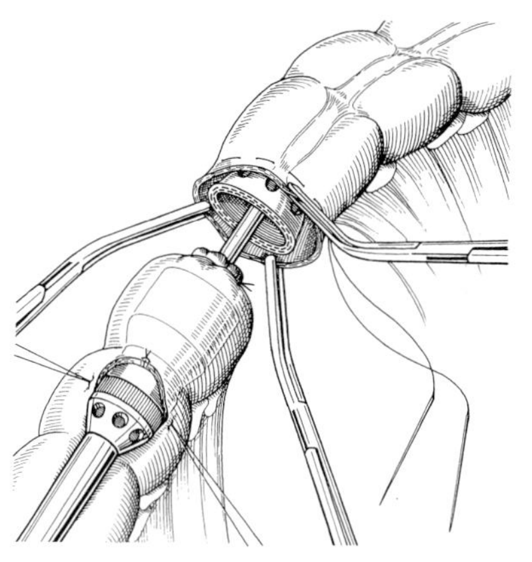

b) Wiederherstellung der Passage unter Zuhilfenahme eines zirkulären Staplers, der über eine gesonderte Kolotomie eingebracht wird.

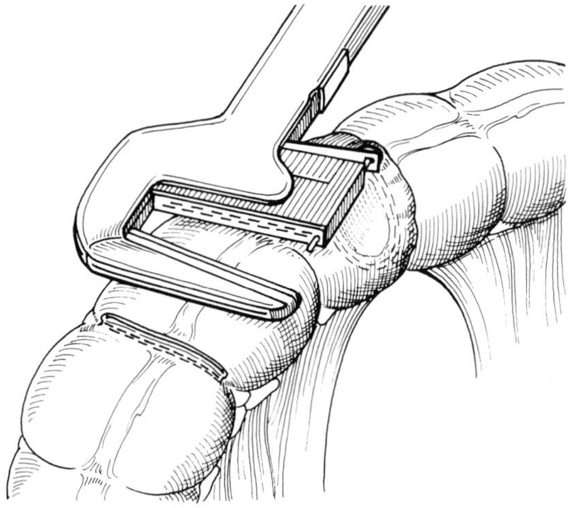

c) Verschluß der Kolotomie in querer Richtung mit dem TA 55.

Hemikolektomie links

(Abb. 9.6-33)

Sie umfaßt das Versorgungsgebiet der A. mesenterica inferior und reicht somit von der linken Hälfte des Querdarms bis zum rektosigmoidalen Übergang, d.h. bis zum Versorgungsgebiet der A. rectalis media. Der intraabdominelle Teil des Eingriffs beginnt mit der Ablösung der fetalen Adhäsionen des Sigma zur seitlichen Bauchwand, mit der Darstellung des linken Ureters, der stets angeschlungen werden muß. Er wird fortgesetzt mit der Präparation des Stammes der A. mesenterica inferior. Das Gefäß geht links seitlich aus der Aorta etwa 3–6 cm proximal der Bifurkation ab und ist nach Spaltung des Peritoneum parietale über der Aorta leicht aufzufinden. Mit der zentralen Durchtrennung dieses Gefäßes und der Resektion des Kolonmesenteriums erreicht man fast alle regionalen Lymphknoten im Abflußgebiet vom linken Kolon. Die radikale Hemikolektomie links verlangt auch die Ablösung des Duodenums, um bis zur Höhe der linken Nierenvene die parakavale und paraaortale Lymphadenektomie zu ermöglichen.

Bevor man mit der Mobilisation der linken Kolonflexur beginnt, wird die V. mesenterica inferior möglichst weit zentral ligiert und durchtrennt. Bei der Ablösung des linken Kolonrahmens ist besondere Sorgfalt zur Schonung des unteren Milzpols und des Pankreasschwanzes geboten. Handelt es sich um ein Karzinom an der Flexura lienalis, so ist die Milz aus Radikalitätsgründen mitzuentfernen, da die Lymphknoten im Milzhilus zum Lymphdrainagegebiet gehören. Unter Umständen muß auch der Pankreasschwanz und auch das Corpus pancreatis reseziert werden, um die parapankreanen Lymphknotenmetastasen sicher zu eliminieren. Die Pars gastrolienalis und Pars gastromesocolica des großen Netzes werden im vorgesehenen Resektionsbereich des Querdarms zwischen Ligaturen magenwandnahe durchtrennt. Die aborale Resektionslinie ist so zu wählen, daß der verbleibende Darmstumpf einwandfrei durchblutet ist. Dazu ist die Mobilisation des oberen Rektumabschnittes erforderlich, da die Durchblutung des aboralen Stumpfes nur dann gesichert ist, wenn man das Versorgungsgebiet der A. rectalis media erreicht. Die Durchblutungsgrenze liegt in der Regel etwa 5–10 cm oralwärts der Douglasschen Umschlagsfalte.

Nach Resektion des tumortragenden Dickdarms werden die mobilisierte rechte Querdarmhälfte und das Rektum einander genähert und durch eine unbedingt spannungsfrei anzulegende End-zu-End-Anastomose miteinander verbunden. Der Mesokolonschlitz und die retroperitoneale Wundfläche sollen verschlossen werden. In die Nähe der Anastomose wird ein Drain gelegt, das man, um intraabdominelle Komplikationen zu vermeiden, nach links iliakal retroperitoneal ausleitet. Ein entlastender Kunstafter ist bei guter Durchblutung der Darmstümpfe und einer spannungsfreien, ausreichend weiten Anastomose nicht notwenig. Im Zweifel sollte man ihn jedoch anlegen.

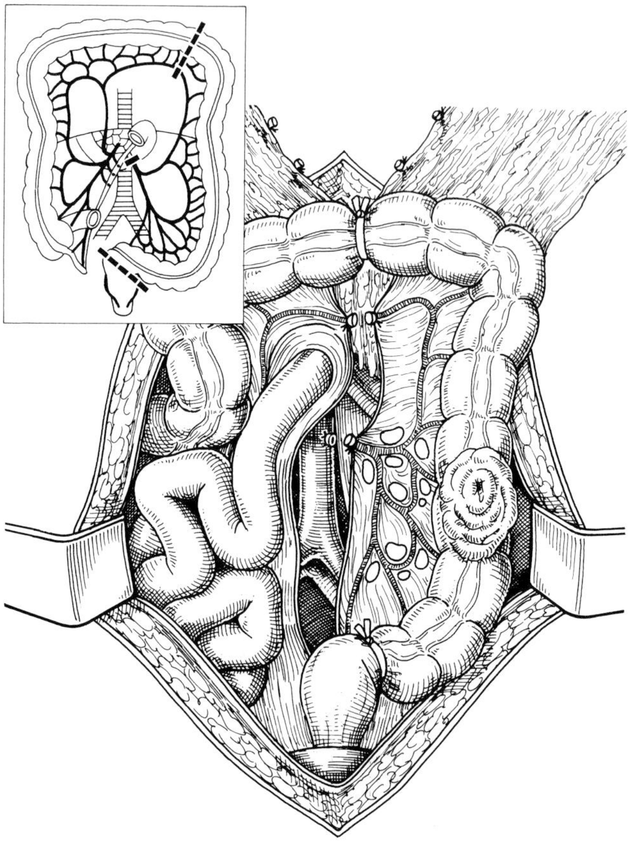

Abb. 9.6-33. Hemikolektomie links.
I. Die A. mesenterica inferior ist am Abgang von der Aorta durchtrennt, ebenso die Kolonrandarkade. Das Duodenum ist zur paraaortalen und parakavalen Lymphadenektomie (s. Abb. 9.6-36 II c) mobilisiert.

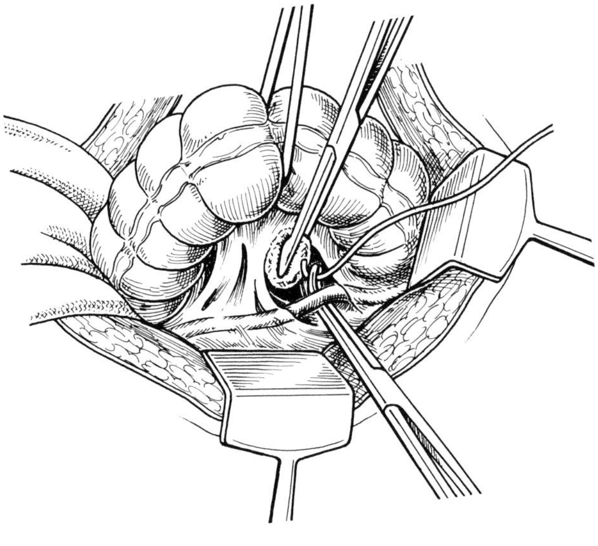

II. Präparative Teilschritte.
a) Durchtrennung der fetalen Verklebungen des Sigmas zur seitlichen Bauchwand mit Darstellung des linken Ureters, der angeschlungen wird.

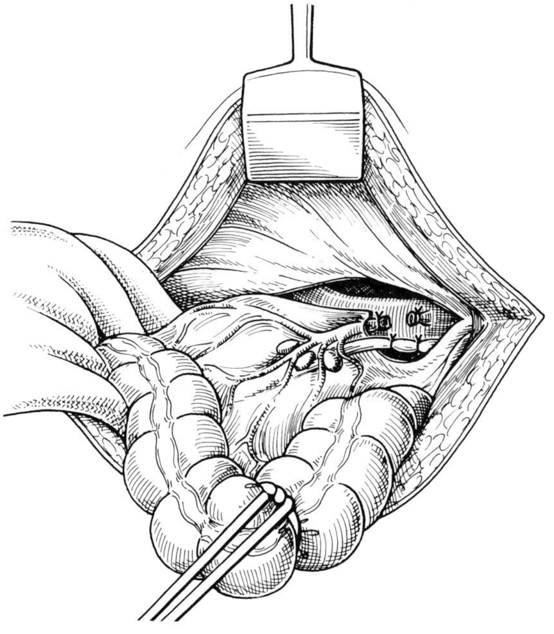

b) Unterbindung der V. und A. mesenterica inferior. Letztere wird abgangsnahe abgesetzt.

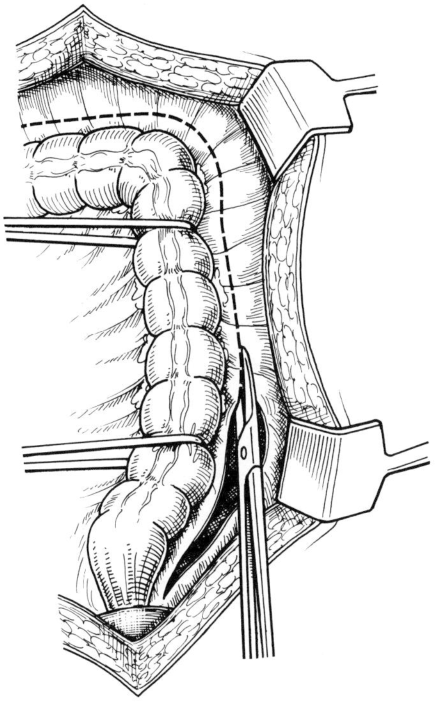

c) Mobilisation des Colon descendens teils scharf, teils stumpf mit Durchtrennung der Aufhängebänder an der linken Flexur unter Zuhilfenahme von Dissektionsligaturen sowie des linksseitigen Abschnittes des Lig. gastrocolicum. Festlegung der Resektionsgrenze am Querkolon mit Spaltung des großen Netzes, von dem der rechte Anteil erhalten bleiben kann. Unterbindung und Durchtrennung der Kolonrandarkade. Resektion des mobilisierten Kolonrahmens bis herunter in die obere Rektumetage nach Anlage von Klemmen entsprechend der vorgesehenen Anastomosierung von Hand oder maschinell.

Bei fortgeschrittenem Karzinom der linken Flexur und des absteigenden Kolons muß auch der Stamm der A. colica media durchtrennt werden, um hier lokalisierte Lymphknotenmetastasen (N_3) mitentfernen zu können. Diese Erweiterung der Resektion verlangt, die Darmresektion bis zum Colon ascendens auszudehnen. Es resultiert als Ergebnis dieser subtotalen Kolektomie die Passagerekonstruktion im Sinne einer Ascendorektostomie (Abb. 9.6-34).

Dieser Eingriff ist u.U. auch bei einem M. Crohn indiziert, dann allerdings ohne Lymphadenektomie.

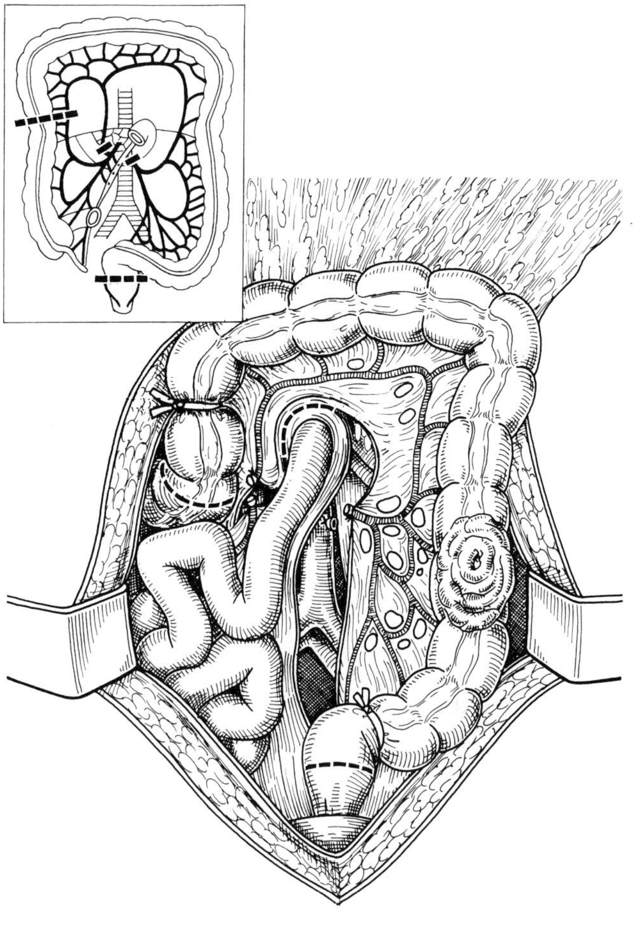

Abb. 9.6-34. Subtotale Kolektomie.
a) Zentrale Ligatur der A. und V. mesenterica inferior sowie der A. colica media. Die präparativen Teilschritte entsprechen weitgehend dem in Abb. 9.6-33 gezeigten Vorgehen jedoch zusätzlich unter vollständiger Durchtrennung des Lig. gastrocolicum, Mobilisation der rechten Kolonflexur und abgangsnaher Unterbindung der A. colica media. Die Resektionsgrenze am Colon ascendens ist in Abhängigkeit von der Durchblutung der Randarkade festzulegen. Die paraaortale und parakavale Lymphadenektomie entspricht dem in der Abb. 9.6-36 II c gezeigten Vorgehen. Das große Netz wird vollständig reseziert.

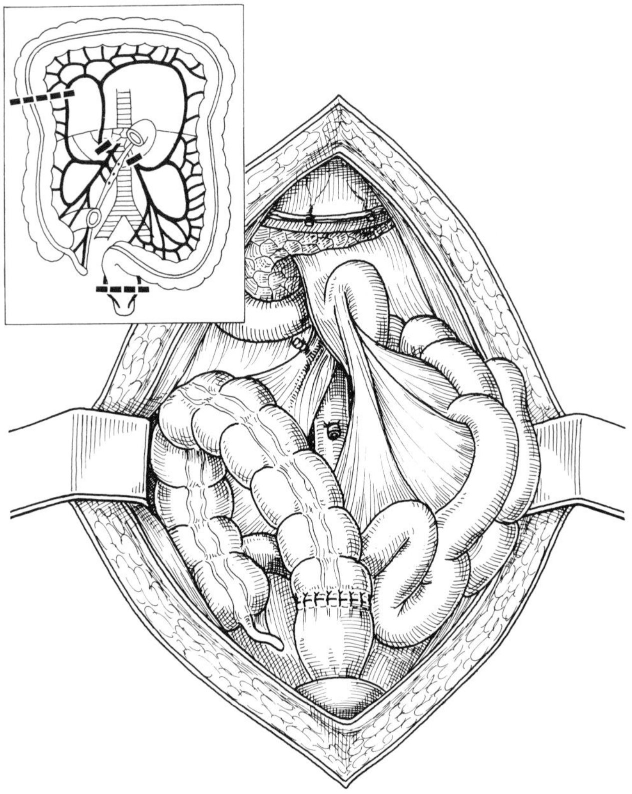

b) Wiederherstellung der Passage durch Aszendorektostomie End zu End mit dem flexurnahen Anteil des Colon ascendens.

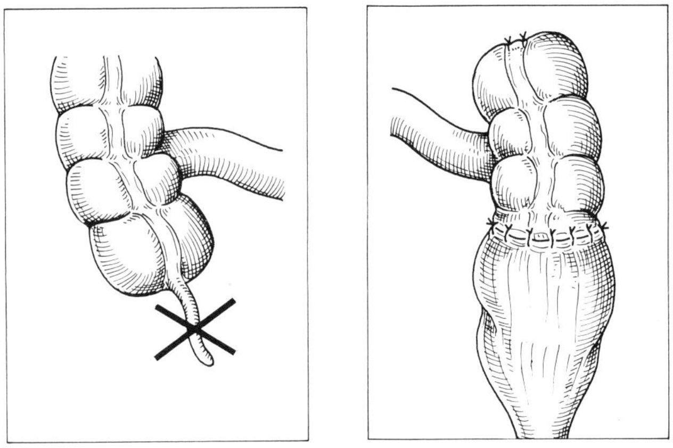

c) Bei ungünstigen Durchblutungsverhältnissen kann eine Aszendorektostomie mit kurzem, 180° um die Endileumachse gedrehten Segment des Colon ascendens erforderlich werden. In diesem Fall sollte man die Appendektomie grundsätzlich durchführen.

Sigmaresektion

(Abb. 9.6-35)

Gutartige resektionspflichtige Erkrankungen oder palliative Tumorresektionen mit Sitz am Colon sigmoideum erfordern lediglich die sog. Sigmaresektion. Der Eingriff beginnt mit der Ablösung der embryonalen Adhäsionen im Bereich der lateralen Bauchwand, Anschlingung des linken Ureters und wird mit der Mobilisation des unmittelbar angrenzenden aboralen Colon descendens fortgesetzt. Im durchscheinenden Licht lassen sich die Abgänge der Aa. sigmoideae identifizieren. Sie werden zentral ligiert. Erhalten bleibt der Abgang der A. mesenterica inferior aus der Aorta einschließlich ihrem kranialen Versorgungsast, der A. colica sinistra und die nach distal ziehende A. rectalis superior. Nach Resektion des Colon sigmoideum erfolgt wiederum unbedingt völlig spannungsfrei die Passagerekonstruktion zwischen proximalem und analnahem Sigmasegment. Bei gut vorbereitendem Darm und nachweislich gut ernährten Darmstümpfen wird die Anastomose ohne Kunstafterschutz angelegt.

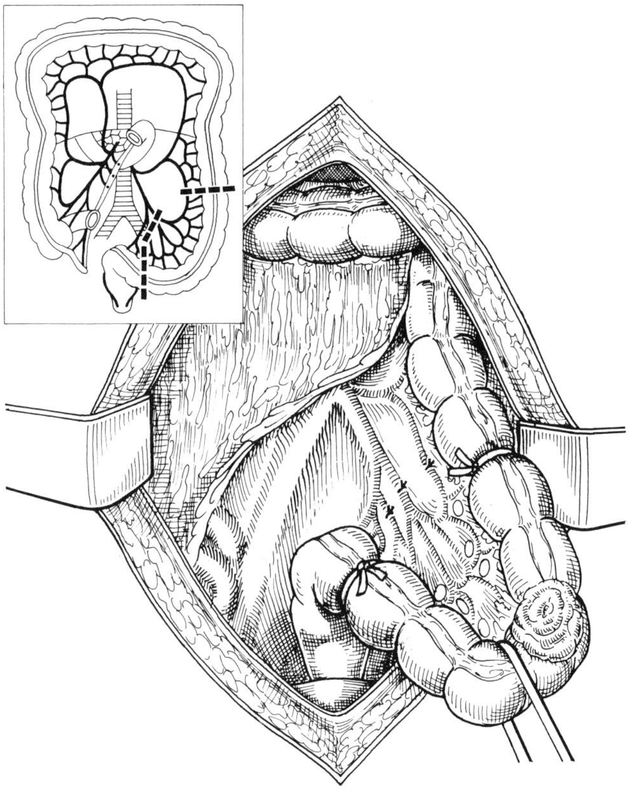

Abb. 9.6-35. Sigmaresektion.
a) Palliative Sigmaresektion beim Karzinom. Die A. colica sinistra und die A. rectalis superior bleiben erhalten, die Aa. sigmoideae werden abgangsnahe durchtrennt (Cave Sudeckscher Punkt).

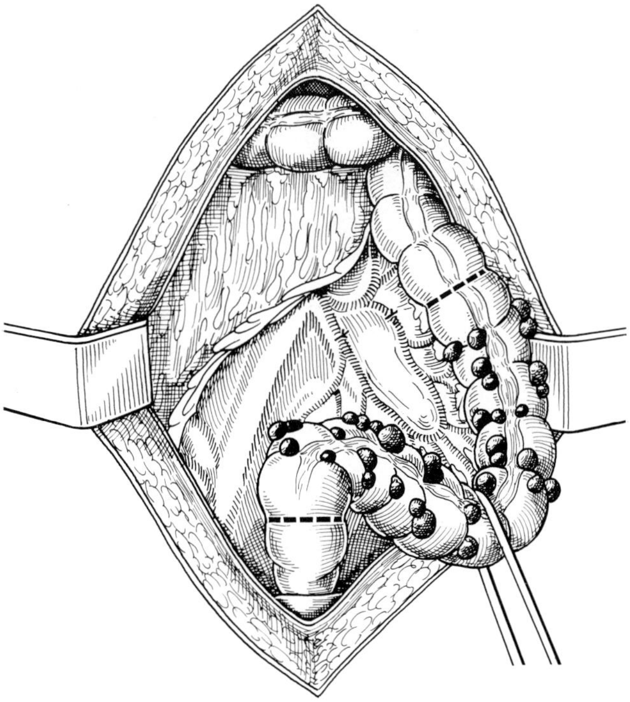

b) Die Resektionstechnik ist bei der Sigmadivertikulitis in etwa analog. Handelt es sich jedoch um einen langstreckigen Divertikelbefall, dann muß die Resektion am linken Kolon proximalwärts entsprechend weit ausgedehnt werden und ebenso nach distal. Üblicherweise wird dann die A. rectalis superior unterbunden, das Rektum mobilisiert und gestreckt und die Passage durch eine Descendorektostomie End zu End in der mittleren Etage (Versorgungsgebiet der A. rectalis media) wiederhergestellt.

Vordere obere Rektumresektion (Schloffer, Dixon)

(Abb. 9.6-36 I u. II, 37–40)

Reseziert werden distales Sigma und der analferne Teil des Mastdarms, wobei die extrem weit nach aboral und bis zur Höhe des muskulären Beckenbodens ausgedehnte kontinenzerhaltende Entfernung des Mastdarms als »tiefe vordere obere Rektumresektion« bezeichnet wird. Der Eingriff ist unterschiedlich radikal zu gestalten je nach Anlaß, Belastbarkeit des Patienten und individueller Gefäßarchitektur.

Inzwischen gibt es ausführlich Literatur zur Frage größerer Sicherheit kontinenzerhaltender Rektumresektionen und ob der Einsatz von Staplern erlaubt, die Resektionsgrenze näher an den Analkanal heranzurücken (verglichen mit Handnahtmethoden), mithin also, ob der Stapler-Einsatz die Quote der kontinenzerhaltenden Karzinomeingriffe am Mastdarm verbessert.

Beide von manchen Autoren behaupteten Vorzüge der maschinellen Nahttechniken sind bis zum Tage nicht schlüssig bewiesen.

Der in manueller Nahttechnik wirklich geübte Operateur bewerkstelligt jede tiefe Anastomose am distalen Mastdarm, die mit Stapler-Hilfe noch unter Sicht und damit verantwortbar möglich ist. Die Maschine bietet somit weder mehr Sicherheit noch die Chance, die Quote verantwortbarer Kontinenzresektionen zu steigern!

Jede »unsichere« Anastomose, hand- oder maschinengenäht, sollte auch heute noch durch präliminare Kotableitung geschützt werden. Sicherer als die Anlage einer Lippenfistel, z.B. am Zäkum ist die doppelläufige Transversostomie. Sie unterbricht die Kotpassage und wirkt nicht nur als Überdruckventil. Der Maydlsche Querdarmafter wird deshalb von uns bevorzugt.

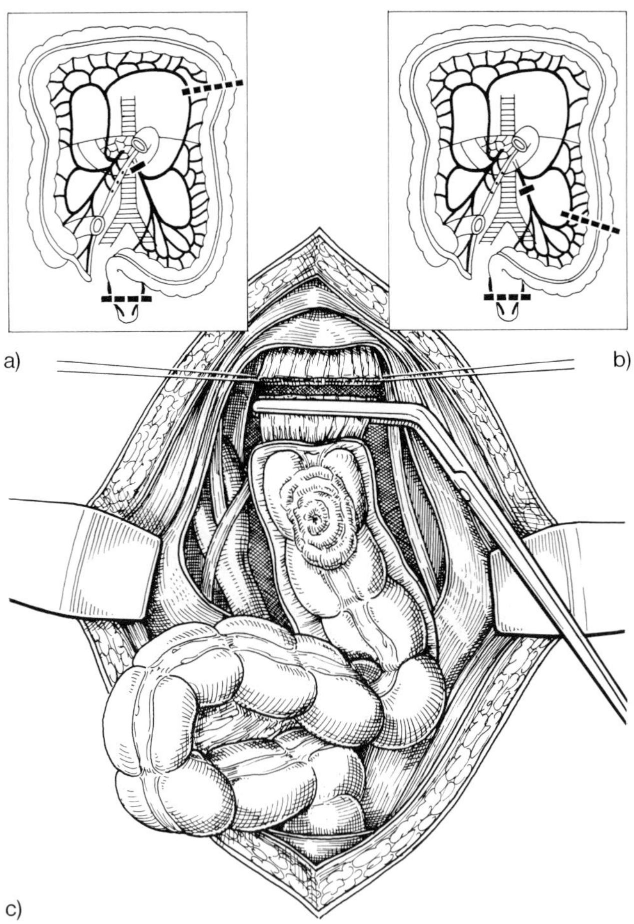

Abb. 9.6-36. Vordere obere Rektumresektion.
I. Alternative Verfahrenstechniken:
a) Radikale vordere obere Rektumresektion: Die A. mesenterica inferior wird am Abgang aus der Aorta durchtrennt und der Eingriff mit einer ausgedehnten paraaortalen bzw. parakavalen Lymphadenektomie verbunden nach Mobilisation auch des Duodenums.
b) Eingeschränkte, konventionelle vordere obere Rektumresektion: Es wird lediglich die A. rectalis superior zentral ligiert und durchtrennt. Die Lymphadenektomie entfällt.
c) Operationssitus nach Durchtrennung des ausgelösten und gestreckten Mastdarms aboral des Tumors in der Tiefe der Kreuzbeinhöhle.

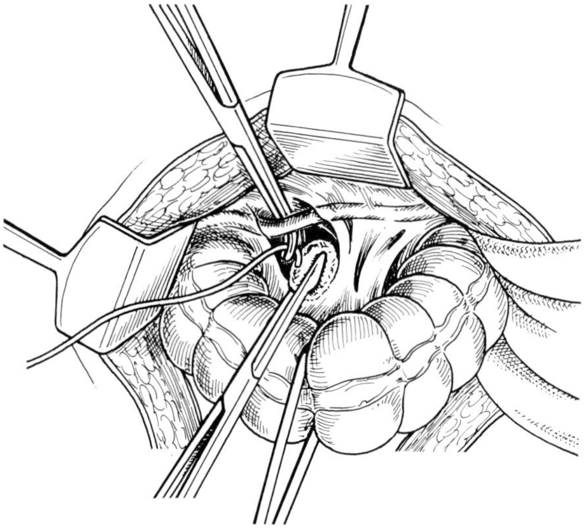

II. Präparative Teilschritte:
a) Durchtrennung der fetalen Verklebungen des Sigmas zur seitlichen Bauchwand mit Darstellung des linken Ureters, der angeschlungen wird.

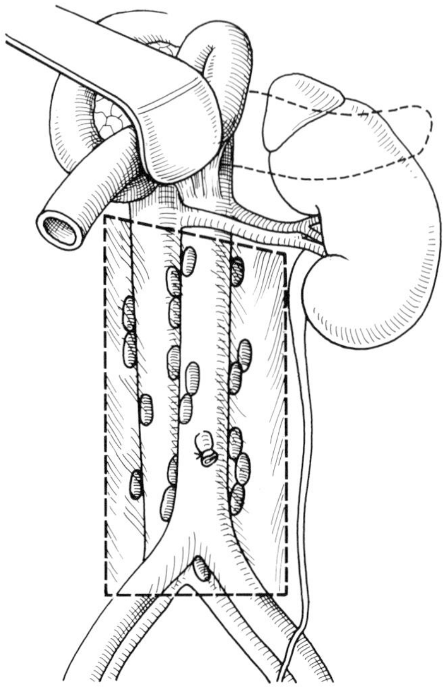

c) Schematische Darstellung der paraaortalen und parakavalen Lymphadenektomie.

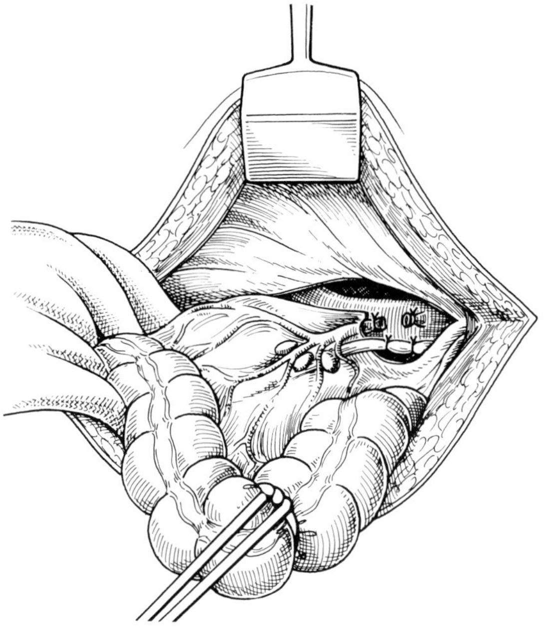

b) Unterbindung der V. und A. mesenterica inferior. Letztere wird abgangsnahe abgesetzt. Mobilisation des Duodenums bis hin zur Darstellung der Pankreasunterkante.

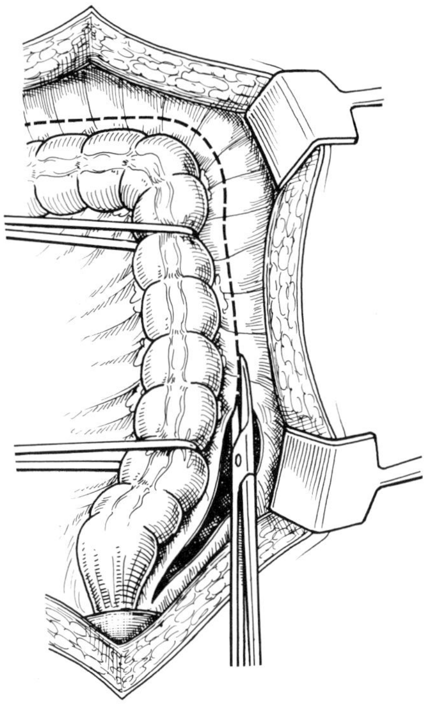

d) Mobilisation des Colon descendens teils scharf, teils stumpf mit Durchtrennung der Aufhängebänder an der li. Flexur unter Zuhilfenahme von Dissektionsligaturen sowie des linksseitigen Abschnittes des Lig. gastrocolicum. Festlegung der Resektionsgrenze in Abhängigkeit von der Durchblutung am oberen Abschnitt des Colon descendens oder am flexurnahen Teil des Querkolons.

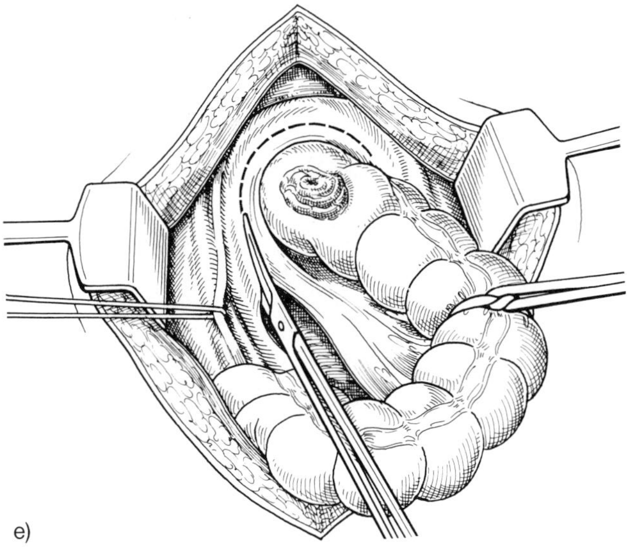

e)

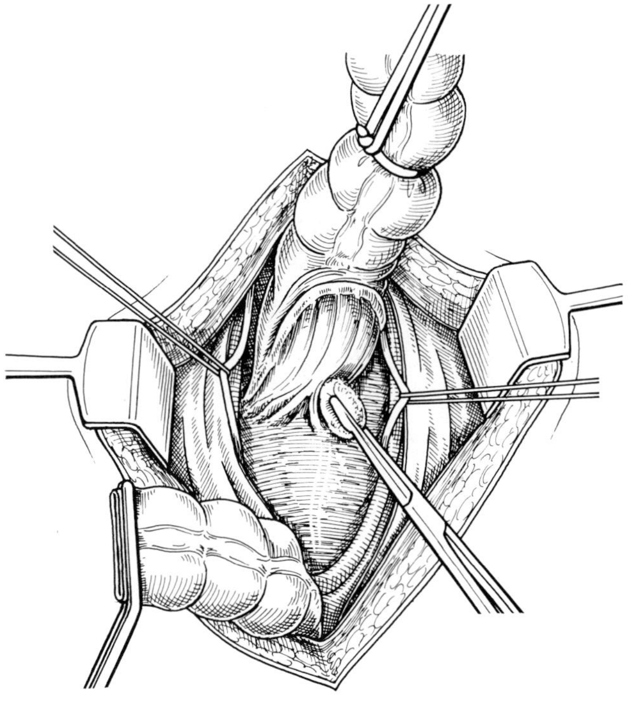

g) Unter Anspannung des rektosigmoidalen Überganges werden die bindegewebigen Adhäsionen in Höhe des Promontoriums von der präsakralen Faszie teils scharf, teils stumpf abgelöst.

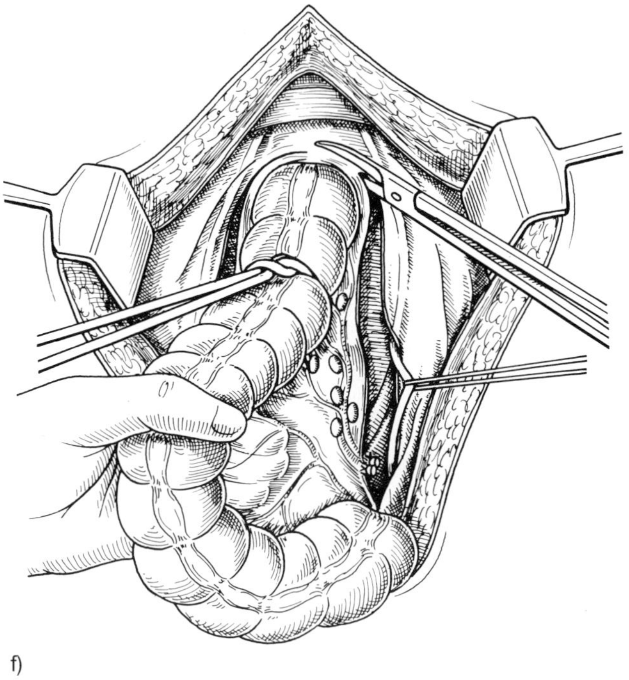

f)

e u. f) Umschneidung des Beckenbodenperitoneums von links und rechts nach Darstellung auch des rechten Ureters.

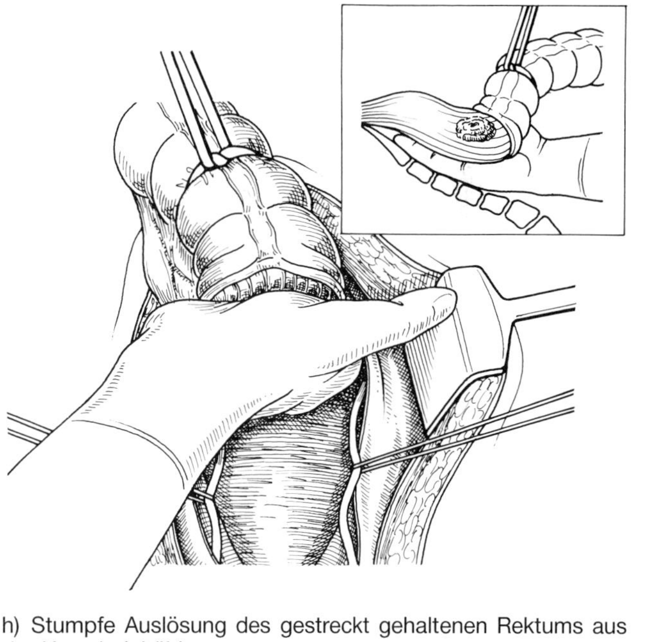

h) Stumpfe Auslösung des gestreckt gehaltenen Rektums aus der Kreuzbeinhöhle.

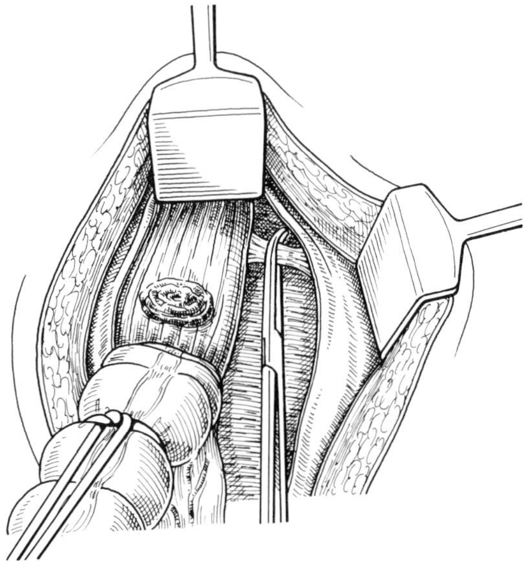

i) Darstellung der Paraproktien, die links wie rechts nach Ligaturen möglichst beckenwandnahe durchtrennt werden. Auf den Verlauf der Ureteren ist besonders zu achten.

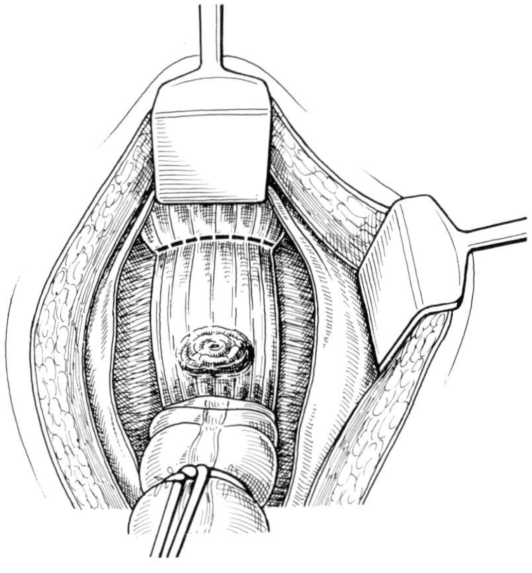

j) Durchtrennung der Denonvilliersschen Faszie mit Ablösung der Samenblasen bzw. der Hinterwand der Vagina.

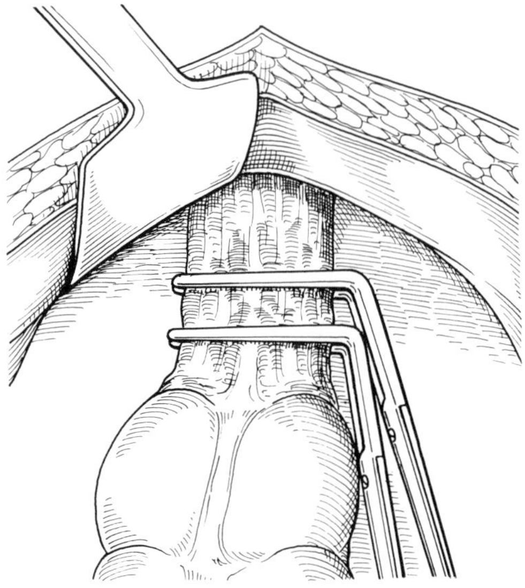

Abb. 9.6-37. Vorbereitung zur Kolorektostomie. Nahttechnik von Hand.

a) Anlage von Quetschklemmen am gestreckt gehaltenen Rektum, zwischen denen der Darm durchtrennt wird.

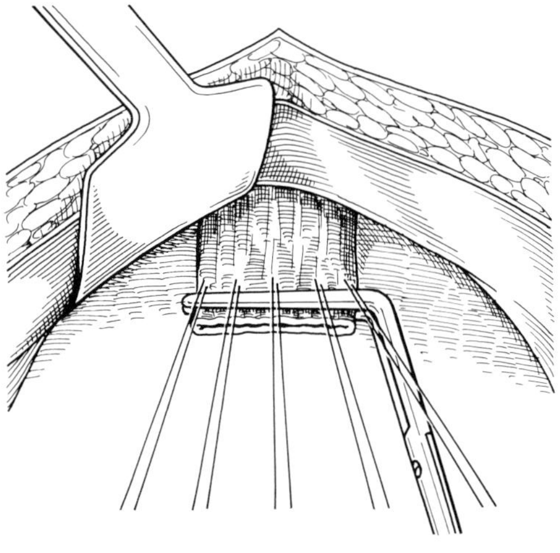

b) Anlage von Haltefäden an der Vorder- und Hinterwand des Rektumstumpfes. Vollständigge Abtragung des überstehenden Muskelschleimhautzylinders und Abnahme der rechtwinkeligen Klemme.

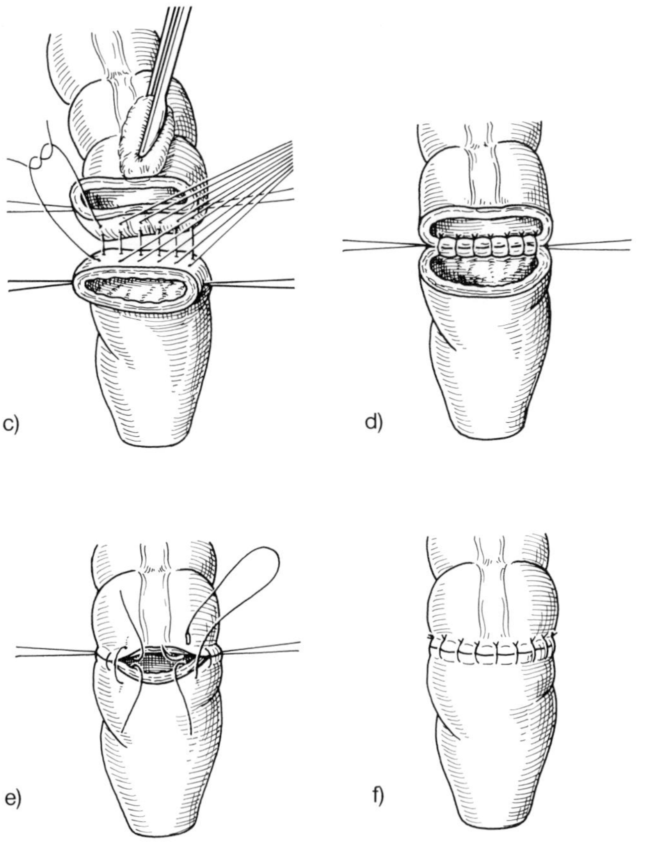

c) d) e) f)

c) Die seromuskuläre (oder Allschichten-)Hinterwandnaht wird offen »auf Distanz« vorbereitet. Die Annäherung beider Darmschenkel geschieht auf den straff gehaltenen, ungeknüpften Fäden rutschend.
d) Geknüpfte Hinterwandnaht.
e) Invertierende Allschichtennaht der Vorderwand.
f) Komplette End-zu-End-Anastomose nach »sero«-muskulärer Nahtsicherung.

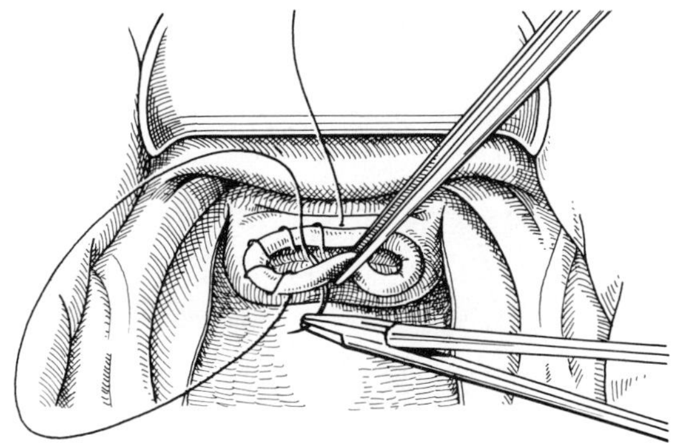

b)

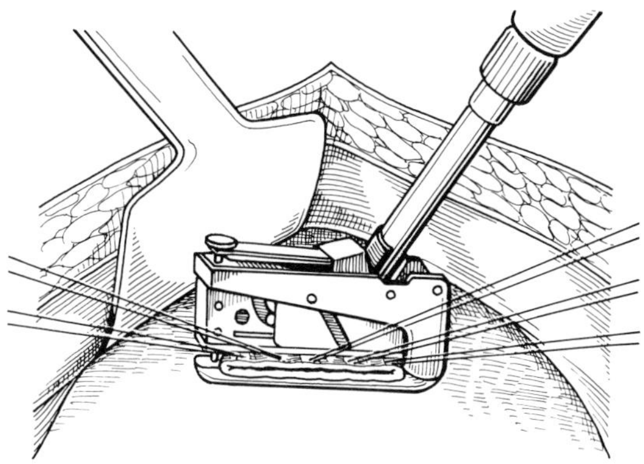

c)

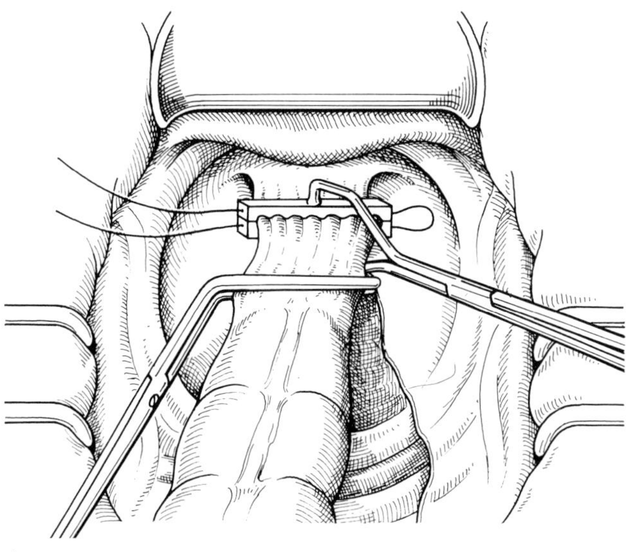

a)

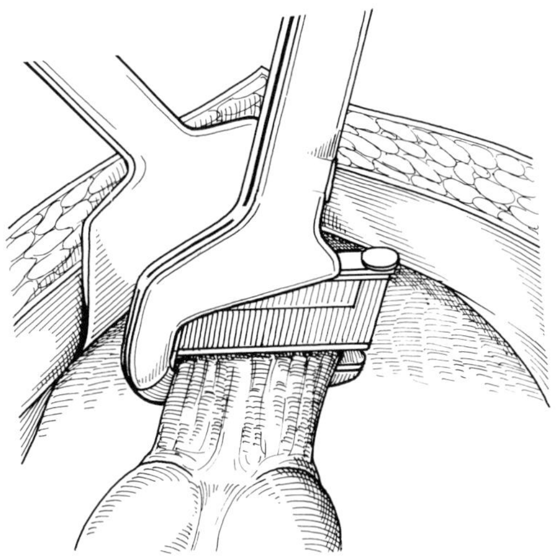

d)

Abb. 9.6-38. Prinzip der anterioren Rektumresektion mit der Stapler-Technik.
a–d) Nach abgeschlossener Skelettierung wird in Abhängigkeit von den Platzverhältnissen entweder die Tabaksbeutelnaht unter Zuhilfenahme der Spezialklemme oder überwendlich fortlaufend von Hand gelegt, sofern nicht der Rektumstumpf blind mit dem Rotikulator bzw. mit dem TA 55 verschlossen wurde.

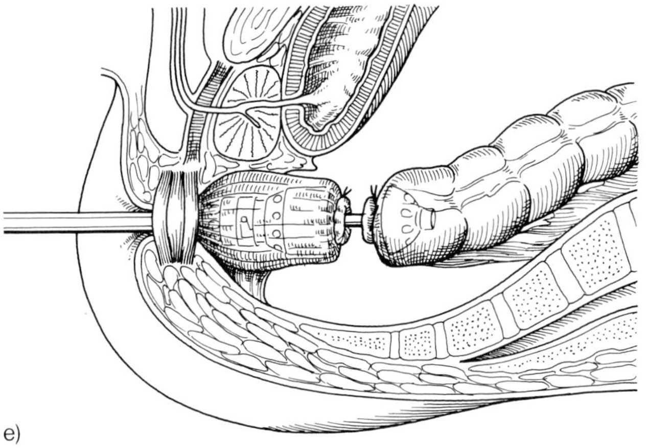

e)

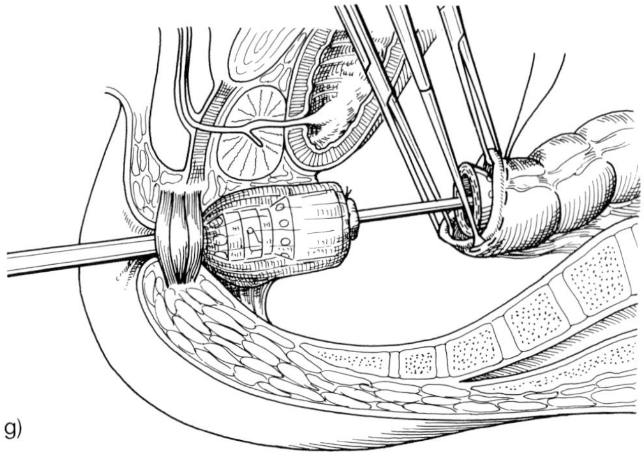

g)

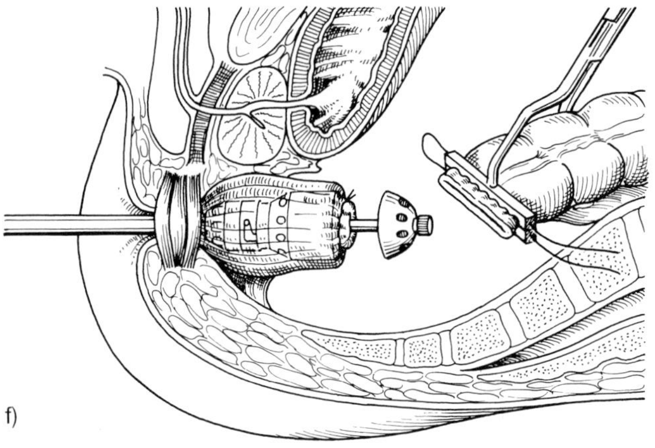

f)

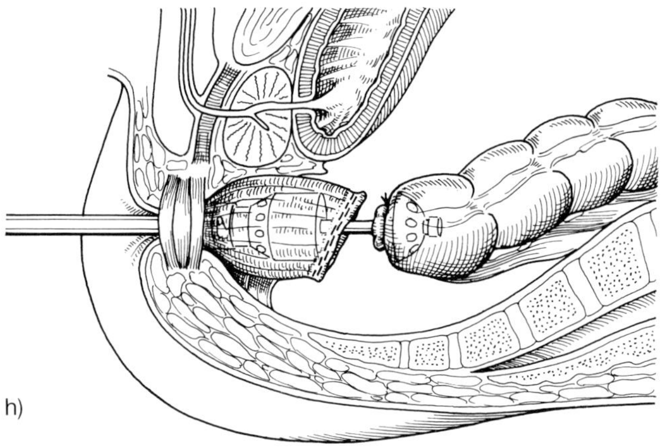

h)

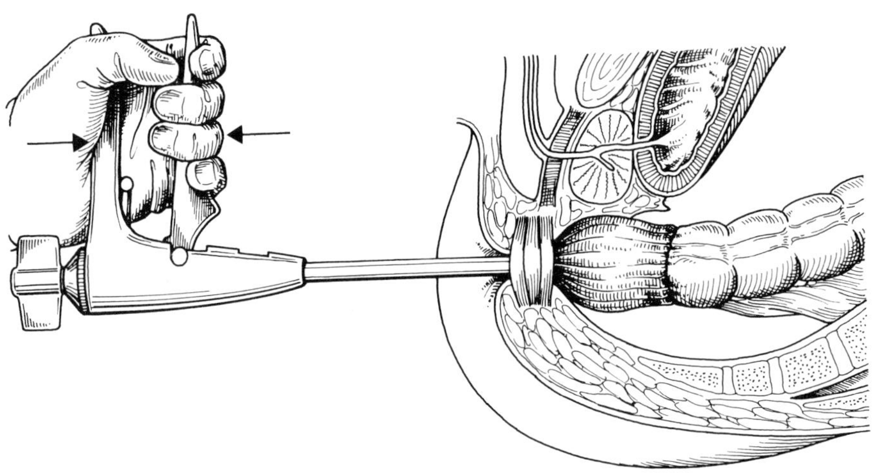

i)

e) Bei der zuletzt genannten Technik muß der Dorn des zirkulären Klammernahtgerätes durch die Klammernaht oder besser knapp oberhalb davon an der Vorderwand ausgeleitet werden, um die Druckplatte aufsetzen zu können.

f–i) Sobald die notwendigen Vorbereitungen abgeschlossen sind und sich beide Darmenden spannungsfrei nähern lassen, wird die maschinelle Anastomose, in diesem Fall mit einem EEA-Stapler, durchgeführt. Nach Entfernung des Gerätes müssen beide Schleimhautringe auf Vollständigkeit untersucht und getrennt markiert histologisch beurteilt werden.

Eingeschränkt radikale (konventionelle) vordere obere Rektumresektion

(Abb. 9.6-36Ib)

Sie unterscheidet sich von ihrer radikalen Variante dadurch, daß die Arterienligatur nur den Abgang der A. rectalis superior betrifft. Die damit begrenztere Radikalität wird aufgewogen durch den weniger belastenden und entsprechend risikoärmeren Eingriff, indem die ausgiebige Mobilisation des deszendierenden Kolon und der linken Flexur unterbleiben kann. Diese »Verkleinerung« der radikalen Resektion ist geboten in Fällen unerreichbarer Kurabilität (z. B. bei nachgewiesenen Lebermetastasen), aber auch bei Patienten mit hohem Operationsrisiko aus verschiedenster Ursache (hinfällige, fettleibige, vielfach voroperierte Patienten).

Von der Lokalisation der Gefäßligatur und der eingeschränkteren Mobilisation des linken Kolons abgesehen, verläuft der Eingriff technisch ganz entsprechend der radikalen vorderen oberen Rektumresektion. Unbedingte Voraussetzung komplikationsloser Anastomosenheilung ist auch hier die spannungsfreie Naht zwischen gut vaskularisierten Stümpfen. Im Zweifelsfall ist die extraperitoneale Rektumanastomose, zumal die tiefe, durch eine Transversostomie zu entlasten, die im Sinne eines doppelläufigen Maydlschen Kunstafters von einer gesonderten supraumbilikalen Inzision aus anzulegen ist.

Sofern Patienten mit rektosigmoidal lokalisiertem Karzinom wegen eines Ileus notfallmäßig operiert werden müssen, empfiehlt sich auch heute noch die dreizeitige Operation nach Schloffer:

1. Anlage eines doppelläufigen Querkolon-Kunstafters.
2. Vordere obere Rektumresektion nach ca. 2 Wochen.
3. Resektion des Querkolon-Kunstafters nach 6–8 Wochen.

Es ist umstritten, ob man das Retroperitoneum durch Naht verschließen soll (Abb. 9.6-39 u. 40). Sinnvoller als die erzwungene Naht ist jedenfalls die »Plombierung« der Kreuzbeinhöhle durch Anteile der Netzschürze oder durch die anastomosennahe Schlinge des großzügig mobilisierten Colon descendens. Die Netzplombierung verhindert vor allem, daß Dünndarmschlingen den Raum füllen, was dann von Bedeutung ist, wenn regional nachbestrahlt werden muß.

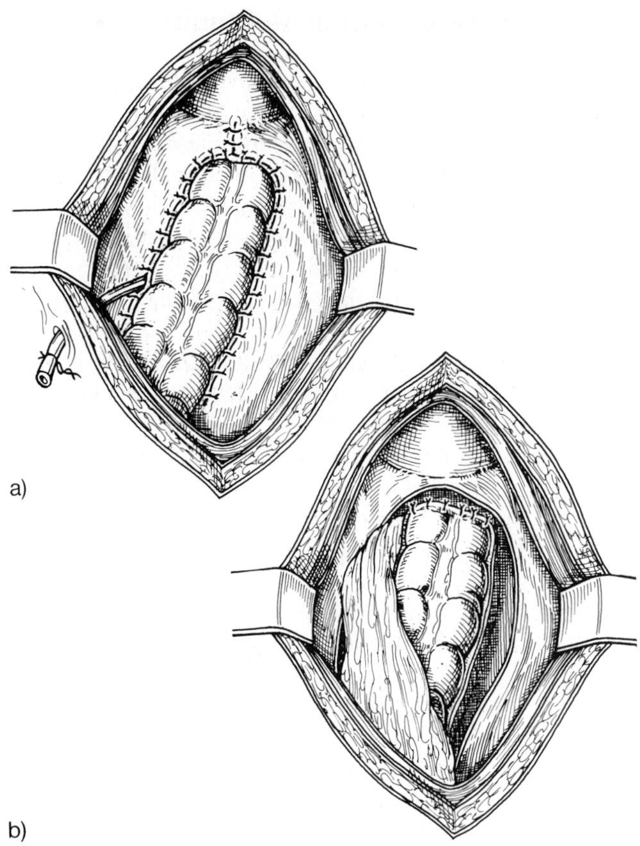

Abb. 9.6-39. Versorgung der Kreuzbeinhöhle nach kontinenzerhaltender Rektumresektion.
a) Nahtverschluß der Peritonealränder unter Einschluß des transponierten Kolon und Mesokolon sowie der umgebenden Strukturen (Blase, Parametrien oder Uterus), fallweise auch fortlaufend (s. Abb. 9.6-40).
b) Plombierung der Kreuzbeinhöhle mit transponierten Netzanteilen.

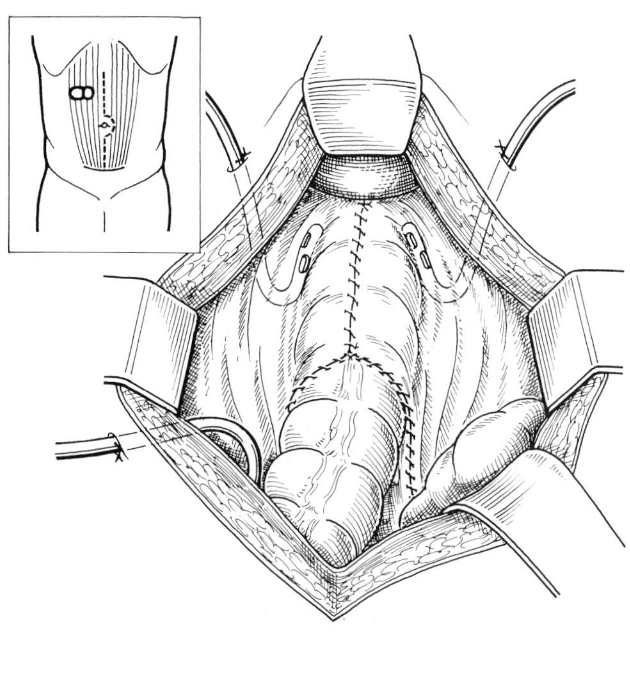

Abb. 9.6-40. Fortlaufender Nahtverschluß des Peritoneum parietale und Beckenbodenperitoneums bei günstigen Platzverhältnissen unter Ummantelung des transponierten Kolons mit Extraperitonealisierung der Anastomose. Gesonderte Ausleitung der möglichst vollständig extraperitoneal geführten Drainagen. Bei nahtbruchgefährdeter Anastomose Anlage einer blockierenden Kolostomie rechts lateral der Mittellinie nach langer medianer Laparotomie.

Radikale vordere obere Rektumresektion

Der Eingriff ist indiziert zur kurativen Behandlung von Geschwülsten des rektosigmoidalen Übergangs und der Ampulla recti. Der elementare Schritt dieser Operation ist die Ligatur der Arteria mesenterica inferior am Abgang aus der Aorta und dementsprechend ihrer Begleitvenen und Lymphgefäße. Resektionspflichtig werden damit Rektosigmoid, Sigma und u. U. auch der unmittelbar angrenzende Teil des Colon descendens. Der flexurnahe Anteil des Colon descendens bleibt ernährt über die Riolansche Arkade, die aborale Mastdarmhälfte über die A. rectalis inferior. Die präparativ technischen Teilschritte sind in den Abb. 9.6-36II dargestellt.

Die zirkuläre Präparation der Mastdarmampulle kann bedarfsweise bis ins analnahe Segment vorangetrieben werden, sofern die Tumortopographie die »tiefe vordere Rektumresektion« erzwingt. Ansonsten genügt, auch abhängig von der lokalen Ausdehnung der Geschwulst, vor allem auch ihrer Wuchsform und ihres pathohistologischen Charakters, ein aboraler Sicherheitsabstand von 3 cm.

Transsphinkterische Kontinenzresektion des Rektums (Mason)

Dem englischen Chirurgen Mason gebührt das Verdienst, Operationsverfahren indiziert und technisch standardisiert zu haben, die bei bestimmten Geschwülsten in der distalen Mastdarmetage zugleich kurativ und kontinenzerhaltend anwendbar sind. Den verschiedenen Einzeleingriffen gemeinsam ist der transsphinkterische Zugang zum distalen und ampullären Mastdarmdrittel von einer dorsolateralen Inzision durch alle Strukturen des Kontinenzorgans hindurch mit nachfolgend schichtgerechter Rekonstruktion.

Der Zugang ermöglicht die lokale Exzision gut- und bösartiger Geschwülste im mittleren und distalen Mastdarmdrittel, die zylindrisch-segmentale Mukosektomie und auch die alle Schichten einschließende Segmentresektion mit Wiederherstellung der Kontinuität durch End-zu-End-Naht.

Transsphinkterische Operationen sind als kurative Eingriffe nur indiziert zur Behandlung flächiger Zottenpolypen und noch nicht transmural ausgedehnter polypoid wachsender Karzinome unter 3 cm Durchmesser, idealerweise ohne Befall der submukösen und intermuskulären Lymphbahnen.

Der Eingriff wird nach orthograder Darmreinigung in Knie-Ellenbogen-Lage (Westhues-Platte) ausgeführt (Abb. 9.6-41). Das Sphinkterorgan wird paramedian schichtgerecht durchtrennt und nach Abschluß des Eingriffs am Mastdarm selbst primär ebenso schichtgerecht rekonstruiert. Die Hautinzision orientiert sich an der Steißbeinspitze und dem in der Regel gut tastbaren linken Sitzbeinhöcker. Sie verläuft Kreuz-Steißbein-parallel und legt am analfernen Ende den unteren Rand des M. glutaeus maximus frei, zum Anus die oberflächliche Portion des äußeren Sphinkters. Der Schnitt sollte die Anokutanlinie bei »11 Uhr« treffen. Es empfiehlt sich, diesen Zielpunkt durch zwei Umstechungen in den Positionen »10 und 12 Uhr« zu erreichen. Häufig muß der Unterrand des M. glutaeus maximus eingekerbt werden, selten ist die Resektion der Steißbeinspitze notwendig.

a)
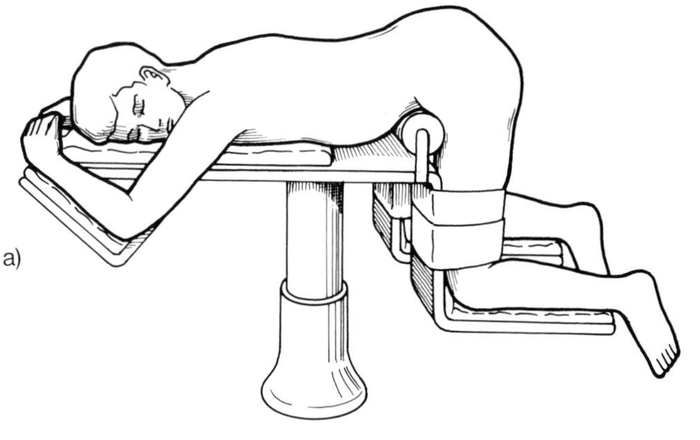

b)
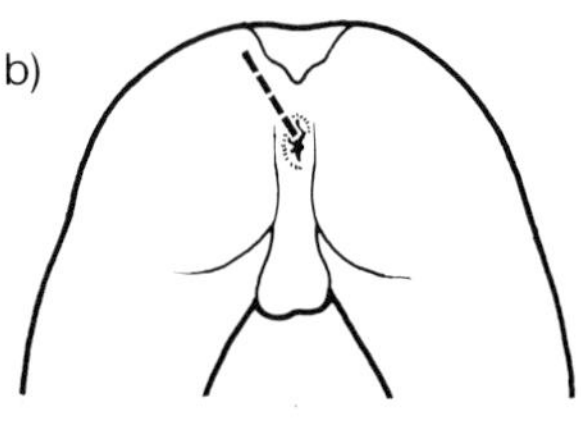

Abb. 9.6-41. Lagerung nach Götze auf der Westhues-Platte.
a) Der so gelagerte Patient muß zur Druckentlastung der Auflagefläche am Unterbauch knien.
b) Hautinzisionsrichtung zur Operation nach Mason.

Zwischen den so freigelegten tiefen Fasern des M. glutaeus maximus und der oberflächlichen Portion des externen Sphinkters trifft man auf den Fettkörper der Fossa ischiorectalis. Unter ihm, d. h. nach seiner Durchtrennung, wird der Blick frei auf die »querfaserige« Levatorplatte, die im analfernen Wundwinkel flach ausgezogen und unterschiedlich stark von Fettgewebe durchwachsen ist. Analnah, d. h. im Bereich des Analkanals selbst, verjüngt sich dieser konische Muskelschlauch unter gleichzeitig keulenartiger Verdickung und Ausbildung der gut erkennbaren Einzelportionen des äußeren Schließmuskels.

Ehe nun die einzelnen Strukturen dieses somatischen Muskelzylinders durchtrennt werden, separiert man sie und kennzeichnet die zusammengehörigen Muskelportionen durch fest geknüpfte Umstechungsligaturen aus unterschiedlich gefärbten oder anderswie markiertem Material (z. B. verschieden viele Knoten). Diese Markierung beider Schnittränder ist für die Identifizierung bei der Rekonstruktion ausschlaggebend (Abb. 9.6-42). Nun wird das Spatium zwischen externem und internem Sphinkter frei mit dem kranial mächtigeren pararektalen Fettkörper und den hier verlaufenden Hämorrhoidalgefäßen. Wird der Eingriff wegen eines Mastdarmkarzinoms durchgeführt, sollte man in dieser lockeren bindegewebigen Trennschicht zwischen oberflächlichem und tiefem Sphinkter Lymphknoten identifizieren und ggf. biopsieren.

Wieder zwischen Haltefäden wird nun der analnahe ebenfalls kolbig verdickte innere Sphinkter gespalten. Man blickt nun auf die rückwärtige Mastdarmschleimhaut, die ebenfalls längs inzidiert wird. Man hat nun eine gute Übersicht über den gesamten Analkanal und das angrenzende ampulläre Rektum (Abb. 9.6-43).

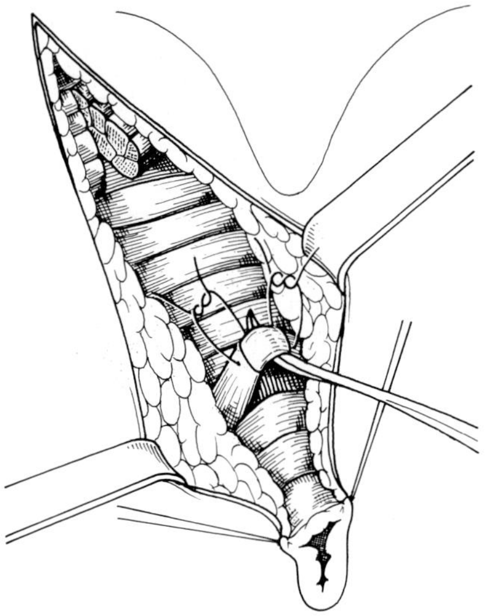

Abb. 9.6-42. Mason-Operation 1. In der oberen Kante der Abbildung sichtbar eingekerbter M. glutaeus maximus. Die einzelnen Portionen des äußeren und inneren Sphinkters werden schichtgerecht nacheinander und beidseits portionsweise markiert durchtrennt.

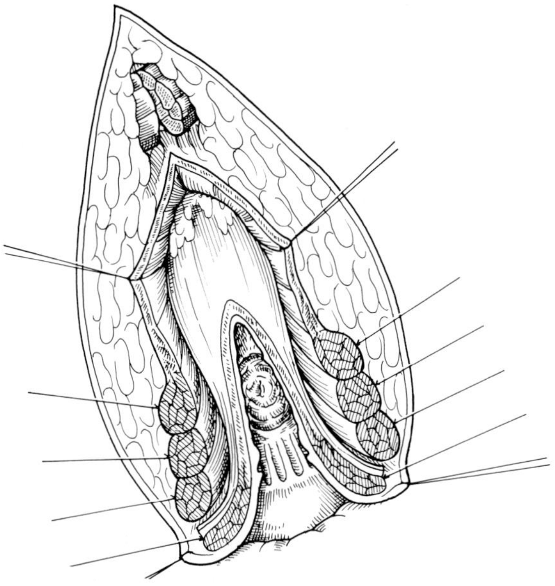

Abb. 9.6-43. Mason-Operation 2. Nach Durchtrennung des gesamten muskulären Kontinenzorgans ist der so freigelegte Mukosazylinder von anal her inzidiert. An der Vorderwand oberhalb der Kryptenlinie ist schematisch der freigelegte Tumor zu erkennen.

Von diesem Zugang aus sind entweder lokale Wandexzisionen z. B. kleiner Vorderwandgeschwülste möglich, wobei je nach Situation nur die Schleimhaut oder alle Wandschichten des Mastdarms ausgeschnitten werden können (Abb. 9.6-44). Die entstandenen Defekte werden unter idealer Sicht durch einreihige Allschichtenrückstichnähte geschlossen. Auch komplette Schlauchresektionen der Mucosa oder aller Mastdarmwandschichten sind von diesem Zugang aus möglich. Bei der kompletten Schlauchresektion kann man sogar auf die Längseröffnung des distalen Schleimhaut- bzw. Anodermzylinders verzichten (Abb. 9.6-45). Nach Rekonstruktion des tumortragenden Segments läßt sich eine einreihig zirkuläre End-zu-End-Naht anlegen und die Resektion kann distal bis an, sogar über die Linea dentata hinaus gehen, dies allerdings nur unter Opferung sensorischer Kontinenzreserven (Abb. 9.6-46).

In jedem Fall, also sowohl nach der lokalen Tumorexzision als auch nach der Schlauchresektion, ist die penible schichtgerechte Rekonstruktion des in Einzelteilen durchtrennten und markierten Sphinkterorgans anzuschließen. In den einzelnen Schichten werden Redon-Drainagen plaziert (Abb. 9.6-47). Nach der Schlauchresektion empfiehlt sich sicherheitshalber die Anlage einer passageren entlastenden Kolostomie im Sinne des Maydlschen Querdarmanus. Manche Autoren verzichten allerdings darauf.

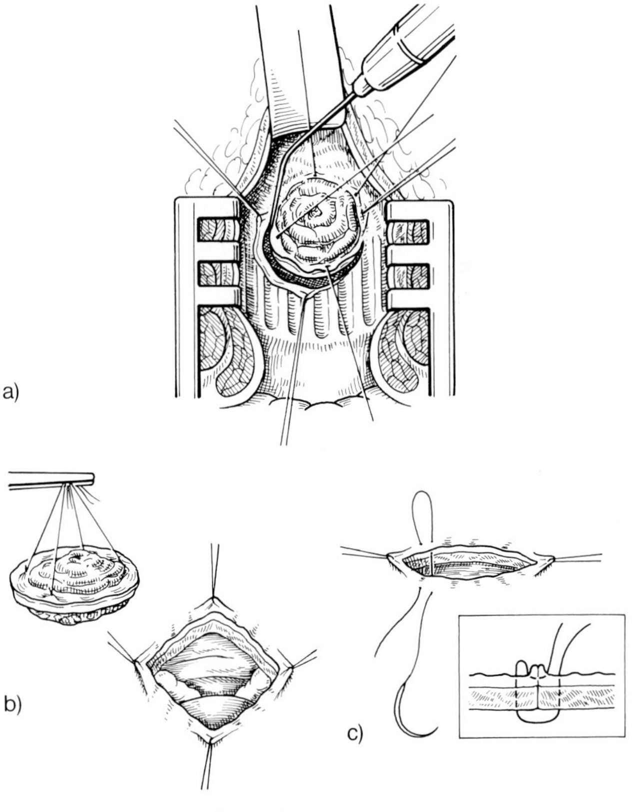

Abb. 9.6-44. Mason-Operation 3.
a) Lokale Exzision eines nach Mason dargestellten Tumors an der Mastdarmvorderwand.
b) Exzidierter, durch Haltefäden armierter Tumor und Vorderwanddefekt durch alle Wandschichten reichend.
c) Nahtversorgung des Defekts durch einreihige Naht auf Stoß.

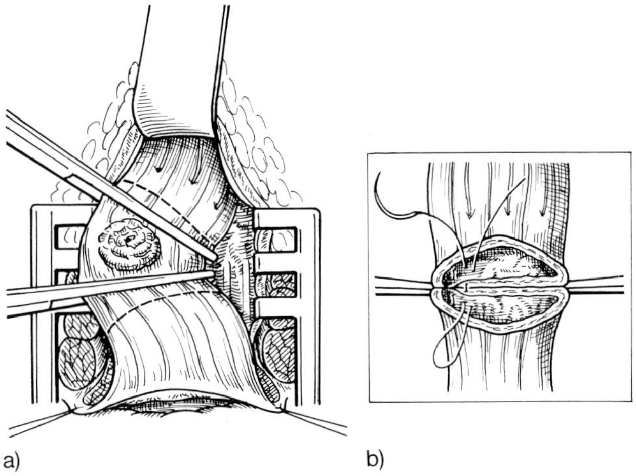

a) b)

Abb. 9.6-45. Mason-Operation 4.
a) Tubuläre Segmentresektion des Rektums nach transsphinkterischer Freilegung, hier dann ohne Längsinzision des Schleimhautzylinders.
b) Rekonstruktion durch einreihig gefertigte End-zu-End-Naht.

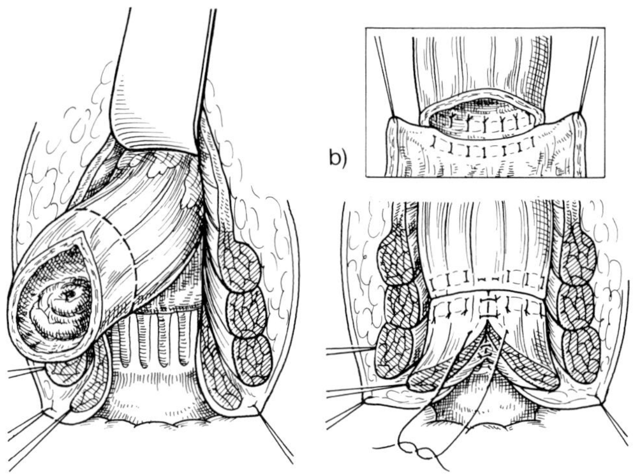

a) b) c)

Abb. 9.6-46. Mason-Operation 5.
a) Schlauchresektion eines distalen Mastdarmsegments auf transsphinkterischem Wege, hier mit Längsinzision des Analkanals.
b) Rekonstruktion der Hinterwand.
c) Rekonstruktion der Vorderwand und des Analkanals.

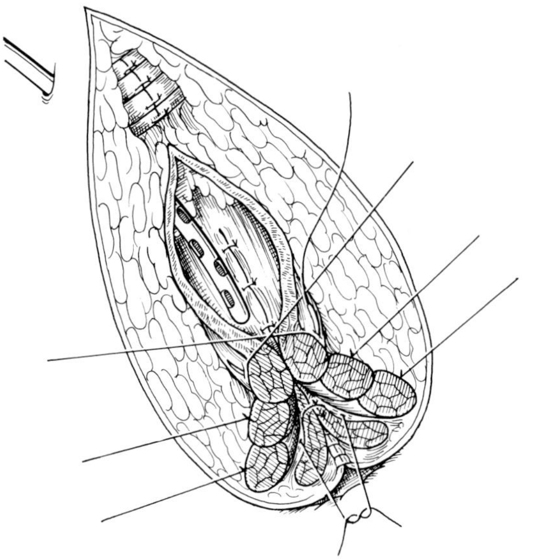

Abb. 9.6-47. Mason-Operation 6. Schichtgerechte Rekonstruktion des Sphinkterorgans über Redon-Drainagen. Nur korrespondierende – bei der Freilegung einzeln markierte – Sphinkterportionen werden anatomiegerecht adaptiert.

Rectotomia posterior

Als Alternative zur Mason-Operation und älter als dieses Verfahren wird auch heute noch gelegentlich von der Rectotomia oder Proctotomia posterior Gebrauch gemacht. Häufigste Indikation sind flächenhaft ausgedehnte villöse Adenome sowie Karzinome unter 3 cm Durchmesser und dies vor allem bei sehr alten und hinfälligen Patienten.

Der Eingriff wird, wie die Mason-Operation auf der Westhues-Platte, also in Bauchlage ausgeführt. Haut und Subkutangewebe werden in der Rima ani durchtrennt. Um einen ausreichened großen Zugang zur Rückwand der Mastdarmampulle zu bekommen, muß ein individuell unterschiedlich großer Teil des Steißbeins, manchmal auch unter Mitnahme der letzten Kreuzbeinwirbel, entfernt werden, eine oft anhaltend sehr schmerzhafte Notwendigkeit dieses Eingriffs, die seine Indikation heute einschränkt zugunsten transanaler und transsphinkterischer Operationszugänge.

Der M. levator ani wird dann in der Mittellinie längs durchtrennt und auf beiden Seiten von der nun ins Blickfeld kommenden Hinterwand des Mastdarms abpräpariert. In Längsrichtung wird auch die Rückwand der Mastdarmampulle durchtrennt, unter Schonung des Analkanals und der Sphinkteren. Die Inzision liegt immer oberhalb der intakt zu belassenden Puborektalisschlinge (Abb. 9.6-48).

Die Tumorexzision (Abb. 9.6-49) und Versorgung des entstandenen Defektes erfolgen entsprechend den Regeln des transsphinkterischen Zugangs (Abb. 9.6-44).

Nach Abschluß des endoluminalen Eingriffs wird die Rektotomiewunde invertierend zweireihig geschlossen. Über dem rekonstruierten Rektum und einer hier zu plazierenden Redon-Drainage vereinigt man auch die Ränder des durchtrennten M. levator ani wieder (Abb. 9.6-50). Eine weitere subkutane Redon-Drainage ist ebenso zu empfehlen wie die unmittelbar noch in tiefer Narkose anzuschließende Sphinkterdehnung. Ein entlastender Anus praeter tranversalis ist selten notwendig.

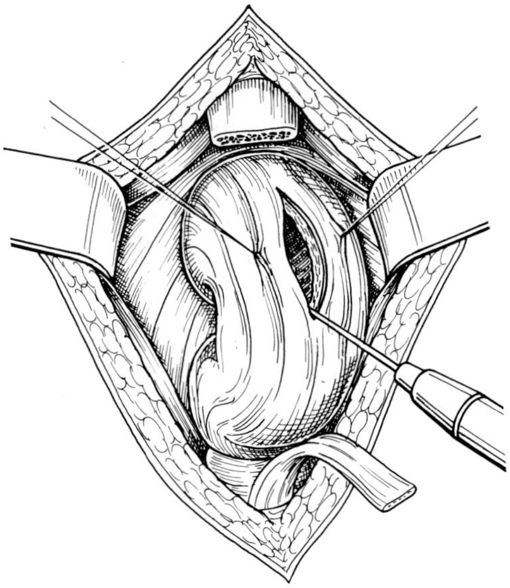

Abb. 9.6-48. Rectotomia posterior 1. In der oberen Bildkante ist das teilresezierte Steißbein dargestellt. Der Rektumschlauch wird oral des intakt bleibenden Kontinenzorgans längs eröffnet. Die Levatorplatte ist über dem Rektum längs gespalten und wird nach beiden Seiten durch Haken gespreizt.

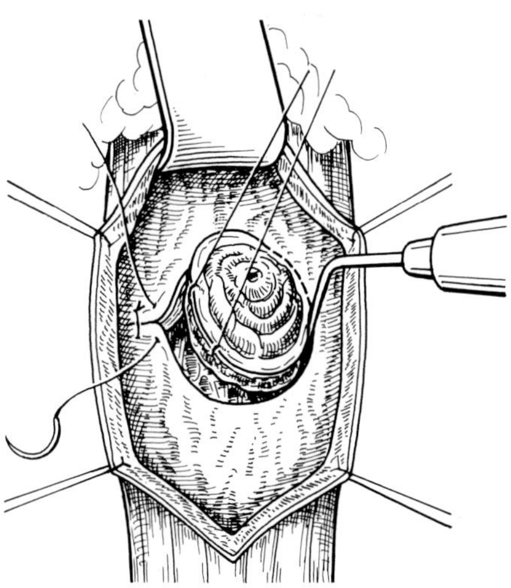

Abb. 9.6-49. Rectotomia posterior 2. Nach Inzision der Rektumhinterwand wird der Tumor an der Ampullenvorderwand zugänglich. Er wird zwischen Haltefäden tief ausgeschnitten.

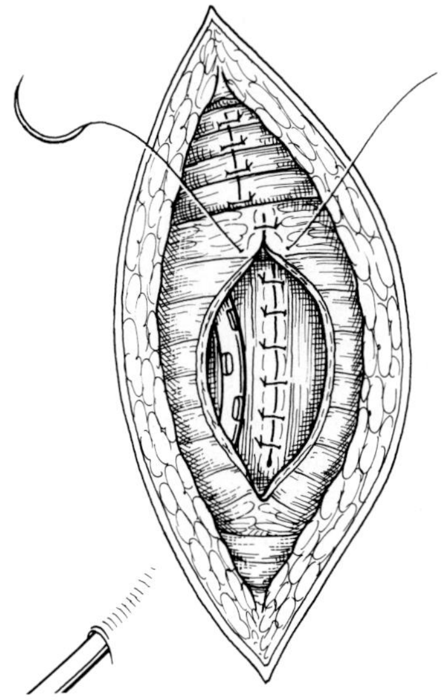

Abb. 9.6-50. Rectotomia posterior 3. Rekonstruktion des Rektumschlauches und der Levatorplatte über Redon-Drainagen in allen Spatien.

Abdominoperineale Rektumexstirpation

Sie wird vorwiegend angewandt zur Behandlung von Rektumkarzinomen, aber auch gutartiger Erkrankungen und ist gekennzeichnet durch die Opferung des anorektalen Kontinenzorgans.

Die Indikation zur abdominoperinealen Rektumexstirpation beim Karzinomn ist im Verlauf der letzten 15 Jahre immer mehr eingeschränkt worden, indem die Bedingungen präzisiert werden konnten, unter denen kontinenzerhaltende Verfahren Vergleichbares leisten (vordere obere Rektumresektion, tiefe vordere obere Rektumresektion, transsphinkterische und endoskopische Operationen) sowie in speziellen Situationen auch die transanale Tumorektomie (Abb. 9.6-51). So beschränkt sich heute die Indikation zur abdominoperinealen Exstirpation auf die Behandlung der Karzinome der distalen Mastdarmetage im Sinne der Kuration und auf die lokal weit fortgeschrittenen nur palliativ zu behandelnden Geschwülste des gesamten Mastdarms, auf fortgeschrittene Analkarzinome, auf manche Fälle der Proktocolitis ulcerosa und auf die sphinkterzerstörenden Verlaufsformen der Colitis granulomatosa Crohn.

Der wesentliche Teil des Eingriffs entspricht dem Vorgehen bei der vorderen oberen Rektumresektion. Wenn unter kurativer Zielsetzung operiert werden kann, wird auch bei der abdominoperinealen Rektumexstirpation die A. mesenterica inferior zentral ligiert, entsprechend ausgedehnt fällt die Mitresektion des Colon sigmoideum aus. Obgleich es noch keine statistischen Beweise für die bessere Prognose der Patienten mit präliminarer Gefäßligatur gibt, spricht die Logik dafür, so zu verfahren und damit auch alle Modifikationen des Eingriffs (etwa im Sinne des perineoabdominalen Verahrens oder der Beschränkung auf die Rektumamputation auf rein perinealem Wege) fallen zu lassen.

Nach der zentralen Gefäßligatur werden Mesosigma und Mesorectum bilateral inzidiert mit Vereinigung der beiden Schnitte im Douglasschen Raum. Mobilisation, Aushülsung und Isolierung des Mastdarms werden wie bei der Resektion durchgeführt (s. Abb. 9.6-36I u. II). Um den perinealen Operationsakt so einfach und übersichtlich wie möglich zu gestalten, sollte die abdominelle Mobilisationsphase unbedingt zirkulär bis zur Höhe des muskulären Beckenbodens unter Sicht und so beckenwandnah wie möglich erfolgen.

Vorwiegend aus Gründen der Asepsis empfiehlt es sich, das Mastdarmlumen oral des Tumors maschinell zu verschließen und zu durchtrennen (Abb. 9.6-52a u. b). Der tumortragende Mastdarmstumpf wird dann in die Tiefe des kleinen Beckens versenkt. Das Retroperitoneum zum kleinen Becken hin sollte man nur dann durch Naht verschließen, wenn dies völlig spannungsfrei, d.h. ohne die Gefahr einer postoperativen Schlingeneinklemmung zwischen häufig ausreißenden Nähten möglich ist. Als sehr viel besser, auch für die rasche und Primärheilung der großen sakralen Wunde, hat sich die Plombierung durch transponiertes Netz erwiesen.

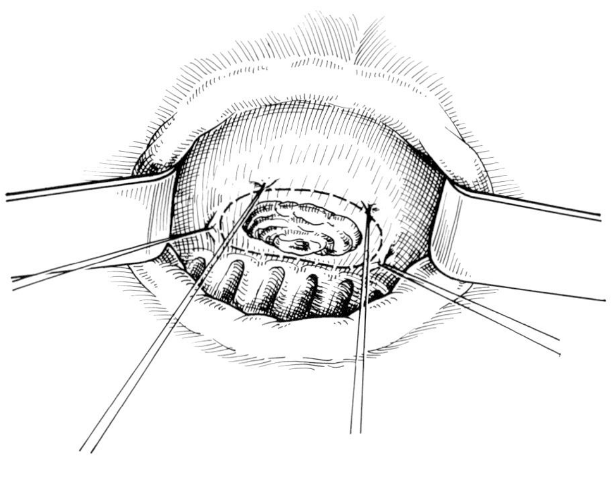

Abb. 9.6-51. Transanale Exzision eines analkanalnahen Rektumtumors. Nach zirkulärer Anlage von Haltefäden läßt sich ein noch gut verschieblicher Tumor oft überraschend weit analwärts mobilisieren. Zur präventiven Blutstillung kann die Unterspritzung der Schleimhaut mit einer hochverdünnten Suprareninlösung oder einem Analog vorgenommen werden – jedoch nur bei einer nicht vorhandenen Hypertonie und nach Absprache mit dem Anästhesisten! Die Herstellung der Lösung muß wegen der besonderen Gefahren vom Arzt selbst durchgeführt werden. Der nach Abtragung des Tumors verbleibende Schleimhautdefekt wird durch blutstillende Einzelknopfnähte mit PGS verschlossen.

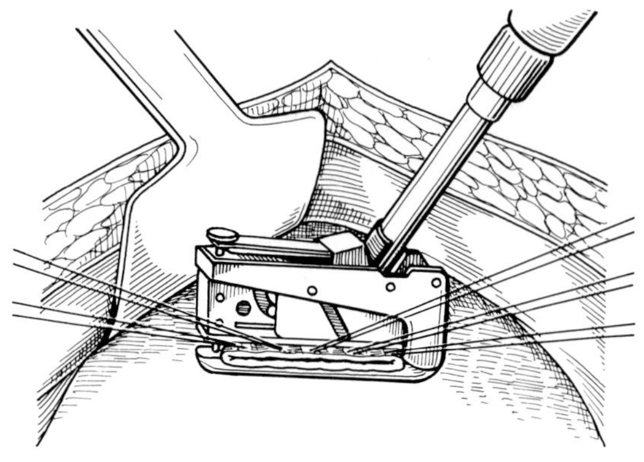

Abb. 9.6-52. Abdominoperineale Rektumexstirpation.
a) Maschineller Blindverschluß des Rektumstumpfes (z.B. Roticulator) oder von Hand.

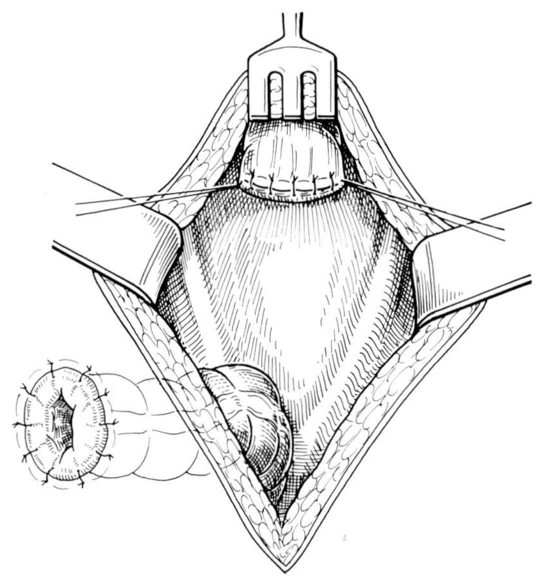

b) Im oberen Bildabschnitt ist der oral vom Tumor blind verschlossene Mastdarmstumpf dargestellt, links der definitiv einläufige Sigmakunstafter, der durch eine gesonderte Inzision zwischen Nabel und Spina iliaca anterior maschinell verschlossen ausgeleitet und erst nach vollständigem Bauchdeckenverschluß in Hautniveauhöhe nachreseziert und mit resorbierbaren Fäden (PGS) eingenäht wird. Wichtig ist die Fixation dieser Darmschlinge an der seitlichen Bauchwand zur Vermeidung einer inneren Hernienbildung.

Wenn die Präparation der Kreuzbeinhöhle abgeschlossen ist, erfolgt die Anlage des endständig einläufigen iliakalen Kunstafters. Er wird durch eine gesonderte Bauchwandinzision links zwischen Nabel und Spina ilica ventralis an präoperativ vorgezeichneter Stelle ausgeleitet (Abb. 9.6-52b). Man exzidiert einen kreisrunden Hautdeckel, dessen Ausmaße dem gewünschten Anus-praeter-Lumen entsprechen. Beim mageren Patienten läßt sich das gesamte vormobilisierte Rektosigmoid durch die Anus-praeter-Öffnung vorlagern und dann extraabdominell nachresezieren. Bei sehr fettem Mesosigma ist unter Umständen die intraabdominelle Nachresektion dieses wegfallenden Segments nötig. Der Anus praeter am Kolon wird im Hautniveau im Sinne einer zirkulären mukokutanen Fistel gestaltet. Die Anus-praeter-Schlinge soll reichlich mobilisiert werden, damit sie ohne jede Spannung und ohne Gefahr der Retraktion an der Bauchwand nahtfixiert werden kann. Vor dem Verschluß der Laparotomie muß der Spalt zwischen linker seitlicher Bauchwand und der Anus-praeter-Schlinge durch einige Serosanähte verschlossen werden, damit es hier nicht postoperativ zur Einklemmung von Dünndarmschlingen kommt.

Die Exstirpation des tumortragenden Mastdarmstumpfes wird nach Umlagerung des Patienten angeschlossen. In der Regel genügt die Steinschnittlage. Wenn präparatorische Schwierigkeiten zur Prostata hin zu erwarten sind, ist die Umlagerung auf die Westhues-Platte nützlicher.

Der äußere After wird durch Tabaksbeutelnaht verschlossen und zirkulär umschnitten. Unter weiträumiger Mitnahme des Kontinenzorgans läßt sich der Stumpf um so leichter aus den Verbindungen zum Beckenboden isolieren, je weiter die Mobilisation von abdominal her möglich gewesen ist. Das Lig. anococcygeum als gut identifizierbare Struktur wird zuerst als Zugang zum abdominellen Operationsfeld durchtrennt. Von hier aus werden zu beiden Seiten hin die Verbindungen zur Levatorplatte inzidiert (Abb. 9.6-53). Blutungen sind in der Regel elektrochirurgisch zu stillen. An der Vorderwand erfolgt die Präparation im rektovaginalen bzw. rektourethralen Spatium, wobei der präoperativ gelegte Verweilkatheter als unentbehrliche Leitschiene vor urogenitalen Komplikationen schützt.

Bei aseptisch abgelaufener Operation kann die sakrale Wundhöhle schichtgerecht über Redon-Drainagen geschlossen werden und heilt dann auch primär innerhalb von zwei Wochen aus.

Wenn sich eine Kontamination der sakralen Wundhöhle etwa durch Tumorperforation nicht vermeiden läßt, darf die sakrale Wunde nur adaptierend geschlossen werden, entweder über Saug-Spül-Drainagen oder PMMA-Ketten. Postoperativ ist dann ganz besonders auf eine sich anbahnende Wundinfektion zu achten, die manchmal zur offenen Wundbehandlung zwingt.

Die früher übliche, grundsätzlich offene Behandlung unter Einsatz der Mikulicz-Tamponade ist heute obsolet, sie kommt allenfalls noch in Betracht bei den wenigen Fällen, bei denen es zu unstillbaren Blutungen aus Periostvenen des kleinen Beckens gekommen ist.

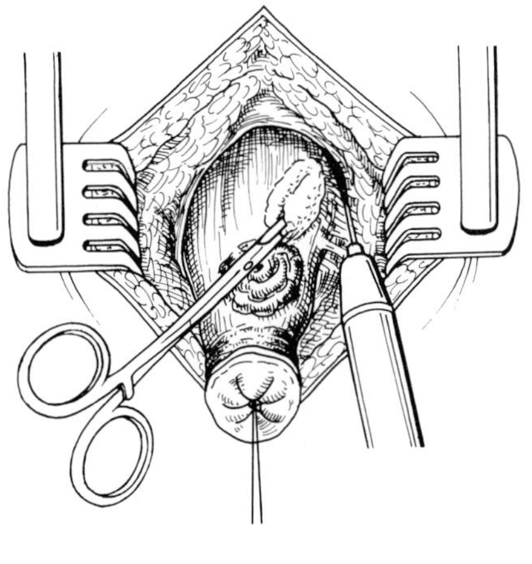

a)

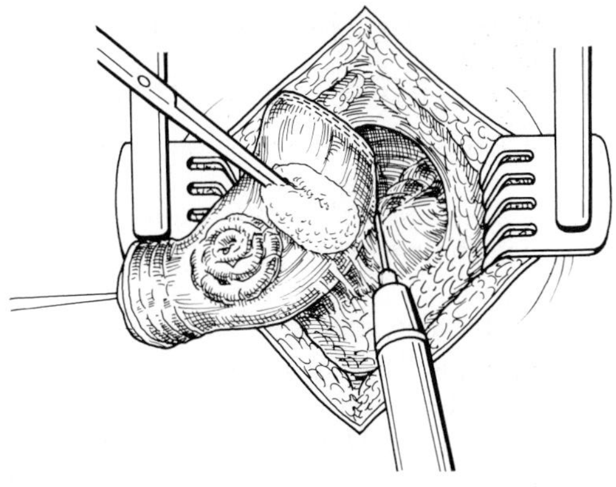

b)

Abb. 9.6-53. Perineale Exstirpation des Rektumstumpfes nach Umlagerung auf die Westhues-Platte.
a) Der Anus ist zirkulär umschnitten und durch eine Tabaksbeutelnaht verschlossen, das Lig. anococcygeum durchtrennt und die Verbindung zum abdominellen Operationsgebiet bereits hergestellt.
b) Der alsbald gut mobile tumortragende Mastdarm wird teils stumpf, teils scharf ausgelöst. Die temporäre Schienung der Harnröhre ist für diesen Teil des Eingriffes obligat. Nach Abschluß der Rektumexstirpation wird das Diaphragma pelvis nach Einlage einer Drainage locker adaptierend durch Einzelknopfnähte verschlossen. Nur ausnahmsweise muß die Wundhöhle offengelassen und/oder tamponiert werden (s. a. Text).

Inkontinenzresektion (Hartmann)

Dieses Prinzip der Behandlung gut- und bösartiger Erkrankungen des proximalen und ampullären Mastdarmdrittels besteht darin, daß im Unterschied zur Rektumexstirpation der perineale Operationsakt unterbleibt, distaler Mastdarm und Kontinenzorgan also erhalten bleiben als blinder, aus der Passage ausgeschalteter Stumpf. Nach der Resektion des erkrankten Mastdarmabschnitts wird wie bei der Rektumexstirpation ein endständig iliakaler Sigmakunstafter angelegt.

Theoretisch besteht nach dieser sog. Inkontinenzresektion die Chance der Passagerekonstruktion, etwa dann, wenn die Verlaufsbeobachtungen nach einem so versorgten Rektumkarzinom ergibt, daß kein Lokalrezidiv entsteht.

Dieser Eingriff ist indiziert zur Behandlung des Rektumkarzinoms der beiden proximalen Mastdarmetagen, wenn allgemeine Gründe nahelegen, den besonders belastenden perinealen Operationsakt zu vermeiden. Häufigste Indikation für diesen Eingriff ist heute die perforierende Sigmadivertikulitis als Alternative zur Anlage eines entlastenden Querdarmanus unter vorübergehender Belassung des entzündeten Sigmasegments. Der Eingriff beginnt abdominell entsprechend den Regeln der abdominoperinealen Rektumexstirpation. Anstelle des perinealen Operationsaktes verbleibt aber der Mastdarmstumpf in situ und wird blind durch eine Reihe manueller Einzelnähte oder eine Maschinennaht verschlossen.

Behandlung typischer beniger Erkrankungen des anorektalen Kontinenzorgans

Hämorrhoidalknoten

(Innere) Hämorrhoiden sind arteriell gespeiste Venenerweiterungen im Sinne der Hypertrophie des Corpus cavernosum recti. Man findet sie ein- oder mehrfach bis kranzförmig in den oberen zwei Dritteln des Analkanals. Sie sind von unempfindlicher Rektumschleimhaut bedeckt, können bei entsprechender Größe vor den äußeren Anus prolabieren, hier durch den schmerzbedingten Sphinkterspasmus stranguliert werden und oberflächlich ulzerieren. Ein Kranz prolabierender innerer Hämorrhoiden kann extremerweise zum ausgedehnten »Hämorrhoidalprolaps« führen (Analprolaps).

Die sog. inneren, d.h. eigentlichen Hämorrhoiden erscheinen in 70% der Fälle immer an den gleichen Stellen im kreisförmigen Umfang des Analkanals. In Steinschnittlage trifft man die Hauptknoten regulär bei 3, 7 und 11 Uhr entsprechend den hier einstrahlenden Endästen der A. rectalis inferior.

Hämorrhoiden sind nur im symptomatischen Stadium behandlungspflichtig. Klinisch werden 4 Stadien unterschieden:

1. **Stadium:** Sie sind in aller Regel asymptomatisch, abgesehen von gelegentlichen frisch-roten Blutungen. Man kann sie im Proktoskop vor allem beim Preßversuch darstellen.
2. **Stadium:** Die Knoten prolabieren beim Pressen vor die Analöffnung, retrahieren sich aber spontan. Blutungen können in diesem Stadium auftreten, aber nur fakultativ. Therapeutisch kann im 2. Stadium die Sklerosierungstherapie ausreichen. Sie ist ohne jede Vorbereitung und Anästhesie per Proktoskop möglich. Die sklerosierende Substanz wird submukös ins Bindegewebe (nicht intravasal) appliziert, um eine schrumpfende entzündliche Reaktion im Sinne der Fibrose auszulösen. Die schrumpfende Narbe soll das Gefäßknäuel komprimieren und die spontane Thrombose auslösen.
3. **Stadium:** Die Hämorrhoidalknoten prolabieren dauernd vor die Analöffnung, können aber vom Patienten noch digital reponiert werden.
4. **Stadium:** Die Knoten liegen ständig außerhalb der Analöffnung und sind auch durch Manipulation nicht zu reponieren.

Im 3. und 4. Stadium reicht die Sklerosierungsbehandlung nicht mehr aus, hier muß operativ vorgegangen werden. Von vielen propagierten **Operationsverfahren** sind im Grunde 3 übrig geblieben und alternativ zu empfehlen:

1. Die Sphinkterotomie nach Eisenhammer

Hierbei handelt es sich um ein pathophysiologisch begründetes Operationsverfahren. Es geht von der Überzeugung aus, daß aus dem physiologischen Schwellkörper als Teil des Kontinenzorgans Hämorrhoiden durch die venöse Drosselung des Corpus cavernosum recti entstehen, die ihrerseits durch einen pathologischen Spasmus des inneren Sphinkters veranlaßt wird.

Die Therapie versucht kausal anzugreifen mit dem Ziel, den Tonus des inneren Sphinkters zu schwächen. Er wird parasagittal im Bereich seiner unteren Hälfte gespalten in der Vorstellung, daß durch die so erreichte Schwächung des Muskels der venöse Blutabfluß nicht mehr behindert wird. Dadurch soll es zur physiologischen Rückbildung der Hämorrhoiden kommen ohne Notwendigkeit, an ihnen selbst zu manipulieren.

Der Eingriff wird in Steinschnittlage durchgeführt. Parasagittal-dorsal wird von einem kurzen anusparallelen Schnitt aus der untere Rand des gut erkennbaren M. sphincter ani internus freigelegt und über einer Teflon-Sonde elektrochirurgisch gespalten (Abb. 9.6-54). Die Muskelfasern weichen unmittelbar nach beiden Seiten zurück, es verbleibt eine Schwächung des inneren Sphinkters insgesamt. Vorübergehend können motorische Kontinenzschwierigkeiten auftreten, die jedoch nach Ansicht der mit diesem Verfahren erfahrenen Autoren in den meisten Fällen reversibel sind. Zeitgleich kommt es zur Rückbildung auch voluminöser Hämorrhoidalknoten.

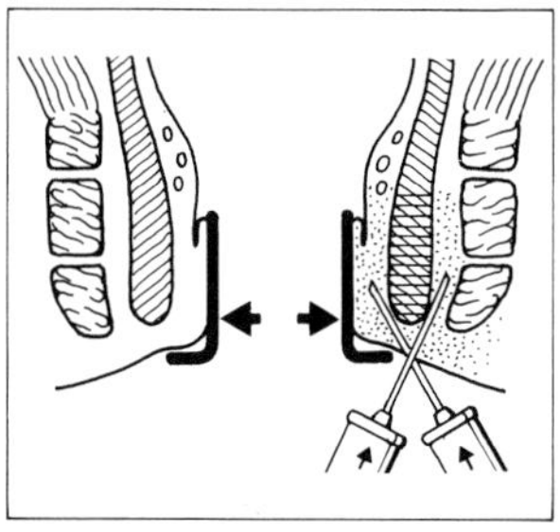
a)

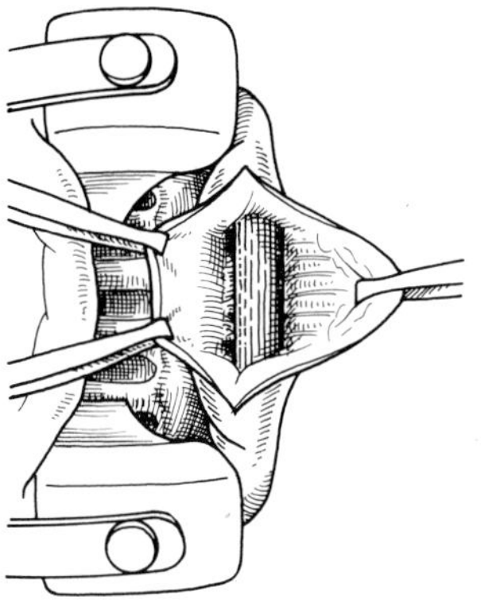
b)

Abb. 9.6-54. Sphinkterotomie nach Eisenhammer.
a) Frontalschnitt schematisch durch das Kontinenzorgan. Durchführung der Infiltrationsanästhesie.
b) Anusparallele kurze Inzision paramedian und Darstellung des verdickten Randes des M. sphincter ani internus.

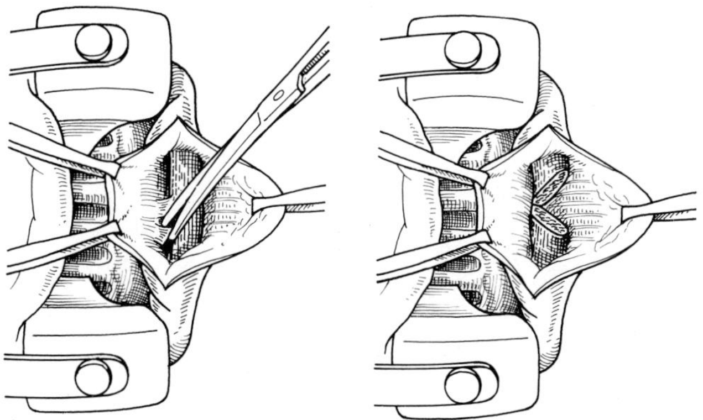

c) d)

c) Übersichtliche Präparation der kaudalen Begrenzung des inneren Schließmuskels.
d) Einkerbung des M. sphincter ani internus.

2. Operationsverfahren nach Milligan und Morgan

Es ist das heute wahrscheinlich gebräuchlichste Verfahren und wird auch als sog. Ligaturexzision bezeichnet.

Im allgemeinen werden in einem Eingriff die 3 Hauptknoten behandelt. Nach vorsichtiger Dilatation des Analkanals werden die 3 Knoten nacheinander mit Klemmen perianal zunächst da gefaßt, wo sie hautbedeckt sind. Durch Zug an diesen »Hautklemmen« quillt der von dunklem, purpurrotem Anoderm bedeckte Bauch des Hämorrhoidalknotens hervor. Man sollte ihn so weit ins extraanale Blickfeld ziehen, bis am oberen Ende des Knotens die gefäßführende rosa Schleimhautfalte erscheint. Dieser Grenzbereich in Höhe der Linea dentata ist entweder durch eine zweite Klemme (Schleimhautklemme) oder durch eine Umstechungsligatur zu markieren.

Unter Zug an der Hautklemme und gleichzeitigem Druck mit dem Zeigefinger auf den oberen Pol des Knotens nach innen außen wird dieser nun V-förmig über die anodermbedeckte Fläche so umschnitten, daß die beiden Schenkel des »V« etwa in Höhe der Linea dentata enden, also an der Anoderm-Schleimhaut-Grenze. Man legt so die äußere Oberfläche des Venenkonvoluts frei und kann dieses von der Unterlage des M. sphincter internus in kranialer Richtung ablösen. Am Ende dieser vorwiegend stumpf auszuführenden Präparationsphase hängt an der »Hautklemme« armiert der Hämorrhoidalknoten am Anoderm mit Stiel dieses Präparats an der Linea dentata. Dieser Stiel wird von beiden Seiten her eingekerbt, so daß eine schmale Anodermbrücke und hier der Gefäßstiel der zugehörigen Versorgungsarterie verbleibt. Letzterer wird einschließlich der schmalen Anodermbrücke durch eine Umstechungsligatur versorgt, über der der Hämorrhoidalknoten abgetragen werden kann (Abb. 9.6-55).

In gleicher Weise werden nun nacheinander die anderen Hauptknoten versorgt. Die Stümpfe retrahieren sich kaum, weil sie durch die Umstechungsligatur am unteren Internusrand fixiert sind. Dadurch werden innerhalb des Analkanals verbleibende, schlecht heilende Wundflächen verhütet. Die birnenförmigen Hautexzisionsfelder verbleiben extraanal, sie dienen der Sekretableitung und sollten der Heilung per secundam überlassen werden. Überhängende Hautläppchen werden im Sinne der Wundrandglättung abgetragen.

Bei der Milligan-Morgan-Methode wird also Anoderm geopfert. Man muß aber darauf achten, daß zwischen den einzelnen Operationsgebieten mindestens 8–10 mm breite, gut ernährte Anodermstreifen erhalten bleiben. Ansonsten ist mit Störungen der sensorischen Kontinenz zu rechnen, auch mit Wundheilungsstörungen und Stenosefolge.

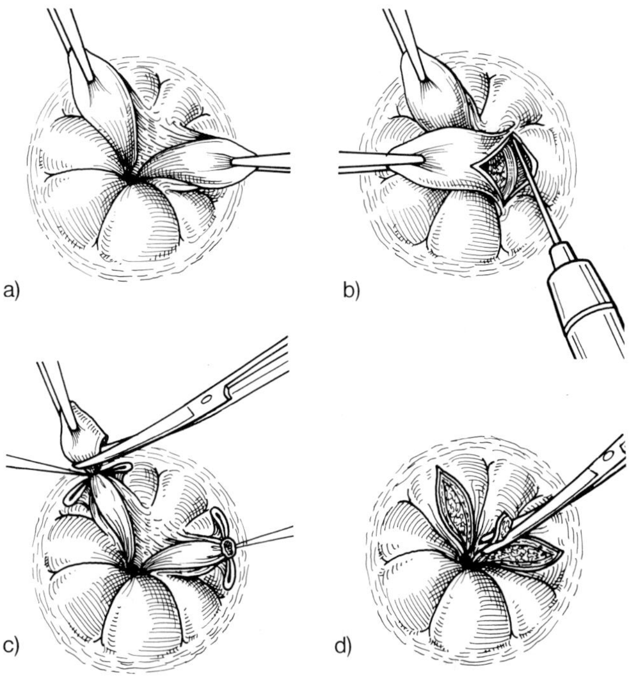

a) b) c) d)

Abb. 9.6-55. Ligaturresektion nach Miligan/Morgan.
a) Zwei prolabierte Hämorrhoidalknoten sind angeklemmt.
b) Darstellung der »äußeren« Oberfläche des hypertrophen Gefäßkonvoluts durch V-förmige Inzision.
c) Abtragen der Hämorrhoidalknoten.
d) Versorgung der Drainagedreiecke.

3. Submuköse Hämorrhoidektomie nach Parks

Die mit diesem Verfahren verbundene hohe Ligatur des Plexus soll im Gegensatz zur Exzisionsligatur kein Anoderm opfern. Auch beim Parksschen Verfahren werden die 3 Hauptknoten in einer Operation entfernt. Nach vorsichtiger Sphinkterdehnung werden die 3 Knoten wie beim Milligan-Verfahren an der Hautgrenze gefaßt und nach außen gezogen. Sie werden durch eine Tennisschläger-Inzision so umschnitten, daß der »Stielteil« der Inzision in Längsrichtung über den anodermbedeckten Hämorrhoidalknoten bis an die zugehörige Rektumschleimhautfalte oberhalb der Linea dentata reicht. Die beiden Anoderm-

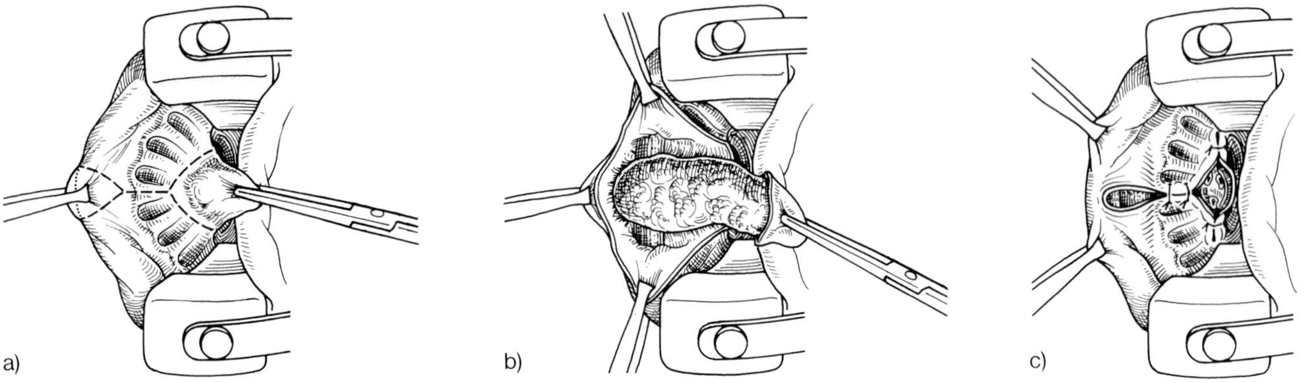

Abb. 9.6-56. Hämorrhoidenoperation nach Parks.
a) Tennisschlägerinzision über dem armierten Hämorrhoidalknoten.
b) Subkutane Exzision des hyperplastischen Schwellkörpers.
c) Nahtversorgung der analen Wunde nach submuköser Hämorrhoidektomie unter Erhaltung einer Drainageöffnung.

lefzen werden dann türflügelartig mobilisiert. Dadurch wird die Innenfläche des Hämorrhoidalplexus frei. Durch Zug des so von innen vormobilisierten Knotens nach der Gegenseite läßt sich die äußere Oberfläche darstellen und vom darunterliegenden Sphinkter vorwiegend stumpf ablösen. Dadurch wird der auspräparierte Plexus oberhalb der Linea pectinea schmal gestielt. Im Stiel ist auch das arterielle Zuflußgefäß. Dieser wird durch eine Umstechungsligatur versorgt, der Hämorrhoidalplexus mit dem anhängenden Anoderm-Haut-Anteil entfernt. Der ligierte Gefäßstumpf verschwindet in der Tiefe, die Anodermwunde wird durch eine fortlaufende Catgutnaht verschlossen. Offen gelassen wird zur Sekretableitung ebenfalls die extraanale, dreieckförmig verbleibende Hautwunde (Abb. 9.6-56).

Die Operation nach Parks schont das Anoderm, ist jedoch von der Ausführung her komplizierter und zeitaufwendiger.

In der postoperativen Phase ist nach allen operativen Verfahren für perfekte Hygiene in Form mehrerer täglich und insbesondere nach Defäkationen zu verordnender Sitzbäder zu sorgen. Außerdem sollte durch milde Laxantien in der Wundheilungsphase für breiige Stuhlkonsistenz gesorgt werden. Die früher geübte Opiumtherapie mit dem Ziel, während der Wundheilungsphase möglichst lange keine Defäkation zu haben, gilt heute als obsolet.

Perianale Hämatome

Sie erscheinen im unteren Drittel des Analkanals oder in der Afteröffnung selbst und sind dem Plexus hämorrhoidalis inferior zuzurechnen. Die perianalen Hämatome sind im Gegensatz zu Hämorrhoidalknoten von Anoderm und von äußerer Haut bedeckt, demnach außerordentlich schmerzempfindlich. Symptomatisch werden die »äußeren Hämorrhoiden« als akute perianale Thrombose.

Die rasch unter Schmerzen auftretenden, entzündlich imponierenden Knoten werden von einem noch schmerzhafteren Sphinkterspasmus begleitet. Die meisten Patienten kommen in diesem akuten Stadium zur Behandlung. Ihnen ist sicher und einfach durch Inzision in Lokalanästhesie des prall gefüllten Knotens, d.h. durch Ausräumung des Thrombus zu helfen. Die Schmerzen verschwinden schlagartig (Abb. 9.6-57).

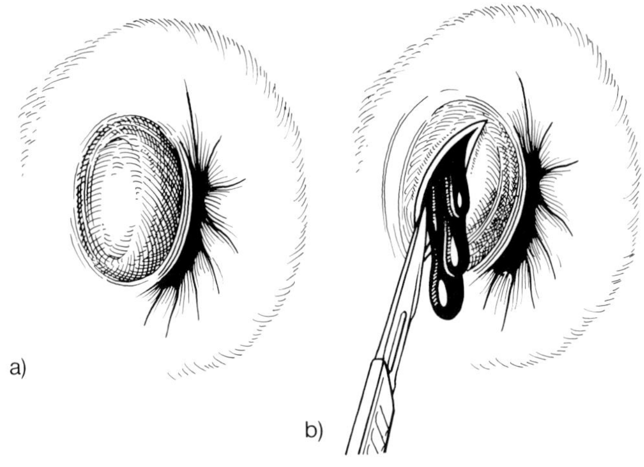

Abb. 9.6-57. Behandlung des sog. perianalen Hämatoms.
a) Als schmerzhaft prall-elastische, perianale Schwellung unter der Haut.
b) Nach Inzision im Stadium der Entlastung durch Expression der Koagel bzw. des unter Druck stehenden Hämatoms.

Kommt der Patient erst im Organisationsstadium der perianalen Thrombose, also im Stadium der entzündlichen Komplikation, muß nur noch ausnahmsweise chirurgisch durch Inzision geholfen werden. Dann genügt in der Regel die konservative Weiterbehandlung mit antiphlogistischen Salben, Sitzbädern, u.U. auch eine vorübergehende abschwellende Eisbehandlung.

Als Ausheilungsstadium verbleiben meist perianale kleine, gestielte Hautlappen in der Analöffnung, die auch als »Analkarunkel« bezeichnet werden. Solche Karunkel können aber auch als Folge der Milligan-Morgan- und Parks-Operation dann entstehen, wenn die äußeren Wundränder nicht sauber geglättet wurden und die Hautränder gewissermaßen unter Bildung einer Hauttasche übereinander wachsen. In den Falten mehrerer zirkulär angeordneter Karunkel bleibt gelegentlich Stuhl haften, der perianale Sensationen wie Juckreiz mit oder ohne Dermatitis hervorruft und subjektiv sehr unangenehm sein kann. Die Karunkel erschweren die Analhygiene, so daß man manchmal nicht darum herumkommt, sie operativ zu beseitigen. Das Verfahren besteht in der einfachen Exzision, nur ausnahmsweise ist es empfehlenswert, die Wundränder durch Naht locker zu adaptieren.

Analfissur

Rhagaden und Analfissuren sind längsgestellte, furchenartig geschwürige Epitheldefekte im Analkanal, die sich meist in der hinteren Raphe entwickeln (6 Uhr in Steinschnittlage), oralwärts in Höhe der Linea pectinea von einer hypertrophen Analpapille begrenzt sind und nach außen durch eine karunkelähnliche »Vorpostenfalte« markiert werden.

Die Unterscheidung zwischen Rhagade und Analfissur ist rein quantitativ: Bei der **Rhagade** liegt nur ein frischer, oberflächlicher Epitheldefekt noch ohne deutliche Ausbildung von Analpapille und Vorpostenfalte vor, die **Fissur** ist gekennzeichnet durch ein sehr schmerzhaftes, tiefreichendes, randunterminierendes Geschwür, das bei längerem Bestehen auch zur entzündlichen Tiefeninfiltration des Schließmuskelrandes führt. Diese Entzündung kann ihrerseits im Sinne narbiger Schrumpfung zu einer Narbenstenose des oberen Analkanals führen im Sinne der »Pectenosis«. Sie entwickelt sich also als Folgeerkrankung der Analfissur in Form eines narbigen Halbrings dorsal zu beiden Seiten der hinteren Raphe in Höhe der Linea pectinea und kann ihrerseits im Sinne der Selbstunterhaltung des Krankheitsprozesses zur Stenose, zur Obstipation führen und diese durch harten, traumatisierenden Stuhl wieder die Analfissur unterhalten. So entsteht der Circulus vitiosus, der manchem Patienten bei technisch falscher oder zu lange verschleppter Behandlung einen unnötig langen Leidensweg beschert.

Die frische, meist traumatisch entstandene Rhagade kann noch spontan ausheilen in Form der flächenhaften Reepithelisation des flachen Geschwürs im Analkanal. Voraussetzung ist die Beseitigung des immer vorhandenen Sphinkterkrampfes durch eine gründliche Sphinkterdehnung in ausreichender Anästhesie. Heilt eine Rhagade unter dieser Behandlung innerhalb von 2 bis 3 Wochen nicht aus, ist von einer tieferreichenden Ulzeration im Sinne der Analfissur auszugehen. Sie muß ausgeschnitten werden unter Mitnahme der zugehörigen hypertrophischen Papille und der Vorpostenfalte (Abb. 9.6-58). Heilungsvoraussetzung ist aber auch hier die dauerhafte Beseitigung des Sphinkterspasmus. Bei der chronischen, tiefreichenden Analfissur ist daher die Exzision mit der Sphinkterotomia interna nach Eisenhammer zu verbinden. Dies kann in der hinteren Raphe geschehen, insbesondere in Verbindung mit einer zu behandelnden Pectenosis, aber auch distanziert von der Ulkusexzision seitlich bei 3 Uhr.

Die lange gebräuchliche Ätz- und Stopfrohrtherapie der chronischen Analfissur ist selten erfolgreich und unzumutbar.

Liegt schon eine ausgedehnte Pectenosis vor, dann muß das stenosierende Narbengewebe komplett exzidiert werden.

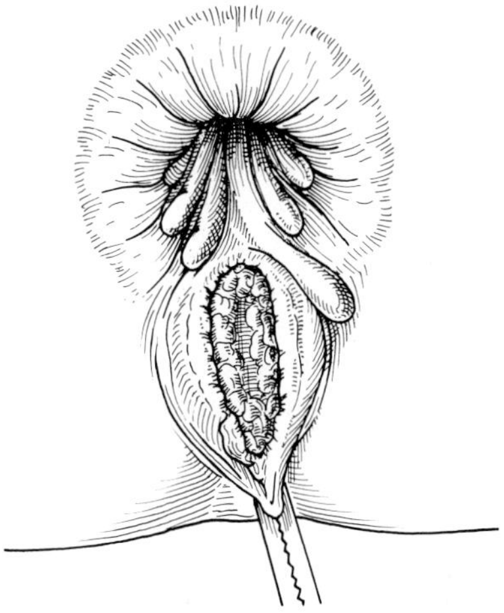

Abb. 9.6-58. Versorgung einer tiefen Analfissur durch Exzision des Ulkus und der zugehörigen Papille und Vorpostenfalte, evtl. kombiniert mit der Einkerbung des unteren Randes des M. sphincter ani internus.

Anorektaler Abszeß und anorektale Fistel

Anorektaler (periproktischer) Abszeß und anorektale Fistel entsprechen zwei Stadien des gleichen entzündlichen Prozesses im Bereich des Kontinenzorgans. Der Abszeß repräsentiert die akute Phase, die Fistel den chronischen Folgezustand. Nach Eröffnung und Entfernung des Abszesses bleibt oft, auch abhängig von der postoperativen Behandlung, eine Fistel zurück. Manchmal verläuft der Prozeß von Anfang an chronisch und es bildet sich – zumindest subjektiv nicht registriert und objektiv nicht diagnostiziert – kein Abszeß als Fistelvorläufer.

Alle Abszesse können im Spontanverlauf fernab vom Entstehungsort der Infektion, der entzündeten Krypte im Bereich der Linea dentata, an jeweils typischen Stellen der perianalen Region nach außen durchbrechen oder sie werden vor dieser »Spontanheilung« durch Inzision entlastet. Beide Verläufe hinterlassen dann häufig eine jeweils nur passager scheinbar ausheilende Verbindung zwischen Analkrypte und äußerer perianaler Haut im Sinne der typischen perianalen Fistel. Vorübergehend kommt es wohl häufig zum Verschluß der äußeren Fistelöffnung, durch den vom Analkanal her unterhaltenen Infekt aber in unregelmäßigen Abständen, immer wieder zur Verhaltung im Sinne des Rezidivabszesses, wenn nicht die chronische Fistel für Dauerentlastung sorgt.

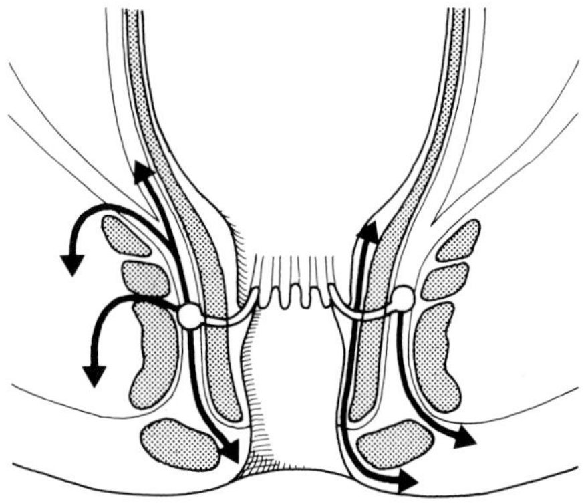

Abb. 9.6-59. Ausbreitungswege perianaler Eiterungen.

Behandlung des Anorektalabszesses

Die Diagnose des periproktischen Abszesses ist gleichbedeutend mit der Indikation chirurgisch zu handeln! Die Langzeitprognose hängt entscheidend davon ab, daß rechtzeitig und richtig interveniert wird.

Voraussetzung für eine sachgerechte chirurgische Therapie ist die genaue topographisch anatomische Kenntnis der möglichen Infekträume (Abb. 9.6-59). Diesen Ausbreitungswegen entsprechend unterscheidet man deshalb die anorektalen Eiterungen nach Stelzner in:

1. Submuköser und subkutaner Abszeß des Analkanals (ca. 4%).
2. Intermuskulärer Abszeß (ca. 80%).
   a) Subkutaner marginaler Abszeß.
   b) Subkutaner perianaler Abszeß.
   c) Hoher intermuskulärer Abszeß.
3. Ischiorektaler Abszeß (ca. 15%).
   a) Einseitiger ischiorektaler Abszeß.
   b) Doppelseitiger ischiorektaler Abszeß.
   c) Ischiorektaler Abszeß mit subkutanen perianalen, marginalen oder intermuskulären Ausläufern.
4. Pelvirektaler Abszeß (ca. 1%) (Abb. 9.6-60).

Der häufigste, der **intermuskuläre Abszeß,** erreicht die perianale Region entweder an der Linea anocutanea als sog. »Marginalabszeß« kokzygeal oder perineal, wenn die in der Haut verankerten fibrösen Septen des M. corrugator ani die flächige Ausbreitung des Infektes in der Haut der periproktischen Region verhindern oder als oberflächlicher anusferner Abszeß, wenn diese Septen am Afterrand der Eiterung nicht standhalten und so eine Infektion des perianalen Subkutangewebes zulassen. Zur Tiefe hin ist ein solcher intermuskulär perianaler Abszeß aber immer vom Septum transversale begrenzt und läßt somit das ischiorektale Fettgewebe unberührt.

Durch eine anusparallele, u. U. T-förmig erweiterte Inzision ist das Abszeßspatium zwischen den beiden Sphinkteren breit zu eröffnen. Im Falle eines rechtzeitig eröffneten Marginalabszesses gelingt es gelegentlich, sofort die schuldige Krypte zu finden und in gleicher Sitzung mit kurativem Ziel die kaudale Portion des inneren Sphinkters mit darüberliegendem Anoderm zu spalten. So kann in manchen Fällen die Entwicklung der späteren Fistel verhindert werden.

Die Spaltung sollte aber unter keinen Umständen erzwungen werden. Sehr viel wichtiger ist, sich anläßlich der Inzision davon zu überzeugen, daß tatsächlich nur ein intermuskulärer Abszeß vorliegt und nicht schon die Kombination mit einer ischiorektalen Eiterung. Sie wäre über das Spatium intermusculare allein nicht effektiv zu entlasten.

Sehr viel seltener als die ischiorektale Beteiligung ist der sog. hohe intermuskuläre Abszeß, der sich in Höhe der Linea anorectalis vorwölbt, also nur vom Analkanal aus zu erkennen ist und selbstverständlich zusammen mit dem marginalen bzw. perianalen Abszeß inzidiert werden muß.

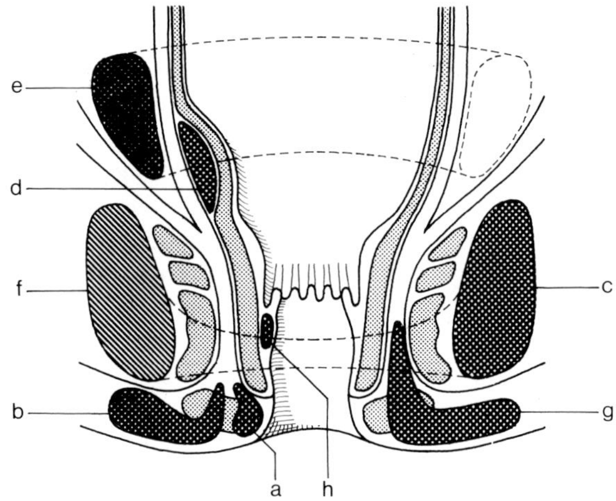

Abb. 9.6-60. Perianale Abszesse. a = Subkutaner marginaler Abszeß; b = subkutaner Perinalabszeß; c = ischiorektaler Abszeß; d = hoher intermuskulärer Abszeß; e = pelvirektaler Abszeß; f = ischiorektaler Abszeß; g = intersphinkterer Abszeß; h = subanodermaler Abszeß.

Der **isolierte ischiorektale Abszeß** geht meist von der Krypte in der hinteren Raphe aus und ist deshalb besonders häufig beidseits der Mittellinie entwickelt, manchmal zum Zeitpunkt der Erstbehandlung nur unterschiedlich reif und deshalb auf der später befallenen Seite noch nicht erkennbar.

Der ischiorektale Abszeß wird am längsten verkannt, weil er zur perianalen Haut hin lange durch eine derbe Membran, das Septum transversale, abgeschottet ist.

Evtl. nach vorausgehender Punktion erfolgt die Inzision von einem anusparallelen Schnitt paramedian neben der hinteren Kommissur. Der tiefreichende, evtl. T-förmig nach außen erweiterte Schnitt legt großzügig die ischiorektale Grube frei. Sie wird ausgetastet vor allem auf der Suche nach der Verbindung zur gegenseitigen Ischiorektalgrube hin. Läßt sich diese Verbindung nachweisen, muß auf der Gegenseite spiegelbildlich inzidiert werden, eine Situation, die fast immer vorliegt, wenn der ischiorektale Abszeß auf der einen Seite perianal spontan perforiert ist oder unmittelbar vor der Perforation steht. Wird nur die eine Seite inzidiert, kommt die Infektion nicht zur Ruhe und es entwickelt sich eine später schwer zu behandelnde verzweigte Fistel bzw. Resthöhle.

Selten breitet sich die ischiorektale Infektion auch nach kranial aus im Sinne eines **pelvirektalen Abszesses,** der meist primär übersehen und deshalb oft verspätet operiert wird. Er wird durch die Ischiorektalgrube hindurch bei im Anorektum liegenden Zeigefinger zunächst punktiert und dann entlang der Nadel breit eröffnet. Wegen der zwerchsackartigen Schnürung durch die Levatorplatte muß diese potentielle Retentionsstelle stumpf erweitert und durch ein dickes Drain überbrückt werden.

Submuköse und **subkutane Abszesse** sind seltener Behandlungsgegenstand. Sie heilen in der Regel spontan durch Perforation der dünnen Epitheldecke des Analkanals und ohne weiteres Zutun.

Bei der Nachbehandlung aller inzidierten periproktischen Abszesse ist darauf zu achten, daß durch klaffende Inzisionen der Sekretabfluß gewährleistet ist bis zur Heilung per granulationem aus der Tiefe der Abszeßhöhle her. Nur dadurch ist überhaupt mit gewisser Wahrscheinlichkeit auf eine dauerhafte Ausheilung ohne Fistelkomplikation zu rechnen.

Behandlung der perianalen Fisteln

Sie sind die häufigsten chronischen Infekte der Perianalregion und fast immer Folge akuter Infekte, soweit sie nicht anorektale Manifestationen spezieller Erkrankungen im Sinne der Proktocolitis ulcerosa oder granulomatosa bzw. der Tuberkulose sind. Primär ist also eine Rückstauentzündung in der Proktodealdrüse anzuschuldigen und ihren Ausbreitungswegen muß die topographische Systematik der anorektalen Fisteln der der anorektalen Abszesse zuzuordnen sein (Abb. 9.6-61).

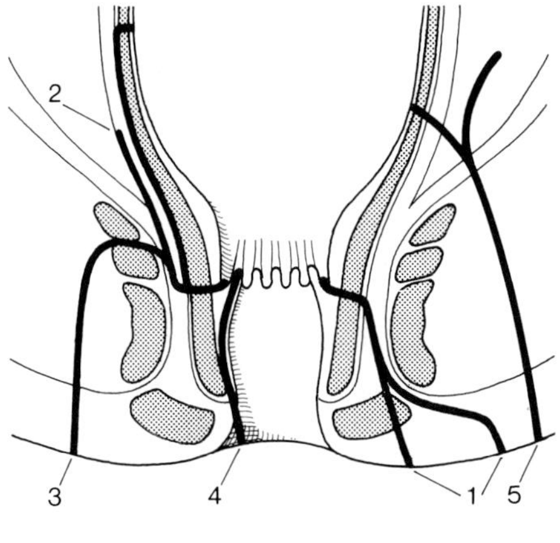

Abb. 9.6-61. Perianale Fisteln mit typischer Gangtopographie. 1 = Komplette intersphinkterische Fistel; 2 = hohe intersphinkterische Fistel; 3 = transsphinkterische Fistel; 4 = subkutane = subanodermale Fistel; 5 = komplette pelvirektale Fistel.

Nach Stelzner ist die folgende therapieorientierte Systematik zu empfehlen:

1. **Intermuskuläre Fisteln** (ca. 80%). Fast immer handelt es sich um komplette, d.h. äußere Fisteln mit perianaler Mündung. Sehr selten hat man es mit sog. inneren Fisteln zu tun, die auch von der Proktodealdrüse ausgehen, inkomplett sein können und dann blind im intermuskulären Spalt enden oder als komplette innere intermuskuläre Fistel einen unterschiedlich hoch in der Rektumampulle mündenden Porus haben.
Die äußeren Öffnungen dieser intermuskulären Fisteln ordnen sich im Gegensatz zu denen der ischiorektalen meist marginal an und sind dann nie entfernter als höchstens 3 cm von der äußeren Afteröffnung. Die meisten dieser kompletten intermuskulären Fisteln haben kurze gerade Gänge und sind deshalb auch leicht auf der Sonde »aufzufädeln«. Die äußere Fistelöffnung kann gelegentlich auf den ersten Blick nicht zu erkennen sein, weil sie in Hautfalten verborgen liegt und oft auch vorübergehend verklebt. Der Fistelgang ist manchmal nur mit dünnen Sonden zu passieren.
Derselben Schwierigkeit begegnet man beim Aufsuchen der inneren Fistelöffnung, die entweder kokzygeal oder perineal, selten lateral gelegen ist. Man kann sich die Orientierung beim Aufsuchen der inneren Öffnung durch Injektion von Milch oder Tusche erleichtern.
Im Gegensatz zu den regelhaften kurzen geraden intermuskulären Fisteln trifft man gelegentlich auch lange Fistelgänge mit weit von der Afteröffnung entfernt gelegenen Außenöffnungen. Das Kennzeichen dieser Art perinealer Intermuskulärfisteln ist ihr Verlauf außerhalb der Faszia transversalis collesi, also in der perianalen Subkutanschicht. Der häufigste Ursprung dieser langen Fisteln sind die perinealen Proktodealdrüsen rechts und links der Mittellinie, viel seltener kokzygeale Krypten.
Die Behandlung sämtlicher intermuskulärer Fisteln besteht in der einzeitigen Spaltung des Gangs von der Krypte bis zur äußeren Fistelöffnung, u.U. mehrerer Gänge. Bei den beschriebenen langen Gängen entsteht so ein breiter Wundgraben, dessen manchmal aufgeworfene Wundränder bis zum Umgebungsniveau der Haut reseziert werden müssen. Die Wunde heilt per secundam auch ohne passagere Kontinenzprobleme.
Die Behandlung der seltenen inneren intermuskulären Fisteln ist in der Praxis mehr ein Problem ihrer Kenntnis und der erfolgreichen Suche der verursachenden Krypte bzw. auch der Öffnung in der Ampullenschleimhaut als der technischen Ausführung. Meist werden diese Fisteln über lange Zeit verkannt. Die Behandlung besteht auch bei ihnen darin, den Gang von der Krypte her aufzufädeln und zum Analkanal bzw. zur Mastdarmschleimhaut hin zu spalten. Kontinenzschwierigkeiten sind auch danach nicht zu befürchten, wohl aber erhebliche Blutungen aus dem zwangsläufig mit durchtrennten Corpus cavernosum recti.

2. **Ischiorektale Fisteln** (ca. 18%). Sie gehen zum kleineren Teil von perinealen, meist von kokzygealen Proktodealdrüsen aus und kommen etwa ebenso häufig einseitig wie doppelseitig vor. Bei der kokzygealen (auch posterior genannten) Fistel findet man die äußere Öffnung im Bereich der Haut über der Ischiorektalgrube etwa 5 cm vom Analrande entfernt. Die Fistel läßt sich weit in die Tiefe sondieren, perforiert die Fascia transversalis collesi, durchbohrt den ischiorektalen Raum und das Kontinenzorgan in aller Regel zwischen der Puborektalisschlinge und der tiefen Portion des äußeren Sphinkters, also unterhalb des Levatortrichters. Die innere Fistelöffnung (meist kokzygeal, seltener perineal) ist fast immer gut zu tasten, unmittelbar nach Spekulumeinstellung zu erkennen oder unter Mithilfe injizierter farbiger Lösung von der äußeren Fistelöffnung aus zu identifizieren.
   Die Behandlung auch dieser langen Fistel ist einzeitig möglich und besteht in der kompletten Spaltung des oder der Hauptgänge und allen dazwischenliegenden Gewebes von der äußeren bis zur inneren Öffnung. Dabei wird ein großer Teil des Kontinenzorgans durchtrennt. Von der Topographie des Fistelverlaufs her ist aber davon auszugehen, daß regelmäßig die wesentlichen Teile des somatischen (Puborektalisschlinge) und des viszeralen Sphinkters im oberen Anteil des Analkanals erhalten bleiben. Die Präparation wird an der äußeren Fistelöffnung begonnen, um von hier aus auch möglichst viele Nebengänge und Verzweigungen vom Hauptgang ausgehend, ins ischiorektale Fettgewebe hinein, zu eröffnen.
   Im postoperativen Verlauf ist dafür zu sorgen, daß der tiefe Wundgraben von innen nach außen per secundam heilt, um Verhaltungen im intersphinkterischen oder translevatorisch entwickelten blinden Nebengängen und damit Rezidive zu vermeiden.
3. **Subkutane Fisteln** kommen vor als komplette unter dem Anoderm verlaufende Fistelgänge mit geradem Gang von der Krypte bis zur marginalen Öffnung an der Anokutanlinie oder als blinde äußere bzw. auch blinde innere Fisteln. Blinde Fisteln sind aber wohl immer komplette, deren zweite Öffnung nur momentan nicht zu erkennen ist.
   Ihre Behandlung ist einfach: Sie besteht in der einzeitigen Spaltung des Gangs unter Exzision der schuldigen Krypte. Die entstandene fissurale Wunde heilt nach Sphinkterdehnung unkompliziert ab.
4. **Pelvirektale Fisteln** (weniger als 1%). Sie gehen nicht immer von entzündeten Proktodealdrüsen aus als Spätfolge nach kranial hin entwickelter intermuskulärer oder ischiorektaler Abszesse. Viel häufiger sind sie Folge postoperativer oder sonstiger Eiterungen im kleinen Becken.
   Die äußere Öffnung der pelvirektalen Fistel liegt weit vom Analkanal entfernt. Der Gang läßt sich rektumparallel weit in die Tiefe sondieren, wobei der Sondenknopf die Levatorplatte passiert und in der inneren Fistelöffnung oberhalb der Linea dentata in der Rektummukosa erscheint. Die innere Fistelöffnung kann als Granulationsgewebepfropf imponieren, kann aber auch unsichtbar oberhalb eines postentzündlich zu erklärenden stenotischen Mastdarmsegments verborgen sein. Auch pelvirektale Fisteln kommen als blinde äußere und blinde innere Fisteln vor, besonders problematisch ist ihre Kombination mit gleichzeitig entwickelten intermuskulären oder ischiorektalen Fisteln.
   Die Behandlung dieser pelvirektalen Fisteln ist immer schwierig und aufwendig. Grundprinzip ihrer Sanierung ist die extrasphinktere Ausschneidung und der sichere Verschluß ihrer Öffnung im Mastdarm. Keinesfalls darf das gesamte, von der pelvirektalen Fistel umgriffene Sphinktersystem zum Rektum und Analkanal hin gespalten werden!

Anorektale Infektionen bei der Colitis ulcerosa et granulomatosa Crohn

Beide Erkrankungen, ganz besonders häufig aber die Enterocolitis granulomatosa Crohn, entwickeln im Verlauf irgendwann entzündliche perianale Läsionen. Bei der Crohnschen Erkrankung ist die perianale Eiterung oft erstes vom Patienten ernstgenommenes Symptom. Sie sind trotz korrekter chirurgischer Therapie meist nicht heilbar, wobei die Gründe dafür noch weithin unbekannt sind.

Am aussichtsreichsten zu behandeln ist die typische **pelvirektale Fistel** bei der Enteritis granulomatosa Crohn. In diesem Falle, sehr viel seltener auch bei segmentalem Befall des Sigma mit entsprechender Fistelbildung, führt die Resektion des Crohn-kranken, vorgeschalteten Darmsegments sozusagen kausal zur Ausheilung der perianalen Eiterung. Auffallend ist aber auch in diesen Fällen die sehr protrahierte Heilung über Wochen und Monate trotz korrekter postoperativ chirurgischer Therapie.

Die Behandlung der subkutanen intersphinkterischen oder ischiorektalen Fisteln ist sehr problematisch, insbesondere wegen der zu erwartenden Heilungsträgheit bis hin zu überhaupt nicht mehr abheilenden Ulzerationen bzw. ausgedehnten Rezidivfisteln. Deshalb und vor allem auch, weil die Patienten für diese chronisch perianalen Läsionen auffallend indolent sind, sollte man die Indikation zu operativen Maßnahmen bei diesen Crohn-typischen Läsionen sehr einschränken. Wenn die Ursache nicht sicher zu beseitigen ist, sollte man die Fisteln nur dann und mit Wissen des Patienten über den häufigen Mißerfolg operativ angehen, wenn noch keine Sphinkterinsuffizienz vorliegt. Diese Vorsicht gilt ganz besonders für die Spaltung hoher ischiorektaler Fisteln bei Crohn-krankem Rektum und linkem Kolon. Trotz korrektem chirurgischem Vorgehen, d.h. Schonung der Puborektalisschlinge und des oberen viszeralen Sphinkters, resultiert häufig eine irreparable Inkontinenz. Allgemein kann man davon ausgehen, daß die Fisteloperationen eine bessere Prognose haben, wenn die Entzündung im ileozäkalen bzw. im rechten Kolonbereich abläuft. Die Aussichten sind am schlechtesten, wenn Mastdarm, Sigma und linkes Kolon befallen sind. Allgemein gilt auch, daß die Fistelsanierung dann am aussichtsreichsten ist, wenn vorher der kranke Darm reseziert werden konnte.

Perianale Fisteln bei Morbus Crohn mit Befall des Mastdarms sind auch dann nicht auszuheilen, wenn vorübergehend ein Kunstafter angelegt wird. Es kommt immer nur zu Scheinheilungen. Nach Passagerekonstruktionen rezidiviert die Fistel im Zusammenhang mit dem Wiederaufflackern der Grunderkrankung.

Die für eine Colitis ulcerosa charakteristische, vom Mastdarm sich aszendierend entwickelnde Entzündung führt »nie« zu intraabdominellen und extrem selten zu perianalen Fisteln. Ihr Nachweis schließt in der Regel eine Proctocolitis ulcerosa aus und ist bei Brückensymptomen fast beweisend für einen M. Crohn. Eher kommt es – dann bei verschleppten Fällen – zu ausgedehnten, oft das tiefe Rektum und das gesamte Kontinenzorgan abszedierend zerstörenden Prozessen. In diesen Fällen muß die jetzt unvermeidliche Proktokolektomie zweizeitig durchgeführt werden. Das zwischen Kolektomie und perianaler Rektumexstirpation gelegte zeitliche Intervall sollte nach unseren Erfahrungen weiträumig gefaßt werden, d. h. u. U. mehrere Monate betragen, bis sich der eitrige Prozeß zurückgebildet hat. Weiträumige perianale Entlastungsinzisionen sind bei einem Sekretverhalt oft unumgänglich.

Pilonidalsinus (Haarnestgrübchen)

Diese lästige Erkrankung ist im blanden Stadium ein über dem Steißbein in der Rima ani gelegener, epithelisierter Gang, aus dessen kutaner Mündung (Porus) einzelne, manchmal auch büschelweise Haare herausschauen. Der Pilonidalsinus kommt hauptsächlich bei stark behaarten und schwitzenden Männern jüngeren Alters vor, die viel sitzen (Jeep-disease amerikanischer Soldaten im Korea-Krieg).

Im **ausgedehnten Abszeßstadium** kommt als Therapie nur die Inzision in Frage. Im abklingenden Abszeßstadium, besser während des chronisch fistelnden Zustandes, kann kurativ operativ vorgegangen werden, indem das gesamte fisteltragende Gewebe bis zum Steiß-Kreuzbein-Periost exzidiert wird. Das Fistelsystem wird dazu angefärbt. Die Exzision soll zu den Seiten hin ausreichend weit im Gesunden erfolgen.

Es ist noch umstritten, ob es sinnvoll ist, die entstandene furchenartige Wunde durch hautrandadaptierende Nähte ans Steiß-Kreuzbein-Periost zu verkleinern, um dadurch den Heilungsprozeß zu beschleunigen (Abb. 9.6-62). Nach Ansicht vieler erfahrener Chirurgen erkauft man sich die raschere Granulation und Epithelisation mit einer größeren Zahl von Fistelrezidiven. Rezidive treten dann besonders auf, wenn man sich verleiten läßt, die Wunde nach ausgiebiger Randmobilisation primär zu verschließen.

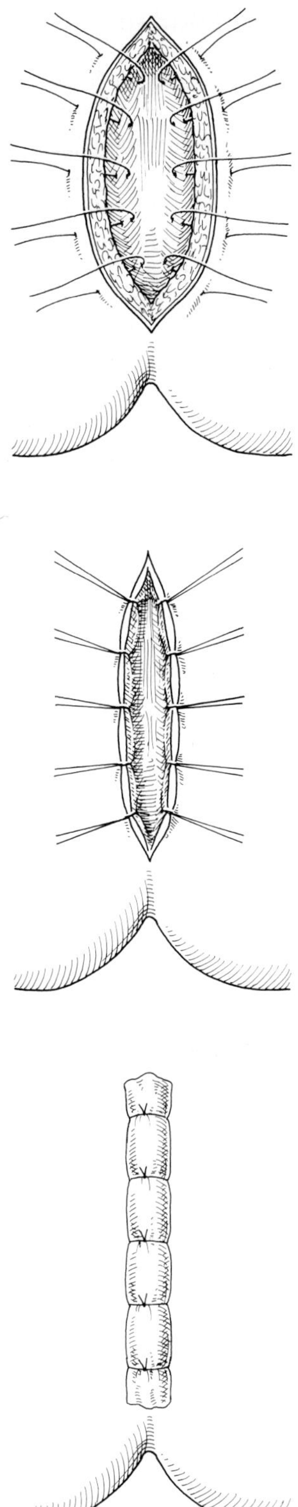

a)
b)
c)

Abb. 9.6-62. Versorgung eines Pilonidalsinus.
a) Situation nach Exzision des fisteltragenden Gewebes. Die Einzelnähte zur Adaptation der Hautränder an das Steißbeinperiost sind paramedian gelegt.
b) Die Fäden sind unter Hinterlassung einer rinnenartigen Wunde geknüpft.
c) Unter Verwendung der langgelassenen Fäden wird eine Gazerolle zur Tamponade eingeknotet.

Anal- und Rektumprolaps

Der **Analprolaps** ist lediglich ein Mukosavorfall, klinisch eindeutig erkennbar an der immer radiären Faltung. Man kennt ihn beim Neugeborenen und Kleinkind, bei denen er wie der Rektumprolaps aus anatomischer Begründung (fehlende Mastdarmangulation) zu verstehen ist. Beim Erwachsenen ist der Mukosaprolaps praktisch immer ein Hämorrhoidalprolaps und ist auch nach den Regeln dieser Grunderkrankung zu behandeln.

Der **Rektumprolaps** entspricht einer Invagination vorgeschalteter Rektosigmoidanteile durch den muskulären Beckenboden und den Analkanal nach außen. Der Rektumprolaps enthält demnach alle Darmwandschichten und ist klinisch u. a. durch die eindeutig zirkuläre Anordnung der Schleimhautfalten am prolabierten Darmteil zu erkennen. Er kommt aus entwicklungsgeschichtlich anatomischer Begründung beim Neugeborenen und Kleinkind vor, wesentlich häufiger aber im Senium und ganz überwiegend beim weiblichen Geschlecht.

Therapeutisch versucht man heute »kausal« vorzugehen, mit dem Ziel, die pathogenetisch hauptsächlich wirksamen Mechanismen zu beeinflussen. Man versucht, die Angulation des distalen Mastdarms in der Kreuzbeinhöhle (Abb. 9.6-63) wieder herzustellen durch die von Welz inaugurierte, inzwischen modifiziert angewandte, transabdominell ausgeführte Rektopexie (Abb. 9.6-64), notfalls ergänzt durch eine perineal anzuschließende Levatorplastik (Abb. 9.6-65) mit dem Ziel, auch die physiologische Achsenverschiebung des oberen Analkanals in frontaler Richtung zu rekonstruieren.

Die posteriore Levatorplastik wird auf der Westhues-Platte durchgeführt. Vom perinealen Schnitt aus lassen sich die hinteren Levatorschenkel ohne Schwierigkeit darstellen und durch einige, locker geknüpfte Nähte so einengen, daß der Analkanal nach vorn versetzt wird.

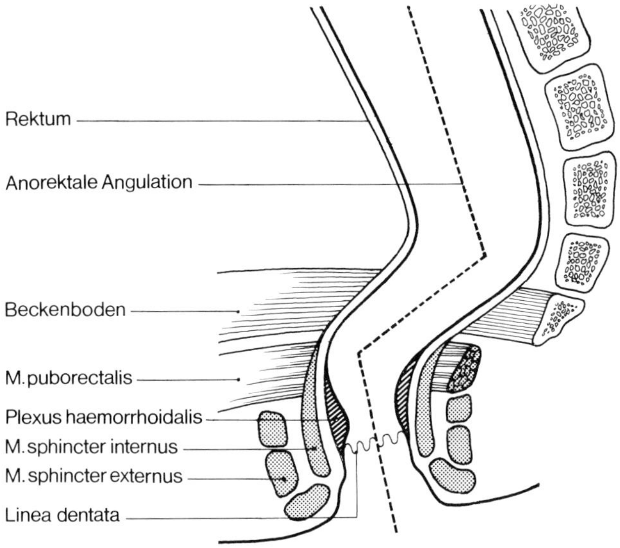

Abb. 9.6-63. Sagittalschnitt durch die anorektale Region.

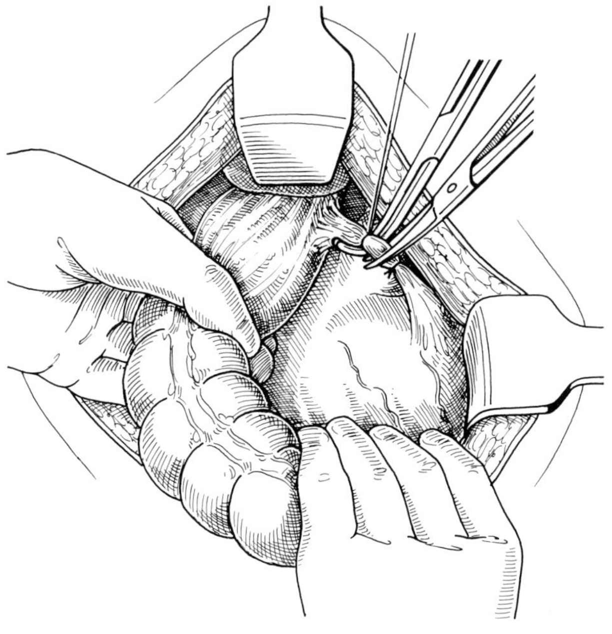

Abb. 9.6-64. Rektopexie nach Weltz, modifiziert nach Wedell.
a) Nach beidseitiger Umschneidung des Beckenbodenperitoneums und vollständiger Mobilisation des rektosigmoidalen Überganges werden die Paraproktien beidseits beckenwandnahe nach Darstellung beider Ureteren unter Zuhilfenahme von Ligaturen durchtrennt.

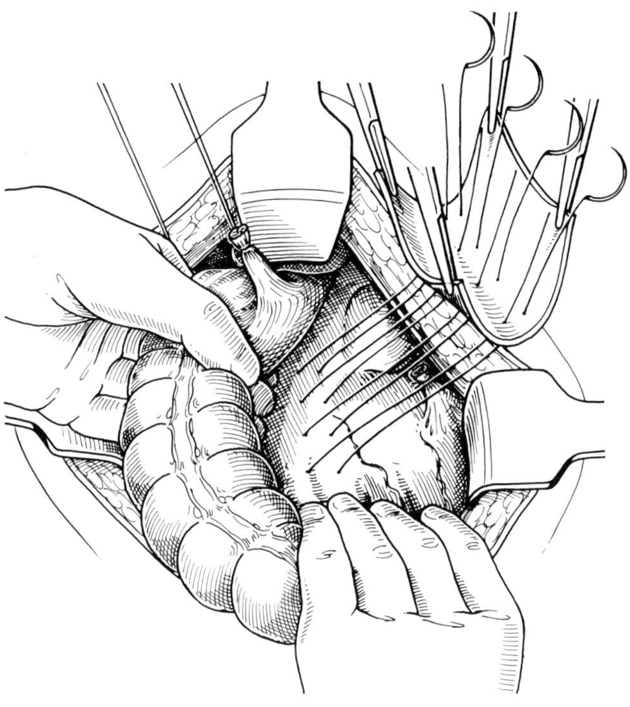

b) Lage der 4 U-Nähte, die durch das Periost des Os sacrum gelegt werden. Im Falle einer Verletzung der venösen subfaszialen Plexus müssen sie sofort geknüpft werden.

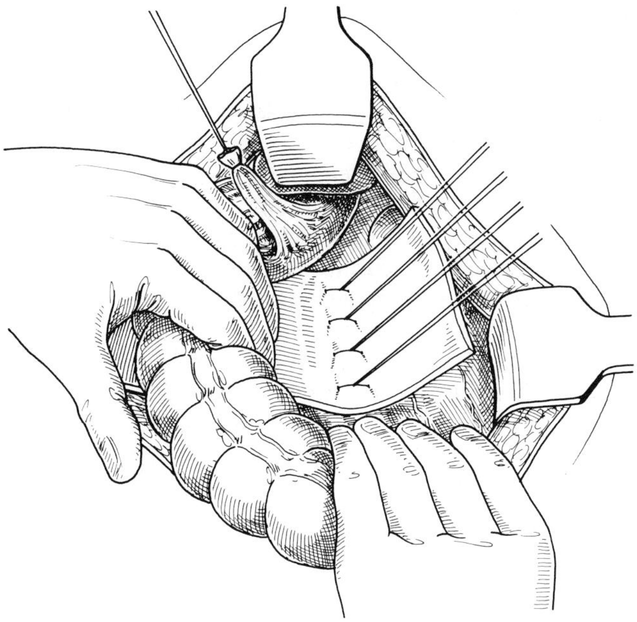

c) Definitive Fixation der Kunststoffmanschette auf dem Os sacrum.

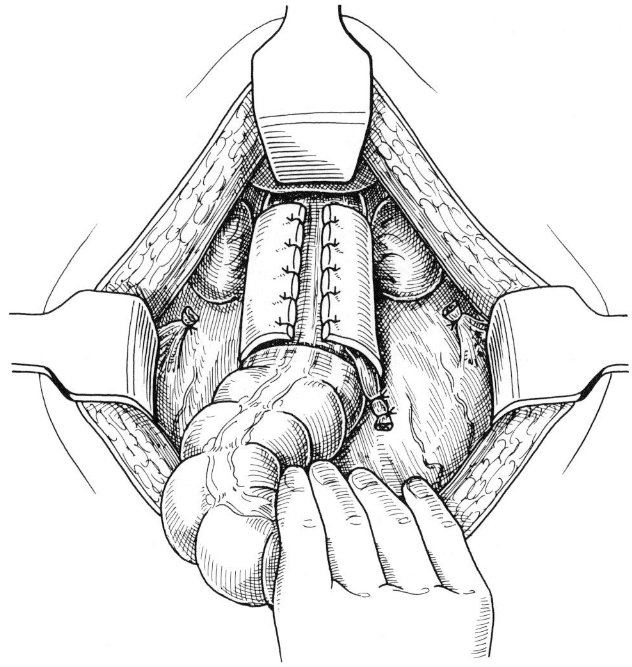

e) Verschluß des Beckenbodenperitoneums durch Einzelknopfnähte an der Rektumvorderwand.

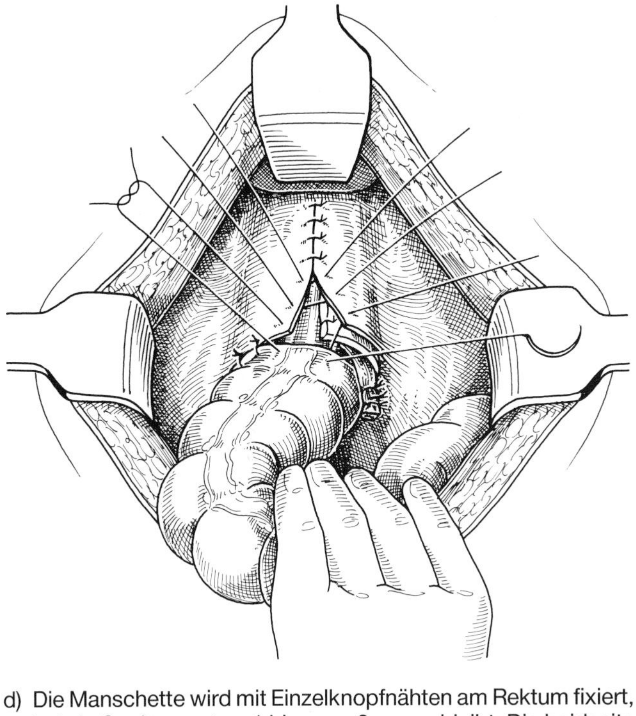

d) Die Manschette wird mit Einzelknopfnähten am Rektum fixiert, wobei ein Spalt von etwa 1 bis max. 2 cm verbleibt. Die beidseits durchtrennten Paraproktien werden unter Anspannung zusätzlich am Promontorium angeheftet.

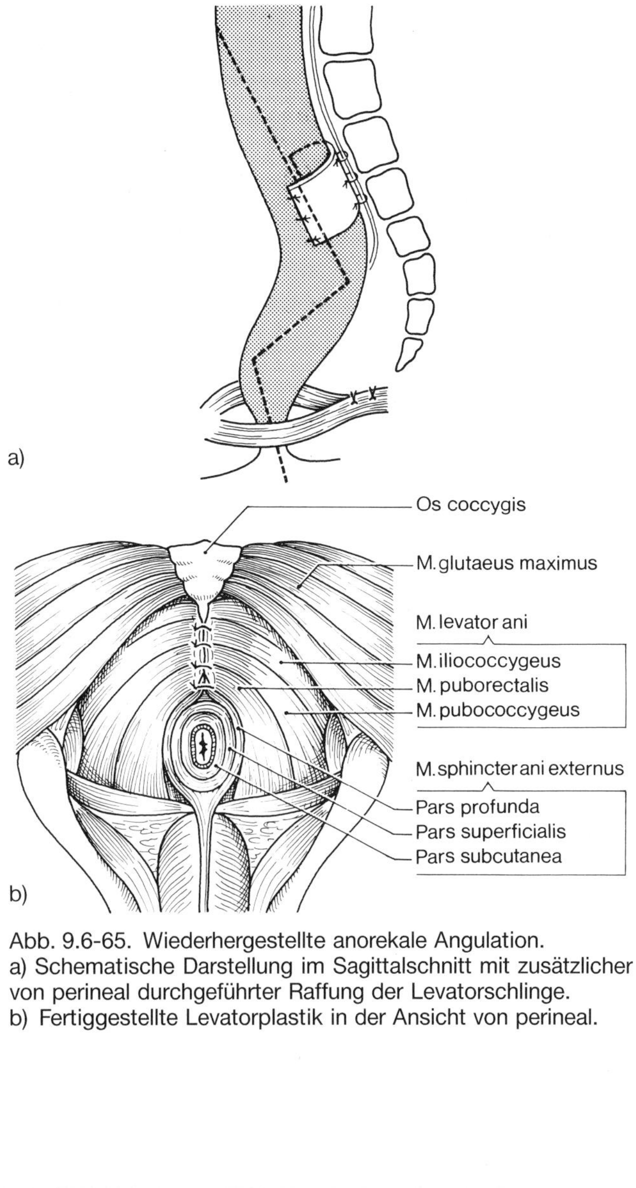

Abb. 9.6-65. Wiederhergestellte anorekale Angulation.
a) Schematische Darstellung im Sagittalschnitt mit zusätzlicher von perineal durchgeführter Raffung der Levatorschlinge.
b) Fertiggestellte Levatorplastik in der Ansicht von perineal.

Analkarzinom

Weniger als 2% aller Intestinaltraktskarzinome entfallen auf die bösartigen Neubildungen des Analbereiches, bei denen es sich in 90–95% um Karzinome handelt (Hager u. Hermanek).

Im Gegensatz zu der anatomischen Definition reicht der sog. »chirurgische Analkanal« von der Linea anocutanea bis zu der das Rektum umfassenden Schlinge des M. puborectalis, die oberhalb der Morgagni-Falten bzw. Zona haemorrhoidalis (anatomische Grenze) liegt. An die Linea anocutanea schließt sich zirkulär ein individuell variabel breites, aus Plattenepithel ohne Anhangsgebilde bestehendes Areal an (Analrand), das dann in die perianale Haut mit üblichem histologischen Aufbau übergeht. Je nach der Lokalisation des Karzinoms – Analkanal oder Analrand – bestehen typische Metastasierungswege. Je kleiner der Tumor ist, um so wahrscheinlicher ist nach den Untersuchungen von Boman et al. und Salmon et al. (zit. n. Schlag) mit unilateralen Lymphknotenmetastasen zu rechnen, die im Vergleich zum Plattenepithelneoplasma beim kloakogenen Karzinom generell sehr viel früher auftreten.

Das therapeutische Konzept ist nicht einheitlich. Hager umd Hermanek empfehlen ein aus drei Stufen bestehendes Behandlungskonzept nach Michaelson oder Nigro. Es beinhaltet eine 4 bis 5tägige Chemotherapie mit anschließender Bestrahlung (15 × 2 Gy) innerhalb von 3 Wochen und nachfolgender Operation. Die Ausdehnung des Eingriffs – lokale Exzision oder abdominosakrale Rektumexstirpation – wird in erster Linie von der Größe des Tumors abhängig gemacht. Analrandkarzinome können offensichtlich bis zu einer Größe von 2 cm und Analkanalkarzinome bis zu einer Ausdehnung von 25% der Zirkumferenz nach Vorbehandlung kurativ exzidiert werden, je nach Lokalisation auch organüberschreitend (z. B. Vagina).

Schlag u. Sauer empfehlen für das Analrandkarzinom die lolake Exzision mit einem Sicherheitsabstand von 1 cm. Weitere chirurgische Maßnahmen sollten wie bei den Analkarzinomen zunächst nicht durchgeführt sondern eine Radio- und Chemotherapie eingeleitet werden. Besteht 6 Wochen nach dieser Behandlung kein Hinweis mehr für einen Resttumor oder ist letzterer kleiner als 1 cm, wird eine ergänzende Behandlung durch die interstitielle Applikation von Iridiumdrähten empfohlen. Ernst und Brust beschreiben alternativ die Möglichkeit einer Kontaktbehandlung durch Nahbestrahlungsröhren oder Spickung mit Radiumnadeln bzw. Radiogold-Seeds. Die Indikation für eine Rektumexstirpation wird nur dann als gegeben angesehen, wenn konservativ nicht mehr zu beherrschende Bestrahlungsfolgen auftreten oder der Resttumor nach Vorbehandlung größer als 1 cm ist.

Der Entschluß zu sphinktererhaltenden Eingriffen wird um so leichter fallen, je gesicherter eine Tumorgeneralisation ist. Lymphknotenexstirpationen aus der Leiste gehören jedoch nicht zum üblichen Staging sondern sollen nur dann vorgenommen werden, wenn der begründete Verdacht auf eine Metastasierung besteht.

Die 5-Jahres-Überlebensraten liegen nach Literaturangaben zwischen 30 und 60%, wobei wahrscheinlich die Analrandkarzinome eine etwas bessere Prognose haben.

9.7
Retroperitonealraum
Topographische Anatomie

J. W. Rohen

Der Retroperitonealraum erstreckt sich vom Zwerchfell bis zum Beckenboden und umfaßt im wesentlichen den Bindegewebsraum zwischen der dorsalen Rumpfwand und dem parietalen Peritoneum der Dorsalseite. Der relativ schmale retroperitoneale Bindegewebsraum beherbergt im oberen Abschnitt den größten Teil des Duodenums, das Pankreas, die Nieren und Nebennieren mit den zugehörigen Gefäßen und Nerven sowie die Ureteren. Dorsal bilden der M. iliopsoas, M. quadratus lumborum und der M. transversus abdominis sowie die Wirbelsäule den Abschluß des Retroperitonealraumes, in dessen Zentrum die Aorta abdominalis, die V. cava inf. und die hier reichlich vorhandenen, autonomen Nervengeflechte und Ganglien, sowie die Lymphgefäßstämme und regionären Lymphknotengruppen der Becken- und Oberbauchorgane liegen (Abb. 9.7A-1). Der Truncus sympathicus verläuft beiderseits der Wirbelsäule neben den großen Gefäßstämmen. Hinter der Niere und weiter kaudal in Höhe des Beckenkammes ziehen in segmentaler Anordnung der N. subcostalis und 3 Äste des Plexus lumbalis nach lateral, nämlich der N. iliohypogastricus (L_1), N. ilioinguinalis (L_2) und der N. cutaneus femoris lat. Der N. genitofemoralis durchbohrt den M. psoas major an seiner Ventralseite und zieht dann auf diesem Muskel nach kaudal (Abb. 9.7A-1). Der N. femoralis tritt seitlich aus dem M. psoas major aus, um durch die Lacuna musculorum die Oberschenkelregion zu erreichen.

Im Retroperitonealraum des kleinen Beckens sind vor allem Harnblase, Ureteren, Rektum sowie beim Manne Prostata und Samenblasen, und bei der Frau Uterus und Adnexe mitsamt den zugehörigen Leitungsbahnen untergebracht.

Eine gewisse Fixation der Retroperitonealorgane wird durch die großen, median verlaufenden Gefäßstämme erreicht. Die Aorta verläuft unmittelbar vor der Wirbelsäule, im oberen Bereich des Retroperitonealraumes meist etwas links von der Wirbelsäule, so daß sie von dorsal perkutan von links punktiert werden muß. Die Bifurcatio aortae projiziert sich ventral etwa auf die Nabelregion (Höhe von L_4). Die V. cava inf. ist etwas mehr nach rechts verlagert. Sie entfernt sich kranial mehr und mehr von der Wirbelsäule, schiebt sich aber andererseits kaudalwärts zunehmend **hinter** die Arterien (Abb. 9.7A-1).

Nierenlager. Das Nierenlager schiebt sich beiderseits der Wirbelsäule so in den retroperitonealen Bindegewebsraum ein, daß dieser in 3 Abschnitte aufgeteilt wird. Die Abgrenzung des Nierenlagers vom umgebenden Retroperitonealraum erfolgt durch die Fascia prae- und retrorenalis (Gerota'sche Faszie), die außer der Niere die Capsula adiposa und die Nebennieren mit den zugehörigen Leitungsbahnen einschließt. Kaudalwärts vereinheitlicht sich der Retroperitonealraum wieder und wird erst im Beckenbereich, und zwar durch das Rektum und die Urogenitalorgane, erneut in 2 Abschnitte zerlegt, die allerdings dort bilateral symmetrisch, d.h. rechts und links von den median lokalisierten Organen, angeordnet sind.

Die **Nieren** lagern sich beiderseits der oberen Lendenwirbelsäule in die Rinne zwischen M. quadratus lumborum, M. psoas major und Zwerchfell. Die Längsachsen konvergieren nach kranial, so daß die oberen Pole etwa 7 cm, die unteren 11 cm auseinanderliegen. Die Querachsen schneiden sich vor dem 1. Lendenwirbelkörper. Die rechte Niere steht etwa ½ Wirbelkörperhöhe tiefer (Th_{12}-L_3) als die linke (Th_{11}-L_2). Als Faustregel kann gelten, daß der rechte obere Nierenpol die 12. Rippe, der linke die 11. Rippe berührt. Meist stehen die Nieren aber etwas tiefer (Abb. 9.7A-1). Lagevariationen sind häufig.

Für Eingriffe (z.B. Nierenbiopsien) ist es wichtig zu beachten, daß der Abstand der Nierenoberfläche von der Rückenhaut je nach Korpulenz des Patienten zwischen 6 und 9 cm schwankt. Der obere Nierenpol erreicht das Bochdaleksche lumbokostale Dreieck des Zwerchfells und wird hier nur durch eine dünne Bindegewebsplatte vom Pleuraraum getrennt, weshalb paranephritische Abszesse auf die Pleura übergreifen können. Der Recessus costodiaphragmaticus überlagert im allgemeinen das obere Drittel

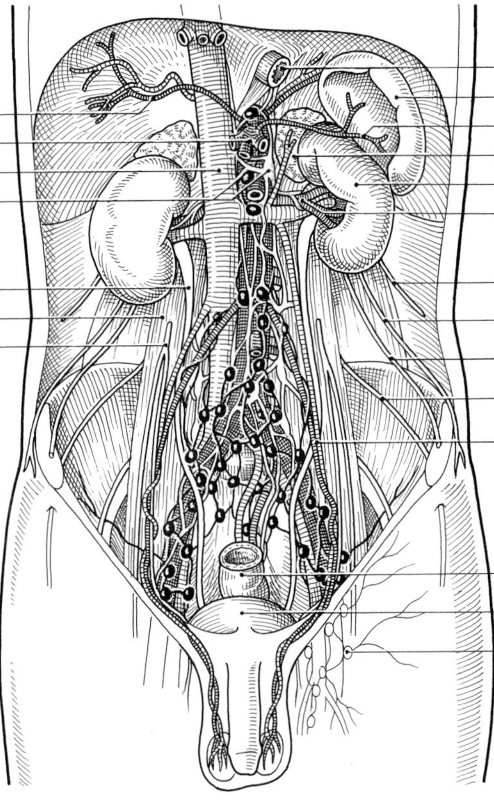

Abb. 9.7A-1. Organe und Leitungsbahnen des Retroperitonealraumes. Duodenum und Pankreas wurden entfernt.

der Nieren, das mittlere Drittel wird vom Zwerchfell, das untere vom M. quadratus lumborum überdeckt. So entstehen im Nierenlager 3 Etagen mit verschiedener Topographie. Die 12. Rippe überquert das Nierenlager von dorsal und kann eine sehr unterschiedliche Länge (2–14 cm) haben, was bei Rippenresektionen beachtet werden muß. Hinter der Niere ziehen der N. subcostalis, N. iliohypogastricus (L_1) und N. ilioinguinalis (L_2) vorbei (Abb. 9.7A-1). Ausstrahlende Schmerzen bis in die Leisten- und Genitalregion, die bei Nierenerkrankungen auftreten, erklären sich aus diesen topographischen Verhältnissen.

Ventral ragt die rechte Niere mit ihrem oberen Pol in den Bereich der Pars affixa der Leber hinein. Der absteigende Teil des Duodenums überlagert den rechten Nierenhilus. Der kaudale Pol der rechten Niere wird vom Mesocolon transversum gekreuzt. Links kommen Milzhilus, Lig. gastrolienale und phrenicocolicum sowie Magen, Pankreasschwanz und Kolonflexur in eine topographische Beziehung zur Nierenvorderfläche. Die Größe der Nieren wird mit durchschnittlich 12 × 6 cm angegeben.

Innerhalb ihrer Hüllen sind die Nieren relativ beweglich. Nierenverletzungen sind daher unter den traumatischen Körperschädigungen selten (1%). Bei einem Stoß von vorn kann die Niere breit ausweichen, bei einem Schlag von hinten nur der untere Pol.

Arterielle Versorgung der Nieren. Kein Organ zeigt so viele Gefäßvariationen wie die Niere. Im Durchschnitt besitzen 18% aller Patienten mehr als eine Nierenarterie (akzessorische Gefäße). In 2–3% kommen auch 3 und mehr Nierenarterien vor. Doppelarterien sind dabei häufiger als aortennahe Aufspaltungen. Treten größere Äste der Nierenarterien in einiger Entfernung vom Hilus selbständig an die Nierenpole heran, so spricht man von Polarterien (obere und untere Polarterien, Häufigkeit ca. 34%). Aberrierende Gefäße dieser Art können bei kaudaler Lage ebenso wie die akzessorischen Arterien Ureterobstruktionen mit Spasmen und Koliken hervorrufen. Im allgemeinen sind Lagevariationen der Nierengefäße links häufiger als rechts. In der Regel ist die linke Nierenarterie kurz (3,5–8 cm) und entspringt in Höhe des 1. Lendenwirbels, die rechte ist länger (4–9 cm) und geht häufig ½ Wirbelbreite weiter kaudal von der Aorta ab. Umgekehrt ist die linke Nierenvene länger als die rechte, da die untere Hohlvene etwas nach rechts von der Medianlinie verschoben ist. Auf diese Weise liegt das Kreuz der Venen rechts und etwas weiter kaudal vom Kreuz der Arterien. Die Hilustopographie der Gefäße ist also in der Regel so, daß die Vasa renalia vorn-oben, Ureter und Nierenbecken hinten-unten lokalisiert sind, wobei die Venen die Arterien überlagern. Weiter kaudal im Retroperitonealraum ist es umgekehrt: dort treten die Arterien vor die Venen (Abb. 9.7 A-2).

Nierenvenen. Die linke Nierenvene ist relativ lang und nimmt außer der linken V. suprarenalis noch die linke V. testicularis (bzw. ovarica) auf. Sie überkreuzt die Aorta und mündet in die untere Hohlvene ein. Die rechte Nierenvene ist kurz und wendet sich ventrokranial zur V. cava inf., die sich aufsteigend mehr und mehr von der dorsalen Bauchwand entfernt, um zu ihrer Durchtrittsstelle im Zwerchfell

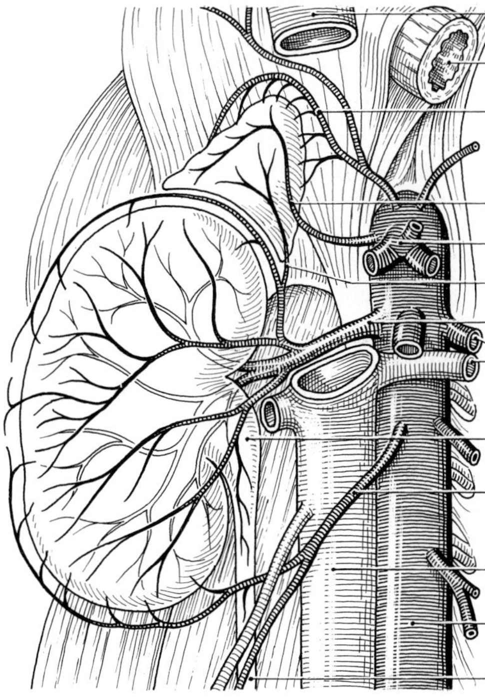

Abb. 9.7A-2. Arterielle Versorgung von Niere und Nebenniere. Rechtes Nierenlager.

zu gelangen. Wegen der Kürze der rechten Nierenvene besteht bei schwierigen Nephrektomien, etwa infolge perirenaler Schwielenbildung, eine erhöhte Gefahr der Kavaverletzung.

Die **regionären Lymphknoten** der Niere liegen an der Aorta und der unteren Hohlvene. Nierenparenchym und Nierenkapsel haben getrennte Lymphabflüsse. Die Lymphe der rechten Niere fließt in die retrokavalen und paraaortalen Lymphknoten, diejenige der linken Niere in die latero- und retroaortalen Knotengruppe ab. Über die Trunci lumbales gelangt die Nierenlymphe in die Cisterna chyli und den Ductus thoracicus.

Ureter. In Höhe des 2.–3. Lendenwirbels geht das Nierenbecken in den Ureter über, der kaudalwärts senkrecht neben der Wirbelsäule ventral auf dem M. psoas major (Pars abdominalis) über den Beckenrand und die seitliche Beckenwandung bis zum Blasenfundus (Pars pelvina) verläuft. Man unterscheidet 3 Abschnitte: ein renales, ein lumbales und ein vesikales Segment. Der durchschnittlich 28 cm lange Ureter projiziert sich im Röntgenbild auf die Querfortsätze der Lendenwirbel und die Sakroiliakalgelenke und erscheint am Beckeneingang abgeknickt. Der kraniale Teil macht die Atemexkursionen der Niere mit.

Bei der Frau liegt der Ureter im kaudalen Abschnitt des Parametriums, läuft nahe (1–2½ cm) an der Cervix uteri und am vorderen Scheidengewölbe vorbei zum Blasendreieck (Abb. 9.6A-7b). Beim Mann überlagert der Ductus deferens den Ureter, dessen Endabschnitt von den Samenblasen gerade noch berührt wird. Der Durchtritt durch die Harnblasenwandung ist sehr schräg (Pars intramuralis) und in der Blase durch eine quere Schleimhautfalte (Plica interureterica) gekennzeichnet. Beide Plicae bilden die Basis des Harnblasendreiecks (Trigonum vesicae (Lieutaudi)). Man unterscheidet am Ureter 3 physiologische Engen: 1. Am Abgang vom Nierenbecken (sog. Ureterhals). Hier wird die Existenz eines sphinkterartigen Muskelrings diskutiert; 2. an der Kreuzungsstelle mit den Iliakalgefäßen, wo der Ureter meist am Peritoneum haftet, und 3. an der Durchtrittsstelle durch die Harnblasenwandung (juxtavesikulärer Ureterteil).

Die **Uretergefäße** zweigen von den Nachbargefäßen des Retroperitonealraumes ab und anastomosieren ausgiebig in der Adventitia des Harnleiters. Im oberen Drittel treten die Gefäße von medial an die Adventitia heran, im unteren Drittel dagegen von lateral, was bei der chirurgischen Präparation zu beachten ist. Strukturbildungen lassen sich vermeiden, wenn bei operativen Eingriffen die gefäßreiche Adventitiascheide geschont wird. Im oberen Drittel des Ureters stammen die versorgenden Arterien aus Ästen der Aa. renales und lumbales, im mittleren Drittel aus solchen der A. testicularis (bzw. ovarica) und der A. iliaca comm., im unteren Drittel aus solchen der A. ductus deferentis (bzw. A. uterina) und der A. iliaca int. Die Uretervenen begleiten die gleichnamigen Arterien und werden entweder über die V. cava inf. oder über die Lumbalvenen und das Azygos-System drainiert.

Nebennieren. Die Nebennieren liegen in Höhe des 11. und 12. Brustwirbels und sind mit in den Fasziensack der

Niere eingeschlossen. Die rechte Nebenniere hat eine dreieckige, abgeplattete Form und sitzt dem oberen Nierenpol kappenartig auf. Sie ist ganz in den Bereich der Pars affixa der Leber eingefügt und liegt damit extraperitoneal. Die linke Nebenniere ist mehr halbmondförmig gestaltet, reicht vom oberen Nierenpol bis zum Hilus und wird vom Peritoneum der Hinterwand der Bursa omentalis überzogen. Die Nebennieren überlagern den N. splanchnicus major und teilweise das Ggl. coeliacum. Dadurch, daß sich die untere Hohlvene von der Bauchwand um so mehr entfernt, je mehr sie sich dem Centrum tendineum des Zwerchfells nähert, kommt ein dreiseitiger Bindegewebsraum zwischen Hohlvene und Bauchwand zustande (Spatium intervasculare), in den sich die rechte Nebenniere einfügt. In ihm befinden sich auch zahlreiche Lymphknoten und Gangliengeflechte sowie der Lobus caudatus der Leber. Durch diesen Spaltraum erreicht die A. renalis dext. den rechten Nierenhilus und die A. phrenica inf. das Zwerchfell.

Die **arterielle Versorgung** der Nebennieren stammt aus 3 Quellen (Abb. 9.7A-2). Die A. suprarenalis sup. ist ein Ast der A. phrenica inf., der von oben an das Organ herantritt. Die A. suprarenalis media kommt direkt aus der Aorta abdominalis. Die A. suprarenalis inf. zweigt von der A. renalis ab und versorgt vor allem die unteren, der Niere anlagernden Abschnitte der Drüse (Abb. 9.7A-2).

Venen. Die hiluswärts abgehende V. suprarenalis fließt links in die V. renalis und rechts in die V. cava inf. ab. Mark und Rinde haben, obwohl entwicklungsgeschichtlich aus verschiedenen Quellen stammend, ein einheitliches Gefäßsystem. Dabei ist funktionell von besonderer Wichtigkeit, daß die Arterienäste sich in der Nebennierenkapsel verzweigen und von außen an das Organ herantreten, während die Venen erst im Innern entstehen und aus einem Kapillarsystem hervorgehen, das sowohl die Rinde als auch das Mark umfaßt. Das Blut der Nebenniere enthält damit nicht nur die im Mark gebildeten Katecholamine, sondern auch die Nebennierenrindenhormone.

Die **Lymphgefäße** der Nebennieren ziehen zu den lumbalen und zöliakalen Lymphknotengruppen (Nodi lymphatici lumbales et coeliaci).

Eingriffe im Retroperitonealraum

E. M. Kiffner und **F. W. Schildberg**

Die hier zu besprechenden und operativ zu behandelnden Erkrankungen beschränken sich auf aus dem ortsständiggen Gewebe hervorgehende tumoröse Neubildungen sowie auf die Krankheitsbilder der Nebenniere mit und ohne hormonelle Überfunktion. Die differentialdiagnostische Zuordnung und Abgrenzung anliegender Organe verlangt in vielen Fällen eine umfangreiche präoperative Diagnostik, im Falle der Nebennierenerkrankungen zusätzlich eine gleichermaßen aufwendige postoperative Überwachung.

Präoperative Lokalisationsdiagnostik von retroperitonealen Tumoren

Ein nicht unerheblicher Teil der Neubildungen (Tab. 9.7-1) wird zufällig sonographisch entdeckt. Zur weiteren Abgrenzung und differentialdiagnostischen Klärung kommen von den bildgebenden Verfahren die Computertomographie und fallweise auch die Kernspintomographie in Frage. Bestehen keine Kontraindikationen zur operativen Behandlung, ist die Durchführung der selektiven Arteriographie mit simultaner Kavographie, in speziellen Fällen auch die selektive Phlebographie mit seitengetrennter Blutentnahme zur Hormonbestimmung wichtig und in jedem Falle vorsorglich die seitengetrennte Clearance der Nieren sowie die i.v. Pyelographie.

Zugangswege

Die Nebennieren können prinzipiell sowohl von dorsal als auch von ventral transperitoneal operiert werden. Der laterale Zugang wie zur Niere gibt die beste Darstellung des Operationsgebietes, erlaubt aber auch nur die Exposition und Überprüfung einer Nebenniere.

Tab. 9.7-1. Retroperitoneale Tumore.

Benigne	Maligne
Lymphangiom Lymphzyste	Lymphangiosarkom, Lymphsarkom, Hodgkin, Retikulumzell-sarkom etc.
Lipom Hibernom	Liposarkom
Fibrom	Fibrosarkom
Leiomyom	Leiomyosarkom
Neurilemom	Mal. Schwannom
Ganglioneurom	Neuroblastom
Rhabdomyom	Rhabdomyosarkom
Myxom	Myxosarkom
Hämangiom	Hämangioperizytom
Phäochromozytom Nebennierenmark und Paraganglion	Phäochromozytom
NNR-Adenome	NNR-Karzinome hormonaktiv
NN-Pseudozysten	Nicht hormonprod. Karzinome
Nierenzysten	Nierenkarzinom
Desmoid	Teratom
Xanthrogranulom	Synoviom Dysgerminom undiff. mal. Tumoren
Aggressive Fibromatose	Metastasen

Erkrankungen der Nebennieren

Mark und Rinde des paarig angelegten Organs bilden Hormone, deren Plasmakonzentration über einen autonomen Rückkopplungsmechanismus gesteuert wird. Über- und Unterfunktion können ihre Ursache im Organ selbst haben oder durch eine übergeordnete hormonelle Fehlregulation ausgelöst werden (Abb. 9.7-1).

Die aus dem Cholesterin synthetisierten Steriodhormone der NNR werden im Falle der Glukokortikoide (Kortisol, Kortikosteron) und Androgene nur in Gegenwart von ACTH produziert. Die ACTH-Bildung im Hypophysenvorderlappen wird im Normalfall über das Endprodukt Kortisol unter Zwischenschaltung des »corticotropin releasing factor« (CRF) im Hypothalamus gesteuert.

Die Bildung der Mineralokortikoide (Aldosteron) unterliegt demgegenüber dem Renin-Angiotensin-Aldosteron-Mechanismus (Abb. 9.7-2). Hypovolämie und K^+-Erhöhung im Serum stimulieren die Aldosteronbildung. ACTH scheint eine untergeordnete Rolle zu spielen. Da die Steroide in der Leber abgebaut und durch Kopplung durch Glukoronsäure harnfähig gemacht werden, haben Leberzellstoffwechselstörungen entsprechende Auswirkungen.

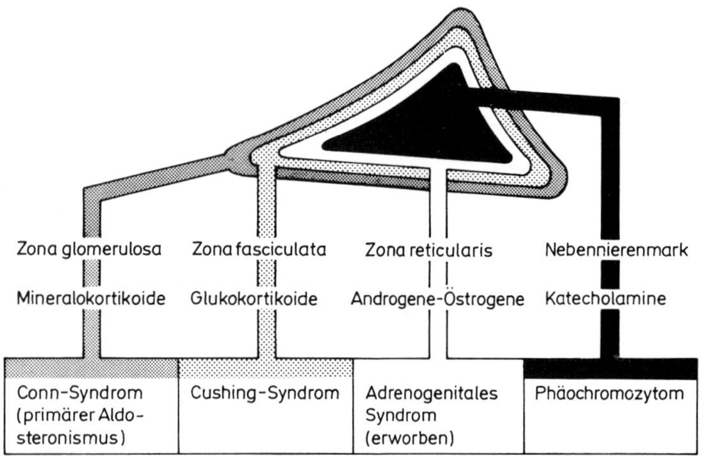

Abb. 9.7-1. Krankheitsbilder bei NN-Überfunktion. Aus Kümmerle, F.: Hormonaktive Tumoren und ihre chirurgische Behandlung. Deutsches Ärzteblatt *6:* 305 (1972).

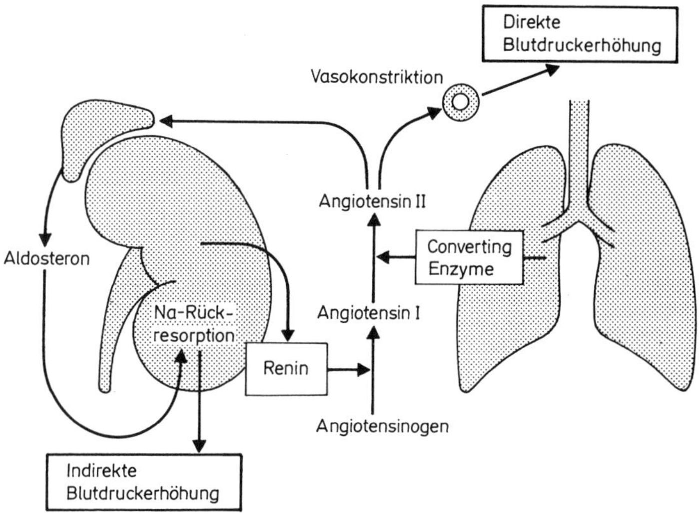

Abb. 9.7-2. Schematische Darstellung des Renin-Angiotensin-Aldosteron-Systems. Nach Vetter, H., Vetter, W.: Praktische Hyperonie. 2. Aufl. Thieme, Stuttgart 1986.

Nebennierenrinde (NNR)

Cushing-Syndrom (Hyperkortisolismus)

Entweder handelt es sich um eine bilaterale diffuse Hyperplasie der Zona fasciculata durch ACTH-Überproduktion (ca. 70%) oder um ein unilaterales Adenom (ca. 20%) oder um ein Karzinom (ca. 10%).

Symptomatik und Diagnostik

Das charakteristische Aussehen der Patienten (Stammfettsucht, Vollmondgesicht, Striae rubrae) führt im allgemeinen rasch zur Diagnose, wobei Zusatzuntersuchungen in typischen Fällen eine Hypertonie, Osteoporose, Hirsutismus, Muskelschwäche, Hypokaliämie, Polyglobulie, Granulozytose, Lymphopenie, Störung der Glukosetoleranz, Infekthäufung, Wachstumshemmung bei Kindern und Hypogonadismus und einen Diabetes mellitus ergeben. Es besteht eine Prävalenz des weiblichen Geschlechtes im Verhältnis 4:1.

Davon abzugrenzen ist das **paraneoplastische Cushing-Syndrom,** das durch die Produktion von ACTH-ähnlichen Metaboliten ausgelöst wird und Hinweis für ein noch nicht entdecktes Bronchialkarzinom sein kann.

Die in der Tab. 9.7-2 genannten biochemischen Untersuchungsverfahren sind beweisend.

Tab. 9.7-2. M. Cushing.

Laborchemische Diagnostik:
Cortisol (RIA im Plasma) erhöht (keine zirkadianen Schwankungen)
Cortisol-Tagesprofil (Störung der Meßwerte durch orale Antikonzeptiva und Schwangerschaft, diese führen zur Erhöhung des Cortisolspiegels)
Cortisol, 17-OHCS im 24-Std.-Urin erhöht
ACTH (RIA zur Differentialdiagnose des primären oder sekundären Hypercortisolismus)
(Metopiron-Test)
CRF-Test (der hypothalamische Corticotropion-Releasing-Faktor stimuliert die ACTH-Sekretion an der Hypophyse)
Dexametason-Kurztest
Hochdosierter Dexamethason-Test
ACTH-Stimulationstest
Apparative Diagnostik:
Sonographie der Nebenniere
Röntgen-Schädel seitlich (Sella)
Computertomogramm des Schädels (Sella und Hypothalamus)
Gesichtsfeldbestimmung
Urogramm
(Nebennierenszintigraphie (^{131}J-Cholesterin))
Computertomogramm (Nebennieren und Oberbauch) NMR
Röntgen-Thorax (Ausschluß B.C. mit paraneoplastischem Syndrom)

Adrenogenitales Syndrom (AGS)

Ausgehend von der Zona reticularis handelt es sich entweder um den infantilen, hereditären Typ, bei dem ein Enzymdefekt zu einer reduzierten Kortisol- und dadurch zu einer überschießenden ACTH-Bildung führt oder es liegt ein Adenom oder Karzinom vor.

Im Falle einer Enzymopathie handelt es sich in 95% der Fälle um einen 21- bzw. 11-Hydroxylase-Mangel und andere Enzymdefekte. Wegen der primären Störung der Kortisol-Biosynthese kommt es aufgrund des negativen Feedbacks zur beschriebenen ACTH-Sekretion und zur Nebennierenrindenhyperplasie mit Überproduktion von Androgenen.

Symptomatik und Diagnostik

Im Kindesalter dominiert ein hormonelles Mischbild mit Virilisierung. Dadurch kommt es bei Mädchen zur Ausbildung eines Pseudohermaphroditismus femininus mit intersexuellem Genitale und später, wie auch bei Knaben, zur Pseudopubertas praecox, weil die unkontrollierte Androgenausschüttung gleichzeitig die Gonadotropinbildung bremst.

Die biochemische Untersuchung beinhaltet die Bestimmung des 17-Hydroxyprogesteron sowie des Androstendion, Testosteron, Kortisol-Spiegels im Plasma durch Radioimmunassays. Wichtig ist ferner die Bestimmung der 17-Keto-Steroide im 24-Stunden-Urin, der ACTH-Test und Dexametason-Kurztest (Tab. 9.7-3).

Tab. 9.7-3. Adrenogenitales Syndrom.

Diagnose und Funktionstest:
Bestimmung des 17-Hydroxyprogesteron sowie Androstendion, Testosteron, Cortisolspiegel im Plasma durch Radioimmunassays
Bestimmung der 17 Keto-Steroide im 24-Std.-Urin
ACTH-Test und Dexametason-Kurztest

Conn-Syndrom (primärer Aldosteronismus)

Entweder liegt ein solitäres unilaterales Adenom (70–80%) oder eine bilaterale diffuse Hyperplasie der Zona glomerulosa vor oder in ca. 1% ein Karzinom.

Symptomatik und Diagnostik

Aldosteron fördert die Natriumrückresorption im distalen Nierentubulus und steigert die Sekretion von Kalium und Wasserstoffionen. Die Folge sind eine Erweiterung des extrazellulären Raums und eine Hypervolämie. Daraus resultiert das Leitsymptom der Erkrankung, eine hypokaliämische Hypertonie, die etwa 1% aller Hypertonieformen ausmacht. Hinzu kommen: Muskelschwäche (Hypokaliämie), Kopfschmerzen, Sehstörungen, Polyurie und Obstipation.

Davon abzugrenzen ist der **pseudoprimäre Aldosteronismus** mit einer zwar gleichen Symptomatik, jedoch durch eine diffuse bilaterale NNR-Hyperplasie hervorgerufen und der **sekundäre Aldosteronismus,** der vaskulär über das Renin-Angiotensin-System ausgelöst wird (Abb. 9.7-3).

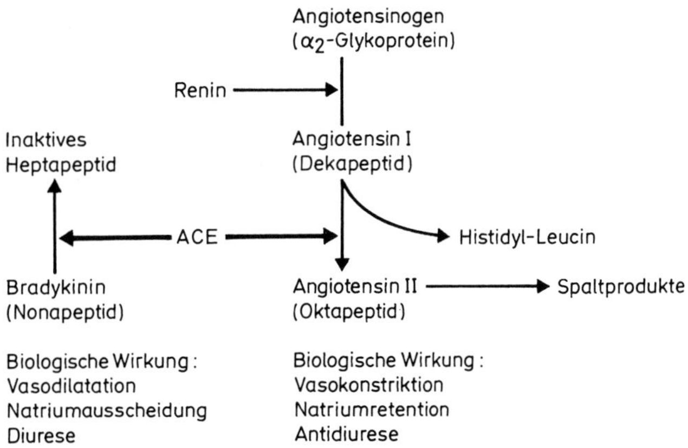

Abb. 9.7-3. Schematische Darstellung des Renin-Angiotensin-Kinin-Systems. Nach Schweisfurth: Dtsch. med. Wschr. *107:* 1815 (1982).

Klinisch-chemisch findet sich eine Hypokaliämie, Hyperkaliurie und beim primären Aldosteronismus erniedrigte Renin-Aktivität (RIA) im Plasma, eine Erhöhung dagegen beim sekundären Aldosteronismus. Erhöhte Werte finden sich ferner für das Plasmaaldosteron und Harnaldosteron (RIA). Die Diagnostik mit den bildgebenden Verfahren einschließlich invasiver Methoden unterscheidet sich nicht von dem sonst üblichen bereits eingangs geschilderten Suchprogramm (Tab. 9.7-4).

Tab. 9.7-4. Primärer und sekundärer Aldosteronismus.

Funktionsdiagnostik:

Hypokaliämie
Hyperkaliurie
Reninaktivität (RIA) im Plasma beim primären Aldosteronismus erniedrigt, beim sekundären erhöht
Plasmaaldosteron (RIA) erhöht
Harnaldosteron (RIA) erhöht

Weitere Funktionstests:

Natriumentzug
Natriumbelastung

Apparative Diagnostik:

Sonogramm
Urogramm
Computertomogramm der Nebenniere
NMR
Seitengetrennte Renin-Aldosteron- und Cortisolbestimmung im Nebennierenvenenblut
(Szintigraphie mit J-Cholesterin)

Nebennierenmark (NNM)

Die entwicklungsgeschichtlich bedingte gemeinsame Herkunft der Sympathogonien (Neuralrinne) bei nur topographischer unterschiedlichen Differenzierung – einerseits zu sympathischen Ganglienzellen, andererseits in der Nebenniere über Phäochromoblasten zu Nebennierenmarkzellen – erklärt die biochemisch und klinisch fallweise zu beobachtende sehr ähnliche Symptomatologie, wenn es zur Entwicklung von neurogenen Tumoren oder chromaffinen Neubildungen kommt.

Neuroblastom

Es handelt sich um hochmaligne, im Kindesalter vorkommende Tumoren, die entweder im NNM oder im Verlauf des abdominalen oder thorakalen Grenzstranges entstehen, frühzeitig metastasieren und in der Regel erst dann bzw. durch ihr verdrängendes Wachstum erkannt werden. Die Vanillinmandelsäure kann bei einem Sympathoblastom im Urin erhöht sein. Hormonell sind diese Geschwülste in der Regel inaktiv.

Die **Therapie** der Wahl besteht in der möglichst radikalen Tumorentfernung, ergänzt durch eine onkologische Therapie. Bei den hormoninaktiven Ganglioneuronen, die in der Regel gutartig sind, ist die definitive Heilung chirurgisch möglich.

Phäochromozytom

(Abb. 9.7-4 u. Tab. 9.7-5)

Das Phäochromozytom ist ein katecholaminproduzierender Tumor der chromaffinen Zellen des Nebennierenmarks oder der Paraganglien. Diese Veränderung kann spontan, sporadisch und familiär gehäuft auftreten. Bei den familiären Formen muß an die Vergesellschaftung mit einer multiplen endokrinen Neoplasie (MEN) gedacht werden: MEN Typ I (hormonproduzierende Tumoren des APUD-Zellsystems in Magen und Pankreas sowie Adenome der Hypophyse) oder häufiger MEN Typ II (Sipple-Syndrom) in Verbindung mit dem medullären Schilddrüsenkarzinom und Phäochromozytom (in 80% bilateral) sowie fakultativ dem Vorliegen eines Hyperparathyreoidismus meist in der Form der Hyperplasie. Eine Kombination mit anderen Fehlbildungen wie dem Sturge-Weber-Syndrom, dem v.-Hippel-Lindau-Syndrom und der Neurofibromatose v. Recklinghausen sind beschrieben.

Symptomatik und **Diagnostik:** Die kontinuierliche oder periodische, krisenhafte Freisetzung der Katecholamine führt zur Hypertonie bzw. zu hypertonen Krisen. Klinisch führendes Symptom können Kopfschmerzen und Herzbeschwerden (Herzklopfen) sein.

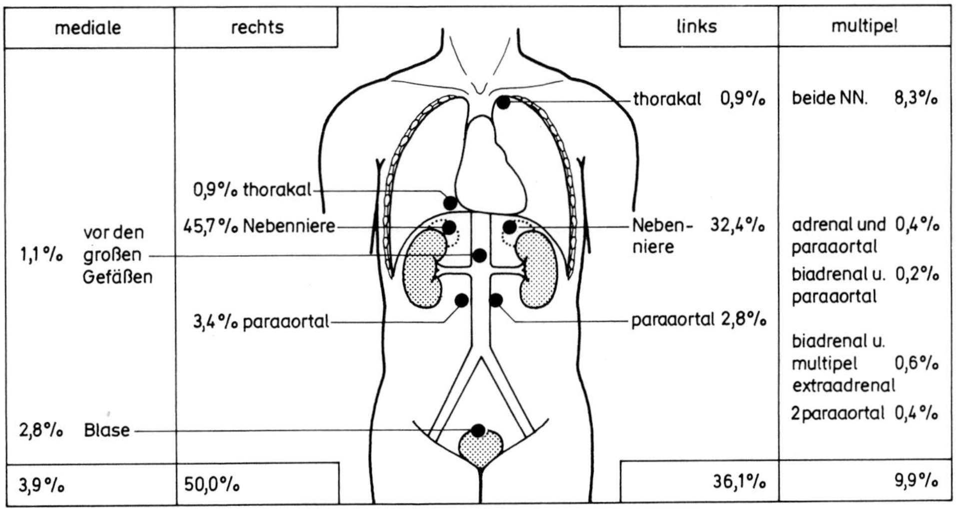

Abb. 9.7-4. Verteilung der Phäochromozytome (nach Spath u. Cesnik). Aus Baumgartel, F., Kremer, K., Schreiber, H.-W. (Hrsg.): Spezielle Chirurgie für die Praxis. Bd. I/2. Thieme, Stuttgart 1975.

Die Diagnose kann schwierig sein. Die Bestimmung der Metanephrine, Katecholamine und der Vanillinmandelsäure im 24-Stunden-Urin sowie die radioimmunologische Bestimmung von Adrenalin und Noradrenalin können auf die richtige Spur führen. Die apparative Untersuchung führt über Sonographie, Computertomographie und NMR des Abdomens zur Diagnose des Nebennierentumors. Sie kann weiter durch die Szintigraphie mit ^{125}Jod-Metajodobenzylguanidin ergänzt werden. Die früher übliche selektive Angiographie bleibt wegen der möglichen Komplikationen heute nur noch Ausnahmefällen vorbehalten.

Tab. 9.7-5. Katecholamin-produzierende Tumoren.

Laborchemische Diagnostik:
Bestimmung der Metanephrine, Katecholamine und der Vanillin-Mandelsäure im 24-Std.-Urin
Serumkatecholamine
Radioimmunologische Bestimmung von Noradrenalin, Adrenalin und Dopamin
Funktionstest
Regitin-Test
Glucagontest (unter Alpha-Blockade)

Apparative Diagnostik:
Sonographie } des gesamten Abdomens
Computertomographie, NMR } des gesamten Abdomens
Evtl. Etagen-Blutabnahmen (lokale Katecholaminbestimmung)
evtl. Nebennierenphlebographie
Szintigraphie mit ^{125}J-Metajodobenzylguanidin

Inzidentalome

Bei sonographischen Untersuchungen werden bei einem unselektionierten Krankengut bis zu 10% Raumforderungen im Bereich der Nebennieren entdeckt. Sie werden unter dem Überbegriff »Inzidentalome« zusammengefaßt und erlauben weder eine Aussage über ihre Dignität noch über die hormonelle Aktivität. Darunter fallen sämtliche in Tab. 9.7-1 zusammengefaßten Veränderungen. Beim Nachweis einer hormonellen Aktivität und bei soliden Tumoren ist die Indikation zur Operation gegeben. Eine Besonderheit bei diesen Veränderungen stellen die Lymphangiome oder auch Lymphzysten dar, die durch ihre Größe und Verdrängung von Nachbarorganen symptomatisch werden können.

Nebennierenpseudozysten

Zystische Raumforderungen im Bereich der Nebennieren können epithelialen (ca. 9%) und endothelialen (ca. 45%) Ursprungs sein und entsprechen dann im weitesten Sinne angeborenen Fehlbildungen. Häufiger findet man dagegen Pseudozysten, die infolge einer Blutung bzw. eines Hämatoms nach Unfall oder in einem Nebennierentumor entstehen.

Charakteristisch ist ein dumpfer Flakenschmerz, der durch die routinemäßge Anwendung der Ultraschalluntersuchung sehr rasch zur Diagnose einer zystischen Raumforderung führt. Röntgenologisch läßt sich in der Übersichtsaufnahme häufig eine zarte Wandverkalkung nachweisen.

Differentialdiagnostisch müssen in erster Linie Nieren- und Pankreaspseudozysten ausgeschlossen werden.

Operationsindikationen

Indikation zur bilateralen totalen Adrenalektomie

Die Indikation ist bei beidseitiger Hyperplasie der Nebennierenrinde oder adenomatösen Veränderungen gegeben, sofern ein ACTH-prodzierender Tumor der Hypophyse oder ein CRF-produzierender Tumor im Bereich des Hypothalamus bzw. ein paraneoplastisches Syndrom ausgeschlossen ist.

Findet sich keine zentrale Störung im Regelkreis oder war die neurochirurgische Intervention erfolglos, besteht die Indikation zur Exstirpation des Erfolgsorganes, in diesem Fall der Nebennieren.

Die beidseitige Adrenalektomie ist ebenfalls beim Vorliegen bilateraler Phäochromozytome indiziert. Mit beidseitigen Phäochromozytomen muß in ca. 10% der spontan auftretenden Fälle gerechnet werden. Beim Vorliegen eines sog. Sipple-Syndroms (MEN II), d. h. der familiären oder spontanen syn- oder metachron auftretenden medullären Schilddrüsenkarzinome und Phäochromozytome ist die Inzidenz wesentlich höher.

Beim Conn-Syndrom wird die Indikation zur bilateralen Adrenalektomie zurückhaltender gestellt, da in der Regel nur eine Seite betroffen ist und weil durch die medikamentöse Therapie mit Spironolacton spezifische Aldosteron-Antagonisten verfügbar sind.

Nicht mehr üblich ist die bilaterale Adrenalektomie als palliative Maßnahme, weil mit den Aromatase-Hemmern eine medikamentöse »Adrenalektomie« durchgeführt oder durch die LRH-Agonisten die Hypophyse medikamentös ausgeschaltet werden kann.

Indikation zur unilateralen Adrenalektomie

Die Entfernung einer neoplastischen oder hyperplastischen Nebenniere ist indiziert bei dem Vorliegen folgender Veränderungen:

1. Nebennierenadenome oder -karzinome.
2. Cushing-Syndrom.
3. Conn-Syndrom.
4. Virilisation.
5. Feminisierung.
6. Kombination einzelner Syndrome.
7. Endokrin inaktive Tumoren (Verdacht auf ein Karzinom).
8. Tumoren, wie dem Phäochromozytom, das in 90% der Fälle benigne ist.
9. Ganglienneurom, das ebenfalls überwiegend gutartig ist.
10. Medulläres Neuroblastom, das überwiegend maligne ist.
11. Nebennierenpseudozyste.

Perioperative Maßnahmen bei endokrinaktiven Nebennierentumoren

Beim **M. Cushing** bedürfen die Hypokaliämie, die gestörte Glukosetoleranz und das endogene Psychosyndrom einer vorbereitenden Therapie. Wir richten uns nach den klinischen Parametern. Im angelsächsischen Schrifttum wird teilweise eine mehrwöchige Vorbehandlung mit Metopiron in einer Dosis von 250 mg 6stündlich empfohlen, um perioperative Komplikationen zu reduzieren.

Diese Therapie hat sich jedoch nicht allgemein durchgesetzt, dagegen die konsequente Durchführung der Thromboseprophylaxe, um die gehäuft vorkommenden thromboembolischen Komplikationen zu senken, so wie eine perioperative Antibiotikaprophylaxe beim M. Cushing wegen der häufiger auftretenden Wundinfektionen.

Bei Patienten mit Conn-Syndromen besteht das Risiko der kardialen Dekompensation durch Hypervolämie. Auch die Hypokaliämie muß ausgeglichen werden. Die präoperative Behandlung mit Aldosteronantagonisten (Spironolakton) ist daher wichtig.

Die beidseitige Adrenalektomie führt binnen weniger Stunden zum Tod, wenn keine Steroide substituiert werden. Bei einseitiger Adrenalektomie ist eine Substitution nur beim Cushing-Patienten notwendig, da die kontralaterale Nebenniere meist supprimiert ist, in allen anderen Fällen bei Zeichen der Nebenniereninsuffizienz. Zur Hormonsubstitution wird beim Erwachsenen bei beidseitiger Adrenalektomie unter Ausnahme des Cushing-Syndroms folgendes empfohlen:

Am Abend vor der Operation 100 mg Cortisonacetat i.m.

Am Operationstag werden über 24 Std. 100 mg Hydrocortisonsuccinat als Dauerinfusion verabfolgt. Diese Dosierung wird am 1. postoperativen Tag beibehalten, ab dem 2. postoperativen Tag kann auf eine orale Medikation mit 20 mg alle 6 Std. umgestellt werden, vom 3. bis 5. Tag wird die Dosis von 20 mg auf 8stündliche Gaben reduziert und vom 6. bis 9. Tag auf 20-10-10 mg/Tag. Ab 10. Tag wird auf eine Erhaltungsdosis von 20-0-10 tgl. umgestellt und evtl. durch die Applikation eines Mineralkortikoids einmal am Tag ergänzt.

Fällt in der unmittelbaren postoperativen Phase, d. h. in den ersten 48 Std., der Blutdruck unter 100 mmHg und sind andere Ursachen wie Blutungen oder kardiale Zwischenfälle ausgeschlossen, ist von einer nicht ausreichenden Kortikoidsubstitution auszugehen und die Erhöhung der Dosis erforderlich. In den folgenden Tagen sind Übelkeit, Tachykardie, leicht erhöhtes Fieber oder abdominelle Beschwerden Zeichen einer subakuten Nebenniereninsuffizienz.

Beim Cushing-Syndrom ist die Substitutionstherapie ähnlich, erforderlich ist jedoch eine höhere Cortisondosierung, auch wenn nur eine hyperplastische oder adenomatös veränderte Nebenniere entfernt wurde. Folgendes Therapieregime wird empfohlen: Am Abend vor der Operation 100 mg Cortisonacetat i.m., am Tag der Operation Hydrocortisonsuccinat als Infusion (300 mg über 24 Std.). Vom 1. bis zum 2. postoperativen Tag wird die Infusionstherapie fortgesetzt und sobald wie möglich auf eine orale Medikation mit 80 mg Hydrocortison 8stündlich umgestellt, dann vom 3. bis 5. Tag 60 mg 8stündlich, ab dem 6. Tag 40 mg 8 stündlich. Zwischen dem 7. und 8. Tag weitere Reduktion auf 40 mg 12stündlich. Ab dem 12. Tag wird eine Erhaltungsdosis von 20 mg 12stündlich gegeben. Individuelle Schwankungen der Dosierung können wegen der Adaptation auf hohem Niveau über längere Zeiträume beobachtet werden und erfordern eine höhere Substitutionsmenge unter Beachtung der physiologischen, zirkadianen Schwankungen.

Das **Phäochromozytom** ist ein überwiegend benigner Tumor des Nebennierenmarks.

Die pathologisch-anatomische Malignomdiagnose ist eindeutig nur bei sicherem Kapsel- oder Gefäßeinbruch zu stellen. Klinisch manifestiert sich die Veränderung entweder als paroxysmale Hypertonie oder als Dauerhypertonie. Führendes Symptom können Kopfschmerzen und Herzbeschwerden (Herzklopfen) sein.

Die Dignität des Tumors zeigt sich jedoch häufig erst am biologischen Verlauf oder anhand zufällig entdeckter Metastasen im Bereich der Lymphknoten.

Patienten mit einem Phäochromozytom oder Katecholamin-produzierenden Tumoren der Paraganglien müssen unabhängig von der Tatsache, ob ein Hypertonus besteht oder exzessive Katecholaminmengen im Serum nachweisbar sind, für Wochen mit einer Alpha-Blockade mit Phenoxybenzamin vorbereitet werden. Diese Behandlung sollte durch Betablocker ergänzt werden, da Tachykardien und Arrhythmien auch unter Alpha-Blockade vorkommen.

Die Operation bei Phäochromozytomen ist transperitoneal durchzuführen, um beide Nebennieren sicher überprüfen zu können und zum andern, um weitere verdächtige Knoten innerhalb des Abdomens zu evaluieren. Jeder Knoten sollte palpiert und die Reaktion auf den Blutdruck registriert werden. Die chirurgische Präparation muß so sorgfältig und schonend wie irgendmöglich erfolgen, um exzessive Katecholaminreaktionen zu vermeiden. Von anästhesiologischer Seite ist ein exaktes Monitoring erforderlich, um exzessive Blutdruckanstiege durch rasch wirkende Alpha-Blocker wie Phentolamin oder Nitroprussidnatrium abfangen zu können. Der Tatsache, daß diese Patienten trotz langer Vorbehandlung meist hypovolämisch sind, ist Rechnung zu tragen. Nach Entfernung des Phäochromozytoms sollte der systolische Blutdruck nicht unter 120 mmHg abfallen, ggf. ist die Gabe von Katecholaminen (Dopamin) erforderlich.

Alle adrenalektomierten Patienten, insbesondere aber Cushing-Patienten und Kranke mit einem Phäochromozytom, müssen hinsichtlich der Kreislaufparameter intensiv überwacht werden; ¼stündliche Kontrollen in den ersten 48 Std. werden für notwendig erachtet, ebenso kurzfristige Kontrollen der Elektrolyte.

Operationsverfahren

Hinterer Zugang

(Abb. 9.7-5 u. 6)

Der Patient wird in Bauchlage gelagert, der Tisch in Höhe der 12. Rippe aufgeklappt. Während der Zugang beidseits identisch ist und in mehreren Modifikationen besteht, ist festzuhalten, daß die Adrenalektomie wegen der nicht seitengleichen anatomischen topografischen Position verschieden ist. Empfohlen wird eine Schnittführung parallel zur Wirbelsäule im Abstand von 5 cm zu den tastbaren Dornfortsätzen, beginnend in Höhe der 9. Rippe. Nach Erreichen der 12. Rippe (Inzisionslänge ca. 15 cm) läuft der Schnitt dann parallel zu dieser, ebenfalls über ca. 15 cm (Abb. 9.7-6). Das subkutane Fett wird durchtrennt und der M. latissimus dorsi sowie die sakrospinale Faszie dargestellt. Nach Identifikation der 12. Rippe werden Muskel und Faszie durchtrennt. Die 12. Rippe wird reseziert. Ist sie nur rudimentär angelegt, kann die 11. Rippe mitreseziert werden, wobei der M. sacrospinalis nach medial gehalten wird. Nach Darstellung des perinephrischen Fettgewebes wird die Schnittführung in Verlängerung der Rippe erweitert. Die abdominelle Muskulatur und die Lumbalfaszien durchtrennt man nach lateral quer. Durch Zug nach kranial kommt die Pleura und das laterale Lig. arcuatum des Zwerchfells zur Darstellung. Das Zwerchfell wird senkrecht eingeschnitten, so daß die Pleura stumpf abgeschoben werden kann. Dann wird der obere Nierenpol identifiziert und die Nebenniere im perinephrischen Fettgewebe dargestellt. Das meist orange-gelbe, dreieckförmige Organ wird teils scharf, teils stumpf freipräpariert, und zwar von lateral nach medial, zunächst unter Erhaltung der nach medial drainierenden Venen. Eine gering veränderte Nebenniere kann mit einem »Triangel« (Lungenfaßzange nach Duval, Abb. 9.7-6) angeklemmt werden. Die versorgenden Gefäße werden selektiv gefaßt und unterbunden oder mit Clips versorgt. Sowohl bei benignen hyperplastischen Nebennierentumoren als auch besonders bei Malignomen ist auf die sorgfältige Entfernung sämtlichen Nebennierengewebes zu achten. Bei malignen Veränderungen sind die Lymphknoten mitzuentfernen. Zum Ausschluß maligner Phäochromozytomvarianten empfiehlt sich grundsätzlich die lokale Lymphadenektomie, um maligne Formen beim Ersteingriff besser erfassen zu können, da die morphologische Diagnose am Tumor selbst problematisch ist.

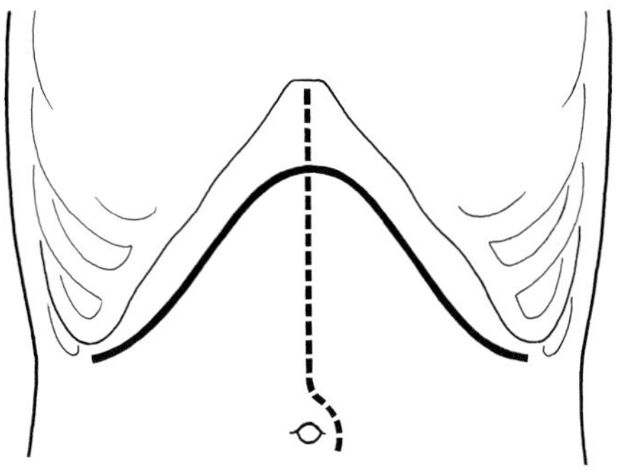

Abb. 9.7-5. Schnittführungen beim transperitonealen Zugang.

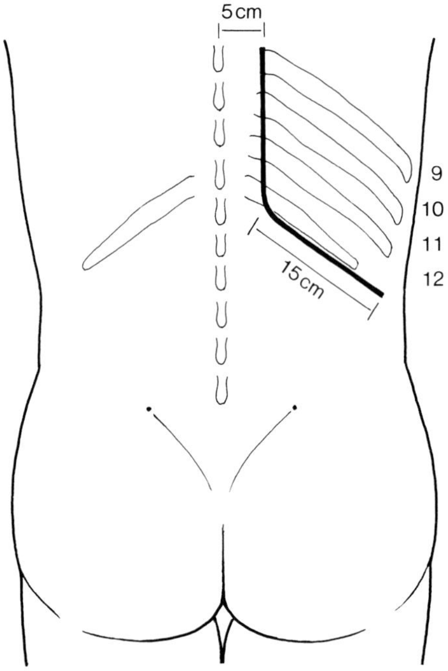

Abb. 9.7-6. a) Schnittführung bei dorsalem Zugang der Nebenniere.

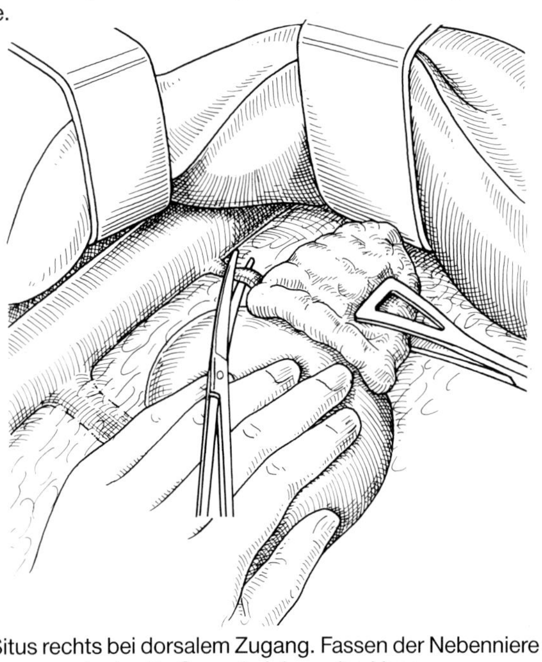

b) Situs rechts bei dorsalem Zugang. Fassen der Nebenniere und Versorgung der in die Cava drainierenden Vene.

Transperitonealer Zugang

(Abb. 9.7-7)

Der transperitoneale Zugang erlaubt die Inspektion und Palpation beider Nebennieren sowie des gesamten Abdominalraumes. Er stellt zwar für den Patienten eine etwas größere Belastung dar, wird jedoch insbesondere bei einer Operation des Phäochromozytoms empfohlen, um mögliche Zweittumoren in den Paraganglien bzw. Lymphknotenmetastasen miterfassen zu können.

Der Patient wird in Rückenlage gelagert, der Tisch in Höhe des 12. Brustwirbels aufgeklappt. Üblicherweise wird eine quere Oberbauchlaparotomie zur Exploration beider Nebennieren empfohlen, ebenso die lange mediane Laparotomie, da bei Patienten mit einem Phäochromozytom die gesamte paraaortale Region und das Becken, parailiakal, sehr sorgfältig nach weiteren Tumoren abgesucht werden muß.

Zur Exploration der linken Nebenniere werden die Milz und die linke Flexur mobilisiert. Hierzu wird das Peritoneum hinter der Milz inzidiert, diese mobilisiert und mit dem Pankreasschwanz nach vorne gezogen (Abb. 9.7-7b). Alternativ kann der Zugang durch das Lig. gastrocolicum oder durch das kleine Netz erfolgen. Die Übersicht ist dann jedoch wesentlich schlechter. Nach Identifikation der linken Nebenniere wird diese, wie bereits beschrieben, präpariert und die nach medial drainierende Hauptvene als Stiel am Schluß durchtrennt.

Die rechte Nebenniere kommt nach Weghalten der Leber nach oben und Mobilisation der rechten Flexur zur Darstellung. Das Duodenopankreas kann im Sinne eines Kocherschen Manövers mobilisiert und nach links unten weggehalten werden (Abb. 9.7-7c). Es empfiehlt sich dann die Darstellung der V. cava. Die rechte Nebenniere findet sich dann meist hinter der renalen Faszie und etwas oberhalb der Niere. Letztere wird leicht nach unten gezogen, so daß die Nebennierenhauptvene sichtbar wird. Sie ist im allgemeinen sehr kurz, drainiert direkt in die V. cava, so daß ein überstarker Zug leicht zu Einrissen auch an der V. cava führen kann. Der obere Nebennierenpol ist manchmal schwer zu präparieren, da er bis hinter die Leber reicht und oft mit der V. cava verbunden ist. Nach Dissektion der Venen und Ablösung der NN von der V. cava gelingt die weitere Präparation meist ohne größere Mühe.

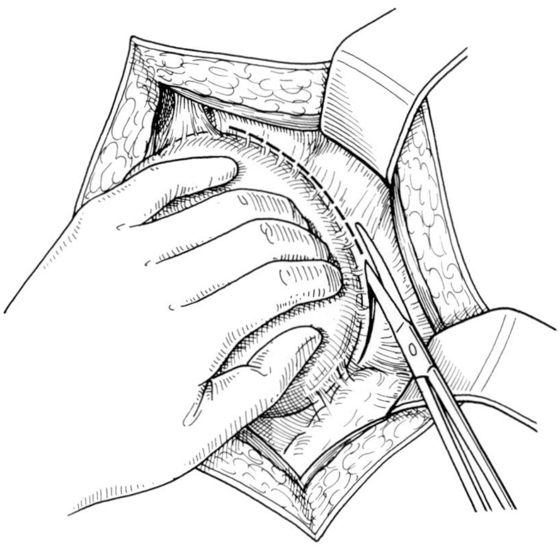

Abb. 9.7-7. a) Eröffnung des Retroperitoneums am unteren Milzpol.

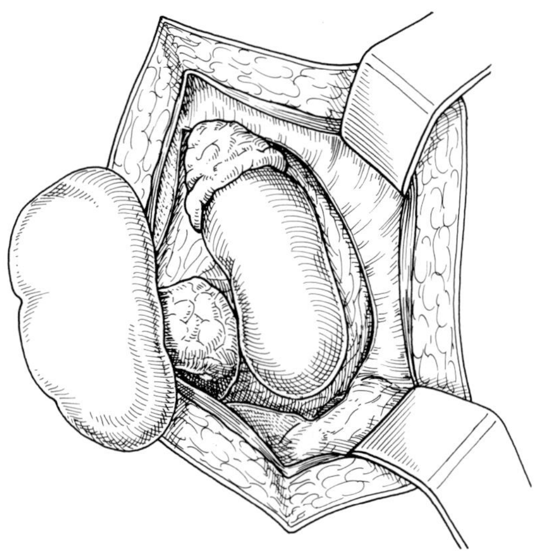

b) Darstellung der linken Nebenniere nach Mobilisation der Milz und des Pankreasschwanzes.

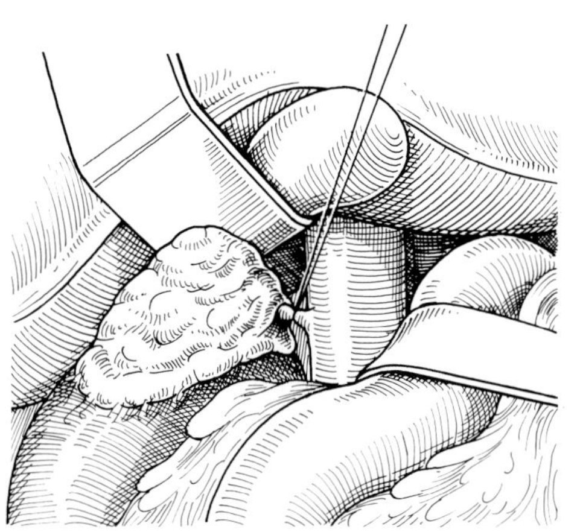

c) Darstellung der rechten Nebenniere von transperitoneal und Versorgung der Hauptvene.

Lateraler retroperitonealer Zugang
(Abb. 9.7-8)

Der laterale retroperitoneale Zugang hat sich als beste Möglichkeit der Nebennierendarstellung erwiesen. Er hat jedoch den Nachteil der nur unilateral möglichen Exploration und bleibt deshalb der Reoperation und den Lokalrezidiv eines Tumors vorbehalten. Die Inzision verläuft entlang der 11. Rippe und in Verlängerung bis in die Bauchdecke (s. »Nephrektomie«).

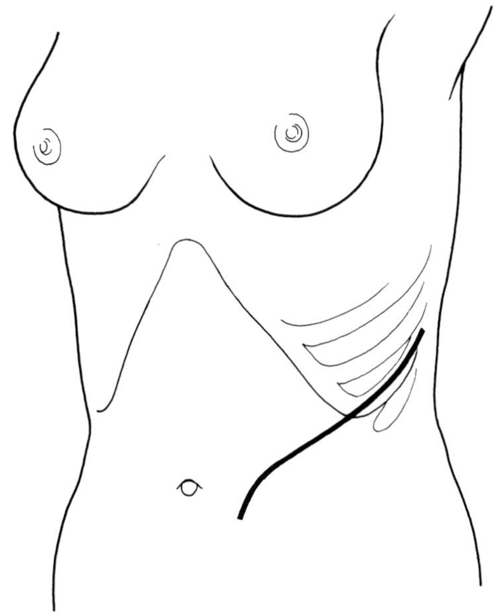

Abb. 9.7-8. Laterale lumbokostale Schnittführung.

Neubildungen des retroperitonealen Gewebes

Primäre Malignome

Die Malignome des Retroperitoneums haben je nach histologischem Typ eine unterschiedliche Prognose. Für eine Reihe dieser Veränderungen, wie z. B. das Liposarkom und Fibrosarkom, steht die operative Therapie eindeutig im Vordergrund. Für andere Veränderungen, wie z. B. das Neuroblastom, Rhabdomyosarkom, teratoide Tumoren, gibt es inzwischen onkologische Therapiekonzepte, bei denen der chirurgisch-kurative Eingriff evtl. an zweiter Stelle steht. Vorausgeht dann die histologische Sicherung und Charakterisierung des Tumors mit nachfolgender Chemotherapie. Während bei den Weichteiltumoren der Extremitäten große Kompartmentresektionen als notwendig angesehen werden, sind diesem Vorgehen im Retroperitoneum anatomische Grenzen gesetzt. Der chirurgische Eingriff muß jedoch insbesondere bei Malignomen und Fehlen einer effektiven Zusatztherapie so radikal wie irgendmöglich ausgeführt werden. Die Infiltration der V. cava oder der Aorta, die früher als Kriterien der Inoperabilität galten, können unter gleichzeitigem prothetischem Ersatz dieser Gefäße mitreseziert werden. Die strahlentherapeutischen Möglichkeiten müssen als weitere Therapieform frühzeitig in die Planung miteinbezogen werden.

Sekundäre Malignome

(Abb. 9.7-9)

Findet sich im Retroperitoneum ein Tumor, der sich intraoperativ als Metastase eines zunächst unbekannten Primärtumors erweist, so ist ggf. die Primärtumorsuche, evtl. auch die Lymphadenektomie in gleicher Sitzung notwendig. Als Beispiel sei hier das Teratom und Dysgerminom genannt, da hier zunächst nicht entschieden werden kann, ob es sich um einen Primärtumor im Retroperitoneum oder eventuelle Metastasen handelt. Eine weitere Klärung durch Nachweis spezifischer Tumormarker und immunhistochemischen Eingrenzung der Diagnose ist dann notwendig.

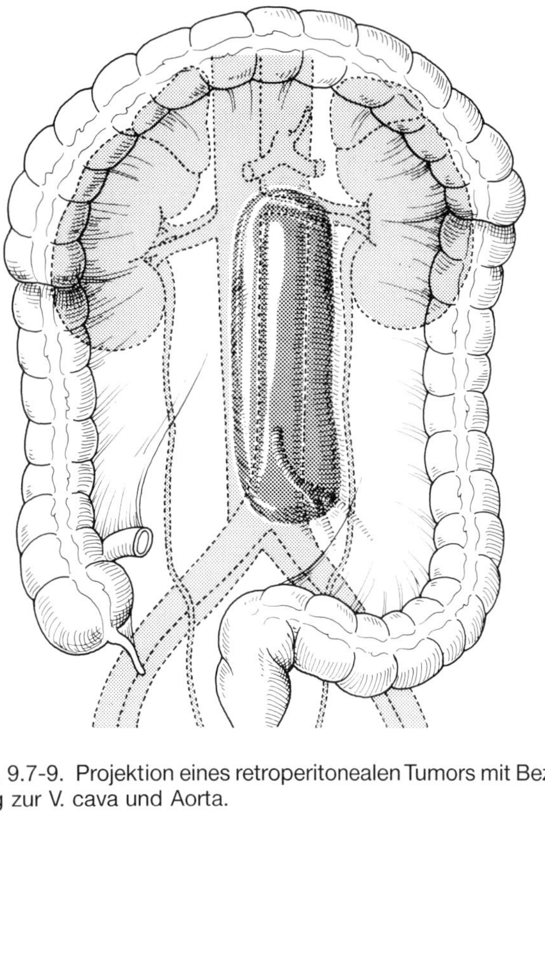

Abb. 9.7-9. Projektion eines retroperitonealen Tumors mit Beziehung zur V. cava und Aorta.

Lymphome

Eine vergleichbare Situation ergibt sich beim intraoperativen Nachweis einer lymphatischen Systemerkrankung. Hier ist besonders darauf zu achten, daß der Pathologe genügend natives Material erhält, um über immunologische Zusatzuntersuchungen die Erkrankung exakt definieren zu können.

Beim Nachweis eines Lymphoms ergibt sich die Notwendigkeit einer exakten Stagingoperation mit parailiakalen Lymphknotenbiopsien, paraaortalen Lymphknotenentnahmen, Leberbiopsien aus beiden Leberlappen mit Entnahme einer Gewebsprobe aus der Milz bzw. der Splenektomie. Eine radikale Lymphadenektomie sämtlicher vergrößerter Lymphknoten ist nicht indiziert. Nach exaktem Staging muß der Patient entsprechend der vorhandenen onkologischen Behandlungskriterien mit Chemotherapie bzw. Strahlentherapie oder deren Kombinationen behandelt werden.

Sympathektomie

(Abb. 9.7-10)

Die Indikation zur lumbalen Sympathektomie wird nach wie vor kontrovers diskutiert. Besonders kritisch ist die Indikation zu sehen, wenn diese Maßnahme als alleinige Therapie erwogen wird. In Verbindung mit rekonstruktiven gefäßchirurgischen Maßnahmen kann die Sympathektomie zu einer Verbesserung der Durchblutung der Haut, möglicherweise aber auch der Muskulatur führen.

Unterschreitet der systolische Blutdruck in der Peripherie den kritischen Wert von 50 mm Quecksilbersäule im Bereich der A. tibialis anterior oder posterior, ist die Sympathektomie als alleinige Maßnahme kontraindiziert. Vor der Operation kann die Wirkung der vorgesehenen Sympathektomie in Periduralanästhesie ausgetestet werden. Hierzu stehen einerseits Thermosonden, andererseits transkutane Sauerstoffsonden zur Verfügung, die den präsumptiven Effekt objektivieren lassen.

Der Zugang zum Grenzstrang des Sympathicus erfolgt im allgemeinen retroperitoneal von einem Flankenschnitt. Nach Durchtrennung der Bauchmuskulatur wird der Peritonealsack stumpf mobilisiert und nach medial sowie ventral abgeschoben. Es kommen dann der M. iliopsoas und die Wirbelsäule sowie die großen Gefäße zur Darstellung. Das Operationsfeld wird mit Laparatomiehaken eingestellt. Der Grenzstrang kann dann am medialen Rand des M. iliopsoas meist auf der Wirbelsäule palpatorisch und visuell identifiziert werden. Die distalen und proximalen Resektionsstellen können durch Clips markiert werden.

Die intraoperative Verifizierung des resezierten Gewebes als Sympathicus durch histologische Untersuchung empfiehlt sich insbesondere bei schwierigeren Verhältnissen, wie z. B. nach Vernarbungen.

Während die linksseitige Sympathektomie keine technischen Gefahren in sich birgt, ist auf der rechten Seite bei Präparation der V. cava besondere Sorgfalt zu verwenden, um ein Ausreißen der Lumbalvenen zu vermeiden. Die präliminare Ligaturendurchtrennung dieser Gefäße kann die Präparation unter Umständen wesentlich erleichtern. Zum Abschluß der Operation und nach sorgfältiger Blutstillung werden eine Redon- oder Robinson-Drainage ins Retroperitoneum für ca. 24 Std. eingelegt. Die Adaptation der Muskulatur erfolgt schichtweise.

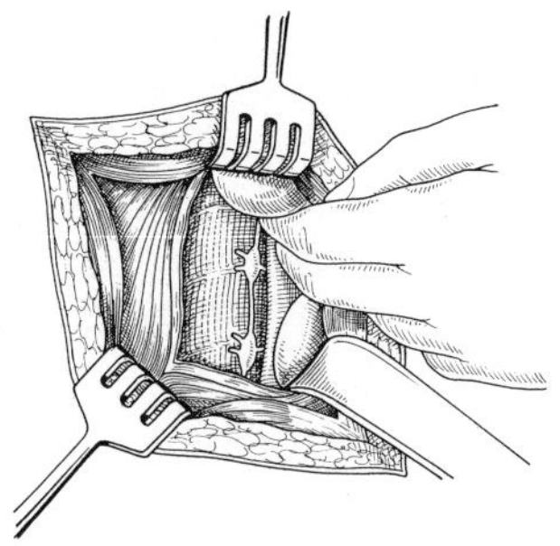

Abb. 9.7-10. Darstellung des lumbalen Grenzstranges.

9.8

Bauchchirurgische interdisziplinäre Notfalleingriffe

9.8.1

Kinderchirurgie

P. Schweizer

In diesem Kapitel werden kinderchirurgische Krankheitsbilder des Bauchraumes erörtert, die auch dem Allgemeinchirurgen, meistens unvorhergesehen, begegnen können. Er kann mit ihnen aber auch im Kindesalter konfrontiert werden, wenn er unter dem Verdacht einer Appendizitis, einer Ileussymptomatik oder im Rahmen eines Bauchtraumas laparotomieren muß.

Die Aussagen sollen bloß Anregungen geben für eine Primärversorgung, denn die definitive Korrektur sollte grundsätzlich in die Hände eines Kinderchirurgen gegeben werden.

Diese Sicht schließt Erkrankungen des Früh- und Neugeborenen sowie des Säuglings von vornherein aus; sie werden daher aus der Erörterung ausgeschlossen.

Die Auswahl der Krankheitsbilder wurde nach zwei Gesichtspunkten getroffen, die als Fragen formuliert werden sollen:

1. Welchen typischen kinderchirurgischen Erkrankungen sind wir früher während unserer Tätigkeit in der Erwachsenenchirurgie begegnet?
2. Welchen typischen kinderchirurgischen Erkrankungen sind wir in 20 Jahren kinderchirurgischer Tätigkeit unvorhergesehen bei Laparotomien im Rahmen eines Appendizitisverdachts oder eines stumpfen Bauchtraumas begegnet?

Die Krankheitsbilder der ersten Kategorie sind in Tab. 9.8.1-1, die der zweiten in Tab. 9.8.1-2 zusammengefaßt.

Die folgenden 7 Krankheitsbilder werden daher in alphabetischer Reihenfolge besprochen:

1. Duplikaturen des Magens und Darmes.
2. Invagination.
3. Mesenterial- und Omentumzysten.
4. Megakolon.
5. Persistierender Ductus omphaloentericus.
6. Vitellinische Bänder.
7. Zwölffingerdarmverschluß.

Tab. 9.8.1-1. Krankheitsbilder der Kategorie I.

	Patientenalter in Jahren	Häufigkeit
Pancreas anulare	20 34	2
Membranöse Duodenalstenose	18	1
Vitellinische und Laddsche Bänder	21	1
Präduodenale Pfortader	32	1
Duplikaturen	19 52	2
Mesenterialzysten	48	1
Volvulus bei Malrotation	22 27	2
Persistierender Ductus omphaloentericus	41 24	2
Megakolon bei M. Hirschsprung	19 25 37	3

Tab. 9.8.1-2. Krankheitsbilder der Kategorie II.

	Häufigkeit
Duplikaturen im Ileozäkalbereich	4
Urachuszysten	5
Mesenterialzysten	2
Omentumzyste	1
Invagination	4
Volvulus bei Malrotation	4
Persistierender Ductus omphaloentericus	6
Vitellinische Bänder	3
Megakolon bei M. Hirschsprung	2
Pancreas anulare	1

Intestinale Duplikaturen

Doppelbildungen des Magens und Darmes werden in der Erwachsenen- und Kinderchirurgie verhältnismäßig selten beobachtet. Tab. 9.8.1-3 gibt Auskunft über die relative Häufigkeit.

Tab. 9.8.1-3. Relative Häufigkeit intestinaler Duplikaturen.

	Universität Tübingen	Bower Pittsburgh	Gross
Duplikaturen	27*	62	68
des Magens	2	5	2
des Duodenums	3	3	4
des Dünndarms	18	31	keine Angaben
des Kolons	3	33	keine Angaben
des gesamten Kolons	1	9	keine Angaben

* Beobachtet im Zeitraum von 1968 bis 1988 an der Klinik für Kinderchirurgie des Kinderkrankenhauses auf der Bult, Hannover, und der Abteilung für Kinderchirurgie der Universität Tübingen.

Doppelbildungen des Magens

Magenduplikaturen imponieren in der Regel als große Zysten und werden deshalb meistens schon im Neugeborenen- und Säuglingsalter entdeckt.

Das klinische Bild beeindruckt in der Regel durch die raumfordernde palpable Zyste im Oberbauch, durch rezidivierendes oder ständiges Erbrechen, manchmal auch als Hämatemesis. Bei unseren Kindern führte zudem Aszites auf die Spur.

Bei einem erwachsenen Patienten war die »therapieresistente« Anämie das Leitsymptom, bei einem anderen eine nachweisbare okkulte Blutung. Bei beiden Patienten hätte jedoch der geblähte Oberbauch schon frühzeitig auf die Diagnose hinführen können. Zusammengefaßt sind daher folgende Leitsymptome zu erkennen:

a) Geblähter Oberbauch als Folge einer raumfordernden Zyste.
b) Erbrechen bzw. Hämatemesis als Folge der Raumforderung.
c) Aszites.
d) Okkulte Blutung und Anämie (fast die Regel).

Die meisten Magenduplikaturen lassen eine Verbindung zur großen Magenkurvatur oder zur Magenhinterwand erkennen. Im Schrifttum sind jedoch auch »separierte« Magenduplikaturen beschrieben, die zwar keine Verbindung zum Magen, dagegen zum Pankreas, zum Lig. hepatoduodenale, zum Zwerchfell erkennen lassen oder »isoliert« im retroperitonealen Raum liegen.

Wir beobachteten an unserer Klinik eine separierte Zyste im Pankreasschwanz, die histologisch eindeutig den Magenduplikaturen zugeordnet werden konnte.

Die histologische Diagnose einer Magenduplikatur wird durch erkennbare Magenschleimhaut und eine typisch aufgebaute zweischichtige muskuläre Wand definiert. In der Regel findet der Pathologe die typischen Kriterien, nur selten hat er im Gegensatz zu Duplikaturen des Duodenums infolge sekundärer Veränderungen im Wandaufbau, Schwierigkeiten.

Operative Therapie

Das Ziel der Operation sollte die totale Entfernung der Magenduplikatur sein, die evtl. durch Magenteil-, Pankreasschwanz-, Kolonsegment- oder Zwerchfellteilresektion erzwungen werden muß. Zwei Argumente begründen dieses Ziel:

1. In Magenduplikaturen entstehen häufig peptische Geschwüre, wofür Anämie, okkulte Blutung und Hämatemesis die klinischen Zeichen darstellen. Solche Ulzerationen können einerseits zur freien Zystenperforation mit Blutung in die Bauchhöhle oder zu ulzerierenden und blutenden Perforationen in den Magen bzw. ins Kolon führen. Auf diese Weise entstehen wahrscheinlich die »sekundären« Kommunikationen der Duplikatur mit dem Magen, während primär keine Verbindung bestehen soll.
   Ulzerierende Veränderungen können jedoch auch zu gedeckten Perforationen und Verwachsungen mit den Nachbarorganen führen. Bei einem solchen Geschehen kann Aszites das früheste Zeichen sein und die Diagnostik auslösen.
2. In Magenduplikaturen können sich Karzinome entwikkeln, so daß auch aus dieser Sicht ein radikales Vorgehen gerechtfertigt ist. Wenn dieses Ziel nicht realisierbar ist, dann ist je nach anatomischem Befund eine breite Seit-zu-Seit-Anastomose der zystischen Duplikatur mit dem Magen oder in Ausnahmefällen die Drainage in eine ausgeschaltete Roux-Schlinge zu erwägen.

Doppelbildungen des Duodenums

Als typische klinische Zeichen werden im kasuistischen Schrifttum galliges Erbrechen und Symptome einer Pankreatitis erwähnt. Manchmal wird die Duplikatur im Rahmen der Differentialdiagnose eines »Duodenalverschlusses« entdeckt. Beschrieben wurden auch freie und gedeckte Perforationen sowie Aszites.

Bei drei selbst beobachteten Patienten waren die führenden Zeichen die rezidivierende Pankreatitissymptomatik und eine »hartnäckige therapieresistente« Anämie. Katamnestisch waren Hinweise auf Aszites zu finden. Diese

Beobachtungen wurden gemacht, bevor sonographische Untersuchungsmethoden zur Verfügung standen, die jede abdominale Diagnostik erleichtern und vereinfachen.

Duodenalduplikaturen lassen nur selten eine direkte Beziehung oder gar Verbindung zum Zwölffingerdarm erkennen, meistens sind sie separiert, liegen im Pankreaskopf, retroduodenal, in der Bursa omentalis, im Lig. hepatoduodenale, im Leberhilus oder sogar in der Leber. Viele Duodenalduplikaturen haben zwar keine Verbindung zum Duodenum, jedoch zum Galle- und Pankreasgang.

Die Diagnose einer Duodenalduplikatur kann sonographisch und intraoperativ meistens nur vermutet, jedoch nicht bewiesen werden. Selbst dem Pathologen bereitet die histologische Zuordnung wegen sekundärer Wandveränderungen Schwierigkeiten. Entscheidendes Kriterium ist der zweischichtige muskuläre Wandaufbau und die Schleimhaut, die manchmal neben duodenalen Elementen Magenmukosa und Pankreasinseln enthalten kann.

Operative Therapie

Ziel der Operation ist auch hier die komplette Entfernung der Duplikatur. Im Gegensatz zu den Doppelbildungen des Magens gelingt dieses Vorhaben jedoch meistens nicht. Unter diesen Umständen muß sich der Operateur mit der Zystenverkleinerung und der Anastomosierung der Restzyste mit einer nach Roux ausgeschalteten Dünndarmschlinge zufriedengeben. Die Drainage in eine Roux-Schlinge kann sogar vom Befund diktiert werden, wenn eine enge Beziehung oder gar Verbindung zum Galle- oder Pankreasgang besteht.

Bei drei Patienten unserer Klinik lagen die Duplikaturen in enger Beziehung zum Duodenum, dorsal des Pankreaskopfes, im Pankreaskopf, im Lig. hepatoduodenale. Keine dieser Duodenalduplikaturen hatte eine direkte Kommunikation mit dem Duodenum, jedoch mit dem Pankreasgang im einen und mit dem Gallengang im anderen Falle. Bei beiden Patienten konnte histologisch schließlich eine Choledochus- bzw. Pankreaszyste ausgeschlossen und eine Duodenalduplikatur gesichert werden.

Die Verkleinerung der Zyste und die Anastomose mit einer Roux-Schlinge führt zur klinischen Heilung.

Blutungen aus rezidivierenden Ulzera, gedeckte Perforation und Pankreatitiden sowie maligne Entartung, im Schrifttum zwar beschrieben, fanden wir bisher bei keinem Patienten.

Duplikaturen am Ileum

Die häufigsten Duplikaturen fanden wir selbst, übereinstimmend mit anderen kinderchirurgischen Zentren, am Ileum. Im Gegensatz zu anderen Autoren beobachteten wir keine Duplikatur kombiniert mit einer Dünndarmatresie.

Bei den meisten Patienten, so lassen auch unsere Beobachtungen erkennen, wird die Duplikatur zufällig entdeckt; anläßlich einer Appendektomie oder seit Etablierung der abdominalen Sonographie auch bei einer Routineuntersuchung. Bei vier unserer Patienten war ein Ileus Anlaß zur Laparotomie, bei einem ein palpabler Tumor, bei einem weiteren die Peritonitis als Folge einer gedeckten Perforation. Dieser Patient litt an einer chronischen Anämie. Später konnte histologisch nachgewiesen werden, daß sie durch ein Ulcus auf dem Boden einer »ektopen Magenschleimhautinsel« hervorgerufen war. Bei den übrigen Patienten simulierte die klinische Symptomatik eine Appendizitis, und die Duplikatur wurde anläßlich der Appendektomie entdeckt. Klinische Zeichen können bei Berücksichtigung der Literaturberichte und der eigenen Beobachtungen daher sein:

- Palpabler Tumor,
- Ileus,
- Volvulus,
- Anämie bei okkulter oder sichtbarer intestinaler Blutung,
- Peritonitis bei gedeckter oder freier Perforation.

Die Duplikaturen des Ileums haben in der Regel eine enge Beziehung oder Verbindung zum Darm, oft besitzen sie eine gemeinsame Wand. Die intraoperativen Befunde zeigen uns, daß die Duplikaturen des Ileums in sphärischer oder tubulärer Form auftreten können.

Intraoperative Untersuchungen und die anatomische Pathologie lehren, daß die sphärischen Duplikaturen in der Regel keine, tubuläre indessen oft eine Verbindung zum Darmlumen haben. Tubuläre Duplikaturen besitzen zudem häufig dystope Magenschleimhautinseln, neigen daher zu Ulzera mit Blutungen ins Darmlumen, zu freier oder gedeckter Perforation. Die sphärischen Duplikaturen sind in dieser Hinsicht harmloser.

Operative Therapie

Da die Duplikaturen des Ileums häufig eine gemeinsame muskuläre Wand mit dem parallel benachbarten Darmabschnitt aufweisen, ist die Mitresektion dieses Segmentes nicht zu umgehen.

Die langstreckigen tubulären Formen müssen in dieser Hinsicht besonders betrachtet werden. Zur Vermeidung der Resektion langer Darmabschnitte sollte nach dem Vorschlag von Wrenn stets der Versuch unternommen werden, die Mukosa der Duplikatur unter Belassung der muskulären Wand zu entfernen. In der Regel gelingt dieses Manöver, wovon wir uns selbst bei drei Patienten überzeugen konnten.

Im Schrifttum wird vorgeschlagen, die Duplikatur mit dem dazugehörigen Darm Seit zu Seit oder End zu Seit zu anastomosieren. Dieses Vorgehen hat gegenüber der Mukosaentfernung nach Wrenn den Nachteil, daß ektope Magenschleimhautinseln belassen werden und Anlaß zu Komplikationen geben können. Deshalb bevorzugen wir das aufwendigere Verfahren der Mukosaentfernung.

Im Ileozäkalabschnitt findet man manchmal kleine intramural gelegene zystische Duplikaturen, die zu ileozäkalen Invaginationen führen können. In Übereinstimmung mit Berichten des Schrifttums mußten wir bei zwei Patienten die Erfahrung machen, daß diese Duplikaturen nicht enukleir- oder resezierbar sind, so daß eine Ileozäkalresektion nicht zu umgehen ist.

Duplikaturen des Enddarms

Doppelbildungen des Enddarms, die assoziiert mit urogenitalen Fehlbildungen auftreten können, sollen hier nicht erörtert werden. Die Darstellung beschränkt sich auf die isolierten Formen.

Es ist naheliegend, daß raumfordernde Veränderungen, die in der Rektumwand oder im retrorektalen Raum wachsen, klinisch zur Obstipation, zu anorektalen Blutungen und zum Rektumprolaps führen können. Diese klinischen Zeichen weisen im Zusammenhang mit einer tastbaren zystischen Veränderung auf eine Duplikatur hin.

In der Region des Enddarms sind zystische Duplikaturen die Regel, seltener werden dort tubuläre Formen gefunden. Bei der Palpation findet man sie im retrorektalen Raum oder in der hinteren Rektumwand. Differentialdiagnostisch kommt selbstverständlich stets ein präsakrales Teratom in Frage. Die Unterscheidung ist nur histologisch möglich.

Operative Therapie

Die meisten Duplikaturen des Enddarms können durch einen Längsschnitt entfernt werden, der seitlich am Kreuz- und Steißbein vorbei und vertikal in der Rima ani weitergeführt wird. Von diesem Schnitt aus kann im präsakralen Raum mühelos präpariert werden, und die Schließmuskeln lassen sich schonen. Die Entfernung intramuraler zystischer Duplikaturen ist auf gleiche Weise möglich, jedoch muß der Patient entsprechend vorbereitet und das Ano-Rektum desinfiziert sein. Bei sorgfältiger Präparation kann die Rektumschleimhaut geschont werden. Im Notfall, beim Überraschungsbefund oder bei Verletzung des Enddarmes empfiehlt sich immer die Anlage eines Querkolonkunstafters.

Doppelbildungen des gesamten Kolons oder großer Kolonabschnitte

Solche Duplikaturen treten in der Regel in Kombination mit Doppelbildungen oder Fehlbildungen der äußeren und inneren Genitalien sowie Harnwege auf. Die Kombination mit einer Spina bifida ist fast die Regel.

Da eines der »beiden Dickdarmrohre« in der Regel blind endet, kommt es in einer distalen sackartigen Erweiterung zum Kotstau. Das parallel benachbarte Kolon wird komprimiert, klinisch erscheint das Bild eines Obstruktionsileus. Die stuhlgefüllte, sackartige Erweiterung des einen Kolonzwillings kann auch eine Kompression des Ureters mit Urinstau in den Nieren bewirken.

Auf das blinde distale Ende eines Kolonzwillings wurde bereits hingewiesen. In den proximalen Abschnitten besteht dagegen oft eine Querverbindung.

Operative Therapie

Die Resektion des blind endenden sackartig erweiterten Kolonzwillings wäre zwar theoretisch erwünscht, läßt sich praktisch aber nur selten verwirklichen, da die mittlere Wand, das sog. »Septum«, gemeinsam ist. Deshalb muß man sich in der Regel darauf beschränken, durch partielle oder komplette »Septen«-Resektion eine gemeinsame Verbindung zu schaffen. Dieser Vorschlag von Soper wird heute von den meisten Kinderchirurgen befolgt. Die technische Ausführung ist mit Hilfe der modernen Näh-Schneide-Geräte erleichtert.

Im Notfall, beim Zufallsbefund empfiehlt sich auch hier die Anlage eines Ileum- oder eines Querkolonkunstafters.

Mesenterial- und Omentumzysten

Da bei einem solchen Zufallsbefund intraoperativ oft Schwierigkeiten in der Unterscheidung zwischen einer Duplikatur und einer Mesenterialzyste auftreten, sollen diese Zystenformen erwähnt werden.

Mit sonographischen Untersuchungsmethoden werden Mesenterial- und Omentumzysten meistens als asymptomatische Zufallsbefunde entdeckt. Sie können jedoch auch abdominale Beschwerden bereiten und Anlaß zur Untersuchung sein. In Übereinstimmung mit dem Schrifttum können folgende klinische Zeichen berichtet werden:

- Geblähter Bauch,
- untypische oder kolikartige Bauchschmerzen,
- peritoneale Symptome,
- Obstruktion,
- Volvulus,
- abdominale Blutung.

Operative Therapie

In der Regel können sowohl Omentum- als auch Mesenterialzysten komplett entfernt werden. Manchmal besitzen Mesenterialzysten jedoch eine derart enge Beziehung zum Darm, daß eine Segmentresektion unter keilförmiger Mitnahme des zystentragenden Mesenteriums erforderlich wird.

Invagination

Der Häufigkeitsgipfel der Invaginationen liegt zwischen dem 5. und 9. Lebensmonat. Mehr als 80% der betroffenen Patienten sind jünger als 2 Jahre.

Ein weiteres, ebenfalls diagnostisch verwertbares Merkmal ist das saisonale Auftreten: Die meisten Invaginationen werden in kinderchirurgischen Kliniken in der Sommer- und Wintermitte beobachtet.

Operative Lösung des Invaginats

Wenn eine Invagination präoperativ aufgrund klinischer Merkmale und sonographischer Untersuchungen bekannt ist, dann empfiehlt sich ein Mittelschnitt, weil nur er einen Zugang zum gesamten Kolon erlaubt.

Wenn die Invagination jedoch bei einer Appendektomie als Zufallsbefund auftaucht, dann empfiehlt sich eine Erweiterung des in der Regel »klein« gewählten Pararektalschnittes.

Liegt die Spitze des Invaginats jedoch im linken Kolon, so ist der Operateur gut beraten, den »kleinen« pararektalen Schnitt zu verschließen und die weitere Prozedur über einen queren Oberbauchschnitt fortzuführen, der knapp oberhalb des Nabels verlaufen soll.

In der Regel läßt sich das Invaginat von distal her beginnend allmählich herausmelken, auf keinen Fall darf am Invaginat gezogen werden (Abb. 9.8.1-1). Das Manöver kann durch einen gleichzeitig ausgeführten hydrostatischen Einlauf unterstützt werden.

Bei hartnäckiger Desinvaginationsresistenz sollte besser reseziert als eine Perforation und sekundäre Infektion der Bauchhöhle in Kauf genommen werden. In der Regel liegt bei Desinvaginationsresistenz ohnehin bereits eine irreversibel gangränöse Schädigung des Invaginats vor. Vor der manuellen oder gar instrumentellen Dehnung des Darmes an der Eintrittsstelle des Invaginats muß ausdrücklich gewarnt werden. Die oft maximal gespannte Darmwand, in der Regel des Zäkums, wird einreißen.

Zur Vermeidung eines Rezidivs wird das Endileum nach erfolgreicher Desinvagination ohne Spannung parallel zum Zäkum und Colon ascendens gelegt und mit ein paar Nähten an einer Tänie fixiert.

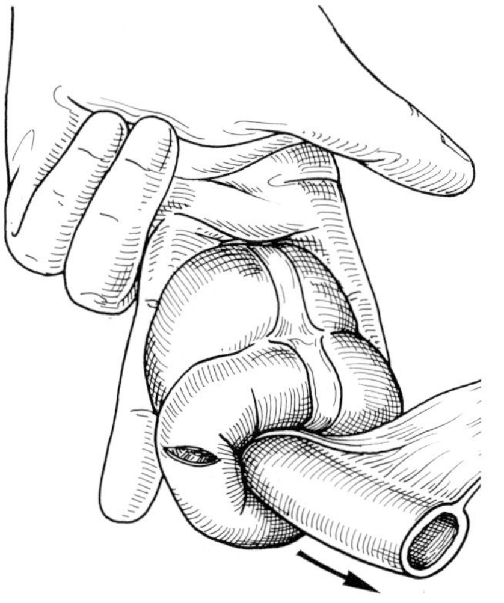

Abb. 9.8.1-1. Das Invaginat wird vorsichtig aus dem Kolon »gelöst«. Zug und starker Druck oder instrumentelles Lösen können zu seromuskulären Einrissen am Zäkum führen.

Nichtoperative oder hydrostatische Lösung des Invaginats

Ravitch aus der Pittsburgher Schule fordert aufgrund jahrzehntelanger positiver Erfahrungen apodiktisch die hydrostatische Lösung der Invagination in jedem Falle. Er führt folgende Argumente ins Feld:

1. Bei Einhaltung der Kautelen (60 cm Flüssigkeitsdruck, kein manueller Druck und kein Barium) kann nur ein Invaginat gelöst werden, das sich noch erholen kann. Der bereits gangränöse Darm dagegen wird sich nicht mehr lösen, weil er zu sehr verschwollen und bereits verklebt ist. Deshalb ist seines Erachtens die gefürchtete »unerkannte« Darmperforation gegenstandslos.
2. 65–75% aller Invaginationen können hydrostatisch gelöst werden. Vielen Kindern kann daher sowohl eine Narkose als auch Operation erspart werden.
3. Nach operativer Lösung sollen, so besagen Untersuchungen aus dem Johns-Hopkins-Hospital, häufiger abdominale Adhäsionen auftreten als nach hydrostatischer, nichtoperativer Lösung.
4. Der Einwand, daß bei nichtoperativer Behandlung invaginierende Gebilde, wie Polypen, ein Meckelsches Divertikel, Myome und Duplikaturen der Darmwand, die bei über 2jährigen Kindern häufig Ursache einer Invagination sind, nicht erkannt werden, entkräftet Ravitch mit dem Hinweis, daß nur 6,5% der Patienten älter als 2 Jahre seien.

(Nach meinem Verständnis kann an dieser Auffassung Kritik geübt werden. Da wir selbst außer dem Meckelschen Divertikel auch Duplikaturen mit Magenschleimhaut- und Pankreasgewebsinseln sowie maligne Lymphome und Rhabdomyosarkome gefunden haben, muß die Forderung von Ravitch, »in jedem Fall die hydrostatische Lösung zu versuchen«, relativiert werden. Bei über 2jährigen Kindern entschließen wir uns grundsätzlich zur operativen Lösung.)

5. Eine inkomplette Lösung sei bei richtiger Durchführung nicht möglich. Wenn Kontrastmittel nicht ins Ileum fließen kann, dann sei die Desinvagination technisch nicht vollständig durchgeführt worden.
6. Rezidivinvaginationen seien nach »nichtoperativer Lösung« nicht häufiger als nach operativen Desinvaginationen.

(Nach unseren Beobachtungen sind Rezidive jedoch nach konservativer Lösung des Invaginats häufiger als nach operativer Desinvagination mit Fixation des Endileums parallel zum Zäkum bzw. Colon ascendens.)

Volvulus bei Malrotation, Zwölffingerdarmverschluß, innere Hernie

Erörterungen zur klinischen Bedeutung und zum therapeutischen Wert müssen von der Frage ausgehen, wie gefährlich ein Drehfehler des Darmes für den Menschen tatsächlich werden kann. Im Bemühen um eine Antwort werden wir auf fünf Formen stoßen:

1. Akuter Dünndarmvolvulus.
2. Chronischer Verlauf.
3. Zwölffingerdarmverschluß.
4. Kolonileus.
5. Asymptomatische Malrotation.

Zu 1: Ein **akuter Dünndarmvolvulus** tritt besonders häufig im ersten Lebensjahr auf. Von 37 selbst beobachteten und operierten Patienten waren 26 = 1–14 Tage, 5 = 15–30 Tage, 3 = 1 Monat bis 1 Jahr alt, 3 älter als 1 Jahr.

Der akute Dünndarmvolvulus verrät sich in der Regel durch plötzliche Bauchschmerzen, plötzlich galliges Erbrechen, kollapsbedingte Blässe, oberflächliche schonende Atmung, bald folgt ein geblähter Bauch. Röntgenologisch weist ein luftarmer Bauch mit nur wenigen im Oberbauch lokalisierten Spiegeln auf das Geschehen hin.

Zu 2: Bei **chronischem Verlauf** stehen im Vordergrund des klinischen Bildes rezidivierende, meist kolikartige Bauchschmerzen mit und ohne galligem Erbrechen. Manche Autoren verweisen auf Eiweißverlust und Malabsorptionserscheinungen, die Folge einer chronischen Lymph- und venösen Stauung sind. Wir haben selbst zwei »unterernährte« 2- bzw- 5jährige Kinder mit einer später operativ gesicherten Malrotation gesehen, deren Lymphknoten bei partiellem Dünndarmvolvulus außergewöhnlich groß und deren venöse Mesenterialgefäße gestaut waren. Bei beiden Kindern lag der Serumeiweißgehalt unter 3 g%.

Zu 3: Der **akute Duodenalverschluß** verrät sich durch plötzlich einsetzendes galliges Erbrechen, röntgenologisch durch das Double-bubble-Phänomen. In der Regel tritt er bei Säuglingen auf, kann jedoch auch bei älteren Kindern, sogar bei Erwachsenen beobachtet werden. Chronische Formen sind sehr selten.

Zu 4: Kolonobstruktion bei »reverser Rotation«. Dieser Ileusform als Folge eines Drehfehlers des Darmes (Abb. 9.8.1-2) begegnet man im Kindesalter nur selten, häufiger im Erwachsenenalter. Das Colon transversum liegt hinter dem Stamm der Vasa mesenterica superiora und dem Mesenterium, das Duodenum und das Jejunum liegen jedoch ventral. Diese abnorme Anatomie kann akut oder chronisch zu einem Dickdarmileus führen.

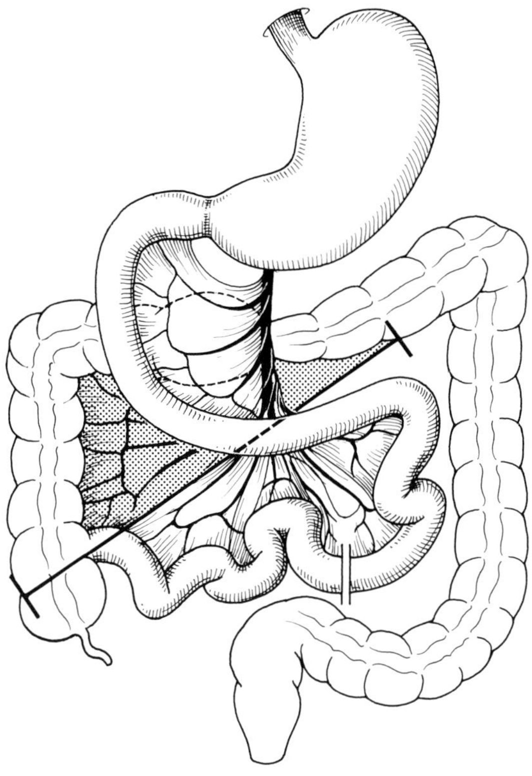

Abb. 9.8.1-2. Anatomische Verhältnisse bei »reverser Kolonrotation«. Das Colon transversum liegt hinter der Wurzel der A. mesenterica superior, das Duodenum und das Jejunum liegen davor.

Rechte und linke innere (mesokolische) Hernie: Diese Hernien werden durch eine ausbleibende Fixation des Mesenteriums, des rechten und linken Kolons sowie des Duodenums verursacht, wodurch in der linken bzw. rechten Bauchhöhle hinter dem Colon ascendens und Duodenum bzw. dem Colon descendens eine höhlenartige Bucht entsteht. In dieser Bucht kann sich Darm hernienartig verfangen (Abb. 9.8.1-3a u. b). Die Folge kann akut oder chronisch ein hoher oder tiefer Ileus sein.

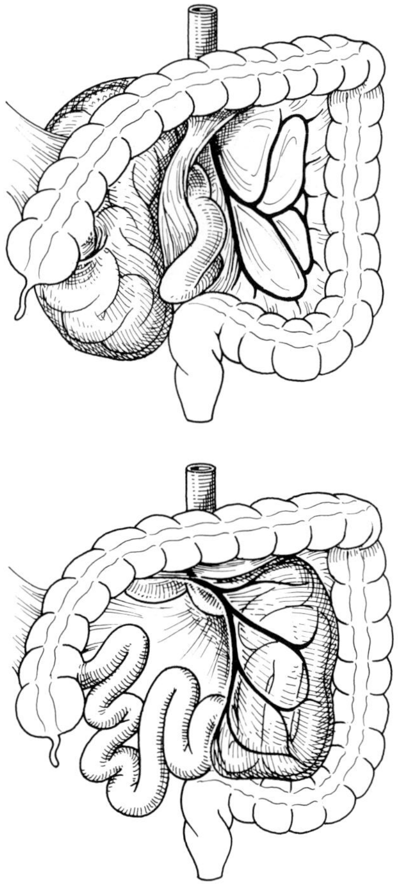

a)

b)

Abb. 9.8.1-3. Anatomische Verhältnisse bei »inneren, mesokolischen Hernien«.
a) Rechte innere mesokolische Hernie.
b) Linke innere mesokolische Hernie. Beachte den Gefäßverlauf am medialen Bruchsackrand.

Zu 5: Asymptomatische Malrotation. Eine zufällig entdeckte Malrotation bedeutet keinerlei therapeutische Relevanz, wenn der Patient symptomfrei ist oder nur geringfügige Beschwerden erfragt werden können. Damit ist die Frage »Wie gefährlich ist eine Malrotation für den Patienten?« aus meinem Verständnis der Topographie und ihrer Klinik beantwortet.

Die Abb. 9.8.1-4a–c sollen ergänzend die topographischen Beziehungen bei einer Malrotation I und II sowie einer reversen Kolondrehung beschreiben.

Operative Therapie

Zur **Schnittführung:** Im Unterschied zum Säuglingsalter wird man später häufig erst bei einer Laparotomie auf einen Drehfehler des Darmes aufmerksam. Meistens ist der Verdacht auf eine Appendizitis oder eine Ileussymptomatik die Indikation zur Operation. In dieser Situation empfiehlt es sich, den Pararektalschnitt unverzüglich zu erweitern, besser jedoch zu verschließen und statt dessen einen queren Oberbauchschnitt zu wählen. Von diesem Schnitt aus ist sowohl das rechte als auch das linke Kolon zugänglich. Die Identifikation dieser beiden Kolonabschnitte ist in der Regel Voraussetzung, um einen Drehfehler des Darmes einwandfrei erkennen und den Ileus beheben zu können. Der Pararektalschnitt erlaubt diese Übersichtlichkeit nicht. Übersichtlichkeit in der Bauchhöhle ist jedoch die unabdingbare Voraussetzung.

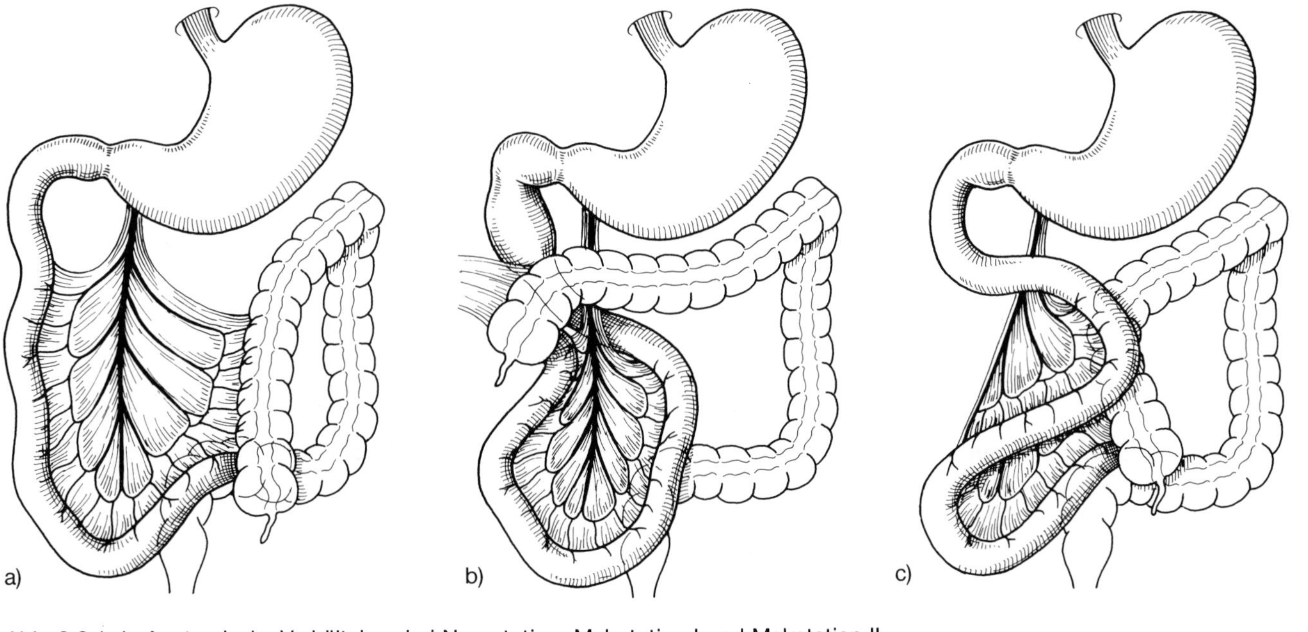

a) b) c)

Abb. 9.8.1-4. Anatomische Verhältnisse bei Nonrotation, Malrotation I und Malrotation II.

Die folgenden **Orientierungshilfen** haben sich in der angegebenen Reihenfolge bewährt:

1. Lage des Zäkums: Liegt es wirklich rechts?
2. Lage des Ileums: Liegt es wirklich links vom Zäkum?
3. Lage des Mesenteriums in Beziehung zur Ileozäkalregion und zum Duodenum.
   Die Klärung der Anatomie ist oft schwierig und gelingt nur, nachdem die rudimentären embryonalen mesenterialen Bänder des Duodenums und Zäkums gelöst worden sind.
4. Die Lösung der verdrehten und verschlungenen Darmschlingen muß gegen den Uhrzeigersinn erfolgen (Abb. 9.8.1-5). Die Drehung muß solange weitergeführt werden, bis das Colon transversum und das Zäkum vor die Mesenterialwurzel gelegt werden können. Bei einer reversen Kolondrehung gelingt dieses Manöver indessen nicht und führt schließlich zur Diagnose (Abb. 9.8.1-4).

Wenn sich der Darm nach der Derotation erholt, dann genügt die Lösung sämtlicher sichtbarer embryonaler und Laddscher Bänder, um die Durchgängigkeit des Darmes zu gewährleisten.

Zwei Operationsschritte sind zusammenfassend notwendig:

1. Die Lösung des Dünndarmvolvulus gegen den Uhrzeigersinn (Abb. 9.8.1-5).
2. Die Befreiung des Duodenums von seinen Laddschen Bändern (Abb. 9.8.1-6). Es lohnt sich das folgende Vorgehen zu respektieren: Wir beginnen am duodenojejunalen Übergang und durchtrennen die Bänder bis hinauf zum Pylorus. Am duodenojejunalen Übergang muß den mesenterialen Gefäßen, medial und lateral des Duodenums, dem Ductus choledochus, der Pfortader und dem Pankreasgang Aufmerksamkeit geschenkt werden. Manchmal reichen die obstruierenden Bänder ventral des Duodenums hinüber zum Colon transversum, manchmal hinunter bis zum Zäkum, manchmal beginnen sie seitlich des Duodenums und setzen entlang des ganzen Dünndarms an.

Kontrovers wird die Frage nach der Notwendigkeit, dem Sinn und den Nachteilen einer Fixation des Zäkums im linken Unterbauch diskutiert. Eine Veröffentlichung von Stauffer, die den Sinn dieser Maßnahme bestreitet, entfachte einen »heftigen« Streit in Fachkreisen. Einen Beweis für die eine oder andere Ansicht gibt es mangels kontrollierter Studien bis heute nicht. Wir führen zur Zeit eine solche Studie, die jedoch angesichts der relativen Seltenheit des Krankheitsbildes noch auf ein Ergebnis warten läßt, durch, bekennen uns aus logischer Einsicht jedoch zur Fixation des Duodenums im rechten Oberbauch und des Zäkums im linken Unterbauch, um die mesenteriale Achse zu verlängern und zu stabilisieren (Abb. 9.8.1-7). Voraussetzung für den Volvulus ist ja gerade das kurze, geraffte, »punktförmige« Mesenterium am Berührungspunkt von nichtrotiertem Duodenum und Zäkum.

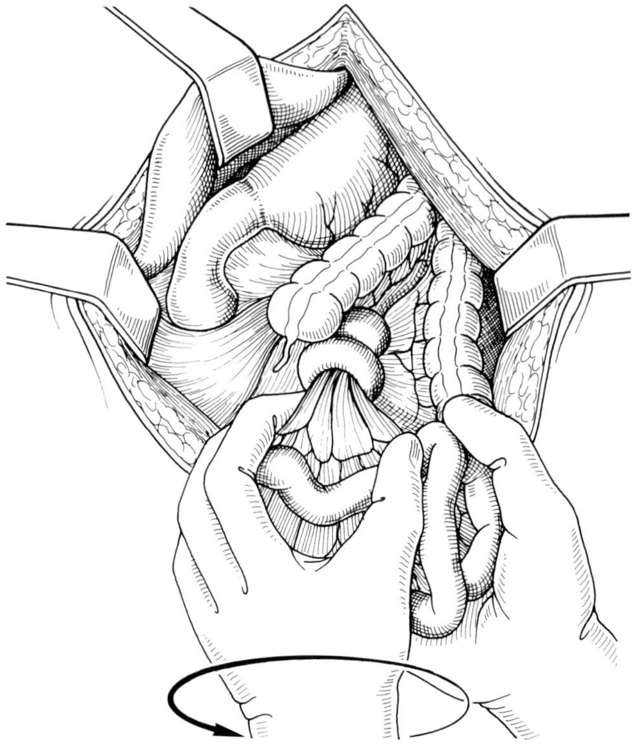

Abb. 9.8.1-5. Lösen eines Dünndarmvolvulus bei Malrotation im Gegenuhrzeigersinne.

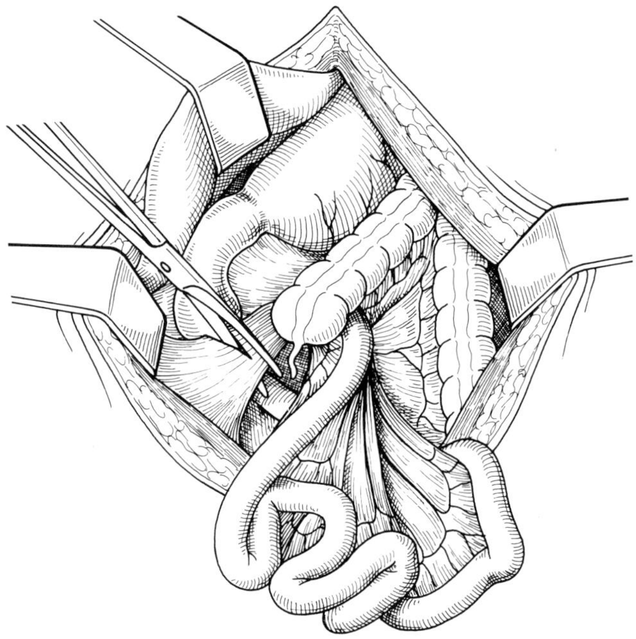

Abb. 9.8.1-6. Befreiung des Duodenums und Zökums von Laddschen Bändern, Umwandlung einer Malrotation I in eine Nonrotation.

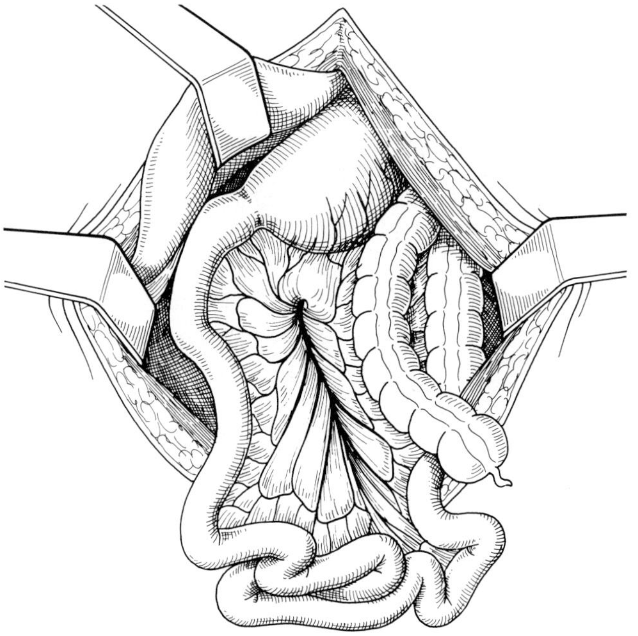

Abb. 9.8.1-7. Anatomische Verhältnisse nach Lösen sämtlicher Laddscher Bänder und Umwandlung einer Malrotation I in eine Nonrotation.

Wenn sich ein Darmabschnitt nach Lösung des Volvulus nicht erholt, dann muß die Entscheidung getroffen werden, ob der Darm bereits gangränös geworden ist oder sich erholen kann. Im ersten Fall müssen eine Segmentresektion und primäre Anastomose vorgenommen werden, im zweiten, insbesondere bei langstreckigen oder multiplen durchblutungsgestörten Darmabschnitten eine Second-look-Operation erwogen und praktiziert werden.

Die Möglichkeit zur totalen anatomischen Korrektur einer Malrotation ist vom Befund abhängig. Sie ist zwar eine ideale Methode zur Vermeidung weiterer Darmvolvuli, sollte jedoch nur von geübten und erfahrenen Händen durchgeführt werden. Der Operateur muß mit der Gefäßtopographie einer Malrotation vertraut sein, wenn er sich zur vollständigen Korrektur entschließt.

Kolonobstruktion bei »reverser Malrotation« (siehe Abb. 9.8.1-2): Bei diesem anatomischen Befund kommen zwei Verfahren in Frage:

1. Totale Korrektur der Malrotation.
2. Kolonquerdurchtrennung mit anschließender Kolokolostomie ventral des Duodenums.

Das erste Verfahren ist, weil schwierig, nur dem erfahrenen Kinderchirurgen gestattet.

Das zweite Verfahren beschreibt die standardisierte Methode.

Operative Korrektur einer inneren (mesokolischen) Hernie (siehe Abb. 9.8.1-3a u. b): Das Vorgehen zur Lösung einer rechtsseitigen mesokolischen Hernie einerseits und einer linksseitigen andererseits ist unterschiedlich. Die rechtsseitige Hernie kann ohne Risiko gelöst werden, wenn das Peritoneum lateral des Colon ascendens inzidiert und der Dickdarm nach ventral und medial angehoben wird, so daß der inkarzerierte Dünndarm nach medial hin herausgelöst werden kann.

Bei einer linksseitigen mesokolischen Hernie verlaufen in der medialen oder rechten Berandung der mesokolischen Bucht die Vasa mesenterica inferiora, die selbstverständlich sorgfältig geschont werden müssen. Darin liegt aber die Schwierigkeit, denn diese Gefäße sind in der Regel kurz, saitenartig gespannt und kaum mobilisierbar. Durch vorsichtige Inzisionen des Peritoneums an der Gefäßwurzel und an den Mündungen der Hauptäste, stets rechts oder medial der Gefäße, kann die Befreiung des inkarzerierten Darmes gelingen.

Zur Vermeidung von Rezidiven müssen die medialen Berandungen dieser mesokolischen Höhlen ans hintere Peritoneum vernäht werden.

Malrotation bei Appendizitis und Erkrankungen anderer Ursache: In operativer Hinsicht bereitet eine Appendizitis bei Malrotation keine Schwierigkeiten, zumal das Zäkum trotz anatomischer Variante in 98% im rechten Bauchraum zu finden ist. Wenn eine Appendix vom Pararektalschnitt aus nicht erreichbar ist, dann empfiehlt sich der Bauchdekkenverschluß und eine neue Eröffnung des Bauchraumes durch einen queren Oberbauchschnitt, knapp oberhalb des Nabels. Von diesem Schnitt aus ist sowohl das rechte als auch das linke Kolon zu erreichen. Bei einem Patienten konnten wir die Appendix trotzdem nicht finden. In dieser Situation entschlossen wir uns zum intraoperativen Kolonkontrasteinlauf, der die Lage des Zäkums rasch identifizieren und darstellen ließ.

Gefährlich kann eine Malrotation werden, wenn ein Ileumkunstafter, eine Duodenojejunostomie bzw. beim Erwachsenen eine Gastrojejunostomie gefertigt oder eine jejunale Roux-Schlinge ausgeschaltet werden soll. Statt des gewünschten Jejunums kann es zur fälschlichen Verwendung des Ileums kommen. Aus derartigen Verwechslungen können Komplikationen resultieren wie ein antiperistaltischer Transport von Darminhalt, Darm- und Mesenterialverdrehungen, Passagehindernisse und Passagestörungen.

Vitellinische Bänder

Rudimente der embryonalen Arteriae und Venae vitellinae können zu Darmverschlüssen führen oder zufällig bei einer Appendektomie entdeckt werden.

Die Arteriae vitellinae entsprangen ursprünglich am Dottersack und mündeten in die Aorta bzw. die A. mesenterica inferior oder eine ileale Arkade. Persistierende Rudimente oder Relikte können vom Nabel, entlang einem Ductus omphaloentericus oder einem Meckelschen Divertikel oder sogar frei zur A. mesenterica inferior bzw. einer ilealen Arkade ziehen und das Ileum komprimieren.

Relikte der Vv. vitellinae, die vom Dottersack zu den mesenterialen Venen liefen und an der Entwicklung der Pfortader teilnahmen, können vom Nabel frei durch die Bauchhöhle ziehen und das Jejunum, seltener das Duodenum komprimieren.

Operative Therapie

Die Behebung der Obstruktion ist einfach; die bloße Unterbindung, Durchtrennung und Exzision der Rudimente führt zum Ziel.

Probleme der präduodenalen Pfortader, pathogenetisch verwandt, sollen hier ausgeklammert werden.

Persistierender Ductus omphaloentericus

Der Dottergang, der den Dottersack mit dem embryonalen Darmlumen verband, obliteriert normalerweise in der 7. Embryonalwoche. Zu diesem Zeitpunkt nimmt die Plazenta ihre Funktion auf. Bleibt diese Obliteration aus oder obliteriert der Dottergang nur teilweise, dann kann das rohr- oder strangförmige Relikt folgende Ereignisse bewirken (Abb. 9.8.1-8):

1. Nabelfistel.
2. Darmprolaps durch den Nabel.
3. Intestinale Strangulation.
4. Invagination.
5. Knickbildung einer Darmschlinge.
6. Volvulus.
7. Verdrehung eines Meckelschen Divertikels an der Basis.
8. Darmverknotung.
9. Lassoförmige Strangulation.
10. Vitellinische Bänder.
11. Innere Hernie.
12. Blutung aus ektoper Magenschleimhaut.

Operative Therapie

In der Regel ist die Komplikation durch Resektion des Ductus omphaloentericus, evtl. zusammen mit dem Meckelschen Divertikel zu beheben. Nur ausnahmsweise können eine Darmsegmentresektion und primäre Anastomose notwendig werden.

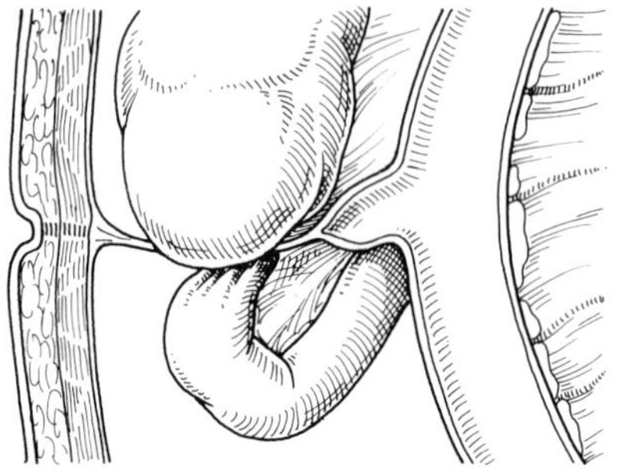

Abb. 9.8.1-8. Komplikationen bei persistierendem Ductus omphaloentericus.
a) Intestinale Strangulation.

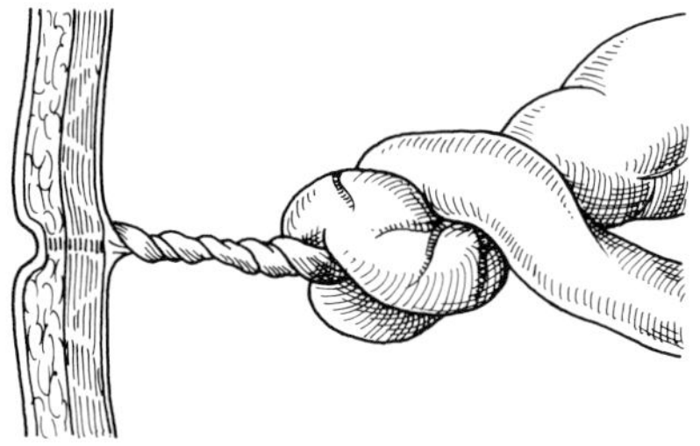

b) Dünndarmvolvolus.

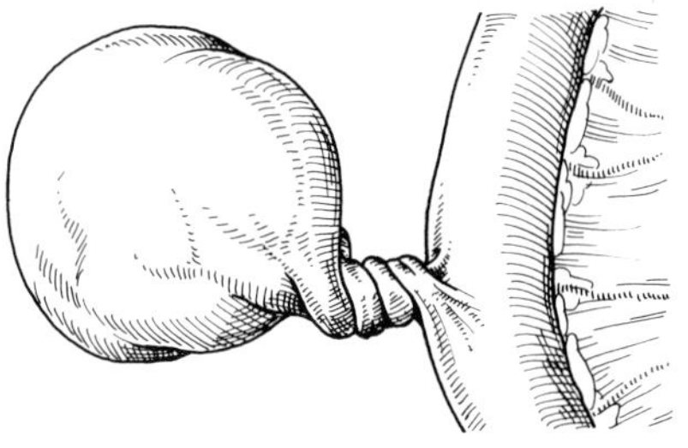

c) Verdrehung eines Meckelschen Divertikels an der Basis.

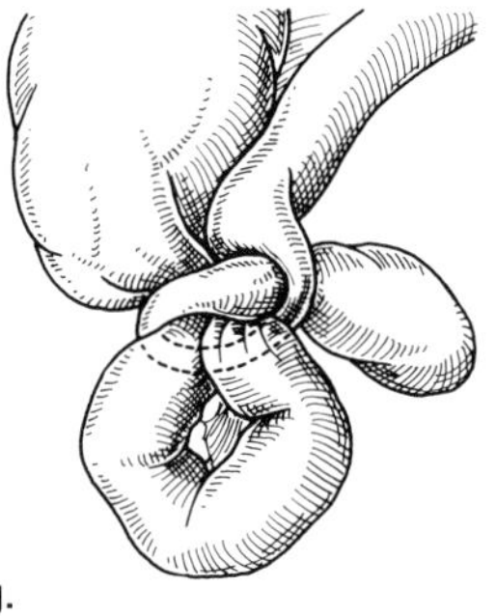

d) Darmverknotung.

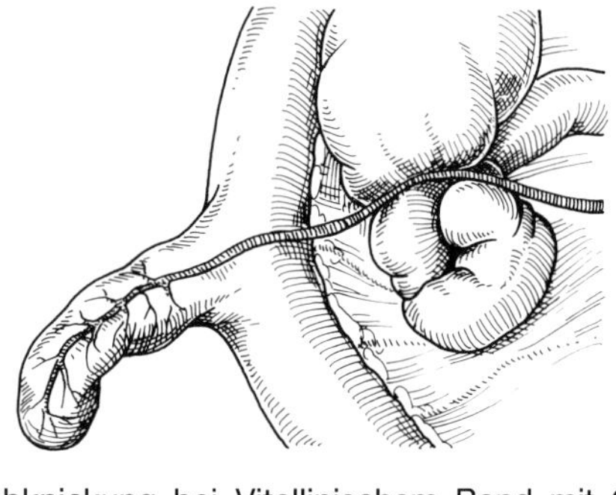

e) Darmabknickung bei Vitellinischem Band mit Gefäßen des Ductus omphaloentericus.

Megakolon

Wenn ein Chirurg im Rahmen einer Laparotomie aus unterschiedlichen Gründen einem weitlumigen, meistens auch verlängerten Colon sigmoideum, Colon descendens oder Colon transversum begegnet, dann wird er die Diagnose eines Megakolons stellen. Drei ätiologisch-pathogenetisch unterschiedliche Formen stehen differentialdiagnostisch zur Wahl:

1. Das genuine oder idiopathische Megakolon (hervorgerufen durch das Fehlen oder den Verlust der Sphinktererschlaffung).
2. Das symptomatische oder sekundäre oder organische Megakolon (hervorgerufen durch organische Veränderungen der anorektalen Etage).
3. Das aganglionäre oder kongenitale oder funktionelle Megakolon (M. Hirschsprung).

Die Differentialdiagnose kann intraoperativ in der Regel nicht gestellt werden, wenn kein neuropathologisches Institut zur Verfügung steht, das den Ganglienzellnachweis oder den Nachweis einer Acetylcholinesteraseaktivitätserhöhung vornehmen kann. Die Entscheidung zum entlastenden Kunstafter, zur Resektion und zum Kolondurchzug wird individuell getroffen werden müssen und sich am Alter des Patienten, an der Vorgeschichte, am klinischen und intraoperativen Befund orientieren.

Das organische Megakolon (Synonyma: symptomatisch oder sekundär) kann unter Umständen anorektoskopisch diagnostiziert werden.

Eine mentale Retardierung oder eine Hypothyreose weisen auf ein genuines (Synonyma: idiopathisches) Megakolon hin.

Eine sichtbare Übergangszone im rektosigmoidalen Abschnitt oder proximal davon mit einer für den Erfahrenen charakteristischen Wandverdickung des Megakolons und einer strähnigen Struktur der Wand des Kolons und Rektums deutet auf einen M. Hirschsprung hin.

Operative Therapie

Im Falle eines bioptisch-histochemisch bewiesenen oder aufgrund des Alters, der Vorgeschichte und des intraoperativen Befundes wahrscheinlichen M. Hirschsprung empfiehlt sich grundsätzlich die Entnahme einer wanddurchgreifenden Biopsie am Ort des geplanten Kunstafters.

Eine primäre, präsakrale, retrorektale, transanale Durchzugsoperation nach Duhamel ist im Prinzip möglich. Wir haben sie bei 3 Säuglingen ohne Kunstafterschutz vorgenommen; das Megakolon war jeweils ein Zufallsbefund, der Befund war typisch und eine wanddurchgreifende Biopsie konnte während der Operation die Diagnose histologisch und histochemisch sichern.

Aus Gründen der Sicherheit empfiehlt sich dieses Vorgehen jedoch nicht. Die Regel ist, von allen Autoren bisher unbestritten, die präliminare Entlastung des Darmes durch ein Enterostoma.

Umstritten ist die Ortswahl für den Kunstafter. Im Schrifttum sprechen sich die meisten Autoren für einen doppelläufigen Kunstafter am rechten Colon transversum aus. Nur bei einem langen, aganglionären Segment oder bei ungewisser Ausdehnung empfiehlt sich die Ileostomie 10–12 cm oralwärts der Bauhinischen Klappe.

Bei der Anlage eines Querkolonkunstafters als Vorbereitung für eine Kolondurchzugsoperation muß sorgfältig auf die marginalen Vasa colica media geachtet werden. Das Mesocolon muß darmnahe inzidiert werden, die Vasa colica und ihre linken Arkaden müssen dorsal der sog. »Reiternaht« und des »Reiters« liegen. Diesem präparatorischen Schritt soll die ganze Aufmerksamkeit geschenkt werden, sonst droht nach unbeabsichtigter Gefäßligatur bereits bei der Kunstafteranlage oder später bei dessen postoperativer Durchtrennung eine Ischämie und Nekrose des im zweiten Operationsakt durchzuziehenden distalen Kolons.

Bei einem kurzen aganglionären Segment kann eine klassische Durchzugsoperation vermieden werden; statt dessen hilft eine Myotomie, die jedoch nur von geübten Händen durchgeführt werden soll.

Die definitive Versorgung mit den sog. Durchzugsoperationen gehört ausschließlich in die Hände des erfahrenen Kinderchirurgen. Nur zur Vollständigkeit sollen die Methoden hier erwähnt werden. Im Schrifttum werden 4 beschrieben:

1. Durchzugsverfahren nach Swenson.
2. Durchzugsverfahren nach Soave.
3. Durchzugsverfahren nach Rehbein-State (Abb. 9.8.1-9a–c).

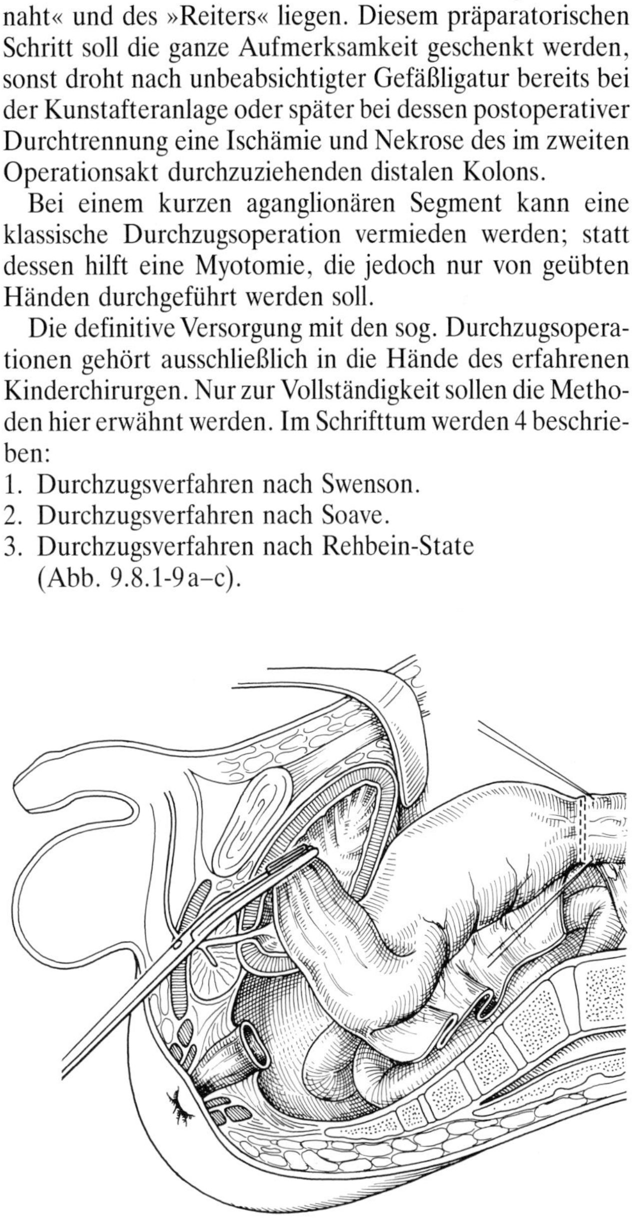

Abb. 9.8.1-9. »Durchzugsverfahren« nach Rehbein-State.
a) Resektion des aganglionären Abschnittes unter Belassung des Anorektums.

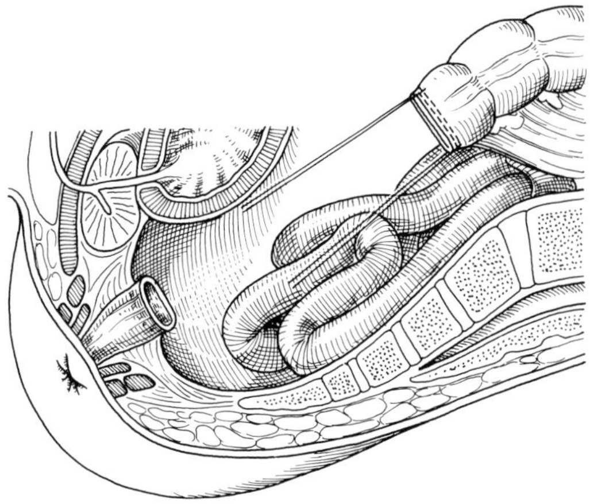

b) Vorbereitung des Kolons und des Anorektums zur Anastomose.

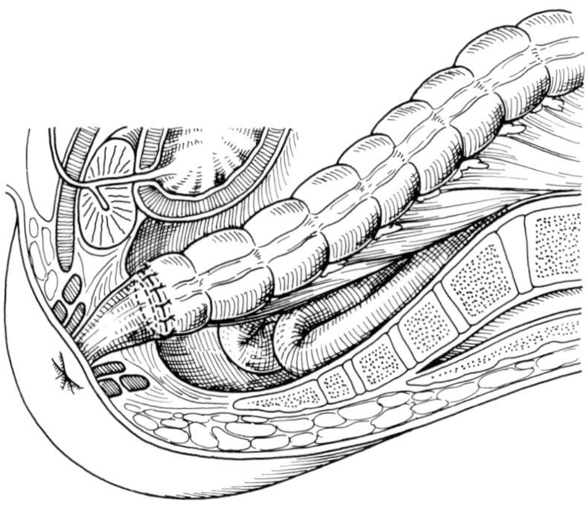

c) End-zu-End-Anastomose zwischen ganglienzellhaltigem Colon descendens und aganglionärem anorektalem Darmstumpf.

4. Durchzugsverfahren nach Duhamel (Abb. 9.8.1-10a–c).

Bei diesen Verfahren werden zwei verschiedene Prinzipien angewandt:

1. Totale oder partielle Resektion des aganglionären Darmes (resezierende Methode nach Swenson, Soave, Rehbein-State).
2. Umgehung des aganglionären Darmes (Bypassmethode nach Duhamel).

Nach meinem Verständnis wird das präsakrale, retrorektale, transanale Kolondurchzugsverfahren nach Duhamel den pathophysiologischen Zusammenhängen am ehesten gerecht. Obwohl dieses Verfahren technisch schwierig ist, viel Erfahrung und subjektive »Operationstricks« erfordert, die kaum lehrbar sind, bevorzugen wir die Durchzugsoperation nach Duhamel.

Auf die pathophysiologischen Unterschiede, die Vor- und Nachteile der vier genannten Standardverfahren wird ausführlich eingegangen in Schweizer, P.: Experience with Duhamel's procedure. In: Holschneider, A. M.: Hirschsprung's disease. Hippokrates, Stuttgart 1982.

An dieser Stelle soll das Prinzip des Verfahrens nach Duhamel in vier Operationsschritten zeichnerisch dargestellt werden (Abb. 9.8.1-10a–d).

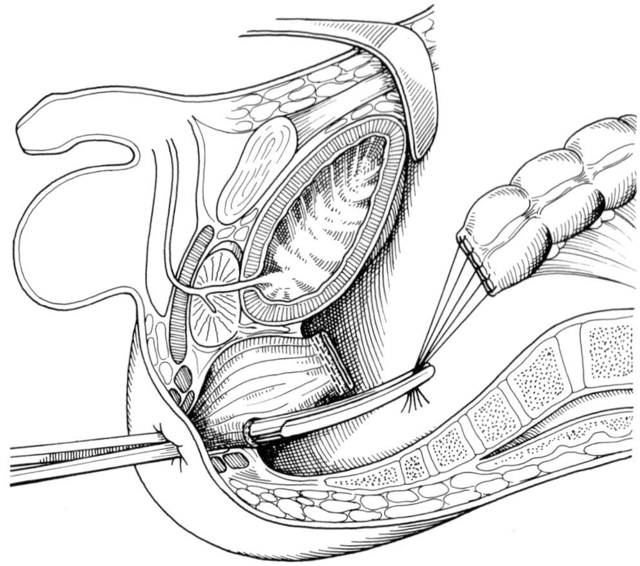

Abb. 9.8.1-10. Durchzugsverfahren nach Duhamel.
a) Präsakraler, retrorektaler, transanaler Kolondurchzug nach Resektion des aganglionären Darmabschnitts.

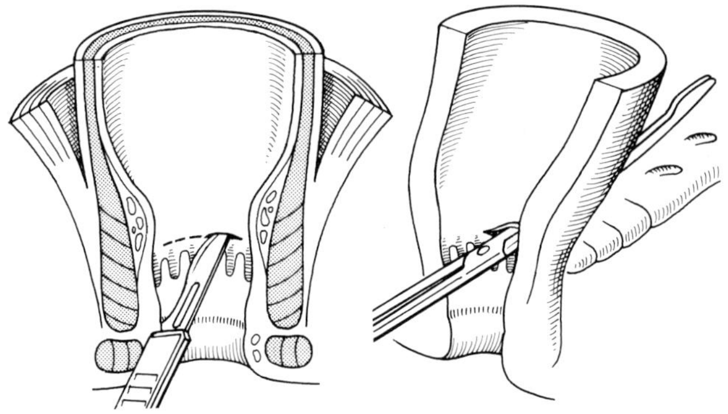

b) Inzision des Anorektums an der Hinterwand oberhalb der Linea dentata zur Eröffnung des retrorektalen, präsakralen Raumes.

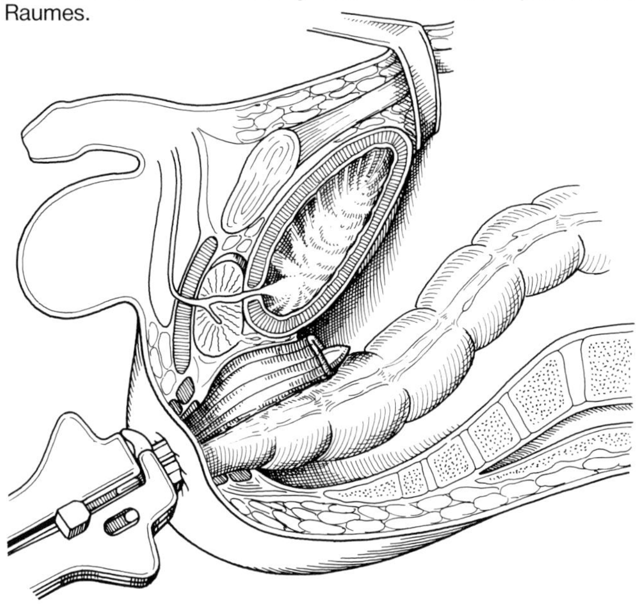

c) Komplettierung der Anastomose mit dem automatischen Näh-Schneide-Gerät zur Herstellung einer breiten Seit-zu-Seit-Anastomose zwischen ventral liegendem anorektalem Darmstumpf und dorsal liegendem durchgezogenem Kolon.

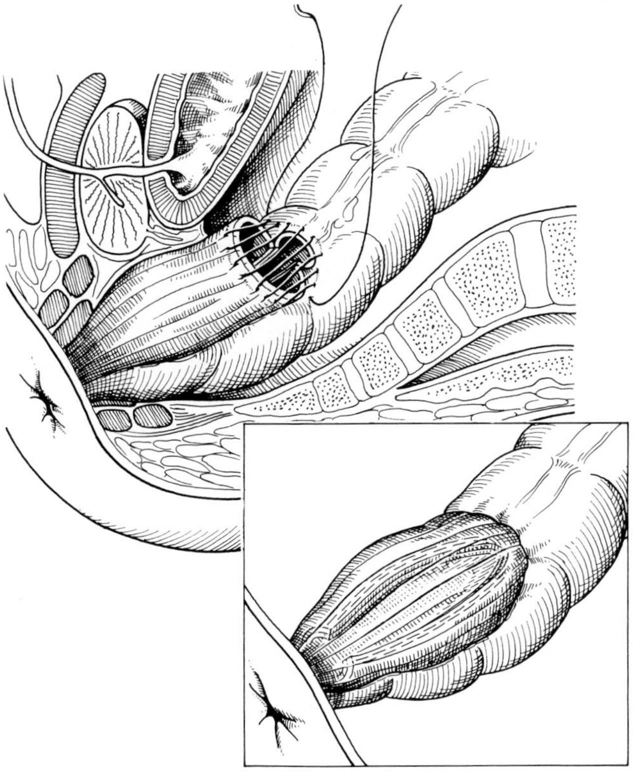

d) Anastomose zwischen durchgezogenem Kolon und offenem oberem Ende des Anorektumstumpfes.

Angeborener Zwölffingerdarmverschluß

Bei akut auftretendem, anhaltendem oder chronisch rezidivierendem galligem Erbrechen und röntgenologisch nachweisbarem Double-bubble-Phänomen steht die Diagnose eines Zwölffingerdarmverschlusses fest. Im wesentlichen kommen im Kindesalter, gelegentlich jedoch auch im Jugend- und Erwachsenenalter, vier Krankheitsbilder in Frage:

1. Duodenalatresie.
2. Duodenalmembran.
3. Duodenalstenose.
4. Pancreas anulare.

Operative Therapie

Zu 1: Die **Duodenalatresie** und der komplette membranöse Duodenalverschluß sollen in der weiteren Erörterung keine Rolle spielen, da sie immer im Neugeborenenalter entdeckt und heute ausschließlich vom Kinderchirurgen operiert werden.

Zu 2: Eine **membranöse Duodenalatresie** mit zentraler Perforationsöffnung kann im Neugeborenen- und Säuglings- sowie Kleinkindalter asymptomatisch bleiben. Eindeutige Symptome treten oft erst im späteren Kindes- oder sogar Erwachsenenalter auf.

Die klassische Methode zur Versorgung einer membranösen Duodenalatresie mit zentraler Öffnung geht von einem Längsschnitt über einer meistens sichtbaren halbzirkulären Einziehung aus. Die Membran wird nach Identifizierung reseziert, wobei sorgfältig auf die Mündung der Papilla Vateri geachtet werden muß, die in der Regel im dorsalen Anteil der Membran mündet und nur selten gesehen werden kann. Zur Vermeidung einer Verletzung oder eines iatrogenen Verschlusses wird ein halbmondförmiger Rest der Membran an der Duodenalhinterwand belassen. An diesem Rest werden auch keine mukomukösen adaptierenden Nähte gelegt. Am seitlichen und vorderen Bereich werden die Resektionsränder indessen durch mukomuköse Nähte vereinigt. Der Längsschnitt an der Duodenalvorderwand wird danach zweireihig in querer Richtung mit resorbierbaren Fäden verschlossen.

Wenn die halbzirkuläre Einziehung, die den Ansatz der Membran an der Duodenalwand kennzeichnen und verraten soll, nicht gesehen werden kann, dann besteht der Verdacht auf eine sog. »Windsack-Membran«. Druck auf die ins Duodenum vorgeführte dickkalibrige Magensonde drängt die Membran nach distal und führt zur sichtbaren Einziehung an der Duodenalwand. Die Längsinzision kann dann gezielt in dieser Region gelegt werden (Abb. 9.8.1-11a–c).

Zu 3: Eine **Duodenalstenose** wird in der Regel durch Kompression von außen verursacht. Ursachen sind meistens mesenteriale und Laddsche Bänder mit und ohne Malrotation, Vitellinische Bänder oder eine präduodenale Pfortader. Die Symptome treten seltsamerweise erst im Jugend- oder Erwachsenenalter auf.

Im Hinblick auf therapeutische Entscheidungen wird auf das Kapitel über Malrotationen, Vitellinische Bänder und innere Hernien verwiesen.

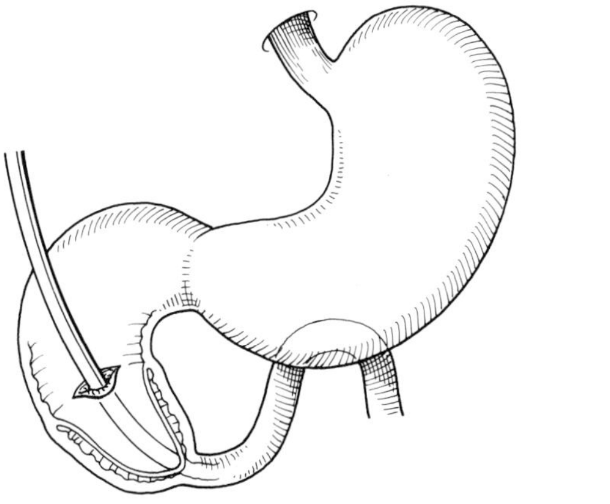

Abb. 9.8.1-11. Duodenalatresie.
a) »Windsack-Membran«. Die Einziehung am Ansatz der Membran wird erst nach Ausübung eines Druckes auf das Membranende erkennbar.

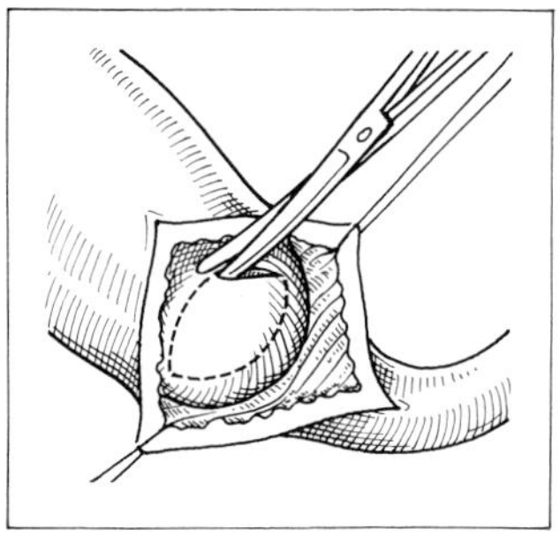

b) Resektion der Membran am längs eröffneten Duodenum. Bei der Resektion der Membran an der Dorsalseite muß auf die Papilla Vateri geachtet werden.

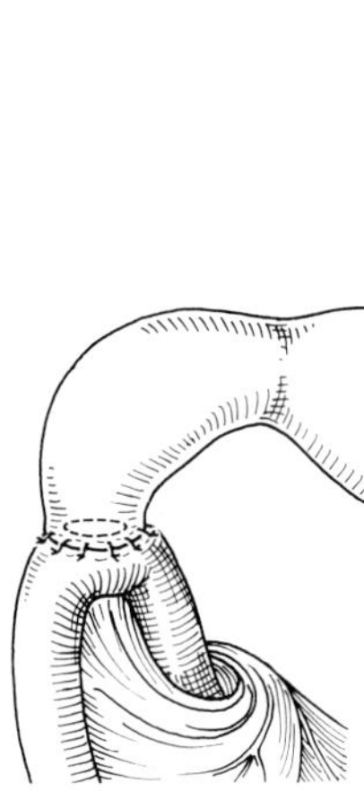

c) Duodenojejunostomie Seit zu Seit bei »langstreckiger Duodenalatresie«.

Zu 4: Die häufigste Ursache der äußeren Kompression im zweiten Duodenalabschnitt ist das **Pancreas anulare.** Die allgemein anerkannte Methode zur operativen Korrektur ist die Duodenoduodenostomie Seit zu Seit im Sinne eines Bypasses (Abb. 9.8.1-12a u. b).

Die abdominale Präparation beginnt mit dem sog. Kocher-Manöver, womit der Duodenalabschnitt von lateral her ausreichend mobilisiert werden kann. Das Duodenum wird danach 2 mm ober- und unterhalb des Pancreas anulare an der Vorderwand schräg inzidiert. Die Duodenoduodenostomie wird allgemein zweireihig genäht. Eine Schienung oder eine Gastrostomie ist überflüssig. Der Versuch, eine derartige Anastomose zu schienen, ist nicht nur überflüssig, sondern auch zeitverschwendend, zudem neigt der schienende Katheter zur Abknickung, zum Aufrollen und zur Verknotung.

Nur bei wenigen Patienten kann der distale Duodenalabschnitt trotz eines großzügigen Kocher-Manövers nicht soweit mobilisiert werden, daß eine spannungsfreie Duodenoduodenostomie möglich wird. In solcher Situation sind wir zur Duodenojejunostomie, Seit zu Seit nach Roux-Y, gezwungen. Das Jejunum muß nach Anastomosierung am Mesokolon fixiert werden, um eine Retraktion nach oben und damit eine Abknickung zu vermeiden. Eine Schienung der Duodenojejunostomie ist ebenfalls überflüssig.

Wenn ein Pancreas anulare intraoperativ zufällig gefunden wird und bisher asymptomatisch blieb, dann taucht die Frage nach der Notwendigkeit einer Operation auf. In einer solchen Situation entscheiden wir uns gegen die Korrektur, weil im Schrifttum 1–2% Anastomoseninsuffizienzen berichtet werden. Dieses Risiko ist nach unserem Verständnis angesichts eines völlig asymptomatischen Verlaufes zu groß.

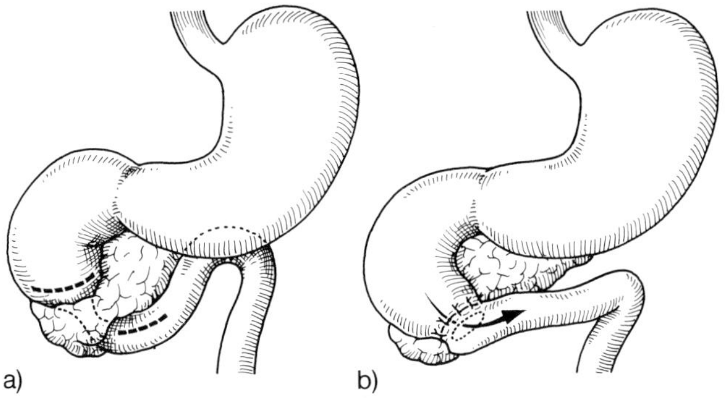

Abb. 9.8.1-12. Duodenalverschluß bei Pancreas anulare.
a) Seit-zu-Seit-Anastomose zwischen prä- und postpankreatischem Duodenum.
Das präpankreatische Duodenum wird quer, das postpankreatische schräg oder längs inzidiert.
b) Bypass-»Anastomose« vor dem Pankreasring.

9.8.2
Gynäkologie

H.-J. Herschlein

Im Rahmen eines abdominellen chirurgischen Eingriffs ergibt sich mitunter die Notwendigkeit, einen gynäkologischen Zusatzeingriff am inneren Genitale durchzuführen. Ebenso kann bei einem primär chirurgischen Eingriff, als Folge einer präoperativen Fehldiagnose, überraschend eine Operation an Uterus und Adnexen erforderlich werden. Das nachfolgende Kapitel stellt die in Frage kommenden Eingriffe dar, wobei es sich in erster Linie um Operationen an den Adnexen und seltener um Eingriffe am Uterus handelt.

Es wird jeweils nur ein Operationsverfahren dargestellt, von dem erwartet werden kann, daß es der chirurgische Operateur unter Verwendung allgemeinchirurgischer Operationstechnik erfolgreich durchführen kann.

Tab. 9.8.2-1 zeigt eine Übersicht über die wichtigsten gynäkologischen Erkrankungen des inneren Genitale, bei denen eine operative Behandlung in Frage kommt.

Erkrankungen des Uterus

Das Myom ist der mit Abstand häufigste Genitaltumor. Bei subserösem Sitz ist das Myom leicht bei der Laparotomie erkennbar, während das submukös oder intramural liegende Myom dazu eine den Uterus deformierende Mindestgröße überschritten haben muß. Die Operation eines Uterus myomatosus kann radikal als Hysterektomie oder organerhaltend durch Myomektomie, als sog. konservative Moymoperation, erfolgen. Die häufigsten bösartigen Erkrankungen des Uterus, das Kollumkarzinom und das Korpuskarzinom, sind, außer bei sehr fortgeschrittenen Tumorstadien, bei der Laparotomie nicht erkennbar. Sie werden im Rahmen einer gynäkologischen Exploration durch Spiegel- und Tastuntersuchung sowie mittels Zytologie und Gewebsbiopsie diagnostiziert. Sarkome des Uterus treten relativ selten auf.

Tab. 9.8.2-1. Überblick über die wichtigsten Erkrankungen des inneren Genitale (Uterus und Adnexe).

1. Erkrankungen des Uterus
Gutartige Tumoren
Uterus myomatosus (subseröse, intramurale, submuköse Myomentwicklung)
Bösartige Tumoren
Korpuskarzinom
Kollumkarzinom
Sarkom
Mißbildungen
Lageanomalien
Endometriose
Endometriosis genitalis und extragenitalis
Verletzungen
Perforationsverletzung bei Curettage
Geburtshilfliche Verletzungen
Unfallverletzungen
Funktionelle Blutungen
Hormonelle Dysregulation
Geburtshilfliche Blutungen
Atonie
Gerinnungsstörungen
Entzündliche Erkrankungen
Endometritis
Pyometra
2. Erkrankungen der Adnexe
Gutartige Tumoren der Ovarien
Solide Tumoren
Zystische Tumoren
Komplikationen:
Stieldrehung mit akutem Abdomen
Ruptur mit Blutung und akutem Abdomen
Entzündung
Karzinomatöse Entartung
Funktionelle Zysten der Ovarien
Follikelzyste
Corpus-luteum-Zyste
Bösartige Tumoren der Ovarien
Bösartige Tumoren der Tuben
Extrauteringravidität
Endometriose
Entzündliche Erkrankungen
Adnexitis
Tuboovarialabszeß

Die operative Therapie lebensbedrohlicher, medikamentös nicht beherrschbarer, uteriner Blutungen bei Verletzungen kann situationsentsprechend organerhaltend durch Naht der Verletzungsstelle bzw. Teilresektion des Organs erfolgen oder aber durch totale Hysterektomie. Bei medikamentös nicht beherrschbaren atonischen Blutungen post partum stellt die Hysterektomie die ultima ratio des therapeutischen Spektrums dar.

Generell wird man bei jüngeren Frauen und gutartigen Tumoren bzw. bei Verletzungen nach Möglichkeit organerhaltend operieren, um die Funktionsfähigkeit ganz oder teilweise zu erhalten. Bei älteren Frauen, die nicht mehr in der Geschlechtsreife sind bzw. bei denen kein Kinderwunsch mehr besteht, wird die Indikation zur Hysterektomie großzügiger gestellt werden können. Nach dem gleichen Prinzip muß über die Entfernung bzw. Erhaltung der Adnexe entschieden werden.

Abdominelle Hysterektomie

Die abdominelle Exstirpation des Uterus kann mit und ohne gleichzeitige Exstirpation der Adnexe erfolgen. Bei pathologischem Adnexbefund werden die Adnexe ein- oder zweiseitig entfernt. Bei normalem Adnexbefund wird man bei jungen Frauen die Adnexe erhalten, während sie bei älteren Frauen nach der Menopause unter präventiven Gesichtspunkten und unter der Annahme einer bereits eingetretenen Funktionslosigkeit entfernt werden können. Sofern es sich nicht um einen geplanten Eingriff handelt, der präoperativ ausführlich mit der Patientin besprochen wurde, sollte man mit der im Rahmen einer Hysterektomie durchgeführten Adnexexstirpation auch aus psychologischen Gründen zurückhaltend sein, sofern nicht ein pathologischer Adnexbefund oder anatomische Besonderheiten die Adnexexstirpation zwingend erfordern.

Die Hysterektomie wird in der Regel als totale Hysterektomie ausgeführt. Supravaginale Uterusexstirpationen unter Belassung der Portio vaginalis uteri sind nur in Ausnahmen sinnvoll. Letzteres wäre denkbar bei schlechtem Zustand der Patientin und anatomischen Besonderheiten sowie unter der Voraussetzung, daß im Genitalbereich ein Karzinom ausgeschlossen wurde. Für den nichtgeübten Operateur stellt die supravaginale Hysterektomie den einfacheren Eingriff dar.

Abb. 9.8.2-1 zeigt den Unterschied zwischen der totalen und supravaginalen Hysterektomie und gleichzeitig die enge anatomische Nachbarschaft zwischen Genitale und Ureter. Der erste Schritt zur Hysterektomie besteht im Fassen des Corpus uteri mit einer hierzu geeigneten Faßzange. Bei Uteruskarzinomen, Pyometra und Haematometra werden atraumatische Faßzangen verwendet bzw. der Uterus beiderseitig mit Klemmen an den Adnexabgängen gefaßt. Durch kräftigen Zug am Uterus wird die anatomische Zuordnung zu Blase und Darm deutlich, und der retroperitoneal verlaufende Ureter tritt in seiner Gewebsloge zurück. Zu beachten sind mögliche Anomalien im Urogenitalbereich wie Doppelbildungen, Beckenniere sowie anatomische Varianten, bedingt durch entzündliche und tumoröse Veränderungen im unmittelbaren Nachbarschaftsbereich des Ureters.

Zu Beginn der Operation muß über die eventuelle Mitentfernung der Adnexe entschieden werden.

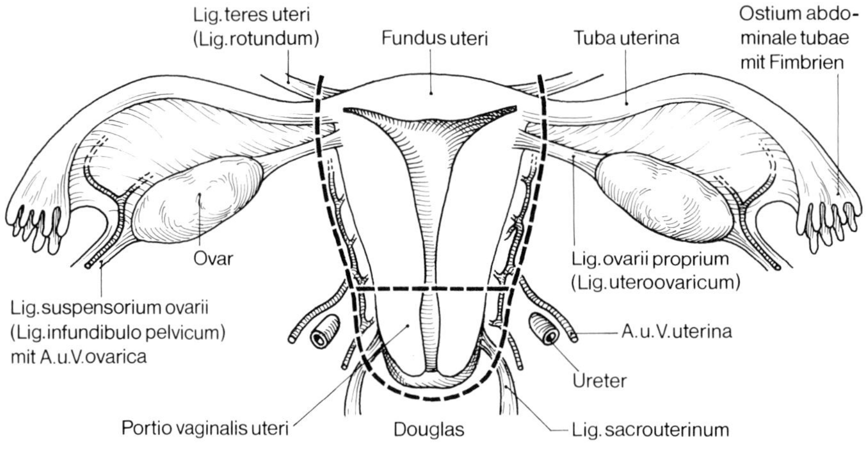

Abb. 9.8.2-1. Totale und supravaginale Hysterektomie.

Entfernung des Uterus mit gleichzeitiger Adnexexstirpation

Man beginnt den Eingriff mit der Unterstechung und Durchtrennung des Ligamentum suspensorium ovarii. Durch gleichzeitigen Zug an Uterus und Adnexen zur Gegenseite spannt sich das Peritoneum an, und das die A. und V. ovarica enthaltende Ligament wird von der seitlichen Beckenwand abgehoben, so daß es unter Sicht unterstochen, durchtrennt und anschließend gesichert werden kann (Abb. 9.8.2-2).

Anschließend wird das Peritoneum gespalten und das Lig. teres uteri ca. 1 cm lateral vom Uterus nach Unterstechung abgesetzt (Vicryl, Dexon Stärke 2). Durch teils stumpfes, teils scharfes Aufspreizen des Peritonealschlitzes wird der in der Tiefe am medialen Blatt des Peritoneums verlaufende Ureter dargestellt. Die Präparation erfolgt nur bis zur eindeutigen Identifikation des Ureters. Bei unklarer Anatomie, z.B. infolge Verwachsungen oder Endometriose, kann die intraoperative Sondierung des Ureters seine Identifikation erleichtern.

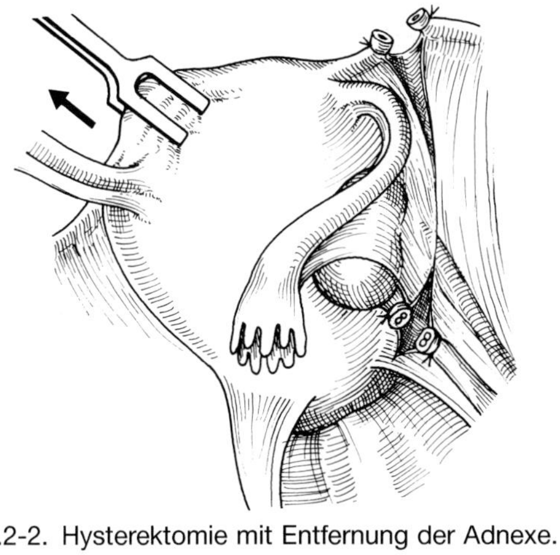

Abb. 9.8.2-2. Hysterektomie mit Entfernung der Adnexe.

Entfernung des Uterus unter Belassung der Adnexe

Sofern die Adnexe belassen werden, wird der Adnexabgang, zusammen mit dem Lig. rotundum, ca. 1 cm vom Uterus entfernt unterstochen und zwischen Unterstechung und uterusnah gesetzter Klemme abgetrennt. Die Stümpfe werden durch Ligatur gesichert (Abb. 9.8.2-3).

Als nächster Schritt wird das Peritoneum an der Blasenumschlagsfalte quer durchtrennt und die Blase, teils scharf mit der Präparierschere, teils stumpf mit dem Präpariertupfer, bis zur Höhe der Portio vaginalis uteri, die zwischen Daumen und Zeigefinger gut palpabel ist, von der Zervixvorderwand abgelöst (Abb. 9.8.2-4). Das Absetzen der Parametrien und der Sakrouterinligamente ist der schwierigste Teil der Operation. Der Ansatz der Sakrouterinligamente an der Cervix uteri wird mit Hilfe des leicht gekrümmten Zeigefingers bei gleichzeitigem Zug am Uterus gut erkennbar. Anschließend werden die Sakrouterinligamente rechts und links mit Klemmen ca. 0,5–1 cm seitlich der Cervix uteri gefaßt und dicht am Uterus abgetrennt. Danach wird der Zugang zu den die A. uterina enthaltenden Parametrien frei, welche ebenso mit kräftigen Klemmen gefaßt und danach dicht am Uterus abgetrennt werden. Die mit Klemmen gefaßten Stümpfe werden unterstochen und zusätzlich mit einer weiteren Unterstechung gesichert. Die Sakrouterinligamente und Parametrien können auch ohne Verwendung von Klemmen ca. 0,5–1 cm vom Uterus entfernt, unterstochen und anschließend vom Uterus abgesetzt werden. Auch hierbei werden die Stümpfe durch eine zusätzliche Unterstechung gesichert, um eine sichere Blutstillung zu gewährleisten (Vicryl, Dexon Stärke 2) (Abb. 9.8.2-5).

Wegen der starken Blutversorgung durch die kontralaterale Seite muß nach Absetzen des ersten Parametriums der am Uterusstumpf blutende Ast der A. uterina vorübergehend bis zum Absetzen des zweiten Parametriums abgeklemmt werden.

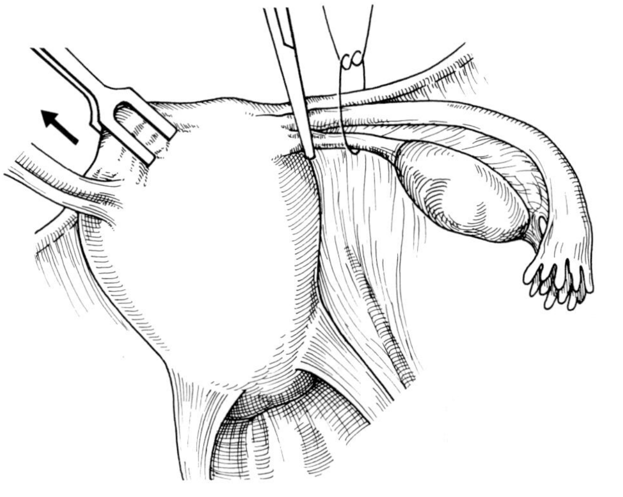

Abb. 9.8.2-3. Hysterektomie mit Belassung der Adnexe.

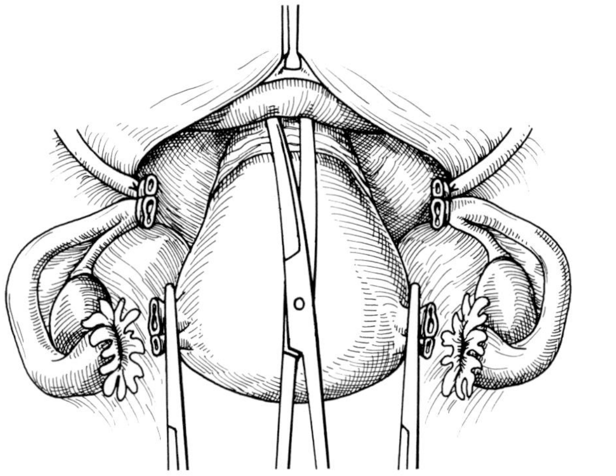

Abb. 9.8.2-4. Abdominale Hysterektomie. Ablösen der Harnblase von der Zervixvorderwand.

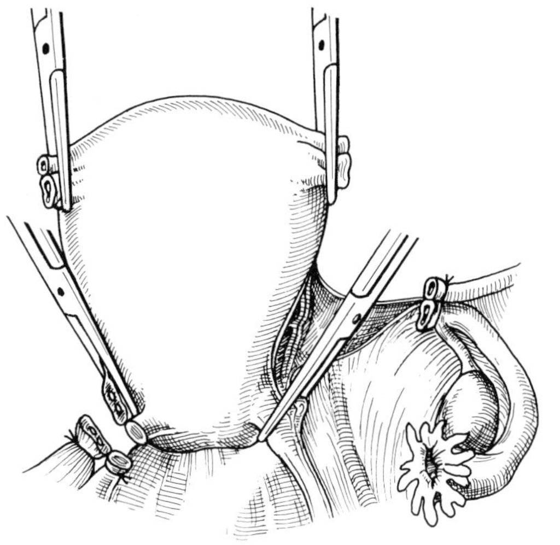

Abb. 9.8.2-5. Abdominale Hysterektomie. Absetzen der Sakrouterinligamente und der Parametrien (mit A. und V. uterina).

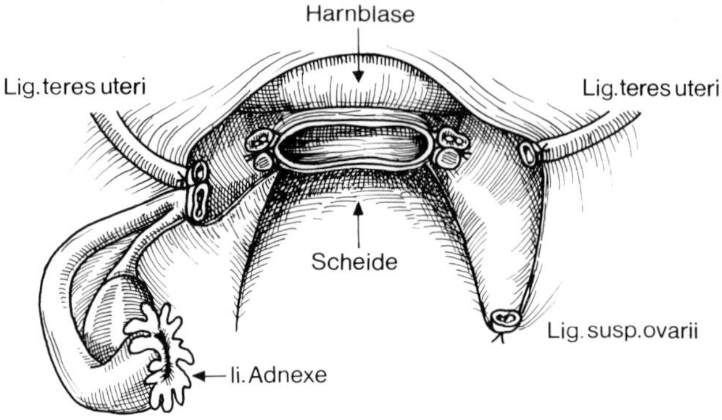

Abb. 9.8.2-6. Abdominale Hysterektomie. Situation nach Absetzen des Uterus von der Scheide und den seitlichen Bandverbindungen. (Die linken Adnexe sind belassen, die rechten Adnexe sind entfernt.)

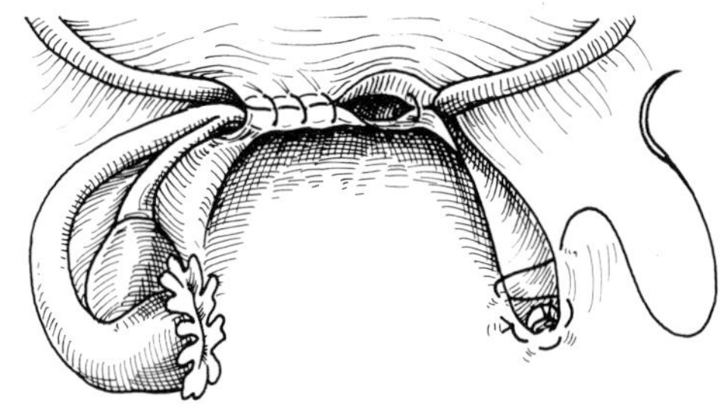

Abb. 9.8.2-7. Abdominale Hysterektomie. Suspension der Scheide an die Adnexstümpfe (li) bzw. an den Stumpf des Lig. teres uteri (re). Peritonealisierung des Operationsgebietes.

Bei schwach ausgebildeten Parametrien und Sakrouterinligamenten empfiehlt es sich, beide Ligamente zusammen nach Unterstechung abzusetzen und die Stümpfe jeweils durch eine zusätzliche Unterstechung zu sichern.

Nach Überprüfung der anatomischen Situation wird der Uterus mit einer gebogenen Schere von der Scheide abgelöst (Abb. 9.8.2-6). Der vordere und hintere Scheidenrand werden mit Klemmen gefaßt und die Scheide mit Einzelknopfnähten verschlossen (Vicryl, Dexon Stärke 0). Es empfiehlt sich, die Scheide in der Mitte ca. 1 cm offenzulassen, um eine Drainagemöglichkeit für den retroperitonealen supravaginalen Raum zu erhalten. Zur Deckung des Scheidenabschlusses und gleichzeitig zur Suspension der Scheide wird der Adnexstumpf bzw. bei entfernten Adnexen der Stumpf des Lig. teres uteri in die äußerste Scheidenecknaht eingeknotet (Vicryl, Dexon Stärke 2). Die Fixierung der Adnexstümpfe an die Scheide darf nur an den lateralen Scheidenwinkel erfolgen, weil zur Vermeidung späterer Kohabitationsbeschwerden eine Lateralisation des Ovars gewährleistet sein muß. Ist dies bei ungünstigen anatomischen Bedingungen nicht möglich, erfolgt lediglich eine Suspension der Scheide an die Stümpfe der Lig. teres uteri, während die Stümpfe der Lig. susp. ovarii und der Tuben gesondert extraperitonealisiert werden. Durch Vereinigung von Blasen- und Douglas-Peritoneum wird der Scheidenstumpf extraperitonealisiert (Abb. 9.8.2-7). Sind die Adnexe entfernt, muß zusätzlich der relativ hoch liegende Stumpf des Lig. suspensorium ovarii mit einigen atraumatischen Nähten extraperitonealisiert werden, wobei nochmals besonders der Verlauf des Ureters zu beachten ist.

Konservative Myomoperation

Als konservative Myomoperation (Myomektomie) wird die Exstirpation einzelner oder mehrerer Myomknoten unter Erhaltung des Uterus bezeichnet. Je nach Lage (submukös – intramural – subserös) und Größe des Myoms kann die Myomektomie unterschiedliche Operationstechniken erfordern. Die Exstirpation intraligamentär entwickelter Myome ist mitunter schwierig und erfordert meist die Darstellung des Ureters. Die Entfernung größerer gestielter Myome im Fundusbereich ist relativ einfach. Hier genügt es, den Stiel des Myoms am Uterus abzutragen und die Enukleationsstelle mit einigen durchgreifenden Nähten zu versorgen. Bei intramuralem Sitz wird die Kapsel über dem Myom gespalten, das Myom mit einer Kugelzange gefaßt und aus dem Myombett herausgedreht, wobei zusätzlich präparative Maßnahmen mit der Schere erforderlich werden können. Nach Blutstillung wird das Myombett, je nach Größe und Blutungsintensität, ein- oder mehrschichtig mit durchgreifenden Nähten versorgt. Teile der Myomkapsel können zur Tamponade des Wundbettes verwendet werden. Bei Enukleationen von Myomen aus der Fundusvorderwand wird das Blasenperitoneum zur Peritonealisierung verwendet. An der Uterusrückwand ist dies nicht möglich, so daß die Enukleationsstellen in diesem Bereich nicht besonders peritonealisiert werden.

Neben allgemein chirurgischen Gesichtspunkten zur Blutstillung und den an einer Wunde ablaufenden Blutgerinnungsvorgängen sind für die Hämostase am Uterus zusätzlich weitere Faktoren zu beachten:

Große Bedeutung kommt der Kontraktion des Uterus zu. Hierdurch wird die Durchblutung im Wundgebiet reduziert und damit der dauerhafte Wundverschluß durch Blutgerinnungsvorgänge erleichtert. Bei konservativen Myomoperationen sollte daher durch Injektion von Methergin eine optimale Kontraktion des Uterus sichergestellt sein. Darüber hinaus kann die lokale Injektion von Vasokonstriktoren (Pitressin, Por 8 Sandoz) die Blutstillung erleichtern. Dies gilt selbstverständlich nicht für Operationen am graviden Uterus. Darüber hinaus enthält das Myometrium einen relativ hohen Gehalt an gewebsständigen Fibrinolysekinasen, die in der Lage sind, eine lokale Hyperfibrinolyse im Wundgebiet und damit Nachblutungen auszulösen. Durch intravenöse Injektion synthetischer Fibrinolyseinhibitoren (Anvitoff, Ugorol) in einer Dosierung von 1 g i. v. kann die lokale Hyperfibrinolyse blockiert und damit zusätzlich die Blutstillung im Wundgebiet verbessert werden.

Erkrankungen der Adnexe

Einen Überblick über die Erkrankungen der Adnexe gibt Tab. 9.8.2-1. Die häufigsten Erkrankungen, mit denen sich der chirurgische Operateur überraschend konfrontiert sieht, sind Tubargravidität, Ovarialtumor, Entzündungen und Endometriose.

Die Therapie der Tubargravidität und des Ovarialtumors ist operativ, die Therapie der entzündlichen Adnexerkrankungen meist medikamentös (Antibiotika, Antiphlogistika) und seltener operativ, wie z. B. beim Tuboovarialabszeß.

Die Therapie der Endometriose ist medikamentös und operativ, wobei große Endometriosezysten primär chirurgisch, diffuse Endometriosen primär medikamentös behandelt werden.

Soll die Fortpflanzungsfähigkeit nicht mehr erhalten werden, kann bei Erkrankung der Tube die Salpingektomie relativ großzügig erfolgen, während bei der Erkrankung des Ovars neben der Fortpflanzungsfähigkeit die Hormonproduktion berücksichtigt werden muß. Eine sehr große Bedeutung haben auch psychologische Faktoren, die in der Regel bei einem geplanten chirurgischen Eingriff nicht im notwendigen Umfang vorher geklärt sind.

Extrauteringravidität

Ektopische Schwangerschaften können im intramuralen, isthmischen und ampullären Teil der Tube lokalisiert sein. Daneben werden seltener Ovarialgraviditäten (0,5–1%) und Graviditäten im übrigen Abdomen (0,5%) beobachtet. Entsprechend der Lokalisation und Dauer der Amenorrhoe und der Intensität einer inneren Blutung sind die Symptome wechselnd. Erfolgt die Nidation des befruchteten Eies im ampullären Teil der Tube, bildet sich nach anfänglicher Symptomlosigkeit, ca. 6–8 Wochen nach der letzten Regelblutung, ein Adnextumor mit leichter bis mittelstarker Blutung aus der Tube in die Bauchhöhle, wobei abdominelle Beschwerden sowie leichte uterine Blutungen als Folge der hormonellen Dysregulation auftreten. Die Einnistung der Gravidität im isthmischen oder intramuralen Teil der Tube führt meist zu einer plötzlichen Ruptur mit akuter abdomineller Symptomatik und lebensbedrohlicher innerer Blutung. Die Symptome treten meist 2–4 Wochen nach Ausbleiben der Regelblutung auf. Die Regelanamnese ist daher bei jeder geschlechtsreifen Frau mit abdomineller Symptomatik wichtig. Auch bei angeblicher Kontrazeption darf eine Extrauteringravidität nicht aus den differentialdiagnostischen Überlegungen herausgenommen werden, da z. B. Tubargraviditäten durch Intrauterinpessare nicht verhindert werden und auch bei relativ sicheren kontrazeptiven Verfahren, deren regelrechte Anwendung nicht immer gewährleistet ist.

Neben Anamnese und Befund sichern Schwangerschaftstest (Beta-HCG-Bestimmung), Sonographie und Pelviskopie die Diagnose.

Wird der Chirurg mit einer Tubargravidität konfrontiert, so muß er folgendes beachten:

Bei der Behandlung der Tubargravidität haben in den letzten Jahren die organerhaltenden operativen Verfahren zunehmend Bedeutung erlangt. So sollte bei noch bestehendem Kinderwunsch (in Zweifelsfällen und bei fehlender Anamnese ist davon auszugehen) die organerhaltende Operation der Tubargravidität angestrebt werden. Diese muß zum Ziel haben, die Tubargravidität möglichst unter Schonung der noch intakten Tubenteile vollständig zu entfernen. Damit wird eine gleichzeitige oder spätere mikrochirurgische Rekonstruktion der Tube möglich.

Das Vorgehen wird bestimmt vom Sitz der Tubargravidität und vom Stadium, in dem sie sich befindet. In den meisten Fällen sitzt die Tubargravidität im ampullären Teil der Tube. Hierbei kommt es zum sog. inneren Fruchtkapselaufbruch und zur Blutung aus dem Ostium abdominale in die Bauchhöhle. Bei noch nicht rupturierter Tubargravidität im ampullären Teil genügt es meist, den Eisack digital aus dem Ostium abdominale zu exprimieren. Bei rupturierter Tube bestimmt das Ausmaß der Gewebsläsion das operative Vorgehen. Bei intakter isthmischer Gravidität kann die Fruchtanlage nach Spaltung der Tube entfernt werden. Bei rupturierter isthmischer Tubargravidität mit massiver intraabdomineller Blutung ist dies häufig nicht möglich, so daß eine Teilsalpingektomie oder eine vollständige Salpingektomie erfolgen muß. Bei intramuraler Tubargravidität sind die Gewebsblutungen und Gewebszerstörungen häufig so ausgeprägt, daß neben einer Salpingektomie zusätzlich eine Teilresektion des Uterus erfolgen muß.

Die operative Therapie bei Extrauteringravidität wird ergänzt durch eine Kürettage des Uterus.

Organerhaltende Operation der Tubargravidität

Die Blutstillung bei Operationen an der Tube wird sehr erleichtert durch die lokale Injektion von Vasokonstriktoren (Pitressin, Por 8 Sandoz) in die Tube und die Mesosalpinx. Bei ampullärem Sitz der Tubargravidität erfolgt die digitale Exprimierung der ektopischen Gravidität aus dem Ostium abdominale der Tube. Blutungen lassen sich meist durch vorübergehende Kompression stillen. Bei stärkeren Blutungen wird der Fimbrientrichter längs gespalten, um einen besseren Zugang zur Blutungsquelle zu bekommen. Die Schnittränder der Längsinzision werden danach mit einer feinen atraumatischen fortlaufenden Naht (6/0 Vicryl) versorgt. Ist das Fimbrienende durch die Tubargravidität bereits vollständig zerstört und eine Erhaltung nicht mehr möglich, erfolgt die Resektion des ampullären Teils der Tube.

Bei Sitz einer intakten Tubargravidität im mittleren Drittel der Tube eignet sich zur Organerhaltung die Salpingotomie (Abb. 9.8.2-8). Dazu wird die Tube über der Tubargravidität an der vom Ansatz der Mesosalpinx entfernten Stelle längs inzidiert und die ektopische Gravidität digital exprimiert bzw. mit einer Pinzette entfernt. Nach Blutstillung wird die Inzisionsstelle mit Einzelknopfnähten odert fortlaufend atraumatischer Naht (6/0 Vicryl) versorgt. Sofern kein Operationsmikroskop zur Verfügung steht, ist die Verwendung einer Lupenbrille bei Durchführung dieser Naht hilfreich. Gelingt die Blutstillung nicht bzw. ist zu viel Gewebe zerstört, wird die Exzision des betroffenen Tubenabschnitts durchgeführt (Abb. 9.8.2-9). Bei Lokalisation der Tubargravidität im uterusnahen Drittel ist meist ebenfalls eine Teilresektion der Tube erforderlich, da hierbei wegen der anatomischen Verhältnisse bereits sehr früh ein Fruchtkapselaufbruch mit Blutung und Hämatombildung sowie Zerstörung des rasch ödematös werdenden Gewebes erfolgt.

Hierzu wird die Tube proximal und distal der Tubargravidität mit einer atraumatischen, nicht resorbierbaren Naht (z. B. 4/0 Prolene oder Mersilene) unterstochen und der dazwischenliegende Tubenanteil zusammen mit der Tubargravidität reseziert. Die Peritonealisierung der Stümpfe kann entweder durch Versenkung in der Mesosalpinx oder aber durch Adaptation der Stümpfe mittels feiner atraumatischer Naht erfolgen. Die Peritonealisierung der Stümpfe in die Mesosalpinx ist mit zusätzlichen präparativen Schrit-

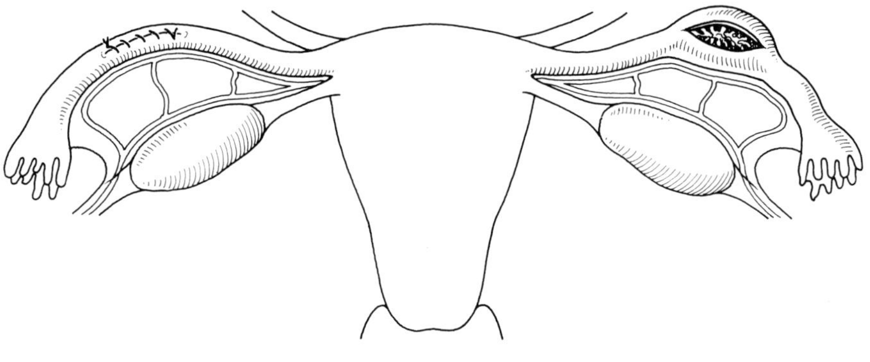

Abb. 9.8.2-8. Tubenerhaltende Operation einer intakten Tubargravidität im mittleren Tubendrittel.

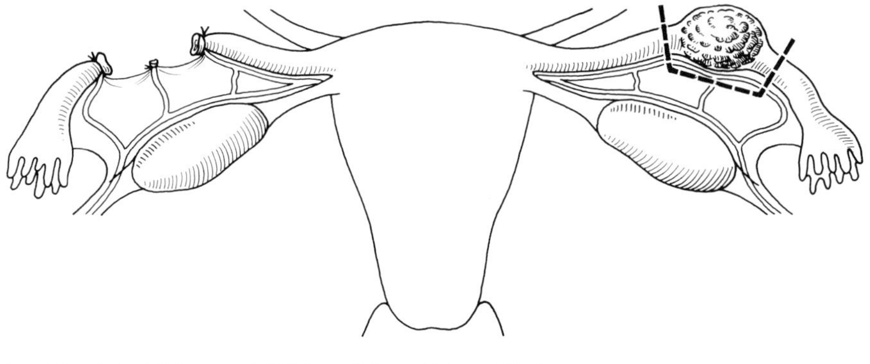

Abb. 9.8.2-9. Teilsalpingektomie bei Tubargravidität im mittleren Tubendrittel.

ten verbunden, die evtl. die Blutversorgung in der Mesosalpinx gefährden. Bei Adaptation der Stümpfe ist die postoperative Verwachsungsgefahr demgegenüber etwas höher.

Radikale Operation der Tubargravidität (Salpingektomie)

Bei rupturierter Tubargravidität mit starker Gewebsläsion kann die Salpingektomie erforderlich werden (Abb. 9.8.2-10). Sobald durch Entfernung der intraabdominellen Blutkoagel und Absaugen des Blutes sowie Abdrängen der Därme mit Bauchtüchern der notwendige Überblick gegeben ist, werden die blutenden Gefäße an der Tube abgeklemmt. Anschließend erfolgt die Salpingektomie. Dazu wird die Tube mit Klemmen gefaßt und durch vorsichtigen Zug vom Ovar disloziert. Dabei wird die anatomische Situation deutlich, und es kann die Mesosalpinx über Klemmen je nach Situation in ein oder mehreren Portionen abgesetzt werden. Die Tube wird dicht am Uterus ligiert und abgetrennt. Der intramurale Tubenabschnitt kann auch keilförmig aus der Uteruswand exzidiert werden. Die Blutung aus der Exzisionsstelle (Ramus ascendens der A. uterina) wird durch 1–2 durchgreifende atraumatische Nähte gestillt. Zur Peritonealisierung des Tubenstumpfes bzw. der Exzisionsstelle am Uterus erfolgt eine Übernähung mit Peritoneum aus dem seitlichen Blasendach oder mit einer Schlinge des Lig. teres uteri.

Ovarialtumoren und Ovarialzysten

Ovarialtumoren können aus dem Keimepithel, dem Mesenchym und den Keimzellen entstehen. Aus dem Keimepithel bilden sich die serösen und muzinösen Zysten sowie Zystadenokarzinome, die endometrioiden Tumoren, die nicht differenzierten Brenner-Tumoren sowie undifferenzierte Adenokarzinome. Aus dem ovariellen Mesenchym entwickeln sich Granulosazelltumoren, Thekazelltumoren, Fibrome, Myome, Sarkome u. a. Aus den Keimzellen selbst entstehen die Teratome, z.B. das Dermoidkystom, sowie Dysgerminome und Chorionkarzinome. Daneben können in den Ovarien Metastasen von Tumoren des Magen-Darm-Traktes und des Mammakarzinoms auftreten.

Neben der gynäkologischen Palpationsuntersuchung werden Ovarialtumoren bei Ultraschalluntersuchungen im kleinen Becken diagnostiziert. Häufig sind auch Zufallsdiagnosen im Rahmen einer Laparotomie.

Funktionelle Zysten und keine eigentlichen Neubildungen stellen die Follikelzysten und die Corpus-luteum-Zysten dar. Daneben werden noch parovarial vorkommende Zysten beobachtet. Die histologische Klassifizierung der Ovarialtumoren ist außerordentlich vielfältig.

Mit Ausnahme sog. funktioneller Zysten sollten Ovarialtumoren wegen einer Reihe von typischen Komplikationen operativ therapiert werden. So wird bei Ovarialtumoren in etwa 15% eine Stieldrehung beobachtet. Dadurch wird die Blutversorgung der Adnexe behindert. Es kommt zu einer Kompression der Venen und damit einer venösen Stauung, ehe bei weiterer Stieldrehung die venöse und dann die arterielle Zirkulation unterbrochen wird. Je nach Geschwindigkeit und Intensität der Stieldrehung treten leichte bis schwerste abdominelle Symptome auf. Vereiterung und Verjauchung können weitere Komplikationen, besonders des stielgedrehten Ovarialtumors sein. Nicht selten werden spontane Rupturen von Ovarialzysten und Rupturen bei bimanueller Untersuchung der Adnexe beobachtet. Hierbei können unter Umständen bedrohliche intraabdominelle Blutungen auftreten.

Abgesehen von den funktionellen Zysten ist die potentielle Malignität jedes bei einer Operation diagnostizierten Ovarialtumors zu beachten und daher seine operative Behandlung erforderlich. Je nach Befund kann dies organerhaltend oder radikal durch Ovarektomie bzw. Adnexexstirpation erfolgen. Prinzipiell sollte verhindert werden, daß der Ovarialtumor bei der Exstirpation rupturiert und Zysten- bzw. Tumorinhalt in die Bauchhöhle gelangt. Bei gutartigen Dermoidtumoren könnte dies zur Entstehung einer Fremdkörperperitonitis, bei muzinösen Kystomen zur Ausbildung eines Pseudomyxoma peritonei und bei einem karzinomatösen Tumor zu einer Peritonealkarzinose führen. Ist die Ruptur nicht zu verhindern, muß eine sorgfältige Toilette und Spülung der Bauchhöhle erfolgen.

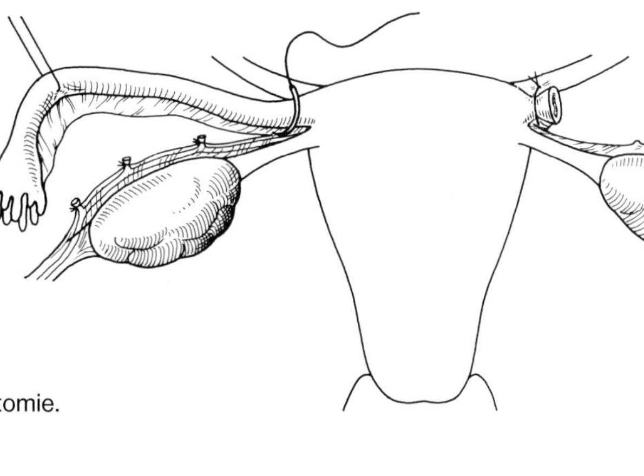

Abb. 9.8.2-10. Salpingektomie.

Bei sog. funktionellen Zysten (Follikelzysten, Corpusluteum-Zysten) der geschlechtsreifen Frau, die im Rahmen einer gynäkologischen Palpationsuntersuchung oder einer Sonographie diagnostiziert werden, kann unter bestimmten Voraussetzungen eine eventuelle spontane Rückbildung bis nach maximal 1–2 Zyklen abgewartet werden. Bei ohnehin eröffneter Bauchhöhle ist jedoch die sofortige operative Entfernung unter Erhaltung des Ovars angezeigt.

Bei sehr großen Zysten kann es erforderlich werden, den Zysteninhalt vorher abzusaugen und den Tumor erst nach entsprechender Verkleinerung zu entfernen. Bei makroskopisch gutartigen Ovarialtumoren und noch vorhandener normaler Ovarialsubstanz erfolgt, vor allem bei jüngeren Frauen, die Ausschälung des Tumors unter Erhaltung der gesunden Ovarialsubstanz. Bestehen auch nur geringe Zweifel an der Gutartigkeit des Tumors, muß sichergestellt sein, daß keine Tumorreste zurückbleiben und damit eine sichere histologische Diagnose möglich wird. Bei zweifelhaftem einseitigem Befund kann, vor allem bei jüngeren Frauen, zunächst die betroffene Adnexseite entfernt werden und eine evtl. notwendige weitergehende Operation nach Vorliegen der Histologie in einem Zweiteingriff erfolgen.

Organerhaltende Operationen der Ovarialzyste

Keilexzision der Ovarien

Bei auffälligen Befunden am Ovar, die einer histologischen Klärung bedürfen, erfolgt eine keilförmige Exzision. Hierzu wird das Biopsat nach Möglichkeit aus der dem Mesenterium gegenüberliegenden Seite des Ovars keilförmig entnommen. Nach sorgfältiger Blutstillung wird die Exzisionsstelle mit einer fortlaufenden, resorbierbaren Naht (3/0 Vicryl) verschlossen.

Ovarzystektomie

Bei gutartigen Ovarialzysten und noch vorhandenem normalem Ovarialgewebe kann die Ovarzystektomie unter Erhaltung eines Restovars erfolgen. Hierzu wird die Kapsel über der Ovarialzyste – möglichst entfernt vom Ansatz des Mesovars – inzidiert und die Zyste teils stumpf, teils mit der Präparierschere ausgeschält (Abb. 9.8.2-11). Danach werden die im Zystenbett blutenden Gefäße mit feinen atraumatischen resorbierbaren Fäden unterstochen bzw. bipolar koaguliert. Anschließend wird der überschüssige Anteil der Zystenkapsel reseziert und das Zystenbett durch fortlaufende Naht des Zystenbalgs geschlossen. Bei größeren Zysten und intraligamentärer Zystenentwicklung ist die Mesosalpinx häufig in die Zystenkapsel einbezogen. Hier wird versucht, beim Ausschälen der Zyste und Naht des Zystenbetts die Funktionsfähigkeit der Tube nicht zu beeinträchtigen und die Blutversorgung des Restovars nicht zu gefährden. Bei größeren intraligamentär entwickelten Zysten ist, nach Spaltung der Zystenkapsel und beim Ausschälen der Zyste, der Ureter darzustellen. Bei unübersichtlichen anatomischen Verhältnissen kann die intraoperative Sondierung des Ureters hilfreich sein.

Ovarektomie

Kann bei gutartigen Tumoren des Ovars kein normales Ovarialgewebe erhalten werden, so wird das Ovar unter Erhaltung der Tube reseziert. Dazu werden das Mesovar zusammen mit dem Lig. ovarii proprium und dem Lig. suspensorium ovaricum über Klemmen abgesetzt und die Stümpfe unterstochen.

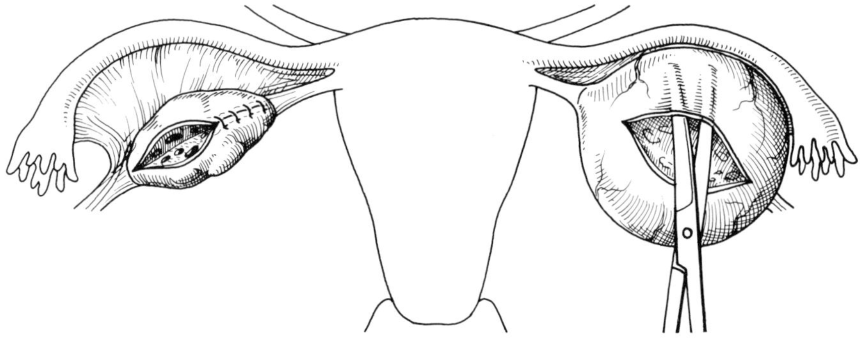

Abb. 9.8.2-11. Ausschälen einer Ovarialzyste rechts und fortlaufende Ovarialnaht nach keilförmiger Exzision einer Ovarialzyste.

Adnexexstirpation

Durch Zug an den Adnexen erfolgt die Darstellung der Anatomie. Der erste Schritt besteht in der Unterstechung des durch Zug angespannten und dargestellten Lig. suspensorium ovarii. Sofern der Adnextumor mit der Beckenwand bzw. Darm und Netz verwachsen ist, müssen zuvor diese Verwachsungen gelöst werden. Kann das Lig. suspensorium ovarii nicht genügend dargestellt werden, erfolgt die Spaltung des Peritoneums lateral der Adnexe mit anschließender Darstellung des Ureters. Nach Absetzen des Lig. suspensorium ovarii wird das Lig. latum bis zum Uterus gespalten und die Tube zusammen mit dem Lig. ovarium proprium möglichst uterusnah abgesetzt. Dies kann durch Unterstechung des Tubenabgangs bzw. des Ansatzes des Lig. ovarium proprium am Uterus erfolgen oder aber über Klemmen. Manche Operateure bevorzugen die keilförmige Exzision aus der Uteruswand. Die Exzisionsstelle muß mittels durchgreifender Nähte versorgt werden, um Blutungen aus dem aufsteigenden Ast der A. uterina zu stillen. Die Peritonealisierung des Tubenstumpfes bzw. der Keilexzisionsstelle erfolgt durch Übernähen mit einer Schlinge des Lig. rotundum oder mit Peritoneum aus dem seitlichen Blasendach. Der Stumpf des Lig. suspensorium ovarii wird extraperitonealisiert und mit fortlaufender Naht des Peritonealschlitzes des Lig. latum verschlossen.

Entzündliche Erkrankungen der Adnexe

Entzündungen der Adnexe betreffen vorwiegend die Tube und erfassen das Ovar meist nur sekundär. Ovarialabszesse sind selten. Meist beginnt die Salpingitis mit einer Entzündung der Tubenschleimhaut, einer sog. Endosalpingitis. Sind alle Wandschichten durchsetzt, handelt es sich um eine Perisalpingitis. Verklebungen des Ostium abdominale der Tube mit Pyosalpinx und später Hydrosalpinxbildung sind die Folge. Bei der Perisalpingitis treten mitunter massive Verwachsungen im Adnexbereich und im gesamten kleinen Becken auf, in die das große Netz sowie Darmschlingen einbezogen sein können.

Die Adnexitis wird begleitet von einer Pelvioperitonitis und kann in schweren Fällen zur Bildung eines Douglas-Abszesses führen. Die häufigsten Erreger der Adnexitis sind Gonokokken, E. coli, Enterokokken, Streptokokken, Staphylokokken, Anaerobier sowie Myokoplasmen und Chlamydien. Findet man bei der z. B. wegen Appendizitisverdacht durchgeführten Laparotomie eine Adnexitis, so wird ein bakterieller Abstrich entnommen und sogleich eine Therapie mit einem hoch dosierten Breitbandantibiotikum durchgeführt, welche das mögliche Erregerspektrum berücksichtigt. Hierbei muß beachtet werden, daß häufig Mischinfektionen mit Anaerobiern vorliegen.

Bei einer diffusen Adnexitis mit Pelvioperitonitis erfolgen keine chirurgischen Maßnahmen im Adnexbereich. Bei einer Pyosalpinx kann die Punktion derselben die Ausheilung mit Antibiotika und Antiphlogistika erleichtern. Während bei der akuten Appendizitis die Gefahr einer Perforation mit Peritonitis sehr groß ist, ist die Perforationsgefahr bei der Salpingitis relativ gering. Hinzu kommt, daß die Entfernung der Appendix folgenlos ist, während die Entfernung der Tuben bzw. der Adnexe eine Funktionseinschränkung bedeutet.

Bei Douglas-Abszessen erfolgt die Drainage des Douglas-Raumes über das hintere Scheidengewölbe.

Bei ausgeprägten Ovarialabszessen, die oft schlecht ausheilen, muß die Adnexexstirpation durchgeführt werden.

Endometriose

Unter Endometriose versteht man das Vorkommen von Endometrium außerhalb des Cavum uteri. Die Endometriose ist hormonabhängig und wird daher nur bei der geschlechtsreifen Frau beobachtet. Je nach Lokalisation unterscheidet man die Endometriosis genitalis interna und externa sowie die Endometriosis extragenitalis. Die bei chirurgischen Eingriffen vorgefundenen Endometriosen sind meist an den Adnexen oder am Peritoneum des kleinen Beckens lokalisiert. Demgegenüber sind extragenitale Endometriosen an Darm und Bauchdecken selten. Die bei einer Endometriose auftretenden Beschwerden werden bestimmt durch Lokalisation und Umfang der Endometriose und sind zyklusabhängig. Die Therapie der diffusen Endometriose besteht zunächst in einer medikamentösen Behandlung. Hierzu eignet sich eine Therapie mit Progesteron oder auch mit Ovulationshemmern. Wesentlich wirksamer ist eine Behandlung mit Danazol und Buserelin. Sofern eine medikamentöse Therapie nicht erfolgreich ist bzw. deren Erfolg nicht abgewartet werden kann, muß versucht werden, die Endometriose im Gesunden zu entfernen. Große Endometriosezysten der Ovarien (sog. Teer- oder Schokoladezysten) werden exstirpiert. Kleinere Endometrioseherde können koaguliert werden.

9.8.3
Urologie

D. Völter

Die Behandlung von Verletzungen

Der Chirurg wird bei der Behandlung von polytraumatisierten Patienten häufig mit urologischen Notfalleingriffen konfrontiert. Nach internationalen Statistiken ist bei etwa 4% der Polytraumatisierten mit einer behandlungsbedürftigen Verletzung des Urogenitalsystems zu rechnen. Dabei betreffen diese Verletzungen zu etwa 60% die Nieren, zu etwa 20% die Harnblase und die Harnröhre und zu etwa 20% das äußere Genitale. Verletzungen des Ureters und die nur bei eregiertem Penis auftretenden Penisluxationen und Penisfrakturen sind selten. Um eine Verletzung des Urogenitaltraktes nicht zu übersehen, sollte bei jedem Polytraumatisierten eine Untersuchung des Harnsedimentes durchgeführt werden. Findet sich hierbei eine Erythrozyturie, so ist, sofern es der Zustand des Patienten erlaubt, eine urologisch-radiologische Abklärung notwendig.

Im Vordergrund der Behandlung eines schwerverletzten polytraumatisierten Patienten steht stets die Schockbekämpfung. Sofern bei diesen Patienten eine Verletzung des Urogenitalsystems mitvorliegt, so ist diese Verletzung in Absprache mit dem Anästhesisten und nach Möglichkeit gemeinsam mit dem Urologen zu versorgen.

Diagnostik

Zur urologisch-radiologischen Klärung gehört ein Ausscheidungsurogramm und ein Zystogramm bzw. Infusionsurethrozystogramm. Das Urogramm hat einen hohen Aussagewert und ist weder durch die Sonographie noch durch die Computertomographie zu ersetzen, da es neben der morphologischen Information eine Aussage über die Funktion der Nieren erlaubt. Ohne Kenntnis der Funktion der kontralateralen Niere darf eine rupturierte Niere nicht entfernt werden.

Bei jeder Hämaturie, die mit einem stumpfen Bauchtrauma oder einer Beckenfraktur in Zusammenhang steht, ist zusätzlich eine Zystographie bzw. eine Urethrozystographie notwendig (Abb. 9.8.3-1). In den meisten Kliniken wird beim Polytraumatisierten zur besseren Kontrolle der Flüssigkeitsbilanz für ein bis zwei Tage ein Harnröhrenverweilkatheter gelegt. Besser ist, sofern die Harnblase gefüllt ist, zur Harnableitung und zur Zystographie eine suprapubische Zystostomie anzulegen (Abb. 9.8.3-2), zum Beispiel mit dem Zystofix®-Besteck. Unter keinen Umständen sollte man einen Harnröhrenkatheter einlegen, wenn eine Blutung aus der Harnröhre und Hämatome am Damm auf eine Harnröhrenverletzung hinweisen. Die primäre Katheterisierung ist bei diesen Patienten kontraindiziert, da hierdurch der Harnröhrendefekt evtl. erweitert wird. Hier ist zunächst eine Urethrographie indiziert.

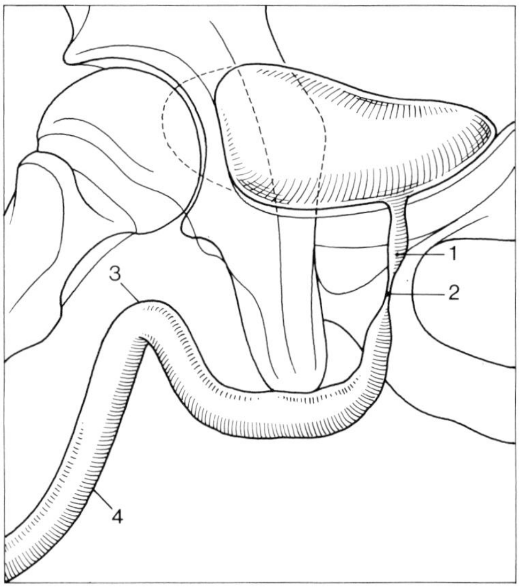

Abb. 9.8.3-1. Urethrozystographie: 1 = Colliculus seminalis; 2 = Sphincter externus; 3 u. 4 = Urethra.

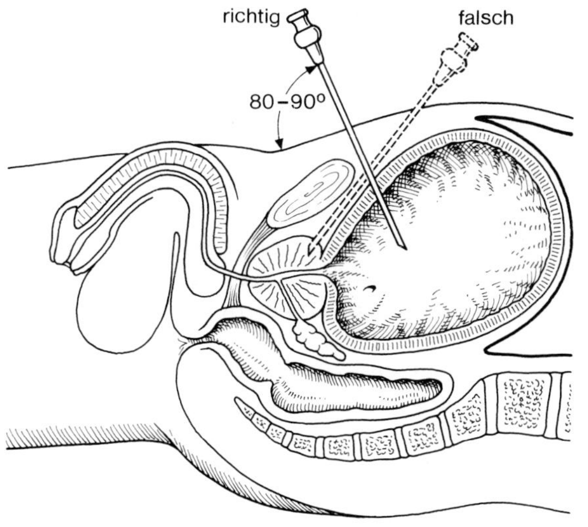

Abb. 9.8.3-2. Suprapubische Blasenpunktion.

Verletzungen der Niere

Bei jeder mit einem Flakenschmerz, einer Resistenz in der Flanke, Prellmarken oder einem Hämatom dorsal über der elften und zwölften Rippe einhergehenden Hämaturie ist an ein Nierentrauma zu denken. Nach der Milz ist die Niere das bei einem schweren stumpfen Bauchtrauma am häufigsten verletzte Organ. Bei der Röntgenübersichtsaufnahme des Abdomens weisen Frakturen der unteren Rippen und der Querfortsätze der oberen Lendenwirbel sowie der fehlende Psoasschatten auf eine Nierenverletzung hin. Mit Hilfe der Sonographie läßt sich ein perirenales oder subkapsuläres Hämatom oder ein Urinom leicht erfassen. Sofern es der Zustand des Patienten erlaubt, ist durch ein Ausscheidungsurogramm die Funktion beider Nieren zu überprüfen. Dabei ist im Falle einer urographisch »stummen« Niere eine Nierenangiographie anzuschließen, um eine Verletzung des Nierengefäßstieles nicht zu übersehen (Abb. 9.8.3-3). Für die Notwendigkeit einer suffizienten Diagnostik spricht auch der Umstand, daß es mit diesen Untersuchungen besser möglich ist, die Frage der Erhaltbarkeit des Nierenparenchyms zu beantworten. Dadurch gelingt es häufiger, eine Niere zu erhalten.

Die Schwere des Unfalls und des Grades der Hämaturie lassen keinen Rückschluß auf das Ausmaß der Nierenverletzung zu. Entscheidend für die Beurteilung einer Nierenverletzung sind der klinische und sonographische Befund und der Verlauf. Bei einem totalen Abriß des Nierenstieles oder des Harnleiters kann die Hämaturie fehlen.

Der Grad einer Nierenverletzung ist um so schwerer anzunehmen, je ausgeprägter der Flankenschmerz, das perirenale Hämatom und die Schocksymptome sind (Abb. 9.8.3-4).

Kontusionen der Niere heilen ohne nachweisbare Schäden spontan ab. Auch bei Patienten mit einem perirenalen Hämatom ist eine nichtoperative konservative Behandlung möglich. Die konservative Therapie besteht in der Verordnung von Bettruhe bis zum Sistieren der Hämaturie. Für die konservative Behandlung spricht die niedrigere Nephrektomierate, bei einer etwa gleich hohen Rate von Spätkomplikationen.

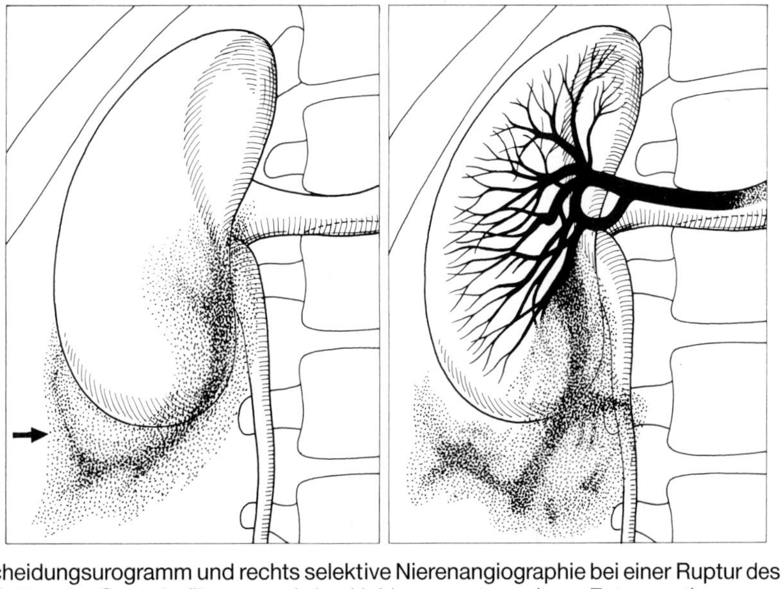

Abb. 9.8.3-3. Links Ausscheidungsurogramm und rechts selektive Nierenangiographie bei einer Ruptur des unteren Nierenpols. Einriß des Parenchyms mit Eröffnung der Capsula fibrosa und des Hohlraumsystems (→ = Extravasat).

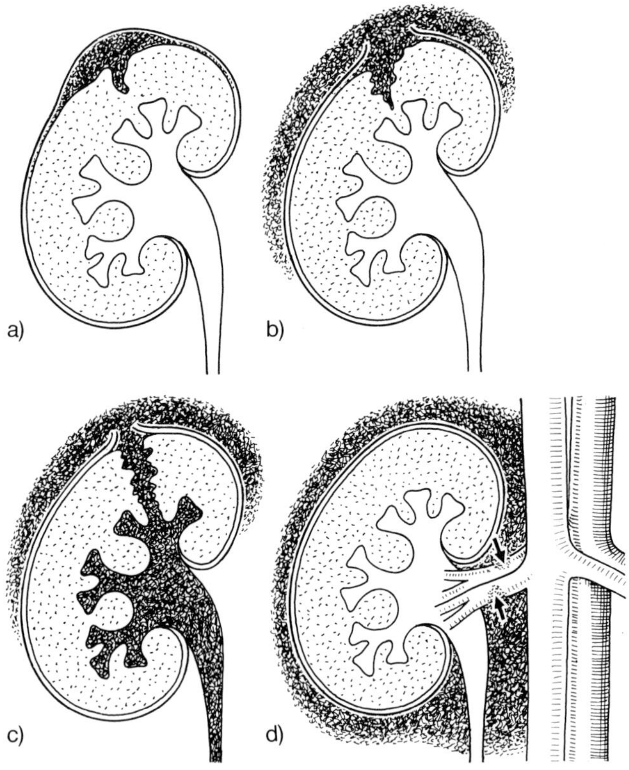

Abb. 9.8.3-4. Formen der Nierenruptur.
a) Parenchymriß ohne Eröffnung der Capsula fibrosa.
b) Parenchymriß mit Eröffnung der Capsula fibrosa.
c) Parenchymriß mit Eröffnung der Capsula fibrosa und des Hohlraumsystems.
d) Nierenarterien- und Nierenveneneinriß ohne Parenchymriß. Die Ausbreitung des Extravasats ist gestrichelt eingezeichnet.

Bei etwa 10% der Patienten ist als Spätkomplikation mit einer Hypertonie, einer Hydronephrose oder einer Schrumpfniere zu rechnen. Es sind deshalb über fünf Jahre in halbjährlichem Abstand Kontrolluntersuchungen notwendig. Hierzu gehört neben einer Überprüfung des Blutdruckes und der harnpflichtigen Substanzen auch eine sonographische Untersuchung der Nieren. Sofern sich hierbei pathologische Befunde finden, sollten noch ein Ausscheidungsurogramm, eine seitengetrennte Isotopenclearance und ggf. auch eine Nierenangiographie veranlaßt werden.

Eine operative Freilegung der Niere ist indiziert, sofern sich in der Lendengegend eine tastbare Vorwölbung findet. Dabei wird das Hämatom ausgeräumt, die nicht mehr durchbluteten Parenchymanteile werden entfernt und die Rupturstellen werden übernäht. Da das Nierenparenchym durch die Verletzung sehr brüchig ist, wird das Nierengewebe mit tiefgreifenden U-Nähten wieder vereint (Abb. 9.8.3-5). Dabei verwendet man Chromcatgutnähte der Stärke 0 mit einer atraumatischen, großen ½-Kreis-Rundkörpernadel.

Bei ausgedehnten Parenchymzerreißungen ist oft nur die Nephrektomie möglich. Hierzu wird man sich besonders dann entschließen, wenn sich der Patient in einem sehr schlechten Allgemeinzustand befindet. Wichtig ist, daß man das Nierenlager für mindestens vier Tage retroperitoneal drainiert, um Urinextravasate und Hämatome abzuleiten.

Einrisse der Nierenarterie oder der Nierenvene werden übernäht. Bei einem kompletten Abriß der V. renalis wird diese, wenn möglich, mit der V. cava anastomosiert. Größere Defekte der Nierenarterie werden mit einem Patch oder einem Interponat versorgt. Bei der Ligatur einer Segmentarterie muß der ausgefallene Parenchymanteil reseziert werden, um eine Hypertonie zu vermeiden. Das rupturierte Nierenhohlsystem ist mit einer atraumatischen Chromcatgutnaht der Stärke 3-0 oder 4-0 zu verschließen.

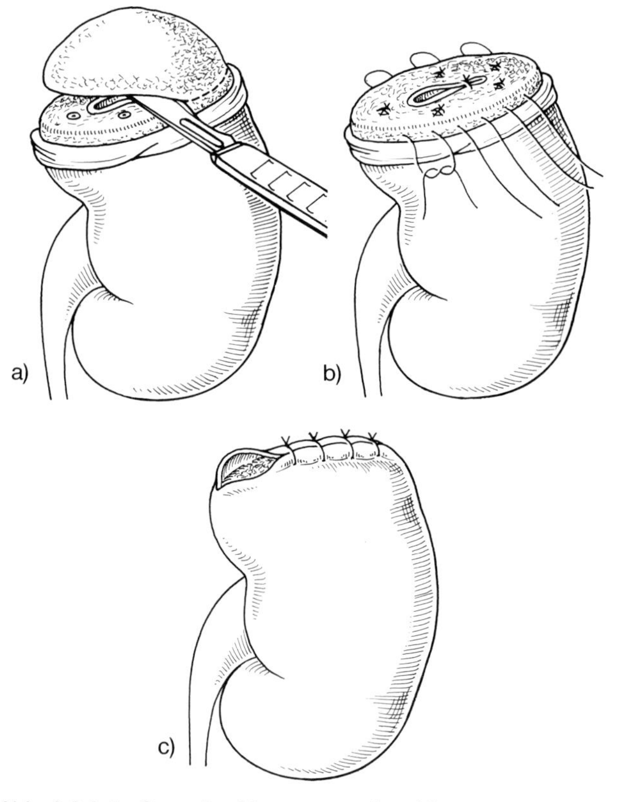

Abb. 9.8.3-5. Operative Versorgung einer Nierenruptur am oberen Pol.
a) Die nicht mehr durchbluteten Parenchymanteile werden entfernt.
b) Spritzende Gefäße werden umstochen, das Hohlsystem verschlossen und das Nierengewebe mit U-Nähten adaptiert.
c) Die Capsula fibrosa wird über dem Defekt vernäht.

Bei einer stärkeren Blutung aus dem Nierenparenchym sollte man zuvor eine Nephrostomie anlegen (Abb. 9.8.3-6). Die Nephrostomie wird am besten durch den unteren oder mittleren Kelch gelegt. Hierzu geht man mit einer stark gebogenen Steinzange über das Nierenbecken in den betroffenden Kelch ein. Man nimmt am besten den Kelch, über dem das Nierenparenchym am dünnsten ist. Das Parenchym wird mit der Zange durchbohrt, so daß die Zangenspitze unter der fibrösen Nierenkapsel erscheint. Nach Inzision der Kapsel wird nun ein Ballonkatheter von 16 bis 20 Charr. transrenal in das Nierenbecken hineingezogen. Den Katheter fixiert man mit zwei atraumatischen Catgutnähten der Stärke 0 am Parenchym. Die Öffnung des Katheters sollte etwa in der Mitte des Nierenbeckens liegen. Das Katheterende wird gesondert über eine Stichinzision zur Haut herausgeleitet. An der Haut wird der Katheter zusätzlich mit einer Naht fixiert.

Sofern nur noch eine Nephrektomie möglich ist, wird der Nierenhilus aufgesucht, abgeklemmt und die Niere entfernt (Abb. 9.8.3-7). Vor der Nephrektomie muß man sich jedoch stets durch ein Ausscheidungsurogramm oder eine Angiographie vergewissern, daß eine funktionell intakte kontralaterale Niere vorhanden ist. In Notfällen kann das Ausscheidungsurogramm auch noch auf dem Operationstisch durchgeführt werden.

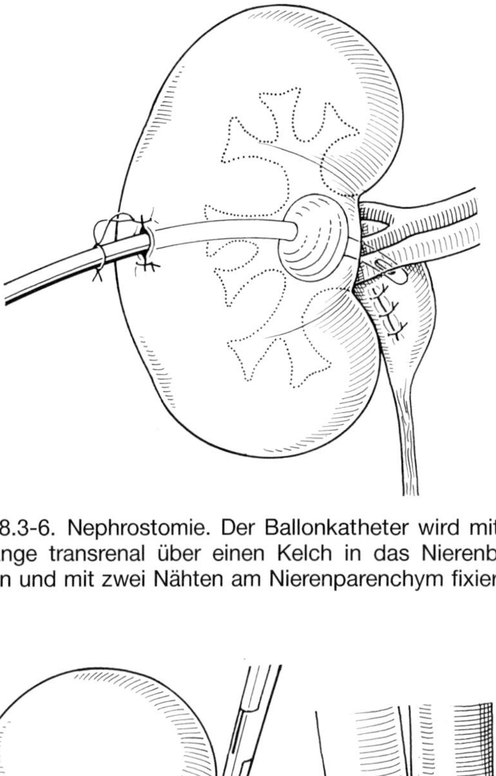

Abb. 9.8.3-6. Nephrostomie. Der Ballonkatheter wird mit einer Steinzange transrenal über einen Kelch in das Nierenbecken gezogen und mit zwei Nähten am Nierenparenchym fixiert.

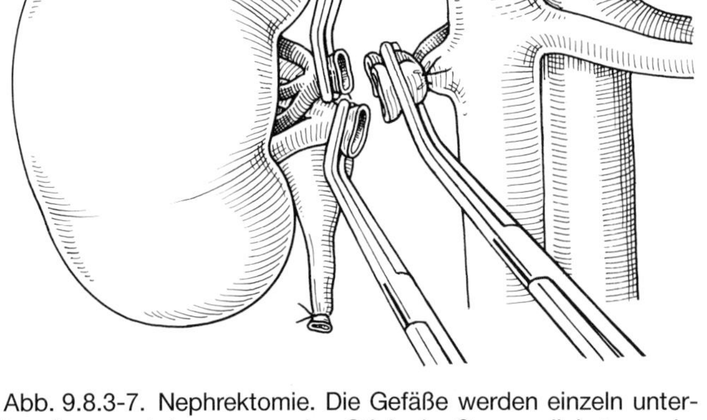

Abb. 9.8.3-7. Nephrektomie. Die Gefäße werden einzeln unterbunden, nachdem zuvor der Stiel als Ganzes ligiert wurde. Anschließend erfolgt die Ligatur des Ureters in Höhe des unteren Nierenpols.

Verletzungen des Ureters

Verletzungen des Ureters sind selten. Sie werden, da sie meist im Rahmen schwerer Traumen vorkommen, oft übersehen, zumal eine Hämaturie völlig fehlen kann. Die Diagnose wird oft erst beim Auftreten von Fieber, Flankenschmerzen und einer tastbaren Resistenz in der Flanke vermutet. Sofern sich dann bei dem durchzuführenden Infusionsurogramm ein Kontrastmittelextravasat im Bereich des Ureters findet, ist die Diagnose gesichert. Stellt sich der Ureter im Urogramm jedoch nicht ausreichend dar, so ist stets eine retrograde Füllung des Ureters mit Kontrastmittel notwendig.

Ureterkomplikationen entstehen nicht nur bei Polytraumatisierten. Sie treten auch im Rahmen darmchirurgischer Eingriffe auf, bei der scharfen Präparation im retroperitonealen Narbengewebe, durch versehentliches Erfassen mit einer Naht oder durch Elektrokoagulation.

Während eine Durchtrennung des Ureters in der Regel sofort bemerkt wird, wird die Ureterstenose und der Verschluß des Ureters oft auch postoperativ zunächst nicht erkannt. Bei Schmerzen im Nierenlager (Rückenschmerzen) und subfebrilen Temperaturen sollte sonographisch oder am besten durch ein Ausscheidungsurogramm eine Harnabflußbehinderung ausgeschlossen werden. Sowohl beim Ureterdefekt als auch bei der Durchtrennung des Ureters wird die Harnableitung mit Hilfe eines selbsthaltenden Stents (Pigtail-Katheter) für etwa sechs Wochen sichergestellt und der Ureterdefekt mit einer atraumatischen resorbierbaren Naht der Stärke 4-0 verschlossen. Ist der Ureter völlig durchtrennt oder liegt ein großer Ureterdefekt vor, so erfolgt eine terminoterminale Anastomosierung des Ureters (Abb. 9.8.3-8). Da es durch das Einlegen eines »Pigtail-Katheters« zu einem vesikorenalen Reflex kommt, ist zur Entlastung der Ureternaht für etwa ein bis zwei Wochen der Urin aus der Harnblase ständig abzuleiten, z.B. mit einem suprapubisch gelegten Cystofix®-Katheter. Gleichzeitig ist eine antibiotische Abschirmung sinnvoll.

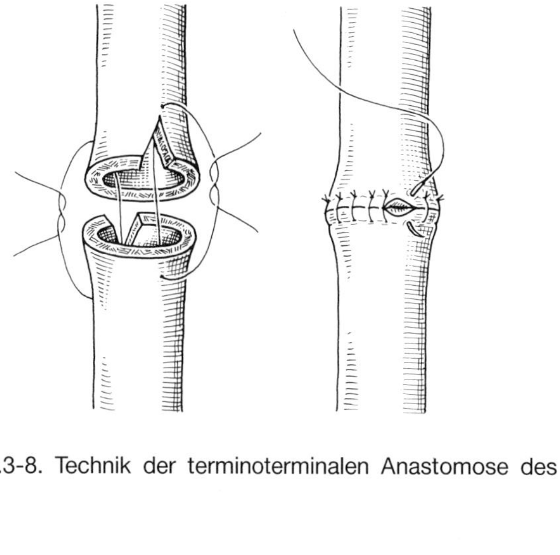

Abb. 9.8.3-8. Technik der terminoterminalen Anastomose des Ureters.

Bei der terminoterminalen Anastomosierung des Ureters (Abb. 9.8.3-8) werden die beiden Enden des Ureters etwa 0,5 cm weit längs gespalten, um eine weite Anastomose zu gewährleisten. Dabei muß der Ureter geschient werden, und zwar, wie oben ausgeführt, möglichst mit einem selbsthaltenden Stent, ansonsten mit einer Kunststoffschiene, die frühestens nach etwa drei Wochen, besser oft erst nach sechs Wochen, gezogen werden sollte.

Die Neueinpflanzung des Ureters in die Harnblase erfolgt stets antirefluxiv. Dabei darf die Verletzung des Ureters bzw. die Stenose in der Regel nicht mehr als 3 cm oberhalb der Harnblase liegen, ansonsten ist der Ureterdefekt mit Hilfe einer Hörnerblase oder eines Blasenlappens zu überbrücken. Zur Ureterneueinpflanzung findet man den Ureter meist am leichtesten in Höhe der Kreuzungsstelle mit den Iliakalgefäßen. Oberhalb der Verletzung wird der Ureter durchtrennt. Der distale Stumpf wird unterbunden. Der intakte Harnleiter wird bei den Antirefluxoperationen unter einen submukösen Tunnel verlagert und neu an der Blase fixiert (Abb. 9.8.3-9). Dabei liegt beim Verfahren nach Cohen das neue Harnleiterostium über dem Harnleiterostium der Gegenseite. Bei der Operation nach Politano-Leadbetter wird der Harnleiter zunächst etwa 4 cm oberhalb und lateral vom alten Ostium ins Blasenlumen vorgezogen, dann submukös verlagert und an der ursprünglichen Mündungsstelle an der Blase fixiert.

Ist eine direkte Reimplantation des Ureters in die Harnblase nicht möglich, so wird der Ureterdefekt mit Hilfe einer Hörnerblase oder eines Blasenlappens überbrückt (Abb. 9.8.3-10).

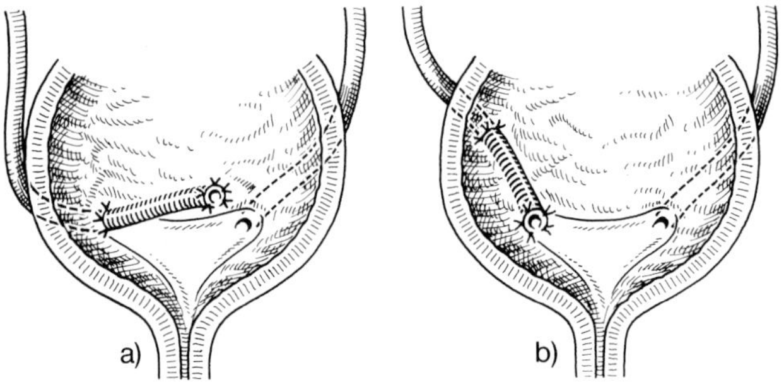

Abb. 9.8.3-9. Antirefluxive Ureterneueinpflanzung.
a) Nach Cohen.
b) Nach Politano-Leadbetter.

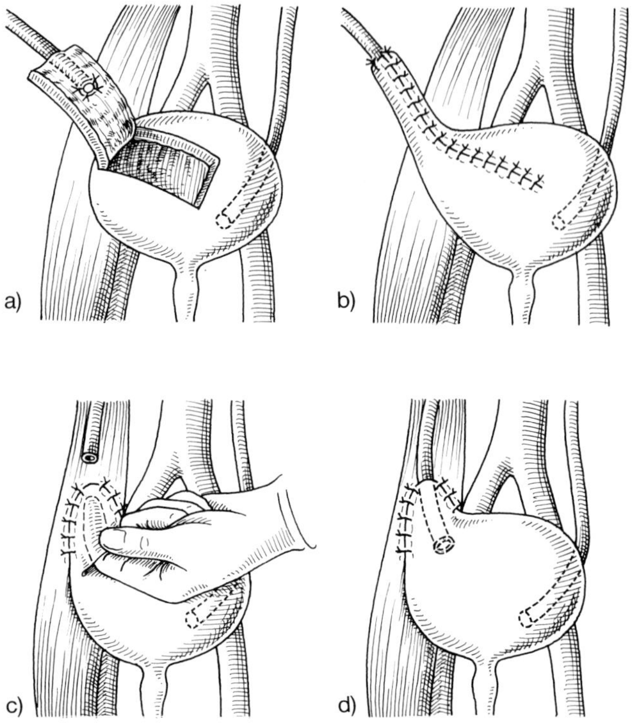

Abb. 9.8.3-10. Boari-Plastik.
a–d) Zur Überbrückung des Ureterdefektes dient ein aus der Blase herausgeschnittener Lappen. Der Harnleiter ist im Bereich des Blasenlappens submukös verlagert, um einen Reflux des Urins zu verhindern. Anschließend wird der Lappen zu einem Rohr geformt. Bei kürzeren Ureterdefekten genügt es, die Blase auf der Seite des Ureterdefektes anzuheben und am M. psoas zu fixieren. In das dabei entstehende Blasenhorn wird der Ureter implantiert (Hörnerblase).

Harnleiter-Haut- und Harnleiter-Darm-Anastomosen

Diese Eingriffe müssen nur selten als Notfalleingriffe durchgeführt werden, so daß der Chirurg mit ihnen in der Regel nicht konfrontiert wird.

Die Ureterokutaneostomie (Abb. 9.8.3-11) wird z. B. beim Blasen- und Uteruskarzinom angewandt, wenn die Einpflanzung des Ureters in den Darm nicht in Frage kommt und die Ureteren dilatiert sind. Durch die Anastomose des an seinem Ende längs inzidierten Harnleiters mit einem dreieckförmigen Hautlappen wird die für diese Eingriffe typische Gefahr der Stomastenose verringert.

Sollen beide Ureteren abgeleitet werden, so erfolgt hierzu eine Transureteroureterostomie. Dabei wird einer der Ureteren mit dem für die kutane Stomie vorgesehenen dilatierten Ureter End zu Seit anastomosiert.

Man legt das mittlere Drittel des Harnleiters extraperitoneal frei, durchtrennt den Harnleiter am tiefsten Punkt in Blasennähe und führt einen möglichst langen Stumpf zur Haut. Es soll ein etwa 2–3 cm langer Ureterabschnitt aus der Hautwunde herausragen. In das Ureterlumen wird für 1 bis 3 Wochen ein 6 bis 8 Charr. dicker selbsthaltender Stent oder ein Kunststoffkatheter eingeführt, der mit einem Faden am Ureterende befestigt wird. Um ein Zurückrutschen des Ureters zu verhindern, legt man Adventitia-Einzelknopfnähte in vier Richtungen zur Faszie der Bauchmuskulatur.

Von der Vielzahl der Ureter-Darm-Anastomosen, die bei der Ureterosigmoidostomie angegeben wurden, hat sich nur die offene transkolische Anastomose mit Refluxschutz bewährt. Zur Freilegung der Ureteren wird das hintere Peritonealblatt in Höhe des unteren Ureterabschnittes beiderseits in Längsrichtung inzidiert. Der Ureter wird bis zur Blase freipräpariert, in unmittelbarer Blasennähe ligiert und durchtrennt. Das Sigma wird im Bereich der Tänie längs eröffnet. Zwischen Haltefäden wird der Ureter von dorsal in das Darmlumen gezogen und dort unter Bildung eines submukösen Tunnels mit der Darmschleimhaut anastomosiert (Abb. 9.8.3-12).

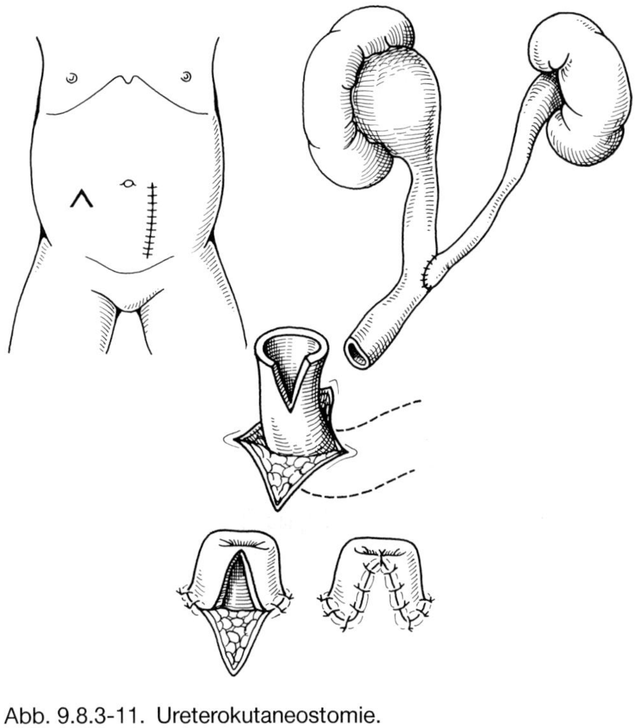

Abb. 9.8.3-11. Ureterokutaneostomie.

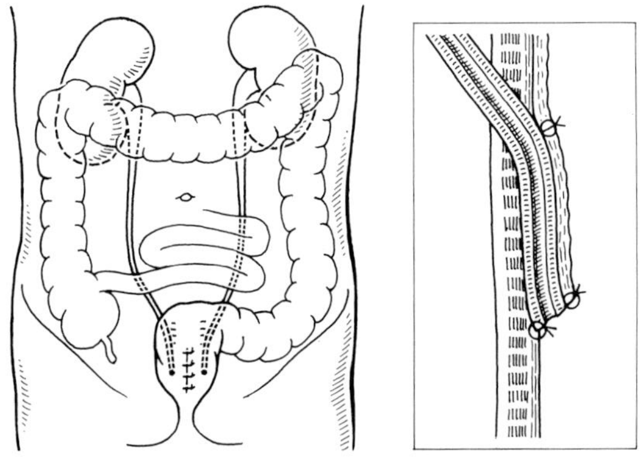

Abb. 9.8.3-12. Ureterosigmoidostomie. Rechts schematische Wiedergabe der antirefluxiven Ureterimplantation unter Bildung eines submukösen Tunnels.

Verletzungen der Harnblase

Die typische Symptomatik der Blasenruptur ist ein schmerzhafter Harndrang, ohne daß es zu einer Urinentleerung kommt. Meist handelt es sich um eine extraperitoneale Blasenruptur, die zu 80 Prozent mit einer Beckenfraktur kombiniert ist. Bei Beckenbrüchen mit einer vorderen Ringfraktur ist eine Verletzung der Harnblase und der Harnröhre in je etwa 5% zu erwarten. Die die Blasenwand perforierenden Knochensplitter führen meist zu einer extraperitonealen Blasenruptur. Infolge der perivesikalen Harninfiltration findet sich eine hufeisenförmige Vorwölbung und Schmerzhaftigkeit über der Symphyse.

Bei der seltenen intraperitonealen Blasenruptur handelt es sich um eine Berstungsverletzung der prall gefüllten Harnblase durch ein stumpfes Bauchtrauma. Neben dem schmerzhaften Harndrang – ohne Miktionsvermögen – steht hier die peritoneale Symptomatik im Vordergrund (Abwehrspannung, Meteorismus und Erbrechen).

Die sicherste Methode zum Nachweis einer traumatischen Blasenperforation ist die retrograde Zystographie (Abb. 9.8.3-13) bzw. die Urethrozystographie. Dabei wird die Harnblase mit 300 ml eines 30%igen Kontrastmittels aufgefüllt. Um auch die Kontrastmittelextravasate hinter der Harnblase zu erfassen, muß sowohl in Prallfüllung als auch nach Ablassen des Kontrastmittels eine Röntgenaufnahme angefertigt werden.

Die Blasenruptur ist sofort operativ zu versorgen, da jedes Zuwarten mit einer zunehmenden Letalität belastet ist. Dabei stehen bei der intraperitonealen Ruptur die Peritonitis und bei der extraperitonealen Ruptur die Urinphlegmone im Vordergrund. Bei einer extraperitonealen Ruptur genügt häufig eine tiefe Drainage des perivesikalen Raumes und eine 14tägige Harnableitung (Abb. 9.8.3-14). Die intraperitoneale Ruptur muß stets übernäht werden.

Auch bei der Auslösung des Rektums und bei Herniotomien kann es zu einer Verletzung der Harnblase kommen. Dabei ist die Harnblase sofort wieder zu verschließen. Hierzu erfolgt zunächst eine fortlaufende Naht der Blasenschleimhaut mit einem atraumatischen 4-0-Catgutfaden. Anschließend wird die Blasenmuskulatur mit 2-0-Chromcatgut oder Dexon-Einzelknopfnähten, am besten zweischichtig, verschlossen. Zur Entlastung der Blasennaht ist der Urin aus der Harnblase für zwei Wochen mit Hilfe eines Katheters, zum Beispiel mit einem suprapubisch gelegten Cystofix®-Katheter, ständig abzuleiten.

Da die übersehene Verletzung der Harnblase zu einer massiven Peritonitis führt, muß beim geringsten Verdacht auf das Vorliegen einer Blasenverletzung die Harnblase intraoperativ mit physiologischer Kochsalzlösung aufgefüllt werden, um eine Verletzung der Harnblase auszuschließen.

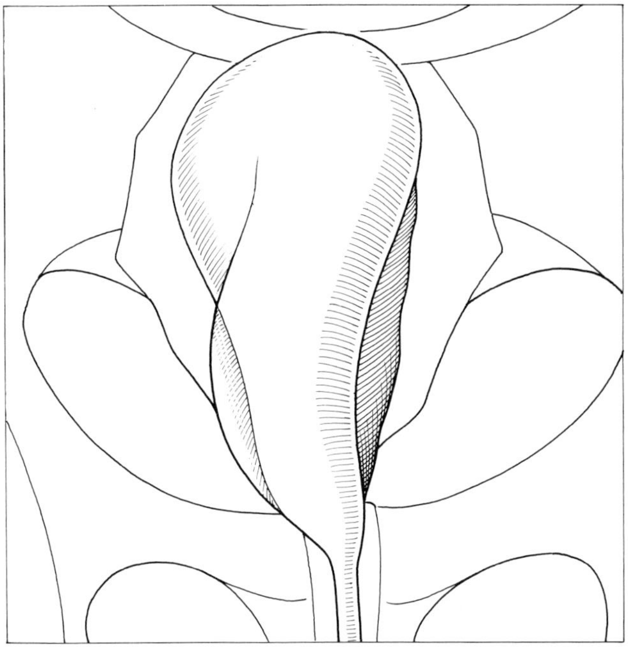

Abb. 9.8.3-13. Retrogrades Zystogramm. Die Harnblase ist durch ein perivesikales Hämatom komprimiert (Bananenform). Eine Ruptur der Blase liegt nicht vor.

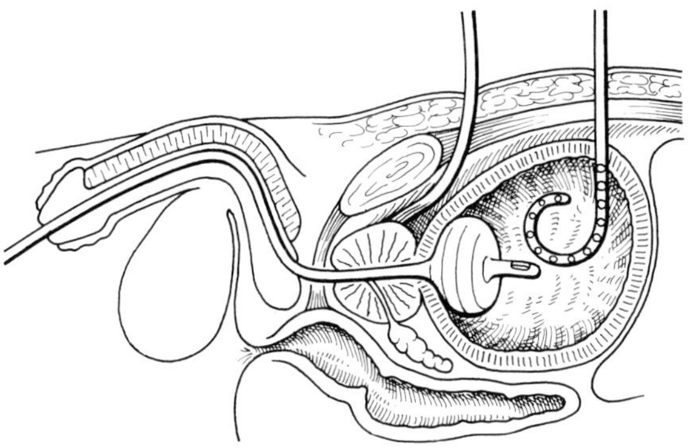

Abb. 9.8.3-14. Versorgung einer Verletzung der Harnblase. Der perivesikale Raum ist drainiert. In der Harnröhre befindet sich ein Ballonkatheter. Zusätzlich wurde noch eine suprapubische Blasenfistel mit dem Zystofix®-Besteck angelegt.

Verletzungen der Harnröhre

Das typische Symptom einer Harnröhrenruptur ist die »blutende Urethra«, das heißt es kommt zum Austritt von Blut aus dem Meatus externus der Harnröhre. Die Harnblase ist prall gefüllt. Der Urin kann nicht oder nur spärlich entleert werden. Wegen der großen Beweglichkeit des Penis sind Verletzungen der Pars pendulans urethrae selten. Die meisten traumatischen Harnröhrenverletzungen liegen im Bereich der Pars membranacea (Abb. 9.8.3-15). Hier ist die Harnröhre durch Bindegewebszüge mit der Symphyse fixiert, so daß sie nicht ausweichen kann. Bei einem Sturz auf den Damm wird die Urethra gegen die Unterkante des Schambeines gequetscht. Die dadurch entstehende extrapelvine Ruptur liegt distal des Diaphragma urogenitale. Die proximal des Diaphragma liegenden intrapelvinen Rupturen sind fast immer mit einer Beckenfraktur verbunden. Bei der proximal des Diaphragma liegenden Ruptur ergibt die rektale Untersuchung eine Verlagerung der Prostata nach proximal. Das Hämatom liegt retro- bis suprapubisch. Wie bei einer extraperitonealen Blasenruptur besteht oberhalb der Symphyse ein hufeisenförmiges Infiltrat. Liegt die Ruptur distal des Diaphragma urogenitale, so findet sich das Hämatom am Damm.

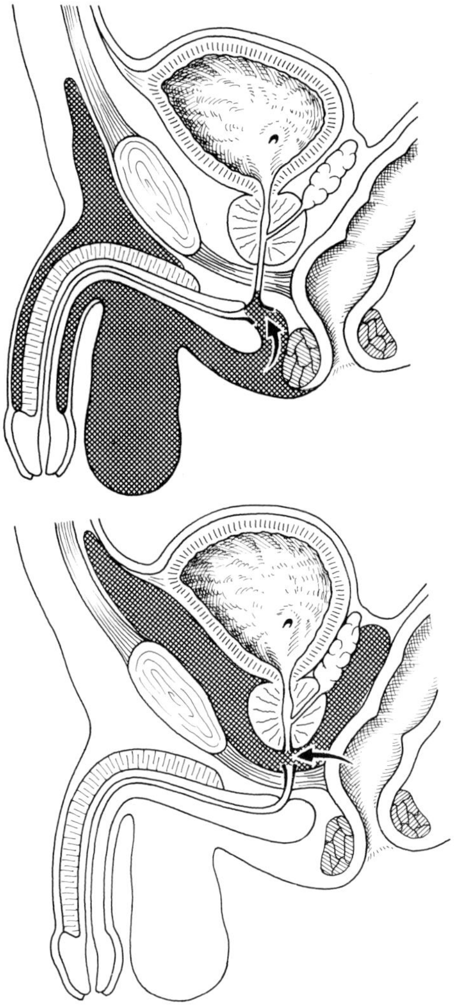

a)

b)

Abb. 9.8.3-15. Verletzungen der Harnröhre.
a) Distal,
b) proximal des Diaphragma urogenitale.

Die wichtigste radiologische Untersuchung ist das retrograde Urethrozystogramm (Abb. 9.8.3-16). Handelt es sich um eine proximal des Diaphragma urogenitale gelegene Ruptur, so breitet sich das Kontrastmittel im perivesikalen Raum aus. Bei der distal des Diaphragma gelegenen Ruptur kommt es zu einem Kontrastmittelextravasat im Collesschen Raum (Spatium perinei superficiale). Füllt sich beim Urethrogramm die Harnblase mit Kontrastmittel an, so handelt es sich nur um eine partielle und nicht um eine totale Harnröhrenruptur.

Harnröhrenverletzungen sollten nach Beherrschung des Schocks sofort operativ versorgt werden, um eine stärkere Harninfiltration zu vermeiden. Nur bei schwersten Verletzungen und schlechtem Allgemeinzustand wird man auf eine sofortige Versorgung der rupturierten Harnröhre verzichten. In diesen Fällen wird man zunächst nur den Damm drainieren und den Urin durch eine suprapubische Blasenpunktionsfistel, z. B. mit dem Zystofix®-Besteck, entleeren. Ansonsten besteht das Prinzip der operativen Therapie darin, das Hämatom zu drainieren und in die Urethra für etwa vier Wochen einen Kunststoffkatheter aus Silikon einzulegen. Beim Mann gelingt dies oft nur mit Hilfe eines Tiemann-Katheters, dessen Spitze man gelegentlich von rektal aus noch anheben muß (Abb. 9.8.3-17). Ist eine retrograde Katheterung der Urethra auch unter Verwendung des Urethroskops nicht möglich, so wird von einer Sectio alta von der Harnblase aus versucht, antegrad die Harnröhre zu katheterisieren.

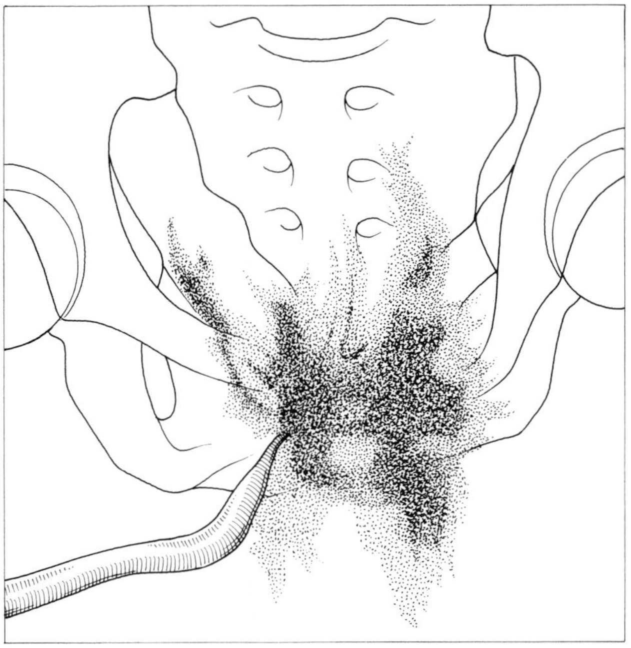

Abb. 9.8.3-16. Retrogrades Urethrogramm bei einer totalen proximalen Harnröhrenruptur. Das Kontrastmittel breitet sich im perivesikalen Raum aus.

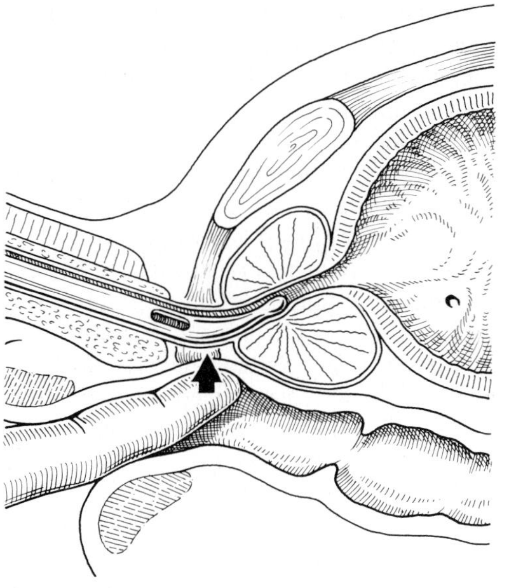

Abb. 9.8.3-17. Durch die gekrümmte Spitze vermeidet der Tiemann-Katheter im Bulbusbereich und in der Pars prostatica urethrae eine Via falsa, da er sich den anatomischen Gegebenheiten anpaßt. Reicht die Krümmung der Katheterspitze bei einem hohen Prostatamittellappen nicht aus, so wird die Katheterspitze vom Rektum aus angehoben.

Verletzungen der Prostata

Verletzungen der Prostata sind bei der Rektumexstirpation selten. In der Regel läßt sich die Prostata auch bei großen Tumoren nach vorne abschieben. Kommt es zu einer Läsion der Prostata, so bedarf sie, sofern die Urethra nicht eröffnet ist, keiner besonderen Versorgung. Das gleiche gilt für die Verletzung der Samenblasen.

Um eine Verletzung der Urethra auszuschließen, empfiehlt sich eine Katheterung der Harnblase. Ist die Urethra verletzt, so legt man für etwa vier Wochen einen Silikonkatheter in die Harnblase ein. Über diesem Katheter wird die Urethra mit atraumatischen Dexon- bzw. Chromcatgutfäden der Stärke 3-0 verschlossen.

Hodentorsion

Hierbei handelt es sich um eine Torsion des Samenstranges, so daß man besser von einer Samenstrangtorsion spricht. Die Torquierung führt zu einer Zirkulationsstörung des Hodens und des Nebenhodens. Ausmaß und Schnelligkeit des Unterganges des Hodenparenchyms hängen vom Grad der Torquierung ab, die stets nach innen erfolgt. Bei totaler, das heißt venöser und arterieller Gefäßdrosselung, kommt es zu einem anämischen, bei alleiniger Drosselung der Venen zu einem hämorrhagischen Hodeninfarkt. Torsionen geringen Ausmaßes können sich spontan zurückdrehen.

Das erste und wichtigste Symptom der Samenstrangtorsion ist ein plötzlich einsetzender, heftiger Schmerz im Hoden, der mit Übelkeit und Erbrechen einhergehen kann. Innerhalb von ein bis zwei Stunden kommt es häufig zu einer Rötung der Skrotalhaut und zu einer ödematösen Schwellung des Skrotalinhaltes, so daß der Hoden vom Nebenhoden nicht mehr abgegrenzt werden kann. Infolge der Torsion steht der Hoden höher.

Die Hodentorsion tritt bevorzugt vor dem 20. Lebensjahr auf; der Häufigkeitsgipfel liegt in der Pubertät und im Säuglingsalter. Zu einer Orchitis und Epididymitis kommt es dagegen in der Regel erst nach der Pubertät.

Differentialdiagnostisch ist bei jeder akuten schmerzhaften Schwellung des Hodens eine Epididymitis, eine Orchitis und die Torsion einer Hydatide in Betracht zu ziehen. Auch an eine inkarzerierte Leistenhernie muß gedacht werden. Die häufigste Fehldiagnose bei einer Hodentorsion ist die Epididymitis. Hohe Temperaturen und eine Leukozyturie sprechen für die Epididymitis. Ein Erkrankungsalter unter 20 Jahren spricht für eine Hodentorsion und gegen eine Epididymitis.

Bei jedem Verdacht auf eine Hodentorsion muß der Hoden sofort freigelegt werden. Da es keine sicheren Zeichen gibt, die eine Hodentorsion ausschließen, muß bei jeder unklaren Hodenschwellung, die vor dem 20. Lebensjahr auftritt, der Verdacht auf eine Hodentorsion ausgesprochen werden. Bisher werden noch viele Torsionen zu spät diagnostiziert, so daß sie mit dem Verlust des Hodens enden. Wird der Hoden innerhalb der ersten 12 Std. freigelegt, so muß er im allgemeinen nicht entfernt werden. Die Samenkanälchen sind zwar bereits nach 6 Std. irreversibel geschädigt. Die Ischämietoleranz der Leydig-Zellen ist jedoch höher, so daß auch nach 12 Std. die endokrine Hodenfunktion erhalten werden kann. Entscheidend ist jedoch nicht nur die Torsionsdauer, sondern auch das Ausmaß der Torsion. Bei einer unvollständigen Torsion ist auch noch nach längerer Zeit eine Erhaltung des Hodens möglich.

Wird der Hoden erhalten, so erfolgt, nach der Detorquierung, die Orchidopexie an der Tunica dartos. Da die eine Torsion ermöglichenden anatomischen Veränderungen in der Regel beidseits vorliegen, ist der kontralaterale Hoden torsionsbedroht. Er muß deshalb aus prophylaktischen Gründen ebenfalls im Skrotum fixiert werden.

Indikationen und Kontraindikationen zur elektiven Nephrektomie

Bevor man sich zur Nephrektomie entschließt, muß immer der morphologische und funktionelle Zustand der anderen Niere bekannt sein. Dies gilt auch für Notfallsituationen (s. S. 639). Wird der Operateur von einer ausgedehnten Nierenverletzung überrascht, so muß er sich zumindest palpatorisch von dem Vorhandensein einer zweiten normal gelagerten und normal großen Niere vergewissern. Dabei sagt dieser Palpationsbefund allerdings noch nichts über die Nierenfunktion aus.

Die beste Information über die Nieren ergibt das Ausscheidungsurogramm. Diese Untersuchung liefert einen guten Anhalt sowohl über die Anatomie als auch die Funktion der zweiten Niere. In Zweifelsfällen ist zusätzlich eine seitengetrennte Isotopenclearance (^{123}Jod- oder ^{131}Jod-Hippuran-Clearance) und eine sonographische Untersuchung durchzuführen.

Da 20–25% des Nierenparenchyms genügen, um die harnpflichtigen Substanzen vollständig zu eliminieren, sollte man, sofern die Organfunktion nicht weitgehend zerstört ist, jede Niere, außer bei einem Tumor, möglichst erhalten. Erst wenn eine Niere nur noch mit weniger als 20% zur Globalfunktion beiträgt, ist ein organerhaltender Eingriff zweifelhaft. Für die Frage der Rekonstruktion oder Nephrektomie sind die Werte der seitengetrennten Isotopenclearance richtungweisend. Dies gilt besonders, wenn die globale Nierenfunktion eingeschränkt ist.

Die letzte Entscheidung »Organerhaltung« oder »Organentfernung« fällt jedoch an der freigelegten Niere. Dies gilt besonders bei grenzwertigen Clearanceergebnissen. Man muß sich immer im klaren darüber sein, daß die seitengetrennten Nierenfunktionsprüfungen unzuverlässig sind. Dies gilt besonders bei einer akuten Stauung.

Die Anpassung der Restniere an die Mehrbelastung erfolgt durch Hypertrophie. Diese kompensatorische Hypertrophie ist bis zum 25. Lebensjahr nach vier bis sechs Monaten, jenseits des 30. Lebensjahres erst nach einem Jahr beendet. Die Aussicht für eine optimale Anpassung der Restniere ist beim traumatischen Verlust einer Niere und nach einer Tumornephrektomie am besten, weil hier in der Regel mit einer gesunden Restniere gerechnet werden kann.

Nach der Entfernung einer pyelonephritischen, steinerkrankten oder mißgebildeten Niere können Komplikationen von seiten der Restniere drohen. Bei diesen Erkrankungen sind häufig beide Nieren betroffen, wenn dies auch zur Zeit der Nephrektomie oft klinisch noch nicht exakt erfaßbar ist. Ein organerhaltender Eingriff ist hier stets anzustreben, auch sind subtile Untersuchungen der »scheinbar« gesunden Niere erforderlich.

Vor einer Nephrektomie sind präoperativ folgende Untersuchungen notwendig:
1. Serumkreatinin.
2. Ausscheidungsurogramm.
3. Seitengetrennte Isotopenclearance, jedoch nur, sofern es sich nicht um einen Nierentumor oder ein Nierentrauma handelt. Bei diesen beiden Erkrankungen ist die Clearanceuntersuchung nur bei erhöhtem Serumkreatinin notwendig.
4. Sonographie, evtl. Computertomographie, der »gesunden« Niere.

Abdominale Tumornephrektomie

Die effektivste Therapie des hypernephroiden Karzinoms der Niere ist die radikale Nephrektomie unter Mitnahme der Fettkapsel und der regionären, paraaortalen und parakavalen Lymphknoten. Dabei wird in der Regel bei Tumoren am oberen Pol der Niere die Nebenniere mitentfernt. Da die chirurgische Entfernung derzeit die erfolgversprechendste Behandlungsmöglichkeit der hypernephroiden Karzinome ist, und da die Wachstumsgeschwindigkeit der Tumoren gering ist, ist die Tumornephrektomie, auch beim Vorliegen von solitären Metastasen, sinnvoll. Sofern postoperativ keine Tumorprogression nachweisbar ist, sollten die Solitärmetastasen innerhalb der folgenden drei Monate chirurgisch entfernt werden. Wichtig ist, daß bei der Nephrektomie eine intraoperative Aussaat von Tumorzellen vermieden wird. Große Tumoren werden deshalb, meist von einer queren Oberbauchinzision aus, transperitoneal entfernt, da hier, ohne wesentliche Mobilisation des Tumors, frühzeitig die Nierengefäße unterbunden werden können. Nierenkarzinome, die in das Mesokolon und Colon descendens infiltrierten, erfordern eine gleichzeitige Hemikolektomie.

Kleine Tumoren können von dem besonders schonenden retroperitonealen Zugang entfernt werden. Diesen Zugang wählt man häufig auch bei sehr adipösen oder alten Patienten und sofern bereits Fernmetastasen vorliegen.

Eine thorakoabdominelle Tumornephrektomie ist nur bei großen, am oberen Nierenpol sitzenden Karzinomen gelegentlich sinnvoll.

Der übliche Zugangsweg für die radikale Tumornephrektomie ist jedoch der transabdominale. Hierzu kann man sowohl eine mediane Laparotomie wählen, die vom Xiphoid aus, unter Linksumschneidung des Nabels, bis in den Unterbauch reicht, als auch einen queren Oberbauchschnitt.

Der Vorteil des transabdominalen Zugangsweges ist, daß man den Gefäßstiel vor der Manipulation am Tumor unterbinden kann. Lateral vom Colon ascendens bzw. descendens wird das hintere Peritonealblatt inzidiert und das Colon mit dem Mesokolon nach medial abgeschoben. Anschließend wird die am oberen Rand, unter der Nierenvene liegende Nierenarterie aufgesucht und nach der Freipräparation aus den sie umgebenden Lymphgefäßen und Nervenfasern doppelt ligiert und durchtrennt. Erst danach erfolgt die Absetzung der V. renalis, unmittelbar an deren Einmündung in die V. cava. Dabei muß auf der linken Seite die V. testicularis bzw. ovarica mitligiert werden (Abb. 9.8.3-18). Nach der Unterbindung des Ureters in Höhe des Eintrittes ins kleine Becken kann die Niere mit der Fettkapsel en bloc entfernt werden.

Liegt bereits ein Tumorthrombus in der V. cava vor, so wird die V. cava subtotal längs abgeklemmt und längs eröffnet, um den Tumorthrombus auszuschälen. Die V. cava wird anschließend mit einer fortlaufenden atraumatischen 5-0-Prolene®-Naht verschlossen (Abb. 9.8.3-19).

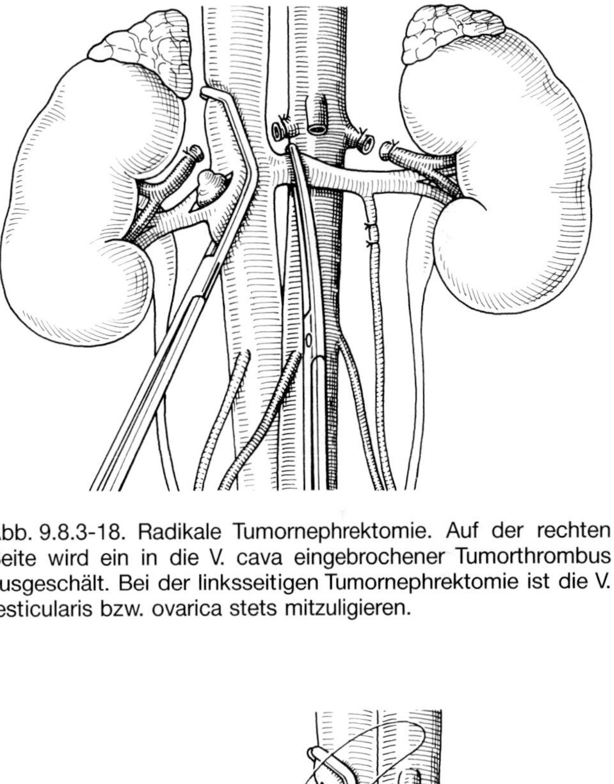

Abb. 9.8.3-18. Radikale Tumornephrektomie. Auf der rechten Seite wird ein in die V. cava eingebrochener Tumorthrombus ausgeschält. Bei der linksseitigen Tumornephrektomie ist die V. testicularis bzw. ovarica stets mitzuligieren.

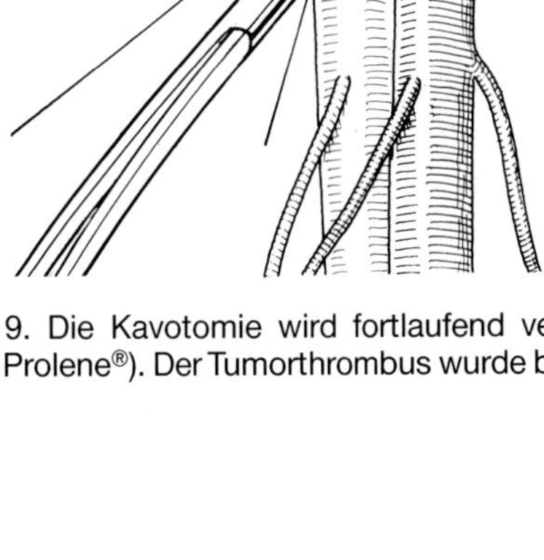

Abb. 9.8.3-19. Die Kavotomie wird fortlaufend vernäht (atraumatisch 5-0 Prolene®). Der Tumorthrombus wurde bereits ausgeschält.

Nach der Exstirpation der Niere erfolgt die Entfernung der Lymphknoten. Die Lymphknotenexstirpation beginnt bei einem linksseitigen Tumor an der Aorta in Höhe des Zwerchfellschlitzes und reicht bis zur Aortenbifurkation. Rechts erfolgt die Lymphknotenexstirpation entlang der V. cava, ebenfalls bis zur Aortenbifurkation. Dabei müssen bei einem rechtsseitigen Tumor die praekavalen, interaortokavalen und retrokavalen Lymphknoten und bei einem linksseitigen Tumor die medialen, praekavalen sowie die prae- und retroaortalen Lymphknoten en bloc entfernt werden.

Anschließend wird eine Zieldrainage eingelegt und retroperitoneal herausgeleitet. Mit einer fortlaufenden Naht wird das Retroperitoneum verschlossen. Beim Nachweis multipler Fernmetastasen, bei einem Tumoreinbruch in die V. cava oberhalb der Nierenvene oder bei einem Tumoreinbruch in das Duodenum, ist ein Nierentumor in der Regel inoperabel. Trotz Inoperabilität muß jedoch gelegentlich eine palliative Tumornephrektomie durchgeführt werden, und zwar bei starken Schmerzen infolge Verdrängung der Nachbarorgane, wegen massiver Blutung in das Nierenhohlraumsystem oder bei einer Infektion.

Etwa bei 5% der Patienten mit einem hypernephroiden Karzinom liegt ein Tumorthrombus in der V. cava vor, der meist gut zu entfernen ist. Nur bei etwa 10% dieser Patienten reicht der Tumorthrombus bis in Höhe der V. hepatica. Die Entfernung dieser Tumoren ist sehr problematisch. Bei zwei Drittel dieser Patienten liegen bereits Fernmetastasen vor, so daß die Entfernung dieser Tumoren in der Regel nicht mehr indiziert ist. Vereinzelt wurde über die erfolgreiche Entfernung dieser Thromben, teils unter Einsatz der Herz-Lungen-Maschine, berichtet. Die meisten Patienten starben jedoch nach kurzer Zeit an Tumormetastasen.

Eine besondere therapeutische Herausforderung stellen die Patienten dar, bei denen ein Tumorbefall der Solitärniere oder ein bilateraler Tumorbefall vorliegt. Dies ist bei etwa 2–3% der Patienten der Fall. Dabei handelt es sich in etwa 1% um bilateral synchrone Tumoren, z.B. bei der tuberösen Sklerose (Hippel-Lindau-Syndrom), und in etwa 2% um asynchrone Tumormanifestationen, die bis zu 20 Jahre nach einer Tumornephrektomie auftreten können. Hier werden organerhaltende Eingriffe, wie die Enukleation des Tumors und die Nierenteilresektion, durchgeführt, obwohl dies teilweise auf Kosten der Radikalität geht. Die »work-bench-surgery«, also die extrakorporale Tumorentfernung, hat sich wegen der Gefäßkomplikationen nicht bewährt. In der Regel ist die Tumorenukleation in situ anzustreben. Lediglich bei zentral lokalisierten Tumoren ist die extrakorporale Tumorentfernung gelegentlich, wegen der besseren Übersicht, indiziert.

Bei großen Tumoren, besonders, wenn sie in der Mitte der Niere sitzen, wird man sich zur Tumornephrektomie entschließen und die Patienten anschließend der Dialysebehandlung zuführen.

Entnahme von Spendernieren

Beim verstorbenen Spender ist die Methode der Wahl die En-bloc-Präparation und Entnahme beider Nieren mit Aorta und V. cava. Dabei werden die Nieren vor der Entnahme in situ perfundiert. Außerdem wird vor der Nierenentnahme durch eine Hypervolämie eine optimale Durchblutung angestrebt.

Zur Erlangung eines ausreichenden Zuganges eröffnet man das Abdomen durch einen Längsschnitt vom Xiphoid bis zur Symphyse und durch einen Querschnitt unterhalb des Rippenbogens (Abb. 9.8.3-20). Es erfolgt nun das Abpräparieren des Colon ascendens, indem das Peritoneum, vom Zäkum beginnend, lateral vom Kolon bis nach kranial zum Lig. hepatoduodenale inzidiert wird. Anschließend wird der Dünndarm nach rechts kranial vorverlagert. Die weitere Inzision des Peritoneums beginnt am Zäkumpol und reicht bis zum Treitzschen Band. Dabei wird unter Ligatur der A. und V. mesenterica inferior das Mesocolon descendens und sigmoideum durchtrennt.

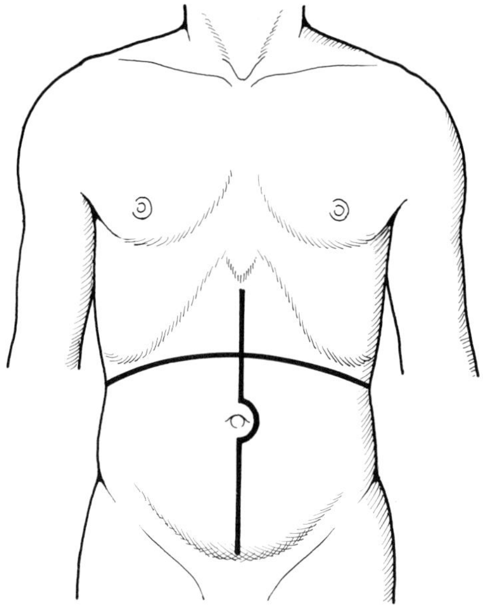

Abb. 9.8.3-20. Schnittführung zur Entnahme von Spendernieren bei Verstorbenen.

Indem man nun das Colon ascendens mit dem Dünndarm vom Retroperitonealraum abhebt, werden die Aorta, die V. cava und die Nierengefäße freigelegt (Abb. 9.8.3-21). Proximal der Bifurkation wird nun die Aorta doppelt angeschlungen und ein Perfusionskatheter in die Aorta eingebunden. Der Perfusionskatheter ist zuvor luftfrei mit der Perfusionslösung zu füllen und anzuschließen. Zur Perfusion verwendet man eine auf 0–+4°C gekühlte Elektrolytlösung (z.B. »urocollins«). Die Aorta und die V. cava werden jetzt oberhalb der Nierengefäßabgänge und unterhalb des Perfusionskatheters abgeklemmt. Anschließend wird sofort mit der Perfusion begonnen, wobei die V. cava zum Abfluß des Blutes und der Perfusionslösung unterhalb der Nierenvene inzidiert wird.

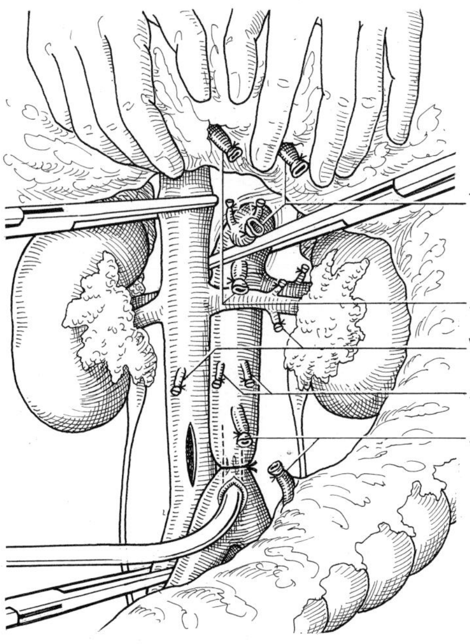

Abb. 9.8.3-21. Perfusion der Nieren mit gekühlter Elektrolytlösung. Die V. cava ist zum Abfluß des Blutes und der Perfusionslösung inzidiert.

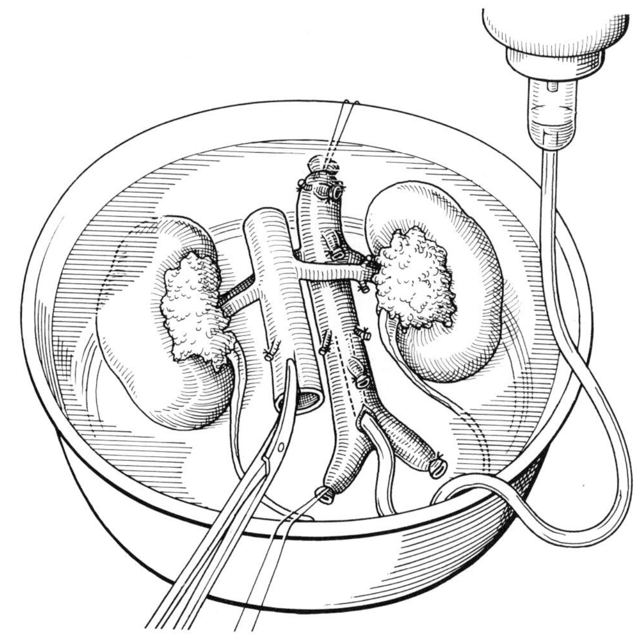

Abb. 9.8.3-22. Extrakorporale Perfusion beider Nieren. Der Perfusionskatheter ist in die Aorta eingebunden.

Zur En-bloc-Entnahme des Präparates wird nun die Aorta mit der V. cava an den kranial vom Nierenstiel sitzenden Klemmen angehoben und mit den Nierenvenen von der dorsalen Bauchwand abgelöst. Dabei müssen die Lumbalgefäße durchtrennt werden. Beide Ureteren werden mit dem sie umgebenden Fettgewebe stumpf abpräpariert und an der Kreuzungsstelle mit den Iliakalgefäßen durchtrennt. Während der Präparation werden die Nieren ständig perfundiert. Auch nach der En-bloc-Entnahme wird die Perfusion des Präparates noch fortgesetzt, bis beide Nieren gleichmäßig blaß sind. Dies ist nach einer Perfusion von etwa 2 Litern der Fall (Abb. 9.8.3-22). Zum Schluß werden die V. cava und die Aorta noch an ihrer Vorder- und Rückwand gespalten. Nach der Entnahme der Nieren erfolgt für immunologische Untersuchungen die Entfernung der Milz und einiger paraaortaler und parailiakaler Lymphknoten.

Zur Lagerung der Nieren verwendet man in der Regel drei Plastikbeutel. In den ersten Plastikbeutel, in dem sich etwa 100 ml kalter Perfusionslösung befinden, kommt die Niere. Dieser Beutel wird verschlossen in einen zweiten Beutel gebracht, in dem sich etwa 100 ml steriles Eis befinden. Auch dieser Beutel wird zugeschnürt und in einen dritten Beutel gelegt, um den ein steriles Tuch geschlagen wird. Dieses Paket wird nun in einem mit Eis gefüllten Styroporbehälter aufbewahrt. Getrennt davon wird ein Stück der Milz in einem Plastikbeutel in den Styroporbehälter gebracht. Die für die Typisierung entnommenen paraaortalen Lymphknoten kommen ungekühlt in physiologischer Kochsalzlösung ins Labor. Durch diese heute übliche Verpackung der Nieren ist eine Konservierung von etwa 24–36 Std. möglich.

Abb. 9.8.3-1–4, 9–10, 12–13 u. 15–17 nach Völter, D.: Kompendium der Urologie. 2. Aufl. Fischer, Stuttgart 1984.
Abb. 9.8.3-20 u. 21 nach Pichlmayr, R.: Transplantationschirurgie. Springer, Berlin, Heidelberg, New York 1981.

10

Eingriffe bei Frakturen, Luxationen und Kapsel-Band-Verletzungen

Topographische Anatomie der Extremitäten

J. W. Rohen

Obere Extremität

Schultergürtel und Schlüsselbein

Der Schultergürtel ist auf dem Thorax ausgiebig verschieblich und nur durch die Clavicula im Sternoklavikulargelenk mit dem Brustbein fest verbunden. Das Sternoklavikulargelenk ist durch einen Discus articularis in zwei Abteilungen untergliedert und durch einen straffen Bandapparat am Sternum und an der ersten Rippe (Lig. sternoclaviculare ant., Lig. interclaviculare und Lig. costoclaviculare) so fest fixiert, daß die Beweglichkeit insgesamt relativ gering ist (Abb. 10 A-1). Außerdem zieht der M. subclavius, der von der 1. Rippe ausgeht, die Clavicula an das Brustbein heran. Auch im Bereich des äußeren Schlüsselbeingelenkes sorgt ein kräftiger Bandapparat für den Zusammenhalt der Skelettelemente, woran sich auch der M. subclavius wirksam beteiligt (Abb. 10 A-1). Die Bänder zwischen Acromion, Clavicula und Proc. coracoideus (Lig. coracoclaviculare, Lig. coracoacromiale) bilden mit den Knochenelementen zusammen ein osteofibröses Dach (Fornix humeri) über dem Schultergelenk, so daß der Arm im Schultergelenk allein nicht über die Horizontale gehoben werden kann. Im Gegensatz zu den Schlüsselbeingelenken ist der Bandapparat des Schultergelenkes schwach entwickelt. Die Gelenkkapsel wird hier nicht durch straffe Kollateralbän-

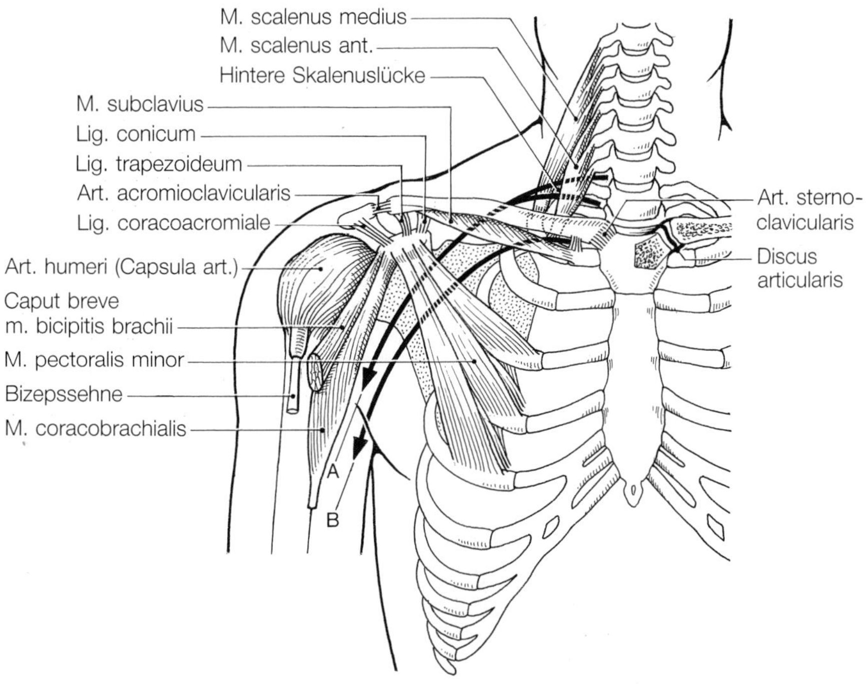

Abb. 10 A-1. Gelenke und Bandapparat des Schultergürtels. Pfeile = Haupt-Gefäß-Nerven-Straßen. A = Straße für A. subclavia bzw. A. axillaris und Äste des Plexus brachialis; B = Straße für V. subclavia bzw. axillaris.

der verstärkt. Für den Zusammenhalt der Gelenkkörper sorgt die kräftige Schulter- und Oberarmmuskulatur, vorne vor allem der M. deltoideus und die Mm. pectorales major und minor, hinten die Mm. supra- und infraspinati und die Mm. teres major und minor (Abb. 10 A-2).

Die den Arm versorgenden **Leitungsbahnen** ziehen vom Hals durch die beiden Skalenuslücken in die Achselhöhle. Durch die vordere Skalenuslücke, die **vor** dem Ansatz des M. scalenus ant. an der 1. Rippe lokalisiert ist, verläuft die V. subclavia. Durch die hintere Skalenuslücke, die zwischen M. scalenus ant. und medius liegt, verläuft – der 1. Rippe dicht angelagert – die A. subclavia und weiter kranial der **Plexus brachialis** (Abb. 10 A-3). Der Plexus brachialis, der aus den ventralen Ästen der unteren zervikalen Spinalnerven (C_5–Th_1) hervorgeht, ordnet sich oberhalb der Clavicula in drei Faszikel, die mit den Gefäßen in eine gemeinsame Bindegewebsscheide eingeschlossen sind. Das Gefäß-Nerven-Bündel zieht dann unter dem M. pectoralis minor zur medialen Seite des Armes nach distal, wobei es sich dem M. coracobrachialis eng anlagert. Dieser wird daher auch als der zugehörige Leitmuskel bezeichnet. Innerhalb der Achselhöhle zweigen vom Gefäß-Nerven-Bündel nach dorsal durch die laterale Achselmuskellücke der **N. axillaris** und die A. circumflexa humeri post. ab und

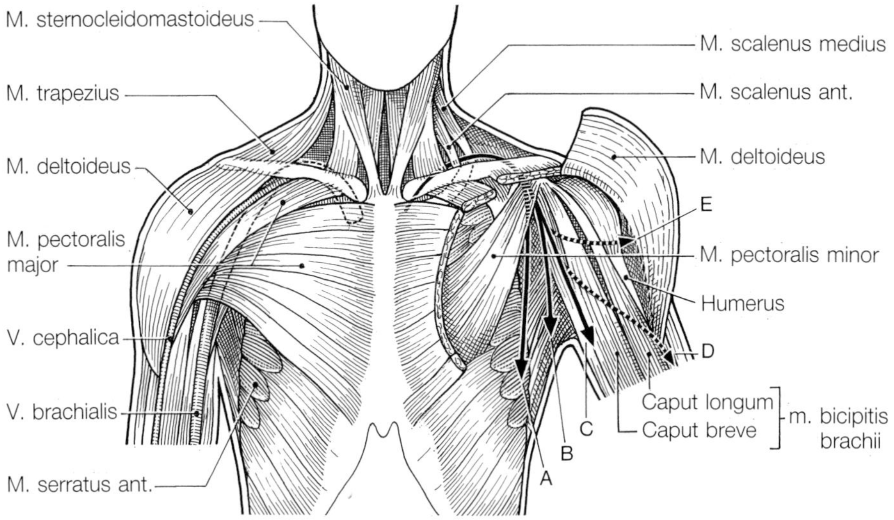

Abb. 10 A-2. Muskulatur und Muskellogen von Schulter und Brustwand. Pfeile = Haupt-Gefäß-Nerven-Straßen. A = Vordere Straße für A., V. thoracica lat. und N. thoracicus longus; B = Straße für A., V. und N. thoracodorsalis; C = Haupt-Gefäß-Nerven-Straße zum Arm für A., V. brachialis, N. medianus, N. ulnaris und N. musculocutaneus; D = dorsale Straße für N. radialis und A. profunda brachii; E = dorsale Straße für N. axillaris, A. und V. circumflexa humeri post.

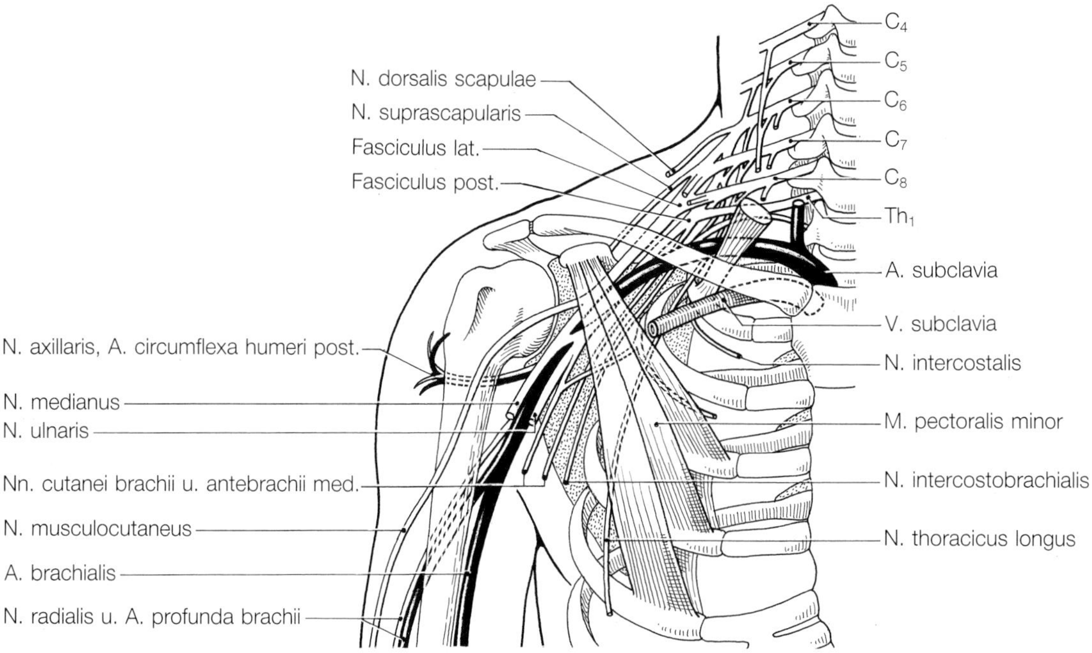

Abb. 10 A-3. Lage und Gliederung des Plexus brachialis (nach Rohen, J. W.: Topographische Anatomie, 8. Aufl., 1987).

nach vorne die A. circumflexa humeri ant. (Abb. 10 A-4). Etwas weiter distal verlassen der N. radialis und die A. profunda brachii das Gefäß-Nerven-Bündel und ziehen zur Dorsalseite des Oberarms. Die verbleibenden Leitungsbahnen ziehen in der medialen Bizepsrinne vor dem Septum intermusculare mediale brachii nach distal, um schließlich von medial her in die Ellenbeuge einzutreten. Dieses Gefäß-Nerven-Bündel umfaßt jetzt noch den N. medianus, den N. musculocutaneus, der aber schon relativ weit proximal nach lateral zur Beugerloge abzweigt, den N. ulnaris, der distal ebenfalls das Bündel verläßt und das Septum intermusculare mediale durchbricht, um auf die Streckseite zu gelangen, die A. brachialis und die meist doppelt vorhandenen Vv. brachiales. Die Nn. cutanei brachii und antebrachii med. durchbrechen in unterschiedlicher Höhe die Bindegewebshülle des Gefäß-Nerven-Bündels und ziehen zur Haut der medialen Seite von Ober- und Unterarm.

Durch die geschilderte Umgliederung der Leitungsbahnen ergibt sich eine charakteristische Verteilung der Gefäße und Nerven im Oberarmbereich, die am besten im Querschnittsbild erkennbar ist (Abb. 10 A-5). Durch die beiden Septa intermuscularia werden die Beugerloge (vorne) und die Streckerloge (hinten) scharf voneinander getrennt. Das Haupt-Gefäß-Nerven-Bündel läuft **vor** dem medialen Septum nach distal. Dahinter liegt der N. ulnaris mit den Vasa collateralia ulnaria sup. Innerhalb der Beugerloge zwischen M. biceps brachii und M. brachialis liegt der N. musculocutaneus, dorsal in der Streckerloge, dem Knochen unmittelbar benachbart, verläuft der N. radialis zusammen mit der A. profunda brachii. Die V. cephalica zieht in der lateralen Bizepsrinne – oberhalb der Oberarmfaszie – nach proximal, um in der Rinne zwischen M. deltoideus und M. pectoralis major schließlich die Mohrenheimsche Grube (Trigonum deltoideopectorale) zu erreichen.

Bei den **dorsalen Schulterregionen** bestimmen außer den Schulterblattmuskeln vor allem der M. trapezius und der M. deltoideus die strukturelle Gliederung und Abgrenzung der Gefäß-Nerven-Straßen (Abb. 10 A-6). Unterhalb des M. trapezius – vom Hals kommend – verläuft der **N. accessorius**. Am Hals folgt er dem M. levator scapulae (Leitmuskel), um dann medial vom Schulterblatt von unten in den M. trapezius einzudringen. Unterhalb der beiden Mm. rhomboidei zieht parallel zum medialen Schulterblattrand der N. dorsalis scapulae in Begleitung der A. scapularis descendens bzw. des R. profundus der A. transversa cervicis. Um die Spina scapulae herum bildet sich ein arterieller Anastomosenkranz, der auch als Kollateralkreislauf für die Armversorgung eine Rolle spielen kann. Die aus der Subclavia stammende A. suprascapularis zieht oberhalb des Lig. transversum scapulae sup. zum M. infraspinatus; die A. circumflexa scapulae kommt aus der A. subscapularis und dringt durch die **mediale Achselmuskellücke** von unten in die dorsale Schulterregion ein, um am Collum scapulae mit der A. suprascapularis zu anastomosieren. Der die A. suprascapularis begleitende N. suprascapularis zieht **unter** dem Lig. transversum hindurch, so daß er in der skapularen Knochenrinne bei Bewegungen im Schulterbereich geschützt ist. Durch die **laterale Achselmuskellücke**, die vom M. teres major und minor, dem langen Kopf des M. biceps und dem Humerus begrenzt wird, erreicht der N. axillaris, von ventral aus der Achselhöhle kommend, zusammen mit der A. circumflexa humeri post. die dorsale Schulterregion.

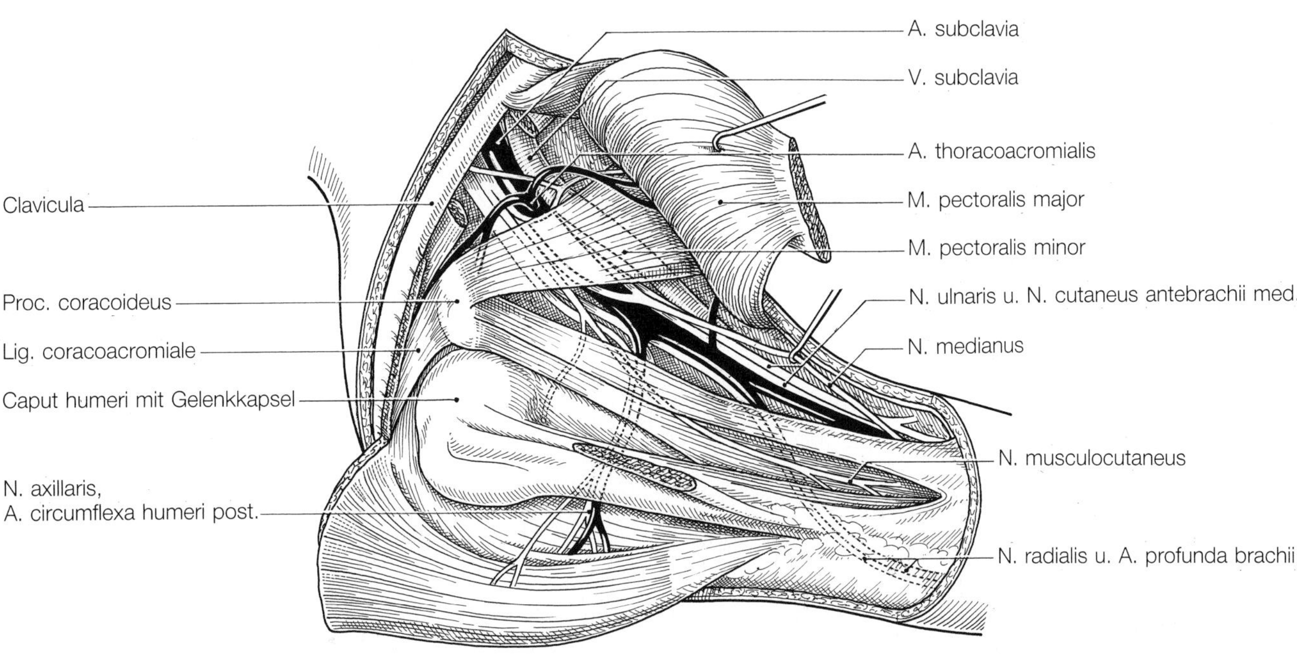

Abb. 10 A-4. Zugang zum Schultergelenk und zur Regio axillaris von lateral (modif. nach R. Bauer et al., 1986).

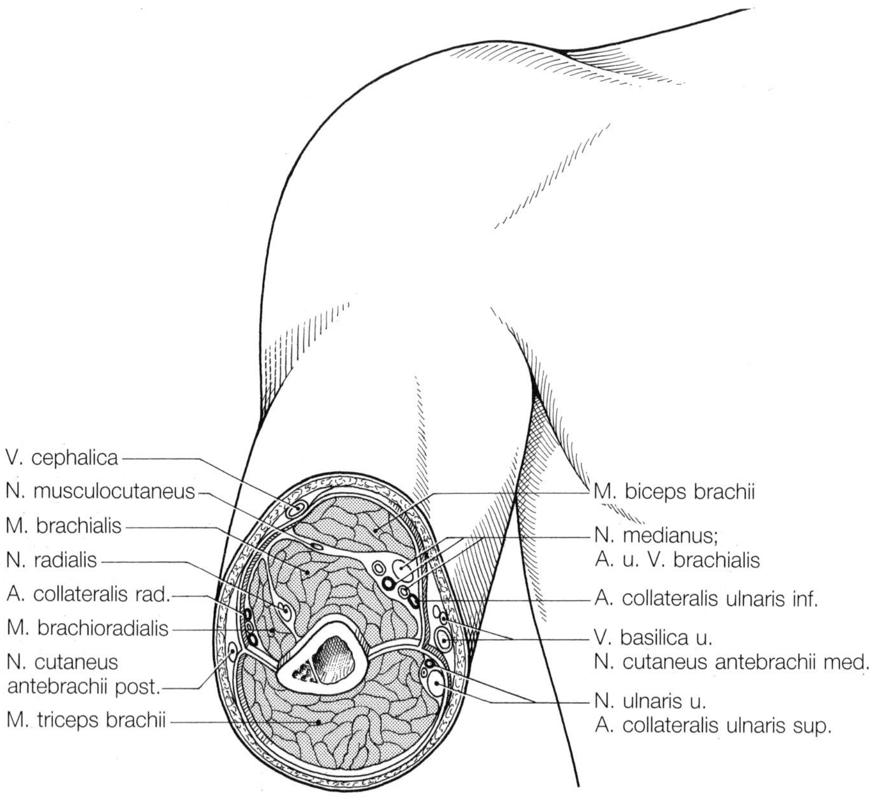

Abb. 10A-5. Querschnitt durch den Oberarm zwischen mittlerem und distalem Drittel. Der N. radialis ist bereits in die Beugerloge, der N. ulnaris in die Streckerloge übergetreten.

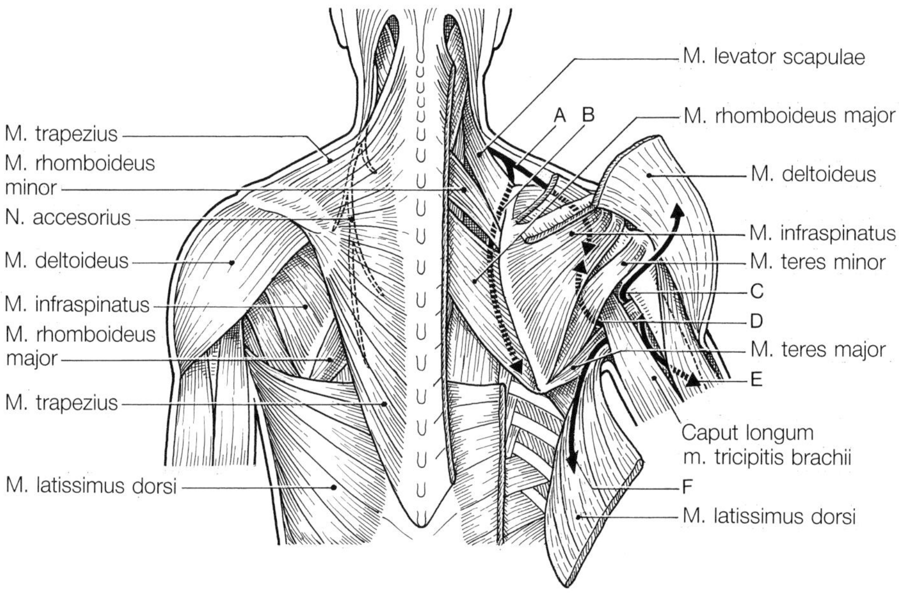

Abb. 10A-6. Muskellogen und Gefäß-Nerven-Straßen an der Dorsalseite von Schulter und Rücken (nach Rohen, J.W.: Topographische Anatomie, 8. Aufl., 1987). A u. D = Kollateralkreislauf der Schulter; A = Straße für N. und A. suprascapularis; B = Straße für N. dorsalis scapulae und A. scapularis descendens; C = laterale Achselmuskellücke (N. axillaris, A. circumflexa humeri post.); D = mediale Achselmuskellücke (A. circumflexa scapulae); E = Straße für N. radialis und A. profunda brachii; F = Straße für N. thoracodorsalis.

Oberarm

Die **Dorsalseite des Oberarms** nimmt der M. triceps brachii ein. Zwischen dem Ursprungsfeld des lateralen und medialen Trizepskopfes bleibt eine langgestreckte, spiralige, zur Ellenbeuge verlaufende Gefäß-Nerven-Rinne übrig, in der der N. radialis und die A. profunda brachii verlaufen (Abb. 10 A-7). Die oberflächliche Schicht der Oberarmrückseite besteht aus dem langen und lateralen Trizepskopf, die distal zusammenlaufen und den breiten Sehnenspiegel des Trizeps ausbilden (Abb. 10 A-8). Distal vom Radialiskanal wird fast die gesamte Oberarmrückseite vom medialen Trizepskopf bedeckt. Der N. radialis durchbohrt handbreit oberhalb der Ellenbeuge das Septum intermusculare lat. und tritt dann von lateral unter dem M. brachioradialis in die Ellenbeuge ein, wobei er sich – meist schon unter dem M. brachioradialis – in einen motorischen R. profundus und einen sensorischen R. superficialis aufspaltet.

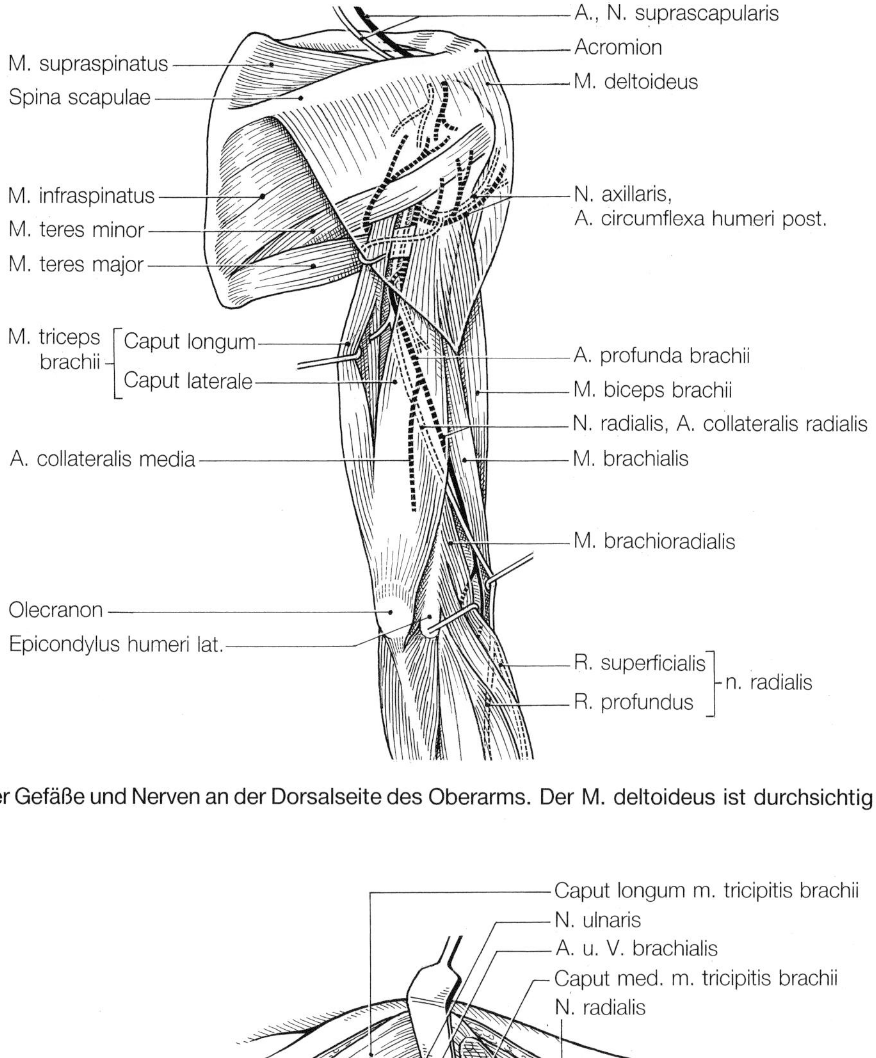

Abb. 10 A-7. Lage der Gefäße und Nerven an der Dorsalseite des Oberarms. Der M. deltoideus ist durchsichtig gedacht.

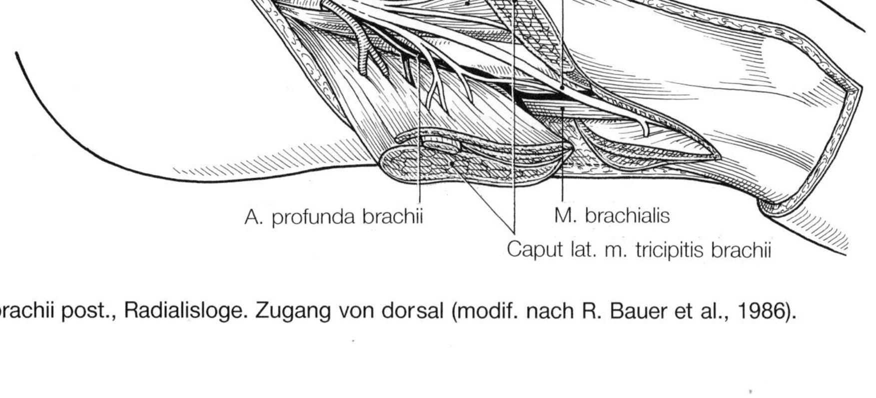

Abb. 10 A-8. Regio brachii post., Radialisloge. Zugang von dorsal (modif. nach R. Bauer et al., 1986).

An der **Ventralseite des Oberarmes** zweigt vom Gefäß-Nerven-Bündel in der medialen Bizepsrinne der N. ulnaris ab. Er durchbricht zusammen mit der A. collateralis ulnaris sup. etwa in der Mitte des Oberarms das Septum intermusculare med. und erreicht so die Streckerloge des Oberarms, wo er zusammen mit den Gefäßen dicht am Epicondylus medialis humeri entlangzieht. Das Gefäß-Nerven-Bündel des Oberarms enthält nach Abgang des Radialis- und Ulnarisbündels nur noch den N. medianus und die Vasa brachialia (Abb. 10 A-9). Diese Leitungsbahnen verlaufen dann vor dem Septum intermusculare med., neben dem M. biceps brachii und M. brachialis nach distal zur Ellenbeuge weiter, wo sie relativ oberflächlich unter der Bizepsaponeurose zu finden sind (Abb. 10 A-10).

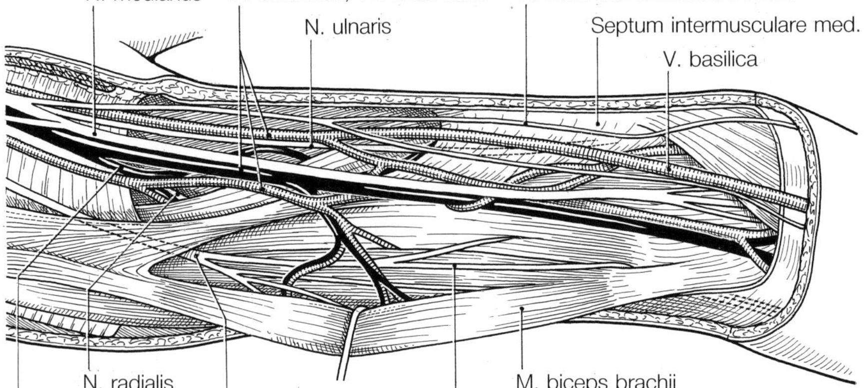

Abb. 10 A-9. Regio brachii ant. Medianusloge. Rechter Arm von lateral-vorne (modif. nach R. Bauer et al., 1986).

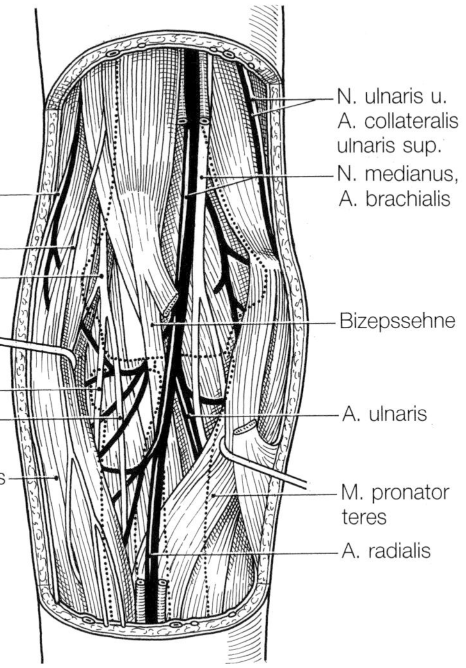

Abb. 10 A-10. Regio cubiti. Rechter Arm von vorne. Die Aponeurose des M. biceps wurde durchtrennt. Knochenelemente punktiert.

Regio cubiti ant.

Im Bereich der Ellenbeuge teilt sich die A. brachialis in ihre beiden Hauptäste auf, die A. ulnaris und radialis, die sich weiter distal jeweils den gleichnamigen Nerven anschließen. Der N. medianus behält jedoch seine mediane Lage bei. Er verläßt die Ellenbeuge durch einen Schlitz zwischen den beiden Köpfen des M. pronator teres, von wo aus er in den Zwischenraum zwischen den oberflächlichen und tiefen Fingerbeugern des Unterarms eindringt. Durch die Neugliederung der Leitungsbahnen in der Ellenbeuge ergeben sich am Unterarm 5 Gefäß-Nerven-Straßen (Abb. 10 A-11). Die **laterale Straße** beherbergt die A. radialis sowie den R. superficialis des N. radialis. Leitmuskel ist hier der M. brachioradialis. Die ulnare Gefäß-Nerven-Straße enthält den N. ulnaris sowie die A. und V. ulnaris, wobei die Vasa ulnaria aus der Ellenbeuge kommen, während der N. ulnaris von der Streckseite her kommt, hinter dem Epicondylus medialis humeri verläuft und erst im oberen Drittel des Unterarms das ulnare Gefäßbündel erreicht. Leitmuskel für das ulnare Gefäß-Nerven-Bündel ist der M. flexor carpi ulnaris, an dessen medialer und unterer Fläche diese Leitungsbahnen bis zum Handgelenk distalwärts ziehen. In der Tiefe der Ellenbeuge gehen dann noch die rekurrenten Arterien für das Rete articulare des Ellbogengelenks sowie für die Zwischenknochenstraßen des Unterarmes ab. Unmittelbar auf der Membrana interossea (volare Zwischenknochenstraße) verlaufen die Vasa interossea ant. und der N. interosseus antebrachii ant., der vom N. medianus abzweigt.

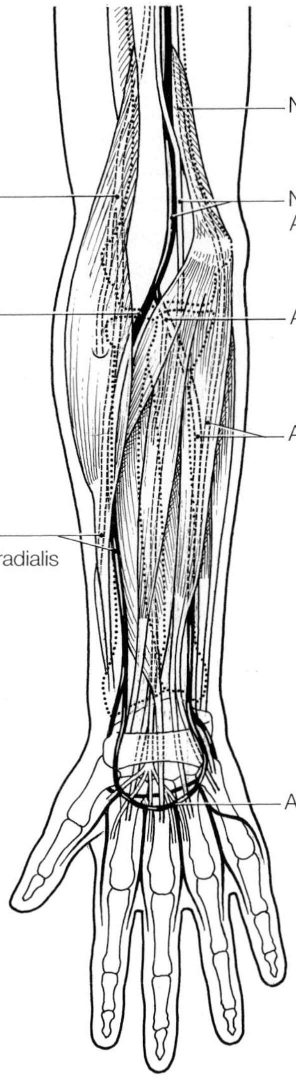

Abb. 10A-11.a) Lage der Gefäß-Nerven-Straßen am Unterarm. Knochenelemente und bedeckte Leitungsbahnen punktiert.

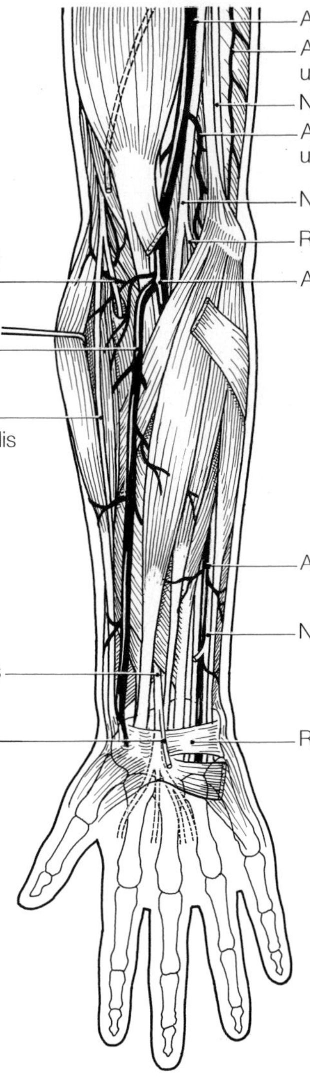

Abb. 10A-11.b) Regio antebrachii ant. Rechter Unterarm von ventral. Mittlere Schicht. Die Aponeurose des M. biceps brachii wurde durchtrennt und der M. brachioradialis etwas zur Seite gezogen, um den N. radialis zu zeigen.

Unterarm

Die **mittlere Gefäß-Nerven-Straße** verläuft in der Mitte des Unterarms zwischen den oberflächlichen und tiefen Fingerbeugern und beherbergt nur den N. medianus. Distalwärts wird der N. medianus oberflächlicher und kommt proximal vom Retinaculum flexorum subfaszial zwischen den Sehnen des M. flexor carpi radialis und M. palmaris longus zum Vorschein. Hier wird der Nerv am leichtesten verletzt (z.B. bei Suizidversuchen oder Unfällen). Die ulnaren Leitungsbahnen liegen proximal tiefer als die radialen, werden jedoch oberhalb des Handgelenks neben der Sehne des M. flexor carpi ulnaris ebenfalls oberflächlich.

Regio antebrachii post.

Die Streckseite des Unterarms ist relativ arm an Leitungsbahnen. In die Streckerloge dringt von der Ellenbeuge aus der R. profundus des N. radialis ein, der auch die Streckmuskulatur innerviert. Der R. profundus durchbohrt den M. supinator und zieht in dem Spaltraum zwischen M. extensor digitorum und der tiefen Streckmuskulatur (M. abductor pollicis longus, M. extensor pollicis longus und brevis, M. extensor indicis) nach distal, ohne jedoch die Hand zu erreichen (Abb. 10A-12). Der Nerv wird von der aus der A. interossea communis abzweigenden A. interossea posterior, die sich ebenfalls distal erschöpft, begleitet. Man kann den Radialisast im oberen Drittel des Unterarms dadurch erreichen, daß man zwischen M. extensor carpi radialis brevis und M. extensor digitorum eingeht und den M. supinator darstellt (Abb. 10A-13).

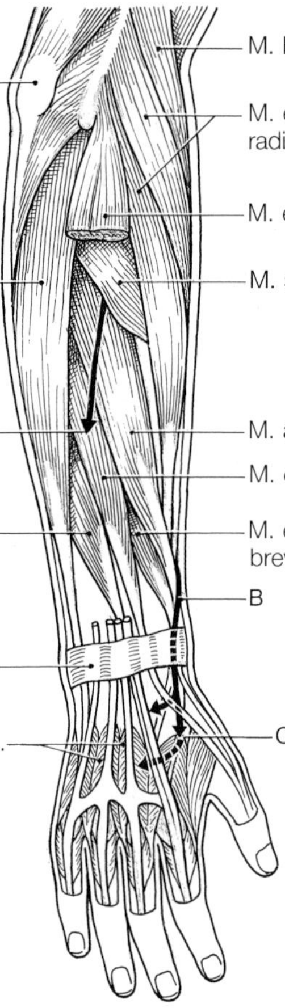

Abb. 10A-12. Muskellogen und Gefäß-Nerven-Straßen an der Dorsalseite des Unterarms. A = Dorsale Straße zur Streckerloge (R. prof. n. radialis, A. u. V. interossea post.); B = radiale Straße (A. radialis, R. superf. n. radialis); C = Übergang der A. radialis in den Arcus palmaris prof.

Hand

Palma manus

Die Hand grenzt sich vom Unterarm durch drei quere Hautfalten ab, von denen die mittlere (sog. Restricta) in Höhe des proximalen Handgelenkes verläuft (Abb. 10A-14). Der N. medianus gelangt zusammen mit den Sehnen der beiden Fingerbeuger durch den Canalis carpi, der oberflächlich durch das Retinaculum flexorum abgegrenzt wird, in die Hohlhand. Distal vom Retinaculum spaltet sich der N. medianus in seine Endäste auf, die zu den palmaren Rändern der ersten 3½ Finger ziehen. Im Karpalkanal liegt der Nerv sehr oberflächlich, so daß er z.B. beim Karpaltunnelsyndrom leicht komprimiert werden kann. Das ulnare Gefäß-Nerven-Bündel des Unterarms (N. und A. ulnaris) verläuft oberhalb des Retinaculum flexorum und gelangt lateral (radial) vom Os pisiforme in die mittlere Hohlhandloge, wo die A. ulnaris zusammen mit dem oberflächlich verlaufenden R. palmaris superf. der A. radialis den oberflächlichen Hohlhandbogen (Arcus palmaris superf.), der unmittelbar unter der Palmaraponeurose liegt, ausbildet. Der Arcus versorgt mit kräftigen, radiär ausstrahlenden Arterien (Aa. digitales palmares comm.), die sich an den Fingerwurzeln jeweils in zwei Äste aufspalten, den 2.–5. Finger. Die Äste für den 4.–5. Finger werden von den sensiblen Endästen des N. ulnaris (R. superf.) begleitet, der 1½ Finger versorgt. Der tiefe Hohlhandbogen (Arcus palmaris prof.) liegt weiter proximal, etwa in Höhe der Basen der Metakarpalknochen unter der tiefen Hohlhandfaszie in der Loge der Mm. interossei. Der Arcus wird hautsächlich von der A. radialis gespeist, die von der radialen Gefäß-Nerven-Straße des Unterarmes her kom-

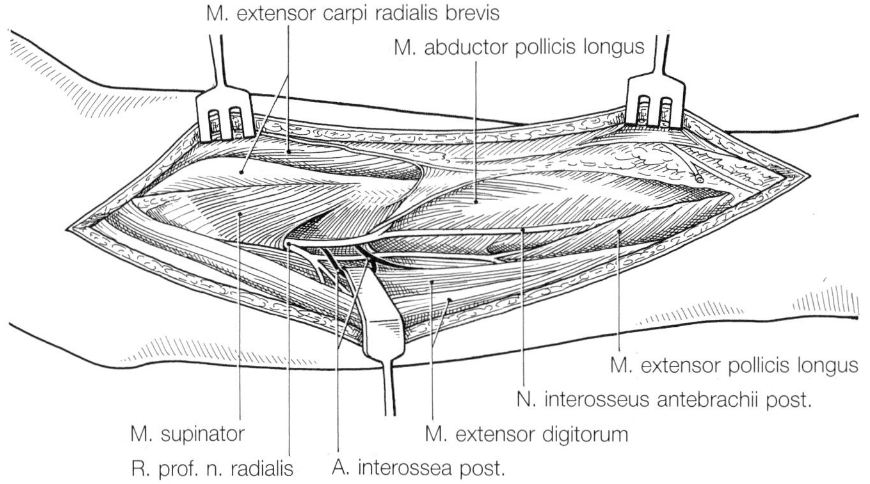

Abb. 10A-13. Streckerloge des Unterarms von dorsal. Rechter Arm (nach R. Bauer et al., 1986).

mend unter den Sehnen der Daumenstrecker hindurchzieht und durch den ersten Zwischenknochenraum in die Hohlhand gelangt (Abb. 10 A-14). Der Arcus profundus, der durch die Anastomose der A. radialis mit dem tiefen Ast der A. ulnaris entsteht, versorgt hauptsächlich die ersten beiden Finger, die Thenarmuskulatur und die Mm. interossei (A. princeps pollicis, A. radialis indicis, Aa. metacarpeae palmares). Der tiefe motorische Ast des N. ulnaris (R. profundus) zweigt unterhalb des Os pisiforme vom N. ulnaris ab und dringt in die Tiefe der Hohlhand vor, wo er den Arcus palmaris prof. begleitet. Die Fingerbeuger werden im Karpaltunnel bis zur Mitte der Hohlhand von einem gemeinsamen Sehnenscheidensack umhüllt und dadurch gleitfähig erhalten. In der Regel besitzt die Sehne des M. flexor pollicis longus eine eigene Sehnenscheide, die nicht mit dem gemeinsamen Hohlhandsack kommuniziert.

Dorsum manus

Im Gegensatz zur Palma manus besitzt der Handrücken keine Muskulatur. Die Streckersehnen, die meist durch Sehnenbrücken miteinander verbunden sind (Connexus intertendineus), gleiten in einem lockermaschigen Bindegewebe, in dem auch die Hautäste des N. radialis und ulnaris verlaufen. Die Streckersehnen werden durch 6 Sehnenfächer im Retinaculum extensorum an der Handwurzel fixiert und durch individuelle Sehnenscheiden gleitfähig erhalten. Die Streckersehnen des 1. und 3. Faches begrenzen die sog. Tabatière **(Fossa radialis)**, an deren Boden die A. radialis, das Os scaphoideum (früher naviculare) und das Sattelgelenk des Daumens zu finden sind. Die Arterien des Handrückens (Aa. metacarpeae dors.) liegen auf den Mm. interossei dorsales und werden von den karpalen Ästen der A. ulnaris und A. radialis gespeist. Sie anastomosieren über Rr. perforantes mit den palmaren Gefäßsystemen. Da die Hohlhand durch die Palmaraponeurose oberflächlich einen festen Abschluß besitzt, erfolgt fast der gesamte venöse und lymphatische Abfluß der Hand über den Handrücken. Das ausgedehnte Venennetz des Dorsum manus (Rete venosum dorsale) bildet das Wurzelgebiet der V. cephalica zur radialen Seite hin sowie auch das Einflußgebiet der V. basilica zur ulnaren Seite hin. Variationen des Venensystems sind jedoch sehr häufig.

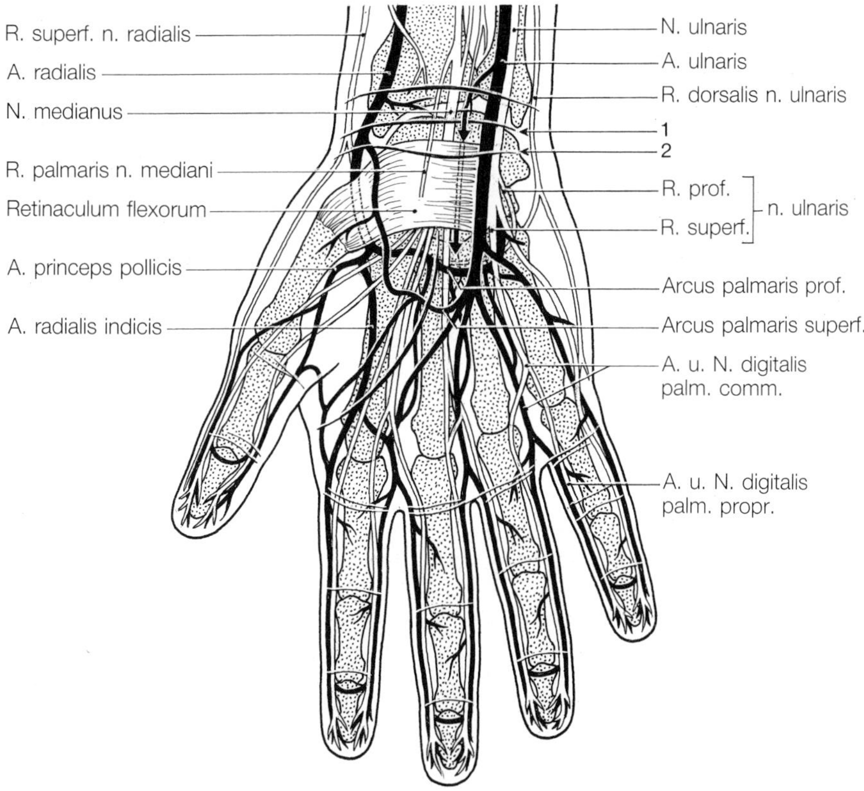

Abb. 10 A-14. Nerven- und Gefäßversorgung der Hand. 1 = Linea restricta; 2 = Linea rascetae; Pfeil = Karpaltunnel unter dem Retinaculum flexorum mit N. medianus.

Untere Extremität

Im Gegensatz zur oberen Extremität greifen bei der unteren Gließmaße mit Ausnahme des M. iliopsoas keine Muskeln auf den Rumpf über. Die Beinmuskulatur endet am Bekkenkamm. Im Oberschenkelbereich bilden sich 3 Muskelgruppen, die durch kräftige Septen voneinander getrennt sind (Abb. 10 A-15 u. 16). Zwischen die Beuger (M. biceps femoris, M. semitendinosus und M. semimembranosus) und Strecker (M. quadriceps femoris) schiebt sich von medial die Adduktorengruppe, der sich proximal der M. iliopsoas anschließt, ein.

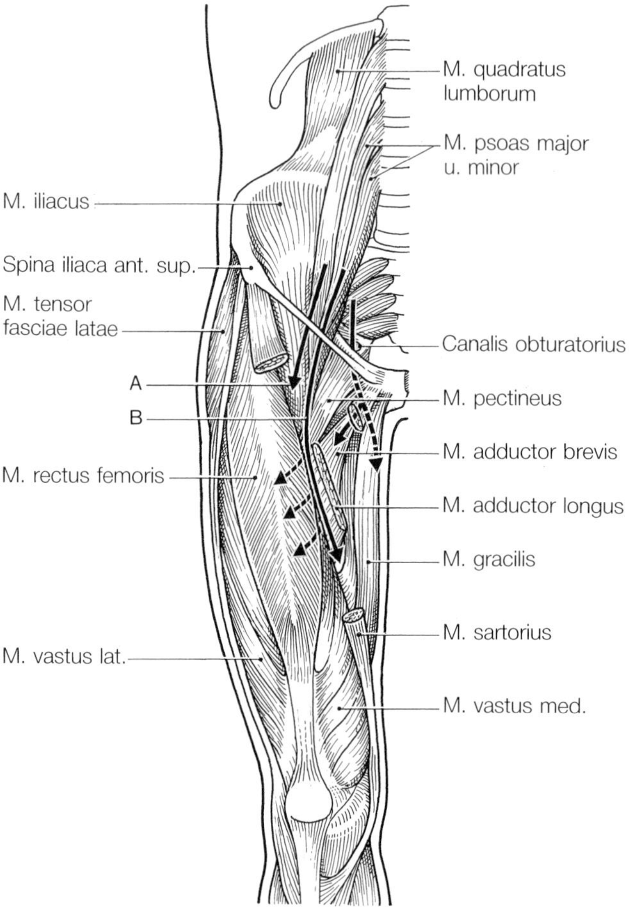

Abb. 10A-15. Muskellogen und Gefäß-Nerven-Straßen an der Ventralseite des Oberschenkels. A = Lacuna musculorum für N. femoralis; B = Lacuna vasorum für A. und V. femoralis (Pfeile = Zugangswege zur Dorsalseite, Aa. perforantes der A. profunda femoris).

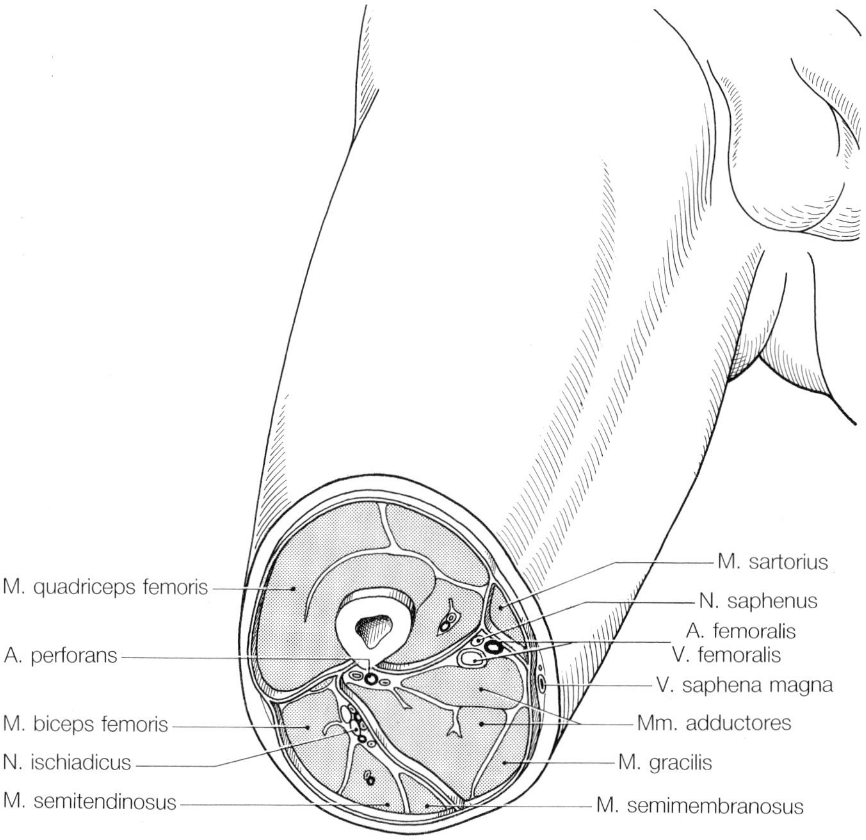

Abb. 10A-16. Querschnitt durch die Mitte des Oberschenkels.

Becken und Oberschenkel

Regio femoris anterior

Die Gefäß-Nerven-Straßen vom Bauchraum zum Bein, die auch zu Bruchpforten werden können, folgen im wesentlichen den Muskellogen. Durch die **Lacuna musculorum**, lateral vom Arcus iliopectineus (etwa an der Grenze zwischen mittlerem und lateralem Drittel des Leistenbandes) verläuft der N. femoralis zusammen mit dem M. iliopsoas zur Streckerloge des Oberschenkels. Medial vom Arcus iliopectineus **(Lacuna vasorum)** ziehen die A. und V. femoralis sowie Lymphgefäße. Dabei liegt die A. femoralis lateral von der Vene und relativ oberflächlich (etwa in der Mitte zwischen Spina iliaca ant. sup. und dem Tuberculum pubicum). Am Gefäßbündel des Oberschenkels lassen sich 3 Abschnitte unterscheiden. Der 1. Abschnitt liegt medial vom Sartoriusrand unter dem Leistenband, der 2. Abschnitt unter dem M. sartorius und der 3. Abschnitt repräsentiert die Strecke innerhalb des Adduktorenkanals, der zur Kniekehle führt (Abb. 10 A-17).

Distal vom Leistenband liegt der Hiatus saphenus, durch den die V. saphena magna hindurchzieht und die Vasa pudenda externa das äußere Genitale erreichen. 3–6 cm distal vom Leistenband zweigt die A. profunda femoris von der A. femoralis dorsalwärts ab, aus der die Aa. perforantes zur Dorsalseite des Oberschenkels hervorgehen. Sie teilt sich distal gleich in die A. circumflexa femoris lat. und med. auf (Abb. 10 A-18). Der laterale Zweig unterkreuzt den sich aufsplitternden N. femoralis und zieht unter dem M. rectus femoris hindurch nach lateral, um sich mit einem aufsteigenden Ast an der Versorgung des Hüftgelenkes und mit einem absteigenden Ast an der Streckmuskulatur zu beteiligen. Die A. circumflexa femoris med. dringt zwischen M. pectineus und M. iliopsoas in die Tiefe. Ihre Äste anastomosieren medial mit der A. obturatoria und dorsal mit den Glutäalarterien (Abb. 10 A-18). Sie entsendet auch einen Ast zum Lig. capitis femoris (R. acetabularis). Die A. femoralis und Aa. iliacae bilden daher in der Hüftregion mehrere Anastomosenkränze, die ausreichende Kollateralkreisläufe darstellen. Vor allem die Verbindungen zwischen der unteren Glutäalarterie und der A. circumflexa femoris med. sowie die Anastomosen mit der A. obturatoria und diejenigen zwischen den beiden Aa. circumflexae selbst sind in diesem Zusammenhang von Bedeutung (Abb. 10 A-18).

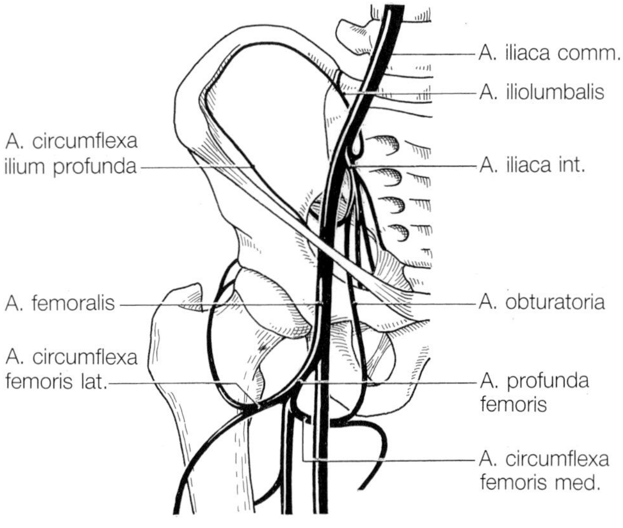

Abb. 10 A-18. Arterielle Anastomosen im Bereich des Hüftgelenkes und des Beckens (nach Hafferl).

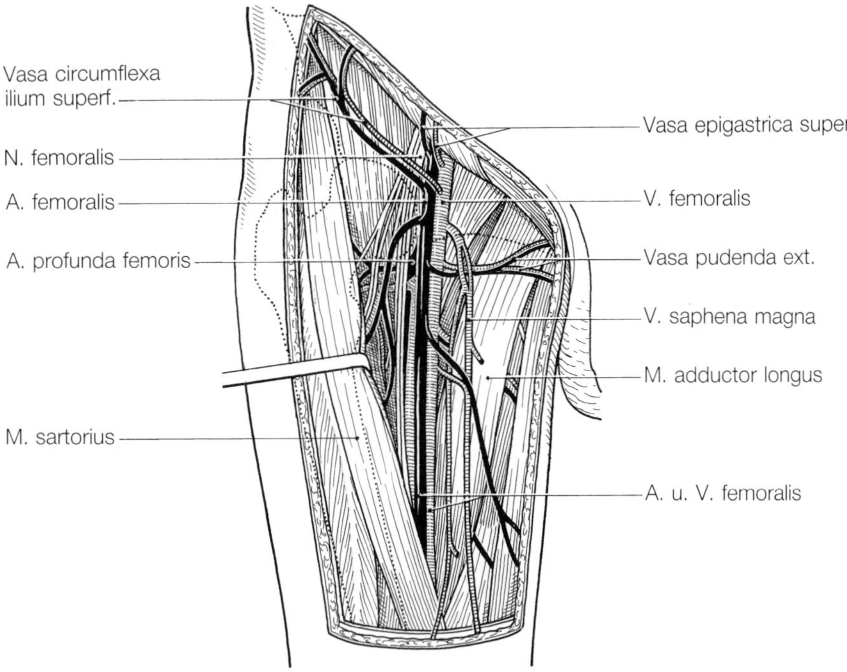

Abb. 10 A-17. Regio femoris ant., oberflächliche Schicht. Der M. sartorius wurde leicht zur Seite gezogen. Die Lage des Hüftgelenkes und der Knochen wurde durch punktierte Linien angedeutet.

Regio obturatoria

Die dritte Gefäß-Nerven-Straße zum ventralen Oberschenkel geht durch den Canalis obturatorius (Abb. 10 A-15). Die **A. obturatoria**, die vor allem die Adduktorenmuskulatur versorgt, teilt sich nach Passage des Kanals hinter dem M. pectineus in einen R. ant. und einen R. post. (Abb. 10 A-18). Der hintere Ast versorgt über das Lig. capitis femoris den Hüftgelenkkopf und anastomosiert mit der A. glutea inf., der vordere Ast vor allem mit der A. circumflexa femoris med. Der **N. obturatorius** spaltet sich am Oberrand des M. adductor brevis in einen oberflächlichen und tiefen Ast (ant. und post.) sowie einen Hautast zur Innenseite des Oberschenkels. Der N. obturatorius ist der innervierende Nerv hauptsächlich für die Adduktorenmuskulatur (Abb. 10 A-19). Die A. obturatoria entspringt in der Regel aus der A. iliaca int. und gibt vor ihrem Eintritt in den Canalis obturatorius einen R. pubicus ab, der mit einem entsprechenden Ast der A. epigastrica inf. anastomosiert. Die A. obturatoria kann aber auch aus der A. iliaca ext. oder der A. epigastrica inf. selbst entspringen und dann an der Medialseite der Lacuna vasorum entlangziehen, was bei Eingriffen in dieser Region (z.B. bei Schenkelhernien) gefährlich werden kann (sog. Corona mortis) (Abb. 10 A-18). Die Vasa femoralia verlassen die vordere Oberschenkelregion durch den Canalis adductorius, der vorne von der Membrana vastoadductoria abgeschlossen wird und vom M. vastus med. und M. adductor longus begrenzt wird (Abb. 10 A-19). Die Arterie verlagert sich im Kanal zunehmend nach ventral, so daß sie in der Kniekehle ganz in der Tiefe der Fossa poplitea, nah am Kniegelenk, gefunden wird. Die V. femoralis, am Oberschenkel noch vorne gelegen, verlagert sich demgegenüber mehr nach hinten. Der sensible N. saphenus folgt den Gefäßen nicht. Er zieht außerhalb des Adduktorenkanals hinter dem medialen Condylus femoris nach distal zur Medialseite des Unterschenkels und des Fußes (Abb. 10 A-19).

Regio glutaea

In der Gesäßregion kann man eine oberflächliche und eine tiefe Muskelschicht unterscheiden, zwischen denen größtenteils die Leitungsbahnen verlaufen. In der oberflächlichen Schicht liegt der M. glutaeus maximus, in der tiefen (in der Reihenfolge von oben nach unten) der M. glutaeus med., M. piriformis, M. obturatorius int. zusammen mit den beiden Mm. gemelli und der M. quadratus femoris (Abb. 10 A-20 u. 21). Durch das Foramen suprapiriforme, oberhalb des M. piriformis, treten A., V. glutaea und N. glutaeus sup. aus dem Beckenraum in die Glutäalregion über. Diese Leitungsbahnen ziehen in dem Zwischenraum

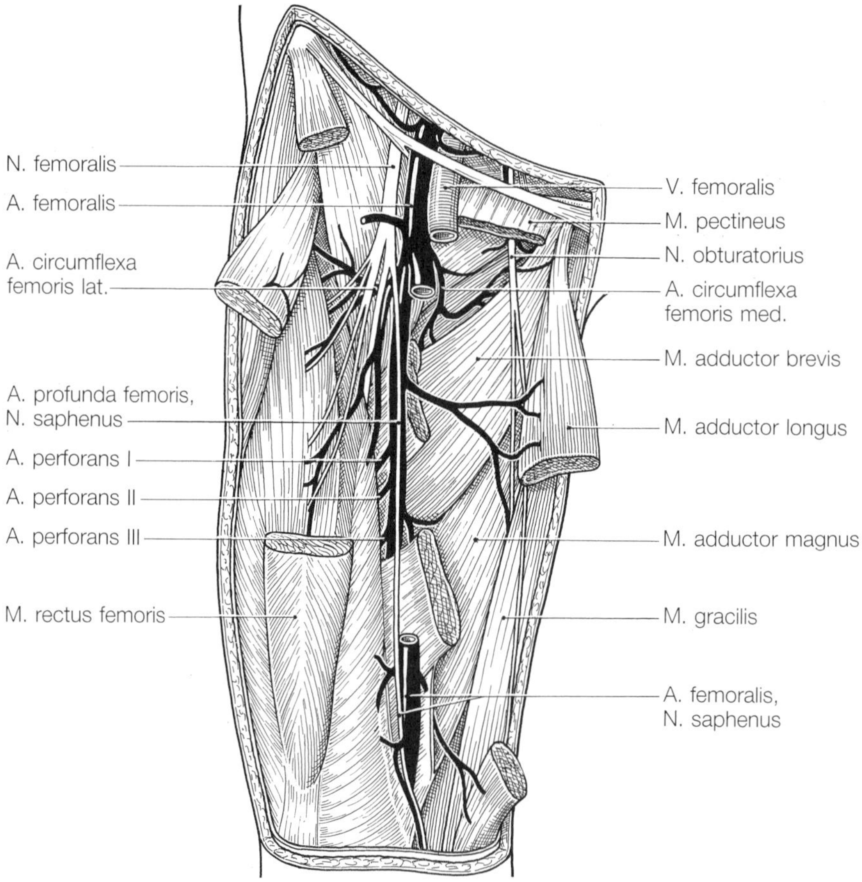

Abb. 10 A-19. Regio femoris ant., tiefe Schicht. Oberflächliche Muskeln durchtrennt.

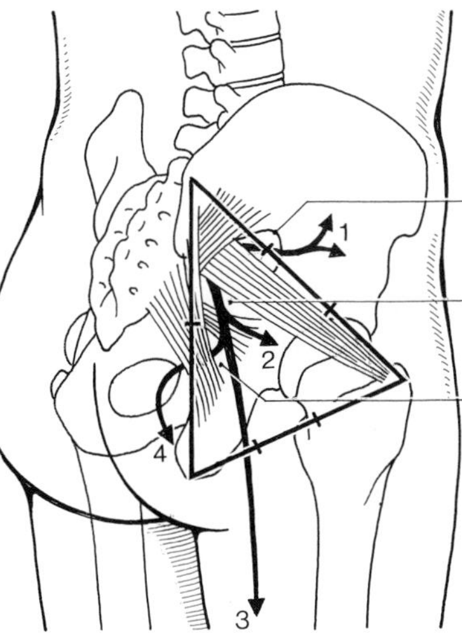

Abb. 10 A-20.a) Topographische Orientierungslinien im Bereich der Glutäalregion. Verbindungen zwischen Spina iliaca post. sup., Trochanter major und Tuber ischiadicum. 1 = N., A. und V. glutaea(us) sup.; 2 = N., A. und V. glutaea(us) inf.; 3 = N. ischiadicus; 4 = A., V. pudenda int. und N. pudendus.

zwischen M. glutaeus med. und minimus nach vorne. Der N. glutaeus sup. geht mit seinem Endast nach vorne bis zum M. tensor fasciae latae, so daß er beim anterolateralen Zugang zum Hüftgelenk gefährdet ist. Der **N. ischiadicus** zieht unterhalb des M. piriformis durch das Foramen infrapiriforme hindurch und verläuft zwischen den kleinen Rotatoren und dem M. glutaeus maximus senkrecht nach unten (Abb. 10 A-22). Unterhalb des M. glutaeus maximus wird der Nerv zwischen medialem und mittlerem Drittel der Distanz zwischen Tuber ischiadicum und Trochanter major sehr oberflächlich, bevor er dann unter dem langen Kopf des Bizeps verschwindet. Durch das **Foramen infrapiriforme** verlaufen auch die A. und V. glutaea inf. sowie der N. glutaeus inf., die den M. glutaeus maximus versorgen. Oberhalb und unterhalb des M. quadratus femoris treten nicht selten arterielle Äste der A. circumflexa femoris med. in die Glutäalregion ein, die mit Ästen der A. glutaea inf. und der A. circumflexa femoris lat. anastomosieren.

Die **Vasa pudenda** int. und der **N. pudendus** verlassen das kleine Becken ebenfalls durch das Foramen infrapiriforme, biegen aber dann um das Lig. sacrospinale und den Hinterrand des M. levator ani herum, um durch das Foramen ischiadicum minus zur Unterseite des Beckenbodens zu gelangen, wo sie im Alcockschen Kanal nach vorne bis zum äußeren Genitale ziehen (Abb. 10 A-20).

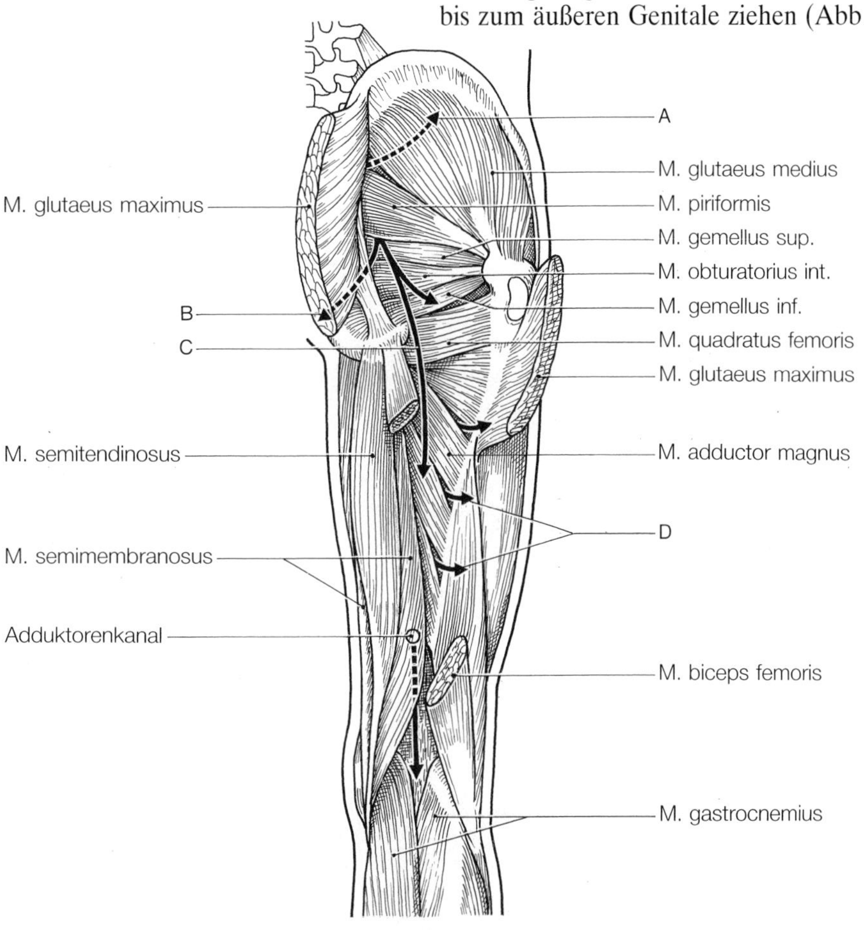

Abb. 10 A-20.b) Muskellogen und Gefäß-Nerven-Straßen an der Dorsalseite des Oberschenkels und der Glutäalregion. A = Straße für A., V. und N. glutaeus(a) sup.; B = Straße zum Beckenboden für A., V. pudenda int. und N. pudendus; C = dorsale Straße für N. ischiadicus; D = Schlitze im M. adductor magnus für Aa. perforantes; E = Adduktorenkanal zur Kniekehle (A. und V. poplitea).

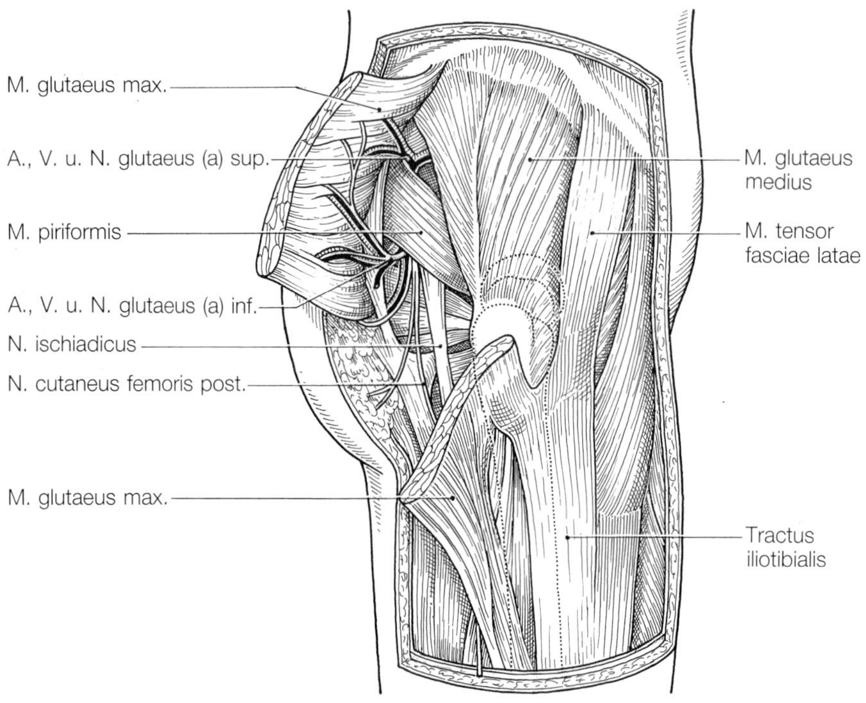

Abb. 10A-21. Rechte Regio glutaea von lateral-hinten. Hüftgelenk durch punktierte Linien angedeutet.

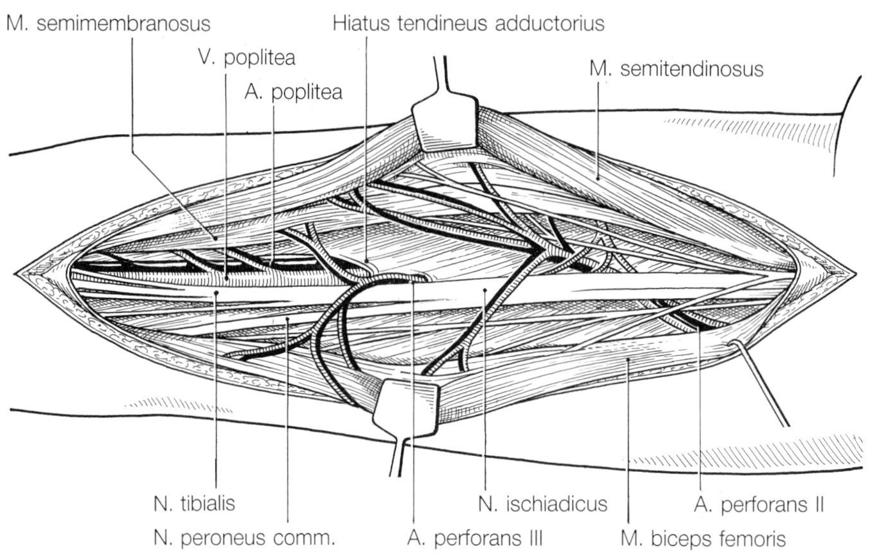

Abb. 10A-22. Regio femoris post. Rechtes Bein, Dorsalansicht. M. semitendinosus und M. biceps fem. wurden nach der Seite verlagert (nach R. Bauer et al., 1986).

Regio femoris posterior

Die Dorsalseite des Oberschenkels besitzt kein eigenes, zusammenhängendes Gefäß-Nerven-Bündel. Lediglich der N. ischiadicus zieht durch diese Region senkrecht abwärts bis zur Kniekehle. Er liegt zunächst lateral vom langen Bizepskopf, unterkreuzt dann diesen Muskel und folgt dann distal der ischiokruralen Muskulatur. Er ist in der Regel in Höhe der Bizepskreuzung bereits in den N. tibialis und N. peronaeus communis aufgespalten, auch wenn er noch von einer einheitlichen Bindegewebsscheide umhüllt ist (Abb. 10 A-21 u. 22). Die Arterien der hinteren Oberschenkelregion stammen von ventral. In regelmäßigen Abständen durchbrechen kräftige Aa. perforantes dicht neben dem Femur den Ansatz des M. adductor magnus und versorgen die dorsale Oberschenkelmuskulatur (Abb. 10 A-20b u. 22).

Knie

Das **Kniegelenk** ist ein Trochoginglymus, der durch einen äußerst komplizierten Bandapparat gesichert wird. Die Kreuzbänder (Ligg. cruciata) sind während der Entwicklung von dorsal in das Gelenk eingewandert und haben dabei ihre Gefäße (Äste der A. genus media) von dorsal mitgenommen (Abb. 10 A-23). Da die Gelenkkapsel dabei nicht perforiert, sondern nur verlagert wird, bleiben die Bänder außerhalb des Kapselraumes, auch wenn sie topographisch im Gelenk liegen. Die beiden **Menisci** sind in Gelenkmitte an der Eminentia intercondylaris der Tibia fixiert, gehen aber auch mit dem Bandapparat Verbindungen ein. Vorne entsteht das Lig. transversum genus, hinten das Lig. meniscofemorale post. (Abb. 10 A-23). Da der mediale, etwas größere Meniscus mit dem medialen, meist breiten Kollateralband verwachsen ist, ist der mediale Meniscus unbeweglicher als der laterale und wird daher häufiger verletzt (z.B. beim Ski- oder Fußballsport). Das laterale, mehr rundliche Kollateralband befestigt sich am Fibulaköpfchen und ist etwas weiter von der Gelenkkapsel und vom lateralen Meniscus entfernt (Abb. 10 A-24).

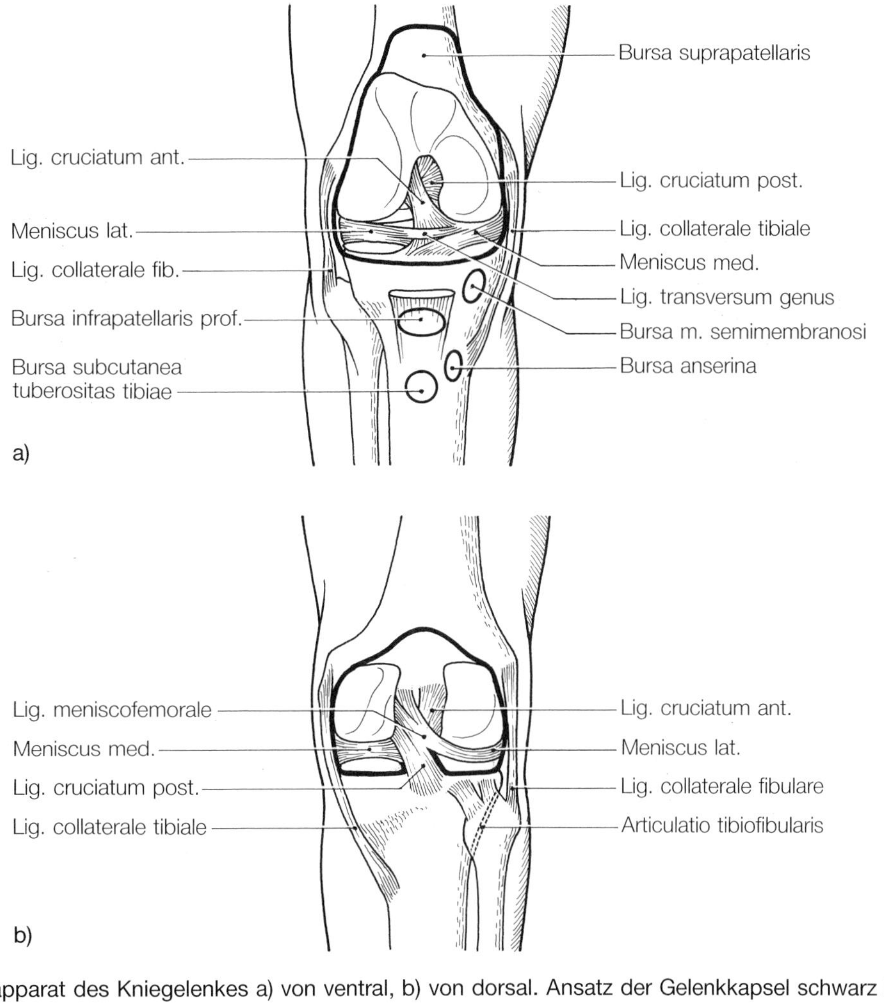

Abb. 10 A-23. Bandapparat des Kniegelenkes a) von ventral, b) von dorsal. Ansatz der Gelenkkapsel schwarz hervorgehoben.

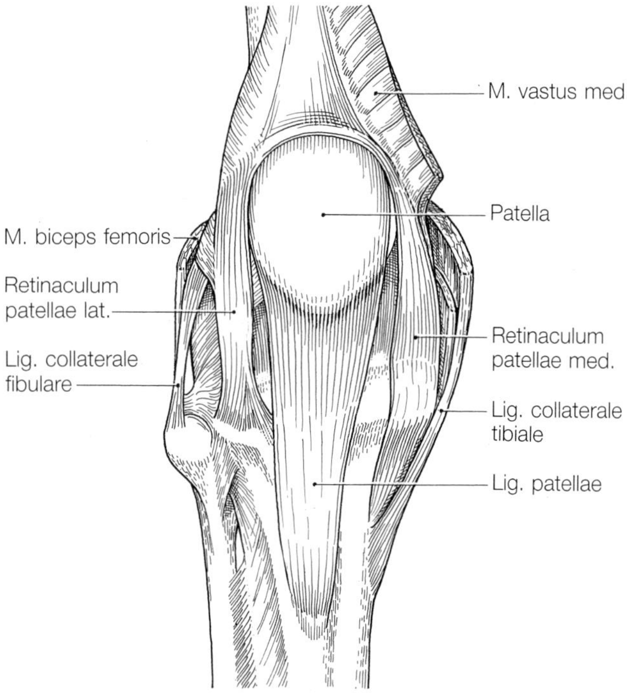

Abb. 10A-24. Bandapparat des Kniegelenkes
a) von ventral,

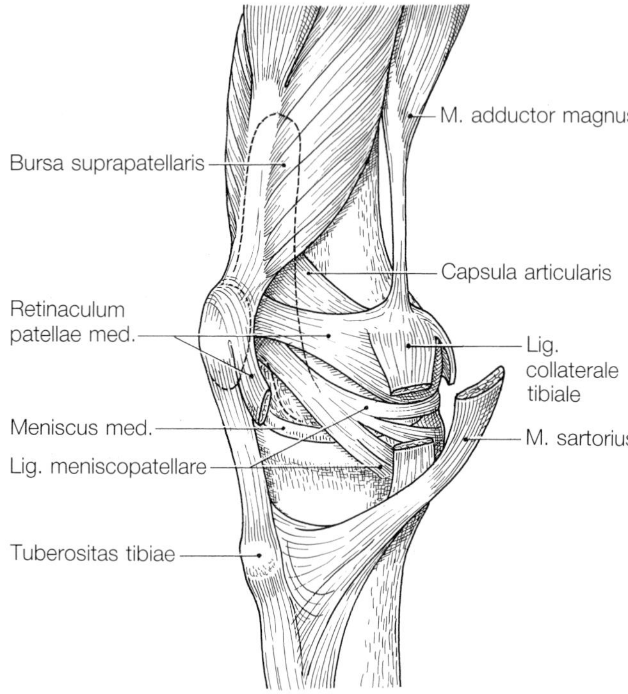

c) von medial.

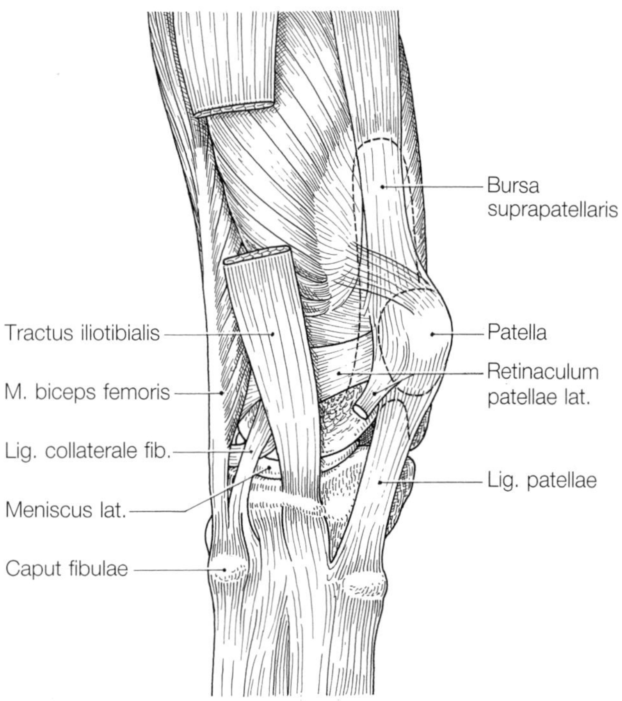

b) von lateral,

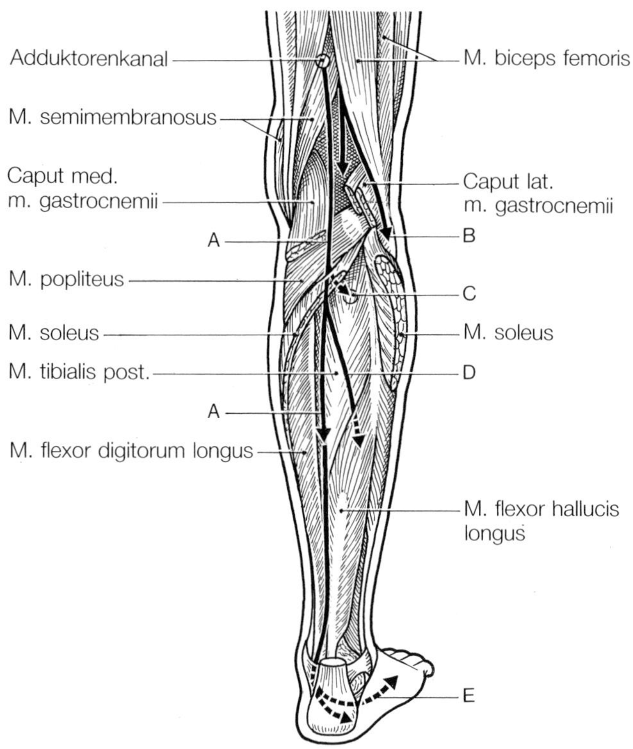

Abb. 10A-25. Muskellogen und Gefäß-Nerven-Straßen an der Dorsalseite des Unterschenkels. A = Dorsale Straße für N. tibialis, A. und V. tibialis post.; B = Fibulare Straße für N. peroneus comm.; C = Straße für A. tibialis ant.; D = laterale Straße für A. und V. peronaea; E = Fußsohlenstraße für A., V., N. plantaris med. und lat.

Die **Patella** wird nicht nur durch das Lig. patellae, sondern durch breitfächerig ausstrahlende Retinacula distal an der Tibia sowie auch proximal an den Femurkondylen fixiert (Retinacula patellae longitudinalia u. transversalia) (Abb. 10.A-24). Die Retinacula gelten funktionell als Reservestreckapparat. Sie sind bei älteren Menschen oft nur schwach entwickelt. In 60–70 % der Fälle kommen auch noch tiefe Verstärkungsbänder hinzu, die unmittelbar auf der Gelenkkapsel liegen und seitlich zum Teil in die Menisci einstrahlen (Ligg. meniscopatellaria) (Abb. 10 A-24).

Die **Gelenkkapsel** spannt sich zwischen den Kondylen der Tibia und des Femur aus. Vorne ist die Patella in die Kapsel, seitlich und hinten sind die Menisci in die Kapsel eingelassen, so daß man einen meniskotibialen und einen meniskofemoralen Kapselabschnitt unterscheiden kann. Im Ansatzbereich der Sehnen sowie um die Patella herum finden sich zahlreiche Schleimbeutel, von denen einige auch mit der Gelenkkapsel kommunizieren. Fast immer ist die Bursa suprapatellaris mit der Gelenkhöhle verbunden, was für Gelenkpunktionen ausgenützt werden kann.

Die **Fossa poplitea** hat eine rhombische Grundform, die unten durch die beiden Gastroknemiusköpfe, oben lateral durch den M. biceps femoris und oben medial durch den M. semimembranosus und M. semitendinosus begrenzt wird (Abb. 10 A-25 u. 26). Am oberflächlichsten liegt der N. tibialis, von dem etwa 7 cm distal vom Ursprung der Gastroknemiusköpfe die zugehörigen Rr. musculares abgehen. Einige cm distal von diesen Muskelästen tritt der N. tibialis in die Schicht zwischen dem M. soleus und M. popliteus ein, um dann unterhalb des Soleus in der tiefen Beugerloge des Unterschenkels abwärts zu ziehen (Abb. 10 A-25).

Die Vasa poplitea stellen eine Fortsetzung der Vasa femoralia dar, die durch den Adduktorenkanal von ventral in die Kniekehle übergetreten sind. Die V. poplitea liegt dabei in der Regel oberflächlicher und etwas mehr lateral als die Arterie, die in Streckstellung dem Knochen eng anliegt (Abb. 10 A-26). Die A. poplitea versorgt die beiden Köpfe des M. gastrocnemius (Aa. surales) und mit 5 Ästen das Kniegelenk. In Höhe der Femurkondylen gehen medial und lateral je eine A. genus sup. und in Höhe der Tibiakondylen je eine A. genus inf. ab. Hinzu kommt eine unpaare A. genus media, die von hinten in das Kniegelenk eindringt und hauptsächlich die Kreuzbänder versorgt. Unter dem Sehnenbogen des M. soleus (Arcus tendineus) teilt sich die A. poplitea in die A. tibialis ant. und post. Die A. tibialis post. schließt sich dem N. tibialis an, während die A. tibialis ant. durch einen Spalt in der Membrana interossea nach vorne zieht, um in der Extensorenloge des Unterschenkels, wo sie sich distal dem N. peronaeus prof. anschließt, bis zum Fuß abwärts zu verlaufen.

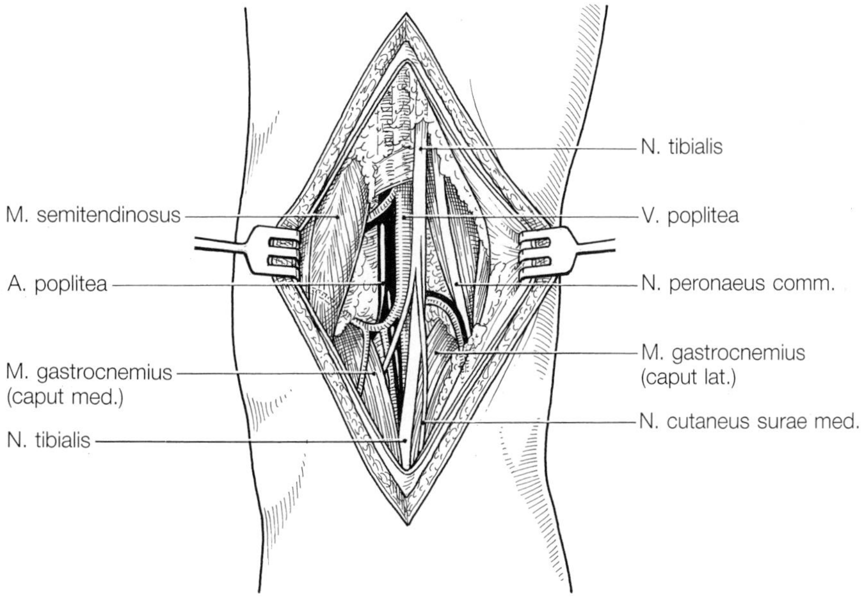

Abb. 10 A-26. Regio genus post. Kniekehle von dorsal eröffnet.

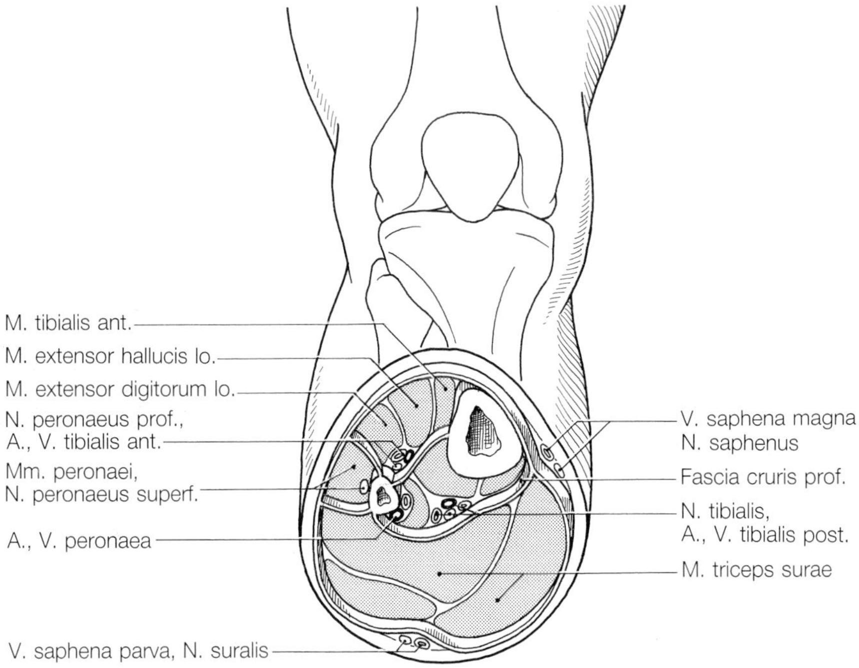

Abb. 10A-27. Querschnitt durch den Unterschenkel, handbreit unterhalb des Kniegelenkes.

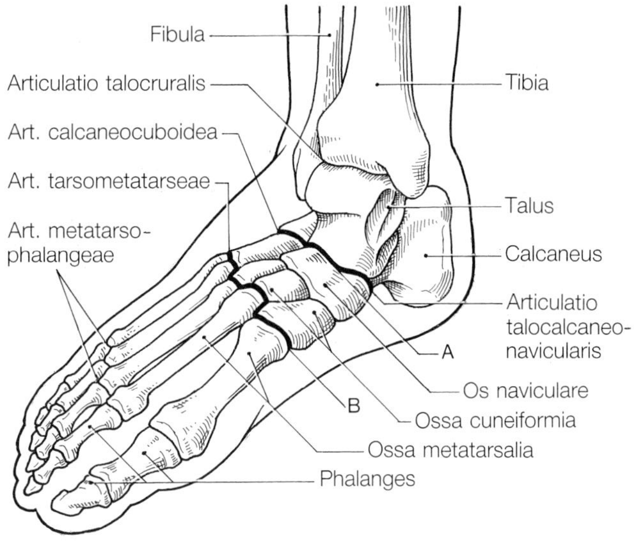

Abb. 10A-28. Skelettelemente und Gelenke des Fußes. A = Chopartsche Gelenklinie; B = Lisfrancsche Gelenklinie.

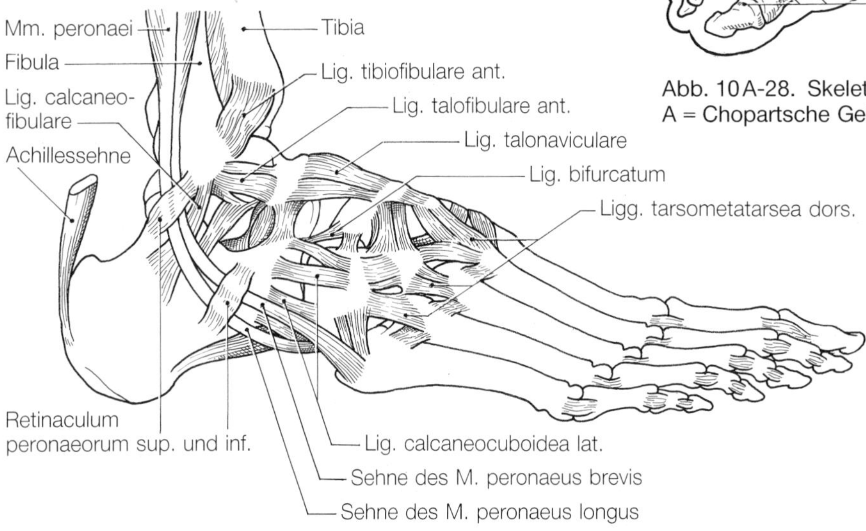

Abb. 10A-29. Bandapparat des Fußes. Ansicht von lateral.

Unterschenkel

Regiones cruris

Der N. peronaeus communis spaltet sich meist schon am Oberschenkel vom N. ischiadicus ab, folgt distalwärts dann dem Ansatz des M. biceps femoris, biegt um das Fibulaköpfchen herum und gelangt zur Vorderseite des Unterschenkels, wo er sich in einen N. peronaeus prof. und superf. aufspaltet. Der N. peronaeus superf. verläuft in der Peronäusloge nach abwärts mit seinen sensiblen Ästen bis zum Fußrücken, der N. peronaeus prof. folgt dem M. tibialis ant. (Leitmuskel) ebenfalls bis zum Fuß, wo er mit seinen Endästen die einander zugekehrten Flächen der 1. und 2. Zehe sensibel versorgt.

Dorsal gliedert sich die Unterschenkelregion durch die Ausbildung einer tiefen Unterschenkelfaszie (Fascia cruris prof.) in eine oberflächliche und eine tiefe Beugerloge (Abb. 10 A-27). In der oberflächlichen liegt der M. triceps surae, in der tiefen der M. tibialis post., der M. flexor digitorum longus und M. flexor hallucis longus. Unter der tiefen Faszie verlaufen der N. tibialis und die A. tibialis post., die in der Regel von zwei Venen begleitet wird. Das Gefäß-Nerven-Bündel, das den M. flexor digitorum longus als Leitmuskel benützt, geht hinter dem medialen Knöchel in die Fußsohle über (Abb. 10 A-32). Unter dem M. soleus spalten sich von den Gefäßen die Vasa peronaea ab, die dicht an der Fibula entlang unter dem M. flexor hallucis longus nach lateral unten ziehen und schließlich in die Peronäusloge eindringen. Sie erreichen den Fuß nicht.

In der **Streckerloge** verlaufen vom oberen Drittel des Unterschenkels an, in der Tiefe nicht weit von der Membrana interossea entfernt, die A. tibialis ant., die V. tibialis ant. und der N. peronaeus prof. (Abb. 10 A-27). Außerhalb der Fascia cruris verlaufen medial die V. saphena magna und der N. saphenus und dorsal die V. saphena parva und der N. suralis. Die V. saphena parva durchbohrt die Faszie in wechselnder Höhe in der Kniekehle und mündet in eine der Vv. popliteae ein.

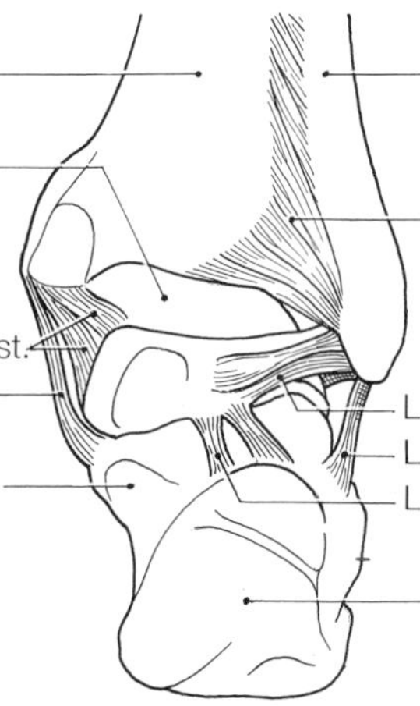

Abb. 10 A-30. Bandapparat des Fußes. Ansicht von dorsal.

Fuß

Der Fuß stellt ein kompliziertes Gefüge kleiner Knochen und Gelenke dar, bei dem wegen der statischen Funktionen die Gewölbekonstruktionen am wichtigsten sind. Die 3 medialen Zehen bilden zusammen mit den ersten 3 Ossa metatarsalia, den 3 Ossa cuneiformia, dem Os naviculare und dem Talus den medialen Fußstrahl, der sich – nach hinten zunehmend – über den lateralen Fußstrahl lagert (Abb. 10 A-28). Der laterale Fußstrahl besteht aus dem 4. und 5. Zehenstrahl, dem Os cuboideum und Calcaneus. Diese Knochenkonstruktion wird durch kräftige Bänder gesichert, die medial die Tibia und lateral die Fibula an den Fußwurzelknochen verankern (Abb. 10 A-29).

Bandapparat

Der **laterale Bandapparat** besteht aus drei Bändern, von denen die talofibularen Bandzüge die Kapsel des oberen Sprunggelenkes verstärken (Ligg. talofibularia ant. u. post.). Das vordere talofibulare Band, das häufig zweigeteilt ist, gilt als Hauptstabilisator des oberen Sprunggelenkes. Das kräftige, hintere talofibulare Band (Lig. talofibulare post.) entspringt in einer kleinen Grube des lateralen Malleolus, unmittelbar hinter der Syndesmose und zieht horizontal zum Tuberculum lat. des Proc. post. tali. Es hat von allen Bändern des Sprunggelenkes die tiefste Lage. Unterhalb des Bandes buchtet sich die Gelenkkapsel meist etwas nach außen vor. Das dritte Band des lat. Bandapparates stellt das Lig. calcaneofibulare dar, das über das obere und untere Sprunggelenk hinwegzieht und keine Verbindung zu den Gelenkkapseln hat. Es wird von den Sehnenscheiden und Sehnen der Mm. peronaei überlagert (Abb. 10 A-29). Die tibiofibularen Bänder verspannen vor allem die Malleolengabel und sichern die Syndesmose zwischen Tibia und Fibula (Abb. 10 A-29, 30 u. 31).

Der **mediale Bandapparat** des oberen Sprunggelenkes (Lig. mediale oder deltoideum) besteht aus 4 Bandzügen, die fächerartig vom medialen Malleolus ausstrahlen und sich dabei z.T. überlagern (Abb. 10 A-30). Die oberflächlichen Bänder (Pars tibiocalcanea) ziehen über die Gelenke hinweg, die tiefen Bänder (Pars tibiotalaris ant. u. post.) verstärken die Gelenkkapsel. Das hintere tibiotalare Band bildet eine Rinne für die Sehne bzw. Sehnenscheide des M. tibialis post (Abb. 10 A-30 u. 31).

Die zahlreichen, z.T. sehr derben Bänder des **Fußrückens** sichern den Zusammenhalt der Fußwurzelknochen, wobei das Lig. bifurcatum, das Lig. calcaneocuboideum dors. funktionell am wichtigsten sind. Für die Sicherung des Längsgewölbes spielt das Lig. calcaneonaviculare plantare (sog. Pfannenband), das vom Sustentaculum tali des Calcaneus zum Os naviculare zieht sowie das Lig. plantare longum eine herausragende Rolle (Abb. 10 A-29). Die plantaren Verspannungen werden v. a. durch die Sehnen des M. tibialis post. und M. peronaeus longus verstärkt.

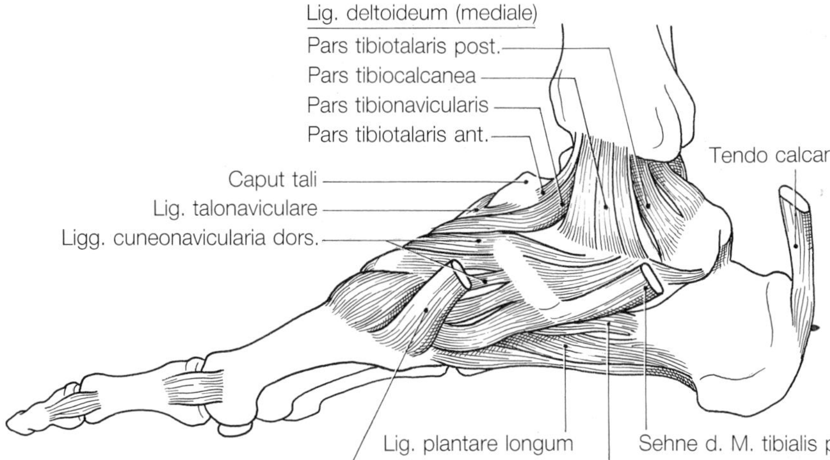

Abb. 10 A-31. Bandapparat des Fußes. Ansicht von medial.

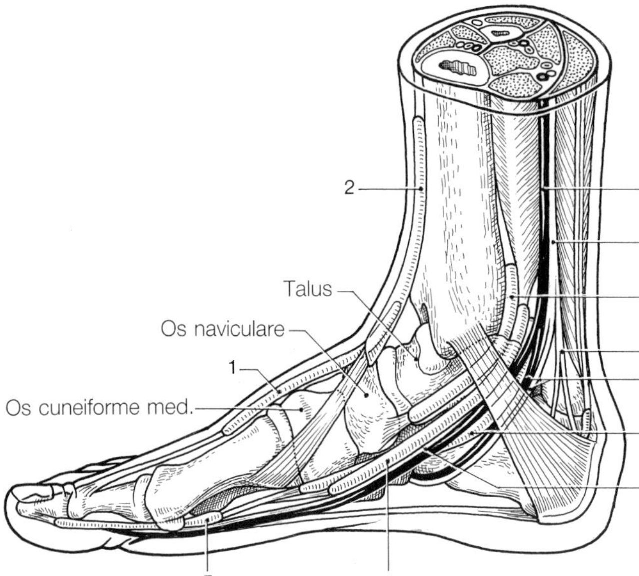

Abb. 10 A-32. Mediale Knöchelregion. Sehnenscheiden (punktiert): 1 = M. extensor hallucis longus; 2 = M. tibialis ant.; 3 = M. tibialis post; 4 = M. flexor digitorum longus; 5 = M. flexor hallucis longus.

Regio malleolaris med.

Die Gefäße und Nerven der tiefen Beugerloge des Unterschenkels ziehen hinter dem medialen Knöchel zusammen mit den Beugersehnen in die Fußsohle hinein (Abb. 10 A-32). Die Sehnen zeigen hier eine charakteristische Anordnung. Am weitesten vorne liegt die Sehne des M. tibialis ant., dahinter diejenige des M. flexor digitorum longus und am weitesten hinten die unter dem Sustentaculum tali entlanglaufende Sehne des M. flexor hallucis longus, die sich in Höhe des unteren Sprunggelenks mit der Sehne des M. flexor digitorum longus kreuzt (Chiasma tendinum plantare). Diese Sehnenkreuzung wird durch quer verlaufende Faserzüge am Knochen fixiert (Henryscher Knoten). Das Gefäß-Nerven-Bündel, das sich aus der A. und V. tibialis post. und dem N. tibialis zusammensetzt, folgt der Sehne des M. flexor digitorum longus. Die Arterie liegt hinter dem medialen Knöchel ziemlich oberflächlich, so daß hier der Puls gefühlt werden kann. Die Muskelsehnen und -gefäße werden durch das tiefe Blatt des Retinaculum flexorum an der Tibia fixiert. Distal vom Retinaculum verschwindet das Gefäß-Nerven-Bündel – häufig schon in die beiden plantaren Hauptstämme aufgeteilt – unter dem Ursprungswulst des M. adductor hallucis, um in die mittlere Faszienloge der Fußsohle einzutreten. Das mediale Bündel (A. und V. plantaris med., N. plantaris med.) zieht in der Rinne zwischen dem M. adductor hallucis und dem M. flexor digitorum brevis nach vorne zur Großzehe; das laterale Bündel unterkreuzt den M. flexor digitorum brevis und zieht zwischen diesem und dem M. quadratus plantae nach lateral, um die Kleinzehenloge zu erreichen (Abb. 10 A-34). Der N. plantaris lat. entspricht dem N. ulnaris der Hand. Wie dieser, teilt er sich in einen oberflächlichen und tiefen Ast. Der R. profundus zieht bogenförmig unter den Beugersehnen entlang nach medial und versorgt mit Ausnahme der Muskel des Großzehenballens nahezu alle Muskeln der Fußsohle. Die lateralen Plantargefäße (A. und V. plantaris lat.) biegen etwa in Höhe der Tarsometatarsalgelenke in Begleitung der Nerven in die mittlere Fußsohlenloge ab, wo die Arterie den Arcus plantaris bildet, der durch die Anastomose der A. dorsalis pedis mit der A. plantaris lat. zustande kommt (Abb. 10 A-35). Die A. dorsalis pedis entläßt einen R. plantaris prof., der von dorsal durch den ersten Zwischenknochenraum hindurchzieht und in der Fußsohle mit der A. plantaris lat. anastomosiert. Einen oberflächlichen Gefäßkranz gibt es in der Fußsohle nicht. Der Arcus plantaris entspricht dem tiefen Hohlhandbogen. Das Caput obliquum des M. adductor hallucis überdeckt den Arcus plantaris, aus dem – im Gegensatz zur Hand – auch die Aa. plantares digitales communes und propriae in der 2.–5. Zehe hervorgehen.

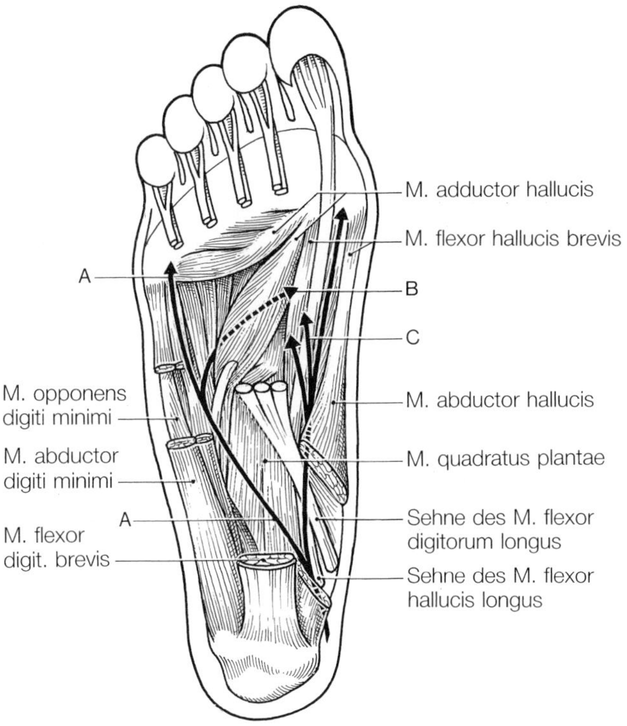

Abb. 10 A-33. Muskellogen und Gefäß-Nerven-Straßen der Fußsohle. Der M. flexor digitorum brevis wurde entfernt. A = Laterale Straße für N., A. und V. plantaris lat.; B = tiefe Straße für Arcus plantaris und R. prof. n. plantaris lat.; C = Mediale Straße für N., A. und V. plantaris med.

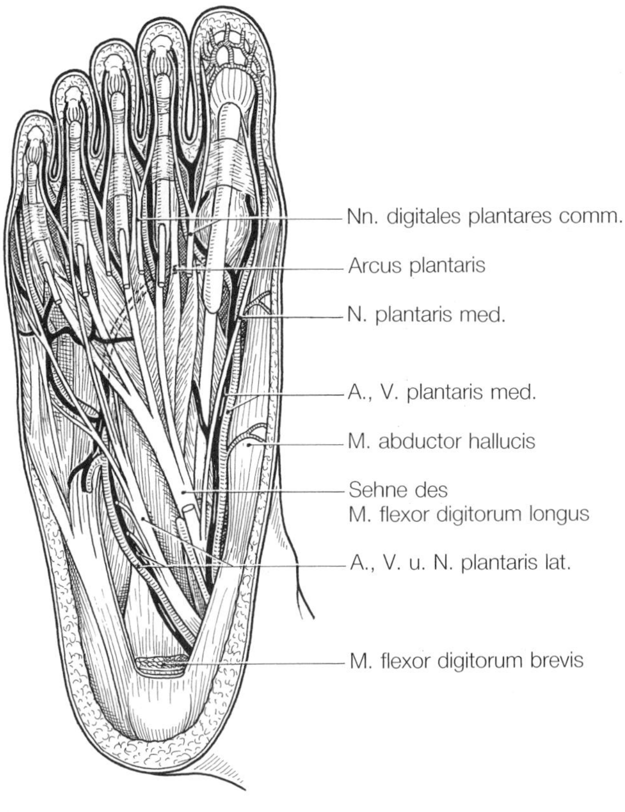

Abb. 10 A-34. Topographie der Fußsohle. Mittlere Schicht. Der M. flexor digitorum brevis wurde entfernt (nach Hafferl).

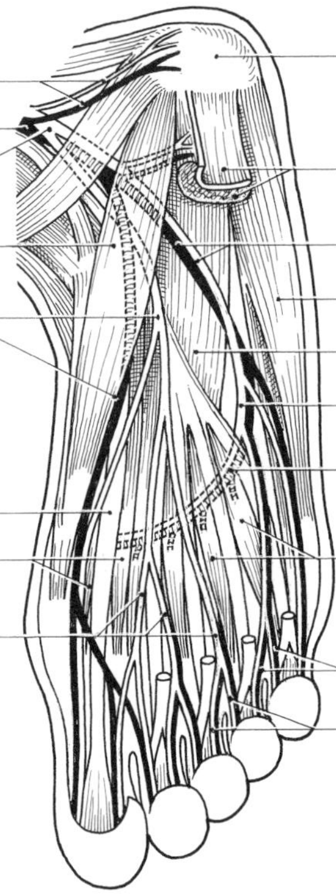

Abb. 10A-35. Topographie der Arterien und Nerven im Bereich der Fußsohle (Planta pedis). Der M. flexor digitorum brevis wurde entfernt.

Dorsum pedis

Die Haut des Fußrückens ist fettarm und mit einer lockeren, entfaltungsfähigen Subkutis versehen, wodurch sich hier leicht ein Ödem entwickeln kann, auch wenn die verursachenden Prozesse in der Fußsohle lokalisiert sind. Das ausgedehnte Venennetz (Rete venosum dorsale pedis) wird medial zur V. saphena magna, lateral zur V. saphena parva hin drainiert. Die Leitungsbahnen stammen aus der Extensorenloge des Unterschenkels und liegen distal vom Retinaculum extensorum sup. zwischen den Sehnen des M. extensor digitorum longus und M. extensor hallucis longus so oberflächlich, daß sie hier operativ gut erreichbar sind. Der N. peronaeus prof. verlagert sich in der Streckerloge zunehmend nach medial, so daß er distal vom Retinaculum extensorum inf. medial von den Gefäßen angetroffen wird. Seine Endäste laufen bis zur Großzehe nach vorne, wo sie die Haut zwischen der 1. und 2. Zehe sensibel versorgen. Im übrigen wird die Haut des Fußrückens von den Endästen des N. peronaeus superf. innerviert, die im unteren Drittel des Unterschenkels die Fascia cruris durchbrechen (N. cutaneus dorsalis med. und intermedius). Lateral beteiligt sich der N. suralis, medial der N. saphenus an der sensiblen Versorgung des Fußrückens. Die **A. tibialis ant.** zieht, aus der Streckerloge kommend, gerade weiter nach distal und wird am Fuß als A. dorsalis pedis bezeichnet, die unterhalb des Retinaculum extensorum inf. so oberflächlich wird, daß der Puls getastet werden kann. In Höhe des unteren Sprunggelenks zweigt die A. tarsalis lat., in Höhe der Tarsometatarsalgelenke die A. arcuata bogenförmig nach lateral ab. Beide Gefäße laufen dicht am Knochen unterhalb des M. extensor digitorum brevis zum lateralen Fußrand. Aus der A. arcuata zweigen die Aa. metatarseae dors. zum Mittelfuß und als deren Endäste die A. digitalis dors. zu den Zehen ab. Der Endast der A. dorsalis pedis gibt den R. plantaris prof. ab, der durch den ersten Zwischenknochenraum hindurch mit dem Arcus plantaris der Fußsohle anastomosiert.

10.1 Allgemeine Behandlungsprinzipien

J. Feneis, W. Blanke und J. Durst

Wundversorgung

Für die erfolgreiche Ausbehandlung von Frakturen und Luxationen spielt u.a. das Ausmaß der begleitenden Weichteilschädigung einschließlich der Verletzung von Nerven und Gefäßen eine entscheidende Rolle. Das betrifft gleichermaßen die konservative wie operative Frakturenbehandlung und hat insbesondere einen limitierenden Einfluß auf die Wahl der in Frage kommenden Osteosyntheseverfahren.

Unter Hinweis auf Kap. 4, Haut, werden wegen der Wichtigkeit die Grundprinzipien der lokalen Wundbehandlung aus der Sicht des Traumatologen noch einmal kurz zusammenfassend dargestellt.

Ziel jeder Wundbehandlung ist die Restitutio ad integrum, d.h. das Wiedererreichen der früheren Form und Funktion. Wenn die Wundverhältnisse, beispielsweise bei einer Operationswunde, es zulassen, ist die primäre schichtweise Naht der schnellste und sicherste Weg zu diesem Ziel.

Im Gegensatz zu Operationswunden sind Gelegenheitswunden stets als bakteriell kontaminiert anzusehen, wobei das Ausmaß der Kontamination und die zu erwartende Virulenz der Erreger als vorrangiges Kriterium bei der Wahl des jeweils zweckmäßigen Behandlungsverfahrens gelten können. Ein übereilter primärer Wundverschluß kann eine Wundphlegmone zur Folge haben. Mit zunehmendem Infektionsrisiko ist daher eine offene Wundbehandlung indiziert. Die Frage, ob eine Infektion manifest wird, ist nicht nur von der Zahl und Virulenz der in der Wunde befindlichen Keime abhängig, sondern ganz wesentlich von ihren Wachstumsbedingungen in der jeweiligen Wunde. Es liegt nahe, daß eine schlecht durchblutete und mit Nekrosen durchsetzte Wunde einen ungleich besseren Bakteriennährboden bietet als eine glattrandige Schnittwunde in gut durchblutetem Gewebe. Anläßlich einer Wundversorgung müssen demnach durchblutungsgestörte Gewebsbezirke durch Ausschneidung entfernt werden, damit durch die Wundnaht nur gut durchblutete Wundränder adaptiert werden.

Bei der primären Wundversorgung empfiehlt sich folgendes Vorgehen:

Sorgfältige Untersuchung mit Überprüfung von Durchblutung, Sensibilität und Motorik peripher der Wunde, der geplanten Versorgung entsprechende Lagerung des Patienten, Desinfektion der Wundumgebung und Abdecken des Wundgebietes mit sterilen Tüchern (ggf. Loch- oder Schlitztüchern). Der Operateur muß außer sterilen Handschuhen auch eine Operationshaube und einen Mundschutz tragen. Injektion eines Lokalanästhetikums in die Wundumgebung, falls nicht eine Leitungsanästhesie oder z.B. bei Kleinkindern eine Allgemeinnarkose zweckmäßig erscheint. Als lokale Injektionstechnik hat sich die sog. Hackenbruchsche Raute bewährt: Hierbei wird von zwei Injektionsstellen jeweils in Verlängerung der Wundpole aus das Lokalanästhetikum in einer annähernd rhombusförmigen Ausdehnung in die unmittelbare Wundumgebung injiziert. Eine direkte Injektion von der Wunde aus sollte wegen der Gefahr einer Keimverschleppung auf Ausnahmefälle beschränkt bleiben. Nach Einsetzen der Betäubungswirkung erfolgt fallweise die sparsame Exzision der Wundränder mit dem Skalpell, wobei man sich eine präzise Exzision durch vorheriges »Anritzen« der gewünschten Schnittausdehnung mit oberflächlich geführtem Skalpell erleichtern kann. Die Exzision erfolgt schichtweise von der Oberfläche in die Tiefe der Wunde. Eine an sich wünschenswerte sackförmige Exzision mit Wegfall der gesamten Wundtasche in einem Stück wird nur ausnahmsweise ohne zu ausgedehnten Gewebsverlust bei mehr oberflächlichen Wunden möglich sein. Nach sorgfältiger Blutstillung erfolgt der schichtweise Wundverschluß. In größere Wunden sowie in verbleibende Wundtaschen werden Redon-Drainagen eingelegt, die getrennt von der Wunde durch die Haut herausgeleitet werden. Die Hautnaht erfolgt mit möglichst feinem synthetischen Nahtmaterial.

Die Entfernung der Wundfäden sollte einerseits möglichst frühzeitig stattfinden, damit keine unschönen tief eingeschnittenen Fadenmarken zurückbleiben, andererseits aber auch spät genug, daß keine sekundäre Wunddehiszenz eintritt. Der »richtige« Zeitpunkt richtet sich nach der Durchblutung des genähten Gewebes und nach der Spannung, unter der die Nahtlinie steht. Fäden im Gesicht und am Hals können beispielsweise schon nach 4 bis 5 Tagen entfernt werden, während eine Fadenentfernung an den Extremitäten nach 11 bis 14 Tagen erfolgen sollte.

Im folgenden werden Richtlinien zur Wahl der zweckmäßigen Behandlungsmethode anläßlich verschiedener Wundsituationen angeführt.

Eine primäre Wundnaht ohne Wundrandexzision ist erlaubt bei glattrandigen Schnitt- und Rißwunden an gut durchbluteten Körperregionen, z.B. an den Händen oder im Gesicht, wenn zwischen Verletzung und operativer Versorgung weniger als 6 Std. vergangen sind. Gering klaffende Gesichtswunden können auch mit speziellen Klebestreifen adaptiert werden, wenn die Mitarbeit des Patienten sichergestellt ist.

Eine Wundrandexzision mit anschließender Primärnaht wird innerhalb der 12-Stunden-Grenze bei Schnittwunden und Riß-Quetsch-Wunden durchgeführt, sofern keine Keime in der Wunde vermutet werden müssen, die bereits durch eine Wirtspassage angebrütet und deshalb gewissermaßen ohne Anlauf sofort virulent sind, z.B. in Wunden, die auf dem Schlachthof entstanden sind.

Liegt die Verletzung länger als 12 Std. zurück, sollte wegen der inzwischen zu vermutenden Virulenz der Keime eine verzögerte Primärnaht durchgeführt werden. Das Vorgehen unterscheidet sich von der oben genannten Technik lediglich dadurch, daß die Wundfäden zunächst nicht geknüpft werden. Dies geschieht erst nach 4 bis 5 Tagen, wenn die Gefahr der Ausbreitung einer Phlegmone durch Aufbau eines leukozytären Abwehrwalls in der Wundumgebung gebannt ist und sich Fibrinbeläge auf den Wundrändern gebildet haben. Eine erneute Lokalanästhesie ist für das Knüpfen der Fäden in der Regel nicht erforderlich.

Eine offene Wundbehandlung ist erforderlich bei sicherer Kontamination mit virulenten Keimen, beispielsweise bei Bißwunden, Stichwunden mit dem Schlachtermesser, bei verunreinigten Defektwunden (z.B. bei offenen Frakturen) sowie bei Schußverletzungen. Nach Wundreinigung werden primär Nekrosen abgetragen, Wundhöhlen werden drainiert, anschließend wird ein steriler Verband angelegt. Die Weiterbehandlung erfolgt mit täglichen Verbandwechseln, ggf. unter Verwendung tryptisch wirkender Substanzen. Nekrosen können nach Demarkierung anläßlich der Verbandswechsel abgetragen oder durch ein sekundäres oder weiteres Débridement entfernt werden. Nach Auftreten frischer Granulationen auf den Wundflächen kann der Wundheilverlauf gelegentlich durch eine Sekundärnaht abgekürzt werden. Die Naht erfolgt dann einschichtig mit durchgreifenden, in größerem Abstand voneinander gelegten Einzelknopfnähten. Andernfalls werden offene Wundflächen so früh wie möglich (ca. 4 bis 10 Tage nach der Verletzung) durch Spalthauttransplantate – z.B. als Meshgraft aufgearbeitet – gedeckt. Wunddefekte über Knochen und Sehnen sind durch primäre, meist aber sekundäre plastische Operationen zu verschließen. Dazu dienen lokale Gewebeverschiebungen oder freie Gewebetransfers mit Gefäßanschluß über mikrovaskuläre Anastomosen.

Bei der Behandlung von Schußverletzungen ist zusätzlich auf folgende Besonderheiten zu achten: Eine Schußwunde ist immer bakteriell kontaminiert, außerdem werden durch das Geschoß ggf. Bekleidungsteile mit in die Wunde hineingerissen. Je nach Geschoßgeschwindigkeit und Geschoßform kommt es zu Gewebszerstörungen, die weit über den eigentlichen Schußkanal hinausreichen. Geschosse aus Faustfeuerwaffen mit einer Mündungsgeschwindigkeit bis zu 350 m pro Sekunde bewirken beispielsweise kaum Gewebsschäden in der Umgebung des Schußkanals, während Hochgeschwindigkeitsgeschosse aus jagdlichen oder militärischen Langwaffen eine explosionsartige Gewebszertrümmerung (Cavitation) konzentrisch zum Schußkanal verursachen. Der Durchmesser des geschädigten Gewebszylinders kann das Geschoßkaliber um das 10- bis 30fache übertreffen. Diese Gesichtspunkte sind bei der Exzision des Schußkanals zu berücksichtigen. Die Behandlung erfolgt stets offen mit Drainage des Schußkanals. Bei einem Steckschuß soll das Projektil, wenn möglich, gleich mitentfernt werden. An den Extremitäten gelingt dies gelegentlich auch durch Sondieren des Schußkanals und Gegeninzision über der Sondenspitze. Bei Bauchschüssen muß unverzüglich laparotomiert und der gesamte Bauchsitus überprüft werden. Bei Thoraxschüssen gilt Entsprechendes.

Compartmentsyndrom

Unter dieser Bezeichnung werden die Funktionsstörungen zusammengefaßt, die aus einer unphysiologischen Drucksteigerung innerhalb eines anatomisch vorgegebenen Faszienschlauches resultieren. Die Ursachen der Drucksteigerung können innerhalb und außerhalb des Faszienraums liegen:

Innerhalb des Faszienraums kommen Einblutungen verschiedener Genese in Frage (Frakturhämatom, Blutung nach Weichteilkontusion, Gerinnungsstörungen, Gefäßverletzung z.B. anläßlich einer Embolektomie mit dem Fogarthy-Katheter, Nachblutungen nach operativen Eingriffen) oder eine Volumenzunahme als Folge sportlicher Muskelüberlastung (funktionelles Compartmentsyndrom). Im letzteren Fall wird als Ursache der Volumenzunahme eine Störung der Kapillarpermeabilität angeschuldigt, wie sie auch als Folge einer längeren Unterbrechung der Durchblutung, beispielsweise Ausdehnung der Blutsperre anläßlich Operationen über die 2-Stunden-Grenze hinaus oder als Folge von Verbrennungen auftreten kann. Außerhalb des Faszienraums liegende Ursachen sind in erster Linie strangulierende Verbände, z.B. nicht in ganzer Länge gespaltene zirkuläre Gipsverbände bzw. zirkuläre Verbände mit unelastischen Binden, z.B. Mullbinden, ferner eine übertriebene Fragmentdistraktion im Drahtextensionsverband. Eine weitere mögliche Ursache ist ein Wundverschluß unter Spannung anläßlich operativer Eingriffe.

Oberhalb eines Gewebsdrucks von 40–60 mmHg innerhalb des Faszienraums kommt die Mikrozirkulation zum Stillstand mit der Folge einer Azidose und damit weiterer Schwellungs- und Druckzunahme. In dieser Phase der Komplikation, wo bereits ischämische Muskel- und Nervenschäden entstehen, sind die Pulse der durch die Logen ziehenden Arterien peripher immer noch gut tastbar, so daß ihr Verschwinden stets Zeichen einer Spätphase ist, in der bereits mit irreversiblen Schäden gerechnet werden muß.

Die häufigste Lokalisation des beschriebenen bedrohlichen Prozesses ist die Unterschenkelvorderseite (Tibialis-anterior-Loge). In diesem Faszienraum verlaufen außer dem M. tibialis anterior und dem M. extensor digitorum longus der N. peronaeus profundus sowie die Vasa tibialia anteriora (s. Abb. 10.1-1). Klinisch äußert sich die Komplikation in diesem Falle in einer prall-elastischen bis steinharten, äußerst druckschmerzhaften, Spannung der Tibialis-anterior-Loge, in Sensibilitätsstörungen im 1. Interdigitalraum sowie einer zunehmenden Parese der Zehenstrecker. Die Logenschmerzen werden durch passive Streckung der betroffenen Muskeln (Plantarflexion im oberen Sprunggelenk, Beugung der Zehen) noch verstärkt.

Beim bewußtlosen Patienten ist die Diagnostik eines Compartmentsyndroms durch die fehlende Äußerung des Leitsymptoms »Schmerz« erschwert. Außer häufigen palpatorischen Kontrollen kann hier das Einlegen einer Meßsonde in den betroffenen Faszienraum zur fortlaufenden Registrierung des Gewebsdrucks hilfreich sein.

Der beschriebene Circulus vitiosus kann nur durch eine sofortige und ausgiebige Dekompression mittels Faszienspaltung in ganzer Länge unterbrochen werden. Die Zugangswege sind am Beispiel des Unterschenkels (Abb. 10.1-1) eingezeichnet.

Da nach Frakturen häufig mehrere Muskellogen vom Compartmentsyndrom betroffen sind, wäre anschließend ein primärer Verschluß der Hautwunde nur noch unter Spannung möglich, so daß man zur Vermeidung einer erneuten Kompression auf die vorübergehende Interposition einer Hautersatzfolie oder eine primäre plastische Deckung der freiliegenden Weichteile ausweichen muß. Die Hautersatzfolie kann parallel zum Rückgang der Schwellung schrittweise durch »Abnäher« gerafft werden, bis schließlich ein direkter Wundverschluß durch Sekundärnaht in einem zweiten Eingriff möglich wird.

Folgen einer verspäteten oder unterlassenen gezielten Behandlung des Compartmentsyndroms sind am Beispiel des Unterschenkels Kontrakturen der Sprunggelenke und Zehengelenke, am Unterarm die Volkmannsche Kontraktur.

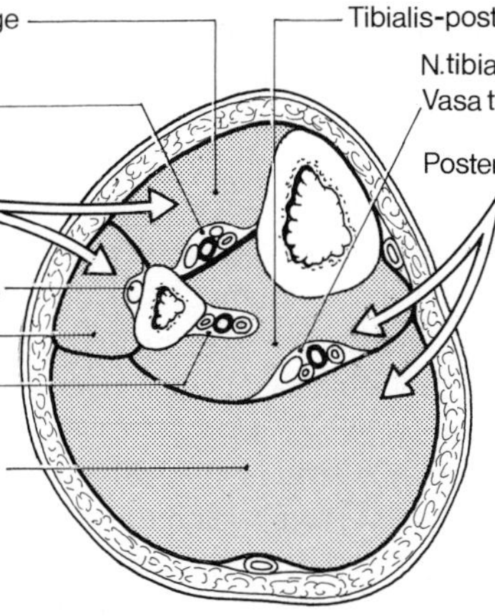

Abb. 10.1-1. Die Faszienlogen des Unterschenkels. Die Pfeile kennzeichnen die Zugangswege zu ihrer Eröffnung. Nach Holz.

Thromboseprophylaxe

Langdauernde Immobilisationsphasen, die vielfach bei polytraumatisierten Patienten aus den verschiedensten Gründen unumgänglich sind, wie langwierige Gipsbehandlungen, sind prädestinierend für die Entstehung von Bein-Becken-Venenthrombosen.

Nach den Mitteilungen von Sasahara (Boston) ist mit thromboembolischen Komplikationen, allerdings unter Einsatz aller zur Verfügung stehender diagnostischer Hilfsmittel, in einer Häufigkeit von 25–45 % nach großen Eingriffen im Thorax-, Bauch- und Beckenbereich zu rechnen. Davon werden etwa 5 % klinisch relevant, wobei die Lungenemboliehäufigkeit bei 1–2 % und die Lungenemboliesterblichkeit bei 0,1–1 % liegen soll.

Die Notwendigkeit einer physikalischen Prophylaxe wird im Vertrauen auf die Wirksamkeit der Thromboseprophylaxe mit Heparinen immer wieder unterschätzt. Sie gehört zu den wichtigsten Maßnahmen überhaupt und besteht in einer konsequenten aktiven postoperativen Übungsbehandlung mit isometrischen Spannungsübungen, vor allem aber in der frühzeitigen Mobilisation des Patienten. Ebenso wichtig ist es, die Muskel-Venen-Pumpe durch die elastische Bindenwickelung oder Verordnung von Kompressionsstrümpfen schon während des Eingriffes zu unterstützen.

Die generelle Unterlassung einer Thromboseprophylaxe operierter Patienten ist nicht mehr vertretbar. Sie beginnt im allgemeinen mit dem 17. Lebensjahr, spätestens 2 Std. vor dem planmäßigen Eingriff und kann – sofern Risikofaktoren nicht dagegensprechen – beendet werden, wenn der Patient in der Lage ist, mindestens 4 Std. tägl. das Bett zu verlassen, d.h. im Mittel 7 Tage nach der Operation.

Ausgenommen von diesen empirischen Empfehlungen bleiben z.B. unter anderem eindeutige Risikopatienten ab dem 15. Lebensjahr und solche, bei denen blockierende Verbände an den unteren Extremitäten wochenlang belassen werden müssen. Hier sind wir dazu übergegangen, die tägliche Prophylaxe nach Selbstanleitung ambulant fortzusetzen. Fallweise ist zu entscheiden, ob nicht die frühzeitige Umstellung auf eine Antikoagulantientherapie mit Cumarinen sinnvoller ist.

Bei der heute üblichen Prophylaxe ist das Risiko von Blutungen (Tilsner, Tscherne, Kakkar, Rasche et al. u.a.) zu vernachlässigen, im übrigen auch bei schweren Schädel-Hirn-Traumen (Schaaf u. Durst). Demgegenüber liegt die für die Bundesrepublik geschätzte jährliche Rate an tödlichen Lungenembolien bei etwa 20 000 Fällen. Die tatsächliche Gesamtzahl thromboembolischer Komplikationen ist sicherlich nicht präzise zu ermitteln, wobei eine nicht faßbare Dunkelziffer von blanden Unterschenkelvenenthrombosen und Mikroembolien trotz umfassender Prophylaxe einzubeziehen ist. Regionale Unterschiede, wie z.B. klimatisch bedingte Witterungseinflüsse in Süddeutschland, spielen dabei eine ebenso wichtige Rolle wie die rückläufige Sektionsfrequenz in der Bundesrepublik, die zur Zeit im Mittel zwischen 30 und 35 % aller in den Kliniken Verstorbener liegt.

Insgesamt aber beweisen die pharmakologisch gut begründeten und klinisch auch aus der Sicht der Statistiker (Immich u. Sonnemann) ausreichend dokumentierten Studien die Wirksamkeit einer medikamentösen Thromboembolieprophylaxe zweifelsfrei (Gruber, Kakkar).

Heparin s.c.

Untersuchungen von Tilsner ergaben, daß eine hochwirksame Thromboembolieprophylaxe durch eine gewichtsbezogene Applikation von Heparin s.c. möglich ist. Sie kann demnach bei einem Patienten mit einem Gewicht bis 65 kg mit 3 × 5000 IE Heparin in Abständen von 8 Std. ebenso wirksam erfolgen wie durch 100 IE/kg/12 Std. und bei einem Gewicht von über 65 kg entweder mit 3 × 7500 IE oder 150 IE/kg 2 × tägl.

Aufgrund umfangreicher kontrollierter Studien sprachen sich Kakkar u.a. nach einer lange Zeit üblichen »low dose« Standardprophylaxe mit 3 × 5000 IE Heparin für eine Prophylaxe mit 2 × 5000 IE Heparin in Kombination mit Dihydroergotamin (DHE) aus, die bis zur Entwicklung der niedermolekularen Heparine bevorzugt wurde. Letztere haben eine längere Halbwertszeit, so daß die Dosis pro Tag, aber auch das Dosierungsintervall verlängert werden konnte. Nach den vorliegenden umfangreichen Studien muß niedermolekulares Heparin in Kombination mit DHE nur 1 × tägl. s.c. gespritzt werden, um eine vergleichbare Wirksamkeit zu erzielen. Davon ausgenommen bleiben Eingriffe mit einem erhöhten Risiko (z.B. Endoprothetik am Hüftgelenk) und Patienten mit endogenen Risikofaktoren. Hier ist entweder die zweimalige s.c. Applikation von niedermolekularem Heparin erforderlich bzw. das Vorgehen nach Tilsner. Zu beachten sind die Kontraindikationen gegenüber Ergotamin. Sie betreffen in erster Linie Patienten im traumatischen Schock mit Frakturen an den unteren Extremitäten und der Gefahr eines sich entwickelnden Compartment-Syndroms, aber auch Kranke mit Durchblutungsstörungen anderer Ätiologie. Nach einer kürzlich veröffentlichten prospektiven Studie (Wolf) an 33 421 operativ behandelten Patienten soll die Gesamtzahl aller Nebenwirkungen bei der Verwendung von Embolex NM® unter 1 % liegen.

Die Rate der tödlichen Lungenembolien wurde mit 1,3 % angegeben, die Wahrscheinlichkeit einer vasospastischen Komplikation mit Folgeschäden kleiner als 1:11 141.

Erste Ergebnisse mit niedermolekularen Heparinen verschiedener Hersteller lassen erkennen, daß vergleichbar gute Ergebnisse auch ohne den Zusatz von DHE zu erzielen sind (Fragmin®, Fraxiparin®, Clexane®, Sandoparin®, AntiXarin®).

Im Hinblick auf die Dosis und die Dosierungsintervalle bestehen auch unter Einbeziehung der Risikopatienten Unterschiede zwischen den einzelnen Präparaten, von denen einige in der Bundesrepublik noch nicht zugelassen sind.

Heparin i.v.

Kontraindikationen gegen eine s.c. Applikation und/oder besondere Risikofaktoren können im Einzelfall die i.v. Gabe von Heparin in niedriger Dosierung notwendig machen. Erfahrungen im Umgang mit polytraumatisierten Patienten auf Intensivstationen zeigen, daß bei einer kontinuierlichen intravenösen Verabfolgung von 10 000 IE/24 Std. Heparin offensichtlich eine adäquate Dosierung gefunden wurde, bei der es weder zu Blutungskomplikationen noch zu einem Anstieg thromboembolischer Komplikationen kommt (Bosch et al.). Fallweise kann bei dem hier angesprochenen Krankengut die Substitution von Antithrombin III notwendig sein.

In Ermangelung kontrollierter Studien stellen wir diese Prophylaxe zum frühestmöglichen Zeitpunkt auf die subkutane Verabreichung um.

Dextrane

Nach dem Bekanntwerden anaphylaktoider Reaktionen und auch wegen der umständlicheren Applikationsform gegenüber s.c. Injektionen wurde diese Art der Prophylaxe aufgegeben, die sich lange Zeit sehr bewährt hatte. Es wurden keine Blutungskomplikationen beobachtet bei zusätzlicher Verbesserung der Fließeigenschaften des Blutes durch Reduktion der Viskosität (Hemmung der Thrombozytenaggregation). Wird ein Volumenmangel mit

Dextran behandelt, wobei vorher Promit® als Testsubstanz injiziert werden muß, kann während dieses Zeitraums auf die Heparingabe verzichtet werden.

Antibiotikaprophylaxe

Auf der Grundlage der von Weinstein 1954 vorgetragenen Überlegungen kann durch eine Chemoprophylaxe die Entstehung einer Infektionskrankheit, aber auch lokaler Infektionen zu einem Zeitpunkt verhindert werden, wo noch keine klinischen Symptome für eine Manifestation zu erkennen sind. Inzwischen ist die Antibiotikaprophylaxe für eine große Zahl elektiver Operationen etabliert. In der Abdominalchirurgie in erster Linie für die Eingriffe am Kolon und Rektum. In den kritischen Auseinandersetzungen über die damit verbundenen Risiken (u.a. Adam et al.: Hahnenklee-Symposium, 1983) wurden die Probleme der Resistenz, der Persistenz und einer möglichen Zunahme des Hospitalismus diskutiert.

Die gefürchtete nosokomiale Infektion, der mit 30–50 % eine endogene Ursache zugrundeliegt und die durch individuelle Risikofaktoren begünstigt wird, war z.B. Anfang der 50er Jahre eindeutig Folge einer unkritischen Penizillin-Therapie. Gegenwärtig sind es weniger Staphylokokkeninfektionen, sondern Klebsiellen aus der Darmflora, Kolibakterien, Enterobakter und Proteus, die durch eine Antibiotika-induzierte Selektion zu Problemkeimen nicht nur der Intensivstation wurden (Encke u. Knothe). Eine zurückhaltende Indikationsstellung bei der perioperativen Antibiotikaprophylaxe ist deshalb unverändert angezeigt. Dabei ist vor allem das wahrscheinliche postoperative Infektionsrisiko zu berücksichtigen. Bewährt hat sich die Klassifikation der Wunde in sauber, sauber-kontaminiert, kontaminiert und schmutzig. Nach Hirschmann u. Inui ist mit einer Infektion von 5 % bei sauberen Wunden (z.B. Prothetik), von 10 % bei sauber-kontaminierten (z.B. nichtinfektiöse Gallenwegseingriffe), von 20 % bei kontaminierten (z.B. infizierte Gallenwege, Intestinaltrakt) und von 30 % bei verschmutzten (z.B. Abszesse, Darmperforationen) zu rechnen.

Überraschenderweise erwies sich ein ganzes Spektrum von Antibiotika als wirksam.

Der Nutzen einer Antibiotikaprophylaxe wird in der Unfallchirurgie kontrovers diskutiert. Wir sehen eine Indikation für eine Antibiotikaprophylaxe bei zweit- und drittgradig offenen Frakturen, großen Weichteilverletzungen, bei ausgedehnten langdauernden Osteosynthesen, insbesondere beim älteren Menschen, und bei der Endoprothetik großer Gelenke.

Von der Langzeitprophylaxe über mehrere Tage wird die Kurzzeitprophylaxe über 48 Std., die Ultrakurzzeitprophylaxe prä- und postoperativ und die »single-shot«-Prophylaxe unterschieden. Am gebräuchlichsten ist zur Zeit wohl die Ultrakurzzeitprophylaxe. Von entscheidender Bedeutung ist der Zeitpunkt der Gabe des Antibiotikums. Diese sollte vor Inokulation bzw. in der »vulnerablen« Phase der bereits vorhandenen Keime erfolgen. Bei offenen Frakturen sollte die Prophylaxe – wenn immer möglich – am Unfallort eingeleitet werden.

Die Wahl des Antibiotikums sollte dem hauseigenen Keimspektrum angepaßt sein und wird sich natürlich auch an wirtschaftlichen Aspekten orientieren. Sog. Reserve-Antibiotika sollten niemals in der Prophylaxe Verwendung finden.

Allgemeine Grundlagen der Behandlung von Frakturen

Die reparativen Vorgänge bei der Knochenbruchheilung unterliegen morphologisch und experimentell vielfach untersuchten Gesetzmäßigkeiten, die als bekannt vorausgesetzt werden. Neben der biologischen Gesamtsituation des Organismus und vor allem dem Alter des Verletzten spielt während der Konsolidationsphase das Frakturhämatom eine nicht unwesentliche Rolle, ferner die von außen einwirkenden Druck- und Zugkräfte sowie sehr wahrscheinlich auch elektrische Potentiale (Piezoeffekt). Die Kallusbildung kann über eine chondrale wie desmale Ossifikation ablaufen. Nach den Untersuchungen von Danis besteht unter besonderen Umständen ferner die Möglichkeit einer angiogenen Frakturheilung, die als sog. primäre Knochenbruchheilung von der sekundären, d.h. der mit sichtbarem Kallus unterschieden wird. Voraussetzung für eine primäre angiogene Frakturheilung ist der fugenlose anatomisch absolut korrekte Verbund der Frakturenden miteinander, die vollständige mechanische Ruhe im Frakturgebiet sowie die interfragmentäre Kompression. Insgesamt kann die kalluslose Heilung nur unter Zuhilfenahme extramedullärer Kraftträger erreicht werden, deren richtige Anwendung dann zur gewünschten interfragmentären Kompression führt. Letztere erhöht über den Aufbau von Haftreibung die Stabilität des Knochen-Implantat-Verbunds ganz entscheidend, verhindert eine schädliche Biegewechselbeanspruchung der Implantate und ermöglicht dadurch die Verwendung von relativ schlanken Platten, die der Eigenelastizität des Knochens besser angepaßt sind und weniger Probleme bei der Weichteildeckung bereiten. Osteosyntheseverfahren, mit denen man die interfragmentäre Kompression erreichen kann, sind die interfragmentäre Verschraubung, Druckplattenosteosynthesen mit Verwendung des Plattenspanners, die Verwendung der dynamischen Kompressionsplatte mit exzentrischem Einsetzen der Plattenschrauben und die dynamische Kompression durch gezielte Ausnutzung von Belastungs- und Muskelkräften.

Störungen der Frakturheilung werden nur in den seltensten Fällen durch die biologische bzw. immunologische Situation des Verletzten verursacht, gelegentlich allerdings durch seine Verhaltensweise im Sinne einer groben Mißachtung der ausgesprochenen Nachbehandlungsrichtlinien. Einen nicht geringen Schaden können zusätzlich falsch durchgeführte oder ungenügend überwachte physikalische Therapiemaßnahmen auslösen.

Von Ausnahmefällen abgesehen, läuft jede Knochenbruchbehandlung in folgenden Schritten ab:

1. Reposition:
Einrichten der Bruchstücke in möglichst anatomisch richtiger Stellung.

2. Retention:
Stabiles Festhalten der Fragmente in dieser Stellung.

3. Rehabilitation:
Wiedererreichen der früheren Funktionsfähigkeit durch Übungsbehandlung und zunehmende Belastung.

Konservative und operative Frakturbehandlung fügen sich gleichermaßen in dieses Behandlungsschema ein, nur mit dem Unterschied, daß die Retention beim konservativen Verfahren durch Stütz- oder Streckverbände, beim operativen Verfahren dagegen durch Implantate erreicht wird.

Da eine ausführliche Darstellung der konservativen Frakturbehandlung sinngemäß nicht Thema einer Operationslehre sein kann, sollen die entsprechenden Verfahren im folgenden nur insoweit Erwähnung finden, als sie zur Vorbereitung auf die operative Behandlung dienen.

Bei Frakturen, die nicht notfallmäßig operativ versorgt werden, ist zwangsläufig für die Zeit bis zum Operationstermin vorläufig eine konservative Behandlung erforderlich. Es wäre unrealistisch, hierbei halbherzige Kompromisse einzugehen, weil unvorhergesehene Situationen den Therapieplan jederzeit umwerfen können. Die konservative Frakturbehandlung sollte demnach auch in diesen Fällen stets so konsequent eingeleitet werden, daß sie ggf. auch mit bestmöglichem Ergebnis zu Ende geführt werden könnte.

Ziel der operativen Frakturbehandlung ist die übungsstabile Retention der Fragmente, um durch frühzeitige Funktion Immobilisationsschäden (Frakturkrankheit) zu verhindern, mit denen die konservative Frakturbehandlung belastet ist. Man sollte folgerichtig die Indikation für sog. Adaptationsosteosynthesen, die eine zusätzliche Ruhigstellung im Gipsverband erforderlich machen, mit Zurückhaltung stellen und sich immer bewußt bleiben, daß man sich in diesen Fällen die Nachteile des konservativen und operativen Verfahrens gemeinsam einhandelt.

Das Risiko der operativen Behandlung ist die Infektionsgefahr, der man den Patienten aussetzt (1–2 % im Durchschnitt bei operativ versorgten geschlossenen Frakturen). In Kenntnis der z.T. gravierenden Spätschaden nach Knocheninfektion sollte man sich nur für die operative Frakturbehandlung entschließen, wenn das zu erwartende Ergebnis eindeutig besser ist als nach konservativer Behandlung. Sind im konkreten Fall die zu erwartenden Ergebnisse beider Methoden vergleichbar, so sollte dem konservativen Verfahren der Vorzug gegeben werden.

Hat man sich für ein bestimmtes Operationsverfahren entschieden, so ist die schulmäßige theoretische und praktische Beherrschung der einzelnen Behandlungsschritte samt möglicher Komplikationen Voraussetzung für die erfolgreiche Durchführung des Eingriffes.

Häufig lösen schon geringfügige Änderungen im Operationsablauf schwerwiegende Komplikationen aus. Nichts wäre bei Osteosynthesen gefährlicher für den Patienten als autodidaktischer Elan bei einem noch unerfahrenen Operateur.

Störungen der Frakturheilung

Von einer verzögerten Frakturheilung ist auszugehen, wenn nach 3 bis 4 Monaten auf Röntgenaufnahmen noch keine knöcherne Durchbauung zu erkennen ist. Eine regelrechte Kallusbildung ist allerdings nur nach Marknagelung zu erwarten, während nach Plattenosteosynthesen in der Regel eine direkte oder eine Spaltheilung eintritt, die auf Röntgenbildern nicht eindrücklich in Erscheinung tritt. Operative Maßnahmen sind in diesem Stadium verfrüht, weil häufig noch spontan eine Konsolidierung auftritt.

Von einer Pseudarthrose (»Non Union«) spricht man erst, wenn nach 6 bis 8 Monaten immer noch keine knöcherne Überbrückung stattgefunden hat. Das erforderliche therapeutische Vorgehen richtet sich fast ausschließlich nach den Durchblutungsverhältnissen im Bereich der Pseudarthrose. Bei der gut vaskularisierten hypertrophischen Pseudarthrose (Elefantenfußpseudarthrose) ist durch eine stabile Osteosynthese allein (Druckplattenosteosynthese, Marknagel oder Fixateur externe) eine Ausheilung ohne weitere therapeutische Maßnahmen zu erwarten.

Die atrophische oder avitale Pseudarthrose erfordert zusätzlich zur stabilen Osteosynthese eine Decortication und Spongiosaplastik. Die Technik ist aus Abb. 10.1-2 ersichtlich. Durch Erhaltung der Durchblutung an den losgemeißelten Kortikalislamellen wird ein zusätzliches Knochenwachstum induziert.

Die Defektpseudarthrose, die nach Fragmentverlust im Rahmen einer offenen Fraktur oder nach sekundärer Sequesterotomie entstehen kann, wird prinzipiell gleich behandelt, nur sind gelegentlich je nach Defektausdehnung auch kortikospongiöse Transplantate erforderlich, die dann in die Osteosynthese miteinbezogen werden müssen.

Geeignet sind entsprechend geformte Knochenstücke aus den vorderen oder hinteren Beckenkämmen, das Wadenbein der Gegenseite sowie längsgespaltene Rippenresektate. Für die Gewinnung besonders großer und kompakter kortikospongiöser Transplantate bietet sich die Tibiavorderfläche an (s.u.).

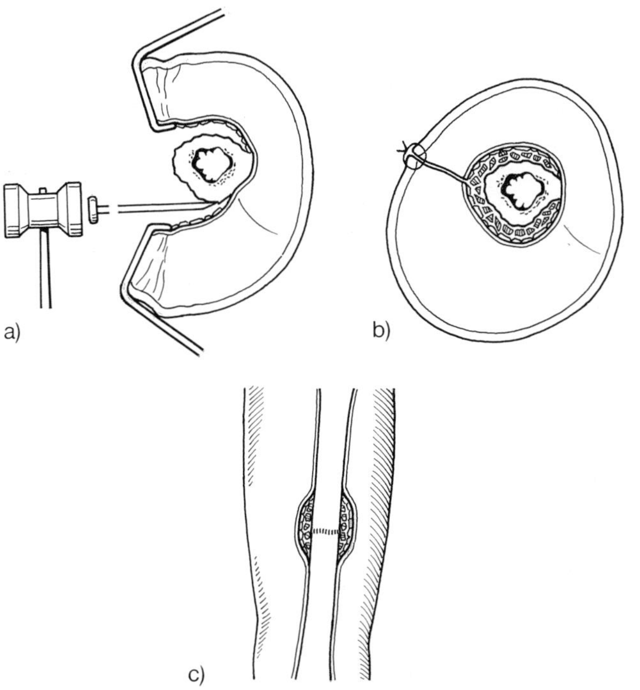

Abb. 10.1-2. a-c) Technik der Dekortikation bei avitaler Pseudarthrose. Mit dem Meißel werden dünne Kortikalislamellen vom Knochen abgelöst, die mit den umgebenden Weichteilen vereinigt bleiben. Zusätzlich wird autologe Spongiosa angelagert.

Bei infizierten Pseudarthrosen mit schlechter Weichteildeckung sind zunächst gestielte oder freie Gewebstransferoperationen notwendig, um die Vaskularisation vor Ort zu verbessern. Wird bei der Infektpseudarthrose nicht zweizeitig vorgegangen (Infektsanierung in 1. Sitzung, Osteosynthese in 2. Sitzung), so bietet hier die Anwendung des Fixateur externe die besten Voraussetzungen für eine Konsolidierung der Pseudarthrosezone, weil dort keinerlei störende Fremdkörper verbleiben und ein spannungsfreier Wundverschluß unter diesen Umständen meist problemlos möglich ist. Das übrige Vorgehen entspricht den Verfahren, die bei der avitalen Pseudarthrose zur Anwendung kommen.

Von der Anwendung des Marknagels ist bei Infektpseudarthrosen abzuraten.

Bei florider Eiterung wird zweckmäßigerweise nach Stabilisierung mit dem Fixateur externe und Debridement eine Saug-Spül-Drainage eingelegt. Die endgültige Dekortikation und Knochentransplantation wird dann in einer zweiten Sitzung nachgeholt.

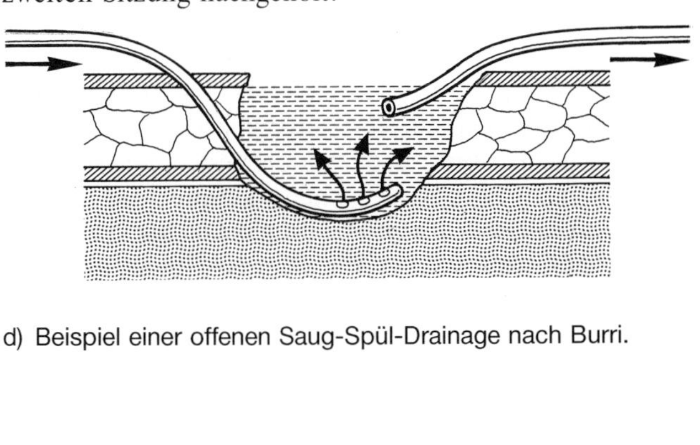

d) Beispiel einer offenen Saug-Spül-Drainage nach Burri.

Spongiosatransplantation

Zur Gewinnung kleiner Spongiosamengen bietet sich meistens eine Entnahmestelle an der operativ zu versorgenden Extremität selbst an, so daß der Eingriff ohne zusätzliche Vorbereitungen, wie Desinfektion und Abdecken eines zweiten Operationsfeldes, ebenfalls im Wirkungsbereich einer allfällig liegenden Blutleere erfolgen kann. An der oberen Extremität kann Spongiosa dementsprechend aus dem Olekranon oder dem distalen Radius entnommen werden, an der unteren Extremität aus dem Tibiakopf, ausnahmsweise auch aus dem Trochanter major.

Zur Gewinnung größerer Spongiosamengen eignen sich die vorderen und hinteren Beckenkämme. Die Entnahmetechnik geht aus Abb. 10.1-3 hervor:

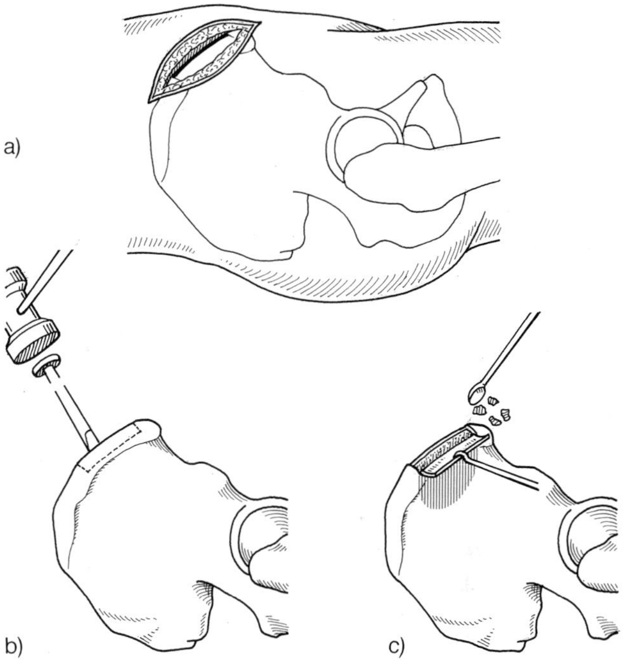

Abb. 10.1-3. a-c) Technik der Spongiosaentnahmen aus dem vorderen Beckenkamm.

Hautinzision vom vorderen Darmbeinstachel, dem Darmbeinkamm entlang nach dorsal, Spalten des Periosts in gleicher Ausdehnung, Abschieben des Periosts nach außen, Heraushebeln eines außen gestielten Kortikalisdekkels, der wie ein Kistendeckel nach außen hochgeklappt wird. Entnahme von Spongiosaspänen mit dem scharfen Löffel oder einem speziell gebogenen Hohlmeißel. Falls besonders große Spongiosablöcke benötigt werden, kann auch die Tabula interna mit dem Flachmeißel abgespant werden, wonach größere Spongiosaflächen zur Entnahme freiliegen. Der Kortikalisdeckel wird zurückgeklappt und wieder mit Nähten fixiert. Am hinteren Beckenkamm wird entsprechend vorgegangen, nur mit dem Unterschied, daß dort die Spongiosa von der Seite der Tabula externa her entnommen wird.

Die Indikation zur Transplantation eines Kortikalisspans wird nicht mehr häufig gestellt, weil sich diese Transplantate sehr viel langsamer einbauen, als Spongiosatransplantate. Bei Bedarf kann ein großer Kortikalisspan aus der Tibiavorderfläche entnommen werden, wobei die Vorderkante der Tibia wegen ihrer tragenden Funktion möglichst geschont werden sollte.

Der Eingriff wird am besten in Oberschenkelblutsperre durchgeführt: Hautschnitt in Längsrichtung knapp seitlich der tastbaren Tibiavorderkante, Freilegen des Knochens, Bestimmung der Spangröße durch entsprechende Inzision des Periosts. Der Span wird mit einem Meißel oder mit der oszillierenden Säge entnommen. Eine besondere postoperative Ruhigstellung ist nur erforderlich, wenn Teile der Tibiavorderkante zwecks Gewinnung eines besonders stabilen Spans mitentnommen wurden.

Die Indikation für eine Fremdspongiosaübertragung wird gegenwärtig wegen der allgemeinen Verunsicherung im Hinblick auf die Möglichkeit einer AIDS-Übertragung zurückhaltender gestellt als noch vor wenigen Jahren. Bei gewissenhafter Einhaltung der im Januar 1990 veröffentlichten aktualisierten »Richtlinien zum Führen einer Knochenbank« (herausgegeben vom Wissenschaftlichen Beirat der Bundesärztekammer, erschienen im Deutschen Ärzteblatt) kann das Verfahren aber immer noch eine Alternative bieten, wenn sehr große Spongiosamengen benötigt werden oder wenn die Entnahme von genügend autologer (autogener) Spongiosa im Einzelfall aus besonderen Gründen nicht möglich ist. Meistens werden bei mindestens −30 °C kryokonservierte Oberschenkelköpfe verwendet, die beim prothetischen Hüftgelenkersatz anfallen bzw. entsprechende Resektate nach Kniegelenkersatz. Für die Defektdeckung im spongiösen Bereich hat sich zwecks rascherer Revaskularisation eine Zerteilung in höchstens bohnengroße Einzelstücke bewährt, falls nicht einer noch weiteren Zerkleinerung etwa mit einer Knochenmühle der Vorzug gegeben wird. Die Spongiosa kann bei Bedarf mit Fibrinkleber oder in infektbedrohten Situationen mit Gentamycin-haltigen resorbierbaren Kollagenschaumstücken gemischt werden. Wird am kindlichen Skelett eine allogene Spongiosatransplantation erforderlich, so ist auch eine Spongiosaspende von einem der Elternteile in Erwägung zu ziehen.

Osteosyntheseverfahren

Die Rasur des Operationsgebietes sollte erst unmittelbar vor dem geplanten Eingriff erfolgen, damit bei dieser Prozedur unvermeidliche kleine Hautverletzungen nicht bereits präoperativ mit Hospitalkeimen besiedelt werden können. Nach Möglichkeit sollten Osteosynthesen an den Extremitäten in pneumatischer Blutsperre durchgeführt werden:

Man verringert dadurch den Blutverlust, verbessert die Übersichtlichkeit des Operationsgebietes und verkürzt die Operationsdauer. Die Blutleere oder -sperre muß spätestens 2 Std. nach Anlegen wieder geöffnet werden, da über der 2-Stunden-Grenze Ischämieschäden (Tourniquetsyndrom, Compartmentsyndrom) zu erwarten sind.

Das Operationsgebiet wird mehrfach desinfiziert und mit sterilen Tüchern abgedeckt. In vielen Kliniken ist eine zusätzliche Überklebung mit einer Inzisionsfolie üblich, deren Wert jedoch umstritten ist.

Adaptationsosteosynthesen

Kirschner-Drahtosteosynthese

1927 hat Martin Kirschner die nach ihm benannten Bohrdrähte in die Knochenbruchbehandlung eingeführt. Sie sind wegen ihrer vielseitigen Einsatzmöglichkeiten aus der heutigen Osteosynthesepraxis gar nicht mehr wegzudenken. Neben ihrer Verwendung als gespannte Extensionsdrähte bei der konservativen Knochenbruchbehandlung, zur präliminaren Fragmentfixation bei Schrauben- und Plattenosteosynthesen sowie als fakultativer Bestandteil von Zuggurtungsosteosynthesen spielen sie eine wichtige Rolle in der Handchirurgie und bei der Osteosynthese von Frakturen am wachsenden Skelett.

Die perkutane Kirschner-Drahtosteosynthese findet ihre Indikationen an der Mittelhand, bei dislozierten Frakturen an Fußwurzel und Mittelfuß, bei konservativ nicht zu retinierenden suprakondylären und subkapitalen Humerusfrakturen des Kindes und vor allem bei bestimmten distalen Radiusfrakturen.

Die Bohrdrähte, die in Stärken von 0,8–2 mm verfügbar sind, werden in das Futter einer Bohrmaschine eingespannt. Zur besseren Führung der Drähte kann eine Teleskopführungshülse verwendet werden, oder der Draht wird vor dem Einspannen entsprechend gekürzt. Um die Fragmente zuverlässig zu stabilisieren und eine Drahtwanderung zu verhindern, muß grundsätzlich die Gegenkortikalis mitdurchbohrt werden. Im Interesse der Rotationsstabilität sollten im Regelfall mindestens zwei Drähte eingebohrt werden. Parallel zueinander liegende Drähte ermöglichen interfragmentäre Kompression durch Muskelzug, divergierend oder gekreuzt eingebrachte Drähte sperren die Längsverschiebung. Die Kreuzungsstelle sollte im letzteren Falle im Interesse der Rotationsstabilität nicht in Höhe des Frakturspalts liegen (Abb. 10.1-4).

Vor allem dünne Kirschner-Drähte gleiten bei spitzwinkeligem Kontakt mit der Kortikalis leicht ab. Es empfiehlt sich in diesen Fällen, die Kortikalis zunächst stumpfwinkelig leicht anzukörnen und erst dann den Draht durch Schwenken der Bohrmaschine in die gewünschte Richtung zu lenken. Falls sich das gleiche Problem an der Gegenkortikalis ergibt, kann man ein Abgleiten der Drahtspitze in die Markhöhle häufig noch dadurch verhindern, daß man bei Kontaktaufnahmen zwischen Drahtspitze und Gegenkortikalis mit hoher Drehzahl und geringem Vorschub weiterbohrt, bis die Spitze gefaßt hat. Beim Mißlingen dieses Manövers hilft die Verwendung eines dickeren Kirschner-Drahtes weiter. Bei subkutan versenkter Anwendung werden die überstehenden Drahtenden dicht über dem Knochen abgezwickt, krückstockartig umgebogen und durch Nachschlagen mit einem Stößel in der Kortikalis verankert. Bei suprakondylären Humerusfrakturen im Kindesalter und bei Radiusfrakturen können die Drähte auch zur Erleichterung der späteren Meetallentfernung über Hautniveau abgezwickt und durch einen sterilen Verband gedeckt werden. Der Gipsverband ist dann entsprechend zu fenstern. Diese Verfahrensvariante erfordert häufigere Wundkontrollen und Verbandwechsel, damit Infektionen an den Drahtwunden rechtzeitig erkannt werden können.

Kirschner-Drähte als intramedullärer Kraftträger werden ausnahmsweise bei proximalen und mittleren Schaftfrakturen des Unterarmes bei Kindern eingesetzt, weil diese Frakturen im konservativen Behandlungsverfahren wenig spontane Korrekturtendenz aufweisen. Die adaptierende Kirschner-Drahtosteosynthese ermöglicht eine Schonung der Wachstumsfugen. Ein zusätzlicher Gipsverband ist obligat.

Die Drähte können in der Regel nach 3 bis 4 Wochen wieder entfernt werden. Meistens schließt sich dann noch eine weitere Ruhigstellung im Gipsverband für 2 bis 3 Wochen an, bevor alle Gelenke zur Übungsbehandlung wieder freigegeben werden können.

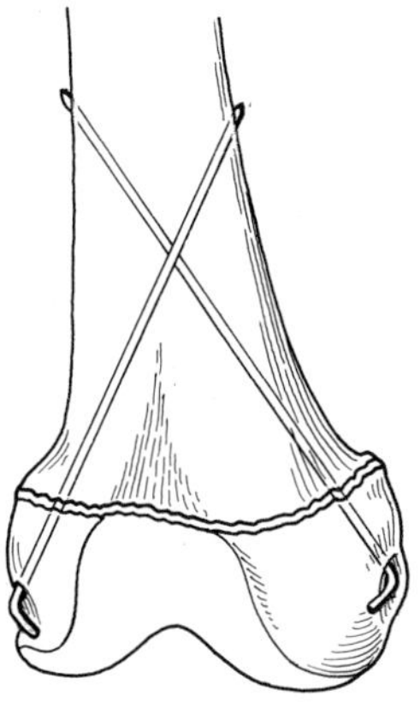

Abb. 10.1-4. Kirschner-Drahtosteosynthese einer Epiphysenlösung am distalen Oberschenkel.

Drahtcerclagen

Am häufigsten werden Drahtcerclagen bei Zuggurtungsosteosynthesen eingesetzt, wo sie entweder allein oder in Kombination mit Kirschner-Drähten Distraktionskräfte aufnehmen. Das Spannen und Verzwirbeln der Drähte erfolgt in diesen Fällen von Hand.

Als alleiniges Osteosynthesemittel, z.B. bei Schaftdrehbrüchen mit langen Frakturschnäbeln, werden Cerclagen nur noch selten eingesetzt (z.B. perkutane Götze-Cerclage bei Tibiadrehbrüchen).

Entschließt man sich zu einem solchen Verfahren, so ist streng darauf zu achten, daß die Drahtumschnürung möglichst dicht an den Knochen zu liegen kommt. Die Fragmente werden mit einer Dechamps-Nadel passender Größe umfahren, der Draht wird in die Öse an der Nadelspitze eingehakt und beim Herausziehen des Gerätes um den Knochen herumgeführt. Nach Distraktion und achsengerechter Ausrichtung der Fraktur wird der Draht mit einem Drahtspanner unter Zug gebracht, verzwirbelt und abgezwickt. Je nach Länge der Frakturschnäbel sind drei bis vier Cerclagen erforderlich.

Eine gewisse Bedeutung haben Drahtcerclagen als Ergänzung zu intramedullären Kraftträgern.

Rushpin-Osteosynthese

Die Markraumschienung mit dem Rushpin soll in der Originalmethode eine Stabilisierung der Röhrenknochenfragmente durch eine 3-Punkt-Abstützung bewirken (Abb. 10.1-5). Durch eine gezielte Krümmungsdifferenz zwischen dem Rushpin und dem Markhöhlenprofil entsteht eine elastische Verklemmung durch Einspannung des Implantates:

1. an der Einschlagstelle,
2. am Krümmungsscheitelpunkt,
3. an der Nagelspitze.

Wegen im Regelfall nicht zu erreichender Übungsstabilität ist das Verfahren von moderneren Methoden etwas in den Hintergrund gedrängt worden. Dennoch bestehen weiterhin Indikationen bei konservativ nicht zu retinierenden Frakturen im Kindesalter:

Bei dislozierten suprakondylären Oberschenkelbrüchen beispielsweise lassen sich mit einer Rushpin-Osteosynthese gute Ergebnisse erreichen (Abb. 10.1-5). Die anschließend erforderliche Ruhigstellung im Gipsverband hinterläßt bei Kindern kaum einmal nachteilige Folgen.

Die Rushpins stehen in Stärken von 2–6 mm und jeweils verschiedenen Längen zur Verfügung. An speziellen Instrumenten sind ein Handbohrer mit Faustgriff, ein Einschlaginstrument und ein Schränkeisen erforderlich.

Der Zugang zum Knochen erfolgt durch einen kleinen Längsschnitt. Das Einschlagfenster wird mit dem Handbohrer eröffnet. Bei Kindern ist darauf zu achten, daß das Einschlagfenster schaftwärts der Wachstumslinie gebildet wird, damit der Rushpin nicht die Epiphyse durchquert. Der im Lieferzustand gerade Rushpin wird mit dem Schränkeisen vorgebogen: Bei einem leicht gebogenen Knochen stärker, bei einem stark gekrümmten Knochen weniger stark als die entsprechende Schaftkrümmung. Beim Einschlagen gleitet die kufenförmig angeschliffene Nagelspitze zunächst auf der Gegenkortikalis entlang und liegt erst in der Endposition mit entsprechender Vorspannung der Kortikalis auf der Seite des Einschlagfensters an. Während des Vortreibens des Nagels muß dieser mit seiner spitzenseitigen Vorbiegung der jeweiligen physiologischen Krümmung des Knochens entsprechend gedreht werden.

Die endgültige Drehstellung erhält der Nagel häufig erst auf dem letzten Drittel seines Weges. Bei großen Röhrenknochen werden Rushpins meistens gekreuzt eingesetzt.

Die Entfernung der Implantate kann bei Kindern meist nach 6 bis 8 Wochen erfolgen.

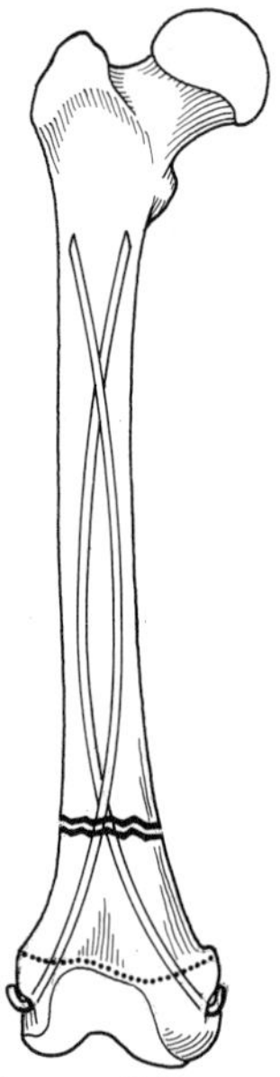

Abb. 10.1-5. Rushpin-Osteosynthese einer suprakondylären Oberschenkelfraktur.

Stabile Osteosynthesen über intramedulläre Kraftträger

Marknagelung

Die Methode wurde 1940 von Küntscher eingeführt und findet ihre besten Indikationen bei Quer- und kurzen Schrägbrüchen von Femur und Tibia jeweils im mittleren Schaftdrittel sowie bei aseptischen Schaftpseudarthrosen.

Die Retention erfolgt durch eine elastische Rohr-in-Rohr-Verklemmung zwischen Nagel und Markhöhle (Abb. 10.1-6). Der Original-Küntscher-Nagel wurde später von der Arbeitsgemeinschaft für Osteosynthese (AO) modifiziert (Erhöhung der Elastizität durch Verringerung der Wandstärke, außerdem Umformung des Nagelkopfes in einen Zylinder mit Innengewinde, was in Verbindung mit einem konischen Gewindestopfen Vorteile bei der Handhabung, vor allem bei der Nagelentfernung, ergibt).

Bei Verfügbarkeit eines Röntgenbildverstärkers wird das Verfahren mit Vorteil als gedeckte Marknagelung durchgeführt:

Nach Reposition der Fraktur auf einem Extensionstisch wird von einem Längsschnitt oberhalb der geplanten Einschlagstelle (Trochanter major bzw. Tuberositas tibiae) der Knochen sparsam freigelegt, und mit dem Bajonettpfriem ein Einschlagfenster zur freien Markhöhle hin gebildet. Ein an seiner Spitze mit einem Knopf versehener und dort leicht vorgebogener 3 mm starker Bohrdorn wird mit einem Handgriff in die Markhöhle bis zur Fraktur eingeführt. Unter Bildverstärkerkontrolle wird die Fraktur manuell in Repositionsstellung gehalten, der Bohrdorn kann dann leicht in die periphere Markhöhle eingeführt werden. Bei verbleibender manuell nicht zu beseitigender Seitverschiebung (Oberschenkel!) kann das Auffädeln des peripheren Fragmentes durch entsprechende Drehung des Bohrdorns erleichtert werden. Der Bohrdorn wird dann durch leichte Hammerschläge weiter vorgetrieben und soll mit seiner Spitze zentral in Höhe der ehemaligen Wachstumslinie oberhalb des Knie- bzw. Sprunggelenkes liegen. Nach Einsetzen eines Hautschutzblechs an der Einschlagstelle wird jetzt zunächst mit einem stirnschneidenden Bohrer von 9 mm Durchmesser die Markhöhle bis kurz vor die Bohrdornspitze aufgebohrt, anschließend wird nach Zurückziehen des Bohrers in Schritten von ½ mm mit seitenschneidenden Bohrern weitergebohrt, bis ein »Knabbern« des Bohrers in der Markraumtaille eine genügende Aufweitung der Markhöhle signalisiert. Ab 12,5 mm Bohrerdurchmesser wird eine dickere und längere Bohrwelle verwendet. Zu beachten ist, daß die Fraktur während des Aufbohrens in reponierter Stellung gehalten wird, was auch durch Einspannen in ein Repositionsgerät geschehen kann. Falls einmal ein Bohrkopf sich festlaufen oder abbrechen sollte, kann er mit dem Bohrdorn, dessen Spitze dicker ist als die zentrale Bohrung im Bohrkopf, herausgeschlagen werden.

Der Nagel kann nur dann gut stabilisieren, wenn er sich in beiden Hauptfragmenten im durch das Aufbohren geschaffenen zylindrischen Teil des Kortikalisrohrs auf genügend langer Strecke (jeweils mindestens 5 cm) verklemmen kann. Es ist unzulässig, diese Voraussetzung durch exzessives Aufbohren erzwingen zu wollen. Wenn sich eine solche Situation erst während des Eingriffes herausstellt, sollte man unverzüglich auf eine Verriegelungsnagelung ausweichen (s.d.).

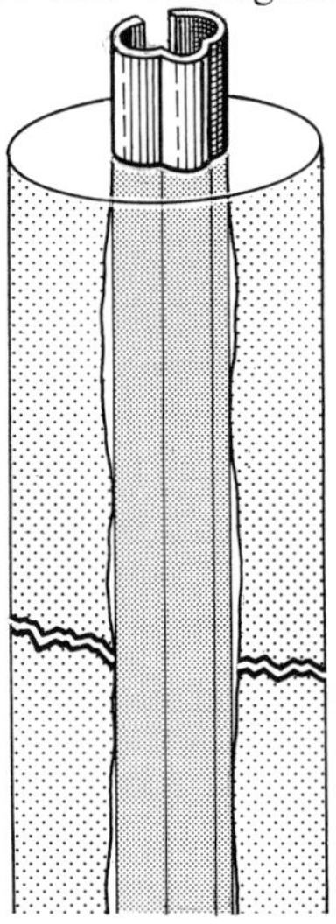

Abb. 10.1-6. Prinzip der elastischen Verklemmung des Marknagels in der Markhöhle: Strenggenommen liegt keine durchgehend formschlüssige Rohr-in-Rohr-Verbindung vor, vielmehr – durch Unebenheiten im Markraumprofil bedingt – ein Preßsitz über multiple kleinere Kontaktflächen.

Nach der letzten Bohrtour wird zur Sicherung der Repositionsstellung ein spezielles Teflon-Rohr über den Bohrdorn geschoben, bevor dieser entfernt wird. Die Markhöhle kann jetzt mit Ringer-Lösung ausgespült werden. Anschließend wird der 4 mm starke Führungsspieß in das Teflon-Rohr gesteckt und ebenfalls wieder bis zur ehemaligen Epiphysenlinie vorgeschoben. Entfernung des Teflon-Rohrs.

Da Bohrdorn und Führungsspieß gleich lang sind (vorher prüfen!), wird die richtige Nagellänge am besten durch Abgreifen der den Knochen überragenden Führungsspießlänge auf den Bohrdorn mit einer Kocher-Klemme ermittelt. Die Messung des überstehenden Bohrdornstücks ergibt dann die richtige Nagellänge, z.B. am Oberschenkel, während an der Tibia wegen der sog. Herzog-Krümmung des Nagels dieser etwas länger gewählt werden muß: Man findet das richtige Maß, indem man die Klemme in Höhe der Fläche am oberen Ende des Führungsspießes ansetzt, die für die Fixierung des Haltegriffs vorgesehen ist.

Bei Verwendung des neuen Tibia-Universalnagels der AO ist, bedingt durch dessen flachere Biegung, diese Längenzugabe nicht erforderlich.

Bei Küntscher-Nägeln und den älteren AO-Nägeln muß der Durchmesser des zu verwendenden Nagels um 1 mm unter dem letzten Bohrdurchmesser liegen. Bei den neuen AO-Nägeln sind Bohrdurchmesser und Kennzeichnung des Nageldurchmessers identisch. (Wurde beispielsweise bis 14 mm aufgebohrt, so muß der passende AO-Nagel auch die Zahl 14 tragen.)

Der Nagel wird jetzt über den Führungsspieß bis zur Fraktur vorgeschlagen. Nach nochmaliger sorgfältiger Reposition der Fraktur mit besonderer Berücksichtigung der Rotationsstellung erfolgt das weitere Vorschlagen in das distale Fragment, wobei vor allem darauf geachtet werden muß, daß der Nagel nicht mit seiner Kufe auf einen Frakturschnabel aufläuft. Hat der Nagel die distale Markhöhle erfaßt, wird die Extension zur Erleichterung einer anschließend erforderlichen manuellen Überkorrektur der Repositionsstellung reduziert: So gut wie immer besteht eine Dislokationstendenz im Sinne einer Valgus- und Rekurvationsfehlstellung, da der Marknagel den Knochen tendenziell etwas streckt. Es ist deshalb zweckmäßig, die Fragmente in Varus- und Antekurvations-Überkorrekturhaltung zu bringen, während der Nagel weiter eingeschlagen wird. Der Führungsspieß kann entfernt werden, kurz bevor der Nagel seine endgültige Position erreicht hat. Abschließend empfiehlt es sich, die Fragmente zur Feinadaptation noch etwas zu stauchen, was entweder durch vorsichtiges Zurückschlagen des Nagels nach Aufheben der Extension erfolgen kann, oder aber nach Wundverschluß durch axiale Handballenschläge auf das gebeugte Kniegelenk (Oberschenkelmarknagel) bzw. die Ferse (Tibiamarknagel). Häufig gelingt ein genaues »Einrasten« der Fragmente erst durch dieses Manöver. Eine Redon-Drainage wird in den Nagelkopf eingelegt und getrennt herausgeleitet, anschließend erfolgt der schichtweise Wundverschluß. Eine gesonderte Redon-Drainage in Höhe der Fraktur ist nur erforderlich, wenn ausgedehnte Hämatomschwellungen bestehen. Häufig muß der Sog der Redon-Drainage während der ersten 12 Std. gedrosselt werden, um stärkere Blutverluste zu vermeiden. Das betreffende Bein wird auf einer Lagerungsschiene hochgelagert. – Typischerweise kommt es nach konventioneller Marknagelung zu einer Frakturheilung mit Kallusbildung im Gegensatz zur primär angiogenen Frakturheilung nach technisch korrekter Plattenosteosynthese. Ursache ist sicherlich einmal das durch den Aufbohrvorgang am Frakturspalt ausgetretene Knochenmehl, zum anderen aber das Fehlen einer implantatbedingten Kompression der Fragmente mit der Folge kleiner Wackelbewegungen während der dynamischen Kompression durch Muskeltonus und Belastung.

Im Idealfall, z.B. bei einem Oberschenkelquerbruch in Schaftmitte, kann nach Marknagelung sofort teilbelastet werden, in allen anderen Fällen sollte vor der Belastung eine im Röntgenbild sichtbare Kallusbildung abgewartet werden.

Die Nagelentfernung wird 1½ bis 2 Jahre nach dem Eingriff durchgeführt.

Verriegelungsnagelung

Durch die Einführung des Verriegelungsnagels konnte die Indikation für Marknagelosteosynthesen an Femur und Tibia auf Fraktursituationen ausgedehnt werden, die bei der konventionellen Marknagelung als relative und Ausnahmeindikationen gelten. Die Methode eignet sich demnach für gelenknahe Schaftbrüche, Mehretagenbrüche, Trümmerbrüche der mittleren Schaftanteile, gelenknahe Pseudarthrosen und auch zur Stabilisierung nach gelenknahen Osteotomien. Bei der statischen Verriegelung (Abb. 10.1-7) erfolgt eine Verschraubung des Nagels mit dem proximalen und distalen Fragment, während bei der dynamischen Verriegelung (Abb. 10.1-8) lediglich das jeweils kürzere Hauptfragment mit dem Nagel verbolzt wird. Distal wird grundsätzlich mit zwei Querbolzen verriegelt, proximal ist ein Quer- bzw. Schrägbolzen meistens ausreichend.

Nach einer dynamischen Verriegelungsnagelung kann im Regelfall eine Teilbelastung erfolgen, die nach statischer Verriegelung erst erlaubt ist, wenn eine röntgenologisch nachweisbare Kallusüberbrückung der Frakturzonen eingetreten ist. Bei vorzeitiger Belastung drohen Implantatbrüche oder Bolzenlösungen mit sekundärer Frakturdislokation.

Nach röntgenologisch gesicherter Frakturdurchbauung erfolgt die Umwandlung der statischen in eine dynamische Verriegelungsnagelung durch Entfernung der Bolzen im jeweils längeren Fragment. Diese »Dynamisierung« ist selten vor Ablauf von 10 Wochen nach statischer Verriegelungsnagelung möglich.

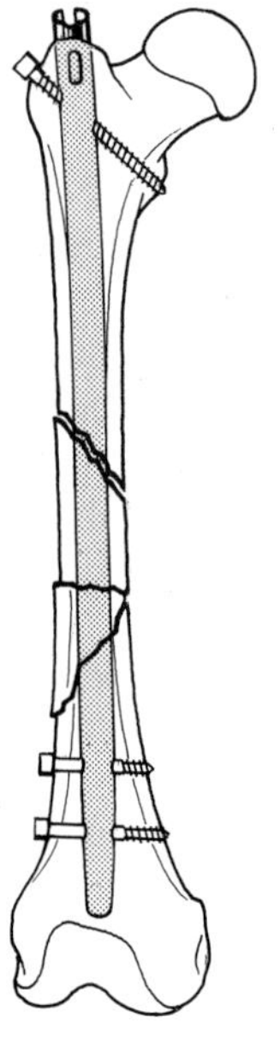

Abb. 10.1-7. Statische Verriegelungsnagelung bei Oberschenkelstückbruch.

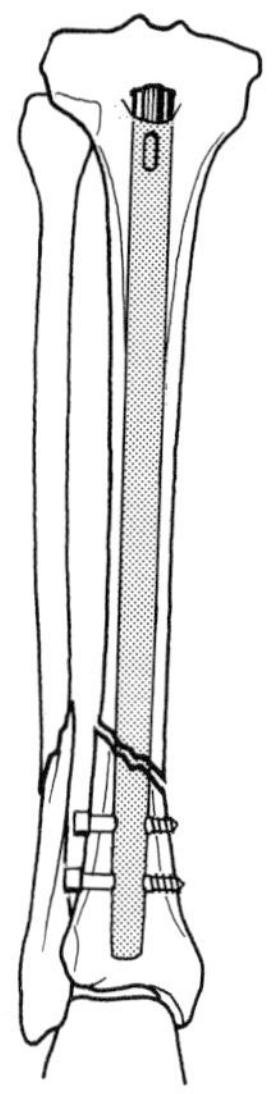

Abb. 10.1-8. Dynamische Verriegelungsnagelung bei distalem Unterschenkelbruch.

Bündelnagelung nach Hackethal

Die Methode wurde 1961 von Hackethal in einer ausführlichen Monographie mit Indikationen am Ober- und Unterarm, am Oberschenkel sowie an der Tibia vorgestellt.

Im Prinzip handelt es sich um eine gedeckte Marknagelung, bei der statt eines einzelnen relativ starren Nagels mehrere elastische Rundnägel verwendet werden, die sich der unregelmäßigen Form der Markhöhle entsprechend besser anpassen können. Auf ein Aufbohren der Markhöhle wird verzichtet. Die 2,5–4 mm dicken Nägel werden von einem frakturfernen Knochenfenster aus nach unterschiedlicher Vorbiegung mit einer speziellen Haltezange eingeschlagen und in Gelenknähe fächerförmig in der Spongiosa verankert.

Es werden so viele Nägel eingeschlagen, bis eine Verklemmung des Nagelbündels in der Markraumtaille eintritt.

Durch Einschlagen weiterer kürzerer Nägel wird eine Auffüllung des Markraums bis zur Markraumtaille sowie eine zusätzliche Verklemmung des Nagelbündels im Einschlagfenster erreicht. Auf diese Weise läßt sich auch bei gelenknahen Brüchen häufig noch eine Übungsstabilität erreichen. Die überstehenden Nagelenden werden mit einem Bolzenschneider abgezwickt. Für den Oberarm werden eine aufsteigende (Zugang proximal der Fossa olecrani) sowie eine absteigende Bündelnagelung (Zugang am Plateau des Tuberculum majus) angegeben. Der Zugang sollte im Einzelfall vom längeren Schaftfragment aus erfolgen (Abb. 10.1-9).

In der Regel besteht Arbeitsunfähigkeit nach Bündelnagelung des Oberarms nur für ca. 8 Wochen. Die Metallentfernung kann im allgemeinen ab dem 6. Monat postoperativ erfolgen.

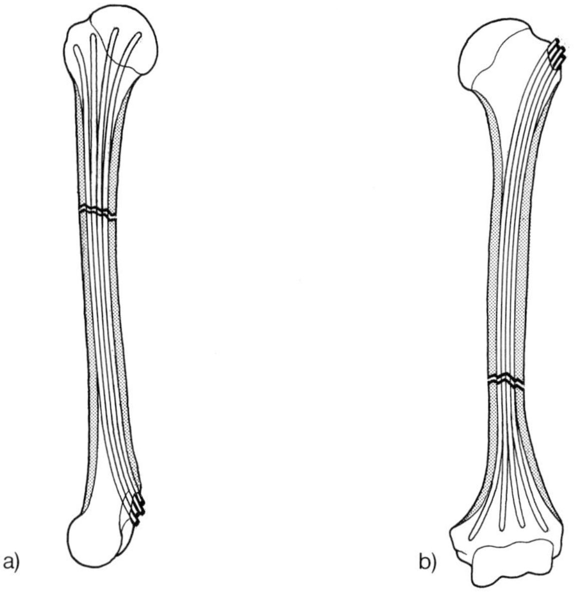

a) b)

Abb. 10.1-9. Bündelnagelung.
a) Aufsteigende Bündelnagelung bei proximaler Oberarmschaftfraktur.
b) Absteigende Bündelnagelung bei distaler Oberarmschaftfraktur.

Nagelung nach Ender und Simon-Weidner

Zur operativen Versorgung der im höheren Lebensalter häufigen per- und subtrochanteren Frakturen hat sich die Federnagelung nach Ender und Simon-Weidner als zuverlässiges und relativ gering belastendes Verfahren allgemein durchgesetzt. Im Grunde genommen handelt es sich um eine Variante der Bündelnagelung mit spezieller Formgebung der Implantate für einen eingeschränkten Indikationsbereich, nämlich die hüftgelenknahen extrakapsulären Oberschenkelfrakturen.

Falls keine ausgedehnten Trümmerzonen im Frakturbereich bestehen, ist zusätzlich zur Übungsstabilität sogar eine Frühbelastung möglich.

Für die meist betroffenen alten und gebrechlichen Menschen ist gerade dieser Aspekt besonders wichtig, weil sie häufig zu einer Entlastung oder dosierten Teilbelastung gar nicht fähig sind.

Es werden vorgebogene 4,5 mm dicke Federstahlnägel von einem Einschlagfenster am medialen Femurkondylus aus über die Frakturzone hinweg in den Oberschenkelkopf eingeschlagen und dort fächerförmig verteilt (Abb. 10.1-10).

Ein Zusammensintern der Frakturzone bei Belastung führt zu einem entsprechenden Tiefertreten der Nägel, so daß die Nagelspitzen in der Regel nicht sekundär in das Hüftgelenk perforieren (Prinzip der Gleitosteosynthese, s.a. Pohlsche Laschenschraube oder dynamische Hüftschraube, Abb. 10.1-11).

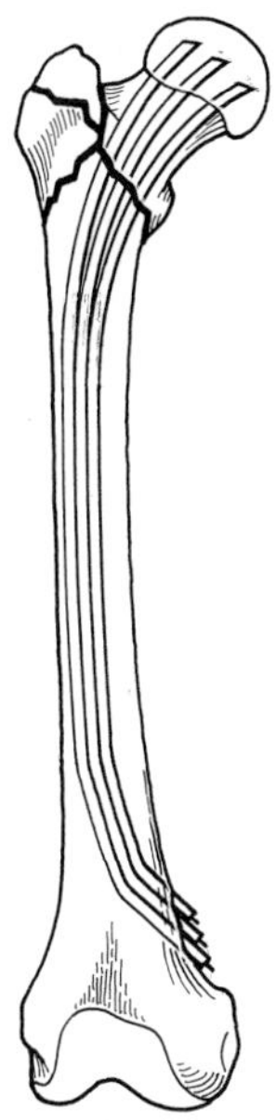

Abb. 10.1-10. Versorgung hüftgelenknaher Oberschenkelbrüche durch die Federnagelung nach Ender und Simon-Weidner (aus Koslowski, Irmer, Bushe).

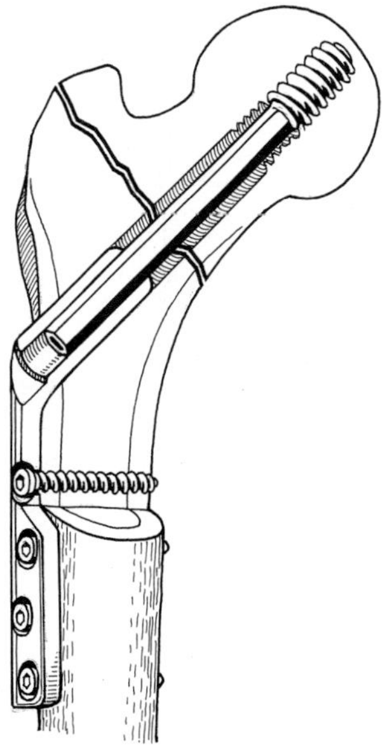

Abb. 10.1-11. Anwendungsprinzip der dynamischen Hüftschraube (DHS) der AO (gezeichnet nach einem Originalprospekt).

Stabile Osteosynthesen über extramedulläre Kraftträger

Schraubenosteosynthese

Eine alleinige Verschraubung kann gelegentlich bei Drehbrüchen mit langen Frakturschnäbeln erfolgen (Abb. 10.1-12). Im Diaphysenbereich werden Kortikalisschrauben, im gelenknahen Bereich Spongiosaschrauben verwendet. Meistens muß die interfragmentäre Verschraubung durch eine zusätzlich angeschraubte Neutralisationsplatte ergänzt werden, weil die Verschraubung allein selten Funktionsstabilität gewährleistet.

Die großen Kortikalisschrauben der AO haben ein durchgehendes Gewinde mit 4,5 mm Gewindedurchmesser und 3,0 mm Kerndurchmesser (zum Vergleich: ein metrisches Regelgewinde aus dem Maschinenbau hat bei gleichem Gewindedurchmesser einen sehr viel größeren Kerndurchmesser von 3,7 mm).

Die größere Gewindetiefe der Kortikalisschraube schützt gegen Ausreißen des Gewindes aus dem Knochen und ermöglicht die Übertragung erheblicher Zugkräfte.

Um durch die Kortikalisschraube eine interfragmentäre Kompression zu erreichen, darf ein Knochengewinde nur in die dem Schraubenkopf gegenüberliegende Kortikalis geschnitten werden (Gewindeloch), während die dem Schraubenkopf anliegende Kortikalis bis auf den Gewindedurchmesser aufgebohrt werden muß (sog. Gleitloch). Nur auf diese Weise ist ein Zusammenpressen der Frakturflächen durch Anziehen der Schraube gewährleistet (Abb. 10.1-13).

Abb. 10.1-12. Schraubenosteosynthese einer Metakarpalefraktur.

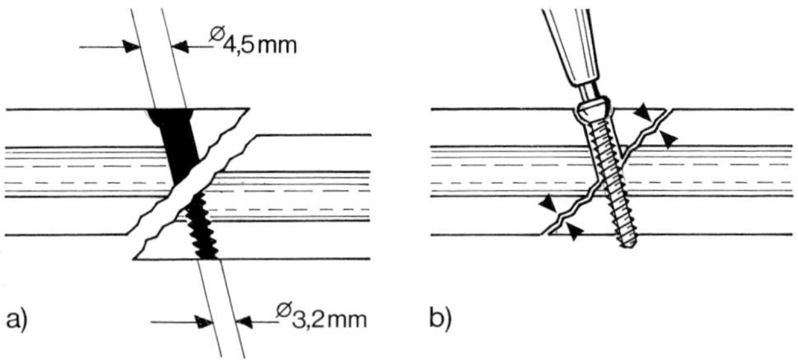

Abb. 10.1-13. a u. b) Interfragmentäre Kompression bei Verwendung der Kortikalisschraube (4,5 mm ∅).

Die Spongiosaschrauben der AO bewirken interfragmentäre Kompression durch einen glatten Schaft, der nur spitzenseitig ein Gewinde unterschiedlicher Länge trägt (kurzes Gewinde = 16 mm, langes Gewinde = 32 mm lang).

Das Schraubengewinde muß den Frakturspalt vollständig überquert haben, bevor eine Zugwirkung einsetzen kann (Abb. 10.1-14).

Die großen Spongiosaschrauben der AO haben einen Gewindedurchmesser von 6,5 mm, der Gewindekerndurchmesser ist 3,0 mm, der Schaftdurchmesser 4,5 mm.

Ein Gleitloch braucht sinngemäß nicht gebohrt zu werden.

Das Gewindeloch wird mit dem 3,2-mm-Bohrer gebohrt wie bei den Kortikalisschrauben.

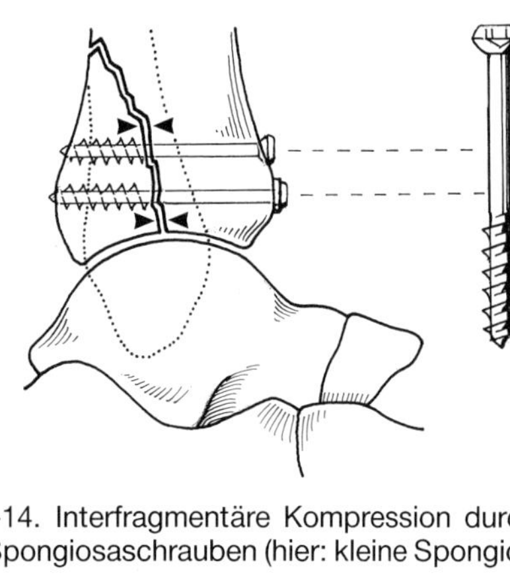

Abb. 10.1-14. Interfragmentäre Kompression durch Verschraubung mit Spongiosaschrauben (hier: kleine Spongiosaschrauben 4 mm ∅).

Zur Plattenfixation am osteoporotischen bzw. gelenknahen spongiösen Knochen stehen zusätzlich Spongiosaschrauben mit 6,5 mm Durchmesser mit durchgehendem Gewinde zur Verfügung.

Die Malleolarschrauben unterscheiden sich von den Kortikalisschrauben durch eine selbstschneidende, gewindetragende Spitze bei glattem Schaft, sind aber im übrigen gleich dimensioniert.

Die Verschraubung mit einer großen Kortikalisschraube der AO läuft in folgenden Schritten ab (Abb. 10.1-15):

1. Reinigung der Frakturflächen, Reposition und vorläufiges Festhalten der Fragmente mit einer Knochenhaltezange.
2. Bohren des Gleitlochs in die schraubenkopfnahe Kortikalis.
3. Einsetzen einer Bohrbuchse mit Außendurchmesser von 4,5 mm und Innendurchmesser von 3,2 mm in das Gleitloch und Durchbohren der Gegenkortikalis mit dem 3,2-mm-Bohrer.
4. Entfernen der Bohrbuchse, Bestimmen der erforderlichen Schraubenlänge durch Messung der Bohrlochtiefe mit einer Tiefenmeßlehre.
5. Schneiden des Gewindes in die Gegenkortikalis mit dem Gewindeschneider 4,5 mm Durchmesser.
6. Ansenken der Kortikalis am Gleitlocheingang mit dem Kopfraumfräser, um eine flächenhafte Anlage des Schraubenkopfes am Knochen zu erreichen.
7. Eindrehen und Festziehen der Schraube.

Folgende Varianten der Verschraubungstechnik sind gebräuchlich:

1. Reposition und provisorische Fixation.
2. Bohren des Kernlochs mit 3,2-mm-Bohrer durch den gesamten Knochenquerschnitt.
3. Bestimmen der erforderlichen Schraubenlänge.
4. Schneiden des 4,5-mm-Gewindes durch den gesamten Knochenquerschnitt.
5. Ausbohren des kopfnahen Gleitlochs mit dem 4,5-mm-Bohrer.

Die weiteren Schritte gleichen dem zuvor geschilderten Vorgehen.

Falls die Bohrung in der Gegenkortikalis unter Sicht erfolgen soll, empfiehlt sich ein anderes Vorgehen:

1. Bohren des Kernlochs in der Gegenkortikalis vor der Frakturreposition von der Markhöhlenseite her.
2. Einhaken der speziellen C-Bogen-förmigen Zielbohrbüchse in das Kernloch.
3. Reposition und provisorische Fixation der Fraktur, Bohren des Gleitlochs durch die Bohrbüchse am Zielgerät (Abb. 10.1-16). Weiteres Vorgehen wie oben.

Als Bohrrichtung wird die Winkelhalbierende zwischen dem Lot auf die Schaftachse und dem Lot auf die Frakturfläche gewählt. Eine zentrale Schraube wird in der Regel zusätzlich senkrecht zum Schaft eingedreht.

Zusätzliche Hilfsmittel sind ggf. Unterlegscheiben für die Köpfe der Spongiosaschrauben und Gegenmuttern für die Kortikalisschrauben.

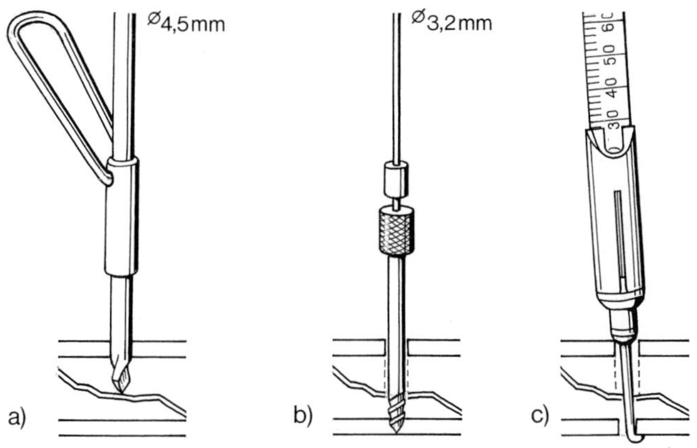

Abb. 10.1-15. Technischer Ablauf einer Schraubenosteosynthese (Kortikalisschraube 4,5 mm ∅).
a) Bohren des Gleitlochs 4,5 mm ∅ bis zum Frakturspalt.
b) Einsetzen der Bohrbüchse 4,5 mm ∅ in das Bohrloch und Durchbohrung der Gegenkortikalis mit dem Bohrer (3,2 mm ∅).
c) Bestimmung der erforderlichen Schraubenlänge mittels Meßlehre.

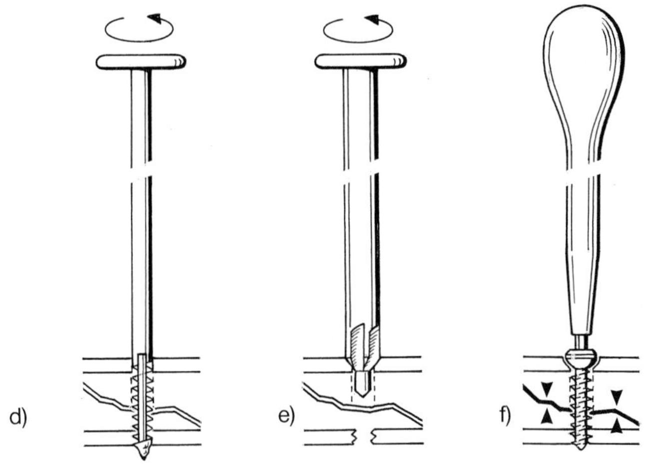

d) Schneiden des Gewindes in der Gegenkortikalis mit dem Gewindeschneider (4,5 mm ∅).
e) Ansenken des Sitzes für den Schraubenkopf mit dem Kopfraumfräser.
f) Einsetzen und Festdrehen der passenden Schraube.

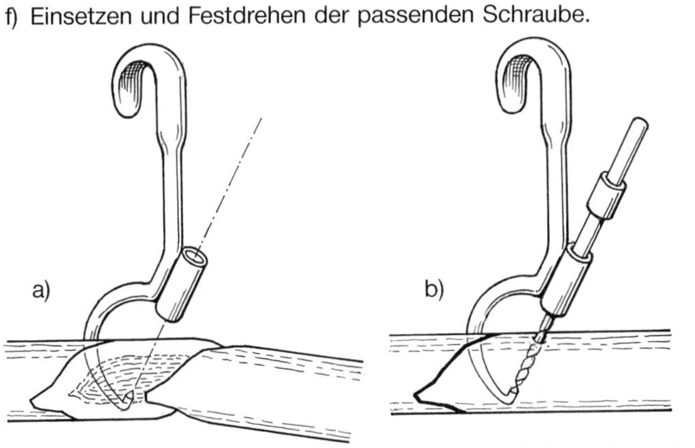

Abb. 10.1-16. Interfragmentäre Verschraubung bei Beginn mit der gegenseitigen Bohrung.
a) Nach Bohren des Kernlochs in der Gegenkortikalis wird die Zielbohrbuchse in dieses eingehakt.
b) Reposition und provisorische Fixation der Fragmente, Bohren des Gleitlochs durch die Bohrbuchse am Zielgerät, anschließend Schneiden des Gewindes usw.

Plattenosteosynthesen

Die adäquate Belastung für eine an den Knochen angeschraubte Platte ist die Zugbeanspruchung. Bei Knochenabschnitten mit klar definierter Zug- und Druckseite soll eine Platte demnach stets an der Zugseite montiert werden, d.h. an der konvexen Seite des Knochens. Wenn die Fragmente unter Druck gut adaptiert sind, wird bei Belastung die Biegekraft, die den Frakturspalt auf der konvexen Seite aufklappen will, als Zugkraft in die dort angeschraubte Platte eingeleitet und bewirkt dann als sog. **Zuggurtungsplatte** (s. Abb. 10.1-17) interfragmentäre Kompression.

Als **Neutralisationsplatte** hält eine Platte störende Biege- und Torsionskräfte aus verschraubten Frakturzonen fern (Abb. 10.1-18).

Als **Abstützplatte** kommt eine Platte im spongiösen gelenknahen Knochen zum Einsatz, wo sie ein Wiederabsinken aufgerichteter und ggf. mit Spongiosa unterfütterter Gelenkflächen verhindert (Abb. 10.1-19).

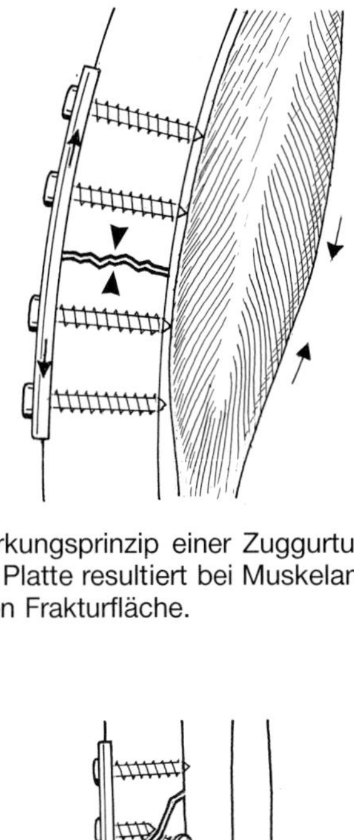

Abb. 10.1-17. Wirkungsprinzip einer Zuggurtungsplatte: Durch die vorgespannte Platte resultiert bei Muskelanspannung Druck über der gesamten Frakturfläche.

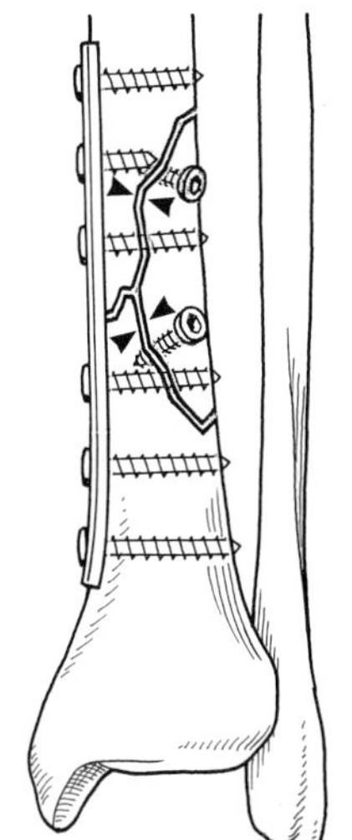

Abb. 10.1-18. Neutralisationsplatte zur Stabilisierung nach interfragmentärer Verschraubung an der Tibia.

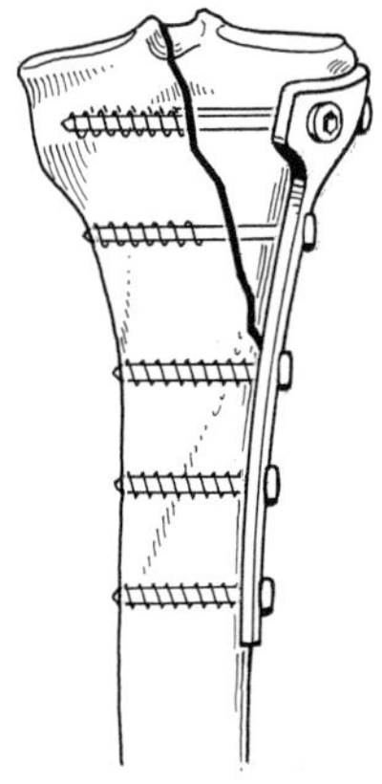

Abb. 10.1-19. Einsatz der T-Platte als Abstützplatte bei medialer Tibiakopffraktur.

Zur Anpassung an die verschiedenen Einsatzgebiete wurde ein umfangreiches Sortiment von Platten unterschiedlicher Stabilität und Formgebung entwickelt.

Um Störungen der Vaskularität des Knochens im Plattenlager zu vermeiden, werden unterschnittene Platten mit entsprechend geringerem Knochenkontakt zur Anwendung gebracht.

Eine kleine Auswahl von Standardplatten zeigt Abb. 10.1-20.

Die **Technik der Plattenosteosynthese** soll am Beispiel einer Zuggurtungsplatte veranschaulicht werden:

1. Nach Reposition der Fraktur Anlegen einer der Fraktursituation angemessenen Platte, die entsprechend den Knochenkrümmungen modelliert wird. Die Platte soll dabei in Längsrichtung etwas stärker als der Knochen selbst gekrümmt werden, damit auch an der Seite der Gegenkortikalis Druck entsteht.
2. Die Platte wird frakturnahe mit einer Schraube fixiert, bei Schrägbrüchen am Fragment mit der zur Platte hin offenen Frakturfläche.
3. Ansetzen des Spanners am Ende der freien Plattenseite, Anschauben des Spanners am Knochen und Anziehen der Spannschraube: Die Fragmente rücken aufeinander zu, es entsteht Druck im Frakturspalt. Beim Schrägbruch wird bei Beachtung von Punkt 2 eine Seitenverschiebung des aufgleitenden Fragmentes durch die Platte gesperrt (Abb. 10.1-21).
4. Besetzen der freien Plattenlöcher mit Schrauben, zunächst frakturnahe gegenüber der bereits vorhandenen Schraube, dann schrittweise in Richtung auf die Plattenenden. Bei festem Knochen sollten bds. der Fraktur mindestens 5 Corticales durch Plattenschrauben gefaßt werden, bei osteoporotischen Knochen sollten es wenigstens 7 sein. Die jeweils frakturfernsten Schrauben

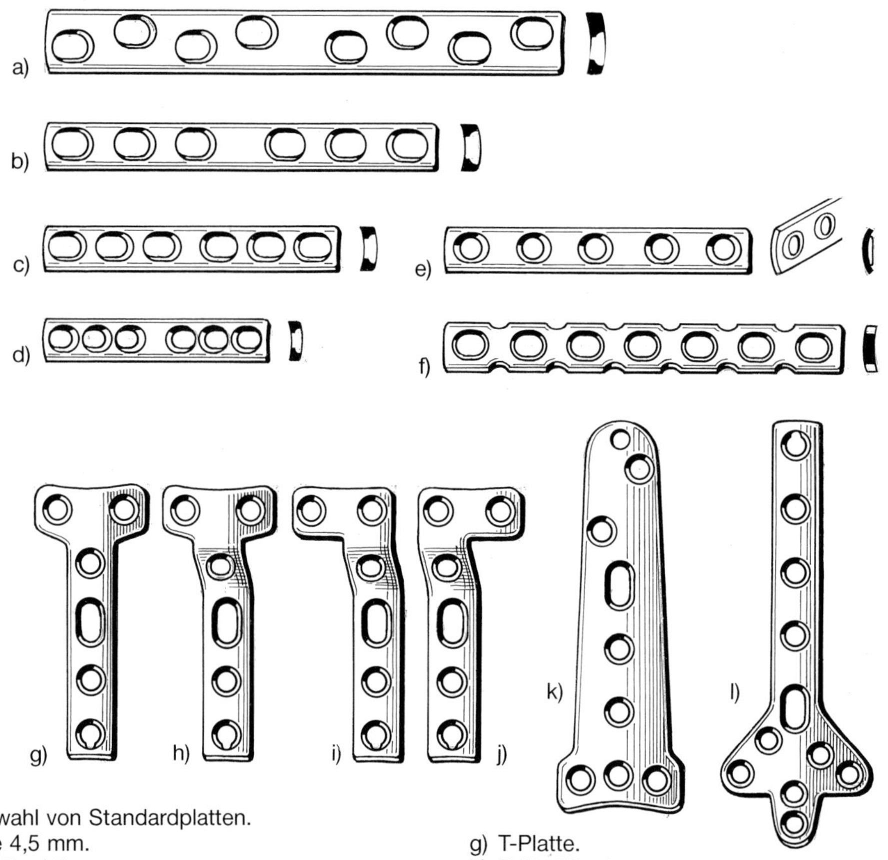

Abb. 10.1-20. Auswahl von Standardplatten.
a) Breite DC-Platte 4,5 mm.
b) Schmale DC-Platte 4,5 mm.
c) Schmale DC-Platte 3,5 mm.
d) Schmale DC-Platte 2,7 mm.
e) Drittelrohrplatte 3,5 mm.
f) Rekonstruktionsplatte 3,5 mm.
g) T-Platte.
h) T-Abstützplatte.
i) L-Abstützplatte links abgewinkelt.
j) L-Abstützplatte rechts abgewinkelt.
k) Löffelplatte.
l) Kleeblattplatte.

sollten aus biomechanischen Gründen kurz gewählt werden, d.h. nur die plattenseitige Kortikalis fassen: Auf diese Weise ergibt sich ein weniger abrupter Übergang des physiologisch elastischen Knochenteils in den durch den Knochen-Platten-Verbund relativ starr gewordenen Abschnitt.

Bei Verwendung der sog. dynamischen Kompressionsplatte (DCP) ist ein Plattenspanner nicht erforderlich: Hier werden nach Reposition und provisorischer Fixation der Platte die Schraubenkanäle bds. der Fraktur jeweils exzentrisch frakturfern in den ovalären Plattenlöchern gebohrt. Dadurch, daß die Schrauben beim Anziehen über schräge Ansenkungen in den Plattenlöchern zwangsläufig ins Zentrum der Plattenlöcher wandern, zieht die Platte das jeweils gegenseitige Fragment in Richtung auf die gerade festdrehende Schraube zu, die Frakturflächen rücken also mit zunehmendem Druck zusammen (Abb. 10.1-22).

Die DCP hat Vorteile in Situationen, in denen nur eine sparsame Freilegung des Knochens erfolgen soll, weil sie Schnittlänge einspart. Der Spannweg ist allerdings begrenzt, so daß bei der vorangehenden Reposition eine genaue Einrastung der Fragmente ohne wesentliche Distraktion erfolgen sollte.

a)

b)

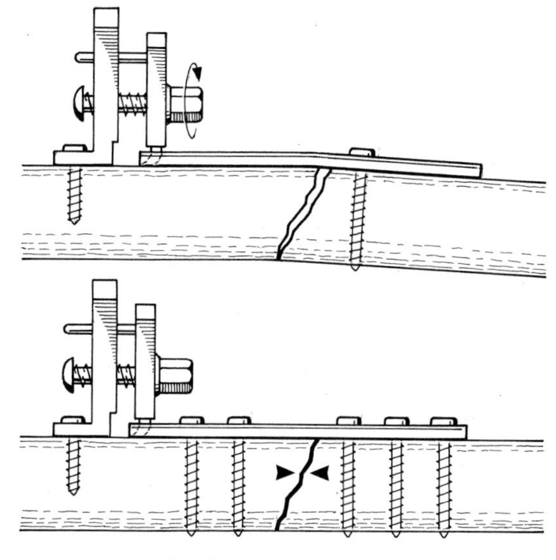

Abb. 10.1-21. a u. b) Wirkungsweise des Plattenspanners.

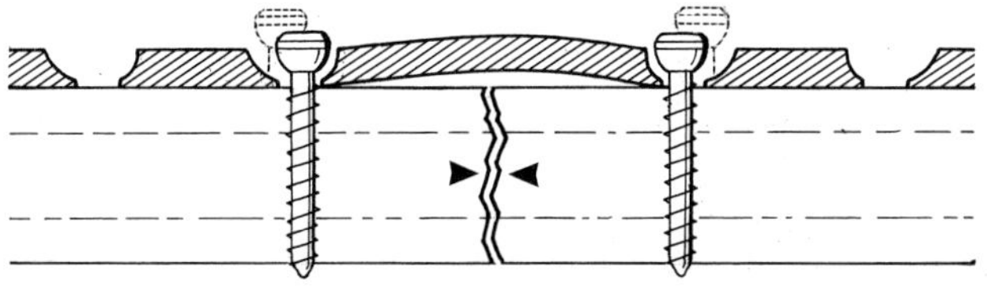

Abb. 10.1-22. Axiale Fragmentkompression bei Verwendung der dynamischen Kompressionsplatte (DCP): Die zunächst jeweils exzentrisch frakturfern in die ovalen Plattenlöcher eingesetzten Schrauben zentrieren sich beim Anziehen und ziehen dabei die Platte samt gegenüberliegendem Fragment in Richtung der Frakturzone. Der Spannweg entspricht dem Maß der Exzentrizität.

Die Halbrohrplatten sowie die Drittel- und Viertelrohrplatten mit Kragenlöchern können auf die gleiche Weise gespannt werden. Sie kommen an schlankeren, peripher gelegenen Knochen zur Anwendung, wo sie sich durch ihre Form den kleinen Knochendurchmessern besser anpassen.

Da bei hüftgelenknahen extrakapsulären Oberschenkelfrakturen in aller Regel eine postoperative Fraktursinterung mit entsprechender Verkürzung des Schenkelhalses zu erwarten ist, führt hier eine starre Osteosynthese (z.B. Winkelplatte) gelegentlich zu einer sekundären Perforation der dann gewissermaßen zu lang gewordenen Implantate ins Hüftgelenk.

Dieser Nachteil läßt sich mit einer **dynamischen Osteosynthese** vermeiden, bei der anstelle einer starren Verankerung der im Hals- und Kopfbereich liegenden Implantate am Oberschenkelschaft eine gleitende Verbindung zwischen einer im Hals- und Kopfbereich verankerten Hüftschraube und einer mit dem Oberschenkelschaft verschraubten Platte vorgesehen ist.

Voraussetzung für ein einwandfreies Funktionieren dieses Prinzips ist natürlich eine sichere Führung der Gleitverbindung, um Verschiebungen in den übrigen möglichen Dislokationsebenen zu verhindern (z.B. Rotations- und Varusfehlstellung).

Die einfachste Form einer Gleitosteosynthese ist sicherlich die mehrfache Verschraubung oder Kirschner-Drahtosteosynthese der Schenkelhalsfrakturen, wie sie z.B. am wachsenden Skelett durchgeführt wird. Mehr Stabilität und eine Erweiterung des Indikationsbereiches auch auf per- und subtrochantere Frakturen bietet die dynamische Hüftschraube der AO (DHS), eine Weiterentwicklung der von Pohl 1964 patentierten Laschenschraube. Bei diesem System gleitet der äußere Schaftanteil einer von subtrochanter durch den Schenkelhals in den Oberschenkelkopf eingedrehten großkalibrigen Hüftschraube in einem Führungszylinder, der den oberen Abschluß einer an den Oberschenkelschaft angeschraubten Platte bildet (s. Abb. 10.1-11).

Es stehen Platten mit 2 bis 12 Schraubenlöchern mit jeweils einem Winkel von 135° oder 150° zwischen Zylinderachse und Platte zur Verfügung, ferner Hüftschrauben von 50–145 mm Länge in Stufen von jeweils 5 mm.

Der Eingriff erfolgt zur Erleichterung der Röntgenkontrolle, vor allem im axialen Strahlengang, zweckmäßigerweise auf dem Extensionstisch. Provisorische geschlossene Reposition der Fraktur in Abduktion, Innenrotation und Extension. Die Verwendung von zwei im a-p und axialen Strahlengang fest eingestellten Bildwandlergeräten verkürzt Operationsdauer und Durchleuchtungszeit ganz wesentlich und vermeidet eine Gefährdung der Sterilität durch das sonst erforderliche häufige Durchschwenken einer einzelnen Strahlenquelle durch das Operationsgebiet.

Freilegen der subtrochanteren Region, L-förmiges Ablösen des M. vastus lat., wie bei der Winkel- oder Kondylenplattenosteosynthese, Reposition der Fraktur und provisorische Fixation mit Kirschner-Drähten möglichst weit kranial vom geplanten Schraubenlager. Die Entscheidung für die 135°- oder 150°-Platte sollte jetzt möglich sein. Mit Hilfe des entsprechenden lateral am Schaft angesetzten Zielgerätes wird ein Kirschner-Draht auf die Schenkelhalsvorderfläche angelegt, der mit seiner Spitze in der Kopfkortikalis verankert wird. Dieser Draht dient als Zielhilfe zur Bestimmung des Antetorsionswinkels des Schenkelhalses. Parallel zu diesem Draht wird jetzt der spitzenseitig ein Gewinde tragende Führungsdraht wieder mit dem DHS-Zielgerät bis in die Kopfkortikalis vorgebohrt. Er soll in beiden Röntgenebenen zentral im Schenkelhals und im Oberschenkelkopf liegen, wobei einige Autoren auch eine Lage mehr kaudal und dorsal als vorteilhaft angeben. Durch Aufschieben eines Meßstabes wird die intraossäre Drahtlänge bestimmt (Differenzmessung bei genormter Länge des Führungsdrahtes). Mit einem 3-Stufen-Hohlbohrer, dessen Bohranschlag auf einer Länge von 10 mm unter der zuvor bestimmten Führungsdrahtlänge eingestellt wird, erfolgt die Aufbereitung des Schrauben- und Zylinderlagers in einem einzigen Bohrvorgang. Ein Vorschneiden des Hüftschraubengewindes ist nur bei sehr harter Spongiosa erforderlich. Die passende Hüftschraube (Länge ebenfalls 10 mm unter der gemessenen Führungsdrahtlänge) wird über den Führungsdraht bis 10 mm vor die Kopfkortikalisgrenze eingeschraubt, wofür ein zuvor mit der Schraube verbundener zylindrischer Verbindungsschaft eine zusätzliche exakte Führung im Schraubenschlüssel gewährleistet. Das ganze System wird wiederum durch eine aufgeschobene Zentrierhülse im subtrochanteren Kortikalisfenster zentriert. Am Schluß des Eindrehvorganges muß der Griff des Schraubenschlüssels und somit der Hüftschraubenschlitz parallel zum Oberschenkelschaft stehen, damit sich der Plattenzylinder nach Abnahme des Schraubenschlüssels über die Schraube schieben läßt (zur Sicherung der Rotationsstabilität zwischen Schraube und Zylinder trägt die Schraube parallel zum Schlitz beidseits Flächen bei entsprechender Formgebung der Zylinderinnenseite). Schraubenschlüssel und Zentrierhülse werden entfernt, anschließend wird nach Aufschieben der passenden DHS-Platte auch die Verbindungsschraube samt Führungsschaft entfernt. Der Führungsdraht kann jetzt mit der Bohrmaschine in Linksdrehrichtung entfernt werden. Die Platte wird mit dem Einschlagbolzen an den Schaft herangebracht und mit diesem mittels Kortikalisschrauben von 4,5 mm Durchmesser verschraubt. Eine zusätzliche interfragmentäre Kompression kann durch eine in den Schraubenschaft eingedrehte Kompressionsschraube erreicht werden, die sich mit ihrem Kopf im äußeren Zylinderloch abstützt und beim Anziehen ein weiteres Hineingleiten des Schraubenschaftes in den Plattenzylinder und somit auch zwangsläufig eine weitere Annäherung der mit der Platte und Schraube jeweils verbundenen Fragmente bewirkt. Zusätzliche Schaftfragmente können mit durch die Platte eingesetzten Zugschrauben gefaßt werden.

Kleinfragmentinstrumentarium der Arbeitsgemeinschaft für Osteosynthese (AO)

Für die osteosynthetische Versorgung von peripheren Frakturen, beispielsweise an der Hand oder am Fuß, wurde von der AO ein besonderes Sortiment von entsprechend kleindimensionierten Schrauben, Platten und Werkzeugen entwickelt. Dementsprechend bieten sich diese kleinen Implantate auch zur Fixierung kleiner Fragmente anläßlich osteosynthetischer Versorgung der großen Röhrenknochen an. Es handelt sich um Kortikalisschrauben mit 3,5 mm, 2,7 mm, 2 mm und 1,5 mm Gewindedurchmesser mit den dazugehörigen Gewindeschneidern, Meßlehren, Kopfraumfräsern, Schraubenziehern und entsprechend dimensionierte Platten. In die Wahl des zweckmäßigen Schraubendurchmessers sollte auch die Überlegung einfließen, daß nach Implantatentfernung die Schraubenlöcher im Knochen auf keinen Fall die Rolle einer Sollbruchstelle übernehmen dürfen: Wird beispielsweise am Unterarm eine Halbrohrplatte mit großen 4,5-mm-Kortikalisschrauben fixiert, so ist nach der Metallentfernung fast zwangsläufig mit einer erhöhten Rate an erneuten Frakturen, jeweils in Höhe der Schraubenlöcher zu rechnen. Der richtige Ausweg ist hier die Verwendung der kleinen DC-Platte, die mit 3,5-mm-Kortikalisschrauben besetzt wird.

Drahtzuggurtung

Der physikalische Begriff »Zuggurtung« wurde von Pauwels in die Osteosynthesetechnik übernommen, er gilt im weiteren Sinne für jedes Verfahren, das Biege- und Zugkräfte an den Fragmenten durch Implantate an der Zugseite des Knochens in reine interfragmentäre Druckkräfte umwandelt. Das Zuggurtungsprinzip ist sicherlich eines der zweckdienlichsten Verfahren in der operativen Knochenbruchbehandlung, weil es ein Maximum an dynamischer Fragmentstabilisierung mit einem Minimum an erforderlichem Implantatvolumen vereinigt. Am Beispiel der Zuggurtungsplatte wurde schon weiter oben aufgezeigt, wie durch Zuggurtung an statisch und dynamisch belasteten Knochenabschnitten interfragmentärer Druck entsteht. Werden die Fragmente dagegen nur auf Distraktion beansprucht, wie z.B. bei der Patellaquerfraktur (Zug der Quadrizepssehne) oder der Olekranonquerfraktur (Zug der Trizepssehne), so kann eine interfragmentäre Kompression an den entscheidenden Stellen, nämlich den Gelenkflächen der Fragmente, nur durch Gegendruck von der korrespondierenden Gelenkfläche her zustande kommen. Die Voraussetzung hierfür liegt nur bei Beugehaltung der betreffenden Gelenke vor, weil dann durch die Umlenkung der Sehnenzugkraft eine gegen die Unterlage gerichtete resultierende Druckkraft auftritt.

Bei der Patellaquerfraktur kann gelegentlich eine reine Zuggurtung mit einer oder zwei Cerclagen zum gewünschten Ergebnis führen (Abb. 10.1-23). In anderen Fällen wird die Zuggurtung durch parallel zueinander quer zur Frakturfläche eingebohrte Kirschner-Drähte ergänzt, wie dies bei der Olekranonfraktur routinemäßig durchgeführt wird (Abb. 10.1-24). In diesen Fällen sichern die Kirschner-Drähte die Fragmente zusätzlich gegen Seitverschiebung und Verdrehung.

Die Cerclagen müssen exzentrisch zur Hautoberfläche hin liegen, damit bei Beugung und Anspannung der Streckmuskulatur die gesamten Frakturflächen unter interfragmentären Druck geraten können. Weitere Indikationen für die Anwendung der Drahtzuggurtung sind die Abrißfraktur des Trochanter major sowie die Innenknöchel-Querfraktur. Bei letzterer wird eine Fragmentdistraktion nicht durch Muskel- oder Sehnenzug bewirkt, sondern durch den Zug des Lig. deltoideum beim Durchbewegen des oberen Sprunggelenkes, besonders beim Pronationsprozeß.

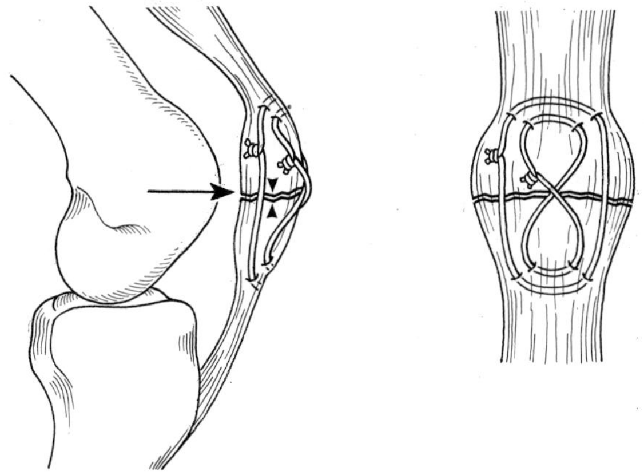

Abb. 10.1-23. Zuggurtungsosteosynthese bei Patellaquerfraktur.

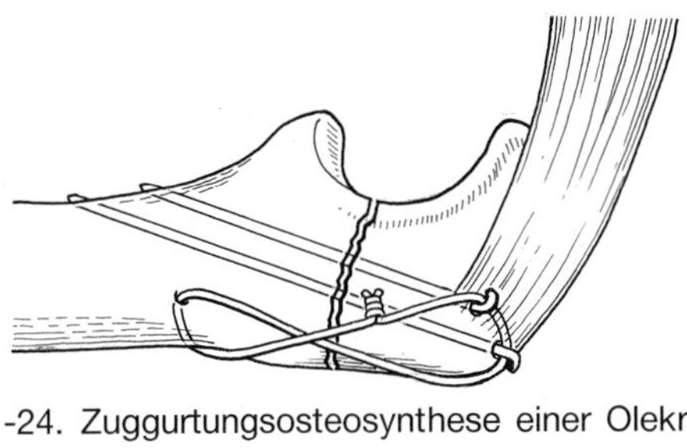

Abb. 10.1-24. Zuggurtungsosteosynthese einer Olekranonfraktur.

Fixateur-externe-Osteosynthese

Die Vorteile dieses Verfahrens kommen vor allem bei zweit- und drittgradig offenen Frakturen, bei Trümmerbrüchen und Infektpseudarthrosen zum Tragen.

In solchen Situationen, in denen Implantate im Frakturgebiet zusätzliche Weichteilprobleme heraufbeschwören würden, ermöglicht der Fixateur externe eine fraktur- und wundferne übungsstabile Osteosynthese. Die mit dem Fixateur externe versorgte Extremität bietet ferner gute Voraussetzungen für eine unbehinderte Wundkontrolle. Häufig hat sich allerdings gezeigt, daß nach Anwendung des Fixateur externe bei offenen Frakturen eine verzögerte Frakturheilung eintritt. Dieser Nachteil wiegt aber den entscheidenden Vorteil, daß zunächst die prekäre Weichteilsituation mit drohender Infektgefahr besser zu beherrschen ist, bei weitem nicht auf, selbst wenn später in zweiter Sitzung eine definitive Frakturstabilisierung mit Implantatwechsel erforderlich wird. Die Ursache für diese verzögerte Frakturheilung liegt möglicherweise in der häufig sehr rigiden Frakturstabilisierung, zum großen Teil aber auch in der schlechten Vaskularisation des Knochens nach solchen schweren Verletzungen.

Statt der früher üblichen zwei- und dreidimensional verspannten Rahmenfixateure werden heute allgemein unilaterale Klammerfixateure oder sog. Monofixateure bevorzugt eingesetzt (s. Abb. 10.1-25).

Im folgenden soll das Anwendungsprinzip des gängigen Rohrfixateurs der AO an einer häufig eingesetzten Montageform (unilateraler Klammerfixateur) beschrieben werden.

Der Patient wird üblicherweise in Rückenlage gebracht, bei Verletzungen der unteren Extremität mit leichter Beugung des Kniegelenks. Bei offenen Frakturen erfolgt zunächst ein ausgiebiges Debridement mit Entfernung aller nekrotischen Gewebsanteile. Die Fraktur wird reponiert unter strenger Vermeidung eines Rotationsfehlers.

Zunächst werden distal und proximal frakturfern je eine Schanz-Schraube eingebracht. Dieses geschieht in folgenden Schritten:

Stichinzision, Vorschieben des Trokars mit Hülse bis auf den Knochen, Setzen des Bohrlochs mit dem 3,5-mm-Bohrer, Eindrehen der Schanz-Schraube passender Länge mit dem Handbohrfutter.

Vor der Fixierung der Rohrstangen an die Schanz-Schrauben werden sämtliche voraussichtlich benötigten Backen auf die Rohrstangen aufgeschoben.

Nach nochmaliger Kontrolle des Repositionsergebnisses, besonders der Rotation, werden die proximale und distale Schanz-Schraube durch Anziehen der Backen mit dem Rohr fest verbunden.

Zur exakten Plazierung der weiteren Bohrlöcher wird der Trokar mit Hülse in die jeweiligen Backen eingesetzt und bis ins Hautniveau vorgeschoben, wo die nächste Stichinzision erfolgt. Vorschieben des Trokars mit Hülse bis auf den Knochen, Entfernen des Trokars und Bohren des nächsten 3,5 mm breiten Bohrlochs durch die in der Backe steckende Bohrhülse.

Sind sämtliche Schanz-Schrauben eingedreht, so werden die Backenschrauben – je nach Frakturtyp unter Vorspannung der Schanz-Schrauben – angezogen.

Gegebenenfalls kann die Stabilität der Montage durch Anschrauben eines parallel verlaufenden zweiten Rohrs erhöht werden.

Eine interfragmentäre Kompression ist bei alleiniger Verwendung des Fixateur externe nur bei Querbrüchen und kurzen Schrägbrüchen möglich; ggf. kann eine zusätzliche Kompression durch eine interfragmentäre Schraube erreicht werden.

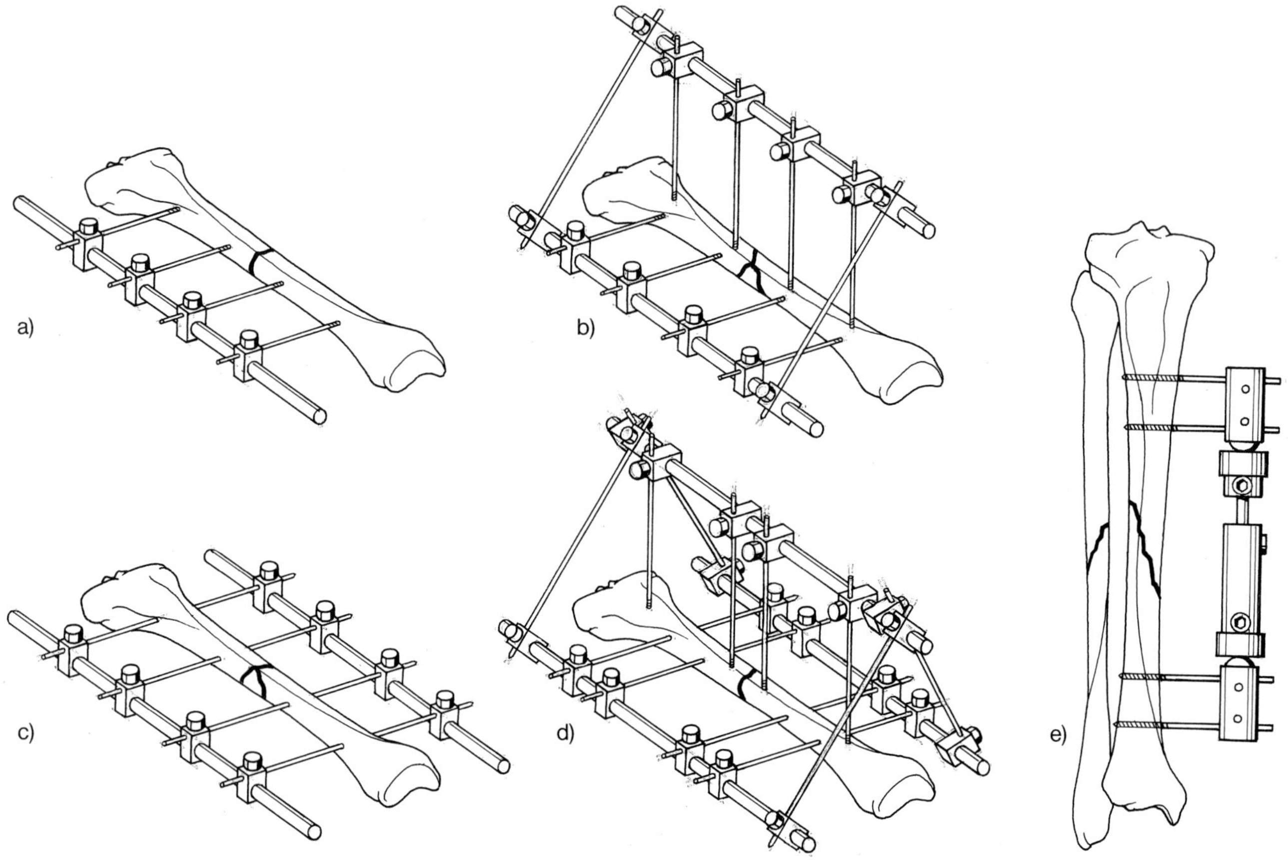

Abb. 10.1-25. Verschiedene Montageformen des Fixateur externe.
a) Unilateraler Klammerfixateur.
b) V-Fixateur.
c) Rahmenfixateur.
d) Dreidimensionaler Fixateur.
e) Beispiel eines Monofixateurs.

Liegen Trümmerzonen oder gar eine Defektzone vor, so sollten die Schanz-Schrauben untereinander in Vorspannung gebracht werden, um eine sekundäre Lockerung zu vermeiden.

Postoperativ ist eine rasche Mobilisation des Patienten unter Entlastung der betroffenen Extremität im allgemeinen möglich.

Falls später wegen verzögerter Frakturheilung ein »Umsteigen« auf ein anderes Osteosyntheseverfahren erforderlich wird, sollte nach Entfernung des Fixateur externe eine Pause von ca. 14 Tagen eingelegt werden, um die Gefahr einer Infektentstehung über die Schrauben- bzw. Nagelkanäle auszuschließen. Besonders ratsam ist die Beachtung dieser Vorsichtsmaßnahme, wenn eine Marknagelung geplant ist.

Zur Behandlung peripherer Extremitätenverletzungen bzw. für periphere Arthrodesen sind sog. Minifixateure entwickelt worden, deren Anwendung sich aber von derjenigen der normalen Fixateur-externe-Systeme prinzipiell nicht unterscheidet. Indikationen für den Minifixateur externe sind in erster Linie schwerwiegende Verletzungen der Handgelenke, der Hände sowie der Füße.

Verbundosteosynthese

Belastungsstabilität wird nach Osteosynthesen in der Regel erst mit Beginn der knöchernen Durchbauung erreicht. Ausnahmen davon sind z.B. Marknagelungen bei idealer Indikation, vor allem aber Verbundosteosynthesen. Abgesehen von der Endoprothetik sind sie vielfach das Verfahren der Wahl bei ausgedehnten, auch die Kortikalis zerstörenden Metastasen oder Defekten beim Plasmozytom langer Röhrenknochen, wenn Verriegelungsnagelungen oder andere intramedulläre Schienungen zu keiner ausreichenden Stabilität führen. Das erwünschte Ergebnis darf nicht von dem evtl. technisch noch Machbaren abhängig gemacht werden, sondern vielmehr von dem in Anbetracht der meist unheilbar gewordenen Erkrankung ethisch noch Vertretbaren. Das beinhaltet in diesen Fällen die Einbeziehung des aktuellen Tumorstadiums, wenn möglich auch des primären (pT, pN, M). Bei einer multiplen Beherdung des Skeletts und/oder parenchymatöser Organe kann z.B. die durch eine gering belastende und lokal komplikationsarme Osteosynthese erreichbare Pflegestabilität völlig ausreichend sein. Am häufigsten handelt es sich um Metastasen eines Mammakarzinoms, die immer multipel auftreten. Die Gewinnung von Material zur Hormonrezeptorenbestimmung muß bei diesem Tumor grundsätzlich versucht werden, weil ein Wechsel der Ansprechbarkeit auf eine hormonelle Therapie zwischenzeitlich eingetreten sein kann (s.a. Kap. 7, Brustdrüse). Auch sind weitere adjuvante Behandlungen mit erfahrenen Onkologen zu besprechen. Die Durchführung der fallbezogen ausgewählten Osteosynthese folgt ohne Unterschied den für sie gültigen Richtlinien. Darin einzubeziehen sind u.a. folgende Besonderheiten:

1. Es muß durch zusätzliche Röntgenaufnahmen, besser noch ergänzt durch eine Skelettszintigraphie, die nur beim Plasmozytom falsch negative Ergebnisse liefern kann, das Gesamtausmaß der Osteolysen erfaßt werden, um die Lagerungsmöglichkeiten des Kranken und damit die Verfahrenswahl festlegen zu können.
2. Auf beginnende Destruktionen der gleichnamigen Extremität wie angrenzender Skelettabschnitte (z.B. Beckenring) ist besonders zu achten.
3. Wegen der im höheren Alter zunehmenden Häufigkeit von Zweitkarzinomen ist eine histologische Untersuchung immer anzustreben.
4. Bei einer Stabilisierung mit einer Platte werden bestehende Infiltrationen in die Weichteile sparsam und nicht in kurativer Absicht exzidiert und der metastatische Bezirk im Knochen überwiegend durch Kürettage ausgeräumt. Besteht noch keine Frakturdislokation, empfiehlt es sich, die Platte proximal und distal der Osteolyse definitiv zu fixieren und von einem Kortikalisfenster aus die Ausräumung und Palacos-Implantation vorzunehmen. In jedem Fall aber müssen die Gewindelöcher vorgeschnitten und die Schrauben mit wenigen Umdrehungen so weit eingesetzt worden sein, daß sie zügig durch den rasch abhärtenden Zement – am besten maschinell – in der Gegenkortikalis verankert werden können. Wegen der erheblichen Hitzeeinwirkungen sind fallweise benachbarte Gefäße und/oder Nerven durch kalte Bauchtücher zu schützen und das abbindende Palacos mit Wasser zu kühlen. Der in etwa bündig mit der Kortikalis abschließende Knochenzement soll den Defekt vollständig ausfüllen und in beide Richtungen deutlich überragen.
5. Eine Antibiotika-Ultrakurzzeitprophylaxe ist bei dieser Patientengruppe sinnvoll.

Auch bei pathologischen Frakturen im weiteren Sinne, d.h. infolge Schwächung des Knochens durch hochgradige Osteoporose kann notfalls die osteosynthetische Versorgung durch Auffüllung mit Knochenzement ergänzt werden. Grundsätzlich ist die Kombination von Zementplomben mit allen gängigen Implantaten möglich. Besondere praktische Bedeutung hat, wie zuvor beschrieben, die Plattenverbundosteosynthese. Die Zementplombe nimmt Druckkräfte auf, wodurch die Platte bei richtiger Montage materialgerecht nur auf Zug beansprucht wird. Im Schaftbereich großer Röhrenknochen kann die Stabilität der Montage bei Bedarf noch durch eine intramedulläre, in die Zementplombe eingelegte Platte erhöht werden, die in die Verschraubung mit einbezogen wird. Generell gilt, daß das Verfahren wegen seiner Nachteile (Verhinderung, zumindest aber erhebliche Verzögerung einer natürlichen Knochenbruchheilung, Zerrüttung der Zementplombe bei längerer Belastung mit anschließendem Implantatbruch bei osteoporotischen Frakturen) auf Patienten mit stark eingeschränkter Lebenserwartung beschränkt bleiben soll.

Implantatentfernung

Nach Abschluß der Frakturheilung müssen metallische Implantate in der Regel durch einen Zweiteingriff wieder entfernt werden. Ausnahmen gelten z.B. nach Beckenosteosynthesen, wo die Freilegung der Implantate eine umfangreiche Weichteiltraumatisierung bedingen würde, nach Oberarmschaft-Plattenosteosynthesen, wo die Metallentfernung den N. radialis mehr in Gefahr bringt als bei der Erstversorgung, nach Platten- und Schraubenosteosynthesen an der Hand (Gefährdung der Gleitschichten) und generell bei Patienten jenseits des 65. Lebensjahres sowie bei jüngeren Patienten mit eingeschränkter Lebenserwartung (z.B. pathologische Frakturen).

Für eine routinemäßige Metallentfernung sprechen mehrere Gründe:

1. Das Implantat stört in manchen anatomischen Regionen (z.B. Unterarm, Tibia usw.).
2. Die chronische Dissoziation von Metallionen in die Umgebung des Metalls führt zu Gewebeveränderungen, die in ihrer Gesamtheit als Metallose bezeichnet werden. Es ist nicht sicher, ob nicht solche chronischen Reizzustände auf Dauer schädlich sind. Gehäufte Allergien werden diskutiert.
3. Wird eine osteosynthetisch versorgte verheilte Fraktur von einem erneuten Unfallgeschehen betroffen, so entstehen in der Regel ganz besonders unangenehme Frakturen.

Absolute Indikationen für eine Metallentfernung liegen vor, wenn Implantate gelockert oder gebrochen sind, wenn ein Fistelgang zum Implantat führt oder wenn Implantate schlecht durch Weichteile gepolstert sind und z.B. nach einer Bagatellverletzung freiliegen könnten.

Eine frühzeitige Metallentfernung ist nach Adaptationsosteosynthesen erforderlich, oder wenn das Implantat lediglich zur Sicherung einer Bandnaht eingesetzt wurde (z.B. temporäre Fixation des Schultereckgelenkes nach Tossy-III-Verletzung oder fibulotibiale Stellschraube nach Syndesmosenverletzungen).

In den beiden letztgenannten Fällen erfolgt die Metallentfernung bereits nach 6 Wochen.

Die Metallentfernung ist keine Anfängeroperation. Häufig ist infolge der vorangegangenen Operation durch Narbenbildung die Lage wichtiger topographischer Strukturen verändert, so daß diese leicht verletzt werden können (z.B. N. radialis bei der Entfernung einer Oberarmplatte).

Es sollen grundsätzlich bei der Plattenentfernung derselbe Zugang wie zur Osteosynthese und auch die gleiche Lagerung gewählt werden. Dieses gilt auch für die Entfernung von Marknägeln.

Wurde ein Oberschenkelmarknagel in Seitenlagerung des Patienten bei rechtwinkelig gebeugtem Hüftgelenk eingeschlagen, so wird man anläßlich der Nagelentfernung feststellen, daß bei gestrecktem Hüftgelenk die alte Narbe nicht mehr in der Fluchtlinie des Nagels liegt.

Nach der Metallentfernung ist zu beachten, daß der bisher durch das Implantat entlastete und z.T. geschwächte Knochen erst im Verlauf von 2–3 Monaten seine frühere physiologische Tragfähigkeit wiedergewinnt.

Während dieser Zeit sind Extrembelastungen zu vermeiden, weil sonst Refrakturen auftreten könnten.

Komplikationen nach operativer Knochenbruchbehandlung

Ein Bluterguß im Operationsgebiet kann gelegentlich trotz korrekter intraoperativer Blutstillung und Einlage von Redon-Drainagen auftreten. Falls eine ggf. angelegte Blutleere nicht vor Beendigung des Eingriffs geöffnet wird, können einzelne nicht ligierte Gefäßstümpfe erhebliche Nachblutungen verursachen. Auch nach Entfernung der Redon-Drainagen können erneute Blutungen auftreten, die dann ein Eingreifen erforderlich machen. Manchmal gelingt es, ein fluktuierendes Hämatom durch Punktion mit einer dicken Kanüle zu entleeren, in den meisten Fällen ist aber zur Entfernung von koagulierten Hämatommassen eine Wundrevision erforderlich. Der Entschluß zu diesem Eingriff sollte ohne Verzögerung gefaßt werden, weil sich Hämatome häufig infizieren und insofern als Vorstufe einer drohenden Wundinfektion anzusehen sind.

Die Unterscheidung von oberflächlichen und tiefen Infekten darf nicht Anlaß einer weniger radikalen therapeutischen Konsequenz bei erstgenannter Komplikation sein. Sobald Symptome einer beginnenden Infektion auftreten (Schmerzen nach schmerzfreiem Intervall, Rötung, Überwärmung, Schwellung, später Leukozytose und BSG-Beschleunigung) muß die verletzte Extremität sofort hochgelagert und in kurzen Abständen kontrolliert werden. Eine lokale antiphlogistische Behandlung mit Eisanwendung kann zusätzlich hilfreich sein. Bei Zunahme der Symptomatik ist die Wundrevision unter systemischer antibiotischer Behandlung obligat, wobei außer der Ausräumung von Hämatomen ein sorgfältiges Débridement mit Entfernung sämtlichen nekrotischen Materials erfolgen muß. Stabilitätgebendes Osteosynthesematerial wird belassen. Der Wundverschluß erfolgt wieder schichtweise über getrennt herausgeleiteten Redon-Drainagen. Die antibiotische Behandlung muß zunächst ungezielt bis zum Eintreffen des bakteriologischen Resultates durchgeführt werden. Bei floriden Infekten ist die Einlage einer Saug-Spül-Drainage für einige Tage bis Wochen zu erwägen, wobei die beste Wirkung dann erreicht wird, wenn das Spüldrain zentral in die Infektzone und das oder die Saugdrains peripher eingelegt werden.

Eine inzwischen gut bewährte Alternative zur Saug-Spül-Drainage ist die Einlage von antibiotikahaltigen PMMA-Ketten (z.B. Septopal®) oder ggf. eines antibiotikahaltigen resorbierbaren Kollagenschwamms (z.B. Sulmycin-Implant®). Die Ketten kommen mit besonderem Vorteil als Platzhalter für eine später geplante Spongiosaplastik in Frage, indem sie das vorgesehene Spongiosabett »schützen«, während der Vorteil der Schwämme darin zu sehen ist, daß kein weiterer Eingriff zu ihrer Entfernung erforderlich ist.

Nur bei einem fortgeschrittenen schweren Infekt mit Lockerung der Implantate wird man sich zur gleichzeitigen Metallentfernung und Anlage eines Fixateur externe fernab vom Frakturgebiet entschließen.

Eine Markraumphlegmone nach Marknagelung wird durch Saug-Spül-Drainage der Markhöhle oder auch durch Ketteneinlage mit einem speziellen Applikator behandelt.

Amputationen und Exartikulationen

Trotz aller Fortschritte in der Gefäßchirurgie, der mikrochirurgischen Replantationstechnik, der antibiotischen Behandlung und in der hyperbaren Sauerstoffbehandlung (beispielsweise beim malignen Gasödem) steht auch heute noch oft der Entschluß zur Amputation einer Gliedmaße am Ende aller therapeutischen Überlegungen.

Die Indikationen betreffen seltener durch Unfall zertrümmerte Extremitäten, als vielmehr den Endzustand der arteriellen Verschlußkrankheit, ggf. nach fehlgeschlagenen Versuchen einer arteriellen Rekonstruktion, Gefäßverschlüsse bei Diabetes mellitus, therapieresistente bzw. fortschreitende Infektionen (z.B. durch Gasbrand) und maligne Tumoren.

Da eine möglichst schnelle und umfassende Rehabilitation des Patienten gerade nach einem verstümmelnden Eingriff von größter Bedeutung ist, sollte – wenn immer möglich – eine primäre definitive Gestaltung des Stumpfs angestrebt werden. Ausnahmen gelten lediglich in schweren Infektionssituationen, wo in erster Sitzung eine sparsame ggf. offene Amputation günstige Voraussetzungen für eine spätere Stumpfkorrektur mit funktionsgerechtem Ergebnis schaffen muß.

Fortschritte in der Prothesentechnologie haben dazu geführt, daß die alte Einteilung in unterschiedlich günstige Amputationshöhen heutzutage keine Gültigkeit mehr hat. Es ist also gerechtfertigt, stets einen möglichst langen Stumpf zu bilden, ganz besonders an der oberen Extremität.

Der Eingriff sollte möglichst in Blutsperre erfolgen. Der Hautschnitt wird als sog. Fischmaulschnitt mit annähernd gleich langem vorderen und hinteren Lappen genügend weit distal der geplanten Amputationshöhe angelegt, damit eine spannungsfreie Stumpfdeckung möglich wird. Der früher übliche Zirkelschnitt wird nur noch als Notlösung bei Infektsituationen angewendet. Die Faszie soll in den Haut-Subkutis-Lappen miteinbezogen werden und wird gemeinsam mit diesem wenige Zentimeter weit in Richtung auf die Lappenbasis zurückpräpariert. Die Durchtrennung der Muskelschicht erfolgt etwa in Höhe des Hautschnittes durch einen bis auf den Knochen geführten Zirkelschnitt mit dem Amputationsmesser. Blutgefäße werden, um die Entstehung arteriovenöser Fisteln zu verhindern, getrennt ligiert, wobei die großen Arterien durch eine Durchstechungsligatur gefaßt werden. Größere Nerven werden nach Vorziehen und Ligatur (Zentralgefäß!) nachreseziert und schlüpfen dadurch so weit zurück, daß sie nicht in die Druckzone der späteren Prothese geraten. Die Weichteilstümpfe werden dann z.B. mit einer Amputationsscheibe um ca. Handbreite nach proximal zurückgehalten. Die Durchtrennung des Knochens erfolgt nach Bildung eines proximal gestielten breiten Periostlappens, der zur Abdekkelung der Markhöhle dienen soll, am Unterschenkel zusätzlich als Wegbereiter einer tragfähigen knöchernen Brücke zwischen Tibia und Fibula. Zur Vermeidung von Hitzeschäden empfiehlt sich die Verwendung einer Bügelsäge, am Wadenbein eines Gigli-Sägedrahtes. Die Sägeschnitte liegen quer zur Schaftachse, an der Tibia wird zusätzlich die Vorderkante durch Absägen eines ventralen 40°-Keils entschärft. Das Auslöffeln des Knochenmarks aus dem Stumpf ist obsolet, weil es die Bildung sog. Kronensequester begünstigen würde. Nach Glättung der Osteomieränder mit der Raspel wird der Periostlappen über dem knöchernen Stumpf vernäht.

Die myoplastische Stumpfdeckung, bei der jeweils die antagonistische Muskulatur schichtweise über dem Knochenstumpf miteinander vereinigt wird, ist mehrfach begründet. Sie stellt das muskuläre Gleichgewicht am Stumpf wieder her, dient zur Stumpfpolsterung und verhindert eine exzentrische Lage des knöchernen Stumpfes im Weichteilmantel. Von einigen Autoren wird gefordert, zuvor noch die Muskulatur am Stumpfperiost oder über Bohrkanäle direkt am Knochen zu fixieren, um ein späteres Hin- und Hergleiten der myoplastisch gebildeten Muskelschlingen über dem Knochenstumpf zu verhindern.

Nach Einlegen von Redon-Drainagen werden die Hautlappen über dem Stumpf adaptiert. Postoperativ wird der Stumpf elastisch gewickelt und zur Vermeidung einer Beugekontraktur zunächst für einige Tage über einen Trikotschlauch extendiert. Die prothetische Stumpfversorgung erfolgt in der Regel als sog. Frühversorgung in der 4. bis 8. postoperativen Woche. Eine routinemäßige Sofortversorgung mit Anpassen eines Gipsköchers für eine Behelfsprothese gleich nach dem Wundverschluß wird nur an Orthopädischen Kliniken durchgeführt, wo infolge eines ausgesuchten Patientenkollektivs mit weniger Wundheilungsstörungen zu rechnen ist.

Das Vorgehen bei der offenen Amputation unterscheidet sich vom oben geschilderten Vorgehen dadurch, daß die Muskulatur nur locker über dem Knochenstumpf adaptiert wird, während die Haut am besten mit Haltefäden in etwa 10 cm Abstand an einem Drahtring entsprechenden Durchmessers fixiert wird, über den dann eine Extension zur Vermeidung einer Weichteilretraktion ansetzt. Die entstandene Wundhöhle wird täglich locker austamponiert. Der sekundäre Wundverschluß, ggf. kombiniert mit einer Stumpfkorrektur, erfolgt nach Beherrschung des Infekts und Ausbildung von Granulationen.

Exartikulationen im Hüft- oder Schultergelenk werden gelegentlich im Rahmen der Tumorchirurgie erforderlich, stellen aber schwerwiegende hochgradig verstümmelnde Eingriffe dar mit entsprechend sorgfältig abzuwägender Indikation. Im Kniegelenk, Sprunggelenk, Ellbogen- und Handgelenk durchgeführte Exartikulationen gewinnen demgegenüber angesichts verbesserter Prothesentechnik zunehmend an Bedeutung.

Eingriffe an Gelenken

Gelenke sind komplexe Funktionseinheiten des Bewegungsapparates, deren Zusammenspiel von der Formschlüssigkeit der Gelenkkörper mit ihren Knorpelbelägen, von der Führung in den physiologischen Bewegungsebenen durch Bänder und das Gelenk überspringende Muskeln und nicht zuletzt von nervalen Faktoren abhängig ist. Das zunehmende Verständnis der komplexen statischen und dynamischen Gelenkphysiologie hat zu einem sprunghaften Anstieg der Zahl operativ wiederherstellender Eingriffe an den Gelenken geführt.

Einen großen Beitrag zu dieser Entwicklung hat sicherlich die Arthroskopie geliefert, die es ermöglicht, Verletzungen und Erkrankungen sichtbar zu machen, die durch konventionelle Röntgenuntersuchung nicht erkennbar sind. Die Indikation zu einer sog. diagnostischen Arthrotomie braucht infolgedessen heutzutage nur noch selten gestellt zu werden und weil durch die Sonographie, CT und NMR bildgebende Verfahren mit einer bislang nicht bekannten Treffsicherheit zur Verfügung stehen.

Leitsymptom für eine Gelenkverletzung ist der Gelenkerguß. Eine pathologische Flüssigkeitsansammlung ist an gut zugänglichen Gelenken (z.B. Kniegelenk) leicht zu erkennen, an anderen Gelenken (z.B. Hüftgelenk) kann oftmals nur eine Gelenkpunktion, ggf. unter Bildwandlerkontrolle, die diagnostische Sicherheit bringen. Die Punktion geschieht unter sterilen Bedingungen, wobei der Zugang so gewählt werden soll, daß eine Verletzung von Nerven und Gefäßen vermieden wird. Die eigentliche Punktion erfolgt nach Infiltration des Zugangsweges mit einem Lokalanästhetikum und kleiner Stichinzision der Haut, um mit Sicherheit die Verschleppung eines ggf. durch die Injektionskanüle aus der Haut herausgestanzten Gewebszylinders in das Gelenk zu vermeiden.

Seröse Gelenkergüsse können Folge einer Gelenkerkrankung sein, andererseits auch Begleitsymptome anderer Primärerkrankungen. Sie treten auf bei degenerativen Erkrankungen, können aber auch Zeichen einer Meniskusläsion oder eines freien Gelenkkörpers sein.

Blutige Gelenkergüsse sind hingegen fast immer Folge einer traumatischen Schädigung. Das betreffende Gelenk sollte vollständig leerpunktiert werden, andernfalls könnten Verklebungen und enzymatische Knorpelläsionen resultieren. Ausnahmen von dieser Regel sind allenfalls blutige Gelenkergüsse bei Hämophiliepatienten, die im Regelfall nicht punktiert werden.

Kann ein blutiger Gelenkerguß nicht durch eine röntgenologisch nachweisbare Fraktur erklärt werden, muß eine weitergehende, ggf. auch invasive Diagnostik (z.B. Arthrographie, Arthroskopie) angeschlossen werden.

Gelenkinfekte zeigen klassische Symptome wie Überwärmung, Erguß und Bewegungsschmerz. Bei Verdacht auf eine bakterielle Entzündung sollte eine sofortige Punktion erfolgen mit Veranlassung einer mikrobiologischen Untersuchung. Bei weiterbestehendem Verdacht auf eine bakterielle Infektion darf das Ergebnis dieser Untersuchung nicht abgewartet werden, es müssen vielmehr notfallmäßig therapeutische Maßnahmen eingeleitet werden.

Möglichkeiten bestehen in der perkutanen Einlage einer Saug-Spül-Drainage oder in der wiederholten Spülung und Säuberung des Gelenkes unter arthroskopischer Sicht.

Besteht der Verdacht auf einen hochfloriden Gelenkinfekt, so sollte umgehend die Arthrotomie erfolgen mit vollständiger Nekrosenabtragung, ausgiebiger Spülung und ggf. partieller Synovektomie und/oder der Einlage antibiotikahaltiger Ketten. Ein primärer Wundverschluß sollte nicht erzwungen werden. Unterstützt werden diese Maßnahmen durch eine konsequente Ruhigstellung des betroffenen Gelenkes und systemischer Gabe eines zunächst dem hauseigenen Keimspektrum angepaßten Antibiotikums. Bei nicht oder zu spät behandelten Gelenkinfektionen droht die Entwicklung von Knorpelschäden, Einsteifungen oder auch Schlottergelenken.

Sobald die Beschwerden es zulassen und der Infekt abgeklungen ist, sollte das betreffende Gelenk mobilisiert werden, wobei passive Bewegungsschienen sehr gute Dienste leisten.

Besteht ein Infekt nach einer Osteosynthese, so sollte bei der Revisionsarthrotomie grundsätzlich stabilitätgebendes Osteosynthesematerial belassen werden. Gelockerte Implantate werden ersetzt, andererseits kann auch die Anwendung eines Fixateur externe als Alternativmethode in Frage kommen.

Die Behandlung eines Gelenkinfektes nach Implantation einer Endoprothese erfolgt ebenfalls nach den oben aufgezeichneten Grundsätzen. Leider gelingt es nur in seltenen Fällen, unter gleichzeitiger Ausheilung des Infektes das künstliche Gelenk zu erhalten. Kommt es unter einer adäquaten Therapie zu keiner Beruhigung der Entzündung, so muß die Prothese entfernt werden. Am Hüftgelenk wird nach totaler Entfernung der Prothese mitsamt Knochenzement, der sich gelegentlich nur durch eine ventrale Fensterung des Femurs entfernen läßt, eine Girdlestone-Situation geschaffen.

Die erneute Implantation einer Prothese nach Ausheilung des Infektes ist möglich. Am Kniegelenk wird die Prothese samt allen eventuell vorhandenen Zementresten entfernt, und eine Arthrodese, im allgemeinen mit einem Fixateur externe, angeschlossen.

Arthroskopie

Die Arthroskopie ist eine invasive operative Methode zur Diagnostik und auch Therapie von Verletzungen und Erkrankungen der Gelenkbinnenstrukturen. Aufgrund seiner Größe und guten Zugänglichkeit wird die Methode routinemäßig überwiegend am Kniegelenk eingesetzt. Die Arthroskopie ist in der diagnostischen Treffsicherheit der Arthrographie – abgesehen von Sonderproblemen (z.B. Beurteilung von Poplitealzysten) – weit überlegen.

Es soll hier lediglich die Arthroskopie des Kniegelenkes angesprochen werden. Grundsätzlich ist das Vorliegen aseptischer Bedingungen erforderlich.

Der Eingriff kann in örtlicher Betäubung durch Auffüllung des Gelenkes mit ca. 60 ml eines ½%igen Lokalanästhetikums durchgeführt werden. Ist eine anschließende Arthrotomie nicht auszuschließen, so sollte der Eingriff in Oberschenkelblutsperre und somit in Allgemeinnarkose bzw. Regionalanästhesie erfolgen. Das Kniegelenk wird üblicherweise frei hängend in 90°-Beugestellung gelagert. Über eine anterolaterale Inzision wird die Trokarhülse bei vorübergehend gestrecktem Kniegelenk mit einem stumpfen Obturator in den oberen Recessus plaziert (Abb. 10.1-26). Es wird im Normalfall ein 5-mm-Arthroskop mit einer 30°-Optik eingeführt. Für spezielle Fragestellungen (Meniskushinterhörner) wird gelegentlich eine 70°-Optik benötigt. Von großem Vorteil ist eine Videoeinheit, die außer der Sicherung steriler Arbeitsbedingungen ggf. eine Dokumentation arthroskopisch erhobener Befunde ermöglicht. Das Gelenk wird entweder mit einem gasförmigen Medium (CO_2, Lachgas) oder durch Dauerspülung mit Ringer-Lösung jeweils unter kontrolliertem Druck entfaltet. Für arthroskopische Operationen sollte grundsätzlich die Spülung mit Ringer-Lösung bevorzugt werden. Die Spiegelung des Gelenkes sollte schrittweise und schematisch erfolgen.

Nach dem oberen Kniegelenkrezessus und dem Femoropatellargelenk werden der laterale und mediale Rezessus beurteilt. Am gebeugten Kniegelenk erfolgt die Exploration des medialen und lateralen Kniegelenk-Compartments und der Kreuzbandregion. Grundsätzlich sollte die Untersuchung unter Mithilfe eines vom kontralateral eingebrachten Tasthäkchens erfolgen, mit dem Rupturen der Menisken und Kreuzbandinstabilitäten sicher nachzuweisen sind. Wenige Stunden nach einer diagnostischen Arthroskopie kann der Patient wieder mobilisiert werden.

Arthroskopische Operationen sind durch Einführen zusätzlicher Instrumente (Faßzangen, Scheren, Biopsiezangen, Messer usw.) möglich. Das Spektrum der Eingriffe reicht von relativ einfachen Meniskusteilresektionen über Knorpelglättungen, totale Meniskektomien bis hin zum alloplastischen Kreuzbandersatz unter arthroskopischer Kontrolle. Der große Vorteil dieser arthroskopischen Operationen liegt in der sehr kurzen Rekonvaleszenzzeit. So ist die Arbeitsfähigkeit nach arthroskopischen Meniskusresektionen normalerweise innerhalb einer Woche wieder erreicht.

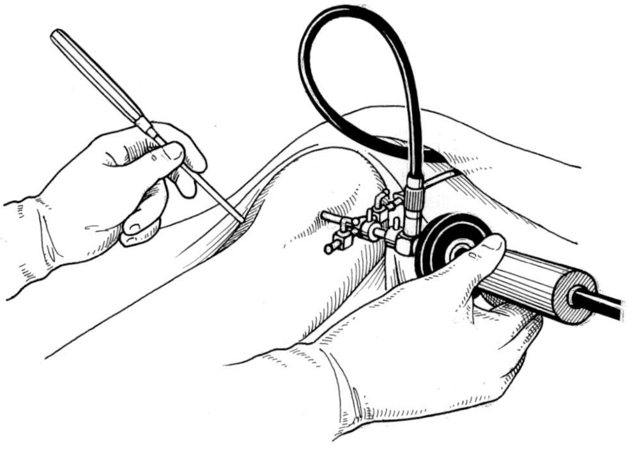

Abb. 10.1-26. Ausgangsstellung zur Spiegelung des Kniegelenkes. Arthroskop im oberen Kniegelenkrezessus plaziert.

Arthrolyse

Die Arthrolyse ist ein Versuch, auf operativem Wege Gelenkversteifungen zu lösen, um verlorengegangene Beweglichkeit wieder zu erlangen. Die Ursache einer Gelenkversteifung kann knöchern sein, wie bei der Ankylose oder fibröser Natur wie bei der Lötsteife und der Kontraktur.

Bei der Ankylose steht die Auflösung des Gleitspalts im Vordergrund, bei den Lötsteifen und Kontrakturen die Aufhebung des Gleitvermögens. Die Ankylosen lassen sich folgerichtig nur durch sog. arthroplastische Eingriffe, ggf. mit künstlichem Gelenkersatz operativ behandeln. Bei der fibrösen Gelenksteife sind periartikuläres Bindegewebe, Knorpel und, weniger ausgeprägt, die Muskulatur beteiligt. Abgesehen von angeborenen Ursachen sind diese Versteifungen häufig Folge einer Immobilisierung in oftmals direkter Abhängigkeit von deren zeitlicher Ausdehnung.

Eine operative Arthrolyse sollte erst dann erfolgen, wenn alle konservativen Behandlungsmöglichkeiten ausgeschöpft sind. Sog. Narkosemobilisierungen sind nur in der Frühphase erfolgversprechend. Am Ellbogengelenk sollten solche brüsken Maßnahmen unterbleiben, da sie in der Regel eher eine Verschlechterung der Beweglichkeit bewirken.

Für eine Arthrolyse kommen unter den großen Gelenken praktisch nur das Ellbogengelenk und das Kniegelenk in Betracht. Die operativen Zugänge richten sich nach dem Sitz des jeweiligen Haupthindernisses, der Bewegungseinschränkung und nach möglicherweise vorbestehenden ehemaligen Schnittführungen.

Die Lösung und ggf. Spaltung von Verklebungen geschieht schrittweise unter Vermeidung heftiger Mobilisierungen, die zu Gewebseinreißungen führen würden. Vor und nach dem Eingriff wird das genaue Beweglichkeitsausmaß gemessen und dokumentiert. Postoperativ ist eine sofortige Bewegungstherapie notwendig, wobei motorgetriebene Bewegungsschienen sehr gute Dienste leisten.

Arthrodese

Eine operative Gelenkversteifung kann gelegentlich als letzter Ausweg bei einer anders nicht zu sanierenden Gelenkinfektion notwendig werden. Vor wenigen Jahrzehnten noch war die Gelenktuberkulose die häufigste Indikation für diesen Eingriff. Gegenwärtig leiten sich die Hauptindikationen aus posttraumatischen Arthrosen mit entsprechendem Beschwerdebild ab, seltener auch einmal aus einer instabilen Gelenksituation, einem sog. Schlottergelenk, wenn die übrigen konservativen und operativen Stabilisierungsmöglichkeiten ausgeschöpft sind. Durch die heute gegebenen Möglichkeiten eines prothetischen Gelenkersatzes bleiben die Indikationen überwiegend auf Gelenke beschränkt, die sich einer arthroplastischen Therapie entziehen. Immerhin wird man sich aber in Kenntnis der eingeschränkten Haltbarkeit von Gelenkprothesen bei einem jüngeren und sonst gesunden Patienten im Zweifelsfall eher für eine operative Gelenkversteifung entscheiden.

Eine Arthrodese wird gegenwärtig hauptsächlich auf dem Wege der inneren oder äußeren Kompressionsarthrodese durchgeführt. Nach breiter Eröffnung des betreffenden Gelenkes erfolgt die vollständige Resektion des Gelenkknorpels in der Weise, daß beim Zusammenfügen der Resektionsflächen eine funktionelle achsengerechte Gelenkstellung resultiert. Die interfragmentäre Kompression erfolgt entweder durch Zugschrauben, Plattenosteosynthese oder als äußere Kompression mit dem Fixateur externe (Abb. 10.1-27).

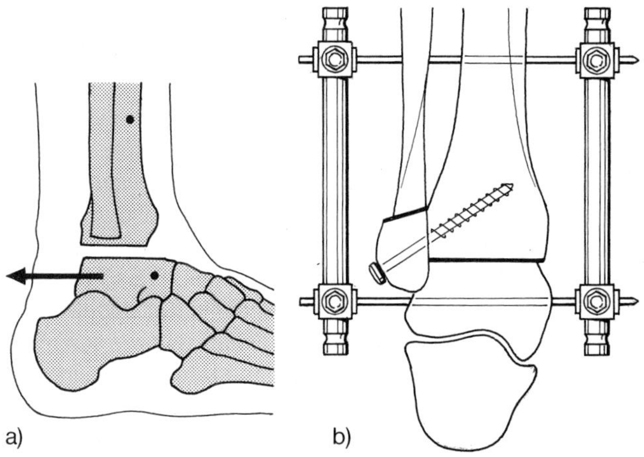

Abb. 10.1-27. Kompressionsarthrodese des oberen Sprunggelenkes mittels Rahmenfixateur.
a) Plane Resektion der Gelenkflächen, Rückversetzung des Fußes.
b) Verkürzungsosteotomie und Verschraubung des Außenknöchels. Kompression der Resektionsflächen mit dem Rahmenfixateur.

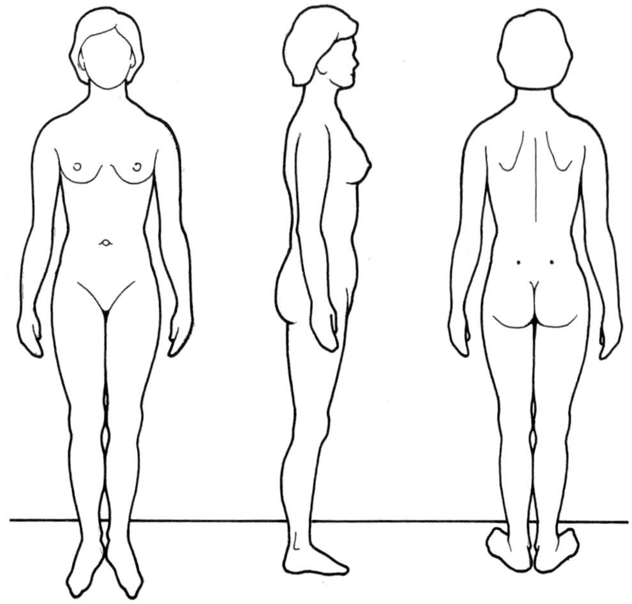

Abb. 10.1-28. Die anatomische Normalstellung als Ausgangsstellung (Neutral- oder Nullstellung) für die Messung der Gelenkbeweglichkeit. Nach Debrunner aus Bulletin der AO, 1971.

Meßtechnik

Bei der Begutachtung von Folgeschäden nach Verletzungen des Bewegungsapparates ist die Anwendung einer einheitlichen Methode zur Bestimmung der Gelenkbeweglichkeit sowie der Umfangmaße vorteilhaft. Bisher übliche Meßmethoden orientieren sich hauptsächlich an den Gelenkachsen bei unterschiedlicher Festlegung der jeweiligen Ausgangsstellung.

Bei der seit 1964 international eingeführten **Neutral-Null-Methode**, deren Anwendung auch vom Hauptverband der Berufsgenossenschaften verlangt wird, sind die räumlichen Bewegungsebenen maßgeblich, in denen – bezogen auf den in anatomischer Grundstellung stehenden Patienten – das Beweglichkeitsausmaß bestimmt wird (Abb. 10.1-28 u. 29). Hierbei stehen der Buchstabe
S für die Sagittalebene,
F für die Frontalebene,
T für die Transversalebene,
R für die Rotation.

Die gemessenen Gelenkwinkel werden in der Regel durch drei Zahlen dokumentiert:

- Die erste Winkelangabe bezeichnet das mögliche Ausmaß der Bewegung, die jeweils aus der Nullstellung heraus vom Körper wegführt (z.B. Außenrotation, Extension, Abduktion).
- Die zweite Zahl bedeutet die Nullstellung, die bei der Bewegung durchlaufen wird.
- Die dritte Zahl bezeichnet das Maß der gegenläufigen Bewegung zur Körpermitte hin.

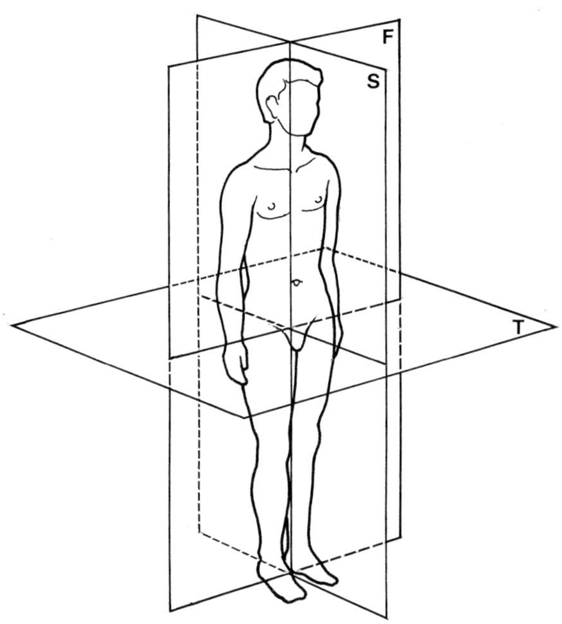

Abb. 10.1-29. Die drei Hauptebenen des menschlichen Körpers bei der anatomischen Normalstellung: S = Sagittalebene (i.A. Flexions-, Extensionsebene); F = Frontalebene (i.A. Abduktions-, Adduktionsebene); T = Transversalebene. Nach Debrunner.

Beispiel:

»Linkes Hüftgelenk F 40 0 30« bedeutet, daß der linke Oberschenkel im Hüftgelenk in der Frontalebene von der Nullstellung aus um 40 Grad abduziert und um 30 Grad adduziert werden kann.

Steht am Anfang oder Ende der drei Zahlenangaben zweimal die Zahl 0, so bedeutet diese, daß die Nullstellung endgradig erreicht wird.

Beispiel:

»Linkes Kniegelenk S 0 0 150« bedeutet, daß bei freier Beugung das linke Kniegelenk nicht überstreckt werden kann.

»Rechtes oberes Sprunggelenk S 0 0 50« bedeutet, daß bei freier Plantarflexion die Dorsalextension im rechten oberen Sprunggelenk nur bis zur Nullstellung möglich ist.

Wird das Erreichen der Nullstellung durch eine Kontraktur verhindert, so steht die Bezeichnung Null am Anfang bzw. am Ende von drei Zahlenangaben, bei denen keine weitere Null mehr vorkommt.

Beispiel:

»Linkes Ellbogengelenk S 0 90 150« bedeutet eine Streckhemmung bei 90 Grad bei freier Beugung bis 150 Grad.

Eine Ankylose wird durch zwei gleiche Zahlen vor bzw. nach der Null dokumentiert.

Beispiel:

»Rechter Unterarm R 30 30 0« bedeutet eine Ankylose in 30-Grad-Supinationsstellung.

Von den Berufsgenossenschaften werden Meßblätter für die oberen und unteren Gliedmaßen herausgegeben, auf denen ein einheitliches Meßprogramm für Beweglichkeit, Längen- und Umfangmaße vorgegeben ist. Eine Besonderheit liegt hier lediglich im Verzicht auf die SFTR-Notierung, weshalb ersatzweise auf beigefügten Skizzen die Angabe der jeweiligen Bewegungsrichtungen in der gewünschten Reihenfolge vorgezeichnet ist.

Für die Ermittlung der Längen- und Umfangmaße wird nach einem vorgeschriebenen Meßprogramm ebenfalls die Neutral-Null-Stellung des Patienten zugrunde gelegt.

10.2 Kapsel-Band-Verletzungen und Sehnenrupturen

F. W. Thielemann

Verletzungen des Sternoklavikulargelenkes

Verletzungen des Kapsel-Band-Apparates des Sternoklavikulargelenkes entstehen durch indirekte Gewalteinwirkungen auf die Schulter. Es werden nach Allman 3 Schweregrade der Bandverletzung unterschieden: Kontusion, Bandteilruptur mit Subluxation, komplette Luxation. Bei der kompletten Luxation kann eine vordere und eine hintere (retrosternale) unterschieden werden. Bei der retrosternalen Luxation kann es durch Kompression der Nachbarschaftsgebilde (große Gefäße, N. phrenicus, N. vagus, Trachea) zu schwerwiegenden Komplikationen kommen.

Bei der klinischen Untersuchung fällt neben der lokalen Schmerzhaftigkeit und Schwellung die Subluxationsstellung (Schweregrad II) oder die Luxationsstellung (Schweregrad III) im Gelenk auf. Differentialdiagnostisch sind lokale Entzündungen auszuschließen (z.B. Tietze-Syndrom). Zur radiologischen Diagnostik sind Schrägaufnahmen und Schichtaufnahmen im Seitvergleich notwendig.

Distorsionen des Sternoklavikulargelenkes vom Schweregrad I und II werden konservativ behandelt. Neben lokalen Maßnahmen (Eisauflagerungen) erfolgt eine kurzfristige Ruhigstellung der Schulter durch einen redressierenden Verband. Er muß regelmäßig auf korrekten Sitz überprüft werden und kann bei Verletzungen vom Schweregrad II nach 3 Wochen entfernt werden.

Die Reposition der hinteren sternoklavikulären Luxation erfolgt bei adduziertem Arm, Längszug und gleichzeitigem Druck gegen beide Klavikulaenden. Dazu wird ein Hypomochlion zwischen die Schultern gelegt. Die Reposition muß sofort vorgenommen werden, um eine Druckschädigung der retrosternalen Strukturen zu vermeiden.

Verletzungen des Sternoklavikulargelenkes vom Schweregrad III werden operativ behandelt. Der operative Zugang erfolgt von einem Hautschnitt, der an der Oberkante der medialen Clavicula entlang zum Manubrium sterni nach kaudal hin zielend ausläuft (Abb. 10.2-1a).

Danach wird der Kapsel-Band-Apparat ventralseitig, kranial und kaudal dargestellt und die Luxation beseitigt. Stellt es sich dabei heraus, daß der Discus des Gelenkes zerstört ist, so wird er entfernt. Das Repositionsergebnis wird durch einen Kirschner-Draht gesichert. Der Draht wird vom Sternum her eingebracht und muß in der Kortikalis der Klavikula verankert werden. Das sternale Ende muß umgebogen werden, da nur so gefährliche Drahtwanderungen mit möglichem letalem Ausgang vermieden werden können. Die Adaptation der zerrissenen Kapsel-Band-Strukturen erfolgt mit resorbierbarem Nahtmaterial (Abb. 10.2-1b–d).

Veraltete Luxationen des Sternoklavikulargelenkes sollten nur bei Schmerzhaftigkeit operativ angegangen werden. Eine alleinige kosmetische Indikation ist nicht ausreichend. Zur dauerhaften Behebung der Luxationsstellung ist eine Bandplastik nötig. Der Zugang erfolgt in der oben beschriebenen Weise. Nach Eröffnung der vernarbten Kapsel-Band-Strukturen wird der Discus inspiziert und, falls er zerstört ist, exstirpiert. Danach werden ein queres Bohrloch 1 cm lateral des Klavikulaendes und 2 cm von ventral nach dorsal verlaufende divergierende Bohrlöcher neben der Gelenkfläche des Manubrium sterni angelegt. Die dorsal liegenden Gebilde werden durch einen Spatel geschützt. Danach wird das Transplantat (z.B. Sehne des M. palmaris) durch die Bohrlöcher gezogen und nach Reposition der Luxation straff mit sich selbst vernäht. Zur Sicherung der Bandplastik wird ein Kirschner-Draht (2,0) in der oben beschriebenen Weise eingebracht. Alternativ zum Sehnentransplantat kann auch eine PDS-(Polydioxansulfonat-) Kordel verwendet werden. Die vernarbten Kapsel-Band-Strukturen werden dann unter Straffung über der Kordel vernäht (Abb. 10.2-1e).

Die Nachbehandlung erfolgt durch Ruhigstellung im Gilchrist-Verband für 2 Wochen und eine anschließende limitierte Abduktionsbewegung bis 60° für 4 Wochen. Der Kirschner-Draht soll nach 6–8 Wochen wieder entfernt werden, um einem Ermüdungsbruch des Drahtes zuvorzukommen. Die Ergebnisse des operativen Vorgehens sind in der Regel gut.

Resektionen des medialen Klavikulaendes oder Arthrodesen des Sternoklavikulargelenkes empfehlen sich nicht, da sie zu Instabilitäten bzw. Bewegungseinschränkungen des Sternoklavikulargelenkes führen können. Falls man sich zur Resektion des Klavikulaendes entschließt, ist diese medial des Ansatzes des Lig. costoclaviculare durchzuführen, um die Stabilität der Klavikula zu gewährleisten und einen medialen Hochstand zu vermeiden.

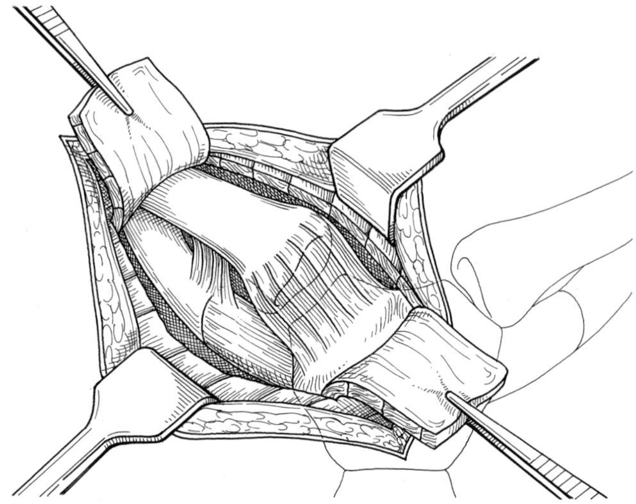

c)

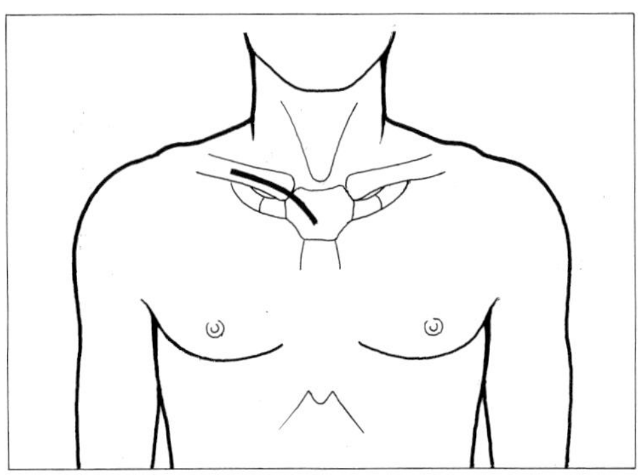

Abb. 10.2-1. Verletzungen des Akromioklavikulargelenkes.
a) Zugang.

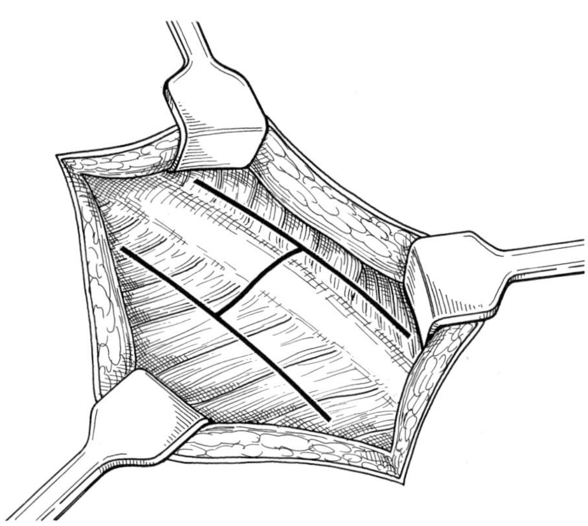

b)

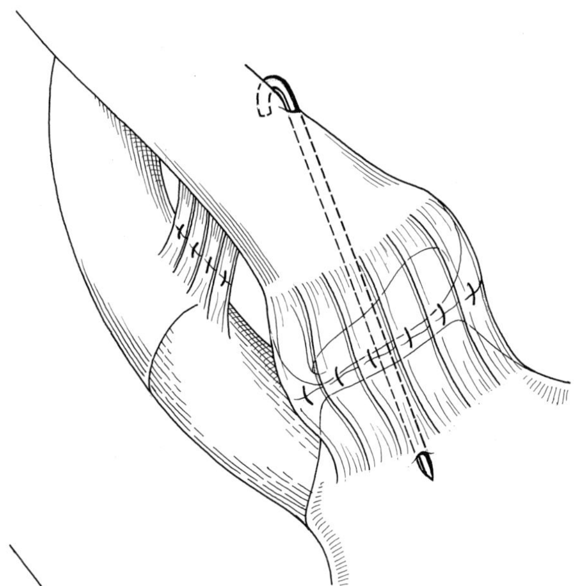

d)

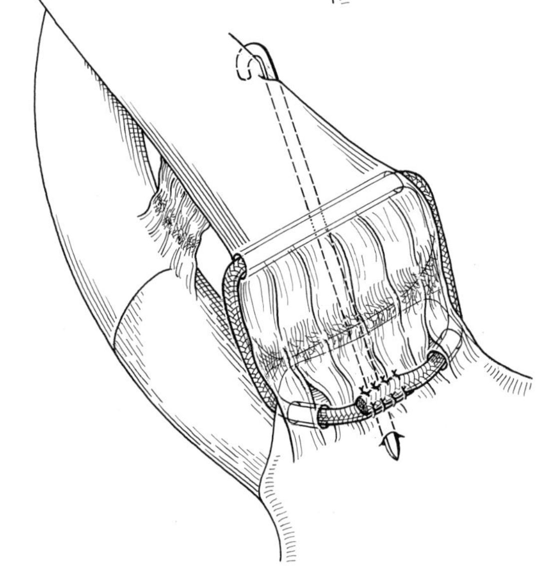

e)

b–d) Versorgung.

e) Verspätete Versorgung.

Verletzungen des Akromioklavikulargelenkes

Eine Bandverletzung im Schultergelenk entsteht am häufigsten durch einen Sturz auf die Hinter- und Oberseite der Schulter. Es werden nach Tossy drei Schweregrade bei der Verletzung der Bänder unterschieden: Distorsion, Subluxation, Luxation. Nur die Zerreißung aller Bandstrukturen (Lig. coracoclaviculare, Lig. acromioclaviculare sup. et inf.) führt zur Luxation des lateralen Klavikulaendes (Abb. 10.2-2).

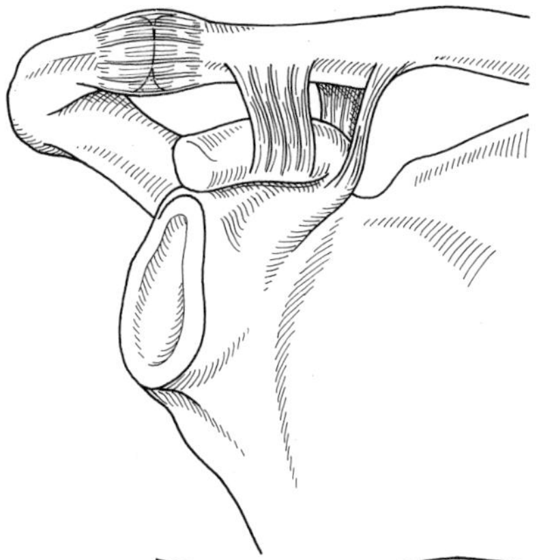

a)

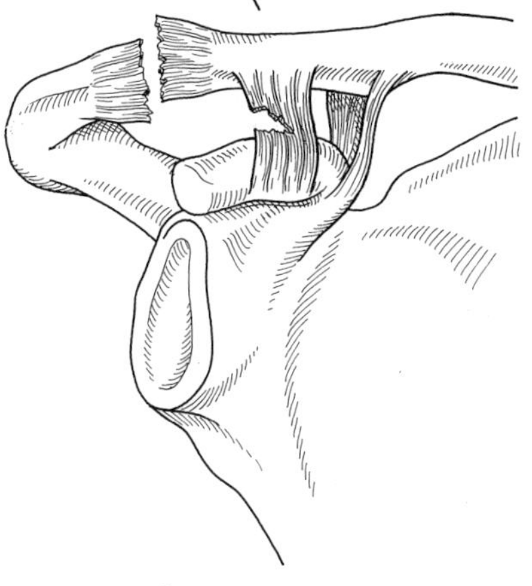

b)

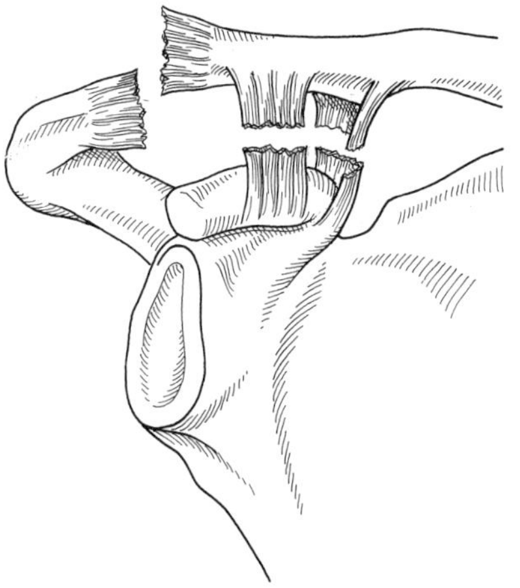

c)

Abb. 10.2-2. a–c) Einteilung der Schultereckgelenkverletzungen nach Tossy I–III.

Neben dem klinischen Befund mit dem typischen Klaviertastenphänomen als Hinweis auf eine komplette Luxation ist die gehaltene Röntgenaufnahme mit belasteten Armen (10 kg) bei zurückgenommenen Schultern von entscheidender Bedeutung für die einzuschlagende Therapie.

Bandverletzungen vom Schweregrad I und II werden konservativ mit einer vorübergehenden Ruhigstellung über 1–2 Wochen im Desault-Verband behandelt.

Eine frische komplette Luxation des Schultergelenkes mit Zerreißung aller 3 Bänder stellt eine Operationsindikation dar. Gleichwohl muß erwähnt werden, daß auch ein konservatives Vorgehen eine hohe Rate an Beschwerdefreiheit erreichen läßt (ca. 80 %).

Zur Operation wird der Patient mit erhöhtem Oberkörper und einem Kissen unter der zu operierenden Schulter gelagert. Die Abdeckung erfolgt so, daß der Arm frei beweglich bleibt. Zur Versorgung von Verletzungen des Schultereckgelenkes eignen sich sagittal verlaufende Inzisionen (Säbelhiebschnitt) und supra- oder infraklavikuläre Inzisionen. Der Säbelhiebschnitt ist aus kosmetischen Gründen vorzuziehen. Durch die intraoperativen Manipulationen sind die im Sulcus deltoideopectoralis liegende V. cephalica und die retroklavikulär liegende V. subclavia gefährdet. Der Kapsel-Band-Apparat des Schultereckgelenkes wird dargestellt ebenso wie das Lig. coracoclaviculare. Der M. deltoideus muß dazu auf einer kurzen Strecke an der Ventralseite der lateralen Clavicula scharf abgelöst werden. Die Bandstümpfe des Lig. coracoclaviculare werden durch mehrere Nähte – noch ohne zu knoten – gefaßt. Anschließend wird der Discus articularis inspiziert und bei Verletzung entfernt. Nach Reposition der Luxation werden durch das Akromion von lateral her 1 oder 2 Kirschner-Drähte eingebohrt und in der Kortikalis der lateralen Clavicula verankert. Zur Sicherung der Naht der akromioklavikulären Bänder wird eine 8förmige Zuggurtung eingebracht, die weder zu fest noch zu lose angedreht werden darf. Nach Knoten der Fäden im Bereich des Lig. coracoclaviculare wird die Deltoideusmuskulatur adaptiert (Abb. 10.2-3.a–c).

Die Nachbehandlung erfolgt durch Ruhigstellung im Desault-Verband bis zur Entfernung der Fäden. Danach wird ein Gilchrist-Verband für weitere 2 Wochen angelegt. Bis zur Metallentfernung nach 6–8 Wochen wird die Abduktion des Armes nur bis 90° freigegeben, um einen Ermüdungsbruch der Implantate zu vermeiden. Nach der Metallentfernung wird sehr schnell wieder eine freie Beweglichkeit der Schulter erreicht.

Bei weiteren Luxationen des Schultereckgelenkes sind neben Bandplastiken auch Korrekturosteotomien der Klavikula in Betracht zu ziehen. Bei schmerzhaften Spätzuständen kommt bei gleichzeitiger Arthrose im Schultereckgelenk die Resektion des lateralen Klavikulaendes mit Abtragung der Osteophyten am Akromion in Betracht.

Es gibt eine Vielzahl weiterer Verfahren zur Versorgung einer Schultereckgelenksprengung mit verschiedenen Implantaten oder primären Bandplastiken. Gelenkübergreifende Platten, wie die Platte nach Balser oder die Hakenplatte nach Wolter haben als entscheidenden Nachteil den großen Platzbedarf im Subkutangewebe und stellen groß dimensionierte Implantate dar, die in ihrem stabilisierenden Effekt allenfalls der Zuggurtung gleichwertig sind. Die Verwendung alloplastischer Bandersatzmaterialien (z.B. Vicryl-Bänder®) ist mit einem erhöhten Infektrisiko behaftet. Die angeführten und eine Reihe nicht erwähnter Verfahren zeigen im Vergleich zu der oben beschriebenen Methode keine besseren Endergebnisse. Aus diesem Grunde werden sie hier nicht beschrieben.

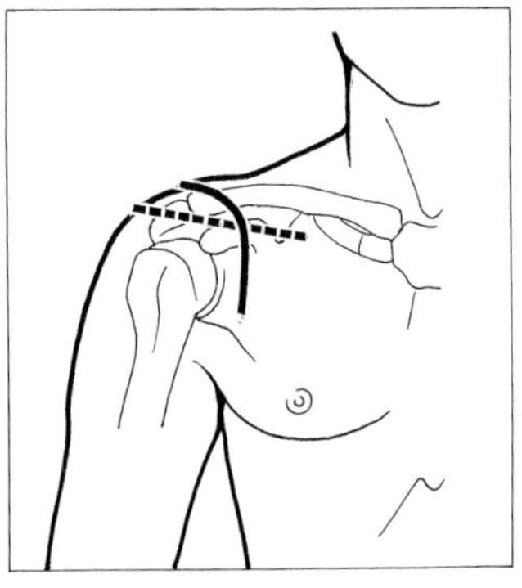

Abb. 10.2-3. Versorgung einer Schultereckgelenksprengung nach Tossy III.
a) Zugang.

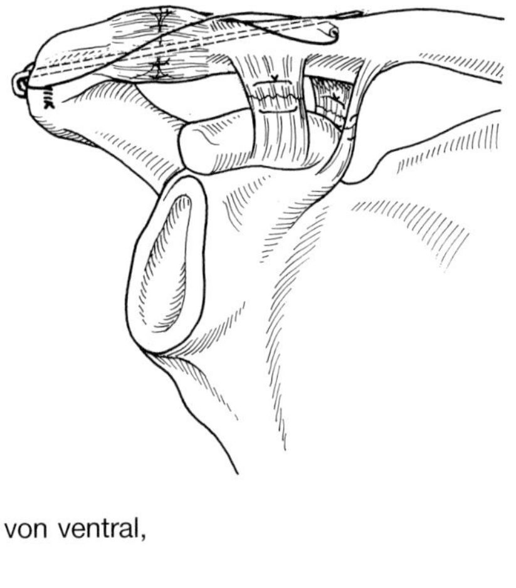

b) Ansicht von ventral,

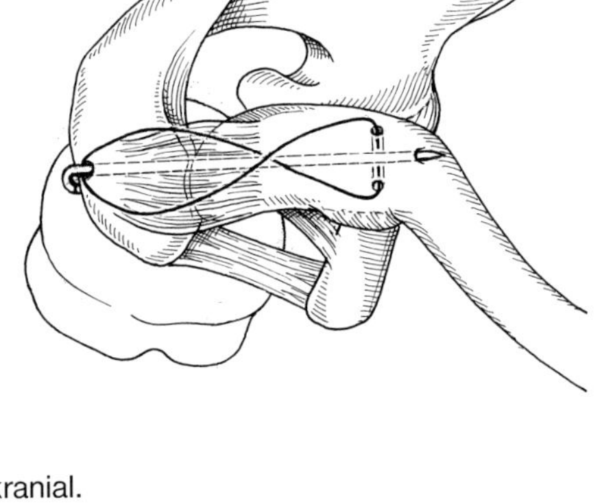

c) von kranial.

Kapsel-Band-Verletzungen des Schultergelenkes

Die Luxation des Schultergelenkes ist die häufigste aller Luxationen des Körpers (ca. 50%). Die Luxatio subcoracoidea ist die häufigste Form (80–90%), während die axilläre oder retroglenoidale Luxation nur selten auftreten. Die überwiegend muskuläre Führung des Schultergelenkes und die zunehmende sportliche Betätigung Ungeübter (z.B. Skisport) sind prädisponierende Faktoren.

Nach einer Schulterluxation, vor allem im jugendlichen Alter, treten in ca. 60% Rezidive auf. Aus diesem Grund darf die Luxation nicht bagatellisiert werden, vielmehr müssen die Verletzungsfolgen am Schultergelenk exakt geklärt und kausal therapiert werden. Im wesentlichen sind es 3 Veränderungen, die zu einer rezidivierenden Luxation der Schulter prädisponieren: die Erweiterung der ventralen Gelenkkapsel, die Verletzung des Pfannenrandes mit Labrum glenoidale und die Impression des Humeruskopfes.

Die Erweiterung der ventralen Gelenkkapsel ist eine Folge der Zerreißung der ventralen Kapselanteile einschließlich des Lig. coracohumerale. Die Verletzung des ventralen Pfannenrandes (sog. Bankartsche Läsion) als ein bindegewebiger Abriß (Typ I) des Labrum glenoidale, gelegentlich kombiniert mit knöchernen Abrißfrakturen (Typ II und III) des Pfannenrandes, wird bei der rezidivierenden Luxation häufig gefunden (40–100%).

Eine kahnförmige Impressionsfraktur des dorsolateralen Humeruskopfes (sog. Hill-Sachs-Läsion) kommt durch den Verletzungsmechanismus der Luxation (Eindrücken des Knorpels und subchondralen Knochens in Außenrotations- und Abduktionsstellung des Armes) zustande. Die Ausheilung mit bleibendem Defekt begünstigt ein erneutes Einhaken am ventralen Pfannenrand und damit die Reluxation.

Eine federnde Zwangshaltung nach einem Sturz auf den ausgestreckten, abduzierten Arm ergibt einen Hinweis auf das Vorliegen einer Luxation. Bei der klinischen Untersuchung tastet man eine Epaulettenform der Schulter mit der »leeren Pfanne«. Eine Prüfung der Funktion des N. axillaris ist obligatorisch. Vor der Reposition der Schulter soll stets eine Röntgenaufnahme in 2 Ebenen zur Dokumentation der Luxationsform und zum Ausschluß knöcherner Begleitverletzungen veranlaßt werden.

Die Therapie der Schulterluxation erfolgt zunächst konservativ durch Beseitigung der Luxation in einer kurzen Analgosedierung (z.B. Dormicum®) oder i.v. Kurznarkose mit dem Repositionsmanöver nach Kocher, Arlt oder nach Hippokrates. Das Wesentliche im Ablauf dieser Manöver ist die Anwendung von Zug, geringer Abduktion, Außenrotation sowie ein Hypomochlion in der Axilla (Ferse, gepolsterte Stuhllehne). Die anschließende Röntgenkontrolle in 2 Ebenen dokumentiert die erfolgte Reposition. Die Ruhigstellung darf 3 Wochen nicht überschreiten (je jünger der Patient, desto länger die Ruhigstellung).

Die veraltete Luxation der Schulter, häufig eine übersehene hintere (retroglenoidale) Luxation sollte nur bis zu einem Zeitraum von 3 Wochen versuchsweise geschlossen reponiert werden.

Bei Repositionsunmöglichkeit oder länger zurückliegender Verletzung ist die Reposition operativ vorzunehmen. Dabei wird ein vorderer Zugang zum Schultergelenk gewählt. Der Humeruskopf wird aus seiner dorsalen Luxationsstellung vorsichtig reponiert und dann inspiziert. Liegt eine große, ventral gelegene Impressionsfraktur mit intaktem Knorpelüberzug des Humeruskopfes vor, so kann die Impression vom Tuberculum majus aus angebohrt, mit einem Stößel angehoben und mit autogener Spongiosa unterfüttert werden. Liegt jedoch ein geschädigter, zerstörter Knorpel vor, so ist eine Drehosteotomie des Humeruskopfes vorzunehmen. Dies erfolgt analog der Drehosteotomie nach Weber (s.u.). Der entscheidende Unterschied ist die Drehrichtung des Kopfes gegen den Schaft. Um ein erneutes Einhaken des Defektes bei Innenrotation des Armes zu vermeiden, wird die Kopfimpression nach vorne außen aus der Pfanne herausgedreht. Je nach Tiefe der Impression ist dabei eine Drehung von 30–45° nötig. Bei Innenrotation des Armes muß nach erfolgter Osteotomie eine Reluxation sicher ausgeschlossen sein. Die Stabilisierung der Osteotomie erfolgt mit einer Kinderkondylenplatte (Abb. 10.2-4). Liegt jedoch eine Luxation mit einer ausgedehnten Impression vor, so ist vor allem bei alten Patienten die Implantation einer Kopfprothese zu erwägen.

Der Nachweis einer Bankart-Läsion oder einer Hill-Sachs-Läsion bei der Erstluxation verlangt eine operative Versorgung dieser Verletzungsfolgen, um einer Reluxation keinen Vorschub zu leisten und die dadurch verursachte Krankheitsdauer abzukürzen. Ist der Limbus nach 3 Wochen nicht wieder narbig am Pfannenrand angeheilt, so liegt eine Indikation zur operativen Refixation vor. Nur bei älteren Patienten sollte die Indikation zur Operation zurückhaltend gestellt werden.

Sie ist von einem axillären Zugang aus vorzunehmen. Der Patient wird dazu in Rückenlage mit 90° abduziertem Arm gelagert (Armtisch). Der Arm wird frei beweglich abgedeckt. Die Hautinzision erfolgt 0,5 cm lateral der vorderen Axillarfalte. Um eine gute Übersicht zu erreichen, ist es notwendig, die Subkutis vor allem weit nach kranial und lateral zu mobilisieren. Der M. pectoralis major wird stumpf nach lateral und kranial abgedrängt und kann zur Verbesserung der Übersicht kaudal eingekerbt werden. Falls notwendig, kann außerdem der Proc. coracoideus abgemeißelt werden. Der M. subscapularis wird mit Haltefäden angeschlungen und in Außenrotation des Armes ansatznahe durchtrennt. Die Schultergelenkkapsel wird im Faserverlauf inzidiert und ein Hohmann-Hebel kann eingesetzt werden. Von diesem Zugang aus lassen sich Verletzungen des ventralen und kaudalen Pfannenrandes gut versorgen (Abb. 10.2-5).

Die Naht des M. subscapularis muß in Innenrotation des Armes erfolgen. Durch zu starken Hakenzug am M. coracobrachialis kann es zur Druckschädigung des dahinter verlaufenden N. musculocutaneus kommen.

Bei sehr muskelstarken Patienten sollte jedoch aus Gründen einer besseren Übersicht der vordere Zugang gewählt werden.

Eine Hill-Sachs-Läsion dagegen wird am günstigsten ebenso wie die rezidivierende Schulterluxation von einem vorderen Zugang aus (s.d.) versorgt. Die direkte Sichtkontrolle der erfolgten Reposition der Impressionsfraktur ist notwendig. Als Auffüllungsmaterial für die Impression wird autogene Spongiosa aus dem Beckenkamm verwendet.

Die Nachbehandlung entspricht in beiden Fällen dem Vorgehen bei der operativen Versorgung einer rezidivierenden Luxation.

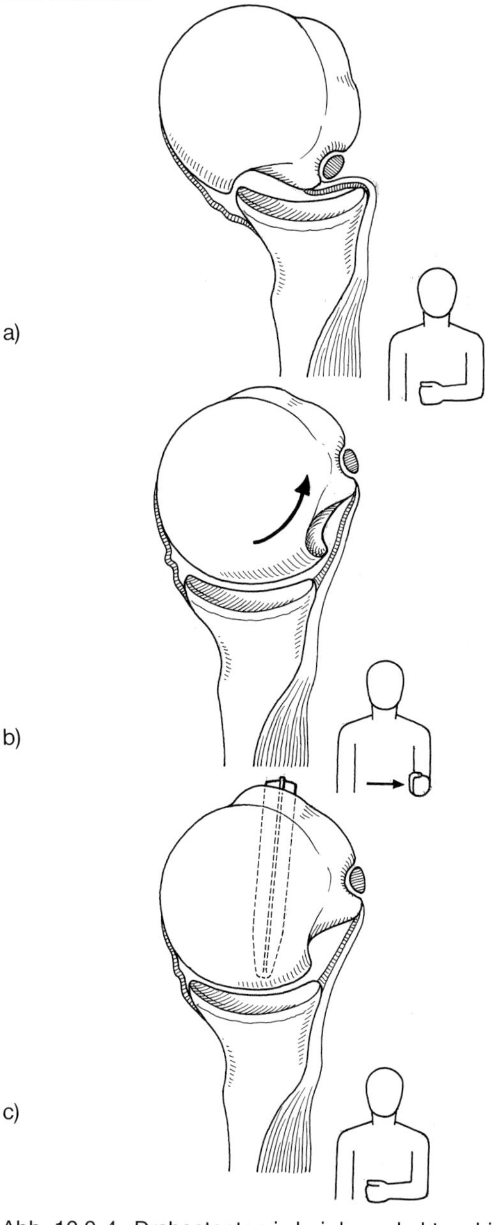

Abb. 10.2-4. Drehosteotomie bei der verhakten, hinteren Schulterluxation:
a) Luxationsstellung,
b) nach Reposition,
c) nach Korrekturosteotomie.

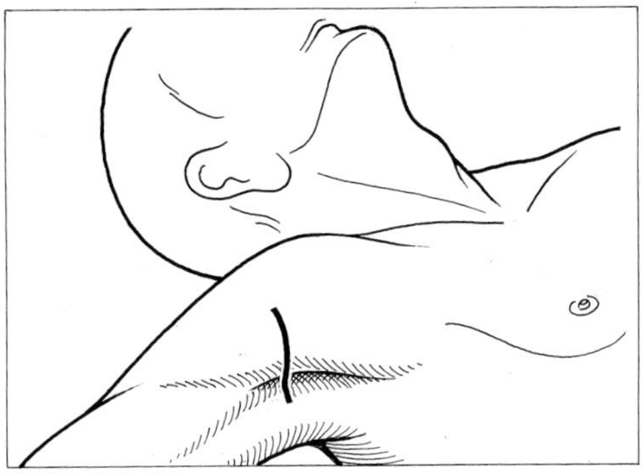

Abb. 10.2-5. Axillärer Zugang zum Schultergelenk.
a) Zugang

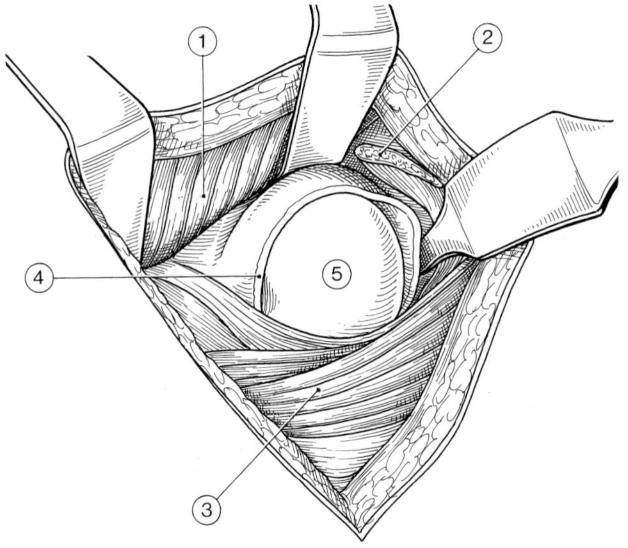

b) Intraoperativer Situs: ① = M. deltoideus; ② = Sehne des M. subscapularis; ③ = M. pectoralis; ④ = Gelenkkapsel; ⑤ = Humeruskopf.

Rezidivierende Schulterluxation

Für die rezidivierend auftretende Luxation sind entsprechend der Zahl der möglichen Ursachen eine Vielzahl von Operationstechniken angegeben worden. Grundsätzlich sind 3 Prinzipien zu unterscheiden:

- Reine Weichteileingriffe an der vorderen Schultergelenkkapsel und deren Verstärkungsbändern.
- Pfannenverbessernde Eingriffe mit Spanplastiken.
- Drehosteotomie des Humeruskopfes.

Die Anzeige zur Operation sollte nach 3 und mehr aufgetretenen Luxationen gestellt werden. Die Auswahl des Operationsverfahrens richtet sich nach der vorhandenen Instabilität des Schultergelenkes und der vorhandenen Läsion am Kopf bzw. am Pfannenrand. Eine Einschränkung der Außenrotation ist bei jedem Verfahren in Kauf zu nehmen. Das Alter des Patienten schränkt die Indikation zu pfannenverbessernden Eingriffen ein. So ist nach dem 40. Lebensjahr eine Spanplastik selten angezeigt.

Das am häufigsten indizierte Operationsverfahren bei der rezidivierenden Luxation ist das Verfahren von Eden-Hybinette, das in der Modifikation nach Blauth beschrieben wird. Dabei erfolgt eine Verbesserung des zerstörten vorderen Pfannenrandes durch ein mittels Schrauben fixiertes Knochentransplantat vom Beckenkamm, die Raffung der ventralen Kapsel und des Lig. coracohumerale durch Nähte und deren Verstärkung durch eine Lateralisation der Sehne des M. subscapularis.

Der Patient wird zur Operation mit erhöhtem Oberkörper gelagert und die Schulter mit einem Kissen unterlegt. Der Arm wird frei beweglich abgedeckt. Die Freilegung der Schulter erfolgt von einem vorderen Zugang durch einen Schnitt im Verlauf des Sulcus deltoideopectoralis bei angehobener Schulter. Der M. deltoideus wird mit der V. cephalica nach lateral weggehalten und am akromialen Ansatz auf 2–4 cm eingekerbt. Der Processus coracoideus wird aufgesucht und die Ansätze des M. coracobrachialis und des kurzen Bizepskopfes werden mit einer Knochenschuppe abgelöst, mit einem Haltefaden gefaßt und nach kaudal unter Schonung des N. musculocutaneus präpariert. In Außenrotationsstellung des Armes erfolgt die ansatznahe Durchtrennung der Sehne des M. subscapularis sowie das Anschlingen mit 2 Haltefäden. Die ventrale Schultergelenkkapsel wird am Ansatz am Glenoidrand abgelöst und der Humeruskopf durch einen Retraktor nach lateral abgehalten (Abb. 10.2-6).

Der vordere Pfannenrand wird inspiziert und vom Narbengewebe befreit. Anschließend wird mit einem Meißel das Bett für einen zu Beginn des Eingriffs entnommenen 1,5 × 2,5 cm großen kortikospongiösen Span vom Beckenkamm zubereitet. Zugleich wird die ventrale Kapsel mit Raffnähten gefaßt und an der Übergangsstelle zwischen Span und Glenoidrand über Knochenkanäle reinseriert. Sie kommt als Interponat zwischen Span und Gelenkknorpel des Humeruskopfes zu liegen. Der Span wird nach Einfalzung mit 1 oder 2 Malleolarschrauben fixiert, wobei sicherzustellen ist, daß die Schrauben nicht ins Gelenk eintreten. In Innenrotationsstellung des Armes erfolgt das Abheben einer Knochenschuppe lateral des Sulcus intertubercularis und die Refixation der Sehne des M. subscapularis. Die Refixation des osteotomierten Proc. coracoideus mittels einer Schraube oder mehrerer Nähte erfolgt bei gebeugtem Ellenbogengelenk (Abb. 10.2-7).

Als Alternative zum beschriebenen Verfahren kann die Methode nach Bristow angewendet werden. Vom vorderen Zugang aus wird der Processus coracoideus so osteotomiert, daß ein 1 cm langes Knochenstück am Ansatz des M. coracobrachialis verbleibt. Vor der Osteotomie wird an diesem ein zentrales Bohrloch angelegt. Der abgetrennte Processus coracoideus wird samt seiner Muskelansätze mit einer Navikulareschraube am vorderen unteren Pfannenrand fixiert. Die teilweise Mitfixierung des M. subscapularis durch die Sehnenansätze am Proc. coracoideus verstärkt die ventrale Kapsel (Abb. 10.2-8).

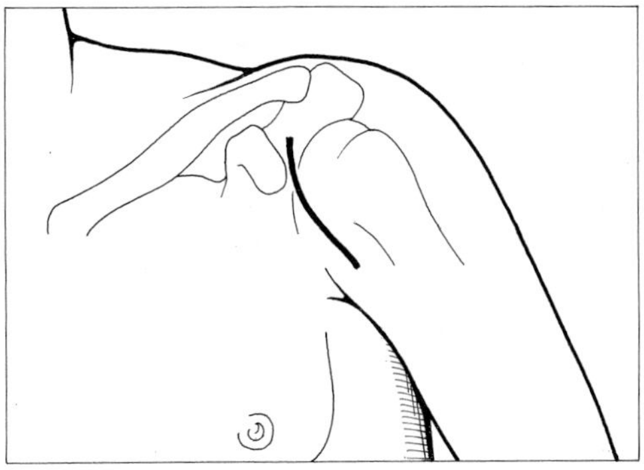

Abb. 10.2-6. Vorderer Zugang zum Schultergelenk.
a) Schnittführung.

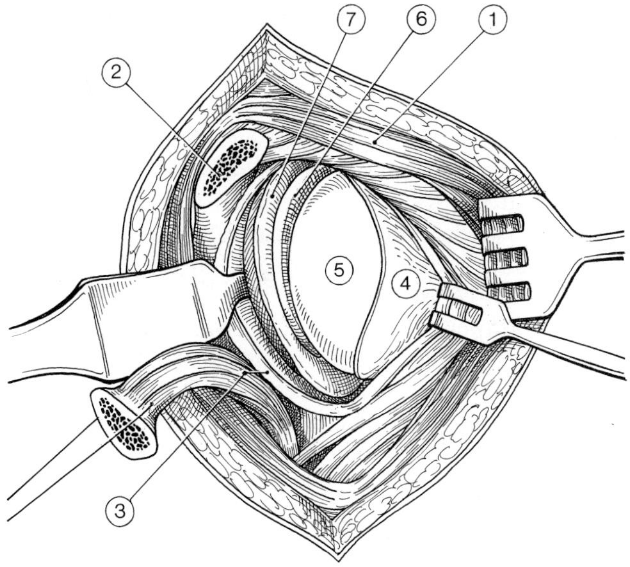

b) Intraoperativer Situs: (1) = M. deltoideus; (2) = Proc. coracoideus; (3) u. (4) = ventrale Schultergelenkkapsel; (5) = Humeruskopf; (6) = Cavitas glenoidalis; (7) = Labrum glenoidale.

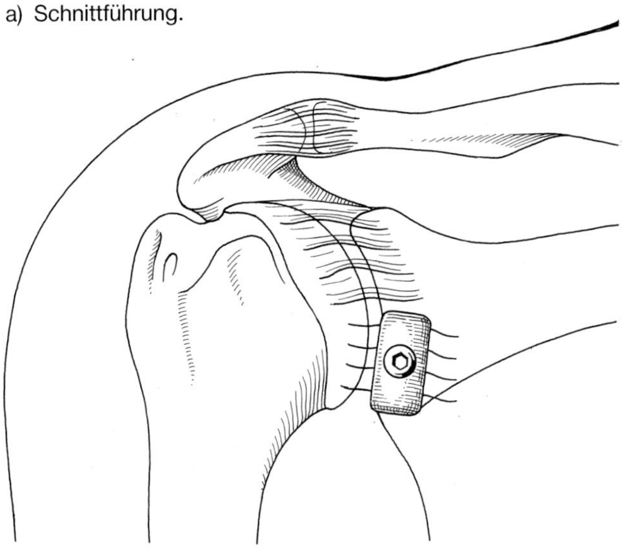

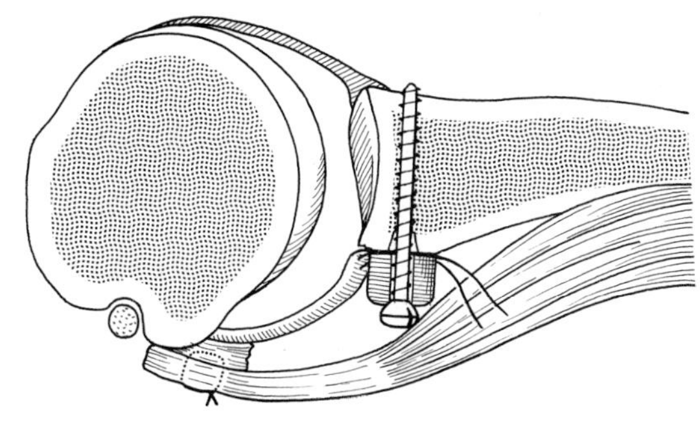

Abb. 10.2-7. Schema der modifizierten Operation nach Eden-Hybinette.
a) Spanlage von ventral, b) von kranial.

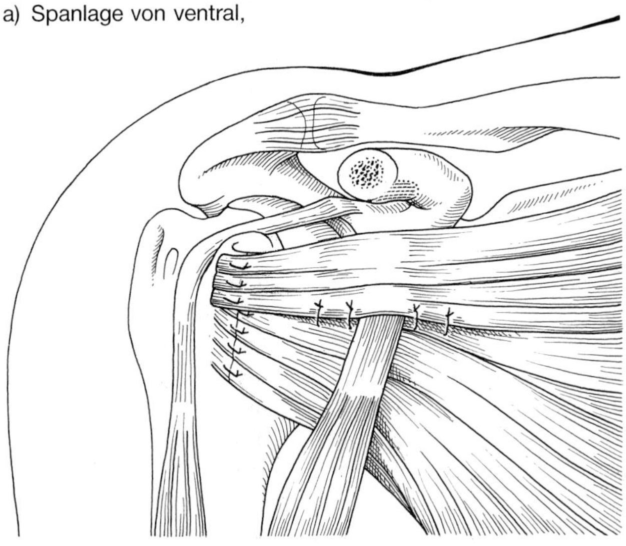

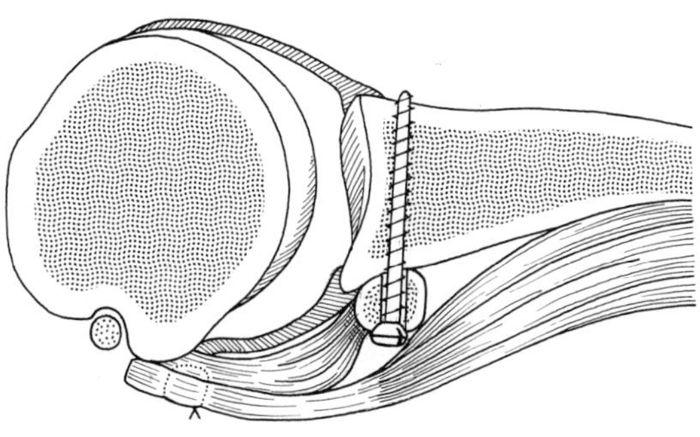

Abb. 10.2-8. Schema der Operation nach Bristow.
a) Ansicht von ventral, b) von dorsal.

Liegt eine erweiterte ventrale Kapsel als einzige Ursache einer rezidivierenden Luxation vor, so ist die Kapselplastik nach Neer angezeigt. Von einem vorderen Zugang aus wird der M. subscapularis in Außenrotationsstellung abgelöst und die ventrale Kapsel T-förmig inzidiert. Der Sulcus am Übergang vom Gelenkknorpel zur Metaphyse wird angefrischt und die Kapselecken werden überlappend unter Straffung wieder vernäht. Anschließend wird der M. subscapularis wieder unter geringer Lateralisation reinseriert (Abb. 10.2-9).

Der Nachweis einer tiefen Hill-Sachs-Deformität im Computertomogramm verlangt eine Maßnahme, die das Einhaken der Impression am ventralen Pfannenrand beseitigt. Dies ist nur durch eine Drehosteotomie des Humeruskopfes mit einer Innendrehung von 30° möglich. Dabei wird sowohl die dorsale Kapsel gestrafft als auch durch die Lateralisation des M. subscapularis die ventrale Kapsel verstärkt.

Die Operation erfolgt über einen vorderen Zugang, der nach distal zur Oberarmmitte hin verlängert wird. Nach Ablösen des M. subscapularis wird der Humeruskopf mit Hohmann-Hebeln dargestellt. Lateral der langen Bizepssehne wird die Eintrittsstelle für die Osteotomieplatte (Kinderkondylenplatte oder gebogene 7-Loch-Drittelrohrplatte) vorbereitet. Danach werden 2 Kirschner-Drähte um 30° versetzt proximal und distal der Osteotomiestelle in den Knochen gebohrt. Die Osteotomie erfolgt mit dem Meißel oder ersatzweise mit der oszillierenden Säge unter dem Schutz von Hohmann-Hebeln unter reichlich Kühlung mit Kochsalzlösung. Die Kondylenplatte wird eingeschlagen und der Oberarmschaft mit dem distalen Kirschner-Draht wird nach außen gedreht, bis der Draht der Platte anliegt. Die Platte wird nach Erzeugung interfragmentärer Kompression festgeschraubt. Die Fixierung des M. subscapularis unter Lateralisation von 1 cm beendet den Eingriff (Abb. 10.2-10).

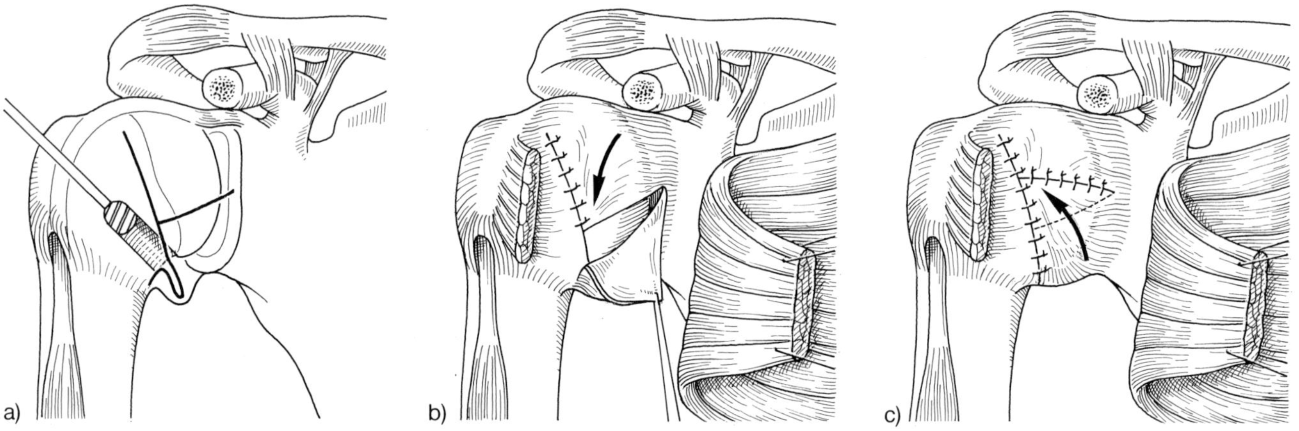

Abb. 10.2-9. Schema der Neerschen Kapselplastik.
a) Inzision der Kapsel.
b) Einnähen der Lappen.
c) Situation vor Refixation der Subscapularissehne.

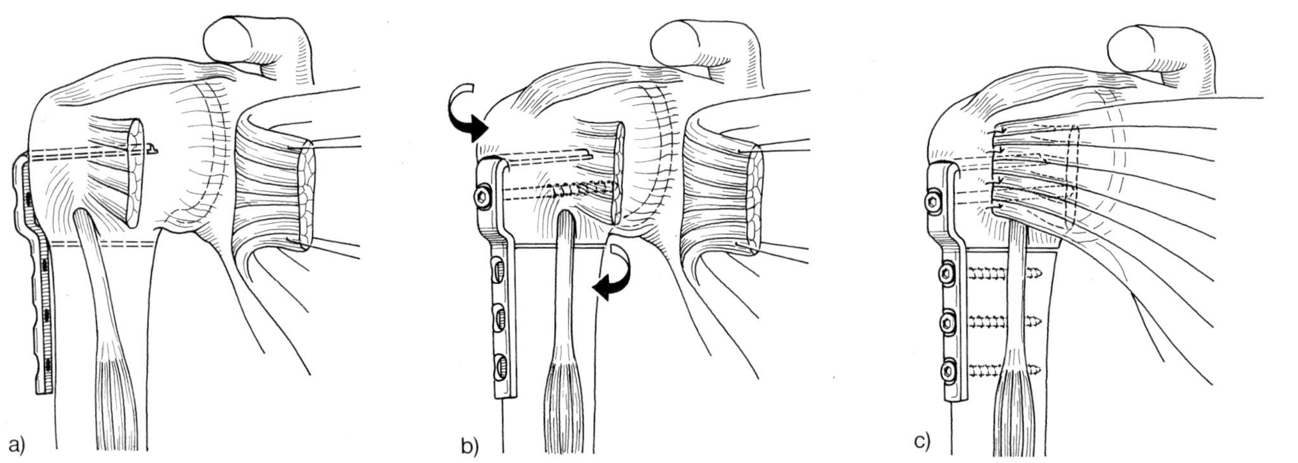

Abb. 10.2-10. Schema der Drehosteotomie nach Weber.
a) Plattenlage und Osteotomie.
b) Drehrichtung.
c) Endzustand.

Die Nachbehandlung bei der Operation nach Eden-Hybinette in der Modifikation nach Blauth erfolgt durch Ruhigstellung im Desault-Verband bis zur Wundheilung. Danach wird für weitere 2 Wochen ein Gilchrist-Verband angelegt. Bis zur 6. postoperativen Woche wird bei der krankengymnastischen Übungsbehandlung die Außenrotation nicht geübt. Die Anlage eines Abduktionsgipses erübrigt sich wegen der festen Fixation des Knochentransplantates. Darin ist ein wesentlicher Vorteil der beschriebenen Methode zu sehen. Auf eine Metallentfernung sollte verzichtet werden.

Die Lateralisation der Sehne des M. subscapularis in Verbindung mit einer Raffung der ventralen Kapsel (Kapselplastik nach Neer) benötigt die gleiche Nachbehandlung.

Bei der Drehosteotomie des Humeruskopfes nach Weber erfolgt die Nachbehandlung mit krankengymnastischer Mobilisierung bei vorübergehend eingeschränkter Außenrotation.

Habituelle Schulterluxation

Von der rezidivierenden Schulterluxation nach adäquatem Ersttrauma ist die habituelle Schulterluxation abzugrenzen. Sie kann willkürlich ausgelöst werden und verlangt eine exakte klinische und gelegentlich auch neurologische Vordiagnostik. Nur durch eine genaue Analyse kann die wesentliche Teilursache erfaßt werden. Eine muskuläre Fehlsteuerung der Schulter kann durch eine krankengymnastische Schulung beeinflußt werden. Bei Fehlstellungen der Pfanne in Beziehung zur Frontalebene sollte die Indikation zum operativen Vorgehen sehr vorsichtig gestellt werden. Lediglich bei der Laxizität der Kapsel verspricht die Kapselplastik nach Neer eine Verbesserung der meist vorhandenen multidirektionalen Instabilität. Die Kapselplastik wird bei vorherrschender Luxation nach vorne von ventral durchgeführt und bei Hauptluxationsrichtung nach hinten von dorsal.

Für einen dorsalen Zugang zum Schultergelenk wird der Patient in Bauchlage gelagert und der Arm wird frei beweglich abgedeckt. Der Hautschnitt verläuft vom hinteren unteren Rand des Akromions entlang der Unterseite der Spina scapulae und biegt medial nach unten ab. Der Hautlappen wird soweit nach kranial und kaudal präpariert, daß eine gute Übersicht gewährleistet ist. Der M. deltoideus wird vom Akromion und der Spina scapulae abgetrennt und nach kaudal weggehalten. Nun wird zwischen dem M. infraspinatus und M. teres minor (steiler Faserverlauf) die Faszie gespalten und beide Muskeln werden stumpf auseinandergedrängt. Zur Verbesserung der Übersicht kann der M. infraspinatus ansatznahe quer inzidiert und mit Haltefäden gesichert werden. Das supraskapuläre Gefäß-Nerven-Bündel muß geschont werden. Die dünne dorsale Kapsel wird T-förmig inzidiert und die Kapselecken werden überlappend wieder vernäht. Beim Wundverschluß muß die Naht des M. teres minor in Außenrotation des Armes erfolgen. Bei diesem Zugang kann der N. axillaris an seiner Durchtrittsstelle in der hinteren Achsellücke unter dem M. infraspinatus geschädigt werden (Abb. 10.2-11).

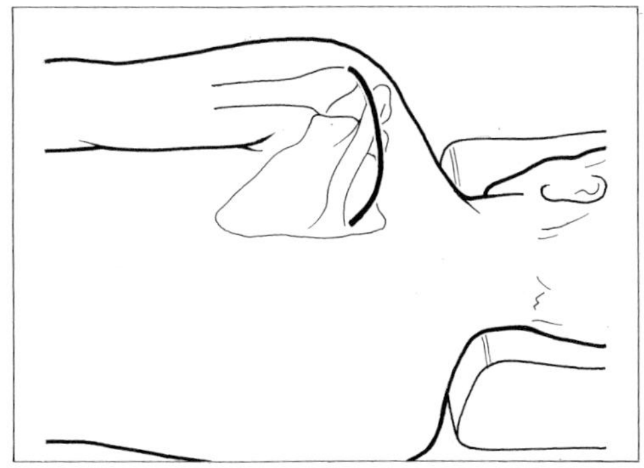

Abb. 10.2-11. Dorsaler Zugang zum Schultergelenk.
a) Schnittführung.

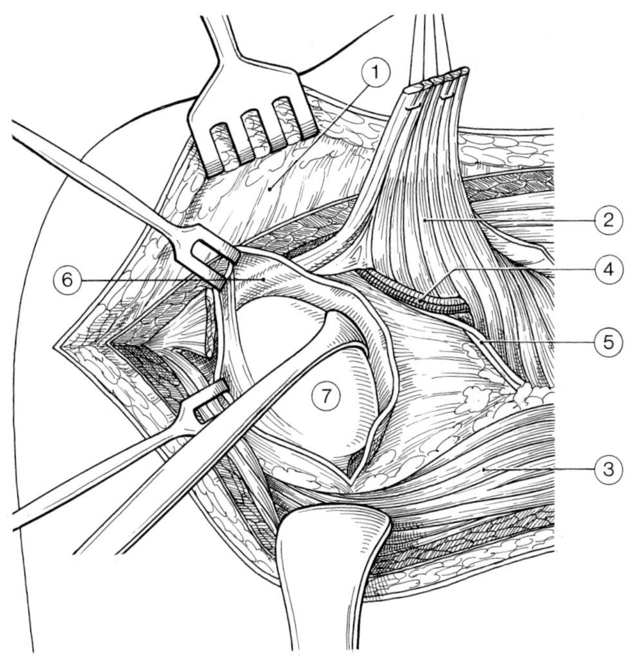

b) Intraoperativer Situs: ① = Subcutis; ② = M. infraspinatus; ③ = M. teres minor; ④ = supraskapuläres Gefäß-Nerven-Bündel; ⑤ = N. axillaris; ⑥ = Gelenkkapsel; ⑦ = Humeruskopf.

Defektbildungen der Rotatorenmanschette

Unter dem Begriff der Rotatorenmanschette wird der unter dem M. deltoideus gelegene, den Oberarmkopf vom Schulterblatt her umgreifende Sehnenmantel zusammengefaßt. Ventral liegt die Sehne des M. subscapularis (Innenrotator), kranial und dorsal liegen die Sehnenanteile des M. supraspinatus, infraspinatus und teres minor (Außenrotatoren).

Das Verständnis der im folgenden beschriebenen Funktionsausfälle wird erleichtert, wenn man sich daran erinnert, daß eine aktive Abduktion im Schultergelenk durch den M. deltoideus bis zu 60° nur durch eine gleichzeitige Zentrierung des Humeruskopfes in der Pfanne durch die Rotatorenmanschette möglich ist.

Indirekte Gewalteinwirkungen auf die Schulter bei plötzlichen Anstrengungen (Abfangen eines Sturzes oder Blokkierung einer Wurfbewegung) führen oft zu einer lang anhaltenden Bewegungseinschränkung und Schmerzhaftigkeit der Schulter vor allem beim Patienten mittleren Alters. Anamnestisch deuten vorausgegangene Schmerzperioden auf eine Vorschädigung hin. Dabei handelt es sich meist um ein Impingement des Sehnenansatzes des M. supraspinatus unter dem Schulterdach. Differentialdiagnostisch müssen eine rezidivierende Subluxation der Schulter, eine Erkrankung des Akromioklavikulargelenkes, eine Kapsulitis oder Tendinitis der langen Bizepssehne ausgeschlossen werden.

Die Diagnose eines Rotatorenmanschettendefektes ist unter Einbeziehung des klinischen, sonographischen und arthrographischen Befundes sicher zu stellen. Klinisch ist vor allem die Außenrotation und die Abduktion in der Schulter äußerst schmerzhaft und in der Kraft gemindert. Bei längerem Verlauf finden sich Atrophien im Bereich des M. deltoideus, supraspinatus und infraspinatus. Der Arm kann nicht in der waagerechten Abduktionsstellung gehalten werden (pos. Drop-arm-Test oder pos. Supraspinatustest nach Jobe). Sonographisch ist bei der dynamischen Untersuchung mit dem 7,5-Megahertz-Schallkopf eine Verdünnung oder Unterbrechung der Rotatorenmanschette nachweisbar. Arthrographisch findet sich in der Doppelkontrastarthrographie ein Übertreten von Kontrastmittel und Luft in die Bursa subacromialis oder Bursa subdeltoidea. Mit der Sonographie und der Arthrographie ist eine genaue Lokalisation der Defektstelle möglich. Zusätzlich ist mit diesen Methoden die intraartikulär verlaufende Bizepssehne beurteilbar.

Die Behandlung kleinerer Defekte mit einem raschen Rückgang der Beschwerden sollte konservativ erfolgen. Bestehen jedoch therapieresistente Beschwerden, eine Kraftlosigkeit des Armes sowie ein arthrographisch nachgewiesener Defekt, so ist eine operative Versorgung mit einer anschließenden intensiven krankengymnastischen Übungsbehandlung angezeigt.

Für die einzuschlagenden chirurgischen Maßnahmen sind 3 Gesichtspunkte zu beachten:

1. Ursache eines Defektes der Rotatorenmanschette ist eine degenerative Vorschädigung der Sehne durch ein Impingement unter dem Schulterdach mit einer umschriebenen avaskulären Nekrose der Sehne.
2. Begleitend zu Veränderungen im subakromialen Raum sind oft degenerative Veränderungen im Schultereckgelenk vorhanden, die operative Zusatzmaßnahmen am Akromioklavikulargelenk notwendig machen.
3. Der Defekt der Rotatorenmanschette ist der Endzustand eines Impingementsyndroms. Der subakromiale Engpaß wird durch den nach der Ruptur noch höher stehenden Humeruskopf verstärkt.

Als Zugänge zur Versorgung eines Rotatorenmanschettendefektes eignen sich der superiore Zugang, der transakromiale Zugang nach Debeyre und Patte und der Zugang nach Kessler in seiner Modifikation nach Gschwend sowie der hintere Zugang. Wegen der guten Übersicht wird nur der Zugang nach Kessler in seiner Modifikation nach Gschwend beschrieben (Abb. 10.2.-12).

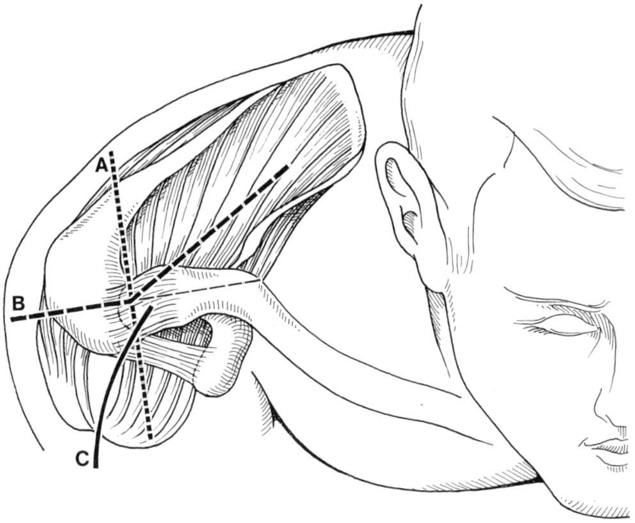

Abb. 10.2-12. Zugangswege zum Subakromialraum: A = Säbelhiebschnitt; B = transakromial nach Debeyre und Patte; C = anterosuperior.

In Rückenlage des Patienten mit unterlegter Schulter werden der Arm und die Schulter frei beweglich abgedeckt. Der Hautschnitt beginnt am Vorderrand des M. trapezius und führt dorsal der Clavicula gerade über das Akromion ca. 3 Querfinger nach lateral. Die Muskelansätze des M. deltoideus und die Trapeziusfasern werden subperiostal mit anhängenden Knochenschuppen abgelöst und nach ventral und dorsal abgehalten. Ein zu weites Spalten des M. deltoideus nach lateral gefährdet den N. axillaris. Nach Längseröffnung der Bursa subacromialis wird die Sehne des M. supraspinatus sichtbar, die maximale Innenrotation des Armes bringt die Sehne des M. infraspinatus zur Darstellung und die maximale Außenrotation das Lig. coracohumerale und die kranialen Anteile der Sehne des M. subscapularis. Gleichzeitig ist das Lig. coracoacromiale ventralseitig im Zugang sichtbar. Um den subakromialen Raum zu erweitern, erfolgt zunächst die Abtrennung des

Bandes am Proc. coracoideus und dann die von ventral nach dorsal hin keilförmige Abmeißelung der Unterfläche des Akromions (sog. ventrale Akromioplastik nach Neer). Damit ist eine wesentliche Verbreiterung des subakromialen Raumes erreicht und gleichzeitig ein mögliches Einklemmen der Rotatorenmanschette beseitigt (Abb. 10.2-13).

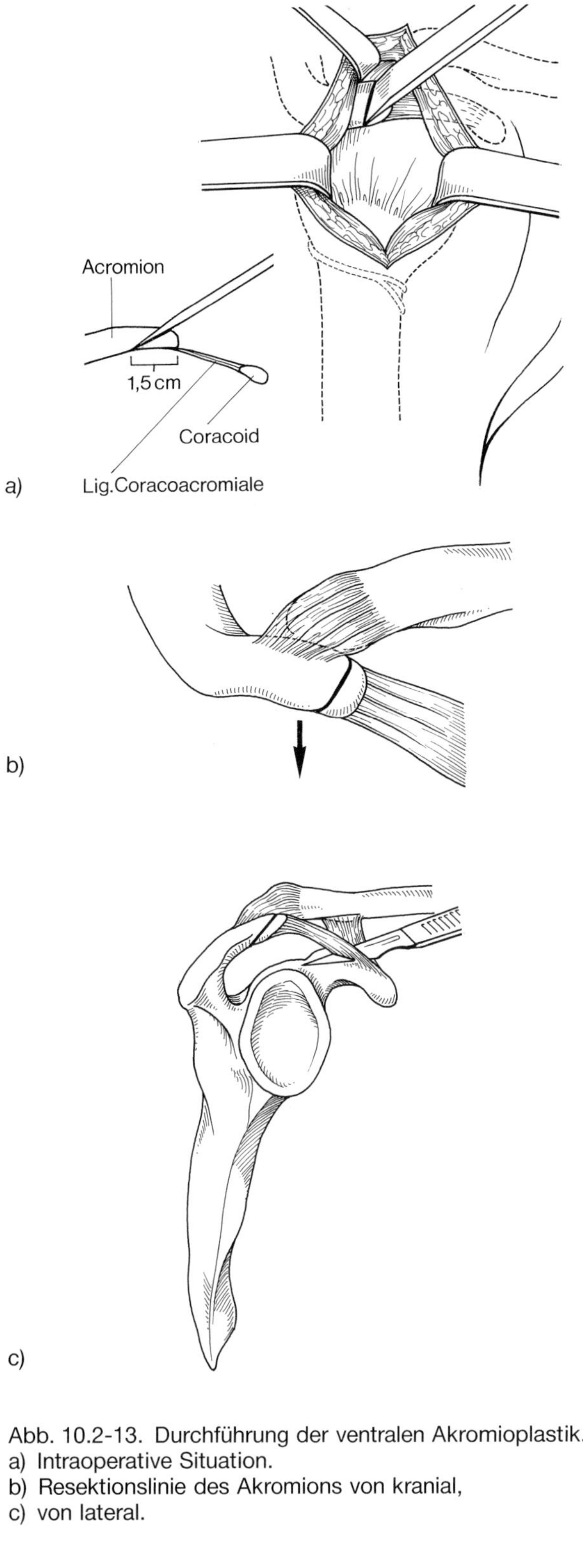

Abb. 10.2-13. Durchführung der ventralen Akromioplastik.
a) Intraoperative Situation.
b) Resektionslinie des Akromions von kranial,
c) von lateral.

Danach werden die Defektränder dargestellt, angefrischt und mit wenig, verzögert resorbierbarem Nahtmaterial adaptierend genäht. Ist ein ansatznaher querer Defekt vorhanden, so muß nach stumpfer Mobilisierung der Sehne eine Reinsertion in einem Knochenschacht erfolgen. Hat der Defekt eine größere Ausdehnung, so ist eine direkte Naht nicht möglich. In diesen Fällen kann durch einen Transfer der benachbarten Sehnen (M. subscapularis oder M. infraspinatus) der Defekt verschlossen werden. Nach Einlage von Drainagen wird die abgelöste Muskulatur des M. trapezius und deltoideus durch adaptierende Naht wieder am Akromion fixiert. Ist eine deutliche Arthrose im Schultereckgelenk vorhanden, so ist gleichzeitig eine Resektion von 1,5 cm des lateralen Klavikulaendes durchzuführen. Das Lig. coracoclaviculare muß dabei erhalten bleiben (Abb. 10.2-14).

Die Nachbehandlung erfolgt in Abhängigkeit vom intraoperativen Befund zunächst durch Lagerung des Armes auf Abduktionsschienen in ca. 70°-Abduktion und 30°-Flexion. Die erste Übungsphase umfaßt geführte Flexions- und Außenrotationsübungen sowie Muskelanspannungsübungen aus der Lagerungsposition heraus. Nach 2–3 Wochen wird die Abduktion der Schiene gemindert und die Bewegungen werden aktiv durchgeführt. Nach Sicherstellung der Heilung der Sehnennaht (nach 6 Wochen) wird mit aktiven Übungen gegen Widerstand begonnen. Die intensive Nachbehandlungsphase wird nach etwa 12 Wochen abgeschlossen und es sollte dann Arbeitsfähigkeit wiedereintreten.

Bei ausgedehnten Defekten und degenerativen Veränderungen im Akromioklavikulargelenk müssen die operative Verfahrensweise und die Nachbehandlung modifiziert werden.

Um dem Behandlungsziel der Schmerzfreiheit näherzukommen, werden die verdickten, zerfetzten Randstrukturen der Rotatorenmanschette subakromial reseziert, so daß keine Einklemmung mehr zustande kommen kann. Ist die lange Bizepssehne degenerativ aufgequollen und ulzerös verändert, so wird sie ebenfalls reseziert (Operation nach Apoil und Daudry). Der Humeruskopfhochstand sollte postoperativ verschwunden sein. Die Nachbehandlung erfolgt rein funktionell durch Krankengymnastik und Beschäftigungstherapie.

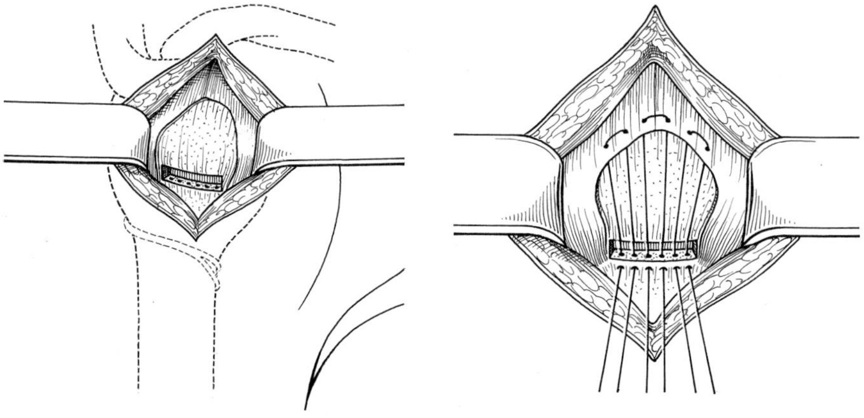

Abb. 10.2-14. Versorgung eines Rotatorenmanschettendefektes.
a) Direktnaht in der Technik nach McLaughlin bei kleinem Defekt, Refixation in einer Knochenrinne am Tuberculum majus.

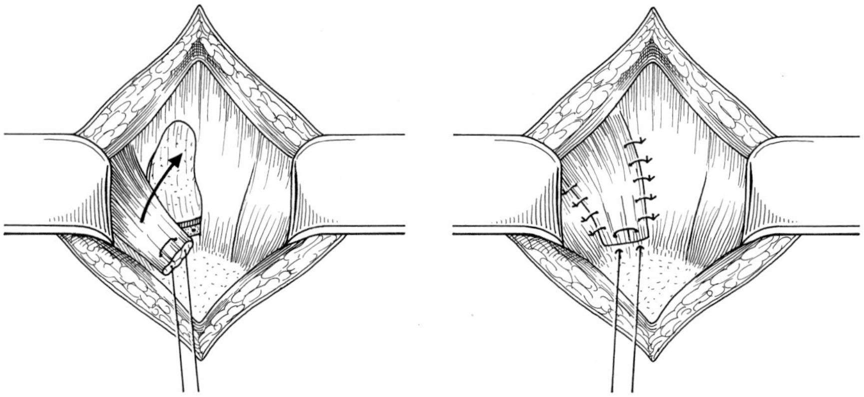

b) Verschluß des Defektes durch Transfer der Sehne des M. infraspinatus mit Situation nach erfolgter Naht.

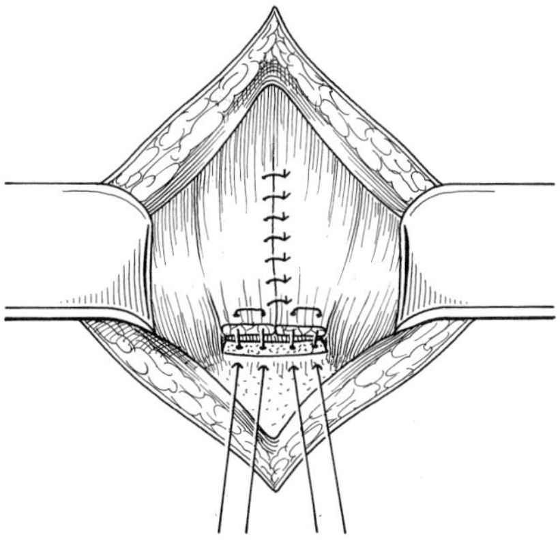

c) Verschluß des großen Defektes durch gleichzeitigen Transfer der Sehne des M. infraspinatus und M. subscapularis.

Rupturen der Bizepssehnen

Proximale Sehnenruptur

Die proximale Bizepssehnenruptur ist immer Folge einer Degeneration im engen osteofibrösen Kanal des Sulcus intertubercularis. Beim Heben von Lasten plötzlich in die Schulter einschießende Schmerzen mit einem nachfolgenden Tiefertreten des Muskelbauches des M. biceps brachii lassen den Patienten den Arzt aufsuchen. Eine Kraftminderung bei Beugung im Ellenbogengelenk wird durch den Ausfall eines großen Teils des Bizepsmuskels verursacht.

Die operative Versorgung dieser Verletzung stellt eine relative Indikation, vor allem in veralteten Fällen (≤2–3 Wochen) dar. Stets sollte zumindest durch eine klinische Untersuchung ein Rotatorenmanschettendefekt ausgeschlossen werden.

Die Operation erfolgt in Rückenlage des Patienten bei frei abgedecktem Arm, der Zugang über einen ventralseitigen Schnitt am Proc. coracoideus beginnend zur Mitte des Oberarms ziehend. Der Deltamuskel wird nach Spalten der Faszie nach lateral weggehalten und der Stumpf der Bizepssehne wird aufgesucht. Nach Anschlingen mit einem Haltefaden wird eine Durchflechtungsnaht mit der Sehne des kurzen Bizepsmuskelanteils durchgeführt und die Wunde schichtweise verschlossen (Abb. 10.2-15).

Als Alternative zu dem beschriebenen Vorgehen ist eine Verankerung der Bizepssehne über ein Schlüsselloch an der Ventralseite des Humerus in Höhe des Ansatzes des M. pectoralis major möglich. Dazu wird das Sehnenende zu einem Knäuel mit sich selbst vernäht und in das Knochenfenster eingebracht, wo es sich durch den Muskelzug selbst fixiert. Mit dieser Vorgehensweise wird jedoch der proximale Humerus geschwächt, was zu einem erhöhten Frakturrisiko führt.

Postoperativ erfolgt die Anlage eines Oberarmgipses für 3 Wochen. Nach der Gipsabnahme ist eine zunehmende Belastung des operierten Armes bis zur Vollbelastung nach 6 Wochen erlaubt. Eine krankengymnastische Nachbehandlung ist in der Regel nicht erforderlich.

Distale Sehnenruptur

Die seltene Ruptur der distalen Bizepssehne kommt durch forciertes Heben in Supinationsstellung der Hand zustande. Oft ist bereits eine Degeneration der Sehne vorhanden.

Ein plötzliches schmerzhaftes Ereignis im Ellenbogengelenk mit einem nachfolgenden Hämatom und dem erschwerten Heben der Hand in Supinationsstellung sind Hinweise für eine distale Bizepssehnenruptur. Der Muskelbauch des M. biceps brachii steht im Seitvergleich höher. Die operative Versorgung ist immer angezeigt.

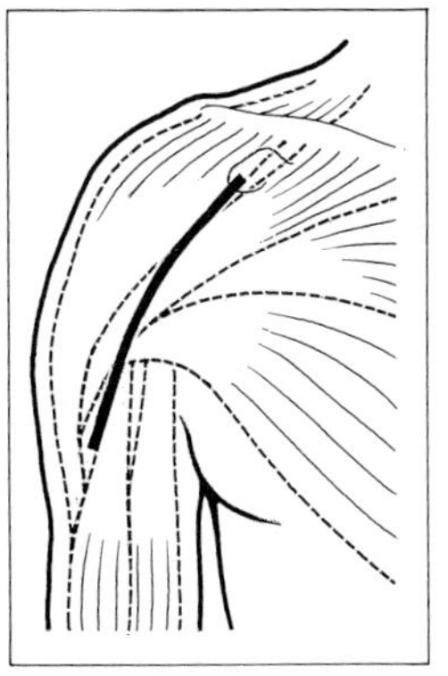

Abb. 10.2-15. Operative Versorgung der langen Bizepssehnenruptur.
a) Zugang.

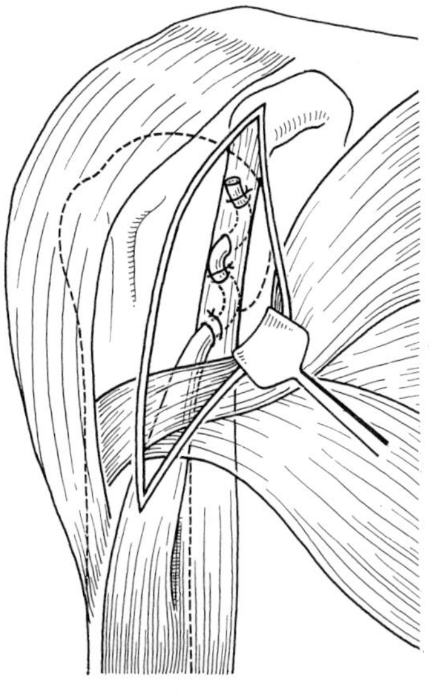

b)

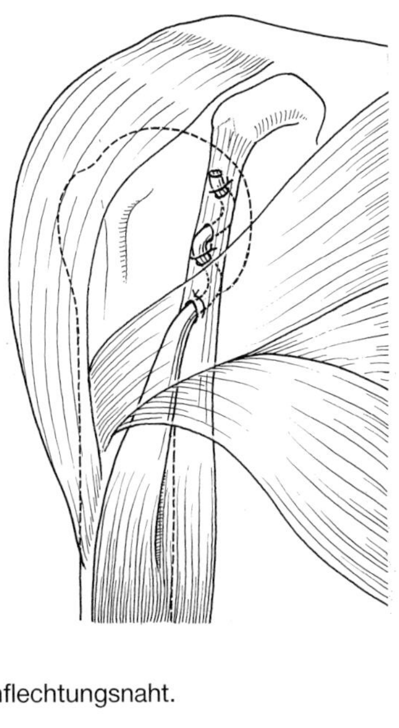

c)

b u. c) Durchflechtungsnaht.

Der operative Zugang erfolgt beugeseits im Ellenbogengelenk in abduzierter Lagerung des Armes in Supination. Der S-förmige Hautschnitt beginnt zwischen M. brachialis und M. brachioradialis und zieht dann über die Ellenbeuge nach distal. Unter Schonung des N. cutaneus antebrachii radialis wird nach Spaltung der Faszie in die Schicht zwischen den Muskeln eingegangen. Der N. radialis und seine Aufteilungsstelle in den R. superficialis und R. profundus werden dargestellt und nach lateral weggehalten. Die den Wundbereich kreuzende A. recurrens radialis wird ligiert und durchtrennt. Der Unterarm wird maximal supiniert und der M. supinator ulnarseitig am proximalen Radius abgelöst. Nun stellt sich die Bursa bicipitoradialis mit den Resten der distalen Bizepssehne dar. Der Stumpf der retrahierten Bizepssehne wird auf dem M. brachialis aufgesucht und mit einem Haltefaden angeschlungen (Abb. 10.2-16).

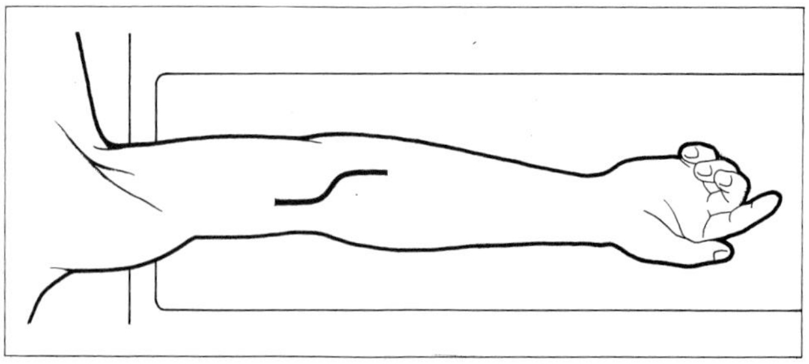

Abb. 10.2-16. Operative Versorgung der distalen Bizepssehnenruptur.
a) Zugang.

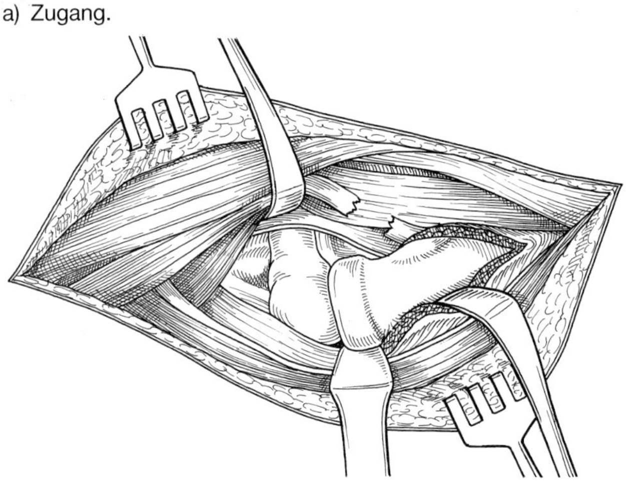

b) Intraoperativer Situs.

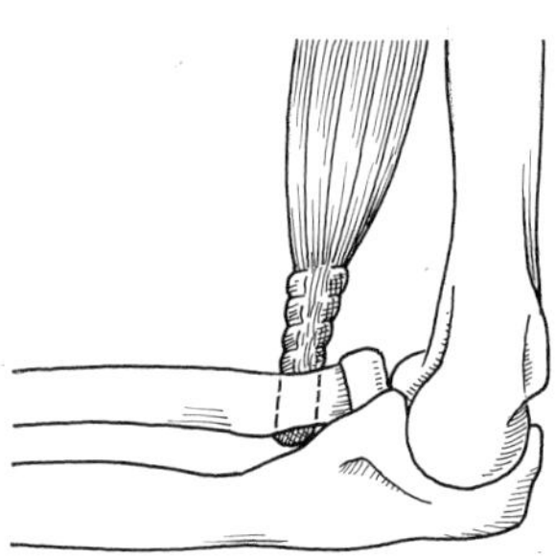

c) Direktnaht.

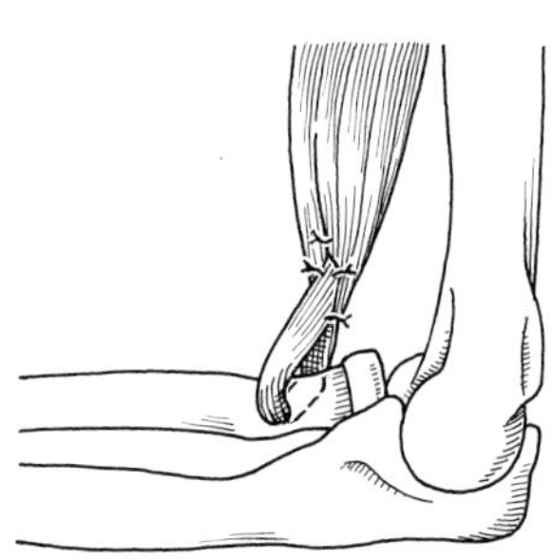

d) Transossäre Refixation.

Bei günstigem Befund erfolgt die Naht der rupturierten Sehne durch Adaptation der Stumpfenden. Ist jedoch kein nahtfähiger Stumpf mehr vorhanden, so wird die Sehne über einen queren Bohrkanal durch den proximalen Radius durchgezogen und mit sich selbst vernäht. Ist die Sehne zu kurz, so wird sie längs gespalten, durchgezogen und mit sich selbst vernäht. In seltenen Fällen kann die Interposition eines Teils der Palmarissehne notwendig werden, um den Defekt zu überbrücken. Nach der Naht ist eine Streckung des Ellenbogengelenkes zu vermeiden, um die Naht durch zu große Spannung nicht zu gefährden.

Die Nachbehandlung erfolgt durch eine 3wöchige Gipsruhigstellung im Oberarmgips in Supinationsstellung der Hand.

Kapsel-Band-Verletzungen des Ellenbogengelenkes

Verletzungen der Kollateralbänder

Indirekte Gewalteinwirkungen als Sturz auf den gestreckten oder leicht gebeugten Ellenbogen führen über eine forcierte Abduktion, Adduktion oder anteriore Luxation zu einer Verletzung der Seitenbänder des Ellenbogengelenkes. Das ulnare Seitenband ist dabei viel häufiger betroffen. Sein vorderer Anteil ist die wesentliche stabilisierende Struktur des Ellenbogengelenkes. Durch den gleichen Verletzungsmechanismus entstehen bei Kindern Abrißfrakturen des Epicondylus ulnaris, oft mit metaphysärem Keil, und bei Erwachsenen die Radiusköpfchenfrakturen.

Die Anamnese bezüglich des Unfallherganges ist wenig aussagekräftig. Neben dem Lokalbefund mit Hämatom und umschriebenem Druckschmerz kommt der Röntgendiagnostik entscheidende Bedeutung zu. Verletzungsfolgen am Knochen sind Abrisse am Epicondylus oder Frakturen des Radiusköpfchens, bei veralteten Bandverletzungen auch Verkalkungen am Bandansatz entsprechend dem Stieda-Schatten des Kniegelenkes. Beim Vorliegen einer Luxation wird diese reponiert und anschließend die Bandstabilität geprüft. Die klinische Prüfung bei leicht gebeugtem Gelenk erlaubt eine sichere Aussage über das Ausmaß und die Lokalisation der Bandinstabilität.

Die Behandlung einer Seitenbandverletzung des Ellenbogengelenkes ist in der Regel konservativ. Dabei ist eine Gipsruhigstellung über 3 Wochen ausreichend.

Nur bei knöchernen Abrissen, die ins Gelenk eingeschlagen sind oder bei eingeschlagenen Bandstümpfen, die ein Repositionshindernis bei der Wiederherstellung des regelrechten Gelenkschlusses darstellen, besteht eine Operationsindikation.

Dazu erfolgt in Oberarmblutsperre ein bogenförmiger Schnitt 3 Querfinger über dem Epicondylus med. beginnend zur Unterarmmitte hin zielend. Der beugeseitig liegende N. cutaneus brachii medialis und der N. cutaneus antebrachii medialis werden geschont. Ulnarseitig wird der N. ulnaris hinter dem Septum intermusculare identifiziert, bis in den Sulcus ulnaris hinein freigelegt und angeschlungen. Die Naht des zerrissenen und ins Gelenk eingeschlagenen Bandes erfolgt durch adaptierende Nähte (bei kindlichen Abrißfrakturen s.d.). Die Muskulatur selbst wird nicht genäht, nur abgerissene Unterarmbeuger werden knöchern reinseriert.

Radialseitig beginnt die Inzision 3 Querfinger proximal des Epicondylus lat. humeri und verläuft in Richtung des Radiusköpfchens geschwungen nach distal. Die Muskelfaszie wird zwischen dem M. extensor carpi ulnaris und dem M. anconaeus abgelöst gespalten und der M. anconaeus dann von seinem Ansatz am Humerus abgelöst. Das eingeschlagene Bandende wird dargestellt und adaptierend genäht. Eine knöcherne Absprengung wird mit einer Zuggurtung oder mit 2 Schrauben refixiert.

Die postoperative Ruhigstellung entspricht dem konservativen Vorgehen.

Ellenbogenluxationen

Die häufigere posteriore Luxation des Ellenbogengelenkes und die seltenere anteriore Luxation sind nach der Schulterluxation die zweithäufigsten Luxationen.

Sie werden von Bandverletzungen, die zu einer instabilen Situation führen, begleitet. Die Behandlung erfolgt nach Reposition konservativ mit einer Gipsruhigstellung über 2–3 Wochen. Nach Anlage des Gipsverbandes in 90°-Stellung des Ellenbogengelenkes muß eine Röntgenkontrolle erfolgen, die bei instabilen Verhältnissen nach Reposition in 2–3 Tagen zu wiederholen ist. Lediglich die Abrißfraktur des Proc. coronoideus ulnae kann bei ausreichender Größe des Fragments zu einer Reluxation nach posterior führen und dann zu einer operativen Fixierung des Processus zwingen.

Die Freilegung des Gelenkes erfolgt von einem erweiterten radialen Zugang aus. Dazu ist zusätzlich zum oben beschriebenen Vorgehen ein Ablösen des M. brachioradialis am lateralen Epicondylus nötig. Dies darf nicht zu weit nach proximal erfolgen, um den N. radialis nicht zu gefährden. Das Lig. anulare radii wird in Pronationsstellung des Unterarmes gespalten und der M. extensor carpi radialis wird mit dem M. brachioradialis mit einem Langenbeck-Haken nach beugeseitig weggehalten, ohne den tiefen Radialisast durch Druck zu schädigen. Liegt eine radiale Instabilität vor, so kann das Gelenk aufgeklappt werden. Anderenfalls ist eine Osteotomie des Epicondylus lat. humeri notwendig, um den Proc. coronoideus ulnae übersichtlich darstellen zu können.

Der Proc. coronoideus wird unter Sicht reponiert und mit einer Schraube (s. S. 770) oder einer Drahtschlaufe fixiert, die durch eine gesonderte Stichinzision von der Streckseite der Ulna her eingebracht wird. Die Refixation des Epicondylus erfolgt durch transossäre Nähte (Abb. 10.2-17).

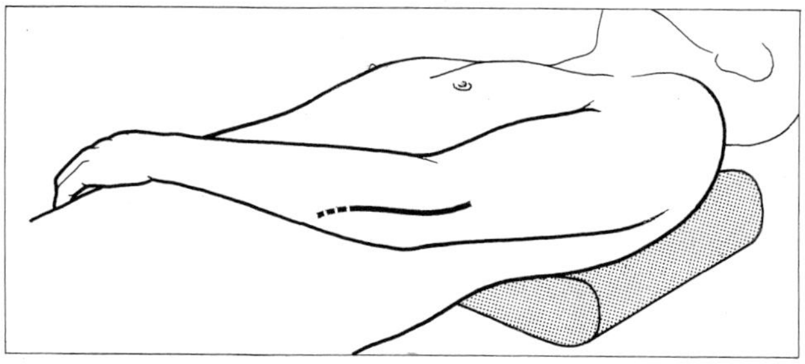

Abb. 10.2-17. Erweiterter radialer Zugang zum Ellenbogengelenk.
a) Inzision.

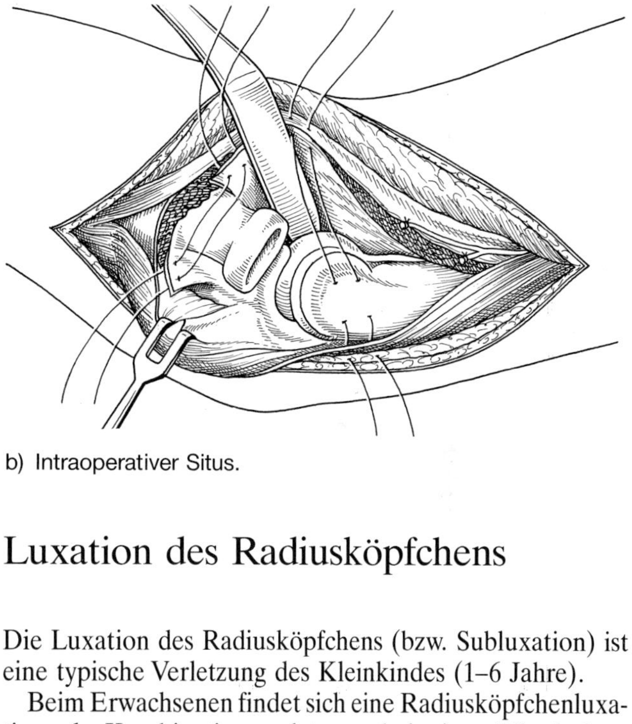

b) Intraoperativer Situs.

Luxation des Radiusköpfchens

Die Luxation des Radiusköpfchens (bzw. Subluxation) ist eine typische Verletzung des Kleinkindes (1–6 Jahre).

Beim Erwachsenen findet sich eine Radiusköpfchenluxation als Kombinationsverletzung bei einer Ulnafraktur (sog. Monteggia-Fraktur).

Bei Kindern ist die Beseitigung der Luxation bzw. Subluxation auf konservativem Wege möglich, während beim Erwachsenen die Versorgung der Verletzung des Lig. anulare radii im Rahmen der Osteosynthese der Ulnafraktur zu erfolgen hat (s.d.).

Verletzungen des Streckapparates des Kniegelenkes

Eine verletzungsbedingte Unterbrechung des Streckapparates ist an mehreren Stellen möglich: traumatisch bei der Patellafraktur und auf einer mehr oder weniger degenerativen Vorschädigung beruhend bei Rupturen der Quadrizepssehne oder der Patellarsehne, am häufigsten im Bereich der knöchernen Insertion an der Patella. Die apophysären Abrißverletzungen sind eine typische Verletzung der Kinder und Jugendlichen.

Eine Luxation der Kniescheibe ist eine weitere Verletzungsform des Kniestreckapparates, die ihre wesentliche Ursache in anatomischen Besonderheiten hat.

Zerreißungen der Sehne des M. quadriceps femoris

Beim Versuch, einen Sturz oder eine plötzliche Belastung durch eine maximale Kontraktion des Muskels abzufangen, kommt es vor allem beim älteren Menschen (40–50jährig) zur Ruptur der Sehne. Eine degenerative Vorschädigung muß immer angenommen werden.

Die Dellenbildung an der Stelle der Ruptur ist gut zu erkennen; sie verschwindet später durch das entstehende Hämatom. Die Streckung im Kniegelenk und das Abheben des gestreckten Beines von der Unterlage sind nicht mehr möglich. Mit der Röntgenaufnahme können arthrotische Veränderungen am oberen Patellapol und ein Tiefstand der Patella erfaßt werden.

Die Behandlung einer Quadrizepssehnenruptur soll immer operativ erfolgen, da eine konservative Behandlung einen Verlust an Streckfähigkeit und Kraft zur Folge hat.

Von einem geraden längsverlaufenden Schritt an der Vorderseite des Kniegelenkes bis über die Patella reichend erfolgt die Freilegung der Sehne. Bei frischen Rupturen gelingt meist eine adaptierende Naht, die zur Erhöhung der mechanischen Belastbarkeit mit einem verzögert resorbierbaren Nahtmaterial augmentiert werden sollte. Liegt der Riß am Ansatz des oberen Patellarpols, so muß die Naht transossär über Bohrkanäle erfolgen. Handelt es sich um einen Riß auf dem Boden erheblicher degenerativer Veränderungen oder liegt die Verletzung einige Zeit zurück, so müssen vor der Naht die Sehnenstümpfe angefrischt werden. Zur zusätzlichen Verbesserung der Naht wird eine Umkippplastik aus dem proximalen Anteil der Sehne vorgenommen (Abb. 10.2-18).

Das Aufnähen eines Streifens aus der Fascia lata stellt eine weitere Möglichkeit der biologischen Augmentation der Naht dar; konservierte Sehnen oder Lyodura sind nicht zu empfehlen, da sie in erhöhtem Maße zu Komplikationen im Heilverlauf führen können.

Die Nachbehandlung erfolgt durch Ruhigstellung in einem Gipstutor für 4 Wochen bei Vollbelastung der Extremität. Eine anschließende krankengymnastische Übungsbehandlung ist zur Mobilisierung des Kniegelenkes und zur Kräftigung der Muskulatur angezeigt.

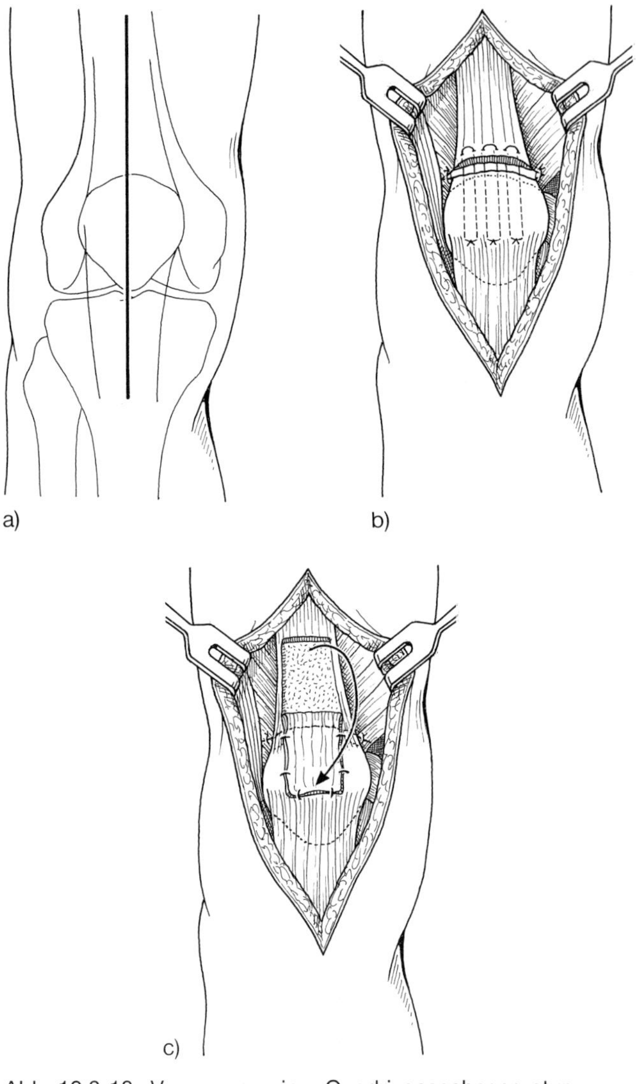

Abb. 10.2-18. Versorgung einer Quadrizepssehnenruptur.
a) Zugang.
b) Versorgung durch Direktnaht,
c) durch Umkippplastik.

Zerreißungen der Patellarsehne

Für eine Zerreißung der Patellarsehne gelten die gleichen Voraussetzungen wie bei der Quadrizepssehne; auch die Symptomatik ist die gleiche. Lediglich beim Untersuchungsbefund ist die Delle im Rupturbereich im Verlauf der Patellarsehne zu tasten. Die seitliche Aufnahme des Kniegelenkes zeigt einen Patellahochstand an. Die Behandlung der Patellarsehnenruptur erfolgt immer operativ, da sonst ein Verlust an Streckfähigkeit im Kniegelenk resultiert.

Von einem ventralen Schnitt über die Patella bis zur Tuberositas tibiae reichend erfolgen die Freilegung der Sehne und die direkte Naht. Zur Verbesserung der Naht kann diese mit einem Streifen aus der Quadrizepssehne im Sinne einer biologischen Augmentation verstärkt werden. Die direkte Naht wird durch eine Drahtzuggurtung zwischen Patella und Tuberositas tibiae entlastet. Der Draht sollte innerhalb von 6–8 Wochen entfernt werden, da er sonst mehrfache Ermüdungsbrüche zeigen und seine Entfernung Schwierigkeiten bereiten kann (Abb. 10.2-19).

Die Nachbehandlung erfolgt in gleicher Weise wie bei der Quadrizepssehnenruptur.

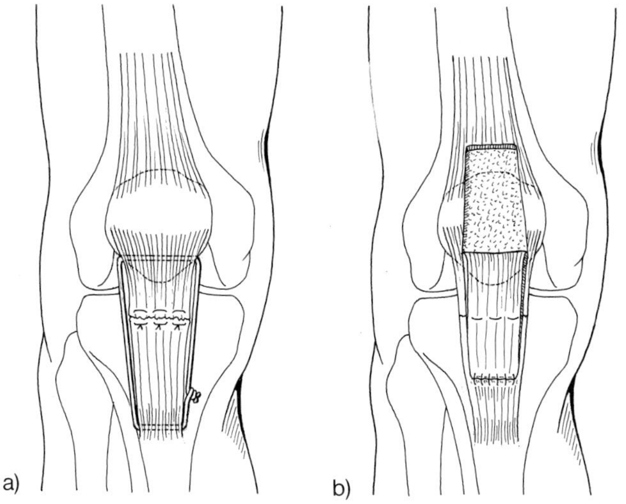

Abb. 10.2-19. Versorgung einer Patellarsehenruptur.
a) Durch Rahmennaht,
b) durch Umkippplastik.

Luxationen der Kniescheibe

Eine Luxation der Patella tritt bei normalen anatomischen Verhältnissen selten auf.

Das Unfallgeschehen, das zu einer Luxation der Patella führt, wird als uncharakteristisch angegeben. Plötzliche Anspannung der Quadrizepsmuskulatur, wie beim Abfangen eines Sturzes, genügen zur Auslösung einer Patellaluxation.

Bei der Untersuchung fällt neben dem Kniegelenkerguß eine tastbare Delle oder ein Hämatom am kranialen medialen Patellarand auf. Hinweise liefert eine deutliche Lateralisation der Patella bei Beugung im Kniegelenk bedingt durch den Ausfall des M. vastus medialis und eine Zerreißung des Retinaculum patellae mediale. Ein Genu valgum begünstigt den Mechanismus. Die Röntgenuntersuchung des Kniegelenkes in 2 Ebenen und die immer anzufertigende Patella-Tangentialaufnahme zeigen Dysplasien der Patella und der Femurkondylen oder Knochenabsprengungen an der medialen Patellafacette oder dem lateralen Femurkondylus als Zeichen der abgelaufenen Luxation an.

Die Punktion des Kniegelenkergusses mit dem Nachweis eines Hämarthros weist auf eine intraartikuläre Verletzung hin. Es handelt sich dabei häufig um Einrisse der Synovialis und gelegentlich um ein Hämarthros, das durch eine osteochondrale Absprengung bedingt ist. Ein Hinweis auf knöcherne Läsionen können Fettaugen im punktierten Blut sein. In diesen Fällen ist eine Arthroskopie indiziert; in gleicher Narkose sollte dann gleichzeitig ein »lateral release« als therapeutische Maßnahme angeschlossen werden.

Die Erstmaßnahme bei der Luxation ist die Reposition der in der Regel nach lateral luxierten Patella durch Streckung des Kniegelenkes in Kurznarkose in Muskelentspannung. Oft bewerkstelligt dies der Patient spontan bereits kurz nach dem Auftreten.

Bei der erstmaligen Luxation und dem fehlenden Nachweis einer begünstigenden anatomischen Situation ist eine konservative Behandlung mit einer Ruhigstellung im Gipstutor für 3 Wochen gerechtfertigt. Die anschließende Mobilisierung des Kniegelenkes sollte unter besonderer Betonung eines Aufbautrainings für den M. vastus medialis erfolgen.

Liegen jedoch anatomische Situationen vor, die eine Reluxation begünstigen, oder handelt es sich um eine rezidivierende Luxation, so ist ein operatives Vorgehen angezeigt.

Das gleiche gilt für Erstluxationen, bei denen eine Knorpelabsprengung oder ein osteochondrales Fragment angenommen werden muß. Ziel der operativen Behandlung ist die Korrektur der pathologischen Zugrichtung. Korrigierende Eingriffe am knöchernen Kniegelenkskelett sind dabei selten angezeigt. Die korrigierende suprakondyläre Osteotomie des Femurs und die Verlagerung des Patellasehnenansatzes nach medial sind nur bei erheblichen Valgusdeformitäten angezeigt. Eine derotierende Femurosteotomie muß nicht in Erwägung gezogen werden. Wesentliche Mitursachen einer Luxation, die nach geringen Traumen auftritt, sind anatomische Besonderheiten. Dazu zählen dysplastische Veränderungen der Femurkondylen (Abflachung der Kondylenfurche) und Formvarianten der Patella (Wiberg II–IV) sowie Torsionsfehler des distalen Femurs und der Tibia und Varianten der Insertion der Vastusmuskulatur sowie Innervationsstörungen. Die Korrektur dieser Veränderungen durch Osteotomie hat sich als Behandlungskonzept nicht durchgesetzt.

Begünstigt wird die Patellaluxation oder -subluxation nach lateral durch den nach lateral offenen Q-Winkel, der durch die Hauptzugrichtung der Quadrizepsmuskulatur und der Patellagleitachse gebildet wird.

Die Durchtrennung der lateralen Retinacula und die Verdoppelung der medialen Retinacula, die oft narbig verändert sind (A. Grogius), ist ein wenig eingreifendes Verfahren und zur Beseitigung der rezidivierenden Luxation erfolgreich. Modifikationen mit einer Verlagerung eines medial gestielt entnommenen Faszienstreifens nach lateral sind aufwendiger, ohne zu einer Verbesserung des Spätergebnisses zu führen.

Die Transposition einer Sehne des Pes anserinus (M. gracilis oder M. semitendinosus) zum medialen oberen Patellarand hin (Lexer) schwächt die mediale Seite des Kapsel-Band-Apparates und erscheint unnötig. Lediglich dort, wo die Seitzugkomponente des M. vastus medialis durch Atrophie fehlt, bringt sie Vorteile.

Bei der Spaltung der lateralen Retinacula und Verdoppelung der medialen erfolgt in Rückenlage des Patienten der Zugang durch einen geraden längsverlaufenden Schnitt ventralseitig am Kniegelenk. Die Durchtrennung der lateralen Retinacula erfolgt vom Patellasehnenrand bis in die Muskulatur des M. vastus lateralis hinein. Durch die erfolgte Entlastung läßt sich mühelos eine 1 cm breite Doppelung der medialen Retinacula durch quer liegende U-förmige Nähte bewerkstelligen. Die Synovialis des Kniegelenkes wird dabei nicht eröffnet; abschließend erfolgen die Einlage einer Saugdrainage und der Wundverschluß (Abb. 10.2-20).

Der postoperativ angelegte Gipstutor verbleibt für 4 Wochen. Nach Abklingen des Wundschmerzes ist die volle Belastung der Extremität erlaubt. Bei der Mobilisierung des Gelenkes ist vor allem auf das Training der Streckmuskulatur, insbesondere des M. vastus medialis, zu achten. Ein Nebeneffekt dieser Operationstechnik ist eine Entlastung des retropatellaren Knorpels und damit eine kausale Therapie der Chondropathia patellae. Zusätzlich kann eine subchondrale fächerförmige Anbohrung der Patella erfolgen (nach Wolter). Die verbesserte venöse Drainage der Spongiosa führt zu einer Schmerzlinderung bei den Patienten.

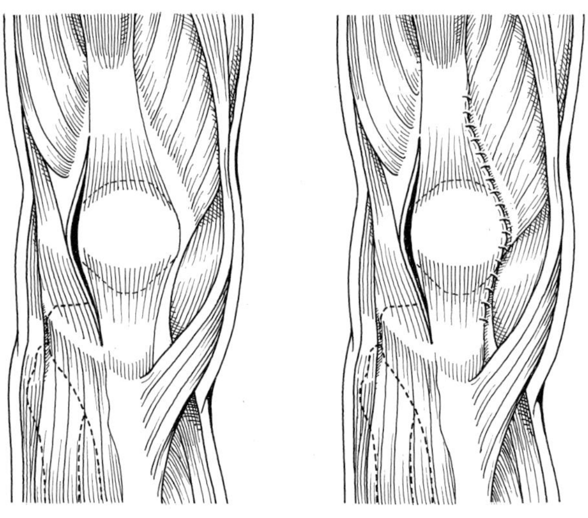

a) b)

Abb. 10.2-20. Schema der Operation nach A. Grogius.
a) Laterale Spaltung.
b) Mediale Doppelung mit Distalisierung des M. vastus medialis.

Kapsel-Band-Verletzungen des Kniegelenkes

Verletzungen des Kniegelenkes sind häufig. Prellungen als reine Einblutungen zwischen die Gewebsschichten ohne begleitende Bandverletzungen klingen unter lokalen Eisauflagerungen schnell ab; nach einigen Tagen ist Beschwerdefreiheit vorhanden. »Distorsion des Kniegelenkes« als Sammelbegriff einer Vielzahl von Kapselband- und Meniskusverletzungen ist eine obsolete Diagnose und verlangt eine exakte Diagnostik, um die therapeutischen Möglichkeiten zur Funktionswiederherstellung voll umsetzen zu können. Wichtig ist deshalb eine systematische und sorgfältige Erstuntersuchung, da nur zu diesem Zeitpunkt die Verletzungsfolgen leicht und vollständig erfaßt werden können. Erfolgt dies erst zu einem späteren Zeitpunkt, so ist neben der erschwerten Untersuchung auch der günstigste Zeitpunkt für eine erfolgreiche Therapie oft verpaßt.

Das Kniegelenk stellt ein Gelenk mit einer geringen knöchernen Kongruenz dar. Die Kongruenz wird durch faserknorpelige Zwischenscheiben (den Menisci) verbessert. Die Stabilisierung erfolgt vornehmlich aktiv durch die Muskulatur und passiv durch Bänder und Kapselstrukturen. Dabei unterscheidet man einen medialen vierteiligen Komplex (Lig. collaterale mediale anterius, Lig. collaterale mediale posterius, Pes anserinus und das Lig. popliteum obliquum mit dem Ansatz des M. semimembranosus), einen zentralen vierteiligen Komplex (Lig. cruciatum ant., Lig. cruciatum post., Innenmeniskus und Außenmeniskus mit Lig. meniscofemorale post.) und einen lateralen vierteiligen Komplex (Tractus iliotibialis mit dem Lig. femorotibiale lat., dem Lig. collaterale lat., den Sehnen des M. biceps femoris und des M. popliteus und als 5. Element dem Lig. arcuatum) (Abb. 10.2-21).

Die Bewegung des Kniegelenkes entspricht dem Gelenkmechanismus einer Viergelenkkette. Der Bewegungsablauf wird dabei von den Kreuzbändern und Kollateralbändern geführt. Zusätzlich kommt es bei der vollen Streckung zu einer Schlußrotation (Außenrotation der Tibia von 20°), die die aktiven Stabilisatoren des Kniegelenkes entlastet und die passiven Stabilisatoren in volle Spannung versetzt. Dem vorderen Kreuzband kommt die entscheidende Bedeutung bei der Sicherstellung des Rollgleitmechanismus zu, das hintere Kreuzband dagegen ist der Hauptstabilisator des Kniegelenkes in allen Stellungen.

Untersuchung

Bei der Beurteilung von Bandverletzungen des Kniegelenkes unterscheiden wir einfache und komplexe Instabilitäten. Während die einfachen Instabilitäten nur pathologische Bewegungen um eine Achse darstellen, sind bei den komplexen Instabilitäten Bewegungen um mehrere Ach-

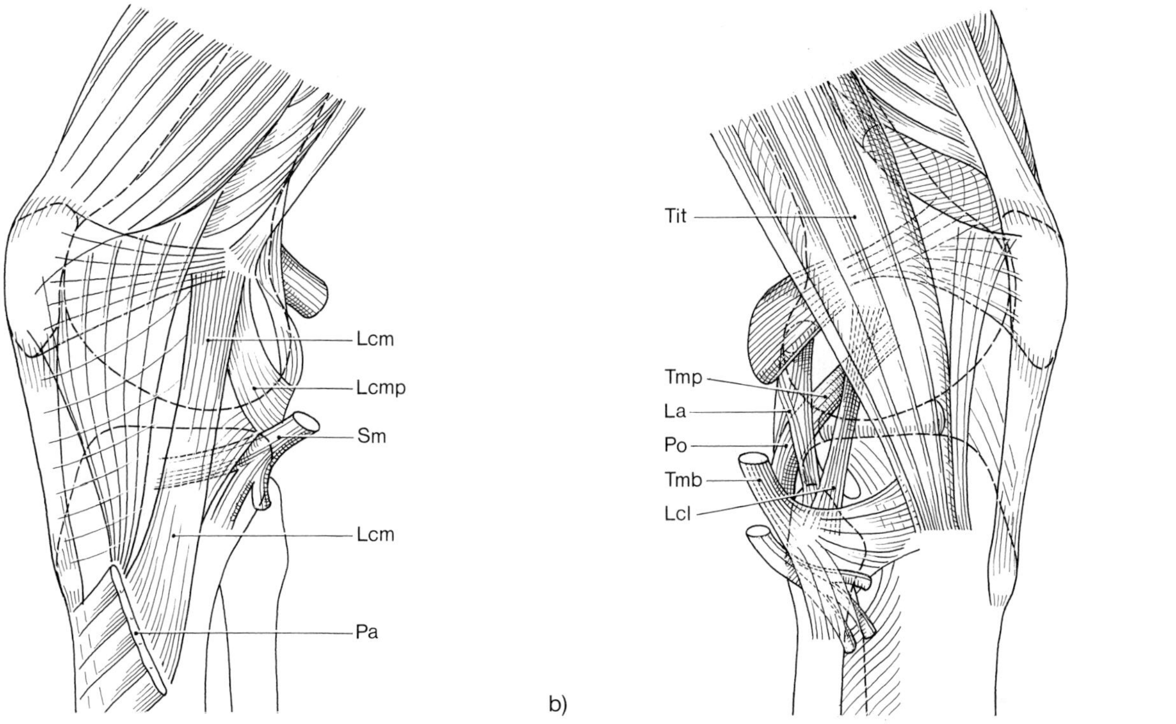

Abb. 10.2-21. Schematische Darstellung der Bandstrukturen des Kniegelenkes.
a) Von medial: Lcm = Lig. collaterale med.; Lcmp = Lig. collaterale med. post.; Sm = Semimembranosussehne; Pa = Pes anserinus.
b) Von lateral: Tit = Tractus iliotibialis; Tmp (Po) = Popliteussehne; La = Lig. arcuatum; Tmb = Sehne des M. biceps femoris; Lcl = Lig. collaterale lat.

sen, entsprechend mehreren verletzten Bandstrukturen möglich. Man unterscheidet dabei 4 komplexe rotatorische Instabilitäten: anteromediale Instabilität, anterolaterale Instabilität, posterolaterale und posteromediale Instabilität (Abb. 10.2-22).

Bei der klinischen Untersuchung ist anamnestisch auf den Unfallmechanismus, die Schmerzlokalisation und das zeitliche Auftreten eines Ergusses zu achten. Außerdem ist nach den subjektiven Zeichen eines Unsicherheitsgefühles oder eines »giving way«-Phänomens zu fragen. Palpatorisch kann über die Schmerzlokalisation besonders auf Verletzungen des medialen Kapsel-Band-Apparates rückgeschlossen werden (sog. Skipunkt am Tuberculum adductorium). Auch eine Gelenksperre als Zeichen für einen Kniebinnenschaden ist ein wichtiger Hinweis.

Die Stabilitätsprüfung des Kniegelenkes ist ein wesentlicher Teil der Untersuchung, da sie einen entscheidenden Einfluß auf die einzuschlagende Therapie hat. Dazu gehören:

- Abduktions- und Adduktionsteste bei 0–30°.
- Vorderes Schubladenzeichen bei Neutralstellung, Außenrotations- und Innenrotationsstellung des Kniegelenkes in 90°-Beugestellung.
- Hinteres Schubladenzeichen in der gleichen Weise.
- Vorderes Schubladenzeichen bei 20°-Beugestellung des Kniegelenkes (Lachmann-Test).
- Jerk-Test.
- Laterales Pivot-shift-Zeichen.

Die Prüfung der Bandstabilität muß bei entspannter Muskulatur und nach Abpunktieren eines Kniegelenkergusses vorgenommen werden!

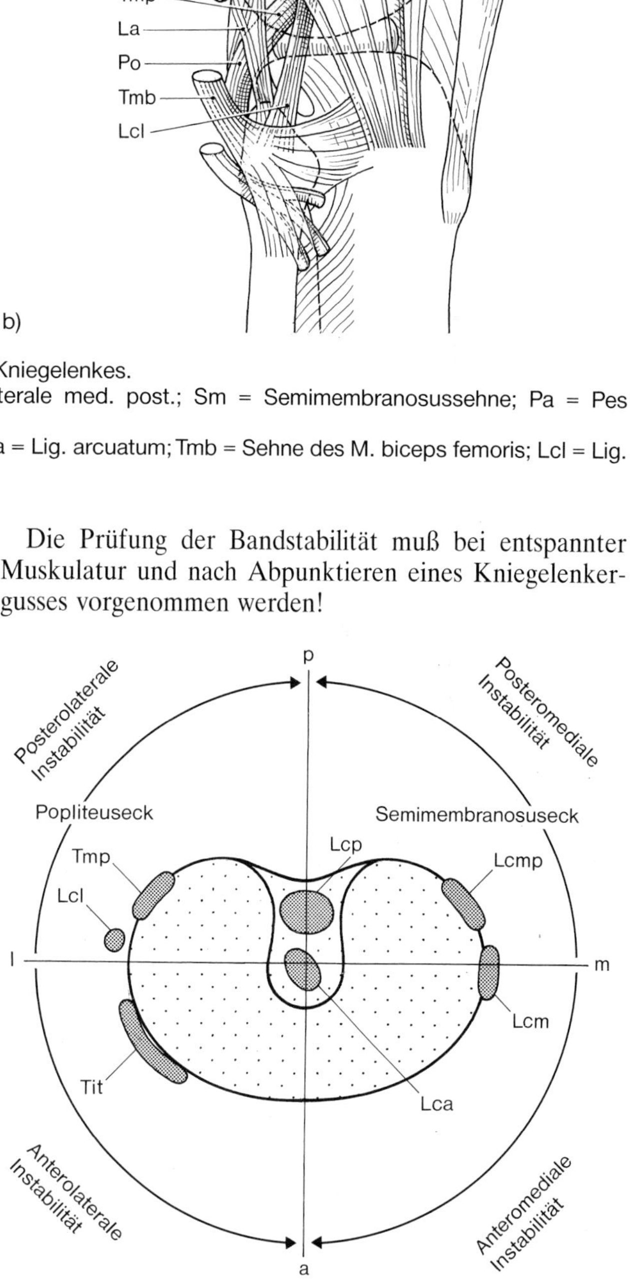

Abb. 10.2-22. Die verschiedenen Instabilitätsformen nach Bandverletzungen des Kniegelenkes. Abkürzungen = s. Legende zu Abb. 10.2-21; Lcp. = Lig. collaterale post.; Lca = Lig. collaterale ant.

Die Rö.-Standardaufnahmen haben eine geringe Aussagekraft. Lediglich die knöchernen Begleitverletzungen bei Kreuzbandrupturen im Bereich der Area intercondylaris oder Abrisse des Caput fibulae sind Hinweise auf die Art der vorliegenden Bandverletzung. Veraltete Innenbandrupturen sind am vorhandenen Stieda-Pellegrini-Schatten an der Seitenfläche des medialen Femurkondylus zu erkennen. Gehaltene Aufnahmen sind zwar geeignet, die Lokalisation einer Bandruptur aufzuzeigen, ihre Entscheidungsrelevanz ist jedoch nicht sehr groß. Die sorgfältige klinische Untersuchung erscheint zuverlässiger.

Die Arthroskopie des Kniegelenkes ist in der Lage, eine zuverlässige Aussage über intraartikulär gelegene Verletzungen zu liefern. Besonders die isolierte vordere Kreuzbandruptur und die Meniskusbegleitverletzungen werden erkannt.

In Blutsperre am Oberschenkel wird das Arthroskop durch das Lig. patellae oder infrapatellar lateral bzw. medial eingeführt und zusätzlich eine dicke Spülkanüle in den oberen Recessus eingebracht. Nach gründlichem Spülen des Gelenkes zur Entfernung des Hämarthros erfolgt die systematische Inspektion aller Kniegelenkabschnitte unter laufender Spülung mit Ringer-Lactat-Lösung. Entsprechend dem arthroskopischen Befund und der vorherigen Stabilitätsprüfung in Narkose wird die Therapieentscheidung getroffen.

Während bei Teilrupturen von Bändern eine konservative Therapie mit einer Gipsruhigstellung über 4–6 Wochen angezeigt ist, steht bei kompletten Bandrupturen die Notwendigkeit zur operativen Therapie außer Zweifel. Eine komplette Bandruptur heilt unter Verkürzung der Bandstümpfe mit Ausbildung einer nicht belastbaren Narbe aus. Die resultierende Instabilität fördert die Entstehung einer Gonarthrose. Bei frischen Bandrupturen ist die primäre Naht, häufig kombiniert mit primären bandplastischen Maßnahmen, angezeigt. Bei veralteten Kapsel-Band-Verletzungen ist in der Regel eine bandplastische Maßnahme notwendig, gelegentlich kann kombiniert mit einer Versetzung des knöchernen Bandansatzes oder einer Tibiakopfosteotomie wieder eine Stabilisierung des Kniegelenkes erzielt werden.

Operative Behandlung von Bandverletzungen des Kniegelenkes

Grundregeln

1. Die operative Therapie sollte zu einem frühen Zeitpunkt erfolgen (0–8 Tage), da die Ergebnisse bei der Versorgung veralteter Bandrupturen signifikant schlechter sind.
2. Die Operation hat wegen der besseren Übersicht bei angelegter Blutsperre zu erfolgen. Ziel ist eine Wiederherstellung aller verletzten Bandstrukturen durch adaptierende Naht, die Naht hat aber nur eine sehr begrenzte mechanische Belastbarkeit. Als Nahtmaterial sollten atraumatische Fäden Verwendung finden.
3. Knöcherne Ausrisse werden mit Schrauben oder Drähten refixiert, knochennahe Ausrisse werden nach Abhebung einer Knochenschuppe reinseriert.
4. Liegt eine erhebliche Auffaserung des rupturierten Bandes vor, so ist eine primäre Bandplastik vorzunehmen.

Zugangswege

Anteromediale Kniebandverletzungen werden durch eine verlängerte mediale parapatellare Schnittführung nach Payr versorgt, laterale durch einen geraden Schnitt parapatellar lateral. Durch eine intraoperative Beugung des Kniegelenkes lassen sich von diesem Zugang aus auch die jeweiligen dorsalen Kapselecken darstellen und versorgen (Abb. 10.2-23).

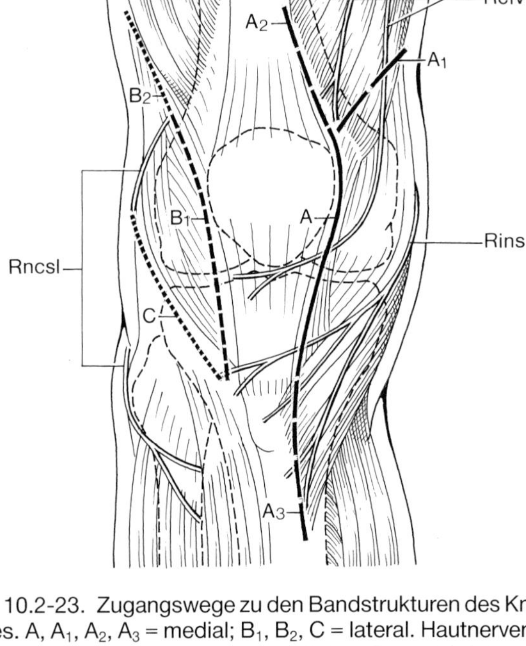

Abb. 10.2-23. Zugangswege zu den Bandstrukturen des Kniegelenkes. A, A_1, A_2, A_3 = medial; B_1, B_2, C = lateral. Hautnervenäste: Rcfv = Ramus cutaneus anterior; Rins = Ramus infrapatellaris nervi suralis; Rncsl = Rami cutanei surae lateralis.

Von Müller wurde eine lange parapatellare, laterale Schnittführung als Universalzugang angegeben, die bezüglich der Nerven- und Gefäßschädigung am schonendsten sein soll. Für eine isolierte Verletzung des hinteren Kreuzbandes ist der dorsale Zugang durch die Kniekehle nach Trickey günstig. Er verlangt allerdings eine Durchtrennung des medialen Gastroknemiuskopfes etwa 1 cm distal seines Ansatzes und die Respektierung seiner Gefäß- und Nervenversorgung ebenso wie die Schonung der A. genus media, die die Hauptversorgung der Kreuzbandregion darstellt (Abb. 10.2-24).

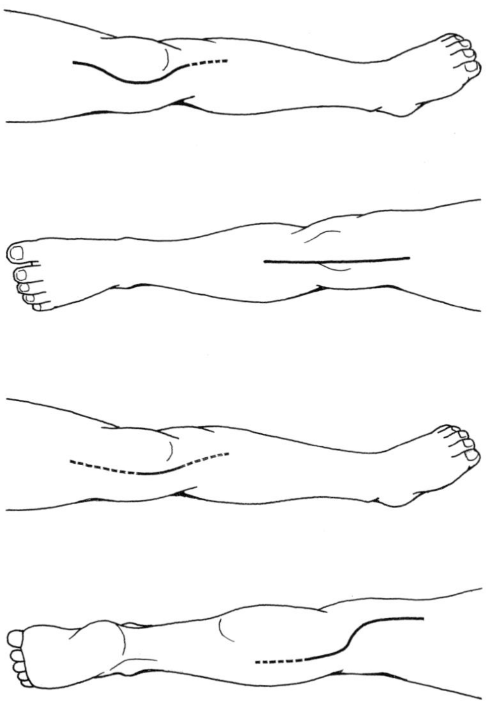

a) b) c) d)

Abb. 10.2-24. Schittführungen am Kniegelenk.
a u. c) Mediale parapatellare Inzisionen.
b) Lateraler parapatellarer Schnitt nach Müller.
d) Dorsale Inzision nach Trickey.

Mediale Seitenbänder

Bei der Versorgung frischer Innenbandrupturen sind das Lig. collaterale mediale ant. und das Lig. collaterale mediale post. mit dem posteromedialen Kapseleck zu identifizieren und getrennt wiederherzustellen, da auch isolierte Rupturen des Lig. collaterale mediale post. vorkommen. Gleichzeitig sind eine Ruptur des Lig. cruciatum ant. und eine Verletzung des Innenmeniskus auszuschließen. Die Bandstümpfe werden schichtweise adaptiert und durch Rahmennähte bei aufgefaserten Rissen in die richtige Spannung gebracht. Knöcherne Abrisse werden mit einer Schraube mit Zackenkranzscheibe refixiert bzw. bei fehlendem Knochenanteil unter einer abgehobenen Knochenlamelle. Liegt gleichzeitig eine Desinsertion des Meniskus im fibroligamentären oder vaskulären Ansatzbereich vor, so ist dieser mit verzögert resorbierbarem Nahtmaterial zu reinserieren. Lediglich bei Rissen im knorpeligen Anteil ist der abgerissene Anteil unter Belassen des intakten Restes zu resezieren (Abb. 10.2-25).

Bei ausgedehnten Zerreißungen des Innenbandes ist eine primäre Bandplastik mit der Sehne des M. gracilis als dynamische Sehnenplastik vorzunehmen. Dazu wird die Sehne in einem subperiostal am Femurkondylus geschaffenen Kanal umgelenkt.

Eine statische Sehnenplastik mit dem M. semitendinosus oder M. gracilis, wie von Payr angegeben, schwächt den Pes anserinus und ist im Resultat schlechter.

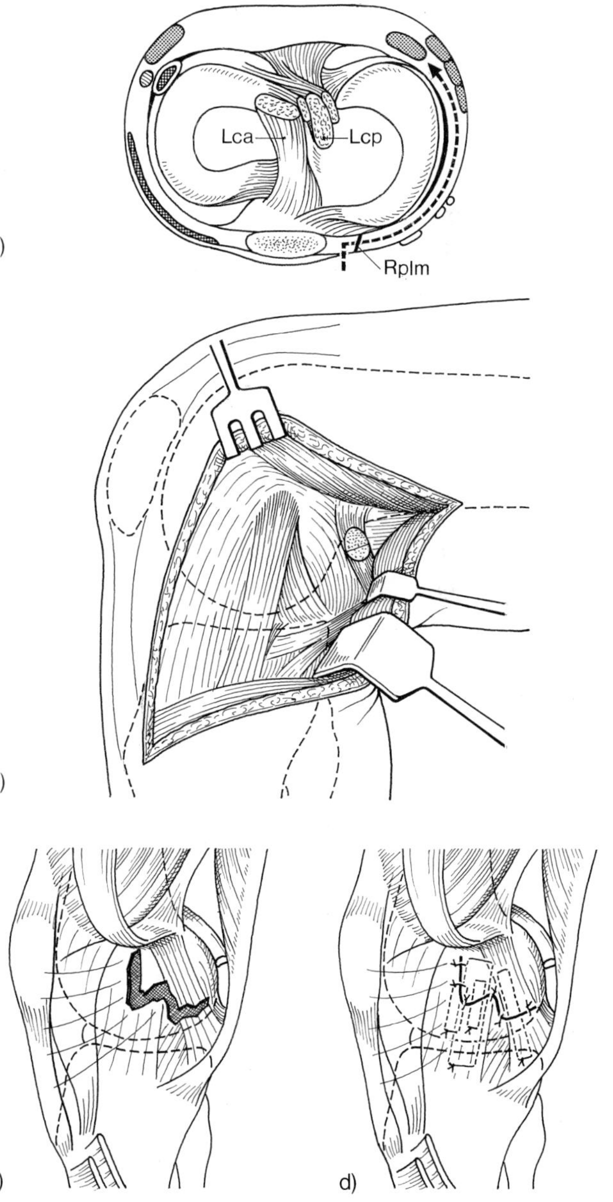

a) b) c) d)

Abb. 10.2-25. a u. b) Schematische Darstellung des Zuganges zu den medialen Bandstrukturen.
c u. d) Versorgung der Bänder.

Laterale Seitenbänder

Die selteneren Verletzungen des Außenbandapparates des Kniegelenkes stellen bei der Rekonstruktion erhöhte Anforderungen an die anatomischen Kenntnisse des Operateurs. Neben dem Lig. collaterale lat. muß die Bizepssehne und Popliteussehne inspiziert und getrennt unter Beachtung der Gleitschichten rekonstruiert werden. Außerdem ist bei jedem Eingriff der N. peronaeus zu identifizieren. Zur Darstellung der lateralen Kapsel-Band-Region ist eine Ablösung des Tractus iliotibialis am Tuberculum Gerdii notwendig.

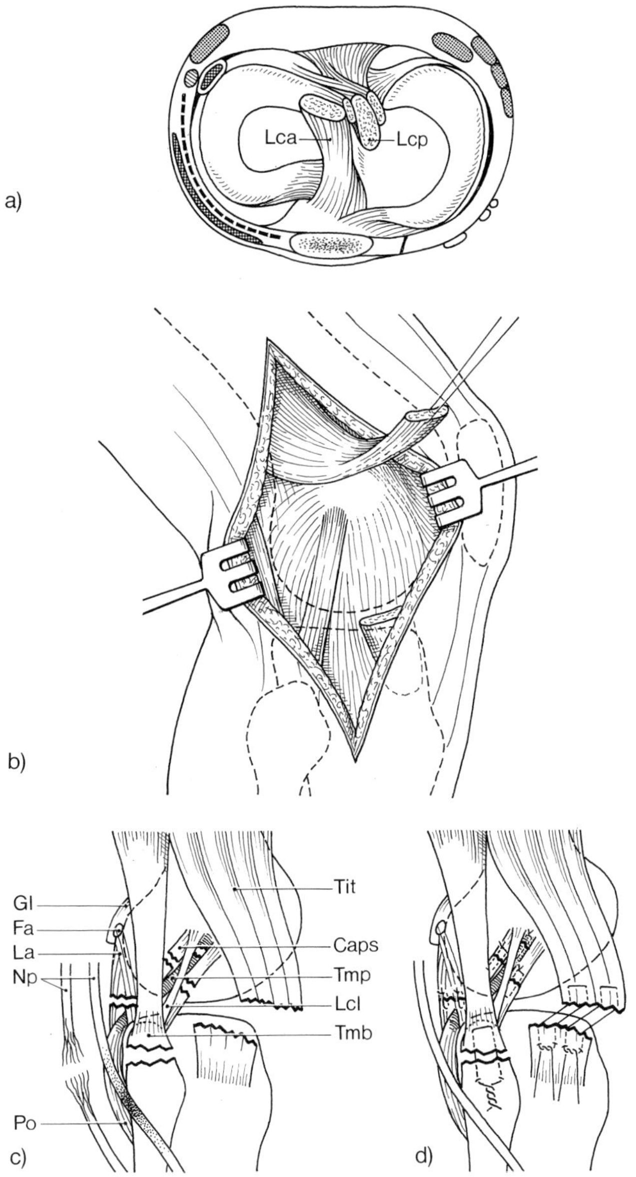

Abb. 10.2-26. a u. b) Schematische Darstellung des Zuganges zu den lateralen Bandstrukturen.
c u. d) Versorgung der Bänder.
Tit = Tractus iliotibialis; Caps = laterale Kapsel; Tmp = Tendo m. poplitei; Lcl = Lig. collaterale laterale; Tmb = Tendo m. bicipitis femoris; Gl = Caput m. gastrocnemii lat; Fa = Fabella; La = Lig arcuatum; Np = N. popliteus mit A. poplitea; Po = M. popliteus.

Ist eine Abrißfraktur des Fibulaköpfchens vorhanden, so ist die Refixation mit einer Zuggurtung sicherer als die Fixation mit einer Zugschraube (Abb. 10.2-26).

Die verletzte Popliteussehne als wichtigster posterolateraler Stabilisator läßt sich durch eine Durchflechtungsnaht nach Bunnel sicher versorgen. Ihre Revision und Versorgung ist bei einer lateralen Bandverletzung der erste Schritt beim operativen Vorgehen. Ein gelegentlich vorliegendes Ausrißfragment an der dorsolateralen Tibiakante (Segond) kann mittels Ausziehnähten durch den Tibiakopf nach ventral oder durch eine Zugschraube versorgt werden.

Kreuzbänder

Knöcherne Ausrisse, die bereits im Röntgenbild erkennbar sind, stellen eine prognostisch günstige Verletzung dar. Die Versorgung erfolgt bei größeren Fragmenten mittels Zugschraube, sonst durch Drahtausziehnähte.

Die knochennahen Rupturen, die beim hinteren Kreuzband oft tibial zu finden sind, werden durch mehrere Ausziehnähte gefaßt und versorgt. Dies ist beim hinteren Kreuzband notwendig, um das gesamte Band sicher zu adaptieren (Abb. 10.2-27).

Die Rupturen des vorderen Kreuzbandes sind häufig femoral (64 %) oder interligamentär (22 %). Die Versorgung der proximalen Rupturen verlangt eine korrekte Reinsertion der Bandstümpfe in der Regel durch 2 Ausziehnähte, die die Refixation der dorsalen Bandanteile an der Lateralseite der Fossa intercondylaris und die der anteromedialen Fasern möglichst weit hinten an der Ansatzstelle durch eine Fadenführung »over the top« über den lateralen Femurkondylus sichern (Abb. 10.2-28).

Bei interligamentären Rupturen ist es vor allem bei Z-förmigen Rupturen notwendig auch Auszugsnähte durch den Tibiakopf zu legen. Liegen erheblich aufgefaserte Bandstümpfe vor oder sind die Bandstümpfe bereits nicht mehr nahtfähig, so ist eine primäre Bandplastik zur Augmentation bzw. zum Ersatz der fehlenden Bandstruktur notwendig. Am besten eignet sich dazu ein distal gestielter oder freier Patellarsehnenstreifen (Brückner-Plastik) (Abb. 10.2-29).

Die Bandstümpfe werden auf das Transplantat aufgeheftet. Liegt eine kombinierte Verletzung mit einem Korbhenkelriß des Innenmeniskus vor, so kann der abgerissene Meniskusanteil zur Augmentation des vorderen Kreuzbandes verwendet werden (Niederegger). Die plastische Augmentation nach H. Groves (freie Faszie) oder Lindemann (Sehne des M. gracilis) sind weniger erfolgreich.

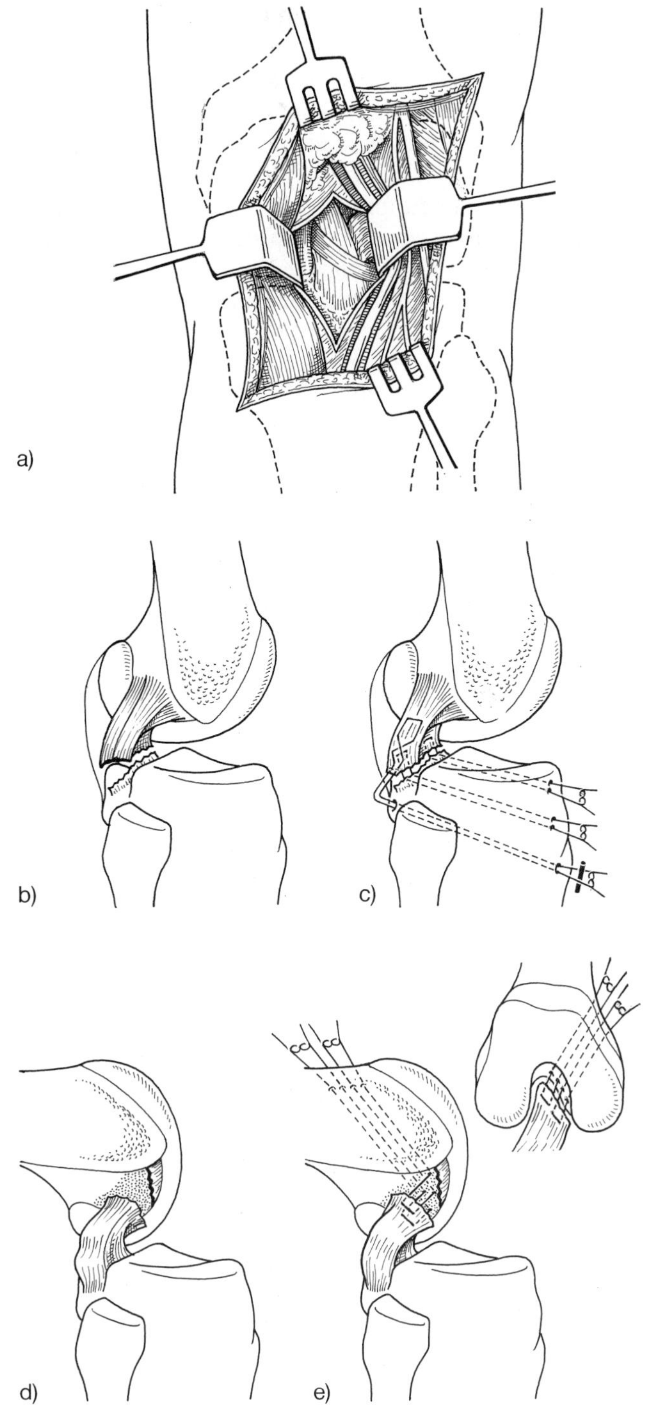

Abb. 10.2-27. a) Intraoperativer Situs beim dorsalen Zugang.
b u. c) Schema der Versorgung des hinteren Kreuzbandrisses bei tibialem Ausriß,
d u. e) bei femoralem Ausriß.

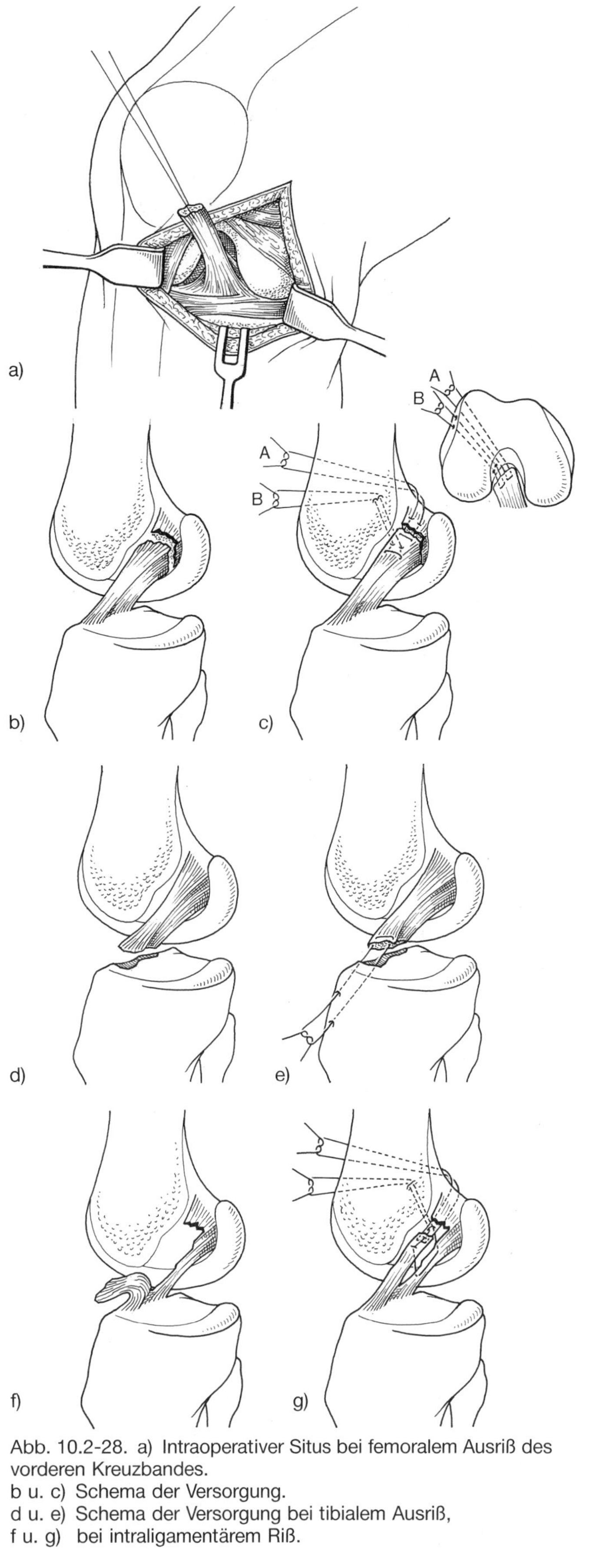

Abb. 10.2-28. a) Intraoperativer Situs bei femoralem Ausriß des vorderen Kreuzbandes.
b u. c) Schema der Versorgung.
d u. e) Schema der Versorgung bei tibialem Ausriß,
f u. g) bei intraligamentärem Riß.

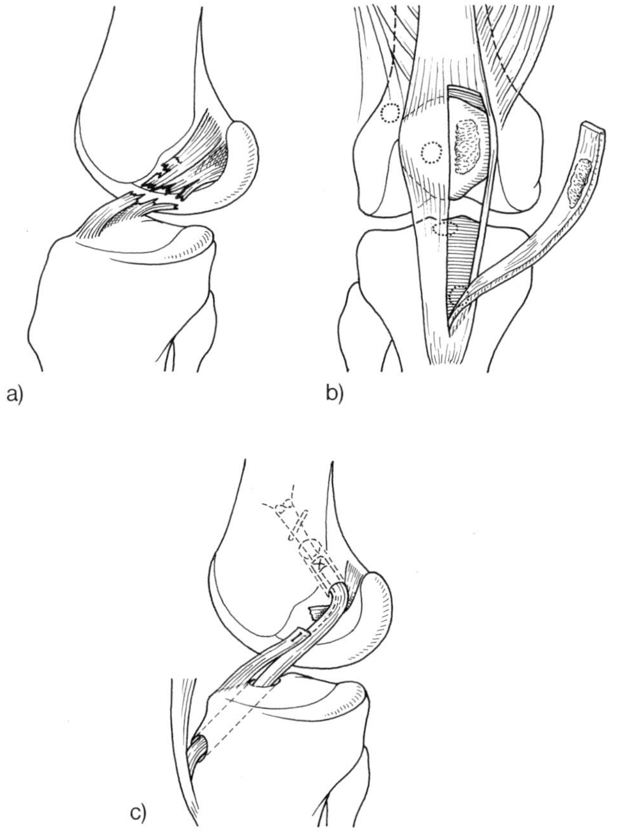

Abb. 10.2-29. a–c) Schematische Darstellung der Brückner-Plastik.

Kombinierte Verletzungen

Das typische Verletzungsmuster ist die Kombinationsverletzung des medialen Bandapparates zusammen mit dem Lig. cruciatum ant., begleitet von Zerreißungen des Meniskus (sog. unhappy triad). Gelegentlich findet sich zusätzlich ein Abriß des Lig. femorotibiale lat. (Synergist des Lig. cruciatum ant.) und erweitert das Bild zur anteromedialen Verletzungstetrade.

Kombinationsverletzungen anterolateral mit Beteiligung des Lig. cruciatum ant. dagegen sind seltener, noch seltener sind posteriore Rotationsinstabilitäten.

Bei diesen Kombinationsverletzungen ist die Feststellung des genauen Verletzungsausmaßes unbedingt erforderlich. Beim operativen Vorgehen ist es wichtig, zunächst die zentralen Strukturen (Kreuzbänder) bis auf das Knüpfen der Nähte zu versorgen und dann die peripheren Strukturen anzugehen.

Nachbehandlung

Die Nachbehandlung einer Kniebandverletzung gliedert sich in 3 Phasen:
- Postoperative Ruhigstellung.
- Postoperative Mobilisierungsphase.
- Belastungsaufnahme.

Unmittelbar postoperativ wird noch in Narkose ein Oberschenkelliegegips angelegt. Dabei wird bei Verletzungen der Seitenbänder eine Beugung von 10–20° eingehalten; bei Verletzungen des vorderen Kreuzbandes eine solche von 40° und bei Verletzungen des hinteren Kreuzbandes von 20°. Als Ödemprophylaxe erfolgt eine Hochlagerung der Extremität für einige Tage. Die Redon-Drainagen werden am 2. postoperativen Tag entfernt. Nach spätestens einer Woche erfolgt die Umlagerung zur Prophylaxe einer venösen Insuffizienz, nach Abschluß der Wundheilung der Wechsel des postoperativen Gipsverbandes zu einem Oberschenkelgehgips mit einer Beugung von ca. 20°.

Die zur Bandheilung notwendige Ruhigstellungszeit ist für die Trophik des Kniegelenkes in seiner Gesamtheit ungünstig. Der Abbau der Muskulatur und der bradytrophen Gewebe (Sehne, Knorpel, Knochen) sollte möglichst gering gehalten werden.

Dazu kann bei kooperativen Patienten in der frühen postoperativen Phase (1. und 2. Woche) mit geführten Bewegungsübungen in einem Umfang von 20–60° Beugung und isometrischen Übungen der Muskulatur begonnen werden. Unterstützt werden kann dies durch die Anwendung der Motorschiene mit gleichem Bewegungsausschlag. Durch die kontinuierliche Bewegung (continuous passive motion nach Salter) wird die Ernährung des Knorpels verbessert und dessen Erholung vom Operationstrauma beschleunigt. Nach Entlassung des Patienten sollten die isometrischen Übungen vom Patienten selbständig fortgeführt werden. Die wichtigste Phase der Rehabilitation beginnt nach der Abnahme des Gipsverbandes nach 5–6 Wochen und wird am besten unter stationären Bedigungen durchgeführt. Durch eine Dynatronic-Therapie bereits im Gipsverband kann die Atrophie der Muskulatur vermindert werden. Ziele dieser Rehabilitationsphase sind:
- Wiedergewinnung der aktiven Stabilität aller Extensoren, Flexoren und Rotatoren des Kniegelenkes.
- Wiedergewinnung der aktiven und passiven Beweglichkeit des Kniegelenkes.
- Beschwerdefreiheit (Schmerzfreiheit und wiedergewonnenes Stabilitätsgefühl des Knies).

Mit dem aktiven Training der Muskulatur wird die Zirkulation verbessert, die Trophik des Knorpels wiederhergestellt, die Patella in ihrem Gleitlager wieder mobilisiert und der Recessus suprapatellaris entfaltet. Die Anwendung einer milden Kompression und lokale Kälteapplikation beschleunigen die Wiederherstellung durch eine schnelle Resorption eines reaktiven Ergusses. Die aktive Bewegungstherapie sollte mit dem Prinzip des PNF (proprioceptive neuromuscular facilitation) kombiniert werden.

Nach Wiederherstellung der aktiven Streckung ist eine stockfreie Belastung der Extremität möglich. Beginnt der Patient die muskuläre Führung des Kniegelenkes wiederzuerlangen, so ist die Belastung durch Übungen im Wasser gegen zunehmenden Widerstand und durch Radfahren zu steigern.

Die gesamte Nachbehandlungsphase, die nach Gipsabnahme 6–9 Wochen dauert, ist regelmäßig zu kontrollieren und ist in ihrer Wertigkeit annähernd mit der Operation gleichzusetzen. Sie endet mit der Arbeitsfähigkeit des Patienten. Dieser sollte jedoch auch danach noch durch eigentätige Übungen auf eine gute Kondition der Muskulatur achten.

Als Ergebnis kann eine gute und sehr gute Wiederherstellung von frischen Bandläsionen in 80–90 % erwartet werden, bei sekundären Eingriffen (Bandplastiken etc.) liegt die Rate mit ca. 60 % deutlich niedriger.

Meniskusverletzungen

Die Menisken als bindegewebige Strukturen zur Verbesserung der Kongruenz der knöchernen Kniegelenkstrukturen sind einer hohen mechanischen Belastung unterworfen und degenerieren deshalb früher, was häufig Rißbildungen zur Folge hat. Da ein gesunder Meniskus jedoch bei erheblicher Gewalteinwirkung auch zerreißen kann, ist es wichtig, eine genaue Erfassung der Unfallursache, des Vorzustandes und der einwirkenden Gewalt vorzunehmen, um versicherungsrechtlichen Belange eindeutig beantworten zu können. Dies erfolgt mittels genauer Anamneseerhebung und der histologischen Untersuchung des entfernten Meniskus.

Es werden 4 Formen der Meniskusschädigung unterschieden:

1. Spontanruptur bei primärer Degeneration ohne adäquates Trauma.
2. Traumatische Ruptur eines gesunden Meniskus bei adäquatem Trauma.
3. Spätruptur bei traumatisch vorgeschädigtem Meniskus.
4. Degenerative Meniskusrisse aufgrund einer pseudoprimären Degeneration (Arthroseknie, instabiles Knie).

Bei den Rißformen unterscheidet man Längsrisse (Korbhenkelriß als Sonderform), Querrisse und zungenförmige Risse. Der kapselnahe Einriß im vaskularisierten Anteil nimmt eine Sonderstellung ein (Abb. 10.2-30).

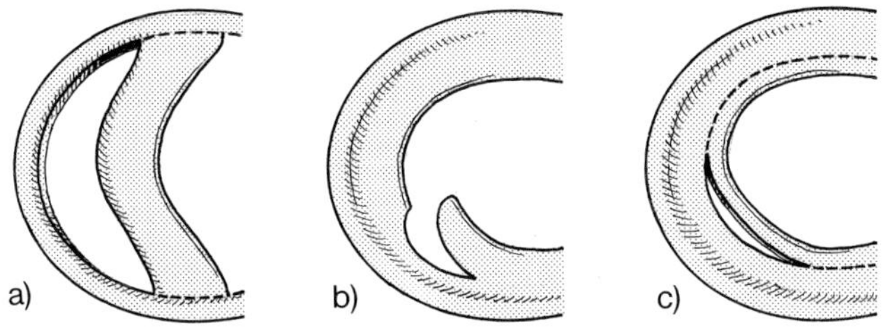

Abb. 10.2-30. Rißformen der Menisken.
a) Korbhenkelriß.
b) Lappenriß.
c) Inkompletter Korbhenkelriß.

Die Symptomatik eines Meniskusrisses reicht von geringem Schmerz (z.B. nach Umdrehen im Bett oder Aufrichten aus der Hocke (Gelegenheitsursache) bis zur eindrücklichen Schmerzsymptomatik nach erheblicher Gewalteinwirkung. Die nicht immer vorhandene Einklemmung ist im positiven Fall ein deutlicher Hinweis auf die Läsion, während die Entstehung eines Reizergusses meist einige Stunden bis Tage in Anspruch nimmt.

Lediglich bei Abrissen im vaskulären Anteil oder bei begleitenden Bandverletzungen entsteht bereits in der Frühphase ein blutiger Kniegelenkerguß.

Die Diagnostik der Meniskusverletzung ist bei alleiniger Berücksichtigung der Klinik unsicher. Die Heranziehung der Arthroskopie führt jedoch zu einer fast sicheren Aussage.

Palpatorisch gibt der auf den Gelenkspalt beschränkte Druckschmerz einen Hinweis auf die betroffene Seite. Die Meniskusverletzungszeichen (Steinmann I, Steinmann II, Bragard und Böhler) sind weitere Hinweise ebenso wie das Meniskusschnappen. Die Standardröntgenaufnahme schließt begleitende Knochenverletzungen oder Veränderungen aus.

Die Doppelkontrastarthrographie mit Luft erhöht zwar die Treffersicherheit gegenüber der klinischen Untersuchung, ist jedoch der Arthroskopie eindeutig unterlegen.

Die Arthroskopie erlaubt neben einer exakten Feststellung der intraartikulären Verletzungsfolgen gleichzeitig bei entsprechender Erfahrung die arthroskopische Operation und verkürzt so den Krankenhausaufenthalt erheblich. Sie vermeidet durch eine differentialdiagnostische Klärung auch eine unnötige Arthrotomie. Mittlerweile hat sich die Arthroskopie von einer diagnostischen Methode zu einem therapeutischen Verfahren weiterentwickelt.

Behandlung

Die Operationsindikation ist durch den Nachweis einer Rißbildung im Meniskus gegeben. Der Eingriff soll in Blutsperre erfolgen. Der Zugang erfolgt von einem kurzen Schrägschnitt von der Oberschenkelkondyle in Richtung Tuberositas tibiae zielend und den Gelenkspalt nach distal um 2 cm überragend. Bei der Eröffnung der Synovialis sollte der Hoffasche Fettkörper wegen seines Gefäßreichtums nicht zu weit inzidiert werden. Eine vorhandene Plica wird reseziert und danach der arthroskopisch erhobene Befund kontrolliert, wobei besonderes Augenmerk auf die Kreuzbandregion gerichtet wird. Nach Darstellung des Meniskuseinrisses erfolgt die Teilentfernung des eingerissenen Anteils, indem ein halbmondförmiger Teil des Meniskus belassen wird (den Faserverlauf des Meniskus beachten!). Eine totale Meniskektomie sollte möglichst vermieden werden, da die resultierende relative Bandinsuffizienz zu einer hohen Rate an Spätarthrosen führt. Nach Einlage einer intraartikulären Redon-Drainage erfolgt der schichtweise Verschluß der Arthrotomie (Abb. 10.2-31).

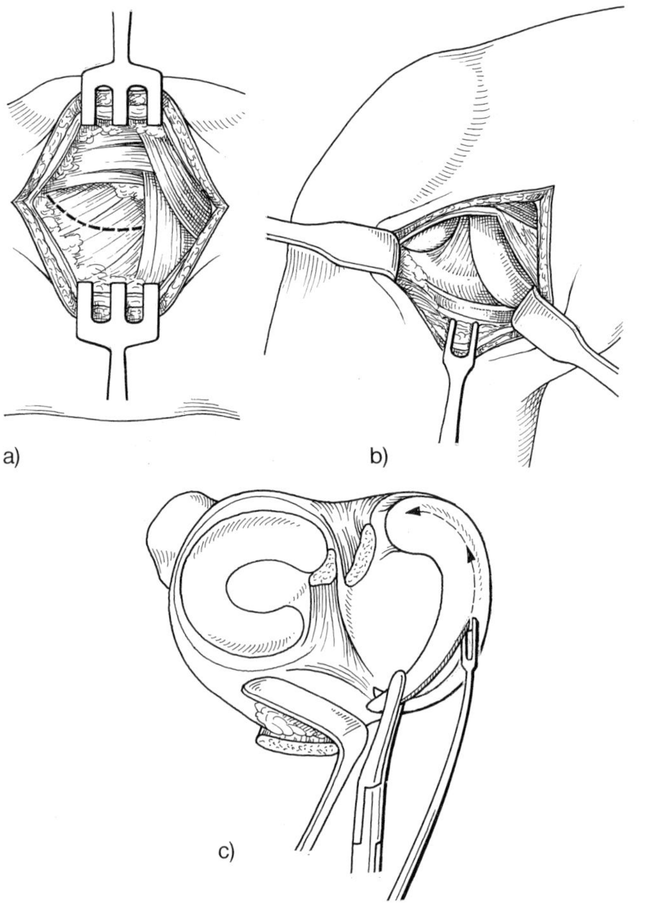

Abb. 10.2-31. a u. b) Zugangswege zur offenen Menisektomie. c) Schematisches Vorgehen bei der Resektion.

Nachbehandlung

Postoperativ wird für 2 Tage eine Gipshülse angelegt und anschließend folgt die Mobilisierung des Kniegelenkes unter krankengymnastischer Anleitung, wobei das Augenmerk vordringlich auf die Funktion des M. quadriceps femoris gelegt wird. Ein elastischer Kompressionsverband und regelmäßige Eisanwendungen wirken einer Ergußbildung entgegen. Nach Erreichen einer Beugung von 90° und einem nur noch geringen Erguß folgt die volle Belastung der operierten Extremität in der Regel nach 10–14 Tagen. Arbeitsfähigkeit tritt nach 4–6 Wochen wieder ein.

Arthroskopische Chirurgie der Menisken

Die Arthrotomie zur Behandlung von Meniskuseinrissen verliert an Bedeutung durch die zunehmende Verbreitung arthroskopischer Operationsmethoden am Kniegelenk. Vorteile dieser Verfahren sind die geringere postoperative Morbidität, der verkürzte Krankenhausaufenthalt und die deutlich verkürzte Arbeitsunfähigkeit der Patienten.

Voraussetzungen für die arthroskopische Chirurgie sind ausreichende Erfahrungen von seiten des Operateurs und das Vorhandensein eines Videosystems, um eine Betrachtung des intraartikulären Befundes und eine gleichzeitige Manipulation mit den verschiedenen Instrumenten unter sterilen Kautelen zu gewährleisten. Die beengten räumlichen Verhältnisse im Operationsgebiet haben zur Entwicklung einer Vielzahl von Spezialinstrumenten geführt. Es handelt sich dabei um Faßzangen, Korbzangen, Scheren und Stanzen, die als gerade-, als rechts- und als linksschneidend angeboten werden. Neben dem obligaten Tasthäkchen sind ein Skalpell Gr. 15 und eine lange Spinalkanalnadel zum besseren Auffinden der zusätzlichen Inzisionsstellen nötig (Abb. 10.2-32).

Bei entsprechender Erfahrung des arthroskopierenden Operateurs bestehen keine Einschränkungen in den Indikationen bei Meniskusverletzungen. Mit Vorteil können Korbhenkelläsionen, Lappenrisse und Längsrisse nahe am freien Rand behandelt werden. Quere Einrisse sind technisch schwierig zu versorgen, da es nicht leicht ist, eine günstige Resektionslinie zu finden.

Der Eingriff wird in Rückenlage des Patienten ausgeführt; der Oberschenkel ist mit einer aufblasbaren Blutsperre versehen und in einer Beinhalterung fixiert. Die sterile Abdeckung erfolgt mit wasserdichten Lochtüchern, und der Operateur sollte einen wasserundurchlässigen Kittel tragen. Die Arthroskopie erfolgt im wäßrigen Medium, eine Spülkanüle liegt im oberen Recessus. Das Arthroskop wird in Höhe des Gelenkspaltes von der Gegenseite her in Richtung auf den verletzten Meniskus eingebracht, um die Operationsinstrumente nicht zu behindern. Die Resektionslinien entsprechen denen bei der offenen Meniskuschirurgie. Die Resektionsrichtung kann vom Einriß zum freien Rand oder umgekehrt gewählt werden (Abb. 10.2-33).

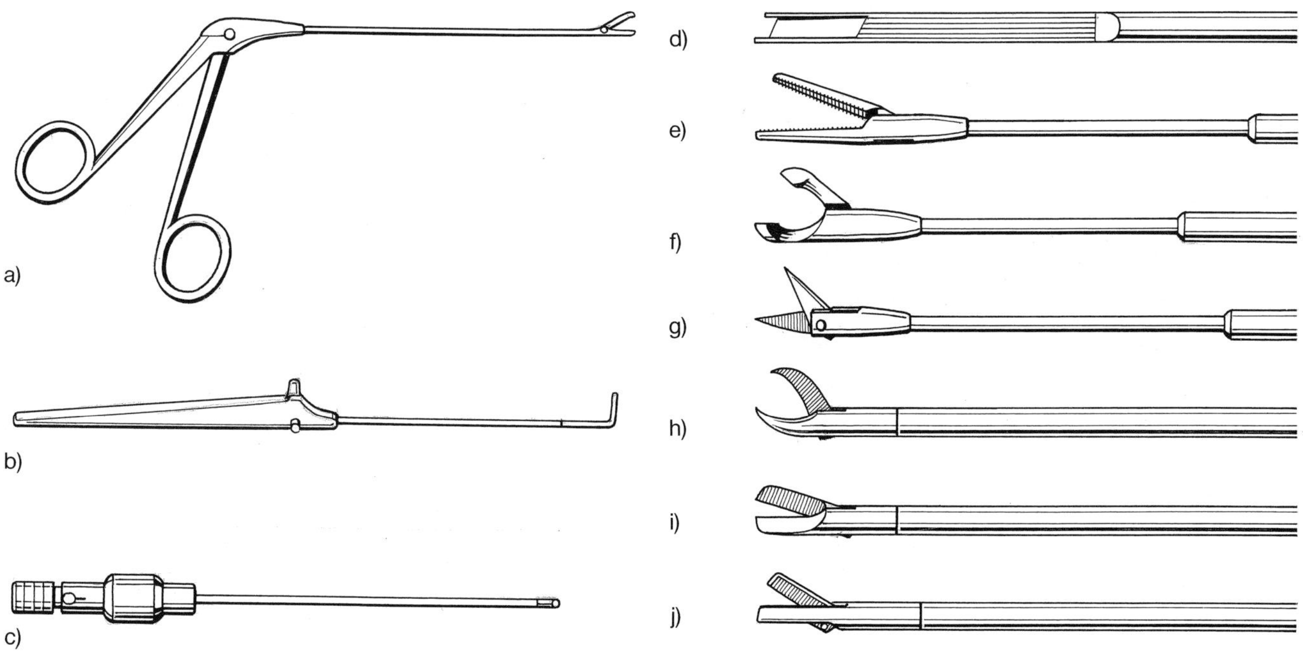

Abb. 10.2-32. Instrumente zur arthroskopischen Operation am Kniegelenk.
a u. e) Zangen.
b) Tasthaken.
c) Spülkanüle.
d, f–j) Schneideinstrumente.

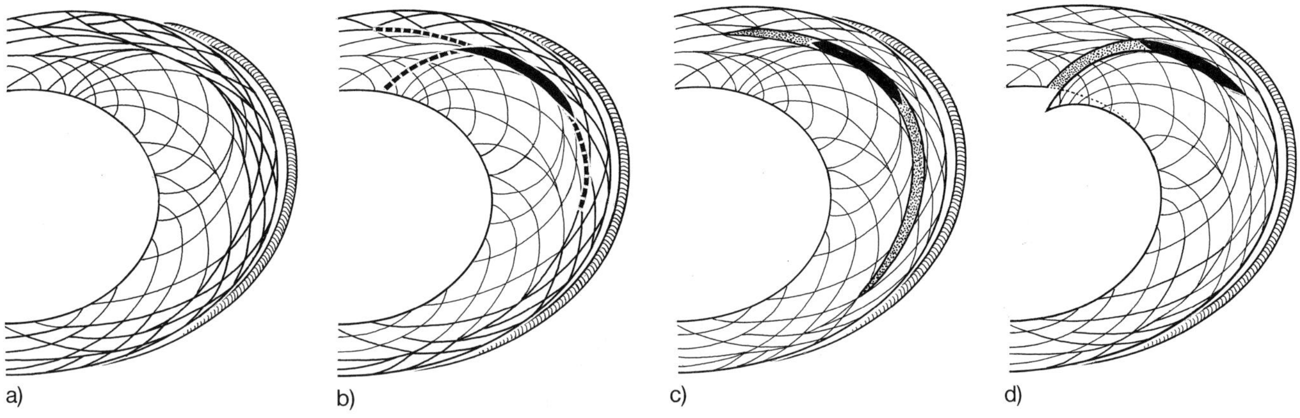

Abb. 10.2-33. a) Faserverlauf im Meniskus und b–d) die daraus resultierenden Resektionslinien.

Resektion eines Lappenrisses im Hinterhornbereich

Durch eine zusätzliche Inzision auf der erkrankten Seite wird eine Faßzange eingebracht und der freie Rand des Lappens gefaßt und angespannt. Durch eine zweite Inzision entweder gleichseitig oder auf der gesunden Gegenseite wird eine gerade schneidende Korbzange eingeführt und die Lappenbasis abgetrennt. Der Lappen wird über die erste Stichinzision extrahiert. Die Abtragungsstelle wird mit dem Tasthäkchen sondiert; gelegentlich ist hier noch eine Glättung mit einer Stanze über die erste Inzision nötig. Hilfreich bei der Plazierung der Stichinzisionen ist eine Spinalkanalnadel, da mit ihr die Instrumentenrichtung simuliert werden kann und so eine Fehlplazierung der Inzision vermieden wird (Abb. 10.2-34).

Resektion eines Korbhenkelrisses

Die erste Stichinzision erfolgt seitlich in Richtung des Vorderhornbereiches. Nun wird mit der geraden Korbzange oder mit dem spitzen Skalpell der Vorderhornansatz durchtrennt, mit einer Faßzange über die gleiche Inzision gefaßt und angespannt. Durch eine gleichseitige zweite Inzision wird der Hinterhornansatz vom freien Rand her in Rißrichtung durchtrennt. Bei der Extraktion des Korbhenkels muß die erste Inzision gelegentlich erweitert werden, um ein Abstreifen des Korbhenkels an der Gelenkkapsel zu vermeiden (Abb. 10.2-35).

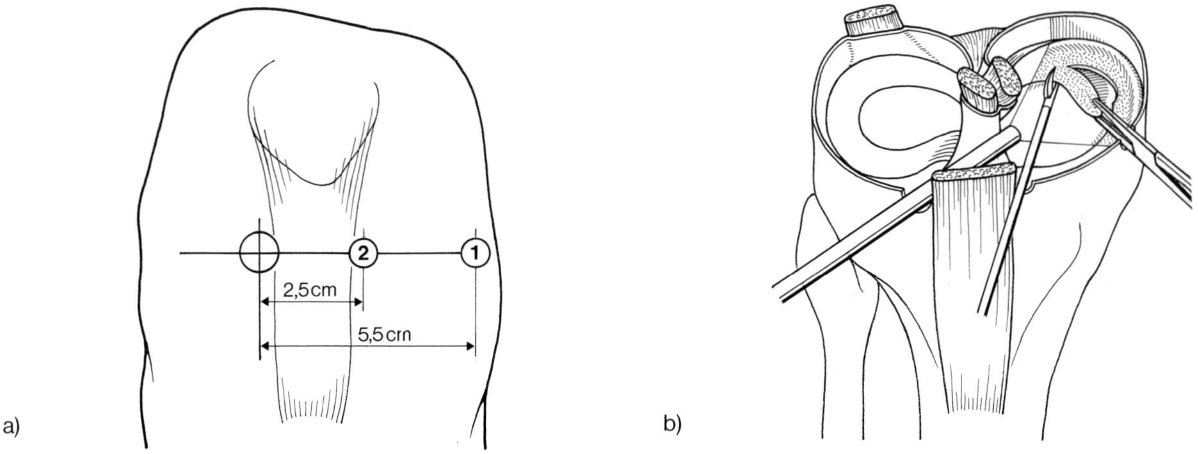

Abb. 10.2-34. a u. b) Vorgehen bei der arthroskopischen Resektion eines Lappenrisses am Innenmeniskushinterhorn.

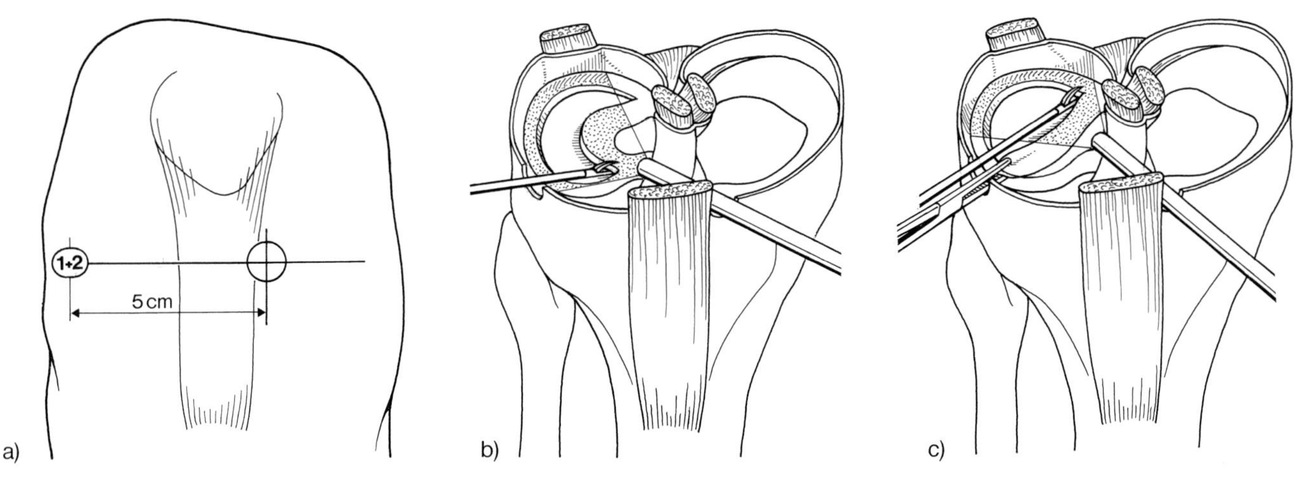

Abb. 10.2-35. a-c) Vorgehen bei der arthroskopischen Resektion eines Korbhenkelrisses am Außenmeniskus.

Nachbehandlung

Der Patient wird nach Abklingen der Narkose mobilisiert und darf das Bein nach Rückgang der Beschwerden zunehmend belasten. Die volle Belastung sollte spätestens nach 3 Tagen erreicht sein. Die elastische Wickelung des gesamten Beines und die lokale Eisbehandlung begünstigen die Rückbildung des gelegentlich vorhandenen Ergusses. Der Patient wird zu eigentätigen Kräftigungsübungen für die Oberschenkelmuskulatur angeleitet, bei einer Quadrizepsmuskelatrophie wird ambulante Krankengymnastik verordnet. Nach partieller Meniskektomie ist bei leichter körperlicher Tätigkeit Arbeitsfähigkeit nach einer Woche gegeben.

Synovitis des Kniegelenkes

Neben der primär chronischen Polyarthritis kann es auch aufgrund einer rheumatoiden oder septischen Arthritis oder nach Kniegelenkeingriffen zu einer rezidivierenden Ergußbildung des Kniegelenkes mit einer nachfolgenden Verdickung der Synovialis und Schädigung des Gelenkknorpels kommen.

Behandlung

Eine Synovektomie, die vor Auftreten makroskopisch erkennbarer Schädigungen des Gelenkknorpels vorgenommen wurde, vermag in solchen Situationen ein fast normales Gelenk zu erhalten. Die regenerierende Synovialis kleidet die Gelenkhöhle wieder mit einer funktionsfähigen Innenschicht aus.

Der Eingriff erfolgt in Vollnarkose und Rückenlage des Patienten in Blutsperre.

In den meisten Fällen ist ein langer medialer parapatellarer Schnitt mit lateraler Abklappung der Patella zur Entfernung der größten Anteile der Synovialis ausreichend. Lediglich die dorsalen Anteile der Synovialis sind von diesem Zugang aus nicht erreichbar.

Die Präparation in der subsynovialen Gleitschicht erfolgt mit der Schere und im Bereich der Kreuzbandregion mit dem Luer oder mit Probeexzisionszangen, ebenso wie an der Grenze zum Knorpel hin. Gleichzeitig werden Osteophyten abgetragen und auf den Knorpel aufwachsendes Gewebe entfernt. Die anschließende sorgfältige Blutstillung nach Lösen der Blutsperre erfolgt mittels Elektrokoagulation und Auflage von heißen Kompressen. Mit der Einlage von 2 Redon-Drainagen und dem Verschluß der Gelenkkapsel sowie der Haut ist der Eingriff beendet.

Die Nachbehandlung erfolgt nach einer ein- bis zweitägigen Ruhigstellung durch eine intensive Mobilisierung durch Krankengymnastik und mittels der motorisierten Bewegungsschiene über ca. 3 Wochen, wobei in der Anfangsphase ebenso wie bei der Arthrolyse eine kontinuierliche Periduralanästhesie hilfreich ist. Nach 2 Wochen sollte bei kompletter Streckung eine Beugung von 90° erreicht sein. Eine Ergußbildung wird durch Eisanwendung und elastische Kompression behandelt. 1–2 Wochen nach der Operation wird die Belastung dosiert bis auf Vollbelastung gesteigert.

Bandverletzungen im Sprunggelenkbereich

Im Sprunggelenkbereich wird die Last des senkrecht stehenden Menschen auf die waagerechte Fläche der Fußsohle übertragen. Die stabile Vereinigung der daran beteiligten Knochen- und Bandstrukturen garantiert eine Belastung unter Erhalt der gleichzeitig notwendigen Beweglichkeit.

Unphysiologische direkte Krafteinwirkungen auf die Sprunggelenkstrukturen führen zu einer Kontusion des Gewebes. Die entstehende Schwellung und ein Hämatom bessern sich durch lokale Maßnahmen wie Eisauflagerung oder kühlende Umschläge innerhalb von 5 bis 8 Tagen. Eine Ruhigstellung im Gipsverband ist nur bei schweren Kontusionen notwendig; in leichteren Fällen genügt ein elastischer Verband.

Erhebliche indirekte Gewalteinwirkungen führen zu einer geschlossenen Verletzung des Bandapparates, zu einer »Distorsion des Sprunggelenkes«. Sie wird unterteilt nach dem Ausmaß der Bandverletzung (Zerrung, Teilruptur, Ruptur), der Lokalisation (oberes Sprunggelenk, unteres Sprunggelenk) und dem Unfallmechanismus (Supinationsverletzung, Pronationsverletzung).

Verletzungen des fibularen Kapsel-Band-Apparates

Sie stellen die häufigste Bandverletzung dar. Das klinische Bild ist mit Schwellung und Hämatom recht uniform. Der typische Verletzungsmechanismus ist eine forcierte Supination und Adduktion des Fußes, die eine Verletzung des Lig. talofibulare ant., des Lig. calcaneofibulare und des Lig. talofibulare post. in der genannten Reihenfolge nach sich zieht.

Die umschriebene Druckschmerzhaftigkeit und das Hämatom über den verletzten Bandstrukturen sind ein diagnostischer Hinweis, der jedoch den röntgenologischen Ausschluß von knöchernen Verletzungen des Außenknöchels, des Talus und der anderen benachbarten Knochenstrukturen nicht unnötig macht. Die klinische Prüfung der vorderen und seitlichen Schublade, durch gehaltene Aufnahmen im Seitenvergleich dokumentiert, gibt entscheidende Hinweise für die einzuschlagende Therapie.

Die Verwendung von Halteapparaturen (z.B. nach Scheuba) vermindert die Strahlenbelastung des Untersuchers. Die Ausschaltung der schmerzbedingten Abwehrreaktion des Untersuchten macht die Ergebnisse objektivierbarer und bietet eine sichere Grundlage für den Therapieplan. Eine isolierte Ruptur des Lig. talofibulare ant. führt zu einer vorderen Schublade und geringen lateralen Aufklappbarkeit des oberen Sprunggelenkspaltes. Erst die zusätzliche Ruptur des Lig. calcaneofibulare ermöglicht eine Aufklappbarkeit des Gelenkspaltes in a.p. Projektion von mehr als 10°.

Die Arthrographie des oberen Sprunggelenkes ist zur Beurteilung der zum großen Teil extrakapsulär verlaufenden Bandstrukturen nicht geeignet und sollte unterlassen werden.

Behandlung

Isolierte Rupturen des Lig. talofibulare anterius und Teilrupturen des Lig. calcaneofibulare mit einer Aufklappbarkeit im a.p. Strahlengang von 15° und weniger werden konservativ behandelt. Dabei ist eine Ruhigstellung im Unterschenkelgipsverband von 2–3 Wochen und eine 1–2wöchige anschließende Fixierung des Sprunggelenkes mit Stützverbänden ausreichend. Die Ergebnisse einer längerdauernden Gipsruhigstellung sind sowohl hinsichtlich der Dauer der Arbeitsunfähigkeit als auch der funktionellen Wiederherstellung der Bandfestigkeit nicht besser.

Eine vordere Schublade von über 1 cm, verbunden mit einer seitlichen Aufklappbarkeit von mehr als 15°, im Vergleich zur gesunden Gegenseite, stellen eine Indikation zur operativen Behandlung dar. Der Zeitpunkt der Operation wird vom Hämatom nicht beeinflußt, da dieses intraoperativ entleert wird und keine auftragenden Implantate eingebracht werden.

Der Eingriff wird in Allgemein- oder Regionalanästhesie mit pneumatischer Blutsperre in Rückenlage des Patienten vorgenommen. Der Zugang erfolgt über einen geraden Längsschnitt, der ca. 3 cm über das distale Fibulaende nach kaudal reicht. Der N. cutaneus dorsalis intermedius ist dabei zu schonen. Die verletzten Bandstrukturen werden nach Ausspülen des Hämatoms dargestellt und je nach Lokalisation der Rupturstelle durch interligamentäre, gelegte U-Nähte oder durch transossäre Bohrlöcher mit verzögert resorbierbarem Nahtmaterial in Pronationsstellung des Fußes adaptiert. Dabei ist eine Darstellung des Lig. talofibulare post. nur nach Abhalten der Peronäussehnen möglich. Der Hautverschluß erfolgt über einer Redon-Saugdrainage. Postoperativ wird die Extremität in einem Unterschenkelliegegips bis zur Abschwellung hochgelagert. Am 2. postoperativen Tag wird der Gips im Fuß- und Sprunggelenkbereich ventral gefenstert und eine funktionelle Nachbehandlung mit aktiver Pronation und Dorsalflexion im Sprunggelenk eingeleitet. Nach Entfernen der Fäden erfolgt die Anlage eines Unterschenkelgehgipses bis zur 3. oder 4. postoperativen Woche. Der Patient soll das Bein voll belasten. Nach der Gipsentfernung wird für weitere 2 Wochen ein Stützverband angelegt, der den Bewegungsausschlag entsprechend den verletzten Bandstrukturen limitiert.

Die operative Behandlung liegt mit ca. 95 % guten und sehr guten Ergebnissen über dem mit konservativem Vorgehen zu erreichenden Prozentsatz von weniger als 90 %.

Ist eine Naht der Bandstrukturen wegen Auffaserung oder Vernarbung nicht mehr möglich, so ist eine primäre Bandplastik angezeigt. Offene Verletzungen erfordern eine sofortige operative Versorgung. Kontraindikationen zur Operation sind im allgemeinen Zustand des Patienten (Alter >60 Jahre, Nebenerkrankungen) zu sehen. Die Versorgung im Wachstumsalter (s. S. 753) folgt anderen Richtlinien.

Komplikationen

Tritt nach einer konservativ oder operativ behandelten Verletzung des fibularen Bandapparates eine Insuffizienz der Bandstrukturen auf, so äußert sich diese in einem Unsicherheitsgefühl beim Gehen in unebenem Gelände oder bergab sowie in einer sog. »Umknickneigung«. Ursache ist eine »habituelle Subluxation« im oberen Sprunggelenk, die von einer Bänderlaxizität abzugrenzen ist. Letztere ist beidseitig zu finden und meist auch an anderen Gelenken anzutreffen und zeigt keine lokalen Reizerscheinungen oder Schonhinken.

Die Diagnosestellung beruht auf dem klinischen Befund der anterolateralen Instabilität des oberen Sprunggelenkes, die durch gehaltene Aufnahmen in a.p. und seitlicher Projektion dokumentiert wird. Mitzubeurteilen ist der Zustand des Gelenkes (Präarthrose bzw. Arthrose) und die Anatomie der Sprunggelenkgabel (Syndesmose).

Bei der Indikationsstellung zur Operation ist das Beschwerdebild des Patienten, sein Alter und das bestehende Ausmaß der Arthrose zu berücksichtigen. Kontraindikationen sind lokale Weichteilschäden, eine deutliche Arthrose im oberen Sprunggelenk und ein erhöhtes allgemeines Operationsrisiko.

Die operativen Behandlungsmöglichkeiten bestehen in einer Bandplastik mit verschiedenen Materialien (ortsständige Sehnen, Transplantate wie Faszien, Cialithaut, lyophilisierte Dura, Cutistransplantate und Perioststreifen) als Bandersatz oder in Form einer Tenodese. Ziel des operativen Vorgehens ist immer eine Stabilisierung der insuffizienten Strukturen des Lig. talofibulare ant. und des Lig. calcaneofibulare.

Die Außenbandersatzplastik nach Holz und Weller, die eine Modifikation der Methode nach Watson-Jones darstellt, führt zu guten Ergebnissen (über 90 % gute bis sehr gute Ergebnisse) und kommt damit der primären Bandnaht gleich. Sie stellt eine Tenodese im Verlauf des Lig. calcaneofibulare und eine Bandersatzplastik im Verlauf des Lig. talofibulare ant. dar. Im Gegensatz zur Originalmethode von Watson-Jones vermag die halbierte Sehne des M. peronaeus brevis über eine kontinuierliche Anspannung während der Einheilungsphase des Bandersatzes eine optimale Spannung zu garantieren.

Außenbandersatzplastik nach Holz und Weller

Von dem gleichen Hautschnitt aus wie bei der primären Bandnaht wird die Sehne des M. peronaeus brevis dargestellt und in 2 Hälften geteilt. Die Sehne wird mit dem Ringstripper bis in den Muskelbauch hinein auf die entsprechende Länge (10–14 cm) präpariert und dort abgetrennt. Mit dem 4,5-mm-Bohrer werden 2 schräg nach kaudal-ventral verlaufende Bohrlöcher in die Fibulaspitze gelegt und ein weiteres V-förmiges Bohrloch in den Talushals an der Lateralseite. Der distal gestielte Sehnenanteil wird dann durch das dorsal gelegene Bohrloch von kranial nach distal zum Talus geführt und durch das ventrale Bohrloch zurück und wieder mit sich selbst vernäht (Abb. 10.2-36).

Während die oben beschriebene Methode und die Originalmethode von Watson-Jones als nahezu gleichwertig anzusehen sind, hat die Periostlappenplastik ihre Berechtigung vor allem bei der Versorgung von jugendlichen Patienten mit noch offenen Wachstumsfugen.

Die Nachbehandlung erfolgt in analoger Weise wie bei der primären Bandnaht mit Unterschenkelliegegips mit Bewegungsfenster zur frühfunktionellen Behandlung. Nach Abschwellung und Fadenentfernung erfolgt die Ruhigstellung im Gehgips für insgesamt 4 Wochen sowie anschließend für 2 Wochen im Stützverband (z.B. Tape-Verband). Eine abschließende krankengymnastische Übungsbehandlung für 2–3 Wochen ist empfehlenswert.

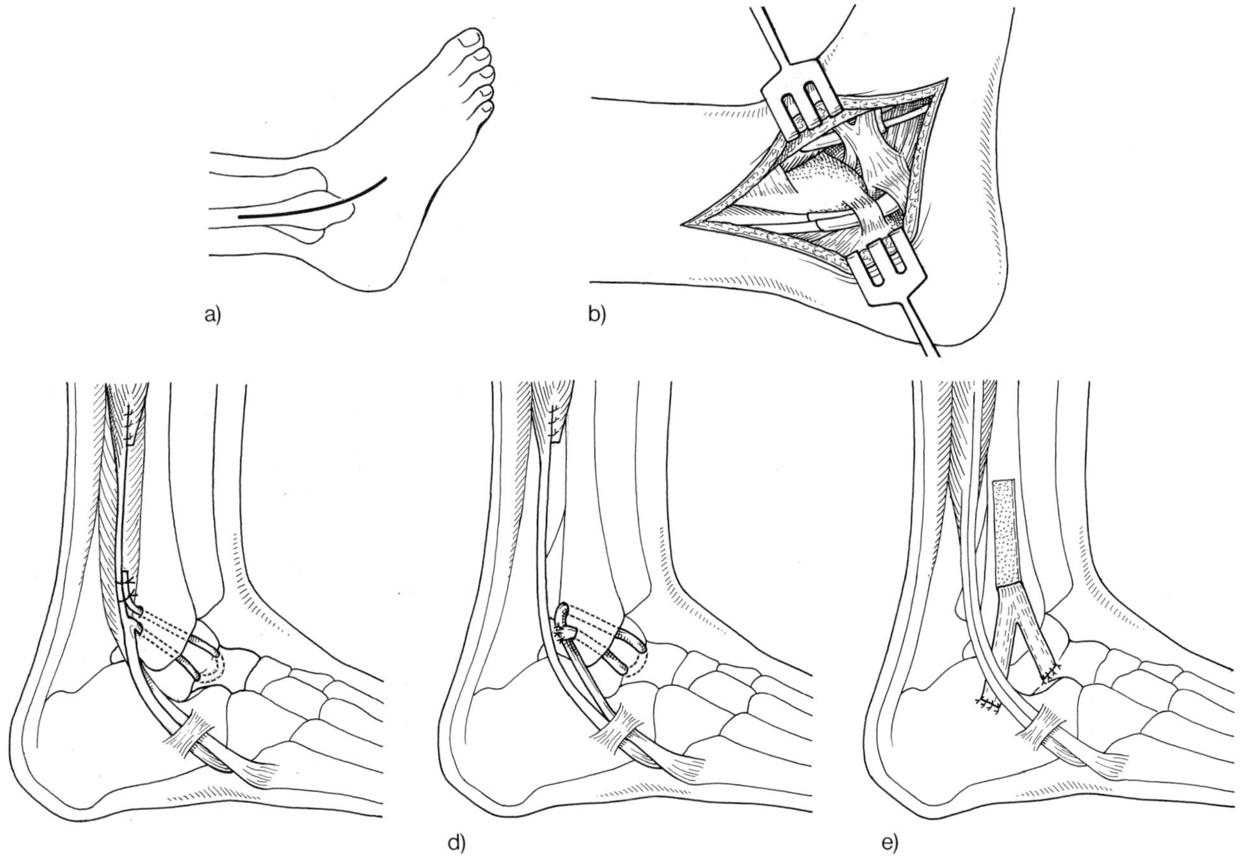

Abb. 10.2-36. Außenbandersatzplastiken.
a) Schnittführung.
b) Situs.
c) Plastik nach Holz und Weller.
d) Orginalmethode nach Watson-Jones.
e) Periostlappenplastik.

Verletzungen des Lig. mediale (deltoideum)

Isolierte Rupturen des Lig. mediale (deltoideum) kommen praktisch nicht vor. Liegt klinisch eine Ruptur des Lig. mediale vor, so ist diese immer mit einer Verletzung der Syndesmose der Fibula kombiniert. Die Versorgung der Syndesmose steht im Vordergrund; das Lig. mediale braucht nicht versorgt zu werden (s. bei »Fibulafraktur«).

Rupturen der Achillessehne

Die offene Verletzung der Achillessehne stellt ein seltenes Ereignis dar. Die scharf durchtrennten Sehnenenden können durch direkte End-zu-End-Naht mit resorbierbarem Nahtmaterial genäht werden.

Eine Ruptur der Achillessehne entsteht durch Überlastung einer degenerativ vorgeschädigten Sehne meist bei Personen mittleren Alters. Als »Gelegenheitsursache« für die Entstehung kommt eine alltägliche sportliche Belastung oder eine forcierte Betätigung des M. triceps surae in Frage.

Die Erkennung der gedeckten Achillessehnenruptur bereitet gelegentlich Schwierigkeiten. Die Palpation läßt in der Frühphase eine Delle im Sehnenverlauf erkennen. Die intakt gebliebene Sehne des M. plantaris kann diesen Befund verschleiern. Die intakte Plantarissehne und die Zehenbeuger ermöglichen zwar noch die Plantarflexion des Fußes, sie ist aber kraftlos und ungenügend. Ein aktiver Zehenstand auf dem verletzten Bein ist jedoch nicht mehr möglich. Der »Gordon«-Handgriff, der eine Kontraktion der Trizepsmuskulatur simuliert, gibt einen zuverlässigen Hinweis auf eine Ruptur der Achillessehne.

Behandlung

Die gedeckte Achillessehnenruptur wird frühzeitig operativ behandelt. Der Eingriff erfolgt in Bauchlage und Blutsperre. Als Zugangsweg wird ein dorsaler Längsschnitt über der Sehne gewählt, der im Fesselbereich an die mediale Seite umschwenkt. Nach Spaltung der Sehnenscheide findet man die besenreiserartig aufgefaserten Sehnenenden. Sie sind in der Regel nicht nahtfähig. Der Versuch einer Adaptationsnaht und die zusätzliche Einflechtung der proximal durchtrennten Plantarissehne führt häufig zu einem schlechten Spätergebnis. Die Umkippplastik nach Silverskjöld stellt eine zuverlässige Versorgung der Rupturstelle dar. Die aufgefächerten Sehnenenden werden in Spitzfußstellung aneinandergelegt. Proximal wird ein nach distal gestielter Sehnenstreifen türflügelartig präpariert und auf die Rupturstelle umgeklappt. Mit wenigen Nähten wird der autogene Sehnenstreifen an den distalen Stumpf adaptiert. Anschließend erfolgt die Naht der Entnahmestelle und der Verschluß der Sehnenscheide nach Einlage einer Drainage. Bei der gedeckten Ruptur ist eine Versorgung mit einer sog. Schnürsenkelnaht nicht erlaubt, da diese Vorgehensweise zusätzliche Durchblutungsstörungen der Sehne verursachen kann. Allenfalls kann die Sehne mit einer Rahmennaht (Blauth) versorgt werden, da diese mechanisch ausreichend fest ist und keine zusätzlichen Durchblutungsstörungen verursacht (Abb. 10.2-37).

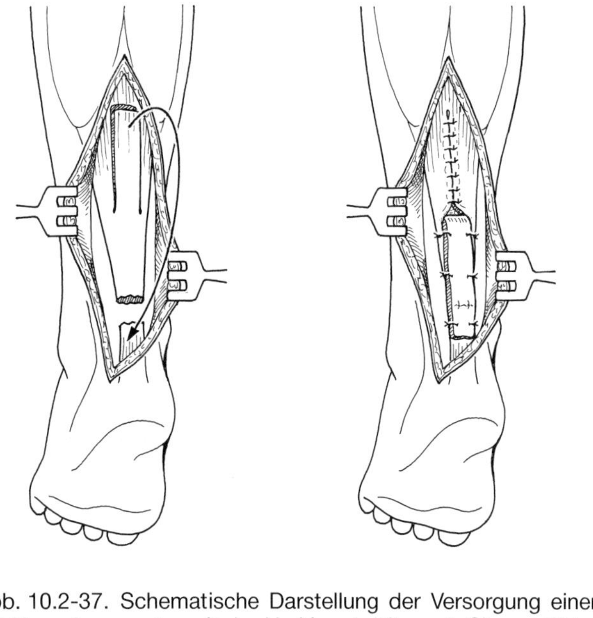

Abb. 10.2-37. Schematische Darstellung der Versorgung einer Achillessehnenruptur mit der Umkippplastik nach Silverskjöld.

Nachbehandlung

Postoperativ erfolgt die Ruhigstellung in einem Oberschenkelgipsverband in 30°-Beugestellung des Kniegelenkes und 30°-Plantarflexion des Sprunggelenkes. Nach 2 Wochen wird ein Unterschenkelgipsverband in 20°-Plantarflexion im Sprunggelenk angelegt und nach 4 Wochen erfolgt die Anlage eines Unterschenkelgehgipses in Neutralstellung im oberen Sprunggelenk. Die ersten 4 Wochen darf der Patient mit Bodenkontakt gehen, in den letzten beiden Wochen wird die Teilbelastung auf 20 kg gesteigert. Nach der Gipsabnahme wird durch aktive krankengymnastische Übungen die Beweglichkeit der Gelenke und die Kraft der Muskulatur wiederhergestellt. Dabei ist mit einer prolongierten Muskelminderung wegen des gestörten Reflexbogens zu rechnen.

Peronealsehnenluxation

Im Rahmen der zunehmenden sportlichen Betätigung tritt die Luxation der Peronealsehnen häufiger auf. Die forcierte Abduktions-Dorsalflexions-Bewegung unter starker Anspannung der Peronealsehnen bei flacher oder fehlender Malleolarrinne führt zu einer Zerreißung der Retinacula und ermöglicht eine Luxation der Sehnen über den Außenknöchel.

Die Diagnose wird durch die luxierte, tastbare Sehne erleichtert, gelegentlich ist dabei der Unfallmechanismus als Provokationstest zu wiederholen.

Differentialdiagnostisch ist an eine isolierte Verletzung des Lig. talofibulare post. zu denken. Das Röntgenbild ergibt keine zusätzlichen Informationen.

Behandlung

Die Indikation zur Operation wird bei der chronisch-rezidivierenden Peronealsehnenluxation als gegeben angesehen; bei der frischen traumatischen Luxation dagegen wird von einigen Autoren die Gipsruhigstellung bevorzugt.

Die Sicherung der Sehnenreposition ist auf zwei Wegen möglich. Die Naht oder Rekonstruktion der Retinacula stellt die zerstörten Bandstrukturen wieder her, die Vertiefung der Malleolarrinne dagegen verbessert die Führung der Peronealsehnen. Die besten Ergebnisse resultieren in der Kombination beider Verfahrensweisen.

Von einem Hautschnitt über der Fibulaspitze nach distal erfolgt die Darstellung der luxierten Sehnen und der Fibulaspitze. Nach Abhalten der Sehnen wird eine mehrere Millimeter dicke Knochenschuppe an der Fibula mit der oszillierenden Säge abgehoben, nach dorsal verschoben und mit 2 Schrauben fixiert (Operation nach Kelly). In der so vertieften Malleolarrinne liegen die Peronealsehnen sicher ein. Die Rekonstruktion der Retinacula erfolgt mit einem abpräparierten Periostlappen oder einem Lappen der Luxationstasche. Die Naht erfolgt mit verzögert resorbierbarem Nahtmaterial (Abb. 10.2-38).

Die Nachbehandlung erfolgt mit einer Gipsruhigstellung für 4 Wochen.

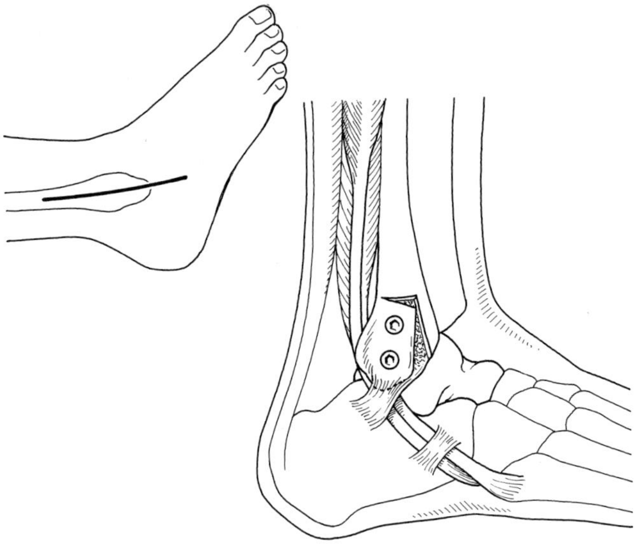

Abb. 10.2-38. Schematische Darstellung der Operation nach Kelly.
a) Schnittführung.
b) Spanverschiebung.

Sehnenverletzungen im Fußbereich

Sehnenverletzungen im Fußbereich sind meist mit offenen Verletzungen kombiniert. Im Rahmen der Wundversorgung erfolgt die Sehnennaht in der üblichen Technik. Da Funktionsausfälle der Zehen keine so nachteiligen Folgen wie an der Hand haben, sind plastische Maßnahmen bei Mißlingen der Naht nicht angezeigt. Lediglich bei der Großzehe ist auf eine Wiederherstellung der Funktion wegen der Bedeutung für die Statik des Fußes beim Abrollvorgang im Gehen und Laufen zu achten. Hier gilt es, die Funktion durch Sehnennaht oder Reinsertion wiederherzustellen. Bei der Rekonstruktion älterer Verletzungen kann eine Z-förmige Verlängerung der Sehne notwendig werden.

10.3 Eingriffe im Wachstumsalter

P. Schweizer

Eine Antwort auf die Frage, ob Knochenbrüche im Kindesalter konservativ oder operativ behandelt werden sollen, muß Nutzen und Risiken der Behandlungsmethoden gegeneinander abwägen. Den Nutzen erreicht und die Risiken vermeidet man in der Regel mit konservativen Maßnahmen. Die Ausnahmen von dieser Regel sind streng begrenzt, sie werden durch anatomische, topographische und pathophysiologische Merkmale des verletzten Knochens sowie das Alter des Patienten definiert. Konservative und operative Behandlungsverfahren dürfen daher nicht konkurrieren, sondern müssen sich ergänzen.

Eigene Erfahrungen aus 20 Jahren und die fundamentalen Arbeiten von v. Laer veranlaßten uns zur Revision der Meinungen und Vorstellungen und führten zu einem Katalog, der die operativen Indikationen definiert (Tab. 10.3-1). Die folgenden Erörterungen sollen die Indikationen zur Osteosynthese begründen, jedoch wird im Sinne des Themas im Gegensatz zu speziellen Darstellungen, auf pathophysiologische Details und diagnostische Erörterungen verzichtet. Sie werden ausführlich in den Lehrbüchern von L. v. Laer und L. Koslowski analysiert. Schnittführung und operative Zugangswege werden nur beschrieben, wenn sie von den Richtlinien der Traumatologie des erwachsenen Patienten abweichen. In dieser Hinsicht wird auf das Buch »Osteosynthesepraxis« von F. Schauwecker hingewiesen.

Tab. 10.3-1. Indikationskatalog zur operativen Knochenbruchbehandlung bei Kindern.

1. Dislozierte Frakturen der Wachstumsfuge
2. Dislozierte hüftnahe Frakturen
3. Nicht reponierbare Frakturen (gelenknahe Frakturen und Gelenkbrüche)
4. Distraktionsbrüche
5. Pseudarthrosen und in Fehlstellung geheilte Frakturen
6. Pathologische Frakturen
7. Schaftfrakturen bei Mehrfachverletzungen, die konservativ nicht behandelt werden können (z.B. schweres Polytrauma)

Frakturen der Epiphysenfuge

Vertikale Scher- und Stauchkräfte verursachen fugenkreuzende Frakturen, die in zwei Gruppen unterteilt werden können:
1. Rein epiphysäre Frakturen.
2. Epi-metaphysäre Frakturen.

Bei beiden Frakturtypen kreuzt der Bruchspalt die gesamte Fuge, also auch das Stratum germinativum, die Schicht, aus der das Längenwachstum des Knochens kommt. Die Verletzung der Fuge birgt das Risiko der Entstehung einer Nekrosezone und Ausheilungsbrücke, die zum vorzeitigen partiellen (oder auch totalen) Fugenschluß mit konsekutivem Fehlwachstum führen kann.

Der **totale vorzeitige Fugenschluß** tritt nur selten ein. Unter rund 400 Epiphysenfugenfrakturen, die in 20 Jahren beobachtet werden konnten, war diese Unfallfolge nur 4mal zu erkennen:
- 1mal nach einer Epiphysenlösung am Außenknöchel.
- 1mal nach einer Stauchungsfraktur (der sog. Crush-Fraktur) am distalen Schienbein.
- 2mal nach einer epimetaphysären Fraktur an der distalen Speiche.

Alle 4 Kinder waren zum Zeitpunkt der Verletzung jünger als 10 Jahre.

In den vergangenen Jahren wurde im Gegensatz zu früheren Auffassungen erkannt, daß nicht alle fugenkreuzenden Frakturen obligat zur Ausheilungsbrücke und zum **partiellen vorzeitigen Fugenschluß** führen müssen. Ein Vergleich von Ergebnissen aus einem Zeitraum bis 1974 und nach 1974 läßt vermuten, daß Operationen mit einem »wasserdichten« Verschluß den partiellen Fugenverschluß keineswegs verhindern können; wir haben vielmehr einige Hinweise, daß er nach Osteosynthesen sogar häufiger auftrat. Am häufigsten haben wir den partiellen Fugenverschluß bei Frakturen der distalen Tibiaepiphyse gesehen.

Als Ursache werden im Schrifttum der »Crush« und passagere oder persistierende Ischämien diskutiert. Für Gefäßläsionen als Ursache der Knorpelnekrose sprechen die experimentellen Untersuchungen von Trueta, Neugebauer und Schweizer, Dahle und Harrison sowie die Beobachtungen, daß der partielle Fugenverschluß besonders häufig nach Epiphysenfugenverletzungen des distalen Schienbeins auftritt, bei Epiphysenlösungen des distalen Schienbeins meistens medial erfolgt und selbst mediale Fahrradspeichenverletzungen ohne erkennbare Fugenverletzung zum partiellen oder totalen Fugenverschluß führen können. Diese Beobachtungen stützen die Theorie von einer ischämischen Ursache, weil die Gefäße am distalen Schienbein medial verlaufen.

Der »Crush« dagegen ist unwahrscheinlich, weil nach Petrin und v. Laer epimetaphysäre Ausheilungsbrücken auch nach undislozierten Epiphysenlösungen beobachtet werden konnten. Sie können aber nicht als Folge von axial wirkenden Kräften, sondern nur durch Scherkräfte entstehen.

Aus diesen Beobachtungen können folgende **prognostische Schlüsse** gezogen werden:

1. Eine Prognose ist im Einzelfall, unabhängig, ob es sich um eine Lyse, eine nicht dislozierte oder eine dislozierte Epiphysenfugenfraktur handelt, nicht möglich.
2. Die Art der Verletzung spielt im Hinblick auf die Prognose keine ausschließliche Rolle. Dislozierte epiphysäre und epimetaphysäre Frakturen führen nach unserer Erfahrung jedoch häufiger zum partiellen Fugenverschluß.
3. Neben dem prognostischen Faktor »primäre Dislokation« spielt das Patientenalter eine wesentliche prognostische Rolle: Je älter der Patient zum Zeitpunkt der Verletzung, desto geringer die Chance, daß eine mögliche Wachstumsstörung klinisch evident wird.
4. Die ischämiebedingte Nekrosezone ist therapeutisch nicht beeinflußbar. Die Ausheilungsbrücke kann therapeutisch jedoch durch einen wasserdichten Verschluß verschmälert werden.

Therapie

Aus diesen prognostischen Hinweisen können in Übereinstimmung mit v. Laer und Klapp für die Therapie folgende Schlüsse gezogen werden:

1. Die Wachstumstörung als Folge des vorzeitigen Fugenverschlusses ist primärtherapeutisch nicht direkt beeinflußbar. Eine wasserdichte Osteosynthese kann den Frakturspalt und die Ausheilungsbrücke jedoch verschmälern.
2. Die direkt beeinflußbare Läsion ist nur die Achsenstellung, die Stufe und der Bruchspalt in der Gelenkfläche.

Aus diesen beiden Erfahrungen folgt: Nicht-dislozierte Frakturen werden konservativ behandelt, dislozierte Frakturen mit einem über 2 mm breiten Frakturspalt müssen operativ wasserdicht reponiert und fixiert werden.

Eine Ausnahme stellen die nicht- und wenig dislozierten radialen Frakturen des distalen Humerus dar, die konservativ im Gipsverband behandelt, häufig abrutschen (nach unseren Beobachtungen in 50 %). Die operative Fixation kann dieses sekundäre Ereignis vermeiden.

Am Beispiel der Frakturen an der distalen Tibia und Fibula sollen die **therapeutischen Richtlinien** dargestellt werden. Wir unterscheiden nach therapeutischen und prognostischen Gesichtspunkten:

1. Metaphysäre Biegungsfrakturen der distalen Tibia.
2. Epiphysenlösungen mit und ohne metaphysärem Keil.
3. Mediale Malleolarfrakturen (typische Epiphysenfugenfrakturen).
4. Epiphysenlösungen der Fibula.
5. Übergangsfrakturen an der Tibia.

Zu 1: Die Fugenstimulation führt zunächst zur Valgusfehlstellung. Sie kann bei Kindern unter 10 Jahren jedoch mit dem weiteren Wachstum korrigiert werden, in dem sich die Epiphysenfuge wieder senkrecht zur Belastungsebene einstellt.
Bei vorzeitigem partiellen Fugenverschluß tritt indessen ein Fehlwachstum auf. Je näher die Fraktur bei der Epiphysenfuge liegt, desto eher tritt eine Wachstumsstörung ein.
Therapie: Metaphysäre Biegungsbrücke der distalen Tibia müssen und können konservativ vollständig korrigiert werden.

Zu 2: Die Epiphysenlösungen mit und ohne metaphysärem Keil lassen sich in aller Regel konservativ korrigieren. Die Korrektur muß bei Kindern über 10 Jahren jedoch vollständig sein, weil nicht mehr auf eine spontane Korrektur vertraut werden kann. Repositionshindernisse weisen auf ein Interponat im Frakturspalt hin. Dieser Befund fordert die operative Beseitigung des Interponats, eine Osteosynthese erübrigt sich jedoch in der Regel (Abb. 10.3-1).

Zu 3: Bei rein epiphysären oder epimetaphysären medialen Malleolarfrakturen (typische Epiphysenfugenfrakturen), besteht in 15 % die Gefahr des vorzeitigen partiellen Fugenverschlusses mit nachfolgendem Achsenfehler. Er wird durch eine Nekrosebrücke oder eine breite Ausheilungsbrücke verursacht. Nach unserer Erfahrung tritt die Komplikation des vorzeitigen partiellen Fugenverschlusses bei unter 8jährigen Kindern häufig (30 %), bei über 12jährigen Patienten seltener (5 %) ein.
Therapeutisch beeinflußbar ist nur die Ausdehnung der Ausheilungsbrücke, in dem der Frakturspalt durch einen wasserdichten Verschluß verschmälert wird. Ein verbleibender Schaden ist die Folge einer nicht-beeinflußbaren ischämiebedingten Nekrosezone. Der vorzeitige partielle Fugenverschluß stellt am medialen Malleolus jedoch keine »Präarthrose« dar, weil der Frakturspalt außerhalb der Belastungszone des Gelenkes liegt.

Therapie: Bei dislozierten Frakturen muß eine epiphysäre Kompressionsosteosynthese, in der Regel mit einer AO-Kleinfragmentschraube (Abb. 10.3-2 – 4) durchgeführt werden. Bei Kleinkindern kann die Schraube zu traumatisierend wirken, wir bevorzugen deshalb in dieser Altersgruppe Kirschner-Drähte (Abb. 10.3-3).

Zu 4: Laterale epimetaphysäre Malleolarfrakturen und Epiphysenlösungen sind im Kindesalter selten.

Therapie: Zunächst versucht man die Fraktur oder die Epiphysenlösung konservativ zu reponieren und zu fixieren. Nur bei Repositionsunfähigkeit, oft durch ein Interponat bedingt, entschließen wir uns zur Kirschner-Drahtosteosynthese. Bei gleichzeitiger Syndesmosensprengung wird zusätzlich eine fibulotibiale Stellschraube zur Sicherung der Syndesmosennaht erforderlich.

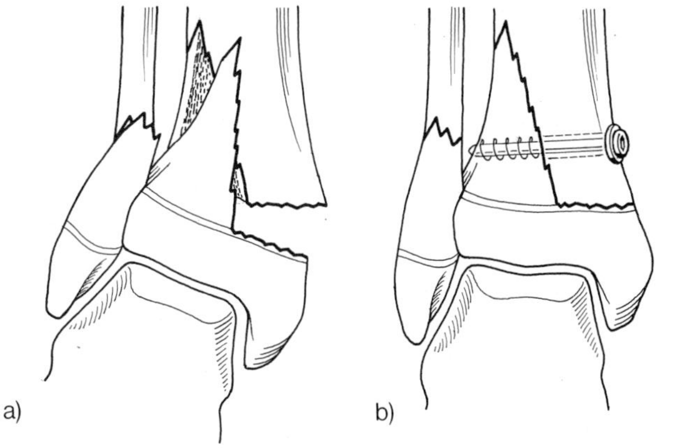

Abb. 10.3-2. Osteosynthese einer nichtreponierbaren metaphysären Epiphysenfugenfraktur (Aitken I) mit Zugschraube.

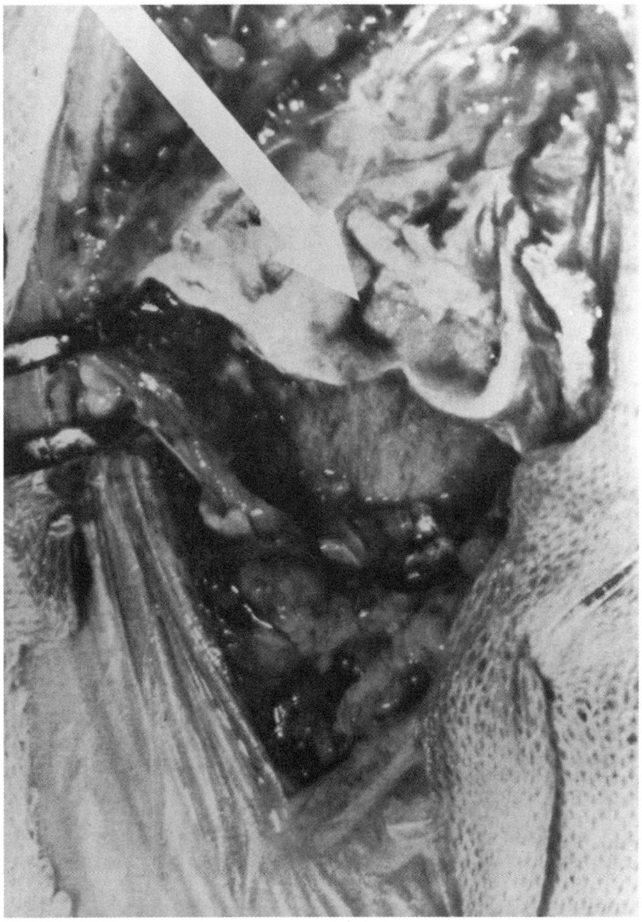

Abb. 10.3-1. Im Bruchspalt von Epiphysenfugenfrakturen können dicke Periostlappen eingeschlagen sein und ein Repositionshindernis darstellen. In solcher Situation besteht eine Operationsindikation. Bei der Operation wird der Periostlappen aus dem Bruchspalt entfernt, die Reposition gelingt in der Regel mühelos, eine Fixation der Fragmente ist nur selten notwendig.

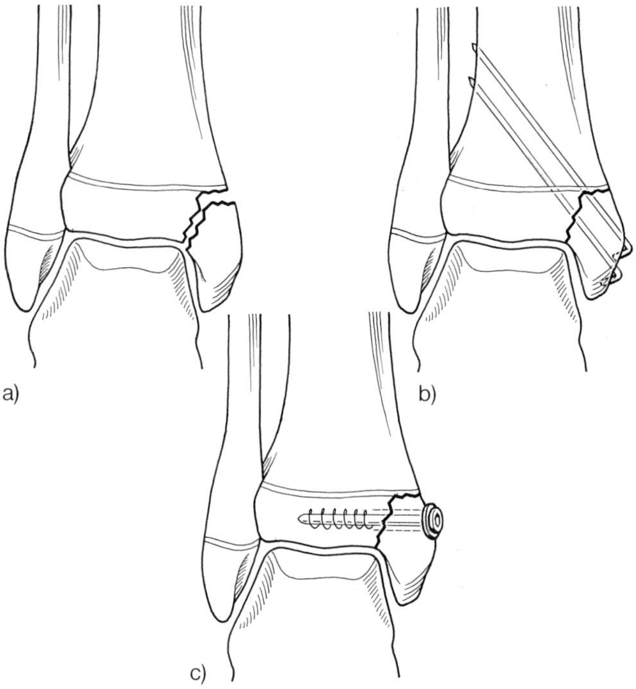

Abb. 10.3-3. Osteosynthese einer typischen Epiphysenfraktur (Aitken II) der distalen Tibia mit Zugschraube oder Kirschner-Drahtstiften.

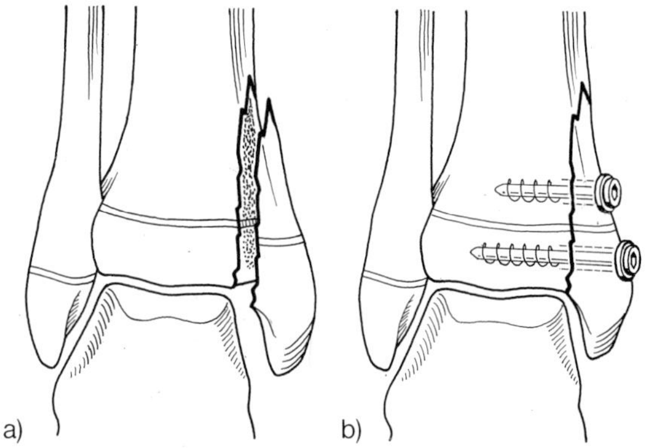

Abb. 10.3-4. Osteosynthese einer epimetaphysären Epiphysenfraktur (Aitken III) der distalen Tibia mit Zugschrauben.

Zu 5: »Übergangsfrakturen« treten nur bei älteren Kindern auf. Bei ihnen hat der physiologische Fugenverschluß bereits begonnen, die physikalischen Eigenschaften, die zwischen Epiphysenfuge und Epiphyse, sowie zur Metaphyse bestehen, haben sich im Unterschied zu jüngeren Kindern verändert. Deshalb tritt der Bruchspalt auch an einem anderen Ort auf. Das gleiche Trauma, das bei jüngeren Kindern zur Epiphysenlösung führen würde, führt jetzt – weil der Blasenknorpel zum Teil mechanisch fester geworden ist – zum Übergangsbruch. Der Bruchspalt kann rein epiphysär oder auch epimetaphysär verlaufen. Bei einem Teil dieser Frakturen »bricht die metaphysäre Fraktur wie ein hinteres Volkmannsches Dreieck in das Gelenk durch« (v. Laer). Der Frakturspalt kann in der Epiphyse lateral, zentral und auch intermalleolär-medial liegen.
Wachstumsstörungen sind wegen des fortgeschrittenen Alters dieser Kinder nicht mehr zu erwarten.
Übergangsfrakturen sind auffallend selten disloziert. Beim Vorliegen einer Dislokation, die über 2 mm Breite hinausgeht, oder eine Stufe zum Gelenk bildet, muß operativ vorgegangen werden, weil der Bruchspalt in der Hauptbelastungszone liegt. Ob aber bei unterlassener operativer Korrektur und Osteosynthese Spätschäden entstehen würden, ist bisher nicht sicher bekannt.
v. Laer nimmt dazu mit folgendem Satz Stellung: »Angesichts der Häufigkeit dieser Frakturen, die früher vor 20 bis 40 Jahren üblicherweise konservativ behandelt wurden, und angesichts der auch heute noch ausgesprochen seltenen Arthrosen des oberen Sprunggelenkes, kommt der Verdacht auf, daß auch im Rahmen konservativ behandelter oder sogar übersehener und unbehandelter Übergangsfrakturen keine ernsthaften Spätschäden zu erwarten sind«.
Therapie: Die nicht-dislozierten Übergangsfrakturen werden in aller Regel konservativ behandelt. Dislozierte Frakturen, mit einem über 2 mm breiten Bruchspalt sollten dagegen operiert werden, weil die Entstehung einer Arthrose nicht sicher ausgeschlossen werden kann.
Der **Zugang** richtet sich nach der Lokalisation des Frakturspaltes. Liegt er lateral bis zentral empfiehlt sich ein lateraler Längsschnitt vor dem lateralen Malleolus. Liegt er jedoch medial der Mitte, so wird von einem medialen Längsschnitt aus operiert, der vor dem Malleolus medialis geführt wird. In der Regel kann eine von der Epiphyse aus in ventrodorsaler Richtung eingeführte Zugschraube das Volkmannsche Dreieck fassen. Die epiphysäre Zugschraube sollte nicht parallel zur vorderen lateralen Kante der Tibia, sondern vom Ansatz der vorderen Syndesmose schräg nach dorsomedial eingeführt werden (weil es sich eigentlich um einen knöchernen Syndesmosenausriß handelt) (Abb. 10.3-5).

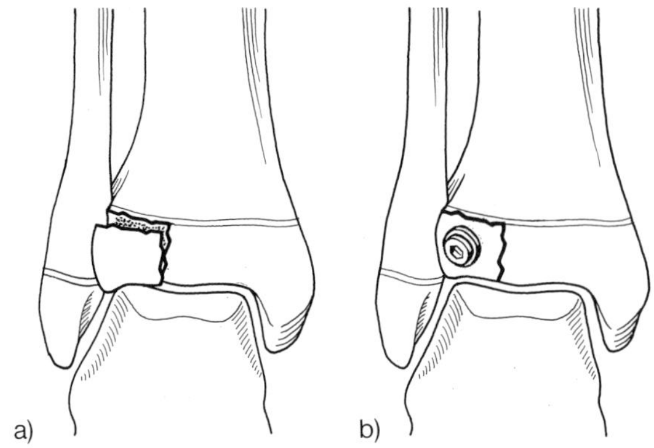

Abb. 10.3-5. Osteosynthese einer typischen lateralen, epiphysären »Übergangsfraktur« der distalen Tibia (knöcherner Ausriß der vorderen tibiofibularen Syndesmose) mit einer von ventrodistal nach dorsoproximal eingeführten Zugschraube. Merke: Es handelt sich u.U. um die einzige, nicht nachteilige, die Epiphysenfuge kreuzende Osteosynthese mit einer Zugschraube.

Schenkelhalsfrakturen

Schenkelhalsfrakturen kommen im Wachstumsalter nur selten vor, weil die Spongiosa dieses Femurabschnittes noch sehr fest ist. v. Laer berichtet, daß sie nur 1 % aller Frakturen der unteren Extremitäten ausmachen. Von 196 Kindern mit Femurfrakturen, die wir in den letzten vier Jahren behandelt haben, hatten 4 eine Schenkelhalsfraktur und eines eine traumatische Epiphysenlösung.

Die Einteilung der Schenkelhalsverletzungen in laterale Frakturen, Abscherfrakturen der Schenkelhalsmitte, subkapitale Frakturen und Epiphysenlösungen hat nur deskriptive Bedeutung, ist in therapeutischer und prognostischer Hinsicht jedoch wertlos.

Therapie und Prognose sind vielmehr vom Ausmaß der Gefäßverletzung abhängig, denn sie bestimmt das Ausmaß und die Rate der posttraumatischen Schenkelhals- und Hüftkopfnekrosen, die wir in der Zeit der ausschließlich konservativen Behandlung in rund 60 % beobachten mußten.

Die Gefäßarchitektur des Schenkelhalses und des Hüftkopfes eines Kindes unterscheidet sich von der des Erwachsenen. Beim Erwachsenen werden der Schenkelhals und der Hüftkopf von den lateralen Gefäßen aus der medialen A. circumflexa femoris, aus den anterioren Ästen der lateralen A.circumflexa femoris und aus einer Arterie versorgt, die im Lig. capitis femoris verläuft (R. acetabularis). Diese drei Gefäßsysteme sind untereinander vernetzt. Beim Kind dagegen werden der Hüftkopf und Schenkelhals bis zum 3. bis 4. Lebensjahr zwar auch aus den medialen und lateralen Gefäßen versorgt, sie haben jedoch Endstrombahncharakter. Zwischen dem 4. und 8. Lebensjahr bestimmt die A. circumflexa femoris medialis allein die Blutversorgung. Erst nach dem 8. Lebensjahr wird die Blutversorgung wieder gemeinsam sowohl aus der A.

circumflexa femoris medialis und der A. circumflexa femoris lateralis gewährleistet. Zudem entwickelt sich nach dem 8. Lebensjahr auch der R. acetabularis im Lig. capitis femoris wieder. Diese drei Gefäßsysteme anastomosieren im Schenkelhals jedoch erst nach dem physiologischen Fugenverschluß. Schenkelhals und Hüftkopf sind daher im Kindesalter, besonders zwischen dem 3. und 8. Lebensjahr, nekrosegefährdet. Die Ikonographie dieser Nekrosen ist für verschiedene Gefäßläsionen in der Abb. 10.3-6 dargestellt. Zur unreifen Gefäßarchitektonik, die zur Nekrose prädestiniert, kommen noch zwei weitere ischämiebegünstigende Merkmale hinzu:

1. Die Knochenhaut ist beim Kind im Unterschied zum Erwachsenen fest mit dem Knochen verwachsen, sie hebt sich deshalb bei einem Knochenbruch nicht von der Corticalis ab, weicht dem Bruchspalt nicht aus, sondern zerreißt zusammen mit den periostal verlaufenden Gefäßen.
2. Die Gelenkkapsel ist beim Kind zerreißfest. Ein Hämarthros kann nicht wie beim Erwachsenen in die Weichteile sickern, sondern führt zur Druckerhöhung im Gelenk und somit zur Drosselung der periostalen Gefäße. Vom Ausmaß des intraartikulär entstandenen Drukkes kann sich jeder Operateur überzeugen, denn beim Inzidieren der Gelenkkapsel entleert sich regelmäßig unter Druck eine beeindruckende Blutfontäne.

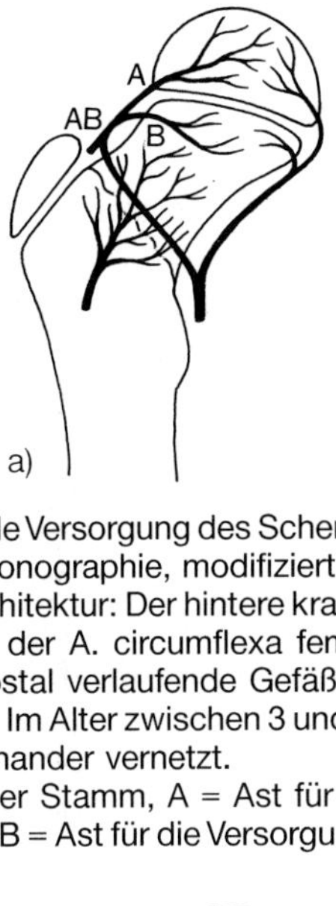

Abb. 10.3-6. Arterielle Versorgung des Schenkelhalses und Hüftkopfes beim Kind (Ikonographie, modifiziert nach Kuner).
a) Normale Gefäßarchitektur: Der hintere kraniale und der hintere kaudale Stamm aus der A. circumflexa femoris lateralis sowie interossär bzw. endostal verlaufende Gefäße versorgen Schenkelhals und Hüftkopf. Im Alter zwischen 3 und 9 Jahren sind diese Gefäße nicht untereinander vernetzt.
AB = hinterer kranialer Stamm, A = Ast für die Versorgung des Epiphysenzentrums, B = Ast für die Versorgung des Schenkelhalses.

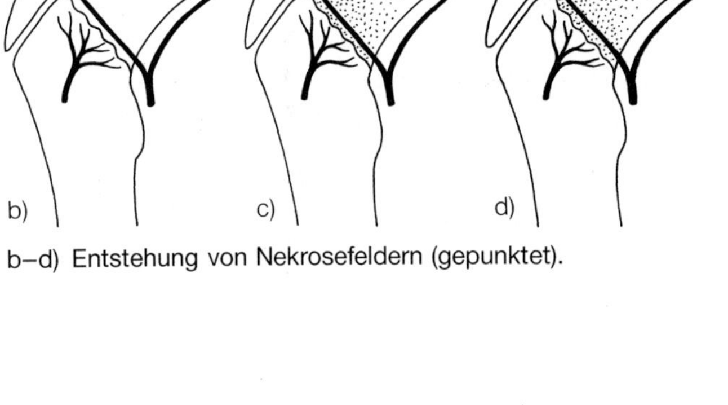

b–d) Entstehung von Nekrosefeldern (gepunktet).

In einer Synopse können im Hinblick auf die Prognose folgende Merksätze formuliert werden:

1. Die Prognose ist abhängig vom Ausmaß der Gefäßverletzung.
2. Die Prognose ist abhängig vom Alter des Patienten.

Folgen einer Schenkelhalsfraktur können sein:

1. Hüftkopf- und Schenkelhalsnekrosen.
2. Partielle Hüftkopfnekrosen.
3. Partielle Schenkelhalsnekrosen.

Folgen der Nekrose können sein:

1. Pseudarthrosen des Schenkelhalses (im Schrifttum beschrieben, von uns selbst niemals beobachtet worden).
2. Valgisierungen des Schenkelhalses (nur vor dem 8. Lebensjahr beobachtet worden, weil sich die Fugeneinheit des Hüftkopfes und des Trochanter major im 8. Lebensjahr trennen, sodaß nachher der Trochanteranteil nicht mehr am Längenwachstum teilnimmt. Eine Schädigung dieses Teils der ehemaligen Fugeneinheit kann sich nach der Trennung nicht mehr in einer valgisierenden Wachstumsstörung auswirken).
3. Varusfehlstellungen (werden am häufigsten beobachtet, bis heute ist jedoch nicht schlüssig erklärt worden, ob die Varisierung Folge der Nekrose oder der primären Dislokation ist).
4. Totaler Fugenverschluß.

Für die therapeutischen Überlegungen ist noch eine weitere Beobachtung wichtig: Spontane Korrekturen am Schenkelhals sind theoretisch zwar denkbar, praktisch jedoch nicht realisierbar, weil die Epiphysenfuge des Hüftkopfes sehr langsam wächst. Korrigierende Aktivitäten der Epiphysenfuge können nur bei sehr jungen Patienten Erfolg bringen. Kinder unter 3 Jahren erleiden indessen nur sehr selten Schenkelhalsfrakturen.

Das Ziel der Behandlung ist daher:

1. Achsenfehler zu korrigieren.
2. Pseudarthrosen zu verhindern.
3. Optimale Bedingungen für die Durchblutung zu schaffen (dieses dritte Ziel erfordert und begründet eine »Notfall«-Operation).

Therapie

Die dislozierten Schenkelhalsfrakturen zwingen deshalb zu folgendem therapeutischen Vorgehen:

1. Über einen **anterolateralen Zugang nach Watson-Jones** wird die Gelenkkapsel ventral gefenstert (Druckentlastung).
2. Unter Sicht werden die Fragmente reponiert **(Korrektur des Achsenfehlers)**.
3. Die Fraktur wird abhängig vom Alter mit drei Kirschner-Drähten, oder zwei Kirschner-Drähten und einer Zugschraube fixiert und dann im Becken-Bein-Gips ruhiggestellt **(Verhinderung einer Pseudarthrose)**.

Die Implantate sollen die Epiphysenfuge – außer bei Epiphysenlösungen – nicht kreuzen. Wegen der Härte der Spongiosa ist eine Winkelplatte kontraindiziert. Neben der unnötig starken Traumatisierung der Trabekelstruktur würde sie die Fragmente in der Längsachse dislozieren und einer Pseudarthrosenbildung Vorschub leisten.

Obwohl bei Kleinkindern eine spontane Korrektur denkbar ist, soll eine Varusdislokation auch in diesem Alter nicht belassen werden, weil sie eine Beinverkürzung und daher einen Trendelenburgschen Gang mit sich bringen kann.

Nicht-dislozierte Schenkelhalsfrakturen können konservativ im Becken-Bein-Gips behandelt werden. Im Sinne der Nekroseprophylaxe muß das Hämarthros jedoch drainiert werden.

Per- und intratrochantäre Oberschenkelfrakturen

Diese Frakturtypen haben nur einen Anteil von 8 % an den ohnehin seltenen »Schenkelhalsfrakturen«. Im Gegensatz zu den anderen Schenkelhalsfrakturen besteht die Gefahr einer Kopf- und Halsnekrose nicht. Deshalb zählen wir per- und intratrochantäre Frakturen aus prognostischen Gründen nicht mehr zu den Schenkelhalsfrakturen.

Da keine Nekrosen drohen und der Bruchspalt von der Epiphysenfuge weit entfernt liegt, sind auch keine Wachstumsstörungen zu befürchten.

Therapie

Da die spontane Korrektur einer Fehlstellung nur zögernd und nur bei Kleinkindern eintritt, verfolgen wir das folgende Therapiekonzept: Nicht-dislozierte Frakturen werden konservativ im Becken-Bein-Gips behandelt, dislozierte operativ reponiert und mit einer T- oder Kleeblattplatte sowie mit zwei in den Schenkelhals eingeführten kurzen Zugschrauben fixiert. Eine Winkelplatte ist nur erforderlich, wenn die Schrauben keinen Halt finden würden. Die Platte darf die Epiphysenfuge jedoch nicht berühren.

Lösung des Trochanter major und minor

Dieser Frakturtyp, der nur in der Präpubertät auftritt, wird im Abschnitt »Disktrationsfrakturen« behandelt.

Gelenkbrüche und gelenknahe Brüche

Die Klassifizierung dieser Frakturen unter dem Gesichtspunkt der Operationsindikationen (Tab. 10.3-1) zeigt die Grenzen und Schwächen der vorgenommenen Indikationsliste, weil viele Gelenkbrüche und gelenknahe Brüche gleichzeitig auch Epiphysenfugen- und Distraktionsfrakturen sind. Der didaktischen Übersichtlichkeit wegen soll das Prinzip trotzdem angewandt werden.

Die konservative Reposition und Fixation gelingt bei gelenknahen Brüchen selten, bei Gelenkbrüchen nie. Zur Vermeidung von Gelenkstufen und inkongruenten Gelenkflächen muß deshalb operiert werden. Zudem ist die Epiphysenfuge oft mitverletzt. Häufigster Ort gelenknaher Brüche sind der distale Humerus und distale Femur.

Subkapitale Humerusfrakturen und Epiphysenlösungen

Der Vorteil der proximalen Humerusepiphysenfuge besteht im Hinblick auf eine Verletzung in ihrer enormen Fähigkeit zur Spontankorrektur bis ins 12. Lebensjahr hinein. Deshalb darf das therapeutische Vorgehen »großzügig« sein. Ein totaler oder partieller Fugenverschluß nach Frakturen mit Beteiligung der Epiphysenfuge ist von uns niemals beobachtet worden und in der einschlägigen Literatur wird darüber nicht berichtet. Nach Epiphysenlösungen ist jedoch ein partieller vorzeitiger Fugenverschluß bekannt. Er kann zur Oberarmverkürzung oder zur Varusstellung führen.

Therapie

Die Erfahrungen aus mehreren Jahrzehnten kinderchirurgischer Traumatologie rechtfertigen folgendes Vorgehen:

1. Bei Kindern unter 12 Jahren können nach v. Laer sogar Achsenfehler bis 60° belassen werden, funktionelle Einbußen und Präarthrosen seien nicht zu befürchten.
2. Bei Kindern jenseits des 12. Lebensjahres können Achsenfehler bis 30° ohne Funktionseinbuße belassen werden. Eine Operationsindikation ist nur gegeben,
   a) wenn die Fraktur instabil ist,
   b) der Patient kurz vor dem Fugenschluß steht und die Fragmente nicht tolerierbar reponiert werden können,
   c) wegen eines Interponats ein Repositionshindernis besteht (z.B. interponierte Bizepssehne bei Epiphysenlösungen).

Der operative Zugang verläuft S-förmig am vorderen Rand des M. deltoideus, sofern die perkutane Kirschner-Drahtosteosynthese nicht möglich ist.

Eine diagnostische Herausforderung stellen die geburtstraumatischen Epiphysenlösungen des proximalen Humerusendes dar. Die Epiphyse ist röntgenologisch noch nicht erkennbar. Röntgenologische Methoden versagen daher in der Diagnostik. Im Schrifttum wird auf die mögliche arthrographische Klärung des Befundes aufmerksam gemacht und darauf hingewiesen, daß diese Verletzung häufig übersehen wird. Über die prognostische Relevanz sind im Schrifttum keine verläßlichen Aussagen zu finden und ausreichend eigene Erfahrungen fehlen. Vier Hinweise sollen aus eigener Erfahrung gegeben werden:

1. Die Diagnose muß bald gestellt werden, denn innerhalb von 8 bis 10 Tagen entwickelt sich bereits ein überwallender Fixationskallus.
2. Bei jeder Plexuslähmung sollte nach dieser Begleitverletzung gefahndet werden.
3. In drei Fällen konnten wir die Diagnose sonographisch stellen.
4. Im Gegensatz zur geburtstraumatischen Luxation des Oberarmkopfes ist in funktioneller Hinsicht eine konservative Reposition, die über die notwendige Plexuslagerung hinausgeht, nicht erforderlich. Ein operatives Vorgehen, wie andernorts schon geübt, halten wir für unnötig. Die Aussagen zur Prognose basieren auf Erfahrungen von zwölf 10 Jahre lang beobachteten Patienten. Eine Funktionsbeeinträchtigung ist bei keinem Kind zu erkennen. Bei 2 Kindern konnte jedoch eine Oberarmverkürzung von 2 cm und eine Varusstellung von 15° festgestellt werden, die nicht spontan korrigiert wurden, jedoch keine Funktionsbeeinträchtigung auslösten. Im Röntgenbild war ein totaler Fugenverschluß zu erkennen. Deshalb ist die Vermutung berechtigt, daß die geburtstraumatische Läsion die gesamte Epiphysenfuge betraf. Da die Gefäßarchitektur dieser Region zahlreiche Anastomosen aufweist und die Frakturspalten extraartikulär verlaufen, ist eine ischämische oder hämatomdruckbedingte Nekrose unwahrscheinlich. Zu erörtern ist jedoch die mechanische Komponente des Geburtstraumas selbst.

Suprakondyläre Humerusfrakturen

(Abb. 10.3-7–11)

Mit Blick auf die Prognose und Operationsindikation berichten wir unter Einbeziehung eigener Erfahrungen und Untersuchungsergebnisse:

1. Die Antekurvationsstellung kann spontan korrigiert werden, die Korrektur benötigt aber viel Zeit. Wir dürfen daher nur bei Kleinkindern auf die korrigierenden Elemente bauen.
2. Der Cubitus varus und Cubitus hypervalgus kann spontan nicht korrigiert werden.
3. Cubitus varus und Cubitus hypervalgus sind die Folge einer Rotationsfehlstellung, die das Abkippen des distalen Fragments (in den Cubitus varus, selten Cubitus valgus) bewirkt.
4. Aus prognostischen Gründen muß daher zwischen Frakturen mit und ohne Rotationsfehler unterschieden werden.
5. Ein Rotationssporn ist röntgenologisch erst erkennbar, wenn die Rotation mehr als 30° beträgt. Der Sporn verschwindet später, weil er nach proximal »davon« wächst. Eine spornbedingte Flexionsbehinderung verschwindet deshalb später.
6. Ein Cubitus varus kann bei starker seitlicher Abkippung auch ohne Rotationsfehler auftreten.
7. Wachstumsstörungen sind selten, können jedoch auftreten. Sie werden gehäuft nach Bohrversuchen durch den Condylus radialis und damit auch durch die Epiphysenfuge beobachtet.

Therapie

1. Eine Operationsindikation stellen alle suprakondylären Humerusfrakturen dar, die einen konservativ nicht korrigierbaren Rotationsfehler oder eine konservativ nicht korrigierbare Abkippung behalten.
2. Der Kirschner-Draht muß exakt im radialen Epicondylus eingeführt werden (und nicht distal davon), weil sonst die Fuge durchbohrt wird und Wachstumsstörungen drohen.
3. Eine Spitzwinkelstellung des Unterarmes erleichtert das Fixationsmanöver mit Kirschner-Drähten meistens.
4. Der Draht muß von dorsal nach ventral bis in die Gegenkortikalis vorgetrieben werden.
5. Die Kreuzungsstelle der Kirschner-Drähte muß proximal des Frakturspaltes liegen, sonst kann das Fragment im Frakturspalt um die Drahtkreuzung rotieren.
6. Der Zugang zum Frakturspalt sollte aus kosmetischen Gründen von ulnar gewählt werden. Ein zusätzlicher radialer Schnitt ist jedoch bei Weichteilinterponaten und starker Abkippung nicht immer vermeidbar.

Die Vielzahl der Therapievorschläge, die in der Literatur zur suprakondylären Humerusfraktur zu finden sind, lassen erkennen, daß ein ideales Verfahren noch nicht gefunden wurde. Für uns hat sich das folgende Vorgehen bewährt: Bei jeder typischen suprakondylären Humerusfraktur wird zunächst ein konservativer Repositionsversuch gemacht. Wenn er mißlingt, dann wird in der selben Narkose operiert. Mit einigen Abbildungen soll das standardisierte Verfahren der konservativen Reposition einer suprakondylären Humerusfraktur dargestellt werden.

Repositionstechnik für die Extensionsfraktur

Beim Repositionsmanöver müssen vier Verschiebungsrichtungen berücksichtigt werden (Abb. 10.3-7 a–d):

1. Dorsale Verschiebung des distalen Fragmentes.
2. Axiale Verschiebung, meistens als Verkürzung.
3. Laterale Verschiebung.
4. Torsionsverschiebung.

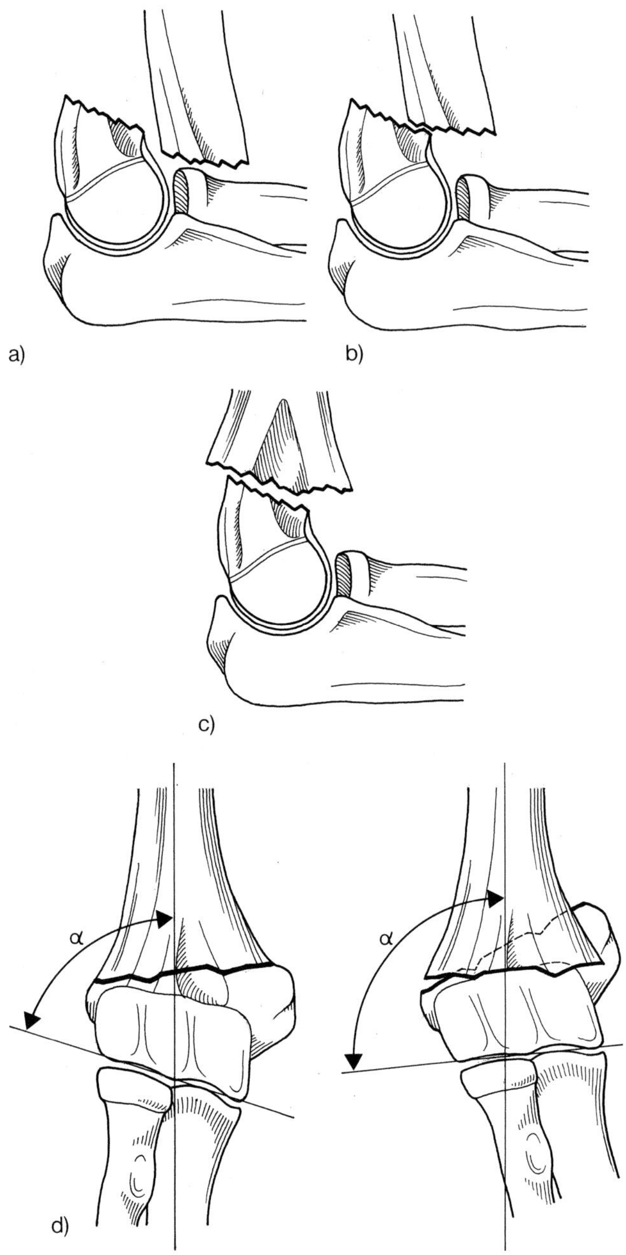

Abb. 10.3-7. Die vier Dislokationen einer suprakondylären Humerusfraktur:
a) Verkürzung.
b) Verschiebung.
c) Rotation.
d) Abkippung.

Folgende Phasen sind bei der Reposition zu berücksichtigen.

1. Phase der Reposition (Abb. 10.3-8 a–b): Vorsichtige Dorsalverschiebung des distalen Fragmentes unter gleichzeitigem diskretem Längszug. Damit sollen die Gefäße der Ellenbeuge, die möglicherweise im Frakturspalt eingeklemmt sind, gelöst werden.

2. Phase der Reposition (Abb. 10.3-8c): Am pronierten oder supinierten Arm wird unter Zug und Gegenzug eine Verkürzung, Abkippung und möglicherweise Verkeilung der Fragmente beseitigt. Es ist ratsam, das Ellenbogengelenk in dieser Repositionsphase um 20° zu beugen.

3. Phase der Reposition (Abb. 10.3-8d): Unter mäßigem Zug und Gegenzug wird das Ellenbogengelenk um 80° weiter gebeugt. Dabei wird in der Regel die Dorsalverschiebung und die Dorsalabknickung des distalen Fragmentes behoben.

4. Phase der Reposition (Abb. 10.3-8e): Die freie Hand umgreift jetzt sowohl von medial als auch von lateral her unter Aufrechterhaltung von Zug und Gegenzug sowie 80°-Beugestellung das distale Fragment. Unter Bildwandlerkontrolle kann dann eine laterale Verschiebung und eine eventuell noch vorhandene Rotationsfehlstellung korrigiert werden.

5. Phase der Reposition (Abb. 10.3-8f): In 80°-Beugestellung ist die Dorsalverschiebung und Dorsalabkippung häufig noch nicht vollständig korrigiert. Eine weitere Beugung des Armes und ein mäßiger Druck mit dem Daumen von dorsal auf das distale Fragment, führt in der Regel zur vollständigen Reposition.

Die stabile Stellung wird in der Regel durch die gespannte Sehne des M. triceps brachii herbeigeführt (Abb. 10.3-8g). Unter Beobachtung der Fingerdurchblutung muß es das Ziel sein, den Ellenbogen so weit wie möglich zu beugen. Die auf diese Weise reponierte und fixierte Fraktur wird dann im Collar-and-Cuff-Verband ruhiggestellt.

Wenn diese Repositionstechnik nicht zur vollständigen Korrektur führt oder eine Durchblutungsstörung droht, dann muß das konservative Vorgehen zu Gunsten einer Operation abgebrochen werden. Die transkutane Spickdrahtosteosynthese wird von uns nicht mehr durchgeführt, da die gutachterliche Tätigkeit erkennen ließ, daß Nervenschäden und Infektionen nicht selten sind. Inzwischen haben wir auch die sog. halboperativen Verfahren, wie die Drahtextension nach Baumann (Abb. 10.3-8h) und die Nagelextension nach v. Ekesparre verlassen, weil die standardisierte operative Korrektur zeitlich nicht aufwendiger ist, eine geringere Komplikationsrate beinhaltet und die Kinder schon am 3. Tage aus der stationären in die ambulante Weiterbetreuung entlassen werden können.

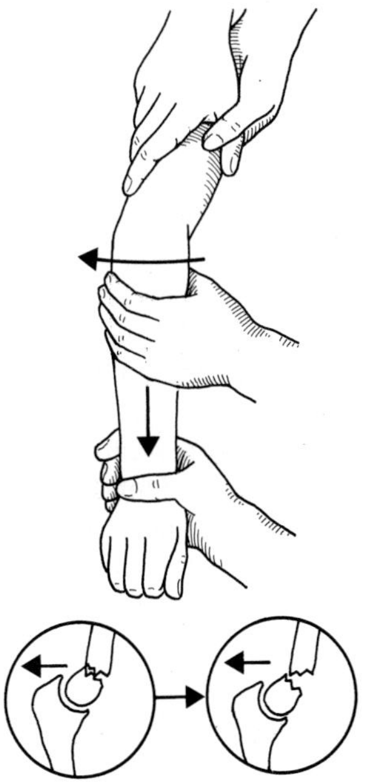

a)

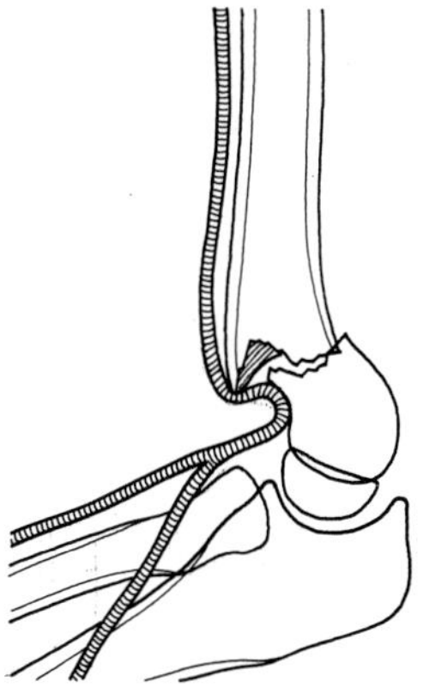

b)

Abb. 10.3-8. Repositionsmanöver für die suprakondyläre Extensionsfraktur.

a u. b) Mit einer vorsichtigen Dorsalverschiebung des distalen Humerusfragmentes unter gleichzeitigem vorsichtigem Längszug können Gefäße, Nerven und Weichteile aus dem Bruchspalt gelöst werden.

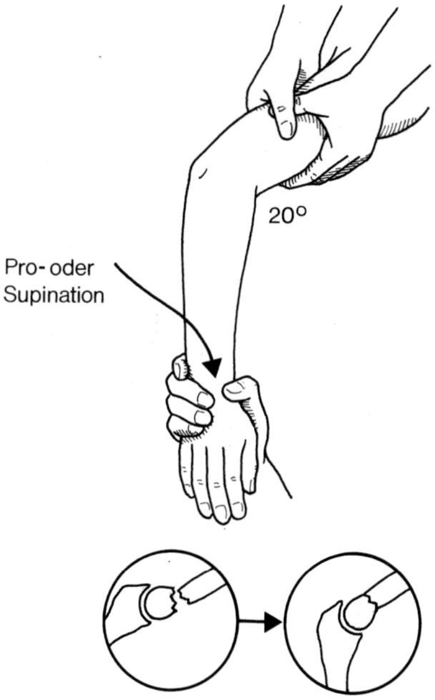

c) Bei proniertem oder supiniertem Unterarm wird unter Zug und Gegenzug eine Verkürzung, Abkippung und möglicherweise Verkeilung der Fragmente beseitigt. Ratsam ist eine Beugung im Ellenbogengelenk von 20°.

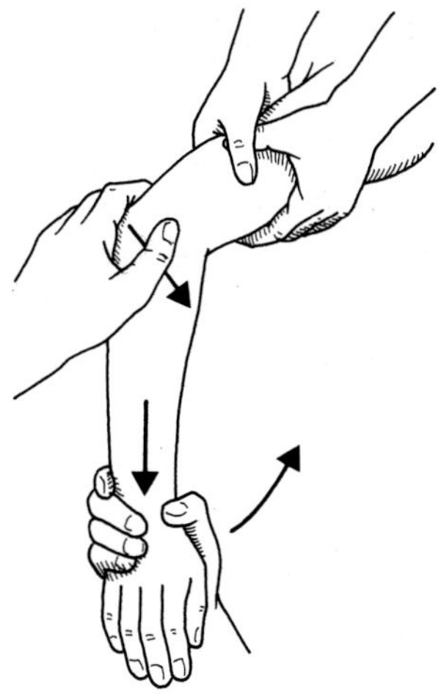

d) Unter mäßigem Zug und Gegenzug wird das Ellenbogengelenk auf 80° weiter gebeugt. In der Regel kann dabei mit einem leichten Druck von dorsal her die Dorsalverschiebung und die Dorsalabknickung des distalen Fragmentes behoben werden.

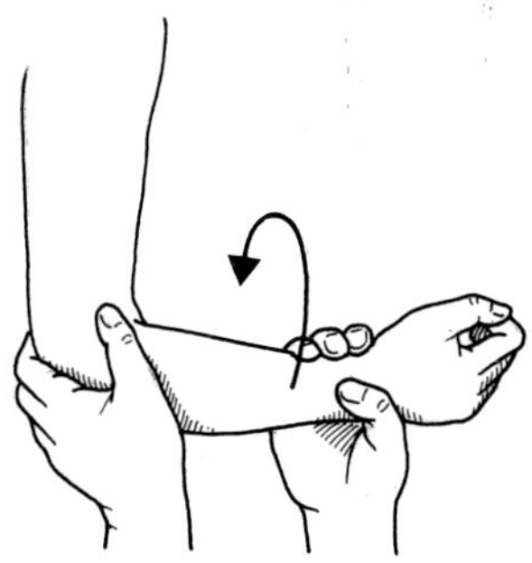

e) Die freie Hand umgreift sowohl von medial als auch von lateral her unter Aufrechterhaltung von Zug und Gegenzug sowie 80° Beugestellung das distale Fragment. Unter Bildwandlerkontrolle können eine laterale Verschiebung und ein noch vorhandener Rotationsfehler korrigiert werden.

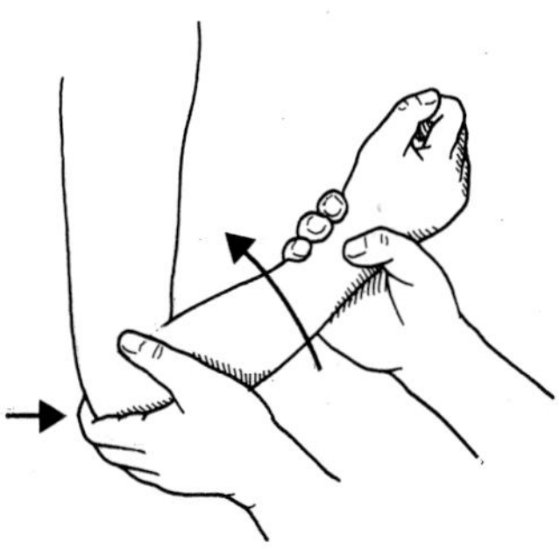

f) Wenn in 80° Beugestellung die Dorsalverschiebung und Dorsalabkippung noch nicht vollständig korrigiert ist, führen die weitere Beugung des Armes und ein mäßiger Druck von dorsal auf das distale Fragment in der Regel zur vollständigen Reposition.

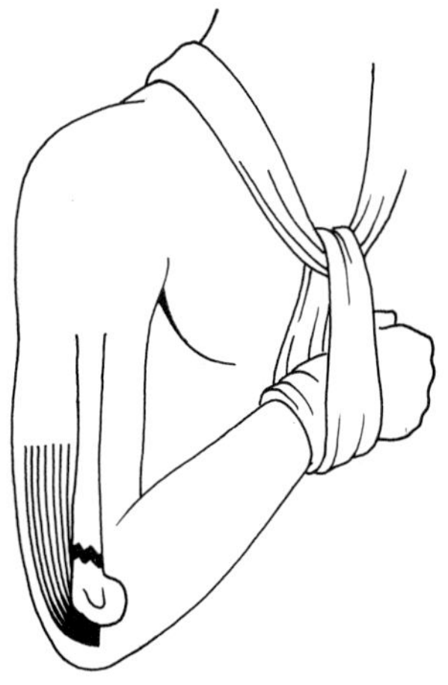

g) Die in Beugestellung gespannte Sehne des M. triceps brachii kann die Fraktur von dorsal her »schienen«. Wenn die Durchblutung eine Fixation in Beugestellung erlaubt, dann kann das Repositionsmanöver und die Fixation mit einem Collar-and-Cuff-Verband abgeschlossen werden.

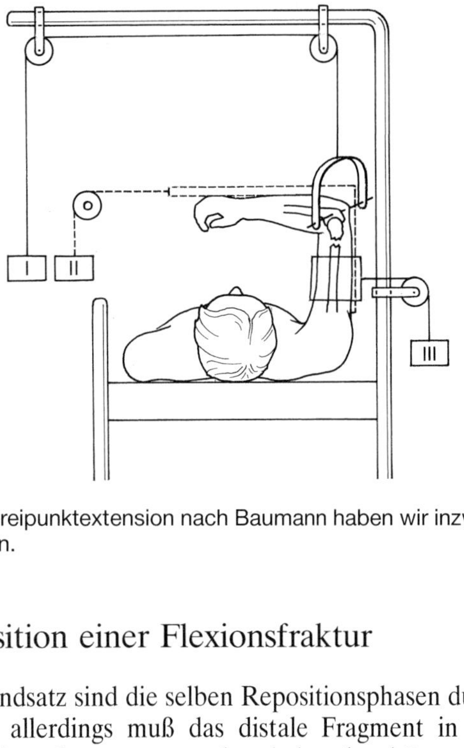

h) Die Dreipunktextension nach Baumann haben wir inzwischen verlassen.

Reposition einer Flexionsfraktur

Im Grundsatz sind die selben Repositionsphasen durchzuführen, allerdings muß das distale Fragment in der 2. Repositionsphase von ventral nach dorsal gedrängt werden. Die Reposition ist in Rückenlage erleichert. Eine Flexionsfraktur läßt sich indessen erfahrungsgemäß häufig nicht in Beugestellung durch die gespannte Sehne des M. triceps brachii fixieren. Gelegentlich gelingt eine stabile konservative Fixation in einer individuellen Streckstellung, häufig in 170°. Allerdings lehrt die Erfahrung, daß derart fixierte Frakturen sekundär oft wieder abrutschen. Deshalb muß die Operationsindikation bei Flexionsfrakturen großzügiger gestellt werden.

Phase 1 der Reposition (Abb. 10.3-9a): Unter mäßigem, jedoch stetigem Zug und Gegenzug in Beugestellung wird die Verkeilung der Fragmente gelöst.

Phase 2 der Reposition (Abb. 10.3-9b): Unter Aufrechterhaltung von Zug und Gegenzug wird der Ellenbogen allmählich gestreckt (Abb. 10.3-9c). Damit kann die Knickbildung zumindest vermindert werden. In 10°-Beugestellung wird das Fragment dann sowohl von vorne nach dorsal gedrängt, als auch die seitliche Verschiebung korrigiert. Eine noch vorhandene Rotationsfehlstellung kann in der Regel entweder durch Pro- oder Supinationsbewegung ausgeglichen werden. In 10°-Beugestellung wird nach kompletter oder tolerabler Reposition der Arm mit einer dorsalen Gipsschiene versorgt. Die in manchen Büchern angegebene Repositionstechnik in 90°-Beugestellung mit Ventraldruck am proximalen Fragment und Dorsaldruck am distalen Fragment hat sich in unseren Händen nicht bewährt. Die ersten postrepositionellen Röntgenkontrollen zeigten fast immer eine erneute Dislokation.

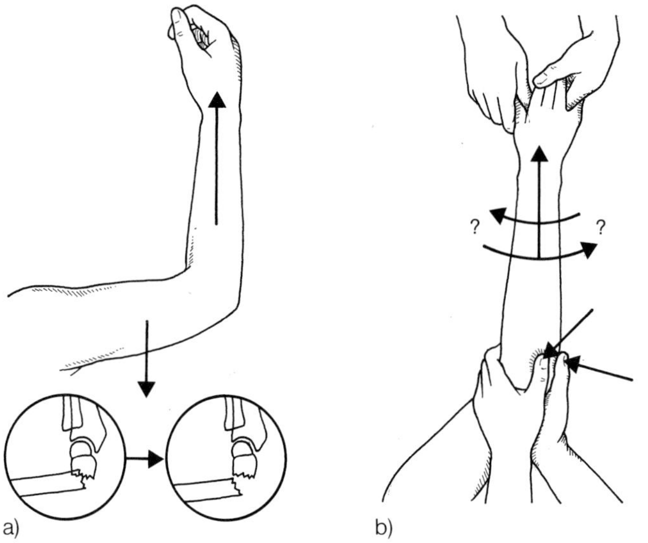

Abb. 10.3-9. Reposition einer Flexionsfraktur.
a) Unter mäßigem Zug und Gegenzug in 80–90° Beugestellung wird die Verkeilung der Fragmente gelöst.
b) Unter Aufrechterhaltung von Zug und Gegenzug wird der Unterarm langsam gestreckt. In 10–80° Beugestellung (individuell unterschiedlich) werden seitliche Verschiebungen korrigiert. Die Rotationsfehlstellung kann entweder durch Pro- oder Supinationsbewegung ausgeglichen werden.

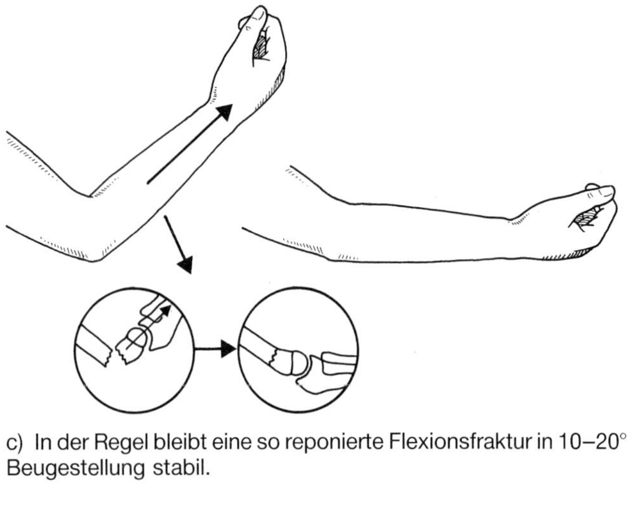

c) In der Regel bleibt eine so reponierte Flexionsfraktur in 10–20° Beugestellung stabil.

Operatives Vorgehen bei konservativ nicht reponierbarer Fraktur

a) Reposition und operative Fixation der Fragmente sind in Bauchlage erleichtert. Der Unterarm muß beug- und streckbar sein (Abb. 10.3-10a).

b) In der Regel genügt für den Zugang zum Bruchspalt ein bogenförmiger dorsaler Längsschnitt, der medial vom Olecranon nach distal geführt wird (Abb. 10.3-10b). Dieser Schnitt erleichtert den Zugang zum N. ulnaris; zudem ist die Narbe weniger sichtbar als bei einem lateral geführten Schnitt. Selten ist zusätzlich ein radialer Schnitt notwendig.

c) In der Regel muß die Sehnenplatte des M. triceps (Abb. 10.3-10d) nicht durchtrennt werden. Sie kann nach Mobilisation zusammen mit den Muskelgruppen sowohl nach medial als auch lateral weggedrängt werden.

d) Die Operationsschritte und die Operationstaktik der Reposition und Fixation sind unter Punkt 2 bis 5 der Therapierichtlinien bereits erwähnt worden.

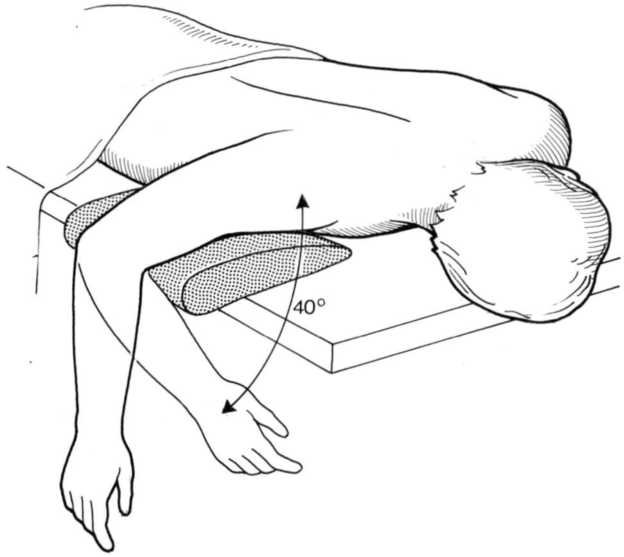

Abb. 10.3-10. Operatives Vorgehen bei konservativ nicht reponierbarer Fraktur.
a) Die operative Reposition und Fixation einer suprakondylären Humerusfraktur ist in Bauchlage erleichtert. Der Unterarm muß jedoch beug- und streckbar sein.

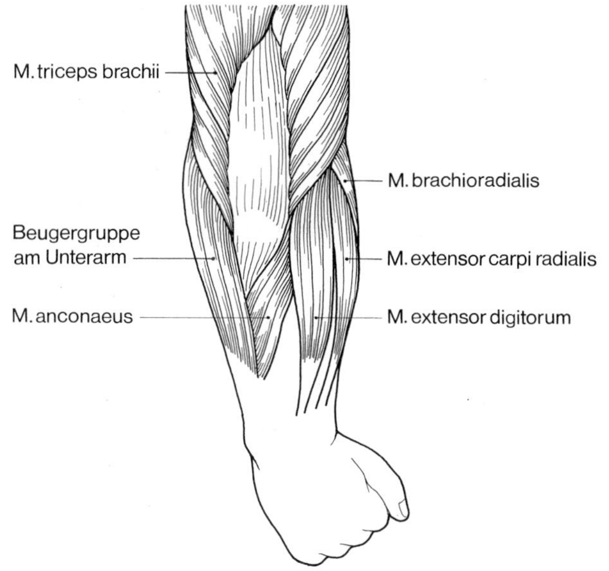

c) Die Sehnenplatte des M. triceps muß in der Regel nicht durchtrennt werden.

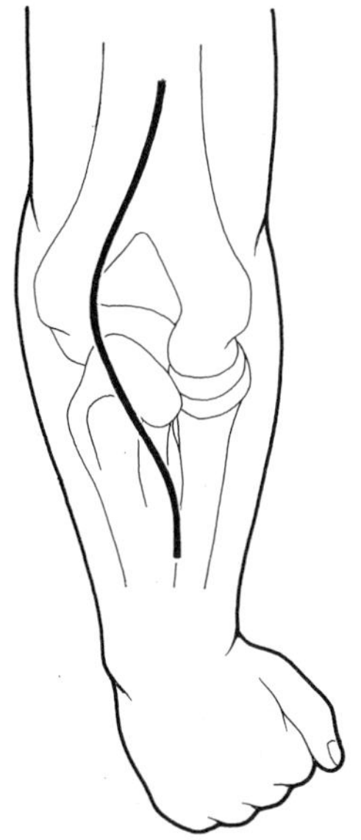

b) Mit einem bogenförmigen Hautschnitt, der medial vom Olecranon geführt wird, erreicht man in der Regel einen ausreichenden Zugang zum Bruchspalt.

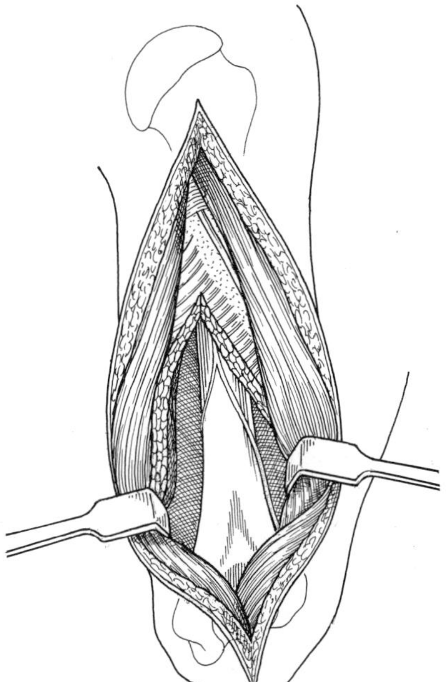

d) Nach Mobilisation der Sehne des M. triceps können die Muskelgruppen sowohl nach medial als auch lateral weggedrängt werden.

Operatives Vorgehen bei nicht behebbarer Durchblutungsstörung, bei fehlendem Puls und Ischämie

In einer derartigen Situation ist jeder weitere Repositionsversuch nutzlos, vielmehr muß die Entscheidung zur Freilegung der Kubitalgefäße getroffen werden.

a) Schnittführung (Abb. 10.3-11a): S-förmiger Hautschnitt, der am lateralen Rand des M. biceps brachii beginnt, die Fossa cubitalis nahe der Beugefalte überquert und auf der Medialseite des Unterarmes weitergeführt wird.
b) Nach erfolgtem Hautschnitt wird die Aponeurosis m. bicipitis sehnennahe durchtrennt. Wenn der Unterarm dann in Pronation gebracht wird, kann der Raum zwischen dem M. brachioradialis lateral und dem M. pronator teres medial stumpf eröffnet werden (Abb. 10.3-11b).
c) Die A.cubitalis verläuft dicht neben der Bizepssehne. Der N. medianus wird auf der medialen Seite der Bizepssehne aufgesucht (Abb. 10.3-11c). Der Frakturspalt liegt in der Regel unter dem M. brachialis in der Tiefe. Fast immer führt alleine die Druckentlastung zur Behebung der Durchblutungsstörung. Nur zweimal waren wir in 25 Jahren operativer Tätigkeit gezwungen gefäßchirurgische Eingriffe durchzuführen.

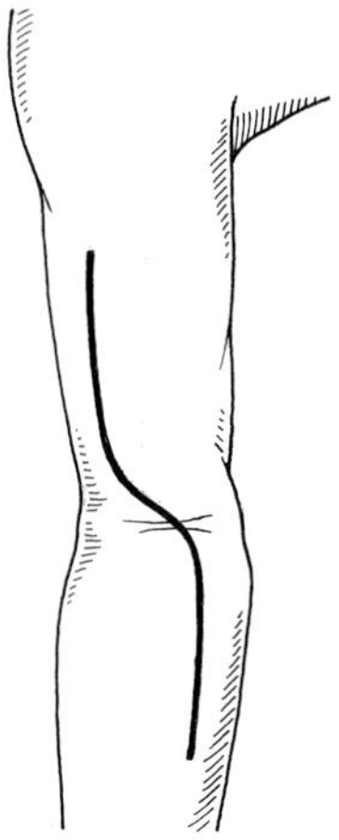

Abb. 10.3-11. Operatives Vorgehen bei nicht behebbarer Durchblutungsstörung, bei fehlendem Puls und Ischämie.
a) Hautschnitt.

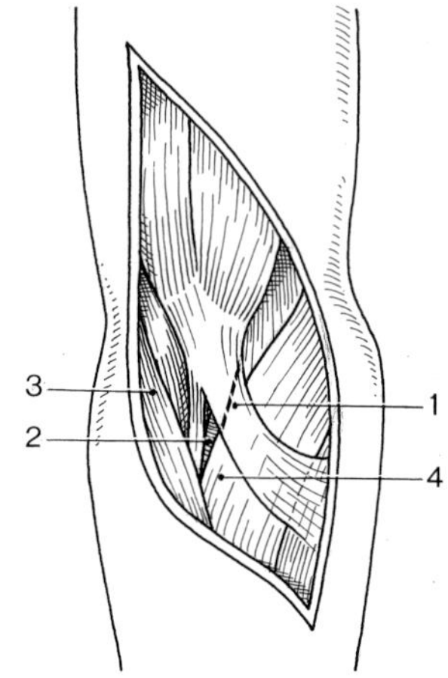

b) Die Aponeurosis bicipitalis wird sehnennah durchtrennt (1). In Pronationsstellung des Unterarmes wird zwischen dem M. brachioradialis lateral (2) und dem M.pronator teres medial (3) stumpf auf die A. cubitalis zu präpariert.

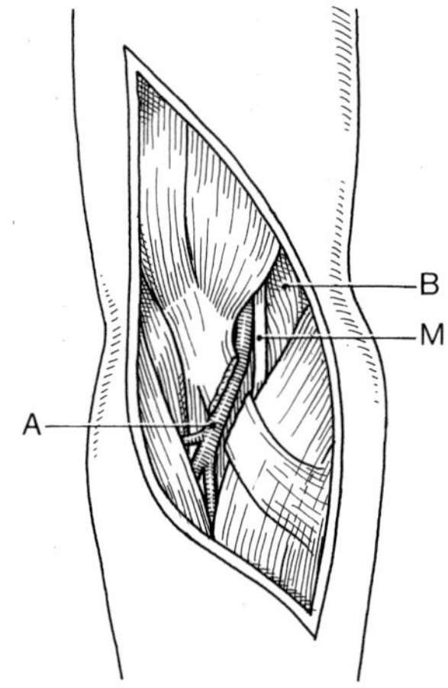

c) Die A. cubitalis (A) verläuft dicht neben der Aponeurosis m. bicipitis, der N. medianus (M) dicht neben der Bizepssehne. Er wird auf der medialen Seite der Bizepssehne aufgesucht. Der Frakturspalt liegt in der Regel dorsal des M. brachialis (B).

Epikondyläre Humerusfrakturen

Bei den epikondylären Humerusfrakturen (Abb. 10.3-12d) handelt es sich um Traktionsverletzungen. Sie werden deshalb noch einmal im Abschnitt über die »Distraktionsfrakturen« auftauchen.

Der isolierte Ausriß des Epicondylus radialis humeri ist selten. Dagegen ist der Ausriß des Epicondylus ulnaris humeri häufiger, oft kombiniert mit Ellenbogengelenkluxationen. Der abgerissene Epicondylus ulnaris schlägt sich dabei oft in den Gelenkspalt des spontan reponierten Gelenkes ein. Da Apophysen ausgerissen werden, sind keine Wachstumsstörungen zu befürchten, bestenfalls Konturveränderungen.

Da epikondyläre Frakturen Distraktionsbrüche sind, muß in jedem Falle eine Fixation mit einer Kirschner-Drahtosteosynthese durchgeführt werden.

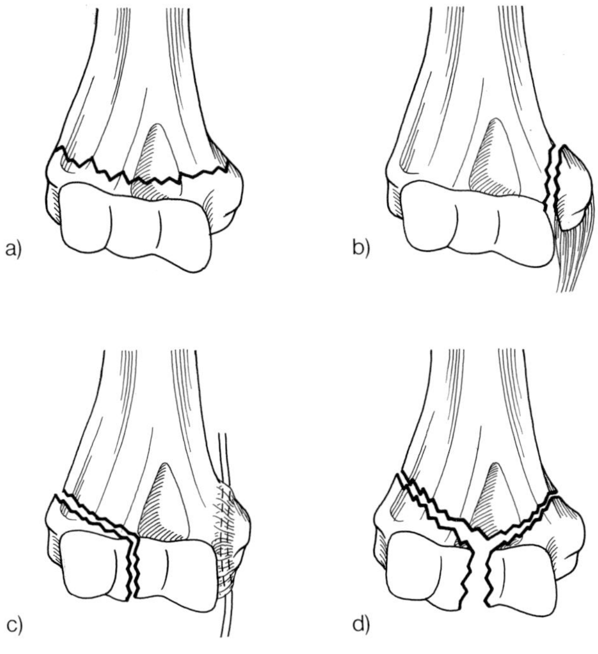

Abb. 10.3-12. Frakturtypen im Bereich des distalen Humerus.
a) Suprakondyläre Humerusfraktur.
b) Epikondyläre Humerusfraktur (Abrißfraktur).
c) Fraktur des Condylus radialis humeri.
d) Transkondyläre, Y-förmige Humerusfraktur.

Frakturen des Condylus radialis humeri

(Abb. 10.3-12c)

Die Fraktur des Condylus radialis humeri stellt eine fugenkreuzende Gelenkfraktur mit metaphysärem Fragmentanteil dar, die dem dislozierenden Druck des benachbarten Speichenköpfchens ausgesetzt ist. Die folgenden pathophysiologischen Merkmale begründen das therapeutische Vorgehen:

1. Die verletzte radiale Epiphysenfuge kann entweder vorzeitig geschlossen oder stimuliert werden. Beide Vorgänge führen zur Wachstumsstörung.
2. Die axialen Druckkräfte des Speichenköpfchens bewirken das häufige sekundäre Abrutschen dieses Fragments.
3. Das sekundäre Abrutschen des Condylus radialis humeri führt zur Gelenkstufe, zur Gelenkspalte, zur Gelenkdeformierung, zur Varisierung oder Valgisierung der Achse mit konsekutiver Irritation des N.ulnaris (Mouchetsche Lähmung = verspätete N.-ulnaris-Lähmung bei valgisierter Achse).
4. Der Druck des Speichenköpfchens auf den frakturierten Condylus radialis humeri bewirkt eine Heilungsverzögerung mit der Gefahr der späten sekundären Dislokation und Ausbildung einer Pseudarthrose.

Therapie

Operativ beeinflußbar ist nicht die Fugennekrose, sondern die verschobene Achse, die Gelenkstufe, das drohende sekundäre Abrutschen.

Nicht-dislozierte Frakturen werden daher unter engmaschiger röntgenologischer Überprüfung konservativ im Oberarmgipsverband behandelt.

Primär oder sekundär dislozierte Frakturen werden mit einer Kleinfragmentzugschraube, nur in seltenen Fällen mit Kirschner-Drähten fixiert. Kirschner-Drähte komprimieren die Fragmente nicht zuverlässig. Die Schraube sollte die Gegenkortikalis sicher fassen und möglichst im metaphysären Anteil des Abrißfragmentes eingeführt werden. Bei einem weichen Fragment kann eine Unterlagscheibe bessere physikalische Verhältnisse schaffen.

Als Zugang empfiehlt sich ein bogenförmiger Schnitt über dem Epicondylus lateralis humeri.

Frakturen des Condylus ulnaris humeri

(Abb. 10.3-12b)

Es handelt sich immer um fugenkreuzende Frakturen mit metaphysärem Keil. Die Gefahr der Wachstumsstörung ist erfahrungsgemäß gering. Manchmal kann jedoch eine mäßige Stimulation des ulnaren Fugenanteils mit ulnarem Mehrwachstum und konsekutiver Valgisierung beobachtet werden. Eine sekundäre Dislokation muß im Unterschied zur Fraktur des Condylus radialis humeri nicht befürchtet werden, weil hier der permanente Druck des Speichenköpfchens fehlt.

Therapie

Nicht-dislozierte Frakturen können konservativ im Gipsverband ruhiggestellt werden.

Dislozierte Fragmente müssen mit einer Kompressionsschraube oder mit Kirschner-Drähten fixiert werden.

Transkondyläre Y-Frakturen des distalen Humerus

Im wesentlichen gelten die beschriebenen pathophysiologischen Merkmale der beiden Kondylusfrakturen (Abb. 10.3-12d).

Therapie

Nicht-dislozierte, transkondyläre Y-Frakturen des distalen Humerus können im Oberarmgipsverband ruhiggestellt werden; eine lückenlose, röntgenologische Beobachtung des Condylus radialis humeri ist jedoch erforderlich.

Dislozierte Frakturen müssen aus den oben erwähnten Gründen operativ reponiert und fixiert werden.

Frakturen des Speichenköpfchens

Die fundamentalen Untersuchungen von v. Laer über das »traumatisierte Speichenköpfchen« führten zu einer drastischen Revision unserer bisher vertretenen Auffassungen, die auf den Beobachtungen von Blount und Judet beruhten. v. Laer interpretiert die allen Kinderchirurgen bekannte traumabedingte Verplumpung von Speichenköpfchen und -hals mit konsekutiver Einschränkung der Pro- und Supination als Folge der ausschließlich periostalen Blutversorgung dieser Speichenregion. Die Ischämie führt zum erwähnten Umbau von Speichenköpfchen und -hals. v. Laer erkannte, daß das Ausmaß der Verplumpung sowohl nach geschlossener als auch offener Reposition und Fixation im Vergleich zur Nichtreposition größer ist. Er beobachtete ferner, daß eine Seit-zu-Seit-Verschiebung, die über die halbe Schaftbreite hinausgeht, nicht spontan korrigiert werden kann. Dagegen können vor dem 10. Lebensjahr Achsenfehler in der Frontal- und Sagitalebene bis zu 60° spontan korrigiert werden.

Therapie

v. Laer leitet aus seinen Untersuchungen folgendes Therapiekonzept ab:

1. Dem Speichenköpfchen sollte keine zusätzliche Traumatisierung zugemutet werden.
2. Seitliche Verschiebungen, die über eine halbe Schaftbreite hinausgehen, sollten geschlossen oder offen schonend reponiert und fixiert werden.
3. Vor dem 10. Lebensjahr können Abkippungen in der Frontal- und Sagitalebene bis zu 60° belassen werden.
4. Abkippungen über 60° sollten primär operativ behoben werden.
5. Jenseits des 10. Lebensjahres sollten Abkippungen über 20° geschlossen oder offen korrigiert werden.
6. Eine in Verkürzung stehende Fragmentstellung muß primär geschlossen oder operativ behandelt werden.

Als Zugang zum Speichenköpfchen ist ein dorsoradial bogenförmig längs verlaufender Schnitt zu empfehlen, der vom Epicondylus lateralis humeri bis zur Ulnakante reicht. Dieser Zugang schont den ventral vom Speichenköpfchen verlaufenden R. profundus des N. radialis. Als Leitstruktur dient nach Hautinzision der Spalt zwischen dem dorsal liegenden M.anconeus und dem ventral liegenden M.extensor carpi ulnaris. Wenn die Muskeln in diesem Spalt auseinander gedrängt werden, gelangt man auf die Gelenkkapsel. Ein längsverlaufender Schnitt in die Kapsel, der vom Epicondylus lateralis humeri aus nach distal geführt wird, gibt Einblick auf das Capitulum radii, das Capitulum humeri und Lig.anulare radii. Das Periost sollte so sparsam wie möglich vom Speichenhals abgeschoben werden. Nach Reposition wird mit einem Kirschner-Draht fixiert, der von der Knorpelgrenze des Köpfchens nach distal schräg in den Speichenschaft eingeführt wird.

Die Prognose kann nicht beurteilt werden, weil das Ausmaß der ischämiebedingten Nekrose und die verplumpende Deformierung zunächst nicht abschätzbar sind.

Frakturen des handgelenknahen Unterarmes

Am handgelenknahen Unterarm werden folgende Frakturtypen unterschieden:

a) Metaphysäre Stauchungsfraktur.
b) Metaphysäre Biegungsfraktur.
c) Metaphysäre Epiphysenfraktur.
d) Epiphysenlösung.
e) Epiphysenfraktur.

Die Speichenfraktur »Loco typico« gibt es im Kindesalter nicht; ihr entspräche die Epiphysenlösung. Typische Epiphysenfrakturen werden im Kindesalter im Gegensatz zum Jugend- und Erwachsenenalter selten beobachtet.

Therapie

Folgende Merkmale beeinflussen das therapeutische Vorgehen:

1. Bei allen fünf genannten Frakturtypen kann ein Mehrwachstum beobachtet werden. Die zwischen Speiche und Elle entstehende Längendifferenz wird jedoch fast immer spontan korrigiert.
2. Durch partiellen oder totalen vorzeitigen Fugenverschluß bedingte Minuswachstumsstörungen sind sehr selten.
3. Seitliche Verschiebungen und Achsenfehler in der Frontal- oder Sagittalebene werden bis zum 10. Lebensjahr spontan korrigiert, wenn sie ¼- bis ½-Schaftbreite bzw. 30° nicht überschreiten. Der entstehende Achsenfehler wächst sich allmählich aus; die Epiphysenfuge stellt sich dann wieder senkrecht zur fugennahen Längsachse ein.
4. Nach v. Laer ist bei Epiphysenfrakturen ein Bruchspalt bis zu 2 mm tolerabel.

Daraus kann das folgende therapeutische Vorgehen abgeleitet werden:

1. Grünholzfrakturen werden konservativ im Oberarmgipsverband behandelt.
2. Nicht-dislozierte Stauchungsfrakturen werden ebenfalls konservativ im Oberarmgipsverband behandelt.
3. Nur wenig disolozierte metaphysäre Biegungsbrüche können konservativ im Oberarmgipsverband behandelt werden.
4. Epiphysenlösungen lassen sich in aller Regel konservativ behandeln.
5. Metaphysäre Frakturen mit Abkippung müssen reponiert werden, danach können sie im Oberarmgipsverband konservativ fixiert werden. Wenn metaphysäre

Frakturen bei über 10jährigen Kindern jedoch erneut abkippen, müssen sie mit Kirschner-Drähten fixiert werden, weil die Dislocatio ad axim meist mehr als 30° beträgt.

6. Vollständig abgerutschte und verkürzte Frakturen können in der Regel konservativ reponiert und fixiert werden. Beim Rezidiv, insbesondere bei über 10jährigen Patienten, ist jedoch eine operative Fixation mit Kirschner-Drähten zu empfehlen.
7. Die Epiphysenfraktur mit einer Gelenkstufe oder einem über 2 mm breiten Frakturspalt muß zur Vorbeugung einer Präarthrose und zur Verschmälerung des Nekrosefeldes im Knorpel operativ mit einer Kleinfragmentzugschraube oder bei schmaler Epiphyse der Kleinkinder mit einem Kirschner-Draht fixiert werden.

Suprakondyläre Femurfrakturen

Am suprakondylären Femur beobachten wir:
a) Suprakondyläre Stauchungsfrakturen.
b) Suprakondyläre Biegungsfrakturen.
c) Epiphysenlösungen mit und ohne metaphysärem Keil.
d) Ausrisse des periepiphysären Rings.

Therapie

1. Die suprakondylären Stauchungsfrakturen können konservativ behandelt werden.
2. Die metaphysären Biegungsfrakturen neigen zu sekundären Dislokationen und müssen daher oft operativ behandelt werden. Die Neigung zur sekundären Dislokation ist um so größer, je näher der Frakturspalt an der Epiphysenfuge liegt. Die Fixation erfolgt mit zwei gekreuzten Kirschner-Drähten, die soweit wie möglich distal und so steil wie möglich in die Epiphyse eingeführt werden. Die Kreuzung der Drähte muß oberhalb des Frakturspaltes liegen, sonst besteht die Gefahr der Rotation der Fragmente. Reposition und Osteosynthese können oft geschlossen durchgeführt werden; bei einer Weichteilinterposition ist jedoch die offene Reposition und Fixation notwendig.
3. Für die dislozierten Epiphysenlösungen mit und ohne metaphysärem Keil gelten die selben therapeutischen Richtlinien. In prognostischer Hinsicht sind Wachstumsstörungen selten, werden aber sowohl bei nicht-dislozierten als auch dislozierten Frakturen beschrieben.
4. Problematisch ist der Ausriß des periepiphysären Rings (Abb. 10.3-13). Während der Ausriß der kurzen, an der Epiphyse ansetzenden Seitenbänder, keine Wachstumsstörungen befürchten läßt, werden Wachstumsstörungen nach Ausriß der metaphysär-periepiphysär ansetzenden langen Seitenbänder häufig beobachtet. Die Schädigung der in dieser Region in die Etage der Epiphysenfuge eintretenden Gefäße führt zur ischämisch bedingten Nekrosezone und eine starke Dislokation des ausgerissenen Fragments zur breiten »Ausheilungsbrücke« mit nachfolgenden Wachstumsstörungen. Die therapeutische Konsequenz ist die sorgfältige operative Fixation des dislozierten Fragments, einerseits, um Gelenkinstabilitäten zu beseitigen, andererseits, um eine breite »Ausheilungsbrücke« zu verhindern. Die Fixation kann in Einzelfällen durch periostal-ossäre Naht, in den meisten Fällen jedoch wegen der ungenügenden Kompression mit einer Kleinfragmentschraube erfolgen. Eine Unterlagscheibe – obwohl oft wünschenswert – benützen wir nicht, um die Gefäßversorgung zu schonen. Manchmal sind bei den verursachenden schweren Distraktionstraumata intraartikuläre Begleitverletzungen entstanden, sodaß sich stets die Revision des Kniegelenkes empfiehlt.

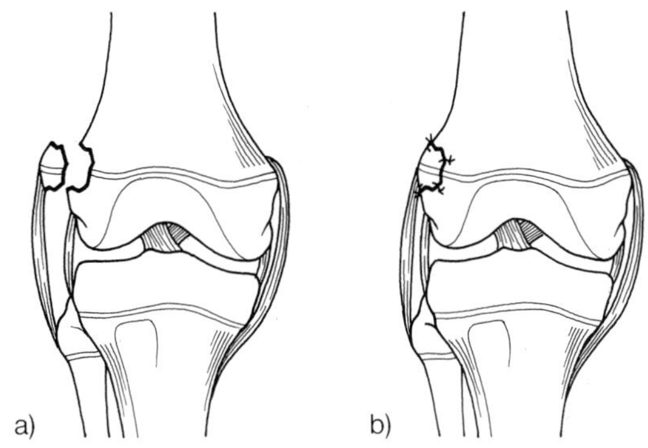

Abb. 10.3-13. Ausriß des periepiphysären Ringes.
a) Das lange – nicht das kurze – Knieseitenband kann am Ansatz ein epiphysäres Fragment ausreißen.
b) Sorgfältige operative Exploration und minimale, indessen »wasserdichte« Fixation des ausgerissenen Fragmentes mit periostal-ossären Nähten.

Frakturen der distalen Femurepiphyse

Frakturen der distalen Femurepiphyse sind selten. Sie werden fast nur jenseits des 10. Lebensjahres beobachtet. v. Laer nennt sie dann »Übergangsfrakturen«, weil sie am Übergang vom biologischen Jugendalter ins biologische Erwachsenenalter, kurz vor dem physiologischen Fugenverschluß auftreten. Bei diesen Frakturen, einer Kombination aus »Epiphysenfugenlösung und Epiphysenfraktur« kann der vordere oder hintere, der mediale oder laterale Quadrant der Femurrolle ausbrechen.

Wachstumsstörungen können infolge der temporären Epiphysenfugenstimulation als Plus-Wachstum oder bei noch weit offenen Fugen, also bei unter 10jährigen Kindern, infolge des partiellen vorzeitigen Fugenschlusses als Minus-Wachstum auftreten. Bei den echten Übergangsfrakturen sind sie nicht mehr zu befürchten.

Therapie

1. Nicht-dislozierte Epiphysenfrakturen werden, sowohl vor als auch nach dem 10. bis 12. Lebensjahr konservativ behandelt. Es empfiehlt sich aber die Punktion des Hämarthros. Zu achten ist auf eine sekundäre Dislokation, die jedoch selten auftritt.
2. Dislozierte Epiphysenfrakturen müssen operativ reponiert und mit einer komprimierenden Zugschraube fixiert werden. Als Zugang wählen wir je nach Lokalisation der Fraktur einen medialen oder lateralen vertikal-bogenförmigen Schnitt vor der frontalen Gelenkmitte.

Frakturen der proximalen Tibiaepiphyse

In therapeutischer und prognostischer Hinsicht unterscheiden wir drei Formen (Abb. 10.3-14):
a) Ausrißfrakturen der Eminentia intercondylaris.
b) Typische Epiphysenfrakturen.
c) Ausrißfrakturen der Tibiaapophyse.

Ausrißfrakturen der Eminentia intercondylaris führen zu Kreuzbandinstabilitäten und Frühارthrosen, wenn sie vollständig disloziert sind. Sie werden röntgenologisch diagnostiziert oder bei Verdacht arthroskopisch bestätigt.

Nicht oder unvollständig dislozierte Frakturen haben in der Regel weder Kreuzbandinstabilitäten noch früharthrotische Veränderungen zur Folge.

Typische Epiphysenfrakturen der proximalen Tibia sind außerordentlich selten. Ich habe in rund 20 Jahren unter rund 250 Tibiafrakturen nur 2 typische Epiphysenfrakturen gesehen. Bei der Seltenheit dieses Frakturtyps sind auch von der Literatur keine Angaben zur Häufigkeit von Wachstumsstörungen zu erwarten. Denkbar sind sie bei totalem oder vorzeitigem Fugenverschluß mindestens in der Altersgruppe vor dem 10. bis 12. Lebensjahr.

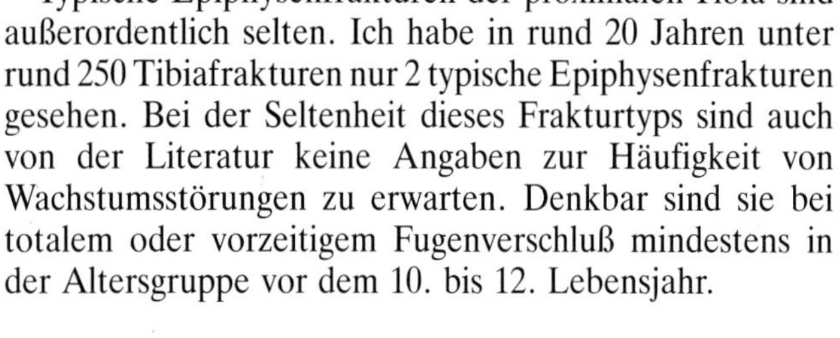

Abb. 10.3-14. Osteosynthese einer epiphysären (a) epiphysärmetaphysären (b) und dislozierten Epiphysenfugenfraktur (c) der proximalen Tibia. Schonende Osteosynthese mit dünnen Kompressionsschrauben. Manchmal ist wegen der Weichheit des Knochens eine Unterlagscheibe erforderlich.

Die Diagnose »Ausrißfraktur der Tuberositas tibiae« ist klinisch einfach zu stellen. Diese Fraktur kommt bis zum 12. Lebensjahr selten vor, ist eher typisch für das frühe Jugendalter. Weil es sich um eine Traktionsfraktur handelt, sind primäre und sekundäre Dislokationen möglich. Wegen der anatomischen Einheit zwischen Epiphyse und Apophyse bis zum 8. bis 10. Lebensjahr können Ausrißfrakturen der Tuberositas zum vorzeitigen partiellen Fugenverschluß mit konsekutiven Wachstumsstörungen führen.

Therapie

1. Nicht- oder unvollständig dislozierte Ausrißfrakturen der Eminentia intercondylaris können konservativ behandelt werden.
2. Die dislozierte Eminentia intercondylaris muß mit einer Kleinfragmentschraube oder einer Zuggurtungstechnik mit Draht oder Faden fixiert werden. Die Kleinfragmentschraube wird von distal-medial nach zentral eingeführt. Als Zugang wählen wir den Längsschnitt seitlich der Patella, der einen Einblick sowohl ins mediale als auch laterale Gelenk erlaubt.
3. Die typische Epiphysenfraktur ist als Folge eines direkten Traumas meistens disloziert. Die Fixation muß daher mit dem Ziel operativ durchgeführt werden, die Stufe in der Gelenkfläche zu beseitigen, den Spalt zu schließen und eine breite Ausheilungsbrücke zu verhindern. Das geeignete Material ist eine Kompressionsschraube. Wegen des meist weichen Knochens ist die Benutzung einer Unterlagscheibe zu empfehlen.

Frakturen der proximalen Tibiametaphyse

Zu dieser Gruppe gehören:
a) Epiphysenlösungen.
b) Stauchungsfrakturen der proximalen Tibiametaphyse.
c) Metaphysäre Biegungsfrakturen.

Epiphysenlösungen der proximalen Tibia sind selten. Da die Tuberositas tibiae Teil der Tibiaepiphyse ist, wird sie bei Kleinkindern ebenfalls »mitgelöst«. Wachstumsstörungen sind selten. Das Ziel der Therapie ist die Behebung der Fehlstellung in der Frontalebene, wobei Rotationsfehler nicht übersehen werden dürfen.

Nicht-dislozierte Epiphysenlösungen werden konservativ im Oberschenkelgipsverband behandelt. Dislozierte Epiphysen werden geschlossen reponiert, die Ruhigstellung erfolgt ebenfalls im Oberschenkelgipsverband. Nicht-reponierbare Epiphysen weisen auf ein Weichteilinterponat hin und zwingen deshalb zur Operation.

Stauchungsfrakturen der proximalen Tibiametaphyse lassen in der Regel keine Dislokation erkennen, sodaß die konservative Behandlung im Gipsverband möglich ist.

Bei **metaphysären Biegungsfrakturen** muß auf einen Valgusfehler geachtet werden. In jedem Falle ist der exakte Epiphysenachsenwinkel zu bestimmen.

Typisch für diese Fraktur sind Wachstumsstörungen, die durch temporär partielle Stimulation der Medialregion bei medialer Konsolidierungsstörung hervorgerufen werden. Medial fehlt die zur Heilung notwendige Kompression. Langdauernde Umbauvorgänge führen schließlich zum Endresultat, dem Genu valgum. Diese Valgusfehlstellung korrigiert sich unserer Erfahrung nach bei Kindern unter 10 Jahren oft, in dem der Valgusfehler diaphysär weiter wächst und sich die Epiphysenfuge senkrecht zur fugennahen distalen Schaftachse einstellen kann. Bei über 10jährigen Kindern ist eine derartige Korrektur jedoch nicht mehr zu erwarten.

Therapie

In der Regel gelingt die konservative Reposition mit Verankerung der medialen Kortikalis. Gelingt die Reposition nicht, d.h. wird der Epiphysenfugenachsenwinkel nicht 0°, dann muß die Indikation zur Operation gestellt werden. In der Regel kann die Osteosynthese mit einer Sechsloch-DC-Druckplatte oder einer geformten T-Platte durchgeführt werden, die zur medialen Kompression führt. Gleichzeitig empfiehlt sich zur Immobilisation ein Oberschenkelgipsverband.

Ein Genu valgum führt oft zu X-beinbedingten Beschwerden. Im Falle eines verspätet erkannten Genu valgum empfiehlt sich die Osteotomie, ca. 1½ Jahre nach dem Unfallereignis. In dieser Zeit müßte der »mediale Valgus« eigentlich schaftwärts gewandert sein.

Schaftfrakturen bei Mehrfachverletzungen

Schaftfrakturen lassen sich in der Regel konservativ reponieren und im Gipsverband ruhigstellen. Mit der konservativen Behandlung kann das Risiko einer operationsbedingten Osteomyelitits und an der unteren Extremität das Risiko des operationsbedingten vermehrten Längenwachstums vermieden werden.

Achsenfehler können altersabhängig bis zu einem bestimmten Maße toleriert werden, weil sie epiphysär und periostal spontan korrigiert werden können.

An der unteren Extremität dürfen nicht-reponierbare Varus- und Valgusfehler bis zu 20°, Retro- und Antekurvaturen bis zu 10–20° und Rotationsfehler bis zu 10–20° belassen werden.

An der oberen Extremität ist die Fähigkeit zur Korrektur geringer, sodaß die Reposition exakter erfolgen muß. Die Fähigkeit zur spontanen Korrektur nimmt mit zunehmendem Alter ab und kann nach dem 10. bis 12. Lebensjahr in der Regel nicht mehr erwartet werden.

Im Folgenden soll die Problematik der Osteosynthese bei Schaftfrakturen im Wachstumsalter exemplarisch an den Femurschaftfrakturen erörtert werden. Die konservative Behandlung von Femurschaftfrakturen hat ihre Grenzen. Die Indikation zur Operation muß gestellt werden:

a) Bei konservativ nicht reponier- und fixierbaren Frakturen, wenn also ein Rotationsfehler oder eine Retrokurvatur von mehr als 20° nicht ausgleichbar ist oder eine Varusfehlstellung mit einem Achsenwinkel von mehr als 20° nicht beseitigt werden kann. Ein solcher Varusfehler würde zur Coxa vara führen.
b) Bei offenen Frakturen mit Nerven- und Gefäßverletzungen.
c) Bei Kindern mit Schädel-Hirn-Traumen und Streckkrämpfen sowie Unruhe, bei denen jedes konservativ erreichte Repositionsresultat wieder zunichte gemacht würde.
d) Bei über 10 bis 12jährigen Kindern, weil die Fähigkeit zur spontanen Korrektur abnimmt und die Lagerung im Streckverband oft erhebliche Schwierigkeiten bereitet.
d) Bei proximalen Schaftfrakturen, die geschlossen häufig schlecht zu reponieren und fixieren sind.

Therapie, Zugangswege und Osteosynthesematerial

Der Zugang erfolgt bei proximalen Femurschaftfrakturen an der Oberschenkelaußenseite. Die Fascia lata wird in Faserrichtung gespalten. Nach Darstellen des Hinterrandes des M. vastus lateralis und querem Einkerben seines sehnigen Ursprungs kann dieser Muskel vom hinteren Fasziensaum gelöst und nach ventral abgedrängt werden. Zur Osteosynthese ist eine AO-Kleeblatt-Platte geeignet. Das »Kleeblatt« wird mit wenigstens einer Schraube im Schenkelhals fixiert. Trümmerzonen müssen im Gegensatz zum Erwachsenen nicht mit Spongiosa ausgefüllt werden.

Bei Frakturen in Schaftmitte wählen wir den selben Zugang, verwenden zur Stabilisierung jedoch eine DC-Platte, die so zurechtgebogen wird, daß medial eine ausreichende Kompression erfolgt. Das proximale und distale Fragment sollte wenigstens von 3, besser von 4 Schrauben gefaßt werden.

Die Osteosynthese der Femurschaftfraktur mit Küntscher-Nägeln ist im Kindesalter kontraindiziert, weil die Trochanterapophyse zerstört werden würde. Eine Coxa valga war früher häufig die Folge einer solchen falschen Osteosynthese.

Eine Alternative zur Plattenosteosynthese ist die Stabilisierung der Fraktur mit 2 bis 3 Ender-Nägeln, die von der medialen distalen Femurmetaphyse bis in den trochantären Schenkelhals vorgetrieben werden. Sie stützen sich im

Schenkelhals an der lateralen Kortikalis sowie in der medialen Femurmetaphyse ab und stabilisieren ausreichend. Die Traumatisierung ist geringer und eine kosmetisch störende Narbe kann vermieden werden.

Distraktionsfrakturen

Distraktionsfrakturen treten auf, wo starke Muskelkräfte an einem kleinen Fragment ansetzen und es dislozieren. Zu den typischen Distraktionsbrüchen werden die Quer- und Schrägbrüche der Kniescheibe und des Ellenbogenhakens, die Epikondylenbrüche am distalen Humerus sowie Frakturen des Trochanter major und minor gezählt.

Die Fragmente der Patella werden vom M. rectus femoris, der Ellenbogenhaken vom M. triceps humeri, der Trochanter major von der medialen Glutealmuskulatur, der Trochanter minor vom M. iliopsoas, der Epicondylus humeri lateralis und medialis von einer Reihe von Unterarm-, Hand- und Fingermuskeln disloziert. Zwar gelingt die Reposition, nie jedoch die geschlossene Fixation.

Therapie

1. Die epikondylären Frakturen am distalen Humerus wurden bereits bei den gelenknahen Brüchen im Abschnitt »Gelenkbrüche und gelenknahe Brüche« besprochen.
2. Bei den Frakturen des Trochanter major und minor handelt es sich in der Regel um Abriß- oder direkte Frakturen, die fast nur in der präpubertären Phase beobachtet werden. Zur Vermeidung von Pseudarthrosen müssen dislozierte Frakturen mit einer Zuggurtungsosteosynthese versorgt werden. Der Zugang erfolgt mit Hilfe eines verkürzten Watson-Jones-Schnittes von anterolateral her. Markierungspunkte sind die Spina iliaca anterior superior und die Trochanterspitze. Im Prinzip unterscheidet sich die Zuggurtung bei Kindern nicht von der des Erwachsenen.
3. Patellafrakturen entstehen bei direkten Gewalteinwirkungen. Die Längs-, Quer- und Schrägfrakturen dislozieren bei erhaltendem Streckapparat in der Regel nicht, sie stellen daher keine Operationsindikation dar. Dislozierte Quer- und Schrägfrakturen mit durchtrenntem Streckapparat klaffen weit und bilden meistens Stufen zum Gelenk hin. Der persistierende klaffende Spalt und die Stufe bewirken Inkongruenzen und stellen Präarthrosen dar. Die Operation strebt die Beseitigung von Spalt und Stufe, sowie die Rekonstruktion des Streckapparates an. Dieses Ziel ist mit einer Zuggurtungsosteosynthese zu erreichen.
   Bei Trümmerfrakturen älterer Kinder ist manchmal vor der Einflechtung des Zuggurtungsdrahtes eine Fixation der Fragmente mit Schrauben notwendig.
   Als Zugang wählen wir einen bogenförmigen queren Schnitt über der Patella. Die Fragmentreposition und Adaptation geschieht mit einer Repositionszange oder gegenseitig eingesetzten Einzinkerhaken.
4. Für Ellenbogenhakenbrüche und deren Zuggurtungsosteosynthese gelten die gleiche Biomechanik und das gleiche Therapieprinzip. Als Zugangsweg wählen wir einen radialwärts des Olecranon und der Ulna bogenförmig längs verlaufenden Schnitt. Die Reposition gelingt mit Einzinkerhaken. Nach der Reposition werden zwei Kirschner-Drähte von der Olekranonspitze aus parallel verlaufend weit in den Ulnaschaft vorgetrieben. Distal des Frakturspaltes wird dann ein quer verlaufendes Bohrloch geschaffen. Durch dieses Loch wird der Draht geführt und in einer Achtertour um die beiden Kirschner-Drähte gespannt. Danach werden die Kirschner-Drähte zur Fraktur hin umgebogen.

Distorsionen und Rupturen des fibulotalaren Bandes

Nach unseren Beobachtungen zerreißt das Außenband beim Distorsionstrauma im Kindesalter, im Gegensatz zum Jugendlichen und Erwachsenen, nur in rund 15 %. Meistens wird ein lamelläres oder auch größeres Knorpel- oder Knochenfragment am Malleolus lateralis, seltener am Talus ausgerissen und disloziert. Die Epiphysenfuge des Malleolus lateralis bleibt dabei unverletzt, sodaß keine Wachstumsstörung erwartet werden muß. Die chondralen Fragmente sind röntgenologisch jedoch nicht darstellbar, lassen sich manchmal sonographisch nachweisen.

Es wird vermutet, daß Knorpelverletzungen zusammen mit nichtbehobenen Instabilitäten zur Früharthrose und zu Osteochondrosen führen können. Exakte Untersuchungen darüber fehlen jedoch. v. Laer berichtet von Osteochondrosen am Sprungbein, bei persistierender Instabilität. Wir können diese Beobachtungen wenigstens mit 3 Patienten bestätigen.

Therapie

Das therapeutische Vorgehen ist bei Rupturen des fibulotalaren Bandes umstritten. An der Medizinischen Hochschule Hannover zum Beispiel ist die Strategie innerhalb weniger Jahre diametral geändert worden. Einig ist man jedoch im Ziel der Behandlung: Primär nachweisbare Instabilitäten müssen beseitigt werden und persistierende Beschwerden, Rezidivtraumata sowie persistierende Instabilitäten bedürfen der Behandlung.

Umstritten ist jedoch das therapeutische Mittel. Da zwischen den Verletzungsfolgen einer Außenbandruptur des Jugendlichen und Erwachsenen einerseits und des Kindes (unter 14 Jahren) andererseits Unterschiede bestehen, kann nicht – wie geschehen – das Procedere, das beim Erwachsenen erfolgreich sein soll, kritiklos auf das Kind übertragen werden.

Bis zum Beweis, daß die typischen periostal-chondralen oder ossären Bandausrisse des Kindesalters keine Früharthrosen hervorrufen, müssen Kinderchirurgen ein anderes Vorgehen wählen. Die manchmal weit dislozierten Knorpellamellen und oft großen Knorpel- oder Knochenfragmente müssen operativ durch Naht oder mit Kirschner-Drahtstiften stufen- und spaltenlos fixiert werden. Nur bei den eindeutig nicht-dislozierten Fragmenten ist die konservative Behandlung mit Gipsverband oder »Spezialschuh« angezeigt.

Unter 69 in 7 Jahren operativ versorgten fibulotalaren Bandrupturen fanden wir ein bis zwei Jahre nach der Operation bei 3 Kindern Bandinstabilitäten, 2 davon gaben Beschwerden an, bei einem dieser zwei Patienten war röntgenologisch ein Hinweis auf eine Osteochondrose am Talus zu finden.

Im Unterschied dazu wiesen 5 von 27 in 4 Jahren prospektiv beobachteten und konservativ im »Spezialschuh« behandelte Kinder mit primär instabilen fibulotalaren Bandrupturen 1 bis 2 Jahre später Bandinstabilitäten auf. 3 Kinder klagten spontan über Beschwerden, besonders beim Bodenturnen, bei 2 davon waren röntgenologisch Osteochondrosen am Talus zu erkennen. Die anderen beiden Kinder gaben ebenfalls Beschwerden, allerdings erst auf Befragung an. Ihre Eltern berichteten jedoch spontan über häufiges »Umknicken«, bei einem wurde ein behandeltes Rezidivtrauma angegeben.

Dieser Vergleich der Ergebnisse, der konservativ und der operativ behandelten Gruppe, deutet daraufhin, daß die fibulotalaren Bandrupturen des Kindes anders zu werten sind als die typischen Rupturen des Erwachsenen und Jugendlichen. Beim Erwachsenen reißt in der Regel das Band selbst, beim Kind handelt es sich jedoch meistens um epichondrale, chondrale oder gar ossäre Ausrisse am Talus.

Sollten sich die bisher zur Verfügung stehenden Ergebnisse bestätigen, dann ist wegen einer anderen Pathophysiologie und Pathomorphologie bei Kindern im Unterschied zum Erwachsenen wahrscheinlich ein operatives Vorgehen angezeigt.

Die Dauer der Ruhigstellung im »Spezialschuh« oder Gipsverband, sowohl nach konservativer, als auch nach operativer Behandlung richtet sich nach den klinischen Erfahrungen über die Einheilung chondro-lamellärer oder ossär-lamellärer Fragmente. Klinische und spärlich röntgenologisch dokumentierte Beobachtungen weisen daraufhin, daß rund 4 Wochen notwendig sind. Danach ist vorsichtige, unter Umständen krankengymnastisch kontrollierte Belastung erlaubt. Nach 8 Wochen heben wir die Sportkarenz auf.

Die operativen Möglichkeiten und Notwendigkeiten bei Rezidiven von Supinationsdistorsionen sind in den Lehrbüchern der Orthopädie beschrieben.

Der dislozierte Ausriß der fibulotibialen Syndesmose

Typische Syndesmosenrupturen sind nach unserer Erfahrung im Kindesalter selten. Wir haben in 20 Jahren nur eine derartige Verletzung gesehen, bei einem 14jährigen, biologisch weit entwickelten Mädchen.

Dagegen sahen wir im selben Zeitraum 3 dislozierte Ausrisse der intakt gebliebenen Syndesmose, jeweils kombiniert mit einer Epiphysenlösung des Malleolus lateralis. Diese 3 Patienten waren zwischen 8 und 11 Jahre alt.

Therapie

1. Die Syndesmosenruptur bedarf zur Vermeidung von Instabilitäten der fibulotibialen Sprunggelenkgabel der Naht. Die Naht muß bei der kompletten Ruptur durch einen Kirschner-Draht, bei älteren Kindern durch eine fibulotibiale Stellschraube gestützt werden.
2. Beim dislozierten Syndesmosenausriß bleibt die Syndesmose selbst intakt. Das Ausrißfragment muß operativ aufgesucht, durch Naht oder mit einem Kirschner-Draht bzw. einer Kleinfragmentschraube fixiert werden. Sonst droht bei Belastung die Gefahr der Instabilität der Malleolengabel, ein Ereignis, das bei einem unserer Patienten zu Beschwerden beim Sport und Radfahren führte.
3. Die operativ versorgte Syndesmose stellen wir postoperativ im Gipsverband ruhig. Die Dauer der Ruhigstellung kann ebenfalls nur aus klinischen Erfahrungen und operativen Befunden bei der Metallentfernung abgeleitet werden. Analog zur fibulotalaren Bandruptur stellen wir 4 Wochen im Gipsverband ruhig. Nach 3 bis 4 Wochen entfernen wir den Kirschner-Draht oder die Stellschraube. Sportkarenz wird für insgesamt 8 Wochen empfohlen.

Ruhigstellung konservativ und operativ versorgter Frakturen

Die Frage nach der Ruhigstellung von Frakturen im Kindesalter kann nur aufgrund langjähriger klinischer und röntgenologischer Erfahrungen beantwortet werden. Die Aussagen können bestenfalls Richtliniencharakter haben, weil eine Reihe individueller Faktoren die Heilung einer Fraktur bestimmen. Solche Faktoren sind zum Beispiel: Das Patientenalter, die Konstitution des Kindes, der Frakturort und -typ, der individuelle Knochenbau, das Verhalten des Patienten und deren Eltern, die Weichteilverhältnisse, Grund- und Begleitkrankheiten. Jede Schematisierung wird daher dem einzelnen Kind nicht gerecht.

Grundsätzlich können jedoch zwei Regeln genannt werden:

1. Operativ versorgte, durch Osteosynthesematerial stabilisierte Frakturen können kürzere Zeit im Gipsverband ruhiggestellt und entlastet werden als konservativ-geschlossen reponierte und fixierte Frakturen.
2. Das wesentliche Kriterium für die Entscheidung liefert der Röntgenbefund, der eine Aussage über die kallöse Überbauung und strukturelle Durchbauung erlaubt. Die Ruhigstellung und Entlastung können abgebrochen werden, wenn der Frakturspalt kräftig periostal und endostal kallös überbaut oder gar durchbaut ist. Der strukturelle Durchbau des gesamten Frakturbereiches muß dagegen nicht abgewartet werden. Bei Frakturen der oberen Extremität erlauben wir dann sofort aktive Bewegung und Belastung. Bei Frakturen der unteren Extremität lassen wir zwar auch aktiv uneingeschränkt bewegen, schalten jedoch noch eine Phase eingeschränkter, dosiert-gesteigerter Belastung ein.

Im Detail können für die häufigsten Frakturen schematisch folgende Richtlinien formuliert werden (Orientierung am 7- bis 10jährigen Kind):

a) Proximale Humerusfrakturen:

Operativ versorgt:	1 bis 2 Wochen Desault-Verband.
Konservativ versorgt:	2 Wochen Desault-Verband.

b) Humerusschaftfraktur:

Operativ versorgt (sehr selten):	1 bis 2 Wochen Desault-Verband.
Konservativ versorgt (die Regel):	3 bis 4 Wochen Desault-Verband.

c) Suprakondyläre Humerusfraktur:

Operativ versorgt:	2 bis 3 Wochen Oberarmgipsverband.
Konservativ versorgt:	4 Wochen Oberarmgipsverband.

d) Kondylen- und Epikondylenfrakturen des Humerus:

Operativ versorgt:	2 bis 3 Wochen Oberarmgipsverband.
Konservativ versorgt:	4 Wochen Oberarmgipsverband.

e) Speichenköpfchenfraktur:

Operativ versorgt:	3 Wochen Oberarmgipsverband.
Konservativ versorgt:	4 Wochen Oberarmgipsverband.

f) Ellenbogenhakenfraktur:

Operativ versorgt (die Regel):	1 Woche Oberarmgipsverband.
Konservativ versorgt (selten):	2 bis 3 Wochen Oberarmgipsverband.

g) Speichenschaftfraktur:

Operativ versorgt (selten):	2 Wochen Oberarmgipsverband.
Konservativ versorgt (die Regel):	4 bis 6 Wochen Oberarmgipsverband.

h) Ellenschaftfraktur (Monteggia-Fraktur):

Operativ versorgt (selten):	2 bis 4 Wochen Oberarmgipsverband.
Konservativ versorgt (die Regel):	4 Wochen Oberarmgipsverband.

i) Komplette Unterarmfraktur:

Operativ versorgt:	2 Wochen Oberarmgipsverband.
Konservativ versorgt:	4 bis 6 Wochen Oberarmgipsverband.

j) Handgelenksnahe Speichenfrakturen:

Operativ versorgt (selten):	2 Wochen Oberarmgipsverband.
Konservativ versorgt (die Regel):	4 bis 5 Wochen Oberarmgipsverband.

k) Mittelhand- und Phalangenfrakturen (sowohl proximale und distale Phalangenfrakturen als auch Schaftfrakturen):

Operativ versorgt (selten):	2 Wochen Unterarmgipsverband.
Konservativ versorgt (die Regel):	3 Wochen Gipsverband.

l) Nagelkranzfrakturen:

Operativ versorgt (selten):	2 Wochen Ruhigstellung im Schienenverband
Konservativ versorgt (die Regel):	3 Wochen Ruhigstellung im Schienenverband

m) Schenkelhalsfrakturen:

Operativ versorgt (die Regel):	12 Wochen Entlastung ohne Gipsverband
Konservativ versorgt (nur bei nicht dislozierten Frakturen):	12 Wochen Entlastung ohne Gipsverband

n) Proximale Femurschaftfraktur:

Operativ versorgt (die Regel):	6 Wochen Entlastung – wenn möglich – ohne Gipsverband.
Konservativ versorgt (selten):	8 Wochen Entlastung im Streckverband und/oder Beckenbeingipsverband.

o) Femurschaftfrakturen:

Operativ versorgt:	6 Wochen Entlastung – wenn möglich – ohne Gipsverband.
Konservativ versorgt:	8 bis 12 Wochen Entlastung – im Streckverband und/oder Becken-Bein-Gipsverband.

p) Suprakondyläre Femurfrakturen und Frakturen der distalen Femurepiphyse:

Operativ versorgt:	2 Wochen Oberschenkelgipsverband, 4 Wochen Entlastung ohne Gipsverband.
Konservativ versorgt:	4 Wochen Oberschenkelgipsverband, 4 weitere Wochen Entlastung ohne Gipsverband.

q) Frakturen der proximalen Tibiaepiphyse (inkl. der Eminentia-intercondylaris-Frakturen):

Operativ versorgt:	3 Wochen Oberschenkelgipsverband, danach 3 Wochen Entlastung ohne Gipsverband
Konservativ versorgt:	Ebenso.

r) Fraktur der proximalen Tibiametaphyse:

Operativ versorgt:	4 Wochen Oberschenkelgipsverband, danach 3 Wochen Entlastung ohne Gipsverband
Konservativ versorgt:	Ebenso.

s) Schaftfrakturen der Tibia:

Operativ versorgt (sehr selten):	4 Wochen Oberschenkelgipsverband, danach 4 Wochen Entlastung ohne Gipsverband.
Versorgt mit Fixateur externe (häufiger):	6 bis 8 Wochen Entlastung.
Konservativ versorgt:	6 Wochen Oberschenkelgipsverband, danach 2 Wochen Entlastung ohne Gipsverband.

t) Epiphysäre Frakturen der Sprunggelenksregion:

Operativ versorgt (die Regel):	3 Wochen Unterschenkelgipsverband, danach 3 bis 4 Wochen Entlastung ohne Gipsverband.
Konservativ versorgt:	4 Wochen Unterschenkelgipsverband, danach 3 Wochen Entlastung ohne Gipsverband.

Entfernung des Osteosynthesematerials

Die Frage nach der Zeitspanne, in der das Osteosynthesematerial die Fragmente stabilisieren muß, kann ebenfalls nur aus der klinischen und röntgenologischen Erfahrung beantwortet werden; die Antwort darf auch nur Richtlinien-Charakter haben. Die Entscheidung, wann das Osteosynthesematerial entfernt werden darf, ist im wesentlichen von den selben Faktoren abhängig, die bereits im Abschnitt über die Ruhigstellung von Frakturen genannt wurden.

Trotz individueller Unterschiede kann inzwischen eine allgemeine Regel formuliert werden: Kirschner-Drähte, z.B. bei epiphysären Frakturen der Sprunggelenkregion, bei suprakondylären Frakturen der oberen und unteren Extremität, bei Speichenköpfchenfrakturen, Zuggurtungen bei Distraktionsfrakturen, Zugschrauben bei epiphysären Frakturen der Sprunggelenkregion und des Ellenbogengelenkbereiches, können und sollten nach 4 Wochen wieder entfernt werden. In dieser Zeit sind die genannten Frakturen ausreichend fest und bewegungsstabil. Vermehrte Resorptionszonen um Drahtstifte und Schrauben, kallöse Überbauung des Osteosynthesematerials und Infektionsrisiko können und sollten mit dieser Entscheidung vermindert oder gar vermieden werden.

Vermehrte Resorptionszonen erhöhen insbesondere bei grazilem Knochenbau das Refrakturrisiko sowohl bei liegendem Material als auch nach Materialentfernung. Gelockertes Material und Resorptionszonen erhöhen zudem das Risiko der Spätosteomyelitis. Die kallöse Überwucherung des Osteosynthesematerials erschwert dessen Entfernung und rarifiziert als Folge des operativen Eingriffs zur Materialentfernung oft sowohl die periostale Blutversorgung des Knochens als auch die Stabilität.

Osteosyntheseplatten müssen dagegen in der Regel länger belassen werden. Am Humerusschaft sollen sie jedoch auch nach 4 Wochen entfernt werden, weil die bekannte starke kallöse Überbauung den N.radialis per se und bei der Plattenentfernung gefährdet. Am Unterarm muß die Osteosyntheseplatte ebenfalls schon nach 4 Wochen entfernt werden, weil die Schrauben, insbesondere bei kleinen Kindern mit ihrer faserigen Knochenstruktur und ihrem grazilen Knochenbau, oft nur wenig Halt finden und sich daher bekanntlich verstärkte Resorptionszonen ausbilden. Sie schwächen den Knochen an den Schraubenlöchern und erhöhen das Risiko der Refraktur. Zudem werden Platte und Schraubenköpfe nach 4 Wochen kallös überwallt. Die Entfernung des Osteosynthesematerials wird dadurch erschwert. Die ausgedehntere operationsbedingte Läsion von Periost und Kallus schwächt den Knochen zusätzlich und erhöht das Refrakturrisiko ebenfalls.

Am Schenkelhals muß das Osteosynthesematerial 8 bis 12 Wochen belassen werden, weil Schenkelhalsfrakturen – wie röntgenologische und szintigraphische Untersuchungen demonstrieren konnten – langsam abheilen. Wenn röntgenologische Kontrollen jedoch eine Zunahme von Resorptionszonen um Kirschner-Drähte und Zugschrauben erkennen lassen, entschließen wir uns zur Entfernung schon um die 6. Woche. Unter solchen Umständen ist eine strenge Entlastung für 6 Wochen angezeigt. In dieser Zeit heilen Resorptionszonen aus, der Schenkelhals wird strukturell durchbaut, das szintigraphische Aktivitätsmuster normalisiert sich.

Am Femur- und Tibiaschaft können und sollen Osteosyntheseplatten in der Regel 6 bis 8 Wochen belassen werden. In dieser Zeit wird der Frakturspalt meistens ausreichend durchbaut. Plattenbedingte, einseitige Wachstumsstörungen können bei dieser zeitlichen Planung selbst bei Kindern im Wachstumsschub vermieden werden.

10.4 Frakturen der oberen Extremitäten

H. Schmelzeisen

Klavikulafraktur

Klavikulafrakturen gehören zu den häufigsten Frakturen sowohl im Kindes- als auch im Erwachsenenalter, meist infolge direkter oder indirekter Gewalteinwirkung, z. B. durch Sturz auf den ausgestreckten Arm, direkter Schlag gegen die Klavikula oder auch als Gurtverletzung. Die Frakturen liegen meist im mittleren Drittel der Klavikula, seltener in ihrem lateralen Ende. Begleitverletzungen sind relativ selten, müssen jedoch wegen ihrer Bedeutung für Prognose und Gebrauchsfähigkeit des Armes besonders beachtet werden: Schädigungen des Armplexus, Verletzungen der A. subclavia, Pleuraverletzungen, seltener Läsionen des N. axillaris. Durch die Muskelansätze (M. sternocleidomastoideus, M. deltoideus) wird üblicherweise das mediale Fragment nach kranial, das laterale Fragment nach kaudal gezogen. Die Diagnose ist meist schon klinisch zu stellen und muß durch die Röntgenuntersuchung bestätigt werden.

Die **Behandlung** erfolgt üblicherweise konservativ im Rucksackverband mit Ruhigstellung für 3 bis 4 Wochen. Röntgenkontrollen (wöchentlich) und regelmäßige Kontrolle des Verbandes sind notwendig.

Operationsindikationen ergeben sich bei:

- offenen Frakturen;
- Nerven- und Gefäßläsionen;
- drohender Durchspießung;
- doppelseitigen Klavikulafrakturen (Polytrauma);
- erheblicher, irreponibler Dislokation (aufgestelltes 3. Fragment);
- peripherer Klavikulafraktur (Zerreißung der korakoklavikularen Bandstrukturen);
- schmerzhafter Pseudarthrose.

Zugangswege und Operationsverfahren

Der zur Klavikula parallel verlaufende bogenförmige Schnitt ergibt kosmetisch ungünstige Resultate, da er die Hautlinien kreuzt. Besser bewährt hat sich der Säbelhiebschnitt, der durch die Verziehung von Haut- und Subkutangewebe eine ausreichende Exposition der Klavikula erlaubt (Abb. 10.4-1a).

Die Osteosynthese erfolgt mit einer Rekonstruktionsplatte, die entsprechend der Klavikula anmodelliert, auch S-förmig geknickt werden kann. Sie ergibt ausreichende Stabilität, wenn in jedem Fragment wenigstens 3 Schrauben Halt finden. Defekte und abgelöste 3. Fragmente müssen durch Spongiosaplastik gesichert werden (Abb. 10.4-1b). Manchmal kann es notwendig sein, völlig aus dem Verbund gelöste dritte Fragmente zu entfernen, eine entsprechend großzügige Spongiosaauffüllung auch mit kortikospongiösem Span ist dann notwendig.

Begleitverletzungen (Nerven, Gefäße) bedürfen vorrangig der entsprechenden Versorgung. Die periphere Klavikulafraktur entspricht in ihrem Verletzungsmuster der Akromioklavikularsprengung (s. d.). Die korakoklavikulären Bänder sind zerrissen, die Fraktur liegt zwischen diesen zerrissenen Bandstrukturen und dem Akromioklavikulargelenk, welches in seiner Einheit unverletzt ist. Das periphere Klavikulafragment ist daher immer sehr kurz. Es empfiehlt sich die operative Behandlung, da nur so eine exakte Rekonstruktion möglich ist. Die Stabilisierung kann durch transartikuläre Zuggurtungsosteosynthese wie bei der Akromioklavikularsprengung vorgenommen werden. Nachteilig ist bei diesem Verfahren, daß das unverletzte Gelenk durch die Kirschner-Drähte perforiert werden muß. Wenn immer möglich, sollte man eine Osteosynthese wählen, die das Akromioklavikulargelenk nicht tangiert. Bei ausreichend langem peripherem Fragment (Plazierung von wenigstens 2 Schrauben peripher, evtl. mit Zugschraube) kann die Plattenosteosynthese wie üblich bei der Klavikulafraktur vorgenommen werden, ansonsten empfiehlt sich die Stabilisierung mit Spezialplatten (Balser, Ramanzadeh).

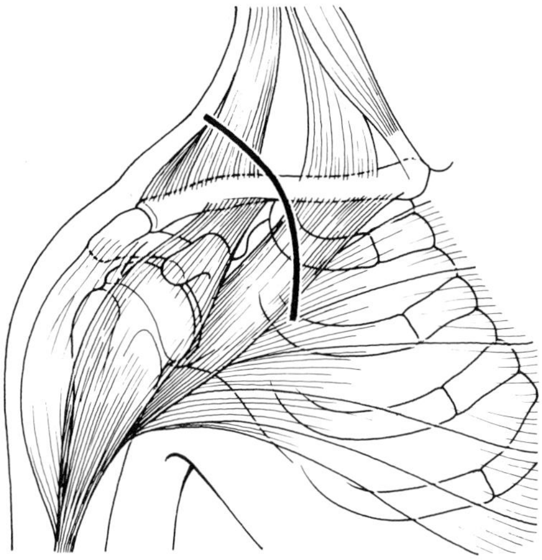

Abb. 10.4-1.a) Zugang zur Klavikula: Am günstigsten ist der sog. »Säbelhiebschnitt«. Er erlaubt eine ausreichende Exposition der Klavikula zur Osteosynthese, hinterläßt eine kaum sichtbare Narbe, während die parallele Inzision zur Klavikula kosmetisch ungünstig ist (Narbenverbreiterung, Keloid).

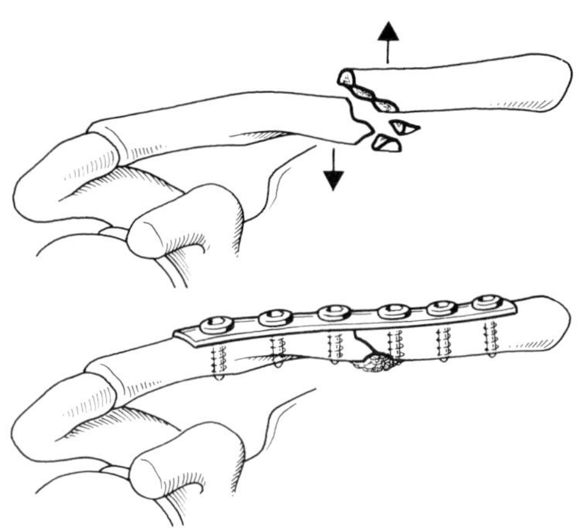

b) Die Osteosynthese der Klavikula erfolgt mit Drittelrohrplatte, noch besser mit der sog. Rekonstruktionsplatte, da diese auch S-förmig gebogen werden kann. Die Indikation zur Spongiosaplastik, besonders ab 3. Fragment und Trümmerzonen muß großzügig gestellt werden.

Skapulafrakturen

Skapulafrakturen entstehen meist durch erhebliche Gewalteinwirkung, da das Schulterblatt durch den kräftigen Muskelmantel gut geschützt ist. Entsprechend der Anatomie werden Frakturen des Korpus, des Skapulahalses, der Schultergelenkpfanne sowie Frakturen des Akromions und des Korakoids unterschieden. Die klinische Verdachtsdiagnose ergibt sich aus der schmerzhaften Bewegungseinschränkung und der Hämatombildung sowie der übrigen Frakturzeichen. Zur Diagnosesicherung sind Röntgenaufnahmen im a. p. Strahlengang, tangentiale Skapulaaufnahmen, gelegentlich auch Schichtaufnahmen notwendig. Speziell im Bereich der Schultergelenkpfanne kann die Computertomographie zur exakten Frakturlokalisation wesentlich weiterhelfen.

Behandlung: Die nicht so seltenen Frakturen des Schulterblattkörpers werden stets konservativ im Desault- oder Gilchrist-Verband behandelt, wobei der frühfunktionellen, krankengymnastischen Begleitbehandlung besondere Aufmerksamkeit zu schenken ist. Die Frakturen des Akromions und des Korakoids bedürfen bei stärkerer Dislokation der operativen Stabilisierung. Dazu hat sich die reine Schraubenosteosynthese oder auch die Zuggurtung bewährt. Schräg verlaufende, mit stärkerer Dislokation einhergehende Frakturen der Spina scapulae können vorteilhaft auch mit einer Plattenosteosynthese versorgt werden.

Die Frakturen der Facies glenoidalis stellen im Prinzip eine Operationsindikation dar, da gelenktragende Fragmente beteiligt sind. Die Indikation ist hier jedoch enger zu stellen, da es sich um ein unbelastetes Gelenk handelt.

Zugangswege und Operationsverfahren

An Zugangswegen von dorsal zur Skapula empfiehlt sich für die Frakturen der Spina scapulae die Inzision knapp unterhalb derselben zum Angulus medialis hin unter Ablösung des M. infraspinatus (Abb. 10.4-2a u. b).

Die Osteosynthese kann dann durch eine Platte an der dorsalen Unterfläche der Spina scapulae bis zum Acromion vorgenommen werden. Für die Frakturen des Glenoids, sofern man diese von dorsal her rekonstruieren muß, empfiehlt sich die Darstellung zwischen M. infraspinatus und M. teres minor (Abb. 10.4-2c).

Für die Osteosynthese von dorsal soll die Platte (schmale DC- oder Rekonstruktionsplatte) entlang des Margo medialis liegen (Abb. 10.4-2d). Da das Gelenk von dorsal her nicht exakt eingesehen werden kann, ist die Kontrolle des Rekonstruktionsergebnisses unter dem Bildverstärker empfehlenswert. Bei ventral gelegenen Frakturformen der Facies glenoidalis empfiehlt sich der vordere Zugang, wie er bei den Oberarmkopfverletzungen beschrieben ist (s. u.).

Eine Sonderform der Verletzungen im Bereich der Skapula und des Glenoids stellen die Abscherverletzungen im vorderen Bereich des Limbus glenoidalis dar. Sie entstehen oft nach erstmaliger Luxation der Schulter und können Ursache für rezidivierende (habituelle) Schulterluxationen sein. Diese Verletzungen entziehen sich der röntgenologischen Diagnostik. Bei Verdacht kann die Schulterarthrographie weiterhelfen. Bei gesicherter Diagnose sollte die frühe Refixierung des Limbus glenoidalis vorgenommen werden, die zur Restitutio ad integrum führt, besonders dann, wenn mit dem Limbus eine schmale knöcherne Schale mitabgerissen ist.

Die **Punktion des Schultergelenks** hat für diagnostische, aber auch therapeutische Maßnahmen spezielle Indikationen. Hierzu rechnet einmal der Verdacht auf Infektion mit Schultergelenksempyem, zum andern aber auch solche Verletzungen, die röntgenologisch nicht faßbar sind (Rotatorenmanschettenrupturen, Limbusverletzungen). Für diagnostische Punktionen empfiehlt sich der Zugang von ventral transdeltoidal, da damit gleichzeitig die Arthrographie vorgenommen werden kann. Für mehr therapeutische Punktionen (Infektionsverdacht, Erguß) ist der seitliche subakromiale Zugangsweg besser geeignet.

Die **Arthroskopie der Schulter** wird üblicherweise von dorsal subakromial durchgeführt. Damit lassen sich Limbusveränderungen, Veränderungen im Bereich der Bizepssehne und des Oberarmkopfes in den ventralen Abschnitten gut übersehen. Besteht Verdacht auf eine Verletzung im dorsalen Anteil, ist die Arthroskopie von ventral transdeltoidal besser geeignet.

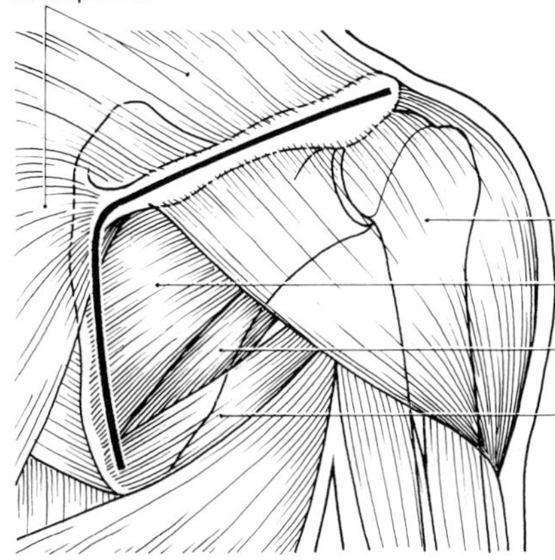

Abb. 10.4-2. Dorsaler Zugang zur Spina scapulae und zur Facies glenoidalis.
a) Hautschnitt entlang der Spina scapulae zum Angulus medialis.

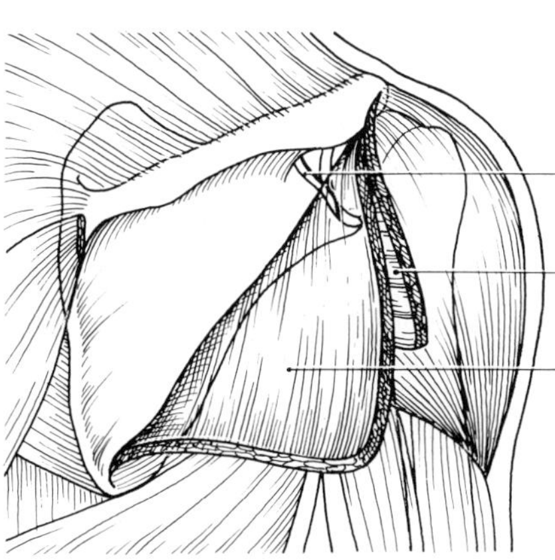

b) Ablösung der Mm. infraspinatus, teres minor und major und, soweit notwendig, des M. deltoideus.

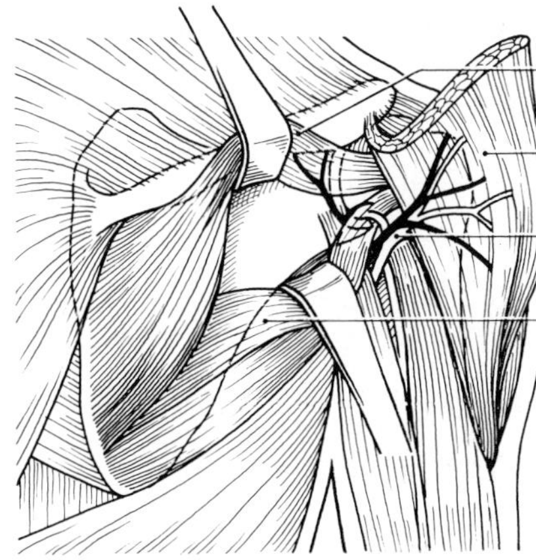

c) Beim Zugang zur Facies glenoidalis empfiehlt es sich, zwischen M. supraspinatus und M. teres minor einzugehen. Der M. deltoideus muß großzügig abgelöst werden.
Für beide Zugänge ist die Beachtung des Verlaufes des N. suprascapularis und des N. axillaris notwendig.

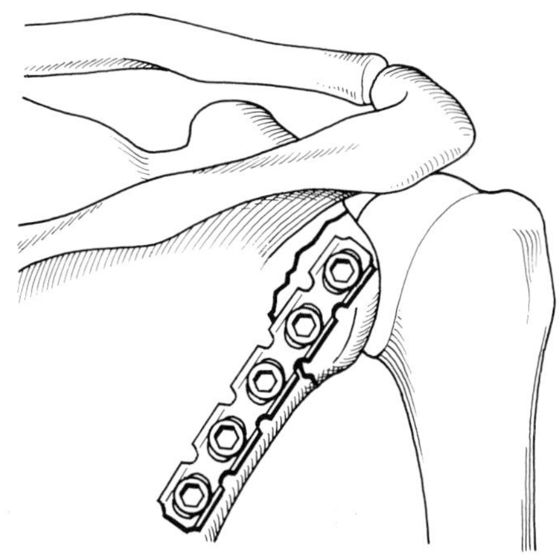

d) Zur Gelenkrekonstruktion von dorsal ist die Rekonstruktionsplatte über den Margo medialis scapulae plaziert am besten geeignet.

Oberarmkopffrakturen

Oberarmkopffrakturen sind häufige Verletzungen, insbesondere beim älteren Patienten. Stets ist zu berücksichtigen, ob es sich um intra- oder extrakapsuläre Frakturen handelt. Alle Klassifizierungsversuche dienen der Erleichterung im Hinblick auf die Indikationsstellung zu operativen Maßnahmen. Neben der Klassifizierung nach Neer hat sich die Einteilung in extraartikuläre und intraartikuläre Frakturen (AO-Einteilung) bewährt (Abb. 10.4-3).

Behandlung: Neben den klassischen Indikationen zur operativen Knochenbruchbehandlung (offene Frakturen, Begleitverletzungen nervaler und vaskulärer Strukturen) bedürfen alle Frakturen mit stärkerer Dislokation des Tuberculum majus in den subakromialen Raum der operativen Revision (A1, A3, B2, B3, C2, C3). Operationsindikationen ergeben sich auch bei Frakturen mit Luxation des

Oberarmkopffragmentes oder Frakturen desselben, die in die Gelenkpfanne ziehen (B1, C1–3). Frakturen im Bereich des Collum chirurgicum werden nur dann operativ behandelt, wenn konservativ eine befriedigende Reposition nicht erzielt werden kann, was selten der Fall ist.

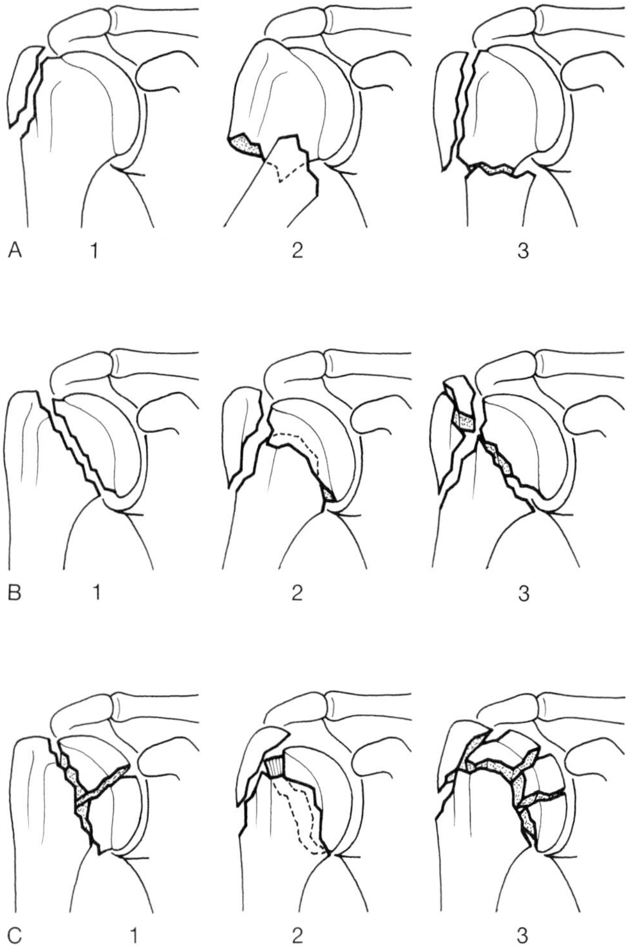

Abb. 10.4-3. Einteilung der Oberarmkopffrakturen in Anlehnung an die AO-Klassifizierung.
A = Extraartikuläre Frakturen.
B = Gelenkfrakturen.
C = Trümmerfrakturen mit Gelenkbeteiligung und/oder Luxation.

Zugangswege und Operationsverfahren

Der Zugangsweg zum Oberarmkopf, zu den proximalen Humerusfrakturen und auch den Verletzungen der Facies glenoidales scapulae erfolgt im Sulcus deltoideopectoralis (Abb. 10.4-4a u. b). In Rückenlage und unterlegter Schulter dient nach der Hautinzision die V. cephalica als Leitgebilde, sie soll, wenn möglich, geschont werden. Im Sulkus wird lateral der Vene eingegangen, bei Darstellung des Glenoids medial. Üblicherweise können alle ventralen und lateralen Strukturen des Oberarmkopfes durch diesen Zugang gut erreicht werden. Gelegentlich ist es notwendig, den M. deltoideus am klavikulären Ansatz ventral abzulösen. Muß lediglich das abgerissene Tuberculum majus dargestellt werden, kann auch eine ausschließlich laterale Inzision vom Akromion nach distal erfolgen. Die Darstellung des Tuberculum majus ist durch die Längsteilung im mittleren Anteil des M. deltoideus gut möglich. Für alle komplexeren Verletzungen empfiehlt sich jedoch der ventrale Zugang. Für die Zugänge zum Glenoid ist es notwendig, den M. subscapularis abzulösen (Abb. 10.4-4c u. 6a). Die Ablösung des Proc. coracoideus mit der dort ansetzenden Muskulatur ist nur in Ausnahmefällen notwendig.

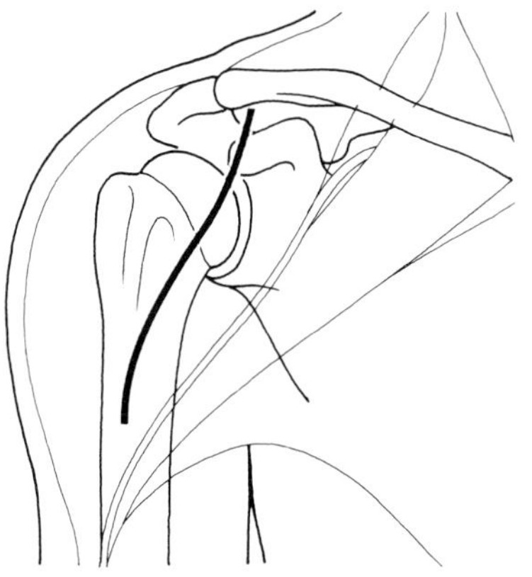

Abb. 10.4-4. Zugang zum Oberarmkopf von ventral und zur Facies glenoidalis.
a) Beim Hautschnitt ist darauf zu achten, daß dieser nicht zu weit medial liegt, da sonst Narben mit Funktionseinschränkungen im Bereich der Axilla entstehen können.

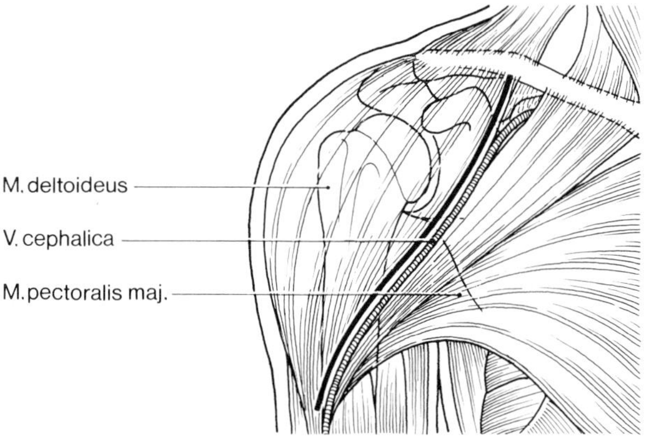

b) Leitgebilde ist die V. cephalica im Sulcus deltoideopectoralis. Beim Zugang zum Gelenk wird sie nach medial, beim Zugang zum Oberarmkopf nach lateral präpariert.

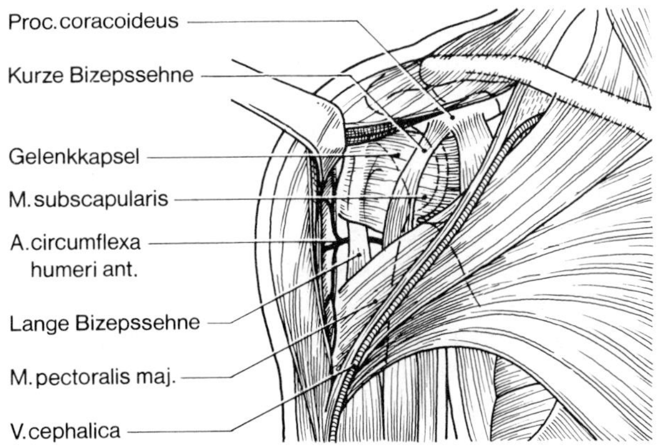

c) Nach Vorgehen im Sulcus deltoideopectoralis können sämtliche Strukturen im Bereich des Oberarmkopfes und der Facies glenoidalis dargestellt werden.

Für die **Osteosynthese** im Oberarmkopfbereich soll die früher häufig empfohlene T-Platte nur noch ausnahmsweise Verwendung finden. Es müssen zu ihrer Plazierung zu viele Strukturen freigelegt oder überbrückt werden, wobei das relativ voluminöse Implantat zu einer deutlichen Beeinträchtigung der zarten Gleitstrukturen am Oberarmkopf führt. Daher wird vermehrt der kleinen Osteosynthese der Vorzug gegeben, die bei optimaler Plazierung ebenfalls eine frühfunktionell geführte Bewegungs- und Übungstherapie erlaubt. Abrisse des Tuberculums majus können ausreichend stabil mit der klassischen Zuggurtung oder auch einer reinen Schraubenosteosynthese versorgt werden (Abb. 10.4-5a u. b). Beim Mehrfragmentbruch hat sich nach offener oder geschlossener Reposition (älterer Patient) die reine Spickdrahtosteosynthese bewährt. Diese muß allerdings die Rotatorenansätze (Tuberculum majus und Tuberculum minus) als auch das Kopffragment fassen (Abb. 10.4-5c). Erweisen sich kapitale und subkapitale Humerusfrakturen zunächst als irreponibel, so ist häufig die lange Bizepssehne ein Repositionshindernis, da sie zwischen die Hauptfragmente dislozieren kann. Eine Lösung derselben ist bei geschlossenem Vorgehen oft nicht möglich. Durch Extension am liegenden Patienten längs über den Kopf, also in maximaler Elevation, kann die Befreiung der Sehne und eine befriedigende Reposition auch geschlossen gelingen. Ist es notwendig, offen zu reponieren, so hat sich eine kombinierte Zuggurtung, die die abgerissenen Muskelansätze von Innen- und Außenrotatoren und den Supraspinatussehnenansatz faßt (Abb. 10.4-5d) bewährt. Das bei den Frakturtypen der Gruppe C luxierte bzw. in sich frakturierte Humeruskopffragment muß zuvor reponiert bzw. adaptiert werden. Bei Trümmerzonen sind die Rotatorenmuskelansätze zweckmäßigerweise zu distalisieren, um den Kopf bzw. die Kopfanteile im Glenoid zu halten. Andernfalls entstehen Luxations- oder Subluxationspositionen.

Die Ergebnisse der Frakturen mit Beteiligung des Collum anatonicum sind häufig unbefriedigend. Zum einen wird die Funktion durch die Verklebungen der Kapsel und der Gleitstrukturen beeinträchtigt, zum anderen können schmerzhafte Bewegungseinschränkungen durch Oberarmkopfnekrosen hervorgerufen werden. Diese entstehen ähnlich bei den Hüftkopfnekrosen durch Beeinträchtigung der Gefäßversorgung im frakturierten Bereich.

Daher wurde ähnlich wie bei den Hüftkopfschädigungen der endoprothetische Ersatz des Oberarmkopfes empfohlen. Die Indikation dazu ist an der Schulter zurückhaltender zu stellen als am Hüftgelenk, da die funktionellen Ergebnisse oft schlechter sind. Die Humeruskopfprothese nach Neer wird einzementiert (sie ist ein metallisches Implantat). Nach Möglichkeit sollen die Muskelansätze refixiert werden. Die isoelastische Oberarmkopfprothese (R. Mathys) kann zementlos implantiert werden, der vorgesehene Zapfen wird mit einer Schraube am Oberarmkopf fixiert. Die Anheftung der Rotatorenansätze und der Bizepssehne ist hier besonders gut möglich durch vorgesehene Bohrungen im Prothesenkopfbereich. Bewährt hat sich diese Endoprothese nicht nur bei Frakturen, sondern speziell in der Tumorchirurgie bei primären und metastatischen Prozessen am Humeruskopf.

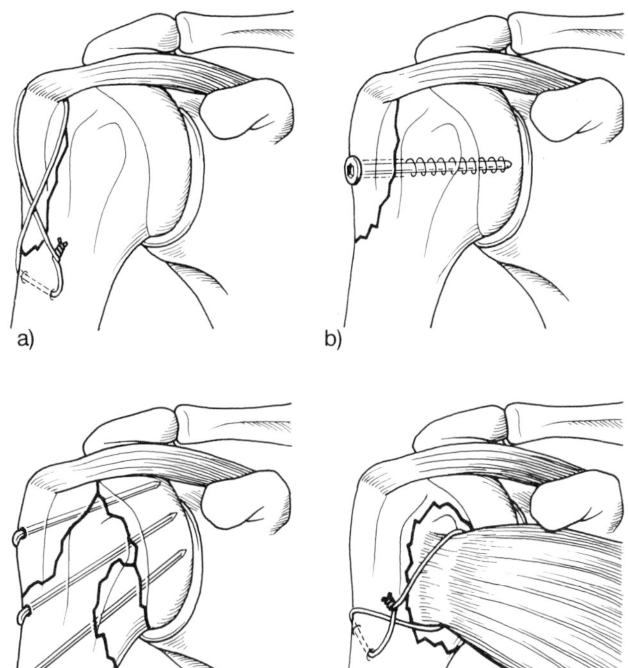

Abb. 10.4-5.a u. b) Der Abriß des Tuberculum majus wird durch Zuggurtung oder Schraubenosteosynthese stabilisiert. Der isolierte Abriß des Tuberculum majus kann auch durch einen transdeltoidealen Zugang versorgt werden.

c) Bei Trümmerfrakturen hat sich, besonders beim älteren Patienten, die perkutane Spickdrahtosteosynthese bewährt. Die Drähte können nach Reposition perkutan eingebracht werden, genügen in den ersten Wochen als adaptierende Osteosynthese und können nach Abbinden der Frakturen frühzeitig entfernt werden.

d) Auch das ausgerissene Tuberculum minus muß mit dem Ansatz des M. subscapularis mit Zuggurtung fixiert werden, meist handelt es sich um Kombinationsverletzungen. Als isolierte Fraktur kommt dieser Abriß selten vor.

Schulterluxation

Das Schultergelenk neigt von allen Gelenken am häufigsten zur Luxation, da eine kleine Pfanne mit einem relativ großen Kopf artikuliert und dieses Gelenk die größtmögliche Bewegungsfreiheit aufweist. Alle Luxationen sind von Verletzungen bzw. Überdehnungen der Gelenkkapsel begleitet. Zusätzlich kann besonders bei der axillären Luxation eine Verletzung des Labrum glenoidale entstehen sowie auch Knorpelimpressionen im Bereich des Oberarmkopfes.

Die 1. traumatische Luxation der Schulter kann Schrittmacher zur rezidivierenden Schulterluxation werden. Zwar spielen auch Fehlanlagen (flaches Glenoid) eine gewisse Rolle und führen dann zur habituellen Luxation, jedoch ist in der Mehrzahl die vorausgegangene echte traumatische Luxation Ursache für die rezidivierende Schulterinstabilität. Beim jungen Patienten soll nach zwei- bis dreimaliger Luxation der Schulter die operative **Behandlung** erfolgen, nicht jedoch, wie gelegentlich gefordert, nach der traumatischen Erstluxation, es sei denn, eine größere Limbusverletzung ist nachgewiesen. Die Verfahrenswahl richtet sich nach dem Ort der Schädigung. Finden sich Veränderungen am Glenoid, so müssen operative Verbesserungen in diesem Bereich vorgenommen werden; bei Veränderungen am Oberarmkopf entsprechende Stellungsänderungen. Dazu sind umfangreiche diagnostische Maßnahmen notwendig. Durch die rezidivierenden Luxationen können Einkerbungen am Oberarmkopf entstehen (Hill-Sachs-Läsion), die röntgenologisch durch Innenrotation des Armes im a.p. Strahlengang, sicherer durch Schichtaufnahmen oder auch das Computertomogramm, nachgewiesen werden können. Beim Oberarmkopfdefekt ist die Innenrotationsosteotomie des Oberarmkopfes das Verfahren der Wahl. Durch die Rotation wird der gefährdete Bereich, der zum Verhaken mit konsekutiver Luxation der Schulter führt, aus dem Glenoid herausgedreht.

Zugangswege und Operationsverfahren

Der Zugang zum Oberarmkopf erfolgt in klassischer Weise wie oben beschrieben. Nach Ablösung des M.-subscapularis-Ansatzes am Oberarmkopf erfolgt die Osteotomie extraartikulär (Abb. 10.4-6a). Danach wird das Oberarmkopffragment um 30° nach innen gedreht, anschließend erfolgt die stabile **Osteosynthese** durch eine kleine, speziell konstruierte Kondylenplatte. Der abgelöste M. subscapularis wird lateral versetzt (Abb. 10.4-6b).

Liegen Veränderungen am Glenoid vor, so hat die Spanplastik in diesem Bereich (Eden-Hybinette) ihre klassische Indikation. Nach entsprechendem Zugang zu den ventralen Glenoidstrukturen durch Ablösung des M. subscapularis und zur besseren Übersicht auch bei eröffnetem Schultergelenk wird ein kortikaler Knochenspan am glenoidalen Rand eingebracht, der das Schultergelenk ventral um 1–2 cm überragen soll. Das Gelenk wird darüber wieder verschlossen und der M. subscapularis bei innenrotiertem Arm lateral refixiert (Abb. 10.4-7). Bei diesem Verfahren soll zur Sicherung des Einheilens des Spanes Ruhigstellung im Thorax-Arm-Abduktionsgipsverband für 4–6 Wochen erfolgen. Eine entsprechende krankengymnastische Nachbehandlung ist hier noch wichtiger als bei der rein subkapitalen Rotationsosteotomie.

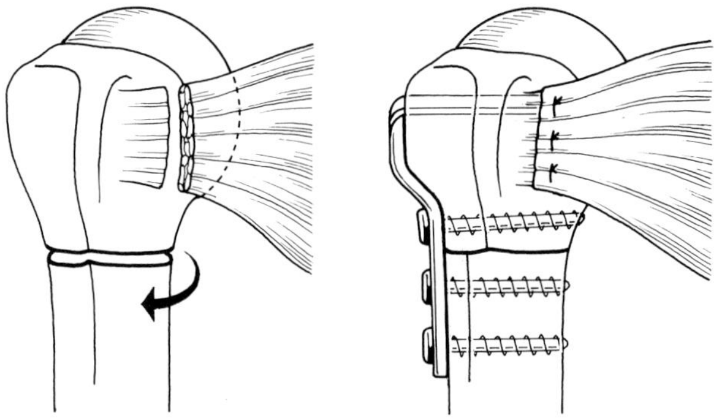

a) b)

Abb. 10.4-6. Operative Behandlung der habituellen Schulterluxation. Beim Oberarmkopfdefekt (Hill-Sachs-Läsion) wird nach Ablösung der M.-subscapularis-Sehne eine subkapitale Drehosteotomie mit Innenrotation des Oberarmkopfes um 30° vorgenommen. Operationstechnisch ist es einfacher den Schaft entsprechend nach außen zu rotieren (a), anschließend stabile Osteosynthese mit kleiner Kondylenplatte und Refixierung des M. subscapularis (b).

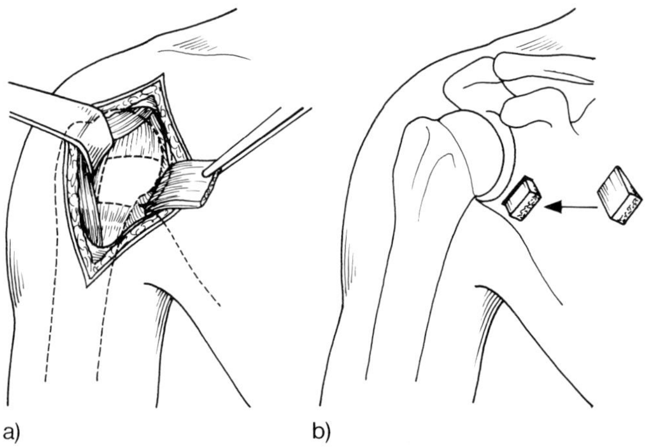

a) b)

Abb. 10.4-7. Operative Behandlung der habituellen Schulterluxation nach Eden-Hybinette mit Defekt im Glenoidbereich (Bankart-Läsion). Der Zugang zum Glenoid erfolgt nach Ablösung des M. subscapularis (a) mit Gelenkeröffnung (!). Anschließend wird ein Kortikalisspan (am besten autogen von der Tibia) in den Defekt eingeschlagen. Refixierung des M. subscapularis lateral seiner Insertionsstelle bei Innenrotation des Oberarmkopfes.

Schulterluxationen nach dorsal sind ausgesprochen selten. Es liegt meist eine Fehlanlage des Glenoids durch Abflachung im dorsalen Bereich vor. In fast allen Fällen kann die Luxationsposition willkürlich vom Patienten ausgelöst werden, und zwar bei Elevation nach vorne bis 90° und Innenrotation. Dabei tritt der Oberarmkopf nach dorsal aus der Schulter aus. Die Diagnose ist sowohl klinisch als auch röntgenologisch einfach (Röntgenbild in Luxationsposition). Die Behandlung dieser seltenen Luxationsform erfolgt operativ durch dorsalen Zugang zum Glenoid (s. Abb. 10.4-2c u. d) mit einer Spanplastik entsprechend dem Verfahren im ventralen Bereich der Facies glenoidalis.

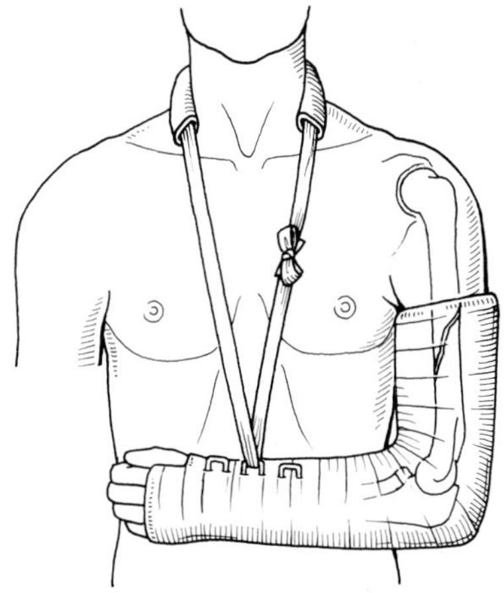

Abb. 10.4-8. Konservative Behandlung der Humerusschaftfraktur (auch bei subkapitalen Humeruskopffrakturen anwendbar) im »hanging cast«. Durch Verstellen der Schlaufe am Unterarm kann die Reposition korrigiert werden.

Humerusschaftfrakturen

Die geschlossenen Frakturen des Humerusschaftes können im allgemeinen konservativ behandelt werden. Bewährt hat sich nach Reposition der Fraktur die Ruhigstellung im Gipsverband nach Böhler (der Gips faßt die Schulter wie eine Kappe, schließt den Ellbogen mit ein und wird an der Schulter mit einer Binde mit der gegenseitigen Axilla bzw. mit dem Thorax fixiert). Bewährt hat sich entsprechend der Frakturform auch die Behandlung im »hanging cast« (Oberarmgips mit Ellbogengelenkruhigstellung in 90° und Unterarmeinschluß). Dieser »hanging cast« wird zweckmäßigerweise mit einer Schlinge um den Hals getragen. Durch Versetzung des Schlingenzuges im distalen Unterarmbereich kann die Reposition korrigiert werden (Abb. 10.4-8). Der Oberarmschaftbruch ist je nach Frakturform in 6–8 Wochen ausreichend fixiert. Fehlstellungen in diesem Bereich sind besser tolerabel als an anderen Skelettabschnitten, da sie durch die gute Schultergelenkfunktion fast vollständig kompensiert werden. Besonders bei Frakturen im mittleren Schaftdrittel ist auch die Behandlung in einem entsprechenden »Brace« nach kurzfristiger Ruhigstellung im Desault-Verband möglich. Dadurch ist eine frühfunktionelle Behandlung der Schulter durchführbar.

Operationsindikationen ergeben sich bei:
- offenen Frakturen,
- Mehrfachverletzten (Pflegeerleichterung),
- Radialisparesen,
- irreponibler Querfraktur,
- verzögerter Frakturheilung und Pseudarthrosen,
- ellbogengelenknahen Frakturen.

Zugangswege und Operationsverfahren

Zugangswege: Für die im proximalen Drittel gelegenen Frakturen empfiehlt sich der ventrale Zugang nach Erweiterung der deltoideopektoralen Freilegung (Abb. 10.4-9a–c), für die distale Fraktur bis oberhalb der Schaftmitte empfiehlt sich der dorsale Zugang (Abb. 10.4-10a–c), der zweckmäßigerweise in Bauchlage erfolgen soll. Die Reposition ist dadurch einfacher und die Übersicht besser. Die Darstellung des Humerusschaftes erfolgt durch den M. triceps brachii. Bei Frakturen im Bereich des mittleren Drittels ist der N. radialis freizulegen und bei Reposition und Osteosynthese stets im Auge zu behalten (Abb. 10.4-10c). Die Verlagerung des N. radialis nach ventral ist nicht notwendig, zumal durch die ausgedehntere Präparation zusätzlich motorische Äste, besonders zum M. triceps, verletzt werden können.

Die **Osteosynthese** erfolgt üblicherweise durch eine breite Platte mit interfragmentärer Kompression, ggf. kann die Kompression bei schrägen Torsionsbrüchen mit einer Zugschraube erreicht werden (Abb. 10.4-11a).

Knöcherne Defekte und gefährdete 3. Fragmente im Hinblick auf die Ernährung sind durch primäre Spongiosaplastik abzusichern (Entnahme vom hinteren Beckenkamm).

Quer- und kurze Schrägbrüche des mittleren Schaftdrittels können auch durch Bündelnägel (Abb. 10.4-11c) versorgt werden. Der Frakturbereich wird dabei nicht freigelegt, der Zugang zum Humerus erfolgt distal durch die Trizepssehne. Oberhalb der Fossa olecrani werden der Humerus eröffnet (Bohrer, Pfriem) und die Bündelnägel, die den Markraum möglichst komplett ausfüllen sollen, eingebracht. Zur korrekten Plazierung ist ein Bildverstärker unerläßlich. Zu berücksichtigen bleibt, daß es sich um keine stabile Osteosynthese handelt und im allgemeinen eine stärkere Kallusformation im Frakturbereich entsteht. Der Eingriff ist jedoch technisch einfach, erfordert wenig Zeitaufwand und bietet sich daher besonders für gefährdete Patienten (Alter, Polytrauma, Metastasen) an.

Bei der primären Radialislähmung wird nach wie vor vielfach der konservativen Behandlung der Vorzug gegeben. Da die Lähmung in aller Regel durch Dehnung, Zerrung oder Quetschung des N. radialis auftritt und sich dann im Rahmen der konservativen Behandlung zurückbildet, scheint dieses Vorgehen gerechtfertigt. Die fachärztliche neurologische Untersuchung einschließlich Elektromyogramm (EMG) ist dringend zu empfehlen. Es muß jedoch auch bedacht werden, daß – wenn auch selten – eine Kontinuitätstrennung vorliegen kann, außerdem durch die Freilegung eine Entlastung des Nerven (Druck durch Fragmentenden, Frakturhämatom) eintritt. Daher bevorzugen wir in aller Regel in solchen Fällen die primäre osteosynthetische Versorgung mit Darstellung des Nerven. Diese ist absolut indiziert bei sekundär auftretender Radialisparese im Rahmen der konservativen Behandlung. Fast regelmäßig wird diese Parese durch die Dislokation der Fragmente hervorgerufen, die die nervalen Strukturen ständig beeinträchtigen und schließlich zu bleibenden Schäden führen können.

Nach durchgeführter Osteosynthese ist der Verlauf des N. radialis genau zu beschreiben (Lage, Beziehung zum Osteosynthesematerial). Bewährt hat sich die zeichnerische Darstellung in bezug zum Implantat um spätere, sekundäre Schädigungen bei der Implantatentfernung zu vermeiden.

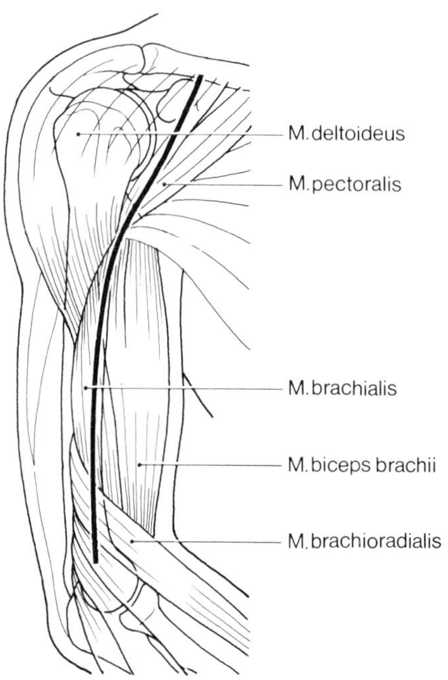

a)

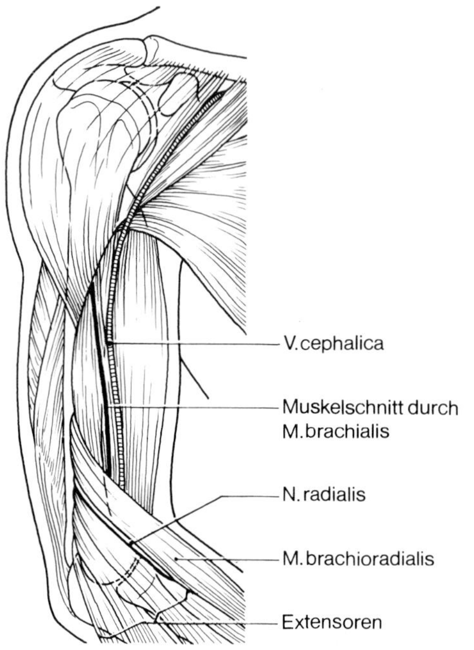

b)

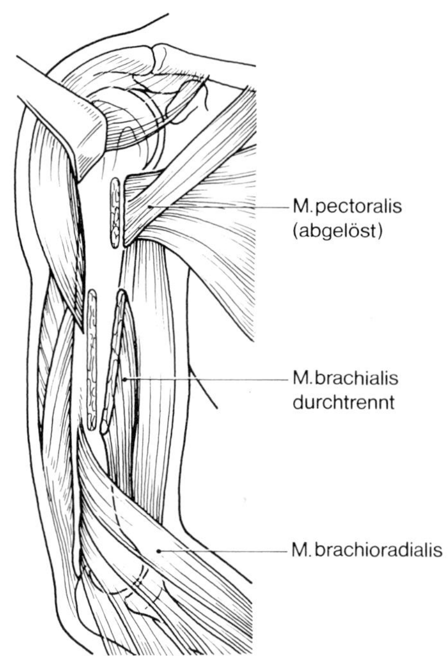

c)

Abb. 10.4-9.a–c) Ventrolateraler Zugang zum Humerusschaft für proximale Humerusfrakturen. Hautschnitt (a) zum distal erweiterten Zugang vom Sulcus deltoideopectoralis aus. Leitgebilde ist auch hier die V. cephalica (b). Der M. brachialis muß entsprechend der Frakturlokalisation durchtrennt werden, dabei ist der N. radialis gefährdet und muß sorgfältig geschont werden. Sein Leitmuskel ist der M. brachioradialis (c).

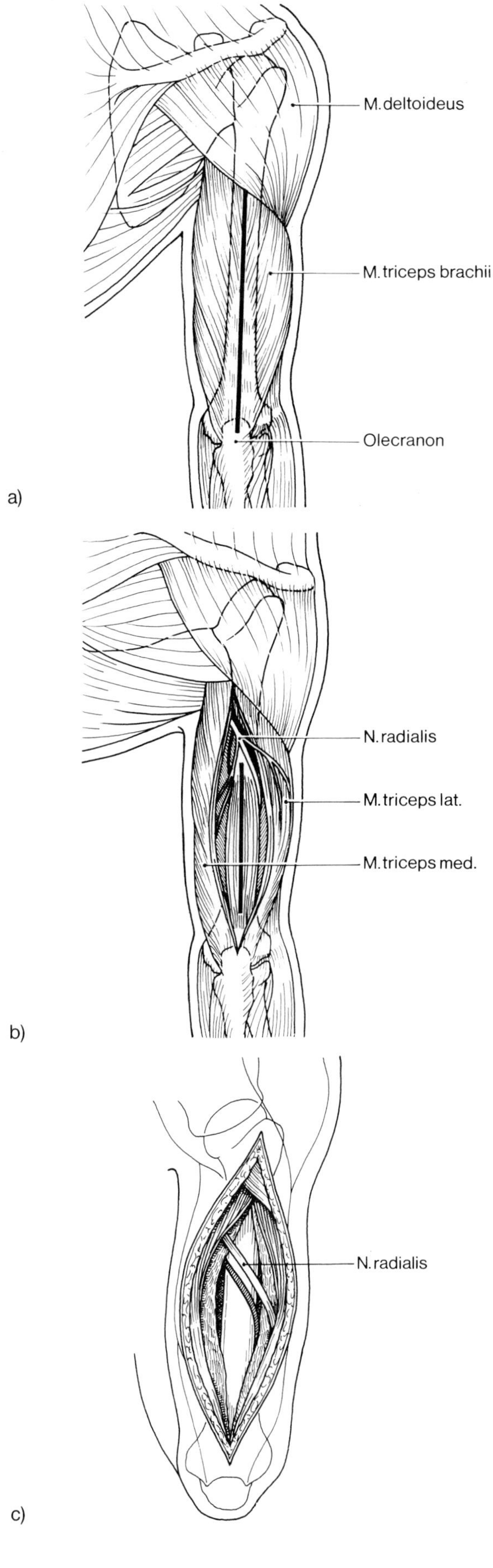

Abb. 10.4-10.a–c) Dorsaler Zugang zum Humerusschaft. Nach gerader Inzision auf der Oberarmrückseite (a) wird die Sehne des M. trizeps längsinzidiert, der Muskel zwischen dem lateralen und medialen Anteil in Faserrichtung gespalten (b). Entsprechend der Frakturlokalisation ist im oberen Zugangsbereich der N. radialis darzustellen (c).

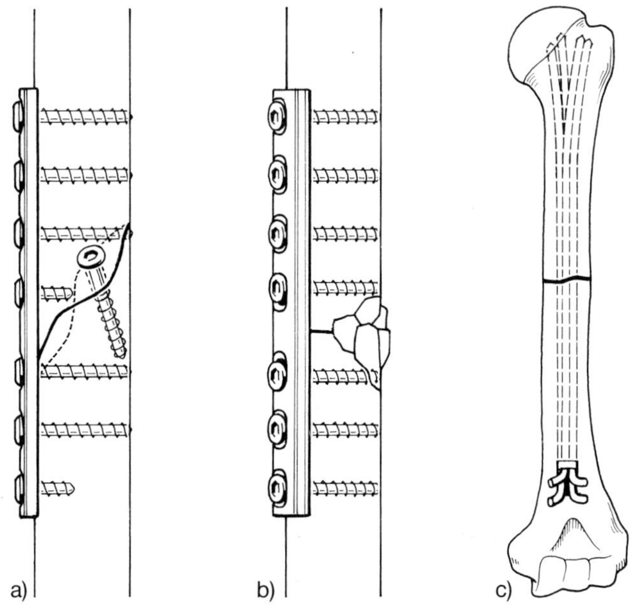

Abb. 10.4-11. Osteosynthese bei der Humerusschaftfraktur. Plattenosteosynthese mit interfragmentärer Kompression (ggf. Zugschraube) bei Quer- und kurzen Schrägbrüchen (a). Defekte und gefährdete 3. Fragmente sind durch Spongiosaplastik abzusichern (b). Entschließt man sich zur Bündelnagelung (c), genügt ein Zugang knapp oberhalb der Fossa olecrani. Hier wird die Kortikalis eröffnet und die Nägel werden unter BV-Kontrolle eingebracht. Eine Gefährdung des N. radialis besteht dabei nicht, es können jedoch Streckhemmungen im Ellbogengelenk verbleiben.

Frakturen am distalen Humerusende

Weit distal gelegene Humerusfrakturen im ellbogengelenknahen Bereich bedürfen häufig operativer Stabilisierung, da sie sich in den meisten Fällen schlecht reponieren bzw. retinieren lassen, besonders, wenn dritte Fragmente vorliegen. Die Behandlung dieser Frakturen im Thorax-Arm-Gipsverband, ggf. mit Extension bzw. Transfixation, ist sehr aufwendig, die funktionellen Resultate sind meist nicht befriedigend, so daß die operative Stabilisierung stets erwogen werden muß.

Nach der Klassifizierung der AO lassen sich die Frakturen am distalen Humerusende in extraartikuläre, intraartikuläre einfache und intraartikuläre Mehrfragmentfrakturen einteilen (Abb. 10.4-12). Wenn auch dieser Klassifizierung – wie auch Klassifizierungen an anderen Skelettabschnitten – eine gewisse Schematisierung anhaftet, so ist sie

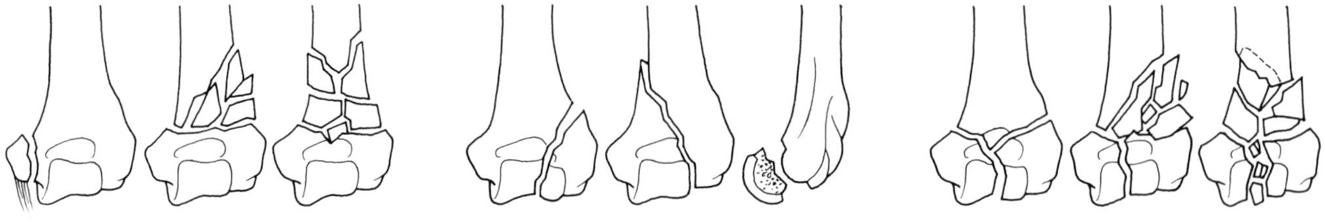

Abb. 10.4-12. Einteilung der Frakturen am distalen Humerus in Anlehnung an die AO-Klassifizierung.
A = Extraartikuläre Frakturen. B = Intraartikuläre »einfache« Frakturen. C = Intraartikuläre Mehrfragmentfrakturen.

doch notwendig für die Indikationsstellung und wichtig für die Vergleichbarkeit der Resultate.

Im Prinzip können die extraartikulären Frakturen konservativ und müßten alle intraartikulären Frakturen operativ behandelt werden. Trotzdem ist in allen Fällen eine individuelle Indikationsstellung notwendig. So ist der Abriß des Epicondylus ulnaris (A1) eine Operationsindikation, da er (durch Muskelzug disloziert) sich nie exakt reponieren läßt und so regelmäßig zur Funktionsbeeinträchtigung führt. Besondere Beachtung verdient diese Frakturform bei noch offenem Wachstumsfugen (s. Kap. 10.3) und bei Dislokation des Epikondylenfragmentes in den Gelenkspalt, was nicht selten beim Valgustrauma mit Ellbogengelenkluxation auftritt. Es bedürfen also die Frakturen der Typen A1, B1–3, C1–3 der operativen Behandlung. Es gibt jedoch Frakturen aus der Gruppe C3, bei denen eine anatomiegerechte Rekonstruktion unmöglich ist. Es ist dann individuell zu entscheiden, ob man sich zur bestmöglichen Rekonstruktion mit verbliebenem Gelenkdefekt entschließt oder der frühfunktionellen Behandlung den Vorzug gibt. Hierbei sind Alter, Beruf, individuelle Disposition mit Bereitschaft zur Mitarbeit bei den unabdingbar notwendigen postoperativen und krankengyymnastischen Begleitbehandlungen zu berücksichtigen. Da bei fast allen komplexen Verletzungen des Ellbogengelenks durch die Beeinträchtigung der synovialen Gleitstrukturen, durch Knorpelschädigungen und durch Kapselbandverletzungen eine mehr oder weniger starke Bewegungseinschränkung verbleibt (Streckhemmung), bedarf die Indikation zur operativen Behandlung dieser Frakturformen besonders sorgfältiger Überlegungen.

Zugangswege und Operationsverfahren

Für alle Frakturen am distalen Humerusende und auch für die Verletzungen des Olekranons ist der **dorsale Zugang** zu wählen (Abb. 10.4-13). Der Hautschnitt am distalen Oberarm, median gelegen, umfährt die Olekranonspitze stets radialwärts (Abb. 10.4-13a). Bei Frakturen des distalen Humerus wird die Trizepssehne median gespalten und das Gelenk dorsal eröffnet (Abb. 10.4-13b).

Zur Darstellung der Trochlea und Epikondylen ist die Trizepssehne zungenförmig (am Olekranon gestielt) abzulösen und nach distal zu halten (Abb. 10.4-13c u. d). Bei allen Eingriffen zur Rekonstruktion am distalen Humerus und der Trochlea ist die Identifizierung, Präparation und Anzügelung des N. ulnaris unerläßlich. Müssen Implantate im Bereich des Epicondylus ulnaris eingebracht werden, empfiehlt sich die Ventralverlagerung des Nerven, zumal dies auch die Implantatentfernung erleichtert.

Durch die Osteotomie des Olekranons kann die Trochlea humeri übersichtlich dargestellt werden, Rekonstruktion und Osteosynthese werden dadurch wesentlich erleichtert (Abb. 10.4-13e). Die Trizepssehne wird dabei seitlich knapp am Übergang zu den muskulären Anteilen medial und lateral nach proximal inzidiert und so die Trochlea und der distale Humerus freigelegt. Zur exakten Rekonstruktion soll die Osteotomie des Olekranons V-förmig angelegt werden und zuvor eine Bohrung bei noch intaktem Olekranon zur Aufnahme des zur Rekonstruktion notwendigen Osteosynthesematerials (Zugschraube) präpariert werden. Wenn immer möglich, vermeiden wir, besonders bei den Frakturen des Typs C3 die Olekranonosteotomie, da man von dem traumatisch und operativ nicht geschädigten Gelenkanteil einen günstigen Einfluß auf den traumatisierten Gelenkpartner bei der notwendigen frühfunktionellen Behandlung erwarten kann.

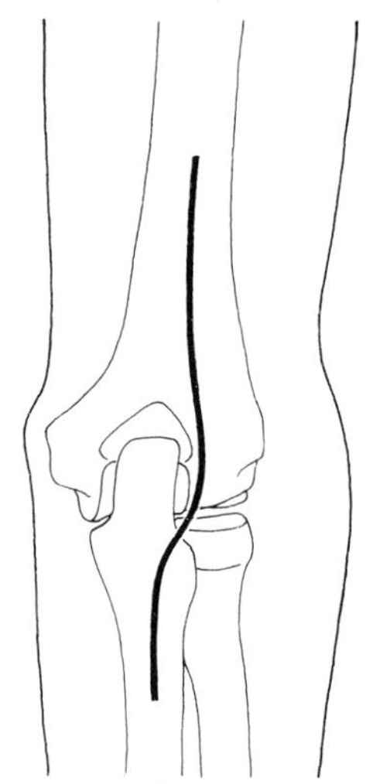

Abb. 10.4-13. Zugang zum distalen Humerus und zum Olecranon.
a) Hautschnitt umfährt das Olecranon radialseitig.

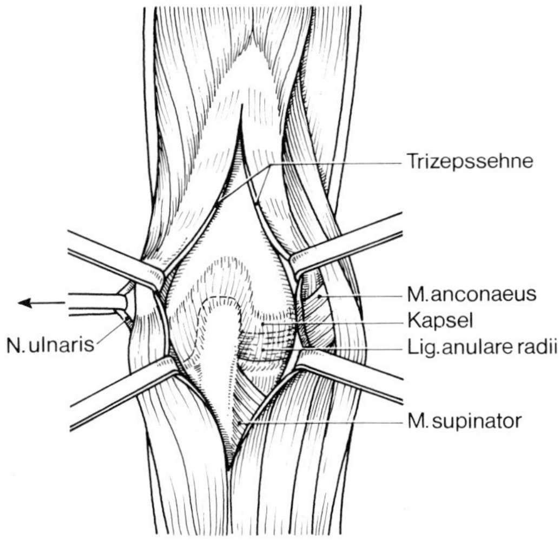

b) Bei distalen extraartikulären Frakturen wird die Trizepssehne median gespalten.

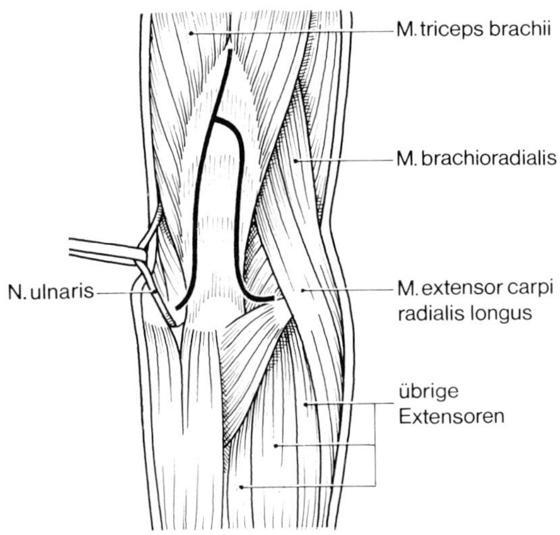

c) Zur Darstellung der Trochlea muß die Trizepssehne zungenförmig abgelöst und

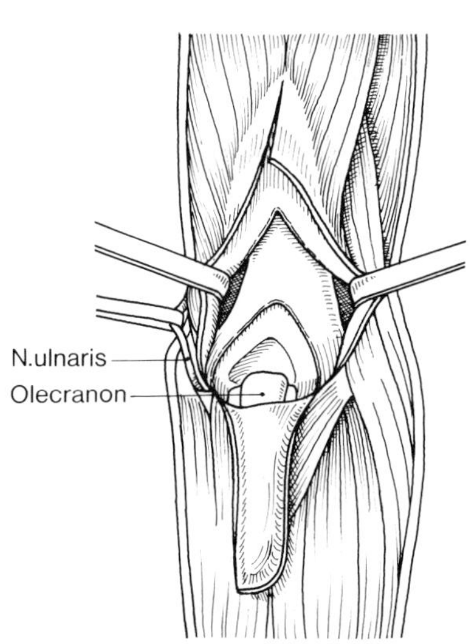

d) nach distal präpariert werden.

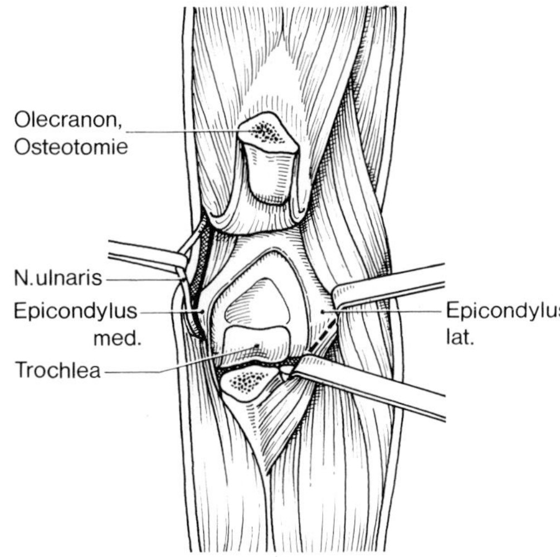

e) Zur kompletten und übersichtlichen Darstellung der Trochlea humeri empfiehlt sich die Osteotomie des Olekranons, ulnare und radiale Inzision mit Inzision der Trizepssehne und Präparation nach proximal.
Die Darstellung des N. ulnaris ist bei allen Zugängen unerläßlich.

Die Osteosynthese der Trochlea humeri ist entsprechend der Frakturform durch eine reine Schraubenosteosynthese (Abb. 10.4-14a) oder durch eine Schrauben-Platten-Kombination (Abb. 10.4-14b u. c) möglich. Die Rekonstruktion muß dabei stets mit der exakten Gelenkwiederherstellung beginnen. Dislokationen und Defekte am Humerusschaft sind dabei in Kauf zu nehmen, ggf. durch Einbringen einer Spongiosaplastik zu überbrücken. Die korrekte Wiederherstellung der Achsenverhältnisse Trochlea–Humerusschaft kann erhebliche Schwierigkeiten bereiten. Der Aufbau über den weniger verletzten Gelenkpfeiler (ulnarer oder radialer Anteil) zum Schaft erleichtert die anatomisch exakte Einstellung der Trochlea zum proximal gelegenen Skelettabschnitt.

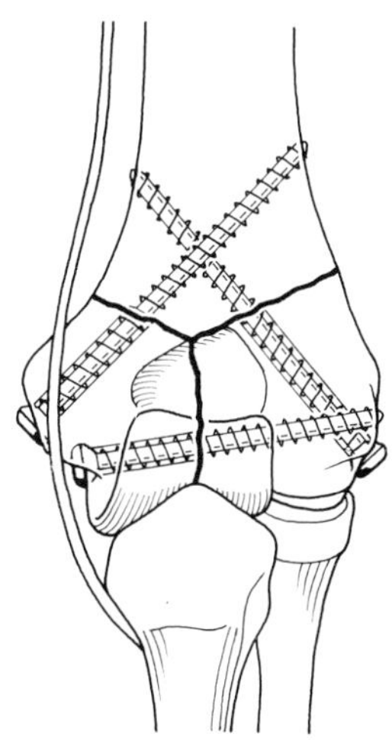

Abb. 10.4-14. Osteosynthese der Trochlea humeri.
a) Schraubenosteosynthese.

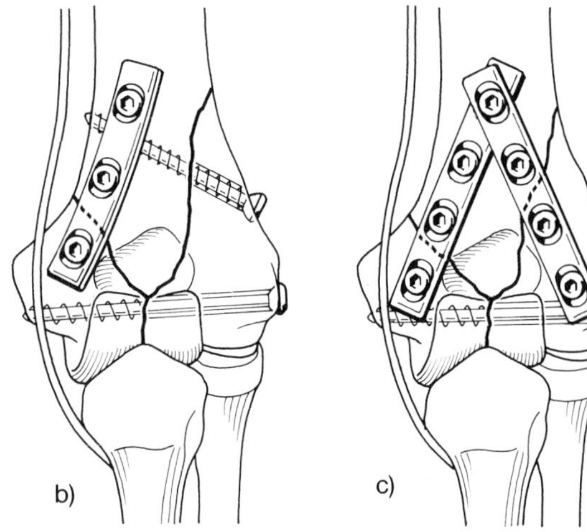

b u. c) Schrauben-Platten-Rekonstruktion.
Die Prinzipien der interfragmentären Kompression müssen beachtet werden.

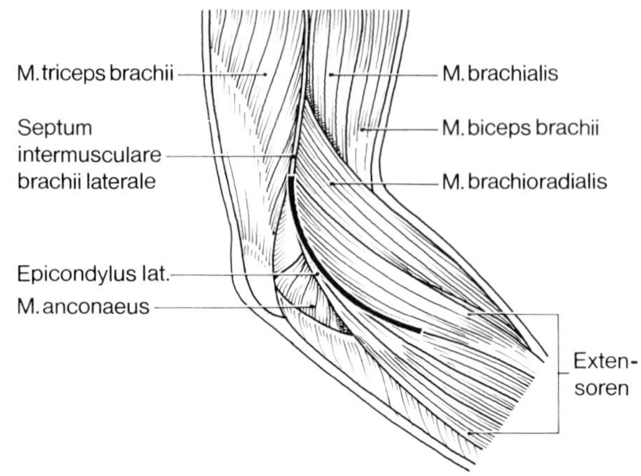

b) Spaltung im Septum intermusculare und in den Extensoren des Unterarmes.

Der **radiale Zugang** zum Ellbogengelenk (Abb. 10.4-15a–c) ist notwendig bei den Frakturen des Capitulum humeri (B3), bei Frakturen des Radiusköpfchens sowie bei ausgedehnten lateralen Bandverletzungen. Nach Hautinzision wird proximal im Septum intermusculare distal im Verlauf der Extensoren auf die Gelenkkapsel eingegangen. Nach Eröffnung der Kapsel über dem Epicondylus lateralis humeri nach proximal und distal können die lateralen Gelenkanteile mitsamt dem Lig. anulare radii gut eingesehen werden. Die Varisierung des Ellbogengelenks und Rotationsbewegungen des Unterarmes erleichtern die Übersicht.

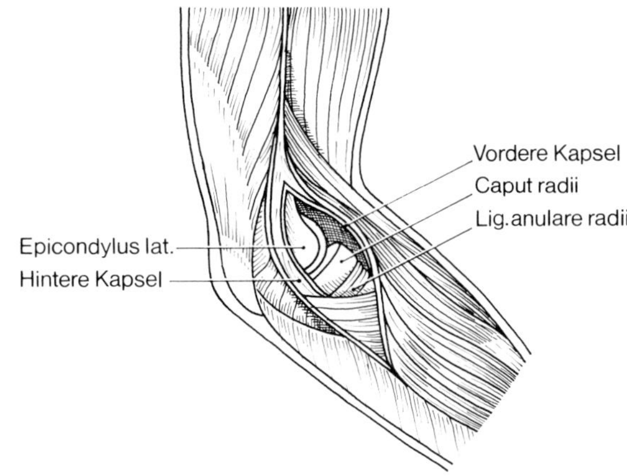

c) Eröffnung der Gelenkkapsel.

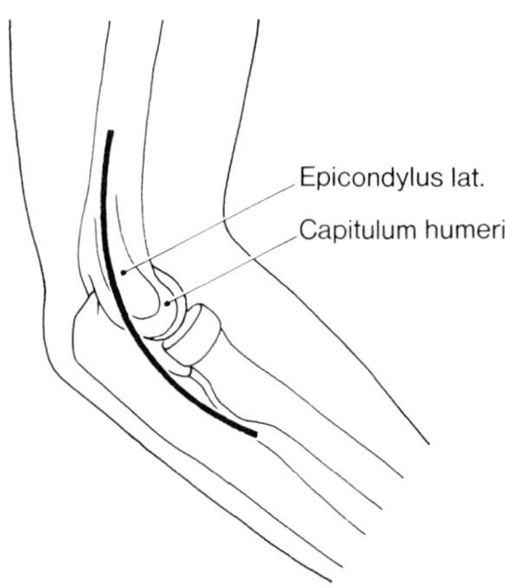

Abb. 10.4-15. Radialer Zugang zum Ellenbogengelenk.
a) Hautinzision.

Bei Frakturen des Capitulum humeri ist die Reposition von der Gelenkfläche her meist gut möglich. Die Osteosynthese erfolgt dann von dorsal her mit Zugschraube (z. B. kleine Spongiosa- (navikulare) Schraube), die natürlich ventral den Knorpelüberzug nicht perforieren darf.

Der **mediale Zugang** zum Ellbogengelenk ist bei besonderen Verletzungen im proximalen Ulnarbereich notwendig. Dabei kann der dorsale Zugang zum medialen erweitert werden, wie dies bei Kombinationsverletzungen an der proximalen Ulna und im Bereich des Proc. coronoideus notwendig ist. Der Hautschnitt verläuft in Richtung des Septum intermusculare mediale über den Epicondylus medialis und teilt distal die Flexorengruppe (Abb. 10.4-16a u. b). Zur besseren Gelenkdarstellung kann die Osteotomie des Epicondylus medialis notwendig sein (Isolierung des N. ulnaris), wobei derselbe distal an Bändern und in Muskelansätzen gestielt bleibt (Abb. 10.4-16c). Die mediale Seite des Olekranons bis zu den proximalen Unterarmanteilen läßt sich dann übersichtlich darstellen und auch der Proc. coronoideus ist so erreichbar. Bei den komplexeren Verletzungen am proximalen Unterarm wird gelegentlich ein kombiniertes Vorgehen medial und lateral notwendig.

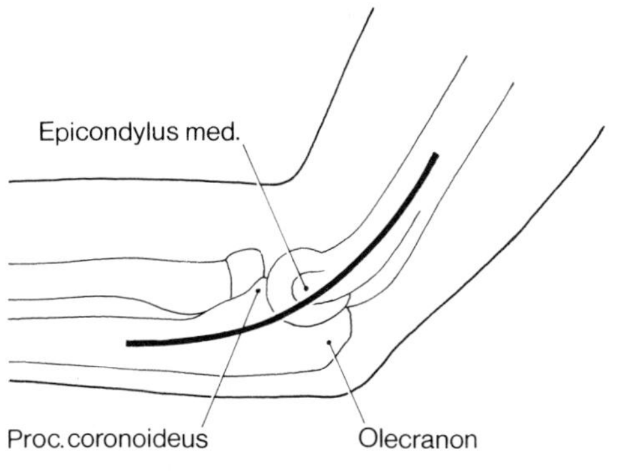

Abb. 10.4-16. Medialer, ulnarer Zugang zum Ellenbogengelenk.
a) Hautschnitt.

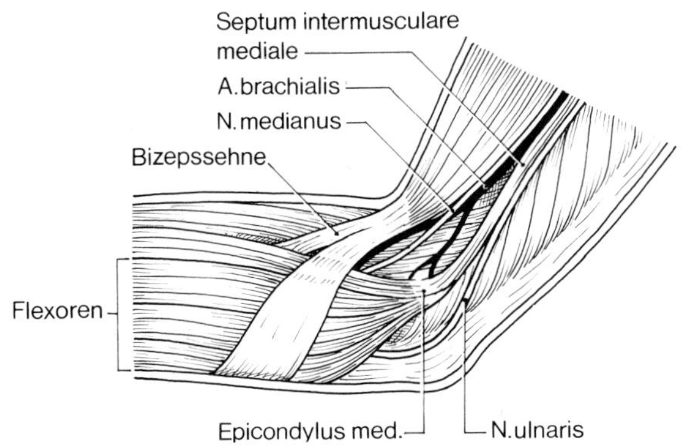

b) Muskuläre Situation und Verlauf des N. ulnaris.

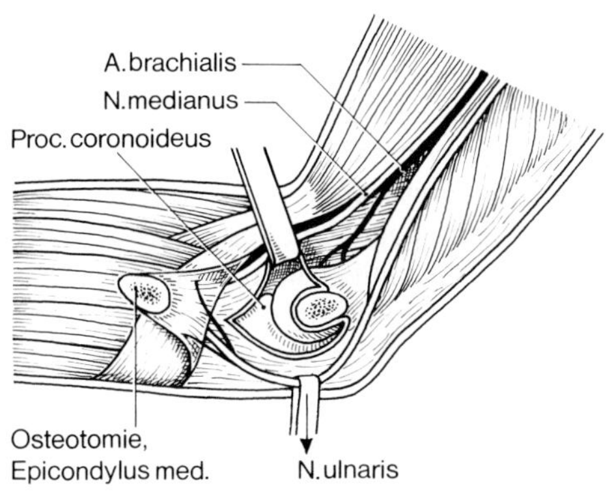

c) Zur übersichtlichen Darstellung Osteotomie des Epicondylus ulnaris mit Darstellung des N. ulnaris.

Radiusköpfchenfrakturen können als einfache Frakturen (Meißelfrakturen), Trümmerfrakturen oder als Halsfrakturen vorliegen (Abb. 10.4-17 a–c). Wenig dislozierte Meißelfrakturen mit geringer Stufenbildung können entsprechend der individuellen Situation konservativ behandelt werden (Abb. 10.4-18). Die Ergebnisse sind am statisch nicht belasteten Gelenk relativ gut. Bei stärkerer Dislokation ist die Rekonstruktion mit Zugschraube über den radialen Zugang ein sicheres Verfahren (Abb. 10.4-19 a). Bei Trümmerfrakturen des Radiusköpfchens kann die Rekonstruktion versucht werden. Da dies manchmal unmöglich ist und bei aufwendigen Osteosynthesen mit mehreren Implantaten die funktionellen Ergebnisse oft schlecht sind sowie Sekundärarthrosen und schmerzhafte Funktionsbehinderungen auftreten können, muß in solchen Fällen die Radiusköpfchenresektion (primär oder sekundär) erwogen werden. Dazu ist nicht nur die Entfernung der Fragmente, sondern auch eine ausreichende Nachresektioin im Radiushalsbereich notwendig. Die Resektionsstelle muß von Weichteilen gut bedeckt sein (Anteile vom Lig. anulare), eine frühfunktionelle gezielte krankengymnastische Begleitbehandlung ist für diese Verletzungen unabdingbar.

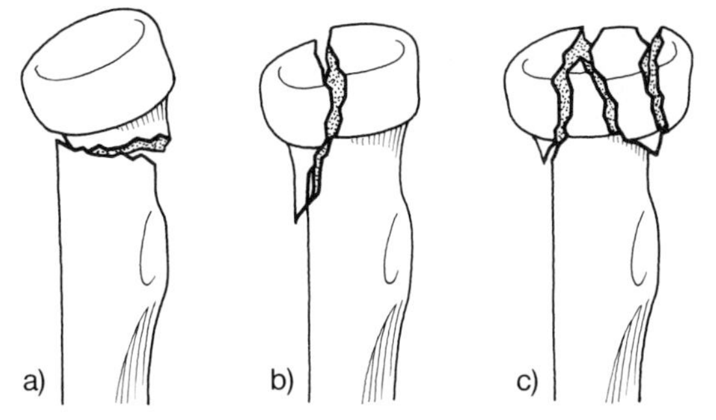

Abb. 10.4-17. Radiusköpfchenfrakturen.
a) Halsfraktur.
b) Meißelfraktur.
c) Trümmerfraktur.

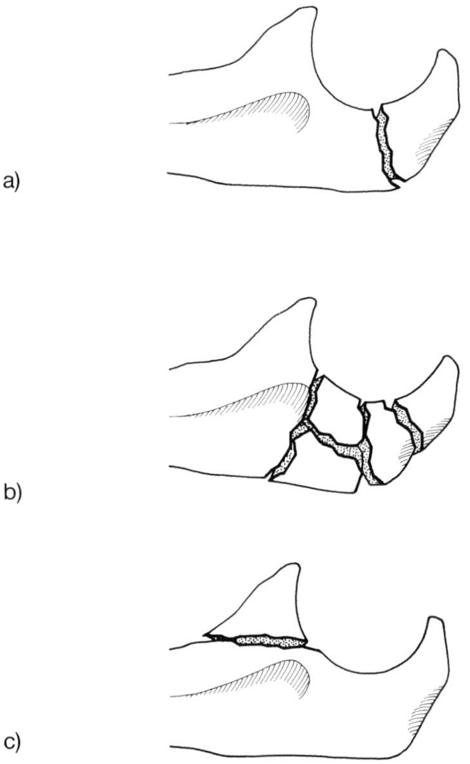

Abb. 10.4-18. Frakturen der proximalen Ulna.
a) Olekranonabrißfraktur.
b) Olekranontrümmerfraktur.
c) Fraktur des Proc. coronoideus.

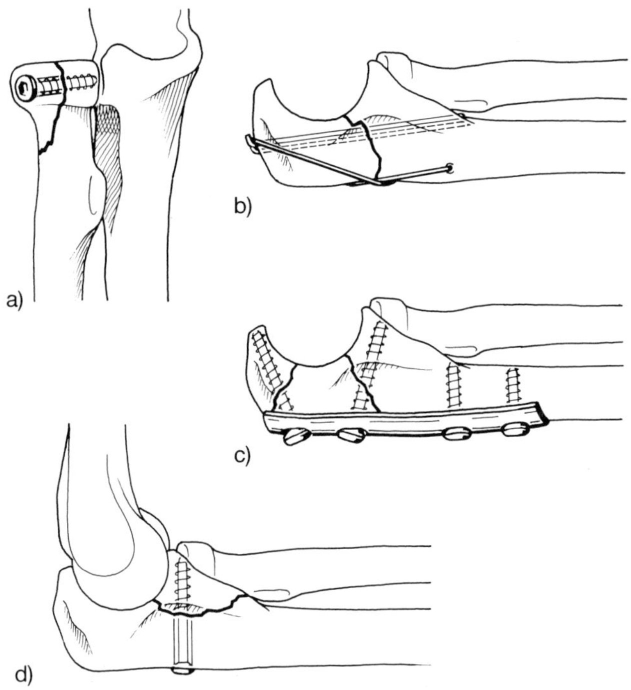

Abb. 10.4-19. Osteosynthese am proximalen Unterarm.
a) Schraubenosteosynthese bei Meißelfraktur des Radiusköpfchens.
b) Zuggurtungsosteosynthese der Olekranonabrißfraktur.
c) Plattenosteosynthese bei Olekranontrümmerfraktur.
d) Schraubenosteosynthese (Zugschraube) bei Fraktur des Proc. coronoideus.

Frakturen des Radiushalses bedürfen bei einer Abweichung von mehr als 30° von der Radiusschaftachse der Reposition und Retention, die im allgemeinen nur operativ möglich ist. Nach Darstellung der Frakturzone über den radialen Zugang erfolgt die Reposition des Köpfchens, indem man dieses formschlüssig in Korrespondenz zum Capitulum humeri bringt. Die Stabilisierung erfolgt dann über einen (ggf. auch 2) Kirschner-Draht (Drähte) vom Köpfchen schräg zum proximalen Schaftanteil, den Frakturbereich überbrückend. Kleinere Defekte in der Frakturzone können dabei in Kauf genommen werden. Die transartikuläre Osteosynthese vom distalen Humerus über das Radiusköpfchen in den Radiusschaft ist immer mit der Komplikation des Drahtbruches auf Höhe des Gelenkes behaftet und sollte daher aufgegeben werden. Aufwendigere Osteosynthesen im Kopf-Hals-Bereich (Krallenplatte) bringen den Nachteil der größeren Freilegung mit sich. Die Frühmobilisierung kann Probleme bereiten, so daß dieses Osteosyntheseverfahren nur relativ selten indiziert ist.

Die Aufrichtung des Radiusköpfchens bei Frakturen im Bereich des Halses hat besonders am wachsenden Skelett Bedeutung, da Fehlstellung zur Stimulierung der Wachstumsfuge am distalen Humerus führen können (s. Kap. 10.3). Aus diesem Grunde sind auch Resektionen des Radiusköpfchens bei noch offenen Wachstumsfugen obsolet.

Die häufigen Frakturen des Olekranons (Abb. 10.4-18a–c), insbesondere die klassischen Abrißfrakturen, werden vom dorsalen Zugang (s. o.) durch Zuggurtung versorgt (Abb. 10.4-19b). Nach Darstellung der Frakturzone und Reposition werden 2 Kirschner-Drähte von der Olekranonspitze eingebracht, die die ventrale Kortikalis perforieren sollen. Dies führt zu größerer Stabilität. Die interfragmentäre Kompression wird durch den Zuggurtungsdraht (um die Kirschner-Drahtenden gelegt) und durch ein isoliertes Bohrloch (im Schaftbereich geführt) erreicht. Wie bei allen Zuggurtungen (Patella, Malleolus medialis, Trochanter major) bewirkt die frühfunktionelle Bewegung erst die gewünschte Kompression und Stabilisierung im Frakturbereich.

Die Rekonstruktion der proximalen Ulna erfolgt dann durch eine Plattenosteosynthese, wobei isolierte Verletzungen des Proc. coronoideus auch durch isolierte Zugschrauben versorgt werden müssen (Abb. 10.4-19c u. d).

Unterarmschaftfrakturen

Unterarmschaftfrakturen sollten überwiegend operativ behandelt werden. Dies gilt auch für die Mehrzahl der isolierten Frakturen von Ulna und Radius. Nur bei nicht oder wenig dislozierten Frakturen ist nach entsprechend langer Ruhigstellung (6–8 Wochen) im Gipsverband mit einem funktionell guten Ergebnis zu rechnen. Es drohen durch die Schrumpfung der Membrana interossea durch Brückenkallusbildung und durch Kapselverletzungen an den proximalen und distalen radioulnaren Gelenkverbindungen Bewegungseinschränkungen oder gar Blockierungen der Unterarmumwendbewegungen, die die Gebrauchsfähigkeit von Arm und Hand erheblich beeinträchtigen können. Entschließt man sich zur konservativen Behandlung (nicht oder wenig dislozierte Frakturen, wachsendes Skelett), so ist auf eine korrekte Gipsbehandlung besonderer Wert zu legen. Der Unterarm muß in Supinationsposition ruhiggestellt werden, damit Ulna und Radius nicht übereinander liegen (wie bei Pronation) und so die Membrana interossea ausgespannt bleibt. Nur so läßt sich auch eine Synostose (durch Brückenkallus) vermeiden, die zur vollständigen Blockierung der Diadochokinese führt. Die Indikation zur operativen Behandlung ist daher weit zu stellen.

Zugangswege und Operationsverfahren

Für die operative Versorgung der Unterarmfrakturen kann normalerweise die Rückenlagerung gewählt werden, sofern nicht Mehrfachverletzungen andere Positionen erfordern. Dabei wird die Ulna durch Position des Armes über den Oberkörper des Patienten, der Radius durch Seitwärtslagerung auf einen Beistelltisch zur Freilegung vorbereitet.

Bei den Zugangswegen zum Ulna- und Radiusschaft empfiehlt es sich, jeweils getrennt die traumatisierten Gelenkabschnitte freizulegen. Es ist zwar bei Frakturen im proximalen Unterarmbereich die Versorgung über einen gemeinsamen dorsalen Zugang möglich (Boyd), allerdings wirken sich die weite Ablösung der Weichteilstrukturen, die ausgedehntere Deperiostierung im Frakturbereich, wie sie zur biomechanisch günstigen Plattenlage notwendig ist, sowie die Probleme beim Wundverschluß eher negativ aus.

Bei den getrennten Zugangswegen ist darauf zu achten, daß die Hautbrücke zwischen beiden Inzisionen möglichst breit bleibt. Die Freilegung des Ulnaschaftes ist einfach, weil die Hautinzision der Ulnakante folgt (Abb. 10.4-20a). Von der Frakturform ist dann abhängig zu machen, ob das Implantat dorsal unter die Extensorengruppe, oder volar unter die Flexoren plaziert wird (Abb. 10.4-20b). Der subtile Umgang mit dem Periost ist bei den relativ schmalen Unterarmknochen besonders wichtig. Die zirkuläre Deperiostierung im Frakturbereich kann fatale Folgen haben, da sie Schrittmacher der Infektion ist. Dies gilt besonders, wenn kleine, dritte Fragmente oder Trümmerzonen vorliegen. Es kann daher gelegentlich besser sein, nicht mit allen Mitteln die anatomiegerechte Osteosynthese zu erzwingen. Trümmerzonen, dritte Fragmente und auch Stufenbildungen mit erweiterter Deperiostierung bedürfen regelmäßig einer Spongiosaplastik. Diese kann sparsam vorgenommen werden. Besonders ist darauf zu achten, daß keine Spongiosaanteile zur Membrana interossea hin angelagert werden, da sie dem Brückenkallus Vorschub leisten.

Der Zugang zum Radiusschaft ist schwieriger als der zur Ulna. Im proximalen Bereich bedarf der Ramus profundus des N. radialis, der von volar nach dorsal den M. supinator durchquert, besonderer Beachtung (Supinatorschlitz s. Abb. 10.4-21). Bei seiner Beeinträchtigung kommt es zum Ausfall der Extensorenmuskulatur von Unterarm und Hand. Bei Frakturen im proximalen Radiusbereich sollte daher die Darstellung des Ramus profundus n. radialis mit der notwendigen Vorsicht erfolgen. Der Hautschnitt verläuft vom Proc. styloideus radii in proximaler Richtung und zielt auf das Radiusköpfchen (Abb. 10.4-22a). In den muskulären Schichten erfolgt der Zugang medial des M. extensor digitorum (Abb. 10.4-22b). Zur Exposition des Schaftes wird im proximalen Bereich der M. supinator im unteren Anteil eingekerbt; falls bis zum Radiushals freigelegt werden muß, ist der Ramus profundus n. radialis (s. o.) zu präparieren. Im distalen Schaftbereich muß der M. pronator teres nach medial gehalten werden, noch weiter distal sind die Mm. abductor pollicis longus und extensor pollicis brevis nach lateral zu halten bzw. abzulösen (Abb. 10.4-22c).

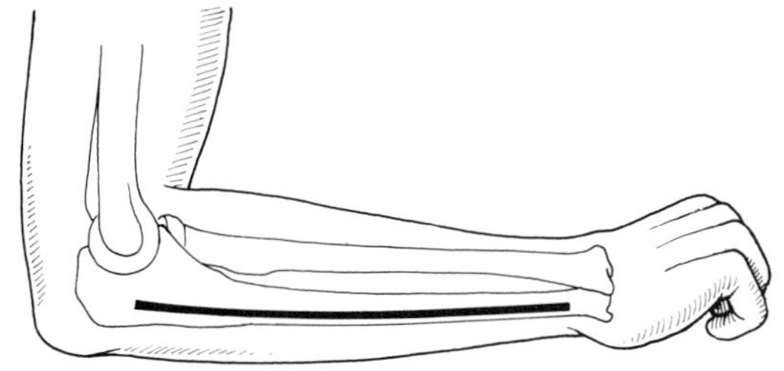

Abb. 10.4-20. Zugang zur Ulna.
a) Hautschnitt.

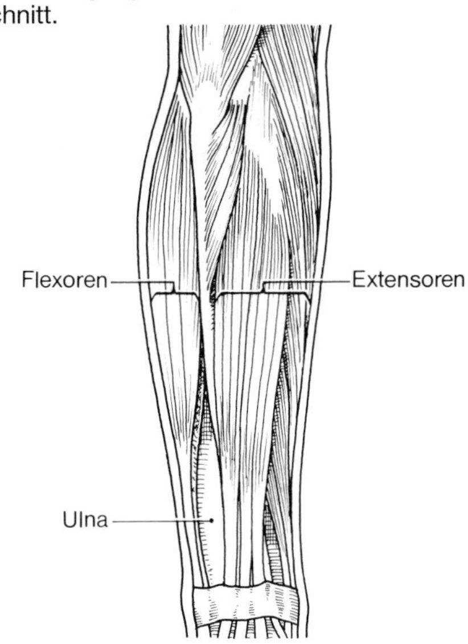

b) Die Spaltung der Flexoren- und Extensorengruppe legt die Ulna problemlos frei.

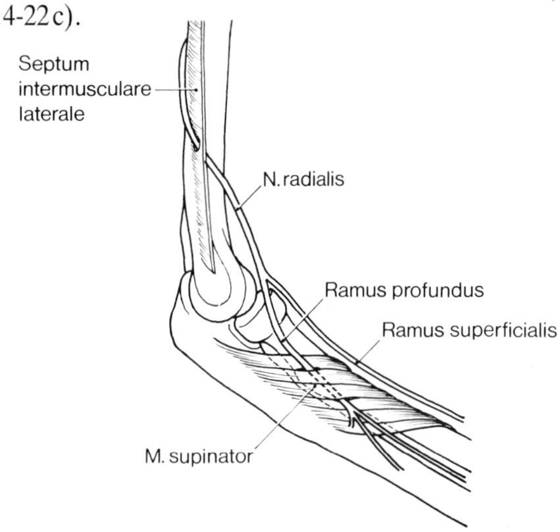

Abb. 10.4-21. Verlauf des Ramus profundus des N. radialis. Er durchdringt von volar nach dorsal den M. supinator etwa in der Mitte des Muskelbauches und muß unbedingt geschont werden. Bei proximalen Radiusfrakturen ist er, entsprechend dem Frakturlinienverlauf, darzustellen. In Supinationsposition verlagert er sich etwas weiter vom Radius weg als in Pronation.

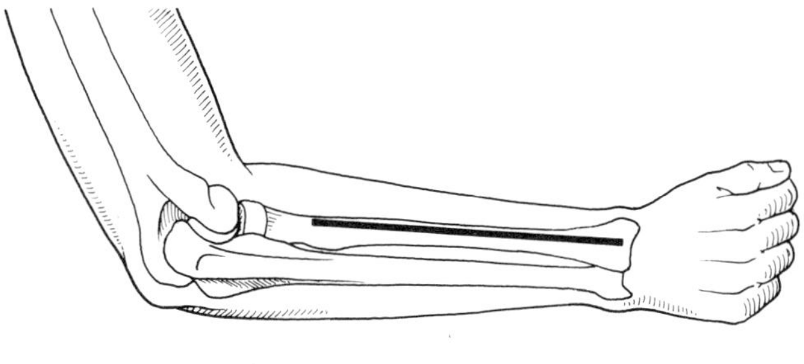

Abb. 10.4-22. Zugang zum Radius.
a) Hautschnitt.

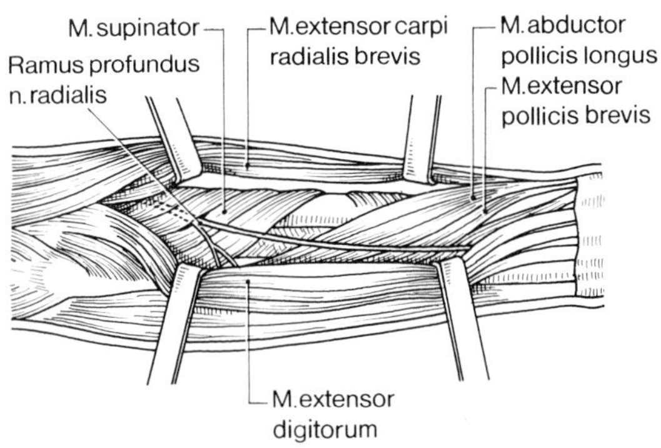

b) Zugang durch Teilung der Extensorengruppe. Verlauf des Ramus profundus N. radialis beachten.

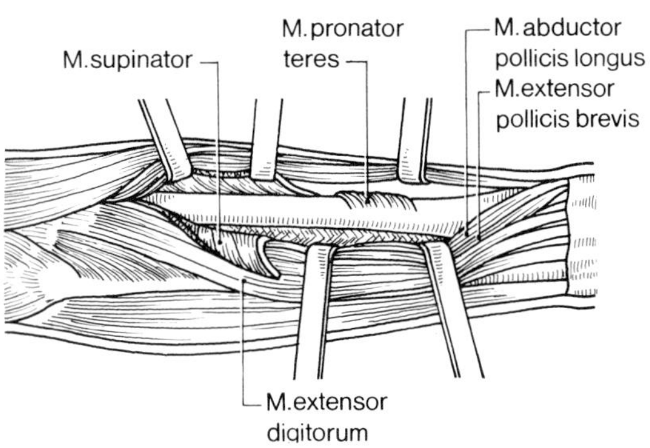

c) Darstellung des Radiusschaftes, ggf. Einkerbung des M. supinator.

Zur **Osteosynthese** von Radius und Ulna haben sich die 3,5-DC-Platten bewährt. Sie sind in ihrer Größe den relativ schmalen Röhrenknochen angepaßt. Bei Schrägbrüchen erreicht man die interfragmentäre Kompression durch Zugschrauben, wobei die Platte als Neutralisationsplatte angebracht wird. Bei Querbrüchen kann die Kompression durch exzentrische Bohrung in den DC-Platten, ggf. auch durch das Plattenspanngerät erzielt werden (Abb. 10.4-23).

Schwierigkeiten bei der Reposition und Osteosynthese von kompletten Unterarmfrakturen ergeben sich bei Quer- und kurzen Schrägbrüchen. Ist an einem Schaftanteil die Fraktur reponiert und fixiert, kann die Reposition des anderen Skelettpartners unmöglich werden. Es empfiehlt sich dann ein simultanes Vorgehen bei der Osteosynthese: z. B. präliminäre Fixierung der Ulna mit Platte und Schrauben in einem Fragment sowie Haltezangen im anderen Fragment, danach Reposition und Osteosynthese des Radius und als 3. Schritt definitive Versorgung der Ulnafraktur.

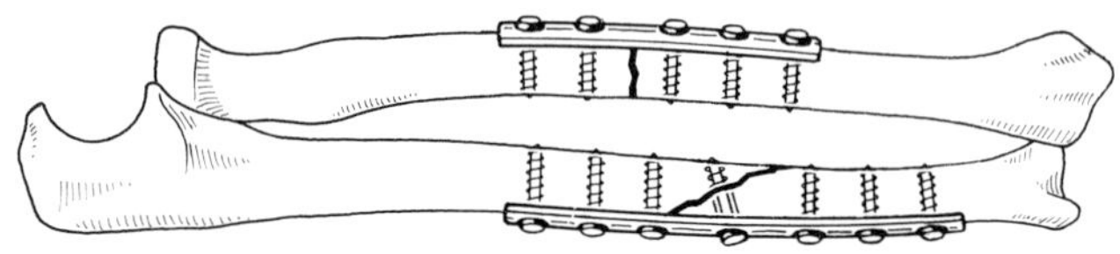

Abb. 10.4-23. Osteosynthese von Radius und Ulna. Interfragmentäre Kompression durch Zugschraubenosteosynthese (hier Ulna) und/oder exzentrische Bohrung (hier Radius); Platten: 3,5 DC.

Eine spezielle Verletzung stellt der Monteggia-Schaden am proximalen Unterarm dar. Es handelt sich dabei um eine proximal gelegene Ulnafraktur (Parierfraktur) mit Luxation des Radiusköpfchens. Es werden Monteggia-Verletzungen vom Extensionstyp und solche vom Flexionstyp unterschieden. Beim ersteren luxiert das Radiusköpfchen zur Volarseite, bei letzterem zur Dorsalseite (Abb. 10.4-24). Die volare Luxation ist häufiger. Bei der selteneren dorsalen Luxation kann es zusätzlich zu Knorpel- und Knochenabscherungen am Radiusköpfchen kommen, so daß die Prognose ungünstiger ist.

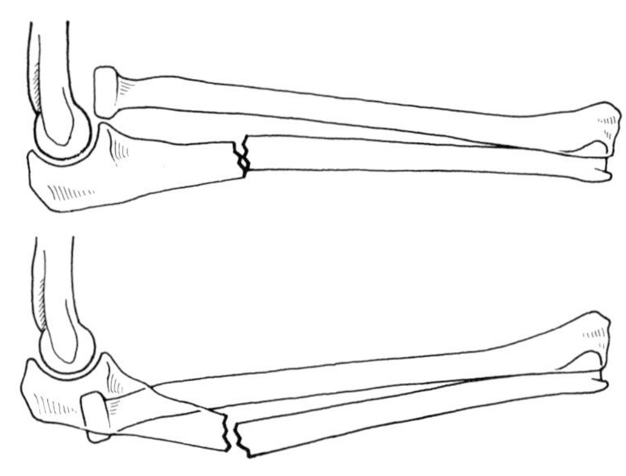

Abb. 10.4-24. Monteggia-Verletzung.
a) Ulnafraktur mit volarer Luxation des Radiusköpfchens (häufiger).
b) Ulnafraktur mit dorsaler Luxation des Radiusköpfchens (seltener).

Für die Wiederherstellung des Gelenkes ist die korrekte Länge der Ulna unbedingt notwendig. Dies ist fast ausnahmslos nur durch eine stabile Plattenosteosynthese möglich. Danach stellt sich das Radiusköpfchen in der Regel korrekt im Ellbogengelenk ein. Hat man sich von der Stabilität überzeugt, kann auf die Naht des Lig. anulare verzichtet werden. Muß aber auch das Köpfchen revidiert werden, so ist die Naht zu empfehlen. Eine frühzeitige Bewegungstherapie in der ersten Zeit unter Vermeidung von Rotationsbewegungen ist regelmäßig angezeigt.

Seltener als der Monteggia-Schaden ist der umgekehrte Verletzungsmechanismus: Fraktur des Radiusschaftes,

Luxation der Ulna im distalen Radioulnargelenk (Galeazzi-Fraktur). Die Behandlung muß in ähnlicher Weise durch anatomiegerechte Reposition und Osteosynthese im Bereich des Radius erfolgen, wobei dann aufgrund der Stabilitätsverhältnisse entschieden werden muß, ob die radioulnaren Bandverbindungen in die operative Versorgung miteinbezogen werden.

Distale Radiusfrakturen

Die Frakturen am distalen Radiusende (definitionsgemäß die letzten 3 cm des Radius) sind die häufigsten Frakturen überhaupt. Frauen jenseits der Menopause sind durch die Osteoporose 7mal häufiger betroffen als gleichaltrige Männer. Verletzungsursache ist in der Regel eine Stauchung durch Sturz auf die dorsal (seltener die volar) flektierte Hand. Die Bruchformen können vielgestaltig sein. Es existieren daher unterschiedliche, zum Teil detaillierte Klassifizierungen der Frakturen. Nach Art der Dislokation lassen sich **2 Grundtypen** unterscheiden (Abb. 10.4-25 u. 26):

1. Extensionsfrakturen mit dorsaler Dislokation des peripheren Fragmentes (Colles-Fraktur). Diese Fraktur kann extra- oder auch intraartikulär verlaufen. Es ist die häufigste Fraktur am distalen Radiusende (Fraktur loco typico). Eine Besonderheit stellt die dorsale Randfraktur dar.
2. Flexionsfrakturen mit Dislokation des peripheren Endes nach volar (Smith-Fraktur). Auch hier kann die Fraktur extra- oder intraartikulär verlaufen, und auch die volare Randfraktur ist möglich.

Daneben werden reine Styloidfrakturen radial und ulnar unterschieden.

Etwa 90% aller distalen Radiusfrakturen sind Extensionsfrakturen. Die klassische Deformität ist die bajonettartige Abkippung nach radial durch die Verkürzung des Radius und die Fourchette-Stellung durch Abkippung der Gelenkfläche nach dorsal.

Die Flexionsfrakturen sind klinisch an einer Kantenbildung auf der Streckseite und einer verplumpten Vorwölbung an der Beugeseite des Handgelenkes zu erkennen. Zu beachten ist, daß bei stärkerer Dislokation beider Frakturformen eine Beeinträchtigung des N. medianus durch die dislozierten Fragmente, aber auch durch eine Hämatombildung möglich ist. In solchen Fällen ist die Spaltung des Lig. carpi transversum notwendig.

a)
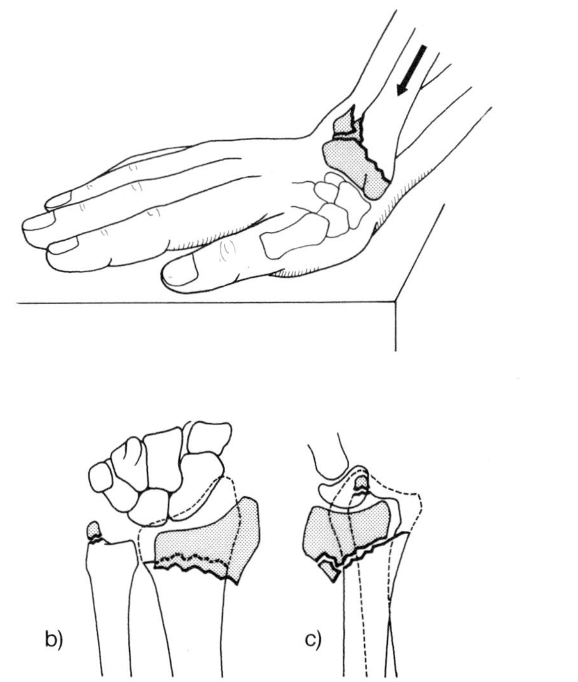

Abb. 10.4-25. Extensionsfraktur am distalen Radius (Colles). Durch Sturz auf die Handfläche entsteht eine dorsale Einstauchung mit Trümmerzone (a u. c) und/oder radialer Verschiebung des distalen Fragments (b).

a)
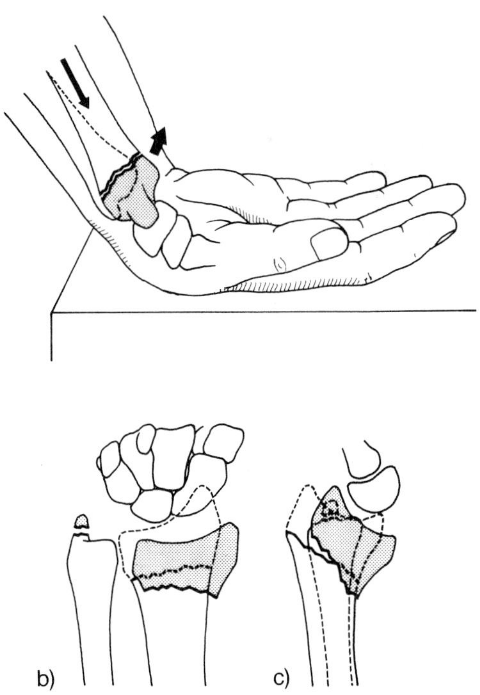

Abb. 10.4-26. Flexionsfraktur am distalen Radius (Smith). Durch Sturz auf den Handrücken bei flektierter Hand kommt es zur volaren Abknickung des distalen Fragmentes (a u. c), auch hier ist eine radiale Dislokation des distalen Fragmentes möglich (b). Bei beiden Frakturformen ist der Proc. styloideus ulnae üblicherweise mit frakturiert.

Extensionsfrakturen

Extensionsfrakturen lassen sich in der Mehrzahl der Fälle konservativ behandeln. Nach entsprechender Anästhesie (Leitungsanästhesie) in Rückenlage 90°-Stellung des Ellbogengelenks wird der Oberarm durch einen breiten Riemen mit anhängendem Gewicht fixiert und der Radiusbruch durch Zug an Daumen und Zeigefinger nach volar und ulnar eingerichtet. Nach Kontrolle im Bildverstärker wird der Bruch im gespaltenen Oberarmgipsverband in Mittelstellung, höchstens geringer Beugestellung und ulnarer Deviation, um die Reposition aufrechtzuerhalten, ruhiggestellt. Bei nicht dislozierten Frakturen kann die Anlage einer dorsalen Gipsschiene ausreichend sein, die das Handgelenk radial umfassen und auch das Daumengrundgelenk einschließen soll. Wegen der Gefahr sekundärer Dislokation sind Röntgenkontrollen nach Reposition, sowie am 3. und 7. Tag angezeigt, um frühzeitig eine Nachreposition vornehmen zu können. Nach etwa 2–3 Wochen ist meist ein Gipswechsel notwendig, wobei dann auch ein Unterarmrundgips angelegt werden kann. Die Dauer der Ruhigstellung soll insgesamt 5–6 Wochen betragen.

Operationsverfahren

Für eine Reihe von Frakturen hat sich die perkutane Kirschner-Drahtspickung bewährt (Abb. 10.4-27a u. b). Dazu gehören Frakturen mit großem Fragmentanteil, die zur Redislokation neigen (Frakturen bei jüngeren Patienten, sekundär dislozierte Frakturen). Nach Reposition wird unter Bildverstärkerkontrolle vom Proc. styloideus radii die Stabilisierung durch 2 oder 3 Kirschner-Drähte vorgenommen, die die Gegenkortikalis zur besseren Stabilisierung durchbohren sollen. Auf den Verlauf der sensiblen Äste im distalen Radiusbereich ist zu achten. Die Kirschner-Drähte werden umgebogen und perkutan versenkt. Die erzielte Stabilität ist vor allen Dingen beim nichtosteoporotischen Skelett gut, so daß mit einer weiteren Behandlung im Unterarmgips fortgefahren werden kann.

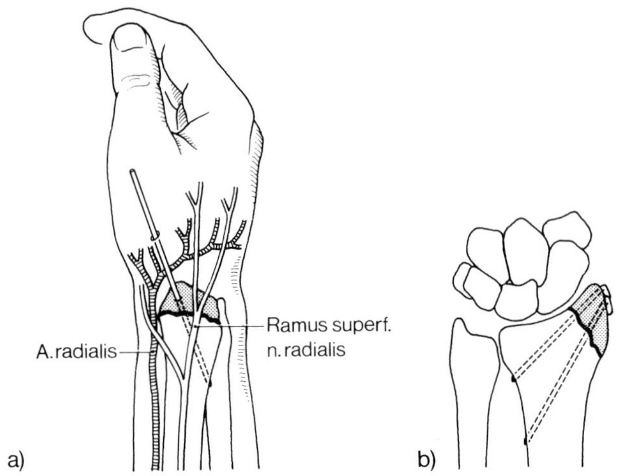

Abb. 10.4-27.a u. b) Spickdrahtosteosynthese bei Extensionsfrakturen, die sensiblen Äste des N. radialis müssen unbedingt geschont werden.

Flexionsfrakturen

Hier erfolgt die Reposition in ähnlicher Weise durch Zug und Gegenzug zur Adaptation des volaren Fragmentes und entsprechender Ruhigstellung. Bei dieser Frakturform ist die exakte Reposition noch schwieriger zu erreichen als bei den typischen dorsalen Frakturen und auch sekundäre Dislokationen sind häufiger. Die Indikation zur operativen Versorgung durch volaren Zugang ist daher großzügig zu stellen.

Operationsverfahren

Der volare Zugang zum distalen Radius erfolgt durch einen geraden, distal gelegentlich leicht nach radial gebogenen Hautschnitt über dem Radius. Die Inzision verläuft radial der Sehne des M. flexor carpi radialis, der nach Spalten der Unterarmfaszie nach medial gehalten wird (Abb. 10.4-28a). Die Loge der A. radialis mit den Begleitvenen wird nach radial gehalten. In der tiefen Schicht erfolgt die Darstellung des M. pronator quadratus, der an seinem radialen Ursprung komplett abgelöst wird. Damit liegt das distale Radiusende mit der Fraktur frei (Abb. 10.4-28b). Die Osteosynthese erfolgt mit kleiner T-Platte – besser mit der speziell dazu konstruierten schrägen T-Platte, die sowohl für die rechte als auch für die linke Seite verwendet werden kann. Dazu ist eine Knickung der Platte entsprechend der Anatomie der Volarseite des distalen Radius notwendig (Abb. 10.4-29a). Je nach der Frakturform kann die am Schaft und am distalen Fragment gelegte Platte als reine Abstützplatte fungieren (Abb. 10.4-29a u. b). Bei größeren Fragmenten mit schrägem Frakturverlauf ist auch

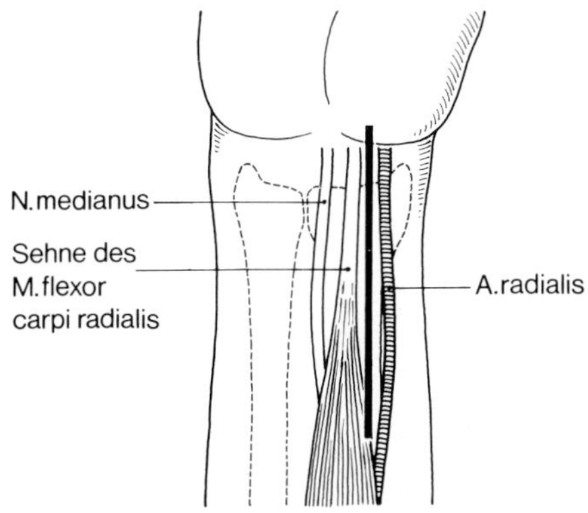

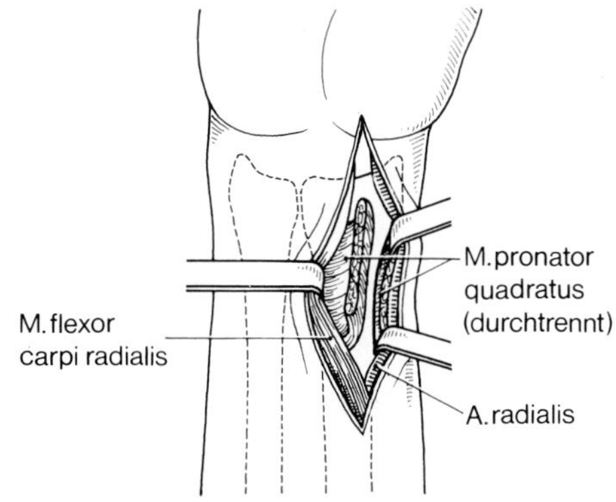

Abb. 10.4-28. Volarer Zugang zum distalen Radius zur operativen Behandlung der Flexionsfrakturen.
a) Hautschnitt, Leitgebilde ist die Sehne des M. flexor carpi radialis, auf dessen radialer Seite eingegangen wird.
b) Der M. pronator quadratus wird vom Radius abgelöst, damit liegt der distale Radius mit der Frakturregion volar frei.

durch entsprechende Plazierung der distalen Schrauben eine interfragmentäre Kompression möglich. Die stabile Osteosynthese dieser Frakturform erlaubt eine frühfunktionelle Behandlung.

Bei der Therapiewahl distaler Radiusfrakturen ist zu bedenken, daß mehrfache Repositionsmanöver Sekundärschäden hervorrufen können (Durchblutungsstörungen, M. Sudeck, Beeinträchtigung des N. medianus), so daß bei primär schlecht reponiblen und instabilen Frakturen die Indikation zur operativen Versorgung großzügig zu stellen ist.

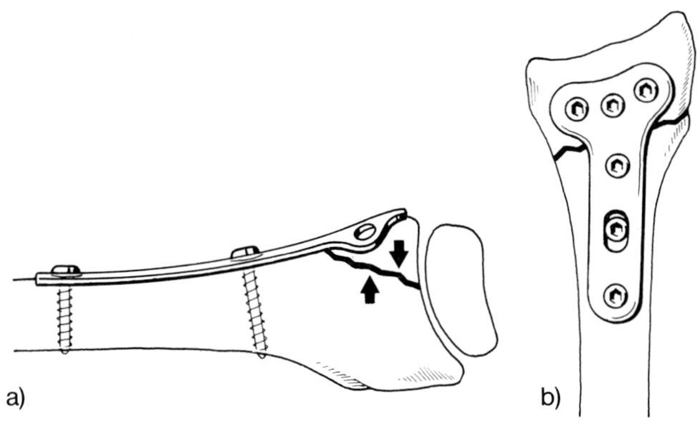

Abb. 10.4-29.a u. b) Osteosynthese der Flexionsfraktur am distalen Radius mit T-Platte oder schräger T-Platte, wobei die Prinzipien der Abstützung bzw. der interfragmentären Kompression berücksichtigt werden müssen.

10.5
Grundzüge der Handchirurgie

M. Frey

Einleitung

Die Handchirurgie hat sich nicht zuletzt durch technische Entwicklungen der letzten Jahre zu einer hoch differenzierten Fachdisziplin entwickelt. Dieses Kapitel kann deshalb nicht als vollständige Operationsanleitung handchirurgischer Eingriffe für den Allgemeinchirurgen verstanden werden, sondern soll vielmehr jenes Wissen vermitteln, welches notwendig ist, um als allgemein ausgebildeter Chirurg einerseits einfachere Operationen an der Hand selbst auszuführen, aber andererseits vor allem die Grenzen klar zu erkennen, ab denen die Beiziehung eines Handspezialisten erforderlich ist.

Wesentlicher Raum wurde deshalb der klinischen Untersuchung der Hand gewidmet, weil gerade bei dieser oft die Weichen für das spätere Vorgehen gestellt werden. Ist die Diagnose exakt gestellt, sollen die Hinweise im Kapitel Entscheidungskriterien das meist akut notwendige Festlegen des Vorgehens erleichtern. Der operationstechnische Teil konzentriert sich auf die Handverletzungen und -infektionen, angeschlossen sind einige kleinere Wahleingriffe. Komplexere Verfahren wie z. B. die Replantationschirurgie, aber auch Sekundärrekonstruktionen, Tumorchirurgie an der Hand oder die Korrektur von Mißbildungen gehören in die Hände eines erfahrenen Handchirurgen und können somit nicht Gegenstand dieser Darstellungen sein.

Untersuchung der Hand

Der systematischen Untersuchung der Hand kommt für Diagnose und Therapieplanung eine Schlüsselfunktion zu. Die präoperative Bestimmung von Art und Ausmaß einer Läsion kann vor Überraschungen durch den intraoperativen Befund bewahren und bei Notwendigkeit, wie z. B. bei erforderlicher mikrochirurgischer Rekonstruktion, die Primärversorgung bereits unter optimalen Bedingungen an einem handchirurgischen Zentrum nahelegen. Neben den instrumentellen Einrichtungen und den Kenntnissen des Operateurs in spezifischen Techniken sollten in diesem Augenblick auch die Möglichkeiten der oft sehr aufwendigen, postoperativen Physio- und Ergotherapie abgewogen werden, weil gerade auch diese einen ganz wesentlichen, oft dominanten Anteil einer komplexen Handtherapie darstellen.

Die akute Untersuchung wird am häufigsten nach einem Trauma notwendig. Besteht die Möglichkeit einer **knöchernen Läsion** oder einer **Verletzung des Bandapparates,** ergibt sich nach der klinischen Untersuchung die Notwendigkeit der Röntgenaufnahme, evtl. der zusätzlichen, gehaltenen Aufnahme. **Gelenke** und **Bänder** müssen durch passive Belastung geprüft werden, Interphalangealgelenke durch seitliche Belastung, Metakarpophalangealgelenke müssen zunächst durch Beugung stabilisiert werden, um auf ihre laterale Stabilität geprüft zu werden. Bei schmerzbedingter grenzwertiger Untersuchungssituation kann eine Lokal- oder Leitungsanästhesie für eine aussagekräftige Beurteilung notwendig werden.

Der Zustand von **Sehnen** und **Nerven** kann mit bestimmten Bewegungen der Finger, des Handgelenkes und des Vorderarmes, bzw. durch Sensibilitätsprüfung im entsprechenden Versorgungsgebiet der Nerven geprüft werden.

Sehnen

Flexor digitorum superficialis: Durch den Ansatz der Sehne des oberflächlichen Fingerbeugers an der Mittelphalanx wird nur das PIP-Gelenk gebeugt. Durch das Fixieren der übrigen Langfinger durch die Hand des Untersuchers in Streckstellung auf einer flachen Unterlage kann die Wirkung des tiefen Beugers auf das PIP-Gelenk ausgeschaltet werden und eine selektive Beurteilung der Funktion des oberflächlichen Beugers wird möglich (Abb. 10.5-1a).

Flexor digitorum profundus: Da die Beugung im DIP-Gelenk alleine durch den tiefen Beuger ermöglicht wird, spricht die aktive Beugefähigkeit in diesem Gelenk auch für die Integrität der entsprechenden Sehne. Besonders gut läßt sich diese Funktion durch Fixierung des Fingers bis zur Mittelphalanx in Streckstellung demonstrieren (Abb. 10.5-1b).

Flexor pollicis longus: Dieser Muskel ist der einzige Beuger des Interphalangealgelenkes des Daumens, demnach spricht die aktive Beugefähigkeit für Unversehrtheit der Sehne (Abb. 10.5-1c).

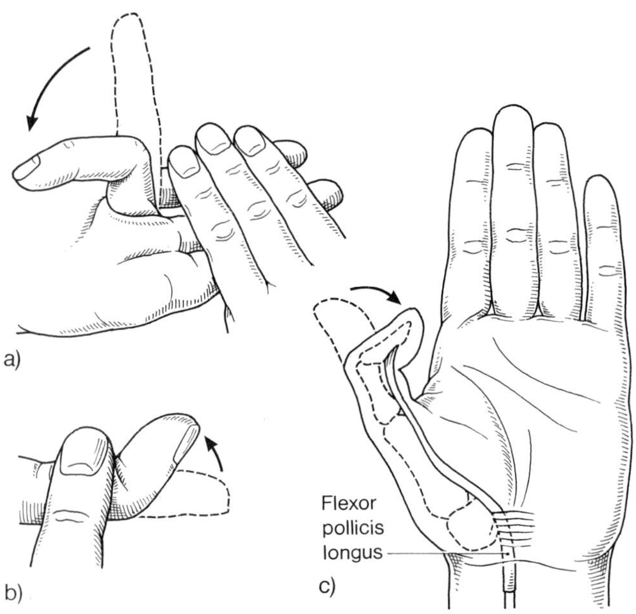

Abb. 10.5-1. a) Prüfung des oberflächlichen Fingerbeugers, b) des tiefen Fingerbeugers und c) des langen Daumenbeugers.

Extensor digitorum communis: Die Prüfung erfolgt durch aktive Streckung im MP-Gelenk gegen Widerstand (Abb. 10.5-2a), bzw. im DIP-Gelenk nach Fixierung bis zur Mittelphalanx in Streckstellung (Abb. 10.5-2b).

Extensor pollicis longus und brevis, Abductor pollicis longus: Aktive Streckung des Daumens gegen den Druck des Untersuchers gegen den Daumennagel macht die unverletzten Sehnen sicht- und tastbar (Abb. 10.5-2c).

Interossei: Die Läsion der Interossei-Muskeln oder -Sehnen kann durch Spreizen und Schließen der Finger bei Streckstellung in den MP-Gelenken geprüft werden.

Handgelenksbeuger und **-strecker** sind bei leichter aktiver Flexion bzw. Extension durch den Untersucher auf Höhe des Handgelenkes tastbar.

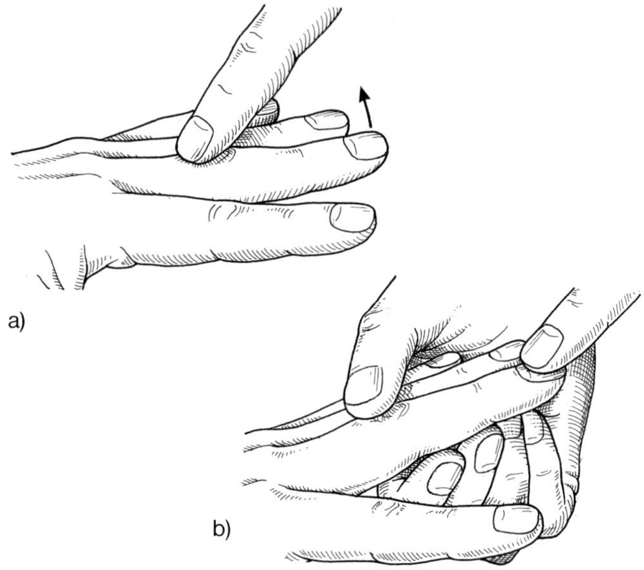

Abb. 10.5-2. a u. b) Prüfung des M. extensor digitorum communis.

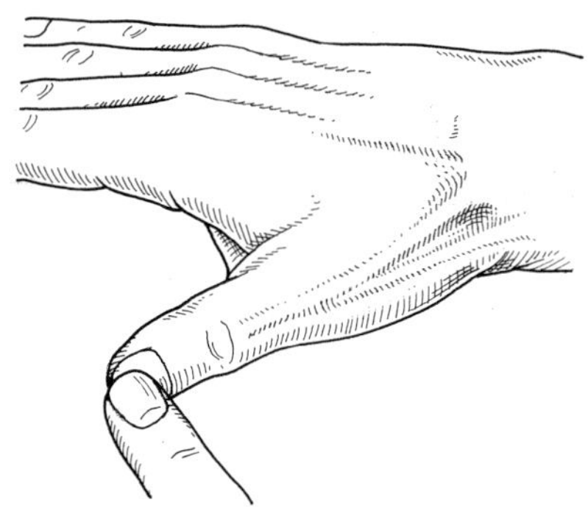

c) Prüfung des M. extensor pollicus longus und brevis und des M. abductor pollicis longus.

Nerven

Die Läsion eines Nerven kann je nach Läsionshöhe einen motorischen Ausfall oder einen Sensibilitätsverlust verursachen. Es ist deshalb notwendig, stets beide Aspekte der Nervenversorgung zu prüfen.

Sensibilitätsprüfung

Die ulnare und die radiale Seite aller fünf Fingerbeeren, sowie der dorsale Aspekt des ersten Metakarpale werden ohne Sichtkontrolle des Patienten vom Untersucher berührt, bei fraglicher Aussage kann die Verwendung einer Kanülenspitze meist Klarheit schaffen. Entsprechend dem häufigsten Versorgungsmuster kann ein Ausfall dem entsprechenden Nerven zugeordnet werden:

1. **N. medianus:** Palmar: Finger I bis III, sowie radiale Hälfte des Ringfingers.
2. **N. ulnaris:** Palmar: Kleinfinger und ulnare Hälfte des Ringfingers.
   Dorsal: Kleinfinger, Ringfinger und ulnarer Mittelfinger.
3. **N. radialis:** Dorsal: Daumen, Zeigefinger und radialer Mittelfinger.

Motilitätsprüfung

Für eine rasche Motilitätsprüfung genügt die Untersuchung je einer repräsentativen Muskelfunktion:

1. **N. medianus:** Die Funktion des **M. abductor pollicis brevis** kann geprüft werden, indem bei dorsal flach aufgelegter Hand der Patient aufgefordert wird, mit dem Daumen gegen den Widerstand des etwa 6 cm über dem Thenar positionierten Fingers des Untersuchers zu drücken. Der kontrahierende Bauch des Daumenabduktors kann bei intakter Medianusinnervation gesehen und getastet werden (Abb. 10.5-3a).
2. **N. ulnaris:** Die Beugung auf 90° im MP-Gelenk des Kleinfingers bei vollständiger Streckung in den Interphalangealgelenken und bei Streckung der anderen Langfinger ist nur bei erhaltener Funktion des **M. flexor digiti minimi** möglich (Abb. 10.5-3b).
3. **N. radialis:** Die Unmöglichkeit oder Einschränkung der Handgelenks- bzw. Fingerstreckung kann bei Verletzungen im Bereich des proximalen Unterarmes oder Oberarmes ein Hinweis auf Beteiligung des N. radialis sein.

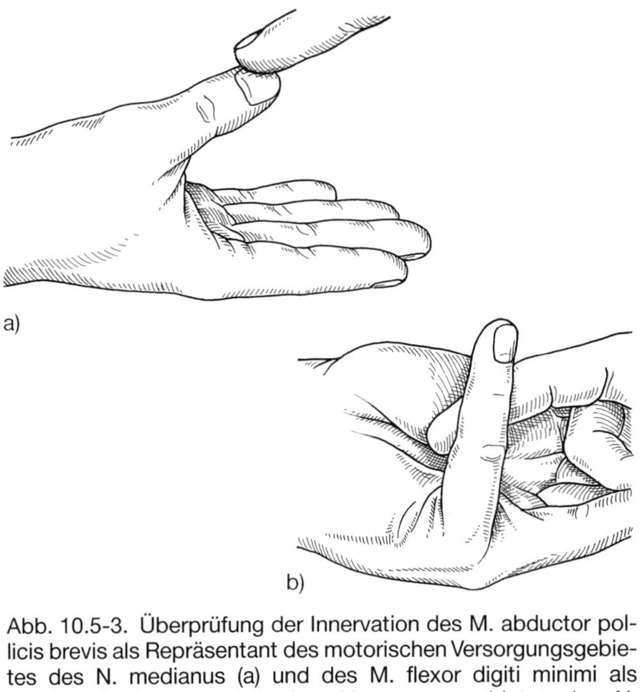

Abb. 10.5-3. Überprüfung der Innervation des M. abductor pollicis brevis als Repräsentant des motorischen Versorgungsgebietes des N. medianus (a) und des M. flexor digiti minimi als Repräsentant des motorischen Versorgungsgebietes des N. ulnaris (b).

Gefäße

Zur Beurteilung der Durchblutung im Bereich der Hand stehen verschiedene klinische Parameter zur Verfügung:

Die **Farbe** gibt bereits Hinweis auf eine evtl. arterielle oder venöse Insuffizienz oder eine komplette Zirkulationsunterbrechung.

Der **Turgor** der Fingerbeeren läßt Rückschlüsse auf den Füllungszustand zu, eine Verminderung läßt eine Einschränkung des arteriellen Zuflusses vermuten.

Die **Rekapillarisierung** ergibt besonders im Vergleich mit den entsprechenden Abschnitten der kontralateralen Hand Auskunft über die Mikrozirkulation.

Der tastbare **Puls** der A. radialis, A. ulnaris oder A. brachialis ist nur bei Läsionen proximal des Handgelenkes von Aussagekraft.

Gemeinsam geben diese klinischen Parameter recht gute Information über den Vaskularisierungszustand der Hand, ihre Abhängigkeit von anderen Funktionen wie z. B. arteriellem Blutdruck, Vasomotorik, Schwellungszustand, Umgebungstemperatur ist dabei jedoch stets zu berücksichtigen. Ist die Läsionshöhe z. B. bei einer offenen Verletzung eindeutig, wird ohnehin die intraoperative Exploration die Diagnose ermöglichen.

Eine **angiographische** Klärung ist in solchem Fall sicherlich überflüssig, nur bei unklarer Höhe der Unterbrechung, z. B. bei geschlossener Verletzung, ist diese zusätzliche Untersuchung sinnvoll. Die Angiographie ist dann Voraussetzung einer exakten Operationsplanung.

Ist eines der beiden Unterarmgefäße unterbrochen, stellt sich die Frage nach der Rekonstruktionsnotwendigkeit. Bei Versorgungsdominanz des unterbrochenen Gefäßes steht die Notwendigkeit der sofortigen Rekonstruktion außer Zweifel. Kräftige Pulsationen des distalen Gefäßstumpfes sind ein guter intraoperativer Hinweis auf die suffizienten Verbindungen über den Hohlhandbogen. Dennoch sollte nach Möglichkeit auch hier die Rekonstruktion primär angestrebt werden, da bei späterer Langzeitbelastung der Hand eine reduzierte Gefäßversorgung zum Tragen kommen kann.

Entscheidungskriterien

Primär- bzw. Sekundärversorgung

Als Folge der Verbesserung der Operationstechniken z. B. auf dem Gebiet der Beugesehnenchirurgie durch Einführung der Kleinertschen Prinzipien bei der Versorgung im ehemaligen »Niemandsland« (distale Hohlhandfurche bis DIP-Gelenk), aber auch als positiver Nebeneffekt der Einrichtung eines permanenten 24-Stunden-Dienstes der Replantationszentren wurden auch Handverletzungen ohne mikrochirurgische Rekonstruktionsnotwendigkeit mehr und mehr einer kompletten, optimalen Primärversorgung zugeleitet. Das hat einerseits die Qualität des Endergebnisses wesentlich anheben können und andererseits den erforderlichen Zeitaufwand meist drastisch gekürzt. Dementsprechend ist heute eine vollständige Primärversorgung am Unfallstag anzustreben. Ist dies wegen fehlender instrumenteller oder personeller Voraussetzungen, wegen des handchirurgischen Ausbildungsniveaus oder wegen organisatorischer Probleme an der eigenen Abteilung nicht möglich, sollte die sofortige Transferierung in ein handchirurgisches Zentrum nach telephonischer Vorankündigung erfolgen. Ist die Therapieübernahme nicht am selben Tag organisierbar, so ist zu bedenken, daß bei Sehnen- oder Nervenverletzungen eine frühsekundäre Operation am 2. oder 3. Tag nach dem Unfall der spätsekundären noch immer bei weitem überlegen ist. Ist die frühsekundäre Versorgung durch den Handspezialisten geplant, so beschränkt sich die Primärversorgung auf den Verschluß der Haut und die Ruhigstellung mit einer Gipsschiene.

Überweisung zum Spezialisten

Die Entscheidung, ab welcher Ausdehnung und ab welchem Schwierigkeitsgrad ein operativer Eingriff an der Hand dem Spezialisten überlassen werden soll, hängt vom Ausbildungsniveau und der Erfahrung in der Handchirurgie, aber auch von den lokalen Voraussetzungen wie z. B. dem Vorhandensein speziellen handchirurgischen Instrumentariums ab. Auch bei einer notfallmäßigen Versorgung einer Handverletzung sind keine Kompromisse im Hinblick auf die differenzierten Voraussetzungen zulässig. Große Bedeutung kommt der exakten präoperativen Untersuchung des Verletzungsausmaßes zu, um eine unnötige operative Exploration mit wesentlichem Zeitverlust, überflüssiger Belastung des Patienten und Verschlechterung der lokalen Voraussetzungen vor einer Transferierung zum Handchirurgen zu vermeiden.

Replantationschirurgie

Die vorher genannten Grundsätze gelten ganz besonders, wenn eine mikrovaskuläre Rekonstruktion notwendig ist. Dies ist klar zu erkennen bei vollständiger Abtrennung bzw. bei unvollständiger Abtrennung mit klinisch insuffizienten Durchblutungsverhältnissen im distalen Abschnitt. Schwierig kann mitunter die Erkennung einer relativen Durchblutungsinsuffizienz sein, welche langfristig ohne Mikrogefäßanastomosen zu Kälteintoleranz oder zu Belastungsschmerzen führen kann. Zusätzlich spielt gerade in der Replantationschirurgie der Zeitfaktor eine erfolgsbeeinflussende Rolle. Die Frage nach welcher Zeit noch eine mikrochirurgische Gefäßwiederherstellung versucht werden soll, kann heute nicht mehr mit exakten Grenzen der Ischämiezeit beantwortet werden. Zu sehr nehmen verschiedenste Faktoren Einfluß. Ein ganz wichtiger Faktor ist z. B. der Anteil von Muskulatur im Amputat, weil die geringe Ischämietoleranz dieses Gewebes bei sehr proximalen Amputationen mit langer Ischämiezeit zum limitierenden Faktor werden kann. Als grobe Faustregel möge die 5-Stunden-Grenze für warme Ischämiezeit gelten. Bei fachgerechter Kühlung des Gewebes ist auch über erfolgreiche Mikrogefäßanschlüsse nach 24 Std. berichtet worden. Dies zeigt, daß weniger die warme oder kalte Ischämiezeit als Auswahlkriterium für die **Indikationsstellung** für eine Replantation herangezogen werden soll, sondern vielmehr die in Tab. 10.5-1 zusammengestellten Kriterien.

Tab. 10.5-1. Indikationsstellung zur Replantation.

Indikationen:

Absolute	Relative
Daumen Mehrere Langfinger Hand Unterarm Kind	Daumen distal IP-Gelenk Einzelner Langfinger (vorbestehende Einschränkung der Handfunktion) Berufserfordernis Kosmetische Gründe

Kontraindikationen:

Absolute	Relative
Schwere Trümmerfraktur im Amputat Schädigung des Amputates auf mehreren Ebenen Schwere Begleiterkrankungen (z. B. Diabetes mellitus, Atherosklerose etc.) Polytrauma mit vordringlicher anderer Verletzung Transportschädigung des Amputates (z. B. Tiefkühlung)	Proximal Ellbogen (geringe Funktionsaussichten durch Muskelfibrose vor Reinnervation) Distal DIP-Gelenk (keine wesentliche Funktionseinbuße) Einzelner Langfinger ohne funktionelle Beeinträchtigung der Resthand Höheres Alter des Patienten Überlange warme Ischämiezeit Psychose, z. B. Selbstverstümmelung

Ist die Beurteilung der Indikationsstellung zur Replantation auch nach evtl. telephonischer Rücksprache mit dem Replantationszentrum nicht eindeutig geklärt, sollte die Entscheidung nach Transferierung durch den Replantationschirurgen nach eingehender Diskussion des erzielbaren Resultates und Einbeziehung der Bedürfnisse des Patienten erfolgen.

Das richtige Einleiten **erster Maßnahmen** kann oft über Erfolg oder Mißerfolg einer Replantation entscheiden:

1. Am Unfallort:

a) An die Möglichkeit einer Replantation denken.
b) Amputate sicherstellen.
c) Bei stärkerer Blutung Druckverband am Amputationsstumpf.
d) Unfallzeitpunkt und -mechanismus klären.

2. Im Regionalkrankenhaus:

a) Kompressionsverband mit sterilen feuchten (physiologische NaCl-Lösung) und darüber trockenen Kompressen am Amputationsstumpf. Keine Klemmen oder Ligaturen an spritzende Gefäße setzen! Keine Desinfektionslösungen verwenden (Gefahr der Intimaläsion an den Gefäßstümpfen!).
b) Bei unvollständigen Abtrennungen Schienung.
c) Röntgenaufnahme der verletzten Extremität und des Amputates (u. a. Klärung einer Mehrfachverletzung).
d) Klärung der Indikationsstellung zur Replantation.
e) Verständigung des Replantationszentrums, um einen Operationsbeginn ohne Verzögerung zu ermöglichen.
f) Vorbereitung des Amputates für den Transport (Verpackung in mit physiologischer Kochsalzlösung getränkter Kompresse, im dicht verschlossenen Plastiksack, danach Kühlung auf Eiswürfeln, möglichst in wärmeisolierendem Behälter) (Abb. 10.5-4). Unbedingt Gefrieren des Amputates durch direkten Kontakt mit Eis oder durch Verwendung anderer Kühlmittel wie z. B. Trockeneis vermeiden. Die optimale Kühltemperatur beträgt +4°C. Das Amputat darf auch nicht in physiologischer Kochsalzlösung schwimmen, ein Kontakt mit Desinfektionsmitteln kann zu irreversiblen Gefäßschäden führen.
g) Analgetika für den Transport.
h) Tetanusimmunisierung bei Notwendigkeit.
i) Bei proximaleren Amputationen – ausnahmsweise bei distaleren Amputationen – kann die Schockbehandlung primäre Aufgabe sein. Der Transport darf erst bei eindeutig stabilisierten Verhältnissen eingeleitet werden, begleitende Maßnahmen können sinnvoll sein.

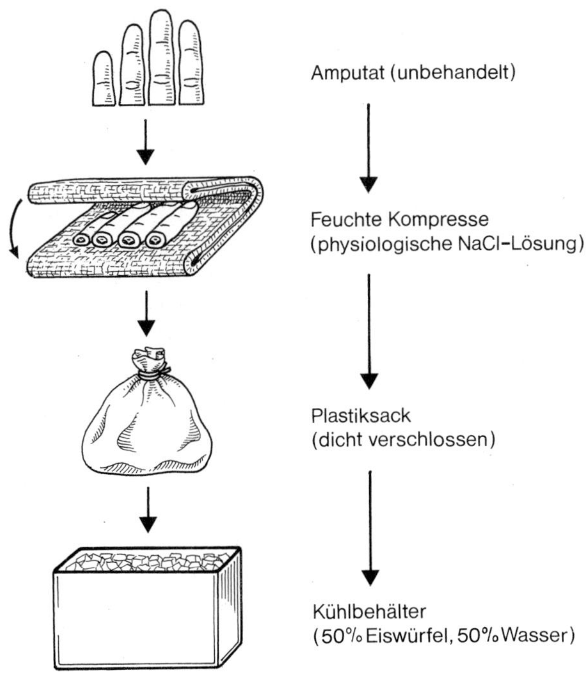

Abb. 10.5-4. Vorbereitung von Amputaten für den Transport zum Replantationszentrum.

Voraussetzungen für die Handchirurgie

Der Hinweis, daß die Lagerung des Patienten und seiner Hand, ausreichende Anästhesie im Operationsgebiet, die Möglichkeit einer Blutleere, spezielles Instrumentarium, die personellen Voraussetzungen für eine fachgerechte Versorgung ohne Zeitdruck und mit Assistenz Voraussetzungen für eine erfolgreiche Handchirurgie sind, wäre überflüssig, wenn nicht die Praxis Zeugnis davon ablegte, daß oft das Fehlen nur einer dieser Voraussetzungen ein optimales Operationsergebnis in Frage stellt. Oder anders gesagt, es sollte ein handchirurgischer Eingriff besser nicht durchgeführt werden als unter schlechten Bedingungen.

Lagerung des Patienten und seiner Hand

Neben der Lagerung der Hand auf einem stabil am Operationstisch befestigten, ausreichend großem, röntgendurchlässigen Handtisch ist besonderes Augenmerk auf eine bequeme, gut gepolsterte Lagerung des Patienten zu lenken, die es ihm ermöglicht, auch in Leitungsanästhesie die evtl. über Stunden gleichbleibende Position zu ertragen. Auch bei Vollnarkose ist diesen Langzeiteingriffen durch Verwendung zusätzlicher z. B. gelgefüllter Matratzen zur gleichmäßigen Verteilung des Auflagedruckes und von Wärmematten zur Verhinderung einer Unterkühlung des Patienten Rechnung zu tragen.

Vorbereitung des Operationsgebietes

Die zu operierende Hand des Patienten sollte den gleichen Ansprüchen an Sterilität entsprechen, welche an die Hand des Operateurs gestellt werden. Dementsprechend gehört zur Vorbereitung auch die Reinigung und Kürzung der Fingernägel, ein Handbad bzw. bei stärker verschmutzter offener Verletzung die mechanische Säuberung mit physiologischer Kochsalzlösung evtl. unter Zuhilfenahme einer sterilen Bürste. Letzteres Vorgehen ist auch gerade zur Reinigung von zur Replantation vorgesehenen Amputaten empfehlenswert. Vor dem Waschen des Operationsgebietes mit Desinfektionslösung sollte niemals das Anlegen der Druckmanschette am Oberarm vergessen werden.

Anästhesie

Die **lokale Infiltrationsanästhesie** meist mit 1% Lokalanästhetikum sollte nur bei präoperativ als eindeutig oberflächlich festgestellte Verletzung ohne Läsion tiefer Strukturen Anwendung finden.

Bei auf den Bereich der Finger beschränkten Eingriffen kann eine **Leitungsanästhesie nach Oberst** genügen, es sollte aber unbedingt bei der Wahl der Anästhesieform an die Notwendigkeit einer Blutsperre gedacht werden. Am besten auch in Hinblick auf die Schmerzbelastung des Patienten bei der Applikation hat sich die Aufsuchung der palmaren Fingernerven von dorsal zwischen den Ossa metacarpalia knapp proximal der Köpfchen bis gegen die Hohlhand bewährt. Auch die dorsalen Nervenäste werden durch ein entsprechendes subkutanes Depot am distalen Handrücken ausgeschaltet (Abb. 10.5-5). Es genügen stets wenige ml eines 1%igen Lokalanästhetikums.

Im Zweifelsfall ist der **Plexusanästhesie** der Vorzug zu geben. Schließlich garantiert der Mehraufwand eine Operation unter den besonders wichtigen Voraussetzungen der Schmerzfreiheit für den Patienten und der guten Sicht für den Operateur durch Oberarmblutsperre bzw. -leere. Für eine **supraklavikuläre Blockade** kann der Plexus brachialis besonders gut für die Applikation exponiert werden, indem der Patient in Rückenlage den Kopf zur kontralateralen Seite wendet und eine Hilfsperson den zum Körper angelegten, entspannten Arm des Patienten vorsichtig nach kaudal zieht (Abb. 10.5-6a). In dieser Position ist der Plexus meist bereits durch die Haut in der Fossa supraclavicularis zu tasten und mit der 2 Querfinger oberhalb der Klavikula eingestochenen Injektionsnadel leicht aufzusuchen. Gibt der Patient entsprechende Sensationen im Versorgungsgebiet an, wird ein Depot von etwa 20–30 ml eines 2:5 Gemisches aus $^1/_2$%igem Bubovacain und 1%igem Scandicain (Gesamtdosierung je nach Körpergewicht!) gesetzt. Die Technik ist nicht schwieriger als die axilläre Blockade, wird aber wegen der Komplikationsmöglichkeit eines Pneumothorax besonders bei ambulanten Patienten bedeutend weniger angewendet. Der Vorteil dieser Methode ist sicherlich die langfristige Toleranz der Blutleeremanschette infolge der Schmerzfreiheit auch im Bereich des proximalen Oberarms.

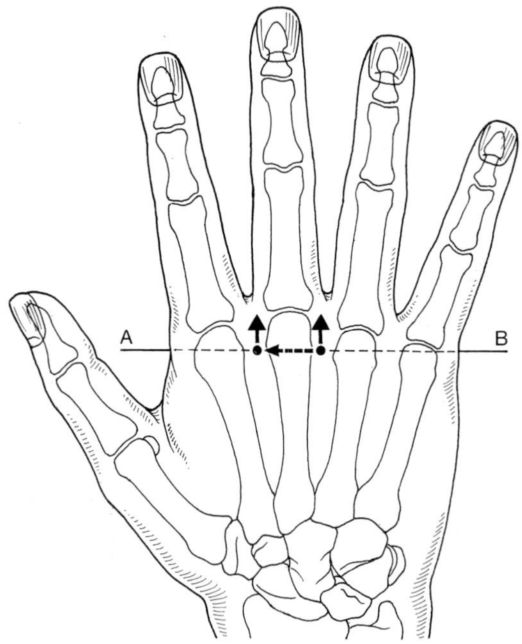

Abb. 10.5-5. Leitungsanästhesie nach Oberst:
a) Einstichstellen von dorsal und dorsale Depots.

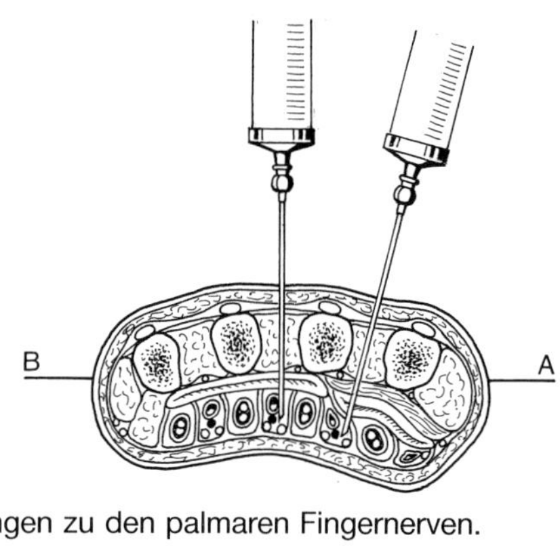

b) Vordringen zu den palmaren Fingernerven.

Die beliebteste Anästhesieform bei über Kleinsteingriffen hinausgehenden Operationen an der Hand ist zweifellos die **axilläre Plexusanästhesie.** Die günstigste Erreichbarkeit des Plexus brachialis ergibt sich, wenn in Rückenlage des Patienten dessen Hand hinter den Kopf oder zumindest knapp neben den Kopf gelagert wird (Abb. 10.5-6b). Auf diese Weise wird der Gefäß-Nerven-Strang durch Abduktion und Außenrotation des Oberarmes gut am Übergang der Axilla zum Oberarm exponiert. Unter dauernder Palpation der pulsierenden A. axillaris werden die Nervenstränge unmittelbar neben der Arterie aufgesucht. Die Angaben des Patienten sind auch hier eine wesentliche Orientierungshilfe, welche Plexusanteile gerade getroffen werden. Ist trotz reichlicher Einwirkungszeit keine komplette Schmerzfreiheit erzielt, kann oft sehr erfolgreich vollständige Schmerzfreiheit mit zusätzlicher Blockade der 3 Stammnerven (N. medianus, N. ulnaris und N. radialis) knapp proximal des Handgelenkes mit 1%igem Lokalanästhetikum erreicht werden. Selbstverständlich darf auch hier die dem Körpergewicht entsprechende Gesamtmenge des Lokalanästhetikums nicht überschritten werden, um nicht allgemeine negative Wirkungen zu riskieren.

Prinzipiell muß mit ausreichender Geduld die Wirkung des applizierten Lokalanästhetikums abgewartet werden. Das heißt bei der Plexusanästhesie mindestens 20 Min., bei der Leitungsanästhesie nach Oberst ca. 10 Min. und bei der lokalen Infiltrationsanästhesie ca. 5 Min.

Bei besonders langen Handoperationen kann entweder die Plexusanästhesie über eine Dauerkathetertechnik wiederholt aufgefrischt werden oder sich die Notwendigkeit einer nachfolgenden Allgemeinnarkose ergeben. Ist ein zweites Operationsgebiet, z. B. der Beckenkamm zur Spongiosaentnahme planmäßig involviert, ist sicherlich die primäre Allgemeinnarkose vorzuziehen.

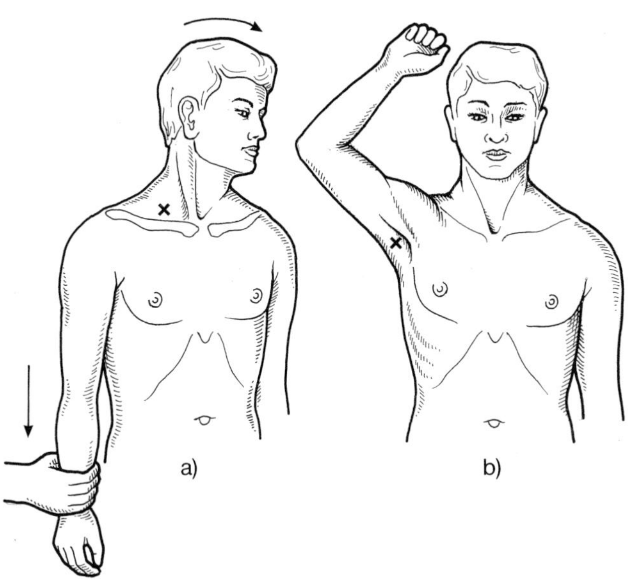

Abb. 10.5-6. Lagerung des Patienten für die supraklavikuläre Plexusanästhesie (a) und die axilläre Plexusanästhesie (b).

Blutsperre oder -leere

Um eine ausreichende Übersichtlichkeit der eng aneinander liegenden anatomischen Strukturen der Hand zu gewährleisten, ist ein blutleeres Operationsgebiet unumgänglich. Die Extremität wird mit einer Gummibinde nach Esmarch von distal, d. h. von den Fingerspitzen bis zum Oberarm ausgewickelt. Anschließend wird die dünn mit Wattebinde unterpolsterte Oberarmdruckmanschette auf einen Druck von 250 mmHg bei Erwachsenen und 150 mmHg bei Kindern aufgepumpt (Abb. 10.5-7a). Beim hypertonen Patienten kann eine Erhöhung notwendig sein, Maximalwerte von 300 für Erwachsene und 200 für Kinder sollten aber keineswegs überschritten werden. Die häufigste Schädigungsursache sind zu hohe Drucke infolge schadhafter Manometeranzeigen. Großer Wert sollte deshalb auf qualitativ hochwertige Geräte und regelmäßige Eichungen und Überprüfungen gelegt werden.

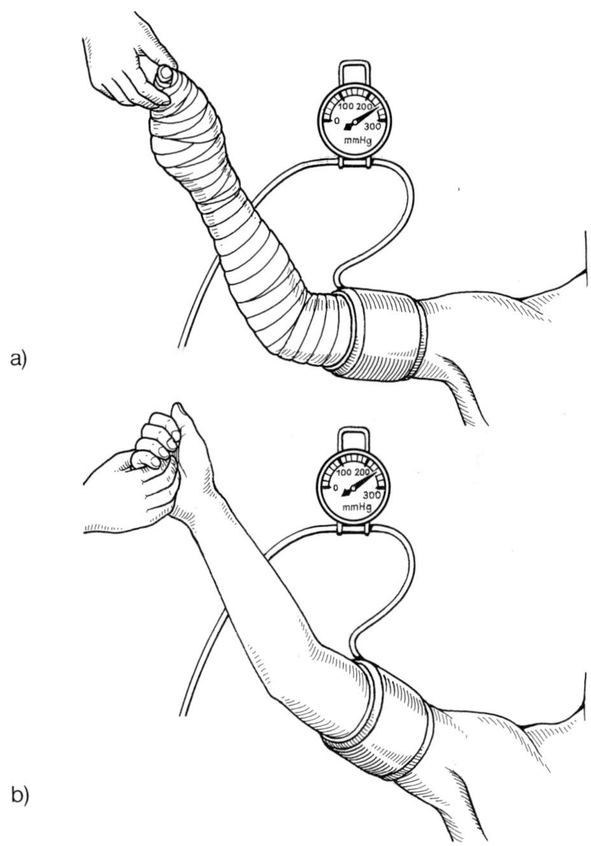

Abb. 10.5-7. Anlegen der Oberarmdruckmanschette nach Auswickeln mit der Esmarch-Binde für eine Blutleere (a), nach Hochhalten und Ausstreichen des Armes für eine Blutsperre (b).

Die Maximaldauer der Blutsperre sollte etwa $1^1/_2$ Std. sein, 2 Std. jedoch nicht überschreiten. Sollte abzusehen sein, daß die Dauer der Blutleere nicht ausreicht, kann im besonderen Fall nach Reperfusion von mindestens 20 Min. die Blutleere aufs Neue angelegt werden.

Ähnliche Verhältnisse können durch richtiges Anlegen einer Blutsperre erreicht werden. Der Arm wird nicht ausgewickelt, vielmehr über mindestens 3 Min. möglichst hoch gehalten und mit der Hand das Blut von distal nach proximal ausgestreift. Nach Aufpumpen der Druckmanschette in sonst gleicher Weise wird der Arm wieder auf dem Handtisch abgelegt (Abb. 10.5-7b). Die Blutgefäße sind auch in ihrer feinen Verzweigung noch recht gut blutgefüllt aber nicht durchströmt, so daß sie leichter erkannt werden können. Manchmal schließt auch der Schweregrad der Verletzung ein Auswickeln aus.

Im Fingerbereich kann eine Blutleere mit einem Gummizügel oder einer speziellen Fingerblutsperre an der Fingerbasis erzielt werden. Diese Maßnahmen sind stets mit dem Bewußtsein anzuwenden, daß ein unkontrollierter Druck angelegt wird, der ab entsprechender Höhe schädigend wirken kann. So ist der minimal mögliche, aber doch wirksame Druck zu applizieren.

Handchirurgisches Instrumentarium

Es empfiehlt sich, ein eigenes handchirurgisches Instrumentenset für Operationen an der Hand bereitzuhalten. Auch das Grundinstrumentarium ist entsprechend den Ansprüchen an Feinheit und Atraumatik wesentlich kleiner und exakter gefertigt. Die Verwendung von vornehmlich 5-0 und 6-0 Hautnähten erfordert entsprechend feine Griffflächen der Nadelhalter, das schonende Fassen der Wundränder, feinste Häkchen anstatt Pinzetten. Zusätzlich wird entsprechendes Spezialinstrumentarium wie feinste, beidseits zugespitzte Bohrdrähte, dünner Cerclagedraht, Kleinfragmentinstrumentarium, Sehnenfaßzangen, Mikroinstrumentarium, Nervenschneide- und Arteriotomieset benötigt. Zur Blutstillung hat sich wegen der guten Kontrollierbarkeit der lokalen Wirkung die bipolare Koagulation bewährt. Bereits für Beugesehnennähte sollte zur Steigerung der chirurgischen Exaktheit eine Lupenbrille verwendet werden. Nerven- und Gefäßrekonstruktionen erfordern ein Operationsmikroskop. Für Sehnennähte wurden spezielle Nähte entwickelt, unter dem Mikroskop kommen hauptsächlich atraumatische Mikronähte aus monofilem Nylon in einer Stärke von 10-0 und 11-0 zur Anwendung. Ohne entsprechende instrumentelle Ausstattung sollte genauso wie ohne handchirurgische Ausbildung keine anspruchsvolle handchirurgische Operation in Angriff genommen werden.

Operationstechnische Grundprinzipien

Atraumatische Operationstechnik

Wegen der besonderen anatomischen Verhältnisse an der Hand mit einer sehr engen räumlichen Beziehung wichtigster funktioneller Strukturen, ist gerade hier die exakte Kenntnis der Topographie notwendig. Nicht nur, um eine möglichst anatomische Rekonstruktion zu erzielen, sondern auch, um das Trauma durch die notwendige Präparation möglichst gering zu halten und keine wesentlichen Strukturen aus Unkenntnis der Lage zu durchtrennen. Neben einer zielstrebigen, exakten Präparationstechnik ohne überflüssige Explorationen ist die Bevorzugung kleiner, scharfer Skalpelle gegenüber Scheren bei der Präparation ein Beitrag zur Atraumatik. Jedes überflüssige Fassen und Quetschen von Gewebe ist zu vermeiden. Auf die Bedeutung des atraumatischen Instrumentariums in der Handchirurgie wurde bereits hingewiesen. Austrocknung im blutleeren Operationsfeld führt zur Gewebeschädigung und muß durch Verwendung von ausschließlich mit physiologischer Kochsalzlösung getränkten Kompressen und regelmäßiges Bespülen der Wunde unbedingt verhindert werden.

Blutstillung an der Hand

Die Entstehung eines postoperativen Hämatoms kann ein funktionelles Operationsergebnis an der Hand prinzipiell in Frage stellen. Bereits relativ kleine Blutansammlungen im Gewebe führen zu problematischen Vernarbungen. Aus diesem Grund kommt der Blutstillung in dieser Region ungewöhnlich große Bedeutung zu. Ist die Operation in Blutleere durchgeführt worden, sollte zunächst mit Geduld über einige Minuten in der hyperämischen Phase nach Öffnen der Druckmanschette die spontane Blutstillung unter leichter Kompression mit feuchten Kompressen auf der Wunde abgewartet werden. Kleinere, unbedeutende Gefäße sollten bei der Notwendigkeit ihrer Durchtrennung in Blutleere bereits vorher mit der bipolaren Pinzette koaguliert werden um die Unübersichtlichkeit der späteren Blutung zu umgehen. Mitunter kann eine anhaltende Blutung durch Stauung infolge eines Restdruckes in der Blutleeremanschette verursacht werden. Auf vollständige Lockerung oder Entfernung ist zu achten. Ist durch bipolare Mikrokoagulation oder feinste Ligaturen mit resorbierbarem Faden keine Blutungsquelle mehr auszumachen, sollte dennoch prinzipiell für eine gute Wunddrainage gesorgt werden. Dies wird am besten mit einer feinen Redon-Saugdrainage, bei kleinen Wunden oder bei der Gefahr der Irritation von Mikrogefäßanastomosen mit einer zarten, weichen Gummilasche erreicht. Nach dem Wundverschluß ist das zusätzliche Aufbringen einer leichten Kompression durch Schaumgummi besonders bei großflächigen Wunden wie z. B. nach totaler Fasziektomie wegen Dupuytrenscher Kontraktur eine sehr sinnvolle zusätzliche Maßnahme zur Verhinderung der Bildung eines Hämatoms.

Hautinzisionen an der Hand

Auch für die Hautinzisionen gelten an der Hand regionalspezifische Regeln. Besonders an der Palmarseite können Inzisionen, welche vorgegebene Furchen und Falten kreuzen, zu ungünstigen, schmerzhaften oder funktionsbehindernden Narben bis zur Kontraktur führen. Als besonders negatives Beispiel wäre die Längsinzision in der Mitte des palmaren Fingers zu nennen, wenn sie nicht durch andere Maßnahmen wie z. B. Z-Plastiken wieder in einen günstigeren Verlauf umgewandelt wird. Am Finger ist bei planbarer Inzision ohne Vorgabe durch Verletzung die Brunersche Zick-zack-Inzision oder die seitliche Längsinzision die Inzision der Wahl. Zu beachten gilt, daß die Inzisionen jeweils durch die Drehpunkte der Fingergelenke geführt werden. In der Hohlhand sollen zumindest zum größeren Teil die Inzisionen in die Beugefurchen gelegt werden. Das Handgelenk darf nur S- oder Z-förmig überquert werden (Abb. 10.5-8a). Für den dorsalen Aspekt empfehlen sich quere, bogen-, S- oder Z-förmige Inzisionen (Abb. 10.5-8b). Die Greifzonen und Belastungszonen wie z. B. die ulnare Kante von Hand und Unterarm sollte möglichst frei von Narben gehalten werden. So sollte auch die seitliche Inzision am distalen Zeigefinger besser ulnar als radial angelegt werden, am Kleinfinger aber besser radial als ulnar.

Postoperative Behandlung

Verband

Der exakt angelegte Verband ist Teil der Operation und sollte auch vom Operateur selbst angelegt werden. Unmittelbar auf die Wunde werden am besten leicht angefeuchtete, offene Kompressen aufgebracht und die Interdigitalräume ebenfalls ausgefüllt. Das genaue Anpassen des Verbandes soll jede Druckstelle oder Zirkulationsbehinderung vermeiden. Bei Schürfwunden oder nach Verwendung eines Hauttransplantates kann das Verkleben des Verbandes mit der Wunde durch Verwendung von Fettgaze verhindert werden.

Ruhigstellung

In der Regel ist nach einer Operation an der Hand, zumindest für die erste Phase der Wundheilung, eine Ruhigstellung durch Schienung notwendig. Wegen der guten individuellen Anformbarkeit und der relativ einfachen Handhabung wird primär meist eine dorsale, seltener eine palmare Unterarmgipslonguette verwendet, je nach Lokalisation des Operationsgebietes und je nach Art der Läsion mit oder ohne Einschluß der Langfinger oder des Daumens. So wichtig die Ruhigstellung zunächst für eine problemlose Wundheilung ist, so sehr müssen auch die möglichen Sekundärfolgen bedacht werden und Dauer und Ausmaß jeweils auf das Notwendige minimiert werden. Besonders wichtig kann diese Überlegung z. B. beim älteren Patienten werden, wo Versteifungen zunächst unbeteiligter Gelenke bei längerer Ruhigstellung nicht selten sind.

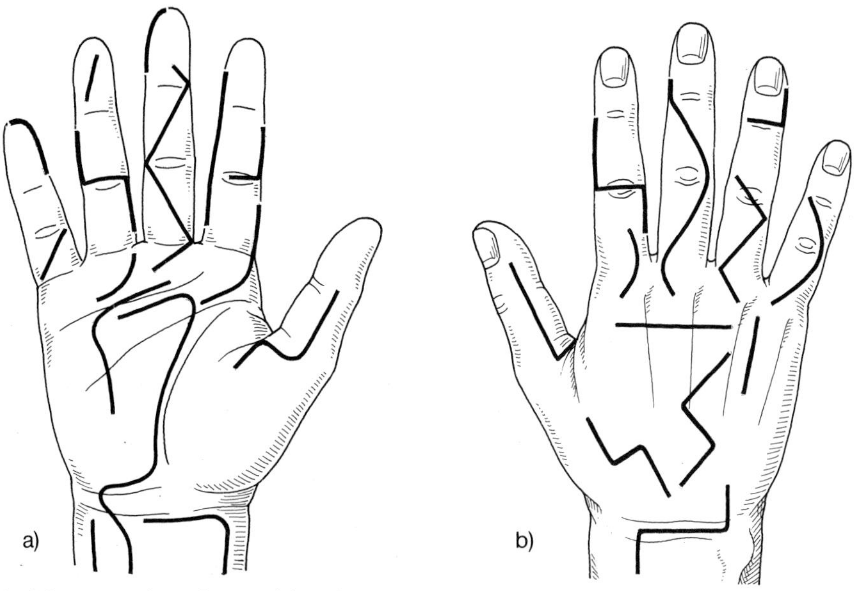

Abb. 10.5-8. Richtige Inzisionen an der palmaren (a) und an der dorsalen Hand (b).

Ein ganz wesentlicher Punkt zur Prophylaxe von Versteifungen in den ruhiggestellten Fingergrundgelenken ist die Wahl der Stellung. Die Seitenbänder des Metakarpophalangealgelenkes sind bei Beugung gespannt und bei Streckung locker entspannt. Um die Schrumpfung der Seitenbänder zu verhindern, muß prinzipiell beim Anlegen der Schiene ein Winkel zwischen 60 und 90° in diesem Gelenk eingehalten werden. Im Handgelenk sollte in 30° Dorsalflexion, in den Interphalangealgelenken in nur angedeuteter Flexion ruhiggestellt werden (Abb. 10.5-9). Im speziellen Fall muß abhängig von der Art des Eingriffes von diesem grundsätzlichen Vorgehen abgewichen werden. So erfordert etwa das primäre Behandlungskonzept der Beugesehnendurchtrennung nach Kleinert eine dynamische Schienung mit entsprechend anderen Gelenkpositionen. Darauf wird im Kapitel über die Versorgung von Beugesehnenverletzungen näher eingegangen. Beim Anlegen des Verbandes und der Ruhigstellung muß der evtl. Schwellungsneigung besonders nach frischer Verletzung Rechnung getragen werden. Ein geschlossener Gips ist also kaum geeignet. Bei der Notwendigkeit langfristiger Ruhigstellung kann die Verwendung eines leichten Kunstharzverbandes bei exakter Ruhigstellung eine wesentliche Erleichterung für den Patienten bringen. Ein einfacher, aber ganz wesentlicher Beitrag zur Verhinderung oder Minderung der postoperativen Schwellung an der Hand ist das Hochlagern am besten im Handsack. Die Hochlagerung der Hand sollte aber nicht nur im Liegen sondern auch bei Mobilisation des Patienten im Sitzen und beim Gehen aufrecht erhalten werden.

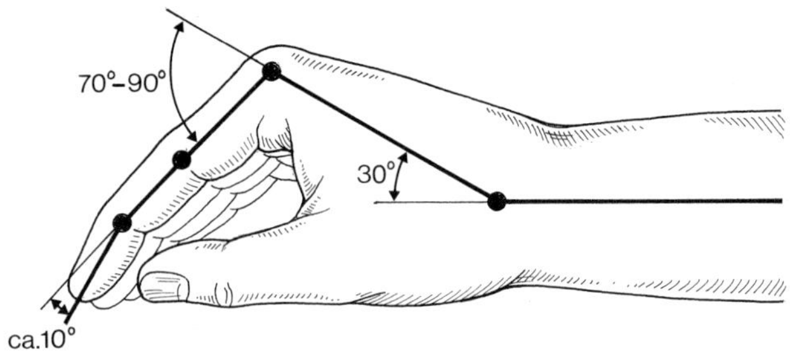

Abb. 10.5-9. Gelenkpositionen bei Ruhigstellung der Hand.

Physio- und Ergotherapie

Die gezielt auf die Hand abgestimmte Physio- und Ergotherapie macht einen ganz wesentlichen Teil des postoperativen Endergebnisses aus. Auch eine fachgerecht ausgeführte Handoperation muß ohne angeschlossene, adäquate physikalische Handtherapie und Ergotherapie als äußerst fragwürdiges Vorgehen bezeichnet werden. Mit anderen Worten sollte, falls eine entsprechende Nachbehandlung nicht am Ort gewährleistet werden kann, auch der handchirurgische Eingriff besser in einer handchirurgischen Schwerpunktabteilung durchgeführt werden, wo entsprechende therapeutische Einrichtungen bestehen. Gerade der handchirurgische Problemfall bedarf einer regelmäßigen Absprache zwischen Operateur, Handtherapeut und Patient, am besten im Rahmen einer gemeinsamen Handsprechstunde. Auch das Anfertigen von verschiedensten Schienen, heute meistens aus sehr praktischen thermoplastischen Materialien, wie z.B. Lagerungsschienen für die Nacht, dynamische Übungsschienen etc. gehört in diesen Bereich.

Verletzungen

Die exponierte Lage und die beim Menschen auf die Hände konzentrierte Greiffunktion machen die Hand besonders verletzungsanfällig. Bei den Verletzungsursachen ist ohne Zweifel die mechanische Gewalteinwirkung am häufigsten. Deshalb wird im folgenden auch anhand dieser Verletzungsform auf die operative Versorgung der verschiedenen Strukturen eingegangen. Die Prinzipien lassen sich in gleicher Weise auf die anderen Verletzungsformen übertragen, Besonderheiten finden aber in den entsprechenden Abschnitten Erwähnung.

Mechanische Verletzung

Die Art der Verletzung wiederum hat wesentlichen Einfluß auf das zu erwartende Rekonstruktionsergebnis. Das umschriebene Trauma eines Schnittes mit glatten Durchtrennungsflächen hat in der Regel eine wesentlich bessere Prognose als eine breite Quetschung evtl. mit Defektbildung oder gar die Avulsionsverletzung, bei der die Schädigung oft in Form ausgerissener Sehnen, Nerven oder Gefäße weit proximal oder distal über die sichtbare Traumazone reichen kann.

Haut

Wie in den vorigen Abschnitten hervorgehoben wurde, sind gerade für die Beurteilung der Tiefe einer Verletzung an der Hand die exakte klinische Untersuchung und je nach Art des Unfalls auch das Röntgenbild Voraussetzung. Konnte mit Sicherheit eine Läsion wesentlicher, tiefer Strukturen ausgeschlossen werden, kann die Wundversorgung in entsprechend regional limitierter Anästhesie ausgeführt werden. Nach ausgiebiger mechanischer Wundreinigung und Spülung mit physiologischer Kochsalzlösung sollte dennoch die Chance eines explorativen Blickes in die Tiefe genützt werden. Nicht um exzessiv Freilegungen zu machen, vielmehr um unklare klinische Befunde zu klären oder klinisch unerkannte Läsionen zu erfassen. So kann z.B. ein Blutkoagel in einer Sehnenscheide ein indirekter Hinweis evtl. auch einer inkompletten Durchtrennung sein, die doch versorgt werden sollte, oder ein durchtrenntes Ringband – zunächst ohne klinisch ersichtliche Funktionseinschränkung – bietet sich zur Naht an. Die Schwierigkeit der Beurteilung bei Kindern zwingt meist zur Exploration und Wundversorgung in Vollnarkose. Beeinträchtigungen Erwachsener z.B. durch Alkoholisierung führt oft zu überraschend ausgedehnten Befunden in der Tiefe beim Versorgungsversuch in Lokalanästhesie. Hier sollte unbedingt nach Feststellung des Verletzungsausmaßes zunächst lediglich die Hautwunde verschlossen werden und unter entsprechend verbesserten Verhältnissen in ausreichender Anästhesie eine geplante frühsekundäre Versorgung der tiefen Gebilde vorgenommen werden. Die Versorgung der Hautwunde selbst sollte nach exakter mechanischer Reinigung nur bei tatsächlicher irreversibler Gewebeschädigung ein Debridement einschließen. Bei glatten Schnitträndern erübrigt sich an der Hand eine Wundausschneidung, bei gequetschten Wundrändern sollte nur so viel wie notwendig, aber auch so viel wie erforderlich, exzidiert werden. Zum Anfrischen der Wundränder sollte grundsätzlich nur das Skalpell und niemals die Schere verwendet werden. Als vereinfachter Grundsatz kann an der Hand gelten, daß jeder Millimeter gesunden Gewebes zu erhalten ist.

Bei der Notwendigkeit von Erweiterungsinzisionen für ein übersichtlicheres Operationsfeld gelten die gleichen Grundsätze wie bereits im Abschn. »Hautinzisionen an der Hand« angeführt. Beispiele für Erweiterungsinzisionen finden sich in Abb. 10.5-10.

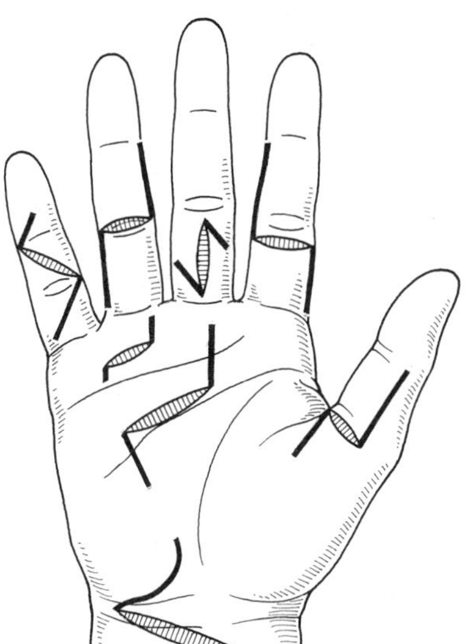

Abb. 10.5-10. Erweiterungsinzisionen an der Hand.

Der Hautverschluß erfolgt nur ausnahmsweise unter Verwendung von subkutanen, zarten resorbierbaren Einzelknopfnähten, nämlich dann, wenn es gilt, eine zusätzliche Schicht zwischen Haut und tieferen Gebilden zu interponieren (z.B. über dem recht oberflächlich liegenden N. medianus knapp proximal des Handgelenkes). Üblicherweise genügen exakt gesetzte Einzelknopfnähte unter Mitnahme des subkutanen Gewebes mit atraumatischer, monofiler Hautnaht in 5-0 oder 6-0 Stärke. Die Naht muß exakt gestochen werden, einerseits um eine narbengefährdete Hohlraumbildung in der Subkutis zu vermeiden, andererseits um eine optimale Adaptierung der Hautkanten trotz lockeren Knüpfens zu garantieren (Abb. 10.5-11). Mitunter kann auch eine Rückstichnaht sinnvoll sein. Auch bei der Hautnaht muß der postoperativen Schwellungstendenz an der Hand Rechnung getragen werden. Die Nähte dürfen deshalb nicht zu fest geknüpft werden, da sich die lokale Ischämie im Bereich der Naht noch verstärken würde. Die Zahl der Nähte sollte auf ein Minimum reduziert werden, gerade so, daß eine vollständige Adaptierung erfolgt aber auch noch genügend Raum zwischen den Nähten für spontanen Abfluß von Wundsekret verbleibt.

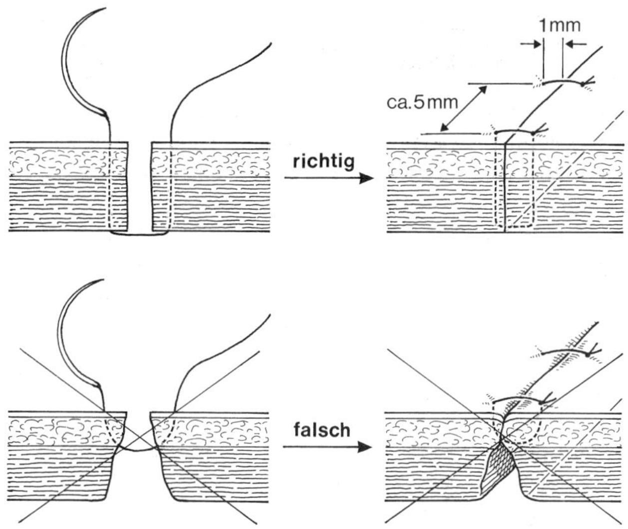

Abb. 10.5-11. Technik der Hautnaht an der Hand.

Ist durch das Trauma oder das notwendige Debridement ein Defekt verblieben, darf kein Verschluß durch direkte Naht erzwungen werden, vielmehr müssen die regionalen Verhältnisse des Wundgrundes auf das Vorhandensein einer durchbluteten Schicht, auf die funktionelle Beanspruchung und das Freiliegen von Knochen, Sehnen oder Nerven geprüft werden. Dementsprechend ist das Verfahren der Defektdeckung zu wählen. Die Bedeckung freiliegender wichtiger Strukturen oder die Versorgung bei besonderer Lage des Defektes, die Lappenplastiken erfordern, seien es nun lokale Verschiebeschwenklappen, gestielte Lappen, wie z.B. der Cross-finger-Lappen oder bei größeren Defekten der Leistenlappen oder gar ein primärer, umgekehrter, neurovaskulär gestielter Unterarmlappen oder ein freier Lappentransfer, sollten dem erfahrenen Handchirurgen überlassen werden. Je nach Lage sind kleinere Defekte mit ausreichend vaskularisiertem Wundgrund zur Deckung mit einem Hauttransplantat geeignet (Abb. 10.5-12). Meistens wird ein Vollhauttransplantat wegen der zu erzielenden größeren mechanischen Belastbarkeit und der geringeren Schrumpfungstendenz gegenüber einem Spalthauttransplantat bevorzugt. Die Entnahme erfolgt meist ellbeugenahe am proximalen Unterarm. Das spitzovaläre Stück kann bis zu einer Breite von etwa 2 cm entnommen werden. Eine Mobilisation der Wundränder ist kaum notwendig, um den entstandenen Defekt durch direkte Naht zu verschließen. Bereits bei der Entnahme läßt sich das Vollhauttransplantat mit einem feinen Wundhaken über die Fingerkuppe gespannt entfetten. Nach exakter Entfernung des subkutanen Fettes wird das Transplantat in den Defekt eingepaßt und einerseits mit fortlaufend überwendelnder 5-0 Naht und andererseits mit einigen länger belassenen Einzelknopfnähten für den eingeknüpften Verband eingenäht. Eine exakte Blutstillung vor dem Einnähen und das Unterspülen des Transplantates mit physiologischer Kochsalzlösung sind in Verbindung mit einer leichten Kompression durch einen eingeknüpften Verband unter Verwendung von Fettgaze, feuchter Watte bzw. sterilisiertem Schaumgummi Maßnahmen zur Verhinderung einer Hämatombildung unter dem Transplantat. Dadurch wäre eine Anheilung gefährdet. Der eingeknüpfte Verband kann sich dann erübrigen, wenn durch einen elastischen Verband eine gleichmäßige Kompression auf den Transplantatbereich ausgeübt werden kann. Spalthauttransplantate sollten besser nur im dorsalen Bereich der Hand Anwendung finden. Die Entnahme mit dem Handmesser oder mit dem pneumatisch bzw. elektrisch betriebenen Dermatom erfolgt am palmaren Unterarm bei kleinen Transplantaten, bei größeren vom Oberschenkel. Die Befestigung erfolgt wie bei Vollhauttransplantaten. Die postoperative Ruhigstellung ist unabdingbare Voraussetzung einer vollständigen Transplantateinheilung. Sie muß deshalb etwa 10–14 Tage aufrechterhalten werden. Der eingeknüpfte Verband wird meist nach 5 Tagen abgenommen.

Aber auch nach direktem Hautverschluß sollte zumindest 1 Woche geschient werden. Die Nähte im Handbereich müssen 12–14 Tage belassen werden, wenn nach 1 Woche mit Bewegung begonnen werden soll.

Knochen

Viele der Knochenbrüche im Bereich der Hand können, bei Notwendigkeit nach Reposition, im Gipsverband ausbehandelt werden. Die Vielzahl ansetzender Muskeln kann jedoch die geschlossene Reposition mitunter unmöglich machen. Außerdem tolerieren die komplizierten Gelenksverbindungen der Hand kaum Niveauabweichungen, und relativ geringe Achsenabweichungen können bereits zu wesentlichen Funktionsstörungen führen. Wegen der Kleinheit der Knochenfragmente und der Nachteile nach exzessiver Freilegung findet die Platten- bzw. Schraubenosteosynthese relativ selten Anwendung, viel häufiger werden ein Bohrdraht und eine interossäre Drahtnaht, evtl. eine Drahtcerclage verwendet. Die Osteosynthese mit dem Kleinfragmentinstrumentarium der AO ist in ihrer Anwendung praktisch auf die Mittelhandknochen und die Grundphalangen der Finger beschränkt.

a)

b)

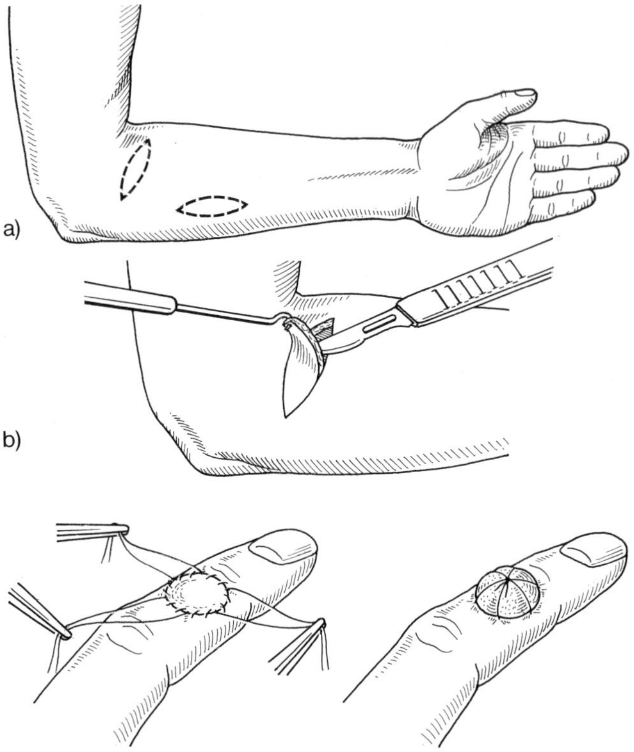

Abb. 10.5-12. Vollhauttransplantation zur Deckung umschriebener Defekte an der Hand.
a) Typische Entnahmestelle.
b) Eingeknüpfter Verband.

Frakturen der Handwurzelknochen sind oft schwierig röntgenologisch zu erfassen. Bei einem entsprechenden klinischen Befund aber ohne röntgenologischen Beweis, trotz der Aufnahmen in verschiedenen Ebenen und Tomographie, empfiehlt sich die Ruhigstellung im Gips und Röntgenkontrolle nach 2 Wochen, die infolge der Resorption an den Frakturenden schließlich den Beweis liefern kann. Dieses Vorgehen schützt vor den Folgen der häufigsten Problematik einer übersehenen Handwurzelfraktur.

In den meisten Fällen führt eine primär einsetzende, konsequente Ruhigstellung im Gipsverband für 6–8 Wochen zur komplikationslosen Heilung. Kleinere bzw. schlecht vaskularisierte Fragmente, wie z. B. im proximalen Drittel des Skaphoids können auch längere Ruhigstellung von 10–12 Wochen erfordern. Dislozierte Frakturen vor allem des Os scaphoideum sind eine Indikation zur primären operativen Reposition und meist Schraubenosteosynthese, da im frischen Zustand eine exakte Reposition unvergleichlich leichter möglich ist und außerdem in diesen Fällen mit geschlossener Behandlung kein beschwerdefreies Ergebnis zu erwarten ist. Ein primäres Gelingen dieser Schraubenosteosynthese muß gewährleistet sein, sonst kann sie mehr Schaden als Nutzen anrichten. Daraus geht hervor, daß es sich bei den Osteosynthesen der Handwurzelknochen um heikle, anspruchsvolle Eingriffe handelt, die den geübten Handchirurgen erfordern (Abb. 10.5-14).

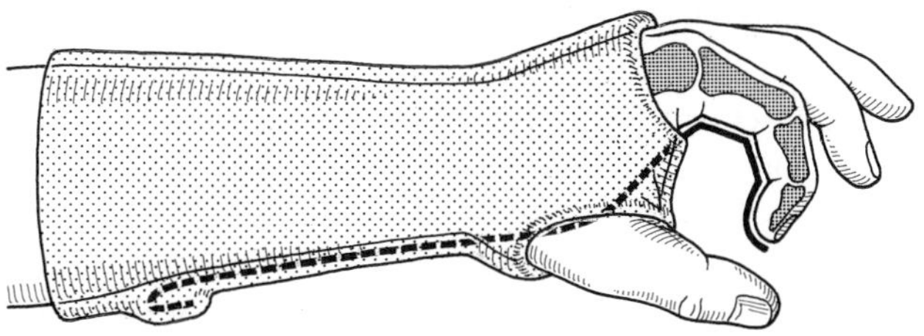

Abb. 10.5-13. Unterarmgips mit integrierter Fingerschiene zur konservativen Behandlung von Metakarpale- und Fingerfrakturen.

Metakarpalefrakturen sind relativ häufige Frakturen im Bereich des Handskeletts, besonders die des Os metacarpale V wegen der exponierten Lage an der ulnaren Handkante. Sind die Knochenfragmente nicht disloziert oder sind sie bleibend zu reponieren, ist die Ruhigstellung im Unterarmgips unter Schienung des betroffenen Fingerstrahls für 3–4 Wochen die Therapie der Wahl (Abb. 10.5-13). Bei Basisfrakturen genügt die Ruhigstellung bis zu den Grundgelenken mit dem Vorteil der sofortigen Mobilisation der Finger. Subkapitale Frakturen erfordern oft eine Fixierung des Repositionsergebnisses durch Bohrdrahtspickung, am günstigsten in schräger Richtung unter Meidung des MP-Gelenkes, jedoch möglichst senkrecht zum Frakturspalt. Bei der Bohrdrahtfixierung sollte unbedingt eine Einschränkung der Sehnenbeweglichkeit verhindert werden. Schaftfrakturen sollten dann mit Plattenosteosynthese versorgt werden, wenn eine Frühmobilisation z.B. im Hinblick auf Begleitverletzungen besonders wünschenswert ist (Abb. 10.5-14 u. 15). Am Os metacarpale I sollte der Plattenosteosynthese prinzipiell der Vorzug gegeben werden (Abb. 10.5-16 u. 17). Die **Bennettsche Fraktur,** ein Luxationsbruch der Basis des Metakarpale I mit kleinerem ulnarem Fragment der Basis und nach radial abgeglittenen Metakarpale, wird meist durch perkutane Drahtosteosynthese nach Zug-/Druckreposition unter Bildwandlerkontrolle reteniert. Mißlingt diese geschlossene Reposition, ist die offene mit anschließender Draht- oder Schraubenfixierung notwendig (Abb. 10.5-17 u. 18). Zusätzlich ist für die Zeit der Wundheilung eine dorsale Unterarmgipslonguette mit Daumeneinschluß und danach ein Bennett-Gips für 6 Wochen erforderlich.

Eine **Rolando-Fraktur,** also eine Y-förmige Trümmerfraktur der Basis des Metakarpale I, bedarf immer einer operativen Freilegung zur Reposition. Die recht kleinen Fragmente können eher mit Drahtspickung, seltener mit Schrauben oder Plättchen aneinandergefügt werden (Abb. 10.5-19). Ist bereits im Röntgenbild die Unmöglichkeit der operativen Rekonstruktion erkennbar, ist das primär konservative Vorgehen mit Abduktions-/Extensionsgips mit Dauerzug vorzuziehen.

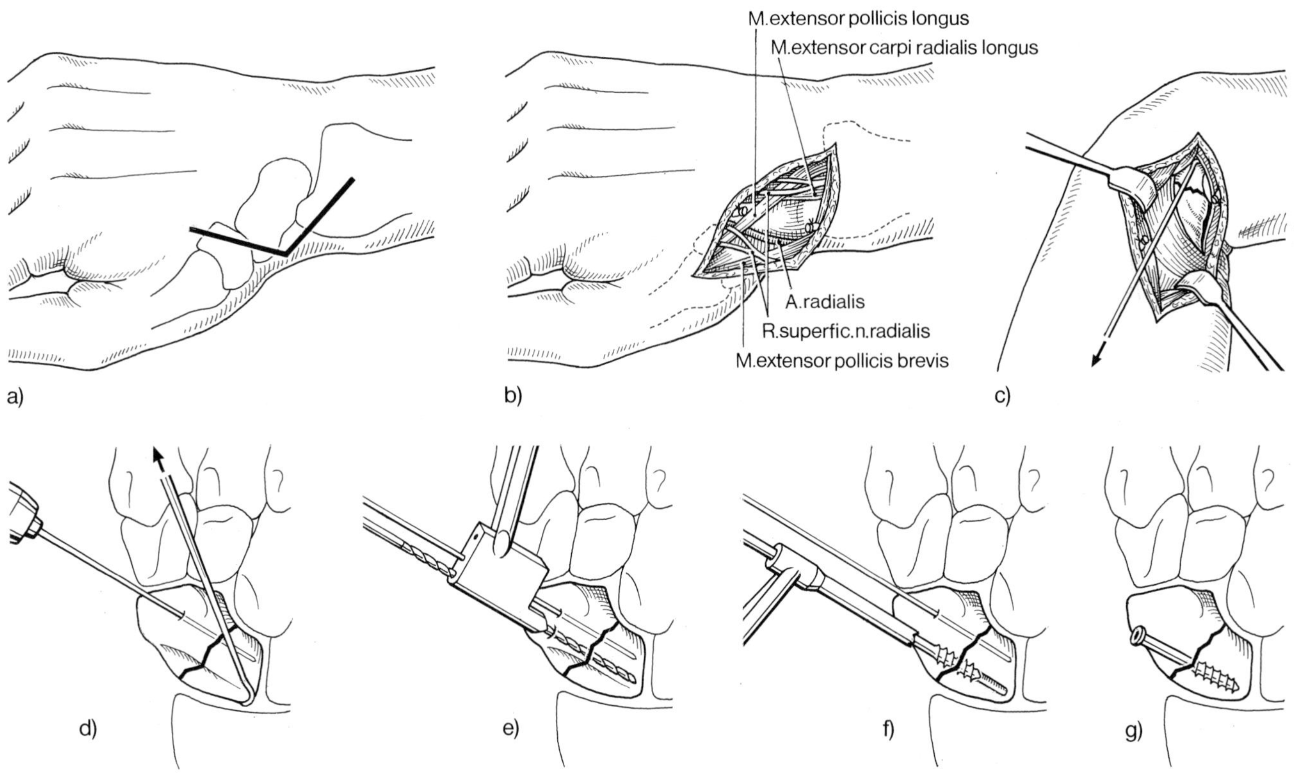

Abb. 10.5-14. Schraubenosteosynthese einer Skaphoidfraktur.
a) Dorsoradiale Hautinzision.
b) Die Sehnen des M. extensor pollicis longus und des M. ext. carpi radialis longus werden gemeinsam mit den Ästen des N. radialis superficialis nach dorsal weggehalten, die A. radialis und andere Äste des N. radialis superficialis nach palmar.
c) Nach Eröffnung des Radiokarpalgelenkes am dorsalen Rand des Proc. styloideus radii wird unter Zug die Fraktur mit einem Einzinkerhäkchen reponiert.
d) Vorübergehende Fixierung mit Bohrdraht.
e u. f) Aufbohren parallel zum liegenden Bohrdraht unter Verwendung der Bohrbüchse.
g) Endgültige Plazierung einer Zugschraube.

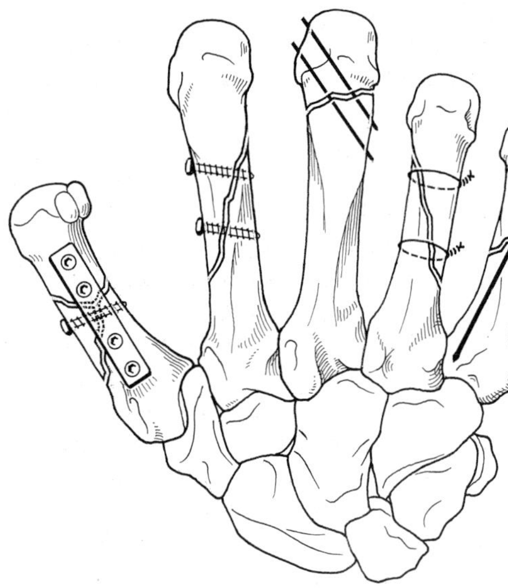

Abb. 10.5-15. Osteosynthesen bei Metakarpalefrakturen.

Die Mehrzahl aller **Fingerphalangenfrakturen** können nach exakter Reposition mit der im Unterarmgips integrierten Fingerschiene (Abb. 10.5-13) suffizient behandelt werden. Besonders ist auch auf die Vermeidung einer Rotationsfehlstellung zu achten. Sie kann am besten in Beugestellung der Finger erkannt und korrigiert werden, da der Fehler in dieser Position deutlich sichtbar wird und eine Orientierung an der Stellung der Nachbarfinger, evtl. im Vergleich mit der unverletzten Hand sehr hilfreich ist (Abb. 10.5-20). Muß das Repositionsergebnis zusätzlich abgesichert werden, so erfolgt dies in der Regel mit Bohrdrähten, bei Freilegung oder bei primär offenen Fingerfrakturen mit interossärer Drahtnaht oft in Kombination mit einem Bohrdraht. Schrägfrakturen des Schaftes können stabil mit zwei Schrauben versorgt werden, nur selten kommen Miniplatten zur Anwendung, und dann nur an den Grundphalangen. Da eine Ruhigstellung einer Fingerfraktur für 3 Wochen meist ausreicht, muß die Indikation zur operativen Versorgung streng gestellt werden (Abb. 10.5-21–24).

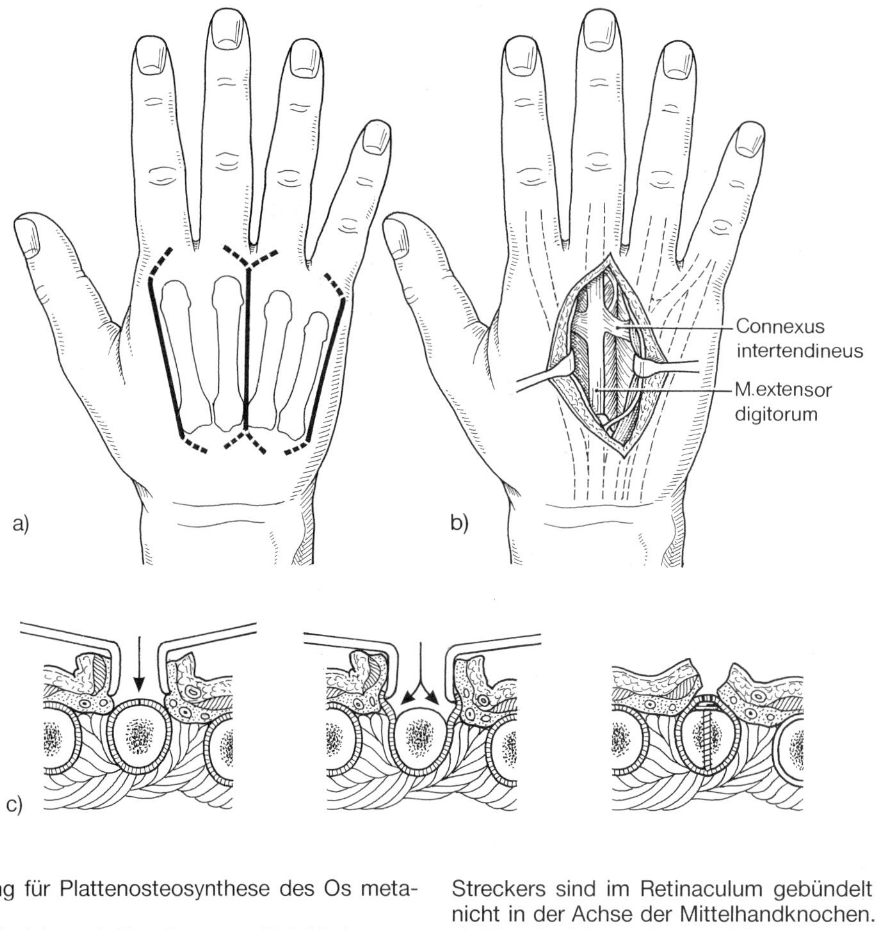

Abb. 10.5-16. Zugang für Plattenosteosynthese des Os metacarpale.
a) Interossäre Längsinzision mit Erweiterungsmöglichkeit.
b) Topographische Beziehungen: Dorsale Venen und Nerven werden zur Seite gehalten. Die Sehnen des gemeinsamen Streckers sind im Retinaculum gebündelt und verlaufen meist nicht in der Achse der Mittelhandknochen.
c) Längsinzision und Abschieben des dorsalen Periostes. Nach dem Anbringen der Platte sollte möglichst weitgehend das Periost über dem Implantat wieder verschlossen werden.

I.

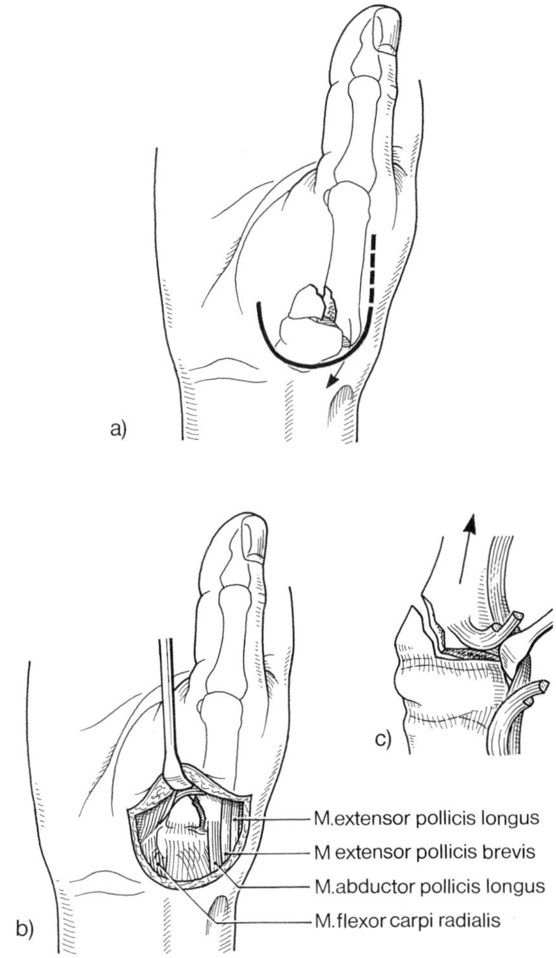

Abb. 10.5-17. Operative Zugänge zur Basis des Metakarpale I:
I. Zugang nach Gedda/Moberg:
a) Inzision bei Bennett-Fraktur mit Erweiterungsmöglichkeit.
b) Zugänglichkeit des artikulären Fragmentes von palmar.
c) Verbesserung des Zuganges zum Gelenk durch Z-förmige Durchtrennung der Sehne des M. abductor pollicis longus.

II.

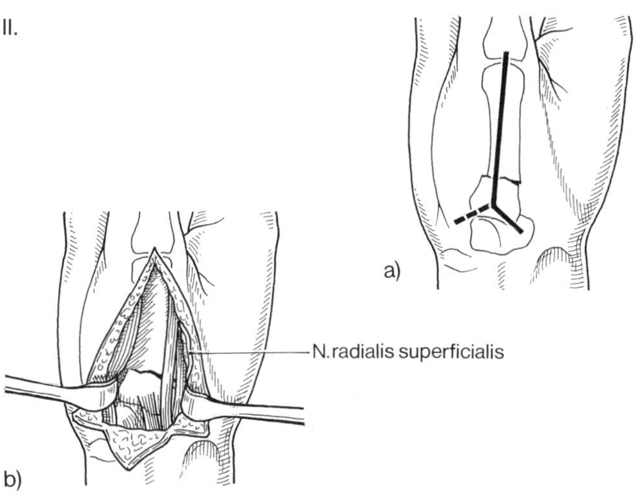

II. Radiodorsaler Zugang:
a) Hautinzision.
b) Durch Weghalten des sensiblen Astes des N. radiadlis nach dorsal ergibt sich eine gute Zugänglichkeit bei extraartikulärer Querfraktur.

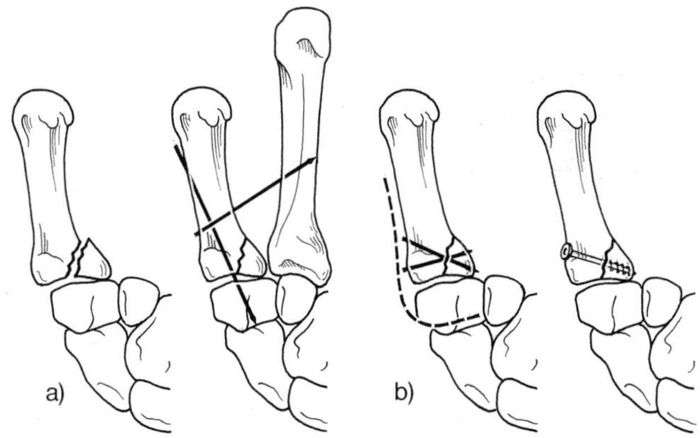

Abb. 10.5-18. Behandlung der Bennettschen Luxationsfraktur.
a) Geschlossene Reposition und Bohrdrahttransfixierung.
b) Offene Reposition und Stabilisierung mit Bohrdraht bzw. Schraube.

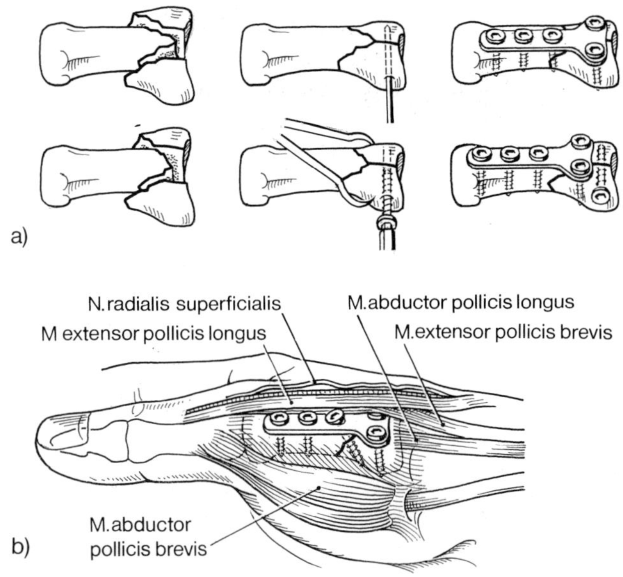

Abb. 10.5-19. Osteosynthese bei Rolando-Fraktur.
a) Abhängig vom Frakturtyp erfolgt die Osteosynthese mit T-Platte alleine oder in Kombination mit Verschraubung der Gelenkfragmente.
b) Topographische Übersicht nach Anlegen der T-Platte.

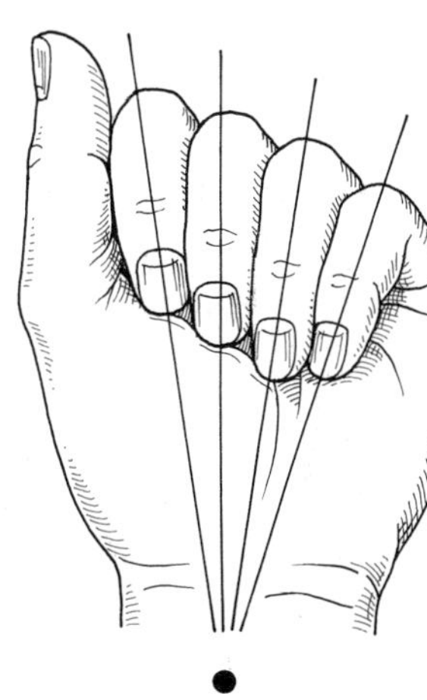

Abb. 10.5-20. Konvergenz der Fingerachsen gegen die Thenarbasis bei Beugung.

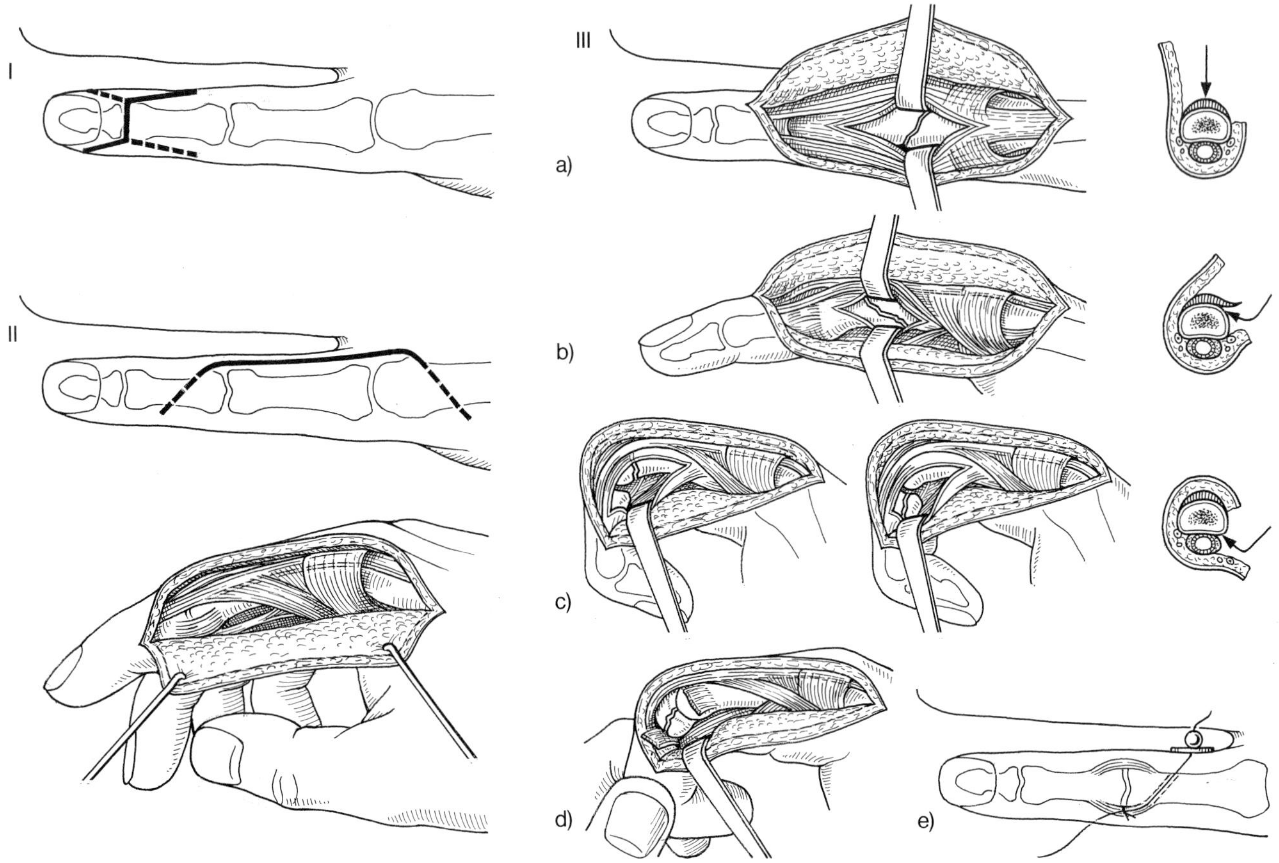

Abb. 10.5-21. Zugang zu den Fingerphalangen.
I. Dorsale, S-förmige Inzision als Zugang zum DIP-Gelenk.
II. Dorsolaterale Hautinzision für Grundphalanx und PIP-Gelenk.
III. Tiefe Schichten:
a) Längsspaltung der Streckaponeurose als dorsaler Zugang zur Grundphalanx und MP-Gelenk.
b) Abheben der Interosseuseinstrahlung als seitlicher Zugang zur distalen Grundphalanx.
c) Zugang zum PIP-Gelenk in starker Flexion.
d) Übersichtliche Darstellung des Gelenkes durch die Durchtrennung des Seitenbandes und Einschneiden der palmaren Platte.
e) Reinsertion des Seitenbandes mit Drahtauszugsnaht nach der Osteosynthese.

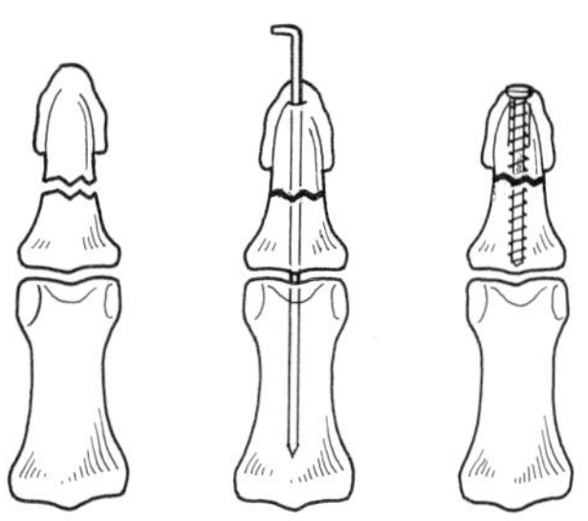

Abb. 10.5-22. Osteosynthesen an den Fingern.
a) An den Endphalangen durch transkutane, das DIP-Gelenk transfixierende Bohrdrahtspickung bzw. bei größerem proximalen Fragment durch Schraubenosteosynthese.

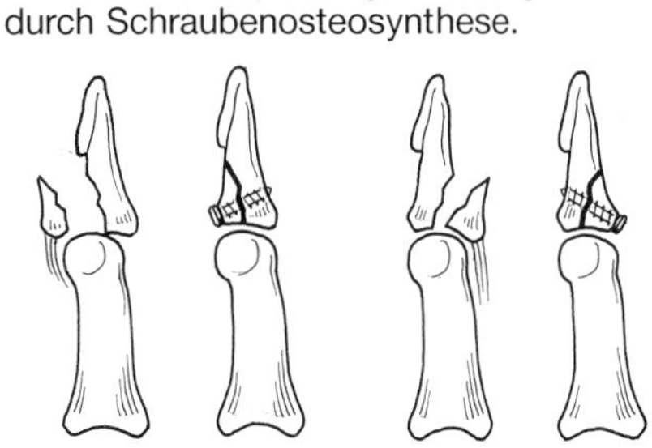

b) Schraubenosteosynthese nach knöchernem Sehnenausriß mit größerem Ausrißfragment.

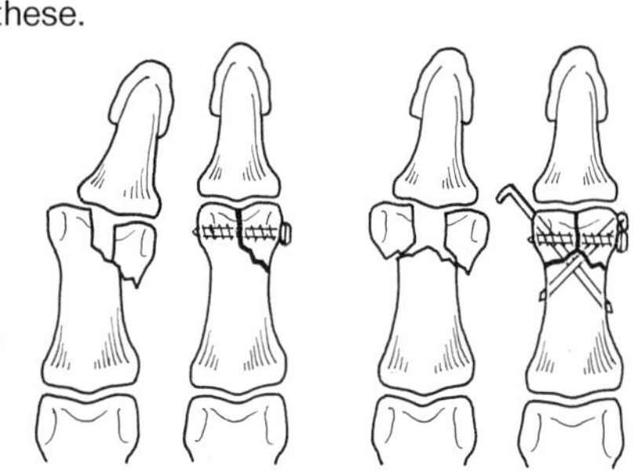

c) Verschraubung einer monokondylären und einer bikondylären Fraktur.

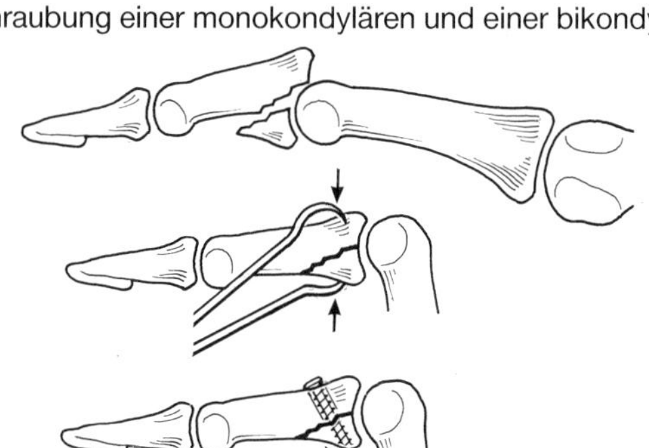

d) Reposition und Osteosynthese einer Luxationsfraktur der Mittelphalanx mit von dorsal eingebrachter Schraube.

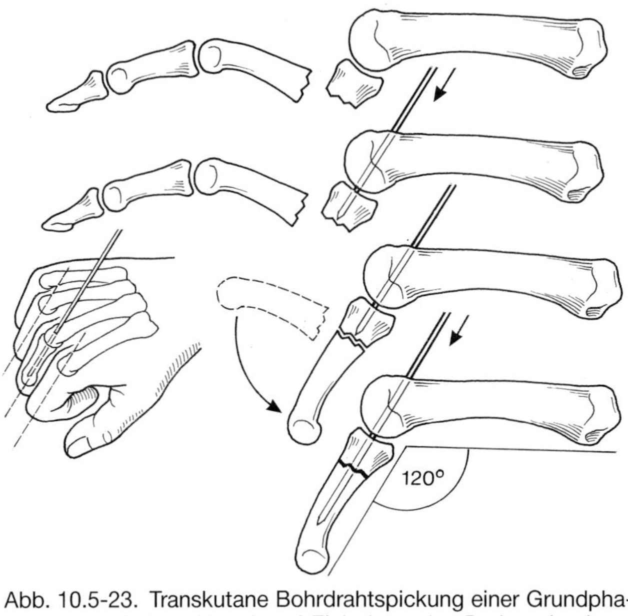

Abb. 10.5-23. Transkutane Bohrdrahtspickung einer Grundphalangenbasisfraktur: Von dorsal Einbohren des Drahtes in einem Winkel von 60°, nach Fassen des Basisfragmentes Reposition, Vorbohren in den Schaft der Grundphalanx.

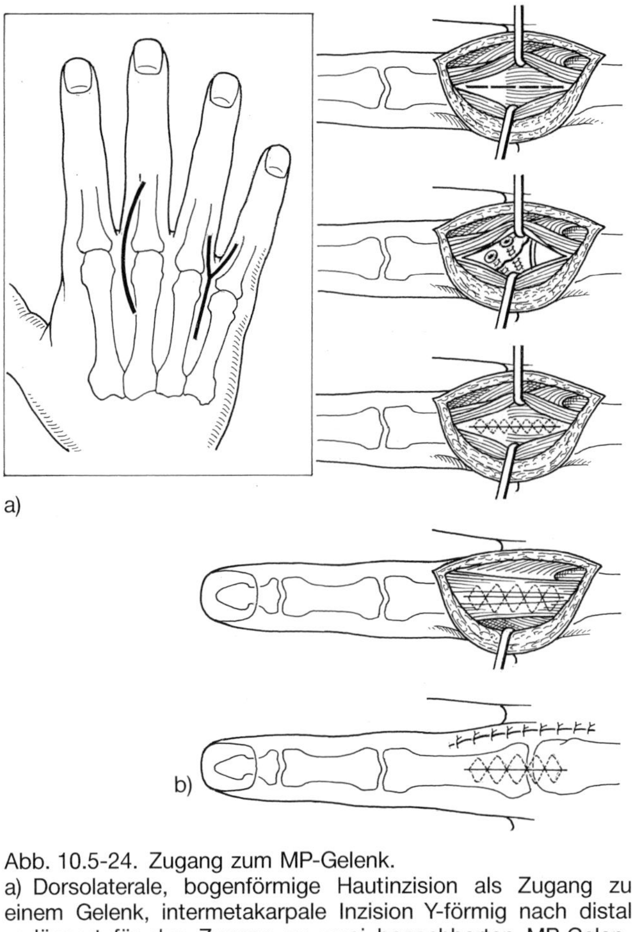

Abb. 10.5-24. Zugang zum MP-Gelenk.
a) Dorsolaterale, bogenförmige Hautinzision als Zugang zu einem Gelenk, intermetakarpale Inzision Y-förmig nach distal verlängert für den Zugang zu zwei benachbarten MP-Gelenken.
b) Längsspaltung der Streckaponeurose, der Gelenkkapsel und des Periosts. Zweischichtige Adaptierung von Periost-Gelenkkapsel-Schicht und Streckaponeurose mit feinem, atraumatischem Nahtmaterial.

Bandapparat

Bandrupturen an der Hand kommen häufig erst spät zur Behandlung. Einerseits wird vom Patienten selbst die funktionelle Symtomatik wegen der Schmerzen und Schwellung nicht sofort bemerkt, andererseits wird im Rahmen der Primärtherapie eine vollständige Ruptur nicht selten übersehen. Es ist deshalb wichtig eine pathologische Seitenbewegung bei der Erstbegutachtung klinisch oder in der gehaltenen Röntgenaufnahme zu erfassen und die operative Versorgung der frischen Bandverletzung sofort einzuleiten. Je länger die Verletzung zurückliegt, um so schwieriger kann die Bandnaht infolge Schrumpfung werden, so daß schließlich eine aufwendige Rekonstruktion notwendig werden kann.

Die **Ruptur des ulnaren Seitenbandes des Daumengrundgelenkes** ist wesentlich häufiger als die des radialen. Auslösende Ursache ist oft der Sturz beim Skilauf. Wegen der wesentlich günstigeren Ergebnisse sollte die Therapie primär operativ erfolgen. Bei Ruptur im mittleren Abschnitt des Bandes erfolgt die Naht mit resorbierbarem Nahtmaterial. Der operative Zugang erfolgt von dorsal unter Schonung des Hautastes des N. radialis. Nach Spaltung der flächigen Ansatzsehne des M. adductor pollicis ist das ulnare Seitenband gut zugänglich. Der Abriß vom Knochen mit oder ohne kleinem Fragment der Grundphalangenbasis erfolgt immer distal. Die Reinsertion wird nach Anlegen eines Bohrkanals von proximal-ulnar nach radialdistal mit einer Drahtauszugsnaht durchgeführt und das Gegenlager extrakutan angelegt (Abb. 10.5-25). Die Adduktorfaszie wird vor dem Hautverschluß genäht. Zusätzlich ist eine Ruhigstellung des Daumenstrahles in einem Gipsverband mit Daumeneinschluß für 3–5 Wochen notwendig.

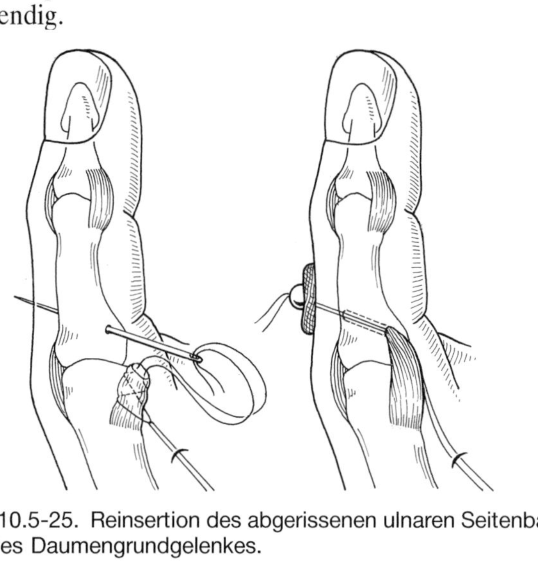

Abb. 10.5-25. Reinsertion des abgerissenen ulnaren Seitenbandes des Daumengrundgelenkes.

Weitere Seitenbandrupturen betreffen meist das **ulnare Seitenband des Zeigefingergrundgelenkes** oder das **radiale des Kleinfingers,** oder die Seitenbänder der **PIP-Gelenke.** Meist ist mit der Ruhigstellung im Gipsverband (die Grundgelenke in Beugestellung von 70°, die PIP-Gelenke in 20–30° Beugung) für 4 Wochen ein befriedigendes Ergebnis zu erzielen, wenn nicht dislozierte Knochenfragmente oder die Möglichkeit einer Mitbeteiligung der Streckaponeurose eine operative Reinsertion erfordern.

Luxationen kommen meist in den Grundgelenken des Daumens und der Langfinger zustande. Röntgenologisch bietet die rein seitliche Aufnahme die beste Beurteilbarkeit. So wie auch die Luxationen in den Interphalangealgelenken sind sie meist geschlossen reponierbar. Die operative Freilegung ist erforderlich, wenn ein Repositionshindernis entfernt werden muß, wenn die Röntgenkontrolle des Repositionsergebnisses noch eine Subluxation zeigt oder wenn rupturierte Strukturen unbedingt versorgt werden müssen. Die Ruhigstellung im Gips sollte 3–4 Wochen betragen.

Kommt es im Bereich der Handwurzel zu Luxationen, dann meistens in Form der **perilunären Luxation** oder **Luxationsfraktur** (Abb. 10.5-26). Die häufigste Form ist die dorsale perilunäre Luxation (Abb. 10.5-26a). Benachbarte Knochen können mit frakturiert sein, entsprechend unterscheidet man eine transstyloperilunäre Luxation (Abb. 10.5-26b), eine transskaphoideoperilunäre Luxationsfraktur, welche auch als de Quervainscher Verrenkungsbruch bezeichnet wird (Abb. 10.5-26c), eine transskaphoideotranskapitato-perilunäre Luxationsfraktur (Abb. 10.5-26d), eine transskaphoideo-transkapitato-transtriquetroperilunäre Luxationsfraktur (Abb. 10.5-26e), und eine Subluxation des Kahnbeins mit Lunatumfraktur (Abb. 10.5-26f). Die Therapie der reinen Luxation besteht in der Reposition in Plexusanästhesie. Nach Zug mit 8 kg über 10 Min. gelingt die Reposition meist durch leichten Druck. Das Repositionsergebnis bedarf sowohl bei Kindern wie bei Erwachsenen der Ruhigstellung im Unterarmgips für drei Wochen. Begleitende Frakturen bedürfen meist der Osteosynthese je nach Lage durch transkutane Bohrdrahtspikkung oder Verschraubung.

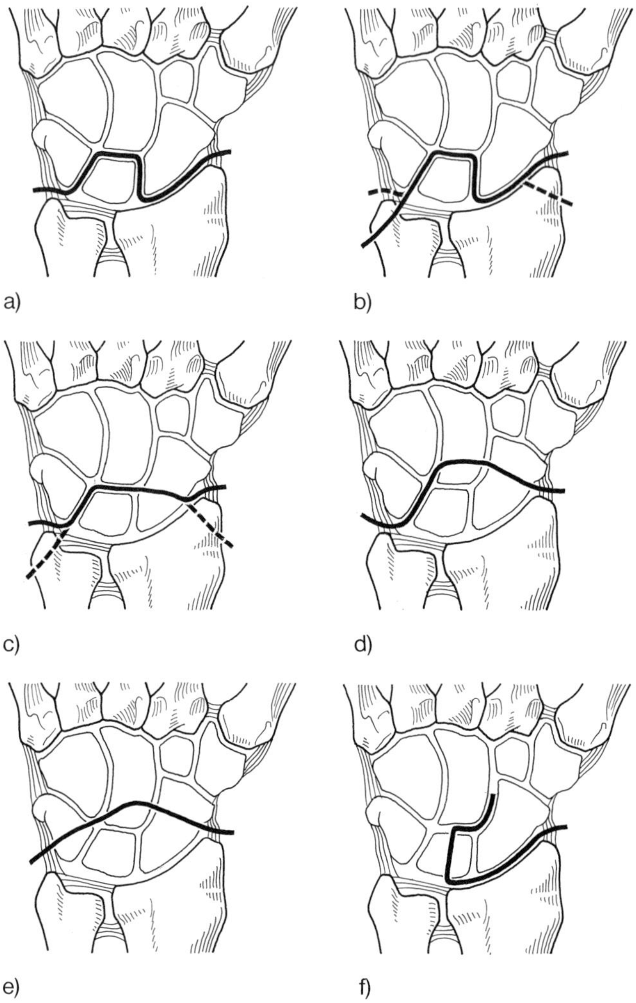

Abb. 10.5-26. Perilunäre Luxation und Luxationsfrakturen.
a) Dorsale, perilunäre Luxation.
b) Transstyloperilunäre Luxationsfraktur.
c) Transskaphoideoperilunäre Luxationsfraktur (de Quervainscher Verrenkungsbruch).
d) Transskaphoideo-transkapitato-perilunäre Luxationsfraktur.
e) Transskaphoideo-transkapitato-transtriquetro-perilunäre Luxationsfraktur.
f) Subluxation des Kahnbeines mit Lunatumfraktur.

Gefäße

Die A. radialis und A. ulnaris sind relativ häufig bei tiefen offenen Verletzungen am palmaren distalen Unterarm verletzt. Sind beide Arterien durchtrennt, muß mindestens eine rekonstruiert werden. Meist ist der N. ulnaris wegen der topographisch engen Beziehung zum Gefäß bei einer Durchtrennung mitbeteiligt. Bei Gefäßdurchtrennungen sollte im Bereich der Hand genau geprüft werden, ob nicht zusätzlich eine Nervenläsion vorliegt. Ob sowohl die A. radialis als auch die A. ulnaris bei gleichzeitiger Durchtrennung anastomosiert werden müssen oder ob nur eine Gefäßrekonstruktion wegen der ausgeprägten Kollateralen (im besonderen über die Hohlhandbögen) ausreicht, ist vom lokalen Befund abhängig zu machen. Es gibt zahlreiche Varianten in der Gefäßversorgung der Hand, so kann sogar ein praktisch unabhängiges Versorgungsgebiet der beiden Arterien ohne ausreichende Querverbindungen bestehen. Die Minderversorgung im entsprechenden Abschnitt der Hand ist dann bei genauer klinischer Prüfung erkennbar. Besonders beim manuellen Schwerarbeiter kann eine unterlassene Rekonstruktion auch eines Gefäßes Belastungsischämie und -schmerzen verursachen, wenn auch bei der Primärversorgung die Durchblutung normal erschien. Als praktische Richtlinie zur Rekonstruktionsindikation einer einzelnen Hauptarterie kann die Pulsation des distalen Gefäßstumpfes herangezogen werden. Bei kräftiger distaler Pulsation muß eine ausgiebige Verbindung zwischen Radialis- und Ulnarissystem bestehen, so daß auf eine Rekonstruktion verzichtet werden kann. Bei fehlender oder sehr schwacher Pulsation ist die Rekonstruktion angezeigt. Ähnliche Überlegungen gelten bei Durchtrennungen von Gefäßen im Hohlhandniveau bzw. im Fingerbereich. Die erweiterten Möglichkeiten durch die Mikrogefäßchirurgie sollten auch zur Vermeidung von funktionellen Belastungsproblemen und von oft sehr störender Kälteintoleranz Anwendung finden. In jedem Fall sind Gefäßanastomosen auch im distalen Unterarmbereich mit mikrochirurgischem Instrumentarium und in mikrochirurgischer Nahttechnik auszuführen. Eine noch größere Exaktheit wird durch die Verwendung eines Operationsmikroskopes erreicht. Proximal des Handgelenkes kann auch eine Lupenbrille ausreichen, distal davon sollte nur unter dem Mikroskop an Gefäßen operiert werden. Selbstverständlich erfordert dies ein entsprechendes mikrochirurgisches Training und Erfahrung. Mikrogefäßklemmen verhindern eine übermäßige Schädigung der Gefäßwand. Zur Naht werden meist 10-0 Einzelknopfnähte im proximalen Handabschnitt und 11-0 Nähte im distalen verwendet.

Die Verbesserung der Ergebnisse durch verschiedene Weiterentwicklungen der Mikrochirurgie der peripheren Nerven und Gefäße und die ununterbrochene Möglichkeit der sehr spezialisierten Primärversorgung im Rahmen der Replantationszentren und -dienste sollten heute den verantwortungsbewußten Allgemeinchirurgen ohne mikrochirurgische Ausbildung veranlassen, dem Patienten eine optimale Primärversorgung mit entsprechend günstigerer Prognose nicht vorzuenthalten. Dies gilt nicht nur für die Verbesserung der Durchblutung, für eine Revaskularisation oder eine Replantation, sondern auch für die differenzierte Versorgung einer Nervenläsion oder so mancher Beugesehnenverletzung, wie z. B. jener in der früher sogar noch als »Niemandsland« bezeichneten Zone.

Nerven

Größte Aufmerksamkeit verdient die präoperative Diagnose einer Nervenläsion. Die Prüfung der Motorik und der Sensibilität muß also unbedingt noch am wachen Patienten bzw. vor einer Leitungs- oder Regionalanästhesie erfolgen. Fälschlicherweise für den Transport angelegte Druckmanschetten können auch noch unmittelbar nach Öffnen derselben motorische und sensible Ausfälle vortäuschen, 20–30minütige Reperfusion der Extremität bringt wieder Klarheit in das symptomatische Bild. Das rechtzeitige Erkennen einer Nervenläsion alleine sollte nicht genügen, vielmehr muß auch der Umfang und die Läsionshöhe möglichst aus der klinischen Symptomatik bestimmt werden. Die Versorgung einer Handverletzung mit Nervenbeteiligung sollte nur unter Gewährleistung der bereits ausführlich beschriebenen Voraussetzungen begonnen werden. Sind diese Voraussetzungen nicht gegeben, sollte die Verlegung in ein entsprechendes Zentrum erfolgen. Ist die definitive Versorgung dort sofort möglich, genügt ein entsprechender Verband. Wurde eine frühsekundäre Versorgung abgesprochen, kann die Haut mit lockeren Nähten verschlossen werden. Der Versuch, Nervenenden bei einer Exploration zu markieren, sollte wegen der Gefahr der Schädigung von Faszikelstrukturen unterbleiben. In jedem Fall muß eine möglichst rasche Versorgung angestrebt werden, da bereits nach wenigen Tagen eine Vernarbung und Neurombildung zur Resektion an den Enden zwingt oder eine zu große Spannung evtl. zur Nerventransplantation, die bei einer rechtzeitigen Versorgung möglicherweise noch nicht notwendig gewesen wäre. Die Ergebnisse nach **direkter Nervennaht** sind eindeutig besser als nach Nerventransplantation. Ist es allerdings zur **primären Defektbildung** durch die Verletzung gekommen, so ist im Endergebnis die Überbrückung mit einem Nerventransplantat der direkten Naht unter Spannung eindeutig überlegen. Bei günstigen Wundverhältnissen kann eine primäre Nerventransplantation ins Auge gefaßt werden, bei erhöhter Infektionsgefahr oder bei kritischem Zustand der bedekkenden Weichteile ist die sekundäre Nerventransplantation vorzuziehen. Der Vorteil einer primären Nerventransplantation ist nicht nur im Zeitgewinn für den Patienten und in der Vermeidung des zusätzlichen Eingriffes zu sehen, sondern vor allem auch im rascheren Einwachsen der regenerierenden Nervenaxone an den Zielorganen, was z. B. beim Muskel wegen des Atrophiegrades von ausschlaggebender Bedeutung sein kann.

Im Bereich des Handgelenkes sind der **N. medianus** und **N. ulnaris** noch aus sensiblen und motorischen Anteilen zusammengesetzt. Neben der topographischen Zuordnung der entsprechenden Faszikelgruppen am Nervenquerschnitt wurden in den letzten Jahren verschiedene Verfahren zur Differenzierung zwischen sensiblen und motorischen Anteilen entwickelt. Es sind im wesentlichen Differenzierungen durch Elektrostimulation, histochemische Färbungen und biochemische, quantitative Analysen. Da die Verwechslung nur einer Faszikelgruppe evtl. ein Ausbleiben der Thenarfunktion verursachen kann, ist es verständlich, daß diese komplexen Verfahren nicht Gegenstand dieser Beschreibung sein können und vielmehr dem Spezialisten überlassen werden sollten. Die hier beschriebenen Operationsdetails sollen sich deshalb auf die direkte Naht von Nervenästen im distalen Hohlhandbereich und an den Fingern beschränken, bzw. auf den **sensiblen Endast des N. radialis,** der durch seine exponierte Lage am radialen Teil des Handrückens oft mitverletzt ist, recht leicht in seiner Ausfallssymptomatik übersehen wird und auch nicht selten bei operativen Zugängen iatrogen verletzt wird. Später können bei letzterem die Neuromschmerzen am proximalen Stumpf manchmal mehr Beschwerden machen als die Asensibilität im Versorgungsgebiet. Auch für die Neuromproblematik ist die Nervennaht das erfolgreichste Verfahren. Da diese Endaufzweigungen der Unterarmstammnerven meist als bifaszikuläre Nerven vorliegen, besteht die interfaszikuläre Koaptation der Nervenstümpfe praktisch in einer epineuralen Naht (Abb. 10.5-27). Falls die Durchtrennung des Nerven nicht glatt erfolgte, muß der geschädigte Anteil so weit wie notwendig reseziert werden. Das Ausmaß der Anfrischung muß unter dem Mikroskop oder zumindest unter der Lupenbrille beurteilt werden. Kleinere Defekte durch Trauma oder Anfrischung können durch Mobilisation der Nervenstümpfe und Beugung in den Gelenken kompensiert werden. Zu exzessive Mobilisierungen des Nerven sind wegen der Gefahr der Beeinträchtigung der Gefäßversorgung zu vermeiden. Eine direkte Nervennaht ist dann noch durchzuführen, wenn die Koaptation mit 10-0 Nylonnähten noch problemlos gelingt. Ist die Spannung dafür zu groß, sollte dem Nerventransplantat der Vorzug gegeben werden. Nach sauberer Darstellung der Stümpfe ohne unnötige Traumatisierung durch die Präparation, sollte auch bei Notwendigkeit der Anfrischung ein spezielles Nervenschneideset verwendet werden, um einen glatten Schnitt mit möglichst geringer Quetschung ausführen zu können.

Schließlich werden entsprechende Faszikelgruppen, in diesem Bereich am ehesten an der Größe und Lage zueinander orientiert, durch epineurale Naht mit 10-0 Nyloneinzelknopfnähten exakt gegenübergestellt. Die Koaptation soll möglichst exakt, aber mit möglichst wenig Nähten erreicht werden. Übermäßiges Nahtmaterial im Nervennahtbereich führt zur vermehrten Vernarbung. Sind verschiedene tiefe Strukturen verletzt, so ist folgende Reihenfolge in der Versorgung sinnvoll: Knochen, Sehnen, Gefäße, Nerven. Sie ergibt sich einerseits aus der Zugänglichkeit und andererseits aus der Gefahr, die feinen, eben vereinigten Strukturen durch nachfolgende grobere Manipulationen wieder zu zerstören. Richtet sich die Ruhigstellung nur nach der Nervenrekonstruktion, ist je nach individueller Situation eine mehr oder weniger entlastende Position der benachbarten Gelenke für 2–3 Wochen notwendig. Ein dynamisches Schienungskonzept bei gleichzeitiger Beugesehnennaht nach Kleinert hat keinen negativen Einfluß auf das Ergebnis der Nervenrekonstruktion. Besonders wichtig ist nach Nervenoperationen die langfristige Beobachtung des Regenerationsergebnisses durch regelmäßige Kontrolluntersuchungen, um bei fehlender oder mangelhafter Reinnervation zum richtigen Zeitpunkt evtl. eine operative Konsequenz zu ziehen.

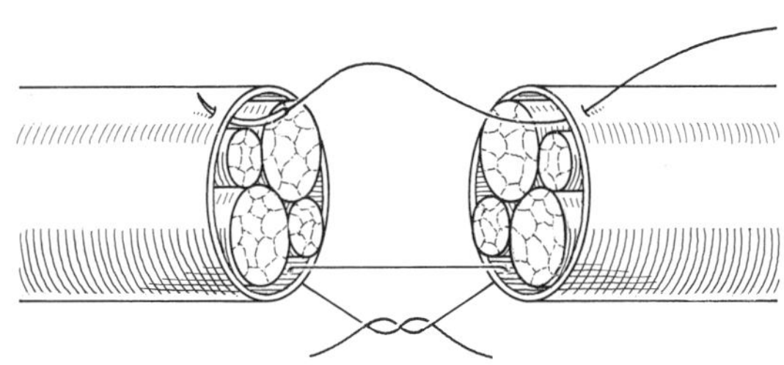

Abb. 10.5-27. Direkte Naht eines oligofaszikulären Nervens: Koaptation durch epineurale Naht.

Sehnen

Die z. T. recht schlechten Ergebnisse nach primärer Sehnennaht, vor allem der Beugesehnen in ihrem engen osteofibrösen Kanal haben noch vor wenigen Jahren den Verzicht auf eine primäre, direkte Sehnennaht und dafür eine sekundäre Sehnenrekonstruktion mit Sehnentransplantaten nahegelegt. Die Weiterentwicklung der Operationstechnik, die Einhaltung bestimmter Voraussetzungen, wie atraumatisches, feines Instrumentarium für die Sehnenchirurgie, Operieren im blutleeren Feld und unter optischer Vergrößerung der Lupenbrille haben gemeinsam mit der Entwicklung eines dynamischen postoperativen Behandlungskonzeptes durch Kleinert auch im früher verbotenen »Niemandsland« der Beugesehne (DIP-Gelenk bis distale Hohlhandfurche) exzellente Ergebnisse der primären Naht ermöglicht, welche früher bei Sekundärrekonstruktion mit Transplantat kaum erreicht werden konnten. Voraussetzung guter Ergebnisse sind aber unbedingt entsprechende Kenntnisse und Fertigkeiten in der Sehnenchirurgie. Sind diese nicht gegeben, ist zur Erreichung eines optimalen funktionellen Spätergebnisses die Primärversorgung besser in die Hände des Spezialisten zu legen. Auch muß die Physiotherapie als grundlegender Bestandteil einer erfolgreichen Therapie postoperativ gegeben sein! Als Besonderheit der Sehnen ist die Bedeutung ihrer Gleitflächen hervorzuheben. Die atraumatische Manipulation der Sehnenoberfläche und Verhinderung der Austrocknung durch regelmäßiges Bespülen mit physiologischer Kochsalzlösung, gerade bei Operationen in Blutleere, ist mit ausschlaggebend für den Erfolg.

Die Naht der **Strecksehne** ist weniger wie die der Beugesehne durch ihren anatomisch komplizierten Verlauf im osteofibrösen Kanal mit ihrer Durchkreuzung von oberflächlicher und tiefer Beugesehne schwierig, sondern vielmehr durch die Ausbildung eines empfindlichen Strekkapparates am dorsalen Finger, wo das Wechselspiel verschiedenster Sehnenaufteilungen, einstrahlender Bänder und Muskelansätze zu berücksichtigen ist. Das Sehnengleitlager ist im Streckerbereich relativ weit, es muß dennoch bei der Präparation geschont bzw. möglichst rekonstruiert werden. Am dorsalen Unterarm und am Handrücken erfolgt die Adaptation der Sehnenstümpfe am besten mit einer Durchflechtungsnaht nach Bunnell (Abb. 10.5-28). Der zur Retraktion neigende proximale Sehnenstumpf kann zusätzlich mit einer Lengemann-Drahtauszugsnaht abgesichert und auf diese Weise die Nahtstelle für die Heilung entlastet und vor Distraktion geschützt werden (Abb. 10.5-29). Ruhigstellung in Funktionsstellung ist für 3 Wochen erforderlich. Im Fingerbereich können die durchtrennten Anteile der Streckaponeurose mit mehreren feinen U-Nähten oder einer fortlaufenden, letztlich entfernbaren Naht aus monofilem nicht resorbierbarem Material, welche über Kunststoffplättchen mit Bleikugel außen befestigt wird, adaptiert werden (Abb. 10.5-30). Je weiter distal die Strecksehnenläsion liegt, desto länger ist die Ruhigstellung notwendig, über dem DIP-Gelenk sogar für 6 Wochen.

Die Streckstellung im Fingerendgelenk kann auch mit einem schrägen, transfixierenden Bohrdraht aufrecht erhalten werden. Äußere Schienungen lassen oft die nötige Exaktheit der Ruhigstellung in Streckung über längere Zeit vermissen. Geschlossene Strecksehnenrupturen mit typischer Lokalisation über bzw. knapp proximal des DIP-Gelenkes werden am besten durch unmittelbar einsetzende, konsequente Ruhigstellung in leichter Hyperextension in der Stackschen Schiene über 6 Wochen behandelt (Abb. 10.5-31). Eine zu spät einsetzende oder inkonsequent getragene Schienung erfordert meist die spätere Sekundärnaht. Dann müssen die Narbenbrücke reseziert und die tatsächlichen Strecksehnenstümpfe adaptiert werden. Wird dieser Bereich lediglich gerafft, kommt es häufig zum Rezidiv des Streckdefizits. Bei einem knöchernen Strecksehnenausriß kann durch eine Hyperextension allein oft keine Reposition des Fragmentes der Basis der Endphalange erzielt werden, eine offene Reposition und Retention mit einer durch die Endphalange gebohrten Lengemann-Drahtauszugsnaht ist dann notwendig (Abb. 10.5-32).

Bei isolierter Läsion des Mittelzügels der Streckaponeurose über dem PIP-Gelenk kommt es durch das Abrutschen der Seitenzügel zur Knopflochdeformität (Abb. 10.5-33). Verschiedene Verfahren der Rekonstruktion wurden angegeben, falls eine direkte Naht in diesem Bereich nicht mehr möglich sein sollte. Eine der wirksamsten ist die Opferung eines der beiden Seitenzügel zur Rekonstruktion des Mittelzügels und Vernähung des anderen weiter distal abgetrennten Seitenzügels mit dem länger belassenen distalen Ende des ersteren, wie dies Matev angegeben hat (Abb. 10.5-34).

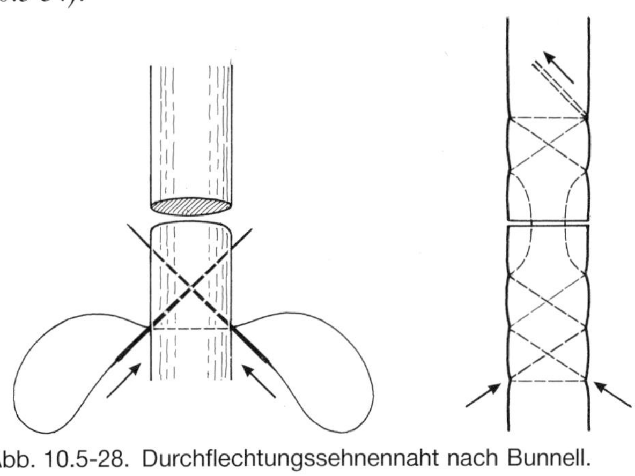

Abb. 10.5-28. Durchflechtungssehnennaht nach Bunnell.

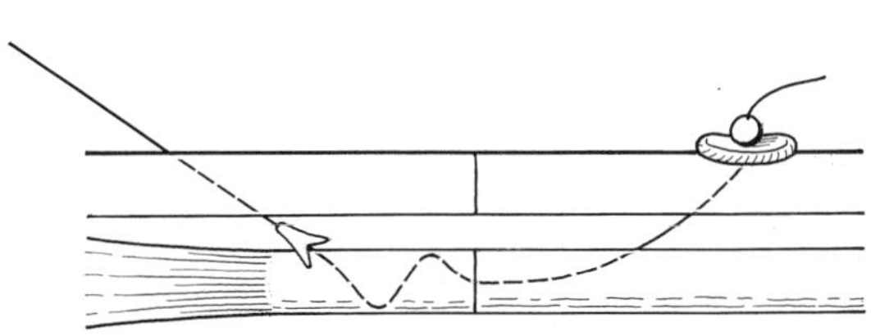

Abb. 10.5-29. Lengemann-Drahtauszugsnaht zur Entlastung des proximalen Strecksehnenstumpfes.

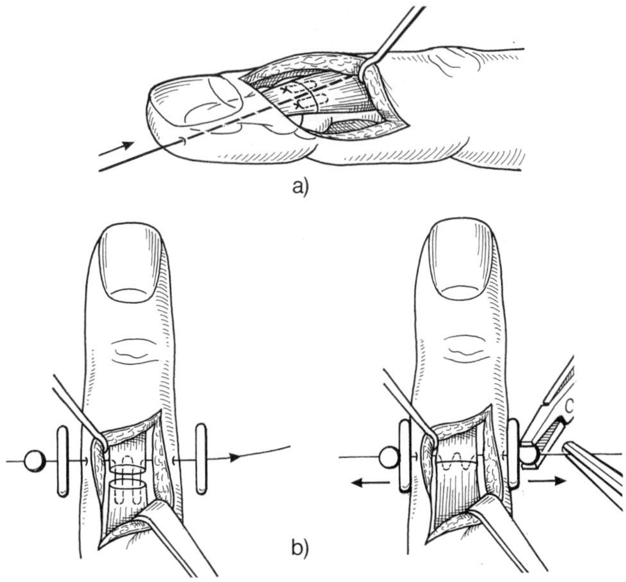

Abb. 10.5-30. Möglichkeiten der Strecksehnennaht über dem DIP-Gelenk:

a) Spätresorbierbare U-Nähte und Bohrdrahttransfixierung des DIP-Gelenkes.

b) Fortlaufende U-Naht, überknüpft und schließlich entfernbar aus nichtresorbierbarem Nahtmaterial.

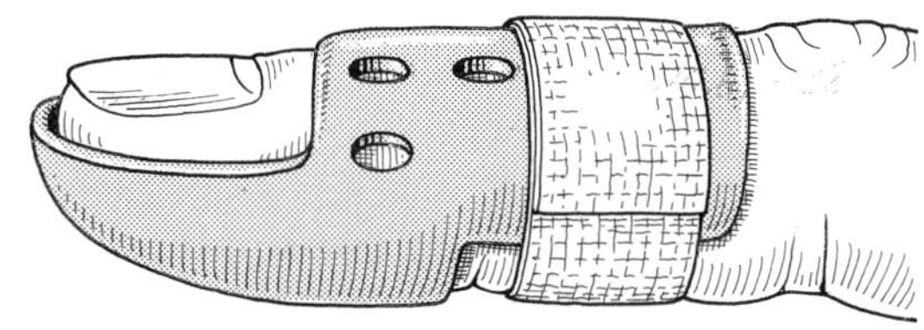

Abb. 10.5-31. Stacksche Streckschiene zur Behandlung der typischen, geschlossenen Strecksehnenruptur.

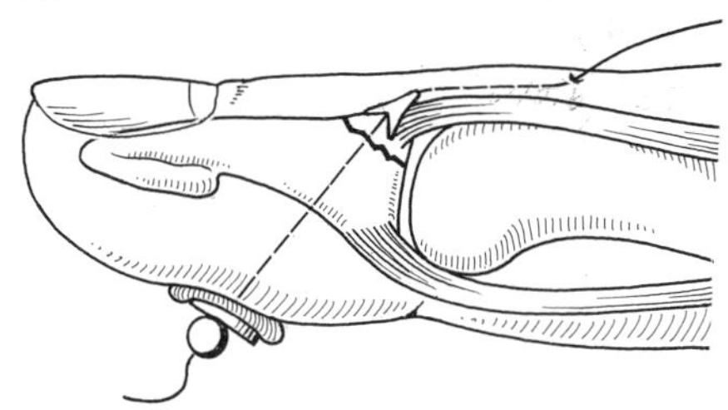

Abb. 10.5-32. Offene Reposition des knöchernen Strecksehnenausrisses und Retention mit Lengemann-Drahtnaht.

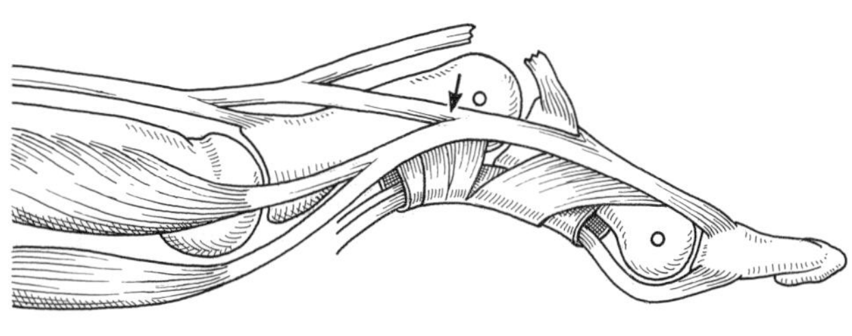

Abb. 10.5-33. Knopflochdeformität nach Läsion des Mittelzügels der Streckaponeurose durch Abrutschen der Seitenzügel beugeseitig über den Drehpunkt des PIP-Gelenkes hinaus. Der Zug der Mm. interossei und lumbricales bewirkt Beugung im Mittelgelenk und Streckung im Endgelenk.

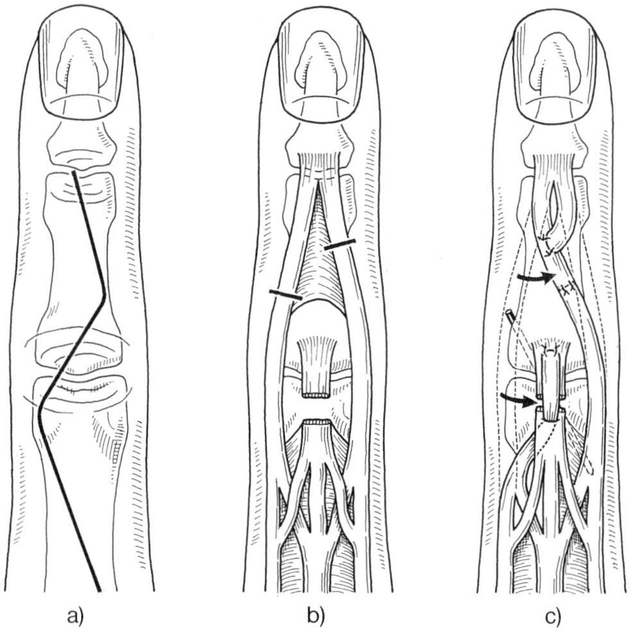

Abb. 10.5-34. Operative Behandlung der Knopflochdeformität nach Matev.
a) Hautschnittführung.
b) Durchtrennung der Seitenzügel der Streckaponeurose über der Mittelphalanx auf unterschiedlicher Höhe.
c) Distale Vernähung der ausgetauschten Seitenzügel und Rekonstruktion des Mittelzügels mit Durchflechtung des einen proximalen Seitenzügels.

Bei **Strecksehnendefekten** können verschiedene Verfahren zur Anwendung kommen: Die verlorengegangene Extensor pollicis longus Funktion kann durch Transposition der Extensor-indicis-proprius-Sehne wiederhergestellt werden. Die Freilegung der Extensor-indicis-proprius-Sehne erfolgt über eine bogenförmige Inzision über dem ulnaren Grundgelenk des Zeigefingers. Die ulnare der beiden Strecksehnen wird nach distal verfolgt und durchtrennt, bis zum Handgelenk über eine quere Hilfsinzision zurückgezogen und schließlich durch die Tabatière tunnelierend bis zum distalen Sehnenstumpf des langen Daumenstreckers gebracht. Die Sehnennaht wird als Sehnendurchflechtung ausgeführt. Auf die richtige Spannung ist besonders zu achten. Mehrere quere U-Nähte fixieren den durchflochtenen Sehnenbereich (Abb. 10.5-35a). Nach Ruhigstellung für 3 Wochen ist meist ein recht gutes Ergebnis zu erreichen. Dieses Verfahren ist besonders dann indiziert, wenn eine Spontanruptur im Rahmen einer PCP oder nach Radiusfraktur eine Umlagerung des Sehnenverlaufes geradezu erfordert. Ansonsten können Strecksehnendefekte mit Sehnentransplantaten überbrückt werden (Abb. 10.5-35b), oder der distale Stumpf kann besonders bei den ulnaren Fingerstrahlen an die Nachbarsehne gekoppelt werden (Abb. 10.5-35c).

Nahtstellen der **Beugesehnen** dürfen keine Verdickungen oder Rauheiten aufweisen. Dies gilt ganz besonders für ihren Verlauf im osteofibrösen Kanal. Dieser Anspruch wird noch durch die komplizierte Perforans/Perforatus-Beziehung zwischen oberflächlicher und tiefer Beugesehne erhöht. Diesen Forderungen wird das **Kleinertsche Behandlungskonzept** am ehesten gerecht (s.u.). Die lange Liste wesentlicher Details soll zeigen, daß es keine Operation für den Anfänger ist. Nur den in dieser Technik geübten Operateuren gelingt dann auch ein entsprechender funktioneller Erfolg:

1. Vollständige Anästhesie der verletzten Extremität, meist axilläre Plexusanästhesie, bei Kindern Allgemeinnarkose.
2. Blutleere mit Oberarmdruckmanschette.
3. Besonders schonende Behandlung des Sehnengewebes (handchirurgisches Instrumentarium, atraumatisches Nahtmaterial, Feuchthalten der Wunde, Lupenbrille).
4. Erweiterung der Hautwunde nur soweit es zur Exposition des distalen bzw. proximalen Sehnenstumpfes notwendig ist.
5. Türflügelartige Eröffnung der Sehnenscheide unter Schonung der Ringbänder.
6. Aufsuchen des retrahierten proximalen evtl. auch distalen Stumpfes und Nadeltransfixation (transkutan gestochene dünne Subkutankanüle).
7. Anfrischen der Sehnenstümpfe bei Notwendigkeit.
8. Modifizierte Sehnennaht nach Kessler/Mason/Allen mit 4-0 monofilem Nylon oder entsprechender nichtresorbierbarer Sehnennaht (Abb. 10.5-36) als tragende Naht. Zu lockeres Knüpfen verursacht Distraktion, zu festes Verdickung der Nahtstelle.
9. Fortlaufende, zirkuläre Epiteniumnaht mit 6-0 monofilem Nylon zur Feinadaptierung der Sehnenoberfläche (Abb. 10.5-36).
10. Naht von Profundus- und Superficialissehne. Neben gesteigerter Beugekraft ist die Erhaltung von Gefäßverbindungen zwischen den beiden Sehnen für die gute Sehnenheilung wichtig.
11. Rücknaht des Sehnenscheidenflügels.
12. Dynamische Schienung mit dorsaler Unterarmgipslonguette mit besonderen Winkelstellungen über den verschiedenen Gelenken, entsprechend Abb. 10.5-37. Ein am Fingernagel befestigter Gummizügel übernimmt die Beugung zur Entlastung der Sehnennahtstelle.
13. Kontrollierte Frühmobilisierung ab dem ersten postoperativen Tag. Die aktive Fingerstreckung läßt die genähte Beugesehne ohne Zugbelastung in der Sehnenscheide gleiten und reduziert die bewegungshinderlichen Adhäsionen auf ein Minimum. Die Möglichkeit einer sofortigen angeleiteten Physiotherapie sind unumgängliche Voraussetzung.

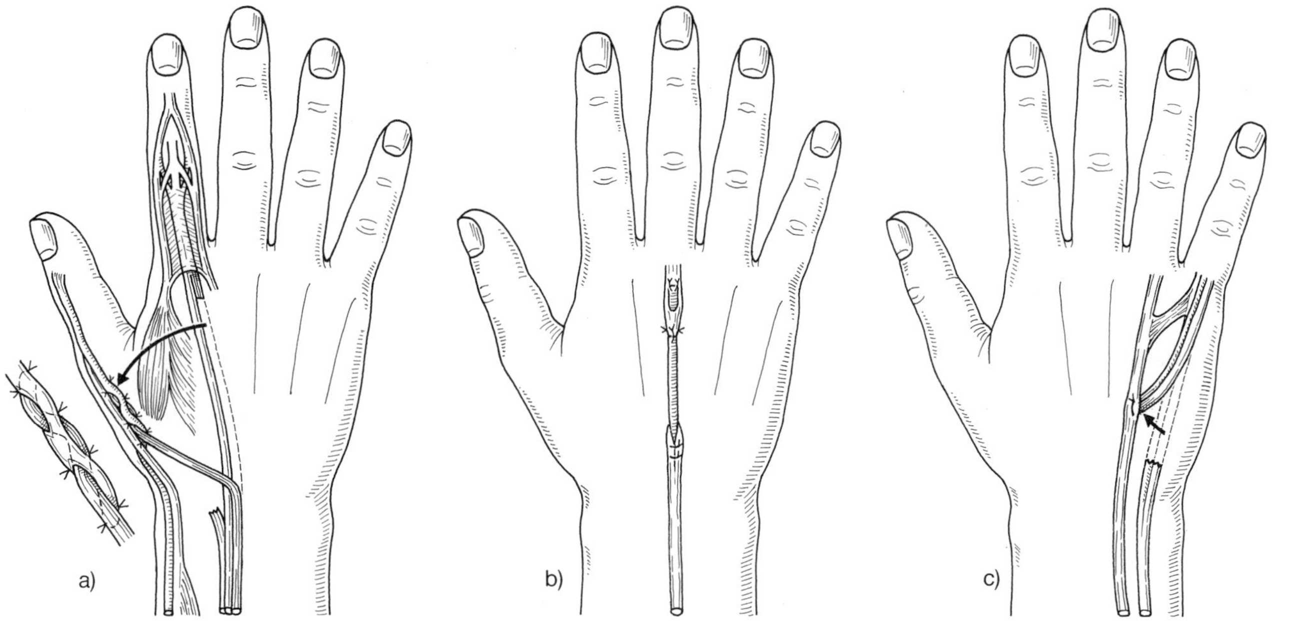

Abb. 10.5-35. Rekonstruktionsmöglichkeiten von Strecksehnendefekten.
a) Transposition der Sehne des M. extensor indicis proprius zur Sehne des M. extensor pollicis longus.
b) Sehnentransplantation.
c) Kopplung des distalen Stumpfes an die Strecksehne des benachbarten Fingers.

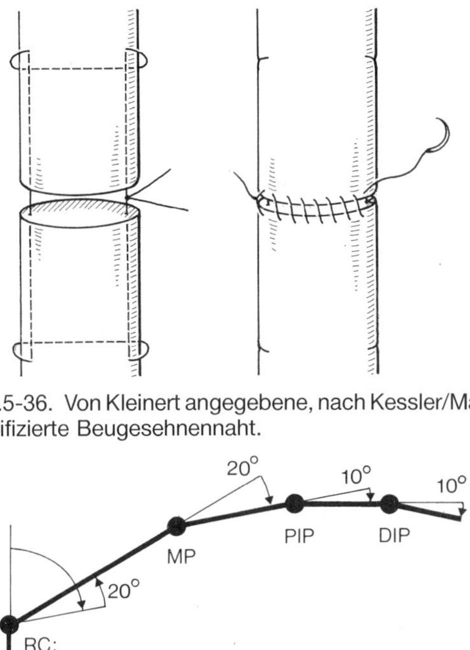

Abb. 10.5-36. Von Kleinert angegebene, nach Kessler/Mason/Allen modifizierte Beugesehnennaht.

Abb. 10.5-37. Stellung der Gelenke bei der Gipsschienung für das dynamische Behandlungskonzept nach Kleinert.

Kann eine frische Beugesehnenverletzung aus persönlichen oder organisatorischen Gründen nicht in beschriebener Weise versorgt werden, sollte die sofortige Verlegung in ein handchirurgisches Zentrum erfolgen, um die besseren Chancen der Primärversorgung nicht zu vergeben.

Sollte es trotz all dieser Maßnahmen zu funktionseinschränkenden Verwachsungen gekommen sein, ist eine Tendolyse angezeigt, jedoch nicht vor etwa 6 Monaten postoperativ, da ansonsten ein erhöhtes Rupturrisiko der Nahtstelle infolge Reduzierung der Gefäßversorgung durch die Tendolyse besteht. Der Eingriff der Tendolyse wird ebenso wie komplexere handchirurgische Eingriffe zur Sehnenrekonstruktion wie Sehnentransplantation hier nicht beschrieben.

Bei Durchtrennung oder Ruptur der tiefen Beugesehne nahe ihrem Ansatz an der Basis der Endphalange wird mit einer durch die Endphalange gebohrten Lengemann-Drahtauszugsnaht reinseriert und das Widerlager über dem Fingernagel angebracht (Abb. 10.5-38).

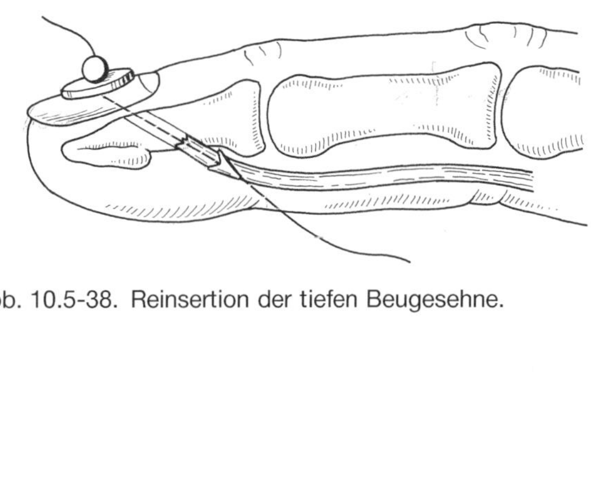

Abb. 10.5-38. Reinsertion der tiefen Beugesehne.

Amputationen

Im Bereich der Hand gilt der Grundsatz, daß jeder Millimeter an Länge erhaltenswert ist, solange es sich um gesundes Gewebe handelt. Bei Amputationsverletzungen ist durch die Einführung der Mikrogefäßchirurgie wieder viel Land zurückzuerobern. Einzelheiten der Indikationsstellung sind in dem obigen Abschnitt »Entscheidungskriterien, Replantationschirurgie« zusammengefaßt. Oft genug ergibt sich dennoch die Notwendigkeit einer optimalen Stumpfversorgung.

Bei **oberflächlicher Abkappung** der Fingerkuppe kann bei erhaltener Subkutis ein Vollhauttransplantat – vom proximalen palmaren Unterarm entnommen – zur suffizienten Deckung ausreichen. Ist die Greifzone am Defekt beteiligt, so kann durch subkutan gestielte V-Y-Verschiebelappenplastiken sensibel versorgte Haut in den Defekt gebracht werden (Abb. 10.5-39). Die Sensibilität kann in diesen Lappenplastiken meist nicht vollständig erhalten werden. Eine äußerst exakte Präparation ist notwendig. Nach palmar abfallende Amputationsebenen sind für diese Deckungsmethode nicht geeignet. Zu großer Zug führt zu Ischämie in den Läppchen und zur Nekrose. Bei größeren Defekten in der Greifzone und vor allem bei Freiliegen wesentlicher Strukturen, etwa bei Avulsionsverletzungen, sind Fernlappenplastiken, wie z. B. der Cross-finger-Lappen oder der gestielte Leistenlappen notwendig. Selbstverständlich sind diese aufwendigeren Verfahren Aufgabe des Spezialisten.

Bei Amputation **ganzer Finger** ist die Kenntnis entsprechender Verbesserungsmöglichkeiten für den Allgemeinchirurgen weniger notwendig, um sie selbst auszuführen, sondern vielmehr dem im Handbereich verstümmelten Patienten überhaupt einer funktionellen Verbesserung zuzuleiten. Ist der Zeigefinger bis zur Grundphalange amputiert, so hat sich die radiale Verschmälerung durch Resektion des 2. Strahles in schräger Richtung nahe der Basis des Os metacarpale II bewährt, allerdings nur, wenn auch auf die Reinsertion der vom zweiten Strahl abpräparierten Interosseusmuskulatur geachtet wurde. Transpositionen ganzer Fingerstrahlen können in ausgewählten Fällen sinnvoll sein. Eine wesentliche Rolle spielt dabei in funktioneller Hinsicht die Pollizisation, sei es des Zeigefingers oder auch nur von Fingerabschnitten, welche, neurovaskulär gestielt, z. B. zur Daumenverlängerung verwendet, wesentlich wertvoller werden können. Wichtig ist auch bei Amputation des Daumens oder Fehlen aller Langfinger an die Möglichkeit eines freien Zehentransfers zur Rekonstruktion einer sensiblen Greifzange zu denken.

Als Prinzipien einer **Amputationsstumpfversorgung** sind folgende Punkte zu beachten:

1. Eine ausreichende Weichteil- und Hautbedeckung muß gewährleistet sein.
2. Knochenstümpfe müssen begradigt werden. Erfolgt die Amputation im Gelenk, werden die seitlichen Anteile der Trochlea reduziert. Der Knorpelüberzug muß nicht zwangsläufig entfernt werden, allerdings kann beim Belassen eine Hypermobilität des Hautüberzuges auftreten. Dies trifft vor allem für die Interphalangealgelenke zu. Bei den Metakarpophalangealgelenken sollte der Knorpel belassen werden.
3. Beuge- und Strecksehnen dürfen über dem Knochenstumpf nicht miteinander vernäht werden, da durch die Sehnenverbindungen benachbarter Finger Bewegungsbehinderungen zu erwarten sind. Die Sehnenstümpfe werden lediglich gekürzt und sonst unversorgt gelassen.
4. Durchtrennte Nerven sollten etwa 1 cm nach proximal nachgekürzt werden, um das Problem eines evtl. Stumpfneuroms zu lindern. Jedenfalls ist eine Ligatur des Nerven, z. B. bei der Versorgung des Gefäßstumpfes zu vermeiden.
5. Eine Hautnaht am Stumpf unter Spannung muß vermieden werden. Je nach Lokalisation wird der spannungsfreie Hautverschluß durch Knochenkürzung, Hauttransplantat oder Lappenplastik erreicht.

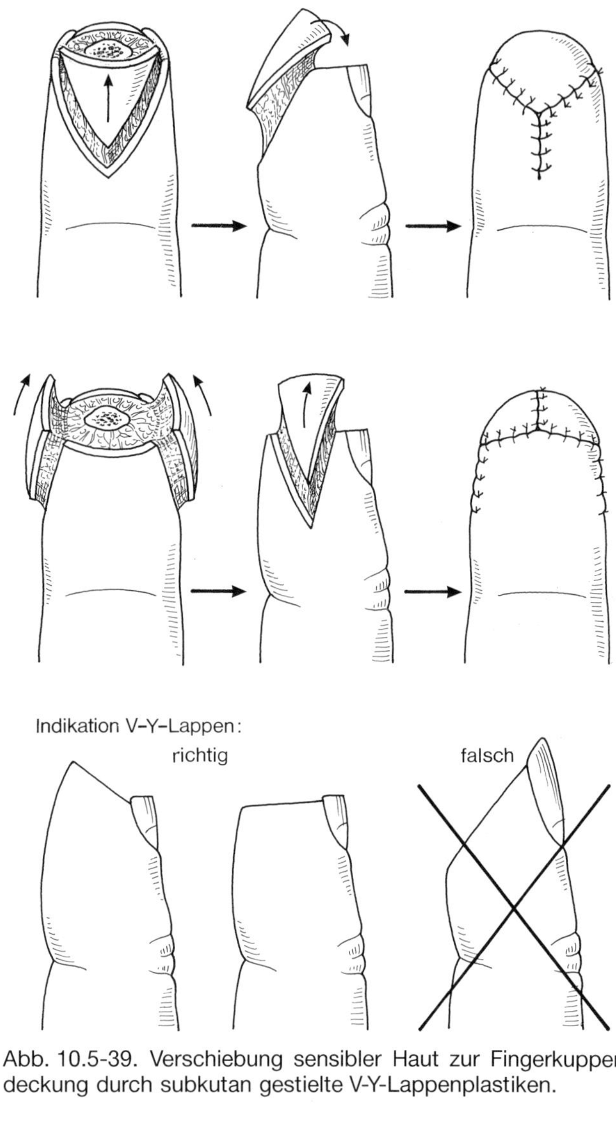

Abb. 10.5-39. Verschiebung sensibler Haut zur Fingerkuppendeckung durch subkutan gestielte V-Y-Lappenplastiken.

Thermische Verletzungen

Das thermische Trauma kann unterschiedlichste Grade der Verbrennung an der Hand verursachen, am häufigsten 1. und 2. Grades, da die mit hoher Sensitivität ausgestattete Hand meist aus dem Einwirkungsbereich gezogen wird bevor die Schädigung tiefer gehen kann. Ist dies nicht möglich, kann es auch zu dritt- und viertgradigen Verbrennungen kommen.

Wie bei Verbrennungen an anderen Körperregionen soll auch an der Hand vorgegangen werden. Auch hier gilt als Sofortmaßnahme das Abkühlen im kalten Wasser.

Als erste Frage muß geklärt werden, ob ein Ersatz der Hautoberfläche der Hand notwendig sein wird. Erst- und oberflächlich zweitgradige Verbrennungen heilen spontan. Bei tiefen dermalen Verbrennungen ist nach früher tangentialer Exzision mit Spalthauttransplantaten die erreichte taktile Gnose Bewertungsmaßstab für evtl. Sekundäreingriffe. Ist die gesamte Haut betroffen und liegen Sehnen bzw. Knochen frei, müssen zur Deckung primär Lappenplastiken verwendet werden. Besonders die periartikuläre Begleitschwellung bringt die Gelenke in jene typische Stellung, in welcher die Seitenbänder ansonsten entspannt sind, d. h. Streckung in MP-Gelenken und Beugung in den IP-Gelenken. Zur Verhinderung der Versteifung der Gelenke in dieser funktionell ungünstigen Position muß bei oberflächlicheren Verbrennungen sofort mit einer entsprechend intensiven Physiotherapie begonnen werden. Bei tieferen Verbrennungen sollte die Ruhigstellung in maximaler Beugung in den Grundgelenken von 90° und geringer Beugung in den Interphalangealgelenken von etwa 20° erfolgen. Letzteres läßt sich oft nur durch Transfixierung der MP-Gelenke mit Kirschner-Bohrdrähten konsequent aufrechterhalten. Die Schädigung tiefer Strukturen ist oft schwierig zu beurteilen. Eine primäre Exzision ist kaum empfehlenswert, da sich diese Strukturen gerade nach guter Weichteilbedeckung oft gut erholen können. Verbrennungen müssen nicht zirkulär sein, um bedrohliche Schwellungen mit kompressionsbedingtem Zirkulationsstopp und Sensibilitätsverlust zu erzeugen. Entsprechend rechtzeitig ist eine Indikation zur Fasziotomie oder Escharotomie zu stellen. Dabei ist darauf zu achten, daß sie ausreichend erfolgt, keine wesentlichen Strukturen verletzt oder durch Austrocknung infolge Freiliegens geschädigt werden.

Chemische Verletzungen

Chemische Schädigungen an der Hand ähneln in der sekundären Behandlung denen der Verbrennung. So wie bei der Verbrennung der Wärmeentzug wichtigste Sofortmaßnahme ist, so ist bei Chemikalien durch Verdünnung bzw. durch Neutralisation das Schädigungsausmaß zu reduzieren. Als besonders schwere chemische Verletzung ist die Flußsäurenverätzung zu bezeichnen, da die Koagulationsnekrose in die Umgebung fortschreitet. Zunächst sollten rasch alle mit Flußsäure getränkte Kleidungsstücke entfernt werden und die verätzten Stellen mit reichlich Wasser gespült, bzw. mit alkalischer Seife gewaschen werden. Auch kleinere Verletzungen sind sehr ernst zu nehmen und bedürfen der spezifischen Behandlung. Ist das Einwirkungsareal begrenzt, ist die chirurgische Exzision mit nachfolgender plastischer Deckung am erfolgversprechendsten. Lokaltherapie mit Kortikoiden zur Ödemminderung und mit Lokalanästhetikum ist lediglich symptomatisch. Als kausale Therapie hingegen sollte die intraarterielle Perfusion mit 10 ml 20%igem Kalziumglukonat über 4 Std. eingesetzt werden. Die Perfusion sollte alle 12 Std. bis zur Schmerzfreiheit und scharfrandigen Demarkierung wiederholt werden. Lokal kann ein mit Kalziumglukonat getränkter Verband zusätzlich Flußsäure abbinden.

Fremdkörpereinsprengungen

In die Hand eingedrungene Fremdkörper müssen entweder als Infektionsquelle, als Ursache von Druckschmerz oder Funktionshindernis oder auch wegen ihrer chemischen Zusammensetzung entfernt werden. Feste Fremdkörper können röntgendicht sein und sind dann mit Hilfe eines Bildwandlers gut aufzusuchen. Werden sie durch Druckschmerz oder durch Tasten lokalisiert, so muß die Position vor Setzen der Anästhesie genau markiert werden. Anilinfarbstoffe (Kopierstift), Magnesium, Aluminium, Quecksilber, Kupfer bzw. unter hohem Druck in die Hand geratenes Fett, Schmieröl, Sand, Farbe und Kunststoff müssen wegen der lokal nekrotisierenden oder der toxischen Wirkung der Substanzen entfernt werden. Bei gelegentlich sehr kleiner Eintrittspforte können oft größere Mengen eingedrungener Stoffe nur mühselig zwischen den wichtigen Strukturen der Hand in Blutsperre auspräpariert werden. Breite Eröffnung, Spüldrainage und antibiotische Therapie sind als Infektionsprophylaxe notwendig.

Infektionen der Hand

Wenn auch die Häufigkeit der Infektionen an der Hand durch die Einführung der Antibiotika und adäquate lokalchirurgische Maßnahmen um ein vielfaches reduziert und besonders die schweren Verläufe verhindert werden konnten, so bleibt die chirurgische Behandlung der Infektion an der Hand, wegen ihrer Exposition für oft kleinste, unbemerkte Verletzungen, eine der häufigsten Aufgaben des chirurgischen Alltags. Ziel des Eingriffes muß es sein, nicht nur den Infektionsherd suffizient zu behandeln, sondern auch keinen bleibenden Schaden an den dicht beisammenliegenden, wichtigen Strukturen durch Inzision bzw. Präparation zu setzen. Gerade dafür ist die Befolgung des Grundsatzes, Eingriffe an der Hand nur in Blutsperre und ausreichender Anästhesie auszuführen, von ausschlaggebender Bedeutung. Nur so ist die exakte Beurteilung von Lokalisation und Ausdehnung des Infektes möglich.

Bei der Wahl des Anästhesieverfahrens ist zu bedenken, daß der Infekt nicht durch das Setzen der Anästhesie propagiert werden darf. Eine lokale Infiltrationsanästhesie ist somit absolut kontraindiziert. Die Höhe der Blockade durch Leitungsanästhesie ist ausreichend weit vom Infektherd zu wählen. Bei entsprechender Ausbreitung des Infektes, z. B. auch auf dem Lymphweg, ist der Vollnarkose der Vorzug zu geben.

Neben der chirurgischen Therapie, die in manchen Fällen alleine erfolgreich sein kann, sollte nicht die Bedeutung der **antibiotischen Begleittherapie** vergessen werden. Die **Eröffnung und das Debridement des Infektherdes** ist von so primärer Wichtigkeit, daß eher eine zu frühe als eine zu späte Inzision mit irreversiblen Folgen in Kauf genommen werden sollte. Die antibiotische Behandlung hat ihren Stellenwert also nicht als Monotherapie, sondern nur als begleitende und unterstützende Maßnahme. Da die Antibiotikagabe meist vor dem Vorliegen des bakteriologischen Befundes oder eines Antibiogrammes erfolgen muß, ist zu berücksichtigen, daß in etwa 80% der Fälle Streptokokken als Erreger auftreten, ansonsten Staphylokokken, aber auch Coli-, Pseudomonas- und Proteusbakterien. Da meist eine Verletzung als Eintrittspforte dient, muß auch der Tetanusimpfschutz überprüft werden.

Den dritten Pfeiler der erfolgreichen Behandlung infektiöser Prozesse an der Hand stellt neben der chirurgischen Entlastung bzw. Exzision des Eiterherdes und neben der Antibiotikatherapie die **Ruhigstellung mit Hochlagerung** dar.

Da die anatomischen lokalspezifischen Gegebenheiten für die Ausbreitungsweise und für das chirurgische Vorgehen von ausschlaggebender Bedeutung sind, hat sich die traditionelle Nomenklatur auch an dieser Tatsache orientiert.

Paronychie

Eine Eiterung am Rand des Fingernagels kann bei oberflächlicher Lage durch Inzision ausreichend behandelt werden. Bei tiefer Lage ermöglicht die Längsinzision am Übergang des Paronychiums zum Eponychium die Freilegung und Inspektion der proximalen Nagelecke (Abb. 10.5-40). Ist dieser Nagelteil von Eiter unterspült, so muß dort der Nagel reseziert werden. Die Keilexzision des Nagelrandes mit dem entsprechenden Anteil des Nagelbettes und der Nagelmatrix ist nur beim eingewachsenen Nagel, also einer chronischen Paronychie notwendig (Abb. 10.5-40).

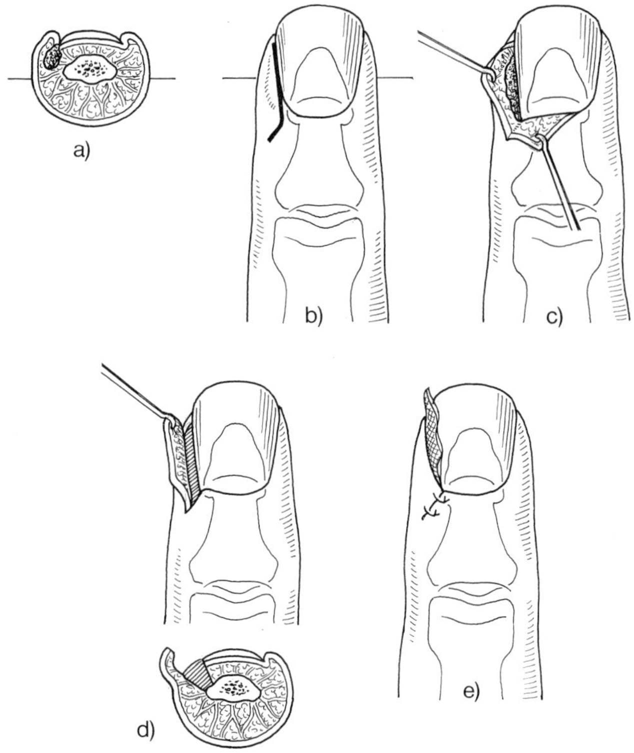

Abb. 10.5-40. Inzision und ausreichende Freilegung der tiefen Paronychie.
a) Lokalisation des Eiterherdes am Querschnitt.
b) Hautinzision.
c) Freilegung und Ausräumung der akuten tiefen Paronychie.
d) Keilexzision bei chronischer Form.
e) Lockere Hautnaht nach Streifeneinlage.

Subungualer Abszeß

Entweder durch Stichverletzung unter den Nagel oder durch Ausbreitung einer tiefen Paronychie entsteht der subunguale Abszeß, welcher zur Entfernung des darüberliegenden Nagels, oft auch des gesamten Fingernagels zwingt. Liegt der Abszeß unter dem proximalen Nagel, ermöglicht das türflügelartige Zurückklappen des Eponychiums durch beidseitige Inzision in der Verlängerung der Nagelfalze einen übersichtlichen Zugang. Nach der Nagelresektion sollte das zu frühe Verkleben und eine Rezidivbildung durch Interposition einer Gummilasche für die ersten Tage verhindert werden (Abb. 10.5-41). Ein unter den Nagel reichender Fingerspitzenabszeß wird mit keilförmiger Exzision von beteiligter Haut und Nagel behandelt (Abb. 10.5-42).

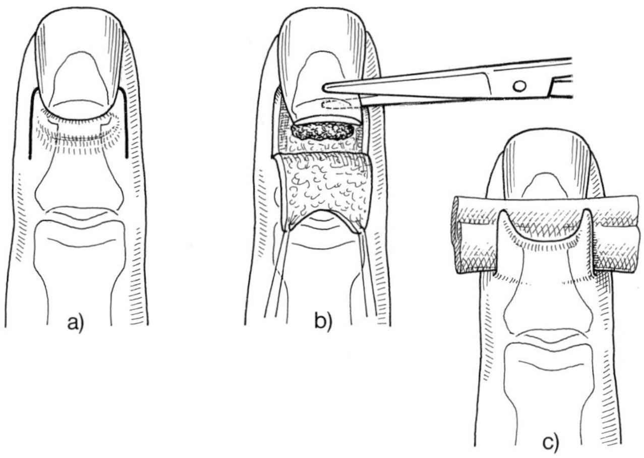

Abb. 10.5-41. Eröffnung des subungualen Abszesses.
a) Zurückklappen des Eponychiums.
b) Nagelresektion und Ausräumung des Eiterherdes.
c) Verhindern des Verklebens durch Interposition einer Gummilasche.

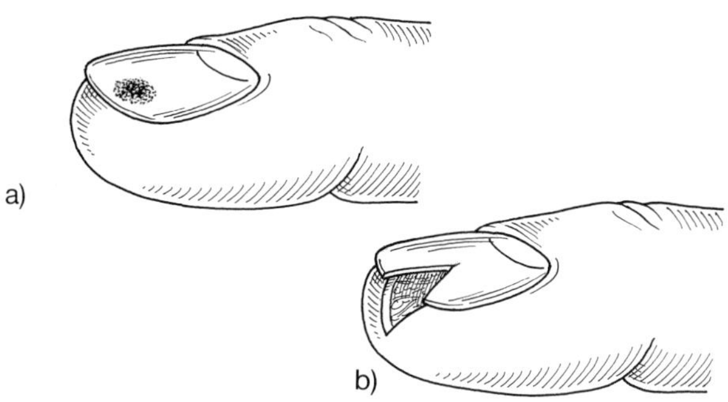

Abb. 10.5-42. Fingerspitzenabszeß.
a) Lokalisation.
b) Keilexzision von Nagel und Haut.

Kutanes Panaritium

Ist die Eiterung auf die Kutis beschränkt, besteht die Behandlung in der Abtragung der Eiterblase. Eine in die Tiefe weisende Fistelöffnung muß jedoch ausgeschlossen werden, um nicht ein in die Subkutis durchgebrochenes Panaritium (seiner Form wegen (Abb. 10.5-43) als **Kragenknopf-Panaritium** bezeichnet) zu übersehen.

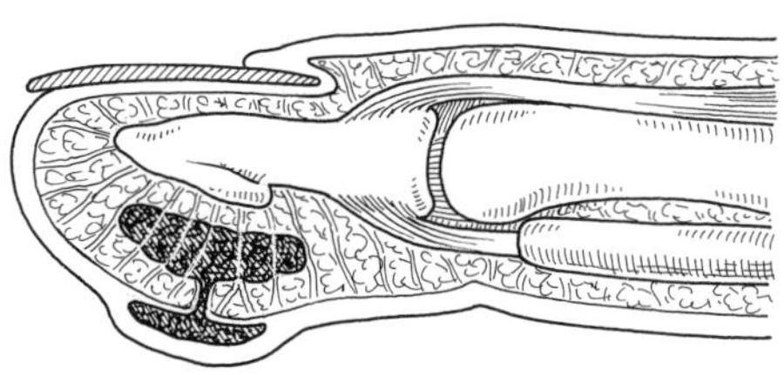

Abb. 10.5-43. Kragenknopfpanaritium: Intrakutaner und subkutaner Eiterherd mit Fistelverbindung.

Subkutanes Panaritium

Diese häufigste Form des Infektes an der Hand bedarf einer raschen chirurgischen Therapie, da sonst die Gefahr einer Ausweitung in die Tiefe zu Knochen, Sehnenscheide und Gelenke groß ist. Die Eröffnung erfolgt unter Exzision des nekrotischen Gewebes, je nach Lage über einen diagonalen oder einen seitlichen Längsschnitt, mit Verlängerung in die quere Beugefalte über dem Gelenk (Abb. 10.5-44). Bei noch intakter Haut über dem extrem druckschmerzhaften palmaren Bereich des Fingers sollte der L-förmige Schnitt unter exakter Schonung des Gefäß-Nerven-Bündels vorgezogen werden. Bei einer Perforation nach außen wird der Schnitt unter Exzision der Nekrose durch die Perforationsstelle gelegt. Beim **Fingerbeerenabszeß** ist der früher geübte Fischmaulschnitt wegen ungünstiger Narbenbildung und Gefährdung der Nervenversorgung in der Greifzone obsolet. Vielmehr sollte der »Hockeyschlägerschnitt« seitlich und nagelnahe nach Durchtrennung der Bindegewebssepten eine vollständige Ausräumung des Eiterherdes in der Tiefe ermöglichen (Abb. 10.5-44a–c). Sind sämtliche Nekrosen entfernt, ist ein sehr lockerer Primärverschluß der Wunde unter Einlage eines Drains in die Tiefe zu erwägen. Im Zweifelsfall ist die Sekundärnaht nach 2–3 Tagen offener Behandlung sicherer. Postoperativ ist prinzipiell die Ruhigstellung, meist mit Unterarmschiene notwendig.

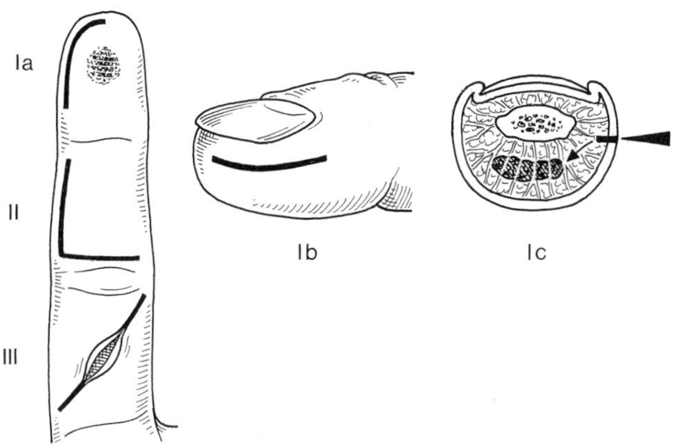

Abb. 10.5-44. Eröffnung des subkutanen Panaritiums.
I. a–c) Fingerbeerenabszeß.
II. Inzision bei subkutanem Panaritium ohne Perforation.
III. Inzision unter Exzision der Nekrose.

Panaritium ossale

Die häufigste Lokalisation ist das Fingerendglied, wenn ein Fingerbeerenpanaritium oder eine tiefe Paronychie auf den Knochen übergreift. Im Frühstadium findet sich noch kein röntgenologisches Substrat der Knochenentzündung, so daß ein negatives Röntgenbild dann also nicht zum Ausschluß eines Panaritium ossale dienen kann. Ist die Endphalanx betroffen, erfolgt die Freilegung über den laterodorsalen Hockeyschlägerschnitt. In Blutsperre muß der gesamte avitale Anteil des Knochens entfernt werden. Schließlich wird eine Gummilasche eingelegt und der betroffene Finger ruhiggestellt. Bei bestimmten Grundkrankheiten, wie z.B. beim Diabetes mellitus, ist der Verlauf oft protrahiert, so daß ein früher Entschluß zur Amputation den Heilungsprozeß manchmal abkürzen und das Fortschreiten des Prozesses verhindern kann.

Panaritium articulare

Infektionserreger können durch direkte Verletzung oder durch Übergreifen eines subkutanen oder ossären Panaritiums, selten hämatogen ins Gelenk geraten. Im inzipienten Stadium bzw. bei seröser Exsudation kann die konservative Behandlung mit Ruhigstellung in mittlerer Beugestellung und Antibiotikagabe erfolgreich sein; bei Zunahme der Entzündungszeichen oder bei manifestem Gelenksempyem muß rasch eröffnet werden, um nicht die Destruktion des Gelenkknorpels zu riskieren. Der operative Zugang zum Gelenk ist am günstigsten über einen dorsalen, bogenförmigen Schnitt über dem Gelenk. Im Bereich der Interphalangealgelenke wird die Streckaponeurose meist längs gespalten, beim MP-Gelenk am seitlichen Rand der Strecksehne ins Gelenk eingegangen. Nach reichlicher Spülung mit physiologischer Kochsalzlösung, evtl. unter Antibiotikazusatz, wird ein sehr dünnes Kunststoffdrain im Gelenkspalt für wenige Tage belassen und darüber mehrmals täglich gespült. Kommt es trotz dieser Maßnahmen letztlich zu einem irreversiblem Knorpelschaden und schmerzhaften Bewegungseinschränkungen, sollten allerdings erst nach etwa 6monatigem entzündungsfreiem Intervall, je nach Situation, entweder die Arthrodese in diesem Gelenk oder eine Fingergelenksprothese ins Auge gefaßt werden. Beide Eingriffe gehören in die Hände des erfahrenen Handchirurgen.

Sehnenscheidenpanaritium

Diese oft schon mit Lymphangitis bzw. -adenitis und Fieber einhergehende eitrige Entzündung der Beugesehnenscheide kann entweder nach direkter Verletzung oder als schwere Komplikation eines subkutanen Panaritiums auftreten. Die klinische Diagnose ist recht eindeutig, da die Druckentwicklung im osteofibrösen Kanal der Beugesehne zu extremer lokaler Druckempfindlichkeit im Verlauf der Beugesehnenscheide führt und jedes Abweichen von der Schonhaltung in Mittelstellung der Gelenke starken Schmerz auslöst. Mit einer Knopfsonde sollte präoperativ das Zentrum des entzündlichen Prozesses lokalisiert werden und – besser in Vollnarkose – das distale und das proximale Ende der Beugesehnenscheide freigelegt werden. Auf Höhe des DIP-Gelenkes gelingt das über eine mediolaterale Inzision, bei Bedarf in die Beugefalte L-förmig verlängert und in der distalen Hohlhand durch Querinzision in der distalen Hohlhandfurche (Abb. 10.5-45). Unter Schonung der Gefäß-Nerven-Bündel wird in Blutsperre die Sehnenscheide aufgesucht, eröffnet und mit physiologischer Kochsalzlösung über ein eingelegtes, sehr zartes Kunststoffdrain gespült. Ein zweites, am anderen Ende der Sehnenscheide eingeführtes Drain gewährleistet den leichten Abfluß der Spülflüssigkeit und des Sekretes. Je nach Intensität des Infektes in der Sehnenscheide kann die Wunde durch wenige lockere Nähte verschlossen werden oder bleibt offen. Die Spülungen sollten mehrmals täglich fortgesetzt werden. Je nach Verlauf sollten die beiden Drains kaum länger als 5–6 Tage belassen werden, um Schädigungen an der Sehnenoberfläche zu verhindern. Die Behandlung erfolgt stationär und schließt auch Ruhigstellung, Hochlagerung und Antibiotikagabe ein. Die Bewegungstherapie darf nicht zu früh einsetzen, um nicht ein neuerliches Aufflackern des Infektes zu provozieren; andererseits soll die möglichst baldige Bewegung die Bildung zu exzessiver Adhäsionen verhindern. Die Freigabe zur Bewegungsbehandlung ist individuell festzulegen und muß kontrolliert erfolgen.

Die besondere Lage und Ausdehnung der Beugesehnenscheide von Daumen und Kleinfinger bedingen die etwas andere Schnittführung proximal (Abb. 10.5-45) und die Möglichkeit des Ausbreitens der Entzündung vom Beugesehnenfach zu dem des Kleinfingers oder umgekehrt, auch als V-Phlegmone bezeichnet. Da diese Sehnenscheiden bis über das Handgelenk reichen, kann bei weiterer Ausdehnung die Spaltung des Flexorretinakulums bzw. Inzisionen am distalen, palmaren Unterarm notwendig werden. Eine fortgeschrittene Schädigung der Sehnen erfordert meist eine weitere Freilegung, die über eine Brunnersche Zickzack-Inzision erfolgt. Nekrotische Sehnenanteile führen bei Belassen zu chronischem Verlauf. Eine primäre Entfernung der Sehne, allerdings unter Schonung der wesentlichsten Ringbänder, ermöglicht eine rasche Heilung. Die Sekundärrekonstruktion erfolgt nach vollständiger Ausheilung des Infektes zweizeitig durch Silastikstabimplantation und Sehnentransplantation.

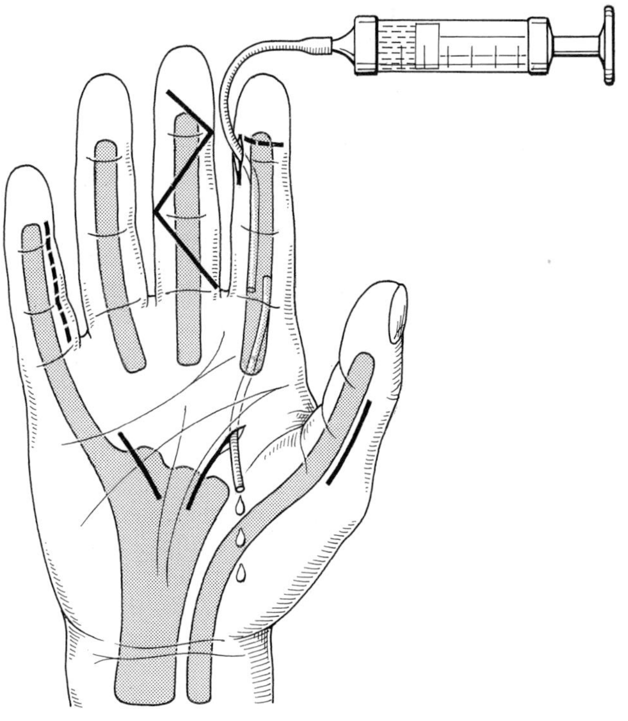

Abb. 10.5-45. Inzisionen zur Freilegung des Sehnenscheidenpanaritiums und zum Einbringen der Spüldrainage.

Interdigital- und tiefe Hohlhandphlegmone

Die Interdigitalphlegmone betrifft die tiefe Zwischenfingerfalte im Bereich des Lumbrikaliskanals. Eine Fortleitung des Prozesses in die tiefe Hohlhand über die Logen der Lumbrikalismuskulatur ist möglich. Die entsprechende adäquate Inzision erfolgt palmar längs bzw. bogenförmig auf Höhe der Grundgelenke und dorsal längs im Sinne von Inzision und Gegeninzision. Besonders muß bei dieser Lokalisation auf die Aufteilungsstelle von Fingernerven und -gefäßen geachtet werden.

Die Eröffnung eines Abszesses im Thenarraum ist am günstigsten von dorsal über dem Rand der Interdigitalmuskulatur möglich, die eines Abszesses der tiefen mittleren Hohlhand über eine Inzision in einer palmaren Beugefalte quer über dem 4. Beugesehnenfach, um radial und ulnar um das Sehnenfach Zugang zur Abszeßhöhle zu erlangen.

Einfache Wahleingriffe

Ganglion

Ganglien sind mit gallertiger Masse prallelastisch gefüllte Tumoren in der Nähe von Gelenken, Sehnen oder Sehnenscheiden. Eine maligne Entartung wurde nicht beobachtet. Die Entfernung wird meist notwendig wegen der durch Raumforderung verursachten Schmerzen, Bewegungseinschränkung oder auch wegen kosmetischer Auffälligkeit. Ziel der Behandlung muß die vollständige Entfernung sein. Die Punktion oder Zerstörung durch stumpfes Trauma von außen führt bald zum neuerlichen Auffüllen des Ganglions. Nach den häufigsten Lokalisationen und nach den zu beachtenden topographischen Beziehungen richtet sich der operative Zugang:

1. **Dorsoradiales Ganglion** (Abb. 10.5-46a): In dieser häufigsten Lokalisation, oft in Verbindung mit dem Handgelenk, wölbt es unter dem distalen Rand des Streckerretinakulums vortretend die Haut zwischen Zeigefingerstrecksehne und Sehne des M. extensor pollicis longus vor. Die Hautinzision wird quer in Faltenrichtung gelegt, das Ganglion unter Beachtung und Schonung des dorsalen Astes des N. radialis und evtl. Spaltung des Retinakulums so weit notwendig in toto auspräpariert (Abb. 10.5-46b) und möglichst die Verbindung in die Tiefe zum Handgelenk dargestellt. Nach gelenknaher Durchstechungsligatur des Stieles wird das Ganglion abgetragen. Um ein Ganglion auch vollständig entfernen zu können, ist ein Operationsfeld unter Blutsperre und ausreichender Anästhesie auch in der Tiefe notwendig. Postoperativ ist ein leichter Druckverband mit elastischer Binde empfehlenswert, bei weitläufigeren Ganglien auch eine Ruhigstellung des Handgelenkes mit Schiene bis zur Nahtentfernung.
2. Das **radiopalmare Ganglion** (Abb. 10.5-46a) tritt zwischen den Sehnen des M. flexor carpi radialis und des M. brachioradialis unter die Haut, hat enge Beziehung zur A. radialis und wird von dieser manchmal zweigeteilt. Die Inzision der Haut über dem Ganglion erfolgt in der Beugefalte über dem Handgelenk.
3. Das **ulnopalmare Ganglion** (Abb. 10.5-35) ist seltener, kann aber durch Druck auf den N. ulnaris entsprechende Beschwerden verursachen.
4. Palmar über der Fingerbasis gelegene **Anularligament-** oder **Sesamganglien** (Abb. 10.5-46a) gehen von der Sehnenscheide über dem Metakarpophalangealgelenk oder der Grundphalange aus. Je nach Lage erfolgt die Hautinzision entsprechend den empfohlenen palmaren Inzisionen.
5. Ganglien können prinzipiell überall in der Nähe von Sehnen und Gelenken vorkommen, sogar innerhalb von Sehnen.

Trotz exakter Technik der Ganglienextirpation muß mit einer Rezidivquote von etwa 10% gerechnet werden.

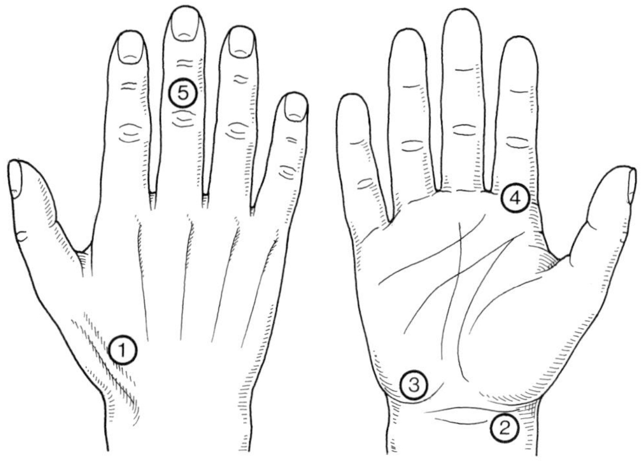

Abb. 10.5-46. a) Häufigste Lokalisationen von Ganglien: Dorsoradiales (1), radiopalmares (2), ulnopalmares (3), Anularligament- oder Sesamoidganglion (4), Fingerrücken (5).

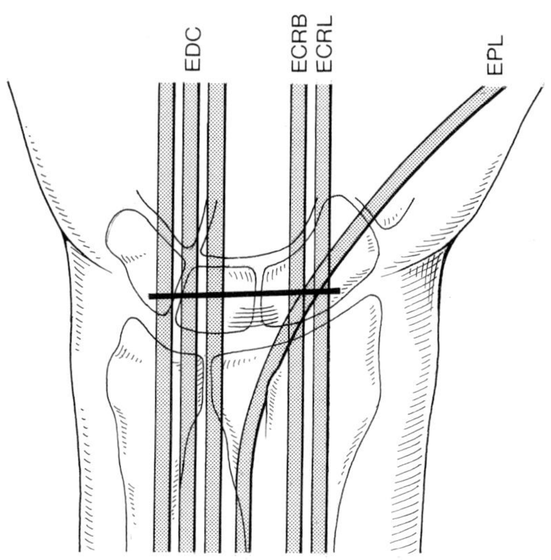

b) Beziehung des Hautschnittes zur Freilegung des dorsoradialen Ganglions zu Handwurzel und Strecksehnen (EDC = M. extensor digitorum communis; ECRB = M. extensor carpi radialis brevis; ECRL = M. extensor carpi radialis longus; EPL = M. extensor pollicis longus). Hautinzision knapp distal des Radiokarpalgelenkes, mittelständig im Bereich des skapholunären Gelenkes.

Schnellender Finger

Die Bezeichnung bezieht sich auf die Symptomatik. Durch ein Mißverhältnis des osteofibrösen Kanals und den darin gleitenden Beugesehnen kommt es zur Bewegungsblockade in Beugestellung, welche zunächst in eine schnellende abrupte Streckbewegung übergeht, meist von Schmerzen begleitet. Schließlich kann der betroffene Finger überhaupt nicht mehr aktiv aus der Beugung gebracht werden, die Streckung gelingt nur passiv. Das Hindernis kann meist palpatorisch lokalisiert werden, meistens an der Fingerbasis. Die operative Erweiterung der fibrösen Sehnenscheide in diesem Bereich ist die Therapie der Wahl.

Die Sehnenscheidenspaltung kann in Lokalanästhesie durchgeführt werden. Für die Dauer der Freilegung der Sehnenscheide und ihre Längsspaltung muß aber eine Blutsperre angelegt werden, welche für 15–20 Min. auch ohne Plexusanästhesie recht schmerzfrei toleriert wird. Der große Vorteil liegt in der Möglichkeit, die unbehinderte Sehnenbeweglichkeit durch aktive Streckung und Beugung durch den Patienten überprüfen zu können. Plexusanästhesie und Vollnarkose lassen manchmal ein Resthindernis nicht erkennen. Die Hautinzision wird in die Beugefalte über dem Daumengrundgelenk, an den Langfingern in schräger Faltenrichtung zwischen distaler Hohlhandfurche und Beugefalte über dem MP-Gelenk gelegt (Abb. 10.5-47a). Beim Darstellen des Sehnenfaches muß dem Verlauf der Kollateralgefäß-Nerven-Bündel besondere Beachtung geschenkt werden. Die Spaltung der Sehnenscheide sollte nicht in der Mitte, sondern besser seitlich in Längsrichtung erfolgen (Abb. 10.5-47b). Die Sehne selbst darf bei der Spaltung nicht verletzt werden, eine Rillensonde kann als Schutz dienen. Die Sehnenscheide bleibt offen. Evtl. kann ein schmaler Streifen zur Verhinderung eines Rezidivs exzidiert werden, meist aber klafft die gespaltene Sehnenscheide weit genug. Postoperativ sollten die Finger aktiv regelmäßig in vollem Umfang bewegt werden, um Verwachsungen im Operationsbereich zu verhindern. Es wird also keine Schiene angelegt, lediglich ein leichter elastischer Verband. Die Belastung der Hand ist bis zum Abschluß der Wundheilung zu vermeiden.

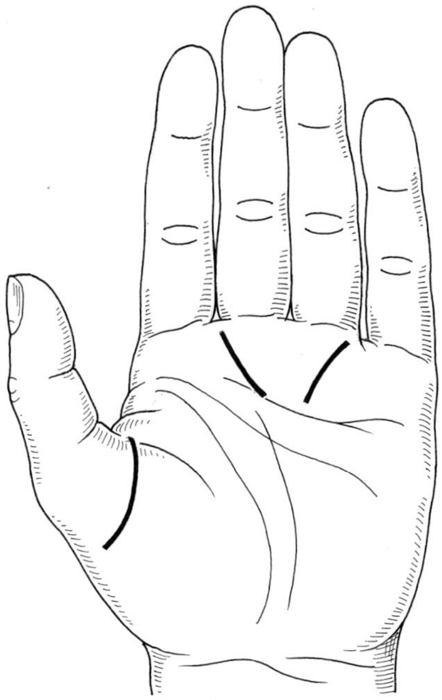

Abb. 10.5-47. a) Inzisionen der Haut zur Sehnenscheidenspaltung bei schnellendem Finger.

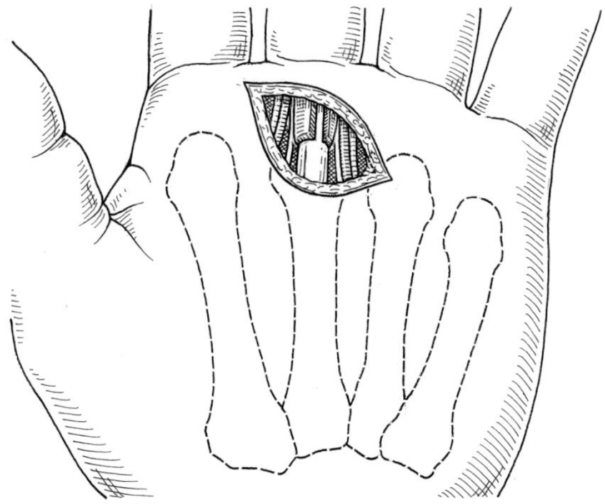

b) Freilegung des Beugesehnenfaches über dem Köpfchen des Os metacarpale III bei Tendovaginitis stenosans. Nach Darstellung der benachbarten Gefäß-Nerven-Bündel Spaltung des verengten fibrösen Sehnenkanals nach distal (seitlich zur Verhinderung einer Luxation der Beugesehnen aus ihrem Kanal).

10.6
Verletzungen des Beckens und der unteren Extremitäten

U. Holz

Verletzungen des Beckens

Das Becken ist funktionell eine Ringkonstruktion, zusammengesetzt aus Kreuzbein und den symmetrisch angeordneten Darm-, Sitz- und Schambeinen. Der Ring wird durch syndesmotische Verbindungen über die Iliosakralgelenke und die Symphyse verbunden.

Beckenverletzungen ereignen sich häufig im Zusammenhang mit schweren anderen Verletzungen, wie z. B. des zentralen Nervensystems, des Thorax, des Abdomens oder der Extremitäten. Beim schweren Trauma ist eine Röntgenuntersuchung des Beckens obligat. Beckenverletzungen können zu großen Blutverlusten und gelegentlich zu unstillbaren Blutungen führen, insbesondere dann, wenn eine Selbsttamponade durch Verletzungen des Retroperitoneums nicht möglich ist.

Einteilungen

Bei den Verletzungen wird zwischen Beckenrandfrakturen und Beckenringfrakturen unterschieden.

Beckenrandfrakturen

Die **Einteilung** erfolgt in:
- Schaufelfrakturen.
- Abrißfrakturen.
- Steißbeinfrakturen.

Therapie. Die spongiöse Struktur des Beckenknochens gewährleistet eine ungestörte Bruchheilung bei konservativer Behandlung.

Schwere Quetschungen oder Hochgeschwindigkeitstraumen können aber zu starker Dislokation von Beckenschaufelfrakturen führen, so daß in Ausnahmefällen eine operative Behandlung notwendig wird. Die Freilegung der Bekkenschaufel erfolgt vom ventralen Zugang. Die Reposition ist durch den starken Muskelzug oft erschwert. Repositionszangen sind erforderlich. Die Stabilisierung erfolgt mit gut modellierbaren Rekonstruktionsplatten. Die Schrauben finden entlang der Crista iliaca und dicht unterhalb davon den besten Halt.

Abrißfrakturen betreffen die Spina iliaca anterior superior oder inferior und das Tuber ischiadicum. Es handelt sich meist um Apophysenausrisse bei Jugendlichen. Ist ausnahmsweise die operative Behandlung angezeigt, so erfolgt die Fixierung der Ausrißfragmente mit Zugschrauben.

Steißbeinfrakturen werden konservativ behandelt. Restbeschwerden nach Steißbeinverletzungen (Kokzygodynie) werden durch eine Steißbeinresektion selten gebessert.

Beckenringfrakturen

Die **Einteilung** erfolgt in:
- Vordere Beckenringfrakturen.
- Symphysenrupturen.
- Doppelte Vertikalfrakturen (Malgaigne).

Bei den Beckenringfrakturen (Malgaigne) mit Iliosakralfugensprengung wird im Hinblick auf die verbliebene Stabilität des Beckens folgende weitere Einteilung getroffen (Poigenfürst, 1985):

Grad I: Zerrung oder Teilriß des Lig. sacroiliacum anterius.

Grad II: Riß des Lig. sacroiliacum anterius und türflügelartiges Aufklappen des Darmbeines.

Grad III: Riß des Lig. sacroiliacum anterius und posterius und Abschwingen des Darmbeines um eine vertikale Achse mit Rotationsänderung des Beines.

Grad IV: Riß aller sakroiliakalen Bandverbindungen und Kranialverschiebung des Darmbeines mit scheinbarer Beinverkürzung.
Grad IV bedeutet eine völlige Beckeninstabilität.

Die doppelten Vertikalfrakturen können auf einer Seite durch den knöchernen Beckenring oder aber auch gekreuzt durch den Beckenring verlaufen. Die Unterbrechung des Beckenrings kann auch dorsal durch die Iliosakralfuge und ventral durch die Symphyse verlaufen.

Eine andere Einteilung (Tile, 1984) unterscheidet folgende Beckenringzerreißungen:

1. Stabile Verletzungen.
2. Instabile Verletzungen.
3. Gemischte Verletzungen mit begleitenden Acetabulumfrakturen, begleitenden beidseitigen Zerreißungen der Sakroiliakalgelenke und intaktem vorderen Ring.

Instabile Beckenringverletzung bedeutet Instabilität in der vertikalen Ebene. Der Beckenboden ist zerrissen und die hinteren Ringstrukturen einschließlich der Ligamenta sacrospinalia und sacrotuberalia sind zerrissen.

Die stabilen Frakturen treten bei Kompression von vorn nach hinten als »open book«-Verletzung auf, mit unterschiedlich starker Diastase der Symphyse und unterschiedlich starker Zerreißung der hinteren ligamentären Strukturen.

Stabile Verletzungen können aber auch durch seitliche Kompression, also durch Innenrotation einer oder beider Beckenhälften entstehen.

Zwischen den stabilen und instabilen Frakturen gibt es fließende Übergänge. Neben qualitativ guten Röntgenaufnahmen wird die Einschätzung der Verletzung durch eine Computertomographie erleichtert.

Beckenringfrakturen, ausgenommen vordere, kommen durch erhebliche Gewalteinwirkung zustande und sind oft begleitet von Verletzungen der Harnwege, seltener des Darmes und können gelegentlich ein »akutes Abdomen« vortäuschen. Oft handelt es sich um Polytraumatisierte. Längsverschiebungen der Beckenhälfte bedeuten im weiteren Verlauf statische Komplikationen mit Folgeschäden an der Wirbelsäule und an den unteren Extremitäten. Gesprengte Iliosakralfugen können über eine verbleibende Instabilität anhaltende Schmerzen verursachen.

Therapie

Beckenringverletzungen können unterschiedliche, gelegentlich lebensbedrohliche Blutungen im retroperitonealen Raum verursachen. Die initiale Therapie ist daher auf massiven Flüssigkeitsersatz und Blutersatz ausgerichtet. Das intakte Retroperitoneum kann die Blutung tamponieren. Die Indikation zur Operation mit Eröffnung des Retroperitoneums muß sehr kritisch gestellt werden. Bei fortdauerndem Blutverlust kann gelegentlich die röntgenologisch durchgeführte Embolisation hilfreich sein. Bei anhaltender Blutung wird auch die Stabilisierung des Beckens als Sofortmaßnahme zur Kontrolle der Blutung angesehen. In Extremsituationen kann die kurzzeitige Abklemmung der Aorta abdominalis vorgenommen werden, um Übersicht für die Blutstillung zu gewinnen. Bei solchen extremen Situationen ist aber die Letalitätsrate hoch.

Ringfrakturen mit stabilem Beckengefüge und auch reine Symphysenverletzungen ohne gravierende Diastase oder Begleitverletzung werden konservativ behandelt.

Instabile Beckenringverletzungen und solche mit revisionsbedürftigen Begleitverletzungen werden operativ behandelt. Mit dem Argument der einfachen Operationsmethode und geringem lokalen und allgemeinem Risiko, wurde vorübergehend die Osteosynthese mit dem Fixateur externe am Becken befürwortet. Mit diesem Verfahren konnte eine Fragmentreposition annähernd erreicht werden. Voraussetzung war aber die geschlossene manuelle Repositionsmöglichkeit des Beckenringes. Die Stabilisierung erfolgte dann über das Fixateur-externe-System, wobei die Schanzschen Schrauben in den Darmbeinkämmen verankert wurden. Neben oft unbefriedigender Reposition bringt dieses Verfahren eine hohe Rate von Komplikationen an den Verankerungsschrauben (Pin tract infection) mit sich und die Iliosakralgelenke halten nicht zufriedenstellend. Sind bei Beckenringverletzungen wegen der Instabilität, der starken Dislokation oder den Begleitverletzungen operative Maßnahmen indiziert, so empfiehlt sich am Iliosakralgelenk und an der Beckenschaufel die Osteosynthese mit Platten (schmale DC-Platte oder 3,5-Rekonstruktionsplatte). Zum Iliosakralgelenk und zum Os ilium wird der ventrale Zugang gewählt.

Reine Iliosakralsprengungen oder Verletzungen an der Massa lateralis des Kreuzbeines können auch vom dorsalen Zugang her versorgt werden. Für die Stabilisierung der Symphyse eignen sich Zuggurtungsosteosynthesen in Form von ventrokranial aufgebrachten und in den Schambeinästen verankerten Platten (z. B. 3,5-Rekonstruktionsplatte) und/oder Drahtzuggurtungsschlingen, die an den Schraubenköpfen verankert werden, welche im Schambein fixiert sind (Ecke).

Zugangswege am Becken

Dorsaler Zugang zum Iliosakralgelenk und zum hinteren Beckenkamm

(Abb. 10.6-1)

Der Patient befindet sich in Seitlage oder in Bauchlage. Der Hautschnitt beginnt etwa 2 cm unterhalb der Spina iliaca posterior superior und verläuft bogenförmig entlang der Crista iliaca etwa 5 cm über den höchsten Punkt der Darmbeinschaufel hinweg. Nach Spaltung des Subkutangewebes wird die Glutälmuskulatur von ihrem sakralen und iliosakralen Ursprung bogenförmig abgelöst und streng subperiostal vom Darmbein abgeschoben und nach unten geklappt. Besonders vorsichtig ist am Eingang zum Foramen ischiadicum majus zu präparieren, denn dort können die A. glutaea superior und der N. glutaeus inferior an ihrem Durchtritt durch das Foramen suprapiriforme verletzt werden. Zur Erweiterung dieses Foramens kann der Ursprung des M. piriformis in Richtung Os sacrum eingekerbt werden. Danach läßt sich durch das Foramen suprapiriforme mit dem Finger die Ventralseite des Iliosakralgelenkes tasten. Die Austastung der Massa lateralis des Kreuzbeines von dorsal her erfordert eine Ablösung des M. erector spinae von seiner Ansatzstelle an der Innenfläche der Crista iliaca.

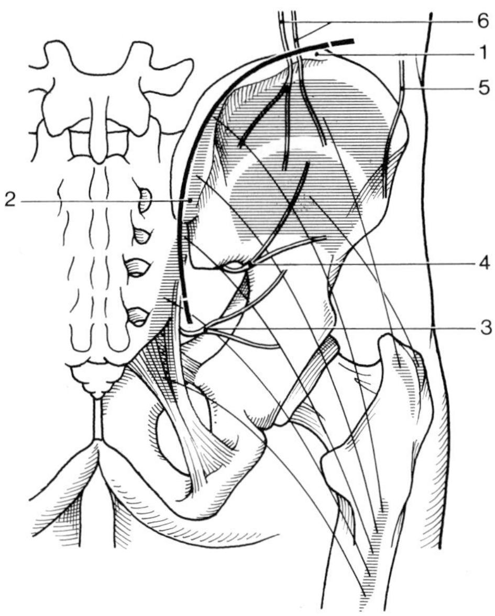

Abb. 10.6-1. a) Hautschnitt und Verlauf der Nerven beim dorsalen Zugang zum Iliosakralgelenk und zum hinteren Beckenkamm. 1 = Höchster Punkt der Crista iliaca; 2 = Spina iliaca post. sup.; 3 = N. glutaeus inf.; 4 = N. glutaeus sup.; 5 = R. cutaneus lat. (N. iliohypogastricus); 6 = Nn. clunium sup.

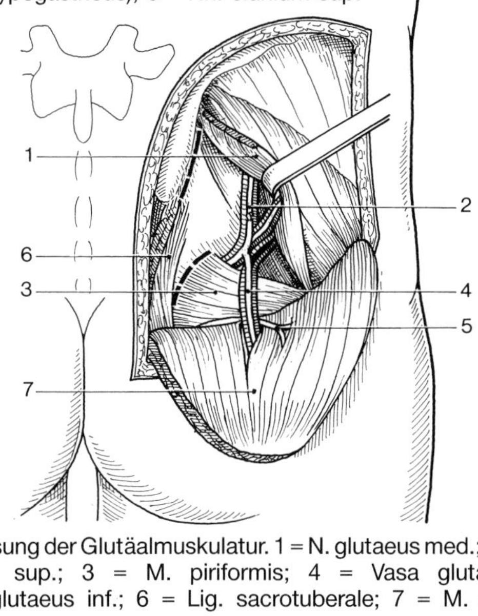

b) Ablösung der Glutäalmuskulatur. 1 = N. glutaeus med.; 2 = Vasa glutaea sup.; 3 = M. piriformis; 4 = Vasa glutaea inf.; 5 = N. glutaeus inf.; 6 = Lig. sacrotuberale; 7 = M. glutaeus max.

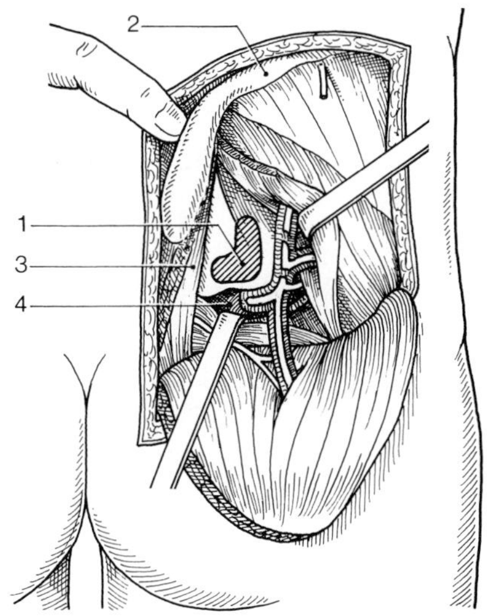

c) Darstellung des Foramen ischiadicum majus. 1 = Projektion des Iliosakralgelenkes; 2 = Crista iliaca; 3 = Lig. sacrotuberale; 4 = Foramen ischiadicum majus.

Ventraler Zugang zum Iliosakralgelenk

Die Reposition und Stabilisierung des zerrissenen Iliosakralgelenkes gelingt sehr gut vom vorderen Zugang durch einen Hautschnitt entlang der Crista iliaca. Der Patient befindet sich dabei in Rückenlage. Nach Durchtrennung des Subkutangewebes wird die Aponeurose des M. obliquus externus abdominis unter Schonung des N. cutaneus femoris lateralis, der dicht unterhalb der Spina iliaca anterior superior verläuft, gespalten. Die Bauchmuskeln werden vom Beckenkamm abgetrennt und der M. iliacus wird subperiostal von der Darmbeinschaufel abgeschoben. Die Präparation bis zum Unterrand des Iliosakralgelenkes gelingt mühelos. Zur übersichtlichen Darstellung der Fossa iliaca und der Ala des Kreuzbeines werden Hohmann-Hebel in die Ala des Kreuzbeines eingeschlagen.

Zugang zur Symphyse und zu den aufsteigenden Schambeinästen

(Abb. 10.6-2)

Der Patient liegt in Rückenlage. Das gesamte Becken wird steril abgedeckt. Der Hautschnitt erfolgt 2 cm oberhalb der Symphyse. Zur Versorgung einer Symphysensprengung genügt eine Schnittlänge von etwa 15 cm. Sind die aufsteigenden Schambeinäste ebenfalls zu stabilisieren, so wird der Hautschnitt nach der entsprechenden Seite verlängert. Nach Durchtrennung des Subkutangewebes werden die Ansätze der Rektusmuskulatur dargestellt und unter Belassung eines schmalen Saumes wird der Muskel vom Schambein abgetrennt. Nun ist der Zugang zum retropubischen Raum und zur Blase frei. Beim Wundverschluß ist auf eine solide Reinsertion der abgelösten Muskulatur zu achten, um einen Bauchwandbruch zu vermeiden.

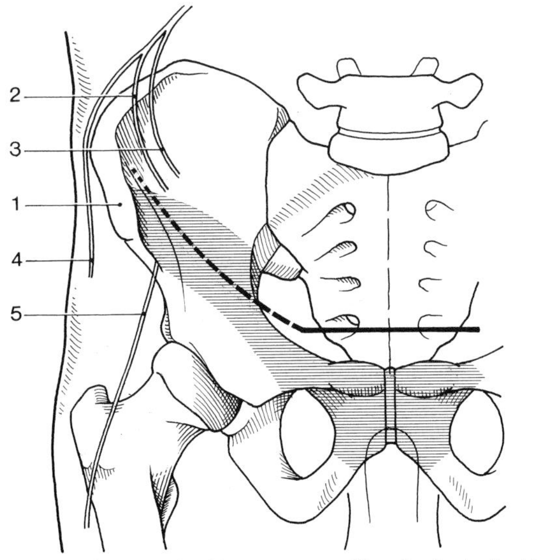

Abb. 10.6-2. a) Ventraler Zugang zum Iliosakralgelenk. Hautschnitt und Verlauf der Nerven. 1 = Spina iliaca ant. sup.; 2 = N. ilioinguinalis; 3 = N. iliohypogastricus; 4 = R. cutaneus lat. (N. iliohypogastricus); 5 = N. cutaneus femoris lat.

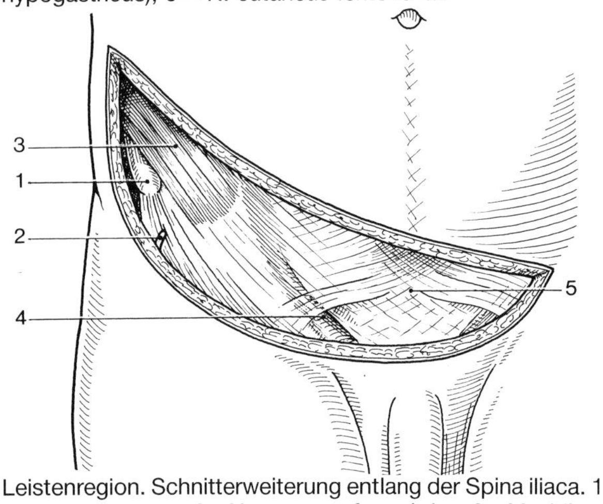

b) Leistenregion. Schnitterweiterung entlang der Spina iliaca. 1 = Spina iliaca ant. sup.; 2 = N. cutaneus femoris lat.; 3 = M. obliquus ext.; 4 = Funiculus spermaticus; 5 = Linea alba.

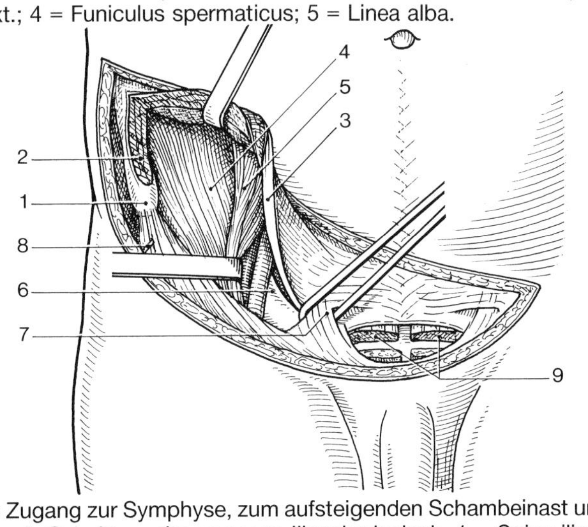

c) Zugang zur Symphyse, zum aufsteigenden Schambeinast und durch Schnitterweiterung zum Iliosakralgelenk. 1 = Spina iliaca ant. sup.; 2 = Bauchmuskulatur; 3 = Lig. inguinale; 4 = M. iliacus; 5 = M. psoas major; 6 = Os pubis; 7 = Funiculus spermaticus (angeschlungen); 8 = N. cutaneus femoris lat.

Frakturen des Acetabulums

Einteilungen

Die Einteilung der Acetabulumfrakturen orientiert sich an der vorderen und hinteren Architektur des Acetabulums. Das Acetabulum wird architektonisch als umgekehrtes Ypsilon mit einem hinteren Pfeiler, bestehend aus einem Teil des Os ilium und des Os ischii und einem vorderen Pfeiler, bestehend aus dem vorderen Anteil des Os ilium und des Schambeins aufgefaßt. Kaudal werden die beiden Pfeiler über das Os ischii verbunden.

Es werden **fünf Grundformen** der Frakturen unterschieden:

- Dorsale Randfraktur (hintere Luxationsfraktur) (Abb. 10.6-3a).
- Hintere Pfeilerfrakturen (Abb. 10.6-3b).
- Vordere Pfannenrandfrakturen.
- Vordere Pfeilerfrakturen (Abb. 10.6-3c).
- Querfrakturen (Abb. 10.6-3d).

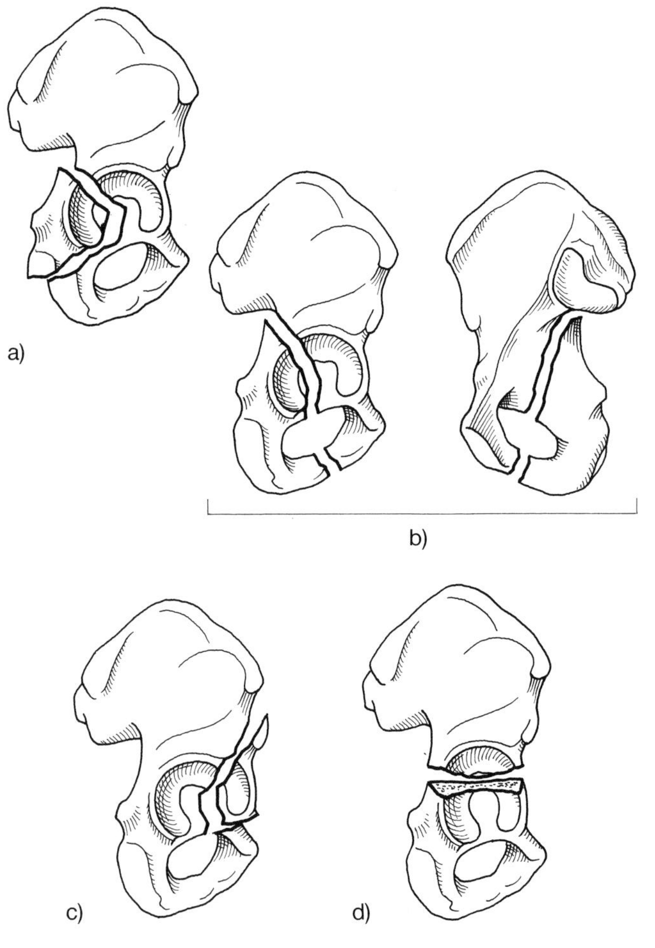

Abb. 10.6-3. Grundformen der Acetabulumfrakturen.
a) Hintere Pfannenrandfraktur.
b) Hintere Pfeilerfraktur.
c) Vordere Pfeilerfraktur.
d) Pfannenquerfraktur.

Kombinationen dieser Grundformen können folgendermaßen unterteilt werden:
- T-förmige Frakturen des hinteren Pfeilers und des hinteren Randes (Abb. 10.6-4a).
- Fraktur eines Pfeilers mit Querfraktur der Pfanne bis in den anderen Pfeiler hinein (Abb. 10.6-4b).
- Fraktur beider Pfeiler (Abb. 10.6-4c).

Die Klassifikation insbesondere der kombinierten Frakturformen ist schwierig. Weitere Unterteilungen sind möglich (Abb. 10.6-4d). Voraussetzung zur richtigen Einschätzung einer Acetabulumfraktur ist eine gute Röntgendiagnostik, die eine Beckenübersichtsaufnahme sowie eine Ala- und Obturatoraufnahme beinhaltet. Darüber hinaus hat sich die Computertomographie als sehr nützlich erwiesen.

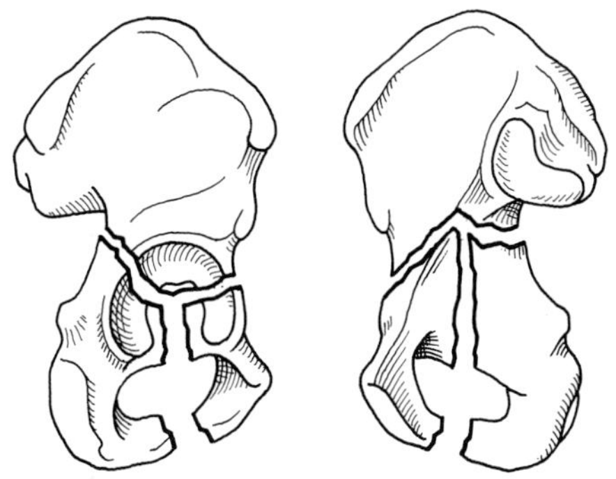

Abb. 10.6-4. Kombinierte Frakturformen am Acetabulum.
a) T-förmige Acetabulumfraktur.

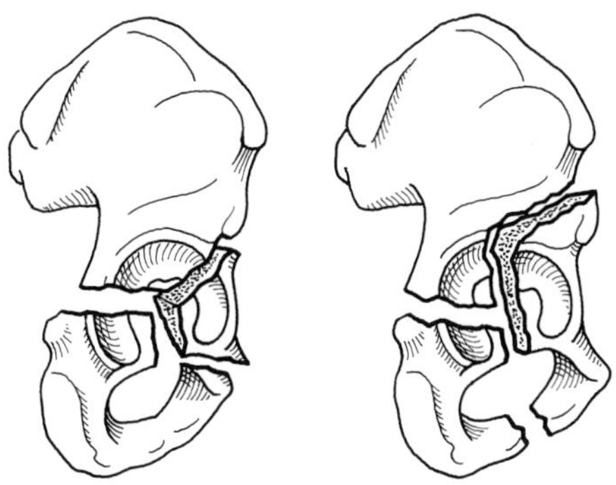

b) Vordere Pfeilerfraktur mit hinterer Pfannenquerfraktur.

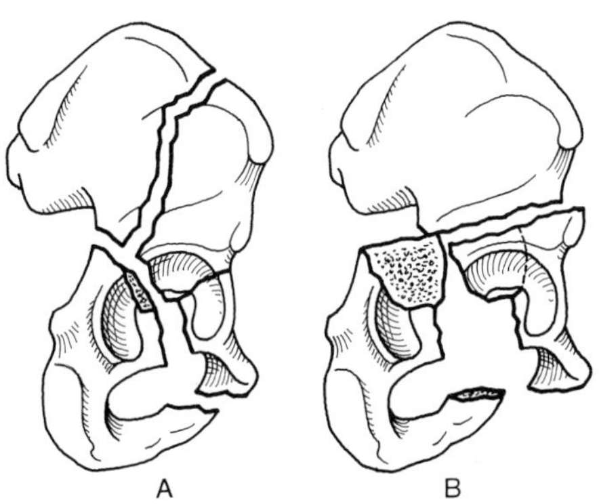

c) Fraktur beider Pfeiler. A = unter Einbeziehung des Beckenkamms; B = unter Einbeziehung des Vorderrandes vom Os ilium.

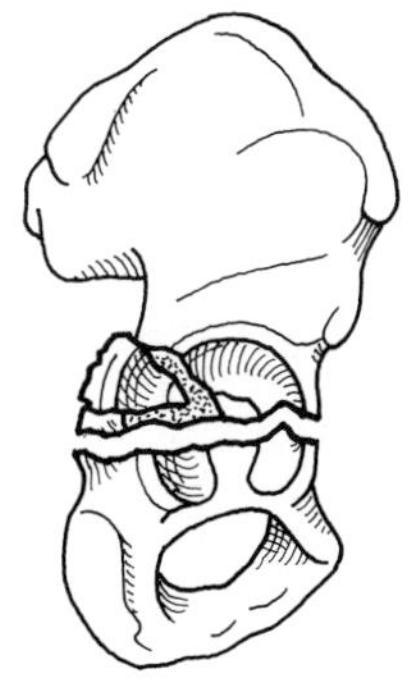

d) Querfraktur mit dorsalem Randfragment.

Neuerdings erlauben dreidimensionale Rekonstruktionsprogramme der Computertomographie eine plastische Darstellung des Beckens und damit einen genauen Einblick in den Verlauf der einzelnen Frakturlinien. Dies ist für das Repositionsmanöver und für die Lage der stabilisierenden Implantate von großem Nutzen.

Therapie

Die operative Behandlung von Acetabulumfrakturen ist technisch schwierig und bedarf einer korrekten präoperativen Diagnostik und einer sicheren Konzeption in der Wahl des Zuganges. Nur eine sehr gute Rekonstruktion des Acetabulums ist à la longue der konservativen Therapie überlegen. Der häufigste Bruch des Acetabulums, der hintere Pfannenrandbruch, welcher oft mit einer hinteren Hüftluxation einhergeht, ist allerdings gut zugänglich vom dorsalen Zugang nach Kocher-Langenbeck. Das ausgebrochene hintere Randfragment, häufig nach kranial aufgeklappt, wird nach Ausräumung des Hämatoms reponiert und mit einem Kirschner-Draht provisorisch stabilisiert. Die definitive Fixierung erfolgt mit zwei Zugschrauben oder einer anmodellierten Rekonstruktionsplatte (Abb. 10.6-5a u. b).

Handelt es sich um ein zertrümmertes dorsales Randfragment, so erfolgt nach Adaptation der Fragmente die Stabilisierung mit einer anmodellierten Rekonstruktionsplatte oder mit einer schmalen DC-Platte.

Vom gleichen Zugang können hintere Pfeilerfrakturen und Querfrakturen reponiert und stabilisiert werden (Abb. 10.6-5c).

Frakturen des vorderen Pfannenrandes und des vorderen Pfeilers, aber auch Querfrakturen werden vom ilioinguinalen Zugang freigelegt und reponiert (Abb. 10.6-6).

Kombinierte Frakturformen, die durch Verwindung des Beckens aufgrund des Muskelzuges sehr schwer zu reponieren sind, verlangen mitunter eine extensive Freilegung über den erweiterten iliofemoralen Zugang. Zur Reposition sind spezielle Repositionszangen nützlich, deren Spitzen unter provisorisch eingebrachten Schraubenköpfen verankert werden können. Die Stabilisierung erfolgt mit Rekonstruktionsplatten, die in allen Richtungen gut anmodelliert werden können.

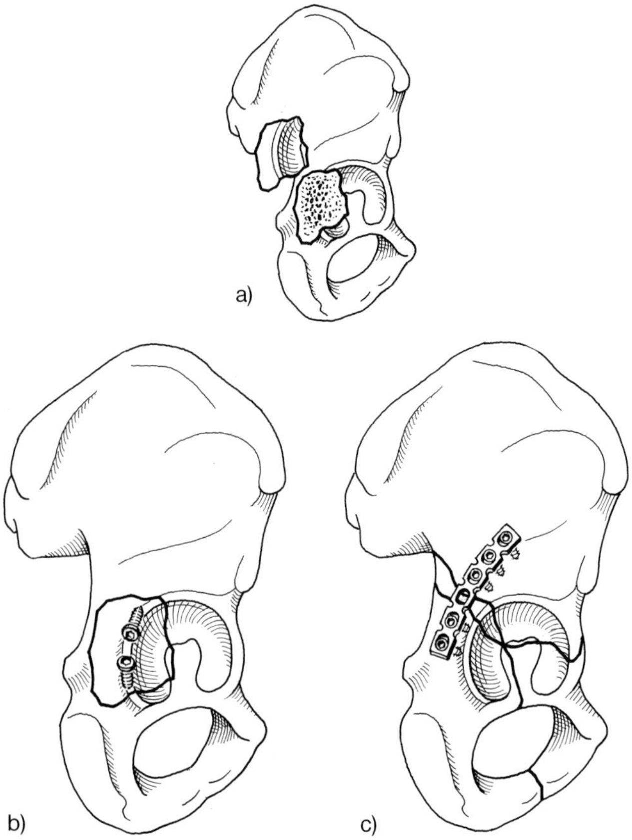

Abb. 10.6-5. Stabilisierung der Acetabulumfraktur.
a) Dislozierter hinterer Pfannenrand.
b) Osteosynthese durch Zugschrauben.
c) Querfraktur, stabilisiert durch eine Rekonstruktionsplatte.

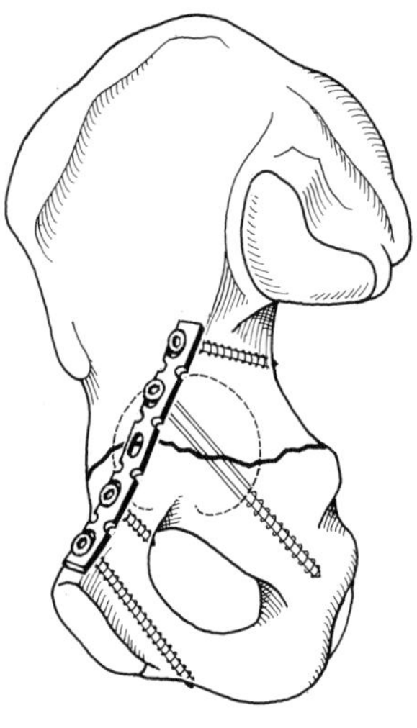

Abb. 10.6-6. Querfraktur, stabilisiert durch eine Rekonstruktionsplatte. Ilioinguinaler Zugang.

Zugangswege

Ilioinguinaler Zugang

(Abb. 10.6-7)

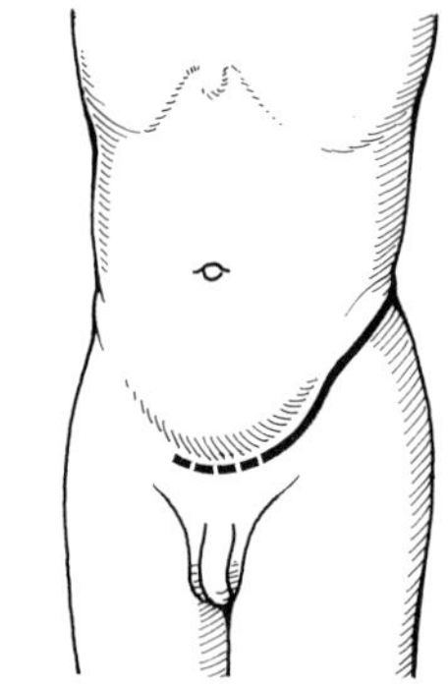

Abb. 10.6-7. a) Ilioinguinaler Zugang zum Acetabulum. Verlauf des Hautschnittes.

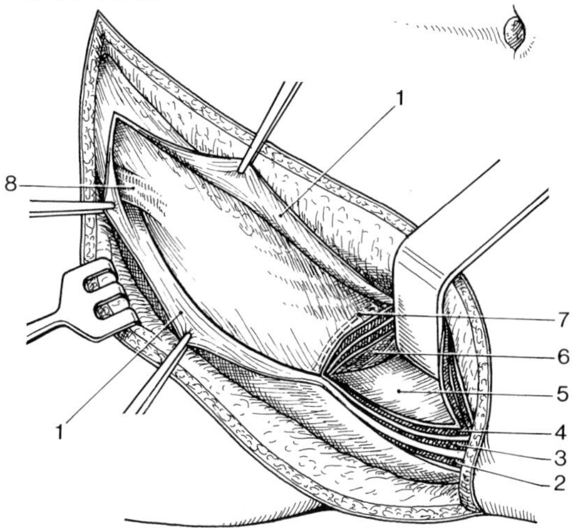

b) Darstellung der Fossa iliaca nach Spaltung der Bauchdeckenmuskulatur. 1 = Aponeurosis m. obliqui externi abdominis; 2 = M. obliquus ext. abdominis; 3 = M. obliquus int. abdominis; 4 = M. transversus abdominis; 5 = Fossa iliaca; 6 = M. iliacus; 7 = N. cutaneus femoris lat.; 8 = Funiculus spermaticus.

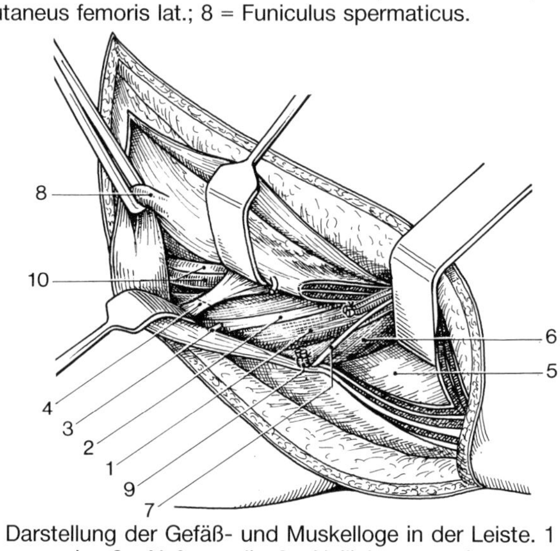

c) Darstellung der Gefäß- und Muskelloge in der Leiste. 1 = M. psoas major; 2 = N. femoralis; 3 = N. iliohypogastricus; 4 = Arcus iliopectineus; 5 = Fossa iliaca; 6 = M. iliacus; 7 = N. cutaneus femoris lat.; 8 = Funiculus spermaticus; 9 = A. und V. circumflexa ilium superf.; 10 = A. und V. iliaca externa.

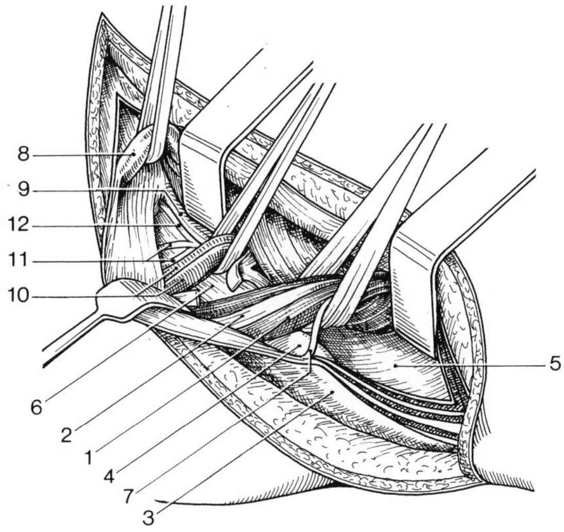

d) Freilegung der Fossa iliaca und des Schambeinastes. 1 = M. psoas major; 2 = N. femoralis; 3 = Spina iliaca ant. inf.; 4 = Spina iliaca ant. sup.; 5 = Fossa iliaca; 6 = Eminentia iliopubica; 7 = N. cutaneus femoris lat.; 8 = Funiculus spermaticus; 9 = Pecten ossis pubis; 10 = A. und V. iliaca ext.; 11 = R. femoralis n. genitofemoralis; 12 = R. genitalis n. genitofemoralis.

Dieser Zugang eignet sich für vordere Randfrakturen, vordere Pfeilerfrakturen im unteren und mittleren Niveau, komplexe vordere Pfeilerfrakturen (Abb. 10.6-8a u. b u. 10b) sowie vordere Pfeilerfrakturen mit gleichzeitigem Pfannenquerbruch. Der Patient liegt in Rückenlage. Das betroffene Bein ist frei beweglich abgedeckt.

Der Hautschnitt verläuft entlang des Darmbeinkammes in den vorderen zwei Dritteln desselben. Von der Spina iliaca anterior superior an verläuft der Schnitt leicht gebogen bis zur Mittellinie und endet dort etwa einen Finger breit oberhalb der Symphyse.

Der Hautschnitt kann über die Symphyse hinweg zur Gegenseite verlängert werden, wenn gleichzeitig eine Fraktur der Symphyse zu versorgen ist (Abb. 10.6-7a).

Entlang des Darmbeinkammes wird die Aponeurose des M. obliquus externus gespalten. An der Spina iliaca anterior superior ist auf den N. cutaneus femoris lateralis zu achten. Der M. iliacus wird dann von der Beckeninnenseite mit dem Raspatorium abgehoben bis man kranial zur unteren Begrenzung des Iliosakralgelenkes gelangt (Abb. 10.6-7b).

Nach kaudal wird die ins Leistenband einstrahlende Bauchmuskulatur abgetrennt. Präparation des Samenstranges und Anschlingen desselben. Danach läßt sich der hintere Anteil des Leistenkanals durch weitere Inzision der Fascia transversalis eröffnen. Medial stellen sich nun die Gefäßloge und lateral die Muskelloge dar, die durch den Arcus iliopectineus getrennt werden (Abb. 10.6-7c). Dieser wird mit der Schere gespalten. Nun läßt sich der M. iliopsoas zusammen mit dem darauf verlaufenden N. femoralis gut mobilisieren. Ist die Symphysenspalte oder der gegenseitige Schambeinast ebenfalls freizulegen, so wird der M. rectus abdominis 1 cm proximal seiner Insertionsstelle durchtrennt (Abb. 10.6-7d).

Um zum vorderen Pfeiler übersichtlich gelangen zu können, müssen nur noch die Gefäße zusammen mit möglichst viel umgebendem Gewebe, in welchem die Lymphgefäße verlaufen, stumpf und sehr vorsichtig präpariert werden. Als besonderes Gefahrenmoment muß die Gefäßverbindung zwischen der A. iliaca externa und der A. obturatoria oder A. epigastrica inferior erwähnt werden, die bei Verletzung starke und schwer stillbare Blutungen verursachen kann.

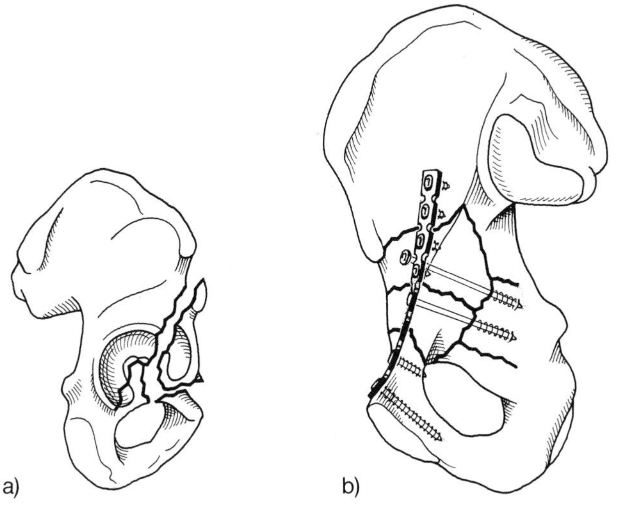

Abb. 10.6-8. a u. b) Vordere Pfeilerfraktur und Fraktur im Pfannenboden.
a) Frakturverlauf im Acetabulum.
b) Stabilisierung durch eine Rekonstruktionsplatte. Ilioinguinaler Zugang.

Erweiterter iliofemoraler Zugang

(Abb. 10.6-9)

Für Frakturen im proximalen Abschnitt des vorderen Pfeilers ist der iliofemorale Zugang ausreichend. Er ähnelt dem Zugang nach Smith-Petersen.

Zur Darstellung des vorderen und hinteren Hüftpfeilers eignet sich der erweiterte iliofemorale Zugang, welcher eine extensive Ablösung der Muskulatur auf beiden Seiten des Os ilium mit sich bringt.

Der Patient befindet sich in Seitenlage. Der Hautschnitt beginnt im hinteren Drittel des Beckenkamms, umfährt medial die Spina iliaca anterior superior und verläuft dann gerade auf der anterolateralen Seite des Oberschenkels in einer Länge von etwa 20–25 cm. Der Tractus iliotibialis wird oberhalb des M. tensor fasciae latae gespalten. Ventral davon darf der N. cutaneus femoris lateralis nicht verletzt werden. Zwischen Tensor fasciae latae und M. sartorius wird auf den M. rectus femoris präpariert (Abb. 10.6-9b). Dann wird die Glutäalmuskulatur entlang der Crista iliaca inzidiert und vom Beckenkamm mit dem Raspatorium streng subperiostal abgehoben (Abb. 10.6-9c). Am Trochanter werden die sehnigen Ansätze des M. glutaeus medius und minimus sowie weit dorsal die Sehne des M. piriformis durchtrennt (Abb. 10.6-9d). Nach Innenrotation des Beines spannen sich die kurzen Außenrotatoren an (M. gemellus superior, M. obturatorius internus, M. gemellus inferior und die Sehne des M. obturatorius externus). Die abgetrennten Außenrotatoren werden zusammen mit dem N. ischiadicus vorsichtig nach dorsal abgehalten. Der hintere Pfeiler des Acetabulums liegt nun frei bis hinunter zum Tuber ischiadicum (Abb. 10.6-9e). Zur Freilegung des vorderen Pfeilers bis zur Eminentia iliopubica bedarf es auf der Ventralseite der Abtrennung der Bauchmuskulatur vom Darmbeinkamm und der Abschiebung des M. iliacus von der Beckenschaufel. Ventral empfiehlt sich das Einsetzen von biegsamen, breiten Spateln (Abb. 10.6-9f).

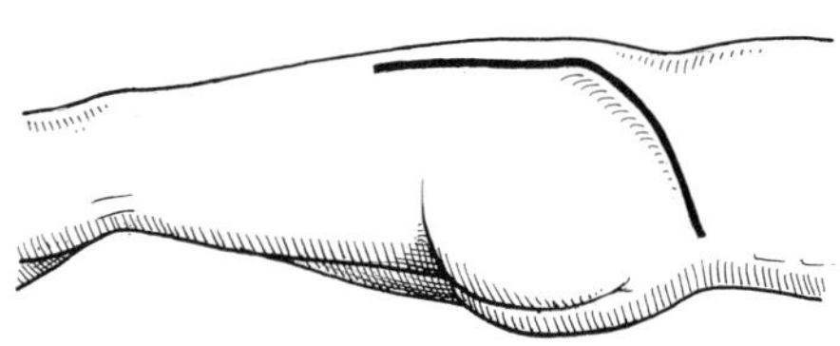

Abb. 10.6-9. a) Erweiterter iliofemoraler Zugang zum Acetabulum.

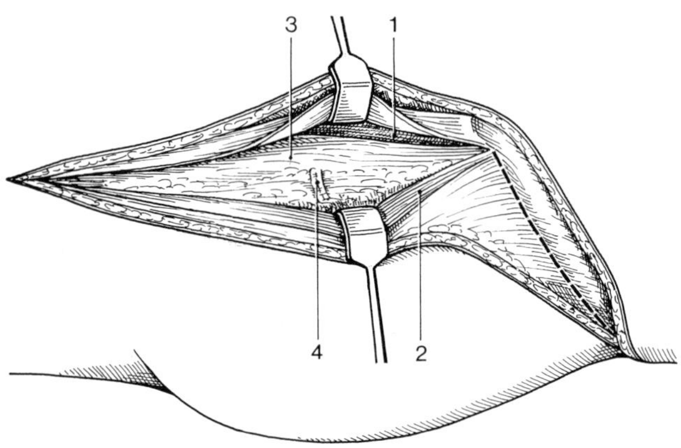

b) Spaltung der Oberschenkelfaszie und Ablösung der Muskulatur vom Beckenkamm. 1= M. sartorius; 2 = M. tensor fasciae latae; 3 = M. rectus femoris; 4 = R. ascendens a. circumflexa femoris lat.

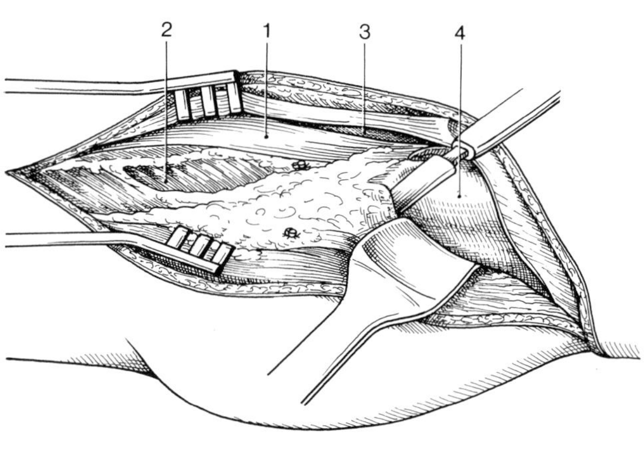

c) Darstellung der äußeren Beckenschaufel. 1 = M. rectus femoris; 2 = M. vastus intermedius; 3 = M. sartorius; 4 = Ala ossis ilii.

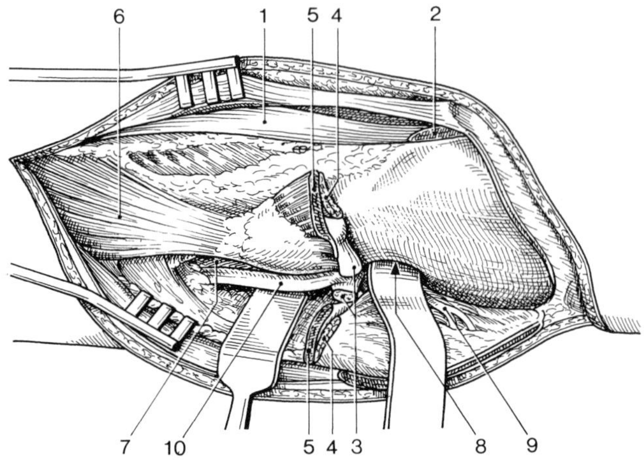

d) Ablösung der Glutäalmuskulatur und des M. piriformis vom Trochanter major. 1 = M. rectus femoris; 2 = M. tensor fasciae latae; 3 = M. piriformis; 4 = M. glutaeus min.; 5 = M. glutaeus med.; 6 = M. vastus lat.; 7 = M. biceps femoris; 8 = Foramen ischiadicum majus; 9 = Vasa glutaea sup.; 10 = N. ischiadicus.

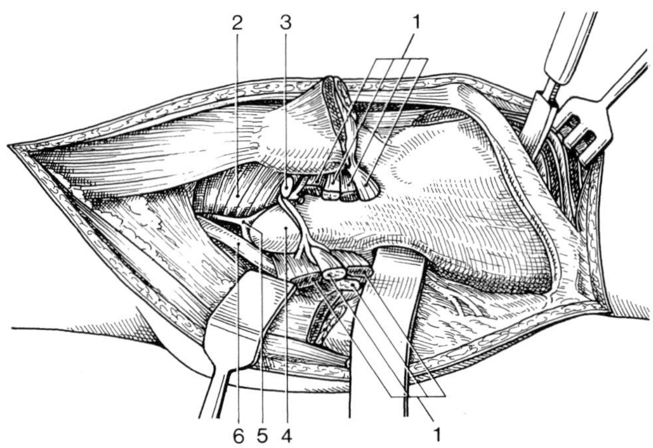

e) Durchtrennung der Außenrotatoren. Cave A. circumflexa femoris med. 1 = M. gemellus inf., M. obturatorius, M. gemellus sup., M. piriformis; 2 = M. quadratus femoris; 3 = Tendo m. obturatorii ext.; 4 = Tuber ischiadicum; 5 = A. circumflexa femoris med.; 6 = N. ischiadicus.

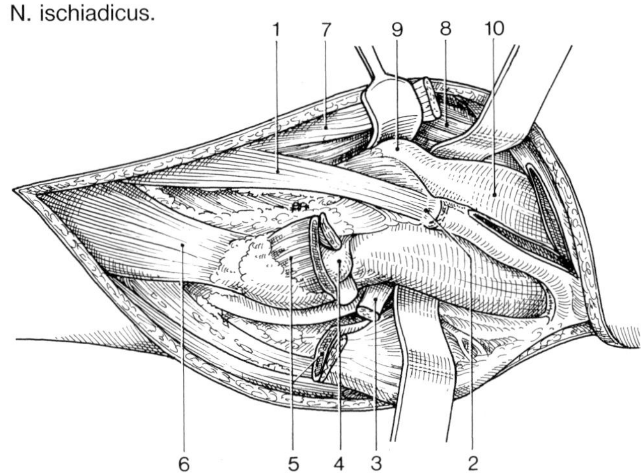

f) Zusätzliche Ablösung der Muskulatur auf der Ventralseite des Beckens. 1 = M. rectus femoris; 2 = Spina iliaca ant. sup.; 3 = M. piriformis; 4 = Trochanter major; 5 = M. glutaeus med.; 6 = M. vastus lat.; 7 = M. sartorius; 8 = M. iliacus; 9 = Eminentia iliopubica; 10 = Ala ossis ischii.

Dorsaler Zugang (Kocher-Langenbeck)

(Abb. 10.6-10 u. 11)

Dieser Zugang eignet sich für alle Formen der hinteren Pfannenrandfrakturen und der hinteren Pfeilerfrakturen sowie die Kombination beider Frakturformen als auch für hintere Randfrakturen, die mit Querbrüchen assoziiert sind (Abb. 10.6-10a).

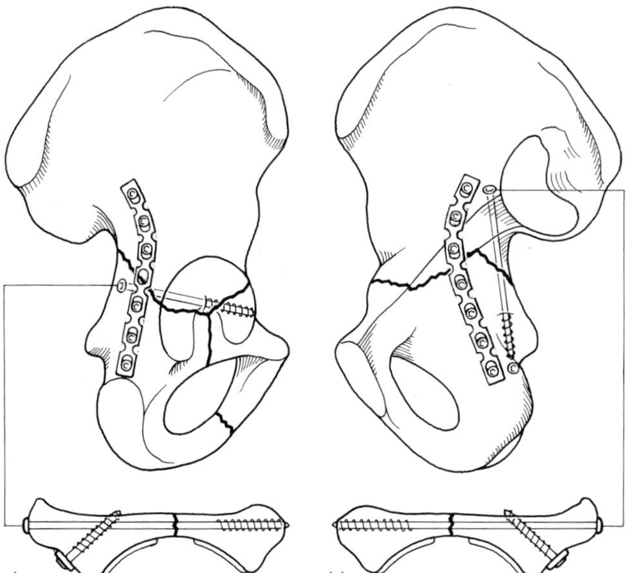

Abb. 10.6-10. Stabilisierung T-förmiger Acetabulumfrakturen.
a) Dorsaler Zugang. Lange Zugschraube und Rekonstruktionsplatte.
b) Ilioinguinaler Zugang. Platte entlang der Linea terminalis.

Der Schnitt beginnt an der Spina iliaca posterior superior und verläuft bogenförmig nach vorn über die Mitte der höchsten Erhebung des Trochanter major und endet 15 cm unterhalb der Spitze des Trochanters (Abb. 10.6-11a). Die Faszie der Glutäalmuskulatur wird in Faserrichtung inzidiert. Der Tractus iliotibialis wird längsgespalten. Die Fasern der Glutäalmuskulatur werden stumpf oder mit der Schere separiert, so daß etwa ein Drittel des Muskels nach oben und zwei Drittel nach unten weggehalten werden. Das obere Drittel erhält seine Ernährung aus der A. glutaea superior, die unteren zwei Drittel aus den Gefäßen der A. glutaea inferior. Im proximalen Anteil des Schnittes sind die Nervenäste des N. glutaeus inf. zu schonen.

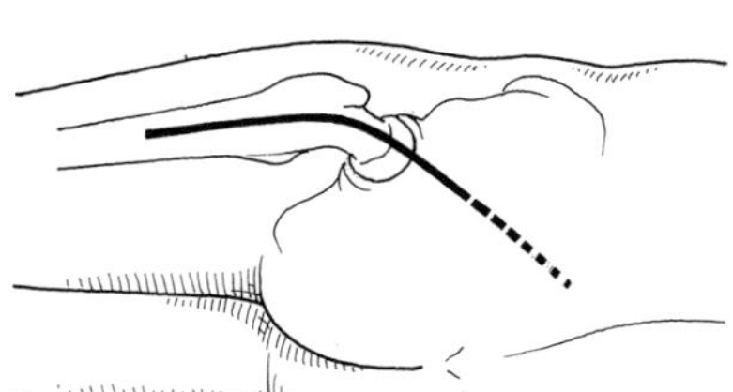

Abb. 10.6-11. a) Zugang zum Acetabulum nach Kocher-Langenbeck.

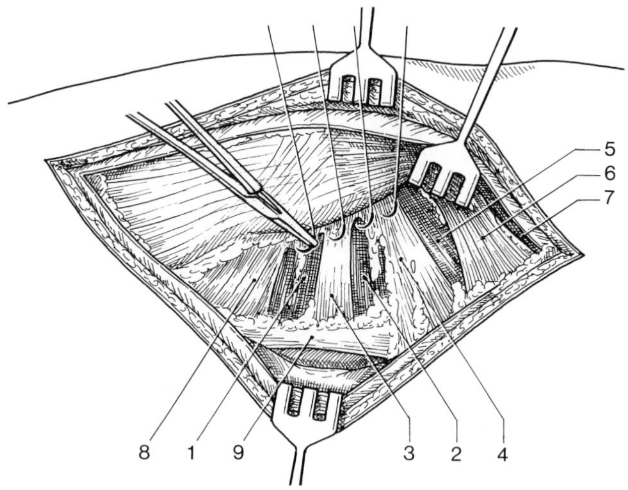

b) Anschlingen der Außenrotatoren bei innenrotiertem Bein. 1 = M. gemellus inf.; 2 = M. gemellus sup.; 3 = M. obturatorius int.; 4 = M. piriformis; 5 = M. glutaeus minimus; 6 = M. glutaeus medius; 7 = M. glutaeus maximus; 8 = M. quadratus femoris; 9 = N. ischiadicus.

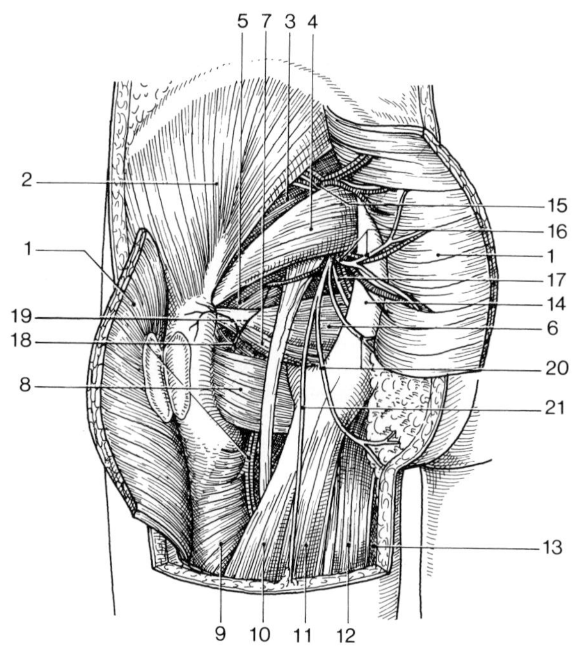

c) Anatomischer Situs beim dorsalen Zugang. 1 = M. glutaeus maximus; 2 = M. glutaeus medius; 3 = M. glutaeus minimus; 4 = M. piriformis; 5 = M. gemellus sup.; 6 = M. obturatorius int.; 7 = M. gemellus inf.; 8 = M. quadratus femoris; 9 = M. adductor minimus; 10 = M. biceps femoris; 11 = M. semitendineus; 12 = M. adductor magnus; 13 = M. gracilis; 14 = Lig. sacrotuberale; 15 = A., V. u. N. glutaea(us) sup.; 16 = A., V. u. N. glutaea(us) inf.; 17 = Vasa pudenda int.; 18 = A. circumflexa femoris med.; 19 = Anastomose zur A. glutaea inf.; 20 = Nn. clunium inf.; 21 = N. cutaneus femoris post.

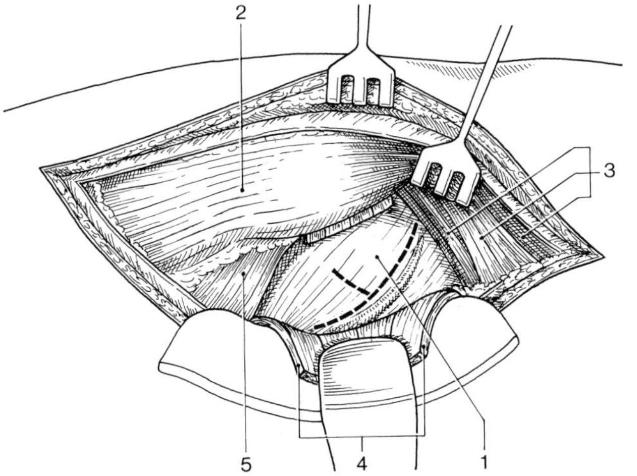

d) T-Förmige Inzision der Gelenkkapsel. 1 = Gelenkkapsel; 2 = Trochanter major; 3 = Glutäalmuskulatur; 4 = Außenrotatoren; 5 = M. quadratus femoris.

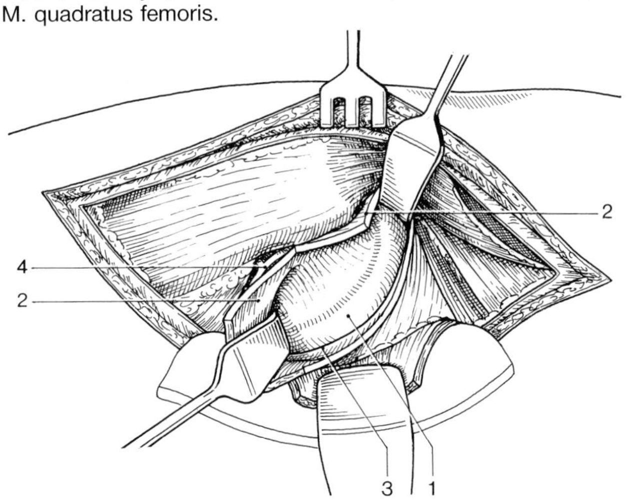

e) Eröffnete Gelenkkapsel am Rand des Acetabulums. 1 = Caput femoris; 2 = Capsula articularis; 3 = Labrum acetabulare; 4 = A. circumflexa femoris med.

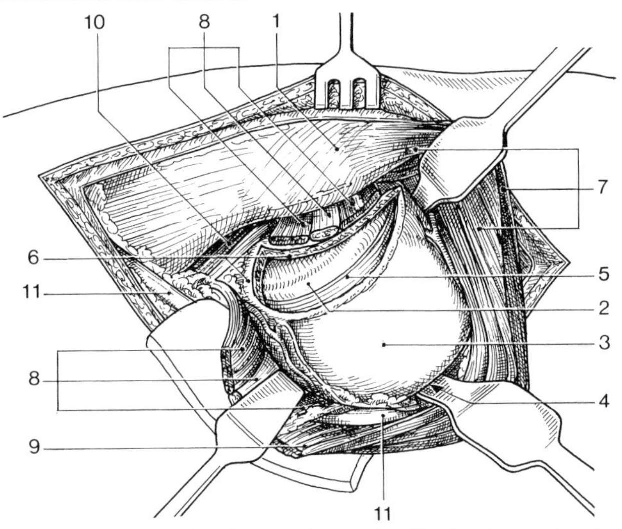

f) Hinterer Pfeiler des Acetabulums. 1 = Trochanter major; 2 = Caput femoris; 3 = Os ischii (hinterer Pfeiler); 4 = Foramen ischiadicum majus; 5 = Labrum acetabulare; 6 = Capsula articulare; 7 = Glutäalmuskulatur; 8 = Außenrotatoren; 9 = M. piriformis; 10 = M. quadratus femoris; 11 = N. ischiadicus.

Durch Innenrotation des Femurs spannen sich die am Trochanter ansetzenden Außenrotatoren an (M. piriformis, Mm. gemelli und M. obturatorius internus). Diese Muskeln werden mit einem Haltefaden angeschlungen und dicht am Trochanter abgetrennt und nach dorsal umgeschlagen (Abb. 10.6-11b). Zuvor muß der N. ischiadicus identifiziert werden, der nun durch die nach dorsal umgeschlagenen Außenrotatoren geschützt wird (Abb. 10.6-11c-f). Frakturen des Pfannendaches, des Pfannenhinterrandes und Einrisse der hinteren Gelenkkapsel können nun rekonstruiert werden (Abb. 10.6-12).

Beim Wundverschluß sind die kleinen Außenrotatoren soweit wie möglich zu rekonstruieren, nicht zuletzt um den N. ischiadicus von der Fraktur und dem Osteosynthesematerial zu separieren.

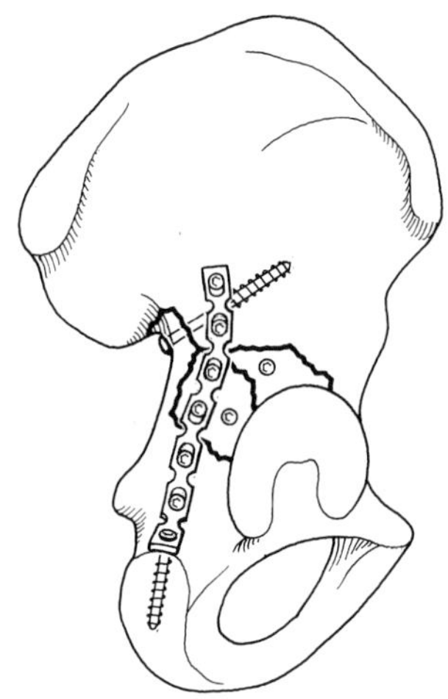

Abb. 10.6-12. Versorgung einer Querfraktur mit zusätzlicher hinterer Pfannenrandfraktur. Dorsaler Zugang.

Hüftkopffrakturen

Hüftkopffrakturen, die sich im Rahmen einer Hüftluxation ereignen, werden in **vier Erscheinungsformen** unterteilt (Pipkin, 1927):

Typ I: Luxation mit Fraktur der Kalotte kaudal der Fovea centralis.

Typ II: Luxation mit Kalottenfraktur kranial der Fovea centralis.

Typ III: Typ I oder II kombiniert mit Schenkelhalsfraktur.

Typ IV: Typ I oder II kombiniert mit Acetabulumfraktur.

Frakturen an der Kalotte des Hüftkopfes sind relativ selten und ereignen sich im Zusammenhang mit Luxationen oder Luxationsfrakturen.

Therapie

Für die Frakturen vom Typ I und bei geringer Dislokation auch beim Typ II empfiehlt sich die konservative Behandlung mit kurzzeitiger Extension und frühzeitiger funktioneller Therapie unter Teilbelastung des Beines.

Die Indikation zur Operation ist gegeben bei gleichzeitig vorliegenden Schenkelhalsbrüchen oder bei Fragmenten, die stark disloziert sind oder die eine Reposition des Gelenkes verhindern. Bei isolierten Kalottenfrakturen eignet sich der vordere Zugang. Das reponierte Knorpel-Knochen-Fragment wird mit einer Schraube fixiert, deren Kopf unter den Knorpel versenkt wird.

Schenkelhalsfrakturen

Einteilungen

Schenkelhalsbrüche werden eingeteilt in:
- Stabile Abduktionsfrakturen.
- Instabile Adduktionsfrakturen.

Eingekeilte Abduktionsfrakturen können konservativ behandelt werden. Die Adduktionsbrüche werden nach ihren biomechanischen Besonderheiten, die von Pauwels herausgearbeitet wurden, in 3 Grade unterteilt, je nach Neigungswinkel der Frakturebene (Abb. 10.6-13).

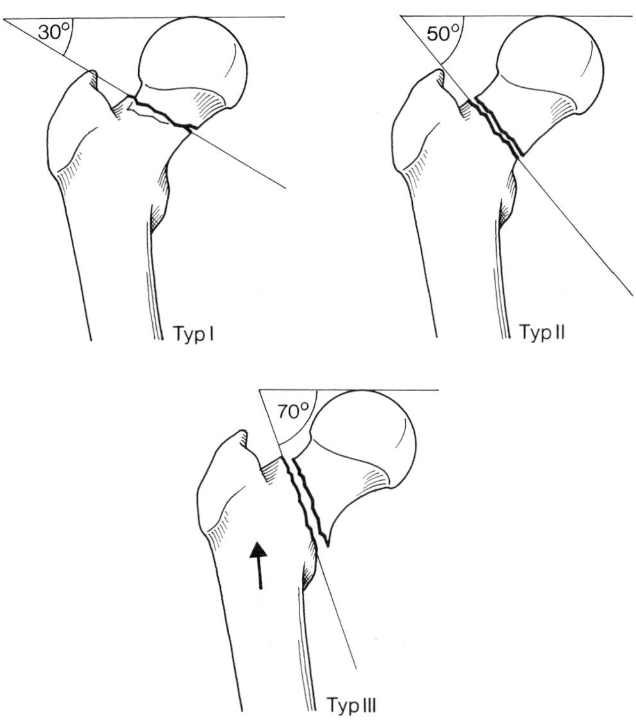

Abb. 10.6-13. Einteilung der Schenkelhalsfrakturen nach Pauwels.

Die Einteilung nach Garden orientiert sich an der Dislokation der Fragmente.

Beide Einteilungen wollen abschätzen, mit welchem Risiko eine posttraumatische Hüftkopfnekrose zu erwarten ist. Die Hüftkopfnekrose resultiert aus der besonderen Gefäßversorgung des Hüftkopfes, die mit hoher Wahrscheinlichkeit bei Frakturen vom Typ Pauwels III oder Garden III und IV zerstört ist (Abb. 10.6-14).

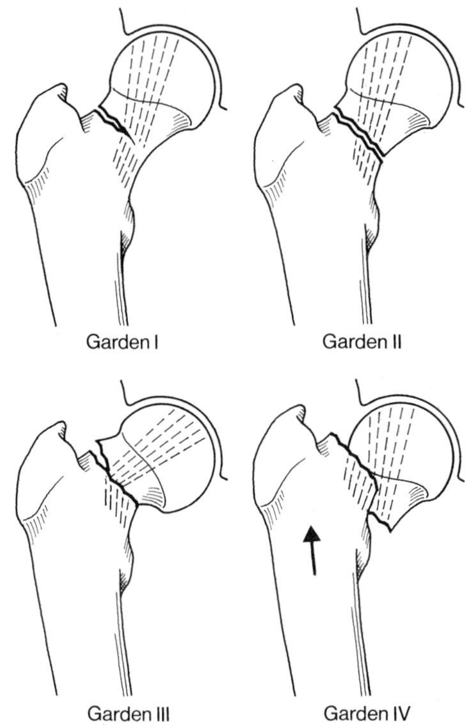

Abb. 10.6-14. Einteilung der Schenkelhalsfrakturen nach Garden.

Therapie

Die Schenkelhalsfrakturen ereignen sich vorwiegend im höheren Lebensalter und die Indikation zur Operation ist deshalb gegeben, weil eine lange Immobilisation im konservativen Behandlungsverfahren eine hohe Letalitätsrate hat. Bei Kindern und Jugendlichen ist der Schenkelhalsbruch eine absolute Operationsindikation, weil zu befürchten ist, daß ein Hämarthros durch Behinderung der arteriellen Zufuhr die Ernährung des Hüftkopfes über den Frakturschaden hinaus zusätzlich gefährdet (s. Kap. 10.3).

Bei der Wahl des operativen Verfahrens bei Schenkelhalsfrakturen, die sich im höheren Alter ereignen, geben besondere Probleme der Fraktur und allgemein geriatrische den Ausschlag. Zu entscheiden ist zwischen Osteosynthese und Alloarthroplastik. Von Seiten der Fraktur ist der Frakturtyp (Pauwels I–III, Garden I–IV), die Osteoporose, die Inaktivitätsatrophie, die schon vorhandene Coxarthrose und Gonarthrose zu berücksichtigen. Die geriatrischen Probleme sind die allgemeine Gebrechlichkeit des Kranken, die zerebrale Insuffizienz und die Unselbständigkeit. Ausschlaggebend für die Indikation zur Osteosynthese sind eine geringe Dislokation der Fraktur (z.B. Garden I–II), ein körperlich guter Zustand des Kranken und seine zu erwartende gute Kooperationsfähigkeit.

Die Rate der Frühkomplikationen wie Infektion, Thrombose und Embolie ist bei der Osteosynthese oder Alloarthroplastik etwa gleich hoch. Die Alloarthroplastik kann außerdem mit der Komplikation einer Luxation belastet sein. An Spätkomplikationen müssen bei der Osteosynthese die Rate der Pseudarthrosen (2–20%) und die relativ hohe Rate der Hüftkopfnekrosen (30–40%) berücksichtigt werden. Bei der Alloarthroplastik ist das besondere Spätproblem die Lockerung der Endoprothese. Die Letalität bei einer Osteosynthese und Endoprothese zeigt nach 3 Monaten und nach einem Jahr keinen Unterschied (P.L.O. Broos, 1987). Patienten jenseits des 70. Lebensjahres, die mit einer Endoprothese versorgt werden, erreichen in der Regel rascher ein besseres Gehvermögen und bessere funktionelle Konditionen und klagen über weniger Beschwerden. Auch die Rate der Reoperationen innerhalb eines Jahres nach der Erstversorgung ist bei Endoprothesen geringer als bei der Osteosynthese des Schenkelhalsbruches bei betagten Menschen.

Jenseits des 65. Lebensjahres sind Schenkelhalsfrakturen, die nach ihrem Erscheinungsbild ein hohes Risiko der Hüftkopfnekrose darstellen, eine Indikation zur Endoprothesenoperation.

Kopferhaltende Operationsverfahren

Als kopferhaltendes Operationsverfahren ist die Nagelung mit einem 3-Lamellennagel (Smith-Petersen) weitgehend abgelöst worden von der Osteosynthese mit einer Schenkelhalsplatte oder mit mehreren Zugschrauben. Für Osteosynthesen am Schenkelhals eignet sich der anterolaterale Zugang zum Hüftgelenk.

Anterolateraler Zugang zum Hüftgelenk

Der Patient befindet sich in Rückenlage. Es ist vorteilhaft, das Becken mit einem Kissen etwas anzuheben.

Der Hautschnitt beginnt etwas dorsal von der Spina iliaca superior und verläuft über den Trochanter major etwa 15 cm nach distal (Abb. 10.6-15a). Die Faszie wird am Unterrand des M. tensor fasciae latae inzidiert (Abb. 10.6-15b). Zwischen dem M. tensor fasciae latae sowie dem M. glutaeus medius und minimus wird zur Vorderseite der Hüftgelenkskapsel präpariert, wobei die auf diesem Weg quer verlaufenden Brückengefäße ligiert oder z.T. koaguliert werden. Zur Darstellung der Außenseite des proximalen Femurs wird der M. vastus lateralis L-förmig eingeschnitten und nach Ablösung mit dem Raspatorium nach vorn abgehalten (Abb. 10.6-15c u. d).

Von der gleichen Inzision kann das Hüftgelenk auch durch den transglutäalen Zugang freigelegt werden. Die Glutäalmuskulatur und der obere Anteil des M. vastus lateralis werden dabei in Faserrichtung gespalten. Die sehnige Gewebsverbindung zwischen diesen Muskeln wird scharf vom Knochen abgetrennt.

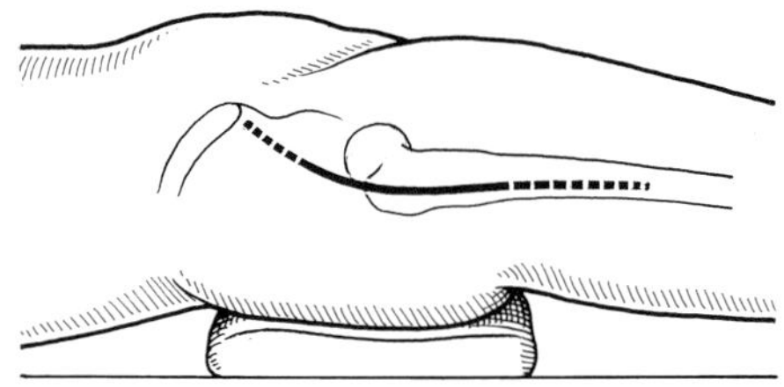

Abb. 10.6-15. a) Anterolateraler Zugang zum Hüftgelenk.

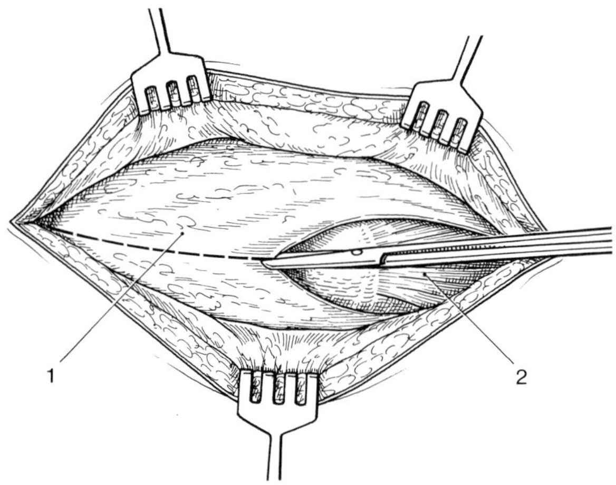

b) Spaltung der Fascia lata. 1 = Fascia lata; 2 = M. vastus lateralis.

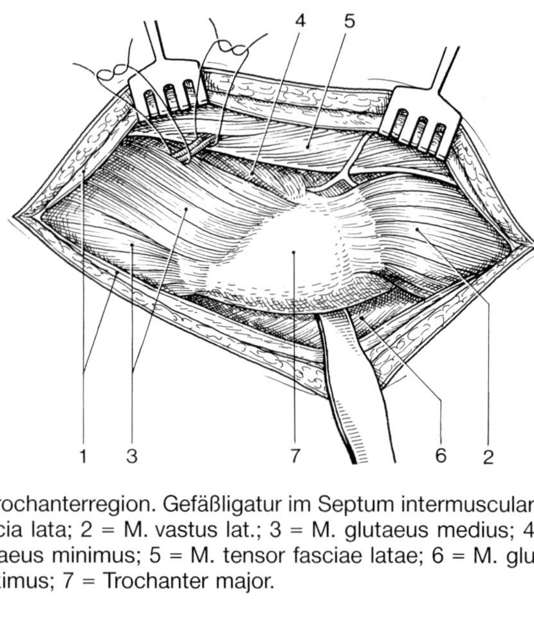

c) Trochanterregion. Gefäßligatur im Septum intermusculare. 1 = Fascia lata; 2 = M. vastus lat.; 3 = M. glutaeus medius; 4 = M. glutaeus minimus; 5 = M. tensor fasciae latae; 6 = M. glutaeus maximus; 7 = Trochanter major.

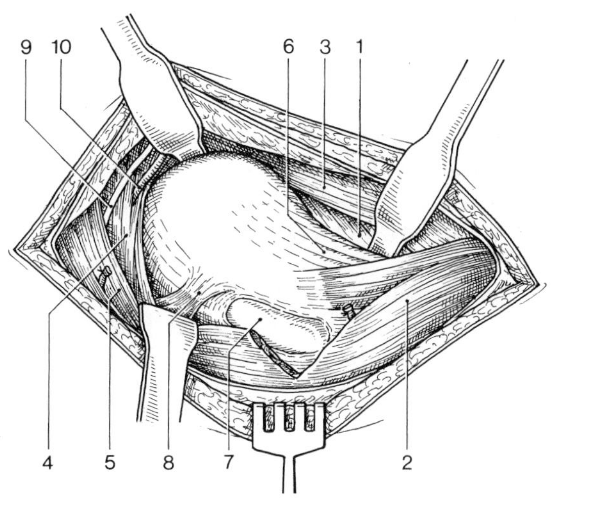

d) Übersichtliche Darstellung der Hüftgelenkskapsel. 1 = M. iliopsoas; 2 = M. vastus lat.; 3 = M. rectus femoris; 4 = M. glutaeus minimus; 5 = M. glutaeus medius; 6 = Lig. iliofemorale; 7 = Bursa trochanterica; 8 = M. piriformis, 9 = M. glutaeus sup.; 10 = Vasa glutaea sup.

Zugschraubenosteosynthese

Die Reposition und Operation kann auf dem Extensionstisch oder Normaltisch erfolgen. Wird ein Bildwandler verwendet, so genügt die laterale Inzision am Femur und unter Bildwandlerkontrolle werden Bohrung und Verschraubung ausgeführt.

Besser und übersichtlicher ist die offene Reposition und Osteosynthese. Vom anterolateralen Zugang her werden die Trochanterregion und die Vorderseite des Schenkelhalses dargestellt. Die Gelenkkapsel wird durch eine T-förmige Inzision eröffnet und das Hämatom ausgespült (Abb. 10.6-16).

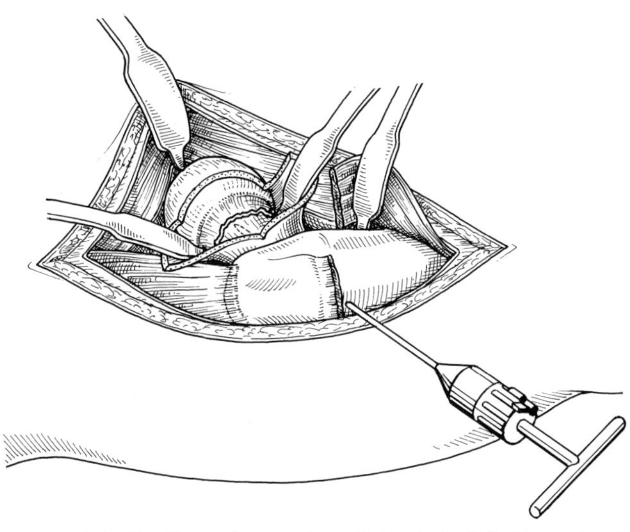

Abb. 10.6-16. Darstellung der Schenkelhalsfraktur durch T-förmige Inzision der Gelenkkapsel. Provisorische Stabilisierung der Fraktur mit einem Kirschner-Draht.

Die Reposition des Schenkelhalsbruches geschieht in der Regel unter Zug, Beugung und Innenrotation. Das Repositionsergebnis kann tastend und sehend überprüft werden. Die Stabilisierung erfolgt zunächst mit einem Kirschner-Draht. Anschließend werden mindestens 3 Zugschrauben eingebracht, welche wenigstens den gleichen Steigungswinkel haben wie der Schenkelhals. Kanülierte Schrauben erleichtern das Verfahren, indem sie über vorgebohrte und in der Position überprüfte Kirschner-Drähte eingebracht werden können. Bei Kindern genügen 2 Zugschrauben. Die Epiphyse darf nicht tangiert werden (Abb. 10.6-17a u. b).

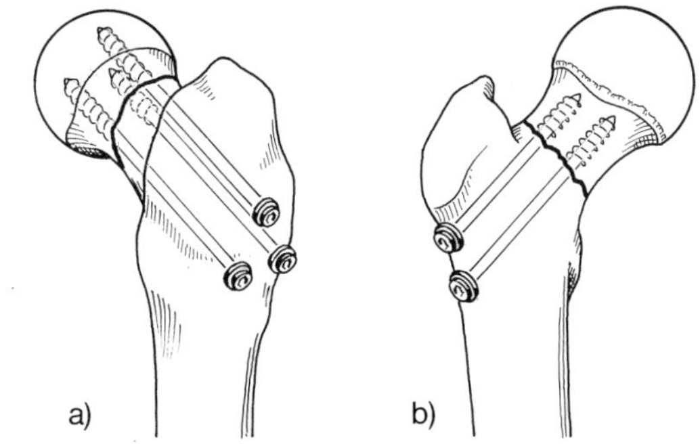

Abb. 10.6-17. Verschraubung der Schenkelhalsfraktur.
a) 3 Zugschrauben beim Erwachsenen.
b) 2 Zugschrauben bei Kindern. Cave Epiphyse!

Osteosynthese mit einer Winkelplatte und Zugschraube

Die Operation kann auf dem Extensiontisch unter Benutzung eines Bildwandlers ausgeführt werden. Der Zugang zum Hüftgelenk ist anterolateral, wobei der Hautschnitt nach distal etwas länger gestaltet ist, als bei der Schraubenosteosynthese. Auch unter Verwendung eines Bildwandlers ist es ratsam, den Schenkelhals und die vordere Gelenkkapsel darzustellen, zu eröffnen und das Hämatom auszuspülen. Diese Technik ermöglicht auch die sichere Positionierung des Plattensetzinstrumentes, welches den Knochen für eine Winkelplatte mit 130° vorbereitet.

Nach Reposition des Bruches wird ein Kirschner-Draht auf der Vorderseite des Schenkelhalses bis zum Hüftkopf vorgeschoben. Dieser Draht hat eine Steigung, die dem Collum-Diaphysen-Winkel entspricht. Ein weiterer Kirschner-Draht wird oberhalb des Tuberculum innominatum so eingebohrt, daß er die kraniale Begrenzung der Fossa trochanterica markiert. Mit einem Zielgerät, welches am Femur etwa 3 cm unterhalb des Tuberculum innominatum angelegt wird und welches eine Bohrrichtung mit einer Steigung hat, die einer 130°-Winkelplatte entspricht, wird die Kortikalis durch drei nebeneinanderliegende Bohrlöcher eröffnet (Abb. 10.6-18a). Diese Bohrlöcher werden mit einer Kugel- oder Zapfenfräse erweitert. Nun erfolgt das Einschlagen des Plattensetzinstrumentes parallel zu dem auf der Vorderseite des Schenkelhalses liegenden Kirschner-Draht (Abb. 10.6-18b). Dieses Manöver muß exakt erfolgen, um ein Austreten der Klinge dorsal oder ventral zu vermeiden. Das Plattensetzinstrument wird bis in den unteren Quadranten des Hüftkopfes vorgetrieben. Die Position wird im Bildwandler überprüft. 1–1,5 cm oberhalb des Plattensetzinstrumentes wird eine 3,2-mm-Bohrung angelegt und durch diese Bohrung wird eine Zugschraube eingebracht, welche die kranialen Abschnitte der Schenkelhalsfraktur unter Druck setzt. Nach dieser Fixierung kann das Plattensetzinstrument gefahrlos entfernt und durch die 130°-Platte ausgetauscht werden. Die 130°-Platte wird am Schaft mit 1–4 Schrauben fixiert (Abb. 10.6-18c).

Die dynamische Hüftschraube (DHS) (Abb. 10.6-18d) ist bei medialen Schenkelhalsfrakturen weniger geeignet. Es besteht die Gefahr der Rotation des Kopffragmentes und das Risiko des ungenügenden Halts des Schraube im kleinen Kopffragment.

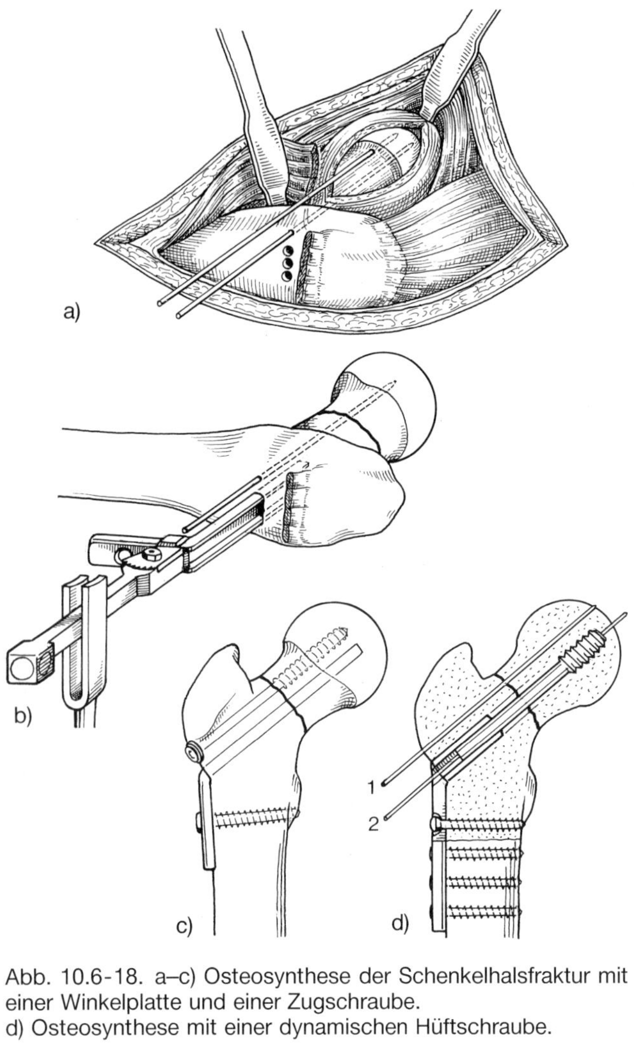

Abb. 10.6-18. a–c) Osteosynthese der Schenkelhalsfraktur mit einer Winkelplatte und einer Zugschraube.
d) Osteosynthese mit einer dynamischen Hüftschraube.

Alloarthroplastik bei Schenkelhalsfrakturen

Nach wie vor wird nach Schenkelhalsfrakturen verschiedenenorts lediglich der Femurkopf durch eine Endoprothese ersetzt, die im Femurschaft verankert ist. Die am meisten verwandten Prothesen sind die nach Thompson und Moore.

Voraussetzung zur Verwendung einer solchen Prothese ist eine regelrecht geformte und intakte Hüftpfanne und eine solide Knochenstruktur, keine Osteoporose.

Hüftkopfersatz

Bei beweglich abgedecktem Bein und stabiler Seitenlage des Patienten wird im allgemeinen der dorsale oder posterolaterale Zugang (Austin Moore) verwendet (Abb. 10.6-19a). Als Vorteil dieses Zugangs gilt seine technische Einfachheit und der geringe Blutverlust.

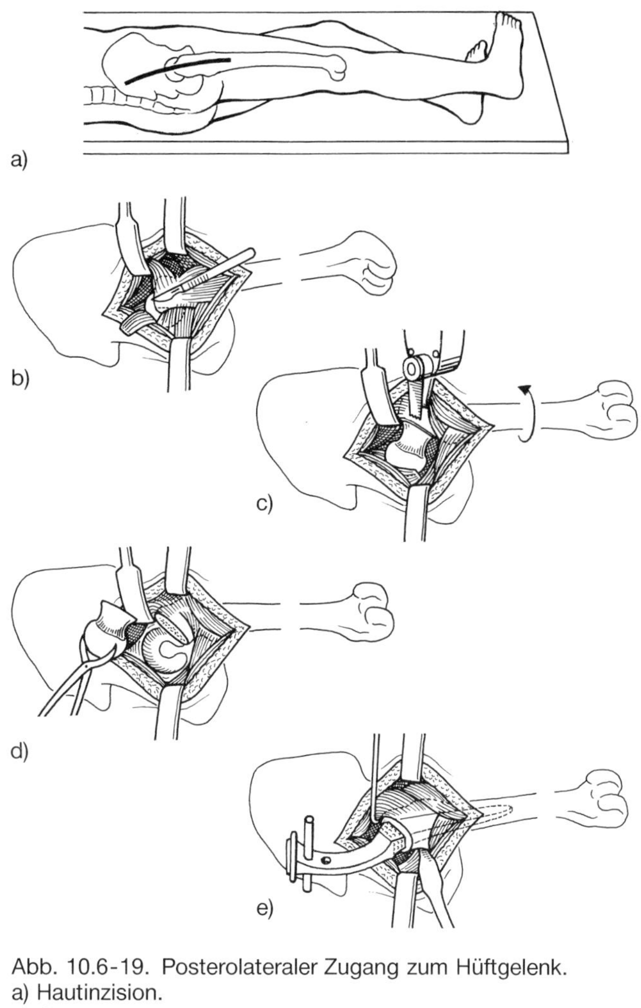

Abb. 10.6-19. Posterolateraler Zugang zum Hüftgelenk.
a) Hautinzision.
b) Gelenkkapselinzision.
c) Resektion des Schenkelhalses
d) Exstirpation des Hüftkopfes.
e) Ausraspeln der Femurmarkhöhle.

Nach Freilegung der Gelenkkapsel und T-förmiger Inzision derselben wird der Oberschenkel adduziert, flektiert und stark innenrotiert, bis die Hüfte luxiert ist (Abb. 10.6-19b). Die Resektion des Schenkelhalses geschieht mit der oszillierenden Säge oder Gigli-Säge (Abb. 10.6-19c u. d). Eine schmale Basis des Schenkelhalses soll verbleiben und die Resektionsebene entspricht dem Neigungswinkel der Kragenauflage der verwendeten Endoprothese. Auch eine Antetorsionsstellung von etwa 15° für die einzusetzende Endoprothese muß bereits bei der Resektion berücksichtigt werden, um eine solide Kragenauflage der Prothese zu erreichen. Die Resektion am Schenkelhals ist dann richtig, wenn nach Implantation der Endoprothese die Spitze des Trochanter major auf gleicher Höhe wie das Zentrum des künstlichen Hüftkopfes liegt und wenn schließlich eine seitengleiche Beinlänge resultiert (Abb. 10.6-20).

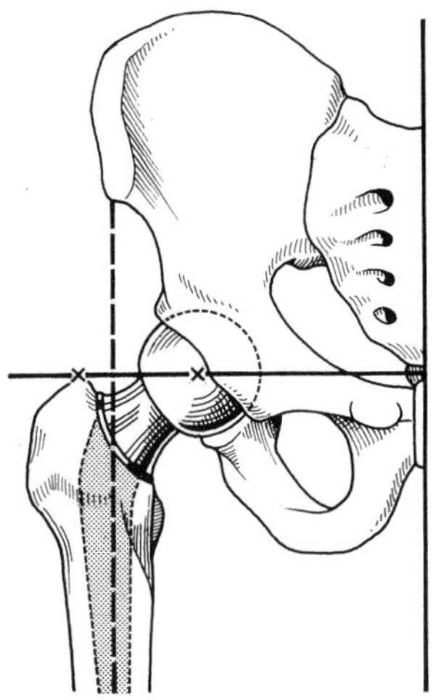

Abb. 10.6-20. Position der Hüftkopfprothese.

Der Femurschaft wird mit prothesenspezifischen Raspatorien eröffnet und vorbereitet (Abb. 10.6-19e). Es ist dabei zu beachten, daß die Prothese in Neutral- oder Valgusposition im Schaft verankert wird.

Der Durchmesser der einzubringenden Endoprothese muß dem Durchmesser des entnommenen Kopfes entsprechen, um möglichst kongruente Verhältnisse zwischen dem künstlichen Hüftkopf und der natürlichen Gelenkpfanne zu erhalten.

Dieser Typ von Endoprothese wird auch einzementiert. Der Knochenzement ist unter Kompression nach Plombierung der Markhöhle so einzubringen, daß er sich möglichst gut in den verbleibenden Knochenstrukturen des koxalen Femurendes verankert. Während des Aushärtens des Zementes darf die Prothese nicht bewegt werden, da sonst der frühzeitigen Lockerung Vorschub geleistet wird.

Nach Aushärten des Zementes wird die Prothese vorsichtig reponiert. Auf eine Naht der inzidierten Gelenkkapsel kann verzichtet werden. Über einer Redon-Drainage wird die Fascia glutaea genäht. Subkutandrainage und Hautverschluß.

Nachbehandlung

Bei regelrechtem Sitz der Prothese sind keine besonderen stabilisierenden Schienen und dergleichen erforderlich. Sofort wird mit isometrischen Übungen begonnen und am Tag nach der Operation sollen ältere Patienten bereits das Bett verlassen und Gehübungen im Gehwagen und später mit Armstützen durchführen. Eine Früh- oder Sofortbelastung ist möglich.

Nachteile dieses Verfahrens

Bei geringfügiger Inkongruenz zwischen Kopf und Pfanne kommt es relativ rasch zur Protrusio acetabuli. Reine Kopfprothesen verursachen oft auch länger anhaltende Beschwerden.

Duo-Kopfprothesen

Die beobachtete Protrusion des künstlichen Hüftkopfes und die mitunter auftretenden Beschwerden haben zur Konstruktion eines Prothesentyps geführt, der zwischen dem Metallhüftkopf und dem natürlichem Acetabulum eine halbkugelförmige Schale als Zwischenschicht aufweist. Bei dieser Prothese soll eine Bewegung zwischen Pfanne und Interponat sowie Interponat und künstlichem Hüftkopf stattfinden. Die Operationstechnik entspricht derjenigen der reinen Kopfendoprothese und auch die Vorbedingungen sind ähnlich.

Totalendoprothese des Hüftgelenkes

Die Vorteile dieser Endoprothese liegen in der einfachen Auswahl von Standardgrößen und im raschen Eintritt der Schmerzfreiheit, da von Seiten der Pfanne oder von Seiten etwaiger Inkongruenz und Protrusion des Hüftkopfes keine Komplikationen zu erwarten sind. Als Nachteil gilt die etwas längere Operationsdauer, weil auch das Acetabulum zu bearbeiten und dort eine Prothesenkomponente zu verankern ist.

Operationstechnik

Als Zugang hat sich die anterolaterale Inzision am Hüftgelenk bewährt (Abb. 10.6-21a). Auch der dorsale Zugang ist möglich. Als Vorteil des anterolateralen Zugangs bei normaler Rückenlage des Patienten gilt die gute Übersichtlichkeit und die einfache Orientierungsmöglichkeit hinsichtlich Neigungswinkel der zu implantierenden Pfanne und hinsichtlich der Torsionsstellung der Prothesenschaftkomponente.

Nach Exposition und Eröffnung der Gelenkkapsel (Abb. 10.6-21b) wird an der Basis des Schenkelhalses osteotomiert (Abb. 10.6-21c) und der Femurkopf wird mit einem korkenzieherartigen Instrument extrahiert. Auch hier hängt die Schenkelhalsosteotomie im Neigungswinkel und in der Resektionshöhe von der Art des verwendeten Endoprothesenmodells ab. Das Planungsziel bei der Resektion ist ein Gleichstand der Höhe der Trochanterspitze mit dem Zentrum des Hüftkopfes im künstlichen Gelenk und letztlich eine seitengleiche Beinlänge.

Bei stabilen Knochenstrukturen haben sich zementfrei zu implantierende Pfannenkomponenten bewährt. Diese künstlichen Gelenkpfannen bestehen aus einem Metallring mit einer konischen oder sphärischen Grundform. Die Außenflächen dieser Metallpfannen sind mit tiefen Gewindegängen versehen. Diese Pfannen werden in die vorgefrästen knöchernen Hüftpfannen eingedreht. Bei den sphärischen Pfannenformen wird statt der Verankerung über Gewindegänge auch eine Verankerung über eine rauhe Oberflächenstrukturierung erreicht. Alle diese Metallpfannen werden mit einem paßgerechten Polyäthylen-Inlay ausgekleidet.

Je nach Größe des Acetabulums wird mit der prothesenspezifischen Knochenfräse entknorpelt und das Acetabulum vertieft. Bereits beim Fräsvorgang muß auf den Neigungswinkel von 45° zur Sagittalebene und auf eine Antetorsion von 10–15° zur Frontalebene geachtet werden (Abb. 10.6-22a). Der in der gleichen Richtung eingeschraubte Metallring muß eine so hohe primäre Festigkeit haben, daß eine alsbaldige Belastung der Endoprothese möglich ist.

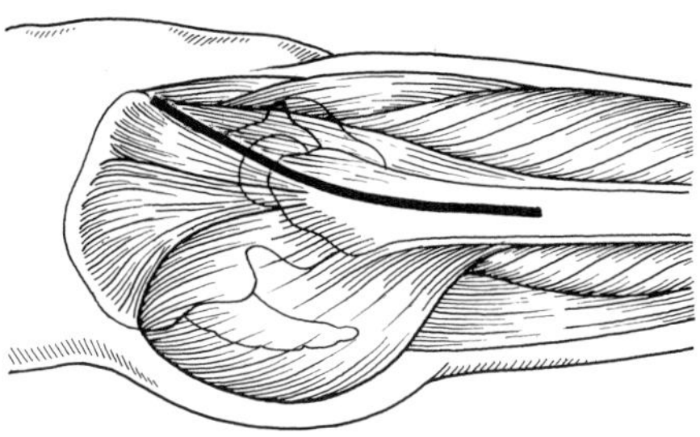

Abb. 10.6-21. a) Anterolateraler Zugang.

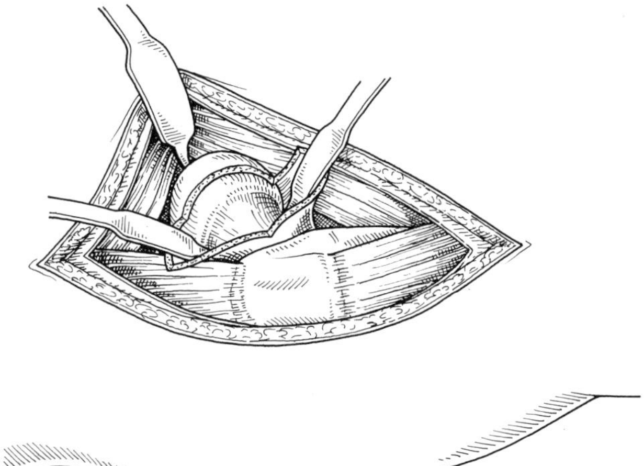

b) Inzision der Gelenkkapsel.

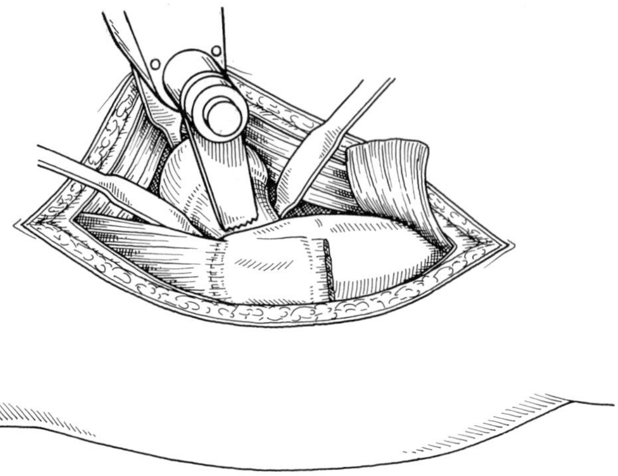

c) Osteotomie in der lateralen Schenkelhalslinie nach Resektion der Gelenkkapsel.

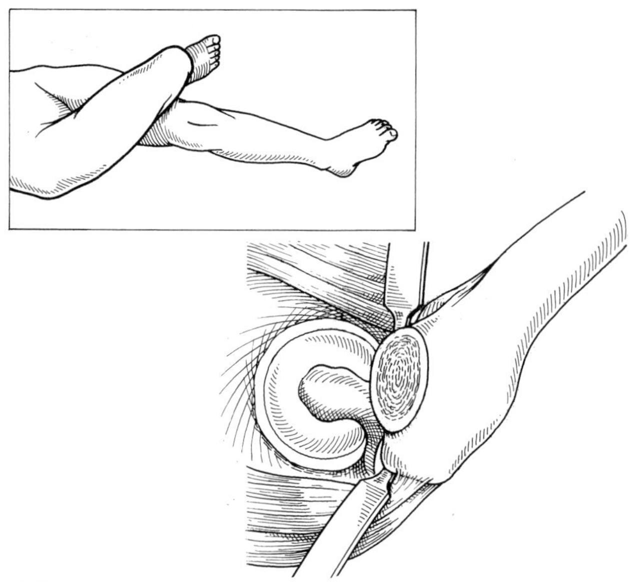

d) Exposition des Femurs.

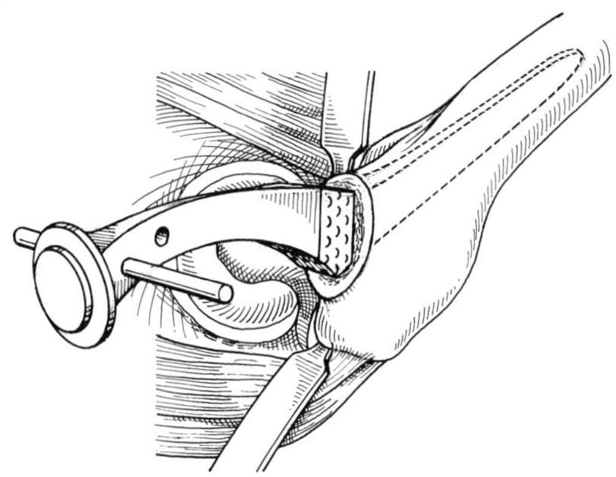

e) Aufraspeln der Markhöhle.

Nach wie vor bewährt, insbesondere beim betagten Patienten, hat sich die Implantation von dickwandigen Polyäthylenpfannen mit Hilfe von Knochenzement.

Hier geschieht die Entknorpelung und Ausfräsung in der Regel mit sphärisch geformten Werkzeugen. Es darf nicht zu tief gefräst werden. Falls bereits arthrotische Strukturen am Hüftgelenk vorliegen, sollte nach Möglichkeit eine tragfähige sklerosierte Knochenzone unverletzt bleiben. Die Perforation des Pfannenbodens ist zu vermeiden. Tritt sie unversehens auf, so ist unbedingt eine Plombierung mit einer autologen Knochenscheibe notwendig. Diese Knochenscheibe wird aus dem entnommenen Hüftkopf zubereitet.

Zur besseren Verankerung des Knochenzementes haben sich Verankerungslöcher im Acetabulum bewährt, deren Durchmesser 8–10 mm nicht überschreiten soll und die lediglich im dorsokranialen Pfannenabschnitt anzubringen sind – entsprechend der Hauptbelastungsrichtung des Acetabulums. Nach sorgfältiger Ausarbeitung, Spülung und Trocknung der Pfannenhöhle werden der Knochenzement und anschließend die Polyäthylenpfanne eingebracht.

Es ist streng auf die oben angegebenen Neigungswinkel hinsichtlich Sagittal- und Torsionsebene zu achten.

Während des Aushärtungsprozesses ist jegliche Bewegung zu vermeiden. Überschüssiger Zement wird abgetragen.

Die Implantation der femoralen Endoprothesenkomponente geschieht analog der Technik, wie sie beim Hüftkopfersatz beschrieben wurde. Bei der Operation durch den anterolateralen Zugang wird nach Implantation der Pfanne das zu operierende Bein über das etwas abgesenkte gesunde Bein gekreuzt und um 90° nach außen rotiert (Abb. 10.6-21d). Zur übersichtlichen Darstellung der Osteotomiefläche am Übergang vom Trochanter zum Schenkelhals ist es gelegentlich notwendig, die Glutäalmuskulatur an der vorderen Einstrahlung in den Trochanter etwas einzukerben. Danach wird die Markhöhle mit entsprechenden Raspeln schrittweise eröffnet, bis das verwendete Endoprothesenschaftmodell paßgerecht eingesetzt werden kann (Abb. 10.6-21e). Verwendet man zur Verankerung der Schaftprothese Knochenzement, so sollte das Femur in Höhe der Prothesenspitze mit einem Knochenzylinder plombiert werden. Dieser Knochenzylinder kann mit einem V-Meißel aus dem Trochantermassiv entnommen werden. Diese Plombierung soll das Vordringen des Knochenzementes in die Markhöhle verhindern und gleichzeitig gewährleisten, daß der Zement beim Einbringen mit einer Zementpresse tief und fest in die spongiösen Räume des koxalen Femurendes eindringt (Abb. 10.6-22b).

Verwendet man Endoprothesenmodelle, die zementfrei zu verankern sind, so ist darauf zu achten, daß eine primäre Stabilität vorliegen muß. Dies wird erreicht durch eine paßgenaue Vorbereitung des Prothesenschaftbettes. Aus der fast unübersehbar großen Zahl der zementfrei zu implantierenden Schaftprothesen scheinen sich solche eher zu bewähren, bei denen die Hauptverankerung im trochantären Abschnitt des Femurs stattfindet.

Eine völlig neue Konzeption der zementfreien Implantation von Hüfttotalendoprothesen geht davon aus, daß vor allem die elastomechanischen und biodynamischen Systeme der Spongiosaräume im Trochanter und am Becken zu erhalten sind. Eine solche Endoprothese orientiert sich an den trabekulären Knochenstrukturen und vernetzt sich im spongiösen Gerüst. Die großflächige Verankerung und die Erhaltung der spongiösen Strukturen gewährleistet eine Kraftübertragung am Hüftgelenk, die den natürlichen Gegebenheiten näher steht, als dies bei den stielverankerten Endoprothesen sonst der Fall ist (Abb. 10.6-23).

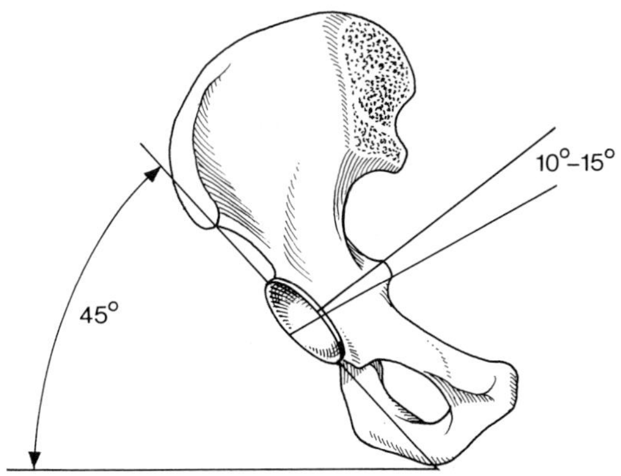

Abb. 10.6-22. Position der künstlichen Hüftpfanne. Inklinationswinkel 45°, Anteversion 10°–15°.

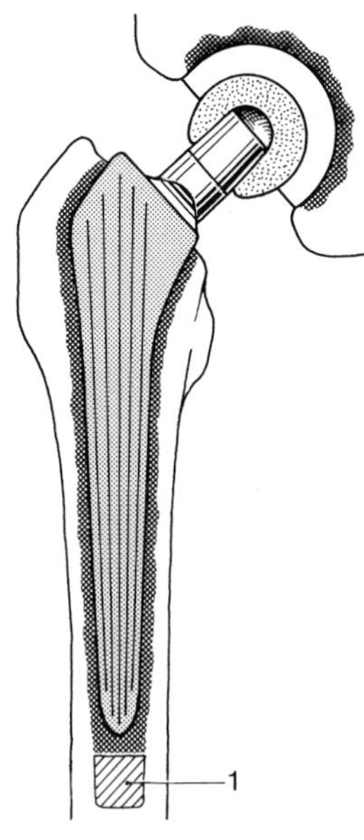

Abb. 10.6-23. Einzementierte Hüfttotalendoprothese. 1 = Plombierung der Markhöhle mit einem Knochenblock.

Pertrochantäre Frakturen

Pertrochantäre Frakturen betreffen vorwiegend ältere Menschen. Die Heilungstendenz in diesem spongiösen Knochenabschnitt ist günstig. Entsprechend dem Verletzungsmechanismus können Aufklappbrüche und Einstauchungsbrüche unterschieden werden (Ender-Gibus). Der einfache Aufklappbruch ist der häufigste (60%). Der Bruch ist um so instabiler je stärker die medialen Spongiosa- und Kortikalisabschnitte disloziert bzw. zerstört sind.

Frakturformen

a) Bruchverlauf vom Trochanter major zum Trochanter minor.
b) Zusätzlicher Ausriß des Trochanter minor (hinterer Keil).
c) Langer Ausbruchkeil des Trochanter minor sowie Hochstand und Lateralposition des Schaftes.
d) Pertrochantärer Bruch mit langem medialen Fragment und Bruch des Trochantermassivs.
e) Pertrochantärer Trümmerbruch.
f) Intertrochantärer Trümmerbruch mit fast horizontal verlaufender Bruchlinie.
g) Pertrochantäre Fraktur mit umgekehrtem Verlauf von lateral-distal nach medial-proximal.

Die standardisierte AO-Klassifikation unterscheidet:
A 1 = einfache pertrochantäre Frakturen.
A 2 = pertrochantäre Mehrfachfrakturen.
A 3 = intertrochantäre Frakturen (Abb. 10.6-24).

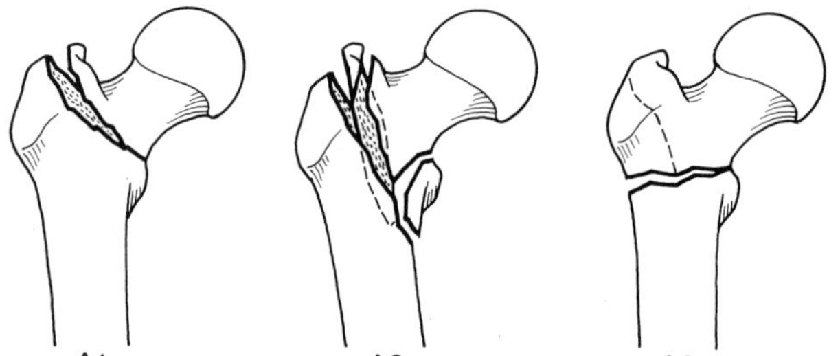

Abb. 10.6-24. Pertrochantäre Frakturen. AO-Klassifikation.

Therapie

Die operative Behandlung ist zur Methode der Wahl geworden, weil trotz guter Heilungschancen die lange Immobilisation im konservativen Behandlungsverfahren bei alten Menschen zahlreiche Komplikationen mit sich bringt. Das Grundprinzip der Stabilisierung solcher Frakturen besteht in einer Schienung durch intramedulläre Kraftträger, welche Schenkelhals und Hüftkopf in eine stabile Verbindung zum Femurschaft bringen. Bekannt geworden sind insbesondere die laschenartigen Schrauben und Nägel nach Pohl und McLaughlin. Derzeitig gebräuchliche Variationen dieses Grundprinzips sind Winkelplatten mit einem U-Profil und einem Winkel von 120 oder 130° und die dynamischen Hüftschrauben (DHS) der AO.

Eine besondere für diese Frakturen geeignete Form der intramedullären Stabilisierung stellen die elastischen Rundnägel nach Ender und Simon-Weidner dar.

Sowohl mit der dynamischen Hüftkompressionsschraube als auch mit der elastischen Rundnagelung ist eine so hohe Stabilität zu erreichen, daß eine sofortige Belastbarkeit der Extremität resultiert. Außerdem erlauben diese Verfahren eine interfragmentäre Kompression durch Einstauchung der Fragmente, indem diese auf den stabilisierenden Elementen gleiten, ohne daß dabei die Implantate den Hüftkopf perforieren und damit das Gelenk zerstören.

Als Nachteil der Ender-Nagelung wird die höhere Rate der Außenrotationsfehlstellungen erwähnt. Andererseits gilt die Methode beim alten Patienten als einfach und schonend. Bei den Winkelplattenosteosynthesen ist als Komplikation der Ermüdungsbruch des Implantates und bei der DHS der öfter beobachtete Schwund des Schenkelhalses (insbesondere bei Osteoporose) zu erwähnen.

Neuerdings steht für diese Frakturen eine modifizierte Marknagelungstechnik zur Verfügung. Ein kurzer und dicker Nagel wird von der Spitze des Trochanter major aus im Markraum des Femurs verankert. Durch eine Bohrung im Nagel wird ein intramedullärer Kraftträger von der lateralen Kortikalis des Femurs durch den Schenkelhals in den Hüftkopf eingebracht (Gammanagel).

Zugang zum proximalen Femur von lateral

Dieser Zugang eignet sich zur Versorgung von Schenkelhalsfrakturen sowie per- und subtrochantären Frakturen sowie zu Osteotomien am koxalen Femurende.

Der Patient befindet sich in Rückenlage. Der Hautschnitt beginnt etwa 5 cm oberhalb des Trochanter major und verläuft gerade über den Trochanter major in Richtung auf den Condylus femoris lateralis. Die Länge der Inzision richtet sich nach der zu versorgenden Fraktur (Abb. 10.6-25a). Die Fascia lata wird genau im Verlauf des Hautschnittes längs inzidiert. Der M. vastus lateralis wird an seiner Trochanterinsertion L-förmig eingeschnitten, wobei der lange Schenkel des L weit dorsal, möglichst dicht an der Linea aspera verläuft (Abb. 10.6-25b). Der Muskel wird im Septum intermusculare mit dem Raspatorium abgetrennt (Abb. 10.6-25c). Dieses Manöver geschieht schrittweise und die von dorsal in den Muskel einmündenden Vasa perforantia werden ligiert. Je nach erforderlicher Exposition des Femur kann der M. vastus lateralis bis zur suprakondylären Region hinunter abgelöst werden. Der Vastusmuskel wird dann mit mehreren Hohmann-Hebeln nach vorn abgehalten. Zum Schutz des Muskels empfiehlt sich die Zwischenpolsterung durch ein Bauchtuch.

Beim Wundverschluß ist auf eine sorgfältige Reinsertion des M. vastus lateralis am Trochanter zu achten. Am Hinterrand bedarf es in der Regel keiner Naht, da sich der Muskel dort bei richtiger Trochanterreinsertion ideal anlegt.

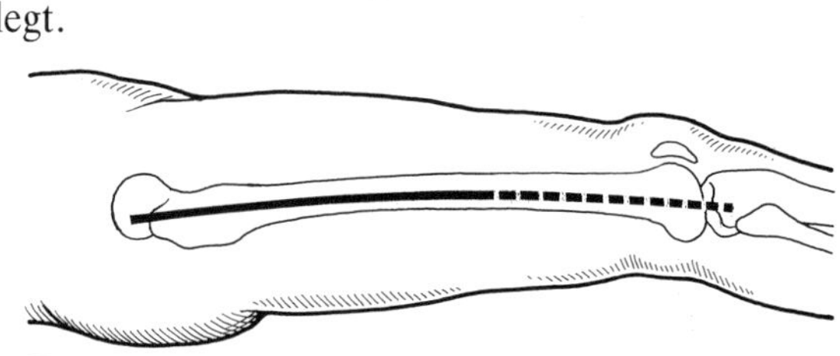

Abb. 10.6-25. a) Lateraler Zugangsweg zum Femur.

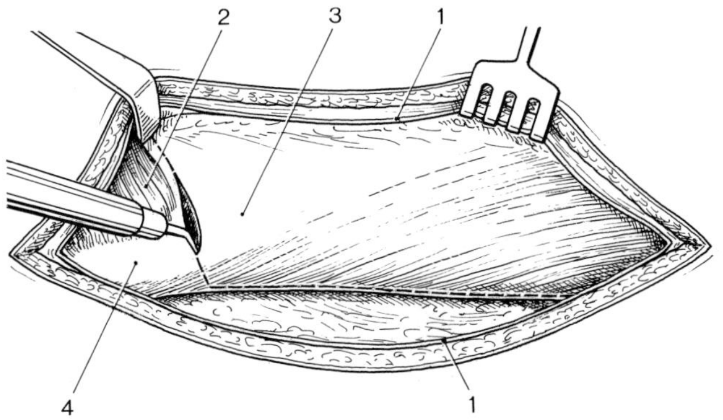

b) Inzision des M. vastus lat. am proximalen Femur. 1 = Fascia lata; 2 = M. glutaeus medius; 3 = M. vastus lat.; 4 = Trochanter major.

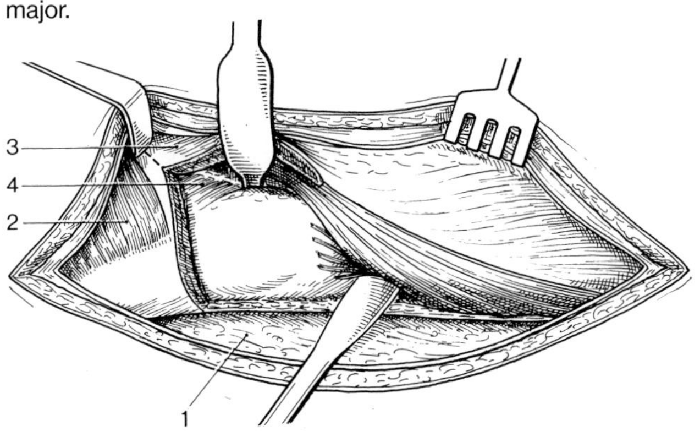

c) Ablösung des M. vastus lat. mit dem Raspatorium.

Technik der Nagelung nach Ender und Simon-Weidner

Der Patient wird in Rückenlage auf dem Extensionstisch gelagert und das unverletzte Bein wird soweit wie möglich abduziert, so daß ein Röntgenbildwandler für die axiale Aufnahme richtig positioniert werden kann. Ein zweiter Bildwandler ist für die a.-p. Kontrolle bei der Nagelung wünschenswert.

Das frakturierte Bein wird vor der sterilen Abdeckung über eine Kalkaneusdrahtextension oder über einen Extensionsschuh reponiert. Der distale Femur wird durch den medialen Zugang freigelegt. Nach Abhebung des Vastus medialis finden sich quer zur Femurschaftachse verlaufende, periostale Gefäße. Einen Zentimeter oberhalb dieser Gefäße wird mit einem gebogenen Pfriem der Markraum eröffnet. Unter Bildwandlerkontrolle wird ein der Länge ungefähr entsprechender Nagel auf den abgedeckten Oberschenkel gelegt, so daß sein distales Ende auf die Nageleintrittsstelle zu liegen kommt und seine Spitze sich auf den Hüftgelenksspalt projiziert. Der so annährungsweise in seiner Länge bestimmte Nagel wird nach Vorbiegung unter Kontrolle im Bildwandler in beiden Ebenen eingeschlagen. Wichtig ist, daß die Spitze des Ender-Nagels mit dem Schränkeisen gebogen wurde, damit eine solide Verspannung und Abstützung des Nagels in Hüftkopf und Femurschaft erfolgt. Der erste Nagel wird entlang des Adamschen Bogens möglichst weit kaudal im Oberschenkelkopf eingeschlagen. Die weiteren Nägel sollen sich fächerförmig im Kopf-Hals-Fragment verteilen (Abb. 10.6-26a u. b). Meist sind 4–5 Nägel zur Stabilisierung des Bruches erforderlich. Die Wunde an der Innenseite des distalen Oberschenkels wird über einer Redon-Drainage verschlossen.

Postoperativ ist eine sofortige Übungsbehandlung notwendig, wobei eine Vollbelastung der Extremität möglich ist.

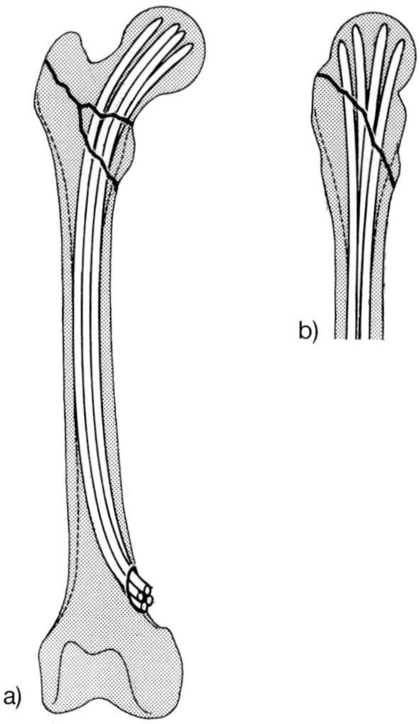

Abb. 10.6-26. Nagelung nach Ender und Simon-Weidner.
a) A.-p. Projektion.
b) Axiale Projektion.

Osteosynthese mit der 130°-Winkelplatte

(Abb. 10.6-27)

Diese Osteosynthese kann auf dem Extensionstisch oder auf dem Normaltisch ausgeführt werden. Die verletzte Extremität wird steril abgedeckt. Der Zugang entspricht dem Zugang zum proximalen Femur von lateral. Der M. vastus lateralis wird L-förmig vom Femur abgelöst und unter Zug wird die Fraktur reponiert. Gelegentlich ist eine temporäre Stabilisierung mit dicken Kirschner-Drähten möglich. Die Reposition kann auch mit Hilfe eines Fixateur externe vorgenommen werden.

2,5 cm unterhalb des Tuberculum innominatum werden mit dem 4,5-mm-Bohrer 3 Löcher mit Hilfe der Bohrschablone gelegt. Diese Löcher werden mit der 7-mm-Zapffräse erweitert. Die Unterkante dieser kortikalen Öffnung kann zusätzlich mit dem Meißel erweitert werden. Anschließend wird das Plattensetzinstrument mit dem aufgesetzten Zielgerät parallel zu einem Kirschner-Draht, der in Richtung der Schenkelhalsachse auf der Vorderseite des Schenkelhalses angebracht wurde, eingeschlagen. Das Plattensetzinstrument wird dann orientierend an diesem Kirschner-

Draht bis in den unteren Quadranten des Hüftkopfes vorgetrieben. Die endgültige Position wird im Bildwandler in beiden Ebenen überprüft. Nach Ausmessen der Klingenlänge am Plattensetzinstrument wird eine entsprechende 130°-Winkelplatte eingeschlagen und schließlich mit Schrauben am Oberschenkelschaft fixiert. Zusätzlich kann oberhalb der Platte eine Zugschraube Verwendung finden. Bei Trümmerfrakturen ist bei dieser Osteosynthese unbedingt auf eine gute mediale Abstützung zu achten, indem entweder der Trochanter minor als meist intaktes Hauptfragment durch eine Zugschraube fixiert, oder aber indem primär eine Spongiosaplastik zur medialen Abstützung eingebracht wird. Nach Insertion des M. vastus lateralis wird die Wunde schichtweise über Redon-Drainagen verschlossen.

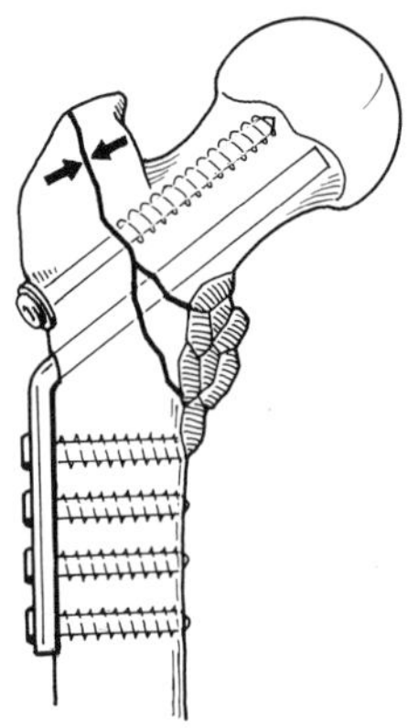

Abb. 10.6-27. Winkelplattenosteosynthese bei pertrochantärer Fraktur. Mediale Abstützung durch autogene Spongiosatransplantation.

Technik der Osteosynthese mit einer DHS

(Abb. 10.6-28)

Der Zugang entspricht dem lateralen Zugang am koxalen Femurende, wie bei der 130°-Plattenosteosynthese. Ca. 2,5–4 cm unterhalb des Tuberculum innominatum wird ein Kirschner-Draht mit einem Gewindeanteil an der Spitze des Drahtes eingebohrt. Der Steigungswinkel dieses eingebohrten Drahtes ist entweder für eine DHS mit einem Winkel von 150° oder für eine solche mit einem Winkel von 135° geeignet. Die Drahtspitze soll in der Mitte oder etwas kaudal im Hüftkopf zentriert sein. Über diesen verankerten Draht werden nun mit dem speziellen Bohrinstrumentarium der DHS die Kortikalis und der Schenkelhals und Hüftkopf aufgebohrt. Die Länge der Schraubenkomponente der DHS wird abgemessen und eine entsprechende Schraube wird über dem immer noch liegenden Kirschner-Draht eingedreht. Abschließend erfolgt das Aufstülpen des Laschenanteils der DHS und die Fixierung desselben.

Aufgrund des relativ großen Kalibers dieser DHS-Schrauben ist es von entscheidender Bedeutung, daß die erste Bohrung korrekt ist. Müssen mehrere Bohrungen zum richtigen Sitz der Schraube ausgeführt werden, so entsteht ein erheblicher Knochendefekt, welcher kaum noch eine stabile Osteosynthese erlaubt.

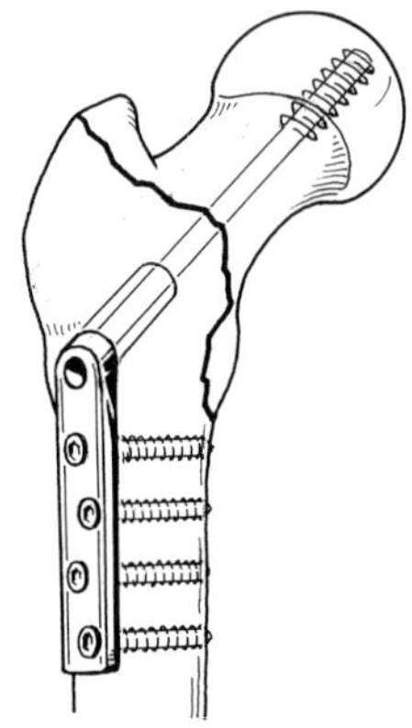

Abb. 10.6-28. DHS-Osteosynthese bei pertrochantärer Fraktur.

Subtrochantäre Frakturen

Subtrochantäre Frakturen entstehen meist durch direkte schwere Gewalteinwirkungen und betreffen jüngere Erwachsene und Kinder. Oft wird die Fraktur beim Polytraumatisierten angetroffen. M. iliopsoas und Glutäalmuskulatur dislozieren das proximale Femurfragment stark in Beuge-, Außenrotations- und Adduktionsstellung, so daß oft, auch bei Kindern, die operative Behandlung indiziert ist.

An **Bruchformen** überwiegen einfache Spiral-, kurze Schräg- und Querfrakturen und Frakturen mit Biegungskeilen.

Therapie

Das gebräuchlichste Operationsverfahren ist die Osteosynthese mit der Kondylenplatte.

Operationstechnik mit der 95°-Kondylenplatte

Die Osteosynthese kann auf dem Normaltisch oder auf dem Extensionstisch ausgeführt werden. Die Freilegung des Femur geschieht durch den proximalen lateralen Zugang.

Nach L-förmiger Ablösung und Anhebung des M. vastus lateralis wird die Fraktur reponiert und mit Repositionszangen provisorisch stabilisiert. In Höhe des Tuberculum innominatum wird mit Hilfe des Bohrers ein Knochenfenster eröffnet, durch das ein Plattensetzinstrument durch den Schenkelhals bis in den unteren Quadranten des Hüftkopfes vorgeschlagen wird. Das Plattensetzinstrument muß zum Femurschaft den vorgegebenen Kondylenplattenwinkel von 95° aufweisen.

Die Position des Plattensetzinstrumentes kann im Bildwandler kontrolliert werden. Bei sorgfältiger Darstellung der ventralen Hüftgelenkskapsel und Markierung der vorderen Begrenzung des Schenkelhalses durch einen Kirschner-Draht kann das Plattensetzinstrument auch ohne röntgenologische Hilfsdiagnostik in die richtige Position gebracht werden. Die einzubringende Kondylenplatte hat eine Klingenlänge von 60–80 mm. Die Fixierung am Schaft erfolgt mit Kortikalisschrauben, die je nach Bruchlinienverlauf auch als Zugschrauben interfragmentäre Kompression erzeugen können.

Handelt es sich um Trümmerfrakturen, so empfiehlt es sich, im koxalen Femurende die Kondylenplatte vor der Frakturreposition einzubringen und anschließend die Trümmerfraktur entlang der Platte auszurichten und zu fixieren (Abb. 10.6-29). Bei solchen Trümmerbrüchen ist es nicht ratsam, alle einzelnen Fragmente mosaikartig zusammenzustellen und jeweils mit Schrauben zu fixieren. Dieses Verfahren würde eine viel zu starke Weichteilablösung von den Knochenfragmenten mit sich bringen. Es genügt die achsen-, dreh- und längengerechte Ausrichtung des Femurschaftes entlang der Platte. Diese indirekte Reposition kann auch mit Hilfe eines temporär angebrachten Fixateur externe (Femurdistraktor) vorgenommen werden. Die subtrochantäre Fraktur im Kindesalter liegt in der Regel soweit distal, daß eine Osteosynthese mit einer geraden Platte vorgenommen werden kann. Auf diese Weise wird vermieden, daß eine Winkelplatte die Epiphyse am Trochanter verletzt.

Für offene Frakturen dieses Skelettabschnitts empfiehlt sich im Prinzip ein gleichartiges Vorgehen.

Neuerdings werden wieder intramedulläre Stabilisierungsverfahren erprobt, die eine Y-förmige Schienung im Femurschaft und im Schenkelhals bewirken (z.B. »Gammanagel«).

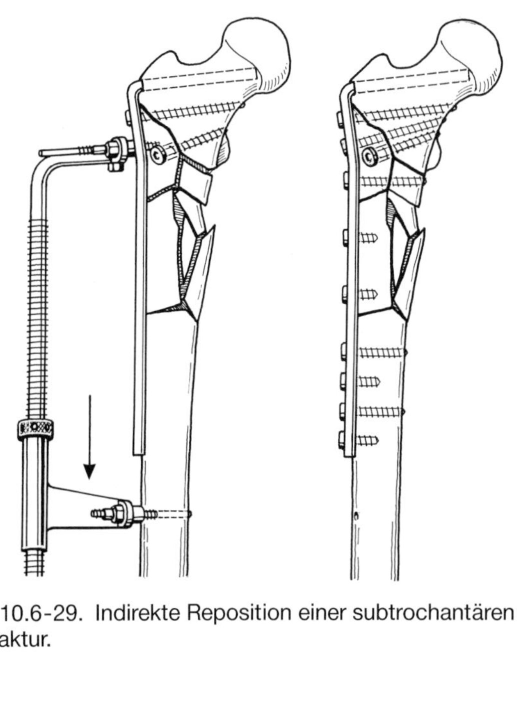

Abb. 10.6-29. Indirekte Reposition einer subtrochantären Trümmerfraktur.

Femurschaftfrakturen

Brüche des Oberschenkelschaftes gehen oft mit hohen Blutverlusten einher, so daß die betroffenen Patienten schockgefährdet sind.

Die diaphysären Frakturen des Femurs können folgendermaßen **unterteilt** werden:

A. Einfache Frakturen
   Einfache Spiralfraktur (A 1)
   Einfache Schrägfraktur (A 2)
   Einfache Querfraktur (A 3)

B. Frakturen mit Biegungskeil
   Fraktur mit Torsionskeil (B 1)
   Fraktur mit intaktem Biegungskeil (B 2)
   Fraktur mit zerbrochenem Biegungskeil (B 3)

C. Stück- und Trümmerfrakturen
   Stückfraktur mit spiraligen Fragmenten (C 1)
   Fraktur in 2 Etagen (C 2)
   Trümmerfraktur (C 3)

Therapie

Die konservative Behandlung der Femurschaftfrakturen ist langwierig und relativ häufig resultieren Achsen- oder Drehfehler.

Unter den operativen Verfahren ist die Marknagelung als die Methode der Wahl anzusehen, zumal bei zahlreichen Frakturformen durch Aufbohrung der Markhöhle eine gute Paßgenauigkeit des Nagels und damit eine hohe Stabilität erreicht werden kann. Darüber hinaus ist durch die Entwicklung der Verriegelungsmarknagelung ein gutes Verfahren entstanden, welches eine zuverlässige Stabilität auch bei solchen Bruchformen und in Frakturzonen gewährleistet, die mit der herkömmlichen Marknagelung nicht hinreichend zu verfestigen waren.

Die Marknagelung oder Verriegelungsnagelung des Oberschenkelschaftbruches ist selten dringlich als Notfalloperation auszuführen, sondern kann nach anfänglicher Extensionsbehandlung planmäßig vorbereitet werden (s. a. S. 683).

Bei der Operation wird das offene und das geschlossene Verfahren unterschieden. Beim offenen Verfahren wird die Fraktur direkt freigelegt und reponiert. Dieses Verfahren hat den Nachteil der zusätzlichen Devitalisierung der Fragmente und den weiteren Nachteil, daß das Frakturhämatom mit seiner osteogenetischen Potenz verlorengeht. Das geschlossene Verfahren bedingt eine Lagerung auf dem Extensionstisch oder die Verwendung eines externen Femurdistraktionsgerätes. Dieses Distraktionsgerät wird über Schanzsche Schrauben im distalen und proximalen Femur verankert. Die Schwierigkeiten des geschlossenen Verfahrens liegen in der Reposition des Bruches.

Geschlossene Marknagelung

(Abb. 10.6-30)

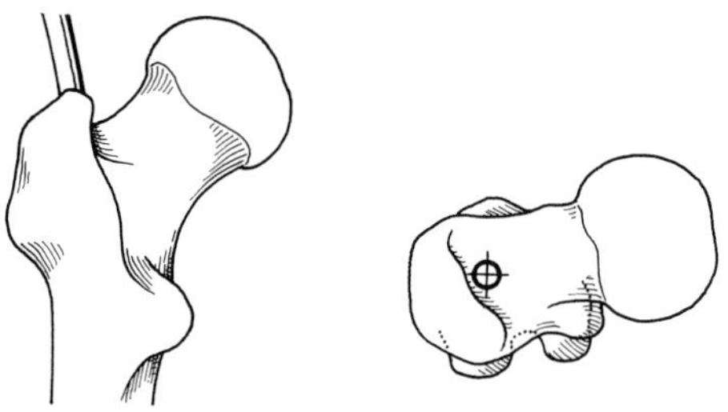

Abb. 10.6-30. Technik der geschlossenen Marknagelung.
a) Einschlagpunkt des Marknagels.

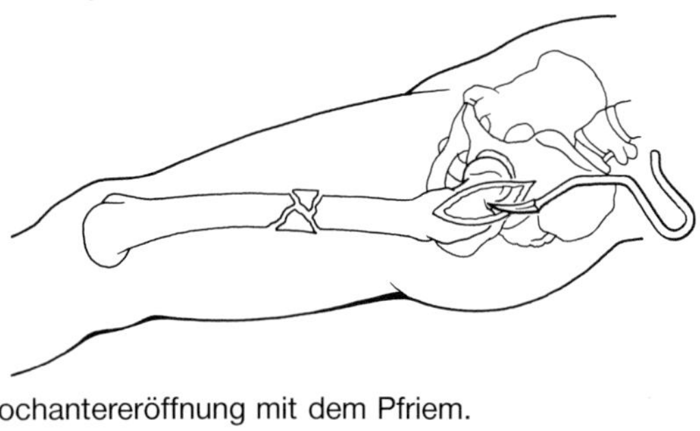

b) Trochantereröffnung mit dem Pfriem.

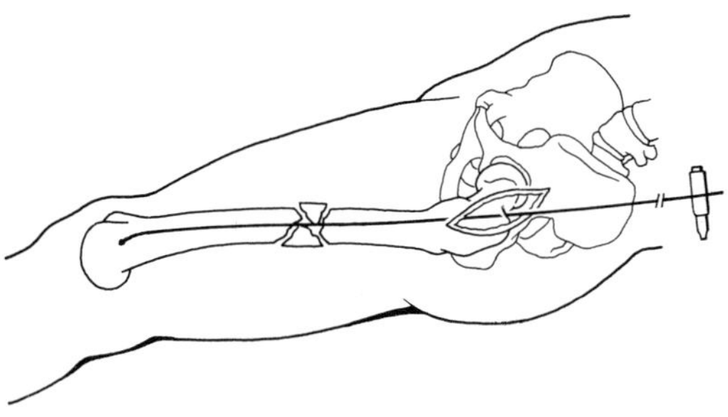

c) Vorschieben des Bohrdrahtes unter Röntgen-Bildverstärkerkontrolle.

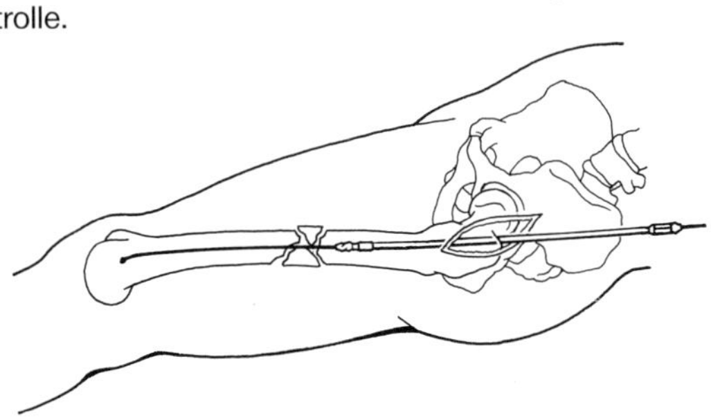

d) Aufbohrung der Markhöhle.

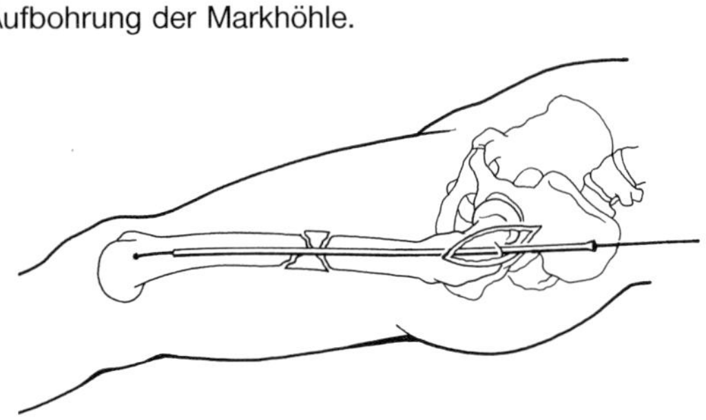

e) Wechsel des Bohrdrahtes gegen den Führungsdraht des Nagels.

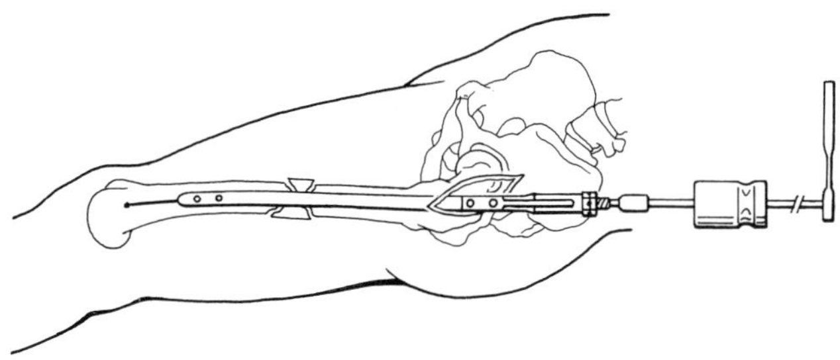

f) Einschlagen des Marknagels.

Der Verletzte wird in Seit- oder Rückenlage auf dem Extensionstisch gelagert. Die geschlossene Reposition des Oberschenkels geschieht am besten durch eine Drahtextension, die an der Kondylenregion des Oberschenkels angreift. Es ist aber auch die Extension am Calcaneus möglich. Bei diesem Verfahren ist das Kniegelenk gestreckt und die Hüfte leicht gebeugt. Bei der geschlossenen Marknageltechnik muß bei der sterilen Abdeckung berücksichtigt werden, daß ein Röntgenbildwandlergerät zur Kontrolle der einzelnen Operationsschritte benötigt wird. Der Zugang zur Trochanterregion erfolgt über einen etwa 10 cm langen Hautschnitt. Die Glutäalmuskulatur wird längsgespalten und die Trochanterspitze wird freigelegt. Die Kortikalis und die feste Trochanterspongiosa werden mit einem Pfriem eröffnet. Danach wird ein Bohrdorn vorgeschoben. Der Bohrdorn wird unter Bildwandlerkontrolle über die Fraktur hinweggeschoben. Anschließend schrittweises Aufbohren der Markhöhle mit Bohrköpfen, die sich in ihrem Durchmesser jeweils um einen halben Millimeter unterscheiden. Eine extensive Aufbohrung muß vermieden werden, weil sonst Hitzeschäden durch den Bohrvorgang in der Markhöhle entstehen. Nach genügender Aufbohrung wird über den Bohrdorn ein Markraumrohr geschoben. Der Bohrdorn wird entfernt und stattdessen wird ein Führungsstab eingebracht, der etwas stärker ist als der Bohrdorn. Nach Ausmessen der Nagellänge wird ein entsprechender Marknagel vorsichtig eingeschlagen. Die Drainage der Wunde erfolgt ohne Sog als einfache Überlaufdrainage.

Offene Marknagelung

Dieses Verfahren kann auf dem Extensionstisch und auf dem Normaltisch ausgeführt werden. Die Femurfraktur wird durch den lateralen Zugang freigelegt und reponiert. Durch einen weiteren Hautschnitt oberhalb des Trochanter major wird, wie bei der geschlossenen Marknagelung, der Trochanter mit einem Pfriem eröffnet und ein Bohrdorn eingeführt. Die weiteren Schritte entsprechen dem Verfahren der geschlossenen Nagelung.

Verriegelungsnagelung

Frakturen am Übergang zur Metaphyse und Trümmerfrakturen werden durch die einfache Marknagelung ungenügend stabilisiert. Durch verriegelnde Bolzen, die im proximalen und/oder distalen Fragment quer durch den Knochen und den Marknagel eingebracht werden, kann auch die Trümmerfraktur auf Distanz gehalten werden und die Fraktur in Nähe der Metaphyse kann gegen Rotation gesichert werden. Bei dieser Verriegelungstechnik wird eine dynamische Verriegelung von der statischen unterschieden. Die dynamische Verriegelung beinhaltet eine Blockierung lediglich des distalen oder des proximalen Fragmentes. Bei der statischen Verriegelung wird der Nagel proximal und distal fixiert. Die statische Verriegelung ist vor allem bei Trümmerfrakturen notwendig, um eine Verkürzung des Femurs im Laufe der Heilung zu vermeiden.

Technik: Die Lagerung und das Einbringen des Verriegelungsnagels erfolgt analog der normalen geschlossenen Marknageltechnik. Mit besonderen Hilfsgeräten werden dann die proximalen und distalen Verriegelungsbolzen eingebracht (Abb. 10.6-31a u. b).

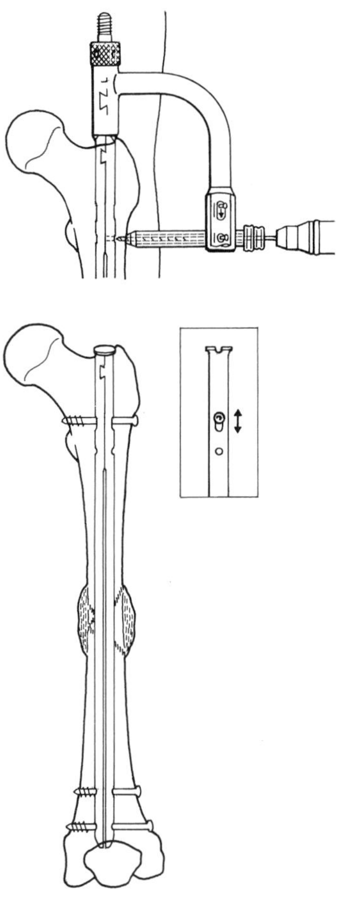

Abb. 10.6-31. Verriegelungsnagel.
a) Proximale Verriegelung.
b) Proximale und distale Verriegelung.

Der proximale Verriegelungsbolzen oder die proximale Verriegelungsschraube wird bei den meisten Verriegelungsmodellen über eine am Nagel fest montierte Führungsschablone eingesetzt. Schwierigkeiten bereitet die Insertion der distalen Verriegelungsschrauben. Hier müssen unter Bildwandlerkontrolle spezielle Zielgeräte eingesetzt werden, um die Verriegelungslöcher (in der Regel zwei) am distalen Ende des Nagels zu treffen. Die Technik der distalen Verriegelung ist noch im Fluß. Die sog. »Freihandtechnik« wird von Erfahrenen bevorzugt.

Plattenosteosynthese

Der Zugang zum Femurschaft entspricht der verlängerten Inzision zum proximalen Femur. Der Knochen wird durch Abhebung des M. vastus lateralis nach vorn freigelegt. Die perforierenden Gefäße werden etagenweise ligiert bis hinunter zu den Kapselgefäßen des Kniegelenkes.

Die Plattenosteosynthese ist insbesondere durch die Entwicklung der Verriegelungsnägel in den Hintergrund getreten. Nach wie vor hat sie ihren festen Platz bei der Versorgung offener Femurfrakturen und beim Polytrauma. Bei der Plattenosteosynthese ist insbesondere darauf zu achten, daß die Fragmente nur sparsam von ihren Weichteilen abgelöst werden. Handelt es sich um eine offene Trümmerfraktur, so ist die Plattenosteosynthese im Sinne der Überbrückungsosteosynthese auszuführen. Dies bedeutet, daß die Platte lediglich im proximalen und distalen Hauptfragment unter Berücksichtigung einer korrekten Achsen- und Rotationsstellung fixiert wird. Die Trümmerzone bleibt nach Möglichkeit unberührt. Werden die einzelnen Fragmente mosaikartig zusammengesetzt, so besteht die Gefahr der Devitalisierung des Knochens und das Risiko der verzögerten Bruchheilung.

Bei geschlossenen Trümmerfrakturen mit ungenügender Fragmentabstützung auf der plattenabgewandten Seite des Oberschenkelschaftes empfiehlt sich zur Sicherung der Frakturheilung eine primäre autologe Spongiosatransplantation.

Beim offenen Bruch und gleichartigen biomechanischen Konditionen sollte die Spongiosatransplantation sekundär, also erst nach Abheilung der Weichteile erfolgen.

Osteosynthese mit dem Fixateur externe

Die anatomischen Verhältnisse des Oberschenkels mit seinem dicken Weichteilmantel und der besondere Verlauf der Gefäße ermöglichen das Anbringen eines Fixateur externe nur an der Lateralseite des Oberschenkels und in Ausnahmefällen zusätzlich an der Ventralseite. Als Grundform am Oberschenkel dient daher der Klammerfixateur.

Am Oberschenkel ist es bei Trümmerbruchformen oder Segmentverlusten relativ schwierig, eine korrekte Achsen- oder Rotationsstellung zu erreichen und zu erhalten. Bei geschlossenen Brüchen werden daher die Marknagelung bzw. Verriegelungsnagelung und die Plattenosteosynthese bevorzugt. Bei breit offenen Frakturen, Schußbrüchen oder infizierten Frakturen, die verzögert zur Behandlung kommen, ist der Fixateur externe eine Behandlungsalternative.

Montage des Fixateur externe

Der Patient befindet sich in Rückenlage. Das steril abgedeckte Bein wird im Kniegelenk unterstützt und gebeugt. Auf der Lateralseite, in Höhe des proximalen und distalen Fragmentes, wird durch Stichinzisionen eine Gewebsschutzhülse bis auf den Knochen vorgeschoben und durch diese Hülse wird die Kortikalis aufgebohrt. Durch die Gewebsschutzhülse wird eine selbstschneidende Schanz-Schraube so eingebracht, daß sie in beiden Kortikales fest verankert ist, ohne daß aber auf der Gegenseite zu weit perforiert wird. Überstehende Schanz-Schrauben gefährden Gefäße und Nerven auf der Medialseite des Oberschenkels. Ist im distalen und proximalen Fragment die Schanz-Schraube fest verankert, so wird die Fraktur reponiert und letztere werden über ein Rohrsystem oder über verstellbare Stabilisierungselemente miteinander fest verbunden. Mit dieser provisorischen Fixation sollte bereits eine korrekte Fragmentstellung erreicht sein. Zur definitiven Stabilisierung müssen am Oberschenkel im proximalen und distalen Fragment weitere 1–2 Schanz-Schrauben eingebracht werden. Diese zusätzlichen Schanz-Schrauben werden mit Hilfe einer Bohrschablone oder durch bereits aufgesteckte Verbindungsbacken nach Vorbohrung eingedreht.

Sind Korrekturen der Fragmentstellung notwendig, so müssen die Verbindungsbacken geöffnet und entsprechend geschwenkt werden. Drehfehler erfordern gelegentlich eine neue Positionierung der Schanz-Schrauben. Um eine vorzeitige Lockerung der Schrauben zu vermeiden ist es wichtig, daß nach korrekter Vorbohrung die Schrauben von Hand und nicht mit Hilfe der Bohrmaschine eingedreht werden, da sonst Hitzenekrosen des Knochens zu erwarten sind.

An der Haut ist es von entscheidender Bedeutung, die Stichinzision soweit auszudehnen, daß am Nagel keine Spannungen und Drucknekrosen entstehen. Die Eintrittsstellen an der Haut müssen bis zum Abbau des äußeren Fixationssystems sorgfältig gepflegt werden, um Infektionen des Schraubenkanals zu vermeiden. Im Falle einer eingetretenen Infektion und einer damit einhergehenden Lockerung der Schanz-Schraube, muß diese alsbald entfernt und die Verankerung an einer anderen Stelle vorgenommen werden.

Distale Femurfrakturen

Es werden extra- und intraartikuläre **Frakturformen** bzw. deren Kombination unterschieden (Abb. 10.6-32):

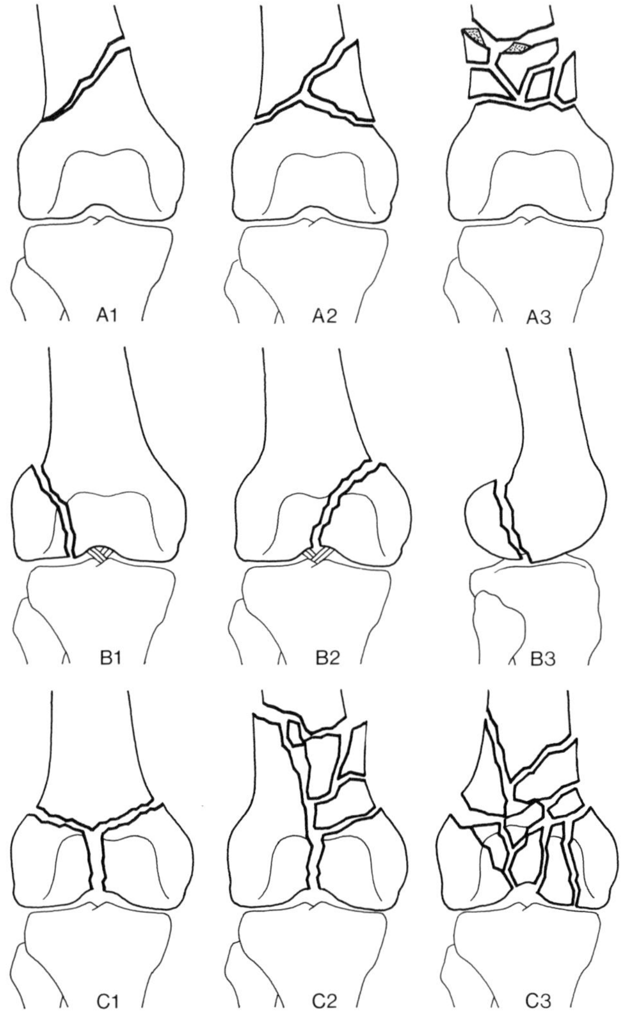

Abb. 10.6-32. Einteilung der distalen Frakturen. AO-Klassifikation.

A. Extraartikuläre Frakturen
   Einfache suprakondyläre Quer- oder Schrägfraktur (A 1).
   Suprakondyläre Fraktur mit Biegungskeil (A 2).
   Suprakondyläre Trümmerfraktur (A 3).
B. Intraartikuläre Frakturen
   Laterale Kondylenfraktur (B 1).
   Mediale Kondylenfraktur (B 2).
   Unikondyläre Fraktur mit frontal verlaufender Bruchlinie (Hoffa) (B 3).
C. Bikondyläre Gelenkfrakturen
   Einfache Y-, T- oder V-förmige Kondylenfrakturen (C 1).
   Einfache bikondyläre Fraktur mit suprakondylärer Trümmerzone (C 2).
   Bi- und suprakondyläre Trümmerfraktur (C 3).

Therapie

Extra- und intraartikuläre distale Femurfrakturen werden zur Erhaltung einer guten Kniegelenksfunktion und einer korrekten Achsenstellung des Beines überwiegend operativ behandelt.

Zugangswege

Als Zugangsweg dient überwiegend der laterale, seltener der mediale. Gelegentlich ist der mediale Zugang bei Trümmerfrakturen im Sinne der Hilfsinzision erforderlich. Ein erweiterter Zugang mit temporärer Ablösung der Tuberositas tibiae wird nur ausnahmsweise bei manchen intraartikulären Trümmerfrakturen notwendig.

Lateraler Zugang

Der Patient befindet sich in Rückenlage. Unter das Kniegelenk wird ein zusammengerolltes Tuch oder ein zusammengerollter Operationsmantel gelegt, damit eine Beugung von etwa 20° im Kniegelenk entsteht. Die Hautinzision erfolgt gerade und beginnt am Tuberculum Gerdii und verläuft je nach Fraktursituation zum unteren oder mittleren Drittel des Oberschenkels. Der Tractus iliotibialis wird in gleicher Schnittrichtung inzidiert (Abb. 10.6-33a). Der M. vastus lateralis wird an seiner hinteren Insertion zunächst stumpf und dann an seiner Einstrahlung in die Linea aspera scharf mit dem Raspatorium abgetrennt und nach vorne abgehalten. Etagenweise werden die Gefäße unterbunden. In Kondylenhöhe werden die A. und V. genus superior lateralis ligiert (Abb. 10.6-33b). Bei extraartikulären Frakturen bleibt die Kniegelenkskapsel geschlossen. Intraartikuläre Frakturen bedürfen einer Eröffnung derselben, um die Frakturreposition zu ermöglichen bzw. kontrollieren zu können.

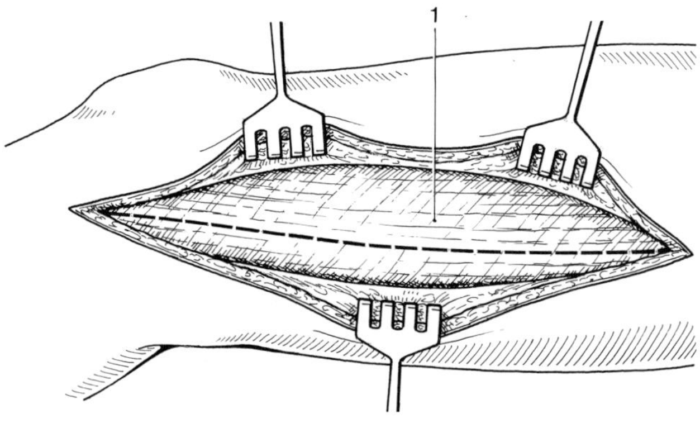

Abb. 10.6-33. a) Lateraler Zugang zum distalen Femur. 1 = Fascia lata.

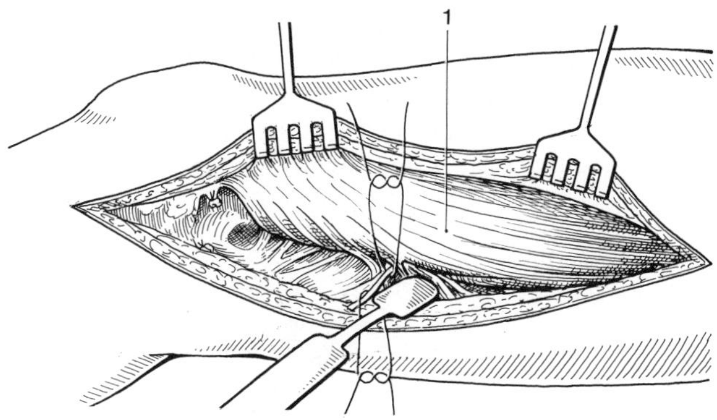

b) Ablösung des M. vastus lat. und etagenweise Ligatur der Gefäße. 1 = M. vastus lat.

Medialer Zugang

Dieser Zugang dient der Versorgung schwer reponierbarer intraartikulärer Frakturen am medialen Kondylus, insbesondere aber zur Versorgung von distalen Femurfrakturen, die gleichzeitig zu einer Läsion der A. femoralis geführt haben.

Der Patient wird auf den Rücken gelagert. Das zu operierende Bein wird etwas erhöht und im Kniegelenk leicht gebeugt. Der Hautschnitt verläuft gerade auf der Medialseite des Oberschenkels beginnend etwa im distalen Drittel und geht über den Kniegelenksspalt hinaus in Richtung Tuberositas tibiae (Abb. 10.6-34).

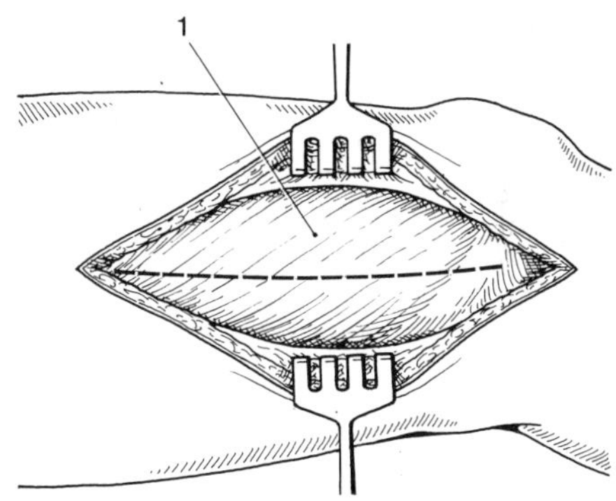

Abb. 10.6-34. Medialer Zugang zum distalen Femur. 1 = Faszie und M. vastus medialis

Der M. vastus medialis läßt sich leicht und überwiegend stumpf vom Septum intermusculare mediale nach vorn ablösen. Dabei spannen sich Äste der A. genus descendens an (Abb. 10.6-35a). Diese Gefäße werden ligiert. Der M. sartorius wird nach dorsal weggehalten. Hinter diesem Leitmuskel verlaufen A. und V. femoralis sowie der N. saphenus (Abb. 10.6-35b).

Das Standardverfahren zur Stabilisierung ist die Kondylenplattenosteosynthese von lateral. Erfordert der Weichteilschaden oder die Frakturform einen medialen Zugang und eine Stabilisierung von medial, so eignet sich die stark gekröpfte Rechtwinkelosteotomieplatte. Die Kröpfung ist erforderlich, um eine gute Anpassung am weit ausladenden medialen Femurkondylus zu gewährleisten. Können in zertrümmerten Femurkondylen keine Winkelplatten verankert werden, so empfiehlt sich die für den distalen Femur besonders entwickelte Kondylenabstützplatte.

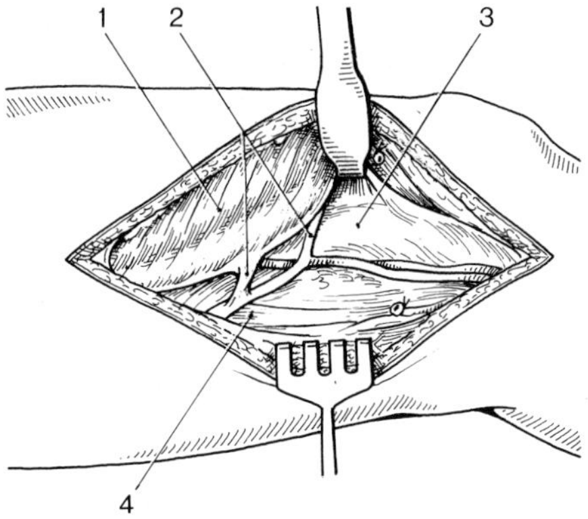

Abb. 10.6-35. a) Ablösung des M. vastus medialis. Ligatur der Gefäße. 1 = M. vastus med.; 2 = A. genus descendens, R. muscularis; 3 = Femur; 4 = Tendo m. adductor magnus.

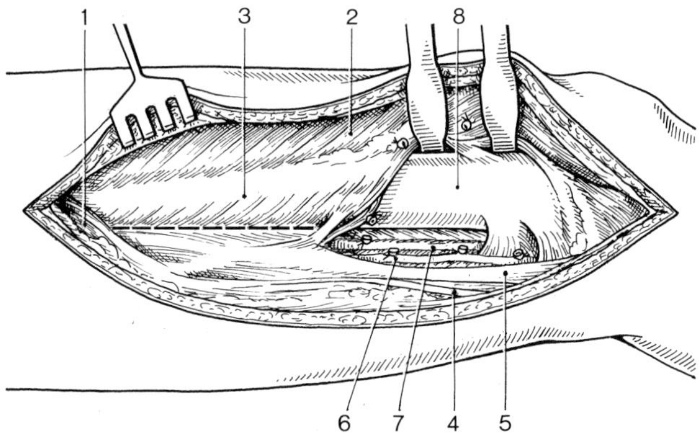

b) Weitere Ablösung des M. vastus medialis nach proximal. 1 = M. sartorius; 2 = M. vastus medius; 3 = Membrana vastoadductoria; 4 = N. saphenus; 5 = Tendo m. adductor magnus 6 = A. genus descendens; 7 = Vasa femoralia; 8 = Femur.

Osteosynthese bei suprakondylären Frakturformen

Der Patient befindet sich in Rückenlage. Das Bein ist beweglich abgedeckt und das Kniegelenk etwa 60–80° gebeugt. Nach Freilegung des distalen Femurs vom lateralen Zugang her wird die Fraktur reponiert und provisorisch mit Repositionszangen oder Kirschner-Drähten stabilisiert, die so anzubringen sind, daß sie den weiteren Fortgang der Osteosynthese nicht stören. Die Kniegelenksebene wird mit einem Kirschner-Draht markiert. Parallel zu diesem Draht wird der laterale Femurkondylus dicht vor dem äußeren Seitenband und etwas unterhalb des Epicondylus lateralis und in der Verlängerung der Femurlängsachse mit dem Bohrer eröffnet und durch dieses Knochenfenster wird das Plattensetzinstrument eingeschlagen. Am Plattensetzinstrument ist ein Zielgerät aufgesteckt, welches einen Winkel von 85° zum Setzinstrument aufweist. Das Zielinstrument muß über der Mitte der Außenseite des Oberschenkels und parallel zum Oberschenkelschaft während des Einschlagens verlaufen (Abb. 10.6-36a).

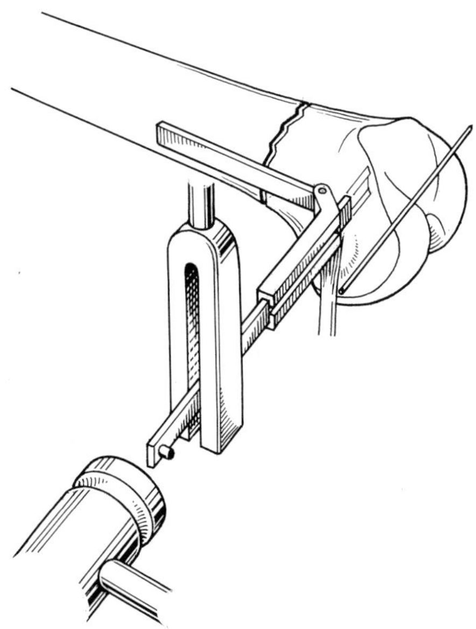

Abb. 10.6-36. a) Einschlagen des Plattensetzinstrumentes zur Vorbereitung der Osteosynthese mit einer Kondylenplatte.

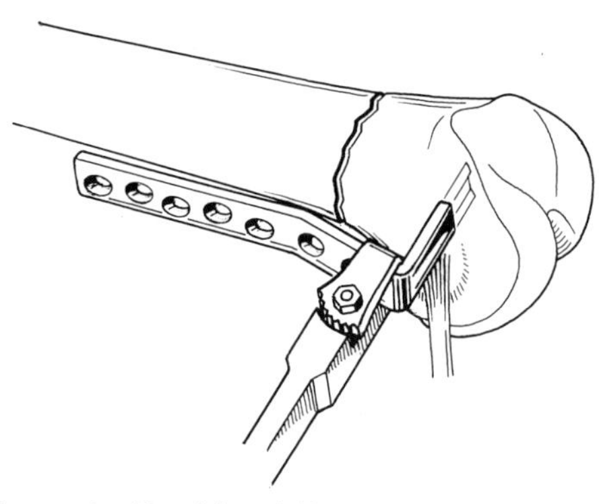

b) Einschlagen der Kondylenplatte.

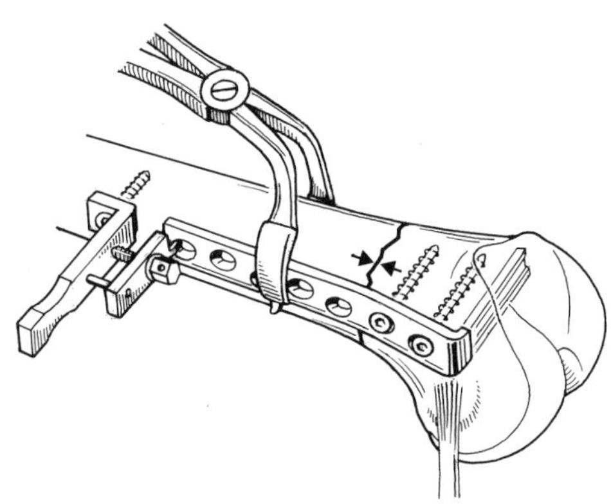

c) Reposition der Fraktur entlang der Kondylenplatte und provisorische Stabilisierung mit einer Haltezange. Anbringen des Plattenspanngerätes.

Das Plattensetzinstrument wird normalerweise bis 60 mm Tiefe eingeschlagen. Der mediale Kondylus darf nicht perforiert werden. Nach richtiger Einpassung des Setzinstrumentes wird dieses gegen die Kondylenplatte ausgetauscht (Abb. 10.6-36b). Entlang der eingeschlagenen Kondylenplatte richtet sich nun der Oberschenkelschaft in anatomisch korrekter Stellung aus (Abb. 10.6-36c). Bei Querfrakturen wird mit Hilfe des Spanngerätes eine Fragmentkompression erzeugt. Bei Schrägfrakturen wird der interfragmentäre Druck durch Zugschrauben bewerkstelligt. Handelt es sich um suprakondyläre Trümmerzonen, so ist eine primäre Spongiosatransplantation auf der Medialseite wichtig (Abb. 10.6-37 u. 38).

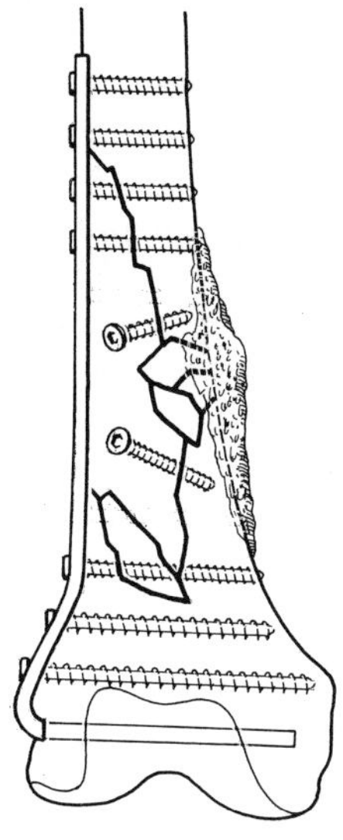

Abb. 10.6-37. Suprakondyläre Trümmerfraktur. Überbrückende Osteosynthese mit einer Kondylenplatte. Autogene Knochentransplantation auf der Medialseite des Femur.

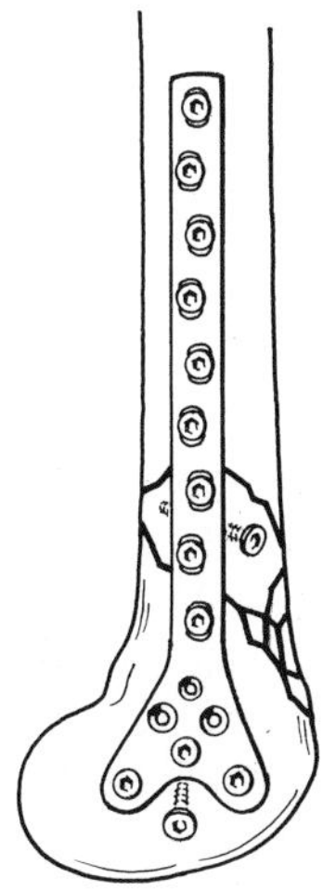

Abb. 10.6-38. Suprakondyläre Trümmerfraktur. Abstützung durch eine löffelartige Platte (Burri).

Osteosynthese bei unikondylären Gelenkfrakturen

Je nach betroffenem Kondylus wird der laterale oder mediale Zugang gewählt. Das Kniegelenk wird eröffnet, um die ideale Einpassung des reponierten Fragmentes beobachten zu können. Die Stabilisierung erfolgt bei kleinen Fragmenten lediglich mit einer oder zwei Zugschrauben. Bei größeren Fragmenten ist immer eine abstützende Plattenosteosynthese notwendig, um sekundären Fragmentdislokationen vorzubeugen (Abb. 10.6-39).

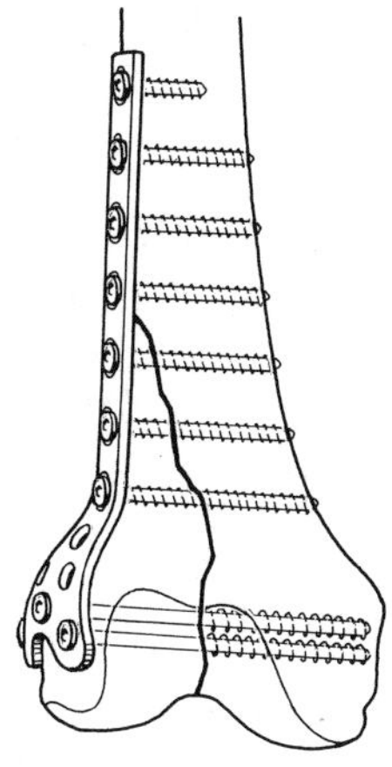

Abb. 10.6-39. Unikondyläre Fraktur des distalen Femur. Abstützende Plattenosteosynthese.

Die tangentiale Fraktur der hinteren Femurrolle mit frontal verlaufender Frakturfläche (Hoffa), wird nach Eröffnung des Gelenkes in Rechtwinkelstellung des Kniegelenkes reponiert und provisorisch mit Kirschner-Drähten fixiert. Danach wird das Fragment indirekt von vorne nach hinten mit zwei Zugschrauben befestigt. Die Schraubenköpfe müssen selbstverständlich medial oder lateral außerhalb der knorpeligen Gelenkoberfläche liegen (Abb. 10.6-40).

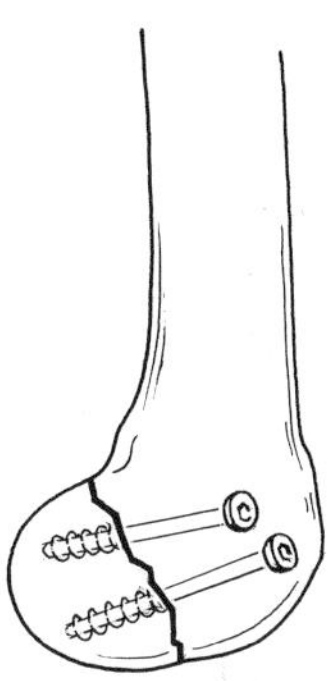

Abb. 10.6-40. Hoffa-Fraktur. Zugschraubenosteosynthese.

Osteosynthese bei bikondylären Frakturen

(Abb. 10.6-41)

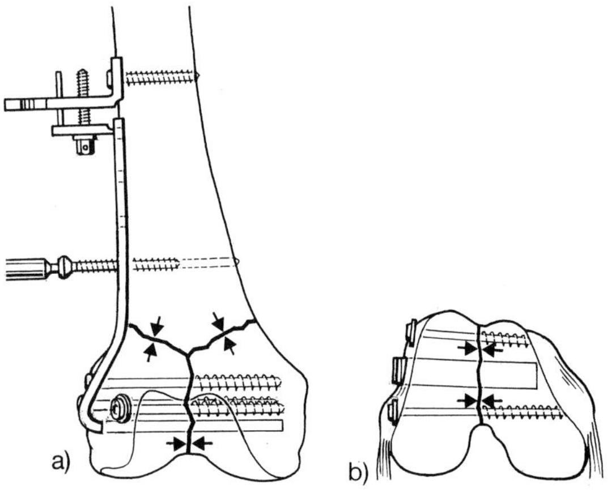

Abb. 10.6-41. Osteosynthese einer bikondylären Fraktur.
a) Gelenkrekonstruktion und Zugschraubenosteosynthese. Stabilisierung durch eine Kondylenplatte.
b) Position der Klinge und der Schrauben in der axialen Ebene.

Die Freilegung der Fraktur erfolgt in der Regel durch den lateralen Zugang. Ein wichtiges Prinzip dieser Osteosynthese ist die primäre Rekonstruktion der Gelenkoberfläche. Die Y-, T- und V-förmigen Frakturen, aber auch die Trümmerfrakturen mit kleineren Knorpel-Knochen-Fragmenten werden zusammengefügt und provisorisch mit Kirschner-Drähten und/oder kleinen Spongiosaschrauben fixiert. Der rekonstruierte Gelenkanteil wird dann mit dem Femurschaft durch eine Kondylenplatte oder eine Abstützplatte verbunden. Etwaige Defekte werden mit autologer Spongiosa aufgefüllt.

Nachbehandlung

Bei allen intraartikulären Kniegelenksfrakturen hat sich die unmittelbare postoperative Mobilisierung auf einer motorgetriebenen Schiene bewährt. Das Bewegungsausmaß wird allmählich gesteigert.

Patellafrakturen

Frakturen an der exponierten Patella entstehen durch direkte und indirekte Gewalteinwirkungen. Es werden folgende **Frakturformen** unterschieden:
- Querbruch.
- Längsbruch.
- Sternbruch.
- Trümmerbruch.
- Oberer oder unterer Polabriß.
- Osteochondrale Aussprengungen.

Therapie

Nicht verschobene Frakturen mit intaktem Strecksehnenapparat werden konservativ behandelt (Längsfrakturen und sternförmige Fissuren).

Eine Operationsindikation ergibt sich bei allen dislozierten Frakturen, weil eine adäquate Reposition und Retention der unter Zug stehenden Fragmente nur durch eine operative Stabilisierung möglich ist. Am häufigsten ist der Querbruch der Patella. Offene Frakturen der Patella werden möglichst innerhalb der ersten 6 Std. offen reponiert und mit einer Zuggurtungsosteosynthese stabilisiert. Auch geschlossene Frakturen sollten baldmöglichst operiert werden, um einer Gelenkschädigung durch das intraartikuläre Hämatom vorzubeugen. Ziel der Operation ist die funktionsstabile Osteosynthese mit stufenloser Adaptation der Fragmente.

Zugangswege

Der mediale oder laterale Payr-Schnitt ist geeignet für Frakturen und ligamentäre Verletzungen, die gleichzeitig operative Maßnahmen an der Tuberositas tibae (z.B. Zuggurtungsnaht) erfordern. Überwiegend wird ein leicht gebogener Querschnitt über der Mitte der Kniescheibe bevorzugt. Die Schnittlänge beträgt 8 cm. Ist die Bursa praepatellaris stark zerrissen, so wird sie entfernt. Unter dem z.T. zerrissenen, z.T. intakten Periost und Retinaculum ist die Patellafraktur leicht darzustellen.

Osteosynthese der Patellafrakturen

Alle schräg und querverlaufenden Bruchformen müssen in der Osteosynthesemethode das Zuggurtungsprinzip berücksichtigen, d.h. auf der Ventralseite der Patella, dort wo unter Beugung des Kniegelenkes die größten Zugspannungen auftreten, müssen die Fragmente durch eine sicher verankerte Drahtnaht stabilisiert sein. Daneben ist die Adaptation der Fragmente durch Schrauben oder Kirschner-Drähte häufig sinnvoll.

Einfache Zuggurtungsosteosynthese

Dieses Verfahren eignet sich für einfache Querfrakturen. Der Patient befindet sich in Rückenlage. Das bewegliche und steril abgedeckte Bein wird im Kniegelenk leicht gebeugt. Die Freilegung der Kniescheibe geschieht durch einen querverlaufenden Hautschnitt. Das zerrissene Lig. praepatellare wird an den Fragmentenden geringfügig zurückgeschoben, ebensoweit, daß nach Reposition der Bruchstücke die ideale Rekonstruktion kontrolliert werden kann. Vor der Reposition wird das Hämatom ausgespült und es werden die knorpeligen Gelenkflächen auf etwaige zusätzliche Impressionen oder Frakturen überprüft. Der Querbruch wird nach der Reposition mit einer spitzen Repositionszange oder mit einem Kirschner-Draht provisorisch stabilisiert. Zur definitiven Fixierung wird ein 1,5 mm starker Draht unmittelbar am Ansatz der Quadrizepssehne und kaudal an der Einstrahlung des Ligamentum patellae durchgezogen. Diese Drahtnaht kann im Sinne einer Achtertour oder im Sinne einer Rahmennaht geführt werden. Die ideale Adaptation der Fragmente wird unter Anspannung des Drahtes und unter gleichzeitiger Streckung des Kniegelenkes erreicht. Durch ein seitliches Fenster im Streckapparat wird die Reposition mit dem tastenden Finger überprüft. Ein zusätzlicher Zuggurtungsdraht kann durch Bohrlöcher in der Patella verankert werden. Es ist von entscheidender Bedeutung, daß alle Zuggurtungsdrähte über die Vorderseite der Patella verlaufen (Abb. 10.6-42a-e).

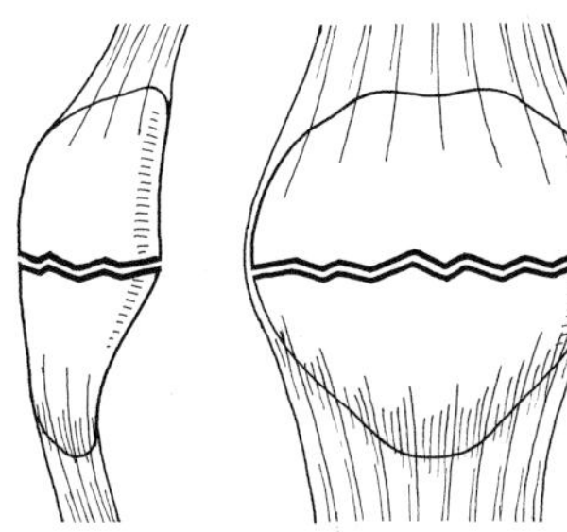

Abb. 10.6-42. Osteosynthese der Patellaquerfraktur.
a) Frakturverlauf.

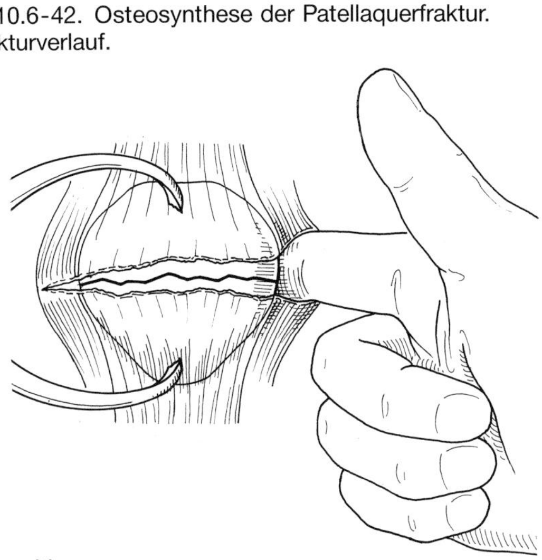

b) Reposition.

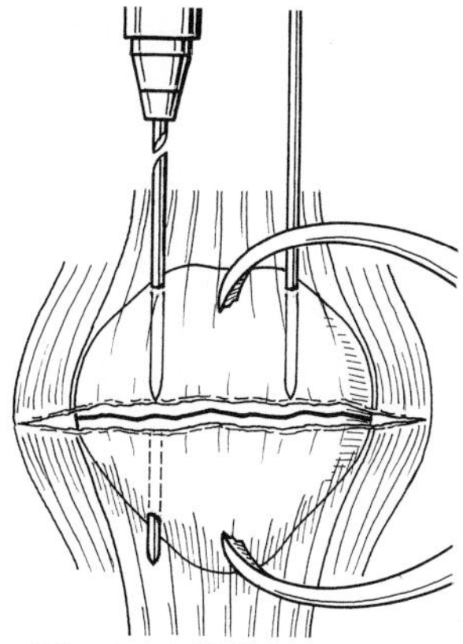

c) Applikation von Kirschner-Drähten.

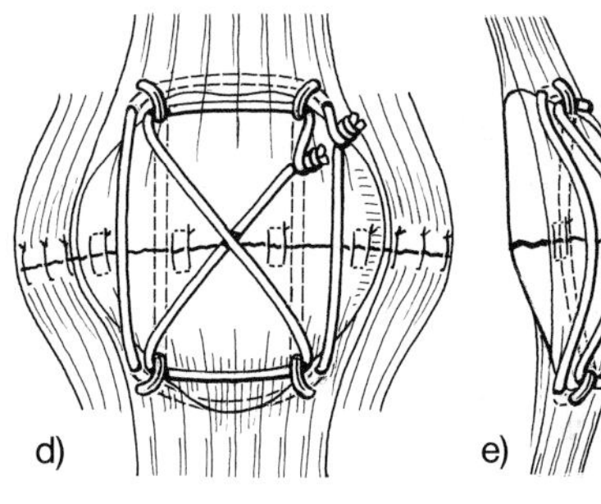

d u. e) Lage der Zuggurtungsdrähte.

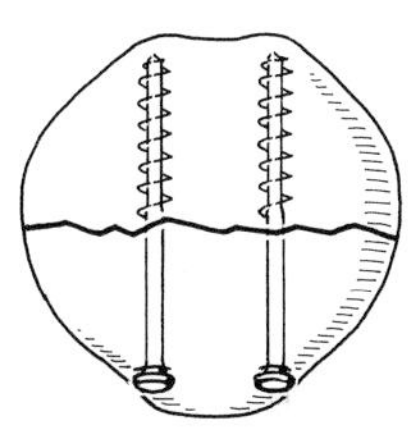

f) Zugschraubenosteosynthese.

Wird die Patellafraktur zunächst mit Kirschner-Drähten adaptiert, die in Längsrichtung durch die Patella gebohrt wurden, so kann der Zuggurtungsdraht auch an den Enden der Kirschner-Drähte seine Verankerungen finden. Dabei ist es wichtig, daß die Enden der Kirschner-Drähte abschließend sorgfältig zum Knochen hin gebogen werden, um eine Hautperforation im Verlaufe der alsbald einsetzenden Übungsbehandlung zu vermeiden. Die Patellaquerfraktur kann auch durch eine Zugschraubenosteosynthese übungsstabil versorgt werden (Abb. 10.6-42f).

Untere oder obere Polabrisse sowie Stern- und Trümmerfrakturen werden zunächst adaptierend mit Zugschrauben fixiert (Abb. 10.6-43). Abschließend wird die Osteosynthese durch ein Zuggurtungssystem gesichert. Wenn z. B. bei einer unteren Polresektion oder Teilpatellektomie eine Reinsertion des Lig. patellae am Kniescheibenrest erforderlich wird, hat sich die temporäre Entlastung dieser Nahtverbindung durch eine Drahtcerclage bewährt, die proximal durch die Patella und distal durch ein queres Bohrloch in der Tuberositas tibiae oder um eine quer durch die Tuberositas tibiae gedrehte Spongiosaschraube geführt wird. Diese Drahtschlinge sollte nach 6–8 Wochen wieder entfernt werden, da sie bei längerem Belassen erfahrungsgemäß häufig bricht.

Von entscheidender Bedeutung in der operativen Behandlung der Patellafrakturen ist nicht nur die anatomisch korrekte Reposition und stabile Fixation sondern auch eine sofortige Übungsbehandlung, die mit Vorteil auf einer Bewegungsschiene ausgeführt wird.

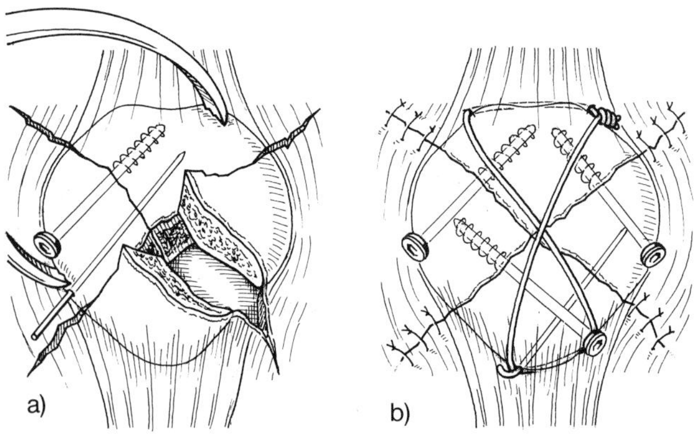

Abb. 10.6-43. Osteosynthese der Patellamehrfragmentfraktur.
a) Schrittweise Adaptation der Fragmente.
b) Übungsstabile Osteosynthese.

Partielle Patellektomie am unteren Pol

Zertrümmerungen der Patella am distalen oder proximalen Pol können so ausgeprägt sein, daß eine brauchbare Rekonstruktion nicht mehr möglich ist. Hier ist die Teilpatellektomie angezeigt. Prognostisch ist die untere Polresektion günstiger.

Die Fragmente werden aus den Ansätzen des Lig. patellae ausgelöst, die Kante der restlichen Patella wird geglättet und das Lig. patellae wird über mehrere Bohrlöcher wieder an dem Patellarest reinseriert (Abb. 10.6-44).

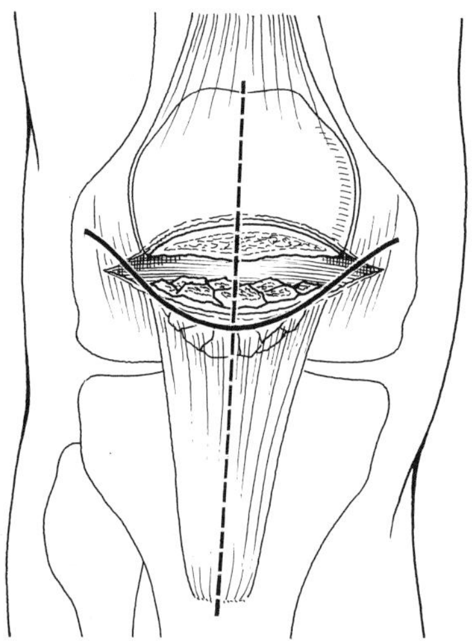

Abb. 10.6-44. Naht des Lig. patellae nach unterer Patellapolresektion.
a) Schnittführung und Polresektion.

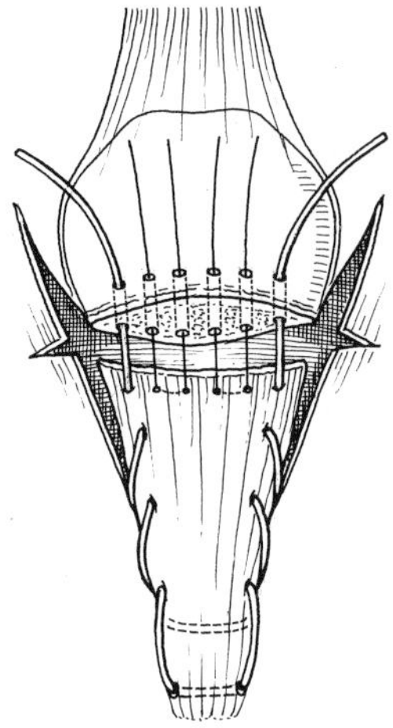

b) Nahttechnik.

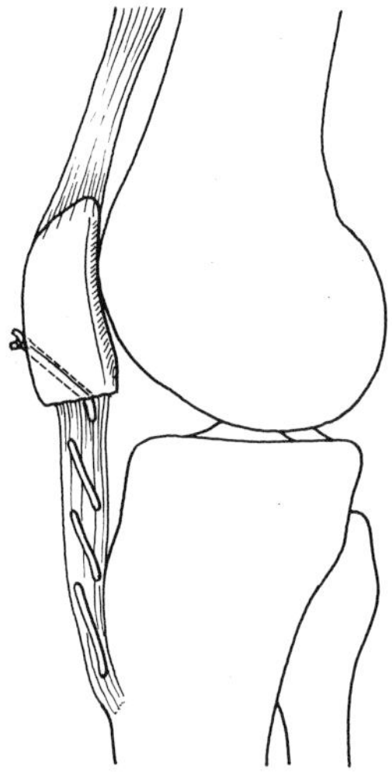

c) Lage des Hauptfadens an der Patella.

Primäre Patellektomie

Die Patellektomie bei Frakturen ist nur dann indiziert, wenn offene oder geschlossene Zertrümmerungen der Kniescheibe keine adäquate Rekonstruktion der Gelenkfläche mehr zulassen. Für diese Operation ist bei offenen Verletzungen die Schnittführung durch die Verletzung vorgegeben. Andernfalls empfiehlt sich die gebogene parapatellare Inzision oder der quere Hautschnitt. Das präpatellare Sehnengewebe wird längs, quer oder sternförmig gespalten und nach Exstirpation der Patellafragmente werden die sehnigen Lappen im Sinne einer Fasziendoppelung mit verzögert resorbierbarem Nahtmaterial vereinigt.

Auch nach der Patellektomie ist eine frühfunktionelle Behandlung zur Vermeidung von Gelenksteifen wichtig. Eine volle Belastung nach Patellektomie ist etwa nach 6 Wochen möglich.

Tibiakopffrakturen

Die verschiedentlich vorgenommenen **Einteilungen** der Frakturformen am Schienbeinkopf orientierten sich überwiegend am Bruchlinienverlauf durch das Tibiaplateau, und als Verletzungsmechanismus wurde in der Regel von einer Kompression ausgegangen.

Die beobachteten Begleitverletzungen an Bändern, Nerven und Gefäßen haben zu einer Klassifikation geführt (T.M. Moore, 1981), welche als Verletzungsmuster den Verrenkungsbruch herausstellt.

Einteilung

I. Verrenkungsbrüche (Abb. 10.6-45)

Typ I: Spaltbruch des medialen Kondylus
Dieser Bruch ist von einer vertikal verlaufenden medialen Kapselverletzung begleitet. Das abgespaltene Bruchfragment ist instabil und disloziert mit zunehmender Beugung des Kniegelenkes.

Typ II: Vollständiger Kondylenbruch
(Entire condyle fracture)
Bei diesem Verrenkungsbruch verläuft die Bruchlinie bis zum gegenseitigen Kondylus und die Eminentia intercondylaris ist mit ausgerissen. Damit sind stets ein oder beide Kreuzbänder verletzt. Diese Verrenkungsbruchform geht auch häufig mit Gefäß- und Nervenverletzungen einher.

Typ III: Plateaurandbruch (Rim avulsion)
Dabei kommt es zu Abrissen vom Plateaurand des Schienbeinkopfes. Gelegentlich ist das Tuberculum Gerdii mit ausgerissen. Begleitende Läsionen sind an den Kreuzbändern und am Fibulaköpfchen anzutreffen.

Typ IV: Impressionsfraktur am Rand des Tibiaplateaus (Rim impression)
Die ausgerissenen Randfragmente können nach distal verschoben, imprimiert oder völlig zerstört und es kann sowohl der mediale als auch der laterale Kondylenrand betroffen sein. Abrißfrakturen des Caput fibulae und Kreuzbandverletzungen sind häufig begleitend, so daß das Gelenk unter Streß luxiert werden kann.

Typ V: Mehrfragmentfraktur (Four-part fracture)
Bei dieser Form des Verrenkungsbruches ist die Eminentia intercondylaris sowohl von den Kondylen als auch vom Schaft völlig abgetrennt. Begleitverletzungen betreffen das Fibulaköpfchen sowie Nerven und Gefäße.

Der charakteristische Bruchlinienverlauf dieser beschriebenen fünf Frakturtypen läßt schon vom Röntgenbild her auf die begleitenden ligamentären Läsionen schließen. Die operative Versorgung ist stets indiziert und muß sowohl die Rekonstruktion der knöchernen als auch der ligamentären Läsion beinhalten.

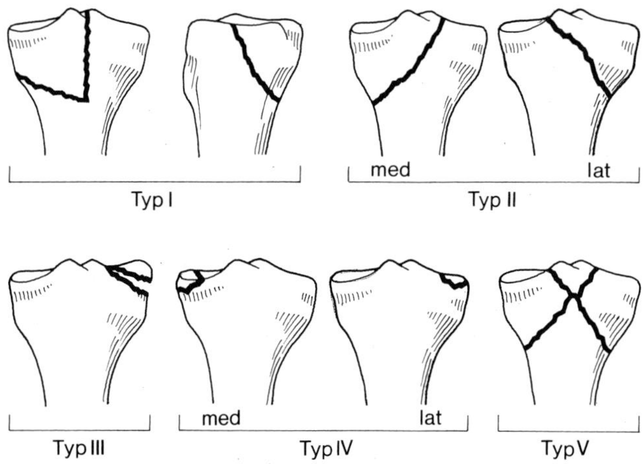

Abb. 10.6-45. Einteilung der Verrenkungsbrüche am Schienbeinkopf.

II. Frakturen am Tibiaplateau (Abb. 10.6-46)
Hier orientiert sich die Einteilung der Frakturformen an der Art der Zerstörung der Gelenkfläche. Charakteristika der Unterscheidung sind die einfache Aufspaltung der Gelenkfläche, die Depression eines medialen oder lateralen Tibiakondylus und die Impression der Oberfläche.

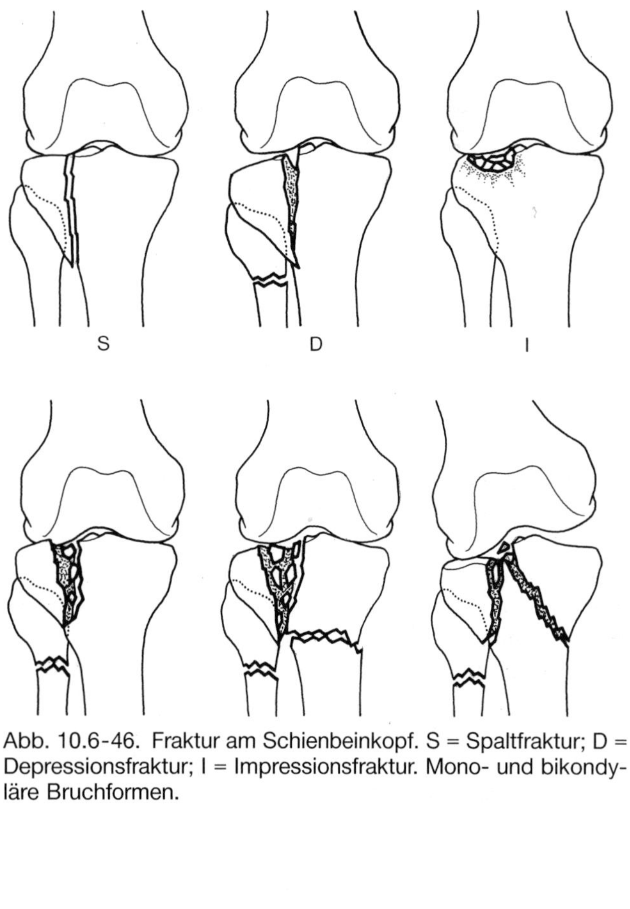

Abb. 10.6-46. Fraktur am Schienbeinkopf. S = Spaltfraktur; D = Depressionsfraktur; I = Impressionsfraktur. Mono- und bikondyläre Bruchformen.

Diese charakteristischen Verformungen am Plateau der Tibia können mono- oder bikondylär auftreten. Diese Einteilungskriterien liegen auch der AO-Klassifikation zugrunde (Abb. 10.6-47).

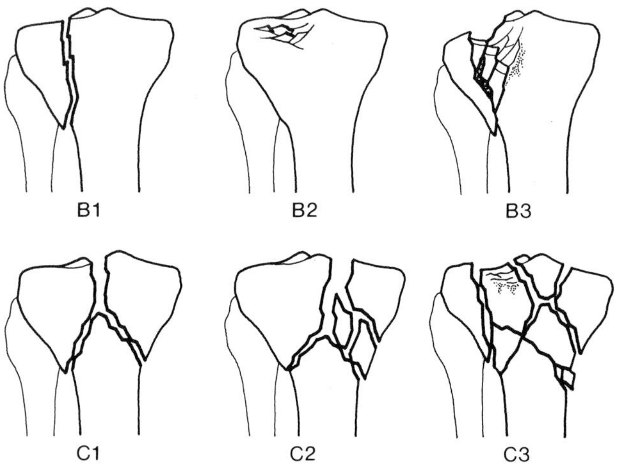

Abb. 10.6-47. Schienbeinkopffrakturen. Klassifikation nach der AO.

Monokondyläre Tibiaplateaufraktur
- Spaltfrakturen (B 1).
- Depressionsfrakturen (B 2).
- Impressionsfrakturen (B 3).

Bikondyläre Frakturformen
- Einfache Fraktur des medialen und lateralen Tibiakondylus (evtl. kombiniert mit einfacher metaphysärer Fraktur) (C 1).
- Bikondyläre Fraktur mit metaphysärer Trümmerzone (C 2).
- Bikondyläre Fraktur mit Zertrümmerung der Gelenkfläche (C 3).

Die verschiedenartigen Formen der bikondylären Frakturen mit Trümmerzonen in der Gelenkfläche und/oder in der Metaphyse sind in anderen Einteilungen auch als kombinierte Frakturformen beschrieben worden.

Therapie

Die konservative Therapie kann bei nicht verschobenen stabilen Spaltbrüchen, aber auch bei achsengerecht stehenden bikondylären Frakturen mit metaphysärer Trümmerzone und gut erhaltener Gelenkfläche empfohlen werden. Ein Hämarthros wird initial punktiert. Nach 1–2wöchiger Ruhigstellung im Oberschenkelgipsverband wird die frühfunktionelle Behandlung auch unter Einsatz motorbetriebener Bewegungsschienen angestrebt.

Bei Frakturen mit Inkongruenzen der Gelenkfläche im Sinne der Impression oder Depression ist in der Regel die operative Therapie indiziert.

Zugangswege

Medialer Zugang

(Abb. 10.6-48)

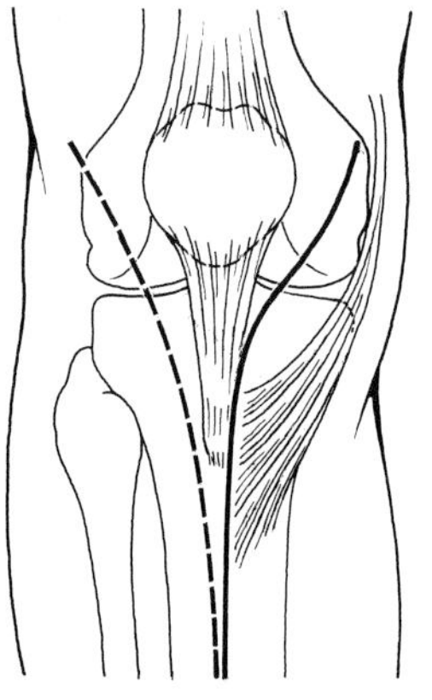

Abb. 10.6-48. Verlauf des Hautschnitts bei der medialen oder lateralen Tibiakopffraktur.

Dieser Zugang eignet sich zur Versorgung medialer Konsolenfrakturen. Die Inzision verläuft in einer flachen S-förmigen Biegung und beginnt zwischen Epicondylus medialis und medialem Patellarand. Sie kann entweder oberhalb der Tuberositas tibiae die Mitte des Unterschenkels kreuzen und dann auf der Lateralseite beliebig weit entlang der Schienbeinkante nach distal verlaufen. Auf diese Weise wird die Freilegung von Schienbeinfrakturen möglich, die auch die Eminentia intercondylaris oder den medialen Abschnitt der lateralen Konsole betreffen. Der Hautschnitt kann bei reinen medialen Konsolenfrakturen aber auch medial von der Tuberositas tibiae nach distal umbiegen und somit eine ganz flache S-Kurve beschreiben. In jedem Fall soll der Hautschnitt so verlaufen, daß er ventral des N. saphenus und seines Ramus infrapatellaris bleibt (Abb. 10.6-49).

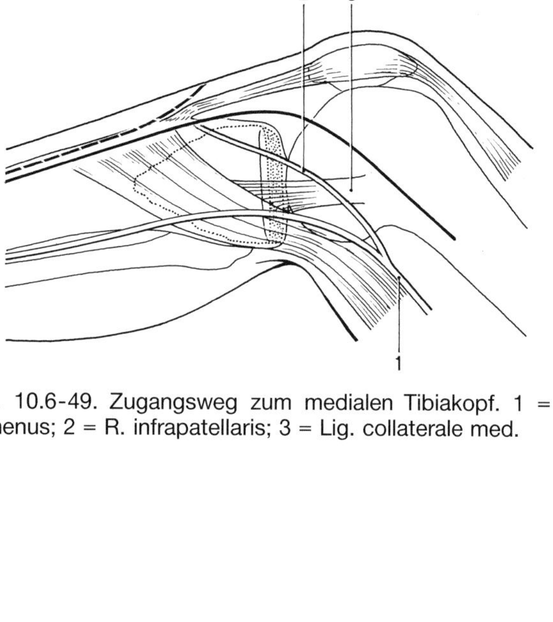

Abb. 10.6-49. Zugangsweg zum medialen Tibiakopf. 1 = N. saphenus; 2 = R. infrapatellaris; 3 = Lig. collaterale med.

Nach Durchtrennung der Haut und des Subkutangewebes wird die fibröse Gelenkkapsel in Faserrichtung zunächst längs gespalten. Zur Darstellung der tibialen Gelenkfläche ist dann eine rechtwinkelige Einkerbung in Höhe des Unterrandes des Meniskus notwendig. Dabei darf das Lig. collaterale mediale nicht verletzt werden. Die Tibiakonsole wird freigelegt, indem die fibröse Gelenkkapsel zusammen mit dem einstrahlenden Pes anserinus scharf vom Knochen abgeschoben wird, dergestalt, daß die distalen Anteile des Pes anserinus noch eine knöcherne Insertion behalten. Die mittleren und vorderen Anteile der medialen Tibiakonsole sind auf diese Weise sehr gut einsehbar.

Handelt es sich um eine mediale Konsolenfraktur mit posteromedialer Impression, so kann vom gleichen Hautschnitt aus bei entsprechender Länge desselben die Kapselinzision dorsal des Lig. collaterale mediale erfolgen. Zur Kontrolle der Reposition des hinteren Konsolenfragmentes wird der Innenmeniskus in seinem hinteren Anteil an der Basis abgelöst, falls er nicht bereits durch die Verletzung eingerissen ist. Beim Verschluß der Wunde muß auf eine sorgfältige Reinsertion der Meniskusbasis und auf einen sorgfältigen Verschluß der Gelenkkapsel geachtet werden. Analog wird der laterale Schienbeinkopf dargestellt (Abb. 10.6-50).

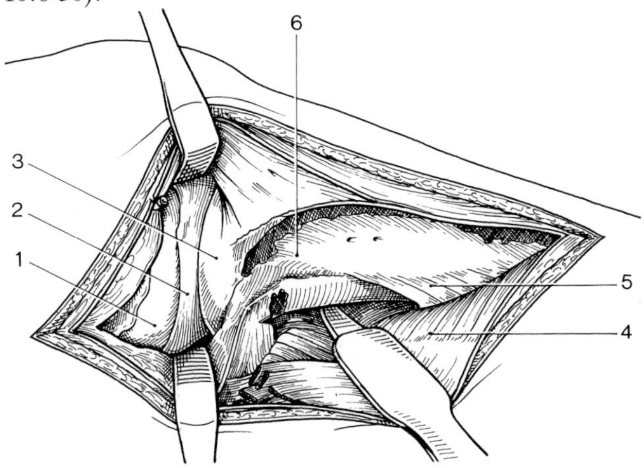

Abb. 10.6-50. Freilegung der lateralen Tibiakonsole. 1 = Condylus femoris lat.; 2 = Meniscus lat.; 3 = Facies articularis tibiae; 4 = M. tibialis anterior und M. extensor digitorum longus; 5 = Membrana interossea; 6 = Condylus lateralis tibiae.

Vorderer Zugang

Dieser Zugang eignet sich zur Versorgung bikondylärer Frakturen und ist der Y-förmigen Inzision (Becherschnitt) vorzuziehen.

Die Y-förmige Inzision ist mit einer hohen Rate von Hautnekrosen an der Kreuzungsstelle der Schnitte behaftet. Die Längsinzision kann beliebig nach proximal und distal erweitert werden. Sie verläuft entweder am lateralen Rand der Patella oder exakt in der Mittellinie. Die Ablösung der kapsulären Anteile bzw. lateral des Tractus iliotibialis erfolgt analog den Zugängen von medial bzw. lateral (Abb. 10.6-51a u. b).

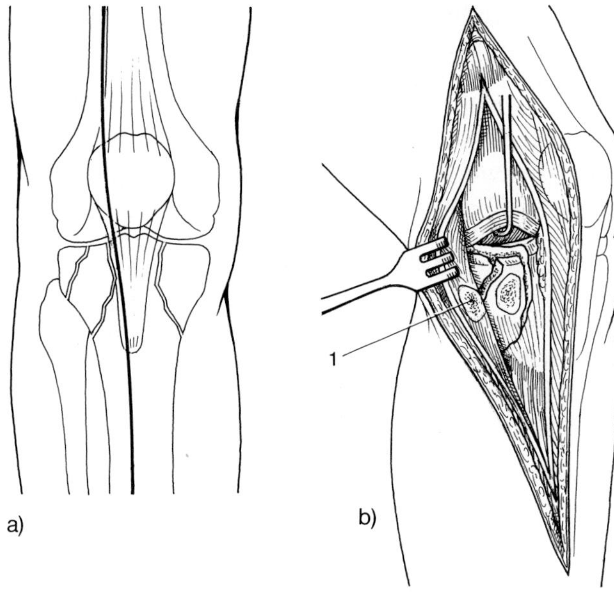

Abb. 10.6-51. a u. b) Vordere Längsinzision und Darstellung des lateralen Tibiakopfes. 1 = Tuberculum Gerdii abgemeißelt.

Operationstechnik

Die Prinzipien der Rekonstruktion von Schienbeinkopffrakturen sind die Anhebung der dislozierten Knorpel-Knochen-Fragmente ins Gelenkniveau, die Unterfütterung mit autologen Spongiosatransplantaten, die provisorische Stabilisierung mit Kirschner-Drähten und die definitive Stabilisierung mit Zugschrauben und abstützenden Platten (Abb. 10.6-52a u. b).

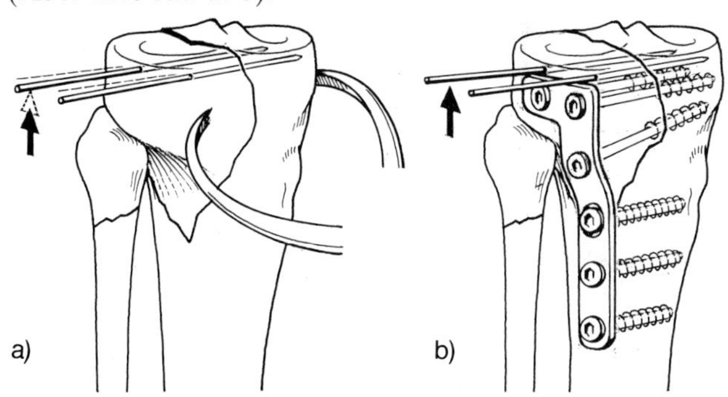

Abb. 10.6-52. Rekonstruktionsprinzipien bei Spalt- und Depressionsfrakturen des Tibiakopfes.
a) Provisorische Retension mit Kirschner-Drähten und Repositionszange.
b) Abstützplatte.

Beim spaltförmigen Abbruch, dessen Operationsindikation meist durch die begleitende Kapselbandläsion gegeben ist, genügen ein oder zwei komprimierende Spiongiosaschrauben mit Unterlagscheibe.

Der dislozierte monokondyläre Spaltbruch benötigt neben der interfragmentären Kompression stets eine L- oder T-förmige Abstützplatte.

Bei Frakturen mit Depression und Impression von Knorpel-Knochen-Fragmenten wird je nach Lokalisation medial oder lateral der flache S-förmige mediale oder laterale Zugang gewählt. Sind beide Tibiakonsolen betroffen, so eignet sich der vordere Zugang. Zur Gelenkinspektion ist oft die Ablösung des medialen oder lateralen Meniskus von seinem Unterrand notwendig. Durch diese Maßnahme kann die Konsole überblickt und mit dem tastenden Finger in ihrer Kongruenz überprüft werden. Bei muldenförmiger Depression der Gelenkoberfläche ist es von Bedeutung, daß die gesamte Frakturzone des Gelenkes von einem distal davon angelegten Knochenfenster breitflächig mit Hilfe eines Stößels ins Gelenkniveau gedrückt wird. Eine leichte Überkorrektur von 1–2 mm ist wünschenswert, weil im Laufe der weiteren funktionellen Behandlung oft wieder eine Absenkung zu beobachten ist. Der Defekt im Schienbeinkopf, welcher nach Anhebung der deprimierten oder imprimierten Fragmente entstanden ist, wird mit autologer Spongiosa, die zumeist vom Beckenkamm zuvor gewonnen wurde, unterfüttert. Die definitive Fixation der Fraktur erfolgt mit einer L-förmigen, dem Profil des Schienbeinkopfes angepaßten kurzen Metallplatte (Abb. 10.6-53a-d).

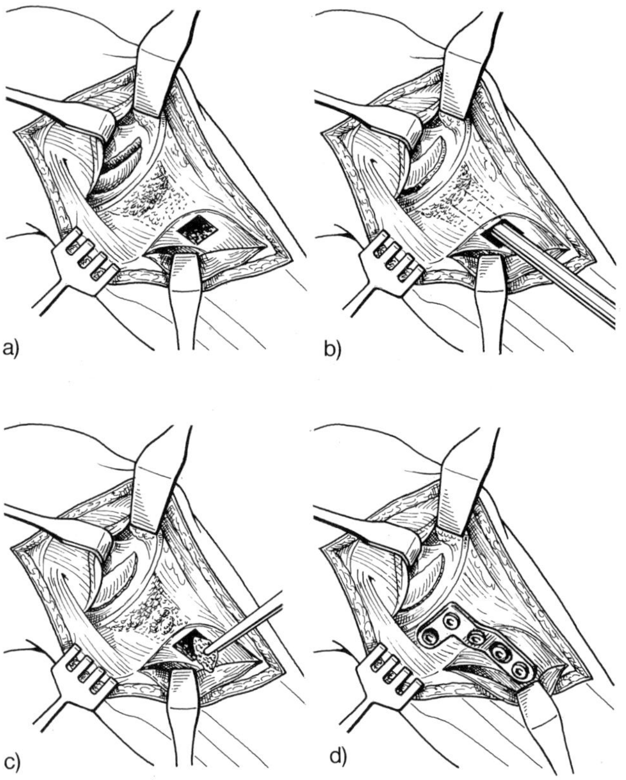

Abb. 10.6-53. Rekonstruktionsprinzipien bei Impressionsfrakturen.
a) Fensterung der proximalen Tibia.
b) Anhebung des Knorpelknochenfragmentes.
c) Unterfütterung mit autogener Spongiosa.
d) Abstützplatte.

Bei Impressionsfrakturen mit Abkippung der Knorpel-Knochen-Fragmente genügt diese Technik der Anhebung der Fragmente im Verband nicht. Es müssen oft einzelne Gelenkfragmente reponiert und provisorisch mit dünnen Kirschner-Drähten im Gelenkniveau fixiert werden. Die Unterfütterungstechnik mit autologer Spongiosa unterscheidet sich aber im weiteren nicht vom oben beschriebenen Vorgehen. Auch das Abstützungsprinzip mit entsprechend anmodellierten Metallplatten gilt hier in gleicher Weise.

Beim Gelenkverschluß ist stets der kaudal abgelöste Meniskus sorgfältig wieder anzuheften. Ist der Meniskus im Rahmen der Verletzung zerstört worden, so ist seine Entfernung angezeigt.

Bikondyläre Frakturen bedürfen der Abstützung von medial und lateral in der oben angegebenen Technik. Auf eine möglichst geringe Weichteilablösung ist zu achten, um Vaskularisationsstörungen zu vermeiden (Abb. 10.6-54a u. b).

Begleitende ligamentäre Verletzungen werden nach den allgemeinen Regeln der Kniebandchirurgie versorgt.

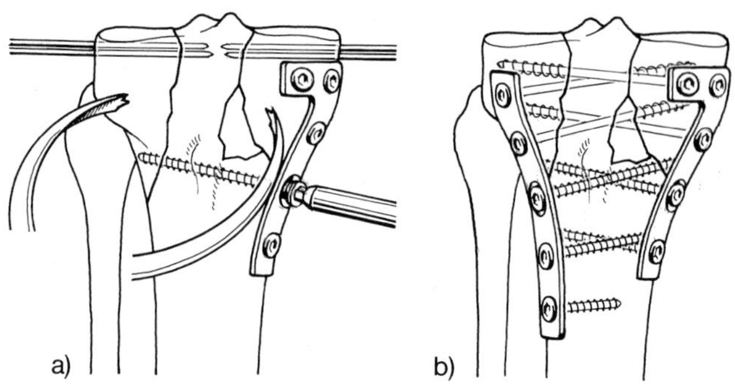

Abb. 10.6-54. Osteosynthese bei bikondylären Tibiakopffrakturen.
a) Adaptation der Fragmente und mediale Abstützplatte.
b) Mediale und laterale Abstützung.

Offene Tibiakopffrakturen

Ausgedehnte Trümmerfrakturen der Tibiakonsolen mit begleitenden Weichteilverletzungen lassen mitunter die standardisierte Operationstechnik nicht zu bzw. die standardisierte Osteosynthese reicht zur Stabilisierung nicht aus. In diesen Fällen ist besonders im Hinblick auf den Weichteilschaden die zusätzliche temporäre Transfixation des Kniegelenkes mit Hilfe eines Klammerfixateurs zu empfehlen.

Wird im Zusammenhang mit schweren Quetschverletzungen eine innere Stabilisierung überhaupt nicht möglich, so ist eine stabile Fixateur-externe-Osteosynthese in 2 Ebenen indiziert. Nach Abheilung der Weichteile kann dann eine Gelenkrekonstruktion sekundär erfolgen.

Metaphysäre Frakturen

Bei intakten Weichteilen werden diese Frakturen mit einer schmalen Metallplatte auf der Medial- und Lateralseite versorgt. Auf der Medialseite erfüllt die Platte die Funktion der Kompression und auf der Lateralseite die der Zuggurtung. Handelt es sich um Trümmerfrakturen, so ist die primäre Spongiosatransplantation angezeigt und auf der Seite der Trümmerzone kann keine Kompression sondern nur eine Abstützung erfolgen.

Unterschenkelfrakturen

Diaphysäre Frakturen am Unterschenkel können allein die Tibia oder Fibula oder beide Knochen des Unterschenkels betreffen. Im Rahmen der Zweiradunfälle ist der offene Unterschenkelbruch eine der häufigsten Verletzungen geworden.

Einteilung

In Analogie zur Klassifikation anderer Diaphysenfrakturen werden unterschieden:
- Einfache Frakturen (A 1–A 3).
- Frakturen mit Biegungskeil (B 1–B 3).
- Stück- und Trümmerfrakturen (C 1–C 3).

Am Unterschenkel ist eine zusätzliche Unterteilung im Hinblick auf die Intaktheit oder Lokalisation der Fibulafraktur erforderlich. Bei alleiniger Fraktur der Tibia ist der Unterschenkel noch relativ stabil. Frakturen an Tibia und Fibula jeweils in verschiedener Höhe ereignen sich durch Torsionsmechanismen. Frakturen in gleicher Höhe an Fibula und Tibia werden zumeist durch direkte Gewalteinwirkung verursacht, sie sind sehr instabil und zeichnen sich oft durch Trümmerzonen und schwere Weichteilschäden aus.

Therapie

Diaphysäre **Fibulafrakturen,** die nicht im Zusammenhang mit Sprunggelenksverletzungen stehen (z.B. Luxationsfraktur vom Typ Weber C und seine besondere Form der Maisonneuve-Verletzung) werden in der Regel konservativ behandelt. Oft erübrigt sich eine besondere Ruhigstellung.

Die isolierte **Tibiaschaftfraktur** in ihren unterschiedlichen Erscheinungsformen ist der konservativen Behandlung gut zugänglich. Dies gilt auch für geschlossene komplette Unterschenkelschaftfrakturen, bei denen eine stabile Reposition gelingt.

Instabile Frakturformen wie:
- halbe Drehbrüche,
- instabile Biegungsbrüche mit Dislokation bzw. Diastase,
- unbefriedigend reponierte instabile Trümmer- und Stückbrüche

sind eine Indikation zur operativen Behandlung. Als Verfahren stehen die äußere Fixation, die Marknagelung (s. S. 682) und die Plattenosteosynthese zur Verfügung.

Zugangswege

Der **vordere Zugang** (Abb. 10.6-55) eignet sich zur Versorgung von Frakturen und Pseudarthrosen und ermöglicht die Freilegung der lateralen oder medialen Tibiafläche. Beide Flächen sollen nicht gleichzeitig freigelegt werden, weil sonst die Gefahr der Durchblutungsstörung der Tibia zunimmt.

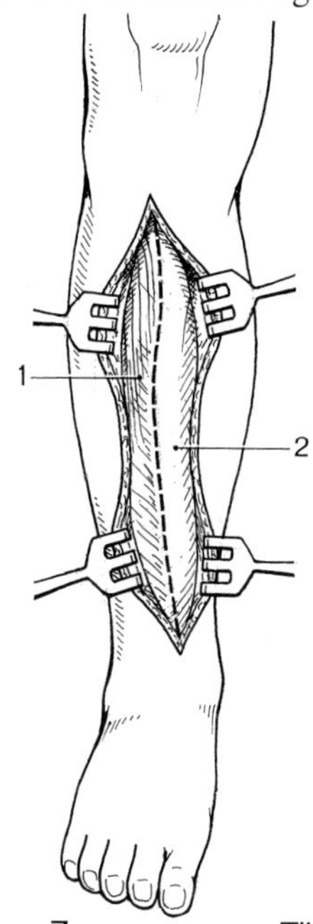

Abb. 10.6-55. Vorderer Zugangsweg zur Tibia. 1 = M. tibialis ant.; 2 = Tibia.

Der Patient liegt auf dem Rücken. Die Hautinzision beginnt lateral der Tuberositas tibiae und verläuft dicht neben der Tibiavorderkante lateral soweit wie erforderlich nach distal. Nach Spaltung von Haut und Subkutangewebe wird entweder die mediale Tibiafläche direkt freigelegt oder es wird lateral der Tibiakante die Faszie der Unterschenkelstreckerloge gespalten, um danach die laterale Tibiafläche subperiostal freilegen zu können (Abb. 10.6-56). Beim Wundverschluß wird die Muskelloge offengelassen, wenn im Zusammenhang mit schwereren Verletzungen (offene Frakturen) die Gefahr eines Kompartmentsyndroms droht.

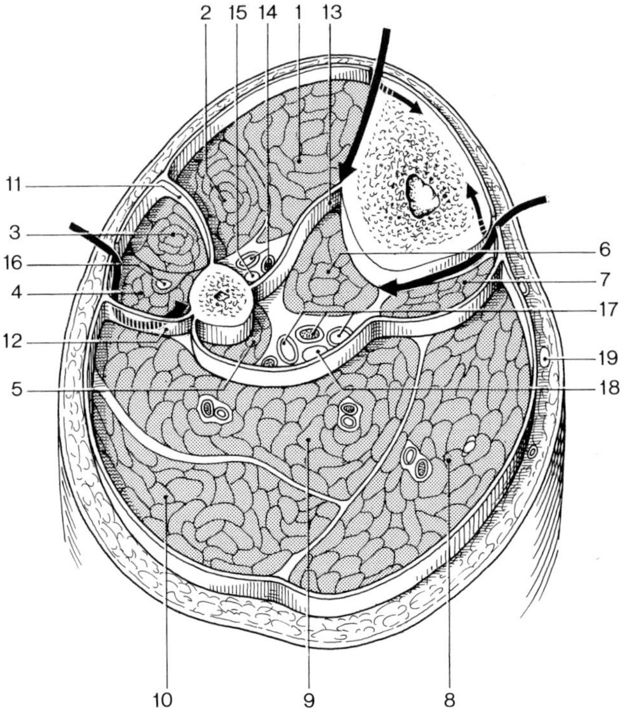

Abb. 10.6-56. Zugangswege und Muskellogen am proximalen Unterschenkel. 1 = M. tibialis ant.; 2 = M. extensor digitorum longus; 3 = M. peronaeus longus; 4 = M. peronaeus brevis; 5 = M. flexor hallucis longus; 6 = M. tibialis post.; 7 = M. flexor digitorum longus; 8 = M. gastrocnemius, caput med.; 9 = M. soleus; 10 = M. gastrocnemius, caput lat.; 11 = Septum intermusculare ant. cruris; 12 = Septum intermusculare post. cruris; 13 = Membrana interossea; 14 = Vasa tibialia ant.; 15 = N. peronaeus profundus; 16 = N. peronaeus superficialis; 17 = Vasa tibialia post.; 18 = N. tibialis; 19 = N. saphenus.

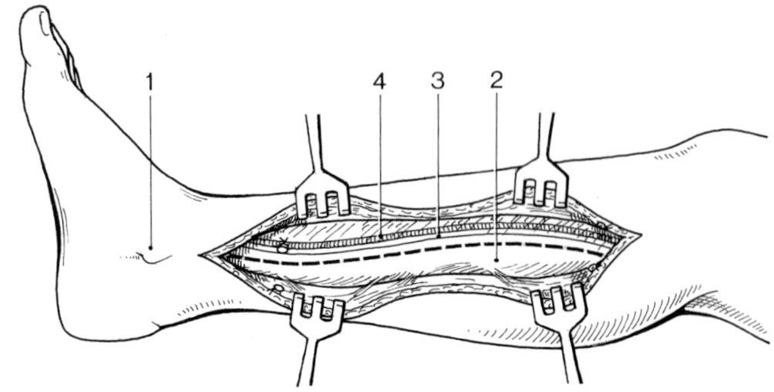

Abb. 10.6-57. a) Posteromedialer Zugangsweg zur Tibia. 1 = Malleolus med.; 2 = Fascia cruris; 3 = N. saphenus, 4 = V. saphena magna.

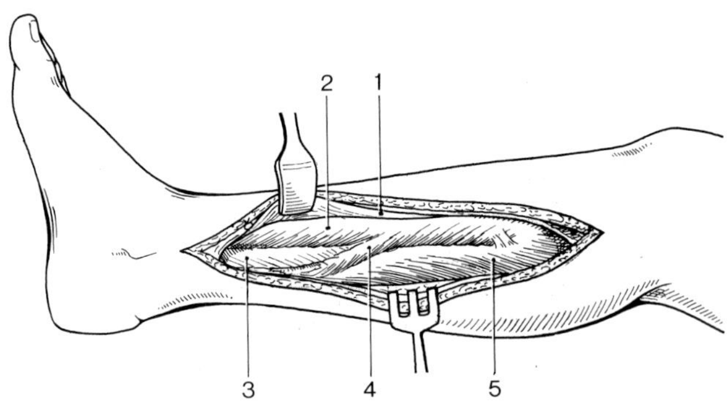

b) Darstellung der Tibiahinterkante. 1 = V. saphena magna, N. saphenus; 2 = Tibia; 3 = M. flexor digitorum longus; 4 = M. soleus; 5 = M. gastrocnemius, caput mediale.

Der **posteromediale Zugang** eignet sich für Frakturen und Pseudarthrosen insbesondere im distalen Unterschenkelabschnitt.

Der Patient wird auf den Rücken und das zu operierende Bein erhöht gelagert. Die Hautinzision erfolgt 1 cm dorsal der gut tastbaren hinteren Schienbeinkante. Bei der Durchtrennung des Subkutangewebes sind der N. saphenus und die V. saphena magna zu schonen. Die Faszie wird dorsal vom N. saphenus inzidiert. Die mediale Tibiafläche läßt sich nun durch Abhebung des Periostes nach vorn darstellen. Will man über die Hinterkante der Tibia hinausgelangen, so wird der M. flexor digitorum longus und im mittleren Tibiaabschnitt auch der M. soleus von der Tibiakante scharf abgelöst (Abb. 10.6-57 u. 58).

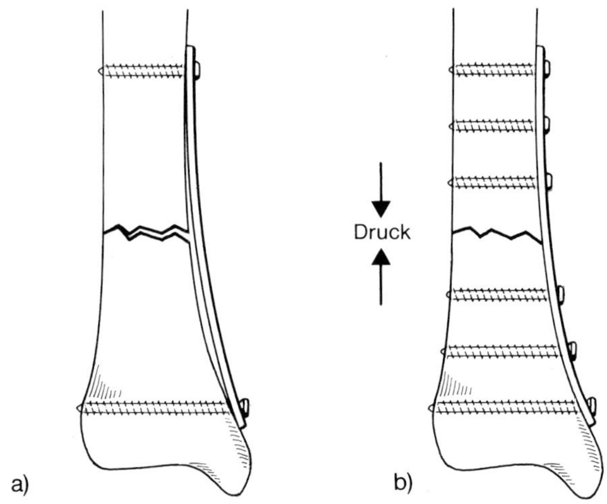

Abb. 10.6-58. Position der Platte bei distaler Tibiafraktur.
a) Montage zur Erlangung einer gleichmäßigen Kompression an der Frakturfläche.
b) Definitive Plattenosteosynthese.

Fixateur externe

Die technischen Verbesserungen äußerer Fixationssysteme haben diese Methode der Osteosynthese für offene Frakturen am Unterschenkel unentbehrlich gemacht. Durch das Studium der Montagemöglichkeiten wurde darüber hinaus der Klammerfixateur zu einem wertvollen und risikoarmen Instrument in der Behandlung geschlossener Frakturen. In all den Fällen, in denen die konservative Behandlung nicht auszureichen scheint und in denen die Marknagelung oder die Plattenosteosynthese mit Risiken behaftet ist, ist die Fixation mit dem Klammerfixateur die Operationsmethode der ersten Wahl. Mit einer äußeren Fixation kann so viel Stabilität im Frakturbereich erzielt werden, daß keine weitere Schädigung der Weichteile durch Fragmentinstabilität zu befürchten ist. Dies ist bei offenen Frakturen von außerordentlicher Bedeutung.

Die äußere Fixation läßt in ihren verschiedenen Montageformen eine achsen- und drehgerechte Positionierung der Fragmente zu. Je nach Verlauf und insbesondere im Hinblick auf eine zeitgerechte knöcherne Heilung kann auf andere Osteosyntheseverfahren gewechselt werden, ohne daß ein wesentlicher Schaden am Knochen entsteht.

Als Montagesysteme zur Stabilisierung des Unterschenkelbruches kommen Rahmenfixateure und Klammerfixateure in Betracht. Die äußerst stabile, zeltförmige äußere Fixation ist in Fällen instabiler Defektfrakturen und Pseudarthrosen angezeigt.

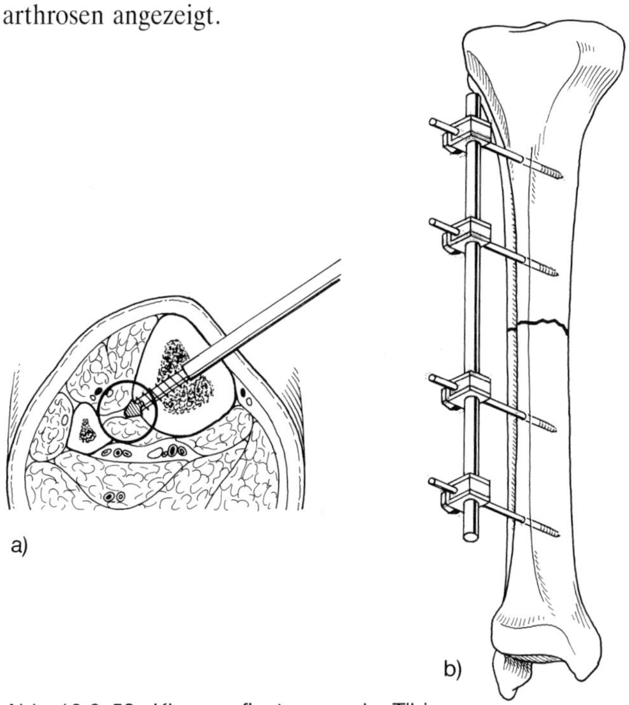

Abb. 10.6-59. Klammerfixateur an der Tibia.
a) Position der Schanz-Schraube.
b) Endmontage.

Erlaubt der Fragmenttyp einen knöchernen Kontakt der Bruchstücke, so genügt in der Regel der ventral angebrachte Klammerfixateur. Diese Montageform weist gegenüber der Rahmenfixation den Vorteil auf, daß die Steinmann-Nägel nicht durch muskulär bewegliche Weichteile am Knochen fixiert werden, wodurch stets bei Bewegungen am Steinmann-Nagel das Risiko der »Pin-trac-infection« zu befürchten wäre (Abb. 10.6-59a u. b).

Die Schanzschen Schrauben des Klammerfixateurs können an der Tibia in sagittaler Ebene durch die starke Vorderkante der Tibia hindurch verankert werden. Diese Montageform birgt die Gefahr der Verletzung der A. tibialis posterior und des N. tibialis posterior in sich. Eine Insertion der Schanzschen Schrauben senkrecht zur Pars medialis der Tibia ist risikoärmer. Für die Montage der Schanzschen Schrauben oder der Steinmann-Nägel ist stets zu berücksichtigen, daß niemals die Schraube oder der Nagel direkt mit Hilfe einer Bohrmaschine in den Knochen eingebracht werden darf, sondern daß immer vorgebohrt und die Schraube oder der Nagel manuell eingesetzt werden muß. Die maschinelle Insertion würde Hitzeschäden am Knochen verursachen. Die Stichinzisionen zur Implantation der Nägel und Schanz-Schrauben müssen weit genug sein, um keine Spannungen der Haut am Nagel hervorzurufen, denn Spannungen sind Ursache der Hautnekrose und diese wiederum Ursache der Infektion. Bei der Stabilisierung von Schräg- oder Spiralfrakturen des Unterschenkels mit Hilfe des Fixateur externe ist in manchen Fällen die zusätzliche Verwendung einer interfragmentären Zugschraube sinnvoll.

Frakturen des Pilon tibial

Axiale Stauchungen des Unterschenkels führen in Abhängigkeit von der Stellung des Sprunggelenkes zu Trümmerfrakturen der distalen Tibia und der tibialen Gelenkfläche. Die Verletzung ist von Fibulafrakturen begleitet. Die Impressionen der Knorpel-Knochen-Fragmente der tibialen Gelenkfläche sind denen am Schienbeinkopf vergleichbar.

Therapie

Im dünnen Weichteilmantel des distalen Unterschenkels führen diese Frakturen innerhalb weniger Stunden zu extremen Schwellungen, die alsbald mit Spannungsblasen einhergehen. Aus diesem Grund muß die Reposition so früh wie möglich erfolgen. Die operative Behandlung ist sehr anspruchsvoll und beinhaltet neben der Rekonstruktion der Fibula und der Tibia stets eine autogene Spongiosatransplantation zur Unterfütterung der imprimierten Knorpel-Knochen-Fragmente.

Wegen der relativ häufigen Komplikationen, wie Wundheilungsstörungen und Infektion ist zunächst die konservative Behandlung indiziert. Über eine Kalkaneus-Drahtextension läßt sich der Bruch längen- und achsengerecht ausrichten und im Gipsverband ruhigstellen. Bleiben bei einer solchen Initialtherapie Gelenkfragmente abgekippt oder tief eingestaucht, so kann eine sekundäre Rekonstruktion nach Abschwellung erfolgen.

Temporäre Transfixation des Gelenkes

(Abb. 10.6-60)

Bei offenen Frakturen des Pilon tibial oder bei bereits eingetretener massiver Schwellung kann auch die Transfixation über einen Fixateur externe eine gute Anfangslösung bis zur definitiven Therapie, konservativ oder operativ sein.

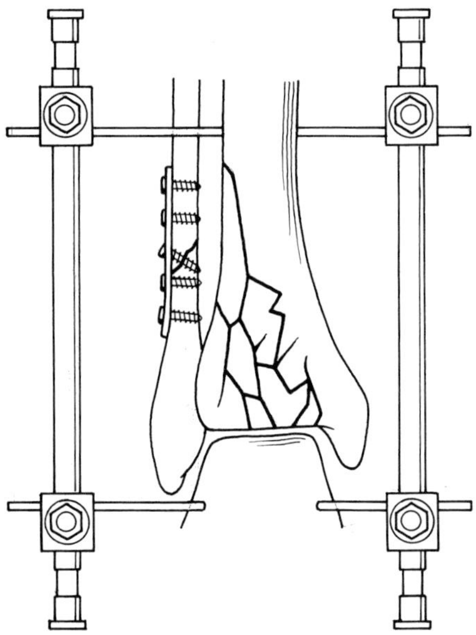

Abb. 10.6-60. Fibulaosteosynthese und temporäre Transfixation des Pilon tibial mit einem Rahmenfixateur.

Rekonstruktion und Plattenosteosynthese

(Abb. 10.6-61)

Die Rekonstruktion und Plattenosteosynthese kann innerhalb der ersten Stunden oder aber dann nach Abschwellung sekundär erfolgen. Es hat sich bewährt, zunächst die Fibula längengerecht zu rekonstruieren und mit einer Platte zu stabilisieren. Durch einen anteromedialen Zugang läßt sich die distale Tibia gut darstellen, wobei an eine Hautbrücke von wenigstens 7–8 cm zur lateralen Inzision gedacht werden muß. Die Gelenkfragmente werden unter Anpassung am Dom des Talus adaptiert und mit Kirschner-Drähten provisorisch stabilisiert. Wichtig ist, daß auch die tibiofibulare Gelenkverbindung mit ihren Eckfragmenten richtig steht, d. h. die Fibula muß ideal in ihre tibiale Inzisur passen.

Die knöchernen Impressionsdefekte oberhalb der rekonstruierten Gelenkfläche werden mit autogener Spongiosa aufgefüllt. Für die Stabilisierung stehen spezielle Platten zur Verfügung.

Es muß besonders hervorgehoben werden, daß die Ablösung der Weichteile in diesem Skelettabschnitt äußerst sparsam und schonend zu erfolgen hat, da sonst avitale Fragmente mit verzögerter Heilung und einer höheren Infektionsrate zu befürchten sind.

Hintere Kantenfragmente werden nach Möglichkeit indirekt stabilisiert.

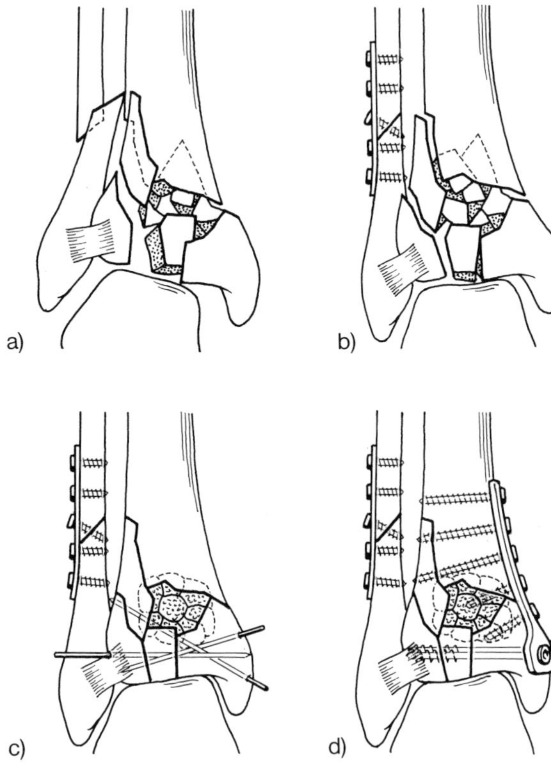

Abb. 10.6-61. Rekonsstruktionsprinzipien bei Zertrümmerung des Pilon tibial.
a) Fraktur.
b) Rekonstruktion der Fibula.
c) Adaptation der Gelenkfragmente und autogene Spongiosaunterfütterung.
d) Abstützende Plattenosteosynthese.

Besonderer Hinweis

Die Rekonstruktion und Osteosynthese einer Fraktur am Pilon tibial ist nur dann sinnvoll, wenn postoperativ eine funktionelle Behandlung möglich ist. Ist dies nicht gewährleistet, so ist unter Berücksichtigung der Operationsrisiken eher die konservative Therapie zu empfehlen.

Sprunggelenkfrakturen

Pronations- und Supinationsverletzungen am oberen Sprunggelenk führen zu unterschiedlichen Verletzungsmustern. In der Klassifikation dieser Verletzungen hat sich die Einteilung nach Danis und Weber wegen ihrer schlüssigen therapeutischen Relevanz durchgesetzt. Die Einteilung orientiert sich an der Höhe der Fibulafraktur in Bezug zur syndesmotischen Verbindung zwischen Fibula und Tibia.

Einteilung

(Abb. 10.6-62)

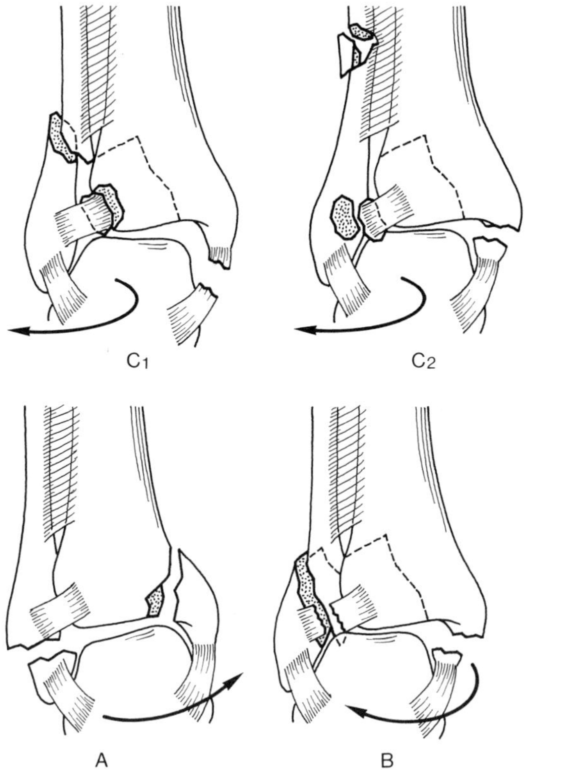

Abb. 10.6-62. Einteilung der Sprunggelenkfrakturen, orientiert an der Schlüsselstellung der tibiofibularen Syndesmose.

Typ A: Fibulafraktur distal der tibiofibularen Syndesmose.
Typ B: Fibulafraktur in Höhe der Syndesmose.
Typ C: Fibulafraktur proximal der Syndesmose.

Je nach Verletzungsmechanismus kommt es zu begleitenden Abscher- oder Absprengungsverletzungen des Innenknöchels bzw. zu Abrißverletzungen des Deltabandes.

Bei der Syndesmosenverletzung kann es sich um eine reine Bandzerreißung oder aber um eine Ausrißverletzung der Syndesmose von ihrem fibularen oder tibialen Ansatz handeln.

Der knöcherne Ausriß der hinteren syndesmotischen Verbindung ist durch ein unterschiedlich großes Volkmannsches Dreieck charakterisiert.

Der knöcherne Ausriß der vorderen syndesmotischen Verbindung ist durch ein kleines schalenförmiges Fibulafragment oder durch ein kleines tibiales vorderes Kantenfragment gekennzeichnet.

Eine besondere Form der Luxationsfraktur vom Typ C ist die von Maisonneuve 1840 beschriebene Verletzung. Ihr Charakteristikum ist die Sprengung der Knöchelgabel mit Zerreißung des Innenbandes und der tibiofibularen Syndesmose sowie eine langstreckige Zerreißung der Membrana interossea, begleitet von einer hohen, subkapitalen Fibulafraktur. Es handelt sich hier um eine schwere Sprunggelenksverletzung, die wegen der oft übersehenen hohen Wadenbeinfraktur in ihrer Tragweite gelegentlich verkannt wird.

Therapie

Wegen der außerordentlichen Bedeutung der Fibula als stabilisierendes Element der Knöchelgabel wirken sich geringfügige Verkürzungen oder Rotationsfehlstellungen der Fibula ungünstig auf die Gelenkkongruenz aus. Dies gilt besonders für Frakturen vom Typ B und C bei denen geringe Abweichungen in der Position der Fibula Verschiebungen in der Incisura tibiae und damit auch in der Knöchelgabel mit sich bringen. Aus diesem Grund ist die operative Rekonstruktion mit anatomisch korrekter Längen- und Rotationseinstellung der Fibula die Methode der Wahl bei der Behandlung von Knöchelfrakturen geworden. Lediglich Frakturen vom Typ A lassen nach konservativer Reposition und Retention ein gutes funktionelles Resultat erwarten. Für die Frakturtypen B und C ist bei Fragmentverschiebungen die Operation indiziert. Der erste Schritt der Operation ist stets die längen- und drehgerechte Reposition und Stabilisierung der Fibula und ihrer tibiofibularen Bandverbindung, sei es durch Bandnaht oder durch Fixation der knöchern ausgerissenen Syndesmosenfragmente. Danach steht der Innenknöchel in der Regel gut reponiert, so daß die Stabilisierung durchgeführt werden kann.

Zugangswege

Zugang zum Innenknöchel

Der Patient befindet sich in Rückenlage und das Bein wird etwas außenrotiert. Die Hautinzision verläuft über dem Innenknöchel gerade oder leicht gebogen. Nach distal hört der Schnitt 2 cm unterhalb des Innenknöchels auf. Nach proximal kann er, je nach Fraktursituation, beliebig verlängert werden. Die V. saphena magna und der begleitende N. saphenus werden nach vorn abpräpariert und sind zu schonen.

Zugang zum Außenknöchel

Der Patient befindet sich in Rückenlage. Das Bein wird leicht innenrotiert. Die Hautinzision verläuft über den Vorderrand des Außenknöchels, 1–2 cm über die Außenknöchelspitze hinaus nach distal. Nach proximal kann der Schnitt beliebig verlängert werden. Nach der Durchtrennung des Subkutangewebes sind ventral die Hautäste des N. peronaeus superficialis zu beachten.

Osteosynthese des Außenknöchels

(Abb. 10.6-63)

Nach Freilegung der distalen Fibula und Darstellung der Syndesmose bzw. der Syndesmosenverletzung wird das distale Fibulafragment mit Hilfe einer spitzen Knochenzange reponiert. Bei Schräg- oder Torsionsfrakturen erfolgt eine interfragmentäre Kompression mit Hilfe einer Zugschraube und anschließend die Neutralisation der Fraktur mit einer anmodellierten Drittelrohrplatte.

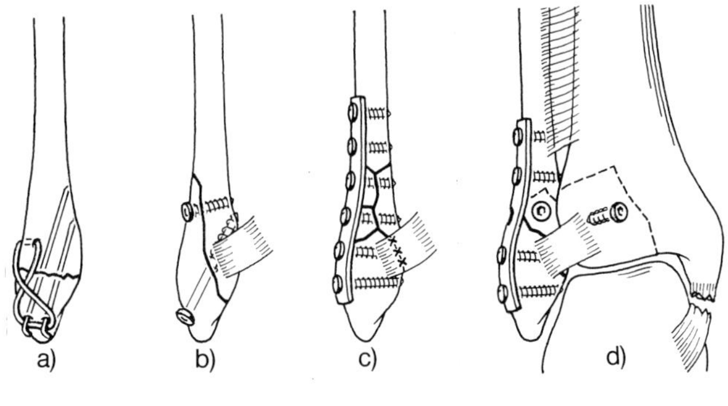

Abb. 10.6-63. Osteosynthesen am Außenknöchel.
a) Zuggurtungsosteosynthese.
b) Zugschraubenosteosynthese.
c) Plattenosteosynthese der Fibula. Naht der Syndesmose.
d) Plattenosteosynthese der Fibula. Zugschraube für das vordere Syndesmosenfragment an der Tibia.

Trümmerfrakturen der Fibula werden ohne extensive Freilegung der zahlreichen kleinen Fragmente unter Zug mit Hilfe der Knochenzange reponiert und überbrückend mit einer Drittelrohrplatte oder einer kleinen DC-Platte stabilisiert. Die Lage der Platte ist in der Regel lateral bzw. dorsolateral. Die Konturierung des Implantates ist von entscheidender Bedeutung. Aus diesem Grund sind die gut modellierbaren – sich oft am Knochen noch modellierenden – Drittelrohrplatten am geeignetsten. Starre Platten führen leicht bei inadäquater Modellierung zu einer Adduktionsstellung der distalen Fibula und damit eine Verengung der Sprunggelenkgabel. Die reine Zugschraubenosteosynthese bei langen Spiralfrakturen ist Ausnahmefällen vorbehalten.

Operation der Syndesmosenverletzungen

(Abb. 10.6-64a-c)

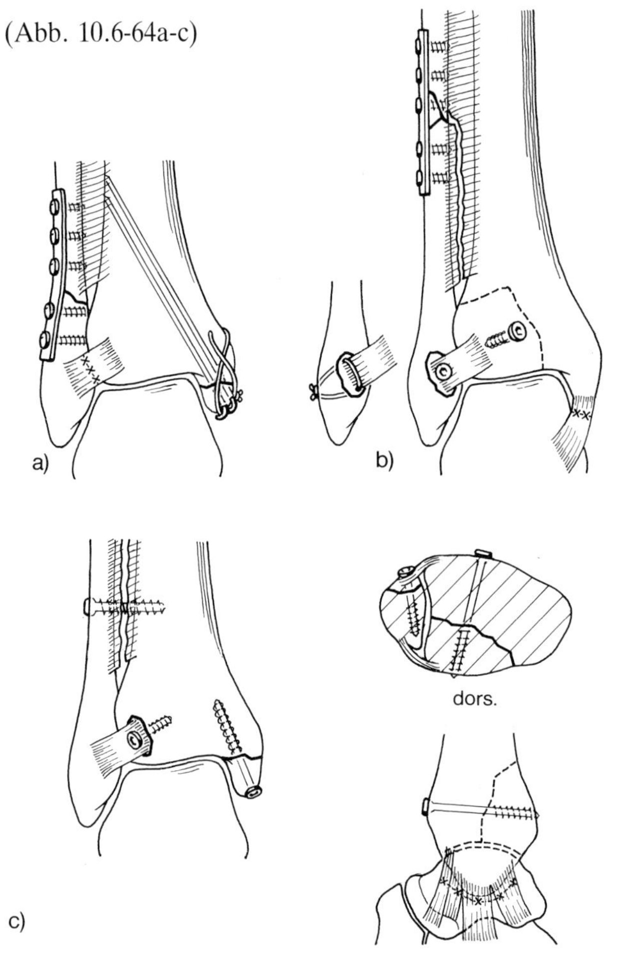

Abb. 10.6-64. Therapie der Syndesmosenverletzung und Osteosynthesen am Innenknöchel.
a) Standardtechnik bei bimalleolärer Fraktur (Typ C).
b) Indirekte Zugschraubenosteosynthese des hinteren Syndesmosenfragmentes (Volkmann).
c) Versorgung einer Maisonneuve-Verletzung.

Handelt es sich um reine Bandverletzungen so ist die Bandnaht angezeigt. Atraumatisches dünnes Nahtmaterial ist bei der adaptierenden Naht zu bevorzugen.

Knöcherne Ausrisse des vorderen fibularen oder tibialen Syndesmosenfragmentes werden mit kleinen Zugschrauben und kleinen Unterlagscheiben fixiert.

Das hintere Kantenfragment (Volkmann), sofern es größer ist als 1/3 der gelenkbildenden Fläche im seitlichen Strahlengang, ist nach Möglichkeit durch eine indirekte Zugschraubenosteosynthese zu stabilisieren. Nach Reposition und Osteosynthese der Fibula stellt sich das hintere Syndesmosenfragment unter Dorsalextension des Sprunggelenkes meist in anatomisch korrekter Position ein. Dicht oberhalb der tibialen Gelenkfläche wird dann mit einer Zugschraube das hintere Syndesmosenfragment befestigt. Geeignet sind normale oder Kleinfragmentspongiosaschrauben mit kurzem Gewinde.

Gelingt die Reposition des Volkmannschen Dreiecks durch die obengenannte Maßnahme nicht, so wird die Inzision über der Fibula proximal etwas erweitert. Nach Ablösen und Abhalten der Peronealsehnen kann die hintere Tibiakante palpiert und reponiert werden. Die Verschraubung geschieht ebenfalls indirekt von vorn nach hinten.

Osteosynthese des Innenknöchels

(Abb. 10.6-64a u. c).

Die im wesentlichen quer oder leicht nach oben ansteigenden, schräg verlaufenden Innenknöchelfrakturen lassen sich vorteilhaft durch eine Zuggurtungsosteosynthese stabilisieren. Die Reposition des Innenknöchelfragmentes geschieht mit einer spitzen Knochenzange. Danach erfolgt die Stabilisierung mit zwei parallel zueinander ausgerichteten Kirschner-Drähten, deren Spitze jeweils in der Gegenkortikalis der Tibia Verankerung finden müssen. Die Zuggurtungsschlinge wird durch ein 2 mm Bohrloch oberhalb des Innenknöchelbruchs durch die Tibia geführt, oder um einen Schraubenkopf und in Form einer Achtertour um die herausragenden Enden der Kirschner-Drähte gezogen und gespannt. Abschließend werden die Kirschner-Drähte hakenförmig um 180° umgebogen, gedreht und die freien Enden werden mit einem Stößel im Knochen versenkt. Diese Maßnahme und die Verankerung der Drahtspitzen in der Gegenkortikalis verhindern ein Zurücklaufen der Kirschner-Drähte.

Steilverlaufende Innenknöchelfrakturen bei Verrenkungsbrüchen können auch mit zwei Zugschrauben stabilisiert werden (Abb. 10.6-65a u. b).

Die Verwendung von selbstschneidenden, speziellen Malleolarschrauben hat sich wegen der relativ großen Dimension dieser Implantate weniger bewährt.

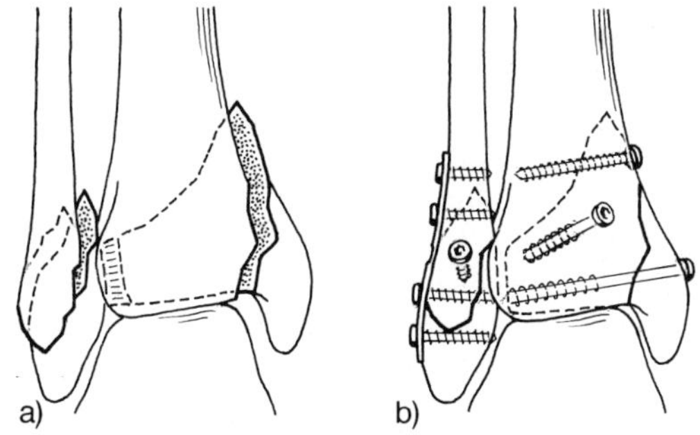

Abb. 10.6-65. Zugschraubenosteosynthese bei steil verlaufender Innenknöchelfraktur.
a) Bruchform.
b) Osteosynthese.

Talusfrakturen

(Abb. 10.6-66)

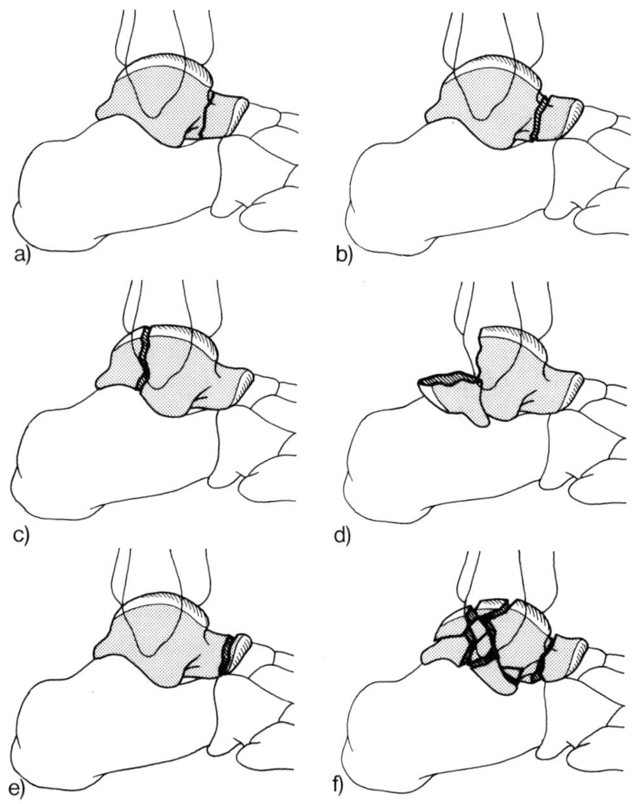

Abb. 10.6-66. Talusfrakturen.
a) Talushalsfraktur.
b) Dislozierte Talushalsfraktur.
c) Korpusfraktur.
d) Stark dislozierte Korpusfraktur.
e) Caputfraktur.
f) Trümmerfraktur.

Talusfrakturen sind seltene Verletzungen. Im Zusammenhang mit Luxationsverletzungen des oberen Sprunggelenkes können durch Abscherung Frakturen an der medialen oder lateralen Taluskante entstehen (Flake fracture).

Frakturen am Kollum sowie am Korpus und Kaput des Talus entstehen durch Stauchung bei dorsal flektiertem Fuß. Verletzungen am Processus posterior tali und an der Trochlea entstehen bei Plantarflexion. Kantenabsprengungen bedeuten eine Störung der Gelenkkongruenz. Der Talus bleibt aber vital. Kollum- und Korpusfrakturen sowie Trümmerfrakturen verursachen je nach Dislokation der Fragmente eine unterschiedlich hohe Rate von Talusnekrosen, die zwischen 10% und 50% liegt. Diese relativ hohe Rate von Talusnekrosen nach Verletzungen resultiert aus der besonderen Gefäßversorgung über die A. sinus tarsi, die aus der A. tibialis anterior stammt und aus der A. canalis tarsi, die aus der A. tibialis posterior stammt. Bei Kollum-, Korpus- und Trümmerfrakturen kommt es oft zur Zerreißung der A. sinus tarsi und dieser Ausfall kann durch die übrigen Gefäßnetze nicht kompensiert werden.

Therapie

Nicht verschobene Brüche werden konservativ behandelt.

Bei dislozierten Luxations- und Trümmerfrakturen wird zunächst ein konservativer Repositionsversuch unternommen. Irreponible Frakturen oder solche, die nach der Reposition nicht exakt stehen sowie Flake-Frakturen sind eine Indikation zur Operation. Wegen der rasch entstehenden starken Schwellung sollte der Eingriff innerhalb der ersten 6 Std. erfolgen. Ist dieser Zeitpunkt versäumt worden und liegen bereits Schwellung und Spannungsblasen vor, so empfiehlt sich nach geschlossenem Repositionsversuch die Ruhigstellung im aufgeschnittenen Unterschenkelliegegips für 6–8 Tage und erst danach die exakte operative Reposition.

Zugangswege

Anterolateraler Zugang

(Abb. 10.6-67)

Der Patient liegt auf dem Rücken. Der Hautschnitt verläuft lateral der gut tastbaren Sehne des M. extensor digitorum longus.

Nach Durchtrennung des Subkutangewebes wird die Unterschenkelfaszie längs durchtrennt. Das Retinakulum der Extensorensehnen kann dabei ebenfalls längs oder aber etwas versetzt, wie bei einem Türflügel gespalten werden. Medial ist der N. peronaeus superficialis zu beachten. Die Strecksehnen werden mit einem Langenbeck-Haken nach medial abgehalten. Unterbindung der Venen, die über die vordere Gelenkkapsel des Sprunggelenkes verlaufen und Längsspaltung der Gelenkkapsel. Talus und vordere Tibiagelenkkante sind nun übersichtlich dargestellt. Zur Verschraubung einer Talusfraktur kann dieser Schnitt nach distal verlängert werden. Die Ursprünge der kurzen Zehenstrecker werden abgelöst. Die unter diesen Muskeln am medialen Rand verlaufenden Talusgefäße sind zu schonen.

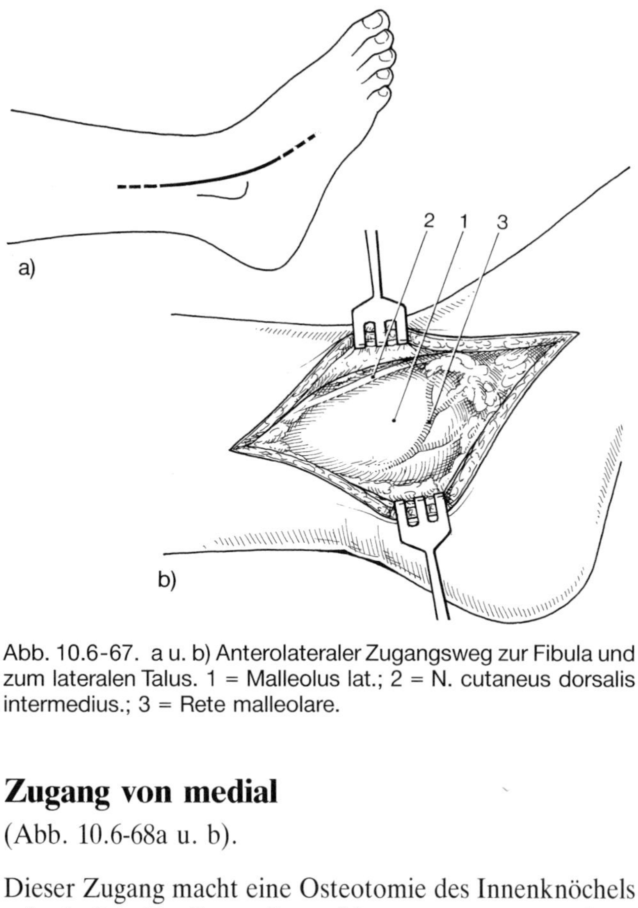

Abb. 10.6-67. a u. b) Anterolateraler Zugangsweg zur Fibula und zum lateralen Talus. 1 = Malleolus lat.; 2 = N. cutaneus dorsalis intermedius.; 3 = Rete malleolare.

Zugang von medial

(Abb. 10.6-68a u. b).

Dieser Zugang macht eine Osteotomie des Innenknöchels erforderlich. Er dient z. B. zur Versorgung von osteochondralen Frakturen am Talus. Der Patient liegt auf dem Rücken. Das Bein wird nach außen rotiert. Der Hautschnitt verläuft bogenförmig hinter dem Innenknöchel und hat eine Länge von 10–12 cm. Zunächst wird ein Bohrloch durch den Innenknöchel schräg von distal nach proximal gelegt. Durch dieses Bohrloch wird der zu osteotomierende Innenknöchel abschließend wieder über eine oder zwei Zugschrauben reinseriert. Die Osteotomie des Innenknöchels erfolgt mit einem scharfen, dünnen Meißel oder mit der oszillierenden Säge, wobei die Durchtrennung des Knöchels in Höhe des oberen Sprunggelenkes erfolgt. Die Osteotomiefläche steigt schräg nach außen an. Die Innenknöchelspitze wird zusammen mit dem Lig. mediale (deltoideum) nach unten geklappt, so daß der Talus nun gut eingesehen werden kann.

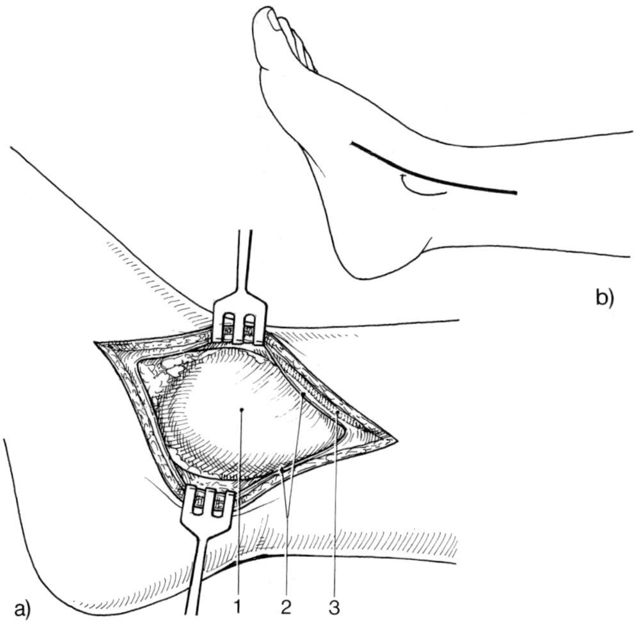

Abb. 10.6-68. a u. b) Medialer Zugang zum Innenknöchel und Talus. 1 = Malleolus medialis; 2 = Fascia cruris; 3 = V. saphena magna.

Osteosynthese

(Abb. 10.6-69)

Vom anterolateralen Zugang lassen sich Frakturen des Caput, des Collum und des Corpus reponieren und stabilisieren. Korpusfrakturen mit starker Dislokation des dorsalen Fragmentes sowie Flake-Frakturen an der medialen Taluskante werden vom medialen Zugang über eine Innenknöchelosteotomie reponiert und stabilisiert. Die Reposition muß stufenlos sein und die Stabilisierung geschieht über Zugschrauben, die in den meisten Fällen von vorne medial oder lateral eingebracht werden. Ein bis maximal zwei Zugschrauben (3,5 mm) sind ausreichend. Bei der Fixierung von Kantenfragmenten können auch Kleinstfragmentschrauben verwendet werden.

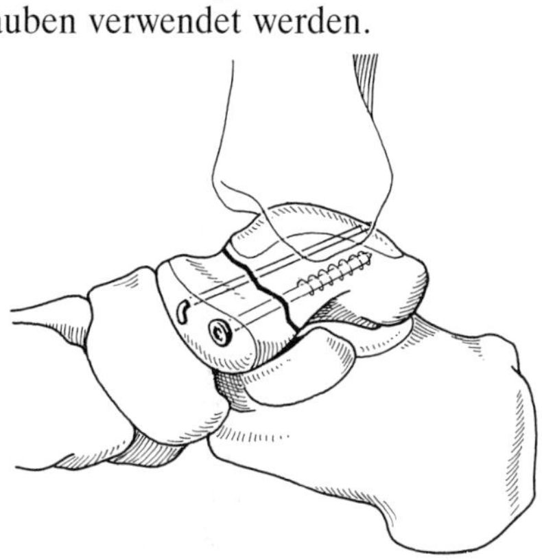

Abb. 10.6-69. Zugschraubenosteosynthese bei einer Talushalsfraktur.

Nachbehandlung

Aus einer Gipsschiene mit Neutral-0-Stellung des Fußes wird unmittelbar postoperativ mit einer Übungsbehandlung begonnen. Wegen der oft gestörten Vaskularisation des Talus wird eine lange Teilbelastungsphase von 2–3 Monaten, gelegentlich auch länger, empfohlen.

Kalkaneusfrakturen

Fersenbeinbrüche sind die häufigsten Brüche der Fußwurzelknochen. Die dünnen kortikalen Wände des spongiösen Fersenbeines und die in unterschiedlichen Richtungen gegeneinander geneigten Gelenkflächen machen die Reposition von Fersenbeinbrüchen schwierig und bis heute sind die Vorschläge zur Therapie der Kalkaneusfraktur einem stetigen Wandel unterzogen.

Die außerhalb der Gelenkflächen liegenden Kalkaneusfrakturen machen etwa 25% aller Fersenbeinbrüche aus und verursachen keine besonderen therapeutischen Probleme. 75% der Kalkaneusfrakturen sind aber intraartikuläre Frakturen, die fast immer Gelenkinkongruenzen hinterlassen und zur posttraumatischen Arthrose im unteren Sprunggelenk führen.

Einteilung

Viele Klassifikationen, oft mit starker Unterteilung, sind vorgeschlagen worden, z. B. von Böhler, Watson-Jones, Essex-Lopresti, Vidal und anderen.

Am Tuber calcanei finden sich:
- Entenschnabelbrüche.
- Längsfrakturen.
- Querfrakturen.

Für die meisten Einteilungen sind die Zahl der Fragmente, der Tubergelenkwinkel und die subtalare Gelenkfläche wichtig. Während die Zahl der Fragmente von untergeordneter Bedeutung ist, ist der Tubergelenkwinkel und die Verwerfung der hinteren subtalaren Gelenkfläche für das therapeutische Vorgehen wesentlich (Abb. 10.6-70a-c). Zur genauen Beurteilung einer Fraktur sind deshalb neben den Standardaufnahmen in a.-p., seitlicher und axialer Projektion auch Schrägaufnahmen in 45 oder 60° Innenrotation des Fußes in Neutralposition zur Darstellung der subtalaren Gelenkfläche nötig. Eine Computertomographie bringt in der Regel weitere Informationen.

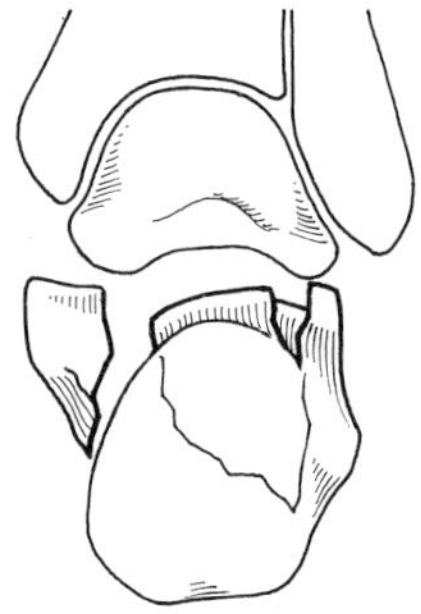

Abb. 10.6-70. Kalkaneusfrakturen mit Verwerfung der subtalaren Gelenkfläche.
a) Axiale Projektion. Impression der hinteren Gelenkfläche und Dislokation des Sustentaculum tali.

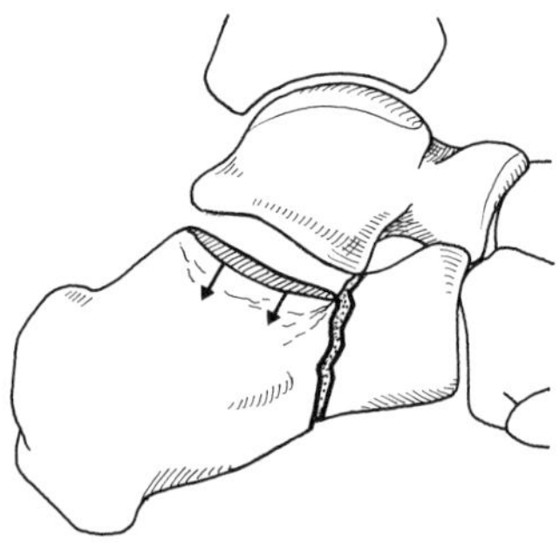

b) Seitliche Projektion. Spaltung des Calcaneus und Impression der hinteren Gelenkfläche.

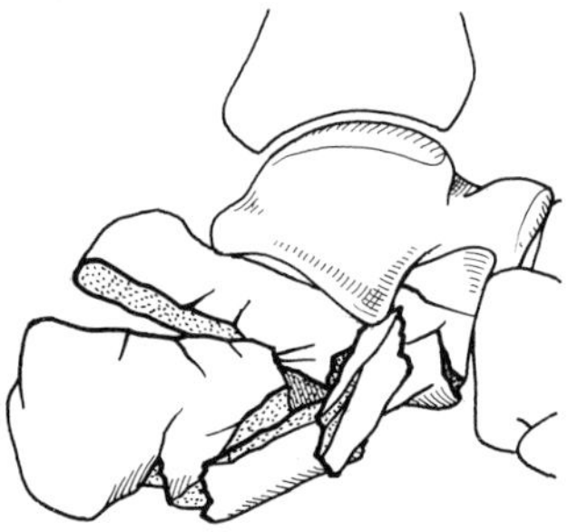

c) Trümmerfraktur mit tiefer Impression. Entenschnabelartige Aufspaltung des Tuber calcanei.

Therapie

Bei nicht und wenig verschobenen Frakturen ist die konservative Therapie angezeigt.

Bei dislozierten Frakturen des Tuber calcanei (Entenschnabelbruch) insbesondere aber bei Frakturen, die zur Impression und/oder Abkippung der subtalaren Gelenkfläche führen und damit auch eine Abflachung des Tubergelenkwinkels unter 20° hervorrufen, wird eine differenzierte operative Therapie allmählich mehr und mehr empfohlen.

Zugangswege

Lateraler Zugang

(Abb. 10.6-71)

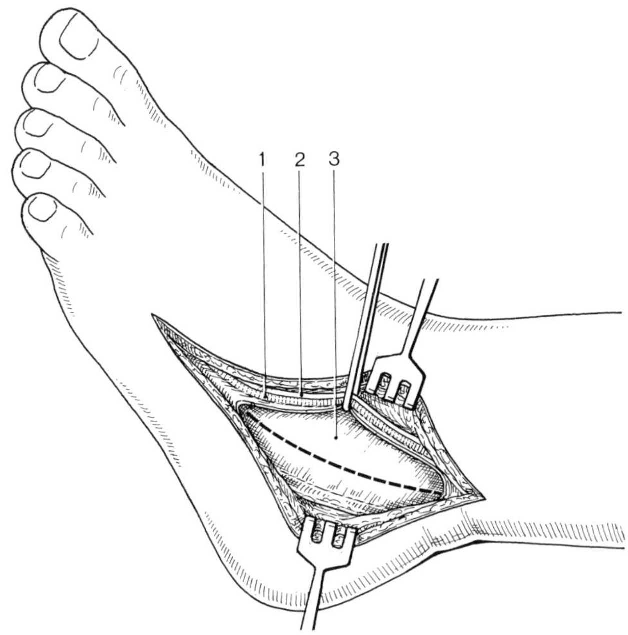

Abb. 10.6-71. Lateraler Zugangsweg zum Calcaneus. 1 = V. saphena parva; 2 = N. cutaneus dorsalis lateralis; 3 = Fascia cruris.

Wenn die Kalkaneusfraktur in Ausnahmefällen operativ behandelt wird und eine offene Reposition erforderlich wird, so ist meistens der Zugang von lateral vorteilhaft. Der Patient befindet sich in Rückenlage und das Bein ist innenrotiert. Die 12–15 cm lange Hautinzision verläuft 1 cm hinter den Peronealsehnen in einem flachen Bogen von proximal nach distal. Nach Durchtrennung des Subkutangewebes sind auf der Ventralseite die V. saphena parva und der N. suralis zu schonen. Die Faszie und das Periost werden hinter den Peronealsehnen gespalten. Bei weiterer Freilegung des Calcaneus können die Peronealsehnen samt ihrer Sehnenscheiden nach vorn mobilisiert werden.

Hinterer Zugang

Der Patient befindet sich in Halbseitenlage. Der Hautschnitt verläuft posterolateral knapp hinter und unter dem Malleolus lateralis. Die Achillessehne wird schräg in einer frontalen Ebene durchtrennt. Nun kann das hintere subtalare Gelenk dargestellt werden. Hinter dem eingestauchten Gelenkfragment wird ein Meißel schräg nach plantar eingeschlagen. Mit Hilfe des Meißels wird das Fragment angehoben. Zur Unterfütterung wird ein zuvor aus dem Beckenkamm entnommener und genau zurechtgeschnittener Knochenkeil eingefügt (Abb. 10.6-72a-c).

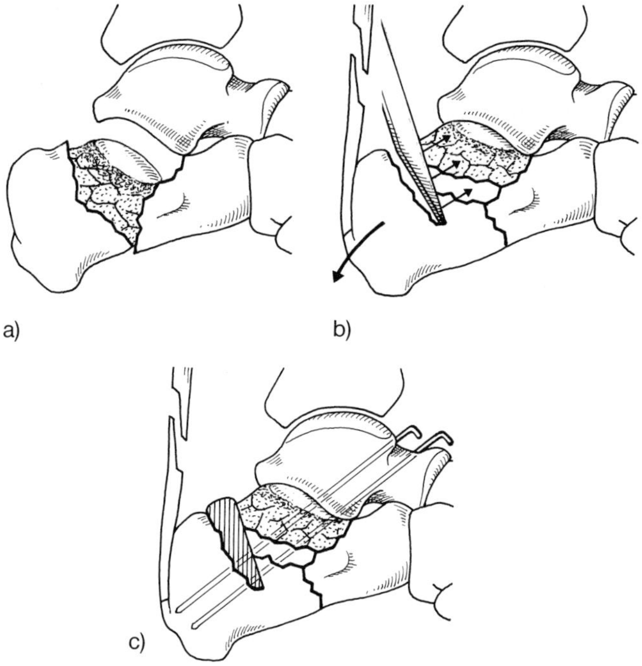

Abb. 10.6-72. a–c) Aufrichtung einer hinteren Impression des Calcaneus. Dorsaler Zugang seitlich von der Achillessehne oder nach tangentialer Tenotomie.

Beim medialen Zugang sind N. tibialis und Vasa tibialia zu schonen. Die Sehnen der Flexoren und des M. tibialis posterior müssen en bloc vom Knochen abgehoben werden. Der Zugang ist schwierig, ermöglicht aber letztlich eine gute Übersicht und Rekonstruktion.

Operation bei einfachen Ausrißfrakturen des Tuber calcanei

Bei dieser Fraktur kommt es durch den Zug der Achillessehne zur Fragmentdislokation. Die Reposition dieser frakturen in Spitzfußstellung ist einfach und die Stabilisierung erfolgt durch eine Zugschraube. Postoperativ ist die Sicherung der Osteosynthese durch einen Unterschenkelgipsverband wegen des starken Zugs an der Unterschenkelbeugemuskulatur erforderlich.

Operation bei dislozierter subtalarer Gelenkfläche

Die hintere Gelenkfacette als Schlüsselfragment des subtalaren Gelenkes wird in Analogie zu anderen Gelenkimpressionsfrakturen angehoben und kongruent zur Unterfläche des Talus eingestellt. Dies gelingt z. T. durch Extension am Tuber calcanei und durch seitliche Kompression. Die Stabilisierung geschieht mit Kirschner-Drähten, die von vorn durch den Talus und das reponierte Fragment hindurch in den Fersenbeinkörper gebohrt werden (Abb. 10.6-73a-c). Die Kirschner-Drähte können auch von dorsal her die Fersenbeinfragmente stabilisieren. Die Eintrittsstellen sind dabei jedoch mehr infektionsgefährdet.

Bei Trümmerfrakturen werden auch Operationsverfahren mit Rekonstruktionsplatten angegeben (Abb. 10.6-73d u. e). Wegen der relativ hohen Infektionsrate bei der Versorgung von Fersenbeinfrakturen ist generell die Indikation zur operativen Rekonstruktion und Osteosynthese am Fersenbein sehr streng und kritisch zu stellen. Andererseits kann durch die operative Rekonstruktion der posttraumatische Plattfuß sowie die starke Achsenabweichung des Fußes vermieden werden. Auch nach guter Rekonstruktion ist mit Inkongruenzen im subtalaren Gelenk und auf lange Sicht mit einer subtalaren Arthrose zu rechnen.

Die primäre subtalare Arthrodese ist allenfalls ausnahmsweise indiziert.

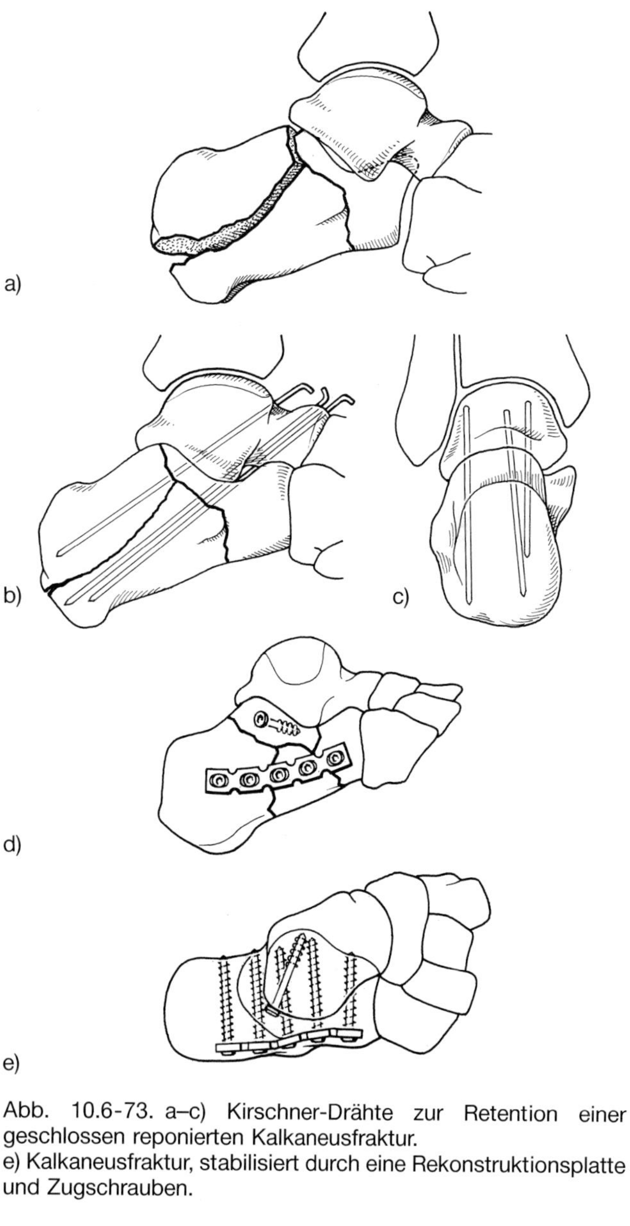

Abb. 10.6-73. a–c) Kirschner-Drähte zur Retention einer geschlossen reponierten Kalkaneusfraktur.
e) Kalkaneusfraktur, stabilisiert durch eine Rekonstruktionsplatte und Zugschrauben.

Nachbehandlung

Nach Aufrichtung und Kirschner-Drahtstabilisierung der Fersenbeinfrakturen ist eine Hochlagerung und alsbaldige Übungsbehandlung zur Mobilisierung aller nicht durch die Drähte transfixierten Gelenke wichtig. Die Kirschner-Drähte können nach 4–6 Wochen entfernt werden. Die volle Belastung des rekonstruierten Fersenbeines kann frühestens nach 8–10 Wochen erfolgen. Bis dahin ist eine Teilbelastung wichtig, um die Entwicklung einer schonungsbedingten Dystrophie zu verhindern.

Frakturen der übrigen Fußwurzelknochen

Frakturen am Os naviculare, Os cuboideum und an den Ossa cuneiformia sind selten und treten dann meist in Verbindung mit Luxationen in der Chopartschen oder Lisfrancschen Gelenklinie auf.

Einfache Abrißfrakturen durch Zug des M. tibialis posterior am Os naviculare werden bei Sportverletzungen beobachtet.

Im Zusammenhang mit Teilluxationen des Os naviculare, viel häufiger aber durch Quetschungen des Fußes entstehen Quer- und Trümmerfrakturen des Os naviculare. Verletzungen des Würfelbeins und der Keilbeine sind überwiegend Folge direkter Traumatisierung.

Therapie

Da diese Frakturen zusammen mit Luxationen entstehen, kommt es in kurzer Zeit zur starken schmerzhaften Schwellung des Fußes. Die frühest mögliche Reposition und Ruhigstellung ist deshalb angezeigt. Die konservative Behandlung ist nur dann ausreichend, wenn nach der Reposition das Gelenkgefüge und die Form der Fußwurzel wieder regelrecht ist. Eine genaue Überprüfung und Dokumentation des Repositionsergebnisses ist wichtig. Erweist sich die Retention als unsicher oder ist das Fußwurzelgefüge instabil, so empfiehlt sich die temporäre Kirschner-Drahtfixation. Die Kirschner-Drähte werden längs, quer oder schräg von intakten Fußwurzelknochen aus oder von der Basis der Metatarsalia aus über den verletzten Fußwurzelknochen hinweg gebohrt. Eine Verweildauer von 3 Wochen ist für solche stabilisierenden Drähte ausreichend.

Diese Methode hat außerdem den Vorteil, daß aus einer Unterschenkelgipsschiene mit Neutral-0-Stellung des Fußes frühzeitig mit der Übungsbehandlung begonnen werden kann. Dies ist wichtig, um die Motilität des Vorfußes zu erhalten. Nach der Entfernung der Kirschner-Drähte kann die weitere Behandlung im Gehverband bis etwa zur 6. Woche fortgeführt werden.

Abrißfrakturen mit stärkerer Dislokation (diese Frakturen dürfen nicht mit einem Os tibiale externum verwechselt werden) lassen sich durch eine Zugschraube stabilisieren. Der Zugang geschieht von dorsal.

Zugangswege

Dorsale Zugangswege zu den Fußwurzelknochen und Mittelfußknochen

(Abb. 10.6-74)

Gelingt die Reposition der Frakturen dieses Skelettabschnittes nicht geschlossen, so ist der dorsale Zugang am Fuß zu bevorzugen.

Die Inzision kann für die Fußwurzelknochen bogenförmig quer verlaufen. Die außerhalb der Faszie verlaufenden Hautnerven sind zu schonen. Die Faszie selbst wird ebenfalls in Hautschnittrichtung quer durchtrennt. Die langen und kurzen Zehenstrecker werden nach vorsichtiger Ablösung mit dem Langenbeck-Haken nach lateral abgehalten. Auf dem M. extensor hallucis brevis verläuft der N. cutaneus dorsalis medialis und unter dem Großzehenstrekker finden sich die A. dorsalis pedis und der N. peronaeus profundus, die zu schonen sind. Von diesem Zugang sind die Fußwurzelknochen zu reponieren und ggf. mit Kirschner-Drähten zu stabilisieren.

Alternativ, je nach Lage der Fraktur, können auch Längsinzisionen medial oder lateral vorgenommen werden. Bei Verlängerung dieser Längsinzisionen nach distal können Mittelfußfrakturen dargestellt werden.

Irreponible Luxationsfrakturen

In seltenen Fällen lassen sich Fußwurzelfrakturen und Luxationen in den angrenzenden Gelenklinien nicht geschlossen einrichten. Solche Traumen sind eine absolute Indikation zur Operation, denn die Verletzung des Fußes muß unter allen Umständen wegen seiner Belastung und zu seiner notwendigen Beweglichkeit in anatomisch korrekter Stellung ausheilen. Im Prinzip müssen für den Fuß die gleichen Wiederherstellungsprinzipien gelten, wie sie für die Hand selbstverständlich geworden sind.

Auch nach offener Reposition durch einen Zugang vom Fußrücken her, ist die adaptierende Kirschner-Drahtosteosynthese die einfachste und ausreichende Operationsmethode. Es ist darauf zu achten, daß so viel Stabilität gewährleistet ist, daß eine Übungsbehandlung möglich wird.

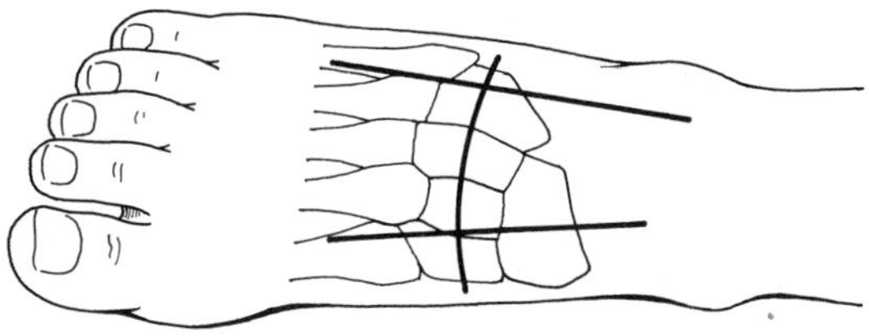

Abb. 10.6-74. Zugangswege zum Mittelfuß.
a) Mögliche Inzisionen.

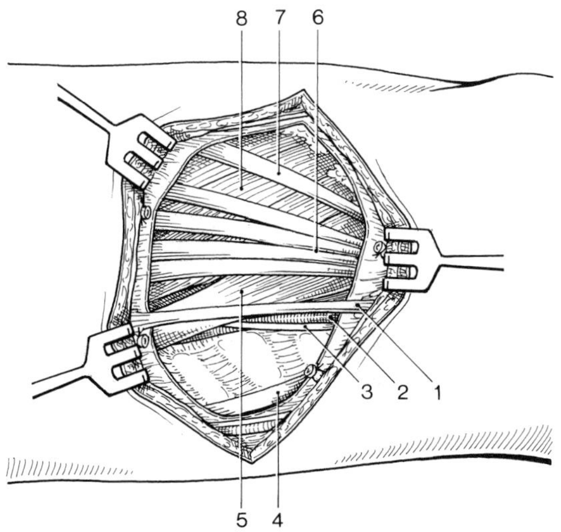

b) Darstellung der Strecksehnen. 1 = N. cutaneus dorsalis medialis; 2 = A. dorsalis pedis; 3 = N. peronaeus profundus; 4 = Tendo m. extensoris hallucis longi; 5 = M. extensor hallucis brevis; 6 = Tendines m. extensoris digitorum longi; 7 = Tendo m. peronaei tertii; 8 = M. extensor digitorum brevis.

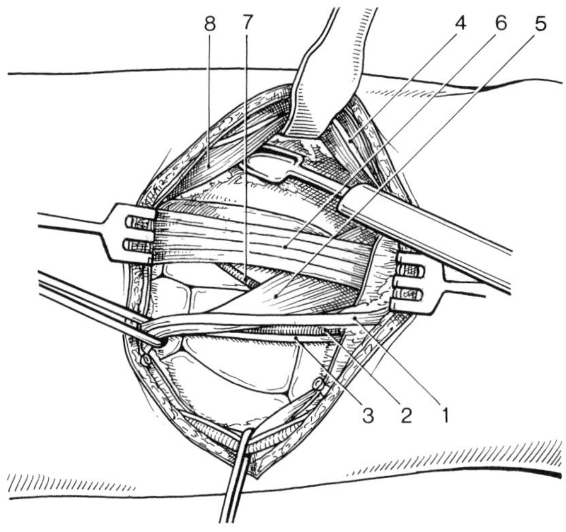

c) Darstellung der Fußwurzelknochen. 1 = N. cutaneus dorsalis med.; 2 = A. dorsalis pedis; 3 = N. peronaeus prof.; 4 = M. peronaeus tertius; 5 = M. extensor hallucis brevis; 6 = Tendines m. extensoris digitorum longi; 7 = A. tarsea lat; 8 = M. extensor digitorum brevis.

Mittelfußfrakturen

Brüche der Mittelfußknochen kommen überwiegend durch direkte Traumen zustande. Selten werden Ermüdungsfrakturen (Marschfrakturen) beobachtet. Überwiegend befinden sich die Frakturen nahe der Mittelfußköpfchen oder im Zusammenhang mit Luxationsverletzungen in der Nähe der Basis der Metatarsalia.

Isolierte Mittelfußfrakturen sind in der Regel kaum verschoben, da sie im Verband der übrigen Mittelfußknochen und der ligamentären Verbindungen gut geschient sind. Zu stärkerer Dislokation kommt es aber bei isolierter Fraktur des Metatarsale I.

Eine besondere Verletzungsform ist die Abrißfraktur an der Basis des V. Mittelfußknochens (s. dort). Diese Verletzung kann beim Supinationstrauma allein oder aber in Verbindung mit anderen Kapsel-Band-Verletzungen in der Supinationslinie auftreten.

Dislozierte Frakturen verändern das verspannte Längs- und Quergewölbe des Fußes und sollen deshalb reponiert werden. Genügt die Retention im Gipsverband nicht, so ist auch hier die Kirschner-Drahtosteosynthese und in Ausnahmefällen, besonders am Metatarsale I, die Plattenosteosynthese angezeigt.

Bei Frakturen mehrerer Mittelfußknochen ist die Stabilisierung der randständigen Metatarsalia I und V oft ausreichend. Die angewandte Osteosynthese sollte nach Möglichkeit die Motilität der Zehen nicht beeinträchtigen.

Osteosynthese an der Basis des V. Mittelfußknochens

(Abb. 10.6-75 a u. c)

Der Zugang erfolgt dorsolateral. Ein großes Basisfragment läßt sich mit einer Zugschraube fixieren. Eine zusätzliche Sicherung mit einer Zuggurtungsschlinge ist günstig. Bei kleinen schalenförmigen Fragmenten oder bei Trümmerfrakturen empfiehlt sich die Zuggurtungsosteosynthese mit zwei parallel liegenden Kirschner-Drähten und einer Zuggurtungsdrahtschlinge.

Besonderer Hinweis

Mittelfußfrakturen als offene oder geschlossene Verletzungen sind oft Folge von schweren Quetschungen. Neben der knöchernen Läsion ist daher immer auch von einem starken Weichteilschaden auszugehen, der zur Druckerhöhung in den Muskelfächern führt. Aber auch der Hautmantel kann hier bei extremer Schwellung Ursache eines sich entwikkelnden Kompartmentsyndroms sein. Daher ist zu einem möglichst frühen Zeitpunkt eine entlastende Inzision über dem Fußrücken indiziert. Nach Abschwellung wird der Hautdefekt sekundär genäht oder durch ein Hauttransplantat gedeckt.

Bei offenen Verletzungen des Fußes mit Weichteilschäden, die einen täglichen Verbandswechsel und u. U. ein mehrzeitiges Debridement erforderlich machen, hat sich die temporäre Transfixation mit einem Fixateur externe bewährt. Die Schanz-Schraube wird im intakten Mittelfußknochen oder Fußwurzelknochen verankert. Die Stabilisierung erfolgt über einen Klammerfixateur mit einer Schanz-Schraube in der Tibia. Verspannungen in mehreren Ebenen, u. a. auch über den Kalkaneus sind nur ausnahmsweise notwendig.

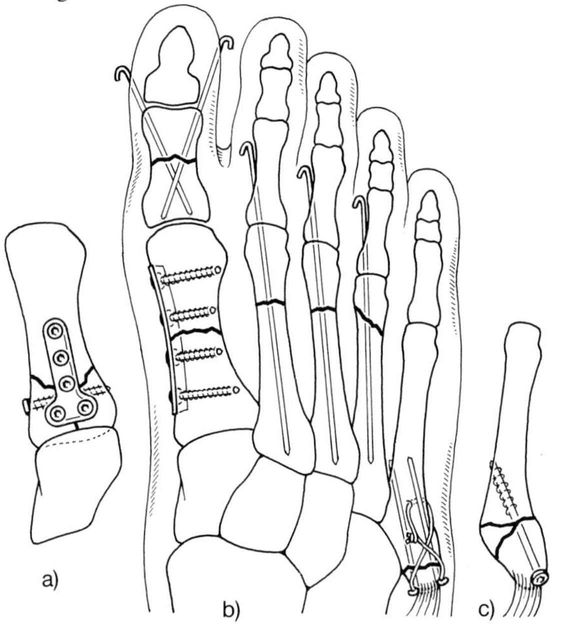

Abb. 10.6-75. Osteosyntheseverfahren bei Mittelfuß- und Zehenfrakturen.
a) Übliche Osteosynthesen.
b) Versorgung einer Gelenkfraktur.
c) Zugschraubenosteosynthese, besser Zuggurtungsosteosynthese (a) bei Basisfrakturen des Os metatarsi V.

Frakturen der Zehen

Gewöhnlich entstehen Zehenfrakturen durch direkte Traumen. Daher sind auch immer starke Weichteilzerstörungen und Schwellungen vorhanden, die so ausgeprägt sein können, daß es zu Zirkulationsstörungen kommen kann.

Therapie

Die Frakturen sind meist wenig verschoben und lassen sich geschlossen reponieren. Die Retention und Schienung ist oft mit einem Heftpflasterstreifenverband ausreichend. Bei starker Schwellung ist aber der Gipsverband anfangs als Liegegips und nach Abschwellung als Gehgips vorzuziehen. Gelegentlich ist bei instabilen Brüchen eine temporäre Fixation mit Kirschner-Drähten indiziert. Die offene Reposition ist die Ausnahme.

Zugang zum Großzehengrundgelenk

(Abb. 10.6-76)

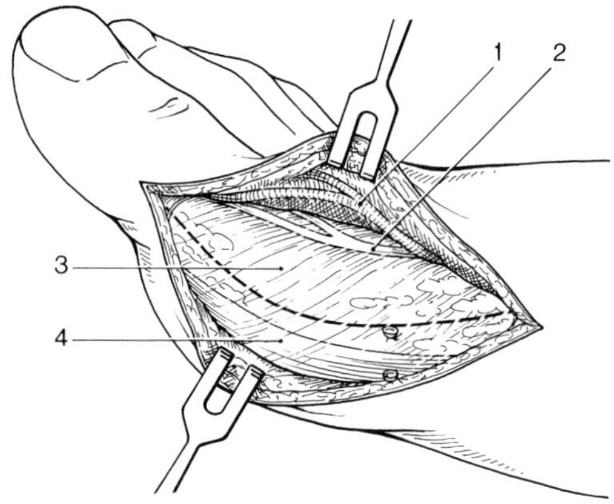

Abb. 10.6-76. a) Zugangsweg zum Großzehengrundgelenk. 1 = V. saphena magna; 2 = N. cutaneus dorsalis medialis; 3 = Capsula articularis; 4 = Tendo m. abductor hallucis.

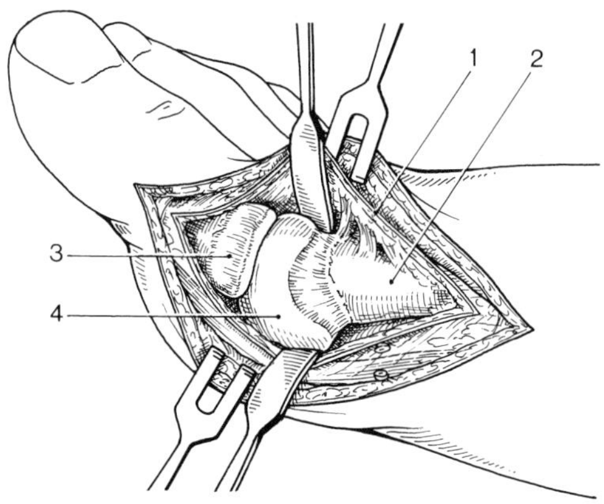

b) Eröffnetes Großzehengrundgelenk. 1 = Capsula articularis; 2 = Os metatarsale I; 3 = Basis phalangis proximalis; 4 = Caput ossis metatarsalis I.

Die Hautinzision verläuft dorsomedial vom Großzehengrundgelenk in einer Länge von 6 cm. Die Gelenkkapsel wird in gleicher Richtung wie der Hautschnitt gespalten und proximal hinter dem Köpfchen des ersten Mittelfußknochens sowie distal von der Basis des Großzehengrundgliedes abgelöst. Das Grundgelenk ist nun gut einsehbar. Beim Wundverschluß ist auf eine sorgfältige Kapselnaht zu achten, um die Richtung des Strecksehnenzuges weiterhin richtig zu gewährleisten.

Instabile Frakturen an den Gelenkkanten, speziell an der Großzehe, führen zu Fehlstellungen. Eine korrekte Reposition ist anzustreben. Die Stabilisierung solcher Fragmente gelingt häufig geschlossen mit Kirschner-Drähten. Ist die offene Reposition nicht zu umgehen, so wird sie durch einen dorsomedialen Zugang vorgenommen.

Allenfalls ausnahmsweise ist bei schwerster Traumatisierung die primäre Amputation indiziert.

11

Gefäße

11.1
Eingriffe an den Arterien

A. Valesky und **E. Thies**

Präoperative Maßnahmen

Die Vorbereitung vor gefäßchirurgischen Eingriffen ist von besonderer Bedeutung, da diese in einem hohen Prozentsatz an alten, polymorbiden Patienten durchgeführt werden müssen. Gerinnungsaktive Medikamente, wie Acetylsalizylsäure, sollten 5 bis 7 Tage vor Implantation größerer Gefäßprothesen abgesetzt werden.

Die Rasur bezieht das Operationsgebiet selbst sowie vor- und nachgeschaltete Gefäßetagen mit ein.

Eine Antibiotikaprophylaxe wird bei Rezidiveingriffen, Einsatz von alloplastischem Material, längerdauernden Operationen oder einer arteriellen Verschlußkrankheit im Stadium IV durchgeführt.

Maßnahmen zur Einsparung von Blutkonserven angesichts der möglichen Übertragung von AIDS oder Hepatitis durch präoperative Hämodilution bzw. intraoperative Autotransfusion gehören heute zum Standard.

Der Operationstisch muß eine intraoperative Angiographie ermöglichen. Längere Operationen erfordern wegen des Wärmeverlustes der Patienten das Unterlegen einer Heizmatte. Das Abdecken von Gesäß und Rücken mit saugfähigen Tüchern verhindert Verbrennungen. Die Unterpolsterung gefährdeter Gebiete, z. B. im Fersenbereich, vermeidet Dekubitalulzera. Die Abdeckung des Operationsgebietes wird sorgfältig durchgeführt, um septische Komplikationen, die in der Gefäßchirurgie fatal sind, sicher zu vermeiden. Sie erfolgt durch doppelte Lage von Tüchern, Abkleben infektionsgefährdeter Regionen mit Klebestreifen oder Klebetüchern.

Nicht nur die zu sanierende Gefäßregion ist abzudecken, sondern auch vor- und nachgeschaltete Gefäßregionen müssen zugänglich sein, da schlechte Zu- und Abstromverhältnisse eine Änderung des ursprünglichen Konzeptes verlangen oder Komplikationen, wie z. B. Blutungen bei geschlossenen Ringdesobliterationen, versorgt werden müssen.

Nahtmaterial, Nahttechnik

Die gefäßchirurgische Naht ist atraumatisch. Es kommen Fadenstärken von 3x 0 bis 7x 0 zur Anwendung. Nadelbiegung, Nadelgröße und Fadenstärke richten sich nach Größe und Wandstruktur der Gefäße.

- Aorta: 3x 0-Faden, nach Desobliteration 4x 0-Faden.
- A. femoralis, A. subclavia, A. carotis: 5x 0-Faden.
- A. radialis, A. tibialis posterior, A. tibialis anterior: 6x 0-Faden.
- Shuntchirurgie sowie Anheftung von Intimastufen: 7x 0-Faden.

In der Regel sind die Fäden doppelt armiert. Es bieten sich nichtresorbierbare Fäden, wie z. B. monofile Polypropylen- oder Polybutylenfäden an, die eine hohe Gleitfähigkeit mit einer hohen Reißfestigkeit kombinieren. Die Gewebsreaktion auf diese Fäden ist minimal. Wegen der Empfindlichkeit gegenüber mechanischen Berührungen wird der Faden nicht mit Klemme oder Pinzette gefaßt. Die hohe Gleitfähigkeit erfordert eine exakte Knotentechnik, wobei der Faden mehrfach geknotet werden sollte (4- bis 5mal).

Resorbierbare Fäden aus Polyglykolsäure oder Polyglactin sind wegen des raschen Verlustes der Zugfestigkeit und sägender Eigenschaften nicht geeignet.

Mit dem Polydioxanon steht ein synthetischer monofiler und resorbierbarer Faden zur Verfügung, der folgende Vorteile aufweist: Bei Reoperationen aufgrund von Infektionen stellt er wegen seiner Resorbierbarkeit nur begrenzte Zeit einen infektionsfördernden Fremdkörper dar. Beim Anheften von Intimastufen werden Stenosierungen durch die spätere Resorption vermieden. Bei Kindern erlaubt dieser Faden ein Mitwachsen von Gefäßanastomosen.

Bei der Verwendung von PTFE-Prothesen bieten sich Fäden gleichen Materials an. Der Faden ist etwas dicker als die Nadel, hinterläßt keine Stichkanäle und vermeidet somit lästige Blutungen aus den Stichkanälen.

Der Erfolg einer gefäßchirurgischen Operation hängt u.a. von einer subtilen Nahttechnik ab. Nur so können Nachblutungen, Aneurysmen und Restenosen vermieden werden.

Es gelten folgende Prinzipien (Abb. 11.1-1):

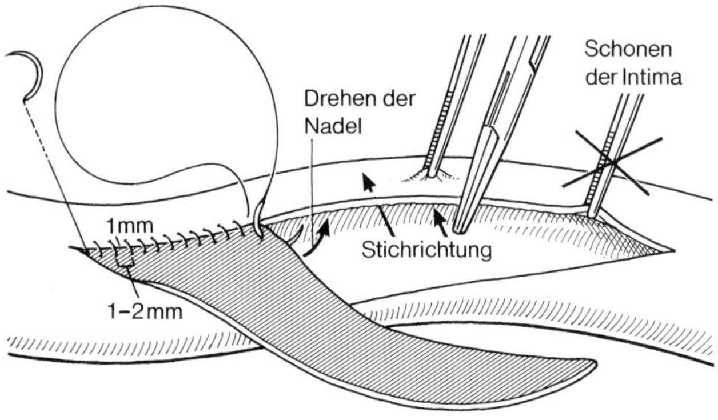

Abb. 11.1-1. Grundprinzipien gefäßchirurgischer Nahttechnik.

1. Die Gefäßwand wird durch Pinzettendruck nicht traumatisiert.
2. Die Spitze der Nadel wird nicht durch die Intima und Adventitia geschoben, sondern entsprechend der Krümmung gedreht.
3. Die Nadel sollte von innen nach außen gestochen werden, um ein Ablösen der Intima bzw. ein Hineinziehen der Adventitia in das Lumen zu vermeiden.
4. Die Nahttechnik erfolgt evertierend, um eine Adaptation von Intima und Gegenintima bzw. Gefäßersatz zu ermöglichen.
5. Die Entfernung der Einzelnähte vom Rand der Gefäßwand entspricht der Wanddicke des Gefäßes.
6. Die Strecke zwischen den einzelnen Stichen beträgt je nach Gefäßkaliber ungefähr 1 – 2 mm.

Folgende Nahttechniken haben sich bewährt:

1. Fortlaufende Naht,
2. Einzelknopfnaht,
3. Einzelknopf-U- oder Matratzennaht (Blalock).

Die fortlaufende Naht ist die gebräuchlichste Nahtform (Abb. 11.1-2). Sie kann bei jeder Gefäßrekonstruktion benutzt werden. Vorteile sind gute Abdichtung und rasche Durchführbarkeit. Das Legen der fortlaufenden Naht erfordert eine gute Fadenführung mit der Pinzette. Die Zugrichtung des Fadens hat in Ausstichrichtung zu erfolgen, um Einrisse der Gefäßwand zu vermeiden. Die fortlaufende U- oder Matratzennahttechnik bietet eine noch sicherere Abdichtung, birgt jedoch die Gefahr der ziehharmonikaförmigen Einengung des Gefäßes.

Die Einzelknopfnaht führen wir durch bei End-zu-End-Anastomosen zwischen Arterien bzw. zwischen Arterie und Vene (Abb. 11.1-3). Diese Nahttechnik wird auch bei Naht jugendlicher Arterien empfohlen, um ein Mitwachsen der Anastomose zu ermöglichen. Einzelknopfnähte haben den Nachteil, daß sie leicht ausreißen oder infolge ihrer geringen Auflagefläche eine schlechte Abdichtung ermöglichen.

Die Einzelknopf-U- oder Matratzennaht hat durch breite Intimaadaptation sichere Bluttrockenheit zur Folge, Fadenanteile liegen kaum im Lumen, jedoch engen die U-förmigen Nähte das Gefäß stärker ein (Abb. 11.1-4).

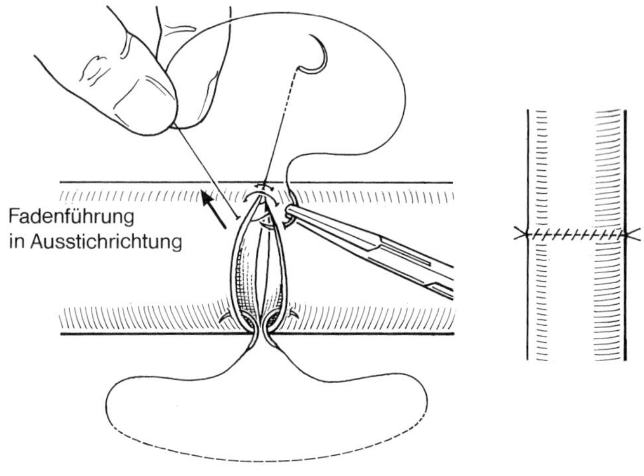

Abb. 11.1-2. Fortlaufende Naht (doppelt armierter Faden).

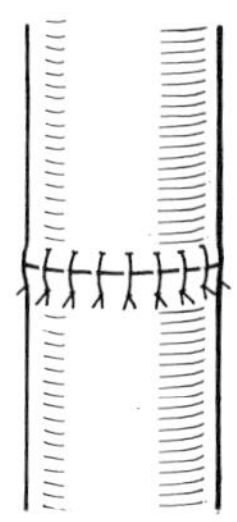

Abb. 11.1-3. Einzelknopfnaht.

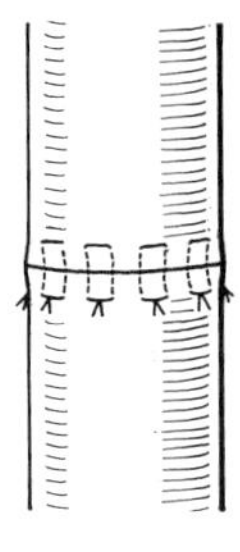

Abb. 11.1-4. U-Naht.

Bei schwierigen anatomischen Gefäßsituationen mit kaum zugänglichen Hinterwänden, z.B. Anlage einer arteriovenösen Fistel bei venöser Thrombektomie, periphere a.-v. Fistel, kann eine nicht evertierende transluminale Naht durchgeführt werden.

Maschinelle Nähapparate konnten sich in der Gefäßchirurgie nicht durchsetzen. Bei ihnen werden U-förmige Klammern aus Kobaltlegierungen oder Tantalum zusammengepreßt, wobei die Nahtreihe einer Einzelmatratzennaht entspricht, allerdings ohne den Nachteil, daß das Gefäßlumen eingeengt wird.

Nachteile der Nähapparate sind ihr komplizierter Aufbau. Bei schweren arteriosklerotischen Veränderungen sind sie nicht einsetzbar, und Kaliberunterschiede zwischen den zu anastomosierenden Gefäßenden verbieten ihre Anwendung.

Methoden der Gefäßklebung haben sich ebenfalls nicht durchsetzen können. Verbindungen zwischen Gefäßen und Kunststoffprothesen können mit einem Kleber nicht erreicht werden. Der Fibrinkleber ist lediglich einsetzbar bei diffusen Blutungen zur Abdichtung der Anastomose. Die Verschweißung von Gefäßen mittels Laserstrahlen befindet sich im experimentellen Stadium.

Quere Arteriotomien werden entweder mit Einzelknopfnaht oder evertierender fortlaufender Naht verschlossen (Abb. 11.1-5). Primär erfolgt das Legen der Eckfäden. Leichter Zug an ihnen ermöglicht ein Ausspannen des Gefäßes und erleichtert die weiteren Nähte.

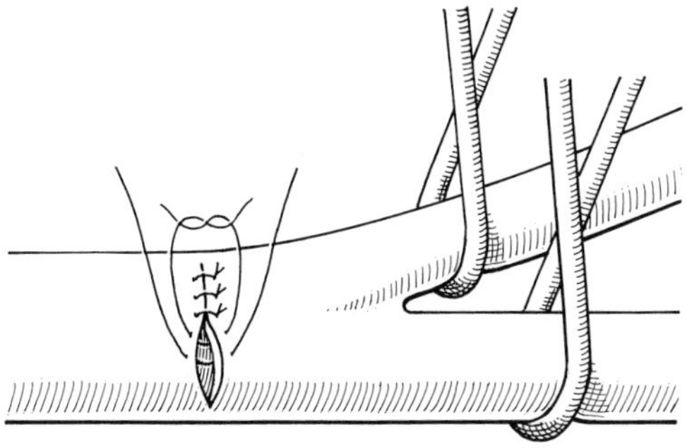

Abb. 11.1-5. Verschluß einer queren Arteriotomie durch Einzelknopfnähte.

Der direkte Verschluß einer Längsarteriotomie mit fortlaufender Naht ist problematisch, denn sanduhrförmige Stenosen lassen sich selbst bei subtiler Nahttechnik nicht sicher vermeiden. Die Naht über eingeführte Oliven oder nachfolgende Bougierungen können Einengungen nicht verhindern.

Lediglich nach ausgiebiger Desobliteration bei primär dilatierender Arteriosklerose kann ein direkter Längsverschluß durchgeführt werden. Das Ziel einer anatomischen Rekonstruktion des Gefäßes gelingt jedoch bei Längsarteriotomien am besten mit einer Streifenplastik (Abb. 11.1-6).

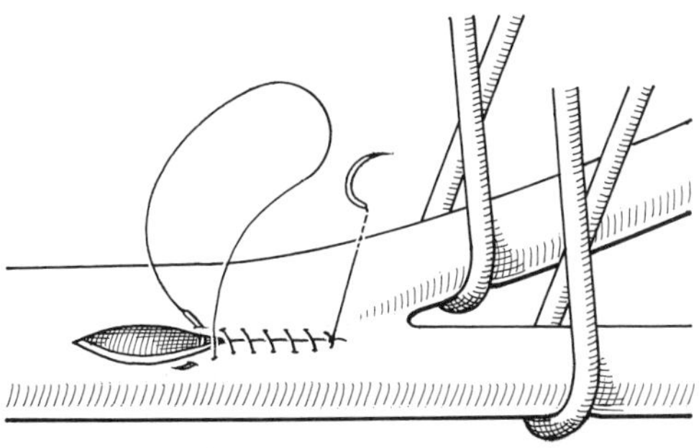

Abb. 11.1-6. Verschluß einer Längsarteriotomie
a) mit fortlaufender Naht.

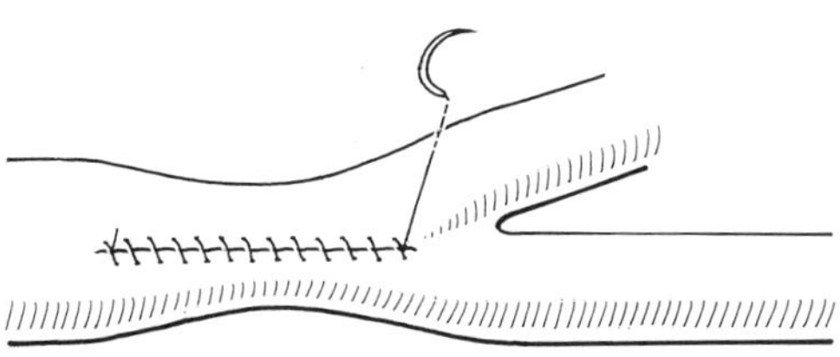

b) Gefahr der sanduhrförmigen Einengung.

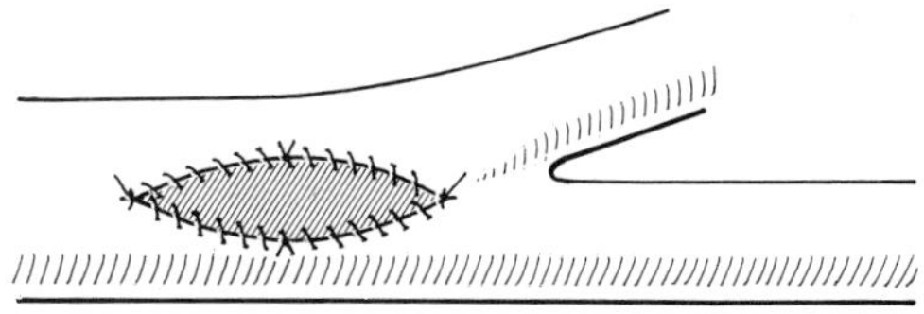

c) Vermeiden der Einengung durch Streifenplastik.

Anastomosenformen

End-zu-End-Anastomose

Anwendungsgebiet

Traumatische oder iatrogene Gefäßdurchtrennungen. Anastomose nach Resektion elongierter Gefäße, Dialyseshunt.

Großkalibrige Gefäße mit einem Durchmesser von 8 oder mehr Millimetern werden direkt fortlaufend oder in Einzelknopftechnik vernäht.

Bei kleineren Gefäßlumina empfiehlt sich die Vergrößerung des Anastomosenquerschnitts durch ein S-förmiges Anschrägen der Gefäßenden (Abb. 11.1.-7). Ähnlich der Darmanastomose können unterschiedlich große Gefäßlumina durch Keilexzision am dünnkalibrigen Gefäß aufeinander abgestimmt werden. Die Vereinigung der Gefäße erfolgt auch hier durch fortlaufende oder Einzelknopfnaht. Die Anastomose wird in einer sog. Rotationstechnik durchgeführt. Die Vorderwandnaht beginnt mit einem doppelt armierten Faden in der Mitte des Gefäßes und wird fortlaufend bis an die jeweiligen Ecken genäht. Durch Fadenzug bzw. Drehen der Gefäßklemmen kann die Hinterwand nach vorne gedreht und in gleicher Nahttechnik versorgt werden (Abb. 11.1-8). Bei engem Operationsgebiet ist eine sog. Distanznaht hilfreich. Hierbei wird die Hinterwand ohne Verknoten zunächst fortlaufend in beide Richtungen auf Distanz genäht. Erst nach mehrmaligem Durchstechen wird nach Erreichen der Ecken durch Anziehen beider Fäden die enge Verbindung der Gefäßstümpfe hergestellt (Abb. 11.1-9).

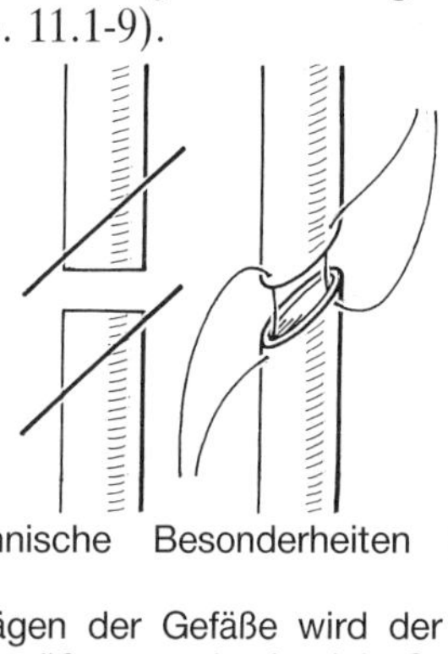

Abb. 11.1-7. Technische Besonderheiten bei End-zu-End-Anastomosen.
a) Durch Anschrägen der Gefäße wird der Durchmesser der Anastomosen vergrößert, wodurch sich Stenosen vermeiden lassen.

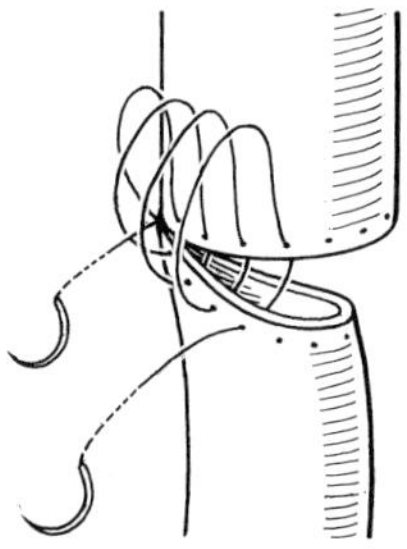

b) Anpassen zweier unterschiedlicher Gefäßkaliber durch unterschiedliche Stichabstände.

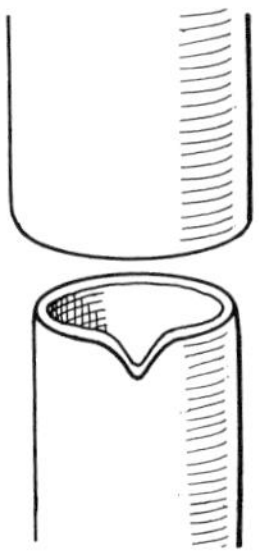

c) Anpassen zweier unterschiedlicher Gefäßkaliber durch dorsale Inzision des kleineren Gefäßes.

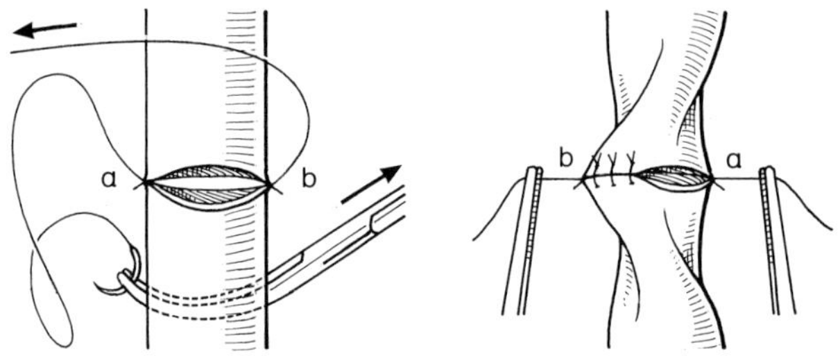

a) b)

Abb. 11.1-8. End-zu-End-Anastomosen. Naht der Hinterwand durch Rotationstechnik.
a u. b) Rotation durch Fadenzug.

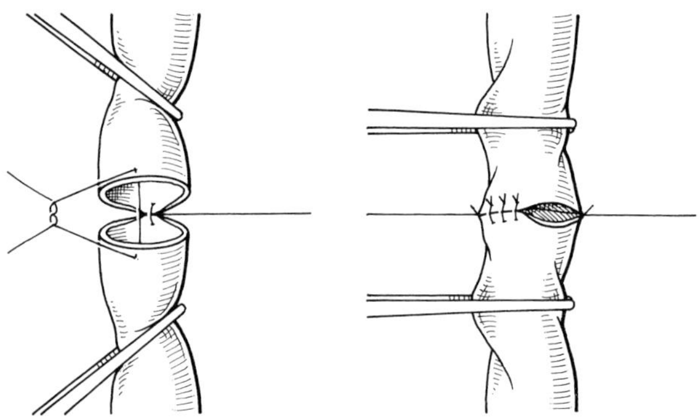

c) d)

c u. d) Rotation durch Drehung der Gefäßklemmen.

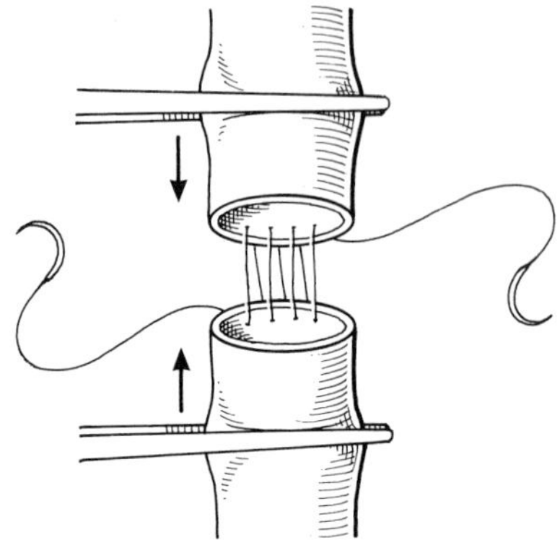

Abb. 11.1-9. Fortlaufende Gefäßnaht auf Distanz.

End-zu-Seit-Anastomose

Anwendungsgebiet

Reinsertionen ausgerissener Seitenäste, portokavale Anastomosen, Dialyseshunt, a.-v. Fisteln bei Zustand nach venöser Thrombektomie (Abb. 11.1-10).

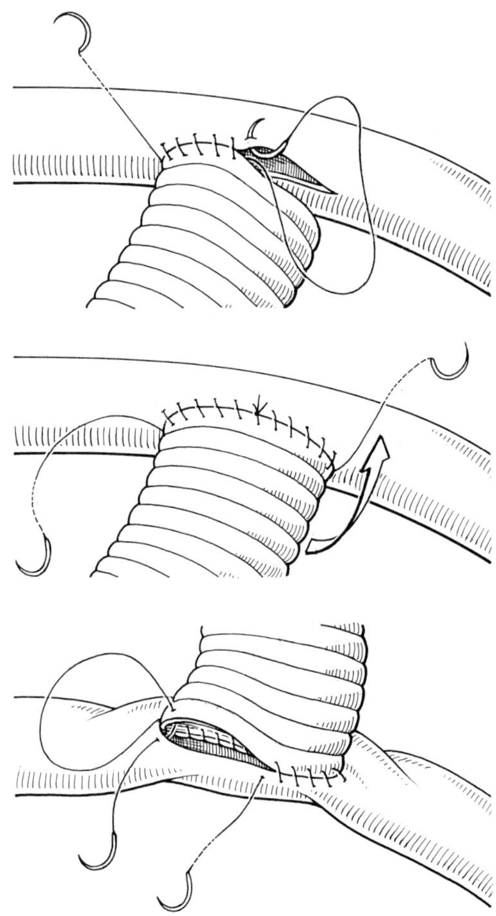

a) b) c)

Abb. 11.1-10. a–c) End-zu-Seit-Anastomose zwischen Gefäß und alloplastischem Material mit fortlaufender Nahttechnik.

Diese Anastomose bietet Vorteile gegenüber einer End-zu-End-Anastomose, da Schwierigkeiten bei der Ausführung der Hinterwandnaht entfallen. Die Anastomose wird in der peripheren Bypasschirurgie bevorzugt. Unterschiedliche Lumina können ohne Probleme miteinander vernäht werden. In der Regel wird an dem größeren Gefäß längsverlaufend arteriotomiert. Das Transplantat wird schräg zugeschnitten und in Einzelknopfnaht- bzw. fortlaufender Nahttechnik auf die Längsarteriotomie gesteppt. Die Naht beginnt mit einem doppelt armierten Faden im Bereich der spitzwinkeligen Ecke. Sie wird im Bereich der Hinterwand und Vorderwand bis zur Hälfte der Längsarteriotomie gestochen. Dann erfolgt die andere Ecknaht mit Naht der Vorderwand und Hinterwand bis zum bereits liegenden Faden.

Seit-zu-Seit-Anastomose

Anwendungsgebiet

Portosystemische Anastomosen, Dialyseshunts.

Eine weitere Seit-zu-Seit-Anastomose findet in der kruralen Gefäßchirurgie zunehmend Anwendung im Sinne einer die Flußmenge in implantierten Prothesen erhöhenden a.-v. Fistel bei femorokruralen Gefäßumleitungen.

Gefäßersatzmaterial

Streifentransplantate

Längsarteriotomien werden durch eine Streifenplastik verschlossen, um sanduhrförmige Stenosen zu vermeiden (Abb. 11.1-11).

Als Streifenmaterial kommen Dacron, PTFE sowie Venenstreifen zur Anwendung.

Bei Streifenplastiken spielen Unterschiede biologischer Eigenschaften des Materials eine geringere Rolle als beim Gefäßersatz.

Die Entnahme eines Venen-Patches erfolgt im Bereich der V. saphena magna am Innenknöchel.

Das Venensegment wird mit Bougierungsstiften passiert, mit Heparin- bzw. Kochsalzlösung gespült und ohne Verdrehen des Transplantates mit einer Pottschen Schere längsinzidiert. Venenklappen werden entfernt. Der Venenstreifen wird ebenso wie ein Kunststoffstreifen dem Gefäß angepaßt, zugeschnitten und mit einer fortlaufenden Naht eingenäht. Kurz vor Freigabe des Blutstromes erfolgt ein kräftiges Flushmanöver der zu- und abführenden Gefäße sowie zur Überprüfung der Durchgängigkeit ein Passieren mit Bougierungsstiften.

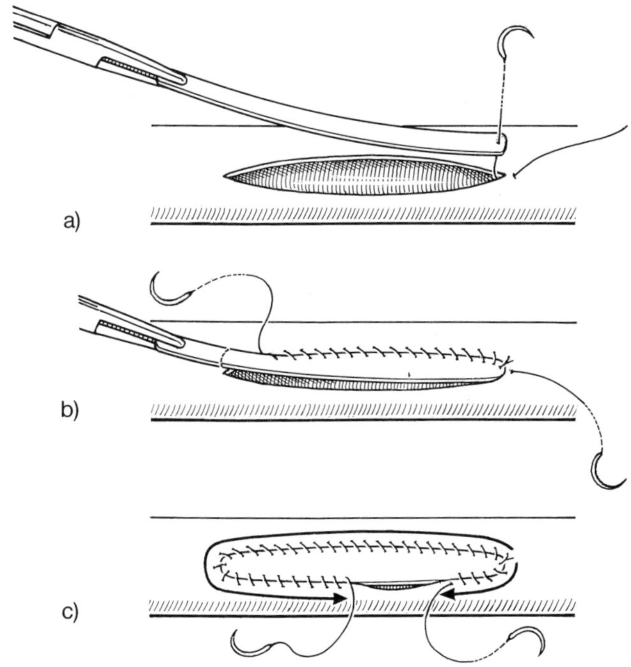

Abb. 11.1-11. a–c) Streifenplastik zum Verschluß einer Längsarteriotomie.

Abschließend folgt die sorgfältige Spülung des Gefäßes und die Fertigstellung der Naht.

Ziel der Streifenplastik bleibt die anatomische Rekonstruktion. Zu weite Streifenplastiken führen zur Aussakkung mit Turbulenzen und nachfolgenden Thrombenbildungen.

Werden Venentransplantate im Bereich der V. saphena magna am Innenknöchel zur Wiederherstellung anderer Gefäßprovinzen entnommen, sollten präoperativ Durchblutungsstörungen in der sich zur Venenentnahme anbietenden Extremität ausgeschlossen werden. Somit können lästige Wundheilungsstörungen im Bereich der distalen Entnahmestelle vermieden werden.

Vena-saphena-magna-Transplantat

Die chirurgischen Spätergebnisse mit dem V.-saphena-magna-Transplantat sind besser als mit Kunststoffimplantaten.

Wegen der geringen Wandstärke sind Unterarmvenen nicht geeignet. Die V. saphena magna bietet wegen ihrer Länge, Lumenweite und Wanddicke mit entsprechender Widerstandsfähigkeit ein ideales Transplantat.

Kontraindikationen gegen die Venenentnahme sind tiefe Beinvenenthrombose, extreme Varicosis, abgelaufene Thrombophlebitiden.

Auf eingehende invasive Untersuchungen präoperativ (Phlebographie) verzichten wir und beurteilen die Güte der Vene klinisch.

Lediglich in 20% der Fälle ist das Gefäß (z. B. hypoplastisch oder obliteriert) nicht zum Gefäßersatz geeignet.

Die Verwendbarkeit als Transplantat wird am entnommenen Präparat nach Füllung mit heparinisiertem Blut geprüft.

Die Mindestanforderung an die V. saphena ist ein Durchmesser von 3–5 mm.

Dünnere Gefäße eignen sich nicht zum Ersatz. Hier müssen Kunststoffprothesen verwendet oder bei partiell brauchbarer V. saphena ein sog. Kombinationsbypass angelegt werden.

Bei der Entnahme der V. saphena magna sind folgende Punkte zu beachten (Abb. 11.1-12):

1. Längsinzision im Bereich der Leiste unter Schonung der Lymphknoten, Aufsuchen der V. saphena ca. 4–5 cm unterhalb des Leistenbandes.
2. Präparation der V. saphena magna am Venenstern wie bei Crossektomie.
3. Absetzen der V. saphena magna ohne Einengung der V. femoralis.
4. Die Präparation der Vene erfolgt schonend durch Anschlingen mit Gummibändern und ohne Verletzung durch Druck von Pinzette oder Schere.
5. Zur Entnahme sind 4 bis 5 Längsschnitte im Bereich des Oberschenkels notwendig, um die Vene stumpf auslösen zu können. Seitenäste müssen ohne Einengung der Vene mit Metallclips oder Ligaturen versorgt werden.
   Eine durchgehende Längsinzision am Oberschenkel ist nicht zu empfehlen, da Wundrandnekrosen und lymphostatische Ödeme folgen.
6. Die Vene sollte bei der Präparation nicht komplett von Binde- und Fettgewebe befreit werden.
7. Die Unterscheidung zwischen proximalem und distalem Ende der Vene gelingt durch unterschiedliche Markierung mit Fäden (Abb. 11.1-13). Nach Entnahme wird die Vene in einer Eigenblut-Heparin-Lösung aufbewahrt und durch Einführen einer Knopfsonde mit Heparin- bzw. Kochsalzlösung von distal nach proximal gefüllt und auf Dichtigkeit geprüft, wobei Überdehnungsschäden durch zu strammes Auffüllen vermieden werden müssen (maximal 200 mmHg).

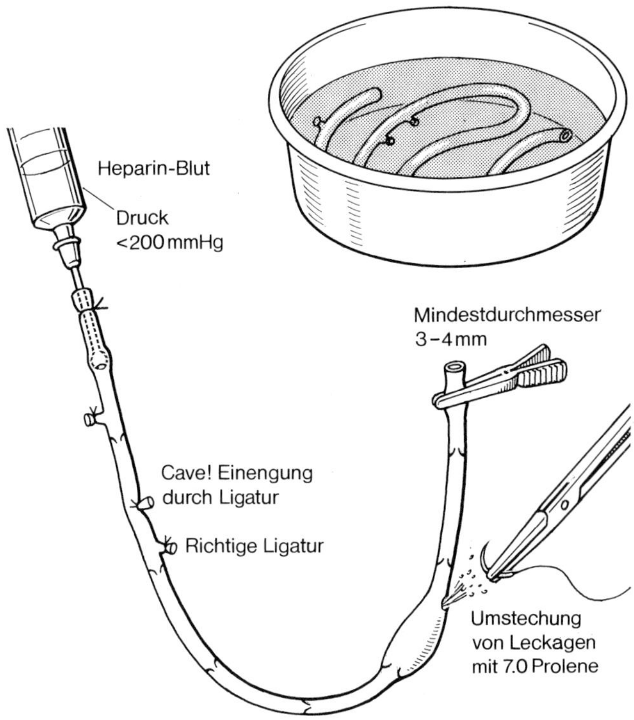

Abb. 11.1-13. Vorbereitende Maßnahmen zur Verwendung der Vena saphena magna als autogenes Transplantat.

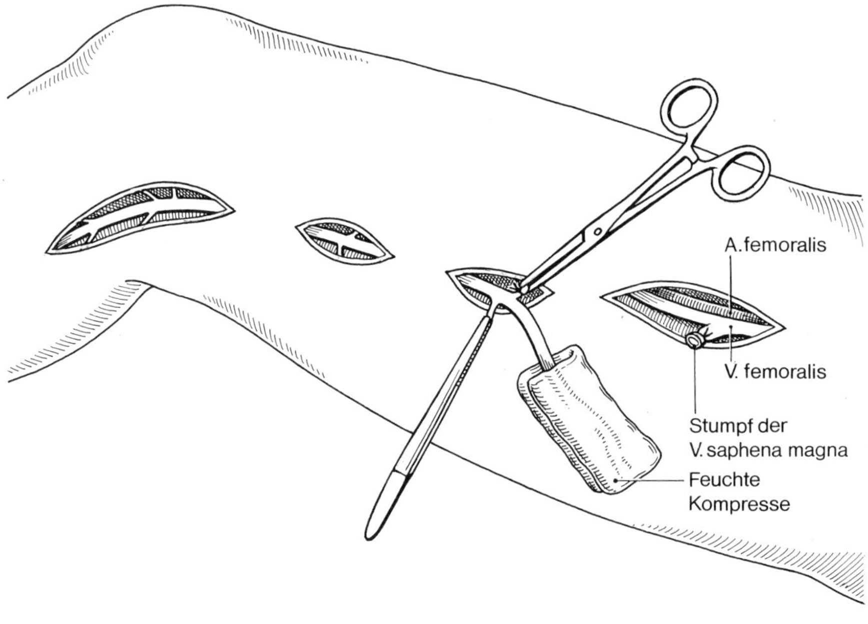

Abb. 11.1-12. Entnahme der V. saphena magna über mehrere Schnitte am Oberschenkel.

Im aufgefüllten Zustand sollte die Länge der Vene überprüft werden. Überstreckungen beim Einnähen des Transplantates sind zu vermeiden, da sie zu Stenosierungen führen. Beim Durchzugsmanöver muß eine Torsion des Transplantates um die eigene Achse vermieden werden. Um eine Behinderung des Blutstromes durch die Venenklappen auszuschließen, muß die Vene so implantiert werden, daß die proximale Anastomose mit dem distalen Venenende, die distale Anastomose mit dem proximalen Venenende erfolgt.

8. Bei der Implantation empfiehlt es sich, die distale Anastomose zuerst anzufertigen. Dies hat den Vorteil, daß eine längerdauernde Unterbrechung des arteriellen Zustroms in der Leiste vermieden wird und daß weiterhin das englumige distale Transplantatende, welches der Anlage der proximalen Anastomose dient, evtl. nach dem Durchzugsmanöver noch gekürzt werden kann. Das Durchziehen der Vene erfolgt entlang der Faszie des M. sartorius mit Hilfe dafür geeigneter Durchzugsinstrumente.

Arterientransplantat

Die Indikation zur Transplantation von Arteriensegmenten besteht kaum noch. Die Arterientransplantate wurden in der Regel aus der A. iliaca interna, A. lienalis, A. thoracica interna und A. epigastrica sup. gebildet, wobei ein ausreichendes Lumen z.T. durch Vereinigung zweier Arteriensegmente nach Längsarteriotomie erfolgte. Anwendungsgebiet: Gefäßtraumen, Wachstumsalter, Korrektur von Nierenarterienstenosen.

Allogene Transplantate

Unter den allogenen Transplantaten haben sich Arterien wegen der deutlichen Antigenizität mit Abstoßungsreaktion und Ausbildung von Gefäßaneurysmen sowie Venen mit ebenfalls problematischer Einheilung nicht bewährt. Lediglich die menschliche Nabelschnurvene, die nach Behandlung mit Glutaraldehyd immunologische Eigenschaften verliert, hat sich, mit einem Dacron-Netz umhüllt, in der gefäßchirurgischen Prothetik erhalten.

Die Prothese wird in einer 50%igen Alkohollösung, auf einem Glasmandrin aufgezogen, aufbewahrt. Sie muß mit 6 l physiologischer Kochsalzlösung von der Konservierungsflüssigkeit freigespült werden. Die Aussagen über Offenheitsraten sind unterschiedlich. Infolge ihrer Wanddicke ist die Nahttechnik erschwert.

Xenogene Bioprothesen

Bovine Kalbskarotiden werden ebenfalls nach Konservierung mit Glutaraldehyd immunologisch inert.

Der Einbau dieser Prothesen führte zu Komplikationen, wie markanten Aneurysmen, die letztendlich diesen Prothesen keinen Raum in der Gefäßchirurgie ließen.

Synthetischer Gefäßersatz

Prothesen unterschiedlichen Materials erfüllen heute einen Teil der Anforderungen an eine sog. ideale Prothese.

Die Ausbildung einer echten Endothelschicht in Prothesen und damit das Vermeiden von Thrombenbildungen stellt ein in der Gefäßprothetik noch nicht gelöstes Problem dar.

Mit Hilfe zur Zeit noch experimenteller Arbeiten zum sog. Endothel-cell-seeding wird versucht, dieses Problem zu umgehen. Dennoch haben sich Prothesen angesichts ihrer guten Lagerfähigkeit, ihrer guten Einheilungsraten und ihrer guten Verarbeitung sowie der Möglichkeit rasch und komplikationsarm selbst bei Patienten in reduziertem Allgemeinzustand Durchblutungsstörungen zu therapieren, durchgesetzt.

Als Prothesen sind zur Zeit Dacron- und Teflon-Prothesen auf dem Markt.

Die Einheilung ist bei den mikroporösen Dacron-Prothesen besser als bei den PTFE-Prothesen, die jedoch wiederum den Vorteil einer primären Blutdichtigkeit besitzen.

Die Dacron-Prothesen erreichen eine primäre Blutdichtigkeit durch verschiedenartige Beschichtung mit Gelatine, Albumin oder Kollagen bzw. durch unterschiedliche Herstellungsarten, wobei zwischen gestrickten hochporösen und niedrig porösen bzw. gewebten und nicht porösen Prothesen unterschieden wird.

Akuter arterieller Verschluß

Die häufigsten Ursachen eines akuten arteriellen Gefäßverschlusses sind:

1. Akute arterielle Embolie.
2. Akute arterielle Thrombose.
3. Arteriospasmus.
4. Aneurysma dissecans.
5. Kompression der Arterie von außen.

Die arterielle Embolie umfaßt die Verschleppung thrombotischen, infektiösen oder tumorösen Materials in periphere Arterien mit dem Ergebnis des Verschlusses abhängiger Organe.

Hauptquellen der Thrombembolien sind das Herz (75–95%) und atheromatöse oder aneurysmatische Veränderungen vorgeschalteter Arterien (10%).

Das thromboembolische Material soll grundsätzlich histologisch und bakteriologisch untersucht werden, auch wenn Tumor- bzw. infektiöse Embolien selten vorkommen.

Tumorembolien finden sich am häufigsten ausgehend vom Bronchialkarzinom bzw. Vorhofmyxom.

Die mit dem höchsten Risiko peripherer Embolien behafteten Erkrankungen sind die koronare Herzkrankheit mit abgelaufenem Infarkt und Herzrhythmusstörungen (Vorhofflattern, Vorhofflimmern) und rheumatische Herzklappenfehler. Einmal aufgetretene Embolien zwingen daher zu einer postoperativen Suche nach Emboliequellen mittels Langzeit-EKG (Ausschluß von Rhythmusstörungen) und USKG (Ausschluß von Vorhofthromben und Klappenfehler). Embolien aus Lungenvenen bei entzündlichen Lungenerkrankungen sind denkbar.

Die Angaben zur Verschlußlokalisation differieren je nachdem, ob es sich um chirurgische, internistische oder Sektionsstatistiken handelt.

Zusammengefaßt sind die Embolien im Bereich der Karotiden bzw. des Truncus brachiocephalicus am häufigsten.

Im chirurgischen Krankengut überwiegen Verschlüsse der Extremitäten.

Während die Diagnose eines akuten arteriellen Gefäßverschlusses bei Verschlüssen der A. carotis, der A. mesenterica, des Truncus coeliacus und der A. lienalis nicht immer sofort möglich ist, ist die Diagnose eines akuten arteriellen Gefäßverschlusses der Extremitäten leicht zu stellen und richtet sich nach den Kriterien, die 1954 von Pratt im Sinne der sechs P's aufgestellt wurden.

1. PAIN: akut auftretender Schmerz.
2. PALENESS: Ischämie und Leichenblässe des Beines mit kollabierten Venen.
3. PARAESTHESIA: Gefühlsstörung.
4. PULSELESSNESS: Blutpulsverlust.
5. PARALYSIS: Bewegungsunfähigkeit.
6. PROSTRATION: Erschöpfung und Schock.

Die Angiographie ist durchzuführen bei:

1. Verdacht auf Verschluß größerer Körperarterien,
2. fraglicher Differentialdiagnose zwischen arterieller Thrombose und arterieller Embolie.

Bei vorbestehender arterieller Verschlußkrankheit in der Anamnese und fehlenden Extremitätenpulsen auf der vermeintlich nichtbetroffenen Extremität ist von einer vorbestehenden arteriellen Verschlußkrankheit auszugehen und ein kompliziertes Gefäßleiden anzunehmen.

Zur Operationsplanung empfiehlt sich daher die präoperative Angiographie.

Neuerdings sollte die Angiographie jedoch auch bei der arteriellen Embolie durchgeführt werden, da Verschlüsse unterhalb des Leistenbandes mittels Lysetherapie mit Streptokinase oder Urokinase erfolgreich behandelt werden können.

Diese Technik hat den Vorteil, daß bei Verschluß von 3 Unterschenkelarterien die Streptasetherapie eine Rekanalisation aller peripher verschlossener Gefäße ermöglicht.

Dies ist durch Embolektomie mit Hilfe von Ballonkathetern oft nicht möglich.

Ursachen einer akuten arteriellen Thrombose sind in der Regel degenerative Veränderungen, seltener traumatische Arterienwandschädigungen.

Bei der arteriellen Thrombose sind nach exakter Diagnosestellung mittels Angiographie weit aufwendigere Operationen als bei der einfachen Arterienembolie zu erwarten.

Wir führen daher bei diesen Patienten, die zudem noch belastet sind durch Begleitkrankheiten, wie z. B. koronare Herzkrankheit, Diabetes mellitus etc., eine Operation nur dann akut durch, wenn ein komplettes Ischämiesyndrom besteht.

Bei nicht vital gefährdeter Extremität verbessern wir zunächst die allgemeine präoperative Situation und führen den Eingriff elektiv durch.

Arterielle Spasmen werden nach Ergotamin-Präparaten beobachtet. Der Arteriospasmus läßt sich durch Aufheben der Medikation und Gabe von Prostavasin und anderen gefäßaktiven Substanzen lösen.

Bei fehlendem Erfolg muß auch hier eine Thrombektomie mittels Fogarty-Katheter und eine vorsichtige Dilatation der distal spastischen Arterien durchgeführt werden.

Ein Arteriospasmus aufgrund mechanischer Irritation ist in der Regel auf stumpfe Traumen zurückzuführen. Die Angiographie hat Intimaläsionen auszuschließen. Bei fehlenden Intimaläsionen kann eine konservative Therapie erfolgreich sein.

Ein Arteriospasmus kann außerdem Folge massiver venöser Abflußstörungen (Phlegmasia coerulea dolens) sein.

Die äußere Kompression von Arterien ist in der Regel Folge schwerer Weichteil- oder Knochenverletzungen, selten Folge raumfordernder Tumoren.

Das Aneurysma dissecans führt zu einer Abhebung innerer Gefäßwandschichten, beginnend in der Regel im thorakalen Bereich mit möglichen Verschlüssen im Bereich der supraaortalen Arterien, der Eingeweidearterien und der Beckenarterien.

Eine spontane Fensterung des Aneurysmas ist möglich. Die Anamnese weist den richtigen Weg zur Diagnose.

Der Beginn eines Aneurysma dissecans ist gekennzeichnet von thorakalen Schmerzen wie beim Myokardinfarkt. Meist handelt es sich um jüngere, hypertone Patienten. Sobald die thorakalen Schmerzen nachlassen, treten die ischämiebedingten Schmerzen der Extremität oder der Eingeweide in den Vordergrund und führen zur Einweisung. Der Kreislauf kann normoton sein.

In der Regel aber ist der Patient tachykard. Im EKG kann eine Niedervoltage vorliegen bei beginnendem, die Prognose verschlechterndem Perikarderguß.

Die angiographische Diagnostik wird heute durch Computertomographie und insbesonders durch die Kernspintomographie ergänzt.

Je nach Lokalisation der Dissektion unterscheidet man beim Aneurysma dissecans zwischen Typ A und B (Abb. 11.1-14).

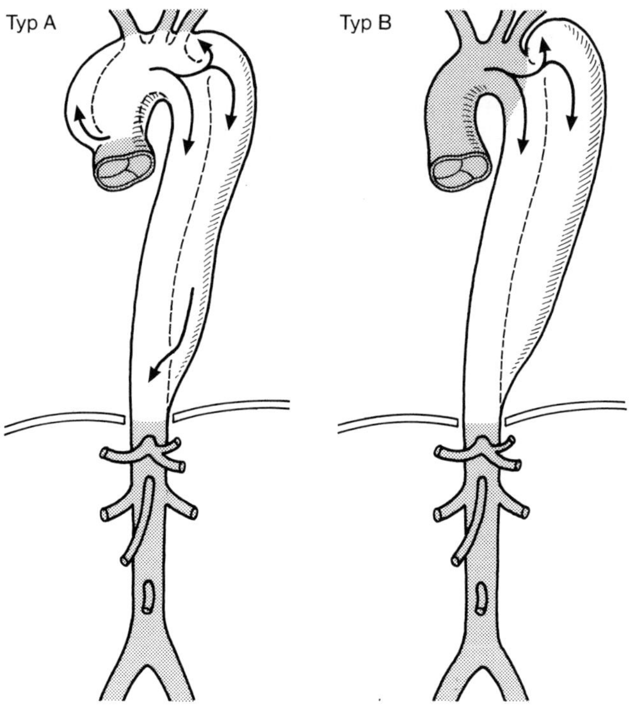

Abb. 11.1-14. Aneurysma dissecans der Aorta. Stanford-Klassifikation.

Nach der Stanfordklassifikation bezeichnet der Typ A die auf den thorakalen Anteil begrenzte Dissektion der Gefäßwand von Aorta ascendens und Aortenbogen.

Der klappennahe Ausgangspunkt der Dissektion beinhaltet häufig Komplikationen im Bereich der Aortenklappen oder Rupturen in das Perikard und erklärt somit die schlechte Prognose dieser Patienten.

Der Typ A muß kardiochirurgisch unter Einsatz der Herz-Lungen-Maschine operiert werden.

Beim Typ B der Aortendissektion ist die Aorta ascendens nicht betroffen. In der Regel ist die Aorta descendens betroffen. Die Dissektion kann auf den thorakalen Anteil beschränkt sein. Die Ausweitung der Dissektion auf den abdominellen Abschnitt der Aorta ist möglich.

Der Typ B wird durch einen abdominothorakalen Zugang operiert, indem die erkrankte Aorta in toto durch eine Dacron-Prothese ersetzt wird und die abgehenden Viszeralarterien in diese Prothese mit einem Aortenpatch eingenäht werden.

Besteht nach Aortenersatz nach wie vor eine periphere Verschlußsymptomatik, muß eine Fensterungsoperation durchgeführt werden (Abb. 11.1-15). Meist verschließt ein dissezierter Intimaschlauch die Iliakal-, seltener die Femoralarterie.

Die dissezierende Gefäßwand wird nach Längsarteriotomie ebenfalls längsinzidiert, auf eine kurze Strecke reseziert und die distale Intima durch Naht fixiert. Die proximale Intimastufe muß nicht gesondert versorgt werden.

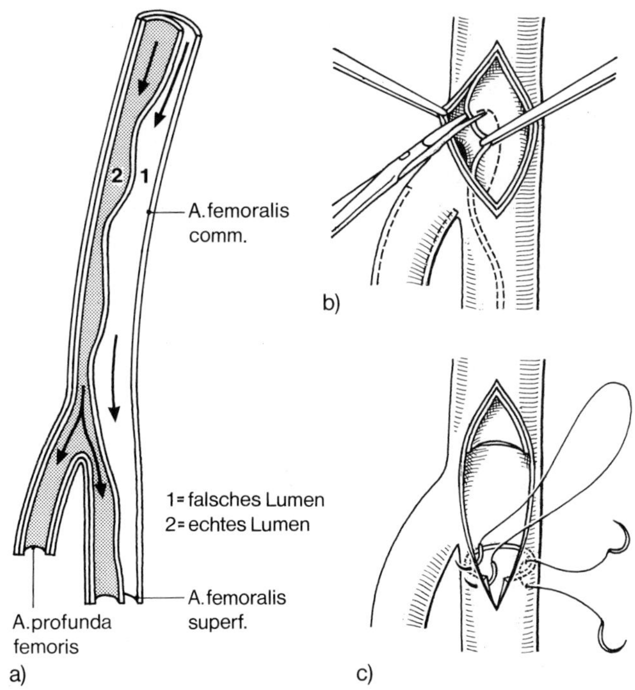

Abb. 11.1-15. a) Verschluß der Gefäßgabel von A. femoralis communis, A. femoralis superficialis und A. profunda femoris durch Dissektion.
b) »Fensterungsoperation« durch partielle Resektion der abgehobenen Gefäßwandschichten.
c) Fixation der distalen Intimastufe durch transmurale Naht. Hier in Einzelknopftechnik. Fortlaufende Naht möglich.

Therapie

Die Behandlung des akuten arteriellen Verschlusses muß sofort nach Diagnosestellung eingeleitet werden. Sofortmaßnahmen sind:

1. Intravenöse Schmerzmittelapplikation.
2. Adäquate schockorientierte Volumensubstitution, fallweise mit medikamentöser Unterstützung (z. B. Digitalis, Dopamin etc.).
3. Tieflagerung der ischämischen Gliedmaßen sowie Wattepolsterung, um vor Wärmeverlusten zu schützen.
4. Systemische Gabe von 5000 Einheiten Heparin.

Absolute Operationsindikationen sind der Verschluß lebenswichtiger Arterien, wie Viszeralarterien, arterielle Verschlüsse proximal der Kniekehle und der Ellenbeuge.

Kleinere arterielle Embolien im Bereich der Peripherie des Unterarms sowie des Unterschenkels können mittels lokaler Lysetherapie behandelt werden.

Angesichts der Risikofaktoren, die dieses Patientengut trägt, wird bei peripheren Verschlüssen häufig die Lokalanästhesie empfohlen. Es ist jedoch darauf hinzuweisen, daß die Operation unter Lokalanästhesie, z. B. im Bereich der Leiste, durch die Unruhe der Patienten bei nicht kompletter Schmerzausschaltung erschwert und das Resultat gefährdet werden kann.

Auch bei Operationen in Lokalanästhesie muß ein optimales Kreislaufmonitoring gewährleistet sein.

Die Embolektomie sollte sofort nach Diagnosestellung erfolgen.

Bei vital nicht gefährdeter Extremität wird zugewartet. Die Regel, daß ein akuter arterieller Verschluß innerhalb der 10-Stunden-Grenze operiert werden muß, gilt nicht uneingeschränkt. Auch Spätembolektomien, z.B. 3 bis 6 Wochen nach dem akuten Ereignis, bei vital nicht bedrohter Extremität verlaufen erfolgreich.

Die Prognose für die Gliedmaße hängt weniger vom abgelaufenen Zeitintervall als vielmehr von der Schwere des ischämischen Gewebeschadens ab.

Embolektomie

Die Embolektomie ist das bevorzugte operative Verfahren bei arteriellen Verschlüssen.

Unter einer direkten Embolektomie versteht man die Freilegung des Gefäßes am Ort der Embolie selbst und die Extraktion des Gerinnsels ohne weitere technische Hilfsmittel. Sie kommt in Frage bei Verschlüssen der Brachialis- oder Femoralisgabel. In der Regel wird die Operation zu einer Fernembolektomie erweitert (Abb. 11.1-16), bei der mit Hilfe von Ballonkathetern (Fogarty-Katheter), die abhängigen und zuströmenden Blutbahnen sondiert und noch vorhandene Appositionsgerinnsel komplett entfernt werden. Nach entsprechender Freilegung des Gefäßes erfolgt in der Regel eine quere Inzision, durch die die Katheter eingeführt werden. Bei allen peripheren Gefäßverschlüssen müssen sowohl die abhängigen Strombahnen als auch die übergeordnete Gefäßregion abgedeckt und operativ erreichbar sein.

Bei einem palpatorischen Nachweis von deutlichen arteriosklerotischen Veränderungen empfiehlt es sich, primär – besonders im Bereich der Leiste – eine Längsinzision anzulegen und diese in die A. profunda femoris hineinzuziehen, da diese häufig durch arteriosklerotische Plaques eingeengt wird. Die Desobliteration mit Patchplastik in der Femoralisgabel kann die Durchblutung eindeutig verbessern. Die Rekanalisierung der abhängigen Gefäßabschnitte erfolgt durch Ballonkatheter. Hierbei wird die Länge der eingeführten Katheterstrecke exakt bestimmt und durch Auflegen am Bein von außen die rekanalisierte Strecke gemessen. Der Erfolg der Thrombektomie zeigt sich durch einen komplett gewonnenen thrombotischen Zylinder sowie durch einen Rückfluß. Das Kathetermanöver hat so oft zu erfolgen, bis nach mehrmaligem Sondieren sicher keine Thromben mehr gewonnen werden.

Die Thrombektomie nach proximal wird durch die Vis à tergo in der Regel erleichtert. Der Gefäßverschluß erfolgt nach sorgfältiger Spülung bei querer Arteriotomie direkt mit fortlaufender Naht, bei Längsarteriotomie mit Hilfe eines Dacron-Patches. Der Erfolg der Operation hängt von der gelungenen, konsequent durchgeführten Rekanalisation ab. Im Zweifelsfall ist über eine intraoperative Angiographie die Durchgängigkeit zu prüfen. Postoperativ erfolgt eine kontinuierliche Heparinisierung sowie Hochlagerung der Extremität, um das postischämische Ödem in Grenzen zu halten. Häufige Kontrollen der revaskularisierten Gliedmaßen sind wichtig, um ein beginnendes Kompartment-Syndrom frühzeitig zu erkennen und evtl. über eine Fasziotomie alle 3 Gefäßlogen operativ zu dekomprimieren.

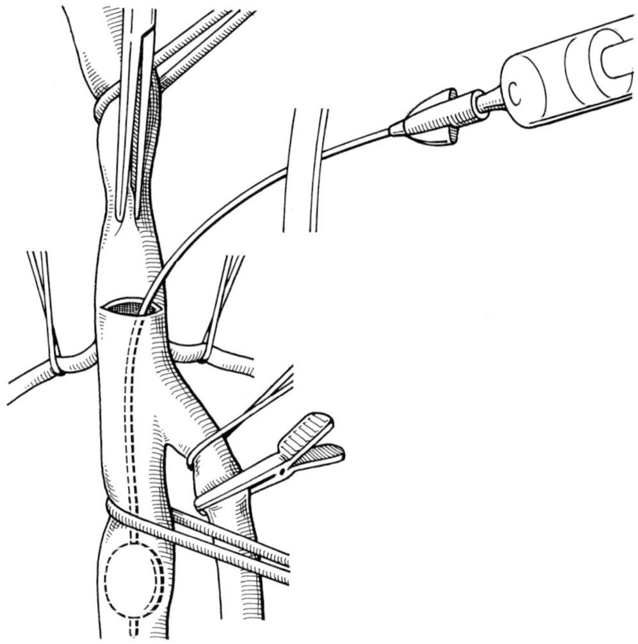

Abb. 11.1-16. Indirekte Thromboembolektomie mit Hilfe des Fogarthy-Katheters über eine quere Arteriotomie.

Konkurrierend zu operativen Maßnahmen haben sich interventionelle Kathetertechniken entwickelt. Bei peripheren Arterienverschlüssen der Arme und Beine oder auch neuerdings bei Viszeralarterien kommt eine Lyse mit Strepto- oder Urokinase über bis an den Verschlußzylinder herangeführte Katheter in Frage.

Andere Verfahren, wie die Saugembolektomie mittels Kathetertechniken, die abschließende Dotterung vorbestehender Stenosen mit Einlage von implantierbaren Metallstents, befinden sich im Erprobungsstadium.

Ausgeprägte arteriosklerotische Veränderungen erfordern weitergehende operative Schritte.

Offene Endarteriektomie

Die offene Thrombendarteriektomie umfaßt das Ausschälen arteriosklerotischer Plaques im Bereich des Gefäßzuganges im Sinne einer limitierten Desobliteration

(Abb. 11.1-17). Neben der Beseitigung hämodynamisch relevanter Stenosen ermöglicht die Desobliteration eine problemlose Naht zwischen Patcherweiterung und Gefäßwand, welche sich oftmals bei arteriosklerotischen Gefäßwänden als unmöglich herausstellt. In der Regel bietet sich die Desobliterationsebene durch Abblättern arteriosklerotischer Veränderungen der Gefäßwand an.

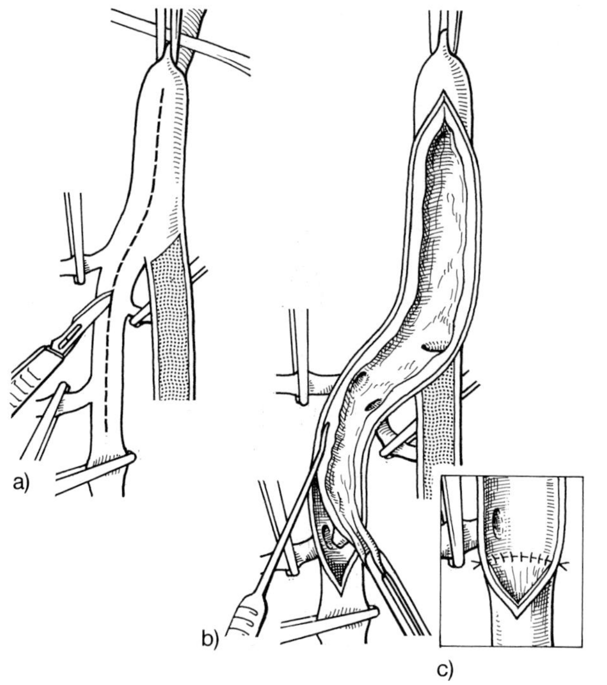

Abb. 11.1-17. Offene Thrombendarteriektomie der A. profunda femoris.
a) Stichinzision.
b) Desobliteration.
c) Läuft der arteriosklerotische Plaque nicht stufenlos aus, sollte er zur Vermeidung einer Dissektion transmural fixiert werden.

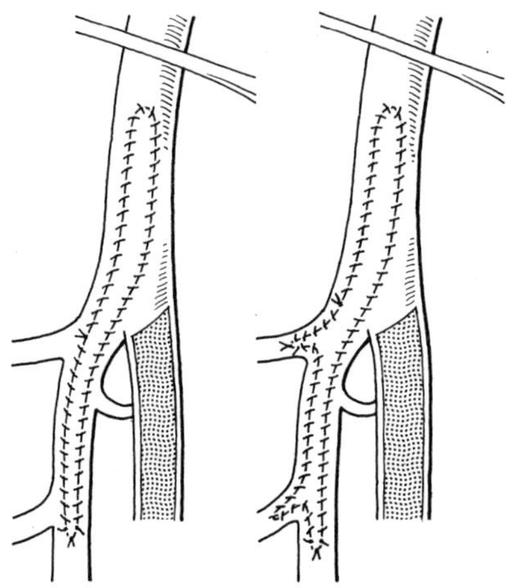

d) Verschluß der Gefäße durch Streifenplastik.

Die Spaltebene wird mit Hilfe von Dissektoren oder stumpfen Overhold-Klemmen im Sinne einer entweder intima- oder adventitianahen Desobliteration ausgenutzt. Im besten Falle wird der desobliterierte Zylinder nach peripher hin verfolgt, wobei er bei geringerwerdenden distalen arteriosklerotischen Veränderungen komplett auslaufen kann, so daß auch eine Intimanaht zur Anheftung der distalen Intimastufe nicht notwendig wird. Ist eine weitere Verfolgung des Zylinders in die Peripherie hinein nicht erfolgversprechend oder nicht möglich, wird der Zylinder abgeschnitten und die entstehende Intimastufe durch feine 6x 0- oder 7x 0-Nähte, transmural gestochen, fixiert.

Der Verschluß des Gefäßes erfolgt in der Regel durch eine Streifenplastik. Bei dilatierender Arteriosklerose kann eine direkte Naht erfolgen.

Eine sog. Eversionstechnik mit Ausstülpen des Gefäßes und nachfolgender Desobliteration des ausgestülpten Zylinders führen wir nur bei der orthograden Desobliteration der A. carotis externa durch bei gleichzeitiger Versorgung von A.-carotis-interna-Stenosen.

Bei Eingriffen an der Bauchaorta ist bei gleichzeitig vorliegenden Nierenarterienstenosen eine transaortale Nierenarteriendesobliteration ebenfalls in Eversionstechnik mit gutem Erfolg möglich (Abb. 11.1-35).

Indirekte halbgeschlossene Endarteriektomie

Um eine langstreckige Freilegung von Gefäßen mit erheblichen Weichteilproblemen zu vermeiden, wurden die ausgedehnten offenen Desobliterationen verlassen und durch halboffene Verfahren abgelöst (Abb. 11.1-18). Hierfür werden ovale Ringstripper verwendet.

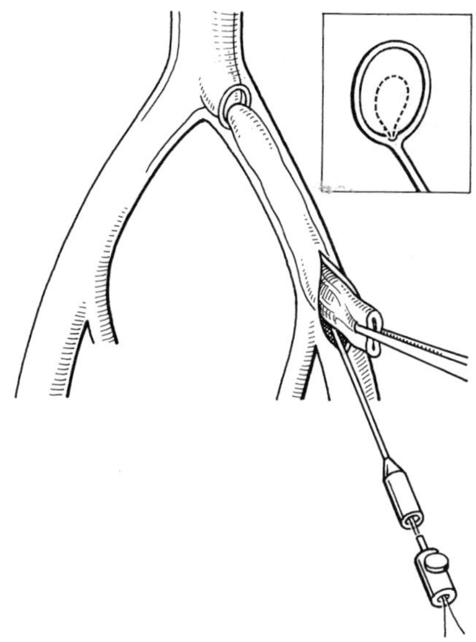

Abb. 11.1-18. Indirekte halbgeschlossene Thrombendarteriektomie mit Hilfe von Ringstrippern im Bereich der Beckenstrombahn.

Die Endarteriektomie mittels Ringstripper erfolgt in der Regel nach proximal, wobei, nach Aufsuchen der geeigneten Dissektionsebene, der Ring über den Verschlußzylinder gestreift und unter drehenden Bewegungen und sorgfältigem Austasten des Gefäßes nach proximal hin vorgeschoben wird. Durch Zuziehen eines integrierten Drahtes oder Abdrehen des Verschlußzylinders durch Torsion des Ringstripper wird der arteriosklerotische Zylinder abgetrennt und durch Zurückziehen des Ringstrippers komplett geborgen.

In der Regel kommt die retrograde Desobliteration im Beckenbereich zur Anwendung, ausgehend von einem transfemoralen Zugang.

Perforationen sind bei dieser Technik möglich.

Wir empfehlen deshalb die Sichtkontrolle der Desobliteration über einen zusätzlichen retroperitonealen Zugang. Hierbei ist oft noch eine direkte Desobliteration im Bereich der Aufzweigung der A. iliaca notwendig.

Umleitungsverfahren

Versagen die Verfahren oder sind sie zu aufwendig (langstreckige Verschlüsse), kommen nur noch Umleitungsoperationen in Frage.

Die Bypässe unterscheiden sich nicht nur in der technischen Durchführung, sondern auch durch das Material, wobei unter dem Gesichtspunkt der Transplantatbiologie Untergruppen gebildet werden können:

1. Autologes Venentransplantat:
   V. saphena, selten V. cephalica.
2. Arterientransplantat:
   In der Regel A. iliaca interna, A. lienalis.
3. Allogener Gefäßersatz:
   Das allogene Arterientransplantat wird heutzutage nicht mehr verwendet, da immunologische Probleme eine Einheilung verhindern.
   Als einzige allogene Prothese kommen heute Nabelschnurvenen als sog. Dardick-Prothese nach Vorbehandlung mit Glutaraldehyd zur Anwendung.
4. Xenogener Gefäßersatz (Kalbs- oder Rinderkarotis):
   Auch hier wird durch eine proteolytisch wirkende Enzymlösung die Rinderkarotis immunologisch inert. Es bleibt eine Kollagenröhre zurück, die durch eine entsprechende Tannin-Behandlung abgedichtet wird.
   Wegen der hohen Rate an Spätaneurysmen hat sich diese Prothese im femoropoplitealen Abschnitt nicht durchsetzen können.
5. Synthetischer Gefäßersatz:
   In der Regel kommen Prothesen aus PTFE oder Dacron zum Einsatz. Die Dacron-Prothesen sind unterschiedlich porös. Im peripheren Stromgebiet spielt das jedoch keine so große Rolle wie bei dem prothetischen Ersatz zentraler Arterienabschnitte. Für die arterielle Peripherie ist es von Bedeutung, Prothesen zu schaffen, die auch bei starken Bewegungen keine Neigung zur Knickbildung haben. Sowohl PTFE- als auch Dacron-Prothesen werden daher knickstabil in Form ringarmierter Prothesen zur Verfügung gestellt.

Kombinationen aus Kunststoff- und Venenumleitungen sind möglich (z. B. femorokruraler Kombinationsbypass). Hierdurch wird wertvolle V. saphena magna eingespart. Nur der mechanisch hauptsächlich beanspruchte kniegelenküberschreitende Anteil dieser Kombinationsumleitung wird dann aus einem Teilstück der V. saphena gefertigt.

Zweitens unterscheiden sich die Umleitungsverfahren an der unteren Extremität durch den beim Durchzugsmanöver gewählten Verlauf. Beim femoropoplitealen Bypass erfolgt der Verlauf in der Regel anatomisch entlang den bestehenden Leitstrukturen der genuinen Gefäße. Beim femorokruralen Bypass dagegen subkutan auf extraanatomischem Wege.

Angesichts der Erfolge interventioneller Techniken in der Radiologie finden Kathetertechniken zunehmend als endoluminale Verfahren Eingang in die Gefäßchirurgie. Hierbei werden – nach dem Vorschieben dünner und flexibler Führungsdrähte – Dilatationskatheter über Stenosen und/oder Verschlüsse vorwiegend im Becken- und Oberschenkelbereich geschoben und die genuine Strombahn durch Dilatation wieder rekanalisiert.

Neben der Dilatation stehen Rotationsatherektomiekatheter zur Verfügung, die arteriosklerotisches Material von der Gefäßwand abhobeln und absaugen.

Weiterhin kommen Lasersonden intraluminal zur Anwendung (Excimer-Laser, ND-YAG-Laser). Die Plazierung von Führungsdrähten erlaubt in besonderen Fällen die langstreckige Ringstripperdesobliteration, wodurch die genuine Strombahn der A. femoralis superficialis wieder hergestellt werden kann. Die Angioskopie bewährt sich in diesen Fällen zur Kontrolle der desobliterierten Gefäßstrecke und ist nach eigenen Erfahrungen der Angiographie überlegen.

Arterielle Verletzungen

Direkte arterielle Verletzungen

Arterielle Verletzungen sind immer wegen des Blutverlustes besonders gefährlich und führen zudem wegen der Ischämie abhängiger Organe zu irreversiblen Schäden. Ihre Häufigkeit in einem gefäßchirurgischen Krankengut beträgt 0,9–4%. Unter Polytraumatisierten steigt die Rate auf 7–10% an.

Die Diagnose offener penetrierender Verletzungen ist angesichts des Blutverlustes leicht. Stumpfe Verletzungen sind in ihrem Schweregrad schwer abzuschätzen, da die Extremität z. T. deutlich geschwollen und der Puls schwer zu tasten ist.

Besteht der Verdacht auf eine arterielle Verletzung, muß angiographiert werden.

Differentialdiagnostisch muß an einen Arteriospasmus oder eine schockbedingte Minderperfusion gedacht werden.

Patienten mit Schulterluxation, suprakondylärer Oberarmfraktur, subtrochantärer Oberschenkelfraktur, Tibiakopffrakturen sowie Unterschenkelfrakturen, Verletzungen also, die häufiger als andere mit Gefäßkomplikationen einhergehen, müssen besonders auf sich gelegentlich auch erst nach Stunden entwickelnde Durchblutungsstörungen überwacht werden (Abb. 11.1-19).

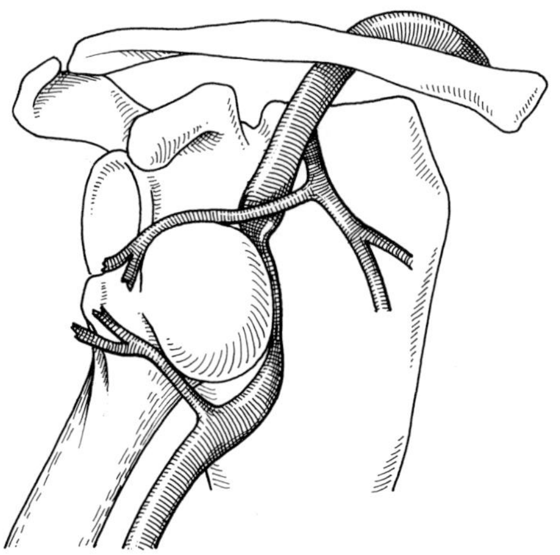

Abb. 11.1-19. Gefäßverletzungen.
a) Kompression der A. axillaris bei Schulterluxation.

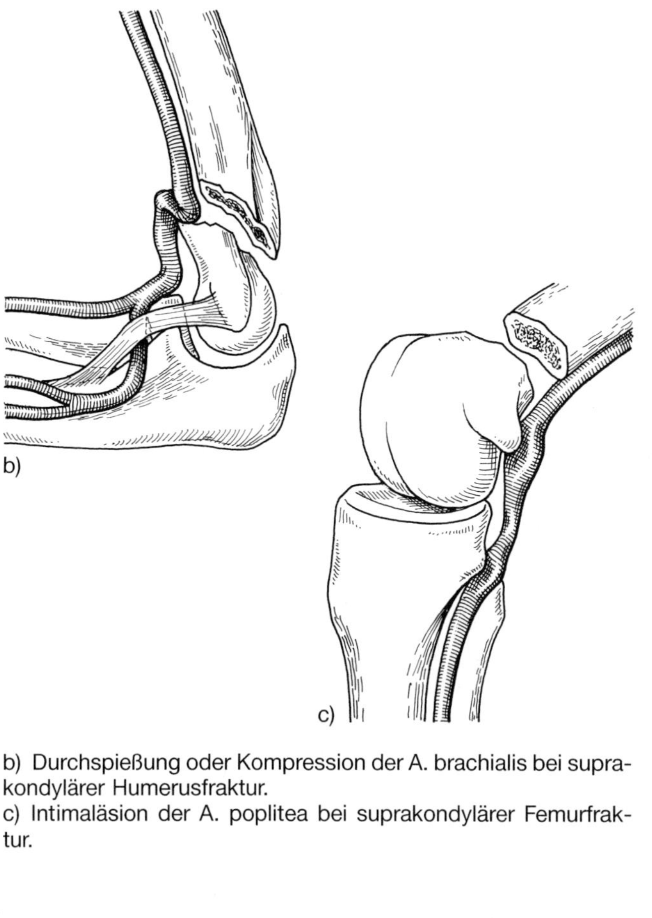

b)

c)

b) Durchspießung oder Kompression der A. brachialis bei suprakondylärer Humerusfraktur.
c) Intimaläsion der A. poplitea bei suprakondylärer Femurfraktur.

Therapie

Für die Erstbehandlung offener Gefäßverletzungen lassen sich stichpunktartig folgende Behandlungsmaßnahmen festlegen:

1. Provisorische Blutstillung am Unfallort durch digitale Kompression und Druckverband.
   Vermeiden von Tourniquet oder Klemmen direkt im Bereich des zukünftigen Operationsgebietes.
2. Sofortiger Transport in die Klinik.
3. Normale Lagerung der Extremität.
   Hochlagerung vermeiden, da es dann zur Verschlechterung der Kollateralzirkulation kommt.
   Herunterhängen vermeiden wegen evtl. vermehrten venösen Blutverlustes.

Die definitive Versorgung von Verletzungen großer Stamm- oder Extremitätenarterien proximal des Knie- und Ellenbogengelenkes sowie extrakranieller hirnversorgender Arterien muß so rasch wie möglich erfolgen.

Eine Gefäßunterbindung ist nur dann erlaubt, wenn andere Arterien eine Versorgung übernehmen können. Für Unterarm und Unterschenkel reicht jeweils eine Hauptarterie aus, so daß in Abhängigkeit von Begleitverletzungen hier Unterbindungen möglich sind. Die Entscheidung, ob eine Arterie unterbunden werden kann, hängt neben dem arteriellen Versorgungstyp von der Allgemeinsituation des Patienten ab.

Begleitverletzungen, wie Milzruptur, Leberruptur, thorakale Kontusionen, Schädel-Hirn-Trauma, müssen bei der Planung des Umfangs gefäßchirurgischer Rekonstruktionen berücksichtigt werden (Abb. 11.1-20).

Ausgedehnte Gewebezerreißungen mit begleitenden Nerven- und Knochenverletzungen können eine gefäßchirurgische Gefäßrekonstruktion unmöglich machen und erfordern die primäre Amputation.

Bei glatten Stichverletzungen können die Gefäßstümpfe direkt anastomosiert werden.

Bei nicht glatt begrenzten Schnitträndern wird eine begrenzte Resektion durchgeführt und die Kontinuität der Gefäße durch Interposition eines Venensegmentes hergestellt.

Postoperativ empfiehlt sich eine kurzfristige Ruhigstellung in Funktionsstellung.

Längsverlaufende Verletzungen der Arterien werden nicht direkt, sondern mit einer Venenstreifenplastik versorgt. Die Verwendung von autologem Material empfiehlt sich wegen der bei offenen Verletzungen bestehenden Infektionsgefahr. Aus dem gleichen Grunde bevorzugen wir resorbierbare Fäden (Polydioxanon).

Zur Defektüberbrückung größerer Gefäße kommt prothetisches Material zur Anwendung, auch wenn hier ein hohes Infektionsrisiko besteht.

Bei großflächigen Gewebszerreißungen mit Gefäßbeteiligung müssen zur Erhaltung der Durchblutung ebenfalls prothetische Umgehungsverfahren gewählt werden, die zweckmäßigerweise das verletzte Gewebe durch extraanatomische Umleitungen umgehen. So kommen beispielsweise bei schwersten Oberschenkelverletzungen an der Oberschenkelinnenseite und Leiste extraanatomische iliakapopliteale Bypässe, bei schweren offenen Verletzungen der Beckenarterien femorofemorale Cross-over-Bypässe zum Einsatz.

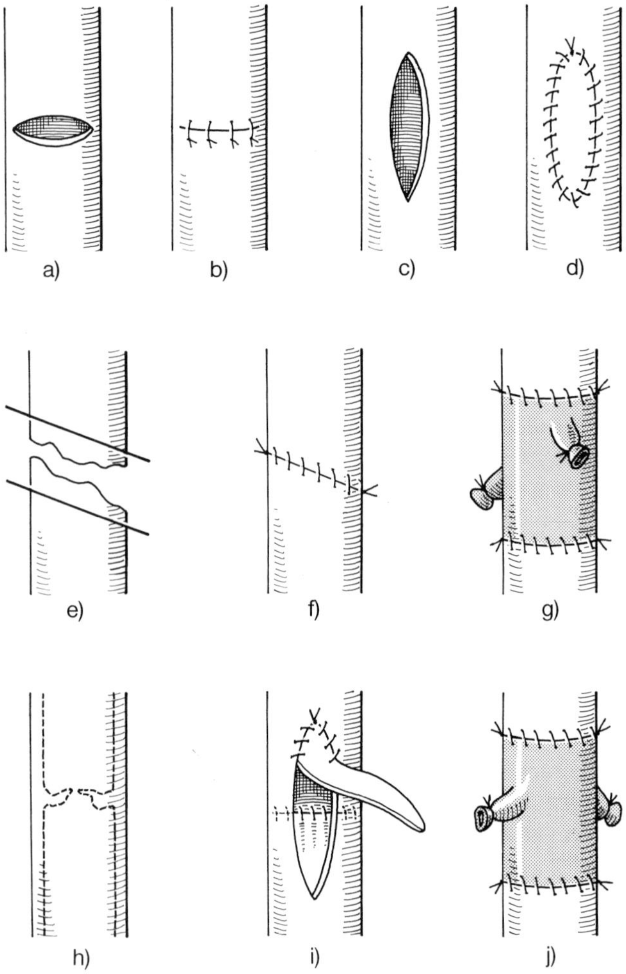

Abb. 11.1-20. Prinzipien der Versorgung von Gefäßverletzungen.
a) Stich- oder Punktionsverletzung.
b) Einzelknopfnaht.
c) Stich- oder Punktionsverletzung in Längsrichtung.
d) Verschluß durch Streifenplastik.
e) Gefäßzerreißung.
f) Resektion angeschrägt mit End-zu-End-Anastomose.
g) Resektion und Veneninterponat bei längerer Defektstrecke.
h) Stumpfe Intimaläsion.
i) Anheftung der Intima durch Streifenplastik.
j) Resektion und Veneninterponat.

Bei stumpfen, nicht perforierenden Verletzungen liegt in der Regel eine Verschlußsymptomatik vor. Die hier notwendige Angiographie lokalisiert die Arterienverletzung exakt und definiert somit den Operationszugang. Das Gefäß wird entsprechend der Läsion freigelegt und längseröffnet. Einfache Intimaablösungen lassen sich durch eine transmurale Intimafixation rekonstruieren. Die Arteriotomie wird dann wiederum durch einen Venenstreifen verschlossen. Ausgedehnte Intimadissektionen verlangen die Rekonstruktion durch Resektion und Interposition autologer Venen oder Gefäßprothesen.

Gefäßverletzungen bei Kindern sind quoad vitam wegen des geringen Blutvolumens des Kindes sehr gefährlich. Hinsichtlich der Durchblutung stehen den Kindern jedoch größere Kompensationsmöglichkeiten zur Verfügung. Somit sind durchaus auch Ligaturen von Extremitätenarterien ohne nachfolgende Amputation möglich, wenn der Allgemeinzustand eine längerdauernde Revaskularisation verbietet. Da die betroffenen Extremitäten jedoch im Wachstum zurückbleiben, müssen sekundäre Revaskularisationen durch Veneninterponate vor Beginn des letzten Wachstumsschubes durchgeführt werden.

Ansonsten folgt die Versorgung kindlicher Arterienverletzungen den allgemeinen Regeln der Gefäßchirurgie wie beim Erwachsenen. Als Nahtmaterial wird PDS verwendet, um ein Mitwachsen der Anastomosen zu gewährleisten (Einzelknopfnähte!). Kunststoffimplantate werden nicht verwendet. Gefäßersatz der Wahl ist die V. saphena magna.

Indirekte arterielle Verletzungen

Zu den indirekten Verletzungen gehören der Überdehnungsriß der Schlagader, das Dezelerationstrauma und der Arteriospasmus.

Überdehnungsrisse

Überdehnungsrisse können Folge von Luxationen großer Gelenke oder stark dislozierter Frakturen sein und wurden auch an der Aorta abdominalis bei LWK-Frakturen beschrieben. Wegen der meist langstreckigen Gefäßwandschädigungen sind zur Rekonstruktion immer prothetische Ersatzmaterialien erforderlich.

Dezelerationstrauma

Das Dezelerationstrauma entsteht durch eine plötzliche Geschwindigkeitsänderung beim Aufprall mit Massenverschiebung intrathorakaler Organe und Abknickung der Aorta entweder in sagittaler oder vertikaler Richtung.

Sternumfrakturen sowie Frakturen der in der Regel gut geschützten Rippen I und II sind Hinweise auf die Gefährdung der Patienten bezüglich einer traumatischen Aortenruptur, können allerdings insbesondere bei jungen Patienten fehlen. Auf indirekte Zeichen der traumatischen, gedeckten Aortenruptur ist zu achten. Ständige Blutdruckkontrollen an beiden Armen sowie an Beinen können ein Pseudokoarktationssyndrom durch aneurysmatische Veränderungen und Intimaläsionen im Aortenbogenbereich ausschließen. Ein breites oder breiter werdendes Mediastinum (Thoraxaufnahme, CT, Doppler-Sonographie, NMR) muß den Verdacht auf eine traumatische Aortenruptur wecken. Im Verdachtsfall ist die Angiographie obligat.

Die Aorta weist beim Dezelerationstrauma am häufigsten einen Querriß knapp distal der linken A. subclavia auf.

Die Rupturstelle ist zunächst gedeckt, in seiner Umgebung findet sich zunächst ein pulsierendes Hämatom. Erst nach 6 Wochen spricht man von einem regelrechten traumatischen Aneurysma. Eine freie Ruptur kann jederzeit erfolgen. Der Nachweis des Einrisses ist somit gleichbedeutend mit der Indikation zur Operation. Der Zugang erfolgt über eine Thorakotomie im 4. oder 5. ICR links in Rechtsseitenlage des Patienten.

Von der Anästhesie sind Möglichkeiten zum Ausklemmen der linken Lunge über Intubation mit Doppellumentubus zu schaffen.

Weiterhin müssen Medikamente vorgehalten werden, die den extremen Blutdruckschwankungen bei Abklemm- und Freigabemanövern der aortalen Strombahn entgegenwirken.

Die Präparation erfolgt zunächst distal, erst dann proximal unterhalb der A. subclavia. Bei enger Lagebeziehung zwischen supraaortalen Ästen und Aneurysmasack muß evtl. der Herzbeutel eröffnet werden, um durch weiteres proximales Abklemmen eine Blutungskontrolle zu erreichen. Ein kurzfristiges Ausklemmen der supraaortalen Aortenbogenäste darf in Kauf genommen werden bis distal der linken A. subclavia durch bessere Präparationsbedingungen ein Abklemmanöver erfolgen kann. Das Hämatom wird dann vorsichtig entfernt. Bei kleineren Defekten gelingt es, ohne wesentliche Defektvergrößerung die Rupturstelle freizulegen. Diese kann durch direkte fortlaufende überwendliche Naht (3x 0 Prolene) oder eine Dacron-Patch-Plastik verschlossen werden.

Bei größeren, zirkulären Defekten erfolgt das Einnähen einer Rohrprothese. Rückblutende Interkostalarterien müssen evtl. umstochen werden. Die Naht zwischen Aorta und Prothese erfolgt so, daß die Prothese in die Aorta unter Fassen von reichlich Gewebe eingestülpt wird (fortlaufende Naht, 3x 0 Prolene).

Arteriospasmus

Stumpfe Verletzungen der Extremitäten können myogene Gefäßspasmen auslösen. Diese werden unter den Zeichen eines arteriellen Verschlusses manifest. Ein organisches Strombahnhindernis bzw. eine Gefäßkompression müssen angiographisch ausgeschlossen werden.

Die Diagnose eines Arteriospasmus ist somit eine Diagnose per exclusionem. Die Therapie erfolgt konservativ mit Infusionen gefäßaktiver Substanzen Naftidrofurylhydrogen-Oxalat, Pentoxifyllin, Prostaglandin) bzw. Infusionen, die die Fließeigenschaften des Blutes verbessern (Dextran).

Operative Versorgung von Begleitverletzungen

Venenverletzungen

Begleitverletzungen zentraler Venen im Rumpf- bzw. Extremitätenbereich, proximal von Ellenbogen- und Kniegelenk werden in gleicher Sitzung versorgt, um postthrombotische Syndrome zu vermeiden. Eine Ausnahme stellt lediglich die V. femoralis superficialis in Oberschenkelmitte dar, die in diesem Bereich ligiert werden kann, weil über profundale Venen eine ausreichende Kollateralisierung gewährleistet ist. Die Naht der Venenwand erfolgt mit dünnen, monofilen, 6x 0-Nähten oder PDS bei infektionsgefährdeten Wunden. Direkte Nahtverfahren stehen im Vordergrund. Resultieren Stenosen, müssen Streifenplastiken aus autologem Venenmaterial eingesetzt werden. Als Ersatz für größere Gliedmaßenvenen kommen zusammengesetzte Autotransplantate aus der V. saphena magna in Frage. Die Hohlvene wird durch PTFE-Prothesen ringverstärkt ersetzt. Verletzungen im Beckenvenenbereich können durch Umgehungsverfahren, wie durch die suprapubische Verlagerung der V. saphena magna nach Palma bzw. durch freie Venentransplantate überbrückt werden.

Venenersatz- oder Venenumgehungsoperationen werden mit einer temporären a.-v. Fistel versehen. Das höhere Strömungsvolumen senkt die Rate postoperativer Thrombosen. Die a.-v. Fisteln werden in der Regel zwischen der V. femoralis und der A. femoralis mittels 5 mm Goretex-Prothesen im Sinne eines H-Shunts angelegt.

Nervenverletzungen

Bei Nervenverletzungen bietet sich die primäre Nervennaht unter mikrochirurgischen Bedingungen an, wobei die Nervenfaszikel mit 10x 0- bzw. 9x 0-Nähten genäht werden. Ist eine primäre Naht im erstversorgenden Krankenhaus nicht möglich, erfolgt die Versorgung in speziell dafür eingerichteten Kliniken mittels sekundärer Nervennaht oder Nerventransplantat.

Knochenverletzungen

In der Regel werden bei kombinierten Knochen-Gefäß-Verletzungen die Frakturen zuerst stabilisiert. Dadurch erreicht man ein ruhiges Operationsfeld als notwendige Voraussetzungen für die Gefäßrekonstruktion, die durch spätere Repositionsmanöver dann auch nicht mehr gefährdet wird.

Bei den kombinierten, oftmals offenen Kombinationsverletzungen bieten sich Verfahren wie der äußere Fixateur besonders an. Eine Verkürzung des Knochens um 1–2 cm kann in Kauf genommen werden, um eine direkte Naht von Arterien und begleitenden Venen zu erlauben. Inkomplette und komplette traumatische Gliedmaßenamputationen bedürfen der Versorgung durch speziell ausgebildete Kliniken, wobei der Transport von Patient und Organ nach Wiederherstellung der vitalen Funktionen rasch durchgeführt werden muß. Die Toleranzzeiten für die Ischämie liegen beim Finger bei ca. 16–24 Std., bei der Hand bei 12, bei Unter- und Oberarm bei 10 Std. (s. S. 780). Auch bei Replantation gilt die vorher aufgestellte Reihenfolge. Zunächst wird der Knochen, später werden die Gefäße (an der Hand mikrochirurgisch unter binokularem Operationsmikroskop mit 9 bis 10x 0 monofilen Fäden) versorgt. Abschließend erfolgt die interfaszikuläre Nervennaht.

Komplikationen nach Arterienverletzungen

Die Rethrombosierungsrate nach chirurgischer Sanierung von Gefäßverletzungen hängt vom Weichteilschaden ab. Sie beträgt bei Kriegsverletzungen 20%, im Friedensfalle 2%. Übersehene arterielle Verletzungen können zu Komplikationen, wie Aneurysmen oder a.-v. Fisteln, führen. Letztere werden durch direkte Verletzungen, wie Schußverletzung, Granatsplitter- oder Messerstichverletzungen (Messerstichverletzungen des Metzgers in der Leiste) hervorgerufen. Bezogen auf alle a.-v. Fisteln entfallen auf die traumatisch entstandenen etwa 30–40%. Eine Unterscheidung zwischen angeborenen und erworbenen a.-v. Fisteln gelingt durch die Anamnese. Außerdem treten erworbene in der Regel in der Einzahl, angeborene in der Mehrzahl auf. Am häufigsten finden sich a.-v. Fisteln im femoropoplitealen Abschnitt bzw. im Bereich der oberen Gliedmaße sowie an Kopf- und Halsgefäßen. Intraabdominelle und intrathorakale a.-v. Fisteln sind selten. Iatrogene a.-v. Fisteln entstehen durch scharfe Verletzung von Arterien und Venen (Punktion, Umstechung) oder zwischen Massenligaturen von Arterie und Vene. Folgende Stadien werden unterschieden:

Stadium I: Plötzliches Auftreten großer a.-v. Fisteln durch Verletzung mit rapidem Blutverlust ins venöse System und Kollapsneigung.

Stadium II: Kompensation durch Veränderung der Herz-Kreislauf-Situation mit Steigerung des Herzminutenvolumens, Vermehrung des zirkulierenden Blutvolumens und Vasokonstriktion anderer peripherer Gefäßabschnitte.

Stadium III: Dekompensation des Herzens, zunehmende Überlastung durch große Herzzeitvolumina.

Die a.-v. Fistel ist auskultatorisch und palpatorisch an einem Schwirren im Bereich der Verletzungsstelle zu erkennen. Zur Darstellung der Fistel reicht die venöse DSA aus. Ein positiver Nikoladoni-Branham-Test (Kompression der a.-v. Fistel mit Verlangsamung der Herzfrequenz und Anstieg des Blutdruckes) beweist die hämodynamische Wirksamkeit. Angesichts der unsicheren Prognose traumatischer a.-v. Fisteln und der möglichen irreversiblen Schädigung des Herzens durch große Shuntvolumina (z.T. mehr als 1 l pro Minute) sollte die Frühoperation innerhalb des ersten Jahres nach Entdeckung der a.-v. Fistel gestellt werden.

Notfallmäßige Indikation zur Versorgung von a.-v. Fisteln sind:

1. A.-v. Fistel mit akuter kardialer Dekompensation (Stadium III).
2. Ruptur einer indirekten a.-v. Fistel im Bereich der sackförmigen Verbindung zwischen Arterie und Vene.
3. Lokale Komplikationen, bedingt durch thrombotische Verschleppung mit arteriellem Verschluß oder Durchblutungsstörungen im Sinne einer Steal-Symptomatik bei großen Durchflußvolumina der a.-v. Fistel.

Traumatische a.-v. Fisteln müssen in der Regel operativ versorgt werden (Abb. 11.1-21), da sie Hauptstromgebiete betreffen und deshalb eine Katheterembolisation wegen der Gefahr schwerer Durchblutungsstörungen nicht möglich ist. Nur bei peripheren a.-v. Fisteln ruft die Ligatur der Arterie angesichts ausreichender Kollateralen keine Durchblutungsstörung hervor. Die sog. Vierer-Ligaturmethode nach Bramann ist dabei die Methode der Wahl. Arterie und Vene werden proximal und distal nahe der Fistelverbindung ligiert. Erschwert die Verschwielung des Gewebes eine Trennung zwischen Arterie und Vene, bietet sich der transvenöse Fistelverschluß an, bei dem durch Eröffnung der Vene intraluminal die Fistelöffnung dargestellt und durch Naht versorgt wird.

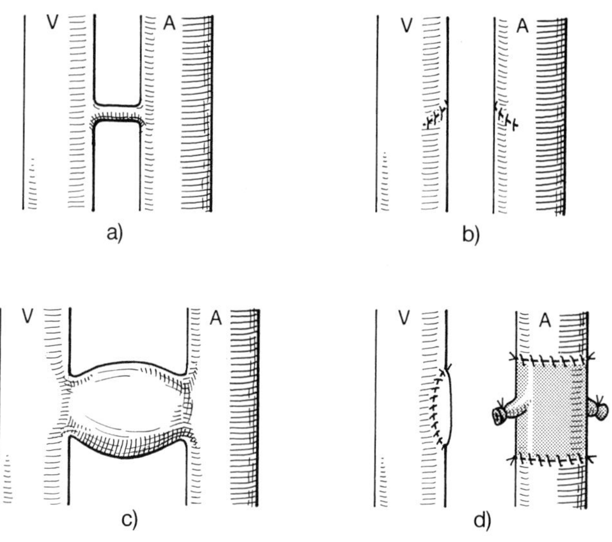

Abb. 11.1-21.
a) A.-v. Fistel.
b) Resektion, Naht.
c) A.-v. Fistel mit zwischengeschaltetem Aneurysma.
d) Resektion, Streifenplastik, Veneninterponat.

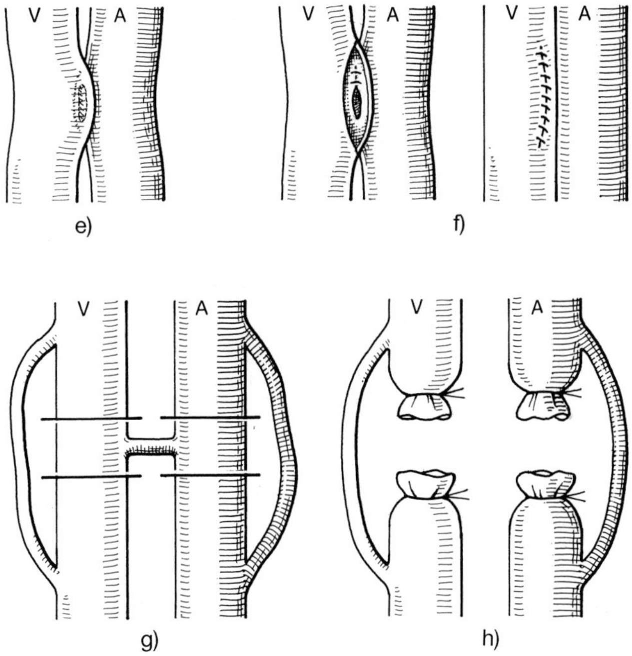

e) Nicht zu trennende a.-v. Fistel.
f) Transvenöser Fistelverschluß.
g) Periphere a.-v. Fistel.
h) Wegen guter Kollateralisierung in der Peripherie sog. Vierer-Ligaturmethode möglich.

Anatomisch schwer zugängliche a.-v. Fisteln, wie beispielsweise zwischen A. carotis und Sinus cavernosus sind oft nur durch Ligatur der Arterie sanierbar. Dabei wird in Kauf genommen, daß über Kollateralen Fistelvolumina bestehen bleiben. Bei übersichtlichen anatomischen Verhältnissen sollten a.-v. Fisteln durch die sog. Separationsmethode bzw. die Kontinuitätsresektion von Arterie und Vene mit nachfolgender Rekonstruktion behandelt werden. Für diese Operationen ist die komplette Exposition zu- und abführender Arterien und Venen notwendig.

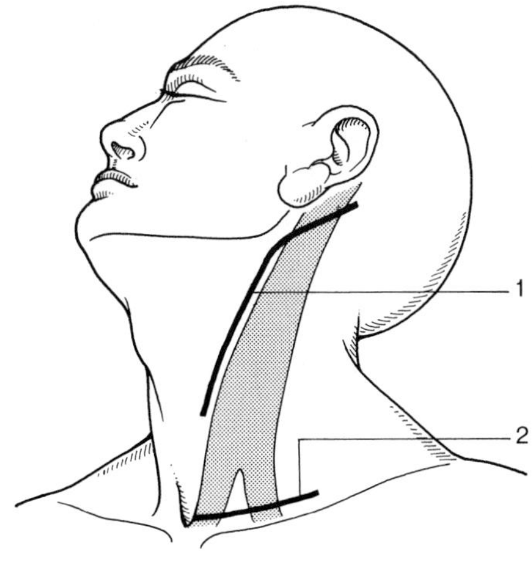

Abb. 11.1-22. Schnittführung zur Freilegung supraortaler Arterienäste. 1 = Karotisgabel; 2 = A. vertebralis.

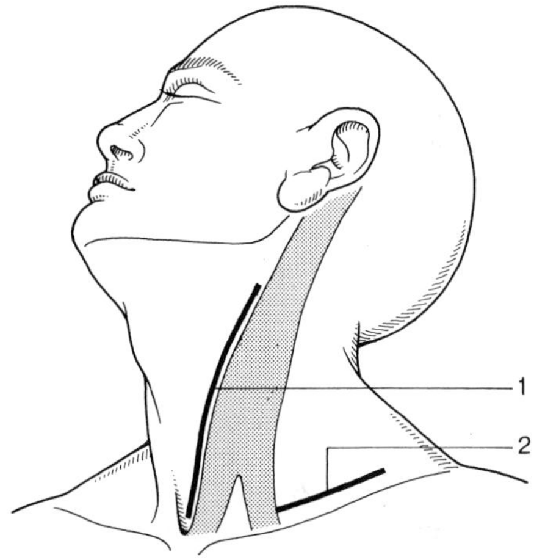

Abb. 11.1-23. Schnittführung zur Freilegung supraortaler Arterienäste. 1 = A. carotis communis, A. subclavia (Transposition); 2 = A. subclavia (mittleres Drittel).

Verschlußprozesse der supraaortalen Arterien

Zugangswege

Freilegung der Arteria carotis

(Abb. 11.1-22-24)

Die Freilegung erfolgt durch Inzision am Vorderrand des M. sternocleidomastoideus, wobei in der Regel das proximale Schnittende in Höhe des Unterrandes des Ohrläppchens liegt. Die Lagerung erfordert die Drehung und Reklination des Kopfes mit sicherer Fixierung (Abb. 11.1-25).

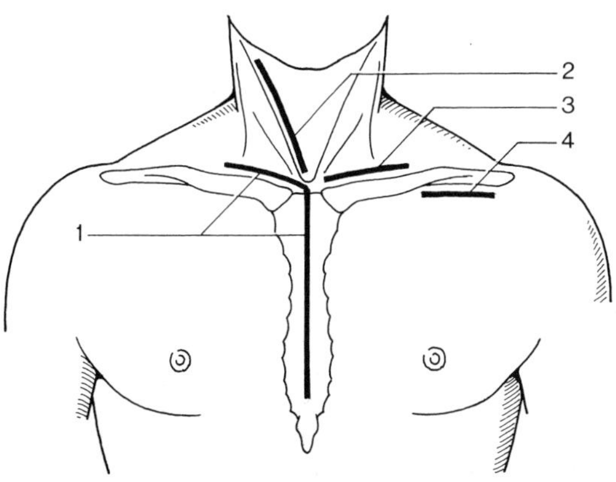

Abb. 11.1-24. Schnittführung zur Freilegung supraortaler Arterienäste. 1 = Sternotomie (Truncus brachiocephalicus); 2 = A. carotis und A. subclavia; 3 = A. subclavia (mittleres Drittel) und A. vertebralis; 4 = distale A. subclavia.

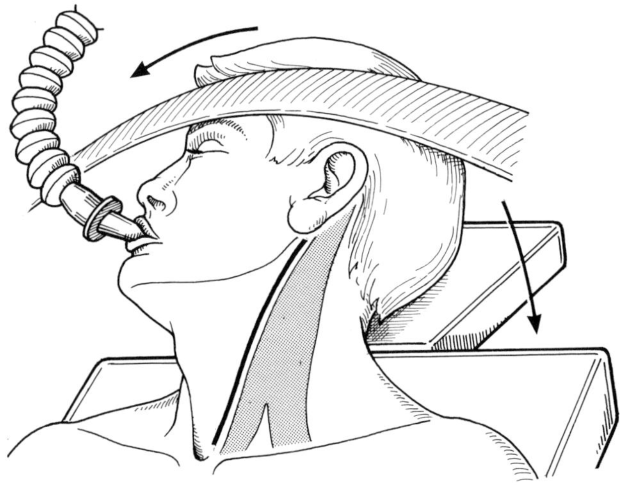

Abb. 11.1-25. Lagerung zur Freilegung der A. carotis. Drehung und Reklination des Kopfes. Schnittführung am Vorderrand des M. sternocleidomastoideus.

Die Durchtrennung des N. transversus colli ist nicht zu umgehen, die des N. auricularis magnus sollte immer vermieden werden, da der Sensibilitätsausfall im Bereich des Ohres als sehr störend empfunden wird.

Nach Durchtrennung des Platysmas und der vorderen Halsfaszie wird der M. sternocleidomastoideus nach dorsolateral gehalten. Nach Durchtrennung der V. facialis erfolgt die Freilegung der A. carotis communis nach kaudal. Auf der Arterie entlang wird dann die Karotisgabel präpariert und die A. thyroidea superior und die A. carotis externa mit einem Gummizügel angeschlungen (Abb. 11.1-26). Bei hoher Lage der Bifurkation mit hochreichenden Stenosen ist die Durchtrennung der Ansa cervicalis des N. hypoglossus, die zwischen A. carotis communis und V. jugularis verläuft, zweckmäßig. Hierdurch ist es möglich, den N. hypoglossus etwas nach medial und kranial zu verlagern. Die Bifurkation wird nur in den ventralen Abschnitten freigelegt, um möglichst jede Manipulation, die zu einer Lösung von in der Arterie liegenden Thrombusteilen führen könnte, zu vermeiden.

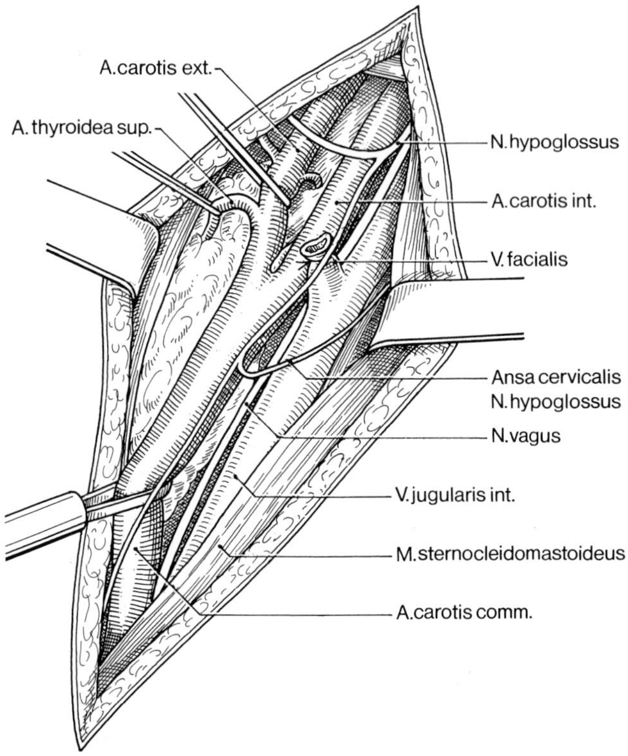

Abb. 11.1-26. Operative Versorgung von Karotisstenosen. Operationssitus nach Freilegen und Anschlingen der Gefäße.

Freilegung des Truncus brachiocephalicus und der rechten Arteria subclavia

Sie erfolgt über eine partielle obere oder komplette Sternotomie. Das einzige im vorderen Mediastinum gelegene Gebilde, das den Zugang zur Aorta ascendens und den vom Bogen abgehenden Gefäßen etwas beeinträchtigt, ist die V. brachiocephalica sinistra, die sog. V. anonyma. Sie wird über ihre ganze Strecke mobilisiert. Dadurch gewinnt man einen guten Überblick über den Truncus brachiocephalicus. Der N. vagus verläuft vor der A. subclavia und der N. laryngeus recurrens hinter diesem Gefäß. Bei Ausdehnung des Eingriffs auf die A. carotis oder die A. subclavia wird das obere Ende der Sternotomie, entlang dem medialen Rand des M. sternocleidomastoideus bzw. entlang der Clavicula (A. subclavia) verlängert (Abb. 11.1-24).

Freilegung der linken Arteria subclavia

Der Anfangsteil der linken A. subclavia wird am besten durch eine linksseitige anterolaterale Thorakotomie im 3. bis 4. ICR erreicht. Besonders zu beachten ist der auf der Vorderfläche entlang ziehende, gut sichtbare N. vagus und sein hinter der Aorta zurücklaufender Ast, der N. laryngeus recurrens. Der mittlere Abschnitt der A. subclavia läßt sich durch einen supraklavikulären Schnitt freilegen. Der Schnitt wird fingerbreit oberhalb und parallel zur Clavicula geführt, vom hinteren Rand des M. sternocleidomastoideus bis zum Vorderrand des M. trapezius. Durch Unterstützung der Scapula des Patienten wird die Clavicula herausgehoben und damit die Freilegung etwas erleichtert. Zur besseren Übersicht ist die im unteren Winkel in die V. subclavia mündende V. jugularis externa zwischen Doppelligaturen zu durchtrennen. Der M. omohyoideus wird nach oben und nach lateral weggehalten. Nach Palpation der Sehne des M. scalenus anterior sucht man den Plexus brachialis auf und tastet die erste Rippe ab. In dem Dreieck, das dieses Gebilde begrenzt, verläuft zwischen der V. subclavia und dem Plexus brachialis die Arterie. Der peripher gelegene Teil der A. subclavia kann auch von einem infraklavikulär gelegenen Schnitt aus freigelegt werden. Aber auch ein transaxillärer Zugang mit Resektion der ersten Rippe hat sich bewährt (s. »Kompressionssyndrome«).

Freilegen der Arteria vertebralis

Die A. vertebralis wird von einem supraklavikulären Zugang aus nach Durchtrennung des M. scalenus anterior unter Schonung des N. phrenicus, der nach kranial medial mit einem Nervenhaken abgehoben wird, freigelegt.

Operationen an der Arteria carotis

Einengungen und Verschlüsse der A. carotis interna sind häufig Ursache für einen Schlaganfall.

Aus Sektionsstatistiken geht hervor, daß zwei Drittel aller Schlaganfälle auf extrakranielle Gefäßprozesse zurückzuführen sind. Daher muß auf eine rechtzeitige Diagnostik und Auswahl der Patienten, die für eine rekonstruktive Maßnahme in Frage kommen, besonderer Wert gelegt werden.

Die Indikation zur chirurgischen Sanierung von derartigen Gefäßprozessen sollte allerdings nur in Kliniken gestellt werden, in denen eine perioperative Letalität und Komplikationsfrequenz von weniger als 1% garantiert werden kann.

Die Operation ist indiziert:

1. Bei jeder symptomatischen Stenose oder Ulzeration im Bereich der A. carotis. Dabei spielt der Grad der Einengung keine Rolle.
2. Bei Karotisstenosen mit Einengung von mehr als 70%, insbesondere wenn mehrere hirnversorgende Arterien arteriosklerotische Einengungen aufweisen (z. B. Vertebralarterien) oder ein sog. CT-positiver Befund vorliegt.
3. Nach bereits eingetretenem Insult kann bei erhaltener Teilfunktion der Hemisphäre nach narbiger Konsolidierung des Infarktes eine palliative Operationsindikation erwogen werden (CT: Verschwinden der Luxusperfusion). Durch die operative Beseitigung einer Stenose oder eines Ulcus soll einem erneuten Apoplex mit noch größerem neurologischen Defizit vorgebeugt werden.
4. Beim akuten Schlaganfall aufgrund eines A.-carotis-Verschlusses ist die Indikationsstellung sehr problematisch. Eine Operation kann nur dann durchgeführt werden, wenn keine komplette Hemiparese vorliegt und der Patient nicht bewußtlos ist. Hierbei besteht die Gefahr durch die Rekonstruktion den anämischen in einen hämorrhagischen Infarkt umzuwandeln und das neurologische Defizit zu vergrößern.

Kontraindikationen für eine Rekonstruktion sind eine manifeste Herzinsuffizienz, globale respiratorische Insuffizienz oder ein fortgeschrittenes Tumorstadium.

Intraluminaler Shunt

Zur Aufrechterhaltung der intrazerebralen Blutversorgung wird von einem großen Teil der Chirurgen ein sog. intraluminaler Shunt eingelegt (Abb. 11.1-27). Auf diese Weise soll eine durch die Gefäßabklemmung möglicherweise entstehende hypoxische Hirnschädigung vermieden werden. Dieser Shunt oder Bypass ist ein elastisches Kunststoffröhrchen, das aus der A. carotis communis über die A. carotis interna hindurch das Blut weiterleitet und das Operationsfeld überbrückt.

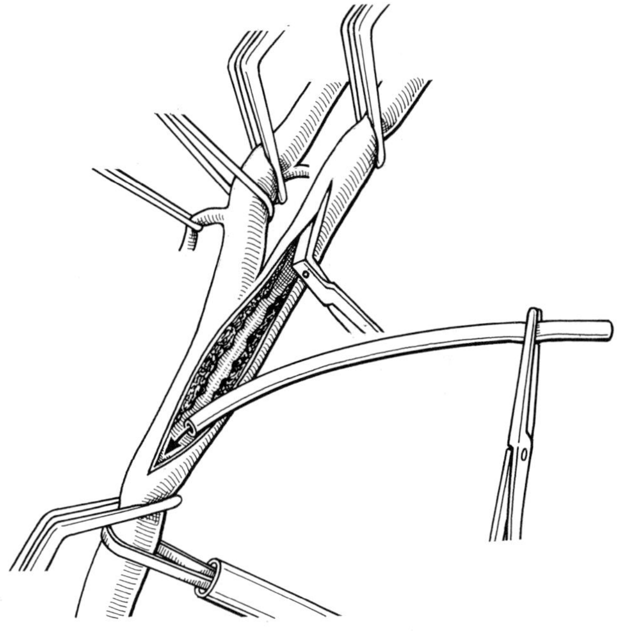

Abb. 11.1-27. Karotisstenose. Arteriotomie durch Stichinzision und Erweiterung mit Pottscher Schere. Einführen des mit Heparin-Kochsalz-Lösung gefüllten intraluminalen Shuntes.

Es gibt aber Operateure, die den Shunt komplett ablehnen oder nur in speziellen Ausnahmesituationen einlegen. Nachdem intraoperative Flußmessungen im intraluminalen Shunt Flußmengen von bis zu 400 ml pro Minute nachweisen konnten, und der Nachteil oder Vorteil des Shuntes in einer exakten prospektiven Studie bisher nicht geklärt ist, empfehlen wir aus Sicherheitsgründen die prinzipielle Einlage zur Vermeidung eines hypoxischen Hirnschadens.

Operative Behandlung der Karotisstenose

An der freigelegten Karotisgabel wird die A. carotis communis mit einem 2–3 mm breiten Bändchen angeschlungen und die beiden Enden des Bändchens durch ein 4–5 cm langes, nicht zu hartes Kunststoffröhrchen gezogen, das als Tourniquet fungiert.

Mit seiner Hilfe kann der Shunt fixiert und vor dem Herausgleiten geschützt werden. Die A. carotis externa und die A. thyroidea superior werden mit Gummibändchen angeschlungen.

Auf ein Anschlingen der A. carotis interna sollte möglichst verzichtet werden. Nach Ausklemmen der Karotisgabel wird eine longitudinale Arteriotomie angelegt, die zentral und peripher über die Veränderungen hinausreichen sollte. Der zuvor mit Heparin-Kochsalz-Lösung gefüllte Shunt wird eingesetzt. Die Shuntgröße sollte so gewählt werden, daß eine Abdichtung im Bereich der A. carotis interna durch zusätzliche Hilfsmittel nicht notwendig ist (Abb. 11.1-28). Die dann folgende Endarteriektomie wird en bloc durchgeführt und umfaßt den Endteil der A. carotis communis, den Anfangsteil der A. carotis externa und den stenotischen Abschnitt der A. carotis interna (Abb. 11.1-29). Eine distale Intimastufe im Bereich der A. carotis interna läßt sich durch eine entsprechende Präparationstechnik in der Regel vermeiden. Eine Anheftung der distalen Intimastufe durch Naht ist daher meist nicht erforderlich. Die A. carotis externa wird orthograd desobliteriert und die Durchgängigkeit mit Sonden überprüft. Auch hier läßt sich meist eine stufenlose Desobliteration erreichen. Nur ausnahmsweise ist eine Längsarteriotomie und offene Glättung einer Intimastufe notwendig. Nach erfolgter Desobliteration und sorgfältiger Spülung wird die Arteriotomie unter Einnähung eines schmalen Kunststoffstreifens verschlossen (Abb. 11.1-30). Dabei ist darauf zu achten, daß keine Erweiterung des Gefäßes, sondern nur eine anatomische Rekonstruktion erfolgt. Dies wird erreicht, wenn man einen 6 mm (Millimetermaß) breiten Dacron-Streifen einnäht und bei der fortlaufenden Naht jeweils 1,5 mm Arterienwand und 1,5 mm Dacron-Streifen faßt. Kurz vor Beendigung der Naht wird der intraluminale Shunt entfernt. Durch großzügige Flushmanöver und Spülung des rekonstruierten Gefäßabschnittes kann eine zentrale Verschleppung von Thrombenmaterial vermieden werden. Nach Entlüftung und Komplettierung der Naht wird der Blutstrom wieder freigegeben.

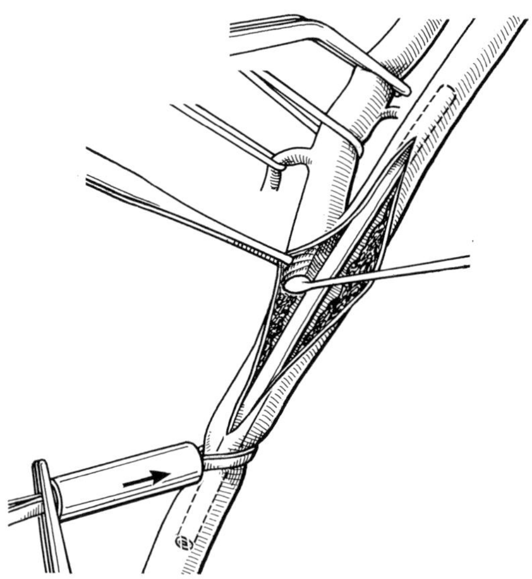

Abb. 11.1-28. Karotisstenose. Beginn der Desobliteration mit Dissektor. Intraluminaler Shunt, nach proximal fixiert mit Tourniquet.

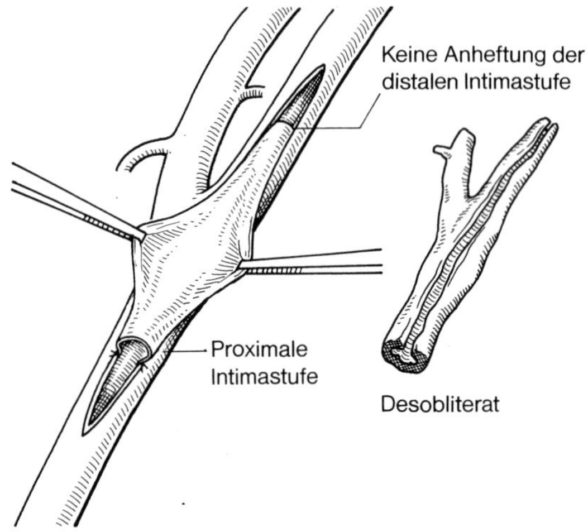

Abb. 11.1-29. Karotisstenose. Abschluß der Desobliteration. Distale Intimastufe glatt. Intimaanheftung nicht notwendig. A. carotis externa wurde orthograd desobliteriert (s. Desobliterat). Shunt zur besseren graphischen Darstellung weggelassen.

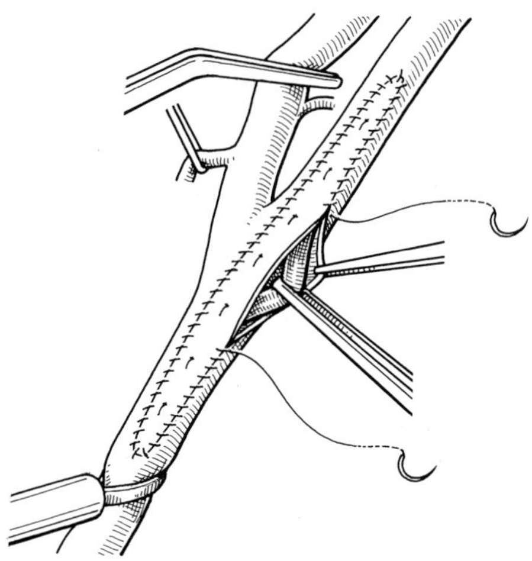

Abb. 11.1-30. Karotisstenose. Patch nahezu vollständig fortlaufend mit 5 × 0 Prolene eingenäht. Entfernung des intraluminalen Shuntes.

Wegen ungünstiger Langzeitergebnisse wurde die früher in diesem Bereich häufig durchgeführte Venenstreifenplastik zugunsten der Kunststoffstreifenplastik aufgegeben. Eine direkte Vernähung des Gefäßes ohne Einsatz eines Kunststoffstreifens ist wegen der möglichen Stenosierung und der überschießenden Intimaproliferation unvorteilhaft.

Die Behandlung aortenbogennaher Karotisstenosen erfolgt durch eine TEA mit Patchplastik über eine partielle obere Sternotomie oder, falls der Patient für einen derartigen Eingriff aus funktionellen Überlegungen nicht in Frage kommt, mit Hilfe eines extrathorakalen Subclavia-Carotis-Bypasses; aber auch eine Transposition der A. carotis communis auf die A. subclavia ist möglich (Abb. 11.1-32).

Das letzte Verfahren kann auch von einem Schnitt am Hals, dem üblichen Zugang zur A. carotis, erreicht werden.

Behandlung von Verlaufsanomalien der Arteria carotis interna

Verlaufsanomalien der A. carotis interna (Abb. 11.1-31) in Form von Knick-, Schleifen- und Schlingenbildung können durch sekundäre arteriosklerotische Veränderungen zu Durchblutungsstörungen führen. Auch bei bestimmten Kopfwendungen kann es zu einer Minderdurchblutung kommen. Diese Veränderungen stellen, wenn sie symptomatisch sind, eine Operationsindikation dar. Die adäquate operative Behandlung ist die Kürzung der zu langen A. carotis interna und Reinsertion in die A. carotis communis.

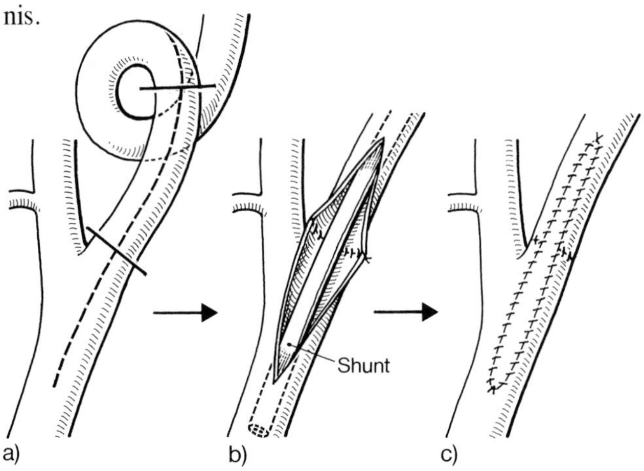

Abb. 11.1-31. Verlaufsanomalie der A. carotis interna: operative Versorgung.
a) --- = Schnittführung; —— = Resektionsgrenzen.
b) Nach zirkulärer Resektion von 1–2 cm der proximalen A. carotis interna Reinsertion des distalen Stumpfes der A. carotis interna (resorbierbares Nahtmaterial).
c) Patchplastik.

Hierbei wird nach Längsarteriotomie der A. carotis communis und interna ein intraluminaler Shunt eingelegt, die Arterie zirkulär reseziert und mit einer fortlaufenden Naht (resorbierbares Nahtmaterial) mit der A. carotis communis reanastomosiert. Die Längsarteriotomie wird wie bei der üblichen Karotisdesobliteration mit einem schmalen Dacron-Streifen verschlossen und das Gefäß anatomisch rekonstruiert. Bei Lagerung des Patienten muß darauf geachtet werden, daß der Kopf mobil ist, um das richtige Resektionsausmaß an der A. carotis interna abschätzen zu können.

Operationen am Truncus brachiocephalicus und an der Arteria subclavia

Stenosen oder Verschlüsse der A. subclavia und des Truncus brachiocephalicus gehören fast ausnahmslos dem zentralen Typ an und sind am Anfangsabschnitt des Gefäßes auf ein kurzes Segment lokalisiert. Die Druckminderung in den poststenotischen Gefäßabschnitten kann dazu führen, daß z. B. die rechte A. carotis oder die Vertebralarterien das Blut nicht ursprünglich wie vorgesehen zum Gehirn transportieren, sondern es von dort abziehen. Dieser Effekt kann bei funktioneller Belastung der oberen Extremität verstärkt werden und Ursache für neurologische Symptome sein, die meist als vertebrobasiläre Insuffizienz, aber auch als Karotisinsuffizienz imponieren können. Aber auch alleinige Schmerzen im Arm ohne neurologische Symptome kommen bei diesen Verschlußprozessen vor. Beide Beschwerdebilder sind eine Indikation für eine operative Korrektur. Der alleinige radiologische Nachweis mit Strömungsumkehr ohne Symptome stellt allerdings keine Operationsindikation dar. Zur Rekonstruktion derartiger Verschlüsse stehen im Prinzip 3 Verfahren zur Verfügung:

Die direkte Desobliteration, das Bypassverfahren und die Transposition einer zentral verschlossenen Arterie auf eine noch offene supraaortale Arterie.

Die direkte Desobliteration des Truncus brachiocephalicus kann nur über eine partielle obere oder totale Sternotomie erfolgen, die Endarteriektomie der linken A. subclavia über eine linksseitige anterolaterale Thorakotomie.

Diese transthorakalen Rekonstruktionsverfahren werden vorwiegend bei jüngeren Patienten durchgeführt. Bei älteren Patienten beschränkt man sich auf extrathorakale Verfahren in Form des Carotis-Subclavia-Bypasses oder in neuerer Zeit der Transposition der A. subclavia bzw. des Truncus brachiocephalicus auf die A. carotis communis (Abb. 11.1-32). Vorteil dieser Verfahren ist der extrathorakale Zugang.

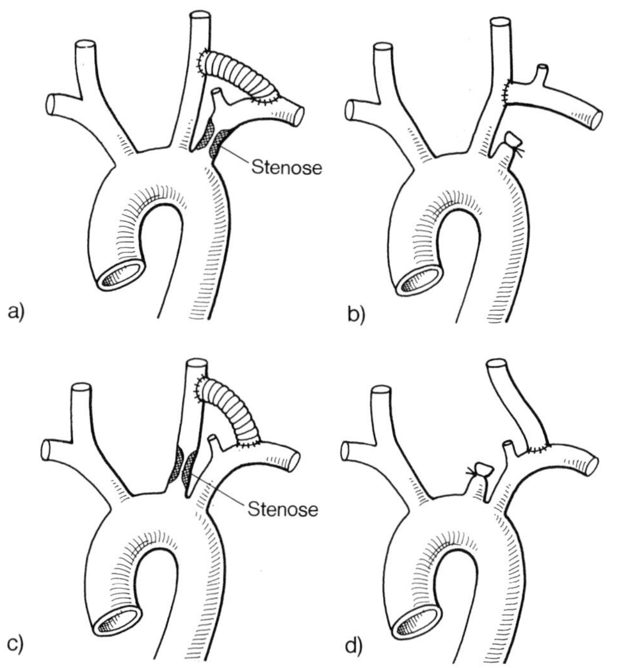

Abb. 11.1-32. Proximale Stenosen der A. carotis communis und der A. subclavia: operative Korrekturmöglichkeit.
a) Carotis-Subclavia-Bypass.
b) Transposition der A. subclavia auf die A. carotis communis.
c) Subclavia-Carotis-Bypass.
d) Transposition der A. carotis communis auf die A. subclavia.

Der Carotis-Subclavia-Bypass mit Dacron und V. saphena wurde in der Vergangenheit wiederholt von vielen Gefäßchirurgen eingesetzt. Der Eingriff besteht aus einem zwischen der A. carotis communis und der A. subclavia angelegten Shunt, der von einer kleinen supraklavikulären Freilegung beider Gefäße erfolgen kann.

Die in letzter Zeit allgemein favorisierte Methode (Transposition der A. subclavia bzw. des Truncus brachiocephalicus auf die A. carotis communis) läßt einen vollkommenen Verzicht auf Interpositionsmaterial oder prothetisches Material zu. Hierbei wird über einen Schrägschnitt entlang dem Vorderrand des M. sternocleidomastoideus die A. carotis communis langstreckig mobilisiert und unter Schonung des Ductus thoracicus und des N. phrenicus die A. subclavia und die A. vertebralis auf dem M. scalenus medius dargestellt und angeschlungen.

Die in ihrem Anfangsteil verschlossene A. subclavia kann mit einer schlanken Klemme gefaßt und in der Tiefe ligiert werden. Nach Durchtrennung läßt sich der distale offene Stumpf der A. subclavia End zu Seit, evtl. nach vorausgegangener Desobliteration mit der A. carotis communis anastomosieren. Wichtig bei dieser Operation ist, daß die A. carotis communis über eine lange Strecke freipräpariert und gut mobil ist, um eine übersichtliche Anastomosennaht zu gewährleisten. Sollte in Ausnahmesituationen bei kurzem Hals und großer Adipositas keine gute Übersicht zu erzielen sein, kann dieser Zugang im Notfall um eine partielle obere Sternotomie erweitert werden. Aber auch in umgekehrter Richtung ist eine Transposition möglich. Bei einer intrathorakalen A.-carotis-communis-Stenose kann bei offener A. subclavia von dem üblichen Zugang zur A. carotis und A. subclavia eine Transposition der A. carotis communis auf die A. subclavia erfolgen. Diese Transpositionsverfahren ersetzen heute die früheren Bypassverfahren von A. carotis auf A. carotis oder von linker A. subclavia auf die rechte A. subclavia (Abb. 11.1-32).

Bei Verschluß aller supraaortalen Äste kann, wenn der Patient für einen intrathorakalen Eingriff mit direkter Revaskularisation nicht in Frage kommt, von der Leiste, praktisch umgekehrt zum subklaviofemoralen Bypass die supraaortale Region revaskularisiert werden.

Operationen an der Arteria vertebralis

Eine Operationsindikation bei Stenosen im Bereich der A. vertebralis ist gegeben, wenn eine typische Symptomatik im Sinne einer vertebrobasilären Insuffizienz vorliegt. Eine gleichzeitig vorliegende Karotisstenose sollte allerdings vorrangig rekonstruiert werden, da häufig nach Rekonstruktion von Karotisstenosen die vertebrobasiläre Insuffizienz verschwindet.

Bei doppelseitigen Vertebralisstenosen wird primär nur die höhergradige Stenose rekonstruiert. Das Vorgehen der Wahl ist die Thrombendarteriektomie mit Venen- oder Dacron-Streifenplastik.

Kompressionssyndrom der oberen Thoraxapertur

Das Kompressionssyndrom im Bereich der oberen Thoraxapertur »Thoracic-outlet-Syndrom« ist ein erst im letzten Jahrzehnt definierter klinischer Symptomenkomplex mit entsprechenden Behandlungsprinzipien.

Symptome des Thoracic-outlet-Syndroms sind üblicherweise Schmerzen, Paraesthesien, Taubheitsgefühl mit und ohne Kribbeln im Arm und Kopfschmerzen. Gefäßsymptome als Folge einer arteriellen oder venösen Kompression sind selten. Ein zuverlässiges diagnostisches Verfahren wurde von Rose in Form des EAST, des sog. Elevated-Arm-Stress-Test beschrieben.

Bei diesem Test muß der Patient beide Arme in eine 90°-Abduktionsstellung mit Außenrotation bringen. Schulter und Ellenbogen werden nach hinten gezogen, der Patient öffnet und schließt die Hände. Liegt ein Thoracic-outlet-Syndrom vor, treten bei dem Patienten innerhalb kurzer Zeit die typischen Symptome auf. Durch diese Bewegung kommt es zu einer scherenähnlichen Kompression der neurovaskulären Strukturen zwischen Clavicula und erster Rippe. Weitere anatomische Variationen und Anomalien können diese Kompression zwischen Schlüsselbein und erster Rippe verstärken. Hierzu gehören Halsrippen, große Querfortsätze des 7. Halswirbelkörpers, Exostosen, Variationen der einzelnen Scalenusmuskeln und angeborene fibromuskuläre Bandverbindungen.

Die Therapie der Wahl ist heute, falls konservative Maßnahmen nicht zum gewünschten Erfolg führen, die Resektion der ersten Rippe. Nach allgemeiner Erfahrung ist gegenwärtig die transaxilläre Freilegung, wie sie von Rose zuerst beschrieben wurde, das zu bevorzugende Operationsverfahren.

Der Patient befindet sich in Seitenlage. Der Arm wird an einem Querbalken des Operationstisches aufgehängt und nicht mehr als 90° abduziert. Häufig ist es besser, den Arm von einem Assistenten locker, je nach Operationssitus halten zu lassen.

Der Hautschnitt erfolgt an der oberen Haargrenze der Axilla zwischen dem Hinterrand des M. pectoralis major und dem Vorderrand des M. latissimus dorsi in Höhe der 3. Rippe.

Die Darstellung der Thoraxwand erfolgt nach Durchtrennung der A. thoracica lat. und der V. thoracoepigastrica. Das lockere Fettgewebe der Achselhöhle wird von der Thoraxwand nach kranial abgeschoben. Die Vasa intercostales anteriores werden durchtrennt und der N. intercostobrachialis nach Möglichkeit geschont. Auf der so ventral

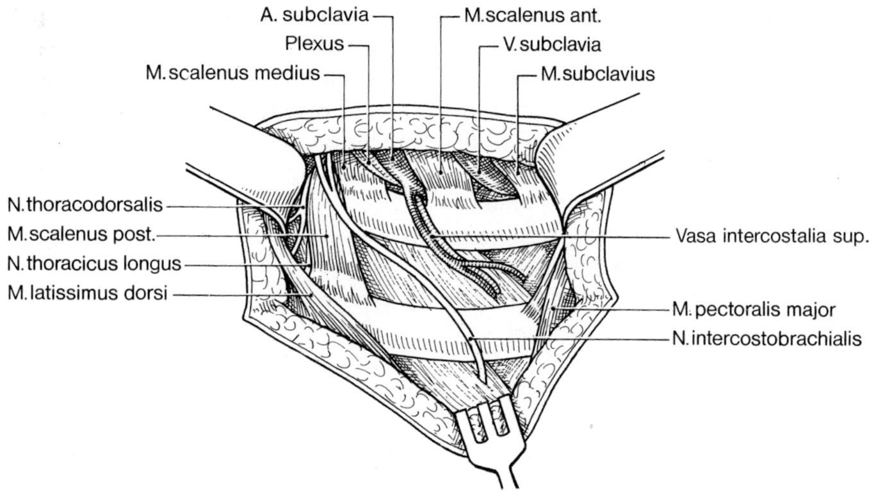

Abb. 11.1-33. Situs zur transaxillären Resektion der 1. Rippe. Haut und Subkutangewebe sind durchtrennt. Fettgewebe und Lymphknoten der Axilla von der Thoraxwand abgehoben.

freigelegten ersten Rippe (Abb. 11.1-33) zeigen sich von ventral nach dorsal das Lig. costoclaviculare, die Sehne des M. subclavius, die V. subclavia, der M. scalenus anterior, die A. subclavia, der Plexus brachialis, der M. scalenus medius und M. scalenus posterior sowie unter dem Rand des M. latissimus dorsi der N. thoracodorsalis und der N. thoracicus longus.

Zur weiteren Darstellung der ersten Rippe werden jetzt die Sehne des M. subclavius sowie der M. scalenus anterior unter Schonung der V. subclavia und des Plexus brachialis, die mit einem Stieltupfer weggehalten werden können, durchtrennt. Mit Hilfe eines gebogenen Raspatoriums können nun die restlichen Muskelfasern und Bindegewebsstränge extraperiostal von der ersten Rippe gelöst werden. Im Anschluß daran erfolgt die Durchtrennung der Interkostalmuskulatur des ersten Interkostalraums bis zur Pleura, so daß die erste Rippe extrapleural stumpf mit dem Zeigefinger unterfahren und freipräpariert werden kann. Wenn die Rippe ganz isoliert ist, wird sie am besten mit einer um 45° gebogenen Rippenschere direkt am Manubrium abgesetzt. Auch nach dorsal sollte die Rippe so reseziert werden, daß der gesamte Innenrand der ersten Rippe wegfällt. Hierbei muß die erste thorakale Wurzel des Plexus brachialis mit einem Nervenspatel nach dorsal gehalten werden, um eine Verletzung zu vermeiden.

Bei einer Eröffnung der Pleurahöhle sollte man nicht versuchen, den Defekt zu schließen, sondern die Pleurahöhle drainieren, damit Blut und Wundsekret unbehindert in die Pleurahöhle abfließen können. Hierdurch wird im Wundgebiet ein Hämatom vermieden, das zu einer fibrösen Einkapselung des Gefäß-Nerven-Stranges und einem Rezidiv des Kompressionssyndroms führen kann.

Chronische Verschlußprozesse der Arterien der oberen Extremitäten

Chronische Verschlußprozesse der oberen Gliedmaßen sind relativ selten. Zwei Drittel sind im Bereich des distalen Unterarmes und der Finger, ein Drittel im Bereich der A. subclavia und axillaris lokalisiert. Sehr selten sind Verschlußprozesse der A. brachialis. Durch die gute Kollateralisierung ist nur in wenigen Fällen eine Operationsindikation gegeben. Sie betrifft in erster Linie Patienten, die berufsbedingt eine besondere Beanspruchung der oberen Extremität haben, oder solche, bei denen immer wieder Mikroembolien aus stenosierten oder ulzerös veränderten Gefäßabschnitten auftreten, auch wenn keine chronische Ischämie vorliegt.

Die Freilegung der A. subclavia erfolgt über eine Hautinzision in der Fossa supraclavicularis parallel zur Clavicula.

Die proximale A. axillaris wird durch eine horizontale Inzision unterhalb und parallel der Clavicula freigelegt. Sie wird durch den M. pectoralis major, die anschließende Faszie und den M. subclavius weitergeführt. Eine längerstreckige und übersichtliche Darstellung der A. axillaris ist über eine Schnittführung entlang der Mohrenheimschen Grube möglich. Entlang der V. cephalica als Leitgebilde werden alle von lateral kommenden Seitenäste durchtrennt und die V. cephalica nach medial gezogen. So läßt sich dann zwischen M. deltoideus und M. pectoralis major im lockeren Bindegewebe, kaudal der Clavicula die A. axillaris problemlos auffinden und nach Durchtrennung des M. pectoralis minor auf ca. 5 cm freilegen. Die Durchtrennung des M. pectoralis minor bleibt funktionell ohne Folgen.

Dieser Zugangsweg ist besonders geeignet für die direkte Desobliteration langstreckiger Verschlußprozesse oder für

Aneurysmen. Wir bevorzugen allerdings bei längerstreckigen Verschlußprozessen der A. axillaris den venösen Bypass. Über einen infraklavikulären Schnitt wird die A. subclavia freigelegt und hier ein Venentransplantat in End-zu-Seit-Technik angeschlossen. Danach wird die A. brachialis mit einer Längsinzision an der Medialseite des Oberarmes am Hinterrand des M. biceps freigelegt. Im Bett der Arterie wird mit dem Finger in Richtung der Axilla ein Tunnel präpariert, durch den dann die gefüllte Vene durchgezogen und mit der A. brachialis End zu Seit anastomosiert wird.

Kompressionssyndrom der Arteria brachialis

Dieses Kompressionssyndrom betrifft vorwiegend muskulöse Männer, die über viele Jahre Schwerarbeit mit den Armen verrichtet haben.

Durch Hypertrophie der Muskulatur kommt es zu einer besonders kräftigen Anspannung des Lacertus fibrosus, des aponeuroseähnlichen Ausläufers der Bizepssehne, der dann zu einer Kompression der Arterie führt. Der Puls der A. brachialis verschwindet unmittelbar peripher des Lacertus bei starker Anspannung der Hand- und Unterarmmuskulatur in Kombination mit einer kräftigen Ellenbogenbeugung. Die Behandlung ist einfach und beruht auf einer Dekompression der A. brachialis mittels Durchschneidung des Lacertus fibrosus. Der Eingriff kann in Lokalanästhesie durchgeführt werden.

Chronische Verschlußprozesse der Nierenarterien

Häufigste Ursache der Nierenarterieneinengung ist die Arteriosklerose im ersten Drittel der Nierenhauptarterie. Die zweithäufigste Ursache ist die Fibrodysplasie. Typisch für diese Erkrankung ist der periphere Sitz der Veränderungen, die häufige Doppelseitigkeit und die Kombination mit einer sog. Ren mobilis.

Die wesentlichen Indikationen für Eingriffe an stenosierten oder verschlossenen Nierenarterien sind der renovaskuläre Hochdruck und die Erhaltung der Nierenfunktion.

Die Methode der ersten Wahl ist die perkutane transfemorale Angioplastie. Es sind hierbei dieselben allgemeinen Kontraindikationen wie bei der Operation zu beachten. Eine Operationsindikation ist gegeben, wenn das Verfahren der perkutanen transfemoralen Angioplastie nicht anwendbar ist oder das gewünschte Behandlungsziel nicht erreicht wurde.

Absolute Indikationen für ein primär operatives Vorgehen sind ein totaler Verschluß der Nierenarterie, ein ungünstiger Verlauf des Gefäßes oder eine extreme poststenotische Dilatation mit Gefahr der Perforation. Auch bei einer arteriellen Verschlußkrankheit vom aortoilikalen Typ respektive einem Aneurysma stellen begleitende Nierenarterienstenosen, noch dazu wenn sie abgangsnah sind, eine Indikation zur simultanen operativen Korrektur dar.

Zugangswege

Nach Ablösung der Flexura duodenojejunalis wird das Retroperitoneum über der Aorta längs eröffnet (infrakolischer Zugang). Leitschiene für die Präparation ist die quer über die Aorta verlaufende linke Nierenvene. Zur besseren Übersicht über die Nierenarterien ist eine gute Mobilisierung der Nierenvene mit Unterbindung der V. suprarenalis und ovarica bzw. spermatica empfehlenswert.

Die Darstellung der rechten Nierenarterie erfolgt durch Mobilisierung der V. cava, die mit einem Lidhaken etwas zur Seite gehalten werden kann. Auch eine passagere Durchtrennung der linken Nierenvene nahe der V. cava hat sich in unserer Praxis, insbesondere bei der transaortalen Nierenarteriendesobliteration bewährt. Die durchtrennte Nierenvene kann nach erfolgtem Eingriff an Aorta und Nierenarterien wieder reanastomosiert werden. Auch eine Ligatur der Vene ist prinzipiell möglich. Voraussetzung hierfür ist allerdings die Erhaltung der V. suprarenalis und V. ovarica bzw. testicularis.

Wenn die Nierenarterienveränderungen weit in die Peripherie reichen, ist der suprakolische Zugang entweder zusätzlich oder von vornherein zu wählen. Auf der linken Seite muß die Flexura lienalis des Kolons an der Anheftung zur Milz hin durchtrennt und dann nach rechts mobilisiert werden, bis die linke Nierenvene zur Darstellung kommt. Auf der rechten Seite wird das Kolon zusammen mit dem Duodenum von der Nierenfettkapsel abpräpariert und nach links verlagert.

Operationsverfahren

Grundsätzlich kommen zwei Verfahren zur Anwendung, die Endarteriektomie oder der Bypass.

Bei aortennahen arteriosklerotischen Nierenarterienstenosen kann durch partielle Ausklemmung der Aorta bei einseitigen Stenosen eine offene Desobliteration der Stenose erfolgen. Distal läuft die Stufe meist aus, eine Anheftung ist bei entsprechender Operationstechnik praktisch nie notwendig. Die Arteriotomie kann mit einem schmalen Venenstreifen verschlossen werden.

Bei beidseitigen abgangsnahen arteriosklerotischen Stenosen kann eine transaortale direkte Desobliteration beider Nierenarterienabgänge über eine Querinzision erfolgen. Nach proximalem und distalem Ausklemmen der Aorta wird die Inzision quer über beide Nierenarterienabgänge gelegt (Abb. 11.1-34). Nach Desobliteration empfiehlt es sich, einen schmalen Prothesenstreifen in die Inzisionsstelle einzunähen.

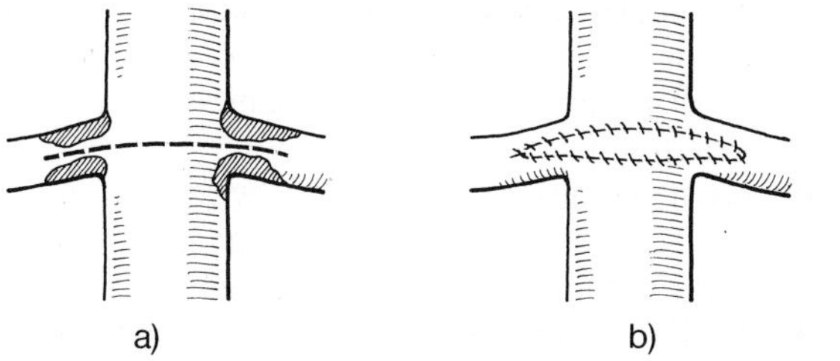

Abb. 11.1-34. Nierenarterienstenosen: operatives Vorgehen.
a) Direkte offene Desobliteration über quere Arteriotomie.
b) Verschluß der Arteriotomie mit Streifenplastik.

Eine bei uns sich in den letzten Jahren zunehmend bewährende Methode ist die indirekte transaortale orthograde Nierenarteriendesobliteration über eine Längsinzision der Aorta (Abb. 11.1-35).

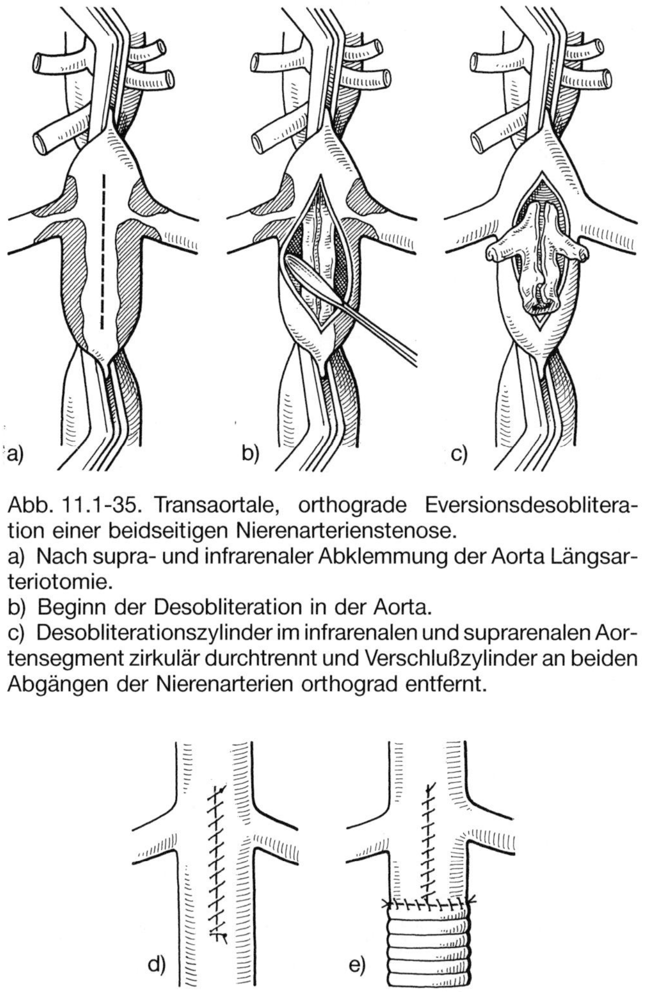

Abb. 11.1-35. Transaortale, orthograde Eversionsdesobliteration einer beidseitigen Nierenarterienstenose.
a) Nach supra- und infrarenaler Abklemmung der Aorta Längsarteriotomie.
b) Beginn der Desobliteration in der Aorta.
c) Desobliterationszylinder im infrarenalen und suprarenalen Aortensegment zirkulär durchtrennt und Verschlußzylinder an beiden Abgängen der Nierenarterien orthograd entfernt.

d) Nach Anheftung der distalen Intimastufe in der Aorta Verschluß der Arteriotomie mit fortlaufender Naht.
e) Transaortale Nierenarteriendesobliteration in Kombination mit Eingriffen an der infrarenalen Aorta.

Die infrarenale Aorta wird bis zum Abgang der A. mesenterica superior freipräpariert. Zur besseren Übersicht empfiehlt sich hier die bereits erwähnte passagere Durchtrennung der linken Nierenvene. Dann erfolgt die Ausklemmung des renalen Aortensegmentes mit geraden Klemmen. Über eine Längsarteriotomie wird der arteriosklerotische Zylinder der Aorta zirkulär abpräpariert, unterhalb der Nierenarterienostien abgeschnitten und nach proximal bis in die Nierenarterienabgänge hinein gelöst. Nach zirkulärer Durchtrennung des Intimazylinders, unmittelbar unterhalb des Abgangs der A. mesenterica superior, kann der Intimazylinder von Aorta und Anfangsteil der Nierenarterien en bloc entfernt werden. Durch vorsichtiges Ziehen am Verschlußzylinder kann auch die zarte Wand der Nierenarterien in das Aortenlumen hineingezogen und stufenlos orthograd desobliteriert werden. Die Durchgängigkeit des Gefäßes wird dann mit Oliven geprüft oder zusätzlich digital, sofern eine entsprechend langstreckige Freilegung des Gefäßes vorausging. Die Arteriotomie wird dann mit einer fortlaufenden 5x 0-Naht verschlossen. Als Vorteil dieser Methode sehen wir kurze Warmischämiezeiten für beide Nieren (weniger als 15–20 Min.) sowie ein gutes anatomisches Ergebnis (Angiographie!).

Bei kurzstreckigen fibrodysplastischen Veränderungen sind auch Resektionen mit End-zu-End-Anastomosen möglich. Hierbei ist es notwendig, daß die korrespondierenden Gefäßenden für eine möglichst weite Anastomose angeschrägt werden.

Eine gängige Methode ist die Transplantatinterposition, z.B. mit autologer Vene (Abb. 11.1-36). Die Aorta wird ganz oder teilweise distal des Nierenarterienabgangs an einer gut zugänglichen Stelle ausgeklemmt und an der seitlichen Aortenwand eine dem Kaliber der Vene entsprechende Öffnung exzidiert und das vorbereitete Veneninterponat eingenäht. Zur Ermöglichung einer weiten Anastomose zwischen Aorta und Veneninterponat wird die Anastomose im Bereich einer Venenabzweigung angelegt.

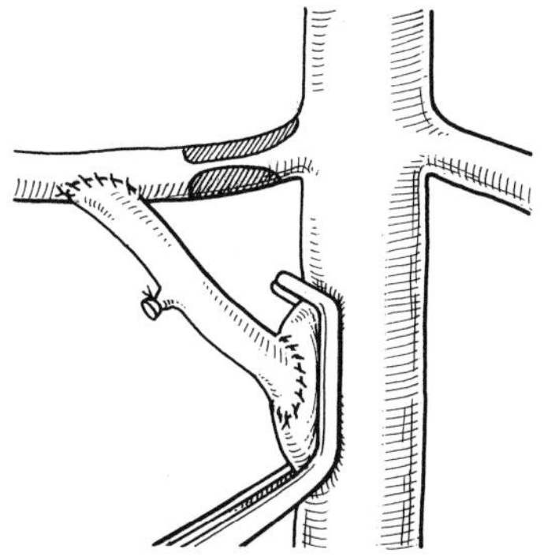

Abb. 11.1-36. Nierenarterienstenose: operatives Vorgehen. Aortorenaler Bypass mit autologer V. saphena magna.

Die distale Anastomose erfolgt dann End zu End mit der gesunden bzw. poststenotischen Nierenarterie.

Bei beidseitigen Nierenarterienveränderungen kann das Veneninterponat an der Aortenwand Seit zu Seit in der

Mitte anastomosiert und dann jedes Venenende End zu End mit dem jeweiligen peripheren Nierenarterienende verbunden werden (sog. Brückenplastik) (Abb. 11.1-37).

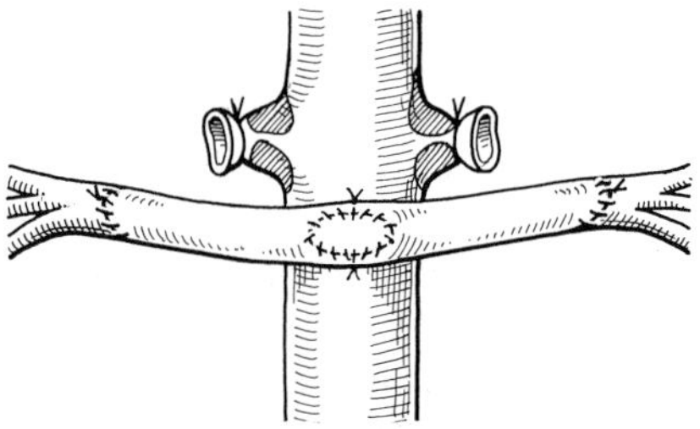

Abb. 11.1-37. Nierenarterienstenose: operatives Vorgehen. H-Brückenplastik mit V. saphena magna. Von der V. saphena magna wird ein proximales Stück entnommen, umgestülpt und von seinen Venenklappen befreit. Nach Seit-zu-Seit-Anastomose mit der Aorta erfolgt End-zu-End-Anastomose mit den beiden distalen Nierenarterienstümpfen.

Voraussetzung für dieses von van Dongen empfohlene Verfahren ist eine gute primäre Anastomose zwischen Aorta und Transplantat sowie die Entfernung und Resektion der Venenklappen im Transplantat. Hierzu wird am besten die V. saphena umgekrempelt.

Auch extraanatomische Rekonstruktionen sind möglich. Als Spendergefäße können die A. mesenterica superior, hepatica oder die A. iliaca verwendet werden. In der Regel wird autologes Venenmaterial für Bypassverfahren verwendet und nur ausnahmsweise prothetisches Material, wie z. B. bei gleichzeitigen Rekonstruktionen der distalen Aorta. Hier können sowohl Dacron wie PTFE Anwendung finden.

Verschlußprozesse der Viszeralarterien

Die wesentlichen Viszeralarterien sind der Truncus coeliacus und die A. mesenterica superior. Verschlußprozesse in diesem Bereich können mit den klinischen Symptomen einer Angina intestinalis einhergehen. Bei symptomatischen Stenosen ist die Operation indiziert, um den Patienten von seinen Beschwerden zu befreien und einem Mesenterialinfarkt vorzubeugen.

Bei asymptomatischen Stenosen sollte nur unter bestimmten Voraussetzungen eine Rekonstruktion durchgeführt werden:

1. Wenn eine Stenose oder ein Verschluß im Truncus coeliacus und in der A. mesenterica superior vorliegt.
2. Wenn ohnehin intraabdominell gelegene, korrekturbedürftige Verschlußprozesse bestehen.

Bei Verschlußprozessen im Bereich des Truncus coeliacus und der A. mesenterica superior ist es meist ausreichend, die A. mesenterica superior zu revaskularisieren.

Zugangswege

Die rekonstruktiven Eingriffe an den Viszeralarterien erfolgen in der Regel transabdominell über eine mediane Mittelbauchlaparotomie oder eine quere Oberbauchlaparotomie. Die Exposition des Stammes der A. mesenterica superior erfolgt auf infrakolischem oder auf rechtsseitigem retro- oder suprakolischem Weg.

Bei der infrakolischen Freilegung wird das Querkolon hochgelagert und der gesamte Dünndarm nach rechts eventeriert. Nach Palpation der A. mesenterica superior in Höhe der Pars inferior des Duodenums wird das Peritoneum an der Kreuzungsstelle des mesenterialen Gefäßstranges eröffnet und die A. mesenterica durch vorsichtige Dissektion aufgesucht.

Auf die rechts von der Arterie liegende Vene ist besonders zu achten.

Bei der rechtsseitigen retro- oder suprakolischen Freilegung der A. mesenterica superior wird das Peritoneum entlang der lateralen Umschlagfalte des Colon ascendens gespalten und das Duodenum nach Kocher mobilisiert. V. spermatica dextra bzw. V. ovarica dextra werden am Ursprung zwischen Ligaturen durchtrennt. Auf der Rückseite des Mesenteriums läßt sich die A. mesenterica superior tasten. Sie wird möglichst weit proximal freipräpariert und angeschlungen.

Operationsverfahren

Die bevorzugten Vorgehensweisen zur Rekonstruktion von A.-mesenterica-superior- oder Truncus-coeliacus-Verschlüssen sind die Bypassverfahren.

Bei einem Verschluß der A. mesenterica superior (Abb. 11.1-38) verläuft der Bypass von der rechten Vorderfläche der infrarenalen Aorta zur Rückseite der A. mesenterica superior. Am besten hat sich hier die V. saphena bewährt. Der Bypass muß kurz gewählt werden, da A. mesenterica und Aorta dicht beieinander liegen. Ein zu langer Bypass neigt nach Zurückverlagerung des Dünndarmgekröses zur Abknickung.

Zur Revaskularisation des Truncus-coeliacus-Gebietes kann ebenfalls die infrarenale Aorta als Spendergefäß benutzt werden. Nach End-zu-Seit-Anastomose mit der infrarenalen Aorta wird der Bypass in einem leichten Bogen hinter dem Pankreas zur A. hepatica oder zur A. lienalis geführt und dort End zu Seit implantiert.

Bei infrakolischer Freilegung der Aorta wird der erforderliche Tunnel zur A. hepatica geschaffen, indem das Gewebe zwischen Aorta und Pankreas in Höhe des Abgangs der A. mesenterica superior stumpf mit 2 Fingern disseziert wird. Beim Durchzug des Bypasstransplantates muß eine Drehung oder Abknickung vermieden werden.

Im Gegensatz zu den Rekonstruktionsverfahren mittels Bypass haben sich die offene Thrombendarteriektomie, die Transsektion mit Reimplantation in die Aorta wegen der hierfür notwendigen breiten Freilegung des Abschnitts IV der Aorta weniger bewährt. Diese Methoden sollten nur zum Einsatz kommen, wenn das infrarenale Aortensegment als Spendergefäß für einen Bypassanschluß nicht zur Verfügung steht und hierfür nur die thorakale Aorta in Frage kommt.

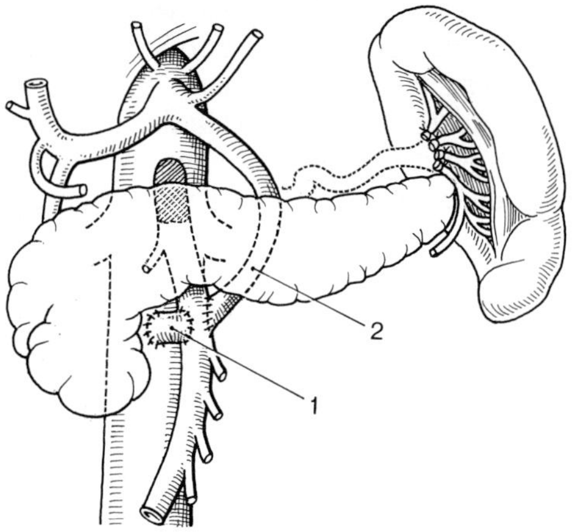

Abb. 11.1-38. Verschluß oder Stenose der A. mesenterica sup.: operatives Vorgehen. 1 = Aortomesenterialer Bypass; 2 = lienomesenterialer Bypass (Milzarterie an der Milz abgesetzt und vor oder hinter dem Pankreas nach kaudal geführt und mit der infrakolisch freigelegten A. mesenterica sup. anastomosiert).

Ein hoher proximaler Verschluß des Truncus coeliacus mit noch freier Passage von A. lienalis zur A. hepatica gibt die Möglichkeit zu einem In-situ-Bypass mit der Milzarterie. Hierbei wird die Milzarterie hilusnah abgesetzt, mobilisiert und ventral oder dorsal der Bauchspeicheldrüse nach kaudal zur End-zu-Seit-Anastomose mit der infrarenalen Aorta geführt.

Bei Verschlußprozessen der A. mesenterica superior ist auch ein lienomesenterialer Bypass möglich (Abb. 11.1-38).

Nichtokklusiver Mesenterialgefäßverschluß

Bis in die 60er Jahre galt ein Darminfarkt ohne nachweisbaren Gefäßverschluß als Seltenheit. Eine Sammelstatistik von Huber 1981 zeigte jedoch eine Häufigkeit des nichtokklusiven Mesenterialgefäßverschlusses von 35%.

Es handelt sich um eine Infarzierung des Dünn- oder Dickdarmes mit möglichem Befall aller Wandschichten. Es finden sich sowohl reine Schleimhautläsionen, die folgenlos ausheilen können, als auch transmurale Infarkte mit vollständiger Darmwandnekrose. Der operative Befund kann dem einer Ileitis bzw. Colitis regionalis ähneln.

Die pathogenetische Ursache der Erkrankung ist nicht bekannt. Als Ursachen werden der hypovolämische oder septische Schock diskutiert, weiterhin eine Hypozirkulation bei Herzinsuffizienz. Es findet sich eine Häufung nach Digitalisintoxikation als auch nach Medikation vasoaktiver Substanzen. Diskutiert wird ferner eine Stimulation des Sympathikus durch Medikamente oder auch mechanisch mit folgender Vasokonstriktion über Splanchnikusstimulation.

Die Behandlung der nichtokklusiven Darminfarkte entspricht zunächst der jedes Mesenterialinfarktes. Bei entsprechendem klinischem Bild muß der Patient dringlich laparotomiert werden, gangränöse Darmanteile werden entfernt. Beim Innenschichtinfarkt ist eine konservative Therapie indiziert. Die Hypovolämie und Azidose werden ausgeglichen und eine Sympathikusblockade über einen Periduralkatheter durchgeführt. Diskutiert wird zusätzlich die Infiltration der Splanchnikusfasern mit Lokalanästhetika.

Eine Second-look-Operation nach 24 Std. zur Inspektion der betroffenen Darmanteile ist obligat.

Verschlußprozesse der unteren Körperhälfte

Eingriffe bei aortoiliakalen Verschlußprozessen

Morphologisch lassen sich vier verschiedene Typen aortoiliakaler Verschlußprozesse unterscheiden.

Typ I: Ein- oder beidseitig auftretende segmentale Verschlüsse.

Typ II: Multiple beidseitige Stenosen und Verschlüsse im Bereich der Aorta und der Beckenschlagadern.

Typ III: Die Veränderungen sind auf die Aortenbifurkation begrenzt.

Typ IV: Sog. hoher Aortenverschluß.

Bei Typ I und III ist im Prinzip eine Ausschälplastik und bei Typ II und IV nur ein Umleitungsverfahren zur Rekonstruktion möglich.

Die Operationsindikation orientiert sich am klinischen Beschwerdebild unter Berücksichtigung des Allgemeinzustandes des Patienten.

Im Stadium I mit nur angiographisch oder klinisch nachweisbarer Stenose ohne Beschwerden besteht keine Operationsindikation.

Die Indikation im Stadium II (Claudicatio intermittens) ist relativ. Unter Berücksichtigung der subjektiven Beeinträchtigung und der Risikofaktoren muß hier individuell die Indikation zur operativen Korrektur gestellt werden.

Im Stadium III und IV mit Ruheschmerz bzw. mit Nekrosen ist die Operationsindikation bezüglich der Erhaltung der Extremität absolut gegeben.

Aufgrund der guten Langzeitergebnisse bei rekonstruktiven Eingriffen in der aortoiliakalen Region (mit 70–90% Erfolgsrate noch nach 10 Jahren) und der geringen Operationsletalität von 2–3%, ist die Operationsindikation u. E. hier großzügig zu stellen. Liegen zusätzlich noch Verschlußprozesse im Bereich der femoropoplitealen Region vor, wird man immer zuerst die Verschlußprozesse im Bereich der aortoiliakalen Region sanieren und den Erfolg dieser Rekonstruktion abwarten, bevor dann bei persistierenden Beschwerden evtl. die femoropopliteale oder femorokrurale Gefäßprovinz revaskularisiert wird.

Zugangswege

Am geeignetsten ist das transperitoneale Vorgehen über einen großen Medianschnitt oder über eine quere Mittelbauchlaparotomie. Beim extraperitonealen Vorgehen können die Gefäße sowohl über einen Pararektalschnitt als auch über einen Wechselschnitt auf der entsprechenden Seite dargestellt werden.

Zur Vermeidung der besonders junge Patienten belastenden Potenzstörungen bei Eingriffen im aortoiliakalen Abschnitt wurde in jüngster Zeit der retromesenteriale Zugang zur Aortenbifurkation empfohlen.

Beim allgemein bevorzugten transperitonealen Zugang wird durch Zug am Sigma der Übergang des viszeralen zum parietalen Peritoneum angespannt. Nach Inzision des Peritoneums medial des linken Ureters können durch weiteren Zug am Sigma die zum Sigma und Rektum ziehenden Gefäße samt dem Plexus hypogastricus superior unterfahren und von der Aortenbifurkation abgehoben werden.

Rekonstruktionsverfahren

Prinzipiell kommen 2 Rekonstruktionsverfahren in Frage, die Ausschälplastik und das Bypassverfahren.

Bei der Ausschälplastik, der Thrombendarteriektomie, wird der Verschlußzylinder entweder offen, d. h. unter Sicht mit dem Spatel oder halb geschlossen mit dem Ringstripper ausgeschält. Voraussetzung für dieses Verfahren ist eine entsprechende Schälebene. Eine alle Wandschichten durchsetzende transmurale verkalkende Arteriosklerose eignet sich nicht für dieses Vorgehen. Kürzere segmentäre Verschlüsse vom Typ I und Typ III bei jüngeren Patienten können durch Thrombendarteriektomie behandelt werden. Hier ist in der Regel ein transperitonealer Zugangsweg erforderlich. Die Exposition der beiden Aa. iliacae communes geschieht unter sorgfältiger Schonung des Plexus hypogastricus.

Die Desobliteration erfolgt nach Arteriotomie. Bei einseitigen A.-iliaca-communis-Verschlüssen bzw. -Stenosen ist besonders darauf zu achten, daß der Abgang der kontralateralen A. iliaca communis nicht disseziert wird und so ein Gefäßverschluß entsteht. Das distale Ende der Arteriotomie sollte bis in die A. iliaca externa reichen, um den Abgang der A. iliaca interna sowie ein stufenloses Auslaufen der distalen Dissektionsebene zu sichern.

Verschlußprozesse der A. iliaca interna sollten insbesondere bei jüngeren Patienten zusätzlich noch mitkorrigiert werden, da hierdurch die erektile Impotenz behoben werden kann.

Verschlußprozesse der A. iliaca externa können, falls eine Dilatation nicht möglich ist, retrograd von der Leiste als sog. blinde Desobliteration beseitigt werden (Abb. 11.1-39). Häufig läßt sich bei der retrograden Desobliteration mit dem Schneidering wegen Schwierigkeiten im Bereich des Abgangs der A. iliaca interna nicht der gewünschte Effekt erzielen, weshalb dann die Iliacagabel aufgesucht, freigelegt und über eine Arteriotomie die Desobliteration offen durchgeführt werden muß. Zugang ist hier der extraperitoneale Weg.

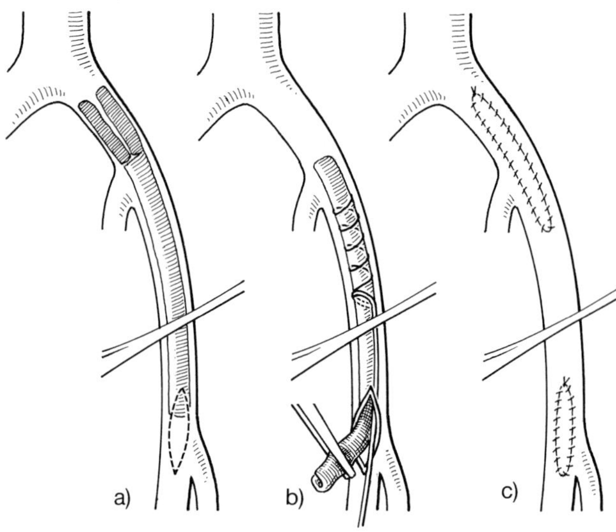

Abb. 11.1-39. a u. b) Retrograde geschlossene Desobliteration der A. iliaca ext. und communis mit Ringstrippern.
c) Halbgeschlossene Desobliteration der iliaca ext. und communis. Direkte offene Desobliteration der Iliakagabel. Indirekte Desobliteration der A. iliaca ext. mit Ringstrippern.

Das Standardverfahren bei beidseitigen und ausgedehnteren Verschlüssen und Stenosen im aortoiliakalen Abschnitt ist der Bifurkationsbypass. Der bevorzugte Zugangsweg zur Implantation einer Y-Prothese ist die transperitoneale Freilegung (Abb. 11.1-40). Die proximale Anastomose sollte unmittelbar im infrarenalen Aortenabschnitt erfolgen und ist hier entweder End zu End oder in End-zu-Seit-Technik anzulegen. Wir bevorzugen letzteres Verfahren. Hierbei ist es besonders wichtig, daß der angeschrägte proximale Prothesenschenkel so kurz ist, daß die Prothesengabelung den kaudalen Endpunkt der Anastomose darstellt. Dadurch wird ein Abknicken der Prothesenschenkel vermieden. Das Ausklemmen der infrarenalen Aorta erfolgt am besten mit einer geraden Klemme unmittelbar unterhalb der Nierenarterien und einer von distal schräg nach kranial angesetzten Gefäßklemme (Lumbalarterien).

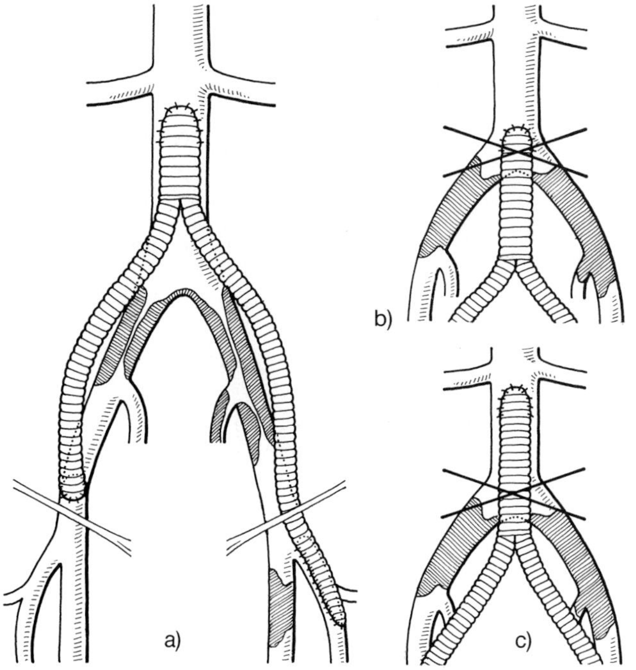

Abb. 11.1-40. Iliakale Verschlußprozesse: operative Therapie.
a) Regulärer Sitz einer Y-Prothese, rechts mit iliakalem, links mit profundalem Anschluß.
b u. c) Fehler bei der Implantation einer Y-Prothese:
b) Zu tiefer Ansatz der aortalen Anastomose.
c) Zu langer aortaler Schenkel.

Auch eine Ausklemmung der präsumptiven Anastomosenstelle mit einer Satinsky-Klemme ist bei relativ zartem und gut komprimierbarem Aortensegment möglich. Geeigneter für die Inspektion des Aortenlumens ist allerdings die zuerst beschriebene Ausklemmtechnik. Nach Preclotting einer Y-Prothese (meist 14/7, ca. 20 ml Blut) und unter systemischer Heparinisierung wird die infrarenale Aorta ausgeklemmt, eine Längsarteriotomie durchgeführt und ggf. die distale Aorta, falls Thrombenmaterial vorhanden ist, desobliteriert und gespült. Je nach Wandbeschaffenheit der Aorta wird die proximale Anastomose mit einem doppelt armierten 3x 0- bzw. 4x 0-Faden in End-zu-Seit-Technik genäht. Der proximale Prothesenanschluß kann auch in End-zu-End-Technik wie beim infrarenalen Bauchaortenaneurysma erfolgen. Die distale Aorta wird dann je nach Wandbeschaffenheit ligiert oder mit einer fortlaufenden Naht verschlossen.

Nach Fertigstellung der proximalen Anastomose wird die Prothese auf Dichtigkeit geprüft, dann unmittelbar nach der Anastomose ausgeklemmt und von Koageln gesäubert. Je nach Ausdehnung der Verschlußprozesse im Beckenbereich kann dann die Prothese nach Durchzug der Prothesenschenkel im Retroperitoneum im Bereich der A. iliaca externa oder, wenn diese Region zu verkalkt oder verschlossen ist, im Bereich der A. femoralis angeschlossen werden. Hierfür ist ein zusätzlicher Schnitt in der Leiste mit Freilegung der Femoralisgabel erforderlich. Nach Möglichkeit sollte allerdings ein Anschluß von prothetischem Material unterhalb des Leistenbandes vermieden werden.

Nur bei langstreckigen Veränderungen evtl. in Kombination mit Verschlüssen der A. femoralis superficialis streben wir den Anschluß unterhalb des Leistenbandes an, allerdings mit gleichzeitiger Revaskularisation der A. profunda femoris. Beim Durchzug des Prothesenschenkels im Retroperitoneum – vorher ist mit dem Finger und evtl. mit der Kornzange ein Tunnel zu schaffen – ist darauf zu achten, daß genügend Gewebe zwischen Ureter (der ventral liegt) und Prothese (die dorsal liegt) vorhanden ist. Kurz vor Fertigstellung der distalen Anastomose wird der Zustrom sowohl von der Peripherie wie vom zentralen Anschluß her durch sukzessives Öffnen von Gefäßklemmen überprüft. Nach exakter Spülung und Komplettierung der Anastomose erfolgt die Freigabe des betreffenden Prothesenschenkels. Eine bestimmte Anspannung der Prothesenschenkel ist wichtig, um Knickbildungen zu vermeiden. Nach Fertigstellung der Anastomosen wird das Retroperitoneum verschlossen. Zur Prophylaxe zentraler Anastomosenkomplikationen, wie z.B. einer aortoduodenalen Fistel, sollte ein direkter Kontakt zwischen Darm und synthetischem Material unbedingt vermieden werden. Bei sehr schlanken Patienten muß unter Umständen das große Netz gestielt zur Interposition herangezogen werden.

Beim sog. hohen Aortenverschluß, bei dem der Verschlußzylinder bis unmittelbar an die Nierenarterien heranreicht, müssen unter großzügiger Mobilisierung der linken Nierenvene (s. Abschn. »Aortenaneurysma«) die suprarenale Aortenregion und die Nierenarterien dargestellt werden.

Unter Ausklemmung beider Nierenarterien und der supraaortalen Aorta wird dann die infrarenale Aorta eröffnet und die Arteriotomie bis über die Nierenarterienabgänge hinaus nach kranial fortgesetzt. Nur so läßt sich unter Sicht das Thrombenmaterial im Bereich der Nierenarterienabgänge entfernen ohne die Gefahr einer Nierenarterienembolie.

Bei einseitigem Beckenarterienverschluß hat sich in jüngster Zeit wegen der guten Langzeitergebnisse auch bei jüngeren Patienten der femorofemorale Bypass (Crossover-Bypass) als Methode der ersten Wahl herausgestellt (Abb. 11.1-42).

Hierbei wird die unverschlossene A. femoralis communis hoch unter dem Leistenband mit einer 8-mm-Prothese angezapft, die subkutan oberhalb der Symphyse in die Leistenregion unterhalb der verschlossenen Beckenstrombahn geführt und meist im Sinne einer Profundarevaskularisation angeschlossen wird.

Wenn eine anatomische Korrektur (Abb. 11.1-40 u. 41) (transabdominell oder retroperitoneal) aortoiliakaler Verschlußprozesse nicht möglich ist, stellen extraanatomische Umleitungsverfahren in Form des subklaviofemoralen oder subklaviobifemoralen Bypass die Methode der Wahl dar (Abb. 11.1-43).

In der Regel wird hier in einem teils subkutanen, teils subfaszialen Gewebetunnel entlang der lateralen Thorax- und Bauchwand mit Hilfe einer 8 mm weiten Dacron- oder PTFE-Prothese, die noch mit Ringen verstärkt sein kann, von der A. subclavia den unteren Extremitäten Blut zugeführt.

Bei einem Infekt in der Leistenregion kann zur Umgehung dieser Infektion und Erhalt der Durchblutung der unteren Extremitäten ein sog. Obturator-Bypass angelegt werden (Abb. 11.1-44). Als zentraler Anschluß dienen die Aorta oder die A. iliaca communis. Die Prothese wird durch das Foramen obturatum unter Umgehung der Femoralisgabel zur A. femoralis superficialis oder zur distalen A. profunda femoris geführt.

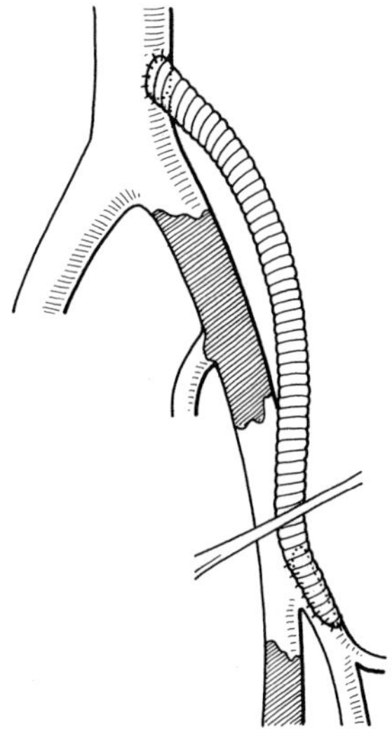

Abb. 11.1-41. Aortofemoraler Bypass.

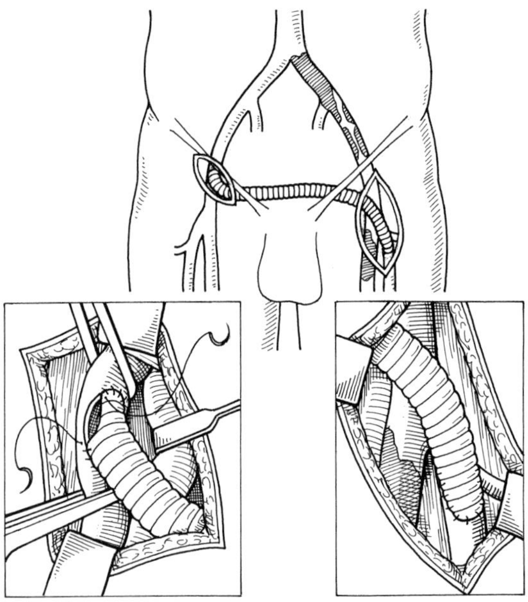

Abb. 11.1-42. Einseitiger Verschlußprozeß der Beckenstrombahn: operative Therapie: Femorofemoraler Bypass (Crossover-Bypass).

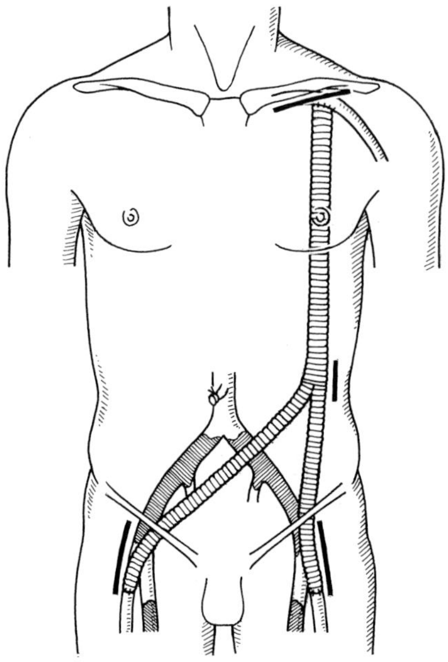

Abb. 11.1-43. Subklaviobifemoraler Bypass.

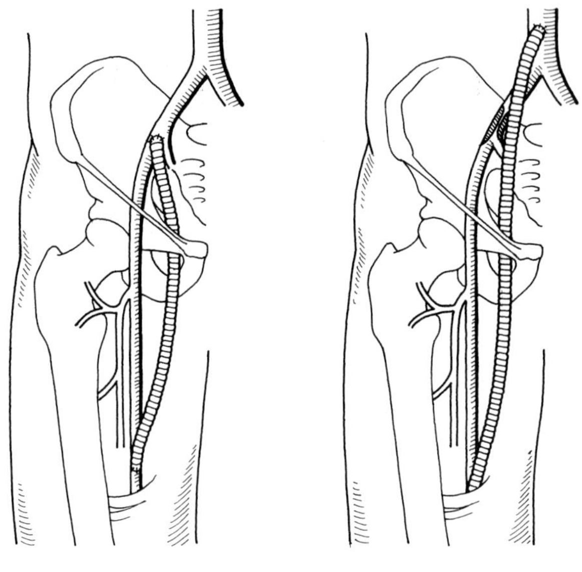

Abb. 11.1-44. Obturator-Bypass zur Umgehung der Leistenregion. Der zentrale Anschluß kann an der A. iliaca oder der distalen Aorta erfolgen. Der Bypass wird durch das Foramen obturatum von innen an die A. femoralis superficialis geführt.

Femoropopliteale Verschlußprozesse

Der femoropopliteale Gefäßabschnitt besteht aus der A. femoralis communis mit ihren Aufzweigungen in die A. profunda femoris und die A. femoralis superficialis sowie der A. poplitea bis zur Unterschenkelarterientrifurkation. Die A. profunda femoris ist das wichtigste Kollateralgefäß zur Umgehung von Verschlußprozessen der A. femoralis superficialis (Abb. 11.1-45).

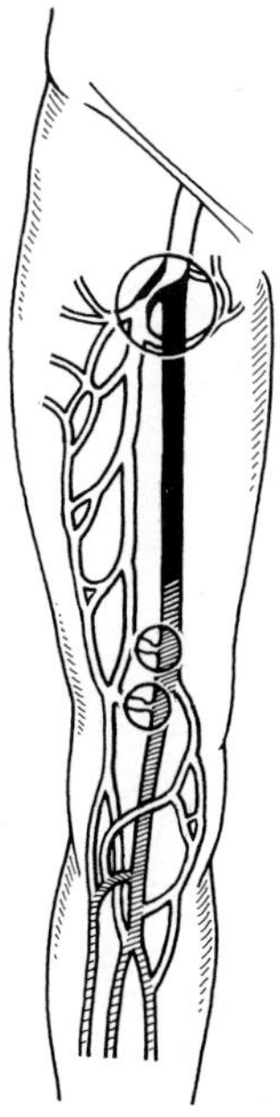

Abb. 11.1-45. Kollateralzirkulation über die A. profunda femoris bei Verschlußprozessen der A. femoralis superficialis. Das proximale Segment der A. poplitea ist das Hauptempfängersegment für die sog. Profundakollateralen.

Das oberhalb des Kniegelenkes gelegene Popliteasegment 1 ist das Hauptempfängersegment für die Profundakollateralen. Allerdings reichen auch noch Gefäßbrücken des Profundakreislaufes bis zum zweiten Popliteasegment.

Die Indikation für rekonstruktive Gefäßeingriffe an den unteren Extremitäten richtet sich nach der Klinik.

Im Stadium I besteht keine Operationsindikation.

Das Stadium II wird als relative Operationsindikation angesehen.

Erst nach Ausschöpfung aller konservativen Maßnahmen wird bei Oberschenkelverschlußprozessen im Stadium II und unter der Voraussetzung, daß für den Patienten selbst eine wesentliche Verbesserung der Lebensqualität durch die Operation zu erwarten ist, die Indikation zum operativen Vorgehen gestellt.

Eine durchgängige Strombahn proximal und distal des Verschlußprozesses ist Voraussetzung für eine erfolgreiche Revaskularisation. Eine ausreichende Ausstrombahn liegt vor, wenn angiographisch mindestens eine offene Unterschenkelstammarterie bis in den Fußbereich dargestellt werden kann.

Im Stadium III und IV mit Ruheschmerzen bzw. lokalisierten oder ausgedehnten Nekrosen besteht eine absolute Operationsindikation. Hier wird man auch bei ungünstigeren Abstromverhältnissen, z.B. nur offenem Popliteasegment bei ausreichender Kollateralisation eine Rekonstruktion im femoropoplitealen Bereich durchführen, evtl. in Kombination mit einer Revaskularisation der kruralen Region.

Zugangswege

Arteria femoralis und Arteria profunda femoris

Die Femoralisgabel wird am besten durch einen Längsschnitt unterhalb des Leistenbandes lateral vom tastbaren Puls dargestellt. Die oberflächlichen und profundalen inguinalen Lymphknoten und Lymphbahnen werden von lateral her ohne Verletzung nach medial abgeschoben. Beschädigte Lymphdrüsen und Lymphbahnen sollten sorgfältig durch Ligaturen versorgt werden.

Die Aufzweigung der A. femoralis communis in A. profunda femoris und A. femoralis superficialis ist am Kalibersprung, etwa 1 bis 3 Querfinger unterhalb des Leistenbandes, zu erkennen.

Für die weitere Exposition der A. profunda femoris müssen die Vv. commitantes und die V. circumflexa femoris lateralis zwischen Ligaturen durchtrennt werden.

Arteria femoralis superficialis

Als Leitschiene zur Freilegung der A. femoralis dient der M. sartorius. Nach Spaltung der Oberschenkelfaszie wird der Satoriusmuskel nach medial und dorsal gedrängt (Abb. 11.1-46).

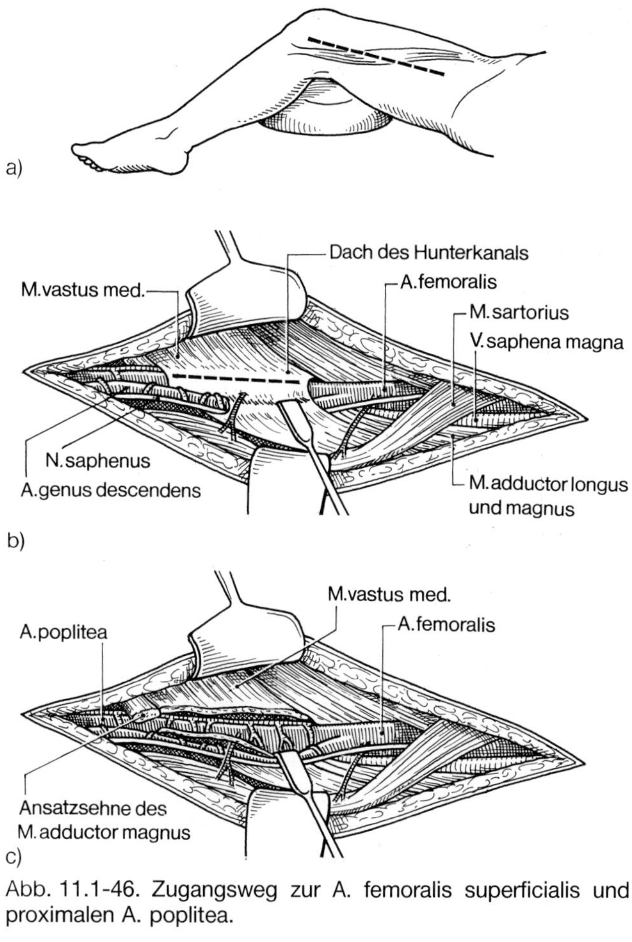

Abb. 11.1-46. Zugangsweg zur A. femoralis superficialis und proximalen A. poplitea.

Kurz vor dem Eintritt der A. femoralis in die Kniekehle verlassen kleine Arterien und der N. saphenus die Gefäß-Nerven-Scheide und verlaufen vor der Membrana vastoadductoria oberflächlich zum Kniegelenk.

Arteria poplitea

Die Freilegung der A. poplitea erfolgt üblicherweise im infragenualen Abschnitt, da hier die Arteriosklerose meist weniger stark ausgeprägt ist und auch im weiteren Verlauf der Erkrankung mit den geringsten arteriosklerotischen Veränderungen zu rechnen ist (Abb. 11.1-47). Diese Region stellt deshalb die bevorzugte Anschlußstelle für einen femoropoplitealen Bypass dar.

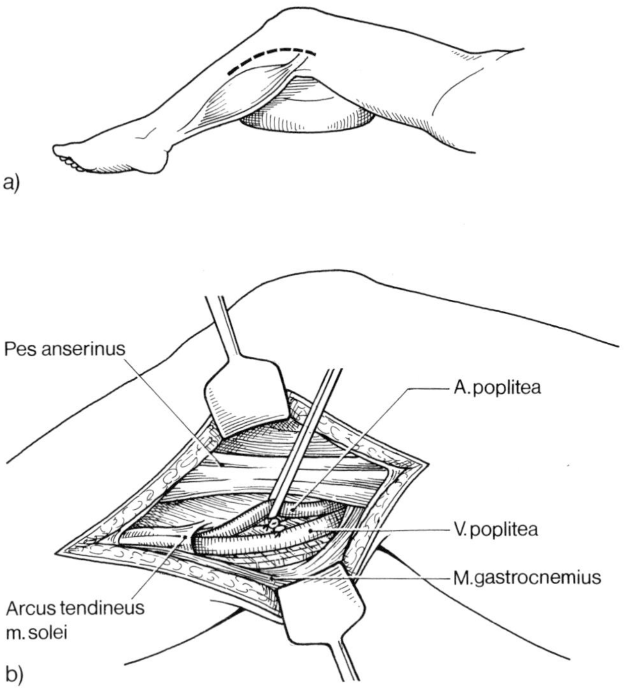

Abb. 11.1-47. a u. b) Darstellung des distalen Drittels der A. poplitea (sog. P_3-Segment).

Der Hautschnitt erfolgt unmittelbar an der medialen Schienbeinkante. Nach Durchtrennung der Fascia cruris bis zum Pes anserinus kann die Arterie direkt durch stumpfes Abschieben an der Vorderseite des medialen Gastroknemiuskopfes freigelegt werden.

Zur Darstellung der Unterschenkeltrifurkation müssen die überkreuzenden Vv. tibiales anteriores sowie der Arcus tendineus des M. soleus durchtrennt werden.

Zur Freilegung des mittleren Popliteadrittels (Abb. 11.1-48) müssen beim Zugang von medial her der Sehnenanteil des M. semimembranosus sowie der mediale Gastroknemiuskopf vor seinem Ansatz am Oberschenkelknochen unterfahren und durchtrennt werden, anschließend der Pes anserinus in der Reihenfolge M. sartorius, M. gracilis und M. semitendinosus. Auch über einen dorsalen Zugang kann man das mittlere Popliteasegment erreichen. Zur Vermeidung von Narbenkontrakturen sollte in der Kniekehle ein S-förmiger Schnitt angelegt werden, wobei sich der Patient in Bauchlage befindet.

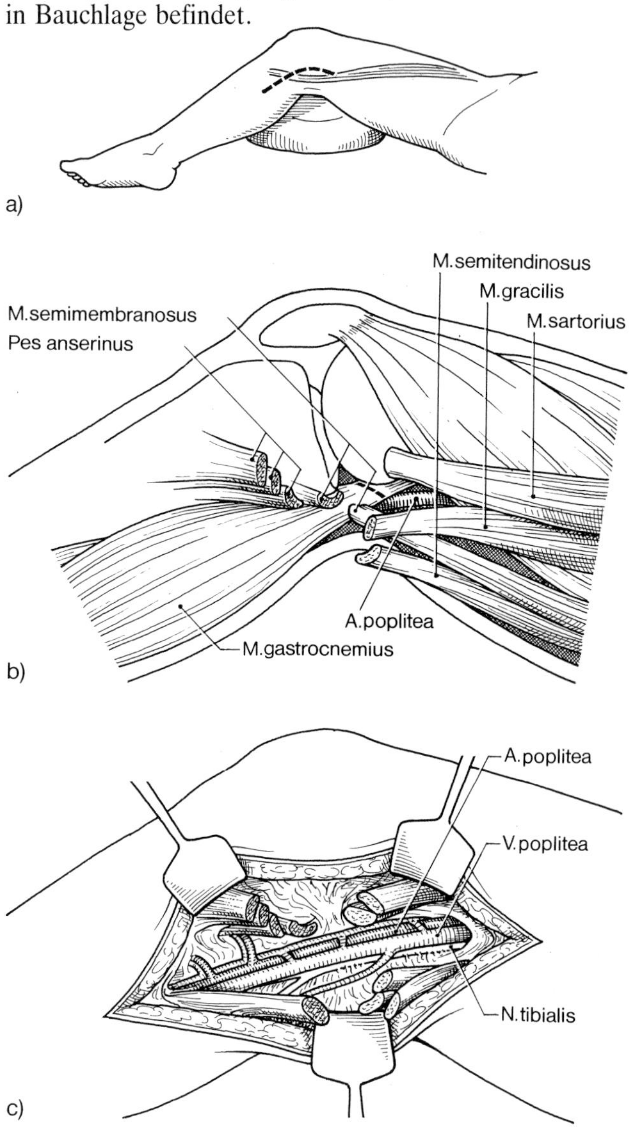

Abb. 11.1-48. Anteromedialer Zugangsweg zur mittleren A. poplitea.
a) Schnittführung.
b u. c) Kreuzende Sehnen und Muskelzüge durchtrennt.

Revaskularisationstechniken

Die indirekte oder halb geschlossene Thrombendarteriektomie im Bereich der A. femoralis wurde in den letzten Jahren von den meisten Gefäßchirurgen zugunsten der Bypassverfahren als primäre Methode verlassen.

Dies hat mehrere Gründe. Zum einen können heute Stenosen und kurzstreckige Verschlüsse, wenn sie überhaupt eine klinische Symptomatik hervorrufen, durch perkutane transluminale Angioplastie dilatiert und/oder durch lokale Lyse behoben werden. Zum anderen fordert die indirekte Endarteriektomie aufwendige Methoden zur intraoperativen Lumenkontrolle, wie Angioskopie und Angiographie, um entsprechend gute Ergebnisse zu erreichen. Auch der operative Aufwand ist nicht unerheblich.

Bypassverfahren

Vena-saphena-Bypass

Langstreckige Verschlußprozesse der A. femoralis können, eine adäquate konservative Therapie vorausgesetzt, durch den V.-saphena-Bypass überbrückt werden (Abb. 11.1.-49).

Hierbei wird die autologe Vene entnommen und in umgekehrter Flußrichtung (sog. Reversed-Bypass) zwischen A. femoralis communis und distalem Popliteasegment (P3) interponiert (Abb. 11.1-50)..

Die Indikation für einen kurzen supragenualen Bypass bei offener proximaler Poplitea ist nach unseren Erfahrungen nur ausnahmsweise indiziert. Noch günstigere Ergebnisse als beim sog. Reversed-Bypass lassen sich mit dem In-situ-Venenbypass erzielen, insbesondere bei kruralen Gefäßanschlüssen. Hierbei bleibt die V. saphena in situ. Ihre Klappen werden mit speziellen Instrumenten zerstört und die abgehenden Seitenäste nach angiographischer oder Doppler-sonographischer Lokalisation unterbunden.

Die Belassung der Vene in ihrer Umgebung zeigt längerfristig günstigere Ergebnisse.

Wenn keine Vene von entsprechender Länge und Qualität für den autologen Venenbypass zur Verfügung steht, kann mit dem sog. Zweisprungbypass der langstreckige Verschluß der A. femoralis am Oberschenkel mit einer Prothese, die im Bereich der lokal direkt desobliterierten A. femoralis angeschlossen wird, überbrückt werden (Abb. 11.1-51). Von dem desobliterierten Stück der A. femoralis wird dann im Anschluß an die Prothese die kurze Vene kniegelenküberschreitend an das entsprechende Segment der infragenualen A. poplitea geführt. Eine direkte Verbindung zwischen prothetischem Material und Vene hat sich nach unserer Erfahrung weniger bewährt. Wenn überhaupt keine Vene zur Verfügung steht, kommen Kunststoffe, wie PTFE und Dacron mit entsprechender Ringarmierung oder Nabelschnurvenen kniegelenküberschreitend in Frage.

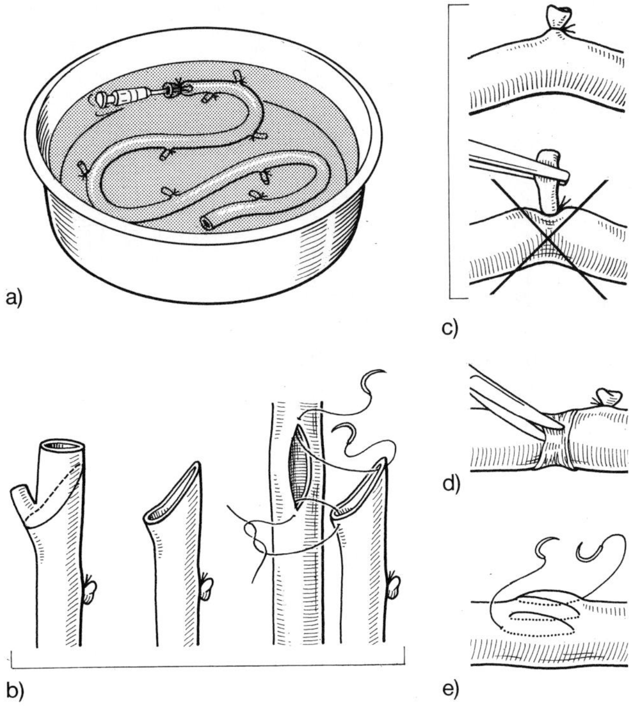

Abb. 11.1-49. Schematische Darstellung zur Präparation der entnommenen V. saphena.
a) Füllung und Aufbewahrung in heparinisiertem Blut.
b) Vergrößerung des Querschnittes für die Anastomose durch Einbeziehung eines Seitenastes.
c) Korrekte und falsche Ligatur eines Seitenastes.
d) Beseitigung von einschnürenden Bindegewebssträngen.
e) Umstechung von varikösen Aussackungen mit 7× Prolene.

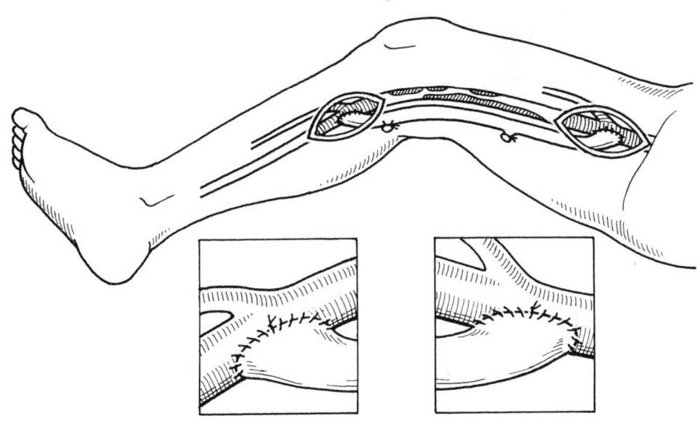

Abb. 11.1-50. Femoropoplitealer Bypass. Proximaler Anschluß (Leiste) End zu Seit an der Femoralisgabel, distaler Anschluß End zu Seit auf P_3.

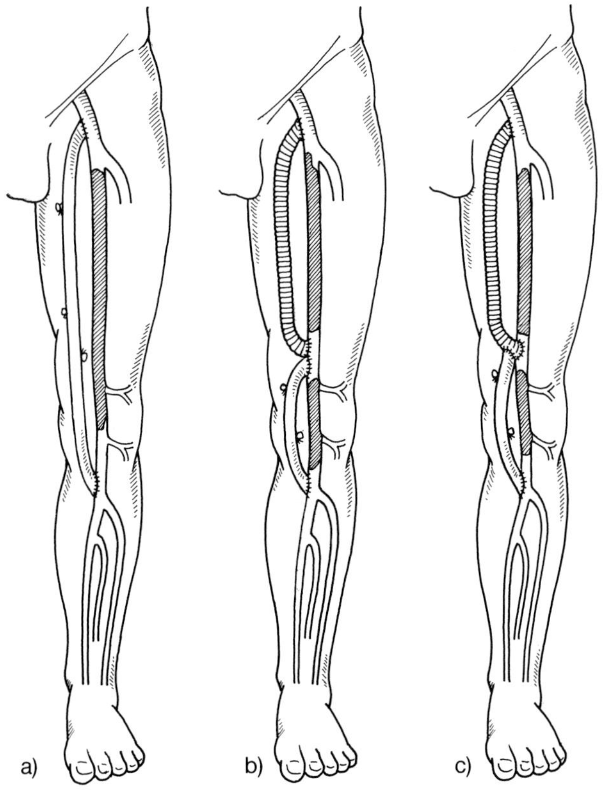

Abb. 11.1-51. Bypassmöglichkeiten bei Verschlußprozessen der femoropoplitealen Achse.
a) Femoropoplitealer Bypass auf P_3.
b) Sog. Zweisprung-Bypass. Prothese auf desobliterierte proximale A. poplitea. Verlängerung mit Vene auf P_3.
c) Sog. Lambda-Bypass. Prothese an distaler A. femoralis bzw. A. popolitea angesetzt. Kniegelenküberschreitende Vene direkt an der Prothese angeschlossen.

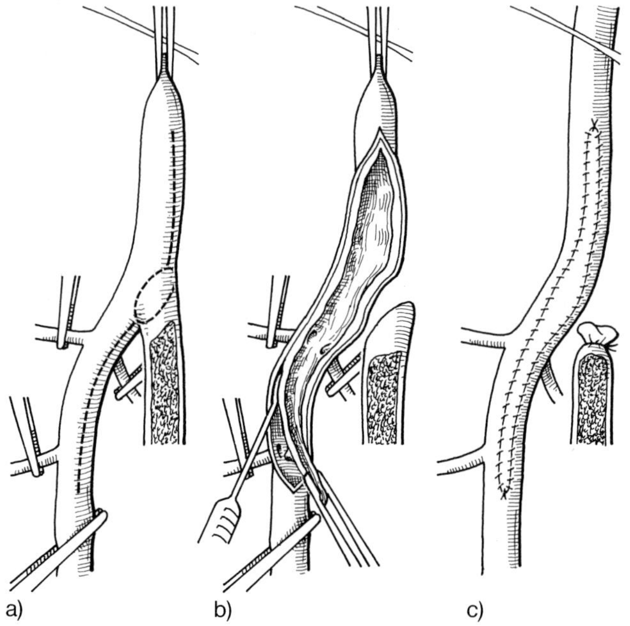

Abb. 11.1-52. Profundarevaskularisation bei Verschluß der A. femoralis superficialis.
a) Schnittführung unter Exzision des verschlossenen Abgangs der A. femoralis superficialis.
b) Lokale limitierte Desobliteration.
c) Dacron-Patchplastik mit anatomischer Rekonstruktion der A. femoralis profunda. Verschlossene A. femoralis superficialis ligiert.

Revaskularisation der Arteria profunda femoris

In den letzten Jahren hat sich gezeigt, daß die A. profunda femoris bei Verschlußprozessen der A. femoralis superficialis über ihr Kollateralnetz wesentlich an der Durchblutung des Unterschenkels beteiligt ist. Bereits ein Verschluß der A. femoralis superficialis stellt durch den Kalibersprung zwischen A. femoralis communis und A. profunda femoris eine Stenose dar. Zusätzliche arteriosklerotische Veränderungen im Abgangsbereich der A. profunda femoris führen zu einer weiteren Reduktion des Blutzustromes in die untere Extremität. Bei einer Einengung von 50% ist insbesondere unter Belastung mit erheblichen Durchblutungsstörungen im Unterschenkelbereich zu rechnen. Aufgrund dieser intraoperativ gewonnenen Meßergebnisse erscheint es deshalb sinnvoll, eine höhergradige Profundastenose zu beseitigen (Abb. 11.1-52). Über eine lokale limitierte Desobliteration, die bis zum zweiten arteriellen Abgang aus der A. profunda femoris reicht, kann eine Verbesserung des Zustroms zum Oberschenkel und damit auch zum Unterschenkel erfolgen.

Diese Revaskularisationsmethode ist immer dann indiziert, wenn ein Verschluß der A. femoralis superficialis mit einer Profundastenose kombiniert ist.

Es hat sich nämlich gezeigt, daß gerade beim Arteriosklerotiker die Veränderungen im Bereich der A. profunda femoris meistens nur auf den proximalen Gefäßabschnitt beschränkt sind und die Profundaaufzweigungen relativ zart sind.

Ideale Verhältnisse für eine Profundarevaskularisation liegen vor, wenn das proximale Segment der A. poplitea als das Hauptempfängersegment der Profundakollateralen durchgängig ist. Aber auch bei langstreckigen Verschlußprozessen der femoropoplitealen Achse ist eine Profundarevaskularisation bei Vorliegen einer entsprechenden Stenose sinnvoll. Dies trifft allerdings nicht für den Diabetiker zu, bei dem die A. profunda femoris meist bis in die Peripherie hinein durch arteriosklerotische Veränderungen destruiert ist. Insbesondere in diesen Fällen ist im Stadium IV dann der lange femorokrurale Bypass der Profundarevaskularisation vorzuziehen.

Kompressionssyndrom der Arteria poplitea

Das A.-poplitea-Kompressionssyndrom entsteht infolge einer anormalen anatomischen Beziehung zwischen A. poplitea und den Muskeln in der Fossa poplitea. Bei Kontraktion der Muskeln kann es zu einer Kompression des

Gefäßes kommen, was wiederum zu sekundären Veränderungen der Gefäßwand mit Verschluß oder Stenose und dadurch bedingter Claudicatio intermittens führen kann.

Insua hat 1970 eine für die Klinik brauchbare Klassifikation erstellt, in der alle kongenitalen anatomischen Mißbildungen untergebracht werden können.

Beim Typ I verläuft die A. poplitea medial über die dorsale Seite des Caput mediale des M. gastrocnemius, um danach ventral des Muskels wieder die normale Position einzunehmen.

Beim Typ I a ist das Caput mediale des M. gastrocnemius nach kraniolateral verschoben.

Beim Typ II ist der Ansatz des medialen Gastroknemiuskopfes mit einem abnormalen lateralen Ausläufer versehen oder es ist ein atypisch verlaufender M. plantaris vorhanden.

In beiden Fällen kann das Muskelgewebe die Arterie komprimieren, obwohl der Verlauf der Arterie keine Deviation aufweist.

Beim Typ II a entspringen Muskelzüge am Condylus femoris lateralis und inserieren am medialen anstatt zentral am lateralen Gastroknemiuskopf. Hier ist bei einem normalen Verlauf der A. poplitea durch lokalisierten Muskelzug eine Kompression der Arterie möglich. Diese Muskelzüge können zu Intimaschäden mit Ulzerationen, wandständigen Thromben und zum Verschluß der A. poplitea führen. Poststenotisch entstehende Aneurysmen können vorkommen.

Da diese genannten Komplikationen praktisch regelmäßig auftreten, muß die Behandlung möglichst frühzeitig erfolgen.

Wenn keine angiographischen Veränderungen des Gefäßes vorliegen, genügt es, den Kompressionsmechanismus zu beseitigen. Hierfür ist am besten der dorsale Zugang zur A. poplitea geeignet. Der Patient wird in Bauchlage auf den Operationstisch gelegt, wobei die Füße freibleiben, so daß die passive Dorsalflexion des Fußes unbehindert möglich ist. Die Schnittführung erfolgt S-förmig und beginnt an der Stelle, an der die A. poplitea aus dem Canalis adductorius austritt, bis zwischen beide Gastroknemiusköpfe nach kaudal. Dieses Vorgehen erlaubt eine gute Übersicht über die anatomische Situation. Abweichungen, wie eine atypische Lagerung des Caput mediale des M. gastrocnemius, akzessorischer Muskelbündel oder abnormale Bänder sind aus dorsaler Sicht leicht zu erkennen.

Die Behandlung besteht in der Beseitigung des Kompressionsmechanismus durch Myotomie. Das Gefäß, in der Regel die Arterie, wird mittels Durchschneidung der überlagernden Muskelmasse freigelegt und wieder in seine normale Position gebracht.

Bei ausgedehnten Gefäßveränderungen mit bereits eingetretenem Verschluß wird über einen medialen Zugang die A. poplitea mit einem infragenualen Bypass überbrückt. In Ausnahmesituationen kann bei einer Stenose über den dorsalen Zugang eine Endarteriektomie mit Venenstreifenplastik oder auch eine Gefäßresektion mit Interposition eines Venentransplantates erfolgen.

Letztere Methode hat sich im Vergleich zur einfachen Desobliteration neuerdings besser bewährt.

Eingriffe bei Verschlußprozessen der Unterschenkelarterien

Die A. tibialis anterior zweigt von der A. poplitea ab und durchbohrt nach ventral die Membrana interossea. Sie befindet sich dann zwischen M. tibialis anterior und M. extensor digitorum longus im proximalen Unterschenkelabschnitt und distal zwischen M. tibialis anterior und M. extensor hallucis longus. Sie setzt sich als A. dorsalis pedis auf dem Fußrücken fort und unterkreuzt die Sehne des M. extensor hallucis longus und das Retinaculum extensorum. Die A. tibialis posterior stellt die Fortsetzung der A. poplitea nach Abzweigung der A. tibialis anterior dar. Nach 1–5 cm zweigt von ihr die A. peronaea ab.

Vom Gefäßchirurgen wird der Gefäßabschnitt zwischen Beginn der A. tibialis posterior und ihrer Abzweigung, der A. peronaea auch als Truncus tibiofibularis bezeichnet. Erst nach Abgang der A. peronea spricht man von der A. tibialis posterior. Die A. tibialis posterior zieht auf der Dorsalfläche des M. tibialis posterior und in der Rinne zwischen dem M. flexor digitorum longus und M. hallucis longus distalwärts, begleitet vom N. tibialis. Distal liegt sie hinter und unter dem medialen Knöchel. Die A. peronaea verläuft auf der Hinterfläche des M. tibialis posterior, zwischen ihr und dem M. flexor hallucis longus, nahe an der Fibula nach distal. Im distalen Unterschenkel gelangt sie auf die Rückseite der Membrana interossea cruris oder der Tibia.

Die Indikation zur Revaskularisation kommt überwiegend in Betracht, wenn es sich um ein Stadium III oder IV handelt, d. h. wenn die Extremität unmittelbar vital betroffen ist.

Im Stadium der Claudicatio intermittens ist nur ausnahmsweise die Indikation für einen revaskularisierenden Eingriff im kruralen Bereich gegeben.

Voraussetzung für einen rekonstruktiven Eingriff ist eine einwandfreie angiographische Darstellung der Unterschenkel- und Fußarterien. Dies ist in der Regel nur möglich, wenn zusätzlich zur Aorten-Angiographie eine Femoralis-Arteriographie durchgeführt wird.

Zugangswege

Der Truncus tibiofibularis und die A. tibialis posterior werden durch einen Längsschnitt am medialen Rand der Tibia freigelegt. Nach Inzision der Fascia cruris in Längsrichtung kann ohne Durchtrennung der Sehne des Pes anserinus bei gebeugtem Knie die distale A. poplitea freigelegt werden. Der Truncus tibiofibularis befindet sich in dem Arcus tendineus des M. soleus und wird zusätzlich noch von den überkreuzenden Vv. tibiales anteriores bedeckt.

Durch Ablösen des M. soleus vom medialen Rand der Tibia und Durchtrennung des Arcus tendineus kann dieser Gefäßabschnitt gut sichtbar gemacht werden. Die kreuzenden Vv. tibiales werden zwischen Durchstechungsligaturen versorgt. Hierdurch ist es möglich, einen guten Überblick über den proximalen Abschnitt der A. tibialis posterior und auch über die A. peronaea zu erlangen.

Bei der Freilegung der A. tibialis posterior im mittleren und unterem Drittel wird unter Schonung der V. saphena zwischen dem medialen Kopf des M. gastrocnemius und dem M. flexor digitorum longus und dem M. flexor hallucis longus das Gefäß-Nerven-Bündel in der Tiefe freipräpariert. Distal ist die A. tibialis posterior zwischen Achillessehne und Malleolus medialis zu erreichen. Die Faszie wird durchtrennt. Der N. tibialis liegt am weitesten dorsal.

Der Zugangsweg zur A. tibialis anterior befindet sich in der Trennlinie zwischen M. tibialis anterior und M. extensor digitorum longus. Die A. dorsalis pedis wird durch eine Längsinzision lateral vom M. extensor hallucis longus freigelegt. Sie liegt unmittelbar auf der knöchernen Unterlage. Die A. peronaea wird am häufigsten über einen lateralen Zugang mit Resektion eines Fibulasegmentes von 6–8 cm dargestellt (Cave N. peronaeus). Zwischen M. tibialis posterior und M. flexor hallucis longus ist die A. peronaea dann sichtbar.

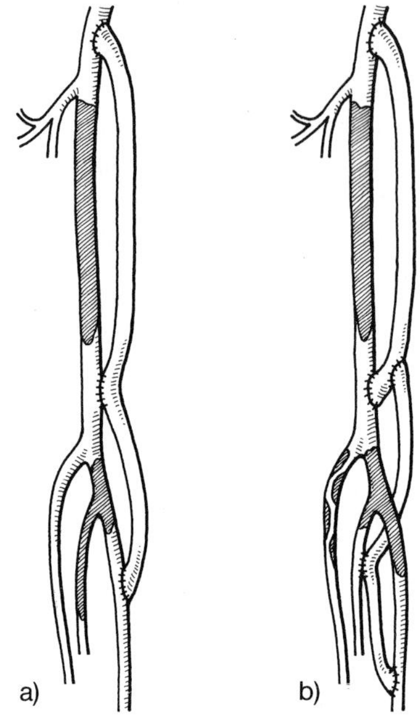

Abb. 11.1-53. Sog. Sequential-Bypass bei Verschlußprozessen der femoropoplitealen und femorokruralen Gefäßstrecke.

Wenn ein Jumping-Bypass oder ein sequentieller Bypass mit mehreren Anschlüssen in der Peripherie nicht möglich ist, weil nur ein einziges Segment durchgängig ist, kann zur Verbesserung des Flusses im Transplantat eine distale a.-v. Fistel angelegt werden (Abb. 11.1-54).

Rekonstruktionsverfahren

Das bevorzugte Verfahren am Unterschenkel ist das Bypassverfahren. Eine Ballondilatation ist zwar möglich, zeigt aber unbefriedigende Ergebnisse. Eine Endarteriektomie im Bereich des Unterschenkels hat sich nicht bewährt und wird allgemein abgelehnt. Das geeignete Material für den Bypass ist ein Venentransplantat. Bewährt hat sich hier in letzter Zeit der In-situ-Bypass. Bioprothesen und alloplastisches Material kommen nur zum Einsatz, wenn kein geeignetes Venenmaterial zur Verfügung steht.

Der distale Anschluß sollte vorzugsweise in einem unveränderten Arterienabschnitt erfolgen. Am besten bewährt hat sich eine End-zu-Seit-Anastomose, da der Unterschenkel dann in zwei Richtungen durchblutet wird.

Durch Herstellung mehrerer distaler Anastomosen kann der Ausstrom wesentlich verbessert werden (Abb. 11.1-53). Dies kann in Form einer Seit-zu-Seit-Anastomose zwischen Transplantat und A. poplitea und einer End-zu-Seit-Anastomose der weiterführenden Vene bzw. Prothese mit der A. tibialis posterior erreicht werden. Auch eine Transplantatverlängerung in Form des sog. Jumping-Bypass, zu der ein femoropoplitealer oder femorokruraler Bypass noch mit einem femoroperonealen Bypass verlängert wird, ist möglich.

Diese Verfahren sind geeignet, die Rate der Durchgängigkeit der Transplantate zu erhöhen.

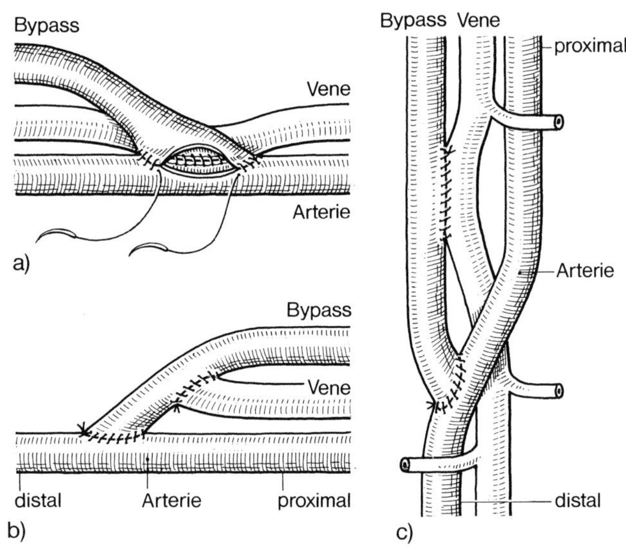

Abb. 11.1-54. Möglichkeiten der a.-v. Fistel beim femorokruralen Bypass.
a) Gemeinsames Ostium für Vene und Arterie und Bypass.
b) A.-v. Fistel durch proximale End-zu-Seit-Anastomose zwischen Venenast und Bypass.
c) A.-v. Fistel durch proximale Seit-zu-Seit-Anastomose zwischen Vene und Bypass.

Wichtig ist, daß die Verbindung zwischen Empfängerarterie und Begleitvene nicht zu weit und der Abstrom nicht zu groß ist. Die gebräuchlichste a.-v. Fistel ist die mit dem gemeinsamen Ostium zwischen Vene und Arterie. Eine weitere Methode ist eine proximale Seit-zu-Seit-a.-v.-Fistel oder eine proximale Seit-zu-End-a.-v.-Fistel. Durch diese a.-v. Fistel wird bei schlechten Abstromverhältnissen in der Arterie durch den Abfluß auch über die Vene ein höherer Durchfluß im Transplantat erreicht, was sich günstig auf die Dauer der Durchgängigkeit auswirkt.

Arterielle Aneurysmen

Unter einem arteriellen Aneurysma versteht man eine umschriebene Aussackung der Arterienwand auf dem Boden einer angeborenen oder erworbenen Wandschwäche (sog. echte Aneurysmen).

Ein falsches Aneurysma liegt dann vor, wenn z. B. durch direktes oder indirektes Trauma oder durch vorausgegangene Naht ein Defekt in der Arterienwand entsteht und das Blut in das umgebende Gewebe austritt. Hierbei entsteht eine umschriebene Höhle, deren Wand nicht von den ursprünglichen Gefäßwandschichten, sondern aus dem umgebenden, durch das vom Hämatom komprimierten Gewebe gebildet wird.

Ein Aneurysma dissecans liegt vor, wenn die Gefäßwand vom Lumen her partiell einreißt und der Blutstrom sich zwischen den einzelnen Gefäßwandschichten vorwühlt. Auf diese Weise wird ein doppeltes Arterienlumen gebildet.

Jedes Aneurysma stellt für seinen Träger eine permanente Bedrohung dar.

Hauptgefahr der echten und falschen Aneurysmen sind die Ruptur und aufgrund der meist in den Aneurysmen vorhandenen Thromben thrombembolische Komplikationen mit Verschlüssen der nachgeschalteten Gefäßprovinz.

Das Aneurysma dissecans ist ebenfalls rupturgefährdet und kann durch die Doppellumenbildung zur Verlegung von lebenswichtigen Arterien führen (Gehirn, Intestinum, Nieren). Nicht erwähnt werden die mykotischen Aneurysmen, weniger wegen der in der Regel notwendigen extraanatomischen Bypassoperationen, sondern weil ihre Behandlung grundsätzlich besonders erfahrenen Gefäßchirurgen überlassen bleiben muß.

Die Zugangswege entsprechen denen, die für die operative Behandlung chronisch arterieller Verschlußkrankheiten angegeben wurden.

Arterielle Aneurysmen der supraaortalen Äste

Aneurysmen der A. carotis communis und der extrakraniellen A. carotis interna sind selten. Ursache ist meist ein direktes Trauma.

Häufiger als Aneurysmen im Karotisgebiet sind Aneurysmen der A. subclavia. Ursache ist meist eine Halsrippe mit Stenosierung der Arterie und poststenotischer Dilatation.

Aneurysmen der A. brachialis und Unterarmarterien kommen nach Verletzungen oder Punktionen vor.

Indikation zur Aneurysmaausschaltung und Rekonstruktion der Gefäßstrombahn ist bei den supraaortalen Arterien weniger die Gefahr einer Ruptur als die Gefahr thromboembolischer Komplikationen.

Aneurysmen der aortenbogennahen Abschnitte (Truncus brachiocephalicus und proximale A. carotis communis) werden über eine partielle oder komplette Sternotomie freigelegt. Die proximale Ausklemmung des betroffenen Gefäßabschnittes erfolgt mit einer Satinsky-Klemme, die tangential am Aortenbogen angesetzt wird. Das Aneurysma wird eröffnet und eine Rohrprothese (8 mm) interponiert. Eine wichtige Voraussetzung für eine sichere Blutungskontrolle am Aortenbogen sind einwandfrei funktionierende Gefäßklemmen.

Aneurysmen der Karotisgabel werden über einen Hautschnitt entlang dem Vorderrand des M. sternocleidomastoideus dargestellt. Ein Kunststofftransplantat sollte in dieser Region nicht implantiert werden. Falls es nicht gelingt, durch Resektion des Aneurysmas und End-zu-End-Anastomose die Gefäßkontinuität wiederherzustellen, ist die Interposition eines Venentransplantates (V. saphena) anzustreben (Abb. 11.1-55). Bei A.-carotis-Aneurysmen finden sich häufig Zu- und Abstromhindernisse in Form von arteriosklerotischen Veränderungen. Diese Stenosen sind bei der Aneurysmaausschaltung zu korrigieren. Die einfache Kontinuitätsresektion von Karotisgabelaneurysmen kann zu Stenosen führen, deshalb empfehlen wir nicht die direkte Anastomose, sondern immer eine Anastomose mit zusätzlicher Streifenplastik.

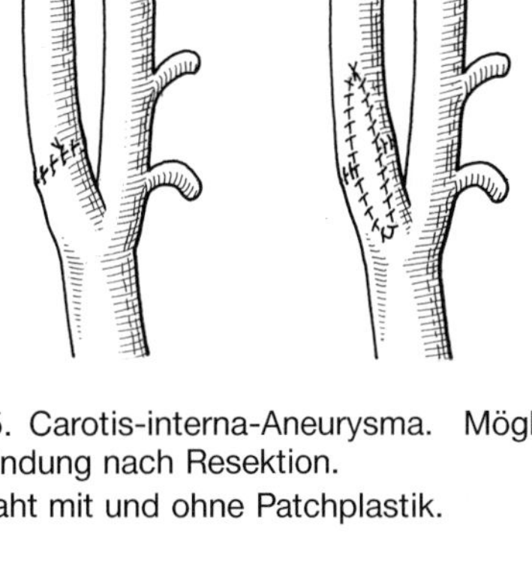

Abb. 11.1-55. Carotis-interna-Aneurysma. Möglichkeiten der Defektüberbindung nach Resektion.
a) Direkte Naht mit und ohne Patchplastik.

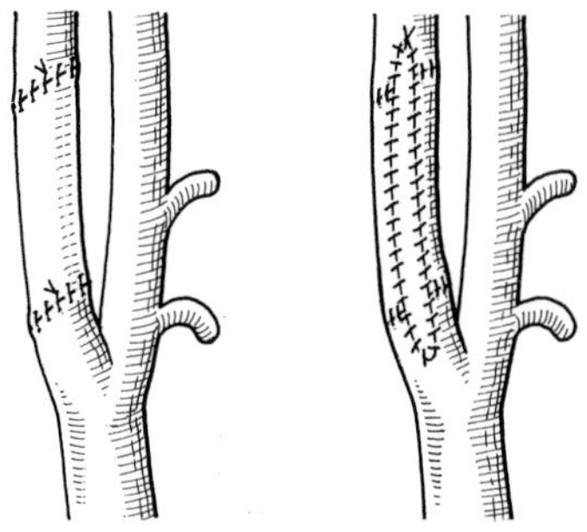

b) Veneninterposition mit und ohne Patchplastik.

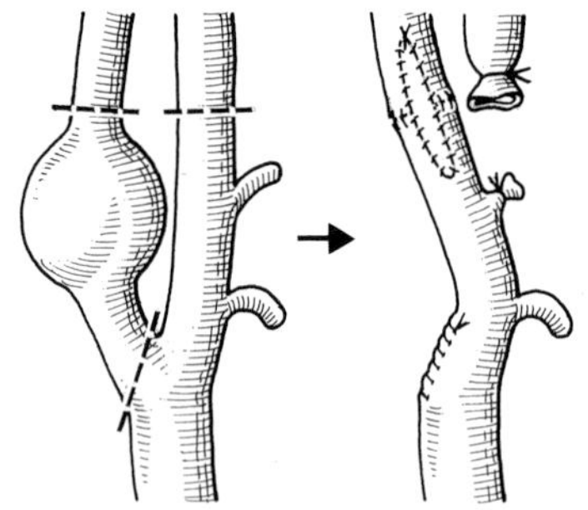

c) Ersatz der A. carotis interna durch A. carotis externa.

Wenn kein autologes Venenmaterial zur Verfügung steht, kann die A. carotis externa nach dem zweiten Abgang abgesetzt und ligiert und der proximale Externastumpf zur Anastomose mit der A. carotis interna verwendet werden. Auch hier ist wiederum eine Streifenplastik empfehlenswert.

Die Korrektur zentraler A.-subclavia-Aneurysmen erfolgt auf der linken Seite über eine Thorakotomie im 3. ICR. Die Korrektur peripherer Aneurysmen der A. subclavia bzw. der A. axillaris findet vorzugsweise auf transaxillärem Weg statt. Als Alternative ist auch ein supraklavikulärer Zugang möglich. Die Durchtrennung des M. scalenus anterior unter Schonung des N. phrenicus erlaubt dann eine ausreichende Darstellung der A. subclavia mit dem Aneurysma. Nach lateral ist auf den Plexus brachialis zu achten. Nach medial hin können der N. laryngeus recurrens sowie der Ductus thoracicus geschädigt werden.

Aneurysmen der A. brachialis sowie der A. radialis und ulnaris lassen sich meist durch eine Kontinuitätsresektion beseitigen. Bei größeren Aneurysmen ist einer Veneninterposition der Vorzug zu geben. Die hier meist punktionsbedingten Aneurysmen lassen sich oft durch sparsame Resektion von Teilen der neuen Aneurysmawand mit einer Einzelnaht ohne Einengung übernähen.

Aneurysmen der Aorta abdominalis

In 95–98% entwickeln sich Aneurysmen der Aorta abdominalis im infrarenalen Aortenabschnitt. Aneurysmatische Erweiterungen der Beckengefäße liegen häufig zusätzlich vor.

Die schwerwiegendste und häufigste Komplikation ist die Ruptur. Ein thrombotischer Verschluß oder eine embolische Streuung von Thrombenmaterial aus dem Aneurysma mit nachfolgender peripherer Ischämie sind seltener. Zur Prognose von Patienten mit Bauchaortenaneurysma zeigen zahlreiche Untersuchungen, daß die Sterblichkeit im Spontanverlauf zwei- bis dreimal höher ist als bei Patienten, die operativ behandelt wurden. Die Rupturgefahr steigt mit zunehmendem Aneurysmadurchmesser. Da im Einzelfall keine sichere Aussage über die Rupturwahrscheinlichkeit gemacht werden kann und auch kleine Aneurysmen rupturieren können, sollten alle Aneurysmen ab einer Größe von 4 cm operiert werden, wenn nicht schwerwiegende Kontraindikationen vorliegen.

Als Zugangsweg zur Versorgung des infrarenalen Bauchaortenaneurysmas ist die mediane Laparotomie vom Xiphoid bis zur Symphyse am günstigsten. Zur Exposition des Aneurysmas werden Querkolon, großes Netz und das in ein Kunststofftuch eingewickelte Dünndarmkonvolut nach rechts oben verlagert. Damit ist eine übersichtliche Darstellung des gesamten infrarenalen Aortenabschnittes möglich. Das Peritoneum und das periaortale Gewebe über dem Aneurysma werden rechts von der Mittellinie bis auf die Adventitia des Aneurysmas inzidiert. Die Inzision nach distal erfolgt in Richtung rechte Beckenarterie. Durch diese Schnittführung können für die Durchblutung des Kolons notwendige Gefäßarkaden und für die Potenz wichtige Nervengeflechte geschont werden. Eine quere Schnittführung ist im Bifurkationsbereich zu vermeiden.

Nach Darstellung des sog. Aneurysmakragens, des unveränderten Aortenabschnittes unmittelbar unter den Nierenarterien, wird das Aneurysma ausgeklemmt und eröffnet (Abb. 11.1-56 u. 57). Nach Ausräumung der Thromben werden blutende Lumbalarterien und die A. mesenterica inferior von der Aneurysmainnenseite aus umstochen. Falls das Aneurysma nur auf die Aorta begrenzt ist, wird eine Rohrprothese zwischen infrarenaler Aorta und Bifurkation interponiert. Die Nahttechnik ist hier fortlaufend, Nahtmaterial 3x 0 (Abb. 11.1-58 u. 59). Bei Ausdehnung des Aneurysmas auf den Beckenbereich werden die aneurysmatischen Beckengefäße nach distal eröffnet und der distale Anschluß mit dem unveränderten Gefäß durchgeführt. Hier sollte zumindestens eine A. iliaca interna erhalten werden (s. Abb. 11.1-60).

Besonders nahe an die Nierenarterienabgänge heranreichende Aneurysmen erfordern zur besseren Übersicht bisweilen eine suprarenale Abklemmung der Aorta (Abb. 11.1-61). Hierfür kann auch der besseren Übersicht wegen die Nierenvene temporär kavanah durchtrennt werden oder definitiv, sofern die V. ovarica respektive V.

testicularis durchgängig ist. Auf diese Weise läßt sich eine sichere obere Anastomose unter Schonung der Nierenarterienostien herstellen. Der Aneurysmasack wird in der Regel nicht oder nur teilreseziert und für die Einhüllung der Prothese verwendet. Diese Einhüllung der Prothese und Bedeckung mit retroperitonealem Gewebe ist besonders wichtig, da man einen Kontakt der Prothese zu Darm und auch Ureter auf alle Fälle vermeiden sollte (Abb. 11.1-59).

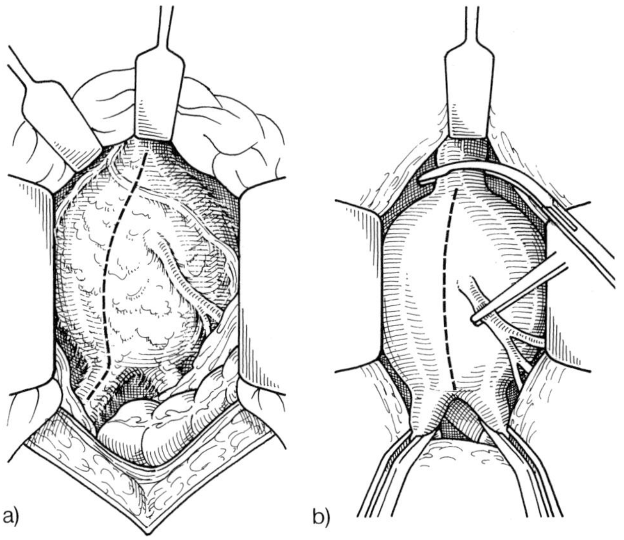

Abb. 11.1-56. Infrarenales Bauchaortenaneurysma (BAA): Operationstechnik.
a) Exposition der infrarenalen Aorta mit eingezeichneter Inzisionslinie des Retroperitoneums.
b) Nach Darstellung ist das infrarenale BAA ausgeklemmt. Inzisionslinie eingezeichnet.

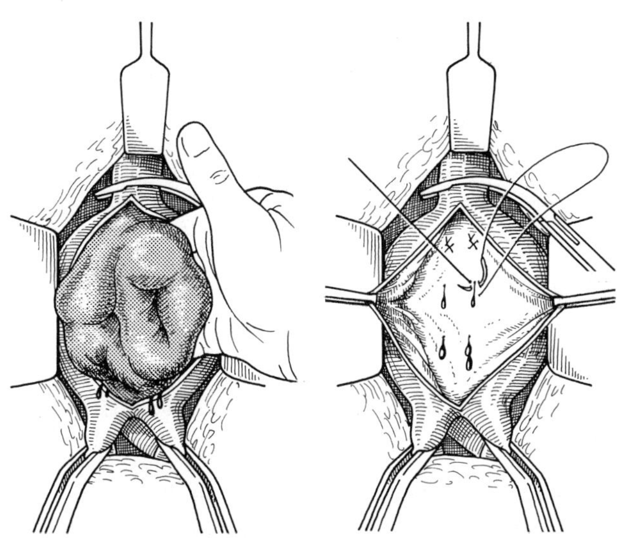

Abb. 11.1-57. Infrarenals BAA: Operationstechnik.
a) Aneurysmen eröffnet, Thrombus mit Hand ausgeschält.
b) Rückblutende Lumbalarterien werden vom Aneurysma aus umstochen.

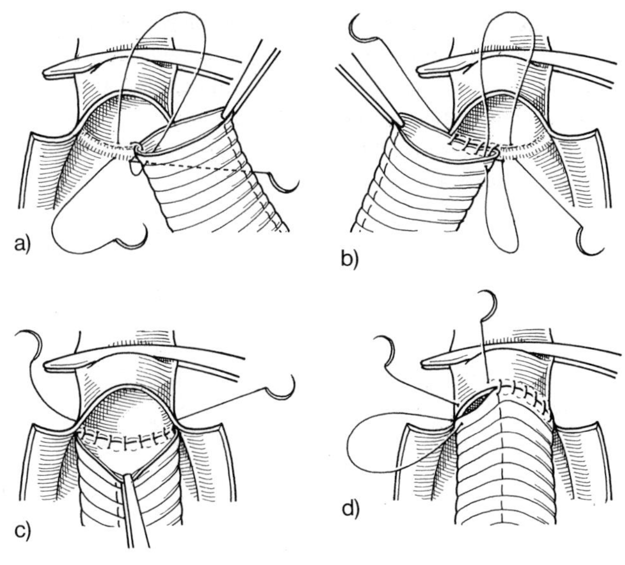

Abb. 11.1-58. Infrarenales BAA: Operationstechnik.
a–d) Proximale End-zu-End-Anastomose in fortlaufender Nahttechnik. Stichrichtung: Prothese: außen – innen, Gefäßwand: innen – außen.

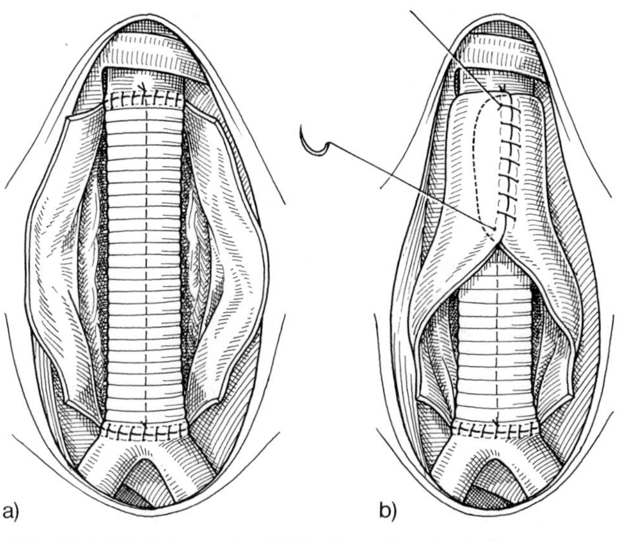

Abb. 11.1-59. Infrarenales BAA: Operationstechnik.
a) Situs nach Interposition einer Rohrprothese.
b) Einhüllung der Prothese in den Aneurysmasack.

Beim gedeckt rupturierten Bauchaortenaneurysma (Abb. 11.1-62) mit meist großem, retroperitonealem Hämatom empfiehlt sich die subdiaphragmale Abklemmung der Aorta. Bei freier Perforation des Aneurysmas in die Bauchhöhle hilft nur die manuelle Okklusion des Aortenlumens, indem man den Daumen der rechten Hand durch den Wanddefekt oder über eine Arteriotomie in das Aneurysma und die infrarenale Aorta einführt und das Lumen auf diese Weise verschließt (Abb. 11.1-63).

Dann wird die proximale Aorta über dem eingeführten Daumen weiter dargestellt und abgeklemmt oder mit einem Ballonkatheter blockiert.

Die operative Ausschaltung der seltenen Bauchaortenaneurysmen im Bereich des Abgangs der Nieren- und Eingeweideschlagadern und der thorakalen Aorta ist technisch sehr anspruchsvoll und sollte deshalb nur von in dieser Technik speziell ausgebildeten Operationsteams (Chirurg und Anästhesist) durchgeführt werden.

Ihre Versorgung wird deshalb hier nicht abgehandelt.

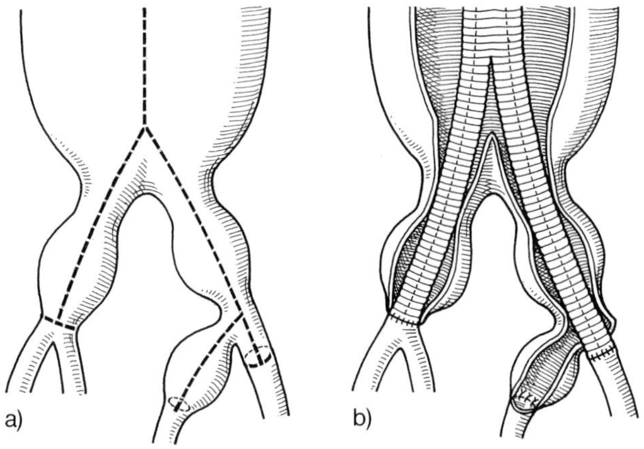

Abb. 11.1-60. Infrarenales BAA mit zusätzlichen aneurysmatischen Veränderungen in der Beckenstrombahn: Operationstechnik.
a) Schnittführung.
b) Distale Anschlußmöglichkeiten. Rechts: Iliakagabel, links: A. iliaca externa. A. iliaca interna links vom Aneurysma aus umstochen.

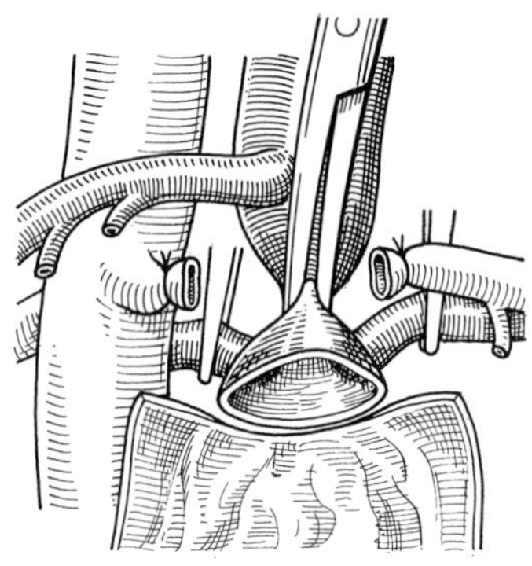

Abb. 11.1-61. Infrarenales BAA: Operationstechnik. Aorta suprarenal abgeklemmt, Nierenvene ligiert und durchtrennt.

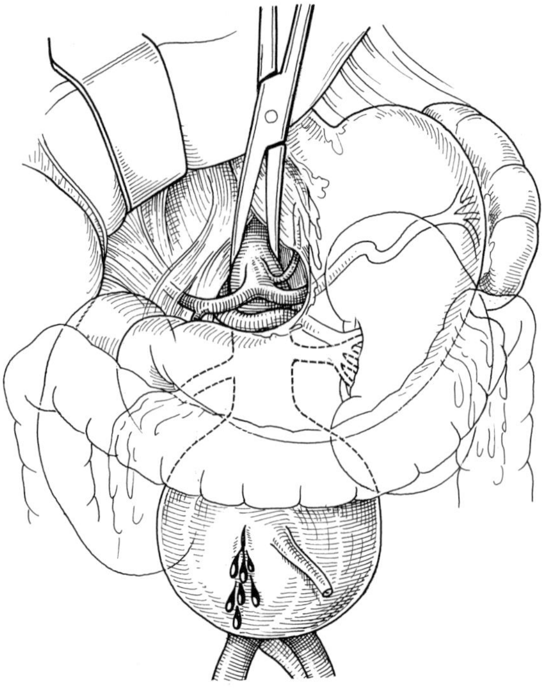

Abb. 11.1-62. Rupturiertes infrarenales BAA: Operationstechnik. Subdiaphragmale Abklemmung.

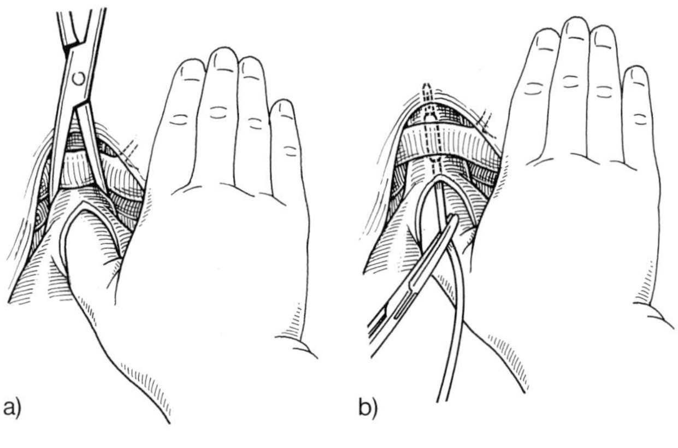

Abb. 11.1-63. Rupturiertes BAA: Operationstechnik.
a) Notfallmäßige Okklusion des Aortenlumens mit dem Daumen.
b) Einführen eines Ballonkatheters zur proximalen Blutungskontrolle.

Aneurysmen der Viszeralarterien

Bei diesen Aneurysmen besteht sowohl die Gefahr einer Ruptur als auch die Gefahr thrombembolischer Komplikationen.

Die Letalität rupturierter Viszeralarterienaneurysmen ist sehr hoch. Aus dieser Tatsache heraus wird von vielen Autoren die Indikation zur Operation im elektiven Stadium gestellt.

Über 50% aller Aneurysmen der Viszeralarterien kommen an der A. lienalis vor. Diese Aneurysmen werden am besten über einen Rippenbogenrandschnitt oder eine einfache mediane Oberbauchlaparotomie versorgt. Nach Ablösung des großen Netzes vom Querkolon und Darstellung des retrogastralen Raumes und des Pankreas wird die A. lienalis proximal und distal vom Aneurysma abgeklemmt, das Aneurysma eröffnet und die Thromben ausgeräumt. Die zuführende A. lienalis kann durch Ligatur versorgt werden. Die aus dem Aneurysma abgehende Arterie wird von innen mit Durchstechungsligaturen verschlossen. Vom Pankreas in den Aneurysmasack einmündende kleinere Arterien können bei vorhandener Blutung von innen umstochen werden. Im Hilus gelegene Aneurysmen der Milzarterie werden meist durch Splenektomie entfernt.

Aneurysmen der A. hepatica sind die zweithäufigsten Viszeralarterienaneurysmen. Sie sind wegen ihrer hohen Rupturinzidenz (bis zu 80%) und der hohen Letalität besonders gefürchtet.

In der A. hepatica communis gelegene Aneurysmen können durch einfache Ligatur ohne Gefäßrekonstruktion ausgeschaltet werden. Letzteres ist bei Aneurysmen der A. hepatica propria nicht möglich. Hier muß eine Gefäßrekonstruktion nach Aneurysmaausschaltung erfolgen. Am besten erfolgt dies in Form eines autologen Venenbypasses von der infrarenalen Aorta zur unveränderten A. hepatica propria. Der Anschluß an der Aorta erfolgt End zu Seit, an der A. hepatica propria End zu End. Das Transplantat selbst wird nach stumpfer Fingerdissektion hinter dem Pankreaskopf unter der Mesenterialwurzel zur A. hepatica propria geführt. Das Aneurysma kann nach Ligatur der zuführenden Gefäße A. hepatica communis, A. gastroduodenalis und A. gastrica dextra reseziert werden.

Bei Aneurysmen des Truncus coeliacus genügt meist eine Ligatur der Arterien. Allerdings muß hierbei die Aorta über eine längere Distanz dargestellt werden, da der Hals des Aneurysmas oft sehr kurz ist. Eine zusätzliche Stenose der A. mesenterica superior macht eine Rekonstruktion des Truncus coeliacus notwendig.

Zwei Verfahren können hier eingesetzt werden, der A.-hepatica-Bypass zwischen Aorta und A. hepatica communis oder die Implantation der A. lienalis in die Aorta.

Aneurysmen der A. renalis werden durch Resektion und Interposition der V. saphena magna am zweckmäßigsten versorgt. Indikation zu diesem Eingriff ist weniger die drohende Ruptur als die Gefahr thromboembolischer Komplikationen in der nachgeschalteten Niere.

Aneurysmen der A. mesenterica superior sind sehr selten.

In Abhängigkeit vom angiographischen Befund, der vorher genau erhoben werden muß, ist eine Resektion lediglich mit Unterbindung der Arterienstümpfe nur außerhalb des Hauptstammes möglich, fallweise in Verbindung mit einer partiellen Dünndarmresektion. Andernfalls ist die Interposition eines Saphenatransplantates erforderlich. Hierzu müssen alle aus dem Aneurysma abgehenden Arterien dargestellt, angezügelt und passager abgeklemmt werden. Gehen zu viele Arterien aus dem Aneurysmasack ab, kann das Aneurysma, um die Durchblutung zu erhalten, nur gerafft werden. Dieses Vorgehen erfordert eine exakte postoperative Kontrolle, ggf. eine Second-look-Operation und bei Vorliegen von durchblutungsgestörten Darmabschnitten die nachfolgende Darmresektion.

Aneurysmen der unteren Extremitäten

A.-iliaca-Aneurysmen sind überwiegend mit Aneurysmen der Aorta vergesellschaftet, können aber auch solitär vorkommen. Sie sind, ähnlich wie Bauchaortenaneurysmen, rupturgefährdet.

Aneurysmen der A. femoralis wie Aneurysmen der A. poplitea treten häufig bilateral auf und sind in bis zu 80% mit Aneurysmen anderer Gefäßabschnitte wie Aneurysmen der Aorta kombiniert. Die Indikation zur operativen Ausschaltung eines Aneurysmas im Extremitätenbereich ist durch die Thromboemboliegefahr mit nachfolgender Ischämie gegeben. Bei kombinierten Aorten-Beckenarterien-Aneurysmen wählt man den transperitonealen Zugang mittels Medianschnitt wie beim Bauchaortenaneurysma.

Solitäre A.-iliaca-Aneurysmen können über einen extraperitonealen Zugang mittels Pararektalschnitt angegangen werden.

Aneurysmen der A. iliaca oder A. femoralis werden meist türflügelartig eröffnet und eine Prothese in Insertionstechnik (meist 7–8 mm) interponiert (Abb. 11.1-64).

Aneurysmen der A. femoralis communis werden über einen unterhalb des Leistenbandes gelegenen, etwas lateral des tastenden Pulses geführten Längsschnitt freigelegt. Auf eine ausgiebige Freipräparation wird wegen der Gefährdung benachbarter Strukturen verzichtet. Der Aneurysmasack wird meist nicht oder nur teilreseziert und die Prothese in den Aneurysmasack eingehüllt. Kleinere Aneurysmen der A. femoralis können reseziert und möglichst durch ein Transplantat der V. saphena überbrückt werden.

Langstreckige Aneurysmen der A. femoralis superficialis werden durch proximale und distale Ligatur ausgeschaltet und die Strombahn durch ein Veneninterponat von der Leiste bis zur A. poplitea wiederhergestellt.

A.-poplitea-Aneurysmen werden in der Regel nicht reseziert und freipräpariert sondern ebenfalls durch proximale und distale Ligatur ausgeschaltet. Dabei wird das meist nicht aneurysmatische distale A.-poplitea-Segment von medial freigelegt und unmittelbar nach Abgang aus dem Aneurysma ligiert. Über eine getrennte Inzision oberhalb des Kniegelenkes wird die zuführende A. femoralis superficialis knapp oberhalb des Aneurysmas durch Ligatur versorgt. Die Gefäßrekonstruktion erfolgt durch ein V.-saphena-Interponat, das proximal End zu End und distal End zu Seit mit der A. femoralis bzw. distaler A. poplitea anastomosiert wird. Besonders große Aneurysmen können über einen dorsalen Zugang dargestellt werden. Hierbei beschränkt man sich auf eine sparsame Darstellung des Aneurysmas, um Gefäß-Nerven-Verletzungen zu vermeiden. Nach Eröffnung und Teilresektion wird am besten eine Vene in Insertionstechnik End zu End interponiert.

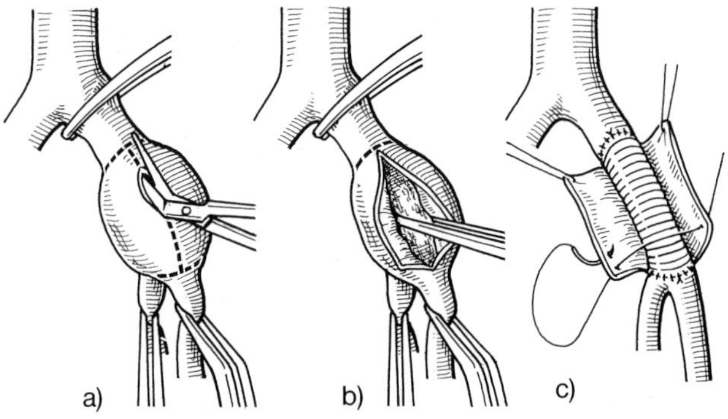

Abb. 11.1-64. Iliakaaneurysma: Operationstechnik.
a) Aneurysma der A. iliaca communis ausgeklemmt. Türflügelartige Inzisionslinie eingezeichnet.
b) Aneurysma eröffnet. Thromben werden ausgeräumt.
c) Rohrprothese interponiert zwischen proximaler A. iliaca communis und Iliakagabel. Prothese wird im Aneurysmasack eingehüllt.

Komplikationen nach Gefäßrekonstruktionen

Wir unterscheiden intra- und postoperative Komplikationen.

Ein Großteil postoperativer Komplikationen ist durch intraoperative Fehler bedingt, die sich in der Gefäßchirurgie schon in einer frühen postoperativen Phase manifestieren. Somit ist die Qualität der Erstoperation für den Erfolg gefäßchirurgischer Operationen entscheidend.

Die Komplikationsrate bei rekonstruktiven Arterieneingriffen ist ca. zwei- bis dreimal höher als bei Gefäßeingriffen ohne Gefäßersatz.

Bei den intraoperativen Komplikationen unterscheiden wir:
1. Blutung.
2. Verschluß der Rekonstruktion.
3. Verletzung umgebender Strukturen.

Blutung

Sowohl für intra- als auch für postoperative Blutungen gilt, daß sie in der Regel auf technische Fehler zurückzuführen sind (75%).

Lediglich in den verbleibenden 25% sind Gerinnungsstörungen als Ursache anzusehen.

Bei intraoperativen Blutungen handelt es sich um iatrogene Verletzungen der Arterien selbst durch unvorsichtige Präparation, beispielsweise bei Rezidiveingriffen.

Das Vermeiden dieser Blutungskomplikationen ist nur durch eine sorgfältige Präparationstechnik möglich. Bei schwierigen Rezidiveingriffen mit erschwerter Orientierung im Narbengewebe muß die Präparation in zunächst durch die Voroperation nicht betroffenen Gefäßbereichen begonnen werden, um sich von dort an der Leitschiene eines nicht veränderten Gefäßes in den narbigen Bereich vorzutasten. Das Anschlingen der Gefäße ohne zirkuläre vorsichtige Präparation kann zu Verletzungen nach dorsal abgehender Äste mit starken Blutverlusten führen. Die Blutstillung muß bei normotonen Werten erfolgen. Die Operation darf bei hypotonen Kreislaufwerten, bei denen Blutungen oftmals spontan sistieren, nicht abgeschlossen werden.

Blutungen aus den Venen sind ebenfalls durch unvorsichtige Untertunnelungsmanöver bzw. falsche Präparationstechnik bedingt. Gerade im aortalen Bereich sind ausgedehnte Präparationen an Venen auch wegen der Gefahr späterer arteriovenöser Fisteln zu vermeiden. Evtl. Blutungen aus Venen sollten wegen der besonderen Zerreißlichkeit der Wände mit nichtresorbierbaren monofilen Fäden der Stärke 3x 0 und 5x 0, die sich infolge ihrer Gleitfestigkeit für die Naht anbieten, beseitigt werden.

Blutungen bei Tunnelierungsversuchen zum Durchzug langstreckiger Gefäßprothesen lassen sich dadurch vermeiden, daß zunächst ein Kanal unter vorsichtiger digitaler Präparation vorgebahnt wird.

Auch Zerreißungen tiefer Venensysteme im Bereich der Oberschenkelstrombahn bei femoropoplitealen oder femorokruralen Bypässen in anatomischer Richtung lassen sich durch diese stumpfe Vorpräparation sowie Wahl geeigneter Tunnelierungsgeräte vermeiden (femoropoplitealer Bypass: kurzes Tunnelierungsgerät mit stärkerer Krümmung, femorokruraler Bypass: längeres Tunnelierungsgerät mit geringerer Krümmung).

Intraoperative Blutungen durch Perforationen bei Desobliterations- oder Fogarty-Kathetermanövern lassen sich nur durch vorsichtiges Vorgehen, welches letztendlich die Erfahrung widerspiegelt, vermeiden. Die sichere Beherrschung dieser Komplikation ist nur möglich, wenn die proximal und distal der Verletzung gelegenen Gefäßabschnitte durch vorheriges Abwaschen und Abdecken sofort zugänglich sind.

Intraoperative Blutverluste aus Prothesen resultieren oftmals aus dem ungenügenden Preclotten der Gefäße, welches vor Abklemmen und vor systemischer Heparingabe erfolgen muß.

Bei notfallmäßigen Eingriffen (z. B. rupturiertes Aortenaneurysma) sollten angesichts der zu erwartenden Gerinnungsstörungen und der fehlenden Möglichkeit zum Preclotten beschichtete oder gewebte Prothesen zur Anwendung kommen. Sickerblutungen aus prothetischen Materialien bzw. aus Stichkanälen lassen sich durch Auflage von heißen Tüchern und Kompressen für 3–5 Min. in der Regel ohne Probleme beherrschen. Erst nach dieser Zeit sollten Umstechungen mit sehr dünnem Nahtmaterial (5 – 7x 0 monofiler Faden) je nach Größe des arteriellen Gefäßes in Erwägung gezogen werden.

Verschluß durch intraoperative Thrombose oder Embolie

Auch diese Form der Komplikation läßt sich in der Regel auf technische Fehler zurückführen.

Lokale, bereits intraoperativ einsetzende Thrombosen lassen sich durch sofortige Thrombektomiemanöver beheben. Intraoperative Embolien entgehen in der Regel der intraoperativen Diagnose.

Sie werden postoperativ sofort manifest, müssen durch Angiographie diagnostiziert und lokalisiert werden, wobei der klinische Befund sowie die Angiographie die Indikation zur Reintervention bestimmen.

Ursachen intraoperativer Thrombosen sind:

1. Fehlende Liqueminisierung.
2. Falsche Abklemmtechnik von Gefäßen mit Zerstörung lokaler Plaques und Aufbrechen von Kalkplatten mit späterer Entstehung lokaler Thrombosen.
   Die vor Abklemmanövern durchgeführte digitale Betastung der Arterien gibt Aufschluß über evtl. Kalkspangen.
   Das Abklemmanöver mittels De-Bakey- oder Femoralisklemmen beispielsweise sollte sich an der Lokalisation dieser Plaques orientieren. Bei dorsal gelegenen Plaques empfiehlt sich das Anlegen einer Femoralisklemme, wobei man eine Kompression der weichen Vorderwand auf die verkalkte Hinterwand erreicht und somit eine sichere Kontrolle ermöglicht.
   Abklemmanöver mit seitlich komprimierenden De-Bakey-Klemmen führen zu einer möglichen Zerstörung der dorsalen Plaques mit der Komplikation der lokalen Thrombose.
3. Falsche Abklemmanöver von Gefäßprothesen.
   So kann es zum Beispiel bei aortobifemoralen Umgehungsprothesen durch Ansetzen gerader Gefäßklemmen nach proximalem Anschluß und zu weiter Entfernung der Klemmen von der Bifurkation zur Stase im Anfangsteil beider Schenkel kommen mit nachfolgender Thrombose. Diese sind durch Abklemmanöver nahe des Abgangs der Prothesenschenkel zu vermeiden.
4. Fehlende Durchführung von Flush-Manövern.
   Vor Fertigstellung von Anastomosen sollte der Blutstrom von proximal und distal durch Eröffnen der Gefäßklemmen im Sinne von sog. Flush-Manövern überprüft werden.
   Ein fehlender Zu- bzw. Rückstrom erfordert ein Sondieren mit Fogarty-Kathetern.

Verletzung begleitender Strukturen

Bei primären Gefäßoperationen lassen sich Verletzungen von Begleitstrukturen ebenfalls auf technisch präparatorische Fehler zurückführen.

Bei Rezidiveingriffen sind diese oftmals aus Gründen der fehlenden Strukturabgrenzungen nicht zu vermeiden.

Im Halsbereich muß bei Karotisoperationen der N. hypoglossus geschont werden. Bei einer notwendigen Durchtrennung der V. facialis muß diese ausreichend auch von dorsal her freipräpariert werden, um ein versehentliches Mitfassen des Nerven zu vermeiden.

Bei der Präparation der A. carotis communis muß auf die Separierung des N. vagus geachtet werden, da Anzügelungs- und Abklemmanöver mit Fassen des N. vagus zu Rekurrensparesen führen können.

Verletzungen des Ganglion stellatum sind ebenfalls durch ungenügende Präparationstechnik erklärbar. Sie machen sich postoperativ als Hornersche Trias bemerkbar.

Zu vermeiden ist bei Operationen im Bereich der A. subclavia bzw. A. carotis communis (z. B. Transposition der A. subclavia in die A. carotis communis) eine Verletzung des Ductus thoracicus.

Bei Operationen am Aortenbogen sind der N. laryngeus recurrens sowie der N. phrenicus gefährdet, bei Operationen im Bereich der A. subclavia der Plexus brachialis und der N. phrenicus.

Im abdominellen Stromgebiet sind durch sorgfältige Präparationstechnik parasympathische und sympathische Nervengeflechte auf der Ventralseite der Aortengabel zu schonen, um Potenzstörungen zu vermeiden. Dieses gelingt durch eine von rechts seitwärts geführte En-bloc-Präparation des retroperitonealen Gewebes zur Darstellung der distalen Aorta.

Nervale Störungen im Bereich von Leisteneingriffen sind Folge einer Verletzung des oberflächlichen Astes des N. femoralis. Dies wird oftmals durch unbedacht eingesetzte Sperrer verursacht.

Zerstörungen von Lymphbahnen aufgrund falscher Präparationstechnik führen zu hartnäckigen postoperativen Lymphödemen und Serombildungen im Bereich des Operationsgebietes. Nur durch richtigen Gefäßzugang (z. B. in der Leiste von lateral kommend, unter Abpräparation von Lymphknoten und Lymphbahnen nach medial) lassen sich diese Komplikationen vermeiden.

Die Durchtrennung von Gewebsbrücken nach Ligatur ist einem scharfen Präparieren mit elektrischer Koagulation in jedem Falle vorzuziehen.

Verletzungen des Darmes bei der primären Laparotomie durch unvorsichtiges Vorgehen bzw. bei Lösen von Adhäsionen oder Tunnelierungsversuchen im Rahmen aortobifemoraler Umleitungsoperationen gefährden den Patienten durch das Risiko einer nachfolgenden Protheseninfektion.

Verletzungen der Ureteren beim Tunnelierungsvorgehen zum Durchzug aortobifemoraler Umleitungen lassen sich durch Präparation direkt auf der iliakalen Strombahn vermeiden.

Narbige Verwachsungen zwischen Ureteren und Gefäßprothesen bei schlanken Patienten mit fehlender Gewebsschicht zwischen Ureteren und Prothesenwand lassen sich nicht immer umgehen und machen sich in Form der Harnstauungsniere bemerkbar. Sie sind oftmals Zufallsbefund bei der angiographischen Kontrolle des Operationsergebnisses bzw. bei sonographischen Verlaufskontrollen. Ihre Therapie besteht in der kurzfristigen Schienung des Ureters. Bei Persistieren der Harnstauungsniere nach Entfernen des Ureterenkatheters muß die Ureterolyse mit intraperitonealer Verlagerung des Ureters erfolgen.

Arteriovenöse Fistelverbindungen zur Hämodialyse

Shuntversorgung bei akuter Niereninsuffizienz mit Aussicht auf Rekonvaleszenz

Zur Akutdialyse werden heutzutage primär großlumige Katheter in die A. femoralis und/oder V. jugularis oder V. subclavia gelegt. Die Dialyse wird dann als sog. Einnadel- oder Zweinadelverfahren durchgeführt. Sofortige, aber längerfristige Dialysen ohne die bei den vorhergehenden Katheterverfahren bestehende Infektionsgefahr gelingen mit dem Katheter nach Dehmers. Dieser wird durch einen subkutanen Tunnel entweder in die V. jugularis externa oder interna bis in den rechten Vorhof hinein vorgeschoben, wobei ein Bakterienfilter direkt an der Austrittsstelle eine Infektion verhindert (Abb. 11.1-65).

Vor der technischen Ausreifung dieser Kathetertechniken war der sog. Scribner-Shunt Verfahren der ersten Wahl.

Der Eingriff muß in der Regel auf der Intensivstation vorgenommen werden, so daß ein mobiles Sieb mit Abdecktüchern, Kitteln und notwendigem Instrumentarium vorhanden sein sollte.

Die Erstanlage eines Scribner-Shunts erfolgt am Fuß, da der Arm für einen späteren, endgültigen Shunt im Falle der chronischen Niereninsuffizienz geschont werden muß (Abb. 11.1-66).

Im Bereich des Fußes wird die A. dorsalis pedis über eine längsverlaufende ca. 3 cm lange Inzision am Fußrücken dargestellt (Abb. 11.1-67).

Die Arterie wird nach distal ligiert, mit einer feinen Pottschen Schere quer, bei engem Gefäß besser längs inzidiert und ein konisches Röhrchen (unterschiedlicher Größe je nach Arterienlumen) in fester Verbindung mit einem Kunststoffschlauch in das Gefäß eingebunden. Ein zuvor um die Arterie gelegter, nichtresorbierbarer Faden wird mit dem den Konus im Plastikschlauch fixierenden Faden verknotet, so daß ein fester Halt des Konus in der Arterie gewährleistet ist. Über eine getrennte Inzision wird der Plastikschlauch, der nach kurzer Überprüfung des Blutstromes mit Liquemin-Kochsalz-Lösung gefüllt wurde, subkutan durchgezogen. Freilegen und Kanülierung der Vene erfolgen im Bereich des Innenknöchels ebenfalls über eine Längsinzision in gleicher Weise. Nach subkutanem Durchzug des venösen Schenkels werden beide Schenkel durch ein Verbindungsröhrchen miteinander verbunden. Die Blutzirkulation kann somit ständig vom Pflegepersonal überprüft werden.

Verschlüsse des Scribner-Shunts lassen sich durch von außen über den Plastikschlauch durchgeführte Fogarty-Manöver zum Teil beheben.

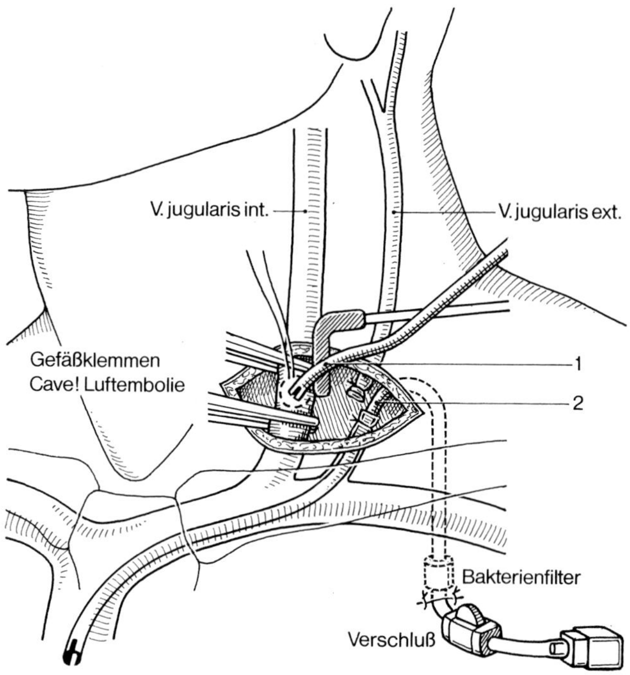

Abb. 11.1-65. Einlage eines Demers-Katheters in die V. jugularis interna (1). Abdichtung der Kathetereintrittsstelle durch Tabaksbeutelnaht. Einlage in die V. jugularis externa (2). Einbinden des Katheters durch Ligatur. Die Spitze des Katheters kommt in den rechten Vorhof zu liegen. Der Katheter wird durch einen subkutanen Tunnel ausgeleitet. Der Bakterienfilter kommt direkt unter die Austrittsstelle zu liegen.

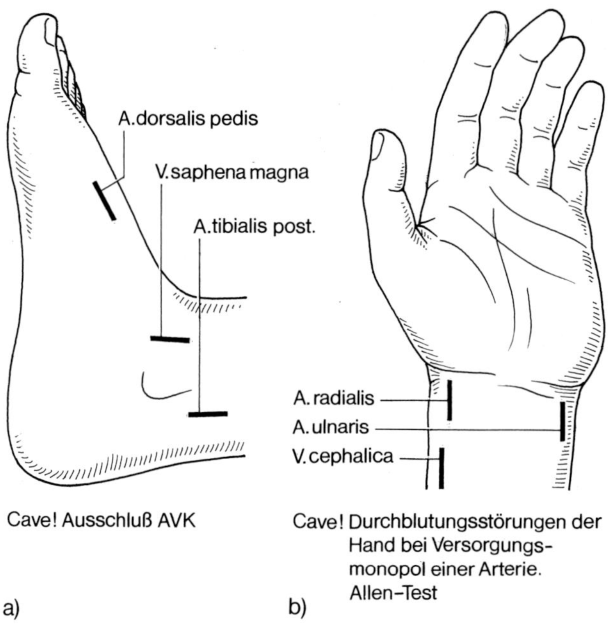

Abb. 11.1-66. Anschlußmöglichkeiten eines Scribner-Shunts
a) am Fuß,
b) an der Hand.

Shuntversorgung bei chronischer Niereninsuffizienz

Durch die Operation einer a.-v. Fistel muß ein über Jahre leicht zu punktierender Gefäßzugang zur Hämodialyse geschaffen werden.

Diese verantwortungsvolle Aufgabe erfordert von vornherein eine spezielle Systematik des Gefäßzuganges, um nicht durch falsche Zugänge spätere Shuntmöglichkeiten einzubüßen.

Die präoperative Planung muß gemeinsam von Chirurgen und Nephrologen durchgeführt werden.

Neben der klinischen Beurteilung des arteriellen Zustroms, der Vermeidung evtl. durch den Shunt bewirkter Steal-Phänomene sowie der Betrachtung der abfließenden Venen auf vorbestehende Stenosen und abgelaufene Thrombophlebitiden ermöglichen Doppler-Ultraschalluntersuchungen und/oder angiographische Gefäßdarstellungen eine exakte Beurteilung.

Die Shunts sollten folgende Forderungen erfüllen:

1. Ausreichendes Lumen, um einen Blutfluß von 200–300 ml/Min. zu erlauben.
2. Gute Punktionsmöglichkeiten.
3. Keine Behinderung des Patienten.

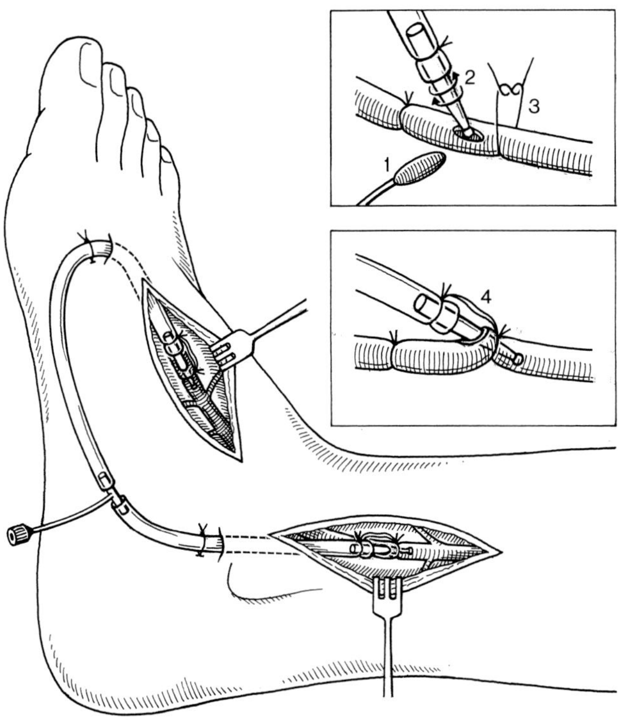

Abb. 11.1-67. Scribner-Shunt am Fuß: Operationstechnik. Nach Überprüfen der Durchgängigkeit (1) der nach distal bereits ligierten A. dorsalis pedis wird die mit einem Kunststoffschlauch verbundene, konisch geformte Spitze (vessel tip) in die Arterie eingedreht (2). Nach Ligatur (3) wird der Kunststoffschlauch durch Verknotung von Ligatur und Kunststoff-Konus-Verbindung (4) am Herausgleiten gehindert. Gleiches Vorgehen bei der Vene.

Arteriovenöse Fistel zwischen Arteria radialis und Vena cephalica

Dieser Zugang wird bei 80% der Dialysepatienten bevorzugt. Primär sollte diese Fistel am nicht dominanten Arm des Patienten angelegt werden (Abb. 11.1-68).

Zur Anästhesie bieten sich Lokal- bzw. Plexusanästhesie an. Die Fistel zwischen A. radialis und V. cephalica wird über einen bogenförmigen Schnitt im Bereich des Handgelenkes angelegt. Nach Präparation der Vene unter sicherer Schonung des kutanen Astes des N. radialis wird diese nach distal ligiert, abgesetzt und zunächst mit Bougierungsstiften auf ihre Weite und Durchgängigkeit überprüft. Anschließend erfolgt die Füllung mit Heparin. Sodann wird die A. radialis unter Durchtrennung kreuzender Venen dargestellt.

Die Anschling- und Abklemmanöver müssen sehr vorsichtig durchgeführt werden. Sie erfolgen entweder mit Gefäßbändern aus Gummi oder feinen, steuerbaren Bulldog-Klemmen bzw. sog. Edward-Clips. Als Verschlußdruck reichen ca. 40 mmHg aus.

Die Arterie wird längsinzidiert. Zu- und Rückstrom werden überprüft, und anschließend wird das Gefäß mit Heparin-Kochsalz-Lösung gefüllt. Die Vene wird katzenpfotenartig zugeschnitten, indem sie an der Unterseite mit einer feinen Pottschen Schere auf einer Strecke von 1–1½ cm eingeschnitten wird. Die Anastomose näht man fortlaufend in der Regel mit doppeltarmierten 7x 0-Prolenefäden.

Bei der Anlage der Anastomose ist es wesentlich, Torsion, Abknickung durch Bindegewebsstränge und versehentliches Fassen der Gegenwand zu vermeiden. Kurz vor der Fertigstellung der Naht werden Zu- und Rückstrom aus der Arterie nochmals überprüft. Fehlen geeignete Gefäße im Bereich des Handgelenkes, müssen andere Shuntformen ausgewählt werden.

ermöglicht, daß zunächst mit Hilfe eines Dilatators Venenklappen auf einer Strecke von 5 cm zerstört werden. Die Anastomosenlänge beträgt 1,5 cm. Die umgekehrte Flußrichtung erlaubt eine Dilatation der Venen im Bereich des Unterarmes, die durch diesen »Trainingseffekt« für spätere Shuntanastomosen auch in einem primär nicht zugänglichen Bereich konditioniert werden.

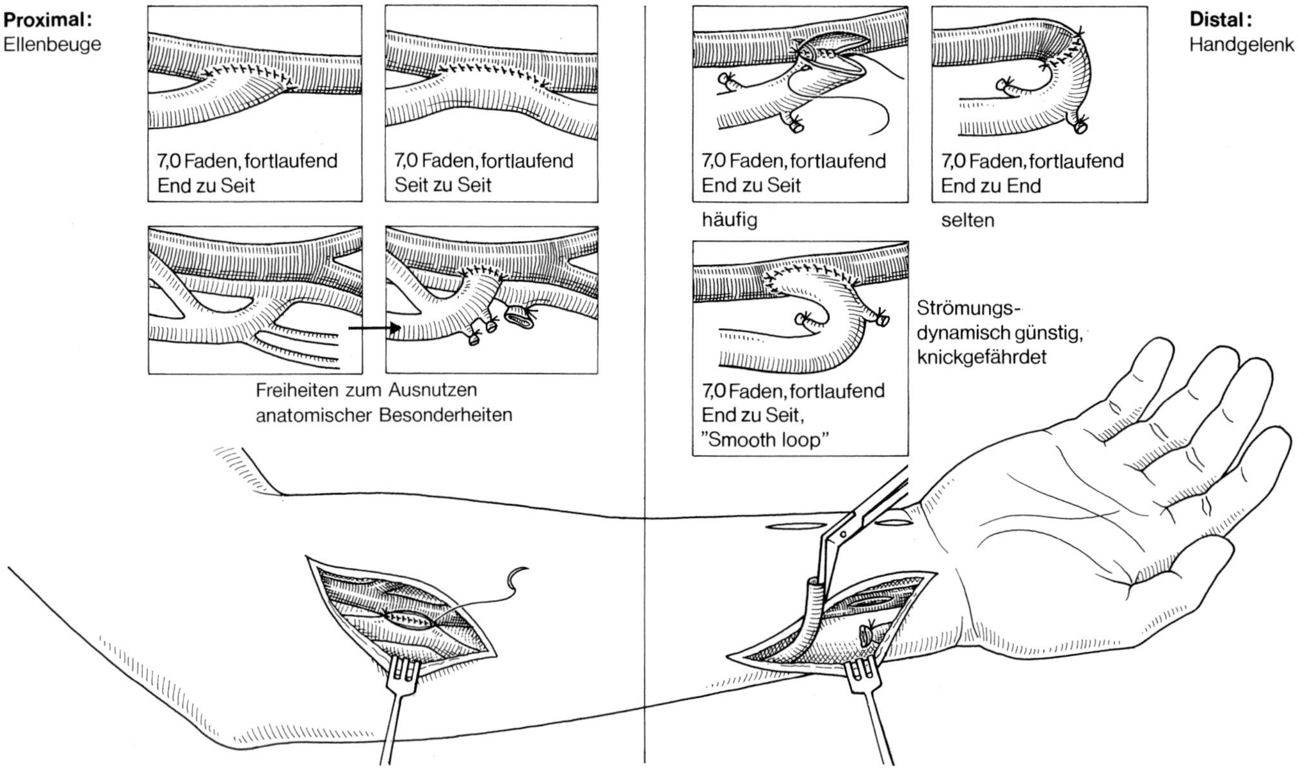

Abb. 11.1-68. Möglichkeiten zur Anlage einer Cimino-Fistel
a) an der Ellenbeuge,
b) am Handgelenk.
In der Ellenbeuge werden die A. brachialis oder A. radialis und die V. cephalica oder V. mediana cubiti, am Handgelenk werden in der Regel die A. radialis, selten die A. ulnaris, sowie die V. cephalica antebrachii genutzt.

Arteriovenöse Fistel zwischen Arteria ulnaris und entsprechender Begleitvene

Technik wie oben beschrieben.

Sog. Umkehrshunt zwischen Arteria brachialis und Vena cephalica

Dieser sog. umgekehrte Shunt wird als Seit-zu-Seit-Anastomose zwischen A. brachialis und entsprechender Begleitvene durchgeführt. Der Abfluß in Richtung Herz wird durch eine Ligatur blockiert, so daß das Blut retrograd in die Armvenen fließt. Dieser retrograde Blutfluß wird dadurch

Sog. hohe Cimino-Fisteln im Bereich der Ellenbeuge bzw. im Bereich des Oberarmes

Die Fisteln werden in ähnlicher Weise, wie zuvor beschrieben, zwischen der A. brachialis und einer Vene oder direkt im Bereich der A. radialis sowie am Abgangsbereich aus der A. brachialis in der Technik wie beim Shunt zwischen A. radialis und V. cephalica angelegt. Hierbei ist es wichtig, daß Verzweigungen von Venen geschont werden, da diese durch den hohen Blutfluß als spätere Shuntvenen bei immer wieder zu beobachtenden Shuntverschlüssen in Frage kommen können.

Hinzuweisen ist darauf, daß Transplantate der V. saphena magna, die sich im Bereich der peripheren Gefäßchirurgie der unteren Extremität als Gefäßersatzmaterial bewährt haben, als Shuntvenen ungeeignet sind.

Nachbehandlung

Postoperativ wird durch die Dialyseärzte bei der Punktion durch ein gezieltes Gefäßtraining die Gefäßsituation weiter verbessert. Dieses gelingt durch Pumpmanöver der Armmuskulatur bzw. partielles Abklemmen durch Staubinden. Des weiteren ist es mit Hilfe der Punktionstechnik möglich, die Venenweite zu steuern.

Acetylsalizylsäure kann postoperativ als Thromboseprophylaxe per os verabreicht werden. Der Blutdruck sollte konstant gehalten werden. Bei Plexusanästhesie sollte der Arm postoperativ nur leicht gebeugt werden. Das Auflegen von Wärmflaschen oder Heizkissen zur Verbesserung der Durchblutung kann bei noch wirksamer Plexusanästhesie zu Verbrennungen führen.

Shuntverschluß

Bei Verschlüssen von Cimino-Shunts bieten sich folgende Alternativen an:

1. Kann weder klinisch noch angiographisch eine arterielle Stenose bzw. eine Stenose abführender Venen dargestellt werden, ist die Thrombektomie indiziert. Das erfolgt in gleicher Weise wie bei peripheren arteriellen Embolien mit dem Fogarty-Katheter, wobei immer in der Nähe der Anastomose eröffnet werden sollte, um so zu- und abführende Arterienschenkel sondieren zu können.
   Der Nachweis einer Anastomosenstenose erfordert eine Patchplastik der Anastomose durch Vene oder Dacron, welches jedoch in der Regel nur bei kurzstreckigen Stenosen möglich ist.
   Eine längerstreckige Stenose sollte durch ein kurzes Interponat mittels PTFE-Prothese überbrückt werden.
2. Eine weitere Möglichkeit stellt die proximale Anlage einer neuen Cimino-Fistel bzw. der anderen, oben genannten Shuntformen dar.

Erst nach Ausschöpfung aller Möglichkeiten arteriovenöser Fisteln kommen Shuntformen unter Verwendung prothetischen Ersatzmaterials in Frage (Abb. 11.1-69). Hier hat sich insbesondere die EPTFE-Prothese aus Polytetrafluoräthylen bewährt, wobei wir wegen der besseren Punktionsmöglichkeiten die dickwandigen Goretex-Prothesen mit einem Durchmesser von 6 mm verwenden. Letztere werden in der Regel als sog. Loop-Prothesen (gebogener Prothesenverlauf) zwischen A. brachialis und V. cephalica knapp unterhalb der Ellenbeuge angelegt, um bei Beugebewegungen eine Abknickung zu verhindern. Loop-Prothesen werden als End-zu-Seit-Anastomosen zwischen Prothese und Arterie sowie Prothese und Vene mit 5x 0-Goretex- oder 5x 0-Prolene-Fäden angelegt. Zum Durchzugsmanöver sind zwei getrennte Inzisionen distal notwendig. Das Durchzugsmanöver erfolgt möglichst atraumatisch mit schmalen Pean-Klemmen oder schmalen Kornzangen. Auch hier ist in jedem Fall eine Torsion oder ein Abknicken zu vermeiden. Bei gut nachweisbarer A. radialis, jedoch fehlenden Venen im Bereich des Handgelenkes bieten sich auch sog. Straight-Prothesen (gestreckter Prothesenverlauf) zwischen der distalen A. radialis und einer Ellenbeugenvene an. Auch hier werden End-zu-Seit-Anastomosen durchgeführt. Bei fehlenden Venen im Bereich der Ellenbeuge ziehen wir die Goretex-Prothese S-förmig über die Ellenbeuge, um ein Abknicken zu vermeiden, bis hin in die Mitte des Oberarmes, wobei wir den Anschluß an eine zentrale Begleitvene der A. brachialis End zu Seit suchen.

Verschlüsse der Goretex-Prothesen lassen sich in der Regel gut mittels Thrombektomiemanövern durch Fogarty-Katheter beheben. Intraoperative Angiographien sollten Anastomosenstenosen als Ursache des Verschlusses ausschließen.

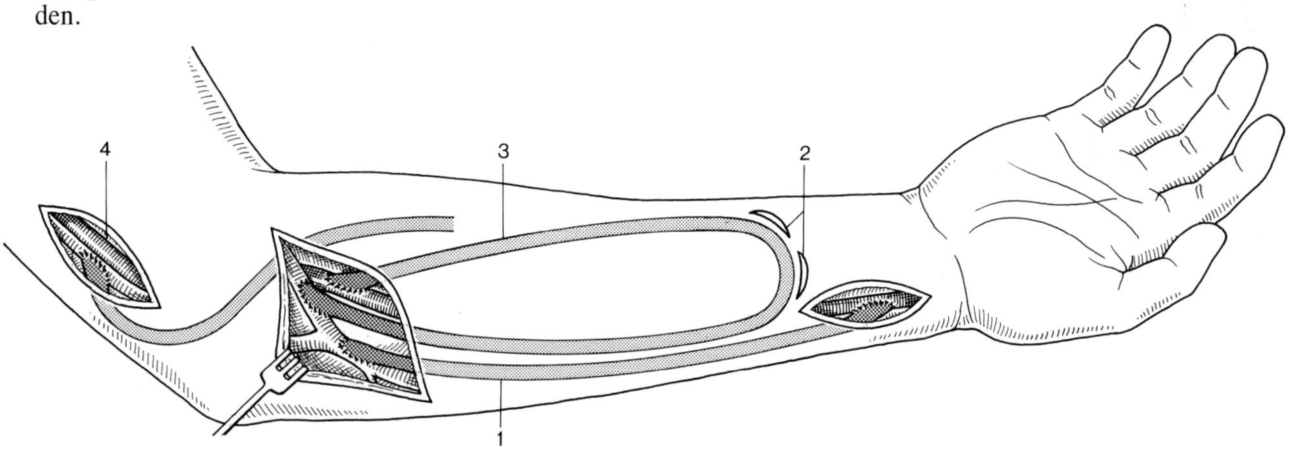

Abb. 11.1-69. Möglichkeiten zur Anlage von a.-v. Prothesenverbindungen zum Zweck der Hämodialyse. 1 = sog. »Straight-Shunt« zwischen A. radialis und Ellenbeugenvene. 2 = sog. »Loop-Shunt« zwischen A. brachialis oder A. radialis und Ellenbeugenvene. 3 = sog. langer »Loop-Shunt«. Ellenbogenüberschreitend. In der Ellenbeuge zur Vermeidung einer Abknickung S-förmiger Verlauf. Angezapft wird die A. radialis oder die A. brachialis. Angeschlossen wird an die Begleitvene der A. radialis in der Tiefe des Oberarms. Bei beiden schleifenförmig gelegten Shunts sind Hilfsinzisionen zum Durchzugsmanöver notwendig. 4 = End-zu-Seit-Anastomose zwischen Prothese und A. brachialis.

Beim Nachweis von Stenosen müssen evtl. Shuntverlängerungen mit neuer Anastomosenanlage durchgeführt werden.

Septische Komplikationen erfordern die komplette Entfernung des Kunststoffshunts, wobei die Vene ligiert, die Arterie jedoch durch einen Venenstreifen mittels resorbierbaren Fäden (PDS) rekonstruiert werden muß.

Bei Versagen dieser arteriovenösen Möglichkeiten können auch sog. arterioarterielle Shunts durchgeführt werden, wobei dazu die A. brachialis in der Regel zum Anschluß einer Goretex-Prothese im Nebenschluß verwendet wird.

Postoperativ muß bei allen Shunts darauf geachtet werden, daß schnürende Verbände vermieden und Blutdruckmessungen am anderen Arm erfolgen. Der Arm sollte möglichst gerade gehalten werden. Der Patient sollte sich nicht auf den operierten Arm legen. Die Punktion des Cimino-Shunts kann nach 14 Tagen, die Punktion eines Goretex-Interponats nach 3 Wochen erfolgen. Im Notfall sind Punktionen auch direkt postoperativ möglich, gefährden jedoch durch Einblutung in das Prothesenlager die Funktion des Shunts.

11.2
Eingriffe an den Venen

D. Erl

Varikosis

Die Grundlage für die Entstehung der Varikosis liegt in dem Bestehen zweier getrennter venöser Gefäßsysteme; der oberflächlichen und der tiefen Venen, verbunden durch Venae perforantes. Bei Erweiterung der oberflächlichen Venen kommt es zu einem zunehmenden Stagnieren des Blutes, das sich in das tiefe Venensystem ergießt und dieses überlastet. Der Kaliberzunahme der Varizen kann die Oberfläche der Venenklappen nicht folgen, so daß der Klappenschluß zusätzlich insuffizient wird.

Patienten mit Venenerkrankungen suchen den Chirurgen aus kosmetischen Gründen und wegen zunehmender Beschwerden auf. In etwa 80% der Fälle handelt es sich um eine primäre Varikosis, d.h. eine anlagebedingte Klappeninsuffizienz der Stammvene und der Vv. communicantes. Eine absolute Indikation zur Operation besteht bei vorausgegangenen Varizenblutungen, bei varikös bedingten Stauungsdermatitiden sowie beim venösen Ulcus cruris. Eine relative Indikation besteht aus kosmetischer Sicht sowie bei unspezifischen Beschwerden wie Schweregefühl und nächtlichen Krämpfen. Beim postthrombotischen Syndrom ersetzen die oberflächlichen Venen als Umgehungskreislauf verschlossene tiefe Venen. Es besteht eine absolute Kontraindikation des Varizenstrippings. Weitere Kontraindikationen sind das primäre und sekundäre Lymphödem, das durch eine Varizenoperation verschlechtert wird, ferner eine mechanische Abflußbehinderung im Bauch- oder Beckenbereich sowie eine arteriovenöse Fistel, die angeboren und erworben sein kann. Im Falle einer akuten Thrombophlebitis ist für ca. 3 Monate eine konservative Vorbehandlung durch Kompressionstherapie bis zum vollständigen Abklingen der Entzündung notwendig. Begleitend zu der möglicherweise bereits vorliegenden sonographischen und/oder radiologischen Diagnostik ist vor einer geplanten Varizenoperation die sorgfältige klinische Untersuchung am stehenden und liegenden Patienten unerläßlich. Auch die operative Verfahrenswahl hängt weitgehend davon ab, wobei z.B. allein die Inspektion der Beine des stehenden Patienten Auskunft darüber gibt, ob es sich um eine Stammvarikosis der V. saphena magna oder parva oder um eine Seitenastvarikosis bzw. um Besenreiservarizen handelt. Zudem können häufig palpatorisch Faszienlücken im Bereich insuffizienter Perforansvenen nachgewiesen und entsprechend markiert werden (Abb. 11.2-1). Eine Vielzahl von diagnostischen Verfahren zum Nachweis der Durchgängigkeit der tiefen Venen wie einer bestehenden Klappeninsuffizienz wurden entwickelt:

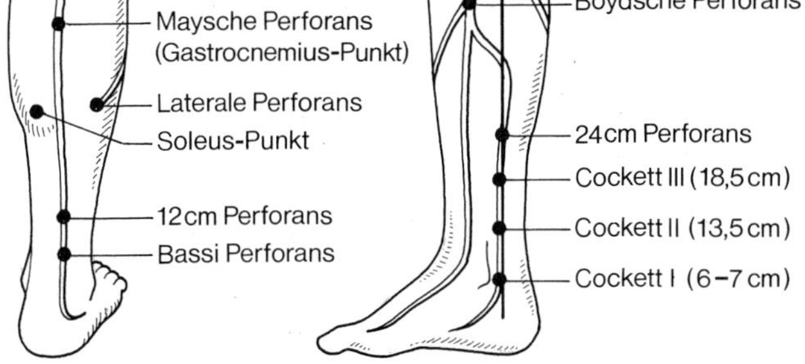

Abb. 11.2-1. Die Lokalisation der wichtigsten Perforansvenen ist an der unteren Extremität sehr konstant und kann auf der Lintonschen Linie, einer Strecke von einem Querfinger dorsal des Innenknöchels, exakt abgemessen werden.

1. **Trendelenburg-Test**
   Der liegende Patient hebt sein Bein an, und nachdem die Venen ausgestrichen sind, wird ein Stauschlauch dicht unterhalb des Leistenbandes angelegt. Der Test ist negativ, wenn sich die Krampfadern nach Ablauf von etwa 20–30 Sek. langsam von unten am stehenden Patienten füllen. Tritt das Ereignis sofort ein, sind die Vv. communicantes insuffizient.
   Doppelt positiv ist der Trendelenburg-Test dann, wenn es nach Abnahme des Stauschlauches zusätzlich zu einer Füllung der Varizen von oben kommt. Dieses Phänomen ist beweisend für eine Klappeninsuffizienz der V. saphena magna.

2. **Nachweis insuffizienter Vv. perforantes durch den Test der drei Tourniquets:**
   Wiederum am liegenden Patienten werden am erhobenen Bein die Venen körperwärts ausgestrichen und anschließend wird ein Stauschlauch unterhalb der Leiste, der zweite oberhalb des Kniegelenkes und der dritte unterhalb des Kniegelenkes angelegt. Anschließend steht der Patient auf. Von einer Insuffizienz der Cockettschen Venen ist auszugehen, wenn es zu einer raschen Füllung der distalen Unterschenkelvarizen bei liegenden Tourniquets kommt, von einer Insuffizienz der Mündungsklappen der V. saphena parva nach Entfernung des untersten Stauschlauches, von einer Insuffizienz der Vv. perforantes (Boidsche oder Doddsche Gruppe) nach Entfernung des oberhalb des Kniegelenkes angelegten Stauschlauches und von einer Schlußunfähigkeit der Mündungsklappe der V. saphena magna ist analog dem Test nach Trendelenburg auszugehen, wenn es zur schlagartigen Füllung der Varizen nach Abnahme des obersten Tourniquets kommt.

3. **Test nach Perthes:**
   Am stehenden Patienten wird ein Stauschlauch unterhalb des Kniegelenkes angelegt. Kommt es dann beim schnellen Gehen durch die Muskelpumpe zu einer Entleerung der Varizen, sind die tiefen Venen durchgängig und die Vv. communicantes intakt.

Unabhängig vom Ausgang der klinischen Tests ist die Durchgängigkeit der tiefen Venen im Bereich der Bein-Becken-Etage zusätzlich durch eine Phlebographie zu prüfen und vor allen Dingen auch zu dokumentieren, ferner der Status der arteriellen Strombahn mit Hilfe der Ultraschall-Doppler-Sonographie, da bei chronisch arteriellen Verschlüssen die Beschwerden durch eine gleichzeitig bestehende venöse Insuffizienz fehlgedeutet werden können.

Operation nach Babcock

Das sicherste Vorgehen bei der Stammvarikosis der V. saphena magna bzw. V. saphena parva ist das vollständige Strippen des Stammgefäßes und der insuffizienten Seitenäste.

Am Abend vor der geplanten Operation werden am Patienten sämtliche zu entfernenden Venen angezeichnet. Hierbei ist zu beachten, daß die Varikosis der V. saphena magna von zentral nach peripher fortschreitet. Bei der geplanten Operation sollte lediglich der varikös veränderte Gefäßanteil entfernt werden. Nicht varikös erweiterte Venenanteile, auch Teilabschnitte sind zu schonen, da sie evtl. als Bypassmaterial z. B. beim aortokoronaren Bypass oder bei peripheren arteriellen Bypässen, dringend benötigt werden könnten.

Nach einem Vorschlag von Hach wird die Stammvarikosis der V. saphena magna in vier Schweregrade eingeteilt (Abb. 11.2-2).

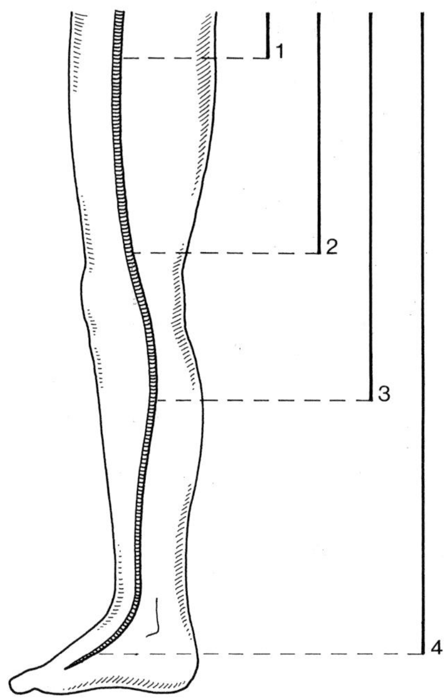

Abb. 11.2-2. Einteilung der Varikosis nach Hach. Die Varikosis schreitet von zentral nach distal fort und endet an einer Perforansvene oder einem Seitenast. Je nach Länge der insuffizienten Vene erfolgt die Stadieneinteilung.

In den meisten Fällen schreitet die Varikosis von zentral nach distal fort. Die Varikosis endet, je nach Stadium an einer Perforansvene oder einem größeren Seitenast. Der distale suffiziente Venenanteil kann somit erhalten bleiben.

Eingezeichnet werden ebenfalls insuffiziente Vv. perforantes, die sich in den Faszienlücken tasten lassen oder bei der Phlebographie dokumentiert wurden.

Die V. saphena magna wird unterhalb der Vorderseite des Innenknöchels durch Längsschnitt freigelegt, nach distal ligiert und nach zentral angezügelt. Nach Längsvenotomie wird die Olive der Babcock-Sonde nach zentral bis in die Leistenbeuge vorgeschoben (Abb. 11.2-3). Wenn das Vorschieben wegen Schlängelung oder teilweiser Obliteration der Vene nicht gelingt, wird die Sonde an der betreffenden Stelle ausgeleitet und die Vene schrittweise exstirpiert (Abb. 11.2-4).

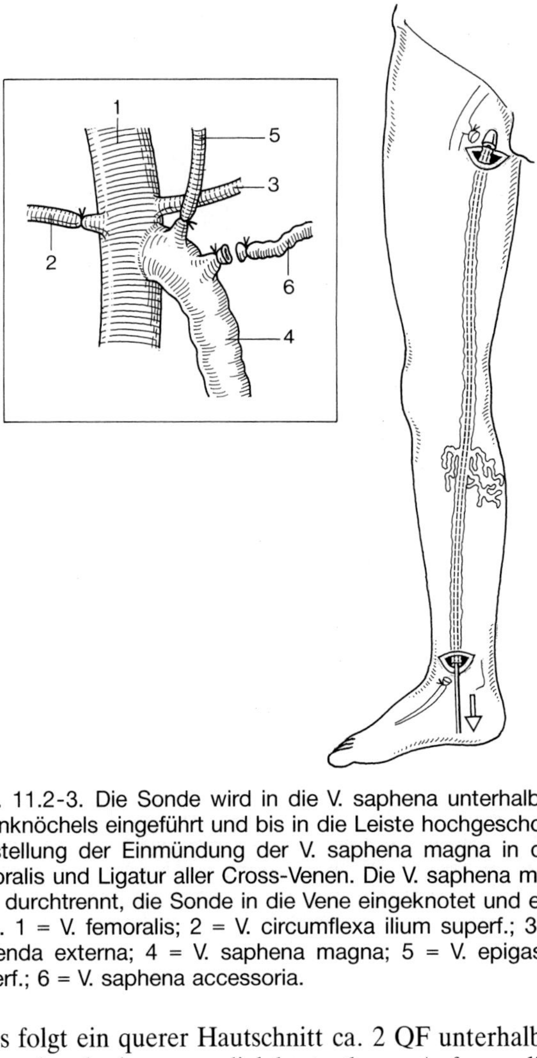

Abb. 11.2-3. Die Sonde wird in die V. saphena unterhalb des Innenknöchels eingeführt und bis in die Leiste hochgeschoben. Darstellung der Einmündung der V. saphena magna in die V. femoralis und Ligatur aller Cross-Venen. Die V. saphena magna wird durchtrennt, die Sonde in die Vene eingeknotet und extrahiert. 1 = V. femoralis; 2 = V. circumflexa ilium superf.; 3 = V. pudenda externa; 4 = V. saphena magna; 5 = V. epigastrica superf.; 6 = V. saphena accessoria.

Es folgt ein querer Hautschnitt ca. 2 QF unterhalb des Leistenbandes knapp medial der tastbaren A. femoralis. In dem weichen Fettgewebe wird die erste größere Vene aufgesucht und bis zu ihrer Einmündung in die V. saphena magna verfolgt. Die dargestellte V. saphena magna, in der die Babcock-Sonde gut tastbar ist, wird angezügelt. Die Einmündung in die V. femoralis muß exakt freipräpariert werden, um Anomalien des Gefäßverlaufes sicher auszuschließen. Bei diesem Vorgehen können alle in den Venenstern einfließenden Gefäße sicher dargestellt und durchtrennt werden (Abb. 11.2-5-7). Die V. saphena magna wird unmittelbar an der Einmündung umstochen und durchtrennt. Nach Ausleitung der Babcock-Sonde kann nun die gesamte Vene extrahiert werden. Bei der Präparation des Mündungstrichters der V. saphena magna kann es durch zu brüsken Zug zur Verletzung kommen. Die Blutung wird durch Kompression mit einem Stieltupfer gestoppt. Die V.

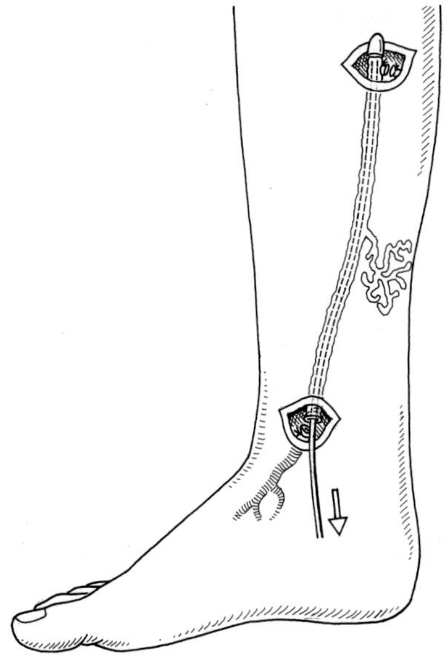

Abb. 11.2-4. Gelingt es wegen Obliteration der Vene nicht, die Sonde in einem Zug bis in die Leiste vorzuschieben, wird sie an der betreffenden Stelle ausgeleitet und die Vene schrittweise exstirpiert.

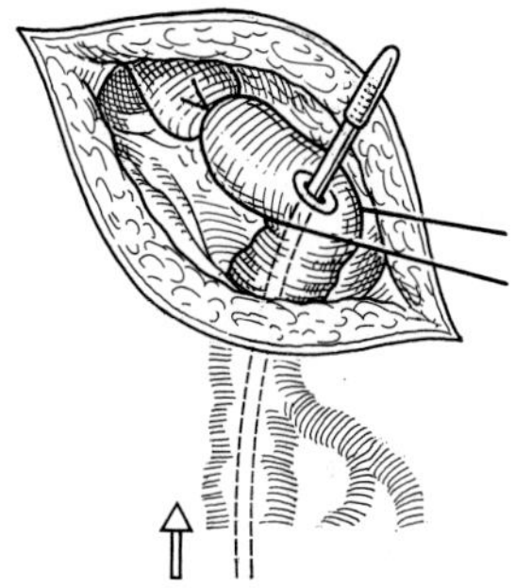

Abb. 11.2-5. Die Sonde wird aus der V. saphena magna ausgeleitet, die Vene nach zentral ligiert.

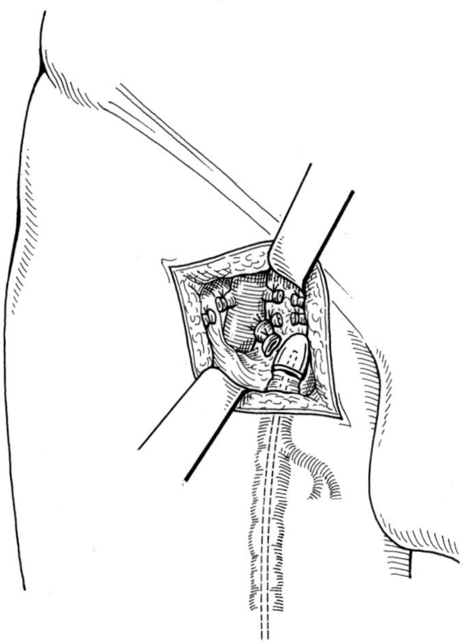

Abb. 11.2-6. Nach Ligatur sämtlicher Cross-Venen wird die V. saphena magna durchtrennt und eine große Olive auf die Sonde aufgeschraubt.

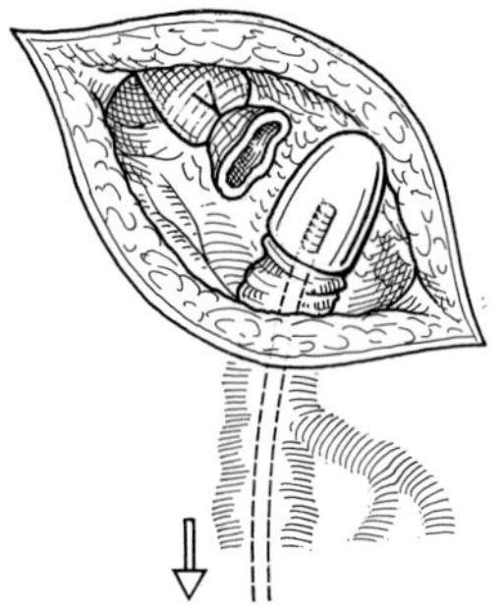

Abb. 11.2-7. Die V. saphena magna wird nun mit der Sonde komplett extrahiert.

femoralis wird nach beiden Seiten kurzstreckig dargestellt und mit zwei Stieltupfern komprimiert. Ein kleiner Einriß der Venenvorderwand kann nun mit einer 6-0 atraumatischen Naht versorgt werden. Das blinde Ansetzen von Klemmen muß wegen der Gefahr einer sich aufsetzenden Thrombose vermieden werden. Handelt es sich bei der Läsion um einen breitflächigen Ausriß der Venenwand, sollte er wegen der Gefahr der Einengung nicht durch direkte Naht sondern durch Einnähen eines Venenpatchs versorgt werden.

Die zuvor angezeichneten Rankenvarizen werden über gesonderte Stichinzisionen mit einer Klemme gefaßt und durch Drehen möglichst radikal entfernt (Abb. 11.2-8). Hatten sich bei der klinischen Untersuchung oder bei der Phlebographie insuffiziente Perforansvenen gezeigt, werden diese an der präoperativ markierten Stelle gesondert aufgesucht und an der Fasziendurchtrittsstelle umstochen (Abb. 11.2-9). Nach atraumatischem Verschluß der Hautwunden wird das gesamte Bein von den Zehengrundgelenken bis zur Leiste elastisch gewickelt. Dieser elastische Verband muß vom Operateur nach ca. 2 Std. nochmals kontrolliert und evtl. etwas gelockert werden.

Ebenso wie die Resektion der V. saphena magna, sollte die V. saphena parva nur bei Anzeichen der Insuffizienz exstirpiert werden. Meist macht die genaue Darstellung der Einmündung der oberflächlichen Vene in die V. poplitea die größten Schwierigkeiten. Die V. saphena parva läßt sich problemlos am Hinterrand des Außenknöchels auffinden. Beim Anzügeln der Vene ist auf den parallel ziehenden N. peronaeus superficialis besonders zu achten. Nach Einführung der Babcock-Sonde läßt diese sich in der Kniegelenksfalte tasten. Hier wird die Vene freigelegt, mit einer Klemme gefaßt und durch vorsichtigen Zug am zentralen Anteil die genaue Einmündungsstelle freipräpariert. Bei dem außerordentlich variablen Verlauf der V. saphena parva kann dies einen zweiten Hautschnitt erforderlich machen. Nach zentraler Durchstechungsligatur wird die Sonde ausgeleitet, die Vene zentral und distal durchtrennt und mit Hilfe der Sonde gestrippt.

Handelt es sich um eine variköse Veränderung der Seitenäste der V. saphena magna ohne Insuffizienz des Stammgefäßes, ist auf eine Babcocksche Operation mit Strippen der V. saphena magna zu verzichten und die lokale Varizenexstirpation indiziert. Die präoperativ eingezeichneten Varizenknäuel werden nach sparsamer Hautinzision bis zu ihrer Einmündung in das Stammgefäß verfolgt, hier ligiert und durchtrennt. Mit einer Klemme lassen sich die Venenäste aufrollen und auf einer Strecke von 10 cm extrahieren. Auftretende Blutungen werden vom Assistenten durch Kompression gestoppt. Obligatorisch ist auch hier das elastische Wickeln des gesamten Beines.

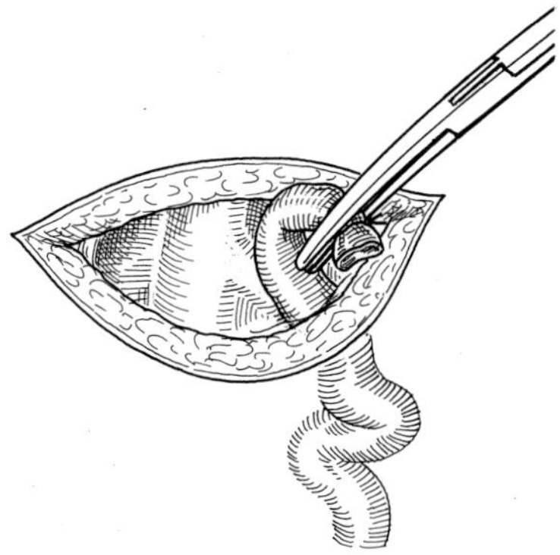

Abb. 11.2-8. Angezeichnete Venenranken werden durch gesonderte Inzision aufgesucht, mit einer Klemme gefaßt und durch Drehen der Klemme entfernt.

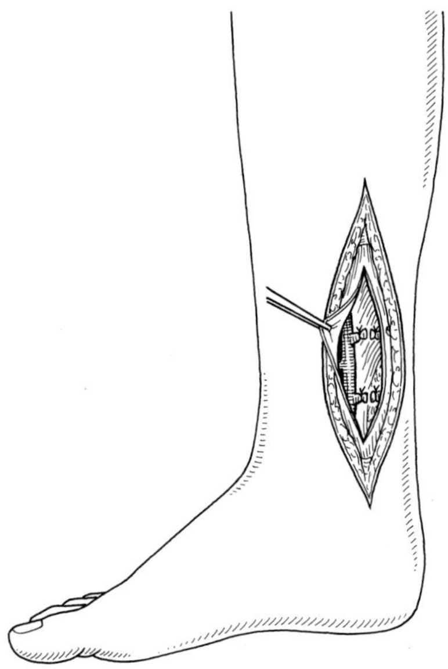

Abb. 11.2-9. Insuffiziente Perforansvenen werden im Faszienniveau dargestellt und nach Durchstechungsligaturen durchtrennt.

Verödungstechnik

Die Verödung ist indiziert bei kleineren Rankenvarizen und bei retikulären Varizen. Bei einer Stammvarikosis ist sie nicht ausreichend und führt in der Regel zum Rezidiv.

Bei der Verödungstechnik wird mit Hilfe eines hyperosmolaren Medikamentes eine Phlebitis gesetzt, die zur

Verklebung der Venenwände führt. Voraussetzung ist eine möglichst großflächige Benetzung der Venenwand mit dem Verödungsmittel. Hierzu ist die »Air-block-Technik« sehr geeignet. Vor Einbringen des Verödungsmittels wird durch Insufflation von ca. 1/2 ml Luft das Blut aus der Vene verdrängt. Am stehenden Patienten werden zunächst die varikös erweiterten Venen anpunktiert. Mit liegender Injektionsnadel wird nun der Patient auf einer Trage gelagert. In einer 2-ml-Spritze werden 1/2 ml Verödungsmittel und 1/2 ml Luft aufgezogen (Abb. 11.2-10). Über die liegende Nadel erfolgt zuerst die Injektion der Luft und dann nachfolgend das Sklerosierungsmittel. Nach zunächst manueller Kompression wird das Bein elastisch gewikkelt.

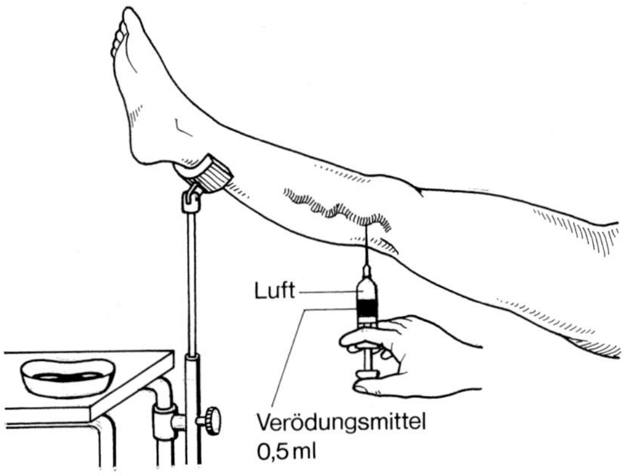

Abb. 11.2-10. Verödung nach der »Air-block-Technik«. Am stehenden Patienten wird in die anpunktierte Vene zunächst 1/2 ml Luft und anschließend das Verödungsmittel injiziert.

Thrombose

Die thrombotische Verlegung einer Hauptvene der unteren oder oberen Extremität hat als klinisch führendes Leitsymptom eine Schwellung der betroffenen Extremität bei tastbaren Pulsen zur Folge. Im weiteren Verlauf droht durch zunehmende Insuffizienz der Klappensysteme die sekundäre Varikosis mit nachfolgendem postthrombotischem Syndrom, als schwerwiegendste Komplikation die Lungenembolie.

Als Therapie kommen in Frage:

1. Systemische Lyse.
2. Chirurgische Thrombektomie.
3. Im Falle von Kontraindikationen zu 1. und 2. die Ruhigstellung und Heparintherapie mit nachfolgender Markumarisierung.

Indikation zur Thrombektomie

Die Indikation zur Thrombektomie ist gegeben bei der frischen Thrombose der femoropoplitealen und iliakalen Venen. Eine Thrombektomie der Unterschenkelvenen ist wegen der vulnerablen Venenwand nicht möglich und das Auswickeln nicht sicher genug.

Weitere Indikationen sind die Phlegmasia coerulea dolens, die erfolglose Lyse oder eine Kontraindikation der Lysetherapie.

Von entscheidender Bedeutung für die Thrombektomie ist das Alter der Thrombose. Wegen der fehlenden Elastica externa ist eine Desobliteration der Venenwand nicht möglich. Lediglich lockere, an der Wand nicht haftende Thromben können mit einem Ballonkatheter abgestreift werden. Mit Hilfe der Duplexsonographie kann mit hoher Treffsicherheit festgestellt werden, ob es sich um einen flottierenden, noch blutumspülten Thrombus handelt oder ob bereits die Organisation eingetreten ist, was im allgemeinen ab dem 10. Tag der Fall ist.

Operationstechnik

Die venöse Thrombektomie der unteren Extremität wird in Rückenlage am intubierten Patienten durchgeführt. Der Oberkörper ist in Anti-Trendelenburg-Lagerung angehoben. Die Thrombektomie ist zwar auch in Lokalanästhesie möglich, hierbei ist jedoch eine sehr gute Mitarbeit des Patienten zur Betätigung der Bauchpresse beim Durchstoßen des Thrombenmaterials in der Beckenvene notwendig. In der Leistenbeuge werden über einen Längsschnitt die V. femoralis und die V. saphena magna freigelegt. Die Vene wird lediglich ventral präpariert, um eine Zerstörung des Halteapparates zu vermeiden. Sie wird angezügelt und quer eröffnet. Vor dem Einführen des Katheters sollte mit einer PEEP-Beatmung von 10–20 mmHg begonnen werden. Von der ipsilateralen Seite wird zunächst ein blockierender Fogarthy-Katheter in die untere V. cava vorgeschoben und hier aufgefüllt. Mit einem zweiten Katheter wird die Beckenvene mehrfach embolektomiert, bis es zum Reflux kommt (Abb. 11.2-11-15).

Sollte linksseitig ein Überwinden des Venenspornes nicht möglich sein, ist die Thrombektomie bis zu dieser Stelle sorgfältig auszuführen, um den venösen Abstrom über die V. iliaca interna Anastomosen zu sichern. Das gesamte Bein wird dann mit einer Esmarch-Binde mehrfach straff ausgewickelt um die Thromben aus dem femoropoplitealen Venensystem zu exprimieren.

Ist der Blutzustrom weiterhin ungenügend, wird die V. poplitea freigelegt und von hier aus nach zentral embolektomiert.

Nach erfolgter Thrombektomie legen wir zur Flußbeschleunigung eine arteriovenöse Fistel an (Abb. 11.2-16), wenn es sich um ältere segmentale Thrombosen in der V. iliaca handelte oder/und die Thrombektomie in der Beckenetage nicht vollständig gelang. Ein Ast im Venenstern der V. saphena magna wird auf eine Strecke von ca. 5 cm präpariert, nach distal ligiert und durchtrennt. Die Instillation von Liquemin sichert die Durchgängigkeit der Vene. Nach partiellem Ausklemmen der A. femoralis mit einer Satinsky-Klemme wird die Vene End zu Seit mit der Arterie anastomosiert. Bei nicht vorgeschädigtem Herz ist eine kardiale Dekompensation nicht zu befürchten. Nach ca. 3–6 Monaten sollte der Shunt wegen Zunahme des Fistelvolumens verschlossen werden. Hierzu ist es hilfreich ihn bereits bei der Anlage mit einem nicht resorbierbaren Faden zu markieren.

Kontraindikation für eine arteriovenöse Fistel sind die manifeste Herzinsuffizienz und die erfolglose Thrombektomie.

Der thrombotische Verschluß der V. axillaris wird als Paget-von-Schroetter-Syndrom bezeichnet. Für die chirurgische Behandlung gelten ähnliche Indikationen und Kontraindikationen wie bei der Bein-Becken-Venenthrombose. Die Therapie besteht auch hier in der Embolektomie, die von der V. brachialis aus vorgenommen wird. Die Anlage einer Cimino-Fistel vermindert die Rezidivhäufigkeit und fördert die Bildung von Kollateralen.

Die postoperative Liqueminisierung nach Thrombektomie wird nach wenigen Tagen überlappend durch Marcumar ersetzt, das im allgemeinen wenigstens über 1 Jahr eingenommen werden soll.

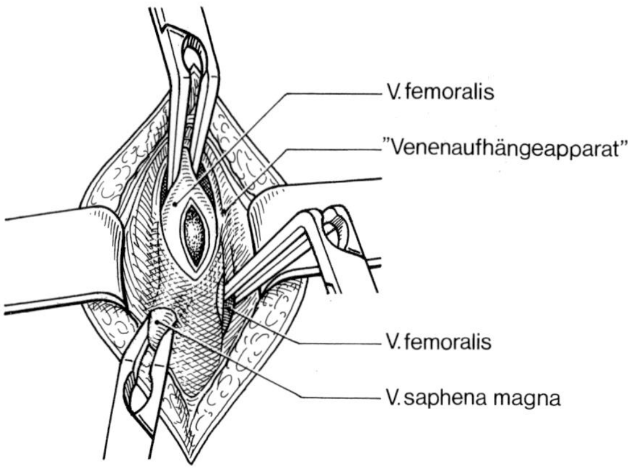

Abb. 11.2-11. Nach Längsschnitt in der Leiste werden die V. femoralis und die V. saphena magna dargestellt. Die Vene wird lediglich an der ventralen Fläche präpariert, um die feinen Faszienzügel des Aufhängeapparates nicht zu zerstören.

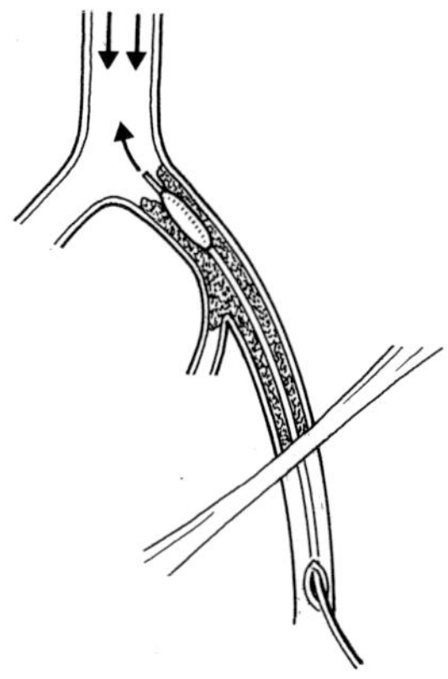

Abb. 11.2-12. Nach querer Venotomie der V. femoralis wird ein großlumiger Katheter bis in die V. cava vorgeschoben, um ein Abschwimmen von Thromben zu vermeiden.

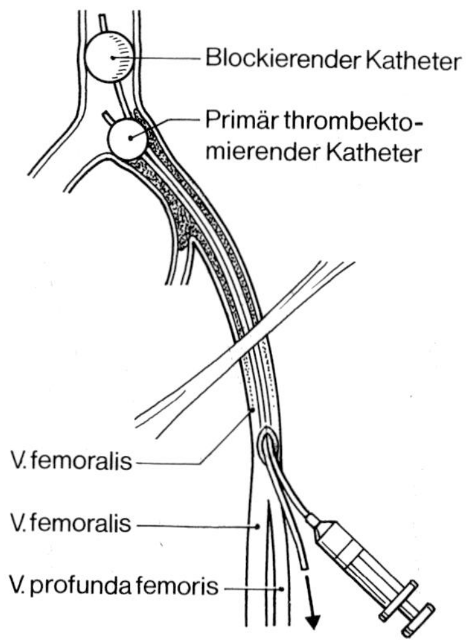

Abb. 11.2-13. Mit einem weiteren Katheter wird die Beckenvene komplett thrombektomiert.

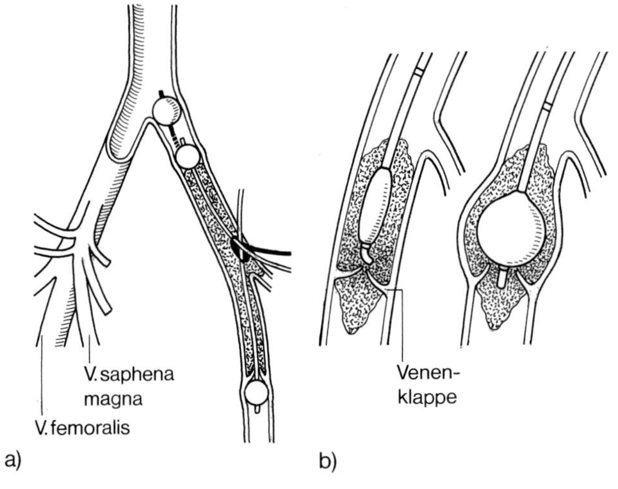

Abb. 11.2-14. a u. b) Von der Leiste aus wird die V. femoralis nach distalthrombektomiert. Der Widerstand der Venenklappen kann durch teilweises Füllen des Ballons und Aufdehnen des Klappenapparates überwunden werden.

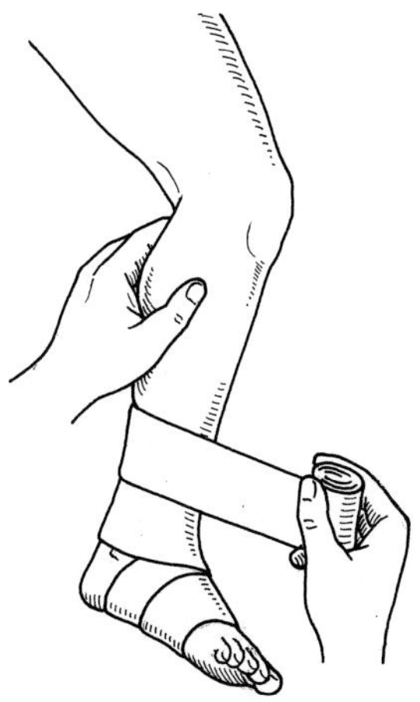

Abb. 11.2-15. Intraoperativ werden Thromben aus den Unterschenkelvenen durch mehrmaliges, straffes Auswickeln des Beines exprimiert.

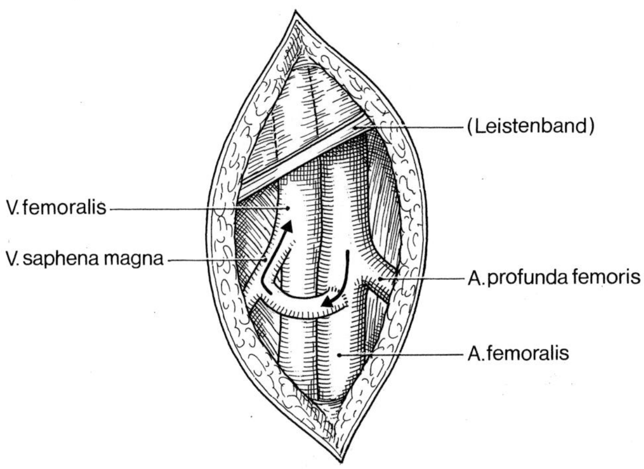

Abb. 11.2-16. Zur Erhöhung des Blutflusses in der thrombektomierten Beckenvene wird ein a.-v. Shunt zwischen einem Seitenast der V. saphena magna und der A. femoralis angelegt. Die Verwendung der V. saphena magna als Shuntgefäß ist wegen des zu hohen Shuntvolumens und der Bedeutung der Vene als eventuell einzigem Abflußgefäß kontraindiziert.

Postthrombotisches Syndrom

Die chirurgische Therapie des postthrombotischen Syndroms umfaßt neben der Therapie des Ulcus cruris die Umgehungsoperationen von verschlossenen Venengebieten. Da die Druckverhältnisse des venösen Systems lange Bypässe nicht zulassen, beschränkt sich die operative Möglichkeit hauptsächlich auf Verschlüsse der Beckenvenen. Bei komplett verschlossener Beckenvene mit offenen tiefen Beinvenen hat sich die Operation nach Palma mit einer Erfolgsquote von ca. 80% bewährt.

Nach Freilegen der V. saphena magna der gesunden Seite wird diese auf einer Strecke von etwa 20 cm sorgfältig dargestellt und von allen einmündenden Seitenästen befreit. Auf der Gegenseite wird die V. femoralis communis unterhalb des Leistenbandes sparsam freigelegt. Die Umgehungsvenen sind so weit als möglich zu schonen. Die präparierte V. saphena magna wird distal ligiert und durchtrennt (Abb. 11.2-17). Über einen subkutanen suprasymphysären Tunnel wird die Vene zur gegenseitigen Leiste gezogen (Abb. 11.2-18) und dort End zu Seit mit der V. femoralis communis anastomosiert (Abb. 11.2-19).

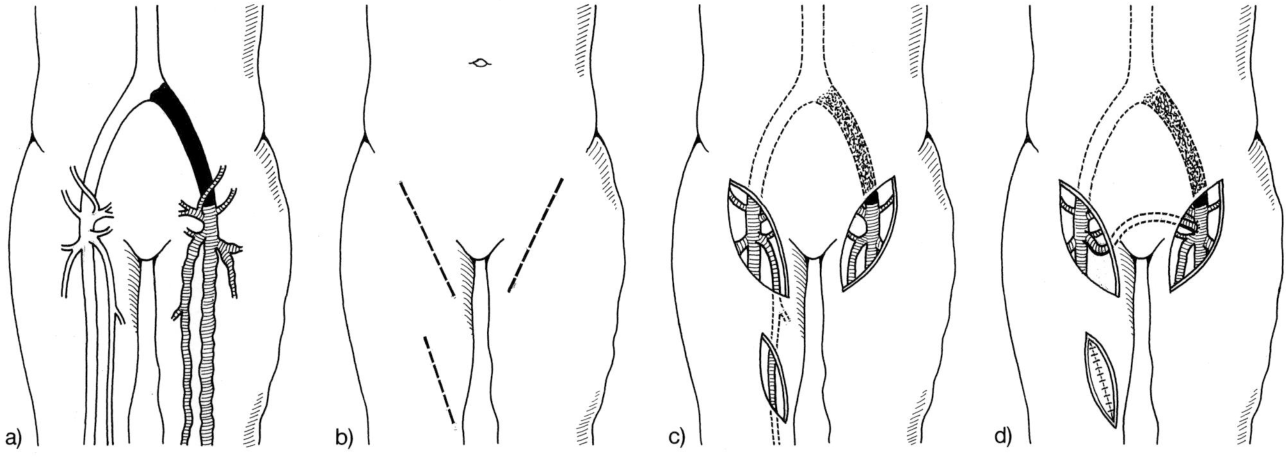

Abb. 11.2-17. a-d) Palmasche Umgehungsoperation: Bei dem Verschluß einer Beckenvene und offenen tiefen Beinvenen wird beidseits über einen Leistenschnitt die V. femoralis dargestellt. An der nicht betroffenen Seite wird die V. saphena magna auf eine Länge von ca. 20 cm dargestellt und distal durchtrennt. Über einen subkutanen, suprasymphysären Tunnel wird das Transplantat zur gegenüberliegenden Seite gezogen und hier End zu Seit mit der V. femoralis anastomosiert.

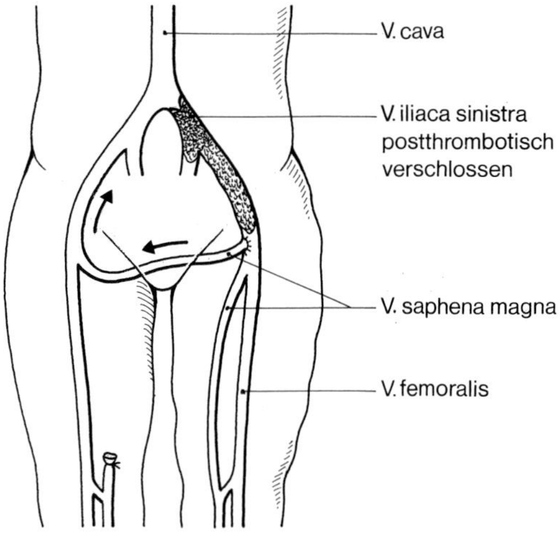

Abb. 11.2-18. Über die angeschlossene V. saphena magna der gesunden Seite strömt das Blut – unter Umgehung der verschlossenen V. iliaca – zur Gegenseite ab.

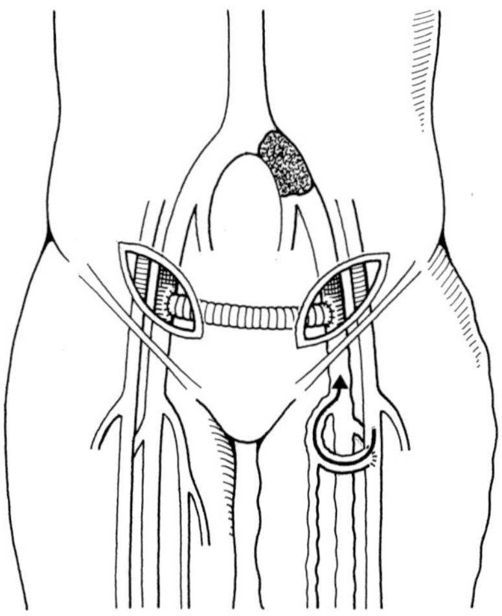

Abb. 11.2-19. Der »hohe Palma«. Steht die V. saphena magna der gesunden Seite für eine Umgehung nicht zur Verfügung, kann eine Verbindung beider Iliakalvenen durchgeführt werden. Extraperitoneal wird eine Kunststoffprothese mit den Vv. iliacae externae anastomosiert und dorsal der geraden Bauchmuskulatur gelagert. Zur Beschleunigung des Blutflusses sollte ein a.-v. Shunt zwischen einem Seitenast der V. saphena magna und der A. femoralis angelegt werden.

Sperroperationen an der Vena cava inferior

Sperroperationen der V. cava inferior sollen embolische Streuungen aus Bein- und Beckenvenen oder auch septische Thrombosen mit nachfolgenden Lungenabszessen verhindern. Aufgrund der unterschiedlichen Indikationen haben sich mehrere Operationsverfahren durchgesetzt. Zur Prophylaxe der Lungenembolie werden heute überwiegend Filter in die untere Hohlvene implantiert. Die Operationsletalität ist sehr gering, und der Eingriff kann in Lokalanästhesie durchgeführt werden. Allerdings können die Filtersysteme Mikroembolien und septische Thrombosen nicht verhindern.

Die beiden bekanntesten Filtersysteme, der Mobin-Nodin-Schirm sowie das Kim-Ray-Greenfield-Filter, werden mit Hilfe eines Einführgerätes über die rechte V. jugularis interna unter fortlaufender Röntgenkontrolle in die V. cava inferior eingebracht. Eine Kapsel am Ende des Einführgerätes enthält einen gefalteten Schirm. Dieser wird in Höhe des Unterrandes des 3. Lendenwirbelkörpers plaziert und mit Hilfe eines Ladestockes ausgestoßen. An den Rändern der Filter befinden sich kleine Stahlhäkchen, die sich in der Venenwand verankern. Beim Kim-Ray-Greenfield-Filter sammeln sich, bedingt durch die konische Form, die Thromben zentral, so daß ein Randfluß auch nach mehrfachen Embolien erhalten bleibt.

Bei Mikroembolien läßt sich die V. cava inferior durch einen gezahnten Teflon-Clip partiell verschließen (Abb. 11.2-20). Über einen rechtsseitigen pararektalen Mittelbauchschnitt wird die V. cava inferior retroperitoneal freigelegt. Nach Unterfahren der Cava kapp distal der Nierenvenen wird der gezahnte Clip auf die V. cava aufgesetzt. Aufgrund der laminaren Restströmung sichert diese Operationsmethode gegen Mikroembolien, führt jedoch auch zu einer venösen Stauung der unteren Extremitäten.

Bei multiplen septischen Mikroabszessen besteht die einzige erfolgversprechende Operation in einer Ligatur der V. cava inferior. Diese radikale Sperroperation verhindert zwar sicher septische Embolien, sie ist jedoch mit einer Letalität von ca. 30% belastet.

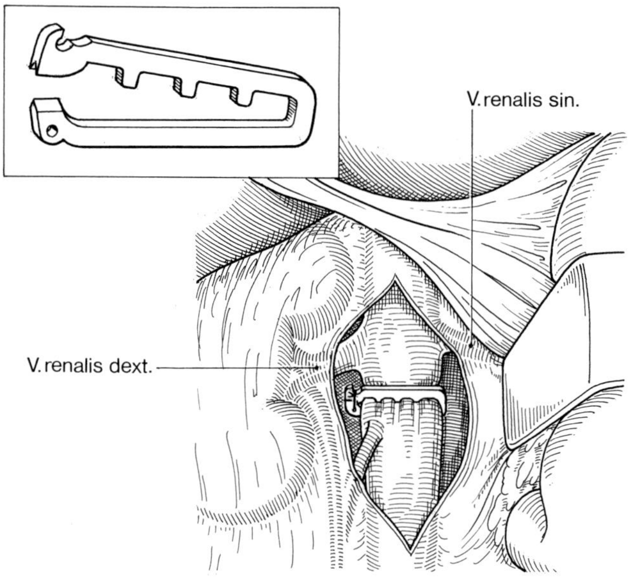

Abb. 11.2-20. Zur Vermeidung von Lungenembolien wird die V. cava durch Implantation eines Teflon-Clips unmittelbar distal der Nierenvenen partiell verschlossen.

Sachverzeichnis

A

B

C

D

H

L

M

N

O

Q

R

S

W

X

Y

Z